化合物

大辞典

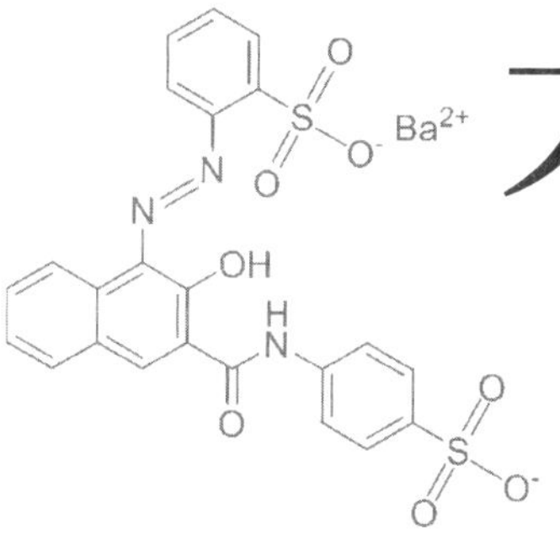

HUAHEWU

DACIDIAN

高滋　主编

上海辞书出版社

图书在版编目(CIP)数据

化合物大辞典 / 高滋主编. —上海：上海辞书出
版社，2022

ISBN 978-7-5326-5897-8

Ⅰ. ①化… Ⅱ. ①高… Ⅲ. ①化合物-词典 Ⅳ.
①O6-0

中国版本图书馆 CIP 数据核字(2022)第 004572 号

HUAHEWU DACIDIAN

化合物大辞典

高滋　主编

责任编辑	李　黎　静晓英　周天宏
装帧设计	姜　明
责任印制	曹洪玲

出版发行	上海世纪出版集团 上海辞书出版社(www.cishu.com.cn)
地　　址	上海市闵行区号景路 159 弄 B 座(邮编 201101)
印　　刷	商务印书馆上海印刷有限公司
开　　本	850 毫米×1168 毫米　1/16
印　　张	66.5
字　　数	2 400 000
版　　次	2022 年 12 月第 1 版　2022 年 12 月第 1 次印刷
书　　号	ISBN 978-7-5326-5897-8/O·81
定　　价	600.00 元

本书如有质量问题,请与承印厂联系。电话：021-56324200

前　言

世界上所有的物质均由元素和化合物组成。迄今已发现的元素有 118 种,由元素组成的化合物则种类繁多,不可胜数。

传统的"化合物"定义为含有两种或两种以上元素原子的相同分子组成的物质,并按元素组成将化合物分成有机化合物和无机化合物两大类。前者指的是含碳元素的化合物,而其他元素的化合物都统称为无机化合物。

随着化学学科的发展,新的物质不断出现,上述定义已经不能覆盖所有的化学物质,例如高分子化合物,亦称聚合物,它们是一种由相同的或不同的分子结构单元通过共价键连接而成的、含有几千甚至几百万个原子的大分子化合物,每一类高分子化合物的分子量是一个平均值。日常生活中常见的塑料和生物体中的蛋白质和核酸等均属于这类化合物。再如无机材料中以硅铝等的氧化物四面体为结构单元、通过共价键连接而成的三维空间骨架结构材料,如分子筛和黏土等,也是重要的化学新材料,它们花样繁多,结构稳定,用途广泛。

为了增加读者对常见化合物的了解,使化合物能更好地为人类服务,本词典包括了广义的无机化合物、有机化合物和高分子化合物三部分,收词近 8 600 条。其中无机化合物近 4 100 条,有机化合物近 3 900 条,高分子化合物 600 余条。每一条内容包括中英文名称、CAS 编号、化学式、分子量、物理性质、化学性质、毒性或危险性、制法、用途等。对不同的条目根据化合物的特点,内容有所侧重。

本词典由复旦大学化学系和高分子科学系二十多位教师学者负责编写,他们在繁忙的教学和科研工作之余,以严谨的科学态度,精心选择词目,仔细查阅参考资料,认真编写条文,前后历时八年,在大家的通力合作下才使辞典正式问世。

由于本辞典内容广泛,在编排和选目方面我们又按科学的发展做了一些新的尝试,难免有缺点和不妥之处,希望大家给予批评指正。

高　滋

2022 年于复旦大学

目　　录

凡　例

一、本辞典收录化合物条目近 8 600 条,分无机化合物、有机化合物和高分子化合物三部分编排。

二、无机化合物部分包括单质、无机化合物,羰基化合物、金属有机化合物、配合物、有机盐,以及功能无机材料、矿物等。有机化合物部分包括烃类化合物、含杂原子官能团化合物、元素有机化合物、杂环化合物、生物有机化合物,以及特殊用途的有机化合物。高分子化合物部分包括合成高分子和天然高分子。上述内容分类编排,各类别的进一步分类,详见分类词目表。

三、化合物一般按 1980 年公布的化学命名原则中规定名称作正条,少量用俗名、习用名、商品名作正条。酌收少量参见条,一般不作释文。为各类化合物收词完整性,个别化合物在不同类别重复出现。

四、液体和固体的密度一般指 20℃时的数值,单位分别为 g/mL 和 g/cm³。气体的密度一般指标准状态下的数值,单位为 g/L;气体的相对密度以 1 个大气压、20℃时的空气密度为标准进行比较(空气＝1)。如指其他温度则在数值的右上角注明。

五、液体的沸点一般指标准状态下的数值,如指其他压力则在沸点后注明,其中压力单位为 Pa、Torr 或 mmHg(1 Torr＝1 mmHg＝133.322 Pa)。

六、折射率及比旋光度一般指 20℃及用钠光谱 D 线测得的数值,如指其他温度,则在数值或[α]右上角注明。

七、正文前有分类词目表,正文后有词目音序索引和词目英文索引,以提供给读者多种检索方法。

分 类 词 目 表

无 机 化 合 物

亚硫酸盐、硫酸盐、硫代硫酸盐

有 机 化 合 物

烃 类 化 合 物

饱 和 烃

生物有机化合物

萜类化合物

高分子化合物

合成高分子

烃类聚合物

无机化合物

单　质

氢（hydrogen）　CAS 号 1333-74-0。元素符号 H，原子序数 1，原子量 1.008。单质化学式 H_2，分子量 2.02。无色无臭无味气体。常态下为双原子分子。熔点 -259.1℃，沸点 -252.8℃，密度 0.090 g/L（气态）、0.071^{-253} g/mL（液态）、0.071^{-262} g/cm³（固态）。溶于乙醇，不溶于水。常温下不活泼，须在高温及有催化剂存在时进行活化，与空气、氧气、氯气混合易燃烧及爆炸。自然界主要存在于水、碳氢化合物等中。制备：由电解氯化钠、硫酸等电解质的水溶液，或由活泼金属与非氧化性酸作用而得，工业上由水蒸气通过灼热焦炭生成水煤气或甲烷与水蒸气作用，产物经分离而得。用途：冶炼工业中作还原剂，用于氨和甲醇制造、脂肪或油类氢化加工、金属氧化物的还原，液态氢可作高能燃料和深度冷冻剂，氢氧焰用于金属的焊接和切割，是未来理想的清洁能源。

氘（deuterium）　亦称“重氢”。CAS 号 7782-39-0。化学式 D_2 或 $^2H_2$，分子量 4.03。无色无味气体。熔点 -254.4℃（16.132 kPa），沸点 -249.4℃，密度 $0.171^{-253.3}$ g/mL。氢的一种稳定的、较重的同位素，原子核含有一个质子和一个中子。氢气中含氘约 0.015 6%。氘的大部分理化性质类似氢，在大多数情况下反应性较氢稍小。与氧化合而成重水。氘主要以重水的形式被使用。人工加速的氘原子核能参与核反应，在热核反应过程中释放出巨大的能量，也用作氢反应机理的示踪原子。制备：可通过电解重水法、液氢精馏法、金属氢化物法等制得。用途：可用于军事、核工业、医学、光纤、分析化学等领域。

氦（helium）　CAS 号 7440-59-7。元素符号 He，原子序数 2，原子量 4.002 6。无色无臭无味气体。沸点 -268.9℃，密度 0.179 g/L（气态）、$0.125^{-268.9}$ g/mL（液态）。微溶于水，不溶于乙醇。能被铂吸收。极不活泼，几乎不与其他元素化合，不燃烧、助燃，低温下（低于 -271℃）具有超导性和超流动性。是一种稀有气体，空气中含量为 5.2×10^{-4} %（体积），大多数陆生氦是由重的放射性元素（主要为钍和铀的天然放射系）衰变产生。制备：可从天然气、空气、合成氨尾气中提取。其原子核为 α 粒子，是某些放射性元素衰变的产物。用途：利用液态氦可获得接近绝对零度的低温，用于超导态研究，也用作核磁共振仪和原子反应堆的冷却剂、稀有金属冶炼防护气氛等方面。

锂（lithium）　CAS 号 7439-93-2。元素符号 Li，原子序数 3，原子量 6.94。银白色质软的最轻金属。熔点 180.5℃，沸点 1 342℃，密度 0.534 g/cm³。化学性质极活泼，可直接与氢、氧、氮气化合。与水、酸会激烈反应放出氢气。空气中极易被氧化变暗，空气中燃烧时发出浅蓝色火焰，反应极其猛烈、危险，蒸气火焰呈红色。应贮存在煤油、液体石蜡、汽油或稀有气体中。在自然界中主要以锂辉石、锂云母及磷铝石矿的形式存在，也存在于某些地区的盐湖中。制备：由电解熔融氯化锂制得。用途：用作高能燃料、还原剂、催化剂、润滑剂、化学电池，在热核反应、冶金工业中用作脱氧剂、脱气剂，是铅轴承合金的成分，也能与铍、镁、铝等形成轻质合金，还用于清除氧、氮等稀有气体中的痕量氮等，锂盐可用于治疗躁郁症。

铍（beryllium）　CAS 号 7440-41-7。元素符号 Be，原子序数 4，原子量 9.012 2。质硬而轻的灰色金属。铍和铍盐均有剧毒！熔点 1 287℃，沸点 2 471℃，密度 1.85 g/cm³。化学性质类似铝。在空气中表面可形成一层稳定的氧化膜，高温下才能发生进一步氧化。在空气中点燃后会发出强光并生成氧化铍和氮化铍。由于表面氧化层的原因，铍不溶于水和硝酸，但可溶于盐酸、稀硫酸和碱。可与多种非金属元素化合形成二元化合物。易与数种金属形成合金。在 30 多种矿石中均有分布，主要存在于羟硅铍石、绿柱石和金绿宝石中。制备：用金属镁高温下还原四氟铍酸铵而得。用途：用于制航天航空业的特种合金、X 射线发生装置的投射窗、原子反应堆材料，以及作中子源，铍箔可用于超精细电子电路的印刷。

硼（boron）　CAS 号 7440-42-8。元素符号 B，原子序

数 5，原子量 10.811。有多种同素异形体。α 体：无定形棕黑色粉末，密度 2.37 g/cm³。β 体：四方或六方系晶体，有金属光泽的黑色晶体，密度 2.34 g/cm³。熔点 2 075℃，沸点 4 000℃。于 700℃在空气中着火燃烧，火焰为红色。不溶于水、盐酸、乙醇和乙醚，溶于冷的浓碱溶液中，分解出氢气。能被浓硝酸及浓硫酸氧化。高温时能与氧、氮、硫、卤素及碳相互作用，也可与许多金属直接化合。与有机化合物反应可生成直接和碳相连的或与碳之间有氧连接的化合物。制备：镁还原氧化硼可得棕黑色无定形硼，氢气还原三氯化硼或三溴化硼可得高纯晶体硼。用途：用于制备特种钢、高硬度磨料、绝缘玻璃纤维、特种玻璃、杀虫剂、漂白剂、阻燃剂、磁性材料，用作熔融钢中气体的清除剂、火箭的燃料及制取多种硼化物的原料。^{10}B 具有最高中子吸收容量，用作原子反应堆的中子吸收剂。

碳(carbon)　CAS 号 7440-44-0。元素符号 C，原子序数 6，原子量 12.011。已知有多种同素异形体。金刚石：无色透明具有金属光泽的固体，不导电。熔点 3 550℃，沸点 4 827℃，密度 3.5～3.53 g/cm³，莫氏硬度 10，是已知材料中最硬的一种。石墨：灰黑色不透明固体，有金属光泽，有滑腻感。熔点 2 652℃，沸点 4 827℃，密度 2.09～2.23 g/cm³，莫氏硬度 1～2，是已知材料中最软的一种。能导电、传热，不溶于水、酸、碱，溶于铁水中。无定形碳：黑色无定形粉末。熔点 3 652～3 697℃，沸点 4 827℃。不溶于水、酸、碱，稍活泼，高温下能与氧、硫、金属氧化物作用。广泛存在于自然界，常见的有炭黑、活性炭、木炭、骨炭、煤等。富勒烯：近年发现的由多个碳原子构成的分子，具有球形、椭球型或管状结构。球形结构代表性化合物为 C_{60}，管状结构也称为"碳纳米管"。石墨烯：通过机械剥离或者化学方法得到的单层石墨结构。接近透明，比表面积高，是热和电的良导体，机械强度是钢的 200 倍以上。具有很独特的光、电、磁性质。用途：金刚石用作珠宝、装饰品、钻头等；石墨可制铅笔、坩埚、火药、润滑料、电极、颜料，也可作原子反应堆中的中子减速器；单体碳是铸铁、钢中的重要组成部分，木炭可用作冶金工业的还原剂、气体吸收剂、脱色剂，炭黑为油墨中的黑色填料；富勒烯和石墨烯目前主要用于催化、医药、半导体、电池、超导等科学研究领域。碳元素是有机生命体的重要组成部分。

氮(nitrogen)　CAS 号 7727-37-9。元素符号 N，原子序数 7，原子量 14.007。单质化学式 N_2，分子量 28.013。常温下为稳定的无色无臭气体。熔点 -210.0℃，沸点 -195.8℃，密度 1.251 g/L（气态）、0.808$^{-195.8}$ g/mL（液态）、1.026$^{-252.5}$ g/mL（固态）。临界温度 -146.96℃，临界压力 3.396 MPa。常温下化学性质稳定，微溶于水、乙醇及液氮。高温（或电火花）时可与氢及氧化合，与红热的锂、镁、铝和钙作用生成氮化物。当有碱或氧化钡存在时，与碳共热生成氰。氮气是大气层的重要组成气体，氮元素也是动植物蛋白质的重要组成部分。制备：工业上用分

馏液态空气而得；实验室里由加热氯化铵饱和溶液和固体亚硝酸钠的混合物来制备。用途：用作合成氨、硝酸及其盐、氰化物及炸药的原料，充填高温温度计、白炽灯等的保护性气体，液态氮可作为冷冻剂，高浓度的氮气可作为冶金保护气、灭火剂、窒息剂。

氧(oxygen)　元素符号 O，原子序数 8，原子量 15.999。有两种同素异形体：氧气和臭氧。氧气，CAS 号 7782-44-7。化学式 O_2，分子量 32.00。常温时为无色无味气体，低温时液态及固态均为淡蓝色。熔点 -218.8℃，沸点 -183.0℃，密度 1.429^0 g/L（气态）、1.149^{-183} g/mL（液态）、1.426$^{-262.6}$ g/cm³（固态）。临界温度 -118.56℃，临界压力 5.043 MPa。微溶于水、甲醇。常温时化学性质稳定。在高温时能与许多元素的单质直接作用。可以和某些过渡元素形成配合物。是动物呼吸和植物燃烧所必需的气体。存在于空气和水中，宇宙中丰度仅次于氢和氦。制备：工业上用深度冷却法分离空气而得。实验室中常用氯酸钾与二氧化锰混合加热而得。用途：用于金属的焊接和切割、钢铁的熔炼和轧钢过程，还用作医疗、水下及空中作业的呼吸气体、化工生产中的氧化剂。液态氧可用作冷却剂和制造液氧炸药。臭氧，CAS 号 1028-15-6。化学式 O_3，分子量 48.00。有特殊气味的气体，低温时液态及固态均为深蓝色，有毒！熔点 -192.1℃，沸点 -111.9℃，密度 2.144^0 g/L（气态）。临界温度 -12.1℃，临界压力 5.449 MPa。室温下缓慢分解，164℃以上迅速分解，有催化剂或紫外线存在时分解速度加快。溶于水、碱溶液和油类。有强氧化性，含有臭氧的溶液受热时可能发生爆炸。水溶液中臭氧的稳定性随着碱浓度的升高而降低，但当碱的浓度很高时，其稳定性增加。自然界中的臭氧主要存在于地面几十千米以上的大气层中，可阻挡大量有害的紫外辐射。制备：可用放电、紫外光、电解、等离子体等多种方法制得。用途：用于制药、漂白、消毒、有机合成、水处理等领域。

氟(fluorine)　CAS 号 7782-41-4。元素符号 F，原子序数 9，原子量 18.998。单质化学式 F_2，分子量 37.997。淡黄绿色气体，有不愉快的气味，剧毒！熔点 -219.7℃，沸点 -188.1℃，密度 1.696 g/L（气态）、1.50$^{-188.12}$ g/mL（液态）。为电负性最大、非金属性最强的元素。化学性质最活泼，有腐蚀性且可燃，氧化能力极强，能分解水而放出氧和氟化氢。与氢在黑暗中能化合生成 HF，其水溶液是氢氟酸。能与绝大多数金属和非金属化合生成氟化物。地壳中氟丰度 0.07%。以化合态存在于氟石及冰晶石中。制备：可由无水氟化氢（与氟化钾共熔）经电解制得。用途：用于冶金、陶瓷、玻璃、塑料等工业，也用于合成火箭燃料、化学中间体、制冷剂、聚合物、农药、绝缘材料等，还可用于大规模提取铀。

氖(neon)　CAS 号 7440-01-9。元素符号 Ne，原子序数 10，原子量 20.180。无色无臭无味气体。熔点

－248.6℃，沸点－246.1℃，密度 0.900⁰ g/L（气态）、1.204⁻²⁴⁶·⁰⁵ g/mL（液态）。化学性质不活泼、不燃烧、不助燃，可溶于水。真空放电管中可发出橘红色的光。是一种稀有气体，主要存在于大气中。制备：将液态空气在低温下蒸发，部分进行液化，如此反复操作可得含氦及氖的混合气体，再用液态氢使氖冷却固化，分离出氦而得。用途：用于制放电管、霓虹灯、高压指示灯、深海潜水和宇宙航行的特种呼吸混合气，还可作高能物理研究、液氖制冷剂等。

钠（sodium） CAS 号 7440-23-5。元素符号 Na，原子序数 11，原子量 22.990。轻而软、有延展性的银白色金属，常温时呈蜡状，低温时变脆。熔点 97.8℃，沸点 883℃，密度 0.971 g/cm³。化学性质极活泼，能与非金属直接化合。在空气中迅速氧化，燃烧时呈黄色火焰。遇水剧烈反应，生成氢气和氢氧化钠。一般储存于煤油中。是人体重要的必需元素之一，以钠离子的形式广泛存在于自然界中。制备：可由电解熔融氯化钠或氢氧化钠而得。用途：可用作有机合成和某些金属冶炼的还原剂、合成橡胶的催化剂、石油的脱硫剂、快中子反应堆的导热剂，还可用于光学领域。

镁（magnesium） CAS 号 7439-95-4。元素符号 Mg，原子序数 12，原子量 24.305。银白色可延展性轻金属。熔点 650℃，沸点 1 090℃，密度 1.738 g/cm³。在空气中表面逐渐生成无光泽氧化物薄膜。常温时与水反应极慢，与稀酸剧烈反应产生氢气。遇火剧烈燃烧，产生炫目白光的同时冒白烟。红热时能还原一氧化碳、二氧化碳、氧化氮和氧化亚氮。与氮、磷、硫、砷及卤素在一定条件下可直接化合。自然界中以菱镁矿、白云石等形式存在。制备：由氯化镁电解，或由白云石矿与硅在高温下还原制得。用途：用作还原剂、轻合金原料、冶金脱硫剂和脱氧剂，可制造闪光粉、光学镜片、镁盐及格氏试剂等。

铝（aluminium） CAS 号 7429-90-5。元素符号 Al，原子序数 13，原子量 26.982。质软、延展性好的银白色金属。熔点 660.3℃，沸点 2 519℃，密度 2.699 g/cm³。不溶于水，可溶于酸或碱，在潮湿空气中可形成致密的氧化膜，能起保护作用，但铝粉很易点火引起爆炸。铝是地球和月球中含量最丰富的金属元素，在自然界中无游离态存在，几乎所有的岩石均含有铝硅酸盐矿物。制备：工业上由含铝矿石提取，或将铝的氧化物在熔融的冰晶石中共融电解而得。用途：可用于冶炼某些高熔点金属，还广泛应用于机械、建筑、石油、化工、电气、电子、制药、食品工业中。铝的合金轻且坚硬、耐腐蚀、易于加工，可作为基本结构材料用于各行各业。

硅（silicon） 旧称"矽"。CAS 号 7440-21-3。元素符号 Si，原子序数 14，原子量 28.085。熔点 1 414℃，沸点 3 265℃，密度 2.32～2.34 g/cm³。有无定形硅和晶体硅两种同素异形体：前者为棕黑色粉末；后者为钢灰色有金属光泽的晶体，硬而脆，具有半导体性质。硅的化学性质较活泼，溶于氢氟酸和硝酸的混合液及碱液，不溶于水、硝酸、氢氟酸和盐酸。高温时能与氯、氧、氮、碳等直接化合。自然界中分布极广，在地壳中含量仅次于氧，极少以单质的形式在自然界出现，主要以复杂的硅酸盐或二氧化硅的形式存在于岩石、砂砾、尘土之中。制备：无定形硅用镁还原二氧化硅制得，晶体硅用炭在电炉中还原二氧化硅制得，超纯硅可在高温下用氢还原四氯化硅或使碘化硅热分解制得。用途：用于制合金、陶瓷、耐火材料、卤代硅烷、有机硅化合物等。单晶硅是现代半导体工业最重要的材料之一，用于制造大规模集成电路、晶体管、整流器和光电池等。

磷（phosphorus） 元素符号 P，原子序数 15，原子量 30.974。有多种同素异形体。白磷：亦称"黄磷"。CAS 号 12185-10-3。无色或白色透明蜡状固体，剧毒！有两种晶型。α 型为立方晶系，室温稳定，密度 1.823 g/cm³，－79.6℃转变成 β 型。β 型为六方晶系，熔点 44.2℃，沸点 280.5℃，密度 1.88 g/cm³。不溶于水、乙醇，溶于二硫化碳、三氯化磷、液氨和苯。在空气中能自燃，暗处发磷光。制备：由磷酸钙、二氧化硅及炭在电炉中加热，产生的磷蒸气迅速在水下冷却而得。用途：制灭鼠剂、烟火、炸弹及含磷化合物等。红磷：亦称"赤磷"。CAS 号 7723-14-0。红紫色无定形或结晶型粉末，无毒。熔点 590℃（4.36 MPa），密度 2.16 g/cm³，416℃时升华。溶于无水乙醇，微溶于水，不溶于二硫化碳、乙醚。空气中 260℃着火燃烧生成五氧化二磷。制备：由白磷在隔绝空气条件下加热制得。用途：制安全火柴、含磷化合物，还可用于有机合成。黑磷：黑色具金属光泽晶体或无定形固体，无毒。熔点 598.5℃，密度 2.69～3.88 g/cm³。具有类似石墨的层状结构，有一定导电性。不溶于水及有机溶剂。制备：由白磷在高压下加热制得。

硫（sulfur） CAS 号 7704-34-9。元素符号 S，原子序数 16，原子量 32.06。有多种同素异形体。α 硫：亦称"正交硫"，黄色正交系晶体，熔点 112.8℃，密度 2.07 g/cm³。β 硫：亦称"单斜硫"，淡黄色单斜系晶体，熔点约 120℃，沸点 444.6℃，密度 1.94～2.01 g/cm³。γ 硫：亦称"弹性硫"，淡黄色非晶态物质，熔点约为 106.8℃，密度 2.19 g/cm³。不溶于水，溶于二硫化碳、四氯化碳，少量溶于甲苯、乙醇、苯、乙醚和液氨。95.5℃下以 α 硫形式存在，94.5～119℃以 β 硫形式存在。α 硫、β 硫均为以 8 个硫原子组成的曲折冠状环形分子结构。硫能与大多数元素化合。是有机体中重要的必需元素之一。在自然界中以游离态硫，以及黄铁矿、闪锌矿、石膏、芒硝等矿物形式存在。制备：从硫矿中提取或用焦炭还原烟道气中的二氧化硫而得，现代工艺则是首先将硫以硫化氢的形式从石油、天然气或矿物中提取出来，进一步经克劳斯法制得。用途：可制硫酸、黑色火药、杀虫剂、绝缘材料、硫化橡胶、肥料、烟火、硫化物、药物等。

氯(chlorine) CAS 号 7782-50-5。元素符号 Cl,原子序数 17,原子量 35.45。单质化学式 Cl_2,分子量 70.91。常温下为黄绿色有刺激性气体,有毒! 熔点 -101.5℃,沸点 -34.04℃,密度 3.214^0 g/L(气态)、$1.56^{-33.6}$ g/mL(液态),折射率 1.000 8(气态)、1.367(液态)。常态下为双原子分子,稍溶于水生成次氯酸,能与碱反应,易溶于二硫化碳、四氯化碳。几乎能与所有的元素发生化学反应。海水中含有较多的氯离子。制备:由电解食盐水或用二氧化锰和浓盐酸反应制得。用途:用于生产盐酸、农药、炸药、有机染料、有机溶剂、防腐剂、杀虫剂和化学试剂;可用于漂白纸张、布匹,饮用水消毒,塑料、橡胶制品合成,废水处理等领域。

氩(argon) CAS 号 7440-37-1。元素符号 Ar,原子序数 18,原子量 39.95。无色无臭气体。熔点 -189.4℃,沸点 -185.9℃,密度 1.784 g/L。临界温度 -122.46℃,临界压力 4.863 MPa。-225.84℃液化。微溶于水。化学性质极不活泼。是稀有气体在空气中含量最多的一个。制备:由液体空气分馏得到富氩馏分,再除去氢、氮、氧而得。用途:用作冶炼纯金属的防护气氛、精密仪器的载气,还用于填充灯泡、发光管、激光器,在气体温度计中代替氢等。

钾(potassium) CAS 号 7440-09-7。元素符号 K,原子序数 19,原子量 39.098。银白色软质金属。熔点 63.5℃,沸点 759℃,密度 0.86 g/cm³。溶于酸、汞、液氨。性质极活泼,与空气接触迅速氧化,遇水激烈反应生成氢气和氢氧化钾,同时起火燃烧。燃烧时火焰呈紫色。能与多种金属形成合金。通常储存于煤油中。是有机体内重要的必需元素之一。自然界中均以化合态存在,存在于钾长石、光卤石及明矾石等多种岩石中。制备:可用强还原性金属钠、碳、硅等在高温低压下还原钾盐,电解氢氧化钾或加热分解氰化钾、叠氮化钾得到。用途:很多钾盐具有重要的工业应用价值,广泛用于肥料、食品加工、无机及有机合成等领域。钠钾合金可用作热传递介质,也用于制光电管。

钙(calcium) CAS 号 7440-70-2。元素符号 Ca,原子序数 20,原子量 40.078。银白色软质金属。熔点 842℃,沸点 1 484℃,密度 1.54 g/cm³。在空气中迅速生成一层淡黄色的氧化膜,与水反应生成氢氧化钙。溶于酸、液氨,微溶于乙醇,不溶于苯。在空气中燃烧呈黄或红色火焰。钙对动植物的生存十分重要,骨骼、蛤壳、蛋壳和土壤中都含有大量的钙。地壳中钙丰度为第五位,以石灰石、方解石、石膏、磷灰石等矿物形式大量存在于自然界中。制备:由电解熔融的氯化钙(加有少量氟化钙)而得。用途:可用于合金的脱氧剂、油类的脱水剂、冶金的还原剂、铁和铁合金的脱硫与脱碳剂以及电子管中的吸气剂。钙的化合物在工业、建筑工程和医药等领域用途广泛。

钪(scandium) CAS 号 7440-20-2。元素符号 Sc,原子序数 21,原子量 44.956。银白色有光泽轻金属,暴露于空气中会略显浅黄色或浅粉色。熔点 1 541℃,沸点 2 836℃,密度 2.992 g/cm³。在真空低温时或在熔点温度下会显著挥发。在空气中迅速被氧化,能与水及各种酸作用放出氢气。自然界中主要以氧化物或钪盐的形式存在,地球上钪的含量与钴相近,并不稀有,但以极低的含量分散于 800 多种矿物中。制备:电解氯化钾、氯化锂和氯化钪的熔融混合物,或用金属钙还原氟化钪得到。用途:用于制造特种玻璃和合金,还可用于光谱分析领域。

钛(titanium) CAS 号 7440-32-6。元素符号 Ti,原子序数 22,原子量 47.867。银白色有光泽的轻质金属,机械强度很高。有两种同素异形体。α 型:六方堆积结构,密度 4.50^{25} g/cm³(低温变体);β 型:体心立方堆积结构,密度 4.35 g/cm³(高温变体)。熔点 1 725 ± 10℃,沸点 3 262℃。钛对海水、王水和氯的腐蚀具有很强的耐受性。常温下不活泼,高温时能与大多数非金属,如氢、卤素、氧、碳、硼、硫等反应。常温下不与无机酸以及热碱溶液作用,但溶于浓盐酸、氢氟酸。地壳中储量丰富,主要矿物为钛铁矿、金红石、锐钛矿。制备:由含钛矿石在高温下氯化,产物在氩气氛中用金属镁高温还原而得。实验室可用四碘化钛在真空和高温下分解得高纯钛。用途:广泛用于制造各种合金材料,可用于航天、航空、军工、机械、船舶、建筑、化工、医疗、核工业、日常器具等领域。

钒(vanadium) CAS 号 7440-62-2。元素符号 V,原子序数 23,原子量 50.942。硬质,有延展性的银灰色金属。一般认为含钒化合物均具有一定毒性! 熔点 1 910℃,沸点 3 407℃,密度 5.96 g/cm³。不溶于水、盐酸和碱,溶于王水、硝酸、硫酸和氢氟酸。高温下能与多数非金属直接化合。其常见氧化态有 0、+2、+3、+4、+5。其氢氧化物的酸碱性随氧化态不同而异。通常 +2、+3 价钒的氢氧化物呈碱性,+4、+5 价钒的氢氧化物显两性。在酸性溶液中 +5 价钒可被还原为 VO^{2+} 或 V^{3+}。能与铝、钴、铜、铁等多种金属形成合金。重要的矿石有钒钾铀矿、钒云母矿、钒铅矿、绿硫钒矿等。制备:通常用碳、硅、铝等单质来还原五氧化二钒而得。为制得高纯钒,可在惰性气氛中用金属钠、镁或氢氧化钠、氢气还原四氯化钒,或用稀土金属混合物或钙还原钒的氧化物,也可加热分解钒的碘化物。此外,电解精炼也能制得高纯度的金属钒。用途:用作冶炼钢铁的添加剂,以提高钢的韧性、耐磨性,还可用于催化和原子能等领域。

铬(chromium) CAS 号 7440-47-3。元素符号 Cr,原子序数 24,原子量 51.996。银白色有光泽金属。是最硬的金属,抗腐蚀。六价铬有毒! 熔点 1 907℃,沸点 2 671℃,密度 7.15 g/cm³,莫氏硬度 9。溶于稀盐酸和稀硫酸,不溶于硝酸、磷酸。高温下,能与活泼的非金属反应,与碳、氮、硼也能形成间充式化合物。可与多种金属形成合金。主要矿物为铬铁矿。制备:由铝还原氧化铬制得。用途：可制造不锈钢、合金、染料、颜料、耐火材料、催化剂等。广泛用于机械制造、电镀、纺织、皮革、化工等领域。

锰（manganese）　CAS 号 7439-96-5。元素符号 Mn，原子序数 25，原子量 54.938。硬而脆的银灰色金属，外观类似铁。熔点 1 246℃，沸点 2 061℃，密度 7.21～7.44 g/cm³。有 α、β、γ、δ 四种变体。α 型：立方系晶格金属，密度 7.44 g/cm³。β 型：立方系晶格金属，密度 7.29 g/cm³。α 型至 β 型的转变温度为 700±3℃。γ 型或电解的锰为四方晶格金属，密度 7.21 g/cm³。β 型至 γ 型的转变温度为 1 079±3℃。γ 型至 δ 型的转变温度为 1 140±3℃。锰在空气中会缓慢氧化而失去光泽。能分解水，溶于稀酸，放出氢气。在加热情况下可与许多非金属化合。从 -3 到 +7 的化合价均有发现。主要矿物为软锰矿、辉锰矿和褐锰矿等。制备：用铝热法还原软锰矿制得。用途：可制造各种合金、电池等，还可做炼钢中的脱氧剂和精炼剂。

铁（iron）　CAS 号 7439-89-6。元素符号 Fe，原子序数 26，原子量 55.845。延展性很强的银白色金属。熔点 1 538℃，沸点 2 861℃。有四种异构体。α 型为体心立方结构，密度 7.874 g/cm³，有铁磁性，加热至 768℃转变为呈顺磁性的 β 型，至 910℃变为面心立方结构的 γ 型，至 1 390℃变为体心立方结构的 δ 型。在干燥空气中稳定，150℃以上开始氧化，与过量的氧主要生成三氧化二铁和四氧化三铁。在潮湿空气中较快氧化，表面生成易剥落的水合三氧化二铁。在 500℃以上与水蒸气迅速反应，生成氢气和四氧化三铁或氧化铁。不溶于冷水、碱、乙醇和乙醚。无空气时能溶于各种非氧化性酸和冷稀硝酸中生成亚铁盐，在温热硝酸中则生成铁盐，冷浓硝酸或含铬酸盐的硫酸能使铁表面生成氧化膜而钝化。在中等温度下，与大多数非金属如卤素、硫、磷、硼、碳和硅可直接化合。是生物体内主要的微量元素之一，人体缺铁会导致缺铁性贫血症。地壳中铁丰度为第四位，主要矿物有磁铁矿、赤铁矿、褐铁矿、菱铁矿。制备：由炭或天然气在高温下还原铁矿石，由氢还原纯氧化铁，电解纯亚铁盐，也可由五羰基铁热分解而得。用途：用于制备性质各异的铁合金，广泛应用于建筑、机器制造业，是现代社会的支柱材料。

钴（cobalt）　CAS 号 7440-48-4。元素符号 Co，原子序数 27，原子量 58.933。硬而脆的银白色金属。熔点 1 495℃，沸点 2 927℃，密度 8.90 g/cm³。在一定温度范围内，为两种同素异形体的混合物。400℃以下时 β 型占优势，以上则 α 型占多数。具有很强的磁性，加热到 1 150℃时磁性消失。不溶于水，易溶于酸，可与多种非金属元素化合，常见化合价为 +2、+3。可与铁、镍、铬、钨等金属形成合金。通常与其他矿物伴生，主要矿物有辉砷钴矿、砷钴矿、钴华、方钴矿、纤维柱石等。制备：由含钴矿物煅烧成氧化物，用铝、碳还原或经电解还原而得。用途：可用

于生产耐热合金、硬质合金、防腐合金、磁性合金、颜料、药物和各种含钴化合物等。钴-60 为人工制成的同位素，是一种重要的 γ 射线源，被用作示踪物和放疗药剂。

镍（nickel）　CAS 号 7440-02-0。元素符号 Ni，原子序数 28，原子量 58.693。有延展性有光泽的银白色金属。熔点 1 455℃，沸点 2 730℃，密度 8.90 g/cm³。不溶于水、氨水，溶于稀硝酸，微溶于盐酸或硫酸，遇浓硝酸发生钝化。块状物常温下在水及空气中很稳定，但在氧气中加热镍丝能燃烧。可在加热条件下与氯、溴、磷、砷、锑化合。可与铝形成金属间化合物 AlNi。粉末状镍能溶解氢，可作为氢化反应的催化剂。主要矿物为镍黄铁矿和磁黄铁矿。制备：由镍矿经一系列处理得到二硫化三镍，焙烧成氧化镍，然后用碳还原氧化镍再经电解制得；或用氢气将氧化镍先还原成粗镍，然后与一氧化碳反应得到四羰基镍，再将四羰基镍于合成气中加热分解即得高纯镍。用途：制造合金、电镀、电池、实验器皿、陶瓷、货币、磁性材料、催化剂等。

铜（copper）　CAS 号 7440-50-8。元素符号 Cu，原子序数 29，原子量 63.546。有延展性有光泽的红色金属。熔点 1 084.62℃，沸点 2 562℃，密度 8.96 g/cm³。在干燥空气和水中不反应，与含有二氧化碳的湿空气接触时表面逐渐形成绿色的碱式碳酸铜。在空气中加热时表面形成黑色氧化铜，氧气不足情况下，形成红色的氧化亚铜。可溶于硝酸和热浓硫酸，微溶于盐酸和氨水，易被碱侵蚀，可与多种非金属元素化合。在自然界大都为硫化物、氧化物和碳酸盐，以赤铜矿、孔雀石、蓝铜矿、黄铜矿和辉铜矿等形式存在。制备：由矿石冶炼而成。氧化物矿可直接用碳热还原；硫化物矿则常用"冰铜熔炼法"；高纯铜可通过电解法得到。用途：大量铜被用于电气行业，还可用于机械加工、合金制造、电子元件、电镀、建筑、化工、颜料、制药等领域。

锌（zinc）　CAS 号 7440-66-6。元素符号 Zn，原子序数 30，原子量 65.38。青白色有光泽金属，一般温度下硬而脆。熔点 419.53℃，沸点 907℃，密度 7.134²⁵ g/cm³。高温下，在空气中燃烧生成氧化锌白色烟雾。与酸、强碱、氨水作用放出氢气，与硫粉作用形成硫化锌。锌可与钠、镁、铝、铁、钴、镍、银、锡、锑、金、汞、铅、铋等多种金属形成二元合金。主要矿物有闪锌矿、菱锌矿、硅锌矿和锌铁尖晶石。制备：由锌的矿物焙烧成氧化物，再由煤或炭还原，或由硫化锌先焙烧成硫酸锌再电解而得。用途：用于制合金、干电池、烟火、锌板、颜料等，还可用于金属防腐、电镀、电子工业、染料、橡胶、有机合成等领域。

镓（gallium）　CAS 号 7440-55-3。元素符号 Ga，原子序数 31，原子量 69.723。灰色软质金属。熔点 29.8℃，沸点 2 204℃，密度 6.095²⁹·⁶ g/mL（液态）、5.904²⁹·⁶ g/cm³（固态）。在空气、氧气中较稳定。可溶于热硝酸、浓盐酸和浓高氯酸中，迅速溶解于盐酸-硝酸、盐酸-高氯酸混酸

中。在稀酸中反应缓慢，碱中生成镓酸盐。在低温下能和除碘以外的其他卤素迅速反应。加热时可与硫、硒、碲、砷、锑反应。100℃以上和氢生成氢化物，1000℃左右和氨气生成氨合物。矿物有硫镓铜矿，更多是以极低含量存在于铝土矿和锌矿中。制备：目前工艺是从铝土矿、闪锌矿和煤等矿物中以副产物形式回收，通过萃取富集镓组分，然后电解制得纯金属。用途：主要用于制造半导体、低熔点合金等材料，可用于电子、核工业、医疗等领域。

锗（germanium）　CAS 号 7440-56-4。原子序数 32，元素符号 Ge，原子量 72.61。灰白色有光泽的脆性金属。熔点 938.3℃，沸点 2833℃，密度 5.325 g/cm³。在空气中较稳定。不溶于水、盐酸、稀碱溶液，可溶于王水、浓硝酸或硫酸。亦可溶于熔融的碱、过氧化碱、碱金属硝酸盐或碳酸盐。在 700℃ 以上可与氧作用，在 1000℃ 以上可与氢作用。高温下能与铂、金、银、铜等形成合金。矿物有硫锗银矿、灰锗矿、锗石等。制备：目前主要从锌矿或煤燃烧时的烟道灰中提取，转化为四氯化锗后通过精馏与其他金属分离，进一步水解成二氧化锗，然后在氢气流中加热还原制得。经区域熔融提纯可得到杂质含量低于一百亿分之一的锗单晶。用途：是优良的半导体材料，可制作高频率电流的检波和交流电的整流元件。还可用于制造光导纤维、红外光材料、电子原件、光电材料、特种合金、聚合催化剂等。锗的化合物可用于制造荧光板和各种高折射率玻璃。

砷（arsenic）　CAS 号 7440-38-2。元素符号 As，原子序数 33，原子量 74.922。砷及含砷化合物均有毒！有三种同素异形体。α 型：硬而脆的灰色晶体，六方系晶体，熔点 817℃（2.8 MPa），密度 5.727¹⁴ g/cm³，613℃升华；不溶于水、乙醇和无空气存在的盐酸。β 型：黑色无定形体，密度 4.7～5.1 g/cm³；在 10～220℃冷却气态砷得到，结构类似黑磷，导电性很差。γ 型：黄色蜡状晶体，立方晶系，沸点 615℃，密度 2.026¹⁸ g/cm³；结构类似白磷，最易挥发，毒性最强；通过快速冷却气态砷得到；358℃时分解，加热或光照可转变为 α 型。自然界中主要以硫化物形式存在，矿物有雄黄、雌黄、砷黄铁矿等。制备：由三氧化二砷用炭还原，或由三氯化砷用氢气还原而得。用途：制造电子元件、合金、电池、杀虫剂、药物及砷酸盐等。

硒（selenium）　CAS 号 7782-49-2。原子序数 34，原子量 78.96。有多种同素异形体。无定形硒：红色粉末或黑色玻璃体，剧毒！密度 4.26 g/cm³（红色）、4.28 g/cm³（黑色），45～55℃时红色粉末转变为黑色玻璃体，180～190℃时转变为金属硒，可溶于二硫化碳。红硒：透明有光泽的棕红色晶体，密度 4.50 g/cm³，在 180～190℃转化为灰硒。灰硒：亦称"金属硒"，蓝灰色有光泽的金属型晶体，毒性比其化合物低。熔点 217～222℃，沸点 684.6℃，密度 4.87²⁵ g/cm³。灰硒为半导体，导电率在光照时可提高 1000 倍以上。可溶于浓硫酸、硝酸、氯仿和

苯，微溶于二硫化碳，不溶于水及乙醇。在自然界中常以硫化物的形式存在于重金属的硫化物矿石中。制备：大多来自精炼铜的副产物，无定形硒由二氧化硫还原二氧化硒的水溶液而得，红硒从无定形硒的二硫化碳溶液中析出而得，灰硒由红硒转化而得。用途：可制造光电材料、电子元件、电池材料、催化剂等，可用于玻璃、陶瓷、冶金、电池、印刷等领域。

溴（bromine）　CAS 号 7726-95-6。元素符号 Br，原子序数 35，原子量 79.904。单质化学式 Br₂，分子量 159.808。深红棕色易挥发性液体，具有强烈臭味。熔点 -7.2℃，沸点 58.8℃，密度 7.59 g/L（气态）、3.12 g/mL（液态）。溶于乙醇、乙醚、氯仿、二硫化碳、四氯化碳等溶剂中。在较高温度下能与多种金属和非金属直接化合，也可与饱和烃发生取代反应、与不饱和烃发生加成反应。蒸气有毒，对眼睛和咽喉有强烈的刺激性。能引起流泪、咳嗽、窒息及头痛，溅于皮肤上会形成难以治愈的溃疡。在自然界中主要存在于海水或盐湖中。制备：用氯气氧化含溴的卤水制得。用途：可用于化工、医药、染料、水质净化、摄影等领域。

氪（krypton）　CAS 号 7439-90-9。元素符号 Kr，原子序数 36，原子量 83.798。无色无臭无味气体。熔点 -157.4℃，沸点 -153.34℃，密度 3.733⁰ g/L（气态）、2.155⁻¹⁵²·⁹ g/mL（液态）。微溶于水。化学性质不活泼，不自燃。与对苯二酚、苯酚等生成包合物，可实现克量级二氟化氪的制备。能吸收 X 射线。是稀有气体，存在于大气中。制备：由液态空气蒸馏，从液氧馏分中用硅胶吸附而得。用途：用作发光管、高速摄影闪光灯以及电离室的充填气体，也可用于激光领域。氪-83 可用于核磁共振成像。

铷（rubidium）　CAS 号 7440-17-7。元素符号 Rb，原子序数 37，原子量 85.468。极软的银白色蜡状金属。熔点 39.30℃，沸点 688℃，密度 1.475³⁹ g/mL（液态）、1.532 g/cm³（固态）。在室温下遇到空气会立即自燃，并生成深棕色的超氧化铷。可以和水剧烈反应，并发生爆炸。必须存贮于煤油、真空或稀有气体中。在地球上的含量很高，但是分散地分布于铯榴石、光卤石、白榴石、锂云母、铁锂云母等矿物中。制备：可通过复盐沉淀、溶剂萃取、离子交换等多种方法提取。用途：具有放射性，地质工作者利用铷放射线仪可以找到埋藏在地下深处的放射性矿物。被光照射时很容易激发出电子，电子获得能量从表面逸出。因此，把金属铷喷镀在银片上，可以制成各种光电管，广泛用于电子仪器、工业自动控制等方面。铷-82 可用于生物体成像。

锶（strontium）　CAS 号 7440-24-6。元素符号 Sr，原子序数 38，原子量 87.62。带浅黄色的银白色金属。熔点 777℃，沸点 1382℃，密度 2.64 g/cm³。是一种活泼金属，具有很强的还原性，小块的锶在空气中会自燃，与冷水和酸会剧烈反应。与氢、碳、硫、氮和卤素在不同条件下也能

直接化合。人体会像吸收钙一样吸收锶。以天青石、菱锶矿等矿物形式存在。制备：电解氯化锶和氯化钾的熔融混合物，或真空下用铝还原氧化锶制得。用途：曾广泛用于彩色电视阴极射线管。锶-89 可用于放射性治疗，锶-90 可做 β 射线放射源。

钇（yttrium）　CAS 号 7440-65-5。元素符号 Y，原子序数 39，原子量 88.906。银白色软质金属。熔点 1 522℃，沸点 3 345℃，密度 4.469 g/cm³。有两种晶型。α 型为六方密堆积，β 型为体心立方结构。在冷水中略有反应，热水中可反应，易溶于稀酸，溶于热的氢氧化钾。纯钇在空气中可形成非常稳定的氧化膜，但除去表面氧化膜后它在空气中非常不稳定。在 1 000℃下加热后可和氮气反应生成氮化钇。钇和镧系元素伴生于氟碳铈矿、独居石等矿物中。制备：用钾或钙还原氟化钇制得。用途：主要用于制造彩色显像管，合成各种石榴石等。

锆（zirconium）　CAS 号 7440-67-7。元素符号 Zr，原子序数 40，原子量 91.224。灰白色有光泽可延展的柔韧金属，在较低纯度下硬而脆。熔点 1 855℃，沸点 4 409℃，密度 6.52 g/cm³。低于 865℃时为六方密堆积晶格。高于 865℃时为体心立方晶格。不与水、酸或者强碱作用，易溶于王水、氢氟酸和热磷酸，可被熔融碱或硝酸盐侵蚀。锆的细粉很活泼，可以自燃，受热、遇明火或接触氧化剂时会燃烧和爆炸，块体的则很难自燃。锆粉也能在二氧化碳和氮气中燃烧。高温时可与氢、氧、氮、碳和卤素直接化合。主要矿物形式为锆石和斜锆石等。制备：目前主要通过镁还原四氯化锆的方式来大量生产。用途：锆不易吸收中子，大量用于制造核反应堆燃料的包壳。还可制造耐腐蚀合金、染料、耐磨材料、耐高温模具等，可用于航天、机械制造、医学、照明、陶瓷、珠宝、催化等领域。还可作为真空管中的吸气剂。

铌（niobium）　CAS 号 7440-03-1。元素符号 Nb，原子序数 41，原子量 92.906。灰色柔软有延展性的金属，长时间暴露于空气中会略显蓝色。熔点 2 477℃，沸点 4 744℃，密度 8.57 g/cm³。室温下在空气中极其稳定，当温度超过 200℃时开始氧化，故处理时需进行气体保护。不溶于水、盐酸、硝酸及王水，可溶于熔融碱或硝酸与氢氟酸的混合物。常温下与氟作用，197℃能和氯反应。能抵御各种侵蚀，并能形成介电氧化层。低温下具有超导性能。常见矿物为铌铁矿、烧绿石、黑稀金矿等。制备：金属铌可用氢气或炭还原五氧化二铌大规模制取，高纯铌可由电解氟铌酸钾和氯化钠的熔融混合物，或用钠还原铌的氟化物制取。用途：纯铌可用于去除电子管中的残留气体。钢中掺铌能提高钢在高温时的抗氧化性，改善钢的焊接性能。可制造喷气式发动机等所需的耐热合金，以及制造高温金属陶瓷、电子元器件等。

钼（molybdenum）　CAS 号 7439-98-7。元素符号 Mo，原子序数 42，原子量 95.95。银灰色硬质金属。熔点 2 623℃，沸点 4 639℃，密度 10.22²⁰ g/cm³。在室温下不与氧气、水和稀酸发生明显的反应，但在高于 600℃的空气中会生成三氧化钼。可以承受极端的高温而不会显著膨胀或软化，这使其可以应用在强热环境中。是动植物体内重要的微量元素，固氮酶的核心元素之一。常见矿物有辉钼矿、钼铅矿和钼钨钙矿等。制备：用氢气还原三氧化钼制得。用途：大多用于冶金行业。可用于制造军用装甲、飞机零件、电气触点、工业发动机和加热丝等。还可用于制造高温润滑剂、石油裂解催化剂、肥料等。

锝（technetium）　CAS 号 7440-26-8。元素符号 Tc，原子序数 43，原子量 98。银灰色金属，通常以灰色粉末形式获得，具有放射性！熔点 2 157℃，沸点 4 265℃，密度 11.5 g/cm³（计算值）。是已知最轻的没有稳定同位素的元素，已发现了 43 种同位素。基本都是人工合成的，在地壳中只发现了极微量的锝。金属锝在潮湿空气中缓慢失去光泽，粉末会在氧气中燃烧。可溶于硝酸、王水和浓硫酸，但不溶于盐酸。低温下具有优异的超导性能。制备：主要通过核反应堆裂变获得。可用氢气还原七硫化二锝或高锝酸铵制得。用途：极低含量的锝就可显著提高钢的抗腐蚀性能，但由于其放射性只能用于特定场合。亚稳态锝-99 用于放射性同位素医学检测，还可用做 β 粒子源。

钌（ruthenium）　CAS 号 7440-18-8。元素符号 Ru，原子序数 44，原子量 101.07。白色硬质金属。熔点 2 334℃，沸点 4 150℃，密度 12.1 g/cm³。室温下很稳定，800℃以上会氧化。溶解在熔融碱中可以得到钌酸盐，不溶于酸，可与卤素、氢氧化物反应。可以显著提高铂或钯的硬度，改善钛的抗腐蚀性。还可以催化多种化学反应。在地壳中的含量较低，与其他铂族金属一样，可作为副产物从镍、铜和铂金属矿石加工中得到。制备：需要一系列复杂的处理，最后用氢气还原氯钌酸铵制得金属粉末，通过粉末冶金或者氩弧焊的方式制得块体。用途：用于制造特殊合金、电子元件、催化剂等。

铑（rhodium）　CAS 号 7440-16-6。元素符号 Rh，原子序数 45，原子量 102.91。银白色硬质金属。熔点 1 964℃，沸点 3 695℃，密度 12.41 g/cm³。完全不溶于硝酸，溶于熔融的硫酸氢钾、浓硫酸以及硫酸和盐酸的混合物，粉体微溶于王水。室温下很稳定，红热状态下会缓慢氧化，高温时又分解成铑。是地球上最稀有的几种元素之一，通常与钯、铂、金和银的矿物伴生。制备：与伴生的金属分离后，经一系列氧化还原制得。用途：主要用于制造汽车尾气处理的催化剂，以及制造高温合金、高温热电偶、精细化学催化剂等。

钯（palladium）　CAS 号 7440-05-3。元素符号 Pd，原子序数 46，原子量 106.42。柔软的银白色金属。熔点 1 554.8℃，沸点 2 963℃，密度 12.02 g/cm³。不溶于水，溶于热浓硫酸、王水、硝酸、盐酸与氯酸混合酸。常温下不与氧、硫、氟、氯等非金属反应,高温时表面可形成一层氧化钯。常温下可吸收 $350\sim850$ 倍体积的氢,真空条件下加热吸附的氢可以完全放出。自然界中有钯与金或者铂系金属的游离态合金矿,但商业生产依靠镍铜的伴生矿。制备:用氢气还原氧化钯或二氯化钯,或用甲酸钠还原二氯化钯得到。用途:目前大量钯被用于制造多种反应体系的催化剂。还可以制造特种合金、医疗器械、电气触点、电容器、珠宝和乐器等。

银(silver) CAS 号 7440-22-4。元素符号 Ag,原子序数 47,原子量 107.87。柔软的白色有光泽金属。熔点 961.8℃,沸点 2 162℃,密度 10.50 g/cm^3。银晶体为面心立方密堆积。是导电性、导热性和反射率最高的金属。在纯净的空气和水中很稳定,但在臭氧、硫化氢或含硫的气氛中会变暗。不和除氟单质以外的卤素反应。虽然不被非氧化性酸侵蚀,但易溶解在热的浓硫酸以及稀释或浓缩的硝酸中。在空气存在下,尤其是在过氧化氢存在下,银易溶于氰化物的水溶液。金属银具有杀菌作用,同时不会对高等生物造成危害,但很多银化合物有毒。含银矿物有辉银矿、硫银矿等,银通常伴生于铜、镍、铅、锌等金属的矿物。制备:主要从电解精炼铜、铅和锌的副产物中得到。用途:银最早作为货币,还用于制作焊接合金、电接触点、电池、珠宝、贵重器皿等。此外大量用于胶片摄影、医疗、人工降雨、水处理和催化等方面。

镉(cadmium) CAS 号 7440-43-9。元素符号 Cd,原子序数 48,原子量 112.41。柔软的蓝白色可延展金属,可用刀切削。镉及其化合物均有毒!熔点 321.1℃,沸点 767℃,密度 8.69 g/cm^3。镉晶体为六方密堆积。是熔点最低的金属之一,具有优秀的耐腐蚀性。可溶于盐酸、硫酸和硝酸。在空气中可缓慢氧化生成棕色氧化物,也可直接与卤素或硫反应。镉合金具有很高的抗疲劳性能和很低的摩擦系数。硫化镉是其唯一的矿物形式。镉通常伴生于闪锌矿中。制备:目前主要从提炼锌、铜、铅矿的副产物中得到。用途:大规模用于电镀、焊接、电池等行业,还可用于制造合金、染料等。

铟(indium) CAS 号 7440-74-6。元素符号 In,原子序数 49,原子量 114.82。银白色有光泽的高延展性金属,可用刀切削。熔点 156.6℃,沸点 2 072℃,密度 7.31 g/cm^3。铟金属不与水反应,也不会形成硼化物、硅化物或碳化物,但可与卤素反应。可以浸润玻璃,可在金属和玻璃表面蒸镀成耐腐蚀的镜面。可与镓、锡、铋、镉和铅等金属形成低熔点合金。主要伴生于闪锌矿中。制备:从矿渣或锌生产的灰尘中浸出,通过电解进一步纯化。用途:早期被用于制造晶体管。目前主要用于制造液晶显示面板,还可用于制造低熔点合金、热敏电阻、电池以及低温、超高压环境下的密封和导热剂等。

锡(tin) CAS 号 7440-31-5。元素符号 Sn,原子序数 50,原子量 118.71。柔软、有韧性、有延展性的银白色金属。熔点 231.9℃,沸点 2 602℃,密度 5.77 g/cm^3(灰锡)、7.29 g/cm^3(白锡)。有多种同素异形体。室温下稳定相为白锡(β 锡),属四方晶系,温度低于 13.2℃时会转化为非金属态的灰锡(α 锡),属立方金刚石结构,温度高于 161℃时会形成 γ 锡和 δ 锡。低温下白锡转化灰锡的现象又称为"锡疫",此相变温度会随着锡合金的成分发生改变,添加少量的锑或铋可以完全阻止锡疫。锡可耐受水分腐蚀,但会与强酸、酸式盐和碱反应。可被高度抛光,可用作其他金属的保护层。可与其他金属形成多种重要的合金材料,如软焊料、锡蜡、白合金、青铜、磷青铜、巴氏合金等。最主要矿物形式为锡石,还在黄锡矿、圆柱锡石、辉锑锡铅矿等矿物中有少量分布。制备:通过炭高温下还原氧化物的矿石得到。用途:大量被用于制造焊料,还可用于镀锡、锡化学品以及合金制造等。

锑(antimony) CAS 号 7440-36-0。元素符号 Sb,原子序数 51,原子量 121.76。灰色有光泽金属。锑和很多含锑化合物均有毒!熔点 630.6℃,沸点 1 587℃,密度 6.68 g/cm^3。一般认为锑有四种同素异形体:稳定的金属态灰锑和三种亚稳态的爆炸锑、黑锑和黄锑。缓慢冷却熔融的锑可以得到属于三方晶系的灰锑,灰锑是一种很脆的晶态薄片,是热和电的不良导体。爆炸锑通过电解三氯化锑得到,爆炸锑被利器刮擦会放热,并得到白烟状的灰锑,研磨则会发生爆炸;目前认为爆炸锑中含有数量可观的卤素,可能不应被算作一种同素异形体。黑锑结构类似红磷,是通过快速冷却锑蒸气得到的,它在空气中会氧化甚至发生自燃。黄锑最不稳定,它由低温条件下氧化锑化氢得到,升温或者光照下会转化成黑锑。锑本身太软而不适合制成硬质物体。不溶于水、稀酸和碱,可溶于热浓硫酸或王水。可被硝酸侵蚀,还可溶于硝酸和酒石酸的混合酸中。室温下在空气中稳定,加热会与氧气反应生成三氧化锑。大都以硫化物的形式存在于矿物中。制备:可通过废铁还原法从粗硫化锑中提取,也可以用炭还原锑的氧化物得到。用途:多用于制造阻燃剂、电池合金、轴承、焊接剂和聚合物催化剂,还可用于制造玻璃、染料、瓷釉和陶器等。

碲(tellurium) CAS 号 13494-80-9。元素符号 Te,原子序数 52,原子量 127.60。碲及含碲化合物均有一定毒性!熔点 449.5℃,沸点 998℃,密度 6.23 g/cm^3。有两种同素异形体。晶态的碲是银白色有光泽的脆性非金属,易被压成细粉。无定形碲是一种棕黑色粉末,从碲酸或亚碲酸溶液中沉淀而得。碲是一种 P 型半导体,导电性具有很强的各向异性,光照可稍许提升其导电性。可溶于硫酸、硝酸、王水及氰化钾溶液,不溶于水、苯、二硫化碳和盐酸。溶于浓硫酸、发烟硫酸或氢氧化钾,得到红色溶液。可以和多种金属直接化合为金属的碲盐,与氢气直接反应可得到碲化氢,与氧气直接反应可得到二氧化碲,也能和卤素反应制得多种卤化碲。碲有-2、+2、+4 和 +6 四种价态,其中+4 价最常见。是最稀有的元素之一,通常与金矿伴生在一起,矿物有碲金矿、碲金银矿等。制备:主要从电解精炼铜的阳极泥中富集提取,通过电解或二氧化硫还原得到单质。用途:可用于提高铜和不锈钢的机械加工性能,加入铅中可提高其硬度和强度以及抗硫酸腐蚀性。还可用于制造光电材料、光学材料等。用中子轰击碲是生产碘-131 的常见方法。

碘(iodine)　CAS 号 7553-56-2。元素符号 I,原子序数 53,原子量 126.90。单质化学式 I_2,分子量 253.80。紫黑色有光泽固体,室温下可升华成紫色有臭味的气体。熔点 113.7℃,沸点 184.4℃,密度 11.27 g/L(气态)、4.93 g/cm³(固态)。微溶于水,但可溶于甲醇、乙醇、苯、乙醚、氯仿、四氯化碳或二硫化碳得到紫色溶液。其乙醇(酒精)溶液俗称"碘酒",可用于消毒。碘单质遇淀粉会形成深蓝色加合物,属于碘单质的特异显色反应。活性比其他卤素低很多,但依然属于活泼的元素,可与多种元素化合,还可以与氟或氯形成卤素互化物。碘化物在有机合成和医药化学中有重要应用。是人体的必需微量元素之一,缺碘会引起甲状腺肿。碘会损伤皮肤,气态碘对眼睛和黏膜具有强刺激性。在自然界中丰度不大,但是分布极广,海水中含大量的碘,海藻中也会富集一定的碘。在智利的硝石矿中以及一些油气田中有碘。制备:经富集后用氯氧化碘化物,或用亚硫酸氢钠还原碘酸盐制得。用途:用于制备各种碘化物,还可用于催化、医疗、饲料添加剂、染料、摄影等领域。

氙(xenon)　CAS 号 7440-63-3。元素符号 Xe,原子序数 54,原子量 131.29。无色无臭气体。熔点-111.74℃,沸点-108.09℃,密度 5.887 g/L(气态)、2.95⁻¹⁰⁹ g/mL(液态)。一度被认为是惰性的,目前已发现几十种含氙化合物,有氟化物、氧化物、高氙酸钠以及含氙有机化合物等。通过电弧激发,氙气会发出强烈的辉光,广泛用于制造发光设备,其色温很接近阳光,可用于模拟太阳光照。氙本身无毒,但是大量吸入会有麻醉效应;氙的氧化物有毒,且具有爆炸性。氙是稀有气体,主要在大气中微量存在。制备:从空气分离出氧和氮后的副产物中得到。用途:氙气广泛用于制备各种发光设备,是一类重要的光源,可用于照明、摄影、激光、科研等领域。氙气也可用作全身麻醉剂。

铯(cesium)　CAS 号 7440-46-2。元素符号 Cs,原子序数 55,原子量 132.91。银白色柔软可锻性金属,在微量氧气的存在下变暗。熔点 28.44℃,沸点 671℃,密度 1.873 g/cm³。铯是最软的金属。非常活泼,在空气中会自燃,在冷水中会发生爆炸性的反应,甚至和冰也能反应。需要存储于煤油中。其氢氧化物是一种极强的碱,可腐蚀玻璃。铯具有光电效应。主要矿物形式有锂云母和铯榴石等。制备:通过电解熔融的氰化铯制得,高纯铯可用热分解叠氮化铯得到。用途:可用作制造原油开采中的钻

井液、电子元件、光电材料、电池等。还可制造高精度的铯原子钟。铯-137 可作为 γ 射线源。

钡(barium)　CAS 号 7440-39-3。元素符号 Ba,原子序数 56,原子量 137.33。有延展性的银白色柔软金属。可溶性的钡盐均有毒!熔点 727℃,沸点 1 897℃,密度 3.62 g/cm³。在空气中迅速氧化产生深灰色氧化物层,需要在煤油或惰性气氛中保存。可溶于绝大多数酸,但在硫酸中会因为生成硫酸钡而钝化。钡很活泼,与水、乙醇和稀酸反应放出氢气,可与氢、碳、氮、硅、磷、卤素等反应。主要矿物为重晶石和毒重石等。制备:将硫酸钡用炭、硝酸处理,经热分解得到氧化钡,再于高温下与铝作用制得。用途:可用于制造真空管的气体捕捉剂、烟火、合金、钡盐等。

镧(lanthanum)　CAS 号 7439-91-0。元素符号 La,原子序数 57,原子量 138.91。银白色有延展性金属,质软,可用刀切削。熔点 920℃,沸点 3 464℃,密度 6.145 g/cm³。有三种晶型。低温下为不稳定的六方结构的 α 型,加热到 310℃会转化成面心立方结构的 β 型,加热到 865℃会转化成体心立方结构的 γ 型。能在空气中快速氧化褪色,易燃烧成氧化镧,可与冷水缓慢反应。可与碳、硼、氮、镧、硅、磷、硫、硒和卤素直接反应。存在于独居石、氟碳铈矿、铈硅石和褐石等稀土矿物中。制备:在真空或氩气氛中用碱金属或碱土金属还原氧化镧或氟化镧制得,也可通过电解氯化镧和氯化钾的熔融混合物制得。用途:用于制造合金、阴极射线管、特种玻璃、光导纤维、照明设备等。

铈(cerium)　CAS 号 7440-45-1。元素符号 Ce,原子序数 58,原子量 140.12。铁灰色有延展性的柔软金属。熔点 799℃,沸点 3 443℃,密度 6.770 g/cm³。有四种晶型。常温下为 γ 型,冷却到-16℃转化为 β 型,冷却到-172℃后开始逐渐转化为 α 型,直到-269℃完成转化,δ型需要在 726℃以上才能保持稳定。在空气中很容易氧化,在冷水中缓慢反应,在热水中反应速度很快,应保存于油中。与碱溶液、稀酸和浓酸均剧烈反应。可与所有卤素形成三卤化物。用刀刮擦易着火。是丰度最高的稀土元素,主要矿物为独居石和氟碳铈矿,也存在于褐石、铈硅石和铌钇矿中。制备:通过电解铈的熔融卤化物制得,高纯铈可通过高温下用钙还原氟化铈制得。用途:可用于制造荧光粉、火石、玻璃、抛光剂、永磁体、颜料等,还可用于汽车尾气处理、石油化工、冶金、核工业等领域。

镨(praseodymium)　CAS 号 7440-10-0。元素符号 Pr,原子序数 58,原子量 140.12。银白色质软可锻性金属。熔点 931℃,沸点 3 520℃,密度 6.773 g/cm³。在空气中会氧化褪色,形成类似铁锈状的剥落氧化层;150℃以上会燃烧,生成非整比氧化物 Pr_6O_{11}。与冷水缓慢反应,在热水中反应速度很快,易溶于稀硫酸。可与所有卤素形成三卤化物。通常存储于油中或其他密封环境。由于镧系元素之间的相似性,镨在一些场合可替代大多数其他镧系

元素而不会造成明显的功能损失。铈不是特别稀有，丰度介于铅和硼之间，常见矿物有独居石和氟碳铈矿。制备：用离子交换法或溶剂萃取法，从处理氟碳铈矿或独居石得到的混合稀土溶液中富集分离，以草酸盐形式沉淀分离，热解为其氧化物后用钙高温还原制得。用途：用于制造有色玻璃、瓷釉、合金、照明设备、荧光粉等。

钕（neodymium）　CAS 号 7440-00-8。元素符号 Nd，原子序数 60，原子量 144.24。银白色有光泽金属，具有中低度的毒性！熔点 1 016℃，沸点 3 074℃，密度 7.008 g/cm³。有两种晶相，低温下为双六方密堆积结构，在 863℃会转化为体心立方结构。在空气中会氧化褪色，形成剥落的氧化层。与冷水缓慢反应，在热水中反应速度很快，易溶于稀硫酸。可与所有卤素形成三卤化物。通常存储于油中或其他密封环境。化学性质和镧等十分相似，常见矿物有独居石和氟碳铈矿。制备：将矿物经离子交换或溶剂萃取富集分离，用钙高温还原氟化钕制得。用途：可制造用于照明、激光和天文领域的特种有色玻璃，以及制造瓷釉、强磁材料等。

钷（promethium）　CAS 号 7440-12-2。元素符号 Pm，原子序数 61，原子量 145。银白色金属，具有放射性！已发现 35 种同位素。熔点 1 042℃，沸点 3 000℃，密度 7.264 g/cm³。为人工放射性元素，其最长半衰期仅为 17.7 年，因此地壳中应不存在天然钷。可溶于盐酸、硝酸。关于它的很多物理化学性质都是依据其他镧系元素推断出来的。制备：用中子照射钕-146 或经铀裂变得到。用途：大多数钷只用于研究。主要用作 β 射线源来驱动各种设备，可用于测厚仪、荧光粉、核电池、自发光表盘、航天器的热源等。

钐（samarium）　CAS 号 7440-19-9。元素符号 Sm，原子序数 62，原子量 150.36。银白色有光泽金属。熔点 1 072℃，沸点 1 794℃，密度 7.52 g/cm³。室温下为菱方结构，734℃时转化为六方密堆积结构，922℃时转化为体心立方堆积结构。室温下在空气中缓慢氧化，温度达到 150℃会自燃，即使存储于油中也会因缓慢氧化而变色，需要密封在稀有气体中才能保持其金属外观。可与冷水缓慢反应，在热水中反应速度很快，易溶于稀硫酸得到黄色溶液。是少数表现出 +2 价的镧系元素，其水溶液呈红色。可与硼、硫族元素和卤素化合。存在于独居石、氟碳铈矿、铈硅石、硅铍钇矿和铌钇矿等多种矿物中。制备：电解氯化钐与氯化钠的熔融混合物或用镧还原钐的氧化物得到。用途：制造强永磁体、陶瓷、玻璃、火石等，还用于激光、催化、医疗、核工业等领域。

铕（europium）　CAS 号 7440-53-1。元素符号 Eu，原子序数 63，原子量 151.964。银白色可锻性金属。熔点 822℃，沸点 1 596℃，密度 5.244 g/cm³。在空气中会快速氧化，加热会自燃，可与水反应放出氢气，易溶于稀硫酸。还可与硫族元素和卤素化合。在低温和高压下具有超导性能。其丰度较其他稀土元素低很多，主要矿物有氟碳铈矿、独居石、磷钇矿和铈铌钙钛矿。制备：用金属镧于真空下高温还原氧化铕或电解氯化铕与氯化钠的熔融混合物制得。用途：曾用于制造彩色显像管的荧光粉，还可制造荧光玻璃等。

钆（gadolinium）　CAS 号 7440-54-2。元素符号 Gd，原子序数 64，原子量 157.25。银白色可延展金属。熔点 1 313℃，沸点 3 273℃，密度 7.901 g/cm³。室温为六方密堆积的 α 型，加热到 1 235℃转变成体心立方结构的 β 型。在干燥空气中相对稳定，但在潮湿空气中会迅速氧化。与水会缓慢反应放出氢气，可溶于稀酸，还可与卤素化合。主要以氧化物形式分布于独居石、氟碳铈矿等矿物中。制备：用钙在惰性气氛下还原钆的氧化物或氟化物制得。用途：可用于制造彩色显像管的荧光粉、微波材料、合金、磁性材料等，还可用于医疗成像、核工业等领域。

铽（terbium）　CAS 号 7440-27-9。元素符号 Tb，原子序数 65，原子量 158.93。银灰色可锻性金属，质软，可用刀切削。熔点 1 356℃，沸点 3 230℃，密度 8.230 g/cm³。有两种晶相，相变温度为 1 289℃。在空气中较稳定，可与氧反应得到混价氧化物，与水会缓慢反应放出氢气，可溶于稀酸。还可与氢、硼、碳、氮、硅、磷、硫、硒、砷和卤素等化合。主要分布于独居石、磷钇矿和黑稀金矿等矿物中。制备：用钙还原铽的无水氯化物或氟化物制得。用途：通常微量掺杂于各种材料中以调节其性能。可用于制造荧光材料、激光材料、电极材料、电子器件等。

镝（dysprosium）　CAS 号 7429-91-6。元素符号 Dy，原子序数 66，原子量 162.50。亮银色可锻性金属，质软，可用刀切削。熔点 1 412℃，沸点 2 567℃，密度 8.551 g/cm³。室温下在空气中较稳定，可发生缓慢氧化，可与水缓慢反应放出氢气，可溶于稀酸。还可与氢、硼、碳、氮、磷、硫和卤素等化合。主要矿物为独居石和氟碳铈矿。制备：用钙还原三氟化镝，或用锂还原三氯化镝制得。用途：具有很高的热中子吸收截面，可制造核反应堆中的中子吸收控制棒。还可制造用于激光、红外、照明、磁性等领域的材料。

钬（holmium）　CAS 号 7440-60-0。元素符号 Ho，原子序数 67，原子量 164.93。银白色可锻性金属。熔点 1 472℃，沸点 2 700℃，密度 8.795 g/cm³。在室温下干燥空气中较稳定，但在潮湿空气中或高温下会快速氧化。与冷水反应放出氢气，可溶于稀硫酸。可与卤素化合。主要矿物为硅铍钇矿和独居石。制备：用钙还原钬的无水氯化物或氟化物制得。用途：具有独特的磁性质，可用于制造强磁材料、特种玻璃等。

铒（erbium）　CAS 号 7440-52-0。元素符号 Er，原子序数 68，原子量 167.26。银白色可锻性金属。熔点 1 529℃，沸点 2 868℃，密度 9.066 g/cm³。在空气中的氧

化速度较许多稀土元素都缓慢。可与冷水反应放出氢气，溶于稀硫酸，还可与卤素化合。主要矿物为磷钇矿、黑稀金矿和独居石。制备：用钙在惰性气氛中高温还原铒的氧化物或盐制得。用途：可用于制造滤光片、核反应堆的中子吸收棒、有色玻璃、光导纤维、低温制冷剂等，用于冶金、激光、通信、医疗、核工业、科研等领域。

铥（thulium） CAS 号 7440-30-4。元素符号 Tm，原子序数 69，原子量 168.93。银灰色可锻性金属，质软，可用刀切削。熔点 1 545℃，沸点 1 950℃，密度 9.321 g/cm³。在空气中较稳定，但仍需密闭干燥储存。可与冷水反应放出氢气，可溶于稀酸，还可与氢、硼、碳、氮、硅、硫、锗和卤素等化合。主要矿物为独居石、磷钇矿和黑稀金矿。制备：用钙或镧还原铥的无水氟化物制得。用途：可用于制造激光材料、X 射线源和高温超导体等。

镱（ytterbium） CAS 号 7440-64-4。元素符号 Yb，原子序数 70，原子量 173.054。具很好延展性的银白色金属。有三种同素异形体，室温下为稳定的面心立方堆积的 β 型，795℃以上时转化为体心立方堆积的 γ 型，低于 16℃ 时转化为六方堆积结构的 α 型。熔点 824℃，沸点 1 196℃，密度 6.903 g/cm³（α 型）、6.966 g/cm³（β 型）。在空气中会缓慢氧化，可与冷水反应放出氢气，可溶于稀酸，可与卤素化合。主要矿物为独居石、稀金矿和黑磷钇矿。制备：用镧、铝、铈或锆于高真空中还原镱的氧化物制得。用途：通常微量掺杂于各种材料中以调节其性能，可用于激光、冶金、医疗等领域。

镥（lutetium） CAS 号 7439-94-3。元素符号 Lu，原子序数 71，原子量 174.97。银白色金属。熔点 1 663℃，沸点 3 402℃，密度 9.841 g/cm³。在干燥的空气中较稳定，可与冷水反应放出氢气，可溶于弱酸、稀硫酸，还可与卤素化合。主要矿物为独居石。制备：用碱金属或碱土金属还原镥的无水氯化物或氟化物制得。用途：可用于催化石油裂解、烷基化、加氢以及聚合等反应，还可用于制造透镜、荧光材料等。放射性的镥可用于核工业和医疗等领域。

铪（hafnium） CAS 号 7440-58-6。元素符号 Hf，原子序数 72，原子量 178.49。亮银色软质可锻性金属。熔点 2 233℃，沸点 4 603℃，密度 13.31 g/cm³。在空气中可形成稳定的钝化膜，因此具有很好的抗腐蚀能力，但其细粉会在空气中迅速自燃。难溶于酸，也耐碱腐蚀，可被卤素氧化，可与硼、碳、氮、硅、硫化合。其碳化物和氮化物的熔点都非常高。金属铪在 700℃ 以上可吸收氢气。由于铪与锆的化学行为非常相似，因此通常两者的矿物伴生在一起。主要矿物为钛铁矿和金红石。制备：用镁或钠还原四氯化铪制得。用途：由于其稀有性以及可被锆取代，铪的用途不多。可用于冶金、微电子、照明等领域。具有很高的中子俘获截面，可用于制造核反应堆控制棒。

钽（tantalum） CAS 号 7440-25-7。原

子序数 73，原子量 180.95。蓝灰色硬质有光泽金属。熔点 3 017℃，沸点 5 458℃，密度 16.4 g/cm³。具有很好的导电、导热能力，是熔点最高的金属之一。在低温下耐腐蚀性极强，仅可被氢氟酸或含氟离子的强酸溶液所侵蚀。可缓慢地被碱液侵蚀。主要矿物为铌钽铁矿。制备：电解熔融的氟钽酸钾、用钠还原氟钽酸钾或用碳还原氧化钽制得。用途：可制造高熔点、高强度、耐腐蚀和高可锻性合金以及高品质电容、光学透镜等，用于电子设备、真空熔炉、化工设备、核反应装置、航天器、医疗器械等。

钨（tungsten） CAS 号 7440-33-7。元素符号 W，原子序数 74，原子量 183.84。灰色或锡白色金属。熔点 3 422℃，沸点 5 555℃，密度 19.25 g/cm³。高纯的钨具有很好的可加工性，但不纯的钨则很脆。是已知沸点最高的金属之一。具有极强的耐腐蚀性，大多数酸只能轻微侵蚀钨。在常温下可与氟反应，在高温下能与硼、碳、硫、硅、氯、溴、碘等反应，不与氢反应。矿物有黑钨矿和白钨矿等。制备：用氢气或碳还原氧化钨、用氢气还原或热解六氟化钨制得。用途：制造各种合金、高速工具钢、电气触点、白炽灯、X 射线靶等材料，用于机械制造、化工、涂料、制革、辐射屏蔽、军事、催化等领域。

铼（rhenium） CAS 号 7440-15-5。元素符号 Re，原子序数 75，原子量 186.21。银白色有光泽金属。熔点 3 185℃，沸点 5 596℃，密度 20.8 g/cm³。是沸点最高的金属之一。不溶于水、盐酸和氢氟酸；溶于稀硝酸、过氧化氢，被氧化成铼酸；微溶于硫酸。可与磷、硫、卤素直接化合，可吸收氢气。粉末会在空气中燃烧。是一种稀有元素，在地壳中分布非常分散，在辉钼矿中有一定分布。制备：一般从焙烧硫化钼的烟灰中富集提取出高铼酸铵，再用氢气高温下还原制得金属铼。用途：制造耐高温的超级合金、汽油重整催化剂、照明设备、高温热电偶等。

锇（osmium） CAS 号 7440-04-2。元素符号 Os，原子序数 76，原子量 190.23。蓝灰色有光泽金属。熔点 3 033℃，沸点 5 012℃；密度 22.587 g/cm³，约是铅的两倍。是最密实的稳定元素，也是熔点最高、蒸气压最低的金属之一，硬而脆，极难机械加工。块体锇在室温下非常稳定，可耐酸碱腐蚀，粉末或海绵状锇会缓慢氧化生成高毒的四氧化锇。常见化合价有 +2、+3、+4 和 +8。锇很稀有，主要和铂族元素伴生于火成岩中。制备：在电解精炼镍和铜过程中富集分离，再用氢气还原四氧化锇制得。用途：主要用于制造高强度合金、镀层、催化剂等，可用于机械制造、光学、航天、电气等领域。

铱（iridium） CAS 号 7439-88-5。元素符号 Ir，原子序数 77，原子量 192.22。硬而脆的银白色金属。熔点 2 446℃，沸点 4 428℃，密度 22.562 g/cm³。是最耐腐蚀的金属，几乎不溶于水、酸或碱。在空气中加热到 800～1 000℃ 会生成氧化铱，更高温度下又会分解。高温下可被磷、硫、卤素和一些熔融盐侵蚀。海绵状铱可吸收氢，在

空气中燃烧。常见化合价有＋3和＋4。与铂、锇、金以伴生矿形式存在。制备：铱在电解精炼镍和铜的过程中富集分离，再用氢气还原制得。用途：用于制造电子工业中生长高纯单晶的坩埚、耐腐蚀合金、电气触点、笔尖、热电偶、药物、催化剂等。

铂（platinum） CAS号7440-06-4。元素符号Pt，原子序数78，原子量195.084。银白色有光泽、有延展性的可锻性金属。熔点1768.2℃，沸点3825℃，密度21.45 g/cm³。具有优异的耐腐蚀性，高温下非常稳定，要在非常高的温度下才能缓慢地与氧气反应。不溶于盐酸和硝酸，可溶于王水中，形成氯铂酸。还可以与硫、卤素、氰化物、氢氧化物作用。具有很强的吸附氢气的能力。铂很稀有，和铂族元素一起常伴生于镍和铜的矿物中。制备：铂在电解精炼镍和铜的过程中富集分离，或加热分解氯铂酸铵制得。用途：常用作化学反应中的催化剂。在实验室中，用铂丝作电极，也被制作成铂坩埚用于热重分析。铱铂合金的物理、化学性质非常稳定，曾被用于制造国际标准米尺和国际千克原器。可用于制作珠宝、电线、热电偶、耐腐蚀设备、高温熔炉，也用于牙科、军事、航天、催化剂、石化、燃料电池等领域。

金（gold） 俗称"黄金"。CAS号7440-57-5。元素符号Au，原子序数79，原子量196.97。金黄色有光泽、致密、具有极佳柔韧性和延展性的金属。熔点1064.2℃，沸点2856℃，密度19.30 g/cm³。具有非常好的导热和导电能力。在高温下也不会与空气和水发生反应。不溶于大多数酸，但与硒酸反应，可溶于王水，溶于含氰化物的碱性溶液。可以和卤素反应，还可以和汞、碱金属、铂系元素等形成合金。常见的氧化态为＋1和＋3。在自然界中大都以游离态存在，通常伴生于石英、黄铁矿矿脉中。制备：通过氰化处理富集后熔融制得，高纯金可通过电解获得。用途：大量用于制造珠宝、耐腐蚀导电材料、电气触点、有色玻璃等，可用于电子工业、电镀、医疗、红外屏蔽、摄影、装饰、催化等领域。

汞（mercury） CAS号7439-97-6。元素符号Hg，原子序数80，原子量200.59。银白色重质液态金属，剧毒！熔点-38.8℃，沸点356.6℃，密度13.546 g/mL。是一种不良的导热体，但有良好的导电性。可与多种金属形成合金，称之为"汞齐"。汞不与大多数酸反应，但可与氧化性酸反应，可与硫、硫化氢反应。可通过呼吸系统、消化系统以及表皮吸收，并在人体中富集产生累积毒性。主要矿物有朱砂、氯硫汞矿、硫锑汞矿等。制备：加热令硫化汞分解得到。用途：可用于制造温度计、气压计、压力计、扩散泵、荧光灯、杀虫剂、电池、浮阀、继电器、药物等，广泛用于多种金属冶炼、电子电器、医疗和科研等领域。由于环保和健康要求，汞的很多应用正在逐渐淘汰。

铊（thallium） CAS号7440-28-0。元素符号Tl，原子序数81，原子量204.38。灰白色软性金属。铊及含铊化合物极毒！熔点304℃，沸点1473℃，密度11.85 g/cm³。在空气中可形成一层厚的氧化膜，还可与水反应，易溶于稀硝酸、稀硫酸，微溶于氢卤酸，不溶于碱溶液。自然界中矿物有硒铊铜银矿、红铊矿、硫砷铊铅矿等，也伴生于黄铁矿中。制备：通常从处理重金属硫化物矿的副产物中得到，或从炼铅或锌的矿渣中获得。用途：可用于电子电器、特种玻璃、医疗、高温超导等领域。

铅（lead） CAS号7439-92-1。元素符号Pb，原子序数82，原子量207.2。青白色软质可锻性金属，具有很高的毒性！熔点327.5℃，沸点1749℃，密度11.35 g/cm³。在潮湿的空气中可形成一层成分复杂的钝化层，极细的铅粉会自燃。不溶于水、稀盐酸和硫酸，可溶于硝酸、热的浓硫酸、乙酸和碱液。其毒性几乎会影响人体所有的器官。主要矿物有方铅矿和白铅矿。制备：将矿物焙烧成氧化物，用焦炭还原得到粗铅，再经电解精炼提纯而得。用途：可用于制造铅酸电池、X射线屏蔽材料、合金、颜料等。

铋（bismuth） CAS号7440-69-9。元素符号Bi，原子序数83，原子量208.98。略呈粉色的白色脆性有光泽金属。熔点271.4℃，沸点1564℃，密度9.79 g/cm³。具有很低的导热系数和很高的电阻，液态时的密度大于固态。在空气中会形成一层五颜六色的氧化层。在室温下比较稳定，红热条件下可与水反应放出氢气，可溶于硝酸和浓硫酸，有氧气的条件下可溶于盐酸，可与硫、卤素化合。主要矿物有辉铋矿和铋华。制备：工业上是从炼制铅、钨和铜的副产物中提取，用炭和铁高温下还原得到，还可湿法或干法精炼制得。用途：大量用于制造焊料，还可用于制造化妆品、颜料、电子元件、合金、药物等。

钋（polonium） CAS号7440-08-6。元素符号Po，原子序数84，原子量209。银白色软质金属，具有放射性！熔点254℃，沸点962℃，密度9.20 g/cm³。在暗处可发光，有简单立方α相和斜方β相两种变体。钋-210具有很强的挥发性，55℃下45小时可挥发一半。钋在空气中可缓慢生成黄色的氧化膜，可溶于无机酸，微溶于水，难溶于稀的氢氧化钾。不易与氢反应，加热条件下可与卤素反应，可与铍、钠、钙、镍、锌、铂、汞、铅等生成钋化物。半衰期很短，导致其在自然界中很稀有，在铀矿中有微量的储存。制备：曾通过处理大量提取过镭的残留物得到过微量的钋，现在主要靠人工核反应得到。用途：可用于制造α射线源、钋-铍中子源等，主要用于科研领域。

砹（astatine） CAS号7440-68-8。元素符号At，原子序数85，原子量210。单质化学式At₂。熔点302℃。具有放射性！所有同位素的半衰期都很短，宏观尺寸的砹样品会因其放射性产生的热量而蒸发，因此其很多物理、化学性质尚不清楚。砹是最稀有的天然元素，目前主要通过人工核反应得到。

氡（radon） CAS号10043-92-2。元素符号Rn，原子

序数 86，原子量 222。无色无臭无味气体，具有放射性！熔点 - 71℃，沸点 - 61.7℃，密度 9.73 g/L（气态）、4.4^{-62} g/mL（液态）。可溶于水、二硫化碳、乙醇、乙醚。化学性质稳定。最重要、寿命最长的同位素氡-222，半衰期 3.8 天，可放出 α 粒子。是稀有气体，自然界中由镭、钍等元素的衰变不断产生，在土壤、泉水和岩石中广泛存在。吸入高浓度的氡会导致肺癌！制备：将提炼过的铀矿副产物用低浓度的盐酸或氢溴酸处理，再分离所得气体得到。用途：用于放射科学、放射性元素检测等领域。

钫（francium）　CAS 号 7440-73-5。元素符号 Fr，原子序数 87，原子量 223。具有放射性！已发现 36 种同位素。熔点 27℃，密度 2.48 g/cm^3。是最不稳定的天然元素之一，半衰期很短，可衰变成砹、镭和氡，目前尚无法获得达到可称量量级的样品。自然界中钫的丰度极低，铀或钍的矿物中有痕量钫存在。制备：通过人工核反应制得。用途：主要用于科学研究。

镭（radium）　CAS 号 7440-14-4。元素符号 Ra，原子序数 88，原子量 226。银白色有光泽金属，具有放射性！已发现 36 种同位素。熔点 696℃，沸点约 1 140℃，密度 5 g/cm^3。暴露在空气中会变黑，失去光泽，可与水反应。可放出 α、β、γ 射线，与铍混合可放出中子。镭和含镭化合物具有荧光。吸入、注射或暴露于镭均会引起身体伤害或致癌！自然界中主要存在于铀矿和钍矿中。制备：从铀矿或核废料中提取。用途：用于放射性治疗、工业射线照相、荧光涂料、中子源、科学研究等领域。

锕（actinium）　CAS 号 7440-34-8。元素符号 Ac，原子序数 89，原子量 227。银白色软质金属，具有放射性！暗处可放出蓝光。已发现 34 种同位素。熔点 1 050℃，沸点 3 198℃，密度 10.07 g/cm^3。在潮湿空气中可快速氧化，可与卤素作用，化学性质类似镧系元素。在铀矿物中有痕量的锕存在。制备：可从铀矿中提取，还可通过用中子照射镭-226 制得。用途：由于其稀缺性、高价格和放射性，目前没有工业应用，主要用于科学研究。

钍（thorium）　CAS 号 7440-29-1。元素符号 Th，原子序数 90，原子量 232.04。银色柔软的可锻性金属，具有放射性！已发现 30 种同位素。熔点 1 750℃，沸点 4 788℃，密度 11.72 g/cm^3。具有很好的稳定性，其金属光泽在空气中可保持数月，氧化后颜色会变灰直至黑色。物理性质与其所含氧化物杂质含量有关。粉末状钍金属可以自燃，在空气中加热钍丝会强烈燃烧并发出白光。丰度大约为铀的三倍，与铅和钼相当。主要矿物有钍石、钍铀矿和独居石等。制备：通常是提炼其他金属时的副产物，用钙还原氧化钍，用碱金属还原四氯化钍，用钙还原四氯化钍与无水氯化锌的混合物，或电解无水氯化钍、氯化钠和氯化钾的熔融混合物等方法制得。用途：可用于制造钍镁合金、白炽灯、电子元件、高品质镜头、催化剂等。由于其放射性，钍已退出日常应用领域。钍-232 可做射线源使用。

镤（protactinium）　CAS 号 7440-13-3。元素符号 Pa，原子序数 91，原子量 231.04。银灰色致密金属，具有强放射性和毒性！已发现 28 种同位素。熔点 1 572℃，沸点 4 027℃，密度 15.37 g/cm^3。易与氧气、水蒸气和无机酸反应，可与卤素形成多种卤化物。常见氧化态为 +4、+5。可与很多金属形成二元金属氧化物。非常稀有，痕量存在于铀矿中。制备：曾主要从铀矿中提取，现主要作为钍裂变的中间产物得到。用途：由于其稀缺性、放射性及毒性，目前没有工业应用，主要用于科学研究。

铀（uranium）　CAS 号 7440-61-1。元素符号 U，原子序数 92，原子量 238.03。银白色重质金属。铀及含铀化合物均有毒且具有放射性！已发现 23 种同位素。熔点 1 135℃，沸点 4 131℃，密度 19.1 g/cm^3。硬度稍低于钢，具有可延展性和轻微的顺磁性。有三种同素异形体，常温下为 α 相，688℃ 以上转化为 β 相，776℃ 以上转化为 γ 相。可与冷水反应，可溶于酸，但不溶于碱，几乎可以和所有的非金属元素化合。粉末状铀可在空气中自燃。天然铀 1 小时便可使底片曝光。铀的丰度和钼、砷相近。矿物有沥青铀矿、钒钾铀矿、钙铀云母、硅钙铀矿等。制备：用碱金属或碱土金属还原铀的卤化物，用钙、氯或炭高温下还原铀的氧化物，将五氟合铀酸钾或四氟化铀溶于氯化钙和氯化钠的熔融混合物中进行电解得到，高纯铀可通过卤化铀在炽热灯丝上分解得到。用途：铀-235 是唯一一种天然可裂变材料，广泛用于核能和核武器领域。铀-238 占天然铀 99% 以上，半衰期为 4.46×10^9 年，可用于测定火成岩的年代，还可通过核反应制造钚。

镎（neptunium）　CAS 号 7439-99-8。元素符号 Np，原子序数 93，原子量 237。银白色硬质金属，具有放射性！已发现 23 种同位素。熔点 644℃，沸点 4 174℃，密度 20.25 g/cm^3。有三种同素异形体，室温下为正交晶系的 α 型，260℃ 以上转化为四方晶系的 β 型，600℃ 以上转化为立方晶系的 γ 型。较活泼，在空气中可形成一层氧化膜，高温下会加速氧化。可与氢、碳、氮、氧、硫、卤素等元素化合。在溶液中可表现出从 +3 到 +7 多种化合价，并呈现多种颜色。自然界铀矿中通过铀的嬗变形成痕量的镎。制备：目前主要以人工核反应制钚过程中的副产物形式得到，金属镎可用锂或钡在高温下还原三氟化镎制得。用途：可作为生产钚的前驱体。镎-237 可用于制造检测高能中子的设备。

钚（plutonium）　CAS 号 7440-07-5。元素符号 Pu，原子序数 94，原子量 244。银白色金属，具有放射性，有毒！已发现 19 种同位素。熔点 640℃，沸点 3 228℃，密度 19.84^{20} g/cm^3。较活泼，在空气中会因氧化而呈黄色，粉状钚可自燃。可溶于盐酸、氢碘酸和高氯酸，可与碳、氮、硅、卤素化合。稍大体积的钚因 α 衰变产生的能量足以使水沸腾。有六种同素异形体，密度范围在 16.00 ～

$19.86\,g/cm^3$ 之间。自然界中有痕量的锫存在于铀矿中。制备：目前主要通过人工核反应制得，金属锫可用碱金属还原三氟化锫制得。用途：可用于核武器和核能领域。

镅（americium） CAS 号 7440-35-9。元素符号 Am，原子序数 95，原子量 243。银白色可锻性金属，具有极强的放射性！已发现 17 种同位素。熔点 1 176℃，沸点 2 011℃，密度 12 g/cm^3。有两种同素异形体，六方密堆积的 α 型和面心立方的 β 型，常温、5 GPa 条件下 α 型会转变为 β 型。镅在空气中会氧化变暗，易溶于酸，可与硼、硅、氮族元素、氧族元素、卤素等化合，表现出从 +3 到 +7 多种化合价。制备：镅是人工合成元素，从中子轰击钚的衰变产物中获得。金属镅可用钡蒸气还原三氯化镅或用镧还原二氧化镅制得。用途：用于制造测厚仪、温度计、离子型烟雾报警器、中子源等，还可用于制造其他元素以及用于放射医学领域。

锔（curium） CAS 号 7440-51-9。元素符号 Cm，原子序数 96，原子量 247。硬质、致密的银白色金属，具有极强的放射性！已发现 16 种同位素，其中锔-247 最稳定。熔点 1 345℃，密度 13.51 g/cm^3。有 α 和 β 两种同素异形体。可与氧反应生成多种氧化物，易溶于酸，还可与氮族元素、硫族元素、卤素等化合。自然界中从未检测到锔。制备：通过人工核反应制得。金属锔用锂或钡还原三氟化锔得到。用途：主要用于科学研究。锔-242 可用于制造锫，锔-244 可作为 α 射线源。

锫（berkelium） CAS 号 7440-40-6。元素符号 Bk，原子序数 97，原子量 247。银白色软质金属，具有放射性！已发现 13 种同位素。熔点 996℃，密度 14 g/cm^3（估计值）。锫-247 有 α 和 β 两种同素异形体。化学性质活泼，可与氧、硫、卤素化合。可在骨骼中累积。制备：通过人工核反应制得，微量金属锫可用锂还原三氟化锫得到。用途：主要用于科学研究。

锎（californium） CAS 号 7440-71-3。元素符号 Cf，原子序数 98，原子量 251。银白色软质金属，具有放射性！已发现 20 种同位素。熔点 900℃，沸点 3 228℃（估计值），密度 15.1 g/cm^3。较活泼，暴露在空气中会氧化，水汽或加热可加速氧化过程，易溶于酸，可与氢、氮、卤素化合。制备：通过人工核反应制得，微量金属锎可用锂还原三氟化锎得到。用途：可作为强中子源，主要用于科学研究。

锿（einsteinium） CAS 号 7429-92-7。元素符号 Es，原子序数 99，原子量 252。银白色金属，具有极强的放射性！已发现 19 种同位素。熔点 860℃（估计值）。化学性质活泼，可与氧、卤素化合。寿命最长的同位素为锿-254，半衰期为 276 天，可用于生产超重元素。制备：经长时间辐照钚-239 制得。用途：用于科学研究。

镄（fermium） CAS 号 7440-72-4。元素符号 Fm，原子序数 100，原子量 257。具有放射性！人造元素，已发现 20 种同位素，其中寿命最长的同位素为镄-257，半衰期为 100.5 天。制备：通过用中子轰击较轻的锕系元素制得。用途：主要用于科学研究。

钔（mendelevium） CAS 号 7440-11-1。元素符号 Md，原子序数 101，原子量 258。具有放射性！人造元素，溶液中稳定价态为 +2。制备：通过人工核反应制得。用途：主要用于科学研究。

锘（nobelium） CAS 号 10028-14-5。元素符号 No，原子序数 102，原子量 259。具有放射性！人造元素，溶液中稳定价态为 +2。制备：通过人工核反应制得。用途：主要用于科学研究。

铹（lawrencium） CAS 号 22537-19-5。元素符号 Lr，原子序数 103，原子量 259。具有放射性！人造元素，溶液中稳定价态为 +3。制备：通过人工核反应制得。用途：主要用于科学研究。

𬬻（rutherfordium） CAS 号 53850-36-5。元素符号 Rf，原子序数 104，原子量 261。具有放射性！人造元素。制备：通过人工核反应制得。用途：主要用于科学研究。

𬭊（dubnium） CAS 号 53850-35-4。元素符号 Db，原子序数 105，原子量 262。具有放射性！人造元素。制备：通过人工核反应制得。用途：主要用于科学研究。

𬭳（seaborgium） CAS 号 54038-81-2。元素符号 Sg，原子序数 106，原子量 266。具有放射性！人造元素。制备：通过人工核反应制得。用途：主要用于科学研究。

𬭶（bohrium） CAS 号 54037-14-8。元素符号 Bh，原子序数 107，原子量 264。具有放射性！人造元素。制备：通过人工核反应制得。用途：主要用于科学研究。

𬭳（hassium） CAS 号 54037-57-9。元素符号 Hs，原子序数 108，原子量 277。具有放射性！人造元素。制备：通过人工核反应制得。用途：主要用于科学研究。

鿏（meitnerium） CAS 号 54038-01-6。元素符号 Mt，原子序数 109，原子量 268。具有放射性！人造元素。制备：通过人工核反应制得。用途：主要用于科学研究。

𫟼（darmstadtium） CAS 号 54083-77-1。元素符号 Ds，原子序数 110。具有放射性！人造元素。制备：通过人工核反应制得。用途：主要用于科学研究。

𬬭（roentgenium） CAS 号 54386-24-2。元素符号 Rg，原子序数 111。具有放射性！人造元素。制备：通过人工核反应制得。用途：主要用于科学研究。

鿔（copernicium） CAS 号 54084-26-3。元素符号 Cn，原子序数 112。具有放射性！人造元素。制备：通过人工核反应制得。用途：主要用于科学研究。

鿭（nihonium） CAS 号 54084-70-7。元素符号 Nh，原子序数 113。具有放射性！人造元素。制备：通过人工核反应制得。用途：主要用于科学研究。

铁（flerovium）　CAS 号 54085-16-4。元素符号 Fl，原子序数 114。具有放射性！人造元素。制备：通过人工核反应制得。用途：主要用于科学研究。

镆（moscovium）　CAS 号 54085-64-2。元素符号 Mc，原子序数 115。具有放射性！人造元素。制备：通过人工核反应制得。用途：主要用于科学研究。

鉝（livermorium）　CAS 号 54100-71-9。元素符号 Lv，原子序数 116。具有放射性！人造元素。制备：通过人工核反应制得。用途：主要用于科学研究。

础（tennessine）　CAS 号 54101-14-3。元素符号 Ts，原子序数 117。具有放射性！人造元素。制备：通过人工核反应制得。用途：主要用于科学研究。

氭（oganesson）　CAS 号 54144-19-3。元素符号 Og，原子序数 118。具有放射性！人造元素。制备：通过人工核反应制得。用途：主要用于科学研究。

氢　化　物

氢化锂（lithium hydride）　CAS 号 7580-67-8。化学式 LiH，分子量 7.95。白色晶体，见光很快变暗，工业品常为灰色。熔点 688.7℃，密度 $0.78\ g/cm^3$。为典型的类盐氢化物。可溶于醚，不溶于苯、甲苯。常温下在干燥空气中稳定，高温下会分解。块状较粉状稳定，粉状者与潮湿空气接触能着火。遇水分解生成氢氧化锂和氢气。在高温下和氧气、氯气反应生成相应的氧化物、氯化物。与氮气反应生成酰胺、亚胺或氮化物。能和许多无机卤化物反应，如在乙醚中与氯化铝反应生成氢化铝锂。制备：可由熔融锂与氢气反应制得。用途：可用作还原剂、缩合剂、烷基化试剂、干燥剂、氢气发生剂等，还可作储氢材料。氢化锂中的氘化锂是氢弹中聚变的氘元素的来源。

氢化铍（beryllium hydride）　CAS 号 7787-52-2。化学式 BeH_2，分子量 11.03。白色无定形固体。熔点 250℃，密度 $0.65\ g/cm^3$。固体氢化铍以 $(BeH_2)_n$ 形式存在，结构类似乙硼烷，两个铍原子之间形成氢桥键。不溶于乙醚和甲苯，遇水缓慢分解产生氢气，遇稀酸可快速产生氢气。加热至 200℃以上会分解为铍和氢。制备：由热解二叔丁基铍制得，也可用氢化铝锂与二甲基铍反应，或由硼氢化铍与三苯基膦反应制得。用途：用作异丁烯和苯乙烯聚合的接触催化剂，也可用作固态火箭发动机燃料。

氢化钠（sodium hydride）　CAS 号 7646-69-7。化学式 NaH，分子量 24.00。银白色针状晶体，通常略呈灰色。密度 $1.396\ g/cm^3$。具有和氯化钠相同的立方晶体结构。不溶于二硫化碳、四氯化碳和苯。常压下加热至 425℃时分解产生氢气。遇水分解为氢氧化钠和氢气，反应剧烈甚至起火。与液氨反应生成氨基钠并放出氢气。应密封保存，避免接触潮湿空气。制备：由熔融态金属钠与氢气反应制得。用途：是制备硼氢化钠的原料，还可用作还原试剂、聚合催化剂、加氢剂等。

氢化镁（magnesium hydride）　CAS 号 7693-27-8。化学式 MgH_2，分子量 26.32。无色晶体或灰白色粉末。密度 $1.45\ g/cm^3$。不溶于一般有机溶剂。易与水反应生成氢气。与甲醇反应生成二甲醇镁和氢气。在空气中能自燃。真空中 280℃以上分解，有强烈刺激性。制备：以碘化镁为催化剂，由金属镁和氢气在高温高压下反应制得，或在真空中热解二乙基镁制得。用途：可用作强还原剂，还可作为储氢材料。

氢化铝（aluminum hydride）　CAS 号 7784-21-6。化学式 AlH_3，分子量 30.01。白色晶体。密度 $1.48\ g/cm^3$。溶于乙醚。暴露在空气中能自燃，遇水或酸反应生成氢气并放热引起燃烧。与氧化剂强烈反应，比氢化铝锂活泼。160℃以上分解。制备：由氢化铝锂与无水氯化铝在四氢呋喃中反应制得。用途：用作还原剂、聚合催化剂等。

四氢化硅（silicon tetrahydride）　亦称"甲硅烷"。CAS 号 7803-62-5。化学式 SiH_4，分子量 32.12。常温常压下为有恶臭的无色气体，有毒！熔点 -185℃，沸点 -112℃，密度 1.44 g/L。分子结构为四面体形，不溶于乙醇、乙醚、氯仿、苯、四氯化硅。极易自燃，在空气或卤素中发生爆炸性燃烧。约 400℃时热解得到超纯硅。在纯水中比较稳定，但是在碱性水溶液中迅速分解。属强还原剂，可令许多重金属盐溶液中析出重金属。制备：可由硅化镁和氯化氢反应，或在高压下用铝和氢气还原二氧化硅，或经分解三氯硅烷制得。用途：主要作为生产高纯硅的中间产物。

氢化钾（potassium hydride）　CAS 号 7693-26-7。化学式 KH，分子量 40.11。白色针状晶体或灰黑色粉末。密度 $1.47\ g/cm^3$。不溶于乙醚、二硫化碳、液氨。与水激烈反应放出氢气。加热分解。高温下与氨气反应。与卤素、酸发生反应。可从金属氧化物中将金属还原出来。有强还原性和腐蚀性。通常保存于矿物油中。制备：由钾与氢气直接作用制得。用途：用作还原剂、有机合成的缩合剂及烷基化试剂。

氢化钙(calcium hydride)　CAS 号 7789-78-8。化学式 CaH_2,分子量 42.09。白色或灰色固体。熔点 816℃(氢气气氛),密度 1.7 g/cm^3。不溶于二硫化碳,微溶于硫酸。遇湿气、水或酸类放出氢气,并能引起燃烧。与氧化剂、金属氧化物剧烈反应。具有还原性和强腐蚀性。制备:可由钙与氢气直接反应,或在钠存在下由干燥的氯化钙与氢气反应制得。用途:可作为还原剂、干燥剂、分析试剂、氢气发生剂,可用于粉末冶金、有机合成等领域。

氢化钪(scandium(III) hydride)　CAS 号 43238-07-9。化学式 ScH_3,分子量 47.98。不稳定,属于钪与氢形成的非计量比化合物中的一种。制备:低温下通过激光烧蚀方法制备,利用红外光谱鉴定。

氢化钛(titanium hydride)　CAS 号 7704-98-5。化学式 TiH_{2-x},为非计量比化合物,通常组成约为 $TiH_{1.95}$。灰色或黑色类金属粉末。密度约 3.76 g/cm^3。由氢原子占据钛晶体中的四面体空隙形成,且随着氢含量的不同会发生相变。不溶于水。300℃开始脱氢,直至钛完全熔化才会完全脱氢。不和空气及水作用,可被浓酸缓慢腐蚀,易和强氧化剂作用。制备:可由海绵钛和氢气高温反应,或在氢气中用氢化钙还原二氧化钛制得。用途:可作为真空吸气剂、加氢催化剂、储氢材料,还可用于粉末冶金、陶瓷等领域。

一氢化铁(iron(I) hydride)　CAS 号 15600-68-7。化学式 FeH,分子量 56.85。是一种自由基,仅在极端环境中才能检测到。如在低温稀有气体、冷恒星的大气层,或高于铁沸点的温度时以气体形式存在。

氢化亚铜(copper(I) hydride)　CAS 号 13517-00-5。化学式 CuH,分子量 64.55。红棕色固体。具有纤锌矿晶型。密度 6.38 g/cm^3。冷水中不溶,热水中分解,加热可分解出氢气。不稳定,60℃以上可燃烧,高于 105℃可爆炸。制备:由铜盐与次磷酸盐在硫酸存在下反应,或用氢化铝锂处理碘化亚铜的吡啶溶液制得。用途:与三苯基膦的加合物为斯瑞克试剂。

氢化镓(gallium(III) hydride)　亦称“镓烷”。CAS 号 13572-93-5。化学式 GaH_3,分子量 72.75。无色气体。平面三角形分子,对光敏感,无法获得纯品。两个单体共用两个氢可形成更稳定的二聚体,CAS 号 12140-58-8。化学式 Ga_2H_6,分子量 145.49。低温下为白色固体。熔点 -50℃。对空气和湿气敏感。0℃以上分解。制备:二聚体可由氢化镓锂还原氯化镓和三甲基硅烷的反应产物制取。用途:用于科学研究。

氢化锗(germanium hydride)　CAS 号 7782-65-2。化学式 GeH_4,分子量 76.67。常温常压下为具有刺激臭味的无色气体,有毒! 熔点 -165℃,沸点 -88.1℃,密度 3.40^0 g/L。四面体构型分子,属于最简单的锗的氢化物。不溶于水,可溶于次氯酸、液氨,微溶于热浓硫酸,能被硝酸分解。高度易燃。在 350℃左右几乎全部分解成元素锗和氢气。制备:用氢化试剂还原锗的化合物或用电化学方法制备。用途:可用于制取高纯锗。

氢化铷(rubidium hydride)　CAS 号 13446-75-8。化学式 RbH,分子量 86.48。无色针状晶体。密度 2.60 g/cm^3。在潮湿空气中可氧化燃烧,在水及酸溶液中分解。可与氯或氟发生反应并放出大量热。具有强还原性,加热至 300℃时分解。制备:高温下由铷和氢气直接反应制得。用途:可用作干燥剂、还原剂等。

氢化锶(strontium hydride)　CAS 号 13598-33-9。化学式 SrH_2,分子量 89.64。白色晶态粉末。密度 3.27 g/cm^3。在水和乙醇中分解。加热下可以与卤素、硫单质、氮气反应,加热其与氯酸盐、高氯酸盐、铬酸盐等固体氧化剂的混合物会发生爆炸。加热至 675℃时分解。制备:在氢气流中加热金属锶制得。用途:用作有机反应中的还原剂和缩合剂。

氢化锆(zirconium hydride)　CAS 号 7704-99-6。化学式 ZrH_2,分子量 93.24。灰黑色有金属光泽的粉末。密度 5.47 g/cm^3。溶于氢氟酸、浓酸。室温时在空气中稳定,不与氮、氨、一氧化碳等反应,能和氧、氯、干燥的氯化氢缓慢反应。100℃以上分解,300~600℃时着火。600℃以上与氧作用生成氧化物,能和氮、氨、一氧化碳、气相碳氢化物反应。赤热时分解为锆和氢。制备:可由金属锆在氢气流中加热,或氢化钙和金属锆在 600~1 000℃的氢气流中反应制得。用途:可作为还原剂、氢化作用催化剂、核减速剂、真空吸气剂、金属起泡剂、高纯分析试剂,可用于粉末冶金、制锆铜合金,可在陶瓷和金属表面制镀金属锆的薄膜。

氢化铌(niobium hydride)　CAS 号 13981-86-7。化学式 NbH,分子量 93.91。深灰色粉末。密度 6.6 g/cm^3。在 15 K 时具有超导性。不溶于盐酸、硝酸、稀硫酸、王水或碱,可溶于浓硫酸、氢氟酸。制备:在氢气流中加热金属铌粉末,或用金属钠还原氟化铌、氟化钾和氢氟酸的混合物制得。

氢化钯(palladium hydride)　为典型的间充型氢化物,氢填充在钯晶格空隙中形成非计量比合金。加热分解,在室温、阴暗条件下能与氯、溴、碘、氧等反应,能还原二氯化汞、三氯化铁、氯酸盐等。制备:可在氢气流中加热钯,然后冷却制得,或以钯做阴极电解稀硫酸而得。用途:用作加氢催化剂、化学试剂、储氢材料等。

氢化铟(indium trihydride)　亦称“甲铟烷”。化学式 InH_3,也可写作 $(InH_3)_n$。固体氢化铟为三维网状聚合结构,几乎不溶于任何溶剂。-90℃时会分解为铟氢合金和氢。具有路易斯酸性质,可与电子给体配体加成。制备:在熔化的金属铟上通入原子氢,在快速流动的系统中可短暂产生并观测到氢化铟单体。非挥发性的 $(InH_3)_n$

可从 InH_3 的乙醚溶液中沉积出来。

氢化锡（tin hydride）　亦称"甲锡烷"。CAS 号 2406-52-2。化学式 SnH_4，分子量 122.71。无色气体，剧毒！熔点 $-146℃$，沸点 $-52℃$。在室温下缓慢分解产生锡和氢气，与空气接触会起火。与锡、二氯化钙、五氧化二磷接触迅速分解。不与稀酸、稀碱作用，但能被浓酸、浓碱分解。具还原性，在溶液中能将硝酸银、氯化汞还原。制备：低温下用氢化锂铝在乙醚溶液中还原四氯化锡，或在真空低温下用硼氢化钾还原二氯化锡制得。用途：用作强还原剂。

氢化锑（antimony(III) hydride）　CAS 号 7803-52-3。化学式 SbH_3，分子量 124.78。无色恶臭气体，剧毒！熔点 $-88℃$，沸点 $-17℃$，密度 5.100^{25} g/L（气态）、2.204^{-17} g/cm³。分子为三角锥形，化学性质类似砷化氢。加热分解为氢气和锑，在容器壁上形成一层明亮的"锑镜"，"锑镜"溶于多硫化铵，不溶于次氯酸钠溶液，可以此来检验锑。室温下缓慢分解，200℃迅速分解为锑和氢，有爆炸趋势。易被氧气或空气氧化，不呈碱性，但可被氨基钠去质子化。制备：可由 Sb^{3+} 与含氢负离子的化合物反应制备，也可通过 Sb^{3+} 与质子型试剂（甚至水）反应制备，或用电解法制得。用途：可用于半导体工业等领域。

氢化铯（cesium hydride）　CAS 号 13772-47-9。化学式 CsH，分子量 133.91。白色立方系晶体。熔点 636℃，密度 3.42 g/cm³。面心立方结构。不溶于有机溶剂，溶于熔融的卤化物。湿气能使其完全分解，生成碱和氢。遇乙醇或酸分解。加热至 40℃分解。制备：高温下由金属铯和氢气直接反应制得。用途：可用作烯烃聚合中的催化剂，还可作强还原剂。

氢化钡（barium hydride）　CAS 号 13477-09-3。化学式 BaH_2，分子量 139.34。灰色晶体。熔点 675℃（分解），沸点 1 673℃，密度 4.16 g/cm³。在水中分解为氢氧化钡和氢气，也可被酸分解。在空气中易燃。在 675℃时分解。与卤酸盐、铬酸盐等固体氧化剂的混合物遇热或撞击容易爆炸。制备：由金属钡与氢气加热反应制得。用途：可作为有机反应中的还原剂、氢化剂，以及真空管除气剂。

氢化铋（bismuth hydride）　亦称"胫""甲铋烷"。CAS 号 18288-22-7。化学式 BiH_3，分子量 212.00。无色气体，有毒！沸点 16.8℃，密度 8.665 g/L。几乎不溶于水，水溶液碱性极弱，铋化氢不稳定，0℃以下会分解为铋和氢气。氢化铋可由马氏试砷法检测，"铋镜"不溶于多硫化铵和次氯酸。制备：由氢化铝锂还原 $BiCl_2Me$ 而产生甲基铋，再将甲基铋分解制得。用途：可做还原剂，还可用于合金制造。

氢化镧（lanthanum hydride）　CAS 号 13864-01-2。化学式 LaH_3，分子量 141.93。黑色固体。密度 5.36 g/cm³。面心立方结构，具有抗磁性，导电性能低于金属镧。可与水反应。空气中可自燃。制备：用金属镧与氢气加热反应制得。用途：可作为加氢催化剂、贮氢材料。

氢化铈（cerium trihydride）　CAS 号 13864-02-3。化学式 CeH_3，分子量 143.14。暗青色无定形粉末。密度 5.5 g/cm³。遇水分解，在潮湿空气及碱性溶液中也会分解，并放出氢。常温下在空气中燃烧生成铈的氧化物。具有强还原性。制备：在氢气流中加热金属铈制得。用途：用于催化、半导体等领域。

氢化铕（europium dihydride）　CAS 号 70446-10-5。化学式 EuH_2，分子量 153.98。正交系晶体粉末。磁矩接近于 Eu^{2+}，低温时转变为铁磁性。制备：用金属铕与氢气直接反应制得。用途：可作为储氢材料。

二氢化铅（lead hydride）　CAS 号 15875-18-0。化学式 PbH_2，分子量 209.21。灰色粉末。不稳定，受热分解。铅阴极在碱性或弱酸性溶液中通过高密度电流时，表面可因生成 PbH_2 而碎裂。制备：可将镁铅合金溶于稀酸，或用金属镁还原稀乙酸铅溶液制得。

氢化铀（uranium trihydride）　CAS 号 13598-56-6。化学式 UH_3，分子量 241.05。棕灰色或黑色粉末。密度 10.92 g/cm³。可导电。化学性质活泼，能与氮气、氧气、卤素反应，与水剧烈反应。400℃分解成很活泼的细粉末状铀。制备：通过块状铀和氢气加热反应制得。用途：可用于合成各种含铀化合物。

氢化镎（neptunium hydride）　包括两种，NpH_2 为面心立方晶系，NpH_3 为六方系晶体。在惰性气氛或真空中将氢化镎加热至 300℃以上，生成在空气中可自燃的粉末状镎。制备：由金属镎和氢气作用制得。

氢化铝锂（lithium aluminium hydride）　亦称"氢化锂铝""四氢铝锂"。CAS 号 16853-85-3。化学式 $LiAlH_4$，分子量 37.95。纯品为微晶白色粉末，当有金属铝杂质存在时为灰色粉末。密度 0.917 g/cm³。在干燥空气中稳定。对湿气和含质子的溶剂极为敏感，迅速反应并放出氢气。遇水立即发生爆发性的猛烈反应并放出氢气。溶于乙醚、四氢呋喃、二甲基溶纤剂，微溶于正丁醚，不溶或极微溶于烃类和二烷。还原性极强，可使醛、酮、酰氯、内酰胺、环氧化物、酯、羧酸、酰胺、腈、硝基、卤素等典型官能团还原。研磨时可着火燃烧。在干燥空气中室温下稳定。在 125℃分解为氢化锂、铝和氢。制备：可由氢化锂与氯化铝在乙醚中回流制得。用途：广泛用作还原剂、羰基化试剂，可用于制其他氢化物、药物、香料、精细化学品等，也可用作喷气燃料。

氢化镓锂（lithium gallium hydride）　化学式 $LiGaH_4$，分子量 80.69。白色晶体。在水中分解，溶于乙醚。加热时分解为金属镓、氢化锂和氢气。制备：可由氢化锂与氯化镓或溴化镓反应制得。

镓乙烷（gallium hydride）　化学式 Ga_2H_6，分子量 145.49。无色液体。熔点 $-21.4℃$，沸点 $139℃$。高于 $130℃$ 或在水、酸、碱中均分解。制备：先由 $(CH_3)_3Ga$ 和氢反应制得 $Ga_2(CH_3)_4H_2$，再与 $N(C_2H_5)_3$ 反应制得。

硼烷、硼化物、硼酸盐

二硼烷(6)（diborane(6)）　亦称"乙硼烷"。CAS 号 19287-45-7。化学式 B_2H_6，分子量 27.67。无色难闻气体。熔点 $-164.9℃$，沸点 $-87.55℃$，密度 $1.214 g/L$。易溶于二硫化碳、四氢呋喃。易燃，气温 $40℃$ 以上能自燃。在水中缓慢分解为硼酸。与氨作用生成二氨合二硼烷。可与许多含氮化合物形成配合物。与氢化钠（钾）反应生成硼氢化钠（钾）。与氟、氯、溴等卤素会剧烈反应。对橡胶和塑料具有腐蚀性。制备：可通过三氟化硼与氢化锂，或硼氢化钾与浓磷酸反应制得。用途：可用作烯烃聚合催化剂、橡胶硫化剂、还原剂、有机合成原料或高能燃料，还可用于生产高纯硼。

四硼烷(10)（tetraborane(10)）　亦称"丁硼烷"。CAS 号 18283-93-7。化学式 B_4H_{10}，分子量 53.32。无色难闻气体，有毒！熔点 $-120.8℃$，沸点 $16℃$，密度 $2.34 g/L$（气态）、$0.56^{-70} g/mL$（液态）。可水解为硼酸并放出氢气。可醇解为乙氧基硼。可与氨反应生成二氨合物。室温下不稳定，几小时内会分解，$100℃$ 以上分解更快。与空气、氧气、硝酸接触可燃烧。制备：可通过硼化镁水解、卤化硼加氢或乙硼烷热解制得。用途：可作为合成高级硼烷的原料。

五硼烷(9)（pentaborane(9)）　亦称"戊硼烷(9)"。CAS 号 19624-22-7。化学式 B_5H_9，分子量 63.13。无色有刺激性的黏稠液体，剧毒！熔点 $-46.6℃$，沸点 $60℃$，密度 $0.61 g/mL$。易溶于苯、乙醚、四氯化碳、二硫化碳。在空气中可很快燃烧，和空气混合在常温下也能起火，放置可引起爆炸。加热分解成硼、氢化硼、氢气。比同族其他化合物略稳定，$100℃$ 加热三天才能分解完。易引起急性中毒，对皮肤和黏膜有强烈刺激性，可经皮肤吸收引起中毒。制备：可由热解乙硼烷或 B_3H_7Br 制得。用途：曾用作火箭燃料。

六硼烷(10)（hexaborane(10)）　亦称"己硼烷(10)"。CAS 号 23777-80-2。化学式 B_6H_{10}，分子量 74.95。无色液体。熔点 $-62.3℃$，沸点 $108℃$，密度 $0.67 g/mL$。在 $25℃$ 下可缓慢分解。加热至 $72℃$ 时可被氧化。加热其水溶液会水解。制备：可由五硼烷(9)依次经溴、氢化钾、乙硼烷处理制得，或由酸与硼化镁反应制得。用途：可作强还原剂及高能燃料。

十硼烷(14)（decaborane(14)）　亦称"癸硼烷(14)"。CAS 号 17702-41-9。化学式 $B_{10}H_{14}$，分子量 122.22。白色晶体，剧毒！熔点 $99.7℃$，沸点 $213℃$，密度 $0.94 g/cm^3$。微溶于冷水，在热水中分解，溶于苯、己烷、甲苯、二硫化碳。室温比较稳定，在 $300℃$ 慢分解为硼和氢气，高温下可热解形成高聚物。遇热、火焰或与含氧、含卤溶剂接触会爆炸。制备：可通过热解乙硼烷得到。用途：可用作腐蚀抑制剂、燃料添加剂、发射药推进剂、防蠹剂、稳定剂和还原剂，还可用于聚合物合成。

溴化二硼烷（bromodiborane）　亦称"溴乙硼烷"。CAS 号 23834-96-0。化学式 B_2H_5Br，分子量 106.56。无色气体。熔点 $-104℃$，沸点约 $10℃$。与水作用生成偏硼酸、溴化氢和氢气。在氢气中加热发生可逆反应，生成乙硼烷和溴化氢。与钠汞齐反应生成四硼烷（B_4H_{10}）。受热分解。制备：可由乙硼烷和溴化氢以三溴化铝作催化剂在 $90℃$ 下反应，或由溴化硼和氢气的混合气在放电条件下反应，或将乙硼烷溶于三溴化硼制得。

硼嗪（borazole）　亦称"硼氮苯""间三氮三氮三硼环""三聚硼吖嗪"。CAS 号 6569-51-3。化学式 $B_3N_3H_6$，分子量 80.50。无色液体。熔点 $-58℃$，沸点 $55℃$，密度 $0.824^0 g/mL$。易水解。可溶于无水的非极性溶剂。可与水、甲醇和卤化氢形成加合物。暴露在光线下有爆炸的危险。在暗室内存储数月是稳定的。制备：可通过硼氢化钠处理三氯化硼与氯化铵的反应产物制得，或加热乙硼烷和氨的混合物制得。用途：可作为有机合成还原剂、聚合催化剂和加成催化剂等。

二硼化镁（magnesium diboride）　CAS 号 12007-25-9。化学式 MgB_2，分子量 45.93。黑色晶体。密度 $2.49\sim2.67 g/cm^3$。六方晶系，是一种插层型化合物，镁层和硼层交替排列。$800℃$ 分解。具有超导性。遇酸或水分解生成氢化硼。在有氧气或氧化剂存在时可彻底燃烧。制备：可由镁粉和硼粉加热反应制得。用途：可作为超导材料。

六硼化镁（magnesium hexaboride）　CAS 号 12008-22-9。化学式 MgB_6，分子量 89.17。黑色固体。可水解。真空中于 $1\,200℃$ 分解。熔点 $1\,100℃$（分解）。制备：可由氧化硼与金属镁作用制得。用途：可作为耐高温材料。

二硼化铝（aluminum diboride）　CAS 号 12041-50-8。化学式 AlB_2，分子量 48.60。赤铜色六方系晶体。密度 $3.19 g/cm^3$。属于铝的多种硼化物之一。可溶于稀盐酸,不溶于稀硫酸。920℃以上分解生成 AlB_{12}。制备:可通过加热硼和铝的混合物制得。用途:可用作中子吸收剂、辐射屏蔽材料等。

三硼化硅(silicon triboride)　化学式 SiB_3,分子量 60.52。黑色晶体。属于硅的多种硼化物之一。硬度在金刚石和红宝石之间。能导电。不溶于水。在热硝酸中缓慢反应,在热浓硫酸和熔融氢氧化钾中分解。高温下可与卤素作用。制备:可通过加热硼和硅的混合物制得。

六硼化硅(silicon hexaboride)　CAS 号 12008-29-6。化学式 SiB_6,分子量 92.95。黑色晶体。熔点 2 200℃,密度 2.47 g/cm³。属于硅的多种硼化物之一。硬度在金刚石和红宝石之间。能导电。不溶于水。在氯气和水蒸气中加热,表面能氧化。在沸腾硝酸中可直接被氧化。在熔融的氢氧化钾中不变,在热浓硫酸中则分解。制备:可通过硅和硼高温反应,然后经酸碱处理得到。用途:可用作磨料、工程陶瓷、耐高温材料、防氧化剂,可用于制造喷砂嘴、燃气轮机叶片、烧结件、密封件等。

六硼化钙(calcium hexaboride)　亦称"硼化物陶瓷"。CAS 号 12007-99-7。化学式 CaB_6,分子量 104.94。黑色粉末或晶体。熔点 2 235℃,密度 2.33 g/cm³,莫氏硬度 9。在空气中高温稳定。不与水反应,不溶于盐酸、氢氟酸、稀硫酸,能被氯、氧、硝酸、过氧化氢等强氧化剂所侵蚀,与碱缓慢反应。制备:可通过含碳物质高温下还原硼酸钙,或钙与硼的混合物加热制得。用途:可用作耐高温材料、炼铜脱氧剂、半导体材料、中子防护材料等。

二硼化钛(titanium diboride)　CAS 号 12045-63-5。化学式 TiB_2,分子量 69.49。灰色粉末、烧结体呈金属灰色。熔点 2 850℃,密度 4.52 g/cm³。属于钛的多种硼化物之一。不溶于水,可缓慢溶于硝酸和过氧化氢的混合物以及硫酸和硝酸的混酸,可被溴水分解。抗氧化温度大于 1 000℃。制备:可由硼和钛直接反应,或用碳还原二氧化钛与氧化硼的混合物制得。用途:可用于复合陶瓷、金属镀层、武器装甲等领域。

二硼化钒(vanadium diboride)　CAS 号 12007-37-3。化学式 VB_2,分子量 72.56。灰色晶体。熔点 2 450℃,密度 5.10 g/cm³。具有六方晶体结构,抗氧化温度达 1 000℃。不溶于水。制备:将硼和钒按计量比混合加热制得。用途:主要用作精细陶瓷原料粉,以及生产耐磨层、半导体薄膜。

一硼化铬(chromium monoboride)　CAS 号 12006-79-0。化学式 CrB,分子量 62.81。银白色正交系晶体。熔点为 1 550℃,密度 6.17 g/cm³,莫氏硬度 8.5。属于铬的多种硼化物之一。不溶于水和酸。溶于熔融的过氧化钠中。制备:可由加热金属铬和硼的混合物制得。制备:可用作冶金添加剂和耐高温材料等。

一硼化锰(manganese monoboride)　CAS 号 12045-15-7。化学式 MnB,分子量 65.75。灰白色粉状晶体。熔点 1 890℃,密度 6.2 g/cm³。属于锰的多种硼化物之一。可溶于酸。在潮湿空气中缓慢分解。制备:可通过计量比的锰和硼高温反应制得。用途:可作为抗氧化、抗侵蚀的添加剂,以及耐高温材料等。

二硼化锰(manganese diboride)　CAS 号 12228-50-1。化学式 MnB_2,分子量 76.56。灰紫色晶体。密度 6.9 g/cm³。具有强磁性。在水中分解。溶于酸生成氢气。100℃以下在强碱中缓慢溶解。制备:可通过 Mn_3C、氧化硼和炭高温反应,或加热氧化硼、铝和氧化亚锰的混合物制得。

一硼化铁(iron monoboride)　俗称"硼铁"。CAS 号 12006-84-7。化学式 FeB,分子量 66.66。灰白色晶体。含硼 12% ~ 18% 的硼铁合金,熔点 1 350 ~ 1 550℃,密度 5.8 ~ 6.5 g/cm³。属于铁的多种硼化物之一。具有类似陶瓷的硬度,以及类似金属的导热、导电性能。不溶于水。制备:可在高温下用铝还原氧化硼,然后与铁反应制得。用途:可用于金属表面的耐磨、耐腐蚀、抗氧化涂层,还可用于特种钢,铸造等领域。

一硼化钴(cobalt monoboride)　CAS 号 12006-77-8。化学式 CoB,分子量 69.74。棱柱状正交系晶体。熔点 1 460℃,密度 7.25 g/cm³。具有很强的磁性。遇水分解。溶于硝酸、王水。制备:将钴-硼合金溶于浓硝酸制得。用途:可作为耐腐蚀、耐磨镀层材料,耐高温材料,合成催化剂,还用于储氢、燃料电池。

一硼化镍(nickel monoboride)　CAS 号 12007-00-0。化学式 NiB,分子量 69.50。绿色固体。熔点 1 080℃,密度 7.39 g/cm³。属于镍的多种硼化物之一。溶于冷的王水、硝酸,部分溶于硫酸和磷酸,不溶于高氯酸。在干燥空气中稳定,在潮湿空气中特别是二氧化碳存在时迅速发生反应。灼热时可与氯气反应。与水蒸气灼热时生成氧化镍及硼酸。制备:可由氢气还原硫化镍和三氯化硼的混合物制得。

硼化二镍(dinickel boride)　CAS 号 12007-01-1。化学式 Ni_2B,分子量 128.20。黑色无定形粉末或颗粒。熔点 1 230℃。属于镍的多种硼化物之一,具有类铜铝尖晶石结构。制备:可由镍盐与硼氢化钠反应制得。用途:可作为加氢催化剂。

六硼化锶(strontium hexaboride)　CAS 号 12047-11-9。化学式 SrB_6,分子量 152.49。黑色晶态粉末。熔点 2 235℃,密度 3.39 g/cm³。不溶于冷水和热水及盐酸,可溶于硝酸。制备:可由硼酸锶、铝和炭高温反应制得。用途:可作为绝缘材料以及核反应堆控制棒。

二硼化锆(zirconium diboride)　CAS 号 12045-64-6。化学式 ZrB_2,分子量 112.80。灰色坚硬晶体。熔点 3 040℃,密度 5.8 g/cm³。硼与锆可形成一硼化锆、二硼

化锆和十二硼化锆,只有二硼化锆在很宽的温度范围内是稳定相,属六方晶系。具有良好的化学稳定性和耐熔融金属腐蚀性,耐酸性能一般。具有良好的耐磨、抗氧化的性能。制备:实验室内可用锆粉与硼粉反应制得,工业上常以氧化硼或碳化硼为硼源、二氧化锆为锆源、活性炭为还原剂高温反应制得。用途:主要用作复合陶瓷,可作为耐高温材料、高温保护材料、包裹材料、切削工具等。

硼化铌(niobium boride) CAS 号 12007-29-3。化学式 NbB_2,分子量 114.53。灰色六方系晶体。熔点 3 050℃,密度 6.97 g/cm^3。制备:可通过加热硼和铌的混合物制得。用途:主要用作精细陶瓷原料。

一硼化钼(molybdenum boride) CAS 号 12006-98-3。化学式 MoB,分子量 106.75。有两种晶型。α 型为四方系晶体,密度 8.77 g/cm^3,2 000℃ 以下稳定。β 型为正交系晶体,密度 10.1～10.7 g/cm^3,2 000℃ 以上稳定。制备:由硼酸钾和钼熔融电解制得。

二硼化钼(molybdenum diboride) CAS 号 12007-27-1。化学式 MoB_2,分子量 117.56。棱柱状晶体。熔点 2 100℃,密度 7.12 g/cm^3。在空气中加热可被氧化。制备:可由计量比的硼和钼混合烧结制得。用途:可用于制造切削工具。

硼化二钼(dimolybdenum boride) CAS 号 12006-99-4。化学式 Mo_2B,分子量 202.69。黄灰色四方系晶体。熔点 2 280℃,密度 9.26 g/cm^3,200℃ 以下稳定。制备:由碳高温还原氧化硼和氧化钼,或硼和钼直接加热制得。用途:可用作耐磨材料、半导体薄膜、合金添加剂等。

六硼化钡(barium hexaboride) CAS 号 12046-08-1。化学式 BaB_6,分子量 202.19。黑色立方系坚硬晶体。熔点 2 070℃,密度 4.36 g/cm^3。不溶于水和盐酸,可溶于硝酸。制备:可由钡与硼高温下反应,或用炭和铝粉高温还原偏硼酸钡制得。

六硼化镧(lanthanum hexaboride) CAS 号 12008-21-8。化学式 LaB_6,分子量 203.78。紫色立方系晶体粉末。熔点 2 210℃,密度 4.76 g/cm^3。计量比的化合物为紫色,硼过量时呈蓝色。不溶于水和盐酸。在真空下稳定。制备:粉体可由氧化镧、碳化硼还原法或电解法制得,单晶或多晶由镧和硼采用区域熔炼及热压烧结法制得。用途:可作为电子管阴极材料、耐高温材料、软 X 射线单色器、冶金添加剂等,可用于电子、冶金、雷达、航空、航天、医疗、等离子、核工业等领域。

四硼化铈(cerium tetraboride) 化学式 CeB_4,分子量 183.36。四面体晶体。密度 5.74 g/cm^3。制备:可通过金属铈与硼在真空高温下反应,或电解碱金属和碱土金属氯化物、氧化铈和氧化硼的熔融物制得。用途:可用作阴极发射材料,制核反应堆控制棒等。

六硼化铈(cerium hexaboride) CAS 号 12008-02-

5。化学式 CeB_6,分子量 204.98。钢蓝色立方系晶体。熔点 2 552℃,密度 4.80 g/cm^3。不溶于水、酸。制备:可由铈与硼在高温下反应制得。用途:可作为阴极发射材料,用于电子显微镜、微波管、X 射线管、电子束焊接、自由电子激光器等领域。

二硼化钽(tantalum diboride) CAS 号 12007-35-1。化学式 TaB_2,分子量 202.57。灰色类金属粉末。熔点 3 000℃,密度 11.15 g/cm^3。不溶于酸或碱。制备:可通过真空高温下烧结钽和硼制得。用途:可作为溅射靶材用于制备耐磨层或半导体薄膜。

一硼化钨(tungsten monoboride) CAS 号 12007-09-9。化学式 WB,分子量 194.65。灰色立方系或正交系晶体粉末。熔点 2 665℃,密度 15.2 g/cm^3。不溶于水和盐酸,加热时可被硫酸或硝酸侵蚀,易溶于王水。制备:可由钨和硼的混合物熔融反应,或用氢气还原三氯化硼和六氯化钨的混合物制得。

硼化钨(tungsten boride) 钨的硼化物。有多种。硼化二钨,CAS 号 12007-10-2,化学式 W_2B,分子量 378.49。黑色粉末。熔点 2 740℃,密度 16.0 g/cm^3。二硼化钨,CAS 号 12228-69-2,化学式 WB_2,分子量 205.46。黑色固体。熔点 2 900℃,密度 10.77 g/cm^3。五硼化二钨,CAS 号 12007-98-6,化学式 W_2B_5,分子量 421.74。黑色粉末。熔点 2 365℃,密度 11.0 g/cm^3。均不溶于水,溶于浓酸和王水。有导电性。室温下不被氧化。可与氟剧烈反应,加热可与碳生成碳化物。制备:五硼化二钨可通过真空中加热三氧化钨、石墨与碳化硼的化合物制得。其余的硼化钨可由计量比的钨和硼加热制备。用途:可作为耐高温材料、耐磨材料、陶瓷原料、半导体薄膜等。

四硼化钍(thorium tetraboride) CAS 号 12007-83-9。化学式 ThB_4,分子量 275.28。四方系柱状晶体。密度 7.51 g/cm^3。不溶于水,溶于硝酸、盐酸和热硫酸。制备:由计量比的钍和硼经高温反应而得。

六硼化钍(thorium hexaboride) CAS 号 12229-63-9。化学式 ThB_6,分子量 296.90。紫黑色固体。熔点 2 195℃,密度 6.415 g/cm^3。不溶于水、硫酸、盐酸、氢氟酸和碱溶液,溶于硝酸。制备:可由计量比的钍与硼粉体在惰性气氛中高温反应制得。

二硼化铀(uranium diboride) CAS 号 12007-36-2。化学式 UB_2,分子量 259.65。熔点 2 300℃。属于铀的几种硼化合物之一,六方系晶体,硬度很高。不溶于水、酸或碱溶液。化学性质稳定。制备:由硼和铀直接反应制得。

硼酸(boric acid) 亦称"正硼酸""原硼酸"。CAS 号 10043-35-3。化学式 H_3BO_3,分子量 61.83。白色粉末状或鳞片状带光泽晶体。熔点 184℃(分解),密度 1.435 g/cm^3。溶于水、乙醇、甘油、醚类及香精油,水溶液呈弱酸性。无气味,味微酸苦后带甜,与皮肤接触有滑腻感。露置空气中无变化,能随水蒸气挥发。加热可逐步脱水得到偏硼酸、焦硼酸、三氧化硼。与强碱中和得到偏硼酸盐,与弱碱中和得到四硼酸盐。制备:可由硫酸或盐酸与硼砂溶液反应,或用盐酸分解方硼石制得。用途:是制备各种硼化物的重要原料。可用作缓冲剂、抑菌防腐剂、防火剂及消毒剂等。广泛用于玻璃、搪瓷、陶瓷、釉料、珐琅、医药、冶金、皮革、染料、农药、肥料、纺织、电镀等领域。

硼酸锌(zinc borate)　CAS 号 27043-84-1。化学式 $3ZnO \cdot 2B_2O_3$,分子量 383.47。白色无臭三斜系晶体或无定形粉末。熔点 980℃,密度 4.22 g/cm³(晶体)、3.04 g/cm³(粉末)。微溶于水,晶体不溶于酸,无定形体溶于酸。制备:可在 500～1 000℃下由氧化锌与氧化硼相互作用,或用硼酸溶液处理氧化锌制得。用途:可用作橡胶补强剂、阻燃剂、杀菌剂、消毒剂、陶瓷助熔剂,还可用于制催化剂、医药品等。

碱式正硼酸铍(beryllium basic borate)　化学式 $Be_2(OH)BO_3$,分子量 93.84。正交系晶体。密度 2.35 g/cm³。存在于天然硼铍石中。用途:可用于提取金属铍、单质硼。

三硼酸锂(lithium triborate)　亦称"LBO 晶体"。CAS 号 12007-41-9。化学式 LiB_3O_5,分子量 152.00。无色透明正交系晶体。熔点 834℃,密度 2.48 g/cm³,莫氏硬度 6。具有良好的化学稳定性及抗潮解性。具有较宽的透光范围,较大的非线性光学系数,高的光损伤阈值。制备:以碳酸锂和硼酸为原料,用高温溶液法可生长出光学质量的单晶。用途:可用于制造激光器器件。

四硼酸锂(lithium tetraborate)　亦称"焦硼酸锂"。CAS 号 12007-60-2。化学式 $Li_2B_4O_7$,分子量 169.12。白色晶态粉末。熔点 917℃,密度 2.89 g/cm³。可溶于水,不溶于乙醇及其他有机溶剂。通常为五水合物。制备:可由氢氧化锂和硼酸熔融制得。用途:可用于瓷釉、润滑油、锂电池、X 射线荧光分析等领域。

四硼酸钠(sodium tetraborate)　俗称"硼砂"。CAS 号 1330-43-4。化学式 $Na_2B_4O_7$,分子量 201.22。无色透明硬块或白色粉末。熔点 741℃,沸点 1 575℃,密度 2.367 g/cm³,折射率 1.501 0。有吸湿性,露置空气中色泽变暗。在潮湿空气中形成一部分水合物。微溶于水,溶液呈强碱性。其五水合物俗称"焦硼酸钠",为无色立方或六方晶体,易潮解,熔点 120℃,密度 1.815 g/cm³,折射率 1.461,溶于水。其十水合物俗称"硼酸钠""十水硼酸钠",无色无味硬质结晶或白色透明单斜系柱晶或颗粒结晶粉末,熔点 75℃,沸点 320℃,密度 1.73 g/cm³,折射率 1.447、1.469、1.472,在干燥空气中风化,易溶于水、甘油,不溶于醇,水溶液对石蕊和酚酞均呈碱性反应,加热到 100℃失去 5 个结晶水,150℃失去 9 个结晶水,320℃变成无水盐。许多金属氧化物溶于熔融的硼砂后常呈现特征

的颜色,称为"硼砂珠实验",可用于一些金属离子的鉴定。制备:由碳酸钠与硼酸作用可制得四硼酸钠;由热的饱和硼砂溶液中通入干燥空气,数日后沉淀可制得其五水合物;由氢氧化钠溶液加热分解硼镁矿可制得其十水合物。用途:可用于制硼酸、硼酐、珐琅、防腐剂、缓冲剂、特种光学玻璃、瓷釉、搪瓷,用作织物防水剂、木材防火剂、分析试剂、药物等。

硼砂　即"四硼酸钠"。

四硼酸钾(potassium tetraborate)　亦称"焦硼酸钾"。CAS 号 12045-78-2。化学式 $K_2B_4O_7 \cdot 4H_2O$,分子量 305.50。白色粉末。密度 1.92 g/cm³。溶于水,极易溶于热水。水溶液呈碱性,慢慢受热失水变成玻璃状,微溶于醇。受热分解。制备:可由碳酸钾与硼酸作用制得。用途:可用作试剂和焊接剂、消毒剂,还可用于搪瓷工业。

四硼酸钙(calcium tetraborate)　CAS 号 12007-56-6。化学式 CaB_4O_7,分子量 195.32。玻璃体,六水合物为白色粉末。熔点 986℃。能溶于热水或稀酸。制备:可通过共熔氧化钙、硼酸、氯化钠、氯化钾的混合物制得。用途:可作为重金属冶炼的熔化剂、防腐剂、收敛剂等。

四硼酸锶(strontium tetraborate)　亦称"硼酸锶"。CAS 号 12007-66-8。化学式 SrB_4O_7,分子量 242.86。白色粉末。不溶于水,溶于硝酸和铵盐溶液中。制备:可由碳酸锶和硼酸高温反应制得。用途:可作为非线性光学材料。

四硼酸银(disilver tetraborate)　亦称"二水合四硼酸银"。CAS 号 12271-95-3。化学式 $Ag_2B_4O_7 \cdot 2H_2O$,分子量 407.01。白色晶体。不稳定。溶于酸、氨水及氰化铵溶液,微溶于水。加入硼酸则溶解度增大。当硼酸浓度为 3%,温度 20℃以下时即发生水解。其水溶液吸收一定氢后会析出银并形成硼酸。制备:向含有过量硼酸的四硼酸钠溶液中加入硝酸银溶液制得。用途:用作化学试剂。

四硼酸铵(ammonium tetraborate)　亦称"五缩四硼酸铵"。CAS 号 12228-87-4。化学式 $(NH_4)_2B_4O_7 \cdot 4H_2O$,分子量 263.38。无色晶体。密度 1.58 g/cm³。溶于水,微溶于丙酮,不溶于乙醇。熔融时分解。制备:可由硼酸溶于氨水中缓慢结晶制得。用途:可作分析试剂、防火材料及制电容器等。

四硼酸氢铵(ammonium hydrogen tetraborate)　亦称"硼酸氢铵"。CAS 号 10135-84-9。化学式 $(NH_4)HB_4O_7 \cdot 3H_2O$,分子量 228.33。无色晶体。溶于水,不溶于醇。在干燥空气中风化并逸出氨。加热分解。制备:可由硼酸与氨水反应制得。用途:可作为分析试剂、木材和纺织物的防火剂、电容器的原料等。

五硼酸锂(lithium pentaborate)　化学式 $Li_2B_{10}O_{16} \cdot 8H_2O$,分子量 522.10。白色粉末。密度 1.72 g/cm³。溶于水、乙醇、甘油,不溶于苯。在 300～

350℃时失去全部结晶水。制备：可由氢氧化锂和硼酸熔融制得。用途：可用于制瓷釉。

五硼酸钾（potassium pentaborate） CAS 号 12229-13-9。化学式 $KB_5O_8 \cdot 4H_2O$，分子量 293.21。白色晶态粉末。熔点 780℃，密度 1.74 g/cm^3。微溶于水。制备：可由氢氧化钾或碳酸钾与硼酸反应制得。用途：可用作润滑油、水泥、显影剂、火柴的添加剂，还可用于焊接、金属精炼等领域。

五硼酸铵（ammomium pentaborate） CAS 号 12229-12-8。化学式 $NH_4B_5O_8 \cdot 4H_2O$，分子量 272.15。无色正交系晶体。密度 1.58 g/cm^3。溶于水，溶液呈碱性，不溶于醇。在 0～90℃时稳定，加热至 90℃以上则失去全部结晶水，并放出氨。高温时转化为带有少量氨的氧化硼。制备：可由硼酸与氨水反应，或由硼砂与氯化铵反应制取。用途：可用作硼化合物中间体、防火剂、洗涤剂、分析试剂，可用于玻璃制造、木材加工、高温技术及医药等领域。

偏硼酸（metaboric acid） CAS 号 13460-50-9。化学式 HBO_2，分子量 43.82。白色立方系晶体。熔点 236℃，密度 2.486 g/cm^3，折射率 1.619。有三种变体，变体 I 最稳定，白色立方系晶体，熔点 236±1℃，密度 2.486 g/cm^3；变体 II 为白色单斜系晶体，熔点 200.9℃，密度 2.04 g/cm^3；变体 III 为疏松的白色正交系晶体粉末，熔点 176℃，密度 1.78 g/cm^3。三种变体溶于水均变为硼酸，灼烧生成氧化硼。制备：可由硼酸加热脱水制得。用途：可用于制硼酸酐、偏硼酸盐等。

偏硼酸锂（lithium metaborate） CAS 号 13453-69-5。化学式 $LiBO_2$，分子量 49.75。无色具有珍珠光泽的三斜系晶体。熔点 845℃，密度 $1.397^{41.7}$ g/cm^3。溶于水。1 200℃以上开始分解，生成氧化锂。其八水合物为无色三方系晶体，熔点 47℃，密度 $1.38^{14.5}$ g/cm^3。制备：可由化学计量的氢氧化锂或碳酸锂与硼酸熔融制得。用途：用于制造瓷釉等。

偏硼酸钠（sodium metaborate） 亦称"柯达尔克"。CAS 号 7775-19-1。化学式 $NaBO_2$。分子量 65.80。无色六方系棱柱状晶体。熔点 966℃，沸点 1 434℃，密度 2.464 g/cm^3。溶于水、甘油，难溶于乙醇，不溶于酸。水溶液呈强碱性。有多种水合物，其中四水合物为无色或白色晶体，熔点 57℃，易溶于水，溶液呈碱性，不溶于乙醇，受热至 120℃即失去一个结晶水。制备：由硼镁矿石经煅烧粉碎后经碱处理，或由硼砂与碳酸钠共熔制得。用途：用作分析试剂、除锈剂、洗涤剂、防腐剂、阻燃剂、除草剂、彩色显影液中的促进剂等。

偏硼酸钾（potassium metaborate） CAS 号 13709-94-9。化学式 KBO_2，分子量 81.91。无色六方系晶体。熔点 947℃，密度 1.178 g/cm^3，折射率 1.526。可溶于水，水溶液呈碱性。不溶于乙醇和乙醚。制备：由偏硼酸与碳酸钾反应制得。用途：可作为化学试剂、分析试剂、显影促进剂等。

偏硼酸镉（cadmium metaborate） 化学式 $Cd(BO_2)_2 \cdot H_2O$，分子量 248.03。白色菱形晶体，有毒！密度 3.76 g/cm^3。溶于水，不溶于乙醇。受热则分解。制备：可将等摩尔数的氟氢酸钾、氧化硼、氧化镉混合加热熔化，有三氟化硼气体产生，反应完后慢慢冷却，然后用水浸取制得；或将氢氧化镉溶于硼酸溶液制得。

偏硼酸钙（calcium metaborate） CAS 号 13701-64-9。化学式 $Ca(BO_2)_2$，分子量 125.70。无色正交系晶体。熔点 1 154℃，密度 1.88 g/cm^3。其六水合物为无色四方系晶体，密度 1.88 g/cm^3。微溶于水和乙酸，可溶于酸或铵盐溶液。制备：可将氟化钙与四硼酸钠共熔；或在氢氧化钙水溶液中由硼酸与氯化钙作用先制得六水合物，再加热制得无水物。用途：可用于制药工业。

偏硼酸铜（copper metaborate） CAS 号 39290-85-2。化学式 $Cu(BO_2)_2$，分子量 149.16。蓝绿色晶体粉末。密度 3.859 g/cm^3。溶于酸，不溶于水和稀的无机酸。制备：可由计量比的硝酸铜和硼酸混合液蒸干后于 950℃以下加热制得。

偏硼酸钡（barium metaborate） 亦称"硼酸钡"。CAS 号 13701-59-2。化学式 $Ba(BO_2)_2$，分子量 222.95。白色晶态粉末。密度 3.25～3.35 g/cm^3。有多种水合物，可溶于水，易溶于盐酸。制备：可由硫化钡和硼砂反应制得。用途：可用于涂料、陶瓷、造纸、橡胶、塑料等领域。晶体具有优良的非线性光学性能，应用于光学仪器、激光及光通信领域。

偏硼酸铅（lead metaborate） 亦称"硼酸铅"。CAS 号 14720-53-7。化学式 $Pb(BO_2)_2 \cdot H_2O$，分子量 310.83。白色晶体或粉末，有毒！密度 5.598 g/cm^3（无水物）。易溶于稀硝酸或煮沸的乙酸，不溶于水及乙醇。能被硫酸、盐酸和煮沸的氢氧化钾、氢氧化钠溶液分解。加热至 160℃失水。制备：可由醋酸铅与硼砂反应，或氢氧化铅与硼酸反应制得。用途：可用作清漆和涂料的干燥剂，还可用于制防水、防火涂料，铅玻璃等。

过硼酸钠（sodium perborate） 亦称"过氧硼酸钠""高硼酸钠"。CAS 号 10486-00-7。化学式 $NaBO_3 \cdot 4H_2O$。分子量 153.86。白色晶体或粉末。熔点 63.0℃。无臭，有咸味。溶于酸和醇。微溶于水，水溶液呈碱性。在冷而干燥处稳定，在潮湿热空气中会放出氧，60℃以上分解。在 130～150℃失去结晶水。制备：可由硼砂或硼砂溶液与过氧化钠和过氧化氢作用而得，也可电解硼砂和纯碱的溶液而制得。用途：用于织物漂白、电镀、杀菌等。

过硼酸镁（magnesium perborate） CAS 号 14635-87-1。化学式 $Mg(BO_3)_2 \cdot 7H_2O$，分子量 268.03。白色

粉末。微溶于水。可分解并放出氧气。制备：可由天然硬硼钙石加工制得。用途：可用作干燥剂、漂白剂，还可用于医药领域。

过硼酸钾（potassium perborate）　CAS 号 28876-88-2。化学式 $2KBO_3 \cdot H_2O$，分子量 213.83。白色晶体。受热 100℃失氧，150℃分解。制备：可由硼酸与过氧化钾作用制得。

过硼酸钙（calcium perborate）　CAS 号 12007-56-6。化学式 $Ca(BO_3)_2 \cdot 7H_2O$，分子量 283.80。灰白色块体或粉末。溶于水和酸，并放出氧气。制备：可由天然硬硼钙石加工制得。用途：可用于硼酸、硼砂的制造以及医药领域。

过硼酸铵（ammonia perborate）　化学式 $2NH_4BO_3 \cdot H_2O$，分子量 189.73。白色晶体。微溶于水，不溶于乙醇。不稳定，置空气中则缓慢放出氨和氧。制备：可将硼酸溶于双氧水中，加入氨水后再加入乙醇而得。用途：可作漂白剂。

氟硼酸（fluoroboric acid）　亦称"四氟硼酸""氢硼氟酸""四氟合硼氢酸"。CAS 号 16872-11-0。化学式 HBF_4，分子量 87.81。无色透明液体，有毒！熔点 - 90℃，沸点 130℃，密度 1.84 g/cm^3。可与水、乙醇混溶。具有强酸性。浓溶液较稳定，无法获得纯品，加热至 130℃分解。具有强腐蚀性，不能久藏于玻璃容器中。制备：可由氢氟酸与硼酸反应制得。用途：可用作发酵抑制剂、缩醛催化剂、分析试剂，还可制备重氮盐、用于冶炼轻金属和电镀等领域。

氟硼酸锂（lithium tetrafluoroborate）　亦称"四氟合硼酸锂"。CAS 号 14283-07-9。化学式 $LiBF_4$，分子量 93.75。白色粉末或凝胶状晶体，有毒！易潮解。溶于水。具有腐蚀性。不可与强酸混放。加热可分解为氟化锂和三氟化硼。制备：可由碳酸锂或氢氧化锂与氟硼酸反应制得。用途：可用于电化学及作为化学试剂。

氟硼酸钠（sodium tetrafluoroborate）　亦称"四氟合硼酸钠""氟硼化钠"。CAS 号 13755-29-8。化学式 $NaBF_4$，分子量 109.79。白色或无色晶体，有毒！熔点 384℃（逐渐分解），密度 2.47 g/cm^3。易溶于水，其水溶液有苦味，微溶于乙醇，遇硫酸分解。干燥时不侵蚀玻璃。制备：可由硼酸、氟化氢、碳酸钠反应制得。用途：可作为氟化剂、分析试剂、电化学抗氧剂、助熔剂等，可用于印染、涂料、冶金、铸造等领域。

氟硼酸钾（potassium tetrafluoroborate）　亦称"硼氟化钾"。CAS 号 14075-53-7。化学式 KBF_4，分子量 125.90。白色粉末或凝胶状晶体，有毒！熔点 530℃（分解），密度 2.498 g/cm^3。溶于水，溶液味苦。微溶于乙醇、乙醚，不溶于碱。能被硫酸等强酸分解为三氟化硼。与碱金属的碳酸盐共熔生成氟化物和硼酸盐。制备：可由氢

氟酸、硼酸和氢氧化钾反应制得。用途：用作分析试剂、助熔剂，制三氟化硼、铝和镁铸造用的模料等。

氟硼酸镍（nickel fluoroborate）　CAS 号 14708-14-6。化学式 $Ni(BF_4)_2 \cdot 6H_2O$，分子量 340.39。晶体。密度 2.685 g/cm^3。能溶于水和酸。122℃分解。制备：可由氟硼酸与碳酸镍反应制得。用途：可用于电镀，金属表面处理、有机合成催化等领域。

氟硼酸铜（copper(II) tetrafluoroborate）　亦称"四氟硼酸铜"。CAS 号 14735-84-3。化学式 $Cu(BF_4)_2$，分子量 237.16。亮蓝色针状晶体，有毒！易溶于乙醇和乙醚。易与水和氨形成络合物。易吸潮，难以获得无水盐，常为四水合物和六水合物。六水氟硼酸铜密度为 2.175 g/cm^3。加热至 40℃分解为 $BF_3 \cdot CuF_2$ 和水，在室温和真空下则分解为四水合物。制备：可由氟硼酸与碳酸铜或铜的氧化物反应，或由氟硼酸钡与硫酸铜反应制得。用途：可用于高速镀铜、印染等领域。

氟硼酸锌（zinc tetrafluoroborate）　亦称"四氟硼酸锌"。CAS 号 13826-88-5。化学式 $Zn(BF_4)_2 \cdot 6H_2O$，分子量 347.11。无色晶体，有毒！密度 2.12 g/cm^3。易吸潮，能溶于水和醇。水溶液有刺激性和腐蚀性。制备：可由氟硼酸与碳酸锌反应制得。用途：可用于制备杀虫剂、电焊材料等。

氟硼酸亚锡（tin(II) tetrafluoroborate）　亦称"氟硼酸锡"。CAS 号 13814-97-6。化学式 $Sn(BF_4)_2$，分子量 292.32。无色透明液体，有毒！熔点 110℃（升华），密度 1.65^{20} g/cm^3。受潮易分解。长期暴露于空气中易被氧化。固体为白色的多水合物。有腐蚀性。制备：可以锡片为阳极电解含有氟硼酸和硼酸的溶液，或用金属锡还原氟硼酸铜制得。用途：可作为电镀液的组成物。

氟硼酸铅（lead(II) tetrafluoroborate）　CAS 号 13814-96-5。化学式 $Pb(BF_4)_2$，分子量 380.81。无色透明液体，有毒！密度 $1.70 \sim 1.74$ g/cm^3。具有强烈腐蚀性，在玻璃容器中会缓慢分解。制备：可以铅片为阳极电解含有氟硼酸和硼酸的溶液，或通过氢氟酸和硼酸反应生成氟硼酸后再与碱式碳酸铅反应制得。用途：可用于电镀，以及电路板锡、铅合金的镀层。

氟硼酸铯（cesium tetrafluoroborate）　亦称"硼氟化铯""四氟硼酸铯"。CAS 号 18909-69-8。化学式 $CsBF_4$，分子量 219.71。正交系晶体。熔点 320℃，密度 3.20 g/cm^3。可溶于水、稀氨水中。加热至 550℃时分解。制备：可由氟硼酸与氢氧化铯或碳酸铯反应制得。

氟硼酸铵（ammonium tetrafluoroborate）　CAS 号 13826-83-0。化学式 NH_4BF_4，分子量 104.84。长针状无色晶体，有毒！熔点 110℃（升华），密度 1.871 g/cm^3。溶于水，呈弱酸性。溶于氨水，不溶于乙醇。水溶液易水解出氟化氢，可腐蚀玻璃。与碱作用生成硼酸盐。加热至熔

点时升华。制备：可由氟硼酸与氟化铵反应；或氟硅酸铵与硼酸反应；或氢氟酸与硼酸反应，然后用氨气中和制得。用途：可作为焊接助熔剂、镁铸件的防氧化添加剂、制造树脂黏结剂的催化剂、杀虫剂、分析试剂等。

硼氢化锂（lithium borohydride）　亦称"四氢硼酸锂"。CAS 号 16949-15-8。化学式 $LiBH_4$，分子量 21.78。白色固体。熔点 268℃，密度 $0.66\ g/cm^3$。可溶于乙醚、四氢呋喃、脂肪胺类，不溶于烃类、苯。对干燥空气稳定，在潮湿空气中分解，遇酸强烈分解。与氯化氢反应生成氢气、乙硼烷和氯化锂。与甲醇作用生成硼甲氧基锂和氢气。不具有可燃性，与胺类不反应。还原性强于硼氢化钠，可选择性还原醚、伯酰胺、酯、腈等基团。制备：可由硼氢化钠与氯化锂反应制得。用途：可作为有机反应还原剂或制备其他硼氢化物。

硼氢化铍（beryllium borohydride）　CAS 号 17440-85-6。化学式 $Be(BH_4)_2$，分子量 38.70。白色晶体。在 123℃熔化并分解。可溶于乙醚和苯。在空气中可自燃，与水剧烈反应并放出氢气。制备：可由硼氢化钠与氯化铍共热，并在 -80℃下捕集得到。用途：可用于精制金属硼化合物。

硼氢化钠（sodium borohydride）　CAS 号 16940-66-2。化学式 $NaBH_4$，分子量 37.83。白色或灰白色晶态固体。熔点 400℃，沸点 500℃，密度 $1.074\ g/cm^3$，折射率 1.542。溶于水、液氨、胺类、醚类和多元醇中，不溶于乙醚、苯、烃类。易吸潮。其酸性和中性水溶液会放出氢气，强碱性溶液稳定。室温下与甲醇缓慢反应放出氢气。属于比较温和的还原剂，可将酮、醛还原为醇，还可还原酰氯、硫酯、亚胺等，还可以还原贵金属溶液得到单质。制备：由氢化钠和硼酸三甲酯反应制得。用途：有机合成的常用还原剂，还可用于塑料、造纸、医药、染料等领域。

硼氢化镁（magnesium borohydride）　CAS 号 16903-37-0。化学式 $Mg(BH_4)_2$，分子量 53.99。在 179.85℃以下为六方晶系 α 相，随着温度升高会转变为正交晶系 β 相。270℃开始分解，放出氢气并得到 MgB_2。有强还原性。制备：通过二硼烷与镁或卤化镁反应，或由碱金属硼氢化物和卤化镁反应制得。用途：用作还原剂，也是一种储氢材料。

硼氢化铝（aluminum borohydride）　CAS 号 16962-07-5。化学式 $Al(BH_4)_3$，分子量 71.51。挥发性无色液体。沸点 44.5℃，熔点 -64.5℃。在空气中会剧烈氧化。在真空中低于 25℃缓慢分解，加热到 70℃会失去氢并形成多种产物。制备：通过三甲基铝与乙硼烷反应，或通过三氯化铝与硼氢化钠加热反应制得。用途：可用做高能燃料或储氢材料。

硼氢化钾（potassium borohydride）　亦称"四氢硼酸钾""钾硼氢"。CAS 号 13762-51-1。化学式 KBH_4，分子量 53.94。白色疏松粉末或晶体。熔点 500℃（分解），密度 $1.178\ g/cm^3$，折射率 1.494。易溶于水，易溶于液氨，微溶于甲醇和乙醇，几乎不溶于乙醚、四氢呋喃、甲醚和苯。在空气中稳定，不吸湿。其碱性水溶液很稳定，酸性溶液会分解。制备：氢化钠硼酸甲酯法制得硼氢化钠碱性溶液再加入氢氧化钾制得。用途：可用于有机合成、制氢和其他硼氢盐，也用于分析化学、造纸工业、废水处理等领域。

硼氢化钙（calcium borohydride）　CAS 号 17068-95-0。化学式 $Ca(BH_4)_2$，分子量 69.76。灰白色粉末。易溶于四氢呋喃，并可与其形成溶剂化配合物。室温下在干燥空气中稳定，极微量的水就会使其水解放出氢气，需密闭保存。与稀盐酸反应可定量的放出氢气。制备：可通过氯化钙与硼氢化钠反应，或二氢化钙与三乙胺甲硼烷加合物反应制得。用途：可用于有机合成，还可作为储氢材料等。

硼氢化钛（titanium（III）borohydride）　化学式 $Ti(BH_4)_3$。分子量 92.39。绿色固体（-45℃）。可与四氢呋喃形成溶剂化配合物。此配合物可溶于庚烷、二甲苯、苯和乙醚，暴露于空气中会发烟或起火。可催化低分子量烯烃聚合或高分子量烯烃分解。制备：可通过四氯化钛与硼氢化锂反应，或钛酸异丙酯与二硼烷在四氢呋喃中反应制得。用途：可作为烯烃聚合或分解的催化剂。

硼氢化锰（manganese borohydride）　化学式 $Mn(BH_4)_2$，分子量 84.62。三方系晶体。可以在 -183.15～176.85℃稳定存在。制备：通过球磨硼氢化物与无水氯化锰制备。用途：是有潜力的储氢材料。

硼氢化铁（iron borohydride）　化学式 $Fe(BH_4)_2$，分子量 85.53。白色固体。易溶于乙醚。在 -10℃下稳定，0℃迅速分解。制备：在低温下用硼氢化锂还原三氯化铁制得。

硼氢化亚铜（copper（I）borohydride）　化学式 $CuBH_4$，分子量 78.39。不稳定，在 -12℃下分解为氢气和二硼烷。制备：通过氯化铜与硼氢化锂在乙醚中低温反应得到。

硼氢化锌（zinc borohydride）　CAS 号 17611-70-0。化学式 $Zn(BH_4)_2$，分子量 95.09。白色粉末状固体。可溶于四氢呋喃、乙醚。其还原能力与氢化铝锂相当，选择性更好，可对醛（酮）、羧酸及衍生物、亚胺、腈、环氧化合物、烯（炔）等进行选择性还原，对手性分子也具有良好的立体选择性。长期放置会变质，与 N,N-二甲基甲酰胺形成配合物可增加其稳定性。制备：通过无水氯化锌和硼氢化钠反应制备。用途：主要用于有机合成。

硼氢化铷（rubidium borohydride）　CAS 号 20346-99-0。化学式 $RbBH_4$，分子量 100.31。白色立方系晶体。

密度 1.92 g/cm³。极易溶于水，微溶于乙醇，不溶于乙醚。加热分解，水溶液缓慢分解，遇酸剧烈分解。有强还原性，可以将一些金属氧化物还原为单质。制备：可以由硼氢化钠和甲醇铷在甲醇中反应制得，也可以通过硼化铷和氢化铷的反应制得。

硼氢化锶（strontium borohydride）　化学式 $Sr(BH_4)_2$，分子量 117.31。是有机反应中良好的选择性还原剂。制备：可由氢化锶与二硼烷反应，或硼氢化钠和氯化锶反应得到。用途：可用于有机反应，还可用于制备硼烷、储氢、电池、化学激光器等领域。

硼氢化钇（yttrium borohydride）　化学式 $Y(BH_4)_3$，分子量 133.43。黄色晶体。密度 1.512 3 g/cm³（室温）、2.898 g/cm³（高温）。室温下为简单立方晶格，高温高压下转化为面心立方晶格。187℃左右开始脱氢。制备：可由硼氢化锂和无水氯化钇反应制得。用途：可作为潜在的储氢材料。

硼氢化铯（cesium borohydride）　化学式 $CsBH_4$，分子量 147.75。白色立方系晶体。密度 2.404 g/cm³。25℃以下为面心立方结构。极易溶于水，微溶于醇，不溶于乙醚和苯。有很强的还原性，水溶液中会缓慢地分解。在碱性溶液中稳定，遇酸则激烈分解放出氢气。制备：可由甲醇铯与硼氢化钠反应，或由氢化铯与乙硼烷反应制得。用途：可用于有机反应和高分子领域。

硼氢化钡（barium borohydride）　化学式 $Ba(BH_4)_2$，分子量 167.02。是有机反应中良好的选择性还原剂。制备：可由氢化钡与二硼烷反应，或硼氢化钠和氯化钡反应得到。用途：可用于有机反应，还可用于制备硼烷、储氢、电池、化学激光器等领域。

硼氢化铪（hafnium（IV）borohydride）　化学式 $Hf(BH_4)_4$，分子量 237.86。白色固体。熔点 29℃，沸点 118℃。室温真空下易升华。制备：由五氟铪酸钠和硼氢化铝反应制得。

硼氢化铀（uranium borohydride）　化学式 $U(BH_4)_4$，分子量 297.40。有黄绿色和翠绿色两种晶型。固态为聚合物，气态为四面体型单体分子。微溶于正庚烷和苯，与乙醚可形成络合物。可与水或乙醇反应生成氢气。制备：由碱金属硼氢化物和四卤化铀反应制得。用途：可用于分离铀的同位素。

硼氢化钍（thorium borohydride）　化学式 $Th(BH_4)_4$，分子量 291.41。白色固体。熔点 203℃（分解），密度 2.56 g/cm³。易溶于四氢呋喃，不溶于苯。20℃时稳定，易挥发、升华。制备：可由四氟化钍与硼氢化铝反应，或由四烷氧基硼化钍与硅烷反应制得。用途：可作为储氢材料。

碳化物、碳酸盐

碳化锂（lithium carbide）　亦称"乙炔锂"。CAS 号 1070-75-3。化学式 Li_2C_2，分子量 37.90。白色粉末状晶体。密度 1.65¹⁸ g/cm³。遇水分解为乙炔和氢氧化锂。可与浓硫酸缓慢反应。具很强的还原性。冷时在氟、氯中燃烧，微热时在溴、碘中燃烧，强热时在氧、硫、硒的气氛中着火，赤热温度下与砷反应，加热到熔点时能被氯酸钾、硝酸钾氧化。同氢氧化钾共熔可分解并放热。与氯化钾、氯化钠一起熔融有碳析出，如向其中加入氢化锂，则碳化锂仅溶于其中而不分解；电解其熔融物可析出碳并放出氢气。制备：将质量比为 7∶12 的金属锂与炭黑的混合物在真空中加热，或用金属锂与乙炔在液氨中反应制得。

碳化铍（beryllium carbide）　CAS 号 506-66-1。化学式 Be_2C，分子量 30.04。红色块状或黄红色八面体。密度 1.90¹⁵ g/cm³。遇水缓慢分解，遇矿物酸及碱则很快分解并放出甲烷。高于 2 100℃会分解。可与氮或氨反应。制备：由氧化铍或铍同活性炭在电加热炉中加热制得。用途：可作为制氮化铍和金属铍的原料、耐火材料等。

碳化硼（boron carbide）　CAS 号 12069-32-8。化学式 B_4C，分子量 55.26。黑色光亮菱面体或灰黑色粉末。熔点 2 350℃，沸点 3 500℃，密度 2.508～2.512 g/cm³，莫氏硬度 9.3。硬度介于工业制金刚石与碳化硅之间。化学性质稳定。不溶于水、乙醇，不与热的氢氟酸、硝酸、铬酸反应，可溶于熔融的碱。用硫酸、氢氟酸的混合酸处理后，经氧气中高温煅烧可缓慢分解为二氧化碳和氧化硼。制备：可由焦炭高温下还原氧化硼制得。用途：可用于生产金属硼化物、硬质合金、切削工具、研磨材料、防腐耐磨材料、核屏蔽材料等。

碳化钠（sodium carbide）　亦称"乙炔钠"。CAS 号 2881-62-1。化学式 Na_2C_2，分子量 70.00。白色粉末，纯品为无色晶体。熔点约 700℃。在干燥空气中稳定，遇湿气即分解。遇水能激烈反应生成乙炔和氢氧化钠。能溶于酸，遇乙醇分解。在空气中加热会被氧化成碳酸钠。制备：可通过金属钠在乙炔气流中加热，或由金属钠与乙炔在液氨中反应制得。用途：用于有机合成。

碳化铝（aluminum carbide）　CAS 号 1299-86-1。化学式 Al_4C_3，分子量 143.96。黄色六方系晶体或绿色粉

末。密度 2.36 g/cm^3。遇水分解得到甲烷,遇稀酸分解,不溶于丙酮。常压下升华。红热时表面可被氧化,加热至 $2200℃$ 以上分解。可将沸热的浓硫酸还原成二氧化硫。制备:可用铝粉与炭在氢气中加热反应而得。用途:可作为甲烷发生剂、干燥剂、催化剂、还原剂、制氮化铝的原料等。

碳化硅(silicon carbide) 俗称"金刚砂"。CAS 号 409-21-2。化学式 SiC,分子量 40.10。纯品为无色晶体,一般因含杂质而呈暗黑色。密度 $3.17\sim3.47 \text{ g/cm}^3$,莫氏硬度 9。已发现有 200 多种晶型,最主要的为六方晶系 α 型和立方晶系 β 型。溶于熔融碱,不溶于水、乙醇、酸。高温下耐氧化、不燃烧。空气中约 $2700℃$ 升华并分解。具有良好的导热、导电性质。制备:在电炉中由二氧化硅和焦炭的混合物加强热制得。用途:可作为金属磨料、耐磨材料、耐高温材料、高温半导体、炼钢脱氧剂等,可用于生产树脂、陶瓷复合材料等。高纯度单晶可作吸波材料,用于制半导体、无线电元件。

金刚砂 即"碳化硅"。

碳化钙(calcium carbide) 俗称"电石"。CAS 号 75-20-7。化学式 CaC_2,分子量 64.10。无色四方系晶体,工业品可为灰色、棕黄色或黑色。熔点 $2300℃$,密度 2.22 g/cm^3。遇水分解为氢氧化钙和乙炔,并常含有硫化氢、磷化氢和氨等杂质。能溶于醇。常温下不与空气反应,但在 $350℃$ 以上能氧化,$700℃$ 以上可与氮化合。粉末有刺激性,需密封保存。制备:工业上用氧化钙和焦炭在电炉中反应而得,较纯净的碳化钙可以在高真空中加热氰化钙与碳反应制得,也可由氰化钙加热分解制得。用途:主要用于生产 PVC 树脂、氰氨化钙等,还可用于切割、焊接、冶金等领域。

电石 即"碳化钙"。

碳化钛(titanium carbide) CAS 号 12070-08-5。化学式 TiC,分子量 59.88。具有金属光泽的钢灰色晶体。熔点 $3140℃$,沸点 $4820℃$,密度 4.93 g/cm^3,莫氏硬度 $9\sim9.5$。与氯化钠同构。能溶于硝酸和王水,不溶于水。空气中 $800℃$ 以下稳定,$2000℃$ 以上可被氧化。$1150℃$ 以上能与纯氧反应。氮气中 $1200℃$ 以上形成可变组成的混合碳氮化钛。制备:可由钛粉与碳的混合物高温下反应,或通过还原熔炼钛铁矿与碳的混合物制得。用途:可用于制金属陶瓷、切削工具、研磨剂、耐磨镀层、电弧熔融电极、高温坩埚等。

碳化钒(vanadium carbide) CAS 号 12070-10-9。化学式 VC,分子量 62.95。灰色金属状粉末或黑色立方系晶体。熔点 $2810℃$,沸点 $3900℃$,密度 5.77 g/cm^3。与氯化钠同构。可溶于硝酸或熔融的硝酸钾,不溶于冷水、盐酸和硫酸。常温常压下稳定,耐化学腐蚀。制备:可由四氯化钒和甲烷或苯等烃类的混合蒸气加热反应,或

将钒或氧化钒的粉末与炭黑混合后加热反应制得。用途:可用作高温耐火材料、硬质合金、切削工具、冶金的晶粒细化剂、陶瓷材料、耐磨镀层、半导体薄膜等。

二碳化三铬(trichromium dicarbide) CAS 号 12012-35-0。化学式 Cr_3C_2,分子量 180.01。灰色晶态粉末。熔点 $1890℃$,沸点 $3800℃$,密度 6.68 g/cm^3。属于铬的几种碳化物之一。溶于熔融的氢氧化钾、硝酸钾,不溶于水、硝酸、浓盐酸和王水。与稀盐酸缓慢作用。高温下具抗氧化性,红热时被氯所分解。制备:在电炉中加热铬与过量炭粉的混合物制得。用途:可用于制量块、热压模具、金属表面处理、硬质合金、喷涂材料、化学耐蚀材料等。

碳化锰(manganese carbide) 亦称"碳化三锰"。CAS 号 12266-65-8。化学式 Mn_3C,分子量 176.83。有金属光泽的针状四方系晶体。熔点 $1520℃$,密度 6.89 g/cm^3。遇水分解生成氢氧化锰、甲烷和氢。易与酸作用并被分解,易与氯、氟反应,在氧中可迅速燃烧。高温分解为锰和碳。制备:可由锰或氧化亚锰与炭加强热制得。用途:可用于粉末冶金等领域。

碳化铁(iron carbide) 冶金上亦称"渗碳体"。CAS 号 12011-67-5。化学式 Fe_3C,分子量 179.55。灰色立方系晶体。熔点 $1227℃$,密度 7.694 g/cm^3,莫氏硬度 6。不溶于水和稀酸。溶于热浓盐酸可生成氢气、甲烷、乙烷、乙烯和其他较复杂烃类的混合物及游离碳。不与干燥空气作用。在潮湿空气中生成氧化铁和碳。制备:可通过真空中热解苯六甲酸铁,或由铁粉渗碳制得。用途:广泛用于炼钢、机械制造等领域。

碳化镍(nickel carbide) CAS 号 12710-36-0。化学式 Ni_3C,分子量 188.09。灰黑色粉末。密度 7.95^{25} g/cm^3。常温下可被浓盐酸或稀盐酸分解。溶于稀硝酸或稀硫酸同时析出碳。$380\sim400℃$ 稳定。制备:可由镍粉与一氧化碳加热反应制得,由于产物具有发火性,需在氮气流中长时间保持温度,再冷却得到。

碳化硒(selenium carbide) 化学式 SeC_2,分子量 102.98。黄色液体。熔点 $45.3℃$,沸点 $125\sim126℃$,密度 2.682 g/mL。溶于二硫化碳、四氯化碳、苯、乙醚、乙醇,不溶于水。

碳化锶(strontium carbide) CAS 号 12071-29-3。化学式 SrC_2,分子量 111.64。黑色四方系晶体。熔点高于 $1700℃$,密度 3.2 g/cm^3。可被水和酸分解。可与氧剧烈反应。加热时可与卤素或硫反应。制备:由氧化锶或碳酸锶与炭的混合物高温反应制得。

碳化钇(yttrium carbide) CAS 号 12071-35-1。化学式 YC_2,分子量 112.93。黄色六方系微晶。熔点 $2400℃$,密度 4.13^{18} g/cm^3。冷水中易分解。制备:在 $2000℃$ 下,将金属钇或其氧化物同炭或烃类反应制得。

碳化锆（zirconium carbide）　CAS 号 12020-14-3。化学式 ZrC，分子量 103.24。灰黑色有金属光泽的立方系晶体。熔点 3 540℃，沸点 5 100℃，密度 6.73 g/cm³，莫氏硬度大于 8。有导电性。不溶于水、盐酸，可溶于氧化性酸、王水和氢氟酸，易溶于熔融苛性碱。红热时遇水也不分解，但可在氧中燃烧。细粉末易引起火花。易与卤素和氮作用，生成卤化物或氮化物。制备：可由金属锆和炭在高温下加热，或用焦炭在电炉中加热还原锆化合物而得。用途：可作为耐火材料、研磨剂、阴极电子发光材料、冶金添加剂、高温导电体等，可用于制造耐热坩埚、白炽灯丝、合金、陶瓷、纯锆、锆化合物等。

碳化铌（niobium carbide）　CAS 号 12069-94-2。化学式 NbC，分子量 104.92。黑色立方系晶体或紫灰色粉末，具有光泽。熔点 3 500℃，沸点 4 300℃，密度 7.82 g/cm³，莫氏硬度大于 9。溶于硝酸和氢氟酸的混酸，不溶于水。可与碳化钛、碳化锆、碳化钨形成类质同晶的固溶体。制备：可在加热条件下由铌与炭直接反应；或将铌粉与计量比的炭黑混合，加压粉末成型加热使之渗碳而制得。用途：可用于工具渗碳，以及生产金属铌、特种钢、工程陶瓷、切削工具、超硬合金、耐磨镀层、半导体薄膜等。

一碳化钼（molybdenum monocarbide）　CAS 号 12011-97-1。化学式 MoC，分子量 107.95。黑色有光泽的柱状晶体。熔点 2 577℃，沸点 4 500℃，密度 9.15 g/cm³，莫氏硬度 7～8。与氮化钼、碳化钨同构，冷却至 9.26 K 为超导体。微溶于硝酸、硫酸和氢氟酸，不溶于水和碱。化学性质不如碳化二钼活泼。在空气中加热变为氧化物，与氟反应生成四氟化钼，红热条件下与氯反应生成四氯化钼，更高温度才能与溴反应，即使是高温，与碘也只在表层反应。制备：可由钼、铝与焦炭的混合物高温反应制得。用途：可作为催化剂，还可制造硬质耐热抗蚀合金、切削工具等。

碳化二钼（dimolybdenum carbide）　CAS 号 12069-89-5。化学式 Mo₂C，分子量 203.89。深灰色金属状粉末。熔点 2 687℃，密度 9.18 g/cm³，莫氏硬度 7。可溶于硝酸、氢氟酸、盐酸、王水及热硫酸中，不溶于水和碱。与氧化性酸反应放出二氧化碳，与粉末状氧化硅或二氧化锰混合共热，放出一氧化碳。即使高温与其他多数物质也难以反应。制备：可由二氧化钼与碳化钙在电炉中共热，或由一氧化碳与金属钼粉在 800℃反应制得。用途：可作为催化剂，还用于制造硬质合金、耐磨抗蚀涂层、切削工具等。

碳化银（silver carbide）　亦称"乙炔银"。CAS 号 7659-31-6。化学式 Ag₂C₂，分子量 239.76。白色粉末。熔点 120℃。溶于酸，微溶于乙醇，不溶于水。撞击或受热易爆炸。制备：由乙炔与银盐溶液反应制得。用途：可用作引爆剂。

碳化钡（barium carbide）　CAS 号 50813-65-5。化学式 BaC₂，分子量 161.35。灰黑色四方系晶体。密度 3.74 g/cm³。遇水分解为乙炔和氢氧化钡，易被稀酸分解。空气中常温下稳定，红热时燃烧。在氟气、氯气中着火并生成卤化钡。高温下与氮气反应生成氰化钡。加热到 1 750℃时分解。制备：可由钡的氯化物或碳酸盐和炭混合加强热制得。

碳化镧（lanthanum carbide）　CAS 号 12071-15-7。化学式 LaC₂，分子量 162.93。黄色晶体。熔点 2 360℃，密度 5.29 g/cm³。遇水分解。溶于硫酸，不溶于浓硝酸。制备：由氧化镧和炭混合加热制得。

碳化铈（cerium carbide）　CAS 号 12012-32-7。化学式 CeC₂，分子量 164.14。红色六方系晶体。熔点 2 420℃，密度 5.23 g/cm³。遇水或酸缓慢分解生成碳氢化物（乙炔、乙烯、甲烷等）和铈的氢氧化物。新制的碳化铈具有发火性，置于空气中可缓慢形成氧化膜。制备：由加热二氧化铈与糖炭的混合物制得。用途：可用于制备三硫化二铈。

碳化镨（praseodymium carbide）　化学式 PrC₂，分子量 164.93。黄色或黑色晶体。溶于稀酸。制备：将氧化镨与炭在电炉中加强热而得。用途：可用作化学试剂。

碳化钕（neodymium carbide）　CAS 号 12071-21-5。化学式 NdC₂，分子量 168.26。黄色六方系薄片晶体。溶于硫酸、稀酸，不溶于浓硝酸。与水反应放出氢气及乙炔等烃类化合物。制备：可由氧化钕与炭高温反应制得。

碳化钐（samarium carbide）　化学式 SmC₂，分子量 174.37。黄色六方系晶体。与水反应放出氢气及乙炔等烃类化合物。制备：可由三氧化二钐与炭在高温下反应制得。

碳化铪（hafnium carbide）　CAS 号 12069-85-1。化学式 HfC，分子量 190.50。灰色带金属光泽的固体。熔点 3 950℃，密度 12.2 g/cm³。不溶于冷水，溶于氢氟酸、热的浓硫酸、硝酸或含过氧化氢的热碱溶液。室温时稳定。250℃以上与氯形成四氯化铪，500℃以上与氧形成二氧化铪。可与碳化钽形成熔点高达 4 215℃的混晶。制备：可由铪或四氯化铪与甲烷高温反应，或通过氧化铪和细炭粉混合高温反应制得。用途：可作为耐高温材料，用于制造高温坩埚、火箭喷管、核反应器控制棒等。

一碳化钽（tantalum monocarbide）　CAS 号 12070-06-3。化学式 TaC，分子量 192.96。黑色或暗棕色金属状粉末。熔点 3 880℃，沸点 5 500℃，密度 13.9 g/cm³，莫氏硬度 9～10。溶于氢氟酸和硝酸的混酸，微溶于硫酸和氢氟酸，不溶于水。化学性质稳定。制备：可通过钽粉与炭黑在真空中高温反应，或由五氧化二钽和炭共热制得。用途：可用于粉末冶金、高速切削工具、陶瓷、化学气相沉积、硬质耐磨合金等领域。其烧结体呈金黄色，可作装饰品。

一碳化钨（tungsten monocarbide） CAS 号 12070-12-1。化学式 WC，分子量 195.85。灰色带有金属光泽的六方系晶状粉末。熔点约 2 870℃，沸点 6 000℃，密度 15.63 g/cm³，莫氏硬度大于 9。可被硝酸与氢氟酸的混酸侵蚀，不溶于水。在室温下能与氟反应并燃烧。极细的粉末可被过氧化氢氧化。高温高压下可与碳酸钠反应。制备：可由金属钨粉与炭反应，或由石墨还原钨的氧化物制得。用途：可用于制造切削工具、钻头、模具、耐磨涂层、半导体薄膜、电阻、研磨材料、穿甲弹、高温坩埚、医疗器材、珠宝等。

一碳化二钨（ditungsten monocarbide） CAS 号 12070-13-2。化学式 W₂C，分子量 379.73。灰色六方系有金属光泽的晶状粉末。熔点约 2 800℃，密度 17.15 g/cm³。硬度接近于金刚石。有 α、β 两种结晶变体。不溶于水、热浓硝酸、硝酸与氢氟酸的混酸。能与氟反应，温度高于 250℃时与氯反应生成六氯化钨和石墨。可被金属钛还原为钨粉。制备：可由钨和炭在氢气氛中高温反应制得。用途：可用于制造高速切削工具、喷气发动机部件、金属陶瓷、耐磨半导体薄膜、电阻发热元件、高温坩埚等。

碳化钍（thorium carbide） CAS 号 12071-31-7。化学式 ThC₂，分子量 256.06。黄色固体。熔点 2 630～2 680℃，沸点约 5 000℃，密度 8.96¹⁸ g/cm³。低温下为单斜系 α 型，1 427℃转化为四方系 β 型，1 497℃转化为立方系 γ 型。极微溶于浓酸中。在水和蒸汽中分解为二氧化钍、氢、乙烷、不饱和烃。需保存在稀有气体中。制备：可由二氧化钍与炭的混合物高温反应制得。用途：可用作核燃料。

碳化氢铯（cesium hydrocarbide） 化学式 CsHC₂，分子量 157.93。透明带有珍珠光泽的晶体。熔点 300℃。溶于冷水、液氨。常温下可在氟或氯中与溴或碘蒸气接触燃烧，与磷或砷微热时，或在含氯化氢或二氧化硫冷的气体中也发生燃烧。在水中分解为氢氧化铯放出乙炔。常温下与二氧化碳不反应，但在 300℃ 时遇火反应。在 100℃时与二氧化氮反应，在 700℃时，二氧化铅或氧化铜可使其爆炸。在真空中长时间加热，可分解为 Cs₂C 和乙炔，或生成聚合物。制备：可由铯和乙炔在液氨中反应，或由乙炔与氢化铯常温下反应制得。

二碳化铀（uranium dicarbide） CAS 号 12071-33-9。化学式 UC₂，分子量 262.05。银色晶体，有毒！熔点 2 350℃，沸点 4 370℃，密度 11.28¹⁶ g/cm³。属于铀的多种碳化物之一。有两种晶型，α 型为正方系晶体，β 型为立方系晶体。1 514℃以上能稳定地存在，在 1 765℃时 α 型转变为 β 型并开始缓慢分解为三碳化二铀和碳。微溶于乙醇。遇水及水汽分解，与无机酸、碱溶液作用亦分解（产物很复杂）。较高温度时与氯、溴、碘反应得四卤化铀。室温下与氟不反应，但稍热即发生爆炸反应。制备：可由计量比的铀与炭粉加热反应，或氢化铀粉末与炭粉在稀有气体中加热反应制得。用途：可用作核燃料。

碳酸（carbonic acid） CAS 号 463-79-6。化学式 H₂CO₃，分子量 62.02。为二氧化碳溶于水中形成的酸。在溶液中，溶解的二氧化碳大部分以微弱结合的水合物形式存在，只有很少一部分转变为碳酸。属于二元弱酸，通常只能存在于水溶液中，纯的碳酸晶体在极苛刻条件下才能存在，遇水剧烈分解。热稳定性很差，在加热时全部分解并放出二氧化碳。与碱作用，能生成碳酸盐或酸式碳酸盐。不能直接与甲醇、乙醇反应，但可与醇类、卤代烷反应生成酸性碳酸酯和中性碳酸酯。制备：将二氧化碳通入水中可得。用途：广泛用于食品加工领域。

碳酸锂（lithium carbonate） CAS 号 554-13-2。化学式 Li₂CO₃，分子量 73.89。无色单斜系晶体或白色粉末。熔点 726℃，密度 2.11 g/cm³。微溶于水，不溶于醇和丙酮。溶于稀酸并放出二氧化碳。1 310℃分解为氧化锂和二氧化碳。制备：可从卤水中提取，或通过锂辉石与石灰石烧结后经碳酸钠处理制得。用途：可用于制陶瓷、抑制躁狂症药物、催化剂、锂离子电池等。

碳酸钠（sodium carbonate） 俗称"纯碱""苏打""碱灰"。CAS 号 497-19-8。化学式 Na₂CO₃，分子量 105.99。白色粉末或颗粒。熔点 858.1℃，密度 2.54 g/cm³。易溶于水，水溶液呈碱性。可形成一水合物、七水合物、十水合物。其结晶水合物在干燥空气中易风化。能从潮湿空气中吸收水蒸气和二氧化碳生成碳酸氢钠。广泛存在于我国内地的盐碱湖中，天冷时以大块晶体的形式在湖面上析出，称为"天然碱"。制备：可由天然碱加工精制，或由氨、二氧化碳与食盐饱和溶液作用制得，或由侯氏制碱法制得。用途：是化学工业中的重要产品之一，可作为助熔剂、软水剂、去油剂、洗涤剂等，广泛用于玻璃、陶瓷、造纸、肥皂、纺织、制革、石油、染料、食品等领域。

碳酸镁（magnesium carbonate） CAS 号 546-93-0。化学式 MgCO₃，分子量 84.31。白色单斜系晶体或无定形粉末。密度 3.009 g/cm³。微溶于水，水溶液呈弱碱性。易溶于酸和铵盐溶液。煅烧时易分解成氧化镁和二氧化碳。遇稀酸即分解放出二氧化碳。加热时易与水反应生成氢氧化镁。其三水合物为无色针状晶体，熔点 165℃，密度 1.850 g/cm³。其五水合物为白色单斜系晶体，密度 1.73 g/cm³，在空气中加热分解。制备：可向镁盐水溶液中加入碳酸钠并通入二氧化碳制得水合物，将水合物在二氧化碳中脱水制得无水物。用途：可用作耐火材料、保温材料、解腐剂、干燥剂、护色剂、载体、抗结块剂等，用于食品、日化、制药、精细化工、玻璃、搪瓷、陶瓷、橡胶等领域。

碳酸钾（potassium carbonate） 亦称"钾碱"，不纯物称"草碱""珠灰"。CAS 号 584-08-7。化学式 K₂CO₃，分子量 138.21。无水物为白色粒状粉末，结晶品为白色半透明小晶体或颗粒，无臭，有强碱味。熔点 891℃，密度 2.428 g/cm³。易溶于水，水溶液呈碱性。不溶于乙醇、丙酮和乙醚。加热至熔点以上分解。有吸湿性，可形成多种水合物。暴露在空气中能吸收二氧化碳和水分，转变为碳酸氢钾。制备：工业上通过向氢氧化钾溶液中通入二氧化碳制得。用途：主要用于食品中作膨松剂，还可用于印染、玻璃、肥皂、矿泉水、食物香料制剂、化妆品、肥料、医药、化工等领域。

碳酸钙（calcium carbonate）　CAS 号 471-34-1。化学式 $CaCO_3$，分子量 100.09。无色正交系晶体或白色粉末。密度 2.7～2.93 g/cm³。可溶于稀乙酸、稀盐酸、稀硝酸并剧烈放出二氧化碳。基本上不溶于水，但可溶于饱和的二氧化碳溶液，生成可溶性的碳酸氢钙。900℃ 左右分解为氧化钙和二氧化碳。广泛存在于霰石、方解石、白垩、石灰岩、大理石、石灰华等岩石中，亦为动物骨骼或外壳的主要成分。制备：通常从矿物中获得，用硝酸钙溶液跟碳酸铵溶液反应可制得纯品，向氢氧化钙悬浮液中通入二氧化碳可制得纳米级产品。用途：可用作分析试剂、基准试剂、食品添加剂，医疗上用作胃药，并广泛应用于建筑、造纸、化工、橡胶、塑料、玻璃、涂料等领域。

碳酸锰（manganese(II) carbonate）　亦称"碳酸亚锰"。CAS 号 598-62-9。化学式 $MnCO_3$，分子量 114.95。白色无定形粉末或玫瑰红色正交系晶体，在空气中逐渐变为深红色或淡棕色粉末。密度 3.1 g/cm³（无定形）、3.7 g/cm³（菱面体晶体）。可溶于稀酸并放出二氧化碳，也可溶于铵盐溶液。几乎不溶于水，在含有二氧化碳的水中因可生成重碳酸盐导致溶解度增加。不溶于醇和氨。潮湿时易氧化，形成三氧化二锰而逐渐变为棕黑色。与水共沸时即水解。在沸腾的氢氧化钾中，生成氢氧化锰。热至 100℃ 分解为氧化锰和二氧化碳。制备：由碳酸氢钠或碳酸氢铵溶液与硫酸亚锰溶液作用制得。用途：可用于制造软磁铁氧体、锰盐、脱硫的催化剂、瓷釉、涂料、颜料、肥料、饲料添加剂、医药、电焊条辅料、防锈剂、电信器材等。

碳酸亚铁（iron(II) carbonate）　CAS 号 563-71-3。化学式 $FeCO_3$，分子量 115.85。白色至灰色菱形晶体。密度 3.8 g/cm³。溶于稀酸、碳酸氢钠、碳酸氢钾、碳酸氢铵和铵盐溶液，微溶于水。强热分解为氧化亚铁和二氧化碳。在干燥空气中稳定，在潮湿空气中逐渐氧化，生成褐色的氢氧化铁。自然界中以菱铁矿形式存在。制备：可由碱金属碳酸盐与亚铁盐溶液作用制得。用途：可用于制铁盐、饲料添加剂、补血剂等。

碳酸钴（cobalt(II) carbonate）　亦称"碳酸亚钴"。CAS 号 513-79-1。化学式 $CoCO_3$，分子量 118.94。红色单斜系晶体或粉末。密度 4.13 g/cm³。可溶于酸、碳酸铵溶液、二硫化碳和乙醚。几乎不溶于水、醇、乙酸甲酯和氨

水。不与冷的浓硝酸或浓盐酸起作用。350℃ 开始分解为二氧化碳和氧化钴。可被空气或弱氧化剂逐渐氧化为碳酸高钴。以菱钴矿形式存在于自然界中。制备：向硝酸钴和重碳酸钠溶液中通入过量的二氧化碳制得。用途：主要用于制作含钴化合物，也可用于颜料、玻璃、陶瓷、饲料、化肥、选矿、催化、分析等领域。

碳酸镍（nickel(II) carbonate）　CAS 号 513-78-0。化学式 $NiCO_3$，分子量 118.70。浅绿色正交系晶体。密度 4.258 g/cm³。溶于氨水及稀酸。几乎不溶于水，可溶于含二氧化碳的水中。不溶于冷浓盐酸及硝酸。在空气中加强热生成氧化物。制备：可由碱金属碳酸盐与硫酸镍反应，或由酸性氯化镍溶液与碳酸氢钠溶液反应制得。用途：可用于电镀、釉彩、催化等领域。

碳酸亚铜（copper(I) carbonate）　化学式 Cu_2CO_3，分子量 187.10。黄色粉晶。密度 4.4 g/cm³。溶于氨水。溶于酸放出二氧化碳，并发生歧化生成铜盐和金属铜。不溶于水。加热易分解。制备：由碳酸钠与氯化亚铜溶液反应制得。用途：是制造其他亚铜盐的原料，可作为钻井液的除硫剂及缓蚀剂，还可与氨水等构成脱一氧化碳剂。

碳酸锌（zinc carbonate）　CAS 号 3486-35-9。化学式 $ZnCO_3$，分子量 125.419。无色三方系晶体或白色粉末。密度 4.42～4.45 g/cm³。可溶于氨水。溶于酸生成相应锌盐溶液并放出二氧化碳，溶于过量氢氧化钠溶液则得锌酸钠溶液。不溶于水，但与水共沸可转变成碱式盐。加热至 300℃ 分解成氧化锌和二氧化碳。自然界中以菱锌矿形式存在。制备：由锌盐溶液与碳酸氢钾或碳酸氢钠作用制得。用途：用作洗涤剂、防火剂、收敛剂、除硫剂、发泡剂，可用于陶瓷、化妆品、油漆、橡胶、化肥、医药、钻探、冶金等领域。

碳酸铷（rubidium carbonate）　CAS 号 584-09-8。化学式 Rb_2CO_3，分子量 230.945。白色粉末。熔点 837℃。易溶于水，水溶液呈强碱性。不溶于醇。易潮解。740℃ 开始分解，900℃ 明显分解。制备：可由氢氧化铷和二氧化碳反应，或由热解草酸铷或酒石酸氢铷制得。用途：可用作分析试剂、化工催化剂，制备其他铷盐，以及特种玻璃、陶瓷等领域。

碳酸锶（strontium carbonate）　CAS 号 1633-05-2。化学式 $SrCO_3$，分子量 147.63。无臭无味的白色粉末或颗粒。熔点 1 497℃（6 080 kPa），密度 3.70 g/cm³。溶于氯化铵、硝酸铵和碳酸溶液。溶于稀盐酸和稀硝酸并放出二氧化碳。微溶于水，不溶于乙醇。1 340℃ 分解成氧化锶和二氧化碳。制备：由可溶性锶盐溶液与碳酸钾或碳酸铵反应制得。用途：可用于玻璃、磁性材料、冶金、电子、烟火、医药、分析试剂、制糖等领域。

碳酸钇（yttrium(III) carbonate）　CAS 号 38245-39-5。化学式 $Y_2(CO_3)_3 \cdot 3H_2O$，分子量 411.88。微红白

色粉末。可溶于稀无机酸和碳酸铵溶液中，微溶于碳酸溶液，不溶于乙醇和乙醚。溶于稀强酸溶液生成相应的钇盐，溶于碱金属碳酸盐溶液形成复盐。加热分解，先转变为碱式盐，灼烧时生成氧化钇。热水中水解出碱式碳酸盐，放置时可与过量碳酸盐形成复盐。制法：可由钇盐与碱金属碳酸盐冷溶液作用制得。

碳酸银（silver carbonate） CAS 号 534-16-7。化学式 Ag_2CO_3，分子量 275.75。新制品为浅黄色粉末，久置变暗。密度 $6.077 \ g/cm^3$。溶于氨水、稀硝酸、氰化钾、硫代硫酸钠溶液，微溶于水和醇。加热分解时放出二氧化碳气体。感光性很强，见光或干燥时变黑，需避光保存。制备：可由硝酸银溶液与碳酸钠或碳酸氢钠溶液反应制得。用途：可用作分析试剂和配制电镀液的原料。

碳酸镉（cadmium carbonate） CAS 号 513-78-0。化学式 $CdCO_3$，分子量 172.42。白色三棱柱状晶体，有毒！密度 $4.258^4 \ g/cm^3$。易溶于酸并分解，溶于铵盐溶液和氰化钾溶液，不溶于水、氨水和有机溶剂。加热至 500℃分解成氧化镉和二氧化碳。空气中较稳定。在水中长时间煮沸也不分解。制备：可由硝酸镉或氯化镉与纯碱反应制得。用途：可用作玻璃色素的助熔剂、有机反应的催化剂、塑料增塑剂和稳定剂、生产镉盐的原料，还可用作制造涤纶的中间体和绝缘材料等。

碳酸铯（cesium carbonate） CAS 号 534-17-8。化学式 Cs_2CO_3，分子量 325.82。白色固体。密度 $4.24 \ g/cm^3$。极易溶于水、乙醇、乙醚，水溶液呈强碱性。在空气中放置迅速吸湿。与酸反应生成相应的铯盐和水，并放出二氧化碳。制备：可由氢氧化铯与二氧化碳反应制得。用途：可用于制取各种铯盐、聚合催化剂，还可用于玻璃、酿造、焊接、石化等领域。

碳酸钡（barium carbonate） CAS 号 513-77-9。化学式 $BaCO_3$，分子量 197.34。六角形微细晶体或白色粉末，有毒！有三种构型。α型为白色六方系晶体，熔点 1 740℃（1 017 kPa），密度 $4.43 \ g/cm^3$，沸点前分解。β型在 982℃转变为 α 型。γ型为白色斜方系晶体，密度 $4.28 \ g/cm^3$，加热至 811℃转变成β型。溶于盐酸或硝酸放出二氧化碳。可溶于氯化铵或硝酸铵溶液并生成配合物。难溶于水，微溶于含有二氧化碳的水。1 450℃以上分解放出二氧化碳。自然界中以毒重石形式存在。制备：可将二氧化碳通入氢氧化钡溶液，或由碳酸钠溶液跟硝酸钡溶液混合制得。用途：可用作灭鼠药、净水剂、填料、制光学玻璃的辅料，还可用于电子、仪表、冶金、烟火、信号弹、陶瓷、涂料等领域。

碳酸镧（lanthanum carbonate） CAS 号 6487-39-4。化学式 $La_2(CO_3)_3 \cdot 8H_2O$，分子量 601.96。白色晶体。密度 $2.6 \ g/cm^3$。溶于稀酸，稍溶于碳酸溶液，不溶于水、丙酮。溶于碱金属碳酸盐溶液，稀释后可结晶出如 $K[La(CO_3)_2] \cdot 6H_2O$ 类复盐。温度高于 600℃时，分解为氧化镧和二氧化碳。制备：可由碳酸钠与硝酸镧溶液反应，或向氢氧化镧悬浮液中通入二氧化碳制得。用途：可作为高磷血症药物等。

碳酸铈（cerous(III) carbonate） CAS 号 537-01-9。化学式 $Ce_2(CO_3)_3 \cdot 5H_2O$，分子量 550.34。白色晶体。溶于冷水。溶于甲酸、乙酸、乙醇酸、丙二酸、苹果酸、水杨酸和稀的无机酸中，可放出二氧化碳，得到相应酸的铈盐溶液。在空气中稳定，在紫外线照射下变黑。100℃失水变黄。在空气中加热生成四价氧化铈。制备：可由碳酸铵溶液与硫酸铈溶液作用而制得。用途：可用于制三氯化铈及白炽灯罩等。

碳酸镨（praseodymium carbonate） CAS 号 14948-62-0。化学式 $Pr_2(CO_3)_3 \cdot 8H_2O$，分子量 605.97。绿色片状晶体。不溶于水。溶于酸，生成相应的镨盐并放出二氧化碳。在干燥器中放置可失去 6 分子结晶水，在二氧化碳气氛中加热至 200℃时失去全部结晶水。制法：可向镨盐溶液中加入碱金属的碳酸盐，或向氢氧化镨溶液中通入二氧化碳制得。用途：可用于制造催化剂、磁性材料、镨化合物中间体、化学试剂等。

碳酸镝（dysprosium carbonate） CAS 号 38245-35-1。化学式 $Dy_2(CO_3)_3 \cdot 4H_2O$，分子量 577.09。白色或浅黄色粉末。难溶于水，易溶于酸并放出二氧化碳。加热至 150℃脱去 3 分子结晶水，进一步加热生成一系列的碱式碳酸盐，最终转变为氧化镝。与过量碱金属碳酸盐可形成 $M[Dy(CO_3)_2]$ 类配合物。制备：可向氢氧化镝的悬浮溶液中通入二氧化碳制得，或将稀的碳酸钾、碳酸钠或碳酸铵溶液加入冷的镝盐溶液中制得。用途：可用于合成其他镝盐及氧化物。

碳酸亚汞（mercury(I) carbonate） CAS 号 50968-00-8。化学式 Hg_2CO_3，分子量 461.19，淡黄色粉末。溶于氯化铵溶液，不溶于醇。难溶于冷水，热水中分解。加热至 130℃分解为氧化汞、汞及二氧化碳。光照变黑，应避光贮存。制备：可由亚汞盐溶液与碳酸钠作用而得。

碳酸亚铊（thallium(I) carbonate） CAS 号 6533-73-9。化学式 Tl_2CO_3，分子量 468.78。白色单斜系有光泽晶体，熔化时呈灰黑色，微有碱味，有毒！熔点 272℃，密度 $7.11 \ g/cm^3$。溶于水，其水溶液呈强碱性，可以溶解酸性氧化物。不溶于醇、醚、丙酮。在空气中稳定，不吸潮，75℃以上开始放出二氧化碳。其水溶液可吸收二氧化碳生成碳酸氢铊，再加热可释放出二氧化碳。制备：向氢氧化铊溶液中通入二氧化碳制得。用途：可用于检验二硫化碳

碳酸铅（lead carbonate） CAS 号 598-63-0。化学式 $PbCO_3$，分子量 267.21。白色粉末，有毒！密度 $6.6 \ g/cm^3$。正交系晶体，为板状或假六方双锥状。溶于酸放

出二氧化碳，溶于碱，难溶于水，不溶于醇及氨水。受热分解生成一氧化铅和二氧化碳。制备：可由硝酸铅或乙酸铅溶液与碳酸铵溶液作用制得。用途：用于油漆、陶瓷、颜料等领域。

碳酸钍（thorium carbonate）　CAS 号 19024-62-5。化学式 $Th(CO_3)_2$，分子量 352.06。白色粉末。不溶于冷水，在热水中分解。能溶于浓碳酸钠溶液生成碳酸根配合物钠盐。制备：在可溶性钍盐中加入可溶碳酸盐而得。

碳酸镭（radium carbonate）　化学式 $RaCO_3$，分子量 286.02。纯品为白色固体，不纯品可呈黄色、橙色或粉色，有毒性及放射性！不溶于水。与酸作用分解。商品为其与碳酸钡的混合物。用途：可作为化学试剂，还可用于放疗。

碳酸铵（ammonium carbonate）　亦称"鼻盐"。CAS 号 506-87-6。化学式 $(NH_4)_2CO_3$，分子量 96.09。无色晶体或白色粉末，有氨味。常含 1 分子结晶水。易溶于水，水溶液呈碱性。不溶于乙醇、二硫化碳及浓氨水。在空气中不稳定，会逐渐变成碳酸氢铵及氨基甲酸铵。干燥物在 58℃可分解放出氨及二氧化碳。70℃时水溶液开始分解。制备：纯品由氨气与二氧化碳通入水中制得，工业品由硫酸铵与碳酸钙作用制得。用途：可作为肥料、灭火剂、洗涤剂、缓冲剂、印染助剂、中和剂、膨松剂、发酵促进剂、灭火剂等，用于医药、橡胶、肥料、食品、分析等领域。

碳酸氢锂（lithium hydrogen carbonate）　CAS 号 5006-97-3。化学式 $LiHCO_3$，分子量 67.96。无色正交系晶体。密度 1.46 g/cm³。溶于水，难溶于乙醇。有吸湿性。通常为一水合物，94℃时失去结晶水，230℃分解。具有强还原性。制备：可由硫酸锂与甲酸钡反应，或在加热、加压下以锂盐与二氧化碳或一氧化碳反应制得。

碳酸氢钠（sodium hydrogen carbonate）　亦称"小苏打""重碳酸钠""酸式碳酸钠"。CAS 号 144-55-8。化学式 $NaHCO_3$，分子量 84.01。白色细小晶体。密度 2.159 g/cm³。能溶于水，溶于水时呈弱碱性。不溶于有机溶剂。50℃以上开始逐渐分解生成碳酸钠、二氧化碳和水，100℃完全分解。制备：可由碳酸钠浓溶液与二氧化碳反应制得。用途：可用作发酵剂、洗涤剂、灭火剂、碱性剂、膨松剂等，用于食品、化工、鞣革、冶炼、纤维、橡胶、消防、制药等领域。

碳酸氢钾（potassium hydrogen carbonate）　亦称"重碳酸钾""酸式碳酸钾"。CAS 号 298-14-6。化学式 $KHCO_3$，分子量 100.12。无色无臭透明单斜系晶体或白色晶体粉末。密度 2.17 g/cm³，折射率 1.482。易溶于水，水溶液呈弱碱性。不溶于乙醇。水溶液煮沸会逸出二氧化碳。100～120℃分解为碳酸钾、水和二氧化碳。制备：将二氧化碳通入碳酸钾水溶液而得。用途：是生产碳酸钾、醋酸钾、亚砷酸钾等的原料。可作为分析试剂、焙粉、

发泡盐、灭火剂等，用于医药、食品、化工、消防等领域。

碳酸氢铷（rubidium hydrogen carbonate）　CAS 号 19088-74-5。化学式 $RbHCO_3$，分子量 146.99。白色菱形晶体。溶于冷水和乙醇，其溶解度比碳酸铷小。在水溶液中可形成复盐 $3Rb_2CO_3 \cdot 2RbHCO_3 \cdot 2.5H_2O$。热稳定性较差。制备：将二氧化碳通入碳酸铷的饱和溶液中至饱和，在浓硫酸或五氧化二磷干燥器中蒸发结晶制得。

碳酸氢铯（cesium hydrogen carbonate）　CAS 号 29703-01-3。化学式 $CsHCO_3$，分子量 193.92。白色六方系晶体粉末。易溶于冷水，极易溶于热水，可溶于乙醇。加热至 175℃分解为碳酸铯、二氧化碳和水。制法：可向碳酸铯的浓溶液通入二氧化碳，或向氢氧化铯的 80%乙醇溶液通入二氧化碳制得。用途：可作为化学试剂、医药中间体、材料中间体等。

碳酸氢铵（ammonium hydrogen carbonate）　亦称"酸式碳酸铵""重碳酸铵"。CAS 号 1066-33-7。化学式 NH_4HCO_3，分子量 79.06。无色透明正交系或单斜系晶体，有强烈的氨味。熔点 107.5℃，密度 1.586 g/cm³。易溶于水，水溶液呈弱碱性。不溶于乙醇和丙酮。有吸湿性。不稳定，36℃以上开始分解为氨、二氧化碳和水，60℃迅速分解。制备：可由浓氨水与二氧化碳反应制得。用途：可用于肥料、医药、食品、电镀、制革、橡胶、陶瓷等领域。

碳酸氢三钠（trisodium hydrogen dicarbonate）　亦称"倍半碳酸钠"。CAS 号 533-96-0。化学式 $Na_2CO_3 \cdot NaHCO_3 \cdot 2H_2O$，分子量 226.03。白色针状晶体、片状或晶体粉末。密度 2.112 g/cm³。溶于水，其碱性弱于碳酸钠溶液。自然界中存在于盐湖的沉积物中，称为"天然碱"或"碳酸钠石"。制备：可由碳酸氢钠和纯碱的溶液结晶而得。用途：可作为漂洗剂、酸度调节剂，可用于制取纯碱、小苏打、烧碱、医药品、鞣剂等。

碳酸二氢氧化二镁（magnesium carbonate dihydroxide）　化学式 $MgCO_3 \cdot Mg(OH)_2 \cdot 3H_2O$，分子量 196.69。白色晶体。密度 2.02 g/cm³。易溶于酸，可溶于含 CO_2 水中，不溶于乙醇。加热至 700℃分解成 MgO。自然界中以菱镁土存在。制备：由氯化镁溶液与碳酸钠溶液反应制得。用途：可作为防火材料、绝热材料、磨光粉、橡胶填充剂等。

碳酸钠钾（potassium sodium carbonate）　CAS 号 64399-16-2。化学式 $KNaCO_3 \cdot 6H_2O$，分子量 230.19。无色单斜系晶体。密度 1.634 4 g/cm³。极易溶于水。易风化，具潮解性。加热至 100℃失去 6 分子水。性质类似碳酸钾及碳酸钠，但熔点低于两者。制备：由等摩尔的碳酸钾溶液与碳酸钠溶液混合、结晶而得。用途：用作化学分析熔剂。

碳酸银钾（silver potassium carbonate）　化学式 $KAgCO_3$，分子量 206.98。长方形片状固体。密度 3.769 g/cm^3。加热或在水中分解为氧化银。制备：由碳酸银溶解到过量碳酸钾溶液中经结晶制得。

碳酸镁钠（sodium magnesium carbonate）　化学式 $Na_2CO_3 \cdot MgCO_3$，分子量 190.31。白色正交系晶体。密度 2.729^{15} g/cm^3。遇水分解。在 12.5 MPa 下于 677℃时分解释出二氧化碳。制备：由碳酸钠与碳酸镁按配比共熔制得。

碳酸镁铵（ammonium magnesium carbonate）　化学式 $(NH_4)_2CO_3 \cdot MgCO_3 \cdot 4H_2O$，分子量 252.47。白色粉末。易溶于水，难溶于乙醇、氨水。在空气中稳定，加热分解出氨、二氧化碳，强热有氧化镁生成。与碱反应生成氢氧化镁，与酸反应放出二氧化碳。制备：可向碳酸镁溶液中加入过量氨水制得。用途：可用于制金属镁、陶瓷、造纸等领域。

碳酸氢钴钾（potassium cobalt hydrogen carbonate）化学式 $KHCO_3 \cdot CoCO_3 \cdot 4H_2O$，分子量 291.12。橙红色晶体。受热分解为紫色。在空气及水中分解，在氮气流中受热变成氧化钴。制备：可由硝酸钴与碳酸氢钾反应制得。

碳酸铀酰钠（sodium uranyl carbonate）　CAS 号 60897-40-7。化学式 $2Na_2CO_3 \cdot UO_2CO_3$，分子量 542.01。黄色晶体，具有放射性！微溶于水，不溶于乙醇。400℃以上分解并放出二氧化碳。制备：高温高压下用碳酸钠处理铀矿制得，或由铀酰氢氧化物与碳酸钠或碳酸氢钠的水溶液反应制得。用途：用作分析试剂。

碳酸铀酰钾（potassium uranyl carbonate）　化学式 $2K_2CO_3 \cdot UO_2CO_3$，分子量 606.46。黄色晶体，具有放射性！溶于水和碳酸钾溶液，不溶于酸、乙醇。在热水中分解。加热至 300℃分解放出二氧化碳。制备：将计量比的铀酰氢氧化物加至碳酸钾或碳酸氢钾水溶液中反应制得。

碳酸铀酰铵（ammonium uranyl carbonate）　化学式 $2(NH_4)_2CO_3 \cdot UO_2CO_3 \cdot 2H_2O$，分子量 522.21。黄色晶体，具有放射性！密度 2.77 g/cm^3。溶于水。遇酸和强碱分解成羟基化合物。热稳定性差，加热分解成碳酸铀酰。制备：可由重铀酸铵进行碳酸盐结晶精制而成。用途：是制取二氧化铀的重要中间产物。

重碳酸镁钾（potassium hydrogencarbonate magnesium carbonate）　亦称"碳酸氢钾·硫酸镁·水（1∶1∶4）"。化学式 $KHCO_3 \cdot MgCO_3 \cdot 4H_2O$ 或 $KMgH(CO_3)_2 \cdot 4H_2O$，分子量 256.49。无色三斜系晶体。密度 2.98 g/cm^3。溶于水并分解。在热水中加压煮沸，生成碳酸钾溶液和碳酸镁沉淀。制备：用光卤石水溶液加碳酸镁制成悬浊液，再通入二氧化碳制得。用途：可用于制碳酸钾。

碱式碳酸铍（beryllium basic carbonate）　化学式 $Be(CO_3) \cdot nBe(OH)_2$。白色粉末，有毒！是氢氧化铍和碳酸铍的混合物，组成不恒定。氢氧化铍的含量随沉淀温度的升高而增大。溶于酸和碱。不溶于水，热水中会分解。溶液中通入二氧化碳形成正盐。制备：将氧化铍溶于浓硫酸后再加入氨水至碱性，产生的沉淀经吸滤干燥后研成粉末，将其悬浮在含有氨水的溶液中，加入数片干冰或通入二氧化碳制得。用途：用于制备其他铍盐。

碱式碳酸镁（magnesium basic carbonate）　亦称"轻质碳酸镁"。CAS 号 39409-82-0。化学式 $4MgCO_3 \cdot Mg(OH)_2 \cdot 4H_2O$，分子量 493.65。白色稀松的粉末或轻脆的物质。密度 2.254 g/cm^3。易溶于酸并放出二氧化碳。不溶于水、乙醇。加热分解放出二氧化碳和水。制备：由氢氧化镁乳浊液与二氧化碳反应，或可溶性镁盐与碳酸钠反应制得。用途：可作为透明或浅色橡胶制品的填充剂和补强剂，油漆、石墨和涂料的添加剂，面粉处理剂，也用于制镁盐、氧化镁、印刷油墨、陶瓷、玻璃、化妆品、牙膏、医药、颜料等。

碱式碳酸钴（cobalt basic carbonate）　CAS 号 51839-24-8。化学式 $2CoCO_3 \cdot 3Co(OH)_2 \cdot H_2O$，分子量 534.74。紫红色棱柱状晶体粉末。溶于稀酸和氨水，不溶于冷水。在热水中分解。受热易分解为四氧化三钴、二氧化碳和水。制备：可由醋酸钴溶液与碳酸钠反应制得。用途：可用于制备钴系材料、含钴催化剂、瓷器着色剂、电子材料、磁性材料的添加剂、化学试剂等。

碱式碳酸镍（nickel basic carbonate）　亦称"碱式碳酸亚镍"。CAS 号 39430-27-8。化学式通常为 $NiCO_3 \cdot 2Ni(OH)_2 \cdot 4H_2O$，分子量 376.18。草绿色粉末状晶体。合成品密度 2.664 g/cm^3，矿物密度 2.57～2.69 g/cm^3。此化合物具体组成易受制备条件影响，化学式不唯一。溶于酸、碳酸铵、氯化铵的温热溶液。不溶于水、碳酸及碳酸钠溶液。与氨水或酸作用生成可溶性盐。自然界中以翠镍矿形式存在。制备：向镍盐溶液中加入碳酸钠可得。用途：可用作催化剂、瓷釉颜料及制造多种镍盐的原料，还可用于电镀等领域。

碱式碳酸铜（copper basic carbonate）　俗称"铜绿"。CAS 号 12069-69-1。化学式 $Cu_2(OH)_2CO_3$，分子量 221.12。蓝色或绿色无定形粉末，或深绿色晶体。密度 4.0 g/cm^3。溶于酸形成相应的铜盐。溶于氰化物、氨水、铵盐和碱金属碳酸盐的水溶液中，形成铜的配合物。不溶于水和乙醇。在水中沸煮或在强碱溶液中加热可生成氧化铜。可与硫化氢反应生成硫化铜。在自然界中以孔雀石的形式存在。制备：可由硫酸铜和碳酸氢钠反应得到。用途：可用于制油漆、颜料、烟火、农用杀虫剂、杀菌剂、医用收敛剂、磷毒解毒剂、固体荧光粉激活剂等。

碱式碳酸锌（zinc basic carbonate）　天然矿物称"水锌矿"。CAS 号 5970-47-8。化学式 $ZnCO_3 \cdot 2Zn(OH)_2 \cdot H_2O$，分子量 342.28。无臭无味的白色无定形细微粉末。密度 $4.42 \sim 4.45$ g/cm³。能溶于稀酸或氢氧化钠，不溶于水和醇，微溶于氨。与 30% 的过氧化氢反应，释出二氧化碳并形成过氧化物。在干燥空气中加热可失去二氧化碳变为氧化锌。制备：可由纯碱溶液与硫酸锌溶液反应制得。用途：可作为颜料、收敛剂、皮肤保护剂、消毒剂、脱硫剂、饲料添加剂，可用于医药、乳胶、冶金、人造丝等领域。

碱式碳酸锆（zirconium basic carbonate）　化学式近似于 $3ZrO_2 \cdot CO_2 \cdot H_2O$，分子量 431.68。白色无定形粉末。不溶于水。新制备时可溶于无机酸。制备：可由锆盐与碳酸钠反应制得。用途：制氧化锆，医药上用作治疗皮炎的油膏。

碱式碳酸汞（mercury basic carbonate）　化学式 $HgCO_3 \cdot 2HgO$，分子量 693.81。棕红色粉末。溶于氯化铵溶液、碳酸溶液，不溶于水。制备：可由硝酸汞溶液与碳酸钠或碳酸氢钠反应制得。

碱式碳酸铅（lead basic carbonate）　亦称"白铅"。CAS 号 1319-46-6。化学式 $2PbCO_3 \cdot Pb(OH)_2$，分子量 775.63。白色六方系晶体重质粉末，有毒！密度 6.68 g/cm³。溶于乙酸、硝酸和烧碱溶液，微溶于碳酸溶液，不溶于水和乙醇。加热至 400℃分解。能与高级脂肪酸形成铅皂。有良好的耐气候性，但与含少量硫化氢的空气接触即逐渐变黑。制备：可将二氧化碳通入碱式乙酸铅溶液，或利用二氧化碳、乙酸及水蒸气与铅起腐蚀作用制得。用途：可用于制防锈漆、滤光着色玻璃等，曾用作白色颜料。

碱式碳酸铋（bismuth basic carbonate）　亦称"次碳酸铋""碳酸氧铋"。CAS 号 5892-10-4。化学式 $(BiO)_2CO_3 \cdot \frac{1}{2}H_2O$，分子量 518.98。白色或微黄色粉末，见光逐渐变成褐色。密度 6.86 g/cm³。易溶于硝酸、盐酸、浓乙酸、氯化铵溶液，微溶于碱金属碳酸盐溶液，不溶于水或乙醇。空气中稳定，遇光即缓缓变质。加热至 308℃分解为氧化铋。存在于含铋矿床的氧化带中。制备：可由碱金属碳酸盐与硝酸铋反应制得。用途：可用于制铋盐、胃病药物、化妆品、X 射线诊断用的遮光剂、陶瓷、玻璃、搪瓷助熔剂等。

三硫代碳酸（trithiocarbonic acid）　CAS 号 594-08-1。化学式 H_2CS_3，分子量 110.22。黄色油状液体。熔点 −26.9℃，沸点 57.8℃，密度 1.483 g/mL。溶于水。不很稳定，缓慢分解为二硫化碳与硫化氢。制备：由盐酸与硫代碳酸盐反应制得。

三硫代碳酸钠（sodium trithiocarbonate）　亦称"硫代碳酸钠""全硫碳酸钠"。CAS 号 534-18-9。化学式

$Na_2CS_3 \cdot H_2O$，分子量 172.20。黄色易潮解针状晶体。溶于冷水形成红色溶液。溶于乙醇和丙酮，不溶于乙醚和苯中。在不含二氧化碳的干燥空气中稳定，若含有湿气时则易被氧化，分解为二氧化碳和硫化钠。加热分解。制备：在新制的硫氢化钠乙醇溶液中加入新蒸馏的二硫化碳，在 60℃以下加热溶液，加入无水乙醚至溶液略显浑浊，在氢气流下冷却、结晶制得。用途：可作为农用杀菌剂和杀线虫剂、黄铁矿浮选的捕收剂，可用于处理废水中的重金属离子。

三硫代碳酸钾（potassium trithiocarbonate）　亦称"硫代碳酸钾""三硫硫代碳酸钾"。CAS 号 26750-66-3。化学式 K_2CS_3，分子量 186.40。黄红棕色晶体。有很强的吸水性。极易溶于水，水溶液为强碱性。溶于液氨，微溶于乙醇，不溶于乙醚。加热时未经熔化即分解。制备：将硫化钾和二硫化碳作用制得。用途：可用作分析试剂。

三硫代碳酸钡（barium trithiocarbonate）　亦称"硫代碳酸钡"。CAS 号 2133-05-3。化学式 $BaCS_3$，分子量 245.54。黄色立方系晶体。不溶于乙醇，微溶于冷水。加热分解。制备：在室温下由氢氧化钡、硫化氢和二硫化碳反应制得。用途：可用于染料工业。

三硫代碳酸铵（ammonium trithiocarbonate）　亦称"硫代碳酸铵"。化学式 $(NH_4)_2CS_3$，分子量 144.28。黄色晶体。吸湿。易溶于水，微溶于乙醇、乙醚。熔点前升华。100℃完全分解为二硫化碳和氨。制备：可由硫氢化铵与二硫化碳反应制得。

氟化碳酸铈（cerium fluorocarbonate）　CAS 号 12334-25-7。化学式 $CeFCO_3$，分子量 219.13。六方系晶体。密度 5 g/cm³。可溶于盐酸、硝酸、硫酸、磷酸。易与碳酸钡形成 $CeFCO_3 \cdot BaCO_3$，与 $CaCO_3$ 形成 $2CeFCO_3 \cdot CaCO_3$。天然以氟碳铈矿形式存在。主要产于花岗岩、伟晶石、热液矿脉及砂矿中。用途：是提取铈的主要矿物原料之一。

碳酰氟（carbonyl fluoride）　CAS 号 353-50-4。化学式 COF_2，分子量 66.01。无色吸湿性气体，高毒！熔点 −114℃，沸点 −83.1℃，密度 1.139^{-114} g/mL。遇水立即分解，生成氟化氢和二氧化碳。与苯胺作用生成 N,N'-二苯基脲素。易刺激眼及皮肤、黏膜、呼吸道。制备：可将碳酰氯逐渐加入冷却的三氟化砷中，或由氟与碳酰氯反应，或由一氧化碳与氟或三氟化溴与一氧化碳反应制得。用途：可作为半导体制造装置的清洗气和刻蚀气、氟化剂等，可用于有机合成。

碳酰氯（carbonyl chloride）　亦称"光气"。CAS 号 75-44-5。分子式 $COCl_2$，分子量 98.92。常温下为无色气体，有腐草味，低温时为黄绿色液体，剧毒！熔点 −132.78℃，沸点 8.3℃，密度 4.043^{25} g/L。不燃，化学反应活性较高，遇水后有强烈腐蚀性。稍溶于水并缓慢水

解。与苯、甲苯、乙酸和多数轻质烷烃混溶。溶于芳烃、苯、四氯化碳、氯仿等多数有机溶剂。能引起人肺气肿，以致缺氧窒息。可用碱性溶液解毒。0℃时能凝结成无色发烟液体，后者在低温下能溶解臭氧，形成一稳定的蓝色液体。在紫外线照射下分解为一氧化碳和氯气。在375℃与五氯化磷作用下得四氯化碳，与乙烯加成生成β-氯丙酰氯。制备：工业上通常采用氯气和一氧化碳的反应制得，少量制备可通过四氯化碳与发烟硫酸反应产生。用途：可作为军事毒气，可用于有机合成、农药、制药、染料。

碳酰硒（carbonyl selenide）　亦称"硒化羰"。CAS号 1603-84-5。化学式 COSe，分子量 106.97。无色有臭味的气体，极毒！熔点 -124.4℃，沸点 -21.7℃，密度 $1.812^{4.1}$ g/mL。溶于碳酰氯中。与水或水蒸气反应析出红色硒。在氧化性酸和过氧化氢中被氧化成亚硒酸。与酸反应缓慢，在活性炭这类多孔性物质上分解成一氧化碳和单质硒，遇碱性溶液迅速分解。不稳定，遇光、遇水分解。制备：可将光气缓慢通过硒化铝（219℃）制得；向硒粉中通入干燥一氧化碳，同时加热，把生成的气体依次用冰、干冰和液态空气冷凝，把用液态空气冷凝的部分进行真空蒸馏即得。

二氯化硫碳酰（thiocarbonyl dichloride）　亦称"硫碳酰氯"。CAS号 463-71-8。化学式 $CSCl_2$，分子量 114.98。微红色有刺激臭味的油状液体。沸点 74℃，密度 1.508 g/mL。置于空气中发烟。能溶于乙醇、乙醚。制备：将氯通入于二硫化碳后用水蒸气蒸馏，产品经铁及乙酸的还原作用制得。用途：可作为军用毒气，可用于染料工业。

四氯化硫碳酰（thiocarbonyl tetrachloride）　亦称"四氯硫碳酰""全氯甲硫醇"。CAS号 594-42-3。化学式

$CSCl_4$，分子量 185.89。有刺激臭味和催泪性的黄色液体。沸点 148~149℃（分解），密度 1.712^{13} g/mL。在热水中分解。制备：在低于50℃温度下用碘作催化剂，通干燥氯气于二硫化碳中并进行减压水蒸气蒸馏制得。用途：可用于制催泪弹。

硫氯化碳（thiocarbonyl chloride）　亦称"硫光气"。CAS号 463-71-8。化学式 $CSCl_2$，分子量 114.98。红黄色液体，有毒！沸点 73.5℃（分解），密度 1.509^{15} g/mL。冷水中慢慢分解，热水中急速分解。与氨反应生成硫氰酸铵，与硫醇反应生成二硫代氯酸酯，与乙醇反应生成硫代氯酸酯。日光下不稳定。制备：向二硫化碳中通入氯气制得过氯化物，再用锡和盐酸还原制得。用途：曾被用作化学武器。

硫硒化碳（thiocarbonyl selenide）　CAS号 5951-19-9。化学式 CSeS，分子量 123.04。黄色液体。熔点 -85℃，沸点 84.5℃，密度 1.987 g/mL。不溶于水，微溶于乙醇，溶于二硫化碳。常温下与氯（或溴）反应生成硫代羰氯（溴）和四氯（溴）化硒。将其分散在水中并用溴处理，得到一稠密的油状物，固化后，从苯中结晶生成 $C_2S_2SeBr_6$。15℃与氨水接触几小时（或80℃接触几分钟）即生成黄色固体，后者在所有干燥的溶剂中都不溶解，但与沸腾的氨水生成血红色的溶液。与苯胺一同放置两天可放出硒化氢和硫化氢，并有白色的 $(C_6H_5NH_4)_4CSSe$ 晶体析出。在空气中稳定，遇光和热分解，蒸气燃烧为蓝色火焰。制备：可以石墨作阴极，以硒粉与石墨混合物（100∶17.5）作阳极，在二硫化碳中经电弧放电，生成含有硒、硫黑色悬浮颗粒的红褐色溶液，再经分馏、蒸馏制得；或于650℃将二硫化碳蒸气通过一硒化铁，后经分馏制得。用途：可用于有机合成。

氰化物及其衍生物

氰（cyanogen）　亦称"乙二腈"。CAS号 460-19-5。化学式 $(CN)_2$，分子量 52.03。无色有苦杏仁味气体，剧毒！熔点 -27.98℃，沸点 -21.17℃，密度 2.335 g/L（气态）、$0.953\ 7^{-21.17}$ g/mL（液态）。溶于水、乙醇、乙醚中。在空气中燃烧发出紫红火焰，生成二氧化碳和氮气。见光或加热时可聚合为黑色固态聚氰。与水反应生成氢氰酸和氰酸。制备：由氰化钠或氰化钾溶液加入硫酸铜或氯化铜溶液即得。用途：可用于有机合成、火箭燃料等。

氰化氢（hydrogen cyanide）　亦称"甲腈"。CAS号 74-90-8。化学式 HCN，分子量 27.03。无色透明易挥发液体，或具有苦杏仁味的气体，剧毒！熔点 -13.4℃，沸点 25.6℃，密度 0.901 g/L（气态）、0.699^{22} g/mL（液态）。可

与水、乙醇互溶，微溶于乙醚。其水溶液称氢氰酸，是极弱的酸。在酸性水溶液中较为稳定，但一定时间后仍有氨和甲酸生成。冷的浓盐酸可使其转变为甲酰胺。在空气中不稳定，很快有棕色沉淀析出并有甲酸铵生成。在空气中燃烧，火焰呈蓝色。异氰化氢为其互变异构体，常温下主要以氰化氢存在。易爆炸。制备：工业上用甲烷、氨和氧气在800℃铂催化条件下制得，实验室可用氰化钾或氰化钠浓溶液与稀硫酸混合蒸馏制得。用途：可用于制备各种氰基金属化物及合成腈等有机前体、聚合物前体等，农业上用作杀虫剂、熏蒸剂等。

氰化锂（lithium cyanide）　CAS号 2408-36-8。化学式 LiCN，分子量 32.96。无色到淡黄色晶体。熔点

160℃，密度1.075 g/mL(熔融态)。对潮湿敏感。可溶于水。制备：可由氰化氢与丁基锂反应制得。用途：可用于有机合成。

氰化钠（sodium cyanide）　俗称"山奈""氰化碱"。CAS号143-33-9。化学式NaCN，分子量49.01。干燥时为白色无嗅晶体，其二水合物为有微弱的苦杏仁味的无色叶状晶体，剧毒！熔点563.7℃，沸点1 496℃，密度1.60～1.624 g/cm³。易吸潮，易溶于水，水溶液呈碱性。可溶于液氨，微溶于乙醇。在空气中缓慢水解，放出氨气。遇酸及空气中的二氧化碳可分解生成氰化氢。少量处理可以使用硫代硫酸钠与之反应生成低毒的硫氰根，或由过氧化物氧化为无毒的氧氰根。制备：可由碳酸钠、炭和氮气在高温下反应，或由碳酸钠、氰氨化钙和炭共热制得。用途：可用于重金属提炼、炼钢淬火、农药、电镀、医药、有机合成等领域。

氰化镁（magnesium cyanide）　化学式Mg(CN)₂。分子量76.34。白色粉末，剧毒！溶于冷水中，热水中分解。遇酸分解生成氰化氢。300℃分解为氨基氰化镁。制备：可由氢氰酸溶液与镁粉反应制得。用作储氢材料。

三氰化磷　释文见101页。

氰化钾（potassium cyanide）　俗称"山柰钾"。CAS号151-50-8。化学式KCN，分子量65.12。无色立方系晶体或白色颗粒状固体，潮湿时有微弱杏仁味，剧毒！熔点634℃，沸点1 625℃，密度1.553²⁰ g/cm³。可溶于水、甲醇、甘油，常温下微溶于乙醇。有潮解性。能吸收空气中的二氧化碳和水分并分解。在室温下缓慢氧化，在高温及光照下迅速氧化。水溶液可溶解许多金属，并生成氰基配位化合物。与硫共熔可生成硫氰化钾。遇酸会释放氰化氢。与氧化剂接触，并受到冲击时，有爆炸危险。少量泄露可使用硫代硫酸钠与之反应生成低毒的硫氰根，或用次氯酸或过氧化物与之反应生成无毒的氧氰根。制备：可通过向氢氧化钾水溶液通入氰化氢，或由碳酸钾与炭在氨气中加热制得。用途：可作为络合剂、掩蔽剂、熏蒸剂等，可用于精炼贵金属、电镀、钢铁表面处理、农药、造纸、摄影等领域。

氰化钙（calcium cyanide）　CAS号592-01-8。化学式Ca(CN)₂，分子量92.11。无色单斜系晶体或白色粉末，工业品呈灰黑色，剧毒！可溶于水、乙醇。在湿空气中或溶于水和弱酸中，会逐渐放出氰化氢。350℃开始分解为氰氨化钙与碳。制备：可由氧化钙与氢氰酸在水溶液或氨水溶液中反应，或由氰氨化钙与炭高温反应制得。用途：可用于提炼金、银等，也可用于制造农药、灭鼠剂、熏蒸剂等。

氰化钴（cobalt(II)cyanide）　亦称"氰化亚钴"。CAS号20427-11-6。化学式Co(CN)₂·2H₂O，分子量147.00。浅黄色晶体，无水物为深蓝色粉末，剧毒！熔点280℃，密度1.872 g/cm³。不溶于水，溶于氰化钾、盐酸、氨水。加热至280℃失去2分子结晶水，至300℃时分解。制备：向二价钴盐的中性溶液中加入氰化钾制得三水合物，后者经浓硫酸干燥而得无水物。用途：可用于合成含氰配位化合物。

氰化镍（nickel(II)cyanide）　CAS号557-19-7。化学式Ni(CN)₂，分子量110.73。棕黄色粉末，四水合物为浅绿色片状晶体或粉末，有毒！溶于氨水、氰化钾溶液和碳酸铵溶液，微溶于稀酸，几乎不溶于水，不溶于乙酸甲酯。四水合物加热至200℃时脱水得到无水物，继续加热则分解。制备：可由镍盐与适量氰化钾溶液作用制得。用途：可用于镀镍、冶金、金属防腐等领域。

氰化亚铜（copper(I)cyanide）　CAS号544-92-3。化学式CuCN，分子量89.56。白色至奶油色粉末、无色至暗绿色正交系晶体或暗红色单斜系晶体，剧毒！熔点474℃，密度2.92 g/cm³。溶于氨水、液氨或碱金属氰化物水溶液，几乎不溶于水、乙醇、冷稀酸。在硝酸中被氧化为硝酸铜并放出氰化氢。加热可分解出氰或氮氧化物。与氯酸盐或亚硝酸钠混合能引起爆炸。制备：可向亚硫酸氢钠和氰化钠溶液中加入硫酸铜溶液制得。用途：可作为杀菌剂、聚合催化剂、涂料防污剂等，用于镀铜、医药等领域。

氰化铜（copper(II)cyanide）　CAS号14763-77-0。化学式Cu(CN)₂，分子量115.58。绿色粉末，剧毒！溶于乙醇、碱溶液、氰化钾溶液、吡啶等，不溶于水。与酸作用放出氰化氢。受热分解为氰化亚铜并放出氰气。制备：可由硫酸铜溶液与适量氰化钾作用制得。用途：可用于冶金、镀铜和有机合成等领域。

氰化锌（zinc cyanide）　CAS号557-21-1。化学式Zn(CN)₂，分子量117.41。白色粉末或正交系有光泽柱状晶体，有毒！密度1.852 g/cm³。溶于碱液和氨水。溶于氰化物溶液形成Zn(CN)₄²⁻络离子。微溶于热水，不溶于冷水、乙醇和乙醚。遇酸分解。可吸收潮湿空气中的二氧化碳生成碳酸锌并放出氰化氢。800℃时分解。制备：可由锌盐与适量的氰化钠溶液反应制得。用途：可用于电镀、选矿、有机合成、医药、农药等领域。

氰化锶（strontium cyanide）　化学式Sr(CN)₂·4H₂O，分子量211.72。白色正交系晶体。极易潮解，易溶于水。加热分解。制备：将氢氧化锶悬浮于石油醚中，并与氰化氢溶液反应制得。

二氰化钯（palladium(II)cyanide）　亦称"氰化亚钯"。CAS号2035-66-7。化学式Pd(CN)₂，分子量158.45。黄白色固体，颜色因制法而异。溶于浓氢氰酸、氨水、氯化钾溶液，不溶于水、稀酸以及氰化银溶液。在空气或氧气中强热得到纯钯。制备：可由一氧化钯和氰化银溶液共沸得到黄白色絮状产物；或将硝酸钯溶液加入氰化钾得到橄榄绿色产物;或由王水溶解铑,蒸除过量酸变成中性溶液后,加入过量氰化银得到白色絮状沉淀,干燥后经灰色变成玫瑰红色产物。用途:可用于有机合成以及制备催化剂。

氰化银(silver cyanide)　CAS 号 506-64-9。化学式 AgCN,分子量 133.89。无臭无味的白色至灰色粉末或六方系针状晶体,遇光逐渐变为褐色,有毒! 熔点 320℃(分解),密度 3.95 g/cm³。可溶于氨水、沸腾硝酸、碱金属氰化物、硫代硫酸钠溶液,不溶于水、稀酸、乙醇。遇盐酸分解为氯化银和氰化氢。干燥空气中稳定,隔绝空气加热至 325℃时熔融成红褐色液体,并释放出部分氰,凝固后得到灰色物质。在空气中灼烧得到纯银。制备:可向氰化钾或氰化钠溶液加入硝酸银溶液制得。用途:可用于镀银、制药、涂料、冶金等领域。

氰化镉(cadmium cyanide)　CAS 号 542-83-6。化学式 Ca(CN)₂,分子量 164.93。白色粉末或立方系晶体,有毒! 密度 2.23 g/cm³。可溶于碱金属氰化物或氢氧化物、氯化钾溶液。微溶于水和乙醇。与无机酸作用即分解放出氰化氢,不易与有机酸作用。受热后逐渐变为棕色,至 200℃以上即分解。制备:可通过氯化镉或氢氧化镉与氰化钾溶液反应,或通过氰化氢的浓溶液与乙酸镉的乙醇溶液反应制得。用途:可用作分析试剂和电镀原料。

氰化铟(indium(III) cyanide)　亦称"三氰化铟"。CAS 号 13074-68-5。化学式 In(CN)₃,分子量 192.87。白色固体。极易溶于水,但在水中不稳定,缓慢分解生成氢氧化铟沉淀及氰化氢。可溶于乙醇、丙酮、乙醚、氰化氢,微溶于甲苯。制备:可由等摩尔量的铟盐和氰化物作用,或由铟或氢氧化铟与氰化氢气体在 350℃反应制得。

氰化碘(iodine cyanide)　CAS 号 506-78-5。化学式 ICN,分子量 152.92。白色粉末或无色具有强烈刺激性辛辣气味的针状晶体,有毒! 熔点 146.5℃(在熔封管中),密度 2.84 g/cm³。易溶于乙醇、乙醚等。微溶于水并缓慢水解放出氰化氢。制备:可由氰化钠与碘反应,或通过氰化钾与碘在氯气存在下反应制得。用途:可用于制作动物标本等。

氰化铯(cesium cyanide)　CAS 号 21159-32-0。化学式 CsCN,分子量 158.92。极细小的白色晶体,剧毒! 熔点 350℃,密度 2.93 g/cm³。易溶于水,且易水解。高温时易被氧化,熔融态为强还原剂。可与强氧化剂剧烈反应,可能发生爆炸。可与卤素或硫等反应。高温下,亦可被还原剂(如铁)还原。制备:可由氰化氢与氢氧化铯在乙醇或乙醚中反应,或由氰化氢与铯金属在乙醇或苯中反应,也由氰化钙、炭与氯化铯(或碳酸铯)反应制得。用途:可用作有机合成中的还原剂或催化剂。

氰化钡(barium cyanide)　CAS 号 542-62-1。化学式 Ba(CN)₂,分子量 189.37。白色晶体或粉末,剧毒! 熔点

600℃。易溶于水,可溶于乙醇。在空气中会与水、二氧化碳反应而缓慢分解,生成氰化氢。制备:可通过氢氧化钡与氢氰酸反应制得。用途:可用于电镀、冶金等领域。

氰化铂(platinum(II) cyanide)　亦称"二氰化铂"。CAS 号 592-06-3。化学式 Pt(CN)₂,分子量 247.12。黄绿色晶体。熔点 247.13℃。可溶于氰化钾溶液,不溶于水、乙醇、酸或碱。制备:可由四氯铂酸溶液与氰化汞反应制得。用途:可用于有机合成。

氰化亚金(gold(I) cyanide)　亦称"一氰化金"。CAS 号 506-65-0。化学式 AuCN,分子量 222.98。淡黄色无味六方系晶体。密度 7.12²⁵ g/cm³。不溶于水、稀酸、乙醇及乙醚。可溶于王水、硝酸、氨水,或碱金属氰化物、氢氧化钾、硫代硫酸钠、硫化铵溶液。可溶于氰化钾溶液生成氰亚金酸钾。在干燥空气中稳定,潮湿环境下见光缓慢分解。加热可分解为金与氰。制备:可由盐酸与二氰合金(II)酸的钾盐或钠盐反应,或由氯化亚金溶液与氰化钾溶液反应制得。

氰化金(gold(III) tricyanide)　亦称"三氰化金"。CAS 号 535-37-5。化学式 Au(CN)₃ · 3H₂O,分子量 329.06。无色片状晶体,剧毒! 易吸潮,易溶于水,可缓慢溶于乙醇、乙醚。可溶于氰化钾溶液。在热水中或加热至 50℃分解。制备:可由氰金酸铵与强酸反应制得。用途:可用于电镀。

氰化汞(mercury(II) cyanide)　CAS 号 592-04-1。化学式 Hg(CN)₂,分子量 252.62。无色无臭柱状晶体或白色粉末,见光颜色变暗,剧毒! 密度 3.996 g/cm³。易溶于水,可溶于乙醇、氨水、甘油,微溶于乙醚,不溶于苯。加热至 320℃分解为汞和氰。制备:可由汞盐溶液或氧化汞与氰化物溶液反应制得。用途:可作为皮肤消毒剂、黏膜防腐剂或杀菌皂的原料等。

氰化亚铊(thallium(I) cyanide)　CAS 号 13453-34-4。化学式 TlCN,分子量 230.40。无色片状晶体。密度 6.523 g/cm³。易溶于酸溶液。易溶于冷水,水溶液呈强碱性。不溶于过量氰根溶液中。制备:可由浓氢氰酸与氢氧化亚铊反应制得。

氰化铅(lead(II) cyanide)　CAS 号 592-05-2。化学式 Pb(CN)₂,分子量 259.23。白色或浅黄色粉末,剧毒! 微溶于冷水,溶于热水。低温下不与浓硝酸和硫酸作用,可溶于温热的硝酸溶液。可溶于氰化钾溶液生成氰铅酸盐。制备:可由铅盐溶液与氢氰酸或可溶性氰化物溶液反应制得。

氰化铵(ammonium cyanide)　CAS 号 12211-52-8。化学式 NH₄CN,分子量 44.06。无色立方系晶体,剧毒! 密度 1.02 g/cm³。易溶于水及乙醇。极易同过渡金属锌、汞、金、银等形成络离子,能溶解大量过渡金属的不溶盐。36℃以上分解为氨和氰化氢。制备:可将氰化氢通入氨

水中浓缩，或由氰化钙与碳酸铵溶液反应，或由加热干态的氰化钾与氯化铵制得。用途：可用于提取金、银，以及用于无机、有机合成。

氰氨化钠（sodium cyanamide）　亦称"氰氨一钠"。CAS 号 17292-62-5。化学式 $NaHCN_2$，分子量 64.02。白色疏松晶态粉末。易溶于水。可迅速吸收空气中的二氧化碳与水。加热时融化成无色液体，并分解为氰化钠、氨气与氮气。制备：可由氰氨化钙与硫酸钠在水中反应制得。用途：可作为植物生长调节剂，还用于啤酒酿造。

氰氨化钙（calcium cyanamide）　亦称"碳氮化钙""石灰氮"。CAS 号 156-62-7。化学式 $CaCN_2$，分子量 80.10。纯品为无色六方系或正交系晶体或白色粉末，工业品为灰黑色粉末或颗粒。有电石的大蒜臭味或氨味，有毒！熔点约 1 340℃，密度 2.29 g/cm^3。微溶于水，在水中加热时水解生成氨、氨基腈、尿素和碳酸钙。在有二氧化碳存在的情况下可生成氨基氰。温度高于 1 300℃时可升华。制备：可由熔融的电石与氮气反应，或由碳酸钙与氰化氢高温反应制得。用途：可用于生产氰化物、肥料、农药，还用于塑料、冶金等领域。

氰酸（cyanic acid）　同时存在正氰酸和异氰酸两种形式的互变异构体，以后者为主，各自的游离酸尚未分离出来。正氰酸，CAS 号 420-05-3，化学式 HOCN，分子量 43.02；异氰酸，CAS 号 75-13-8，化学式 HNOC，分子量 43.02。有强烈乙酸气味的无色液体。熔点-86.8℃，沸点 23.6℃，密度 1.14 g/cm^3。溶于水同时分解，也溶于乙醚、苯、甲苯。水溶液显强酸性，并强烈水解产生氨和二氧化碳。与醇类作用生成氨基甲酸酯。有挥发性、腐蚀性，迅速加热能引起爆炸。在乙醚、苯和甲苯的稀溶液中可保存数周。在 150℃以下聚合为三聚氰酸，150℃以上聚合为氰尿酸，0℃时液态氰酸 1 小时内可聚合为这两种酸的混合物。制备：可由热解氰尿酸，或干馏三聚氰酸制得。用途：可用于制备氰酸盐类化合物，还可用于家电、汽车、建筑、家具、胶黏剂等领域。

四氰酸硅（silicon cyanate）　亦称"四氰酸甲硅烷"。化学式 $Si(OCN)_4$，分子量 196.15。无色液体或固体。熔点 34.5±0.5℃，沸点 247.2±0.5℃，密度 1.414 g/cm^3。遇水分解。制备：可由异氰酸银与四氯化硅在干燥的苯中反应，生成物大部分为异氰酸硅，少部分为四氰酸硅。

四异氰酸硅（silicon isocyanate）　亦称"四异氰酸基硅烷"。CAS 号 3410-77-3。化学式 $Si(NCO)_4$，分子量 196.15。无色挥发液体或固体。熔点 26.0±0.5℃，沸点 185.6±0.5℃，密度 1.434 g/cm^3。溶于苯、四氯化碳、氯仿、二氯甲烷，不溶于丙酮。在潮湿的空气中迅速水解为硅胶和异氰酸。能同大多数脂肪族和芳香族的伯胺和仲胺剧烈反应，分别生成 N 一取代的和 N,N 二取代的尿素。与甲醇缓慢作用得到甲氧基衍生物。制备：可将四

氯化硅滴加到异氰酸银与无水甲苯的悬浊液中回流制得。用途：用于有机合成。

氰酸钠（sodium cyanate）　CAS 号 917-61-3。化学式 NaOCN，分子量 65.01。无色针状晶体或粉末，有毒！熔点 550℃，密度 1.937 g/cm^3。可溶于水，微溶于乙醇、氨水、苯，不溶于乙醚。真空中 700℃分解为碳酸钠和尿素。制备：可由碳酸钠与尿素熔融反应，或由氰化钠与氧化铅加热反应，或由氰化钠在碱性条件下氧化制得。用途：可作为有机反应中的亲核试剂，还可用于钢铁热处理。

氰酸钾（potassium cyanate）　CAS 号 590-28-3。化学式 KOCN，分子量 81.12。无色或白色晶体粉末，有毒！密度 2.05 g/cm^3。易溶于水、甲醇、二氧六环、甘油，难溶于乙醇、苯。潮湿状态下或在氨水或碳酸氢钾溶液中不稳定，其水溶液也会缓慢水解。在空气中稳定，700～900℃分解。制备：可由碳酸钾与尿素反应，或向熔融氰化钾中加入氧化铅、氧化锰或氧化锡等氧化剂制得。用途：可用于有机合成，以及制催眠药、麻醉药、除草剂等。

氰酸银（silver cyanate）　CAS 号 3315-16-0。化学式 AgOCN，分子量 149.89。无色晶体或白色粉末。密度 4.0 g/cm^3。难溶于冷水，溶于热水，能溶于硝酸、氨水、氰化钾溶液。受热分解为银、氮和一氧化碳。制备：可由硝酸银溶液与氰酸钾溶液反应制得。

氰酸亚铊（thallium(I) cyanate）　化学式 TlCNO，分子量 246.40，无色针状晶体。密度 5.487 g/cm^3。为反磁性离子化合物。能溶于冷水，极易溶于热水，略溶于乙醇。制备：可由氰酸钾与硫酸亚铊在乙醇中反应制得。

氰酸铅（lead cyanate）　化学式 $Pb(OCN)_2$，分子量 291.23。白色针状晶体。微溶于水，在氨水中溶解度比水中稍大。在沸水中加酸可令其水解为尿素和碳酸铅。干燥时较为稳定，加热易分解。

氰酸铵（ammonium cyanate）　CAS 号 22981-32-4。化学式 NH_4OCN，分子量 60.06。无色四方系晶体，剧毒！熔点 60℃，密度 1.342 g/cm^3。易溶于水，稍溶于乙醇、氯仿，不溶于乙醚、苯。受热或长期储存可转变为尿素。制备：可由异氰酸的乙醚溶液与干燥的氨气反应，或由氨和氰酸蒸气在稀有气体中反应制得。用途：可用于制药。

氧氰化汞　释文见 69 页。

硫氰酸锂（lithium thiocyanate）　CAS 号 123333-85-7。化学式 LiSCN，分子量 65.02。白色晶体。有吸湿性，易溶于水，水溶液中难析出无水盐。固相为二水合物，熔点 34℃。一水合物熔点 60.5℃。制备：可由硫氰酸与碳酸锂反应制得。用途：用作化学试剂。

硫氰酸钠（sodium thiocyanate）　亦称"硫氰化钠"。CAS 号 540-72-7。化学式 NaSCN，分子量 81.07。无色正交系板状晶体。熔点 287℃，密度 1.295 g/cm^3。有潮解性，极易溶于水，易溶于乙醇。制备：将等摩尔量氢氧化

钾加入硫氰酸铵溶液中反应制得。用途：可用作聚丙烯腈纤维抽丝溶剂、分析试剂、彩色胶片冲洗剂、植物脱叶剂、抑霉防腐剂，还可用于制有机硫氰酸盐。

硫氰酸硅（silicon thiocyanate） 化学式 $Si(SCN)_4$，分子量 260.42。白色针状晶体。熔点 143.8℃，沸点 314.2℃。密度 1.409 g/cm^3。不溶于乙醚、二硫化碳、氯仿。在干燥空气中稳定。在水、酸或碱溶液中分解为硅酸或硅酸盐。遇乙醇分解。制备：将四氯化硅与硫氰酸铅在苯中反应制得。

硫氰酸钾（potassium thiocyanate） 亦称"硫氰化钾"。CAS 号 333-20-0。化学式 KSCN，分子量 97.18。无色正交系晶体，有毒！熔点 173.2℃，沸点 500℃（分解），密度 1.886^{14} g/cm^3。有潮解性，极易溶于水，溶解时可大量吸热，水溶液呈中性。溶于丙酮、乙醇、液氨。熔融体冷却时，转变为棕色、绿色、蓝色和白色。500℃分解。制备：可由氰化钾与硫粉共热，或由硫氰酸铵与氢氧化钾反应制得。用途：可作为分析试剂、制冷剂，可用于医药、印染、摄影等领域。

硫氰酸锰(Ⅱ)（manganese(Ⅱ) thiocyanate） CAS 号 25327-03-1。化学式 $Mn(SCN)_2 \cdot 3H_2O$，分子量 225.15。易潮解。极易溶于热水，易溶于乙醇。160～170℃时失去 3 分子水。

硫氰酸钴（cobalt thiocyanate） CAS 号 3017-60-5。化学式 $Co(SCN)_2 \cdot 3H_2O$，分子量 229.14。紫色正交系晶体。沸点 146℃。溶于水、乙醇、甲醇、乙醚。溶于水形成蓝色溶液，稀释时呈粉红色。溶于乙醇、乙醚、丙酮中呈蓝色。见光后变为红色。若用硫酸或五氧化二磷干燥即变为黄棕色无水物。105℃时失去 3 分子水。制备：可由计量比的七水合硫酸钴溶液和三水合硫氰酸钡溶液反应，或由碳酸钴和硫氰酸反应制得。用途：可作为分析试剂、湿度指示剂。

硫氰酸亚铜（copper(Ⅰ) thiocyanate） CAS 号 1111-67-7。化学式 CuSCN，分子量 121.63。白色粉末。熔点 1 084℃，密度 2.843 g/cm^3。溶于氨水、乙醚、氰化钾溶液、稀盐酸或硫酸中，在浓无机酸中分解。微溶于乙酸，不溶于冷水、稀酸、乙醇、丙酮。制备：由铜盐溶液在还原剂的存在下与硫氰酸钠反应制得。用途：可作为船底防污涂料、植物杀菌杀虫剂、阻燃消烟剂、润滑油脂的添加剂、有机合成催化剂或聚合反应调节剂、镀铜药剂、海水电池的电极材料、聚硫橡胶稳定剂，以及玻璃纤维染色载体、牙科磨料等。

硫氰酸铜（copper thiocyanate） CAS 号 15192-76-4。化学式 $Cu(SCN)_2$，分子量 179.71。黑色粉末状晶体。溶于酸和氨水。遇水分解，缓慢变为硫氰酸亚铜。加热到 100℃分解。制备：可由硫氰酸钾饱和水溶液与硫酸铜在氮气气氛下反应，或由硫氰酸铵溶液与硫酸铜溶液反应

制得。

硫氰酸锌（zinc thiocyanate） CAS 号 557-42-6。化学式 $Zn(SCN)_2$，分子量 181.54。白色晶体或粉末。易潮解，溶于水、醇、氨水。对石蕊显微弱酸性。制备：由氢氧化锌与硫氰酸铵溶液反应制得。用途：可作为分析试剂、染色助剂、纤维素酯的泡胀剂等。

硫氰酸锶（strontium thiocyanate） 亦称"三水合硫氰酸锶"。CAS 号 18807-10-8。化学式 $Sr(SCN)_2 \cdot 3H_2O$，分子量 257.83。易潮解，极易溶于水和乙醇。在 100℃时失去 3 分子水，在 160℃～170℃分解。在浓硫酸中加热不易失去结晶水，在 160℃～170℃时才开始分解，生成氮、氰、二硫化碳、二氧化硫、硫化锶和硫酸锶。制备：可由碳酸锶与硫氰酸反应，或由硫氰酸铁(Ⅲ)与氢氧化锶溶液反应制得。

硫氰酸银（silver thiocyanate） CAS 号 1701-93-5。化学式 AgSCN，分子量 165.95。无色晶体，在空气中变暗。有毒！密度 4.00 g/cm^3。溶于浓硫酸、硝酸、氨水，不溶于水、稀酸。可被浓硫酸和浓硝酸的混合液分解。加热至 100℃分解。制备：由硫氰酸钾溶液与硝酸银反应制得。用途：可用作分析试剂。

硫氰酸钡（barium thiocyanate） 亦称"硫氰化钡"。CAS 号 304676-17-3。化学式 $Ba(SCN)_2 \cdot 2H_2O$，分子量 289.52。白色针状晶体，有毒！密度 2.286^{18} g/cm^3。易潮解，易溶于水、乙醇和丙酮。加热至 160℃失去 1 分子水。与碱金属或碱土金属的硫氰化物能形成复盐。制备：可由氢氧化钡与硫氰酸铵共热制得。用途：可作为纤维素的分散剂，可用于印染、摄影，及制其他金属的硫氰酸盐。

硫氰酸亚汞（mercury(Ⅰ) thiocyanate） 化学式 $Hg_2(SCN)_2$，分子量 517.34。白色粉末。密度 5.318 g/cm^3。可溶于盐酸、硝酸汞，不溶于水。溶解于 KSCN 溶液中，生成$[Hg(SCN)_4]^{2-}$配离子与金属汞。对光敏感，加热则分解残留泡沫状物。制备：由微酸性硝酸亚汞溶液与适量硫氰酸钾反应制得。

硫氰酸汞 释文见 128 页。

硫氰酸亚铊（thallium(Ⅰ) thiocyanate） CAS 号 3535-84-0。化学式 TlSCN，分子量 262.47。无色四方系晶体。密度 4.956 g/cm^3。微溶于水，不溶于乙醇。制备：由含亚铊离子与硫氰酸根离子的溶液反应制得。

硫氰酸铅（lead thiocyanate） CAS 号 592-87-0。化学式 $Pb(SCN)_2$，分子量 323.36。白色或黄色单斜系晶体或粉末，有毒！密度 3.82 g/cm^3。溶于硫氰酸钾、硝酸，微溶于水。空气中稳定，190℃分解。与氧化剂混合时易着火爆炸。制备：可由精制的硫氰酸钠溶液与中性硝酸铅反应制得。用途：可用于制氰化苯、火柴等。

硫氰酸铵（ammonium thiocyanate） CAS 号 1762-

95-4。化学式 NH_4SCN，分子量 76.12。无色有光泽单斜系片状或柱状晶体。熔点 147℃，密度 1.305 7 g/cm^3。易潮解，易溶于水，溶于水时大量吸热。溶于乙醇、碱金属氢氧化物、丙酮、吡啶、二硫化碳，难溶于氯仿。浓水溶液遇光呈红色。遇铁盐生成深红色硫氰化铁。加热至140℃左右时生成硫脲，176℃分解为氨、二硫化碳和硫化氢。制备：可由二硫化碳及液氨在加压容器中反应，或将硫粉、氰化钾和氯化铵同水反应制得。用途：可用作分析试剂、聚合催化剂、印染扩散剂，还可制硫氰酸盐和硫氰酸络盐等。

硒氰酸钾（potassium selenocyanate）　CAS 号 3425-46-5。化学式 KSeCN，分子量 144.08。潮解性针状晶体。密度 2.347 g/cm^3。溶于水、乙醇。遇酸分解。密闭容器中赤热也不分解，空气中热至100℃分解。制备：可由硒和氰化钾加热熔融，或由红色硒溶解在氰化钾水溶液中制得。

氮化物、叠氮化物

肼（hydrazine）　亦称"联氨"。CAS 号 302-01-2。化学式 N_2H_4，分子量 32.05。无色油状液体或白色单斜晶系晶体，有强烈的氨味，剧毒！熔点 2℃，沸点 113.5℃，密度 1.011 g/mL。有吸湿性，在空气中发白烟。能与水、甲醇、乙醇、丙醇、异丁醇等极性溶剂以任意比例互溶，与水能形成恒沸混合物。强热时可分解成氮、氢和氨。碱性比氨小，可与无机酸生成盐。在碱性溶液中是非常强的还原剂，与卤素、硝酸、高锰酸钾等氧化性强的物质发生激烈反应。腐蚀性极强，能侵蚀玻璃、橡胶、皮革、软木等。在水溶液中既显氧化性又显还原性。在酸性溶液中是强氧化剂。在强碱性溶液中是强还原剂。有可燃性，激烈燃烧时发出紫色火焰。制备：可由氢氧化钠、氯和氨或尿素在水溶液中反应；或由水合肼脱水，乙二醇萃取，无水氨与肼盐反应制得。用途：可作为火箭燃料、医药原料、还原剂、显影剂、防锈剂，可用于医药、农药、染料、泡沫塑料、水处理等领域。

氨（ammonia）　CAS 号 7664-41-7。化学式 NH_3，分子量 17.03。有特殊刺激性恶臭的无色气体。熔点 -77.7℃，沸点 -33.35℃，密度 0.771^{-70} g/mL。在常温下很容易加压成为无色液体，也易凝固为雪状固体。极易溶于水形成氨水，但氨又极易于从氨水中挥发逸出，于空气中再形成氨气。易溶于乙醇、乙醚。液氨是良好的极性溶剂，能溶解碱金属，生成深蓝色溶液。通常很稳定，高温时可分解为氢气和氮气。在纯氧气中燃烧显黄色火焰，生成氮气和水。制备：实验室用铵盐与熟石灰混合共热制得，工业上用氢氮混合气体在加热、加压、催化剂作用下合成。用途：重要的化工原料，可用于制硝酸、化肥、液氨、氨水、铵盐、塑料、染料、医药、冷冻剂、合成纤维等。

氘代氨（ammonia trideuteride）　亦称"重氨"。CAS 号 13550-49-7。化学式 ND_3，分子量 20.05。熔点 -73.6℃，沸点 -30.9℃，密度 0.843 7 g/mL。化学性质与氨类似，当有质子性溶剂存在时，ND_3 中的氘可被置换。制备：可由氮化镁与重水反应制得。用途：可用于同位素交换方面的研究。

氮化锂（lithium nitride）　CAS 号 26134-62-3。化学式 Li_3N，分子量 34.83。红棕色或灰黑色晶体。熔点 813℃，密度 1.27 g/cm^3。有三种不同晶型：α 型为层状结构，β 型为类砷化钠结构，γ 型为类 Li_3Bi 结构。在空气中会起火燃烧。与水反应生成氢氧化锂和氨。与氢反应生成氢化锂，放出氨。800℃以上反应性很强，可腐蚀铁、镍、铜、铂、石英、陶瓷等。电解时放出氮气。制备：由金属锂在氨气中加热制得。用途：可用作储氢材料。

氮化铍（beryllium nitride）　CAS 号 1304-54-7。化学式 Be_3N_2，分子量 55.05。灰白色粉末。熔点 2 200℃，密度 2.71 g/cm^3。有两种晶型：α 型为缺陷的反萤石结构，β 型属于六方晶系。在水中缓慢分解，遇酸或碱溶液立即释放出氮气，不溶于乙醇。空气中常温下能稳定贮存，加热至600℃很快被氧化。制备：可由铍粉在无水无氧的氮气中加热至700～1 400℃制得。用途：可用作耐高温材料，还可制备特种陶瓷、放射性同位素 ^{14}C 等。

氮化硼（boron nitride）　CAS 号 10043-11-5。化学式 BN，分子量 24.82。白色固体。有多种形态：a 型为无定形，密度 2.28 g/cm^3；h 型为类石墨结构，熔点 3 000℃（氮气），密度 2.34 g/cm^3；c 型为类钻石结构，密度 3.43 g/cm^3；w 型为类纤锌矿结构，密度 3.49 g/cm^3。具有良好的绝缘性、导热性，高温时具有良好的润滑性。不溶于冷水，在沸水中缓慢水解。微溶于热酸。与弱酸和强碱在室温时均不起反应。遇熔融的氢氧化钾可发生分解。对几乎所有的熔融金属都呈化学惰性。赤热条件下能与氯气反应。具有很强的吸收中子能力。制备：可由硼砂与脲或氨作用，或由卤化硼与氨作用，或无水硼砂与氯化铵的混合物在氨气流中反应制得。用途：可用作高温半导体材料、高温润滑剂和脱模剂、高温绝缘材料、火箭发动机材料、研磨材料、防辐射材料等。广泛用于金属加工、钻探、化工、宇航、国防、核工业等领域。

氮化钠(sodium nitride) CAS 号 12136-83-3。化学式 Na_3N，分子量 82.98。暗灰色固体。密度 1.838 g/cm^3。遇水分解放出氨。加热至 300℃分解。制备：可由热解叠氮化钠制得。

氮化镁(magnesium nitride) CAS 号 12057-71-5。化学式 Mg_3N_2，分子量 100.93。黄绿色粉末或块状物。700℃升华，密度 2.71 g/cm^3。溶于酸，不溶于乙醇和乙醚。在潮湿空气中或遇水分解为氢氧化镁和氨。加热至 800℃分解。制备：可由镁与氮或氨在高温下反应，或由热解氨基镁制得。用途：可用作特种合金、陶瓷的添加剂，还可作为制备其他氮化物的催化剂。

氮化铝(aluminium nitride) CAS 号 24304-00-5。化学式 AlN，分子量 40.99。灰白色立方系或六方系晶体。熔点 2 200℃，密度 3.26 g/cm^3，莫氏硬度 9～10。导热性好，膨胀系数小，抗熔融金属的腐蚀能力强，电绝缘性优良，介电性良好。遇水分解为氢氧化铝和氨。与干燥氧气或氯化氢在 800℃以上进行反应。制备：可由铝粉或碳化铝与氮气加热反应，或将铝土矿与炭在氮气流中加热制得。用途：可作为半导体材料、耐热材料，可用于冶金、电子、催化等领域。

氮化硅(silicon nitride) 亦称"四氮化三硅"。CAS 号 12033-89-5。化学式 Si_3N_4，分子量 140.28。纯品无色，通常含微量杂质呈灰色、灰褐色或黑色。1 900℃升华，密度 3.44 g/cm^3，莫氏硬度大于 9。常见为六方系晶体 α 型与立方系晶体 β 型。当粉状的氮化硅于 1 200℃加热超过 4 小时可得到 α 型，于 1 450℃加热 2 小时可得到 β 型。溶于氢氟酸，不溶于其他稀酸。可与浓硫酸、浓氢氧化钠溶液缓慢作用。易与熔融氢氧化钠作用，生成硅酸盐和氨。不溶于水，但在沸水中缓慢水解。化学性质不活泼。600℃以上可与过渡金属氧化物、氧化铅、氧化锌和二氧化锡反应，放出一氧化氮和二氧化氮。制备：可由硅粉与氮气或高纯四氯化硅与氨在高温下反应，或由热解二亚氨基硅制得。用途：可作为耐磨材料、耐高温材料、绝缘材料，用于制造发动机部件、切削工具、坩埚、喷嘴、精密陶瓷、玻璃等。

五氮化三磷(triphosphorus pentanitride) CAS 号 17739-47-8。化学式 P_3N_5，分子量 162.96。白色无臭无味固体。密度 2.51 g/cm^3。不溶于水。空气中不吸湿且稳定，在封闭管中与水共热至 180℃可分解为磷酸和氨。600℃以上可与氧起反应而发火。800℃以上分解。制备：将七氨五硫化二磷于氨气或氢气流中加热到赤热，或将二氯氮化磷的三聚物在氨气流中加热制得。

二氮化四硫(tetrasulfur dinitride) CAS 号 32607-15-1。化学式 S_4N_2，分子量 156.27。具不愉快气味的红色液体或灰色固体，厚度超过 1 毫米则几乎呈黑色，干冰温度下为浅黄色固体。熔点 23℃，密度 1.91^{18} g/cm^3。可溶于乙醚、苯和三氯甲烷，微溶于乙醇和二硫化碳。难溶于水，但可缓慢水解为铵盐和硫。在冷的稀强碱中与连三硫酸盐反应生成连多硫酸盐。常温下能与汞反应生成硫化汞和四氮化四硫。在 100℃时爆炸分解。常温下真空中保存超过一天即可分解成黄色四氮化四硫和硫，但在高真空下可保存。制备：可由四氮化四硫与硫的二硫化碳溶液在压力釜中加热制得。

四氮化四硫(tetrasulfur tetranitride) CAS 号 28950-34-7。化学式 S_4N_4，分子量 184.29。黄色或橙色晶体，具有热变色性，-190℃几乎无色，25℃为橙色，100℃为血红色。178℃升华，密度 2.22^{15} g/cm^3。易溶于乙醇、二硫化碳、氯仿、苯和液氨。在弱碱溶液中可水解。在冷水中缓慢水解，在热水中快速水解。160℃时爆炸性分解。黄色或橙色晶体在空气中稳定，但受冲击或震动均能引起爆炸。制备：由一氯化硫与氨作用制得。用途：可用于制备各种含氮硫键化合物。

氮化钾(potassium nitride) CAS 号 29285-24-3。化学式 K_3N，分子量 131.30。蓝绿色粉末。遇水激烈反应生成氨和氢氧化钾。在醇中分解放出氨气。在干燥空气中可燃烧。高温时分解放出氮气。制备：可由金属钾在放电活化的氮气中加热，或在真空中热解叠氮化钾制得。

氮化钙(calcium nitride) CAS 号 12013-82-0。化学式 Ca_3N_2，分子量 148.25。不同制备条件下可得到黑色、乳白色或金黄色的六方系晶体。熔点 1 195℃，密度 2.63^{17} g/cm^3，莫氏硬度 8～9。与水反应生成氢氧化钙和氨。在无水酒精中分解。制备：由钙和氮气于 450℃作用而得。随着制备温度不同，所得氮化钙分别为黑色(350℃)、乳白色(350～1 150℃)或金黄色(1 150℃以上)。

氮化钛(titanium nitride) CAS 号 25583-20-4。化学式 TiN，分子量 61.87。黄铜色具有金属光泽的立方系晶体。熔点 2 930℃，密度 5.22 g/cm^3，莫氏硬度 8～9。是电和热的良导体，具有超导性。常温下稳定，在真空中加热时部分分解出氮。不与氢气作用。在氧气中燃烧形成复杂的含氧固溶体。与氯在加热条件下生成四氯化钛。不与冷水作用，可与热的水汽反应生成二氧化钛、氨和氮。对除硝酸外的其他稀酸稳定，有强氧化剂时可溶于氢氟酸中，加热条件下可溶于浓硫酸中。可与热碱溶液或熔融碱作用放出氨和氢。制备：可在氮气流中于 800℃以上加热金属钛，或由氧化钛和炭的混合物在氮气流中高温反应制得。用途：可作为耐热、耐腐蚀、耐磨材料，用于合金、陶瓷、镀层、金属半导体、铸造等领域。

氮化钒(vanadium nitride) CAS 号 24646-85-3。化学式 VN，分子量 64.95。黑褐色立方系晶体或绿褐色粉末。熔点 2 320℃，密度 6.13 g/cm^3，莫氏硬度 9～10。微溶于王水，不溶于水。制备：可由五氧化二钒在氢氮混合气流中高温煅烧，或由粉末状钒氧化物与炭的混合物在氮气流中高温煅烧制得。用途：可作为炼钢添加剂、硬质合金原料，用于制造高强度合金钢、耐磨镀层、半导体薄膜等。

一氮化铬（chromium mononitride）　CAS 号 24094-93-7。化学式 CrN，分子量 66.00。灰褐色立方系晶体或无定形粉末。熔点 1 770℃（伴随分解），密度 5.9 g/cm³。微溶于王水，不溶于水。对酸或碱都稳定。与氯共热生成三氯化铬。加热至 1 700℃分解。制备：可由铬粉与氮气于 800～900℃反应，或由三氯化铬与氨气反应制得。用途：可用于制造耐磨涂层、钢铁、合金等。

氮化铁（iron nitride）　具有多种化学组成，如 Fe₂N、Fe₃N₁₊ₓ、Fe₄N、Fe₇N₃、Fe₁₆N₂ 等。灰色粉末。不溶于水。加热或者暴露在潮湿环境中可释放出氨气。用途：可用作费脱合成及合成氨催化剂，还可用于制造磁流体。

一氮化钴（cobalt mononitride）　CAS 号 12139-70-7。化学式 CoN，分子量 72.94。黑色粉末。在水或碱溶液中加热放出氨。与稀硫酸作用产生部分氮气。受热时分解。会自燃。制备：由氨基钴在隔绝空气条件下加热至 50～70℃制得。

一氮化三钴（tricobalt mononitride）　化学式 Co₃N，分子量 190.81。黑灰色固体。密度 7.1 g/cm³。与稀酸缓慢反应，与浓酸迅速反应生成铵盐。加热至 276℃以上分解。制备：在干燥的氨气流中于 276℃以下热解二水合草酸钴制得。

氮化二钴（dicobalt nitride）　化学式 Co₂N，分子量 131.87。灰黑色粉末。密度 6.4 g/cm³。与冷稀酸或碱溶液缓慢反应，与浓盐酸迅速反应，与浓硝酸剧烈反应，在热稀酸中迅速溶解。受酸侵蚀时生成铵盐，剧烈分解时放出一部分氮气。受热时分解。制备：由钴粉在氨气流中加热至 380℃或由氨基钴在真空中加热至 160℃制得。

氮化亚铜（copper(I) nitride）　CAS 号 1308-80-1。化学式 Cu₃N，分子量 204.64。暗绿色粉末。密度 5.84²⁵ g/cm³。溶于稀酸生成铵盐、铜盐和金属铜，在浓硫酸或浓硝酸中被氧化成铜盐。在氧气中 400℃时燃烧。与氯气反应生成氯化铜，与氯化氢反应生成氯化亚铜。在空气中常温下稳定，300℃分解。在真空中约从 450℃开始分解。制备：可由无水氟化铜与氨气加热反应，或将二水合氟化铜和氟化铵的混合物在氮气流中反应制得。

氮化锌（zinc nitride）　CAS 号 1313-49-1。化学式 Zn₃N₂，分子量 224.15。灰色立方系晶体。密度 6.22²⁵ g/cm³。能溶于盐酸。在冷水中迅速分解为氧化锌和氨。制备：由锌粉在氨气流中于 500～600℃反应，或由氨基锌热解制得。

氮化镓（gallium nitride）　CAS 号 25617-97-4。化学式 GaN，分子量 83.73。暗灰色六方系晶体粉末。800℃升华，密度 6.1 g/cm³。硬度高，有较高的热容和热传导性，是一种稳定的宽禁带半导体。不溶于水、稀酸和乙醇。遇热浓酸、碱分解。在空气中加热缓慢生成氧化物。制备：可由氧化镓或液态镓与氨加热反应，或由热解六氟合镓酸铵制得。用途：可用于制造高亮度蓝色和绿色发光管、光探测器、短波长激光器、微波功率放大器、传感器、白光光源等。

氮化镓锂（lithium gallium nitride）　化学式 LiGaN₂，分子量 104.68。浅绿色粉末，密度 3.35 g/cm³。可溶于酸、碱。在水中分解。加热至 800℃分解。

二氮化三锗（trigermanium dinitride）　化学式 Ge₃N₂，分子量 245.90。黑色晶体。加热至 500℃分解为锗和氮。500℃时可被氢气还原为锗和氨。制备：由亚氨基锗加热至 250～300℃制得。

四氮化三锗（trigermanium tetranitride）　CAS 号 12065-36-0。化学式 Ge₃N₄，分子量 273.92。棕色粉末。密度 5.24²⁵ g/cm³。不溶于冷水、热水、酸和碱。空气中稳定。加热至 900℃以上时分解为锗和氮。制备：可由金属锗或二氧化锗与氨作用而得。用途：可用于制造晶体管和半导体等。

氮化硒（selenium nitride）　亦称“硒化氮”。CAS 号 12033-88-4。化学式 Se₄N₄，分子量 371.87。无定形橘红色粉末。密度 4.2 g/cm³。不溶于冷水，热水中可溶，但稍有分解。微溶于乙酸和苯。受轻压或受较强热时可发生爆炸。制备：由氨与亚硒酸二乙酯在苯中反应制得。

氮化锶（strontium nitride）　亦称“二氮化三锶”。CAS 号 12033-82-8。化学式 Sr₃N₂，分子量 290.87。金黄色片状晶体。熔点 1 030℃。在水中分解为氢氧化锶和氨。在 270℃开始吸收氢生成 Sr₃N₂H₄。与等量氮和氢混合气体在 800℃下反应可生成 SrNH。在一氧化碳气氛中能生成氰化物。制备：可由单质锶于氮气中长时间加热制得。

氮化锆（zirconium nitride）　CAS 号 25658-42-8。化学式 ZrN，分子量 105.23。黄棕色立方系晶体。熔点 2 980℃，密度 7.09 g/cm³，莫氏硬度大于 8。在 10.4 K 时有超导性。可溶于浓硫酸、王水以及硝酸和氢氟酸的混合液，不溶于水。空气中 700℃以上可被氧化为二氧化锆。制备：可由碘化锆在氮气氛中于灼热丝上分解，或由金属锆和氮气直接化合制得。用途：可作为耐高温材料，制造坩埚、金属陶瓷等。

氮化铌（niobium nitride）　CAS 号 24621-21-4。化学式 NbN，分子量 106.91。深灰色立方系晶体。熔点 2 575℃，密度 8.47 g/cm³，莫氏硬度大于 8。在 16 K 时为超导体。溶于氢氟酸和硝酸的混酸，不溶于水和硝酸。与氢氧化钾作用生成氨和铌酸钾。制备：可由铌与氮气在 1 200℃反应制得。用途：可用作硬质合金添加剂，制造红外探测器等。

一氮化二钼（dimolybdenum mononitride） CAS 号 12033-31-7。化学式 Mo_2N，分子量 205.89。黑色立方系晶体粉末。密度 9.46 g/cm^3。坚硬而难熔，5 K 时转变为超导体。不溶于水。制备：可由钼粉与氨气在 850℃下反应，或由氮氢混合气体对钼粉在 500℃下氮化制得。用途：可作为耐磨、耐高温、耐腐蚀材料以及电极材料。

一氮化钼（molybdenum mononitride） CAS 号 12033-19-1。化学式 MoN，分子量 109.95。深灰色立方系晶体。熔点 1 750℃，密度 9.20 g/cm^3。坚硬而难熔，12 K 时转变为超导体。遇水不分解，与硝酸、稀硫酸不反应。在王水、浓硫酸中分解，与碱共熔时放出氨。在空气中加热可被氧化。制备：可由钼粉与氨气 700℃下反应制得。用途：可作为耐磨、耐高温、耐腐蚀材料，可用于催化有氢参与的异构化、加氢、脱硫、脱氮等反应。

氮化银（silver nitride） CAS 号 20737-02-4。化学式 Ag_3N，分子量 337.61。黑灰色粉末。密度 9.0^{19} g/cm^3。溶于稀硝酸并分解生成硝酸银和硝酸铵，在浓硝酸中发生爆炸分解，在氰化钾溶液中则放出氨。不溶于冷水。极不稳定，在 25℃的真空中即迅速分解，在 165℃以上会自发爆炸。干燥态甚至潮湿态对撞击特别敏感，极易发生猛烈爆炸。制备：用过量氨水溶解氧化银使其在乙醇中分解，或向氯化银的浓氨水溶液中加入氢氧化钾使之缓慢反应制得。

氮化镉（cadmium nitride） CAS 号 12380-95-9。化学式 Cd_3N_2，分子量 365.24。黑色粉末。密度 7.67 g/cm^3。在空气中可被氧化为氧化物。制备：由氨基镉在 180℃加热分解制得。

氮化铟（indium nitride） CAS 号 25617-98-5。化学式 InN，分子量 128.83。黑色六方系晶体粉末，密度 6.89 g/cm^3。属于窄带隙的半导体材料。多晶体有较高的导电性，在液氮温度下成为超导体。溶于碱、浓硫酸，不溶于其他酸。在空气中稳定。制备：由六氟合铟(III)酸铵在氨气流中热解制得。用途：可用于太阳能电池领域。

氮化锑（antimony nitride） CAS 号 12333-57-2。化学式 SbN，分子量 135.77。粉状晶体。遇水及酸分解。制备：在氮气流中加热锑的氢化物制得。用途：可用于制取五氟化锑，还可作为电极材料。

氮化碲（tellurium nitride） CAS 号 12164-01-1。化学式 Te_3N_4，分子量 438.83。柠檬黄色固体。遇水可发生爆炸，加热或受撞击也可发生爆炸。制备：可由四溴化碲与液氨低温下反应制得。

氮化钡（barium nitride） 亦称"二氮化三钡"。CAS 号 12047-79-9。化学式 Ba_3N_2，分子量 439.99。黄棕色固体，有毒！沸点 1 000℃（真空），密度 4.783^{25} g/cm^3。遇水分解并放出氨气。制备：可由金属钡在氮气中加热反应，或由氢氧化钡和叠氮酸反应，也可由加热氨基化钡的方法

来制得。用途：可用于重氮化反应。

氮化镧（lanthanum nitride） CAS 号 25764-10-7。化学式 LaN，分子量 152.91。灰黑色粉状晶体。密度 6.73 g/cm^3。遇水分解为氢氧化镧和氨气。在空气中加热即起火。制备：由镧粉与纯氮气在 900℃下反应制得。

氮化铈（cerium nitride） CAS 号 25764-08-3。化学式 CeN，分子量 154.12。灰色粉末。熔点 2 557℃，密度 7.89 g/cm^3。在干燥空气中稳定，遇水分解为氧化铈和氨。与稀硫酸反应生成硫酸铈和硫酸铵。在氢气流中加热得到三氢化铈和氨气。制备：可由铈与氮气在 850～900℃下反应而得。

氮化镨（praseodymium nitride） CAS 号 25764-09-4。化学式 PrN，分子量 154.91。黑色固体。密度 7.46 g/cm^3。与氯化钠同构。制备：可由镨的汞齐合金经氮化制得。

氮化钕（neodymium nitride） CAS 号 25764-11-8。化学式 NdN，分子量 158.25。黑色粉末。密度 7.69 g/cm^3。可溶于酸。在潮湿空气中分解放出氨。被水分解生成氢氧化钕沉淀。制备：可由钕粉或碳化钕在氮气中加热制得。

氮化铪（hafnium nitride） CAS 号 25817-87-2。化学式 HfN，分子量 192.50。黄棕色立方系晶体。熔点 3 305℃，密度 13.84 g/cm^3。导电性与纯金属接近。制备：可由铪在氮或氨的气氛中加热制得。用途：用作耐高温材料，用于半导体等领域。

氮化钽（tantalum nitride） CAS 号 12033-62-4。化学式 TaN，分子量 194.95。棕青铜色或黑色六方系晶体。熔点 2 980～3 090℃，密度 13.7 g/cm^3。能溶于热的碱性溶液中并放出氨或氮，稍溶于氢氟酸和硝酸，不溶于水、盐酸和硫酸。在空气中加热会生成钽的氧化物并放出氮。制备：将金属钽粉在氮气或氨气于 1 100℃左右氮化制得。用途：可作为超硬材料添加剂以及制造薄膜电阻等。

氮化二钨（ditungsten nitride） CAS 号 12033-72-6。化学式 W_2N，分子量 381.69。棕灰色立方系晶体。密度 17.7 g/cm^3。不溶于水。对稀酸或稀碱溶液均极稳定。能被热的浓硫酸或王水分解为三氧化钨和氨。与氢氧化钠共熔生成钨酸钠和氨。在真空中加热分解为钨和氮气。制备：可由钨与氮在高温下反应制得。

二氮化钨（tungsten dinitride） CAS 号 60922-26-1。化学式 WN_2，分子量 211.85。褐色六方系晶体。熔点大于 400℃（真空），密度 7.7 g/cm^3。遇水分解为钨的氧化物和氨。在空气中加热可生成三氧化钨和氮。在真空中加热至 400℃仍可稳定存在。制备：可由钨丝在氮气流中加强热制得。

氮化汞（mercury(II) nitride） CAS 号 12136-15-1。化学式 Hg_3N_2，分子量 629.78。暗褐色粉末。在水、稀酸

或碱中分解。在氨水或铵盐溶液中分解并溶解。很不稳定，加热或撞击会发生爆炸。制备：可由碘化汞与氮化钾或溴化汞与氨基钾在液氨中反应制得。

一氮化钍（thorium mononitride） CAS 号 12033-65-7。化学式 ThN，分子量 246.04。灰色固体。熔点 2 820℃，密度 11.9 g/cm³。在水中可缓慢水解。

四氮化三钍（trithorium tetranitride） CAS 号 12033-90-8。化学式 Th₃N₄，分子量 752.14。暗棕色粉末或黑色晶体。在水中可缓慢水解。溶于盐酸。在冷水中稍有水解，热水中易水解。真空中 1 400℃分解为一氮化钍。制备：可由细粉状钍与氮气于 500～1 000℃作用制得。

一氮化铀（uranium mononitride） CAS 号 25658-43-9。化学式 UN，分子量 252.04。黄褐色或浅灰色晶体。熔点 2 850℃（253 kPa 氮气），密度 14.4 g/cm³。溶于硝酸，不溶于热的盐酸、硫酸或氢氧化钠溶液。与熔融碱迅速反应。在室温下潮湿空气中及沸水中均稳定，在低压水蒸气中，300℃以上时才会明显水解。制备：可在氮气中用电弧熔融金属铀直接转化制得。用途：可作为快中子增殖反应堆燃料。

氮化钚（plutonium nitride） CAS 号 12033-54-4。化学式 PuN，分子量 258.07。黑色立方系晶体。密度 14.25 g/cm³。溶于盐酸和硫酸。遇水发生反应。高温下性质稳定。制备：由金属钚与氮气在 1 000℃反应，或由三氯化钚与氨气在 800～900℃反应制得。用途：可作为核燃料。

叠氮化氢（hydrogen azide） 亦称"氢叠氮酸"。CAS 号 7782-79-8。化学式 HN₃，分子量 43.03。无色透明有刺激性臭味的易流动液体，剧毒！熔点-80℃，沸点 35.7℃，密度 1.092 g/mL。极易溶于水，溶于乙醇、乙醚和强碱。为弱酸，既可作氧化剂又可作还原剂，有强腐蚀性，极易爆炸。制备：向叠氮化钠溶液中加入硫酸或硬脂酸，然后经蒸馏制得。用途：多用于有机合成，还可作为引爆剂以及制造激光器。

叠氮化锂（lithium azide） CAS 号 19597-69-4。化学式 LiN₃，分子量 48.96。无色晶体。密度 1.83 g/cm³。有吸湿性，溶于水，水溶液呈碱性。可溶于乙醇，不溶于乙醚。受热在 115～298℃之间分解。敲打时并不爆炸。制备：可由叠氮化铵的氨溶液与金属锂反应，或由硫酸锂与叠氮化钡反应制得。

叠氮化钠（sodium azide） 亦称"三氮化钠"。CAS 号 26628-22-8。化学式 NaN₃，分子量 65.01。无色无臭无味的六方系晶体，剧毒！密度 1.864 g/cm³。纯品无吸湿性。溶于水和液氨，微溶于乙醇，不溶于乙醚。加热至 300℃时分解为钠和氮气。遇高热或强烈震动可发生剧烈爆炸。水溶液可以和许多重金属反应，生成各自的叠氮化物沉淀。制备：以金属钠与氨反应制得氨基钠，再由熔融的氨基钠与一氧化二氮在 190℃下反应制得。用途：可用于制汽车安全气囊、叠氮化铅等叠氮化物，以及有机合成、医药等领域。

叠氮化氯（chlorine azide） CAS 号 13973-88-1。化学式 ClN₃，分子量 77.47。爆炸性气体或橙色液体。熔点-100℃，沸点-16℃。微溶于水，在酸中分解。极不稳定，有时候没有明显刺激，在任意温度也可发生爆炸。制备：将叠氮化钠水溶液和次氯酸水溶液混合制得。

叠氮化钾（potassium azide） CAS 号 20762-60-1。化学式 KN₃，分子量 81.12。无色四方系晶体，剧毒！熔点 350℃（真空），密度 2.04 g/cm³。易溶于水，溶于乙醇，不溶于乙醚。加热至 350～360℃分解为氮气和金属钾。有爆炸性。制备：可用氢氧化钾中和氢叠氮酸，或由氢氧化钾、联氨和亚硝酸烃酯（如亚硝酸丁酯）在乙醇中反应制得。用途：可用作引爆剂以及制取少量纯的金属钾。

叠氮化钙（calcium azide） CAS 号 19465-88-4。化学式 Ca(N₃)₂，分子量 124.12。无色正交系晶体。溶于水，稍溶于乙醇，不溶于乙醚。有吸湿性。缓慢加热到 150℃分解。突然受热会引起爆炸。制备：由氢氧化钙与氢叠氮酸中和，或由叠氮化钠溶液与氯化钙溶液反应制得。用途：可作为起爆剂。

叠氮化亚铜（copper(I) azide） CAS 号 14336-80-2。化学式 CuN₃，分子量 105.57。无色晶体。密度 3.26 g/cm³。溶于氯化铵溶液，微溶于水。在浓硫酸中分解。曝光时分解成单质。极易爆炸。制备：可由水合肼溶液还原叠氮化铜，或由叠氮化钠与亚硫酸亚铜和亚硫酸钾的乙酸溶液反应制得。

叠氮化铜（copper(II) azide） CAS 号 14215-30-6。化学式 Cu(N₃)₂，分子量 147.59。棕红色或棕黄色粉细晶体。密度 2.604 g/cm³。易溶于酸和氨水，难溶于水和有机溶剂。在空气中加热分解为铜和氮。有极强的爆炸性，潮湿态无危险，干燥态或用乙醚润湿时对摩擦极敏感。置于火焰中发生爆炸。其爆炸能力比叠氮化铅强 6 倍，比雷酸汞强 450 倍。制备：由冷硝酸铜溶液与叠氮化钠溶液作用制得。用途：可用作起爆剂。

叠氮化溴（bromine azide） 亦称"三氮化溴"。CAS 号 13973-87-0。化学式 BrN₃，分子量 121.92。红色有挥发性的液体。低于熔点时为暗红色块状固体。有刺激性臭味。熔点-45℃。溶于乙醚、苯和石油醚中，所得溶液可在暗处保存 2～3 小时，其浓溶液振荡可爆炸，放置可缓慢分解。液体与磷、砷、钠、银等接触可发生爆炸，但用氮气稀释其气体，则不爆炸。遇水分解生成叠氮化氢。对小部分叠氮化溴进行紫外光照会使得整个叠氮化溴离解。制备：向叠氮化钠或叠氮化银中通入以干燥氮气稀释的溴蒸气，或用叠氮化钠或叠氮化银与溴的乙醚、苯或石油醚溶液反应制得。

叠氮化铷（rubidium azide）　CAS 号 22756-36-1。化学式 RbN_3，分子量 127.49。无色针状或片状晶体。密度 2.79 g/cm³。易溶于水，溶于乙醇，不溶于乙醚。加热至约 310℃ 时分解。制备：由叠氮酸与氢氧化铷或碳酸铷中和制得。

叠氮化银（silver azide）　CAS 号 13863-88-2。化学式 AgN_3，分子量 149.89。白色正交系晶体或粉末。熔点约 250℃，密度 4.9 g/cm³。能溶于稀硝酸和氰化钾溶液，微溶于水、氨水。对光或摩擦敏感，极易爆炸。制备：由叠氮化钠溶液与硝酸银溶液反应制得。

叠氮化碘（iodine azide）　CAS 号 14696-82-3。化学式 IN_3，分子量 168.92。黄色易爆炸物质。溶于水且分解，也溶于硫代硫酸钠溶液。制备：在 0℃ 叠氮化银的二氯甲烷溶液中，边搅拌边滴加碘的二氯甲烷浓溶液，溶液蒸发后即析出其结晶。

叠氮化铯（cesium azide）　CAS 号 22750-57-8。化学式 CsN_3，分子量 174.92。无色针状晶体，熔点 310℃，密度约 3.5 g/cm³。可溶于水、乙醇，不溶于乙醚。易潮解。在真空中于 390℃ 分解为金属铯和氮化铯，并放出氮气。受撞击不发生爆炸。制备：可由叠氮酸与氢氧化铯或碳酸铯的反应制得。用途：可用于制叠氮化物和药物。

叠氮化钡（barium azide）　CAS 号 18810-58-7。化学式 $Ba(N_3)_2$，分子量 221.37。白色单斜系棱柱状晶体。密度 3.936 g/cm³。在水中分解成氢氧化钡和氨气。制法：由金属钡在 560℃ 经氮化反应，或由氢氧化钡和叠氮酸反应，也可由热解氨基钡制得。用途：可用于重氮化反应。

叠氮化亚汞（mercury(I) azide）　CAS 号 38232-63-2。化学式 $Hg_2(N_3)_2$，分子量 485.22。白色微细针状晶体。215～220℃ 升华。微溶于水。比叠氮化银对光更敏感，遇光颜色由黄变橙、褐色，最后变为黑灰色。比叠氮化银稳定，受打击会爆炸。制备：由硝酸汞溶液与叠氮化氢稀溶液反应制得。

叠氮化亚铊（thallium(I) azide）　CAS 号 13847-66-0。化学式 TlN_3，分子量 246.40。黄色四方系晶体，有毒！熔点 330℃（真空）。微溶于水，不溶于乙醇和乙醚。在空气中稳定性高于叠氮化铅，但遇火花易爆炸。真空中 370℃ 以上开始分解，430℃ 发生爆炸。制备：可由叠氮化钠与铊(I)盐的乙醇溶液反应制得。

叠氮化铅（lead azide）　亦称“氮化铅”。CAS 号 13424-46-9。化学式 $Pb(N_3)_2$，分子量 291.24。白色针状晶体或粉末，有毒！密度 4.7 g/cm³。有两种晶型：α型为短柱状，属斜方晶系；β型为针状，属单斜晶系。易溶于乙酸、乙胺，微溶于水，不溶于乙醇、氨水。能被硝酸、硫酸等分解。易与铜作用生成叠氮化铜，与铝不起作用。加热到 320～360℃ 或受冲击震动会爆炸。敏感度较雷汞弱，但起爆能力较大。制备：可由硝酸铅或乙酸铅与叠氮化钠溶液反应制得。用途：可用作起爆剂。

叠氮化铵（ammonium azide）　CAS 号 12164-94-2。化学式 NH_4N_3，分子量 60.06。无色片状晶体。熔点 160℃，密度 1.346 g/cm³。溶于水，微溶于乙醇，不溶于乙醚和苯中。易升华。有高速爆炸性，在封管中加热可激烈爆炸。制备：可由氨在乙醚中与氢叠氮酸中和，或通过叠氮化钠与铵盐反应制得。用途：可用于制炸药。

叠氮酸联氨（hydrazine azide）　CAS 号 14662-04-5。化学式 $N_2H_4 \cdot HN_3$，分子量 75.07。白色棱柱状晶体。熔点 75.4℃。易溶于水，溶于乙醇和碱金属氢氧化物，不溶于二硫化碳和苯。有潮解性。制备：由肼和氢叠氮酸作用制得。

一氯胺（monochloramine）　CAS 号 10599-90-3。化学式 NH_2Cl，分子量 51.48。黄色液体。熔点 -66℃。溶于水、乙醇、乙醚，微溶于四氯化碳、苯。可分解为氯化铵、盐酸和氮气。与盐酸反应可生成氯化铵和氯气，与氯气反应可生成三氯化氮和氯化氢。制备：可由次氯酸钠与氨水反应制得。用途：可作为军用消毒剂，可用于水体消毒。

羟胺（hydroxylamine）　亦称“胲”。CAS 号 7803-49-8。化学式 NH_2OH，分子量 33.03。白色针状斜方系晶体或无色液体。熔点 33.05℃，沸点 56.5℃，密度 1.204 g/cm³。有挥发性，对皮肤有腐蚀性。极不稳定，极易吸湿，在空气中潮解。溶于冷水，在热水中分解。溶于乙醇、甲醇、液氨，微溶于醚、苯、二硫化碳、氯仿。呈碱性反应。可溶解碱金属盐、碱土金属盐等。具有还原性，可还原金、银、汞的盐，与卤素、重铬酸钾等剧烈反应。在常温下逐渐分解，遇水汽、二氧化碳更易分解。在较高温度下会爆炸。加热或紫外线照射时，会激烈爆炸。通常以盐的形式存在。制备：可由硝酸经电解还原而得到其盐酸盐或硫酸盐，再与碱作用经真空蒸馏制得；或由一氧化氮经铂催化氢化；或由盐酸羟胺与碱反应制得。用途：可作为还原剂、显像剂，可用于有机合成。

盐酸羟胺（hydroxylamine hydrochloride）　亦称“盐酸胲”。CAS 号 5470-11-1。化学式 $NH_2OH \cdot HCl$，分子量 69.49。无色单斜系晶体。易受潮，并逐渐分解。熔点约 151℃，密度 1.67 g/cm³。溶于水，在热水中分解，微溶于无水乙醇，不溶于乙醚。有强还原性，可被氧化为一氧化氮，显酸性反应。加热分解为氯化铵、一氧化二氮、氯化氢和水。制备：将丙酮肟与盐酸混合液蒸馏出丙酮，再向溶液中加入活性炭后经结晶制得；或由硝酸经电解还原制得。用途：可作为还原剂，显像剂，磺酸、脂肪酸和肥皂的抗氧化剂，分析甲醛、樟脑和葡萄糖等试剂，电分析去极剂；可用于有机分析检验醛和酮等，还可用于制肟类等。

三甲硅烷基胺(trisilicylamine) CAS 号 7379-79-5。化学式 $(SiH_3)_3N$,分子量 107.33。无色易燃性液体。熔点 - 105.6℃,沸点 40℃,密度 0.895^{-106} g/mL。遇水剧烈水解生成硅酸、氨、氢气。与氯化氢作用生成一氯甲硅烷。制备:可由一氯甲硅烷与液氨反应制得。

盐酸联氨(hydrazine monohyrdrochloride) 亦称"盐酸肼"。CAS 号 5341-61-7。化学式 $H_2NNH_2·HCl$,分子量 68.51。无色针状晶体。熔点 89℃。有强吸湿性。易溶于水呈强酸性,溶于乙醇,易溶于液氨。有强还原性。约 240℃分解。制备:可由硫酸肼水溶液与氯化钡溶液反

应,或由肼与盐酸反应制得。用途:可作为还原剂,可用于制苯肼等。

二盐酸联氨(hydrazine dihydrochloride) 亦称"盐酸肼"。CAS 号 5341-61-7。化学式 $H_2NNH_2·2HCl$,分子量 104.97。无色透明立方晶体或白色结晶状粉末。熔点 198℃,密度 1.42 g/cm³。吸湿性大。易溶于水而呈强酸性,溶于乙醇。有强还原作用。加热至熔点时可脱去 1 分子氯化氢,继续加热即分解。制备:可由硫酸肼水溶液与氯化钡溶液,或由肼与盐酸反应制得。用途:可作为氯化氢气流中氯的净化剂,可用于制苯肼等。

次亚硝酸盐、亚硝酸盐、硝酸盐

次亚硝酸(hyponitrous acid) 亦称"连二次硝酸"。CAS 号 14448-38-5。化学式 $H_2N_2O_2$,分子量 62.03。白色液体。溶于水、乙醇、乙醚、苯、氯仿,难溶于石油醚。与各种金属离子作用生成难溶性盐。与固体氢氧化钾接触则燃烧。在水溶液中的分解速率随温度升高而增加,分解产物为氮气、硝酸和各种不同氧化态的氮氧化物。受热时爆炸分解。制备:可由钾汞齐还原亚硝酸,或由干燥的氯化氢与连二次硝酸银反应,或用氧化铜氧化羟胺制得。

次亚硝酸钠(sodium hyponitrite) 亦称"连二次硝酸钠"。CAS 号 60884-94-8。化学式 $Na_2N_2O_2$,分子量 105.99。密度 1.728 g/cm³。不溶于乙醇。加热至 300℃时分解,遇水分解放出 N_2O。制备:由金属钠与一氧化氮反应制得。用途:可用于制消毒液、防冻液等。

次亚硝酸锶(strontium hyponitrite) 亦称"连二次硝酸锶"。化学式 $SrN_2O_2·5H_2O$,分子量 237.71。白色针状晶体。密度 2.173 g/cm³。略溶于水、氨水。加热超过 320℃分解为 N_2O、N_2 和少量 NO。在干燥空气或二氧化碳中稳定。可与氧化剂高锰酸钾、碘和次氯酸钠反应生成氮气。制备:由过量硝酸锶与次亚硝酸钠在水溶液中反应制得。

次亚硝酸钙(calcium hyponitrite) 亦称"连二次硝酸钙"。化学式 $CaN_2O_2·4H_2O$,分子量 172.15。白色晶体。密度 1.834 g/cm³。难溶于水。在氯化钙作用下成为无水盐。与硝酸银作用生成次亚硝酸银黄色沉淀。320℃及遇稀酸分解。制备:将冷却至 5℃以下的硝酸钙溶液与 20% 的镁汞齐反应制得。

次亚硝酸钡(barium hyponitrite) 亦称"连二次硝酸钡"。CAS 号 13477-10-6。化学式 $BaN_2O_2·4H_2O$,分子量 269.41。白色晶状粉末。密度 2.742 g/cm³。易爆炸。制备:可由氢氧化钡与次亚硝酸反应制得。

次亚硝酸银(silver hyponitrite) 亦称"连二次硝酸银"。化学式 $Ag_2N_2O_2$,分子量 275.75。鲜黄色粉状晶体。熔点 110℃(分解),密度 5.75 g/cm³。微溶于水。遇硫酸、硝酸则分解。制备:由硝酸银在避光条件下溶于次亚硝酸溶液制得。

次硝酸铋(bismuth subnitrate) 亦称"碱式硝酸铋""硝酸氧铋""西班牙白"。CAS 号 10361-46-3。化学式 $BiONO_3·H_2O$,分子量 305.00。白色六方系片状晶体。密度 4.928^{18} g/cm³。溶于酸,不溶于水、乙醇。加热至 105℃失去 1 分子水,260℃则分解失去硝酸。制备:可由金属铋、三氧化二铋或碱式碳酸铋溶于浓硝酸,或由硝酸铋水解制得。用途:可作为防腐剂、收敛剂、脱臭剂、色谱分析试剂,可用于制铋盐、香料、化妆品、瓷器上烧金、金属上涂覆铋光等。

亚硝酸(nitrous acid) CAS 号 7632-00-0。化学式 HNO_2,分子量 47.01。是三价氮的含氧酸,酸酐为三氧化二氮。仅存在于稀溶液中,溶液显微蓝色。酸性略强于乙酸,既有氧化性又有还原性。与乙醇作用生成稳定的酯。在环境中常以亚硝酸盐存在,有致癌作用。是很强的化学诱变剂,可致基因发生突变。很不稳定,受热即分解为二氧化氮、一氧化氮和水。制备:可将等摩尔的二氧化氮和一氧化氮混合物通入冷水中,用水吸收三氧化二氮,工业上由亚硝酸钠与盐酸反应制得。用途:可用于有机合成工业中的伯胺重氮化反应等。

亚硝酸锂(lithium nitrite) CAS 号 13568-33-7。化学式 $LiNO_2·H_2O$,分子量 70.97。无色扁平针状晶体,有毒!熔点高于 100℃,沸点时分解,密度 1.615 g/cm³。易潮解,易溶于水、无水乙醇。水溶液呈弱碱性。制备:可将氨经空气氧化后通入氢氧化锂溶液中制得。用途:可作为混凝土添加剂。

亚硝酸钠（sodium nitrite）　CAS 号 7632-00-0。化学式 $NaNO_2$，分子量 69.00。白色至浅黄色晶体或粉末，有毒！熔点 271℃，密度 2.168^0 g/cm^3。有吸湿性。极易溶于水，微溶于乙醇、甲醇、乙醚。水溶液呈弱碱性，能从空气中吸取氧逐渐转化成硝酸钠。既具有氧化性又具有还原性，以氧化性为主。在酸性溶液中主要表现为氧化性，在碱性溶液中或遇强氧化剂时表现为还原性。酸性溶液中能将碘化钾氧化为单质碘。遇弱酸分解放出棕色的三氧化二氮气体。与硫、磷、有机物等摩擦或撞击可引起燃烧或爆炸。320℃以上分解。制备：可由硝酸钠与铅粉共熔，然后用水萃取、蒸发、结晶制得。用途：可作为重氮化试剂、氧化剂、漂白剂、橡胶发泡剂、金属热处理剂、钢材缓蚀剂、氰化物的解毒剂、分析试剂、防微生物剂、防腐剂，用于分析化学、肝功能试验中测定血清胆红素、电镀、金属处理、印染、合成亚硝基化合物、制偶氮染料等。

亚硝酸镁（magnesium nitrite）　CAS 号 15070-34-5。化学式 $Mg(NO_2)_2 \cdot 3H_2O$，分子量 170.37。白色棱状晶体。易吸湿。溶于水和乙醇。100℃时分解。

亚硝酸钙（calcium nitrite）　CAS 号 13780-06-8。化学式 $Ca(NO_2)_2 \cdot H_2O$，分子量 150.11。纯品为无色至淡黄色六方系晶体，熔点 100℃，密度 2.33 g/cm^3，加热至 100℃ 失去结晶水。其四水合物为无色晶体，密度 1.674 g/cm^3，44℃时失去 2 分子结晶水。两者都易溶于水，微溶于乙醇。高温时分解，释出剧毒的氮氧化物气体。制备：由亚硝酸银与氯化钙或氢氧化钙反应制得。用途：可作为水泥硬化促进剂和防冻阻锈剂、润滑油的腐蚀抑制剂，可用于医药工业、有机合成等。

亚硝酸锶（strontium nitrite）　CAS 号 13470-06-9。化学式 $Sr(NO_2)_2$，分子量 179.63。白色粉状物或针状物。密度 2.8 g/cm^3。易溶于水，难溶于碱，稍溶于稀醇溶液，不溶于浓醇溶液。一水合物为无色晶体，密度 2.408^0 g/cm^3。易溶于水。高于 100℃ 失去结晶水，240℃ 分解。制备：将氢氧化锶的饱和溶液与氮的氧化物反应制得。

亚硝酸银（silver nitrite）　CAS 号 7783-99-5。化学式 $AgNO_2$，分子量 153.88。淡黄色近白色针状晶体或粉末状晶体。熔点 140℃（分解），密度 4.453 g/cm^3。对光敏感，光照下变为灰色。微溶于水、氨水，不溶于乙醇。空气中缓慢加热及遇酸分解。制备：可将硝酸银在一氧化氮气氛中加热反应，或由硝酸银溶液与亚硝酸反应制得。用途：可用于标定高锰酸钾溶液，测定亚硝酸盐，区分伯醇、仲醇、叔醇，水质分析，有机合成等。

亚硝酸铯（cesium nitrite）　CAS 号 13454-83-6。化学式 $CsNO_2$，分子量 178.91。黄色晶体。易溶于水，溶于液态氨。在高温下分解为一氧化氮、二氧化氮、氧化铯。制备：可由亚硝酸钡与硫酸铯反应，或由氢氧化铯吸收一氧化氮，或由硝酸铯和碳、铅等还原剂反应制得。用途：可用作氧化剂，也可作还原剂。

亚硝酸钡（barium nitrite）　CAS 号 7787-38-4。化学式 $Ba(NO_2)_2$，分子量 229.35。无色六边形晶体，有毒！密度 3.23^{23} g/cm^3。在空气中稳定，加热至 217℃ 时分解。一水合物为白色或淡黄色六方系晶体。密度 3.17 g/cm^3。加热至 115℃ 失去结晶水变为无水盐。两者均易溶于水，微溶于乙醇，不溶于丙酮和醚。制备：可向碳酸钡悬浊液或氢氧化钡溶液中通入氧化氮，或将硝酸钡加热分解后的产物溶于水中再结晶制得。用途：可用作强氧化剂、保护剂、重氮化原料。

亚硝酸亚汞（mercurous nitrite）　CAS 号 13492-25-6。化学式 $Hg_2(NO_2)_2$，分子量 493.19。黄色针状三斜系晶体。密度 7.33 g/cm^3。难溶于水。遇水或分解。加热至 100℃ 分解为亚硝酸汞和汞。制备：可由稀硝酸溶解过量汞，生成的溶液在室温下析出一水合物，较高温度下析出无水物。

亚硝酸亚铊（thallous nitrite）　化学式 $TlNO_2$，分子量 250.39。黄色微小晶体。熔点 182℃。易溶于水。制备：可由硫酸亚铊和亚硝酸钡水溶液按 1∶1 混合反应制得。用途：可用于制铊的草酸盐。

亚硝酸铵（ammonium nitrite）　CAS 号 13446-48-5。化学式 NH_4NO_2，分子量 64.04。白色至黄色菱形晶体，有毒！密度 1.69 g/cm^3。易溶于冷水，在热水中分解，溶于乙醇，不溶于乙醚。固体很难保存，遇热及撞击会发生爆炸，分解出氮气。60℃ 以上强烈爆炸。真空中 30℃ 升华。其 10% 的水溶液稳定，15% 以上的水溶液逐渐分解，放出氮气。在酸性介质中有一定氧化性和弱还原性。可与过渡金属形成亚硝酸配合物。与有机胺反应生成偶氮类化合物。制备：用高氯酸铵温热溶液与亚硝酸钾温热溶液混合制得，或将一氧化氮和二氧化氮的混合气体通入氨水制得。用途：可用于染料和有机合成。

亚硝酰氟（nitrosyl fluoride）　亦称“氟化亚硝酰”。CAS 号 7789-25-5。化学式 NOF，分子量 49.00。无色气体，常因含有杂质而显蓝色。熔点 -134℃，沸点 -56℃，密度 1.326^{-56} g/mL。遇水迅速转化为氟化氢和亚硝酸。硅、溴和红磷可在其蒸气中着火，生成相应的氟化物和氧化氮。与二氟化氧缓慢混合可反应生成三氟化氮和氧，急速混合可发生爆炸。可与许多挥发性的路易斯酸形成稳定的固体加合物。对玻璃、石英有腐蚀作用。若在液氧中冷却则可保存在石英管中。制备：可由二氧化氮在室温下同过量氟化钾反应制得，或由干燥的一氧化氮与氟反应制得。用途：可作为强氧化剂、良好的亚硝酰化试剂、火箭推进剂中的氧化剂、液态三氧化硫的稳定剂，还可用于制备氧化二氟胺。

亚硝酰氯（nitrosyl chloride）　亦称“氯化亚硝酰”。CAS 号 2696-92-6。化学式 NOCl，分子量 65.46。黄色气

体。熔点 - 64.5℃,沸点 - 5.5℃,密度 2.87 g/L。遇水分解并形成橙红色溶液。为王水中的氧化成分之一,王水的橙色即由其造成。溶于发烟硫酸。可强烈蚀伤皮肤。制备:可由氯化氢和亚硝酰硫酸反应,或由二氧化氮和湿润的氯化钾反应,或由一氧化氮和氯经催化反应制得。用途:可用于合成洗涤剂、催化剂。

氟化硝酰(fluoro nitrite) 亦称"硝酰氟"。CAS 号 96607-23-7。化学式 NO_2F,分子量 65.00。无色气体、液体或白色固体,有刺激臭味,有腐蚀性!熔点 - 139℃,沸点 - 63℃,密度 $1.796^{-72.4}$ g/mL。遇水、乙醇、乙醚、氯仿分解。在液氧中冷却时可保存在石英管中。是很强的氧化剂和氟化剂,有很强的硝化性。可将大部分金属转化为相应的氧化物、氟化物或氟氧化物;可与大部分非金属反应生成硝酰盐;与有机物反应生成相应的硝基取代物。可使碘、硒、磷、砷、锑、硼等单质自燃,温热时能侵蚀铅、铋、铬、锰、铁、镍及钨等金属。制备:可通过氟气直接氟化二氧化氮或亚硝酸盐;或三氟化钴与二氧化氮在加热条件下反应制得。用途:可作为火箭推进剂的氧化剂、氟化剂。

氯化硝酰(chloro nitrite) CAS 号 65283-98-9。化学式 NO_2Cl,分子量 81.46。有氯气味的浅黄棕色气体,有毒!熔点低于 - 31℃,沸点 5℃,密度 2.81^{100} g/L、1.33^{-16} g/mL。 - 15℃凝聚成无色液体。在 - 145℃凝固成白色晶状固体,- 80℃以下变黑色。受热高于 120℃,遇水及见光时分解。与有机物接触发生剧烈的爆炸反应。制备:可在 0℃时将氯化硫酸加到硝酸中反应,或由氯化亚硝酰与臭氧反应制得。用途:用作有机合成的硝化剂和氯化剂。

硝酸(nitric acid) 亦称"硝镪水"。CAS 号 7697-37-2。化学式 HNO_3,分子量 63.01。纯硝酸为无色透明液体,浓硝酸因光分解后溶有二氧化氮而呈淡黄色。有窒息性刺激气味,剧毒!熔点 - 42℃,沸点 86℃,密度 1.502 7 g/mL。与水可按任何比例混合。易挥发,在空气中产生白雾,不久即分解成二氧化氮及氧。一般市售浓硝酸中硝酸含量为 68% 时,该溶液为硝酸的恒沸溶液,沸点为 120.5℃,密度 1.041 g/mL,约 15 mol/L。有刺激性、强烈的腐蚀性、强氧化性、强酸性。能使羊毛织物和动物组织变成嫩黄色。能与乙醇、松节油、碳和其他有机物猛烈反应。制备:可由空气在催化剂铂的作用下将氨气氧化为二氧化氮,再用水吸收制得;或由硫酸与硝酸钠或硝酸钾反应制得。用途:可用于制造化肥、炸药、硝酸盐、硝酸酯,用于感光材料生产、染料、塑料、冶金、印刷制版业等领域。

硝酸锂(lithium nitrate) CAS 号 7790-69-4。化学式 $LiNO_3$,分子量 68.94。无色晶体或白色晶体颗粒。熔点约 264℃,密度 2.38 g/cm³。易潮解,溶于水、乙醇、丙酮、吡啶、液氨。强氧化剂,与有机物摩擦或撞击能引起燃烧或爆炸。受热分解生成氧化锂、二氧化氮和氧气。三水合物为无色针状晶体,29.9℃时脱去 2 分子水,61.1℃时脱去 3 分子水成为无水物。制备:可由氢氧化锂或碳酸锂的水溶液与硝酸反应制得。用途:可作为分析试剂、热交换载体、氨冷冻设备中液氨的稳定剂、低熔浴盐,可用于陶瓷、烟火、信号弹、荧光等领域。

硝酸铍(beryllium nitrate) CAS 号 13597-99-4。分子式 $Be(NO_3)_2 \cdot 3H_2O$,分子量 187.08。白色或微黄色晶体,有毒!熔点 60℃,沸点 142℃,密度 1.557 g/cm³。有潮解性。易溶于水、乙醇,不溶于丙酮。加热熔化,红热条件下分解生成氧化铍和二氧化氮。制备:可将氧化铍或氢氧化铍溶于硝酸,或向硫酸铍溶液中加入硝酸钡制得。用途:可作为白炽汽油灯灯罩的硬化剂等。

硝酸氟(fluorine nitrate) 亦称"氟三氧化氮"。CAS 号 7789-26-6。化学式 NO_3F,分子量 81.00。无色易爆气体。熔点 - 175℃,沸点 - 46℃,密度 3.554^{25} g/L、1.507^{-45} g/mL、1.951^{-185} g/cm³。溶于丙酮。遇水分解。与乙醇、乙醚接触,或受到震动、撞击可发生爆炸。制备:可由氟与硝酸反应,或在氢氟酸中电解含氮化合物制得。用途:可作火箭推进剂中的氧化剂。

硝酸钠(sodium nitrate) 亦称"智利硝石""钠硝石""生硝"。CAS 号 7631-99-4。分子式 $NaNO_3$,分子量 84.99。有苦咸味的无色透明或白微带黄色菱形晶体。熔点 308℃,密度 2.257 g/cm³。易溶于水、液氨,微溶于甘油、乙醇。易潮解,极少量的氯化钠杂质便可大大增加其潮解性。溶于水时吸热,溶液呈中性。可助燃,有氧化性,与有机物摩擦或撞击可引起燃烧或爆炸。加热可分解为亚硝酸钠和氧气。制备:可取自硝酸钠矿石,也可用碳酸钠或氢氧化钠溶液吸收硝酸生产尾气中的氧化氮制得。用途:可作为氧化剂、化肥、食品添加剂、有机合成试剂、玻璃消泡剂,可用于制染料、彩釉、玻璃、烟草、烟火、医药、硝酸钾、彩色照相漂白液等。

硝酸镁(magnesium nitrate) CAS 号 10377-60-3。化学式 $Mg(NO_3)_2 \cdot 2H_2O$,分子量 184.35。无色晶体。熔点 129℃,密度 2.03 g/cm³。六水合物为无色易潮解晶体,熔点 89℃,密度 1.64 g/cm³;热至 95℃转化为碱式硝酸镁,在 330℃分解。两者都易溶于水、乙醇、液氨。有强氧化性,与有机物接触、摩擦或撞击,能引起燃烧或爆炸。制备:可由氧化镁、氢氧化镁、碳酸镁或碱式碳酸镁与稀硝酸反应制得。用途:可作为氧化剂、皮革助剂、分析试剂,可用于制烟火、催化剂、其他镁盐等。

硝酸铝(aluminum nitrate) CAS 号 13473-90-0。化学式 $Al(NO_3)_3 \cdot 9H_2O$,分子量 375.13。白色透明晶体。熔点 73.5℃,密度 1.72 g/cm³。有潮解性。易溶于水、乙醇,极微溶于丙酮,几乎不溶于乙酸乙酯、吡啶。水溶液呈酸性。熔融时分解而变成六水合物,140℃时形成碱式盐

$4Al_2O_3 \cdot 3N_2O_5 \cdot 14H_2O$，200℃时变成三氧化二铝并放出氧气和二氧化氮。制备：可由铝或氢氧化铝与硝酸反应制得。用途：可作为分析试剂、氧化剂、媒染剂、鞣制剂、抗汗剂、缓蚀剂、铀萃取剂、硝化剂、抗腐蚀剂，可用于制氧化铝、有机铝盐等。

硝酸钾（potassium nitrate）　亦称"钾硝石""火硝""土硝"。CAS 号 7757-79-1。化学式 KNO_3，分子量 101.10。无色透明棱柱状晶体，或白色颗粒或粉末。熔点 334℃，密度 2.109^{16} g/cm^3。轻微潮解，易溶于水，溶于水时吸热。溶于甘油，不溶于乙醇、乙醚。为强氧化剂，与有机物接触摩擦或撞击能引起燃烧和爆炸。热至 400℃分解为亚硝酸钾和氧气。制备：有天然产物，也可由硝酸钠与氯化钾经复分解反应制得，或将硝酸铵溶液与氯化钾溶液分别通过阳离子交换树脂制得。用途：可作为食品发色剂、护色剂、抗微生物剂、防腐剂、氧化剂、分析试剂、玻璃澄清剂，可用于制烟火、火柴、陶瓷釉药、肥料、黑色火药等。

硝酸钙（calcium nitrate）　亦称"挪威硝石"。CAS 号 10124-37-5。分子式 $Ca(NO_3)_2$，分子量 164.09。白色晶体。熔点 561℃，密度 2.504 g/cm^3。易溶于水、乙醇、丙酮、液氨，不溶于乙醚、浓硝酸。灼热时分解生成亚硝酸钙并放出氧气。有强氧化性。跟硫、磷、有机物等摩擦、撞击能引起燃烧或爆炸。一水合物为颗粒状物质，熔点约 560℃。四水合物为无色晶体，易潮解，溶于甲醇、丙酮；α 型熔点 42.7℃，密度 1.896 g/cm^3；β 型熔点 39.7℃，密度 1.82 g/cm^3；在 170℃时加热可得无水物。制备：可由碳酸钙或氢氧化钙与稀硝酸反应制得。用途：可作为旱作物氮肥、植物快速补钙剂、酸性土壤的速效肥料、分析试剂、冷冻剂、橡胶工业絮凝剂，可用于制其他硝酸盐、烟火、火柴、炸药、电子管等。

硝酸钪（scandium nitrate）　CAS 号 13465-60-6。分子式 $Sc(NO_3)_3$，分子量 230.97。无色晶体。熔点 150℃。易潮解，可溶于水、乙醇。其水溶液受热则分解。250℃高温时分解为氧化钪。其四水合物为无色易潮解固体。可溶于水、乙醇。100℃时失去全部结晶水，继续升温则分解。制备：将氢氧化钪溶于硝酸制得。用途：可作为生化试剂。

硝酸铬（chromium nitrate）　CAS 号 7789-02-8。分子式 $Cr(NO_3)_3 \cdot 9H_2O$，分子量 400.15。深紫色正交或单斜系晶体，有毒！熔点约 60℃。易溶于水，溶于乙醇、丙酮，不溶于苯、氯仿、四氯化碳。水溶液加热时渐呈绿色，冷却后又迅速变为红紫色。100℃以上分解。有氧化性。制备：可由硝酸与氢氧化铬反应制得。用途：可用于玻璃、陶瓷彩釉、印染、铬催化剂等领域。

硝酸锰（manganese nitrate）　亦称"硝酸亚锰"。CAS 号 10377-66-9。化学式 $Mn(NO_3)_2 \cdot 4H_2O$，分子量

251.01。无色或粉红色晶体。熔点 25.8℃，沸点 129.4℃，密度 1.82 g/cm^3。易潮解。极易溶于水，易溶于乙醇。50% 溶液为淡红色或玫瑰色透明液体，密度 1.54 g/mL。加热析出二氧化锰并放出氧化氮气体。其六水合物为淡玫瑰色针状菱形结晶，熔点 25.8℃，沸点 129.5℃，密度 1.82^{21} g/cm^3，160～200℃时分解。制备：由金属锰或二价锰盐与硝酸反应制得。用途：可用于制催化剂、纯二氧化锰，还可用于银的微量分析。

硝酸钴（cobalt nitrate）　亦称"硝酸亚钴"。CAS 号 10141-05-6。分子式 $Co(NO_3)_2 \cdot 6H_2O$，分子量 291.03。红色单斜系晶体。熔点 55℃，密度 1.87 g/cm^3。易潮解，溶于水、酸、乙醇、丙酮，微溶于氨水。在 55℃时失去 3 分子结晶水。高于 74℃分解成一氧化钴和二氧化氮。有强氧化性，与有机物摩擦和撞击能引起燃烧和爆炸。制备：由金属钴、氧化钴或氢氧化钴与硝酸反应制得。用途：可作为着色剂、油漆催干剂、氰化物中毒的解毒剂、动物饲料添加剂、陶瓷脱色剂、分析测定钾的试剂，可用于制催化剂、隐显墨水、维生素 B_{12}、钴颜料、环烷酸钴、六亚硝酸钴钠等。

硝酸镍（nickel nitrate）　亦称"硝酸亚镍"。CAS 号 13478-00-7。化学式 $Ni(NO_3)_2 \cdot 6H_2O$，分子量 290.81。碧绿色单斜系板状晶体。熔点 56.7℃，沸点 136.7℃，密度 2.05 g/cm^3。易潮解。干燥空气中缓慢风化。易溶于水，水溶液呈酸性。溶于液氨、乙醇，微溶于丙酮。有氧化性，与有机物、还原剂、硫、磷等混合有引起燃烧和爆炸的危险。57℃时溶于自身结晶水中，进一步加热失去结晶水，温度高于 110℃时开始分解并形成碱式盐，继续加热生成棕黑色的三氧化二镍和绿色的氧化亚镍的混合物。制备：可将镍、氧化镍(II)、氢氧化镍(II)或碳酸镍(II)溶于硝酸制得。用途：可用于化学分析、制镍盐、制镍催化剂、镀镍、陶瓷着色等领域。

硝酸铜（copper nitrate）　CAS 号 3251-23-8。化学式 $Cu(NO_3)_2 \cdot 3H_2O$，分子量 241.60。蓝色正交系片状晶体，有毒！熔点 114.5℃，密度 2.32 g/cm^3。易潮解。易溶于水和乙醇，几乎不溶于乙酸乙酯。有氧化性，与炭粉、硫磺或其他可燃性物质加热、打击或摩擦时，发生燃烧爆炸。加热至 170℃时失去硝酸生成碱式硝酸铜，加热至 200℃分解为氧化铜。制备：可由铜或氧化铜与稀硝酸反应制得。用途：可作为上光剂、媒染剂、氧化剂、杀虫剂、铜着色剂、有机反应催化剂，用于锶的分析、镀铜、农药、搪瓷、染料、感光纸、烟火、涂料等领域。

硝酸锌（zinc nitrate）　CAS 号 7779-88-6。化学式 $Zn(NO_3)_2 \cdot 6H_2O$，分子量 297.47。无色晶体。熔点 36.4℃，密度 2.065^{14} g/cm^3。易潮解。易溶于水和乙醇，水溶液显酸性。36.4℃熔于结晶水，100℃时失去 3 分子结晶水，105～130℃时失去 6 分子水。有氧化性，与有机

物摩擦或撞击能引起燃烧或爆炸。制备：将氧化锌溶于硝酸制得。用途：可作为媒染剂、酸化催化剂、乳胶凝结剂、钢铁磷化剂、树脂加工催化剂，用于镀锌、染料、医药、分析化学等领域。

硝酸镓（gallium nitrate）　CAS 号 13494-90-1。化学式 $Ga(NO_3)_3 \cdot xH_2O$。白色晶体。易潮解。易溶于水，溶于无水乙醇，不溶于乙醚。110℃分解，200℃分解为三氧化二镓。制备：可由镓或氧化镓溶解在硝酸中慢慢蒸发得。用途：可用于制取镓化合物，可作为治疗淋巴癌症和肿瘤、非小细胞肺肿瘤的药物。

硝酸铷（rubidium nitrate）　CAS 号 13126-12-0。化学式 $RbNO_3$，分子量 147.47。无色晶体。易吸湿。熔点 310℃，密度 3.11 g/cm^3。极易溶于水，易溶于硝酸，微溶于丙酮。161.4℃时由菱形、三斜系晶体转变为立方系晶体。加热则分解为亚硝酸铷和氧气。可与硝酸形成 $RbNO_3 \cdot HNO_3$ 或 $RbNO_3 \cdot 2HNO_3$ 等加合物。制备：可将氢氧化铷或碳酸铷溶于硝酸制得。用途：可作为微量分析的化学试剂，可用于制荧光剂。

硝酸锶（strontium nitrate）　CAS 号 10042-76-9。化学式 $Sr(NO_3)_2$，分子量 211.63。白色晶体或粉末。熔点 570℃，密度 2.986 g/cm^3。易潮解。易溶于水，微溶于乙醇和丙酮。在熔点时即分解放出氧，并经过亚硝酸锶转化为氧化锶。遇高温或与硫、磷及有机物接触、摩擦或撞击能引起燃烧或爆炸。其四水合物为无色柱状单斜系晶体，在空气中可风化，密度 2.2 g/cm^3。在 100℃时失去 4 分子结晶水，在 1 100℃时转变为 SrO。极易溶于水，难溶于乙醇，不溶于丙酮及乙醚，易溶于液氨。制备：可由碳酸锶或氢氧化锶与硝酸反应制得。用途：可用于制烟火、信号弹、曳光弹、火柴、显像管、电子管、光学玻璃、医药等。

硝酸镱（yttrium nitrate）　CAS 号 35725-34-9。化学式 $Yb(NO_3)_3 \cdot 6H_2O$，分子量 383.01。无色至粉红色晶体，有毒！密度 2.68 g/cm^3。易潮解。易溶于水、醇、硝酸。在水中的溶解度随硝酸的加入而降低。加热可逐步失去结晶水，在高温下能分解放出氮氧化物。制备：将稍过量的氧化镱溶解于浓硝酸中制得。用途：可用于工程陶瓷、硬质合金、钨钼产品、催化剂、汽车尾气净化等领域。

硝酸锆（zirconium nitrate）　CAS 号 13746-89-9。化学式 $Zr(NO_3)_4 \cdot 5H_2O$，分子量 429.32。白色板状晶体。密度 1.4 g/cm^3。有吸湿性，溶于水、乙醇。水溶液对石蕊显酸性。加热至 100℃分解为硝酸氧锆和硝酸。制备：可由二氧化锆或氢氧化锆与硝酸反应制得。用途：可用于制防腐剂、锆盐，测定氟化物，分离磷酸盐等。

硝酸铑（rhodium nitrate）　CAS 号 13465-43-5。分子式 $Rh(NO_3)_3 \cdot 2H_2O$，分子量 324.93。红色或黄色晶体。易潮解。溶于水，不溶于乙醇。在硝酸铀酰的酸性溶液中生成 $Rh(NO_3)_3 \cdot UO_2(NO_3)_2 \cdot 5H_2O$ 沉淀。与碱作用生成柠檬黄色沉淀三氧化二铑五水合物。加热时显著膨胀，转化成氧化铑(III)。制备：由五水合氧化铑(III)溶于硝酸，在水浴上蒸干溶液制得。用途：可用作氧化剂。

硝酸钯（palladium nitrate）　亦称"硝酸亚钯"。CAS 号 10102-05-3。化学式 $Pd(NO_3)_2$，分子量 230.41。褐黄色正交系晶体。极易潮解，易溶于水，溶于硝酸。水溶液中再加入过量的水生成水合一氧化钯。溶于过量氨水生成二硝酸根二氨合钯。与氢氰酸或氟化钠生成难溶的褐色氟化钯沉淀。许多还原剂能使其还原成钯。其水溶液受热形成碱式盐，进一步加热则生成一氧化钯。制备：可由水合一氧化钯加硝酸溶解，或向润湿的钯黑通入一氧化氮气体，或用浓硝酸和盐酸溶解新制的钯黑制得。用途：可用作催化剂原料、化学试剂。

硝酸银（silver nitrate）　CAS 号 7761-88-8。化学式 $AgNO_3$，分子量 169.87。无色味苦片状透明正交系晶体，有毒！熔点 212℃，密度 4.352 g/cm^3。易溶于水，其水溶液呈弱酸性。溶于氨水，形成银氨配离子 $[Ag(NH_3)_2]^+$。溶于乙醚、甘油，微溶于无水乙醇，几乎不溶于浓硝酸。与硫化氢反应，生成黑色的硫化银。与铬酸钾反应，生成红棕色的铬酸银。与磷酸二氢钠反应，生成黄色磷酸银。与卤离子反应，生成卤化银。与强碱作用生成氧化银。与草酸盐或草酸反应，生成草酸银。可与 NH_3、CN^-、SCN^-、$S_2O_3^{2-}$、吡啶等反应，生成配合物。与卤素化合物可生成能感光的银盐。如有微量的有机物存在或在日光照射下逐渐分解出银，变灰黑色。遇蛋白质变黑色蛋白银，对有机组织有破坏作用。可被肼和亚磷酸等还原为单质银。444℃时分解成银、二氧化氮和氧气。制备：可将银溶于硝酸制得。用途：可作为分析试剂、照相乳剂、消毒剂、腐蚀剂、染发剂，用于摄影、镀银、印刷、医药、电子工业等领域。

硝酸镉（cadmium nitrate）　CAS 号 10325-94-7。化学式 $Cd(NO_3)_2$，分子量 236.43。无色非结晶团状物，有毒！熔点 350℃，密度 3.6 g/cm^3。易潮解。当温度高于 350℃时分解为氧化镉、二氧化氮和氧气。其四水合物为白色角柱形针状晶体，CAS 号 10022-68-1，化学式 $Cd(NO_3)_2 \cdot 4H_2O$，分子量 308.48。熔点 59.4℃，沸点 132℃，密度 2.455^{17} g/cm^3。在空气中潮解。易溶于水，溶于乙醇、液氨、丙酮、乙酸乙酯，不溶于浓硝酸。与有机物、还原剂、易燃物硫、磷混合可燃。在 70~80℃或浓硫酸干燥器中失去水分而变为无水物。制备：可由氧化镉或碳酸镉与硝酸反应制得。用途：可作为照相乳剂、瓷器和玻璃的着色剂，还可用于制镉黄、催化剂、电池等。

硝酸铟（indium nitrate）　CAS 号 13770-61-1。化学式 $In(NO_3)_3 \cdot 3H_2O$，分子量 354.88。白色片状易结块的晶体。熔点 100℃。易溶于水、乙醇。100℃时失去 2 分子

结晶水。易分解。与碱金属盐作用生成配合物。制备：将金属铟溶于浓硝酸中，室温下蒸发可得三水合物；再将三水合物先后在氢氧化钾和五氧化二磷上干燥可得无水物。用途：可作为分析试剂、氧化剂，可用于制铟。

硝酸亚锡（tin(II) nitrate）　CAS 号 7440-31-5。化学式 $Sn(NO_3)_2 \cdot 20H_2O$，分子量 603.07。无色叶状晶体。熔点- 20℃。在水、硝酸中分解。加热水解变为氧化锡(II)水合物沉淀。对热不稳定，加热时剧烈分解以至爆炸，分解产物为二氧化锡及含氮化合物。制备：由锡或 $Sn(OH)_2$ 与硝酸反应制得。用途：可作为化学试剂。

硝酸锡（tin(IV) nitrate）　CAS 号 41480-79-9。化学式 $Sn(NO_3)_4$，分子量 366.71。白色针状晶体。在水溶液中易水解，常温下得氢氧化锡沉淀。易与脂肪烃、乙醚反应。加热至 50℃ 以上分解为氧化锡。制备：可将氢氧化锡溶于硝酸，或由五氧化二氮、$ClNO_3$、$BrNO_3$ 与四氯化锡反应制得。用途：可作为 Sn^{4+} 离子试剂。

硝酸铯（cesium nitrate）　CAS 号 7789-18-6。化学式 $CsNO_3$，分子量 194.91。无色有硝石味的六方或立方系晶体。熔点 414℃，密度 3.685 g/cm³。溶于冷水，极易溶于热水，溶于丙酮，微溶于乙醇。超过 414℃ 分解为亚硝酸盐并放出氧气。制备：由硝酸与氢氧化铯或碳酸铯反应制得。用途：可用于制铯盐，作钾、钠等的分析试剂。

硝酸钡（barium nitrate）　亦称"钡硝石"。CAS 号 10022-31-8。分子式 $Ba(NO_3)_2$，分子量 261.35。无色晶体或白色晶体粉末，有毒！熔点 592℃，密度 3.24 g/cm³。微有吸湿性。易溶于水，极微溶于乙醇、丙酮，几乎不溶于浓酸。盐酸和硝酸能降低其水中溶解度。有强氧化性，与有机物接触、摩擦或撞击能引起燃烧或爆炸。在高于熔点时分解放出氧气。燃烧时呈现绿色火焰。制备：可由碳酸钡、硫化钡或氢氧化钡与硝酸反应，或由氯化钡与硝酸钠溶液反应制得。用途：可作为氧化剂、分析试剂，可用于制过氧化钡、绿光烟火、信号弹、瓷釉、医药等。

硝酸镧（lanthanum nitrate）　CAS 号 10277-43-7。化学式 $La(NO_3)_3 \cdot 6H_2O$，分子量 433.02。白色三斜系晶体。熔点 40℃。易潮解。极易溶于水、乙醇，可溶于丙酮。加热至 126℃ 分解，首先生成碱式盐，800℃ 完全变为氧化物。易与硝酸铜或硝酸镁形成 $Cu[La(NO_3)_5]$ 或 $Mg[La(NO_3)_5]$ 复盐。与硝酸铵的溶液共混合蒸发后可形成 $(NH_4)_2[La(NO_3)_5] \cdot 4H_2O$ 复盐。与过氧化氢作用可生成过氧化镧（La_2O_5）粉末。制备：由氧化镧或氢氧化镧溶于稀硝酸溶液制得。用途：可作为防腐剂、氧化剂，可用于制煤气灯罩、荧光粉、化学玻璃等。

硝酸铈（cerium nitrate）　CAS 号 10294-41-4。分子式 $Ce(NO_3)_3 \cdot 6H_2O$，分子量 434.12。无色或淡红色三斜系晶体，有毒！熔点 150℃，密度 4.377 g/cm³。易潮解。极易溶于水，溶于乙醇、酸、丙酮。可风化失去 2.5 分子结晶水，在 150℃ 失去 3 分子结晶水，热至 200℃ 则分解为二氧化铈。可助燃。制备：可由硫酸铈与硝酸钡反应，或由氢氧化铈或碳酸铈与硝酸反应制得。用途：可作为氧化剂、催化剂、光谱分析试剂、煤气灯罩的原料；可用于镧、镨、钕的测定，铈与其他稀土金属的分离，以及医药、电真空、原子能等领域。

硝酸钕（neodymium nitrate）　CAS 号 16454-60-7。分子式 $Nd(NO_3)_3 \cdot 6H_2O$，分子量 438.35。粉红色粒状晶体。易潮解。易溶于水、乙醇、丙酮。真空脱水形成无水盐。强热则分解为氧化钕、二氧化氮和氧气。易与其他硝酸盐形成复盐。加热至高温时分解为氧化钕、二氧化氮和氧气。制备：可将钕的氧化物溶于硝酸制得。用途：可用于制磁性材料、玻璃着色剂、化合物中间体等。

硝酸钐（samarium nitrate）　CAS 号 10361-83-8。分子式 $Sm(NO_3)_3$，分子量 336.37。淡黄色三斜系晶体。熔点 78～79℃，密度 2.375 g/cm³。易潮解。易溶于水、无水的胺、乙醇、丙酮、乙醚。易形成复盐。750℃ 时分解成氧化钐。制备：将氧化钐溶于硝酸中制得。用途：可用于制三元催化剂、磁性材料、红外线磷光促进剂等。

硝酸铕（europium nitrate）　CAS 号 233-380-3。化学式 $Eu(NO_3)_3 \cdot 6H_2O$，分子量 446.07。无色至粉红色晶体。熔点 85℃（在闭管内）。极易溶于水、酸、四氢呋喃。高温分解。制备：可将铕的氧化物、氢氧化物或碳酸盐溶于硝酸溶液中制得。用途：可用于制荧光材料、电子陶瓷材料、铕化合物中间体等。

硝酸钆（gadolinium nitrate）　CAS 号 19598-90-4。化学式 $Gd(NO_3)_3 \cdot 5H_2O$，分子量 433.34。无色或红色晶体。熔点 92℃，密度 2.406 g/cm³。在空气中慢慢失去光泽变成不透明。难溶于水，微溶于浓硝酸。其六水合物为板状三斜系晶体，熔点 91℃，密度 2.33 g/cm³，易潮解，易溶于水和乙醇。均易与碱金属硝酸盐形成复盐。制备：用氧化钆或氢氧化钆、碳酸钆与过量硝酸反应制得。用途：可用于制磁性材料、核磁共振成像材料等。

硝酸铽（terbium nitrate）　CAS 号 13451-19-9。化学式 $Tb(NO_3)_3 \cdot 6H_2O$，分子量 453.03。无色单斜系晶体。熔点 89.3℃。能溶于水、乙醇、丙酮和酯类中。可被磷酸三丁酯萃入有机溶剂相中。其无水盐易溶于无水胺、腈和其他极性有机溶剂中。水合硝酸铽受热分解，产生 $TbONO_3$，继续加热得到铽的氧化物。制备：可由三氧化二铽、氢氧化铽或碳酸铽溶于硝酸制得水合物，无水物可由三氧化二铽与液态四氧化二氮反应制得。用途：曾用于稀土元素的分级结晶分离，可用于制荧光材料、磁性存储材料、磁光玻璃等。

硝酸镝（dysprosium nitrate）　CAS 号 10143-38-1。化学式 $Dy(NO_3)_3 \cdot 5H_2O$，分子量 438.58。黄色晶体。熔点 88.6℃。溶于冷水、乙醇、汽油、乙醚。可与硝酸铵生

成复盐。热至900℃分解为氧化镝。制备：可将三氧化二镝溶于稀硝酸制得。用途：曾用于稀土元素的分级结晶分离，可用于化学分析。

硝酸铒（erbium nitrate） CAS号10031-51-3。化学式$Er(NO_3)_3 \cdot 5H_2O$，分子量443.35。粉红色粒状结晶。易潮解。溶于水、乙醇、乙醚、丙酮。130℃失去4分子结晶水，灼烧分解为氧化铒。制备：用硝酸溶解氧化铒、氢氧化铒或碳酸铒制得。制备：可用于玻璃、化学分析等领域。

硝酸亚汞（mercury(I) nitrate） 亦称"硝酸低汞"。CAS号10415-75-5。化学式$Hg_2(NO_3)_2 \cdot 2H_2O$，分子量561.22。无色单斜系晶体，有毒！熔点约70℃（分解），密度4.78 g/cm³。有潮解性，稍能风化。溶于水、稀硝酸，不溶于乙醇、氨水、乙醚。将其溶液稀释，即析出白色的碱式硝酸亚汞沉淀。溶液见光或煮沸，即歧化为汞及硝酸汞。向溶液中加入硫化钠溶液或通硫化氢气体，可生成硫化汞和汞。遇氨水可发生氨解，生成白色硝酸氨基汞和黑色汞的混合沉淀。遇碱液生成黑褐色氧化亚汞沉淀。遇碘化钾溶液先生成黄褐色碘化亚汞沉淀，过量的碘化钾可使沉淀溶解，生成四碘合汞$[HgI_4]^{2-}$配离子，同时析出黑色汞。遇二氯化锡溶液仅析出黑色汞。干燥的固体遇热可分解为氧化汞和二氧化氮。制备：将过量的汞溶于冷的稀硝酸，或用金属汞还原$Hg(NO_3)_2$制得。用途：可作为分析试剂、氧化剂、润肤剂；可用于医药，铬、钼、钨、钒的测定，溴化物的容量测定等。

硝酸汞（mercury(II) nitrate） 亦称"硝酸高汞"。CAS号10045-94-0。化学式$Hg(NO_3)_2$，分子量324.60。无色或白色透明晶体，有毒！熔点79℃，沸点180℃，密度4.39 g/cm³。极易潮解。溶于硝酸、丙酮，不溶于乙醇。可溶于少量水，溶于大量水则水解为白色的碱式硝酸汞$(Hg_3O_2(NO_3)_2)$沉淀。向其水溶液中加氨水可发生氨解，生成白色的硝酸氨基汞（NH_2HgNO_3）沉淀，如加碱液则可生成黄色的氧化汞沉淀。遇碘化钾溶液先生成洋红色碘化汞沉淀，过量碘化钾又可使沉淀溶解生成无色四碘合汞配离子$[HgI_4]^{2-}$。遇氯化亚锡溶液先生成白色氯化亚汞沉淀，过量氯化亚锡可使沉淀转变为黑色的汞。是一种温和的氧化剂，与有机物、还原剂、硫、磷等混合，易着火燃烧。将铜丝放置于硝酸汞的溶液中，会发生置换，生成蓝色的硝酸铜溶液和金属汞。缓缓加热时生成红色氧化汞，强热时则生成汞、二氧化氮和氧气。常见水合物有$Hg(NO_3)_2 \cdot \frac{1}{2}H_2O$和$Hg(NO_3)_2 \cdot 8H_2O$，前者为淡黄色晶体或粉末，后者为无色斜方晶体。制备：由汞与硝酸反应可制得水合物；无水物可由氧化汞和液态二氧化氮反应生成$Hg(NO_3)_2 \cdot N_2O_4$晶体，在真空中去除四氧化二氮制得。用途：可用于制药品、雷酸汞、汞的化合物，还可用于有机合成、芳烃的硝化反应、卤化物和氰化物的测

定等。

硝酸亚铊（thallium(I) nitrate） CAS号10102-45-1。化学式$TlNO_3$，分子量266.37。白色晶体，剧毒！熔点206℃，沸点430℃，密度5.30^{145} g/cm³。不溶于乙醇，溶于水、丙酮。142℃以上为立方晶系α型，75～142℃为β型，75℃以下为斜方晶系γ型。260℃分解。制备：可将金属铊或铊(I)的碳酸盐、氢氧化物溶于硝酸制得。用途：可作为分析试剂、指示剂，可用于制绿色烟火。

硝酸铊（thallium nitrate） CAS号10102-45-1。分子式$Tl(NO_3)_3 \cdot 3H_2O$，分子量444.43。白色晶体。遇水分解。热至100℃分解。制备：由氢氧化铊或碳酸铊与硝酸反应制得。用途：可用于定量分析共存的氯、溴、碘，还用于制烟火、光导纤维。

硝酸铅（lead nitrate） CAS号10099-74-8。分子式$Pb(NO_3)_2$，分子量331.21。白色或无色晶体，有毒！密度4.53 g/cm³。溶于水、乙醇、碱、液氨。在水中易水解生成碱式硝酸铅白色沉淀，故常在水中加硝酸以防止水解。在470℃时分解为一氧化铅、二氧化氮和氧气。有强氧化性，与有机物接触、摩擦或撞击能引起燃烧或爆炸。制备：可由铅或一氧化铅与硝酸反应制得。用途：可作为氧化剂、媒染剂、照相增感剂、分析试剂、防腐剂、脱色剂、含铅化合物前驱体，可用于湿版照相、制版、涂料、鞣革、火柴、特种炸药、医药等领域。

硝酸铋（bismuth nitrate） CAS号10035-06-0。分子式$Bi(NO_3)_3 \cdot 5H_2O$，分子量485.07。无色有光泽晶体，有硝酸的气味。熔点30℃，密度2.83 g/cm³。易潮解。溶于稀硝酸、乙二醇、甘油、丙酮，不溶于乙醇、乙酸乙酯。遇水缓慢分解，生成碱式硝酸铋。80℃失去5分子结晶水，590℃时分解变成三氧化二铋。制备：可由铋或氧化铋与硝酸反应制得。用途：可作为化学试剂、收敛剂、防腐剂、荧光涂料，可用于制铋盐、搪瓷、铋的药品、锡上镀铋、电子、陶瓷彩釉、金属表面前处理、催化剂、生物碱提取、钠和铯的微量分析等。

硝酸镭（radium nitrate） CAS号10213-12-4。化学式$Ra(NO_3)_2$，分子量350.01。无色晶体，具有放射性！溶于水。制备：将镭的氧化物或氢氧化物溶于硝酸制得。用途：可用于医疗。

硝酸钍（thorium nitrate） CAS号33088-16-3。化学式$Th(NO_3)_4 \cdot 4H_2O$，分子量480.06。白色或无色颗粒状晶体，有毒性及放射性！有潮解性，能溶于水、乙醇，水溶液呈酸性。为强氧化剂。在硝酸溶液中可与碱金属硝酸盐作用形成配合物，如六硝酸根合钍(VI)酸钾。受热分解，先得碱式盐（而非无水物），最终得二氧化钍。燃烧后产生有放射性的灰尘。制备：可由硫酸法或烧碱法分解独居石；或将氢氧化钍溶于硝酸中制得。用途：可用于制其他钍化合物、氧化钍、金属钍、汽灯纱罩、耐火材料，还

可用于电真空、耐火材料、荧光涂料等领域。

硝酸铵（ammonium nitrate） 亦称"硝铵"。CAS 号 6484-52-2。化学式 NH_4NO_3，分子量 80.04。无色无臭的透明晶体或白色的小颗粒晶体。熔点 169.6℃，密度 1.725 g/cm^3。有潮解性，易结块，易溶于水同时大量吸热而降温。还易溶于丙酮、氨水，微溶于乙醇，不溶于乙醚。与碱反应有氨气生成，且吸收热量。不可用铁器敲打，以免引起爆炸。高温、高压和有还原剂存在及电火花下会发生爆炸。210℃分解为水和一氧化二氮，加热高于 300℃可分解为水、氮气和氧气，加热过猛易爆炸。制备：由氨与硝酸中和制得。用途：可作为氧化氮吸收剂、制冷剂，可用于化肥、烟火、炸药等领域。

硝酸联氨（hydrazine nitrate） 亦称"硝酸肼"。CAS 号 13464-97-6。化学式 $N_2H_4HNO_3$，分子量 95.06。有两种变体。熔点 70.71℃（α 型）、62.09℃（β 型），密度 1.64 g/cm^3。溶于水，微溶于乙醇。140℃升华。制备：可由硝酸中和水合肼，或由硫酸肼与硝酸钡混合后经加碳酸钠中和制得。用途：可作为肼的添加剂，可用于制炸药。

硝酸羟胺（hydroxylamine nitrate） CAS 号 13465-08-2。化学式 $NH_2OH \cdot HNO_3$，分子量 96.04。白色片状固体。熔点 48℃。易潮解。易溶于水，在热水中分解，溶于乙醇。在 100℃分解成氮、水和氧。制备：可由盐酸羟胺与硝酸银反应，或由硫酸羟胺与硝酸钡反应制得。用途：可作还原剂。

硝酸二氢铷（rubidium dihydrogen nitrate） 亦称"硝酸合硝酸铷"。化学式 $RbNO_3 \cdot 2HNO_3$，分子量 273.50。无色针状晶体。熔点 45℃。可溶于水。高温时先失去硝酸分子，然后分解为亚硝酸盐。制备：将碳酸铷溶解到硝酸溶液中经结晶制得。用途：可用作微量分析试剂。

硝酸二氢铯（cesium dihydrogen nitrate） 化学式 $CsNO_3 \cdot 2HNO_3$，分子量 320.93。无色片状晶体。熔点 32～36℃。制备：由硝酸与氢氧化铯或碳酸铯中和反应制得。

硝酸氢铯（cesium hydrogen nitrate） 化学式 $CsNO_3 \cdot HNO_3$，分子量 257.92。八面体晶体。熔点 100℃。制备：可由硝酸铯与硝酸缓慢加热反应制得。

硝酸氢金（hydrogen tetranitratoaurate(III)） 化学式 $H[Au(NO_3)_4] \cdot 3H_2O$，分子量 500.04。黄色三斜系晶体。密度 2.84 g/cm^3。溶于冷水，分解生成水合三氧化二金。溶于硝酸溶液中。加热至 72℃时分解。与碱金属盐反应生成四硝酸根合金(III)酸盐，在一定条件下还可生成六配位的 $K_2H[Au(NO_3)_6]$。制备：可由氢氧化金在浓硝酸中反应制得。

硝酸氧锆（zirconyl nitrate） 亦称"硝酸锆酰"。CAS 号 14985-18-3。化学式 $ZrO(NO_3)_2$，分子量 231.23。白色晶体或粉末。易吸湿。易溶于水，水溶液呈酸性，溶于醇。有氧化性。制备：在二氧化锆水合物中加入硝酸，蒸发而制得。用途：可用作测定钾和氟化物的试剂、发光剂，并用于耐火材料的制造等。

硝酸氧铋（bismuth oxynitrate） 亦称"碱式硝酸铋"。CAS 号 13595-83-0。化学式 $BiONO_3 \cdot H_2O$，分子量 305.00。白色重质微晶粉末。密度 4.928 g/cm^3。稍具吸湿性。对润湿石蕊试纸表现酸性。不溶于水、醇，溶于稀盐酸和硝酸。105℃失去结晶水，加热至 260℃分解成三氧化二铋和氧化氮。制备：由硝酸铋部分水解制得。用途：可用于制铋化合物、搪瓷中铋的助熔剂、化妆品等。

硝酸铀酰（uranium nitrate） 亦称"硝酸双氧铀"。CAS 号 36478-76-9。化学式 $UO_2(NO_3)_2 \cdot 6H_2O$，分子量 502.13。浅黄绿色晶体，有毒性及放射性！熔点 60.2℃，沸点 118℃，密度 2.807^13 g/cm^3。易溶于水、乙醇、乙醚、乙酸、丙酮、甲醇。水溶液呈酸性。其乙醚溶液在光照下可引起爆炸。有氧化性、助燃性。受热分解产生三氧化铀，继续受热得到八氧化三铀。其浓溶液与双氧水作用析出四氧化铀水合物。与四氧化二氮、尿素等含氮分子易形成配合物。加入氨水可以沉淀出重铀酸铵，是核工业中的一种重要原料，俗称"黄饼"。制备：将三氧化铀溶于稀硝酸中制得。用途：可用于制含铀化合物、荧光黄的瓷釉和玻璃，可用于回收铀、化学分析等。

硝酸镨合硝酸铷（rubidium praseodymium nitrate） 化学式 $2RbNO_3 \cdot Pr(NO_3)_3 \cdot 4H_2O$，分子量 693.93。绿色针状晶体。熔点 63.5℃，密度 2.50 g/cm^3。有吸湿性，易溶于水。60℃时失去 4 分子结晶水。制备：将等摩尔的镨和铷的硝酸盐溶液混合制得。

硝酸钕合硝酸铷（rubidium neodymium nitrate） 化学式 $2RbNO_3 \cdot Nd(NO_3)_3 \cdot 4H_2O$，分子量 697.26。红紫色片状晶体。熔点 47℃，密度 2.56 g/cm^3。60℃时失去其结晶水。制备：将钕和铷的硝酸盐溶液按计量比混合反应制得。

硝酸银钾（potassium silver nitrate） 化学式 $KNO_3 \cdot AgNO_3$，分子量 270.98。无色单斜系晶体。熔点 125℃，密度 3.219 g/cm^3。易溶于水。受热分解放出二氧化氮及氧气。热稳定性高于硝酸银。制备：由含有过量硝酸银的硝酸钾溶液蒸发制得。

硝酸银亚铊（silver thallium(I) nitrate） 化学式 $TlNO_3 \cdot AgNO_3$，分子量 436.25。无色晶体。熔点 75℃。能溶于冷水。制备：由硝酸银和硫酸亚铊的混合溶液结晶制得。

硝酸铈铵（ammonium cerium(III) nitrate） CAS 号 13083-04-0。化学式 $(NH_4)_2Ce(NO_3)_5 \cdot 4H_2O$，分子量 558.28。无色透明单斜系晶体。熔点 74℃。有潮解性，易溶于水、乙醇，不溶于硝酸。在 9～65℃能稳定存在。制

备：由硝酸铵和硝酸亚铈的混合溶液结晶制得。用途：可作为分析试剂、烯烃聚合的催化剂。

硝酸高铈铵（ammonium cerium(IV) nitrate） CAS 号 16774-21-3。化学式 $(NH_4)_2Ce(NO_3)_6$，分子量 548.23。黄红色单斜系晶体。易潮解。易溶于水，溶于醇、硝酸。加入碱溶液析出黄色胶状的水合二氧化铈沉淀。水中易水解。在酸性介质中有很强的氧化性，可被还原剂定量地还原为铈(III)盐。溶液加热到 60℃以上，部分还原为铈(III)盐。制备：由阳极氧化硝酸铈铵；或将等摩尔硝酸高铈与硝酸铵溶液混合，在无水氯化钙和生石灰干燥器内结晶制得。用途：可作为分析化学基准物、有机合成氧化剂，可用于制煤气灯纱罩等。

二硝酸联氨（hydrazine dinitrate） CAS 号 13464-97-6。化学式 $N_2H_4 \cdot 2HNO_3$，分子量 158.07。无色针状或片状晶体。熔点 104℃（迅速加热）。若缓慢加热至 80℃开始分解。易溶于水，在热水中分解。制备：可由硫酸肼与硝酸钡反应，或由水合肼与硝酸反应制得。

碱式硝酸铜（copper(II) basic nitrate） 亦称"三羟基硝酸铜"。CAS 号 12158-75-7。化学式 $Cu(NO_3)_2 \cdot 3Cu(OH)_2$，分子量 480.27。暗绿色正交或单斜系晶体。密度 3.41 g/cm³（正交型）、3.378 g/cm³（单斜型）。不溶于水，极易溶于酸。在热水中分解。加热至约 400℃失去水。制备：可向硝酸铜溶液中加适量氢氧化钠溶液制得。

碱式亚硝酸亚铜（copper(I) basic nitrite） 化学式 $Cu(NO)_2 \cdot Cu(OH)_2$，分子量 221.11。淡绿色非晶型固体。可吸潮。不溶于水，极易溶于氨水，也溶于稀酸。在氢氧化钠溶液中或加热不到 100℃即分解。

碱式亚硝酸铜（copper(II) basic nitrite） 化学式 $Cu(NO_2)_2 \cdot 3Cu(OH)_2$，分子量 448.22。绿色粉末。极易溶于稀酸、氨水，微溶于乙醇、水。与水长时间沸煮发生分解。常温下极其稳定，五氧化二磷并不能使其脱水。干燥产品 100℃下稳定，120℃逐渐分解，150℃分解为黑色氧化铜。与碱作用生成暗绿色的氢氧化铜。制备：可由硫酸铜与亚硝酸钾反应制得。

碱式硝酸亚锡（tin(II) basic nitrate） 化学式 $SnO \cdot Sn(NO_3)_2$，分子量 377.39。白色晶体。在水中分解。用力敲打、摩擦或加热至 100℃以上，发生爆炸性分解。制备：由新制备的氧化亚锡在振荡下混入硝酸溶液并同时加入碳酸钠制得。

碱式硝酸锑（antimony oxynitrate） 化学式 $2Sb_2O_3 \cdot N_2O_5$，分子量 691.01。灰白色晶体。溶于浓硝酸。加热、遇水及酸分解。制备：由锑与稀硝酸银溶液反应制得。用途：可作引火剂。

碱式硝酸铈（cerium basic nitrate） 化学式 $Ce(OH)(NO_3)_3 \cdot 3H_2O$，分子量 397.07。红色长针状晶体。溶于水。遇水生成酸性的黄色溶液，其颜色随着温度的升高和时间的增长而褪色，但加入硝酸则颜色不再改变。制备：向二氧化铈的硝酸溶液中加入少量的碳酸钙，置于硫酸干燥器和氢氧化钾干燥器中蒸发制得。

氧化物、过氧化物、超氧化物

水（hydrogen oxide；water） CAS 号 7732-18-5。化学式 H_2O，分子量 18.02。无色无臭无味的透明液体。熔点 0℃，沸点 100℃。密度 1.00⁴ g/cm³。可与乙醇、甘油等互溶，微溶于乙醚。属于极弱的电解质。广泛存在于自然界中。制备：可由天然水经蒸馏法、离子交换法、电渗析法、反渗透法等方法纯化。用途：是人类生产生活必不可少的物质之一。

氧化氘（deuterium oxide；heavy water） 亦称"重水"。CAS 号 7789-20-0。化学式 D_2O，分子量 20.03。无色透明液体。熔点 3.81℃，沸点 101.4℃，密度 1.106 g/cm³。可与水、乙醇、甘油等互溶。微溶于乙醚。约占天然水质量的 0.02%。制备：可由天然水经电解、蒸馏和化学交换等法得到。用途：可作为核磁共振分析的溶剂，核反应堆中的中子减速剂，还在化学、生物研究中作为示踪剂。

氧化锂（lithium oxide） CAS 号 12057-24-8。化学式 Li_2O，分子量 29.88。白色粉末或硬壳状固体。熔点 1570℃，沸点 2600℃，密度 2.013 g/cm³。易潮解。可与水缓慢反应生成氢氧化锂。可与酸反应得到锂盐。高温时能腐蚀玻璃、氧化硅和许多金属。可被铝、硅还原为单质锂。制备：可由锂在空气中燃烧制得；或在氢气流中加热过氧化锂制得；或在氢气气氛中将碳酸锂、硝酸锂或氢氧化锂加热至 800℃制得；或由热解无水氢氧化锂制得。用途：可作为催化剂、熔剂、二氧化碳吸收剂，可用于制玻璃、陶瓷、半导体材料等。

氧化铍（beryllium oxide） CAS 号 1304-56-9。化学式 BeO，分子量 25.01。白色固体，有毒！熔点 2507℃，沸点 4300℃，密度 3.01 g/cm³，莫氏硬度 9.0。微溶于水而生成氢氧化铍。溶于酸生成铍盐，溶于碱生成铍酸盐。绝缘性、导热性和耐腐蚀性强，高温下稳定，难被还原。存在于天然铍石中。制备：可通过燃烧金属铍制得，或通过热解硝酸铍、氢氧化铍或碳酸铍制得。用途：可用于制造合金、有机合成催化剂、耐热材料、集成电路的衬里材料等。

氧化硼（boron oxide） 亦称"三氧化二硼""硼酐"。CAS 号 1303-86-2。化学式 B_2O_3，分子量 69.62。无色透明玻璃状固体或晶体。熔点 450℃，沸点 1 860℃，密度 2.55 g/cm^3（无定形）、2.46 g/cm^3（晶态）。有吸湿性，溶于水成为硼酸。可溶于酸、碱溶液，乙二醇。熔融的氧化硼可溶解许多金属氧化物并生成有特征颜色的玻璃状硼酸盐和偏硼酸盐。可被碱金属、铝和镁还原为单质硼。可与氨反应得到氮化硼，与氢化钙反应则得到六硼化钙。制备：可由硼酸脱水制得，或热解五硼酸铵制得。用途：可作为有机合成催化剂、助熔剂、玻璃纤维添加剂、液封剂等，可用于玻璃、陶瓷、冶金、硅酸盐、油漆、农药、电子等领域。

一氧化碳（carbon monoxide） CAS 号 630-08-0。化学式 CO，分子量 28.01。无色无臭无味气体，剧毒！熔点 - 205.1℃，沸点 - 191.51℃，密度 0.790 9^{-19} g/L。微溶于水，易溶于氨水。在空气中或氧气中燃烧生成二氧化碳，燃烧时发出蓝色的火焰。可作为还原剂，高温或加热时能将许多金属氧化物还原为金属单质。可与一些金属单质发生反应生成分子化合物。能与人体血红蛋白结合生成碳氧血红蛋白造成中毒。制备：实验室中可由浓硫酸与甲酸反应制得，工业上可通过煤制合成气、二氧化碳与碳反应或由锌与碳酸钙共热制得。用途：用于制甲醇，或作为燃料、还原剂，可用于冶金、化工、制药、激光等领域。

二氧化碳（carbon dioxide） 亦称"碳酸酐""碳酐"。CAS 号 124-38-9。化学式 CO_2，分子量 44.01。无色无臭气体。熔点 - 56.6℃（526.9 kPa），沸点 - 78.5℃（升华），密度 1.977 ^{0} g/L（气态）、1.101 $^{-37}$ g/mL（液态）、1.568 g/cm^3（固态）。略溶于水，其中少部分会与水反应生成碳酸。属酸性氧化物，可跟碱或碱性氧化物反应生成碳酸盐。无可燃性，一般不支持燃烧，在点燃的条件下可与一些活泼金属反应生成相应的金属氧化物和碳。绿色植物可通过光合作用将二氧化碳和水合成为有机物。约占大气中体积的 0.03%。空气中二氧化碳含量过高时，可使人缺氧窒息。制备：实验室可由碳酸盐与酸反应制得，工业上通过高温热解石灰石制得。用途：用途极广，可用于制碱、制糖、塑料、化肥、饮料、灭火、铸造、超临界萃取等多种领域。

二氧化三碳（carbon suboxide） CAS 号 504-64-3。化学式 C_3O_2，分子量 68.03。无色有恶臭气体或液体。熔点 - 112.5℃，沸点 6.8℃，密度 1.114 ^{0} g/mL。溶于乙醇、苯、二硫化碳。纯品稳定，含杂质时易聚合，聚合体颜色随温度升高而加深。在空气中燃烧呈蓝色火焰，生成二氧化碳。将其通过热的玻璃管可形成碳镜。与水反应生成丙二酸，与氯化氢、氨、胺反应得到丙二酸衍生物。易聚合、加热易分解。能跟氨、氯化氢、醇等发生加成反应。制备：

可通过加热干燥的五氧化二磷与丙二酸或丙二酸酯衍生物的混合物制得。用途：可作为媒染剂、催泪剂，还可用于制丙二酸盐等。

一氧化氮（nitrogen oxide） CAS 号 10102-43-9。化学式 NO，分子量 30.01。无色气体，低温时液态、固态呈蓝色。熔点 - 163.6℃，沸点 - 151.7℃。密度 1.3 g/mL（液态）、1.34 g/L（气态）。溶于乙醇、二硫化碳，微溶于水和硫酸。具有还原性，遇空气立即可被氧化为红棕色的二氧化氮。能跟氟、氯、溴等化合生成卤化亚硝酰，易与金属离子形成配合物。在 1 000℃以上才开始分解。可与血红蛋白结合，使人窒息中毒。低浓度的一氧化氮是一种生理信息分子。制备：实验室中以铜与稀硝酸共热；工业上由氨气在铂（石棉载体）或铂铑合金网催化下氧化制成。用途：可作为漂白剂，还可用于制硝酸和亚硝酸盐。

一氧化二氮（nitrogen monoxide） 亦称"氧化亚氮""笑气"。CAS 号 10024-97-2。化学式 N_2O，分子量 44.01。无色有甜味气体。熔点 - 90.86℃，沸点 - 88.48℃。密度 1.22 $^{-89}$ g/mL（液态），1.931 g/L（气态），易溶于乙醇、乙醚、浓硫酸，微溶于水。室温下稳定，高温下能分解为氮和氧。高温时跟碱金属及许多有机物反应。一定条件下能支持燃烧。有轻微麻醉作用，并能致人发笑，大量吸入可使人窒息。制备：可由热解硝酸铵，或用锌（或其他金属）与适当浓度的稀硝酸反应，或由碱解硝基脲制得。用途：可用作有机反应氧化剂、火箭燃料、吸入麻醉剂等。

一氧化四氮（nitrosylazide） 亦称"叠氮化亚硝酰"。化学式 N_4O，分子量 72.03。极不稳定。- 50℃以下为淡黄色固体，高于此温度分解为一氧化二氮和氮气。制备：可由叠氮化钠和氯化亚硝酰在低温下反应制得。

二氧化氮（nitrogen dioxide） 亦称"过氧化氮"。CAS 号 10102-44-0。化学式 NO_2，分子量 46.01。室温下为有刺激性气味的红棕色气体，有毒！熔点 - 11.2℃，沸点 21.15℃，密度 1.449 4 ^{20} g/mL。具有顺磁性。通常情况下与其二聚体形式四氧化二氮（无色抗磁性气体）混合存在，构成一种平衡态混合物，低温下易转化为四氧化二氮。溶于二硫化碳、氯仿、浓硝酸、发烟硝酸。易溶于水，并生成硝酸和一氧化氮。与氢氧化钠溶液歧化生成亚硝酸钠与硝酸钠。常温时可被铜、钴、镍等金属吸收，高温时则生成金属氧化物。还可与汞、铅、镁、铝等直接作用。与氟化硼、氟化硅等可生成加合物。低温时可与氨气作用生成硝酸铵和一氧化氮。超过 150℃分解，遇碳、硫、磷等易着火。可与有机物蒸气混合形成爆炸性气体。有强氧化性，特定条件下可以将氯化氢、一氧化碳等还原剂氧化。制备：可通过热解金属硝酸盐或五氧化二氮制得，工业上用空气氧化一氧化氮制得。用途：可用作化学反应和火箭燃料的氧化剂，可在亚硝基法生产硫酸中用作催化剂，可用于制硝酸等。

三氧化二氮（dinitrogen trioxide） 亦称"亚硝酐"

"无水亚硝酸"。CAS 号 10544-73-7。化学式 N_2O_3，分子量 76.01。气体为红棕色，液体为绿色乃至蓝色，固体为浅蓝色，有毒！熔点 $-100.1℃$，沸点 $3.5℃$（分解），密度 1.447^2 g/mL、1.782^{-102} g/cm³。可溶于冷水、苯、乙醚、氯仿、四氯化碳、酸、碱。在热水中分解为硝酸和一氧化氮。溶于碱溶液生成亚硝酸盐。环境污染物之一。不稳定，常压下即可分解为一氧化氮和二氧化氮。制备：可将亚硝酸钠溶于硝酸或硝酰硫酸中制得，或将一氧化氮和二氧化氮的混合物冷却至 $-21℃$ 制得。用途：可用作氧化剂，可用于制亚硝酸盐等。

三氧化氮（nitrogen trioxide）　化学式 NO_3，分子量 62.00。淡蓝色气体。常温下缓慢分解。溶于乙醚，在水中分解。制备：由氮或氧化氮与臭氧或氧反应制得。

五氧化二氮（dinitrogen pentoxide）　亦称"硝酸酐"。CAS 号 10102-03-1。化学式 N_2O_5，分子量 108.01。白色固体或无色柱状晶体。沸点 $33℃$（升华），密度 2.0 g/mL。微溶于水，水溶液呈酸性。遇热水生成硝酸。在 $-10℃$ 以下较稳定，常压 $10℃$ 以上分解生成二氧化氮及氧气。在空气中易潮解、挥发或分解，对光和热敏感。为强氧化剂，与有机物剧烈作用可发生爆炸。遇高温及易燃物品，会引起燃烧爆炸。与过氧化氢反应生成过硝酸。制备：可由五氧化二磷使浓硝酸在低温下脱水，或由臭氧氧化二氧化氮制得。用途：可用作硝化剂、氧化剂。

氧化钠（sodium oxide）　亦称"一氧化钠"。灰白色无定形粉末。CAS 号 1313-59-3。化学式 Na_2O，分子量 61.98。熔点 $1132℃$，沸点 $1275℃$（升华），密度 2.27 g/cm³。有强吸湿性，与水剧烈反应生成氢氧化钠。属于碱性氧化物，与酸反应成盐，可吸收空气中的二氧化碳。$400℃$ 以上分解为金属钠及过氧化钠。对皮肤有强烈腐蚀作用。制备：可由叠氮酸钠与硝酸钠在真空中反应制得，或由金属钠与氢氧化钠反应制得。用途：可用作脱水剂、有机反应的聚合剂和缩合剂，亦是玻璃、陶瓷的原料之一。

氧化镁（magnesium oxide）　亦称"苦土"。CAS 号 1309-48-4。化学式 MgO，分子量 40.30。白色粉末。熔点 $2852℃$，沸点约 $3600℃$，密度 3.58 g/cm³。溶于酸、铵盐溶液，微溶于水。属于碱性氧化物，可与酸或酸性氧化物反应。熔融的氧化镁在粉碎时会与水作用，形成氢氧化镁。暴露在空气中，容易吸收水分和二氧化碳而逐渐形成碱式碳酸镁。制备：由煅烧碱式碳酸镁或氢氧化镁制得，或由镁还原二氧化碳制得。用途：用于制陶瓷、耐火材料、坩埚、化妆品、油漆、橡胶、水泥、医药等。

氧化铝（aluminium oxide）　亦称"三氧化二铝"。化学式 Al_2O_3，分子量 101.96。白色固体。有多种形态，其中主要是 α 型和 γ 型。α 型氧化铝亦称"刚玉"，CAS 号 1344-28-1，混有少量杂质可使刚玉带有各种色泽，熔点 $2054℃$，沸点 $2980℃$，密度 3.99 g/cm³，莫氏硬度 8.8。γ 型氧化铝，CAS 号 1302-74-5，熔点 $2035℃$，密度 3.2 g/cm³。溶于浓硫酸，缓慢溶于碱液中形成氢氧化物，不溶于水。制备：α 型由铝盐溶液中缓慢通入二氧化碳制得，γ 型由热解氢氧化铝或铝铵矾制得。用途：用作分析试剂、干燥剂、吸附剂、催化剂和催化剂载体、研磨剂、抛光剂、冶炼铝的原料、耐火材料等。

一氧化硅（silicon monoxide）　CAS 号 10097-28-6。化学式 SiO，分子量 44.08。黑棕色至黄土色无定形粉末或白色立方系晶体。熔点高于 $1702℃$，沸点 $1880℃$，密度 2.13 g/cm³。不溶于水。能溶于氢氟酸和硝酸的混合酸中并放出四氟化硅。不太稳定，在空气中会被氧化为二氧化硅。与沸腾的苛性碱溶液作用生成硅酸盐和氢气。在高温下有强还原性，可将水蒸气、二氧化碳、石灰石等还原。$300\sim400℃$ 时与卤素反应。制备：由二氧化硅与纯硅在真空中 $1300℃$ 高温下反应后迅速冷却制得；或在高温下用氢气或炭还原二氧化硅，再经真空升华而制得。用途：可作为绝缘材料，可用于精细陶瓷、光学玻璃、半导体等领域。

二氧化硅（silicon dioxide）　亦称"硅石"。化学式 SiO_2，分子量 60.08。常见的无色透明结晶体有石英、鳞石英和方石英，还有硅藻土和石英玻璃等无定形体。化学性质不活泼，不溶于水或酸（除氢氟酸），溶于碱。普遍存在于自然界中，是花岗岩、片麻岩、石英岩等岩石的重要成分。制备：由天然二氧化硅的矿物制得。用途：广泛用于玻璃、陶瓷、水泥、光导纤维、电子、光学、建筑、医疗、工艺品等多种领域。

三氧化二磷（phosphorus trioxide）　亦称"亚磷酐"。CAS 号 1314-24-5。化学式 P_2O_3，分子量 109.95。无色或白色透明单斜系晶体或粉末，或无色透明蜡状液体，有蒜臭味，有毒！熔点 $23.8℃$，沸点 $173.1℃$（氮气中），密度 2.135^{21} g/cm³。实际在气态和液态时均以二聚分子形式存在，具有类似金刚烷的结构。在空气中潮解。溶于氯仿、苯、乙醚、二硫化碳。与冷水缓慢反应生成亚磷酸，与热水剧烈反应（爆炸）生成红磷、磷化氢和正磷酸。受热 $210℃$ 以上歧化分解为红磷和磷的氧化物（P_nO_{2n}）。与氯激烈化合生成磷酰三氯。在日光照射下迅速氧化，$70℃$ 时可引起燃烧，遇乙醇能起火。可作为配体，性质类似亚磷酸根，能取代四羰基镍或五羰基铁等中一氧化碳配体生成相应配合物。制备：由白磷在空气不足的条件下氧化，或用一氧化二氮在 $550\sim600℃$ 氧化单质磷制得，或由三氯化磷与亚硫酸四甲基铵在液体二氧化硫中于 $-40℃$ 反应制得。用途：用于无机合成。

五氧化二磷（phosphorus pentoxide）　亦称"磷酸酐"。CAS 号 1314-56-3。化学式 P_2O_5，分子量 141.94。软质的白色单斜系晶体或粉末。有三种晶型。六方晶系的 H 型，熔点 $420℃$（0.491 MPa），沸点 $340℃$，升华温度 $360℃$，密度 2.3 g/cm³，属于亚稳型，市售品大多属于此类。正交晶系 O 型（将 H 型在封闭管中 400℃加热两小时制得），熔点 562℃，沸点 605℃，密度 2.72 g/cm³。四方晶系 T 型（将 H 型在封闭管中 450℃加热一天制得），熔点 580℃，沸点 605℃，密度 2.89 g/cm³。三种晶型在空气中均迅速潮解，干燥后仍可重复使用。极易溶于水，随温度的不同可生成偏磷酸、焦磷酸和正磷酸等五价磷酸。溶于硫酸，不溶于丙酮、氨。具有极强的脱水性，可使硫酸及硝酸脱水成为酸酐，使硝酸脱水得到五氧化二氮，使酰胺脱水生成腈。对皮肤有强腐蚀性。制备：可由白磷在足量氧气条件下燃烧制得。用途：可作为脱水剂、干燥剂、催化剂、气体吸收剂，可用于制磷酸、三乙基磷酸酯、烷基磷酸、甲基丙烯酸酯、对硫磷等有机磷农药、有机磷系列纤维阻燃剂、表面活性剂、医药等。

一氧化硫（sulfur monoxide） CAS 号 13827-32-2。化学式 SO，分子量 48.06。有类似于硫化氢气味的无色气体。极不稳定，只能存在毫秒，但用液态空气使一氧化硫凝结为橙红色的聚合物时，则可以稳定数小时不分解。将其低压熔封于玻璃容器内，也可在数小时甚至 1～2 天不分解，在高压下很快聚合并形成氧化低多硫化物在器壁上析出。是三氧化硫、二氧化硫或亚硫酰氯的还原中间体，也是硫化氢、二硫化碳或硫化羰的氧化中间体。溶于水并分解为硫化氢及亚硫酸，溶于三氯甲烷和四氯化碳中形成黄色溶液。冷凝后不能气化。易聚合为二聚体。可与氢氧化钾溶液反应生成硫化钾、亚硫酸钾和连二亚硫酸钾。常温时不与氧化合。制备：可由环乙亚砜加热，或由硫在空气中与氧燃烧，或由硫与二氧化硫经辉光放电制得。

三氧化二硫（sulfur sesquioxide） 化学式 S_2O_3，分子量 112.13。蓝绿色透明晶体。能溶于乙醇、乙醚、发烟硫酸。在常温下及空气中分解生成硫和二氧化硫。具有很强的吸湿性，与水作用生成硫、二氧化硫、硫酸及各种连硫酸。在二氧化碳气氛中，80℃时能保存数小时。70～95℃分解。制备：将高分散度的硫溶于干燥的液态三氧化硫制得。

二氧化硫（sulfur dioxide） CAS 号 7446-09-5。化学式 SO_2，分子量 64.05。有强烈刺激性气味的无色气体。熔点 - 72.4℃，沸点 - 10℃，密度 2.551 g/L。极易溶于水，得到的水溶液即"亚硫酸"。属于酸性氧化物，与碱反应形成亚硫酸盐和亚硫酸氢盐。既有氧化性又有还原性，但以还原性为主。遇强还原剂可表现出氧化性，如跟硫化氢反应生成硫和水。与氯化合生成 SO_2Cl_2。可与五氯化磷反应生成亚硫酰氯和三氯氧磷。有漂白性，可与某些色素生成不稳定的无色化合物。大气主要污染物之一，主要来源于各种化石燃料的燃烧、金属冶炼、含硫矿石的焙烧、硫酸制造及含硫有机物合成等工业废气。对建筑物、桥梁及其他物体亦有腐蚀作用。制备：可由硫酸与亚硫酸钠或亚硫酸氢钠反应制得，或通过燃烧硫或煅烧金属硫化物制得。用途：可作为熏蒸剂、防腐剂、消毒剂、溶剂、冷冻剂，

可用于造纸、纺织、润滑油等领域。

三氧化硫（sulfur trioxide） 亦称"硫酸酐"。CAS 号 7446-11-9。化学式 SO_3，分子量 80.06。无色有刺激性气味的易挥发固体。固态时有三种变体，α 型为丝质纤维状或针状，结构为三聚体，熔点 62.3℃，密度 1.97 g/cm³；β 型为石棉纤维状，熔点 62.4℃，在 50℃可升华；γ 型为玻璃状，熔点 16.8℃，沸点 44.8℃。分散到空气中能很快挥发成蒸气，与空气中水分作用，冷凝成硫酸雾，形成很浓的白色烟雾。溶于水生成硫酸和放出大量的热。溶于浓硫酸生成发烟硫酸。为强氧化剂，高温时可氧化磷，生成五氧化二磷和二氧化硫；可氧化碘化钾，生成碘和亚硫酸钾。高温时还能氧化铁、锌以及溴化物、碘化物等。与有机物作用生成碳酸或磺酸。制备：由二氧化硫和氧气在五氧化二钒的催化下反应制得。用途：可作为氧化剂，用于有机化合物的磺化及硫酸盐化，或用于表面活性剂和离子交换树脂生产中的反应剂等。

四氧化硫（sulfur tetroxide） 亦称"过氧化硫"。CAS 号 12772-98-4。化学式 SO_4，分子量 96.06。白色固体。溶于水分解为硫酸和氧气，不生成过硫酸。溶于 100% 硫酸不分解，在稀硫酸中会分解。其分子内含有过氧链，能将二价锰氧化为七价锰，使碘化物变为碘单质。为强氧化剂。能将锰盐与苯胺分别氧化为高锰酸盐与硝基苯。3℃时熔化并分解。5℃时在氧作用下分解。在 20℃分解得到较稳定的七氧化二硫。制备：由干燥的二氧化硫与氧气经低压放电制得。用途：可作为火箭染料的氧化剂。

七氧化二硫（disulfur heptoxide） 化学式 S_2O_7，分子量 176.13。黏性液体或橙色针状晶体。熔点 0℃，10℃升华。能溶于硫酸。在水中分解。在干燥空气中和 0℃左右，能保存数天不变化，但两周后开始分解。在空气中短期保存有轻微爆炸反应生成三氧化硫和浓的白雾。分子内存在过氧链，易分解放出氧气。制备：可由氧气或臭氧与三氧化硫或二氧化硫的混合气体经无声放电制得。

一氧化二氯（dichlorine oxide） CAS 号 7791-21-1。化学式 Cl_2O，分子量 80.91。有恶臭气味的黄棕色气体或红棕色液体。熔点 - 120.6℃，沸点 2.2℃，密度 3.813 g/L（气态）。溶于水并生成次氯酸，溶于四氯化碳。与碱金属和碱土金属的氢氧化物溶液反应生成相应的次氯酸盐。也可与一些有机物反应生成氯代烃。室温下逐渐分解。见光分解生成氧气和氯气，以及少量的二氧化氯。加热或与有机物、还原性物质、火星等接触可发生爆炸。制备：可将单质氯气通入新制的黄色氧化汞，工业上用氯气与湿润的碳酸钠反应，或用四氯化碳将一氧化二氯从次氯酸溶液中萃取出来制得。用途：可用于制次氯酸、有机合成等。

一氧化氯（chlorine monoxide） CAS 号 14989-30-

1。化学式 ClO，分子量 51.45。常温常压下为有强烈刺激性气味的黄绿色气体。可溶于水，易溶于有机溶剂。有助燃性。由游离的氯原子与臭氧反应生成，是臭氧层被破坏的主要原因。容易化合生成不稳定的二氧化氯。

二氧化氯（chlorine dioxide）　亦称"过氧化氯"。CAS 号 10049-04-4。化学式 ClO_2，分子量 67.45。有类似氯气和硝酸的特殊刺激性臭味的黄红色气体或红色液体，有毒！熔点 -59℃，沸点 11℃，密度 2.97^{11} g/L（气态）、3.04 g/mL（液态）。溶于水可分解为氯酸、氯气和氧气。溶于碱溶液而生成次氯酸盐和氯酸盐。气态或液态均不稳定，加热浓缩或遇还原剂时极易发生爆炸。有强氧化性，腐蚀性。制备：工业上可由氯酸钠、浓硫酸及二氧化硫反应，或由草酸、氯酸钾与稀硫酸反应，或由氯酸钠在强酸的溶液和适合的还原剂（如过氧化氢、二氧化硫、盐酸）下进行还原反应，或用亚氯酸盐与盐酸反应；或在酸性溶液中用草酸还原氯酸盐制得。用途：可用于制亚氯酸盐和氯酸盐；作为氧化剂、氯化剂、脱臭剂、杀生剂、保鲜剂，用于水处理、纸浆、皮革、蜂蜡、纸浆、纤维、面粉等领域。

四氧化氯（chlorine tetroxide）　化学式 ClO_4，分子量 99.45。受热分解。溶于苯。在水中分解。制备：由高氯酸银与碘反应制得。用途：可用于制高氯酸。

六氧化二氯（dichlorine hexaoxide）　CAS 号 12442-63-6。化学式 Cl_2O_6，分子量 166.90。有强烈刺激性气味的暗红色油状液体。熔点 3.5℃，密度 2.02^4 g/mL。在潮湿空气中发烟。在所有氯的氧化物中爆炸性最小，但与有机物接触仍会爆炸。气态时大部分离解成三氧化氯，室温时分解为二氧化氯和氧或氯和氧。可与水反应，爆炸反应生成氯酸及高氯酸。制备：可由二氧化氯和臭氧反应，用冰冷却得到二氧化氯溶于六氧化二氯内的液体，经分馏除去二氧化氯制得纯品。

七氧化二氯（dichlorine heptoxide）　亦称"高氯酸酐"。CAS 号 10294-48-1。化学式 Cl_2O_7，分子量 182.90。无色油状液体。熔点 -91.5℃，沸点 82℃，密度 1.86 g/mL。易溶于苯。在水中缓慢水解形成高氯酸。与碘发生爆炸性反应。低温时不与磷、硫、木材、纸等反应。为强氧化剂。与火焰接触或受到冲击则发生爆炸。制备：可在四氯化碳中由五氧化二磷使高氯酸脱水制得。用途：可作为制高氯酸和纤维素酯化的催化剂。

氧化钾（potassium oxide）　CAS 号 12136-45-7。化学式 K_2O，分子量 94.20。白色粉末或无色立方系晶体。密度 2.32^0 g/cm³。在空气中易吸收水和二氧化碳。极易溶于水并生成氢氧化钾，可溶于乙醇、乙醚。350℃分解。制备：可由钾还原过氧化钾或硝酸钾，或由钾与少量空气反应制得。用途：可用于制各种钾盐，可作为利尿剂、防治缺钾症的药物、枪口的消焰剂、钢铁热处理剂等，可用于陶瓷、摄影等领域。

三氧化二钾（potassium sesquioxide）　化学式 K_2O_3，分子量 126.20。红色固体。熔点 430℃。溶于水放出氧气。在稀硫酸中分解。具有过氧化钾及超氧化钾混合物的性质。制备：可将钾溶于液氨，低温通入氧气制得。

氧化钙（calcium oxide）　亦称"石灰""生石灰"。CAS 号 1305-78-8。化学式 CaO，分子量 56.08。白色晶体或粉末。熔点 2 614℃，沸点 2 850℃，密度 3.35～3.38 g/cm³。溶于酸类、甘油、蔗糖溶液，几乎不溶于乙醇。易从空气中吸收二氧化碳及水分，与水反应生成氢氧化钙并产生大量热。与碳在电炉中共热可生成电石。与二氧化硅在高温下生成易熔的硅酸钙。制备：将石灰石高温煅烧制得，或从钙的碳酸盐和硝酸盐加热分解制得。用途：可用于建筑工程、鞣革、中和土壤、污水处理、废气处理、造纸、制糖、制电石等领域。

氧化钪（scandium oxide）　亦称"钪氧"。CAS 号 12060-08-1。化学式 Sc_2O_3，分子量 137.91。白色粉末。熔点 3 100℃，密度 3.68 g/cm³。不溶于水，可溶于热浓酸中，但经高温灼烧的氧化钪较难溶解。与盐酸发生反应可得到氯化钪。其水合物可溶于浓氢氧化钠溶液。呈弱碱性，能吸收空气中二氧化碳。制备：可由直接燃烧钪制得，或由草酸钪、碳酸钪等热解制得。用途：可用于制半导体镀层、可变波长的固体激光器、高清晰度电视的电子枪、金属卤化物灯、合金，也可用于光谱分析。

一氧化钛（titanium monoxide）　CAS 号 12137-20-1。化学式 TiO，分子量 63.87。金黄色粉末或黄黑色棱柱状晶体。熔点 1 750℃，沸点高于 3 000℃，密度 4.95 g/cm³。体心立方结构。不溶于水、稀硝酸，可溶于 40% 氟氢酸。有强还原性。与硫酸或盐酸反应放出氢气形成 $Ti_2(SO_4)_3$ 或 $TiCl_3$，在沸腾的硝酸中被氧化为二氧化钛，与卤素单质作用形成四价钛的化合物如 $TiCl_4$、$TiOCl_2$。在空气中于 150～200℃ 转变为三氧化二钛。在高温真空中易挥发，冷凝物为棕色或红棕色。制备：可在真空中加热金属钛和二氧化钛混合物，或用氢或镁在高温下还原二氧化钛制得。用途：可用于电子、仪表、冶金、催化乙烯聚合反应，还可用于制钛酸盐半导体、遮光性胶卷、黑色化妆品等。

二氧化钛（titanium dioxide）　亦称"钛白粉"。CAS 号 1317-70-0。化学式 TiO_2，分子量 79.87。白色固体或粉末。熔点 1 825℃，密度 3.90～4.23 g/cm³。有板钛矿、锐钛矿、金红石三种晶型。不溶于水、盐酸、硝酸、稀硫酸，溶于热浓硫酸、氢氟酸、熔融的硫酸氢钾。为弱的两性氧化物，与硫酸氢钾熔融生成硫酸钛，与氢氧化钠熔融生成钛酸钠。加热时变黄色，受高温变棕色，冷时再呈白色。在自然界中主要以金红石的形式存在。制备：可将钛铁矿经浓硫酸处理得到硫酸氧钛,再经分解、煅烧制得。用途:可用于涂料、造纸、橡胶、陶瓷、化纤、塑料、耐火玻璃、釉料、颜料、珐琅、油墨、化妆品等领域。

三氧化二钛(titanium sesquioxide)　CAS 号 1344-54-3。化学式 Ti_2O_3,分子量 143.76。紫黑色粉末。熔点约 1 900℃,密度 4.49 g/cm³。不溶于水、盐酸、硝酸,可溶于 40％氢氟酸。溶于浓硫酸生成紫色含亚钛离子的溶液,加碱后生成黑色氢氧化亚钛沉淀。能被铬酸、高锰酸等氧化。2 130℃时分解。制备:可在真空中高温加热钛粉和二氧化钛混合物,或由氢在高温下还原二氧化钛制得。用途:可作为真空镀膜材料。

一氧化钒(vanadium monoxide)　CAS 号 12035-98-2。分子式 VO,分子量 66.94。有金属光泽的灰色金属态晶体或灰色粉末。熔点 1 789℃,密度 5.758 g/cm³。不溶于水,溶于酸。在高温下稳定。制备:可用氢气还原高价态的三氧化二钒制得。

三氧化二钒(vanadium trioxide)　CAS 号 1314-34-7。化学式 V_2O_3,分子量 149.88。黑色有光泽的三方系晶体。熔点 1 970℃,沸点 3 000℃,密度 4.87¹⁸ g/cm³。稍溶于冷水,可溶于热水、硝酸、氢氟酸和碱。溶于酸生成三价钒盐。与氨强热反应形成氮化钒。在没有氧化剂存在下是稳定的。在空气中慢慢吸收氧而转变为四氧化二钒。可被硝酸、高锰酸钾等氧化剂氧化为五价钒。在氯气中迅速氧化为三氯氧钒和五氧化二钒。在空气中加热猛烈燃烧。属强还原剂。制备:通常由氢、碳或一氧化碳还原五氧化二钒制得,或在 1 750℃下热分解五氧化二钒,或在隔绝空气下煅烧偏钒酸铵制得。用途:可作为显影剂、陶瓷染色剂,可用于制防紫外线透过玻璃,催化二氧化硫氧化制三氧化硫,乙醇氧化制乙醛等。

二氧化钒(vanadium dioxide)　CAS 号 12036-21-4。化学式 VO_2,分子量 82.94。深蓝色四方系晶体粉末。熔点 1 967℃,密度 4.34 g/cm³。不溶于水。溶于酸形成四价的钒酰离子。溶于碱中生成次钒酸盐。在空气中缓慢氧化,与硝酸作用生成五氧化二钒。制备:可由碳、一氧化碳或草酸还原五氧化二钒,或由五氧化二钒和三氧化二钒固相反应制得。用途:可用于玻璃、陶瓷着色,及光器件、电子装置、光电设备等领域。

五氧化二钒(vanadium pentoxide)　亦称"钒酸酐"。CAS 号 1314-62-1。化学式 V_2O_5,分子量 181.88。橙黄色固体,有毒! 熔点 690℃,沸点 1 750℃(分解),密度 3.36 g/cm³。不溶于无水乙醇,微溶于水,溶于酸、碱。易被还原成低价氧化物。与卤化氢、氨作用生成二氧化钒。与硫或氢作用还原成三氧化二钒。具有两性,可溶于非还原性酸生成淡黄色溶液。与硫酸作用生成硫酸钒盐,与碱作用生成钒酸盐或多聚钒酸盐,并可在不同 pH 的溶液中形成各种不同的多钒酸络合物。固体可被草酸、一氧化碳

或二氧化碳还原为深蓝色的二氧化钒,还原剂过量时会经由七氧化四钒与九氧化五钒等一系列复杂钒氧化物混合物,最终得到黑色的三氧化二钒。制备:可由偏钒酸铵加热分解制得。用途:可作为冶金产品的中间产物,大量用于制取钒铁合金,还可用于催化、制药、特种玻璃、瓷釉等领域。

一氧化铬(chromium monoxide)　亦称"氧化亚铬"。CAS 号 12018-00-7。化学式 CrO,分子量 68.00。黑色粉末。不溶于水、稀硝酸。在空气中易被氧化,遇热生成三价氧化物。高温下通入二氧化碳得到碳化物和氧化铬。可在空气中燃烧,产生三氧化二铬。制备:可由次磷酸盐将三氧化二铬还原为一氧化铬,或通过铬汞齐与硝酸反应,或由铬与一氧化碳反应制得。

二氧化铬(chromium dioxide)　CAS 号 12018-01-8。化学式 CrO_2,分子量 84.00。棕色或黑色四方系晶体粉末。密度 4.98 g/cm³。不溶于水,溶于硝酸。在酸中生成铬离子及重铬酸盐。在空气中较稳定。在 250～500℃分解为三氧化二铬。制备:由二氯二氧化铬加热分解制得;或在高压氧下加热三氧化二铬制得。用途:可作为催化剂,用于制录音磁带、留声机唱片、记忆装置、永久磁铁等。

三氧化二铬(chromium sesquioxide)　亦称"氧化铬""铬绿"。CAS 号 1308-38-9。化学式 Cr_2O_3,分子量 151.99。浅绿至深绿色细小六方或三方系晶体,有毒! 熔点 2 435℃,沸点约 4 000℃,密度 5.21 g/cm³。不溶于水、醇、酸、碱,溶于热的碱金属溴酸盐溶液。对光、大气、高温及二氧化硫和硫化氢等腐蚀性气体均极稳定,即使在高温下通入氢气也无变化。灼热时变棕色,冷后仍变为绿色。属于两性氧化物,不溶于酸,但会形成水合铬离子 $[Cr(H_2O)_6]^{3+}$,可与碱反应生成六羟基合铬(III)离子 $[Cr(OH)_6]^{3-}$;在浓碱中产生亚铬酸离子。可发生铝热反应,现象为明亮白光。与炭粉充分反应可生成金属铬和二氧化碳。与氯气和碳共热生成三氯化铬及一氧化碳。制备:可由单质碳或硫还原重铬酸钠,或由氢氧化铬或重铬酸铵加热分解制得。用途:可作为耐晒涂料、耐火材料、研磨材料、着色剂、有机合成的催化剂,用于搪瓷、陶瓷、建筑、油漆、人造革、防伪油墨等领域,还用于制金属铬、碳化铬、铬合金、铬盐等。

五氧化二铬(chromium pentoxide)　CAS 号 12218-36-9。化学式 Cr_2O_5,分子量 183.99。黑色针状晶体或粉末。加热至 380℃开始分解。制备:可由加热分解三氧化铬制得。

三氧化铬(chromium trioxide)　亦称"铬酸酐""铬酐"。CAS 号 1333-82-0。化学式 CrO_3,分子量 99.99。无水条件下是棕红色或暗紫色正交系晶体,有毒! 熔点 197℃,密度 2.7 g/cm³。易潮解,潮解后会变为亮橙色。易溶于水,形成亮橙色的铬酸溶液。溶于乙醇、乙醚、丙

酮、硫酸、硝酸。有强氧化性,遇有机物可剧烈反应甚至着火爆炸,而本身被还原为 3 价的铬。在 250℃解离为三氧化二铬和氧气。制备:可由重铬酸钾或重铬酸钠与硫酸加热反应制得。用途:可作为氧化剂、催化剂、分析试剂,用于电镀、医药、印刷、瓷釉、媒染剂、印刷油墨、电池、有色玻璃、制铬酸盐等领域。

一氧化锰(manganese monoxide)　亦称"氧化亚锰""亚锰矿"。CAS 号 1344-43-0。化学式 MnO,分子量 70.94。草绿色立方系晶体或有金属光泽的绿色晶体。熔点 1 650℃(惰性气氛),密度 5.37 g/cm³。不溶于水,溶于酸,溶于氯化铵溶液。空气中加热时易转变为其他高价氧化锰。遇赤热的水蒸气中生成氢气及二氧化锰。与硫共热生成二氧化硫及氧硫化锰。制备:可用氢气还原锰的高价氧化物,或由碳酸锰或草酸锰的热分解制得,工业上由氢气、一氧化碳或甲烷还原二氧化锰制得。用途:可作为制铁氧体的原料、涂料和清漆的干燥剂、制戊醇的催化剂、饲料辅助剂、微量元素肥料,可用于医药、冶炼、焊接、印染、有色玻璃、油脂漂白、陶瓷、干电池等领域。

四氧化三锰(manganese tetroxide)　CAS 号 1317-35-7。化学式 Mn₃O₄,分子量 228.81。暗红色、褐色至黑色无臭四方系晶体。熔点 1 567℃,密度 4.86 g/cm³。不溶于水。与盐酸共热可放出氯气并生成二氯化锰。在氢气或一氧化碳中加热至高温生成一氧化锰。在氧气中加热生成二氧化锰。高温下可被炭还原为锰。天然产物为黑锰矿。制备:可由锰及其氧化物或草酸盐在空气中加热分解制得。用途:可用于电子、涂料、油漆、有机合成、陶瓷、有色玻璃、制药、纺织品、印染、催化、制软磁铁氧体等领域。

三氧化二锰(manganese sesquioxide)　CAS 号 1317-34-6。化学式 Mn₂O₃,分子量 157.87。棕色或黑色立方系晶体。密度 4.50 g/cm³。不溶于水、乙酸、氯化铵溶液,溶于其他无机酸。溶于冷的盐酸成棕色溶液,在热稀硫酸或浓硫酸中成红色溶液,在热硝酸中分解成二氧化锰和硝酸锰。加热分解为四氧化三锰并放出氧气。以 α-Mn₂O₃ 和 γ-Mn₂O₃ 两种形式存在。可被氢气还原为四氧化三锰,300℃以上生成氧化亚锰。制备:α 型可由二价锰的硝酸盐、碳酸盐或氯化物、氢化物在空气中加热分解制得;γ 型可由 MnO₂ 在真空中于 500℃ 下加热,或由 γ-MnO(OH)脱水制得。用途:可用于印染。

二氧化锰(manganese dioxide)　亦称"过氧化锰""黑色氧化锰"。CAS 号 1313-13-9。化学式 MnO₂,分子量 86.94。黑色或棕色的固体。密度 5.026 g/cm³。不溶于水、硝酸、冷硫酸、乙酸。溶于冷而浓的盐酸,生成不稳定的淡棕绿色的 MnCl₄,与浓盐酸加热反应放出氯气。与浓硫酸反应缓慢放出氧,有过氧化氢或草酸存在时能溶于稀硫酸或硝酸。在空气中加热到 600℃放出氧气,转变成

Mn₂O₃,白热时转变成 Mn₃O₄。为强氧化剂,不可与有机物质或其他可氧化的物质,如硫、硫化物、磷化物等共同加热或摩擦。与强碱熔融,并加入氧化剂可生成高锰酸盐。存在于软锰矿中。制备:可由电解二价锰或由硝酸锰加热分解制得,也可从软锰矿中提炼。用途:可用于玻璃、电池、涂料、清漆、搪瓷、玻璃、釉料、制锰钢及锰化合物等。

七氧化二锰(manganese heptoxide)　CAS 号 12057-92-0。化学式 Mn₂O₇,分子量 221.87。暗红色或暗绿色具有特殊气味的油状液体。熔点 5.9℃,密度 2.40 g/mL。具有吸湿性,在湿空气中分解并放出臭氧和氧气。易溶于冷水,在热水中分解。溶于浓硫酸、磷酸呈橄榄绿色。其冲击爆炸灵敏度与雷酸汞相当。与有机物极易发生爆炸性反应。在- 10℃低温无水条件下稳定,55℃分解,95℃爆炸。制备:由高锰酸钾与冷的浓硫酸小心反应制得。用途:可作为氧化剂。

一氧化铁(iron monoxide)　亦称"氧化亚铁"。CAS 号 1345-25-1。化学式 FeO,分子量 71.84。黑色立方系晶体或粉末。熔点 1 369.1℃,密度 5.70 g/cm³。不溶于水、醇、碱。溶于盐酸、稀硫酸生成亚铁盐。不稳定,在空气中加热时迅速被氧化成四氧化三铁。制备:在隔绝空气条件下加热草酸亚铁,或由铁粉还原三氧化二铁制得。用途:可用于玻璃、搪瓷、炼钢,还可用于制亚铁盐。

二氧化铁(iron dioxide)　CAS 号 12411-15-3。化学式 FeO₂,分子量 87.84。深绿色黏稠的油状液体。熔点 - 25℃,沸点 170℃。与水互溶,水溶液呈酸性。遇盐酸放出氯,遇硫酸放出氧。有氧化性,可氧化金属。遇水歧化,生成高铁酸。制备:由五羰基合铁与四氧化二氮反应制得。

四氧化三铁(iron tetroxide)　亦称"磁性氧化铁""黑色氧化铁"。CAS 号 1317-61-9。化学式 Fe₃O₄,分子量 231.54。红黑色无定形粉末或黑色晶体。熔点 1 538℃,密度 5.20 g/cm³。具有反尖晶石结构。溶于酸,不溶于水、碱、乙醇和乙醚等有机溶剂。加热分解。潮湿状态下在空气中容易氧化成三氧化二铁。在自然界中以磁铁矿形式存在。制备:可由氢气还原三氧化二铁,或由氢氧化亚铁缓慢氧化制得。用途:可作为颜料、抛光剂、分析试剂、催化剂、磁带录音媒介,可用于电信器材、制药、炼铁、冶金、电子、纺织、油漆、陶瓷、玻璃等领域。

三氧化二铁(iron sesquioxide)　亦称"红色氧化铁""氧化铁红"。CAS 号 1309-37-1。化学式 Fe₂O₃,分子量 159.69。深红色粉末或黑色块状物。熔点 1 565℃,密度 5.12～5.24 g/cm³。不溶于水,可溶于酸。灼烧时放出氧气,用氢或一氧化碳还原可得到铁。主要矿物是赤铁矿。制备:可在空气中灼烧亚铁化合物或氢氧化铁制得。用途:可用于油漆、油墨、橡胶、催化剂、玻璃、宝石、金属抛光、炼铁等领域。

氧化钴（cobalt oxide）　亦称"氧化亚钴""一氧化钴"。CAS 号 1307-96-6。化学式 CoO，分子量 74.93。灰绿色立方系晶体，可因空气中吸氧呈棕色或黑色物质。熔点 1 805℃，密度 5.7～6.7 g/cm³。溶于酸，不溶于水、乙醇。可溶于浓碱液，呈深蓝色。可溶于无机酸呈红色，但在浓盐酸、浓硫酸中呈蓝色。不溶于氨水，但在氧存在下则可生成氨的配合物而溶解。易被氢气、一氧化碳或炭还原为金属钴。在空气中 390～590℃加热变为四氧化三钴，温度高于 2 800℃分解。高温时易与二氧化硅、氧化铝或氧化锌反应生成多种颜料。制备：可在氧气或空气中氧化钴粉，或由四氧化三钴在空气中热解，或由二价钴的硝酸盐、碳酸盐或氢氧化物在真空或惰性气氛中热解制得。用途：可用于制硬质合金、超耐热合金、绝缘材料、磁性材料、钴盐，还可用于陶瓷釉料、油漆色料、有机玻璃、催化等领域。

四氧化三钴（cobalt tetroxide）　CAS 号 1308-06-1。化学式 Co₃O₄，分子量 240.80。黑色立方系晶体。熔点 895℃，密度 6.11 g/cm³。在空气中易于吸潮，但不生成水合物。不溶于水。微溶于硝酸而放出氧气，溶于盐酸而放出氯气。在氢氧化钠熔体或煮沸溶液中溶解形成蓝色溶液。在空气中从 750℃开始释放氧气，在 900～950℃转变成 CoO。在氢气火焰中强热到 900℃时，还原为金属钴。制备：可由钴粉末在空气中于 890℃以下焙烧，或由一氧化钴在氧气中加热，或由二价钴盐在空气中加热分解，或由新配制的氢氧化钴在空气中加热分解氧化制得。用途：可作为氧化剂、催化剂、分析试剂，用于陶瓷釉、搪瓷釉、颜料等领域，还可用于制金属钴、钴盐、钴酸锂等。

三氧化二钴（cobalt sesquioxide）　亦称"氧化高钴""钴黑""黑色氧化钴"。CAS 号 1308-04-9。化学式 Co₂O₃，分子量 165.86。黑灰色正交或六方系晶体粉末。密度 5.18 g/cm³。不溶于水、醇、氨水，溶于浓酸。在浓硫酸和氢氟酸中发生复分解，其他酸溶液中发生氧化还原反应生成低价态的钴盐。125℃下可被氢还原成四氧化三钴，200℃时被还原为氧化亚钴，250℃时被氢气或一氧化碳还原为金属钴。制备：可由硝酸钴热解，或在酸性或碱性溶液中氧化低价钴的化合物，或将氢氧化钴在氯水中加热煮沸，或在空气中加热碳酸钴，或用次氯酸钠氧化氧化亚钴制得。用途：可作为氧化剂、催化剂、分析试剂，可用于制钴盐、颜料、陶瓷釉料等。

氧化镍（nickel oxide）　亦称"一氧化镍""氧化亚镍"。CAS 号 1313-99-1。化学式 NiO，分子量 74.71。灰绿色或灰黑色粉末。熔点 1 984℃，密度 6.67 g/cm³。属于非整比化合物，由于晶体缺陷等因素导致镍和氧的比例在 1∶1 周围波动，比例接近 1∶1 时为绿色粉末，当偏离较多时为黑色粉末。溶于盐酸，微热下可溶于硝酸、高氯酸，加热下可缓慢溶于硫酸，不溶于水、液氨。在氨水中缓慢溶解生成紫蓝色溶液，该溶液可溶解丝，但不溶解纤维素。加热

至 400℃时吸收空气中的氧气生成三氧化二镍，600℃时则还原成一氧化镍。制备：可在空气中或氮气中强热镍、氢氧化镍、碳酸镍、硝酸镍，或在隔绝空气条件下加热分解草酸镍制得。用途：可作为搪瓷的密着剂和着色剂、陶瓷和玻璃的着色剂、加氢催化剂、光催化材料，也可用于冶金、显像管、电子元件、蓄电池和制镍锌铁氧体、镍盐等。

氧化亚铜（copper suboxide）　亦称"一氧化二铜""红色氧化铜"。CAS 号 1317-39-1。化学式 Cu₂O，分子量 143.08。晶体粉末，因微粒大小不同而呈橙黄、鲜红、深棕等颜色，有毒！熔点 1 235℃，密度 6.0 g/cm³。几乎不溶于水。能溶于浓碱、三氯化铁等溶液。溶于氨水得到无色溶液，溶于盐酸生成白色氯化亚铜结晶粉末。在其他酸性溶液中歧化为二价铜和铜单质。在干燥空气中稳定，在湿空气中逐渐氧化成黑色氧化铜。天然矿物称为赤铜矿。制备：可由铜粉与氧化铜混合密闭煅烧，或用肼等还原剂还原二价铜溶液制得。用途：可作为杀菌剂、陶瓷和搪瓷的着色剂、红色玻璃染色剂、有机合成催化剂，用于制船底防污漆、各种铜盐、整流器，还可用于电镀、偶氮化合物的测定等。

氧化铜（copper oxide）　CAS 号 1317-38-0。化学式 CuO，分子量 79.55。黑色单斜系晶体。熔点 1 326℃，密度 6.30～6.49 g/cm³。不溶于水、乙醇，溶于酸、氯化铵、氰化钾溶液，缓慢溶于氨水。能与强碱反应。在 1 000℃以上分解为氧化亚铜与氧气。灼热条件下可被氢气、碳或一氧化碳还原为铜。天然矿物称为黑铜矿。制备：可由煅烧硝酸铜、氢氧化铜、碳酸铜或碱式碳酸铜制得。用途：可作为氧化剂、杀虫剂、石油脱硫剂、玻璃或瓷器的着色剂、有机合成催化剂、油类脱硫剂、金属黏合固化剂、分析试剂，用于制人造丝、人造宝石、铜盐、电池等领域。

氧化锌（zinc oxide）　亦称"锌氧粉""锌白"。CAS 号 1314-13-2。化学式 ZnO，分子量 81.39。白色六方系晶体。熔点 1 975℃，密度 5.61 g/cm³。1 975℃分解。不溶于水、醇，可溶于酸、强碱、氨水。可被碳、铝、镁等还原。与硫化氢反应生成硫化锌。加热时变黄，冷却后仍为白色。加热至 1 800℃升华。制备：可由煅烧碳酸锌或氢氧化锌制得，或由氧化熔融的锌制得。用途：可用于塑料、橡胶、油漆、涂料、润滑油、黏合剂、食品、电池、阻燃剂、白色颜料、医用软膏、陶瓷、半导体等领域。

氧化二镓（gallium suboxide）　CAS 号 12024-20-3。化学式 Ga₂O，分子量 155.44。黑棕色粉末。密度 4.77 g/cm³。不溶于水，溶于酸、碱。有还原性，可被氧化成三氧化二镓。可将硫酸还原为硫化氢。与稀硝酸反应很慢而且不完全，和浓硝酸剧烈反应。700℃以上分解成三氧化二镓和单质镓。制备：由三氧化二镓和镓在真空中加热至 500℃制得。

三氧化二镓（gallium sesquioxide）　亦称"氧化镓"。

CAS 号 12024-21-4。化学式 Ga_2O_3，分子量 187.44。有两种构型。α 型为无色六方系晶体或菱形晶体，熔点 1 900℃，密度 6.44 g/cm^3。不溶于水，溶于碱，微溶于热酸。β 型为单斜系或菱形晶体，熔点 1 740℃，密度 5.88 g/cm^3。溶于碱、热的稀无机酸，微溶于氢卤酸，加热可与许多金属氧化物反应。其一水合物为正交系晶体，密度 5.2 g/cm^3。400℃转变成无水物，不溶于水，微溶于酸，溶于碱。在氢气流中加热至红色可被还原为一氧化镓。制备：α 型可由镓在空气中燃烧，或由氢氧化镓加热制得；β 型可由加热镓的硝酸盐、乙酸盐或草酸盐制得；经老化的氢氧化镓沉淀在 500℃分解得一水合物。用途：可作为高纯分析试剂，用于半导体工业。

一氧化锗（germanium monoxide）　亦称"氧化亚锗"。CAS 号 20619-16-3。化学式 GeO，分子量 88.61。暗棕色或黑色粉末。不溶于水、酸、碱溶液，溶于氯水、含过氧化氢的氨水。可将含有氢氟酸的高氯酸银溶液还原并游离出银。在空气中加热易氧化成二氧化锗。710℃升华。制备：可在无氧条件下加热锗和二氧化锗的混合物，或由氢气或一氧化碳还原二氧化锗制得。

二氧化锗（germanium dioxide）　CAS 号 1310-53-8。化学式 GeO_2，分子量 104.64。白色粉末或无色晶体。其中四方晶系熔点 1 086±5℃，密度 6.24 g/cm^3，不溶于水，称"不溶性二氧化锗"，在 1 033℃以下稳定。六方晶系熔点 1 115±4℃，密度 4.23 g/cm^3，可溶于水，称"可溶性二氧化锗"，在 1 033℃以上稳定。另有一无色透明玻璃状体，由熔融二氧化锗骤冷制得。四方晶体仅溶于过量的熔融碱或熔融碳酸钠；六方晶体与玻璃状体能溶于盐酸生成四氯化锗，溶于氢氟酸生成六氟合锗酸。制备：可由浓硝酸氧化硫化锗，或由四氯化锗水解制得。用途：可用于制特种玻璃、磷光材料、晶体管、半导体用高纯度锗的中间体、聚对苯二甲酸乙二酯树脂的催化剂、金属锗和其他锗化合物等。

三氧化二砷（arsenic sesquioxide）　亦称"亚砷酸""亚砷酸酐""氧化亚砷""白砷""砒霜"。CAS 号 1327-53-3。化学式 As_2O_3，分子量 197.84。白色固体，剧毒！有三种变体。无色单斜系晶体，密度 4.15 g/cm^3，139℃升华；无色立方系晶体，密度 3.87 g/cm^3，193℃升华；无定形体，熔点 315℃，密度 3.79 g/cm^3。微溶于水。属两性氧化物，溶于盐酸生成三氯化砷，溶于氢氧化钠和碳酸钠溶液生成亚砷酸钠。与氧化剂反应生成五氧化二砷。与还原剂作用还原为砷或砷化氢。制备：可从冶炼有色金属时作为副产物得到，或由焙烧含砷矿石制得。用途：可作为玻璃工业中的澄清剂和脱色剂、农业上的消毒剂和除锈剂、防腐剂、灭菌剂、杀虫剂、除草剂、分析试剂，用于涂料、染料、农药、玻璃、提炼砷、制亚砷酸盐等。

五氧化二砷（arsenic pentoxide）　亦称"砷酸酐"。

CAS 号 1303-28-2。化学式 As_2O_5，分子量 229.84。白色无定形粉末，有毒！密度 4.32 g/cm^3。在空气中逐渐潮解。易溶于水、乙醇。与水缓慢生成砷酸。在人体中可部分被还原为三氧化二砷而呈现毒性。可将二氧化硫氧化为三氧化硫。315℃分解为三氧化二砷与氧气。制备：将三氧化二砷与硝酸等氧化剂反应制得。用途：可用作杀虫剂、杀菌剂、除草剂、木材防腐剂、金属黏合剂，还可用于印刷、染色、彩色玻璃、制药、制砷化物等领域。

二氧化硒（selenium dioxide）　亦称"亚硒酐""亚硒酸酐""无水亚硒酸"。CAS 号 7446-08-4。化学式 SeO_2，分子量 110.96。白色单斜系晶体，剧毒！密度 3.95 g/cm^3。可溶于乙醇、乙酸、丙酮，微溶于苯。可溶于水生成亚硒酸，溶于碱则生成亚硒酸盐。易吸收干燥的卤化氢生成卤化硒，与氨作用生成氮气和硒。能吸收氟化氢、氯化氢形成加合物。能被空气中的灰尘分解为红色硒。315℃升华。制备：可将金属硒在二氧化氮和氧气的混合气流中燃烧，或将金属硒溶于硝酸后蒸干，或由硒在空气中燃烧，或由亚硒酸脱水制得。工业上主要从电解精炼铜的阳极泥中提取。用途：可作为催化剂用于氧化、脱氢、加成、卤化、聚合等有机反应，可用于复印机、整流器、半导体、核工业、鉴定生物碱、制硒化合物及纯硒、沉淀锆和铪等领域。

三氧化硒（selenium trioxide）　CAS 号 13768-86-0。化学式 SeO_3，分子量 126.96。白色或淡黄色固体，剧毒！熔点 118.5℃，密度 3.44 g/cm^3。空气中易吸潮而发烟。溶于乙醇、浓硫酸，不溶于乙醚、苯、氯仿、四氯化碳。易溶于水，生成硒酸。180℃以上分解为生成二氧化硒。制备：可由三氧化硫与硒酸钾反应，或由硒酸经五氧化二磷脱水制得。用途：可作为氧化剂、硒化剂，可用于有机合成、制取含硒化合物等。

一氧化溴（bromine monoxide）　CAS 号 21308-80-5。化学式 Br_2O，分子量 175.81。深棕色液体。熔点 -17~-18℃。在 -40℃以下能稳定存在。高于此温度逐渐分解为氧和溴。能与碱作用生成次溴酸盐和溴酸盐。溶于四氯化碳得到稳定的绿色溶液。制备：将溴蒸气或溴的四氯化碳溶液与氧化汞在低温下反应，或由二氧化溴的热分解制得。用途：可作为溴化剂、氧化剂。

二氧化溴（bromine dioxide）　CAS 号 21255-83-4。化学式 BrO_2 或 Br_2O_4，分子量 111.90。橙黄色晶体。无固定熔点。溶于四氯化碳。能与水反应。与热的氢氧化钠反应，生成溴酸钠、亚溴酸钠、次溴酸钠和溴化钠。在真空中缓慢升温则析出一氧化溴和溴的高价氧化物，根据条件不同可能为 Br_2O_5、Br_3O_8 或 BrO_3。在碱性溶液中可水解歧化生成溴酸根和溴离子。与 N_2O_4 作用生成 $[NO_2]^+[Br(NO_3)_2]^-$，与氟作用生成 BrO_2F。高于 -40℃时很不稳定，当温度升至 0℃时立刻强烈分解为溴和氧气，升温太快可能会爆炸。制备：在惰性溶剂中 -50℃下通过溴的臭氧分解作用制得，或在液态空气冷却的放电管中使溴蒸气于氧气中受辉光放电制得。

五氧化二溴（dibromine pentoxide）　CAS 号 58572-43-3。化学式 Br_2O_5，分子量 239.80。不稳定的白色固体。遇水分解为溴酸。高于 -20℃分解。制备：可在 0℃左右由溴的臭氧分解作用制得。

八氧化三溴（tribromine octaoxide）　化学式 Br_3O_8，分子量 367.72。白色固体。有两种晶相，在 -35±3℃时两种变体可互相转变。-80℃以下稳定。可溶于水，生成具有酸性并有氧化性的无色溶液。可使碘化钾氧化。在较高温度时，需有臭氧存在才可保存。制备：可由臭氧与溴蒸气在 -5～10℃下反应制得。

三氧化溴（bromine trioxide）　化学式 BrO_3，分子量 127.90。极不稳定的白色固体。可水解放出氧气。具有强氧化性。制备：可由溴和臭氧辉光放电制得，或由 0℃下溴的臭氧分解作用制得。

氧化铷（rubidium oxide）　CAS 号 18088-11-4。化学式 Rb_2O，分子量 186.94。无色或黄色立方系晶体。密度 3.72^0 g/cm^3。熔点高于 500℃。能溶于液氨。有很强的潮解性。遇水剧烈反应生成氢氧化铷。与氢气反应生成氢氧化铷及氢化铷。400℃时分解为铷和过氧化铷。制备：可用金属铷与不足量的氧气反应，或用铷还原无水硝酸铷、氢氧化铷或超氧化铷制得。

三氧化二铷（rubidium trioxide）　化学式 Rb_2O_3，分子量 218.94。黑色晶体。熔点 489℃，密度 3.53^0 g/cm^3。高温时分解为过氧化铷和氧气。制备：可由超氧化铷热分解，或由金属铷与计量比的氧气反应制得。

氧化锶（strontium oxide）　CAS 号 314-11-0。化学式 SrO，分子量 103.62。灰白色立方系晶体。熔点 2430℃，沸点约 3000℃，密度 4.7 g/cm^3。微溶于乙醇，不溶于乙醚、丙酮。溶于水生成氢氧化锶并放出大量热。可与氧气反应得到过氧化锶。与非金属氧化物反应得到相应的盐。与 S_2Cl_2 在 100～120℃反应很激烈，生成 S、SO_2、SrS、$SrCl_2$ 和 $SrSO_4$。在高温下与二氧化碳反应很完全，生成碳酸锶。制备：由碳酸锶或硝酸锶热分解得到。用途：可用于涂料、玻璃、颜料、烟火、合金等领域。

氧化钇（yttrium(III) oxide）　CAS 号 1314-36-9。化学式 Y_2O_3，分子量 225.81。白色略带黄色立方系晶体粉末。熔点 2439℃，沸点 4300℃，密度 5.01 g/cm^3。不溶于水、碱，溶于酸、醇。露置于空气中时易吸收二氧化碳和水而变质。制备：可由灼烧钇的氢氧化物、硝酸盐或碳酸盐制得。用途：可用于制荧光粉、陶瓷、高压水银灯、高级光学玻璃、特种耐火材料、薄膜电容器、钇铝钕石榴石、钇铁石榴石等。

二氧化锆（zirconium dioxide）　亦称"氧化锆""锆酸酐"。CAS 号 1314-23-4。化学式 ZrO_2，分子量 123.22。白色或黄白色单斜系晶体。有三种变体，常温下为单斜相，1200℃时转为四方相，2370℃以上转为立方相。熔点约 2700℃，沸点 5000℃，密度 5.60～5.89 g/cm^3。稍加热而形成的二氧化锆易溶于无机酸，强热灼烧过的二氧化锆则仅溶于氢氟酸、浓硫酸，而熔融状态结晶出的二氧化锆只溶于氢氟酸。与碱共熔可形成锆酸盐。制备：可将锆英石与碱共熔得到锆酸盐，再与盐酸作用得到氯化氧锆，再经煅烧制得。用途：主要用作耐火材料和特种合金，还可用于制金属锆、锆化合物、高压高频陶瓷、研磨材料、催化剂、电绝缘材料、橡胶和塑料的填充剂、灯丝、红外光谱仪的光源、特种玻璃、颜料、研磨材料等。

一氧化铌（niobium monoxide）　CAS 号 12034-57-0。化学式 NbO，分子量 108.91。有金属光泽的黑色立方系晶体。有良好的金属型导电性。熔点 1945℃，密度 7.30 g/cm^3。不溶于水、乙醇、硝酸，溶于硫酸、盐酸和碱。与盐酸、氢氟酸、硫酸和氢氟酸混合溶液发生反应。制备：可将铌粉与五氧化二铌等量反应，或镁还原氯氧化铌制得。用途：可用于冶金、材料、电子等领域。

二氧化铌（niobium dioxide）　CAS 号 12034-59-2。化学式 NbO_2，分子量 124.91。黑色粉末。室温下属四方晶系金红石型结构，熔点 1915℃，密度 5.9 g/cm^3。可溶于热碱溶液，不溶于水、硝酸、乙醇。强还原剂，可将二氧化碳还原为碳，将二氧化硫还原为硫。制备：可由氢气还原五氧化二铌，或由五氧化二铌与铌粉在 1100℃反应制得。用途：可用于生产金属铌，晶体可作为热敏材料、强介电材料。

五氧化二铌（niobium pentoxide）　亦称"氧化铌"。CAS 号 1313-96-8。化学式 Nb_2O_5，分子量 265.81。白色正交系晶体。熔点 1460℃，密度 4.47 g/cm^3。不溶于水，溶于热硫酸、氢氟酸，不溶于其他酸。能与焦硫酸钾、氢氧化钾和碳酸钾共熔生成铌酸盐。是铌最稳定的氧化物。可形成水合物，受热分解。制备：可由焙烧金属铌以及铌的碳化物、氮化物、硫化物等制得，或由五氯化铌与水反应制得。用途：可用于制铌及含铌化合物、铌酸锂晶体、特种光学玻璃添加剂、电容器元件、压电导体、绝缘涂层等。

二氧化钼（molybdenum dioxide）　CAS 号 18868-43-4。化学式 MoO_2，分子量 127.94。紫棕色或铅灰色四方系晶体粉末。熔点 1100℃，密度 6.47 g/cm^3。不溶于水、碱、氯化氢、氟化氢，微溶于热硫酸、硝酸。与氯气反应生成二氯氧钼(VI)。可被浓硝酸氧化为三氧化钼。当温度大于 1000℃时显著升华。制备：可由金属钼在水蒸气中加热，或将三氧化钼在氢气加热至 470℃还原制得。用途：可作为醇脱水、碳氢化合物重排的催化剂，也可用于制钼和其他含钼化合物。

三氧化钼（molybdenum trioxide）　亦称"钼酸酐"

"钼酐""钼华"。CAS 号 1313-27-5。化学式 MoO_3，分子量 143.95。无水物为无色或黄白色正交系晶体粉末，有毒！熔点 801℃，沸点 1 155℃，密度 4.7 g/cm³。稍溶于水，可溶于氢氟酸、浓硫酸。能溶于氨水和强碱。与碱溶液和许多金属氧化物反应生成钼酸盐和多钼酸盐。在高温下可被氢、碳、铝还原。高于 650℃ 明显升华。制备：工业上可由二硫化钼氧化制得；实验室中可先由钼酸钠溶液酸化制得三氧化钼水合物，再将其干燥制得。用途：可作为阻燃剂、汽油改性催化剂、石油化工催化剂，可用于制钼合金、钼、钼盐等，还可用于电镀、瓷釉颜料、药物、光谱分析、有机合成等领域。

氧化钼水化物（molybdenum hydroxide）　亦称"氢氧化钼"。化学式 $Mo_2O_3 \cdot 3H_2O$ 或 $Mo(OH)_3$，分子量 146.96。黑色粉末。缓慢溶于无机酸，不溶于碱、水。在 30% 过氧化氢中放热溶解。常温下在空气中加热迅速变为二氧化钼，加热则分解。制备：可由氢氧化钾或氨水与三价钼化合物的水溶液共热，或用氢氧化钾溶液处理二氯化钼制得。

氧化钾·三氧化钼·水（1∶3∶3）（potassium oxide·molybdenum trioxide·water（1∶3∶3））亦称"氧化钾·四氧化钼""三钼酸钾"。化学式 $K_2O \cdot 3MoO_3 \cdot 3H_2O$，分子量 580.06。淡黄色单斜系晶体。微溶于冷水，溶于热水，难溶于乙醇。受强热分解。加热至 100℃ 时得无水盐，后者熔点 571℃。制备：可由碳酸钾与过量氧化钼（VI）的水溶液反应制得。

三氧化二钼（molybdenum sesquioxide）　亦称"倍半氧化钼"。CAS 号 1313-29-7。化学式 Mo_2O_3，分子量 239.88。黑色不透明粉末状固体。不溶于水、碱溶液，微溶于酸。通常以三水合物的形式存在。易被空气氧化为三氧化钼。制备：可由 $Mo(OH)_3$ 脱水，或 MoO_3 的液氨溶液与金属钾反应，或用镁粉还原三氧化钼制得。用途：可用于制彩瓷、有机合成催化剂。

五氧化二钼（molybdenum pentoxide）　CAS 号 12163-73-4。化学式 Mo_2O_5，分子量 271.88。暗紫色粉末。可溶于热硫酸、热盐酸，难溶于水。制备：可由钼酸与钼按计量比混合加热；或由硫酸氧钼（III）在氮气流加热；或向五价钼化合物的水溶液中加碱先得到 $MoO(OH)_3$，再于二氧化碳气流中加热制得。

二氧化锝（technetium dioxide）　CAS 号 12036-16-7。化学式 TcO_2，分子量 129.90。不溶于水。

七氧化二锝（technetium pentoxide）　CAS 号 12165-21-8。化学式 Tc_2O_7，分子量 309.81。黄色固体。熔点 119.5℃，沸点 310.6℃，密度 3.29 g/cm³。有吸湿性。可溶于浓氨水。溶于水中后形成高锝酸。制备：将锝置于氧中灼热制得。

二氧化钌（ruthenium dioxide）　CAS 号 12036-10-

1。化学式 RuO_2，分子量 133.07。蓝黑色四方系晶体。密度 6.97 g/cm³。1 200℃ 升华。易吸潮，不溶于水、酸。能溶于熔融的碱。高温时能被氢还原。受热高于 800℃ 分解。制备：一般由三氯化钌氧化制得，或由氧气与金属钌在高温下反应制得；薄膜可由挥发性钌化合物经化学蒸汽沉积法制得，或以三氯化钌溶液为电镀液电镀制得。用途：可作为工业上电解制氯的主催化剂，可用于制电阻器、电容器、四氧化钌等。

四氧化钌（ruthenium tetroxide）　CAS 号 20427-56-9。化学式 RuO_4，分子量 165.07。有挥发性及刺激气味的黄色针状晶体，有毒！熔点 25.4℃，沸点 101℃（1.939 kPa），密度 3.29²¹ g/cm³。溶于四氯化碳、液溴、液态二氧化硫、酸。溶于水并剧烈反应。溶于碱生成五氧钌酸盐、高钌酸盐和氧气。为强氧化剂。与盐酸反应主要生成四氯化钌和三氯化钌，遇过氧化氢生成二氧化钌，溶于碱生成钌酸盐，若四氧化钌过剩，则生成高钌酸盐。能迅速侵蚀橡皮，遇酒精爆炸。几乎能氧化所有的有机化合物。108℃ 时分解，光能使其缓慢分解。制备：可用氧化剂如高锰酸钾、溴酸钾和氯气处理酸性的钌（III）盐溶液制得。用途：可作为有机合成中的氧化剂、催化剂。

二氧化铑（rhodium dioxide）　CAS 号 12137-27-8。化学式 RhO_2，分子量 134.90。灰黑色四方系晶体粉末，混有铱时呈绿色。密度 7.2 g/cm³。不溶于水、酸、碱。450℃ 分解为单质。二水合物为橄榄绿色固体，溶于乙酸、碱，溶于盐酸放出氯气，不溶于水，受热分解，室温时在五氧化二磷真空干燥器中放置放出氧气，稀有气体中加热转变成氧化铑（III）。制备：可由加热粉末状铑与氢氧化钠和硝酸钠混合物制得，或由电解氧化六氯合铑（III）酸钾的氢氧化钾溶液制得二水合物。

三氧化二铑（rhodium sesquioxide）　亦称"氧化铑（III）"。CAS 号 12036-35-0。化学式 Rh_2O_3，分子量 253.81。黑灰色无定形粉末。密度 8.2 g/cm³。不溶于水、酸、王水、碱。能被氢气、二氧化硫等还原为铑。在 1 100～1 500℃ 时分解为金属铑和氧气。其五水合物为柠檬黄色粉末。不溶于水，可溶于多种酸。新鲜沉淀可溶于浓碱。受热失水并分解放出氧气，分解产物是不溶性黑色的四氧化三铑。制备：可在空气或氧气中加热铑，或由加热分解铑的硝酸盐制得；五水合物可由氢氧化钠与硝酸铑溶液反应制得。用途：可作为加氢醛化、甲酰化和羟基化等反应的催化剂，可用于制特种合金和含铑化合物、电镀等。

一氧化钯（palladium monoxide）　亦称"氧化亚钯"。CAS 号 1314-08-5。化学式 PdO，分子量 122.40。黑色粉末。熔点 870℃，密度 8.70 g/cm³。空气中稳定。不溶于水、酸，微溶于王水。能形成水合物，随着含水量的不同呈浅黄到暗褐色。常温下能被氢气还原成钯。100℃ 以下能被一氧化碳还原。与臭氧、氢氧化钾反应生成钯(IV)酸钾。制备：可由硝酸钯小心灼烧，或由金属钯与氧气反应，或由亚钯盐与过量的水或加碳酸钠煮沸制得。用途：可作为芳香烃醛脱羰的催化剂，可用于制电阻器、电位器等。

二氧化钯（palladium dioxide） 化学式 $PdO_2 \cdot xH_2O$。暗红色或黑褐色固体。可溶于酸，不溶于水，在热水中分解。新制品可溶于浓氢氧化钠溶液，干燥后则不溶。120℃以上剧烈分解放出水和氧气，200℃以上在氧气流中分解形成水合一氧化钯。常温下与氢气可发生剧烈反应。制备：可由六氯合钯酸盐溶液与碱金属反应；或电解氧化硝酸亚钯溶液制得。用途：可作为催化剂、化学试剂。

氧化银（silver oxide） CAS 号 20667-12-3。化学式 Ag_2O，分子量 231.73。棕褐色立方系晶体或棕黑色粉末。密度 $7.14^{16.5}$ g/cm^3。遇光逐渐分解为银和氧气。不溶于水，极易溶于硝酸、氨水、氰化钾、硫代硫酸钠溶液。其氨溶液久置后会析出有强烈爆炸性的叠氮化银或亚氨基银。在空气中会吸收二氧化碳变为碳酸银。可被甲醛水溶液还原为金属银。加热到 280℃ 即开始分解，放出氧气。到 300℃ 以上时迅速分解。制备：可由碱金属氢氧化物与硝酸银反应制得。用途：可作为氧化剂、医用防腐剂、有机合成催化剂、玻璃着色剂，可用于电子、电池、水处理等领域。

氧化镉（cadmium oxide） CAS 号 1306-19-0。化学式 CdO，分子量 128.41。棕红色无定形粉末或暗棕色立方系晶体，有毒！棕红色无定形粉末，熔点低于 1 426℃，密度 6.95 g/cm^3；暗棕色立方系晶体，熔点高于 1 500℃，密度 8.15 g/cm^3。两者都不溶于水、碱溶液，缓溶于氨水，能溶于稀酸、铵盐类溶液。可从空气吸收二氧化碳渐变为碳酸镉。在 300℃ 时可被氢气还原成金属镉。在氯气流中加热，则生成氯化镉。制备：可由氢氧化镉、硝酸镉或碳酸镉灼烧分解，或由金属镉在空气中燃烧制得。用途：可用于陶瓷颜料、镀镉、银焊料、玻璃、电极、抗线虫剂、化学分析、催化有机反应、制金属镉及镉盐等。

一氧化二铟（indium suboxide） 化学式 In_2O，分子量 245.64。黑色粉末。密度 6.99 g/cm^3。不溶于水，对冷水稳定。易溶于盐酸放出氢气。空气中易被氧化为三氧化二铟。565～700℃ 真空中升华。制备：可由金属铟和一氧化碳作用，或由草酸铟热分解，或由氢气还原三氧化二铟制得。用途：可作为催化剂。

一氧化铟（indium monoxide） 化学式 InO，分子量 130.82。灰白色晶体。不溶于水，溶于酸。制备：可由三氧化二铟加热分解制取。用途：可作为催化剂，可用于制取含铟化合物。

三氧化二铟（indium sesquioxide） 亦称"氧化铟"。

CAS 号 1312-43-2。化学式 In_2O_3，分子量 277.63。白色或淡黄色无定形或晶形粉末。熔点 1 910℃ 以上，密度 7.18 g/cm^3。不溶于水、氢氧化钠溶液。无定形体易溶于酸，晶体则不溶。700～800℃ 时易为氢、碳、铅等还原生成金属铟和易挥发的一氧化二铟。制备：可将金属铟在空气中燃烧，或由铟的氢氧化物、硝酸盐或碳酸盐加热分解制得。用途：可用于制玻璃、电子元件、铟等。

一氧化锡（tin monoxide） 亦称"氧化亚锡"。CAS 号 21651-19-4。化学式 SnO，分子量 134.71。棕黑色粉末或蓝黑色晶体。熔点 1 080℃，密度 6.45 g/cm^3。不溶于水、乙醇。溶于盐酸或稀硫酸生成亚锡盐，溶于浓的强碱溶液生成亚锡酸盐。在空气中不稳定，加热燃烧，氧化成二氧化锡。制备：可由草酸锡或氢氧化亚锡在二氧化碳气流中加热分解制得。用途：可作为还原剂、催化剂，可用于制亚锡盐、镀锡、玻璃等领域。

二氧化锡（tin dioxide） 亦称"氧化锡"。CAS 号 18282-10-5。化学式 SnO_2，分子量 150.71。白色无味粉末或晶体。熔点 1 630℃，密度 6.95 g/cm^3。1 700～1 800℃ 升华。有导电性能。一般认为它是一种缺氧 n 型半导体。难溶于水、醇、稀酸、碱液。缓溶于热浓强碱溶液并分解，与强碱共熔可生成锡酸盐。溶于氢卤酸生成六卤锡酸，溶于硫酸生成硫酸锡。高温下可被氢气还原为金属锡。与一氧化碳反应可逆地生成金属锡和二氧化碳。自然界中以锡石形式存在。制备：可由金属锡在空气中直接高温氧化，或由氢氧化锡、水合氧化锡(IV)或草酸锡(IV)加热分解制得。用途：可作为催化剂、媒染剂、陶瓷着色剂、纺织增重剂、石料抛光剂、研磨材料、阻燃剂，可用于颜料、瓷釉、玻璃、印染、涂料、电子工业、汽车尾气处理、金属表面装饰、制含锡化合物等。

水合氧化锡（stannic acid） 亦称"锡酸"。化学式 $SnO_2 \cdot xH_2O$。白色无定形或胶状晶体。有两种变体。α-锡酸溶于酸、碱和碳酸钾，β-锡酸则不溶。两者均不溶于水。β-锡酸较 α-锡酸稳定，长期放置或者加热 α 型会向 β 型转变。较高温度时完全失水变为二氧化锡。制备：α-锡酸由二氧化锡与氢氧化钠共熔得到偏锡酸钠，再经水解制得；β-锡酸由锡与浓硝酸反应制得。应用：可作为光吸收剂，可用于制不透明玻璃、瓷釉等。

三氧化二锑（antimony sesquioxide） 亦称"氧化锑(III)""方锑矿""锑华""亚锑酐"。CAS 号 1309-64-4。化学式 Sb_2O_3，分子量 291.50。有两种晶型。白色立方系晶体，密度 5.19 g/cm^3。572℃ 转变为正交晶型，为白色至灰色粉末，熔点 656℃，沸点 1 425℃，密度 5.67 g/cm^3。在真空中 400℃ 升华。为两性氧化物。微溶于水、稀硝酸、稀硫酸，溶于浓硫酸、浓碱、草酸、氢氧化钠溶液、热酒石酸溶液、酒石酸氢盐溶液、硫化钠溶液。高温下可以被炭还原。制备：可在空气中灼烧锑或三硫化二锑，或由水蒸气和红热的锑反应,或三氯化锑在碳酸钠或氢氧化钠的水溶液中水解再加热制得。用途:可作为催化剂、媒染剂、阻燃剂、玻璃脱色剂,可用于玻璃、塑料、橡胶、纤维、颜料、搪瓷、医药、船舶涂料等领域。

四氧化二锑(antimony tetroxide) CAS 号 1332-81-6。化学式 Sb_2O_4,分子量 307.50。白色粉状物或极细微的闪光晶体,加热变黄。密度 5.82 g/cm^3。几乎不溶于水,溶于盐酸、氢碘酸、氢氧化钾溶液。930℃分解为三氧化二锑和氧。天然产物为锑赭石。制备:可由五氧化二锑加热至 300℃,或将五氧化二锑与硝酸共沸制得。用途:可用于陶瓷、油漆、颜料、印染、制锑盐等。

五氧化二锑(antimony pentoxide) 亦称"锑酐"。CAS 号 1314-60-9。化学式 Sb_2O_5,分子量 323.50。白色立方系晶体或淡黄色粉末。熔点 300℃,密度 3.78 g/cm^3。通常以水合物形式存在。微溶于水、硝酸、氢碘酸、醇,易溶于盐酸、碘化砷、氢氧化钾溶液。溶于强碱中成锑酸盐。可被二氧化硫还原为三氧化二锑。380℃失去氧而生成四氧化二锑,930℃失去氧而生成三氧化二锑。制备:可由金属锑与浓硝酸反应,或由三氧化二锑与硝酸反应,或由五氯化锑水解,或由酸化六羟基合锑酸钾制得。用途:可作为化纤织物、塑料、纸张、橡胶和覆铜箔层压板的高效阻燃增效剂,纺织的延缓剂,可用于纺织、制药、制各种含锑化合物等。

一氧化碲(tellurium monoxide) CAS 号 13451-17-7。化学式 TeO,分子量 143.60。黑色非晶态固体。密度 5.68 g/cm^3。不溶于水,能溶于稀酸、硫酸、氢氧化钾溶液。在二氧化碳气氛中加热至 370℃分解。制备:将二氧化碲与计量比的碲粉混合后隔绝空气加热制得。

二氧化碲(tellurium dioxide) CAS 号 7446-07-3。化学式 TeO_2,分子量 159.60。白色晶体。熔点 732℃,沸点 1 245℃,密度 5.67^{15} g/cm^3(四方系)、5.91^0 g/cm^3(正交系)。有两种晶型,从硝酸溶液中制得的四方系晶体,加热变黄,熔化为暗黄色液体,冷却得到针状正交系晶体。微溶于水,溶于酸。易溶于浓碱溶液形成亚碲酸盐。可被强氧化剂氧化为碲酸或碲酸盐。天然矿物为黄碲矿。制备:可由碲在氧气中燃烧,或由亚碲酸热分解制得。用途:可用于制声光器件、可透过中红外波段电磁波的玻璃。

三氧化碲(tellurium trioxide) CAS 号 13451-18-8。化学式 TeO_3,分子量 175.60。有两种变体。α 型为黄色粉末,密度 5.08^{105} g/cm^3。不溶于水、稀酸、稀碱。溶于热的浓碱溶液得到碲酸盐。受热分解,首先生成五氧化二碲,而后进一步分解成二氧化碲。为强氧化剂,与金属或非金属共热时激烈反应。β 型为灰色晶体,密度 6.21 g/cm^3。反应活泼性比 α 型差。不溶于水、稀酸、稀碱。溶于熔融苛性碱及浓硫化钠溶液。在氮气中热至 430℃分

解。制备:α 型可由原碲酸加热制得;将 α 型在密封管内310℃长时间加热制得 β 型。

二氧化碘(iodine dioxide) 亦称"四氧化二碘""碘酸氧碘"。CAS 号 13494-92-3。化学式 IO_2,分子量 158.90。柠檬黄色单斜系晶体。密度 4.2 g/cm^3。无吸湿性,溶于硫酸,微溶于丙酮,微溶于水,但能水解生成碘和碘酸。和盐酸作用产生氯和一氯化碘。受热易分解,75℃时缓慢分解,130℃迅速分解为五氧化二碘和碘。制备:由碘酸与浓硫酸共热制得。

五氧化二碘(iodine pentoxide) 亦称"碘酸酐"。CAS 号 12029-98-0。化学式 I_2O_5,分子量 333.81。白色易吸湿晶体。密度 4.98 g/cm^3。不溶于无水乙醇、乙醚、三氯甲烷、二硫化碳。溶于水、稀无机酸时可形成碘酸。溶于甲醇但溶液不稳定会析出碘,溶于硝酸但当硝酸浓度大于 50% 时,又析出五氧化二碘结晶。常温易将一氧化碳氧化成二氧化碳,也能氧化乙烯、一氧化氮、硫化氢。与三氧化硫和 $S_2O_6F_2$ 反应得到碘酰基离子,与浓硫酸反应生成亚碘酰盐。见光或 300~350℃分解为氧和碘。制备:可由碘单质与发烟硝酸反应,或在干燥气流中使碘酸 200℃脱水制得。用途:可作为氧化剂,也可用于一氧化碳的分析。

九氧化四碘(iodine nonoxide) 亦称"三碘酸碘"。CAS 号 73560-00-6。化学式 I_4O_9 或 $I(IO_3)_3$,分子量 651.61。黄色粉末。吸湿性极强。75℃开始分解,生成五氧化二碘、碘和氧。制备:可由单质碘与臭氧反应,或由浓磷酸与碘酸反应制得。

三氧化氙(xenon trioxide) CAS 号 13776-58-4。化学式 XeO_3,分子量 179.29。无色晶体。密度 4.55 g/cm^3。吸湿性很强。溶于水,在水溶液中是很强的氧化剂,在稀酸性溶液中是稳定的,在中性或碱性溶液中慢慢分解为氙和氧气。可将甲酸氧化成二氧化碳和水,将环烯烃氧化成环氧化物。在酸性溶液中可将碘离子氧化为单质碘,在碱性溶液中反应很慢。在酸性或中性水溶液中,能将伯醇、仲醇、一元羧酸和二元羧酸氧化为二氧化碳和水。在干燥的空气中较稳定,但摩擦、挤压或微热都能引起爆炸,爆炸时有蓝色闪光。在真空中 70℃时升华,同时分解和爆炸。制备:可由六氟化氙水解反应或由四氟化氙水解歧化反应而制得。用途:可作为强氧化剂,可用于测定醇和有机酸等有机物的含量,也用于铀、钚、锕的分离。

四氧化氙(xenon tetroxide) CAS 号 12340-14-6。化学式 XeO_4,分子量 195.29。低温下为黄色固体。熔点 -35.9℃。溶于水生成高氙酸,溶于碱生成高氙酸盐。固态极不稳定,可爆炸性分解为氙和氧气。气态反而较固态稳定,但高于室温时也分解为三氧化氙。制备:可由高氙酸盐与浓硫酸反应制得。用途:用作氧化剂,可用于医疗分析检验。

氧化铯(cesium oxide)　CAS号20281-00-9。化学式Cs_2O，分子量281.81。橙色晶状或片状晶体。熔点490℃（氮气中），密度4.25 g/cm^3。遇水即水解生成氢氧化铯。在干燥空气中氧化生成超氧化铯。与二氧化碳生成碳酸铯。与金属铯反应可得多种低氧化物，如Cs_7O、Cs_4O、Cs_7O_2和Cs_3O等。制备：由金属铯不完全氧化，或由铯与硝酸铯反应，或用铯还原无水氢氧化铯或超氧化铯制得。用途：用于制取铯盐。

三氧化二铯(cesium sesquioxide)　化学式Cs_2O_3，分子量313.81。深褐色立方系晶体。熔点400℃，密度4.25 g/cm^3。在水中分解放出氧气。可溶于酸，制备：可由煅烧硝酸铯制得。用途：可用于制铯盐。

氧化钡(barium oxide)　亦称"重土"。CAS号1304-28-5。化学式BaO，分子量153.32。白色立方系晶体，剧毒！熔点1 923℃，沸点约2 000℃，密度5.72 g/cm^3。极易从潮湿空气中吸收水蒸气。溶于水并跟水化合生成氢氧化钡。可吸收二氧化碳生成碳酸钡。与酸反应生成钡盐和水。在高温时能跟氧反应形成过氧化钡。制备：可由钡在氧气中燃烧，或煅烧氢氧化钡或硝酸钡制得。用途：可作为脱水剂、干燥剂，可用于玻璃、陶瓷、精制糖，还可用于制过氧化钡、钡盐等。

三氧化二镧(lanthanum sesquioxide)　CAS号1312-81-8。化学式La_2O_3，分子量325.81。白色正交系晶体或无定形体。熔点2 315℃，沸点4 200℃，密度6.51 g/cm^3。难溶于冷水，在热水中生成氢氧化镧。溶于酸和氯化铵，不溶于丙酮。露置空气中易吸收二氧化碳和水，逐渐变成碳酸镧。遇氢氟酸，可定量地转变为三氟化镧。与硝酸铜反应可得到复盐。在二硫化碳蒸气中熔化时可生成黄色团状物三硫化二镧。制备：可由草酸镧、碳酸镧或氢氧化镧热分解制得。用途：可用于精密光学玻璃、光导纤维、陶瓷电容器、压电陶瓷、制硼化镧、石油分离精制等领域。

二氧化铈(cerium dioxide)　CAS号1306-38-3。化学式CeO_2，分子量172.12。青黄色粉末，纯品为白色，有毒！熔点约2 600℃，密度7.132^{28} g/cm^3。不溶于一般的酸、碱。空气中稳定，具有强氧化性。溶于含有高氯酸或过氧化氢的水溶液时发生铈的还原反应。制备：可由加热铈的氢氧化物、含氧酸盐，或在空气中焙烧金属铈，或由三氧化二铈氧化制得。用途：可作为玻璃的抛光剂、去色剂、玻璃陶瓷的遮光剂、有机反应催化剂，还可用于防热涂层、防反射的红外过滤涂层、汽车尾气处理、化学分析等领域。

三氧化二铈(cerium sesquioxide)　亦称"倍半氧化铈""氧化亚铈"。CAS号1345-13-7。化学式Ce_2O_3，分子量328.24。灰绿色三方系晶体。熔点1 692℃，密度6.80 g/cm^3。不溶于水、盐酸，溶于硫酸。常温下在空气中可被缓慢氧化，200℃着火。可还原贵金属盐溶液。制备：可由炭或氢在高温下还原二氧化铈，或由草酸铈或丁二酸铈在真空中加强热制得。用途：可作为合成乙醇、脱氢反应、石油重油流化床催化裂解的催化剂，聚酰胺电绝缘体的抗氧化剂和热稳定剂等；还可用于光学玻璃、液晶、汽车尾气净化等。

二氧化镨(praseodymium dioxide)　化学式PrO_2，分子量172.91。棕蓝色固体。熔点高于350℃，密度6.82 g/cm^3。难溶于水，溶于无机酸生成三价镨盐，并放出氧气（硝酸或硫酸）或氯气（盐酸）。制备：通过在水中煮沸十一氧化六镨或将三氧化二镨在高压氧气中加热反应制得。

三氧化二镨(praseodymium sesquioxide)　CAS号12036-32-7。化学式Pr_2O_3，分子量329.81。黄绿色固体。熔点2 300℃（分解），密度7.07 g/cm^3。不溶于水、碱液，可溶于强无机酸。易从空气中吸收二氧化碳生成碳酸镨。制备：可在高温下还原十一氧化六镨，或将草酸镨隔绝空气灼烧制得。用途：可作为玻璃着色剂、分析试剂，可用于制高温陶瓷、人造翡翠等。

十一氧化六镨(hexapraseodymium undecaoxide)　CAS号12037-29-5。化学式Pr_6O_{11}，分子量1 021.44。棕黑色粉末。制备：可由六水合硝酸镨和氢氧化钠的混合物在空气中灼烧；或由硝酸镨和浓氨水反应得到氢氧化镨(III)，再经500℃灼烧后制得。

三氧化二钕(neodymium sesquioxide)　CAS号1313-97-9。化学式Nd_2O_3，分子量336.48。蓝色粉末，具有浅蓝色或微红色荧光。熔点2 233℃，沸点3 760℃，密度7.24 g/cm^3。不溶于水，易溶于无机酸。制备：可由氢氧化钕、草酸钕、硝酸钕或碳酸钕经高温加热制得。用途：可用于制染色玻璃、陶瓷、光学玻璃、激光元件等。

三氧化二钐(samarium sesquioxide)　CAS号12060-58-1。化学式Sm_2O_3，分子量348.72。黄白色晶体。熔点2 335℃，密度8.35 g/cm^3。不溶于水。溶于酸得到相应的盐。与硼砂共熔可生成硼酸钐，与氯气作用生成氯氧化钐。制备：可由钐的碳酸盐、氢氧化物、硝酸盐、草酸盐或硫酸盐加热分解，或将单质钐与氧气在150℃以上共热制得。用途：可作为红外线吸收的玻璃添加剂、感光材料中的涂料、中子吸收剂，可用于制金属钐、磁性材料、记忆元件等。

三氧化二铕(europium sesquioxide)　亦称"氧化铕"。CAS号1308-96-9。化学式Eu_2O_3，分子量351.93。淡粉红色粉末。随加热温度不同，可得拟三方晶系和立方晶系两种变体。熔点2 350℃，沸点3 290℃，密度7.42 g/cm^3。不溶于水，溶于无机酸生成相应的三价铕盐，也溶于甲酸、乙酸。能吸收空气中的二氧化碳生成碳酸盐。制备：可在较低温度下加热分解草酸铕、硝酸铕制得。用途：可作为彩色显像管红色荧光粉激活剂、高压汞灯用荧光粉、橡胶硫化促进剂，也可用于制染料、药物、核反应堆控制棒等。

三氧化二钆（gadolinium sesquioxide） CAS 号 12064-62-9。化学式 Gd_2O_3，分子量 362.50。白色粉末。熔点 $2\,330\pm20℃$，密度 $7.41\ g/cm^3$。有磁性，其磁化率随温度降低而增大。微溶于水。溶于酸生成对应的盐。易吸收空气中的水和二氧化碳而变质。能与氨作用，生成钆的水合物沉淀。制备：可通过灼烧氢氧化钆、硝酸钆、碳酸钆或草酸钆制得。用途：可作为钇铝和钇铁石榴石掺杂剂、荧光增感材料、核反应堆控制材料、光学棱镜添加剂，可用于制金属钆、磁泡材料等。

三氧化二铽（terbium sesquioxide） 亦称"氧化铽"。CAS 号 12036-41-8。化学式 Tb_2O_3，分子量 365.85。白色立方系晶体。熔点 $2\,410℃$，密度 $7.91\ g/cm^3$。不溶于水、碱溶液，易溶于稀酸。水悬浮液呈碱性，能吸收空气中的二氧化碳生成碱式碳酸盐。制备：将氢氧化铽加热分解；或在氢气流中灼烧草酸铽；或由金属铽在空气中燃烧得到高氧化态的铽氧化物，再用还原剂还原制得。用途：可作为磷光体激活剂。

七氧化四铽（tetraterbium heptoxide） CAS 号 12037-01-3。化学式 Tb_4O_7，分子量 747.697。暗棕色或黑色粉末。不溶于水。溶于热浓酸中生成铽(III)盐。氢气中加热形成三氧化二铽。在加压氧气气氛中转变为十一氧化六铽，热至熔点则分解为三氧化二铽和氧气。制备：可由草酸铽或氢氧化铽经灼烧制得。用途：可作为钇铝和钇铁石榴石掺入剂、荧光粉活化剂、X 射线增感纸用荧光体，可用于制取金属铽。

三氧化二镝（dysprosium sesquioxide） 亦称"氧化镝"。CAS 号 1308-87-8。化学式 Dy_2O_3，分子量 373.00。白色粉末。熔点 $2\,340\pm10℃$，密度 $7.81^{27}\ g/cm^3$。不溶于水。能溶于酸生成相应酸的镝盐溶液。易从空气中吸收二氧化碳，变成碱式碳酸镝。制备：可由氢氧化镝、碳酸镝或硝酸镝经灼烧分解制得。用途：可用于制金属镝、玻璃、钕铁硼永磁体、金属卤素灯、磁光记忆材料、钇铁或钇铝石榴石等，可用于电子、无线电、原子能等领域。

三氧化二钬（holmium sesquioxide） CAS 号 39455-61-3。化学式 Ho_2O_3，分子量 377.86。浅黄色立方系晶体。熔点 $2\,415℃$，密度 $8.36\ g/cm^3$。不溶于水。溶于酸和氯化铵溶液生成盐。制备：可由草酸钬、氢氧化钬、硝酸钬或硫酸钬经灼烧分解制得。用途：可作为钇铁或钇铝石榴石的添加剂，可用于制镝钬灯、金属钬等。

三氧化二铒（erbium sesquioxide） 亦称"氧化铒"。CAS 号 12061-16-4。化学式 Er_2O_3，分子量 382.56。粉红色粉末。熔点 $2\,344℃$，密度 $8.64\ g/cm^3$。不溶于水。溶于无机酸生成相应酸的铒盐溶液，但高温灼热后难溶于酸中。溶于氯化铵热浓溶液。易吸收湿气和二氧化碳。制备：可由草酸铒、硝酸铒、碳酸铒或氢氧化铒经灼烧分解制得。用途：可作为核反应堆的控制材料、钇铁石榴石的添加剂、荧光体活化剂、玻璃的玫瑰红着色剂，可用于制造吸收红外线、特种发光玻璃等。

三氧化二铥（thulium sesquioxide） CAS 号 12036-44-1。化学式 Tm_2O_3，分子量 385.87。白绿色立方晶体粉末。熔点 $2\,341℃$，沸点 $3\,945℃$，密度 $8.6\ g/cm^3$。不溶于水、碱。略溶于除氢氟酸和磷酸之外的无机酸中并生成相应的盐。制备：可由草酸铥、硝酸铥、碳酸铥或氢氧化铥经灼烧分解，或由铥与氧直接反应制得。用途：可作为核反应堆控制材料，可用于制便携式 X 射线透射装置。

三氧化二镱（ytterbium sesquioxide） 亦称"氧化镱"。CAS 号 1314-37-0。化学式 Yb_2O_3，分子量 394.08。无色立方系晶体。熔点 $2\,355℃$，密度 $9.17\ g/cm^3$。不溶于水、冷酸，溶于温稀酸。易从空气中吸收水和二氧化碳，变成碱式碳酸镱。制备：可由草酸镱、氢氧化镱、碳酸镱在空气中灼烧分解制得。用途：可用于制电解质陶瓷、荧光粉、光学玻璃、绝缘陶瓷、特种合金等。

三氧化二镥（lutetium sesquioxide） CAS 号 12032-20-1。化学式 Lu_2O_3，分子量 397.93。白色立方系晶体。熔点 $2\,490℃$，密度 $9.42\ g/cm^3$。不溶于水，溶于无机酸。易吸收湿气和二氧化碳。制备：可由草酸镥、氢氧化镥、硫酸镥、硝酸镥加热分解，或将镥在空气中氧化制得。用途：可作为钕铁硼材料的掺杂剂，可用于电子工业。

二氧化铪（hafnium dioxide） CAS 号 12055-23-1。化学式 HfO_2，分子量 210.49。白色或灰色粉末。熔点 $2\,758℃$，密度 $9.68\ g/cm^3$。具有抗磁性，在高温下发白炽光。不溶于水、浓盐酸、硝酸。在氢氟酸中缓慢溶解生成氟铪酸盐。与热浓硫酸或硫酸氢盐反应生成硫酸铪。与碳在氯气存在下混合加热得到四氯化铪。与氟硅酸钾反应生成氟铪酸钾。与碳在 $1\,500℃$ 以上反应得碳化铪。制备：可由灼烧氢氧化铪、草酸铪、氯氧化铪或硫酸铪制得。用途：可作为耐火材料、抗放射性涂料、催化剂等。

四氧化二钽（tantalum tetroxide） 化学式 Ta_2O_4，分子量 425.89。暗灰色或棕色粉末。不溶于水或其他有机溶剂。室温下易被氧化成五氧化二钽。

五氧化二钽（tantalum pentoxide） 亦称"氧化钽""钽酸酐"。CAS 号 1314-61-0。化学式 Ta_2O_5，分子量 441.89。白色晶体粉末或无色难溶性粉末。有多种晶型。β 型为白色或无色正交系晶体粉末，熔点 $1\,785\pm30℃$，密度 $8.18\ g/cm^3$，$1\,360℃$ 以上转变为 α 型。α 型为灰色的四方系晶体，熔点 $1\,872\pm10℃$，密度 $8.37\ g/cm^3$，熔融转变为无定形体。无定形体密度 $7.3\ g/cm^3$。难溶于水、碱液、稀无机酸，可溶于氢氟酸、熔融氢氧化钠、氢氧化钾、硫酸氢钾、焦硫酸钾。与氢氧化钾形成钽酸钾，与硫酸氢钾、碱金属氢氧化物或金属碳酸盐共熔可分别得到相应金属的钽酸盐,遇水则可水解生成水合五氧化二钽沉淀。在氢氟酸中,随氟化钾浓度不同可结晶出组成不同的氟钽酸钾复盐。与氯化剂反应一般生成五氯化钽。高温下与碳反应生成碳化钽。在氢气气氛中用炭还原五氧化二钽,可得一氧化钽。制备:可由钽在空气或氧气中完全燃烧,或由氢化钽、氮化钽、碳化钽经氧化制得。用途:可作为光谱基准试剂、催化剂、血液助凝剂,可用于生产光学玻璃、电子元件、金属钽、其他钽化合物等。

二氧化钨(tungsten dioxide) CAS 号 12036-22-5。化学式 WO_2,分子量 215.84。棕色单斜系晶体粉末。熔点 1 500～1 600℃,沸点 1 730℃,密度 10.9～11.1 g/cm³。不溶于水、碱溶液、盐酸、稀硫酸。但溶于浓硫酸,生成红色盐。易被硝酸氧化成高价氧化钨。在稀有气体中易歧化,生成金属钨和三氧化钨。在氮气气流中加热至 1 500～1 600℃时熔融同时分解。在高温时能被氢气还原为金属钨。制备:可将摩尔比为 1∶2 的钨粉和三氧化钨混合,在真空条件下 950℃反应;或在 900℃条件下用带有饱和水蒸气的氢气气流还原三氧化钨制得。用途:可用于制钨粉、三氧化钨。

三氧化钨(tungsten trioxide) 亦称"钨华""钨酸酐"。CAS 号 1314-35-8。化学式 WO_3,分子量 231.84。淡黄色正交系晶体,受热时颜色加深,冷却后又恢复为淡黄。熔点 1 473℃,沸点约 1 700℃,密度 7.16 g/cm³。低温下制得的三氧化钨较活泼,易溶于水;高温制得的三氧化钨则不溶于水。不溶于除氢氟酸外的无机酸。溶于碱溶液或氨水生成可溶性的钨酸盐。在加热条件下与氯反应生成氯氧化钨。当温度高于 650℃时可被氢气还原,在 1 000～1 100℃可被炭还原为钨粉。850℃即显著挥发。制备:可由黄钨酸高温分解,或在氧化剂存在下用仲钨酸铵热解制得。用途:可用于制金属钨、硬质钨铁合金、钨盐、防火织物、压电陶瓷、X 射线荧光屏、釉彩、颜料等。

二氧化铼(rhenium dioxide) CAS 号 12036-09-8。化学式 ReO_2,分子量 218.21。灰色至黑色粉末。密度 11.4²⁶ g/cm³。稍溶于水,不溶于稀酸,可溶于浓的卤族酸。易与硝酸、过氧化氢等作用生成铼酸。与氢氧化钠熔融生成亚铼酸钠。在氧气中加热则氧化生成白色的七氧化二铼。在氢气流中加热至 800℃得铼粉。真空中在高温下能发生歧化反应生成铼和七氧化二铼。制备:可在 300℃下用氢还原铼酸酐,或在氩或氮等惰性介质中 400℃下使铼酸铵分解制得。用途:可用作制金属铼、有机化合物合成催化剂等。

三氧化铼(rhenium trioxide) CAS 号 1314-28-9。化学式 ReO_3,分子量 234.21。红色或蓝色立方系晶体,蓝色品被称为"铼青"。熔点 160℃,密度 6.9～7.4 g/cm³。不溶于水、稀盐酸、稀氢氧化钠溶液,溶于过氧化氢。溶于浓硝酸而氧化成高铼酸。与酸性碘化钾溶液作用游离出单质碘。真空中加热至 300℃以上歧化为七氧化二铼和二氧化铼。制备:可由一氧化碳在 300℃还原七氧化二铼,或将二氧化铼和七氧化二铼的混合物在石英管中 300℃加热七天制得。

三氧化二铼(rhenium sesquioxide) 化学式 $Re_2O_3 \cdot xH_2O$。不稳定黑色固体。溶于水分解并放出氢气。溶于热浓盐酸或氢氟酸时得到红色溶液。强酸性条件下不被氧化。制备:可由六氯化二铼与氢氧化钠溶液反应制得。

七氧化二铼(rhenium heptoxide) 亦称"铼酸酐"。CAS 号 1314-68-7。化学式 Re_2O_7,分子量 484.41。黄色晶体粉末。熔点 220℃,沸点 360℃,密度 6.10 g/cm³。250℃升华。有强吸湿性。溶于水生成高铼酸溶液。溶于酸、碱、醇、丙酮、二氧六环、吡啶。用氢气还原可依次得到二氧化铼和金属铼。与干燥的硫化氢作用生成七硫化二铼。制备:在封闭体系中,可由氧与铼在 400～425℃反应,或将高铼酸铵热至 200℃以上制得。用途:可用于制特种合金、催化剂等。

一氧化锇(osmium monoxide) 化学式 OsO,分子量 206.02。黑色粉末。不溶于水及酸。制备:可在封闭管中强热氢氧化锇(II),或在二氧化碳气流中加热亚硫酸锇和碳酸钠的混合物制得。

二氧化锇(osmium dioxide) CAS 号 12036-02-1。化学式 OsO_2,分子量 222.23。存在两种晶型。一种为橘棕色晶体,密度 11.37²¹·⁴ g/cm³。不溶于水和酸类,加热到 500℃时,30% 转化为四氧化锇。另一种为黑色粉末,密度 7.71²¹ g/cm³。不溶于水,但溶于稀盐酸。加热至 350～400℃转变成橘棕色晶体。在空气中可被氧化成四氧化锇,与氟反应生成五氟氧化锇,与金属羰基化物作用生成 M(OsO₃)(M=钙、锶、钡)。制备:可在氧气中加热锇粉,或由四氧化锇加热分解制得。

三氧化二锇(osmium sesquioxide) 化学式 Os_2O_3,分子量 428.40。深棕色晶体。不溶于水、酸。受热分解。制备:可在二氧化碳气流中加热碳酸钠和三价锇的化合物制得。

四氧化锇(osmium tetroxide) 亦称"锇酐"。CAS 号 20816-12-0。化学式 OsO_4,分子量 254.23。有类似臭氧气味的无色或浅黄色半透明固体,剧毒!熔点 40.25℃,沸点 130℃,密度 4.91 g/cm³。微溶于水,溶于乙醇、乙醚、四氯化碳、氨水。溶于碱溶液生成锇酸盐。能与氟化试剂作用生成多种氟氧化物。能催化烯烃与过氧化氢水溶液之间的反应。是强氧化剂。易被还原为二氧化锇及金属锇。具有挥发性,常温下易升华。制备:可由粉末状锇在常温下与氧气缓慢反应,或由铬酸和硫酸分解锇酸钾,或由氯酸盐氧化二氧化锇制得。用途:可作为用作组织标本的染剂、细胞组织研究的固定剂和着色剂、有机合成中的氧化剂和催化剂等。

二氧化铱（iridium dioxide）　CAS 号 12030-49-8。化学式 IrO_2，分子量 224.22。黑色四方或蓝色晶体。密度 11.66 g/cm³。加热至 1 100℃分解。微溶于水，不溶于酸、碱。可与盐酸或氢溴酸反应，分别生成六氯合铱(IV)和六溴合铱(IV)配合离子。二水合物为靛蓝色晶体。加热至 350℃变为无水物。制备：可将铱粉在空气或氧气中加热至 107℃；或由碱与六氯合铱(IV)配合离子反应生成氢氧化铱(IV)蓝色沉淀，再在氮气中加热到 350℃脱水制得。用途：可用于制涂层电极。

三氧化二铱（iridium sesquioxide）　CAS 号 1312-46-5。化学式 Ir_2O_3，分子量 432.43。蓝黑色粉末。不溶于水，在热盐酸中缓慢溶解。加热至 400℃开始分解生成氧，1 139℃分解成单质。其水合物为橄榄绿色粉末。制备：可由四氯合铱酸钾与碳酸钠灼烧制得。用途：可用于瓷器的装饰。

一氧化铂（platinum monoxide）　亦称"氧化铂""氧化亚铂"。CAS 号 12035-82-4。化学式 PtO，分子量 211.09。紫黑色粉末。密度为 14.9 g/cm³。不溶于水，溶于盐酸、亚硫酸和王水的混合液。通氢气加热至白热时可被还原为海绵铂。与炭混合加至红热爆炸。加热至 550℃开始分解为铂和氧气。制备：可由海绵铂或铂粉在 0.808 MPa 下在氧气流中加热至 420～450℃，或由二氧化铂或氢氧化铂加热制得。

二氧化铂（platinum dioxide）　亦称"氧化铂""亚当斯催化剂"。CAS 号 1314-15-4。化学式 PtO_2，分子量 227.08。黑色固体。熔点 455℃，密度 10.2 g/cm³。不溶于水、浓酸、王水、乙醇，微溶于氢氧化钠溶液。空气中稳定。在氢气流中加热被还原为金属铂。在亚硫酸中加热，可被溶解生成氧化铂(II)。加热超过 650℃时分解为金属铂和氧气。有多种水合物，其中二水合物和三水合物难溶于硫酸或硝酸，但易溶于盐酸和氢氧化钠溶液；一水合物不溶于盐酸，甚至王水。制备：可由二氯化铂或四氯合铂酸钾溶液与碱反应制得二氧化铂和金属铂，再经分离而制得；或由氯铂酸或氯铂酸铵与硝酸钠共熔制得。用途：广泛用于催化加氢、脱氢、氧化等有机反应，可用于制低值电阻器、电位器、厚膜线路材料、医药中间体等。

三氧化铂（platinum trioxide）　化学式 PtO_3，分子量 243.09。红褐色粉末。溶于盐酸、亚硫酸钠，微溶于硝酸、硫酸，不溶于乙酸。室温下缓慢放出氧气而分解，生成二氧化铂。不与过氧化氢反应，不能生成过氧化铂。制备：将二氧化铂用氢氧化钾溶解，在冷却条件下电解，在阳极上析出金黄色无定形的 $K_2O \cdot 3PtO_3$，待冷却后用稀乙酸处理即得。

三氧化二铂（platinum sesquioxide）　化学式 $Pt_2O_3 \cdot 3H_2O$，分子量 492.22。暗褐色固体。不溶于水，溶于浓硫酸、氢氧化钠溶液。不与空气中的氧反应。100～105℃失去一分子水，450℃未完全脱水即分解。制备：由三氯化铂与氢氧化钾反应制得。

四氧化三铂（platinum tetroxide）　化学式 Pt_3O_4，分子量 649.27。黑色立方系晶体。不溶于水、酸、王水。加热至赤热时缓慢失去氧。常温下可被氢气迅速还原。与甲酸反应生成铂黑。制备：可由铂丝长时间加热而得。

三氧化二金（gold sesquioxide）　CAS 号 1303-58-8。化学式 Au_2O_3，分子量 441.93。红棕色至棕褐色的固体。密度 3.6 g/cm³。不溶于水，溶于浓无机酸、乙酸、氰化物溶液。溶于氨可析出不稳定、易分解、有爆炸性的雷金。160℃时分解，250℃时完全分解为金和氧气。制备：可由三氯化金与碳酸钠水溶液混合后再脱水制得，或将氢氧化金 140～150℃加热至恒重制得。用途：可用于镀金、瓷器上釉等。

氧化亚汞（mercury monoxide）　亦称"黑色氧化汞"。CAS 号 15829-53-5。化学式 Hg_2O，分子量 417.18。棕黑色粉末。密度 9.8 g/cm³。不溶于水、稀盐酸、稀硝酸、氢氧化钠和氢氧化钾溶液、乙醇，能溶于温热浓乙酸、浓硝酸。与浓盐酸反应得到甘汞。100℃分解为氧化汞和汞，强热时分解为汞和氧气。制备：将硝酸亚汞与稀硝酸混合后，加入氢氧化钾的乙醇溶液制得。用途：可在医药上用作制药剂的原料。

氧化汞（mercury oxide）　CAS 号 21908-53-2。化学式 HgO，分子量 216.59。有两种形式：一种是红色氧化汞，亦称"三仙丹""红降汞"，鲜红色粉末，密度 11.00～11.29 g/cm³；一种是黄色氧化汞，亦称"黄降汞"，橘黄色粉末，密度 11.03 g/cm³。两者都有毒，不溶于水、乙醇，易溶于稀酸、氯化钾溶液、碘化钾溶液。单质氯气通入新制的氧化汞时得到一氧化二氯。与稀氨水反应可生成亮黄色晶体 $2HgO \cdot NH_3 \cdot H_2O$，此物加热失水后会爆炸。与氯水反应可生成棕色的 $HgCl_2 \cdot HgO$ 沉淀，并得到浓度较大的次氯酸溶液。加热分解生成氧气和汞。制备：红色氧化汞可由汞在氧气中 350℃加热，或硝酸汞受热分解制得；黄色氧化汞可由含汞(II)离子的溶液与氢氧化物反应制得。用途：可作为氧化剂、分析试剂、医药制剂、催化剂、抗菌剂、陶瓷颜料、船底涂料、电极材料，可用于制有机汞化合物、测定锌及氰化氢、检验甲酸中的乙酸及气体混合物中的一氧化碳。

氧氰化汞（mercury oxycyanide）　亦称"碱性氰化汞"。CAS 号 1335-31-5。化学式 $Hg(CN)_2 \cdot HgO$，分子量 469.22。白色针状晶体或粉末，剧毒！密度 4.44¹⁹ g/cm³。难溶于冷水，能溶于热水，水溶液呈碱性。撞击或加热则爆炸。制备：将氧化汞溶于氰化汞饱和溶液制得。用途：可作为医疗器械消毒剂、标本防腐剂等。

氧氟化汞（mercury oxyfluoride）　亦称"碱性氧化汞""碱性氟化汞"。CAS 号 28953-04-0。化学式 $HgF_2 \cdot HgO \cdot H_2O$，分子量 473.19。黄色晶体。加热至 100℃分解。不溶于水，可溶于稀硝酸。制备：用氢氟酸与 HgO 反应，生成的氟化汞再加水分解制得。

氧氯化汞（mercury oxychloride）　亦称"碱性氯化汞"。化学式 $HgCl_2 \cdot x HgO$。根据氯化汞与氧化汞比例不同，颜色有红、黄、黑、褐等多色。其中 $HgCl_2 \cdot 2HgO$ 为红色六方系晶体或黑色单斜系晶体。密度 8.16～8.43 g/cm^3（红色）、8.53 g/cm^3（黑色）。$HgCl_2 \cdot 3HgO$ 为黄色六方系晶体，密度 7.93 g/cm^3。不溶于冷水，溶于稀盐酸，热水中分解，260℃分解。制备：将新沉淀的氧化汞与氯化汞的冷饱和溶液混合反应制得。

氧溴化汞（mercuric oxybromide）　CAS 号 60863-14-1。化学式 $HgBr_2 \cdot 3HgO$，分子量 1010.17。黄色晶体。不溶于冷水，微溶于热水及乙醇。制备：可向溴化汞溶液中加入少量氢氧化钾后经煮沸制得。

氧碘化汞（mercuric oxyiodide）　亦称"碱性碘化汞"。化学式 $HgI_2 \cdot 3HgO$，分子量 1104.12。黄棕色晶体。遇水分解。可溶于氢碘酸中。制备：用稀冷碱溶液与碘化汞反应制得。

一氧化铊（thallium monoxide）　亦称"氧化亚铊"。CAS 号 1314-12-1。化学式 Tl_2O，分子量 424.78。黑色粉末，剧毒！熔点 300℃，沸点 1080℃，密度 9.52^{16} g/cm^3。具有潮解性。溶于水和碱、乙醇。暴露于空气中逐渐氧化为三氧化二铊。与水缓慢反应生成氢氧化亚铊。在乙醇中可生成乙氧基亚铊（C_2H_5OTl）。但不溶于盐酸，会生成氯化亚铊阻止反应进行。制备：可在隔绝空气或在氮气气氛中加热氢氧化铊或碳酸铊制得，或由金属铊和三氧化二铊长时间加热反应制得。用途：可用于臭氧的分析检测，制光学玻璃、人造金石。

三氧化二铊（thallium sesquioxide）　亦称"氧化铊"。CAS 号 1314-32-5。化学式 Tl_2O_3，分子量 456.74。棕色或暗红色粉末，有毒！熔点 717℃，密度 9.65 g/cm^3。不溶于水、碱。有氧化性，溶于盐酸时放出氯气，溶于硫酸时放出氧气。热至 875℃分解为氧化亚铊和金属铊。制备：可由金属铊灼烧制得；或用纯氢氧化钾和硝酸铊反应后，再用氯气氧化；或将氢氧化钾加入硫酸亚铊溶液，冷至 −15℃后加入过氧化氢制得。用途：可作为催化剂、高纯分析试剂，可用于配制铊标准试剂、制光电管等。

一氧化铅（lead monoxide）　CAS 号 1317-36-8。化学式 PbO，分子量 223.21。有多种变体。有毒！α 型为红色四方系晶体，亦称"密陀僧"，熔点 880℃，密度 9.53 g/cm^3。常温下稳定。β 型为黄色正交系晶体，亦称"铅黄"，熔点 886℃，密度 8.0 g/cm^3。无定形体的密度 9.2～9.5 g/cm^3。488℃以上稳定。β 型在水中煮沸或在常温下研磨可变为 α 型。α 型在 475～583℃转变为 β 型。两者都难溶于水。能溶于乙酸，也能微溶于强碱溶液。在加热下，一氧化铅易被氢、碳、一氧化碳等还原成金属铅。可吸收空气中二氧化碳生成碳酸铅。能与甘油发生硬化反应。在空气中小心加热到 330～450℃转变为四氧化三铅。温度升高时仍变为一氧化铅。制备：可在空气中加热铅、硝酸铅、硫酸铅、硫化铅制得；用浓氨水处理乙酸铅，然后加热分解制得高纯品。用途：可作为颜料、涂料油漆的催干剂、冶金助熔剂、分析试剂、聚氯乙烯塑料稳定剂，可用于制油漆、颜料、蓄电池、铅玻璃、催化剂、油漆催干剂、电子管、显像管、铅化合物、防辐射橡胶制品等。

二氧化铅（lead dioxide）　亦称"棕色氧化铅""过氧化铅""铅酸酐"。CAS 号 1309-60-0。化学式 PbO_2，分子量 239.21。棕褐色晶体或粉末，有毒！密度 9.375 g/cm^3。290℃分解。不溶于水、醇，溶于稀盐酸，微溶于乙酸，稍溶于碱。加热会逐步转变为铅的低氧化态氧化物并放出氧。有很强的氧化性。可将二价锰氧化为七价。常温与盐酸反应生成二氯化铅、氯气和水。与硫酸共热生成硫酸铅、氧气和水。与强碱反应得到铅酸盐。制备：可由四氧化三铅与硝酸反应，或用熔融的氯酸钾或硝酸盐氧化一氧化铅，或用次氯酸钠氧化亚铅酸盐制得。用途：可作为氧化剂、媒染剂、分析试剂、橡胶的硫化剂、蓄电池电极，可用于制高氯酸钾、高压避雷器、棕黑色滤光着色玻璃，还可用于染料、火柴、烟火、合成橡胶等领域。

四氧化三铅（lead tetroxide）　亦称"红丹""铅丹""红色氧化铅"。CAS 号 1314-41-6。化学式 Pb_3O_4，分子量 685.60。鲜橘红色粉末或块状固体，有毒！密度 9.1 g/cm^3。500℃分解。不溶于水，溶于热碱液、稀硝酸、乙酸。有氧化性。溶于盐酸产生氯气。与稀硫酸反应生成硫酸铅(II)和二氧化铅，与浓硫酸作用生成硫化铅、氧气。可将二价锰氧化为七价锰。与硫化氢作用生成黑色硫化铅。暴露在空气中因生成碳酸铅而变成白色。在 500℃时分解成一氧化铅和氧。制备：可由一氧化铅在空气流中加热至 400～500℃制得，或由四羟铅酸钾与六羟高铅酸钾的混合液缓慢结晶制得较大晶体。用途：可用于蓄电池、玻璃、陶器、搪瓷、防锈漆、染料，还可用于有机合成、钢铁合金中碳的测定等领域。

三氧化二铅（lead sesquioxide）　CAS 号 1314-27-8。化学式 Pb_2O_3，分子量 462.38。橙色粉末。熔点 370℃，密度 10.05 g/cm^3。不溶于水，溶于乙醇、碱。与浓盐酸和浓硫酸反应分别生成氯气和氧气。370℃左右放出氧，余留下四氧化三铅，530℃左右余留下一氧化铅。制备：可由金属铅加热，或由碱式碳酸铅或草酸铅经煅烧制得。用途：可用于电子、陶瓷、冶金、油漆、医药等领域，也可用于制取含铅化合物等。

一氧化铋（bismuth monoxide）　CAS 号 1332-64-5。

化学式 BiO,分子量 224.98。灰黑色粉末。密度 7.15^{19} g/cm^3，溶于稀氢氧化钾。遇水和稀酸分解。加热至 180℃分解。制备：可用二氧化硫或氧化锡还原三氧化二铋，或由草酸铋加热制得。用途：可用于陶瓷、玻璃、电子、光学涂料等领域。

三氧化二铋（bismuth sesquioxide） 亦称"氧化铋"。CAS 号 1304-76-3。化学式 Bi_2O_3,分子量 465.95。有三种变体。α 型为黄色粉末或者单斜系晶体，熔点 820℃，密度 $8.9 g/cm^3$,860℃时转变为 γ 型。β 型为灰黑色立方系晶体，密度 $8.20 g/cm^3$,在 704℃时即转变为 α 型。γ 型为淡柠檬黄色粉状物，熔点 860℃，密度 8.55 g/cm^3；熔融时转变为黄褐色，冷却仍为黄色，强烈红热下即熔解，冷却后凝聚为结晶团状物。三者均不溶于水，可溶于乙醇，不溶于碱。溶于强酸生成铋盐。可被大部分还原剂还原。存在于天然产物铋华中。制备：可由铋在纯氧中燃烧，或将碳酸铋或碱式硝酸铋灼烧分解制得。用途：可作为高纯分析试剂、电子陶瓷粉体材料、电解质材料、光电材料、高温超导材料、催化剂，可用于无机合成、红玻璃、陶瓷颜料、医药、防火纸等领域。

四氧化二铋（bismuth tetroxide） 化学式 $Bi_2O_4 \cdot 2H_2O$,分子量 517.99。重质棕黄色粉末。密度 5.6 g/cm^3。不溶于水，遇水缓慢分解。溶于浓盐酸放出氯气，溶于含氧酸放出氧气。110℃时脱去 1 分子结晶水，180℃变为无水物。无水物熔点 305℃。制备：可由三氧化二铋进一步氧化制得；或将铋酸钾与过量的 10% 高氯酸共热至析出四氧化二铋沉淀。用途：可作为金属挤压的润滑剂，可用于制取铋盐。

五氧化二铋（bismuth pentoxide） CAS 号 35984-07-7。化学式 Bi_2O_5,分子量 497.96。暗棕色或红粉色粉末。密度 5.10 g/cm^3。不溶于水，溶于浓的酸或碱。受热至 150℃时放出氧，225℃时变为四氧化二铋，357℃时生成氧化铋。制备：可用硝酸处理铋酸钠或铋酸钾，或用次氯酸钠等强氧化剂在稀碱溶液中氧化三氧化二铋制得。用途：可作为氧化剂。

二氧化钋（polonium dioxide） CAS 号 7446-06-2。化学式 PoO_2,分子量 240.98。室温下为淡黄色立方系晶体，高温下为红色四方系晶体。密度 8.9 g/cm^3。难溶于水、氨水。在氢氧化钠溶液中生成 $PoO_2 \cdot 2H_2O$ 沉淀，有过量氢氧化钠存在时转化成可溶性离子。可与氢卤酸反应得到相应的四卤化物。200℃左右能被氢气、氨或硫化氢还原为单质钋。真空中 500℃分解为单质。制备：可将单质钋与氧气在 250℃下反应，或由氢氧化钋、硫酸钋、硒酸钋或硝酸钋加热分解制得。

三氧化二锕（actinium sesquioxide） CAS 号 12002-61-8。化学式 Ac_2O_3,分子量 502.00。白色晶体。密度 9.19 g/cm^3。不溶于水。能同镧系元素氧化物形成同晶。可与氢氟酸、盐酸反应生成相应卤化物。制备：可将草酸锕在氧气氛中加热至 1 100℃，或由氢氧化锕、硝酸锕加热分解制得。

二氧化钍（thorium dioxide） CAS 号 1314-20-1。化学式 ThO_2,分子量 264.04。重质白色无臭立方系晶体粉末，有放射性！熔点约 3 050℃，沸点 4 400℃，密度 10.00 g/cm^3。不溶于水、盐酸、硝酸和王水，溶于热的浓硫酸。有高的化学稳定性，加热时发白炽光。可被金属钙在 1 000℃还原成单质钍。制备：可在空气中燃烧金属钍，或灼烧氢氧化钍、草酸钍、碳酸钍、硝酸钍及硫酸钍等制得。用途：可用于高温陶瓷、原子能燃料、白炽灯、电子管阴极、电弧熔融用电极、光学玻璃、耐火材料、催化等领域。

二氧化镤（protactinium dioxide） 化学式 PaO_2,分子量 263.10。黑色立方系晶体，有放射性！制备：可用氢气在 1 600℃还原三氧化镤制得。

五氧化二镤（protactinium pentoxide） CAS 号 12036-75-8。化学式 Pa_2O_5,分子量 542.07。白色不透明晶体，有放射性！溶于稀氢氟酸，不溶于硫酸、盐酸、硝酸。制备：可由二氧化镤与氢气反应，或由镤在空气中燃烧制得。用途：可用于制作陶瓷电容器。

二氧化铀（uranium dioxide） CAS 号 1344-57-6。化学式 UO_2,分子量 270.03。棕黑色正交系或立方系晶体，有放射性！熔点 2 865℃，密度 10.97 g/cm^3。不溶于水。溶于含过氧化氢的碱或碳酸盐溶液，生成过铀酸盐。极易和硝酸反应生成硝酸铀酰。在火焰中能发出火花。可与二氧化钍以任意比例混合。制备：可由卤化铀酰在氢气中加热，或用氢气还原三氧化铀或八氧化三铀，或通过三碳酸铀酰铵直接煅烧还原制得。用途：广泛用作核燃料，制四氟化铀，亦可用于陶瓷、玻璃等领域。

三氧化铀（uranium trioxide） 亦称"氧化铀酰"。CAS 号 1344-58-7。化学式 UO_3,分子量 286.29。黄色至橙色粉末，有放射性！最常见且常压下较稳定的晶型是 γ 型，为橙黄色粉末。密度 5.5～8.7 g/cm^3。部分可溶于水，溶于无机强酸生成铀酰盐。与水蒸气作用得偏铀酸。可在 400℃与二氟二氯甲烷反应生成氯气、光气、二氧化碳、四氟化铀。与三氯氟甲烷反应生成四氯化碳。因制备方法及条件不同，共有六种同质异晶体及一种无定形物。最稳定变体为亮黄色正交系晶体，其余变体为橙红色。在高压氧气中灼烧各变体，650℃时均转变为黄色变体，常压下灼烧时所有晶体都分解为八氧化三铀。制备：可由灼烧硝酸铀酰或重铀酸铵制得。用途：主要用于制二氧化铀、四氟化铀或金属铀等含铀化合物，用于制陶瓷、玻璃和颜料等。

八氧化三铀（uranium octaoxide） 亦称"铀酸铀酰"。CAS 号 1317-99-3。化学式 U_3O_8,分子量 842.1。橄榄绿至黑绿色正交系粉末，有放射性！熔点 1 150℃，密度

8.30 g/cm^3。在空气中极稳定。不易和水、碱及氨的溶液反应。不溶于水,可溶于硝酸、浓硫酸、浓盐酸(在硝酸等氧化剂存在下)得到相应的铀酰盐。与一氧化硫、氯氧化碳等氯化剂共热得到四氯化铀。1300℃时分解为二氧化铀。制备:可在高温下灼烧硝酸铀酰、重铀酸铵或三碳酸铀酰铵等化合物制得。用途:可作为核反应堆燃料、铀的重量分析的基准氧化物,用于生产金属铀和其他铀化合物。

二氧化镎(neptunium dioxide) CAS 号 12035-79-9。化学式 NpO_2,分子量 269.00。橄榄绿色立方系晶体,有放射性! 熔点 2797℃,密度 11.11 g/cm^3。在空气中极为稳定,不溶于水、稀酸。加热至 100℃时可溶于浓酸,在有溴酸钾一类氧化剂存在下,溶解速度加快。与过量的溴化铝作用,可得到红棕色的四溴化镎。制备:可将镎的硝酸盐、草酸盐、氢氧化物、8-羟基喹啉盐在空气中加热分解制得。

八氧化三镎(neptunium octaoxide) 化学式 Np_3O_8,分子量 839.00。褐色立方系晶体。易溶于硝酸。600℃以上分解为氧镎和二氧化镎。制备:将镎(V)的氢氧化物在空气中加热至 275~425℃,或将镎(IV)以及镎(V)的化合物在 400℃的条件下用四氧化二氮处理制得。

二氧化钚(plutonium dioxide) CAS 号 12059-95-9。化学式 PuO_2,分子量 276.06。绿棕色至黄棕色粉末,剧毒! 有放射性! 熔点 2400℃,密度 11.5 g/cm^3。是钚的最稳定氧化物。溶于热浓的硫酸、硝酸、氢氟酸,难溶于水。制备:由氢氧化钚、过氧化钚、草酸钚、硫酸钚或硝酸钚加热分解制得。用途:可作为核反应堆燃料。

二氧化镅(americium dioxide) CAS 号 12005-67-3。化学式 AmO_2,分子量 275.00。暗棕色或黑色立方系晶体粉末,剧毒! 有放射性! 密度 11.68 g/cm^3。在空气中极稳定。易溶于盐酸放出氯气,易溶于硝酸和硫酸放出氧气。制备:可由硝酸镅(III)、氢氧化镅(III)、碳酸镅(III)或草酸镅(III)在氧气气氛中加热至 700~800℃制得。用途:可用于制烟雾探测报警器、制备镅的其他化合物及镅-铝合金等。

三氧化二镅(americium sesquioxide) 化学式 Am_2O_3,分子量 534.26。有两种晶型。α 型为红棕色立方系晶体,密度 10.49 g/cm^3,800℃时向 β 型转变。β 型为褐色六方系晶体,熔点 2205 ± 15℃,密度 11.68 g/cm^3,溶于无机酸。制备:由二氧化镅在 600~1000℃时被氢气还原制得。

氧硫化碳(carbon oxysulfide) 亦称"硫化碳酰""碳酰硫"。CAS 号 463-58-1。化学式 COS,分子量 60.08。无色有臭鸡蛋气味气体,有毒! 熔点 -138.8℃,沸点 -50.2℃,密度 1.028^{17} g/L(气态)、1.24^{-87} g/mL(液态)。极易溶于二硫化碳,可溶于水、乙醇、甲苯。在水中缓慢分解成二氧化碳和硫化氢。常温下在玻璃管中稳定,石英管中却被缓慢分解。300℃时分解为一氧化碳和硫。在空气中点燃易爆炸,燃烧生成二氧化碳和二氧化硫。制备:可由一氧化碳与硫在高温下反应制得,或在有水存在时通过硫氰化铵与硫酸反应制得。用途:可催化乙烯聚合,还可用于生产农药。

氧氯化硅(hexachlorodisiloxane) 亦称"六氯氧化二硅""六氯二甲硅醚"。CAS 号 14986-21-1。化学式 Si_2OCl_6,分子量 284.89。无色至淡黄色液体。熔点 <0℃,沸点 137℃,密度 1.58 g/mL。溶于二硫化碳、四氯化碳、乙醚、氯仿。遇水分解。与无水甲醇反应,与有机锂及有机镁化合物反应得到有机硅氧烷。制备:可由硅粉与氧和氯的混合物加热反应,或由四氯化硅蒸气与氧经高温反应制得。

氧硫化硒(selenium oxysulfide) 化学式 $SeSO_3$,分子量 159.02。绿色晶体或黄色粉末。溶于水并与水激烈反应,生成亚硒酸和硒。溶于发烟硫酸或浓硫酸得到绿色溶液。40℃时因失去三氧化硫而分解。制备:由单质硒与三氧化硫反应制得。

氧化铬镁(magnesium chromite) 亦称"亚铬酸镁""镁铬尖晶石"。CAS 号 12053-26-8。化学式 $MgCr_2O_4$。黑色、绿色或红色立方系晶体。外表光泽呈金属或者亚金属色泽。熔点 2390℃,密度 $4.40\sim4.43 \text{ g/cm}^3$。不溶于水、稀酸、稀碱,可溶于浓硫酸。与镁铝尖晶石可完全互熔。制备:由氧化镁和三氧化二铬经高温煅烧制得。用途:可用于制造镁铬砖,可作为炼钢电炉、氩氧精炼炉、真空脱气等高温设备的耐热材料。

过氧化氢(hydrogen peroxide) 亦称"双氧水"。CAS 号 7722-84-1。化学式 H_2O_2,分子量 34.01。纯品为淡蓝色黏稠液体,市售一般为 30% 的无色水溶液。熔点 -0.43℃,沸点 150.2℃,密度 1.44 g/mL。可与水、乙醇混溶,不溶于苯、石油醚。常温下不稳定,易分解。在酸性介质或碱性介质中是强氧化剂。但若遇到高锰酸钾等更强的氧化剂时,在酸性或碱性介质中是还原剂。制备:实验室中可用过氧化钠与冷的稀硫酸或盐酸反应制得,工业上可用电解水解法或乙基蒽醌法制得。用途:可作为氧化剂、漂白剂、消毒剂、脱氧剂,可用于生产过硼酸钠、过碳酸钠、过氧乙酸、亚氯酸钠、过氧化硫脲等,还可用于纺织、医疗、电池、泡沫塑料、摄影、火箭燃料、有机合成等领域。

过氧化钠(sodium peroxide) CAS 号 1313-60-6。化学式 Na_2O_2,分子量 77.98。白色或淡黄色粉末。熔点 460℃(分解),密度 2.81 g/cm^3。能溶于冷水,在热水中分解生成含氢氧化钠的过氧化氢,遇乙醇或氨分解,能溶于稀酸,不溶于碱溶液。在空气中迅速吸收水分和二氧化碳变成氢氧化钠、碳酸钠。有强氧化性,可以把铁氧化为高铁酸根,可在常温下将有机物转化为碳酸盐。与有机物接触会导致燃烧或爆炸。其八水合物为白色六方系晶体,加热至30℃分解。制备:可先在200℃下将金属钠氧化成氧化钠,在富氧气氛中进一步氧化制得;或由钠在不含二氧化碳的干燥空气气流中加热到300～400℃制得;或将液钠喷入氧化炉中,使雾状的液钠与炉内的氧气进行连续氧化燃烧;或在300℃的铝制转鼓中,由钠与除去二氧化碳的空气反应制得。用途:可作为氧化剂、漂白剂、印染剂、防腐剂、杀菌剂、除臭剂、熔矿剂、微量分析试剂、二氧化碳吸收剂,还可用于制其他金属过氧化物、超氧化物等,常与超氧化物及少量催化剂组成空气再生药剂,广泛用于宇航、海底勘探、高原作业、矿井救援、消防救火、潜艇航行等方面。

过氧化镁(magnesium peroxide)　亦称"二氧化镁"。CAS号1335-26-8。化学式MgO_2。分子量56.30。无臭无味的白色粉末。不溶于水,溶于酸类生成过氧化氢。在空气中逐渐分解,强热可完全分解生成氧化镁与氧气。制备:可由过氧化氢与氧化镁反应,或由镁盐溶液与过氧化氢反应制得。用途:可作为氧化剂、织物漂白剂、杀菌剂、医用解酸剂及抗发酵剂。

过氧化钾(potassium peroxide)　亦称"二氧化钾"。CAS号17014-71-0。化学式K_2O_2,分子量110.20。白色无定形粉末。熔点490℃,密度2.40 g/cm^3。易潮解。与水或稀酸反应生成过氧化氢。在空气中吸收二氧化碳并放出氧气。有强氧化性,与有机物和强还原性物质相遇会着火、爆炸。制备:可由钾在空气中控制氧化,或向熔融的氢氧化钾中通入氧气,二水合物结晶可由氢氧化钾与过氧化氢混合的水溶液在真空中浓硫酸上蒸发制得。用途:可作为氧化剂、漂白剂,可用于制取氧气。

过氧化钙(calcium peroxide)　亦称"二氧化钙"。CAS号1305-79-9。化学式CaO_2,分子量72.08。白色或微黄色四方系晶体粉末。密度2.92 g/cm^3。八水合物为无色正方系晶体,密度1.70 g/cm^3。在275℃时分解。难溶于水,不溶于乙醇、乙醚等有机溶剂。遇酸生成过氧化氢。制备:可由钙盐溶液与过氧化钠反应,或由氧化钙与过氧化氢反应,或由钙在充足氧气氛中燃烧制得。用途:可作为杀菌剂、防腐剂、解酸剂、抗发酵剂、种子消毒剂、橡胶稳定剂、油类漂白剂、封闭胶泥的快干剂,可用于橡胶、食品、化妆品、农业等领域。

过氧化铜(copper peroxide)　化学式$CuO_2 \cdot H_2O$,分子量113.55。棕色或棕黑色晶体。不溶于水、乙醇。溶于稀酸,生成过氧化氢。加热至60℃分解为氧和氧化铜。制备:在低温条件下,向铜盐的碱性溶液中加入过氧化氢制得。

过氧化锌(zinc peroxide)　CAS号1314-22-3。化学式$ZnO_2 \cdot \frac{1}{2}H_2O$,分子量106.38。白色或淡黄色粉末。密度3.00±0.08 g/cm^3。溶于乙醇、乙醚、丙酮。遇酸、水分解放出氧气。有强氧化性。150℃以上分解放出氧,

200℃时易爆炸。制备:可由过氧化钡与硫酸锌溶液反应,或由氧化锌或二乙基锌的乙醚溶液与浓的过氧化氢反应制得。用途:作高温氧化剂、硫化剂、分散剂、固化剂、抗菌剂、收敛剂、润肤剂、伤口及皮肤病的除臭剂,可用于化妆品、药物、烟火等。

过氧化铷(rubidium peroxide)　化学式Rb_2O_2,分子量202.94。淡黄色立方系晶体。熔点573℃,密度3.65 g/cm^3。溶于水分解为氢氧化铷和氧气。1 011℃分解。制备:在真空中用金属铷吸收计量比的氧气,然后加热至熔融,冷却后结晶制得。

过氧化锶(strontium peroxide)　CAS号1314-18-7。化学式SrO_2,分子量119.62。白色粉末。熔点215℃(分解),密度4.56 g/cm^3。难溶于水,溶于乙醇及氯化铵溶液,不溶于丙酮。-5℃与过氧化氢作用生成加合物。能被酸分解生成过氧化氢。与二氧化碳反应慢慢生成碳酸锶。为强氧化剂。与还原性物质接触、碰撞或受热能自燃和爆炸。八水合物为无色透明晶体,密度1.95 g/cm^3。100℃开始脱水。制备:可由一氧化锶在350～400℃与高压氧反应制得,八水合物可由硝酸锶的氨水溶液与30%过氧化氢反应制得。用途:可作为漂白剂、洗涤剂、氧化剂、清洗剂、金属表面的处理剂、医药用消毒剂、气味消除剂、牛奶保鲜剂等,可用于造纸、纺织、医药、食品、化学分析、有机合成等领域。

过氧化银(silver peroxide)　化学式Ag_2O_2,分子量247.74。灰色立方系粉晶。密度7.44 g/cm^3。不溶于水,溶于硫酸、浓硝酸、氨水、高氯酸。热稳定性差,与有机物接触有起火及爆炸的危险,超过100℃分解为金属银和氧。制备:可由氧化银与过二硫酸盐水溶液反应,或由硝酸银和高锰酸钾的混合液与过量的氢氧化钾反应,或用臭氧氧化金属银制得。用途:可作为分析试剂、氧化剂、电池原料。

过氧化铯(cesium peroxide)　化学式Cs_2O_2,分子量297.81。淡黄色针状晶体。熔点400℃,密度4.25 g/cm^3。溶于冷水、酸、乙醇。在热水中分解放出氧气。650℃时受热释出氧气。制备:可由硝酸铯加热分解,或由铯在空气或一氧化氮中控制氧化,或由超氧化铯真空热分解制得。

过氧化钡(barium peroxide)　亦称"二氧化钡"。CAS号1304-29-6。化学式BaO_2,分子量169.34。白色或微灰色的粉末,有毒! 熔点450℃,沸点800℃,密度4.96 g/cm^3。微溶于冷水。不溶于乙醇、丙酮、乙醚。在冷酸中分解生成过氧化氢,在热酸作用下则产生氧气,与浓硫酸反应生成臭氧。空气中缓慢分解。可吸收空气中的二氧化碳生成碳酸钡放出氧气。在800℃可失去部分氧变为氧化钡。与有机物接触、摩擦或撞击能引起燃烧或爆炸。其八水合物为无色六方系晶体,密度2.29

g/cm^3。约在 100℃时失去结晶水。制备：可在 500℃时向氧化钡通入不含二氧化碳的氧气，或向氢氧化钡溶液中加入过氧化氢，或由过氧化氢与氧化钡的悬浮液反应制得其八水合物。用途：可作为氧化剂、漂白剂、媒染剂、消毒剂、引火剂、玻璃脱色剂、氧源，可用于制钡盐、过氧化氢等。

过氧化铼（rhenium peroxide）　化学式 Re_2O_8，分子量 500.40。白色粉末，紫外光照射或受热则变为黄色。熔点 145℃，密度 8.4 g/cm^3。易溶于水、酸、碱，微溶于乙醇。蒸发其水溶液得到七氧化二铼。新制备溶液呈酸性，与碱金属作用生成盐，易被还原。制备：在氧气中加热粉末状铼或低级氧化物制得。

过氧化铀（uranium peroxide）　化学式 $UO_4 \cdot 2H_2O$，分子量 338.06。浅黄色正交系晶体，密度 4.66 g/cm^3。有吸湿性，不溶于水。遇酸分解，放出过氧化氢。115℃及遇盐酸分解。加热至 130℃以上，生成非晶型的三氧化铀。制备：可向 pH 约为 2 的铀酸盐或硝酸铀酰的水溶液中加入过氧化氢，将得到的沉淀物在空气中加热至 90℃制得。用途：可作为强氧化剂。

超氧化钠（sodium superoxide）　CAS 号 12034-12-7。化学式 NaO_2，分子量 54.99。浅黄色或橙黄色固体。密度 2.2 g/cm^3。常温时为淡黄色，高温时由深黄到橙黄，暴露在空气中会逐渐放出氧而失去黄色。在 65℃以下较稳定，100℃时开始缓慢分解析出氧气，250℃以上剧烈分解放出氧气。长期暴露在空气中，将变成过氧化钠、氢氧化钠及碳酸钠的混合物。遇水或水蒸气产生热，量大时能发生爆炸。与水迅速反应生成过氧化氢、氢氧化钠和氧气。为强氧化剂。接触易燃物、有机物、还原剂能引起燃烧爆炸。制备：可由过氧化钠与氧气在高压下 350℃反应制得。用途：可作为供氧剂，广泛用于煤矿、化工、潜水、急救、高山测绘、高空飞行等需要供氧的场合。

超氧化钾（potassium superoxide）　亦称"二氧化钾"。CAS 号 12030-88-5。化学式 KO_2，分子量 71.10。黄色立方系片状晶体。熔点 380℃，密度 2.14 g/cm^3。属碳化钙型结构，有顺磁性。遇水激烈反应生成氢氧化钾、过氧化氢并放出氧气。遇乙醇分解。吸收二氧化碳反应生成碳酸钾并放出氧气。具有强氧化性。加热至 280℃软化，在红热下熔化为黑色透明液，冷却后沉积出叶状物，480℃分解成三氧化二钾。制备：可将钾溶解到液氨中长时间通入氧气，经蒸发、真空干燥制得；或由钾在过量空气中燃烧制得。用途：可作为氧化剂，可用于急救、潜水、登山，高空飞行等场合的人工氧气源。

超氧化铷（rubidium superoxide）　亦称"二氧化铷"。CAS 号 12137-25-6。化学式 RbO_2，分子量 117.47。黄色片状固体，熔融态呈黑色。熔点 432℃，密度 3.80 g/cm^3。易潮解。有强氧化性。在空气中不稳定，可吸水和二氧化碳分解放出氧气。与水作用生成氢氧化铷并放出氧气。在 1 177℃分解为三氧化二铷和氧气。制备：可由金属铷在空气中燃烧；或向铷的液氨溶液中通入氧气，然后酸化液氨溶液制得。

超氧化铯（cesium superoxide）　CAS 号 12018-61-0。化学式 CsO_2，分子量 164.90。黄色至橘黄色粉末。熔点 432℃，密度 3.77 g/cm^3。加热至 280～360℃形成过氧化铯。1 266℃分解放出氧气生成过氧化铯。制备：可由金属铯与氧气在 330℃反应制得。用途：可作为强氧化剂、释氧剂。

氢 氧 化 物

氢氧化锂（lithium hydroxide）　CAS 号 1310-65-2。化学式 LiOH，分子量 23.95。白色四方系晶体颗粒，对皮肤有强烈的刺激性！熔点 450℃，沸点 924℃，密度 1.46 g/cm^3。易吸潮，能溶于水，略溶于乙醇。具有中强碱性，可与酸反应，可与二氧化硫、氯化氢、氰化氢等酸性气体反应，可吸收空气中的二氧化碳。制备：可由锂辉石与石灰石煅烧后经一系列处理制得，或由碳酸锂或硫酸锂与氢氧化物反应制得。用途：可作为二氧化碳吸收剂、碱性蓄电池添加剂、照相显影剂及催化剂等，广泛用于制锂的化合物，及锂皂、锂基润滑脂、醇酸树脂等。

氢氧化铍（beryllium hydroxide）　CAS 号 13327-32-7。化学式 $Be(OH)_2$，分子量 43.03。白色无定形粉末或晶体，剧毒！熔点 138℃（分解），密度 1.92 g/cm^3。有两种变体：亚稳结晶的 α 型和稳定结晶的 β 型。不溶于水。具有两性，能溶于酸及浓热的碱溶液中。制备：铍盐溶液在隔绝二氧化碳的条件下用氨沉淀制得 α-氢氧化铍凝胶，由铍酸钠缓慢水解制得 β-氢氧化铍。用途：制备铍及氧化铍。

氢氧化铵（ammonium hydroxide）　俗称"氨水"。CAS 号 1336-21-6。化学式 NH_4OH 或 $NH_3 \cdot H_2O$，分子量 35.05。无色液体，有强烈的刺激性臭味。熔点 -77℃，沸点 34.5℃（28% NH_3），密度 0.879 g/mL（15℃，28% NH_3）。易挥发，易溶于水和醇，呈弱碱性。可与酸反应生成铵盐。在氧气中燃烧生成氮气，或经铂网生成一氧化氮。能同许多过渡金属离子结合，可溶解一些难溶性盐。制备：由氮气和氢气在高温高压和催化剂存在下合成的氨气再经水合而成,或由铵盐和强碱反应再经水合而得。用途:用于生产硝酸、氮肥、染料、医药品、塑料、制冷剂等。

氢氧化钠(sodium hydroxide) 俗称"烧碱""火碱""苛性钠"。CAS 号 1310-73-2。化学式 NaOH,分子量 40.00。白色固体。熔点 318.4℃,沸点 1390℃,密度 2.13 g/cm³。在空气中极易吸潮,同时吸收空气中的二氧化碳变成碳酸钠。易溶于水,并大量放热。其水溶液呈强碱性,可与酸中和生成盐和水,与酸性氧化物反应生成相对应酸的盐和水,与某些金属盐溶液反应生成不溶性碱和盐,与油脂发生皂化反应。有强腐蚀性,可破坏玻璃、纤维和毛皮制品,并能溶解漆层。氢氧化钠固体或其溶液皆能灼伤皮肤,可造成永久性伤害(疤痕),接触眼睛严重者可造成失明。制备:工业上主要通过电解饱和食盐水来制备,或用碳酸钠与石灰乳反应制取。用途:是重要的基本化工原料,可广泛用于日化、纺织、印染、电镀、石化、造纸等行业。

氢氧化镁(magnesium hydroxide) CAS 号 1309-42-8。化学式 Mg(OH)₂,分子量 58.32。白色无定形粉末或无色六方系晶体。密度 2.36 g/cm³。几乎不溶于水和醇,可溶于稀酸及铵盐溶液。水溶液呈弱碱性,可吸收二氧化碳生成碱式碳酸镁或碳酸镁。加热至 350℃失去 1 分子水,得到氧化镁。制备:可由镁盐加碱复分解,或由氧化镁经水化作用,或由水与镁汞齐反应制得。用途:可作为脱水剂、碱性剂、分析试剂,用于食品、制糖、制药、塑料、污染处理等领域。

氢氧化铝(aluminium hydroxide) CAS 号 21645-51-2。化学式 Al(OH)₃,分子量 78.00。白色单斜系晶体。密度 2.42 g/cm³。不溶于水和乙醇。加热至 300℃时分解为氧化铝和水。属两性氢氧化物,可溶于强酸生成铝盐和水,也溶于强碱溶液,生成偏铝酸盐和水,但碱性略强于酸性,不溶于氨水。与弱酸反应时可生成碱式盐。制备:可由可溶性铝盐溶液与氨水或碳酸钠溶液反应制得。用途:可作为吸附剂、净水剂、媒染剂、纸张填料、防水填料等,用于陶瓷、玻璃、医药、化工等领域。

偏氢氧化铝(aluminium metahydroxide) 亦称"硬水铝石"。CAS 号 8006-30-2。化学式 AlO(OH),分子量 59.99。无色正交系晶体。密度 3.3～3.5 g/cm³。溶于热酸、热碱中,不溶于水。加热脱去 1 分子水转化成 Al₂O₃。在自然界中以硬水铝石矿石存在。制备:对氢氧化铝进行水热处理,或对水铝氧真空脱水生成的 ρ-氧化铝进行水热处理等可制得。用途:用于炼铝及制造高铝质耐火材料的原料。

氢氧化钾(potassium hydroxide) 亦称"苛性钾""钾灰"。CAS 号 1310-58-3。化学式 KOH,分子量 56.11。白色晶体。熔点 360.4℃,沸点 1324℃,密度 2.044

g/cm³。极易吸收空气中的水分及二氧化碳。易溶于水、乙醇、甘油,微溶于乙醚和氨,溶解时强烈放热。水溶液呈强碱性,可与酸、酸性氧化物以及某些盐反应。具有强腐蚀性,可刺激呼吸道,灼伤皮肤或眼睛。制备:可通过电解氯化钾或碳酸钾的浓水溶液制得,也可使石灰乳或氢氧化钡溶液与碳酸钾溶液作用,经滤除沉淀而得。用途:用作分析试剂、干燥剂,广泛用于制皂、造纸、纺织、印染、制药、电镀、有机合成等领域。

氢氧化钙(calcium hydroxide) 俗称"熟石灰""消石灰"。CAS 号 1305-62-0。化学式 Ca(OH)₂,分子量 74.09。白色六方系粉末状晶体。密度 2.24 g/cm³。微溶于水,是较强的碱,溶液有涩味,可吸收二氧化碳生成碳酸钙和水。具有强腐蚀性和吸湿性。可与酸中和生成盐和水。潮湿的氢氧化钙粉末吸收氯气可制成漂白粉,与氯化镁反应可生成氢氧化镁,与纯碱反应可制成烧碱。加热至 580℃失水得到氧化钙。澄清的水溶液称石灰水,与水组成的白色悬浊液称石灰乳,组成的膏状物称石灰膏。制备:可通过氧化钙与水反应制得。用途:可作为硬水软化剂、消毒剂、制酸剂、收敛剂,用于制糖、制药、建筑、园林等领域。

氢氧化钪(scandium hydroxide) CAS 号 17674-34-9。化学式 Sc(OH)₃,分子量 95.98。白色无定形粉末。易溶于稀酸,难溶于水。新制的沉淀可部分溶于过量浓碱溶液生成钪酸盐。高温分解为氧化钪和水。制备:向氯化钪溶液中加入氢氧化钠溶液或氨水可得其胶状沉淀。用途:用作化学试剂。

氢氧化铬(III)(chromium(III) hydroxide) CAS 号 1308-14-1。化学式 Cr(OH)₃,分子量 103.02。灰蓝色粉末或绿色胶状沉淀。密度 3.11 g/cm³。不溶于水,微溶于氨水。具有两性,易溶于酸形成相应的三价铬盐,溶于过量碱形成络合阴离子 [Cr(OH)₈]⁵⁻、[Cr(OH)₇]⁴⁻、[Cr(OH)₆]³⁻。具有胶体特性,易被三氯化铬乳化为悬胶。陈化后对碱作用活性下降,但仍能溶于酸。可溶于过量氢氧化钠中生成亚铬酸钠。受热可分解为三氧化二铬。制备:向三价铬盐或铬矾溶液中加入稀碱或氨水制得,或向铬酸钠溶液中加入硫磺或硫化钠制得。用途:可作为媒染剂,还可用于制取铬盐、亚铬酸盐、颜料、处理羊毛等。

氢氧化铬(II)(chromium(II) hydroxide) 化学式 Cr(OH)₂,分子量 86.01。黄褐色粉末,易熔融。在水中分解,溶于酸。与氢氧化钾和硝酸钾共熔可生成黄色铬酸盐。受热分解。制备:由三氯化铬于氢气中还原成二氯化铬,再与碱作用制得。用途:可用作吸氧剂。

氢氧化锰(II)(manganese(II) hydroxide) CAS 号 18933-05-6。化学式 Mn(OH)₂,分子量 88.95。白色三方系晶体。密度 3.258 g/cm³。难溶于水、碱,易溶于酸、强酸的铵盐溶液。曝置在空气中很快被氧化成棕色的

$MnO(OH)_2$。即使是水中溶解的微量氧,也能将其氧化。受热易分解。制备:隔绝空气时向二价锰盐水溶液加碱制得。用途:可用于测定水的溶氧量。

氢氧化氧锰(Ⅳ)(manganese(Ⅳ) oxide hydroxide) 化学式 $MnO(OH)_2$,分子量 104.95。黑褐色非晶体。密度 2.58 g/cm³。非常缓慢地溶于冷水。

氢氧化氧锰(Ⅲ)(manganese(Ⅲ) oxide hydroxide) 俗称"羟氧化锰"。CAS 号 12025-99-9。化学式 $MnO(OH)$,分子量 87.95。棕黑色正交系晶体。密度 $4.2\sim4.4$ g/cm³。不溶于水,溶于盐酸、热硫酸。加热分解。制备:可由二价锰盐在碱性溶液中生成的 $Mn(OH)_2$ 经空气氧化而得。

氢氧化锰(Ⅲ)(manganese(Ⅲ) hydroxide) CAS 号 1332-62-3。化学式 $Mn(OH)_3$,分子量 105.96。白色沉淀。常温下为固体。难溶于水。不稳定,易发生歧化反应。受热易分解。

氢氧化铁(ferric hydroxide) CAS 号 1309-33-7。化学式 $Fe(OH)_3$,分子量 106.87。红棕色无定形粉末或絮状沉淀。密度 $3.4\sim3.9$ g/cm³。不溶于水、乙醇、乙醚,溶于酸。新制品易溶于无机酸和有机酸,久置则难溶解。低于 500℃时完全脱水变为氧化铁。制备:可由三价铁溶液加氨水沉淀制得。用途:可作为净水剂、催化剂、吸收剂、砷解毒剂等,可用于颜料、药物等领域。

氢氧化亚铁(ferrous hydroxide) CAS 号 11113-66-9。化学式 $Fe(OH)_2$,分子量 89.87。浅绿色六方系晶体或白色无定形粉末。密度 3.40 g/cm³。难溶于水,可溶于酸和氯化铵溶液生成亚铁盐。不溶于稀强碱,但在浓氢氧化钠溶液中部分溶解生成 $[Fe(OH)_4]^{2-}$。在碱性溶液中有强还原性。在空气中迅速氧化,先呈暗绿色,继为近黑色,最后转变为红棕色的氢氧化铁或水合氧化铁。对热不稳定,加热分解生成四氧化三铁、水和氢气。制备:在隔绝空气条件下,向亚铁盐溶液中加入强碱制得。用途:可用于制造二价铁盐。

氢氧化高钴(cobalt(Ⅲ) hydroxide) 亦称"三水合氧化钴"。CAS 号 1307-86-4。化学式 $CoO(OH)$ 或 $Co_2O_3\cdot3H_2O$,分子量 91.94 或 219.91。暗蓝色或暗棕色四方系晶体粉末。密度 4.46 g/cm³。不溶于水、乙醇。可与氢氟酸、盐酸、硫酸等反应,生成可溶性化合物,该类溶液不立即分解,但当含有 Co^{3+} 离子时,迅速分解产生二价钴离子和氧气。溶于有机酸(如草酸或酒石酸)时伴随着还原反应。加热至 100℃时失去 1 分子结晶水。制备:可由氢氧化钴或亚钴碳酸盐的悬浮水溶液与溴或高氯酸钠混合加热制得。用途:一般作分析试剂、氧化剂和催化剂,也用于制钴和不含镍的钴盐。

氢氧化钴(cobalt(Ⅱ) hydroxide) CAS 号 21041-93-0。化学式 $Co(OH)_2$,分子量 92.95。浅红色六方系晶体粉末。密度 3.597 g/cm³。溶于酸及铵盐溶液,不溶于水和乙醇。可与一些有机酸反应生成含钴肥皂。在弱酸水溶液中能反应形成盐。在氧存在时,可迅速被氧化为高价态。在空气中也能缓慢地被氧化成棕黑色的 $CoO(OH)$。在真空中加热至 160℃脱水生成 CoO。制备:一般通过钴盐与碱金属氢氧化物反应,或以钴为阳极电解食盐水制得。用途:可用作玻璃和搪瓷的着色剂、制取其他钴化合物的原料、清漆和涂料的干燥剂、蓄电池的饱和液、H_2O_2 分解的催化剂等。

氢氧化高镍(Ⅲ)(nickel(Ⅲ) hydroxide) CAS 号 12125-56-3。化学式 $Ni(OH)_3$,分子量 109.72。有两种变体。β-$NiO(OH)$ 为黑色粉末。密度 4.15 g/cm³。易溶于酸。遇水或碱迅速分解为氢氧化镍(Ⅱ,Ⅲ)$[Ni_3O_2(OH)_4]$。γ-$NiO(OH)$ 为黑色六方或针状晶体,密度 3.85 g/cm。加热至 $138\sim140$℃分解,可溶于稀硫酸并放出氧气。制备:β-$NiO(OH)$ 可由硝酸镍溶液与氢氧化钾和溴水在低于 25℃时作用或硝酸钾和醋酸钠溶液常温电解制得。γ-$NiO(OH)$ 可由镍粉、过氧化钠和氢氧化钠在 600℃共熔后用冷水处理制得。用途:可用于制碱蓄电池以及催化有机氧化反应等。

氢氧化镍(nickel(Ⅱ) hydroxide) CAS 号 12054-48-7。化学式 $Ni(OH)_2$。分子量 92.71。绿色六方系粉末状晶体。密度 4.15 g/cm³。微溶于水,易溶于酸及氨水,不溶于液氨。在空气或过氧化氢中均不能被氧化,但在臭氧中则易生成氢氧化镍(Ⅲ)。在碱性条件下能被氯、溴氧化,但不能被碘氧化。缓慢加热至 230℃,大部分可脱水形成氧化镍(Ⅱ),完全脱水则需赤热。制备:可向硝酸镍或六氨合镍(Ⅱ)硝酸盐溶液中加入氢氧化钾反应制得。用途:可用作氧化催化剂,用于制造镍氢电池和镍镉电池正极等。

氢氧化铜(copper(Ⅱ) hydroxide) CAS 号 20427-59-2。化学式 $Cu(OH)_2$,分子量 97.56。蓝色至蓝绿色凝胶或淡蓝色晶体粉末,有毒! 密度 3.37 g/cm³。几乎不溶于水,可溶于酸类、氨水及氰化钾。新制品可溶于浓碱生成蓝色的四羟基铜酸钠。其稳定性随合成方法而异,放置或加热至 80℃可分解为黑色的氧化铜。制备:可由铜盐与碱作用制得。用途:可作为媒染剂、颜料、饲料添加剂及纸张染色剂等,还可用于制造人造丝、电池电极、农药、其他铜盐、催化剂和杀菌剂等。

氢氧化亚铜(copper(Ⅰ) hydroxide) CAS 号 12125-21-2。化学式 $CuOH$,分子量 80.55。黄色或橙黄色固体。密度 3.37 g/cm³。不溶于水,能溶于氨水。在酸性溶液中歧化为铜盐和金属铜。稍热即脱水变为氧化亚铜。在室温下极易被氧化。制备:由硫酸铜与硫代硫酸铜在溶液中反应,或由亚铜盐溶液与氢氧化钠溶液反应制得。

氢氧化锌(zinc hydroxide) CAS 号 20427-58-1。化学式 $Zn(OH)_2$,分子量 99.41。无色晶体或无色至浅黄色

粉末。密度 3.053 g/cm³。几乎不溶于水。具有两性,溶于酸形成锌盐,溶于碱形成锌酸盐,溶于氨水形成 $[Zn(NH_3)_4]^{2+}$。在 125℃脱水分解为氧化锌。制备:由锌盐溶液和适量强碱反应制得。用途:用于制外科药膏、橡胶等。

氢氧化镓(gallium hydroxide)　CAS 号 12023-99-3。化学式 $Ga(OH)_3$,分子量 120.74。白色晶体或粉末。不溶于水,溶于稀酸。具有两性,酸性比 $Al(OH)_3$ 强,在强酸性溶液中,以 Ga^{3+} 形式存在;在强碱性溶液中以 $[Ga(OH)_4]^-$ 形式存在。加热到 440℃以上分解为氧化物。制备:可由三氯化镓与氨溶液反应,或由镓酸钠溶液与二氧化碳反应制得。

氢氧化亚锗(germanium(II) hydroxide)　化学式 $Ge(OH)_2$,分子量 106.60。黄色沉淀,有时会转变为红色。加热失水易生成氧化亚锗。具有两性,但以酸性为主。溶于水呈酸性,易成胶态。在氮气中加热至 650℃,失水变为一氧化锗粉末,放置也能缓慢失水。制备:可由二氯化锗溶液与稀碱作用,或通过还原二氧化锗的酸性溶液制得。

氢氧化铷(rubidium hydroxide)　CAS 号 1310-82-3。化学式 RbOH,分子量 102.48。灰白色粉末。熔点 301±0.9℃,密度 3.20 g/cm³。极易溶于水,溶于醇。易潮解并吸收空气中的二氧化碳生成碳酸铷和水。具有强碱性、强腐蚀性,其水溶液能腐蚀玻璃、瓷器及石英。赤热时挥发但不分解。制备:可由硫酸铷和氢氧化钡反应,或电解氯化铷溶液制得。用途:用作低温蓄电池的电解质、氧化氯化反应的催化剂。

氢氧化锶(strontium hydroxide)　CAS 号 18480-07-4。化学式 $Sr(OH)_2$,分子量 121.63。无色晶体或白色粉末。熔点 375℃,密度 3.625 g/cm³。能溶于热水、酸和 NH_4Cl 溶液,难溶于丙酮,微溶于冷水。710℃时脱去 1 分子水生成氧化锶。八水氢氧化锶为无色易潮解结晶或白色粉末,密度 1.90 g/cm³。易潮解,微溶于冷水,易溶于热水,溶于氯化铵、甲醇,不溶于丙酮。在干燥空气中易风化,生成一水盐,能吸收空气中二氧化碳转变成碳酸锶。在干燥空气中可失去 7 分子结晶水,100℃失去全部结晶水。制备:向锶盐水溶液中加入碱金属氢氧化物可析出八水合物,或将硫化锶用热水煮沸进行加水分解,将溶液冷却可得八水合物。后者加热脱水,或由热的水蒸气作用于碳酸锶可得无水物。用途:可用作聚乙烯塑料的稳定剂,可用于精制糖、制取各种锶盐和锶润滑蜡、改进干性油和油漆的干燥性等。

氢氧化钇(yttrium hydroxide)　CAS 号 16469-22-0。化学式 $Y(OH)_3$,分子量 139.93。白黄色凝胶状或粉末状固体。熔化时分解。不溶于冷水和热水及碱溶液,可溶于酸和 NH_4Cl 溶液中生成三价钇盐。能从空气中吸收

二氧化碳。制备:向钇盐溶液中加苛性碱溶液或氨水制得。

氢氧化锆(zirconium(IV) hydroxide)　CAS 号 14475-63-9。化学式 $Zr(OH)_4$,分子量 159.25。白色蓬松无定形粉末或白色凝胶物质,有毒!密度 3.25 g/cm³。微溶于水和碱溶液,新制备的氢氧化锆可溶于无机酸。500℃时分解为二氧化锆。制备:可由硝酸锆盐或硫酸锆盐与碱相互作用制得。用途:主要用于制备锆及锆化合物,也用于颜料、染料、玻璃、塑料、橡胶、离子交换树脂、化学分析等领域。

氢氧化钼(IV)(molybdenum(IV) hydroxide)　化学式 $Mo(OH)_4$,分子量 163.93。黑色粉末。不溶于水,不与非氧化性酸和碱反应。但可溶于氧化性酸中。加热脱水生成 MoO_2,加热至 1 100℃生成 Mo 和 MoO_3。制备:向四价钼溶液中通入氨,或将钼在氢氧化钾溶液中电解氧化,或由仲钼酸铵在钯存在的条件下通过氢气还原制得。

氢氧化钼(III)(molybdenum(III) hydroxide)　亦称"氧化钼水化物"。化学式 $Mo(OH)_3$,分子量 146.96。黑色粉末。慢慢溶于无机酸,不溶于碱。压缩状态稍有导电性。常温下在空气中加热迅速变为 MoO_2。在 30% 过氧化氢中可放热溶解。加热则分解。制备:可由 KOH 或氨水与三价钼化合物的水溶液共热,或由 $MoCl_2$ 用 KOH 溶液处理制得。

氢氧化钌(ruthenium(III) hydroxide)　CAS 号 12135-42-1。化学式 $Ru(OH)_3$,分子量 152.09。黑色粉末。溶于除硫酸外的其他酸,不溶于水、碱及氨水。在空气中可自燃。可被过氧化氢氧化为氢氧化钌(IV)。在 30~40℃时能被氢气还原。制备:向三氯化钌溶液中加碱制得。

氢氧化镉(cadmium hydroxide)　CAS 号 21041-95-2。化学式 $Cd(OH)_2$,分子量 146.43。白色三方系晶体或无定形粉末,有毒!密度 4.79 g/cm³。溶于酸及铵盐溶液,难溶于水,不溶于碱金属氢氧化物溶液。略显酸性,可与浓氢氧化钠作用生成针状的四羟基镉(II)酸钠,但酸性远比氢氧化锌弱。能从空气中吸收二氧化碳。可溶于过量的氨水或氰化钠溶液中,生成四氨合镉配阳离子或四氰合镉配阴离子,热至 300℃失水变为氧化镉。制备:可用镉与稍过量的氢氧化钠反应制得。用途:可用于制镉电镀液、镉盐、蓄电池电极、电子元件等。

氢氧化铟(indium hydroxide)　CAS 号 20661-21-6。化学式 $In(OH)_3$,分子量 165.84。白色沉淀。熔点 150℃,密度 4.38 g/cm³。不溶于冷水、氨水,微溶于氢氧化钠,在浓碱中生成 $M_3[In(OH)_6]$,溶于酸。加热至 150℃失去 1 分子水。制备:向铟盐水溶液中加入氨水或碱制得。用途:主要用于制备氧化铟(III)。

氢氧化铯(cesium hydroxide)　CAS 号 21351-79-1。

化学式 CsOH。分子量 149.91。白色、灰色或黄色晶体，剧毒！熔点 272.3℃，密度 3.675 g/cm³。极易潮解，可溶于水和乙醇。水溶液为强碱，热浓溶液迅速与镍或银反应。固体或溶液都可从空气中吸收二氧化碳。高温下与一氧化碳反应生成甲酸铯、草酸铯及碳酸铯。溶液置于铂容器中加热至 180℃脱水成一水合物，继续加热到 400℃可进一步脱水得无水物。其氧化物和氢作用，缓慢加热至 300℃，可以生成氢氧化物和氢化物。制备：用等摩尔的硫酸铯与氢氧化钡反应制得。用途：可用于低温碱性蓄电池、重油脱硫、催化环状硅氧烷聚合等。

氢氧化钡（barium hydroxide）　亦称"苛性钡"。CAS 号 17194-00-2。化学式 Ba(OH)$_2$，分子量 171.36。白色粉末，剧毒！熔点 408℃，密度 4.5 g/cm³。Ba(OH)$_2$·H$_2$O 为白色粉末，密度 3.743 g/cm³。Ba(OH)$_2$·8H$_2$O 为无色单斜晶体，熔点 78℃，密度 2.18 g/cm³；在无二氧化碳情况下加热可失去 7 个结晶水变为 Ba(OH)$_2$·H$_2$O，继续加热于 407℃失去最后一个结晶水得到 Ba(OH)$_2$。可溶于水、甲醇，难溶于乙醇、乙醚、丙酮。水溶液呈强碱性，有腐蚀性。极易吸收空气中的二氧化碳生成碳酸钡。800℃以上分解为氧化钡。制备：由氧化钡与热水作用可得 Ba(OH)$_2$·8H$_2$O 晶体，或由氯化钡溶液与氢氧化钠作用制得。用途：可作为定量分析的标准碱、防腐剂、锅炉用水清净剂、杀虫剂，用于橡胶工业、制造钡盐、制糖、玻璃、精制动植物油等领域。

氢氧化镧（lanthanum(III) hydroxide）　CAS 号 14507-19-8。化学式 La(OH)$_3$，分子量 189.93。白色粉末。不溶于水，溶于酸。具有强碱性，能从铵盐中置换出氨。在空气中可吸收二氧化碳。向其悬浮溶液中通入氯气、二氧化碳或二氧化硫气体，则生成氯酸镧、碳酸镧或亚硫酸镧。溶度积很小，即使有 NH$_4$Cl 存在，也能被氨水沉淀。与固体碘作用时，有蓝色化合物生成，可将镧与其他所有的稀土元素区别开来。受热分解，260℃开始失水，失水后生成 La$_2$O$_3$·H$_2$O。高温时完全失水，变成 La$_2$O$_3$。制备：可向镧盐溶液中加入氨水或过量氢氧化钠溶液制得。用途：用于制镧盐。

氢氧化铈(III)（cerium(III) hydroxide）　CAS 号 15785-09-8。化学式 Ce(OH)$_3$，分子量 191.14。白色胶状沉淀，不纯时颜色呈黄、淡红或棕色。不溶于水、碱，溶于酸、碳酸铵、过量的氢氧化钠溶液。新制氢氧化铈易溶于各种无机酸中，生成相应酸的铈盐。在空气中被氧化成灰黄色。与过氧化氢反应容易被氧化成高铈氧化物。制备：向可溶性三价铈盐溶液中加入氢氧化钠溶液，或由电解 CeCl$_3$ 的水溶液制取。用途：可用作乳化剂、釉和搪瓷的遮光剂，制备铈盐，制黄色玻璃，粗品用来增加弧光灯电极的光辉。

氢氧化镨（praseodymium hydroxide）　CAS 号 16469-16-2。化学式 Pr(OH)$_3$，分子量 191.98。浅绿色粉末。加热至 220℃会发生分解。不溶于水和碱溶液，能溶于酸。在空气中灼烧得到二氧化镨。制备：向三价镨盐溶液中加入氨水制得。

氢氧化钕（neodymium hydroxide）　CAS 号 16469-17-3。化学式 Nd(OH)$_3$，分子量 195.22。淡红色粉末。不溶于水、氨水或过量碱中。可溶于酸中，生成钕盐。灼烧分解为氧化钕。制备：向氯化钕溶液中加入氨水制得。

氢氧化钐（samarium hydroxide）　CAS 号 20403-06-9。化学式 Sm(OH)$_3$，分子量 201.37。黄色粉末或晶体。溶于酸，难溶于水、碱及有机溶剂。高于 200℃时转化成 SmO(OH)。胶状的氢氧化钐能吸收二氧化碳和水。制备：向钐盐溶液中加入氨水制得。

氢氧化铕（europium hydroxide）　CAS 号 16469-19-5。化学式 Eu(OH)$_3$，分子量 202.99。淡粉红色固体。可溶于酸，生成铕盐。受热分解，先生成 EuO(OH)，继续加热得到三氧化二铕。

氢氧化钆（gadolinium hydroxide）　CAS 号 100634-91-1。化学式 Gd(OH)$_3$，分子量 208.28。白色粉末。难溶于水，可溶于酸，生成钆盐。加热分解为氧化钆。制备：向硝酸钆溶液中加入氨水制得。

氢氧化铽（terbium hydroxide）　CAS 号 12054-65-8。化学式 Tb(OH)$_3$，分子量 209.95。白色粉末状固体或凝胶状沉淀。易溶于稀酸，可从空气中吸收 CO$_2$。制备：可向 Tb^{3+} 溶液中加入氨水、胺类或碱金属氢氧化物制得其含水物。

氢氧化镝（dysprosium hydroxide）　CAS 号 1308-85-6。化学式 Dy(OH)$_3$，分子量 213.52。黄色固体。可溶于酸，生成镝盐。受热分解，先生成 DyO(OH)，继续得到 Dy$_2$O$_3$。

氢氧化钬（holmium hydroxide）　CAS 号 12054-57-8。化学式 Ho(OH)$_3$，分子量 215.95。黄色固体。可溶于酸，生成钬盐。受热分解，先生成 HoO(OH)，继续加热得到 Ho$_2$O$_3$。

氢氧化铒（erbium hydroxide）　CAS 号 14646-16-3。化学式 Er(OH)$_3$，分子量 218.28。苍紫红色粉末。难溶于水、可溶于酸，生成铒盐。易从空气中吸收二氧化碳变成碳酸铒。受热分解，先生成 ErO(OH)，继续加热得到 Er$_2$O$_3$。制备：向硝酸铒溶液中加入氢氧化钠溶液制得。

氢氧化铥（thulium hydroxide）　CAS 号 1311-33-7。化学式 Tm(OH)$_3$，分子量 219.96。绿色固体。可溶于酸，生成铥盐。受热分解，先生成 TmO(OH)，继续加热得到 Tm$_2$O$_3$。

氢氧化镱（ytterbium hydroxide）　CAS 号 16469-20-8。化学式 Yb(OH)$_3$，分子量 224.08。白色固体。可

溶于酸,生成镱盐。受热分解,先生成 $YbO(OH)$,继续加热得到 Yb_2O_3。

氢氧化镥(lutertium hydroxide)　CAS 号 16469-21-9。化学式 $Lu(OH)_3$,分子量 225.99。白色固体。可溶于酸,生成镥盐。受热分解,先生成 $LuO(OH)$,继续加热得到 Lu_2O_3。

氢氧化金(gold(III) hydroxide)　CAS 号 1303-52-2。化学式 $Au(OH)_3$,分子量 247.99。黄棕色粉末。见光分解。为两性氢氧化物,溶于大多数酸,溶于过量强碱溶液,形成络合氢氧金酸盐。不溶于水,溶于氰化钠溶液。易被还原为单质金。微热时分解生成三氧化二金。加热至 100℃迅速转变为 $AuO(OH)$,在 140～150℃时生成氧化金。制备:可由 $KAuCl_4$ 溶液与过量碳酸钠共热制得。用途:可用于医药、陶瓷着色、镀金等领域。

氢氧化铊(thallium(III) hydroxide)　化学式 $Tl(OH)_3$,分子量 255.41。黄色针状晶体,剧毒!易溶于水、乙醇。水溶液呈强碱性,能使姜黄试纸变棕色。浓水溶液可腐蚀玻璃。能与空气中的二氧化碳反应生成碳酸亚铊。在 50℃时高真空中脱水,可生成 TlO。用途:可用于检验臭氧、指示剂、制备含铊化合物等。

氢氧化亚铊(thallium(I) hydroxide)　CAS 号 12026-06-1。化学式 $TlOH$,分子量 221.38。无色或淡黄色晶体,剧毒!139℃分解。密度 7.44 g/cm^3。易溶于水和乙醇中。为强碱性物质,其浓的水溶液可腐蚀玻璃,可吸收空气中的二氧化碳生成碳酸亚铊。可被氯气、溴、王水等氧化到三价。加热至 100℃时脱水变为黑色粉末状的氧化亚铊。制备:可通过水分解乙氧基铊,或计量比的氢氧化钡与硫酸亚铊溶液反应制得。用途:可用于分析化学中作指示剂、检测臭氧、制取其他亚铊化合物等。

氢氧化铅(lead(II) hydroxide)　CAS 号 19781-14-3。化学式 $Pb(OH)_2$,分子量 241.20。白色无定形体,有毒!密度 7.592 g/cm^3。微溶于水,不溶于乙酸及氨水。属两性氢氧化物,可溶于酸和强碱。145℃分解为一氧化铅和水。制备:将氢氧化钠或氨水加入铅盐溶液制得。用途:用于制备各种铅盐。

氢氧化铋(bismuth hydroxide)　CAS 号 10361-43-0。化学式 $Bi(OH)_3$,分子量 260.00。白色至黄白色无定形粉末,有毒!密度 4.36 g/cm^3。溶于浓酸,不溶于水、乙醇和浓碱。新鲜沉淀物可溶于含氢氧化钠的甘油中。热水中分解。易呈胶状物。加热至 100℃时失去 1 分子水而成黄色的偏氢氧化铋,400℃再失去 0.5 个分子水,415℃分解。制备:可由铋盐与氢氧化钠反应,或由硝酸铋与碳酸铵按 5:1 比例于水中制取,或以金属铋为阳极电解 3％氯酸钠溶液制得。用途:可用作吸附剂,用于制义齿、制备铋盐等。

氢氧化锕(actinium hydroxide)　CAS 号 12249-30-8。化学式 $Ac(OH)_3$,分子量 278。白色固体,具有放射性!难溶于水。制备:将氨气通入锕的盐酸或硝酸溶液中反应制得。

氢氧化钍(thorium hydroxide)　CAS 号 13825-36-0。化学式 $Th(OH)_4$,分子量 300.07。白色凝胶状沉淀物。不溶于冷水、热水、碱、氢氟酸溶液。新制备的氢氧化钍易溶于酸,久置后溶解性下降。加热分解。制备:向可溶性钍盐中加入氢氧化钠溶液制得。用途:制钍盐。

氢氧化铀酰(uranyl hydroxide)　亦称"铀酸""偏铀酸""氢氧化铀酰"。CAS 号 211573-15-8。化学式 H_2UO_4、$UO_2(OH)_2$,分子量 304.04。黄色菱面体状晶体或粉末,具有放射性!密度 5.926 g/cm^3。不溶于冷水和热水,微溶于乙醇,能溶于碱金属碳酸盐溶液中生成碳酸根络合物。加热至 250～300℃即失水。制备:用适量盐酸处理铀酸盐而得。用途:用于制其他单铀酸盐和重铀酸盐。

氢氧化锔(curium hydroxide)　化学式 $Cm(OH)_3$,分子量 298.02。具有放射性!用途:可用于定量测定锔。

氟　化　物

氟化氢(hydrogen fluoride)　CAS 号 7664-39-3。化学式 HF,分子量 20.01。无色有刺激臭味气体或液体,有毒!熔点 -83.6℃,沸点 19.5℃,密度 1.15 g/L(气态)、0.99 g/mL(液态)、1.663 g/cm^3(固态)。在空气中易形成白色酸雾,易溶于水,水溶液称作氢氟酸,属一元弱酸。可溶解许多有机化合物。潮湿的氟化氢与氢氟酸可侵蚀玻璃,应保存在塑料容器中。氟化氢及氢氟酸均有毒性,容易使骨骼、牙齿畸形,且与人体接触后早期不易察觉,使用时需做好防护。制备:可由萤石与浓硫酸反应制得。用途:重要的化工原料,可作为刻蚀剂、氟化剂、清洗剂、溶剂、催化剂等,广泛用于电子、采矿、核工业、航天、冶金、玻璃、陶瓷、有机合成、染料等多种领域。

氟化锂(lithium fluoride)　CAS 号 7789-24-4。化学式 LiF,分子量 25.94。白色立方系晶体或羽状粉末。熔点 845℃,沸点 1 676℃(于 1 100～1 200℃挥发),密度 2.635 g/cm^3。微溶于水,不溶于醇,能溶于酸。常温下易溶于硝酸和硫酸,但不溶于盐酸。可溶于氢氟酸而生成氟化氢锂。与氢氧化锂生成氟化锂·氢氧化锂加合物。有氨存在时溶解度显著降低。不形成水合物，也不发生潮解，是最稳定的碱金属氟化物。制备：可由氢氧化锂或碳酸锂与氢氟酸反应制得。用途：可在玻璃、釉料及陶瓷工业中用作助熔剂，在焊条涂层中作助熔剂，在高温蓄电池中以熔融态作为电解质组分，还可用于制铝、核工业、光学、电解等领域。

氟化铍（berylium fluoride）　CAS 号 7787-49-7。化学式 BeF_2，分子量 47.01。白色粉末或晶体，有强刺激性，有毒！熔点 552℃，800℃升华，密度 1.986 g/cm^3。溶于水、硫酸以及乙醇和乙醚的混合液，不溶于硝酸、无水氢氟酸、无水乙醇。像玻璃一样熔融前先软化，此时显著挥发。制备：将氧化铍或碳酸铍与氟化氢铵的水溶液混合，在铂或银制容器中先制得四氟铍酸铵晶体，再于二氧化碳气流中加热至 450℃制得；也可由碳酸铍与氟化氢气体反应制得，但有水分存在时只能得到碱式盐 $5BeF_2 \cdot 2BeO$。用途：可制铍及其合金、对紫外线有高度穿透性的玻璃等，可在核工业的熔盐反应堆中用作熔融盐燃料和二次载热剂的组分。

氟化硼（boron trifluoride）　亦称"三氟化硼"。CAS 号 7637-07-2。化学式 BF_3，分子量 67.81。无色有刺激性气体，有窒息性！熔点 -126.7℃，沸点 -99.9℃，密度 $2.99^{-126.7}$ g/mL（液态）。易溶于浓硫酸、浓硝酸及有机溶剂。和水反应生成被称为氟硼酸的强酸。在空气中遇湿气立即水解产生剧毒的氟化物烟雾。是最强的路易斯酸之一。可与氟化氢、氨、醚、醇类、胺类、膦类形成加合物，实验室中常以液态的三氟化硼乙醚络合物作为其来源。加热时可与许多元素及无机和有机化合物猛烈反应。用火花放电法与氢气反应可被还原为硼。在铝、钠等存在下，于 300～500℃与氢气反应生成乙硼烷。与硼、铝、硅、钛、碱土类氧化物、硼酸盐、硝酸盐、碳酸盐、硅酸盐在高温下反应生成三聚氟氧化硼。与金属很难反应，有抑制氧化的作用。与烷基金属化合物、芳基格式试剂反应可生成烷基或芳基氟化硼 RBF_2、R_2BF。遇到硼酸酯、醇类时则生成氟硼酸酯 BF_2OR、$BF(OR)_2$。对皮肤有腐蚀性，可侵蚀橡胶。制备：可由硼砂、萤石在硫酸存在下反应，或由氟硼酸盐、硼酐、硫酸共热制得。用途：可用作有机合成催化剂、银焊液、熏蒸剂、制备硼烷的原料，还可用于防止熔融镁及其合金的氧化。

四氟化碳（carbon tetrafluoride）　亦称"四氟甲烷""全氟化碳""氟利昂 14"。CAS 号 75-73-0。化学式 CF_4，分子量 88.0。无色无臭易压缩性气体。熔点 -183.6℃，沸点 -128.1℃，密度 1.96^{-184} g/mL（液态）。微溶于水。在 900℃时，不与铜、镍、钨、钼反应。是最稳定的有机化合物之一。不燃烧，仅在碳弧温度下缓慢分解。高浓度对人体有麻醉作用。制备：可由碳、碳化硅或一氧化碳与氟反应，二氟二氯甲烷与氟化氢反应，四氯化碳与氟化银反应，或四氯化碳与氟化氢反应制得。用途：可作为制冷剂、溶剂、润滑剂、表面清洗剂、气体蚀刻剂、气体绝缘材料、激光器工作介质等，可用于制造电路板、半导体、氟硅橡胶、低温液体压力计等。

氟化氮（nitrogen trifluoride）　亦称"三氟化氮"。CAS 号 7783-54-2。化学式 NF_3，分子量 71.00。有腐烂臭味的无色气体，有毒！熔点 -207℃，沸点 -129℃，密度 1.533^{-129} g/mL。微溶于水。室温下与水不反应，与大多数稀酸、氨不反应。不侵蚀玻璃。可与油和脂肪发生反应，与氢气剧烈反应。在 70℃时与三氯化铝迅速反应生成氮、氯和三氟化铝。在 100℃以下，与碱溶液作用生成亚硝酸盐及氟化物。赤热时与金属、非金属作用。制备：可由氮与氟直接反应，或在氮气流中由氟与三氯化氮反应，或通过电解熔融氟氢酸铵，或在熔融氟化铵中由氨气与氟反应制得。用途：可在微电子工业中用作等离子蚀刻剂，可在高能化学激光器中作为氟化氢的氟源。

氟化氧（oxygen fluoride）　亦称"二氟化氧"。CAS 号 7783-41-7。化学式 OF_2，分子量 54.00。常温下为不稳定的无色气体，液态为淡黄色，固态为白色，有特别臭味，有毒！熔点 -223.8℃，沸点 -144.75℃，密度 2.369 g/L（气态）、1.9^{-224} g/cm^3（固态）。微溶于水并缓慢水解，酸、碱能促进其分解。与磷反应生成五氟化磷和氟氧化磷，与硫反应生成二氧化硫和四氟化硫，与氙反应生成四氟化氙和氙的氧氟化物。其水溶液可氧化 Pb^{2+}、Mn^{2+} 离子得到二氧化物。金属或非金属单质可被其氧化或氟化。室温时，遇水蒸气或与氯气、溴及碘混合时会发生爆炸。用木炭吸附气体后加热会发生爆炸。火花能引起其爆炸反应。加热时逐渐分解为氧和氟。制备：可在氟化钾或氟化铯的催化下由水与氟反应，或将氟缓慢通入 2% 的氢氧化钠水溶液制得。用途：可用于氧化或氟化反应。

二氟化二氧（dioxygen difluoride）　CAS 号 7783-44-0。化学式 O_2F_2，分子量 70.00。气态呈褐色，低温时为黄色固体或红色液体。熔点 -154℃，沸点 -57℃，密度 1.912^{-165} g/cm^3（固态）、1.45^{-57} g/mL（液态）。遇水分解。极不稳定，只能在 -57℃以下较稳定存在。低于 -100℃也能与除氦、氖、氩以外的所有金属和非金属反应。在 -100℃可将氙氧化成 +6 价，将金氧化成 +5 价。可将一些氟化物中的氟离子氧化为氟单质，如三氟化硼、五氟化磷、五氟化砷、四氟化锡、五氟化锑。制备：将等摩尔的氧和氟的混合气体通过用液氮冷却的放电管制得。用途：可作为强氧化剂和氟化剂，可用于制取氧正离子盐。

氟化钠（sodium fluoride）　CAS 号 7681-49-4。化学式 NaF，分子量 41.99。无色立方或四方系晶体，有毒！熔点 996℃，沸点 1 704℃，密度 2.78 g/cm^3。溶于水，在水溶液中部分水解而呈弱碱性，不溶于乙醇。水溶液能侵蚀玻璃。制备：可由冰晶石与氢氧化钠共熔，或向 40% 氢氟酸中加入等摩尔的氢氧化钠或碳酸钠制得。用途：可用作杀虫剂、不透明玻璃或搪瓷的添料、炼钢脱气剂、电解添加剂、助熔剂、木材防腐剂、牙膏添加剂、饮水氟化剂、分析试剂等。

氟化镁（magnesium fluoride）　CAS 号 7783-40-6。化学式 MgF_2，分子量 62.30。无色晶体或白色粉末，微有紫色荧光，有毒！熔点 1 248℃，沸点 2 227℃，密度 3.148 g/cm^3。不溶于水和乙醇，溶于硝酸。制备：可由菱镁矿与过量的氢氟酸反应，或由氧化镁与氟化氢铵反应制得。用途：可用作冶炼镁金属的助熔剂、阴极射线屏的荧光材料、焊剂，还可用于陶瓷、电子工业、电解铝、光学透镜镀膜等领域。

氟化铝（aluminium fluoride）　CAS 号 7784-18-1。化学式 AlF_3，分子量 83.98。无色三斜系晶体。熔点 1 290℃（升华），沸点 1 260℃，密度 3.10 g/cm^3。其一水合物亦称"氟铝石"，无色正交系晶体，密度 2.17 g/cm^3。加热失去氟化氢形成碱式氟化铝。溶于热水，微溶于冷水，不溶于酸、碱、乙醇及乙醚中，仅稍溶于热的硫酸。制备：可由氢氟酸和氢氧化铝反应，或由氟硅酸和氢氧化铝反应，或通过热解 $(NH_4)_3AlF_6$ 制得。用途：电解铝时大量用作电解介质的调整剂，还可作为发酵抑制剂、非铁金属的熔剂、陶瓷釉和搪瓷的助熔剂、有机反应中的催化剂等。

四氟化硅（silicon tetrafluoride）　亦称"四氟甲硅烷"。CAS 号 7783-61-1。化学式 SiF_4，分子量 104.08。无色有刺激性臭味的气体，有毒！熔点 - 90.2℃，沸点 - 86℃，密度 1.59^{-80} g/mL（液态）、4.69^{15} g/L（气态）。溶于乙醇、醚、硝酸、氢氟酸。易潮解，在潮湿空气中可产生浓烟雾，生成原硅酸和氢氟酸，水解生成的氢氟酸跟未水解的四氟化硅络合生成氟硅酸。吸湿性非常强，但无湿气时并不腐蚀玻璃、汞、润滑脂、橡胶等。制备：可由萤石粉和石英砂的混合物与浓硫酸反应，或由热解氟硅酸钡，或由浓硫酸与氟硅酸钠反应制得。用途：大量用于微电子加工。可用于制取有机硅化物、氟硅酸和氟化铝，还可用于化学分析、油井钻探等领域。

六氟化二硅（disilicon hexafluoride）　亦称"六氟乙硅烷"。CAS 号 13830-68-7。化学式 Si_2F_6，分子量 170.16。无色气体。熔点 - 18.7℃，沸点 18.5℃，密度 7.759 g/L（气态）。遇水或湿气水解，先生成硅草酸与氢氟酸，继而变为氟硅酸、硅酸及氢气。制备：由六氯化二硅与氟化锌温热反应制得。

三氟化磷（phosphorus trifluoride）　CAS 号 7783-55-3。化学式 PF_3，分子量 87.97。无色气体，有毒！熔点 - 151.5℃，沸点 - 101.5℃，密度 5.05 g/L（气态）。潮湿空气中缓慢分解。与水作用迅速分解为磷酸和氟化氢。易被氢氧化钠吸收。可被铬酸、高锰酸钾、溴等氧化剂在水溶液中迅速破坏。与醇作用转变成烷基亚磷酸盐，与热的金属反应生成磷化物和氟化物，与卤素反应生成 X_2F_3，与氢作用生成膦和氟化氢，与氧混合爆炸生成三氟磷酰。干燥状态的气体不腐蚀玻璃。制备：可由三氯化磷和氟化银、氟化锌、氟化氯、氟化钙等氟化剂反应，或由氟化铅与磷化铜反应，或由红磷与氢氟酸反应制得。用途：可在微电子工业中用作磷离子注入剂。

五氟化磷（phosphorus pentafluoride）　CAS 号 7647-19-0。化学式 PF_5，分子量 125.97。无色有刺激性恶臭味的气体，剧毒！熔点 - 93.8℃，沸点 - 84.6℃，密度 5.527 g/L（气态）。在潮湿空气中剧烈发烟。能水解得到氟化氢和磷酸。不侵蚀干燥的玻璃，但潮湿时因产生氟化氢而有腐蚀作用。可与胺、乙醚、硝酸盐、亚砜及有机碱生成配合物。制备：可由五氯化磷和氟化钙加热，或由五氯化磷与三氟化砷反应制得。用途：可用作离子型化合物聚合反应的催化剂、微电子工业中的磷离子注入剂。

一氟化硫（disulfur difluoride）　CAS 号 13709-35-8。化学式 S_2F_2，分子量 102.13。有 SO_2 和 S_2Cl_2 臭味的无色气体。熔点 - 133℃，沸点 15℃，密度 1.5^{-100} g/mL（液态）、4.174 g/L（气态）。在氢氧化钾水溶液中分解。能使金属钠表面形成白色的硬皮。与汞生成硫化汞。可使橡胶变脆。在碱金属氟化物存在下可异构化为硫代亚硫酰氟。制备：可由氟化银与熔融的硫反应制得。

一氟化氯（chlorine monofluoride）　CAS 号 7790-89-8。化学式 ClF，分子量 54.45。无色气体，液态时呈微黄色，固体为白色，具强腐蚀性，有毒！熔点 - 155.6℃，沸点 - 100.8℃，密度 1.67^{-108} g/mL（液态）。与水剧烈反应。接触有机物会燃烧。与 SeO_2 作用生成 $SeOF_2$ 和 SeF_4，能使 AgF、CoF_2、$CoCl_2$、$NiCl_2$、AgCl 分别转化为 AgF_2、CoF_3、NiF_2 和 AgF_2。对金属和非金属都有强氧化作用。可迅速侵蚀玻璃，有湿气存在时可很快侵蚀石英。制备：由氯与氟在 400℃反应制得。

三氟化氯（chlorine trifluoride）　CAS 号 7790-91-2。化学式 ClF_3，分子量 92.45。淡黄色具微甜味的气体或液体，有强刺激性！熔点 - 76.34℃，沸点 11.75℃，密度 1.87^{10} g/mL（液态）。遇水可生成氟化氢、二氟化氧和氯等。与多数有机物接触时起火，与氧化物和金属激烈反应，与氧化镁和氧化铝等有爆炸作用。低浓度的气体即可腐蚀玻璃。有湿气存在时可侵蚀石英。加热分解成一氟化氯和氟。制备：由氟气和氯气直接反应制得。用途：可用于清洁化学气相沉积的反应舱，可代替液态氟作为高效氧化剂和氟化剂。

四氟化硫（sulfur tetrafluoride）　CAS 号 7783-60-0。化学式 SF_4，分子量 108.06。无色气体，有毒！熔点 - 121.0℃，沸点 - 38℃，密度 1.95^{-78} g/mL（液态）。遇潮气及水分解为二氧化硫与氟化氢。受热分解，放出有毒的氟化物烟雾。制备：可由硫或二硫化碳在气体氟中燃烧，或由二氯化硫、氯、氟化钠反应制得。用途：可用于制备有机碳氟化合物。

十氟化二硫(disulfur decafluoride) CAS 号 5714-22-7。化学式 S_2F_{10}，分子量 254.11。类似二氧化硫气味的无色易挥发液体，剧毒！熔点 -92℃，沸点 29℃，密度 2.08 g/mL（液态）。在熔融苛性碱中分解，加热至 400℃ 分解为四氟化硫和六氟化硫。制备：可由电解六氟化硫制得。

六氟化硫(sulfur hexafluoride) CAS 号 2551-62-4。化学式 SF_6，分子量 146.06。无色无味无毒的气体。熔点 -50.8℃，-63.8℃ 升华，密度 6.164 g/L（气态），1.67 g/mL（液态）。微溶于水、醇及醚，可溶于氢氧化钾。不可燃，不活泼，与水、氨、碱、盐酸均不反应。低温下不与硫反应，400℃ 以上能与硫蒸气反应生成低价硫氟化物，后者在高温下又能与玻璃反应生成二氧化硫、三氧化硫和氟化硅。在电火花作用下与氢反应生成氟化氢和硫化氢。加热时与硫化氢反应生成氟化氢和硫。250℃ 时与金属钠反应。300℃ 以下干燥环境中与铜、银、铁、铝不反应。500℃ 以下对石英不起作用。制备：可由单质氟与硫直接反应制得。用途：可作为超高压绝缘介质材料、电子蚀刻剂、制冷剂、印刷电路板的干蚀剂、CVD 装置的气体清洗剂，可用于金属冶炼、航空航天、医疗、气象、化工等领域。

氟化钾(potassium fluoride) CAS 号 7789-23-3。化学式 KF，分子量 58.10。无色单斜结晶或白色结晶性粉末，有毒！熔点 858℃，沸点 1 505℃，密度 2.48 g/cm³。溶于水、氢氟酸、液氨，微溶于醇、丙酮。水溶液呈碱性，能腐蚀玻璃及瓷器。加热至升华温度时才少许分解。熔融时活性较强，能腐蚀耐火物质。低于 40.2℃ 的水溶液中可结晶得到二水合物，单斜系晶体，41℃ 时可溶于自身结晶水中。制备：可由热解氟化氢钾，或由氢氧化钾或碳酸钾与氢氟酸反应制得。用途：可作为助熔剂、杀虫剂、有机化合物的氟化剂、催化剂、吸收剂、掩蔽剂、细菌抑制剂、含氟食盐添加剂等，可用于玻璃雕刻、食物防腐、电镀、化学分析等领域。

氟化钙(calcium fluoride) CAS 号 7789-75-5。化学式 CaF_2，分子量 78.07。无色结晶或白色粉末，天然矿石中含有杂质，略带绿色或紫色。熔点 1 423℃，沸点 2 497℃，密度 3.18 g/cm³。极难溶于水，可溶于盐酸、氢氟酸、硫酸、硝酸、铵盐溶液，不溶于丙酮。溶于铝盐或铁盐溶液时形成络合物。与热的浓硫酸作用生成氢氟酸。能与多种金属氧化物形成低共熔物。加热时发光。自然界以萤石或氟石形式存在。制备：可用碳酸钙与氢氟酸反应，或用浓盐酸和氢氟酸反复处理萤石粉制得。用途：是制取氟及其化合物的原料，纯净的单晶可作为光学、电子仪器材料。还可用于钢铁冶炼、化工、国防等领域。

三氟化钛(titanium trifluoride) CAS 号 13470-08-1。化学式 TiF_3，分子量 104.86。紫红或紫色晶体。熔点 1 200℃，沸点 1 400℃，密度 2.98 g/cm³。不溶于水。对空气、浓硫酸都稳定。制备：可在氢气流中加热干燥的 K_3TiF_6，或在高温下由氢化钛与氢氟酸反应制得。

四氟化钛(titanium(IV) tetrafluoride) CAS 号 7783-63-3。化学式 TiF_4，分子量 123.86。无色疏松粉末。284℃ 升华，密度 2.798 g/cm³。具有吸湿性。溶于冷水中分解，溶于硫酸、乙醇、吡啶，不溶于乙醚。高于 400℃ 分解。制备：可由金属钛与氟反应，或由四氯化钛与无水氟化氢反应制得。用途：可用于微电子工业。

三氟化钒(vanadium trifluoride) CAS 号 10049-12-4。化学式 VF_3，分子量 107.94。无水物为黄绿色粉末。熔点约 1 406℃，密度 3.363 g/cm³。不溶于水，溶于乙醇、丙酮、乙酸乙酯、乙酸、甲苯、氯仿和二硫化碳。遇氢氧化钠溶液则变黑色。熔化过程中，达赤热温度升华而不分解。三水物为深绿色菱形正交晶体，加热至 100℃ 变为无水物。制备：可由三氯化钒与氟化氢反应，或在惰性气氛中热解六氟钒酸铵，或由钒粉与氟化氢在干燥的氮气氛中反应制得。用途：可用于有机物合成。

四氟化钒(vanadium(IV) tetrafluoride) CAS 号 10049-16-8。化学式 VF_4，分子量 126.94。淡黄褐色六方晶体或棕黄色疏松粉末。密度 2.975 g/cm³。有强吸湿性。溶于水形成蓝色溶液，溶于丙酮形成深绿色溶液，溶于乙酸形成蓝绿色溶液，微溶于乙醇、氯仿。325℃ 以上歧化为三氟化钒和五氟化钒。制备：可将金属钒粒置于反应器内，通入氮气稀释的氟气，同时加热至 150~200℃ 反应；或将干冰冷却的四氯化钒加入冷却的无水氢氟酸中，使混合物温度升至 0℃，放出氯化氢后制得。用途：可用作氟化剂。

五氟化钒(vanadium pentafluoride) CAS 号 7783-72-4。化学式 VF_5，分子量 145.93。白色单斜系晶体。沸点 111.2℃，密度 2.117 g/cm³（固态）。气态时为单体。液态为聚合体，部分解离为 VF_4^+ 和 VF_6^-。溶于醇、氯仿、丙酮、挥发油，不溶于二硫化碳。常温下具有相当的蒸气压。遇湿空气因形成氧氟化物而呈黄色，溶于水呈红黄色。能使甲醇和醚分解。室温缓慢侵蚀玻璃。制备：可由金属钒与氟气于 300℃ 直接反应，或由四氟化钒在氮气氛中 600℃ 歧化制得。用途：可作为强氧化剂和有机合成的氟化剂。

二氟化铬(chromium(II) difluoride) CAS 号 10049-10-2。化学式 CrF_2，分子量 89.99。绿色单斜系晶体。熔点高于 894℃，沸点高于 1 300℃，密度 3.79 g/cm³。溶于热盐酸，微溶于水，不溶于乙醇。在空气中加热即变为三氧化二铬。制备：由脱水的二氯化铬与无水的氟化氢反应制得。用途：可用作烃类裂解、烷基化的催化剂，核反应原料等。

三氟化铬(chromium(III) trifluoride) CAS 号 7788-97-8。化学式 CrF_3，分子量 108.99。深绿色晶体。

熔点高于 1 000℃,密度 3.8 g/cm³。溶于氢氟酸,微溶于酸,不溶于水、乙醇、氨。加热至 1 100～1 200℃升华。制备:由氢氧化铬在氟化氢气流中加热制得。用途:可作为卤化反应催化剂,可用于羊毛印染、大理石硬化、金属精炼等。

二氟化锰(manganese(II) difluoride)　CAS 号 7782-64-1。化学式 MnF₂,分子量 92.93。浅粉红色晶体。熔点 856℃,密度 3.98 g/cm³。溶于酸,不溶于水、醇、乙醚。制备:可将碳酸锰溶于氢氟酸,或由二氯化锰和氟化钠熔融反应制得。用途:可用作氟化剂以及制陶瓷釉。

三氟化锰(manganese(III) trifluoride)　CAS 号 7783-53-1。化学式 MnF₃,分子量 111.93。粉紫色粉末。密度 3.54 g/cm³。遇水迅速分解得到碱式氟化锰。加热至 600℃以上分解为二氟化锰和氟。制备:可由气体氟与 MnF₂、MnCl₂、MnI₂ 或锰的氧化物反应,或通过 Mn(IO₃)₂ 与三氟化溴反应制得。用途:可用作氟化剂。

氟化亚铁(iron(II) difluoride)　CAS 号 7789-28-8。化学式 FeF₂,分子量 93.84。白色晶体或粉末。熔点 1 000℃,约在 1 100℃升华,密度 4.09 g/cm³。溶于稀氢氟酸,微溶于水,不溶于乙醇、乙醚、苯。400℃时对氢稳定,红热时被氢还原为铁。与钠、铝等金属共热时剧烈反应,与溴、碘或硫则无明显反应。四水合物为白色菱形晶体,密度 2.095 g/cm³。八水合物为绿蓝色晶体,密度 4.20 g/cm³,加热至 100℃失去全部结晶水。制备:将干燥的无水氯化亚铁在干燥氟化氢气流中加热,制得无定形氟化亚铁,加热至 1 100℃以上升华制得晶态产物;或在 400℃用氢气还原氟化铁制得。用途:可用作有机氟化反应的催化剂,还用于陶瓷工业。

氟化铁(iron (III) trifluoride)　CAS 号 7783-50-8。化学式 FeF₃,分子量 112.84。浅绿色晶体。密度 3.52 g/cm³。可溶于热水、碱,微溶于冷水,不溶于醇、醚、苯。在空气或水蒸气中加热可转变为 Fe₂O₃。1 000℃以上升华。其四水合物为浅粉红色晶体,加热至 100℃可得三水合物。制备:可由无水氢氟酸或氟与三氯化铁反应,或由氧化铁在高温下与氟化氢气体反应制得。用途:可用作氟化剂、氙-氟化合物的催化剂、燃烧速率控制的催化剂、有机化学反应催化剂,还可用于制阻燃聚合物、陶瓷等。

二氟化钴(cobalt(II) difluoride)　亦称"氟化钴"。CAS 号 10026-17-2。化学式 CoF₂,分子量 96.93。红色晶体。熔点 1 217℃,沸点约 1 400℃,密度 4.46 g/cm³。可溶于氢氟酸、浓盐酸、硫酸、硝酸,微溶于水,不溶于乙醇、乙醚、苯。在热水中分解。四水合物为红色或玫瑰红色晶体,熔点 200℃(分解),密度 2.192 g/cm³。溶于水,不溶于乙醇。制备:无水物可由无水二氯化钴与无水氟化氢于 300℃反应制得,四水合物可由氢氧化钴或碳酸钴溶于过量的氢氟酸中制得。用途:用作有机氟化剂、有机反应的催化剂,可制三氟化钴。

三氟化钴(cobalt(III) trifluoride)　亦称"氟化高钴"。CAS 号 10026-18-3。化学式 CoF₃,分子量 115.93。棕色晶体或粉末。熔点 927℃,密度 3.88 g/cm³。不溶于乙醇、乙醚、苯。具潮解性,在潮湿空气中水解生成氟化氢并变为暗棕色。与水发生猛烈反应,放出氧气并析出黑色氢氧化钴(III)沉淀。500～600℃于氟气流中可挥发,绝大部分分解成二氟化钴与氟。在 400℃时,可被氢还原为低价钴,也可被钠、铝、硫化氢、二氧化硫等还原。在二氧化碳气流中加热到 250℃开始放出氟,在 350℃时则完全转变为二氟化钴。是很强的氟化剂和氧化剂,可与许多金属或非金属单质反应生成相应的氟化物,自身被还原为二氟化钴。制备:可由氯化钴(II)或氟化钴(II)与氟气在 250℃加热反应,或由三氟化氯与金属钴反应,或由一氧化钴与氟气反应制得。用途:可在氟化反应中作为元素氟的代用物,可用于制取全氟有机物、有挥发性的高价氟化物等。

氟化镍(nickel(II) fluoride)　CAS 号 7447-40-7。化学式 NiF₂,分子量 96.71。黄绿色晶体。密度 4.63 g/cm³。不溶于乙醇、乙醚,微溶于水,溶于酸、碱、液氨。在沸水中分解。在氟化氢气流中加热至 1 000℃升华。在氢气流中加热生成镍。制备:将四氟镍酸铵在稀有气体中灼热,再于氟化氢气流中加热至 1 200～1 300℃;或将氯化镍在 150℃时与氟气反应制得。用途:用作催化剂。

氟化亚铜(copper(I) fluoride)　CAS 号 13478-41-6。化学式 CuF,分子量 82.54。红色晶体。熔点 908℃,密度 7.1 g/cm³。溶于氢氟酸、盐酸,不溶于水、乙醇。在硝酸中分解。1 100℃升华。制备:由氯化亚铜与氟化氢在高于 1 000℃时反应制得。

氟化铜(copper(II) difluoride)　CAS 号 7789-19-7。化学式 CuF₂,分子量 101.54。无水物为白色晶体粉末。熔点 836℃,沸点 1 678℃,密度 4.23 g/cm³。二水合物为蓝色单斜系晶体或粉末。密度 2.93 g/cm³。两者均微溶于冷水,在热水中分解,溶于盐酸、硝酸、氢氟酸,不溶于氨水和丙酮。制备:可由无水氯化铜用氟或 ClF₃ 在 400℃氟化;或由氧化铜或碳酸铜溶于过量的氢氟酸制得 CuF₂·5H₂O·5HF,然后在干燥的氟化氢气流中于 400℃加热制得。用途:无水物可用于制造非水自发电池。水合物可作为焊剂、生铁添加剂,可用于制陶瓷、搪瓷、高能电池、氟代芳烃等。

氟化锌(zinc fluoride)　CAS 号 7783-49-5。化学式 ZnF₂,分子量 103.38。无色针状晶体或白色粉末,有毒!熔点 872℃,沸点 1 497℃,密度 4.95 g/cm³。能溶于盐酸、硝酸或氨水,稍溶于稀氢氟酸,难溶于水,不溶于乙醇。四水合物为白色单斜晶体,100℃时失去全部结晶水。制备:可由氢氟酸与氢氧化锌反应,或由醋酸锌溶液与氟化钠反应制得。用途：可作为荧光剂、氟化剂、分析试剂、木材浸渍剂、木材防腐剂、驱白蚁剂，可用于制荧光灯、瓷釉、搪瓷、电镀锌液等。

氟化镓（gallium trifluoride）　亦称"三氟化镓"。CAS 号 7783-51-9。化学式 GaF_3，分子量 126.72。白色晶体粉末。密度 4.47 g/cm^3。难溶于水，微溶于稀酸，溶于氢氟酸。在氮气流中约 800℃下升华而不分解。三水合物易溶于稀盐酸。在液氨中生成 $2GaF_3 \cdot 3NH_3 \cdot 3H_2O$ 加合物。制备：可由 $Ga(OH)_3$、Ga_2O_3 或金属镓溶于稍过量的 40%氢氟酸中制得三水合物，或由六氟镓酸铵热解制得无水物。

二氟化锗（germanium(II) difluoride）　CAS 号 13940-63-1。化学式 GeF_2，分子量 110.64。白色固体。熔点 110℃。具吸湿性，溶于冷水，极易溶于热水。水溶液具有强还原性。在盐酸介质中通入硫化氢时生成棕黄色硫化锗。高于 350℃时分解。制备：可由六氟合锗酸钾在氢气流中加热，或由锗粉与四氟化锗蒸气加热至 100℃反应制得。

四氟化锗（germanium(IV) tetrafluoride）　CAS 号 7783-58-6。化学式 GeF_4，分子量 148.63。无色强刺激性气体。熔点 -15℃，-37℃升华，密度 $2.46^{-36.5}$ g/cm^3。常压冷却时不液化而直接固化。易水解，少量水时产物为二氧化锗沉淀与氢氟酸，大量水时得氟锗酸。溶于氢氟酸得氟锗酸，溶于碱溶液得氟锗酸盐。与三氯化铁等氯化物共热生成四氯化锗。25℃以下不与干燥玻璃作用。制备：可由氧化锗与过量氟化钙及浓硫酸共热，或将热解 $BaGeF_6$ 生成的气体冷却结晶制得。

三氟化砷（arsenic trifluoride）　CAS 号 7784-35-2。化学式 AsF_3，分子量 131.92。无色透明发烟的油状液体，剧毒！熔点 -8.5℃，沸点 63℃，密度 2.666 g/mL。溶于乙醇、乙醚、苯、氨水。在空气中发烟。潮湿时易侵蚀玻璃。遇水分解为三氧化二砷和氢氟酸。制备：可由砷与氟反应，或三氧化二砷与无水氟化氢反应制得。用途：用作氟化剂。

五氟化砷（arsenic(V) pentafluoride）　CAS 号 7784-36-3。化学式 AsF_5，分子量 169.91。无色气体，剧毒！熔点 -79.8℃，沸点 -52.8℃，密度 $2.33^{-52.8}$ g/mL。溶于碱、醇、醚、苯。遇水分解。遇到潮湿空气发白烟，产生氟化氢和 AsO。干燥时不腐蚀玻璃，但若含少许湿气或氟化氢则腐蚀。可与石墨反应生成石墨中间化合物。制备：可由三氟化砷或砷与氟反应制得。用途：在微电子工业中用作砷离子注入剂。

四氟化硒（selenium tetrafluoride）　CAS 号 13465-66-2。化学式 SeF_4，分子量 154.95。白色液体，有毒！熔点 -13.2℃，沸点 106℃，密度 2.75 g/mL。可和乙醚、乙醇、硫酸互溶，可溶于四氯化碳和氯仿，加热可溶于溴、碘、硫。易吸潮，遇水强烈水解放出氟化氢，能腐蚀玻璃和瓷器。易被硒化氢、硫化氢、碘化钾还原。能溶解碱金属氟化物、氟化钡、氟化银得配合物五氟合硒(IV)酸盐。制备：可由硒与氟反应，或由四氟化硫与二氧化硒反应，或由氟化银与四氯化硒反应制得。用途：用作氟化剂。

六氟化硒（selenium hexafluoride）　CAS 号 7783-79-1。化学式 SeF_6，分子量 192.95。有令人厌恶气味的无色气体，有毒！熔点 -39℃，沸点 -34℃，密度 3.25^{-25} g/mL。稍溶于水。化学性质不活泼，与水、空气或二氧化硫不反应。能被碘化钾或硫代硫酸钠水溶液分解。与汞缓慢作用得氟化亚汞。在丙酮中可被碘化物还原为硒。制备：可由单质硒或氧化硒与氟反应制得。用途：可用作电器填充气、氟化剂。

一氟化溴（chlorine monobromide）　CAS 号 13863-59-7。化学式 BrF，分子量 98.90。红棕色气体。熔点 -33℃，沸点约 20℃，密度 4.04 g/L（气态）。遇水则水解。能与多数金属和非金属猛烈反应生成相应的卤化物。易发生歧化反应，生成溴和氟化高溴的混合物。制备：由氟气和溴在镍管中反应制得。用途：可用作氧化剂和氟化剂。

三氟化溴（bromine trifluoride）　CAS 号 7787-71-5。化学式 BrF_3，分子量 136.90。常温常压下为无色或淡黄色液体，极毒！熔点 8.8℃，沸点 135℃，密度 2.49 g/mL。易溶于硫酸、无水氟化氢等溶剂。在空气中冒烟，强烈水解生成 O_2、OBr^-、HF 和 BrO_3^-，甚至可能爆炸。有强氧化性和强反应活性。能强烈腐蚀皮肤。能氟化和溴化四氯化碳和四碘化碳，氟化许多金属和非金属氧化物。易与玻璃及其他硅酸盐反应，也能与多数有机物反应。遇木、纸等着火。遇强碱分解。有较高的导电性。制备：由过量的溴在 80℃时氟化制得。用途：可用作非水溶剂和氟化剂。

五氟化溴（bromine pentafluoride）　CAS 号 7789-30-2。化学式 BrF_5，分子量 174.90。常温下为无色液体，固体为白色，极毒！熔点 -61.3℃，沸点 40.5℃，密度 2.466^{25} g/mL。空气中强烈发烟。化学性质很活泼，是强氧化剂，可与除稀有气体、氮气、氧气外的所有已知元素作用。与可燃物或有机物接触能促进其燃烧。与水接触发生爆炸。与酸作用可产生剧毒的溴和氟。接触汞后，其表面即覆盖一层棕色的膜。常温下会缓慢侵蚀玻璃，但石英玻璃几乎不受侵蚀。加热到 460℃仍然稳定。制备：可由溴与过量氟反应制得。用途：可作为氟化剂、火箭燃料、合成中间体等。

氟化铷（rubidium fluoride）　CAS 号 13446-74-7。化学式 RbF，分子量 104.47。无色晶体。熔点 795℃，沸点 1410℃，密度 3.557 g/cm^3。极易溶于水，易溶于稀氢氟酸，不溶于乙醇和乙醚。中性的稀溶液可贮存在玻璃容器中，但只要有极微量的酸性，即能腐蚀玻璃。制备：可由氢氧化铷或碳酸铷与氢氟酸反应制得。用途：可用于制金属铷、铷盐、催化剂、微型电池、晶体闪烁计数器等。

氟化锶（strontium fluoride）　CAS 号 7783-48-4。化学式 SrF_2，分子量 125.62。无色晶体或白色粉末。熔点 1 477℃，沸点 2 489℃，密度 4.24 g/cm^3。微溶于水，溶于热的盐酸，不溶于氢氟酸、乙醇、丙酮。在空气中稳定，可被强酸分解。制备：可由碳酸锶和氢氟酸反应，或由锶盐与碱金属氟化物复分解反应制得。用途：可作为其他氟化物的代用品，可用于制造光学玻璃、高级电子元件、制药等。

氟化钇（yttrium fluoride）　CAS 号 13709-49-4。化学式 YF_3，分子量 145.90。白色粉末。熔点 1 155℃，沸点 2 230℃。密度 4.01 g/cm^3。难溶于水，微溶于稀酸。与碱金属氟化物易形成配合物 MYF_6。制备：可由钇盐与氢氟酸反应制得。

氟化锆（zirconium fluoride）　亦称"四氟化锆"。CAS 号 7783-64-4。化学式 ZrF_4，分子量 167.22。白色晶体。密度 4.43 g/cm^3。约在 600℃升华。溶于水，在 50℃以上热水中水解，微溶于氢氟酸。和碱金属氟化物形成 $M_2[ZrF_6]$ 和 $M_4[ZrF_8]$ 型配合物。同氨形成加合物。制备：可由四氯化锆与无水氢氟酸反应，或由六氟锆酸铵热解制得，或由二氧化锆与酸性氟化铵的混合物反应制得。用途：可用作助熔性盐。

氟化铌（niobium fluoride）　亦称"五氟化铌"。CAS 号 7783-68-8。化学式 NbF_5，分子量 187.90。白色棱柱状晶体。熔点 80℃，沸点 229℃，密度 3.29 g/cm^3。有吸湿性。遇水分解放出氟化氢气体，先生成氟氧铌酸（H_2NbOF_5），再一步水解生成五氧化二铌水合物胶状沉淀。溶于乙醇、乙醚、氯仿、四氯化碳，微溶于二硫化碳。与碱溶液反应易水解。与氢作用还原成低价氟化物，与铜、银、锌等强还原剂反应生成金属铌。制备：可由金属铌直接与氟作用，或由五氯化铌与无水氢氟酸反应制得。用途：可用于提取金属铌。

氟化钼（molybdenum fluoride）　亦称"六氟化钼"。CAS 号 7783-77-9。化学式 MoF_6，分子量 209.93。白色块状晶体，有毒！熔点 17.5℃，沸点 35℃，密度 $2.54^{17.5}$ g/cm^3。溶于无水氢氟酸、氨水、碱液，微溶于硫酸和盐酸。与干燥空气、氯、二氧化硫等不反应。对湿气极为敏感，生成黑色 MoO_3。为很强的氟化剂。室温能侵蚀除金、铂外的许多金属，使金属表面变为蓝色。与碱性氟化物生成配位化合物 $M_2[MoF_8]$。制备：由钼粉与氟气反应制得。用途：可用于钼的同位素分离，可在微电子工业中用作化学气相沉积剂，可制作低电阻、高熔点的互连线。

氟化铑（rhodium trifluoride）　亦称"三氟化铑"。CAS 号 60804-25-3。化学式 RhF_3，分子量 159.90。红色六方系晶体。密度 5.38 g/cm^3。不溶于水、酸及王水，溶于碱、氰化物溶液。与氢氧化钾溶液共沸生成氢氧化铑沉淀。干燥时稳定。空气中加热变成氧化物。加热至 450～500℃及在氟气中加热分解。加热高于 600℃升华。其水合物为深红色易潮解固体。易溶于水、醇、盐酸，不溶于醚和王水。180℃脱水，高温时转变成不溶物。50℃水中分解。可被氢气还原为铑。与硫化氢作用生成褐色沉淀。高温时与一氧化碳作用生成红色针状晶体 $Rh_2OCl_2(CO_3)$。制备：可由金属铑与氟反应，或用碘还原五氟化铑制得。用途：可用于制含铑化合物，还可用于电子、仪表、冶金等领域。

二氟化钯（palladium difluoride）　亦称"氟化亚钯"。CAS 号 13444-96-7。化学式 PdF_2，分子量 144.42。浅紫色晶体。熔点 952℃，密度 5.76 g/cm^3。溶于氢氟酸，微溶于水。具有挥发性。受热分解。制备：可由六氯化二钯与四氟化硒反应，或由三氟化钯与钯共热制得。

三氟化钯（palladium trifluoride）　CAS 号 12021-58-8。化学式 PdF_3，分子量 163.40。黑色固体。密度 5.06 g/cm^3。加热时稍溶于 40% 氢氟酸。与水反应生成氧气和水合一氧化钯。与浓盐酸反应放出氯气并得到红褐色溶液，与冷浓硝酸、热浓硫酸反应放出氟化氢气体。室温下与氢气能发生剧烈反应，生成金属钯。与钠、镁、铝能发生剧烈反应。在空气中加热生成钯和一氧化钯。制备：可在氟气流中加热钯至 500℃，或加热二氯化钯至 200～250℃制得。

亚氟化银（silver subfloride）　亦称"氟化二银"。CAS 号 1302-01-8。化学式 Ag_2F，分子量 234.73。黄色晶体，长期曝置于空气中变成灰黑色。密度 8.57 g/cm^3（固态）。遇水立即水解产生黑色的银粉沉淀，在乙醇和氟化银的饱和溶液中稳定。加热至 90℃时开始分解为银和氟化银，200℃时分解完全。制备：可由氟化银溶液阴极还原，或由银与氟化银在 50℃反应制得。

氟化银（silver fluoride）　CAS 号 7775-41-9。化学式 AgF，分子量 126.87。无色或黄色块状，或白色薄片状晶体。熔点 435℃，沸点 1 159℃，密度 $5.85^{15.5}$ g/cm^3。易溶于水，溶于乙腈、氢氟酸、硝酸、乙酸，微溶于氨水、乙醇。光照时由于析出银而变黑。制备：由碳酸银或氧化银与氢氟酸反应制得。用途：可作为医用杀菌剂、防腐剂、水的消毒剂、有机合成的氟化剂。

二氟化银（silver difluoride）　CAS 号 7783-95-1。化学式 AgF_2，分子量 145.87。纯品为白色，含氧化银或氟化银（I）杂质时呈棕色或黄色。熔点 690℃，密度 4.58 g/cm^3。对光敏感。有很强的吸湿性，在潮湿空气中变成油脂状的黑色物质。遇水猛烈反应并生成氟化银和含有臭氧的氧气。700℃时开始分解为氟化银和氟气。制备：可由氯化银或银在氟气流中加热反应制得。用途：可用作强氧化剂和氟化剂。

氟化镉（cadmium fluoride） CAS 号 7790-79-6。化学式 CdF_2，分子量 150.41。白色立方系晶体，有毒！熔点 1 100℃，沸点 1 758℃，密度 6.33 g/cm^3。微溶于水，不溶于乙醇、液氨，能溶于氢氟酸。高温时在水蒸气中水解。与苛性碱（或氢氧化镉）反应生成碱式氟化镉。制备：可由镉盐溶液和氟化铵反应，或由碳酸镉和过量氟化氢反应制得。用途：可作为磷光体、核反应堆中子吸收剂、有机合成和脱蜡的催化剂、高氯酸铵的分解抑制剂，可用于制荧光粉、高温干膜润滑剂、玻璃、阴极射线管、激光晶体等。

氟化铟（indium chloride） 亦称"三氟化铟"。CAS 号 7783-52-0。化学式 InF_3，分子量 171.82。无色固体。熔点 1 170℃，沸点高于 1 200℃，密度 9.32 g/cm^3。其三水化合物为四方系晶体，九水化合物为白色针状晶体。微溶于水，在水中强烈水解。可溶于酸。在室温下慢慢吸收氨生成加合物。在氢气流中加热至 300℃可被还原为纯净的二氟化铟，甚至还原为金属铟。制备：可由三氧化二铟氟化，或将六氟铟酸铵在氟气流中热解制得。

二氟化锡（tin(II) fluoride） 亦称"氟化亚锡"。CAS 号 7783-47-3。化学式 SnF_2，分子量 156.71。白色单斜系晶体。熔点 219℃，沸点 850℃，密度 4.57 g/cm^3。溶于冷水和氢氟酸中。几乎不溶于乙醇、乙醚、氯仿。在水中易水解和氧化。可与吡啶生成 1:1 及 1:2 的加合物。如充分干燥，无吸湿性，可保存在空气中；但如产品潮湿，又处于含湿气的空气中时，就吸湿而转变为氟氧化物。无氧气存在时，加热至 650℃也不分解。制备：由氧化锡与氢氟酸反应，经真空蒸发制得。用途：可作为牙膏添加剂。

四氟化锡（tin(IV) fluoride） CAS 号 7783-62-2。化学式 SnF_4，分子量 194.68。白色四方系晶体。熔点 705℃（升华），密度 4.78 g/cm^3，有吸湿性。溶于冷水，在室温下缓慢水解，加热时即迅速水解。制备：可由 SnO 与氟在 500℃下反应，或由四氯化锡与无水氟化氢反应，或由干燥锡粉与稍过量的三氟氧化氮反应制得。

三氟化锑（antimony trifluoride） 亦称"氟化亚锑"。CAS 号 7783-56-4。化学式 SbF_3，分子量 178.75。白色或灰白色三方系菱形晶体，有毒！熔点 292℃，沸点 376℃，密度 4.379 g/cm^3。有潮解性，易溶于水，难溶于氨水。易与氨、碱金属氟化物、碱金属硫酸盐等形成复盐，可与氯反应生成 SbF_3Cl_2、SbF_2Cl_3 等。可与碱金属的氟化物形成 $MSbF_4$ 或 M_2SbF_5 复盐。是温和的氟化剂，与氯气、溴或五氯化锑一起作氟化剂时，效力会大大增加。制备：可由三氯化锑与氟化氢反应，或将三氧化二锑溶于氢氟酸制得。用途：可作为分析试剂、织物媒染剂，可用于制五氟化锑、复合金属氟化物、陶瓷等。

五氟化锑（antimony pentafluoride） CAS 号 7783-70-2。化学式 SbF_5，分子量 216.74。无色黏稠的油状液体。熔点 7℃，沸点 149.5℃，密度 2.99 g/mL。溶于水、乙酸、氟化钾溶液、液态二氧化硫。可与二硫化碳、苯、乙醚、丙酮、乙醇、乙酸乙酯等形成固体。可与氢氟酸和氟磺酸形成超强酸。有强氧化性。易生成各种加合物及分子化合物。能腐蚀皮肤、玻璃，对铜和铅有微弱的侵蚀作用，但几乎不腐蚀石英、铂、铝、不锈钢。含有氟化氢杂质时腐蚀性增强。制备：可由锑或三氟化锑与氟气直接反应，或由五氯化锑或三氟二氯化锑与氟化氢反应制得。用途：可用于有机合成、制超强酸等。

四氟化碲（tellurium tetrafluoride） CAS 号 15192-26-4。化学式 TeF_4，分子量 203.60。白色晶体。熔点 129.6℃，沸点 193.8℃。极易吸潮。遇水强烈水解。可与乙醚、乙醇、硫酸互溶。易被碲化氢还原。与氢氟酸作用生成五氟合碲酸。能腐蚀玻璃、硅石和铜，在 300℃以下不腐蚀铂。制备：可由六氟化碲与碲反应，或由四氟化硒和二氧化碲反应制得。

六氟化碲（tellurium hexafluoride） CAS 号 7783-80-4。化学式 TeF_6，分子量 241.59。具有不愉快臭味的无色气体或液体。熔点 -37.6℃，沸点 35.5℃，密度 4.009^{-191} g/cm^3（固体）、2.499^{-10} g/mL（液体）、9.31 g/L（气体）。在水中缓慢水解得原碲酸与氢氟酸，与酸碱溶液作用亦分解。可腐蚀汞。纯品不腐蚀玻璃。制备：可由碲与氟在 -78℃时反应制得，再经低温升华可得纯品。

五氟化碘（iodine pentafluoride） CAS 号 7783-66-6。化学式 IF_5，分子量 221.90。无色液体，有毒！熔点 9.6℃，沸点 101℃，密度 3.75 g/mL。在空气中发烟。与水发生剧烈反应生成氟化氢和碘酸，在酸中分解。易与金属和非金属反应生成氟化物。与溴共热生成溴化碘和三氟化溴。与有机物接触，可使之炭化甚至起火。可腐蚀玻璃。制备：可由三氟化溴与五氧化二碘反应，或由氟化银和碘反应，或碘和氟在氮气中反应制得。用途：可用于制有机氟化物。

七氟化碘（iodine heptafluoride） CAS 号 16921-96-3。化学式 IF_7，分子量 259.89。无色有霉烂臭味的气体，冷冻后为无色晶体，有毒！熔点 5.5℃，密度 2.8^6 g/mL。在酸、碱中分解。与水发生激烈反应生成氟化氢和偏高碘酸或高碘酸。与氯及碘反应分别生成一氯化碘、三氯化碘、一氟化氯、五氟化碘。可在一氧化碳中燃烧。在室温下与一氧化氮反应，生成 NO_2F、NOF 和五氟化碘。可与一些路易斯酸生成加和物，如 $IF_7 \cdot AsF_5$、$IF_7 \cdot BF_3$、$IF_7 \cdot 3SbF_5$ 等。可缓慢地与二氧化硅反应。制备：可由碘或五氟化碘与氟反应制得。用途：可用作氟化剂。

氟化铯（cesium fluoride） CAS 号 13400-13-0。化学式 CsF，分子量 151.9。无色立方系晶体，剧毒！熔点 703℃，沸点 1 251℃，密度 4.115 g/cm^3。易潮解。极易溶

于水、甲醇，不溶于吡啶。与其他金属卤化物或卤素可生成复杂的卤化物，也可同其他金属卤化物互溶而生成固溶体。能生成多种配合物。若含极微量的酸即会对玻璃产生腐蚀作用。高温时挥发而难分解。制备：可由铯或碳酸铯与氟化氢反应，或由氢氟酸处理铯榴石制得。用途：可用作制冷剂、引爆剂、催化剂、有机合成氟化剂等，晶体可用于红外光谱学。

氟化钡（barium fluoride） CAS 号 7787-32-8。化学式 BaF_2，分子量 175.34。无色透明立方系晶体或白色粉末。熔点 1 355℃，沸点 2 137℃，密度 4.89 g/cm³。微溶于水，溶于盐酸、硝酸、氢氟酸、氯化铵水溶液。具有强腐蚀性。制备：可由碳酸钡或硫化钡与氢氟酸反应制得。用途：可作为防腐剂、焊剂、润滑剂、杀虫剂、助熔剂、阻光剂，可用于电子、光学、冶金、玻璃、搪瓷等领域。

三氟化镧（lanthanum fluoride） 亦称"三氟化镧"。CAS 号 13709-38-1。化学式 LaF_3，分子量 195.90。无色六方系晶体或白色晶体粉末。熔点 1 493℃，沸点 2 327℃，密度 5.93 g/cm³。不溶于水。制备：可由氯化镧、硝酸镧和氢氟酸反应，或由氧化镧与氢氟酸铵在 200℃ 的氮气流中反应制得。用途：可用于制闪烁体、光导纤维、稀土红外玻璃、氟离子选择电极、特种合金、金属镧等。

三氟化铈（cerium trifluoride） 亦称"氟化亚铈"。CAS 号 7758-88-5。化学式 CeF_3，分子量 197.11。白色晶体或粉末。熔点 1 437℃，沸点 2 280℃，密度 6.16 g/cm³。不溶于水。可被冷水缓慢地水解，遇强酸缓慢分解。制备：可由二氧化铈与过量氢氟酸或 CCl_2F_2 反应，或加热四氟化铈，或由 $CeSi_2$ 与氟或浓氢氟酸反应制得。用途：可用于增加弧光碳棒电灯的光辉、玻璃的抗反射涂层、红外激光光学组分涂料、原冰片烯衍生物开环聚合反应催化剂的组分，还可用作氟化剂等。

四氟化铈（cerium tetrafluoride） CAS 号 10060-10-3。化学式 CeF_4，分子量 216.11。白色粉末。密度 4.77 g/cm³。不溶于水，溶于酸。在溶液中易被还原为三价离子，放出氧气。易被氢气、氨气和水蒸气还原为三氟化铈。550℃ 以下稳定，再加热时经过三氟化铈转变成二氧化铈。在真空中加热至 800～850℃ 不分解。与石英和钠长石共生，以氟铈硅石矿存在于自然界。制备：可由二氧化铈与氢氟酸水溶液反应，或由三氟化铈与氟反应制得。用途：可用作氧化剂、氟化剂。

二氟化钐（samarium difluoride） 亦称"氟化亚钐"。CAS 号 15192-17-3。化学式 SmF_2，分子量 188.36。紫色晶体。熔点 1 417℃，沸点高于 2 400℃。有弱的还原性。制备：可由氟化钠浓溶液与硫酸亚钐溶液反应，或用氢气还原氟化钐制得。

三氟化钐（samarium trifluoride） CAS 号 13765-24-7。化学式 SmF_3，分子量 207.36。灰白色粉末。熔点 1 306℃，沸点 2 323℃，密度 6.928 g/cm³。不溶于水，溶于氟化氢或氟化铵水溶液。制备：可由钐盐与氢氟酸反应制得。用途：可作为气相沉积镀层材料。

二氟化铕（europium difluoride） CAS 号 14077-39-5。化学式 EuF_2，分子量 189.96。亮黄色立方系晶体。熔点 1 380℃，沸点高于 2 400℃，密度 6.495 g/cm³。不溶于水，可溶于酸中。在空气中加热可被氧化。制备：可由硫酸铕与氟化钠水溶液隔绝空气煮沸，或由三氟化铕与氢气加热至高温还原制得。

三氟化铕（europium trifluoride） CAS 号 13765-25-8。化学式 EuF_3，分子量 208.96。灰色粉末。熔点 1 390℃，沸点 2 280℃，密度 7.088 g/cm³。不溶于水、稀酸。制备：可将氢氧化铕溶于氢氟酸，或由硝酸铕溶液与氟化钠溶液反应制得。

氟化钆（gadolinium fluoride） CAS 号 13765-26-9。化学式 GdF_3，分子量 214.25。白色固体。熔点 1 231℃，沸点 2 277℃。不溶于冷水，微溶于热的氢氟酸。制备：可由硫酸钆溶液与氢氟酸反应制得。用途：用作制金属钆等。

氟化铽（terbium fluoride） CAS 号 13708-63-9。化学式 TbF_3，分子量 215.92。无色六方系晶体。熔点 1 172℃，沸点约 2 280℃。不溶于冷水、热水、稀酸。制备：由硝酸铽或氢氧化铽与氢氟酸反应制得。用途：用于制金属铽。

氟化镝（dysprosium fluoride） CAS 号 13569-80-7。化学式 DyF_3，分子量 219.50。无色六方系晶体。熔点 1 360℃，沸点高于 2 200℃，密度 7.465 g/cm³。不溶于水、稀酸、碱金属氟化物溶液。能溶于高氯酸。制备：可由氯化镝或三氧化二镝与氢氟酸制得。

氟化钬（holmium fluoride） CAS 号 13760-78-6。化学式 HoF_3，分子量 221.93。熔点 1 143℃，沸点高于 2 200℃，密度 7.829 g/cm³（六方系）、7.644 g/cm³（正交系）。不溶于水和稀酸。制备：可由钬盐与过量氟化氢反应制得。

氟化铒（erbium fluoride） CAS 号 13760-83-3。化学式 ErF_3，分子量 224.28。玫瑰色晶体。熔点 1 350℃，沸点 2 200℃，密度 7.814 g/cm³。不溶于水、稀酸，难溶于氢氟酸，溶于硫酸。制备：可由氯化铒或硝酸铒与过量氟化氢反应制得。

氟化铥（thulium fluoride） CAS 号 13760-79-7。化学式 TmF_3，分子量 225.93。绿色晶体。熔点 1 158℃，沸点 2 200℃，密度 8.22 g/cm³（六方）、7.971 g/cm³（斜方）。不溶于水、盐酸、硝酸和硫酸，能溶于高氯酸。制备：由氧化铥与无水氟化氢反应制得。用途：用于制金属铥。

二氟化镱（ytterbium difluoride） CAS 号 13760-80-0。化学式 YbF_2，分子量 211.04。熔点 1 052℃，沸点

2 380℃。不溶于水。制备：由金属钙高温下还原三氟化镱制得。

三氟化镱（ytterbium trifluoride） CAS 号 13760-80-0。化学式 YbF_3，分子量 230.04。无色六方或正交系晶体。熔点 1 157℃，沸点 2 200℃，密度 8.168 g/cm^3。不溶于水、稀酸。制备：可由镱的氧化物与无水氟化氢或氟氢化铵反应制得。

氟化镥（lutetium fluoride） CAS 号 237-355-8。化学式 LuF_3，分子量 231.96。无色六方或正交系晶体。熔点 1 182℃，沸点 2 200℃，密度 8.44 g/cm^3。不溶于水、稀酸。制备：可由氧化镥与氢氟酸反应制得。

氟化铪（hafnium fluoride） CAS 号 7447-40-7。化学式 HfF_4，分子量 254.48。白色单斜系柱状晶体。密度 7.13 g/cm^3。不溶于水、酸，溶于氢氟酸。易与碱金属和氨的氟化物生成形为 $M_3[HfF_6]$ 和 $M_3[HfF_7]$ 的复盐。制备：在氮气流中 500℃加热氟铪酸铵得。

氟化钽（tantalum fluoride） CAS 号 7783-71-3。化学式 TaF_5，分子量 275.94。白色晶体。折光能力强。熔点 97℃，沸点 229℃，密度 4.74 g/cm^3。溶于浓硝酸、发烟硝酸、浓盐酸、热硫酸、氯仿、四氧化碳、二硫化碳，微溶于乙醇、乙酸、冷硫酸。溶于水和乙醚生成氟氧络合离子 $TaOF_5^{2-}$ 和氟化氢。在空气中吸湿而不水解。能缓慢腐蚀玻璃。制备：将五氯化钽与无水氢氟酸反应制得。用途：可用作傅-克反应的催化剂，在微电子工业中用于气相淀积硅化钽或钽。

氟化钨（tungsten fluoride） CAS 号 7783-82-6。化学式 WF_6，分子量 297.83。无色气体或浅黄色液体，固体为易潮解的白色晶体，有毒！熔点 2.3℃，沸点 17.5℃，密度 12.9 g/L（气态）、3.44 g/mL（液态）。具有吸湿性，容易水解。在空气中被潮气分解而强烈冒烟，生成黄钨酸或三氧化钨。能溶于有机溶剂并产生特殊的颜色。与氢氟酸生成 $H_2[WF_8]$。几乎可与除金和铂以外的所有金属反应，但镍和不锈钢可耐其腐蚀。与气态氨剧烈反应，能被氨水或碱所吸收，与碱金属氟化物可生成复盐。能被氢气还原生成 WF_4 或金属钨。不得与润滑剂、汞及有机物接触。在湿气中能腐蚀玻璃。制备：可由纯钨粉在氟气流中燃烧制得。用途：用于钨的气相沉积或作为氟化剂。

四氟化铼（rhenium tetrafluoride） CAS 号 15192-42-4。化学式 ReF_4，分子量 262.20。深绿色晶体。熔点 124.5℃，密度 7.49 g/cm^3。溶于酸。在水、碱溶液中分解为氧化铼（IV）的水合物。250℃时，能被氢气还原成金属铼。空气中加热至 500℃分解为氟氧化物。制备：由氢或二氧化硫还原六氟化铼制得。

六氟化铼（rhenium hexafluoride） CAS 号 10049-17-9。化学式 ReF_6，分子量 300.20。浅黄色易吸湿性液体，在-3.5℃的低温下变成正交晶系有玻璃质外观的黄色固体。熔点 18.8℃，沸点 476℃，密度 6.157 3 g/mL（液态）、$3.616^{18.8}$ g/cm^3（固态）。吸湿性强，在空气中放出蓝色烟雾并变成暗紫色。与浓硫酸、乙酸、乙醇、醚、丙酮、苯、液体石蜡作用立刻变黑。溶于氢氧化钠生成高铼酸和氟化钠。能被氢气、二氧化硫、一氧化碳等在 400～500℃还原成四氟化铼，高温时还原成金属铼。在氧气中加热转化成 $ReOF_4$ 和 ReO_3F。能与金属反应。强烈腐蚀玻璃和石英。制备：由金属铼与氟 125℃反应制得。用途：可用于铼的化学气相沉积，生产金属铼、钨铼合金。

七氟化铼（rhenium heptafluoride） CAS 号 17029-21-9。化学式 ReF_7，分子量 319.20。亮黄色固体。熔点 48.3℃，沸点 73.72℃，密度 4.3 g/cm^3。与强路易斯酸（氟离子受体，如五氟化锑）作用可以生成 ReF_6^+ 阳离子。制备：可由金属铼和氟气在 400℃反应制得。

氟化锇（osmium hexafluoride） CAS 号 13768-38-2。化学式 OsF_6，分子量 304.22。淡黄色晶状固体，剧毒！熔点 32.1℃，沸点 45.9℃，密度 4.1 g/cm^3。溶于液态氟化氢。遇水分解成六氟合锇酸根离子和四氧化锇。在湿空气中形成有腐蚀性的白色烟雾并迅速变为蓝色。高温及紫外线照射时分解为低价氟化物。制备：由锇与氟反应制得。

氟化铱（iridium hexafluoride） CAS 号 7783-75-7。化学式 IrF_6，分子量 306.20。黄色固体。熔点 44.4℃，沸点 53℃，密度 6.0 g/cm^3。遇水则分解。在室温时，与卤素反应生成该卤素和氟的化合物。400℃以上可腐蚀铂。能慢慢溶于无水氢氟酸中，形成加合物。能侵蚀玻璃。制备：在 270℃下由金属铱与氟直接反应制得。用途：用作氟化剂。

四氟化铂（platinum tetrafluoride） CAS 号 13455-15-7。化学式 PtF_4，分子量 271.08。深红色固体或褐黄色晶体。熔点 600℃，密度 7.08 g/cm^3。易潮解。遇水分解为氧化铂（IV）水合物沉淀，溶液呈红黄色。加热至红热时分解生成氟和晶形铂。制备：通过金属铂在氟化氢气流中反应制得。

六氟化铂（platinum hexafluoride） CAS 号 13693-05-5。化学式 PtF_6，分子量 309.07。暗红色易挥发性的固体。熔点 61.3℃，沸点 69.1℃，密度 3.83 g/cm^3。遇水迅速水解为氟化氢、氧气和二氧化铂。为强氧化剂和氟化剂，氧化能力强于氟。制备：在镍制的或石英器皿中，由铂丝在氟气中用电流点火后，反应放热产生六氟化铂红色蒸气，冷却收集制得。用途：可制取氙的化合物 $Xe(PtF_6)_n$。

氟化亚汞（mercury(I) fluoride） CAS 号 13967-25-4。化学式 Hg_2F_2，分子量 439.18。白色或浅黄色立方系吸湿性晶体，见光或与氨雾接触不久即变黑。熔点 570℃，密度 8.73^{15} g/cm^3。遇水分解为氧化亚汞，见光或强热可分解为金属汞和氟化汞。制备：可由碳酸亚汞与40％氢氟酸反应、或由氟化钠与硝酸亚汞溶液反应，或由汞与氟反应制得。

氟化汞（mercury（II）fluoride）　CAS号7783-39-3。化学式HgF_2，分子量238.59。白色立方系晶体或粉末，有毒！熔点645℃（分解），沸点650℃，密度8.95^{15} g/cm³。可溶于氢氰酸、稀硝酸中。遇水则分解，生成黄色的氧化汞。制备：将氟化亚汞在氯气流里加热，或由氧化汞与氟化氢在380～450℃下反应制得。用途：可用作有机合成的氟化剂。

一氟化铊（thallium monofluoride）　CAS号7789-27-7。化学式TlF，分子量223.38。无色立方系八面晶体，液态时略带黄色，剧毒！熔点322℃，沸点826℃，密度8.23 g/cm³。易溶于冷水，遇热水则分解。浓的水溶液呈强碱性。不溶于乙醇。制备：可由碳酸亚铊与氟氢酸反应制得。用途：可用于生产特种玻璃添加剂、含氟的酯。

三氟化铊（thallium trifluoride）　CAS号7783-57-5。化学式TlF_3，分子量261.37。橄榄绿正交系晶体，剧毒！密度8.65 g/cm³。对潮气极为敏感，会立即水解生成$Tl(OH)_3$和HF。不溶于浓盐酸。加热至550℃分解。应密闭保存在氟气氛中。制备：可由氧化铊在氟气（或BrF_3、SF_4）中加热至300℃制得。用途：可用于合成含铊有机化合物。

氟化铅（lead fluoride）　亦称“氟化亚铅”“二氟化铅”。CAS号7783-46-2。化学式PbF_2，分子量245.20。白色晶体，有毒！熔点830℃，沸点1 293℃，密度8.445 g/cm³（正交）、7.75 g/cm³（立方）。有两种结晶形态，约在360℃由正交系转变成立方系。微溶于水，并水解为碱式氟化铅。溶于硝酸、盐酸，不溶于氨水、丙酮。制备：可由碳酸铅或氢氧化铅与氢氟酸反应，或由乙酸铅与氟化钾溶液反应制得。用途：可用作熔接剂、还原剂、除硫剂、高温干膜润滑剂。晶体氟化铅可用作红外线分光材料，也可用于同步加速器中。

三氟化铋（bismuth trifluoride）　CAS号7787-61-03。化学式BiF_3，分子量265.98。灰白色立方系晶体。熔点725℃，沸点900℃，密度5.32 g/cm³。易溶于氨水和无机酸，不溶于水、液氨和乙醇。在沸水中也不水解，可与氢氟酸反应。加热至730℃有相当程度的蒸发。制备：可由氧化铋或氢氧化铋溶于氢氟酸水溶液；或由硝酸铋与氢氧化钾及氢氟酸反应，再经灼烧制得；或用氢还原五氟化铋制得。用途：可用于制氟铋酸络合物、五氟化铋、氟玻璃等。

五氟化铋（bismuth pentafluoride）　CAS号7787-62-4。化学式BiF_5，分子量303.97。白色正交系晶体，剧毒！熔点151℃，沸点230℃，密度5.55 g/cm³。对湿气灵敏，在潮湿空气中立即变黄色乃至棕色。与水反应生成臭

氧和三氟化铋且同时起火。50℃以上与液体石蜡反应。升华点约550℃。制备：可由金属铋或三氟化铋与氟反应制得。用途：可用作氟化剂。

氟化锕（actinium fluoride）　亦称“三氟化锕”。CAS号33689-80-4。化学式AcF_3，分子量284.02。白色固体，有放射性！密度7.88 g/cm³。不溶于水。制备：可由氢氧化锕与氟化氢在700℃反应，或由氨气处理锕的盐酸溶液制得。

氟化钍（thorium fluoride）　亦称“四氟化钍”。CAS号13709-59-6。化学式ThF_4，分子量308.03。白色有吸湿性的粉末，有放射性！熔点1 068℃，密度6.32 g/cm³。微溶于稀硫酸、稀盐酸中并分解，不溶于水、冷浓硫酸、浓硝酸、氢氟酸，易溶于热的碳酸铵溶液。其四水合物为白色固体，加热至100℃时脱去1分子水，140～200℃脱去2分子水。制备：可由二氧化钍在氟化氢中加热，或由氢氟酸与硝酸钍溶液反应，或由四氯化钍或四溴化钍400℃时在氟化氢气流中反应制得。用途：用于制金属钍、镁-钍合金、高温陶瓷、碳弧灯、熔盐反应堆的增殖材料、多层光学涂层中的抗辐射材料。

三氟化铀（uranium trifluoride）　CAS号13775-06-9。化学式UF_3，分子量295.02。暗紫色至黑色六方系晶体，有放射性！密度8.9 g/cm³。难溶于盐酸，但如加入硼酸则迅速溶解。与热硝酸、高氯酸等氧化性酸作用而溶解，生成相应的铀酰盐。易将高氯酸银溶液还原为银镜。在冷水中缓慢被氧化为绿色凝胶状物质。1 000℃以上分解。制备：可由计量比的四氟化铀与高纯铝粉加热反应制得。用途：可用于制金属铀，还与四氟化铀一起作为熔盐反应堆燃料。

四氟化铀（uranium tetrafluoride）　亦称“绿盐”。CAS号10049-14-6。化学式UF_4，分子量314.02。绿色晶体，有放射性！熔点960℃，沸点1 415℃，密度6.70 g/cm³。微溶于水，稍溶于氢氟酸，难溶于稀酸、稀碱溶液，溶于浓酸及浓碱溶液。溶于高氯酸、三氯化铁溶液，并被氧化为铀酰盐。高温下与水蒸气作用生成二氧化铀与氟化氢。在干燥而纯净的氧中灼烧生成铀酰氟与挥发性的六氟化铀。在铂容器中与氟化钾或氟化钠熔融、冷却，生成配合物如六氟合铀（VI）酸钾。250℃以上与氟作用得六氟化铀，1 000℃时被纯净氢还原为三氟化铀。氧气中加热至800℃时转变为UF_6和UO_2F_2。制备：可由二氧化铀与氟化氢或氟氢化铵反应制得。用途：可用于制备六氟化铀、金属铀。

六氟化铀（uranium hexafluoride）　CAS号7783-81-5。化学式UF_6，分子量352.02。无色或淡黄色易挥发的晶体，有放射性！熔点64.5～64.8℃，密度4.68^{21} g/cm³。溶于液氯、液溴、四氯化碳、氯仿及四氯乙烷，难溶于二硫化碳。与水、乙醇、乙醚剧烈反应生成铀酰氟与氟

化氢。可与大部分金属作用。也可与大多数有机化合物起氟化反应。当温度升高或压力降低时,易升华成为气体。制备:将四氟化铀(或八氧化三铀)与氟在特定条件下反应而得。用途:是目前铀化合物中唯一易挥发的化合物,为气体扩散法、超离心法分离富集^{235}U的最为适宜的工作介质,在原子能工业中有重要意义。

三氟化镎(neptunium trifluoride)　CAS 号 16852-37-2。化学式 NpF_3,分子量 294.04。黑紫色六方系晶体,有放射性!密度 9.12 g/cm³。不溶于水。制备:可由二氧化镎在氟化氢和氢的混合气中加热反应制得。

四氟化镎(neptunium tetrafluoride)　CAS 号 14529-88-5。化学式 NpF_4,分子量 313.00。淡绿色单斜系晶体。密度 6.8 g/cm³。不溶于水、浓硝酸。制备:可由三氟化镎在氟化氢和氧的混合气中加热制得,或由二氧化镎与氟化氢反应制得。

六氟化镎(neptunium hexafluoride)　CAS 号 14521-05-2。化学式 NpF_6,分子量 350.99。橙色正交系晶体或无色气体,有放射性!熔点 54.4℃。密度 5.03 g/cm³。遇水易分解为氟化镎酰。常压下不升华。见光分解。制备:由三氟化溴、五氟化溴或氟在 300～500℃时与四氟化镎反应制得。

三氟化钚(plutonium trifluoride)　CAS 号 13842-83-6。化学式 PuF_3,分子量 301.06。紫色六方系晶体。熔点 1 425℃,沸点约 2 190℃,密度 9.32 g/cm³。不溶于水,有铝或锆存在时可溶于酸。可与热水发生反应。制备:将二氧化钚在氟化氢和氢混合气体中加热至 550～600℃,或由 Pu(III)盐溶液与氢氟酸反应制得。用途:可用于制钚镓合金。

四氟化钚(plutonium tetrafluoride)　CAS 号 13709-56-3。化学式 PuF_4,分子量 320.06。红褐色单斜系晶体,有放射性!熔点 1 037℃,密度 7.1 g/cm³。微溶于水,难溶于酸,溶于含有硼酸、Zr^{4+}、Al^{3+}、Fe^{3+} 离子的酸溶液。可被碱金属或碱土金属还原为金属。在 300℃以上的水汽中水解生成二氧化钚。制备:将二氧化钚在 550～600℃用氟化氢和氧的混合气处理,或由二氧化钚、硝酸盐、草酸盐等化合物在有氧气存在的条件下与无水氟化氢高温反应制得。用途:可用于制金属钚。

六氟化钚(plutonium hexafluoride)　CAS 号 13693-06-6。化学式 PuF_6,分子量 358.05。室温下为黄棕色晶体,液态和气态时呈红棕色,有放射性,剧毒!熔点 52℃,密度 5.081 g/cm³。痕量水汽很快能使其水解为氟化钚酰(PuO_2F_2)。有挥发性。属强氧化剂。宜贮存在玻璃或石英容器中。制备:可由二氧化钚在 700℃与氟化氢反应,或由氟与四氟化钚在高温(500～700℃)或在室温下用紫外线照射制得。

氟化镅(americium fluoride)　CAS 号 13708-80-0。

化学式 AmF_3,分子量 300.06。粉红色六方系晶体。熔点 1 393℃,密度 9.53 g/cm³。不溶于水。在空气中极稳定。在氢气中 500℃时仍然稳定。制备:由氢氧化镅或二氧化镅在 600～700℃下与无水氟化氢反应,或由镅的稀硝酸溶液与过量氢氟酸反应,或由三氯化镅与氟化铵进行复分解反应制得。用途:可用于还原制取金属镅。

氟化铵(ammonium fluoride)　CAS 号 12125-01-8。化学式 NH_4F,分子量 37.04。白色晶体。密度 1.009 g/cm³。溶于水、甲醇,难溶于氨水。热水中分解成氨和氟化氢铵。在酸性介质中析出氟化氢。能溶解硅酸盐,腐蚀玻璃,并放出氟化硅气体。与镁、钙、钍、稀土金属形成难溶氟化物。与大部分过渡金属形成四氟或六氟配合物。加热分解。制备:可将氨气通入氢氟酸中,或将氯化铵与氟化钠混合后加热令氟化铵升华制得。用途:可作为分析试剂、防腐剂、化学抛光剂、掩蔽剂、细菌抑制剂、织物媒染剂,可用于提取稀有元素、雕刻玻璃、生产显像管等。

氟化氢钠(sodium hydrogen fluoride)　亦称“酸式氟化钠”“氟氢化钠”。CAS 号 1333-83-1。化学式 $NaHF_2$,分子量 62.00。有强烈酸味的白色固体,有毒!密度 2.08 g/cm³。溶于水,不溶于醇。在潮湿空气中吸收水分并放出氟化氢。加热至 160℃分解为氟化钠和氟化氢。水溶液能腐蚀玻璃。制备:可由碳酸钠与氢氟酸反应,或将氟化钠溶于氢氟酸溶液制得。用途:可用于玻璃蚀刻、锡版制造、金属焊接、标本防腐、食物保护、织品处理、除锈、生产无水氟化氢等领域。

氟化氢钾(potassium hydrogen fluoride)　亦称“氟氢化钾”“酸式氟化钾”“重氟化钾”。CAS 号 7789-29-9。化学式 KHF_2,分子量 78.11。无色略带酸臭味的晶体,有毒!熔点 238.8℃,密度 2.37 g/cm³。195℃以下为 α 型,195～239℃为 β 型。易溶于水,可溶于乙酸钾,不溶于乙醇。水溶液呈酸性,有腐蚀性。干燥空气中稳定,在潮湿空气中会吸水而放出氟化氢。加热到 225℃放出氟化氢。制备:可由碳酸钾或氢氧化钾与适量的氢氟酸反应,或向饱和的氟化钾溶液中通入氟化氢制得。用途:可作为银制品的焊接助熔剂、苯磺基化的催化剂、玻璃蚀刻剂、掩蔽剂、冶金助熔剂、防腐剂,还可用于制纯氟化钾、单质氟等。

氟化氢铵(ammonium hydrogen bifluoride)　亦称“酸性氟化铵”“氟氢化铵”。CAS 号 1341-49-7。化学式 NH_4HF_2,分子量 57.04。白色或无色透明正交系晶体,商品呈片状,略带酸味,有毒!熔点 125.6℃,沸点 240℃,密度 1.50 g/cm³。易潮解,极易溶于冷水,其水溶液显弱酸性,微溶于乙醇。受热或在热水中分解。在干燥状态下比较稳定。可与大部分过渡金属形成配合物。可溶解玻璃、硅酸盐。制备:可向 40% 的氟氢酸中通入氨气制得。用途：可用作消毒剂、防腐剂、除锈剂、细菌抑制剂、玻璃蚀刻剂、木材防护剂、铝的增光剂、锅炉清洗剂、金属铍的溶剂、硅素钢板表面处理剂等，可用于陶瓷、合金、电镀、电子、催化、酿造、分析化学等领域。

氟氧化碳（carbonyl fluoride） 亦称"碳酰氟""氟光气""羰基氟"。CAS 号 353-50-4。化学式 COF_2，分子量 66.01。具有刺激性气味的无色气体，剧毒！熔点 $-114℃$，沸点 $-83.1℃$，密度 1.139^{-114} g/mL（液态）、1.388^{-190} g/cm^3（固态）。遇水分解为二氧化碳和氟化氢。与醇反应生成碳酸酯。不与二氧化硅反应，却能腐蚀玻璃。制备：可由一氧化碳与二氟化银或氟反应，或由碳酰氯与氟反应制得。用途：可用于制备有机氟化物。

氟化铁铵（ammonium iron fluoride） 化学式 $3NH_4F \cdot FeF_3$，分子量 223.95，无色至微黄色八面体晶体。密度 1.96 g/cm^3。微溶于水。在空气中较稳定，但长期放置则有少量三氧化二铁生成。水溶液煮沸则水解生成氢氧化铁及氟化铁。与乙酸铅反应生成黄色沉淀 $[Pb_3(FeF_3)_2]$。制备：可由氟化铁或氯化铁与氟化铵溶液反应制得。用途：可作为分析鉴定剂。

氟锆酸（hexafluorozirconic acid） 亦称"锆氟酸""六氟锆酸"。CAS 号 12021-95-3。化学式 H_2ZrF_6，分子量 207.23。无色透明液体。密度 1.51 g/mL。呈酸性。常温下，当浓度超过 42% 时，有氟锆酸析出。遇酸可放出氢氟酸。制备：可由二氧化锆与氟化氢反应制得。用途：可用于制含锆化合物、耐火材料、钢及有色金属合金、电真空材料、催化剂，还可用于电解、电镀、烟火、陶瓷、搪瓷、光学玻璃、金属表面处理、原子能工业等领域。

氟锆酸铵（ammonium hexafluorozirconate） 亦称"六氟化锆铵"。CAS 号 16919-31-6。化学式 $(NH_4)_2ZrF_6$，分子量 241.29。白色晶体。密度 1.15 g/cm^3。溶于热水、乙醇，微溶于冷水，不溶于氨水。溶于碱形成锆酸盐。在空气中稳定，高温分解为氟化锆、氨气和氟化氢。制备：

可由氟锆酸与氟化铵反应，或由氢氧化锆、氢氟酸与氨反应制得。用途：可作为钢、锌、铅等金属的抗腐蚀剂，可用于制氟化锆、高纯锆、陶瓷、玻璃等。

氟锆酸钾（potassium hexafluorozirconate） 亦称"六氟化锆钾""六氟合锆酸钾"。CAS 号 16923-95-8。化学式 K_2ZrF_6，分子量 283.41。白色针状晶体，有毒！密度 3.48 g/cm^3。溶于水，不溶于液氨。在空气中稳定，不吸潮。赤热时不失重。制备：可由干燥的氢氧化锆与氢氟酸、碳酸钾作用，或由氢氟酸、四氯化锆和氯化钾反应制得。用途：可用于生产金属锆、含锆化合物、镁铝合金、催化剂、焊接剂、光学玻璃、电器材料、耐火材料、电真空技术材料、陶瓷、玻璃等。

氟化氢合氟化铯（cesium hydrofluoride） 化学式 $CsF \cdot HF$，分子量 171.91。针状晶体。熔点 $160℃$。有吸潮性。极易溶于水和酸，微溶于稀酸，难溶于浓氢氟酸溶液中，不溶于乙醇。其水溶液呈明显酸性。加热至 $500 \sim 600℃$ 分解为氟化氢和氟化铯。赤热时可部分熔化、分解，并剩有残余物。在干燥的氢气流下加热至熔融也不分解。制备：将纯净的碳酸铯溶液浓缩，并将剩余物溶于稍过量的纯氢氟酸制得。

氟化钾合氟氧化铌（niobium potassium oxyfluoride） CAS 号 17523-77-2。化学式 $NbOF_3 \cdot 2KF \cdot H_2O$，分子量 300.12。有光泽的叶片状晶体，接触有滑腻感，有毒！溶于热水。制备：将氟化钾加入五氟化铌的氟化氢水溶液，再经结晶制得。用途：可作为铌钽分离的中间物。

亚硝酰四氟化硼（nitrosyl tetrafluoroborate） 亦称"氟硼化亚硝酰""氟硼酸亚硝酰"。CAS 号 14635-75-7。化学式 $NOBF_4$，分子量 116.81。具有双折射性的无色片状晶体。密度 2.185 g/cm^3。有吸湿性，遇水分解放出氮氧化物。干燥时不腐蚀玻璃。$300℃$，1.333 Pa 时升华而不分解。制备：可由四氟硼酸与三氧化二氮作用制得。用途：可用于制叠氮四氟化硼。

硅化物、硅烷、硅酸盐

硅化锂（lithium silicide） 化学式 Li_6Si_2，分子量 97.82。黑色晶体。密度约 1.12 g/cm^3。有吸湿性。在水和乙醇中分解生成硅酸锂并放出氢气。与硝酸剧烈反应。为强还原剂，可还原铁、铬、镁等的氧化物。空气中加热燃烧、熔化。在真空中 $600℃$ 以上分解为硅和锂。制备：可由单质硅和熔融的锂反应制得。

硅化镁（magnesium silicide） CAS 号 22831-39-6。分子式 Mg_2Si，分子量 76.70。硬而脆的暗蓝色晶体。熔点 $1102℃$，密度 1.94 g/cm^3。不溶于冷水，在热水中分

解。在真空中或在氢气流下加热至 $1200℃$ 时可完全分解成单质。对碱液稳定。在酸中分解并产生硅烷和氢。制备：可由镁粉与硅粉在 $650 \sim 1200℃$ 高真空下反应，或由二氧化硅的细粉与两倍质量的镁粉混合均匀后点燃反应制得。

硅氯仿（silicochloroform） 亦称"三氯硅烷""三氯甲硅烷"。CAS 号 10025-78-2。化学式 $SiHCl_3$，分子量 135.45。有刺激性臭味的无色液体，有毒！熔点 $-126.5℃$，沸点 $33℃$，密度 1.34 g/mL。溶于二硫化碳、

四氯化碳、氯仿、苯等。遇水分解,有强还原性,可使烯烃硅氯化。在空气中能自燃。制备:由硅粉与氯化氢反应而得。用途:可作为商品硅制成高纯硅的中间体,可用于合成有机硅化合物。

硅化钙(calcium silicide) CAS 号 12013-56-8。化学式 $CaSi_2$,分子量 96.25。灰褐色有金属光泽的六方系板状晶体。密度 $2.5\ g/cm^3$。不溶于水。溶于盐酸产生硅氢烷。制备:将氧化钙与硅高温加热制得。用途:可用于制爆炸物。也可用于制含铁硅钙合金。

硅化钒(vanadium silicide) 化学式 V_2Si,分子量 129.97。银白色棱柱状固体。密度 $5.48^{17}\ g/cm^3$。不溶于水、乙醇、乙醚、酸,可溶于氢氟酸。制法:可由化学计量比的金属钒与单质硅在稀有气体防护下经高温反应制得。

二硅化钒(vanadium disilicide) CAS 号 12039-87-1。化学式 VSi_2,分子量 107.11。类金属的棱柱状晶体。密度 $4.42\ g/cm^3$。不溶于水、乙醇、乙醚、酸,溶于氢氟酸。制备:可由计量比的五氧化二钒与硅于 $1\ 200℃$ 反应,或由计量比的金属钒与硅高温反应制得。用途:可用于制耐酸、耐火材料。

硅化铬(chromium silicide) CAS 号 12018-08-5。化学式 Cr_3Si_2,分子量 212.16,灰色四方棱柱状晶体。熔点 $1\ 475℃$,密度 $5.5^0\ g/cm^3$。不溶于水、硫酸、硝酸,溶于盐酸、氢氟酸。常温下在空气中稳定,$100℃$ 时表面被氧化,$400℃$ 时可与氯剧烈反应生成三氯化铬及四氯化硅。制备:可由铬与四氯化硅高温反应,或由铬与硅粉在真空中或在氢气保护下高温烧结制得。用途:用作陶瓷材料、高电阻薄膜材料。

一硅化锰(manganese monosilicide) CAS 号 12032-85-8。化学式 $MnSi$,分子量 83.02。四面体晶体。熔点 $1\ 280°$,密度 $5.90^{15}\ g/cm^3$。不溶于水,能溶于氢氟酸,微溶于酸。

二硅化锰(manganese disilicide) CAS 号 12032-86-9。化学式 $MnSi_2$,分子量 111.11。灰色八面体晶体。密度 $5.24^{13}\ g/cm^3$。溶于氢氟酸、碱,不溶于水、硝酸、硫酸。

一硅化钴(cobalt monosilicide) 亦称"硅化钴"。CAS 号 12017-12-8。化学式 $CoSi$,分子量 87.02。正交系晶体。熔点 $1\ 395℃$,密度 $6.3\ g/cm^3$。溶于盐酸,不溶于硫酸,能被王水、浓硝酸、强碱溶液、熔融的氢氧化碱、碳酸碱侵蚀。可与硫化氢、氟化氢、氯化氢、氟、氯等发生反应。制备:将铜-钴-硅合金用硝酸和氢氧化钠溶液交叉处理,或由氧化钴(II)与碳化硅在 $1\ 540℃$ 时加热反应制得。

硅化二钴(dicobalt silicide) 化学式 Co_2Si,分子量 145.95。灰色晶体。熔点 $1\ 327℃$,密度 $7.28^0\ g/cm^3$。能被王水所侵蚀。可被氢氟酸迅速侵蚀,几乎不被其他酸和强碱溶液侵蚀。与氟在室温灼热反应。在干燥的氯气中赤热燃烧。与溴和碘缓慢作用。在赤热的条件下能被空气及水蒸气氧化。制备:可由含钴 90% 的钴硅合金与钴一起蒸馏,或将钴粉在四氯化硅气流中加热至 $1\ 200\sim$$1\ 300℃$ 制得。

二硅化钴(cobalt disilicide) CAS 号 12017-12-8。分子式 $CoSi_2$,分子量 115.10。深褐色正交系晶体。熔点 $1\ 277℃$,密度 $5.3\ g/cm^3$。可溶于热的盐酸。可被氟化氢、硝酸、硫酸侵蚀,可被熔融的强碱剧烈侵蚀。与氟在低温下反应,与氯在 $300℃$ 反应。在 $1\ 200℃$ 下可被氧化,侵蚀其表面。制备:可由计量比的钴粉与硅粉在隔绝空气的条件下熔融反应制得。用途:可用于半导体工业。

硅化镍(nickel silicide) CAS 号 12035-57-3。化学式 $NiSi$,分子量 86.78。灰黑色金属粉末。熔点 $1\ 309℃$,密度 $7.2^{17}\ g/cm^3$。迅速溶于氢氟酸中,缓慢溶于盐酸中,不溶于水。与氟在常温下剧烈反应达白热,与氯气在赤热下反应。遇王水分解。制备:可由氧化硅、氧化镍和铝在鼓风炉中加热制得。用途:可用于半导体工业。

硅化亚铜(copper(I) silicide) 化学式 Cu_4Si,分子量 282.27。具有金属光泽的白色坚硬易碎固体。熔点 $850℃$,密度 $7.53\ g/cm^3$。不溶于盐酸。可被硝酸、王水分解。易受氯的侵蚀。制备:可由铜和硅在电炉中经高温加热反应制得。用途:可作为铜或铜合金的脱金剂。

硅化锆(zirconium silicide) CAS 号 12039-90-6。分子式 $ZrSi_2$,分子量 147.40。钢灰色正交系有光泽的晶体。密度 $4.88^{22}\ g/cm^3$。不溶于水、无机酸、王水,溶于氢氟酸。制备:可由计量比的金属锆粉和硅粉在氢气气氛中高温反应制得。用途:可作为精细陶瓷原料粉,可用于制半导体薄膜生产用的坩埚。

硅化钌(ruthenium silicide) 化学式 $RuSi$,分子量 129.16。有金属光泽的白色柱状硬质晶体。密度 $5.40^4\ g/cm^3$。溶于硝酸与氢氟酸的混酸,不溶于水及其他酸。可被熔融碱侵蚀。低温时可与氟反应,高温时能与其他卤素反应。在氧气中剧烈燃烧。熔融时能被氧化剂氧化。制备:可由金属钌、二氧化硅和铜的混合物加热反应制得。

硅化钯(palladium silicide) 化学式 $PdSi$,分子量 134.51。灰黑色晶体。密度 $7.31^{15}\ g/cm^3$。不溶于冷水。在氧气中加热发生表面氧化。可与冷的硝酸或王水发生反应,与氟或氯加热时才能发生反应。可与苛性碱溶液缓慢反应生成硅酸盐和钯。不与盐酸、硫酸反应。制备:可由钯和硅在 $500\sim600℃$ 加热制得。用途:用作化学试剂。

二硅化铈(cerium disilicide) CAS 号 12014-85-6。化学式 $CeSi_2$,分子量 196.29。四方系晶体。密度 $5.67^{17}\ g/cm^3$。不溶于水及其他溶剂。制备:可由氧化硅、氯化钙、二氧化铈加热至 $1\ 000℃$ 并通电反应,或由二氧化铈与硅在电炉中反应制得。

硅化钨(tungsten silicide) CAS 号 12039-88-2。化

学式 WSi_2，分子量 240.01。蓝灰色四方系晶体。熔点高于 900℃，密度 9.4 g/cm^3。不溶于冷水和热水，可溶于王水、硝酸与氢氟酸的混酸。可被熔融碱所分解。制备：在稀有气体保护下由钨粉和硅粉在闭管中加热反应制得。用途：可作为抗氧化镀层、电阻材料、耐火材料等。

硅化钍（thorium silicide）　CAS 号 12067-54-8。分子式 $ThSi_2$，分子量 288.21。黑色四方系晶体。密度 7.96^{16} g/cm^3。能溶于热盐酸，略溶于硫酸。制备：可由金属钍粉与单质硅在闭管中高温反应制得。

乙硅烷（disilane）　亦称"硅乙烷"。CAS 号 1590-87-0。化学式 Si_2H_6，分子量 62.22。无色气体。熔点 -132.6℃，沸点 -14.3℃，密度 2.87 g/L。溶于乙醇、苯、二硫化碳。在水中缓慢水解放出氢气，碱可催化其水解反应。与四氯化碳作用得四氯化硅。具有强还原性，能与卤素发生爆炸反应。比甲硅烷更易与卤化氢的反应。室温下与溴化氢迅速反应，在催化剂作用下与氯化氢、碘化氢缓慢反应。稳定性低于乙烷，300℃时热分解。在空气中能自燃。制备：可在乙醚中用氢化锂铝还原六氯乙硅烷，或由硅化镁与溴化铵在液氨中反应制得。

丙硅烷（trisilane）　CAS 号 7783-26-8。化学式 Si_3H_8，分子量 92.32。无色液体。熔点 -117.5℃，沸点 52.9℃，密度 0.743 g/mL。很不稳定，具有强还原性。遇水分解。可与四氯化碳、氯仿剧烈反应。能在空气中爆炸。室温下日光能使其缓慢分解放出氢气。制备：可从酸解硅化镁得到的硅烷混合物中分离，或在乙醚中用氢化铝锂还原氯代丙硅烷制得。

丁硅烷（tetrasilane）　CAS 号 7783-29-1。化学式 Si_4H_{10}，分子量 122.42。无色液体。熔点 -108℃，沸点 84.3℃，密度 0.79 g/mL。其化学性质、制法与丙硅烷相似。遇水分解，与四氯化碳及氯仿剧烈反应。室温下分解，在空气中则会发生爆炸。制备：可从酸解硅化镁得到的硅烷混合物中分离，或在乙醚中用氢化铝锂还原氯代丁硅烷制得。

三氟甲硅烷（trifluorosilane）　亦称"硅氟仿"。CAS 号 13465-71-9。化学式 $SiHF_3$，分子量 86.09。无色气体，在空气中发烟，熔点 -131.4℃，沸点约 -95℃，密度 3.86 g/L。溶于甲苯。遇水迅速分解为硅酸、氟硅酸和氢气。与无水乙醇反应生成硅酸乙酯。遇乙醚分解。其蒸气在空气中燃烧时会爆炸。制备：可由三氯甲硅烷与四氟化钛或与四氟化锡反应制得。用途：可用于合成有机硅化合物。

一氯甲硅烷（monochlorosilane）　CAS 号 13465-78-6。化学式 SiH_3Cl，分子量 66.56。无色气体，在空气中发烟。熔点 -118.1℃，沸点 -30.4℃，密度 3.03 g/L。遇水可分解为乙硅氧烷。与氨反应生成甲硅烷基胺。与醇及酚反应生成硅酸酯。与有机金属化合物及格氏试剂反应得有机硅烷。可被氢化铝锂还原为甲硅烷。制备：可由甲硅烷与氯化氢在三氯化铝存在下反应，或由硅铁合金与氯化氢反应制得。

二氯甲硅烷（dichlorosilane）　CAS 号 4109-96-0。化学式 SiH_2Cl_2，分子量 101.01。无色气体，在空气中发烟。熔点 -122℃，沸点 8.2℃，密度 4.60 g/L。遇水分解为乙硅氧烷。与氨反应生成硅烷基胺。与醇及酚反应生成硅酸酯。与有机锌、汞、钠化合物及格氏试剂反应生成有机硅烷。制备：可由甲硅烷与氯化氢在三氯化铝存在下反应，或由氢化铝锂还原三氯甲硅烷制得。用途：可用于制氯代硅烷、硅醚、半导体等。

三氯甲硅烷（trichlorosilane）　亦称"硅氯仿"。CAS 号 10025-78-2。化学式 $SiHCl_3$，分子量 135.45。无色易挥发液体，有毒！熔点 -126.5℃，沸点 32℃，密度 1.33 g/mL。在空气中发烟，易燃烧和爆炸。溶于苯、二硫化碳、四氯化碳、氯仿、乙醚、四氯乙烯、庚烷等。在冷水中分解生成硅甲酸酐。与强碱作用放出氢气。与无水乙醇反应得硅酸乙酯和氯化氢。具有强还原性，能使高锰酸盐褪色，可将亚硫酸还原为硫。对金属稳定，不与钠反应。制备：可在约 235℃的条件下将干燥的氯化氢气体通过工业硅或硅铁合金，或由甲硅烷和氯化氢在三氯化铝存在下反应制得。用途：可用于合成有机硅化合物、多晶硅、高纯硅、高纯石英玻璃等。

一溴甲硅烷（bromosilane）　CAS 号 13465-73-1。化学式 SiH_3Br，分子量 111.01。无色发烟有刺激性的气体。在空气中爆炸。熔点 -94℃，沸点 1.9℃，密度 4.538 g/L。极易水解。制备：由甲硅烷与溴化氢在三氯化铝存在下反应制得。用途：可用于合成有机硅化合物。

二溴甲硅烷（dibromosilane）　CAS 号 13768-94-0。化学式 SiH_2Br_2，分子量 189.91。无色有刺激性气味液体。熔点 -70.1℃，沸点 66℃，密度 2.17 g/mL。遇水、强碱分解。易燃烧。制备：在溴化铝催化剂存在下由甲硅烷与溴化氢反应制得。用途：可用于合成有机硅化合物。

三溴甲硅烷（tribromosilane）　亦称"硅溴仿"。CAS 号 20175-34-2。化学式 $SiHBr_3$，分子量 268.80。无色易流动液体。熔点 -73℃，沸点 109℃，密度 2.7 g/mL。遇水分解为硅甲酸酐、溴化氢和二硅酸。与碱反应产生氢气。在液氨中分解。在空气中能自燃。制备：可由溴化氢与硅在 360～400℃反应制得。用途：可用于合成有机硅化合物。

一碘甲硅烷（iodosilane）　亦称"一碘硅烷"。CAS 号 13598-42-0。化学式 SiH_3I，分子量 158.01。无色液体，有毒！熔点 -57.0℃，沸点 45.5℃，密度 2.035 g/mL。与湿气或水接触时快速分解并可能发生爆炸。制备：可通过苯基甲硅烷或氯苯基甲硅烷同碘化氢的裂解反应，或在三碘化铝存在下由甲硅烷与碘化氢反应制得。用途：可用于制卤化硅、类卤化硅等。

二碘甲硅烷（diiodosilane）　CAS 号 13760-02-6。化学式 SiH_2I_2，分子量 283.91。无色液体。熔点 -1℃，沸点 55～60℃，密度 2.834 g/mL。易溶于烃类和氯化溶剂。对氧和水敏感。与含氧和氮的溶剂反应。制备：可由 SiH_4 和 HI 在 AlI_3 存在下加热至 80℃，制得 SiH_3I、SiH_2I_2、SiH_3I、SiI_4；或由苯基硅烷和碘在无溶剂时 20℃ 下在催化量的乙酸乙酯存在下反应；或由二苯基硅烷与过量碘化氢在 -40℃ 下反应制得。用途：可作为有机合成的中间体，可用于合成医用示踪剂 ^{18}F-DOPA。

三碘甲硅烷（triiodosilane）　亦称"硅碘仿"。CAS 号 13465-72-0。化学式 $SiHI_3$，分子量 409.81。红色重液体。熔点 8℃，沸点 220℃，密度 3.31 g/mL。溶于苯、二硫化碳。遇水分解。150℃ 时缓慢分解为四碘化硅、硅和氢气。其蒸气与空气混合，易燃烧、爆炸。与空气中氧反应生成单质碘。制备：可在液氨中由三氯甲硅烷与碘化铵反应，或将碘化氢通过红热的金属硅制得。用途：可作为合成有机硅化合物的中间体。

一氯三氟甲硅烷（monochlorotrifluorosilane）　CAS 号 14049-36-6。化学式 $SiClF_3$，分子量 120.53。无色气体，有毒！熔点 -138.0℃，沸点 -70.0℃，密度 5.46 g/L。在潮湿的空气中或水中分解产生氯化氢和氟化氢。制备：可由氯气与六氟化二硅反应，或由四氯化硅与三氟化锑在三氯化锑溶剂中反应制得。

二氯二氟甲硅烷（dichlorodifluorosilane）　CAS 号 18356-71-3。化学式 $SiCl_2F_2$，分子量 136.99。无色气体，熔点 -144℃，沸点 -31.7℃，密度 6.28 g/L。遇湿气或水分解产生氯化氢及氟化氢。制备：可由氯气与六氟化二硅反应，或由四氯化硅与三氟化锑在三氯化锑溶剂中反应制得。

一氯三溴甲硅烷（tribromochlorosilane）　CAS 号 13465-76-4。化学式 $SiBr_3Cl$，分子量 303.25。无色液体。熔点 -20.8±1℃，沸点 126～128℃，密度 2.497 g/mL。在潮湿空气中因水解发烟。遇水分解产生硅酸、氢溴酸和盐酸。与无水乙醇作用得硅酸乙酯。与氨作用生成加合物。与有机金属试剂反应得有机硅。制备：可由溴与四氯化硅反应制得。

二氯二溴甲硅烷（dibromodichlorosilane）　CAS 号 13465-75-3。化学式 $SiBr_2Cl_2$，分子量 258.80。无色液体。熔点 -45.5℃，沸点 104℃，密度 2.172 g/mL。在潮湿空气中水解发烟。遇水分解为硅酸、氢溴酸和盐酸。与无水乙醇作用得硅酸乙酯。与氨作用生成加合物。与有机金属试剂反应得有机硅。制备：可在加热条件下由三氯甲硅烷与溴反应，或由四氯化硅与溴反应制得。

三氯一溴甲硅烷（bromotrichlorosilane）　CAS 号 13465-74-2。化学式 $SiBrCl_3$，分子量 214.35。无色液体。熔点 -62℃，沸点 80.3℃，密度 1.826 g/mL。在潮湿空气中水解发烟。遇水分解，生成硅酸、氢溴酸和盐酸，与无水乙醇反应得硅酸乙酯。可与氨生成加合物。与有机金属试剂反应得有机硅。制备：可在加热条件下由三氯甲硅烷与溴反应，或由四氯化硅与溴反应制得。

二氯四溴乙硅烷（1,1,2,2-tetrabromo-1,2-chlorodisilane）　CAS 号 81483-89-8。化学式 $Si_2Cl_2Br_4$，分子量 446.69。密度 2.545 g/cm³。

乙硅氧烷（disiloxane）　亦称"二甲硅醚""甲硅醚"。CAS 号 13597-73-4。化学式 $(SiH_3)_2O$，分子量 78.22。无色气体。熔点 -144℃，沸点 -15.2℃，密度 3.49 g/L。难溶于冷水，在热水中少量分解。在碱溶液中迅速分解放出氢气。具有还原性。与氯气剧烈反应得全氯代物及四氯化硅。与三氯化硼、三氯化铝或四氯化锡反应生成一氯甲硅烷。气态时与氨在室温下不反应，但用液氮冷却后，再快速热至室温，则反应生成甲硅烷。可被明火点燃。300℃ 以下对热稳定。制备：可由一溴甲硅烷或一氯甲硅烷在 -196℃ 无空气条件下水解制得。

二硅氧烷基醚（disiloxane oxide）　化学式 $(SiHO)_2O$，分子量 106.19。白色疏松物质。熔点约 300℃。微溶于冷水。可溶于氢氟酸并分解。遇乙醇分解。

六氯乙硅氧烷（hexachlorodisiloxane）　亦称"六氯氧化二硅""氧氯化硅""六氯二甲硅醚"。CAS 号 14986-21-1。化学式 Si_2OCl_6，分子量 284.89。无色至淡黄色液体。熔点 <0℃，沸点 137℃，密度 1.58 g/mL。溶于二硫化碳、四氯化碳、乙醚、氯仿。遇水分解。与无水甲醇反应。与有机锂及有机镁化合物反应生成有机硅氧烷。可与肟类反应得到对应的酮。制备：由硅粉与氧和氯的混合物加热反应，或由四氯化硅蒸气与氧高温反应制得。

二亚氨基硅（silicon diimide）　亦称"硅亚胺"。化学式 $Si(NH)_2$，分子量 58.11。较坚硬的白色粉末。遇水分解为二氧化硅和氨。隔绝空气下加热较稳定，900℃ 熔融并分解放出氨。制备：可由四氯化硅与干燥的氨反应，或在低温下由二硫化硅与干燥的氨反应制得。用途：可用于半导体工业。

硅酸（silicic acid）　亦称"偏硅酸""水合二氧化硅"。CAS 号 1343-98-2。化学式 H_2SiO_3，分子量 78.10。白色无定形粉末。是一种几乎不溶于水的二元弱酸，其盐在水溶液中有水解作用。由硅酸盐与酸作用来制取硅酸，由于溶液的浓度不同，或形成白色溶胶，或成为凝胶状沉淀析出。也可发生缩合得到组成通式为 $xSiO_2 \cdot yH_2O$ 的硅酸，并根据所含水分的多少来加以区别。目前已确定的有正（原）硅酸 H_4SiO_4（$SiO_2 \cdot 2H_2O$）、偏硅酸 H_2SiO_3（$SiO_2 \cdot H_2O$）、三硅酸 $H_4Si_3O_8$（$3SiO_2 \cdot 2H_2O$）等。难溶于水，不溶于酸，可与氢氟酸激烈反应并分解，溶于苛性碱溶液。加热到150℃分解为二氧化硅。若把硅酸凝胶中所含的水经过干燥脱去，则变为白色透明多孔性的固体物质，称为硅胶。制备：可由硅酸盐溶液与强酸反应制得。用途：可用于制硅胶、硅酸盐等。

硅酸钠（sodium silicate） 亦称"偏硅酸钠""泡花碱""水玻璃"。化学式 $x\mathrm{Na_2O}\cdot y\mathrm{SiO_2}$。无色、灰绿色或棕色的黏稠液体或无定形固体。常见的组成有 $\mathrm{Na_2SiO_3}$、$\mathrm{Na_6Si_2O_7}$、$\mathrm{Na_2Si_3O_7}$ 等，同时带有可变量的水。其二氧化硅和氧化钠的摩尔比称作"模数"。模数大于3的是中性水玻璃，小于3的是碱性水玻璃。有液体、固体和粉状等多种产品。不溶于醇或酸，水溶液呈碱性，跟酸反应可析出硅酸胶状沉淀。制备：将纯碱与石英混合加热熔化后与水混合制得。用途：可作为防腐剂、防火剂、防水剂、洗涤剂、黏合剂、填充剂等，可用于制硅胶、沸石等，还可用于钻井、建筑、造纸、肥皂等领域。

硅酸铝（aluminium silicate） 亦称"蓝晶石""红硅石""硅线石"。CAS号12141-46-7。化学式 $\mathrm{Al_2O_3}\cdot x\mathrm{SiO_2}$。白色无定形粉末或有玻璃光泽正交系晶体。$\mathrm{Al_2O_3}\cdot\mathrm{SiO_2}$ 为白色无定形粉末，密度 $3.25\ \mathrm{g/cm^3}$，存在于高岭土中。加热至1545℃分解。$3\mathrm{Al_2O_3}\cdot2\mathrm{SiO_2}$ 为无色正交系晶体，熔点1920℃，密度 $3.16\ \mathrm{g/cm^3}$。两者都不溶于水和酸。制备：可由氧化铝与氧化硅烧结制得。用途：可作为黏合剂、密封剂，用于油漆、皮革、印染、油墨、造纸、塑料、橡胶、玻璃、陶瓷等领域。

硅酸铍铝（beryllium aluminum silicate） 有绿柱石和蓝柱石两种结构。绿柱石（beryl），CAS号1302-52-9，化学式 $\mathrm{Be_3Al_2(SiO_3)_6}$，分子量537.50。绿色透明六方系晶体。熔点 1410 ± 100℃，密度 $2.7\sim2.9\ \mathrm{g/cm^3}$。不溶于水、酸。可和氟硅酸钠在高温时熔融。存在于天然绿柱石中。用途：可用于制氧化铍、铍、绿宝石等。蓝柱石（Euclase），化学式 $\mathrm{BeAlSiO_4(OH)}$，分子量145.08。无色、白色、浅绿或浅蓝色单斜系晶体。密度 $3.1\ \mathrm{g/cm^3}$。存在于长石、绿柱玉矿中。用途：可用于制氧化铍、铍、高绝缘体瓷器、特稳玻璃等。

硅酸三钙（tricalcium silicate） CAS号12168-85-3。化学式 $\mathrm{Ca_3SiO_5}$ 或 $3\mathrm{CaO}\cdot\mathrm{SiO_2}$，分子量228.32。三斜系晶体。结构式可写作 $\mathrm{Ca_2[SiO_4(CaO)]}$。是由CaO与 $\mathrm{SiO_2}$ 形成的二元化合物。常温下的纯品为三斜系晶体，980℃时转为单斜系晶体，1070℃时转为三方系晶体。是水泥熟料烧成中形成温度最高的物质，它的形成意味着水泥熟料的烧成。其水化产生的硅酸钙凝胶是硅酸盐系列水泥的胶结强度主要来源。制备：可由碳酸钙与二氧化硅粉末高温焙烧制得。用途：主要用于制水泥。

偏硅酸锂（lithium metasilicate） CAS号10102-24-6。分子式 $\mathrm{Li_2SiO_3}$，分子量89.96。无色正交系晶体。熔点1204℃，密度 $2.52\ \mathrm{g/cm^3}$。在水中缓慢分解。在强酸

中分解析出硅酸沉淀。不溶于醇和有机溶剂。在浓盐酸作用下，生成晶状硅酸沉淀。制备：可由氢氧化钠与锂云母加热至500℃反应制得，或将氧化锂和二氧化硅混合物与氯化锂一起在赤热温度反应，或由碳酸锂与二氧化硅在铂坩埚中熔融反应制得。用途：可作为钢铁等表面防锈涂料、黏合剂，可用于制陶器、玻璃、高温釉料、焊条等。

偏硅酸镁（magnesium metasilicate） CAS号1343-88-0。化学式 $\mathrm{MgSiO_3}$，分子量100.39。白色单斜系晶体。密度 $3.19\ \mathrm{g/cm^3}$。不溶于水，微溶于氢氟酸。与酸反应生成硅酸和相应镁盐。与强碱反应生成可溶性硅酸盐与氢氧化镁。加热至1557℃分解。在自然界中以斜顽辉石矿物存在。制备：可由硅酸钠与可溶性镁盐在溶液中反应，或由二氧化硅和氧化镁高温下熔融制得。

偏硅酸钾（potassium metasilicate） 亦称"硅酸钾""钾水玻璃"。CAS号1312-76-1。化学式 $\mathrm{K_2SiO_3}$，分子量154.28。无色或浅黄色玻璃状物。熔点976℃。易吸潮。溶于水，水溶液显强碱性。不溶于乙醇。遇酸分解，析出硅酸。制备：可由二氧化硅和化学计量的氢氧化钾混合加热熔融制得。用途：可作为催化剂、黏合剂、去垢剂等。

偏硅酸钙（calcium metasilicate） CAS号13983-17-0。化学式 $\mathrm{CaSiO_3}$，分子量116.16。无色三斜系晶体。熔点1540℃，密度 $2.905\ \mathrm{g/cm^3}$。有 α 型和 β 型两种变体，α 型在1190℃以上稳定。微溶于水，可溶于盐酸。制备：α 型可由氧化钙和二氧化硅按计量比混合，并以氯化钙作助熔剂，熔融后适当冷却即得；β 型可由纯石英与碳酸钙等比混合后，在铂坩埚中1500℃以上充分熔融，将铂坩埚在水中急冷得偏硅酸钙玻璃体，再将硅酸钙玻璃体加热至800～1000℃即得。用途：可作为助滤剂、悬浮剂、吸收剂、抗酸剂、凝结剂、糖果抛光剂、胶母糖撒粉剂、塑料填充剂、橡胶补强剂，可用于医药、颜料、色层分析等领域。

偏硅酸锰（manganese metasilicate） CAS号7759-00-4。化学式 $\mathrm{MnSiO_3}$，分子量131.02。红色三斜系晶体。熔点1323℃，密度 $3.72\ \mathrm{g/cm^3}$。不溶于水，被盐酸分解生成硅胶。自然界中以蔷薇辉石存在。用途：可用于制特种玻璃的色料、瓷釉等。

偏硅酸锌（zinc metasilicate） CAS号68611-47-2。化学式 $\mathrm{ZnSiO_3}$，分子量141.49。无色正交系晶体或白色粉末。熔点1437℃，密度 $3.42\ \mathrm{g/cm^3}$。不溶于水，溶于酸。用途：用于陶瓷、玻璃、水泥、合成硅橡胶等领域。

偏硅酸镉（cadmium metasilicate） CAS号13477-19-5。分子式 $\mathrm{CdSiO_3}$，分子量188.49。无色粉末，有毒！熔点1252℃，密度 $4.93\ \mathrm{g/cm^3}$。微溶于水。与盐酸缓慢反应生成氯化镉和硅酸。制备：可由二氧化硅与碳酸镉或氧化镉的混合物高温反应制得。用途：可作为有机反应催化剂、磷光体、荧光体，用于塑料、涂料、橡胶、造纸、建材等领域。

偏硅酸锶（strontium metasilicate）　CAS 号 12712-63-9。化学式 $SrSiO_3$，分子量 163.70。无色单斜系棱柱状晶体。熔点 1 580℃，密度 3.65 g/cm^3。不溶于水。与 SrO 反应可生成 Sr_2SiO_4。制备：由等量 SrO 和石英砂共熔制得。

偏硅酸钡（barium metasilicate）　亦称"硅酸钡"。CAS 号 13255-26-0。分子式 $BaSiO_3$，分子量 213.41。无色正交系晶体或粉末。熔点 1 604℃，密度 4.40 g/cm^3。溶于盐酸，不溶于冷水，在热水中分解。制备：可由偏硅酸钠和氯化钡反应制得。用途：可用于造纸、陶瓷工业。

偏硅酸铅（lead metasilicate）　亦称"铅辉石"。CAS 号 10099-76-0。化学式 $PbSiO_3$，分子量 283.28。无色或白色单斜系晶体，有毒！熔点 766℃，密度 6.49 g/cm^3。不溶于水，遇酸则分解。制备：由 PbO 与二氧化硅共熔制得。用途：可用于生产陶器、防火织物等。

偏硅酸铝钠（sodium aluminum metasilicate）　CAS 号 1344-02-1。化学式 $Na_2O \cdot Al_2O_3 \cdot 4SiO_2$，分子量 404.28。无色单斜系晶体。熔点 1 000～1 060℃，密度 3.3 g/cm^3。不溶于水。在盐酸中分解并析出二氧化硅。制备：由偏铝酸钠和硅酸钠反应制得。

偏硅酸铝钾（potassium aluminum metasilicate）　亦称"天然白榴石"。CAS 号 1327-44-2。化学式 $KAlSi_2O_6$，分子量 218.25。无色晶体。熔点 1 686±5℃，密度 2.47 g/cm^3。不溶于水，能与酸反应。

正硅酸锂（lithium orthosilicate）　CAS 号 13453-84-4。化学式 Li_4SiO_4，分子量 119.85。无色正交系晶体。熔点 1 256℃，密度 2.39^{26} g/cm^3。不溶于冷水，在热水中分解，可溶于酸。其熔融物能吸收各种气体，凝固时又重新放出，快速冷却可防止气体放出，得到玻璃态物质，若缓慢冷却可得到晶态物质。制备：可将化学计量比的碳酸锂与二氧化硅熔融制得。用途：可作为陶瓷材料、特种涂料。

正硅酸铍（beryllium orthosilicate）　CAS 号 15191-85-2。化学式 Be_2SiO_4，分子量 110.11。无色三斜系晶体。密度 3.0 g/cm^3。不溶于酸。制备：可由天然铍盐硅石制得。用途：可作为制铍盐的原料。

正硅酸钠（sodium orthosilicate）　亦称"原硅酸钠"。CAS 号 13472-30-5。化学式 Na_4SiO_4，分子量 184.04。无色透明六方系晶体。熔点 1 018℃，密度 2.5 g/cm^3。溶于水，水溶液呈强碱性。与酸加热即沉淀出二氧化硅。制备：可由二氧化硅和碳酸钠或氢氧化钠熔融反应，或将硅酸溶解于浓的氢氧化钠溶液中制得。

正硅酸镁（magnesium orthosilicate）　亦称"原硅酸镁"。CAS 号 1343-88-0。分子式 Mg_2SiO_4，分子量 140.69。白色片状晶体。熔点 1 910℃，密度 3.24 g/cm^3。不溶于水、乙醇。在浓碱中分解为氢氧化镁。在热盐酸中分解为硅酸和氯化镁。可被氢氟酸分解。自然界中以镁橄榄石矿存在。制备：可由氧化镁或偏硅酸镁与二氧化硅高温反应制得。用途：可作为填料、抗结剂、被膜剂、涂层剂、耐火材料，用于陶瓷、玻璃、食品、油漆、橡胶、医药等领域。

正硅酸钙（calcium orthosilicate）　亦称"原硅酸钙"。CAS 号 1344-95-2。化学式 Ca_2SiO_4，分子量 172.24。有三种晶型。I 型为无色单斜系晶体，熔点 2 130℃，密度 3.27 g/cm^3。II 型为无色正交系晶体，密度 3.28 g/cm^3，加热至 1 420℃时转为 I 型。III 型为无色单斜系晶体，加热至 675℃改变晶型。不溶于水，但有多种水合物。难与氢氟酸以外的酸发生反应，也难与碱发生反应。制备：可由氧化钙和二氧化硅在高温反应制得。用途：可用于制水泥、耐火材料等。

正硅酸钴（cobalt orthosilicate）　CAS 号 13455-33-9。化学式 Co_2SiO_4，分子量 209.95。紫色正交系晶体。熔点 1 345℃，密度 4.63 g/cm^3。不溶于水，溶于稀盐酸。制备：可由氧化钴与二氧化硅熔融反应制得。

正硅酸锌（zinc orthosilicate）　亦称"原硅酸锌"，天然矿物称"硅锌矿"。CAS 号 68611-47-2。化学式 Zn_2SiO_4，分子量 222.90。无色三方系晶体或白色粉末。熔点 1 509℃，密度 4.10 g/cm^3。不溶于水，溶于乙酸。制备：可由适量的氧化锌和二氧化硅加热至 1 200℃制得。用途：可用于制荧光品、催化剂。

正硅酸锶（strontium orthosilicate）　CAS 号 13597-55-2。化学式 Sr_2SiO_4，分子量 267.32。单斜系晶体。熔点高于 1 750℃，密度 3.84 g/cm^3。制备：将 SrO 和二氧化硅以 2:1 混合后在瓷管中加热至 1 950℃制得。

正硅酸锆（zirconium orthosilicate）　亦称"锆英石""锆石""风信子石""红锆石"。CAS 号 10101-52-7。化学式 $ZrSiO_4$，分子量 183.31。纯品为无色立方系晶体，因含杂质常呈红、淡黄、浅棕、紫等多种色彩。熔点 2 550℃，密度 4.02～4.86 g/cm^3。1 550℃分解为相应氧化物。制备：可由二氧化硅与二氧化锆高温反应，或由锆盐溶液和硅酸钠反应制得。用途：可作为硅橡胶的稳定剂、烷基烃或烯基烃的反应催化剂，用于耐火材料、陶瓷彩釉、水泥涂料、浇铸模型、多孔玻璃、化妆品等领域，无色透明或红色的晶体可作为宝石。

正硅酸钍（thorium orthosilicate）　亦称"原硅酸钍"。CAS 号 15501-85-6。化学式 $ThSiO_4$，分子量 324.12。无色四方系晶体。密度 6.82^{16} g/cm^3。极微溶于水，不溶于乙醇。存在于钍石矿中。

正硅酸铝钠（sodium aluminum orthosilicate）　亦称"霞石"。化学式 $Na_2O \cdot Al_2O_3 \cdot 2SiO_2$，分子量 284.11。无色六方系晶体。熔点 1 526℃，密度 2.62^{21} g/cm^3。不溶于冷水，在热水、酸中分解。制备：由铝酸钠

与硅酸钠反应制得。

正硅酸铝钾（potassium aluminum orthosilicate）　化学式 $KAlSiO_4$，分子量 158.16。无色六方或正交系晶体。熔点约 1 800℃（正交系），密度 2.5 g/cm^3。与硫酸溶液长时间作用分解。用氢氧化钾溶液处理可得含水盐。制备：将组分氧化物按组成比混合后熔融，或由高岭土与氢氧化钾溶液反应制得。

焦硅酸钠（sodium disilicate）　亦称"二硅酸钠""二偏硅酸钠"。CAS 号 13870-28-5。化学式 $Na_2Si_2O_5$，分子量 182.15。珠光鳞片状正交系晶体。高温变体的熔点 874℃，密度 2.47 g/cm^3。低温变体的熔点 800℃，密度 2.57 g/cm^3。易溶于水，水解性较弱。制备：可由石英粉与碳酸钠于 1 000℃熔融，520℃回火结晶得低温变体，874℃回火结晶得高温变体。

焦硅酸氢钾（potassium hydrogen disilicate）　亦称"二硅酸氢钾"。化学式 $KHSi_2O_5$，分子量 176.27。白色正交系晶体。熔点 515℃，密度 2.42^{15} g/cm^3。遇盐酸分解。制备：可由二氧化硅及氧化钾反应，先得到水玻璃状物质，再析出结晶制得。

焦硅酸钾（potassium disilicate）　亦称"二硅酸钾"。化学式 $K_2Si_2O_5$，分子量 214.36。无色正交系晶体。熔点 1 015±10℃，密度 2.46 g/cm^3。有强碱性。在酸中分解，析出硅酸。制备：由二氧化硅与硅酸钾加热反应制得。用途：可用作黏合剂、洗涤剂，用于制玻璃、陶瓷等。

焦硅酸铅（lead diorthosilicate）　化学式 $Pb_2Si_2O_7$，分子量 582.57。白色三方系晶体。密度 6.71 g/cm^3。不溶于水。

重硅酸铍（beryllium disilicate）　CAS 号 12161-82-9。化学式 $Be_4Si_2O_7(OH)_2$，分子量 238.23。立方系晶体。密度 2.6 g/cm^3。存在于硅铍石中。用途：可用于制金属铍、铍盐。

四硅酸钾（potassium tetrasilicate）　化学式 $K_2Si_4O_9 \cdot H_2O$，分子量 352.55。白色正交系晶体。密度 2.42 g/cm^3。溶于水，不溶于乙醇。热至 400℃分解。制备：可由氧化钾与二氧化硅反应制得。

氟硅酸（fluosilicic acid）　亦称"六氟合硅酸"。CAS 号 16961-83-4。化学式 $H_2SiF_6 \cdot 2H_2O$，分子量 180.12。仅存于溶液中，有毒！对皮肤和黏膜有强腐蚀性。溶于水、碱。为二元强酸，能与许多金属作用，与铁、铜作用生成不溶性的保护膜。其盐类在水中的溶解度反常，重金属盐多数易溶，活泼金属钡、钾等的盐稍溶。蒸发或浓缩其水溶液时，部分分解为四氟化硅与氟化氢。制备：可由二氧化硅与过量氢氟酸水溶液反应，或由氟硅酸钠与酸反应，工业上可由浓硫酸处理磷矿（含有氟化物与硅酸盐）制磷肥时的副产物中得到。用途：可作为媒染剂、金属表面处理剂，用于金属电镀、木材防腐、啤酒消毒、酿造工业设

备消毒、电解精制铅、氟硅酸盐和四氟化硅的制备，还可用于测定钡、分离钡和锶等。

氟硅酸锂（lithium fluosilicate）　亦称"六氟硅酸锂"。CAS 号 17347-95-4。化学式 $Li_2SiF_6 \cdot 2H_2O$，分子量 191.99。白色单斜系晶体。沸点时分解放出四氟化硅，密度 2.33 g/cm^3。易溶于水，溶于乙醇，不溶于乙醚、丙酮。100℃失去 2 分子结晶水。

氟硅酸钠（sodium fluosilicate）　亦称"六氟硅酸钠""氟矽酸钠"。CAS 号 16893-85-9。化学式 Na_2SiF_6，分子量 188.06。无色六方系晶体，有毒！密度 2.68 g/cm^3。溶于热水、酸，不溶于乙醇。在碱溶液中分解为氟化物和水合氧化硅。在 300℃时分解为氟化钠和四氟化硅。应密闭保存。制备：可由碳酸钠或氢氧化钠中和氟硅酸，或由氟硅酸用氟化钠或硫酸钠沉淀制得。用途：可作为乳白剂、助熔剂、农业杀虫剂、脱叶剂、医用防腐剂、耐酸水泥的吸湿剂、皮革和木材的防腐剂等，用于搪瓷、农业、医药、冶金等领域。

氟硅酸镁（magnesium hexafluosilicate）　亦称"六氟硅酸镁"。CAS 号 18972-56-0。化学式 $MgSiF_6 \cdot 6H_2O$，分子量 274.47。白色三方系晶体。密度 1.79 g/cm^3。无水物为无色透明晶体或白色粉末。溶于水，不溶于乙醇，微溶于氢氟酸。120℃分解。制备：可由氟硅酸与氢氧化镁或碳酸镁反应制得。用途：可作为混凝土硬化剂、防水剂、防蛀剂，用于制陶瓷等。

氟硅酸铝（aluminum fluosilicate）　亦称"六氟硅酸铝""黄玉""黄精"。CAS 号 7787-18-1。化学式 $Al_2(SiF_6)_3$，分子量 480.19。淡蓝色或绿色正交系晶体，有玻璃光泽。密度 3.58 g/cm^3。溶于硫酸，不溶于水、盐酸、硝酸。在自然界以矿石形式存在。用途：可用作宝石、搪瓷、玻璃、研磨材料、精密仪表的轴承。

氟硅酸钾（potassium fluosilicate）　亦称"六氟硅酸钾"。CAS 号 16871-90-2。化学式 K_2SiF_6，分子量 220.27。无色立方或六方系晶体。密度 2.67^{17} g/cm^3（立方系），3.08 g/cm^3（六方系）。溶于盐酸，微溶于水，难溶于乙醇，不溶于液氨。在热水中分解生成氟化钾、氢氟酸和硅酸。加热时分解为氟化钾和四氟化硅。制备：可由氟硅酸与氢氧化钾或碳酸钾反应，或由氟硅酸与氯化钾或硫酸钾反应制得。用途：可作为分析试剂、合成中间体、杀虫剂、防腐剂，可用于制不透明玻璃、瓷釉，冶炼铝和镁等。

氟硅酸钙（calcium fluosilicate）　亦称"六氟硅酸钙"。CAS 号 16925-39-6。化学式 $CaSiF_6 \cdot 2H_2O$，分子量 218.18。无色四方系晶体。密度 2.25 g/cm^3。无水物为无色四方系晶体，密度 2.66 g/cm^3。微溶于水，溶于盐酸、氢氟酸，不溶于乙醇。其溶液可与氢氟酸、硫酸反应，生成氟硅酸和相应的钙盐。溶液加热浓缩时易分解成氟化钙

与氟化硅。在敞口的铂坩埚中灼烧时分解成氟化氢、二氧化硅和氟化钙。制备：可将氟化钙与二氧化硅粉末溶于氟化氢稀溶液，或由氟硅酸与酸式碳酸钙反应制得。用途：可作为起泡剂和杀虫剂，用于木材、橡胶、纺织等领域。

氟硅酸锰（manganese fluosilicate） 亦称"六氟硅酸锰"。CAS 号 25868-86-4。化学式 $MnSiF_6 \cdot 6H_2O$，分子量 305.11。玫瑰红色六方系柱状晶体。密度 1.90 g/cm^3。溶于水、乙醇。加热易分解。用途：可用于制杀虫剂、防腐剂、陶瓷原料等。

氟硅酸亚铁（iron(II) fluosilicate） 亦称"六氟硅酸亚铁"。化学式 $FeSiF_6 \cdot 6H_2O$，分子量 306.01。无色三方系棱柱状晶体。密度 1.96 g/cm^3。极易溶于水。制备：将 $Fe(OH)_2$ 溶解于氟硅酸水溶液制得。

氟硅酸铁（iron(III) fluosilicate） 亦称"六氟硅酸铁"。化学式 $Fe_2(SiF_6)_3$，分子量 537.92。肉红色凝胶状物。溶于冷水，在热水中分解。制备：将氧氧化铁溶解在氟硅酸溶液制得。

氟硅酸钴（cobalt fluosilicate） 亦称"六氟硅酸钴"。CAS 号 12021-68-0。化学式 $CoSiF_6 \cdot 6H_2O$，分子量 309.10。粉红色三方系晶体。密度 2.11^{19} g/cm^3。溶于水。制备：可将碳酸钴溶于氟硅酸制得。用途：可用于制聚合催化剂、陶瓷等。

氟硅酸镍（nickel fluorosilicate） 亦称"六氟硅酸镍"。CAS 号 26043-11-8。化学式 $NiSiF_6 \cdot 6H_2O$，分子量 308.86。绿色三方系晶体。密度 2.13 g/cm^3。易溶于水。受热分解。制备：将碳酸镍溶于六氟硅酸中制得。

氟硅酸亚铜（copper(I) fluorosilicate） 亦称"六氟硅酸亚铜"。化学式 Cu_2SiF_6，分子量 269.17。红色粉末。不溶于冷水，水煮后分解。加热分解产生四氟化硅。制备：可由亚铜盐的水溶液与六氟硅酸制得。

氟硅酸铜（copper(II) fluorosilicate） 亦称"六氟硅酸铜"。CAS 号 12062-24-7。化学式 $CuSiF_6 \cdot 4H_2O$，分子量 277.68。单斜系晶体。密度 2.16 g/cm^3。六水合物为蓝色正交系晶体，密度 2.21 g/cm^3。能溶于水。制备：可将碱式碳酸铜溶解在氟硅酸中，并加入乙醇制得。用途：可作为大理石的着色剂、硬化剂、杀虫剂、农药、矿物浮选的活性剂等。

氟硅酸锌（zinc fluosilicate） 亦称"六氟硅酸锌"。CAS 号 16871-71-9。化学式 $ZnSiF_6 \cdot 6H_2O$，分子量 315.58。白色六方系柱状晶体或粉末，有毒！密度 2.10 g/cm^3。易溶于水，其 1% 水溶液的 pH 约为 3.2。亦易溶于甲醇。100℃时分解。制备：可由氟硅酸与氧化锌或碳酸锌反应制得。用途：可作为木材防腐剂、防蛀剂、水泥混凝土快速硬化剂、熟石膏的增强剂、聚酯纤维的催化剂，可用于合成洗涤剂等。

氟硅酸镉（cadmium fluosilicate） 亦称"六氟硅酸镉"。CAS 号 17010-21-8。化学式 $CdSiF_6 \cdot 6H_2O$，分子量 362.58。无色六方系晶体，有毒！易潮解。易溶于水、50% 乙醇。制备：可由碳酸镉与氟硅酸在氯丁橡胶制的真空结晶器中反应制得。

氟硅酸铷（rubidium fluosilicate） 亦称"六氟硅酸铷"。化学式 Rb_2SiF_6，分子量 313.01。无色八面体晶体。密度 3.34 g/cm^3。溶于热水和酸，微溶于冷水，不溶于乙醇。制备：可由氯化铷与氟硅酸钠溶液在冷却条件下反应制得。

氟硅酸锶（strontium fluosilicate） 亦称"六氟硅酸锶"。化学式 $SrSiF_6 \cdot 2H_2O$，分子量 265.73。单斜系晶体。密度 $2.99^{17.5}$ g/cm^3。易溶于热水，能溶于盐酸，微溶于乙醇。加热分解。制备：可由六氟硅酸与锶盐反应制得。

氟硅酸银（silver fluosilicate） 亦称"六氟硅酸银"。化学式 $Ag_2SiF_6 \cdot 4H_2O$，分子量 429.87。无色晶体或白色潮解性晶粉。能溶于水。熔点超过 100℃，更热则分解。

氟硅酸铯（cesium fluosilicate） 亦称"六氟硅酸铯"。CAS 号 16923-87-8。化学式 Cs_2SiF_6，分子量 407.89。白色立方系晶体。密度 3.37^{17} g/cm^3。赤热时即分解。可溶于冷水，微溶于热水，不溶于乙醇。制备：可由氯化铯溶液与氟硅酸反应，或由四氟化硅与氟化铯反应制得。用途：可在玻璃和陶瓷工业中作为二氧化碳的吸收剂，用作含砷药物的解毒剂，亦可用于制氧化铯。

氟硅酸钡（barium fluosilicate） 亦称"六氟硅酸钡"。CAS 号 17125-80-3。化学式 $BaSiF_6$，分子量 279.40。无色正交系针状晶体，有毒！熔点 300℃，密度 4.29^{21} g/cm^3。微溶于水、稀盐酸、氯化铵溶液，不溶于乙醇。长期与水接触会水解。若有碱存在时则水解反应加快。制备：可由氯化钡与氟硅酸反应制得。用途：可用于制四氟化硅、陶器、杀虫剂等。

氟硅酸亚汞（mercury(I) fluosilicate） 亦称"六氟硅酸亚汞"。化学式 $Hg_2SiF_6 \cdot 2H_2O$，分子量 579.29。无色柱状晶体。密度 2.13 g/cm^3。微溶于水，不溶于盐酸。制备：可将碳酸亚汞溶于氟硅酸制得。

氟硅酸汞（mercury(II) fluosilicate） 亦称"六氟硅酸汞"。化学式 $HgSiF_6 \cdot 6H_2O$，分子量 450.76。无色菱面晶体。有潮解性，遇水易分解，生成黄色的碱式盐（$HgSiF_6 \cdot HgO \cdot 3H_2O$）。制备：可将氧化汞溶于过量的六氟硅酸中，在低温下浓缩制得。

氟硅酸亚铊（thallium(II) fluosilicate） 亦称"六氟硅酸亚铊"。化学式 $TlSiF_6 \cdot 2H_2O$，分子量 382.49。无色六方系板状晶体。密度 5.72 g/cm^3。易溶于水。制备：可由二氧化硅、TlF、氢氟酸反应制得。

氟硅酸铅(lead fluosilicate)　亦称"六氟硅酸铅""氟硅化铅"。CAS 号 25808-74-6。化学式 $PbSiF_6 \cdot 2H_2O$，分子量 385.31。无色单斜系晶体，有毒！有强烈刺激性。易溶于水。加热可失水，但易分解。其四水合物于 100℃ 以下熔融分解成四氟化硅、氟化铅。用途：可作为电解精制铅的溶液。

氟硅酸铵(ammonium fluosilicate)　亦称"六氟硅酸铵"。CAS 号 16919-19-0。化学式 $(NH_4)_2SiF_6$，分子量 178.15。无色晶状粉末，有毒！有 α、β 两种异构体。α 型为立方系晶体，密度 2.01 g/cm^3。β 型为三斜系晶体，密度 2.15 g/cm^3，经长时间加热可转变为 α 型。在空气中稳定，溶于水、乙醇，不溶于丙酮，在热水中完全水解为硅酸盐及氢氟酸。在酸性介质中可腐蚀玻璃。制备：由氟硅酸与氨气反应制得。用途：可作为防蛀剂、酿造工业的消毒剂、玻璃蚀刻剂，可用于轻金属浇铸、电镀等领域。

氟硅酸联氨(hydrazine fluosilicate)　亦称"六氟硅酸联氨"。化学式 $N_2H_4H_2SiF_6$，分子量 176.14。易溶于水，微溶于乙醇。加热至 186℃ 未熔化即分解。制备：可由等摩尔水合肼与氟硅酸反应制得。

氟硅酸羟胺(hydroxylamine fluosilicate)　亦称"六氟硅酸羟胺"。化学式 $(NH_2OH)_2H_2SiF_6 \cdot 2H_2O$，分子量 246.18。白色片状晶体。易溶于水，难溶于醇。制备：可由六氟硅酸水溶液与羟胺水溶液以 1∶2 摩尔比混合反应制得。

磷化物、含氧磷酸盐

磷化氢(phosphine)　亦称"膦""磷烷""磷化三氢"。CAS 号 7803-51-2。化学式 PH_3，分子量 34.00。有类似大蒜气味的无色气体，剧毒！熔点 -133.5℃，沸点 -87.7℃，密度 1.390^{25} g/L。不溶于热水，微溶于冷水，溶于乙醇、乙醚。在空气中约 150℃ 着火，如混入 P_2H_4 则常温下也会着火。1 体积水常温下可吸收 0.112 体积的 PH_3。乙炔的生产(电石中含磷)，含磷的矿砂、磷酸钙、磷化铝等遇酸和水或湿空气中潮解，都有可能产生磷化氢。制备：可通过在氢氧化钾水溶液中回流白磷或黄磷，或水解磷化物(磷化钙、磷化锌、磷化铝等)，或由碘化膦和氢氧化钾反应，也可由白磷与氢气反应制得。用途：可用于半导体器件和集成电路生产的外延、离子注入和掺杂。可作为缩合催化剂、聚合引发剂、农药熏蒸剂、杀虫剂原料、医药原料，可用于有机合成、制备磷的有机化合物等。

二磷化四氢(diphosphine)　亦称"联膦""乙膦"。CAS 号 13445-50-6。化学式 P_2H_4，分子量 65.98。无色液体，剧毒！熔点 -99℃，沸点 57.5℃。不溶于水，溶于乙醇、松节油。空气中能自燃。在粗糙的表面、有少量酸存在或特别受到光照时，分解成 PH_3 和 $(P_2H_4)_3$。制备：可由白磷和热浓碱溶液反应，收集 -70～60℃ 馏分可得；也可用磷化钙水解，然后取最低沸点馏分制得。

固态磷化氢(hydrogen phosphide (solid))　CAS 号 1629158-37-7。化学式 $(P_2H_4)_3$，分子量 377.73。黄色固体。密度 1.83^{19} g/cm^3。不溶于水、乙醇，溶于液态磷和 P_2H_4 中。空气中稳定，能与氨加合，具有酸性。160℃ 着火。可看作 PH_3 在白磷中的固溶体。

磷化硼(boron phosphide)　CAS 号 20205-91-8。化学式 BP，分子量 41.79。纯品几乎无色，通常为红褐色粉末。密度 2.90 g/cm^3。受热 200℃ 即着火燃烧。不溶于水、稀酸、沸腾的稀碱溶液，可被熔融的碱腐蚀。高压下，立方晶系 BP 可稳定到 2 500℃；真空中超过 1 100℃ 时会分解。BP 部分失去磷将形成另一种磷化硼 $B_{12}P_{1.8}$。制备：可通过单质硼和红磷的混合物加热到 900～1 000℃，或由热解 $PCl_3 \cdot BCl_3$，或使硼与 Zn_3P_2 或 PH_3 反应，或用氢还原 BCl_3 和红磷的混合物，或使 BCl_3 与 PH_3、AlP 或 Zn_3P_2 进行复分解反应制得。用途：可作为超硬材料，也可用于光学吸收研究。

磷化钠(sodium phosphide)　CAS 号 12058-85-4。化学式 Na_3P，分子量 99.94。红色晶体，剧毒！熔点 1 100℃(分解)，密度 1.74 g/cm^3。遇水分解生成氢氧化钠并放出磷化氢。在空气中吸收水分。制备：将磷和钠在氩中加热反应制得。用途：可作为有机磷化剂，用于农药等领域。

磷化镁(magnesium phosphide)　CAS 号 12057-74-8。化学式 Mg_3P_2，分子量 134.88。黄绿色立方晶体。熔点 1 100℃(分解)，密度 2.055 g/cm^3。遇水、潮湿空气或酸分解为氢氧化镁和剧毒的磷化氢。常温时在完全干燥的空气中稳定。在 300℃ 时可与氧气迅速反应。制备：可由红磷与镁粉在隔绝空气的条件下经高温下反应制得。用途：可用于制杀虫剂。

磷化铝(aluminum phosphide)　CAS 号 20859-73-8。化学式 AlP，分子量 57.95。无色至暗灰黄色结晶或粉末，剧毒！熔点 >1 000℃，密度 2.42 g/cm^3。在湿空气中会起反应，放出 PH_3。空气中达 26 g/m^3 时容易起火。遇水或稀碱生成剧毒的磷化氢，与无机酸发生激烈反应，与王水反应可发生爆炸。与氧化剂接触剧烈反应。温度超过60℃时,在空气中会自燃。700℃以上时,在空气中被氧化成三氧化二铝。制备:可由红磷和铝粉的混合物在650～700℃下作用而得。用途:曾用于粮仓熏蒸杀虫,可用于鼠洞灭鼠和树干灭蛀虫等。

磷化钙(calcium phosphide)　CAS号1305-99-3。化学式Ca_3P_2,分子量182.18。工业品含磷化钙18%～25%,纯品为红棕色晶体或紫褐色颗粒,剧毒!熔点1600℃,密度2.51 g/cm^3。不溶于乙醇、乙醚和苯。遇水、潮湿空气、酸类能分解放出剧毒的磷化氢气体。与氯气、氧、硫磺、盐酸反应剧烈,有引起燃烧爆炸的危险。易引起爆炸,在潮湿空气中能自燃。制备:可由金属钙和磷在封闭管中反应,或用铝或炭还原磷酸三钙制得。用途:可用于制磷化氢、提纯铜,还可用于制造烟火、铜合金、灭鼠剂、鱼雷、信号弹等。

磷化钛(titanium phosphide)　CAS号12037-65-9。化学式TiP,分子量78.87。有金属光泽的灰色粉末。熔点1600℃,密度3.95 g/cm^3。不溶于水和酸,稍受王水浸蚀,加热至250～300℃可被发烟硝酸浸蚀。在真空中加热高于90℃分解为$TiP_{0.94}$,后者在1580℃分解。制备:可通过四氯化钛和磷化氢加热反应,或由钛粉和磷在密闭容器中加热反应制得。用途:可用于催化有机缩聚反应。

磷化铬(chromium phosphide)　CAS号26342-61-0。化学式CrP,分子量82.97。灰黑色正交系晶体。密度5.70^{15} g/cm^3。不溶于水,能溶于硝酸和氢氟酸。在氧中反应较激烈。与氯气反应生成三氯化铬及三氯化磷。加热至1360℃分解。制备:可由铬粉与磷化铜加热反应,或在740℃下用氢气还原磷酸铬,或由三氯化铬与磷化钙在800℃的氩气气氛中反应制得。

一磷化锰(manganese(III) monophosphide)CAS号12032-78-9。化学式MnP,分子量85.91。暗灰色固体。熔点1190℃,密度5.39 g/cm^3。不溶于水,微溶于硝酸。用途:可作为磁性材料。

二磷化三锰(manganese(II) phosphide)　亦称"磷化锰"。CAS号12263-33-1。化学式Mn_3P_2,分子量226.76。深灰色正交系晶体。熔点1095℃,密度5.29 g/cm^3。微溶于硝酸,不溶于水。常温常压下稳定。制备:由锰和磷化钙反应制得。

磷化钴(cobalt phosphide)　亦称"一磷化二钴"。CAS号12134-02-0。化学式Co_2P,分子量148.84。灰色正交系晶体。熔点1386℃,密度6.4 g/cm^3。不溶于水,在热水中分解。溶于硝酸、王水。制备:可由计量比的钴粉与红磷在石英管中反应,或由氢气还原磷酸钴,或由电解含有氧化钴的偏磷酸熔融物制得。用途:可作为电极材料。

二磷化三镍(trinickel diphosphide)　CAS号12137-11-0。化学式Ni_3P_2,分子量238.08。灰白色块状固体。密度5.99 g/cm^3。易溶于硝酸,不溶于水、盐酸。制备:可由赤热的硫化镍(II)或氯化镍与磷化氢反应,或由焦磷酸镍(II)与一磷化二镍加强热,或由计量比的金属镍与红磷在高温下反应制得。

一磷化二镍(dinickel monophosphide)　CAS号12035-64-2。化学式Ni_2P,分子量148.39。铁灰色六方系晶体。熔点1112℃,密度6.31 g/cm^3。不溶于水,易溶于硝酸和氢氟酸的混合物中。强热时可失去部分磷。可被氯气或熔融氢氧化钠侵蚀。制备:可将焦磷酸镍或磷酸镍在氢气流中加热,或由镍粉在三氯化磷气流中加热,也可由磷化铜与镍在电炉中加热制得。

二磷化五镍(pentanickel diphosphide)　CAS号11103-55-2。化学式Ni_5P_2,分子量355.50。针状或板状晶体。熔点1185℃,密度7.5 g/cm^3。强热时可失去磷,可被氯及熔融氢氧化钠侵蚀。制备:可由计量比金属镍和红磷反应,或由三氯化磷或磷酸与镍、木炭的混合物熔融制得。

磷化亚铜(cuprous phosphide)　CAS号12019-57-7。化学式Cu_3P,分子量221.61。黑灰色固体。密度7.15 g/cm^3。不溶于水、稀的无机酸,硝酸、王水及热的浓硫酸可使之分解。加热至1100℃以上时分解。制备:可由计量比的铜和红磷于石英管中高温反应,或向氯化亚铜溶液中通磷化氢,或由电解含氧化铜的偏磷酸钠熔融物制得。

磷化锌(zinc phosphide)　亦称"二磷化三锌"。CAS号1314-84-7。化学式Zn_3P_2,分子量258.12。暗灰色有大蒜气味的晶体或粉末,剧毒!熔点>420℃,密度4.55 g/cm^3。不溶于水和乙醇,微溶于碱、油类及苯、二硫化碳等有机溶剂。干燥条件下,化学性质稳定,但遇水和光照能缓慢分解出磷化氢,遇酸可迅速分解放出磷化氢气体。易着火。与浓硝酸接触即被氧化并发生爆炸。在1100℃氢气中升华。制备:将红磷与锌粉的混合物高温反应制得。用途:可用作急性灭鼠剂、粮仓熏蒸杀虫剂、有机膦化剂等。

磷化砷(arsenic monophosphide)　CAS号12255-33-3。化学式AsP,分子量105.90。棕红色粉末。溶于二硫化碳、硫酸、盐酸,不溶于乙醇、氯仿、三氯甲烷。遇水分解。遇浓硝酸被氧化发白光。溶于稀硝酸,加热此溶液生成磷酸和砷酸。遇氢氧化钾、氢氧化钡溶液和氨水则分解。加热燃烧生成As_2O_3和P_2O_5。在CO_2气流中先升华的是磷,然后是砷。在熔点前升华而分解。制备:可由干燥的砷化氢与三氯化磷,或三氯化砷与膦反应制得。

磷化锆(zirconium phosphide)　CAS号12037-80-8。化学式ZrP_2,分子量153.17。黑灰色脆性晶体。密度4.77 g/cm^3。不溶于水、稀无机酸、浓碱溶液,溶于热的浓硫酸。与碱共热可熔融。制备:将计量比的金属锆和红磷在石英管中加热制得。

二磷化钼（molybdenum diphosphide）　CAS 号 61219-54-3。化学式 MoP_2，分子量 157.89。黑色粉末。密度 5.35 g/cm³。不溶于盐酸、含氨的过氧化氢中，可溶于硝酸、王水、热浓硫酸。加热可分解为磷化钼与磷。制备：由 1∶2.2 的钼与红磷在封闭管中加热反应制得。

磷化钼（molybdenum phosphide）　CAS 号 12163-69-8。化学式 MoP，分子量 126.91。有金属光泽的灰绿色晶体。密度 6.17 g/cm³。不与盐酸、氢氧化钠反应，溶于热硝酸。在空气中加热时，燃烧并发出火焰。制备：可由三氧化钼与偏磷酸的混合物在炭坩埚中加热，或由含有氯化钠的三氧化钼与偏磷酸钠熔融电解制得。

一磷化三钼（trimolybdenum monophosphide）CAS 号 12058-28-5。化学式 Mo_3P，分子量 318.83。灰色晶体粉末。密度 6.7 g/cm³。在空气中加热易燃烧。制备：可在炭坩埚中电解偏磷酸钠、三氧化钼和氯化钠的混合物制得。

磷化镉（cadmium phosphide）　CAS 号 12014-28-7。化学式 Cd_3P_2，分子量 399.18。绿色针状晶体，有毒！熔点 700℃，密度 5.60 g/cm³。不溶于水、乙醇、乙醚。能溶于盐酸并分解。与浓硝酸激烈反应。制备：可向混有氮或氢的磷蒸气通过加热的镉；或将金属镉与稍过量的红磷在石英管中反应；或在浓氢氧化钾溶液中加入氧化镉制得悬浊液，再向其中加入白磷的苯溶液，经回流沸煮制得。用途：可用作红外、半导体材料。

磷化铟（indium phosphide）　CAS 号 22398-80-7。化学式 InP，分子量 145.79。银灰色脆性块状体。熔点 1 070℃。难溶于无机酸。制备：将铟和红磷在真空中于 700℃加热制得。用途：用作半导体材料。

一磷化锡（tin monophosphide）　CAS 号 25324-56-5。化学式 SnP，分子量 149.66。银白色固体。密度 6.56 g/cm³。不溶于水。与稀硝酸不反应，但与浓酸和碱反应则分解。加热至 415℃生成三磷化四锡。制备：加热锡和磷的混合物，然后将生成物依次由盐酸、氢氧化钠、硝酸处理制得。

三磷化四锡（tetratin triphosphide）　CAS 号 12440-42-5。化学式 Sn_4P_3，分子量 567.68。白色晶体。密度 5.181 g/cm³。能被盐酸和氢氧化钠分解，可被硝酸氧化。加热至 480℃开始分解。制备：由 SnP 在 415℃下加热反应；或由加热锡与磷的混合物，除去其他产物制得。

一磷化钨（tungsten monophosphide）　CAS 号 12037-70-6。化学式 WP，分子量 214.84。灰色粉末状晶体。密度 12.3 g/cm³。常温下在空气中放置时稳定，但加热时被氧化生成三氧化钨。不溶于水、酸、乙醇、乙醚等溶剂。可溶于热的王水，以及氢氟酸和硝酸的混酸中。制备：可由三氧化钨与磷的混合物加热反应；或将二磷化钨与过量的磷和铜的混合物加热至 1 200℃反应，冷却后用稀硝酸处理掉磷化铜后制得。

磷化钨（tungsten phosphide）　CAS 号 12037-70-6。化学式 WP，分子量 215.81。灰色棱柱结晶粉末。密度 8.5 g/cm³。不溶于冷水、盐酸和碱溶液，溶于硝酸和氢氟酸的混合溶液。制备：将二磷化钨与过量磷化铜的混合物热至 1 200℃，再用稀硝酸处理制得。用途：可作为加氢催化剂。

二磷化钨（tungsten diphosphide）　CAS 号 12037-78-4。化学式 WP_2，分子量 245.81，黑色晶体。密度 9.17 g/cm³。常温下在空气中放置时稳定，但加热时被氧化生成三氧化钨。不溶于水、酸、乙醇、乙醚等溶剂，但在王水中加热可被溶解，并溶于氢氟酸和硝酸的混合溶液中。在氢气中加热至 600℃可被部分还原，但是直到 900℃依然有部分磷残留。加热条件下可与卤素剧烈反应。在氧气中 450℃可剧烈燃烧。高温下可被很多金属还原为钨。加热至熔点分解。制备：可由三氧化钨与磷的混合物加热反应；或由六氯化钨与磷化氢在 250～450℃反应制得。

二磷化铂（platinum diphosphide）　CAS 号 12165-68-3。化学式 PtP_2，分子量 257.04。灰色立方系晶体。熔点约 1 500℃，密度 9.01 g/cm³。不溶于水、酸，微溶于王水。加强热放出磷，并生成五磷化三铂。与强碱熔融则分解。制备：可由铂与磷蒸气在约 500℃时反应，或在加热条件下由五磷化三铂与王水反应制得。

磷化金（gold phosphide）　CAS 号 12044-95-0。化学式 Au_2P_3，分子量 486.86。灰色棱柱状晶体粉末。密度 6.67 g/cm³。不溶于盐酸、稀硝酸盐。在空气中稳定，沸点时分解。制备：由金与磷在 500℃下反应制得。

磷化铅（lead phosphide）　化学式 PbP_5，分子量 362.06。黑色不稳定可燃物。遇水及稀酸均分解。加热时失去磷并解离。真空中加热至 400℃分解。制备：由磷化铷与碳酸铅在液氨中反应制得。

三氰化磷（phosphorus tricyanide）　CAS 号 1116-01-4。化学式 $P(CN)_3$，分子量 109.03。白色针状四方系晶体。熔点约 200℃，160～180℃升华。极易溶于乙醚，微溶于热苯。遇水立即分解为氢氰酸、亚磷酸和黄色磷化物。室温下对干燥氧、空气或臭氧稳定。制备：由三氯化磷和氰化银在三氯甲烷、四氯化碳或苯中反应制得。用途：用于农业、医药、染料等领域。

三氨基硫磷（thiophosphorylamide）　亦称"硫磷三胺""硫磷酰胺"。CAS 号 13455-05-5。化学式 $PS(NH_2)_3$，分子量 111.11。黄白色非晶态固体。密度 1.7^{13} g/cm³。略溶于水，在热水中分解。可溶于甲醇，但不溶于乙醇。加热至 200℃时分解。与热氢氧化钠溶液反应生成二氨基硫代磷酸钠和氨。长时间暴露在潮湿空气中会水解生成 $(NH_4)HPO_3S$ 和氨。制备：由氨与 $PSCl_3$ 在氯仿中低温反应,所得产品在甲醇中重结晶制得。

氮氧化磷(phosphorus oxynitride)　亦称"氮化磷酰"。CAS号23369-45-1。化学式PON,分子量60.98。白色无定形晶体。不溶于水、酸、碱。制备:可由$POCl_2(NH_2)$热分解制得。

三聚二氯化氮磷(trimeric phosphonitrilic dichloride)　亦称"三聚二氯氮化磷""膦腈"。CAS号940-71-6。化学式$(PNCl_2)_3$,分子量347.66。白色正交系晶体,有毒! 熔点114℃,沸点256.5℃,密度1.98 g/cm³。溶于乙醇、乙醚、苯、氯仿、酸、乙酸、二硫化碳,不溶于冷水,遇热水分解。于250℃加热环状的磷氮环的氯化物,聚合为无色橡胶状的聚合物。制备:可由氯化铵或氨与五氯化磷在对称-四氯乙烷或氯苯溶剂中于135℃反应制得。用途:其有机取代衍生物可用作合成橡胶的化学灭菌剂、黏胶人造丝阻滞火焰的添加剂。

三聚二溴化氮磷　释文见233页。

四硫六氧化四磷(phosphorus oxysulfide)　CAS号15780-31-1。化学式$P_4O_6S_4$,分子量348.15。白色晶体。熔点102℃,沸点295℃。易溶于二硫化碳。在空气及水中分解。制备:可在氮气流中加热硫和氧化磷的混合物制得。

次磷酸(hypophosphorous acid)　亦称"次亚磷酸"。CAS号6303-21-5。化学式H_3PO_2,分子量66.00。无色晶体。熔点26.5℃,密度1.493 g/cm³。易溶于水、乙醇和乙醚。具有很强的还原性,可使重金属盐溶液还原至金属。130℃分解为膦和亚磷酸。制备:将磷与氢氧化钡溶液加热得到次磷酸钡,再与硫酸作用,经过滤、浓缩制得;或将次磷酸钠溶液经H型离子交换树脂处理而得。用途:可作为还原剂、分析试剂,可用于医药等领域。

次磷酸钠(sodium hypophosphite)　亦称"次磷酸二氢钠""次亚磷酸钠"。CAS号7681-53-0。化学式$NaH_2PO_2 \cdot 6H_2O$,分子量196.07。常温下为无色珠光晶片或白色粉末。极易潮解,易溶于水、乙醇,溶于甘油,微溶于液氨、氨水,不溶于乙醚。有强还原性,与硝酸盐、氯酸盐等氧化性盐类混合研磨有爆炸风险。110℃以上缓慢分解,放出磷化氢。制备:由次磷酸与纯碱作用,或用氢氧化钠与氢氧化钙的混合物与白磷反应制得。用途:可用作气体分析试剂,砷、铜及碘酸盐试剂,医用神经补剂等,还可用于化学镀镍、塑料、橡胶等领域。

次磷酸镁(magnesium hypophosphite)　CAS号10377-57-8。化学式$Mg(H_2PO_2)_2 \cdot 6H_2O$,分子量262.37。白色晶体,有荧光。在干燥空气中易风化。溶于水且水溶液呈中性或弱酸性,不溶于乙醇和乙醚。可与氧化性物质反应。100℃时脱去5分子水,180℃时为无水物,继续加热释磷化氢。制备:由氧化镁与次磷酸溶液反应制得。用途:可用于制药。

次磷酸钾(potassium hypophosphite)　亦称"次亚磷酸钾"。CAS号7782-87-8。化学式KH_2PO_2,分子量104.09。白色六方系晶体。极易潮解,溶于水、氯仿,难溶于乙醇、液氨,不溶于乙醚。受强热分解,放出磷化氢。在空气中能自燃。遇氯酸盐或其他氧化剂混研可发生爆炸。制备:由碳酸钾与次磷酸或次磷酸钙作用而得。用途:可用于分析化学和医药等领域。

次磷酸钙(calcium hypophosphite)　亦称"磷酸二氢钙"。CAS号7789-79-9。化学式$Ca(H_2PO_2)_2$,分子量170.06。白色至灰色单斜系晶体。溶于水,溶液呈弱酸性,不溶于乙醇。具有还原性。制备:由石灰浆和白磷反应制得。用途:可作为分析试剂、动物营养剂,可用于化学镀镍、医药等领域。

次磷酸锰(manganese(II) hypophosphite)　CAS号10043-84-2。化学式$Mn(H_2PO_2)_2 \cdot H_2O$,分子量202.93。无嗅无味的桃红色晶体或粉末。溶于水,不溶于乙醇。具有还原性。150℃失去结晶水,继续加热则分解。制备:由硫酸锰或草酸锰与次磷酸钙反应,或次磷酸钡与硫酸锰反应制得。用途:可用于医药、制糖、无光纤维等领域。

次磷酸铁(iron(III) hypophosphite)　CAS号7783-84-8。化学式$Fe(H_2PO_2)_3$,分子量250.82。白色或灰色粉末。可溶于水。制备:由次磷酸与碳酸亚铁反应制得。用途:可用于医药。

次磷酸镍(nickel hypophosphite)　CAS号36026-88-7。化学式$Ni(H_2PO_2)_2 \cdot 6H_2O$,分子量296.78。绿色立方系晶体。密度1.82 g/cm³。溶于水。有强还原性。制备:可由硫酸镍和次磷酸钠反应,或向次磷酸中加入氢氧化镍制得。用途:可用于电镀工业。

次磷酸锌(zinc hypophosphite)　CAS号15060-64-7。化学式$Zn(H_2PO_2)_2 \cdot H_2O$,分子量213.36。无色晶体或白色粉末。有潮解性。能溶于水以及碱溶液。具有还原性。制备:由氢氧化锌与次磷酸溶液反应制得。用途:可作为医药防腐剂和收敛剂。

次磷酸钡(barium hypophosphite)　亦称"次亚磷酸钡"。CAS号14871-79-5。化学式$Ba(H_2PO_2)_2 \cdot H_2O$,分子量285.34。白色单斜系片状晶体或粉末,无气味有珍珠般光泽,有毒! 易溶于水,几乎不溶于乙醇。是一种强还原剂。100℃时失去其结晶水,热至100~150℃时分解,在空气中风化。制备:由氢氧化钡和白磷反应制得。用途:可作为测定砷的试剂、还原剂,可用于制药工业。

次磷酸钍(thorium hypophosphite)　化学式$ThP_2O_6 \cdot 11H_2O$,分子量588.15。白色非晶态沉淀物。不溶于水、酸或碱溶液中。160℃脱去所有结晶水。制备:由含Th^{4+}与$H_2P_2O_6^{2-}$离子的溶液反应制得。

次磷酸铵(ammonium hypophosphite)　亦称"次亚

磷酸铵""卑磷酸铵"。CAS 号 7803-65-8。化学式 $NH_4H_2PO_2$,分子量 83.03。菱形片状晶体。熔点 $200℃$,沸点 $240℃$(分解),密度 $1.634 g/cm^3$。溶于水、乙醇和液氨,难溶于丙酮。$270℃$ 分解并有磷化氢生成。制备:由次磷酸钡与硫酸铵反应制得。用途:可作为分析试剂、焙粉,可用于工业制药。

亚磷酸(phosphorous acid)　CAS 号 13598-36-2。化学式 H_3PO_3,分子量 82.00。无色或黄色有大蒜气味的晶体。易潮解。熔点 $73.6℃$,密度 $1.651 g/cm^3$。易溶于水,可溶于乙醇。一般遇氧或空气缓慢氧化为正磷酸。当有微量碘存在时,才被空气中的氧显著地氧化为正磷酸。属于中等还原剂,在常温下与卤素、重铬酸盐、过二硫酸等氧化剂的反应较慢。可使重金属的盐还原至金属。纯酸受热时分解为磷酸和磷化氢。制备:可由三氯化磷水解,或由六氧化四磷与水反应制得。用途:可作为还原剂,可用于亚磷酸盐的制备以及汞、金、银等的分析。

亚磷酸钠(sodium phosphite)　亦称"亚磷酸氢二钠"。CAS 号 13708-85-5。化学式 $Na_2HPO_3 \cdot 5H_2O$,分子量 216.04。无色或白色正交系晶体。有潮解性。易溶于水,不溶于乙醇。$200℃$ 以上分解,有强还原性。

亚磷酸氢镁(magnesium phosphite)　化学式 $MgHPO_3 \cdot 3H_2O$,分子量 158.36。略溶于水,易溶于酸。制备:可由乙酸镁与亚磷酸在水热条件下反应制得。用途:可作为辐射制冷材料。

亚磷酸亚铁(ferrous hydrogen phosphite)　化学式 $[Fe_5H_2(HPO_3)_6] \cdot 2H_2O$,分子量 797.15。黑色棒状晶体。制备:由硫酸亚铁与亚磷酸反应制得。

亚磷酸锌(zinc hydrogen phosphite)　CAS 号 14332-59-3。化学式 $ZnHPO_3$,分子量 163.39。白色固体。制备:由可溶性锌盐与亚磷酸盐按化学计量反应,或由氧化锌与亚磷酸反应制得。用途:可作为无毒防锈颜料、阻燃剂、汞中毒的解毒剂、紫外线遮蔽剂等。

亚磷酸氢铅(lead hydrogen phosphite)　化学式 $PbHPO_3$,分子量 287.18。白色粉末,有毒!密度 5.85 g/cm^3。不溶于水,溶于硝酸形成 $PbHPO_3 \cdot Pb(NO_3)_2$,溶于热亚磷酸浓溶液生成亚磷酸二氢铅$[Pb(H_2PO_3)_2]$。加热分解生成膦,$300℃$能被热空气氧化。还可与氯化氢、溴化氢、碘化氢等形成加合物。制备:由硝酸铅或醋酸铅溶液与亚磷酸钠溶液反应,或碳酸铅与亚磷酸反应,也可由一氧化铅与过量的亚磷酸加热反应制得。用途:用于玻璃陶瓷工业。

亚磷酸二氢锂(lithium dihydrogen phosphite)　CAS 号 13453-80-0。化学式 LiH_2PO_3,分子量 87.92。白色晶体。熔点大于 $100℃$,密度 $2.461 g/cm^3$。易溶于水。受热时,在 $200～250℃$可变为酸式焦磷酸锂,强热变为多磷酸锂。制备:将磷酸锂溶于硝酸后蒸干,再将其溶于水中,再在硫酸上蒸干制得;或向磷酸锂中加入过量的磷酸制得。

亚磷酸氢二锂(dilithium hydrogen phosphite)　化学式 $Li_2HPO_3 \cdot H_2O$,分子量 111.87。无色针状晶体。微溶于水。制备:可由计量比的氢氧化锂与磷酸反应制得。

亚磷酸联氨(hydrazine orthophosphite)　亦称"亚磷酸肼"。化学式 $N_2H_4 \cdot H_3PO_3$,分子量 114.05。熔点 $36℃$。易溶于水。制备:由亚磷酸钡与硫酸联氨反应制得。用途:可作为还原剂。

二亚磷酸联氨(hydrazine diorthophosphite)　化学式 $N_2H_4 \cdot 2H_3PO_3$,分子量 196.06。熔点 $82℃$。制备:由硫酸联氨与亚硫酸钡反应制得。用途:可作为还原剂。

亚磷酸二氢钠(sodium dihydrogen phosphite)　化学式 $NaH_2PO_3 \cdot 2.5H_2O$,分子量 149.016。无色单斜系晶体。熔点 $42℃$。有潮解性,可溶于水。有还原性。加热至 $100℃$失去结晶水,$150℃$时转变为焦亚磷酸氢二钠。制备:由亚磷酸与氢氧化钠溶液反应制得。用途:可作为电镀前处理铜和铜合金的碱脱脂液,可用于制取聚亚磷酸盐。

亚磷酸二氢钾(potassium dihydrogen phosphite)　CAS 号 13977-65-6。化学式 KH_2PO_3,分子量 120.09。白色晶体。易潮解,极易溶于水,不溶于乙醇。有还原性。加热分解。制备:由亚磷酸与碳酸钾溶液反应制得。用途:可作为还原剂。

亚磷酸一氢钙(dicalcium orthphosphite)　化学式 $2CaHPO_3 \cdot 3H_2O$,分子量 291.17。白色粉末。难溶于水,可溶于氯化铵水溶液中。加热至 $100℃$时失去 1 分子结晶水,加热至 $200～300℃$时失去 3 分子结晶水,再继续加热则分解。制备:由氢氧化钙与亚磷酸反应制得。用途:可作为防锈涂料。

亚磷酸一氢锰(II)(manganese (II) orthphosphite)　化学式 $MnHPO_3 \cdot H_2O$,分子量 152.93。浅红色晶体。缓慢溶于冷水,溶于硫酸锰和二氯化锰溶液。加热至 $200℃$失去结晶水。

亚磷酸二氢铵(ammonium dihydrogen phosphite)　CAS 号 13446-12-3。化学式 $NH_4H_2PO_3$,分子量 99.03。无色单斜系棱柱状晶体。熔点 $123℃$。易溶于水,不溶于乙醇。在 $80～100℃$ 时吸收氨生成亚磷酸铵。加热至 $145℃$时分解。制备:可由浓氨水与晶态亚磷酸反应制得。用途:可用于制复合肥料、磷酸亚铁锂等。

二碱式亚磷酸铅(lead dibasic phosphite)　CAS 号 12141-20-7。化学式 $2PbO \cdot PbHPO_3 \cdot 0.5H_2O$,分子量 742.59。白色至微褐色粉末。密度 6.94 g/cm^3。不溶于水,溶于无机酸。可自行分解。制备:由等摩尔比的氧化铅与亚磷酸反应制得。用途:可用作软质聚氯乙烯塑料和氯化石蜡等的稳定剂。

偏亚磷酸（metaphosphorous acid）　化学式 HPO_2，分子量 63.981。无色羽毛状晶体。在水中迅速分解生成亚磷酸，加热后又变为偏亚磷酸。制备：由完全干燥的磷化氢与等摩尔的氧气或相当量的空气混合燃烧制得。用途：可用作强还原剂。

偏磷酸（metaphosphoric acid）　亦称"二缩原磷酸""冰磷酸"。CAS 号 10343-62-1。化学式 HPO_3，分子量 79.98。硬而透明的白色玻璃状物质，有毒！密度 $2.2\sim2.5\ g/cm^3$。易潮解，可溶于醇。在冷水中溶解极慢，加热速溶于水；其水溶液是强酸，并逐渐转变为磷酸。聚合时，能产生聚磷酸的三偏磷酸、四偏磷酸以及聚合度更大的聚偏磷酸。制备：在金或铂的器皿中将焦磷酸热至 300℃ 左右，或加热正磷酸制得。用途：可作为磷酰化剂、脱水剂、蛋白凝固剂、还原剂、催化剂等。

偏磷酸锂（lithium metaphosphate）　CAS 号 13762-75-9。化学式 $LiPO_3$，分子量 85.91。无色片状固体。密度 $2.461\ g/cm^3$。不溶于水，溶于酸。加热至红热时熔化。制备：由磷酸二氢锂加热失水制得。用途：可作为絮凝剂、分析试剂，可用于制磷酸铁锂、激光玻璃、辐射光致发光材料。

偏磷酸钠（sodium metaphosphate）　CAS 号 10361-03-2。化学式 $NaPO_3$，分子量 101.96。常以六偏磷酸钠聚合体形式存在，亦称"格雷姆盐"。无色玻璃状透明晶体、白色片状或粉末。熔点 640℃，密度 $2.484\ g/cm^3$。在空气中易吸湿。溶于水，水溶液呈碱性，不溶于乙醇。能使蛋白质凝固。对淀粉有很强的分散力。制备：可用作水软化剂、乳化剂、食品添加剂、牙科抛光剂、洗涤剂的助剂、水泥硬化促进剂、链霉素提纯剂、镇静剂、食品防腐剂、果汁沉淀剂，还可用于皮革、印染、钻探、造纸、彩色影片、土壤分析、化学分析等领域。

偏磷酸镁（magnesium metaphosphate）　CAS 号 13573-12-1。化学式 $Mg(PO_3)_2$，分子量 182.3。玻璃状粉末。熔点 1 160℃。不溶于水，不溶于酸、碱。浓硫酸长时间浸泡可分解。制备：可由氧化镁、碳酸镁或氢氧化镁与磷酸氢二铵反应制得。用途：主要用于生产特种光学玻璃、特种防护玻璃、耐辐射光学玻璃、磷酸盐玻璃、氟磷酸盐玻璃、激光核聚变玻璃等。

偏磷酸铝（aluminium metaphosphate）　CAS 号 32823-06-6。化学式 $Al(PO_3)_3$，分子量 263.90。白色细粒或粉末。密度 $2.779\ g/cm^3$，熔点 1 537℃。不溶于水及酸，溶于沸腾的浓碱溶液。制备：由铝盐或氢氧化铝与偏磷酸反应制得。用途：可作为绝缘胶黏剂、催化剂、助熔剂等，可用于瓷釉、搪瓷、特种玻璃、高温绝缘水泥、陶瓷、颜料等领域。

偏磷酸钾（potassium metaphosphate）　亦称"克鲁尔钾盐""多磷酸钾"。CAS 号 7790-53-6。化学式 $(KPO_3)_n$，分子量 $(118.07)_n$。无色至白色玻璃片状或白色纤维状结晶粉末。熔点 807℃，沸点 1 320℃，密度 $2.392\ g/cm^3$。是一种聚合物，聚合度取决于反应条件，大多是直链型聚合物，少数为环状结构。工业品多为三偏磷酸钾及六偏磷酸钾的混合物。溶于稀无机酸，难溶于水，不溶于乙醇。制备：由磷酸与氯化钾经热分解反应制得，或由磷酸二氢钾脱水聚合制得，根据加热聚合的时间及温度不同，所得聚合度也不同。用途：可作为水软化剂、金属离子螯合剂、脂肪乳化剂、保湿剂、蛋白沉淀剂、颜料分散剂、泥浆分散剂、食品改良剂、肥料等，还可用于合成染料、药物、化学分析等领域。

偏磷酸钙（calcium metaphosphate）　CAS 号 123093-85-6。化学式 $Ca(PO_3)_2$，分子量 198.02。白色晶体颗粒或粉末。熔点 975℃，密度 $2.82\ g/cm^3$。不溶于水和稀酸。可被硫酸分解。制备：将 $Ca(H_2PO_4)\cdot H_2O$ 在 130℃ 脱水得到无水物，待加热至 250℃ 时，生成非晶体，再加热至 500℃ 或 970℃ 时将分别转变为 β 型或 α 型偏磷酸钙。用途：可作为分析试剂，可用于 pH 值测定和极谱研究。

偏磷酸锰（manganese metaphosphate）　化学式 $Mn_2(PO_3)_6\cdot 2H_2O$，分子量 619.74。桃红色晶体。微溶于冷水，易溶于热水。

偏磷酸钼（molybdenum metaphosphate）　化学式 $Mo(PO_3)_6$，分子量 569.77。黄色粉末。密度 $3.28\ g/cm^3$。不溶于水、盐酸、硫酸，缓慢溶于热王水中。在干燥空气中稳定，受热表面氧化。不溶于水、盐酸和硫酸，微溶于热的王水中。

偏磷酸银（silver metaphosphate）　CAS 号 13465-96-8。化学式 $AgPO_3$，分子量 186.84。白色无定形粉末。熔点约为 482℃，密度 $6.37\ g/cm^3$。不溶于水，溶于硝酸和氨水。制备：由硝酸银溶液与偏磷酸钠溶液反应制得。

偏磷酸亚锡（tin(II) metaphosphate）　化学式 $Sn(PO_3)_2$，分子量 276.63。无定形块状物质。密度 $3.380\ g/cm^3$。制备：由磷酸二氢亚锡在二氧化碳气氛中于 300~400℃ 下加热制得。

偏磷酸钡（barium metaphosphate）　CAS 号 13762-83-9。化学式 $Ba(PO_3)_2$，分子量 295.28。白色粉末。熔点 848.9℃。不溶于水及稀酸，遇热浓无机酸分解。制备：可由正磷酸钡热解制得。用途：可用于制造光学玻璃、搪瓷、瓷釉。

偏磷酸铈（cerous metaphosphate）　化学式 $Ce(PO_3)_3$，分子量 377.04。细微的针状晶体。密度 $3.272\ g/cm^3$。不溶于酸。制备：将次磷酸与硝酸混合溶液蒸发，再将残余物煅烧；或将无水硫酸铈与熔融的偏磷酸反应制得。用途：可作为铀酰的吸附剂。

偏磷酸铅（lead metaphosphate）　化学式 $Pb(PO_3)_2$，分子量 365.13。无色晶体。熔点 800℃。几乎不溶于水。在沸腾的硫酸中迅速分解，与偏磷酸铵可生成 $(NH_4)_2Pb(PO_3)_4$。制备：在偏磷酸与硝酸铅的混合液中加入氨水制得，或由很稀的偏磷酸钠溶液与硝酸铅溶液反应制得。用途：可用于制备特种玻璃。

偏磷酸钍（thorium metaphosphate）　化学式 $Th(PO_3)_4$，分子量 547.93。无色正交系柱状晶体。密度 $4.08\ g/cm^3$。制备：由可溶性钍盐与可溶性偏磷酸盐在溶液中反应制得。

三偏磷酸钠（sodium trimetaphosphate）　CAS 号 7785-84-4。化学式 $(NaPO_3)_3 \cdot 6H_2O$，分子量 413.98。无色三斜系易风化晶体。熔点 53℃。能溶于冷水。可与过氧化氢生成复合化合物。室温下风化，50℃以上快速脱水。加热至 50℃失去 6 分子结晶水。制备：可由磷酸二氢钠加热，或磷酸二氢钠与硝酸铵共热，或由五氧化二磷与碳酸钠共热制得。用途：可作为淀粉改性剂、果汁浑浊防止剂、保水剂、水质软化剂、肉类黏结剂、分散剂、水质软化剂、食品稳定剂，可用于生产低密度洗衣粉、干燥漂白剂、自动餐具洗涤剂等。

六偏磷酸钠（sodium hexametaphosphate）　亦称"磷酸钠玻璃""格雷汉姆盐"。CAS 号 10124-56-8。化学式 $(NaPO_3)_6$，分子量 611.77。无色透明玻璃片状或白色粒状结晶。熔点 616℃（分解），密度 $2.484\ g/cm^3$。是偏磷酸钠聚合体之一。易溶于水，不溶于有机溶剂。吸湿性很强，露置于空气中能逐渐吸收水分而呈黏胶状物。在水溶液中对钙及各种金属具有很大的螯合效应，并生成沉淀。制备：将纯磷酸二氢钠加热脱水制得。用途：可作为软水剂、缓蚀剂、浮选剂、分散剂、高温结合剂、染色助剂、防锈剂、洗涤剂助剂、水泥硬化促进剂，可用于造纸、钻探、摄影、金属表面处理等领域。

四聚偏磷酸钾（potassium tetrametaphosphate）　化学式 $(KPO_3)_4 \cdot 2H_2O$，分子量 508.33。无色晶体，热至 100℃失去 2 分子结晶水，极易溶于水。制备：由磷酸二氢钾脱水缩聚制得。用途：可作为洗涤剂、软水剂等。

六聚偏磷酸钾（potassium hexametaphosphate）　化学式 $(KPO_3)_6$，分子量 708.44。无色吸湿性块状物。熔点 810℃，沸点 1 320℃，密度 $2.107\ g/cm^3$。溶于水，不溶于乙醇。水溶液呈碱性。制备：由磷酸二氢钾受热脱水再经缩聚制得。用途：可作为软水剂。

偏磷酸铵（ammonium metaphosphate）　化学式 NH_4PO_3，分子量 97.02。白色粉末或粒状固体。易溶于水，水溶液呈微酸性。略有吸潮性，但不结块。常温下不挥发、不分解、无腐蚀性。是一种高浓度的氮磷复合肥料。制备：可由气态五氧化二磷与气态氨在水蒸气存在下直接反应制得。用途：可作为高浓度磷氮复合肥、无机阻燃剂。

磷酸（phosphoric acid）　亦称"正磷酸（orthophosphoric acid）"。CAS 号 7664-38-2。化学式 H_3PO_4，分子量 97.99。纯品为无色正交系晶体，市售品为黏稠液体（约含 85%）。熔点 42.35℃，密度 $1.438\ g/cm^3$。有吸湿性，溶于水和乙醇。是三元中强酸，有腐蚀性，可腐蚀石英。加热至 213℃时失去部分水变为焦磷酸，进一步脱水生成偏磷酸。制备：工业上用磷灰石（$Ca_3(PO_4)_2$）与硫酸反应制得，或由硝酸与磷反应制得较纯的磷酸。用途：可用于制造肥料、农药、饮料、明胶、防锈剂、蜡、乳胶、火柴、金属洗涤剂、补牙用胶状填充剂，用于制药、食品和化学分析等领域。

正磷酸锂（lithium orthophosphate）　CAS 号 10377-52-3。化学式 Li_3PO_4，分子量 115.79。无色单斜系晶体。熔点 837℃，密度 $2.537\ g/cm^3$。难溶于水、氨，溶于稀酸，不溶于乙醚。常温下可在水溶液中制得二水合物，60℃经多天干燥后可失去部分结晶水生成半水合物，100℃失去结晶水成无水盐。与磷酸铵及碱金属磷酸盐可生成各种比例的复盐。其半水合物为无色晶体，密度 $2.41\ g/cm^3$。制备：由氢氧化锂或氯化锂与磷酸加热反应制得。用途：可用于生产彩色荧光粉、特种玻璃、光盘、有机反应催化剂等。

正磷酸铍（beryllium orthophosphate）　化学式 $Be_3(PO_4)_2 \cdot 2H_2O$，分子量 271.03。白色粉末。具有凝胶性，溶于水、乙酸、硝酸。加热至 100℃失去 1 分子结晶水。制备：由硝酸铍和过量的磷酸氢二钠反应制得。

正磷酸钠（sodium orthophosphate）　亦称"磷酸三钠""正磷酸钠"。CAS 号 7601-54-9。化学式 Na_3PO_4，分子量 163.94。有两种水合物。其十水合物为无色八面体状晶体，熔点 100℃，密度 $2.536\ g/cm^3$，溶于水。其十二水合物为无色三方系晶体，密度 $1.02\ g/cm^3$，溶于水，不溶于乙醇和二硫化碳，加热至 73～77℃时分解，至 100℃时失去 12 分子结晶水。制备：由磷酸铁盐和氢氧化钠反应制得。用途：可作为软水剂、糖汁净化剂、金属防锈剂、锅炉清洁剂、碱性洗涤剂、盘尼西林等药物培养剂、钢铁容器磷化剂、食品改良剂等。

正磷酸镁（magnesium orthophosphate）　CAS 号 10233-87-1。化学式 $Mg_3(PO_4)_2$，分子量 262.86。白色柱状晶体或粉末。熔点 1 184℃，密度 $2.20\ g/cm^3$。还有几种水合物。四水合物，化学式 $Mg_3(PO_4)_2 \cdot 4H_2O$，分子量 334.92，白色单斜晶体。密度 $1.64\ g/cm^3$，微溶于水。八水合物，化学式 $Mg_3(PO_4)_2 \cdot 8H_2O$，分子量 406.98，白色片状晶体，热至 400℃变成无水盐，难溶于水。二十二水合物，化学式 $Mg_3(PO_4)_2 \cdot 22H_2O$，分子量 659.19，无色柱状晶体，热至 100℃失去 18 分子结晶水，难溶于水。四者均溶于酸，不溶于氨水。制备：由磷酸和氧化镁高温下反应制得。用途：可作为沉淀剂、吸附剂、牙科研磨剂。

正磷酸铝（aluminium orthophosphate）　CAS 号 7784-30-7。化学式 $AlPO_4$，分子量 121.95。白色正交系片状晶体。熔点高于 1 500℃，密度 2.566 g/cm³。溶于乙醇、酸和碱中，不溶于水。在高温下熔融而成为胶状体。制备：由浓磷酸与浓的铝酸钠反应制得。用途：可作为制造特种玻璃的助熔剂、陶瓷及人造牙齿的黏合剂、有机合成中的催化剂等。

正磷酸钾（potassium orthophosphate）　亦称"磷酸钾""磷酸三钾"。CAS 号 7778-53-2。化学式 K_3PO_4，分子量 212.27。无色正交系晶体或白色粉末。熔点 1 340℃，密度 2.564 g/cm³。有吸湿性，易溶于水，水溶液呈碱性。不溶于乙醇。强腐蚀性。结晶析出时可形成三水合物、七水合物、八水合物和九水合物。其中三水合物在 45.1℃可溶于其结晶水。制备：由氢氧化钾或碳酸钾与磷酸反应制得。用途：可用于肥皂、肥料、造纸、硬水软化、医药、食品等领域。

正磷酸钙（calcium orthophosphate）　亦称"磷酸三钙""磷酸钙"。CAS 号 7758-87-4。化学式 $Ca_3(PO_4)_2$，分子量 310.18。白色晶体或无定形粉末。熔点 1 670℃，密度 3.14 g/cm³。可溶于铵盐溶液，不溶于水、乙醇、乙醚。溶于稀盐酸、硝酸、磷酸、乙酸、亚硫酸，生成可溶性酸式磷酸盐。有 α 和 β 两种型式，β 型在 1 180℃加热时可形成 α 型。在自然界以磷矿、磷灰矿和磷灰土的形式存在。制备：由氯化钙溶液与磷酸三钠溶液在过量氨存在下反应，或由消石灰与磷酸反应制得。用途：可作为牙科黏结剂、塑料稳定剂、磨光剂、糖浆澄清剂、化学肥料、饲料添加剂、制取磷酸和磷的原料，可用于陶瓷、玻璃、医药、橡胶、印染纺织等领域。

正磷酸钛（titanium orthophosphate）　CAS 号 15578-51-5。化学式 $Ti_3(PO_4)_4$，分子量 523.48。白色固体。是一种无机聚合物，耐酸、耐碱、耐高温、抗辐射。对碱金属离子以及离子半径较大的离子有较强的吸附性。制备：在 Zr-HCl 溶液中加入四氯化钛液体，再加入磷酸反应制得。用途：可用作白色颜料、催化剂，可用于染料、制革工业。

正磷酸铬（chromium orthophosphate）　CAS 号 7789-04-0。化学式 $CrPO_4$，分子量 147。无水物为蓝绿色粉末。二水合物为紫色晶体，密度 2.42 g/cm³。六水合物为紫色三斜系晶体，熔点 100℃，密度 2.121 g/cm³。三者都不溶于水，能溶于酸和碱溶液。制备：由氯化铬与磷酸钠溶液反应制得。用途：可作为涂料、碳氢化合物的脱氢及烯类聚合物聚合的催化剂，可用于油漆、颜料、陶瓷彩釉等领域。

正磷酸亚锰（manganese(II) orthophosphate）　CAS 号 10236-39-2。分子式 $Mn_3(PO_4)_2 \cdot 7H_2O$，分子量 480.86。白色块状物或无定形粉状物。难溶于水或醇，能溶于酸。制备：可由磷酸钠与硫酸锰溶液反应制得。用途：用于制药工业和玻璃、陶瓷工业。

正磷酸锰(Ⅲ)（manganese(III) orthophosphate）　化学式 $MnPO_4 \cdot H_2O$，分子量 167.93。灰绿色晶体粉末。不溶于冷水，溶于热的浓硫酸、浓盐酸和磷酸。300℃脱水，高温分解。加热至红热状态放出氧生成焦磷酸锰。制备：用三价锰的乙酸盐和磷酸按化学计量反应，或由磷酸与二氧化锰反应制取。用途：可用于分析化学。

正磷酸铁（iron(III) orthophosphate）　CAS 号为 10045-86-0。化学式 $FePO_4 \cdot 2H_2O$，分子量为 186.82。桃红色单斜系晶体。溶于盐酸和硫酸，难溶于水、硝酸。制备：可由铁盐溶液与磷酸钠反应制得。用途：可作为食品添加剂、饲料添加剂、肥料、农药，可用于医药、制造铁锂电池等领域。

正磷酸钴（cobalt(II) orthophosphate）　亦称"磷酸亚钴"。CAS 号 10294-50-5。化学式 $Co_3(PO_4)_2$，分子量 336.74。淡红色粉末。密度 2.587 g/cm³。二水合物为紫红色粉末，不溶于水，溶于磷酸。八水合物为浅红色粉末，密度 2.769 g/cm³，微溶于水，不溶于醇，溶于无机酸和磷酸，热至 200℃失去 8 分子结晶水。制备：以钴盐溶液与磷酸钠反应，或将焦磷酸钴的水合物与水放在密封管中加热至 250℃制得。用途：可作为釉料、颜料、玻璃着色剂、动物饲料添加剂等。

正磷酸镍（nickel orthophosphate）　亦称"磷酸亚镍"。化学式 $Ni_3(PO_4)_2 \cdot 8H_2O$，分子量 510.20。绿色晶体。溶于酸、氨水及铵盐，不溶于水。强热失水成为黄色半熔状物，在氢气流中加热可生成磷化镍。制备：由氧化镍或碳酸镍与磷酸反应制得。用途：可作为颜料。

正磷酸铜（copper(II) orthophosphate）　CAS 号 10103-48-7。化学式 $Cu_3(PO_4)_2$，分子量 380.56。蓝绿色粉末。另有三水合物为蓝色正交系晶体。溶于酸、氨水、磷酸、铵盐溶液及硫代硫酸钠溶液，不溶于水及液氨。加热分解。与水煮沸发生水解，形成 $Cu_3(PO_4)_2 \cdot Cu(OH)_2$ 碱式盐，与强碱溶液煮沸，形成氧化铜。其晶体对硫化氢有吸附作用。制备：由硫酸铜溶液与磷酸氢二铵反应，或将氯化铜与浓磷酸在蒸气浴上加热并沉淀制得。用途：可作为有机反应催化剂、杀菌剂、乳化剂、肥料、金属表面抗氧化剂等。

正磷酸锌（zinc orthophosphate）　CAS 号 14485-28-0。化学式 $Zn_3(PO_4)_2 \cdot 4H_2O$，分子量 458.11。天然矿物称"副磷酸锌矿"。白色三斜系晶体或粉末。有 α 型和 β 型两种。α 型：密度 3.04 g/cm³，105℃以上失去结晶水；β 型：密度 3.03 g/cm³，140℃失去结晶水。其八水合物为无色正交系柱状晶体，密度 3.10 g/cm³。其无水物为无色正交系晶体或白色粉末，熔点 900℃，密度 3.998 g/cm³。

不溶于水或乙醇，易溶于稀酸、氨水和铵盐溶液。制备：由磷酸溶液和氧化锌反应，或由磷酸三钠和硫酸锌反应制得。用途：可作为防锈底漆，酚醛、环氧、醇酸等涂料的基料、制颜料、氯化橡胶和有机高分子材料的阻燃剂，医药中的防腐剂、收敛剂和牙齿黏固粉等。

正磷酸镓（gallium orthophosphate） 化学式 $GaPO_4 \cdot 2H_2O$，分子量 200.725。白色无定形粉末。密度 3.57 g/cm^3。难溶于水。和磷酸作用生成磷酸氢镓化合物，14℃脱水，54℃转化为晶体。制备：由镓盐溶液和碱金属磷酸盐反应制得。用途：可作为压电材料。

正磷酸铷（rubidium orthophosphate） 化学式 Rb_3PO_4，分子量 335.38。白色粉末结晶。易溶于水。制备：将含有碳酸铷的磷酸铷溶液蒸发至干，溶解于氢氟酸中经结晶制得。用途：可用于制备金属铷以及各类铷盐，还可用于微型高能电池和晶体闪烁计数器等领域。

正磷酸银（silver orthophosphate） CAS 号 7784-09-0。化学式 Ag_3PO_4，分子量 418.58。黄色粉末或立方系晶体。熔点 849℃，密度 6.370 g/cm^3。几乎不溶于水，可溶于无机酸、氨水、碳酸铵、氰化钾、硫代硫酸钠，不溶于液氨、乙酸乙酯。加热或在日光照射下变为棕色。制备：由硝酸银溶液跟磷酸钠溶液反应制得。用途：可作为照相术中的乳化剂，可用于制溴化银、碘化银、催化剂等。

正磷酸镉（cadmium orthophosphate） 化学式 $Cd_3(PO_4)_2$，分子量 527.17。无色非晶体粉末，有毒！熔点 1 500℃。不溶于水，溶于酸和铵盐。制备：由镉盐与磷酸氢二钠反应制得。用途：可用作催化剂，也可作磷光体。

正磷酸铟（indium orthophosphate） CAS 号 14693-82-4。化学式 $InPO_4$，分子量 209.79。用途：可用作放射性药物，用于肝、脾显像等。

正磷酸亚锡（tin (II) orthophosphate） 化学式 $Sn_3(PO_4)_2$，分子量 546.01。白色非晶态物质。密度 3.823 g/cm^3。不溶于水。在酸和碱中分解，在空气中稳定。制备：向硫酸亚锡的硫酸溶液中加入磷酸氢钠制得。用途：可作为内酯开环制备聚酯的催化剂。

正磷酸钡（barium orthophosphate） CAS 号 13517-08-3。化学式 $Ba_3(PO_4)_2$，分子量 601.93。无色立方系晶体或白色粉末，有毒！熔点 1 727℃，密度 4.11 g/cm^3。不溶于水，微溶于乙醇，能被硫酸分解。制备：由氧化钡与磷酸钠熔融，或由磷酸三钠溶液与氯化钡反应制得。用途：可用于制药和陶瓷工业。

正磷酸亚铊（thallous orthophosphate） CAS 号 13453-41-3。化学式 Tl_3PO_4，分子量 708.08。无色针状晶体。密度 6.89 g/cm^3。微溶于水，不溶于乙醇，易溶于铵盐溶液。水溶液中易潮解。制备：可由过量的磷酸和氨水与硝酸亚铊溶液反应，或由磷酸二氢钠的浓溶液和硫酸亚铊溶液反应制得。

正磷酸镧（lanthanum orthophosphate） CAS 号 14913-14-5。化学式 $LaPO_4$，分子量 233.88。白色微细粉末。难溶于水，溶于浓硫酸，与氢氧化钠溶液共热而分解。制备：由硫酸镧溶液与磷酸钠溶液反应制得。用途：可作为发光材料、膨胀阻燃剂的助剂，氧化锆材料的改性添加剂。

正磷酸铈（cerous (III) orthophosphate） CAS 号 13454-71-2。化学式 $CePO_4$，分子量 235.09。红色单斜系晶体或黄色菱形晶体。密度 5.22 g/cm^3。二水合物为白色结晶性粉末。两者都不溶于水和乙醇，能溶于酸。碳酸钠、浓硫酸、热王水可使其分解。制备：二氧化铈与磷酸钾共熔可得到无水物，硫酸铈的中性溶液与磷酸反应可制得二水合物。用途：可用于电子陶瓷、荧光粉、玻璃、建筑材料、烟火等领域。

正磷酸高铈（cerous (IV) orthophosphate） 化学式 $Ce_3(PO_4)_4 \cdot 4H_2O$，分子量 872.29。黄色粉末。八水合物分子量为 944.33，绿色粉末。加热变成无水盐。制备：向磷酸氢二钠的浓溶液中加入硝酸高铈，析出的沉淀在 100℃下干燥得四水合物。

正磷酸镨（praseodymium orthophosphate） CAS 号 14298-31-8。化学式 $PrPO_4$，分子量 235.88。对湿度敏感的固体。制备：可由可溶性镨盐与磷酸盐反应制得。用途：可作为发光材料。

正磷酸钕（neodymium orthophosphate） CAS 号 14298-32-9。化学式 $NdPO_4$，分子量 239.21。沸点 158℃。制备：可由三氧化二钕、硝酸、磷酸铵高温固相反应，或向氧化钕与磷酸酯的悬浊液中加入饱和的金属卤化盐后加热反应制得。用途：可用于分析痕量的铅和铁。

正磷酸钐（samarium orthophosphate） CAS 号 13465-57-1。化学式 $SmPO_4$，分子量 245.33。白色晶体。二水合物为白色无定形粉末。常温常压下稳定。难溶于水。制备：将氧化钐溶于熔融的偏磷酸钠中可得无水物，向硝酸钐溶液中加入磷酸氢二钠溶液可得二水合物。用途：可作为质子导体材料。

正磷酸铕（europium(III) orthophosphate） CAS 号 13537-10-5。化学式 $EuPO_4 \cdot xH_2O$。制备：可向铕盐溶液中加入磷酸盐溶液反应制得。

正磷酸镝（dysprosium orthophosphate） CAS 号 13863-49-5。化学式 $DyPO_4 \cdot 5H_2O$，分子量 347.55。黄白色晶体粉末。不溶于冷水，溶于稀酸、醋酸、丙酮。加热至 200℃变成无水物。制备：向磷酸一氢钠的弱氨性溶液中加入硝酸镝制得。用途：可作为发光材料。

正磷酸钬（Holmium(III) orthophosphate） CAS 号 14298-39-6。化学式 $HoPO_4$，分子量 259.90。固体粉末。制备：可向钬盐溶液中加入磷酸盐溶液反应制得。

亚铊溶液反应制得。

正磷酸汞（mercury orthophosphate）　化学式 $Hg_3(PO_4)_2$，分子量 791.79。淡黄色粉末，有毒！不溶于水和乙醇，溶于酸和氯化铵溶液。制备：由磷酸二氢钠溶液与硝酸汞溶液反应制得。用途：可用于医药。

正磷酸铅（lead orthophosphate）　CAS 号 7446-27-7。化学式 $Pb_3(PO_4)_2$，分子量 811.54。无色或白色粉末。有毒！熔点 1 014℃，密度 6.9～7.3 g/cm^3。难溶于水，溶于硝酸、强碱溶液，不溶于乙酸、乙醇。制备：由氯化铅溶液与磷酸氢二钠反应，或将磷酸氢铅浸泡在氨水中制得。用途：可用作塑料稳定剂。

正磷酸铋（bismuth orthophosphate）　CAS 号 10049-01-1。化学式 $BiPO_4$，分子量 303.95。白色单斜系晶体。密度 6.323 g/cm^3。溶于盐酸、稀硝酸，不溶水和乙醇。加热至熔点时分解。制备：由磷酸与硝酸铋反应制得三水合物，由五水合硝酸铋、十二水合磷酸二氢钠与浓硝酸反应得到无水磷酸铋晶体。用途：可作为金属润滑剂，可用于制铋盐、光学玻璃、药物、分离放射性元素钋的分裂产物。

正磷酸钍（thorium orthophosphate）　化学式 $Th_3(PO_4)_4 \cdot 4H_2O$，分子量 1 148.06。白色凝胶状固体。不溶于冷水、热水、乙醇，溶于盐酸。制备：向钍(IV)盐溶液中加入磷酸根离子制得。用途：可作为光致发光材料。

磷酸二氢锂（lithium dihydrogen phosphate）　CAS 号 13453-80-0。化学式 LiH_2PO_4，分子量 103.93。无色晶体。密度 2.461 g/cm^3。易溶于水，有很强的吸湿性。高于 100℃时熔化，较高温度下失水转变为焦磷酸二氢锂，再转变为偏磷酸锂。制备：由氢氧化锂或碳酸锂与磷酸反应制得。用途：可用于生产磷酸铁锂。

磷酸一氢钠（sodium monohydrogen phosphate）　CAS 号 7558-79-4。化学式 $Na_2HPO_4 \cdot 2H_2O$，分子量 177.99。无色正交系晶体。密度 2.066 g/cm^3。极易溶于水。加热至 95℃失去 2 分子结晶水。其七水合物为无色单斜系柱状晶体，密度 1.679 g/cm^3。加热至 48℃失去 5 分子结晶水，得二水合物。制备：用化学计量比的氢氧化钠中和磷酸制得。用途：可作为化学试剂、肥料。

磷酸氢二钠（disodium hydrogen phosphate）　亦称"磷酸二钠""磷酸一氢钠"。CAS 号 7558-79-4。化学式 $Na_2HPO_4 \cdot 12H_2O$，分子量 358.14。无色正交系或单斜系晶体。熔点 34.6℃，密度 1.52 g/cm^3。易溶于水，水溶液呈碱性。不溶于乙醇。在空气中迅速风化。35.1℃失去 5 分子结晶水，180℃失去所有结晶水。250℃分解为焦磷酸钠。制备：由氢氧化钠或碳酸钠与磷酸反应制得。用途：可作为焊药、釉药、焙粉、缓冲剂、木材纸张的防火剂等，还可用于彩色冲洗过程中的停显、漂白、定影、稳定液中。

磷酸二氢钠（sodium dihydrogen phosphate）　亦称"磷酸一钠""一代磷酸钠"。CAS 号 7558-80-7。化学式 $NaH_2PO_4 \cdot 2H_2O$，分子量 156.01。无色正交系晶体，无臭，味咸。熔点 60℃，密度 1.91 g/cm^3。溶于水，不溶于乙醇。60℃时溶于结晶水，100℃时失去结晶水，继续加热至 200℃时分解成 $Na_2H_2P_2O_7$。常见的还有无水物、一水合物、三水合物。制备：向磷酸中缓慢加入碳酸钠或氢氧化钠，在控制 pH 值情况下制得。用途：可作为酸性洗涤剂、锅炉清垢剂、发酵粉、食品添加剂、染色助剂、制革添加剂、洗涤剂，可用于制偏磷酸盐及焦磷酸盐。

磷酸一氢镁（magnesium hydrogen phosphate）　CAS 号 7757-86-0。化学式 $MgHPO_4 \cdot 3H_2O$，分子量 174.37。无色或白色正交系晶体。密度 2.12 g/cm^3。热至 205℃失去 1 分子结晶水。七水合物为白色单斜系针状晶体。密度 1.73 g/cm^3。加热至 100℃变成三水合物。两者都微溶于水，能溶于酸，不溶于乙醇。在 550～650℃分解成焦磷酸盐。制备：可由磷酸铵与乙酸镁，或磷酸与氧化镁反应制得。用途：可用于塑料稳定剂、饲料添加剂、牙膏添加剂、营养增补剂。

磷酸二氢镁（magnesium dihydrogen phosphate）　CAS 号 13092-66-5。化学式 $Mg(H_2PO_4)_2 \cdot 2H_2O$，分子量 254.31。无色晶体或白色粉末。有吸湿性。易溶于水和酸类，不溶于醇。100℃失水成无水物，继续加热分解成偏磷酸镁。制备：由氧化镁与浓磷酸反应制得。用途：可用于制造治疗风湿性疾病的药物、工业上的阻燃剂、塑料稳定剂、化肥添加剂、碱性土壤改良剂等。

磷酸镁钾（potassium magnesium phosphate）　化学式 $KMgPO_4 \cdot 6H_2O$，分子量 266.48。白色正交系晶体。110℃时失去 5 分子结晶水，遇水水解。制备：可由磷酸二氢钾与氯化镁按计量比反应制得。用途：可用于生产水泥。

磷酸镁铵（ammonium magnesium phosphate）　CAS 号 13478-16-5。化学式 $NH_4MgPO_4 \cdot 6H_2O$，分子量 245.41。白色晶体粉末。密度 1.71 g/cm^3。微溶于冷水，溶于热水和稀酸，不溶于乙醇。遇碱溶液分解。在空气中不稳定，易失去氨。100℃时脱水成无水物，熔化时分解成焦磷酸镁。制备：由镁盐与磷酸铵反应制得。用途：可作为肥料、分析试剂、制药原料。

磷酸氢二钾（potassium hydrogen phosphate）　又称"磷酸一氢钾""双盐基磷酸钾""磷酸氢钾""二盐基磷酸钾"。CAS 号 7758-11-4。化学式 K_2HPO_4，分子量 174.18。白色颗粒。具潮解性，极易溶于水，水溶液对酚酞呈微碱性。溶于乙醇。灼烧时转化成焦磷酸盐。制备：由适量的磷酸与碳酸钾及氢氧化钾溶液反应，或磷酸与氢氧化钾水溶液反应制得。用途：可作为分析试剂、缓冲剂，可用于医药、酿造业等领域。

磷酸二氢钾（potassium dihydrogen phosphate）

亦称"一盐基磷酸钾"。CAS 号 7778-77-0。化学式 KH_2PO_4，分子量 136.09。无色柱状晶体或白色粉末。熔点 252.6℃，密度 2.338 g/cm^3。易溶于水，水溶液呈弱酸性，不溶于乙醇。熔化成无色透明液体，冷却后变为不透明的玻璃状物质偏磷酸钾。其水溶液能与硝酸银作用，生成黄色的磷酸二氢银沉淀。制备：由碳酸钾与适当比例的磷酸反应制得。用途：可用作分析试剂、缓冲剂、制药原料，还用于制压电元件、电光学元件。

氯氟磷酸钙（calcium chloro fluophosphate）　CAS 号 75535-31-8。化学式 $3Ca_3(PO_4)_2 \cdot CaClF$，分子量 1 025.08。无色六方系晶体。熔点 1 270℃，密度 3.14 g/cm^3。难溶于水，可溶于盐酸、硝酸。加热时可发生磷光。存在于磷灰石矿物中。用途：可用于制磷肥、单质磷及磷酸。

磷酸氢钙（calcium hydrogen phosphate）　CAS 号 7757-93-9。化学式 $CaHPO_4 \cdot 2H_2O$，分子量 172.09。无色单斜系晶体。密度 2.306 g/cm^3。溶于稀盐酸、硝酸、乙酸、柠檬酸中，微溶于水，不溶于醇。加热到 75℃以上成为无水盐，强热则变成焦磷酸钙。制备：由钙盐与磷酸氢二钠反应，或由不含氟的磷酸与石灰乳反应制得。用途：可作为塑料稳定剂、乳化稳定剂、饲料添加剂、磷肥。

磷酸二氢钙（calcium dihydrogen phosphate）　亦称"磷酸一钙"。CAS 号 7758-23-8。化学式 $Ca(H_2PO_4)_2 \cdot H_2O$，分子量 252.07。无色闪光晶体粉末。密度 2.22 g/cm^3。微溶于冷水，在热水中分解成磷酸、磷酸一氢钙，易溶于稀盐酸、硝酸、乙酸。109℃时脱去结晶水，加热至 203℃时分解为正磷酸氢钙。制备：由磷酸氢钙或磷酸钙溶于磷酸后浓缩结晶制得。用途：可作为食品工业中发泡剂的酸性成分、钙的强化剂、调味剂、肥料、塑料稳定剂，还可用于玻璃、搪瓷等领域。

磷酸钙铵（ammonium calcium phosphate）　化学式 $NH_4CaPO_4 \cdot 7H_2O$，分子量 279.20。单斜系晶体。不溶于冷水，溶于酸。暴露在空气中失去氨和水。加热分解，在热水中完全分解成磷酸钙和磷酸铵。制备：将碳酸钙溶解于稀盐酸中，然后加入氧化钙和柠檬酸，再加入浓的磷酸铵溶液后在低温下结晶制得。

磷酸一氢锰（manganese monohydrogen phosphate）　化学式 $MnHPO_4 \cdot 3H_2O$，分子量 204.97。玫瑰色正交系晶体，有玻璃光泽。微溶于水、乙酸，不溶于乙醇。200℃失去其结晶水，继续升温则分解。制备：可由磷酸与碳酸锰按一定比例反应制得。用途：可作为饲料添加剂。

磷酸二氢锰（manganese dihydrogen phosphate）　亦称"马日夫盐"。CAS 号 18718-07-5。化学式 $Mn(H_2PO_4)_2 \cdot 2H_2O$，分子量 284.94。白色或浅红色的结晶性粉末。易潮解，溶于水，不溶于乙醇。100℃失去一分子结晶水，红热时失去另一分子结晶水。制备：可由磷酸与碳酸锰按一定比例反应制得。用途：可用于钢铁制品的表面磷化处理。

磷酸锰铵（ammonium manganese phosphate）　化学式 $NH_4MnPO_4 \cdot H_2O$，分子量 185.96。白色晶体。微溶于水，不溶于乙醇和铵盐溶液。水中易水解为磷酸铵和磷酸锰。遇酸分解。加热至 110～120℃失去氨和水，并形成焦磷酸盐。在碱性介质中不稳定，锰离子易被空气氧化。制备：可由氯化锰和磷酸氢二钠在氨水中隔绝氧气反应；或由锰盐和磷酸氢二钠混合液加入盐酸，加热并用氨水饱和、沉淀制得。用途：可作为肥料、软水剂、发酵剂等。

磷酸钴铵（ammonium cobaltous phosphate）　化学式 $(NH_4)CoPO_4 \cdot H_2O$，分子量 189.96。紫色晶体粉末。溶于酸，不溶于冷水。在热水中分解，加热至 110℃也不失氨。制备：在 100～105℃之间蒸干钴盐和水合磷酸铵的混合溶液制得。用途：可作为陶瓷上光和搪瓷中的颜料等。

磷酸二氢锌（zinc dihydrogen phosphate）　CAS 号 14485-28-0。化学式 $Zn(H_2PO_4)_2 \cdot 2H_2O$，分子量 295.38。白色三斜系晶体或凝固状物质。有潮解性，溶于水和盐酸。在 100℃以及遇水时分解。含有较高的游离酸，腐蚀性很强。制备：由磷酸和氧化锌反应制得。用途：可用于电镀工业中黑色金属防腐涂层、钢铁制件表面磷化处理的药剂、防腐剂，还可用于玻璃、陶瓷、化学分析等领域。

磷酸氢锶（strontium hydrogen phosphate）　亦称"一酸式磷酸锶"。化学式 $SrHPO_4$，分子量 183.60。无色正交系晶体。熔点 1.62℃，密度 3.544 g/cm^3。不溶于水，能溶于酸和铵盐溶液。低于 90℃与水不发生水解作用。制备：向含等量 $SrNO_3 \cdot 4H_2O$ 和 KH_2PO_4 的水溶液中加入氢氧化钠溶液制得。用途：可作为发光材料，可用于固态微型激光器。

磷酸氢锆（zirconium hydrogen phosphate）　CAS 号 13772-29-7。化学式 $Zr(HPO_4)_2 \cdot H_2O$，分子量 301.20。白色粉末。不溶于水和有机溶剂，能耐较强的酸和一定的碱。是一种较强的固体酸，具备良好的离子交换特性。制备：可由锆盐溶液、氢氟酸、浓磷酸反应制得。用途：可用于离子交换、质子传导材料、催化剂制备，还可用于去除放射性核废料、处理污水等。

磷酸氢银（silver hydrogen phosphate）　亦称"酸式磷酸银"。化学式 Ag_2HPO_4，分子量 311.75。白色三方系晶体。密度 1.803 6 g/cm^3。110℃分解。遇光色变暗。制备：由磷酸水溶液与磷酸银反应制得。

磷酸二氢镉（cadmium dihydrogen phosphate）　亦称"一代磷酸镉"。化学式 $Cd(H_2PO_4)_2 \cdot 2H_2O$，分子量 342.41。无色三斜系晶体，有毒！密度 2.74 g/cm^3。溶于

盐酸,不溶于水、乙醚、乙醇,加热至 $250\sim350℃$ 可形成偏磷酸镉。制备:由硫酸镉溶液与磷酸二氢钠溶液反应,或将磷酸加到碳酸镉与水的乳状溶液中制得。用途:可作为气态烯烃聚合的催化剂。

磷酸氢钡(barium hydrogen phosphate) 亦称“第二磷酸钡”。CAS 号 10048-98-3。化学式 $BaHPO_4$,分子量 233.31。白色正交系晶体或粉末,有毒! 熔点 410℃(分解),密度 $4.17\ g/cm^3$。难溶于水,易溶于稀硝酸、稀盐酸、氯化铵溶液。制备:由磷酸与氢氧化钡和氧化钡反应制得。用途:可用于制磷和防火材料。

磷酸二氢钡(barium dihydrogen phosphate) 亦称“第一磷酸钡”“重磷酸钡”。CAS 号 13466-20-1。化学式 $Ba(H_2PO_4)_2$,分子量 331.31。无色三斜系晶体。密度 $2.9\ g/cm^3$。溶于酸。在水中分解,但在空气中稳定。加热脱水膨胀呈透明玻璃状。在磷酸氢钡和磷酸溶液中分解。制备:由氯化钡与磷酸二氢钠在水溶液中反应制得。用途:可用于化学分析和制药。

磷酸氢铅(lead hydrogen phosphate) CAS 号 15845-52-0。化学式 $PbHPO_4$,分子量 303.18。白色正交系晶体粉末或细小片状晶体,质软,有毒! 密度 $5.661\ g/cm^3$。不溶于水,能溶于硝酸、强碱和氯化铵溶液中。用氨水中和得到磷酸铅。溶于磷酸生成磷酸二氢铅。约 195℃开始分解,生成焦磷酸盐。制备:由微酸性乙酸铅或氯化铅水溶液与磷酸二氢钠的冷溶液反应,或由硝酸铅与磷酸反应制得。用途:可制颜料。

磷酸二氢铅(lead dihydrogen phosphate) 化学式 $Pb(H_2PO_4)_2$,分子量 401.16,白色针状晶体。溶于碱、稀硝酸、热浓硝酸、50%乙酸中,不溶于丙酮。在水中分解。加热至暗红色时分解生成偏磷酸铅,同时放出水。与硫化氢反应可生成硫化铅。制备:将正磷酸铅或其酸式盐溶于磷酸中,经蒸发结晶制得。

磷酸二甲基钆(gadolinium dimethyl phosphate) 化学式 $Ga[(CH_3)_2PO_4]_3$,分子量 532.27。无色针状晶体。溶于水,在水中易水解,但在低于 50℃时水解程度不大。溶于乙醇。制备:由混合磷酸二甲基氢的溶液和氧化钆反应制得。

磷酸乙基汞(ethyl mercury phosphate) 亦称“新西力生”“谷乐生”。CAS 号 2235-25-8。化学式 $C_2H_5HgH_2PO_4$,分子量 326.64。无色晶体。易溶于水和多种有机溶剂。制备:由溴乙烷制成二乙基汞,再与磷酸汞反应制得。用途:曾作为种子消毒剂,可避免虫蛀和发霉,也可与石灰混合撒布防治稻热病。

磷酸二氢亚铊(thallous dihydrogen phosphate) 化学式 TlH_2PO_4,分子量 301.36。无色单斜系晶体,有毒! 熔点 165℃,密度 $4.726\ g/cm^3$。易溶于水,不溶于乙醇。190℃定量分解成 $Tl_2H_2P_2O_7$,440℃分解成 $TlPO_4$。

制备:将碳酸亚铊溶液加到计算量的稀磷酸中制得。用途:一般用来制备其他磷酸铊盐。

磷酸一氢铀酰(uranyl monohydrogen phosphate) 化学式 $UO_2HPO_4\cdot4H_2O$,分子 438.07。黄色片状四方系晶体。溶于硝酸和碳酸钠水溶液,不溶于水和乙酸。制备:由硝酸铀酰或高氯酸铀酰水溶液与磷酸反应制得。用途:可用于制备消氛电极。

磷酸铵(ammonium orthophosphate) 亦称“磷铵”“磷酸三铵”。CAS 号 25447-33-0。化学式 $(NH_4)_3PO_4\cdot3H_2O$,分子量 203.13。无色透明薄片或菱形晶体。易溶于水,水溶液近中性。微溶于稀氨水,难溶于氨、丙酮,不溶于乙醇及乙醚。性质不稳定,水溶液加热则失去 2 分子氨。在空气中可失去部分氨。应密闭贮存。制备:可将足量的氨通入磷酸,或由氨水与磷酸氢二铵溶液反应制得。用途:可作为木材等防火剂、分析试剂、生物培养剂、软水剂、甘蔗催芽剂、肥料等。

磷酸一氢铵(ammonium hydrogen phosphate) CAS 号 7783-28-0。化学式 $(NH_4)_2HPO_4$,分子量 132.05。无色单斜系晶体或白色粉末。熔点 155℃(分解),密度 $1.619\ g/cm^3$,折射率 1.52。溶于水,水溶液呈碱性。难溶于乙醇、丙酮、氨。在空气中逐渐失去氨而生成磷酸二氢铵。制备:可将氨气通入磷酸溶液按一定比例进行反应制得。用途:可作为肥料、防火剂、抗腐蚀剂、食品添加剂,还可用作镁、锌、镍、铀的沉淀剂等。

磷酸二氢铵(ammonium dihydrogen phosphate) 亦称“磷酸一铵”。CAS 号 7722-76-1。化学式 $NH_4H_2PO_4$,分子量 115.03。无色四方系晶体。熔点 190℃,密度 $1.803\ g/cm^3$,折射率 1.525、1.479。溶于水,水溶液呈酸性。微溶于乙醇,不溶于乙酸。在空气中稳定。高于熔点时分解,失去氨和水形成偏磷酸铵和磷酸的混合物。100℃时有部分分解。制备:以磷酸和氨水按一定比例进行中和反应制得。用途:可作为肥料、阻燃剂、食品添加剂,可用于印刷制版、医药、食品、制糖、化学分析等领域。

酸式磷酸钠铵(ammonium sodium hydrogen phosphate) 亦称“磷酸氢铵钠”“小天地盐”。CAS 号 7783-13-3。化学式 $NH_4NaHPO_4\cdot4H_2O$,分子量 209.07。无色单斜系晶体。熔点 117℃(分解),密度 $1.574\ g/cm^3$。水溶液呈微碱性。在 79℃时熔融并分解而生成氨、水和磷酸二氢钠。在 200℃时失去氨和水而成酸式焦磷酸钠,在高于 243℃时变为玻璃状的六偏磷酸钠。在空气中风化并失去部分氨。制备:由氯化铵与磷酸氢二钠反应制得。用途:可作为吹管分析用的试剂,还可用于铀盐的定量测定、镁和锰的鉴定等。

磷酸羟胺(hydroxylamine orthophosphate) 化学式 $(NH_2OH)_3H_3PO_4$,分子量 197.09。白色晶体。溶于水,不溶于有机溶剂。不稳定,加热至 148℃时爆炸。制

备：将盐酸羟胺加热溶解，冷却后加磷酸再滴加氢氧化钠；或用盐酸羟胺与磷酸钠反应制得。用途：可作为无机、分析还原剂，制肟类试剂等。

一磷酸联氨（hydrazine orthophosphate） 亦称"磷酸肼"。化学式 $N_2H_4H_3PO_4$，分子量 130.05。吸湿性晶体。熔点 82℃。易溶于水。制备：由硫酸肼水溶液与磷酸钡反应，或用甲基橙作指示剂由硫酸肼中和磷酸制得。

连二磷酸（hypophosphoric acid） 亦称"二磷酸"。CAS 号 7803-60-3。化学式 $H_4P_2O_6 \cdot 2H_2O$，分子量 198.01。无色正交系板状晶体。熔点 70℃。是一种四元酸。有潮解性，极易溶于水。通常条件下在溶液中相当稳定。碱性状态下与 80%～90% 的氢氧化钠溶液加热到 200℃ 也很难分解。当氢离子浓度增加时，以酸性形式存在则缓慢分解。还原性不强，仅在强氧化剂高锰酸钾等的作用下，才能被氧化成为磷酸。在空气中稳定，温度升高将发生重排或歧化反应生成异连二磷酸、焦磷酸和焦亚磷酸。与硫酸共沸即分解为亚磷酸和磷酸。受热 100℃ 分解。制备：将连二磷酸二氢钠溶液通过氢型阳离子树脂交换柱制得二水合物；或用亚氯酸钠溶液氧化红磷，加入乙酸铅，再用硫化氢分离，经蒸发制得。用途：可用于制备连二磷酸盐。

连二磷酸钠（sodium hypophosphate） CAS 号 13721-43-2。化学式 $Na_4P_2O_6 \cdot 10H_2O$，分子量 430.06。无色单斜系晶体。密度 1.823 g/cm³。溶于水，水溶液呈碱性。加热分解。制备：白磷在潮湿空气中缓慢氧化生成 H_3PO_3、H_3PO_4、$H_4P_2O_6$，用饱和乙酸钠处理产物，可分离出二钠盐 $Na_2H_2P_2O_6 \cdot 6H_2O$，再用碳酸钠中和二钠盐溶液制得。用途：可用于分析化学。

连二磷酸钙（calcium hypophosphate） 化学式 $Ca_2P_2O_6 \cdot 2H_2O$，分子量 274.13。粒状晶体。不溶于水、盐酸，可溶于次磷酸溶液。加热至 200℃ 时失去 2 分子结晶水，加热至红色转为焦磷酸盐。制备：在连二磷酸钠溶液中加入氯化钙制得。用途：可作为化肥。

连二磷酸钡（barium hypophosphate） 化学式 $Ba_2P_2O_6$，分子量 432.66。白色针状晶体。溶于乙醇，微溶于水，难溶于酸和乙酸。制法：可由磷酸钡和氯化钡反应制得。用途：可用作化学试剂。

连二磷酸二铵（ammonium hypophosphate） 亦称"酸式连二磷酸铵"。化学式 $(NH_4)_2H_2P_2O_6$，分子量 196.04。无色晶体。熔点为 170℃。溶于水。制备：用浓氨水中和连二磷酸制得。

连二磷酸二氢二钠（sodium dihydrogen hypophosphate） 化学式 $Na_2H_2P_2O_6 \cdot 6H_2O$，分子量 314.03。无色单斜系晶体。熔点 250℃，密度 1.840 g/cm³。溶于水、稀硫酸和氨水中，不溶于乙醇。加热至 100℃ 时失去 6 分子水。制备：将次磷酸与饱和乙酸钠反应制得。

焦亚磷酸（pyrophosphorous acid） CAS 号 2466-09-3。化学式 $H_4P_2O_5$，分子量 145.98。针状晶体。熔点 38℃。在水中分解。120℃ 分解。制备：由亚磷酸脱水而得。用途：可作为防腐剂、抗氧化剂、酿造发酵剂、啤酒澄清剂、消毒剂、印染助剂、影片和照相的显影剂等。

焦磷酸（pyrophosphoric acid） CAS 号 2466-09-3。化学式 $H_4P_2O_7$，分子量 177.98。无色针状晶体或黄色黏稠状液体。熔点 61℃。溶于水、醇、醚，不溶于冰水。在冷水中缓慢地转化为磷酸，在酸性溶液中加热会较迅速地水解成磷酸。焦磷酸根具有很强的配合性，可以和 Mn^{2+}、Cu^{2+}、Zn^{2+}、Pb^{2+}、Ag^+ 等形成配离子。制备：将浓磷酸在 250℃ 加热脱水制得；或先用焦磷酸钠与硫酸铜制备焦磷酸铜沉淀，再与硫化氢反应制得。用途：可作为掩蔽剂、催化剂、有机过氧化物稳定剂，可用于粉尘中游离二氧化硅含量的分析、制有机磷化物等。

焦磷酸锂（lithium pyrophosphate） 化学式 $Li_4P_2O_7$，分子量 201.70。溶于沸水，溶液呈碱性。在稀溶液中 100℃ 下长时间加热转变为正磷酸盐。制备：使焦磷酸钠与结晶状的锂盐进行置换反应制得。用途：可用于生产电极材料。

焦磷酸钠（sodium pyrophosphate） 亦称"焦磷酸四钠""二磷酸钠"。CAS 号 7722-88-5。化学式 $Na_4P_2O_7 \cdot 10H_2O$，分子量 446.06。无色透明单斜系晶体。密度 1.82 g/cm³。易溶于水，不溶于乙醇和氨。在水溶液中沸煮时转变为磷酸氢钠。在干燥空气中风化。加热至 93.8℃ 失去结晶水成为无水物。其无水物为白色粉末。熔点 880℃，密度 2.534 g/cm³。溶于水，在醇中分解。制备：由磷酸氢钠加热脱水可以得到无水物，再溶于水中结晶得到。用途：可作为软水剂、分散剂、乳化剂、除锈剂、洗涤剂、漂白剂、螯合剂、掩蔽剂，并可用于电镀、电解、医药等领域。

焦磷酸镁（magnesium pyrophosphate） 亦称"一缩二磷酸镁"。CAS 号 13446-24-7。化学式 $Mg_2P_2O_7$，分子量 222.57。无色片状单斜系晶体。熔点 1383℃，密度 2.559 g/cm³。不溶于水和乙醇，易溶于无机酸，也溶于亚硫酸、焦磷酸钠溶液。制备：由焦磷酸钠水溶液与氯化镁水溶液反应制得三水合物，后在 100℃ 下加热脱水而得；或由灼烧磷酸铵镁制得。

焦磷酸钾（potassium pyrophosphate） 亦称"焦磷酸四钾""一缩二磷酸钾"。CAS 号 7320-34-5。分子量 $K_4P_2O_7$，分子量 330.33。白色粉末或块状固体。密度 2.33 g/cm³。溶于水，水溶液呈碱性。不溶于乙醇。在酸或碱溶液中水解成磷酸钾。在 180℃ 时失去 2 分子结晶水，300℃ 时失去全部结晶水。制备：由磷酸二氢钾经熔融脱水制得。用途：可作为食品改良剂、洗涤剂、络合剂、分散剂，可用于镀锡、染色、肥皂、精制陶土、电铸等领域。

焦磷酸钙（calcium pyrophosphate）　CAS 号 7790-76-3。化学式 $Ca_2P_2O_7$，分子量 254.10。白色粉末，有毒！熔点 1 230℃，密度 3.09 g/cm³。其五水合物为白色晶体，密度 2.25 g/cm³。不溶于水，溶于稀盐酸和硝酸。制备：由磷酸氢钙加热分解，或由无水焦酸钠与无水氯化钙反应制得。用途：可作为营养增补剂、酵母养料、缓冲剂、中和剂、牙膏磨料、金属擦光剂、涂料填料、电工器材荧光体等。

焦磷酸铬（chromium(II) pyrophosphate）　化学式 $Cr_4(P_2O_7)_3$，分子量 729.81。苍绿色单斜系晶体。密度 3.20 g/cm³。不溶于水，能溶于碱溶液。制备：由氯化铬浓溶液与焦磷酸钠浓溶液反应制得。

焦磷酸锰（manganous pyrophosphate）　CAS 号 13446-44-1。化学式 $Mn_2P_2O_7$，分子量 283.82。玫瑰棕色单斜系晶体。熔点 1 196℃，密度 3.707 g/cm³。不溶于冷水，溶于酸。另有三水合物，分子量 337.87，白色无定形粉末。不溶于冷水和乙酸，溶于无机酸、过量的焦磷酸钾或焦磷酸钠溶液、亚硫酸、丙酮。制备：可由硫酸锰与焦磷酸铵反应制得。用途：可作为共聚反应的引发剂，可用于玻璃、陶瓷。

焦磷酸铁（ferric pyrophosphate）　CAS 号 10058-44-3。化学式 $Fe_4(P_2O_7)_3 \cdot 9H_2O$，分子量 907.39。棕黄色或黄白色粉末，无臭，几乎没有铁味。溶于无机酸、碱溶液、柠檬酸，不溶于冷水。制备：由硝酸铁与焦磷酸钠进反应制得。用途：可作为食品营养强化剂。

焦磷酸亚铁（ferrous pyrophosphate）　CAS 号 16037-88-0。化学式 $Fe_2P_2O_7$，分子量 285.65。浅绿色至暗灰色乳状液体，在空气中容易氧化，由绿色转变成褐色。常用其水溶液，无臭。稍有铁味。制备：由硝酸亚铁与焦磷酸钠溶液反应制得。用途：可作为食品营养增补剂。

焦磷酸镍（nickel pyrophosphate）　化学式 $Ni_2P_2O_7 \cdot xH_2O$。淡绿色粉末。密度 3.93 g/cm³。可溶于无机酸、焦磷酸钠溶液、氨水。加热至 110℃ 失去 26% 的水，赤热则成黄色。制备：由镍盐溶液中与焦磷酸钠反应，或加热正磷酸镍铵制得。

焦磷酸铜（copper pyrophosphate）　CAS 号 10102-90-6。化学式 $Cu_2P_2O_7$，分子量 301.04。绿白色无定形粉末。加热至 100℃ 变蓝色。不溶于水，可溶于酸、过量的焦磷酸钠溶液。制备：将硫酸铜溶液与焦磷酸钠溶液反应制得。用途：可用于无氰电镀、防渗碳涂层等。

焦磷酸锌（zinc pyrophosphate）　CAS 号 7446-26-6。化学式 $Zn_2P_2O_7$，分子量 304.68。白色粉末。密度 3.75 g/cm³。能溶于酸、碱、氨水、铵盐溶液，不溶于水。制备：由可溶性锌盐和磷酸共热制得。用途：可用于制造颜料。

焦磷酸锆（zirconium pyrophosphate）　化学式 ZrP_2O_7，分子量 266.09。白色固体。在 1 550℃ 稳定。不溶于水、稀酸。制备：由二氧化锆和玻璃状磷酸一起熔融制得。用途：可用于耐火材料、烯烃聚合催化剂、磷光体等。

焦磷酸银（silver pyrophosphate）　化学式 $Ag_4P_2O_7$，分子量 605.42。白色固体，见光变暗。熔点 585℃，密度 5.31 g/cm³。不溶于水，溶于乙酸、氨水和氰化钾溶液。与磷酸氢二钠溶液沸煮生成黄色磷酸银。在盐酸中生成氯化银和磷酸。制备：由硝酸银溶液与焦磷酸钠溶液反应制得。用途：可用于制照相乳剂。

焦磷酸镉（cadmium pyrophosphate）　化学式 $Cd_2P_2O_7$，分子量 398.74。白色片状晶体，有毒！密度 4.97 g/cm³。微溶于冷水，能溶于热水、酸、氨水。红热时熔化。制备：将硫酸镉溶液与焦磷酸溶液反应制得。用途：可用作催化剂、磷光体等。

焦磷酸亚锡（tin(II) pyrophosphate）　CAS 号 15578-26-4。化学式 $Sn_2P_2O_7$，分子量 411.32。非晶态粉末。密度 4.009 g/cm³。能溶于浓酸。制备：由二磷酸四氢锡(II) 在 350～400℃ 下反应制得。用途：可作为软水剂等。

焦磷酸钡（barium pyrophosphate）　CAS 号 13466-21-2。化学式 $Ba_2P_2O_7$，分子量 448.62。白色正交系晶体。密度 3.9 g/cm³。微溶热水，难溶于冷水，可溶于酸、铵盐。制备：可由氯化钡与焦磷酸钠反应，或将磷酸氢钡在 1 000℃ 加热 12 小时制得。用途：可作为荧光材料。

焦磷酸亚铊（thallous pyrophosphate）　化学式 $Tl_4P_2O_7$，分子量 991.42。单斜系三棱状晶体。熔点 120℃，密度 6.786 g/cm³。易溶于冷水。制备：可由 $Tl_2HPO_4 \cdot \frac{1}{2}H_2O$ 加热；或在 $Tl_4P_2O_7 \cdot 2H_2O$ 沉淀后的剩余母液中再加 Tl_2CO_3、Na_3PO_4 和 Tl_2SO_4，置于空气中自然结晶，再于 100℃ 进行干燥制得。

焦磷酸氢镧（lanthanum hydrogen pyrophosphate）化学式 $LaHP_2O_7 \cdot 3H_2O$，分子量 367.90。白色粉末，难溶于水。制备：将氯化镧与焦磷酸钠溶液反应制得。

焦磷酸氢铈（cerium hydrogen pyrophosphate）化学式 $CeHP_2O_7 \cdot 3H_2O$，分子量 268.11。白色片状晶体。易溶于热水和碱溶液中。制备：由焦磷酸钠与硝酸铈溶液反应、或由碳酸铈与稀焦磷酸溶液反应制得。

焦磷酸钕（neodymium pyrophosphate）　化学式 $Nd_4(P_2O_7)_3 \cdot 6H_2O$，分子量 1 206.88。淡红色非晶态粉末。难溶于水。制备：由焦磷酸钠水溶液与过量的硫酸钕溶液反应制得。

焦磷酸铂(IV)（platinum(IV) pyrophosphate）化学式 PtP_2O_7，分子量 369.03。淡绿黄色粉末。熔点 600℃（分解），密度 4.85 g/cm³。微溶于水，不溶于酸、碱、焦磷酸钠溶液。在硫化氢或硫化钠溶液中缓慢分解，还可被熔融的碳酸钠分解。制备：将含有五氧化二磷的氧气流通过赤热的海绵状铂制得。

焦磷酸铅（lead pyrophosphate） 化学式 $Pb_2P_2O_7$，分子量 588.32。白色正交系晶体。熔点 824℃，密度 5.8 g/cm^3。其水合物为白色正交系晶体，熔点 806℃。不溶于水、氨水、乙酸、亚硫酸及丙酮，易溶于硝酸、氢氧化钾及焦磷酸钠溶液。在磷酸钠溶液中沸煮可分解生成磷酸铅和焦磷酸钠。在密闭管中与水共热至 280～300℃ 时，分解为正磷酸铅和酸式盐，后者可进一步转变成正磷酸盐和磷酸。制备：由偏磷酸钠与硝酸铅浓溶液在 50～60℃ 下搅拌 5 天；或将氧化铅溶于熔融的偏磷酸钠中，冷却后熔融块用沸水提取制得。

焦磷酸铵（ammonium pyrophosphate） 化学式 $(NH_4)_4P_2O_7$，分子量 146.00。无色晶体。溶于水。暴露于空气中缓慢失去氨。制备：将氨气通入焦磷酸的冰水溶液中，然后用乙醇沉淀制得。

焦磷酸氢钠（sodium dihydrogen pyrophosphate） 亦称"焦磷酸二氢二钠""二磷酸二氢二钠"。CAS 号 7758-16-9。化学式 $Na_2H_2P_2O_7 \cdot 6H_2O$，分子量 330.03。无色光亮单斜系晶体或粉末。密度 1.862 g/cm^3。易溶于水。220℃失水分解成偏磷酸钠。制备：由磷酸二氢钠加热脱水制得。用途：可作为洗涤剂、软水剂、发酵剂、缓冲溶液，可用于电镀等领域。

三磷酸钠（sodium tripolyphosphate） 亦称"三聚磷酸钠""多聚磷酸钠"。CAS 号 7758-29-4。化学式 $Na_5P_3O_{10}$，分子量 367.86。白色结晶固体或粉末。熔点 622℃，密度 2.55 g/cm^3。易溶于水，水溶液呈弱碱性。在酸性溶液中煮沸，水解成正磷酸盐。加热到 622℃ 熔解而成焦磷酸钠，水解生成焦磷酸离子和磷酸离子。可螯合重金属离子生成可溶性盐。制备：可由偏磷酸钠和焦磷酸钠共热，或由磷酸氢二钠和磷酸二氢钠混合物加热失水制得。用途：可作为水的软化剂、分散剂、反絮凝剂、助溶剂、软水剂、预鞣剂、染色助剂、食品添加剂、有机合成催化剂，并用于纺织品、食品、钻井、石油、制药、橡胶等领域。

六氟磷酸钠（sodium hexafluorophosphate） 亦称"六氟合磷酸钠"。CAS 号 21324-39-0。化学式 $NaPF_6 \cdot H_2O$，分子量 185.97。白色粉末。密度 2.369 g/cm^3。极易溶于水，高温分解。制备：将五氯化磷缓慢地滴加到含氯化钠的氟化氢水溶液中制得。用途：主要用于制取其他六氟磷酸盐。

六氟磷酸钾（potassium hexafluorophosphate） 亦称"六氟合磷酸钾"。CAS 号 17084-13-8。化学式 KPF_6，分子量 184.07。无色片状晶体。熔点 575℃，密度 2.75 g/cm^3。有腐蚀性。与氢氧化钠共热时，在 400℃ 以上猛烈反应生成氟化物及磷酸盐。常温常压下稳定，在赤热温度熔融并部分分解。制备：由氯化钾、五氟化磷与氢氟酸反应，或由 $[PCl_4][PF_6]$ 与氢氧化钾反应制得。用途：用作有机氟取代剂，并用于制取其他六氟磷酸盐。

六氟磷酸铵（ammonium hexafluorophosphate） 亦称"六氟磷化铵"。CAS 号 16941-11-0。化学式 NH_4PF_6，分子量 163。无色立方系晶体或长方形片状、厚板状晶体。密度 2.18 g/cm^3。易溶于水、醇、丙酮。室温下对玻璃无腐蚀作用，同碱反应生成磷酸盐。加热分解为氟化铵、氟和三氟化磷。制备：由氟化铵和五氯化磷在氢氟酸中氟化；或将五氯化磷与干燥氟化铵混合，加热后冷却，溶于水，加入"硝酸灵"试剂，生成沉淀，用冷水洗涤数次，再将氯仿和氨水一起摇荡，用萃取法除去"硝酸灵"，在水浴上蒸发制得。用途：可用于防龋齿，催化离子型聚合反应。

氯化磷酰（phosphorus oxychloride） 亦称"氧氯化磷""三氯氧磷""三氯氧化磷""磷酰氯"。CAS 号 10025-87-3。化学式 $POCl_3$，分子量 153.33。有辛辣气味的透明发烟无色液体，常因溶有氯气或五氯化磷而呈红黄色，有毒！熔点 1.25℃，沸点 105.3℃，密度 1.645 g/cm^3。遇水和醇分解并放出大量热及盐酸酸雾。是各种金属氯化物的非水溶剂。与四氯化锡、四氯化钛和五氯化锑等形成盐类或配盐。有强烈腐蚀性。毒性与三氯化磷、五氯化磷、光气亦类似。制备：由三氯化磷或五氧化二磷与氯气反应制得。用途：主要用作有机合成的氯化剂和催化剂，可用于半导体、光导纤维、农药、医药、染料、塑料、光导纤维等领域。

焦磷酰氯（pyrophosphoryl chloride） CAS 号 13498-14-1。化学式 $P_2O_3Cl_4$，分子量 251.76。无色发烟液体。密度 1.82 g/mL。有腐蚀性。极易吸潮并分解。用途：可用作激光材料及电子元件，还可用于制药及有机合成。

磷酰胺（phosphoramide） 亦称"磷酰三胺""三氨基磷酸"。CAS 号 13597-72-3。化学式 $PO(NH_2)_3$，分子量 95.04。白色无定形粉末。溶于乙醇、三氯甲烷。与沸水、氢氧化钾水溶液和稀酸不发生作用。与浓酸缓慢反应。与氢氧化钾共熔形成磷酸钾和磷酸铵，与空气加热生成氨和氮化磷酰。与潮气长时间接触水解为 $OP(OH)(ONH_4)NH_2$。制备：可将干燥的氨气通入冷的磷酰氯中直至饱和制得。用途：可作为除味剂。

硫代磷酰三胺（thiophosphoric triamide） CAS 号 94317-64-3。化学式 $PS(NH_2)_3$，分子量 111.11。无色晶体。易潮解。易溶于甲醇、水，不溶于乙醇。与氢氧化钠共热时生成二亚氨基硫代磷酸钠。制备：由氨和三氯硫化磷在冷冻的氯仿中反应并用乙基胺分离制得。用途：可用于制化肥。

硫化物、硫氢化物

硫化氢（hydrogen sulfide）　CAS 号 7783-06-4。化学式 H_2S，分子量 34.08。标准状况下为易燃的无色酸性气体，有特异的臭鸡蛋气味，剧毒！蒸汽压 $2026.5^{25.5}$ kPa，闪点 < -50℃，熔点 -85.5℃，沸点 -59.6℃，燃点 292℃，密度 $0.99^{-85.5}$ g/cm³。能溶于水，其水溶液为氢硫酸。易溶于醇类、石油溶剂、原油。属易燃危化品，与空气混合能形成爆炸性混合物，遇明火、高热能引起燃烧爆炸。完全干燥的硫化氢常温下不与空气中氧气反应，点火时可燃烧、有蓝色火焰。空气充足时生成二氧化硫和水，若空气不足或温度较低时生成硫和水。能使银、铜制品表面变黑，生成金属硫化物。有较强的还原性，自身通常被氧化为硫。可与多种金属离子反应生成不溶于水和酸的硫化物沉淀。若氧化剂氧化性较强且过量时，硫化氢可被氧化为硫酸。常为炼油、制药、制革、染料、人造纤维等生产过程中产生的废气，下水道等有机物腐败场所内也常含硫化氢。制备：可通过硫化亚铁与稀硫酸反应，或由 20%～30% 磷酸与硫化钠的浓溶液反应，或由硫与氢直接化合，或由硫化铝水解制得。用途：是一种重要的化学原料。可作为还原剂、分析试剂，可用于制造荧光粉、光电曝光计、光导体，以及金属精制、农药、医药、催化等领域。

二硫化氢（hydrogen disulfide）　亦称"过硫化氢"。CAS 号 13465-07-1。化学式 H_2S_2，分子量 66.15。有刺激性气味的淡黄色油状液体，其蒸气可强烈刺激眼睛和黏膜！熔点 -89.6℃，沸点 70.7℃，密度 1.334 g/mL。溶于苯、乙醚、二硫化碳、氯仿。遇水及乙醇立即分解放出硫化氢并析出硫。较长时间放置会释放硫化氢并析出单质硫，同时生成含硫较高的同系物。分子的极性小于过氧化氢，对于离子型化合物的溶解能力较差。是一些共价化合物，特别是单质硫的极好溶剂，溶解时伴随有更高的多硫化氢生成。制备：可由多硫化物裂解制得。

三硫化氢（hydrogen trisulfide）　CAS 号 13845-23-3。化学式 H_2S_3，分子量 98.21。有刺激性臭味的亮黄色液体，对眼睛和黏膜有强烈的刺激性！熔点 -52～-54℃，密度 1.496^{15} g/mL，折射率 1.705。溶于苯、乙醚、二硫化碳。遇水、乙醇分解。受热分解为 H_2S_2、H_2S、S。长时间放置会放出硫化氢并析出单质硫，进而生成含硫较多的同系物。制备：可由多硫化物裂解制得。

四硫化氢（hydrogen tetrasulfide）　化学式 H_2S_4，分子量 130.28。有刺激性臭味的浅黄色油状液体。熔点约 -85℃，密度 1.588 g/mL。熔点附近时可凝固成白色玻璃状块，当升高温度时，在相当宽的温度范围内逐渐软化，加热会裂解为较低的硫烷，其中以 H_2S 为最多。比 H_2S_2 和 H_2S_3 稍稳定，放置时间较长也会生成含硫较多的同系物并放出硫化氢。制备：可由 H_2S 与 S_2Cl_2 反应制得。

五硫化氢（hydrogen pentasulfide）　化学式 H_2S_5，分子量 162.34。有刺激性气味的黄色透明油状液体。熔点 -50℃，沸点 50℃（533 Pa），密度 1.67^{16} g/mL。溶于苯、乙醚、二硫化碳，不溶于乙醇。性质与低级同系物相似。制备：可由 H_2S_2 和 SCl_2 反应或由 H_2S 和 S_2Cl_2 反应制得。

硫化锂（lithium sulfide）　CAS 号 12136-58-2。化学式 Li_2S，分子量 45.95。淡黄色立方系晶体。熔点 900～975℃，密度 1.66 g/cm³。易溶于水并水解，易溶于乙醇。在空气中易吸潮而发生水解，放出硫化氢气体。可被酸分解放出硫化氢，与硝酸剧烈反应，但氢溴酸和氢碘酸需在加热的情况下才能将其分解。与浓硫酸反应缓慢，但同稀硫酸剧烈反应。在空气中加热至约 300℃时被氧气氧化生成硫酸锂。与硫反应生成各种多硫化物。制备：可由锂与硫单质共热，或用碳或氢气还原硫酸锂，或由硫氢化锂在真空加热分解，或由硫和锂在液氨中反应制得；锂与硫化氢在四氢呋喃中反应可制得高品质的无水硫化锂。用途：可作为锂离子电池中的潜在电解质材料。

硫化铍（beryllium sulfide）　CAS 号 13598-22-6。化学式 BeS，分子量 41.08。灰色至白色粉末，在空气中略有硫化氢臭味。密度 2.36 g/cm³。遇水或酸分解放出硫化氢。制备：可由金属铍和硫直接反应，或由氯化铍与硫化氢反应制得。用途：可用作硫化染料。

三硫化二硼（boron trisulfide）　CAS 号 12007-33-9。化学式 B_2S_3，分子量 117.82。白色有光泽的针状晶体或玻璃状的无定形变体。加热变成黏糊状。熔点 310℃，密度 1.55 g/cm³。微溶于三氯化磷和二氯化硫。极易水解，生成硼酸和硫化氢，遇醇也分解。在潮湿空气中会分解，最终产物为硼酸和硫化氢。制备：可向硼化铁细粉中通入硫化氢气体制得。

一硫化碳（carbon monosulfide）　CAS 号 63143-57-7。化学式 CS，分子量 44.08。红色粉末。密度 1.66 g/cm³。极不稳定，室温下寿命仅 10 分钟。不溶于水、乙醇、松节油、苯，溶于乙醚、二硫化碳、氨水与乙醇的混合液、硫化铵中。与氯、溴、碘可形成 CSX_2。加热易升华。制备：可在氢气和一氧化碳存在下，由二硫化碳蒸气经高频放电制得；或将二硫化碳蒸气通过赤热的浮石或石棉；或将二硫化碳与碳或氢加热到发红；或将三硫化二锑与过量的碳混合加热；或将一氧化碳与硫化氢混合加热至高温；或将二氧化硫与甲烷于高温下反应制得。用途：在一氧化碳化学激光中，可用作燃料。

二硫化三碳（carbon subsulfide）　亦称"次硫化碳"。CAS 号 627-34-9。化学式 C_3S_2，分子量 100.16。红色液体。熔点 -1℃，密度 1.27 g/mL。溶于二硫化碳和苯。90℃分解。其中含 1% 以上的 CS_2 时不稳定，渐渐析出黑色的聚合物。在真空中加热分解为二硫化碳和碳。室温下缓慢聚合，与溴化合得 $C_3S_2Br_6$。制备：可由二硫化碳与金属反应，或由二硫化碳蒸气经碳、锑电极间放电制得。

二硫化碳（carbon disulfide）　CAS 号 75-15-0。化学式 CS_2，分子量 76.14。纯品为无色液体，接触光线后变成黄色，有臭味，易燃、易爆、易挥发，有毒！熔点 -110.7℃，沸点 46.2℃，密度 1.26 g/mL。为非极性溶剂，稍溶于水，与无水乙醇、乙醚、苯、氯仿等互溶。能溶解硫、白磷、碘、橡胶、油脂、蜡质、樟脑、树脂等非极性与弱极性物质，与氢氧化物反应得到碳酸盐与硫代硫酸盐。与碱金属硫化物溶液反应得到硫代碳酸盐。制备：可由甲烷与硫磺在硅酸的催化下加热到 500～700℃，或由熔融硫与灼热木炭反应制得。用途：可作为溶剂、羊毛去脂剂、衣物去渍剂、金属浮选剂、油漆和清漆的脱膜剂、航空煤油添加剂，可用于纤维、橡胶、玻璃、农药等领域。

五硫化二氮（nitrogen sulfide）　化学式 N_2S_5，分子量 188.34。灰紫色晶体或红血色油状液体。熔点 10～11℃，密度 1.90 g/mL。遇热则分解，不稳定。不溶于水、苯和乙醇等溶剂。溶于二硫化碳和乙醚。有机溶剂中暗处可保持稳定。撞击时爆炸分解。制备：在惰性溶剂中热解四硫化二氮制得。

四硫化四氮（tetranitrogen tetrasulfide）　亦称"氮化硫"。CAS 号 28950-34-7。化学式 N_4S_4，分子量 184.29。黄色晶体，受热至 100℃时变为红色晶体。密度 2.24^{18} g/cm³。溶于二硫化碳、苯、乙醇、乙醚，不溶于水。溶于稀碱溶液但分解。在液态二氧化硫中也分解。能与许多物质（如三氧化硫、三氟化硼、四氯化钛、四氯化锡及卤素等）生成加合物。可被氯化亚锡还原为氢化物 $S_4N_4H_4$。178℃时分解。制备：向二氯化硫的四氯化碳溶液中通氯气至饱和，再向该溶液中通入氨气可得。

硫化钠（sodium sulfide）　亦称"硫化碱""臭苏打"。CAS 号 1313-82-2。化学式 Na_2S，分子量 78.04。白色晶体，剧毒！熔点 1 180℃，密度 1.856^{14} g/cm³。溶于水，溶液呈强碱性，微溶于乙醇。在酸中分解生成硫化氢。在空气中潮解，同时逐渐被氧化为单质硫，故其水溶液在空气中长期放置后逐渐变黄。单质硫也能溶于硫化钠水溶液中，生成多硫化钠。受撞击、高热可爆炸。制备：可由煤粉还原硫酸钠，或由氢氧化钠溶液吸收硫化氢含量大于 85% 的废气，或由硫酸钠与硫化钡进行复分解反应，或由氢气（或一氧化碳、发生炉煤气、甲烷气）在沸腾炉中与硫酸钠进行反应制得。用途：可用于染料硫化、皮革脱毛、金属冶炼、人造丝脱硝、矿物浮选、化学分析、金属处理、电镀、摄影等领域。

四硫化二钠（sodium tetrasulfide）　CAS 号 12034-39-8。化学式 Na_2S_4，分子量 174.24。暗黄色吸湿性立方系晶体。熔点 275℃，密度 2.05 g/cm³。易溶于水，能溶于碱溶液中。水溶液接触空气即游离出单质硫，可得六水盐和八水盐。制备：可向硫氢化钠的乙醇溶液中通入氢气，同时加入单质硫并升温制得；或将硫化钠与化学计量的硫在真空下加热熔融制得。

五硫化二钠（sodium pentasulfide）　化学式 Na_2S_5，分子量 206.30。黄至红色的结晶性粉末。熔点 251.8℃。能溶于冷水、热水和碱溶液中。在空气中易被分解。制备：在真空下加热熔融硫化钠与化学计量的硫的混合物制得。

多硫化钠（sodium polysulphide）　通式 Na_2S_x。主要成分为硫化钠、四硫化二钠、五硫化二钠等。制备：由硫化钠溶液与硫煮沸制得。用途：在制革工业中用作除毛剂，在农业上用作防治棉花、果木病虫害的农药，也用于制硫化染料、聚硫橡胶、分析试剂等。

硫化镁（magnesium sulfide）　CAS 号 12032-36-9。化学式 MgS，分子量 56.37。白色或红棕色立方系晶体。密度 2.84 g/cm³，熔点高于 2 000℃（分解）。化学性质类似于其他离子性的硫化物，如硫化钠、硫化钡和硫化钙。易与氧气反应生成硫酸镁。与水反应生成氢氧化镁沉淀并放出硫化氢。在冷的浓硝酸中析出单质硫。制备：可通过硫酸镁与二硫化碳在高温下反应，或由金属镁在硫化氢气流中加热制得。用途：可用作宽能带间隙的半导体，亦可用于钢铁脱硫、制取荧光粉等。

硫化铝（aluminium sulfide）　亦称"三硫化二铝"。CAS 号 1302-81-4。化学式 Al_2S_3，分子量 150.16。纯品为白色针状晶体，不纯物为黄灰色致密的物质，混有过量铝时呈灰色，有硫化氢气味。熔点 1 100℃，密度 2.02 g/cm³。溶于酸，不溶于酮。遇水或在潮湿空气中水解，在热水中完全水解为氢氧化铝沉淀和硫化氢。能被铁或烃类还原生成铝，与二氧化硫作用生成单质硫和硫酸铝。制备：可加热化学计量的铝屑和硫粉混合物，或由干燥的硫化氢通过加热的铝屑反应制得。用途：可作为硫化氢发生剂。

一硫化硅（silicon monosulfide）　CAS 号 50927-81-6。化学式 SiS，分子量 60.15。黄色针状晶体。熔点约 900℃，940℃升华，密度 1.853 g/cm³。在潮湿空气中水解，在水中则剧烈水解甚至燃烧，产物为水合二氧化硅与硫化氢。溶于碱溶液放出氢气。遇醇分解。在空气中燃烧时生成二氧化硅和二氧化硫。240℃时与干燥氯化氢反应生成硫化氢和三氯甲硅烷。制备：可由硫化亚铁、二氧化硅与炭的混合物加热，或由硅铁与硫高温反应制得。

二硫化硅（silicon disulfide）　CAS 号 13759-10-9。化学式 SiS_2，分子量 92.22。白色纤维状或无色针状晶体。熔点 1 090℃，密度 2.02 g/cm^3。不溶于苯，溶于稀碱。分别与水、乙醇、液氨发生水解、氨解。可将二氧化碳还原为一氧化碳并生成硫和二氧化硅。与钠、镁、铝、铁的硫化物反应生成相应的金属硫代硅酸盐。在空气中加热则燃烧。在氮气中 1 250℃升华。制备：可由熔融的硅与硫蒸气反应，或由 SiO_2 与 Al_2S_3 反应制得。用途：可用于半导体工业。

三硫化二磷（diphosphorus trisulfide）　CAS 号 12165-69-4。化学式 P_2S_3，分子量 158.14。灰黑色粉末，无味、无臭，有毒！熔点 290℃，沸点 490℃。溶于乙醇、乙醚和二硫化碳。遇湿空气分解。在空气中燃烧。制备：由硫与磷直接反应制得。用途：可用于有机合成。

三硫化四磷（tetraphosphorus trisulfide）　CAS 号 1314-85-8。化学式 P_4S_3，分子量 220.09。黄色正交系针状晶体。熔点 174℃，沸点 408℃，密度 2.03 g/cm^3。溶于苯、三氯化磷和硝酸。不溶于冷水，在沸水中慢慢分解放出硫化氢，并生成磷酸。在碱溶液中分解而产生膦、氢、磷酸、次磷酸等。在空气中猛烈加热时即燃烧。隔绝氧和湿气加热至 700℃仍稳定。在高温有氧时易被氧化。与硫反应生成含硫更多的硫化物。其二硫化碳溶液和苯溶液在空气中可逐渐析出黄白色沉淀而变浑浊。制备：可由红磷与硫在二氧化碳气氛中共熔反应，或由白磷和硫在高熔点惰性溶剂中反应制得。用途：可作为脱色剂，可用于有机合成、火柴、烟火等领域。

五硫化二磷（diphosphorus pentasulfide）　CAS 号 1314-80-3。化学式 P_2S_5，分子量 222.27。浅黄色至绿黄色有特殊气味的三斜系晶体。熔点 280～290℃，沸点 514℃，密度 2.03 g/cm^3。微溶于二硫化碳，溶于碱，与氢氧化钠作用生成硫代磷酸钠。有强吸湿性，在稀有气体中遇水分解生成磷酸和硫化氢。在空气中受摩擦能燃烧。加热至 300℃着火并生成五氧化二磷和二氧化硫。制备：可由过量的硫与三硫化四磷或红磷反应制得。用途：是农药合成的重要原料，可作为有色金属选矿剂、高级润滑油添加剂、橡胶硫化辅助剂等，还可用于制造火柴、医药等领域。

五硫化四磷（tetraphosphorus pentasulfide）　CAS 号 12137-70-1。化学式 P_4S_5，分子量 284.22。有光泽的黄色单斜系晶体。熔点 170～220℃（分解），密度 2.17 g/cm^3。不溶于冷水，遇到热水则分解，溶于二硫化碳。缓慢加热可熔融。制备：将三硫化四磷和硫粉溶于二硫化碳中，加入少量碘作为催化剂，经光照制得。

七硫化四磷（tetraphosphorus heptasulfide）　CAS 号 12037-82-0。化学式 P_4S_7，分子量 348.35。无色或浅黄色单斜系柱状晶体。熔点 310℃，沸点 525℃，密度 2.19 g/cm^3。微溶于二硫化碳。与冷水缓慢反应生成硫化氢，遇热水迅速反应生成硫化氢、次磷酸和磷酸。在盐酸、硫酸或碱中均发生分解。可与醇、酮等有机含氧化合物激烈作用，生成相应的含硫化合物。制备：可通过红磷和硫的混合物熔融；或使五硫化二磷受热分解，产生七硫化四磷和三硫化四磷，经分离制得；或在二硫化碳中，以碘为催化剂，用光照使白磷与硫粉反应制得。用途：主要用于合成有机硫化物。

硫化钾（potassium sulfide）　亦称"一硫化钾"。CAS 号 39365-88-3。化学式 K_2S，分子量 110.26。黄色或棕黄色立方系晶体，空气中易呈红或黄红色。熔点 840℃，密度 1.805 g/cm^3。易溶于乙醇、甘油、不溶于乙醚。易潮解，易溶于水，水溶液呈碱性。遇酸则放出硫化氢。在空气中不稳定，迅速加热可能发生爆炸。制备：可由钾和硫在液氨中反应，或由炭、一氧化碳、氢气、天然气等还原硫酸钾制得。用途：可用于皮革脱毛、燃料、造纸、制革、制药、化学分析等领域。

二硫化钾（potassium disulfide）　CAS 号 1312-73-8。化学式 K_2S_2，分子量 142.33。无色晶体粉末或红黄色晶体。熔点 470℃，密度 1.973 g/cm^3。具有强吸湿性。溶于水、乙醇，在热水中分解。在真空中加热颜色逐渐变暗，在 440℃呈深橙色。其三水合物为黄色晶体。制备：由硫化钾和硫在 500℃反应制得。用途：可用作分析试剂、皮革脱毛剂、杀虫剂等。

三硫化钾（potassium trisulfide）　CAS 号 37488-75-8。化学式 K_2S_3，分子量 174.39。橙黄色晶体。密度 2.102 g/cm^3。易溶于水和乙醇。在热水中分解。制备：将钾和硫熔融制得。用途：可用于化学分析、皮革脱毛、制药等领域。

四硫化钾（potassium tetrasulfide）　CAS 号 12136-49-1。化学式 K_2S_4，分子量 206.46。红棕色晶体。溶于水和乙醇。145℃开始湿润，约 159℃熔融，熔融后冷却变为暗红色玻璃状硬块。850℃分解。二水合物为黄色晶体。制备：可由一硫化钾与硫反应，或由钾与硫反应制得。用途：可用作分析试剂、杀虫剂等。

五硫化钾（potassium pentasulfide）　CAS 号 12136-50-4。化学式 K_2S_5，分子量 238.52。橙色晶体。熔点 206℃，密度 2.128 g/cm^3。易潮解，易溶于水，微溶于乙醇。空气中分解。真空中加热开始为暗红色，升温到 190℃呈深紫色，300℃分解。制备：可由硫氢化钾的乙醇溶液与硫加热反应，或由硫化钾与硫反应制得。用途：可用作分析试剂、脱毛剂、杀虫剂等。

六硫化钾（potassium hexasulfide）　化学式 K_2S_6，

分子量 270.59。红色或红棕色晶体。熔点 196℃，密度 2.02 g/cm³。加热至 184℃左右开始变形。制备：将五硫化钾和硫在真空条件下加热制得。用途：可用作分析试剂、脱毛剂、杀虫剂等。

多硫化钾（potassium polysulfide）　通式为 K_2S_x，$x=2,3,4,5,6$。主要组成为二硫化二钾、三硫化二钾、四硫化二钾、五硫化二钾、六硫化二钾。多硫化钾 K_2S_x 随着 x 值的变化，外观由黄色逐渐加深至深红色，亦可能有灰黄或黄绿色等外观。制备：在浓的多硫化氢溶液中加入硫粉制得。用途：可用作分析试剂、脱毛剂、杀虫剂等。

硫化钙（calcium sulfide）　CAS 号 20548-54-3。化学式 CaS，分子量 72.14。无色立方系晶体，含有杂质的可呈黄色到浅灰色。密度 2.59 g/cm³。在干燥空气中可被氧化。溶于铵盐溶液，微溶于醇。微溶于水，遇水或湿气可发生水解。遇酸迅速分解而释出硫化氢气体。与氯、碘反应析出硫。制备：可由硫酸钙粉末与炭混合加强热制得，或在 1 000℃下将硫化氢与氢气混合气通入碳酸钙后通氢气冷却制得。用途：可用于制造发光漆、脱毛剂、食品防腐剂、矿物浮选剂、润滑剂添加物、硫脲、硫化氢。纯品经稀土元素掺杂后可用作电致发光材料。

一硫化二钛（dititanium sulfide）　化学式 Ti_2S，分子量 127.80。灰色固体。密度 4.80 g/cm³。溶于浓硫酸，呈绿色至蓝色。制备：将一硫化钛与钛按等摩尔量比混合，在真空中高温焙烧制得。

一硫化钛（titanium(II) sulfide）　CAS 号 12039-07-5。化学式 TiS，分子量 79.93。淡红色六方系晶体。密度 4.12 g/cm³。溶于热的浓盐酸、硫酸中并放出硫化氢。微溶于硝酸，在王水中缓慢溶解。不溶于水、盐酸、氢氟酸、稀硫酸、苛性碱。室温空气中稳定，加热时转化为氧化物。制备：可将钛与硫按照计量比混合后真空加热，或在电炉中将钛加热至 900℃然后通入硫化氢制得。

三硫化二钛（titanium(III) sulfide）　CAS 号 12039-16-6。化学式 Ti_2S_3，分子量 191.93。具有金属光泽的黑色粉末。密度 3.52 g/cm³。不溶于热水，在稀酸中反应并水解生成 $TiO_2 \cdot xH_2O$，与浓硫酸反应生成绿色的 $TiOSO_4$。与氢氟酸可在高温下发生反应。在空气中稳定，加热时可被氧化为二氧化钛，在氢气流中加热被还原为 TiS。制备：可由钛与硫在 800℃下加热反应，或在氮气或氢气中加热 TiS_2，或向加热的二氧化钛中通入 H_2S 和 CS_2 蒸气制得。

二硫化钛（titanium disulfide）　CAS 号 12039-13-3。化学式 TiS_2，分子量 112.00。颜色和光泽均类似金的薄片状六方系晶体。密度 3.22 g/cm³。不溶于水、稀酸、稀碱、普通溶剂，可溶于氢氟酸、盐酸、硫酸，加热时溶解更快。可溶于热的碱金属氢氧化物、氨水溶液。不与冷水反应，但与热水蒸气反应生成 TiO_2 并析出 H_2S。硝酸和浓硫酸能使它分解析出硫。能被热硝酸氧化生成 $Ti(SO_4)_2$。加热可燃烧生成 TiO_2。在加热的 CO_2 气流中分解为 TiO_2、S 和 CO。与碱金属硫化物和氢氧化物烧结时分别生成硫代钛酸盐和硫氧钛酸盐。与熔化的硝酸盐一起加热时可引起剧烈的爆炸反应。制备：可由熔融的硫与金属钛加热反应，或将干燥的 H_2S 通入饱和的 $TiCl_4$ 溶液，或由 H_2S 与 $TiCl_4$ 蒸汽混合后加热至 480～540℃，或由熔融的硫与 $TiOCl_2$ 在 120℃反应，或由氢气还原 $Ti(SO_4)_2$ 制得。用途：可用于合成其他钛盐。

硫化三钒（trivanadium sulfide）　化学式 V_3S，分子量 184.89。有 α、β 两种变体，两者转变温度为 825～925℃。制备：将钒与硫按摩尔比 3∶1 混合，在真空加热至 1 400℃，骤冷析出晶体得高温 α 型；再加热至 825℃时保持恒温，然后急冷制得低温 β 型。

一硫化钒（vanadium monosulfide）　亦称"二硫化钒"。CAS 号 12166-27-7。化学式 VS 或 V_2S_2，分子量 83.01 或 166.01。黑色片状正交系晶体。密度 4.20 g/cm³。熔点时分解。溶于热硫酸、硝酸，微溶于 KSH，不溶于盐酸、碱。制备：可由金属钒与硫等摩尔混合，在真空中高温反应或在 850～900℃加热制得。

三硫化二钒（divanadium trisulfide）　亦称"倍半硫化钒"。CAS 号 1315-03-3。化学式 V_2S_3，分子量 198.08。暗绿色片状晶体或粉末。熔点 600℃，高于 600℃时分解，密度 4.72²¹ g/cm³。溶于碱类、硫化物、盐酸、硝酸、硫酸，微溶于强碱，不溶于水。制备：可由硫化氢气体与钒氧化物高温反应，或在二硫化碳蒸气中加热五氧化二钒制得。用途：可用作顺磁材料。

四硫化钒（vanadium tetrasulfide）　化学式 VS_4，分子量 179.20。黑色粉末，单斜系晶体。密度 2.80 g/cm³。可溶于浓硫酸、碱金属氢氧化物水溶液。制备：将三硫化二钒与硫按摩尔比 1∶5 混合，真空加热后慢慢冷却，或由偏钒酸、硫代乙酰和乙二醇溶液水热合成。用途：可作为电极材料。

四硫化三钒（trivanadium tetrasulfide）　CAS 号 12138-16-8。化学式 V_3S_4，分子量 281.08。黑灰色粉末。可溶于碱金属氢氧化物水溶液中。可与酸发生反应。制备：在硫化氢气流中加热五氧化二钒制得。

四硫化五钒（pentavanadium tetrasulfide）　化学式 V_5S_4，分子量 382.97。制备：将钒与硫按摩尔比 5∶4 混合，在真空中加热至 1 400℃，降至 1 000℃时急冷，在 800℃保持三星期，然后再急冷制得。

五硫化二钒（divanadium pentasulfide）　CAS 号 11130-24-8。化学式 V_2S_5，分子量 262.20。暗绿色粉末。熔点 194℃，密度 3.00 g/cm³。不溶于水、盐酸，稍溶于浓硫酸，溶于浓硝酸、碱、碳酸钠、硫化物、过量硫化铵中。在空气中加热生成五氧化二钒。熔融分解。制备：可向五氯化钒的溶液中通入硫化氢，或由三硫化钒与硫加热至400℃制得。用途：用于制备钒的化合物。

一硫化铬（chromium monosulfide） 亦称"硫化亚铬"。CAS 号 12018-06-3。化学式 CrS，分子量 84.06。黑灰色粉末。熔点 1 550℃，密度 4.85 g/cm³。不溶于水，易溶于酸。在 1 200℃时也不为氢还原。加热时可与氟反应。制备：可由二氯化铬与硫化氢在 600℃下反应，或由金属铬与硫粉在真空条件下加热反应制得。

三硫化二铬（dichromium trisulfide） 亦称"硫化铬"。CAS 号 12018-22-3。化学式 Cr₂S₃，分子量 200.19。棕黑色粉末。密度 3.77 g/cm³。不溶于水，在水和乙醇中分解。易被硝酸或王水氧化。在空气中室温时稳定，加热至 1 350℃分解并放出硫。制备：由三氧化铬或三氯化铬与硫化氢高温下作用得到，或由金属铬与硫粉在真空条件加热制得。

六硫化五铬（pentachromium hexasulfide） 化学式 Cr₅S₆，分子量 452.37。黑棕色三方系晶体。密度 4.26 g/cm³。不溶于水。制备：由金属铬与硫粉在真空条件加热制得。

硫化锰（manganese sulfide） CAS 号 18820-29-6。化学式 MnS，分子量 87.00。有三种不同的型态。α 型为绿色晶体，与氯化钠同构；β 型为红色粉末，与闪锌矿同构；γ 型为浅红色粉末，与纤锌矿同构。熔点 1 620℃，密度 3.99～4.05 g/cm³。不溶于水、硫化铵，溶于稀酸、乙醇。在空气中缓慢氧化为硫酸锰，加热则生成二氧化硫和四氧化三锰。制备：由硫酸锰、多硫化钾与硫在高温下反应，或由二价锰盐溶液与硫化氢反应制得。用途：可用于太阳能电池领域。

二硫化锰（manganese disulfide） CAS 号 12125-23-4。化学式 MnS₂，分子量 119.07。黑色立方系晶体。密度 3.463 g/cm³。不溶于水。空气中稳定。加热或盐酸中分解。存在于褐硫锰矿中。制备：可由硫酸锰、多硫化钾和硫在高温下反应，或由氯化锰与硫化铵反应制得。用途：可用于涂料、陶瓷、冶金等领域。

硫化亚铁（iron sulfide） CAS 号 1317-37-9。化学式 FeS，分子量 87.91。暗褐色或灰黑色片状晶体或粒状物。熔点 1 193～1 199℃，密度 4.74 g/cm³。不溶于水、氨。溶于酸放出硫化氢。在潮湿空气中逐渐氧化分解生成四氧化三铁和硫。制备：可由纯的还原铁粉和升华的硫粉按比例混合，在高真空封闭的石英管 1 000℃加热；或向亚铁盐水溶液中加入硫化铵制得。用途：可用于制备硫化氢和其他硫化物、陶瓷、油漆、颜料，可用作分析试剂。

二硫化铁（iron disulfide） 亦称"二硫化亚铁"。CAS 号 1317-66-4。化学式 FeS₂，分子量 119.98。为黄铁矿的主要成分，金黄色晶体。熔点 1 171℃，密度 5.0 g/cm³。难溶于水，遇硝酸、稀酸类分解。在木炭上灼烧时

火焰呈蓝色，并放出二氧化硫。制备：将铁粉与硫按摩尔比 1：2 混合，在真空中反应制得。用途：主要用于接触法制造硫酸，其矿渣可用来炼铁、炼钢。还可用于橡胶、造纸、纺织、食品、火柴、军事等领域。

三硫化二铁（iron(III) sulfide） CAS 号 12063-27-3。化学式 Fe₂S₃，分子量 207.89。黄绿或黑色固体。有强磁性。密度 4.3 g/cm³。在冷水中缓慢分解，遇热水分解为硫化亚铁和硫。遇酸分解，放出硫化氢气体，随后硫化氢被溶液中的三价铁离子氧化，生成硫单质和二价铁离子。制备：由三氯化铁和硫化铵反应制得。用途：可用于脱除沼气、煤气、水煤气、焦化气中的硫化氢。

硫化亚钴（cobalt(II) sulfide） 亦称"一硫化钴"。CAS 号 1317-42-6。化学式 CoS，分子量 91.00。有两种晶型。α 型为黑色无定形粉末，β 型为灰色、红色或银色八面体晶体。熔点 1 100℃，密度 5.45 g/cm³。不溶于水和稀酸，溶于浓酸和王水，易溶于含有过氧化氢的无机酸水溶液。在空气中变成碱式硫化钴。制备：可由金属钴粉与硫反应，或在隔绝空气的条件下向硝酸钴溶液中通入硫化氢制得。用途：可用于提取钴和制备催化剂。

三硫化二钴（cobalt(III) sulfide） 亦称"硫化高钴"。CAS 号 1332-71-4。化学式 Co₂S₃，分子量 214.06。黑色晶体物质。密度 4.80 g/cm³。不溶于水。在酸中分解。受强热释放出硫而成为低硫化物。制备：将碳酸钴与强碱的碳酸盐及硫磺熔融制得。

四硫化三钴（cobalt(II,III) sulfide） 化学式 Co₃S₄，分子量 305.06。暗灰色立方系晶体。熔点 480℃（分解），密度 4.86 g/cm³。具有金属性。溶于王水和硝酸，不溶于水和其他酸。在干燥空气中稳定。制备：可由硫化钴与硫在真空中反应，或由氯化钴水溶液与硫化碱共沸制得。用途：可用于制钴镍合金、钴化合物等。

二硫化钴（cobalt disulfide） CAS 号 12013-10-4。化学式 CoS₂，分子量 123.06。灰黑色立方系晶体粉末。密度 4.269 g/cm³。溶于王水和硝酸，不溶于水和其他酸。具有金属的导电性。低温下有铁磁性。存在于黄铁矿中。制备：由硫化钴和硫磺在真空中反应制得。用途：可用于制钴镍合金、钴化合物等。

硫化镍（nickel sulfide） CAS 号 16812-54-7。化学式 NiS，分子量 90.76。黑色晶体或无定形粉末。密度 5.3～5.6 g/cm³。有三种变体。α 型为黑色无定形粉末，溶于盐酸，在空气中不稳定，易变成 Ni(OH)S。由纯硫化氢气体通入氯化镍和氯化铵的混合液制得。β 型为黑色粉末。熔点 810℃，难溶于冷稀盐酸，煮沸时则迅速溶解。由化学计量比的镍和硫在真空石英管内加热至 900℃制得。γ 型为黑色粉末。密度 5.34 g/cm³。向稀硫酸酸化的硫酸镍溶液中通入纯硫化氢气体制得。它们均难溶于冷水，微溶于酸，溶于王水、硝酸和硫化氢钾溶液。在热水中

分解。用途：是镍矿的主要成分，可用作电极、半导体材料。

二硫化三镍（trinickel disulfide）　CAS 号 12035-72-2。化学式 Ni_3S_2，分子量 240.21。淡黄色晶体，有青铜金属光泽。熔点 790℃，密度 5.82 g/cm^3。不溶于水，溶于硝酸。制备：由镍粉和过量硫反应制得。用途：可作为电镀、催化材料。

四硫化三镍（trinickel tetrasulfide）　CAS 号 12137-12-1。化学式 Ni_3S_4，分子量 304.34。暗灰色晶体。密度 4.7 g/cm^3。不溶于水，溶于硝酸。制备：将氯化镍溶液与多硫化钾在封闭管中加热至 160℃，或将镍与亚硫酸（或亚硫酸钠）在封闭管中加热至 200℃制得。用途：可作为催化材料。

硫化亚铜（copper(I) sulfide）　CAS 号 22205-45-4。化学式 Cu_2S，分子量 159.16。灰黑色晶体或粉末，有毒！熔点 1 130℃（α 型），1 100℃（β 型）。密度 5.60 g/cm^3。硬而脆，导电。低温型为斜方系晶体，高温型为立方系晶体，两者的转变点为 91℃。几乎不溶于水、丙酮、硫化铵溶液。可溶于氰化钾溶液。溶于硝酸得到硝酸铜溶液。溶于氨水生成配合物。在隔绝空气下加热生成铜和硫化铜，在空气存在下生成氧化铜、硫酸铜和二氧化硫。在自然界以辉铜矿形式存在。制备：可由化学计量比的铜和硫混合物在高真空封管内加热，或由硫化铜在氢和硫化氢混合气流中加热，也可加热硫酸铜与硫代硫酸钠的混合溶液制得。用途：可用于制造防污涂料、固体润滑剂、保护漆、发光涂料、温差电偶的电极，以及制备金属铜、催化剂等。

二硫化一铜（copper disulfide）　化学式 CuS_2，分子量 127.68。暗红紫色晶体，属黄铁矿型结构。密度 4.24 g/cm^3。具有顺磁性和导电性。制备：由硫化铜与硫高温高压下反应制得。

硫化铜（copper(II) sulfide）　CAS 号 1317-40-4。化学式 CuS，分子量 95.61。靛青蓝色有金属光泽晶体或黑色粉末。密度 4.6 g/cm^3，在干燥空气中稳定，在湿空气中逐渐被氧化为硫酸铜。加热至 220℃分解。几乎不溶于水或乙醇，是最难溶的物质之一。不溶于一般稀酸，溶于热的稀硝酸、热浓盐酸和浓硫酸，易溶于氰化钾或氰化钠溶液。存在于蓝铜矿中。制备：可向铜盐溶液中通入硫化氢或加入可溶的硫化物进行复分解反应制得。用途：可用于提炼铜或制铜化合物，可制备船底保护涂料、苯胺黑染料显色剂、分析试剂、催化剂等。

二硫化锌（zinc disulfide）　化学式 ZnS_2，分子量 129.54。黄色微晶。制备：由硫化锌与硫粉在高压下 400～600℃反应后，急速冷却至室温制得。

硫化锌（zinc sulfide）　CAS 号 1314-98-3。化学式 ZnS，分子量 97.47。有多种晶型。α 型存在于自然界中，称为"纤锌矿"，白色或黄色六方晶体或粉末，熔点 1 850℃，密度 3.98 g/cm^3。β 型也存在于自然界中，称为"闪锌矿"，无色立方系晶体，熔点 1 020℃，密度 4.102 g/cm^3。β 型 1 020℃转变为 α 型。不溶于水，易溶于酸。久置潮湿空气中会被氧化为硫酸锌。在晶体 ZnS 中加入微量的 Cu、Mn、Ag 作活化剂，经光照后，能发出不同颜色的荧光。制备：向 pH 2～3 的硫酸锌溶液中通入硫化氢或向微碱性硫酸锌溶液中加入硫化铵即得。用途：可用作分析试剂、发光材料、荧光材料，可用于涂料、颜料、搪瓷、塑料、橡胶、合成纤维等。

一硫化二镓（digallium sulfide）　CAS 号 12259-25-5。化学式 Ga_2S，分子量 171.51。灰色至灰黑色物质。密度 4.18 g/cm^3。溶于酸和碱。在空气中能放出硫化氢，并缓慢氧化成绿色。制备：可将金属镓在减压的硫化氢气流中加热，或将 Ga_2S_3 在氢气流中加热至 600℃制得。

一硫化镓（gallium(II) sulfide）　CAS 号 12024-10-1。化学式 GaS，分子量 101.79。黄色片状晶体。密度 3.86 g/cm^3，熔点约 965℃。不溶于冷水，遇热水分解。溶于酸、碱。制备：可在氢气流中加热 Ga_2S_3，或由镓与硫直接化合制得。

三硫化二镓（gallium(III) sulfide）　CAS 号 12024-22-5。化学式 Ga_2S_3，分子量 235.63。黄色晶体或白色无定形粉末。密度 3.65 g/cm^3，熔点约 1 255℃。在空气和水中缓慢分解为硫化氢和三氧化二镓。与硝酸反应生成硫化氢和硫。与浓碱反应生成镓酸盐。制备：可由金属镓与硫在氮气流中反应，或由三氧化二镓与硫化氢反应制得。用途：主要用于半导体领域。

一硫化锗（germanium(II) sulfide）　亦称"硫化亚锗"。CAS 号 12025-32-0。化学式 GeS，分子量 104.70。无定形体为黄红色粉末，密度 3.31 g/cm^3。在真空中加热升华，再冷凝得其晶体。晶态为黑色菱形双锥体，其反射光为灰黑色、透射光为红色。熔点 530℃，430℃升华，密度 4.01 g/cm^3。稍溶于水并水解，溶于盐酸及强碱溶液。在空气中加热时被氧化为二氧化锗和二氧化硫。制备：可向二氯化锗的盐酸溶液中通入硫化氢；或由 GeS_2 和锗粉混合后在二氧化碳气流中加热，所得的黑色片状晶体溶于氢氧化钠后，加酸则生成无定形体。

二硫化锗（germanium(IV) sulfide）　CAS 号 12025-34-2。化学式 GeS_2，分子量 136.77。白色粉末。密度 2.94 g/cm^3。在空气中加热颜色变暗，600℃开始分解，约 800℃熔化变黑。溶于水，并逐渐水解为二氧化锗及硫化氢。可溶于液氨，不溶于乙醇、乙醚、稀酸。溶于浓盐酸并放出硫化氢，溶于碱金属硫化物生成硫代锗酸盐。在液氨中与金属钠反应生成锗和硫化钠。空气中加热时生成二氧化硫，并变成树脂状物质，进一步加热则变成二氧化锗。制备：将硫化氢通入二氧化锗的强酸性溶液中制得。用途：作锗冶金的中间产品。

二硫化二砷（diarsenic disulfide）　CAS 号 1303-32-

8。化学式 As_2S_2，分子量 213.97。红棕色粉末或晶体。有两种变体。α 型，熔点 267℃，沸点 565℃，密度 3.506^{19} g/cm^3。不溶于水，溶于硫化钾和碳酸氢钠。β 型，熔点 307℃，密度 3.254^{19} g/cm^3。不溶于水，溶于硫化钾、碳酸氢钠溶液。高温灼烧发出青色火焰。缓慢溶于盐酸，遇硝酸则分解。制备：由焙烧砷黄铁矿，或由砷与黄铁矿反应并升华制得。用途：可用于织物印染、制造烟火、鞣制皮革、子弹、颜料等领域。

三硫化二砷（diarsenic trisulfide） 亦称"硫化亚砷""雌黄"。CAS 号 1303-33-9。化学式 As_2S_3，分子量 246.04。黄色或红色单斜系晶体或橙黄色粉末，毒性较弱！熔点 300℃，沸点 723℃，密度 3.43 g/cm^3。不溶于冷水，微溶于热水，溶于乙醇，溶于硝酸中分解，溶于氢氧化钠或碱金属硫化物溶液中生成硫代亚砷酸盐。与氯反应生成三氯化砷及氯硫化物。被氯水、溴水氧化生成砷酸。天然产物为雌黄。制备：可将砷与硫混合后在真空加热至高温，或将硫化氢通入亚砷酸溶液制得。用途：可用于制颜料、釉彩、杀菌剂、杀虫剂、医药、分析试剂、砷酸盐等。

五硫化二砷（diarsenic pentasulphide） CAS 号 1303-34-0。化学式 As_2S_5，分子量 310.17。浅黄色粉末。加热至 200℃软化，500℃ 以上升华并分解。溶于碱溶液，不溶于盐酸、二硫化碳、乙醇、难溶于水。与硫化钠溶液作用生成硫代砷酸钠，与水共沸分解为三氧化二砷、硫和三硫化二砷。制备：将浓盐酸加入砷酸溶液中再通入硫化氢制得。用途：用于制药、烟火、颜料等领域。

四硫化四砷（tetraarsenic tetrasulfide） 亦称"雄黄"。CAS 号 12279-90-2。化学式 As_4S_4，分子量 427.95。有两种变体。α 型为深红色有光泽的单斜系晶体，常温下稳定，在 267℃ 转变为 β 型。β 型为黑色晶体。熔点 321℃，沸点 565℃，密度 3.5 g/cm^3。600℃ 开始气化，800℃ 以上转变为二硫化二砷。不溶于水，溶于硫化钾、硫化钠、氢氧化钠等水溶液。在空气中被氧化为三氧化二砷及三硫化二砷。在高温下被氧化为三氧化二砷及二硫化砷。天然产物为鸡冠石。制备：将砷和硫在氮气中加热至 500～600℃ 制得。用途：可用于颜料、烟火、印染等领域。医学上用于解毒、杀虫，外用治疗癣、恶疮、虫咬等，内服微量可治惊痫、疮毒等。

一硫化硒（selenium monosulfide） CAS 号 7446-34-6。化学式 SeS，分子量 110.026。砖红色片状固体或粉末。熔点 118～119℃，密度 3.056 g/cm^3。溶于二硫化碳，不溶于水和乙醚，在乙醇中分解。为致癌物。制备：由二氧化硒和硫化氢反应制得。

二硫化硒（selenium sulfide） 亦称"硫化硒""希尔生"。CAS 号 7488-56-4。化学式 SeS_2，分子量 143.09。红棕色至黄色粉末，熔点低于 100℃。几乎不溶于有机溶剂和水。制备：由亚硒酸钾与适量硫化氢反应制得。用

途：用于制药皂、抗真菌药物、有机硒化物等。

硫化铷（rubidium sulfide） 亦称"一硫化铷"。CAS 号 31083-74-6。化学式 Rb_2S，分子量 203.00。苍白色或黄色固体。密度 2.912 g/cm^3。性质与其他碱金属硫化物硫化锂、硫化钠、硫化钾类似。在真空中加热至 530℃ 分解。极易溶于水。四水合物为易潮解晶体。制备：由铷和硫在液氨中反应，或铷和硫化汞反应制得。

多硫化铷（rubidium polysulfide） 通式 Rb_2S_x（$x \geqslant 2$）。已知有多种硫化物。二硫化铷，化学式 Rb_2S_2，分子量 235.07。深红色固体。熔点 420℃。受热高于 850℃ 时挥发。三硫化二铷，化学式 Rb_2S_3，分子量 267.13。微带红色的黄色固体。熔点 213℃。五硫化二铷，化学式 Rb_2S_5，分子量 331.26。红色易潮解晶体。熔点 225℃，密度 2.618 g/cm^3。溶于 70% 的乙醇溶液，不溶于乙醚和氯仿，遇水分解。六硫化二铷，化学式 Rb_2S_6，分子量 363.32。红棕色固体。熔点 201℃。遇酸均分解生成多硫化氢，继续分解为硫化氢和硫。制备：由硫化铷和硫加热反应制得。

四硫化锶（strontium tetrasulfide） 化学式 $SrS_4 \cdot 6H_2O$，分子量 323.97。浅红色晶体。熔点 25℃。能溶于水、醇。在 100℃ 时失去全部结晶水。制备：将硫化锶与硫在水中共沸制得。

硫化锶（strontium sulfide） CAS 号 1314-96-1。化学式 SrS，分子量 119.69。无色或灰色立方系晶体。密度 3.70^{15} g/cm^3，熔点高于 2 000℃。不溶于水，热水中分解，溶于酸、醇，不溶于丙酮。受光照后可在暗室中发光几小时（磷光），在湿空气中能分解生成硫化氢，也可被氧化成碳酸锶。与酸反应产生硫化氢。加热 3 小时可呈浅红色，与水蒸气接触时生成氧化锶、硫酸锶、氢和二氧化硫。制备：在高温下用碳还原硫酸锶，或用硫化氢处理碳酸锶制得。用途：用作发光涂料、脱毛剂等。

硫化钇（yttrium sulfide） CAS 号 12039-19-9。化学式 Y_2S_3，分子量 274.00。黄绿色粉末。熔点 1 925℃，密度 3.87 g/cm^3。在酸中分解。制备：由按配比的钇粉和硫粉在熔封的真空石英安瓿中高温反应制得。用途：可用于制备荧光材料。

硫化锆（zirconium(IV) sulfide） CAS 号 12039-15-5。化学式 ZrS_2，分子量 155.35。钢灰色或暗紫色晶体，有毒！熔点 1 550℃，密度 3.82 g/cm^3。不溶于水和酸。在空气中 100℃ 时会被氧化。当加热到红热时可燃烧并转变成二氧化锆。在温度高于 800℃ 不经熔化而分解或升华。在 400～1 000℃ 下可被镁粉或锌粉还原为四硫化三锆和三硫化二锆的混合物。制备：由二氧化锆和硫化氢或二硫化碳反应而得。用途：可作为固体润滑剂。

三硫化二钼（dimolybdenum trisulfide） CAS 号 12033-33-9。化学式 Mo_2S_3，分子量 288.08。钢灰色单斜

系针状晶体。密度 5.91 g/cm³。热至 1 100℃分解。不溶于盐酸和硫酸,溶于王水,可被热浓硝酸氧化。制备:可将钼粉与硫粉在封管内加热至 1 300℃,急冷至室温制得;也可向三价钼盐的酸性水溶液中通入硫化氢制得水合物;或短时间加热二硫化钼制得。

二硫化钼(molybdenum(IV) sulfide)　CAS 号 1317-33-5。化学式 MoS_2,分子量 160.07。有光泽的黑灰色晶体粉末,天然品偏铅灰色,合成品偏黑色。熔点 1 185℃,但在 450℃时即开始升华,密度 4.80 g/cm³。不溶于水和稀酸,能溶于沸腾的浓硫酸、硝酸或王水。在空气中焙烧可被氧化为三氧化钼。在干燥的氯气中加热得到五氯化钼。与丁基锂反应得到 $LiMoS_2$,与烷基锂控制条件反应可形成嵌入化合物 Li_xMoS_2。二硫化钼具有高含量活性硫,容易对铜造成腐蚀。是辉钼矿的主要成分。制备:可直接从天然辉钼矿经浮选、精制得到;或由三氧化钼与硫化氢直接反应;或将钼酸铵与碳酸钠、硫共热制得。用途:是重要的高温高压下固体润滑剂;可用作线性光电导体、显示 P 型或 N 型导电性能的半导体、复杂烃类脱氢的催化剂;可用于制造钼铁合金、金属钼材、含钼化合物等。

五硫化二钼(molybdenum pentasulfide)　化学式 Mo_2S_5,分子量 352.21。暗棕色粉末。其三水合物为深棕色粉末,热至 135℃时失去 1 分子结晶水。两者均不溶于水,能溶于氨水及碱金属硫化物。制备:向含有五价钼的溶液中通入硫化氢即得到三水合物沉淀,再在二氧化碳气流中加热制得。

三硫化钼(molybdenum trisulfide)　CAS 号 12033-29-3。化学式 MoS_3,分子量 192.14。深棕色片状固体或粉末。几乎不溶于冷水,能溶于热水,易溶于硫化钠、硫化铵溶液中,生成棕红色的硫代钼酸盐。不稳定,在真空中加热即分解成二硫化钼和硫。制备:可向硫代钼酸铵溶液中加入盐酸,或将硫化氢通入微酸性的钼酸盐溶液,析出沉淀即为三硫化钼。用途:可作为电极材料,可用于测定钼,还可用于提纯钨酸钠。

四硫化钼(molybdenum tetrasulfide)　化学式 MoS_4,分子量 224.20。棕色粉末。不溶于水、稀酸,能溶于热硫酸、硫化钠溶液。受热分解。在空气中焙烧被氧化为三氧化钼和二氧化硫。制备:可由五硫代钼酸真空加热至 140℃,或向钼酸溶液通入过量硫化氢,或由二硫化钼与硫化氢反应制得。

二硫化钌(ruthenium dissulfide)　亦称"硫化钌"。CAS 号 12166-20-0。化学式 RuS_2,分子量 165.20。黑色立方系晶体。密度 6.99 g/cm³。溶于熔融碱,不溶于水、乙醇。受热至 1 000℃分解。在空气中易被氧化放出二氧化硫和三氧化硫。制备:可由金属钌和硫直接反应,或向三氯化钌溶液中通入硫化氢。

硫化铑(rhodium sulfide)　CAS 号 37245-91-3。化学式 RhS,分子量 134.97。灰黑色晶体。不溶于水、酸、王水。受热则分解。制备:可由铑与硫直接反应制得。用途:可用于制催化剂。

三硫化二铑(dirhodium trisulfide)　CAS 号 12067-06-0。化学式 Rh_2S_3,分子量 302.01。黑色粉末。密度 6.40 g/cm³。不溶于水、酸、王水、溴水。受热分解。制备:可由铑盐与硫化物作用,或向三氯化铑的稀盐酸沸液中通入硫化氢制得。

一硫化二钯(dipalladium sulfide)　亦称"硫化二钯"。化学式 Pd_2S,分子量 224.91。绿灰色粉末。密度 7.303 g/cm³,熔点 800℃(分解)。不溶于水,微溶于酸、王水。制备:可由二氯二氨合钯或一硫化钯与硫、碳酸钾、氯化铵共热,或由四氯合钯酸钾与硫化氢 290℃共热制得。

一硫化钯(palladium(II) sulfide)　亦称"硫化亚钯"。CAS 号 12125-22-3。化学式 PdS,分子量 138.49。棕黑色粉末。熔点 950℃(分解),密度 6.6 g/cm³。不溶于水,溶于盐酸、硫化铵,微溶于硝酸、王水。隔绝空气加热熔融时释出硫。在氯气中加热生成氯化硫和二氯化钯。新制的沉淀在空气中很快变成氧化钯和硫酸盐。制备:可在硫化氢气流中加热二氯二氨合钯,或由二氯化钯与稍过量的硫在真空封管中加热至 600℃以上制得。用途:可用于催化领域。

二硫化钯(palladium(IV) disulfide)　亦称"硫化钯"。CAS 号 12137-75-6。化学式 PdS_2,分子量 170.55。暗棕色晶体。密度 4.7～4.8 g/cm³。不溶于水、无机酸,溶解于王水、硫化铵。空气中稳定,受热及在硝酸中沸煮分解。在二氧化碳气流中加热分解成一硫化钯和硫,但即使在熔融时也不能完全脱硫。制备:可由二氯二氨合钯或一硫化钯和硫在碳酸钠存在下熔融,得到的三硫合钯酸钠再进一步分解;或由二氯化钯与过量硫在低压氮气流下加热至 450℃;也可由六氯合钯酸钾在 210℃时通入硫化氢气体制得。用途:可用于催化领域。

硫化银(silver sulfide)　CAS 号 21548-73-2。化学式 Ag_2S,分子量 247.80。有两种晶型。α 型亦称"辉银矿"。黑色立方系晶体或粉末。熔点 825℃,密度 7.317 g/cm³。不溶于水,溶于氰化钾溶液。β 型亦称"螺状硫银矿"。灰黑色正交系晶体。密度 7.326 g/cm³。微溶于热水,溶于浓硫酸、硝酸、氰化钾溶液。在 175℃转化为 α 型。热空气中加热可得到银和二氧化硫。溶于热的稀或浓硝酸,析出硫并放出一氧化氮。被热盐酸分解为氯化银和硫化氢。被浓硫酸分解为硫酸银和二氧化硫。制备:由可溶性银盐与可溶性硫化物反应,或由氧化银与硫在 90～100℃反应,或由硫代硫酸钠与可溶性银盐反应制得。用途:可用于土壤中硫、氯、溴、碘等离子的测定,合金和陶瓷颜料的制造。

硫化镉（cadmium sulfide）　亦称"镉黄"。CAS 号 1306-23-6。分子式 CdS，分子量 144.48。有毒！有两种晶型。α 型为柠檬黄色粉末，密度 $3.91 \sim 4.15$ g/cm³。β 型为橘红色粉末，密度 $4.48 \sim 4.51$ g/cm³。自然界中有硫镉矿，浅黄色六方系晶体，密度 4.82 g/cm³。熔点 1 750℃（10 MPa）。其六方系晶体在氮气中 980℃升华。三者都不溶于水，能溶于强酸并放出硫化氢气体，易溶于氨水中生成四氨合镉(II)配离子。制备：可向硫酸镉溶液中通入硫化氢，或向盐酸酸化的氯化镉溶液中加入硫代乙酰胺制得。用途：可用于可见光波段光电子器件、太阳能电池、搪瓷、玻璃、陶瓷、塑料、油漆、烟火、发光材料、激光器等领域。

二硫化镉（cadmium disulfide）　化学式 CdS_2，分子量 176.54。黄棕色细晶。不溶于水，能溶于热的稀硝酸和硫酸。制备：由硫化镉与硫按化学计量比在 $400 \sim 600$℃反应制得。

一硫化二铟（indium(I) sulfide）　CAS 号 12196-52-0。化学式 In_2S，分子量 261.70。黄色或黑色粉末。熔点 653 ± 5℃，密度 5.87 g/cm³。对冷水和热水都很稳定。溶于浓酸。在空气中加热部分变成三硫化二铟。制备：可由氢气还原三硫化二铟，或由三硫化二铟与铟反应，或由加热铟至 450℃并通入含稍过量的硫的二氧化碳制得。

一硫化铟（indium(II) sulfide）　CAS 号 12030-14-7。化学式 InS，分子量 146.88。黑色或红棕色固体。熔点 692 ± 5℃，密度 5.18 g/cm³。真空中 850℃升华。溶于盐酸、硝酸。制备：由计量比的铟和硫直接反应制得。

三硫化二铟（indium(III) sulfide）　CAS 号 12030-24-9。化学式 In_2S_3，分子量 325.83。红色晶体或黄色粉末。熔点 1 050℃，密度 4.90 g/cm³。在高真空中约 850℃升华。不溶于冷水，能溶于酸。溶于硫化铵或碱金属硫化物，生成硫铟酸盐。在空气中加热时氧化生成三氧化二铟和二氧化硫。制备：可将铟盐的水溶液用乙酸酸化后加硫化氢制得。用途：可作为催化剂、半导体材料。

一硫化锡（tin(II) sulfide）　亦称"硫化亚锡"。CAS 号 1314-95-0。化学式 SnS，分子量 150.78。棕黑色立方系晶体。熔点为 882℃，沸点 1 230℃，密度 5.22 g/cm³。不溶于水，在热的浓盐酸中溶解成二氯化锡。可被硝酸氧化为四价锡。溶于过量的强碱溶液生成亚锡酸盐。不溶于硫化钠或硫化铵溶液，但当硫化铵中含有多硫化铵时，一硫化锡被多硫离子氧化为二硫化锡，后者与硫化铵反应而溶解。在空气中加热转变为二氧化锡。制备：可通过锡在硫蒸气中燃烧，或向二价锡盐溶液中通硫化氢制得。用途：可用作颜料、碳氢化合物聚合催化剂、太阳能电池材料等。

二硫化锡（tin(IV) disulfide）　CAS 号 1315-01-1。化学式 SnS_2，分子量 182.84。金黄色六方系晶体或黄色无定形固体。密度 4.5 g/cm³。不溶于水、稀酸。与王水共热生成二氧化锡和硫酸。在碱中生成锡酸盐和硫代锡酸盐而溶解。与硫化钠或硫化铵溶液反应生成可溶性的硫代锡酸盐。600℃分解。制备：工业上将锡屑（或锡汞齐）与硫、氯化铵共热得金黄色片状结晶（干法），称彩色金；或将硫化氢通入适当酸度的锡(IV)盐溶液得黄色无定形沉淀（湿法）。用途：用于仿镀金及颜料。

三硫化二锑（antimony trisulfide）　CAS 号 1345-04-6。化学式 Sb_2S_3，分子量 339.72。纯品为黄红色无定形粉末，视制备条件的不同可呈灰、黑、红、黄、棕、紫等不同颜色。熔点 550℃，沸点约 1 150℃，密度 4.12 g/cm³。微溶于水，溶于乙醇、硫氢化铵、硫化钾，不溶于乙酸。溶于浓盐酸，并放出硫化氢气体。露置空气中被氧化。制备：向含锑盐的酸性水溶液中通入硫化氢制得。用途：可作为添加剂、催化剂、防潮剂、热稳定剂、阻燃剂、硫化剂等，可用于火药、玻璃、橡胶、火柴、烟花、摩擦器材等领域。

五硫化二锑（antimony pentasulfide）　亦称"锑红""五硫化锑"。CAS 号 1315-04-4。化学式 Sb_2S_5，分子量 403.85。橙黄色棱形晶体或粉末。熔点 75℃（分解），密度 4.12 g/cm³。加热至 135℃可分解为三硫化二锑及硫。不溶于水、醇、醚等溶剂，溶于强碱类、硫氢化铵。溶于浓盐酸生成三氯化锑、硫和硫化氢。制备：用稀硫酸或盐酸分解硫代锑酸钠制得。用途：可用于制发汗药、催吐药、祛痰药、颜料、橡胶硫化剂、烟火、火柴等。

硫化碲（tellurium disulfide）　CAS 号 7446-35-7。化学式 TeS_2，分子量 191.73。红色或棕色粉末，熔融后可成为有光泽的块状物。不溶于水和酸，溶于碱性硫化物中。制备：可将碲粉溶解在多硫化钠的溶液中生成硫代亚碲酸钠溶液，滤液用盐酸酸化后即得；或将化学计量比的碲粉与硫粉混合后于密闭管中加热反应制得。

硫化铯（dicesium sulfide）　CAS 号 12214-16-3。化学式 Cs_2S，分子量 297.88。白色晶体。有吸水性。极易溶于水，水溶液呈强碱性。制备：由铯和硫在液氨中反应，或由铯和硫化汞反应制得。用途：可作为光敏电阻材料。

二硫化铯（dicesium disulfide）　化学式 $Cs_2S_2 \cdot H_2O$，分子量 347.95。四方系晶体。溶于水。制备：在氢气流中加热五硫化铯，将残余物在水中结晶制得。

五硫化铯（dicesium pentasulfide）　化学式 Cs_2S_5，分子量 426.14。暗红色晶体。熔点 210℃，密度 2.806^{15} g/cm³。制备：将化学计量比的硫加热熔解，与氢氧化铯及硫化铯溶液混合制得。

六硫化铯（dicesium hexasulfide）　化学式 Cs_2S_6，分子量 458.19。棕红色物质。熔点 186℃。制备：将化学计量比的硫加热熔解，与氢氧化铯及硫化铯溶液混合制得。

硫化钡（barium sulfide）　CAS 号 21109-95-5。化学

式 BaS,分子量 169.39。无色立方系晶体或黄色粉末,有硫化氢气味,含微量杂质时则发磷光,有毒! 熔点1 200℃,密度 4.25 g/cm³。有腐蚀性。溶于水并分解生成硫化氢和氢氧化钡,不溶于乙醇。置于空气中能被氧化变成黄色乃至橙色。在潮湿空气中吸收二氧化碳逐渐变成碳酸钡并放出硫化氢。制备:可通过在 850～900℃下通入氢气(天然气)还原硫酸钡,或由木炭加热还原硫酸钡,或用等量硫化氢和氢气混合气处理 900℃以上的碳酸钡制得。用途:可用作硫化剂、脱毛剂、化学试剂、发光粉基质,还可用于制备硫化氢及其他钡盐原料。

三硫化钡(barium trisulfide) CAS 号 12231-01-5。化学式 BaS₃,分子量 233.52。黄色固体,加热后显深红色,熔化后呈黑色。熔点 554℃(分解),密度 3.94 g/cm³。溶于水。在碱性溶液中稳定,空气中易生成碳酸盐和硫代硫酸盐。与硫化物、多硫化物、硫代硫酸盐和亚硫酸盐的化学性质相似。制备:可由硫化钡和硫于 360℃反应,或将氧化钡和硫的混合物煅烧制得。用途:可用于制农药。

四硫化钡(barium tetrasulfide) CAS 号 12248-67-8。化学式 BaS₄·H₂O,分子量 283.60。红色或黄色正交系晶体。熔点 300℃(分解),密度 2.99 g/cm³。易溶于水,不溶于乙醇、二硫化碳。加热至 300℃时分解。制备:将硫化钡与适量硫粉研磨均匀而得。用途:可用作杀菌剂、杀螨剂、分析试剂。

多硫化钡(barium polysulfide) 亦称"硫钡粉"。化学式 BaS·Sₓ。深灰色粉末。因浓度的不同,水溶液呈黄色至深橙色或樱红色。约含硫化钡 40%～45%,硫 20%～25%,其他无毒物质如煤屑、硫酸钡、碳酸钡、硅石等 30%～35%。能被酸分解成元素硫和硫化氢。在水溶液中与硫酸铜和硫酸亚铁等作用生成不溶于水的硫化铜、硫化铁等。与水溶性脂肪酸钾盐或钠盐作用生成不溶于水的钡皂。制备:由重晶石用无烟煤加热还原成硫化钡,粉碎熔融后,加适量硫粉研磨均匀而成。用途:农业上用作杀菌剂和杀螨剂,可用于防治小麦锈病、赤霉病、水稻的纹枯病、红蜘蛛等。

三硫化二镧(lanthanum sulfide) 亦称"硫化镧"。CAS 号 12031-49-1。分子式 La₂S₃,分子量 374.01。红黄色六方系晶体。熔点 2 100～2 150℃,密度 4.91 g/cm³。遇水发生水解,遇酸反应放出硫化氢并得到镧盐溶液。在空气中加热至 500℃开始氧化,在 600℃得到 La₂OSO₄。与 N₂ 混合加热至 1 400℃有失重现象,且颜色由淡黄变成浅棕色。在真空中加热至 1 300～1 700℃,能释放出硫,并形成 La₂S₃ 和 La₃S₄ 的固溶体。制备:由熔融的氧化镧与二硫化碳蒸气反应,或在 1 000℃用硫化氢与三氯化镧作用制得。用途:用作半导体和光学陶瓷材料。

三硫化二铈(cerium(III) sulfide) CAS 号 12014-93-6。化学式 Ce₂S₃,分子量 376.43。有三种变体,分别为

红色晶体、黑褐色粉末、紫色粉末。密度 5.02 g/cm³。在 0℃时与二氧化碳反应生成氧化铈、一氧化碳和硫。在干空气中稳定,在真空中热至 2 100℃分解为铈和硫。在干燥氯气流中加热则产生无水氯化铈和单质硫。不溶于冷水,在热水中分解而放出硫化氢;能溶于稀酸而放出硫化氢。制备:可由铈在硫蒸气中燃烧,或氧化铈在硫化氢气流中强热制得。用途:可用作颜料。

硫化高铈(cerium(IV) sulfide) 化学式 Ce₂S₄,分子量 408.48。暗黄色粉末。难溶于水。能溶于稀醋酸和盐酸,并迅速生成硫单质。热至 730℃变成三价铈盐和硫单质。在 400℃的氢气流下能被还原成三价。制备:向热的硫酸高铈溶液中通入硫化氢气体制得。

硫化镨(praseodymium sulfide) CAS 号 12038-13-0。化学式 Pr₂S₃,分子量 378.01。棕色粉末。密度 5.04¹¹ g/cm³。不溶于冷水,在热水中易分解成氢氧化物。溶于稀酸放出硫化氢。受热分解。制备:在有微量铀存在下,由硫酸镨与硫化氢高温反应制得。

硫化钕(neodymium sulfide) CAS 号 12035-32-4。化学式 Nd₂S₃,分子量 384.68。褐绿色粉末。密度 5.18¹¹ g/cm³。不溶于冷水,在热水中易分解成氢氧化物。溶于稀酸放出硫化氢。受热分解。制备:在混有氢气的二硫化碳气氛中,将氧化钕加至红热制得。用途:可用于涂料、光催化材料、吸附材料等领域。

硫化钐(samarium(III) sulfide) CAS 号 12067-22-0。化学式 Sm₂S₃,分子量 396.92。黄红色粉末。熔点 1 900℃,密度 5.73 g/cm³。难溶于水。在热水及稀酸中分解。空气中室温稳定,受热高于 200℃时被氧化。能被过氧化氢等氧化为氧化物。制备:可向钐盐溶液中通入硫化氢气体,或由氧化钐与硫化氢在 1 500℃反应,或由碳酸钐与硫粉反应制得。

硫化亚铕(europium(II) sulfide) CAS 号 12020-65-4。化学式 EuS,分子量 184.03。黑色晶态粉末。不溶于水,能溶于稀酸。制备:在硫化氢气氛中将三氧化二铕加热至 1 150℃,再于真空中加热至 900℃以除尽产物中掺杂的硫,即得较纯的产品。

三硫化二钆(gadolinium sulfide) CAS 号 12134-77-9。化学式 Gd₂S₃,分子量 410.70。黄色块状固体,有吸湿性。熔点 1 850℃,密度 3.80 g/cm³。在水中发生水解。遇酸分解放出硫化氢。制备:可利用 GdI₃ 作助熔剂由单质直接化合制得,或将硫化氢气体通入热的硫酸钆中制得。用途:可作为荧光材料。

硫化钽(tantalum(IV) sulfide) 亦称"四硫化二钽"。CAS 号 12143-72-5。化学式 TaS₂ 或 Ta₂S₄,分子量 245.08 或 490.16。黑色粉末或晶体。不溶于水和盐酸,微溶于氢氟酸和硝酸的混酸。具有与 NbS₂、TiS₂ 等同样的层状结构,层与层之间能无序地包含金属原子、吡啶、甲

酰胺等分子。与吡啶反应可得二硫化钽吡啶。加热至1 300℃以上分解。制备：将金属钽与硫以摩尔比1∶2混合加热，然后缓慢冷却制得。用途：可作为催化剂。

二硫化钨（tungsten(IV) sulfide）　亦称"硫化钨"。CAS号12138-09。化学式WS_2，分子量247.97。黑灰色六方系晶体。密度7.50 g/cm³。有半导体性和抗磁性。层状结构，有与石墨类似的润滑性质。不溶于水和乙醇，溶于熔融碱、硝酸和氢氟酸的混合液。在空气中加热被氧化成三氧化钨，在真空中加热至1 250℃分解为钨和硫。天然矿物为辉钨矿。制备：由四硫代钨酸铵经高温焙烧，或通硫蒸气于红热的钨制得。用途：可用作润滑剂，在石油化工领域中用作催化剂。

三硫化钨（tungsten trisulfide）　CAS号12125-19-8。化学式WS_3，分子量280.04。深棕色粉末。难溶于冷水，能溶于热水和碱溶液中。溶于硫化铵或硫化钠溶液生成硫代钨酸盐。制备：可向酸化的钨酸铵溶液中通入硫化氢，或由按配比的金属钨和硫的混合物在真空管中高温反应，或由二硫化钨与过量硫直接反应制得。

一硫化铼（rhenium(II) sulfide）　化学式ReS，分子量218.27。密度7.42 g/cm³。在氢气中加热到1 000℃仍稳定，280℃时与氢反应生成铼及硫化氢。制备：将硫化氢以及氢气的混合气体（按照体积比1∶250混合）与三氧化二铼加热至90℃制得。

二硫化铼（rhenium(IV) disulfide）　CAS号12038-63-0。化学式ReS_2，分子量250.34。黑色片状六方系晶体。密度7.6 g/cm³。不溶于水、酸、碱、硫化铵溶液、醇。溶于硝酸被氧化成高铼酸。在常温中很稳定。是铼的硫化物及其四价化合物中最稳定的一种。在1 000℃时热分解成铼与硫的蒸气，并可被氢气还原为金属铼。制备：可向四氯化铼溶液中通入硫化氢，或在氮气流中高温热解七硫化二铼制得。用途：可用于制药、半导体领域。

七硫化二铼（dirhenium(VII) heptasulfide）　CAS号12038-67-4。化学式Re_2S_7，分子量596.87。棕黑色粉末。密度4.87 g/cm³。可溶于碱金属硫化物溶液、硝酸、过氧化氢和碱并分解。不溶于水、盐酸。与空气接触时被氧化。能吸附甲苯等有机溶剂而溶胀。高温分解，真空中加热至600℃完全分解为二硫化铼和单质硫。制备：可在20～80℃时向七氧化二铼中通入硫化氢，或向高铼酸钾的盐酸溶液中通入硫化氢制得。用途：可用于制催化剂、合金等。

二硫化锇（osmium disulfide）　亦称"硫化锇"。CAS号12137-61-0。化学式OsS_2，分子量254.33。黑色立方系晶体。密度9.47 g/cm³。不溶于水、碱类，溶于硝酸。受热分解。制备：由锇和硫加热反应制得。

四硫化锇（osmium tetrasulfide）　化学式OsS_4，分子量318.49。棕黑色晶体。不溶于水、硫化铵溶液，溶于稀硝酸。在空气中自动分解成金属锇。受热分解。在真空中加热会生成Os_2O_5。制备：向酸性OsO_4的水溶液通过硫化氢气体。

硫化铱(Ⅱ)（iridium(II) sulfide）　化学式IrS，分子量224.28。蓝黑色固体。不溶于水和酸，溶于硫化钾溶液。在氮气流中加热至750℃以上则分解成铱和硫。制备：可由二硫化物或三硫化物在氮气流中加热至700℃反应，或将二硫化物在二氧化碳气流中加热至暗赤热，或让金属铱在硫中直接燃烧制得。

三硫化二铱（diiridium trisulfide）　CAS号12136-42-4。化学式Ir_2S_3，分子量480.63，密度10.2 g/cm³。微溶于水，溶于硫化铵及硫化钾溶液、硝酸。性质特别稳定，不与王水反应。制备：可由硫和铱在赤热时反应，或向$IrCl_3$的热溶液中通入硫化氢制得。

二硫化铱（iridium disulfide）　CAS号12030-51-2。化学式IrS_2，分子量256.35。棕黑色固体。密度8.43 g/cm³。不溶于水和酸，溶于王水。不受氢氧化钾、碳酸钾或沸热氨水的侵蚀。空气中室温稳定，受潮后干燥时会部分氧化。空气中加热燃烧，330℃分解为铱和二氧化硫。制备：将硫化氢通入四价铱溶液中反应制得。

硫化铂（platinum(IV) monosulfide）　CAS号12627-62-2。化学式PtS，分子量227.15。黑色四方系晶体粉末。密度10.04 g/cm³。不溶于水、王水、碱，溶于硫化铵溶液，在空气中加热分解生成铂，在氢气流中生成硫化氢和海绵状铂。制备：可将海绵状铂与硫在真空中加热至700℃，或将二氯化铂在硫化氢气氛中加热至630℃制得，也可向$PtCl_4^{2-}$溶液中通入硫化氢制得。用途：可作为电致变色材料。

三硫化二铂（platinum sesquisulfide）　化学式Pt_2S_3，分子量486.36。黑灰色针状晶体。密度5.52 g/cm³。微溶于王水，不溶于水和酸。在空气中加强热可发火并产生二氧化硫、三氧化硫和海绵状铂。加热时能被氢气还原。制备：可由硫代铂酸在空气中氧化，或由六氯合铂(IV)酸钠与连二亚硫酸钠反应制得。

二硫化铂（platinum disulfide）　CAS号12038-21-0。化学式PtS_2，分子量259.21。暗红色六方系晶体粉末。密度7.66 g/cm³。溶于盐酸、硝酸，不溶于水、硫化铵溶液。225～250℃分解，能与碱金属硫化物反应生成硫代铂酸盐。加热失去硫生成PtS，进一步分解生成铂。制备：将海绵状铂与硫在真空中650℃反应，或将四氯化铂在硫化氢气流中加热，也可向$PtCl_6^{2-}$溶液中通入硫化氢制得。用途：可作为加氢催化剂。

三硫化二金（digold trisulfide）　CAS号1303-61-3。化学式Au_2S_3，分子量490.13。棕黑色无定形粉末。密度8.75 g/cm³。不溶于水、乙醇、乙醚、盐酸、硫酸、稀硝酸。可溶于王水、浓硝酸中。在氰化钾、多硫化钠、浓硫化钾溶液中生成相应配位化合物。在 3～4℃与硫化钠反应生成 $Na_3[AuS_3]$，随后又转化为 $Na_3[AuS_2]$。热至 197℃分解为金和硫。制备：向氯金酸的无水乙醇溶液中通入硫化氢制得。用途：胶体溶液可用作药物。

硫化亚金（gold(I) sulfide）　CAS 号 1303-60-2。化学式 Au_2S，分子量 426.00。其湿润沉淀为银灰色粉末，干燥者为棕黑色粉末。不溶于水、盐酸、硫酸，以及氢氧化钠、氢氧化钾、碱金属氰化物、碱金属多硫化物溶液。可溶于王水、溴溶液、含氯的盐酸溶液。新生成的沉淀，特别是在含有硫化氢的水中，容易形成胶体溶液。加热至 240℃分解为金和硫。制备：向氰金(I)酸钾溶液中通入硫化氢制得。

硫化汞（mercury(II) sulfide）　CAS 号 1344-48-5。化学式 HgS，分子量 232.66。有两种变体。α 型亦称"朱砂""辰砂""银朱""红色硫化汞""中国红"。亮猩红色粉末或块体，见光则渐变黑。250℃左右呈棕色，温度再高则变黑，冷则复红，有毒！583.5℃（升华），密度 8.10 g/cm³。不溶于水、硝酸、乙醇，可溶于王水、硫化钠溶液。β 型亦称"黑色硫化汞"。黑色或灰黑色无定形粉末，有毒！446℃（升华），密度 7.73 g/cm³。不溶于水及酸。可溶于碱金属氢氧化物中，易溶于王水。在硫化碱溶液中生成可溶性硫代酸盐。α 和 β 型硫化汞在 360℃时达到平衡，当温度超过 410℃时 α 型迅速转化为 β 型，但在室温条件下 β 型仍可长期保持不变。硫化汞在空气中加热可分解为汞和二氧化硫。与铁、锡、锑、铜或锌共热，可被还原得到汞和相应金属硫化物。制备：可向氯化汞溶液中通入硫化氢，或在加热下硫与汞直接化合，均可制得黑色硫化汞，产物经升华则得红色硫化汞。用途：天然硫化汞是制造汞的主要原料；可用于生漆、印泥、印油、朱红雕刻漆器、颜料，也用于彩色封蜡、塑料、橡胶、医药、防腐剂等领域。

硫化亚铊（dithallium(I) sulphide）　CAS 号 1314-97-2。化学式 Tl_2S，分子量 440.83。蓝黑色粉末。熔点 448.5℃（300℃以上开始挥发），密度 8.39 g/cm³。微溶于水、硫化铵溶液，不溶于碱和丙酮。溶于酸产生硫化氢。在潮湿空气中易被氧化成硫酸亚铊，高温时可完全分解为金属铊。制备：可由金属铊和硫黄共熔，或由乙氧基铊在纯氮气流中通入硫化氢气体，或由硫化氢和氯化铊反应，还可将硫化氢通入碱性的亚铊溶液制得。用途：可用于制光电池、光电管、冶炼铊等。

三硫化二铊（thallium(III) sulfide）　亦称"硫化铊"。化学式 Tl_2S_3，分子量 504.93。黑色无定形固体。温度低于 12℃变脆，高于 12℃变软，在氮气流中熔点 260℃，温度更高则会发生分解。在水、二硫化碳及冷的稀硫酸中产生硫化氢并溶解。制备：将纯铊与过量硫加热熔融制得。用途：用于制作光电管。

硫化铅（lead sulfide）　CAS 号 1314-87-0。化学式 PbS，分子量 239.27。具有金属光泽的银灰色立方系晶体或黑色粉末。熔点约 1 114℃，密度 7.61 g/cm³。更高温分解。难溶于水和碱溶液。在稀硝酸中被氧化成单质硫而溶解，同时产生一氧化氮。在浓盐酸中形成四氯合铅(II)酸并产生硫化氢。在空气中灼烧，可生成一氧化铅和二氧化硫。大量存在于方铅矿中。制备：可由铅屑与单斜硫在真空石英管内加热到 1 100℃反应，或由氧化铅与硫化氢在石英管内 500℃反应，还可通过在温热时以硫脲与铅(II)酸钠溶液反应制得均匀结晶态的硫化铅。用途：是炼铅的主要原料。可用于制造红外光敏电阻、半导体等，还可用于弹道制导、引信、测温、火警、自动控制、陶瓷等领域。

硫化亚铋（bismuth(II) sulfide）　CAS 号 12048-34-9。化学式 BiS，分子量 241.04，深灰色粉末。熔点 680℃（二氧化碳中），密度 7.6～7.8 g/cm³。沸点时分解。极微溶于冷水。

三硫化二铋（dibismuth trisulfide）　CAS 号 1345-07-9。化学式 Bi_2S_3，分子量 514.16。褐黑色正交系晶体或黑色的无定形体。密度 7.39 g/cm³。溶于热的盐酸分解出硫。溶于稀硝酸生成硝酸铋、硫和一氧化氮。溶于热的浓高氯酸。不溶于乙醇、碱、碱金属硫化物及硫化铵溶液。可被氯化铁、硫酸铁等溶液分解。与硫化钠或硫化钾共熔可生成 $NaBiS_2$ 及 $KBiS_2$ 等硫代亚铋酸盐。685℃熔融分解。制备：可向铋盐的酸性溶液中通入硫化氢，或通过金属铋与硫共熔制得。用途：分析化学上用来鉴别和分离金属铋，可用于制备铋的化合物、光电二极管、易切削钢，还可用于太阳能电池、红外光谱学、微电子工业等领域。

一硫化钋（polonium monosulfide）　CAS 号 19268-62-3。化学式 PoS，分子量 242.05。黑色固体。不溶于水和乙醇，稍溶于稀盐酸。易被溴水、次氯酸等氧化。真空中 275℃分解为钋和硫。易被氯水、溴水、次氯酸、王水等氧化剂氧化。制备：可向二氯化钋的稀盐酸溶液中通入硫化氢制得。

三硫化二锕（actinium sulfide）　CAS 号 50647-18-2。化学式 Ac_2S_3，分子量 550。黑色固体。密度 6.75 g/cm³。可溶于稀酸。制备：可由氧化锕或氢氧化锕在高温下和硫化氢与二硫化碳的混合物反应得到，或在 1 400℃下将硫化氢气体通入草酸锕中反应制得。

二硫化钍（thorium sulfide）　CAS 号 12138-07-7。化学式 ThS_2，分子量 296.17。棕黑色晶体。熔点 1 925±50℃（真空），密度 7.30 g/cm³。难溶于水，稍溶于酸，溶于热王水。在空气中灼烧转变为二氧化钍。制备：在 400℃下钍与过量硫反应生成五硫化二钍，再于真空中热至 950℃制得。

一硫化铀（uranium(II) monosulfide）　CAS 号

12039-11-1。化学式 US,分子量 270.09。黑色无定形粉末。熔点高于 2 000℃,密度 10.87 g/cm³。不溶于盐酸和硝酸。在空气中灼烧至800℃以上得硫酸双氧铀或八氧化三铀。制备:可将二硫化铀在真空中进行热解;或将氢化铀加热至300℃分解为铀粉,再将铀粉与化学计量比的硫化氢在400~500℃下反应,最后经高温灼烧制得。

三硫化二铀(uranium(III) sulfide) CAS 号 12138-13-5。化学式 U_2S_3,分子量 572.26。灰色固体。密度 8.81 g/cm³。高温自燃。不溶于稀酸,在氧化条件下能溶于王水、硝酸。制备:将二硫化铀与硫在封闭管中加热至600~800℃,然后在真空条件下加热至1 500℃以上制得。

二硫化铀(uranium disulfide) CAS 号 12039-14-4。化学式 US_2,分子量 302.16。灰黑色晶体。密度 7.96 g/cm³。溶于乙醇、硝酸、盐酸。在水中稍有分解,与水蒸气作用分解。1 100℃ 以上熔化,1 300℃ 在真空中分解。制备:可由赤热的硫化氢与四氯化铀反应,或在高温下由氢化铀与化学计量比的硫化氢反应,或在1 200~1 300℃ 硫化氢中灼烧二氧化铀与碳的混合物制得。

七硫化亚胺(heptasulfur imide) 亦称“亚胺化七硫”。CAS 号 293-42-5。化学式 S_7NH,分子量 239.47。黄色晶体。熔点 113.5℃,密度 2.01 g/cm³。不溶于水,易溶于有机溶剂。在醇中与氢氧化钠溶液显深紫色。当氯仿中有吡啶存在时,与氯乙酰反应生成乙酰亚胺化硫。制备:向二甲基甲酰胺通入氨气后再加入二氯化二硫,再用盐酸中和,干燥制得。

硫化铵(ammonium sulfide) CAS 号 12135-76-1。化学式 $(NH_4)_2S$,分子量 68.14。无色液体或浅黄色晶体,有氨和硫化氢的气味,有毒!易潮解,久置变黄,有腐蚀性。易溶于液氨中。溶于水、乙醇、碱溶液,水溶液呈碱性。水溶液在空气中很快变成多硫化物和硫代硫酸盐。受热分解成硫氢化铵、氨、多硫化物等。制备:将稀氨水用过量硫化氢饱和,形成硫氢化铵溶液,再加入等量氨水制得。用途:可用作色谱分析试剂、铊的微量分析试剂、摄影的显色剂、硝酸纤维素的脱硝剂等。

五硫化二铵(ammonium pentasulfide) 化学式 $(NH_4)_2S_5$,分子量 196.40。黄色或黄橙色晶体。易溶于冷水,溶于氨水和乙醇,不溶于乙醚、二硫化碳。115℃分解为氨、硫化氢和硫。在封闭管中加热至95℃变为熔融的红色液体。制备:可将硫粉加入浓氨水中,再通入纯硫化氢制得;或将硫化氢铵溶于乙醇中,再加入硫粉,在带有回流冷凝器的烧瓶内加热,同时通入氢气,制得暗红色溶液冷却结晶而得。用途:可作为分析化学试剂。

多硫化铵(ammonium polysulphide) 化学式 $(NH_4)_2S_x$。有氨和硫化氢气味的橙红色透明液体,有毒!随硫的含量增加,颜色由黄色到红色。密度 1.10 g/cm³。能与水混溶,溶液呈强碱性。很不稳定,遇酸分解并析出硫。长期放于空气中分解析出硫。有腐蚀性。制备:向饱和硫化氢和氨的水溶液中加入硫粉制得。用途:可用于定性分析沉淀重金属,或用于溶解砷、锑、锡等硫化物,还可用作杀虫剂。

硫光气(carbon sulfochloride) 亦称“硫氯化碳”。CAS 号 463-71-8。分子式 $CSCl_2$,分子量 114.98。红黄色液体,剧毒!沸点 73.5℃,密度 1.509^{15} g/mL。日光下不稳定,冷水中慢慢分解,热水中急速分解。与氨反应生成硫氰酸铵,与硫醇反应生成二硫代氰酸酯,与乙醇生成硫代氯酸酯。制备:向二硫化碳中通入氯气先制得过氯化物,再用锡和盐酸还原制得。用途:曾被用作化学武器。

硫化碳酰(carbon oxysulfide) 亦称“氧硫化碳”“碳酰硫”。CAS 号 463-58-1。化学式 COS,分子量 60.08。无色气体,有毒!熔点 -138.8℃,沸点 -50.2℃,密度 1.028^{17} g/L(气态)、1.24^{-87} g/mL(液态)。溶于水、乙醇,极易溶于二硫化碳。在水中缓慢分解成二氧化碳和硫化氢。300℃时分解为一氧化碳和硫。在空气中点燃易爆炸,燃烧生成二氧化碳和二氧化硫。常温下在玻璃管中稳定,石英管中却会缓慢分解。制备:可由一氧化碳与硫在高温下反应,或在有水存在时由硫氰化铵与硫酸反应制得。用途:可用于催化乙烯聚合,生产农药中间体。

硫化铀酰(uranyl sulfide) 化学式 UO_2S,分子量 302.09。棕黑色四方系晶体。微溶于冷水,溶于热水并分解,溶于稀的酸、乙醇水溶液、碳酸铵溶液,但不溶于无水乙醇。在 40~50℃ 时分解。制备:在搅拌下,将按配比稍过量的硫化铵加至铀酰盐的水溶液中反应制得。

硫化铁(III)钾(potassium iron(III) sulfide) 化学式 $KFeS_2$,分子量 159.08。紫色针状六方系晶体。密度 2.56 g/cm³。遇水分解。在干燥空气中稳定,潮湿空气中不稳定。隔绝空气加强热,颜色变暗但不分解。空气中加热生成氧化铁和硫酸钾。遇酸溶解,放出硫化氢,析出单质硫。在硝酸银溶液中生成 $Ag_2Fe_2S_4$。在氢气流中加热至红热,晶形不变,但失去硫生成 $K_2Fe_2S_3$,后者溶于酸并放出硫化氢,但不析出硫。制备:由铁粉、硫和碳酸钾共熔后再溶于水制得,或将 $K[Fe_4(NO)_7S_3]$ 在浓硫酸中加热制得。

硫化金钠(sodium gold sulfide) 亦称“硫金酸钠”。化学式 $NaAuS·4H_2O$,分子量 324.08。无色单斜系晶体。密度 6.10 g/cm³。溶于水和乙醇。加热分解。制备:将金与硫化钠共熔,用水提取并浓缩结晶制得。用途:可用作半导体。

硫砷化钴(cobalt arsenic sulfide) 化学式 $CoAsS$,分子量 165.92。银白色、灰色或粉红色立方系晶体、粒状或块状固体,有金属光泽。密度 6.2~6.3 g/cm³。来自天然的辉钴矿。用途:用于提炼钴,亦可用作陶瓷着色剂。

硫酰胺(sulfamide)　亦称"二氨基硫酰""磺酰胺"。CAS 号 7803-58-9。化学式 $SO_2(NH_2)_2$，分子量 96.11。正交系片状晶体。熔点 91.5℃，密度 1.611 g/cm³。溶于水和乙醇。在空气中很稳定，250℃时分解。在酸性、中性、碱性水溶液中都稳定。与无水硫酸混合形成透明溶液，但经过 15～30 分钟后在常温下出现胺基硫酸白色沉淀。在常温下能吸收干的氨气生成无色的氨络合物。与 LiOH、NaOH 或 Ba(OH)$_2$ 等摩尔的水溶液浓缩时生成晶体 $SO_2N_2H_3Li$、$SO_2N_2H_3Na$ 或 $(SO_2N_2H_3)_2Ba$。与 AgNO$_3$ 反应生成难溶的 $SO_2(NHAg)_2$，与金属(特别是 Zn、Cu 和 Co)的氢氧化物生成络合物。制备：由 SO_2Cl_2 与氨反应制得。用途：用于有机合成。

三氧四氯硫化硒(selenium sulfur trioxytetrachloride)　化学式 $SeSO_3Cl_4$，分子量 300.83。淡黄色晶体，有毒！熔点 165℃，沸点 183℃。遇水分解。制备：可由四氯化硒和三氧化硫常温反应，或由硒与五氧二氯化二硫加热反应制得。

硫氢化锂(lithium hydrosulfide)　CAS 号 26412-73-7。化学式 LiHS，分子量 40.01。白色粉末。具有吸湿性。易溶于水和乙醇。与硫反应可生成多硫化锂。已知有乙醇化物 $2LiHS \cdot C_2H_5OH$ 存在。在真空中加热生成硫化锂并放出硫化氢。制备：可由乙醇锂中通硫化氢制得，或向乙醚中的金属锂上通硫化氢气体可制得纯品。用途：可用于制硫化锂。

硫氢化钠(sodium hydrosulfide)　亦称"硫化氢钠"。CAS 号 16721-80-5。化学式 NaHS，分子量 56.06。无色正交系或白色粒状晶体。密度 1.79 g/cm³。易潮解。易溶于水，溶于乙醇。其水溶液与硫反应生成多硫化物。与脂肪族烷烃反应生成硫醇。在空气中加热呈黄色。350℃熔解成黑色液体。其二水合物为无色易潮解针状晶体，加热分解，遇酸分解产生硫化氢。其三水合物为无色斜方系晶体，熔点 22℃。制备：工业上由氢氧化钠溶液吸收硫化氢制得。用途：可用于漂白、染色、皮革脱毛、化学分析等领域。

硫氢化钾(potassium hydrosulfide)　亦称"氢硫化钾"。CAS 号 1310-61-8。化学式 $KHS \cdot \frac{1}{2}H_2O$，分子量 81.18。无色晶体。熔点 450～510℃，密度 1.70 g/cm³。易潮解。可溶于水和乙醇。水溶液不稳定，易被空气氧化。遇酸产生硫化氢气体。其水溶液与硫反应生成多硫化钾。加热至 175～200℃失水。制备：可由硫酸钾与硫氢化钙反应，或由氢氧化钾与硫化氢反应制得。用途：可用作分析试剂、还原剂、漂白剂、消毒剂、无机药物等。

硫氢化钙(calcium hydrosulfide)　CAS 号 12133-28-7。化学式 $Ca(HS)_2 \cdot 6H_2O$，分子量 214.32。白色粉末。溶于水形成灰绿色溶液。可溶于各类稀酸。易分解，需随制随用。制备：可向硫化钙的悬浊液通入二氧化碳，或由石灰乳吸收硫化氢气体制得。用途：可作为制革的脱毛剂。

硫氢化锶(strontium hydrosulfide)　亦称"酸式硫化锶"。化学式 $Sr(HS)_2$，分子量 153.77。无色立方系针状晶体。溶于冷水，在热水中分解。受热分解。与等量氯化镁共沸可放出全部硫化氢。其水溶液能与三硫化二砷、五硫化二砷反应，也能与三硫化二锑和五硫化二锑反应。其水溶液还能与氢氧化钠或氢氧化钾反应。制备：在微沸情况下由硫化锶与水反应制得。

硫氢化铱(iridium hydrosulfide)　化学式 $Ir(HS)_3 \cdot 2H_2O$，分子量 327.45。深褐色。加热分解。不溶于水，溶于硝酸。

硫氢化铑(rhodium hydrosulfide)　化学式 $Rh(HS)_3$，分子量 202.12。黑色粉末。不溶于冷水、硫化钠，遇到热水分解，溶于王水和溴水。制备：由硫化氢与六氯合铑(III)酸钠的冷溶液缓慢反应制得。

硫氢化钡(barium hydrosulfide)　CAS 号 12230-74-9。化学式 $Ba(HS)_2 \cdot 4H_2O$，分子量 275.56。黄色单斜系晶体。易吸潮，易氧化。溶于冷水，不溶于乙醇。50℃时分解。制备：可由硫化氢和硫化钡反应制得无水物，再加入乙醇可得四水合物。

硫氢化铵(ammonium hydrosulfide)　CAS 号 12124-99-1。化学式 NH_4HS，分子量 51.11。白色菱形晶体。熔点 18℃(15.185 MPa)，沸点 88.4℃(2.533 kPa)，密度 1.17 g/cm³。易溶于水、乙醇，形成白色溶液，随即变为黄色。溶于乙醚、苯、液氨。室温易分解为硫化氢和氨。在真空中升华。制备：可由氨与硫化氢在 0℃等比反应制得。用途：可用于制润滑剂、化学分析。

硫氰(thiocyanogen)　亦称"硫化氰"。CAS 号 505-14-6。化学式 $(SCN)_2$，分子量 116.16。黄色挥发性液体，熔点 -3～-2℃。不稳定，可聚合为不溶性砖红色固体 $(SCN)_x$。能溶于乙醇、乙醚、二硫化碳、四氯化碳。易被水分解。与溴相似，是类卤素之一，在溶液中有氧化性。制备：可通过电解硫氰负离子，或由溴与硫氰酸银在二硫化碳中反应制得。用途：可作为有机分析的氧化剂，以及测定化合物的不饱和度。

硫氰酸(thiocyanic acid)　亦称"硫代氰酸"。CAS 号 463-56-9。化学式 HSCN，分子量 59.09。无色、易挥发、具有强烈气味的酸性液体。熔点 -110℃。有两种同分异构体，硫氰酸 H—S—C≡N 和异硫氰酸 H—N=C=S。常温下可迅速分解成氰化氢及过硫氰酸。冷冻的 5% 水溶液可保持数周。易溶于水，水溶液呈强酸性。溶于乙醇、乙醚、苯。可形成无机的硫氰酸盐和硫氰酸酯。其热溶液或浓溶液既易分解又易聚合。在 -90～-85℃聚合成白色晶体。在真空中加热形成浅黄色溶于乙醚的硫氰尿酸，它容易再分解成硫代氰酸。纯品对皮肤、黏膜有刺激作用，但无氰化氢的特异作用。其粗品常含有氰化氢或氰，且本品常温下尚可分解产生氰化氢，使用时应注意防止氰化氢中毒。制备：可由硫氰酸钾与硫酸氢钾反应，或将硫氰酸铵水溶液通过 H 型阳离子交换树脂制得。用途：可用于检验铁和定量测定银。

硫氰化磷（phosphorus thiocyanate）　化学式 $P(SCN)_3$，分子量 205.22。液体。蒸汽有毒！熔点 $-4℃$，沸点 265℃，密度 1.483^{15} g/mL。可溶于乙醇、乙醚、氯仿、苯、二硫化碳。在冷水中分解为亚磷酸和硫氰酸。制备：可将硫氰酸铵与苯混合成油状，再与三氯化磷反应制得；或在苯溶液中由三氯化磷与硫氰酸铅反应制得。

硫氰酸钙（calcium thiocyanate）　CAS 号 2092-16-2。化学式 $Ca(SCN)_2 \cdot 4H_2O$，分子量 228.30。白色或带黄色晶体粉末。熔点 $42.5\sim46.5℃$。易潮解，易溶于水、甲醇、乙醇、丙酮。160℃分解。密封保存。制备：由硫氰酸与氢氧化钙反应制得。用途：可作为碱性染料染玻璃纤维时的载体、腈的光聚合催化剂、分析试剂、纤维素溶剂、织物硬化剂、抗静电剂，还可用于制硫酸、造纸和纺织等领域。

硫氰酸汞（mercury thiocyanate）　亦称"硫氰化汞"。CAS 号 592-85-8。化学式 $Hg(SCN)_2$，分子量 316.75。无色针状或白色珠光片状晶体，有毒！密度 3.71 g/cm³。难溶于冷水，沸水中溶解并分解。微溶于乙醇、乙醚，溶于稀盐酸、液氨、铵盐及氰化钾溶液等。加热时体积急剧膨胀并生成硫化汞、二氧化硫、氰气等。制备：由含有汞离子及硫氰酸根离子的溶液反应制得。用途：可用于烟火、照相显影等。

氯化亚砜（thionyl chloride）　亦称"亚硫酰二氯""氯化亚硫酰"。CAS 号 7719-09-7。化学式 $SOCl_2$，分子量 118.98。无色至淡黄色发烟液体，有强烈刺激气味，有毒！熔点 $-105℃$，沸点 79℃，密度 1.638 g/mL。可混溶于苯、氯仿、四氯化碳等。遇水剧烈水解为二氧化硫和氯化氢。78℃开始分解为二氧化硫、氯气和一氯化硫。其氯原子取代羟基或巯基能力显著，能与酚或醇反应生成相应氯化物，与磺酸反应生成磺酰氯，与格氏试剂反应生成相应的亚砜化合物。制备：可由氯磺酸、一氯化硫、氯气反应的氯磺酸法，或硫磺、液氯、液态二氧化硫反应的二氧化硫法，或五氯化磷与二氧化硫反应制得。用途：可用作有机合成的氯化剂、脱水剂，可用于农药、医药、有机合成等领域。

二氧化二氮三硫（sulfur diamide）　CAS 号 13840-74-9。化学式 $S_3N_2O_2$，分子量 156.21。淡黄色透明晶体。熔点 100.7℃。不溶于水，能溶于乙醇、苯、硝基苯、乙烷等。在干燥空气、氮气或二氧化硫中很稳定。在潮湿空气或潮湿氮气中易分解。易被三氧化硫氧化为五氧化二氮三硫。在稀碱溶液中常温下即可水解。高温分解。制备：在二氧化硫存在下，由四氮化四硫与亚硫酰氯反应制得。

二氯亚砜（sulfur dichlorideoxide）　亦称"二氯氧化硫""氯化亚硫酰"。CAS 号 7719-09-7。化学式 $SOCl_2$，分子量 118.97。无色至浅黄色液体，有强烈刺激性臭味，有毒！熔点 $-104.5℃$，沸点 78℃，密度 1.638 g/mL。能与苯、氯仿、四氯化碳混溶。在水中分解为盐酸和亚硫酸，在酸、碱、醇中亦分解。化学性质活泼，可发生氯代、亲核取代、脱水等反应。可与格氏试剂反应生成相应的亚砜。加热至 140℃ 以上分解为氯气、二氧化硫和一氯化硫。制备：可通过二氧化硫、氯气与二氯化二硫在活性炭催化下反应制得，或由五氧化二磷与二氧化硫反应制得。用途：广泛用于有机合成，可作为强氯化剂、脱水剂、溶剂，可用于测定芳香胺和脂肪族胺、制酰基氯、有机酸酐、催化剂等。

氯氟化硫酰（sulfuryl chloride flioride）　亦称"氟氯二氧化硫"。CAS 号 13637-84-8。化学式 SO_2ClF，分子量 118.52。有刺激性臭味的无色气体。熔点 $-124.7℃$，沸点 7.1℃，密度 1.623^0 g/mL。与 SO_2Cl_2 相似，在空气中不发烟。遇水和乙醇迅速被分解。对黄铜无侵蚀，纯净物不侵蚀玻璃。制备：可由二氯亚砜与氟化铵或氟化钾在三氟乙酸中反应制得。用途：可用于有机合成。

亚硫酸盐、硫酸盐、硫代硫酸盐

甲醛合次硫酸钠（sodium formaldehyde sulfoxylate）CAS 号 6035-47-8。化学式 $NaHSO_2 \cdot CH_2O \cdot 2H_2O$，分子量 154.12。正交系吸湿性板状晶体。熔点 64℃。极易溶于水，能溶于乙醇和碱溶液中。沸点前及遇酸会分解。

甲醛合次硫酸锌（zinc formaldehyde sulfoxylate）CAS 号 24887-06-7。化学式 $Zn(HSO_2 \cdot CH_2O)_2$，分子量 255.56。白色正交系晶体或粉末。易溶于水，不溶于醇。受热或遇酸则分解。制备：可由甲醛与连二硫酸锌反应制得。用途：可用作还原剂，可用于动物纤维、丝绸、化学纤维的拔染和漂白等领域。

甲醛合碱式次硫酸锌（zinc basic formaldehyde sulfoxylate）　化学式 $Zn(OH)HSO_2 \cdot CH_2O$，分子量 177.47。浅灰色正交系晶体或粉末。不溶于水、乙醇。受热及遇酸则分解。

亚硫酸（sulfurous acid）　CAS 号 7782-99-2。化学式 H_2SO_3，分子量 82.08。无色液体，具有二氧化硫气味。密

度约 1.03 g/mL。属于二元中强酸。仅存在于水溶液中，未得到游离的纯亚硫酸。很不稳定，易分解逸出二氧化硫。比二氧化硫的还原性强，可被空气氧化成硫酸。其氧化性不显著。可与许多有机物发生加成反应生成无色化合物。制备：将二氧化硫通入纯水制得。用途：用作分析试剂、还原剂、脱色剂、防腐剂，用于纺织、造纸、石油、冶金、摄影、制酒、有机合成等领域。

亚硫酸锂(lithium sulfite) CAS 号 13453-87-7。化学式 $Li_2SO_3 \cdot H_2O$，分子量 111.96。白色针状晶体。易溶于水，不溶于有机溶剂。在湿的空气中易被氧化。140℃失去结晶水。熔点 455℃（分解）。在用硫酸作干燥剂时室温下不失去结晶水。制备：可由氢氧化锂或碳酸锂与二氧化硫作用制得。用途：可用作化学试剂。

亚硫酸钠(sodium sulfite) 俗称"硫氧粉"。CAS 号 7757-83-7。化学式 Na_2SO_3。分子量 126.04。无水物为白色粉末，密度 2.633 g/cm^3。七水合物为无色或微黄色结晶。密度 1.561 g/cm^3。易溶于水，其水溶液显碱性。既具有氧化性又具有还原性，但以还原性为主。易在空气中风化并被氧化为硫酸钠。其水溶液与硫共沸可生成硫代硫酸钠。加热至 150℃时失去结晶水。继续加热可分解为硫酸钠和硫化钠的混合物。制备：将碳酸钠溶液加热到 40℃，通入二氧化硫使溶液饱和，再加入等量的碳酸钠溶液，即得亚硫酸钠溶液，密闭静置即得晶体。用途：可用作脱氯剂、漂白剂、防腐剂、疏松剂、抗氧化剂，用于医药、染料、鞣革、造纸、光敏电阻材料、极谱分析底液、摄影等领域。

亚硫酸镁(magnesium sulfite) CAS 号 7757-88-2。化学式 $MgSO_3$，分子量 104.37。白色正交系或六方系晶体。密度 1.725 g/cm^3。溶于水，不溶于乙醇及氨。暴露于空气中易被氧化成硫酸盐。200℃时失去全部结晶水，更高温度则分解生成 $MgO \cdot 5SO_2$。制备：可向氢氧化镁悬浊液中通入二氧化硫制得。用途：可用于医药、电镀以及制亚硫酸纸浆。

亚硫酸钾(potassium sulfite) CAS 号 10117-38-1。化学式 K_2SO_3，分子量 158.26。白色晶体或粉末。可溶于水，水溶液显碱性，微溶于乙醇。遇稀酸则分解放出二氧化硫。易潮解。兼有还原性与氧化性，以还原性为主。其溶液可被空气氧化为硫酸盐。可与许多带色的有机化合物发生加成反应，生成无色化合物。可与过量的二氧化硫反应生成焦亚硫酸钾。制备：可由二氧化硫与碳酸钾反应制得。用途：可用作还原剂、漂白剂等，用于印染、摄影、药物、食品等领域。

亚硫酸钙(calcium sulfite) CAS 号 10257-55-3。化学式 $CaSO_3 \cdot 2H_2O$，分子量 156.17。白色晶体粉末。密度 1.595 g/cm^3。微溶于水，溶于二氧化硫。在 100℃时失去结晶水。可被空气氧化为硫酸钙。在酸中分解，放出二氧化硫。加热至 650℃分解。制备：将二氧化硫通入石灰乳或石灰水，或由亚硫酸钠与硫酸钙复分解反应制得。用途：可作为防腐剂、脱氯剂、发酵杀菌剂等，用于塑料、食品、纺织、造纸、制糖等领域。

亚硫酸铬(chromium(III) sulfite) 化学式 $Cr_2(SO_3)_3$，分子量 344.18。浅绿色晶体。密度 2.20 g/cm^3。微溶于水，受热分解。制备：可向氢氧化铬的悬浮液中通入二氧化硫制得。

亚硫酸钡(barium sulfite) CAS 号 7787-39-5。化学式 $BaSO_3$，分子量 217.39。无色晶体或粉末，有毒！密度 4.44 g/cm^3，难溶于水。易溶于稀盐酸并放出二氧化硫。加热分解。制备：可由可溶性钡盐与亚硫酸钠溶液反应制得。用途：可用于造纸、化学分析等领域。

亚硫酸钴(cobalt(II) sulfite) 化学式 $CoSO_3 \cdot 5H_2O$，分子量 229.07。红色晶体。不溶于水，溶于亚硫酸。晶体和溶液对氧化剂均十分敏感。制备：可将氢氧化钴溶于亚硫酸中制得。

亚硫酸镍(nickel(II) sulfite) 化学式 $NiSO_3 \cdot 6H_2O$，分子量 246.85。绿色四面体晶体。不溶于水，可溶于亚硫酸、盐酸及硫酸。加热可熔融。失水的残留物固化色变暗，逐渐放出二氧化硫，剩下氧化镍及硫化镍。制备：可通过氢氧化镍在亚硫酸溶液中加热反应，或将镍溶于亚硫酸中并于 100℃以下蒸发制得。

亚硫酸亚铜(copper(I) sulfite) CAS 号 35788-00-2。化学式 $Cu_2SO_3 \cdot H_2O$，分子量 225.16。有两种晶型。红色棱柱晶体。密度 4.46 g/cm^3。不溶于水，溶于氨水。在稀酸中分解。白色六方系晶体。密度 3.83 g/cm^3。溶于盐酸和氨水，微溶于水，不溶于乙醇和乙醚，在空气中加热分解为氧化亚铜和二氧化硫。遇酸分解为硫酸铜、金属铜和二氧化硫气体。在潮湿空气中逐渐被氧化成硫酸盐。制备：红色棱柱晶体由二氧化硫处理亚硫酸铜钠溶液制得，白色六方系晶体由二氧化硫通入煮沸的乙酸铜的乙酸浓溶液制得。用途：可作为杀菌剂、聚合反应催化剂等。

亚硫酸铜(I,II)二水合物(copper(I,II) sulfite dihydrate) 化学式 $Cu_2SO_3 \cdot CuSO_3 \cdot 2H_2O$，分子量 386.78。红色晶体。密度 3.57 g/cm^3。不溶于水，溶于盐酸和氨水，微溶于硝酸。加热至 200℃分解。制备：由硫酸铜与二氧化硫反应制得。

亚硫酸锌(zinc sulfite dihydrate) CAS 号 7488-52-0。化学式 $ZnSO_3 \cdot 2H_2O$，分子量 181.50。白色晶体粉末。微溶于冷水和乙醇，在热水中分解，能溶于氨水、亚硫酸或铵盐溶液，不溶于醇。在空气中易被氧化为硫酸锌。加热到 100℃失去结晶水，变成无水盐。在 200℃时分解为氧化锌和二氧化硫。制备：可由氢氧化锌与亚硫酸溶液反应制得。用途：用作解剖标本或医药上的防腐剂。

亚硫酸锶(strontium sulfite) CAS 号 13451-02-0。

化学式 $SrSO_3$，分子量 167.68。无色透明晶体。微溶于水，可溶于盐酸，极易溶于硫酸。在潮湿空气中可慢慢被氧化为硫酸锶，但在无水情况下相当稳定。高于 500℃ 时分解为硫酸锶和硫化锶。与无水镁盐晶体共热释放出二氧化硫。制备：将锶盐与碱性硫化物溶液反应，或向氯化锶溶液中通入二氧化硫和氨制得。

亚硫酸银（silver sulfite）　CAS 号 13465-98-0。化学式 Ag_2SO_3，分子量 295.80。白色晶粉。微溶于水，溶于酸、氨水、氰化钾溶液。在硝酸中被氧化成硫酸银。见光或加热分解为连二硫酸盐和硫酸盐。制备：由硝酸银溶液与亚硫酸溶液反应，或由新制的氧化银与亚硫酸反应制得。用途：可用于制造感光材料、制镜，以及电镀、电池、催化等领域。

亚硫酸镉（cadmium sulfite）　CAS 号 13477-23-1。化学式 $CdSO_3$。分子量 192.48。无色晶体，有毒！微溶于冷水，易溶于稀酸和氨水，不溶于乙醇。受热易分解成二氧化硫、氧化镉、硫化镉和硫酸镉。与硫反应生成硫化镉和三氧化硫。制备：将二氧化硫通入碳酸镉的悬浮液中制得。用途：作化学试剂。

亚硫酸锇（osmium(II) sulfite）　化学式 $OsSO_3$，分子量 270.26。蓝黑色粉末。不溶于水，溶于稀盐酸，溶于碱但会分解。受热后分解成二氧化硫、四氧化锇、锇和水。制备：向四氧化锇溶液或硫酸锇溶液中通入二氧化硫制得。

亚硫酸亚铊（thallous sulfite）　化学式 Tl_2SO_3，分子量 488.85。白色晶体。密度 6.427 g/cm^3。能溶于冷水，易溶于温水，不溶于乙醇。在空气中稳定。在氢气流中加热由暗黄变灰黑。制备：由亚硫酸钠与一价铊盐的水溶液反应制得。

亚硫酸铅（lead sulfite）　CAS 号 7746-10-8。化学式 $PbSO_3$，分子量 287.25。白色粉末。不溶于水，溶于硝酸。易被氧化为硫酸铅。加热分解。制备：将醋酸铅稀溶液与亚硫酸钠稀溶液反应制得。

亚硫酸铵（ammonium sulfite）　CAS 号 10196-04-0。化学式 $(NH_4)_2SO_3 \cdot H_2O$，分子量 134.15。无色单斜系晶体。熔点 60～70℃（分解），密度 1.41 g/cm^3。溶于水，微溶于乙醇，难溶于丙酮。在空气中受热失去结晶水并逐渐氧化为硫酸铵。加热至 150℃ 时升华并分解为氨和二氧化硫。制备：可由氨水与亚硫酸作用制得，或将二氧化硫通入氨水或碳酸铵溶液中制得。用途：可作为还原剂、造纸工业上纸浆蒸煮剂、金属低温加工的润滑剂，还可用于摄影等领域。

亚硫酸氢铵（ammonium hydrogen sulfite）　亦称“酸式亚硫酸铵”“重亚硫酸铵”。CAS 号 10192-30-0。化学式 NH_4HSO_3，分子量 99.10。菱形或棱柱状晶体，略有二氧化硫气味。熔点 150℃，在氮气氛中 150℃ 升华，密度

2.03 g/cm^3。易潮解，易溶于水，溶于醇。遇酸分解，并放出二氧化硫。有还原性，长期置于空气中易氧化为硫酸盐。制备：由氨水吸收硫酸生产尾气中的二氧化硫，或将二氧化硫通入碳酸铵水溶液中制得。用途：可作为还原剂、防腐剂、除氧剂，用于制造染料、医药、二氧化硫、保险粉等。

亚硫酸氢钠（sodium hydrogen sulfite）　亦称“酸性亚硫酸钠”“重亚硫酸钠”。CAS 号 7631-90-5。化学式 $NaHSO_3$，分子量 104.06。无色单斜系晶体或晶体粉末，有二氧化硫气味。密度 1.480 g/cm^3。有潮解性，溶于水，水溶液呈酸性，不溶于乙醇、丙酮。在空气中不稳定，可放出二氧化硫，且易被氧化为硫酸盐。有强还原性。制备：向碳酸钠或碳酸氢钠溶液通入二氧化硫制得。用途：可作为除氯剂、媒染剂、还原剂、消色剂、显影液的保护剂，用于漂白、染料、摄影、制药、制糖、造纸、镀铜、食品防腐等领域。

亚硫酸氢钾（potassium hydrogen sulfite）　CAS 号 7773-03-7。化学式 $KHSO_3$，分子量 120.17。无色晶体。溶于水，不溶于乙醇。有强还原性。加热至 190℃ 时分解，转变为焦亚硫酸钾。制备：向碳酸钾或碳酸氢钾溶液中通入二氧化硫制得。用途：可作为漂白剂、还原剂、防腐剂，用于制药工业。

亚硫酸二氢钙（calcium bisulfite）　CAS 号 13780-03-5。化学式 $Ca(HSO_3)_2$，分子量 202.22。只存在于溶液中，呈无色或淡黄色，有强烈的二氧化硫气味。空气中放置一段时间后有亚硫酸钙晶体生成。制备：将二氧化硫通入石灰乳中制得。用途：主要用作漂白剂、消毒剂、防腐剂等。

亚硫酸铀酰（uranyl sulfite）　化学式 $UO_2SO_3 \cdot 4H_2O$，分子量 422.15。浅绿色晶体。可溶于亚硫酸。制备：由硝酸铀酰与亚硫酸钠在稀溶液中反应制得。

硫酸（sulfuric acid）　亦称“磺锷水”“硫锷水”。CAS 号 7664-93-9。化学式 H_2SO_4，分子量 98.08。纯品为无色油状液体，市售品含量约为 96%～98%，强腐蚀性！密度 1.841 g/mL，熔点 10.4℃，沸点 338℃（98.3%）。具有强烈吸水性，可与水以任意比混溶，并放出大量热。有强烈脱水性，能使某些有机物碳化。属于强酸，具有强氧化性，可以氧化除金、铂等以外的大多数金属和许多非金属。铁、铝、铬等在冷的浓硫酸中发生钝化。加热到 200℃ 以上可产生三氧化硫烟雾。制备：工业上以硫或黄铁矿为原料，在空气中燃烧生成二氧化硫，进一步被催化氧化生成三氧化硫，用 98.3% 的硫酸吸收三氧化硫，再用水稀释制得。用途：属于重要的工业化学品，广泛用于化肥、农药、染料、炸药、人造纤维、精炼石油、冶金、金属加工、有机合成、蓄电池、铀矿加工等领域。

硫酸锂（lithium sulfate）　CAS 号 10377-48-7。化学

式 Li_2SO_4。分子量 109.94。其一水合物为无色单斜系晶体，熔点 880℃，密度 2.06 g/cm³。无水物为无色晶体。熔点 860℃，密度 2.221 g/cm³。无水物有三种晶型：常温为单斜晶系 α 型，500℃时转变为六方晶系 β 型，575℃时转变为立方晶系 γ 型。有吸湿性，易溶于水，不溶于无水乙醇、丙酮、乙酸乙酯、吡啶。不易成矾。在氢气流或氨气流中加热，可被还原为硫化锂。制备：可由硫酸与碳酸锂反应制得一水合物，再经 110℃脱水制得无水物。用途：用于制强化玻璃，可增强玻璃的强度和耐热性。其一水合物用于分离钙和镁。可用做分析试剂，用于医药工业等。

硫酸铍（beryllium sulfate）　CAS 号 13510-49-1。化学式 $BeSO_4$，分子量 105.08。无色晶体，剧毒！密度 2.443 g/cm³。在 550～600℃分解。无水物不溶于水和无水乙醇；其四水合物易溶于水，不溶于乙醇、丙酮，缓慢溶于浓硫酸。与碱金属硫酸盐能形成复盐：硫酸钾·硫酸铍·二水合物(1：1：2)。制备：将氧化铍溶于硫酸中制得。用途：用于陶瓷工业，用作分析试剂和制备其他铍盐。

硫酸钠（sodium sulfate）　CAS 号 7757-82-6。化学式 Na_2SO_4，分子量 142.04。无色有苦咸味正交系晶体。熔点为 884℃，密度 2.68 g/cm³。有潮解性、易溶于水，不溶于醇。结晶水合物有两种：七水合硫酸钠为白色正六或四方系晶体，24.4℃时失水。十水硫酸钠俗名"芒硝""元明粉""保险粉"，为无色单斜系晶体。密度 1.464 g/cm³，熔点 32.38℃，100℃时失去结晶水变成无水硫酸钠，在干燥空气中易风化变成无水白色粉末。制备：真空蒸发天然芒硝矿可制得无水硫酸钠，也可是食盐与硫酸制造盐酸时的副产品。用途：重要的化工原料，用来制造硫化钠、玻璃、水玻璃、瓷釉、硫酸盐纸浆，还可用于合成洗涤剂、纺织、制革、印染、食品等领域，医疗上可用做缓泻剂和钡盐中毒的解毒剂等。

硫酸镁（magnesium sulfate）　CAS 号 7487-88-9。化学式 $MgSO_4$，分子量 120.37。白色有苦咸味晶体。熔点 1 124℃，密度 2.66 g/cm³。结晶水合物种类颇多，一水合硫酸镁亦称"硫酸镁石"；七水合硫酸镁亦称"泻盐"，为无色正交或单斜系晶体，150℃时失去 6 个结晶水生成硫酸镁石，200℃得到无水物。溶于水、甘油和乙醇。制备：由硫酸与氧化镁或氢氧化镁或碳酸镁反应制得。用途：纺织工业中用作防火剂和染色助剂，皮革工业中用作鞣剂及漂白助剂，也用于炸药、造纸、瓷器、肥料等工业，医疗上为泻盐。

硫酸铝（aluminium sulfate）　CAS 号 10043-01-3。化学式 $Al_2(SO_4)_3$。分子量 342.15。白色粉末。密度 2.71 g/cm³，加热至 770℃分解。十八水合物亦称"毛盐矿""水硫酸铝"，无色单斜系针状晶体，密度 1.69 g/cm³，加热至 86.5℃时分解为三氧化硫和氧化铝。易溶于水，微

溶于乙醇。在水中水解生成胶状氢氧化铝沉淀。易与钾、钠、铵盐形成复盐。制备：将纯氢氧化铝溶于热的浓硫酸，或用硫酸直接处理铝土矿或黏土制得。用途：广泛用作净水剂、媒染剂、泡沫灭火机中的药剂、防火材料，可用于鞣革、造纸、印染等领域。

硫酸钾（potassium sulfate）　CAS 号 7778-80-5。化学式 K_2SO_4，分子量 174.26。味苦而咸的无色晶体。熔点 1 069℃，密度 2.662 g/cm³。溶于水和甘油，不溶于乙醇、丙酮、二硫化碳。制备：可由氯化钾、氧化钾或氢氧化钾与硫酸反应制得，或通过氧化亚硫酸钾或硫化钾制得。用途：可用作肥料、缓泻剂、食品添加剂，可制明矾、碳酸钾和玻璃等。

硫酸钙（calcium sulfate）　CAS 号 7778-18-9。化学式 $CaSO_4$，分子量 136.14。白色固体或无色正交系晶体。熔点 1 450℃，密度 2.61 g/cm³。二水合物俗称"石膏""生石膏"，加热到 150～170℃时失去大部分结晶水变成熟石膏($CaSO_4 \cdot \frac{1}{2}H_2O$)。熟石膏与水结合会变硬。200℃以上长时间加热成为无水物。不溶于水和乙醇，溶于铵盐、硫代硫酸钠、氯化钠等溶液。制备：一般由天然石膏矿精制而得。用途：大量用于水泥工业，可用作阻滞剂、黏合剂、吸湿剂、磨光粉、纸张填充物、气体干燥剂、制豆腐的凝结剂，用于冶金、农业、医药、食品、工艺品、医疗等领域。

硫酸钪（scandium sulfate）　CAS 号 13465-61-7。化学式 $Sc_2(SO_4)_3$，分子量 378.10。白色晶体。密度 2.579 g/cm³。可溶于水，不溶于乙醇。可与碱金属硫酸盐形成难溶性复盐。其六水合物为无色透明晶体，受热至 250℃失去结晶水，高于 327℃时分解为 $Sc_2O(SO_4)_2$ 和三氧化硫。制备：将氧化钪溶于浓硫酸，或由氢氧化钪溶于硫酸制得。

硫酸亚钛（titanium(III) sulfate）　CAS 号 10343-61-0。化学式 $Ti_2(SO_4)_3$，分子量 383.93。绿色晶体粉末。溶于稀硫酸呈紫色溶液，不溶于水、浓硫酸、乙醇、乙醚。制备：可由二氧化钛与硫酸铵和硫酸反应后电解制得，或由电解还原硫酸钛(Ⅳ)的硫酸溶液制得。用途：可作为媒染剂、防腐剂、化学试剂等。

硫酸钒(Ⅲ)（vanadium(III) sulfate）　CAS 号 13701-70-7。化学式 $V_2(SO_4)_3$，分子量 390.074。柠檬黄色粉末。微溶于热水，难溶于冷水，可溶于硝酸，但不溶于浓硫酸。具有强还原性。在干燥的空气中稳定，加热至约 410℃时分解为硫酸氧钒和二氧化硫。制备：将五氧化二钒与浓硫酸共热，通入二氧化硫使之还原为四价，再用锌、铂、汞电解还原而得。

硫酸亚铬（chromium(II) sulfate）　CAS 号 13825-86-0。化学式 $CrSO_4 \cdot 7H_2O$，分子量 247.17。蓝色晶体。溶于冷水，在热水中分解，易溶于氨水，微溶于乙醇。在真

空中,加热至 100℃时,失去部分结晶水,变成一水合物。制备:由金属铬或乙酸亚铬与稀硫酸反应,或在隔绝空气条件下用浓硫酸处理湿润的乙酸亚铬制得。用途:用于还原滴定。

硫酸铬(chromium(III) sulfate)　CAS 号 65272-71-1。化学式 $Cr_2(SO_4)_3$,分子量 392.16。紫色或红色粉末。密度 3.012 g/cm^3。不溶于水、酸,微溶于乙醇。但当有少量二价铬盐时就可溶于水或酸。有多种结晶水合物。十五水合物为深绿色片状结晶,熔点 100℃,密度 1.867 g/cm^3。十八水合物为黑紫色立方或八面体晶体,密度 1.70 g/cm^3。制备:可由硫酸与氢氧化铬反应先制得含水硫酸铬,再脱水而得无水物。用途:用于纺织、颜料、釉彩、油漆、鞣革等领域。

硫酸亚锰(manganese(II) sulfate)　CAS 号 7785-87-7。化学式 $MnSO_4$,分子量 151.00。近白色晶体。熔点 700℃,密度 3.25 g/cm^3。溶于水,不溶于乙醇。因受热程度不同,可放出三氧化硫、二氧化硫或氧气,残留物为二氧化锰或四氧化三锰。可形成多种水合物,均溶于水,不溶于醇。除一水合物几乎无色外,其余均为淡红色晶体。加热至 280℃以上,都可失去全部结晶水成为无水物。制备:可用二氧化锰与硫酸或硫酸亚铁共热,或用软锰矿与煤粉还原焙烧再经硫酸酸解制得。用途:可作为催化剂、油漆催干剂、肥料、锰盐原料、分析试剂,可用于电解锰、染色、造纸、陶瓷等领域。

硫酸锰(III)(manganese(III) sulfate)　化学式 $Mn_2(SO_4)_3$,分子量 398.06。暗绿色六方系晶体。密度 3.24 g/cm^3。溶于盐酸,不溶于浓硫酸、硝酸。易潮解,变为紫色液体。可在水中水解为碱式盐。制备:由浓硫酸与高锰酸钾在严格控制温度下反应制得。

硫酸亚铁(ferrous sulfate)　亦称"绿矾"。CAS 号 7282-63-0。化学式 $FeSO_4 \cdot 7H_2O$,分子量 278.02。蓝绿色单斜系晶体或颗粒。熔点 64℃,密度 1.897 g/cm^3。溶于水、甲醇,几乎不溶于乙醇。其水溶液冷时在空气中缓慢氧化,加热时较快氧化,加入碱或光照能加速其氧化。在干燥空气中风化。加热至 56.8℃失去 1 分子结晶水,64℃时失去 6 分子结晶水,300℃变成白色粉末状无水物。制备:可由铁粉与稀硫酸或硫酸铜反应制得。用途:可用作媒染剂、除草剂、木材防腐剂、净水剂、煤气净化剂、缺铁性贫血的补血剂、植物的杀菌剂,可用于制备氧化铁、蓝黑墨水、农药等。

硫酸铁(ferric sulfate)　亦称"硫酸高铁"。CAS 号 10028-22-5。化学式 $Fe_2(SO_4)_3$,分子量 399.86。浅黄色粉末。密度 3.097 g/cm^3。对光敏感,易吸湿。在水中溶解缓慢,但在水中有微量硫酸亚铁时溶解较快,微溶于乙醇,几乎不溶于丙酮和乙酸乙酯。水溶液呈酸性,加热其稀溶液至沸腾,可生成碱式盐。加热至 480℃分解为三氧

化硫和三氧化二铁。常见为九水合物,受热后可得无水物。制备:可由硫酸与氢氧化铁,或氧化铁与稀硫酸反应,或由硝酸与黄铁矿反应制得。用途:可作为媒染剂、净水剂、分析试剂、工业中的除杂剂,可用于制备颜料、药物等。

硫酸钴(cobalt(II) sulfate)　CAS 号 10124-43-3。化学式 $CoSO_4$,分子量 154.997。深蓝色立方系晶体。熔点 735℃,密度 3.71 g/cm^3。一水合物为红色晶体,密度 3.075 g/cm^3。六水合物为红色单斜系晶体,密度 2.019 g/cm^3,存在于自然界矿石中,加热至 95℃时失去 2 分子结晶水。七水合物亦称"赤矾",桃红色单斜晶体,熔点 96.8℃,密度 1.948 g/cm^3,微溶于乙醇,溶于甲醇和水。制备:由碳酸钴或氢氧化钴与硫酸反应制得。用途:可作为催化剂、泡沫稳定剂、催干剂,用于电镀钴、制蓄电池、颜料、陶瓷、搪瓷、釉彩等领域。

硫酸高钴(cobalt(III) sulfate)　化学式 $Co_2(SO_4)_3 \cdot 18H_2O$,分子量 730.31。蓝绿色晶体。熔点 35℃(分解)。溶于稀硫酸,不溶于吡啶。是一种强氧化剂,极不稳定。在冰水中迅速分解,放出氧气并生成硫酸钴。与氢氧化钠溶液反应生成氢氧化钴。在干燥空气中加热迅速分解。制备:将硫酸钴溶于 40% 的硫酸形成饱和溶液进行电解,或用臭氧处理硫酸钴制得。

硫酸镍(nickel sulfate)　亦称"硫酸亚镍"。CAS 号 7786-81-4。化学式 $NiSO_4$,分子量 154.757。黄色粉状物或柠檬黄色晶体,密度 3.6 g/cm^3。溶于水,难溶于乙醇、乙醚、丙酮。加热至 840℃分解放出二氧化硫。六水合物为蓝色或翠绿色透明晶体。七水合物俗称"翠矾""碧矾",绿色透明晶体,密度 1.948 g/cm^3,31.5℃时失去 1 分子结晶水,99℃时溶于其结晶水中,278.4℃时失去全部结晶水。制备:蒸发硫酸镍水溶液可得六水合物,其七水合物是将 Ni、NiO、Ni(OH)$_2$、NiCO$_3$ 以稀硫酸溶解并将溶液在室温下蒸发而得,将硫酸镍水合物脱水可得无水硫酸镍。用途:大量用于镀镍和制备含镍催化剂,可作为媒染剂、油漆催干剂、金属着色剂,可用于电镀、镍电池、制取其他镍盐等。

硫酸亚铜(copper(I) sulfate)　化学式 Cu_2SO_4,分子量 223.15。白色或灰白色粉状晶体。密度 3.605 g/cm^3。溶于浓盐酸、氨水和乙酸。在水的存在下分解为硫酸铜和铜,但在干燥状态下稳定。加热时易被氧化为氧化铜和硫酸铜。制备:由铜屑和浓硫酸在 200℃反应制得。

硫酸铜(copper sulfate)　CAS 号 10257-54-2。化学式 $CuSO_4$,分子量 177.62。白色粉末,有毒! 不溶于乙醇和乙醚,易溶于水,水溶液呈蓝色,显弱酸性。密度 3.603 g/cm^3。五水合物俗称"蓝矾""胆矾",蓝色透明晶体或粉末。在常温常压下很稳定,不潮解,在干燥空气中会逐渐风化,加热至 45℃时失去 2 个结晶水,110℃时失去

4 个结晶水，258℃时失去全部结晶水，成为白色无水物粉末。无水物也易吸水转变为五水合物。将五水合物加热至 650℃，可分解为黑色氧化铜、二氧化硫及氧气。制备：由氧化铜与稀硫酸反应制得。用途：用作媒染剂、杀虫剂、杀菌剂，可用于镀铜。

硫酸锌（zinc sulfate）　CAS 号 7733-02-0。化学式 $ZnSO_4$，分子量 161.45。无色正交系晶体，密度 3.54 g/cm^3。加热至 770℃分解成氧化锌。有多种水合物。一水硫酸锌为白色粉状结晶，密度 3.31 g/cm^3，加热至 280℃失水成为无水物。六水硫酸锌为无色单斜或四方系晶体，密度 2.07 g/cm^3，加热至 70℃失去 5 个结晶水成为一水硫酸锌。七水硫酸锌最常见，俗称"皓矾"，无色斜方系晶体或白色晶粉。密度 1.96 g/cm^3。在干燥空气中逐渐风化，39℃时失去 1 个结晶水成为六水硫酸锌。硫酸锌易溶于水，水溶液显弱酸性，能溶于甘油，微溶于乙醇。可与硫酸钾形成复盐。制备：将金属锌或氧化锌溶于稀硫酸中，结晶可得到七水硫酸锌；再加热脱水可得其他种类硫酸锌。用途：可作为织物媒染剂、木材防腐剂、皮革保存剂、颜料催干剂，可用于制取锌盐、锌钡白、医药、电解、电镀等领域。

硫酸镓（gallium sulfate）　CAS 号 13494-91-2。化学式 $Ga_2(SO_4)_3 \cdot 18H_2O$，分子量 751.90。无色六方系晶体，其无水物为白色粉末。有吸湿性，易溶于水，溶于 60% 乙醇，不溶于醚。和一价的碱金属硫酸盐容易形成复盐。加热时分解成氧化镓和三氧化硫。制备：由镓的氧化物或氯化物与硫酸反应而得。用途：可作为分析化学中镓的参比物。

硫酸铷（rubidium sulfate）　CAS 号 7488-54-2。化学式 Rb_2SO_4，分子量 267.00。无色晶体。熔点 1 060℃，沸点约 1 700℃，密度 3.613 g/cm^3、2.53^{1100} g/cm^3。溶于水，微溶于氨水，不溶于乙酸。制备：由氢氧化铷或硝酸铷溶液与硫酸反应制得。

硫酸锶（strontium sulfate）　CAS 号 7759-02-6。化学式 $SrSO_4$，分子量 183.68。天然矿物称"天青石"。无色正交系晶体。熔点 1 605℃，密度 3.96 g/cm^3。微溶于水、酸，不溶于乙醇、稀硫酸。经灼烧可失去三氧化硫生成碱性物质。在氢气中加热时可被还原成硫化锶。在灼热时可被硫或潮湿的一氧化碳还原为硫化锶。溶于浓硫酸可得酸式盐。制备：由锶的硫化物在氧的气氛中加热，或由可溶性锶盐与硫酸钠溶液反应制得。用途：可作为测定钡的试剂，可用于烟火、造纸、陶瓷、玻璃、颜料等领域。

硫酸钇（yttrium(III) sulfate）　CAS 号 7446-33-5。化学式 $Y_2(SO_4)_3$，分子量 465.99。白色粉末，密度 2.52 g/cm^3。八水合物为粉红色单斜系晶体，密度 2.558 g/cm^3。可溶于水，其溶解度随温度的升高而降低。可溶于浓硫酸，不溶于乙醇、碱。溶于浓硫酸及碱金属硫酸盐溶液可生成配合物。八水合物 120℃变为无水物，700℃分解。制备：向硝酸钇溶液中加入稀硫酸后结晶制得八水合物，再将后者加热脱水制得无水物。

硫酸锆（zirconium sulfate）　CAS 号 14644-61-2。化学式 $Zr(SO_4)_2 \cdot 4H_2O$，分子量 355.41。白色正交系晶体或粉末。密度 3.22^{16} g/cm^3。易溶于水，并放出大量的热，水溶液显酸性，室温下溶液静置时会析出 $4ZrO_2 \cdot 3SO_3 \cdot 15H_2O$ 沉淀，称为"豪泽盐"。随着溶液浓度下降和 pH 的增高，可形成碱式硫酸锆。135～150℃时失去 3 分子结晶水，450℃以上失去全部结晶水，高于 800℃分解出二氧化锆。制备：将二氧化锆或氯化氧锆与浓硫酸共热制得。用途：可作为减磨剂、润滑剂、皮革鞣剂、催化剂载体、铅蓄电池电极板的改进剂、鱼油脱臭剂、蛋白质的沉淀剂等。

硫酸铑（rhodium sulfate）　CAS 号 10489-46-0。化学式 $Rh_2(SO_4)_3$，分子量 494.00。砖红色粉末。微溶于水。受热 500℃以上分解。大量水中沸煮时生成淡黄色的碱式硫酸铑。有多种水合物，其中四水合物和十五水合物最为常见。四水合物为红褐色玻璃状物质，吸湿性较强，208℃分解成暗褐色物质。十五水合物为淡黄色粉末，遇热则分解。溶于冷水，遇热水分解，不溶于醇和醚。硫酸铑溶液与氯化钡作用生成硫酸钡沉淀，与氢氧化钾作用生成氢氧化铑沉淀，可与 K^+、NH_4^+、Rb^+、Cs^+、Tl^+ 的硫酸盐形成复盐。制备：由氢氧化铑溶于热稀硫酸，蒸干溶液得无水盐；蒸发结晶得四水合物；真空中蒸发结晶或向溶液中加入乙醇得十五水合物。用途：可用于电镀。

硫酸亚钯（palladium(II) sulfate）　CAS 号 13566-03-5。化学式 $PdSO_4 \cdot 2H_2O$，分子量 238.514。红褐色晶体。一水合物为橄榄绿色固体。易潮解，易溶于冷水，在热水中分解。干燥的二水合物受热后变为一水合物或无水物。制备：将钯溶于硝酸和浓硫酸的混合溶液后蒸发，或由硝酸亚钯或水合一氧化钯与硫酸共沸制得。用途：可用作催化剂、化学试剂。

硫酸银（silver sulfate）　CAS 号 10294-26-5。化学式 Ag_2SO_4，分子量 311.79。无色正交系晶体或白色晶体粉末，见光逐渐变灰。熔点 657℃，沸点 1 085℃（分解），密度 5.45 g/cm^3。微溶于水，能溶于硝酸、浓硫酸、氨水，不溶于乙醇。制备：由硝酸银溶液与硫酸或硫酸钠溶液反应制得。用途：可用于亚硝酸盐、磷酸盐、钒酸盐的比色测定以及氟的测定。

硫酸镉（cadmium sulfate）　CAS 号 10124-36-4。化学式 $CdSO_4$，分子量 208.47。白色粉状物，有毒！熔点 1 000℃，密度 4.691 g/cm^3。一水合物为单斜系晶体，密度 3.79 g/cm^3，108℃转变为无水物，在 41.5～108℃间稳定。七水合物为无色单斜系晶体，密度 2.48 g/cm^3。其八分之三水合物为无色单斜系晶体，密度 3.09 g/cm^3，在 4～41.5℃间稳定。溶于水，不溶于乙醇、丙酮、氨水。制备：将氧化镉、碳酸镉或硫化镉溶于硫酸溶液中,浓缩并加乙醇可得硫酸镉的水合物;通过硫酸二甲酯与细粉状的碳酸镉、硝酸镉或氧化镉反应可得无水硫酸镉。用途：是电镀工业酸性镀镉法中电镀液的主要成分。还可用于医药、化学分析、制造其他镉盐、制镉标准电池等。

硫酸铟(indium sulfate) CAS 号 13464-82-9。化学式 $In_2(SO_4)_3$,分子量 517.83。白灰色粉末。密度 3.438 g/cm^3。溶于水。高温下分解成氧化铟。九水合物为单斜系柱状晶体,熔点 250℃(分解),密度 3.44 g/cm^3。易潮解。制备：由金属铟或氢氧化铟与硫酸反应制得。用途：用于镀铟。

硫酸亚锡(tin(II) sulfate) CAS 号 7488-55-3。化学式 $SnSO_4$。分子量 214.77。白色或略带黄色粉状晶体。能溶于水和硫酸。在水中溶解度随温度升高而降低。与氨溶液作用得碱式硫酸亚锡($Sn_3(OH)_2OSO_4$)。在浓硫酸中加热至 200℃时生成硫酸锡。加热至 360℃时分解放出二氧化硫。制备：由锡或氧化亚锡溶于硫酸,或将锡与硫酸铜溶液反应制得。用途：可用于镀锡和制取亚锡的盐类。

硫酸锡(tin(IV) sulfate) 化学式 $Sn(SO_4)_2 \cdot 2H_2O$,分子量 346.84。白色六方系晶体。在空气中易吸潮变成无色透明液体。溶于乙醚和稀酸,极易溶于水中。遇水完全水解为水合二氧化锡沉淀,配溶液时需加硫酸抑制水解。制备：由新制备的水合二氧化锡(IV)与稀硫酸反应制得。

硫酸亚锑(antimony(III) sulfate) CAS 号 7446-32-4。化学式 $Sb_2(SO_4)_3$,分子量 531.71。白色吸潮性粉末或颗粒。密度 3.625 g/cm^3。溶于酸,不溶于乙醇。遇热水分解。熔化时分解。制法：由氧化亚锑与硫酸反应制得。用途：可作炸药和火药。

硫酸铯(cesium sulfate) CAS 号 10294-54-9。化学式 Cs_2SO_4,分子量 361.875。无色正交系或六方系晶体。熔点 1010℃,密度 4.243 g/cm^3。溶于水,不溶于乙醇、丙酮。600℃时由正交晶系转变成六方晶系。制备：用硫酸与碳酸铯反应,经重结晶提纯制得。用途：用作分析试剂;可与钒或五氧化二钒一起作为氧化二氧化硫的催化剂;还可用于酿造、制矿泉水,以及超级离心分离中的密度分级。

硫酸钡(barium sulfate) CAS 号 7727-43-7。化学式 $BaSO_4$,分子量 233.39。矿物俗称"重晶石"。白色正交系晶体。熔点 1580℃,密度 4.50 g/cm^3。不溶于水、醇、稀酸类,能溶于热浓硫酸、热亚硫酸。是唯一无毒的钡盐。能强烈吸收 X 射线。与碳共热至 800℃,可被还原为硫化钡。制备：由可溶性钡盐与硫酸或硫酸盐反应制得。用途：可用做消化道 X 射线透视造影检查时的吞服剂(钡餐)、优级白色颜料(钡白)、橡胶和造纸等工业中的填充剂等。

硫酸镧(lanthanum sulfate) CAS 号 10099-60-2。化学式 $La_2(SO_4)_3$,分子量 566.00。白色粉末。密度 3.60 g/cm^3。易潮解。稍溶于冷水,溶解度随水温度升高而下降。不溶于丙酮。在硫酸中生成 $La(HSO_4)_3$,在硫化氢气流下加热可生成硫化物。热至 1150℃分解为氧化镧和三氧化硫。常见为其八水合物,六方系晶体。密度 2.82 g/cm^3。500℃时脱水转变成无水盐,700℃时生成碱式盐。与碱金属硫酸盐可生成各种硫酸复盐。制备：由氢氧化镧或氧化镧溶于硫酸中制得。用途：可作为防腐剂、分析试剂、测定镧原子量的基准物质。

硫酸亚铈(cerium(III) sulfate) CAS 号 10450-59-6。化学式 $Ce_2(SO_4)_3$,分子量 568.42。无色正交系晶体。密度 3.91 g/cm^3。加热到 920℃时分解。通常有三种水合物。五水合物为淡绿色单斜系晶体,密度 3.17 g/cm^3。八水合物为粉红色晶体,密度 2.89 g/cm^3。九水合物为淡红色六方系晶体,密度 2.83 g/cm^3。无水物及水合物均溶于水,溶解度随温度的升高而减少,也溶于稀酸。存在于独居石中。制备：可由硫酸高铈在酸性溶液中用过氧化氢或草酸钠等还原剂还原制得。用途：可作为苯胺黑的显色剂、光学玻璃抛光材料等。

硫酸铈(cerium(IV) sulfate) CAS 号 17106-39-7。化学式 $Ce(SO_4)_2 \cdot 2H_2O$,分子量 332.24。深黄色晶体。密度 3.91 g/cm^3。在 195℃时分解为二氧化铈和三氧化硫。其四水合物为黄色斜方系晶体,密度 3.91 g/cm^3。热至 155℃失去结晶水变为无水盐。两者都易溶于冷水和热酸溶液,在沸水中水解析出碱式硫酸铈沉淀。为强氧化剂,可将 Cr^{3+} 氧化成 CrO_4^{2-}。可使棉花纤维显浅红色。与碱金属硫酸盐在硫酸化的溶液中浓缩可得复盐。制备：将二氧化铈与浓硫酸共热,或电解硫酸铈的硫酸化溶液制得。用途：可用作强氧化剂、示踪剂、分析试剂、防水剂、防霉剂、照相减薄剂。可用于制备苯胺黑,测定亚硝酸盐、碘化物、亚铁盐等。

硫酸镨(praseodymium sulfate) CAS 号 10277-44-8。化学式 $Pr_2(SO_4)_3$。分子量 570.01。浅绿色粉末。密度 3.72 g/cm^3。八水合物为绿色单斜系晶体,密度 2.827 g/cm^3。五水合物为绿色单斜系晶体,密度 3.176 g/cm^3。三者都溶于冷水,微溶于热水。制备：由氧化镨溶于过量硫酸制得,加热蒸发后用 P_2O_5 干燥得无水盐,后者的水溶液在水浴上蒸发得五水合物,在 15～17℃蒸发得八水合物。用途：可用于制有色玻璃。

硫酸钕(neodymium(III) sulfate) CAS 号 10101-95-8。化学式 $Nd_2(SO_4)_3 \cdot 8H_2O$,分子量 720.79。单斜系晶体。熔点 1176℃,密度 2.85 g/cm^3。能溶于冷水,稍溶于热水。无水物为红色针状晶体。五水合物加热至 300℃可成无水物。八水合物是含水盐中最稳定的。制备：用硫酸处理草酸钕，经重结晶而得。用途：用于制脱色玻璃、焊工护目镜用玻璃等。

硫酸钐（samarium(III) sulfate） CAS 号 15123-65-6。化学式 $Sm_2(SO_4)_3 \cdot 8H_2O$，分子量 733.01。淡黄色晶体。密度 2.93 g/cm^3。溶于水。受热至 105℃失去 3 分子结晶水，450℃失去全部结晶水，在 900℃分解为碱式硫酸钐，在 1 100℃分解为氧化钐。与碱金属的盐溶液混合生成不溶性复盐。制备：由氧化钐溶于硫酸制得。用途：可用于制核反应器。

硫酸铕（europium(II) sulfate） 化学式 $EuSO_4$，分子量 248.1。无色正交系晶体。密度 4.989 g/cm^3。溶于冷水，微溶于热水，不溶于稀酸。八水合物为浅红色单斜系晶体，加热至 375℃失去全部结晶水。制备：用稍过量的硫酸处理硝酸铕溶液，然后将其加到大量无水乙醇中使之析出晶体；或将三氧化二铕溶于稀硫酸，然后蒸干制得。用途：可用于制红外线感光磷光体。

硫酸钆（gadolinium sulfate） CAS 号 155788-75-3。化学式 $Gd_2(SO_4)_3$，分子量 602.68。无色晶体。密度 4.139 g/cm^3。500℃时分解。八水合物为无色单斜系柱状晶体，密度 3.010 g/cm^3。加热到 400℃可得无水物。微溶于热水，较易溶于冷水。制备：将氧化钆、氢氧化钆或碳酸钆与热硫酸溶液反应制得。

硫酸铽（terbium sulfate） CAS 号 13842-67-6。化学式 $Tb_2(SO_4)_3 \cdot 8H_2O$，分子量 750.16。白色晶体。溶于水，不溶于乙醇。加热至 360℃时完全失去结晶水。制备：将氢氧化铽溶解在硫酸中制得。用途：曾用于分级结晶。

硫酸镝（dysprosium sulfate） CAS 号 10031-50-2。化学式 $Dy_2(SO_4)_3 \cdot 8H_2O$，分子量 757.31。亮黄色单斜系晶体。密度 3.119 g/cm^3。能溶于水，在热水中少量水解，水溶液显酸性。不溶于乙醇。在 110℃仍稳定，加热至 360℃失去全部结晶水。制备：由三氧化二镝溶于硫酸溶液，或由硝酸镝溶液中加入硫酸后经蒸发浓缩制得。

硫酸钬（holmium sulfate） CAS 号 15622-40-9。化学式 $Ho_2(SO_4)_3$，分子量 618.05。在日光下为黄色粉末，在荧光灯下为粉红色粉末。能溶于水。制备：将氧化钬溶于硫酸，经蒸发结晶制得。

硫酸铒（erbium sulfate） CAS 号 13478-49-4。化学式 $Er_2(SO_4)_3$，分子量 622.74。白色吸湿性粉末。密度 3.678 g/cm^3。溶于水。八水合物为红色单斜系柱状晶体。密度 3.18 g/cm^3。溶于水。125℃开始分解，400℃时失去全部结晶水，加热至 950℃分解成氧化铒。制备：由氧化铒、氢氧化铒或碳酸铒溶于稀硫酸制得。

硫酸铥（thulium(II) sulfate） CAS 号 13778-40-0。化学式 $Tm_2(SO_4)_3 \cdot 8H_2O$，分子量 770.18。带淡绿色的白色晶体。溶于水，不溶于乙醇。制备：用硫酸溶解氧化铥制得。

硫酸镱（ytterbium(III) sulfate） CAS 号 13469-97-1。化学式 $Yb_2(SO_4)_3$，分子量 634.26。无色晶体。密度 3.793 g/cm^3。热至 900℃直接分解为氧化镱。八水合物为棱柱晶体，密度 3.286 g/cm^3。热至 250℃失去结晶水变为无水盐。两者都易溶于冷水，能溶于热水。制备：由氧化镱与硫酸溶液反应制得。

硫酸镥（lutetium(III) sulfate） CAS 号 13473-77-3。化学式 $Lu_2(SO_4)_3 \cdot 8H_2O$，分子量 782.25。无色晶体。密度 3.333 g/cm^3。易溶于水。热至 260℃失去结晶水变为无水盐，在 950℃直接分解为氧化镥。制备：由氧化镥溶于稀硫酸制得。

硫酸铪（hafnium sulfate） CAS 号 15823-43-5。化学式 $HfSO_4$，分子量 274.55。白色立方系晶体。制备：将金属铪溶于硫酸溶液中制得其水合物，加热到 200℃左右可制得无水物。

硫酸铱（iridium(III) sulfate） 化学式 $Ir_2(SO_4)_3 \cdot xH_2O$。黄色晶体。溶于冷水。加热分解。制备：将 $Ir_2O_3 \cdot nH_2O$ 在隔绝空气的条件下溶解在硫酸中制得。

硫酸亚汞（mercury(I) sulfate） CAS 号 7783-36-0。化学式 Hg_2SO_4，分子量 497.24。白色或微黄色单斜系棱晶，见光则变灰色，有毒！密度 7.56 g/cm^3。微溶于水，稍溶于冷的硫酸中，易溶于稀硝酸及热的稀硫酸中。水解生成更难溶的黄绿色碱式盐。受热颜色加深并熔化成深红棕色液体，冷却又变为白色。高温分解并部分升华。制备：由硝酸亚汞溶液与硫酸反应制得。用途：可用于合成催化剂、制电池等。

硫酸汞（mercury(II) sulfate） CAS 号 7783-35-9。化学式 $HgSO_4$，分子量 296.65。无色晶体或白色粉末，有毒！有潮解性。熔点 850℃（分解），密度 6.47 g/cm^3。易溶于水，溶于盐酸、热稀硫酸、浓氯化钠溶液。不溶于氨水、乙醇、丙酮。加入大量水稀释，水解为黄色碱式硫酸汞沉淀。并能与碱金属硫酸盐生成种种复盐。加热经黄色变为红褐色，赤热则分解为二氧化硫、氧和汞。制备：用硫酸溶解氧化汞制得。用途：可用于从黄铜矿中提取黄金及白银、乙炔制乙醛或定氮的催化剂、电池电解液、制药等。

硫酸亚铊（thallium(I) sulfate） CAS 号 7446-18-6。化学式 Tl_2SO_4，分子量 504.83。白色晶体，剧毒！熔点 632℃，密度 6.77 g/cm^3。微溶于冷水，易溶于热水。加热时不分解但升华。制备：将金属铊或氢氧化铊(I)溶于稀硫酸制得。用途：可用于在氯存在下检测碘，还可用于生产医药、农药、合金、玻璃抗震剂等。

硫酸铊(III)（thallium(III) sulfate） 化学式 $Tl_2(SO_4)_3 \cdot 7H_2O$，分子量 823.03。无色晶体，剧毒！密度 6.77 g/cm^3。溶于水。制备：由金属铊与硫酸共热制

得。用途：可用作杀鼠剂、化学试剂。

硫酸铅（lead sulfate）　亦称"铅矾"。CAS 号 7446-14-2。化学式 $PbSO_4$，分子量 303.25。白色单斜系或正交系晶体或粉末，有毒！熔点 1 170℃，密度 6.20 g/cm^3。微溶于水、热浓硫酸、浓盐酸、浓硝酸、浓碱液、乙酸铵、酒石酸铵等，难溶于乙醇、稀硫酸。制备：由一氧化铅与硫酸反应，或由可溶性铅盐溶液与稀硫酸反应制得。工业上采用氧化铅粉末悬浮于水中加入足量硫酸，并加入少量乙酸作催化剂制得。用途：可用于颜料、蓄电池、油漆等领域。

硫酸铋（bismuth sulfate）　CAS 号 7787-68-0。化学式 $Bi_2(SO_4)_3$，分子量 706.14。白色针状晶体，易潮解。密度 5.08 g/cm^3。可溶于浓硝酸和浓盐酸。遇水或醇分解为碱式盐。在 100℃时与水形成三水合物。加热至 405℃放出三氧化硫。与水煮沸时分解为碱式硫酸铋。制备：将氧化铋溶于热浓硫酸中，或溶于硝酸并加入硫酸后浓缩制得。用途：可作为药物和金属硫酸盐的分析试剂。

硫酸钋（polonium disulfate）　化学式 $Po(SO_4)_2$，分子量 402.17。红紫色固体。易溶于稀盐酸，不溶于乙醇、乙醚等有机溶剂。易水解为碱式硫酸钋。100℃时，在一定浓度的硫酸中可被羟胺还原为二价钋的硫酸盐（该盐仅存于溶液中）。550℃分解为二氧化钋。制备：由钋化物或二氧化钋与硫酸反应制得。

硫酸镭（radium sulfate）　CAS 号 7446-16-4。化学式 $RaSO_4$，分子量 322.09。白色晶体，带杂质时有色。有毒及放射性！微溶于水，不溶于乙醇。性质与硫酸钡相似。制备：将氢氧化镭或氧化镭溶于硫酸制得。

硫酸钍（thorium sulfate）　CAS 号 10381-37-0。化学式 $Th(SO_4)_2 \cdot 8H_2O$，分子量 568.29。白色晶态粉末，有放射性！密度 2.8 g/cm^3。难溶于水，易溶于冰水。42℃时八水合物转变为四水合物，400℃得无水物，600℃以上分解为二氧化钍。制备：由氢氧化钍或碳酸钍与化学计量比的硫酸反应制得。用途：可用作化学试剂、催化剂等。

硫酸铀（uranium(IV) sulfate）　CAS 号 13470-23-0。化学式 $U(SO_4)_2 \cdot 4H_2O$，分子量 502.22。绿色正交系晶体，有放射性！溶于水、稀酸，300℃时失去 4 分子水。制备：可由四氯化铀与硫酸反应，或由硫酸铀酰溶液与硫代硫酸钠溶液反应制得。

硫酸钚（plutonium sulfate）　化学式 $Pu(SO_4)_2$，分子量 434.12。桃红色晶体，强放射性！溶于稀的无机酸。四水合物为淡粉红色针状晶体。化学性质极稳定。样品贮存于普通玻璃瓶中，在相对湿度为 40%～65% 气氛下，可稳定 28 个月。制备：用 Pu(IV) 盐溶液与过量硫酸反应制得。用途：可用作分析钚的标准试剂。

硫酸铵（ammonium sulfate）　亦称"硫铵"。CAS 号 7783-20-2。化学式 $(NH_4)_2SO_4$，分子量 132.14。纯品为无色正交系晶体，工业品可呈白色、微黄色、青色、暗褐色。熔点 146.9℃，密度 1.769 g/cm^3。易溶于水，溶液呈酸性，不溶于乙醇、丙酮、液氨、二硫化碳。可与强碱反应释放出氨。在 336～339℃熔融，可经硫酸氢铵转变为焦硫酸铵。封闭加热时熔点为 513℃，敞开加热至 100℃时开始分解成酸式硫酸铵。制备：工业上主要由硫酸与氨反应制得。用途：广泛用作化肥，还可作为沉淀剂、掩蔽剂、生物制剂、面团调节剂、酵母养料、分析试剂、电解质、微生物培养基、织物防火剂、电镀或化学镀溶液的添加剂，可用于化工、染织、医药、皮革等领域。

硫酸氢锂（lithium hydrogen sulfate）　化学式 $LiHSO_4$，分子量 104.01。无色棱柱状晶体。熔点 120℃，密度 2.123 g/cm^3。在水中分解。制备：由氢氧化锂与硫酸反应制得。

硫酸氢钠（sodium bisulfate）　亦称"酸式硫酸钠""重硫酸钠"。CAS 号 7681-38-1。化学式 $NaHSO_4$。分子量 120.06。无色三斜系晶体。密度 2.435 g/cm^3。易溶于水，水溶液呈酸性。加热至 315℃分解。一水合物为无色单斜晶体，熔点 58.5℃，密度 2.103 g/cm^3。溶于水，其水溶液呈酸性。微溶于乙醇，不溶于液氨。186℃失水得到无水物，继续加热则转变为焦硫酸钠，再加强热可进一步分解为硫酸钠和三氧化硫。制备：由硫酸钠与硫酸反应制得。用途：可用作助熔剂、助染剂、消毒剂，可用于矿物分析、制硫酸盐等。

硫酸氢钾（potassium hydrogen sulfate）　亦称"酸式硫酸钾""重硫酸钾"。CAS 号 7646-93-7。化学式 $KHSO_4$，分子量 136.17。无色晶体。熔点为 214℃，密度 2.322 g/cm^3。易溶于水，水溶液呈强酸性。不溶于乙醇和丙酮。高温时失水生成焦硫酸钾，继续加热可分解为硫酸钾和三氧化硫。制备：可由硫酸钾与硫酸共热制得。用途：可作为防腐剂、助熔剂、化学试剂。

硫酸氢铁（iron(III) hydrogen sulfate）　化学式 $Fe_2O_3 \cdot 4SO_3 \cdot 9H_2O$，分子量 642.08。白色至粉红色粉末。密度 2.172 g/cm^3。溶于冷水，微溶于无水乙醇中。加热至 80℃失去 6 分子水。

硫酸氢铷（rubidium hydrogen sulfate）　化学式 $RbHSO_4$，分子量 182.54。无色菱形晶体。密度 2.892 g/cm^3。易溶于水，水溶液呈强酸性。加热未到红热时即熔化，继续加热则转变为焦硫酸铷。制备：由硫酸和氢氧化铷或氯化铷反应制得。

硫酸氢锶（strontium hydrogen sulfate）　亦称"酸式硫酸锶"。化学式 $Sr(HSO_4)_2$，分子量 281.76。无色固体。溶于硫酸。加热及在水中分解。制备：由硫酸锶溶液与浓硫酸反应并加入硫酸钾制得。

硫酸氢铯（cesium hydrogen sulfate）　CAS 号 7789-16-4。化学式 $CsHSO_4$，分子量 229.97。无色正交系

菱形晶体。密度 3.352 g/cm³。溶于水，水溶液呈强酸性。受热熔融后分解。制备：由硫酸和氢氧化铯或氯化铯反应制得。

硫酸氢亚铊（thallium(I) hydrogen sulfate）　亦称"酸式硫酸铊"。化学式 $TlHSO_4$，分子量 301.45。白色粉末。熔点 115～120℃。稍有吸湿性。易溶于稀硫酸。高于 120℃分解。制备：将硫酸亚铊溶于硫酸，依硫酸浓度的不同，可析出 $TlHSO_4$ · $Tl_3H(SO_4)_2$ 等。用途：用作化学试剂。

硫酸氢铵（ammonium hydrogen sulfate）　亦称"重硫酸铵""酸性硫酸铵"。CAS 号 7803-63-6。化学式 NH_4HSO_4，分子量 115.11。无色菱形晶体。易潮解。熔点 146.9℃，密度 1.788 g/cm³。易溶于水，微溶于乙醇，难溶于丙酮。制备：由硫酸与氨作用制取。用途：可用于制胃药、电子工业等。

甲醛合次硫酸氢钠（sodium bissulfoxylate formaldehyde）　亦称"吊白块"。CAS 号 149-44-0。化学式 $NaHSO_2$ · CH_2O · $2H_2O$，分子量 154.12。白色块状或结晶性粉末。极溶于水，能溶于乙醇、碱溶液。沸点前及遇酸分解。水溶液在 60℃以上就开始分解出有害物质。120℃下分解产生甲醛、二氧化硫和硫化氢等有毒气体。制备：可由焦亚硫酸钠、锌粉、甲醛在反应釜中反应制得。用途：可作为工业漂白剂、拔染剂、还原剂、丁苯橡胶聚合活化剂、感光照相材料助剂，可用于染料、橡胶工业、医药工业等。

硫酸联氨（hydrazine sulfate）　亦称"硫酸肼"。CAS 号 10034-93-2。化学式 N_2H_4 · H_2SO_4，分子量 130.13。红色鳞状晶体或正交系无味晶体。熔点 254℃，密度 1.37 g/cm³。吸湿性弱。溶于水，水溶液呈酸性，不溶于乙醇和乙醚。在空气中很稳定。有强烈的还原作用。易与碱和氧化剂反应。加热分解。制备：由肼与硫酸反应制得。用途：可用作还原剂、杀虫剂、灭菌剂。可用于重量法测定镍、钴、镉，提纯稀有金属，分离钋与碲，沉淀氯酸盐、次氯酸盐和羧基化合物，制异烟肼、呋喃西林、无水肼、盐酸肼等。

硫酸羟胺（sulfate hydroxylamine）　亦称"硫酸胲"。CAS 号 10039-54-0。化学式 $(NH_2OH)_2$ · H_2SO_4，分子量 164.14。无色单斜系晶体。熔点 170～176℃。有腐蚀性。溶于水、浓氨水、乙醚，微溶于乙醇。有强还原性。制备：将亚硝酸钠加到亚硫酸钠溶液中，再加入硫酸；或由二羟胺二磺酸钠水解；也可由盐酸羟胺与硫酸的混合物蒸发浓缩制得。用途：可用作分析试剂、防氧化剂、橡胶助剂、金属处理剂、纤维改质剂，可用于农药、医药、摄影、皮革等领域。

硫酸锂钠（sodium lithium sulfate）　化学式 $Na_3Li(SO_4)_2$ · $6H_2O$，分子量 376.12。无色双三方系晶体。密度 2.009 g/cm³。能溶于水。加热至 50℃时失去 6 分子结晶水。制备：由化学计量比的硫酸锂与硫酸钠的混合溶液经低温结晶制得。

硫酸氧钛（titanyl sulfate）　亦称"硫酸钛酰"。CAS 号 13825-75-6。化学式 $TiOSO_4$，分子量 159.93。黄色晶状粉末，一水合物为透明晶体，二水合物为白色柔软的针状晶体。可溶于水同时水解，放置后即变为混浊。不稳定，受热即分解为二氧化钛和二氧化硫。制备：将偏钛酸溶于一定浓度的硫酸制得。用途：可用作媒染剂、钝化剂。

硫酸钒酰（vanadyl sulfate）　亦称"硫酸氧钒"。CAS 号 12439-96-2。化学式 $VOSO_4$，分子量 163.00。蓝色晶体粉末。易溶于水。制备：在冷硫酸溶液中用二氧化硫还原五氧化二钒制得。用途：用作织物的媒染剂、还原剂，可用于制造有色玻璃、陶瓷、催化剂等。

硫酸铀酰（uranyl sulfate）　亦称"硫酸二氧铀"。CAS 号 12384-63-3。化学式 UO_2SO_4 · $3H_2O$，分子量 420.14。黄或黄绿色晶体。密度 3.28 g/cm³。溶于水、浓硫酸及浓盐酸。与碱金属硫酸盐、硫酸铵以及含氮原子的配体易形成配合物。与硫化氢和氢的混合物共热可得二氧化铀。100℃开始失水，300℃以上得无水物，高温分解为八氧化三铀。制备：由三氧化铀与硫酸溶液反应制得。用途：广泛用于炼铀工艺中。

硫酸铵钠（sodium ammonium sulfate）　亦称"硫酸钠铵"。化学式 $NaNH_4SO_4$ · $2H_2O$，分子量 173.12。无色正交系晶体。熔点 80℃，密度 1.63 g/cm³。溶于水。在硫酸干燥器中失去结晶水。溶液在-16℃时析出四水合物。在 20～42℃稳定，80℃时分解放出氨。制备：由硫酸钠和硫酸铵的混合水溶液作用而得。

硫酸镁钠（sodium magnesium sulfate）　化学式 Na_2SO_4 · $MgSO_4$ · $4H_2O$，分子量 334.48。天然矿物称"白钠镁矾"。无色单斜系晶体。密度 2.23 g/cm³。能溶于水。制备：从等摩尔的硫酸钠和硫酸镁的混合溶液中结晶制得。

硫酸镁钾（potassium magnesium sulfate）　亦称"无水钾镁矾"。CAS 号 13826-56-7。化学式 K_2SO_4 · $2MgSO_4$，分子量 415.01。白色四面体晶体。熔点 927℃，密度 2.829 g/cm³。六水合物亦称"软钾镁矾石"，无色单斜系晶体，熔点 72℃，密度 2.15 g/cm³。易溶于水。制备：将无水的组分盐熔融，或将等摩尔组分盐的水溶液加热至 60℃以上蒸发结晶制得。用途：可用作肥料。

硫酸镁铷（rubidium magnesium sulfate）　亦称"硫酸镁合硫酸铷""硫酸镁·硫酸铷·水（1∶1∶6）"。化学式 Rb_2SO_4 · $MgSO_4$ · $6H_2O$，分子量 495.47。无色晶体。密度 2.386 g/cm³。溶于水。制备：将等摩尔的两种组分盐溶液经蒸发结晶制得。

硫酸镁铯（cesium magnesium sulfate）　亦称"软铯

镁矾"。化学式 $Cs_2SO_4 \cdot MgSO_4 \cdot 6H_2O$，分子量 590.34。无色单斜系晶体。密度 2.676 g/cm^3。可溶于水。制备：将等摩尔的两种组分盐溶液经蒸发结晶制得。

硫酸镁亚铊（thallous magnesium sulfate）　化学式 $Tl_2SO_4 \cdot MgSO_4 \cdot 6H_2O$，分子量 733.26。白色晶体。密度 3.573 g/cm^3。易溶于水。40℃时失去 6 分子结晶水。低于赤热温度时熔化。制备：将等摩尔的两种组分盐溶液经蒸发结晶制得。

硫酸镁铵（ammonium magnesium sulfate）　亦称"镁铵矾"。CAS 号 7785-18-4。化学式 $(NH_4)_2SO_4 \cdot MgSO_4 \cdot 6H_2O$，分子量 360.60。无色单斜系晶体。熔点高于 120℃，沸点 250℃（分解），密度 1.723 g/cm^3。微溶于水，易溶于热水。与氢氧化钠溶液作用析出氢氧化镁沉淀，并放出氨气。加热至 120℃失去部分结晶水。132℃形成无水盐，高温熔化并分解。制备：由硫酸镁和硫酸铵溶液反应制得。用途：用于制革、炸药、肥料、造纸、瓷器、印染等领域。

硫酸铝铵（ammonium aluminum sulfate）　亦称"铵明矾""烧明矾"。CAS 号 7784-25-0。化学式 $NH_4Al(SO_4)_2$，分子量 237.14。无色六方系晶体。熔点 90.5℃，密度 2.45 g/cm^3。溶于水、甘油，不溶于乙醇。水溶液呈酸性，强烈灼烧时得到三氧化二铝。十二水合物为无色立方系晶体。熔点 93.5℃，沸点 120℃，密度 1.64 g/cm^3。加热至沸点时失去 10 分子结晶水，高于 280℃时分解。制备：由硫酸铵和硫酸铝反应制得。用途：可用作净水剂、软水剂、媒染剂、食品添加剂、医用收敛剂、焙粉，可用于印染、造纸、颜料等领域。

硫酸铝钠（sodium aluminum sulfate）　亦称"钠矾""钠明矾"。CAS 号 10102-71-3。化学式 $NaAl(SO_4)_2 \cdot 12H_2O$，分子量 458.27。无色有咸涩味的晶体或粉末。熔点 61℃，密度 1.675 4 g/cm^3。溶于水，不溶于乙醇。在空气中风化。制备：由硫酸钠和硫酸铝反应，或由热的硫酸铝溶液中加入氯化钠后冷却结晶制得。用途：可用作媒染剂、造纸填料、水的澄清剂、焙粉，可用于水的净化、造纸、染料、陶瓷、纺织、鞣革、医药、发酵、糖的精制等领域。

硫酸铝钾（aluminium potassium sulfate）　亦称"明矾""钾矾""钾明矾""钾铝矾"。CAS 号 10043-67-1。化学式 $AlK(SO_4)_2 \cdot 12H_2O$，分子量 474.39。具有酸涩味的无色晶体。熔点 92.5℃，密度 1.757 g/cm^3。易溶于水，其水溶液呈酸性。缓慢溶于甘油，几乎不溶于乙醇。室温下稳定，长时间保持 60～65℃将失去 9 分子结晶水，暴露于空气中则重新吸收水分而复原。约 200℃逐渐成为无水物，更高温度会放出三氧化硫。制备：可由明矾石经煅烧、萃取、结晶制得。用途：可用作糕点食品膨松剂、面粉改良剂、鱼类保鲜剂、腌制品保色剂、净水剂、媒染剂、色谱分析剂、显影坚膜剂、收敛药及催吐药，可用于造纸、制

革、色料、水泥等领域。

硫酸铝铯（aluminum cesium sulfate）　亦称"铯矾"。CAS 号 7784-17-0。化学式 $CsAl(SO_4)_2 \cdot 12H_2O$，分子量 568.18。白色晶体。熔点 122℃，密度 2.115 g/cm^3。微溶于水。利用其溶解度小的性质，可从钾矾（即"硫酸铝钾"）和铷矾（硫酸铝铷）中分出铯矾。制备：由硫酸铯和硫酸铝反应；或将铝溶解于氢氧化铯后，用硫酸中和制得。

硫酸铝亚铊（thallous aluminium sulfate）　亦称"铊铝矾"。化学式 $TlAl(SO_4)_2 \cdot 12H_2O$，分子量 639.66。八面体晶体。熔点 91℃，密度 2.306 g/cm^3。溶于水。制备：将等摩尔的硫酸亚铊和硫酸铝的混合物在水溶液中结晶制得。

硫酸钾锂（lithium potassium sulfate）　化学式 $LiKSO_4$，分子量 142.10。无色六方系晶体。密度 2.393 g/cm^3。

硫酸钾钠（potassium sodium sulfate）　亦称"钾芒硝"。化学式 $3K_2SO_4 \cdot Na_2SO_4$，分子量 664.84。有辣咸味的无色菱形晶体。密度 2.7 g/cm^3。易溶于水。存在于含碱和三氧化硫高的水泥熟料和窑灰中。制备：由硫酸钾与硫酸钠的混合溶液结晶制得。用途：用于制药工业。

硫酸钾·硫酸亚锰（1∶2）（potassium mangnous sulfate）　化学式 $K_2SO_4 \cdot 2MnSO_4$，分子量 476.20。玫瑰色四面体晶体。熔点 850℃，密度 3.02 g/cm^3。在空气中稳定。制备：由其成分盐混合物熔融而得。

硫酸钾·硫酸铁·水（1∶1∶24）（potassium iron(III) sulfate）　化学式 $K_2SO_4 \cdot Fe_2(SO_4)_3 \cdot 24H_2O$，分子量 1 006.51。黄绿色单斜系晶体。熔点 28℃，密度 1.806 g/cm^3。易在空气中风化。易溶于水。砂浴上加热即失去结晶水。在氢气流中加热，先生成水和二氧化硫，继而放出硫化氢、硫和黑色硫化物。用途：可用作印染的媒染剂。

二硫酸合铁（Ⅲ）酸钾（potassium ferric sulfate）亦称"钾铁矾"。化学式 $KFe(SO_4)_2 \cdot 12H_2O$，分子量 503.08。淡紫色立方系八面晶体。熔点 33℃，密度 1.83 g/cm^3。易溶于热水，不溶于乙醇。70℃时迅速失去 11 分子水。制备：将等摩尔硫酸铁和硫酸钾的浓溶液混合后，经低温结晶制得。用途：可用作印染的媒染剂。

六水硫酸铁（Ⅱ）钾（potassium iron(II) sulfate）亦称"硫酸钾·硫酸亚铁·水（1∶1∶6）"。化学式 $K_2SO_4 \cdot FeSO_4 \cdot 6H_2O$，分子量 434.27。绿色棱柱单斜系晶体。密度 2.169 g/cm^3。溶于水。室温下在空气中即可失水，70℃时迅速失水，砂浴加热完全失水。在氢气流中加热首先生成二氧化硫，后有硫化氢、二氧化硫和黑色硫化物。制备：由等摩尔硫酸亚铁和硫酸钾溶液混合，于 30℃以下结晶制得。

六水硫酸镍钾（potassium nickel sulfate）　亦称"硫酸钾·硫酸镍·水（1:1:6）"。化学式 $K_2SO_4 \cdot NiSO_4 \cdot 6H_2O$，分子量 437.13。蓝色单斜系晶体。密度 2.124 g/cm^3。易溶于冷水、热水，不溶于乙醇和乙醚。受热时熔融为褐色溶液，冷却后生成黄色的无水盐，密度 3.086 g/cm^3，该盐在水中慢慢溶解。加强热则生成金属镍和硫酸钾。制备：由蒸发等摩尔组成盐的混合溶液，或由熔融等摩尔的组成盐在空气中冷却制得。用途：用作分析试剂。

硫酸钙钠（sodium calcium sulfate）　化学式 $Na_2Ca(SO_4)_2 \cdot 2H_2O$，分子量 314.21。天然矿物称"钙芒硝"。灰色或带黄色的无色单斜系针状晶体。熔点917℃，密度 2.64 g/cm^3。可溶于盐酸，不溶于乙醇。遇水分解，并残存硫酸钙的二水合物。80℃失去结晶水。制备：可由等摩尔的硫酸钠和硫酸钙混合溶解，或由硫酸钠和硫酸钙的水溶液中加入硫酸和氯化钠制得。

硫酸钙钾（potassium calcium sulfate）　化学式 $K_2Ca(SO_4)_2 \cdot H_2O$，分子量 328.42。无色单斜系晶体。熔点1 004℃，密度 2.80 g/cm^3。微溶于冷水，在热水中分解，不溶于乙醇，溶于酸。制备：由硫酸钾和硫酸钙反应制得。

硫酸钆钾（potassium gadolinium sulfate）　化学式 $K_2SO_4 \cdot Gd_2(SO_4)_3 \cdot 2H_2O$，分子量 813.09。无色晶体。密度 3.503 g/cm^3。溶于水和硫酸钾。制备：将硫酸钆溶于过量硫酸钾溶液中经蒸发、结晶制得。

硫酸钒铵（ammonium vanadium sulfate）　CAS 号 22723-49-5。化学式 $NH_4V(SO_4)_2 \cdot 12H_2O$，分子量 477.28。蓝紫色正八面体晶体。熔点49℃，密度 1.687 g/cm^3。230℃变为无水物，300℃时分解。制备：将偏硫酸钒铵和硫酸以摩尔比 2:3 混合中，加入饱和二氧化硫溶液，水浴加热驱出过量的二氧化硫，再经电解还原制得。

硫酸钒钾（potassium vanadium sulfate）　化学式 $KV(SO_4)_2 \cdot 12H_2O$，分子量 498.35。紫色立方系晶体。熔点20℃，密度 1.783 g/cm^3。极易溶于水。230℃时失去全部结晶水。制备：将硫酸钾和硫酸钒（III）溶液混合制得。用途：用作化学试剂。

硫酸钒铷（rubidium vanadium sulfate）　亦称"钒铷矾"。化学式 $RbV(SO_4)_2 \cdot 12H_2O$，分子量 544.72。黄色立方系晶体。熔点64℃，密度 1.915 g/cm^3。溶于水。230℃时失去全部结晶水，300℃时分解。制备：将五氧化二钒和硫酸铷溶于稀硫酸中，电解后蒸发结晶制得。

硫酸钒铯（cesium vanadium sulfate）　化学式 $CsV(SO_4)_2 \cdot 12H_2O$，分子量 592.15。红色立方系晶体。熔点82℃，密度 2.033 g/cm^3。微溶于热水。230℃时失去结晶水，300℃时受热分解。制备：由硫酸铯和硫酸钒的混合溶液浓缩，结晶而制得。

硫酸铬钾（potassium chromium sulfate）　亦称"铬矾""钾铬矾""铬明矾"。CAS 号 7789-99-0。化学式 $KCr(SO_4)_2 \cdot 12H_2O$，分子量 499.41。暗紫红色晶体，有毒！熔点89℃，密度 1.826 g/cm^3。溶于水、稀酸，不溶于醇。溶于水中呈紫红色水溶液，具有一定的酸性，加热至70℃时变成绿色溶液，冷却后渐变紫色。会发生风化，加热至350℃失去全部结晶水。制备：向重铬酸钾的稀硫酸溶液中通入二氧化硫制得。用途：可用作媒染剂、定影剂、鞣制剂、催化剂、分析试剂，可用于鞣革、摄影、染料、印染等领域。

硫酸铬铷（rubidium chromium sulfate）　亦称"铬铷矾"。化学式 $RbCr(SO_4)_2 \cdot 12H_2O$，分子量 545.77。紫色立方系晶体。熔点107℃，密度 1.946 g/cm^3。溶于水，其水溶液受热变为绿色。制备：将硫酸铬溶液与硫酸铷溶液混合结晶制得。

硫酸铬铯（cesium chromium sulfate）　亦称"铯铬矾"。化学式 $Cs[Cr(H_2O)_6](SO_4)_2 \cdot 6H_2O$，分子量 593.21。紫色晶体，有毒！熔点 116℃，密度 2.064 g/cm^3。可溶于水。制备：由硫酸铯溶液和硫酸铬溶液混合结晶制得。

硫酸铬铵（ammonium chromium sulfate）　亦称"铬铵矾"。CAS 号 10022-47-6。化学式 $(NH_4)Cr(SO_4)_2 \cdot 12H_2O$，分子量 478.34。绿色或紫色立方系晶体。熔点100℃，密度 1.72 g/cm^3。溶于水，其水溶液冷时显紫色，热时则变绿。溶于乙醇、稀酸。制备：由等摩尔的硫酸铬和硫酸铵在水溶液中结晶制得。用途：广泛用作媒染剂、鞣料。

硫酸铬亚铊（thallous chromium sulfate）　亦称"铬铊矾"。化学式 $TlCr(SO_4)_2 \cdot 12H_2O$，分子量 664.67。紫色晶体。熔点92℃，密度 2.394 g/cm^3。极易溶于水。高温分解。制备：由等摩尔的硫酸铊和硫酸铬混合溶液结晶而得。

硫酸锰铵（ammonium manganese sulfate）　化学式 $(NH_4)_2SO_4 \cdot MnSO_4 \cdot 6H_2O$，分子量 391.23。浅红色晶体。密度 1.83 g/cm^3。易潮解，溶于水。加热至75℃失去部分结晶水，赤热时硫酸铵全部损失。同浓碱反应析出白色氢氧化亚锰，立即转化为水合二氧化锰。制备：可由过硫酸铵与单质锰反应，或由硫酸铵与硫酸锰反应制得。用途：可用作织物和木材加工的防火剂配料。

硫酸锰钾（potassium manganese(III) sulfate）　化学式 $KMn(SO_4)_2 \cdot 12H_2O$，分子量 502.35。淡紫色立方晶体。熔点850℃，密度 3.02 g/cm^3。在水中分解。制备：由硫酸钾和硫酸锰的混合溶液浓缩结晶制得。

硫酸铁铵（ammonium iron(III) sulfate）　CAS 号 10138-04-2。化学式 $(NH_4)_2SO_4 \cdot Fe_2(SO_4)_3 \cdot 12H_2O$。分子量 748.20。纯品无色，一般为淡紫色八面体晶体。熔

点 39～41℃,密度 1.71 g/cm^3。溶于水,不溶于乙醇。稀溶液易发生水解,溶液颜色由黄变深,形成胶状溶液。酸性介质中具有一定氧化作用,可使多碘化物还原。与硫氰化钾、亚铁氰化钾分别生成特征的血红色、蓝色沉淀。放置空气中表面变成浅棕色,330℃变成棕色。制备:可由氧化铁(III)与硫酸铵在硫酸中加热制得。用途:可用于化学分析、摄影、制药等领域。

硫酸铁钠(sodium iron(III) sulfate)　化学式 $3Na_2SO_4 \cdot Fe_2(SO_4)_3 \cdot 6H_2O$,分子量 934.09。白色三斜系晶体。密度 2.5 g/cm^3。在水中水解。加热至 100℃失水为无水物。制备:将硫酸钠与硫酸铁的混合溶液经浓缩结晶制得。

硫酸铁铷(rubidium iron(III) sulfate)　亦称"铁铷矾"。CAS 号 30622-97-0。化学式 $RbFe(SO_4)_2 \cdot 12H_2O$,分子量 549.62。无色或淡紫色立方系晶体。熔点 48～53℃,密度 1.91～1.95 g/cm^3。易溶于水。制备:可由铂电极电解硫酸亚铁和硫酸铷的硫酸溶液,或将硫酸铁和硫酸铷的混合溶液经浓缩结晶制得。

硫酸铁铯(cesium iron(III) sulfate)　亦称"铯铁矾"。化学式 $CsFe(SO_4)_2 \cdot 12H_2O$,分子量 597.06。浅紫色晶体。熔点约 90℃,密度 2.061 g/cm^3。可溶于水。制备:将硫酸铯溶液与硫酸铁的混合溶液经蒸发结晶制得。

硫酸亚铁铵(ammonium iron(II) sulfate)　俗称"摩尔盐""莫尔盐"。CAS 号 10045-89-3。化学式 $FeSO_4 \cdot (NH_4)_2SO_4 \cdot 6H_2O$,分子量 392.14。淡蓝绿色单斜系晶体。密度 1.864 g/cm^3。易溶于水,不溶于乙醇。100℃时失去全部结晶水。有还原性,在空气中比硫酸亚铁稳定。酸性介质中稳定,碱性介质中还原性较强,可立即被空气所氧化。与铁氰化钾溶液作用生成特征蓝色沉淀。与鞣酸反应生成鞣酸亚铁(蓝墨水)。制备:可由硫酸亚铁及硫酸铵在硫酸介质中反应结晶制得。用途:可用作标定高锰酸钾或重铬酸钾等溶液的基准物质、测定卤素时作指示剂、磁性测量的校准物质、亚铁离子标准溶液、聚合催化剂,还可用于冶金、电镀、医药、电镀、摄影等领域。

硫酸亚铁·硫酸铷·水(1∶1∶6)(rubidium iron(II) sulfate)　亦称"硫酸亚铁合硫酸铷"。化学式 $Rb_2SO_4 \cdot FeSO_4 \cdot 6H_2O$,分子量 527.00。绿色晶体。密度 2.516 g/cm^3。易溶于水。受热至 60℃时分解。制备:向冷稀硫酸中加入硫酸亚铁和硫酸铷经结晶制得。

硫酸亚铁铯(cesium iron(II) sulfate)　亦称"铯铁矾"。化学式 $Cs_2SO_4 \cdot FeSO_4 \cdot 6H_2O$,分子量 621.87。浅绿色单斜系晶体。熔点 70℃,密度 2.791 g/cm^3。易溶于水。制备:将等摩尔的硫酸铯与硫酸亚铁的混合溶液在常温下蒸发结晶制得。

硫酸钴铵(ammonium cobalt sulfate)　CAS 号 13586-38-4。化学式 $(NH_4)_2SO_4 \cdot CoSO_4 \cdot 6H_2O$,分子量 395.23。宝石红色单斜系晶体。密度 1.902 g/cm^3。溶于水,不溶于乙醇。制备:由稀硫酸与氢氧化铵钴反应后结晶制得。用途:可用于制陶瓷器具和镀钴。

硫酸钴钾(potassium cobalt(II) sulfate)　化学式 $K_2SO_4 \cdot CoSO_4 \cdot 6H_2O$,分子量 437.35。红色晶体。密度 2.218 g/cm^3。溶于水。加热至 95℃或在干燥器中干燥可失去结晶水,变成紫红色无水盐。制备:由硫酸钴与硫酸钾的混合溶液蒸发,或由钴与过氧二硫酸钾溶液共热制得。

硫酸钴·硫酸铷·水(1∶1∶6)(rubidium cobalt(II) sulfate)　亦称"硫酸钴合硫酸铷"。化学式 $Rb_2SO_4 \cdot CoSO_4 \cdot 6H_2O$,分子量 449.22。宝石红色单斜系晶体。密度 2.56 g/cm^3。溶于水。制备:将等摩尔的硫酸钴和硫酸铷溶液混合再经浓缩结晶而得。

硫酸镍铵(ammonium nickel sulfate)　亦称"镍矾"。CAS 号 7785-20-8。化学式 $(NH_4)_2SO_4 \cdot NiSO_4 \cdot 6H_2O$,分子量 394.97。蓝绿色单斜系晶体。熔点 85～89℃,密度 1.923 g/cm^3。溶于水、硫酸铵溶液,不溶于乙醇。加热失去结晶水,变成黄色结晶粉末。制备:由热的硫酸镍饱和溶液和热的硫酸铵饱和溶液经酸化后混合制得。用途:可用于镀镍、化学分析,也可用作颜料。

硫酸铜·硫酸铷·水(1∶1∶6)(rubidium copper sulfate)　亦称"硫酸铜合硫酸铷"。化学式 $Rb_2SO_4 \cdot CuSO_4 \cdot 6H_2O$,分子量 534.70。淡绿色单斜系晶体。密度 2.57 g/cm^3。溶于水。制备:将等摩尔的硫酸铜和硫酸铷溶液混合,经浓缩结晶而得。

硫酸锌铵(ammonium zinc sulfate)　CAS 号 77998-33-5。化学式 $(NH_4)_2SO_4 \cdot ZnSO_4 \cdot 6H_2O$。分子量 401.66。无色单斜系晶体。熔点前分解,密度 1.931 g/cm^3。易风化。溶于水。遇碱溶液分解。加热时得到无水硫酸锌。用连二硫酸钠处理时,其中氮可被氧化成硝酸根。制备:由化学计量比的硫酸锌和硫酸铵的沸热溶液经冷却而得。用途:可用于制药。

硫酸镓铵(ammonium gallium sulfate)　亦称"镓铵矾"。化学式 $NH_4Ga(SO_4)_2 \cdot 12H_2O$,分子量 496.07。无色晶体。与相应铝矾同晶形。密度 1.77 g/cm^3。溶于水,并缓慢水解,析出碱式盐及氢氧化镓的混合物。难溶于乙醇。加热水解为碱式盐。制备:由硫酸镓与硫酸铵反应制得。用途:可作为沉淀吸附剂、织物媒染剂。

硫酸镓钾(potassium gallium sulfate)　亦称"镓矾"。化学式 $KGa(SO_4)_2 \cdot 12H_2O$,分子量 517.13。无色晶体。密度 1.895 g/cm^3。易溶于水。制备:将组分盐以等摩尔比混合在水溶液中析出结晶而得。用途:可用作分析试剂、分析镓的参比物。

硫酸镓铷(rubidium gallium sulfate)　亦称"镓铷

矾"。化学式 $RbGa(SO_4)_2 \cdot 12H_2O$，分子量 563.50。无色晶体。密度 $1.962\ g/cm^3$。溶于水，其水溶液呈现各组成的性质。制备：将等摩尔的硫酸镓与硫酸铷溶液混合，经蒸发结晶制得。

硫酸镓铯（cesium gallium sulfate）　亦称"铯镓矾"。化学式 $CsGa(SO_4)_2 \cdot 12H_2O$，分子量 610.93。无色立方系晶体。熔点 $2.113℃$。微溶于水。若加入乙醇时，其溶解度减少，此时其水溶液呈现各组成离子的性质。制备：将硫酸铯和硫酸镓溶液混合并蒸发结晶可得。

硫酸铑铵（ammonium rhodium sulfate）　亦称"铑铵矾"。化学式 $Rh(NH_4)(SO_4)_2 \cdot 12H_2O$，分子量 529.25。橙色晶体。熔点 $102℃$。在空气中稳定。制备：由硫酸铑与硫酸铵的混合溶液结晶制得。用途：作催化剂。

硫酸铑钾（potassium rhodium sulfate）　化学式 $KRh(SO_4)_2 \cdot 12H_2O$，分子量 646.38。黄色立方系晶体。密度 $2.23\ g/cm^3$。溶于水。在空气中稳定。制备：由硫酸铑(III)溶液加入适量的硫酸钾溶液制得。

硫酸铑铯（cesium rhodium sulfate）　化学式 $CsRh(SO_4)_2 \cdot 12H_2O$，分子量 644.12。黄色八面体粉末状固体或橙黄色晶体。熔点 $110\sim111℃$，密度 $2.238\ g/cm^3$（粉状）、$2.22\ g/cm^3$（晶体）。微溶于冷水，溶于热水。制备：向硫酸铑的饱和溶液中加入硫酸铯而得。

硫酸镉铵（cadmium ammonium sulfate）　化学式 $Cd(NH_4)_2(SO_4)_2 \cdot 6H_2O$，分子量 448.69。无色单斜系棱柱状晶体，有毒！密度 $2.061\ g/cm^3$。易溶于水。在空气中稳定，难于干燥，遇硫酸会风化。在 $100℃$ 时完全失去结晶水变成无水复盐，高温时分解而余留下碱式硫酸镉。制备：用等摩尔的硫酸镉和硫酸铵溶液混合，经蒸发结晶制得。

硫酸镉钾（cadmium potassium sulfate）　化学式 $CdK_2(SO_4)_2 \cdot H_2O$，分子量 400.75。无色柱状三斜系晶体，有毒！密度 $2.922\ g/cm^3$。溶于水，不溶于碳酸钠溶液。可与碱反应生成沉淀。加热易失去结晶水。制备：将硫酸钾和碳酸镉在硫酸中饱和可得到六水盐，在 $16\sim40℃$ 的水溶液中得二水盐，空气中慢慢风化可得一水盐。

硫酸铈铵（ammonium cerous sulfate）　CAS 号 13840-04-5。化学式 $(NH_4)_2SO_4 \cdot Ce_2(SO_4)_3 \cdot 8H_2O$，分子量 844.69。无色有光泽的单斜系晶体。密度 $2.523\ g/cm^3$。溶于水。可与邻苯二酚反应。加热至 $100℃$ 失去 6 分子水，$150℃$ 时失去 8 分子水。制备：由硫酸铵和硫酸亚铈的混合溶液蒸发结晶制得。用途：作分析试剂。

硫酸镨铵（ammonium praseodymium sulfate）　化学式 $(NH_4)_2SO_4 \cdot Pr_2(SO_4)_3 \cdot 8H_2O$，分子量 846.26。密度 $2.531\ g/cm^3$。在空气中稳定。微溶于水。在 $170℃$ 时可变为无水物。制备：由硫酸铵和硫酸镨的水溶液反应制得。

硫酸镨钾（potassium praseodymium sulfate）　化学式 $3K_2SO_4 \cdot Pr_2(SO_4)_3 \cdot H_2O$，分子量 1110.81。晶体。密度 $3.275\ g/cm^3$。溶于盐酸、硝酸，微溶于冷水。制备：由硫酸钾和硫酸镨的混合水溶液经结晶制得。

硫酸铱铵（ammonium iridium sulfate）　亦称"铱矾"。化学式 $NH_4Ir(SO_4)_2 \cdot 12H_2O$，分子量 618.54。黄红色晶体。沸点 $106℃$。溶于水。高温失去结晶水，红热时可还原为单质铱。与碱反应生成水合二氧化铱，易与含氮、氧和磷原子的无机及有机分子形成配合物。制备：可由硫酸铵和硫酸铱溶液在真空条件下浓缩制得。用途：可用作化学试剂。

硫酸铊铝（aluminium thallium sulfate）　亦称"铊铝矾"。化学式 $AlTl(SO_4)_2 \cdot 12H_2O$，分子量 639.46。无色八面体晶体，有毒！熔点 $90℃$，密度 $2.325\ g/cm^3$。溶于水。制备：由硫酸铊和硫酸铝溶液混合后经结晶制得。

碱式硫酸铜（copper(II) basic sulfate）　化学式 $CuSO_4 \cdot 3Cu(OH)_2$，分子量 452.27。绿色单斜系晶体。密度 $3.78\ g/cm^3$。不溶于水，溶于酸、氨水。是波尔多液的主要成分。加热至 $300℃$ 分解。在自然界存在于水胆矾中。制备：由硫酸铜溶液与氢氧化钙溶液反应制得。用途：可用作杀菌剂。

碱性硫酸亚汞（mercury(I) basic sulfate）　化学式 $Hg_2SO_4 \cdot Hg_2O$，分子量 914.51。黄绿色粉末。比硫酸亚汞更难溶于水，溶于稀硫酸成无色的硫酸亚汞。制备：将硫酸亚汞与水长时间沸煮制得。

碱性硫酸汞（mercury(II) basic sulfate）　化学式 $HgSO_4 \cdot 2HgO$，分子量 729.83。柠檬黄色粉末。密度 $6.44\ g/cm^3$。几乎不溶于水，不溶于乙醇，可溶于稀酸。加热呈红色，冷却恢复黄色。还有化学组成为 $2HgSO_4 \cdot HgO \cdot 2H_2O$ 的碱式盐。制备：大量水中水解硫酸汞，或用硫酸钾处理硝酸汞溶液制得。用途：用于医药。

碱式硫酸铅（lead basic sulfate）　化学式 $PbSO_4 \cdot PbO$，分子量 526.44。白色单斜系晶体，有毒！熔点 $977℃$，密度 $6.92\ g/cm^3$。难溶于水，微溶于硫酸。制备：由硫化铅矿在氧化性气氛中经高温加热制得。用途：可用于制颜料、涂料、陶瓷等。

硫酸氧化亚锑（antimony(ous) dioxysulfate）　化学式 $Sb_2O_2SO_4$ 或 $[(SbO)_2SO_4]$，分子量 371.55。白色粉末。密度 $4.89\ g/cm^3$。遇水分解。溶于硫酸、稀酒石酸溶液，不溶于水。制备：将硫酸亚锑用 10 倍量的冷水处理，放置一天后，将沉淀于 $100℃$ 下干燥即得。

硫酸铀酰钾（potassium uranyl sulfate）　亦称"硫酸双氧铀钾"。CAS 号 27709-53-1。化学式 $K_2SO_4 \cdot UO_2SO_4 \cdot 2H_2O$，分子量 576.39。黄色正交系晶体。密度 $3.363\ g/cm^3$。溶于水。加热至 $120℃$ 时失去 2 分子结

晶水。赤热熔化,部分分解。制备:将硫酸钾与硫酸双氧铀在水溶液中混合,或将硝酸双氧铀与硫酸氢钾作用而得。用途:用作化学试剂。

亚硝酰硫酸　释文见 234 页。

亚硝酰硫酸酐　释文见 234 页。

硫酸镁钙钾(potassium calcium magnesium sulfate)　化学式 $K_2Ca_2Mg(SO_4)_4 \cdot 2H_2O$,分子量 602.94。白色晶体。密度 2.775 g/cm³。另一种组成为 $K_2Ca_4Mg(SO_4)_6 \cdot 2H_2O$,分子量 875.22,灰色晶体,密度 2.801 g/cm³。

硫代硫酸(thiosulfuric acid)　CAS 号 13686-28-7。化学式 $H_2S_2O_3$,分子量 114.14。仅能制得其水溶胶。能溶于冷水。不稳定,在室温下迅速分解为 H_2SO_3 和单质硫。硫代硫酸及其盐类具有一定的还原性。硫代硫酸根离子在碱性条件下很稳定,有很强的络合能力。制备:在 -78℃向硫化氢乙醚溶液中加入溶有等摩尔的三氧化硫的 CF_2Cl_2 溶液,或在 -78℃在乙醚介质中酸解硫代硫酸钠制得。用途:可用作还原剂、定影剂、络合剂等。

硫代硫酸钠(sodium thiosulfate)　亦称"次亚硫酸钠"。CAS 号 7772-98-7。化学式 $Na_2S_2O_3$,分子量 158.18。无色单斜系晶体,密度 1.667 g/cm³。常以水合物形式存在。重要的为五水合物,化学式 $Na_2S_2O_3 \cdot 5H_2O$,亦称"大苏打""海波",无色透明晶体。熔点 48.5℃,密度 1.729 g/cm³。溶于水,水溶液呈弱碱性。难溶于乙醇。硫代硫酸钠有还原性,在碱性介质中稳定,在酸性介质中不稳定,酸化时则发生氧化还原反应析出硫。有溶解卤化银的特性。在 33℃以上的干燥空气中风化,在 48℃时分解,灼烧时分解为硫化钠和硫酸钠。制备:将硫磺粉溶解在热亚硫酸钠溶液中反应制得。用途:可作为定影剂、干燥剂、脱氯剂、氰化物解毒剂,可用于制革、医药、电镀、摄影、精制饮水、萃取矿物等领域。

硫代硫酸铵(ammonium thiosulfate)　CAS 号 7783-18-8。化学式 $(NH_4)_2S_2O_3$,分子量 148.20。无色单斜系晶体。熔点 150℃(分解),密度 1.679 g/cm³。易溶于水,难溶于乙醇,微溶于丙酮。其水溶液久置有硫析出。其浓水溶液 50℃以上逐渐分解为硫和硫酸盐。在有氨及氢氰酸存在下形成硫氰酸铵和亚硫酸铵。水溶液可溶解卤化银。制备:将过量的碳酸铵加到硫代硫酸钙水溶液中制得。用途:可用作分析试剂、照相定影剂、还原剂、杀霉菌剂,可用于电镀工业。

硫代硫酸镁(magnesium thiosulfate)　CAS 号 10124-53-5。化学式 $MgS_2O_3 \cdot 6H_2O$,分子量 244.53。无色正交系棱形晶体。密度 1.818 g/cm³。易溶于水,水溶液呈中性,不溶于乙醇和乙醚。遇酸分解。加热至 170℃失去 3 分子结晶水,加热至更高温度开始分解。用途:可用作脱氯剂、印染助剂、洗涤剂、消毒剂、化学试剂,可用于医药、电镀等领域。

硫代硫酸钾(potassium thiosulfate)　CAS 号 13446-67-8。化学式 $3K_2S_2O_3 \cdot 5H_2O$,分子量 661.07。无色正交系晶体。溶于水。遇酸分解放出二氧化硫和硫。受热分解为硫化钾和硫酸钾。其半水合物化学式 $K_2S_2O_3 \cdot \frac{1}{2}H_2O$,分子量 196.34。无色单斜系晶体,密度 2.590 g/cm³。易溶于水,不溶于乙醇。200℃时失去结晶水,继续加热则分解。制备:由亚硫酸钾与硫共煮制得。用途:可用于摄影、化学分析。

硫代硫酸钙(calcium thiosulfate)　化学式 $CaS_2O_3 \cdot 6H_2O$,分子量 260.30。三斜系晶体。密度 1.872 g/cm³。溶于冷水,不溶于乙醇。在热水中或低于熔点即分解。干燥时表面开始分解形成黄皮,保持湿度储存于 0℃以下最稳定。于 43～49℃下自动分解,应密封保存于阴凉处。存在于纸浆工业中的亚硫酸盐的废液中。制备:由硫代硫酸钠溶液与氯化钙反应制得。用途:可用于治疗黄疸病。

硫代硫酸锶(strontium thiosulfate)　化学式 $SrS_2O_3 \cdot 5H_2O$,分子量 289.83。单斜系针状晶体。在空气中缓慢风化,变成白色粉末。密度 2.17 g/cm³。溶于水,不溶于乙醇。100℃失去 4 分子结晶水并伴随轻微分解,红热时则分解。制备:由硫代硫酸钠与氯化锶的冷浓溶液反应;或多次将氢氧化锶溶液与硫共煮,然后加乙醇从反应液中沉淀晶体制得。

硫代硫酸银(silver thiosulfate)　CAS 号 23149-52-2。化学式 $Ag_2S_2O_3$,分子量 327.86。白色晶体。微溶于水,能溶于硫代硫酸钠溶液。遇酸分解为银盐、二氧化硫和硫。受热分解。制备:由硝酸银溶液和硫代硫酸钠溶液反应制得。用途:可作为乙烯拮抗剂。

硫代硫酸钡(barium thiosulfate)　CAS 号 35112-53-9。化学式 BaS_2O_3,分子量 249.47。白色正交系晶体粉末。熔点 220℃。一水合物为白色斜方系叶状晶体粉末。密度 3.45 g/cm³。两者都有毒！一水合物微溶于水,不溶于乙醇、乙醚、丙酮、四氯化碳、二硫化碳。加热至 100℃失去 1 分子水,220℃时分解。制备:由硫代硫酸钠和氯化钡在乙醇溶液中反应制得。用途:可用于制炸药、清漆、火柴、发光漆等。

硫代硫酸根合金(I)酸钠(sodium aurothiosulfate)　化学式 $Na_3Au(S_2O_3)_2 \cdot 2H_2O$,分子量 526.22。白色单斜系晶体。密度 3.09 g/cm³。易溶于水,不溶于乙醇。水溶液久置易分解并变为黄色。150℃失去结晶水,更高温度分解。制备:由氯化金与浓硫代硫酸钠溶液反应制得。用途:可用于医药。

硫代硫酸亚铊(thallous thiosulfate)　化学式 $Tl_2S_2O_3$,分子量 520.87。白色正交系晶体。微溶于冷水,

易溶于热水。热至130℃时分解。制备：由硫代硫酸钠与亚铊盐反应制得。

硫代硫酸铅（lead thiosulfate）　CAS号502-87-4。化学式PbS_2O_3，分子量319.32。白色晶体。密度5.18 g/cm^3。微溶于冷水，热水中分解。溶于酸和硫代硫酸钠溶液。加热分解呈黑色。制备：由可溶性铅盐与硫代硫酸钠溶液反应制得。

过一硫酸（peroxymonosulfuric acid）　亦称"卡罗酸"。CAS号7722-86-3。化学式H_2SO_5，分子量114.08。无色吸水性的晶体。熔点45℃（分解）。溶于乙醇、硫酸、磷酸、乙酸。少量可溶于冰水中，不放出氧气也不分解，量多时或水温为室温时则生成硫酸与过氧化氢。纯制剂可保存数月，稍失一些有效氧，纯度越差，分解越快。属强氧化剂。与芳香化合物（如苯、酚、苯胺）相混爆炸。加热爆炸分解。其盐类亦不稳定。制备：硫酸与浓双氧水或与过二硫酸作用得其与硫酸的混合物，氯磺酸与无水过氧化氢在低温下反应可制得纯品。用途：与过硫酸铵和过硫酸钾作用相似的氧化剂，主要用于Baeyer-Villiger反应。氧化烯烃成α-二醇、醛（酮）成酯、环酮成内酯、芳胺成亚硝基化合物等。

连二亚硫酸钠（sodium hydrosulfite）　亦称"保险粉""低（次）亚硫酸钠"。CAS号7775-14-6。化学式$Na_2S_2O_4$，分子量174.10。无水物为无色无定形粉末，二水合物为无色单斜系柱状晶体，具有特殊臭味。易溶于水。有强还原性。在潮湿空气中氧化则分解为亚硫酸氢钠和硫酸氢钠。通常加入碳酸钠作为稳定剂。加热至190℃有着火及爆炸的危险。制备：由二氧化硫的甲醇水溶液、氢氧化钠溶液及甲酸钠溶液混合加热；工业上用二氧化硫处理锌粉悬浮水溶液得到连二亚硫酸锌溶液，然后再加入氢氧化钠进行复分解反应制得。用途：可用作漂白剂、防腐剂、抗氧化剂、显影剂，可用于印染、医药、选矿、铜版印刷等领域。

连二亚硫酸锌（zinc dithionite）　CAS号7779-86-4。化学式ZnS_2O_4，分子量193.50。白色晶体粉末。易溶于水。露置于空气中时分解放出二氧化硫。具强还原性。制备：由向锌粉的乙醇—水溶液中通入二氧化硫制得。用途：可用作漂白剂、矿物浮选剂、纸浆上光剂，可用于造纸、制糖、采矿、印染等领域。

焦亚硫酸钠（sodium pyrosulfite）　亦称"偏重亚硫酸钠""一缩二亚硫酸钠"。CAS号7681-57-4。化学式$Na_2S_2O_5$，分子量190.10。白色粉末或无色柱状晶体。密度1.48 g/cm^3。易溶于水、甘油，微溶于乙醇。水溶液具有一定的酸性。是强还原剂。在空气中会生成二氧化硫。150℃以上分解。制备：由过量的二氧化硫通入亚硫酸钠溶液，或加热亚硫酸氢钠而得。用途：可作为漂白剂、防腐剂、疏松剂、抗氧化剂、护色剂、保鲜剂，可用于印染、摄影、鞣革、食品等领域。

焦亚硫酸钾（potassium pyrosulfite）　亦称"一缩二亚硫酸钾""偏重亚硫酸钾""偏亚硫酸钾"。CAS号16731-55-8。化学式$K_2S_2O_5$，分子量222.33。无色或白色晶体性粉末，有二氧化硫气味。密度2.34 g/cm^3。易溶于水，不溶于乙醇和乙醚。遇酸放出二氧化硫。在空气中氧化成硫酸盐，在潮湿空气中氧化更快。190℃分解。制备：将二氧化硫通入碳酸钾溶液，或直接加热亚硫酸氢钾制得。用途：可用作食品添加剂、漂白剂、防腐剂、抗氧化剂、细菌抑制剂，可用于摄影、食品、印染等领域。

连二硫酸（dithionic acid）　CAS号14970-71-9。化学式$H_2S_2O_6$，分子量162.15。为一种很不稳定的强酸，只存在于稀溶液中，加热或在浓溶液中均很快分解为硫酸和二氧化硫。其盐比酸要稳定得多。制备：将二氧化硫或亚硫酸盐氧化可以制得连二硫酸及其盐。

连二硫酸锂（lithium dithionate）　化学式$Li_2S_2O_6 \cdot 2H_2O$，分子量210.03。无色正交系晶体。密度2.158 g/cm^3。有吸湿性，易溶于水。在热水浴上加热时即失去结晶水。温度更高时分解为二氧化硫和硫酸锂。制备：由连二硫酸钡与硫酸锂反应制得。

连二硫酸铵（ammonium dithionate）　化学式$(NH_4)_2S_2O_6 \cdot \frac{1}{2}H_2O$，分子量205.21。无色单斜系晶体。密度1.704 g/cm^3。易溶于水，难溶于乙醇。能同二价的锌、钙、锰、铁、钴和镍的连二硫酸盐形成一系列复杂盐类。加热至136℃，即行分解，失去18.4%的水，并得到二氧化硫和硫酸铵。制备：由硫酸铵与连二硫酸钡发生复分解反应制得。

连二硫酸钠（sodium dithionate）　CAS号7631-94-9。化学式$Na_2S_2O_6 \cdot 2H_2O$。分子量242.13。无色正交系晶体。密度2.189 g/cm^3。溶于水、稀盐酸，微溶于乙醇，不溶于浓盐酸。水溶液不稳定，缓慢析出硫。55℃风化，110℃可失去结晶水。267℃放出二氧化硫。除二水合物外，还有六水合物和九水合物，但无酸式盐。制备：可由碳酸钠和连二硫酸钡反应，或电解亚硫酸钠制得。用途：用于染料工业。

连二硫酸钾（potassium dithionate）　CAS号13455-20-4。化学式$K_2S_2O_6$，分子量238.33。无色六方系晶体。密度2.278 g/cm^3。溶于水，不溶于乙醇。加热分解为硫酸钾。制备：将连二硫酸钡与硫酸钾反应，或将亚硫酸钾与二氧化锰共热制得。

连二硫酸钙（calcium dithionate）　CAS号13812-88-9。化学式$Ca_2S_2O_6$，分子量272.27。无色三方系晶体。密度2.176 g/cm^3。溶于水，不溶于乙醇和丙酮。在空气中稳定，110℃分解。制备：向连二硫酸或连二硫酸锰水溶液中加入氢氧化钙制得。用途：可用于铁锰合金和硅锰合金的除磷以及浸提锰矿。

连二硫酸锰（manganese(II) dithionate）　CAS 号 13568-72-4。化学式 MnS_2O_6，分子量 215.07。三水合物为正交系晶体，六水合物为三斜系晶体。在空气中易风化。易溶于水，受热分解形成硫酸锰。制备：用硫酸锰溶液与连二硫酸钡溶液进行复分解反应制得。

连二硫酸镍（nickel(II) dithionate）　化学式 $NiS_2O_6 \cdot 6H_2O$，分子量 326.93。绿色三斜系晶体。密度 1.908 g/cm^3。加热分解时产生二氧化硫及硫酸镍。制备：将连二硫酸钡与硫酸镍反应制得。

连二硫酸钡（barium dithionate）　CAS 号 13845-17-5。化学式 $BaS_2O_6 \cdot 2H_2O$，分子量 333.48。无色柱状正交系或单斜系晶体，有毒！熔点 120℃，密度 4.536 g/cm^3。易溶于水，微溶于酸、醇。在空气中稳定。通入二氧化硫可生成硫酸钡。加热至 120℃失去结晶水，加热至 140℃以上强烈分解。制备：先由亚硫酸与二氧化锰反应得到连二硫酸锰，继续加入氢氧化钡制得。用途：制连二硫酸盐。

连二硫酸锶（strontium dithionate）　CAS 号 13845-16-4。化学式 $SrS_2O_6 \cdot 4H_2O$，分子量 319.81。三方系晶体，有苦味。密度 2.373 g/cm^3。溶于水，不溶于乙醇。其水溶液在酸性时几乎完全分解成硫酸锶和二氧化硫，即使在中性溶液中，加热也会发生分解。在空气中较稳定。在78℃以上可转变成无水盐。

连二硫酸银（silver dithionate）　化学式 $Ag_2S_2O_6 \cdot 2H_2O$，分子量 411.90。正交系晶体。密度 3.61 g/cm^3。在空气中稳定，但遇光变黑，遇热分解。水溶液加热沸腾生成硫化银。制备：从碳酸银的连二硫酸溶液中可制得其二水合物。

连二硫酸亚铊（thallous dithionate）　化学式 $Tl_2S_2O_6$，分子量 568.86。单斜系晶体。密度 5.57 g/cm^3。易溶于水。易分解。制备：可由硫酸亚铊与连二硫酸钡复分解，或由氢氧化亚铊与连二硫酸反应制得。

连二硫酸铅（lead dithionate）　化学式 $PbS_2O_6 \cdot 4H_2O$，分子量 439.38。白色三方系晶体。密度 3.22 g/cm^3。易溶于水。加热分解。

焦硫酸（pyrosulfuric acid）　亦称“一缩二硫酸”。CAS 号 8014-95-7。化学式 $H_2S_2O_7$，分子量 178.14。无色透明晶体。熔点 35℃，密度 1.9 g/cm^3。有吸湿性。具有比浓硫酸还强的吸水性、氧化性和腐蚀性。遇水分解，生成硫酸。受热分解成硫酸和三氧化硫。制法：向硫酸中通入三氧化硫制得。用途：可用作磺化剂、硝化反应的脱水剂，可用于染料、炸药、石化等领域。

焦硫酸钠（sodium pyrosulfate）　CAS 号 13870-29-6。化学式 $Na_2S_2O_7$，分子量 222.16。白色半透明晶体。熔点 400.9℃，密度 2.658 g/cm^3。极易潮解，在湿空气中发烟分解。溶于水成硫酸氢钠。溶于发烟硫酸，不溶于乙醇。受紫外线照射发荧光。460℃分解为硫酸钠与三氧化硫。制备：由硫酸氢钠加热，或由硫酸钠与三氧化硫加热制得。用途：可用于熔融矿石。

焦硫酸钾（potassium pyrosulfate）　亦称“无水重硫酸钾”。CAS 号 7790-62-7。化学式 $K_2S_2O_7$，分子量 254.33。无色针状晶体。密度 2.512 g/cm^3。溶于冷水，在热水中分解为硫酸钾。有强氧化性。可与某些不溶于水和酸的金属氧化物共熔而生成硫酸盐。在 300℃以下即熔化，更高温度时分解。制备：由硫酸氢钾加热到熔化制得。用途：可用作分析化学中的酸性溶剂、钢铁分析中电解金属的掺杂剂、化学试剂等。

焦硫酸铵（ammonium pyrosulfate）　CAS 号 10031-68-2。化学式 $(NH_4)_2S_2O_7$，分子量 212.19。无色单斜晶体或微黄色粉末。熔点 90℃，沸点 190℃分解，密度 2.498 g/cm^3。易吸湿。溶于冷水，遇热水则分解为硫酸氢铵，溶于酸类和强碱，不溶于乙醇。用途：可用于矿石分析。

过二硫酸（persulfuric acid）　亦称“过氧二硫酸”。CAS 号 13445-49-3。化学式 $H_2S_2O_8$，分子量 194.14。无色细微结晶状物质，有臭氧味。具强吸湿性。能溶于水并在较大程度上分解为过一硫酸和过氧化氢。可溶于酒精而不分解，微溶于乙醚等。具强氧化性。纯的制剂可保存数周，只失掉很少的有效氧，不纯的制剂则稳定性较差。65℃时分解。制备：在强烈的冷却下将过氧化氢缓慢地加入纯的氯磺酸，或由电解冷硫酸制得。用途：用作强氧化剂。

过二硫酸钠（sodium peroxydisulfate）　CAS 号 7775-27-1。化学式 $Na_2S_2O_8$，分子量 238.10。白色晶态粉末。密度 2.400 g/cm^3。溶于水。有强氧化性。可被乙醇和银离子分解。在空气中逐渐分解，有湿气或加热时分解加快。加热至较高温度时分解，放出氧气而转变为焦硫酸钠。制备：由加热过硫酸铵与氢氧化钠或碳酸钠溶液制得。用途：用作氧化剂、漂白剂、乳液聚合促进剂。

过二硫酸钾（potassium peroxydisulfate）　亦称“过硫酸钾”“高硫酸钾”“二硫八氧酸钾”。CAS 号 7727-21-1。化学式 $K_2S_2O_8$，分子量 270.33。无色三斜系白色晶体。密度 2.477 g/cm^3。溶于水，不溶于乙醇。有强氧化性，能将二价锰离子和三价铬离子分别氧化成高锰酸根离子和重铬酸根离子。高于 100℃时分解，放出氧气而变成焦硫酸钾。制备：由加热过硫酸铵与氢氧化钾或碳酸钾溶液制得。用途：可用作漂白剂、防腐剂、杀菌剂、氧化剂、有机聚合反应的引发剂，可用于炸药、摄影、分析化学等领域。

过二硫酸钡（barium peroxydisulfate）　CAS 号 63502-94-3。化学式 $BaS_2O_8 \cdot 4H_2O$，分子量 401.52。白

色单斜系晶体。溶于冷水,在热水中或加热到140℃时分解。在空气中稳定,加热到100℃时失去结晶水。制备:用电解硫酸和硫酸铵的混合溶液先制得过二硫酸盐,然后再与钡盐反应制得。用途:用作强氧化剂。

过二硫酸铵(ammonium peroxydisulfate)　亦称"过硫酸铵"。CAS号7727-54-0。化学式$(NH_4)_2S_2O_8$,分子量228.18。无色单斜系晶体。熔点120℃(分解),密度1.982 g/cm^3。易溶于水,易受潮结块。具有强的氧化性和腐蚀性。与某些还原性较强的有机物混合,可引起着火或爆炸。干燥物具有良好的稳定性,受热或在银盐等物质催化作用下分解放出氮气和二氧化硫。制备:工业上可采用隔膜式电解法电解硫酸铵的硫酸性水溶液或电解硫酸氢铵水溶液制得。用途:主要用作氧化剂、高分子聚合助聚剂、氯乙烯聚合引发剂、脱臭剂,肥皂和油脂漂白剂,还可用于制备高硫酸盐,电镀、医药品等。

连三硫酸钾(potassium trithionate)　化学式$K_2S_3O_6$,分子量270.39。无色苦味晶体。密度2.33 g/cm^3。溶于水,不溶于乙醇。常温下缓缓分解为连四硫酸钾和二氧化硫。30~40℃则迅速分解成二氧化硫、硫和硫酸钾。制备:向硫代硫酸钾的饱和溶液中通入二氧化硫,或由亚硫酸氢钾与二氯化硫反应制得。用途:用作化学试剂。

连四硫酸钠(sodium tetrathionate)　CAS号13721-29-4。化学式$Na_2S_4O_6 \cdot 2H_2O$,分子量306.25。白色晶体。溶于水,微溶于醇。用途:可延长血液凝结时间。

连四硫酸钾(potassium tetrathionate)　亦称"四硫磺酸钾"。CAS号13932-13-3。化学式$K_2S_4O_6$,分子量302.43。无色片状或菱形晶体。密度2.296 g/cm^3。易溶于水,不溶于乙醇。易分解。制备:将碘的乙醇溶液与硫代硫酸钾溶液反应制得。用途:可用于制培养基。

连五硫酸钾(potassium pentathionate)　化学式$K_2S_5O_6 \cdot 1.5H_2O$,分子量361.55。无色柱状或板状晶体。密度2.112 g/cm^3。溶于水,不溶于乙醇。在水溶液中缓慢分解成连四硫酸钾和硫。在碱性条件下迅速分解成硫代硫酸盐。干燥下极缓慢地分解成连四硫酸钾、硫和水,加热时分解硫酸钾、二氧化硫。制备:用稀盐酸处理硫代硫酸钾制得。

亚氨基磺酸钾(potassium imidosulfonate)　CAS号14696-74-3。化学式$(KSO_3)_2NH$,分子量253.34。无色颗粒状结晶团或有光泽的片状晶体。密度2.515 g/cm^3。难溶于冷水,不溶于硝酸。在沸水中皂化成氨基磺酸盐,与水长时间共煮,特别是当水中含酸时,分解为二氧化硫、硫酸铵和硫酸钾。干燥状态较稳定,受热至170~180℃熔融(分解),在真空中热至360~440℃时沸腾并分

解。制备:可由氨基磺酸钾水解;或在加热条件下将氢氧化钾溶液加入尿素和浓硫酸的混合物中制得。

氟磺酸(fluorosulfonic acid)　CAS号7789-21-1。化学式FSO_3H,分子量100.07。无色液体,有毒!熔点-87.3℃,沸点163℃,密度1.743 g/mL。在潮湿的空气中产生烟雾。溶于水并与水起爆炸性剧烈反应,也溶于碱。室温下不与硫、碳、硒、碲、铅等反应,但能与锡反应生成气体,稍能侵蚀汞。可很快破坏橡胶、软木、火漆。纯品不腐蚀玻璃。加热时强烈地侵蚀硫、铅、锡、汞。与苯及氯仿反应生成氟化氢,与乙醚反应放出大量热并起泡沫生成乙酯。加热到900℃仍稳定。制备:可由干燥的氟化氢与三氧化硫或与浓硫酸反应制得。用途:可用作氟化剂,烃化、酰化、氢氟化、聚合反应的催化剂。

氟磺酸锂(lithium fluorosulfonate)　CAS号13453-75-3。化学式$LiSO_3F$,分子量106.00。白色粉末。熔点360℃。易溶于水、乙醇、乙醚、丙酮,不溶于石油醚。制备:可由氟代硫酸铵水溶液与氢氧化锂反应制得。用途:可作为电池材料。

氟磺酸钠(sodium fluorosulfonate)　CAS号14483-63-7。化学式$NaSO_3F$,分子量122.05。闪光的片状晶体。易潮解。能溶于水、丙酮和乙醇,不溶于乙醚。赤热时分解。制备:可由氯化钠与氟磺酸反应,或由氟化钠与发烟硫酸反应制得。

氟磺酸铷(rubidium fluosulfonate)　化学式$RbSO_3F$,分子量184.53。针状晶体。熔点304℃。溶于水。制备:由氟磺酸胺和氟化铷反应制得。

氯磺酸(chlorosulfonic acid)　CAS号7790-94-5。化学式$ClSO_3H$,分子量116.52。有恶臭、刺激性、腐蚀性的无色或棕色油状液体。熔点-80℃,沸点158℃,密度1.766^{18} g/mL。溶于四氯乙烷、氯仿、二氯乙烷、乙酸、乙酸酐、三氟乙酸,不溶于二硫化碳、四氯化碳、酸、碱。在空气中发烟,遇水爆炸。在潮湿空气中分解生成硫酸和氯化氢。与烃、醇、酚和胺等有机物反应生成有机衍生物,与苯反应生成$C_6H_5SO_2Cl$和氯化氢。制备:由三氧化硫与氯化氢反应,或在五氧化二磷上滴加浓硫酸并蒸馏处理制得。用途:可作为烟幕剂、强腐蚀剂、磺化剂、缩合剂、氯化剂,可用于制农药、洗涤剂、离子交换树脂、磺胺药物、糖精。

焦硫酰氯(pyrosulfuryl chloride)　亦称"二氯五氧化二硫"。CAS号7791-27-7。化学式$S_2O_5Cl_2$,分子量215.03。有特殊臭味的无色易流动液体。熔点-37℃,沸点152~153℃,密度1.818^{11} g/mL(液态)。在潮湿空气中稍稍发烟并变浑浊,同时析出硫酸。与水反应生成硫酸和盐酸。在沸点左右稍有分解。长时间回流沸煮或加热到250℃,则分解成三氧化硫、二氧化硫和氯气。制备:可由三氧化硫和四氯化碳反应制得。

氯化物、氯酸盐

氯化氢(hydrogen chloride)　CAS 号 7647-01-0。化学式 HCl,分子量 36.46。无色有刺激性气味的气体,有强烈腐蚀性! 熔点 - 114.2℃,沸点 - 85.0℃,密度 $1.187^{-114.2}$ g/mL。在潮湿空气中有吸湿性并强烈发烟,易被水吸收并放出大量热,水溶液即"盐酸"。易溶于乙醇,微溶于乙醚和苯。与氨蒸气接触生成白烟。干燥时性质不活泼,对石蕊试纸、锌、铁、镁等无作用。能与活泼的碱金属、碱土金属发生燃烧。溶于水形成的盐酸是极强的无机酸,可与金属作用生成金属氯化物并放出氢;与金属氧化物作用生成盐和水;与碱起中和反应生成盐和水;与盐类能起复分解反应生成新的盐和新的酸。与各种有机物易发生反应。暴露于空气中或日光照射时可放出少量氯气。制备:可由氯气和氢气燃烧反应,或由氯化钠与浓硫酸反应,或从有机化工氯化过程的副产品中得到。用途:属于重要的基本化工原料,可作为分析试剂、腐蚀剂、pH 调节剂、酸性清洗腐蚀剂,广泛用于石油、化工、冶金、印染、食品、制药、半导体、金属表面处理、制革等领域。

氯化氘(deuterium chloride)　亦称"氯化重氢"。CAS 号 7698-05-7。化学式 DCl,分子量 37.47。无色气体。熔点- 114.7℃,沸点- 84.4℃。化学性质与氯化氢相似。当没有水分子和催化剂存在时,在气相与氯化氢混合并不发生氘的置换作用,但当溶在含氢离子的溶剂中时,立即发生离子互换反应。制备:在 600℃用重水分解无水氯化镁,或由苯甲酰氯与重水反应,或由重水水解五氯化磷制得。

氯化锂(lithium chloride)　CAS 号 7447-41-8。化学式 LiCl,分子量 42.39。白色有咸味的立方系晶体或粉末。熔点 614℃,沸点 1 357℃,密度 2.07 g/cm³。极易潮解。易溶于水,水溶液呈中性。可溶于乙醇、丙酮、氨水、吡啶、乙醚等有机溶剂。制备:可由盐酸与碳酸锂反应,或由锂矿石与氯化物反应制得。用途:可作为干燥剂、助焊剂、分析试剂、热交换载体,用于烟火、制药、电池、玻璃、焊接材料等领域。

氯化铍(beryllium chloride)　亦称"二氯化铍"。CAS 号 7787-47-5。化学式 BeCl₂,分子量 79.92。白色或浅黄色粉末,剧毒! 熔点 405℃,沸点约 550℃,密度 1.90 g/cm³。极易吸潮。易溶于水,同时发热,水溶液呈强酸性。溶于乙醇、乙醚、吡啶和二硫化碳,不溶于苯、甲苯和三氯甲烷。300℃时能在真空中升华。制备:可由氧化铍与盐酸反应,或由氧化铍、炭和氯气在 600～800℃下加热制得。用途:可用作有机反应催化剂,也可用于制造金属铍。

三氯化硼(boron trichloride)　CAS 号 10294-34-5。化学式 BCl₃,分子量 117.17。无色发烟液体或气体。有强烈臭味,有毒! 熔点 - 107℃,沸点 12.5℃,密度 1.35^{12} g/mL。易潮解。遇水分解为氯化氢和硼酸,并放出大量热量。和金属氯化物、非金属氯化物及氢化物都能形成配位化合物。能同许多有机物反应形成有机硼化物。制备:可由三氟化硼与氯化铝反应;或将脱水的硼砂与木炭于 400～700℃温度下,在氯气流中加热制得。用途:可催化多种有机反应,可用于制备高纯硼、有机硼及其他硼化物,还可用于半导体、金属精炼、光导纤维、耐热涂料等领域。

四氯化碳(carbon tetrachloride)　CAS 号 56-23-5。化学式 CCl₄,分子量 153.82。无色透明易挥发液体。有特殊的芳香气味,有毒! 熔点- 22.92℃,沸点 76.72℃,密度 1.595 g/mL。微溶于水。能与醇、醚、石油醚、石脑油、乙酸、二硫化碳、氯代烃等大多数有机溶剂混溶。接触火焰或高热物体表面可产生剧毒的光气。制备:可由甲烷热氯化法、二硫化碳法、甲烷氧氯化法、高压氯解法、甲醇氢氯化法等制得。用途:可用作溶剂、灭火剂、清洗剂、制冷剂、香料浸出剂、杀虫剂、分析试剂、有机物的氯化剂、纤维的脱脂剂等,用于合成氟利昂、制药、金属加工、农药等领域。

六氯化二碳(dicarbon hexachloride)　亦称"六氯乙烷"。CAS 号 67-72-1。化学式 C₂Cl₆,分子量 236.74。无色正交三斜或立方系晶体。187℃升华,密度 2.091 g/cm³。不溶于水,溶于乙醇、乙醚、油类。对皮肤和黏膜有刺激作用。制备:在氯化铝存在下将四氯乙烷氯化制得。用途:可用作溶剂、驱虫剂,用于制炸药、加速橡胶的硬化等。

三氯化氮(nitrogen trichloride)　CAS 号 10025-85-1。化学式 NCl₃,分子量 120.37。具有特殊气味和刺激性的黄色油状液体或正交系晶体。熔点低于- 40℃,沸点低于 71℃,密度 1.653 g/mL。能溶于氯仿、苯、四氯化碳、二硫化碳和三氯化磷。在潮湿空气中易水解。极不稳定,加热至 95℃或日光暴晒可引起爆炸,或与臭氧、氧化氮、油脂及一些有机物接触也会发生爆炸。制备:由氨气或氯化铵浓溶液与氯气反应,或由电解氯化铵的酸性溶液制得。用途:可用于面粉漂白、柑橘类水果的熏蒸消毒等。

氯化钠(sodium chloride)　亦称"食盐"。CAS 号

7647-14-5。化学式 NaCl,分子量 58.44。白色有咸味的立方系晶体或细小晶体粉末。熔点 801℃,沸点 1 465℃,密度 2.17 g/cm³。有杂质存在时潮解。易溶于水,水溶液呈中性。溶于甘油,难溶于乙醇,不溶于盐酸。大量存在于海水、盐湖、盐岩中。制备:以海水、井盐、湖盐及矿盐为原料提取。用途:重要的化工原料,可用作等渗调节剂、盐析剂、稀释剂、制冷混合剂、食品防腐剂、调味剂、培养基,广泛用于食品、医药、染色、肥皂、陶瓷、玻璃、染料、鞣革、冶金、日化、化学分析等多个领域。

氯化镁(magnesium chloride) CAS 号 7786-30-3。化学式 $MgCl_2$,分子量 95.21。无色六方系片状晶体。熔点 714℃,沸点 1 412℃,密度 2.325 g/cm³。通常为六水合物,95℃时开始失去结晶水,135℃以上开始分解,放出氯化氢。易潮解。吸湿性较其他碱土金属氯化物强。天然矿物有光卤石、溢晶石及水氯镁石。制备:可从海水制盐时的副产物卤水中提取,或由菱镁矿与盐酸反应,或由一氧化碳与氯气的混合气体与氧化镁反应制得。用途:可用作固化剂、除水剂、组织改进剂、食品添加剂、消毒剂、冷冻剂,主要用于制金属镁,还可用于陶瓷、纺织、造纸、建筑、化学分析等领域。

氯化铝(aluminium chloride) 亦称"三氯化铝"。CAS 号 7446-70-0。化学式 $AlCl_3$,分子量 133.34。无色六方系晶体。熔点 190℃,177.8℃升华,密度 2.44 g/cm³。蒸气或溶于非极性溶剂中或处于熔融状态时,都以共价的二聚分子 Al_2Cl_6 形式存在。在空气中极易吸收水分并部分水解放出氯化氢而形成酸雾。溶于乙醇、氯仿、四氯化碳及乙醚中,微溶于苯,易溶于盐酸。在水中强烈水解,溶液呈酸性。六水合物为无色棱柱状晶体,制备:可由铝粉与干燥的氯化氢加热反应制得,工业上用熔融的铝和氯气反应制得。用途:可用作有机反应催化剂、媒染剂、防腐剂、分析试剂,用于石油、橡胶、医药、农药、染料、冶金、塑料等领域。

四氯化硅(silicon(IV) chloride) 亦称"氯化硅"。CAS 号 10026-04-7。化学式 $SiCl_4$,分子量 169.90。无色或淡黄色发烟液体,有刺激性气味。熔点 - 70℃,沸点 57.6℃,密度 1.48 g/mL。易潮解。可混溶于苯、氯仿、石油醚、乙醚等多数有机溶剂。在潮湿空气或水中剧烈水解生成氯化氢和硅酸并放热。与氢(或其他还原剂)作用时生成三氯甲硅烷和其他氯代硅烷。与胺、氨迅速反应生成氮化硅聚合物。与醇、酚反应生成硅酸酯类。与有机金属化合物(如锌、汞、钠化合物和格氏试剂)反应生成有机硅烷。当有水存在时,可腐蚀多数金属。在干燥空气或氧气中加热生成氯氧化硅。制备:由硅、硅合金、硅化物或二氧化硅和还原剂(碳、镁)的混合物与氯气反应制得。用途:主要作为生产单晶硅的中间体,及制造有机硅化合物、多晶硅、高纯二氧化硅、无机硅化合物、硅酸酯、石英纤维、烟幕剂、耐腐蚀硅铁,用于半导体、冶金、化工、油漆、军

事等领域。

六氯化二硅(disilicon hexachloride) 亦称"六氯乙硅烷"。CAS 号 13465-77-5。化学式 Si_2Cl_6,分子量 268.89。无色液体。熔点 - 1℃,沸点 145℃,密度 1.562 g/mL。溶于氢氧化钠溶液。遇潮湿空气或水强烈水解为氯化氢和硅酸,最终产物为水合二氧化硅。遇乙醇分解。350℃时分解为四氯化硅和硅。在空气中加热时其蒸气能燃烧。制备:可由硅钙合金与氯气在 150℃反应,或在高温下由硅与四氯化硅反应制得。用途:在有机合成中用作还原剂。

二氯化磷(phosphorus dichloride) CAS 号 13497-91-1。化学式 PCl_2,分子量 101.88。无色油状液体。熔点 - 28℃,沸点 180℃(分解),密度 1.701 0 g/mL。空气中冒烟、自燃。遇水分解为磷酸。常温缓慢分解,加热迅速分解为三氯化磷和不确定组成的黄红色固体。制备:可由三氯化磷和氢混合在减压下经放电反应,或在 1~5 Torr 压力下通过三氯化磷微波放电制得。

三氯化磷(phosphorus trichloride) 亦称"氯化亚磷"。CAS 号 7719-12-2。化学式 PCl_3,分子量 137.35。无色发烟性液体,有毒!固态中以二聚体形式存在。熔点 - 111.8℃,沸点 76℃,密度 1.574 g/mL。可与二硫化碳、乙醚、四氯化碳、苯等互溶。遇潮湿空气能放出白烟,水解为亚磷酸和氯化氢。遇乙醇剧烈分解,与氧作用生成三氯氧磷,与氯作用生成五氯化磷,与有机物接触会着火。制备:由磷与氯气反应制得。用途:可用作阻燃剂、增塑剂、燃料添加剂、氯乙烯稳定剂、润滑油添加剂、氯化剂、催化剂、增塑剂、溶剂、药物中间体,用于农药、染料、香料等领域。

五氯化磷(phosphorus pentachloride) 亦称"氯化磷"。CAS 号 10026-13-8。化学式 PCl_5,分子量 208.24。白色或淡黄色发烟晶体,有刺激性气味,有毒!熔点 148℃,沸点 160°(升华),密度 3.6 g/cm³。溶于四氯化碳、二硫化碳。在水中分解,在潮湿空气中水解为磷酸和氯化氢,放出白烟和刺激性臭味。300℃时全部分解为氯气和三氯化磷。制备:由纯三氯化磷与氯反应,或将磷溶于二硫化碳中进行氯化制得。用途:可用作氯化剂、催化剂、脱水剂,用于医药、染料、化纤等领域。

一氯化硫(sulfur monochloride) 亦称"二氯化二硫"。CAS 号 10025-67-9。化学式 S_2Cl_2,分子量 135.04。黄红色油状液体。熔点 - 80℃,沸点 135.6℃,密度 1.678 g/mL。能与苯、乙醚、二硫化碳互溶。遇水可分解为硫黄、硫化氢、亚硫酸盐、硫代硫酸盐等。在碱性和酸性溶液中水解常析出单质硫。可溶解硫、碘、某些金属卤化物和有机物。制备:由熔融的硫黄与干燥的氯气反应制得。用途:可用作溶剂、杀虫剂、黏结剂、橡胶氯化剂、橡胶发泡剂、低温硫化剂,用于橡胶、制糖、染料等领域。

二氯化硫（sulfur dichloride） CAS 号 10545-99-0。化学式 SCl_2，分子量 102.98。红棕色易挥发液体。有刺激性臭味，有毒！熔点 $-123\sim-121℃$，沸点 $59.6℃$（分解），密度 $1.638\ g/mL$。可溶于己烷、苯、四氯化碳、二硫化碳。在水、乙醇或乙醚中分解。在中性或酸性溶液中水解生成连多硫酸，在碱性溶液中水解生成硫代硫酸盐。氧化即得亚硫酰氯和氯化硫酰。与乙烯加成得芥子气。制备：由氯气与硫或一氯化硫直接反应制得。用途：可用作有机合成的氯化剂、高压润滑剂、切削油添加剂、油脂处理剂、溶剂、消毒剂、杀菌剂、杀虫剂、硫化油、酸酐、有机酸的氯化物等。

四氯化硫（sulfur tetrachloride） CAS 号 13451-08-6。化学式 SCl_4，分子量 173.87。白色固体或黄棕色液体。熔点 $-30℃$。低温下稳定，熔化时即会发生分解，常温下完全分解为一氯化硫与氯气。固态具离子型结构和高介电常数。易水解，得到二氧化硫和氯化氢。可与路易斯酸形成稳定的加合物。易与许多变价元素氯化物形成加合物。制备：由液氯与一氯化硫反应制得。

氯化钾（potassium chloride） CAS 号 7447-40-7。化学式 KCl，分子量 74.55。无色立方系晶体。熔点 $790℃$，沸点 $1500℃$，密度 $1.988\ g/cm^3$。有吸湿性，易结块。易溶于水，水溶液呈中性，有咸味。稍溶于甘油，微溶于乙醇，不溶于乙醚、浓盐酸、丙酮。制备：可从钾石盐、光卤石、盐湖卤水、制盐苦卤中提取。用途：可用作代盐剂、pH 控制剂、营养增补剂、胶凝助剂、酵母食料、调味剂、增香剂、组织软化剂、利尿剂、分析试剂、基准试剂、缓冲剂，用于化肥、化工、医药、冶金、电镀、摄影等领域。

氯化钙（calcium chloride） CAS 号 10043-52-4。化学式 $CaCl_2$，分子量 110.98。白色多孔状熔块或颗粒。熔点 $782℃$，沸点高于 $1600℃$，密度 $2.15\ g/cm^3$。吸湿性极强。易溶于水并放出大量热。水溶液呈微碱性。溶于醇和丙酮、乙酸、甲酸、肼、吡啶、乙酰胺。常见的为六水合物，无色三方系晶体，密度 $1.71\ g/cm^3$。加热至 $30℃$ 时得到二水合物，继续加热可生成一水合物。温度高于 $200℃$ 时得到无水物。制备：工业上主要从氨碱法制碱的副产物中得到，或由盐酸跟碳酸钙反应制得。用途：可用作干燥剂、螯合剂、固化剂、制冷剂、建筑防冻剂、路面集尘剂、消雾剂、织物防火剂、食品防腐剂、净水剂，用于食品、医疗、建筑、化工等领域。

氯化钪（scandium chloride） 亦称"三氯化钪"。CAS 号 10361-84-9。化学式 $ScCl_3$，分子量 151.31。白色微细晶体。熔点 $960℃$，沸点 $1413℃$，密度 $2.39\ g/cm^3$。易溶于水并水解，不溶于乙醇。由水溶液中结晶时得六水合物，受热时部分脱氯化氢生成难溶的氧氯化钪。制备：在氯气流中加热氧化钪与炭的混合物制得。用途：可用于制高熔点合金。

二氯化钛（titanium dichloride） CAS 号 10049-06-6。化学式 $TiCl_2$，分子量 118.77。棕黑色六方系晶体。熔点 $1035℃$，沸点 $1500℃$，密度 $3.13\ g/cm^3$。易潮解。溶于乙醇，不溶于氯仿、乙醚及二硫化碳。属于强还原剂，在空气中加热可被氧化（可燃烧）生成 TiO_2 和 $TiCl_4$。在氢气中加热时升华。在赤热状态下与干燥的氨气反应生成氮化物和氢气。制备：可由金属钛与氯气或氯化氢反应，或用钠或钛还原四氯化钛制得，亦可用氢气还原四氯化钛制得，还可在真空中加热歧化三氯化钛制得。用途：可作为强还原剂。

三氯化钛（titanium trichloride） CAS 号 7705-07-9。化学式 $TiCl_3$，分子量 154.24。深紫色晶体。熔点 $440℃$（分解），密度 $2.64\ g/cm^3$。具有四种变体：(1) 在高温下还原四氯化钛可制得 α 型三氯化钛，为六方系紫色片状晶体；(2) 用烷基铝还原四氯化钛得到 β 型三氯化钛，褐色粉末，纤维状结构；(3) 用铝还原四氯化钛得到 γ 型三氯化钛，红紫色粉末；(4) 将 γ 型三氯化钛研磨得到 δ 型三氯化钛，比其他晶型的三氯化钛具有更高的催化性能。熔点 $730\sim920℃$，密度 $2.69\ g/cm^3$。六水合物由于配位不同，有紫色稳定的盐和绿色不稳定的盐两种状态。易潮解。溶于水和微溶于乙醇后呈紫色，加热溶液变蓝色，冷后又复为紫色。在空气中长时间存放即褪色，并析出偏钛酸沉淀。溶于乙腈，微溶于氯仿，不溶于乙醚和苯。有很强的还原性，在空气中激烈氧化，水解放出白烟。在高温下发生歧化生成二氯化钛和四氯化钛。制备：由四氯化钛与铝粉和氢气反应制得。用途：可用作强还原剂、烯烃聚合的催化剂，用于偶氮染料分析，比色测定铜、铁、钒等。

四氯化钛（titanium tetrachloride） 亦称"氯化钛"。CAS 号 7550-45-0。化学式 $TiCl_4$，分子量 189.68。无色或微黄色有刺激性酸气味的液体。熔点 $-25℃$，沸点 $136.4℃$，密度 $1.73\ g/mL$。在潮湿空气中水解生成白色烟雾。溶于水同时分解，也溶于乙醇、乙醚、二硫化碳、浓盐酸，与氯仿、四氯化碳互溶。与碱金属、碱土金属进行反应被还原成钛、三氯化钛、二氯化钛。在 $300\sim400℃$ 下与水蒸气作用可直接得到二氧化钛，与氧在 $900\sim1100℃$ 反应可制得纯的二氧化钛。同醇类反应可生成钛酯如 $Ti(OC_nH_{2n+1})_4$。和三乙基铝生成组成可变的混合卤化物-烷基络合物，即齐格勒催化剂。加热到 $2300℃$ 以上部分分解，加热到 $4700℃$ 以上完全分解成钛和氯气。制备：可向热的金属钛中通入氯气，或由二氧化钛与氯气高温下反应，或由金红石矿、钛铁矿、高钛渣、合成金红石等以碳为还原剂在高温下与氯气反应。用途：用作制取海绵钛和氯化法钛白的主要原料。可用作溶解合成树脂、橡胶、塑料等多种有机物的溶剂，制乙烯聚合、丙烯聚合、橡胶异戊二烯的聚合催化剂，及用于制金属钛、钛盐、人造珍珠、分析试剂、颜料等。

二氯化钒（vanadium dichloride） CAS 号 10580-52-

6。化学式 VCl_2，分子量 121.85。绿色六方系晶体。910℃升华，密度 3.23 g/cm³。吸湿性强。溶于水中并分解。溶于乙醇、乙醚。制备：由三氯化钒在氢气流中加热，或金属钒在氯化氢气流中加热制得。用途：强还原剂。

三氯化钒（vanadium trichloride） CAS 号 7718-98-1。化学式 VCl_3，分子量 157.30。紫红色六方系晶体。熔点 >300℃（分解），密度 3.09 g/cm³。易潮解。溶于水分解为次钒酸、盐酸和二氯化钒。溶于乙醇、乙酸、乙醚、苯、氯仿、甲苯和二硫化碳。易被空气氧化。与液氨作用生成氨合物，与气态氨作用生成氮化物，与某些芳香族羟基酸产生特征的颜色反应。制备：可由热解四氯化钒，或三氧化二钒与二氯化二硫反应，或由五氯化钒经过还原或热分解制得。用途：用于制备强还原剂二氯化钒和有机钒化合物，及有机合成的催化剂、检验鸦片的试剂。

四氯化钒（vanadium tetrachloride） CAS 号 7632-51-1。化学式 VCl_4，分子量 192.75。红棕色油状液体。熔点 -28℃，沸点 154℃，密度 1.816 g/mL。溶于水，溶液呈蓝色。也溶于乙醇、乙醚、三氯甲烷、二硫化碳、四氯化碳、丙酮和乙酸。在空气中发白烟，常温下分解成三氯化钒和氯，见光或受热能加速分解。在水中迅速水解，生成氯氧化钒(IV)的溶液。制备：由氯气氧化铁钒合金得到三氯化铁和四氯化钒的混合物，再经分馏制得。用途：用于制备三氯化钒、二氯化钒和医药领域。

二氯化铬（chromium dichloride） 亦称"氯化亚铬"。CAS 号 10049-05-5。化学式 $CrCl_3$，分子量 122.90。有吸湿性的白色针状晶体。熔点 824℃，密度 2.93 g/cm³。干燥状态时，即使在空气中也可较为稳定。但若接触潮湿空气，则立即被氧化。易溶于水并显强还原性。四水物为亮蓝色晶体，还原性更强，甚至在干燥空气中也能被氧化成氯氧化物。制备：用干燥的氢和氯化氢混合气体处理纯三氯化铬可制得无水物，或经电解还原三氯化铬溶液可得到其水溶液。用途：可用作有机反应中的还原剂。

三氯化铬（chromium trichloride） CAS 号 10025-73-7。化学式 $CrCl_3$，分子量 158.35。有光泽的紫色片状晶体。熔点 1 152℃，沸点 1 300℃，密度 2.87 g/cm³。难溶于水，但当其含有微量的二氯化铬时就可溶于水。不溶于酸、乙醇、丙酮、二硫化碳。在氯气流中 900℃可升华。制备：可由碳酸铬与盐酸反应；或由铬铁矿和木炭粉的混合物与氯气反应制得。用途：可用作鞣革剂、媒染剂、含铬催化剂和含铬颜料的原料等。

二氯化锰（manganese dichloride） CAS 号 7773-01-5。化学式 $MnCl_2$，分子量 125.84。粉红色叶片状晶体，有毒! 熔点 650℃，沸点 1 190℃，密度 2.98 g/cm³。有潮解性。易溶于水，溶于醇，不溶于醚。红热条件下在氯化氢气流中挥发。不被氢气还原。在氧气或水汽中加热转变为三氧化二锰。低于 58℃蒸发水溶液得四水物 $MnCl_2·4H_2O$。后者为粉红色晶体，密度 2.01 g/cm³，熔点 87.5℃，在氯化氢气流中加热可脱除全部结晶水，在室温下于二氯化锰的浓溶液中通入氯化氢达饱和时析出二水合物。在空气中加热无水物，则分解而放出 HCl，生成 Mn_3O_4。制备：由碳酸锰在氯化氢气流中反应，或由乙酸锰与乙酰氯反应，或由软锰矿与盐酸反应制得。用途：可用作营养增补剂（锰强化剂）、电镀中的导电盐、抗氧化剂，可用于冶炼铝合金、染料、颜料、制药、干电池等领域。

三氯化锰（manganese trichloride） CAS 号 14690-66-5。化学式 $MnCl_3$，分子量 161.30。绿黑色或棕色晶体。溶于无水乙醇。高于 -40℃则缓慢分解，在一定条件下生成 $MnCl_6^{3-}$、$MnCl_5^{2-}$ 配合物。制备：可由三价锰的醋酸盐与氯化氢在 -100℃下反应；或由二氧化锰与氯化氢 -63℃下在无水乙醇中反应制得。用途：可作为制四氯化锰的中间产物。

二氯化铁（iron dichloride） 亦称"氯化亚铁"。CAS 号 7758-94-3。化学式 $FeCl_2$，分子量 126.75。白色或绿灰色六方晶体或粉末。熔点 672℃，沸点 1 023℃，密度 3.16 g/cm³。易溶于水、乙醇、丙酮，微溶于苯，不溶于乙醚。在空气中加热生成氯化铁和氧化铁。易潮解，吸湿性虽比氯化铁小，但在潮湿空气中立即变为绿色，最后变为红棕色。在空气中易被氧化成碱式氯化高铁，加热到 250℃以上则生成三氧化二铁和氯化氢。在干燥氢气中加热可被还原成铁。在氯化氢气流中加热至约 700℃时升华。存在于天然铁、陨石、火山喷出物中。制备：将铁或氢氧化亚铁溶于盐酸中制得氯化亚铁溶液，结晶水数随析出温度而定，低于 12.3℃得六水合物；12.3~76.5℃得四水合物；高于 76.5℃得二水合物；隔绝空气下加热可得到无水物。无水物也可由纯铁和氯化氢反应或用氢还原氯化铁制得。用途：可作为还原剂、媒染剂，用于医药、冶金、污水处理、颜料等领域。

三氯化铁（iron trichloride） 亦称"氯化铁"。CAS 号 7705-08-0。化学式 $FeCl_3$，分子量 162.21。无水物为棕褐色晶体。熔点 306℃，密度 2.90 g/cm³。易吸潮。易溶于水，水溶液呈酸性，有腐蚀性。其水解后生成的氢氧化铁凝聚力极强。溶于甘油，易溶于甲醇、乙醇、丙酮、乙醚。有强氧化性，可与铜、锌等金属发生氧化还原反应。与许多溶剂如醇类、醚类、酮类、吡啶、苯甲腈、三溴化磷、二氧化硫和氯化硫酰等生成络合物。与亚铁氰化钾反应，生成深蓝色普鲁士蓝。制备：由金属铁与氯气直接反应，或由盐酸与氧化铁反应，或向氯化亚铁溶液中通氯气制得。用途：可用作营养增补剂、净水剂、沉淀剂、氧化剂、媒染剂、刻蚀剂，用于印刷、印染、摄影、水处理、电子、肥皂、冶金、建筑、化学分析等领域。

二氯化钴（cobalt dichloride） 亦称"氯化钴""氯化亚钴"。CAS 号 7646-79-9。化学式 $CoCl_2$，分子量

129.84。蓝色六方系晶体，有毒！熔点 724℃（在氯化氢气流中），沸点 1 049℃，密度 3.356 g/cm³。其二水合物为紫红色单斜或三斜系晶体，有毒！密度 2.477 g/cm³。其六水合物为红色单斜系晶体，有毒！熔点 86℃，沸点 110℃，密度 1.924 g/cm³。溶于水、乙醇、丙酮、碱，微溶于醚。遇潮湿空气变为六水合物。制备：含水物可由氧化钴与盐酸反应制得；无水物可由钴粉末在氯气中加热，或钴盐与氯化氢加热反应制得。用途：用作化学分析试剂、氨吸收剂、催化剂、媒染剂、固体润滑剂、硅胶指示剂、精炼镁的助熔剂，用于制气压计、比重计、隐显墨水、维生素 B_{12} 以及电镀等领域。

三氯化钴（cobalt trichloride） 亦称"氯化高钴"。CAS 号 10241-04-0。化学式 $CoCl_3$，分子量 165.29。红色或黄色晶体，有毒！密度 2.94 g/cm³。溶于水。具有强氧化性，很不稳定，易被还原为二价钴。加热升华。制备：可由盐酸与氧化钴反应，或由新制的氢氧化高钴与冷盐酸反应，或在黑暗中于 −5℃ 以氯化氢在干燥的醚层下处理三氧化二钴制得。用途：可用于制气压剂、密度计、隐显墨水、氨吸收剂、气体吸收剂、变色硅胶等。

二氯化镍（nickel dichloride） 亦称"氯化镍"。CAS 号 7718-54-9。化学式 $NiCl_2$，分子量 129.60。无水物为棕色片状晶体，六水合物为绿色单斜系晶体，有毒性和致癌性！熔点 1 001℃（在封管内），973℃ 升华，密度 3.55 g/cm³。溶于水、乙醇、乙二醇、氨水。粉末易潮解，在空气中迅速变绿。在空气中加热可得氧化镍。制备：将氧化镍、氢氧化镍或碳酸镍溶于盐酸制得。用途：可作为杀菌剂、氨吸收剂、分析试剂，用于镀镍、制隐显墨水、制催化剂等。

氯化亚铜（copper（I）chloride） CAS 号 7758-89-6。化学式 $CuCl$，分子量 99.00。白色立方系晶体或粉末，有毒！熔点 432℃，沸点 1 490℃，密度 4.14 g/cm³。微溶于水（部分分解），不溶于乙醇、丙酮。溶于浓盐酸和氨水生成络合物。在干燥时对空气及光线稳定，遇微量潮湿空气时即变成绿色，在光照下变成蓝至棕色。其溶液在空气中易被氧化，呈绿色或棕色。在热水中沸煮会歧化生成氧化亚铜、铜和氯化铜。其盐酸溶液吸收一氧化碳可生成氯化碳酰亚铜。制备：可由氯化铜溶液与表面洁净的细铜丝或铜粉共沸，或由亚硫酸钠溶液还原二水合氯化铜，或向热硫酸铜和氯化钠溶液中通入二氧化硫制得。用途：可作为脱硫剂、媒染剂、杀菌剂、杀虫剂、脱硫剂、脱色剂、防腐剂、硝化纤维素的脱硝剂等，用于冶金、电镀、医药、电池、医药、化工、颜料、相纸、墨水、烟火、化学分析等领域。

氯化铜（copper（II）chloride） CAS 号 7447-39-4。化学式 $CuCl_2$，分子量 134.45。无水物为黄色或黄褐色结晶，二水合物为绿色正交系晶体，有毒！熔点 620℃（无水物）、100℃（二水合物），沸点 993℃，密度 3.386 g/cm³（无水物）、2.54 g/cm³（二水合物）。易潮解，易溶于水、乙醇、也溶于丙酮。很浓的溶液呈黄绿色，稀溶液呈蓝色。黄色是由于 $[CuCl_4]^{2-}$ 络离子存在，蓝色是由于有 $[Cu(H_2O)_4]^{2+}$ 的存在，两者共存时呈绿色。与浓盐酸反应生成四氯合铜（II）酸，与碱金属氯化物反应则生成 $M_2[CuCl_4]$ 型配合物。在氯化氢气氛中加热至 110℃ 失去结晶水变成无水盐，无水盐加热到 993℃ 可分解为白色氯化亚铜和氯气。制备：将过量的氯气通过赤热的铜可得无水盐，将氧化铜溶于浓盐酸后制得二水合物。用途：可作为媒染剂、氧化剂、木材防腐剂、食品添加剂、消毒剂、氯化试剂、氧化试剂、路易斯酸试剂、石油产品脱色剂和脱硫剂，用于金属提炼、摄影、玻璃、陶瓷等领域。

氯化锌（zinc chloride） CAS 号 7646-85-7。化学式 $ZnCl_2$，分子量 136.30。白色六方系粒状晶体或粉末，有毒！熔点 283℃，沸点 732℃，密度 2.91 g/cm³。易潮解，溶于乙醇、乙醚、丙酮、胺类、甘油。极易溶于水，且很难从水溶液中结晶出来。浓溶液中形成 $H[ZnCl_2(OH)]$ 络合酸，能溶解金属氧化物和纤维素。加热时不能完全脱水，而是形成碱式盐 $Zn(OH)Cl$。与氧化锌反应可生成氯氧化锌。制备：可由锌或氧化锌与盐酸反应制得，无水物可由含水盐在干燥的氯化氢气流中加热脱水制得。用途：可作为脱水剂、缩合剂、媒染剂、丝光剂、上浆剂、稳定剂、阻燃剂、电解质、缓蚀剂、防腐剂等，用于有机合成、医药、树脂、印染、纤维、石油、冶金、电池、水处理、焊接、电镀、农药、催化、化妆品等领域。

二氯化镓（gallium dichloride） CAS 号 13498-12-9。化学式 $GaCl_2$，分子量 140.63。白色晶体。熔点 164℃，沸点 535℃。易潮解，遇水分解。溶于苯生成配合物 $C_6H_6 \cdot Ga_2Cl_4$。在 600℃ 以上歧化分解为三氯化镓和镓。制备：可由三氯化镓与过量金属镓反应，或由金属镓与计量比的 Hg_2Cl_2 或 $HgCl_2$ 加热制得。用途：可用于半导体工业。

三氯化镓（gallium trichloride） CAS 号 13450-90-3。化学式 $GaCl_3$，分子量 176.08。无色针状晶体。熔点 77.9℃，沸点 201.3℃，密度 2.47 g/cm³（固态），2.36 g/mL（液态）。气态时呈二聚体分子 Ga_2Cl_6。有潮解性，溶于苯、四氯化碳、二硫化碳，微溶于石油醚。遇潮湿空气水解并发烟，在水中强烈水解并大量放热。溶于液氨形成氨络合物。制备：可由镓与氯气反应，或氧化镓与氯化氢反应，或三氧化二镓与亚硫酰氯反应制得。用途：可作为有机氯化反应的催化剂，用于制取含镓化合物。

二氯化锗（germanium dichloride） CAS 号 10060-11-4。化学式 $GeCl_2$，分子量 143.50。白色或亮黄色粉末，微毒！溶于四氯化锗。遇水分解为氢氧化锗。加热至 450℃ 以上歧化为锗与四氯化锗。与空气中氧作用生成二氧化锗与四氯化锗。易被 Cl_2、Br_2 氧化，与氯化氢气体在室温下反应生成 $GeHCl_3$。制备：可由四氯化锗的蒸气通过灼热的金属锗，或 $GeHCl_3$ 在 70℃ 以上热解制得。

四氯化锗（germanium tetrachloride） CAS 号 10038-98-9。化学式 $GeCl_4$，分子量 214.42。无色液体，有毒！熔点 -49.5℃，沸点 82～84℃，密度 $1.844 3^{30}$ g/mL。溶于稀盐酸、苯、乙醇、乙醚、二硫化碳等多数有机溶剂。遇水分解生成二氧化锗。在液氨中生成 $Ge(NH)_2$，与醋酐反应得到四醋酸锗。950℃ 仍不分解。是借助 LiR 或 RMgX 试剂制备有机锗化合物过程中的一个重要中间产物。具有急性毒性和强刺激性。制备：由二氧化锗与盐酸反应，或由金属锗与氯气反应制得。用途：可作为光导纤维掺杂剂，用于提纯锗、制二氧化锗等。

三氯化砷（arsenic trichloride） CAS 号 7784-34-1。化学式 $AsCl_3$，分子量 181.28。无色或淡黄色油状发烟液体，剧毒！熔点 -18℃，沸点 63℃（100.264 kPa），密度 2.163 g/mL。溶于盐酸、乙醇、氯仿、四氯化碳、乙醚、碘化物、油脂。在空气中发烟。遇水分解为氢氧化砷和氯化氢。遇紫外线易分解。有脂溶性，沾在黏膜及皮肤上可渗透至组织内部。制备：可由三氧化二砷与盐酸反应，或由砷与氯气反应制得。用途：可作为分析试剂、催化剂、半导体掺杂材料、陶瓷上光剂、杀虫剂、高纯砷、含砷化合物等，用于医药等领域。

一氯化硒（selenium monochloride） 亦称"二氯化二硒"。CAS 号 10025-68-0。化学式 Se_2Cl_2，分子量 228.83。棕红色有刺激气味的油状液体，有毒！熔点 -85℃，沸点 130℃（分解），密度 2.77 g/mL。可溶于二硫化碳、四氯化碳、氯仿、苯、发烟硫酸。在水、乙醇、乙醚中分解。有弱的氧化性和强的还原性。制备：可由粉状硒溶于发烟硫酸后用氯化氢处理制得，或将硒、二氧化硒、盐酸混合反应制得。用途：可用于制四氯化硒，用于电子、仪表、冶金等领域。

四氯化硒（selenium tetrachloride） CAS 号 10026-03-6。化学式 $SeCl_4$，分子量 220.77。白色或浅黄色晶体，有毒！170～196℃升华，沸点 288℃（分解），密度 3.78～3.85 g/cm³。易潮解，溶于三氯氧磷，微溶于二硫化碳，不溶于乙醇、乙醚、溴。易水解成亚硒酸和氯化氢。与碱金属氯化物作用形成六氯合硒酸盐。有氧化性，可被硫化氢、氨还原为单质硒，可被三氯化磷、硒或硫还原为一氯化硒。制备：可由硒与干燥氯气或氯化亚砜，或由二氧化硒与五氯化磷反应制得。用途：可作为氧化剂，用于电子工业。

氯化溴（bromine chloride） CAS 号 13863-41-7。化学式 BrCl，分子量 115.36。微红色或无色液体或气体。熔点 -66℃，沸点约 5℃。溶于乙醚、二硫化碳。遇水易发生水解。10℃ 分解。制备：可由等摩尔的溴和氯气在气相或在四氯化碳溶液中反应，或由氯气和溴低温下反应，或将氯气通入溶有溴的水中反应制得。用途：可作为金属和非金属的氧化剂、溴化剂、水处理剂、工业消毒剂，用于有机加成和取代反应。

氯化铷（rubidium chloride） CAS 号 7791-11-9。化学式 RbCl，分子量 120.92。无色立方系晶体。熔点 717℃，沸点 1 390℃，密度 2.80 g/cm³。溶于水，微溶于甲醇、乙醇、氨。在空气中稳定。存在于光卤石中。制备：可由碳酸铷与盐酸反应制得。用途：可作为高氯酸和铂、铱、钛、锆的显微结晶分析试剂，气态烃的阻燃剂；用于制取其他铷盐，配制人造海水，制备金属铷等。

氯化锶（strontium chloride） CAS 号 10476-85-4。化学式 $SrCl_2$，分子量 158.53。无水物为白色粉末。熔点 875℃，沸点 1 250℃，密度 3.05 g/cm³。易溶于水，难溶于乙醇、丙酮。二水合物为无色片状晶体或白色结晶性粉末。密度 2.67 g/cm³。溶于水，不溶于醇。112℃ 溶于其结晶水中，825℃ 成玻璃状物，呈碱性。六水合物为白色针状或粉状。密度 1.93 g/cm³。在干燥空气中风化，在潮湿空气中潮解。易溶于水，不溶于醇。61.4℃ 失去 4 分子结晶水，100℃ 时成一水合物，在 200℃ 时成无水物。制备：可由氢氧化锶或碳酸锶溶于盐酸制得。用途：可作为电解金属钠的助熔剂、有机合成的催化剂、牙膏脱敏剂、沉淀剂，用于生产锶盐、颜料、烟火、医药等领域。

氯化钇（yttrium chloride） CAS 号 10361-92-9。化学式 YCl_3，分子量 195.26。无水物为白色有光泽叶状晶体，熔点 721℃，沸点 1 507℃，密度 2.67 g/cm³。在空气中易潮解，易溶于水、乙醇。一水合物为无色晶体，160℃ 失去 1 分子水。六水合物为无色或略带红色晶体。密度 2.15^{18} g/cm³。溶于水、乙醇、吡啶。100℃ 失去 5 分子水。制备：将钇的氧化物或氢氧化物溶于盐酸制得六水合物，将六水合物在氯化氢气流中于 70℃ 脱水可得一水合物，再将一水合物在 1 000℃ 氨气流中加热可得无水物。用途：六水合物可用作分析试剂。

二氯化锆（zirconium dichloride） CAS 号 13762-26-0。化学式 $ZrCl_2$，分子量 162.13。黑色晶体。密度 3.6^{16} g/cm³。遇水分解放出氢，加热至 350℃ 开始分解，600℃ 以上分解为金属锆和四氯化锆。制备：隔绝空气条件下在加热的锆上通入四氯化锆蒸气；或将三氯化锆加热得到黑色二氯化锆和四氯化锆，再经蒸馏、分离制得。用途：可用于锆有机物合成。

三氯化锆（zirconium trichloride） CAS 号 10241-03-9。化学式 $ZrCl_3$，分子量 197.58。暗红棕色晶体。密度 3.00^{16} g/cm³。溶于醇，不溶于其他有机溶剂。在空气中显还原性，与水反应放出氢气。无空气的条件下加热至 350℃ 歧化为二氯化锆和四氯化锆。制备：在真空熔封管中将铝粉、无水氯化铝、四氯化锆混合加热至 350℃ 制得。

四氯化锆（zirconium tetrachloride） CAS 号 10026-11-6。化学式 $ZrCl_4$，分子量 233.04。白色有光泽晶体或粉末。熔点 437℃（2 208.89 kPa），沸点 331℃（升

华），密度 2.803^{15} g/cm^3。易潮解，在潮湿空气中或水中水解为氯化氢和氯氧化锆。溶于冷水、乙醇、乙醚，不溶于苯、四氯化碳、二硫化碳。在浓盐酸中形成 ZrOCl$_2$·8H$_2$O。可吸收氨形成氨复盐 ZrCl$_4$·4NH$_3$。可与氯化物、醚、酯等分子加合形成六配位的配合物。与五氯化磷作用形成磷复盐 2ZrCl$_4$·PCl$_5$。制备：可由二氧化锆和炭在氯气流中加热反应制得。用途：可作为纺织品防水剂、鞣革剂、分析试剂，可用于颜料、制金属锆、制含锆化合物，还可用于催化石油裂化、烷烃的异构化、制备丁二烯等。

五氯化铌（niobium pentachloride） CAS 号 10026-12-7。化学式 NbCl$_5$，分子量 270.17。黄色单斜系晶体，有毒！熔点 204℃，沸点 254℃，密度 2.75 g/cm^3。溶于乙醇、盐酸、浓硫酸、乙酸、乙醚、丙酮、氯仿、四氯化碳。遇水分解为五氧化二铌和氯化氢，在潮湿空气中分解放出氯化氢。易生成加合物，并能从其他化合物中夺取氧生成氯氧化铌。制备：可由金属铌与氯气反应，或五氧化二铌与炭混合后在氯气中反应，或由氧化铌与亚硫酰氯在室温下反应，或由水合氧化铌与亚硫酰氯在室温下反应制得。用途：可用于制备纯铌、含铌化合物。

二氯化钼（molybdenum dichloride） CAS 号 13478-17-6。化学式 MoCl$_2$，分子量 166.85。黄色无定形粉末或晶体。密度 3.71 g/cm^3。无定形态为三聚分子，属[Mo$_3$Cl$_4$]Cl$_2$ 型化合物。常温下在空气中稳定存在，加热易分解。不溶于水，能溶于盐酸、硫酸、氨水、醇、丙酮。制备：由三氯化钼歧化反应或钼与 COCl$_2$ 反应，或钼与 MoCl$_5$、MoCl$_3$、MoCl$_4$ 共熔制得。三水合物为黄色晶体。热至 100℃失去 2 分子结晶水。制备：可由三氯化钼歧化反应，或钼与 COCl$_2$ 反应，或由钼与 MoCl$_5$、MoCl$_3$、MoCl$_4$ 共熔制得。

三氯化钼（molybdenum trichloride） CAS 号 13478-18-7。化学式 MoCl$_3$，分子量 202.30。暗红色单斜系针状晶体或粉末。熔点 1 027℃，密度 3.578 g/cm^3。不溶于冷水，微溶于热水而分解，能溶于浓硫酸、浓硝酸，难溶于乙醇、乙醚，不溶于盐酸，在碱中分解。在真空或惰性气氛中热至 410℃时，歧化为二氯化钼和四氯化钼。其三水合物为红色和绿色晶体，溶于水、丙酮、乙醇，成红色溶液。在碱金属氯化物水溶液中可形成红色 M$_3$[MoCl$_6$]型络盐沉淀。制备：在 250℃的氢气流中还原五氯化钼，或由汞阴极电解还原三氧化钼盐酸溶液，或由无水氯化亚锡还原五氯化钼制得。

四氯化钼（molybdenum tetrachloride） CAS 号 13320-71-3。化学式 MoCl$_4$，分子量 237.75。黑褐色晶体或粉末。熔点 320℃，沸点 325℃，密度 3.20 g/cm^3。有潮解性，易升华。能溶于浓硝酸、硫酸、盐酸。遇水、乙醇、乙醚分解，甚至在空气或二氧化碳中也不稳定，易歧化。加热时生成 MoO$_2$Cl$_2$，若将 MoCl$_4$ 封入管中加热可歧化为

MoCl$_3$ 和 MoCl$_5$。制备：由四氯乙烯与 MoCl$_5$ 反应，或 Mo 与 CCl$_4$、O$_2$ 反应，或由 MoCl$_3$ 或 MoCl$_2$ 加热歧化制得。

五氯化钼（molybdenum pentachloride） CAS 号 10241-05-1。化学式 MoCl$_5$，分子量 273.24。暗绿色或灰黑色针状三方系晶体，有毒！熔点 194℃，沸点 268℃，密度 2.93 g/cm^3。能溶于硝酸、浓盐酸、浓硫酸、乙醇、乙醚、氯仿、四氯化碳和液氨。在空气中，不论固态或液态均不稳定，若有水蒸气，则分解为盐酸和黑色氧化物。在空气中加热逐渐被氧化成二氯二氧化钼。在 250℃可被氢气还原成三氯化钼。制备：可由干燥氯气与钼粉反应，或由氯化三氧化钼与炭反应制得。用途：可作为氯化的催化剂、耐火树脂的组分、制备六羰基合钼的中间体，可用于气相沉积镀钼等。

三氯化钌（ruthenium trichloride） 亦称“氯化钌”。CAS 号 10049-08-8。化学式 RuCl$_3$，分子量 207.43。有两种构型。α 型为黑色有光泽晶体，不溶于醇、水。β 型为棕黑色蓬松晶体，溶于水、醇。熔点 500℃（分解），密度 3.11 g/cm^3。与碘化钾溶液作用生成碘化物沉淀，向溶液中通入硫化氢时沉淀为三硫化二钌，能与氨、氰化钾和亚硝酸钾等生成配位化合物，与钠汞齐或三氯化钛作用被还原成蓝色的二价钌离子。制备：α 型可由 3：1 的氯气和一氧化碳混合物在 330℃时与海绵钌反应制得，β 型由 α 型晶体溶于乙醇-盐酸溶液制得。用途：可作为电极涂层材料、有机反应催化剂，用于测定亚硫酸盐、制氯钌酸盐、活化炔烃或 C—O 键等。

四氯化钌（ruthenium tetrachloride） CAS 号 13465-52-6。化学式 RhCl$_4$·5H$_2$O，分子量 332.96。红褐色晶体。易潮解。可溶于水和乙醇。受热时分解放出氯气。制备：可由二氧化钌与盐酸反应制得。

三氯化铑（rhodium trichloride） 亦称“氯化铑”。CAS 号 10049-07-7。化学式 RhCl$_3$，分子量 209.26。红色粉末或晶体。熔点 450℃，沸点 737℃，密度 5.4 g/cm^3。通常含若干结晶水，铑含量约 37%～39%。水合物有潮解性，溶于水和乙醇，不溶于乙醚。无水物溶于氢氧化碱和氰化碱溶液，不溶于酸和水。与过量氢氧化钾共沸生成黄色氢氧化铑沉淀。水合物在氯化氢气氛中受热失水变为无水三氯化铑。高于 440℃分解为铑及氯气。70℃时可被氢气还原。在浓酸（硝酸、硫酸）中加热分解。加热时能与钠、铝、镁、铁等金属反应。制备：由金属铑与氯气反应制得。用途：可用作光谱标准试剂、有机反应催化剂，用于电子、电镀、仪表、冶金等领域。

一氯化钯（palladium monochloride） 化学式 PdCl，分子量 141.86。暗红褐色晶体。易潮解，溶于水、丙酮。在氯化氨、碘化钾、氨水溶液中分解并析出钯。制备：熔融二氯化钯水合物使其失去部分氯制得。

二氯化钯（palladium dichloride） CAS 号 7647-10-1。化学式 $PdCl_2$，分子量 177.326。暗红色或褐红色立方系针状晶体。密度 4.0 g/cm^3。溶于水、乙醇、丙酮、氢溴酸，微溶于乙醚。其水溶液能吸收大量一氧化碳、甲烷、乙烷、硫化氢、氧及其他气体，容易被甲酸、甲醇等还原为钯。水溶液中加入过量水能形成羟氢化物沉淀，加入过量盐酸则形成褐红色 H_2PdCl_4 溶液。与硫化氢或硫化铵反应生成 PdS。500℃升华并开始分解成钯和氯气。制备：由金属钯与盐酸、氧气反应，或金属钯与氯气反应制得。用途：可用于催化、电镀、化学分析、墨水、瓷釉、媒染、灭菌、提纯稀有气体等领域。

四氯化钯（palladium tetrachloride） CAS 号 172542-68-6。化学式 $PdCl_4$，分子量 248.23。褐色液体。其固体尚未分离出来。其稀溶液蒸发，分解出氯气和二氯化钯。制备：将氯化钯溶于王水后，向溶液中加入氯化钾得到 $K_2[PdCl_6]$ 沉淀，在溶液中则为 $K_2[PdCl_4]$；或由浓盐酸溶解水合二氧化钯制得。

氯化银（silver chloride） CAS 号 7783-90-6。化学式 AgCl，分子量 143.32。白色粉末。见光变紫并逐渐变黑。熔点 455℃，沸点 1 550℃，密度 5.56 g/cm^3。不溶于水、乙醇或稀酸，能溶于氨水、氰化钾、硫代硫酸钠、碳酸铵等溶液，微溶于盐酸。感光能力次于溴化银，高于碘化银，需避光保存。制备：可向盐酸或食盐水中加入硝酸银溶液制得。用途：可作为分析试剂、光谱分析的缓冲剂、防腐剂、神经镇静剂，用于分析化学、摄影、电镀、电池等领域，单晶可作红外吸收槽和透镜元件。

氯化镉（cadmium chloride） CAS 号 10108-64-2。化学式 $CdCl_2$，分子量 183.32。无色单斜系晶体，有毒！熔点 568℃，沸点 960℃，密度 4.047 g/cm^3。易溶于水，溶于丙酮，微溶于甲醇、乙醇，不溶于乙醚。与碱金属氯化物易形成六氯合镉酸盐配合物。制备：用金属镉（或氢氧化镉、氧化镉、碳酸镉）与盐酸加热蒸发，从水溶液中结晶，低于 34℃时析出 $CdCl_2 \cdot \frac{5}{2}H_2O$，高于 34℃时析出 $CdCl_2 \cdot H_2O$，无水物由 $CdCl_2 \cdot H_2O$ 加热至 130℃左右脱水制得。用途：可用于摄影、印染、电镀、纤维、化学分析、制镜等领域。

一氯化铟（indium monochloride） CAS 号 13465-10-6。化学式 InCl，分子量 150.27。红色或黄色晶体。熔点 225℃，沸点 608℃，密度 4.19 g/cm^3（黄色型），4.18 g/cm^3（红色型）。将其熔盐在暗处固化，可得红、黄两种晶形的混合物。如果在黑暗处放置 8 天可完全变为黄色型。从黄色型向红色型的转变温度为 125～135℃。黄色型在低温下稳定，遇光立即变为墨绿色。与潮湿空气相遇分解，遇水发生歧化反应分解成三氯化铟和铟。可溶于酸。制备：可由金属铟与 Hg_2Cl_2 加热反应，或由过量金属铟与三氯化铟加热反应制得。

二氯化铟（indium dichloride） CAS 号 13465-11-7。化学式 $InCl_2$，分子量 185.72。白色正交系晶体，易潮解。熔点 235℃，沸点 550～570℃，密度 3.655 g/cm^3。遇水分解为三氯化铟及金属铟。制备：可由三氯化铟与金属铟反应，或三氯化铟与氢气反应制得。

三氯化铟（indium trichloride） CAS 号 10025-82-8。化学式 $InCl_3$，分子量 221.18。白色薄片或微黄色晶体。熔点 586℃（300℃升华），密度 3.46 g/cm^3。有潮解性。易溶于水，难溶于四氯化碳、苯。溶于液氨生成氨基氯化物。在 600℃以上挥发，易溶于水并发生水解，从水溶液中可以结晶出四水合物和五水合物。溶解于液氨得到氯胺配位化合物。制备：可由金属铟与氯气直接反应，金属铟与干燥的氯气加热反应，或由三氧化二铟和硫酰氯反应制得。用途：可作为光谱纯和高纯试剂，用于镀铟、制铟盐等。

二氯化锡（tin dichloride） 亦称"氯化亚锡""锡盐"。CAS 号 7772-99-8。化学式 $SnCl_2$，分子量 189.62。白色正交系晶体，有毒！熔点 246.8℃，沸点 652℃，密度 3.95 g/cm^3。二水合物为无色单斜系晶体，熔点 37.7℃，密度 $2.71^{15.5} g/cm^3$。易溶于水、乙醇、乙醚、丙酮、乙酸乙酯、乙酸甲酯、吡啶，不溶于氯仿。稀释其水溶液时，即水解生成碱式盐而变浑浊，并进一步产生沉淀。具有较强的还原能力，是化工生产和化学实验中常用的还原剂。可将硝基苯还原为苯胺，将氯化重氮苯还原为苯肼，能将许多金属离子还原成低氧化态或单质。常加入少量锡粒防止其水溶液被空气氧化。制备：可由金属锡与盐酸或氯化氢气反应制得。用途：可作为媒染剂、还原剂、抗氧化剂、蔗糖脱色剂、镀锡酸性电解液原料，还可用于分析测定磷、硅、砷、钨、钼等。

四氯化锡（tin tetrachloride） 亦称"氯化锡"。CAS 号 7646-78-8。化学式 $SnCl_4$，分子量 260.5。无色或淡黄色发烟液体。熔点 -33℃，沸点 142℃，密度 2.226 g/mL。溶于乙醇、二硫化碳、四氯化碳、苯、煤油、汽油。溶于冷水并放热，热水中分解生成二氧化锡沉淀和盐酸。低温下能吸收大量的氯气，同时体积膨胀和冰点下降。能与氨反应生成复盐，与碱金属作用生成锡酸盐。已知有多种水合物，其中五水合物最稳定，为白色晶体，19～56℃稳定。在盐酸中生成六氯合锡酸。制备：可由单质锡和氯直接反应制得。用途：可作为媒染剂、润滑油添加剂、阳离子聚合催化剂、有机合成脱水剂、有机合成氯化的催化剂、糖漂白剂、分析试剂，用于合成有机锡化合物、制造蓝晒纸和感光纸、玻璃表面处理、电镀等领域。

三氯化锑（antimony trichloride） 亦称"氯化亚锑""锑油"。CAS 号 10025-91-9。化学式 $SbCl_3$，分子量 228.12。白色易潮解的透明正交系晶体。熔点 73.4℃，沸点 283℃，密度 3.14 g/cm^3。易潮解，易溶于水，并被水解为氯氧化锑。溶于乙醇、丙酮、苯、乙醚、二硫化碳、四氯化碳等。加热时能与乙醇反应生成碱式盐。与热的浓硫酸反应产生氯化氢和硫酸锑。能被浓硝酸氧化成锑酸。能与碱金属和碱土金属的氯化物反应生成六氯合锑酸的盐。制备：可由锑与干燥氯气直接反应，或由三氧化二锑与氯化氢反应制得。用途：可作为氯化反应的催化剂、媒染剂、织物阻燃剂、防腐剂、颜料的改质剂、色谱分析试剂，用于三氯乙醛、芳香烃及维生素A的检测，还可用于制锑盐、吐酒石、显像管等。

五氯化锑（antimony pentachloride）　CAS号7647-18-9。化学式$SbCl_5$，分子量299.02。黄棕色有恶臭的油状液体或单斜系晶体，有腐蚀性！熔点2.8～3.5℃，沸点79℃，密度2.336 g/mL。溶于氯仿、四氯化碳、二硫化碳、盐酸、酒石酸溶液。吸湿性强，在空气中发烟，在水中水解生成五氯化二锑和氯化氢。在少量水中可制得$SbCl_5 \cdot H_2O$、$SbCl_5 \cdot 4H_2O$等水合物，但在大量水中就水解为五氧化二锑。在空气中猛烈燃烧。与非金属作用生成复盐。与金属氧化物反应可生成相应的六氯锑酸盐的结晶性化合物。在酸性溶液中可被碘化钾还原为三价锑化合物，并析出碘。与有机化合物反应生成加成化合物。约140℃开始分解。制备：由金属锑与氯气直接反应或三氯化锑与氯气反应制得。用途：可作为有机合成中的氯化剂、高纯分析试剂、生物碱类试剂、制造高纯锑的原料、染料工业中间体、检验铯和生物碱的分析试剂。

二氯化碲（tellurium dichloride）　CAS号10025-71-5。化学式$TeCl_2$，分子量198.50。黑色无定形固体，粉末呈绿黄色，蒸气为亮红色。熔点208℃，沸点328℃，密度7.05 g/cm^3。溶于乙醚。与水作用歧化为单质碲、亚碲酸和氯化氢。遇酸、碱溶液分解。与氯气或一氯化碲反应成四氯化碲。制备：由二氯二氟甲烷与熔融的碲反应制得。

四氯化碲（tellurium tetrachloride）　CAS号10026-07-0。化学式$TeCl_4$，分子量269.41。白色晶体。熔点224℃，沸点380℃，密度3.26^{15} g/cm^3。极易潮解。溶于盐酸、苯、甲苯、低级醇、氯仿、四氯化碳，不溶于二硫化碳、乙醚。易水解成二氧化碲和盐酸。在浓盐酸中形成五氯合碲(Ⅳ)酸。固态时可被硫化氢还原为碲。在苯中与液氨反应得一氮化碲。与氯化氢生成络合酸$HTeCl_5$。与碱金属氯化物生成络盐M_2TeCl_6。制备：可由碲与氯气或三氯化铝反应制得。用途：用于碲有机化合物合成。

一氯化碘（iodine monochloride）　CAS号7790-99-0。化学式ICl，分子量162.38。常温下为暗红色晶体或红棕色液体，有毒！存在两种结晶形式。稳定的α型为黑色针状晶体（光照下为宝石红色），熔点27.2℃，沸点97.4℃，密度3.182 2^0 g/cm^3。亚稳的β型为黑色片状晶体（光照下为棕红色），熔点13.9℃，沸点97.4℃（分解），密度3.24^{34} g/mL。加热至100℃分解为氯和碘。溶于乙醇、乙醚、四氯化碳、二硫化碳和盐酸。溶于水分解成碘酸和游离氯。有腐蚀性和氧化性，可强烈侵蚀软木、橡皮、皮肤。制备：可由氯气与碘反应制得。α型可从熔融体中结晶得到，β型可从强烈过冷的熔融体中得到。用途：可作为强氧化剂，用于碘值测定和有机合成。

三氯化碘（iodine trichloride）　CAS号865-44-1。化学式ICl_3，分子量233.26。黄褐色正交系晶体或红色液体，有强烈刺激性气味，有毒！有催泪性和刺激性，可强烈腐蚀皮肤并造成棕色伤斑。熔点101℃（1.62 MPa），密度3.117^{15} g/cm^3。溶于乙醇、乙醚、苯、四氯化碳等。吸湿性强，遇水易分解。77℃完全分解为一氯化碘和氯气。制备：可由过量氯气与碘反应，或由氯酸钾与碘反应制得。用途：可作为氯化剂、消毒剂、防腐剂，含22%～35%三氯化碘的浓盐酸溶液可用作氯的携载体和氧化剂，用于制药、测定油脂碘值等。

氯化铯（cesium chloride）　CAS号7647-17-8。化学式$CsCl$，分子量168.36。无色立方系晶体。熔点645℃，沸点1 290℃，密度3.988 g/cm^3。有吸湿性。易溶于水、醇，不溶于丙酮。在空气中加热即分解，易生成多卤化物。存在于矿泉水和光卤石中。制备：可将碳酸铯溶于盐酸制得，或从光卤石和铯榴石矿物中提取。用途：可用于制铯盐、X射线荧光屏、光电管、真空管中吸气剂，用于显微镜分析、光谱分析、三价铬和镓的点滴分析、二联苯和三联苯的高温色谱分析、医药等领域，其浓溶液在生物学中广泛用于DNA、病毒及其他大分子的超离心分离。

氯化钡（barium chloride）　CAS号10361-37-2。化学式$BaCl_2$，分子量208.23。有两种构型。α型为无色单斜系晶体。熔点962℃，沸点1 560℃，密度3.856 g/cm^3。β型为无色立方系晶体。熔点963℃，沸点1 560℃，密度3.917 g/cm^3。二水合物为无色单斜系晶体，有毒！熔点113℃，沸点35.7℃，密度3.097 g/cm^3。溶于水，微溶于乙酸、硫酸，几乎不溶于盐酸，不溶于丙酮、乙醇。在无水乙醇中失去结晶水，但不溶解。是一种最重要的可溶性钡盐。二水合物加热至102℃脱水变为一水合物，270℃转变为无水物。制备：可由盐酸和碳酸钡反应；或由重晶石与煤粉混合焙烧制得硫化钡，经水浸取后再用盐酸处理制得。用途：可作为脱水剂、杀虫剂、杀鼠剂、硬水软化剂、润滑油添加剂、镁合金的助熔剂、人造丝的消光剂、冶金工业热处理的介质，用于电子、仪器、冶金、鞣革、颜料、烟火、分析等领域，也用于氯和氢氧化钠的制造。

氯化镧（lanthanium chloride）　CAS号10099-58-8。化学式$LaCl_3$，分子量245.27，白色晶体。熔点860℃，沸点高于1 000℃，密度3.842 g/cm^3。易潮解，极易溶于水（在热水中分解）、乙醇、吡啶，不溶于乙醚和苯。易与碱性氢氧化物形成复盐。在其熔点温度下与干燥碘化氢加热时生成碘化镧。与焦磷酸钠溶液混合时有焦磷酸氢镧沉淀生成，这种沉淀在搅拌溶液时即溶解，但数日后析出小而圆的白色球体三水合物结晶。在潮湿空气中加热至

445～680℃水解变成碱式盐。七水合物加热至91℃开始失去结晶水，在330℃变为无水物。制备：可在二氯亚硫酰或四氯化碘蒸汽中加热氧化镧制得。用途：可用于化学分析、提取金属镧、制备石油裂化催化剂等。

三氯化铈（cerium trichloride） 亦称"氯化铈"。CAS号7790-86-5。化学式$CeCl_3$，分子量246.47。白色细粉末或易潮解的无色晶体。熔点848℃，沸点1727℃，密度3.92 g/cm^3。溶于冷水，在热水中分解。溶于乙醇、乙酸，微溶于丙酮，难溶于四氯化硫、苯。能与氨水、强碱、草酸铵、酸、硫化物等反应。可被氧或水蒸气分解，生成三氧化二铈。制备：将碳酸铈溶于盐酸后蒸发至干，将残渣与氯化铵混合后煅烧制得；或由草酸铈在氯化氢气流中灼烧，或由铈的氧化物在四氯化碳的气流中灼烧制得。用途：可用于制金属铈、含铈化合物、傅克酰基化催化剂、烯烃聚合催化剂，以及制治疗糖尿病、皮肤病等的药物等。

三氯化镨（praseodymium trichloride） 亦称"氯化镨"。CAS号10361-79-2。化学式$PrCl_3$，分子量247.27。无水物为蓝绿色针状晶体。熔点786℃，沸点1700℃。密度4.02 g/cm^3。七水合物为绿色三斜系晶体。熔点115℃，密度2.25^{17} g/cm^3。有潮解性，在氯化氢气氛中加热至108℃时失去6分子结晶水，180℃变成无水物。两者均易溶于水、盐酸和乙醇。在氢气中加热易被还原为镨，在空气中加热可得到氧化镨。制备：由盐酸与二氧化镨反应制得。用途：主要用作化学试剂。

三氯化钕（neodymium trichloride） 亦称"氯化钕"。CAS号10024-93-8。化学式$NdCl_3$，分子量250.6。紫色粉末。熔点784℃，沸点1600℃，密度4.134 g/cm^3。六水合物为红色正交系晶体。熔点124℃，密度2.282^{165} g/mL。在氯化氢气流中于115℃时失去5分子结晶水，160℃变成无水盐。极易溶于水，可溶于乙醇，不溶于乙醚、氯仿。840℃时可被氢气还原，与氨、吡啶、乙醇生成加合物，与氯化铯形成复盐。制备：可由三氧化二钕与盐酸反应制得水合物；无水物可在干燥的氯化氢气流中使水合物脱水，或在通入S_2Cl_2的条件下加热氧化钕制得。用途：可用于制金属钕、含钕化合物等。

氯化亚钐（samarium dichloride） CAS号13874-75-4。化学式$SmCl_2$，分子量221.26。红棕色晶体。熔点740℃，沸点2027℃，密度4.56 g/cm^3。不溶于乙醇、液态二氧化硫、氰化氢、四氯化锡、三氯化磷。遇水分解为氧化钐、次氯酸钐和氢气。有强还原性，易生成氨基化合物。制备：可由钙或氢气在高温下还原氯化钐制得。

三氯化钐（samarium trichloride） 亦称"氯化钐"。CAS号10361-82-7。化学式$SmCl_3$，分子量256.71。无水物为淡黄色粉末。熔点686℃，密度4.46 g/cm^3。易潮解，易溶于水。可被金属、氢气及氨气还原。吸收氨气可生成一系列加合物。六水合物为黄绿色片状晶体。熔点142～

147℃，密度2.383 g/cm^3。110℃时失去5分子水，177℃时完全失水。在空气中热至680℃生成碱式氯化钐。溶于水和乙醇并生成相应的加合物。制备：可在加热条件下将氯气通过碳与氧化钐的混合物制得无水物，将氧化钐溶于盐酸溶液后经浓缩结晶制得六水合物。用途：可用于制备金属钐，无水物用于光谱分析。

二氯化铕（europium dichloride） CAS号13769-20-5。化学式$EuCl_2$，分子量222.87。白色无定形粉末。熔点727℃，沸点2027℃，密度4.89 g/cm^3。可溶于水、酸。在空气中受热生成三氯化铕和Eu_2O_3。与氨生成$[Eu(NH_3)_8]Cl_2$配合物。制备：可在氢气流中高温还原三氯化铕无水盐，或由三氯化铕的含水盐在干燥的硫化氢气流中制得。

三氯化铕（europium trichloride） CAS号10025-76-0。化学式$EuCl_3$，分子量258.32。浅黄绿色六方系针状晶体。熔点623℃，密度4.89 g/cm^3。溶于水。高温下分解生成二氯化铕和氯。制备：可由氧化铕在含有S_2Cl_2的氯气流中加热反应；或将氧化铕溶于浓盐酸制得含水盐，先用五氧化二磷干燥后在干燥的氯化氢气流中长时间加热脱水制得。用途：可用于制金属铕、含铕化合物等。

三氯化钆（gadolinium trichloride） CAS号10138-52-0。化学式$GdCl_3$，分子量263.61。无水物为无色单斜系晶体，六水合物为白色棱柱形晶体。熔点609℃，沸点1577℃，密度4.52 g/cm^3（无水物），2.424 g/cm^3（六水合物）。易溶于水、乙醇。制备：无水物可由赤热的氧化钆与氯和S_2Cl_2的混合气体反应，或由赤热的氧化钆与光气反应；六水合物可由氧化钆与浓盐酸反应，或将氯化氢通入其冷溶液中制得。用途：可用于制金属钆、含钆化合物等。

三氯化铽（terbium trichloride） CAS号10042-88-3。化学式$TbCl_3$，分子量265.28。无水物为无色柱状晶体。熔点588℃，沸点1547℃，密度4.35 g/cm^3。六水合物为无色柱状晶体，在氯化氢气氛中加热至180～200℃时脱水变为无水盐。两者均易潮解，极易溶于水、乙醇。制备：无水盐可由金属铽直接与氯气反应，或在氯化氢气氛中将水合盐加热脱水，也可将水合盐与氯化铵的混合物加热脱水制得。用途：可用于制金属铽、含铽化合物等。

三氯化镝（dysprosium trichloride） CAS号10025-74-8。化学式$DyCl_3$，分子量268.85。无水物为白色粉末。熔点680℃，沸点1500℃，密度3.67 g/cm^3。溶于水、乙醇。与溴化氢、碘化氢气体反应，分别生成溴化物和碘化物。六水合物为亮黄色六方系板状晶体，有较强的吸潮性，在空气中加热分解生成DyOCl。制备：六水合物可由氧化镝与盐酸反应，无水物可由氧化镝与氯和S_2Cl_2混合气体反应，或在氯化氢和氮气流中使六水合物加热脱水制得。用途：可用于制金属镝、化学分析等。

三氯化钬（holmium trichloride）　CAS 号 10138-62-2。化学式 $HoCl_3$，分子量 271.29。黄色单斜系晶体。熔点 718℃，沸点 1 500℃，密度 4.25 g/cm^3。其六水合物在 95～105℃时失去 5 分子结晶水，225℃时在氯化氢气流中可变成无水物。溶于水。制备：六水合物可由氧化钬或氢氧化钬与盐酸反应制得；无水物可由氯化氢气流中加热其水合物，或由氧化钬在赤热时通入氯化氢气体制得。用途：可用于制金属钬、含钬化合物等。

三氯化铒（erbium trichloride）　CAS 号 10138-41-7。化学式 $ErCl_3 \cdot 6H_2O$，分子量 381.73。粉红色晶体。熔点 774℃，沸点 1 500℃。易潮解，溶于水和酸，稍溶于乙醇。在氯化氢气流中加热可得浅红色或浅紫色片状的无水盐，稍具吸湿性。在水中比其六水盐难溶。水溶液加热时，逐渐变成不透明，脱水后变成氯化铒和氯氧化铒的混合物。可与六亚甲基胺形成加合物。制备：可由氧化铒或氢氧化铒溶于盐酸并蒸发结晶制得。用途：可用于制金属铒，含铒化合物等。

三氯化铥（thulium trichloride）　CAS 号 13537-18-3。化学式 $TmCl_3 \cdot 7H_2O$，分子量 401.40。绿色单斜系晶体。熔点 824℃，沸点 1 440℃。易潮解。易溶于水、乙醇。制备：由氧化铥溶于盐酸并蒸发结晶制得，七水合物在干燥氯化氢气氛中加热脱水变为无水盐。用途：可用于制金属铥、含铥化合物等。

二氯化镱（ytterbium dichloride）　CAS 号 13874-77-6。化学式 $YbCl_2$，分子量 243.95。黄绿色晶体。熔点 702℃，沸点 1 900℃，密度 5.08 g/cm^3。可溶于水、稀酸。制备：可由计量比的金属镱和三氯化镱反应制得。

三氯化镱（ytterbium trichloride）　CAS 号 10361-91-8。化学式 $YbCl_3 \cdot 6H_2O$，分子量 387.49。绿色正交系晶体。熔点 865℃，密度 2.58 g/cm^3。在 180℃变为无水物。有吸湿性。易溶于水，溶于无水乙醇。制备：可由镱的氧化物或氢氧化物溶于盐酸并蒸发结晶制得。用途：可用于制金属镱、含镱化合物等。

三氯化镥（lutetium trichloride）　CAS 号 10099-66-8。化学式 $LuCl_3$，分子量 281.33。无色单斜系晶体。熔点 892℃，沸点 1 477℃，密度 3.98 g/cm^3。可溶于水、酸。制备：可由氧化镥与盐酸反应制得七水合物，七水合物在氯化氢气流中加热脱水得无水物。

四氯化铪（hafnium tetrachloride）　CAS 号 13499-05-3。化学式 $HfCl_4$，分子量 320.30。白色晶体。熔点 432℃（342.48 kPa）。319℃升华。溶于甲醇、乙醇、乙酸和乙酸乙酯。遇水分解，生成氯化氧铪（$HfOCl_2$）。在 $HfOCl_2$ 的乙醇溶液中加入乙醚得到另一种氯氧化物 $Hf_2O_3Cl_2 \cdot 5H_2O$。这些化合物在盐酸中的溶解度没有相应的锆化物大，因此被用来分离两种元素。可被金属铪还原为三氯化铪和二氯化铪。制备：可由金属铪或二氧化

铪与炭混合后加热通入氯气制得。

五氯化钽（tantalum pentachloride）　CAS 号 7721-01-9。化学式 $TaCl_5$，分子量 358.21。白色或淡黄色单斜系晶体或粉末。熔点 217℃，沸点 242℃，密度 3.68 g/cm^3。溶于无水酒精、氯仿、丙酮、四氯化碳、二硫化碳、硫酚、氢氧化钾，微溶于苯、乙醚。在潮湿空气或水中分解为钽酸。可在二氧化碳或干燥氯气中升华。制备：可由五氧化二钽和炭的混合物与氯气反应，或由金属钽与氯气直接反应制得。用途：可作为有机化合物的氯化剂、化学中间体，用于制高纯钽、光学玻璃等。

二氯化钨（tungsten dichloride）　CAS 号 13470-12-7。化学式 WCl_2，分子量 254.75。淡灰色无定形粉末。密度 5.44 g/cm^3。是一种簇状化合物，其结构单元为 $[W_6Cl_8]Cl_4$。可溶于苯、乙醇、乙醚。遇水分解产生氢气。溶于盐酸生成 $W_6Cl_{12} \cdot 2HCl \cdot 8H_2O$ 的黄色结晶。强还原剂，在空气中易被氧化为 $W_6Cl_{12} \cdot 8H_2O$。500℃分解。制备：可由四氯化钨歧化反应，或用氢气还原六氯化钨制得。用途：可作为强还原剂。

四氯化钨（tungsten tetrachloride）　CAS 号 13470-13-8。化学式 WCl_4，分子量 325.65。灰棕色晶体。沸点 342℃，密度 4.624 g/cm^3。易潮解，遇水发生水解。易被空气氧化。溶于氢氧化钠和过氧化氢的混合液中，分解并氧化为钨酸钠或过氧钨酸钠。加热至 450～500℃歧化为二氯化钨及五氯化钨，在 1 600℃则分解为金属钨和氯气。与吡啶可形成加合物。制备：可由铝还原六氯化钨反应制得。

五氯化钨（tungsten pentachloride）　CAS 号 13470-14-9。化学式 WCl_5，分子量 361.12。闪烁黑光的暗蓝色针状晶体。熔点 248℃，沸点 275.6℃，密度 3.88 g/cm^3。在大部分极性溶剂中可发生分解，但可微溶于二硫化碳等非极性溶剂。对湿气和水均极敏感，在水中则分解为 W_2O_5。在空气中放置表面即生成绿色的膜。若在空气中加热，则生成氯氧化钨 $WOCl_4$。制备：可将六氯化钨在氢气流中反复蒸馏制得。用途：可用于制备含钨化合物等。

六氯化钨（tungsten hexachloride）　CAS 号 13283-01-7。化学式 WCl_6，分子量 396.57。蓝紫色至黑色的六方系晶体。熔点 275℃，沸点 346℃，密度 3.52 g/cm^3。能溶于乙醇、乙醚、苯、二硫化碳、四氯化碳、氯氧化磷。在水或潮湿空气中水解生成 H_2WO_4 和氯化氢。能被氢气还原为低价的氯化物或金属钨。加热时被空气氧化为氯氧化钨（$WOCl_4$、WO_2Cl_2）或氧化钨。制备：在隔绝空气下将钨粉与干燥的氯气加热至 1 000℃制得。用途：可用于制烯烃聚合催化剂、单晶钨丝、导电玻璃、金属制品钨覆盖层等。

三氯化铼（rhenium trichloride）　CAS 号 13569-63-6。化学式 $ReCl_3$，分子量 292.57。暗红色六方系晶体。

沸点高于 500℃。可溶于水、酸、碱、液氨、乙醇，稍溶于乙醚。常温常压下稳定，但还原性较强。水溶液呈红色，不能使硝酸银溶液迅速沉淀出氯化银。水溶液缓慢水解而析出三氧化铼的水合物，但在盐酸水溶液中却很稳定。在盐酸中与氯化铯反应，可生成 $Cs_3[Re_3Cl_{12}]$。在常温下不被高锰酸钾或氯水所氧化。经升华制得三聚体 $(ReCl_3)_3$，在 250～300℃条件下被氢气还原为金属铼。在氧气中加热生成四氯一氧化铼及一氯三氧化铼。制备：由五氯化铼在氮气中热解制得。

四氯化铼（rhenium tetrachloride）　CAS 号 13569-71-6。化学式 $ReCl_4$，分子量 328.01。黑色结晶，有刺激性！沸点 500℃。溶于盐酸生成六氯合铼酸。遇水分解析出氢氧化亚铼。与碱金属的氯化物形成 $2MCl \cdot ReCl_4$ 型络盐。制备：可由铼与氯反应，或由新鲜制备的二氧化铼与亚硫酰氯反应制得。

五氯化铼（rhenium pentachloride）　CAS 号 13596-35-5。化学式 $ReCl_5$，分子量 363.47。深绿色至黑色粉末，熔点 278℃，沸点 330℃，密度 4.9 g/cm^3。溶于盐酸、强碱。与水剧烈反应，在空气中发烟并放出氯和氯化氢。在稀盐酸中生成 $H_2[ReCl_5]$、$H_2[ReCl_6]$ 和 $H[ReO_4]$，在浓盐酸中生成 $H_2[ReCl_6]$ 和氯气。在氮气中加热分解成 $ReCl_3$ 和氯气。与氧气作用生成 $ReOCl_4$ 和 ReO_3Cl。制备：可向加热的铼上通入氯气得到三氯化铼和五氯化铼的混合物，再分离而得；或由七氧化二铼在 400℃时与四氯化碳反应制得。用途：可用于制取含铼的有机化合物。

二氯化锇（osmium dichloride）　CAS 号 13444-92-3。化学式 $OsCl_2$，分子量 261.11。深褐色晶体。易潮解。不溶于水，在热水中稍有分解。溶于乙醇、乙醚、硝酸，微溶于碱。受热分解。制备：由真空中 500℃热解三氯化锇制得。

三氯化锇（osmium trichloride）　CAS 号 13444-93-4。化学式 $OsCl_3$，分子量 296.59。无水物为深棕色或黑色晶体状粉末，三水合物为深绿色晶体，有毒！熔点 450℃，密度 5.30 g/cm^3。易潮解，易溶于水、碱及乙醇，微溶于乙醚。在 500～600℃范围内分解。制备：可由氯气与四氯化锇反应，或由锇与氯高温反应制得。用途：可用于催化有机开环反应、降冰片烯多聚等。

四氯化锇（osmium tetrachloride）　CAS 号 10026-01-4。化学式 $OsCl_4$，分子量 332.0。红褐色针状晶体或粉末。密度 4.38 g/cm^3。有吸湿性。微溶于水并分解成氧化锇和氯化氢，不溶于乙醇、苯等有机溶剂。在氢氧化钾溶液中迅速分解。在约 350℃时部分分解为三氯化锇，450℃时升华。高温时能被氧化为氯氧化合物的混合物。制备：室温时由四氧化锇与二氯亚砜反应，或 400℃时由四氧化锇与氯气在四氯化碳溶液中反应，或锇和氯在高温下直接反应制得。

二氯化铱（iridium dichloride）　化学式 $IrCl_2$，分子量 263.11。棕色或黑绿色晶体。熔点 773℃（分解）。不溶于水，不溶于酸、碱。在 133.322 Pa 的氯气中仅在 763～773℃稳定。制备：可由三氯化铱在 133.322 Pa 氯气中加热脱氯制得。

三氯化铱（iridium trichloride）　CAS 号 10025-83-9。化学式 $IrCl_3$，分子量 298.58。橄榄绿色六方系或三方系晶体。熔点 763℃，密度 5.30 g/cm^3。不溶于水、酸、碱。在王水中缓慢溶解形成 $[IrCl_6]^{2-}$。其三水合物为暗绿色。100～763℃时稳定，470℃时有相当的挥发性，763℃以上分解为二氯化铱和氯气。制备：无水物由铱在氯气中加热至 450℃以上制得，三水合物由铱的氯氧化物在氯化氢中加热制得。用途：可用于制备铱盐和含铱化合物。

四氯化铱（iridium tetrachloride）　CAS 号 10025-97-5。化学式 $IrCl_4$，分子量 334.03。深棕色晶体。熔点 100℃，密度 2.18 g/cm^3。在空气中易潮解形成棕色液体。溶于水，溶液呈红棕色。溶于乙醇、稀盐酸，在盐酸中呈深褐色。可被硫化氢或亚硝酸还原为绿色的三氯化铱。加入氢氧化钾，开始时形成暗红色六氯合铱（IV）酸钾沉淀；加入过量氢氧化钾，沉淀溶解形成橄榄绿色溶液。温热后其颜色依次变成玫瑰（浅红）、紫色和深绿色（氢氧化铱（IV）沉淀）。可与氨作用生成许多氨的配合物。制备：可由铱粉与氯反应，或向 $(NH_4)_2IrCl_6$ 的冷溶液中通入氯气制得。用途：可用于制其他铱盐及含铱化合物。

二氯化铂（platinum dichloride）　CAS 号 10025-65-7。化学式 $PtCl_2$，分子量 265.98。橄榄绿色六方系晶体。熔点 581℃（分解），密度 6.05 g/cm^3。可溶于氢氧化铵，不溶于水、乙醇、乙醚。可溶于盐酸形成 $[PtCl_4]^{2-}$ 离子。在氯气中分解，在盐酸中加入硫化氢可得硫化铂(II)沉淀。用氢气还原得铂。在硫酸及硝酸中不反应。在王水中煮沸生成六氯铂酸。与氨生成氨的络盐。与一氧化碳生成 $PtCl_2(CO)_2$、$2PtO_2 \cdot 3CO$。制备：可由海绵状铂与氯气反应，或由热解四氯化铂或氯铂酸制得。用途：可用于制铂盐。

三氯化铂（platinum trichloride）　CAS 号 25909-39-1。化学式 $PtCl_3$，分子量 301.45。黑绿色粉末。熔点 435℃，密度 5.256 g/cm^3。稍溶于冷水，溶于热水和热盐酸，微溶于浓盐酸。加热生成含有二氯化铂、四氯化铂的黄色溶液。制备：可由铂在氯气中加热，或由二氯化铂在氯气中加热，或由四氯化铂粉末在含有氯化氢的干燥氯气中加热制得。

四氯化铂（platinum tetrachloride）　CAS 号 37773-49-2。化学式 $PtCl_4$，分子量 336.89。红棕色晶体。密度 4.303 g/cm^3（无水物）、2.43 g/cm^3（五水合物）。在空气中吸湿变为红色五水合物。溶于水、丙酮，微溶于乙醇、氨，不溶于乙醚。溶于盐酸生成氯铂酸。可与氯化钾、氯化铵形成络盐。遇硫化氢或硫化铵可形成硫化铂（IV）沉淀。加入冷浓盐酸和浓硫酸生成四水合六氯合铂（IV）酸结晶。370℃时分解为二氯化铂和氯气。制备：可由铂丝置于密封管中与氯化硫酰加热至150℃数日，或由氯铂酸在氯气流中加热，或由海绵状铂与硒或三氯化砷在氯气氛中加热反应，或将铂用王水溶解后加盐酸和水交替蒸发至干制得。用途：可用于制催化剂，测定钾、铯、钌、铵、铵、生物碱等。

一氯化金（gold monochloride）　CAS 号 10294-29-8。化学式 $AuCl$，分子量 232.42。黄色四方系晶体。熔点 170℃，沸点 298℃（分解），密度 7.4 g/cm^3。难溶于水，在水中分解为金和三氯化金。可溶于盐酸、氢溴酸。在卤化钾的水溶液中先生成二氯合金（I）酸盐，然后又分解为三价的四氯合金（III）酸盐和金。加热至 170℃歧化生成三氯化金，289.5℃时分解。与一氧化碳一起加热生成无色 $Au(CO)Cl$ 结晶。制备：可由精制的四氯合金（III）酸在高真空中加热分解，或由三氯化金加热分解制得。

三氯化金（gold trichloride）　亦称“氯化金”。CAS 号 13453-07-1。化学式 $AuCl_3$，分子量 303.33。红宝石色晶体或红褐色至暗红色晶体，有毒！熔点高于 160℃，密度 3.9 g/cm^3。有吸湿性。易潮解。溶于水、乙醇、乙醚，稍溶于氨、三氯甲烷，不溶于二硫化碳。在盐酸中生成金黄色针状晶体氯金酸 $HAuCl_4 \cdot 4H_2O$。加热至 254℃分解。受热时，失去 Cl 先形成 $AuCl$，最后变成金属 Au。溶于水生成 H_2AuCl_3O。对皮肤、黏膜和眼睛有刺激性与腐蚀性。制备：可由王水与金反应，或由氯气与金加热反应制得。用途：可用于摄影、镀金、特种墨水、药物、瓷金、彩色玻璃、化学分析等领域。

氯化亚汞（mercury（I）chloride）　亦称“甘汞”。CAS 号 10112-91-1。化学式 Hg_2Cl_2，分子量 472.09。白色晶体或粉末，有毒！熔点 302℃，沸点 384℃，密度 7.15 g/cm^3。不溶于水、乙醇、乙醚，微溶于盐酸。能溶于王水和浓酸而析出汞。遇氨颜色变黑。长期见光会缓慢析出金属汞而呈黑色。制备：可向氯化汞的热溶液中通入二氧化硫，或将汞和氯化汞在一起研磨，或由硝酸亚汞水溶液加到氯化钠溶液反应制得。用途：可作为防腐剂、杀菌剂、分析试剂，可用于医药、农药、颜料、电极、烟火等领域。

氯化汞（mercury（II）chloride）　亦称“氯化高汞”“二氯化汞”“升汞”。CAS 号 7487-94-7。化学式 $HgCl_2$，分子量 271.50。无色或白色晶体粉末，剧毒！熔点 276℃，沸点 304℃，密度 5.44 g/cm^3。常温下微量挥发，有明显的共价性。能溶于水、乙醇、乙醚、乙酸、吡啶等。水溶液中主要以分子形式存在，能与水蒸气一同挥发。在空气和光的作用下，其水溶液逐渐分解成氯化亚汞、盐酸和氧。与过量的氢氧化钠溶液作用，生成黄色氧化汞沉淀。与适量氨水作用生成白色氯化氨基汞沉淀，若氨水过量，则生成二氯四氨合汞（II）配合物。在酸性溶液中，被适量氯化亚锡还原成白色氯化亚汞沉淀，若氯化亚锡过量，则可析出金属汞。制备：可由硫酸汞与氯化钠反应，或由汞与过量的干燥氯气反应，或将氧化汞溶于盐酸制得。用途：可用于制氯化亚汞、其他汞盐、干电池去极剂、聚氯乙烯的催化剂、医用消毒剂、木材防腐剂、涂料、媒染剂、分析试剂、有机合成的催化剂，还用于农药、冶金、涂料、照相、镀银等领域。

氯化亚铊（thallium（I）chloride）　亦称“一氯化铊”。CAS 号 7791-12-0。化学式 $TlCl$，分子量 239.84。无色晶体，遇光即变为紫色，剧毒！熔点 430℃，沸点 806℃，密度 7.004 g/cm^3。制备：将硫酸亚铊或硝酸亚铊溶于沸水后再滴加盐酸制得。

氯化铊（thallium（III）chloride）　亦称“三氯化铊”。CAS 号 13453-33-3。化学式 $TlCl_3$，分子量 310.74。无色单斜系晶体，剧毒！熔点 115℃（分解）。一水合物为无色粉末。热至 60℃失去 1 分子结晶水，更高温度分解。四合物为无色粉末。熔点 37℃。热至 100℃以上，失去全部结晶水。三者均有较强的吸湿性。易溶于冷水、乙醇和乙醚。遇热水水解为茶褐色的氧化铊。制备：可由一氯化铊与氯气反应，或由金属铊与氯气反应制得。

二氯化铅（lead dichloride）　亦称“氯化铅”。CAS 号 7758-95-4。化学式 $PbCl_2$，分子量 278.11。白色针状正交系晶体或粉末，有毒！熔点 501℃，沸点 950℃，密度 5.95 g/cm^3。易溶于氯化铵、硝酸铵溶液、碱金属氢氧化物溶液，微溶于水、稀盐酸、氨，不溶于醇。具有光敏性，在紫外或可见光的照射下能沉积出金属铅。制备：可由碳酸铅与盐酸反应，或由三水合醋酸铅、氧化铅与盐酸反应，或向硝酸铅溶液中加入可溶性氯化物或盐酸，或将一氧化铅溶解在热盐酸制得。用途：可作为分析试剂、助熔剂、焊料，及制备铅黄等染料。

四氯化铅（lead tetrachloride）　亦称“氯化高铅”。CAS 号 13463-30-4。化学式 $PbCl_4$，分子量 349.00。黄色易挥发油状液体，有毒！熔点 -15℃，密度 3.18 g/mL。能溶于浓盐酸形成六氯合铅（IV）酸，不溶于浓硫酸。遇潮湿空气及水很容易水解为二氧化铅和氯化氢而强烈发烟。加热至 105℃时猛烈分解甚至爆炸。制备：可将二氧化铅溶于冷的浓盐酸，或由浓硫酸与六氯合铅（IV）酸铵反应制得。用途：可用于制备有机铅化合物。

三氯化铋（bismuth trichloride）　CAS 号 7787-60-2。化学式 $BiCl_3$，分子量 315.34。白色至浅黄色结晶。熔点 230.5℃，沸点 447℃，升华温度 430℃，密度 4.75 g/cm^3。溶于酸、乙醇、乙醚、丙酮，不溶于水。在空气中升华，遇水分解成 $BiOCl$。制备：可由氯气或氯化氢与铋反应，或将三氧化二铋溶于盐酸，在二氧化碳气流中蒸馏制得。用途：可用作分析试剂、有机反应催化剂，可用于制铋盐。

四氯化铋(bismuth tetrachloride)　CAS 号 246035-51-8。化学式 $BiCl_4$，分子量 350.79。无色晶体。熔点 225℃。熔融时部分解离。制备：将金属铋和氯气于密闭容器中在 225℃ 条件下加热熔融，冷却后可从含有不同组成的混合物中分离制得。用途：可用于制药。

二氯化钋(polonium dichloride)　化学式 $PoCl_2$，分子量 280.96。红宝石色晶体，有放射性！密度 6.50 g/cm^3。溶于稀硝酸。易水解。在氮气中 190℃ 升华并分解。具还原性，易被氧化为四价化合物。制备：可在真空中加热分解四氯化钋，或由二氧化硫还原四氯化钋制得。

四氯化钋(polonium tetrachloride)　CAS 号 10026-02-5。化学式 $PoCl_4$，分子量 351.86。亮黄色单斜系或三斜系晶体。熔点 300℃（氯气中），沸点 390℃。在水中易水解。溶于盐酸，微溶于乙醇、丙酮。能被二氧化硫(25℃)、硫化氢(150℃)等还原成二氯化物。能被氯化亚锡、氢气、液氨等还原为金属。真空中加热 200℃ 分解为二氯化钋。制备：可由钋与氯气直接反应，或蒸发 Po(IV) 的盐酸溶液制得。

氯化镭(radium chloride)　CAS 号 10025-66-8。化学式 $RaCl_2$，分子量 296.90。白色晶体，放置呈黄色或粉红色，有毒及放射性！熔点 1 000℃，密度 4.91 g/cm^3。其二水合物为无色单斜系晶体。100℃ 失去 2 分子水。溶于水、乙醇。对皮肤肌肉有很强的腐蚀性。制备：可由硫酸镭与盐酸和四氯化碳混合蒸汽反应，或由碳酸镭溶于盐酸制得二水合物。用途：可作为发光剂的原料，可用于医疗、物理研究。

三氯化锕(actinium trichloride)　CAS 号 22986-54-5。化学式 $AcCl_3$，分子量 333.39。白色六方系晶体，有放射性！960℃ 升华，密度 4.81 g/cm^3。溶于水。制备：由氢氧化锕或草酸锕与四氯化碳高温反应制得。

四氯化钍(thorium tetrachloride)　CAS 号 10026-08-1。化学式 $ThCl_4$，分子量 373.85。白色正交系晶体，有放射性！熔点 770℃，密度 4.59 g/cm^3。极易溶于水，能溶于乙醇、酸、氯化钾溶液中。在 928℃ 时分解。制备：可由二氧化钍在氯及一氧化碳气流中加热，或由氢氧化钍溶解在过量盐酸中制得八水合物。用途：可用于制其他钍盐、白炽灯等。

四氯化铀(uranium tetrachloride)　亦称"氯化铀"。CAS 号 10026-10-5。化学式 UCl_4，分子量 379.84。深绿色四方系晶体，有放射性！熔点 590℃，沸点 792℃，密度 4.87 g/cm^3。易潮解，易溶于水，溶液呈绿色。溶于甲醇、乙醇、丙醇、乙酸等含氧有机溶剂。难溶于烃类、苯、氯仿等非极性、弱极性溶剂。较高温时被氧气氧化为铀酰氯以至八氧化三铀。被氯气氧化为五氯化铀与六氯化铀混合物。与液氨形成配合物。高温时与钠、钾的氯化物形成复盐。置于空气中易被氧化。制备：可由二氧化铀与氯化剂（如亚硫酰氯、光气、一氯化硫及四氯化碳等）在适当条件下反应制得。

三氯化镎(neptunium trichloride)　CAS 号 20737-06-8。化学式 $NpCl_3$，分子量 343.36。白色六方系晶体。熔点约 800℃，密度 5.38 g/cm^3。溶于冷水。制备：可由氢气在 450℃ 还原四氯化镎制得。

四氯化镎(neptunium tetrachloride)　化学式 $NpCl_4$，分子量 378.81。黄色或黄褐色四方系晶体。熔点 538℃，密度 4.92 g/cm^3。溶于冷水。制备：可由二氧化镎或草酸镎在含有四氯化碳蒸气的氯气流中于 450℃ 时反应制得。

三氯化钚(plutonium trichloride)　CAS 号 13569-62-5。化学式 $PuCl_3$，分子量 348.36。翠绿色六方系晶体，有放射性！熔点 760℃，沸点 1 776℃，密度 5.70 g/cm^3。溶于水和稀酸。存在一水合物、三水合物、六水合物。制备：可由钚的草酸盐与氯化氢反应，或由 PuO_2 与四氯化碳反应，或由氯气直接与金属钚或氢化钚反应制得。

氯化镅(americium chloride)　CAS 号 13464-46-5。化学式 $AmCl_3$，分子量 349.36。粉红色六方系晶体。熔点 850℃（升华），密度 5.78 g/cm^3。溶于水。制备：可由二氧化镅与四氯化碳在 800～900℃ 时反应；或在 10 倍量的氯化铵存在下，将氧化镅盐酸溶液蒸发至干，再加热除去氯化铵而得。

氯化铵(ammonium chloride)　亦称"卤砂"。CAS 号 12125-02-9。化学式 NH_4Cl，分子量 53.49。无色立方系晶体或白色晶体粉末，无臭、味咸、有清凉感。密度 1.527 g/cm^3。易吸潮结块。易溶于水，溶于液氨，难溶于醇，不溶于丙酮和乙醚。水溶液呈弱酸性，加热时酸性增强，对金属有强烈腐蚀作用。与碱共热可放出氨气。高温时跟金属氧化物反应。固体加热至 340℃ 时极易分解成氨和氯化氢，氨与氯化氢一齐挥发，冷却时又重新结合而成盐，称为氯化铵的"升华"。制备：由氯化氢与氨气反应，或硫酸铵与氯化钠反应，或由联合制碱法生产碳酸钠的副产物中制得。用途：可用作染色助剂、电镀浴添加剂、金属焊接助熔剂、饲料添加剂、黏合剂、酵母养料、面团调节剂、聚氰胺甲醛树脂胶黏剂的固化剂、氯化亚铁电镀铁的添加剂、发射光谱分析用电弧稳定剂、原子吸收光谱分析干扰抑制剂、脲醛树脂胶黏剂、三聚氰胺甲醛树脂胶黏剂的固化剂，用于化学分析、镀锡、镀锌、鞣革、医药、制蜡烛、精密铸造、肥料、食品等领域。

氯化亚硝酰(nitrosyl chloride)　亦称"亚硝酰氯"。CAS 号 2696-92-6。化学式 $NOCl$，分子量 65.46。橙黄色气体或深红色液体或晶体。熔点 -64.5℃，沸点 -5.5℃，密度 2.872 g/L(气态)、1.273 g/mL(液态)。溶于发烟硫酸，遇水反应生成亚硝酸、硝酸、一氧化氮和氯化氢。可与铂、锡、锑等金属及其他金属氯化物作用生成配合物。略有光敏性,在 100℃以上开始分解。制备:可由氯气同一氧化氮反应,或亚硝基硫酸和氯化钠反应,或亚硝酸钠与氯化氢反应制得。用途:可用作强氧化剂、亚硝酰试剂,用于合成洗涤剂和催化剂。

氯化铀酰(uranyl chloride)　亦称“氯化双氧铀”“二氯二氧化铀”。CAS 号 7791-26-6。化学式 UO_2Cl_2,分子量 340.93。黄色正交系晶体,有放射性!熔点 578℃。有吸湿性。极易溶于水,溶于乙醇、戊醇、乙醚,不溶于四氯化碳、二甲苯、苯。水溶液对热及光不稳定。被硫化氢还原生成二氧化铀、硫、氯化氢。与热硝酸作用生成氯气及氮的氧化物。与浓硫酸反应生成硫酸铀酰和氯化氢。与熔融苛性碱作用生成重铀酸盐及少量铀酸盐的混合物。与氨气及液氨形成氨合物。在水中与铵、钾、铯的氯化物作用得配合物。在空气中灼烧得八氧化三铀。真空中 450℃以上可分解为氧化物和氯。在氯气氛中,于 650℃稍有挥发,750℃时显著挥发。制备:将无水四氯化铀在氧气流下于 300~500℃加热制得。用途:可用于提纯铀矿,合成功能材料等。

氯化磷(phosphonium chloride)　CAS 号 24567-53-1。化学式 PH_4Cl,分子量 70.46。无色气体。沸点 -27(分解),密度 2.88^{25} g/L。遇水分解。制备:由磷化氢和氯化氢反应制得。

氯化镁铵(ammonium magnesium chloride)　CAS 号 39733-35-2。化学式 $NH_4Cl \cdot MgCl_2 \cdot 6H_2O$,分子量 256.08。无色正交系晶体。密度 1.456 g/cm³。易潮解。溶于水,在乙醇中分解,如加热至 100℃失去 2 分子结晶水,加热至 135℃失去其他 4 分子结晶水并水化熔解。高温加热分解为氧化镁。制备:由过量氨水与氯化镁反应,或由氧化镁与氯化铵溶液反应制得。用途:可用作消毒剂、灭火剂,用于制备金属镁、陶瓷、填充织物、造纸等领域。

氯化铝钠(sodium aluminium chloride)　CAS 号 7784-16-9。化学式 $NaCl \cdot AlCl_3$,分子量 191.78。白色或带黄色的晶状粉末。熔点 185℃。易潮解,溶于水。在空气中能吸收水分,部分水解放出氯化氢。制备:由化学计量比的氯化铝和氯化钠共熔融制得。用途:可用于制皮革及制铝。

氯化钾钙(potassium calcium chloride)　化学式 $KCl \cdot CaCl_2$,分子量 185.54。无色正方形晶体。熔点 750℃,535℃(α 型),635℃(β 型),密度 7.54 g/cm³。易溶于水。制备:由氯化钙和氯化钾反应制得。

一氯金酸钾(potassium gold chloride)　化学式 $KAuCl$,分子量 271.52。黄色单斜系晶体。密度 3.75 g/cm³。溶于水、乙醇、酸。受热至 357℃分解。

氯化铝铵(ammonium aluminium chloride)　CAS 号 7784-14-7。化学式 $NH_4Cl \cdot AlCl_3$,分子量 186.83。熔点 304℃。溶于冷水。制备:由化学计量比的氯化铝和氯化铵于封闭管中加热至 250~300℃制得。

氯化铁铵(ammonium iron(III) chloride)　CAS 号 16774-56-4。化学式 $2NH_4Cl \cdot FeCl_3 \cdot H_2O$,分子量 287.20。红黄色粉末或红橙色晶粒。熔点 234℃,密度 1.99 g/cm³。易溶于水。在酸性介质中,有中等强度的氧化能力。与硫氰化钾作用得血红色沉淀,与亚铁氰化钾作用得蓝色沉淀。制备:由过量氯化铁和氯化铵溶液一起蒸发浓缩制得。用途:可用于照相、制版、印染、医药等领域。

氯化镍铵(ammonium nickel chloride)　CAS 号 16122-03-5。化学式 $NH_4Cl \cdot NiCl_2 \cdot 6H_2O$,分子量 291.20。绿色单斜系晶体。密度 1.654 g/cm³。易潮解,易溶于水。水中有微弱水解,呈酸性。可与多种无机和有机分子的负离子结合,形成镍的配合物。可与弱酸形成难溶的弱酸盐沉淀。在 135℃失去结晶水。高温失去氯化氢和氨气生成棕色片状晶体氯化镍。制备:可由氯化镍、氯化氢和氨反应,或由氯化镍和氯化铵的混合溶液经缓慢浓缩干燥制得。用途:用于电镀、染料等领域。

氯化铜铵(ammonium copper(II) chloride)　CAS 号 10060-13-6。化学式 $2NH_4Cl \cdot CuCl_2 \cdot 2H_2O$,分子量 277.46。蓝色四方系晶体,有毒!熔点 110℃(分解),密度 1.923 g/cm³。有潮解性,可溶于水、醇、氨水。其水溶液呈酸性。加热分解得碱式氯化铜的水解产物,脱水生成氯化亚铜并放出氯气。制备:可由化学计量比的氯化铵及氯化铜溶液混合后结晶制得。用途:可用于测定钢铁中的磷、碳的含量。

碱式氯化铜(copper(II) basic chloride)　CAS 号 1332-65-6。化学式 $Cu_2(OH)_2Cl$,分子量 232.00。黄绿色六方系晶体,密度 3.78 g/cm³。不溶于水,易溶于酸。在 250℃失水,至赤热时或在沸水中分解。制备:由氯化铜溶液与碳酸钙反应得到。用途:可用作杀虫剂、杀真菌剂。

氯化磷锡(tin(IV) phosphorous chloride)　化学式 $SnCl_4 \cdot PCl_5$,分子量 468.74。无色晶体。200℃时升华。在空气中发烟,吸湿后变为水合物成无色单斜系晶体。遇水分解为 $SnCl_4$、HCl、H_3PO_4 和 $Sn_3(PO_4)_4$ 等物质。制备:可由 $SnCl_4$ 和 PCl_5 的混合物蒸馏,或 PCl_5 与金属锡反应制得。

氯化镉铵(cadmium ammonium chloride)　化学式 $CdCl_2 \cdot NH_4Cl$,分子量 236.79。无色针状晶体,有毒!熔点 289℃,密度 2.93 g/cm³。溶于水,易溶于乙醇、碱溶液。制备:可由氧化镉、氢氧化镉或碳酸镉溶于氯化铵溶液中加热制得。

氯化汞铯(cesium mercury chloride)　化学式 $CsCl \cdot HgCl_2$,分子量 439.85。立方系或正交系晶体。溶

于水,不溶于无水乙醇。制法:可由氯化铯与氯化汞在冷却条件下反应制得。

氯化铊铵(ammonium thallium chloride)　化学式 $3NH_4Cl \cdot TlCl_3 \cdot 2H_2O$,分子量 507.23。无色晶体。密度 2.39 g/cm^3。可溶于水。可被过量的铵盐溶解。与氨、碱金属氢氧化物、碱金属及碱土金属的碳酸盐反应生成褐色 Tl_2O_3 沉淀。与硝酸铋反应生成一种白色的可溶于 NH_4Cl 溶液的沉淀。与硫化氢和碱金属硫化物反应可生成亮褐色沉淀。与二氧化硫反应可沉淀出 TlCl 与 I_2 的混合物,可使盐酸变成淡黄色直至黄绿色。100℃失去结晶水,脱水温度不得高于 150℃,否则分解。制备:可将氯气通入 TlCl 的饱和氯化铵溶液中,或将溶于乙醚或乙醇的 $TlCl_3 \cdot HCl$ 化合物用氯化铵处理制得。

氯化钾・氯化铅(2:1)(potassium lead chloride)　亦称"氯化铅钾""四氯合铅酸(II)钾"。化学式 $2KCl \cdot PbCl_2$,分子量 427.21。黄色或无色正交系晶体。熔点 490℃。可溶于水并分解。制备:可由氯化铅(II)溶于氯化钾溶液中,或将化学计量比的盐混合熔融制得。

氯化钾・氯化铁・水(2:1:1)(potassium iron chloride)　亦称"天然红钾铁盐"。化学式 $2KCl \cdot FeCl_3 \cdot H_2O$,分子量 329.33。红色正交系晶体。密度 2.372 g/cm^3。

氯化钾・氯化镁・水(1:1:6)(potassium magnesium chloride)　亦称"氯化镁钾""天然光卤石"。化学式 $KCl \cdot MgCl_2 \cdot 6H_2O$,分子量 277.86。无色菱形晶体。熔点 265℃,密度 1.61 g/cm^3。易潮解。溶于水,在热水和乙醇中分解。冷却其热的饱和水溶液,首先析出氯化钾晶体。天然光卤石通常为脂肪光泽的乳白色或暗红色块状。制成粒状之后很脆并发出强烈的磷光。制备:由蒸发等摩尔的氯化镁和氯化钾溶液制得。用途:是生产镁、钾的重要原料,也用于制盐酸、肥料等。

氯化钾・氯化钠・氯化亚铁(3:1:1)(potassium sodium iron(II) chloride)　亦称"钾铁盐"。化学式 $3KCl \cdot NaCl \cdot FeCl_2$,分子量 408.86。菱形晶体。密度 2.3 g/cm^3。

三氯化磷合三氯化铱(iridium phosphorous chloride)　化学式 $IrCl_3 \cdot 3PCl_3$,分子量 710.56。黄色棱柱状晶体。微溶于冷水、乙醇并分解。在 100℃ 热水中或 250℃分解。

三氢氧化铜氯化铜(copper trihydroxychloride)　亦称"一氯三羟基化二铜(II)"。化学式 $CuCl_2 \cdot 3Cu(OH)_2$,分子量 427.12。γ 型为绿色六方系晶体。密度 3.75 g/cm^3。δ 型为绿色单斜晶系晶体。易溶于酸,不溶于水。加热到 250℃失去水。在自然界中以 γ 型的聚氯铜矿及 δ 型的氯铜矿形式存在。制备:将含铜材料放在冷强氨性氯化铵溶液中在空气存在下经搅拌制得。

次氯酸(hypochlorous acid)　CAS 号 7790-92-3。化学式 HOCl,分子量 52.46。常温下仅存在于溶液中,无色至浅黄绿色溶液(因部分分解为氯气而显黄绿色),浓溶液呈黄色,最高浓度为 25%,有刺激性气味。酸性弱于碳酸,与氢硫酸相当。不稳定,见光或加热即分解。在 -20℃ 下可避光保存数天,在 -40℃ 下则生成 $HClO \cdot 2H_2O$。有氧化性和漂白性。有杀菌能力。可有多种分解形式,见光分解为氧气和氯化氢,也可自身歧化为氯化氢和氯酸,25% 的溶液在真空下蒸发时可分解为一氧化二氯和水。制备:将氯气的水溶液中加入氧化汞或碳酸钙,再经减压蒸馏可得低于 5% 的次氯酸溶液;将一氧化二氯与水反应可得高于 5 mol/L 的次氯酸。用途:可作为灭菌剂、漂白剂、氧化剂等。

次氯酸锂(lithium hypochlorite)　CAS 号 13840-33-0。化学式 LiClO,分子量 58.39。工业产品为无粉尘粒状物。易溶于水,对织物无腐蚀性。制备:可将氢氧化锂经过氯化反应制得。用途:可作为漂白剂、消毒剂。

次氯酸钠(sodium hypochlorite)　亦称"亚氯酸钠""安替福明""漂白水"。CAS 号 7681-52-9。化学式 NaClO,分子量 74.44。白色或苍黄色粉末。无水次氯酸钠极不稳定,遇空气中二氧化碳即分解。受热高于 35℃或遇酸即分解。通常均以水溶液储存或使用。其碱性溶液较稳定。其水溶液能逐渐转化成氯化钠、氯酸钠和氧气,转化速度取决于溶液的浓度及游离碱杂质的浓度,在光照或加热条件下反应特别迅速。有强氧化性和漂白性。可使锰(II)离子被氧化为二氧化锰,使碘离子被氧化为碘单质,使镍(II)被氧化为镍(IV)。有七水合物、六水合物、五水合物、半水合物和无水合物 5 种。熔点分别为 19℃、18～21℃、24.6℃、58℃、75～78℃。制备:工业上采用无隔膜电解稀冷的食盐水来制备次氯酸钠;实验室可由氢氧化钠或碳酸钠溶液在低于 10℃时吸收氯气,或由漂白粉与碳酸钠反应制得。用途:可作为水质净化剂、杀菌剂、消毒剂、漂白剂、脱臭剂,用于食品、纸浆、制革、纺织、水处理、化学纤维、医药等领域。

次氯酸钾(potassium hypochlorite)　CAS 号 7778-66-7。化学式 KClO,分子量 90.55。仅存在于溶液中,水溶液呈碱性,在热水中分解。有强氧化性。极不稳定,受热后迅速分解。制备:可由漂白粉或氯气与氢氧化钾冷溶液反应制得。用途:可作为氧化剂、漂白剂、消毒剂等。

次氯酸钙(calcium hypochlorite)　亦称"漂白粉""漂粉""氯化石灰""晒粉"。CAS 号 7778-54-3。化学式 $Ca(ClO)_2$,分子量 142.98。具有类似氯气臭味的白色粉末,有毒!密度 2.35 g/cm^3。熔点 100℃(分解)。含有 99% 有效氯,漂白能力几乎相当于纯氯。溶于水,其水溶液呈碱性。其水溶液和悬浮液可用于对各类毒剂和真菌消毒。暴露于空气中时易吸收水分、二氧化碳(或遇无机酸类)而分解放出次氯酸和氯气,次氯酸随即分解生成氯化氢和气态氧。属于强氧化剂,与稀酸作用能产生氯气,能将碘离子氧化为单质碘,将三氧化二砷氧化成五氧化二砷,与钴盐溶液同热即放出氯气。日光、受热、酸度等因素均能使其分解。室温下稳定。受热易分解,180℃时全部分解。与有机物、易燃液体混合能发热自燃,受高热时会发生爆炸。制备:可由石灰乳与氯气反应,或由氢氧化钙与次氯酸中和反应制得。用途:可作为氧化剂、漂白剂、消毒剂、杀菌剂、脱臭剂,可用于水处理、造纸、纺织、纤维、油脂、有机合成等领域。

次氯酸锌(zinc hypochlorite)　化学式 $Zn(ClO)_2$,分子量 168.31。属于强氧化剂,可将碘离子氧化为碘,可与酸反应放出氯气,可氧化酚。与氢化钠、红磷等还原剂混合可能会猛烈爆炸。加热分解。制备:可向氧化锌的悬浮液通入氯气反应制得。用途:可作为强氧化剂。

次氯酸锶(strontium hypochlorite)　CAS 号 14674-76-1。化学式 $Sr(ClO)_2$,分子量 190.52。仅知其存在于溶液中。制备:可由次氯酸水溶液与氢氧化锶中和制得。

次氯酸钡(barium hypochlorite)　CAS 号 13477-10-6。化学式 $Ba(ClO)_2 \cdot 2H_2O$,分子量 276.26。无色透明晶体,有毒!加热该溶液发生歧化生成氯化钡和氯酸钡。在 235℃时分解放出氧气。制备:可将氯气通入氢氧化钡水溶液中,或由冷却的次氯酸水溶液与氢氧化钡中和制得。用途:可用于公共场合消毒、制备其他次氯酸盐等。

次氯酸镧(lanthanum(III) hypochlorite)　化学式 $La(ClO)_3$,分子量 293.26。白色粉末。难溶于水。遇酸分解而放出氧。制备:将过量的氯气通入氢氧化镧的悬浮溶液制得。

碱式次氯酸钙(calcium basic hypochlorite)　化学式 $Ca(ClO)_2 \cdot CaCl_2 \cdot xCa(OH)_2 \cdot xH_2O$。白色粉末,具强烈的氯气味。受热、遇酸及遇水分解,并放出氯气。制备:可向熟石灰粉末中通入氯气制得。用途:可作为漂白剂、杀虫剂、消毒剂,可用于棉布、造纸、纤维等领域。

亚氯酸(chlorous acid)　CAS 号 13898-47-0。化学式 $HClO_2$,分子量 68.46。酸性比氯酸和高氯酸弱,强于次氯酸。为氧化性最强的氯的含氧酸。是氯的含氧酸中最不稳定的一种。只能存在于 pH < 3 的强酸性水溶液中,无法单独分离。在中性水溶液中,只在低温、暗处能保持相对稳定状态,温度稍高则迅速分解为氯气、二氧化氯和水。制备:可由二氧化氯与过氧化氢反应制得,或由亚氯酸钡与稀硫酸反应得到纯度较高的亚氯酸稀溶液。用途:可用作漂白剂、消毒剂、杀菌剂,可用于生产二氧化氯。

亚氯酸钠(sodium chlorite)　CAS 号 7758-19-2。化学式 $NaClO_2$,分子量 90.44。无嗅或稍有气味的白色晶体或晶体粉末,常因含有二氧化氯而带有绿色。稍有吸湿性,易溶于水,水溶液在低于 37℃ 时可析出三水盐,高于

37℃时可析出无水盐。碱性水溶液对光稳定,酸性水溶液受光影响可发生爆炸性分解放出二氧化氯,酸性越强则分解速度越快。含水物加热到 130～140℃ 即分解,无水物加热至 350℃时尚不分解。为强氧化剂,纯品的理论有效氯含量为 157%,氧化能力为漂白粉的 4～5 倍。与木屑、有机物、硫、磷、碳等可燃物混合,撞击摩擦时能引起爆炸。制备:可由氯酸钠在氯化钠存在的条件下与硫酸混合,然后用二氧化硫还原制得二氧化氯,在过氧化氢、硫化氢、硫磺等还原剂的存在下用氢氧化钠溶液吸收二氧化氯制得。用途:可作为氧化剂、漂白剂、脱臭剂、消毒剂、杀菌剂,广泛用于纸浆、纸张、合成纤维、天然纤维的漂白,医疗、食品、水产、饮用水的消毒等领域。

亚氯酸钙(calcium chlorite)　CAS 号 14674-72-7。化学式 $Ca(ClO_2)_2$,分子量 174.98。白色立方系晶体,有毒!密度 2.71 g/cm³。不溶于乙醇。在水中分解。其水溶液与氯气反应生成氯化钙和二氧化氯。受撞击或与灼热的金属接触能发生爆炸。与硫酸接触易着火或爆炸。制备:可由二氧化氯与稀石灰乳反应,或由硫酸钙与亚氯酸钡的复分解反应制得。用途:可作为氧化剂、消毒剂,可用于去除饮用水中的余氯。

亚氯酸锌(zinc chlorite)　CAS 号 88103-06-4。化学式 $Zn(ClO_2)_2$,分子量 200.31。黄绿色晶体。极易溶于水、乙醇。受热或撞击的时候会爆炸。制备:可由硫酸锌溶液与亚氯酸钡或二氧化氯的水溶液反应制得。

亚氯酸银(silver chlorite)　CAS 号 7783-91-7。化学式 $AgClO_2$,分子量 175.32。黄色晶体或粉末。难溶于冷水,较易溶于热水。水中混有亚氯酸时易分解。热至 105℃发生爆炸。制备:可由硝酸银溶液与亚氯酸钾溶液反应制得。

亚氯酸镉(cadmium chlorite)　化学式 $Cd(ClO_2)_2$,分子量 247.31。白色单斜系晶体。易溶于水。制备:可由硫酸镉溶液与亚氯酸钡溶液反应制得。

亚氯酸钡(barium chlorite)　CAS 号 14674-74-9。化学式 $Ba(ClO_2)_2$,分子量 272.23。白色晶体。可溶于水。制备:可在过氧化氢存在下,由二氧化氯与氢氧化钡反应制得。用途:可用于制备金属的亚氯酸盐。

亚氯酸铅(lead chlorite)　化学式 $Pb(ClO_2)_2$,分子量 342.10。黄色晶体,有毒!稍溶于水,溶于氢氧化钾溶液。与硫化氢作用先生成硫化铅黑色沉淀,由于生成亚氯酸的氧化作用,继而又生成白色的硫酸铅沉淀。与硫和硫化锑研磨易爆炸。受热分解,126℃爆炸。制备:可由亚氯酸钡溶液与硝酸铅溶液反应制得。

氯酸(chloric acid)　CAS 号 7790-93-4。化学式 $HClO_3$,分子量 84.46。浓酸为有类似硝酸刺激性气味的浅黄色液体,稀酸在常温时为无色无味液体。仅存于溶液中,是一种强酸。加热时有类似硫酸的刺激性臭味,40℃

分解为高氯酸、氯气、氧气和水。浓度在 30％以下的冷溶液较稳定,40％的溶液也可小心地由减压下蒸发制得,但是在加热时会分解,产物不一。可发生歧化反应。具强酸性和强氧化性,与纸张、棉花等接触时可燃烧。制备:可由氯酸钡和硫酸的复分解反应,或由氯酸钾和硫酸铝的混合物与硫酸反应制得。用途:可作为强氧化剂、亚硫酸聚合的催化剂。

氯酸锂(lithium chlorate)　CAS 号 13453-71-9。化学式 $LiClO_3$,分子量 90.39。无色正交系针状晶体。熔点 127.6℃,密度 $1.119\ 0^{18}\ g/cm^3$。易潮解。极易溶于水和乙醇,微溶于丙酮。300℃时分解为氯化锂和氧气。其水合物 $LiClO_3 \cdot 0.5H_2O$,约 65℃ 时熔化,90℃ 时失水,290℃时分解。制备:可将氯气通入氢氧化锂溶液,或由氯酸与碳酸锂反应制得。用途:用作氧化剂,可用于制电池。

氯酸氟(fluorine chlorate)　亦称“高氯酰氟”。CAS 号 7616-94-6。化学式 $FClO_3$,分子量 102.45。常温下为气态,有毒! 熔点 - 146℃,沸点 - 46.8℃。实际上是高氯酸的酰基氟。化学性质较为稳定,氧化性强,与有机物接触时有爆炸危险,但对冲击的敏感性不大。进入人体内会将血红蛋白氧化成高铁血红蛋白,引起发绀甚至死亡。制备:可由电解高氯酸钠在无水氟化氢中的饱和溶液制得,或在 40～50℃下加热高氯酸钾、氟化氢和五氟化锑的混合物制得。用途:可作为火箭燃料的氧化剂、变压器中的气态电介质。

氯酸钠(sodium chlorate)　亦称“白药钠”“氯酸碱”“氯酸曹达”。CAS 号 7775-09-9。化学式 $NaClO_3$,分子量 106.44。无色晶体或白色颗粒,有毒! 熔点 248～261℃,密度 $2.49^{15}\ g/cm^3$。易潮解。易溶于水,可溶于乙醇、丙酮、丙三醇。有强氧化性。在酸性介质中,其水溶液能将氯离子氧化为氯气。而与其他还原剂发生反应时,本身通常被还原为氯离子。在中性或碱性介质中,其水溶液的氧化能力较弱。与磷、硫、有机物混合后,受撞击时易发生燃烧和爆炸。加热其固体可发生分解反应,有无催化剂时可得到不同的分解产物。300℃以上分解出氧气。制备:可由电解热的氯化钠微酸性浓溶液,或将氯气通入浓、热的氢氧化钠溶液制得。用途:可作为氧化剂、媒染剂、漂白剂、消毒剂、洗涤剂、除草剂,可用于纸浆漂白、农药、火柴、炸药、印染、选矿,还可用于制二氧化氯、亚氯酸钠、氯酸盐、高氯酸盐等。

氯酸镁(magnesium chlorate)　CAS 号 10326-21-3。化学式 $Mg(ClO_3)_2 \cdot 6H_2O$,分子量 299.30。无色正交系针状或片状晶体或粉末。熔点 35℃,密度 $1.80\ g/cm^3$。易溶于水,微溶于乙醇、丙酮。有强吸湿性。不易爆炸和燃烧。比其他氯酸盐稳定,与硫、磷、有机物等混合或经摩擦、撞击有引起爆炸燃烧的危险。对失去氧化膜的铁有显

著腐蚀性。35℃时部分熔化并转变为四水合物。加热至 120℃分解。制备:可由氯化镁或碳酸镁与氯酸钠反应,或由氯气与氢氧化镁溶液反应制得。用途:可作为棉花脱叶剂、小麦催熟剂、除莠剂、除草剂、干燥剂,可用于制药工业。

氯酸铝(aluminum chlorate)　亦称“万宝林”。CAS 号 15477-33-5。化学式 $Al(ClO_3)_3 \cdot 6H_2O$,分子量 385.43。无色单斜系晶体。易潮解,极易溶于水,溶于稀酸、乙醇。受热分解,100℃时爆炸。制备:可由氯酸钡与硫酸铝的水溶液反应制得。用途:可作为消毒剂、防腐剂、收敛剂,可用于制取二氧化氯。

氯酸钾(potassium chlorate)　亦称“白药粉”“白药”“洋硝”。CAS 号 3811-04-9。化学式 $KClO_3$,分子量 122.55。无色单斜系晶体或白色粉末,有毒! 熔点 356℃,密度 $2.32\ g/cm^3$。易溶于水,微溶于乙醇、甘油、液氨,不溶于丙酮。在空气中稳定,在二氧化锰等催化剂存在时,较低温度下即可分解出氧气。若无催化剂时,在更高温度下可分解为氯化钾和高氯酸钾。绝不能用氯酸钾与盐酸反应制备氯气,因为会形成易爆的二氧化氯,也不能得到纯净的氯气。氯酸钾水溶液在酸性介质时氧化性较强,在中性和碱性溶液中则氧化性较弱。与碳、硫、磷等还原性物质及有机物、可燃物、硫黄、金属粉末混合,或受撞击时,易发生燃烧和爆炸。制备:可由电解热的浓氯化钾碱性溶液,或由氯酸钠或氯酸钙与氯化钾在溶液中进行复分解反应,或将氯气通入浓的氢氧化钾热溶液制得。用途:可作为氧化剂、媒染剂、杀菌剂、防腐剂、除草剂、铝热反应引发剂,可用于火柴、烟火、火药、印染、印刷、造纸、农药、化学分析等领域。

氯酸钙(calcium chlorate)　CAS 号 10137-74-3。化学式 $Ca(ClO_3)_2$,分子量 206.98。白色单斜系晶体,二水合物为淡黄色单斜系晶体。熔点 340℃,密度 $2.711\ g/cm^3$。有潮解性。溶于水、乙醇、丙酮。迅速加热至 100℃熔融分解放出氧气。遇有机物、金属粉末可发生爆炸。制备:向加热的石灰乳中通入氯气制得。用途:可作为氧化剂、除草剂、去叶剂、种子消毒剂,可用于农药、照相、烟火等领域。

氯酸钴(cobalt chlorate)　化学式 $Co(ClO_3)_2 \cdot 6H_2O$,分子量 333.93。红色立方系晶体。熔点 50℃,密度 $1.92\ g/cm^3$。易潮解。易溶于水,可溶于乙醇。加热至 100℃时分解。10℃时,在五氧化二磷存在下,失去全部结晶水。制备:可由硫酸钴溶液与氯酸钡溶液反应制得。

氯酸镍(nickle chlorate)　CAS 号 13477-94-6。化学式 $Ni(ClO_3)_2 \cdot 6H_2O$,分子量 333.69。密度 $2.07\ g/cm^3$。有潮解性,易溶于水。80℃熔融分解生成氯气、氧气和氧化镍(III)。制备:可由硫酸镍与氯酸钡反应制得。用途:可作为氧化剂。

氯酸铜（copper chlorate） CAS 号 26506-47-8。化学式 Cu(ClO₃)₂·6H₂O，分子量 338.54。绿色立方系晶体，有毒！熔点 65℃。有潮解性，易溶于水，溶于乙醇、丙酮。100℃时开始分解为碱式氯酸铜。制备：可由氧化铜或碳酸铜与氯酸反应，或由氯酸钡与硫酸铜溶液反应制得。用途：可作为媒染剂，可用于生产染料。

氯酸锌（zinc chlorate） CAS 号 10361-95-2。化学式 Zn(ClO₃)₂·4H₂O，分子量 304.37。无色至黄色立方系晶体。密度 2.15 g/cm³。易潮解，极易溶于水，溶于乙醇、丙酮、乙醚、甘油。具强氧化性。与有机物接触时会引起燃烧。加热分解为氧化锌、氯气和氧气。制备：可由锌或碳酸锌与氯酸反应，或由硫酸锌溶液与氯酸钡溶液反应制得。用途：可作为氧化剂。

氯酸镓（gallium chlorate） 化学式 Ga(ClO₃)₃，分子量 320.08。白色针状晶体。可溶于水，难溶于丙酮、乙醚。制备：可由硫酸镓与氯酸钡反应制得。

氯酸铷（rubidium chlorate） CAS 号 13446-71-4。化学式 RbClO₃，分子量 168.92。无色六方系晶体。密度 3.19 g/cm³。溶于水。加热时分解，在较低温度时生成高氯酸铷，较高温度下得到氯化铷并放出氧气。制备：可向氢氧化铷的热溶液通入氯气，或由碳酸铷与氯酸反应制得。用途：可用于制药。

氯酸锶（strontium chlorate） CAS 号 7791-10-8。化学式 Sr(ClO₃)₂，分子量 254.52。无色单斜系晶体或白色晶体粉末。密度 3.152 g/cm³。熔点 120℃（分解释放氧气）。溶于水，微溶于乙醇。三水合物为四边斜方棱柱晶体。易潮解，溶于水，不溶于醇。290℃熔化并分解。两者均为强氧化剂。与易燃物、可燃物、有机物或金属粉末能组成爆炸性混合物，经摩擦、撞击易起火、爆炸。与硫酸接触容易发生爆炸。受高热分解放出有毒气体。制备：将氯气通入温热的氢氧化锶溶液，或由氯酸钠溶液与氯化锶溶液加热反应制得。用途：可用于制红色烟火、曳光弹等。

氯酸银（silver chlorate） CAS 号 7783-92-81。化学式 AgClO₃，分子量 191.32。白色四方系晶体。熔点 230℃，密度 4.43 g/cm³。微溶于乙醇，溶于水。有强氧化性，避免与有机物或易被氧化的物质接触。见光会因缓慢分解而变黑。在 270℃时分解为氯化银和氧。制备：可由银与沸腾的氯酸作用，或由硝酸银溶液和氯酸钠溶液反应制得。用途：可作为有机合成的氧化剂，可用于制药。

氯酸镉（cadmium chlorate） CAS 号 22750-54-5。化学式 Cd(ClO₃)₂·2H₂O，分子量 315.34。无色棱柱体，有毒！密度 2.28¹⁸ g/cm³。易潮解，易溶于水、酸，可溶于乙醇、丙酮。80℃熔化并分解，制备：可由等摩尔的硫酸镉和氯酸钡溶液反应制得。用途：可作为化学试剂。

氯酸铯（cesium chlorate） 化学式 CsClO₃，分子量 216.36。白色晶体。密度 3.57 g/cm³。溶于水、乙醚。有氧化性，加热至熔化温度以上时分解放出氧气。与某些还原性物质（如硫、磷、碳等）或某些有机物共热或受震动可发生爆炸。制备：可由氯酸钡溶液与硫酸铯溶液反应，或由次氯酸铯分解制得。用途：可用于制铯盐、烟火、信号弹等。

氯酸钡（barium chlorate） CAS 号 10294-38-9。化学式 Ba(ClO₃)₂·H₂O，分子量 322.24。无色单斜系棱柱状晶体或白色粉末，有毒！密度 3.18 g/cm³。易溶于水，能溶于丙酮，微溶于乙醇。有氧化性，遇碳、硫、磷、硫酸和硝酸以及有机物时，撞击即可起火或爆炸。120℃时失去结晶水成为无水盐，250℃时开始分解放出氧，急速加热或与易燃物接触则发生爆炸。制备：可由氯化钡溶液电解制得，或由氢氧化钡与氯化铵反应制得。用途：可作为氧化剂、媒染剂、分析试剂，可用于烟火、绿色炸药、火柴、染料、制氯酸盐等领域。

氯酸镧（lanthanum chlorate） CAS 号 142714-14-7。化学式 La(ClO₃)₃，分子量 389.26。易溶于水。制备：可将氧化镧、氢氧化镧或碳酸镧溶于氯酸制得。用途：可用于化学分析。

氯酸铒（erbium chlorate） 化学式 Er(ClO₃)₂，分子量 334.16。淡红色晶体。易潮解，溶于水。制备：可由硫酸铒溶液与氯酸钡溶液反应制得。

氯酸亚汞（mercury(I) chlorate） CAS 号 1029-44-7。化学式 Hg₂(ClO₃)₂，分子量 568.08。白色晶体，有毒！密度 6.41 g/cm³。微溶于水，溶于乙醇、乙酸。与有机物或易燃物接触发生爆炸。热水中可水解成碱式盐。加热至 250℃分解成氧化汞、氯化汞和氧气。制备：可由硝酸亚汞的酸性溶液与氯酸或氯酸钠反应，或由氧化亚汞与氯酸反应制得。

氯酸汞（mercury(II) chlorate） 化学式 Hg(ClO₃)₂，分子量 367.49。白色针状晶体，剧毒！密度 5.00 g/cm³。能溶于水。在溶液中和乙炔反应生成具有爆炸性的白色沉淀。受热易分解，迅速加热可能有爆炸性的分解。制备：可由氯化汞和氯酸反应制得。

氯酸亚铊（thallous chlorate） CAS 号 13453-30-0。化学式 TlClO₃，分子量 287.83。白色针状晶体或粉末，剧毒！密度 5.047⁹ g/cm³。溶于水。遇热分解。制备：由氯酸钡和硫酸亚铊反应制得。

氯酸铅（lead chlorate） CAS 号 10294-47-0。化学式 Pb(ClO₃)₂，分子量 374.10。白色晶体，有毒！密度 3.89 g/cm³（无水物），4.037 g/cm³（一水合物）。易潮解，易溶于水、乙醇。小心加热一水合物可得到无水物，230℃时无水物可爆炸并分解为氯化铅和氧气或二氧化铅、氯气和氧气。制备：可将碳酸铅溶于氯酸水溶液制得一水合物，后者在 110℃小心加热制得无水物。

氯酸铵(ammonium chlorate) CAS 号 10192-29-7。化学式 NH_4ClO_3,分子量 101.49。无色或白色有刺激性臭味的针状晶体。密度 1.80 g/cm^3。熔点 102℃(爆炸)。易溶于水,微溶于乙醇。强氧化剂,不稳定,在常温下有时也会发生自燃爆炸。特别在 100℃ 以上时能爆炸分解为氯、一氧化二氮和水。遇浓硫酸、有机物、还原剂,易燃物如硫、磷等易引起燃烧爆炸。制备:可由氯酸钾与硫酸铵反应,或将氨通入氯酸溶液中制得。用途:可作为氧化剂,可用于纺织、炸药等领域。

碱式氯酸铜(copper basic chlorate) 化学式 $Cu(ClO_3)_2 \cdot 3Cu(OH)_2$,分子量 523.13。绿色晶体或非晶体粉末。密度 3.55 g/cm^3。溶于稀酸,不溶于水。制备:可由氯酸钾与乙酸铜反应,或由氯酸铜溶液与适量的氢氧化钠溶液反应制得。

氯酸六氨合镍(Ⅱ)(hexammine nickel(Ⅱ) chlorate) 化学式 $[Ni(NH_3)_6](ClO_3)_2$,分子量 327.78。淡紫色晶体。熔点 180℃,密度 1.52 g/cm^3。溶于水分解得到 $[Ni(NH_3)_4]^{2+}$。196℃ 爆炸分解。制备:在低温时向氯酸镍溶液中加入浓氨水,经蒸发、结晶制得。

高氯酸(perchloric acid) 亦称“过氯酸”。CAS 号 7601-90-3。化学式 $HClO_4$,分子量 100.46。无色透明的黏稠液体,工业品为淡黄色透明液体。熔点 -122℃,沸点 39℃(7.199 kPa),密度 1.76 g/mL。极易溶于水,可与水以任何比例混溶,其水溶液有很好的导电性。水溶液在低温下稳定。在 160℃ 以上可作为氧化剂,当浓度为 37% 时解离度最大,在有机溶剂中也很容易解离,是良好的质子给体溶剂。加热至约 90℃ 时开始分解、爆炸。无水物极不稳定,常压下不能制得,一般只能制得水合物。与水结合形成水合物 $HClO_4 \cdot nH_2O$,式中 $n=1,2,2.5,3,3.5$,皆为晶体。其中最稳定的为一水合物,熔点 50℃,沸点 110℃,加热至接近沸点也不分解。高氯酸根离子结构是正四面体形,故较氯酸根离子稳定得多。二氧化硫、硫化氢、亚硝酸、氢碘酸、锌、铝等皆不能使它还原。但低价钛、钒、钼等化合物可以使高氯酸根还原。与五氧化二磷作用生成七氧化二氯。纯酸加热至 90℃ 以上可发生爆炸性分解。与有机物、还原剂、易燃物如油品、氢气、金属粉末、硫、磷、醇、胺、肼、烃等接触或混合时有引起燃烧爆炸的危险。制备:可由高氯酸钠溶液与盐酸进行复分解反应,或由浓硫酸与高氯酸钾在 140~190℃ 反应,或由铂电极电解盐酸制得。用途:可作为氧化剂、催化剂、缓冲剂、干燥剂、分析试剂、电池电解液、有机物溶解剂、有机合成催化剂、金属表面处理剂,可用于电镀、炸药、电影胶片、医药、矿物分离、制高氯酸盐等领域。

高氯酸锂(lithium perchlorate) 亦称“过氯酸锂”。CAS 号 13453-78-6。化学式 $LiClO_4 \cdot 3H_2O$,分子量 160.44。白色六方系晶体。熔点 236℃,密度 2.43 g/cm^3。易溶于水、甲醇、乙醇、丙酮、正丙醇、乙醚、乙酸乙酯。可被痕量的铁或粉尘强烈地催化分解放出氧气,生成氯化锂。92.5℃ 时失去 2 分子水,变为一水合物,145.7℃ 由一水合物变为无水物。430℃ 时分解生成氯酸锂并放出氧气。制备:可由金属锂、氢氧化锂、碳酸锂与高氯酸反应,或电解冷的氯酸锂溶液制得。用途:可作为氧化剂、导电性黏附剂、电解质,可用于火箭燃料、制锂电池等。

高氯酸铍(beryllium perchlorate) CAS 号 6044-34-9。化学式 $Be(ClO_4)_2$,分子量 207.91。有毒!熔点小于 80℃。吸湿性强。制备:可由二氯化铍与高氯酸反应,或由二氯化铍与 $HClO_4 \cdot H_2O$ 在 60℃ 反应制得。

高氯酸氟(fluorine perchlorate) CAS 号 10049-03-0。化学式 $FClO_4$,分子量 118.45。无色,有刺激性气体。熔点 -167.2℃,沸点 -15.9℃。高度爆炸性。制备:可由 NF_4SbF_6 与 $CsClO_4$ 在低温下于无水氟化氢中反应制得。用途:可作为强氧化剂。

高氯酸钠(sodium perchlorate) CAS 号 7601-89-0。化学式 $NaClO_4$,分子量 122.44。无水物为白色四方系或正交系晶体,有毒!密度 2.53 g/cm^3。无吸湿性。易溶于水、乙醇、甲醇、丙酮,不溶于醚。482℃ 分解。一水合物为白色六方晶体,有毒!熔点 130℃(分解)。密度 2.02 g/cm^3。有吸湿性,易溶于水、乙醇。一水合物在 52.75℃ 转变为无水盐。属于强氧化剂,与有机物、可燃物或还原性物质接触混合,受撞击震动或摩擦可发生爆炸。与浓硫酸接触也能发生爆炸。制备:可通过电解冷的氯酸钠溶液制得。用途:可作为氧化剂、甲状腺抑制剂、分析试剂,可用于制炸药、高氯酸、高氯酸盐等。

高氯酸镁(magnesium perchlorate) CAS 号 13446-19-0。化学式 $Mg(ClO_4)_2 \cdot 6H_2O$,分子量 331.30。白色立方系晶体或柱状晶体,有毒!熔点 180~190℃,密度 1.98 g/cm^3。在真空中热至 170℃ 变为无水物。无水物为白色粒状粉末,有毒!密度 2.60 g/cm^3。加热至 251℃ 分解。两者均易溶于水、甲醇、乙醇、丙酮。无水物具有极强烈的吸水性能,用水浸湿则产生热,并发出嘶嘶的声音,吸水量可达到它本身质量的 60%。两者均有氧化性,与还原剂接触易引起燃烧或爆炸。制备:可由氧化镁与高氯酸溶液反应制得六水合高氯酸镁,将六水合物在真空下加热干燥,可得无水物;或将精制过的固体碳酸镁粉与固体高氯酸铵粉在高真空下加热反应可制得无水物。用途:可作为气体干燥剂、氧化剂、催化剂。

高氯酸铝(aluminum perchlorate) CAS 号 14452-39-2。化学式 $Al(ClO_4)_3 \cdot 6H_2O$,分子量 433.42。白色晶体。熔点 82℃,密度 2.02 g/cm^3。易吸潮。溶于水时可发生水解。加热至 178℃ 时脱去全部结晶水,262℃ 时分解。制备:可将氢氧化铝溶于高氯酸,或将 $AlCl_3 \cdot 6H_2O$ 溶于 20% 的高氯酸制得。用途:可作为有机反应催化剂。

高氯酸钾（potassium perchlorate）　亦称"过氯酸钾"。CAS 号 7778-74-7。化学式 $KClO_4$，分子量 138.55。无色正交系晶体或白色粉末。密度 $2.52 \ g/cm^3$。溶于水，微溶于乙醇、甲醇、丙酮，不溶于乙醚。加热至 540～570℃时缓慢分解，590～610℃时迅速分解生成氯化钾并放出氧气。当有氯化钾、溴化钾、碘化钾、铜、铁等存在时，分解反应加剧。为强氧化剂，有助燃性，与碳、硫、磷及有机物混合，受碰撞和摩擦易产生燃烧和爆炸。制备：可由高氯酸钠溶液与氯化钾溶液进行复分解反应，或由隔绝空气加热氯酸钾制得。用途：可作为解热剂、利尿剂、发光信号剂、分析试剂、发烟剂、引火剂、氧化剂等，可用于制火箭固体燃料、炸药、烟火、安全火柴等。

高氯酸钙（calcium perchlorate）　CAS 号 13477-36-6。化学式 $Ca(ClO_4)_2$，分子量 238.98。白色立方系晶体。密度 $2.65 \ g/cm^3$。溶于水、醇、碱金属氢氧化物溶液。为强氧化剂，与有机物接触容易发生火险。急剧加热时可发生爆炸。250℃时四水合物转变成无水物。270℃分解。制备：可由硝酸钙或氯化钙与高氯酸水溶液反应制得。用途：可作为吸水剂、干燥剂、乙酸酯化反应的催化剂。

高氯酸钪（scandium perchlorate）　CAS 号 14066-05-8。化学式 $Sc(ClO_4)_3$，分子量 343.31。无色晶体。能溶于水。常温常压下稳定。制备：可将氧化钪溶于高氯酸溶液中制得。

高氯酸锰（manganese perchlorate）　亦称"高氯酸亚锰"。CAS 号 15364-94-0。化学式 $Mn(ClO_4)_2 \cdot 6H_2O$，分子量 361.93。淡红色晶体。有潮解性。易溶于无水乙醇。具有强氧化性。在 165℃时开始分解。制备：可由一氧化锰、碳酸锰或氢氧化锰与高氯酸反应制得。用途：可作为强氧化剂。

高氯酸亚铁（ferrous perchlorate）　CAS 号 13520-69-9。化学式 $Fe(ClO_4)_2 \cdot 6H_2O$，分子量 362.84。无水合物为白色或浅绿色针状晶体，六水合物为淡绿色六方系棱柱状晶体。有吸湿性，溶于水、乙醇、高氯酸。100℃以上分解。制备：可将铁在低温下溶于稀高氯酸，或将硫化亚铁在常温下溶在较高浓度的高氯酸中制得。用途：可作为化学试剂。

高氯酸铁（ferric perchlorate）　CAS 号 15201-61-3。化学式 $Fe(ClO_4)_3$，分子量 354.20。黄色或浅棕色晶体粉末。有吸湿性，易溶于水、乙醇。加热至 210℃分解。制备：可将氢氧化铁溶于高氯酸制得。用途：作氧化剂、合成三水杨酸铁等。

高氯酸钴（cobalt perchlorate）　亦称"高氯酸亚钴"。CAS 号 13478-33-6。化学式 $Co(ClO_4)_2 \cdot 6H_2O$，分子量 365.93。红色八面体或柱状晶体。熔点 153.4℃，密度 $3.327 \ g/cm^3$。易溶于水、乙醇、丙酮，不溶于氯仿。制备：可由碳酸钴或氢氧化钴溶于高氯酸制得。用途：可作为有机反应催化剂，可用于制其他钴盐。

高氯酸镍（nickel perchlorate）　CAS 号 13520-61-1。化学式 $Ni(ClO_4)_2 \cdot 6H_2O$，分子量 365.69。蓝绿色棱状六方系晶体。熔点 140℃。有潮解性，易溶于水和乙醇。加热至 103℃以上则生成碱式盐。制备：可由硫酸镍与高氯酸钡反应，或将碳酸镍溶于高氯酸溶液制得。用途：可用于制备其他含镍化合物。

高氯酸铜（copper perchlorate）　CAS 号 10294-46-9。化学式 $Cu(ClO_4)_2$，分子量 262.45。灰白色单斜系晶体，六水合物为浅蓝色晶体。熔点 82℃，密度 $2.225^{23} \ g/cm^3$。有潮解性，易溶于水，溶于甲醇、乙醇、乙酸，微溶于乙醚、乙酸乙酯。在空气中稳定。水合物本身遇火并不爆炸，但二价铜与有机配体配位后所形成的高氯酸盐，遇火或受热则发生剧烈爆炸。制备：可将氧化铜溶于高氯酸溶液制得。用途：可作为纤维素乙酰化催化剂、固体火箭推进剂，可用于电子工业。

高氯酸锌（zinc perchlorate）　CAS 号 10025-64-6。化学式 $Zn(ClO_4)_2 \cdot 6H_2O$，分子量 372.36。白色正交系晶体。熔点 105～107℃，密度 $2.25 \ g/cm^3$。有潮解性。溶于水、乙醇。加热至 200℃分解。制备：可将氢氧化锌溶于高氯酸溶液制得。用途：可作为化学试剂。

高氯酸镓（gallium perchlorate）　CAS 号 17835-81-3。化学式 $Ga(ClO_4)_3 \cdot 6H_2O$，分子量 476.17。白色八面体晶体。易溶于水、醇、乙酸。175℃以上分解为碱式盐。但在真空下 155℃时分解，生成气体和无确定组成的碱式氯酸镓。制备：可将氢氧化镓溶于过量的高氯酸水溶液制得。

高氯酸铷（rubidium perchlorate）　CAS 号 13510-42-4。化学式 $RbClO_4$，分子量 184.92。正交系晶体。密度 $2.80 \ g/cm^3$。溶于水，微溶于乙醇。有强氧化性。加热时熔化，较高温度时即分解放出氧气。制备：可由碳酸铷与过量高氯酸溶液反应，或由氯酸铷加热生成高氯酸铷和氯化铷，再利用高氯酸铷的溶解度较小分离制得。

高氯酸锶（strontium perchlorate）　CAS 号 13450-97-0。化学式 $Sr(ClO_4)_2$，分子量 286.52。白色粉末状晶体。密度 $2.973 \ g/cm^3$。有吸湿性，易溶于热水，可溶于甲醇、乙醇，不溶于乙醚。477℃以上激烈分解。从低于 0℃的浓溶液中结晶可析出四水合物；在室温附近（低于 25℃）可析出二水合物；从高于 40℃的浓溶液中可析出组成相当于 $3Sr(ClO_4)_2 \cdot 2H_2O$ 的晶体。制备：可由高氯酸钠与可溶性锶盐反应，或由高氯酸与氧化锶或氢氧化锶中和反应制得。用途：可作为氧化剂，可用于烟火、推进剂。

高氯酸银（silver perchlorate）　亦称"过氯酸银"。CAS 号 7783-93-9。化学式 $AgClO_4$，分子量 207.32。白色立方系晶体。密度 $2.806^{25} \ g/cm^3$。有潮解性。易溶于水，可溶于苯胺、吡啶、苯、甘油、硝基苯等有机溶剂。有强氧化性,极不稳定,加热或摩擦能引起爆炸性分解。如受到撞击,则会发生剧烈的爆炸。加热至 486℃分解。制备:可由适量高氯酸处理碳酸银制得。用途:可作为氧化剂、环保测氟剂,可用于制炸药。

高氯酸镉(cadmium perchlorate)　CAS 号 10326-28-0。化学式 Cd(ClO$_4$)$_2$·6H$_2$O,分子量 419.40。白色晶体。熔点 129.4℃,密度 2.37 g/cm^3。极易溶于水,可溶于乙醇。加热至 65～70℃变为四水合物,在真空中 170～200℃脱水得到无水物。制备:可将氧化镉或碳酸镉溶于高氯酸溶液制得。

高氯酸铟(indium perchlorate)　CAS 号 13465-15-1。化学式 In(ClO$_4$)$_3$·8H$_2$O,分子量 557.29。无色晶体,具潮解性。熔点约 80℃。易溶于冷水,在热水中则分解。溶于无水乙醇,微溶于乙醚。200℃以上分解,首先生成碱式盐。制备:可将铟溶于高氯酸中,或将氢氧化铟溶于过量高氯酸水溶液制得。

高氯酸铯(cesium perchlorate)　亦称"过氯酸铯"。CAS 号 13454-84-7。化学式 CsClO$_4$,分子量 232.36。白色晶体。密度 3.317^4 g/cm^3。可溶于水,微溶于乙醇、丙酮。具有强氧化性。加热至 250℃时分解放出氧气。制备:可由氯酸铯加热分解,或由高氯酸与碳酸铯溶液反应制得。用途:可作为强氧化剂。

高氯酸钡(barium perchlorate)　CAS 号 13465-95-7。化学式 Ba(ClO$_4$)$_2$·3H$_2$O,分子量 390.27。无色针状晶体,有毒!密度 2.74 g/cm^3。易溶于水。加热至 260℃失去结晶水而成无水物。无水高氯酸钡为白色或无色六方系晶体,有毒!熔点 505℃,密度 3.20 g/cm^3。为较稳定的高氯酸盐,即使加热至 450℃也只产生少量的氧。两者均易溶于水,微溶于乙醇、乙酸乙酯、丙酮,不溶于乙醚。具有强氧化性,与有机物、可燃物或金属粉末能形成爆炸性混合物,受撞击或摩擦会着火、爆炸。制备:可由高氯酸钠与氯化钡反应,或由高氯酸与碳酸钡或氢氧化钡反应制得,也可由电解氯酸钡溶液制得。用途:可作为强氧化剂、干燥剂、脱水剂、分析试剂,可用于制造火箭燃料、烟花、烟火等。

高氯酸镧(lanthanum perchlorate)　CAS 号 14017-46-0。化学式 La(ClO$_4$)$_3$,分子量 437.26。无色针状晶体。密度 1.479 g/cm^3。易潮解,能溶于水。制备:可由硫酸镧溶液与高氯酸钡溶液反应制得。用途:可作为化学试剂。

高氯酸铈(cerium perchlorate)　CAS 号 14017-47-1。化学式 Ce(ClO$_4$)$_3$·6H$_2$O,分子量 546.56。无色片状晶体。有吸湿性,易溶于水。制备:可由硫酸铈溶液与高氯酸钡溶液反应制得。用途:可作为化学试剂。

高氯酸钕(neodymium perchlorate)　CAS 号 17522-69-9。化学式 Nd(ClO$_4$)$_3$·9H$_2$O,分子量 604.73。红色晶体。极易潮解,能溶于水。制备:可由硫酸钕溶液与高氯酸钡溶液反应制得。用途:可作为化学试剂。

高氯酸铒(erbium perchlorate)　CAS 号 14692-15-0。化学式 Er(ClO$_4$)$_3$·6H$_2$O,分子量 573.70。红色透明玻璃状晶体,能溶于水。制备:可由等摩尔的硫酸铒与高氯酸钡的溶液反应制得。用途:可作为化学试剂。

高氯酸亚汞(mercurous perchlorate)　CAS 号 65202-12-2。化学式 HgClO$_4$·4H$_2$O,分子量 372.10。白色晶体。易溶于水。在空气中稳定,不易脱水。加热至 150℃时分解。制备:将高氯酸汞溶液与过量的金属汞长时间混合,激烈搅拌后除去多余的汞,将溶液结晶制得。用途:可用于化学分析。

高氯酸汞(mercuric perchlorate)　CAS 号 7616-83-3。化学式 Hg(ClO$_4$)$_2$·6H$_2$O,分子量 507.58。无色柱状晶体。熔点 34℃。有潮解性。溶于水。在乙醇中分解。制备:可将氧化汞或氢氧化汞溶于高氯酸制得。用途:可用于发酵工业。

高氯酸亚铊(thallous perchlorate)　CAS 号 13453-40-2。化学式 TlClO$_4$,分子量 303.83。无色正交系晶体。熔点 501℃,密度 4.89 g/cm^3。易溶于水,稍溶于乙醇。制备:可由 TlOH 溶液与高氯酸溶液反应制得。用途:可作为提供 Tl$^+$离子的试剂。

高氯酸铅(lead perchlorate)　CAS 号 13453-62-8。化学式 Pb(ClO$_4$)$_2$·3H$_2$O,分子量 460.15。白色正交系晶体,有毒!熔点 84℃,密度 2.6 g/cm^3。有潮解性,易溶于水,可溶于乙醇。与重铬酸钾或钼酸铵反应,分别生成铬酸铅或钼酸铅沉淀。100℃变为一水合物。制备:将碳酸铅溶于高氯酸溶液制得。用途:可用于分析化学。

高氯酸铋(bismuth perchlorate)　CAS 号 14059-45-1。化学式 Bi(ClO$_4$)$_3$,分子量 507.33。吸湿性强,在空气中吸水后变成一水合物。一水合物可在 80～100℃下加热得到无水物。制备:可将三氧化二铋分次加入 40%的高氯酸中制得。

高氯酸铵(ammonium perchlorate)　CAS 号 7790-98-9。化学式 NH$_4$ClO$_4$,分子量 117.49。无色或白色晶体。熔点为 200℃,密度 1.95 g/cm^3。有潮解性,易溶于水、丙酮,微溶于醇。属于强氧化剂,与有机物、还原性物质和可燃物混合,加热或遭受撞击、摩擦时能引起爆炸。加热分解为氧、氮、氯、水蒸气等。制备:可由高氯酸钠与氯化铵复分解反应制得。用途:可作为氧化剂、腐蚀剂、火箭推进剂,可用于炸药、烟火、化学分析等领域。

高氯酸亚硝酰(nitrosyl perchlorate)　CAS 号 15605-28-4。化学式 NOClO$_4$,分子量 129.46。无色或白色正交系晶体,密度 2.17 g/cm^3。遇乙醚、乙醇即爆炸。吸湿性强,水解生成高氯酸、硝酸、氮氧化物等。加热易分解。制备:可将一氧化氮和二氧化氮的混合物通入高氯酸中制得。用途：可作为氧化剂、火箭推进剂等。

高氯酸硝酰（nitryl perchlorate）　CAS 号 17495-81-7。化学式 NO_2ClO_4，分子量 145.46。白色单斜系晶体。密度 2.23 g/cm^3。溶于无水硝酸。吸湿性强，同时水解成硝酸和高氯酸。120℃分解。无水物对撞击或摩擦不敏感。在低温下与大量有机化合物混合即起剧烈反应，伴有自燃和爆炸。制备：可由无水硝酸与无水高氯酸在高真空条件下反应制得。用途：可作为固体氧化剂。

高氯酸羟胺（hydroxylamine perchlorate）　CAS 号 15588-62-23。化学式 $NH_2OH \cdot HClO_4$，分子量 133.49。白色针状晶体。熔点 87.5～89℃，密度 2.069 g/cm^3。吸湿性很强，在空气中能迅速吸水而溶解形成纯净的酸性水溶液。易溶于乙醇、丙酮，微溶于乙醚，几乎不溶于苯、四氯化碳。对撞击或摩擦敏感。温度在 178～220℃时分解为相应的高氯酸铵和氧，在 313～370℃时继续放热分解。制备：可由盐酸羟胺或硫酸羟胺与高氯酸钡反应制取。用途：可作为高能氧化剂，可用于制固体推进剂、水下推进剂。

高氯酸肼（hydrazine perchlorate）　亦称"高氯酸联氨"。CAS 号 13762-80-6。化学式 $N_2H_4 \cdot HClO_4 \cdot \frac{1}{2}H_2O$，分子量 141.51。白色棱柱状单斜系晶体。熔点 137℃（无水物），密度 1.939 g/cm^3。溶于醇，不溶于醚、苯、氯仿、二硫化碳。在水中分解。撞击或摩擦极易引起爆炸。145℃分解。制备：可由水合肼与高氯酸铵溶液反应制得。用途：可作为固体火箭燃料。

二高氯酸肼（hydrazine diperchlorate）　CAS 号 13812-39-0。化学式 $N_2H_4 \cdot 2HClO_4$，分子量 232.96。白色晶体。熔点 190～192℃，密度 2.2 g/cm^3。吸湿性强。制备：可由含水高氯酸与肼的水合物反应制得。用途：可作为高能氧化剂，可用于制复合固体推进剂。

高氯酸铀酰（uranyl perchlorate）　化学式 $UO_2(ClO_4)_2 \cdot 6H_2O$，分子量 577.02。黄色正交系晶体，有毒！熔点 90℃。有吸湿性。溶于水、乙醇、二甲基亚砜。110℃分解。制备：将铀的氧化物溶于高氯酸中制得。用途：可用于制取含铀化合物。

钛 酸 盐

钛酸（titanic acid）　二氧化钛的水合物，化学式可写作 $TiO_2 \cdot xH_2O$。当 x 为 2 时，常写成 H_4TiO_4 或 $Ti(OH)_4$，亦称"正钛酸""原钛酸""α-钛酸"，CAS 号 20338-08-3，分子量 115.90。白色胶状物质。在水中极易转变为溶胶而溶解。易溶于稀酸、浓碱溶液。x 为 1 时，化学式 H_2TiO_3，亦称"偏钛酸""β-钛酸"，分子量 97.88。白色粉末。性质较 α-钛酸稳定，经放置的 β-钛酸难溶于水、稀酸、碱溶液，可溶于热浓硫酸、氢氟酸、10% 的硫酸与 3% 的过氧化氢的混合溶液。制备：α-钛酸可由四氯化钛在冷水中水解，或由钛盐和碱溶液反应制得。β-钛酸可由硝酸与金属钛反应，或由硫酸氧钛在热水中水解制得，或由 α-钛酸与水进行长时间放置或加热制得。用途：可作为化纤消光剂、催化剂和海水吸附剂，可用作制取纯硫酸氧钛的原料。

钛酸锂（lithium titanate）　亦称"偏钛酸锂"。CAS 号 12031-82-2。化学式 Li_2TiO_3，分子量 109.75。熔点 1 533℃，密度 3.43 g/cm^3。白色粉末状固体。不溶于水。具有尖晶石结构。制备：可将碳酸锂、硝酸钛、柠檬酸的溶液混合后煅烧，或由二氧化钛与碳酸锂煅烧，或由偏钛酸与氢氧化锂反应制得。用途：可作为电极材料、助熔剂、钛釉原料。

三钛酸钠（sodium trititanate）　CAS 号 12034-36-5。化学式 $Na_2Ti_3O_7$，分子量 301.58。白色针状单斜系晶体。熔点 1 128℃，密度 3.35～3.50 g/cm^3。溶于硫酸、热盐酸，不溶于水。制备：可由二氧化钛与过量氢氧化钠反应制得。用途：可用于催化、吸附、传感器等领域。

钛酸镁（magnesium metatitanate）　亦称"偏钛酸镁"。CAS 号 12032-30-3。化学式 $MgTiO_3$，分子量 120.17。白色粉末。密度 3.6 g/cm^3。具有钛铁矿型结构。制备：可由四氯化钛与氯化镁在碱性溶液中水解制得，或由钛片和镁条为阳极经电化学方法制得，或由二氧化钛和氧化镁经高温煅烧制得。用途：可用于半导体、微波介质陶瓷、电池等领域。

钛酸铝（aluminium titanate）　CAS 号 12004-39-6。化学式 Al_2TiO_5，分子量 181.83。白色正交系晶体粉末。密度 3.73 g/cm^3。热膨胀系数比 α-氧化铝大。在高温煅烧时易裂，机械强度较差。在约 1 000℃下加热，容易分解成为氧化物。制备：可由二氧化钛和氧化铝粉体的混合物经高温烧结，或由钛和铝的可溶盐溶液制成凝胶，再经高温烧结制得。用途：可作为具有低膨胀系数和高熔点的隔热材料，用于冶金、汽车、军工等领域。

钛酸钙（calcium metatitanate）　亦称"偏钛酸钙""钙钛矿"。CAS 号 12049-50-2。化学式 $CaTiO_3$，分子量 135.94。无色立方系或正交系晶体。熔点 1 975℃，密度

4.10 g/cm³。不溶于热浓盐酸,易受热浓硫酸侵蚀。与过量的硫酸氢铵一起熔融分解,在碱金属碳酸盐中不受侵蚀。为天然钙钛矿的主要成分。制备:将碳酸钠、碳酸钙、二氧化钛的混合物煅烧,或将二氧化钛、石灰和碳酸钾熔融,或由可溶性的钛盐和钙盐前驱体制得凝胶,再经高温焙烧制得。用途:可与氟聚物制成纤维或膜,用于食盐水的电解;还可用于光伏电池、防火材料、核废料处理等领域。

钛酸锰(manganese metatitanate) 亦称"偏钛酸锰""红钛锰矿"。CAS 号 12032-74-5。化学式 $MnTiO_3$,分子量 150.80。黄绿色或棕色片状固体。熔点 1 360℃,密度 4.54 g/cm³。不溶于水。制备:可由可溶性的钛盐和锰盐前驱体制得凝胶,再经高温焙烧制得。用途:可作为电极材料、光电材料等。

钛酸亚铁(ferrous metatitanate) 亦称"偏钛酸亚铁""钛磁铁矿""钛铁矿"。CAS 号 12022-71-8。化学式 $FeTiO_3$,分子量 151.71。晶体呈厚板状,通常为不规则粒状集合物,钢灰至黑色,半金属光泽,不透明。熔点约 1 470℃,密度 4.72 g/cm³。不溶于水,可溶于浓硫酸。微具磁性。天然产物为钛铁矿。制备:可从钛铁矿中提取,也可由可溶性的钛盐和铁盐前驱体制得凝胶,再经高温焙烧制得。用途:可作为吸波剂、催化剂,可用于提炼钛、生产钛白粉等。

钛酸钴(cobalt titanate) CAS 号 12017-01-5。化学式 Co_2TiO_4,分子量 229.73。黑绿色立方系晶体。密度 5.07～5.12 g/cm³。溶于浓盐酸,微溶于稀盐酸。727℃分解为 $CoTiO_3$。制备:可由钴盐和氯化氧钛的溶液用碳酸盐共沉淀后经焙烧制得,或由可溶性的钛盐和钴盐前驱体制得凝胶,再经高温焙烧制得。用途:可作为涂料调色剂、气敏材料等。

钛酸镍(nickel metatitanate) 亦称"偏钛酸镍"。CAS 号 12035-39-1。化学式 $NiTiO_3$,分子量 154.56。黄色粉末状固体。密度 4.44 g/cm³。制备:可由可溶性的钛盐和镍盐前驱体制得凝胶,再经高温煅烧制得。用途:可作为建筑涂料的原料,可用于电子材料、电池电极、气体传感器、化学催化剂等领域。

钛酸铜钙(calcium copper titanate) 化学式 $CaCu_3Ti_4O_{12}$,分子量 614.18。棕色立方系晶体。密度 4.7 g/cm³。制备:可直接通过氧化钛、氧化铜与碳酸钙的混合物在 1 000℃焙烧得到。用途:可用于高密度能量存储、薄膜器件、高介电材料等领域。

钛酸锌(zinc metatitanate) 亦称"偏钛酸锌"。CAS 号 12036-69-0。化学式 $ZnTiO_3$,分子量 161.27。白色粉末。密度 5.74 g/cm³。不溶于水。可刺激黏膜、皮肤和眼睛。制备:可通过氧化锌和氧化钛粉末混合物煅烧制得。用途:可用于制备陶瓷材料、催化剂、吸附剂、电容器、微波器件。

钛酸锶(strontium metatitanate) 亦称"偏钛酸锶""锶钛矿"。CAS 号 12060-59-2。化学式 $SrTiO_3$,分子量 183.49。纯品为白色立方系晶体,常见品可呈绿色、红色、棕色、黄色等,有毒! 熔点 2 060℃,密度 4.81 g/cm³。具有典型的钙钛矿型结构。透过红外线的能力强,无典型吸收光谱。一般在紫外光下无荧光。制备:可由可溶性的钛盐和锶盐前驱体制得凝胶,再经高温煅烧制得。用途:可用于制造红外光学透镜,可用于电子、电池、机械、陶瓷、光催化、传感器件、氧化还原等领域。

钛酸钡(barium metatitanate) 亦称"偏钛酸钡""氧化钛钡"。CAS 号 12047-27-7。化学式 $BaTiO_3$,分子量 233.19。浅灰色四方或六方系晶体,有毒! 熔点约 1 625℃,密度 6.017 g/cm³(四方系)、5.806 g/cm³(六方系)。溶于浓硫酸、盐酸、氢氟酸,不溶于水、碱液。具有很高的介电常数。当温度低于 130℃时具有铁电性质。制备:可由二氧化钛和碳酸钡共同灼烧,或由异丙醇钛和锶盐溶液制得凝胶再经高温煅烧制得。用途:可用于制热敏电阻、压电体、非线性元件、电子计算机的记忆元件、微型电容器、磁扩大器、超声波换能器等多种电子器件。

钛酸镧(lanthanum titanate) CAS 号 12031-47-9。化学式 $La_2Ti_2O_7$,分子量 485.54。黑色粉末状固体。制备:可由钛酸丁酯与镧盐溶液制得凝胶,再经高温煅烧制得。用途:可用于制高频半导体、激光二极管、高温变频器、铁电随机存储器、高温传感器、微波压电体等多种电子器件。

钛酸铅(lead metatitanate) 亦称"偏钛酸铅"。CAS 号 12060-00-3。化学式 $PbTiO_3$,分子量 303.07。黄色正交系晶体。密度 7.52 g/cm³。不溶于水。溶于浓酸、乙酸铵溶液。制备:可由等摩尔的一氧化铅与二氧化钛经高温烧结制得。用途:可用作铁电陶瓷材料,可用于高频滤波器、振荡器、机电换能器、红外探测器、油漆、珐琅等领域。

钛酸铋(bismuth titanate) CAS 号 12010-77-4。化学式 $Bi_4Ti_3O_{12}$,分子量 1 171.52。淡黄色粉末。具有层状结构。在施加的电场或照明下,其折射率存在可逆变化。制备:可由三氧化二铋与二氧化钛高温烧结,或由可溶性铋盐和钛酸四丁酯溶液经溶剂热反应制得。用途:可作为压电陶瓷、铁电材料、钙钛矿型铁电陶瓷的添加剂,可用于制开关记忆元件、显示器件等。

锆钛酸铅(lead zirconium titanate) 亦称"PZT"。分子式 $Pb[Zr_xTi_{1-x}]O_3$($0 \leqslant x \leqslant 1$)。是 $PbTiO_3$ 和 $PbZrO_3$ 的固溶体,属于钙钛矿型结构。具有正压电效应和负压电效应。其物理性能可以通过调节材料组成加以改进,且有着丰富的相和相变行为,该系统已成为研究、应用最为广泛的铁电、压电材料系统之一。制备:由 Pb_3O_4、

TiO_2、ZrO_2 和少量添加物经高温烧结而成。用途：可作为压电陶瓷、相变铁电陶瓷，用于超声换能、水声换能、压电、热电换能等领域。

氟钛酸钾（potassium hexafluorotitanate） 亦称"六氟合钛（IV）酸钾""氟化钛钾"。CAS 号 16919-27-0。化学式 $K_2TiF_6 \cdot H_2O$，分子量 258.07。白色单斜系片状晶体，有毒！熔点约 780℃，密度 3.02 g/cm^3。溶于热水，微溶于冷水和无机酸，不溶于液氨。加热至 32℃ 失去结晶水。高温下分解为二氧化钛和氟化钾。制备：可将二氧化钛溶于过量的氢氟酸后再由氢氧化钾或碳酸钾处理，或由四氯化钛、氢氟酸与氯化钾共热制得。用途：可用于化学分析、制钛酸及金属钛等。

氟钛酸铵（ammonium hexafluorotitanate） 亦称"六氟合钛（IV）酸铵"。CAS 号 16962-40-6。化学式 $(NH_4)_2TiF_6$，分子量 197.93。有光泽的六方系鳞片状晶体，有毒！溶于水，不溶于乙醇、乙醚。同碱反应生成钛酸，再脱水得二氧化钛。在碱性条件下同烷氧基作用得烷氧化合物。同胺类反应形成胺氟钛酸。在空气中不稳定，加热可失去氟化铵。在碱性条件下同烷氧基作用得烷氧化合物。同胺类反应形成胺氟钛酸。制备：可由氟化铵与溴化钛或氟化钛反应制得。用途：可作为抗腐蚀性洁净剂，用于陶瓷、玻璃等领域。

铬的含氧酸盐

亚铬酸镁（magnesium chromite） 亦称"氧化铬（III）镁"。CAS 号 12053-26-8。化学式 $MgCr_2O_4$，分子量 192.30。暗绿色或红色立方系晶体。熔点 2 390℃，密度 4.415 g/cm^3。具有正尖晶石结构。可溶于浓硫酸，但不溶于水、稀酸、稀碱。制备：将氧化铬（VI）和经烘干的氟化镁混合后于 1 400℃ 下反应而得。用途：可作为耐高温材料。

亚铬酸钙（calcium chromite） 化学式 $CaCr_2O_4$，分子量 208.07。橄榄绿色立方系针状或粉状晶体。熔点 2 090℃，密度 4.8^{18} g/cm^3。不溶于水、酸，溶于熔融的碳酸钾。其粉末在 500～800℃ 长时间加热生成铬酸钙，在 1 000℃ 完全分解。制备：可由氧化钙与灼烧后的三氧化二铬在高温下加热，再用浓盐酸处理；也可由等摩尔的碳酸钙与三氧化二铬混和物于 1 200～1 250℃ 加热制得。用途：可用于制备碳化铬。

亚铬酸锰（II）（manganese(II) chromite） 化学式 $MnCr_2O_4$，分子量 222.93。灰黑色立方系晶体。密度 4.97 g/cm^3。具有尖晶石结构。不溶于水，溶于酸。制备：由可溶性的锰盐和铬盐溶液制成胶体之后，再经高温焙烧制得。用途：可作为催化剂载体、磁性材料等。

亚铬酸亚铁（ferrous chromite） CAS 号 1308-31-2。化学式 $FeCr_2O_4$，分子量 223.84。棕黑色立方系晶体。密度 4.97 g/cm^3。具有尖晶石结构。不溶于水，微溶于酸。存在于铬铁矿中。用途：是提炼铬的主要原料，可用于制重铬酸盐、含铬化合物、铬合金、铬砖、耐火材料、陶瓷等，还用于冶金、玻璃、水泥、铸造等领域。

亚铬酸钴（cobalt(II) chromite） CAS 号 12016-69-2。化学式 $CoCr_2O_4$，分子量 226.92。灰黑色晶体。具有尖晶石结构。几乎不溶于浓盐酸、浓硝酸。制备：可由可溶性的钴盐和铬盐溶液共沉淀之后，再经高温焙烧制得；或由钴盐和铬酸钾加热反应制得。用途：可作为颜料、碳氢化合物氧化的催化剂等。

亚铬酸镍（nickel chromite） CAS 号 12018-18-7。化学式 $NiCr_2O_4$，分子量 226.68。绿色粉末。具有尖晶石结构。不溶于水。制备：可由可溶性的镍盐和铬盐溶液制成凝胶后，再经高温焙烧制得。用途：可用于制颜料、红外遮蔽材料、光电材料等。

亚铬酸亚铜（copper(I) chromite） 化学式 $Cu_2Cr_2O_4$，分子量 295.08。灰黑色立方系片状晶体。密度 5.24 g/cm^3。溶于硝酸，不溶于水。制备：可由铬酸铵与硫酸铜的沸腾溶液反应得到碱式铬酸铜铵盐，再将其热解制得。用途：可用作催化剂。

亚铬酸铜（copper(II) chromite） CAS 号 12018-10-9。化学式 $CuCr_2O_4$，分子量 231.53。灰黑色至黑色四方系片状晶体。密度 5.4 g/cm^3。具有尖晶石结构。不溶于水、稀酸、浓盐酸。制备：可将氧化铜与三氧化铬高温焙烧，然后高温下通入氧气制得；或由硝酸铜与硝酸铬溶液共沉淀制成溶胶，再经高温焙烧制得。用途：可作为有机加氢、醛类还原反应催化剂，固体推进剂添加剂，电池电解液添加剂等。

亚铬酸锌（zinc chromite） CAS 号 12018-19-8。化学式 $ZnCr_2O_4$，分子量 233.38。纯品为棕色；含铬杂质时呈灰绿色。密度 5.3 g/cm^3。具有尖晶石结构。制备：将硫酸锌、铬酸铵、硫酸铵加到浓氨水中，将溶液蒸干后高温焙烧制得。用途：可用作碳氢化物氧化的催化剂。

亚铬酸镧（lanthanum chromite） CAS 号 12017-94-6。化学式 $LaCrO_3$，分子量 238.90。黑色或深墨绿色粉末。熔点 2 450℃，密度 5.6 g/cm^3。制备：可由氧化镧和

三氧化二铬的混合物高温烧结制得。用途：可作为燃料电池中的耐高温材料、高温发热元件等。

一氯铬酸钾（potassium chlorochromate）　化学式 K_2CrO_3Cl，分子量 213.64。红橙色单斜系晶体。密度 2.497 g/cm³。溶于水迅速水解。与液氨猛烈反应。微热分解放出氧。制法：可由铬酸钾和二氧二氯化铬反应，或由氯化钾与三氧化二铬反应，或由氯化铬酰与铬酸钾反应制得。用途：可作为氧化剂。

过氧铬酸钠（sodium peroxychromate）　化学式 $Na_3[Cr(O_4)_2]$，分子量 248.96。橙色板状晶体。微溶于水，不溶于乙醇和乙醚。115℃ 时分解。制备：由三氧化铬与氢氧化钠溶液混合后滴加过氧化氢制得。

过氧铬酸钾（potassium peroxychromate）　CAS 号 12331-76-9。化学式 $K_3[Cr(O_4)_2]$，分子量 297.29。橙红色立方系晶体。微溶于水，不溶于乙醇、乙醚和酸。170℃ 分解，178℃ 发生爆炸。制备：可由三氧化铬、氢氧化钾、过氧化氢反应，或由铬酸钾在碱性条件下与过氧化氢反应制得。用途：可用作氧化剂。

过氧铬酸铵（ammonium peroxychromate）　化学式 $(NH_4)_3[Cr(O_4)_2]$，分子量 234.11。红棕色立方系晶体。密度 1.964 g/cm³。微溶于冷水、氨水，不溶于乙醇、乙醚。遇硫酸爆炸。加热至 40℃ 分解为氨和铬酸铵，50℃ 时爆炸。制备：由三氧化铬溶于氨水后，在 0℃ 以下用过氧化氢氧化制得。

铬酸（chromic acid）　CAS 号 7738-94-5。化学式 H_2CrO_4，分子量 118.01。仅存在于溶液中，溶液中存在 CrO_4^{2-} 与 $Cr_2O_7^{2-}$ 的平衡。该平衡随 pH 发生变化，在酸性溶液中 $Cr_2O_7^{2-}$ 占优势，溶液显橙红色；碱性溶液中 CrO_4^{2-} 占优势，溶液显黄色。可以和碱反应成盐。有强氧化性。制备：可由三氧化铬溶于水制得。用途：可作为氧化剂，可用于镀铬。

铬酸锂（lithium chromate）　CAS 号 14307-35-8。化学式 Li_2CrO_4，分子量 129.88。二水合物为黄色易潮解结晶性粉末。密度 2.246 g/cm³。极易溶于水。74.6℃ 时失水为无水物。制备：可由氢氧化锂和无水三氧化铬反应制得，在甲醇和乙醇中可制得无水盐。用途：可作为缓蚀剂、缓冲剂、传热介质，用于水冷型原子能反应堆、空调、水冷系统等。

铬酸铍（beryllium chromate）　化学式 $BeCrO_4$，分子量 125.01。固体，剧毒！受高热分解产生有毒气体。吞咽、与皮肤接触或吸入粉尘均会中毒。

铬酸钠（sodium chromate）　CAS 号 7775-11-3。化学式 Na_2CrO_4，分子量 161.97。无水物为黄色单斜系晶体，有毒！熔点 792℃（无水物），密度 2.723 g/cm³（无水物）、1.483 g/cm³（十水合物）。易潮解。溶于水，溶液呈碱性。微溶于醇。其水溶液在 19.52℃ 以下析出十水合物；在 19.52～26.6℃ 析出六水合物；在 26.6～62.8℃ 析出四水合物；62.8℃ 以上析出无水物。通常为四水合物，系黄色稍有潮解晶体。加热至 62.8℃ 变成正交系 α 型无水物，在 41.3℃ 转变为六方系 β 型无水物。具氧化性，易被常用还原剂还原为三价铬。制备：工业上由铬铁矿粉、石灰石和纯碱混合煅烧制得，实验室中可用过氧化钠、次氯酸钠或液溴氧化三价铬的碱性溶液制得。用途：可作为氧化剂、金属缓蚀剂、阻锈剂、鞣革剂、媒染剂，用于涂料、颜料、鞣革、印染、墨水、分析化学、生产金属铬等领域。

铬酸镁（magnesium chromate）　化学式 $MgCrO_4 \cdot 7H_2O$，分子量 266.41。橙黄色正交系晶体。沸点 211.5℃（2.39 kPa），密度 1.695 g/cm³。易潮解。易溶于水，不溶于乙醇。100℃ 时失去 6 分子结晶水。制备：可由氢氧化镁悬浊液与三氧化铬反应制得。用途：用作金属表面处理剂。

铬酸钾（potassium chromate）　亦称"铬钾石"。CAS 号 7789-00-6。化学式 K_2CrO_4，分子量 194.19。黄色正交系晶体，有毒！熔点 968.3℃，密度 2.73¹⁸ g/cm³。溶于水，水溶液稀释到 1∶40 000 时仍呈黄色。不溶于乙醇。溶液中铬酸根与重铬酸根之间存在转化平衡。其溶液遇钡离子、铅离子、银离子可分别生成黄色铬酸钡、黄色铬酸铅、砖红色铬酸银难溶铬酸盐沉淀，可通过这些铬酸盐的特征颜色，证明铬酸根离子的存在。具氧化性，在碱性介质中可被还原剂还原为 CrO_2^-。670℃ 以上转为红色，冷却后又重新变为黄色。制备：可由重铬酸钾或三氧化铬与氢氧化钾溶液反应；或由重铬酸钾与碳酸氢钾或碳酸钾反应；或由铬铁矿粉与氢氧化钾、石灰石煅烧后，再用硫酸钾溶液萃取制得。用途：可作为氧化剂、媒染剂、金属防锈剂，可用于印染、搪瓷、墨水、颜料、鞣革、制药、化学分析、制铬酸盐等领域。

铬酸钙（calcium chromate）　CAS 号 13765-19-0。化学式 $CaCrO_4 \cdot 2H_2O$，分子量 192.09。黄色单斜系棱形晶体。难溶于水，不溶于醇，溶于稀酸。有氧化性。200℃ 失去全部结晶水。制备：由重铬酸钠与氯化钙反应制得。用途：可作为氧化剂、腐蚀抑制剂、电池材料，可用于制颜料、色素、金属铬等。

铬酸铁（ferric chromate）　CAS 号 10294-52-7。化学式 $Fe_2(CrO_4)_3$，分子量 459.67。黄色粉末，有毒！不溶于水、乙醇，溶于酸。与还原剂反应可能会起火。制备：可由铬酸钠与铁盐溶液反应制得。用途：可用于冶金、油漆、玻璃、搪瓷、陶瓷、颜料等领域。

铬酸钴(Ⅱ)（cobalt(Ⅱ) chromate）　亦称"铬酸亚钴"。CAS 号 13455-25-9。化学式 $CoCrO_4$，分子量 174.93。灰黑色晶体。不溶于冷水，溶于无机酸、氨水。加热及在热水中分解。制备：可将碳酸钴与三氧化铬的水溶液置封闭管中加热制得。用途：可作为陶瓷着色剂。

铬酸铜（copper（II）chromate）　CAS 号 13548-42-0。化学式 $CuCrO_4$，分子量 179.54。红棕色粉末。微溶于冷水。可溶于酸，在酸性溶液中可生成重铬酸铜。加热至 400℃分解为亚铬酸铜（$CuCr_2O_4$）并放出氧气。在热水中水解为 $CuCrO_4 \cdot 2CuO$。制备：可将铬酸钠的水溶液冷却下加到含碳酸铜、三氧化铬的水溶液中反应制得。用途：可用于制杀菌剂、耐候纺织品、环氧树脂胶黏剂、木材防腐剂等。

铬酸锌（zinc chromate）　亦称"锌黄"。CAS 号 13530-65-9。化学式 $ZnCrO_4$，分子量 181.38。柠檬黄色或淡黄色粉末，有毒！密度 $3.4\ g/cm^3$。微溶于水，溶于乙醇，易溶于稀酸和碱液、液氨。制备：可由氧化锌或氢氧化锌与重铬酸钾溶液反应制得。用途：可用于颜料、油墨、防锈涂料、塑料、橡胶等领域。

铬酸铷（rubidium chromate）　CAS 号 13446-72-5。化学式 Rb_2CrO_4，分子量 286.93。黄色单斜系晶体。密度 $3.518\ g/cm^3$。溶于水，水溶液呈碱性。在空气中稳定。制备：由三氧化铬与氢氧化铷溶液反应制得。

铬酸锶（strontium chromate）　CAS 号 7789-06-2。化学式 $SrCrO_4$，分子量 203.61。亮黄色单斜系粉末，有毒！密度 $3.895^{15}\ g/cm^3$。微溶于冷水，易溶于稀盐酸、硝酸、乙酸、铵盐溶液，溶于沸水。有氧化性，有防腐蚀性能。制备：可由氯化锶与铬酸钾共熔；或将重铬酸钾加入氢氧化锶的水溶液，在加热下继续滴加氨水制得。用途：可用于颜料、油墨、玻璃、陶瓷等领域。

铬酸银（silver chromate）　CAS 号 7784-01-2。化学式 Ag_2CrO_4，分子量 331.73。深红色单斜系晶体，有毒！密度 $5.625\ g/cm^3$。溶于酸、氨水、氰化钾溶液、铬酸碱金属溶液，微溶于水。避光保存。制备：由硝酸银溶液与铬酸钾溶液反应制得。用途：可用于有机合成、电镀、化学分析、催化剂。

铬酸镉（cadmium chromate）　CAS 号 14312-00-6。化学式 $CdCrO_4$，分子量 228.41。淡黄色晶体。密度 $4.5\ g/cm^3$。不溶于水。制备：可将铬酸钠水溶液加到含碳酸镉、三氧化铬的水溶液反应制得。用途：可用于制催化剂、颜料。

铬酸铯（cesium chromate）　CAS 号 13454-78-9。化学式 Cs_2CrO_4，分子量 381.80。黄色菱形粉状晶体，有毒！密度 4.237 g/cm^3。可溶于水，不溶于醇。有氧化性。可刺激灼烧黏膜和皮肤。制备：可由铬酸钾与氯化铯溶液加热反应，或由铬酸水溶液与碳酸铯加热反应制得。用途：可作为氧化剂、鞣剂，用于制光电倍增管、光电阴极、微波夜视器材、特种电光源、制备金属铯等。

铬酸钡（barium chromate）　亦称"钡黄"。CAS 号 10294-40-3。化学式 $BaCrO_4$，分子量 253.32。黄色单斜系晶体，有毒！密度 $4.498^{15}\ g/cm^3$。溶于无机酸，难溶于水。与易燃品接触能引起燃烧。制备：由氯化钡溶液与铬酸钠溶液反应制得。用途：用于颜料、陶瓷、玻璃、火柴、烟火、油漆、分析试剂等领域。

铬酸亚汞（mercury（I）chromate）　化学式 Hg_2CrO_4，分子量 517.12。红色针状晶体或砖红色单斜系粉末。几乎不溶于冷水，难溶于热水，不溶于稀酸、乙醇和丙酮，溶于热浓硝酸、氰化钾溶液。受强热分解后残留物为三氧化铬。制备：可由硝酸亚汞与重铬酸钾溶液反应制得。用途：可作为陶瓷着色剂。

铬酸汞（mercury（II）chromate）　化学式 $HgCrO_4$，分子量 316.58。红色单斜系晶体。能溶于氯化铵溶液，不溶于丙酮。加热及遇水、酸均分解。在热水中分解为碱式铬酸汞。制备：由氧化汞与浓铬酸盐溶液反应制得。

铬酸亚铊（thallous chromate）　化学式 Tl_2CrO_4，分子量 524.73。黄色固体。熔点 633℃，密度 6.91 g/cm^3。难溶于水，略溶于酸和碱溶液，不溶于乙酸。制备：由可溶性铊盐溶液与铬酸钠溶液反应，或由氧化亚铊与重铬酸钾反应制得。

铬酸铅（II）（lead（II）chromate）　亦称"铬黄""铅铬黄"。CAS 号 7758-97-6。化学式 $PbCrO_4$，分子量 323.18。黄色或橙黄色针状晶体或粉末，有毒！熔点 844℃，密度 $6.12^{15}\ g/cm^3$。不溶于水、乙酸，能溶于稀硝酸。与稀强碱溶液反应生成碱式盐，与浓强碱溶液生成亚铅酸盐。遇硫化氢变黑。加热到熔点以上，缓慢分解放出氧气。在日光下久晒颜色变暗，遇硫化氢气体容易变黑。制备：可由水溶性铅盐与水溶性铬酸盐反应制得。用途：可用于颜料、涂料、油漆、油墨、化学分析等领域。

铬酸铋（bismuth chromate）　化学式 $Bi_2O_3 \cdot 2CrO_3$，分子量 665.94。红色或黄色晶体。不溶于水、强碱，溶于酸。制备：由硝酸铋和铬酸钾反应制得。用途：可作为颜料。

铬酸钕（neodymium chromate）　化学式 $Nd_2(CrO_4)_3 \cdot 8H_2O$，分子量 780.58。黄色晶体。微溶于水。制备：由硝酸钕溶液与铬酸钾溶液反应制得。

铬酸钐（samarium chromate）　化学式 $Sm_2(CrO_4)_3 \cdot 8H_2O$，分子量 792.80。黄色晶体。微溶于水。制备：由氢氧化钐或氧化钐与铬酸溶液反应制得。

铬酸镝（dysprosium chromate）　化学式 $Dy_2(CrO_4)_3 \cdot 10H_2O$，分子量 853.13。黄色晶体。稍溶于水。加热至 150℃时失去 3.5 分子结晶水，温度更高时分解。制备：可由硝酸镝溶液与铬酸钾浓溶液反应制得。用途：可作为分析试剂。

铬酸铵（ammonium chromate）　CAS 号 7788-98-9。化学式 $(NH_4)_2CrO_4$，分子量 152.07。黄色单斜系晶体，有毒！密度 1.91 g/cm^3。溶于冷水，在热水中分解。微溶于氨水、丙酮，不溶于醇。加热至 180℃时分解，长期放置可分解放出氨,部分转变为重铬酸铵。制备:由重铬酸钾与氨水反应制得。用途:可作为分析试剂、媒染剂、照相涂层增感剂、缓蚀剂,可用于化学分析、纺织、摄影、催化等领域。

铬酸镁铵(ammonium magnesium chromate) 化学式$(NH_4)_2CrO_4 \cdot MgCrO_4 \cdot 6H_2O$,分子量400.51。黄色单斜系晶体。密度1.84 g/cm^3。易溶于水。加热分解。在酸性介质中形成重铬酸盐。具有一定氧化能力。与银离子和铅离子分别可形成砖红色铬酸银和黄色铬酸铅沉淀。制备:可由铬酸铵和氯化镁溶液反应,或由氨水与含有铬酸镁的铬酸溶液反应制得。用途:可作为媒染剂、感光剂,用于鞣革、医药、摄影等领域。

铬酸镁钾(potassium magnesium chromate) 亦称"铬酸钾·铬酸镁·水(1∶1∶2)"。化学式$K_2CrO_4 \cdot MgCrO_4 \cdot 2H_2O$,分子量370.52。黄色三斜系晶体。密度2.59 g/cm^3。溶于水,不溶于乙醇。受热变为铜黄色,更热时变为深红色液体,再加热分解为重铬酸钾、氧化镁、亚铬镁和氧气。低温下蒸发其水溶液得六水盐。制备:可由饱和铬酸钾溶液与氯化镁水溶液反应,或由重铬酸钾溶液与氧化镁反应制得。

铬酸钐钾(samarium potassium chromate) 化学式$KSm(CrO_4)_2 \cdot 3H_2O$,分子量475.49。黄色结晶性粉末。难溶于水。制备:可由硝酸钐溶液与铬酸钾溶液反应制得。

铬酸钡钾(barium potassium chromate) CAS号27133-66-0。化学式$BaK_2(CrO_4)_2$,分子量447.51。苍黄色晶态粉末。密度3.65 g/cm^3。易溶于水。制备:由重铬酸钾与碳酸钡在500℃反应制得。用途:可用于制颜料、金属防锈涂料等。

碱式铬酸铬钾(potassium chromium basic chromate) 化学式$K_2CrO_4 \cdot 2Cr(OH)CrO_4$,分子量564.18。紫色无定形粉末。密度2.28 g/cm^3。不溶于水、乙醇、乙酸,几乎不溶于浓硝酸、浓硫酸。与热盐酸反应生成氯气。300℃分解。制备:由发烟硝酸、重铬酸钾和一氧化氮反应制得。

碱式铬酸铅(lead basic chromate) 化学式$PbCrO_4 \cdot Pb(OH)_2$,分子量564.39。红色无定形或橙色晶体。熔点920℃,密度6.63 g/cm^3。不溶于水、丙酮,溶于氢氧化钾溶液。在稀乙酸作用下可转变为铬酸铅。对于碱的耐受力大于铬酸铅。制备:可由碱式乙酸铅与铬酸钠共热,或由铬酸铅与碱液共沸制得。用途:可用于防锈底漆、涂料、水彩、油墨等领域。

碱式铬酸锌(zinc basic chromate) 化学式$ZnCrO_4 \cdot Zn(OH)_2 \cdot H_2O$,分子量298.78。黄色粉末。不溶于水,能溶于酸、液氨。制备:由铬酸溶液与过量的氢氧化锌反应制得。用途:可用于制橡胶、涂料。

碱式铬酸铜(copper(II) basic chromate) 化学式$CuCrO_4 \cdot 2Cu(OH)_2$或$CuCrO_4 \cdot 2CuO \cdot 2H_2O$,分子量374.66。淡棕色粉末。溶于稀酸、氨水、铬酸溶液,不溶于水及乙醇。在260℃时失去2分子结晶水,在潮湿空气中能恢复。制备:可由铬酸铜的弱碱性水溶液中制得,或由氢氧化铜与铬酸反应制得。用途:可用作媒染剂。

重铬酸锂(lithium dichromate) CAS号13843-81-7。化学式$Li_2Cr_2O_7 \cdot 2H_2O$,分子量265.9。淡红橙色晶体粉末。熔点130℃,密度2.34 g/cm^3。易潮解。110℃时失去全部结晶水。187℃分解放出氧气。制备:可由重铬酸钠与氯化锂加热反应,或向铬酸锂溶液中加入铬酸或硝酸制得。用途:用作制冷剂、吸湿剂。

重铬酸钠(sodium dichromate) 亦称"红矾钠"。CAS号10588-01-9。化学式$Na_2Cr_2O_7 \cdot 2H_2O$,分子量298.00。浅黄红色单斜系针状或片状晶体,无水物为橙红色粉末,有毒!密度2.52^{13} g/cm^3。有极强的吸水性。易溶于水,水溶液呈酸性,微溶于乙醇。有强氧化性,与有机物摩擦或撞击能引起燃烧。高于30℃失去部分结晶水,84℃溶于结晶水,110℃完全转为无水物,约400℃时开始分解放出氧气。制备:工业上将铬铁矿粉与石灰石和苏打灰混合煅烧,用水浸取后加硫酸酸化制得;实验室中用氢氧化钠或碳酸钠的水溶液中和三氧化铬水溶液后酸化制得。用途:可作为缓蚀剂、媒染剂、氧化剂,用于印染、制革、医药、有机合成、电镀、颜料、火柴、乙炔气的精制、金属表面处理剂等领域。

重铬酸镁(magnesium dichromate) CAS号16569-85-0。化学式$MgCr_2O_7 \cdot 6H_2O$,分子量348.38。橘红色正交系晶体。密度2.002 g/cm^3。易溶于水。

重铬酸钾(potassium dichromate) 亦称"红矾钾"。CAS号7778-50-9。化学式$K_2Cr_2O_7$,分子量294.19。橙红色板状晶体,有苦味及金属性味,有毒!熔点398℃,密度2.676 g/cm^3。熔点398℃。稍溶于冷水,易溶于热水,水溶液呈弱酸性。不溶于乙醇。与蛋白、明胶、阿拉伯树胶等溶液混合感光后硬化且不溶于水。在酸性介质中稳定,在碱性介质中则转化成黄色的铬酸钾。与硝酸盐、氯酸盐剧烈反应。为强氧化剂,在冷溶液中可氧化亚硫酸、氢硫酸、亚铁离子、碘化氢,加热时可氧化氢溴酸和盐酸,与有机物接触、撞击能引起燃烧。与还原剂、有机物、硫、磷、金属粉末等混合可形成爆炸性混合物。有水时与硫化钠混合能引起自燃。具有较强的腐蚀性。约500℃时分解为三氧化铬和铬酸钾。制备:可由重铬酸钠与硫酸钾或氯化钾反应,或由硝酸钾、碳酸钾、三氧化二铬加热反应,或由硫酸和铬酸钾反应制得。用途:可作为强氧化剂、分析基准试剂、交联剂、缓蚀剂、金属钝化剂,可用于烟火、颜料、鞣革、摄影、火柴、电镀、有机合成、化学分析等领域。

重铬酸钙(calcium dichromate) CAS号14307-33-

6。化学式 $CaCr_2O_7 \cdot 3H_2O$,分子量 310.11。橘红色晶体。密度 2.370 g/cm^3。纯品不吸湿。易溶于水,不溶于乙醚、四氯化碳。溶于醇后被还原并沉淀出棕色的铬酸钙。加热至 100℃ 以上分解成铬酸钙和三氧化铬。制备:可由铬酸与铬酸钙反应,或由铬酸钙与二氧化碳反应制得。用途:用作分析试剂、氧化剂、颜料等。

重铬酸铁(ferric dichromate) CAS 号 10294-53-8。化学式 $Fe_2(Cr_2O_7)_3$,分子量 759.66。红棕色颗粒,有毒!能溶于水、酸。与还原剂反应会燃烧。制备:可由新制备的氢氧化铁与铬酸水溶液加热反应制得。用途:可用于制绘画颜料、水泥涂料、颜料等。

重铬酸铜(copper (II) dichromate) CAS 号 13675-47-3。化学式 $CuCr_2O_7 \cdot 2H_2O$,分子量 315.56。黑色晶体。密度 2.286 g/cm^3。易潮解。易溶于水,可溶于酸、氨水、乙醇。在热水中分解。加热至 100℃ 失去 2 分子结晶水。制备:将碳酸铜或氢氧化铜溶于浓的铬酸水溶液中而得。用途:可作为氧化剂。

重铬酸锌(zinc dichromate) CAS 号 7789-12-0。化学式 $ZnCr_2O_7 \cdot 3H_2O$,分子量 335.42。橙黄色粉末。易潮解。能溶于热水、酸,不溶于醇、醚。制备:可由氢氧化锌或氧化锌与铬酸溶液反应制得。用途:可作为金属表面处理剂、橡胶填充剂、增强着色剂、媒染剂、颜料等。

重铬酸铷(rubidium dichromate) CAS 号 13446-73-6。化学式 $Rb_2Cr_2O_7$,分子量 386.92。橙黄色单斜系或红色三斜系晶体。密度 3.021 g/cm^3(单斜)、3.125 g/cm^3(三斜)。易溶于水。有氧化性。用途:可用作氧化剂。

重铬酸锶(strontium dichromate) CAS 号 14682-96-3。化学式 $SrCr_2O_7 \cdot 3H_2O$,分子量 357.65。红色单斜系晶体。可溶于水。260℃ 失去其结晶水,温度更高即分解为铬酸锶。

重铬酸银(silver dichromate) CAS 号 7784-02-3。化学式 $Ag_2Cr_2O_7$,分子量 431.72。深红色有光泽的菱形片状三斜系晶体,有毒!密度 4.770 g/cm^3。微溶于水,易溶于硝酸、氨水、氰化钾溶液。在沸水中分解为三氧化二铬和铬酸银。有氧化性。制备:可由硝酸银的硝酸溶液与重铬酸钾反应制得。用途:可作为分析试剂、氧化剂等。

重铬酸铯(cesium dichromate) CAS 号 13530-67-1。化学式 $Cs_2Cr_2O_7$,分子量 481.80。橙色无味晶体状粉末。常温常压下稳定。可溶于水。与有机物、还原剂混合有爆炸的危险。用途:可用于制光电阴极。

重铬酸钡(barium dichromare) CAS 号 10031-16-0。化学式 $BaCr_2O_7 \cdot 2H_2O$,分子量 389.35。亮红黄色针状晶体,其无水物为红色单斜系晶体,有毒!熔点 120℃。微溶于水,溶于热的浓铬酸溶液。遇水分解成铬酸钡和铬酸。有强腐蚀性。加热至 120℃ 失水变成无水盐。制备:可由铬酸钡加酸制得。用途:可作为氧化剂,可用于制陶瓷、铬酸盐等。

重铬酸汞(mercuric dichromate) CAS 号 7789-10-8。化学式 $HgCr_2O_7$,分子量 416.58。红色重质粉晶,有毒!不溶于水,能溶于盐酸、硝酸。制备:可由硝酸汞溶液与重铬酸钾溶液反应制得。

重铬酸亚铊(thallous dichromate) 化学式 $Tl_2Cr_2O_7$,分子量 624.73。红色固体。难溶于水。可被酸分解。制备:可由一价铊盐水溶液与重铬酸钾反应制得。

重铬酸铅(lead dichromate) 化学式 $PbCr_2O_7$,分子量 423.18。红色针状晶体。溶于酸和强碱中。在水中分解生成铬酸铅和铬酸。制备:可向乙酸铅水溶液中加入浓硝酸和铬酸制得。用途:可作为颜料。

重铬酸铵(ammonium dichromate) 亦称"红矾铵"。CAS 号 7789-09-5。化学式 $(NH_4)_2Cr_2O_7$,分子量 252.07。橘黄色单斜系晶体或粉末,有毒!密度 2.155 g/cm^3。溶于水、乙醇,不溶于丙酮。为强氧化剂,同还原性强的有机物接触会发生爆炸。对光敏感,曝光后能还原成三价铬。在 180℃ 以上分解为三氧化二铬、氮气和水。制备:可向铬酸酐的水溶液通入氨气,或由重铬酸钠和氯化铵反应制得。用途:可作为分析试剂、氧化剂、催化剂、鞣革剂、媒染剂、橡胶发泡剂,可用于香料、茜素染料、照相制版、油净化、无烟烟火、催化剂、氮源、摄影领域。

重铬酸氧铋(bismuth basic dichromate) 亦称"碱式重铬酸铋"。化学式 $(BiO)_2Cr_2O_7$,分子量 665.94。橘黄色晶体。溶于盐酸,不溶于水和碱。遇水分解。制备:可由硝酸铋与铬酸钾反应制得。用途:可用于催化、制药等领域。

锗烷、锗化物、锗酸盐

锗烷(germane) 通式为 Ge_nH_{2n+2} 的一系列锗与氢的化合物的总称,通常即指甲锗烷,即四氢化锗(germanium tetrahydride)。CAS 号 7782-65-2。化学式 GeH_4,分子量 76.64。无色可燃气体,剧毒!熔点 −164.8℃,沸点

-90℃,密度 1.52^{-142} g/mL、3.43^0 g/L。难溶于水,溶于液氨和次氯酸钠溶液。化学性质类似于硅烷,也类似 SiH_3GeH_3 的混合烷类。为强还原剂,可与硝酸银水溶液反应放出氢气并析出黑色的锗与银的混合物。在空气中不自燃。比碳烷、硅烷更加不稳定,350℃时完全分解为锗单质和氢。自催化性很强,快速分解爆炸的危险性高。制备:可在乙醚中用氢化铝锂氢化四氯化锗,或用硼氢化钠氢化二氧化锗,或用铅电极电解含有二氧化锗的硫酸溶液,或通过锗化镁和溴化铵在液氨中反应制得。用途:可用于生产高纯锗,太阳能电池板、异质结二极晶体管等。

乙锗烷(digermane)　亦称"锗乙烷"。CAS 号 13818-89-3。化学式 Ge_2H_6,分子量 151.33。无色易挥发性可燃液体。熔点-109℃,沸点 31℃,密度 1.98^{-100} g/mL。不溶于水。溶于四氯化碳得四氯化锗。溶于液氨得 $(NH_4)_2Ge_2H_4$。还原性强于甲锗烷,100℃时与氧作用得二氧化锗。215℃分解。制备:可由甲锗烷经放电作用,或通过 $MgGe_2$ 在氢气氛中与稀高氯酸溶液反应制取。用途:可用于生产高纯锗。

丙锗烷(trigermane)　CAS 号 14691-44-2。化学式 Ge_3H_8,分子量 225.98。无色液体。熔点-105.6℃,沸点 110.5℃,密度 2.20 g/mL。不溶于水。溶于四氯化碳得四氯化锗。有还原性,放在空气中变为白色固体。制备:可由甲锗烷经放电作用,或通过 $MgGe_2$ 在氢气氛中与稀高氯酸溶液反应制取;或使 Ge-Mg 合金与酸作用,将得到的气体混合物利用沸点不同于低温下分馏制得。用途:可用于制备含锗薄层合金功能材料。

二甲基锗烷(dimethylgermane)　CAS 号 1449-64-5。化学式 $(CH_3)_2GeH_2$,分子量 104.72。气体。熔点-144.3℃,沸点 3℃。制备:可由二氯化二甲基锗与氢化铝锂反应制得。用途:可用于半导体工业、金属有机合成。

四甲基锗烷(tetramethylgermane)　CAS 号 865-52-1。化学式 $(CH_3)_4Ge$,分子量 132.75。无色或浅黄色可燃液体。熔点-88℃,沸点 43～44℃,密度 0.978 g/mL。用途:可用于半导体工业。

异丁基锗烷(isobutylgermane)　化学式 $(CH_3)_2CHCH_2GeH_3$,分子量 132.78。无色液体,有毒!熔点-78℃,沸点 66℃,密度 0.96 g/mL。不溶于水。毒性较甲锗烷小。用途:可用于化学气相沉积法制备锗薄膜和含锗的半导体薄膜等。

亚胺锗(germanium imide)　亦称"亚氨基锗"。CAS 号 19465-96-4。化学式 $Ge(NH)_2$,分子量 102.67。白色无定形粉末。150℃分解。于热水中分解成氨和二氧化锗。在氮气中加热到150℃放出氨气生成 Ge_2N_3H,300℃以上进一步分解为 Ge_3N_4。制法:可由四碘化锗与液氨反应制得。

一氯锗烷(chlorogermane)　CAS 号 13637-65-5。化学式 GeH_3Cl,分子量 111.12。无色液体。熔点-52℃,沸点 28℃,密度 1.75^{-25} g/mL。不溶于醇。遇水生成白色的 $(GeH_3)_2O$ 沉淀,然后会逐渐变为黄色。制备:可在氯化铅存在下由 GeH_4 与氯化氢反应生成 GeH_3Cl 和 GeH_2Cl_2 的混合物,再通过低温分馏提纯制得。用途:可用于制造电子元器件。

二氯锗烷(dichlorogermane)　CAS 号 15230-48-5。分子式 GeH_2Cl_2,分子量 145.56。熔点-68℃,沸点 69.5℃,密度 1.90^{-68} g/mL。不溶于醇,在水或碱中分解。制备:可在氯化铅存在下由 GeH_4 与氯化氢反应生成 GeH_3Cl 和 GeH_2Cl_2 的混合物,再通过低温分馏提纯制得。用途:可用于制造电子元器件。

三氯锗烷(trichlorogermane)　CAS 号 1184-65-2。分子式 $GeHCl_3$,分子量 180.01。无色液体。熔点-71℃,沸点 75℃,密度 1.93 g/mL。遇水分解。加热至140℃开始分解,175℃以上快速分解为二氯化锗和氯化氢。制备:可通过二氯化锗与干燥的氯化氢在室温下反应,或通过四氯化锗蒸气与氢气在900℃下反应,也可由锗粉在氯化氢气流中500℃反应制得。用途:可作为制半导体材料锗的中间产物。

一溴锗烷(bromo-germane)　CAS 号 75397-99-8。化学式 GeH_3Br,分子量 155.57。无色液体。熔点-32℃,沸点 52℃,密度 $2.34^{29.5}$ g/mL。不溶于醇。在水、碱中分解。制备:在溴化铝存在下由四氢化锗和溴化氢反应生成 GeH_2Br_2 和 GeH_3Br 的混合物,再通过分馏提纯制得。

二溴锗烷(dibromogermane)　CAS 号 13769-36-3。化学式 GeH_2Br_2,分子量 234.46。具有难闻气味的流动性液体。熔点-15℃,沸点 89.0℃,密度 2.80 g/mL。不溶于醇。在水、碱中分解。制备:在溴化铝存在下由四氢化锗和溴化氢反应生成 GeH_2Br_2 和 GeH_3Br 的混合物,再通过分馏提纯制得。

三溴锗烷(tribromogermane)　CAS 号 14779-70-5。化学式 $GeHBr_3$,分子量 313.36。无色液体。熔点-24℃。在水、碱中分解。与氯化锗混合,可生成一系列卤素交换产物,在氯仿中发生卤素交换生成 $GeHClBr_2$。溶于氢溴酸时电离成 H^+ 和 $GeBr_3^-$。加热分解。制备:由硫化锗溶于40%氢溴酸水溶液中制得。

一氯三氟锗烷(chlorotrifluorogermane)　CAS 号 14188-40-0。化学式 GeF_3Cl,分子量 165.04。无色气体。熔点-66.2℃,沸点-20.6℃。溶于乙醇。化学性质不稳定,在-78℃保存时也会逐渐分解成四氯化锗和四氟化锗。在空气中遇到湿气时水解放出氯化氢和氟化氢。在水中立即水解生成白色的二氧化锗沉淀。制法:将含少量 $SbCl_5$ 的 $GeCl_4$ 与 SbF_3 在75℃加热制得 GeF_3Cl、GeF_2Cl_2 和 $GeFCl_3$ 三种物质,再经分馏制得。

二氯二氟锗烷（dichlorodifluorogermane）　CAS 号 24422-21-7。化学式 GeF_2Cl_2，分子量 181.49。无色气体。熔点 - 51.8℃，沸点 - 2.8℃。溶于无水乙醇。化学性质不稳定，即使在 - 78℃也会分解成 $GeCl_4$ 和 GeF_4。在空气中遇到湿气时放出氯化氢和氟化氢。在水中立即水解生成二氧化锗白色沉淀。与稀氢氧化钾溶液反应，生成物都可溶。制法：将含少量 $SbCl_5$ 的 $GeCl_4$ 与 SbF_3 在 75℃加热制得 $GeClF_3$、$GeCl_2F_2$ 和 $GeCl_3F$ 三种物质，然后分别在 - 20℃、6℃和 35℃下经蒸馏收集制得。

三氯一氟锗烷（trichlorofluorogermane）　CAS 号 2422-20-6。化学式 $GeCl_3F$，分子量 197.95。无色液体。熔点 - 49.8℃，沸点 37.5℃。溶于无水乙醇，冷水中分解。与稀氢氧化钾溶液剧烈反应，生成物都可溶。制备：可由含少量 $SbCl_5$ 的 $GeCl_4$ 与 SbF_3 在 75℃下加热制得。

锗化镁（magnesium germanide）　CAS 号 1310-52-7。化学式 $GeMg_2$，分子量 121.21。暗灰色立方晶系颗粒状固体。熔点 1 115℃。与空气中的潮气作用可放出特异的臭味的 GeH_4。与氯化铵在 11 Pa 的低压下于液氨中反应可以制得甲锗烷。制备：可由镁与锗反应制得。用途：可作为半导体材料，可用于合成甲锗烷。

锗化硅（silicon germanide）　化学式 $Si_{1-x}Ge_x$。是单质锗与单质硅以任意比例组成的合金。制备：可以通过锗烷或异丙基锗烷在硅基片上气相沉积制得。用途：可用于微电子领域。

偏锗酸锂（lithium metagermanate）　亦称"锗酸锂"。CAS 号 12315-28-5。化学式 Li_2GeO_3，分子量 134.52。单斜系晶体。熔点 1 239℃，密度 3.53^{21} g/cm³。微溶于水，溶于稀酸。制备：可由碳酸锂与二氧化锗熔融，或由偏锗酸钠与氧化锂水溶液反应制得。用途：可作为锂电池阳极材料、激光材料等。

偏锗酸钠（sodium metagermanate）　亦称"锗酸钠"。CAS 号 12025-19-3。化学式 Na_2GeO_3，分子量 166.58。白色单斜系晶体。熔点 1 083℃，密度 3.31 g/cm³。有吸湿性。溶于水、稀酸、碱溶液。七水合物为无色斜方系晶体，熔点 83℃。溶于水和稀酸。制备：可由二氧化锗和氢氧化钠或碳酸钠加热共熔制得。后者在浓 NaOH 溶液中结晶可得七水合物。用途：可用于合成其他含锗化合物。

偏锗酸钾（potassium metagermanate）　亦称"锗酸钾"。CAS 号 12398-45-7。化学式 K_2GeO_3，分子量 198.81。白色晶体。熔点 823℃，密度 $3.40^{21.5}$ g/cm³。溶于水、酸。制备：可由氢氧化钾或碳酸钾与二氧化锗熔融，或由锗与含有过氧化氢的氢氧化钾溶液反应制得。

锗酸镁（magnesium germanate）　CAS 号 12025-13-7。化学式 Mg_2GeO_4，分子量 185.22。白色粉末。微溶于水，易溶于酸，不溶于碱。制备：可将氧化镁与二氧化锗的混合物压片后，在 600℃和 1 000℃各维持 20 小时制得。用途：可作为荧光材料。

锗酸铋（bismuth germinate）　简称"BGO"。CAS 号 12233-56-6。化学式 $Bi_4(GeO_4)_3$，分子量 1 245.74。无色立方系晶体或粉末。熔点 1 049.85℃，密度 7.13 g/cm³。是一种闪烁晶体材料，当照射到伽马射线时，会放出波长在 375～650 nm 之间的光子。阻挡高能射线能力强、分辨率高，特别适合高能粒子和高能射线的探测。制备：可由化学计量比的三氧化二铋、二氧化锗混合后高温反应制得。用途：可用于空间物理、核物理、高能物理、油井探测、医学、光学仪表等方面。

氟锗酸锂（lithium hexafluorogermanate）　亦称"六氟锗酸锂"。CAS 号 16903-41-6。分子式 Li_2GeF_6，分子量 200.48。常温下为白色晶体。制备：可由氟化锂悬浊液与氟锗酸反应制得。用途：可用作锂电池电解液的添加剂。

氟锗酸钠（sodium hexafluorogermanate）　亦称"六氟锗酸钠"。CAS 号 36470-39-0。化学式 Na_2GeF_6，分子量 232.58。白色粉末。可溶于水。制备：可由氟化钠与氟锗酸反应制得。

氟锗酸镁（magnesium hexafluorogermanate）　亦称"六氟锗酸镁"。CAS 号 31381-68-7。化学式为 $MgGeF_6$，分子量 210.9。正交晶系粉末。制备：可由氟化镁与氟锗酸反应制得。用途：可用于制备日光灯粉、红色荧光材料。

氟锗酸钾（potassium hexafluorogermanate）　亦称"六氟锗酸钾"。CAS 号 7783-73-5。化学式 K_2GeF_6，分子量 264.80。白色晶体。熔点 730℃，沸点约 835℃。微溶于水，溶于乙醇。500℃以下稳定。制备：可由氟化钾与氟锗酸反应制得。

氟锗酸铷（rubidium hexafluorogermanate）　CAS 号 16962-48-4。化学式 Rb_2GeF_6，分子量 357.54。白色晶体。熔点 696℃。溶于热水，微溶于冷水，不溶于乙醇。制法：可由氟化铷溶液与氟锗酸溶液反应制得。

氟锗酸铯（cesium hexafluorogermanate）　CAS 号 16919-21-4。化学式 Ce_2GeF_6，分子量 452.41。白色晶体。熔点约 675℃，密度 4.10 g/cm³。微溶于冷的水、酸，溶于热水。制备：可由氟化铯和二氧化锗在浓氟化氢中反应制得。

氟锗酸钡（barium hexafluorogermanate）　CAS 号 60897-63-4。化学式 $BaGeF_6$，分子量 323.93。白色晶体。熔点约 665℃，密度 4.56 g/cm³。制备：可由氟化钡和二氧化锗在浓氟化氢中反应制得。用途：可用于制备发光材料。

氟锗酸铵（ammonium hexafluorogermanate）　亦称"六氟锗酸铵"。CAS 号 16962-47-3。分子式 $(NH_4)_2GeF_6$，

分子量 222.68。白色晶体。密度 2.564 g/cm³。380℃升华。溶于水，不溶于乙醇。制备：可由氟化铵与氟锗酸反应制得。用途：可用于制备有机金属配位聚合物。

氟锗酸联氨（hydrazine hexafluorogermanate）　化学式 2(N₂H₄)·H₂GeF₆，分子量 252.80。无色单斜系晶体。密度 2.406^{25} g/cm³。溶于水并分解成氧化镓。极难溶于乙醇等有机溶剂。制法：由氟锗酸溶液加水合肼、乙醇制得。

氟锗酸羟胺（hydroxylamine hexafluorogermanate）化学式 (NH₂OH)₂H₂GeF₆·2H₂O，分子量 290.69。无色单斜系晶体。密度 2.229 g/cm³。溶于水，难溶于无水乙醇。500℃以上分解为二氧化锗。制备：可由氟锗酸与羟胺反应，或由二氧化锗的氢氟酸溶液与羟铵氟化物反应制得。

砷化物、砷酸盐

砷化氢（arsine）　亦称"砷化三氢""胂"。CAS 号 7784-42-1。化学式 AsH₃，分子量 77.95。无色有大蒜味的气体。空气中有大约 0.5 ppm 的胂存在时，便可被空气氧化产生轻微类似大蒜的气味。剧毒！熔点-116.3℃，沸点-62.4℃，密度 $1.64^{-64.3}$ g/mL（液态）、2.69 g/L（气态）。难溶于水，稍溶于卤代烷、苯和烃等有机溶剂。可被碱溶液吸收并缓慢分解，形成固态氢化砷 As₂H₂，为棕色无定形粉末，在室温下迅速分解生成 AsH₃ 和 As₂H。可被浓硫酸分解为砷和氢，与氯猛烈反应生成三氯化砷和氯化氢，而与溴、碘的作用较缓慢。为很强的还原剂，不仅能还原高锰酸钾、重铬酸钾、硫酸、亚硫酸等，还能被硝酸银溶液定量地吸收，生成三氧化二砷、银和硝酸。能分解重金属的盐而析出重金属。室温时在空气中能自燃。隔绝空气加热时分解为砷和氢气。在空气中加热时易燃烧生成砷的氧化物和水，供氧有限时则生成单质砷和水。潮湿的砷化氢暴露于光下很快分解，沉积出发亮的黑砷。常温下稳定，分解成氢和砷的速度非常慢，但温度高于 230℃时便迅速分解，湿度、光的存在以及催化剂（铝）的存在会影响其分解速率。300℃受热分解为砷和氢气，砷遇冷的器壁形成"砷镜"。制备：可由金属砷化物与稀酸反应，或由亚砷酸盐与四氢硼酸钾反应，或由活泼金属在酸性溶液中还原砷化合物制得。用途：可用于检验砷、制有机胂化合物，还可用于半导体工业。

砷化镁（magnesium arsenide）　CAS 号 12044-49-4。化学式 Mg₃As₂，分子量 222.76。棕红色晶体。熔点 800℃，密度 3.148 g/cm³。在水、潮湿的空气中及稀酸或醇中分解。常温时在完全干燥的气氛中可以贮存不变。制备：可由氢气流携带砷蒸气通过热镁粉制得。用途：可用于半导体、光电材料领域。

砷化铝（aluminum arsenide）　CAS 号 22831-42-1。化学式 AlAs，分子量 487.04。灰黑色立方系晶体，有毒！熔点 1 740℃，密度 3.76 g/cm³。易溶于硝酸，微溶于盐酸，不溶于水、王水。遇酸能释放出砷化氢。遇氧化剂能燃烧。制备：将砷通入硫酸铝的弱氨溶液中制得。用途：可作为间接带隙半导体。

砷化钙（calcium arsenide）　CAS 号 12255-53-7。化学式 Ca₃As₂，分子量 270.08。红色晶体，有毒！密度 3.031 g/cm³。遇水分解为氢氧化钙和砷化氢，遇酸分解。常温下可与氟反应，高温下可与其他卤素反应。熔点前分解。制备：可由砷与钙直接反应，或由碳还原砷酸钙制得。用途：可用于半导体、光电材料领域。

一砷化铬（chromium arsenide）　化学式 CrAs，分子量 126.92。灰色六方晶体或粉末。密度 6.35 g/cm³。溶于酸，不溶于水、醇。与碱一起熔融分解。制备：由 Cr₂As₃ 在氢气流或空气中加热制得。

砷化二铬（dichromium arsenide）　CAS 号 12254-85-2。化学式 Cr₂As，分子量 178.91。灰色四方系晶体。密度 7.04 g/cm³。不溶于水。常温常压下稳定。制备：由铬与砷在惰性气氛中加热反应制得。用途：可用于半导体领域。

砷化锰（manganese arsenide）　CAS 号 12005-95-7。化学式 MnAs，分子量 129.86。黑色六角形晶体。密度 6.17～6.20 g/cm³。不溶于水，溶于盐酸、王水。400℃分解。制备：可由金属锰与砷加热提取，反应后用盐酸除去未反应的锰，用溴蒸气流加热除砷制得。用途：可用于半导体领域。

二砷化铁（iron diarsenide）　CAS 号 12006-21-2。化学式 FeAs₂，分子量 205.69。银灰色立方系晶体。熔点 990℃，密度 7.4 g/cm³。不溶于水、稀盐酸。微溶于硝酸，析出三氧化二砷。隔绝空气加热分解生成砷化铁与砷。在自然界以斜方砷铁矿存在。制备：由铁粉与砷在 700～750℃的封闭管内反应制得。

砷化铁（iron arsenide）　CAS 号 12044-16-5。化学式 FeAs，分子量 130.77。白色晶体。熔点 1 020℃，密度 7.83 g/cm³。可缓慢溶于水。制备：可由铁粉与砷粉混匀后在氢气流中于 700℃反应制得。用途：可作为高温超导材料。

砷化二铁(diiron arsenide)　CAS号12005-88-8。化学式Fe_2As，分子量186.61。为斜方砷铁矿的主要成分，呈柱状斜方系晶体，柱面有直立条纹，通常为块状或粒状集合体。熔融温度980～1040℃，密度7.0～7.49 g/cm^3。不溶于水，溶于硝酸。制备：可由铁与化学计量比的砷在真空密封石英管中于440℃反应制得。用途：可用于制除草剂、除虫剂，提取砷化物等。

三砷化钴(cobalt triarsenide)　CAS号12256-04-1。化学式$CoAs_3$，分子量283.70。立方系晶体。熔点942℃，密度6.5 g/cm^3。制备：可由高纯度的钴和砷的微细粉末，在高真空下700℃反应15天，然后慢慢冷却至室温制得；或将钴粉暴露在砷蒸气中长时间高温反应制得。

一砷化钴(cobalt arsenide)　CAS号27016-73-5。化学式$CoAs$，分子量133.85。锡白至钢灰色不透明晶体，可呈立方体或八面体。密度6.8 g/cm^3。为砷钴矿的主要成分之一。用途：可用于提炼钴、镍。

一砷化二钴(dicobalt arsenide)　亦称"砷化钴"。化学式Co_2As，分子量192.79。晶体粉末。熔点950℃，密度8.28 g/cm^3。不溶于水、盐酸、硫酸，溶于硝酸、王水。制备：可由二砷化三钴加热至958℃制得。

砷化镍(nickel arsenide)　CAS号12068-61-0。化学式$NiAs$，分子量133.63。淡红色六方系晶体。熔点968℃，密度7.57 g/cm^3。溶于王水，不溶于水。在中性气氛中可分解为二砷化三镍和单质砷。在氧化气氛中，部分砷形成挥发性的三氧化二砷，一部分形成无挥发性的砷酸盐($NiO \cdot As_2O_3$)。自然界以红砷镍矿存在。用途：可用于提炼镍。

砷化亚铜(copper(I) arsenide)　CAS号900531-39-7。化学式Cu_3As，分子量265.56。黑灰色六方系晶体。熔点830℃，密度8.0 g/cm^3。不溶于水，溶于酸、氨水。在自然界中一般以砷铜矿形式存在。制备：可由熔融铜中通入砷蒸气制得。

砷化铜(copper(II) arsenide)　化学式Cu_3As_2，分子量476.57。蓝色八面体晶体。密度7.56 g/cm^3。不溶于水，溶于酸、氨水。强热分解，转变为砷化亚铜。在空气中加热生成相应的氧化物。制备：将铜加入经盐酸处理的三氧化二砷中煮沸制得。用途：可作为铜合金的添加剂。

二砷化锌(zinc diarsenide)　CAS号12044-55-2。化学式$ZnAs_2$，分子量215.22。黑色正交系晶体，有毒！熔点771℃，密度5.08 g/cm^3。不溶于水。溶于稀酸并放出剧毒的砷化氢。制备：在密封真空石英管内，将化学计量比的锌和砷加热至780℃制得。用途：可作为高纯分析试剂、电子元件材料。

砷化锌(zinc arsenide)　CAS号12006-40-5。化学式Zn_3As_2，分子量345.95。灰色金属状晶体。熔点1015℃，密度5.53 g/cm^3。不溶于水。遇稀酸分解生成砷化氢。制备：可由化学计量比的锌和砷在真空石英管内780℃反应制得。用途：可用作高纯分析试剂、电子元件、荧光材料、半导体的掺杂材料。

砷化镓(gallium arsenide)　CAS号1303-00-0。化学式$GaAs$，分子量144.64。黑灰色固体。熔点1238℃，密度5.307 g/cm^3。具有闪锌矿结构。无氧化剂存在时仅被酸缓慢地侵蚀。在600℃以下能在空气中稳定存在，并不受非氧化性酸侵蚀。制备：可由镓和砷在高温和一定的砷蒸气压下反应；或将氢氧化镓在饱和砷蒸气中，用氢还原制得。用途：是重要的半导体材料，可用于制造激光或发光二极管、微波半导体器件、半导体激光器、体效应器件、太阳电池等。

砷化锗镉((cadmiun germanium arsenide)　CAS号12006-13-2。化学式$CdGeAs_2$，分子量334.86。银灰色具有金属光泽固体。熔点665℃，密度5.60 g/cm^3。具有类黄铜矿结构。制备：可选用高纯度镉、锗和砷在密封石英管中加热反应制得。用途：可作为中远红外波段非线性光学材料，可用于激光的倍频转换器件。

砷化镉(cadmium arsenide)　CAS号12006-15-4。化学式Cd_3As_2，分子量487.04。灰黑色立方系晶体，有毒！熔点721℃，密度6.21^{15} g/cm^3。易溶于硝酸，微溶于盐酸，不溶于水、王水，遇酸能释放出AsH_3，遇氧化剂能燃烧。制备：将砷通入硫酸镉的弱氨溶液制得。如将镉和砷在稀有气体中加热，可得到非离子性结构的淡红色砷化镉晶体。用途：可用于制霍尔器件、热磁器件、热辐射探测器、发光二极管的磷光涂层。

砷化铟(indium arsenide)　CAS号1303-11-3。化学式$InAs$，分子量189.74。斜方晶系。常温呈银灰色固体。熔点943℃($0.33 \times 1.01325 Pa$)，密度5.67^{27} g/cm^3。是一种具有半导体性质的金属间化合物。具有闪锌矿型结构。制备：可由砷的蒸气与加热至高温的铟反应制得。单晶可用区域熔炼法或直拉法制得。用途：可用来制作霍尔器件、空穴元件、抗磁元件、光纤通信用的激光器和探测器。

砷化钡(barium arsenide)　CAS号12255-50-4。化学式Ba_3As_2，分子量561.86。棕色固体。密度4.1^{18} g/cm^3。遇氟、氯、溴分解。遇水分解为氢氧化钡和三氧化二砷。制备：可由钡和砷反应，或用炭还原砷酸钡制得。

砷化钨(tungsten arsenide)　化学式WAs_4，分子量333.68。黑色有光泽的晶体。密度6.9 g/cm^3。不溶于水，与盐酸或氢氟酸加热不反应，能溶于王水、硝酸和氢氟酸的混酸。与强碱的水溶液不反应，可与熔融的碱和碳酸碱反应生成砷酸盐和钨酸盐。赤热时生成三氧化钨和三氧化二砷。在400℃时可被氢气还原。制备：可由钨和砷按配比混合，并在封闭管内加热至620℃制得；或在隔绝空气条件下，向六氯化钨中通入砷化氢并加热至350℃制得。

砷化铂（platinum arsenide） CAS号12044-52-9。化学式PtAs$_2$，分子量344.93。灰色立方系晶体。密度11.80 g/cm^3。可溶于王水，缓慢溶于盐酸、硝酸。几乎不溶于硫酸。在水中缓慢分解，生成亚砷酸。灼烧可分解为铂和三氧化二砷。是砷铂矿的主要成分。制备：可由铂黑与过量砷加热制备，或使砷蒸气和氢气流通过赤热的铂制得。用途：可用于提炼铂。

偏亚砷酸钠（sodium metaarsenite） CAS号7784-46-5。化学式NaAsO$_2$，分子量129.91。灰白色粉末或白色细小晶体，剧毒！密度1.87 g/cm^3。溶于水，微溶于乙醇。能吸收空气中的二氧化碳。制备：可由三氧化二砷溶于碳酸钠或氢氧化钠溶液中煮沸制得。用途：可用于制防腐剂、消毒剂、杀虫剂、染色剂等。

偏亚砷酸钾（potassium metaarsenite） CAS号13464-35-2。化学式KAsO$_2$，分子量146.02。白色晶体或粉末，有毒！有吸湿性，易溶于水，溶于乙醇。可逐渐吸收空气中的二氧化碳而缓慢分解。制备：由三氧化二砷与氢氧化钾加热反应制得。用途：可用于制防腐剂、杀虫剂等。

偏亚砷酸钙（calcium metaarsenite） 化学式Ca(AsO$_2$)$_2$，分子量253.92。白色粒状粉末，有毒！微溶于水，能溶于酸类。制备：可由三氧化二砷与氢氧化钙溶液反应制得。用途：可用作杀虫剂、杀菌剂。

偏亚砷酸锌（zinc metaarsenite） CAS号10326-24-6。化学式Zn(AsO$_2$)$_2$，分子量279.22。无色晶体或白色粉末，剧毒！不溶于水，能溶于酸。制备：可将三氧化二砷溶于沸水，再加入硫酸锌溶液和碳酸氢钠溶液制得。用途：可用于制防腐剂、杀虫剂。

偏亚砷酸钡（barium metaarsenite） CAS号125687-68-5。化学式Ba(AsO$_2$)$_2$，分子量351.17，白色粉末，剧毒！新制胶状沉淀溶于水、稀盐酸、硝酸、乙酸，干燥的颗粒不溶于水，稍溶于砷酸溶液。制备：可由三氧化二砷与氢氧化钡溶液反应制得。用途：用于制杀虫剂。

偏亚砷酸铅（lead metaarsenite） CAS号10031-13-7。化学式Pb(AsO$_2$)$_2$，分子量421.03。白色粉末，有毒！密度5.85 g/cm^3。不溶于水，溶于硝酸、强碱。制备：可由可溶性铅盐与亚砷酸钠反应制得。用途：可用作杀虫剂、除草剂。

偏亚砷酸铵（ammonium metaarsenite） 化学式NH$_4$AsO$_2$，分子量124.96。无色正交系棱柱状晶体，有毒！易溶于水，微溶于氨水，不溶于醇、丙酮。暴露在空气中迅速失氨。水溶液蒸发得到三氧化二砷沉淀，水溶液与银、铜盐反应得沉淀物。制备：将浓氨水与三氧化二砷粉末反应制得。用途：可用作杀虫剂。

偏亚砷酸氢钾（potassium hydrogen meta arsenite） CAS号10124-50-2。化学式KH(AsO$_2$)$_2$，分子量253.95。白色粉末，剧毒！易潮解。溶于水，微溶于乙醇。暴露在空气中缓慢分解。制备：由三氧化二砷与氢氧化钾溶液长时间加热制得。用途：可用于医药、化学分析、制银镜等。

亚砷酸（arsenous acid） CAS号13464-58-9。化学式H$_3$AsO$_3$，分子量125.94。不存在固体游离酸，只有其盐类。水溶液呈酸性，剧毒！蒸发水溶液时能析出三氧化二砷。制备：由二氧化二砷溶于水制得。用途：可用于制杀虫剂、除草剂等。

亚砷酸镁（magnesium arsenite） 化学式Mg$_3$(AsO$_3$)$_2$，分子量318.78，白色晶体。易溶于水，溶于酸或氯化铵，不溶于氨水。

亚砷酸钾（potassium arsenite） CAS号1332-10-1。化学式K$_3$AsO$_3$，分子量240.23。白色粉末，剧毒！易潮解。溶于水，水溶液呈碱性。微溶于醇。暴露空气中遇二氧化碳逐渐分解。制备：可由氢氧化钾的乙醇或水溶液与三氧化二砷长时间煮沸制得。用途：可作为杀虫剂、除草剂，可用于保存生皮等。

亚砷酸氢钙（calcium hydrogen arsenite） CAS号52740-16-6。化学式CaHAsO$_3$，分子量161.91。白色粒状粉末，有毒！不溶于水。制备：可由氯化钙溶液与亚砷酸钠反应制得。用途：可用作杀虫剂、除草剂。

亚砷酸氢镍（nickel hydrogen arsenite） 化学式Ni$_3$H$_6$(AsO$_3$)$_4$·H$_2$O，分子量691.81。淡绿色固体。溶于酸或碱，不溶于水。加热分解。

亚砷酸氢铜（copper hydrogen arsenite） 亦称"亚砷酸铜""舍雷绿"。CAS号10290-12-7。化学式CuHAsO$_3$，分子量187.47。淡黄绿色粉末，有毒！不溶于水、乙醇，能溶于酸、氨水。受热分解。制备：可由硫酸铜与亚砷酸钠反应制取。用途：可用作颜料、羊毛防腐剂、杀虫剂等。

亚砷酸锶（strontium arsenite） 化学式Sr$_3$(AsO$_3$)$_2$·4H$_2$O，分子量580.76。白色晶体或粉末。可溶于酸，微溶于冷水、乙醇。制备：可由亚砷酸钾和氯化锶反应制得。用途：可用于化学分析。

亚砷酸银（silver arsenite） CAS号7784-08-9。化学式Ag$_3$AsO$_3$，分子量446.52。黄色细粉，有毒！不溶于水、乙醇，能溶于乙酸、稀硝酸、氨水。对光敏感。150℃分解。制备：可由亚砷酸钠与硝酸银反应制得。用途：可作为医治皮肤病的防腐剂。

亚砷酸铅（lead arsenite） CAS号10031-13-7。化学式Pd$_3$(AsO$_3$)$_2$，分子量565.10。白色粉末，剧毒！不溶于水，溶于稀硝酸，易溶于碱液。高温会分解为三氧化二砷、砷、氧化铅。制备：可由砷酸与氧化铅反应制得。用途：可用于制杀虫剂。

偏砷酸（metaarsenic acid）　亦称"二缩原砷酸"。CAS 号 10102-53-1。化学式 $HAsO_3$，分子量 123.93。白色有珍珠光泽的固体。有吸潮性。能溶于水，同时形成正砷酸。遇金属产生剧毒砷化氢。熔化时分解。制备：可由砷酸浓溶液加热至 $200\sim260℃$ 制得。用途：可用于制正砷酸盐。

偏砷酸钠（sodium metaarsenate）　CAS 号 15120-17-9。化学式 $NaAsO_3$，分子量 145.91。白色正交系晶体，剧毒！熔点 615℃，密度 $2.301\ g/cm^3$。易风化，极易溶于水。制备：可将三氧化二砷用硝酸氧化为五氧化二砷后，再与热氢氧化钠溶液反应制得。用途：可用作分析试剂、杀虫剂、防腐剂。

偏砷酸铅（lead metaarsenate）　CAS 号 13464-43-2。化学式 $Pb(AsO_3)_2$，分子量 453.03。白色晶体，有毒！密度 $6.42^{15}\ g/cm^3$。溶于硝酸。在水中分解。制备：可由砷酸氢铅热解，或由五氧化二砷与一氧化铅或硝酸铅熔融制得。

砷酸（arsenic acid）　亦称"正砷酸""原砷酸"。CAS 号 7774-41-6。化学式 $H_3AsO_4 \cdot \frac{1}{2}H_2O$，分子量 150.95。无色透明正交系晶体或白色粉末，剧毒！熔点 35.5℃，密度 $2.0\sim2.5\ g/cm^3$。有潮解性，能溶于水、醇、甘油、稀盐酸。溶于碱溶液生成砷酸盐。加热至 100℃ 失水变为焦砷酸，加热至 160℃ 失水变为偏砷酸，加热至 300℃ 以上转变为五氧化二砷。加热至 175℃ 时从溶液析出 $As_2O_5 \cdot \frac{5}{3}H_2O$ 晶体。制备：可由砷酸或三氧化二砷用硝酸或氯气氧化反应制得。用途：可用于制砷酸盐、有机颜料、杀虫剂、玻璃或印染的助剂等。

砷酸锂（lithium arsenate）　亦称"原（正）砷酸锂"。CAS 号 13478-14-3。化学式 Li_3AsO_4，分子量 159.74。白色粉末，有毒！密度 $3.07^{15}\ g/cm^3$。溶于稀乙酸，极难溶于水，不溶于吡啶。以氨处理其溶液可得到 1.5 水合物。加热至白热化时也不熔化。制备：可向砷酸溶液中加入碳酸锂至饱和，或向乙酸锂溶液中加入砷酸制得。

砷酸硼（boron arsenate）　亦称"原（正）砷酸硼"。化学式 $BAsO_4$，分子量 149.73。白色四方系晶体。约 700℃ 升华，密度 $3.64\ g/cm^3$。在冷水中可少许溶解，不溶于乙醇，溶于无机酸。制备：将含有等摩尔量的纯硼酸和五氧化二砷的溶液蒸干得到无定形物；将无定形物在约 1000℃ 灼热 2 小时，可转变为结晶态。

砷酸二氢钠（sodium dihydrogen arsenate）　亦称"原（正）砷酸二氢钠"。CAS 号 10103-60-3。化学式 $NaH_2AsO_4 \cdot H_2O$，分子量 181.94。无色单斜或正交系晶体，剧毒！密度 $2.53\ g/cm^3$。溶于水。100℃ 时失水成为偏砷酸钠。在 $200\sim280℃$ 时分解。制备：可由五氧化二砷与氢氧化钠溶液反应制得。用途：可用于制其他砷盐。

砷酸氢二钠（disodium hydrogen arsenate）　亦称"原（正）砷酸氢二钠"。CAS 号 10048-95-0。化学式 $Na_2HAsO_4 \cdot 7H_2O$，分子量 312.01。无色单斜系晶体，有毒！熔点 130℃，沸点 180℃，密度 $1.88\ g/cm^3$。在热空气中风化。溶于水，水溶液呈碱性。溶于甘油，微溶于乙醇。50℃ 时失去 5 分子水，100℃ 时成无水物，150℃ 时转变为焦砷酸钠。其十二水合物为无色单斜系晶体，易风化，熔点 28℃，密度 $1.736\ g/cm^3$。制备：可向砷酸的水溶液中加入稍过量的碳酸钠制得。用途：可用于染料、印染、制砷酸盐、砷和铍的分析、钢铁分析等领域。

砷酸钠（sodium arsenate）　亦称"砷酸三钠""原（正）砷酸钠"。CAS 号 13464-38-5。化学式 $Na_3AsO_4 \cdot 12H_2O$，分子量 423.93。无色棱形或六方系晶体，有毒！熔点 86.3℃，密度 $1.752\sim1.804\ g/cm^3$。在空气中稳定。溶于水，水溶液呈强碱性，能逐渐吸收空气中的二氧化碳而转变为 Na_2HAsO_4。溶于甘油，微溶于醇。十水合物为无色正交系晶体，在干燥的空气中可风化，85℃ 时溶于结晶水。制备：可由五氧化二砷与硝酸钠共热制得；或通过化学计量比的氢氧化钠水溶液和无水砷酸二氢二钠的浓水溶液混合制得。用途：可作为防腐剂、杀虫剂，可用于制取其他砷酸盐。

砷酸氢镁（magnesium hydrogen arsenate）　亦称"原（正）砷酸氢镁"。化学式 $MgHAsO_4 \cdot 7H_2O$，分子量 290.35。无色晶体。密度 $1.943\ g/cm^3$。不溶于水。在 100℃ 时，可以失去 5 分子结晶水。

砷酸镁（magnesium arsenate）　亦称"原（正）砷酸镁"。CAS 号 10103-50-1。化学式 $Mg_3(AsO_4)_2 \cdot 8H_2O$，分子量 494.90。白色单斜系晶体，剧毒！密度 $2.60\sim2.61\ g/cm^3$。二十二水合物为白色晶体。密度 $1.788\ g/cm^3$。加热到 100℃ 失去 17 分子结晶水，220℃ 失去 21 分子结晶水。两者都不溶于水，溶于酸、氯化铵溶液。制备：可由碳酸镁与砷酸反应制得。用途：用作杀虫剂。

砷酸铝（aluminum arsenate）　亦称"原（正）砷酸铝"。CAS 号 60763-04-4。化学式 $AlAsO_4 \cdot 8H_2O$，分子量 310.02。白色粉末。密度 $3.001\ g/cm^3$。微溶于酸，不溶于水。加热脱去 1 分子水。以矿物形式存在于自然界中。制备：可由砷酸钠和过量的硫酸铝加热反应制得。用途：可用于制胶冻、杀虫剂、乳胶剂等。

砷酸二氢钾（potassium dihydrogen arsenate）　亦称"原（正）砷酸二氢钾""马克氏盐"。CAS 号 7784-41-0。化学式 KH_2AsO_4，分子量 180.03。无色四方系晶体，有毒！熔点 288℃，密度 $2.867\ g/cm^3$。易溶于水，溶于氨水、酸、甘油，不溶于乙醇。制备：可将五氧化二砷溶于氢氧化钾溶液，或由碳酸钾溶液与砷酸溶液共沸制得。用途：

用作分析试剂、杀虫剂,可用于皮革、纤维、造纸等领域。

砷酸一氢钾(dipotassium hydrogen arsenate) 亦称"原(正)砷酸一氢钾"。化学式 K_2HAsO_4,分子量 218.13。无色单斜系棱柱状晶体,有毒! 易溶于水,不溶于乙醇。300℃分解。制备:在砷酸水溶液中按1:2摩尔比加入氢氧化钾溶液,经蒸发、浓缩制得一水合物,110℃失水得无水盐。

砷酸钾(potassium arsenate) 亦称"原(正)砷酸亚钾"。CAS 号 13464-36-3。化学式 K_3AsO_4,分子量 256.23。无色针状晶体,有毒! 熔点 1 310℃。易潮解,易溶于水和乙醇。制备:可由砷酸溶液与等摩尔量的氢氧化钾溶液反应,或由等摩尔量的三氧化二砷与硝酸钾共熔制得。用途:可用于印染。

砷酸钙(calcium arsenate) 亦称"原(正)砷酸钙"。CAS 号 7778-44-1。化学式 $Ca_3(AsO_4)_2$,分子量 398.08。纯品为白色无定形粉末,工业品为粉红色粉末并含有氢氧化钙等杂质,有毒! 熔点 1 455℃,密度 3.62 g/cm^3。微溶于水,能溶于稀酸。制备:可由三氧化二砷与石灰乳反应,或由氯化钙与砷酸钠溶液反应制得。用途:可用作杀菌剂、杀虫剂、灭鼠剂等。

砷酸氢亚锰(manganese hydrogen arsenate) 亦称"原(正)砷酸亚锰"。CAS 号 7784-38-5。化学式 $MnHAsO_4$,分子量 194.86。粉红色粉末。有潮解性。略溶于水,溶于酸。制备:可由三氧化二锰或四氧化三锰与砷酸反应制得。用途:可作为药用补剂。

砷酸亚铁(iron(II) arsenate) 亦称"原(正)砷酸亚铁"。CAS 号 10102-50-8。化学式 $Fe_3(AsO_4)_2 \cdot 6H_2O$,分子量 553.51。绿色无定形粉末,剧毒! 不溶于水、醇,溶于氨水、盐酸。工业上可采用硫酸亚铁处理含砷废水,生成砷酸亚铁,并除去废水中的砷。制备:可由砷酸钠与硫酸铁溶液反应制得。用途:可用于医药、杀虫剂。

砷酸铁(iron(III) arsenate) 亦称"原(正)砷酸铁"。CAS 号 10102-49-5。化学式 $FeAsO_4 \cdot 2H_2O$,分子量 230.80。绿色正交系晶体或棕色粉末,剧毒! 密度 3.18 g/cm^3。不溶于水,溶于稀盐酸,不溶于硝酸。加热分解。自然界以臭葱石形式存在。制备:可由铁丝或氢氧化铁在 150℃的密封管中与浓砷酸溶液反应制得。用途:可用作杀虫剂。

砷酸钴(cobalt arsenate) 亦称"原(正)砷酸亚钴"。CAS 号 7785-24-2。化学式 $Co_3(AsO_4)_2 \cdot 8H_2O$,分子量 598.75。紫红色单斜系晶体,剧毒! 密度 3.178^{15} g/cm^3。不溶于水,溶于稀酸类、氨水。加热分解。制备:可由砷酸钠与钴盐反应制得。用途:可用作有机玻璃的淡蓝色颜料,也可作为瓷器颜料。

砷酸镍(nickel arsenate) 亦称"原(正)砷酸镍"。CAS 号 13477-70-8。化学式 $Ni_3(AsO_4)_2$,分子量 453.91。

黄色粉末,剧毒! 不溶于水,溶于酸。二水合物为绿色板状晶体,溶于砷酸及较砷酸强的酸,易溶于氨水,不溶于水。八水合物为绿色粉末或晶体,密度 3.3 g/cm^3。溶于酸。制备:可由硫酸镍与砷酸氢二钠反应制得。用途:常作为冶金过程中的副产物。

砷酸铜(cupric arsenate) 亦称"原(正)砷酸铜"。CAS 号 29871-13-4。化学式 $Cu_3(AsO_4)_2 \cdot 4H_2O$,分子量 540.52。浅蓝色或蓝绿色晶体,剧毒! 不溶于水、乙醇,能溶于稀酸、氨水。制备:可由氢氧化铜与砷酸反应制得。用途:可用作杀虫剂、消毒剂、灭真菌剂、海船涂料中的防污剂等。

砷酸氢锌(zinc hydrogen arsenate) 亦称"酸式正砷酸锌"。化学式 $ZnHAsO_4 \cdot 4H_2O$,分子量 277.36。白色正交系晶体。遇水分解。327℃时失去 1 分子结晶水。制备:可由碳酸锌与过量的砷酸溶液反应制得。

砷酸锌(zinc arsenate) 亦称"原(正)砷酸氢锌"。CAS 号 1303-39-5。化学式 $Zn_3(AsO_4)_2 \cdot 8H_2O$,分子量 618.08。无色无味单斜系晶体或粉末,有毒! 密度 3.309 g/cm^3。不溶于水,溶于硝酸、磷酸、砷酸、碱类、氨。100℃时失去 1 分子结晶水。天然矿物称水红砷锌石。制备:可由碳酸锌与砷酸溶液反应制得。用途:可用作杀虫剂。

砷酸氢锶(strontium hydrogen arsenate) 亦称"酸式正砷酸锶"。化学式 $SrHAsO_4 \cdot H_2O$,分子量 245.56。正交系针状晶体。密度 3.606 g/cm^3(一水合物)、4.035 g/cm^3(无水物)。溶于水,在热水中分解,能溶于酸。加热至 125℃失去结晶水。制备:可由碳酸锶与过量的砷酸溶液反应制得。

砷酸银(silver arsenate) CAS 号 13510-44-6。化学式 Ag_3AsO_4,分子量 462.52。深红色立方系晶体或晶粉,有毒! 密度 6.657 g/cm^3。难溶于水,溶于乙酸、氨水。能被盐酸分解。150℃分解。制备:可由硝酸银溶液与砷酸钠溶液反应制得。用途:可用于制药、化学分析。

砷酸氢镉(cadmium hydrogen arsenate) 亦称"酸式正砷酸镉"。化学式 $CdHAsO_4 \cdot H_2O$,分子量 270.34。白色粉末,有毒! 密度 4.164^{15} g/cm^3。易溶于稀盐酸。用水处理即生成 $Cd(AsO_4)_2 \cdot 2CdHAsO_4 \cdot 4H_2O$。加热至 120℃以上即熔化。制备:可由镉盐与砷酸溶液反应制得。

砷酸氢钡(barium hydrogen arsenate) 亦称"砷酸一氢钡"。化学式 $BaHAsO_4 \cdot H_2O$,分子量 295.27。无色正交系或单斜系晶体。密度 1.93^{15} g/cm^3。微溶于冷水,在热水中分解。能溶于盐酸。加热至 150℃变成无水盐。制备:可由砷酸钠和氯化钡的水溶液反应制得。用途:可用作杀虫剂。

砷酸钡(barium arsenate) 亦称"原(正)砷酸钡"。

CAS 号 56997-31-0。化学式 $Ba_3(AsO_4)_2$，分子量 689.83。无色晶体或白色粉末，剧毒！熔点 1605℃，密度 5.10 g/cm^3。微溶于水，溶于稀盐酸、硝酸、乙酸、氯化铵溶液。制备：可由砷酸与氢氧化钡溶液反应，或向氯化钠和砷酸钠等量溶液中加入氢氧化钡，冷却后用水洗去钠盐制得。用途：可作为杀虫剂、灭菌剂。

砷酸氢亚汞（mercury(I) hydrogen arsenate）　亦称"酸式砷酸亚汞"。化学式 Hg_2HAsO_4，分子量 541.11。黄红色微细晶体。能溶于冷硝酸，加入氨水则重新析出沉淀，在热硝酸中生成硝酸汞。难溶于水、乙酸、氨水。在冷浓盐酸中，变成砷酸和氯化亚汞。加热至 100℃ 失去结晶水，更高温度时析出汞变成黄色砷酸汞。制备：可由砷酸的浓溶液与硝酸亚汞反应制得。

砷酸亚汞（mercury(I) arsenate）　化学式 $(Hg_2)_3(AsO_4)_2$，分子量 1481.48。橙色正交系微细晶体。不溶于水。加到除盐酸以外的酸中，在溶解的同时缓慢分解。加热不熔化即分解。制备：可由硝酸亚汞的冷溶液与砷酸氢钠反应制得。

砷酸汞（mercury(II) arsenate）　亦称"原砷酸汞"。CAS 号 7784-37-4。化学式 $Hg_3(AsO_4)_2$，分子量 879.61。黄色粉末，有毒！不溶于水，微溶于硝酸，溶于盐酸。制备：可由硝酸汞溶液与砷酸氢二钠溶液反应制得。用途：可用于制医药、防水漆、防污涂料等。

砷酸铅（lead(II) arsenate）　CAS 号 3687-31-8。化学式 $Pb_3(AsO_4)_2$，分子量 899.44。纯品为白色晶体，工业品为粉红色粉末，剧毒！密度 7.80 g/cm^3。微溶于水，溶于硝酸。1000℃ 开始分解。制备：可由可溶性铅盐与砷酸钠反应，或将二氧化铅与五氧化二砷在坩埚中慢慢加热制得。用途：可用作杀虫剂、除草剂。

砷酸氢铅（lead hydrogen arsenate）　亦称"酸性砷酸铅"，工业上习惯性又称"砷酸铅"。CAS 号 7645-25-2。化学式 $PbHAsO_4$，分子量 347.13。白色板状微晶体或非晶体粉末，商品常染成红色，剧毒！密度 5.79 g/cm^3。不溶于水，可溶于酸、碱。遇潮湿空气能析出游离砷酸。280℃ 以上失去水分成焦砷酸铅。制备：可由五氧化砷或砷酸与硝酸铅及氨水按一定比例反应制得。用途：曾用作农药杀虫剂。

砷酸铋（bismuth arsenate）　CAS 号 13702-38-0。化学式 $BiAsO_4$，分子量 347.90。白色单斜系呈星形球状晶体。密度 7.14 g/cm^3。不溶于水，微溶于热的浓硝酸，溶于盐酸、硝酸铋溶液。不能完全被煮沸的强碱或氨水所破坏。制备：可由正砷酸或强碱性的砷酸盐与硝酸铋在红热状态下反应制得。用途：可用于制药。

砷酸铵（ammonium arsenate）　CAS 号 24719-13-9。化学式 $(NH_4)_3AsO_4 \cdot 3H_2O$，分子量 247.08。正交系片状晶体。慢慢溶于冷水，将其水溶液煮沸失去氨。熔点分解，放出氨。在空气中失去氨和水而变为砷酸氢铵。制备：将浓砷酸水溶液用氨饱和，析出结晶而制得。用途：可用于制药工业。

砷酸二氢铵（ammonium dihydrogen arsenate）　CAS 号 13462-93-6。化学式 $NH_4H_2AsO_4$，分子量 158.98。无色四面体晶体。密度 2.311 g/cm^3。溶于冷水，易溶于热水。300℃ 以上失去氨转化成 $NH_4H(AsO_3)_2$。在 100℃ 时，在锑、硫和热的氨气流作用下可游离出砷和三氧化二砷。制备：将氨气通入到砷酸溶液中直到甲基橙变色为止制得。用途：可用于制药工业。

砷酸氢二铵（diammonium hydrogen arsenate）　CAS 号 7784-44-3。化学式 $(NH_4)_2HAsO_4$，分子量 176.00。无色单斜系晶体，有毒！密度 1.989 g/cm^3。能溶于冷水，在热水中分解，不溶于乙醇。熔化时分解，露置空气中逐渐失去氨转变为砷酸二氢铵。制备：可将氨气通入到砷酸中直到酚酞改变颜色为止制得。用途：用于制药工业，用作化学试剂。

砷酸镁铵（magnesium ammonium arsenate）　CAS 号 14644-70-3。化学式 $NH_4MgAsO_4 \cdot 6H_2O$，分子量 280.36。无色四面体晶体。密度 1.932 g/cm^3。微溶于水，易溶于酸。水溶液可微弱水解，生成氢氧化镁和二氢砷酸铵。在酸性介质中有一定的氧化能力。与硫化物反应生成硫化亚砷。加热至 104℃ 失去结晶水，110℃ 失去氨，温度再高则失去水生成焦砷酸。制备：可由砷酸铵与氯化镁或硫酸镁的溶液反应制得。用途：可用于医药工业。

砷酸钙铵（calcium ammonium arsenate）　化学式 $NH_4CaAsO_4 \cdot 6H_2O$，分子量 305.13。无色单斜系晶体。密度 1.905 g/cm^3。微溶于水，溶于氯化铵，不溶于氨水。140℃ 时分解。制备：可由石灰水与钾、钠或铵的砷酸盐反应制得。

碱式亚砷酸铁（iron basic arsenite）　化学式 $2FeAsO_3 \cdot Fe_2O_3 \cdot 5H_2O$，分子量 607.30。棕黄色粉末，有毒！微溶于水，溶于酸、冷的氢氧化钠溶液。加热分解析出氢氧化铁沉淀。制备：可由新沉淀的氢氧化铁与三氧化二砷水溶液反应制得。用途：与柠檬酸铁铵结合可用于治疗白血病、贫血症。

碱式砷酸钙（calcium basic arsenate）　亦称"砒酸钙"。化学式 $Ca_3(AsO_4)_2Ca(OH)_2$，分子量 472.16。白色粉末，商品常染成红色，有毒！几乎不溶于水，可溶于酸。遇潮或二氧化碳分解，产生水溶性砷酸。制备：可由砷酸钙与氢氧化钙混合制得。用途：曾作为无机砷类杀虫剂。

碱式砷酸锌（zinc basic arsenate）　化学式 $Zn_3(AsO_4)_2 \cdot Zn(OH)_2$，分子量 573.34。无色正交系晶体。密度 4.475^{15} g/cm^3。热至 250℃ 分解。天然矿物称"羟砷锌石"。

焦砷酸(pyroarsenic acid) CAS 号 13453-15-1。化学式 $H_4As_2O_7$,分子量 265.87。无色晶体,有毒!206℃分解。以 $As_2O_5 \cdot 2H_2O$ 形式存在。溶于水成正砷酸。制备:将五氧化二砷的水溶液在 140～180℃ 蒸发制得。用途:可用于制正砷酸盐,以及用于化学分析、有机合成等领域。

焦砷酸钠(sodium pyroarsenate) CAS 号 13464-42-1。化学式 $Na_4As_2O_7$,分子量 353.80。白色晶体,有毒!熔点 850℃,密度 2.205 g/cm^3。溶于水。加热至 1 000℃ 时分解。制备:由砷酸氢二钠加热失水制得。用途:可用作杀虫剂。

焦亚砷酸亚铁(iron(Ⅱ) pyroarsenite) 化学式 $Fe_2As_2O_5$,分子量 341.53。浅绿色粉末。不溶于水,溶于氨水。

焦砷酸铅(lead pyroarsenate) CAS 号 13510-94-6。化学式 $Pb_2As_2O_7$,分子量 676.22。白色正交系晶体,有毒!熔点 802℃,密度 6.85^{15} g/cm^3。不溶于冷水、乙酸,溶于盐酸、硝酸。在热水中分解生成砷酸氢铅。在氢气中加热至 500℃ 可生成三氧化二砷和铅。制备:可由五氧化二砷或偏砷酸钾与一氧化铅共熔,或由砷酸二氢铵与硝酸铅共熔制得。

甲胂酸钠(sodium methylarsonate) 亦称"甲基砷酸钠""卡古地钠"。CAS 号 124-65-2。化学式 $Na_2CH_3AsO_3 \cdot 6H_2O$,分子量 292.03。白色晶状粉末。熔点 130～140℃。极易溶于水,略溶于乙醇,不溶于苯、乙醚、油类。制备:可由氢氧化钠中和甲胂酸溶液制得。用途:可用于医药。

二甲胂酸钠(sodium cacodylate) 亦称"双甲基砷酸钠"。CAS 号 6131-99-3。化学式 $Na[(CH_3)_2AsO_2] \cdot 3H_2O$,分子量 214.03。白色结晶粉末或结晶,有毒!熔点 60℃。易吸潮。易溶于水、乙醇。120℃ 时失去结晶水。受热分解放出有毒的砷化物气体。制备:由氢氧化钠或碳酸钠中和二甲胂酸制得。用途:可作为生化试剂、除草剂;可用于蛋白的 NMR 滴定,治疗鳞屑癣等皮肤病、白血球过多症、肺结核、喘息以及牲畜慢性湿疹、贫血等。

二甲胂酸钾(potassium cacodylate) 亦称"双甲基砷酸钾"。CAS 号 21416-85-3。化学式 $K[(CH_3)_2AsO_2] \cdot H_2O$,分子量 194.10。无色晶体。易潮解,易溶于水,微溶于乙醇,不溶于乙醚。

二甲胂酸铁(iron cacodylate) 亦称"卡可酸铁""二甲次胂酸铁"。CAS 号 5968-84-3。化学式 $Fe[(CH_3)_2AsO_2]_3$,分子量 466.82。淡黄色无定形粉末,有毒!溶于水,微溶于醇。用途:可用于医药。

硫代亚砷酸钾(potassium thioarsenite) 化学式 K_3AsS_3,分子量 288.42。白色晶体。溶于水,不溶于乙醇。加热熔化生成硫代砷酸钾、硫化钾和砷。遇酸分解为三硫化二砷和硫化氢。制备:可由三硫化二砷与硫化钾反应制得。

硫代亚砷酸银(silver thioarsenite) 化学式 Ag_3AsS_3,分子量 494.71。深红色三方系晶体。熔点 490℃,密度 5.49 g/cm^3。溶于硝酸,不溶于水。制备:可由硝酸银溶液与硫代亚砷酸钠溶液反应制得。

硫代砷酸钠(sodium thioarsenate) 化学式 $Na_3AsS_4 \cdot 8H_2O$,分子量 416.27。无色至浅黄色单斜系晶体。极易溶于水,在热水中分解。如酸化其水溶液,可发生反应产生大量的五硫化二砷。在空气中稳定。加热即溶于结晶水,部分水解而产生硫化氢。制备:可由三硫化二砷与硫粉一起,加到通入硫化氢的氢氧化钠溶液中制得。

硫代砷酸钾(potassium thioarsenate) 化学式 K_3AsS_4,分子量 320.48。白色晶体。其一水合物为淡黄色晶体。有吸湿性,易分解。溶于水,不溶于乙醇。制备:可由三硫化二砷与硫化钾或硫氢化钾反应制得。

氯氧化砷(arsenic oxychloride) CAS 号 14525-25-8。化学式 AsOCl,分子量 126.37。棕色半透明发微烟固体。遇水分解。可缓慢地从空气中吸氧。熔点前分解。制备:可在沸腾的三氯化砷中溶解等量的三氧化二砷反应制得。

亚砷酸乙酸铜(copper acetate arsenite) 亦称"醋酸亚砷酸铜(Ⅱ)""巴黎绿"。CAS 号 1299-88-3。化学式 $Cu(C_2H_3O_2)_2 \cdot 3Cu(AsO_2)_2$,分子量 1 013.71。翠绿色结晶性粉末,有毒!溶于酸、氨水,不溶于水、乙醇。在水中较长时间加热或在酸碱中易分解,在空气和光照下稳定。制备:由亚砷酸钠、硫酸铜和乙酸钠反应制得。用途:可用作杀虫剂、木材防腐剂、颜料。

亚砷酸三甲酯(trimethyl arsenite) 亦称"三甲氧基胂"。CAS 号 6596-95-8。分子式 $As(OCH_3)_3$,分子量 168.02。无色液体。密度 1.426 g/mL。溶于四氯化碳、苯、氯仿、烃类、醚类。易被大气的潮气所水解,生成三氧化二砷的白色沉淀。制备:可由亚砷酸银和碘甲烷反应,或由三氧化二砷和四甲氧基硅反应制得。

砷酸钙-砷钙石(calcium arsenate) 化学式 $3CaO \cdot As_2O_3 \cdot 3H_2O$,分子量 452.14。无色正交系晶体,有毒!密度 2.967 g/cm^3。溶于盐酸。溶于水,水溶液呈碱性。制备:可由氯化钙与碱性的砷酸铵溶液反应,或由稍过量的砷酸钠溶液与氯化钙溶液反应,或由砷酸与过量的石灰水反应制得。用途:可作为农药、杀虫剂、杀菌剂等。

硒化物、硒酸盐

硒化氢（hydrogen selenide）　CAS 号 7783-07-5。化学式 H_2Se，分子量 80.98。有极难闻气味的无色气体，极毒！熔点 $-66℃$，沸点 $-41℃$，密度 3.553 g/L。在水中溶解度小于硫化氢，溶于水成氢硒酸，酸性强于氢硫酸。溶于光气、二硫化碳。具有还原性且比硫化氢强。是硒化合物中毒性最大的一种。可直接与大多数金属反应生成硒化物。有难闻的臭味，但会产生嗅觉疲劳（久闻不觉其臭）。具有可燃性，燃烧时呈蓝色火焰。性质不稳定，与空气接触便逐渐分解析出硒。加热至 300℃分解。制备：可由硒与氢直接反应，或由稀盐酸与金属硒化物反应，或由硒化铝与水反应制得。用途：可用于制备高纯硒、硒化物、半导体材料等。

硒化锂（lithium selenide）　CAS 号 12136-60-6。化学式 $Li_2Se·9H_2O$，分子量 254.98。无色正交系晶体或灰白色粉末。有吸湿性。遇水及在空气中易分解。制备：可由锂和硒直接反应，或在隔绝空气的条件下向氢氧化锂浓溶液通入硒化氢至饱和制得。用途：可作为锂电池阴极材料。

硒化铍（berylium selenide）　CAS 号 12232-25-6。化学式 BeSe，分子量 87.97。灰色粉末。密度 4.32 g/cm³。在空气中能较快分解。制备：可由纯铍和纯硒在氢气流中反应制得。

硒化硼（boron selenide）　亦称"三硒化二硼"。化学式 B_2Se_3，分子量 258.50。灰色粉末。遇水即水解，有硒化氢生成，并游离出单质硒。制备：可将硒化氢通入赤热的硼制得。用途：可作为鉴别、分离硒的试剂。

二硒化碳（carbon diselenide）　CAS 号 506-80-9。化学式 CSe_2，分子量 169.93。有腐烂萝卜臭味的金黄色液体。熔点 $-45.5℃$，沸点 $125\sim126℃$，密度 2.682 4 g/mL。不溶于水，溶于氢氧化钾水溶液，易溶于氢氧化钾乙醇溶液，微溶于乙醇。与二硫化碳、四氯化碳、甲苯互溶。蒸气有催泪作用。与氯气反应可得四氯化硒。对光敏感，在光照下先变成褐色，然后变黑。在密闭管中加热时生成黑色固体物质。制备：可通过将四氯化碳与硒化氢在氮气下混合加热，或由二氯甲烷与硒反应，或在糖炭存在下对硒蒸气放电制得。

硒化氮（nitrogen selenide）　亦称"氮化硒"。CAS 号 12033-88-4。化学式 N_4Se_4，分子量 371.87。无定形橘红色粉末或单斜系晶体。密度 4.22 g/cm³。有吸湿性。不溶于冷水，可溶于热水但稍有分解，微溶于乙酸和苯。受轻压可发生爆炸。160℃剧烈分解。制备：可由氨与亚硒酸二乙酯在苯中反应制得。

硒化钠（sodium selenide）　CAS 号 1313-85-5。化学式 Na_2Se，分子量 124.94。白色至红色晶体，剧毒！熔点高于 875℃。密度 2.625^{10} g/cm³。有吸湿性，可溶于水，不溶于氨。在潮湿空气中吸收水分和二氧化碳分解为碳酸钠和硒，同时生成多硒化物而很快变红。其溶液中溶解无定形硒后，可形成多硒化钠（如 Na_2Se_2、Na_2Se_3、Na_2Se_4 等）。制备：可由过量的硒粉和金属钠在液态氨中反应，或由硒与钠在氢气中加热反应制得。用途：可用于合成含硒化合物。

硒化镁（magnesium selenide）　CAS 号 1313-04-8。化学式 MgSe，分子量 103.27。微带灰色的粉末或晶体。密度 4.21 g/cm³。在水和稀酸中分解生成硒化氢。制备：由无水氯化镁与硒化氢在红热下反应制得。用途：可用于制合金。

硒化铝（aluminium selenide）　CAS 号 1302-82-5。化学式 Al_2Se_3，分子量 290.84。棕色粉末。密度 3.437 g/cm³。遇水、酸都分解。在潮湿空气中缓慢分解为硒化氢和氢氧化铝。制备：可由铝和硒在真空中加热反应制得。用途：可用于制硒化氢及作半导体研究。

三硒化四磷（tetraphosphorus triselenide）　CAS 号 1314-86-9。化学式 P_4Se_3，分子量 360.78。有刺激臭味的黄色至橙红色针状晶体。熔点 242℃，沸点 $360\sim400℃$，密度 1.31 g/cm³。可溶于氯仿、四氯化碳、苯、乙醚、丙酮。温度低时可溶于二硫化碳。在潮湿空气中分解。在空气中放置可产生硒化氢气体。在 160℃放磷光。空气中加热时则着火。制备：可由硒粉和黄磷在四氢化萘中加热反应制得。

五硒化二磷（diphosphorous pentaselenide）　CAS 号 1314-82-5。化学式 P_2Se_5，分子量 456.75。黑色、暗红色针状或红色晶体。可溶于四氯化碳，不溶于二硫化碳。受热及在水中分解。制备：可由三氯氧磷与硒化氢反应制得。

硒化钾（potassium selenide）　CAS 号 1312-74-9。化学式 K_2Se，分子量 157.16。白色立方系晶体。熔点 800℃，密度 2.851^{15} g/cm³。溶于水并水解，不溶于液氨。潮解在空气中变红，加热时变为棕黑色。与硒酸生成亚硒酸钾，与氢硒酸生成氢硒化钾。九水合物为针状晶体，极易溶于水。制备：可由硒与过量金属钾加热反应，或将硒加入钾的氨溶液中，或在一个大气压的氢气流中燃烧硒酸钾和亚硒酸制得。用途：可作为食品添加剂。

硒化钙（calcium selenide）　CAS 号 1305-84-6。化学式 CaSe，分子量 119.04。白色晶体或粉末。密度 3.57 g/cm³。具有氯化钠结构。在空气中暴露几分钟后变红，数小时后呈淡棕色。在空气中易分解而游离出硒。遇水易分解，遇氯化氢易生成硒化氢。制备：可用氢气在 400~500℃ 还原硒酸钙制得。用途：可用作电子放射极。

二硒化钒（vanadium diselenide）　CAS 号 12299-51-3。分子式 VSe₂，分子量 208.8。黑色有光泽的晶体。制备：可由乙酰丙酮氧钒、硒粉与油胺混合加热反应制得。用途：可作为半导体、电催化材料。

一硒化铬（chromium monoselenide）　CAS 号 12053-13-3。分子式 CrSe，分子量 130.95。白色至浅黄色晶体粉末，有毒！熔点 1500℃，密度 6.74 g/cm³。不溶于水。制备：可由铬与硒粉在真空条件下加热制得。用途：可作为光学材料、磁性材料。

一硒化锰（manganese monoselenide）　CAS 号 1313-22-0。化学式 MnSe，分子量 133.89。灰色立方系晶体。熔点 1460℃，密度 5.59 g/cm³。有三种晶型，α 型具 NaCl 结构，β 型具闪锌矿结构，γ 型具纤锌矿结构。β 和 γ 两种晶型均不稳定，易转变为稳定的 α 型。但在低温下 α 型却可转化为 β 型。不溶于水。在热水或稀酸中分解。制备：α 型可由硫酸锰、氯化锰或乙酸锰在醋酸铵存在下与 (NH₄)₂Se 反应制得；β 型可将乙酸锰溶液在硒化氢中暴露数小时后制得；γ 型可由硒化氢与氨在沸腾的硫酸锰、氯化锰溶液中反应制得。用途：可作为磁光双功能半导体。

二硒化锰（manganese diselenide）　CAS 号 12299-98-9。化学式 MnSe₂，分子量 212.86。灰色无味粉末。密度 5.55 g/cm³。溶于水。与过硫化铁结构相似。制备：可由乙酸锰溶液与二氧化硒的溶液经水热反应制得。用途：可作为磁性材料、屏蔽电磁和微波的吸波材料。

硒化铁（iron selenide）　CAS 号 1310-32-3。化学式 FeSe，分子量 134.82。灰棕色或红色晶体或粉末，有毒！熔点 965℃，密度 4.72 g/cm³。不溶于水。受热或遇酸能产生剧毒的硒化氢气体。制备：可由硫酸亚铁铵和亚硒酸钠在水合肼还原下经水热反应制得。用途：可作为超顺磁材料、吸波材料、锂电池负极材料。

硒化钴（cobalt selenide）　CAS 号 1307-99-9。化学式 CoSe，分子量 137.89。黄色六方系晶体。密度 7.65 g/cm³。溶于硝酸，不溶于碱。加热变红色。制备：可由钴和硒粉末在氢气流中加热，或将硒的蒸气通过钴制得。用途：可作为电极材料。

硒化镍（nickel selenide）　CAS 号 1314-05-2。化学式 NiSe，分子量 137.67。白色或灰色立方系晶体。密度

8.46 g/cm³。溶于王水、硝酸，不溶于水、盐酸。赤热不熔。制备：将碱式碳酸镍在空气中加热至 500℃，再于 350℃ 用氢还原，然后通入硒化氢制得；或由氯化镍与硒粉经溶剂热法制得。用途：可作为电极材料、电催化材料等。

硒化铜（copper selenide）　CAS 号 1317-41-5。化学式 CuSe，分子量 142.50。绿黑色六方系片状晶体。密度 5.99 g/cm³。溶于热硝酸，不溶于水，微溶于盐酸、氨水。加热至红热时分解为铜和硒化亚铜。存在于六方硒铜矿中。制备：可向铜盐溶液通入硒化氢，或由氰化亚铜的氨溶液与硒反应制得。用途：可作为光伏材料。

硒化亚铜（copper(I) selenide）　CAS 号 20405-64-5。化学式 Cu₂Se，分子量 206.05。黑色立方系晶体。熔点 1113℃，密度 6.749³⁰ g/cm³。不溶于水，溶于硝酸、硫酸、氨水、氰化钾溶液。溶于盐酸放出硒化氢。与硫酸反应放出二氧化硫。可被硝酸氧化为亚硒酸铜。制备：可由化学计量比的铜与硒混合物在真空石英封管内加热反应，或由铜盐和亚硒酸的氨溶液经水合肼还原制得。用途：可作为光电材料，可用于测定微量的硒。

硒化锌（zinc selenide）　CAS 号 1315-09-9。化学式 ZnSe，分子量 144.34。黄色立方系或六方系晶体，剧毒！熔点大于 1100℃，密度 5.42¹⁵ g/cm³。不溶于水。在稀硝酸中易分解，放出剧毒的硒化氢气体。具有闪锌矿或纤锌矿结构。在空气中加热到一定温度会氧化成二氧化硒和氧化锌。属于半导体中可以发出从黄到蓝一系列可见光的发光材料。在 8~14 μm 的红外波段其本征透过率高达 70%，是重要的红外光学材料。制备：可由锌盐溶液与硒化钾，或由乙酸锌甲醇溶液与硒化氢反应制得；也可用高压稀有气体防护下熔融生长、闭管布里奇曼法生长、气相升华法或溶剂生长法等制备单晶；用真空蒸发法和射频溅射法制备多晶膜；用碘气相输送、液相外延法、金属有机物化学气相沉积法，分子束外延法等制备单晶膜。用途：可用作磷光体、电子工业掺杂材料，用于制红外光学仪器、高效率发光二极管；单晶主要用于制造蓝色等多色性发光器件、短波长激光器、激光屏、光开关和调制器等；多晶用于制造大功率激光器、光通信窗口材料。

一硒化镓（gallium monoselenide）　CAS 号 12024-11-2。化学式 GaSe，分子量 148.68。暗红褐色具有油脂光泽的片状晶体。熔点 960±10℃，密度 5.03 g/cm³。制备：由等摩尔的镓和硒粉混合物在石英管中熔融制得。用途：可作为红外非线性光学材料。

三硒化二镓（digallium triselenide）　CAS 号 12024-24-7。化学式 Ga₂Se₃，分子量 376.32。红黑色有脆性的硬块状物质。熔点 1020±10℃，密度 4.92 g/cm³。具有闪锌矿结构。制备：可由加热计量比的镓与硒混合物，或将硒化氢气流高温下通过三氧化二镓制得。用途：可作为

红外非线性光学材料。

一硒化锗（germanium monoselenide） CAS 号 12065-10-0。化学式 GeSe，分子量 151.55。暗棕色四方系晶体。熔点 667℃，密度 5.3 g/cm³。不溶于水、稀盐酸、乙醇、乙醚。还原性较强，能被空气及氧化剂氧化为二氧化锗，被硝酸氧化为二氧化锗与硒酸。制备：可由锗与硒在二氧化碳气氛中加热，或将硒化氢通入氯化亚锗溶液制得。用途：可作为光电材料。

二硒化锗（germanium diselenide） CAS 号 12065-11-1。化学式 GeSe₂，分子量 230.51。橙色固体。熔点 707℃（部分分解），密度 4.56 g/cm³。不溶于水，稍溶于碱，难溶于酸。被浓硝酸氧化为二氧化锗和硒酸。制备：将硒化氢通入二氧化锗的盐酸制得。用途：可作为光电材料。

硒化砷（arsenic triselenide） 亦称"三硒化二砷"。CAS 号 1303-36-2。化学式 As₂Se₃，分子量 386.72。棕褐色无定形粉末或棕色晶体，有毒！熔点约 360℃，密度 4.75 g/cm³。不溶于冷水，遇热水分解，可溶于硝酸、碱液、碱金属硫化物溶液。可燃，燃烧产生有毒的硒氧化物和砷化物烟雾。制备：由单质砷和硒加热反应，或由砷酸盐与硒化氢溶液反应制得。用途：可用于制静电摄影涂层材料。

硒化铷（rubidium selenide） CAS 号 31052-43-4。化学式 Ru₂Se，分子量 249.89。无色立方系晶体。熔点 733℃。具有反萤石结构。可溶于乙醇、甘油。极易吸潮，遇水水解。真空下 640℃开始分解，析出少量金属。制备：将硒与金属铷加热反应制得。

硒化锶（strontium selenide） CAS 号 1315-07-7。化学式 SrSe，分子量 166.58。白色立方系晶体。密度 4.38 g/cm³。能溶于盐酸。比硒化钙易分解。在水中分解，在潮湿空气中分解，几分钟后先为红色，后又变成蓝色。在空气中加热时能析出单质硒。与盐酸反应产生硒化氢并析出红色硒。与溴水反应可生成硒酸锶。制备：可由氢气还原硒酸锶，或由氨在高温下还原亚硒酸锶制得。用途：可作为发光材料。

硒化锆（zirconium selenide） CAS 号 12166-47-1。化学式 ZrSe₂，分子量 249.14。暗铜绿色晶体。制备：可由锆粉与硒固相加热反应制得。用途：可作为锂电池中阴极材料、红外光学材料。

硒化铌（niobium selenide） CAS 号 12034-77-4。化学式 NbSe₂，分子量 250.83。有光泽的蓝灰色六方系晶体粉末。可被浓硝酸腐蚀，对一般酸、碱、有机溶剂稳定。在空气中 300℃开始氧化。真空中 900～1 000℃分解为硒化铌和硒或完全分解为铌和硒。具有良好的润滑性、抗磨性、导电性。制备：可由铌粉和硒粉在密封石英管内加热反应，或由五氧化二铌与硒化氢高温反应制得。用途：可

用于制电刷材料、线绕电位器触点、特种轴承、固体润滑材料等。

硒化钼（molydynum selenide） CAS 号 12058-18-3。化学式 MoSe₂，分子量 253.86。灰黑色六方系晶体粉末。熔点大于 1 200℃，密度 6.0 g/cm³。制备：可由钼粉与过量的硒粉加热反应；或由钼酸铵、硒代硫酸钠、水合肼、柠檬酸在碱性条件下反应；或由六羰基钼和硒粉在氩气保护下于二甲苯中反应制得。具有半导体的性质，其纳米材料具有良好的摩擦性能。用途：可用于固体润滑、微电子、光电等领域。

硒化亚钯（palladium monoselenide） 亦称"一硒化钯"。CAS 号 12137-76-7。化学式 PdSe，分子量 185.36。暗灰色固体。熔点小于 960℃。溶于王水，不溶于水。制备：可由硒和钯混合加热，或由二价钯盐溶液在隔绝空气条件下与硒化氢水溶液反应制得。用途：用作化学试剂。

二硒化钯（palladium diselenide） 亦称"硒化钯"。CAS 号 60672-19-7。化学式 PdSe₂，分子量 264.32。橄榄灰色六方系晶体。熔点小于 1 000℃。缓慢溶于热硝酸，在王水中加热溶解，不溶于水及其他酸、碱。在氯化氢气流中加热生成四氯化硒。制备：由二氯化钯与硒在二氧化碳气流中反应而得。用途：用作化学试剂。

硒化银（silver selenide） CAS 号 1302-09-6。化学式 Ag₂Se，分子量 294.70。浅灰色立方系晶体。熔点 880℃，密度 8.0 g/cm³。不溶于水，溶于氨水、热硝酸。在氧气中加热生成银和氧化硒。可被发烟硝酸氧化为亚硒酸银。制备：由银和硒在氮气氛中于 400℃反应制得，或将硒化氢通入硝酸银溶液，或由硝酸银溶液与硒化钠溶液反应制得。用途：可作为半导体材料。

硒化镉（cadmium selenide） CAS 号 1306-24-7。化学式 CdSe，分子量 191.36。棕绿色或红色六方系晶体粉末，剧毒！熔点 1 350℃，密度 5.81¹⁵ g/cm³。在空气中或酸中分解。在日光下变成红色。遇热、明火能燃烧，甚至爆炸。遇热、酸或酸雾放出剧毒的硒化氢气体。制备：可在硝酸溶液中用水合肼还原亚硒酸镉，或由硒和镉的蒸气反应，或向碱金属硒化物中加入镉盐溶液，或将硒化氢气体通入氯化镉或硫酸镉溶液制得。用途：可用于颜料工业，与硫化镉的固溶体是优质的红色颜料；还用于制造光电半导体材料、薄膜半导体、整流器、视像管、红外探测器、橡胶抗磨剂等。

硒化铟（indium selenide） 亦称"三硒化二铟"。CAS 号 12056-07-4。化学式 In₂Se₃，分子量 466.52。黑色晶体或暗黑色鳞片状物质。熔点约 890℃，密度 5.67 g/cm³。常温常压下稳定，对光、明火、高温不稳定。溶于强酸中分解。制备：可由计量比的金属铟与单质硒在密闭真空管中反应，或向含抗坏血酸的乙醇溶液中加入三氯化铟和硒粉然后水热反应制得。用途：可用于相变存储

器、光探测器、太阳能电池、锂离子电池等领域。

硒化亚锡（tin monoselenide）　CAS 号 1315-06-6。化学式 SnSe，分子量 197.65。灰色晶体。熔点 861℃，密度 6.170^0 g/cm³。在水中分解。可与盐酸、硝酸、王水作用溶解。在空气中加热挥发出硒，留下氧化锡残渣。制备：可由锡与硒的混合物在氢气流中加热熔融，或在融化的二氯化锡中加入硒粉，或向二氯化锡水溶液中通入硒化氢制得。用途：可作为半导体材料。

硒化锡（tin diselenide）　CAS 号 20770-09-6。化学式 SnSe₂，分子量 276.61。白色固体。熔点 650℃，密度 5.0 g/cm³。在氢气中加热转化为硒化亚锡。制备：在加热的锡上通入硒蒸气，或用硒化氢处理四氯化锡溶液制得。用途：可作为半导体材料。

三硒化二锑（antimony triselenide）　CAS 号 1315-05-5。化学式 Sb₂Se₃，分子量 480.40。灰色具有金属光泽的固体。熔点 611℃，密度 5.81 g/cm³。微溶于水，溶于浓盐酸。在空气中稳定。制备：可向酒石酸锑钾溶液中通入硒化氢制得。用途：可作为薄膜太阳能电池材料。

硒化钡（barium selenide）　CAS 号 1304-39-8。化学式 BaSe，分子量 216.30。无色粉末。密度 5.02 g/cm³。可溶于水，但在水中分解。在酸中可游离出硒化氢。在碱中可游离出红色的硒。加热时分解而使硒升华。与空气接触呈红色。制备：可由硒酸钡与亚硒酸钡反应制得。用途：可用于光电池、半导体。

硒化镨（praseodymium selenide）　CAS 号 12038-08-3。化学式 PrSe，分子量 219.87。用途：可用于制稀土金属制品。

硒化铕（europium selenide）　CAS 号 12020-66-5。化学式 EuSe，分子量 230.924。用途：可作为顺磁材料。

硒化钽（tantalum selenide）　CAS 号 12039-55-3。化学式 TaSe₂，分子量 338.87。灰黑色粉末。在水中稳定，但易为硫酸、硝酸、碱液所分解。在低温下可以观察到 Ta₁₃Se₂₆ 超结构。润滑性质类似于二硫化钼。制备：可由金属钽与硒加热反应，或由硒化氢和五氧化二钽反应制得。用途：可作为固体润滑剂。

硒化钨（tungsten selenide）　CAS 号 12067-46-8。化学式 WSe₂，分子量 341.76。灰色六方系晶体，有毒！常温常压下稳定。见光易分解，对热不稳定。具有层状结构，有半导体的性质。制备：可由钨与化学计量比的硒粉在真空密封石英管中加热反应制得。用途：可作为保温材料、光电材料。

硒化铱（iridium selenide）　CAS 号 12030-51-2。化学式 IrSe₂，分子量 350.12。暗红色晶状粉末。微溶于水，不溶于酸。在二氧化碳存在下，加热至 600～700℃分解。制备：可在 600℃用氢还原 IrSe₃，或将 IrCl₃ 在 600℃的二氧化碳或氮气流中与过量硒加热制得。用途：可作为半导体材料。

二硒化铂（platinum diselenide）　化学式 PtSe₂，分子量 353.01。黑色、灰色晶体或无定形固体。密度 7.65 g/cm³。属于层状物质，可以分成薄层至三原子厚的单层。能展现出半金属或半导体特性。溶于王水，微溶于硝酸和硫酸。受热分解，在氧气中加热至 250℃游离出硒，继续加热生成二氧化硒和铂。存在于硒铂矿中。制备：可在硒化氢气流中加热还原铂，或由氯化铂（Ⅳ）与硒化氢反应制得。用途：可作为半导体材料。

三硒化铂（platinum（Ⅵ）triselenide）　CAS 号 12038-26-5。化学式 PtSe₃，分子量 431.97。蓝色片状固体。密度 7.15 g/cm³。溶于王水，不溶于水、浓酸、二硫化碳。140℃分解。空气中加热至 120℃生成二氧化硒。制备：在过量碱存在下，由六氯铂（Ⅳ）酸盐与亚硒酸盐、甲醛混合溶液反应制得。

三硒化二金（gold triselenide）　CAS 号 1303-62-4。化学式 Au₂Se₃，分子量 630.81。黑色无定形固体，密度 4.65 g/cm³。溶于王水、碱金属硫化物溶液。与汞共热生成硒化汞。加热时分解。制备：由硒化氢气体通入氯化金溶液制得。

硒化汞（mercury selenide）　CAS 号 20601-83-6。化学式 HgSe，分子量 279.55。灰黑色四方系晶体，有毒！密度 8.266 g/cm³。不溶于水，溶于硒氢酸铵溶液、王水。在氮、二氧化碳气氛中或真空加热至约 600～650℃升华，升华物呈紫黑色。存在于灰硒汞矿中。制备：可由稀氯化汞溶液与饱和硒化氢溶液反应；由化学计量比的汞和硒在封管内加热至 550～600℃；或将氰化钠水溶液与二氯化汞溶液混合，用氨水调至碱性，加入等摩尔量的二氧化硒，再通入二氧化硫经中和制得。用途：可用于制造太阳能电池、薄膜晶体管、红外检波器和超声放大器。

硒化亚铊（dithallium monoselenide）　CAS 号 15572-25-5。化学式 Tl₂Se，分子量 487.73。灰色小叶瓣晶体，剧毒！熔点 340℃，密度 9.05 g/cm³。难溶于水，能溶于无机酸，不溶于乙酸。制备：可将化学计量比的硒与铊混合共热制得。用途：其薄片能用于整流器部件中。

硒化铅（lead selenide）　CAS 号 12069-00-0。化学式 PbSe，分子量 286.15。灰色立方系晶体，剧毒！熔点 1 065℃，密度 8.10¹⁵ g/cm³。不溶于水，溶于硝酸。溶于浓硫酸生成硫酸铅及二氧化硒，溶于熔融的硝酸钾或硝酸钠的熔体中，生成一氧化铅及相应的硒酸钾或硒酸钠。在空气中加热至 130℃时稳定，加热至 350℃后能被空气氧化为亚硒酸铅。可被沸腾的三氯化铁或二氯化铜溶液氧化为单质硒。属于半导体，在其薄膜中含有氧或其他元素时，则具有良好的光电导性。制备：可由等摩尔量铅与硒的混合物在氢气流中加热至 1 200～1 250℃，或在 350～850℃温度下用氢气还原亚硒酸铅，也可在肼存在下由乙酸铅与硒脲反应,或向硝酸铅或乙酸铅水溶液中滴加饱和氢硒酸水溶液制得。用途:可用于制光敏电阻、红外检测器件等。

三硒化二铋(dibismuth triselenide)　亦称"硒化铋""硒铋矿"。CAS 号 1304-81-0。分子式 Bi_2Se_3,分子量 654.84。黑色正交系晶体。熔点 710℃,密度 6.82 g/cm^3。不溶于水、碱。可被浓硝酸或王水分解。在空气中加热即分解。制备:可在隔绝空气的条件下由氧化铋与氢化硒加热反应,或将计量比的铋和硒熔封于石英管中加热至 500～900℃制得。用途:可作为温差电材料,可用于冶炼硒、铋及相应的化合物。

硒化钍(thorium selenide)　CAS 号 60763-24-8。化学式 $ThSe_2$。分子量 341.76。黑色正交系晶体。密度 8.5 g/cm^3。对热不稳定,加热至 1 000℃以上可失去部分硒。制备:可由计量比的硒与钍在真空石英管中加热制得。

硒化铀(uranium selenide)　CAS 号 12138-21-5。化学式 USe_2,分子量 395.95。黑色正交晶系晶体。

硒化铵(ammonium selenide)　化学式 $(NH_4)_2Se$,分子量 115.04。无色或白色晶体。可溶于冷水。熔点前分解。制备:在氮气流中将硒化氢通入氨的饱和溶液制得。

亚硒酸(selenious acid)　CAS 号 231-974-7。化学式 H_2SeO_3,分子量 128.97。无色或白色正交系晶体,剧毒！密度 3.004^{16} g/cm^3。易潮解。易溶于水、乙醇,不溶于氨。在干燥空气中风化成二氧化硒。受热到 27℃以上分解。能被强氧化剂如臭氧、过氧化氢、氯等氧化为硒酸。能被多数还原剂如氢碘酸、亚硫酸、次亚硫酸钠、羟胺盐类等还原成硒。制备:可将二氧化硒溶于热水,或将硒粉溶于稀硝酸制得。用途:可用作生物碱试剂、还原剂,可用于检定钛、锆、氟化氢以及光谱分析。

亚硒酸锂(lithium selenite)　CAS 号 15593-51-8。化学式 Li_2SeO_3,分子量 133.90。一水合物为白色针状晶体。易潮解,易溶于水,在冷水中溶解度比热水中大。制备:由亚硒酸溶液在氢氧化锂中于 60℃下反应制得。

亚硒酸钠(sodium selenite)　CAS 号 10102-18-8。化学式 Na_2SeO_3,分子量 172.94。无色无味的四方棱柱状晶体,剧毒！易溶于水,不溶于乙醇。在有氧化剂存在下,容易被有机酸还原。五水合物在干燥空气中表面易风化,40℃转变为无色粒状无水物。制备:由亚硒酸和氢氧化钠在水溶液中反应制得。用途:可作为生物碱试剂、细菌学试剂、营养强化剂、饲料添加剂、玻璃脱绿色剂,用于釉彩、玻璃、医药、饲料、生物等领域。

亚硒酸镁(magnesium selenite)　CAS 号 15593-61-0。化学式 $MgSeO_3 \cdot 6H_2O$,分子量 259.355。白色粉末或正交系晶体,剧毒！密度 2.09 g/cm^3。不溶于水,溶于稀酸。加热至 100℃时会失去结晶水。制备:由化学计量比的硒酸钠的溶液与氯化镁溶液反应制得。用途:可用于陶瓷、印染等领域。

亚硒酸钾(potassium selenite)　CAS 号 10431-47-7。化学式 K_2SeO_3,分子量 205.15。白色固体,剧毒！密度 2.851 g/cm^3。易潮解,易溶于水,水溶液显碱性。微溶于乙醇。加热至 875℃分解。制备:由化学计量比的氢氧化钾或碳酸钾与亚硒酸溶液反应制得。用途:可用作分析试剂。

亚硒酸钙(calcium selenite)　CAS 号 13780-18-2。化学式 $CaSeO_3$,分子量 167.04。白色晶体粉末。不溶于水。制备:可向亚硒酸的浓溶液中加入化学计量比的石灰乳或氯化钙制得。用途:可作为饲料添加剂。

亚硒酸锰(manganese selenite)　CAS 号 15702-34-8。化学式 $MnSeO_3 \cdot 2H_2O$,分子量 217.93。单斜系晶体。极微溶于水。在空气中分解,加热则熔解。

亚硒酸钴(cobalt selenite)　CAS 号 10026-23-0。化学式 $CoSeO_3 \cdot 2H_2O$,分子量 221.92。紫红色晶体粉末。密度 3.41 g/cm^3。不溶于水,可溶于亚硒酸。在 160℃时失去 1 分子水,245～325℃时变为无水物,550℃时开始分解。制备:可将氯化钴溶液中与亚硒酸钠溶液反应制得。用途:可用作分析试剂。

亚硒酸铜(copper selenite)　CAS 号 15168-20-4。化学式 $CuSeO_3 \cdot 2H_2O$,分子量 226.50。蓝绿色单斜或正交系晶体,有毒！密度 3.31 g/cm^3。溶于酸、氨水,不溶于水、亚硒酸。100℃失去 1 分子水,265℃成无水物,460℃以上分解成 $CuSeO_3 \cdot CuO$,660℃以上分解成氧化铜。制备:由硫酸铜溶液与亚硒酸氢钾或亚硒酸钾反应制得。用途:用于电子、仪表工业。

亚硒酸锌(zinc selenite)　CAS 号 13597-46-1。化学式 $ZnSeO_3 \cdot 2H_2O$,分子量 228.37。白色晶体粉末,有毒！不溶于水,能溶于酸。热至 200℃失去结晶水。制备:由硫酸锌与亚硒酸钠溶液反应制得。用途:可用于玻璃、陶瓷、釉料工业。

亚硒酸锆(zirconium selenite)　化学式 $Zr(SeO_3)_2$,分子量 345.16。白色晶体,剧毒！密度 4.3 g/cm^3。不溶于水,微溶于硫酸。加热至 400℃时分解。制备:由亚硒酸和新鲜氢氧化锆反应制得。用途:可用作分析试剂。

亚硒酸银(silver selenite)　CAS 号 7784-05-6。化学式 Ag_2SeO_3,分子量 342.69。白色针状晶体,有毒！熔点 530℃,密度 5.930 g/cm^3。缓慢溶于水,易溶于热水,溶于硝酸。温度高于 530℃时分解生成二氧化硒、氧和银。制备:由氧化银与亚硒酸反应制得。

亚硒酸镉(cadmium selenite)　CAS 号 13814-59-0。化学式 $CdSeO_3$,分子量 239.37。白色棱柱状晶体。能溶于水。制备:将氢氧化镉溶于亚硒酸溶液制得。

亚硒酸钡（barium selenite） CAS 号 13718-59-7。化学式 $BaSeO_3$，分子量 264.29。白色粉末，有毒！对皮肤及黏膜有刺激性。难溶于水。能溶于稀酸。常温常压下稳定，在空气中加热到 510℃ 以上氧化为 $BaSeO_4$，在 1 285℃ 以上分解为 BaO。制备：将可溶性钡盐溶液与亚硒酸钠溶液反应制得。用途：可用于玻璃脱色、制红玻璃。

亚硒酸镱（ytterbium selenite） 化学式 $Yb_2(SeO_3)_3$，分子量 726.95。无色晶体。不溶于冷水。制备：将硫酸镱溶液与过量的亚硒酸钠溶液反应制得。

亚硒酸汞（mercury selenite） 化学式 $HgSeO_3$，分子量 327.55。白色粉末。难溶于水。易溶于亚硒酸钠溶液生成亚硒酸汞钠。制备：将氧化汞溶于亚硒酸溶液制得。

亚硒酸铅（lead selenite） CAS 号 7488-51-9。化学式 $PbSeO_3$，分子量 334.16。白色单斜系晶体粉末。熔点 675℃，密度 7.0 g/cm³。不溶于水，微溶于酸。高温下分解为 SeO_2 和碱式盐。制备：由亚硒酸加入到氯化铅溶液中制得。

亚硒酸铵（ammonium selenite） CAS 号 7783-19-9。化学式 $(NH_4)_2SeO_3$，分子量 163.04。白色或微带红色的晶体。易潮解，易溶于水。当暴露在空气中时会逐渐失去氨而变成亚硒酸氢铵。加热时发生膨胀并分解为氨、水、氮气和单质硒。制备：将亚硒酸溶解于浓氨水制得。用途：可用作分析试剂。

硒酸（selenic acid） CAS 号 7783-08-6。化学式 H_2SeO_4，分子量 144.97。无色六方系棱柱状晶体，有毒！熔点 58℃，密度 3.004¹⁸ g/cm³。极易潮解。不易挥发。极易溶于水，溶于硫酸，不溶于液氨，在乙醇中分解。其水溶液浓度可高达 99%。其稀水溶液和硫酸的酸性接近，浓硒酸的氧化性比浓硫酸强，是二元强酸。能氧化硫化氢、二氧化硫、I⁻、Br⁻ 等，中等浓度硒酸就能氧化 Cl⁻。稀溶液能被锌、碘化氢还原。浓溶液与盐酸混合有氯产生，故与王水一样可溶解铂、金。浓溶液能使有机物炭化。有很强的过冷倾向。受热高于 210℃ 分解。从浓溶液中析出一水合物，为白色晶体，熔点 26℃，密度 2.627¹⁸ g/cm³。其四水合物为无色液体，熔点 -51.5℃，172℃ 时失水。制备：可用强氧化剂氧化亚硒酸盐或二氧化硒制得。用途：可用于制备硒酸盐、作测定甲醇或乙醇的试剂、催化缩合反应等。

硒酸铍（beryllium selenate） CAS 号 10039-31-3。化学式 $BeSeO_4 \cdot 4H_2O$，分子量 224.03。无色立方系晶体。密度 2.03 g/cm³。溶于水。加热至 100℃ 失去两分子水，加热至 110℃ 时分解。易形成碱式盐。制备：由碳酸铍与过量的硒酸反应制得。用途：可用于玻璃、陶瓷、冶金、颜料、橡胶、医药等领域。

硒酸钠（sodium selenate） CAS 号 10102-23-5。化学式 Na_2SeO_4，分子量 188.94。白色正交系晶体，剧毒！密度 3.213¹⁷·⁵ g/cm³。有潮解性。十水合物为无色单斜系晶体，剧毒！分子量 369.09。密度 1.603 ~ 1.620 g/cm³。在空气中稳定，但长时间放置时风化。31.8℃ 时转变为无水物。易溶于水。制备：由硒酸与氢氧化钠或碳酸钠反应制得。用途：可作为杀虫剂、杀菌剂、防腐剂、氧化剂、电镀增光剂、化学试剂、玻璃脱色剂等。

硒酸镁（magnesium selenate） CAS 号 14986-95-1。化学式 $MgSeO_4 \cdot 6H_2O$，分子量 275.36。无色单斜系晶体。密度 1.928 g/cm³。易溶于水，溶于酸生成硒酸和相应的镁盐。与浓盐酸煮沸时释放出氯气，同时生成亚硒酸和氯化镁。制备：可由二氧化硒与氢氧化镁在过氧化氢溶液中回流制得。

硒酸钾（potassium selenate） CAS 号 7790-59-2。化学式 K_2SeO_4，分子量 221.16。无色无味的正交系晶体或白色粉末，剧毒！密度 3.066 g/cm³。具潮解性，极易溶于水。900℃ 开始挥发，1 000℃ 熔化但不发生分解。制备：可由二氧化硒与硝酸钾混合熔融，或由硒酸与氢氧化钾溶液中和制得。用途：用作分析试剂。

硒酸钙（calcium selenate） CAS 号 14019-91-1。化学式 $CaSeO_4$，分子量 183.04。无色单斜系晶体。密度 2.676 g/cm³。二水合物为无色单斜系晶体，密度 2.68 g/cm³。加热可分解。温水比冷水难溶。加热逐渐脱水，200℃ 变成无水物，近 700℃ 分解。制备：将硒酸钠与氯化钙熔融，再与少量氯化钠加热呈红热制得，二水合物可由硒酸钾加入硝酸钙水溶液制得。

硒酸锰（manganese selenate） 化学式 $MnSeO_4 \cdot 2H_2O$，分子量 233.93。浅黄色正交系晶体。密度 2.95 ~ 3.01 g/cm³。溶于水。其五水合物为浅黄色三方系晶体，密度 2.33 ~ 2.39 g/cm³。用途：用作分析试剂。

硒酸铁（iron selenate） CAS 号 15857-43-9。化学式 $FeSeO_4$，分子量 198.81。制备：可由饱和硒酸钠溶液与硫酸亚铁溶液反应制得。

硒酸钴（cobalt selenate） CAS 号 14590-19-3。化学式 $CoSeO_4 \cdot 6H_2O$，分子量 309.98。宝石红色三斜系晶体。密度 2.25¹⁷ g/cm³。易溶于水。在空气中稳定。制备：可由氢氧化钴或碳酸钴溶于硒酸制得。

硒酸镍（nickel selenate） CAS 号 15060-62-5。化学式 $NiSeO_4 \cdot 6H_2O$，分子量 309.76。密度 2.314 g/cm³。溶于水。在空气中稳定。制备：可由碳酸镍粉末与硒酸溶液反应制得。

硒酸铜（copper selenate） CAS 号 10031-45-5。化学式 $CuSeO_4 \cdot 5H_2O$，分子量 296.58。淡蓝色三斜系晶体，有毒！密度 2.559 g/cm³。溶于水、酸、氨水，微溶于丙酮，不溶于醇。在热水中分解，80℃ 开始失水，150 ~ 220℃ 成为一水合物，265℃ 成无水物，480℃ 时分解成碱式亚硒酸盐和亚硒酸盐,700℃时生成氧化铜。制备:可由用氯气处理亚硒酸溶液,再向此溶液中加入碳酸铜而得;或由氧化铜和硒酸溶液反应制得。用途:可作为铜或铜合金的黑色着色剂、凯氏定氮消化催化剂,用于电子、仪表工业等。

硒酸锌(zinc selenate)　CAS 号 13597-54-1。化学式 $ZnSeO_4 \cdot 5H_2O$,分子量 298.40。白色三斜系晶体。密度 2.591^{15} g/cm^3。可溶于水。高于 50℃ 即分解。制备:可由碳酸锌或氢氧化锌与硒酸反应制得。用途:用作化学试剂。

硒酸镓(gallium selenate)　化学式 $Ga_2(SeO_4)_3 \cdot 16H_2O$,分子量 856.56。无色单斜或三斜系晶体。易溶于热水,遇热逐步脱去结晶水,550℃ 时完全分解生成氧化镓。易和碱金属生成复盐,如硒酸镓钾、硒酸镓钠等。制备:将氢氧化镓溶解于热的硒酸水溶液中制得。

硒酸铷(rubidium selenate)　CAS 号 7446-17-5。化学式 Rb_2SeO_4,分子量 313.90。无色正交系晶体。密度 3.90^0 g/cm^3。极易溶于水。有氧化性。制备:可在真空中浓缩碳酸铷的硒酸溶液,或在空气中煅烧亚硒酸铷,或用硒或硒的氧化物与碳酸铷煅烧制得。

硒酸锶(strontium selenate)　CAS 号 7446-21-1。化学式 $SrSeO_4$,分子量 230.58。无色正交系晶体。密度 4.23 g/cm^3。能溶于热的盐酸,不溶于水、硝酸。与高锰酸钾作用生成紫色微晶,即使在强还原剂作用下也不褪色。在氢气流下加热时变成硒化锶。制备:由硒酸钠溶液和硝酸锶溶液生成针状晶体,将晶体与氯化钠共熔后重结晶制得。

硒酸锆(zirconium selenate)　化学式 $Zr(SeO4)_2 \cdot 4H_2O$,分子量 449.20。六方系晶体。热至 100℃ 失去 3 分子结晶水,130℃ 失去全部结晶水。溶于冷水,微溶于醇、浓酸类。

硒酸亚钯(palladous selenate)　化学式 $PdSeO_4$,分子量 249.36。暗红色正交系晶体。密度 6.5 g/cm^3。易潮解,溶于水、氨,不溶于醇、醚、碱。加热时与浓盐酸反应产生氯气。赤热时分解。制备:将钯溶于硒酸和硝酸混合溶液制得。用途:用作化学试剂。

硒酸银(silver selenate)　CAS 号 7784-07-8。化学式 Ag_2SeO_4,分子量 358.73。白色正交系晶体。密度 5.72 g/cm^3。微溶于水。可与氨形成配合物。热至 425℃ 由 α 型转变为 β 型。制备:碳酸银与硒酸作用溶液反应,或由硝酸银与硒酸钾反应制得。

硒酸镉(cadmium selenate)　CAS 号 13814-62-5。化学式 $CdSeO_4 \cdot 2H_2O$,分子量 291.39。无色正交系晶体或白色粉末,有毒! 密度 3.63 g/cm^3。极易溶于冷水。100℃ 失去 1 分子结晶水,170℃ 失去 2 分子结晶水变成无水盐。制备:可用硒酸与碳酸镉或氧化镉反应制得。用途:用作分析试剂。

硒酸铟(indium selenate)　化学式 $In_2(SeO_4)_2 \cdot 10H_2O$,分子量 838.67。白色晶体。具潮解性,易溶于水。制备:将 $In(OH)_3$ 溶解于硒酸溶液制得。

硒酸铯(cesium selenate)　CAS 号 10326-29-1。化学式 Cs_2SeO_4,分子量 408.77。无色正交系晶体。密度 4.453 g/cm^3。极易潮解,溶于水。制备:可在空气中煅烧亚硒酸铯,或用碳酸铯与硒或氧化硒经煅烧制得。

硒酸钡(barium selenate)　CAS 号 7787-41-9。化学式 $BaSeO_4$,分子量 280.30,白色正交系晶体,剧毒! 密度 4.75 g/cm^3。溶于盐酸,难溶于水,不溶于硝酸。加强热生成亚硒酸盐。制备:可由硒酸钠和氯化钡的熔融物在含少量氯化钠的热水中析出制得。用途:可作为氧化剂、特种玻璃添加剂。

硒酸铈(cerium selenate)　CAS 号 13814-62-5。化学式 $Ce_2(SeO_4)_3$,分子量 709.11。白色正交系晶体粉末。密度 4.456 g/cm^3。可溶于水。加热至 920℃ 分解。与氢氧化钠反应生成氢氧化铈。向其水溶液中加入氨水会析出氢氧化铈沉淀。制备:向碳酸亚铈或碳酸铈溶液加入计量比的硒酸制得。用途:可用于制铈的复盐、氢氧化铈。

硒酸镨(praseodymium selenate)　CAS 号 13465-42-4。化学式 $Pr_2(SeO_4)_3$,分子量 710.69。浅绿色晶体。密度 4.30^{15} g/cm^3。易溶于冷水,稍溶于热水。有五、八和十二水合物。制备:可由硒化氢与氢氧化镨或镨的氧化物反应制得。

硒酸钆(gadolinium selenate)　化学式 $Gd_2(SeO_4)_3 \cdot 8H_2O$,分子量 887.50。具有珍珠光泽的单斜系晶体。密度 3.309 g/cm^3。溶于水。130℃ 时脱去 8 分子结晶水。其十水合物为无色透明正交系晶体,密度 3.048 g/cm^3。在空气中迅速风化形成八水合物。制备:将钆的氧化物、氢氧化物或碳酸盐溶于硒酸后在水浴上蒸发浓缩而得,如在硫酸上浓缩可析出十水合物。

硒酸镝(dysprosium selenate)　化学式 $Dy_2(SeO_4)_3 \cdot 8H_2O$,分子量 898.00。黄色针状晶体。极易溶于冷水,不溶于醇。加热至 200℃ 时失去全部结晶水。制备:可将氧化镝溶于硒酸溶液,或向硝酸镝溶液中加入浓硒酸后蒸发、结晶制得。用途:可用作分析试剂。

硒酸镱(ytterbium(III)selenate)　化学式 $Yb_2(SeO_4)_3 \cdot 8H_2O$,分子量 919.08。六方系片状晶体。密度 3.30 g/cm^3。溶于水同时分解。制备:可由硒酸溶液与氧化镱、氢氧化镱或碳酸镱反应制得。

硒酸金(gold selenate)　CAS 号 10294-32-3。化学式 $Au_2(SeO_4)_3$,分子量 822.806。黄色微细晶体。不溶于水,能溶于硫酸、硝酸。光照分解。制备:将金溶于热浓硒酸制得。

硒酸亚铊(thallous selenate)　CAS 号 7446-22-2.

化学式 Tl_2SeO_4，分子量 551.70。正交系针状晶体。熔点高于 400℃。在水中微溶，难溶于乙醇、乙醚。制备：由金属铊或碳酸亚铊溶于硒酸中制得。

硒酸钍（thorium selenate） 化学式 $Th(SeO_4)_2\cdot 9H_2O$，分子量 680.09。无色单斜系晶体。密度 3.026 g/cm^3。稍溶于水，在 200～250℃ 时失水形成一水合物，在 1500℃ 时完全分解。制备：由 Th(IV) 盐与可溶性硒酸盐在水溶液中反应，或由二氧化钍与硒酸共热制得。

硒酸铵（ammonium selenate） CAS 号 7783-21-3。化学式 $(NH_4)_2SeO_4$，分子量 179.04。无色单斜系晶体。密度 2.194 g/cm^3。具潮解性，易溶于水，难溶于乙醇、丙酮和氨。遇光分解。熔点前分解。制备：可由氨水与硒酸溶液反应制得。用途：可用于制红色玻璃。

硒酸氢铵（ammonium hydrogen selenate） CAS 号 10294-60-7。化学式 NH_4HSeO_4，分子量 162.00。无色菱形或正交系晶体。密度 2.162 g/cm^3。熔点前分解，分解产物为硒、二氧化硒、氮气和水等。制备：可将铵盐和硒酸加热，或将硒酸加入氨水制得。

硒酸联氨（hydrazine selenate） 亦称"硒酸肼"。化学式 $N_2H_4H_2SeO_4$，分子量 177.02。无色晶状粉末。微溶于冷水，易溶于热水。干燥时不稳定。加热爆炸。制备：可由化学计量比的硒酸与水合肼反应制得。

硒酸镁钾（potassium magnesium selenate） 亦称"硒酸钾·硒酸镁·水(1∶1∶6)"。CAS 号 28041-84-1。化学式 $K_2SeO_4\cdot MgSeO_4\cdot 6H_2O$，分子量 496.52。无色单斜系晶体。熔点 33℃，密度 2.365 g/cm^3。溶于水。制备：可由硒酸与氢氧化钾与氢氧化镁的混合溶液反应制得。

硒酸亚铁铷（rubidium iron(II) selenate） 亦称"硒酸亚铁合硒酸铷"。化学式 $Rb_2SeO_4\cdot FeSeO_4\cdot 6H_2O$，分子量 620.79。蓝绿色单斜系菱状晶体。密度 2.819 g/cm^3。溶于水。其水溶液呈各组成的性质。制备：可由硒酸铷与硒酸亚铁溶液反应制得。

硒酸铁铷（rubidium iron(III) selenate） 化学式 $RbFe(SeO_4)_2\cdot 12H_2O$，分子量 643.42。淡紫色立方系晶体。熔点 45℃，密度 2.31^{11} g/cm^3。溶于水。100℃ 时失去全部结晶水。制备：将化学计量比的碳酸铷和新制的氢氧化铁与过量的硒酸混合后结晶制得。

硒酸铯镓（cesium gallium selenate） 化学式 $CsGa(SeO_4)_2\cdot 2H_2O$，分子量 704.72。无色晶体。可溶于水。制备：将硒酸镓、硒酸铯和硒酸的混合溶液进行反应，先得十二水合盐，再经逐级脱水制得。

硒酸亚铁铵（ammonium iron(II) selenate） 化学式 $(NH_4)_2SeO_4\cdot FeSeO_4\cdot 6H_2O$，分子量 485.93。微绿单斜系晶体。密度 2.191^{15} g/cm^3。溶于水。固体盐在空气中不稳定，加热至 197℃ 发生自身氧化还原反应，生成亚硒酸、三价铁和氮气。加热其水溶液迅速分解为硒酸亚铁和硒酸铵。制备：可由硒酸亚铁和硒酸铵的混合溶液，在室温下挥发制得。

硒酸镁铵（ammonium magnesium selenate） 化学式 $(NH_4)_2SeO_4\cdot MgSeO_4\cdot 6H_2O$，分子量 454.40。无色单斜系棱柱状晶体，有毒！密度 2.058 g/cm^3。易溶于水。空气中潮解，加热易分解失去结晶水。在酸性介质中用作氧化剂。与亚硝酸或一氧化氮作用生成亚硝基硒酸。制备：可由化学计量比的硒酸铵与硒酸镁溶液反应制得。用途：作杀虫剂、氧化剂和化学试剂。

硒酸钴铵（ammonium cobalt selenate） 化学式 $(NH_4)_2SeO_4\cdot CoSeO_4\cdot 6H_2O$，分子量 489.02。宝石红色单斜系晶体。密度 2.228 g/cm^3。易溶于水。在空气中稳定。制备：可通过蒸发硒酸钴和硒酸铵的混合溶液制得。

硫代硒酸钾（potassium selenothionate） 化学式 $K_2SeS_2O_6$，分子量 317.29。无色单斜系棱柱晶体。溶于水分解。热至 250℃ 分解。

溴化物、溴酸盐

溴化氢（hydrogen bromide） CAS 号 10035-10-6。化学式 HBr，分子量 80.91。无色有刺激性臭味的气体或淡黄色液体，潮湿空气中发烟，有毒！熔点 -88.5℃，沸点 -67.0℃，密度 3.5^0 g/L(气态)、2.77^{-67} g/mL(液态)。易溶于水，溶于乙醇。纯品在空气中较稳定，但遇光及热易被氧化而游离出溴。遇臭氧能发生爆炸性反应。利用氯可使溴游离出来。能与普通金属发生反应放出氢气。与空气可形成爆炸性混合物。易于液化。其水溶液称"氢溴酸"，为强酸之一，有强腐蚀性。制备：可由四氢化萘与溴反应，或由氢与溴直接反应，或在催化剂 $FeBr_3$ 存在下将苯溴化，或由溴与含水的红磷反应制得。用途：可作为还原剂、分析试剂、芳香化合物烷基化催化剂、共轭双烯异构化催化剂，用于制药、溴化物合成等领域。

氢溴酸（hydrobromic acid） 溴化氢的水溶液。溴化氢 CAS 号 10035-10-6，化学式 HBr，分子量 80.91。无色有刺激性酸味的液体，有腐蚀性！熔点 -86℃，沸点 126℃

（47%水溶液），密度 1.49 g/cm³（47%水溶液）。易溶于氯苯、二乙氧基甲烷等有机溶剂。能与水、乙醇、乙酸混溶。还原性较弱，与金属反应生成盐，比盐酸易分解。可被氧化物、过氧化物、氯气等氧化。加热其饱和溶液即放出部分溴化氢。常因游离出溴而着色。对光很敏感，应贮藏于暗处。制备：用冷水吸收溴化氢制得。用途：可用于医药、染料、化学分析、有机合成、高纯金属提炼等领域。

溴化锂（lithium bromide）　CAS 号 7550-35-8。化学式 LiBr，分子量 86.85。有微苦味的白色立方系晶体。熔点 547℃，沸点 1 265℃，密度 3.464 g/cm³。易潮解。易溶于水，能溶于甲醇、乙醇、戊醇、甘油、乙二醇、丙酮、乙醚、许多有机酸、酯类等有机溶剂。不溶于液溴，不能形成多溴化物。其水溶液呈中性或微碱性。热的浓溶液能溶解纤维素。在空气中加强热，显著分解，析出溴同时生成痕量的碳酸锂和氧化锂而呈碱性。熔融时能强烈腐蚀玻璃、瓷器和铂。与气态的氨作用生成 LiBr·xNH₃。能形成一系列水合物：LiBr·H₂O，LiBr·2H₂O，LiBr·3H₂O。常温下为白色的二水合物，44℃失去 1 分子结晶水，高于 160℃变为无水物。制备：可由锂与溴直接化合，工业上由碳酸锂或一水合氢氧化锂与新制的氢溴酸反应制得。用途：可作为空调设备中的吸水剂、低温热交换介质、分析试剂、有机合成中的脱卤化氢试剂、高能电池中的电解质、镇静剂、催眠剂，用于制药、石化、感光等领域。

溴化铍（beryllium bromide）　CAS 号 7787-46-4。化学式 BeBr₂，分子量 168.82。白色针状晶体。沸点 520℃，490±10℃升华，密度 3.465²⁵ g/cm³。溶于乙醇、乙醚，不溶于苯。易潮解，在水中完全水解。不形成碱式盐。熔融时有较高的蒸气压。制备：可在氮气流中使饱和溴蒸气通过氧化铍和炭的混合物；或在氩气流中使溴蒸气通过粉状铍制得；将水溶液蒸发浓缩至糖浆状时，通入气态的溴化氢则析出柱状的四水合物。

三溴化硼（boron tribromide）　CAS 号 10294-33-4。化学式 BBr₃，分子量 250.52。无色或稍带黄色的发烟液体，蒸气有剧毒！熔点 -46℃，沸点 91.3℃（±0.25℃），密度 2.65⁰ g/mL。溶于四氯化碳。易被水、醇分解，能与磷、氮、氧、硫、卤素、氨、碱、卤化磷、磷化氢以及许多氨的取代物反应。有强腐蚀性。受热会爆炸。制备：可由单质硼或硫化硼加热后溴化制得，或由三溴化铝与三氟化硼反应制得。用途：可作为半导体的掺杂材料，有机合成的催化剂、中间体、溴化剂，用于制高纯硼、有机硼化物等。

四溴化碳（carbon tetrabromide）　亦称"四溴甲烷"。CAS 号 558-13-4。化学式 CBr₄，分子量 331.63。无色单斜系或白色八面体晶体。熔点 88～90℃，沸点 189.5℃，密度 3.42 g/cm³。不溶于水，溶于乙醇、乙醚、氯仿。高温下不稳定。制备：可由三溴甲烷或二硫化碳与溴化碘反应，或由四氯化碳与溴化铝反应制得。用途：可作为直链烃的烷基化催化剂、芳化聚合反应的链转移剂，用于农药、

医药、染料、制冷剂、季胺类化合物的制备。

溴化钠（sodium bromide）　CAS 号 7647-15-6。化学式 NaBr，分子量 102.89。有咸味，有时微带苦味的白色晶体颗粒或粉末。熔点 747℃，沸点 1 390℃，密度 3.203 g/cm³。溶于水，微溶于醇。从空气中吸收水分变硬，但不潮解。受光照射被空气氧化。其二水合物为白色晶体粉末。有吸湿性。熔点 51℃，沸点 1 392℃，密度 2.176 g/cm³。溶于水，微溶于乙醇。制备：可由草酸钠与液溴反应，或由氢溴酸与碳酸氢钠反应，或由溴化铁溶于水与碳酸氢钠反应，或用碳还原溴酸钠制得。用途：可作为镇静剂、分析试剂，可用于摄影、医药、溴化物合成等领域。

溴化镁（magnesium bromide）　CAS 号 7789-48-2。化学式 MgBr₂，分子量 184.11。无色或白色三方系苦味晶体。熔点 700℃，沸点 1 230℃，密度 3.72 g/cm³。有潮解性。溶于水、乙醇、甲醇和吡啶。其六水合物 CAS 号 13446-53-2，化学式 MgBr₂·6H₂O，分子量 292.22。无色或白色单斜系苦味晶体。熔点 172.4℃，密度 2.0 g/cm³。易溶于水。溶于甲醇和乙醇时，同时生成加成物 MgBr₂·6CH₃OH，MgBr₂·6C₂H₅OH。制备：无水物可由金属镁在室温下与干燥的溴在乙醚中反应制得。六水合物可由碱式碳酸镁与 47% 的氢溴酸反应，或由氢氧化镁与溴化氢反应制得。用途：可作为镇静剂、抗痉挛剂、有机反应催化剂、污水处理剂、印染助剂等，可用于制备各种有机溴化物。

溴化铝（aluminium bromide）　CAS 号 7727-15-3。化学式 AlBr₃，分子量 266.69。无色正交系片状晶体，或白色-黄红色单斜系晶体或粉末。熔点 97℃，沸点 263℃，密度 2.64 g/cm³（熔融态）。易溶于乙醇、丙酮、二硫化碳。易潮解。遇水发生激烈反应生成六水合物，并放出大量的热，甚至喷溅出反应物。在空气中燃烧剧烈。可与氨生成多种加合物 AlBr₃·xNH₃。与硫化氢、卤烷烃、乙醚、羰基化合物等生成多种化合物。六水合物为白色晶体，熔点 93℃，密度 2.54 g/cm³，沸点 135℃时分解为氧化铝、溴化氢、水。十五水合物为无色针状晶体，熔点 -7.5℃，加热至 7℃时分解。制备：无水物由铝屑和溴反应制得，水合物可由氢氧化铝与氢溴酸反应制得。用途：可作为有机合成的溴化剂、异构化催化剂、润滑油的处理剂等。

四溴化硅（silicon tetrabromide）　亦称"四溴甲硅烷"。CAS 号 7789-66-4。化学式 SiBr₄，分子量 347.70。有不愉快气味及刺激性的无色发烟液体。熔点 5.4℃，沸点 154℃，密度 2.77²⁰ g/mL。在空气中变黄色。遇水强烈水解生成硅酸和氢溴酸并放出大量热。遇酸分解。不燃烧。与金属钾剧烈反应。与氨等物质生成加合物。制备：可由溴化氢与四氯化硅蒸气反应，或由硅与单质溴反应，或由溴化氢与硅在加热条件下反应，或在高温下向硅石与焦炭混合物中通入溴蒸气制得。用途：可用于合成有机

硅化合物及制备有机衍生物。

六溴化二硅（disilicon hexabromide）　亦称"六溴乙硅烷"。CAS 号 13517-13-0。化学式 Si_2Br_6，分子量 535.60。白色正交系晶体。熔点 95℃，沸点 240℃。溶于二硫化碳、四氯化碳、氯仿、苯、四氯化硅、四溴化硅。能迅速被空气中的水汽水解，生成不溶的硅草酸。与氨或强碱溶液反应生成硅酸或硅酸盐并放出氢气。制备：可由溴与六碘化二硅的二硫化碳溶液反应，或在 180~200℃下由溴与硅钙合金反应制得。

三溴化磷（phosphorus tribromide）　亦称"溴化磷"。CAS 号 7789-60-8。化学式 PBr_3，分子量 270.69。无色或浅黄色有刺激臭味的液体，固态为易潮解的金黄色晶体。熔点 -40℃，沸点 172.9℃，密度 2.852^{15} g/mL。溶于乙醚、丙酮、氯仿、三氯甲烷、四氯化碳、二硫化碳、苯。受热其颜色随温度升高经橙黄、暗黄至黑色。干燥时稳定，有腐蚀性。极易水解，在空气中剧烈发烟。遇水分解为亚磷酸和氢溴酸并放出大量热。遇乙醇分解为磷酸和溴乙烷。与氧加热生成亚磷酰溴和溴，进一步反应生成磷酰溴和五溴化磷。与氯反应生成三氯化磷和溴。与碘不反应。与硫化氢反应生成三硫化二磷和溴化氢。制备：可由三氯化磷和溴化氢反应，或滴加溴于干燥的磷，或由磷蒸气与溴化汞加热反应制得。用途：可作为有机合成中的溴化剂、还原剂，用于糖和氧的测定。

五溴化磷（phosphorus(Ⅴ) pentabromide）　亦称"溴化磷"。CAS 号 7789-69-7。化学式 PBr_5，分子量 430.49。柠檬黄色或红色正交系晶体。熔点低于 100℃（分解）。溶于二硫化碳、四氯化碳、苯、三氯化砷、硝基苯、液态二氧化硫。在气相分解为三溴化磷和溴。遇水分解为磷酸、氢溴酸。遇醇也剧烈分解。和某些金属溴化物可形成加合物，如 $[PBr_4]^+[AuBr_4]^-$、$[PBr_4]^+[SnBr_5]^-$ 等。加热至 106℃分解为三溴化磷和溴。制备：可由三溴化磷和过量的溴在二硫化碳或乙腈溶液中反应，或由溴与磷或磷的氧化物反应，或由磷酰氯和氢溴酸混合后在 400~500℃反应制得。用途：可作为有机合成中的溴化剂。

一溴化硫（sulfur monobromide）　CAS 号 13172-31-1。化学式 S_2Br_2，分子量 223.94。红色油状液体。熔点 -40℃，沸点 54℃（26.6 Pa），密度 2.63 g/mL。能溶于二硫化碳。与冷的二硫化碳中的水缓慢反应生成乳白色悬浊液。在水中分解，在热水中分解更快。制备：可由溴化氢与一氯化硫反应，或由硫和溴在闭管中加热反应制得。

溴化钾（potassium bromide）　亦称"钾溴""灰溴"。CAS 号 7758-02-3。化学式 KBr，分子量 119.00。有强烈咸味的无色或白色立方系晶体或粉末。熔点 730℃，沸点 1 435℃，密度 2.765 g/cm³。稍有吸湿性。易溶于水。难溶于乙醇、乙醚。见光颜色变黄。制备：可由碳酸钾溶液与溴化铁反应，或由氢氧化钾溶液与溴反应制得。用途：可作为感光剂、镇静剂，用于制药、农药分析、铜和银的微量分析等。

溴化钙（calcium bromide）　CAS 号 7789-41-5。化学式 $CaBr_2$，分子量 199.90。无色正交系晶体。熔点 730℃（有微量分解），沸点 806~812℃，密度 3.353 g/cm³。易潮解。其六水合物为无色六方系晶体，熔点 38.2℃，沸点 149℃，密度 2.295 g/cm³。易溶于水、乙醇、丙酮，微溶于液氨。久置空气中变黄，高温时分解为溴和石灰。制备：将氟化钙、碳酸钙或氢氧化钙溶解于氢溴酸溶液中，经浓缩、蒸发、结晶，制得六水合物；再经真空加热脱水，最后在氢气和溴化氢气流中脱掉微量水即得无水物。用途：可作为去水剂、食物防腐剂、防火油漆、制冷剂，可用于摄影、医药、化学分析等领域。

溴化钪（scandium bromide）　CAS 号 13465-59-3。化学式 $ScBr_3$，分子量 284.67。纯白色固体，常因分解产生的溴而呈淡褐色。熔点 960℃，密度 3.914 g/cm³。有吸湿性。受热高于 1 000℃时升华。制备：可由氧化钪和溴化铵在 300℃反应；或在 25℃下将饱和了溴单质的氮气通过装在石英管中的 3∶1 糖炭和氧化钪的混合物加热至 1 000℃制得。

二溴化钛（titanium dibromide）　CAS 号 13783-04-5。化学式 $TiBr_2$，分子量 207.68。黑色粉末。密度 4.31 g/cm³。溶于水，放出氢气。有强还原性，接触湿空气燃烧。高于 500℃时分解。制备：可由金属钛与溴在密闭真空管中反应，或在低于 400℃时热解三溴化钛，或由钛还原四溴化钛制得。

三溴化钛（titanium tribromide）　CAS 号 13135-31-4。化学式 $TiBr_3$，分子量 287.58。无水物为青黑色晶状粉末，六水合物为紫红色或暗蓝色晶体。熔点 115℃。易潮解。极易溶于冷水、乙醇、丙酮。曝置在潮湿空气中变为紫至红色。溶于水生成紫色溶液。在真空中约 400℃分解为二溴化钛和四溴化钛。制备：可由氢或金属（钛、银、汞）还原四溴化钛，六水合物可由电解四溴化钛的氢溴酸溶液制得。

四溴化钛（titanium tetrabromide）　CAS 号 7789-68-6。化学式 $TiBr_4$，分子量 367.48。橙黄色粉末或晶体。熔点 39℃，沸点 230℃。密度 2.6 g/cm³（单斜系），3.24 g/cm³（立方系）。溶于无水乙醇、无水乙醚、四氯化碳、氯仿、盐酸、氢溴酸。易潮解。在水中分解，能被碱性水溶液完全分解。制备：可由钛与溴在 360℃下反应，或加热二氧化钛、活性炭和饴糖的混合物再进行氯化，或由四氯化钛与溴化氢反应制得。

三溴化钒（vanadium tribromide）　CAS 号 13470-26-3。化学式 VBr_3，分子量 290.65。棕黑色晶体，蒸气呈紫色。吸湿性强。密度 4.00^{18} g/cm³。溶于冷水、乙醇、乙

醚,不溶于氢溴酸。加热分解。制备:可由钒铁与二氧化碳和溴的混合气反应,或由溴与单质钒反应制得。

三溴化铬(chromium tribromide) 亦称"溴化铬"。CAS 号 10031-25-1。化学式 $CrBr_3$,分子量 291.71。无水物为褐绿色六方系晶体,六水合物为蓝灰色或紫色晶体。密度 5.40^{25} g/cm^3(无水物),4.25^4 g/cm^3(六水合物)。易潮解。溶于水、乙醇,不溶于乙醚。制备:可由溴蒸气与赤热金属铬反应,或用浓氢溴酸处理硝酸铬浓溶液制得。用途:可作为烯烃聚合的催化剂。

溴化锰(manganese dibromide) CAS 号 10031-20-6。化学式 $MnBr_2$,分子量 214.75。玫瑰色晶体。密度 4.385 g/cm^3。极易溶于水,不溶于氨。高温下分解。其四水合物有两种,一种为玫瑰色单斜系晶体,稳定,易潮解;另一种为无色正交系晶体,不稳定,极易溶于水,64.3℃分解。制备:可由金属锰与溴加热反应制得。用途:可作为催化剂、医药原料。

溴化亚铁(iron(II) bromide) CAS 号 7789-46-0。化学式 $FeBr_2$,分子量 215.65。淡绿黄色六方系鳞片状晶体。熔点 684℃,沸点 934℃,密度 4.636 g/cm^3。易溶于水、乙醇、乙醚、乙腈,微溶于苯。有吸湿性,在潮湿空气中迅速氧化。六水合物为浅绿色至蓝绿色正交系棱柱体,对光敏感,熔点 27℃。六水合物加热至 45℃以上变为四水合物,83℃以上变为二水合物。制备:可由过量铁在溴蒸气中燃烧,或将纯铁在瓷反应管中 800℃下通入溴化氢与氮的干燥混合气反应制得。将其水合物在溴化氢与氮的混合气流中加热脱水可制得无水物。用途:可用于催化聚合反应、制药等。

溴化铁(iron(III) bromide) CAS 号 10031-26-2。化学式 $FeBr_3$,分子量 295.56。暗红棕色有光泽的六方系菱形板状晶体。溶于水、乙醇、乙醚、乙酸,微溶于液氨。吸湿性极强。有腐蚀性和刺激性。加热时升华,同时逐渐分解生成溴化亚铁与溴。暴露在空气和光照下,会逸出部分溴蒸气,90℃时溴的蒸气压为 7.331 kPa,139℃ 时为 101.3 kPa。其水溶液煮沸时会分解为溴化亚铁与溴。其六水合物为暗绿色晶体,27℃时溶于自身的结晶水中。制备:可由铁或溴化亚铁在 200℃与溴反应制得。用途:可用于催化芳香化合物的溴化反应、化学分析、医药工业等领域。

溴化钴(cobalt(II) bromide) 亦称"二溴化钴"。CAS 号 7789-43-7。化学式 $CoBr_2$,分子量 218.74。绿色六方系晶体。熔点 678℃(在溴化氢及氮气存在下),密度 4.909^{25} g/cm^3。具有潮解性,在空气中形成六水合物。其六水合物为红紫色粉末,熔点 47~48℃,沸点 130℃,密度 2.46 g/cm^3。加热至 100℃时,失去 4 分子水。极易溶于水,在冷水中呈红色。溶于醇、碱、乙醚、丙酮,溶液呈蓝色。制备:可由氧化钴与溴化氢反应,或由氯化钴在

500℃下通入溴化氢,也可将金属钴粉同溴蒸气加热反应制得。用途:可用作分析试剂、催化剂,可用于制湿度计等。

溴化镍(nickel bromide) CAS 号 13462-88-9。化学式 $NiBr_2$,分子量 218.50。黄褐色晶体。熔点 963℃,密度 5.098^{27} g/cm^3。极易溶于水,可溶于乙醇及喹啉,微溶于甲醇、丙酮,不溶于甲苯。粉末状无水盐强烈吸收氨生成淡紫色六氨合镍(II)的溴化物。强热时生成氧化镍(II)及溴。其三水合物为浅黄绿色鳞片状晶体或粉末,具潮解性,溶于水、醇、醚、氨水,在真空中能升华,加热至 300℃完全脱水。制备:可由灼热的镍粉与液溴反应,或将氧化镍(II)在含少量一氯化硫的溴化氢气流中加热,或将氯化镍(II)在溴化氢气流中加热至 500℃制得。用途:可用于制药工业和有机合成。

溴化亚铜(copper(I) bromide) CAS 号 7787-70-4。化学式 $CuBr$,分子量 143.45。白色粉末或立方系晶体,有毒!熔点 498℃,沸点 1 345℃,密度 4.72 g/cm^3。溶于盐酸、氢溴酸,不溶于丙酮、浓硫酸。微溶于冷水,在热水、硝酸中分解。与氨水生成配合物。露置在日光下变成绿至深蓝色。制备:往硫酸铜和溴化钾溶液中通入二氧化硫制得。用途:可作为有机反应催化剂,分析试剂等。

溴化铜(copper(II) bromide) CAS 号 7789-45-9。化学式 $CuBr_2$,分子量 223.35。黑色似碘片的单斜系晶体或晶体粉末。熔点 498℃,沸点 900℃,密度 4.71 g/cm^3。易潮解。易溶于水,能溶于醇、丙酮、吡啶、氨水,几乎不溶于乙醚、苯、浓硫酸。加热无水物或煮沸其水溶液分解为溴化亚铜和溴。用水重结晶时,可析出二水合物或四水合物(均为潮解性的带褐色的绿色晶体)。制备:可由一水合乙酸铜与乙酰溴反应,或由化学计量比的氧化铜与热的氢溴酸反应制得。用途:可作为湿度指示剂、有机合成溴化剂、乙酰化聚甲醛稳定剂、照相增感剂。

溴化锌(zinc bromide) CAS 号 7699-45-8。化学式 $ZnBr_2$,分子量 225.21。无色有金属气味的正交系针状晶体。熔点 394℃,沸点 650℃(部分分解),密度 4.22^{22} g/cm^3。有强吸湿性。极易溶于水,能溶于乙醇、乙醚、丙酮、碱液。水溶液呈酸性,在浓溶液中能形成 $Zn(ZnBr_4)$ 复盐。制备:由锌与溴或溴化氢反应制得。用途:可作为镇静剂、催化剂,可用于制照相纸、电池。重量比 79% 的水溶液可作为屏蔽用液体窥视窗的填充液。

三溴化镓(gallium tribromide) CAS 号 13450-88-9。化学式 $GaBr_3$,分子量 309.43。白色晶体。熔点 121.5 ± 0.6℃,沸点 278.8℃,密度 3.09 g/cm^3。具强吸湿性,溶于水。微溶于液氨,生成氨合物 $GaBr_3 \cdot xNH_3$($x=1\sim5$)。易与吡啶生成加合物。易升华。制备:由镓和过量的溴蒸气反应制得。

二溴化锗(germanium dibromide) CAS 号 13769-

36-3。化学式 $GeBr_2$，分子量 232.45。无色针状或片状晶体。熔点 122℃。溶于酸、醇、四溴化锗、溴化氢，不溶于苯。遇水分解生成 $Ge(OH)_2$。易被空气氧化。与干燥 HBr 在 40℃时生成 $GeHBr_3$，与 $(CH_3)_4NBr$、$(CH_3)_4AsBr$ 能生成稳定的配合物。制备：可用锌还原四溴化锗，或用四溴化锗与锗在 150℃反应制得。

四溴化锗（germanium tetrabromide）　CAS 号 13450-92-5。化学式 $GeBr_4$，分子量 392.26。冰样无色固体。熔点 26.1℃，沸点 186.5℃，密度 3.05^{50} g/mL（液态）、3.10 g/cm³（固态）。溶于无水乙醇、乙醚、苯，不溶于浓硫酸。在潮湿空气中迅速水解，遇水分解。遇氯气反应易转变成四氯化锗。在乙醚存在下用镁还原可生成锗单质。受紫外线照射后变微黄色。制备：可在装有回流冷凝器的容器中沸煮二氧化锗和氢溴酸，产物在 26℃以下将 HBr 挥发掉以后再蒸馏即得纯品；或将溴蒸气通过 220℃的锗粉制得。

三溴化砷（arsenic tribromide）　亦称"溴化亚砷"。CAS 号 7784-33-0。化学式 $AsBr_3$，分子量 314.63。黄白色斜方系菱形晶体，有毒！熔点 32.8℃，沸点 221℃，密度 3.54 g/cm³。溶于盐酸、溴化氢溶液、二硫化碳，也溶于醇、醚、二硫化碳、四氯化碳。有潮解性，遇水分解，在潮湿空气中发烟被水分解成三氧化二砷和溴化氢。制备：可将溴蒸气与砷粉反应后再经加热蒸馏制得，或用三氧化二砷与溴单质和硫缓缓加热制得。用途：可用于化学分析、有机合成、医药等领域。

一溴化硒（selenium monobromide）　亦称"二溴化二硒"。CAS 号 7789-52-8。化学式 Se_2Br_2，分子量 317.73。有不愉快气味的暗红色油状液体，有毒！沸点 227℃，密度 3.60^{16} g/mL。可溶于二硫化碳、氯仿、溴代乙烷。有吸湿性。在水、乙醇、空气中分解。有弱氧化性。在弱碱性条件下能歧化为二溴氧硒和单质硒。受热时部分分解。制备：由单质硒与溴在二硫化碳溶液中反应制得。用途：可用作溴化剂。

四溴化硒（selenium tetrabromide）　CAS 号 7789-65-3。化学式 $SeBr_4$，分子量 398.58。有特殊气味的红棕色晶体粉末，有毒！熔点 75℃（分解），沸点 115℃（升华），密度 3.97 g/cm³。可溶于二硫化碳、氯仿、溴代乙烷。有吸湿性，遇水及酸分解。易水解为亚硒酸和溴化氢。分别与溴化氢、碱金属溴化物反应得六溴合硒（IV）酸及其盐。有氧化性，与有机化合物反应生成含硒的环状化合物。受热至 75℃完全分解为二溴化硒及单质溴。制备：可由单质硒或一溴化硒与溴反应制得。用途：可用作促进剂、硫化剂、电子元件材料。

溴化铷（rubidium bromide）　CAS 号 7789-39-1。化学式 RbBr，分子量 165.37。无色晶体，面心立方晶格。熔点 693℃，沸点 1 337℃，密度 3.35 g/cm³。易溶于水、液态二氧化硫、液氨，微溶于丙酮，不溶于乙醇。易生成复盐。制备：可由碳酸铷与氢溴酸反应，或由硫酸铷与等当量的氢氧化钡反应再用氢溴酸转化制得。用途：可用于制药、制其他铷化合物等。

三溴化铷（rubidium tribromide）　CAS 号 14459-73-5。化学式 $RbBr_3$，分子量 325.18。红色菱形晶体。溶于水，不溶于丙酮。在乙醚、乙醇中分解。受热至 140℃分解为溴化铷和溴。制备：可由溴化铷和溴混合后加热反应，或由氢溴酸与碳酸铷或氢氧化铷反应制得。

溴化锶（strontium bromide）　CAS 号 10476-81-0。化学式 $SrBr_2$，分子量 247.43。无色针状六方系晶体。熔点 643℃，密度 4.216^{24} g/cm³。有吸湿性。极易溶于水，100g 水中溶解度为 100g（22.5℃），能溶于乙醇。其六水合物为无色针状六方系晶体，有吸湿性，熔点 88.2℃，密度 2.386^{25} g/cm³。极易溶于水，可溶于甲醇和乙醇，不溶于乙醚。制备：将碳酸锶溶于氢溴酸后于常温下蒸发结晶可制得六水合物。无水物可由加热六水合物并加入溴化铵加热反应，或将碳酸锶和溴化铵以 1：1 混合于铂皿中加强热制得。用途：可用作镇静剂。

溴化钇（yttrium bromide）　CAS 号 13469-98-2。化学式 YBr_3，分子量 328.62。白色粉末。熔点 904℃。其九水合物为无色片状固体。易潮解。易溶于水，溶于乙醇，不溶于乙醚。制备：按摩尔比 1：12 将氧化钇与溴化铵混合后于 300℃反应，待反应完全后在减压条件下加热至 300℃除去过量的溴化铵制得。

二溴化锆（zirconium dibromide）　CAS 号 24621-17-8。化学式 $ZrBr_2$，分子量 251.03。有光泽的黑色粉末。遇水剧烈反应放出氢。高于 350℃则分解。400℃以上时，可将四溴化钛还原为金属钛和三溴化钛。制备：可用赤热的锆粉或氢还原四溴化锆蒸气，或在隔绝空气情况热解三溴化锆制得。

三溴化锆（zirconium tribromide）　CAS 号 24621-18-9。化学式 $ZrBr_3$，分子量 330.94。蓝黑色粉末。隔绝空气加热至 350℃以上可歧化分解为二溴化锆（II）和四溴化锆（IV）。遇水分解放出氢，并将其氧化为锆（IV）。制备：在 450℃下将四溴化锆和氢的混合气体通过铝丝制得。

四溴化锆（zirconium tetrabromide）　CAS 号 13777-25-8。化学式 $ZrBr_4$，分子量 410.86。白色晶体或粉末。易潮解。熔点 450℃±1(1 519.5 kPa)，357℃升华。不溶于冷水、苯、四氯化碳，溶于乙醇、乙醚。溶于液氨形成加合物。制备：可由饱和溴蒸气与二氧化锆、炭的混合物在二氧化碳或氮气流中反应，或将锆粉末加热到 850℃后以稀有气体作为载气通入溴气中反应制得。

五溴化铌（niobium pentabromide）　CAS 号 13478-45-0。化学式 $NbBr_5$，分子量 492.43。紫红色易挥发晶

体。熔点 265.2℃,沸点 361.6℃。溶于乙醇、溴代乙烷。在冷水中分解。制备:在氮气中加热单质铌和溴制得。

二溴化钼(molybdenum dibromide)　CAS 号 13446-56-5。化学式 $MoBr_2$,分子量 255.75。黄红色无定形粉末。密度 $4.88^{17.5}$ g/cm³。不溶于水。微溶于液氨,生成灰色或黑色的胺基化合物。可溶于硝酸及氢卤酸中,生成 $H_2[(Mo_6Br_8)X_6]$。易溶于热稀碱液形成黄色溶液,其稀碱液放置可析出黄色沉淀,在浓碱液中可完全分解为黑色的氢氧化物沉淀。在吡啶中可生成稳定的黄色晶体 $Mo_6Br_{12} \cdot 2C_5H_5N$。其六水合物为黄色晶体。制备:可由金属钼与溴加热至较高温度,或由三溴化钼加热至 600℃,或由二氯化钼与溴化锂在 650~700℃下于真空反应器内反应制得。

三溴化钼(molybdenum tribromide)　CAS 号 13446-57-6。化学式 $MoBr_3$,分子量 335.65。黑绿色或黑色厚毡状晶体。不溶于水、酸及其他常见溶剂。溶于吡啶呈暗褐色,从吡啶溶液中可析出黄褐色针状晶体。遇水稳定,遇热盐酸及冷硝酸几乎不分解。遇稀碱则缓慢分解,煮沸则完全分解,生成黑色的氢氧化物。通入氢气并在 650℃下加热可被定量还原为钼和溴化氢。常压下加热即分解,强热则变为二溴化钼。制备:可由 $MoBr_4$ 加热至 300℃,或由钼箔与干燥脱气的溴在 600℃真空下反应,或将金属钼在 CO_2-Br_2 中加热至 350~400℃制得。

四溴化钼(molybdenum tetrabromide)　CAS 号 13520-59-7。化学式 $MoBr_4$,分子量 415.56。黑色有光泽的针状晶体。极易被氧化或水解。在空气中吸潮,迅速变为黑色液体。在真空下加热至 110~130℃可定量分解为三溴化钼和溴。溶于水呈黄褐色溶液,在碱中立即生成黄绿色 $Mo(OH)_5$ 沉淀。制备:将金属钼与溴加热至 200~300℃反应,或由三溴化钼与液溴在真空反应器中反应制得。

二溴化钯(palladium dibromide)　亦称"溴化亚钯"。CAS 号 13444-94-5。化学式 $PdBr_2$,分子量 266.23。红棕色无定形固体。密度 5.173^{15} g/cm³。可溶于氯化物特别是氯化钠溶液中,不溶于水、乙醇,溶于氢溴酸。与氨生成二溴化二氨合钯。与三溴化磷形成 $PdBr_2 \cdot PBr_3$。310℃以下稳定,高温下受热分解。制备:可由钯与浓硝酸和氢溴酸的混合溶液反应,或向溴化物水溶液中加入硝酸钯制得。用途:可用于制催化剂。

溴化银(silver bromide)　CAS 号 7785-23-1。化学式 AgBr,分子量 187.77。浅黄色立方系晶体。熔点 432℃,密度 6.473 g/cm³。溶于氰化钾、硫代硫酸钠、饱和氯化钠、饱和溴化钾溶液,微溶于氨水、碳酸铵溶液,极微溶于水,不溶于乙醇及大多数酸。易被较活泼的金属还原。遇光分解变黑,感光范围限于蓝紫短波光,感光敏锐程度比氯化银、碘化银高。1 300℃以上分解。自然界中以溴银矿或氯溴银矿存在。制备:可在避光条件下由硝酸银与溴化碱溶液反应,或由氢溴酸或金属溴化物与硝酸银反应制得。用途:主要用于摄影,还可用于铷的微量分析、电镀工艺、变色玻璃、局部抗感染和收敛剂。

溴化镉(cadmium bromide)　CAS 号 7789-42-6。化学式 $CdBr_2$,分子量 272.22。白色至黄色的针状晶体,有毒! 熔点 567℃,沸点 863℃,密度 5.192 g/cm³。四水合物为白色细小针状晶体。在干燥空气中易风化,久置或光照逐渐变黄。熔点 583℃,沸点 963℃,热至 36℃失水变成无水盐。两者都能溶于水、盐酸、乙醇、丙酮,微溶于乙醚。制备:可由溴水处理镉,并加氢溴酸以防止溴化镉水解为羟基溴化镉;或由碳酸镉与溴化氢反应制得。用途:可用于摄影、石印术、雕刻、化学分析。

一溴化铟(indium monobromide)　CAS 号 14280-53-6。化学式 InBr,分子量 194.72。红棕色固体。熔点 220℃,662℃升华,密度 4.96 g/cm³。溶于酸。遇冷水缓慢分解,温度升高反应速度加快,生成三溴化铟和铟。制备:可由过量的铟与三溴化铟反应,或由金属铟与 Hg_2Br_2 或 $HgBr_2$ 在真空中加热至 310~350℃制得。

二溴化铟(indium dibromide)　CAS 号 14226-34-7。化学式 $InBr_2$,分子量 274.63。浅黄色晶体。熔点 235℃,632℃升华,密度 4.22 g/cm³。溶于酸。水中分解。易与溴化物生成配合物。易发生歧化反应,生成三溴化铟和一溴化铟。制备:可由三溴化铟与铟定量混合后经真空熔融反应,或在溴化氢中加热铟至 200℃,或在 85∶15 的氢气和溴化氢的混合物中将三溴化铟在低于 600℃时反应制得。

三溴化铟(indium tribromide)　CAS 号 13465-09-3。化学式 $InBr_3$,分子量 354.53。白色或黄色针状晶体。具潮解性。熔点 437±2℃,密度 4.74 g/cm³。易溶于冷水、乙醇。高温升华。制备:可将经溴蒸气饱和过的二氧化碳气体急速通过加热的金属铟,或由铟与氢溴酸反应制得。

二溴化锡(tin dibromide)　亦称"溴化亚锡"。CAS 号 10031-24-0。化学式 $SnBr_2$,分子量 278.51。淡黄色晶体。熔点 215.5℃,沸点 618℃,密度 5.117^{17} g/cm³。极溶于水,能溶于乙醇、乙醚、丙酮。具有强还原性。制备:将金属锡粉溶于氢溴酸中后蒸发结晶得到水合物晶体,无水物可由水合物在硫酸中干燥脱水制得。用途:可用于有机合成。

三溴化锑(antimony tribromide)　亦称"溴化亚锑"。CAS 号 7789-61-9。化学式 $SbBr_3$,分子量 361.47。无色或黄色菱形晶体,熔融时为浅黄色,见光色变深,剧毒! 熔点 96.8℃,沸点 280℃,密度 4.148^{23} g/cm³。溶于盐酸、氢溴酸、二硫化碳、氨、乙醇、丙酮、苯。具潮解性,遇水迅速分解。加热熔融变成琥珀色液体。制备:可由锑粉与饱和的溴蒸气在硼硅酸玻璃容器及在氮气流中反应制得。用途：可作为媒染剂、铁铜器的着色剂、分析试剂。

二溴化碲（tellurium dibromide） CAS 号 7789-54-0。化学式 $TeBr_2$，分子量 287.41。棕至灰绿色针状晶体。熔点 210℃，沸点 339℃。可溶于乙醚、乙醇、氯仿。遇水分解。易歧化为四溴化碲和碲。在液态二氧化硫、乙醚、氯仿中均可发生歧化反应。制备：可由一溴三氟甲烷与碲反应，或由干燥的 $CBrF_3$ 与熔融的碲在 500℃ 反应制得。

四溴化碲（tellurium tetrabromide） CAS 号 10031-27-3。化学式 $TeBr_4$，分子量 447.22。橘红色晶体，加热呈红色。熔点 380 ± 6℃，沸点 $414 \sim 427$℃。密度 4.314^{15} g/cm^3。可溶于苛性碱、氢溴酸、酒石酸、乙醚、乙酸。有吸湿性。遇水发生水解反应。分解同时放出溴气，不能在常压下熔融或蒸馏。与氢溴酸作用得五溴合碲(IV)酸。制备：由单质碲与过量溴反应制得。用途：可用于制备碲单质。

一溴化碘（iodine monobromide） CAS 号 7789-33-5。化学式 IBr，分子量 206.81。有强烈的刺激性臭味的暗灰色正交系晶体。熔点 42℃，沸点 116℃（分解），密度 4.4157^0 g/cm^3。溶于乙醇、乙醚、氯仿、二硫化碳。溶于水并分解。其蒸气有相当程度解离。能强烈侵蚀眼睛和黏膜。制备：在氮气流中由碘与溴反应制得。用途：可用于有机合成。

三溴化碘（iodine tribromide） CAS 号 7789-58-4。化学式 IBr_3，分子量 366.62。有辛辣刺激性气味的褐色液体。溶于水、乙醇、醚。用途：可用于有机合成。

溴化铯（cesium bromide） CAS 号 7787-69-1。化学式 CsBr，分子量 212.81。无色立方系晶体。熔点 636℃，沸点 1 300℃，密度 3.04 g/mL（液态），4.44 g/cm^3（固态）。易溶于水，溶于酸、液氨，不溶于丙酮。制备：可由碳酸铯或氢氧化铯与氢溴酸反应，或在过氧化氢存在下用氢溴酸处理碘化铯，或用热氢溴酸处理铯榴石制得。用途：可作为制冷设备中的吸收剂。可用于制造 X 射线荧光屏、分光仪棱镜、分光仪吸收池窗等。

溴化钡（barium bromide） CAS 号 10553-31-8。化学式 $BaBr_2$，分子量 297.14。无色晶体，有毒！熔点 847℃，密度 4.781^{24} g/cm^3。沸点前分解。其二水合物为无色单斜系或正交系晶体，熔点 880℃，密度 3.58^{24} g/cm^3。120℃失去 2 分子结晶水。极易溶于水，溶于甲醇、乙醇，不溶于乙酸乙酯、丙酮、二氧六环。制备：可由氢溴酸与硫化钡或碳酸钡反应，或将金属钡直接与溴反应，或将氧化钡和炭的混合物在高温下与溴蒸气反应制得。用途：可用于制其他溴化物。

溴化镧（lanthanum bromide） CAS 号 13536-79-3。化学式 $LaBr_3$，分子量 378.62。白色粉末。熔点 $783 \pm$ 3℃，沸点 1 577℃，密度 5.057 g/cm^3。其七水合物为无色晶体。极易溶于水、乙醇，不溶于乙醚。其水溶液对甲基橙呈中性，对石蕊呈酸性。制备：可由溴化铵和氧化镧的混合物加热反应；或由镧的氧化物与溴化氢溶液反应制得。用途：可用于制锌、镍、铋、锑等的溴化物和复盐。

溴化铈（cerium bromide） CAS 号 14457-87-5。化学式 $CeBr_3$，分子量 379.82。橙色粉末。熔点 732℃，沸点 1 557℃。其一水合物为无色针状晶体。易溶于水和乙醇，溶于丙酮。遇热分解。其溶液对甲基橙溶液呈中性，对石蕊呈酸性。制备：可由二氧化铈与溴化氢加热至赤热，或由三价草酸铈与干燥溴化氢在高温下反应，或将氢氧化铈溶于氢溴酸，或由无水氯化物与溴化氢反应制得。用途：可作为乙烯与水和氧反应的催化剂，闪烁晶体材料等。

溴化镨（praseodymium bromide） CAS 号 13536-53-3。化学式 $PrBr_3$，分子量 380.62。绿色晶体粉末。熔点 691℃，沸点 1 547℃。微溶于水。制备：可由氧化镨与溴化铵反应制得。

溴化钕（neodymium bromide） CAS 号 13536-80-6。化学式 $NdBr_3$，分子量 383.95。红色柱状晶体。熔点 684℃，沸点 1 540℃，密度 5.3 g/cm^3。可溶于乙醇、丙酮。稍溶于水，在水溶液中发生少许水解。能使甲基橙呈黄色，石蕊呈红色。制备：可由氧化物、硫化物或无水氯化物与溴化氢反应，或由溴化氢和 S_2Cl_2 的蒸气与氧化钕反应制得。

二溴化钐（samarium(II) bromide） 亦称"溴化亚钐"。CAS 号 13759-87-0。化学式 $SmBr_2$，分子量 310.17。黑色不透明固体。熔点 508℃，沸点 1 880℃，密度 5.1 g/cm^3。溶于水，并分解水放出氢气。具有还原性。制备：在加热的条件下用钙、氢等还原三溴化钐制得。

三溴化钐（samarium bromide） CAS 号 13759-87-0。化学式 $SmBr_3 \cdot 6H_2O$，分子量 498.16。黄色易潮解晶体。熔点 640℃，沸点 1 645℃，密度 2.97^{22} g/cm^3。能溶于水。失水后分解为溴化亚钐和溴。制备：将氧化钐溶于溴化铵或氢溴酸溶液制得。

二溴化铕（europium(II) bromide） CAS 号 13780-48-8。化学式 $EuBr_2$，分子量 311.77。无色正交系晶体。熔点 677℃，沸点 1 880℃，密度 5.44 g/cm^3。溶于水、酸。在空气中加热可生成 $EuBr_3$ 和 Eu_2O_3。在密闭管中可被溴氧化为三溴化铕。制备：可由三溴化铕的含水盐在溴化氢气流中慢慢加热，或用锌汞齐还原三溴化铕制得。

三溴化铕（europium (III) bromide） CAS 号 13759-88-1。化学式 $EuBr_3$，分子量 391.68。熔点 702℃。极易潮解，可溶于水。在高温时易分解为二溴化铕和溴。制备：由二溴化铕与过量的溴在密闭反应器中反应，或将氧化铕溶解于氢溴酸中制得。

溴化钆（gadolinium bromide） CAS 号 13818-75-2。

化学式 $GdBr_3 \cdot 6H_2O$，分子量 505.05。板状晶体。密度 2.84^{16} g/cm^3。溶于水和氢溴酸。水溶液对甲基橙呈中性，对石蕊呈酸性。制备：由氧化钆的氢溴酸溶液置于硫酸上浓缩得到六水合物；将氧化钆加热至近赤热，再通入溴化氢可制得无水物。

溴化铽（terbium bromide）　CAS 号 14456-47-4。化学式 $TbBr_3$，分子量 398.64。无色晶体。熔点 827℃，沸点 1490℃。能溶于冷水或热水。制备：由单质铽与溴直接反应，或由氢氧化铽与氢溴酸反应制得。

溴化镝（dysprosium bromide）　CAS 号 14456-48-5。化学式 $DyBr_3$，分子量 402.21。无色晶体。熔点 881℃，沸点 1473℃。溶于冷水和热水。其水溶液对甲基橙呈中性，对石蕊呈酸性。制备：可由溴与镝直接化合，或由氧化镝与溴化铵强烈反应，或将溴化氢和 S_2Cl_2 的混合气体与赤热的氧化镝反应制得。

溴化钬（holmium bromide）　CAS 号 13825-76-8。化学式 $HoBr_3$，分子量 404.64。黄色固体。熔点 914℃，沸点 1470℃。溶于水。制备：可由氧化钬溶于氢溴酸制得含水物，在溴化氢气流中加热溴化铵和溴化钬水合物的混合物可制得无水物。

溴化铒（erbium bromide）　CAS 号 29843-93-4。化学式 $ErBr_3 \cdot 9H_2O$，分子量 569.11。紫玫瑰色针状晶体。易潮解。熔点 950℃，沸点 1460℃。溶于水、酸，可溶于乙醇，不溶于乙醚。置于硫酸上干燥可失去 2 分子结晶水。制备：蒸发浓缩氧化铒或氢氧化铒的氢溴酸溶液可得九水合物，在溴化氢气流中使九水合物加热脱水可得无水物。

溴化铥（thulium bromide）　CAS 号 14456-51-0。化学式 $TmBr_3$，分子量 408.65。熔点 955℃，沸点 1437℃。能溶于水。制备：可由过量溴化铵与氧化铥反应制得。

二溴化镱（ytterbium(II) bromide）　CAS 号 25502-05-0。化学式 $YbBr_2$，分子量 332.85。熔点 677℃，沸点 1800℃，密度 5.91 g/cm^3。溶于水、稀酸。制备：可由三溴化镱与镱反应，或由氢气在 600℃ 下还原溴化镱制得。

三溴化镱（ytterbium(III) bromide）　CAS 号 13759-89-2。化学式 $YbBr_3$，分子量 412.75。无色晶体。熔点 956℃（分解）。八水合物为绿色粉末，有吸湿性。两者都溶于水、乙醇、乙醚。制备：可由氧化镱与氢溴酸反应制得。

溴化镥（lutetium(III) bromide）　CAS 号 14456-53-2。化学式 $LuBr_3$，分子量 414.68。无色晶体粉末。熔点 1025℃，沸点 1400℃。可溶于水和酸中。制备：可由镥的氧化物、氢氧化物或碳酸盐与氢溴酸制得六水合物，再经脱水制得无水物。

溴化铪（hafnium bromide）　CAS 号 13777-22-5。化学式 $HfBr_4$，分子量 498.11。白色固体。420℃ 时升华。制备：可在还原剂存在下将溴通入加热的氧化铪中；或先将氧化铪与炭混合并加热，然后通入氮与溴的混合气体制得。

溴化钽（tantalum bromide）　亦称"五溴化钽"。CAS 号 13451-11-1。化学式 $TaBr_5$，分子量 580.47。黄色晶体。熔点 265℃，沸点 348.8℃，密度 4.67 g/cm^3。能溶于无水乙醇、甲醇、乙醚、四氯化碳、溴代乙烷、苯胺、乙腈、乙酰胺。有极强吸湿性，遇水后即水解为溴化氢并生成五氧化二钽水合物沉淀。与液氨反应被氨解。熔盐是非导体。制备：可由金属钽在溴蒸气中 300℃ 左右反应，或由碳化钽或五氧化二钽和炭混合后进行溴化反应制得。

溴化钨（tungsten bromide）　二溴化钨、三溴化钨、四溴化钨、五溴化钨、六溴化钨等的统称。

二溴化钨（tungsten dibromide）　CAS 号 13470-10-5。化学式 WBr_2，分子量 343.65。黑色粉末。溶于液氨得灰黑色胺盐。制备：由氢气还原五溴化钨制得。

三溴化钨（tungsten tribromide）　CAS 号 15163-24-3。化学式 WBr_3，分子量 423.55。制备：可由溴与二溴化钨在封闭体系中 50℃ 反应制得。

四溴化钨（tungsten tetrabromide）　CAS 号 12045-94-2。化学式 WBr_4，分子量 503.46。黑色晶体。制备：用铝还原五溴化钨制得。

五溴化钨（tungsten pentabromide）　CAS 号 13470-11-6。化学式 WBr_5，分子量 583.36。黑色至紫红色针状晶体。熔点 276℃，沸点 333℃。易潮解。在空气中不稳定，室温下即分解。易溶于水，同时水解为氧化物和溴化氢。制备：可由溴蒸气与金属钨在 450～500℃ 反应制得。

六溴化钨（tungsten hexabromide）　CAS 号 13701-86-5。化学式 WBr_6，分子量 663.26。蓝黑色针状晶体。熔点 232℃，密度 6.9 g/cm^3。溶于二硫化碳、乙醚、酸。在潮湿空气中水解。不溶于冷水，在热水中分解。制备：可由液溴或其蒸气与钨粉反应，或由三溴化硼与六氯化钨反应制得。

溴化铼（rhenium bromide）　CAS 号 13569-49-8。化学式 $ReBr_3$，分子量 425.92。深绿色晶体。真空中 500℃ 升华。溶于稀硫酸、氢溴酸和液氨。在氢溴酸中生成四溴合铼酸而呈红色。空气中加热生成深蓝色的升华物质。制备：可在室温、隔绝空气条件下，向铼粉末通入溴和氮的混合气体；或由氧化铼(III)与溴化氢反应制得。

三溴化铱（iridium tribromide）　CAS 号 10049-24-8。化学式 $IrBr_3$，分子量 431.99。灰棕色粉末。易溶于水，不溶于乙醇、四氯化碳。可形成多种水合物。在氢溴酸中可形成 $IrBr_3 \cdot 3HBr \cdot 3H_2O$ 和 $IrBr_3 \cdot HBr \cdot H_2O$，相当于游离酸 $(H_3O)_3[IrBr_6]$ 和 $H_3O[IrBr_4]$。440℃ 时开始分解。制备：将 $Ir_2O_3 \cdot xH_2O$ 溶解在氢溴酸中得到蓝色溶液，并析出橄榄绿色晶体 $IrBr_3 \cdot 4H_2O$，当将此结晶

加热至 100℃ 时可脱去 3 分子水，无水物可再通过金属铱与溴在密闭容器中经加压加热制得。

四溴化铱（iridium tetrabromide） CAS 号 7789-64-2。化学式 $IrBr_4$，分子量 511.83。黑蓝色块状物。溶于乙醇。具吸潮性，易溶于水并分解生成三溴化铱和氧。受热分解。制备：将氧化铱（IV）二水合物加入硝酸，然后与氢溴酸反应制得。用途：可作为照相底片中卤化银的助剂。

二溴化铂（platinum dibromide） CAS 号 13455-12-4。化学式 $PtBr_2$，分子量 354.89。褐色粉末。密度 6.652 g/cm³。可溶于溴化氢、溴化钾、溴水，不溶于水、乙醇。250℃ 分解。制备：可将三溴化铂在溴的分压为 101 kPa 下加热至 405℃ 以上，或将六溴合铂（IV）酸的九水合物加热至 280℃ 制得。用途：可用于有机合成。

四溴化铂（platinum tetrabromide） CAS 号 68938-92-1。化学式 $PtBr_4$，分子量 514.70。黑色晶体。密度 5.690²⁴ g/cm³。在 180℃ 开始分解成溴化铂（II）和溴。微溶于水，易溶于乙醇、乙醚、氢溴酸、草酸钾、草酸铵，可溶于甘油。制备：可将蒸发六溴合铂酸溶液的残留物加热至 180℃，或将六溴合铂酸的九水合物在溴分压为 101 kPa 下加热至 285～310℃，或将铂溶解于氢溴酸和硝酸混合液中制得。用途：可用于有机合成。

一溴化金（gold monobromide） CAS 号 10294-27-6。化学式 $AuBr$，分子量 276.87。黄色块状或粉状晶体。密度 7.9 g/cm³。不溶于水。能溶于氨水、氰化钠溶液并生成配合物。受热、见光或遇酸易分解。在水分存在下易发生歧化反应生成单质和三溴化金。制备：将三溴化金在 115℃ 左右缓慢加热分解，或将溴金酸加热至略高于 100℃ 并维持数小时制得。

三溴化金（gold tribromide） 亦称“溴化金”。CAS 号 10294-28-7。化学式 $AuBr_3$，分子量 436.68。灰色粉末或褐色晶体。熔点 97.5℃。微溶于冷水，生成红棕色溶液。可溶于乙醇、乙醚、甘油。加热至 160℃ 脱去 1 原子溴，继续加热将放出溴而变成一溴化金。与溴化钾溶液作用可生成溴金酸钾。能被锌还原成单质金。制备：可将金粉与溴在约 150℃ 下加热，或由熔融的 $AsBr_3$ 与 Au_2O_3 反应，或由氢溴酸与氯化金反应制得。用途：可作为治疗神经等症的药物，及用于测定有机碱及某些生物碱。

溴化亚汞（mercury(I) bromide） CAS 号 10031-18-2。化学式 Hg_2Br_2，分子量 560.99。白色具有珠光光泽立方系晶体，有毒！熔点 405℃，345℃ 升华，密度 7.307 g/cm³。几乎不溶于水，不溶于乙醇、丙酮，可溶于发烟硝酸、热浓硫酸、热碳酸铵、琥珀酸铵溶液。在热盐酸和溴化钠溶液中分解。光照时色变暗。制备：可由 $Hg_2(NO_3)_2$ 溶液与溴化钾溶液反应，或将干燥的溴和过量汞常温下反应制得。用途：可用于医药、化学分析。

溴化汞（mercury(II) bromide） CAS 号 7789-47-1。化学式 $HgBr_2$，分子量 360.40。银白色正交系片状晶体或无色针状晶体，有毒！熔点 236℃，沸点 322℃，密度 6.053 g/cm³。易溶于热醇、盐酸、氢溴酸、溴化钠溶液，难溶于水，微溶于乙醚、三氯甲烷。遇热硝酸或稀硫酸分解。见光可分解变黑。熔融盐能溶解多种无机物和有机物。制备：可由汞与溴直接反应，或由溴化钠或溴化钾溶液与硝酸汞溶液反应制得。用途：可用于砷的测定、医药等领域。

溴化亚铊（thallous bromide） 亦称“溴化铊（I）”。CAS 号 7789-40-4。化学式 $TlBr$，分子量 284.29。黄白色立方系晶体，有毒！熔点 480℃，沸点 815℃，密度 7.557¹⁷·² g/cm³。稍溶于水，溶于乙醇，不溶于氢溴酸、丙酮。可被溴氧化成三溴化铊，但与碘反应则发生卤素交换反应。用浓硝酸氧化可生成 $Tl_3[TlBr_6]$。有光敏性，在光照下颜色变灰。460℃ 开始升华。制备：可由稀的氢溴酸溶液与硝酸铊或硫酸铊反应制得。用途：可用于制药物、灭鼠剂、光学材料、军事侦察设备中的红外辐射发射器。

二溴化亚铊（thallous dibromide） 亦称“四溴合铊（III）酸铊（I）”。CAS 号 872141-17-8。化学式 $Tl[TlBr_4]$ 或 Tl_2Br_4，分子量 728.38。黄色针状晶体，有毒！不溶于水和有机溶剂，能溶于盐酸。能被水、氧化性酸、氢氧化物分解。制备：由 TlBr 与溴按摩尔比 2：1 在无水乙醇中反应制得。

三溴化铊（thallic tribromide） 亦称“溴化铊（III）”。CAS 号 13701-90-1。化学式 $TlBr_3$，分子量 444.10。黄色不稳定固体，有毒！易潮解，极溶于水，能溶于醇。易存在于溶液中或为四水合物晶体。在真空中于 18℃ 分解，在空气中 30℃ 分解，生成 $Tl[TlBr_4]$、水和 Br_2。制备：在乙醇或其他惰性溶剂中加入干的 TlBr，经搅拌、悬浮并滴加溴至固体全部溶解，再低温蒸去溶剂而得；上述反应如在水溶液中进行，然后在 30℃ 中浓缩，可制得四水合物。用途：可用于有机合成。

溴化铅（lead bromide） 亦称“二溴化铅”“溴化亚铅”。CAS 号 10031-22-8。化学式 $PbBr_2$，分子量 367.01。白色正交系晶体，熔化后为红色液体，有毒！熔点 373℃，沸点 916℃，密度 6.66 g/cm³。稍溶于冷水，溶于热水、硝酸，微溶于氨水，不溶于乙醇。溶于溴化钾浓溶液生成四溴合铅（II）酸根离子。能形成复盐与碱式盐。制备：向硝酸铅或乙酸铅溶液中加入溴化钾或氢溴酸制得。用途：可用于制颜料、防锈剂、丙烯酰胺单体光聚合作用的催化剂、光电材料、热电半导体材料等。

溴化铋（bismuth bromide） CAS 号 7787-58-8。化学式 $BiBr_3$，分子量 448.69。橙黄色晶体或粉末。熔点 218℃，沸点 453℃，密度 5.72 g/cm³。溶于液氨、盐酸、氢溴酸、乙醚，不溶于乙醇。易潮解。遇水分解成 BiOBr。制备：可由铋和溴加热反应制得。用途：可作为药剂、兽药。

四溴化钋（polonium tetrabromide） CAS 号 60996-98-7。化学式 $PoBr_4$，分子量 529.60。亮红色立方系晶体，具放射性！熔点 330℃（在溴蒸气中），沸点 360℃（26.7 kPa）。溶于乙醇、丙酮，不溶于苯、四氯化碳。真空中热分解成二溴化钋，在氨中加热很快分解成金属。制备：由二氧化钋与氢溴酸反应制得。

溴化镭（radium bromide） CAS 号 10031-23-9。化学式 $RaBr_2$，分子量 385.83。无色至黄色单斜系针状晶体，有杂质时带有黄色或粉红色，陈放也会变色，具放射性，有毒！熔点 728℃，900℃升华，密度 5.79 g/cm^3。溶于水和乙醇。其二水合物为白色单斜系晶体，溶于水及乙醇，100℃时失去 2 分子水成无水盐。制备：将碳酸镭溶于氢溴酸中结晶干燥制得。用途：可作为辐射源、荧光粉原料、金属制品涂料，可用于放射性治疗、物理研究。

溴化锕（actinium bromide） CAS 号 33689-81-5。化学式 $AcBr_3$，分子量 466.74。白色晶体。800℃升华。密度 5.85 g/cm^3。溶于水。制备：由溴化铝与氧化锕反应制得。

溴化钍（thorium bromide） 亦称"四溴化钍"。CAS 号 13453-49-1。化学式 $ThBr_4$，分子量 551.65。白色或灰白色吸湿性晶体，具放射性！沸点 725℃，610℃升华，密度 5.67 g/cm^3。能溶于水。易水解为碱式溴化钍（$ThOBr_2$）。制备：可由金属钍粉在赤热条件下与液溴反应，或由二氧化钍与溴蒸气直接加热反应，或将氢氧化钍粉末在 350℃下与溴化氢反应制得。

三溴化铀（uranium tribromide） CAS 号 13470-19-4。化学式 UBr_3，分子量 477.74。红棕色或黑色针状晶体，具放射性！熔点 730℃，密度 6.53 g/cm^3。溶于水、乙醇等极性溶剂并放出氢气，溶液由红变绿（四价铀离子的颜色）。即使在常温下也可被空气中的氧所氧化。与溴 300℃反应生成四溴化铀。与氨反应得绿色配合物六氨合三溴化铀。900℃以上歧化为四溴化铀与二溴化铀。制备：可由金属铀粉或氢化铀粉末与气态溴化氢在 300℃反应制得。用途：可用于制备金属铀和含铀化合物。

四溴化铀（uranium tetrabromide） CAS 号 13470-20-7。化学式 UBr_4，分子量 557.64。棕色或暗棕色叶状晶体，具放射性！熔点 516℃，沸点 792℃（略有分解），密度 5.35 g/cm^3。易潮解。溶于液氨，难溶于四氯化碳、苯、甲苯、溴苯、正庚烷等有机溶剂。溶于乙酸、甲醇、乙醇、苯酚、苯胺分解放出氢气。溶于丙酮、乙醚、乙酸乙酯等溶剂形成稳定的溶剂合物，溶液的反射光呈绿色，透射光呈红色。在潮湿空气中易被氧化为铀酰溴，与氧反应得铀酰溴，与氯反应得四氯化铀。在干燥空气中于 140℃可被氧化，生成 UO_2Br_2。可被氢还原为三溴化铀。与氨反应得灰色的配合物溴化四氨合铀（IV）。制备：可由铀切片直

接于 600～700℃进行溴化反应，或将三氧化铀与四溴化碳于 165℃反应，或将三溴化铀和溴蒸气 300℃共热制得。

溴化镎（neptunium bromide） CAS 号 20730-39-6。化学式 $NpBr_3$，分子量 476.76。晶体有 α、β 两种变体，皆呈绿色，具放射性！α 型属六方晶系，密度 6.92 g/cm^3。β 型属正交晶系。溶于冷水。制备：将氧化镎（IV）在密封管内与过量的铝及溴化铝在 350～400℃条件下保持 12 小时制得。

溴化钚（plutonium bromide） CAS 号 15752-46-2。化学式 $PuBr_3$，分子量 483.77。绿色正交系晶体，具放射性！熔点 681℃，密度 6.69 g/cm^3。溶于水。在空气中吸收湿气形成淡蓝色六水合物。可潮解生成亮紫色溶液。制备：可由溴化氢与 Pu(III) 的草酸盐在 500℃时反应，或向钚（IV）盐溶液中通入溴化氢气体制得。

溴化镅（americium bromide） CAS 号 14933-38-1。化学式 $AmBr_3$，分子量 482.77。白色正交系晶体，具放射性！密度 6.79 g/cm^3。溶于水。有吸湿性，当暴露在不含氧的水蒸气中时，吸收水分形成六水合物。加热升华。制备：可由二氧化镅与溴化铝在 500℃下反应，或将三价镅的氢溴酸溶液在真空水浴蒸发脱水制得。

四溴乙烯（tetrabromoethylene） CAS 号 79-28-7。化学式 C_2Br_4，分子量 343.64。针状晶体，有毒！熔点 57.5℃，沸点 227℃（升华）。有刺激性，有麻醉作用。在动物实验中发现对肝脏有伤害作用。制备：将六溴乙烷加热分解，或由二溴乙炔与溴反应制得。用途：可在显微镜上用作溶剂，用于矿物分离、有机合成。

六溴乙烷（hexabromoethane） 亦称"全溴乙烷"。CAS 号 594-73-0。化学式 Br_3CCBr_3，分子量 503.45。棱柱状晶体。溶于二硫化碳，微溶于水、乙醚、乙醇。在 200～210℃分解。可被锌粉还原为多种溴代乙烷。制备：可由四溴乙烷在铝屑存在下与溴反应，或由二碘乙炔与溴反应制得。用途：可用于有机合成。

溴化铵（ammonium bromide） CAS 号 12124-97-9。化学式 NH_4Br，分子量 97.94。白色立方晶体或结晶粉末。密度 2.429 g/cm^3。有吸湿性。易溶于水，溶于丙酮、乙醚、乙醇、液氨。易被溴酸铵、氯等氧化。与碱金属碳酸盐一起加热，则生成碱金属的溴化物。于常压下 452℃或真空中 235℃升华。制备：可由液体溴与浓氨水反应制得。用途：可作为防腐剂、医用镇静剂，可用于照相、木材防火剂、化学分析等领域。

碳酰溴（carbonyl bromide） 亦称"溴代羰""溴光气"。CAS 号 593-95-3。化学式 $COBr_2$，分子量 187.82。无色发烟液体，具有发霉样的甜润气味，有毒！沸点 65.5℃，密度 2.480 g/mL。遇水分解为氢溴酸和二氧化碳，但比碳酰氯缓慢。可被碱分解为相应的碳酸盐和溴化物。加热或光照亦完全分解。对氧化剂很敏感，在含喹啉

的乙醚中与乙醇反应得溴乙酸乙酯。与 N,N-二甲基苯胺作用得对溴 N,N-二甲基苯胺。在三溴化铝存在下与 N,N-二甲基苯胺作用则得到结晶紫。制备：由浓硫酸与干燥四溴化碳于 150～160℃加热反应制得。用途：可用于制染料、军事毒气等。

三溴化硫磷 释文见 233 页。

溴化汞铯（cesium mercury bromide） 化学式 $CsBr \cdot 2HgBr_2$，分子量 933.61。斜方系晶体。密度 $4.10^{19.5}$ g/cm³。溶于水，微溶于乙醇。制备：由溴化铯与二溴化汞反应制得。

碱式溴化铜（copper(II) basic bromide） 化学式 $CuBr_2 \cdot 3Cu(OH)_2$，分子量 516.04。翡翠绿色单斜系晶体。密度 4.00 g/cm³。易溶于乙酸，可溶于稀矿物酸、氨水，不溶于水。热至 210～215℃失去 1 分子水，在 240～250℃分解。制备：可由氧化铜或氢氧化铜置于溴化铜溶液中经长期加热，或向溴化铜溶液中加入适量氢氧化钠溶液制得。

次溴酸（hypobromous acid） CAS 号 13517-11-8。化学式 HBrO，分子量 96.91。无色或淡黄色液体，只存在于溶液中。溶于乙醇、乙醚、氯仿。具弱酸性和氧化性，仅能以大约 6%～7% 的水溶液存在，稳定度较小，故在其溶液内含有分解产物溴酸和游离酸。在室温下极易发生歧化反应，但在 0℃时歧化反应极慢。制备：可由氧化汞与溴水反应，或通过溴的歧化水解反应，或将溴水在激烈搅拌下少量多次加入硝酸银溶液中反应，或用 ClO⁻ 氧化溴离子，或在溴化物的稀冷溶液中进行电化学氧化制得。用途：可作为卤化剂、氧化剂、除臭剂、消毒剂、漂白剂等。

次溴酸钠（sodium hypobromite） CAS 号 13824-96-9。化学式 NaBrO，分子量 118.89。橙黄色固体。极易溶于水。在温度高于 0℃时不稳定，易分解。为强氧化剂，可以将铅盐氧化成二氧化铅，甚至加热后在少量铜盐催化时可将二价锰氧化为高锰酸根离子。制备：可将液溴与氢氧化钠溶液反应制得。用途：可用作氧化剂、卤化剂、漂白剂、消毒剂，可用于有机合成、尿素的分析、药物合成等领域。

次溴酸钾（potassium hypobromite） CAS 号 13824-97-0。化学式 KBrO，分子量 135.00。高于 0℃时十分不稳定。为强氧化剂，可将碘化钾氧化为碘酸钾，可将 Ni(OH)₂ 氧化为 NiO(OH)₂，可将铅盐氧化为二氧化铅，可在室温下将亚铬酸根氧化为铬酸根。常见为三水合物。制备：将液溴加入 100℃的高浓度氢氧化钾溶液中，将溶液冷却至-40℃，用晶种法析出后可制得黄色长针状三水合物晶体。用途：可作为漂白剂、杀菌剂。

亚溴酸（bromous acid） CAS 号 37691-27-3。化学式 HBrO₂，分子量 112.91。为极不稳定的含氧酸，是次溴酸歧化反应的中间体。其酸根离子在碱性条件下稳定存在，在酸性条件下水解为溴。其钠、钡盐已分离出晶体。遇铂、汞、金等重金属离子会形成黄色到橙色的沉淀。可将高锰酸盐还原为锰酸盐。制备：可由次溴酸和次氯酸的阳极氧化反应，或由次溴酸的歧化反应，或由溴酸与氢溴酸反应制得。

亚溴酸锂（lithium bromite） 化学式 LiBrO₂，分子量 118.84。有很强的氧化性。制备：可通过控制冷浓的碱金属次溴酸盐的歧化反应，或将氢氧化锂加入到现制的亚溴酸水溶液中，或通过加热溴酸锂和氯化锂的混合物至 190℃反应制得。用途：可作为锂电池的电解质。

亚溴酸钠（sodium bromite） CAS 号 7486-26-2。化学式 NaBrO₂，分子量 134.89。纯品为黄色晶体。密度 1.45～1.47 g/cm³。易溶于水，在碱性溶液或低温下稳定。其晶体常温下可分解为溴酸钠，高温、遇光均加快其分解速度。遇酸、加热和金属（铁、锌、铜等）作用极易分解。制备：可由次溴酸钠进行歧化反应制得。用途：可作为氧化剂、漂白剂、纤维上浆剂，可用于纺织、纤维、印染、造纸等领域。

亚溴酸锶（strontium bromite） 化学式 $Sr(BrO_2)_2$，分子量 311.43。不稳定，仅在低温下能够稳定存在。制备：在碱性条件和 0℃下由液溴和次溴酸锶的盐溶液反应制得。

亚溴酸钡（barium bromite） 化学式 $Ba(BrO_2)_2$，分子量 361.13。不稳定。常见为一水合物。制备：在碱性条件和 0℃下由液溴与次溴酸钡反应可得一水合物，或将溴酸钡加热至 250℃左右制得无水物。

溴酸（bromic acid） CAS 号 7789-31-3。化学式 HBrO₃，分子量 128.91。无色或稍带黄色的液体。为溴的含氧酸，其中溴为正五价，只存在于溶液中，室温或在黑暗中放置变黄。有溴的气味。溶液大于 50% 时蒸发即分解，浓度再高易分解发生爆炸。受热至 100℃分解为溴、氧和水。可被稀盐酸分解为水和氯化溴，被氧化物分解而得到溴。可氧化醇和醚。制备：可用溴酸钡与硫酸反应，或向溴水中通氯制得。用途：可作为强氧化剂，可用于制染料、医药等。

溴酸锂（lithium bromate） CAS 号 13550-28-2。化学式 LiBrO₃，分子量 134.84。白色晶体。极易溶于水。热稳定性较差，易分解成溴化锂和氧气。制备：可由碳酸锂与溴酸反应制得。

溴酸钠（sodium bromate） CAS 号 7789-38-0。化学式 NaBrO₃，分子量 150.89。白色或无色立方系晶体或粉末，有毒！熔点 381℃，密度 3.34 g/cm³。易溶于水，不溶于醇。为强氧化剂，有助燃作用，能与铵盐、金属粉末、可燃物、有机物或其他易氧化物形成爆炸性混合物，经摩擦或受热易引起燃烧和爆炸。可与硫酸发生剧烈反应，接触容易发生爆炸。可与铝、砷、铜、碳、金属硫化物、有机物、磷、硒、硫剧烈反应。可分解并放出氧气。制备：可由溴与氢氧化钠溶液反应制得。用途：可作为氧化剂、实验室溴发生剂、冷烫发药剂、羊毛整理剂，可用于贵金属和重金属的提取和纯化、酚类测定等。

溴酸镁（magnesium bromate）　CAS 号 7789-36-8。分子式 $Mg(BrO_3)_2 \cdot 6H_2O$，分子量 388.20。无色或白色三棱柱状晶体或粉末状晶体，有毒！熔点 200℃，密度 2.29 g/cm^3。溶于水，不溶于乙醇等有机溶剂。有强氧化性，可以助燃，与可燃物混合能形成爆炸性混合物。与铵盐、金属粉末、可燃物、有机物或其他易氧化物形成爆炸性混合物，经摩擦或受热易引起燃烧或爆炸。与硫酸接触容易发生爆炸。能与铝、砷、铜、碳、金属硫化物、有机物、磷、硒、硫剧烈反应。在熔点温度左右失去 6 分子结晶水，持续加热至沸点会分解成溴化镁和氧气。制备：可由硫酸镁和溴酸钡溶液反应制得。用途：主要用作分析试剂和氧化剂。

溴酸铝（aluminium bromate）　CAS 号 11126-81-1。化学式 $Al(BrO_3)_3 \cdot 9H_2O$，分子量 572.83。白色吸湿性晶体。熔点 62℃。溶于水，微溶于酸。100℃ 以上分解。制备：可由硫酸铝与溴酸钡的水溶液反应制得。

溴酸钾（potassium bromate）　CAS 号 7758-01-2。化学式 $KBrO_3$，分子量 167.00。白色或无色六方系晶体粉末，有毒！熔点 350℃，密度 3.27 g/cm^3。可溶于水，微溶于乙醇。溶液有强氧化性，与氨作用可得到氮气和一氧化二氮，与盐酸溶液混合可放出氯气，与氢溴酸溶液混合可产生溴，与氢碘酸作用可生成碘或碘酸。可将三氧化二铬氧化为铬酸根，可将亚砷酸盐氧化为砷酸盐。与有机物、硫化物或易被氧化的物质混合时能引起爆炸。在 370℃ 左右分解并放出氧气。制备：可由电解溴化钾的水溶液，或由溴与氢氧化钾混合歧化反应，或由溴酸钡溶液与硫酸钾反应制得。用途：可用于有机物含量的测定。

溴酸钙（calcium bromate）　CAS 号 10102-75-7。化学式 $Ca(BrO_3)_2$，分子量 295.88。粉末状固体。熔点 180℃。易溶于水。5% 的溴酸钙溶液在 10% 的稀盐酸溶液中会出现短暂的黄红色，在 5% 的溴酸钙溶液中逐滴加入亚硫酸会产生黄色，而亚硫酸过量时黄色消失，此法可用于溴酸钙的鉴别。常见为一水合物，一水合物加热至 180℃ 时变为无水物。制备：可由氢氧化钙溶液与溴加热反应，或将碳酸钙溶解于溴酸制得。用途：可作为催熟剂、小麦粉处理剂、酵母养料，可用于食品的焙烤。

溴酸钴（cobaltous bromate）　CAS 号 13476-01-2。化学式 $Co(BrO_3)_2 \cdot 6H_2O$，分子量 422.83。粉橙色晶体。溶于水和氨水。水溶液煮沸后会分解。加热会分解为溴、氧气和氧化钴的水合物。制备：可由硫酸钴溶液与溴酸钡溶液反应制得。用途：可用于制钴盐、陶瓷着色等。

溴酸镍（nickel bromate）　化学式 $Ni(BrO_3)_2 \cdot 6H_2O$，分子量 422.59。绿色八面体晶体。密度 2.575 g/cm^3。可溶于水、氨水。在 130℃ 左右会失去所有的结晶水，高于 130℃ 则开始分解。若向其氨水溶液中加入乙醇可以得到 $Ni(BrO_3)_2 \cdot 2NH_3$ 沉淀。制备：可由溴酸钡与硫酸镍(II)溶液反应制得。

溴酸铜（cupric bromate）　化学式 $Cu(BrO_3)_2 \cdot 6H_2O$，分子量 427.44。蓝绿色立方系晶体。密度 2.583 g/cm^3。可溶于水、氨水。性质接近氯酸铜。加热至 180℃ 开始分解，200℃ 失去全部结晶水并转变为含氧溴酸盐。制备：可将氧化铜或碱式碳酸铜溶于氢溴酸制得。

溴酸锌（zinc bromate）　CAS 号 14519-07-4。化学式 $Zn(BrO_3)_2 \cdot 6H_2O$，分子量 429.30。白色潮解状粉末或晶体。熔点 100℃，密度 2.566 g/cm^3。易潮解，溶于水、氨水。有强氧化性，与有机物接触会燃烧。能与铝、砷、铜、碳、金属硫化物、有机物、磷、硒、硫剧烈反应。与铵盐、金属粉末、可燃物等可形成爆炸性混合物，经摩擦或受热易引起燃烧或爆炸。与硫酸接触容易发生爆炸。在 200℃ 失去部分结晶水并伴有部分分解。制备：可由等摩尔的溴酸钡与硫酸锌溶液反应制得。用途：可作为氧化剂、防腐剂。

溴酸铷（rubidium bromate）　CAS 号 13446-70-3。分子式 $RbBrO_3$，分子量 213.37。无色立方系晶体，熔点 430℃，密度 3.68 g/cm^3。微溶于水。有氧化性。受热时易分解。制备：可将碳酸铷或氢氧化铷溶解于溴酸溶液制得。用途：可作为氧化剂。

溴酸锶（strontium bromate）　CAS 号 14519-18-7。化学式 $Sr(BrO_3)_2 \cdot H_2O$，分子量 361.44。白色或淡黄色单斜系晶体。密度 3.773 g/cm^3。易潮解，溶于水。为强氧化剂。与铵盐、金属粉末、可燃物、有机物或其他易氧化物形成爆炸性混合物，经摩擦或受热易引起燃烧或爆炸。与硫酸接触容易发生爆炸。能与铝、砷、铜、碳、金属硫化物、有机物、磷、硒、硫剧烈反应。加热至 120℃ 时失去结晶水，240℃ 时分解为氧化锶和溴化氢。制备：可由氢氧化锶的水溶液与溴反应，或将碳酸锶溶于溴酸制得。用途：可作为氧化剂。

溴酸钇（yttrium bromate）　化学式 $Y(BrO_3)_3 \cdot 9H_2O$，分子量 634.75。棱柱状六方系晶体。熔点 74℃。极易溶于水，微溶于乙醇，不溶于乙醚。加热到 100℃ 时失去 6 分子结晶水。制备：可由硫酸钇溶液与溴酸钡溶液反应制得。

溴酸银（silver bromate）　CAS 号 7783-89-3。化学式 $AgBrO_3$，分子量 235.77。无色四方系晶体或白色粉末，有毒！密度 5.206 g/cm^3。溶于氨水，微溶于热水、稀硝酸。为助燃剂，与可燃物混合能形成爆炸性混合物。为强氧化剂，与铵盐、金属粉末、可燃物、有机物或其他易氧化物形成爆炸性混合物,经摩擦或受热易引起燃烧或爆炸。与硫酸接触容易发生爆炸。能与铝、砷、铜、碳、金属硫化物、有机物、磷、硒、硫剧烈反应。对光敏感,但纯品对光稳定。受热会分解为溴化银和氧气。制备:可由硫酸银溶液与溴酸钾反应,或由连二亚硫酸银与溴酸钾溶液反应制得。用途:可作为氧化剂,可用于有机合成。

溴酸镉(cadmium bromate)　CAS 号 14518-94-6。化学式 Cd(BrO$_3$)$_2$·H$_2$O,分子量 386.23。白色正交系晶体或粉末状晶体,有毒!沸点 144℃,密度 1.562 g/cm^3。溶于水、不溶于乙醇。为强氧化剂,与铵盐、金属粉末、可燃物、有机物或其他易氧化物形成爆炸性混合物,经摩擦或受热易引起燃烧或爆炸。与硫酸接触容易发生爆炸。能与铝、砷、铜、碳、金属硫化物、有机物、磷、硒、硫剧烈反应。对热不稳定。用途:可用作分析试剂。

溴酸铯(cesium bromate)　CAS 号 13454-75-6。化学式 CsBrO$_3$,分子量 260.81。六方系晶体。熔点 420℃。密度 4.10 g/cm^3。易溶于水。制备:可由溴酸与氯化铯反应,或由纯净的溴酸与氢氧化铯溶液反应,或将碳酸铯溶于溴酸制得。用途:可用于制备铯的含氧酸盐。

溴酸钡(barium bromate)　CAS 号 13967-90-3。化学式 Ba(BrO$_3$)$_2$·H$_2$O,分子量 411.15。白色晶体,有毒!熔点 170℃,密度 3.99 g/cm^3。溶于水、丙酮,微溶于酒精,不溶于大多数有机溶剂。水中的溶解度随温度先上升后降低,在 80℃左右最大溶解度为 3.52 g。长期放置有轻微类似溴的臭味。170℃以上会失去结晶水制得无水物,260℃分解生成氧气。制备:可将溴加入氢氧化钡溶液,或通过溴酸钾和氯化钡在热溶液中反应制得。用途:可用于制稀土溴酸盐和低碳钢的缓蚀剂。

溴酸镧(lanthanum bromate)　CAS 号 28958-23-8。化学式 La(BrO$_3$)$_3$·9H$_2$O,分子量 684.75。无色六方系柱状晶体。熔点 37.5℃。易溶于水。加热至 100℃时失去 7 分子结晶水,加热至 150℃失去全部结晶水。高温加热分解为镧的氧化物。制备:可由硫酸镧和溴酸钡的溶液反应,或将银粉处理过的不含溴的溴酸溶液加入稍过量的氢氧化镧悬浮液中反应制得。用途:用于制镧盐、化学分析。

溴酸铈(cerous bromate)　化学式 Ce(BrO$_3$)$_3$·9H$_2$O,分子量 685.96。红白色六方系晶体。熔点 49℃。溶于水。高于熔点即分解。制备:可由溴酸钡与三价硫酸铈的水溶液反应制得。

溴酸镨(praseodymium bromate)　CAS 号 15162-93-3。化学式 Pr(BrO$_3$)$_3$·9H$_2$O,分子量 686.75。绿色六方系晶体。熔点 56.5℃。易溶于水。加热至 170℃时失去 7 分子结晶水。制备:可由硫酸镨溶液和溴酸钡溶液混合反应,或将经银处理过不含溴的溴酸与稍微过量的氢氧化镨悬浮液反应制得。

溴酸钕(neodymium bromate)　CAS 号 15162-92-2。化学式 Nd(BrO$_3$)$_2$·9H$_2$O,分子量 690.09。红色六方系柱状晶体。熔点 66.7℃。易溶于水。100℃时开始失水,加热至 150℃时失去全部结晶水生成无水盐,更高温度下分解。制备:可由硫酸钕溶液和溴酸钡溶液混合反应,或将经银处理过不含溴的溴酸加入稍过量的氢氧化钕悬浮液反应制得。

溴酸钐(samarium bromate)　CAS 号 28958-26-1。化学式 Sm(BrO$_3$)$_3$·9H$_2$O,分子量 696.20。黄色六方系柱状晶体。熔点 75℃,极易溶于水。在 100℃时失去 7 分子结晶水,在 150℃时失去 9 分子结晶水。制备:将硫酸钐和溴酸钡的溶液反应制得。

溴酸镝(dysprosium bromate)　化学式 Dy(BrO$_3$)$_3$·9H$_2$O,分子量 708.34。黄色有光泽的六方系针状晶体。熔点 78℃。微溶于乙醇。极易溶于水,其水溶液呈中性。加热至 110℃失去 6 分子结晶水。制备:可向硫酸镝溶液中加入溴酸钡并煮沸,或由高氯酸镝与溴酸钾反应制得。用途:可用作分析试剂。

溴酸汞(mercuric bromate)　化学式 Hg(BrO$_3$)$_2$·2H$_2$O,分子量 492.43。白色晶体。可溶于硝酸或硝酸汞(II)溶液。遇盐酸会分解。加热至 130～140℃会分解。制备:可由溴酸钾热溶液与中性的硝酸汞(II)溶液反应,或由过量的溴水加到 HgO 中,或由高氯酸汞溶液与高氯酸钾反应制得。

溴酸亚汞(mercurous bromate)　化学式 Hg$_2$(BrO$_3$)$_2$,分子量 656.98。黄白色粉末或薄片状晶体。难溶于稀硝酸。易水解。在盐酸中生成 HgCl$_2$。在溴酸溶液中并加热蒸发变为 Hg(BrO$_3$)$_2$。受热迅速变为黄色的碱式盐 Hg$_2$O·2HgBrO$_3$。制备:在 Hg$_2$(NO$_3$)$_2$ 溶液中加入过量的 HBrO$_3$ 制得。

溴酸亚铊(thallous bromate)　化学式 TlBrO$_3$,分子量 332.28。无色针状晶体。微溶于水,能溶于乙醇。制备:向可溶溴酸盐溶液中加入 Tl$^+$ 离子制得。

溴酸铅(lead bromate)　CAS 号 10031-21-7。化学式 Pb(BrO$_3$)$_2$·H$_2$O,分子量 481.02。无色单斜系晶体,剧毒!密度 5.53 g/cm^3。不溶于冷水,微溶于热水。为强氧化剂,能与可燃物、有机物或易氧化物质形成爆炸性混合物,经摩擦和与少量水接触可导致燃烧或爆炸。180℃分解为溴化氢、氧化铅。制备:可由碳酸铅与溴酸反应,或由醋酸铅与溴酸钾溶液反应制得。

溴酸铵(ammonium bromate)　CAS 号 13843-59-9。化学式 NH$_4$BrO$_3$,分子量 145.94。为无色立方系晶体。极易溶于水。加热熔融时可发生爆炸。制备:在 110℃下用过量的浓氨水处理溴酸或溴酸钾制得。

铌 酸 盐

氢氧化铌（niobium hydroxide）　亦称"铌酸"。化学式 $Nb_2O_5 \cdot xH_2O$。实际上是水合氧化铌，其中水合数取决于制备方法、老化程度等因素。氢氧化铌具有两性，不溶于水，难溶于盐酸、硝酸等无机酸，易溶于氢氟酸、草酸、柠檬酸等有机含氧酸铌酸。是一种独特的固体酸催化剂，经低温热处理（100～300℃焙烧）后可显示出相当于70%硫酸的酸强度。在含水时表面仍可保持较高酸性的独特性质。在催化过程中可保持较好的催化活性、选择性和稳定性。制备：可由多种含铌化合物水解制得。用途：可作为催化剂的活性组分、助剂、载体使用。可用于烃类转化、选择性氧化、酯化、缩合、水解、水合、加氢、脱氢等多种反应。

铌酸锂（lithium niobate）　亦称"LN晶体"。CAS号12031-63-9。化学式 $LiNbO_3$，分子量147.84。无色三方系晶体。熔点1 257℃，密度4.65 g/cm^3。是用途最广泛的新型无机材料之一。具有很好的压电换能性、铁电性、光电性、光弹性、非线性光学性等。在0.38～5微米可见光和红外光范围内是透明的。可通过掺杂的方式提高其对光损伤的抗性。制备：大尺寸的晶体可通过碳酸锂、五氧化二铌为原料以提拉法制备，纳米颗粒可由 LiH 与 $NbCl_5$ 反应，或由 $LiNO_3$ 和 $NH_4NbO(C_2O_4)_2$ 反应制得。用途：在微波技术中用于调 Q 开关、光电调制、倍频、光参量振荡；在光通信中起到光调制作用；掺杂金属的晶体可作为全息记录的介质材料；也用于相位调解器、相位光栅调解器、红外探测器、高频宽道带滤波器、大规模集成光学系统等。

铌酸钠（sodium niobate）　CAS号12034-09-2。化学式 $NaNbO_3$，分子量163.89。白色或灰白色有光泽晶体。熔点1 422℃，密度4.51～4.56 g/cm^3。随着温度的降低，晶型依次发生转变：非极性的 α 相（三斜系）在604℃转变为 β 相（立方系），562℃转变为 γ 相（正交系），354℃转变为 δ 相（三方系），200℃时变为 ε 相（单斜系，具有铁电性质）。属反铁电陶瓷。制备：可由氧化铌和碳酸钠热压烧结，或由氧化铌和氢氧化钠通过水热法制得正交系的粉状晶体。用途：可用于制造贮能容器、压电调节元件、换能器等。

铌酸镁（magnesium niobate）　CAS号12163-26-7。化学式 $MgNb_2O_6$，分子量306.11。白色粉末。常温常压下稳定。制备：可由五氧化二铌与碱式碳酸镁高温烧结制得。用途：可用于制备电子行业中铌镁酸铅基瓷料等。

铌酸钾（potassium niobate）　亦称"KN晶体"。CAS号12030-85-2。化学式 $KNbO_3$，分子量180.00。无色晶体或白色粉末。熔点1 045℃，密度4.62 g/cm^3。具有畸变钙钛矿型结构。具有非线性、压电、电光、铁电等多种性能的材料，是非线性光学系数最大的无机光学材料之一。居里温度435℃。制备：可由氧化铌和碳酸钾反应制得晶体；粉体可由草酸铌铵溶于柠檬酸后，在碳酸钾中得凝胶然后高温焙烧制得。用途：可用于激光倍频、电光调制、光折变材料、压电换能器等领域。

铌酸钙（calcium niobate）　化学式 $CaNb_2O_6$，分子量321.89。白色粉末或无色晶体。具有类钙钛矿结构。制备：可由五氧化二铌、碳酸钙与过量的氯化钾高温烧结制得。用途：可用于光催化、荧光、激光、非线性光学等领域。

铌酸锰（manganese niobate）　CAS号12032-69-8。化学式 $MnNb_2O_6$，分子量336.75。红色透明的柱状三方系晶体。密度4.94 g/cm^3。将本品与五氧化二铌、氟化亚铁、氟化锰烧结可制得铌铁矿。所以其是天然铌铁矿的组分之一。制备：可由五氧化二铌、氟化锰、氯化钾高温烧结，或由五氧化二铌与 MnO 在氮气中高温烧结制得。用途：可作为光催化材料。

铌酸亚铁（ferrous niobate）　化学式 $FeNb_2O_6$，分子量337.65。铁灰色的柱状晶体。制备：可由五氧化二铌、氟化亚铁与过量的氯化钾在铂坩埚中熔融制得。

铌酸铁（ferric niobate）　化学式 $2Fe_2O_3 \cdot 3Nb_2O_5 \cdot 8H_2O$，分子量1 260.93。制备：可由铌酸钠与氟化铁反应制得。用途：可作为光催化材料。

铌酸钴（cobalt niobate）　化学式 $CoNb_2O_6$，分子量340.74。深蓝色晶体粉末。密度5.56 g/cm^3。制备：可由氧化钴与五氧化二铌在1 100℃烧结制得。用途：可作为光电转化材料。

铌酸铜（copper niobate）　CAS号12273-00-6。化学式 $CuNb_2O_6$，分子量345.36。黑色闪光晶体。密度5.6 g/cm^3。制备：可由偏铌酸钠的溶液与硫酸铜反应制得水合物，加热至100℃以上可得无水物。用途：可作为光催化材料。

铌酸锌（zinc niobate）　CAS号12201-66-0。化学式 $ZnNb_2O_6$，分子量347.22。棕色晶体。密度5.69 g/cm^3。制备：可由氧化锌和五氧化二铌经高温烧结制得。用途：可作为微波介质陶瓷。

铌酸铷（rubidium niobate）　CAS 号 12059-51-7。化学式 $RbNbO_3$，分子量 226.37。具有钙钛矿结构。用途：可用于制备微波介电陶瓷材料。

铌酸锶（strontium niobate）　CAS 号 12034-89-8。化学式 $SrNb_2O_6$，分子量 369.43。无色单斜系晶体。熔点 1225℃，密度 5.11 g/cm^3。是一种大带隙的半导体。制备：可由五氧化二铌与碳酸锶经高能球磨制得。用途：可作为压电陶瓷、光催化材料等。

铌酸钇（yttrium niobate）　化学式 $YNbO_4$，分子量 245.81。无色八面体状晶体。密度 5.52 g/cm^3。可能是天然钇铌钽铁矿和褐钇铌矿的组分之一。制备：可由五氧化二铌、氯化钇与过量的氯化钾在铂坩埚中熔融制得。用途：可用于制微波介电陶瓷等。

铌酸铯（cesium niobate）　CAS 号 12053-66-6。化学式 $CsNbO_3$，分子量 273.81。制备：可由五氧化二铌与碳酸铯烧结制得。用途：可用于半导体工业。

铌酸钡（barium niobate）　CAS 号 12009-14-2。化学式 $BaNb_2O_6$，分子量 419.14。黄色六方或正交系晶体。熔点 1450℃，密度 2.8 g/cm^3。具有钙钛矿构型。制备：可由五氧化二铌与碳酸钡经高能球磨制得。用途：可作为铁电材料。

铌酸钍（thorium niobate）　化学式 $5ThO_2 \cdot 16Nb_2O_5$，分子量 5573.14。细棒状晶体。密度 5.21 g/cm。制备：可由硫酸钍与铌酸钾的溶液反应，将得到的沉淀物用硼砂熔融后与烟碱溶液中煮沸制得。

铌酸铅（lead niobate）　CAS 号 12034-88-7。化学式 $PbNb_2O_6$，分子量 489.01。三方或正交系晶体。熔点高于 1200℃。制备：可由化学计量比的氧化铅和五氧化二铌高温烧结制得。用途：可作为电容器介电材料、高温压电陶瓷材料等。

铌酸钠钡（barium sodium niobate）　CAS 号 12323-03-4。化学式 $Ba_2NaNb_5O_{15}$，分子量 1002.17。无色正交系晶体或白色粉末。熔点 1450℃，密度 5.4 g/cm^3。具有钨青铜结构。铁电材料，有晶体和陶瓷两种应用形态。是所有非线性光学材料中最有效的倍频晶体之一。制备：大尺寸晶体可由碳酸钡、碳酸钠和氧化铌经提拉法制得。用途：可用于激光倍频、光参量振荡、电光调制等器件，还可作为制窄带陶瓷滤波器的压电材料。

铌酸锶钡（strontium barium niobate）　简称"SBN"。化学式 $Sr_{1-x}Ba_xNb_2O_6$。无色四方系晶体或白色粉末。密度 5.2～5.3 g/cm^3。具有钨青铜结构。富含钡的组合物为正常铁电体，随着锶含量的增加而成为弛豫铁电体。晶体具有良好的非线性效应、相当大的线性电光效应、热释电效应以及耦合系数高、响应时间短等优点。制备：可由锶盐、钡盐和五氧化二铌的混合物经高温烧结制得粉体，大尺寸晶体可由提拉法制得。用途：可用于非相干/相干光学变换器、光学可寻址的光纤连接线、诱导相干光谱振荡器、电光调制、热电探测等领域。

铌镁酸铅（lead magnesium niobate）　简称"PMN"。化学式 $(PbO)_3(MgO)(Nb_2O_5)$，分子量 975.71。具有钙钛矿结构，是典型的弛豫铁电体化合物。具有较高的介电常数与电致伸缩效应。制备：MgO、Nb_2O_5 与 PbO 的混合物经机械研磨；或由氯化铌、硝酸铅和氢氧化镁为原料，利用四甲基氢氧化铵共沉淀，然后在氧气氛下焙烧制得。用途：可用于制造多层陶瓷电容器、微位移驱动器，用于自适应光学、精密机械加工、自动控制、显微分析技术等领域。

过氧铌酸钾（potassium peroxyniobate）　化学式 K_3NbO_8，分子量 338.20。白色至黄色固体。向其浓溶液中加稀硫酸，可沉淀出含水的棕黄色粉状游离过氧偏铌酸。相当稳定，温热时才能被稀硫酸分解，生成过氧化氢和铌酸。制备：向含过量碱的铌酸钾溶液中加入过氧化氢和乙醇制得。用途：可用于制备其他含铌化合物。

七氟铌酸钾（potassium heptafluoroniobate）　CAS 号 16924-03-1。化学式 K_2NbF_7，分子量 304.09。很亮的针状单斜系小晶体。易溶于水，微溶于氢氟酸。制备：将五氧化二铌溶于 40% 的氢氟酸，再加氟氢酸钾溶液制得。

六氟铌酸铵（ammonium hexafluoroniobate）　CAS 号 12062-13-4。化学式 NH_4NbF_6，分子量 224.94。

五氟氧铌酸钾（niobium potassium oxypentafluoride）　CAS 号 17523-77-2。化学式 $2KF \cdot NbOF_3 \cdot H_2O$，分子量 300.11。白色片状有光泽单斜系晶体。微溶于冷水，易溶于热水。溶于浓氢氟酸则分解。是常见的一种氟氧铌酸盐络合物。化学性质较稳定。制备：可由五氧化二铌溶于稀的氢氟酸、氟化钾溶液制得。用途：可用于制取金属铌，或在铌、钽分离中制取纯铌化合物。

钼　酸　盐

钼酸（molybdic acid）　亦称"仲钼酸""原钼酸"。CAS 号 7782-91-4。化学式 H_2MoO_4 或 $MoO_3 \cdot H_2O$，分子量 161.95。白色六方晶体。熔点 300℃，密度 3.112 g/cm^3。可形成一水合物 $H_2MoO_4 \cdot H_2O$，CAS 号 13462-

95-8,分子量 179.97。黄色单斜晶体。密度 3.124^{15} g/cm^3。两者均微溶于冷水、稀酸,易溶于热水、氨水、氢氧化钠溶液。加热至 70℃时转换为三氧化钼。制备:一水合物可通过向钼酸盐溶液中加入硝酸制得,无水物可通过将一水合钼酸脱水制得。用途:可作为沉淀剂、显色剂、金属电镀着色剂,用于催化、医药、电镀、陶瓷、涂料、电子工业等领域,还可用于测定磷、磷酸盐、硅酸盐、铅、铝等。

钼酸锂(lithium molybdate)　CAS 号 13568-40-6。化学式 Li$_2$MoO$_4$,分子量 173.82。白色晶体。熔点 705℃,密度 2.26 g/cm^3。易潮解,极易溶于水。制备:可由氧化锂或碳酸锂与三氧化钼熔融反应,或将三氧化钼溶于氢氧化锂制得。用途:可作为缓蚀剂。

钼酸钠(sodium molybdate)　CAS 号 7631-95-0。化学式 Na$_2$MoO$_4$,分子量 205.92。不透明的白色晶体。熔点 687℃,密度为 3.28^{18} g/cm^3。易溶于水。常见为二水合物。化学式 Na$_2$MoO$_4$·2H$_2$O,CAS 号 10102-40-6,分子量 241.95。白色结晶或粉末。密度 3.28 g/cm^3。受热至 100℃失去 2 分子水得到无水物。在酸性溶液中有强缩合倾向,可聚合成二钼酸钠、三钼酸钠、仲钼酸钠、八钼酸钠、十钼酸钠等多种同多钼酸盐。制备:将三氧化钼溶于氢氧化钠溶液制得。用途:可作为抗蚀剂、水垢去除剂、漂白促进剂、着色剂、釉药、肥料,用于金属防护、造纸、印染、纺织、颜料、陶瓷、化学分析等领域。

钼酸镁(magnesium molybdate)　CAS 号 12013-21-7。化学式 MgMoO$_4$,分子量 184.24。奶油色无味粉末。密度 2.21 g/cm^3。溶于水。制备:可由钼酸钠和氯化镁的水溶液在水热条件下反应制得。用途:可作为阻燃剂,可用于丁烷的催化氧化脱氢。

钼酸铝(aluminum molybdate)　亦称"氧化钼铝"。CAS 号 15123-80-5。化学式 Al$_2$(MoO$_4$)$_3$,分子量 533.78。浅绿色无味粉末。熔点 940～965℃,密度 3.46～3.49 g/cm^3。可溶于水。制备:将铝盐与钼酸熔融后煅烧,或将三氧化二铝与三氧化钼在 700℃下加热制得。用途:可用于制防锈颜料。

钼酸钾(potassium molybdate)　CAS 号 13446-49-6。化学式 K$_2$MoO$_4$,分子量 238.13。无色粉末。熔点 91℃,密度 2.91^{18} g/cm^3。1 400℃分解。有潮解性,易溶于热水,不溶于醇。制备:可由氧化钼与氢氧化钾或碳酸钾反应制得。用途:用作分析试剂、药物等。

钼酸钙(calcium molybdate)　CAS 号 7789-82-4。化学式 CaMoO$_4$,分子量 200.02。白色粉末状结晶。熔点 1 520℃,密度 4.38～4.53 g/cm^3。溶于无机酸,不溶于乙醇、乙醚、水。存在于天然的钼钙矿中。制备:可由钼酸钠与硫酸钙反应,或由氧化钙或碳酸钙与钼酸混合加热制得。用途:可用于制钼酸。

钼酸锰(manganese molybdate)　CAS 号 14013-15-1。化学式 MnMoO$_4$,分子量 214.88。黄棕色粉末。有两种晶型。α 型为单斜系晶体。熔点 1 130℃,密度 4.02 g/cm^3。在常温下稳定,不溶于水。ω 型为单斜系晶体。630℃转变为 α 型。制备:α 型可由锰的氧化物与钼的氧化物高温焙烧制得,ω 型可由氧化锰和三氧化钼作在高温(900℃)高压下固相反应制得。用途:可作为催化剂、发光材料、电极材料、储能材料,用于化工、国防、电子工业等领域。

钼酸亚铁(ferrous molybdate)　CAS 号 13718-70-2。化学式 FeMoO$_4$,分子量 215.78。深棕色单斜晶体。熔点 1 115℃,密度 5.6 g/cm^3。微溶于水,在氨水中慢慢分解。在空气中加热转变成三氧化二铁与三氧化钼。制备:可由钼粉与氧化亚铁粉末高温下反应得到。

钼酸铁(ferric molybdate)　CAS 号 13769-81-8。化学式 Fe$_2$(MoO$_4$)$_3$,分子量 519.5。密度 4.18 g/cm^3。可潮解。制备:可由硝酸铁溶液与钼酸铵溶液反应制得。用途:用于催化甲醇脱氢制甲醛,也可用于阻燃木料的处理。

钼酸钴(cobalt molybdate)　亦称"氧化钼钴"。CAS 号 13742-14-6。化学式 CoMoO$_4$,分子量 218.87。已知两种晶型。α 型为绿色单斜系晶体。密度 4.78 g/cm^3。β 型为紫色单斜系晶体。熔点 1 100℃,密度 4.57 g/cm^3。制备:可由硝酸钴与钼酸钠的溶液水热反应制得。用途:可作为加氢脱硫催化剂。

钼酸镍(nickel molybdate)　CAS 号 14177-55-0。化学式 NiMoO$_4$,分子量 218.63。浅绿色或白色固体。略溶于热水。制备:可由氯化镍与钼酸钠溶液反应制得。用途:可作为有机合成催化剂、电极材料。

钼酸铜(copper molybdate)　CAS 号 13767-34-5。化学式 CuMoO$_4$,分子量 223.49。绿色或红棕色晶体。熔点 820℃,密度 3.4 g/cm^3。微溶于水。制备:可由氧化铜与三氧化钼加热反应制得。用途:可作为发光材料、微波材料、催化材料等。

钼酸锌(zinc molybdate)　CAS 号 13767-32-3。化学式 ZnMoO$_4$,分子量 225.33。白色晶体。密度 4.34 g/cm^3,难溶于水,易溶于酸,能与金属氧化物发生钼酸根交换反应,如分别与氧化镉、氧化镁反应生成钼酸镉、钼酸镁。由于能释放钼酸离子,能吸附在钢铁表面同铁离子形成复合的不溶物,所以有防锈蚀作用。制备:可由三氧化钼与氧化锌加热至 270℃制得,也可将锌盐加入至钼酸铵溶液中沉淀出钼酸锌。用途:可作为抗腐蚀涂料等。

钼酸铷(rubidium molybdate)　CAS 号 13718-22-4。化学式 Rb$_2$MoO$_4$,分子量 330.88。无色晶体。密度 3.85 g/cm^3。易潮解,可溶于水。制备:可由碳酸铷与三氧化钼在熔融条件下反应制得。

钼酸锶(strontium molybdate)　CAS 号 13470-04-

7。化学式 $SrMoO_4$，分子量 247.56。无色四方系晶体或粉末。熔点 1457℃，密度 4.54 g/cm^3。微溶于水，可溶于酸。高温分解。制备：可由钼粉与氧化锶在高温反应先制得 Sr_3MoO_6，然后再将其升温分解制得。

钼酸钇（yttrium molybdate）　化学式 $Y_2(MoO_4)_3 \cdot 4H_2O$，分子量 729.68。灰色或黄色平片状四方系晶体。熔点 1347℃，密度 4.79^{16} g/cm^3。在空气中会吸潮。具有负热膨胀性。制备：可由三氧化二钇与三氧化钼烧结，或由硝酸钇水溶液与计量比的钼酸铵溶液反应制得。用途：可作为催化剂的载体，可用于制负热膨胀材料、光学材料。

钼酸锆（zirconium molybdate）　化学式 $Zr(MoO_4)_2$，分子量 411.10。淡红色或淡蓝色六方或三方系晶体粉末。熔点 1060℃，密度 3.9 g/cm^3。可溶于稀酸和硝酸中。制备：可将氧化钼和硝酸锆在乙醇和水的混合溶剂中经水热反应制得。

钼酸银（silver molybdate）　CAS 号 13765-74-7。化学式 Ag_2MoO_4，分子量 375.68。黄白色粉末。熔点 483℃，密度 6.18 g/cm^3。可溶于水、硝酸。制备：可由硝酸银与三氧化钼混合加热制得。用途：可作为催化剂、抗菌剂、摄影感光增强剂等。

钼酸镉（cadmium molybdate）　CAS 号 13972-68-4。化学式 $CdMoO_4$，分子量 272.35。黄色片状晶体，有毒！熔点 1250℃，密度 5.35 g/cm^3。能溶于酸、氨水、氯化钾溶液、氰化钾溶液，微溶于热水，几乎不溶于冷水。制备：将氯化镉、钼酸钠、氯化钠混合熔融，或将碱金属钼酸盐溶液与硝酸镉溶液反应制得。

钼酸钡（barium molybdate）　CAS 号 7787-37-3。化学式 $BaMoO_4$，分子量 297.27。白色或浅绿色粉末，有毒！熔点 1480℃，密度 4.65 g/cm^3。不溶于水和乙醇，微溶于酸。对金属有良好的黏着性能。制备：可由钼酸铵或钼酸钠与氯化钡反应制得。用途：可作为搪瓷产品的密着剂，可用于石油精制。

钼酸镧（lanthanum molybdate）　CAS 号 13859-99-9。化学式 $La_2(MoO_4)_3$，分子量 757.63。白色四方晶体。熔点 1181℃，密度 4.77 g/cm^3。难溶于水、醇，能溶于盐酸。制备：向可溶性镧盐溶液中加入钼酸钠或钼酸铵制得。

钼酸铈（cerium molybdate）　CAS 号 13454-70-1。化学式 $Ce_2(MoO_4)_3$，分子量 760.04。黄色四方或单斜系晶体。熔点 973℃，密度 4.83 g/cm^3。难溶于水。制法：可由钼酸钠溶液与硫酸铈溶液反应，或将二氧化铈和三氧化钼加热到 650℃左右制得。用途：可用于催化 1-丁烯和丙烯氧化，可与氯化钯-吡啶一起作硝基苯和一氧化碳酰基化的催化剂。

钼酸镨（praseodymium molybdate）　CAS 号 15702-41-7。化学式 $Pr_2(MoO_4)_3$，分子量 761.63。草绿色正方晶体。熔点 1030℃，密度 4.84 g/cm^3。难溶于水。制备：将硝酸镨溶液与钼酸铵溶液反应制得。

钼酸钐（samarium molybdate）　CAS 号 15702-43-9。化学式 $Sm_2(MoO_4)_3$，分子量 780.51。紫红色斜方八面晶体。熔点 1074℃，密度 5.36 g/cm^3。制备：将氧化钐与三氧化钼在熔融氯化钠中反应制得。

钼酸钆（gadolinium molybdate）　简称"GMO"。化学式 $Ga_2(MoO_4)_3$，分子量 619.26。无色透明晶体。熔点 1157℃，密度 4.565 g/cm^3。存在三种相。α 相为单斜晶系，低于 850℃时处于稳定态；β 相 850℃以上稳定，但该相可通过快速冷却保持至室温。β 相在 800℃时三天内即完全转变为 α 相，但在 600℃ 则转变十分缓慢。细粉状 β 相则即使在 400℃时亦能不到三天时间内完全转变为 α 相。γ 相只能由熔融态经冷却得到。制备：可由三氧化钼与三氧化二钆高温反应制得。用途：可用于制造滤波片、激光快门、色相调制原件、间隔调制器等原件。

钼酸亚铊（thallous molybdate）　CAS 号 26258-19-5。化学式 Tl_2MoO_4，分子量 568.68。白色六方系晶体粉末。熔点 612℃。不溶于冷水，极易溶于热水，不溶于乙醇，能溶于强碱、碳酸盐、浓氨水、氢氟酸。650℃以上分解。制备：可由碳酸铊溶液和钼酸在中性溶液中反应制得。用途：可用作催化剂。

钼酸铅（lead molybdate）　CAS 号 10190-55-3。化学式 $PbMoO_4$，分子量 367.13。无色至浅黄色晶体，有毒！熔点 1060～1070℃，密度 6.92 g/cm^3。不溶于水和乙醇。新制备的能溶于硝酸、强碱。在浓硫酸中分解。制备：可由硝酸铅或乙酸铅溶液与钼酸铵溶液反应制得。用途：可用于分析化学、制颜料，单晶可用于电子学、光学。

钼酸铋（bismuth molybdate）　CAS 号 13595-85-2。化学式 $Bi_2(MoO_4)_3$，分子量 897.78。黄白色四方系针状晶体。熔点 643℃，密度 6.07^{15} g/cm^3。不溶于水，易溶于酸。制备：可由钼酸钾与硝酸铋反应制得。用途：可用作催化剂。

二钼酸钠（sodium dimolybdate）　亦称"重钼酸钠"。化学式 $Na_2Mo_2O_7$，分子量 349.86。白色针状晶体。熔点 612℃。略溶于冷水和热水。遇碱分解为单钼酸盐。制备：可由三氧化钼与碳酸钠的粉末混合均匀后经焙烧制得。用途：可作为闪烁体材料，可用于合成其他钼酸盐化合物。

三钼酸钠（sodium trimolybdate）　化学式 $Na_2Mo_3O_{10} \cdot 7H_2O$，分子量 619.96。白色针状晶体。溶于水。遇碱分解，遇酸进一步聚合。加热至 528℃失去 6 分子水。制备：可由碳酸钠与过量三氧化钼的水溶液反应制得。用途：可用于制备其他含钼化合物。

仲钼酸钠（sodium paramolybdate）　亦称"七钼酸钠"。化学式 $Na_6Mo_7O_{24} \cdot 22H_2O$，分子量 1589.85。白

色单斜系晶体。熔点 100～120℃。能溶于热水。加热至 700℃失去 1 分子水。制备：可由钼酸钠溶液经酸化制得。用途：可用于制备其他含钼化合物。

八钼酸钠（sodium octamolybdate）　化学式 $Na_2Mo_8O_{25} \cdot 17H_2O$，分子量 1 519.75。白色单斜系晶体。极溶于热水和冷水中。加热至 20℃开始失去 1 分子水。制备：可由钼酸钠的溶液经酸化制得。

十钼酸钠（sodium decamolybdate）　化学式 $Na_2Mo_{10}O_{31} \cdot 21H_2O$，分子量 1 879.68。白色单斜系柱状晶体。略溶于冷水。制备：可由钼酸钠的溶液经酸化制得。

三钼酸钾（potassium trimolybdate）　亦称"氧化钾·三氧化钼·水（1∶3∶3）"。化学式 $K_2Mo_3O_{10} \cdot 3H_2O$，分子量 580.06。白色针状晶体。溶于热水。受强热分解。加热至 100℃时得无水盐，后者熔点 571℃。制备：可由碳酸钾与过量三氧化钼的水溶液反应制得。用途：可作为能量储存、催化、光致发光、湿度传感等材料。

高钼酸钾（potassium permolybdate）　亦称"氧化钾·四氧化钼"。化学式 $K_2O \cdot 3MoO_4 \cdot 3H_2O$，分子量 596.06。淡黄色单斜系晶体。微溶于冷水，溶于热水，难溶于乙醇。180℃分解。制备：可由七钼酸铵和氯化钾在水溶液中加热反应制得。用途：可作为激光晶体生长的催化剂。

正钼酸铵（ammonium molybdate）　CAS 号 13106-76-8。化学式 $(NH_4)_2MoO_4$，分子量 196.01。无色或浅绿色单斜棱形柱状结晶体。密度 2.276 g/cm^3。溶于水，但在热水中分解，溶于酸分解，不溶于醇、氨、丙酮。将该盐的浓硝酸溶液加入磷酸或砷酸溶液，即分别生成磷钼酸铵和砷钼酸铵的黄色沉淀。在空气中失去部分氨，加热至 190℃时分解为氨、水、三氧化钼。制备：将三氧化钼加入氨水中，并向滤液中加硫化铵溶液而制得。用途：可作为测定磷酸盐、生物碱、砷酸盐和铅的试剂、色谱分析试剂，可用于摄影、陶器、釉彩等领域。

仲钼酸铵（ammonium paramolybdate）　亦称"七钼酸铵"。CAS 号 12054-85-2。化学式 $(NH_4)_6Mo_7O_{24} \cdot 4H_2O$，分子量 1 235.86。无色结晶。密度 2.498 g/cm^3。根据氢离子浓度可生成多种多钼酸离子。溶于水、强酸、强碱，不溶于醇，加热时很容易分解。与氯化铅以及其他金属盐反应得到其他的钼酸盐，与磷酸盐或砷酸盐反应形成对应的杂多酸盐 $(NH_4)_2PO_4 \cdot 12MoO_3$ 或 $(NH_4)_3AsO_4 \cdot 12MoO_3$。制备：可将三氧化钼溶于氨水中制得。用途：可用于制石油脱硫催化剂、丙烯腈催化剂、脱氮催化剂、织物防火剂、高纯钼、含钼化合物、颜料、农业肥料等，还可用于磷酸盐或砷酸盐的分析等。

八氰钼酸钾（potassium molybdenum cyanate）　化学式 $K_4[Mo(CN)_8] \cdot 2H_2O$，分子量 496.52。黄色菱形晶体。密度 2.337^{26} g/cm^3（无水物）。受热至 100～105℃失去 2 分子水。易溶于水，微溶于纯乙醇，不溶于乙醚。在盐酸和硫酸中分解。用冷浓盐酸处理可得黄色针状的六水合八氰钼酸晶体，放置变为褐色并分解，可溶于水。制备：可由肼和三氧化钼、氰化钾反应制得。

硅钼酸（molybdosilicic acid）　亦称"十二钼硅酸"。CAS 号 11089-20-6。化学式 $H_4[SiMo_{12}O_{40}] \cdot 28H_2O$，分子量 2 327.80。黄色结晶。熔点 45℃，密度 2.82 g/cm^3。溶于水、稀酸、乙醇和丙酮，不溶于苯、氯仿、二硫化碳。水溶液为强氧化剂。在强碱中分解。100～105℃失去大部分水。其结构由 4 组 3 个钼氧八面体单元围绕中心的硅氧四面体构成，具有 Keggin -型结构。制备：可由硅钼酸钠在硫酸和乙醚中振荡萃取制得。用途：可作为催化剂、原子能中的离子交换剂、分析试剂、电镀的添加剂、黏结剂等。

磷钼酸（phosphomolybdic acid）　亦称"十二钼磷酸"。CAS 号 51429-74-4。化学式 $H_3[PMo_{12}O_{40}] \cdot 28H_2O$，分子量 2 329.68。嫩黄色或橘黄色棱柱状结晶或结晶粉末。易溶于水、乙醇、乙醚。有腐蚀性，有酸的通性。与一氧化碳以及氯化钯混合后变蓝。制备：可由钼酸钠或三氧化钼与磷酸在水溶液中加热反应制得。用途：可作为丝和皮革的加重剂、缓蚀剂、制备有机颜料的原料、色层分析试剂；可催化甲烷氧化为甲醛，丙烯氧化为丙烯醛，丙酮、丙烯氨氧化制备丙烯腈等。

磷钼酸铵（ammonium phosphomolybdate）　亦称"钼磷酸铵"。CAS 号 12026-66-3。化学式 $(NH_4)_3[PMo_{12}O_{40}]$，分子量 1 876.35。无色晶体。含水物为有光泽黄色单斜系柱状晶体。能溶于水、氨、碱、磷酸。溶于过氧化氢、醋酸、联苯胺时变为蓝色。制备：可由钼酸铵、磷酸及硝酸反应，或向钼酸铵的溶液中加入磷酸钠的酸性溶液制得。用途：可作为分析试剂、测定生物碱的试剂，也可用于微量锡的分析。

钼碲酸铵（ammonium molybdotellurate）　CAS 号 54576-54-4。化学式 $(NH_4)_6TeMo_6O_{24} \cdot 7H_2O$，分子量 1 321.56。无色正交系晶体，有毒！熔点 550℃（分解），密度 2.78 g/cm^3。可溶于水。可同硅酸、磷酸、钒酸等反应形成杂多酸化合物。遇强碱分解为简单酸。550℃以上分解为二氧化碲和钼酸。制备：可由碲酸和钼酸 1∶4 的混合液与过量氨水反应制得。用途：用于颜料、染色、织物防火、化学分析试剂等领域。

钼蓝（molybdenum blue）　杂多蓝的一种，通常指磷钼蓝。是一种由磷酸、五价钼和六价钼离子组成的混合价复杂混合物，没有明确组成。例如磷钼酸盐中的六价钼被部分还原成五价钼，生成具有特征蓝色化合物。可溶于水、酸、甲醇，不溶于丙酮、苯、氯仿。加热分解。制备：可用 Sn^{2+}、SO_2、N_2H_4、H_2S 等还原剂迅速还原钼酸盐的酸性溶液或三氧化钼的水悬浮液制得。用途：可用于定量 分析钢铁、土壤、化肥、农作物中磷的含量。

锑化物、锑酸盐

锑化氢（hydrogen antimonide；stibine） CAS 号 7803-52-3。化学式 H_3Sb，分子量 124.78。有特殊不愉快 臭味的气体，剧毒！熔点 -88℃，沸点 -17℃，密度 4.36 g/L（气态）、2.26^{-25} g/mL（液态）。溶于水，易溶于乙醇、乙 醚、二硫化碳。受热分解为锑和氢气；遇冷的器壁生成"锑 镜"（但不如砷镜亮），锑镜不溶于次氯酸钠溶液，化学分析 中常借此反应以区别砷和锑。可被浓硫酸和氢氧化钾溶 液分解。在空气中易爆，燃烧呈蓝色火焰，同时生成三氧 化二锑。制备：可由金属锑化物与稀酸反应；或用锑棒作 阴极，铂片作阳极，电解稀硫酸制得。用途：可用于半导 体工业，制有机锑化合物等。

锑化锂（lithium antimonide） CAS 号 12057-30-6。 化学式 Li_3Sb，分子量 142.57。熔点高于 950℃，密度 3.2^{17} g/cm³。常温下与水反应生成氢气，与无机酸反应生 成含有锑化氢的气体。为强还原剂，能将多数金属氧化 物、硫化物、氯化物还原为金属。易与 Cl_2、Br_2、I_2、S、Se 反 应。制备：可由锑粉在无水液氨中与金属锂反应，或在液 氨中熔融电解氯化锂、氯化钾、锑粉的混合物制得。

锑化钠（sodium antimonide） CAS 号 12058-86-5。 化学式 Na_3Sb，分子量 190.72。白色粉末或蓝色晶体。熔 点 856℃，密度 2.67 g/cm³。遇水分解。微溶于水，可溶于 乙醇。易燃。制备：由金属钠和金属锑加热反应制得。 用途：可作为分析试剂。

锑化镁（magnesium antimonide） CAS 号 12057-75-9。化学式 Mg_3Sb_2，分子量 316.44。六方系晶体。熔 点 961℃，密度 4.088 g/cm³。不溶于水。制备：由锑与镁 在高温下反应制得。

锑化钾（potassium antimonide） 化学式 K_3Sb，分 子量 239.06。黄绿色固体，剧毒！熔点 812℃。遇酸或水 分解放出剧毒气体锑化氢。空气中能自燃发火。制备： 可由钾和锑在氩气气氛中加热反应，或将锑化氢气体通入 氢氧化钾溶液制得。用途：可与烷基、丙烯基的氯化物反 应制取 SbH_3 的衍生物。

锑化镍（nickel antimonide） CAS 号 12125-61-0。 化学式 NiSb，分子量 180.46。六方系晶体。熔点 1 158℃，密度 7.54 g/cm³。1 400℃时分解。镍与锑可生 成数种化合物，最常见的是 NiSb，此外还有 Ni_2Sb、 Ni_5Sb_2、Ni_9Sb_4、$Ni_{13}Sb_4$、Ni_2Sb_5、Ni_4Sb 等。

锑化亚铜（coprous antimonide） CAS 号 12054-25-

0。化学式 Cu_3Sb，分子量 312.37。灰色物质。熔点 687℃，密度 8.51 g/cm³。制备：可由铜和锑按化学计量 比混合熔化后制得。

锑化锌（zinc antimonide） CAS 号 12039-40-6。化 学式 Zn_3Sb_2，分子量 439.61。银白色正交系晶粒或粉末。 熔点 570℃，密度 6.33 g/cm³。遇水分解。制备：可由锑 粉和锌粉在真空条件下共热制得。

锑化镓（gallium antimonide） CAS 号 12064-03-8。 化学式 GaSb，分子量 191.48。灰白色立方系晶体。熔点 710℃，密度 5.61 g/cm³。不溶于水。制备：可由金属镓 与金属锑在真空下或氢气流中反应制得。用途：可作为 半导体材料，用于制红外检测器、发光二极管、晶体管、激 光二极管、传感器等。

锑化铟（indium antimonide） CAS 号 1312-41-0。 化学式 InSb，分子量 236.58。暗灰色有金属光泽立方系 晶体。熔点 535℃，密度 5.775 g/cm³。可与酸作用，高温 下可被空气中氧气氧化分解释放出锑和氧化锑的蒸气。 制备：由金属铟和锑在惰性气氛中加热制得，或由液相外 延生长制得单晶。用途：可作为甲酸、乙醇脱氢或乙烯加 氢催化剂，可用于制滤光器、红外探测器、光磁电探测器、 霍尔器件等。

偏亚锑酸钠（sodium metaantimoite） CAS 号 201749-51-1。化学式 $NaSbO_2 \cdot 3H_2O$，分子量 230.78。 无色正交系晶体。密度 2.864 g/cm³。遇水或加热时分 解。制备：可由五氧化二锑与碳酸钠共熔制得。用途：可 作为不透明剂用于制搪瓷、玻璃、陶瓷等。

偏锑酸钠（sodium antimonate） CAS 号 15432-85-6。化学式 $NaSbO_3$，分子量 192.74。白色粒状或四方系 晶体，有毒！溶于硫化钠、酒石酸溶液、浓硫酸，微溶于醇、 铵盐溶液，不溶于稀无机酸、乙酸、稀碱。不溶于冷水，在 热水中水解生成胶体。在 100℃左右不分解。制备：可将 五氧化二锑溶于氢氧化钠溶液；或由锑块粉碎后与硝酸钠 混合加热，通空气进行反应，再经硝酸浸取制得。用途： 可作为制纺织品和塑料制品的阻燃剂、玻璃的澄清剂、水 溶性漆的不透明填料、搪瓷的乳白剂、铁皮钢板的抗酸漆， 可用于鉴定钠离子。

偏锑酸镁（magnesium metaantimonate） 化学式 $Mg(SbO_3)_2 \cdot 12H_2O$，分子量 579.99。六方系或三斜系晶 体。密度 2.60 g/cm³。微溶于冷水。在盐酸中分解。

200℃时失去全部结晶水。

正锑酸铅(lead orthoantimonate)　化学式 $Pb_3(SbO_4)_2$，分子量 993.07。橙色粉末。密度 6.58 g/cm^3。不溶于水、稀酸。

焦锑酸(pyroantimonic acid)　亦称"二锑酸"。CAS 号 71566-48-8。化学式 $H_4Sb_2O_7$，分子量 359.13。白色无定形固体。微溶于水，溶于强酸、强碱。加热至 200℃时失 1 分子水。制备：由五氧化二锑制得。用途：制焦锑酸钾盐。

焦锑酸二氢二钠(sodium dihydrogen pyroantimonate)　CAS 号 112873-08-2。化学式 $Na_2H_2Sb_2O_7 \cdot H_2O$，分子量 511.58。白色晶体。熔点 280℃。不溶于冷水，在热水中分解。制备：可将五氧化二锑溶于热的氢氧化钠溶液制得。用途：可作为搪瓷、玻璃、陶瓷等的不透明剂。

焦锑酸钾(potassium pyroantimonate)　亦称"酸性焦锑酸钾"。CAS 号 12208-13-8。化学式 $K_2H_2Sb_2O_7 \cdot 4H_2O$，分子量 507.77。白色颗粒或晶体粉末，有毒！溶于热水，微溶于冷水，不溶于乙醇。制备：可由五氧化二锑与氢氧化钾反应制得。用途：可作为阻燃剂，可用于测定钠。

氟锑酸(fluoroantimonic acid)　亦称"六氟锑酸""六氟合锑酸"。CAS 号 16950-06-4。化学式 $HSbF_6$，分子量 236.76。无色黏稠状液体。无固定熔沸点。溶于氯氟磺酰(SO_2ClF)、二氧化硫。遇水发生强烈反应甚至爆炸。是一种超强酸，几乎可以质子化所有有机化合物产生碳正离子和氢气。通常使用聚四氟乙烯材料盛装。制备：可由氢氟酸和五氟化锑等比例混合制得。用途：可用于裂解高级烷烃，冶炼稳定金属等。

氟锑酸钠(sodium hexafluoroantimonate)　亦称"六氟锑酸钠""六氟合锑(V)酸钠"。CAS 号 16925-25-0。化学式 $NaSbF_6$，分子量 258.74。白色正交系晶体粉末。熔点约 1 360℃，密度 3.375 g/cm^3。易溶于水，能溶于乙醇、丙酮。制备：可由三氧化二锑和氢氟酸与碳酸钠溶液反应，或由氟化钠与五氟化锑在水溶液中反应制得。用途：可作为光化学反应中的催化剂、高档玻璃的添加剂、高档光固化涂料和油墨的添加剂、医药及材料中间体、有机氟化物的代替物。

氟化锑酸铵(ammonium fluoroantimonite)　CAS 号 14972-90-8。化学式 $(NH_4)_2SbF_5$，分子量 252.84。无色晶体。稀溶液水解生成氟化氧锑。与碱作用生成亚锑酸。加热发生分解并升华。制备：可由氟化锑与过量的氟化铵反应，或由三氧化二锑溶于饱和氟化铵溶液制得。用途：可作为氟化剂。

氟锑磺酸(fluoroantimosulfonic acid)　亦称"魔酸(magic acid)"。CAS 号 23854-38-8。化学式 $SbF_5 \cdot HSO_3F$，分子量 316.82。室温下为无色透明的黏稠液体。典型的代表是氟硫酸与五氟化锑的等比例混合物。具有极强的酸性，几乎可使所有的有机物发生离子化，可使高氯酸质子化。可使金、铂等极不活泼金属氧化溶解，可溶解不溶于王水的高级烷烃。与湿气接触产生白烟，与大量水混合时发生强烈反应，失去超酸性。通常储存在聚四氟乙烯的容器内。制备：将氟硫酸与五氟化锑混合制得。用途：可作为有机合成时的催化剂或介质，可用于催化烷基化、酯化、醚化、酰化、磺化、歧化、氧化、缩合、异构化等多种反应。

三硫代亚锑酸银(silver thioantimonite)　亦称"硫代亚锑酸银"。CAS 号 15971-56-9。化学式 Ag_3SbS_3，分子量 541.53。红色三方系晶体。熔点 486℃，密度 5.76 g/cm^3。溶于硝酸，不溶于水。在盐酸中分解为硫和三氧化二锑。制备：由硫代亚锑酸钠溶液与硝酸银溶液反应制得。

硫代锑酸钠　释文见 241 页。

硫代锑酸钾(potassium thioantimonate)　CAS 号 14693-02-8。化学式 $K_3SbS_4 \cdot 4.5H_2O$，分子量 448.39。无色或淡黄色晶体。有吸湿性，溶于水，水溶液呈强碱性。不溶于乙醇。加热失去结晶水，遇酸分解产生硫化氢和五硫化二锑。另有多种水合物。制备：将三硫化二锑溶于氢氧化钾溶液，再加入硫粉后沸煮制得。

硫代锑酸铵(ammonium thioantimonate)　化学式 $(NH_4)_3SbS_4 \cdot 4H_2O$，分子量 376.18。无色针状晶体，无水盐为淡黄色棱柱形晶体。难溶于乙醇、乙醚。熔点前分解。制备：将亚锑酸盐粉末和硫华溶于多硫化铵中，再将其生成物用硫化铵溶液进行再结晶制得；或向饱和的多硫化铵溶液中加入等量的硫化铵，再加入五硫化二锑，同时加入乙醇，直至沉淀生成，再经过滤将滤液用乙醇层覆盖，放置可得。

碲 化 物

碲化氢(hydrogen telluride)　CAS 号 7783-09-7。化学式 H_2Te，分子量 129.62。无色有恶臭气体，有毒！熔点 -49℃，沸点 -2.2℃，密度 2.68^{-12} g/mL。稀溶于水成氢碲酸，水溶液的酸性比硫化氢强。具有极强还原性，在空气中点燃发出青白色火焰，生成二氧化碲和水。水能催化它的氧化。在空气中，当压强低于 1.3 kPa 时也能被氧化为碲镜和水。卤素和其他氧化物都能快速将其氧化，S、TeO$_2$、FeCl$_3$等也能将其氧化为单质。可与可溶性金属盐反应生成相应的碲化物。毒性比硫化氢大，热稳定性和水中溶解度比硫化氢小。制备：可由碲单质直接和氢气化合，或由水或盐酸与碲化铝反应制得。用途：可用于制备碲化镉，还可用于搪瓷、玻璃等领域。

碲化铍（beryllium telluride）　CAS 号 12232-27-8。化学式 BeTe，分子量 136.61。灰色粉末。密度 5.1 g/cm^3。具有闪锌矿型结构，是一种半导体材料。在空气中易分解。光照下在水中会释放出碲化氢。制备：可由铍和碲在氢气流中反应制得。用途：可用于半导体工业。

碲化钠（sodium telluride）　CAS 号 12034-41-2。化学式 Na$_2$Te，分子量 173.58。纯品为白色粉末，易被氧化而带黑色。熔点 953℃，密度 2.90 g/cm^3。反萤石结构。易吸湿，易溶于水，在水中易水解成碲氢化钠。在空气中迅速分解。制备：可在无水无氧条件下由碲与钠在液氨中反应制得。用途：可用于制备有机碲化合物。

碲化镁（magnesium telluride）　CAS 号 12032-44-9。化学式 MgTe，分子量 151.91。白色六方系晶体。是一种半导体材料。常温常压下为闪锌矿结构，在 1～3.5 GPa 下会转变为砷化镍结构。在潮湿空气、水及酸中分解。制备：可由碲与镁高温反应制得。用途：可用于制造冷光源。

碲化铝（aluminum telluride）　CAS 号 12043-29-7。化学式 Al$_2$Te$_3$，分子量 436.76。深灰色或黑色粉末，有毒！密度 4.5 g/cm^3。是一种半导体材料。制备：可由碲与铝 1 000℃反应制得。用途：可用于半导体工业。

碲化钾（potassium telluride）　化学式 K$_2$Te，分子量 205.80。无色立方系晶体。密度 2.51 g/cm^3。在空气中可潮解，溶于水并分解出碲化氢。制备：可由钾和碲在液氨中直接反应制得。

碲化钙（calcium telluride）　CAS 号 12013-57-9。化学式 CaTe，分子量 167.68。白色立方系晶体。具有氯化钠型结构。与酸反应生成碲化氢。加热至 1 605℃以上分解。制备：可由钙与碲在惰性气氛中共热制得。用途：可用于光伏、光学等领域。

碲化亚铜（copper(I) telluride）　CAS 号 12019-52-2。化学式 Cu$_2$Te，分子量 254.69。蓝黑色六方系八面体晶体。熔点约 900℃，密度 7.27 g/cm^3。不溶于盐酸和硫酸，溶于溴水。具有粒子导电性、热电性和近红外区域的局域表面等离子体共振效应。制备：通常存在于贵金属冶炼的铜阳极泥中，也可由铜与纯碲在坩埚内覆以氯化钠和氯化钾保护层熔融制得。用途：可作为工业制备单质碲的原料，可用于光伏等领域。

碲化铜（copper(II) telluride）　CAS 号 12019-23-7。化学式 CuTe，分子量 191.15。淡灰色或黑色粉末。密度 7.1 g/cm^3。常温下在空气中比较稳定。在氧化剂存在下碲化铜可与酸或碱发生反应。制备：可用二氧化硫从含铜和碲的硫酸溶液中还原碲的方法制得，或由化学计量比的铜和碲在稀有气体的保护下熔融，或用空气氧化硫酸浸出法处理电解铜的阳极泥制得。用途：可用于精炼碲。

碲化锌（zinc telluride）　CAS 号 1315-11-3。化学式 ZnTe，分子量 193.00。灰色或棕红色晶体。熔点 1 238.5℃，密度 6.34^{15} g/cm^3。闪锌矿结构，是一种半导体材料，常常掺杂为 P 型半导体。在干燥空气中稳定。遇水放出碲化氢。制备：可由锌与碲在真空中加热至 800～900℃反应制得。用途：应用于太阳能薄膜电池、光电器件、磷光体、非线性光学材料等领域。

碲化镓（gallium telluride）　CAS 号 12024-14-5。化学式 GaTe，分子量 197.32。黑色片状六方系或单斜系晶体。熔点 824℃，密度 5.44 g/cm^3。是一种半导体材料。六方相加热到 500℃以上会转变为单斜相。制备：可由等摩尔的碲与镓加热反应制得。用途：可用于制造电子元件。

三碲化二镓（digallium tritelluride）　CAS 号 12024-27-0。化学式 Ga$_2$Te$_3$，分子量 522.24。黑色无臭晶体，有毒！熔点 790℃，密度 5.57 g/cm^3。在室温下稳定存在，长时间会缓慢分解。是一种半导体材料。制备：可由三甲基镓和二氧化碲高温反应，或在碲化氢气流中高温加热氧化镓制得。用途：可用于半导体工业。

碲化锗(Ⅱ)（germanium(II) telluride）　CAS 号 12025-39-7。分子式 GeTe，分子量 200.21。常温下为固体。熔点 725℃，密度 6.14 g/cm^3。是一种半导体材料。常温下可为菱形晶体或正交系晶体，高温下为立方系晶体。具有半金属性、铁电性、温差电效应。经过掺杂后是一种低温超导体。制备：可向二氧化锗的溶液加入二氧化碲和硼氢化钠，将析出的沉淀进行热处理制得。用途：可作为红外光发射和探测材料。

碲化铷（rubidium telluride）　CAS 号 12210-70-7。化学式 Rb$_2$Te，分子量 298.54。黄绿色粉末。熔点 775℃。制备：可由铷和碲在液氨中制备。用途：可作为光电材料。

碲化锶（strontium telluride）　CAS 号 12040-08-3。化学式 SrTe，分子量 215.22。白色立方系晶体。密度 4.83 g/cm^3。具有氯化钠结构。有强的光散射，对光各向同性。制备：在赤热情况下，用氢气还原 SrTeO$_4$ 可得到很细的晶粒；若将 SrTeO$_3$ 开始时在 600℃下用氢气还原，结束时在 690℃下还原可得到大晶粒。用途：可作为热电材料。

二碲化钯（palladium ditelluride）　化学式 PdTe$_2$，分子量 361.62。银灰色六方系晶体。易溶于王水，溶于硝酸，不溶于水和碱。制备：可由化学气相传输法制得。

碲化银(silver telluride) CAS 号 12002-99-2。化学式 Ag_2Te,分子量 343.34。灰色立方系晶体或粉末。熔点 955℃,密度 8.50 g/cm³。是一种拓扑绝缘体材料。不溶于水,溶于硝酸、氨水、氰化钾溶液。加热至 300~600℃有部分分解。制备:可由银与碲蒸气 470℃反应制得。存在于碲银矿中。用途:可作为半导体材料。

碲化镉(cadmium telluride) CAS 号 1306-25-8。分子式为 CdTe,分子量 240.01。棕黑色立方系晶体,有毒!熔点 1 041℃,密度 6.2^{15} g/cm³。具有闪锌矿结构。不溶于水、酸,与硝酸作用而分解。潮湿时易被空气氧化。是一种半导体材料。在一个很宽的温度范围内可以透过红外光,可用作红外光透镜。可与汞形成合金 HgCdTe。可与少量锌形成合金,成为一种重要的固体 X 光检测器材料。制备:可用等摩尔的碲和镉在涂碳的密封石英管内脱氧后加热反应,或由镉的亚碲酸盐或碲酸盐在氢气流中加热还原,或由碲化钠与被乙酸酸化的乙酸镉溶液反应,或用碲化氢与镉蒸气反应制得。用途:可用于制红外电光调制器、红外探测器、红外窗口、近可见光区发光器件、磷光体、常温 X 射线探测器、太阳能电池、HgCdTe 的衬底材料等。

碲化铟(indium telluride) 化学式 InTe,分子量 242.42。暗灰色有金属性软固体。熔点 696℃,密度 6.29 g/cm³。不溶于盐酸,溶于硝酸。加热时为银灰色,冷时为钢蓝色,易研碎。制备:可由等摩尔的铟和碲混合物在石英管中加热制得。用途:可作为半导体材料。

三碲化二铟(diindium tritelluride) CAS 号 1312-45-4。化学式 In_2Te_3,分子量 612.44。蓝色立方系晶体。熔点 667℃,密度 5.75 g/cm³。不溶于水、稀酸,可溶于强酸生成碲化氢。制备:可由碲与铟直接反应,或在碲化氢气流中高温加热氧化铟制得。用途:可作为半导体材料。

碲化亚锡(tin(II) telluride) 亦称"碲化锡"。CAS 号 12040-02-7。化学式 SnTe,分子量 246.31。有三个晶相。低温时为菱方相 α-SnTe;室温常压下为氯化钠型立方相 β-SnTe,颜色呈暗灰色;β-SnTe 在 1.8 GPa 下转变为正交相 γ-SnTe,是 IV-VI 窄带隙半导体。熔点 786.85℃(立方相),密度 6.445 g/cm³(立方相)。不溶于水、酸。在碱性硫化物中分解。制备:可由锡和碲共熔,或向 $SnCl_2$ 溶液中通 H_2Te 制得。用途:可作为 N 型半导体,可用于制成红外探测材料 HgSnTe。

碲化锡(tin(IV) telluride) 亦称"二碲化锡"。化学式 $SnTe_2$,分子量 373.89。黑色固体。不溶于水,可溶于硫化铵。在稀酸和碱中分解。在空气中放置溶液中可游离出单质碲。制备:由 $SnCl_4$ 溶液中通入 H_2Te 制得。用途:可作为半导体材料,可用于储能、催化、微电子、传感器等领域。

三碲化二锑(diantimony tritelluride) CAS 号 1327-50-0。化学式 Sb_2Te_3,分子量 626.32。灰色晶体。熔点 639℃,密度 6.50^{18} g/cm³。溶于硝酸。具有很好的热电性能。制备:可向氯化锑(III)的酸性溶液中通入碲化氢,或由锑和碲在 500~900℃下反应。用途:可通过掺杂制成 N 型或 P 型半导体,可用于制造制冷机。

碲化钡(barium telluride) CAS 号 12009-36-8。化学式 BaTe,分子量 264.93。黄白色立方系晶体。密度 5.13 g/cm³。遇酸分解。制备:可由炭在氢气流中于 580℃还原碲酸钡制得。用途:可作为在玻璃、陶瓷工业中的调色剂。

碲化锇(osmium telluride) CAS 号 12166-21-1。化学式 $OsTe_2$,分子量 445.40。灰黑色晶体。熔点约 600℃。黄铁矿型结构。不溶于水、酸,在稀硝酸中分解。N 型半导体。制备:可高温下加热锇和碲的混合物制得。用途:可作为半导体材料。

碲化铱(iridium telluride) 化学式 $IrTe_3$。分子量 575.0。暗灰色晶体。密度 9.5 g/cm³。不溶于水和无机酸,慢慢溶于热王水中。制备:将 $IrCl_3$ 与过量碲在二氧化碳或者氮气流中加热制备成为 $IrTe_2$,再将后者与更多量碲在封闭管中加热制得。用途:可作为半导体材料。

碲化铂(platinum ditelluride) 化学式 $PtTe_2$,分子量 450.29。灰黑色晶体。熔点 1 200~1 300℃。可被煮沸的硝酸缓慢腐蚀。不与煮沸的氢氧化钾溶液反应。存在于铋钯铂碲矿中。制备:将铋钯铂碲矿加热到 1 150℃后冷却至 480℃,保温 4 个星期,再冷却至室温可得纯度为 76%的 $PtTe_2$;或由铂粉与过量的碲加热反应制得。用途:可作为半导体材料。

碲化金(gold telluride) 化学式 $AuTe_2$,分子量 452.17。颜色由铜黄色到银白色(含有银杂质)固体。密度 8.2~9.3 g/cm³。不溶于水,可溶于王水。有正交、单斜和三斜系三种晶型。常压下是单斜系晶体,银的掺入对晶体有稳定化作用;高压下则转变为碘化镉型晶体。加热至 472℃时熔融分解。在自然界中以针碲金银矿(Au,Ag) Te_2 形式存在。用途:可作为半导体材料。

碲化汞(mercury telluride) CAS 号 12068-90-5。化学式 HgTe,分子量 328.12。灰色粉末。熔点 673℃,密度 8.17 g/cm³。具有闪锌矿结构。具有半导体性能,是一种拓扑绝缘体。易被酸(例如氢溴酸)侵蚀。存在于碲汞矿中。制备:可由碲与汞反应,或由氯化汞与亚碲酸钠在水合肼的还原下制得。用途:可用于太阳能电池、薄膜晶体管、红外探测器等。

碲化铅(lead telluride) CAS 号 1314-91-6。化学式 PbTe,分子量 334.80。白色立方系晶体,剧毒!熔点 917℃,密度 8.164 g/cm³。具有氯化钠结构。不溶于水、氢氟酸、盐酸、高氯酸、乙酸。能溶于热的浓硝酸中,生成硝酸铅和二氧化碲。也能溶于浓硫酸生成红色的三氧化硫加合物（TeSO₃）及硫酸铅。在950℃以上真空中加热则部分分解出铅和碲。空气中加热生成一氧化铅及二氧化碲。与钠汞齐作用生成碲化钠及铅汞齐。在熔融碳酸钠中生成碳酸铅及一氧化碲。是典型的半导体，有显著的红外光电导特性。低温下有光电导性。存在于碲铅矿中。制备：由等摩尔的铅与碲在高温下共熔，或由碲粉与沸腾的铅溶液反应，或由碲化氢和铅盐沉淀制得。用途：用作红外探索器件和温差电制冷材料，在热电偶中作光电池，光敏电阻器、探测器、红外探测器用的一种铅化合物。

三碲化二铋（dibismuth tritelluride） 亦称"辉碲铋矿"。CAS 号 1304-82-1。化学式 Bi₂Te₃，分子量 800.76。灰色固体，有毒！熔点 573℃，密度 7.7 g/cm³。不溶于水。在硝酸中分解。其含水盐在氢气中受热可分解。具有半导体性能，是一种拓扑绝缘体。制备：可由铋和碲在真空下加热至 800℃，或由碲化钠与乙酸铋的乙酸溶液反应制得。用途：可作为半导体材料，用于冶炼碲、铋，还用于热电冷却、发电设备等领域。

碲化汞镉（mercury cadmium telluride） 化学式 Hg₁₋ₓCdₓTe。具有闪锌矿结构，是 HgTe 和 CdTe 的完全固溶体。制备：可在碲化镉衬底通过液相外延生长；或在超高真空室内，用碲、碲化镉与汞气体束流喷射到加热的衬底上；或采用二乙基碲、二甲基镉与汞源，高纯氢作载体，利用化学气相沉积法制得。用途：块体材料可用于光导单元和线列阵红外探测器，薄膜材料可用于大规模红外焦平面列阵。

碘化物、碘酸盐

碘化氢（hydrogen iodide） CAS 号 10034-85-2。化学式 HI，分子量 127.91。无色刺激性气体，有毒！熔点 - 50.8℃，沸点 - 35.36℃，密度 5.66 g/L。易液化，在空气中与水蒸气形成白色酸雾。易溶于水并放出大量热，其水溶液称"氢碘酸"，属于强酸。其恒沸溶液为无色或浅黄色发烟液体，沸点 127℃，密度 1.70¹⁵ g/mL。有强还原性，可被氯、溴、浓硫酸氧化游离出碘。常温下可被空气中的氧缓慢氧化，产生水和碘。能与氟、硝酸、氯酸钾等剧烈反应。与碱金属接触会爆炸。300℃时分解为碘和氢，加热可产生有毒的碘烟雾。制备：工业上由单质碘和肼反应，或由三碘化磷与水反应，或将水逐滴加入磷和碘的混合物，或从碱金属碘化物的浓磷酸溶液中蒸馏，或碘的水溶液中通入硫化氢气体，或由碘蒸气与氢气在铂催化条件下制得。用途：可作为还原剂、消毒剂、分析试剂，可用于制碘盐、药物合成、染料、香料等领域。

碘化锂（lithium iodide） 已知有无水物、二分之一水合物、一水合物、二水合物、三水合物。市售品通常为三水合物，CAS 号 7790-22-9，化学式 LiI·3H₂O，分子量 187.89。黄色六方系晶体。熔点 73℃，沸点 1 171℃，密度 3.48 g/cm³。溶于水、甲醇、乙醇、丙酮以及酯类溶剂。75~80℃失去 1 分子结晶水，80~120℃失去 2 分子结晶水，300℃时成为无水物。无水物与碘作用可生成多碘化锂 LiIₙ（n=3~9）；与液氨反应，生成 LiI·nNH₃（n=1、2、3、4、5、5.5、7）型加合物；在 0℃以下与二氧化硫气体反应可生成 LiI·nSO₂ 型加合物。制备：水合物可由碳酸锂或一水合氢氧化锂与氢碘酸反应制得；无水物可由碘化铵与金属锂在液氨中反应制得。用途：可用于烃类催化脱氢、人造矿泉水、摄影等领域。

碘化铍（beryllium iodide） CAS 号 7787-53-3。化学式 BeI₂，分子量 262.82。无色针状晶体。易潮解。熔点 510±10℃，沸点 590℃，密度 4.325 g/cm³。溶于乙醇、乙醚、二硫化碳。可强烈水解产生碘化氢。不形成碱式盐。熔融时有较高的蒸气压。制备：将碳化铍置于石英管中，在含碘的氢气流中或精制干燥的碘化氢气流中加热至 700℃反应制得。用途：可作为有机链烯烃反应的催化剂，可用于制备高纯铍。

三碘化硼（boron triiodide） CAS 号 13517-10-7。化学式 BI₃，分子量 391.52。无色有光泽晶体。熔点 49.7℃，沸点 209.5℃，密度 3.35 g/cm³。有挥发性。可溶于烃类、二氯甲烷、氯仿、四氯化碳、二硫化碳。与氧化性溶剂反应。对空气敏感，遇水、醇分解。能与磷、氮、氧、硫、卤素、氨、碱等反应形成配合物和加成产物。是一种强路易斯酸，可将醚、酯、硅烷、卤化物和醇裂解为碘代烷，将磺酰基和亚磺酰基还原裂解为二硫化物。对光敏感。制备：可由碘与硼氢化锂在氮气氛中反应，或用重结晶过的硼氢化钾与碘在庚烷中 80℃反应制得。用途：用于有机合成。

四碘化碳（carbon tetraiodide） 亦称"四碘甲烷"。CAS 号 507-25-5。化学式 CI₄，分子量 519.63。暗红色晶体，有碘的气味。熔点 171℃（分解），密度 4.23 g/cm³。不溶于水，溶于乙醇、二硫化碳、乙醚、苯、氯仿。热水中分解生成碘仿和碘。受光和热或与热乙醇作用分解为碘和四碘乙烯。制备：可由碘化铝或碘化钙与四氯化碳反应，或将四氯化碳在有氯化铝存在下与碘乙烷反应制得。用途：可用于碳-氢键的碘化，由羰基化合物制备偕二碘代烯烃、碳-羟基/碳-碘键交换反应等。

三碘化氮(nitrogen triiodide)　CAS 号 13444-85-4。化学式 NI_3，分子量 394.72。黑色固体。不溶于冷水，遇热水分解，能溶于硫代硫酸钠、硫氰酸钾等溶液。与氨作用生成红铜色一氨合三碘化氮晶体。在酸性溶液中发生歧化反应。亚硫酸钠、硫化氢均可使其还原。高频声波、光波可引起爆炸。空气中受热爆炸、分解。在真空中升华。制备：可向二溴碘化钾溶液通入氨气，或由碘悬浮液与冷浓氨水反应制得。

碘化钠(sodium iodide)　CAS 号 7681-82-5。化学式 NaI，分子量 149.89。无臭、味苦咸的无色或白色立方系晶体或粉末。熔点 651℃，沸点 1 304℃，密度 3.667 g/cm^3。易溶于水、乙醇、丙酮、甘油、液氨、液体二氧化硫。水溶液呈微碱性。在空气中逐渐吸湿至含水量达 5%，可被空气氧化放出碘而变棕色，水溶液亦有同样变化，可略加碱以使保持稳定。其二水合物为无色柱状晶体，熔点 752℃，密度 2.448 g/cm^3。易溶于水，极易溶于液氨。加热至 64.3℃时溶解在自身结晶水中。常见的还有五水合物，在-13.5℃转变为二水合物，二水合物在 65℃转变为无水物。制备：可将碘与铁屑反应生成八碘化三铁，再与碳酸氢钠或碳酸钠作用；或将碳酸氢钠加入氢碘酸中，生成碘化钠的碱性溶液，再补加微量碘，用硫氢酸还原褪色后，冷却析出二水合物；二水合物再用碘化钙在 105℃下干燥，最后在 700℃下及氢气流中熔融，可制得无水物。用途：可作为摄影胶片感光剂、碘的助溶剂、医用造影剂、分析试剂、杀菌消毒液，可用于制碘化物、塑料、涂料、橡胶、黏合剂、纸张等。

碘化镁(magnesium iodide)　CAS 号 10377-58-9。化学式 MgI_2，分子量 278.11。白色无味的六方系晶体。熔点 637℃(分解)，密度 4.43 g/cm^3。有潮解性，对空气敏感。溶于水，易溶于乙醇、氨、丙酮、乙醚、甲基碘化物。可形成 $MgI_2 \cdot 6CH_3OH$、$MgI_2 \cdot 6C_2H_5OH$、$MgI_2 \cdot 2(C_2H_5O)$ 等加合物。700℃以上分解。八水合物为白色晶体，分子量 422.24，密度 2.098 g/cm^3。41℃时脱去 2 分子结晶水，200～210℃开始分解生成碘。在氢气氛下高温稳定，但在空气中常温即分解，释放单质碘而呈褐色。在空气中加热完全分解得到氧化镁。制备：可在碘蒸气中加热镁粉，或由氧化镁与氢碘酸反应制得。用途：可用于有机合成、制药工业等。

碘化铝(aluminum iodide)　CAS 号 7784-23-8。化学式 AlI_3，分子量 407.69。纯品为白色晶体，当含单质碘时为棕色晶体。熔点 191℃，密度 3.98 g/cm^3。吸湿性极强，在空气中发烟。溶于水部分水解。溶于乙醇、乙醚、二硫化碳。加热分解。与四氯化碳、联氨、光气等激烈反应。与液氨、硫化氢、二氧化硫等生成溶剂合物。在真空下加热，升华而不分解。其六水合物为白色或黄色易潮解晶体，CAS 号 10090-53-6，化学式 $AlI_3 \cdot 6H_2O$，分子量 515.79，熔点 185℃(分解)，密度 2.63 g/cm^3。制备：无水物可由碘的二硫化碳溶液与铝片加热反应，或由铝粉与少量的碘在二氧化碳气氛中加热反应制得；六水合物可由氢氧化铝或铝与氢碘酸反应制得。用途：可作为某些碳氧键和氮氧键断裂的试剂，可用于催化有机反应。

六碘化二硅(disilicon hexaiodide)　亦称"六碘乙硅烷"。CAS 号 13510-43-5。化学式 Si_2I_6，分子量 817.60。无色六方系晶体。溶于二硫化碳。真空中 250℃及遇水分解。在二硫化碳中与溴作用得六溴化二硅及碘。制备：由银粉与四碘化硅在约 290℃共热制得，可在二硫化碳中重结晶提纯。

四碘化硅(silicon tetraiodide)　亦称"四碘甲硅烷"。CAS 号 13465-84-4。化学式 SiI_4，分子量 535.70。白色立方系粉末状晶体，有毒！熔点 120.5℃，沸点 287.35℃，密度 4.198 g/cm^3。微溶于二硫化碳。可强烈水解，在潮气中发烟，生成二氧化硅和氢碘酸。与乙醇反应生成硅酸、碘乙烷及碘化氢。其蒸气可燃，呈红色火焰。制备：可由碘或碘化氢在 500℃与硅或硅合金反应制得。用途：可用于制备硅酰胺。

三碘化磷(phosphorus triiodide)　CAS 号 13455-01-1。化学式 PI_3，分子量 411.69。橙红色六方系晶体。熔点 61.2℃，沸点 120℃(15 Torr)，密度 4.18 g/cm^3。易挥发、易潮解。与水发生剧烈反应，生成碘化氢和次磷酸，还有相当量的磷化氢和含有磷-磷键的化合物。易溶于二硫化碳。受热高于 200℃及在潮湿空气中迅速分解。制备：可由红磷或白磷与碘在二硫化碳中反应，或由碘化氢或金属碘化物与三氯化磷反应制得。用途：可用于醇类转化为碘化物，环氧化物脱氧成烯烃、亚砜、硒氧化物、硒酮、臭氧化物、α-卤代酮还原等反应。

四碘化二磷(diphosphorus tetraiodide)　亦称"二碘化磷"。CAS 号 13455-00-0。化学式 P_2I_4，分子量 569.57。红色三斜系针状晶体。熔点 125.5℃，密度 4.178 g/cm^3。易溶于二硫化碳，微溶于苯、乙醚、液体二氧化硫，稍溶于二氯甲烷。遇水分解为亚磷酸、磷化氢、氢碘酸。与氧反应生成三碘化磷和不确定的三碘化磷和氧的产物。能被氧、二氧化氮氧化为碘及五氧化二磷。被硫氧化生成 $P_2I_4S_2$，与溴反应生成二碘溴化磷。170℃分解为三碘化磷和磷。制备：可由碘与红磷在 180～190℃反应，或由碘与白磷在二硫化碳中反应，或由三碘化磷和红磷在碘化正丁烷中加热反应制得。用途：可作为促进取代、脱水、还原反应的试剂。

五碘化磷(phosphorus pentaiodide)　CAS 号 66656-29-9。化学式 PI_5，分子量 665.50。棕黑色晶体。熔点 41℃。固态结构为离子晶体 $[PI_4]I$。稍高温度立即分解。制备：可由碱金属碘化物和溶解在碘甲烷中的五氯化磷反应制得。

碘化钾（potassium iodide） 亦称"灰碘"。CAS 号 7681-11-0。化学式 KI，分子量 166.00。有强烈苦味的无色透明或白色立方晶体。熔点 681℃，沸点 1 330℃，密度 3.13 g/cm³。极易溶于水，溶于乙醇、丙酮，微溶于乙醚。在干燥空气中性质稳定。有还原性，光和湿气可加速其氧化变黄，生成碳酸钾和单质碘。水溶液中加入少量碱可阻止其被氧化。不能与生物碱盐、水合氯醛、酒石酸、氯化亚汞、氯化钾、金属盐共存。制备：可由碳酸钾或碳酸氢钾与氢碘酸或碘化亚铁溶液反应制得，或由氢氧化钾与碘反应制备。用途：可作为分析试剂、碘溶剂、胶片乳化剂、显影抑制剂、感光乳剂中的防灰雾剂、膳食补充剂、腐蚀抑制剂、防垢剂、荧光猝灭剂，可用于处理放射性污染、配制碘标准溶液、制碘化物、防治甲状腺肿大、冲印胶片等。

三碘化钾（potassium triiodide） 亦称"碘合碘化钾"。CAS 号 7790-42-3。化学式 KI₃·H₂O，分子量 437.83。棕色单斜系晶体。易潮解。熔点 38℃（封闭管），密度 3.50 g/cm³。易溶于水，溶于乙醇、醚、碘化钾溶液。具有碘离子和碘单质的性质。225℃时分解为碘化钾和碘单质。制备：在碘化钾水溶液中加碘至饱和，慢慢蒸发制得。用途：可作分析试剂。

碘化钙（calcium iodide） CAS 号 10102-68-8。化学式 CaI₂，分子量 293.89。白色晶体。熔点 740℃，沸点 1 100℃，密度 3.956 g/cm³。易潮解。易溶于水，水溶液呈中性。溶于乙醇和丙酮。与酸反应放出碘化氢。在空气中易吸收二氧化碳，游离出碘。六水合物为黄色六方针状晶体。密度 2.55 g/cm³。42℃脱去 6 分子结晶水。在干燥氮气流中加热脱水，得到无水物。制备：可向氢碘酸溶液中加入氢氧化钙至呈碱性；或将碘与铁屑反应生成碘化亚铁，再与氢氧化钙反应；或先用硫化氢与碘反应制得碘化氢，再与氢氧化钙反应制得。用途：可作为照相胶卷的感光乳剂、碘化氢的干燥剂、饲料添加剂，可用于矿泉水、医药、摄影、制灭火剂等。

二碘化钛（titanium diiodide） CAS 号 13783-07-8。化学式 TiI₂，分子量 301.68。黑色有金属光泽的晶体。熔点 600℃，沸点 1 000℃，密度 4.99 g/cm³。有强吸潮性。溶于浓氢碘酸、浓盐酸呈蓝色溶液，不溶于乙醇、乙醚、氯仿、二硫化碳、苯。遇水分解为氢气和三价钛盐溶液。与硝酸和硫酸作用析出碘，也能被碱溶液分解。在高真空中加热至450℃可生成钛和四碘化钛。在氢气流中赤热则生成金属钛。制备：可由钛与碘的混合物共热，或用银或水银还原四碘化钛，也可由四氯化钛与碘化钾的混合物和碘蒸气反应制得。用途：可用于制取高纯钛。

四碘化钛（titanium tetraiodide） CAS 号 7720-83-4。化学式 TiI₄，分子量 555.48。红棕色立方系晶体。易潮解。熔点 150℃，沸点 377℃，密度 4.3 g/cm³。易溶于冷水，在热水中分解，溶于二氯甲烷、氯仿、乙腈、二硫化碳。能与氨、吡啶、乙酸乙酯生成 2∶1 的加合物。与过量氨发生氨解作用，生成氨基碱式碘化钛。在高温下可逆地同金属钛反应，生成二碘化钛。同二碘化钛反应，生成三碘化钛。熔融时为黄褐色。在空气中强热则燃烧生成碘和二氧化钛。制备：可由钛和碘加热反应，或由四氯化钛和干燥的碘化氢反应，或由二氧化钛和三碘化铝反应制得。用途：可作为碘化反应、烯醇还原、频哪醇偶联反应的试剂，可用于精炼金属钛。

二碘化钒（vanadium diiodide） CAS 号 15513-84-5。化学式 VI₂，分子量 304.75。玫瑰红紫色六方系晶体。熔点 750～800℃，密度 5.44 g/cm³。溶于冷水，不溶于乙醇、四氯化碳、二硫化碳、苯。真空中升华。制备：将等摩尔的金属钒和碘加热反应，或加热三碘化钒失去部分碘制得。用途：可用于制纯钒。

三碘化钒（vanadium triiodide） CAS 号 15513-94-7。化学式 VI₃·6H₂O，分子量 539.75。绿色晶体。可溶于无水乙醇，不溶于苯、四氯化碳和二硫化碳。极易潮解，易溶于水，产生黑色溶液，并在空气中转化为绿色。270℃分解为二碘化钒和碘。制备：可由化学计量比的金属钒和单质碘在熔封的真空石英安瓿中经高温反应，或由电解还原五氧化二钒的氢碘酸溶液制得。

二碘化铬（chromium diiodide） 亦称"碘化亚铬"。CAS 号 13478-28-9。化学式 CrI₂，分子量 305.81。灰色粉末。熔点 856℃，密度 5.20 g/cm³。极易吸水，也极易溶于水，无空气的水溶液呈亮蓝色。在真空中热至 800℃升华。制备：由碘蒸气与灼热的铬粉反应制得。用途：可作为助溶剂。

三碘化铬（chromium triiodide） 亦称"碘化铬"。CAS 号 13569-75-0。化学式 CrI₃，分子量 432.71。亮黑色晶体。密度 4.92 g/cm³。微溶于水，但在碘化亚铬存在时易溶。常温下，在空气和湿气中均较稳定。在空气中高温生成三氧化二铬和碘。在真空或惰性气氛中灼烧分解为碘化亚铬和碘。制备：可由加热重铬酸钾与浓氢碘酸，或将三氧化二铬溶于氢碘酸，或在赤热的铬上通入碘与氮的混合气体，或由金属铬粉与碘蒸气共热制得。用途：可作为磁性材料。

碘化锰（manganese iodide） 亦称"二碘化锰"。CAS 号 7790-33-2。化学式 MnI₂，分子量 308.75。粉红色六方系晶体。熔点 638℃（真空），密度 5.0⁴ g/cm³。真空中于 500℃升华。强热下分解为单质。四水合物为玫瑰红色晶体。易潮解，易溶于水，溶于乙醇。在空气及光照下因析出碘而变棕色。制备：可将碳酸锰溶于氢碘酸制得。用途：可用于制药工业。

碘化铁（iron iodide） 亦称"二碘化铁"。CAS 号

7783-86-0。化学式 FeI_2，分子量 309.65。灰白色或暗红黑色六方晶体。熔点 587℃，沸点 827℃，密度 5.315 g/cm^3。有吸湿性。溶于水、乙醇、乙醚、丙酮。在潮湿的空气中迅速氧化。红热时熔化。其四水合物为灰黑色或绿色有吸湿性的晶体，密度 2.873 g/cm^3。极易溶于水，在热水中发生分解，水溶液易被空气氧化。90～98℃时分解。制备：可将碘和铁粉放在封闭管内加热，或将铁溶解在碘水溶液中制得；粉体可通过 $Fe(CO)_4I_2$ 的热分解制得。用途：可在兽医药品中作补铁、碘剂，可用于有机反应催化剂、制备碱金属碘化物等。

碘化钴（cobalt iodide）　亦称"二碘化钴"。CAS 号 15238-00-3。化学式 CoI_2，分子量 312.74。有两种变体。α 型为黑色六方系晶体，熔点 515～520℃（真空），沸点 570℃（真空），密度 5.584 g/cm^3。可溶于水，其水溶液中低温时为红色，高温下变为棕色至绿色。可溶于亚硫酰氯或磷酰氯。β 型为黄色针状晶体，密度 5.45 g/cm^3，在 400℃转变成 α 型。潮解性强，吸水后可得到绿色的二水合物晶体，熔点 100℃。其六水合物为棕色六方系晶体，熔点 27℃，密度 2.79 g/cm^3。极易溶于水、乙醇、丙酮。制备：可由钴粉在碘化氢气流中于 400～500℃下加热 4～5 小时，再于 550℃下加热熔融，真空下冷却即得 α 型，真空升华可得 β 型。用途：可作为有机反应催化剂、温度测定剂，可用于测定有机溶剂中水分等。

碘化镍（nickel iodide）　亦称"二碘化镍"。CAS 号 13462-90-3。化学式 NiI_2，分子量 312.50。有光泽的黑色粉末或晶体。熔点 780℃，密度 5.384 g/cm^3。极易吸潮，在湿空气中变成红褐色液体，进而成蓝绿色液体（六水合物）。极易溶于水，稀溶液为绿色，浓溶液为暗绿色以至红褐色。其水溶液可溶大量碘，用浓氨水可生成 $[Ni(NH_3)_6]I_2$。在空气中高温加热发生分解。制备：可向镍粉通入碘蒸气制得。用途：可作为羰基化反应中的催化剂，可用于陶瓷、有机合成等领域。

碘化铜（copper iodide）　亦称"碘化亚铜"。CAS 号 7681-65-4。化学式 CuI，分子量 190.45。白色或棕白色粉末或立方系晶体，有毒！熔点 605℃，沸点 1 209℃，密度 5.63 g/cm^3。溶于稀盐酸、氨水、氰化钾、硫代硫酸钠、碘化钾溶液，不溶于水、醇。遇浓硫酸、硝酸分解。感光性差于溴化亚铜及氯化亚铜，在强光的作用下分解而析出碘。在自然界中以碘铜矿存在。制备：可向硫酸铜和碘化钾溶液中通入二氧化硫，或向硫酸铜的酸性溶液中加入过量的碘化钾，或将碘化钾与硫代硫酸钠的混合溶液滴加到硫酸铜溶液中制得。用途：可作为有机反应催化剂、机械轴承测温剂、饲料添加剂，可用于生产通电热敏纸、医药、塑料，也用于汞的微量分析。

碘化锌（zinc iodide）　CAS 号 10139-47-6。化学式 ZnI_2，分子量 319.22。无色有咸味的六方系晶体或白色颗粒状粉末。熔点 446℃，沸点 625℃（分解），密度 4.74 g/cm^3。易吸潮，易溶于水，溶于醇、乙醚、甘油、二氧六环、酸、氨、碳酸铵。其水溶液呈酸性。暴露于空气中或遇光会释出碘而变为棕色。制备：锌屑加蒸馏水加碘在 60℃以下进行反应，待反应完毕后，加热溶液变为无色，过滤、蒸发制得；或用硫酸锌和碘化钡溶液反应制得。用途：可作为消毒剂、收敛剂、X 射线不透明穿透剂、电子显微镜染色剂，可用于医药、工业照相、摄影，还可作为分析亚硝酸盐、游离氯和其他氧化剂的试剂。

碘化镓（gallium iodide）　亦称"三碘化镓"。CAS 号 13450-91-4。化学式 GaI_3，分子量 450.44。无色或柠檬黄色单斜系晶体。熔点 212℃，沸点 340℃，密度 4.5 g/cm^3。有吸湿性，在空气中发烟。遇水分解。其熔融物为棕黄色，具有过冷现象。固态或熔融态为二聚物，蒸气中为单体。在液氨中有各种形式的氨合物生成（$GaI_3 \cdot xNH_3$）。345℃升华。制备：可由金属镓与化学计量比的碘加热反应，或将镓在碘的二硫化碳溶液中回流反应制得。用途：用于制取镓有机化合物。

二碘化锗（germanium diiodide）　亦称"碘化亚锗"。CAS 号 13573-08-5。化学式 GeI_2，分子量 326.45。橙色六方系板状晶体。熔点 428℃，沸点 550℃（分解），密度 5.37 g/cm^3。溶于冷水、浓碘化氢、稀酸，微溶于四氯化碳、氯仿，不溶于二硫化碳。可与卡宾反应形成稳定离子加合物。加热或在热水中分解。在真空中 240℃升华。制备：可将新沉淀的 $Ge(OH)_2$ 溶于热浓碘化氢溶液中，再加入少量的次磷酸，加热除去碘后冷却制得；或将 GeI_4 溶于碘化氢溶液中，加入次磷酸共热；或由 GeI_4 用稍过量的 H_3PO_2 在 HIH_2O_2 溶液中还原，然后冷却析出制得。用途：可用于制有机锗化合物、有机反应催化剂、红外发射的纳米材料等。

四碘化锗（germanium tetraiodide）　CAS 号 13450-95-8。化学式 GeI_4，分子量 580.26。橙红色立方系晶体。熔点 146℃，密度 4.322 g/cm^3。溶于四氯化碳、二硫化碳、苯、甲醇。干燥时在空气中稳定，在潮湿空气中水解而强烈发烟。加热至 440℃或溶于冷水、乙醇、丙酮中分解。在液氨中由于氨解而生成亚氨基锗 $Ge(NH)_2$，在氢氧化钠溶液中生成 Na_2GeO_3 和 NaI。与二氯化锌、三氯化砷等反应生成四氯化锗。与氨、有机胺类易生成加合物。制备：由二氧化锗与氢碘酸共热，或由碘甲烷与四氯化锗在催化剂 $AlCl_3$ 存在下进行反应，或由二氧化碳作为载气将碘蒸汽通过锗单质粉末上方加热反应制得。用途：可作为自由基聚合时的链转移试剂，可用于制备锗。

二碘化砷（diarsenic tetraiodide）　亦称"四碘化二砷"。CAS 号 13770-56-4。化学式 AsI_2，分子量 328.73。红色棱状晶体。熔点 120℃。易溶于醇、醚、二硫化碳。在水溶液歧化为砷和三碘化砷。在温热的二硫化碳中也会发生歧化反应，在空气中热至 136℃分解，在惰性气氛中

150℃仍然稳定。制备：将砷和碘在氢气中加热反应制得。

三碘化砷（arsenic triiodide） 亦称"碘化亚砷"。CAS 号 7784-45-4。化学式 AsI_3，分子量 455.64。红色有光泽的三方系叶片状或片状晶体，有毒！熔点 141℃，沸点 424℃，密度 4.39^{13} g/cm^3。微溶于水，易溶于乙醇、乙醚、二硫化碳、氯仿、苯、甲苯、二甲苯。受潮和见光均分解。在空气中缓慢分解为三氧化二砷和碘。制备：将三氧化二砷溶于浓盐酸，再加入碘化钾的水溶液制得；或将砷和碘在二硫化碳中回流制得。用途：可作为分析试剂，可用于制药工业、折射率测定。

五碘化砷（arsenic pentaiodide） CAS 号 13453-18-4。化学式 AsI_5，分子量 709.44。棕色晶体。熔点 76℃，密度 3.93 g/cm^3。微溶于水、二硫化碳、乙醇、乙醚、氯仿。易被加热或被醚和二硫化碳分解为碘化亚砷和碘。制备：可由砷和过量的碘放入密封管中加热至 290℃，再升华除去多余的碘制得。

碘化硒（selenium iodide） 亦称"二碘化二硒"。CAS 号 13465-67-3。化学式 Se_2I_2，分子量 411.73。钢灰色晶体。熔点 68～70℃，沸点 100℃。遇水分解，常温时分解放出碘，光照下高度不稳定，分解成硒和碘。制备：可由碘和硒加热反应，或将干燥的碘化钾加入一氯化硒的四氯化碳溶液中震荡反应制得。

碘化铷（rubidium iodide） CAS 号 7790-29-6。化学式 RbI，分子量 212.37。无色立方系晶体。熔点 647℃，沸点 1 300℃，密度 3.110 g/cm^3。极易溶于水，溶于液氨，微溶于丙酮。露置空气中或见光则变色。其水溶液呈弱碱性。易形成溶剂化物和复盐，与卤素反应生成多卤化物 RbI_3、$RbICl_2$、$RbICl_4$。与二氧化硫生成柠檬黄色的固体加合物 $RbI·4SO_2$。制备：可由单质铷和碘反应，或由氢氧化铷和氢碘酸反应，或在常温下将碘化氢通到碳酸铷溶液中制得。用途：可作为碘化钾的代用品治疗甲状腺肿，可用于医药、制 X 射线荧光屏等。

三碘化铷（rubidium triiodide） CAS 号 12298-69-0。化学式 RbI_3，分子量 466.18。黑色晶体。熔点 190℃，密度 4.03^{22} g/cm^3。溶于水。在乙醇、乙醚中分解。溶于苯和甲苯并生成溶剂化物。190℃ 以上分解为碘化铷和碘。制备：可由碘与碘化铷反应制得。

碘化锶（strontium iodide） CAS 号 10476-86-5。化学式 SrI_2，分子量 341.43。无色片状晶体。熔点 515℃，密度 4.549 g/cm^3。有吸湿性。极易溶于水，溶于乙醇、氨水、甲醇，不溶于乙醚。暴露于空气和光中，逐渐释放碘而变黄。其六水合物为无色至黄色晶体。密度 2.672 g/cm^3。溶于水和乙醇。在潮湿空气中吸收二氧化碳而分解，并缓慢放出碘。与氨能生成络合物。水溶液能溶解碘片。在 84～90℃ 变为单斜系晶体的二水合物。在 90℃ 时

分解。制备：可由氢碘酸与碳酸锶反应制得六水合物；将六水合物与碘化铵充分混合，在半封闭的玻璃管中减压下缓缓升温，熔融脱水，冷却固化得到无水物。用途：可用于药物工业。

碘化钇（yttrium(III) iodide） CAS 号 13470-38-7。化学式 YI_3，分子量 469.62。白色晶体。熔点 1 004℃，沸点 650～700℃(2.666 Pa)。有吸湿性，易溶于水，溶于乙醇、丙酮，微溶于乙醚。制备：可将碘化氢与氢气的混合气通至氯化钇中加热反应；或将氧化钇溶于氢碘酸，然后加入碘化铵，再加入浓氢碘酸制得。用途：可用于制备超导材料、稀土金属卤化物等。

碘化锆（zirconium iodide） 亦称"四碘化锆"。CAS 号 13986-26-0。化学式 ZrI_4，分子量 598.84。白色或黄色针状晶体或粉末。熔点 499±2℃(6.3 atm)。在空气中易吸潮并冒烟。溶于水、酸、醚，微溶于苯、二硫化碳，不溶于液氨。遇乙醇或约 600℃ 则分解。制备：可由金属锆与碘反应，或将二氧化锆与无水碘化铝加热反应制得。用途：可用于制乙烯聚合的催化剂。

碘化铌（niobium iodide） 亦称"四碘化铌"。CAS 号 13870-21-8。化学式 NbI_4，分子量 600.52。灰色有金属光泽的椭圆形叶片状或细针状晶体。熔点 503℃。密度 5.6 g/cm^3。溶于水、稀盐酸。有三种变体，α 型在 348℃ 时转变为 β 型，β 型在 417℃ 转变为 γ 型。制备：可由 NbI_5 热分解制得。

二碘化钼（molybdenum diiodide） 亦称"碘化钼"。CAS 号 14055-74-4。化学式 MoI_2，分子量 349.75。黑色晶体。密度 5.28 g/cm^3。不溶于冷水、乙醇，在热水中分解。难溶于酸。在空气和潮湿环境中不稳定。能被氢气还原。与氯、溴、硫等共热则反应。通入过热水蒸气，与氢发生反应，可生成钼蓝。在空气中热至 250℃ 分解。难熔化。制备：可由无水五氯化钼与碘化氢 250℃ 反应，或由钼粉与碘热 1 000℃ 下反应，或用 MoO_2 或 MoO_3 与 AlI_3 反应制得。制备：可作为电池材料。

四碘化钼（molybdenum(IV) iodide） CAS 号 14055-76-6。化学式 MoI_4，分子量 603.56。有光泽的黑色粉末。极易发生歧化反应。加热至 100℃ 分解，制备：将五氯化钼与碘化氢加热制得。

碘化铑（rhodium iodide） 亦称"三碘化铑"。CAS 号 15492-38-3。化学式 RhI_3，分子量 483.62。黑色单斜系晶体。溶于王水，不溶于水、盐酸、硫酸。新生沉淀在碘化钾存在时与氨作用可生成 $[Rh(NH_3)_3I_3]$。制备：可向热的溴化铑(III)或六氯合铑酸钠溶液中加入碘化钾制得。制备：可用于制备催化剂。

碘化钯（palladium iodide） 亦称"二碘化钯""碘化亚钯"。CAS 号 7790-38-7。化学式 PdI_2，分子量 360.23。黑色粉末。密度 6.003^{18} g/cm^3。350℃ 分解。具反磁性。

微溶于热浓硝酸,溶于氯水、溴水、碘水、氨水、碘化钾溶液、氢氰酸、乙酸甲酯,不溶于水、稀氢碘酸、乙醇、乙醚、稀盐酸、稀硫酸、乙酸、稀硝酸。与碱共热生成一氧化钯水合物。与氨反应形成橙黄色晶体[$Pd(NH_3)_2I_2$]。制备:将碘化钾加入略微过量的钯盐溶液制得水合物,将该盐在空气中干燥可得到一水合物,在真空中或在120℃的烘箱中干燥可得到无水物。用途:可作为碳-碳键或碳-杂原子键生成反应的催化剂。

碘化银(silver iodide)　CAS号7783-96-2。化学式AgI,分子量234.77。有α和β两种类型。α型为黄色六方系微晶形粉末,密度5.683^{30} g/cm^3,加热到146℃即转为β型。β型为橙色立方系微晶形粉末,熔点558℃,沸点1 506℃,密度6.010^{15} g/cm^3。不溶于稀酸、水,微溶于氨水,易溶解于碘化钾、氰化钾、硫代硫酸钠、甲胺。在光作用下分解成极小颗粒的"银核",而逐渐变为带绿色的灰黑色。与氨水共热,由于形成碘化银-氨络合物结晶体,即转为白色。在碘化钾溶液中可形成[AgI_2]⁻或[AgI_4]⁻³络离子。制备:可在暗处将金属碘化物溶液与硝酸银热溶液反应制得。用途:可作为冰核形成剂、照相感光乳剂、热电池原料、催化剂,可用于摄影、人工降雨、电池、分析化学,还可用于微量氯、铯的分析。

碘化镉(cadmium iodide)　CAS号7790-80-9。化学式CdI_2,分子量366.22。白色至淡黄色晶体,有毒! 有两种变体:α型,熔点387℃,沸点796℃,密度5.67^{30} g/cm^3。β型,熔点404℃,密度5.31^{30} g/cm^3。两者都溶于水、乙醇、乙醚、氢氧化钠溶液,微溶于氨水。易溶于碘化钾溶液生成四碘合镉酸钾。水溶液中易成卤素配合物,以[CdI]⁺、CdI_2、[CdI_3]⁻、[CdI_4]²⁻等离子形式存在,稀溶液中有Cd^{2+}和I^-离子。制备:可由碘和镉直接反应,或由碳酸镉、氧化镉、氢氧化镉或金属镉与氢碘酸反应,或由碘化钾与硫酸镉反应制得。用途:可用于摄影、石印、雕刻、医药、电解、印刷,也用作测定生物碱、亚硝酸盐等的试剂以及制造磷光体、光导体等。

一碘化铟(indium monoiodide)　亦称"碘化亚铟"。CAS号13966-94-4。化学式InI,分子量241.72。棕红色固体。熔点351℃,沸点711~715℃,密度5.32 g/cm^3。溶于稀酸,不溶于醇、醚、氯仿。热水中缓慢分解为三碘化铟和铟。升华时变为绯红色。其蒸气加热至280℃以上发出紫色冷光。制备:由三碘化铟与铟在氢气流中加热,或在真空中加热金属铟与Hg_2I_2制得。用途:可作为半导体材料。

二碘化铟(indium diiodide)　CAS号13779-78-7。化学式InI_2,分子量368.63。熔点212℃,密度4.71 g/cm^3。溶于酸。制备:可由三碘化铟与铟反应制得。

三碘化铟(indium triiodide)　CAS号13510-35-5。化学式InI_3,分子量495.53。浅黄或黄红色单斜系晶体。

熔点210℃,密度4.69 g/cm^3。极易潮解。水中极不稳定。溶于酸、氯仿、苯。易被环己酮萃取。可与液氨生成氨加合物。易与其他金属生成复合碘化物,如碘化铟银、碘化铟锡等。制备:可由铟与过量的碘蒸发在二氧化碳气流中加热至150~200℃反应,或由氢氧化铟与氢碘酸反应制得。用途:可用于制高压灯。

二碘化锡(tin diiodide)　亦称"碘化亚锡"。CAS号10294-70-9。化学式SnI_2,分子量372.52。橙红色或红色针状晶体或晶体粉末。熔点320℃,沸点714℃,密度5.28 g/cm^3。极易溶于氨水,能溶于水,溶于苯、氯仿、二硫化碳。制备:可由金属锡和碘在盐酸溶液中反应,或由纯锡与过量氢碘酸反应制得。

四碘化锡(tin tetraiodide)　亦称"碘化锡"。CAS号7790-47-8。化学式SnI_4,分子量626.33。橙红色立方系晶体。熔点144.5℃,沸点364.5℃,密度4.473^0 g/cm^3。可溶于冷水,热水中分解。可溶于乙醇、氯仿、乙醚、苯、四氯化碳、二硫化碳。约180℃升华。制备:可由锡粉和碘在二硫化碳中加热反应制得。用途:可用于制备黑磷、磷烯等。

三碘化锑(antimony triiodide)　亦称"碘化亚锑"。CAS号7790-44-5。化学式SbI_3,分子量502.47。有三种同素异形体。鲜红色六方系板状晶体,有剧毒和腐蚀性;属稳定型,熔点170℃,密度4.917 g/cm^3。红色单斜系板状或柱状晶体,亚稳定型;密度4.768 g/cm^3;120℃时逐渐变为六方系稳定型,蒸气橙红色,低于100℃显著升华。绿黄色斜方系板状晶体,亚稳定型;熔点170℃,沸点401℃,密度4.77 g/cm^3;熔融时为石榴红液体;114℃变成稳定型。三者都在水中分解成氧碘化锑。可溶于盐酸、碘化钾、碘化氢,不溶于乙醇。制备:由金属锑和碘共热制得。用途:可用于制治皮肤病的外用软膏。

五碘化锑(antimony pentaiodide)　CAS号13453-12-8。化学式SbI_5,分子量756.28。棕色晶体。熔点79℃,沸点400.8℃。制备:可由锑与过量的碘熔融制得。

一碘化碲(tellurium monoiodide)　CAS号12600-42-9。化学式TeI,分子量254.50。有两种晶型:α型为黑色三斜系晶体,熔点185℃,结构为环状四聚体;β型为黑色单斜系晶体,结构为二聚体。制备:可用水热合成法在石英管中将2.5:1的碲和碘与浓氢碘酸混合后加热反应制得。

二碘化碲(tellurium diiodide)　CAS号13451-16-6。化学式TeI_2,分子量381.41。黑色晶体。加热时升华。不溶于冷水和热水。制备:可由化学计量比的单质碲与碘在真空的闭管中加热反应制得。

四碘化碲(tellurium tetraiodide)　CAS号7790-48-9。化学式TeI_4,分子量635.22。黑色正交系晶体。密度5.403^{16} g/cm^3。易挥发。略溶于冷水并缓慢水解,加热时

水解加剧。能溶于碱、氨的水溶液以及氢碘酸。微溶于丙酮、乙醇,不溶于稀的无机酸、脂肪酸、非极性有机溶剂。常压下大于 100℃便开始升华并部分分解。在密封管内 280℃ 时熔化并有分解。制备:可由碲与碘或碘乙烷共热,或由浓碲酸与氢碘酸反应制得。

碘化铯(cesium iodide) CAS 号 7789-17-5。化学式 CsI,分子量 259.81。白色正交系晶体。熔点 626℃,沸点 1 280℃,密度 4.259 g/cm³。易潮解。溶于水、乙醇,不溶于丙酮。在溶液中易与碘生成多碘化铯,如 CsI₃、CsI₄ 等。制备:可由碳酸铵与硝酸铯溶液反应,或由碳酸铯和氢碘酸加热反应制得。用途:可用于制红外光谱棱镜、傅里叶变换红外光谱仪中的分束器、X 射线荧光屏增强管的输入磷光体、闪烁计数器、特种光学玻璃等。

三碘化铯(cesium triiodide) CAS 号 12297-72-2。化学式 CsI₃,分子量 513.62。黑色正交系晶体。熔点 207.5℃,密度 4.47 g/cm³。微溶于水,溶于乙醇。与溴作用生成二溴化碘铯。与氧化剂作用时,可游离出碘。在空气中常温下稳定,但加热时易分解。制备:在碘化铯溶液中,溶解计量量 1/4 的碘制得。用途:可用于制四碘化钾、电池的固体电解质等。

五碘化铯(cesium pentaiodide) CAS 号 15660-18-1。化学式 CsI₅,分子量 767.43。蓝色三斜系晶体。熔点 73℃。制备:可由三碘化铯和碘共热制得。

碘化钡(barium iodide) CAS 号 13718-50-8。化学式 BaI₂,分子量 391.14。白色立方系晶体,有毒! 熔点 711℃,密度 5.15 g/cm³。二水合物为无色正交系晶体,熔点 25.7℃,密度 4.916 g/cm³。加热至 98.9℃ 时失去 1 分子结晶水,在 539℃ 时失去 2 分子结晶水,740℃ 时则分解。易溶于水,溶于丙酮,微溶于醇。水溶液呈中性或微碱性。易潮解。在空气中由于释出碘迅速变成红色。能与烷基钾反应制备有机钡化合物。能被联苯锂还原生成高活性金属钡。制备:无水碘化钡可通过金属钡与 1,2-二碘乙烷在醚中反应制得;二水合物可由碳酸铵和氢氧化钡在高碘酸中反应,或由氢氧化钡与氢碘酸反应制得。用途:可用于制医药品、其他碘化物。

碘化镧(lanthanum iodide) CAS 号 13813-22-4。化学式 LaI₃,分子量 519.62。灰白色或淡棕色正交系晶体。熔点 772℃,沸点 1 405℃,密度 5.63 g/cm³。吸湿性强,极易溶于水,可溶于丙酮。制备:可由镧与碘直接反应,或由无水氯化镧与干燥碘化氢在 860℃ 下反应制得。

碘化铈(cerium iodide) CAS 号 7790-87-6。化学式 CeI₃,分子量 520.83。白色或淡红色晶体。易潮解。熔点 752℃,沸点 1 397℃。易溶于水、乙醇。在水溶液中不稳定,极易分解而析出碘。遇光分解。制备:将二氧化铈溶于氢碘酸后再通入硫化氢制得,或用碘蒸气与金属铈在 300℃ 反应,或由金属铈与碘化汞反应,或由二氧化铈与碘

化氢在碘化铵存在下反应制得。用途:可作为异丁烯酸和丙氨基胺加成反应的催化剂。

碘化镨(praseodymium iodide) 亦称"碘化镨"。CAS 号 13813-23-5。化学式 PrI₃,分子量 521.62。绿色晶体。熔点 737℃,密度 5.8 g/cm³。有吸湿性。易溶于水。制备:可由无水氯化镨与干燥的碘化氢反应制得。

碘化钕(neodymium iodide) 亦称"三碘化钕"。CAS 号 13813-24-6。化学式 NdI₃,分子量 524.96。黑色正交系晶体粉末。熔点 778℃,沸点 1 370℃,密度 2.342 g/cm³。易吸潮,可溶于水、酸。制备:由碘化氢与加热到接近熔点的氯化钕反应制得。

二碘化钐(samarium diiodide) 亦称"碘化亚钐"。CAS 号 32248-43-4。化学式 SmI₂,分子量 404.17。深绿色到黑色固体。熔点 520℃,沸点 1 580℃。对空气和湿气敏感。遇水分解生成碱式碘化钐和氢气。有强还原性。市售一般为其深蓝色的四氢呋喃溶液。制备:可由单质钐与单质碘反应,或通过高温分解三碘化钐,或用钐粉末与二碘乙烷或二碘甲烷在无水四氢呋喃中反应,或用氢气在高温下还原三碘化钐制得。用途:可在有机化学中作为催化碳-碳键形成的试剂。

三碘化钐(samarium triiodide) 亦称"碘化钐"。CAS 号 13813-25-7。化学式 SmI₃,分子量 531.07。橘黄色六方系晶体。熔点 850℃,密度 3.141 g/cm³。遇水分解。可被活泼金属、氢气等还原。制备:可由无水氯化钐与干燥碘化氢反应制得。用途:可作为有机合成催化剂。

二碘化铕(europium diiodide) 亦称"碘化亚铕"。CAS 号 22015-35-6。化学式 EuI₂,分子量 405.77。绿色晶体。熔点 527℃,沸点 1 580℃,密度 5.50 g/cm³。可溶于水,在水溶液中会缓慢水解,生成碘氧化铕。制备:可向加热的 EuCl₂ 无水盐中通入碘化氢和碘的混合气体反应制得。用途:可用于制荧光材料。

三碘化铕(europium triiodide) 亦称"碘化铕"。CAS 号 13759-90-5。化学式 EuI₃,分子量 532.68。无色晶体。熔点 877℃。能溶于水和酸中。不稳定。高温下分解为二碘化铕和碘。制备:将氧化铕溶于氢碘酸制得。用途:可用于制荧光材料。

碘化钆(gadolinium iodide) 亦称"三碘化钆"。CAS 号 13572-98-0。化学式 GdI₃,分子量 537.96。柠檬黄色六方系晶体。熔点 926℃,沸点 1 340℃,密度 3.138 g/cm³。易吸湿,能溶于水。制备:可将氧化钆溶于氢碘酸,或在碘化氢气流中加热无水氯化物制得。用途:可用于制微晶玻璃。

碘化铽(terbium iodide) 亦称"三碘化铽"。CAS 号 13813-40-6。化学式 TbI₃,分子量 539.64。无色六方系晶体。熔点 957℃,沸点高于 1 300℃,密度约 5.2 g/cm³。有吸湿性,能溶于热水和冷水。制备:可由碘和铽直接反

应,或由 $Tb(OH)_3$ 与氢碘酸反应,或将氧化铽溶于氢碘酸制得。用途:可作为化学试剂。

碘化镝(dysprosium iodide)　亦称"三碘化镝"。CAS 号 15474-63-2。化学式 DyI_3,分子量 543.21。黄绿色六方系晶体。熔点 955℃,沸点 1 320℃,密度 3.21 g/cm^3。溶于水。制备:可在高温下向氯化镝的无水盐中通入碘化氢与氢的混合气体,或由镝与碘直接反应制得。用途:可作为化学试剂。

碘化钬(holmium iodide)　亦称"三碘化钬"。CAS 号 13813-41-7。化学式 HoI_3,分子量 545.64。亮黄色六方系片状晶体。熔点 994℃,沸点 1 300℃,密度 3.34 g/cm^3。能溶于水,有吸湿性。制备:可将氧化钬溶于氢碘酸,或由单质碘与钬反应,或由单质钬和二碘化汞在 500℃真空下反应制得。用途:可作为化学试剂。

碘化铒(erbium iodide)　亦称"三碘化铒"。CAS 号 13813-42-8。化学式 ErI_3,分子量 547.97。紫红色三方系晶体。熔点 1 020℃,沸点 1 280℃,密度 3.279 g/cm^3。溶于水、酸。在空气中长时间加热可慢慢转化为氧化物。制备:可由单质铒与单质碘反应;或由其氧化物、氢氧化物或碳酸盐在水溶液中与氢碘酸反应制得。用途:可作为化学试剂。

碘化铥(thulium iodide)　亦称"三碘化铥"。CAS 号 13813-43-9。化学式 TmI_3,分子量 549.65。亮黄色六方系晶体。熔点 1 015℃,沸点 1 260℃。能溶于水。制备:由金属铥与碘化汞在封闭管中反应制得。

二碘化镱(ytterbium diiodide)　亦称"碘化亚镱"。CAS 号 19357-86-9。化学式 YbI_2,分子量 426.85。黑色六方系晶体。熔点 772℃,沸点 1 300℃(分解),密度 5.40 g/cm^3。溶于水、稀酸。制备:可用氢气在 700℃下还原三碘化镱制得。

三碘化镱(ytterbium triiodide)　亦称"碘化镱"。CAS 号 13813-44-0。化学式 YbI_3,分子量 553.75。金黄色晶体。溶于水、稀酸。热至 700℃分解。制备:将氧化镱溶于氢碘酸制得。

碘化镥(lutetium iodide)　亦称"三碘化镥"。CAS 号 13813-45-1。化学式 LuI_3,分子量 555.68。无色六方系晶体。熔点 1 050℃,沸点 1 200℃,密度 3.386 g/cm^3。可溶于水、酸。制备:可由氧化镥溶于氢碘酸制得。

碘化铪(hafnium iodide)　亦称"四碘化铪"。CAS 号 13777-23-6。化学式 HfI_4,分子量 686.11。白色或浅黄色晶体。溶于水立即分解。制备:可由二氧化铪和三碘化铝高温反应,或由金属铪与碘高温反应制得。

碘化钽(tantalum iodide)　亦称"五碘化钽"。CAS 号 14693-81-3。化学式 TaI_5,分子量 815.47。黑色六方系晶体。易潮解。熔点 496℃,沸点 543℃,密度 5.80 g/cm^3。与水反应。1 000℃以上可分解放出碘。制备:可由碘和钽直接反应,或由五氧化二碘与三碘化铝反应制得。

二碘化钨(tungsten diiodide)　亦称"四碘化八碘合六钨"($[W_6I_8]I_4$)。CAS 号 13470-17-2。化学式 WI_2,分子量 437.65。褐色粉末。密度 6.8 g/cm^3。不溶于水、乙醇、二硫化碳,能溶于碱溶液。250℃时可与氯反应生成氯化钨,350℃时可与溴反应生成溴化钨,温度高于 500℃时可被氢还原为金属钨。加热时不熔融而升华。制备:可将钨粉加热至 800℃,然后通入碘蒸气制得。

三碘化钨(tungsten triiodide)　CAS 号 15513-69-6。化学式 WI_3,分子量 564.55。黑色固体。溶于丙酮,微溶于氯仿、乙醇,不溶于水。在空气中迅速失去碘。制备:可由碘与四羰基钨反应制得。

四碘化钨(tungsten tetraiodide)　CAS 号 14055-84-6。化学式 WI_4,分子量 691.46。黑色晶体。密度 5.2^{18} g/cm^3。可缓慢溶于乙醇,不溶于乙醚、三氯甲烷等有机溶剂。不溶于水,在冷水中缓慢分解,在热水中迅速分解为氧化物和碘。在盐酸、硫酸中加热分解。可与氯、溴发生置换反应,生成相应的氯化物、溴化物,也可被氢还原为金属钨。制备:可由六氯化钨和碘化氢在封闭管中加热至 110℃制得。

碘化铼(rhenium iodide)　亦称"三碘化铼"。CAS 号 15622-42-1。化学式 ReI_3,分子量 566.92。黑色有光泽的晶体。受热分解。微溶于水和稀酸,几乎不溶于乙醇、乙醚。制备:可由氢碘酸和乙醇将高铼酸在升温条件下还原制得。

碘化锇(osmium iodide)　CAS 号 59201-59-1。化学式 OsI_4,分子量 697.85。紫黑色晶体。有吸湿性。易溶于冷水,加热其水溶液则生成碘化氢和黑色沉淀。溶于乙醇。受热时易与干燥的氢作用。强热时反应激烈并生成碘。制备:在碘化氢气流中加热二氧四亚硫酸根合锇(VI)酸钠制得。

三碘化铱(iridium triiodide)　CAS 号 7790-41-2。化学式 IrI_3,分子量 572.93。黑绿色粉末。溶于热水,微溶于冷水及乙醇中。赤热分解成铱和碘。制备:用氢碘酸处理 $Ir(OH)_3$ 制得三水合物,加热至 120℃可得一水合物,在真空中加热至 200～250℃制得无水物。

四碘化铱(iridium tetraiodide)　亦称"碘化铱"。CAS 号 7790-45-6。化学式 IrI_4,分子量 699.83。黑色固体。不溶于水、酸和乙醇。溶于碘化钾水溶液,生成红色络盐。

二碘化铂(platinum diiodide)　CAS 号 7790-39-8。化学式 PtI_2,分子量 448.89。黑色粉末。熔点 360℃(并分解),密度 6.403 g/cm^3。溶于碘化氢、乙胺,稍溶于亚硫酸钠,不溶于水、乙醚、酸和乙酸乙酯。室温下在氨气流中可加合六分子氨呈红色。与碘化氢在室温下反应生成铂和碘化铂（IV）。以六碘合铂（IV）酸盐的形式存在于溶液中。由于生成复盐而溶于热的碘化钾溶液。可部分溶于氢氧化钠溶液，残留的黑色不溶物为氧化铂（II）。不与稀硝酸、盐酸及硫酸反应。制备：可由四氯合铂酸钾与碘化钾水溶液加热，或由氯化铂（II）与碘化氢反应制得。

三碘化铂（platinum triiodide）　CAS 号 68220-29-1。化学式 PtI_3，分子量 575.80。黑色具有石墨外形固体。熔点 270℃（并分解），密度 7.414 g/cm^3。溶于碘化钾溶液，不溶于水、乙醇、乙醚和乙酸乙酯。在饱和碘蒸气中 350℃加热 2 天，或在 4.04 MPa 的碘蒸气中 400℃加热 4 天也不发生变化。制备：将铂黑与碘在饱和碘蒸气中加热至 350～400℃，或由碘化铂（IV）在 4.04 MPa 的碘蒸气中 400℃加热 8 天制得。

四碘化铂（platinum tetraiodide）　CAS 号 7790-46-7。化学式 PtI_4，分子量 702.70。棕黑色粉末。密度 6.064 g/cm^3。微溶于水，溶于乙醇、丙酮。130℃分解为二碘化铂。制备：可向浓热的六氯合铂酸溶液中加入碘化钾制得。

一碘化金（gold monoiodide）　CAS 号 10294-31-2。化学式 AuI，分子量 323.87。四方系晶体。黄色至黄绿色粉末。熔点 120℃（分解）。密度 8.25 g/cm^3。极难溶于冷水，也难溶于热水且伴随分解。可溶于碘化钾或氰化钾溶液，且分别生成一价金的配合物。在温热酸、氯仿、二硫化碳等有机溶剂中分解。制备：可由三碘化金溶液与碘化钠溶液反应，也可由金与碘在封闭管中 120℃加热而得，或由 AuI_3 在常温下分解制得。

三碘化金（gold triiodide）　CAS 号 13453-24-2。化学式 AuI_3，分子量 577.68。暗绿色粉末。熔点 100℃（分解）。不溶于冷水，在热水中或氢氧化钾溶液中分解。溶于碘化钾溶液生成四碘金酸钾。不稳定，在空气中缓慢分解成一碘化金（I）。制备：向含有金箔的乙醚中通入碘化氢，使部分金溶解而得。

一碘化汞（mercury monoiodide）　亦称“碘化亚汞”。CAS 号 15385-57-6。化学式 Hg_2I_2，分子量 654.99。亮黄色不透明四方系晶体或无定形粉末，剧毒！密度 7.70 g/cm^3。溶于硝酸汞、硝酸亚汞、碘化钾、氨水，不溶于水、醇、乙醚。在 140℃时升华，加热至 290℃则分解。遇光后分解为汞和碘化汞而变成黑色或绿色。制备：可直接由碘和汞的反应制备；或在稀冷的 $Hg_2(NO_3)_2$ 溶液中加入碘化钾溶液可得。用途：可用于制抗菌剂、眼膏，还可用于钯和氨的测定等。

二碘化汞（mercuric diiodide）　亦称“碘化汞”。CAS 号 7774-29-0。化学式 HgI_2，分子量 454.40。剧毒！有两种晶型。α 型为红色四方系晶体，亦称“红色碘化汞”，密度 6.36 g/cm^3，溶于氯仿，微溶于水、醇、丙酮，遇氨水则分解，对光、热敏感；超过 126℃变成淡黄色的 β 型，冷却后放置数小时可复原为 α 型。β 型为黄色正交系晶体或粉末，亦称“黄色碘化汞”。熔点 259℃，沸点 350℃，密度 6.094 g/cm^3。向氯化汞溶液中加入适量碘化钾溶液，可得到红色碘化汞。若将红色碘化汞溶于乙醇后，再倾入冷水中，可得到黄色碘化汞。两者溶于乙醚、碘化钾、无水硫代硫酸钠、二硫化碳等，微溶于热水，极微溶于冷水、醇。加热到 500℃分解为汞和碘。制备：可由碘化钾溶液与氯化汞溶液反应制得。用途：可作为热变色指示剂、半导体材料、摄影加厚剂，可用于医药、配制奈斯勒试剂、钯及氨的微量分析、X 射线和 γ 射线检测和成像设备。

一碘化铊（thallium monoiodide）　亦称“碘化亚铊”。CAS 号 7790-30-9。化学式 TlI，分子量 331.29。剧毒！有两种晶型。α 型为黄色正交系粉末，密度 7.29 g/cm^3，遇 X 射线或光时能产生荧光，170℃转化为 β 型。β 型为红色立方系晶体，熔点 441.7℃，沸点 824℃，密度 $7.098^{14.7} \text{ g/cm}^3$。难溶于水，不溶于乙醇。与硝酸反应生成硝酸铊，游离出碘。在液氨中与钠反应生成 NaTl 和 $NaTl_2$。可以和 PbI_2、SbI_3、BiI_3 形成复盐。制备：可由碘和铊直接反应，也可由硫酸亚铊或高氯酸亚铊溶液中加入碘化钾或氢碘酸水溶液中反应制得。用途：可用于制医药、红外线辐射的传导体、透镜、棱镜、特殊光学仪器等。

四碘化三铊（trithallium tetraiodide）　CAS 号 12259-44-8。化学式 Tl_3I_4，分子量 1 120.77。是碘化亚铊与三碘化铊的中间产物。制备：可由碘化亚铊与碘反应制得。

三碘化铊（thallium triiodide）　CAS 号 60488-29-1。化学式 TlI_3，分子量 585.09。有光泽的黑色棱柱状晶体，剧毒！易溶于冷水、甲醇、乙醇、乙醚。在水、乙醇、乙醚、四氯化碳、碘化钾溶液中，会分离出碘。遇热分解成一碘化铊和碘。不会燃烧，但会分解释放出高毒的烟雾。制备：可将等摩尔的碘化亚铊与碘在甲醇中加热回流制得。用途：可用于制透镜及特殊光学仪器。

碘化铅（lead iodide）　亦称“二碘化铅”。CAS 号 10101-63-0。化学式 PbI_2，分子量 461.01。亮黄色无味晶体，剧毒！熔点 402℃，沸点 954℃，密度 6.16 g/cm^3。稍溶于热水，溶液为无色。冷却饱和液时析出闪亮的黄色小片状结晶。微溶于冷水、热苯胺，易溶于硫代硫酸钠溶液。溶于醋酸钠、碘化钾溶液，不溶于乙醇、冷浓盐酸。与硫化钠溶液作用生成硫化铅沉淀。与碱金属、碱土金属碳酸盐溶液作用得碳酸铅沉淀。紫外线照射时有光电子放出。空气中光照易分解。加热先变砖红后呈棕色，冷却复原。制备：可由乙酸铅或硝酸铅与碘化钾溶液加热反应，或由碘蒸气和熔融铅在 500～700℃反应制得。用途：可用于镀青铜金属的着色、嵌镶黄金、制药、印染、摄影、太阳能电池、X 射线和 γ 射线探测器等领域。

二碘化铋（bismuth diiodide）　CAS 号 101767-57-1。

化学式 BiI_2，分子量 462.79。红色针状立方系晶体。密度 6.5 g/cm³。溶于水、乙醇、碱溶液。在真空环境中升华。加热至 400℃分解。制备：可由三碘化铋与化学计量比的铋加热反应，或用氢还原三碘化铋制得。用途：可作为催化剂。

三碘化铋（bismuth triiodide）　CAS 号 7787-64-6。化学式 BiI_3，分子量 589.69。棕黑色六方系晶体，外观似碘。熔点 408.6℃，沸点 542℃，密度 5.778¹⁵ g/cm³。溶于盐酸、氢碘酸、液氨、碘化钾溶液，也溶于苯、甲苯、二甲苯，不溶于水和酸。长时间暴露于空气中变成碘酸铋。具有升华性。制备：可由金属铋粉与碘加热，或由三氯化铋和碘化铋反应制得。用途：可用于生物碱和其他碱类的检验。

碘化锕（actinium iodide）　亦称"三碘化锕"。CAS 号 33689-82-6。化学式 AcI_3，分子量 607.74。白色固体。溶于水。700～800℃升华。制备：可由三氧化二锕或二氧化锕与碘化铝在 700℃下反应制得。

碘化钍（thorium iodide）　亦称"四碘化钍"。CAS 号 7790-49-0。化学式 ThI_4，分子量 739.66。黄色晶体。熔点 566℃，沸点 839℃。易挥发。溶于水，并易水解，生成碱式碘化钍（$ThOI_2$）。制备：由单质金属钍与单质碘直接在闭管中高温反应制得。

碘化铀（uranium iodide）　亦称"四碘化铀"。CAS 号 13470-22-9。化学式 UI_4，分子量 745.65。黑色针状晶体。熔点 506℃，沸点 759℃，密度 5.6¹⁵ g/cm³。吸湿性极强，溶于冷水，热水中分解。室温时与氯反应得四氯化铀。与氧气或干燥空气反应得铀酰碘，高温得八氧化三铀。在较高温度时能被氢气或锌还原为三碘化铀。高温下分解为三碘化铀及碘。制备：将金属铀与过量的碘反应制得。

碘化镎（neptunium iodide）　亦称"三碘化镎"。CAS 号 37501-52-3。化学式 NpI_3，分子量 617.76。褐色正交系晶体。密度 6.82 g/cm³。溶于水。制备：将 NpO_2 和过量的 AlI_3 封入管中 350～400℃反应制得。

碘化钚（plutonium iodide）　亦称"三碘化钚"。CAS 号 13813-46-2。化学式 PuI_3，分子量 624.77。亮绿色正交系晶体，有强放射性！熔点 759℃，沸点约 1 380℃，密度 6.92 g/cm³。溶于水。制备：可由碘或碘化氢在 450℃时与金属钚反应，或由碘化汞与金属钚在真空石英安瓿中 500℃反应制得。

碘化镅（americium iodide）　CAS 号 13813-47-3。化学式 AmI_3，分子量 623.77。黄色正交系晶体。熔点 950℃，密度 6.9 g/cm³。溶于水。制备：由二氧化镅与碘化铝 500℃反应，或三氯化镅与碘化铵 400～900℃反应制得。

碘化铵（ammonium iodide）　CAS 号 12027-06-4。化学式 NH_4I，分子量 144.94。无色立方系晶体或白色晶体粉末。熔点 551℃（升华），沸点 220℃（真空），密度 2.51²¹ g/cm³。易溶于乙醇、丙酮、氨，可溶于水，微溶于乙醚。其水溶液易被氧化分解，同时析出碘变为黄色。暴露于空气和遇光能释出游离碘而呈黄色至棕色。具有潮解性和感光性。在碱性介质中则放出氨气。平时应在氨气中储存。制备：可向氢碘酸中通入氨气，或由碘、过氧化氢和氨反应，或由碳酸铵和碘化氢反应制得。用途：可用于制照相胶卷和底板的感光乳剂、碘化物、祛痰剂、利尿剂、显像管等。

三碘化铵（ammonium triiodide）　CAS 号 12298-32-7。化学式 NH_4I_3，分子量 398.75。暗棕色正交系晶体。密度 3.749 g/cm³。溶于水易分解为碘化铵和碘。其水溶液具有较强的还原性及较弱氧化性。遇淀粉溶液变蓝。加热至 175℃分解。制备：可由碘与浓碘化铵溶液反应制得。用途：可用于医药、摄影、分析等领域。

碘化联氨（hydrazine hydroiodide）　CAS 号 10039-55-1。化学式 N_2H_4HI，分子量 159.96。无色棱柱形晶体。熔点 124～126℃。易溶于水。制备：可由水合肼与过量的氢碘酸溶液反应，或向碘酒加入水合肼制得。

碘化羟胺（hydroxylamine iodide）　CAS 号 59917-23-6。化学式 $NH_2OH \cdot HI$，分子量 160.94。无色针状晶体。在空气中潮解成黄色液体。易溶于水，在热水中分解。溶于甲醇，微溶于乙醚。极不稳定，加热至 83～84℃爆炸。制备：可在 26℃真空下蒸发羟胺和碘化氢的水溶液制得。

碘化氰（cyanogen iodide）　亦称"氰化碘"。CAS 号 506-78-5。化学式 CNI，分子量 152.92。无色丝样的针状晶体，剧毒！熔点（在熔封的管中）146.5℃，密度 2.59 g/cm³。微溶于水，与水中缓慢反应生成氰化氢。溶于乙醇、乙醚。在吡啶中的稀溶液起初无色，静置后由于电导率变化而变成黄色、橙色、红棕色和深红褐色。受高热分解，放出腐蚀性、刺激性的烟雾。燃烧分解产物有氧化氮、氰化氢、碘化氢。制备：可由氰化钠与碘反应，或由氰化钾与碘在氯气存在下反应制得。

碘化磷（phosphonium iodide）　CAS 号 12125-09-6。化学式 PH_4I，分子量 161.91。具有金刚石光泽的无色或稍带黄色晶体。熔点 18.5℃，61.8℃升华，沸点 80℃，密度 2.86 g/cm³。遇水或乙醇则被分解。可被过氧化氢氧化为磷酸，同时生成氢碘酸。80℃可逆分解生成磷化氢和碘化氢气体。制备：可由磷化氢与碘化氢反应；或将黄磷溶于二硫化碳与碘反应，再滴加水制得。用途：可用于有机合成。

碘化银钾（potassium silver iodide）　CAS 号 12041-40-6。化学式 KAg_4I_5，分子量 1 105.09。用途：可作为超导材料，可用于制薄膜化学电池。

碘化镉钾（potassium cadmium iodide）　CAS 号

14429-88-0。化学式 $2KI \cdot CdI_2 \cdot 2H_2O$，分子量 734.26。白色或淡黄色六方系晶体。易潮解。密度 $3.359 \ g/cm^3$。溶于水、酸、乙醇、乙醚。制备：可由化学计量比的碘化钾溶液与碘化镉反应制得。用途：可作为分析试剂、医药原料。

碘化铋钾（potassium bismuth iodide）　亦称"碘化铋合四碘化钾"。CAS 号 41944-01-8。化学式 $4KI \cdot BiI_3$，分子量 1253.70。黄红色晶体。可被水分解。溶于碱金属碘化物溶液。制备：可将碘化铋、碘化钾用氢碘酸酸化制得。用途：可作为生物碱类的德雷根道尔夫试剂，可用于沉淀溶液中的维生素和抗生素等。

碘化亚铜铵（ammonium cuprous iodide）　化学式 $NH_4I \cdot CuI \cdot H_2O$，分子量 353.41。无色晶体，有毒！遇水、浓硫酸、浓硝酸分解。溶于碘化铵溶液中，该溶液吸收氨形成氨合物，吸收一氧化碳形成 $NH_4I \cdot CuI \cdot CO \cdot H_2O$ 的复合物。受热分解放出氨气。制备：可由硫酸铜与浓的碘化铵溶液反应制得。用途：可用于铜的滴定分析、废气中一氧化碳的分析及吸收。

碘化锌锇（osmium zinc iodide）　CAS 号 39386-25-9。化学式 $OsZnI_6$，分子量 1017.07。用途：可作为催化剂、染色剂，生物医学上用作表皮固定剂。

碘化汞钡（barium mercury iodide）　CAS 号 10048-99-4。化学式 $HgI_2 \cdot BaI_2 \cdot 5H_2O$，分子量 935.61。橙红色晶体，有毒！易潮解，能溶于水或乙醇。制备：可由氯化汞或碘化汞与碘化钡反应制得。用途：可作为检验碘化钾的试剂、生物碱，可用于矿物的浮选、测定矿物质密度等。

碘化铀酰（uranyl iodide）　化学式 UO_2I_2，分子量 523.84。红色晶体。具潮解性。溶于乙醇、乙醚、苯。在空气中分解失去碘，在水溶液中形成氢碘酸和游离碘。制备：可由乙酸铀酰与氢碘酸反应，或将 $UO_3 \cdot H_2O$ 溶于氢碘酸中，或由铀酰化合物与可溶性的碘化物进行复分解反应制得。

次碘酸（hypoiodous acid）　CAS 号 14332-21-9。化学式 HIO，分子量 143.91。极不稳定，仅存在于溶液中，呈黄色或暗灰色，在水中分解。光照或微热情况下迅速分解成氢气、氧气和碘。为强氧化剂，氧化性比次溴酸弱。为极弱酸。能与盐酸作用产生氯化碘。制备：可由氧化汞与碘水反应，或由碘与醋酸银的悬浊液反应制得。用途：可用作漂白剂。

碘酸（iodic acid）　CAS 号 7782-68-5。化学式 HIO_3，分子量 175.91。无色正交系晶体，或有光泽白色晶体或淡黄色晶体粉末。密度 $4.629^0 \ g/cm^3$。易溶于水、87%的乙醇，微溶于硝酸，不溶于无水乙醇、乙醚、氯仿、二硫化碳、乙酸。为中强酸，其浓溶液是强氧化剂。遇光慢慢分解放出氧气变为碘化物。加热至 110℃ 或受光照分解为三碘酸，220℃ 时全部分解为五氧化二碘。制备：可用氯、臭氧、硝酸、过氧化氢等氧化剂氧化碘制得，或将三碘化铋与少量稀氢氧化钾溶液一起摇动，或将硝酸铋的乙酸溶液加到碘化钾和醋酸钠溶液中制得。用途：可作为强氧化剂，用于化学分析、制药等领域。

碘酸锂（lithium iodate）　CAS 号 13765-03-2。化学式 $LiIO_3$，分子量 181.84，白色六方系晶体，有毒！熔点 420℃，密度 $4.502^{32} \ g/cm^3$。易溶于水，不溶于醇。有潮解性，应阴凉通风干燥保存，与还原剂能发生强烈反应，引起燃烧爆炸。对皮肤、黏膜有刺激作用。可助燃。受热熔化并分解放出有毒的碘化物和氧化锂。制备：可由碘酸或碘酸酐与碳酸锂或氢氧化锂加热反应制得。用途：可作为分析试剂、催化剂、氧化剂、压电材料、倍频材料，用于制长延迟线、换能器等。

碘酸铵（ammonium iodate）　CAS 号 13446-09-8。化学式 NH_4IO_3，分子量 192.94。无色正交系或单斜系晶体或粉末。密度 $3.309^{21} \ g/cm^3$。微溶于冷水，不溶于热水，溶于乙醇。在酸性介质中是较强的氧化剂，同碘离子反应定量析出碘分子。加热至 150℃ 分解。制备：可由冷浓氨水与碘反应，或用碘酸钡和硫酸铵溶液反应，或由氯化铵与碘酸钠反应制得。用途：可作为分析试剂、氧化剂。

碘酸钠（sodium iodate）　CAS 号 7681-55-2。化学式 $NaIO_3$，分子量 197.89。白色正交系晶体或晶状粉末。密度 $4.277^{17.5} \ g/cm^3$。溶于水、丙酮、乙酸，不溶于乙醇。不可与强还原剂以及活性金属粉末、硫、磷、铝等混放。与有机物接触会引起着火。受热、光照易分解，熔化前分解。制备：可由碘酸中和氢氧化钠制得，或将碘化钠溶液电解氧化，或用碘和氯酸钠在硝酸存在下反应制得。用途：可作为防腐消毒剂、氧化剂、分析试剂、药物、饲料添加剂等。

碘酸镁（magnesium iodate）　CAS 号 13446-17-8。化学式 $Mg(IO_3)_2 \cdot 4H_2O$，分子量 446.17。白色单斜系晶体。密度 $3.3^{13.5} \ g/cm^3$。溶于水。210℃ 失去 4 分子结晶水，沸点分解。制备：可由碘酸与碳酸镁直接反应制得。

碘酸钾（potassium iodate）　CAS 号 7758-05-6。化学式 KIO_3，分子量 214.00。无色或白色晶状粉末。密度 $3.93^{32} \ g/cm^3$。溶于水、碘化钾，不溶于乙醇、液氨。在酸性溶液中是一种较强的氧化剂。与硫化氢、氢碘酸、二氧化硫和过氧化氢等还原性物质作用可游离出碘。水溶液可被 X 射线或 α 粒子还原为碘化物。在碱性介质中可被氯气、次氯酸等更强的氧化剂氧化为高碘酸钾。与可燃物体混合，加以摩擦撞击即发生爆炸。高于 100℃ 开始分解，加热至 560℃ 分解为碘化钾和氧气。制备：由氯酸钾跟盐酸及碘反应先制成酸式碘酸钾 $KIO_3 \cdot HIO_3$，再用氢氧化钾溶液中和；在稀硝酸介质中用氯酸钾直接氧化碘；或将碘化钾在高压氧气中加热至 600℃ 反应制得。用途：可作为饲料添加剂、小麦面粉处理剂、面团调节剂、分析试剂、基准试剂、氧化剂、氧化还原滴定剂等。

碘酸钙（calcium iodate）　CAS 号 7789-80-2。化学式 $Ca(IO_3)_2$，分子量 389.88。无色单斜系晶体或白色晶体或粉末。密度 4.519^{15} g/cm^3。540℃分解。六水合物为无色正交系晶体。35℃失水变成无水盐。微溶于水，溶于硝酸，不溶于乙醇。制备：向碘水中通入氯气，使碘全部变为碘酸，然后用氢氧化钙或氧化钙中和；或用碘酸钾和硝酸钙通过复分解反应制得。用途：常用作食盐中碘的添加剂，还可作为小麦面粉处理剂、面团调节剂、防腐剂、除臭剂、饲料添加剂等。

碘酸锰（manganese iodate）　CAS 号 25659-29-4。化学式 $Mn(IO_3)_2$，分子量 404.74。红色晶体粉末或细小的发亮晶体。溶于水，不溶于氨水、硝酸。加热则分解成四氧化三锰和碘。制备：可由氯化锰溶液与碘酸反应制得。用途：可作为非线性光学材料、压电材料、电光材料。

碘酸铁（iron iodate）　亦称"碘酸高铁"。CAS 号 29515-61-5。化学式 $Fe(IO_3)_3$，分子量 580.55。黄绿色粉末。密度 4.80 g/cm^3。微溶于水，溶于稀硝酸。具有氧化性。加热至 130℃分解。

碘酸钴（cobalt iodate）　CAS 号 13455-28-2。化学式 $Co(IO_3)_2$，分子量 408.74。蓝紫色针状晶体。密度 5.008^{18} g/cm^3。难溶于水，溶于盐酸和硝酸。加热至 200℃分解。六水合物为红色八面体晶体。密度 3.689^{21} g/cm^3。微溶于冷水，溶于热水、盐酸、硝酸、热硫酸。加热至 61℃开始分解，至 135℃失去 4 分子结晶水。制备：可由硫酸钴溶液与碘酸钡溶液反应，或由碳酸钴与碘酸反应，或由硝酸钴与碘酸钾反应制得。用途：可用于制其他钴盐。

碘酸镍（nickel iodate）　CAS 号 13477-99-1。化学式 $Ni(IO_3)_2$，分子量 408.50。黄色针状晶体。密度 5.07 g/cm^3。与水接触三个月也不生成含水盐。其四水合物为六角形晶体。100℃分解。溶于水。制备：可由硫酸镍水溶液与碘酸钡水溶液反应，或将硝酸镍与碘酸及硝酸加热至 100℃反应，或由硝酸镍与碘酸钠的混合液在 0~10℃静置制得。

碘酸铜（copper(II) iodate）　CAS 号 13454-89-2。化学式 $Cu(IO_3)_2$，分子量 413.35。绿色单斜系晶体。密度 5.24 g/cm^3。微溶于水，不溶于乙醇，溶于稀硝酸、稀硫酸。加热分解。其一水合物为蓝色三斜系晶体，密度 4.87 g/cm^3。制备：可由过量碘酸钾与硝酸铜溶液反应制得一水合物，一水合物加热至约 240℃得无水物。

碘酸锌（zinc iodate）　CAS 号 7790-37-6。化学式 $Zn(IO_3)_2$，分子量 415.21。白色晶体粉末。密度 5.063^5 g/cm^3。二水合物为白色晶体或粉末。密度 4.223^8 g/cm^3。200℃时失去 2 分子结晶水。微溶于水，溶于碱、硝酸、氨水、碱液。制备：可由硫酸锌与碘酸钠水溶

液反应制得。用途：可作为分析试剂、医用防腐剂。

碘酸铷（rubidium iodate）　CAS 号 13446-76-9。化学式 $RbIO_3$，分子量 260.37。白色立方系晶体。密度 $4.33^{19.5}$ g/cm^3。微溶于水，易溶于盐酸形成黄色溶液。受热分解。制备：可由五氧化二碘与碳酸铷溶液反应；或由氯或硝酸将碘氧化成碘酸，再用氢氧化铷或碳酸铷中和制得。

碘酸锶（strontium iodate）　CAS 号 13470-01-4。化学式 $Sr(IO_3)_2$，分子量 437.43。白色三斜系晶体。密度 5.045^{15} g/cm^3。难溶于水、温热的稀硝酸。加热分解为碘和氧化锶。制备：可由硝酸锶溶液与碘酸钾（或碘酸钠）溶液反应，或将碘与氢氧化锶水溶液反应制得。

碘酸银（silver iodate）　CAS 号 7783-97-3。化学式 $AgIO_3$，分子量 282.77。无色或白色正交系晶体粉末。密度 $5.525^{16.5}$ g/cm^3。难溶于水，溶于硝酸、氨水、氰化钾溶液。遇硫酸和加热至 200℃以上分解。对光敏感。制备：可将硝酸银溶液缓慢滴加入碘酸钾溶液反应制得。用途：可用作收敛剂，及用于分析痕量氯化物。

碘酸镉（cadmium iodate）　CAS 号 7790-81-0。化学式 $Cd(IO_3)_2$，分子量 462.22。白色晶体粉末，有毒！密度 6.43 g/cm^3。微溶于水，溶于硝酸、氨水、铵盐溶液。可与氨形成配合物 $[Cd(NH_4)](IO_3)_2$。与有机物接触时会引起燃烧。受热易分解为氧、碘、氧化镉和碘化镉。制备：可由镉盐溶液与碘酸钠溶液反应，或将氢氧化镉溶于碘酸溶液制得。用途：可用作氧化剂。

碘酸铟（indium iodate）　化学式 $In(IO_3)_3$，分子量 639.53。白色晶体。微溶于水，溶于稀硝酸、稀硫酸。在盐酸中分解。加热分解。制备：可由铟盐溶液与碘酸钾混合，将沉淀溶于稀硝酸，再经蒸发制得。

三碘酸碘（iodium iodate）　亦称"九氧化四碘"。CAS 号 153507-24-5。化学式 $I(IO_3)_3$，分子量 651.61。浅黄色固体。吸湿性极强。75℃开始分解为五氧化二碘、碘和氧气。制备：可由单质碘与臭氧反应，或由浓磷酸与碘酸反应制得。

碘酸铯（cesium iodate）　CAS 号 13454-81-4。化学式 $CsIO_3$，分子量 307.80。白色单斜系晶体。密度 4.85 g/cm^3。微溶于冷水，易溶于热水。受热易分解为 $CsIO_4$ 和 CsI，或 CsI 和 O_2。制备：可将碳酸铯溶于碘酸溶液，或由氯气氧化氢氧化铯溶液中的碘化铯，或将氢氧化铯与碘加热反应制得。用途：可用于制高碘酸铯。

碘酸钡（barium iodate）　CAS 号 10567-69-8。化学式 $Ba(IO_3)_2$，分子量 487.13。白色单斜系晶体粉末，有毒！有刺激性气味。熔点 476℃（分解）。密度 5.00 g/cm^3。难溶于冷水，溶于热水、硝酸和盐酸，不溶于乙酸、丙酮和硫酸。一水合物为无色单斜系晶体。密度 4.66 g/cm^3。在 130℃失水。制备：可用碘酸钾与氯化钡反应

制得。用途：可用作氧化剂、分析试剂、医药原料等。

碘酸镧（lanthanum iodate）　CAS 号 13870-19-4。化学式 $La(IO_3)_3$，分子量 663.61。无色晶体。可溶于水、盐酸、硝酸等。制备：可向镧的硫酸盐或硝酸盐的水溶液中加入碘酸或碘酸钾制得。

碘酸铈（cerous iodate）　CAS 号 24216-72-6。化学式 $Ce(IO_3)_3 \cdot 2H_2O$，分子量 700.85。白色无定形粉末。溶于水、硝酸。长时间受水或乙醇浸蚀可分解。可被硫酸酸化的高锰酸钾或硝酸溶液中的溴酸钾氧化成碘酸高铈。遇碘酸在 110℃ 失去 1 分子结晶水。制备：可由硝酸铈的稀水溶液与过量的碘酸或碱金属碘酸盐反应制得。用途：可用于从铀中分离钚、分离稀土金属。

碘酸高铈（ceric iodate）　CAS 号 13813-99-5。化学式 $Ce(IO_3)_4$，分子量 839.73。黄色晶体。可溶于水、热硝酸。溶于草酸的热溶液中被还原。加热至赤热生成二氧化铈。制备：向硝酸铈的硝酸溶液中加入过量的碘，再用高锰酸钾处理；或由硝酸铈、碘酸和浓硝酸加热反应制得。

碘酸亚汞（mercurous iodate）　CAS 号 13465-35-9。化学式 $Hg_2(IO_3)_2$，分子量 750.99。黄色固体，有毒！难溶于水，与水沸煮不分解。可溶于稀盐酸、浓硝酸。250℃ 分解。遇氨水分解为碘化氨汞。制备：将碘加到浓 Hg_2Cl_2 后再用 $KClO_3$ 氧化，或在 $Hg_2(NO_3)_2$ 溶液中加入碘酸制得。用途：用作化学试剂。

碘酸汞（mercuric iodate）　CAS 号 7783-32-6。化学式 $Hg(IO_3)_2$，分子量 550.40。白色粉末，有毒！溶于盐酸，可溶于氯化钠、氯化钾、氯化铵溶液，难溶于水。加热至 175℃ 分解为 HgI_2 和 O_2。制备：可由碘酸亚汞与氧化汞或氯化汞反应，或由硝酸汞溶液和碘酸钠溶液反应制得。用途：可用于制药工业。

碘酸亚铊（thallous iodate）　CAS 号 14767-09-0。化学式 $TlIO_3$，分子量 379.29。白色针状晶体。微溶于水、硝酸。制备：可由亚铊盐溶液与碘酸盐溶液反应制得。

碘酸铅（lead iodate）　CAS 号 25659-31-8。化学式 $Pb(IO_3)_2$，分子量 557.01。白色粉末。密度 $6.16 g/cm^3$。微溶于硝酸，难溶于水，不溶于氨水、乙醇。300℃ 分解。密封保存。制备：可溶性铅盐溶液与碘酸钾溶液反应制得。用途：可作为氧化剂，及用于制烟花。

碘酸铋（bismuth iodate）　CAS 号 7787-63-5。化学式 $Bi(IO_3)_3$，分子量 733.69。白色无定形重质粉末。不溶于水、乙酸、硝酸。遇强酸分解。有氧化性。制备：由铋盐和碘酸钠作用制得。用途：可用于化学分析、制药工业。

碘酸镭（radium iodate）　化学式 $Ra(IO_3)_3$，分子量 750.73。微溶于水。

碘酸钍（thorium iodate）　化学式 $Th(IO_3)_4$，分子量 931.65。白色粉末，具放射性！难溶于水，在热水中分解。能溶于稀硫酸，不溶于稀盐酸。制备：向钍（IV）盐的硝酸热溶液中加入过量碘酸钾溶液制得。用途：可用于从镧系元素中分离钍。

碘酸氢钾（potassium hydrogen iodate）　亦称"重碘酸钾""酸式碘酸钾"。CAS 号 13455-24-8。化学式 $KH(IO_3)_2$，分子量 389.91。无色菱形或单斜系晶体。微溶于冷水，溶于热水，水溶液呈酸性，不溶于乙醇。遇还原性物质易分解并析出碘，而使之呈粉红至紫色。制备：可由氯酸钾在浓盐酸中氧化单质碘制得。用途：可作为标定碱的基准物、氧化剂，可用于制碘酸钾。

碘酸铀酰（uranyl iodate）　化学式 $UO_2(IO_3)_2 \cdot H_2O$，分子量 637.85。有两种晶型。α 型为棱柱状，稳定。密度 $5.220 g/cm^3$。β 型为棱锥状。密度 $5.052 g/cm^3$。于 250℃ 分解。均微溶于水。制备：由可溶性的碘酸盐溶液与硝酸铀酰溶液反应制得。

碘酸氧碘（iodine dioxide）　亦称"四氧化二碘""二氧化碘"。化学式 $IO(IO_3)$，分子量 317.81。柠檬黄色晶体。密度 $4.2 g/cm^3$。无吸湿性。溶于硫酸，微溶于丙酮，不溶于醇。75℃ 时缓慢分解，130℃ 迅速分解为五氧化二碘和碘。能水解生成碘和碘酸。与盐酸作用产生氯和一氯化碘。制备：可由碘酸与浓硫酸加热制得。

碱式碘酸铜（copper basic iodate）　化学式 $Cu(OH)IO_3$，分子量 255.46。绿色正交系晶体。密度 $4.873 g/cm^3$。不溶于水，溶于稀硫酸。加热至 290℃ 分解。制备：可由碘酸钾与温热的硫酸铜溶液反应，或由碘酸铜溶液与适量氢氧化钠溶液反应制得。

碘酸铋钾（potassium bismuth iodate）　化学式 $K_2Bi(IO_3)_5$，分子量 1 161.69。制备：将偏高碘酸钾、氯化钾、高碘酸、氧化铋加入水热反应釜内，230℃ 反应 4 天制得。用途：可作为二阶非线性光学晶体材料。

偏高碘酸（metaperiodic acid）　CAS 号 13444-71-8。化学式 HIO_4，分子量 119.91。无色晶体。在 110℃ 升华，138℃ 分解，易溶于水并分解。制备：可由高碘酸在真空条件下失水制得。用途：可作为分析试剂、氧化剂。

高碘酸（periodic acid）　通常泛指偏高碘酸、正高碘酸。

正高碘酸（periodic acid）　CAS 号 10450-60-9。化学式 $HIO_4 \cdot 2H_2O$ 或 H_5IO_6，分子量 227.94。无色菱形单斜系晶体。有强烈吸湿性。极易溶于水，其水溶液在空气中变黄，并强烈地发出臭氧气味。溶于乙醇、乙醚。在约 0℃ 分解。与金属接触可发生爆炸。具氧化性。可将二价锰离子氧化成高锰酸根离子。在 130～140℃ 分解为五氧化二碘、水及氧。其水溶液在室温时挥发后有结晶析出。易被亚硝酸、亚硫酸甚至盐酸、硫酸还原为碘酸。对有机物有氧化作用。在 120℃ 熔融，在真空中加热至 80℃ 得到焦高碘酸，至 100℃ 得到偏高碘酸。制备：可由碘与浓高氯酸反应，或由浓碘酸、硫酸和高碘酸钡电解，或由盐酸与高碘酸银反应制得。用途：可作为分析试剂、氧化剂，用于测定钾、薄层色谱法检测糖类、光度法测定苯肼。

高碘酸钠（sodium periodate）　亦称"偏高碘酸钠""过碘酸钠"。CAS 号 7790-28-5。化学式 $NaIO_4$，分子量 213.89。无色四方系晶体。密度 4.174 g/cm^3。300℃分解。其三水合物为无色晶体。密度 3.219^{18} g/cm^3。加热至 175℃时分解。两者均易溶于水，能溶于硫酸、硝酸、乙酸中。制备：由碘化钠或碘酸钠经氧化而制得，或由酸式高碘酸钠与硝酸反应制取。用途：可作为氧化剂、有机反应催化剂、分析试剂，用于除去聚乙烯醇层、医药工业等领域。

高碘酸钾（potassium periodate）　亦称"偏高碘酸钾""过碘酸钾"。CAS 号 7790-28-5。化学式 KIO_4，分子量 230.00。无色四方系晶体。熔点 582℃，密度 3.618^{15} g/cm^3。微溶于冷水，溶于热水，不溶于乙醇。在酸性溶液中呈强氧化性，可将二价锰或四价锰氧化为高锰酸根离子。高温时分解。可被过氧化氢还原，放出氧气。水溶液也可被氯硫化氢及二氧化硫还原。制备：可在碱性溶液中用氯气氧化碘酸钾，或在碱性条件下用过二硫酸钾氧化碘酸钾，或由高碘酸钠和硝酸钾进行复分解反应，或由硫酸处理高碘酸钡，或利用碘酸钾的电解氧化制得。用途：可作为氧化剂，用于有机合成、测定锰的比色分析。

高碘酸铜（copper periodate）　化学式 Cu_2HIO_6，分子量 351.00。绿色晶状粉末。加热至 110℃分解。不溶于水，溶于硝酸、氨水。制备：可由 $Na_2H_3IO_6$ 溶液与硫酸铜溶液反应制得。

高碘酸银（silver periodate）　亦称"偏高碘酸银"。CAS 号 15606-77-6。化学式 $AgIO_4$，分子量 298.77。橙黄色四方系晶体。密度 5.57 g/cm^3。溶于硝酸。遇水分解，在冷水中形成 $Ag_2H_3IO_6$，热水中形成 Ag_2HIO_6。在低温时从溶有氧化银的浓高碘酸溶液里析出白色二水合物结晶。热至 180℃分解为氧和碘化银。制备：可由硝酸银溶液与高碘酸溶液反应，或由浓硫酸溶解硫酸银和高碘酸钾制得。

高碘酸铷（rubidium periodate）　亦称"偏高碘酸铷"。化学式 $RbIO_4$，分子量 276.37。无色四面体晶体。密度 3.918^{16} g/cm^3。溶于水。制备：用过二硫酸钾在碱性条件下氧化碘酸铷，再经酸化制得。

高碘酸铯（cesium periodate）　亦称"偏高碘酸铯"。化学式 $CsIO_4$，分子量 323.81。白色正交系晶体或板状物。密度 4.259^{16} g/cm^3。可溶于水，以高碘酸根形式存在。其酸性溶液有强氧化性。制备：可由 $CsIO_3$ 加热分解，或将氯酸铯溶液加浓硝酸酸化并加入碘，或将原碘酸铯($Cs_3H_2IO_6$)加浓硝酸酸化制得。

高碘酸铵（ammonium periodate）　亦称"偏高碘酸铵"。CAS 号 13446-11-2。化学式 NH_4IO_4，分子量 208.94。无色四方系晶体。密度 3.056^{18} g/cm^3。微溶于水。猛烈撞击可引起爆炸，形成碘、氢气、氮气、氨和水。可与酸反应。熔点时爆炸。制备：可由高碘酸和氨水中和制得。用途：可作为氧化剂。

仲高碘酸钠（sodium paraperiodate）　CAS 号 13940-38-0。化学式 Na_5IO_6，分子量 337.85。白色晶体。易溶于稀硝酸。微溶于水，在水溶液中分解。加热至 800℃分解。制备：可将碘酸钠在氢氧化钠溶液中用氯气氧化制得 $Na_3H_2IO_6$，再与化学计量比的氢氧化钠共熔；或在碱性条件下用溴氧化碘化钠制取。用途：可作为分析试剂、氧化剂。

仲高碘酸三钠（trisodium paraperiodate）　CAS 号 13940-38-0。化学式 $Na_3H_2IO_6$，分子量 293.89。无色六方系晶体。略溶于水，能溶于浓氢氧化钠溶液。制备：可由碘酸钠、氢氧化钠、氯气反应，或由碘化钠、溴、氢氧化钠反应制得。用途：可作为氧化剂。

仲高碘酸氢铜（copper hydrogen paraperiodate）　化学式 Cu_2HIO_6，分子量 351.00。绿色晶体粉末。不溶于水，溶于硝酸、氨水。加热至 110℃分解。制备：由 $Na_2H_3IO_6$ 溶液与硫酸铜溶液反应制得。

仲高碘酸三氢银（silver hydrogen paraperiodate）　化学式 $Ag_2H_3IO_6$，分子量 441.66。黄色正交系晶体。密度 5.68 g/cm^3。溶于水、硝酸。热稳定性很低，60℃分解。制备：可由硝酸银和高碘酸分别溶于硝酸溶液中，充分混合后避光静置两天制得。

仲高碘酸三氢铵（ammonium trihydrogen paraperiodate）　亦称"一缩原高碘酸三氢铵"。化学式 $(NH_4)_2H_3IO_6$，分子量 262.00。无色正交系晶体。密度 2.85 g/cm^3。不溶于水、醇。具有较强的氧化能力，可将二价锰离子氧化为高锰酸根。加热易分解，先后失去氨气、水、氧，转化为焦高碘酸、偏高碘酸及碘酸。制备：可由浓氨水与高碘酸混合结晶制得。用途：可作为氧化剂。

钨　酸　盐

钨酸（tungstic acid）　化学式 $mWO_3 \cdot nH_2O$。已知的钨酸有多种，都是由三氧化钨相互组合后，与水以不同比值、不同形式结合而成的多聚化合物。已知有黄钨酸、白钨酸、偏钨酸等。黄钨酸：常见的一种钨酸。淡橙黄色粉末。随制备条件不同组成略有差异，当组成准确为 $WO_3 \cdot H_2O$ 时，化学式 H_2WO_4，分子量 249.86。密度 5.5 g/cm³。不溶于水、一般的酸。溶于氢氟酸，溶于氢氧化钠溶液。加热至 100℃时脱水生成三氧化钨。白钨酸：化学式 $mWO_3 \cdot nH_2O$，$n:m > 1.3$，n 与 m 比值随制备条件和干燥条件而变化。微晶状白色粉末。有较强的化学活泼性，略有光敏性，易于还原。不溶于水、一般的酸。溶于氢氟酸，溶于氢氧化钠溶液。热至 100℃变成一缩二聚钨酸。制备：在不断搅拌下，由盐酸酸化钨酸钠或钨酸铵溶液制得，从沸腾溶液中沉淀出黄钨酸；搅拌条件下将钨酸钠溶液缓慢滴加至稀硝酸溶液中则可制得白钨酸。用途：可作为分析试剂、织物媒染剂，可用于制金属钨、碳化钨、钨酸盐化合物等。

钨酸锂（lithium tungstate） CAS 号 13568-45-1。化学式 Li_2WO_4，分子量 261.72。无色三方系晶体。熔点 742℃，密度 3.71 g/cm³。易溶于水，不溶于乙醇。在乙醇中分解。阴极射线照射后发出蓝色荧光。在空气中稳定。水溶液呈碱性。制备：可将三氧化钨溶于碳酸锂的热水溶液中制得。用途：可作为电极材料、发光基质材料等。

钨酸钠（sodium tungstate） CAS 号 10213-10-2。化学式 $Na_2WO_4 \cdot 2H_2O$，分子量 329.85。无色正交系板状晶体。熔点 692℃，密度 3.245 g/cm³。易溶于水，略溶于氨水中，不溶于乙醇。在氢气中加热至 700℃不发生变化，1 100℃时可被还原为金属钨。和氯气一起加热时变成黄色氯氧化物。在空气中稳定，加热至 100℃时失去 2 分子水。无水物在 6℃以上的水溶液中进行重结晶得到二水合物，在 6℃以下时可得到十水合物。制备：可将黑钨矿或白钨矿用氢氧化钠水溶液处理得到粗钨酸钠，与酸反应转化为钨酸，再与氢氧化钠反应制得；无水盐可由化学计量比的三氧化钨和碳酸钠共熔而得。用途：可作为血清蛋白检测剂、生物碱沉淀剂，可用于制防火防水织物、金属钨、钨酸盐、钨氧化物等。

钨酸钾（potassium tungstate） CAS 号 7790-60-5。化学式 $K_2WO_4 \cdot 2H_2O$，分子量 362.05。无色单斜系晶体。熔点 921℃，密度 3.113 g/cm³。易潮解。溶于水，不溶于乙醇。遇酸分解，有三氧化钨析出。制备：可由碳酸钾或氢氧化钾熔融分解黑钨矿制得。用途：可用于制钨酸盐、钨磷酸盐、颜料、防火织物等。

钨酸镁（magnesium tungstate） CAS 号 13573-11-0。化学式 $MgWO_4$，分子量 272.14。白色单斜晶系晶体粉末。密度 5.66 g/cm³。不溶于水、醇，能溶于酸类。为发荧光体。制备：可由三氧化钨与氧化镁加热反应，或由钨酸钠与氯化镁、氯化钠共熔，或由钨酸铵溶液与硫酸镁溶液反应制得。用途：用于制作 X 射线荧光屏、荧光涂料等。

钨酸铝（aluminum tungstate） CAS 号 15123-82-7。化学式 $Al_2(WO_4)_3$，分子量 797.48，白色粉末。不溶于水，能溶于氢氧化钠。易被热盐酸、硝酸分解生成钨酸。制备：可由三氧化钨与氢氧化铝反应制得。

钨酸钙（calcium tungstate） CAS 号 7790-75-2。化学式 $CaWO_4$，分子量 287.92。白色四方系晶体。熔点 1 535℃，密度 6.062 g/cm³。微溶于水，不溶于乙醇，能溶于氯化铵溶液。在热盐酸或硝酸中分解，析出不溶性钨酸。存在于天然白钨矿中。制备：可由氧化钙或碳酸钙与钨酸或三氧化钨在 580～950℃间加热，或由钨酸钾或钨酸钠溶液与被弱酸酸化的氯化钙溶液反应制得。用途：可作为化学分析沉淀剂、甲酰胺脱氢制 HCN 的催化剂，可用于 X 射线照相、制钨丝、碳化钨、发光漆等。

钨酸锰（manganese tungstate） CAS 号 14177-46-9。化学式 $MnWO_4$，分子量 302.78。棕黄色单斜系晶体。密度 7.1～7.2 g/cm³。在硝酸钠的柠檬酸溶液中煮沸会发生分解。制备：可由钨酸钠溶液与硫酸锰溶液混合后得到前驱体，再经高温烧结制得。

钨酸钴（cobalt tungstate） CAS 号 12640-47-0。化学式 $CoWO_4$，分子量 306.78。蓝绿色单斜系晶体。密度 8.42 g/cm³。微溶于冷的稀酸，溶于热的浓酸，不溶于水。制备：可由钨酸钠的溶液与二价钴盐反应，或由氧化钴与氧化钨反应，或由钨酸钠、氯化钴、氯化钠的混合物加强热反应制得。用途：可作为抗爆剂、颜料。

钨酸镍（nickel tungstate） CAS 号 14177-51-6。化学式 $NiWO_4$，分子量 306.53。浅棕色粉末。制备：可由镍粉与三氧化钨在真空中 800℃反应生成。

钨酸铜（copper tungstate） CAS 号 13587-35-4。化学式 $CuWO_4$，分子量 311.39。无水物为黄绿色粉末，二水合物为亮绿色八面体晶体。不溶于水、醇，微溶于乙酸，溶于氨水。与无机酸反应生成铜盐溶液和钨酸沉淀。在自然界中以铜钨酸钙矿存在。制备：可由氧化铜与三氧化钨在 500～700℃下制得无水盐；或由钨酸钠与硫酸铜反应制得。用途：可用于制半导体、核反应器、聚酯反应催化剂等。

钨酸锌（zinc tungstate） CAS 号 13597-56-3。化学式 $ZnWO_4$，分子量 323.23。白色单斜系粉末。熔点 1 200～1 210℃，密度 7.8 g/cm³。不溶于水。制备：可由化学计量比的三氧化钨与氧化锌经高温烧结制得。用途：可作为光催化材料。

钨酸锶（strontium tungstate） CAS 号 13451-05-3。化学式 $SrWO_4$，分子量 335.46。无色四方系晶体。密度 6.187 g/cm³。难溶于水、乙醇。受热分解。制备：将碳酸锶和三氧化钨的粉末混合物在 615～1 090℃加热，或将按化学配比量的氧化锶和三氧化钨粉末混合物研磨 15 小时反应,或由钨酸钠和氯化锶的水溶液反应制得。用途:可作为光催化、光电材料。

钨酸钇(yttrium tungstate)　CAS 号 10527-41-0。化学式 $Y_2(WO_4)_3$,分子量 921.32。白色菱方系固体。熔点 1450～1490℃,密度 4.4 g/cm³。具有吸潮性,负热膨胀性。制备:可由计量比的三氧化钨与氧化钇经高温烧结制得。用途:可作为发光材料、负热膨胀材料。

钨酸锆(zirconium tungstate)　CAS 号 16853-74-0。化学式 $Zr(WO_4)_2$,分子量 586.92。淡黄色固体,高压下变为红色。熔点 1258℃,密度 3.951 g/cm³。加热至 720℃分解。制备:可由仲钨酸铵溶液与氯氧化锆溶液混合后得到前驱体,再经高温烧结制得。用途:可用于制备陶瓷基复合材料、水泥基复合材料和聚酰胺树脂复合材料,还可用于集成电路、光学器件、传感器等领域。

钨酸银(silver tungstate)　CAS 号 13465-93-5。化学式 Ag_2WO_4,分子量 463.58。浅黄色单斜系晶体或粉末。溶于硝酸、氨水、氰化钾溶液,不溶于水。容易被还原,但不是强氧化剂。与硫化氢作用易生成钨硫化物。能被硝酸分解成白色水合钨酸。制备:可由硝酸银溶液与钨酸溶液反应制得。用途:可用作催化剂、分析试剂。

钨酸镉(cadmium tungstate)　CAS 号 7790-85-4。化学式 $CdWO_4$,分子量 360.25。黄色晶体或白色粉末,有毒!能溶于氨水、氰化钾、热磷酸、草酸等溶液,难溶于水。能发荧光,无光电导性。制备:可由硝酸镉溶液与钨酸铵溶液反应制得。用途:可用作 X 射线的屏幕、闪光计数器、有机反应的催化剂。

钨酸铟(indium tungstate)　CAS 号 15571-83-2。化学式 $In_2(WO_4)_3$,分子量 973.183。灰色正交系晶体,晶格常数 0.905 1 nm,熔点 1410～1450℃。易与碱金属生成复盐,如钨酸铟钾、钨酸铟钠等。制备:可由氧化铟与三氧化钨反应,或由钨酸钠溶液与铟化物反应制得。

钨酸钡(barium tungstate)　CAS 号 7787-42-0。化学式 $BaWO_4$,分子量 385.19。无色四方系晶体,有毒!密度 5.04¹⁵ g/cm³。微溶于水,溶于硝酸铵溶液、煮沸的草酸水溶液。能被沸热的无机酸分解为黄色的三氧化钨。在空气中稳定。制备:可由三氧化钨和碳酸钡的混合物加热反应,或由钨酸钠溶液与硝酸钡溶液反应,或由硼钨酸($H_5BW_{12}O_{40}$)与煮沸的氢氧化钡水溶液反应制得。用途:可用于 X 射线照相、颜料、电子工业、光学玻璃、陶瓷、缓蚀剂等领域。

钨酸镧(lanthanum tungstate)　化学式 $La_2(WO_4)_3$,分子量 1021.35。白色无定形固体。密度 6.6 g/cm³。难溶于水。可被氢氧化钠溶液分解。制备:可向钨酸钠溶液中加入硫酸镧溶液制得。用于:可作为荧光基质材料。

钨酸铈(cerous tungstate)　CAS 号 13454-75-4。化学式 $Ce_2(WO_4)_3$,分子量 1023.74。黄色四方系晶体。熔点 1089℃,密度 6.77 g/cm³。在空气中加热(低于 80℃)或在氧气中加热(低于 890℃)不稳定,可分解成 $Ce_2O_3 \cdot 9WO_3$ 和 CeO_2。制备:可由二氧化铈与仲钨酸钠共熔,或将硫酸铈(III)与钨酸钠溶液反应制得。用途:可用于制高温燃料电池、陶瓷着色剂等。

钨酸钕(neodymium tungstate)　CAS 号 14014-27-8。化学式 $Nd_2(WO_4)_3$,分子量 480.47。淡红色粉末。难溶于水。制备:可由钨酸钠溶液与氯化钕溶液反应制得。用于:可作为光学材料。

钨酸汞(mercuric tungstate)　CAS 号 37913-38-5。化学式 $HgWO_4$,分子量 448.44。浅黄色单斜系晶体。密度 9.212 g/cm³。不溶于冷水、乙醇。遇热、热水及酸则分解。制备:可向钨酸钠饱和水溶液中加入乙酸汞溶液制得。

钨酸亚汞(mercurous tungstate)　CAS 号 38705-19-0。化学式 Hg_2WO_4,分子量 649.03。黄色无定形固体。不溶于水、醇。用热水洗涤,从黄色变为红褐色。加浓盐酸则生成 Hg_2Cl_2 沉淀。遇热、酸分解。制备:可由硝酸亚汞溶液与钨酸钾反应制得。

钨酸铅(lead tungstate)　CAS 号 7759-01-5。化学式 $PbWO_4$,分子量 455.04。白色四方系或单斜系晶体。熔点 1123℃,密度 8.23 g/cm³。不溶于水、硝酸,溶于氢氧化钾。低温下存在稳定的 α 型,加热至 877℃转变为 β 型。制备:可由铅盐溶液与钨酸钠溶液反应,或由钨酸钠与二氯化铅在封闭容器中加热熔融制得。用途:可作为辐射屏蔽材料。

钨酸铋(bismuth tungstate)　CAS 号 13595-87-4。化学式 Bi_2WO_6,分子量 697.70。黄色菱方系固体。熔点 1040℃,密度 9.5 g/cm³。制备:可由三氧化二铋与三氧化钨混合后高温烧结;或将钨酸钠和硝酸铋溶于水后经水热反应制得。用途:可作为光催化材料。

钨酸钕钠(sodium neodymium tungstate)　有两种组成。化学式 $Nd_2(WO_4)_3 \cdot Na_2WO_4$,分子量 1037.37,红紫色八面体晶体;化学式 $Nd_2(WO_4)_3 \cdot 3Na_2WO_4$,分子量 1579.04,红色棱锥晶体。制备:将氧化钕、钨酸和氯化钠共熔产生 1:1 和 1:3 复盐。

钨酸铒钠(sodium erbium tungstate)　化学式 $2Er_2(WO_4)_3 \cdot 3Na_2(WO_4)_3$,分子量 3037.61。淡红色八面体晶体。制备:由氧化铒、钨酸钠和氯化钠共熔制得。

偏钨酸(metatungstic acid)　化学式 $H_6[H_2W_{12}O_{40}] \cdot nH_2O$,$n$ 为 10 或 23。无色晶体。一种聚钨酸,结构与钨磷酸等杂多酸相似,但其中心元素为两个氢原子,属于十二钨同多酸类。密度 3.93 g/cm³。加热至 50℃时分解,极易溶于水。制备:可将钨酸盐溶液酸化至 pH 4.0 左右,然后加入乙醚和硫酸萃取得到偏钨酸乙醚油状物,再将此油状物迅速干燥可制得偏钨酸结晶;或将偏钨酸铵溶于水后经酸性阳离子树脂交换制得。用途：可用于催化、沉淀生物碱或有机碱、制其他含钨杂多酸等领域。

偏钨酸钠（sodium metatungstate） 亦称"十水合四钨酸钠"。CAS 号 12141-67-2。化学式 $Na_6H_2W_{12}O_{40}$·$29H_2O$，分子量 3 508.45。无色八面体晶体。熔点 706.6℃。能溶于冷水，极溶于热水，不溶于酸。制备：可由钨酸钠溶液经酸化制得。用途：可用于地质学、土壤学、海洋生物学等领域的密度分离研究。

偏钨酸钙（calcium metatungstate） 化学式 $Ca_3H_2W_{12}O_{40}$·$29H_2O$，分子量 3 490.75。无色晶体。遇碱分解。失去 7 分子结晶水后该盐的熔点为 105℃。灼烧可失去 10 分子结晶水。制备：可将热的偏钨酸与碳酸钙一起浸煮，然后将液体蒸发、增稠并置于硫酸上结晶制得。

偏钨酸铵（ammonium metatungstate） CAS 号 12333-11-8。化学式 $(NH_4)_6H_2W_{12}O_{40}$·xH_2O。白色晶体粉末。密度 4 g/cm^3。易溶于水，在 200~300℃加热后可得无水物。加热至 300℃以上最终分解为三氧化钨。制备：可由仲钨酸铵在 270~350℃下处理制得。用途：可用于制高纯钨、合金、催化剂、缓蚀溶液等。

仲钨酸钠（sodium paratungstate） 亦称"十六水合七钨酸钠"。CAS 号 76050-06-1。化学式 $Na_6W_7O_{24}$·$16H_2O$，分子量 2 097.12。无色三斜系晶体。密度 3.987 g/cm^3。加热至 100℃时失去 12 分子结晶水，在 300℃时失去 16 分子结晶水，变成无水物。溶于冷水，热水中分解。制备：可由钨酸钠溶液在强烈搅拌并加热条件下用盐酸或硝酸酸化至 pH 5~6 时制得。用途：用作有机反应催化剂，以及添加剂。

仲钨酸铵（ammonium paratungstate） CAS 号 12028-48-7。化学式 $(NH_4)_6W_7O_{24}$·$6H_2O$，分子量 1 887.26。无色单斜系棱柱状晶体或粉末。溶于水，不溶于乙醇。热至 100℃失去 4 分子结晶水，温度再高即分解。制备：可由钨酸与氨水反应制得。用途：可用于制磷钨酸铵、其他钨酸盐化合物等。

硼钨酸镉（cadmium borotungstate） CAS 号 1306-26-9。分子式 $Cd_5(BW_{12}O_{40})_2$·$18H_2O$，分子量 6 600.25。黄色三斜系晶体，有毒！熔点 75℃。极易溶于水。在空气中稳定。制备：可由硼钨酸的水溶液与镉盐水溶液反应制得。用途：可用于矿物或金属的分离。

钨硅酸（silicotungstic acid） 亦称"十二钨硅酸""硅钨酸"。CAS 号 12027-43-9。化学式 $H_4SiW_{12}O_{40}$·$24H_2O$，分子量 3 310.66。白色或微黄色晶体。密度 10.5 g/cm^3。为 Keggin 结构。有潮解性。极易溶于水、乙醇、乙醚。受热溶于其结晶水。高于 600℃时分解。在碱液中逐步降解乃至分解为硅酸盐和钨酸盐。制备：可用盐酸酸化钨酸钠和硅酸钠的混合液，然后用乙醚萃取制得。用途：可用作有机合成的催化剂、无机离子交换剂、碱性苯胺染料的媒染剂、生物碱试剂、分离矿物的重液等。

硅钨酸钠（sodium silicotungstate） CAS 号 12027-47-3。化学式 $Na_4SiW_{12}O_{40}$·$20H_2O$，分子量 3 326.53。无色三斜系晶体。易溶于水，溶于酸、氨水，微溶于乙醇。100℃失去 7 分子水，强热时分解。制备：由钨酸钠溶液与硅酸钠溶液反应制得。用途：可用于制合金、玻璃等。

硅钨酸钾（potassium silicotungstate） 亦称"十二硅钨酸钾"。化学式 $K_4SiW_{12}O_{40}$·$18H_2O$，分子量 3 354.95。无色六方系晶体。易溶于水、丙酮，溶于甲醇，微溶于乙醇、乙醚、苯。热至 100℃失去 17 分子水成一水合物，继续加热变成无水盐。制备：可由明胶状硅胶的热悬浮水溶液与钨酸钾及盐酸反应制得。用途：用作化学试剂。

十二钨磷酸（dodecatungstophosphoric acid） 亦称"钨磷酸""磷钨酸"。CAS 号 12067-99-1。化学式 $H_3[PW_{12}O_{40}]$·$24H_2O$，分子量 3 312.42。无色晶体，常因被还原而呈蓝色。熔点 89℃。为 Keggin 结构。可溶于水、乙醚。其水溶液是较强的氧化剂和较强的酸。其十四水合物为黄色或绿色三斜系晶体。制备：可向钨酸钠溶液中加入适量磷酸，并用盐酸酸化后，再用乙醚萃取制得。用途：可作为测定酚、蛋白质、氨基酸、碳水化合物和各种生物碱的试剂，可用于化学分析、颜料、有机合成催化剂、纺织抗静电剂等。

磷钨酸铵（ammonium phosphotungstate） CAS 号 12704-02-8。化学式 $(NH_4)_3PW_{12}O_{40}$·$3H_2O$，分子量 2 985.19。白色晶体。微溶于水及碱，不溶于酸。制备：可由钨酸铵、磷酸铵与硝酸反应制得。用途：可作为生物碱的试剂、离子交换剂、分析试剂等。

四氟二氧合钨酸钾（potassium fluorotungstate） 化学式 $K_2WO_2F_4$·H_2O，分子量 388.12。无色晶体。易溶于热水。制备：将三氧化钨溶于含氟化钾的氢氟酸溶液中制得。

硫代钨酸钾（potassium tetrathiotungstate） 化学式 K_2WS_4，分子量 390.30。橙黄色晶体。能溶于水。向其水溶液中加酸即分解析出三硫化钨沉淀。制备：向碱性钨酸钾溶液中通入硫化氢后，经蒸发结晶制得。

多 卤 化 物

二溴碘化硼（boron dibromoiodide）　亦称"二溴一碘硼烷"。CAS 号 13709-72-3。化学式 $BIBr_2$，分子量 297.52。无色液体。沸点 125℃。遇水分解。与卤素作用，可以转化成含其他多卤离子的化合物。制备：向 300～400℃的氢碘酸中连续不断地通入三溴化硼，可得到 $BIBr_2$ 和 BI_2Br、BI_3 的混合物，再经蒸馏分离制得。

一溴二碘化硼（boron monobromodiiodide）　亦称"二碘一溴（代）甲硼烷"。CAS 号 14355-21-6。化学式 $BBrI_2$，分子量 344.52。无色液体。沸点 180℃。其 BrI_2 离子为线型结构。在水中不稳定。制备：可由三溴化硼与氢碘酸反应制得。

三氯一碘化硅（trichloroiodosilane）　CAS 号 13465-85-5。化学式 $SiCl_3I$，分子量 261.35，无色液体。熔点高于 -60℃，沸点 113.5℃，密度 2.092 g/mL。在空气中稍微发烟，在水中强烈水解。室温下缓慢分解产生碘，光能加速分解作用。与干燥的氨生成加合物。制备：由三氯甲硅烷与单质碘反应，然后分馏制得。

四氯溴化磷（phosphorus tetrachloride monobromide）　CAS 号 13445-59-5。化学式 $PBrCl_4$，分子量 252.69。黄色晶体，遇水分解。制备：由三氯化磷和氯化溴反应制得。

三氟二溴化磷（phosphorus trifluodibromide）　CAS 号 13445-58-4。化学式 PBr_2F_3，分子量 247.78。浅黄色液体。熔点 -20℃。在空气中冒烟。与水激烈反应分解为磷酸、氢氟酸、氢溴酸。纯品不腐蚀玻璃。15℃分解生成五溴化磷、五氟化磷。制备：由三氟化磷和溴反应制得。

二氯七溴化磷（phosphorus dichloroheptabromide）　化学式 PBr_7Cl_2，分子量 661.21。棱柱形晶体。极不稳定。在干燥空气中或使其温热可分解为五溴化磷和氯化溴。与水作用分解为溴、磷酸、氢溴酸和盐酸。溶于三氯化磷和五氯化磷形成四氯溴化磷。制备：可由三氯化磷和溴反应，或在 90℃以上蒸馏三氯八溴化磷制得。

三氯二溴化磷（phosphorus trichloride dibromide）　CAS 号 13510-40-2。化学式 PBr_2Cl_3，分子量 297.15。橙色晶体。与水作用分解为三氯化磷、次溴酸、氢溴酸，进一步作用得磷酰氯、磷酰溴、氯溴化磷酰、盐酸和氢溴酸。与醋酸反应生成乙酰氯、磷酰溴、磷酰氯和氢溴酸。35℃分解。制备：由三氯化磷与溴反应制得。

三氯八溴化磷（phosphorus trichloride octabromide）化学式 PBr_8Cl_3，分子量 776.56。棕色针状晶体。熔点 25℃。遇少量水分解为磷酰氯、磷酰溴、氯化氢、溴化氢和溴，与大量水则生成磷酸、盐酸、氢溴酸和溴。与三氯化磷不作用。与二氧化硫作用生成磷酰氯、四溴化硫和溴。制备：由三氯四溴化磷加热制得。

三氯二碘化磷（phosphorus diiodide trichloride）CAS 号 13455-02-2。化学式 PI_2Cl_3，分子量 391.14。红色六方系晶体。熔点 259℃（分解出碘）。溶于二硫化碳。遇水分解。制备：由三氯化磷与过量的碘反应制得。

二氯碘酸钾（potassium dichloroiodate）　化学式 $KICl_2$，分子量 236.91，橙红色长方形晶体。在空气中相当不稳定。在密封管中于 60℃时变软，215℃分离出卤素。制备：可由氯气同二溴碘酸钾作用，或将氯气通入碘化钾溶液中制得。

二溴碘酸钾（potassium dibromoiodate）　CAS 号 14459-63-3。化学式 $KIBr_2$，分子量 325.82，红色单斜系晶体。熔点 60℃，沸点 180℃（分解）。易溶于水。制备：由碘化钾同溴反应制得。

二溴碘酸铵（ammonium dibromiodide）　化学式 NH_4IBr_2，分子量 304.75。有金属光泽的绿色棱柱形晶体。熔点 198℃。有吸湿性，极易溶于水，溶于乙醚。制备：将溴化铵溶解在溴化碘的无水乙醇溶液中制得。

一氯三溴化硒（selenium tribromide monochloride）CAS 号 13465-64-0。化学式 $SeBr_3Cl$，分子量 354.12。橙色晶体，有毒！微溶于二硫化碳。有吸湿性。受热及与水作用分解。稳定性比四溴化硒低。制备：由一氯化硒与单质溴在二硫化碳中反应制得。

三氯一溴化硒（selenium monobromide trichloride）　CAS 号 13465-65-1。化学式 $SeBrCl_3$，分子量 265.22。黄棕色晶体，有毒！熔点 190℃。可溶于水并分解。不溶于二硫化碳。稳定性较四氯化硒低。制备：由一溴化硒与单质氯在二硫化碳中反应制得。

一氯二溴化铷（rubidium chlorodibromide）　CAS 号 36491-26-6。化学式 $RbBr_2Cl$，分子量 280.73。橙色晶体。熔点 76℃。微溶于水，在乙醇和乙醚中分解。加热易分解。制备：由溴化铷与溴、氯混合反应制得。

二氯一碘化铷（rubidium iododichloride）　亦称"二氯碘化铷"。CAS 号 15859-81-1。化学式 $RbICl_2$，分子量 283.28。深橙色晶体。熔点 180～200℃。微溶于水。265℃分解。制备：可由氯化铷溶液与碘及氯反应制得。

二溴碘化铷（rubidium dibromoiodide）　CAS 号 13595-97-6。化学式 $RbIBr_2$，分子量 372.18。红色菱形晶体。熔点 225℃，密度 3.84 g/cm^3。溶于水和乙醇。受热至 265℃ 及在乙醚中分解。制备：将单质碘和溴与溴化铷的饱和溶液反应制得。

氯溴碘化铷（rubidium bromochloroiodide）　CAS 号 15859-94-6。化学式 RbIBrCl，分子量 327.73。菱形晶体。溶于醇，微溶于水。在乙醚中或 200℃ 分解。制备：将单质碘、溴与氯化铷溶液混合制得。

一碘二氯化铯（cesium iododichloride）　亦称“二氯碘化铯”。CAS 号 15605-42-2。化学式 $CsICl_2$，分子量 330.72。橙色三角系晶体。熔点 230℃，密度 3.86 g/cm^3。加热至 290℃ 分解，放出卤素。可溶于水、乙醇。在密闭容器中十分稳定，当曝置在空气中时，则慢慢转变成氯化铯。制备：由氯化铯溶液加入碘，加热近沸腾，再通入氯气使碘溶解，冷却析出结晶制得。用途：可用于制铯盐。

一氯二溴化铯（cesium dibromochloride）　CAS 号 22325-19-5。化学式 $CsBr_2Cl$，分子量 328.17。黄红色斜方系晶体。熔点 191℃。可溶于冷水中。在乙醇、丙酮、醚中分解。在密闭的容器中稳定，比 $CsBrCl_2$ 易分解。150℃ 分解放出溴。制备：向 50℃ 的氯化铯水溶液中滴加液溴，并振荡至溴不溶解为止制得。用途：可作为化学试剂。

二氯溴化铯（cesium dichlorobromide）　CAS 号 13871-03-9。化学式 $CsBrCl_2$，分子量 283.72。黄色有光泽的晶体。熔点 205℃。溶于冷水。在乙醇、乙醚中分解。在敞开条件下加热至 150℃ 分解出卤素和氯化铯。需密封保存，否则可发生相当程度的分解。制备：向氯化铯水溶液中加入溴并稍加热，使生成的 $CsClBr_2$ 盐溶解而不析出，再通入氯气直至饱和，析出的结晶经吸滤、洗涤并重结晶制得。

二溴碘化铯（cesium dibromoiodide）　CAS 号 18278-82-5。化学式 $CsIBr_2$，分子量 419.62。斜方系晶体。熔点 248℃，密度 4.25 g/cm^3。易溶于冷水，可溶于乙醇。在空气中稳定。加热至 320℃ 分解，放出卤素。制备：可由三碘化铯与溴反应，或由碘化铯与溴反应，或由溴化铯与碘、溴反应制得。

四氯碘化铯（cesium iodotetrachloride）　亦称“一碘四氯化铯”。CAS 号 19702-44-4。化学式 $CsICl_4$，分子量 401.62。淡黄色或苍白色针状晶体。熔点 228℃，密度 3.374 g/cm^3。有吸湿性，微溶于冷水和热水。受热时分解为 $CsICl_2$ 和 Cl_2。在密闭容器内相当稳定，若经较长时间亦可分解。对皮肤和纤维有很强的腐蚀性。制备：在温和条件下，向经盐酸酸化的氯化铯溶液中加入碘，再通入氯气；或向溴化铯溶液中通入过量的 ICl_3 气体制得。

溴碘化汞（mercury(II) bromide iodide）　CAS 号 13444-76-3。化学式 HgBrI，分子量 407.40。黄色斜方系晶体。熔点 229℃，沸点 360℃。难溶于水，溶于乙醇、乙醚。制备：由 $HgBr_2$ 的丙酮溶液与碘代烷反应制得。

氟氯化铅（lead(II) chloride fluoride）　CAS 号 13847-57-9。化学式 PbClF，分子量 261.65。白色四方系晶体，有毒！熔点 601℃，密度 7.05 g/cm^3。微溶于水，易溶于硝酸。制备：可由 PbF_2 和 $PbCl_2$ 在脱氧剂存在的情况下高温反应制得。用途：可作防锈剂、颜料。

氟溴化钡（barium fluobromide）　亦称“氟化钡合溴化钡”。化学式 $BaBr_2 \cdot BaF_2$，分子量 472.46。无色片状四方系晶体。密度 4.96 g/cm^3。不溶于乙醇，溶于浓盐酸和浓硝酸。遇水分解。制备：可由氟化锰与溴化钡高温反应制得。用途：可用作闪烁晶体材料。

氟碘化钡（barium fluoiodide）　亦称“氟化钡合碘化钡”。CAS 号 59466-43-2。化学式 $BaF_2 \cdot BaI_2$，分子量 566.46。片状晶体。密度 5.21^{16} g/cm^3。溶于浓盐酸和浓硝酸，不溶于乙醇。在水中分解。制备：可由氟化锰和碘化钡加强热生成产物，再由水泵抽滤，经乙醇洗涤而得。用途：可用作闪烁晶体材料。

多阴离子化合物

二溴碘化铵（ammonium dibromoiodide）　CAS 号 20446-18-8。化学式 NH_4IBr_2，分子量 304.75。有金属光泽的绿色棱柱形晶体。熔点 198℃。有吸湿性。极易溶于水，溶于乙醚。制备：将溴化铵溶解在溴化碘的无水乙醇溶液中制得。

溴化羟胺（hydroxylamine bromide）　CAS 号 41591-55-3。化学式 $NH_2OH \cdot HBr$，分子量 113.95。白色单斜系晶体。纯品在空气中稳定，不纯品在光照下变棕色。密度 2.35 g/cm^3。易溶于水，不溶于乙醚。制备：由溴化钡与过量的硫酸羟胺反应，过滤蒸干后再用无水乙醇提取制得。

硫碲化碳（carbon tellurium sulfide）　CAS 号 10340-06-4。化学式 CSTe，分子量 171.68。黄色液体。熔点 −54℃，密度 2.5 g/mL。溶于二硫化碳、苯。室温下

先变红再变黑,并迅速分解。将其溶于二硫化碳并用溴处理,即得四溴化碲沉淀。温度稍高即分解。制备:以石墨作阴极,碲与石墨的混合物作阳极,二硫化碳做电解液,经电弧放电得到一种红褐色溶液,再经蒸馏、浓缩制得。

二氯二氧化硫(sulfuryl chloride) 亦称"硫酰氯""二氯氧化硫""氯化亚硫酰"。CAS 号 7791-25-5。化学式 SO_2Cl_2,分子量 134.97。无色、发烟流动性液体,有强烈的刺激性臭气,在光照下可分解出二氧化硫和氯气使颜色变深,有毒!熔点 -54.1℃,沸点 69.3℃,密度 1.667^4 g/mL。易溶于苯、乙醚、甲苯、乙酸。遇水缓慢分解,并生成硫酸和氯化氢,遇热水分解速度加快。遇冰水生成外观类似樟脑的 $SO_2Cl_2 \cdot 15H_2O$。在苯中与氨反应得硫酰胺。在三氯化铝存在下与苯作用得二苯砜。140℃分解。制备:可由二氧化硫和氯气按计量比混合后用活性炭或樟脑催化反应;或由氯磺酸在硫酸汞或四氯化锡的催化下反应制得。用途:可作为溶剂、氯化剂、氯磺酰化剂,可用于有机合成、制药、染料、塑料等领域。

溴氧化氮(nitrosyl bromide) 亦称"溴化亚硝酰"。CAS 号 13444-87-6。化学式 NOBr,分子量 109.91。棕色气体。熔点 -55℃(分解)。溶于碱。加热其碱溶液则可检出溴离子和亚硝酸根离子。制备:将一氧化氮通到 -15~ -7℃的液溴中,或由硝酸与氢溴酸反应制得。

氟三氧化氮(nitrogen trioxyfluoride) 亦称"硝酸氟"。化学式 NO_3F,分子量 81.06。无色气体,易爆!熔点 -175℃,沸点 -46℃,密度 1.507^{-45} g/mL(液态)、1.951^{-185} g/cm³(固态)。溶于丙酮。遇水分解。与乙醇、乙醚接触时可发生爆炸。制备:可由硝酸钠与单质氟反应制得。

氟氧化硅(silicon oxyfluoride) 亦称"六氟氧化二硅"。CAS 号 14515-39-0。化学式 Si_2OF_6,分子量 186.16。无色气体。熔点约 -47.8℃,沸点 -23.3℃,密度 1.36 g/mL(液态)。遇水和碱分解。制备:可由石英与氢氟酸反应制得。

二氯一硫化硅(silicon thiochloride) CAS 号 13492-46-1。化学式 $SiSCl_2$,分子量 131.06。白色三斜系晶体。熔点 75℃,沸点 92℃。易溶于苯、二硫化碳、四氯化碳及四氯化硅。在潮湿空气中易水解。在水中激烈反应生成硅酸、氯化氢和硫化氢。与液氨反应生成二氨基硅。制备:由四氯化硅与硫化氢气体在加热条件下反应制得。

硫氢三氯化硅(silicon trichloride hydrogensulfide) 化学式 $SiCl_3HS$,分子量 167.51。无色液体。沸点 96~100℃,密度 1.45 g/mL。遇水及碱分解。制备:向四氯化硅中通入适量硫化氢制得。

二溴一硫化硅(silicon dibromide sulfide) CAS 号 13520-74-6。化学式 $SiSBr_2$,分子量 219.96。无色片状晶体。熔点 93℃,沸点 150℃。易溶于苯、二硫化碳及四氯化硅。遇水剧烈分解。制备:将四溴化硅与二硫化碳的混合气体在装有三溴化铝的加热管中长时间反应制得。

氟氧化磷(phosphorus oxyfluoride) 亦称"磷酰三氟"。CAS 号 13478-20-1。化学式 POF_3,分子量 103.97。无色有刺激性气体。熔点 -39.1℃,沸点 -39.7℃,密度 4.56 g/mL(液态)。遇水迅速水解最终生成磷酸和氟化氢。制备:可由五氧化二磷和五氟化磷反应,或由磷酰三氯与氟化氢、金属氟化物反应,也可由三氟化磷与氧的混合气在铂催化剂上反应,或由气体氟化氢与磷酰三氯在五氯化锑的催化下反应制得。

二溴一氯氧化磷(phosphorus oxydibromide chloride) 亦称"一氯二溴化磷酰"。CAS 号 13550-31-7。化学式 $POBr_2Cl$,分子量 242.27。熔点 30℃,沸点 165℃,密度 2.45 g/mL(液态)。可溶于冷水。在空气中发烟,缓慢分解。在密封管中加热时最终分解成三溴氧磷。制备:将氯化磷酰和溴化氢的混合物加热到 400~500℃后按沸点蒸馏制得。

二氯一溴化磷酰(phosphorus oxybromide dichloride) 亦称"一溴二氯氧化磷"。CAS 号 13455-03-3。化学式 $POBrCl_2$,分子量 197.79。片状固体或液体。熔点 13℃,沸点 137.6℃,密度 2.104 g/mL。遇水分解。在密封管中加热至 185℃时,分解为氯化磷酰和溴化磷酰。制备:将氯化磷酰和溴化氢的混合物加热到 400~500℃,然后按其沸点蒸馏即可制得。

一溴二氯氧化磷 即"二氯一溴化磷酰"。

三氯氧磷(phosphorus oxychloride) 亦称"氯化磷酰""磷酰氯"。CAS 号 10025-87-3。化学式 $POCl_3$,分子量 153.33。无色发烟液体。熔点 1.25℃,沸点 105.3℃,密度 1.645 g/mL。有腐蚀性。遇水和醇分解并放出大量热和盐酸气。是各种金属氯化物的非水溶剂。与四氯化锡、四氯化钛和五氯化锑等形成盐类或配盐。制备:由干燥的五氯化磷与草酸一起加热,或氧化三氯化磷而得。用途:可用于置换有机化合物中的羟基,可用作氯化剂、催化剂,可用于有机合成、制药、塑料、染料、光导纤维、电子工业等领域。

一氟磷酸(fluorine orthophosphate) CAS 号 15181-43-8。化学式 H_2PO_3F,分子量 99.99。无色黏稠油状液体。熔点 -80℃,密度 1.818 g/mL。易溶于水。为二元酸。185℃(减压下)分解。不腐蚀玻璃。制备:由氢氟酸与浓磷酸反应,或由 Na_2PO_3F 通过酸型阳离子树脂,工业上由 69% 氢氟酸与五氧化二磷反应制得。用途:可用于制其金属盐类。

一氟磷酸钠(sodium monofluorine phosphate) CAS 号 10163-15-2。化学式 Na_2PO_3F,分子量 143.95。无色固体。熔点约 625℃。溶于水。制备:由无水偏磷酸

钠与氟化钠按计量比进行共熔制得。用途：可用作牙膏、义齿的添加剂。

二氟磷酸（difluorophosphoric acid）　CAS 号 13779-41-4。化学式 HPO_2F_2，分子量 101.98。无色发烟液体。熔点 $-96.5℃$，沸点 $115.9℃$（略分解），密度 1.583 g/mL（液态）。溶于水，为一元酸。加热至 $107℃$ 以上分解。制备：可由氟化磷酰水解，或由五氧化二磷与氢氟酸反应制得。用途：可用作烃异构化和聚合的催化剂。

三溴化硫磷（thiophosphoryl bromide）亦称"硫磷酰溴"。CAS 号 3931-89-3。化学式 $PSBr_3$，分子量 302.76。黄色立方系晶体。熔点 $37.8℃$，沸点 $125℃$（3 333 Pa），密度 2.85 g/cm³。其一水合物为黄色晶体，熔点 $35℃$，密度 2.794 g/cm³。能溶于乙醚、二硫化碳和 PCl_3 等中，遇水分解。制备：由液溴与干燥的红磷和硫的混合物反应，然后加入五氧化磷加热处理，再减压蒸馏并收集 $120\sim130℃$ 馏分制得。

三氟化硫磷（thiophosphoryl fluoride）亦称"硫磷酰氟"。CAS 号 2404-52-6。化学式 PSF_3，分子量 120.03。无色气体。熔点 $3.8℃$（7.7×10^5 Pa）。略溶于水并分解，能溶于乙醚，不溶于苯和二硫化碳中。高温分解。

三氟二氯化磷（phosphorus trifluoride dichloride）CAS 号 13454-99-4。化学式 PCl_2F_3，分子量 158.87。无色气体。具强烈刺激性臭味，能腐蚀呼吸器官，在空气中产生浓厚白烟。熔点 $-130\sim-125℃$，沸点 $7.1℃$，密度 5.4 g/cm³。溶于大量水中生成磷酸、氢氟酸、盐酸。在少量水中反应生成三氟氧化磷和盐酸。与磷在 $120℃$ 反应生成三氟氧化磷和三氯化磷。与乙醇、碱液作用，和金属加热反应生成金属氯化物，释放出三氟化磷。受热至 $200\sim250℃$ 分解为五氟化磷和五氯化磷。$250℃$ 生成三氟化磷和氯化氢。制备：可由三氟化磷与氯反应制得。

三氟二溴化磷　释文见 230 页。

三氯化硫磷（thiophosphoryl chloride）亦称"硫磷酰氯"。CAS 号 3982-91-0。化学式 $PSCl_3$，分子量 169.40。无色液体。熔点 $-35℃$，沸点 $125℃$，密度 1.635 g/mL。能溶于苯、二硫化碳、四氯化碳。遇水分解。制备：在 $AlCl_3$ 存在下由硫粉与 PCl_3 反应制得。

一溴二氯化硫磷（thiophosphoryl bromide dichloride）CAS 号 13455-06-6。化学式 $PSBrCl_2$，分子量 213.85。黄色液体。熔点 $-30℃$，密度 2.120 g/mL。热至 $150℃$ 及遇水分解。制备：由化学计量比的 $PSCl_3$ 与 $PSBr_3$ 在 $130℃$ 反应制得。用途：可用作聚烯烃的膨胀剂、溶剂、乳化剂等。

二溴一氯化硫磷（thiophosphoryl dibromide chloride）CAS 号 13706-12-2。化学式 $PSBr_2Cl$，分子量 258.31。淡绿色发烟液体。熔点 $-60℃$，沸点 $95℃$（7.99 kPa），密度 2.48 g/mL。遇水分解。制备：由计量

比的 $PSBr_3$ 和 $PSCl_3$ 反应制得。用途：可用作聚烯烃的膨胀剂、溶剂、乳化剂等。

三聚二溴化氮磷（trimeric phosphonitrilic dibromide）CAS 号 13701-85-4。化学式 $(PNBr_2)_3$，分子量 614.37。无色正交系晶体。熔点 $190℃$。$150℃$ 升华。不溶于水，溶于乙醚，微溶于氯仿、二硫化碳。制备：可由氨与五溴化磷反应，或由三溴化磷、溴和溴化铵在对称-四氯乙烷中反应，也可由五溴化磷与溴化铵在 1,2-二溴乙烷中反应制得。

二氟代磷酸铵（ammonium difluorophosphate）化学式 $NH_4PO_2F_2$，分子量 119.01。无色斜方系柱状晶体。熔点 $213℃$。易溶于水、乙醇和丙酮。水溶液最初呈中性，然后缓慢水解为酸性的一氟磷酸铵和氟化氢，温度升高水解加速。具有较强的配位能力，同一些过渡金属形成稳定的配合物。制备：由五氧化二磷同氟化铵反应，生成一氟代磷酸铵和二氟代磷酸铵的等摩尔混合物，再用沸热的乙醚提取分离后制得。用途：用作防蛀剂和氟化剂。

氯硫化磷（thiophosphoryl chloride）亦称"硫氯化磷""硫代磷酸三氯""氯化硫代磷酰"。CAS 号 3982-91-0。化学式 $PSCl_3$，分子量 169.40。无色油状液体，在空气中发烟，有刺激性臭味，具有催泪性！熔点 $-40.8\sim-36.2℃$，沸点 $125℃$，密度 1.668 g/mL。溶于苯、二硫化碳、四氯化碳、三氯甲烷。与冷水反应缓慢，与热水反应迅速，生成盐酸、硫化氢、磷酸。在氢氧化钠溶液中加热生成硫代磷酸盐。与醇类反应生成酯。制备：可由五氯化磷与硫化氢反应，或由四氯化碳与五硫化二磷反应，或由五氯化磷与五硫化二磷反应制得。用途：用于有机合成。

硫氯化磷　即"氯硫化磷"。

溴氧化磷（phosphorus oxybromide）CAS 号 7789-59-5。化学式 $POBr_3$，分子量 286.68。无色板状晶体或橙色块状晶体。熔点 $56℃$，沸点 $189.5℃$，密度 2.822 g/cm³。可溶于硫酸、二硫化碳、乙醚、苯、氯仿。遇水分解为磷酸和溴化氢，遇硫化氢生成溴化硫代磷酰。制备：由五溴化磷和五氧化二磷反应，或由五氧化磷与溴化氢气体反应，也可将五溴化磷在空气中放置制得。用途：可作为化学加工过程中的中间体，可用作溴系阻燃剂的制造原料。

四氯三氧化二磷（phosphorus oxychloride）CAS 号 13498-14-1。化学式 $P_2O_3Cl_4$，分子量 251.76。无色发烟液体。熔点低于 $-50℃$，沸点 $212℃$，密度 1.58^7 g/mL。在水中分解。制备：可由三氯化磷与三氧化二氮或二氧化氮反应，或由氯化氧磷与五氧化二磷反应制得。

二氟亚砜（thionyl fluoride）亦称"二氟化亚硫酰"。CAS 号 7783-42-8。化学式 SOF_2，分子量 86.06。无色气体。熔点 $-110.05℃$，沸点 $-43.8℃$，密度 3.84 g/L（气态）、1.780^{-100} g/mL（液态）。能溶于乙醚、苯、氯仿、丙酮。

遇水迅速分解为氟化氢和二氧化硫。干态下稳定,能侵蚀玻璃。制备:可由 $SOCl_2$ 与 SbF_3 在 SbF_5 存在的条件下反应,或由 SO_2 与 PF_5 反应制得。用途:可作为氟化剂。

二溴亚砜(thionyl bromide) 亦称"二溴化亚硫酰""亚硫酰溴"。CAS 号 507-16-4。化学式 $SOBr_2$,分子量 207.87。橙至黄色液体。熔点 -52℃,沸点 138℃(103 kPa)、68℃(5.33 kPa),密度 2.68^{18} g/mL。能溶于苯、氯仿、二硫化碳、四氯化碳。遇水分解。制备:由溴化氢与二氯亚砜在 0℃反应 12 小时制得。用途:可用作溴化试剂。

氟化硫酰(sulfuryl fluoride) 亦称"二氟二氧化硫"。CAS 号 2699-79-8。化学式 SO_2F_2,分子量 102.06。无色气体。熔点 -136.7℃,沸点 -55.4℃,密度 4.55 g/L(气态)、1.7 g/mL(液态)。能溶于水,易溶于甲苯、四氯化碳等有机溶剂。在氢氧化钠溶液中分解。化学活性不太活泼。加热至 400℃仍稳定。制备:在冷却下将脱水的 $BaCl_2$ 加入 HSO_3F 中制得。用途:可用作杀虫剂、熏蒸剂。

氟化氯氧(chlorosyl trifluoride) 亦称"高氟氯氧"。CAS 号 3708-80-6。化学式 $ClOF_3$,分子量 108.45。无色有恶臭气体,有毒! 熔点 -42℃,沸点 27℃,密度 1.392^{25} g/mL(液态)。微溶于水。能与稀碱溶液慢慢反应。热稳定性好。制备:可由高氯酸钾与氟碘酸反应制得。

氟化四氧合氯(chlorine tetroxyfluoride) CAS 号 10049-03-3。化学式 ClO_4F,分子量 118.45。无色具有恶臭味的刺激性气体,有毒! 熔点 -167.3℃,沸点 -15.9℃。熔融冷凝时或与尘埃、油脂、橡皮、碘化钾溶液接触极易引起爆炸。气态时在敞口试管中与火焰或电火花接触也可引起爆炸。制备:可由冷的高氯酸与氟反应制得。

硫化氧锆(zirconium oxysulfide) 亦称"硫氧化锆"。化学式 $ZrOS$,分子量 139.29。黄色粉末。密度 4.87 g/cm³。不溶于水。在空气中会着火。

亚硝酰硫酸(nitrosyl sulphuric acid) 亦称"铅室晶体"。CAS 号 7782-78-7。化学式 $NOHSO_4$,分子量 127.08。无色晶体。溶于硫酸。73.5℃时分解。在潮湿空气及水中分解为硝酸和硫酸。制备:可由水、一氧化氮和三氧化硫的混合物反应制得,在钟罩下灼烧一份硫和三份硝酸钾的混合物可以观察到晶体的生成。用途:可用作谷类的漂白剂、合成亚硝酰化合物的原料。

亚硝酰硫酸酐(nitrosyl sulphuric anhydride) 化学式 $(NOSO_3)_2O$,分子量 236.14。四面体型晶体。熔点 217℃,沸点 560℃。溶于硫酸。遇水分解。制备:由亚硝酰硫酸脱水制得。

亚硝基二磺酸钾(potassium nitrosodisulfonate) 亦称"亚硝基过硫酸钾""弗氏盐"。CAS 号 14293-70-0。化学式 $(KSO_3)_2NO$,分子量 268.39。黄色针状晶体。溶于水,不溶于乙醇。水溶液中以单体存在,呈紫色,固体为二聚体。真空中可长时间保存。易爆炸。制备:向亚硝酸钠溶液中加入冰、亚硝酸氢钠和乙酸,然后依次通入氨,加入高锰酸钾,将生成的二氧化锰滤除,加氯化钾饱和溶液制得。用途:可作为自由基氧化试剂,常用于酚、胺、吲哚等有机物的氧化。

亚硝基三磺酸钾(potassium nitrosotrisulfonate) CAS 号 16920-93-7。化学式 $(KSO_3)_3NO \cdot \frac{3}{2}H_2O$,分子量 414.51。无色单斜系晶体。溶于水,在热水中分解。在空气中慢慢加热至 100~200℃失去部分结晶水。制备:将羟基氰基磺酸钾与氧化银或氧化铅(IV)一起加热,将滤液蒸发制得。用途:用作氧化剂。

亚硝基亚硫酸钾(potassium nitrososulfite) 化学式 $K_2SO_3(NO)_2$,分子量 218.28。无色针状晶体。溶于水,同时分解。不溶于乙醇。加热至 127℃分解而发生爆炸。制备:可由一氧化氮和亚硫酸钾反应制得。

溴化氧钒(vanadium oxybromide) CAS 号 13520-88-2。化学式 $VOBr$,分子量 146.84。紫色八面体晶体。密度 4.00^{18} g/cm³。难溶于水,溶于丙酮、无水乙醚。480℃分解。制备:将二溴氧钒加热至 360℃分解而得。

二氟氧化钒(vanadium oxydiflouride) 化学式 VOF_2,分子量 104.94。黄色固体。密度 3.396^{19} g/cm³。微溶于丙酮。熔融分解。制备:在无水氟化氢的气流中,加热二溴氧钒,或将四氧化二钒溶于氢氟酸中制得。

三氟氧化钒(vanadium oxytriflouride) CAS 号 13709-31-4。化学式 VOF_3,分子量 123.94。黄白色固体。具潮解性。熔点 300℃,沸点 480℃,密度 2.459^{19} g/cm³。制备:可在氧气流中加热三氟化钒至红热,或由三氯氧钒与无水氟化氢反应制得。

一氯氧钒(vanadium oxymonochloride) 化学式 $VOCl$,分子量 102.39。黄棕色粉末。沸点 127℃,密度 $2.824^{3.64}$ g/cm³。不溶于水,易溶于硝酸。制备:可由三氧化二钒和三氯氧钒按质量比 1:2 混合反应制得。

氯化氧钒(vanadium oxychloride) 亦称"一氯氧钒"。CAS 号 13520-87-1。化学式 $VOCl$,分子量 102.39。黄棕色粉末。熔点 77℃,沸点 127℃,密度 2.824 g/cm³。不溶于水,易溶于硝酸。约在 600℃分解为三氯化钒及氧化物。制备:将三氧化二钒和三氯化钒反应而得。

二氯氧化钒(vanadium oxydichloride) CAS 号 10213-09-9。化学式 $VOCl_2$,分子量 137.85。绿色晶体。密度 2.88^{13} g/cm³。有吸湿性。可溶于稀硝酸。在水中分解。制备:在乙醇或硫化氢等还原剂存在下,由五氧化二钒与浓盐酸反应制得。

三氯氧化钒(vanadium oxytrichloride) CAS 号

7727-18-6。化学式 $VOCl_3$，分子量 173.30。黄色液体。熔点 $-77\pm2℃$，沸点 126.7℃，密度 1.829 g/mL。溶于冷水同时分解，溶于乙醇、乙醚、乙酸。制备：可由碳与五氧化二钒充分混合，在干燥的氯气流下加热至 $300\sim400℃$，或由五氧化二钒与氯气在 $800\sim1\,000℃$ 反应制得。

二溴氧钒（vanadium oxydibromide）　CAS 号 13520-89-3。化学式 $VOBr_2$，分子量 226.75。棕色粉末。有吸湿性。溶于水。加热至 180℃ 分解。制备：将干燥的溴蒸气通过红热的五氧化二钒，经蒸馏、提纯制得。

三溴氧化钒（vanadium oxytribromide）　CAS 号 13520-90-6。化学式 $VOBr_3$，分子量 306.65。红色液体。沸点 130℃（14.5 kPa），密度 $2.933^{14.5}$ g/mL。可溶于冷水，生成相应的钒酸。180℃ 分解。制备：将溴蒸气与三氧化二钒于 600℃ 反应，或由溴与五氧化二钒和碳的混合物反应，也可由干燥的溴化氢与加热的五氧化二钒反应制得。

氯氧化铬（chromium oxychloride）　亦称"氯化铬酰""铬酰氯"。CAS 号 14977-61-8。化学式 CrO_2Cl_2，分子量 154.90。暗红色液体，在潮湿空气中发烟，剧毒！熔点 $-96.5℃$，沸点 117℃，密度 1.911 g/mL。溶于乙酸、乙醇。具有很强的氧化性、腐蚀性。在水、醇中分解，遇光和热发生复分解反应，遇有机物发生爆炸反应。制备：在浓硫酸存在下，由三氧化铬与浓盐酸反应；或由干燥的三氧化铬与氯化氢反应制得。用途：可作为有机合成氧化剂、氯化剂，铬酐、铬配合物的溶剂，可用于制铬的化合物和染料。

氯氧化铁（iron oxychloride）　CAS 号 56509-17-2。化学式 FeOCl，分子量 107.30。在透射光中呈红色的斜方系片状晶体，有金属光泽。密度 3.1 g/cm³。室温下不与水作用，在沸腾的水中慢慢水解，生成 γ-FeO(OH)。加热至约 300℃ 与三氯化铝反应，生成氯氧化铝和三氯化铁。制备：可由三氧化二铁与三氯化铁的混合物在封闭管中 350℃ 反应，或由三氯化铁在热水中水解，或由氯化氢与三氧化二铁加热至 289℃ 以上反应制得。

氯氧化铜（copper oxychloride）　亦称"永久绿"。化学式 $CuCl_2\cdot3CuO\cdot4H_2O$，分子量 445.13。绿色粉末或翡翠绿至绿黑色斜方系晶体。溶于酸、氨水，不溶于水、有机溶剂。对阳光、水、空气中的氧和二氧化碳稳定。加热至 140℃ 失去 3 分子结晶水。可被酸分解成能溶于水的化合物，具有较低的杀菌力。制备：可由石灰乳与氯化铜溶液反应制得。用途：可作为农用杀菌剂、木材防腐剂、涂料杀菌剂等。

氯氧化镓（gallium oxychloride）　化学式 $6GaOCl\cdot14H_2O$，分子量 979.25。八面体晶体。不溶于水、稀硝酸，易溶于氢氧化钾，溶于丙酮。

氯氧化锗（germanium oxychloride）　CAS 号 14459-78-0。化学式 $GeOCl_2$，分子量 159.54。无色液体。熔点 $-56℃$。不溶于所有溶剂。常温下慢慢分解，80℃ 以上时激烈分解生成氯气和 GeO。遇水后水解成氢氧化锗。制备：可由 $GeHCl_3$ 与 Ag_2O 在真空中反应制得。

氯氧化砷（arsenic oxychloride）　CAS 号 14525-25-8。化学式 AsOCl，分子量 126.37。棕色半透明发微烟固体。遇水分解。可缓慢从空气中吸氧。熔点前分解。制备：可由沸腾的三氯化砷中溶解等量的三氧化二砷制得。

氟氧化硒（selenium oxyfluoride）　亦称"氟化亚硒酰"。CAS 号 7783-43-9。化学式 $SeOF_2$，分子量 132.96。无色发烟液体，有毒！熔点 15℃，沸点 124℃，密度 2.67 g/mL。溶于乙醇和四氯化碳。遇水分解为亚硒酸和氢氟酸。可与红磷剧烈反应。可溶解硒、硫，可轻微溶解碲。易腐蚀玻璃生成二氧化硒和四氟化硅。制备：可由硒在氧气和氟气中燃烧，或由氯氧化硒与氟化银反应，或由二氧化硒的四氯化碳溶液与四氟化硒反应制得。用途：可用作溶剂。

氯氧化硒（selenium oxychloride）　亦称"氯化亚硒酰"。CAS 号为 7791-23-3。化学式 $SeOCl_2$，分子量 165.87。无色或浅黄色液体，在空气中发烟，有毒！熔点 8.5℃，沸点 176.6℃（稍有分解），密度 2.42^{22} g/mL。有强吸湿性。遇水分解。能以任意比例与二硫化碳、四氯化碳、氯仿及苯混溶。其苯溶液与氨作用生成一氮化硒。能与多数金属作用，与钾接触发生爆炸。对皮肤有腐蚀作用。制备：可用硫酸处理二氧化硒和氯化氢的加合物制得。用途：可作为金属的溶剂、促进剂，可用于电子、仪器仪表工业。

溴氧化硒（selenium oxybromide）　亦称"溴化亚硒酰"。CAS 号 7789-51-7。化学式 $SeOBr_2$，分子量 254.77。黄色晶体或黄棕色粉末，有毒！熔点 41.4℃，密度 3.50 g/cm³。可溶于二硫化碳、四氯化碳、氯仿、苯、硫酸。遇水分解。制备：可由二氧化硒与溴 80℃ 下反应制得。用途：可用作有机合成的硒化剂。

氯氧化锆（zirconium oxychloride）　亦称"碱式氯化锆"。CAS 号 7699-43-6。化学式 $ZrOCl_2\cdot8H_2O$，分子量 322.25。白色针状四方系晶体。微溶于冷浓盐酸，但易溶于冷水、甲醇、乙醇、乙醚。水溶液呈酸性，约与同浓度盐酸相当。150℃ 失去 6 分子结晶水，210℃ 失去全部结晶水。在乙醇溶液中可制得无水氯氧化锆。制备：可由二氯化锆与盐酸反应制得。用途：可作为油田地层泥土稳定剂、颜料调色剂、催化剂、鞣剂、涂料干燥剂、橡胶添加剂、纺织品固色剂、助染剂、防水剂，可用于提纯和制备其他锆化合物，还可用于陶瓷、彩釉、造纸等领域。

溴氧化锆（zirconyl bromide）　CAS 号 13520-91-7。化学式 $ZrOBr_2\cdot xH_2O$。有光泽的针状晶体。极易潮解。120℃ 时失去结晶水。能溶于冷水、热浓的氢溴酸。制备：

由二溴化锆与氢溴酸反应制得。

碘氧化锆（zirconyl iodide）　CAS 号 14118-83-3。化学式 $ZrOI_2 \cdot 8H_2O$，分子量 505.15。无色针状晶体。易吸潮。易溶于水、乙醇、乙醚。加热则分解。

氯氧化铌（niobium oxytrichloride）　CAS 号 13597-20-1。化学式 $NbOCl_3$，分子量 215.26。无色挥发性针状晶体。密度 7.89^{440} g/cm^3。溶于水分解，溶于乙醇、硫酸和盐酸。潮湿空气中分解放出氯化氢。能被氢气还原成蓝色物质。400℃时开始升华。制备：向红热的五氧化二铌和碳的混合物中通入氯气制得。

溴氧化铌（niobium oxybromide）　CAS 号 14459-75-7。化学式 $NbOBr_3$，分子量 348.62。黄色挥发性晶体。溶于酸。在水中分解。溶于乙醇并缓慢分解为水合氧化物和溴乙烷。受热升华。制备：向红热的五氧化二铌和碳的混合物中通入溴制得。

三羟氧钼（molybdenum oxytrihydroxide）　化学式 $MoO(OH)_3$，分子量 162.92。棕色至黑色粉末。可溶于酸和碱金属碳酸盐，微溶于水，不溶于氯化铵水溶液、苛性碱液。干燥时变为 Mo_2O_5。制备：将 $(NH_4)_2[MoOCl_5]$ 用过量稀氨水处理制得。

二氧二溴化钼（molybdenum dioxydibromide）　亦称"碱式溴化钼（Ⅵ）"。CAS 号 13595-98-7。化学式 MoO_2Br_2，分子量 287.75。黄红色结晶粉末。有潮解性。易溶于水。制备：可将二氧化钼通入溴并加热反应，或将三氧化钼、三氧化二硼和溴化钾的混合物加热熔融制得。

羟基溴化钼（molybdenum(Ⅱ) hydroxybromide）　化学式 $[Mo_6Br_8](OH)_4$，分子量 1 283.90。其十六水合物为金黄色晶体。可溶于碱。可被强氧化性酸分解。常温下，在硫酸干燥器中或加热时成暗红色的四水合物，减压加热至 100℃，为红色无水盐粉末。制备：将 $MoBr_2$ 置于碱溶液中制得。

一氧四氟化钼（molybdenum oxytetraflouride）　CAS 号 14459-59-7。化学式 $MoOF_4$，分子量 187.93。无色或白色晶体。极易潮解。熔点 98℃，沸点 180℃，密度 3.001 g/cm^3。可溶于水、乙醇、四氯化碳、乙醚，几乎不溶于苯、二硫化碳。在硫酸中分解。制备：由 MoO_3 与 F_2 或 SeF_4、IF_5 反应，或由 $MoOCl_4$ 与干燥的 HF 反应制得。

二氧二氟化钼（molybdenum dioxydifluoride）　CAS 号 13824-57-2。化学式 MoO_2F_2，分子量 165.94。无色结晶。密度 3.494 g/cm^3。极易溶于水，稍溶于甲醇、乙醇，并变为蓝色，几乎不溶于乙醚、氯仿、甲苯。极易潮解，在空气中变蓝绿色，并分解。270℃升华。制备：可由 MoO_3 与 SeF_4 共热，或由 HF 与 MoO_2Cl_2 反应制得。

一氧三氯化钼（molybdenum oxytrichloride）　CAS 号 13814-74-9。化学式 $MoOCl_3$，分子量 218.30。棕黑色针状晶体。熔点 295℃。遇水则分解。可与许多有机

配体形成配合物 $MoOCl_3 \cdot L$ 和 $MoOCl_3 \cdot 2L'$（L 为乙酰丙酮、苯酚、联吡啶等，L' 为乙醚、四氢呋喃、吡啶等）。制备：由 $MoOCl_4$ 与氯苯反应制得。

一氧四氯化钼（molybdenum oxytetrachloride）　CAS 号 13814-75-0。化学式 $MoOCl_4$，分子量 253.75。绿色晶体。有潮解性。热则升华。能溶于水。制备：可由 MoO_2Cl_2 或 MoO_3 与 S_2Cl_2-Cl_2 的混合物反应，或由 $MoCl_5$ 和干燥的氧气反应制得。

二氯二氧化钼（molybdenum dioxydichloride）　CAS 号 13637-68-8。化学式 MoO_2Cl_2，分子量 198.84。黄白色鳞状晶体。密度 3.31^{17} g/cm^3。能溶于水、醇、醚，得到乳白色溶液。加热升华。其一水合物为淡黄色结晶，可溶于丙酮。制备：可将干燥的二氧化钼或三氧化钼与炭粉的混合物，通入氯气加热反应；或通过三氧化钼、三硫化钼或钼酸盐与氯化氢、氯化钠、氯气和氧气混合物加热制得。

三氧五氯化二钼（dimolybdenum trioxypentachloride）　化学式 $Mo_2O_3Cl_5$，分子量 417.15。暗棕色黑色晶体。有潮解性。加热时易升华。易溶于水。

三氧六氯化二钼（dimolybdenum trioxyhexachloride）　化学式 $Mo_2O_3Cl_6$，分子量 452.60。鲜红色或暗紫色晶体。可溶于醚。加热及在水中分解。

五氟一氧合铌（Ⅴ）酸钾（potassium niobium oxypentafluoride）　化学式 $K_2NbOF_5 \cdot H_2O$，分子量 300.13。无色晶体。易溶于热水。加热至 100℃变为无水盐，至 180～200℃也不分解。制备：可将氧化铌和氟化钾溶于氢氟酸制得。

碘化氧锑（antimony oxyiodide）　亦称"一碘氧化锑"。CAS 号 15513-75-4。化学式 SbOI，分子量 264.66。无定形黄色粉末。150℃分解。制备：将三碘化锑溶于二硫化碳后置于空气中或暴露在阳光下反应制得。

氯氧化亚锑（antimonous oxychloride）　CAS 号 7791-08-4。化学式 SbOCl，分子量 173.20。单斜系晶体或粉末，有毒！溶于盐酸、酒石酸、二硫化碳，不溶于乙醇、乙醚。遇水分解成三氧化二锑。250℃开始分解成 $Sb_2O_5Cl_2$，320℃以上分解为氯气和五氧化二锑。制备：可由三氯化锑水解制得。用途：可用于制锑酸、酒石酸锑钾、发烟剂、医药等。

碘硫化亚锑（antimony iodide sulfide）　亦称"硫碘化锑"。CAS 号 13816-38-1。化学式 SbSI，分子量 280.73。暗红色针状晶体。熔点 392℃。难溶于水、二硫化碳。浓盐酸中分解。在空气或稀酸中稳定。不受硫化氢侵蚀，在加热时可被浓盐酸分解放出硫化氢。可被浓硝酸分解为碘和硫。可以与碱金属氢氧化物和碳酸盐反应提取出碘，并以橘红硫锑矿（$Sb_2O_3 \cdot Sb_2S_3$）形式将锑和碘分离出来。加热可分解为三硫化二锑和可升华的三碘化

锑。制备：将三硫化二锑与浓碘化氢放入封管后在高压釜中加热反应，或由硫化氢与三碘化锑在150℃反应制得。用途：可作为半导体材料。

氯氧化亚锑合氧化亚锑（antimony chloride oxide）CAS 号 12182-69-3。化学式 $Sb_4O_5Cl_2$ 或（SbOCl）$_2$ Sb_2O_3，分子量637.90。白色非结晶粉状物或灰白色发亮的单斜系针状物。密度 $5.01\ g/cm^3$。不溶于冷水，在热水中分解。溶于盐酸，不溶于乙醇、醚。320℃分解。制备：可由三氯化锑与三倍量乙醇在封闭管中加热，或由三氯化锑与五倍量以上冷水作用，或将三氧化二锑在浓盐酸中50℃长时间放置制得。用途：可作为阻燃助剂、电极材料。

硫氧化碲（tellurium sulfoxide）化学式 $TeSO_3$，分子量207.66。深红色非晶态固体。可溶于硫酸。遇水分解。加热至30℃分解。制备：可将单质碲溶于100%硫酸制得。

氯氟化钡（barium chlorofluoride）亦称"氯化钡合氟化钡"。CAS 号 13718-55-3。化学式 $BaCl_2 \cdot BaF_2$，分子量383.58。无色四方系晶体。熔点 1 008℃，密度 $4.51^{18}\ g/cm^3$。在温水中分解成氟化钡和氯化钡。溶于浓盐酸、浓硝酸，不溶于乙醇。制备：可由氟化锰或氟化钠与氯化钡混合物加热融解，在冷水中冷却析出，再用乙醇洗涤制得。

一氯氧化铈（cerium oxychloride）化学式 CeOCl，分子量191.57。紫红色叶片状晶体。不溶于水，溶于稀酸。在稀硫酸中生成盐酸和白色可溶性盐，在热的浓硫酸中几乎完全不发生变化，在浓硝酸中慢慢溶解。几乎不与盐酸作用。在敞开器皿中加强热灼烧生成氧化物。制备：可将氯化铈和金属钠制备铈的副产物残渣用稀酸处理，或将用氮稀释的水蒸气作用于熔融的氯化铈和氯化钠的混合物，或使空气和氯气的混合气体作用于硫化铈，或通过电解三氯化铈的含水盐熔融物制得。

仲高碘酸氢三硝酸铈（cerium nitrate hydrogen paraperiodate）CAS 号 94316-41-3。化学式 $[Ce(NO_3)_3]_3$ (H_2IO_6)，分子量 1 203.31。有强氧化性，避免接触金属粉末和有机材料。制备：可由高碘酸钾与硝酸铈铵在水溶液中反应制得。用途：可用作氧化剂。

氯氧化铪（hafnium oxychloride）CAS 号 14456-34-9。化学式 $HfOCl_2 \cdot 8H_2O$，分子量409.52。无色正方系晶体。可溶于水，但溶解度小于氯氧化锆。在盐酸中的溶解度，先是随盐酸浓度增大而减小，当盐酸浓度大于 9 mol/L 时因形成 H_2HfOCl_4，因此溶解度又随盐酸浓度增大而增大。制备：可由浓缩氢氧化铪的盐酸溶液制得。

二溴氧化钨（tungsten dioxybromide）CAS 号 13520-75-7。化学式 WO_2Br_2，分子量375.65。黑色至红色柱状或鳞片状晶体。在冷水中缓慢水解生成钨酸。受热时未熔融而分解。制备：可将溴和氧的混合气在300℃下通过钨制得。

二氯氧化钨（tungsten oxydichloride）CAS 号 13520-76-8。化学式 WO_2Cl_2，分子量286.74。金黄色有光泽的鳞片状晶体。熔点266℃。在湿空气中稳定，可溶于冷水，同时缓慢水解，加热时急剧水解，溶于碱溶液同时分解。制备：可由四氯化碳和二氧化钨250℃反应制得。

二氟氧化钨（tungsten oxydifluoride）亦称"二氟氧钨"。CAS 号 14118-73-1。化学式 WO_2F_2，分子量253.83。白色晶体。有强吸湿性。反应活性较 WOF$_4$ 弱。制备：可由 WOF$_4$ 水解制得。

四氟氧化钨（tungsten oxytetrafluoride）亦称"四氟氧钨"。CAS 号 13520-79-1。化学式 WOF$_4$，分子量275.84。白色单斜系晶体。熔点110℃，沸点185℃。易吸潮，在水中易水解为氢氟酸和钨酸。反应活性极强，可与金属、氯化物及有机化合物反应，但反应较平稳。制备：可通过 WF$_6$ 初步水解，或将三氧化钨粉末加热至230～400℃并通入氟气制得。

四溴氧化钨（tungsten tetraoxybromide）CAS 号 13520-77-9。化学式 WOBr$_4$，分子量519.46。黑褐色有光泽的针状晶体，熔点227℃，沸点327℃。易升华。有极强的吸湿性，同时水解生成钨酸。制备：可由四溴化碳与二氧化钨在250℃反应；或加热三氧化钨与碳的混合物，同时通入溴蒸气均得到二溴氧化钨和四溴氧化钨的混合物，再利用四溴氧化钨易升华的性质将它们分离制得。

四氯氧化钨（tungsten oxytetrachloride）CAS 号 13520-78-0。化学式 WOCl$_4$，分子量341.69。紫红色柱状晶体或橙色针状晶体，熔点210.4℃，沸点227.5℃，密度 $11.92\ g/cm^3$。可溶于二硫化碳、苯。在水中则分解。制备：将金属钨粉加热并通入潮湿的氯气，或加热三氧化钨与炭粉的混合物并通入氯气均得到 WO_2Cl_2 和 WOCl$_4$ 的混合物，再利用 WOCl$_4$ 易升华的性质将两者分离制得。

溴三氧化铼（rhenium trioxybromide）CAS 号 ReO$_3$Br。化学式 ReO_3Br，分子量314.11。白色固体。熔点39.5℃，沸点163℃。制备：可在氧气中使铼溴化，或由七氧化二铼与三溴化铼反应制得。

四氟氧化铼（rhenium oxytetrafluoride）化学式 ReOF$_4$，分子量278.19。白色固体。熔点39.7℃，沸点62.7℃，密度 3.717 g/mL（液态）、4.032 g/cm^3（固态）。遇水分解为高铼酸。室温时有机物可以将其还原为黑色。制备：将氟和氧的混合气体通入装有铼的石英容器中加热反应制得。

二氟二氧化铼（rhenium dioxydiflouride）化学式 ReO$_2$F$_2$，分子量256.2。无色固体。湿空气中与水作用变为紫色。156℃时熔融分解。制备：可由四氟氧化铼在石英容器中长时间放置制得，或由六氟化铼与二氧化硅反应制得。

四氯氧化铼（rhenium oxytetrachloride）　CAS 号 13814-76-1。化学式 $ReOCl_4$，分子量 344.01。橙色针状晶体。熔点 29.3℃，沸点 223.0℃。与水作用生成氢氧化铼（IV）和高铼酸。与气态或液态氨作用生成 $ReO(NH_2)_2Cl_2$。溶于冷盐酸中形成六氯合铼（IV）酸和高铼酸。300℃以上剧烈分解。制备：在氧气中加热四氯化铼，然后在氮气中蒸馏生成褐色液体制得。

氯三氧化铼（rhenium trioxychloride）　化学式 ReO_3Cl，分子量 269.65。无色液体。熔点 4.5℃，沸点 131℃（$1.01×10^5$ Pa），密度 3.867 g/mL。溶于四氯化碳。与水作用分解。阳光照射几分钟后变红。放在暗处又褪色。湿空气中发烟，生成黄色油滴，最后变成高铼酸的无色溶液。在浓盐酸溶液中以 $Re_2O_6Cl_2$ 形式存在。碘化氢能使其还原。制备：由七氧化二铼与五氧化铼反应，在氮气中蒸馏分离制得。

氧氟化汞　释文见 70 页。

氧溴化汞　释文见 70 页。

碘化氧汞（mercury oxyiodide）　亦称"碱性碘化汞""氧碘化汞"。CAS 号 12208-79-6。化学式 $HgI_2·3HgO$，分子量 1 104.17。黄棕色晶体。遇水分解。可溶于氢碘酸中。制备：用稀冷碱溶液处理 HgI_2，析出沉淀即得。

氯氧化铅（lead oxychloride）　化学式 $PbCl_2·2PbO$，分子量 724.47。黄色斜方系晶体。熔点 693℃，密度 7.08 g/cm³。不溶于水，溶于强碱。制备：将一氧化铅与二氯化铅以适当比例混合熔融后冷却制得。

溴化氧铋（bismuth oxybromide）　亦称"溴化铋酰"。CAS 号 7787-57-7。化学式 BiOBr，分子量 304.88。无色四方系晶体或白色晶状粉末。密度 8.082^{15} g/cm³。不溶于水、乙醇，溶于浓的氢溴酸。在红热温度时分解。制备：可由溴化铋加水分解制得。用途：可作为电池电极、阴极射线管材料等。

氯氧化铋（bismuth oxychloride）　亦称"氯化氧铋""氯化铋酰"。CAS 号 7787-59-9。化学式 BiOCl，分子量 260.43。白色晶体或白色有光泽粉末。密度 7.72^{15} g/cm³。不溶于水、乙醇，溶于浓盐酸、浓硝酸，但溶解后再用水稀释则沉淀复出。与浓氢碘酸作用得到碘化铋和氯化铋。在红热温度时熔融。加热约 700℃ 以上时分解。制备：可由氧化铋在盐酸性水溶液中水解，或用氯化亚铋与水作用制得。用途：可用于制药、油漆、颜料、干电池阴极、人造珠宝、化妆品等领域。

碘化氧铋（bismuth oxyiodide）　亦称"碘化铋酰"。CAS 号 7787-63-5。化学式 BiOI，分子量 351.88。砖红色的晶状粉末或铜色的正方系晶体。密度 7.922 g/cm³。不溶于水、乙醇、氯仿，溶于盐酸。能被硝酸或碱分解。300℃ 以上熔融，同时部分分解。制备：将三碘化铋与少量稀氢氧化钾溶液摇动，或将硝酸铋的乙酸溶液加入碘化钾和醋酸钠溶液中制得。用途：可用于制干电池阳极、抗热剂、药物等。

氟氧化锕（actinium oxyfluoride）　CAS 号 49848-24-0。化学式 AcOF，分子量 262.03。白色立方系固体。密度 8.28 g/cm³。制备：可由 ACF_3、氨气和水在 900～1 000℃ 下反应制得。

硫氧化钍（thorium oxysulfide）　化学式 ThOS，分子量 280.10。黄色晶状固体。密度 6.44^0 g/cm³。能溶于王水，略溶于硝酸中。加热分解。制备：由二氧化钍在高温下与硫化氢气流计量反应制得。

溴化铀酰（uranyl bromide）　CAS 号 13520-80-4。化学式 UO_2Br_2，分子量 429.84。绿黄色针状晶体，具放射性！溶于乙醇、乙醚。有吸湿性。溶于冷水并分解。热稳定性差。在 350℃ 于 2 天内完全分解。制备：可将二氧化铀与炭粉的混合物高温溴化，或将无水四溴化铀与氧于 150～160℃ 反应制得。

五氟化铀酰铵（ammonium uranyl pentafluoride）　CAS 号 18433-40-4。化学式 $(NH_4)_3UO_2F_5$，分子量 419.14。黄绿色四方形晶体。密度 3.186 g/cm³。可溶于冷水，在 X 射线照射下可发出荧光。熔点前升华。制备：可由硝酸铀酰与氟化铵水溶液反应制得。用途：可用于 X 射线工业。

金属含氧酸盐、复盐

偏铝酸锂（lithium metaaluminate）　CAS 号 12003-67-7。化学式 $LiAlO_2$ 或 $Li_2Al_2O_4$，分子量 65.92。无色正交系晶体。熔点 1 900～2 000℃，密度 2.55 g/cm³。不溶于水。遇酸缓慢分解。有 $LiH(AlO_2)_2·5H_2O$ 和 $LiH(AlO_2)_2·3H_2O$ 两种酸式盐。制备：由氢氧化锂和氢氧化铝共热反应制得。用途：可作为电池隔膜材料。

偏铝酸钠（sodium metaaluminate）　CAS 号 1302-42-7。化学式 $NaAlO_2$，分子量 81.97。白色无定形粉末。熔点 1 650℃。易潮解。极易溶于水，水溶液呈强碱性。不溶于乙醇。制备：可由铝土矿与碳酸钠共热后用水浸取,或将金属铝溶于氢氧化钠溶液中制得。用途:可作为媒染剂、软水剂,可用于制沸石、乳白玻璃、肥皂、纸张。

偏铝酸钾(potassium metaaluminate) CAS 号 12003-63-3。化学式 $K_2Al_2O_4 \cdot 3H_2O$,分子量250.22。无色片状晶体。易溶于水,溶于碱液,不溶于乙醇。酸性溶液中易水解。制备:可由铝土矿及碳酸钾共热后用水浸取,或用金属铝与氢氧化钾溶液反应制得。用途:可用作媒染剂、造纸填料、水净化剂。

铝酸铍(beryllium aluminate) 亦称"金绿宝石""金绿玉""铍尖晶石"。CAS 号 120041-06-7。化学式 $BeAl_2O_4$,分子量126.97。透明有玻璃光泽的正交系晶体,呈深浅不同的绿色或黄至棕色。熔点 1 870℃,密度 3.76 g/cm^3。不溶于酸,在熔融碱中分解。存在于天然绿宝石中,是一种贵重的稀有矿物。制备:可由三氧化二铝与氧化铍粉体混合后烧结制得。用途:可用于制铍合金和化合物,以及光学领域。

铝酸镁(magnesium aluminate) CAS 号 12068-51-8。化学式 $Mg(AlO_2)_2$ 或 $MgO \cdot Al_2O_3$,分子量 142.27。无色针状晶体。熔点 2 135℃,密度 3.6 g/cm^3。微溶于硫酸、稀盐酸,不溶于硝酸。制备:由氧化镁与氯化铝(在水汽存在下)加热反应制得。用途:可用于制造声波、微波器件的基片。

铝酸钙(calcium aluminate) CAS 号 12042-68-1。化学式 $CaAl_2O_4$ 或 $CaO \cdot Al_2O_3$,分子量158.04。白色晶体。熔点 1 600℃,密度 2.98 g/cm^3。遇水分解,可溶于盐酸,不溶于硝酸、硫酸。制备:可由氧化钙与氧化铝共熔制得。用途:可用于制硅酸盐水泥。

铝酸铁(III)钙(calcium iron(III) aluminate) 化学式 $4CaO \cdot Fe_2O_3 \cdot Al_2O_3$,分子量485.97。棕色正交系晶体。熔点 1 418℃,密度 3.77 g/cm^3。制备:可由各组分氧化物在 1 400℃加热反应制得。用途:可用于制水泥。

铝酸钴(cobalt aluminate) CAS 号 12672-27-4。化学式 $CoAl_2O_4$,分子量 176.89。蓝色立方系晶体。熔点 1 700～1 800℃,密度 4.37 g/cm^3。不溶于水、乙醇。制备:可由加热氧化钴、氧化铝与氯化钾的混合物,或加热硝酸钴与硝酸铝 1:2 的混合物制得。用途:可作为颜料。

铝酸锌(zinc aluminate) 化学式 $ZnAl_2O_4$,分子量183.33。无色立方系晶体。密度 4.58 g/cm^3。不溶于水、酸,微溶于碱。天然矿物称锌尖晶石。制备:由硫酸锌溶液与铝酸钠溶液反应制得。用途:可作为催化剂载体、陶瓷材料、阻燃添加剂等。

硅铝酸钠(sodium aluminosilicate) 亦称"钠长石"。CAS 号 1344-00-9。化学式 $NaAlSi_3O_8$。分子量 262.22。白色或灰色有玻璃光泽的三斜系晶体,有时具淡蓝、淡绿、淡红等颜色。熔点 1 100℃,密度 2.61～2.76 g/cm^3。制法:由氧化铝与硅酸钠反应制得。用途:用作制玻璃和陶瓷的原料。

硅铝酸钾(potassium aluminosilicate) 亦称"正长石"。CAS 号 12168-80-8。化学式 $KAlSi_3O_8$ 或 $K_2O \cdot Al_2O_3 \cdot 6SiO_2$,分子量278.34。白色单斜系晶体。熔点约 1 200℃,密度 2.56 g/cm^3。不溶于水。其粉末可被盐酸、硝酸、硫酸缓慢分解。用苛性碱溶液处理可生成可溶性硅酸盐和不溶性铝酸盐。以长石形式广泛存在于地壳中;另一种结晶形式称微斜长石,白色三斜系晶体,熔点 1 140～1 300℃,密度 2.54～2.57 g/cm^3,常含有一定量钠,与正长石一起存在于花岗岩、闪长岩、片麻岩中。用途:用于硅酸盐工业。

硅铝酸钙(calcium aluminosilicate) 亦称"铝硅酸钙"。CAS 号 12068-46-1。化学式 $2CaO \cdot Al_2O_3 \cdot SiO_2$,分子量 274.20。无色晶体。熔点 1 590℃。密度 3.048 g/cm^3。遇酸分解。制备:可由铝盐(氯化铝)溶液与硅酸钙粉体($CaO \cdot SiO_2$)反应制得。用途:可用于制水泥。

氯铝酸钙(calcium chloroaluminate) 化学式 $3CaO \cdot Al_2O_3 \cdot CaCl_2 \cdot 10H_2O$,分子量561.33。无色单斜或六方系晶体。密度 1.892^{14} g/cm^3。微溶于冷水,热水中分解,可溶于乙醇。105℃脱去 1 分子结晶水,380℃脱去 8 分子结晶水。制备:在有氯化钙存在下,将氢氧化钙与火山灰反应制得。用途:可用于改善水泥的品质。

高铁酸镁(magnesium ferrate) 化学式 $MgFeO_4$,分子量200.00。黑色八面体晶体。熔点约 1 750℃,密度 4.44～4.60 g/cm^3。为极强的氧化剂。在水中慢慢分解,生成铁、镁的氢氧化物并放出氧气。与酸作用分解,在浓盐酸中生成镁盐、铁盐,并放出氯气。用途:可作为氧化剂。

镓酸锌(zinc gallate) 化学式 $ZnGa_2O_4$,分子量268.81。白色微细晶体。熔点低于 800℃。密度 6.15 g/cm^3。不溶于水、有机溶剂,溶于稀酸、氨水。制备:可由氧化锌和氧化镓的混合物在氮-氢气流中灼烧制得。用途:可作为半导体材料。

偏锆酸钙(calcium metazirconate) CAS 号 11129-15-0。化学式 $CaZrO_3$,分子量179.30。无色单斜系晶体。熔点 2 550℃,密度 4.78 g/cm^3。制备:可由氧化锆与氯化钙的混合物加热熔融制得。用途:与多元醇络合可作有机材料的防静电剂,可用于制耐火材料、发光放电管、陶瓷电器、氧传感器等。

钌酸钾(potassium ruthenate) CAS 号 31111-21-4。分子式 $K_2RuO_4 \cdot H_2O$,分子量261.29。黑色四方系晶体。遇热水、酸、醇均分解。可被氢气还原成钌。向冷的钌酸钾水溶液中通入氯气,首先得到高钌酸钾,最后变成四氧化钌。在稀酸中可被氧化,生成高钌酸钾。热至 200℃失去 1 分子水。真空中热至 400℃分解。制备:由钌粉、氢氧化钾、氯酸钾混合熔融制得。用途:可用于制催化剂。

高钌酸钠（sodium perruthenate）　CAS 号 13472-33-8。化学式 $NaRuO_4 \cdot H_2O$，分子量 206.07。黑色片状晶体。易溶于冷水，在热水中分解。440℃分解（真空中）。制备：可由氢氧化钠溶液与四氧化钌反应，或由钌粉与过氧化钠在镍坩埚中加热反应制得。用途：可用于制催化剂。

高钌酸钾（potassium perruthenate）　亦称"过钌酸钾"。CAS 号 10378-50-4。化学式 $KRuO_4$，分子量 204.17。黑色四方系晶体。微溶于冷水，溶于热水则分解。为强氧化剂，遇碱则还原成钌酸钾，后者在稀酸中则转化为高钌酸盐。低温下与干燥氯气反应，生成氧化钌（VII）和氯化钾。真空中加热至 44℃ 分解成钌酸钾、二氧化钌及氧气。制备：由钌与氢氧化钾、过量硝酸钾混合加热熔融，或钌酸钾的浓碱溶液通入氯气，或向温热的氢氧化钾水溶液加入少量氧化钌（VII）制得。用途：可用于制催化剂。

锡化镁（magnesium stannide）　CAS 号 1313-08-2。化学式 Mg_2Sn，分子量 167.32。浅蓝色立方系固体。熔点 778℃，密度 $3.5\ g/cm^3$。在潮湿空气中可逐渐分解成由金属锡和氧化镁水合物组成的黑色混合物；时间一长，可缓慢氧化，最终完全转变成氧化镁和氧化锡。可在常温下与水活泼地反应，煮沸时迅速转变成黑色氧化物粉末，被水完全分解后成金属锡、氧化锡和氧化镁水合物的混合物。极纯的晶体对水很稳定。可被过氧化氢、稀氢氧化钠、含氧的氯化钠溶液分解为氢氧化镁和金属锡。在稀盐酸中，可分解成灰色或黑色的金属和水合氧化物的混合物。制备：可将计算量的金属镁和锡在氢气气流下混合均匀后于 700℃ 反应；或将升华的镁和电解提纯的锡在氩氛下熔融反应制得。

锡酸钠（sodium stannate）　亦称"羟基锡酸钠"。CAS 号 12209-98-2。化学式 $Na_2SnO_3 \cdot 3H_2O$，也可用 $Na_2[Sn(OH)_6]$ 表示，因其溶液中存在 $[Sn(OH)_6]^{2-}$ 离子，分子量 266.73。无色六方系晶体或白色粉末。在水溶液中会水解生成 α 锡酸凝胶 $xSnO_2 \cdot yH_2O$，并使溶液呈碱性，经放置或加热会变成 β 锡酸。溶于水，不溶于乙醇、丙酮。140℃失去 3 分子结晶水。在空气中易吸收水分和二氧化碳生成氢氧化锡和碳酸钠。制备：可由锡与氢氧化钠共熔，或由二氧化锡与氢氧化钠溶液反应制得。用途：可作为纺织品的防火剂、增重剂、媒染剂，可用于玻璃、陶瓷、镀锡等领域。

锡酸钾（potassium stannate）　亦称"羟基锡酸钾"。化学式 $K_2Sn(OH)_6$，分子量 298.94。无色至淡黄棕色三方系晶体。密度 $3.197\ g/cm^3$。易溶于水，微溶于氢氧化钾，不溶于乙醇、丙酮。水溶液显碱性。向其水溶液中加酸可生成 α-锡酸沉淀。热至 140℃ 失去结晶水。制备：可

由锡加热与近熔化的氢氧化钾与硝酸钾及氯化钾的混合物反应，或由二氧化锡的水合物与氢氧化钾熔融制得。用途：可用于用于镀锡、织物印染等。

正锡酸钴（cobalt orthostannate）　化学式 Co_2SnO_4，分子量 300.57。蓝绿色立方系晶体。不溶于硫酸，溶于热的盐酸。制备：可由四氯钴酸锂与锡酸锂反应，或由加热氧化锡与氧化钴的混合物制得。

偏硫代锡酸钾（potassium metathiostannate）　化学式 $K_2SnS_3 \cdot 3H_2O$，分子量 347.13。暗棕色油状液体。密度 $1.85\ g/cm^3$。溶于水，不溶于乙醇。水溶液缓慢分解生成硫化锡沉淀。加热至 100℃ 时失去 3 分子结晶水。制备：将硫化锡(II)与二硫化钾反应制得。

氟钽酸钾（potassium heptafluorotantalate）　亦称"氟钽化钾""七氟化钽钾""七氟合钽（V）酸钾"。CAS 号 16924-00-8。化学式 K_2TaF_7，分子量 392.14。无色有光泽的针状晶体，有毒！熔点 775℃。微溶于水、氢氟酸。在沸水中分解并产生沉淀。赤热也不分解。制备：将五氧化二钽与氢氟酸及氟化氢钾反应，或将钽酸钾溶解于氢氟酸制得。用途：可用于化学分析、制金属钽等。

高铼酸钠（sodium perrhenate）　CAS 号 13472-33-8。化学式 $NaReO_4$，分子量 273.19。无色六方系晶体或粉末。有吸湿性。熔点 300℃（在氧气中），密度 $5.39\ g/cm^3$。易溶于水、乙醇。真空中 440℃ 分解。制备：可由 $ReCl_5$ 和氢氧化钠溶液加热，得 $NaReO_4$ 白色烟雾和 $ReO_2 \cdot xH_2O$ 黑色沉淀；或将新升华的 Re_2O_7 的水溶液用氢氧化钠溶液中和再经蒸发制得。用途：可用于制备其他铼化合物。

高铼酸钴（cobalt perrhenate）　化学式 $Co(RhO_4)_2 \cdot 5H_2O$，分子量 649.41。粉红色物质。加热或在热水中均分解。制备：将碳酸钴溶于高铼酸制得。

高铼酸铵（ammonium perrhenate）　CAS 号 13598-65-7。化学式 NH_4ReO_4，分子量 268.26。白色六方系立方双锥体晶体。密度 $3.97\ g/cm^3$。熔点前分解。制备：可用氨气饱和高铼酸溶液，或向高铼酸钡溶液加入硫酸铵或碳酸铵溶液制得。用途：可作为氧化剂，可用于制铼钨丝。

高铼酸银（silver perrhenate）　CAS 号 20654-56-2。化学式 $AgReO_4$，分子量 358.07。无色或白色四方系或正交系晶体。遇光颜色变暗。熔点 430℃（部分分解），密度 $7.05\ g/cm^3$。微溶于水，溶于氨水生成高铼酸双氨银。制备：可由新制得的氧化银溶于含氧化铼（VII）的水溶液中，或由硝酸银与高铼酸钠溶液反应制得。如用高铼酸钾时，因钾盐含有杂质，需加入过量的硝酸银才能从水中重结晶。

高铼酸钾（potassium perrhenate）　亦称"过铼酸钾"。CAS 号 10466-65-6。化学式 $KReO_4$，分子量

289.30。白色四方系晶体。熔点 550℃，沸点 1 360～1 370℃，密度 4.887 g/cm³。微溶于冷水，溶于热水，难溶于乙醇。遇酸分解，放出氧气。有强氧化性。在氧气流中加热不变化，氢气流中加热至 800～1 000℃变成金属铼。在盐酸酸性溶液中用碘化钾还原，可得到不同组成的氯铼酸钾或氯氧铼酸钾。制备：可由高铼酸钡溶液与碳酸钾溶液反应，或由高铼酸与氢氧化钾反应，或将七氧化二铼溶于氢氧化钾水溶液制得。用途：可作为氧化剂，可用于制纯铼。

焦铼酸钠（sodium pyrohyporhenate）　化学式 $Na_4Re_2O_7 \cdot H_2O$，分子量 594.37。土黄色六方系晶体。遇水、氨及酸发生歧化分解得四价和七价的铼，在氢氧化钠的水溶液或醇溶液中较为稳定。制备：在氮气流下于熔化的氢氧化钠中加入 ReO_2 和 $NaReO_4$，600℃下加热制得。

锇酸钾（potassium osmate）　CAS 号 10022-66-9。化学式 $K_2OsO_4 \cdot 2H_2O$，分子量 368.43。紫色立方系晶体，有毒！易吸湿。微溶于冷水，溶于热水（并分解），不溶于乙醇、乙醚。高于 100℃时失去 1 分子水。加氯化铵生成 $[OsO_2(NH_3)_4] \cdot Cl_2$。在弱酸性溶液中加入过量亚硝酸生成 $K_2[OsO_2(NO_2)_4]$。电解时镍阴极析出氧化锇(IV)。在干燥空气中稳定，在潮湿空气中分解。在氧气中加热被氧化，分解为碳酸钾（吸收潮湿二氧化碳）、氧化锇(IV)和氧化锇(VIII)。制备：将锇加入氢氧化钾及硝酸钾，在银坩埚中加热至熔融，后加入 2 倍量的乙醇结晶；或将氧化锇(VIII)溶于氢氧化钾水溶液，再用乙醇或亚硝酸钾还原制得。用途：可应用于催化烯烃不对称双羟化反应、不对称合成氨羟化反应等。

金酸钾（potassium aurate）　CAS 号 12446-76-3。分子式 $KAuO_2 \cdot 3H_2O$，分子量 322.11。亮黄色针状晶体。溶于水、乙醇。水溶液呈碱性，加入酸得 $Au(OH)_3$。晶体加热放出氧气和水，得到 Au、KOH 和 KO_2。制备：由氢氧化金与热浓氢氧化钾溶液反应制得。

铋化镁（magnesium bismuthide）　CAS 号 12048-46-3。化学式 Mg_3Bi_2，分子量 490.90。六方系晶体。熔点 823℃，密度 5.945 g/cm³。制备：可由镁与铋在高温下反应制得。

铋酸（bismuthic acid）　化学式 $HBiO_3$，分子量 257.99。棕红色沉淀物。熔点 120℃，沸点 357℃，密度 5.75 g/cm³。不溶于水，溶于氢氧化钾水溶液。在 120℃失水变成五氧化二铋，温度升高至 357℃则生成三氧二化铋并放出氧气。制备：可将氧化铋加到过量的浓氢氧化钾溶液中，煮沸并通入氯气，使之产生棕红色沉淀，再用浓硝酸煮沸制得。

铋酸钠（sodium bismuthate）　CAS 号 12232-99-4。化学式 $NaBiO_3$，分子量 279.97。黄色或褐色无定形粉末，有毒！微有吸潮性。在空气中逐渐失去氧。具有强氧化性。在盐酸中分解放出氯。在热水中分解为三氧化二铋、氢氧化钠并放出氧。制备：可由三氧化二铋在强碱溶液中经氧化制得。用途：可作为分析试剂。

铀酸（uranic acid）　亦称"偏铀酸""氢氧化铀酰"。化学式 H_2UO_4 或 $UO_2(OH)_2$，分子量 304.04。黄色菱面体状晶体或粉末。密度 5.926 g/cm³。不溶于冷水和热水，略溶于乙醇，能溶于碱金属碳酸盐溶液中生成碳酸络合物。加热至 250～300℃即失水。制备：可用适量盐酸处理铀酸盐制得。用途：可用于制单铀酸盐、重铀酸盐。

铀酸钠（sodium uranate）　亦称"偏铀酸钠"。CAS 号 13510-99-1。化学式 Na_2UO_4，分子量 348.01。α 型为黄色正交系晶体粉末，有吸湿性，在 900～930℃时转变为 β 型。β 型为正交系晶体，在 1 300℃加热 74 小时，失去 Na_2O 而生成 $Na_2U_2O_7$。制备：将干燥的碳酸钠和八氧化三铀按比例混匀，于 750℃加热 24 小时，磨碎、加热，反复多次至反应完全，可得 α 型；若将混合物最初加热至 600～700℃，继而加热至 950℃，可得 β 型。

铀酸钾（potassium uranate）　化学式 K_2UO_4，分子量 384.23。橙黄色正交系晶体。不溶于水，溶于酸。用途：可用于制其他铀化合物。

高铅酸钙（calcium orthoplumbate）　CAS 号 12013-69-3。化学式 Ca_2PbO_4，分子量 351.35。橙红色正交系晶体。密度 5.71 g/cm³。在酸中不稳定。在含二氧化碳的空气中逐渐分解，析出二氧化铅而变为褐色。在 750℃时分解放出氧气。制备：将等摩尔的碳酸钙和氧化铅混合置于燃烧管中，然后在不含二氧化碳的空气流中加热至 800℃制得。用途：可作为氧化剂，可用于制火柴、玻璃、蓄电池、颜料等。

硫代亚锑酸银（silver thioantimonite）　化学式 Ag_3SbS_3，分子量 541.56。红色三方晶体。熔点 486℃，密度 5.76 g/cm³。不溶于水，能被酸分解。制备：由硫代亚锑酸钠溶液与硝酸银溶液反应制得。

硫代锑酸钠（sodium thioantimoniate）　CAS 号 16349-96-5。化学式 $Na_3SbS_4 \cdot 9H_2O$，分子量 481.13。无色或淡黄色晶体。呈强碱性。易溶于水，不溶于乙醇。暴露于空气中表层生成红棕色的硫化锑，加热到 234℃时分解。碱性溶液中相当稳定，在酸性条件下分解放出硫化氢，析出五硫化二锑。制备：可由锑精矿粉碎后加入硫化钠溶液和硫粉反应制得，或由亚锑酸钠 98～100℃下与硫和硫化钠溶液反应制得。用途：可用作纺织工业的媒染剂、着色剂、锌电解液的净化剂、生物碱试剂等。

氯化钾·硫酸镁·水（1:1:3）（potassium magnesium chloride sulfate）　亦称"钾泻盐""钾盐镁矾"。

CAS号 1318-72-5。化学式 $KCl \cdot MgSO_4 \cdot 3H_2O$，分子量 248.93。无色单斜系晶体，味苦咸。密度 $2.131 \ g/cm^3$。溶于水，不溶于乙醇、乙醚。存在于海相钾盐矿床中。制备：直接从天然钾盐矿中提取。用途：可直接用作肥料，也可用于制备钾盐。

氯化锶·氟化锶（strontium chloride fluoride） 化学式 $SrCl_2 \cdot SrF_2$，分子量 284.14。无色四方系晶体。熔点 962℃，密度 $4.18 \ g/cm^3$。能溶于浓硝酸、浓盐酸，不溶于乙醇。可被水分解。制备：可由化学计量比的氯化锶和氟化钠的水溶液结晶制得。

氟化钠磷酸钠（sodium fluoride phosphate） 化学式 $NaF \cdot Na_3PO_4 \cdot 12H_2O$，分子量 422.11。无色或白色晶体。密度 $2.216 \ g/cm^3$。溶于水。制备：由氟化钠和磷酸三钠在水溶液中反应制得。

氨基甲酸铵合碳酸氢铵（ammonium carbamate acid carbonate） 化学式 $NH_4NHCO_2 \cdot NH_4HCO_3$，分子量 157.13。白色晶体。溶于水、丙酮。在热水中可分解为氨和二氧化碳。加热升华。制备：可由氨基甲酸铵与碳酸氢铵共热制得。用途：可用于制清洁剂、媒染剂、发酵粉等。

草酸铂铈（cerium platinum oxalate） 化学式 $Ce_2(C_2O_4)_3 \cdot 3PtC_2O_4 \cdot 16H_2O$，分子量 1 505.83，深黄色片状晶体。能溶于水。制备：由硝酸铈与二草酸合亚铂酸钠反应制得。

亚砷酸乙酸铜（copper acetate arsenite） 亦称"醋酸亚砷酸铜(II)""巴黎绿"。CAS号 1299-88-3。化学式 $Cu(C_2H_3O_2)_2 \cdot 3Cu(AsO_2)_2$，分子量 1 013.71。翠绿色结晶性粉末，有毒！溶于酸、氨水，不溶于水、乙醇。在水中较长时间加热或在酸碱中易分解，在空气和光照下稳定。制备：由亚砷酸钠、硫酸铜和乙酸钠反应制得。用途：可用作杀虫剂、木材防腐剂、颜料。

醋酸亚砷酸铜(II) 即"亚砷酸乙酸铜"。

亚硝基亚硫酸钾（potassium nitrososulfite） 化学式 $K_2SO_3(NO)_2$，分子量 218.28。无色针状晶体。溶于水时分解，不溶于乙醇。加热至 127℃会分解而发生爆炸。制备：可由一氧化氮和亚硫酸钾反应制得。

羰 基 化 合 物

六羰基钒（vanadium hexacarbonyl） CAS号 20644-87-5。化学式 $V(CO)_6$，分子量 219.00。蓝绿色粉末。易挥发，对空气敏感。不溶于水，溶于乙醚、吡啶。可与多种电负性化合物生成络合物。50℃升华。制备：可由三氯化钒在吡啶中，以镁为还原剂，在高压下与一氧化碳进行羰基化反应制得；或由三氯化钒、三氯钒酰或三乙酰丙酮合钒在还原体系（镁-锌-吡啶）存在下与一氧化碳在加热加压下反应，先得$[Mg(C_5H_5N)_n][V(CO)_6]$，再经酸化、乙醚提取后，经蒸发、干燥，最后升华提纯制得。用途：可作为还原剂、镀钒原料、燃料添加剂、有机合成试剂，可用于制备 $V(CO)_2$、$V(CO)_3$。

六羰基铬（chromium hexacarbonyl） CAS号 13007-92-6。化学式 $Cr(CO)_6$，分子量 220.06。白色正交系晶体，有毒！密度 $1.77^{12} \ g/cm^3$。无色易潮解晶体，遇光变为棕色粉末。不溶于水、醇，易溶于乙醚、氯仿。比大多数金属羰基化物稳定，不与溴、碘、水和冷、浓硝酸反应，可与氯气或发烟硝酸反应。光照也可使其分解，能被有机羧酸氧化。在液氨中可被钠、锂、钙或钡还原为$[Cr(CO)_5]^{2-}$，与环戊二烯配体反应可得环戊二烯化铬。与烯烃、炔烃、芳烃、膦、胺等作用时，羰基被取代，生成一系列衍生物。室温下能升华。空气中加热至110℃分解，210℃爆炸。制备：可在格氏试剂存在下由铬盐与一氧化碳反应，或由三氯化铬的苯基溴化镁或乙基溴化镁悬浮液与一氧化碳在压热器内反应，或由三乙酰丙酮合铬、镁的吡啶悬浮液与高压一氧化碳加热反应制得。用途：可作为烯烃聚合、氢化和异构化、芳烃的烷基化反应的催化剂，可用于制汽油添加剂、高纯金属铬、铬的有机金属化合物、一氧化铬等。

甲基五羰基锰（methyl manganese pentacarbonyl） 亦称"五羰基甲基锰"。CAS号 13601-24-6。化学式 $CH_3Mn(CO)_5$，分子量 210.02。白色晶体。熔点 94.5～95℃，沸点 140～145℃。对空气、水、稀酸稳定，溶于有机溶剂。制备：可由五羰基合锰酸钠与碘甲烷在四氢呋喃中反应制得。用途：可作为汽油和润滑油的抗震添加剂、氧化反应催化剂。

十羰基二锰（dimanganese decacarbonyl） CAS号 10170-69-1。化学式 $Mn_2(CO)_{10}$，分子量 389.98。黄色晶体。熔点 152～154℃，沸点 80℃（13 Pa，升华）。在空气中缓慢氧化。不溶于水。溶于乙醇、氯仿、乙醚等有机溶剂，溶液呈黄色，在空气中易氧化，生成褐色沉淀。与卤素作用得 $Mn(CO)_5X(X=Cl,Br,I)$。在四氢呋喃中可被钠或钠汞齐还原成 $Na[Mn(CO)_5]$。制备：可由无水乙酸锰、三乙基铝乙醚溶液与高压一氧化碳经加热反应制得。用途：可用于合成锰的羰基化合物。

四羰基铁（iron tetracarbonyl） 亦称"十二羰基合三

铁"。CAS 号 15281-98-8。化学式 $Fe(CO)_4$，分子量 167.89。深绿色单斜菱柱状晶体，有毒！密度 1.996^{18} g/cm^3。不溶于水，微溶于有机溶剂，溶液呈暗绿色。在空气中可被缓慢氧化为棕色三氧化二铁。60℃以上可分解形成一种金属铁的镜面。加热至 140～150℃ 即分解为一氧化碳和铁。在真空中可慢慢升华。制备：可将五羰基合二铁溶解在三乙胺中，再用氧化锰氧化生成活性氢化簇状阴离子中间产物，酸化后制得。用途：可用于有机合成。

四羰基二碘化铁（iron tetracarbonyl diiodide）　亦称"碘化四羰基合铁"。CAS 号 14911-55-8。化学式 $Fe(CO)_4I_2$，分子量 421.69。红色固体。非电解质，可溶于惰性的有机溶剂，与水发生水解反应并放出一氧化碳。在氢气气氛中加热，可以得到二碘化二羰基合铁(II)，继续加热得到一碘化二羰基合铁(I)，最后得到碘化铁(I)。与碘在正己烷中反应，则得到碘化铁(III)。制备：可由五羰基合铁与碘反应，或由碘化亚铁与一氧化碳在加压下条件反应制得。

五羰基铁（iron pentacarbonyl）　CAS 号 13463-40-6。化学式 $Fe(CO)_5$，分子量 195.90。常温下为黏滞性黄色液体，易燃，剧毒！熔点 -20.3℃，沸点 103.6℃，密度 $1.493\ 7^0\ g/mL$。不溶于水，易溶于浓硫酸、碱、苯、溴苯、二氯苯、汽油、四氯化萘、苯醛、丙酮。在醚溶液中与无机酸反应放出一氧化碳、氢，生成亚铁盐。与氯反应生成氯化羰基铁，与三苯膦反应生成三苯膦羰基铁，与环戊二烯反应生成环戊二烯羰基铁。在空气中，黑暗下稳定，日光照射下或加热时分解，放出一氧化碳，生成九羰基二铁。加热至 250℃ 时分解生成纯铁。制备：可由细铁颗粒与一氧化碳在高压下加热反应制得。用途：可作为催化剂、磨光粉、抗震剂，可用于制微纳米级羰基铁粉、纯铁等。

九羰基二铁（diiron nonacarbonyl）　CAS 号 15321-51-4。化学式 $Fe_2(CO)_9$，分子量 363.78。有光泽的橙色六方形小片晶体。密度 $2.08\ g/cm^3$。不溶于水和常见有机溶剂。在四氢呋喃或二氯甲烷中缓慢分解。应置于暗处和惰性气氛中，可在一氧化碳中长期保存。100～120℃ 分解。制备：可由五羰基铁在光照或加热条件下以乙酸为催化剂，经消去一氧化碳并二聚化反应制得。用途：可用于有机合成。

环丁二烯三羰基铁（cyclobutadiene iron tricarbonyl）　CAS 号 12078-17-0。化学式 $(C_4H_4)Fe(CO)_3$，分子量 191.95。制备：以环辛四烯为原料制备顺式二氯环丁烯，再与九羰基二铁反应制得。用途：可与二溴苯醌反应制备立方烷。

三羰基钴（cobalt tricarbonyl）　亦称"十二羰基四钴"。CAS 号 17685-52-8。化学式 $[Co(CO)_3]_4$ 或 $Co_4(CO)_{12}$，分子量 571.86。黑色晶体。熔点 60℃，密度

$2.09\ g/cm^3$。微溶于冷水，溶于苯。遇溴分解。在空气中极不稳定。在液氮中与钠反应生成四羰基钴钠与钴。制备：可将四羰基钴加热至 50℃ 制得。用途：可用于制钴盐。

三羰基亚硝基钴（cobalt nitrosyl tricarbonyl）　CAS 号 14096-82-3。化学式 $Co(CO)_3NO$，分子量 172.97。深红色易流动的液体，有毒！熔点 -1.05℃，沸点 48.6℃，密度 $1.47\ g/mL$。不溶于水，易溶于乙醇、乙醚、丙酮、苯、氯仿等。对空气敏感。在稀有气体中可蒸馏。55℃ 分解。制备：可由一氧化氮与四羰基钴反应制得。用途：可作为有机化工原料、医药中间体，可用于制有机贵金属催化剂等。

四羰基氢钴（cobalt tetracarbonyl hydride）　CAS 号 16842-03-8。化学式 $HCo(CO)_4$，分子量 171.98。白色至浅黄色固体，有毒！在 -33℃ 熔化成浅黄色液体，温度升高则分解成八羰基二钴和氢气，最后生成棕色非挥发性固体而使颜色加深。不能在室温下保存，否则可使普通玻璃容器爆破。其蒸气臭味难闻，毒性较大。制备：可由酸处理四羰基氢钴的碱金属盐制得。用途：可作为含氧化合物合成反应的催化剂，可用于制备八羰基二钴。

八羰基二钴（dicobalt octacarbonyl）　亦称"四羰基钴"。CAS 号 10210-68-1。化学式 $Co_2(CO)_8$，分子量 342.95。橘红色晶体，有毒！熔点 51℃，密度 $1.87\ g/cm^3$。不溶于水，溶于乙醇、乙醚、苯、二硫化碳、石脑油等。在空气中慢慢分解。可与硝酸、溴、盐酸等反应。在氢气和一氧化碳气氛中稳定。对空气敏感，久置则缓慢形成紫色的碱式碳酸钴。溶液遇空气立即分解。遇卤素反应分解为二价钴卤化物和一氧化碳。在液氨中被金属钠还原成四羰基合钴酸钠。有多种催化性能，可以使端烯发生氢化甲醛化反应，也可催化烯和氰化氢的加成反应，还能使炔烃类三聚成芳环。制备：可由金属钴粉与一氧化碳经高压、加热反应，或由硫化钴或碘化钴在金属铜的存在下与一氧化碳经高压加热反应制得。用途：可作为合成有机钴的试剂、有机合成的催化剂、高分子聚合的催化剂、汽油抗震剂，可用于制备高纯钴盐等。

四羰基镍（nickel tetracarbonyl）　CAS 号 13463-39-3。化学式 $Ni(CO)_4$，分子量 170.75。无色或黄色易挥发的液体或粉末，剧毒！熔点 -25℃，沸点 43℃，密度 $1.32^{17}\ g/mL$。几乎不溶于热水、稀酸、碱，溶于王水、乙醇、乙醚、苯、氯仿等多数有机溶剂。在空气中能自燃，遇明火、高热强烈分解燃烧。遇氧化剂、空气，或与氧、溴反应强烈可引起燃烧爆炸。加热或与浓硝酸、浓硫酸等反应，可爆炸分解。能腐蚀塑料、金属。制备：可由镍粉与一氧化碳反应，或由一氧化碳与镍氨溶液在高压釜中反应制得。用途：用作有机合成（如高压乙炔聚合）的催化剂、合成羰基化阴离子的亲核试剂，用于制高纯镍。

六羰基钼（molybdenum hexacarbonyl） CAS 号 13939-06-5。化学式 Mo(CO)$_6$，分子量 264.00。白色正交系晶体。密度 1.96 g/cm^3。易升华。溶于乙醚、苯。易生成金属镜。易与氨类反应，与卤素反应生成卤化钼（IV）。与乙酸反应生成二乙酸盐。热至 150℃分解为钼和一氧化碳。制备：可将 MoO$_2$Cl$_2$ 或有机钼化物用氢还原得到的钼粉在一定条件下与一氧化碳反应制得；或由 MoCl$_3$ 无水盐在溴化苯基镁的存在下，通入一氧化碳制得。用途：可用于制有机合成催化剂、提纯金属钼、镀钼。

三羰基三吡啶钼（molybdenum tricarbonyl tripyridine） CAS 号 66701-87-9。化学式 Mo(CO)$_3$(C$_5$H$_5$N)$_3$，分子量 417.27。黄棕色晶体。制备：可由 Mo(CO)$_6$ 与吡啶在 80～85℃反应制得。用途：可作为有机反应催化剂。

五羰基钌（ruthenium pentacarbonyl） CAS 号 16406-48-7。化学式 Ru(CO)$_5$，分子量 241.12。无色液体。熔点-22℃。溶于乙醇、苯，不溶于水。其乙醇溶液和苯溶液经放置都可放出一氧化碳，同时析出橙色的九羰基二钌晶体。具有感光性，在室温下即能发生脱羰反应，生成十二羰基三钌。制备：可由金属钌的细粉与一氧化碳在 300℃和 400 个大气压下长时间反应制得。用途：可以用于有机合成加羰基反应、制纯金属钌。

十二羰基三钌（triruthenium dodecacarbonyl） CAS 号 15243-33-1。化学式 Rh$_3$(CO)$_{12}$，分子量 639.33。橙色粉末。熔点 150℃。常温常压下稳定。制备：可向三氯化铑的甲醇溶液通入一氧化碳制得。用途：可作为氢转移催化剂，可用于芳香族硝基复合物至氨基甲酸盐的还原性羰基化。

十二羰基四铑（tetrarhodium dodecacarbonyl） CAS 号 19584-30-6。化学式 Rh$_4$(CO)$_{12}$，分子量 747.74。橘黄粉末。溶于正己烷、正庚烷，微溶于甲醇。在氮气中 130～140℃分解。在空气中不稳定，需在氮气保护下储存。制备：可向三氯化铑的水溶液中加铜粉后在一氧化碳气氛反应制得。用途：可作为氢甲酰化反应的催化剂。

三羰基碱式氯化铑（rhodium basic carbonylchloride） 化学式 RhCl$_3$·RhO·3CO，分子量 412.16。红色针状晶体。微溶于冷水，热水中分解。溶于四氯化碳、乙酸、苯。125.5℃升华。

六羰基钨（tungsten hexacarbonyl） CAS 号 14040-11-0。化学式 W(CO)$_6$，分子量 351.93。白色粉末。在高于 50℃时升华。不溶于水，微溶于乙醚、乙醇、苯等有机溶剂。与酸不反应，但遇发烟硝酸则分解并产生一氧化碳。受热易分解，有杂质时分解更明显，温度高于 100℃时急剧分解，生成钨镜，并残留蓝色氧化物 W$_4$O$_{11}$。制备：可在一氧化碳气氛中用铝还原六氯化钨制得；或将六氯化钨在 0℃加入乙醚和苯的混合物中，然后通入一氧化碳并缓慢加入 C$_6$H$_5$MgBr 制得。用途：可用于制含钨的复合物和材料，可用于光化学。

五羰基铼（rhenium pentacarbonyl） 亦称"十羰基二铼"。CAS 号 14285-68-8。化学式〔Re(CO)$_5$〕$_2$，分子量 632.51。无色立方系晶体。在空气中稳定。微溶于茨烯及环戊酮等有机溶剂，溶于热的硫酸或硝酸并分解。被卤素氧化形成 Re(CO)$_5$X(X=Cl,Br,I)。于封管中加热至 177℃熔化，缓慢分解生成金属铼。在四氢呋喃中可被钠或钠汞齐还原成 Na〔Re(CO)$_5$〕。140℃升华，250℃分解。制备：可由七氧化二铼与一氧化碳高压下 250℃反应制得。用途：可用于制其他铼配合物，可作为齐聚反应的催化剂。

五羰基碘化铼（rhenium(I) iodide pentacarbonyl） CAS 号 13821-00-6。化学式 ReI·5CO，分子量 453.16。黄色斜方系晶体。熔点 200℃。真空中 90℃升华，不溶于水，溶于苯、石油醚。400℃分解。制备：可由铜粉与碘化铼或六碘合铼（VI）酸钾混合，加热通入一氧化碳制得。用途：可用于催化烯丙基化、开环聚合等有机反应。

氯化羰基锇（osmium carbonyl chloride） 亦称"二氯三羰基合锇（II）"。化学式 Os(CO)$_3$Cl$_2$，分子量 345.16。无色晶体。熔点 269～273℃。溶于碱，不溶于酸、水。高于 280℃分解。制备：可向二氯化锇中通入一氧化碳制得。

羰基二（三苯基膦）氯化铱（bis(triphenylphosphine)iridium(I) carbonyl chloride） 亦称"Vaska 配合物"。CAS 号 14871-41-1。分子式 IrCl(CO)(P(C$_6$H$_5$)$_3$)$_2$，分子量 780.25。黄色晶体。熔点 215℃，沸点 360℃，密度 1.57 g/cm^3。不溶于水。与氢气发生可逆加成。可逆地吸收 O$_2$ 生成 1:1 配合物，可使低压下充氮溶液脱 O$_2$，固体只在真空下缓慢脱 O$_2$。制备：可以 N,N-二甲基甲酰胺或 2-甲氧乙醇为溶剂，由氯化铱盐、三苯基膦、一氧化碳在加热和氮气气氛下合成，加入苯胺可加速反应。用途：可作为氧载体，可用于合成金属双氧配合物。

二氯二羰基铱（iridium dicarbonyl dichloride） 化学式 Ir(CO)$_2$Cl$_2$，分子量 319.13。无色针状晶体。遇水、酸、碱分解，暴露在空气中分解失去一氧化碳。加热至 140℃分解。制备：可在 13.322 Pa 一氧化碳中加热 IrCl$_3$·H$_2$O 至 150℃，先制得 Ir(CO)$_2$Cl$_2$ 与 Ir(CO)$_3$Cl 的混合物，再经分离制得。

八羰基二铱（diiridium octacarbonyl） CAS 号 30806-36-1。化学式 Ir$_2$(CO)$_8$，分子量 608.48。黄绿色晶体。在二氧化碳气氛中于 160℃升华。溶于乙醚、四氯化碳。在加热醛或碱的作用下容易转变为 Ir$_4$(CO)$_{12}$。制备：可由三氯化铱与 35.5 MPa 的一氧化碳在 100～140℃下反应制得 Ir$_2$(CO)$_8$ 与 Ir$_4$(CO)$_{12}$ 的混合物，再利用 Ir$_2$(CO)$_8$ 在乙醚及四氯化碳中的溶解度较 Ir$_4$(CO)$_{12}$ 大或它更易升华制得纯品。用途：可作为催化剂、化学试剂。

十二羰基合四铱（tetrairidium dodecacarbonyl）CAS 号 11065-24-0。化学式 $Ir_4(CO)_{12}$，分子量 1 104.99。黄色晶态粉末。极微溶于大多数有机溶剂。对空气稍敏感，而对水汽呈惰性。较 $Ir_2(CO)_8$ 稳定得多，低温时不与酸，甚至浓硝酸或卤素反应。在甲醇或乙醇悬浮液中同碱金属氢氧化物或碱金属氰化物迅速发生反应。在四氢呋喃中与金属钠反应，生成一系列多核羰基铱酸盐。在一氧化碳气流中加热约 120℃ 时缓慢升华，再加热至 170℃ 左右开始分解；在二氧化碳气氛中于 250℃ 升华。制备：可由六羰合铱(III)酸钠在碘化钠甲醇-水溶液中直接通入一氧化碳制得，可在一氧化碳下加热到 120℃ 升华纯化。用途：可作为水-气相转移反应、氢化反应、加氢甲酰化反应等的催化剂。

硫羰基合铂（platinum carbonyl sulfide）化学式 $Pt(CO)S$，分子量 255.16。褐黑色晶体。遇水、碱、乙醇分解。300~400℃ 分解。

二氯羰基合铂（platinum carbonyl dichloride）化学式 $Pt(CO)Cl_2$，分子量 294.00。黄色针状晶体。熔点 195℃，密度 4.234 6 g/cm^3。溶于浓盐酸、硫酸、乙醇。遇水分解。在二氧化碳中于 240℃ 升华。300℃ 分解为铂和光气。制备：可向加热的铂海绵中通入氯气和一氧化碳；或由氯化铂(II)、氯化铂(IV)与一氧化碳和二氧化碳的混合气体反应，得到 $[Pt(CO)_2Cl_2]$、$[Pt_2(CO)_3Cl_4]$ 和 $[Pt(CO)Cl_2]$，再经升华或四氯化碳重结晶将三者分离制得。

二氯二羰基合铂（platinum dicarbonyl dichloride）CAS 号 25478-60-8。化学式 $Pt(CO)_2Cl_2$，分子量 322.02。浅黄色有光泽的针状晶体。熔点 142℃。密度 3.488 g/cm^3。溶于四氯化碳。遇水、盐酸分解。210℃ 脱去 1 分子一氧化碳，生成 $Pt_2(CO)_3Cl_4$。制备：向加热的铂海绵中通入氯气和一氧化碳制得。

二氯化二氯羰基合铂（platinum dichlorocarbonyl dichloride）化学式 $Pt(COCl_2)Cl_2$，分子量 364.91。黄色晶体。易溶于冷水，稍溶于乙醇，微溶于四氯化碳。加热分解。

四氯二羰基合二铂（diplatinum dicarbonyl tetrachloride）CAS 号 17522-99-5。化学式 $Pt_2(CO)_2Cl_4$，分子量 588.01。橄榄绿色或橄榄黄色针状晶体或粉末。熔点 195℃，密度 4.235 g/cm^3。遇冷水和盐酸则分解。在二氧化碳气氛中 240℃ 升华。制备：可由二氯化铂与一氧化碳在高压下反应，或用卤素断裂多核羰基化合物的方法制得。

四氯三羰基合二铂（diplatinum tricarbonyl tetrachloride）化学式 $Pt_2(CO)_3Cl_4$，分子量 616.02。黄褐色针状晶体。熔点 130℃。溶于热的四氯化碳。250℃ 及遇水、乙醇分解。制备：可由二氯化铂与一氧化碳在高压下反应制得。

四溴化二羰基合二铂(II)（diplatinum dicarbonyl tetrabromide）CAS 号 52579-83-6。化学式 $[Pt_2(CO)_2]Br_4$，分子量 765.80。浅红色针状晶体。密度 5.115 g/cm^3。有吸湿性。溶于纯无水乙醇、四氯化碳、苯。溶于冷水中并分解。180℃ 分解。

羰基二碘化铂（platinum carbonyl diiodide）化学式 PtI_2CO，分子量 476.90。红色晶体。密度 5.257 g/cm^3。可溶于苯。溶于乙醇并分解。140~150℃ 及遇水分解。制备：由 $[Pt(CO)Cl_2]$ 与碘化氢反应制得。

金属有机化合物

三甲基铝（trimethyl aluminum）CAS 号 75-24-1。化学式 $Al(CH_3)_3$，分子量 72.09。无色液体。熔点 15℃，沸点 126℃，密度 0.688 g/mL。与水反应剧烈。与空气、氧化物、乙醇、卤烃、酸、碱、卤化物、氨水和胺接触均易分解。制备：可由金属铝与二甲基汞加热制得；或由金属铝与卤甲烷制成三卤代三甲基二铝，然后再与金属钠反应制得。用途：可作为烯烃聚合催化剂、引火燃料、发光二极管的 P 型掺杂剂，可用于制直链伯醇和烯烃、气相沉积等领域。

三甲基铟（trimethylindium）CAS 号 3385-78-2。化学式 $In(CH_3)_3$，分子量 159.92。在常温常压下为无色透明、具有特殊臭味的针状结晶。熔点 89℃，沸点 136℃，密度 1.568^{19} g/cm^3。溶于液氨、醚，易溶于苯、丙酮。与乙烷、庚烷等脂肪族饱和烃及甲苯、二甲苯等芳香族烃可以任意比例互溶。在冷乙醇、甲醇中分解。遇冷水剧烈分解产生甲基氢氧化铟和甲烷。与二甲醚、二甲硫醚、三甲基胺、三甲基膦、三甲基胂等生成 1∶1 配位化合物。可被干燥的氧气氧化为 $[(CH_3)_2In]_2O$。在空气中自燃。在室温和真空下可升华。制备：可由二甲基汞与金属铟加热制得。用途：可用于外延生长、有机合成、化学气相沉积等领域。

二甲基汞（dimethyl mecury）CAS 号 593-74-8。化

学式 $Hg(CH_3)_2$，分子量 230.66。常温常压下为无色液体，易燃，剧毒！熔点 -43℃，沸点 92℃，密度 3.187 g/mL。易溶于乙醇、乙醚，不溶于水。有挥发性，能渗过乳胶，可溶解橡胶和生胶。为已知最危险的有机汞化合物，对胎儿的神经系统、智商和记忆等有危害，数微升即可致死。制备：可由甲基锂与氯化汞在乙醚的环境下反应制得，或由汞、钠与碘甲烷反应制得。用途：可用于制备其他含甲基的金属有机化合物。

三乙基铝（triethyl aluminum） CAS 号 97-93-8。化学式 $Al(C_2H_5)_3$，分子量 114.16。无色透明液体，有毒！具有强烈的霉烂气味。熔点 -52.5℃，沸点 194℃，密度 0.84 g/mL。溶于苯，混溶于饱和烃类。具有强烈刺激和腐蚀作用，遇水或醇分解生成氢氧化铝和三乙氧基铝。化学活性很高，接触空气会冒烟自燃。对微量的氧及水分反应极其灵敏，易引起燃烧爆炸。与酸、卤素、醇、胺类接触发生剧烈反应。遇水强烈分解，放出易燃的烷烃气体。制备：可由二乙基汞与金属铝反应制得。用途：可作为催化剂、引发剂、半导体掺杂剂，可用于制备叔醇、仲醇和聚烯烃催化剂，也可用于镀铝、半导体等领域。

四甲基钛（tetramethyl titanium） CAS 号 2371-70-2。化学式 $Ti(CH_3)_4$，分子量 108.01。黄色晶体。对氧和水敏感，在 -40℃ 左右分解。制备：将四氯化钛和甲基氯化镁在 -78℃ 混合，析出浓绿色固体后除去反应液，在乙醚/乙烷混合液中重结晶制得。用途：可作为半导体材料的前体，可用于有机合成。

乙烯三氯合铂（III）酸钾（potassium ethylene trichloroplatinate(III)） 亦称"蔡斯盐""蔡氏盐"。CAS 号 35443-67-5。化学式 $K[Pt(C_2H_4)Cl_3]$，分子量 368.59。黄色晶体，对空气稳定。其结构中乙烯分子的碳碳双键几乎和 $PtCl_3$ 平面垂直，C_2H_4 分子中的氢原子向外弯，致使乙烯配体不再保持平面型。碳碳键长由自由乙烯分子的 133.7 pm 伸长到 137 pm。碳碳双键的伸缩振动波数从自由乙烯分子的 1 623 cm^{-1} 降到 1 526 cm^{-1}。这是铂和乙烯分子间形成 σ-π 配键的协同作用，削弱了碳碳双键。这种成键作用使乙烯活化而易发生反应，在有机合成上具有重要意义。制备：由乙烯和 K_2PtCl_4 稀溶液在催化量的 $SnCl_2$ 存在下制备。用途：是有机铂化学中的重要模型化合物，可用于合成其他铂化合物、酶衍生物抑制剂。

四乙基铅（tetraethyl lead；tetraethylplumbate） CAS 号 78-00-2。化学式 $Pb(C_2H_5)_4$，分子量 323.44。无色易流动的油状液体，有芳香气味，剧毒！熔点 -136℃，沸点 198～202℃（分解）、70℃（1.3 kPa）、57～85℃（1.8 kPa）。易溶于苯、石油醚、汽油，微溶于无水乙醇，不溶于水、95％乙醇、稀酸、稀碱溶液。受热、见光分解，在 125～150℃ 分解迅速。燃烧时伴有橘红色火焰。制备：工业上由氯乙烷和钠铅合金在高压釜中反应，或用三乙基

铝为催化剂由铅、乙烯与氢反应；实验室可由格氏试剂或二乙基锌与四氯化铅反应制得。用途：可作为汽油抗震添加剂、有机合成的乙基化试剂、自由基链式反应的引发剂。

单茂基钛（IV）氯化物（cyclopentadienyl titanium (IV) trichloride） CAS 号 1270-98-0。化学式 $C_5H_5TiCl_3$，分子量 219.32。黄色或橙色晶体。熔点 210℃，密度 1.77 g/cm^3。制备：可由二氯二茂基钛或三甲基环戊二烯基硅与四氯化钛反应制得。用途：可作为烯烃聚合的催化剂，可用于合成茂基钛配合物。

二氯化二茂基钛（bis(η^5-cyclopentadienyl) titanium(IV) dichloride） 亦称"双（环戊二烯基）二氯化钛"。CAS 号 1271-19-8。化学式 $(C_5H_5)_2Cl_2Ti$，分子量 248.96。亮红色针状晶体，有毒！熔点 289～291℃，真空中 170℃ 升华，密度 1.60 g/cm^3。溶于氯仿、乙醇、甲苯，微溶于水、石油醚、苯、乙醚、二硫化碳、四氯化碳。在干燥空气中稳定，在潮湿气氛中缓慢水解。与苯基锂反应得 $(C_5H_5)_2Ti(C_6H_5)_2$，可在锌还原条件下生成二聚体，也可与 $TiCl_4$ 或 $SOCl_2$ 反应生成单茂配合物。制备：可由四氯化钛与茂基钠或茂基溴化镁在四氢呋喃或乙二醇二甲醚中反应制得。用途：可作为石油燃烧促进剂、抗震剂、硫化促进剂、Cp_2Ti^{2+} 的来源，可用于制 Ziegler-Natta 聚合催化剂、镀钛等。

二茂钒（vanadocene；bis(η^5-cyclopentadienyl) vanadium） CAS 号 1277-47-0。化学式 $V(C_5H_5)_2$，分子量 181.13。紫红色晶体。熔点 167～168℃。溶于四氢呋喃、苯、液氨。对空气敏感，遇空气立即氧化并燃烧。在高压下与一氧化碳反应生成稳定的 $C_5H_5V(CO)_4$。制备：可由三氯化钒或四氯化钒与茂基钠或茂基溴化镁在四氢呋喃、二噁烷、乙醚和苯等有机溶剂中反应，或由二茂基二氯化钒与氢化锂铝在四氢呋喃中反应制得。用途：可作为乙炔聚合催化剂、化学试剂，可用于镀钒。

二茂铬（chromocene；bis(η^5-cyclopentadienyl) chromium） CAS 号 1271-24-5。化学式 $Cr(C_5H_5)_2$，分子量 182.18。红色针状晶体，有毒！熔点 173℃，密度 1.43 g/cm^3。不溶于水，溶于液氨、四氢呋喃。在真空中 60～80℃ 升华，顺磁性。对空气和光都极敏感，迅速氧化，有时会自燃。制备：由无水三氯化铬与茂基钠或茂基溴化镁在四氢呋喃中反应，或由六羰基铬与环戊二烯于 350℃ 气相反应制得。用途：可作为乙烯聚合高效催化剂、氢化催化剂、硫化促进剂等。

二茂锰（manganocene；bis(η^5-cyclopentadienyl) manganese） CAS 号 73138-26-8。化学式 $Mn(C_5H_5)_2$，分子量 185.12。暗褐色晶体，有毒！熔点 173℃。溶于液氨、四氢呋喃、吡啶，不溶于烃类等非极性有机溶剂，略溶于苯，溶液能导电。与一氧化碳作用生成稳定的

$C_5H_5Mn(CO)_3$。对空气敏感,在空气中磨成细粉时燃烧爆炸。遇水和酸分解,伴随着特征性破裂声。在氮气氛中加热至 $159\sim160℃$ 时,晶体由暗褐色变为浅白红色,继续加热至 $173℃$ 熔融。在真空中 $100\sim130℃$ 升华,稳定至 $350℃$。制备:可由茂基钠与二溴化锰在沸腾的四氢呋喃中反应制得,在 $100\sim130℃$ 真空升华提纯。用途:可作为燃料和润滑油的添加剂、硫化促进剂、高效汽油抗爆剂,可用于金属镀锰。

二茂铁(bis(η^5-cyclopentadienyl) iron) 亦称"双(环戊二烯基)铁"。CAS 号 102-54-5。化学式 $Fe(C_5H_5)_2$,分子量 186.03。橙黄色有类似樟脑味的晶体,有毒! 熔点 $173\sim174℃$,沸点 $249℃$。溶于苯、乙醚和石油醚,不溶于水。气态分子在室温下两个茂环接近覆盖型(相差 $9°$),氢原子略朝向铁原子(离平面 $3.7°$),晶体中两个茂环为交错型。化学性质稳定,具有芳香族化合物特性。在煮沸的烧碱溶液中或盐酸中不溶解,也不分解。耐高温达 $400℃$ 以上,并耐紫外光作用,能升华。制备:由环戊二烯钠与氯化亚铁在四氢呋喃中反应,或由环戊二烯和还原铁在氮气流中 $300℃$ 反应制得。用途:可作为催化剂、火箭燃烧添加剂、汽油抗震剂、硅橡胶和硅树脂的熟化剂、紫外光的吸收剂、抗菌剂、抗肿瘤药物、补血剂、分析试剂。

二茂钴(cobaltocene;bis(η^5-cyclopentadienyl) cobalt) CAS 号 1277-43-6。化学式 $Co(C_5H_5)_2$,分子量 189.12。黑紫色晶体。熔点 $173\sim174℃$,真空中 $40℃$ (13 Pa)升华,密度 $1.49\ g/cm^3$。溶于烃类,溶液呈深紫色。一般在芳烃溶剂中贮存。具有强还原性,对氧敏感,易氧化生成稳定的阳离子 $[(C_5H_5)_2Co]^+$,与水反应生成二茂钴阳离子和氢气,与一氧化碳生成 $(C_5H_5)Co(CO)_2$。制备:可由二氯化钴与茂基钠在四氢呋喃或乙二醇二甲醚中反应制得。用途:可作为合成吡啶类化合物的催化剂、烯烃聚合反应抑制剂、硫化促进剂、油漆催干剂、脱氧剂等。

二茂镍(nickelocene;bis(η^5-cyclopentadienyl) nickel) 亦称"双(环戊二烯基)镍""茂镍"。CAS 号 1271-28-9。化学式 $Ni(C_5H_5)_2$,分子量 188.88。深绿色针状晶体,有毒! 熔点 $171\sim173℃$,沸点 $249℃$,密度 $1.47\ g/cm^3$。溶于有机溶剂,不溶于水。溶液对空气较敏感,氧化为较不稳定的黄橙色阳离子 $[(C_5H_5)_2Ni]^+$,与一氧化氮生成 C_5H_5NiNO,在乙醇中与钠汞齐反应生成 $C_5H_5NiC_5H_7$。在真空中升华。制备:可由茂基钾与二氯化镍在液氨中反应,或茂基钠与二氯化镍在乙醚中反应制得。用途:可作为交叉偶联反应的催化剂、烃类精炼催化剂、氢化催化剂、自由基聚合反应抑制剂、硫化促进剂、燃料抗震剂等,可用于镀镍、制高纯镍等。

亚硝酰基茂基镍(cyclopentadienyl nitrosyl nickel (I)) CAS 号 12071-73-7。化学式 $(C_5H_5)NiNO$,分子量

153.79。深红色液体,剧毒! 沸点 $41.5℃$。溶于有机溶剂,溶液稳定。蒸馏时发生微弱分解。制备:可由二茂镍与一氧化氮于 $90\sim100℃$ 反应制得。用途:可作为燃料抗震添加剂。

二苯铬(bis(η^6-benzene)chromium) CAS 号 1271-54-1。化学式 $Cr(C_6H_6)_2$,分子量 208.22。深褐色晶体,高毒! 熔点 $284\sim285℃$,真空中 $160℃$ 升华,密度 $1.519\ g/cm^3$。不溶于水,微溶于乙醚、石油醚,溶于苯。与一氧化碳在高压加热下作用生成六羰基铬和三羰基苯合铬。$300℃$ 热分解出金属铬,在空气中氧化分解。制备:可将三氯化铬、苯、三氯化铝和铝粉的混合物在玻璃封管内加热至 $150℃$,再经甲醇和水处理后用连二亚硫酸钠还原制得。用途:可作为化学合成中间体,烯烃或炔烃聚合催化剂的组分。

五苯基砷(pentaphenyl arsenium) CAS 号 19376-61-5。化学式 $As(C_6H_5)_5$,分子量 460.44。熔点 $158℃$。溶于环己烷。制备:可由三苯基砷或三苯基砷卤化物或三苯基砷羰基化物与苯基锂反应制得。用途:可用于合成含砷的配合物,可作为金属有机试剂用于有机合成。

双(二亚苄基丙酮)钯(bis(dibenzylideneacetone) palladium(0)) CAS 号 32005-36-0。化学式 $Pd[(C_6H_5C_2H_2)_2CO]_2$,分子量 575.00。熔点 $135℃$。不溶于水,溶于二氯甲烷、氯仿、二氯乙烷、丙酮、乙腈、苯。在空气中稳定,制备:可向二亚苄基丙酮和 $Na_2[Pd_2Cl_6]$ 的甲醇溶液中加入乙酸钠反应制得。用途:可用于催化丙烯基、烯基、芳基卤化物与有机锡的交叉偶合,乙基卤化物与乙烯基锌的交叉偶合,环化反应;烯基、芳基卤化物的羰基化反应。

四(三苯基膦)镍(tetrakis(triphenylphosphine) nickel(0)) CAS 号 15133-82-1。化学式 $Ni[P(C_6H_5)_3]_4$,分子量 1 107.84。红棕色晶体。熔点 $120\sim123℃$。极易溶于苯、甲苯、四氢呋喃,微溶于乙醚,难溶于正庚烷和乙醇。固体或溶液在空气中迅速分解。制备:可由双(2,4-戊二酮基)合镍、三苯基膦与三乙基铝反应制得。用途:可作为氢化硅烷化、交叉偶联反应的催化剂。

氯化三(三苯基膦)合铑(tri(triphenylphosphine) rhodium chloride) 亦称"威尔金森催化剂"。CAS 号 14694-95-2。化学式 $Rh[P(C_6H_5)_3]_3Cl$,分子量 925.21。红紫色晶体。不溶于水,溶于苯、乙醇、氯仿、二氯甲烷等大多数有机溶剂,同时伴随着膦的解离。溶液可与氧发生反应。在空气中缓慢分解。制备:可由三氯化铑水合物与三苯基膦在乙醇体系中反应制得。用途:可作为高效氢化催化剂、络合剂,可用于如选择氢化、转移氢化,烯、炔的氢化和氢甲酰化,4-烯醛的环化,醛的还原脱羰,黄酰卤的脱二氧化硫,重氮氟硼酸盐的还原,羰基的氢硅烷化等催

化反应。

四(三苯基膦)钯（tetrakis（triphenylphosphine）palladium(0)）　CAS 号 14221-01-3。化学式 $Pd[P(C_6H_5)_3]_4$，分子量 1 155.58。亮黄色晶体。熔点 $100\sim105℃$。极易溶于苯，溶于二氯甲烷、氯仿，微溶于丙酮、四氢呋喃、乙腈，不溶于水。对空气敏感。$115℃$ 分解。制备：可由二氯化钯与三苯基膦在二甲亚砜中反应，用水合肼还原制得。用途：可广泛用于钯催化偶联反应。

四(三苯基膦)铂（tetrakis（triphenylphosphine）platinum(0)）　CAS 号 14221-02-4。化学式 $Pt[P(C_6H_5)_3]_4$，分子量 1 244.23。浅黄色粉末。不溶于水。可与氧化物反应生成 Pt(II)衍生物，与无机酸反应生成相应氢化物，与氧气反应生成双氧配合物，与一氧化碳、碘代甲烷、氟代烷基衍生物、二硫化碳、氯代烯烃、硫化氢、二氧化硫等反应形成 Pt(II)或 Pt(0)的化合物或配合物。在空气中，$118\sim120℃$ 时分解为红色液体；在真空中于 $159\sim160℃$ 熔化成黄色液体。制备：可由 $K_2[PtCl_4]$、碱性乙醇、三苯基膦反应制得。用途：可作为烯烃的氢化硅烷化、硅-碳键断裂、硅橡胶硫化、羰基化、氢化、烯烃异构化、有机汞化合物氧化等反应的催化剂、可用于制铂化合物。

左旋反式二胺环己烷草酸铂（trans-1，2-diaminocyclohexane oxalatoplatinum；trans-l-diaminocyclohexane oxalatoplatinum）　亦称"奥沙利铂"。CAS 号 61825-94-3。化学式 $Pt[1,2-C_6H_{10}(NH_2)_2C_2O_4]$，分子量 397.29。白色或类白色冻干疏松块状物或粉末。微溶于水，极微溶解于甲醇，几乎不溶于氯仿、乙醚。制备：可由氯亚铂酸钾和反式左旋-1,2-环己二胺反应，然后依次与硝酸银和草酸钾反应制得。用途：可作为治疗大肠癌的抗肿瘤药。

二环辛四烯铀（uranocene）　CAS 号 11079-26-8。化学式 $U(C_8H_8)_2$，分子量 446.33。绿色固体。密度 2.29 g/cm^3。有机溶剂中溶解性较差。是金属环辛四烯基配合物的模型化合物。制备：可由环辛四烯钾与四氯化铀反应制得。用途：可用于放射性金属的处理。

配 合 物

四氟合铍酸钠（sodium fluoberyllate）　亦称"氟铍酸钠"。CAS 号 13871-27-7。化学式 Na_2BeF_4，分子量 130.99。白色正交系或单斜系晶体，剧毒！略溶于水。高温分解。制备：由绿柱石与氟化钠或酸式氟化钠反应，生成四氟合铍酸钠和六氟合铝酸钠，再经分离制得。用途：可用于制单质铍及其他铍化合物。

四氟合铍酸钾（potassium fluoberyllate）　亦称"氟铍酸钾"。CAS 号 7787-50-0。化学式 K_2BeF_4，分子量 163.21。无色晶体。溶于水，不溶于乙醇。受热分解。制备：可由氟化铍和氟化钾在热水中反应，或由氢氧化铍或碳酸钾水溶液与氢氟酸反应制得。

氨合三碘化氮（nitrogen triiodide monoammine）　化学式 $NI_3\cdot NH_3$，分子量 411.75。黑色晶体。密度 3.5 g/cm^3。不溶于无水乙醇、冷水，热水中分解。溶于盐酸、硫氰化钾、硫代硫酸钠溶液。受热高于 20℃ 时分解，受强热、轻击或日光照射时爆炸，分解为氢气、碘和碘化铵。具有弱氧化性。制备：可将碘粉加入冷的浓氨水中反应制得。

六氨合高氯酸镁（hexamminemagnesium perchlorate）　化学式 $[Mg(NH_3)_6](ClO_4)_2$，分子量 325.39。白色晶体。密度 1.41 g/cm^3。溶于液氨。制备：可由高氯酸镁在液氨中于 $-40℃$ 反应制得。

六氟合铝酸钠（sodium hexafluoroaluminate）　亦称"氟铝酸钠""冰晶石"。CAS 号 15096-52-3。化学式 Na_3AlF_6，分子量 209.94。无色单斜系或立方系结晶，常因含杂质而呈灰白色、淡黄色、淡红色或黑色，常呈不可分割的致密块状，具有玻璃光泽。熔点 1 012℃，密度 2.90 g/cm^3（单斜）、2.77 g/cm^3（立方）。略溶于水，不溶于盐酸。遇碱分解。565℃ 由单斜相转化为立方相。制备：可向铝酸钠和氟化钠溶液中通入二氧化碳制得，工业上可从磷肥生产的副产物中获得。用途：可作为炼铝助熔剂、农业杀虫剂、橡胶填充剂、搪瓷乳白剂，可用于玻璃、搪瓷、树脂、橡胶工业。

六氟合铝酸钾（potassium hexafluoroaluminate）　亦称"氟铝酸钾""氟化铝钾"。CAS 号 13775-52-5。化学式 K_3AlF_6，分子量 258.67。白色粉末，有毒！微溶于水。制备：可由氟化铝与氟化钾反应，或将氧化铝、碳酸钾溶于氢氟酸制得。用途：用于玻璃、陶瓷工业。

六氟合铝酸铵（ammonium hexafluoroaluminate）　亦称"氟铝酸铵""氟化铝铵"。CAS 号 7784-19-2。化学式 $(NH_4)_3AlF_6$，分子量 195.09。白色立方系微晶。密度 1.78 g/cm^3。易溶于水，水溶液能腐蚀玻璃。有较高的稳定性。加热至 100℃ 以上仍不分解。制备：由新沉淀的氢氧化铝分成几批加到浓氟化铵热溶液中制得。用途：可作为助熔剂，可用于制备高纯氟化铵。

三氯化六氨合铝（hexammine aluminum chloride）

化学式$[Al(NH_3)_6]Cl_3$,分子量 235.52。无色易潮解晶体。密度 1.412 g/cm³。溶于水,暴露在空气中失氨形成氢氧化铝和氯化铵。加热分解。制备:可由充分干燥的氨气与气态氯化铝反应制得。用途:可用于电解法制铝和氯。

碱式草酸钛铵(ammonium bis(oxalato)oxotitanate) CAS 号 10580-03-7。化学式$(NH_4)_2TiO(C_2O_4)_2·H_2O$,分子量 294.03。无色透明单斜系晶体。易溶于冷水。制备:在热水浴中将新制的氢氧化钛(IV)加入到草酸氢铵的浓溶液中,并用浓硫酸干燥制得。用途:可用作媒染剂。

氯化六氨合铬(III)(hexamminechromium(III) chloride) 化学式$[Cr(NH_3)_6]Cl_3·H_2O$,分子量 278.55。黄色晶体。密度 1.585 g/cm³。溶于水。空气中易风化。制备:将无水三氯化铬加入氨水中溶解制得。

六氰合铬(III)酸钾(potassium cyanochromate (III)) 亦称"氰铬酸钾""氰化铬钾"。CAS 号 13601-11-1。化学式$K_3[Cr(CN)_6]$,分子量 325.40。浅黄色晶体。密度 1.71 g/cm³。溶于水,不溶于乙醇。避光及固态下稳定。水溶液可缓慢水解生成氢氧化铬,光照和加热可加速水解。易被无机酸分解。干燥的盐受热至159℃时开始分解,灼烧至赤热时变黑并熔化,产生绿色的三氧化二铬残渣。制备:可由乙酸铬(III)与氰化钾反应,或由三氧化铬与氰化钾反应制得。

三草酸根合铬(III)酸钾(potassium chromium oxalate) 亦称"草酸铬钾"。CAS 号 15275-09-9。化学式$K_3Cr(C_2O_4)_3·3H_2O$,分子量 487.39。黑绿色单斜系晶体。可溶于水。制备:可由草酸、草酸钾与铬酸钾反应制得。用途:可用于鞣革、染色。

氯化一氯五氨合铬(pentamminechlorochromium(III) chloride) CAS 号 13820-89-8。化学式$[Cr(NH_3)_5Cl]Cl_2$,分子量 243.51。红色八面体晶体。密度 1.696 g/cm³。微溶于水,不溶于盐酸。制备:由重铬酸钾被浓盐酸与乙醇还原,然后进一步用锌与盐酸还原,得到二价的铬盐水溶液,再加入氨水溶液与氯化铵氧化制得;或由三氯化六氨合铬溶于热水后,再与浓盐酸沸煮制得;或由无水三氯化铬经过液氨处理制得。用途:可用于制各种铬盐。

氯化二氯四水合铬(III)(tetraquadichlorochromium (III) chloride) 化学式$[Cr(H_2O)_4Cl_2]Cl·2H_2O$,分子量 266.45。绿色正交系晶体。熔点83℃,密度 1.76 g/cm³。溶于水、乙醇,微溶于丙酮,不溶于乙醚。吸湿性极强,溶于乙醇变为绿色溶液。15℃时在浓硫酸作用下变为$[CrCl_2(H_2O)_4]Cl$。制备:将三氧化铬与浓盐酸的混合物煮沸、蒸发,并向溶液中通入氯化氢至饱和,滤出糊状物,将其溶于等量水中,再通入氯化氢至饱和,析出晶体即得。

六氟硅酸六脲合铬(hexaureachromium fluosilicate) 亦称"氟硅酸六脲合铬"。化学式$[Cr(CON_2H_4)_6]_2·[SiF_6]_3·3H_2O$,分子量 1 304.93。浅绿色叶状晶体。溶于水,不溶于乙醇。制备:可由氟硅酸铬溶液与足量的尿素反应制得。

五氰合镍(II)酸三乙二胺合铬(III)(triethylenediaminechromium(III) pentacyanonickelate) 化学式$[Cr(NH_2C_2H_4NH_2)_3][Ni(CN)_5]·\frac{3}{2}H_2O$,分子量 448.04。深红色晶体,极易分解。制备:向四氰合镍酸钾和氰化钾的混合溶液中搅拌加入三氯化三乙二胺合铬(III)溶液,将所得溶液在 0℃下静置 8 小时后,析出晶体制得。

高铼酸六脲合铬(hexaureachromium perrhenate) 化学式$[Cr(CON_2H_4)_6](ReO_4)_3$,分子量 1 162.94。绿色针状晶体。密度 2.662 g/cm³。溶于水。制备:可由高铼酸铬水溶液与过量的尿素反应,或由三氯化六脲合铬的浓溶液与高铼酸反应制得。

六氟合锰(IV)酸钾(potassium hexafluoromanganate (IV)) CAS 号 16962-31-5。化学式$K_2[MnF_6]$,分子量 247.14。金黄色片状六方系晶体。遇水则分解,加热时分解加快,析出含水的二氧化锰。加热时变为红棕色,冷却后仍返至原色。制备:可由氯化锰(II)、氯化钾与氟反应,或由锰酸钾与氢氟酸反应制得。

六氯合锰(II)酸钾(potassium hexachloromanganate (II)) 化学式$K_4[MnCl_6]$,分子量 424.06。无色三方系晶体。密度 2.31 g/cm³。可溶于水。制备:用氯化锰(II)的盐酸溶液加过量氯化钾制得。

六氰合锰(II)酸(hexacyanomanganese(II) acid) 化学式$H_4[Mn(CN)_6]$,分子量 215.07。不溶于水、醚,微溶于醇。受热分解。

六氰合锰(II)酸钾(potassium hexacyanomanganate (II)) 化学式$K_4[Mn(CN)_6]·3H_2O$,分子量 421.48。暗紫色片状晶体。在水中溶解时立即分解变为$K[Mn(CN)_3]$,并进一步分解。在冷的乙醇溶液中短时间稳定。在空气中分解,有一部分被氧化,变为$K_3[Mn(CN)_6]$和三氧化二锰,故宜保存在 10%的氰化钾水溶液中。制备:由氰化钾与乙酸锰或碳酸锰反应制得。

六氰合锰(III)酸钾(potassium hexacyanomanganate (III)) CAS 号 237-848-8。化学式$K_3[Mn(CN)_6]$,分子量 328.34。暗紫色单斜系柱状晶体。溶于水,加热时迅速分解并析出三氧化二锰。其溶液用钾汞齐处理,可被还原为六氰合锰(II)酸盐。制备:可由乙酸锰(III)或磷酸锰(III)与氰化钾反应;或由碳酸锰(II)与氰化钾反应,再经空气氧化制得。

六氰合亚铁(II)酸(hexacyanoiron(II) acid) 亦称

"亚铁氰酸""六氰合亚铁酸"。CAS 号 17126-47-5。化学式 $H_4[Fe(CN)_6]$，分子量 215.98。无色斜方系晶体或白色粉末。密度 1.536^{25} g/cm³。溶于水、酸，极易溶于乙醇，不溶于丙酮。在干燥空气中稳定，在潮湿空气中可被氧化为蓝色。在空气中加热至 190℃分解。为强的四元酸，可与醇、醚、醛、酮、酯等有机含氧化合物形成镝盐，可与硫酸生成特殊加合物，如 $H_4[Fe(CN)_6] \cdot 5H_2SO_4$。制备：可由盐酸或冷的浓硫酸与亚铁氰酸钾在乙醚中反应，之后在 80～90℃的氢气流中加热脱去乙醚制得；或由亚铁氰酸的钡盐或铅盐与硫酸反应制得。

六氰合铁(II)酸镁（magnesium hexacyanoferrite(II)）　亦称"亚铁氰化镁"。化学式 $Mg_2Fe(CN)_6 \cdot 12H_2O$，分子量 476.76。黄色晶体。溶于水，不溶于乙醇。能被酸、碱分解。200℃时分解。制备：由亚铁氰化钾与镁盐溶液在乙醇溶液中反应制得。

六氰合铁(II)酸铝（aluminium hexacyanoferrite(II)）　亦称"亚铁(II)氰化铝"。化学式 $Al_4[Fe(CN)_6]_3 \cdot 17H_2O$，分子量 1 050.05。浅棕色粉末。溶于稀酸中，微溶于水。制备：可由硝酸铝和六氰合铁(II)酸钾反应制得。

六氰合铁(II)酸钾（potassium ferrocyanide）　亦称"亚铁氰化钾""黄血盐"。CAS 号 14459-95-1。化学式 $K_4[Fe(CN)_6] \cdot 3H_2O$，分子量 422.42。浅黄色单斜系结晶或粉末。密度 1.85 g/cm³。溶于水、丙酮，不溶于乙醇、乙醚、液氨。遇卤素、过氧化物则形成铁氰化钾。其水溶液遇光分解为氢氧化铁。可与过量三价铁反应生成普鲁士蓝。与稀硫酸加热时产生氰化氢，在浓硫酸中分解生成一氧化碳。加热至 100℃变为无水物，230℃以上分解，强热分解为氮气、氰化钾和碳化铁。制备：可由氰化钠与硫酸亚铁反应，再加入氯化钾制得。用途：可作为分析试剂、色谱试剂、显影剂、食品添加剂，可用于钢铁工业、油漆、颜料、食品、医药等领域。

六氰合铁(II)酸钙（calcium ferrocyanide）　亦称"氰亚铁酸钙"。CAS 号 13821-08-4。化学式 $Ca_2[Fe(CN)_6] \cdot 11H_2O$，分子量 490.27。黄色三斜系晶体。密度 1.68 g/cm³。易溶于水，不溶于乙醇。熔点前分解。制备：可由普鲁士蓝与碳酸钙或氢氧化钙混合蒸煮制得。

六氰合铁(II)酸锰（manganese(II) ferrocyanide）　亦称"亚铁氰化锰(II)"。化学式 $Mn_2[Fe(CN)_6] \cdot 7H_2O$，分子量 447.93。浅绿色至白色粉末。不溶于水、铵盐溶液，溶于盐酸。制备：由氯化锰与六氰合铁(II)酸钾，在碱性介质中反应制得。

六氰合铁(II)酸亚铁（iron(II) ferrocyanide）　CAS 号 14038-43-8。化学式 $Fe_2[Fe(CN)_6]$，分子量 323.65。白色或浅蓝色无定形粉末。密度 1.60 g/cm³。不溶于水。加热至 100℃分解，真空中加热至 430℃进一步分解。

六氰合铁(II)酸铁（iron(III) ferrocyanide）　亦称"普鲁士蓝"。CAS 号 14038-43-8。化学式 $Fe_4[Fe(CN)_6]_3$，分子量 859.23。暗蓝色晶体。密度 1.80 g/cm³。溶于浓盐酸、硫酸，不溶于水、醇、醚。溶于草酸、过量的 $K_4[Fe(CN)_6]$ 中生成深蓝色溶液。被强碱溶液分解为氢氧化铁沉淀。制备：由亚铁氰化钾与过量铁盐反应制得。用途：用作涂料、颜料、印刷油墨等。

六氰合铁(II)酸钴（cobalt(II) ferrocyanide）　亦称"水合亚铁氰化钴"。化学式 $Co_2[Fe(CN)_6] \cdot xH_2O$。浅绿色粉末。不溶于水和盐酸，溶于氰化钾溶液。制备：可由六氰合铁(II)酸钾和钴盐反应制得。用途：可用作钴的分析试剂。

六氰合铁(II)酸镍（nickel(II) ferrocyanide）　亦称"六氰亚铁酸镍"。化学式 $Ni_2[Fe(CN)_6]$，分子量 329.34。密度 1.892 g/cm³。不溶于水、盐酸和铵盐溶液，可溶于氨水和氰化钾溶液。

六氰合铁(II)酸铜（copper(II) ferrocyanide）　亦称"氰亚铁酸铜""海特奇特(Hatchett)棕""桃花心木棕"。化学式 $Cu_2[Fe(CN)_6] \cdot 7H_2O$，分子量 465.15。红棕色粉末，有毒！溶于硝酸、氨水以及氰化钾溶液，不溶于水。加热至 120℃分解。制备：由硫酸铜和六氰合铁(II)酸钾反应制得。用途：可用于陶瓷、釉彩、照相等领域。

六氰合铁(II)酸锌（zinc hexacyanoferrite(II)）　亦称"亚铁氰化锌"。化学式 $Zn_2Fe(CN)_6$，分子量 342.69。白色粉末。密度 1.85 g/cm³。其三水合物为白色粉末。不溶于酸、稀酸，溶于过量碱，形成可溶性的亚铁氰化钾锌。制备：可由硫酸锌与亚铁氰化钾反应制得。用途：作为防腐剂。

六氰合铁(II)酸镓（gallium hexacyanoferrite(II)）　亦称"亚铁氰化镓"。化学式 $Ga_4[Fe(CN)_6]_3$，分子量 914.74。不溶于浓盐酸。加热及在水中分解。制备：由亚铁氰化钾与镓盐溶液反应制得。

六氰合铁(II)酸锶（strontium hexacyanoferrite(II)）　亦称"亚铁氰化锶"。化学式 $Sr_2Fe(CN)_6 \cdot 15H_2O$，分子量 657.42。黄色单斜系晶体。溶于水。制备：可由锶盐溶液与亚铁氰化钾反应制得。

六氰合铁(II)酸银（silver ferrocyanide）　亦称"亚铁氰化银""氰亚铁酸银"。化学式 $Ag_4[Fe(CN)_6] \cdot H_2O$，分子量 661.44。白色晶粉。溶于氰化钾溶液，不溶于水、铵盐、氨水。制备：由硝酸银与亚铁氰化物反应制得。

六氰合铁(II)酸镉（cadmium ferrocyanide）　亦称"亚铁氰化镉"。化学式 $Cd_2[Fe(CN)_6] \cdot H_2O$，分子量 454.78。白色粉末。易溶于盐酸，不溶于水。制备：可由六氰合铁(II)酸钾溶液和与镉盐溶液以 1∶2 摩尔比相混合制得。

六氰合铁（II）酸钡（barium ferrocyanide）　亦称"氰亚铁酸钡"。化学式 $Ba_2[Fe(CN)_6] \cdot 6H_2O$，分子量 594.73。黄色单斜系晶体。熔点 40℃，密度 2.666 g/cm^3。易溶于硝酸、盐酸和浓硫酸中，难溶于水。40℃时失去 1 分子结晶水变为奶油色粉末。制备：可由六氰合铁酸钙溶液与氢氧化钡反应制得。

六氰合铁（II）酸铊（I）（thallium(I) ferrocyanide）　亦称"亚铁氰化亚铊"。化学式 $Tl_4[Fe(CN)_6] \cdot 2H_2O$，分子量 1 065.51。黄色三斜晶体。密度 4.641 g/cm^3，溶于水。制备：由混合亚铁氰化钾与硫酸亚铊水溶液制得。

六氰合铁（II）酸铅（lead ferrocyanide）　亦称"亚铁氰化铅""氰亚铁酸铅"。CAS 号 14401-61-0。化学式 $Pb_2[Fe(CN)_6] \cdot 3H_2O$，分子量 680.40。浅黄色粉末。微溶于硫酸，不溶于水。100℃失水。制备：由醋酸铅的中性溶液与过量的亚铁氰化钾反应制得。

六氰合铁（II）酸铵（ammonium ferrocyanide）　CAS号 14481-29-9。化学式 $(NH_4)_4[Fe(CN)_6] \cdot 3H_2O$，分子量 338.15。黄色单斜系晶体。溶于水，微溶于醇。放置空气中或见光则失去氨而变为蓝色。加热至 100℃失去结晶水，进一步加热发生分解放出氨气、氰化氢和氮气。与三价铁离子溶液反应立即生成深蓝色的普鲁士蓝沉淀。制备：可由六氰合铁（II）酸与氨水反应，或六氰合铁（II）酸银与硫氰酸铵反应，或由亚铁盐与过量氰化铵溶液反应制得。用途：可用作分析试剂。

三草酸根合铁（III）酸钠（sodium iron(III) oxalate）　亦称"草酸铁（III）钠"。CAS 号 5936-14-1。化学式 $Na_3[Fe(C_2O_4)_3] \cdot 10H_2O$，分子量 365.89。绿色单斜系晶体。密度 $1.937^{17.5}$ g/cm^3。加热至 100～120℃开始失去 1 分子结晶水。制备：可向三价铁溶液中加入过量草酸钠反应制得。

三草酸合铁（III）酸钾（potassium iron(III) trioxalate）　CAS 号 14883-34-2。化学式 $K_3[Fe(C_2O_4)_3] \cdot 3H_2O$，分子量 491.26。翠绿色单斜系晶体。熔点 230℃，沸点 365.1℃，密度 2.13 g/cm^3。溶于水，难溶于乙醇。加热至 100℃脱去 3 分子结晶水，230℃分解。制备：可由硫酸亚铁铵，加草酸钾制得草酸亚铁后经氧化制得；或由硫酸铁或氯化铁与草酸钾反应制得。用途：可用于制备含铁催化剂和光测量。

氯化六氨合亚铁（hexamineiron(II) chloride）　化学式 $[Fe(NH_3)_6]Cl_2$，分子量 228.94。白色粉末。密度 1.428 g/cm^3。在空气中由最初的白色变为黄色、棕色、绿色，最后呈黑色。分解时生成氧化铁、氨和氯化铵。

亚硝基五氰合铁（II）酸钠（sodium nitroferricyanide(III)）　亦称"硝普钠""亚硝基铁氰化钠""五氰基亚硝酰基酸钠"。CAS 号 13755-38-9。化学式 $Na_2[Fe(CN)_5(NO)] \cdot 2H_2O$，分子量 297.95。深红色透明正交系晶体。密度 1.72 g/cm^3。溶于水，微溶于醇。其水溶液不稳定，逐渐分解变成绿色。加热至 100℃时失去 1 分子结晶水，至 160℃时分解。制备：可由亚铁氰化钾与硝酸反应，或由 $H_2[Fe(CN)_5(NO)]$ 与碳酸钠反应制得。用途：可作为血管扩张剂，还可作为分析试剂用于检定醛、酮、二氧化硫、锌、碱金属、硫化物等。

亚硝基五氰合铁（III）酸钾（potassium nitroprusside）　亦称"硝普钾""亚硝基铁氰化钾""亚硝酰五氰合铁酸钾""五氰一氧氮合铁酸钾"。CAS 号 14709-57-0。化学式 $K_2[Fe(CN)_5(NO)] \cdot 2H_2O$，分子量 330.17。红色单斜系晶体，有毒！有吸湿性，极溶于水，可溶于乙醇。制备：由亚铁氰化钾、硝酸与氢氧化钾作用制得。用途：可用作检验醛、酮、硫化物、二氧化硫、锌等的试剂，还可用于测定铜的含量。

亚硝基五氰合铁（II）酸银（silver nitroprusside）　亦称"亚硝基铁氰化银"。CAS 号 13755-36-7。化学式 $Ag_2[Fe(CN)_5(NO)]$，分子量 431.67。淡粉红色固体。不溶于水、乙醇、硝酸，溶于氨水。制备：可由硝普钠与硝酸银反应制得。用途：可用作半胱氨酸形成二硫键的催化剂。

亚硝基五氰合亚铁酸铜（copper(II) nitroferricyanide）　亦称"亚硝基铁氰化铜"。CAS 号 14709-56-9。化学式 $Cu[Fe(CN)_5(NO)] \cdot 2H_2O$，分子量 315.51。淡绿色粉末。不溶于水和醇，溶于碱。

六氰合铁（III）酸（hexacyanoiron(III) acid）　亦称"铁氰酸"。化学式 $H_3[Fe(CN)_6]$，分子量 214.97。棕黄色针状晶体。可溶于水和乙醇，不溶于乙醚。加热至 50～60℃分解。为三元酸，能与胺、醛、醇、醚等生成加合物。在空气中分解则会变蓝。制备：可由浓盐酸和铁氰酸钾饱和溶液反应制得。用途：可用作金属表面腐蚀抑制剂。

六氰合铁（III）酸钠（sodium ferricyanide）　亦称"铁氰化钠""赤血钠盐"。CAS 号 14217-21-1。化学式 $Na_3[Fe(CN)_6] \cdot H_2O$，分子量 298.93。鲜红色晶体，有毒！溶于水，不溶于醇、醚。遇酸分解出氰化氢，遇亚铁盐生成蓝色沉淀。应密封保存。制备：可由过量氰化钠与三价铁盐反应，或由黄血盐钠经氯气或高锰酸盐氧化制得。用途：可作为氧化剂、减薄剂、染色剂、渗碳剂等，可用于医药、摄影、印染、钢铁等领域。

六氰合铁（III）酸钾（potassium ferricyanide）　亦称"铁氰化钾""赤血盐"。CAS 号 13746-66-2。化学式 $K_3[Fe(CN)_6]$，分子量 329.24。深红色晶体。密度 1.89^{17} g/cm^3。溶于水、丙酮，不溶于乙醇。遇酸或受热分解。其水溶液呈黄绿色，在存放过程中或经煮沸分解，在光和还原剂的作用下变为亚铁氰化钾。其热溶液能被酸及酸式盐分解，放出剧毒氢氰酸气体。在碱性介质中是强氧化剂。遇亚铁盐溶液生成蓝色沉淀。制备：可由亚铁氰化钾溶液在碱性环境下电解或用氯气氧化制得。用途：可用于印染、摄影、电镀、制革、化学分析、有机合成等领域。

六氰合铁(III)酸钙（calcium ferricyanide） 亦称"氰铁酸钙"。化学式 $Ca_3[Fe(CN)_6]_2 \cdot 12H_2O$，分子量 760.32。红色针状晶体。易潮解，极易溶于水。制备：可由氯气、氧气或二氧化铅在不加热或温热的条件下氧化氰亚铁酸钙制得。

六氰合铁(III)酸亚铁（iron(II) ferricyanide） 亦称"滕氏蓝"。CAS 号 14038-43-8。化学式 $Fe_3[Fe(CN)_6]_2$，分子量 591.45。深蓝色固体。密度 $1.80\ g/cm^3$。不溶于水、醇、稀酸。加热或强碱溶液可使其分解。制备：由铁氰化钾与亚铁盐反应制得。用途：可用于检验亚铁离子、可用作涂料、颜料、印刷油墨等。

六氰合铁酸铁（iron(III) ferricyanide） 亦称"柏林绿"。化学式 $Fe[Fe(CN)_6]$，分子量 267.79。蓝绿色立方系晶体。制备：由普鲁士蓝氧化制得。

六氰合铁(III)酸钴（cobalt(III) ferricyanide） 亦称"铁氰化钴"。化学式 $Co_3[Fe(CN)_6]_2$，分子量 600.70。红色针状晶体。溶于氨水，不溶于水和盐酸。制备：可由六氰合铁(III)酸钾与钴盐反应制得。用途：可作为有镍存在时钴的灵敏检测试剂。

六氰合铁(III)酸亚铜（copper(I) hexacyanoferrate(III)） 化学式 $Cu_3Fe(CN)_6$，分子量 402.57。棕红色固体。溶于氨水，不溶于水、盐酸。

六氰合铁(III)酸铜（copper(II) ferricyanide） 化学式 $Cu_3[Fe(CN)_6]_2 \cdot 14H_2O$，分子量 886.74。黄绿色固体。溶于氨水，不溶于水和酸。制备：由硫酸铜和六氰合铁(III)酸钾反应制得。

六氰合铁(III)酸银（sliver ferricyanide） 亦称"铁氰化银""氰铁酸银"。化学式 $Ag_3[Fe(CN)_6]$，分子量 535.55。橙色粉状晶体。溶于氨水、热的碳酸铵溶液，难溶于水，不溶于酸。制备：由浓硝酸氧化亚铁氰化银制得。

六氰合铁(III)酸铅（lead ferricyanide） 亦称"氰铁酸铅"。化学式 $Pb_3[Fe(CN_6)]_2 \cdot 5H_2O$，分子量 1 015.47。黑棕至红色单斜系晶体。冷水中溶解缓慢，溶于热水，加热至 100℃分解。溶于强碱和硝酸。加热失水，110～120℃分解。

六氰合铁(III)酸铵（ammonium ferricyanide） 亦称"铁氰化铵"。化学式 $(NH_4)_3[Fe(CN)_6]$，分子量 266.07。红色正交系晶体。易溶于水。在碱性溶液中有氧化作用，如与氨水反应生成氰亚铁酸铵和氧气。在中性溶液中可微弱水解。与亚铁离子反应立即生成蓝色沉淀。制备：可由亚铁氰酸铵与氯气反应，或由六氰合铁(III)酸与氨水作用制得。用途：可用作分析试剂。

六氰合铁(III)酸钠二钾（dipotassium sodium hexaferricyanide） 亦称"铁氰化钾钠"。化学式 $K_2Na[Fe(CN)_6]$，分子量 313.14。红色单斜系晶体。易溶于水，受热分解。制备：由亚铁氰化钾氧化制得。用途：可用于制蓝图纸及摄影。

三草酸合铁(III)酸钠（sodium oxalatoferrate(III)） 亦称"草酸铁钠"。CAS 号 5936-14-1。化学式 $Na_3[Fe(C_2O_4)_3] \cdot 3H_2O$，分子量 442.92。绿色单斜系晶体。密度 $1.937^{17.5}\ g/cm^3$。加热至 100～120℃开始失去 1 分子结晶水。制备：向 Fe^{3+} 溶液中加入过量草酸钠并蒸发、结晶制得。用途：可用于金属电镀处理。

三草酸合铁(III)酸铵（ammonium iron oxalate） 亦称"草酸铁铵"。CAS 号 13268-42-3。化学式 $(NH_4)_3Fe(C_2O_4)_3 \cdot 3H_2O$，分子量 428.07。亮绿色单斜系晶体。密度 $1.78\ g/cm^3$。易溶于水，水溶液遇光后褪色并生成亚铁盐。165℃分解。制备：可由草酸铵与三氯化铁反应；或将草酸铵加入硫酸亚铁中，在草酸存在下经数日空气氧化制得。用途：可用于蓝晒图纸、摄影、电镀、铝和铝合金的着色等领域。

六氰合钴(II)酸（cobalticyanic acid） 亦称"氰高钴酸"。化学式 $H_3[Co(CN)_6] \cdot H_2O$，分子量 454.14。无色针状晶体。易潮解，溶于水、乙醇、盐酸、稀硝酸和稀硫酸。100℃时分解。

六氰合钴(II)酸钾（potassium cobalt(II) cyanide） 亦称"氰化亚钴钾""氰亚钴酸钾"。化学式 $K_4[Co(CN)_6]$，分子量 371.43。红棕色晶体。密度 $2.039^{25}\ g/cm^3$。有潮解性。易溶于水，不溶于乙醇、乙醚、三氯甲烷。遇酸分解。用碱液处理变为绿色。在空气中不稳定。其水溶液能被空气氧化。隔绝空气放置可使水分解产生氢气。制备：由氰化钴(II)与氰化钾的浓水溶液反应制得。

氯化六氨合钴(II)（hexamminecobalt(II) chloride） 化学式 $[Co(NH_3)_6]Cl_2$，分子量 232.02。玫瑰红八面体晶体。密度 $1.479\ g/cm^3$。不溶于无水乙醇，微溶于浓氨水，易溶于稀氨水。遇冷水分解。在干燥空气中相当稳定，在潮湿空气中逐渐氧化。受热分解。制备：可向浓氯化钴溶液通入氨气，或将氨气通过无水氯化钴制得。用途：用于有机合成和分析试剂。

溴化六铵合钴(II)（hexaammine cobalt(II) bromide） 化学式 $Co(NH_3)_6Br_2$，分子量 320.93。棕红色晶体。密度 $1.871\ g/cm^3$。258℃时或在水中分解，加热时放出氨。制备：可由干燥的溴化钴吸附干燥的氨，或将氨气通入溴化钴的乙酸甲酯溶液制得。用途：用于湿度计。

碘化六氨合钴(II)（hexaammine cobalt(II) iodide） CAS 号 13841-84-4。化学式 $Co(NH_3)_6I_2$，分子

量 414.93。深红色立方系晶体。熔点 141℃（980.665 Pa），密度 2.096 g/cm³。加热至 156℃ 转变成二碘二氨合钴。制备：可将干燥的碘化钴在干燥的氨中加热，或用浓氨水处理热的浓碘化钴溶液制得。

硫酸六氨合钴（Ⅱ）（cobalt（Ⅱ）hexammine sulfate） 化学式 $[Co(NH_3)_6]SO_4$，分子量 251.18。粉红色粉末。密度 1.654 g/cm³。易溶于稀氨水。在水中分解。106～116℃ 时转变成硫酸四氨合钴（Ⅱ）。制备：由无水硫酸钴吸收氨，或由氨与硫酸钴的浓溶液在真空中反应制得。

氯化一亚硝酰五氨合钴（Ⅱ）（pentaamminenitrosylchlorocobalt(Ⅱ) chloride） 化学式 $[Co(NH_3)_5NO]Cl_2$，分子量 244.99。黑色有光泽的晶体。完全干燥时稳定。溶于水即分解生成碱式氯化钴（Ⅱ）。用浓盐酸处理生成四氯合钴配离子。在碱性溶液中，与空气接触则发生氧化生成钴（Ⅲ）的氨配合物。在氮气氛中，与浓氨溶液作用生成六氨合钴（Ⅱ）配阳离子。制备：将六水合氯化钴水溶液加到冷的氨溶液中，然后用一氧化氮气体处理制得。

二氯二氨合钴（Ⅱ）（dichlorodiamminecobalt(Ⅱ)） 亦称"顺式二氯二氨合钴"。CAS 号 13931-88-9。化学式 $Co(NH_3)_2Cl_2$，分子量 163.90。有两种异构体。α型为玫瑰红色晶体，熔点 273℃，密度 2.097 g/cm³，较稳定。β型为蓝紫色晶体，密度 2.073 g/cm³，较不稳定，在干燥的氨气中于 210℃ 转变成 α型。制备：可在 137℃ 时将干燥的氨通过二氯化六氨合钴；或将干燥的氨通入煮沸的氯化钴的干燥戊醇溶液，可制得 α型。将二氯化六氨合钴加热到 120℃，或在 65～67℃ 将二氯化六氨合钴在浓硫酸真空干燥器中可制得 β型。

六氰合钴（Ⅲ）酸钾（potassium cobalt（Ⅲ）cyanide） 亦称"氰化高钴钾""氰高钴酸钾"。CAS 号 13963-58-1。化学式 $K_3[Co(CN)_6]$，分子量 332.33。微带黄色晶体或浅黄色粉末，有毒！密度 1.906 g/cm³。易溶于水、冰醋酸，极微溶于液氨，不溶于乙醇。遇强酸分解。水溶液呈微黄色，在暗处存放一周后有氰化氢产生，见光易变黄色，但分解极微。与镉、钴、铜、锰、镍、锌等金属离子等作用，可以按理论量沉淀出来。制备：可由氯化钴（Ⅱ）或碳酸钴（Ⅱ）与氰化钾反应，再经氧化制得。用途：可用于化学分析，以及配合物制备和染料合成等。

四硝基二氨合钴（Ⅲ）酸钾（potassium diamminetetranitrocobaltate（Ⅲ）） CAS 号 14285-97-3。化学式 $K[Co(NH_3)_2(NO_2)_4]$，分子量 316.12。黄色至棕色正交系晶体。密度 2.076 g/cm³。极难溶于冷水，在 100℃ 时溶解度增加。乙二胺能从其水溶液中置换出亚硝酸根，生成三硝基（乙二胺）一氨合钴（Ⅲ）。与过量的 10% 草酸水溶液作用时生成二硝基一草酸基二氨合钴

（Ⅲ）酸钾。与硝酸银或硝酸汞（Ⅰ）作用，生成相应金属的难溶盐。温度高于 50℃ 时，长时间与水接触可分解。制备：向含有 $NaNO_2$、KCl 和少量 NH_3 的 $CoCl_2$ 溶液中通入空气氧化制得。用途：可作为照片成像用氧化剂、可用于制备二氨合钴系列化合物。

四硝基二氨合钴（Ⅲ）酸铵（ammonium diamminetetranitrocobaltate（Ⅲ）） 亦称"艾德曼盐"。CAS 号 13600-89-0。化学式 $NH_4[Co(NH_3)_2(NO_2)_4]$，分子量 295.12。浅红棕色晶体。密度 1.876 g/cm³。溶于水，不溶于乙醇。制备：由氯化钴、亚硝酸钠、氯化铵和 25% 的氨水进行氧化反应制得。用途：可用于制备二氨合钴系列化合物。

三氯六氨合钴（Ⅲ）（hexammine cobalt（Ⅲ）chloride） CAS 号 10534-89-1。化学式 $[Co(NH_3)_6]Cl_3$，分子量 267.46。颜色取决于晶体大小，有酒红色、黄褐色至橙黄色。密度 1.710 g/cm³。溶于水和浓盐酸，不溶于氨水和乙醇。煮沸其水溶液可缓慢水解，在紫外光照射下，常温能发生水解。加热至 215℃ 转变成二氯化一氯五氨合钴，约 250℃ 还原为氯化钴。制备：以活性炭为催化剂，用过氧化氢氧化有氨和氯化铵存在的氯化钴溶液制得。用途：可用于焦磷酸试剂和磷酸盐的测定、有机合成、钴盐的制造等。

硝酸六氨合钴（Ⅲ）（cobalt（Ⅲ）hexammine nitrate） CAS 号 10534-86-8。化学式 $[Co(NH_3)_6](NO_3)_3$，分子量 347.13。黄色晶体。密度 1.804 g/cm³。易溶于热水，微溶于稀酸。制备：由稀硝酸和氯化六氨合钴（Ⅲ）反应制得。用途：可作为分析试剂。

硫酸六氨合钴（Ⅲ）（cobalt（Ⅲ）hexammine sulfate） 化学式 $[Co(NH_3)_6]_2(SO_4)_3 \cdot 5H_2O$，分子量 700.50。深黄色单斜系晶体。密度 1.795 g/cm³。加热至 100℃ 时，失去 4 分子水，150℃ 失去 5 分子水。制备：用空气氧化硫酸钴与氯化钴混合物的氨溶液，再将生成物与硫酸银溶液在稀硫酸中煮解；或用氨水处理硫酸一水五氨合钴（Ⅱ）制得。

六硝基合钴（Ⅲ）酸钠（sodium cobalt hexanitrite） 亦称"亚硝酸钴钠"。CAS 号 14649-73-1。化学式 $Na_3Co(NO_2)_6$，分子量 403.94。黄色或黄褐色晶状粉末。易溶于水，微溶于乙醇和乙醚中。水溶液不稳定，在无机酸中分解。在空气中稳定，加热即分解。制备：将亚硝酸钠和醋酸溶液加入钴盐溶液中，并用空气氧化；或用三氧化二氮氧化碳酸钴水溶液，再加入亚硝酸钠制得。用途：可作为测定钾的微量分析试剂。

六硝基钴（Ⅲ）酸钾（potassium cobalt（Ⅲ）hexanitrite） 亦称"亚硝酸钴钾""费歇尔盐"。化学式 $K_3[Co(NO_2)_6]$，分子量 452.27。黄色棱柱状晶体。微溶于冷水，遇热水则分解。一水物为黄色结晶性粉末。不溶于冷水，遇热水则

分解。溶于无机酸,微溶于乙酸,不溶于醇和醚。含 1.5 分子结晶水时为黄色晶体。加热至 200℃时分解。难溶于冷水,微溶于热水,不溶于醇。制备:由亚硝酸钾、硝酸钴和冰醋酸相互反应制得。用途:可作为颜料、分析试剂,可用于钴和镍的分离。

三硝酸三氨合钴(Ⅲ)(trinitrotriamminecobalt(Ⅲ)) CAS 号 32629-15-5。化学式[Co(NH₃)₃](NO₃)₃,分子量 296.04。黄色薄片状晶体。密度 1.992 g/cm^3。难溶于水。与浓硝酸作用生成[Co(NH₃)₃(H₂O)₃](NO₃)₃,与冷的稀盐酸反应生成[Co(NO₂)₂Cl(NH₃)₃]。加热至158℃分解。为中性非电解质配合物,在形成维尔纳配位化学理论中曾起过历史作用。制备:可由含有亚硝酸钠和过量氯化铵的亚钴盐氨溶液中通入空气氧化制得,或由含有醋酸钴、亚硝酸钠、醋酸铵的氨溶液与过氧化氢反应制得。用途:可用于制备其他钴配合物。

硝酸二硝基四氨合钴(Ⅲ)(cobalt(Ⅲ) dinitrotetraammine nitrate) 化学式[Co(NH₃)₄(NO₂)₂]NO₃,分子量 265.07。黄色斜方系晶体。密度 $1.922^{17} \text{ g/cm}^3$。该配合物对维尔纳配位理论的建立曾起过历史性作用。对热不稳定。制备:由亚硝酸钠在醋酸溶液中与一碳酸四氨合钴盐反应制得。

氯化一氯五氨合钴(Ⅲ)(pentamminechlorocobalt(Ⅲ) chloride) 亦称"红紫配盐""红紫氯钴盐"。化学式[Co(NH₃)₅Cl]Cl₂,分子量 250.45。深红紫色正交系晶体。密度 1.819 g/cm^3。溶于水、浓硫酸,不溶于乙醇。在空气中很稳定,高温下分解。制备:将氯化钴与氯化铵加入浓氨水中,再加入过氧化氢,氧化后加入浓盐酸制得;或向含有碳酸铵、氨水与六氨亚钴(Ⅱ)溶液中通入空气氧化,加氯化铵溶液后蒸发,再用盐酸酸化结晶制得。

氯化一水五氨合钴(Ⅲ)(aquapentammine cobalt(Ⅲ) chloride) 亦称"玫瑰钴盐"。化学式[Co(NH₃)₅·H₂O]Cl₃,分子量 268.45。砖红色晶体。密度 1.7 g/cm^3。溶于水,微溶于盐酸,不溶于醇。热至 100℃分解。制备:将硝酸碳酸四氨合钴溶液用盐酸酸化后,与氨水共热生成氯化一水五氨合钴(Ⅲ),再用盐酸酸化结晶制得;或将含有碳酸铵、氨水与六氨亚钴(Ⅱ)溶液通入空气氧化后加氯化铵溶液,再用盐酸酸化结晶制得。用途:可用于氧的纯化。

硫酸一水五氨合钴(Ⅲ)(cobalt(Ⅲ) aquapentammine sulfate) 化学式[Co(NH₃)₅H₂O]₂(SO₄)₃·2H₂O,分子量 638.34。红色四面体晶体。熔点 99℃(失去 3 分子结晶水),沸点 110℃(分解),密度 1.854 g/cm^3。溶于水、硫酸。固态较稳定,水溶液中不稳定。在碱性溶液中定量转变成硫酸一羟基五氨合钴(Ⅲ)。可与氢氧化钡作用,生成硫酸钡和[Co(NH₃)₂(OH)₂(SO₄)₂。制备:由浓硫酸氧化硫酸钴的氨溶液,或在稀硫酸中蒸发碳酸钴的氨溶液制得。

氯化三(乙二胺)合钴(Ⅲ)(triethylenediaminecobalt(Ⅲ) chloride) 化学式[Co(C₂H₈N₂)₃]Cl₃·3H₂O,分子量 399.64。棕色柱状晶体。无水物熔点 256℃,密度 $1.542^{17} \text{ g/cm}^3$。易溶于冷水。在 100℃时失去全部结晶水。制备:由氯化钴(Ⅱ)盐的水溶液中加入乙二胺,然后鼓入空气进行氧化制得。用途:可作为催化剂及助剂。

顺-氯化一氯一水四氨合钴(Ⅲ)(tetraamminechloroaquacobalt(Ⅲ) chloride) 化学式[Co(NH₃)₄(H₂O)Cl]Cl₂,分子量 251.42。紫色正交系晶体。密度 1.847 g/cm^3。溶于水、酸,不溶于乙醇。加热分解。制法:将碳酸钴溶于盐酸,再加入氨与碳酸铵,然后在猛烈通入空气得到红色溶液中,加入过量的浓盐酸再经加热制得。

四氰合镍(Ⅱ)酸钾(potassium nickel cyanide) 亦称"氰化镍钾""氰镍酸钾"。CAS 号 14220-17-8。化学式 K₂[Ni(CN)₄]·H₂O,分子量 258.98。橙红色单斜晶体,剧毒!密度 $1.875^{11} \text{ g/cm}^3$。可溶于水。遇强酸分解并析出氰化镍沉淀。加热至 100℃失去结晶水变为棕色。制备:可由镍盐与氰化钾反应制得。用途:可作为分析试剂,还可用于电镀。

硝酸四氨合镍(nickel(Ⅱ) tetraammine nitrate) 亦称"硝酸镍铵"。化学式[Ni(NH₃)₄](NO₃)₂·2H₂O,分子量 286.86。绿色晶体。溶于水,不溶于醇。是氧化剂,在空气中分解,能燃烧并有爆炸危险。制备:由硝酸亚镍与氨反应制得。用途:可用于镀镍。

硝酸六氨合镍(Ⅱ)(nickel(Ⅱ) hexaammine nitrate) 化学式[Ni(NH₃)₆](NO₃)₂,分子量 284.90。蓝紫色八面体或立方系晶体。溶于冷水。在密闭容器中稳定,在空气中徐徐分解放出氨气。煮沸其溶液则析出浅绿色的氢氧化镍(Ⅱ)沉淀。制备:低温时向硝酸镍(Ⅱ)溶液中加入氨水制得。

氯化六氨合镍(Ⅱ)(hexamminenickel(Ⅱ) chloride) CAS 号 10534-88-0。化学式[Ni(NH₃)₆]Cl₂,分子量 231.78。蓝紫色立方晶体。密度 1.468 g/cm^3。溶于冷水、稀氨水,不溶于浓氨水、乙醇。在热水中分解,放出氨气。受热时分解。制备:由氯化镍与过量浓氨水反应制得。用途:提供氮源和金属离子源用于合成高效催化剂。

溴化六氨合镍(Ⅱ)(hexamminenickel(Ⅱ) dibromide) CAS 号 13601-55-3。化学式[Ni(NH₃)₆]Br₂,分子量 320.68。浅紫色粉末或深蓝色结晶。密度 1.837 g/cm^3。易溶于冷水,遇热水分解成氢氧化镍。微溶于液氨。易被碱分解。热分解时可分步失去氨,并相应获得含 2 分子、1 分子和无氨的化合物。制备:可将氢氧化镍溶于氢溴酸,在无水的情况下加入液氨制得。用途：可用于制燃料电池、催化剂、其他镍化合物。

碘化六氨合镍(II)(nickel iodide hexaammine) CAS 号 13859-68-2。化学式 $Ni(NH_3)_6I_2$，分子量 414.69。淡蓝色立方系晶体。密度 2.101 g/cm^3。溶于氨水。微溶于水并分解。遇碱或与水共沸生成氢氧化镍。热稳定性较差，能失去氨生成二氨合物，最后变成碘化镍。制备：可在低温时向碘化镍溶液中加入浓氨水，或向无水碘化镍中加入液氨制得。

二氰合铜(I)酸钠(sodium copper(I) cyanide) 亦称"氰亚铜酸钠"。CAS 号 21445-44-3。化学式 $Na[Cu(CN)_2]$，分子量 138.57。无色细小针状晶体。密度 1.013 g/cm^3。易溶于水，可溶于热的乙醇中。在空气中稳定，进行干燥时稍有分解。加热至 100℃时分解得到氰化亚铜。其二水合物在加热后趋不透明，在 130℃时完全失水，并随而分解。制备：可由乙酸亚铜与氰化钠反应，或氰化钠与氰化亚铜反应制得。用途：可作为卤代芳烃和卤代烯等的氰化剂。

四氰合铜(I)酸钾(potassium cyanocuprite) 亦称"氰化亚铜钾""氰亚铜酸钾"。CAS 号 13682-73-0。化学式 $K_3[Cu(CN)_4]$，分子量 284.91。无色晶体。易溶于水，浓水溶液稳定，通入硫化氢也不会产生沉淀。高温分解。制备：可由一价铜盐与过量氰化钾溶液煮沸制得。

氯化三硫脲合铜(I)(trithioureachlorocopper(I) chloride) 化学式 $Cu[CS(NH_2)_2]_3Cl$，分子量 327.35。无色晶体。熔点 168℃，密度 1.73 g/cm^3。易溶于水。水溶液显碱性，放置逐渐分解，遇热分解加速，有硫化氢存在时可抑制其分解。在氨性或碱溶液中分解。水溶液不吸收二氧化碳。制备：可由氯化亚铜水溶液与硫脲加热反应制得。

三氯合铜(II)酸钾(potassium trichlorocuprate) 亦称"氯铜酸钾"。CAS 号 13877-25-3。化学式 $KCuCl_3$ 或 $KCl·CuCl_2$，分子量 209.00。红色针状晶体。密度 2.86 g/cm^3。可溶于水。受热易分解。制备：可由氯化铜与氯化钾在水溶液中反应制得。

乙酸二氨合铜(copper diammine acetate) 化学式 $Cu(C_2H_3O_2)_2·2NH_3$，分子量 215.69。紫蓝色结晶。不溶于醇，溶于水易分解，溶于乙醇和氨水。约 175℃分解。制备：可由醋酸铜溶液与氨水反应制得。

亚硝酸四氨合铜(II)(tetraamminecopper(II) dinitrite) 化学式 $[Cu(NH_3)_4](NO_2)_2$，分子量 223.61。紫蓝色四面体晶体。极易溶于水。加热至 97℃失去 2 分子氨。制备：可向亚硝酸铜水溶液中加入浓氨水，再用乙醇等有机溶剂使其结晶制得。

硝酸四氨合铜(II)(copper(II) tetraammine nitrate) 化学式 $[Cu(NH_3)_4](NO_3)_2$，分子量 255.67。暗蓝色八面体晶体。密度 1.912 5 g/cm^3。溶于水。加热至 210℃发生爆炸、分解。制备：由硝酸铜与过量浓氨水反应制得。

硫酸四氨合铜(II)(copper(II) tetrammine sulfate) CAS 号 14283-05-7。化学式 $[Cu(NH_3)_4]SO_4·H_2O$，分子量 245.74，深蓝色斜方系晶体。密度 1.79 g/cm^3。能溶于水，不溶于乙醇。在热水中分解。30℃失去 1 分子氨和 1 分子结晶水，热至 150℃分解为硫酸铜。制备：硫酸铜与过量氨水反应后缓慢加入乙醇制得。用途：可用于印染、制杀菌剂、砷酸铜、纤维等。

连二硫酸四氨合铜(II)(copper(II) tetrammine dithionate) 化学式 $[Cu(NH_3)_4]S_2O_6$，分子量 291.79。紫蓝色晶体。溶于水。加热至 160℃或加热其水溶液均分解。制备：由连二硫酸铜与过量浓氨水反应制得。

二氯六氨合铜(hexammine copper(II) chloride) 化学式 $Cu(NH_3)_6Cl_2$，分子量 236.63。蓝色立方系晶体。密度 1.48^{25} g/cm^3。易溶于水。制备：向冷的氯化铜浓水溶液中通入氨气制得。

四氰合铜(II)酸钾(potassium cyanocuprate) 化学式 $K_2[Cu(CN)_4]·2H_2O$，分子量 281.84。紫色晶体。极不稳定，在室温下很易放出部分氰气而变成三氰合铜(I)酸钾，在甲醇溶液中能稳定存在。制备：可由氰化铜与过量氰化钾低温反应制得。

二氯二吡啶合铜(dipyridine copper(II) chloride) CAS 号 13408-58-7。化学式 $Cu(C_5H_5N)_2Cl_2$，分子量 316.67。绿蓝色单斜系晶体。密度 1.76 g/cm^3。溶于水，在热水中分解，微溶于冷醇、氯仿。加热至 263℃分解。制备：可由氯化铜与吡啶在甲醇中反应制得。

六氟硅酸四吡啶合铜(II)(copper tetrapyridine fluorosilicate) 亦称"氟硅酸四吡啶合铜"。化学式 $[Cu(C_5H_5N)_4]SiF_6$，分子量 522.02。紫蓝色斜方系晶体。密度 2.11 g/cm^3。

高铼酸四吡啶合铜(tetrapyridinecopper perrhenate) 化学式 $[Cu(C_5H_5N)_4](ReO_4)_2$，分子量 880.34。蓝色单斜系晶体。密度 2.338 g/cm^3。微溶于水。

氨基乙酸合铜(cupric glycinate; bis(aminoacetato) copper(II)) 亦称"甘氨酸铜"。CAS 号 13479-54-4。化学式 $Cu(C_2H_4NO_2)_2·H_2O$，分子量 229.67。深蓝色针状晶体。溶于碱，微溶于水。一水合物于 130℃失去结晶水，213℃炭化，228℃分解。二水合物为淡蓝色粉状晶体。溶于水，不溶于烃类、醚、丙酮，103℃失去 1 分子结晶水，约 140℃失去全部水分，225℃分解。制备：可由新制备的氢氧化铜或碱式碳酸铜沉淀在氨基乙酸溶液中煮沸制得。用途：可作为生化催化剂，可用于制药、电镀。

二叠氮二氨合铜(II)(diammine copper(II) diazide) 化学式 $Cu(NH_3)_2(N_3)_2$，分子量 181.64。暗绿

色晶体。不溶于水和甲醇。在沸水和酸中分解。加热至100～105℃分解。202℃发生爆炸。制备：由叠氮化铜与氨反应制得。

氯化二氨合铜（II）（diamminedichlorocopper (II)） 化学式 $Cu(NH_3)_2Cl_2$，分子量168.51。绿色晶体。熔点260～270℃，密度2.32 g/cm³。不溶于冷水、无水乙醇，能溶于氨水。热至300℃分解。制备：在150℃下由加热氯化四氨合铜(II)而得。

四氯合锌酸铵（ammonium tetrachlorozincate） CAS号50791-72-5。化学式 $(NH_4)_2[ZnCl_4]$，分子量243.26。白色片状正交晶体。密度1.879 g/cm³。有吸湿性，易溶于水。加热至150℃分解。制备：由蒸发等摩尔的氯化锌和氯化铵的混合物制得。用途：可作为助焊剂，可用于制干电池、镀锌等。

三碘合锌酸钾（potassium triiodozincate） 亦称"碘化锌钾"。CAS号7790-43-4。化学式 $KZnI_3$，分子量485.22。无色晶体。易吸湿。能溶于水。用途：可用作检验碱金属碘化物的试剂。

高铼酸四氨合锌（tetramminezinc perrhenate） 化学式 $[Zn(NH_3)_4](ReO_4)_2$，分子量633.89。白色立方晶体。密度3.608 g/cm³。溶于浓氨水。制备：可由高铼锌酸溶液与过量氨水反应制得。

氟镓酸锰（manganese fluorogallate） 化学式 $[Mn(H_2O)_6][GaF_5 \cdot H_2O]$，分子量345.76。桃红色正交系晶体，密度2.22 g/cm³。能溶于水、氢氟酸，加热至230℃分解。

氟镓酸钴（cobalt fluorogallate） 化学式 $[Co(H_2O)_6][GaF_5 \cdot H_2O]$，分子量349.75。桃红色晶体。密度2.35 g/cm³。微溶于水，遇酸分解。加热至110℃失去5分子结晶水。制备：由碳酸钴、氟化氢和三水合三氟化镓反应制得。

氟镓酸镍（nickel fluorogallate） 化学式 $[Ni(H_2O)_6][GaF_5 \cdot H_2O]$，分子量349.53。浅绿色晶体。密度2.45 g/cm³。微溶于水，溶于氢氟酸。加热至110℃失去5分子结晶水。

氟镓酸铜（copper fluorogallate） 化学式 $[Cu(H_2O)_6][GaF_5 \cdot H_2O]$，分子量354.36。浅蓝色单斜系晶体。密度2.20 g/cm³。溶于氢氟酸，微溶于水。加热至110℃失去5分子结晶水。

六氟合镓酸银（silver hexafluorogallate） 亦称"氟镓酸银"。化学式 $Ag_3[GaF_6] \cdot 10H_2O$，分子量687.47。白色或无色正交系晶体。密度2.90 g/cm³。易溶于冷水，不溶于醇类。

六氟合镓酸铵（ammonium hexafluorogallate） 亦称"氟镓酸铵"。CAS号14639-94-2。化学式为 $(NH_4)_3GaF_6$，分子量237.83。白色八面体晶体。易溶于热水。空气中加热至250℃分解为氟化镓，继续加热转为三氧化二镓，在真空中加热至270℃形成氮化镓。制备：可由氢氧化镓溶于40%的氢氟酸中浓缩至饱和，再加入氟氟酸铵，经沉淀、结晶制得。用途：可用于制镓化合物的原料。

四氯合镓酸铵（ammonium tetrachlorogallate） 化学式 NH_4GaCl_4，分子量229.57。白色晶体。熔点275℃。极易溶于水，溶于乙醇，不溶于乙醚。受热分解为氯化氢、氨气和氯化镓。制备：可由氯化铵与氯化镓溶液反应制得。

三氟化三氨合镓（ammonium gallium trifluoride） 化学式 $GaF_3 \cdot 3NH_3$，分子量177.81。白色粉末。100℃失去氨。水中分解。制备：将 $GaF_3 \cdot 3H_2O$ 用液氨处理制得。

三氯化一氨合镓（monoammine gallium trichloride） 化学式 $GaCl_3 \cdot NH_3$，分子量193.11。白色粉末。熔点124℃，密度 2.189^{25} g/cm³。溶于液氨。水中分解。

三氯化六氨合镓（hexaammine gallium trichloride） 化学式 $GaCl_3 \cdot 6NH_3$，分子量278.26。溶于液氨。水中分解。

三溴化一氨合镓（monoammine gallium tribromide） CAS号54955-92-9。化学式 $GaBr_3 \cdot NH_3$，分子量326.47。白色粉末。熔点124℃，密度 3.112^{25} g/cm³。微溶于液氨。水中分解。

三溴化一六氨合镓（hexaammine gallium (III) tribromide） CAS号19502-75-1。化学式 $Ga(NH_3)_6Br_3$，分子量411.63。白色粉末。水中分解。微溶于液氨。

一氨合三碘化镓（gallium triiodide monoammine） CAS号58384-90-0。化学式 $GaI_3 \cdot NH_3$，分子量467.47。白色粉末。水中分解。

六氨合三碘化镓（gallium triiodide hexaammine） 化学式 $GaI_3 \cdot 6NH_3$，分子量552.62。白色粉末。水中分解。

三草酸合锗铵（ammonium germanium oxalate） 亦称"草酸锗铵"。CAS号67786-11-2。化学式 $(NH_4)_2Ge(C_2O_4)_3$，分子量372.75。易水解。

六溴合硒（IV）酸铵（ammonium hexabromoselenite (IV)） CAS号19163-66-7。化学式 $(NH_4)_2SeBr_6$，分子量594.46。红色八面体形晶体。密度3.326 g/cm³。微溶于乙醚，遇水分解成硒酸、氢溴酸和溴化铵。制备：将氯化铵加入二氧化硒的氢溴酸溶液中制得。

七氟合锆（IV）酸铵（ammonium heptafluozirconate (IV)） CAS号17250-81-6。化学式 $(NH_4)_3ZrF_7$，分子量278.33。无色立方晶体。密度1.433 g/cm³。微溶于冷水，中性溶液易发生水解。稍加热即分解放出氨气及氟化氢，继续加热剩下的氟化锆升华。与碱反应生成二氧化锆水合物。制备：可由二氧化锆被氟氢化铵氟化制得，也可由氟化锆溶于过量的氟化铵溶液制得。用途：可用于合成含锆化合物。

四草酸合锆(Ⅳ)酸钾(potassium tetraoxalatozirconate(Ⅳ))　CAS 号 12083-35-1。化学式 $K_4[Zr[C_2O_4]_4]\cdot 5H_2O$，分子量 689.77。水合物为无色结晶。密度 $2.17\ g/cm^3$。微溶于水，加热时能溶于水。制备：可将 $ZrCl_2O\cdot 8H_2O$ 的水溶液在搅拌下滴入草酸钾水溶液，加少量浓盐酸后加热煮沸制得。用途：可作为酶抑制剂。

七氯合铌(Ⅴ)酸铯(cesium hexachloroniobate(Ⅵ))　CAS 号 16921-14-5。化学式 $CsNbCl_7$，分子量 438.53。黄色有光泽的结晶。可溶于氯化碘，不溶于亚硫酰二氯，微溶于乙腈、硝基甲烷，不溶于苯。在湿气下易分解。制备：可由氯化铯与氯化铌共热制得。用途：可作为化学试剂。

一氧五氟合铌(Ⅴ)酸钾(potassium pentafluorooxoniobate(Ⅴ))　CAS 号 17523-77-2。化学式 $K_2[NbOF_5]\cdot H_2O$，分子量 300.11。无色有脂肪光泽的片状或叶片状晶体。溶于冷水，易溶于热水。溶于浓氢氟酸则分解。加热至 100℃ 变为无水盐，至 180~200℃ 也不分解。制备：可将五氧化二铌溶于氢氟酸，再加入氟化钾结晶制得。用途：可用于制复合材料、电子器件、电解制备金属铌。

一氧五氯合铌(Ⅴ)酸铯(cesium pentachlorooxoniobate(Ⅴ))　CAS 号 17523-80-7。化学式 $Cs_2[NbOCl_5]$，分子量 551.98。浅黄色晶体。制备：可将五氯化铌和氯化铯分别溶于浓盐酸，将溶液混合后，通入氯化氢气体制得。用途：可作为化学试剂。

六硫氰根合铌(Ⅴ)酸钾(potassium hexathiocyanoniobate(Ⅴ))　CAS 号 17979-22-5。化学式 $K[Nb(SCN)_6]$，分子量 480.50。蓝色有光泽的晶状固体。极易溶于乙腈，生成红至棕红色溶液。微溶于 1,2-二氯乙烷、二氯甲烷、氯仿。在丙酮和其他含氧的溶剂中则分解。在潮湿的空气中，或在水溶液中分解并且放出硫化氢。低于 250℃ 时不熔化而开始有分解的迹象。制备：可由五氯化铌与硫氰酸钾在低温低压下反应制得。用途：可制造表面金属化陶瓷基复合构件、固体电解电容器元件等。

八氯合二钼(Ⅱ)酸钾(potassium octachlorodimolybdate)　CAS 号 25448-39-9。化学式 $K_4Mo_2Cl_8$，分子量 631.89。粉红色微晶。密度 $2.54\ g/cm^3$。溶于水。是最早发现含有四重键的化合物之一。制备：以六羰基钼为原料先合成乙酸盐，再在盐酸中与氯化钾反应制得。用途：是合成其他含 Mo-Mo 键的化合物的重要前驱体。

一亚硝基五氰合钼(Ⅱ)酸钾(potassium pentacyanonitrosylmolybdate(Ⅱ))　CAS 号 20861-57-8。化学式 $K_4[Mo(CN)_5(NO)]\cdot H_2O$，分子量 430.44。深紫色晶体。有潮解性，放置于空气中则分解变成浅黄色。可在氮气中保存。在真空中既不分解也不失去结晶水，可加热到 180℃。易溶于水，但不稳定很快就褪色。在一般有机溶剂中不溶。制备：将三氧化钼溶于氢氧化钾溶液，加入氰化钾饱和溶液，再加入氯化羟胺，水浴加热，溶液从红色变成浅黄色，再变成紫色。同时开始放出氨气，很快析出紫色晶体。用途：可用于合成其他配合物。

五氯合钼(Ⅲ)酸钾(potassium pentachloromolybdate(Ⅲ))　CAS 号 15629-45-5。化学式 $K_2MoCl_5\cdot H_2O$，分子量 369.42。深红色菱形正交晶系晶体。在干燥的空气或盐酸中稳定，在水中易水解。具有强还原性，可被三氯化铁的盐酸溶液氧化成六价钼的化合物。其水溶液和硫氰酸钾作用时，则生成 $K_3[Mo(NCS)_6]$。与氰化钾作用时，可被空气氧化而生成 $K_4[Mo(CN)_8]$。在液氨中，水分子可以被氨分子取代。制备：将溶有适量三氧化钼的浓盐酸溶液进行电解还原，并加入不含氧的氯化钾溶液，在冰浴中冷却，并通入氯化氢至析出红色晶体。用途：可作为化学试剂。

六氯合钼(Ⅲ)酸钾(potassium hexachloromolybdate(Ⅲ))　CAS 号 13600-82-3。化学式 $K_3[MoCl_6]$，分子量 425.95。浅红色晶体。可溶于水，遇水发生分解。在干燥空气或盐酸中稳定存在。具有强还原性。制备：将五氯一水合钼(Ⅲ)酸钾结晶母液与乙醇混合并发生沉淀作用，将其过滤分离，然后将滤液进行减压蒸发浓缩，又有一些沉淀析出，将沉淀依次用浓盐酸、乙醇洗涤制得。用途：可用于电解制钼。

六氯合钼(Ⅲ)酸铷(rubidium hexachloromolybdate(Ⅲ))　CAS 号 33519-11-8。化学式 $Rb_3[MoCl_6]$，分子量 565.06。红色晶体。制备：可由 $[NH_4]_2[MoCl_5(H_2O)]$、氯化铷和盐酸在氯化氢氛围下加热制得。用途：可作为化学试剂。

六氯合钼(Ⅲ)酸铯(cesium hexachloromolybdate(Ⅲ))　CAS 号 16921-18-9。化学式 $Cs_3[MoCl_6]$，分子量 707.37。红色晶体。制备：可由 $[NH_4]_2[MoCl_5(H_2O)]$、氯化铯和盐酸在氯化氢氛围下加热制得。用途：可作为化学试剂。

六氯合钼(Ⅲ)酸铵(ammonium hexachloromolybdate(Ⅲ))　CAS 号 18747-24-5。化学式 $(NH_4)_3[MoCl_6]$，分子量 362.77。红色晶体。于 25℃ 下稳定。制备：可由 $[NH_4]_2[MoCl_5(H_2O)]$、氯化铵和盐酸在氯化氢氛围下加热制得。用途：可作为化学试剂。

九氯合二钼(Ⅲ)酸铯(cesium nonachlorodimolybdate(Ⅲ))　CAS 号 29013-02-3。化学式 $Cs_3Mo_2Cl_9$，分子量 909.67。红棕色六方系棒状晶体或板状晶体。在空气中稳定，不溶于水。制备：可由氯化铯和三氯化钼在高温高压下反应制得。用途：可作为化学试剂。

七氰合钼(Ⅲ)酸钾（potassium heptacyanomolybdate(Ⅲ)） CAS 号 97332-62-2。化学式 $K_4Mo(CN)_7 \cdot H_2O$，分子量 452.47。黑色晶体。在潮湿空气中慢慢氧化而变黄。易溶于水，溶液呈棕色，经稀释变为蔷薇色。加碱时生成 $Mo(OH)_3$ 沉淀。隔绝空气的情况下，向水溶液中加入 Pb^{2+}、Zn^{2+}、Co^{2+}、Ni^{2+}、Cu^{2+}、Fe^{2+} 等盐类则生成各种有色沉淀。制备：可由 $K_3[MoCl_6]$ 与 KCN 在隔绝空气条件下反应制得。用途：可作为铁磁性材料。

六硫氰酸根合钼(Ⅲ)酸铵（ammonium hexathiocyanomolybdate(Ⅲ)） CAS 号 27030-93-9。化学式 $(NH_4)_3[Mo(SCN)_6] \cdot 4H_2O$，分子量 570.61。无水物为棕色晶体，四水合物为黄色晶体。易溶于水。制备：向仲钼酸铵水溶液中加入硫氰化钾溶液，以汞为阴极，铅为阳极，进行电解还原，一直进行到溶液变为黄棕色，在冰浴中冷却，抽滤结晶制得。用途：可作为氧化还原试剂。

八氰合钼(Ⅳ)酸钾（potassium octacyanomolybdate(Ⅳ)） CAS 号 17456-18-7。化学式 $K_4Mo(CN)_8 \cdot 2H_2O$，分子量 496.50。金黄色四方双锥状晶体。密度 2.337 g/cm^3。易溶于水，微溶于乙醇，不溶于乙醚。水溶液受到日光照射时，最初变为红色，接着变为绿色，最后放出氰化氢而分解。可被 $Ce(Ⅳ)$ 盐水溶液氧化为 $K_3[Mo(CN)_8]$。通常为二水合物，加热到 110℃失去结晶水。制备：可由三氧化钼、水合肼、氰化钾与浓盐酸反应制得；或在酸性溶液中，用过量联氨将氧化钼(Ⅵ)和氰化钾的混合液还原为钼(Ⅴ)，由于钼(Ⅴ)歧化成钼(Ⅳ)和钼(Ⅵ)，前者与氰化钾生成钼(Ⅳ)的氰配合物，后者继续被过量联氨还原成钼(Ⅴ)，将此溶液倾入甲醇中析出晶体即得。用途：可作为化学试剂。

六氟合钼(Ⅴ)酸钾（potassium hexafluoromolybdate(Ⅴ)） CAS 号 41583-61-3。化学式 $KMoF_6$，分子量 249.03。无色晶体。制备：可由 MoF_6 与 KI 在液态二氧化硫中反应，或由 $Mo(CO)_6$ 和 KI 等摩尔比配料，与过量的 IF_5 在 150℃加热制得。用途：可作为化学试剂。

八氟合钼(Ⅴ)酸钾（potassium octafluomolybdate(Ⅴ)） CAS 号 61129-42-8。化学式 K_3MoF_8，分子量 365.22。无色晶体。在空气中稳定，遇湿分解，水溶液分解为红棕色。制备：用 $Mo(CO)_6$ 和 KI 以 1：2 摩尔比配料，和过量的 IF_5 在 150℃加热半小时制得。用途：可作为化学试剂。

一氧五氟合钼(Ⅴ)酸钾（potassium pentafluorooxomolybdate(Ⅴ)） CAS 号 35788-80-8。化学式 $K_2[MoOF_5]$，分子量 285.13。浅绿色晶体。制备：在大量无水的 KHF_2 存在下，在二氧化碳气流中使 $KMoF_6$ 熔化，再用丙酮处理得到产物。用途：可作为化学试剂。

一氧五氯合钼(Ⅴ)酸铯（cesium pentachlorooxomolybdate(Ⅴ)） CAS 号 36466-23-6。化学式 $Cs_2[MoOCl_5]$，分子量 555.01。黄绿色八面结晶体。制备：将五氯化钼和氯化铯分别溶于浓盐酸并以 1：2 摩尔比混合，在 0℃下向溶液通入氯化氢至饱和制得。用途：可作为化学试剂。

一氧五氯合钼(Ⅴ)酸铵（ammonium pentachloro-oxomolybdate(Ⅴ)） CAS 号 17927-44-5。化学式 $(NH_4)_2[MoOCl_5]$，分子量 325.28。绿色八角形晶体。易溶于水。可水解为棕色溶液。制备：可将三氧化钼溶于热的浓盐酸作为阴极液，以贴有铂黑的铂板为阴极，以平滑的铂板为阳极，装入盐酸的阳极液，通过电解还原制备。用途：可用于合成钼的配合物。

一氧五溴合钼(Ⅴ)酸铵（ammonium pentabromo-oxomolybdate(Ⅴ)） CAS 号 13815-02-6。化学式 $(NH_4)_2[MoOBr_5]$，分子量 547.54。红棕色晶体。易溶于水并水解。制备：可由仲钼酸铵与氢溴酸反应，加热至沸腾，向溶液中激烈地通入溴化氢气体直至红棕色结晶沉淀出来。用途：可用于合成钼的配合物。

八氟合钼(Ⅵ)酸钾（potassium octafluomolybdate(Ⅵ)） CAS 号 57435-09-3。化学式 K_2MoF_8，分子量 326.12。无色晶体。制备：可由过量 MoF_6 和 IF_5 在 KF 粉末上缩合反应，充分反应后，在真空中于 150℃挥发剩余的氟化物制得。用途：可作为化学试剂。

六氯合锝(Ⅳ)酸铵（ammonium hexachlorotechnetate(Ⅳ)） CAS 号 18717-26-5。化学式 $(NH_4)_2[TcCl_6]$，分子量 346.70。金黄色晶体。易溶于氯化铵水溶液，难溶于沸腾盐酸。制备：向高锝酸铵中加入稍过量的氯化铵，再加浓盐酸加热至沸腾，慢慢浓缩制得。用途：可用于制金属锝。

二氯化二氮五氨合钌(Ⅱ)（pentaminedinitrogenruthenium(Ⅱ) dichloride） CAS 号 15392-92-4。化学式 $[Ru(NH_3)_5(N_2)]Cl_2$，分子量 285.14。浅黄色晶体。制备：向 $RuCl_2$ 水溶液中加入浓氨水，激烈搅拌下滴加亚硫酸氢甲酯，在酸性条件下加入叠氮化钠和亚硫酸氢甲酯，再加入氯化钠使产物沉淀出来。用途：可用于催化氢化反应。

三溴化六氨合钌(Ⅱ)（hexammineruthenium(Ⅱ) tribromide） CAS 号 16455-56-4。化学式 $[Ru(NH_3)_6]Br_3$，分子量 442.96。浅黄色晶体。溶于水。制备：将 $[Ru(NH_3)_6]Cl_2$ 用溴水氧化，向其中性溶液中加入溴化钾直至生成黄色粉末制得。用途：可作为酶电化学生物传感器的氧化还原反应试剂组合物。

三碘化六氨合钌(Ⅱ)（hexammineruthenium(Ⅱ) triiodide） CAS 号 16446-62-1。化学式 $[Ru(NH_3)_6]I_3$，分子量 583.97。棕色晶体。制备：可由 $[RuCl(NH_3)_5]Cl_2$ 水溶液与氯化肼反应，然后向溶液中加入碘化钾的饱和水溶液制得。用途：可作为化学试剂。

氨合氯氧化钌（ammoniated ruthenium oxychloride）亦称"钌红"。CAS 号 11103-72-3。化学式 $Ru_3O_2Cl_6(NH_3)_{14}$，分子量 786.35。红棕色粉末或晶体。易溶于水、氨水。其水溶液不稳定。向其水溶液中加入浓盐酸可析出氯化二氯四氨合钌的晶体。在酸性溶液中可被氧化。可被强还原剂还原。能与磷脂和脂肪酸反应强烈，并与酸性黏多糖结合。还是一种电压敏感的钙离子通道抑制剂。制备：可由热的浓氨水溶液与三氯化钌反应制得。用途：可作为氧化还原指示剂，显微动植物组织着色的染料。

五氯钌（III）酸钾（potassium pentachlororuthenate(III)） CAS 号 14404-33-2。化学式 $K_2RuCl_5 \cdot H_2O$，分子量 374.55。红色八面体晶体。制备：将 $RuCl_3 \cdot H_2O$ 溶于浓盐酸，煮沸后加入氯化钾，加汞搅拌至溶液变成绿色，将甘汞滤除制得。用途：可作为催化剂，可用于合成其他钌化合物。

六氯合钌（III）酸钾（tripotassium hexachlororuthenate(III)） CAS 号 25443-63-4。化学式 K_3RuCl_6，分子量 431.08。结晶状固体。制备：将 $RuCl_3 \cdot 3H_2O$ 溶解在甲醇中，氢气氛围下回流 5 小时，然后加入氯化钾并在空气中回流直到形成棕色沉淀制得。用途：可作为催化剂，可用于合成其他钌化合物。

三草酸根合钌（III）酸钾（potassium trioxalatoruthenate(III)） CAS 号 29475-51-2。化学式 $K_3[Ru(C_2O_4)_3] \cdot 4.5H_2O$，分子量 563.49。绿色三斜晶体。易溶于水。在 100℃ 加热或真空干燥可变成一水合物。150℃ 加热变成半水合物。制备：可由 $K_2[RuCl_5(H_2O)]$ 与草酸钾水溶液反应制得。用途：可用于调节金属蛋白酶活性。

三草酸根合钌（III）酸铵（ammonium trioxalatoruthenate(III)） CAS 号 21520-75-2。化学式 $(NH_4)_3[Ru(C_2O_4)_3] \cdot 4.5H_2O$，分子量 500.31。绿色晶体。可溶于水。制备：将 $(NH_4)_2[RuCl_5(H_2O)]$ 与草酸铵水溶液反应制得。用途：可作为化学试剂。

三氯化六氨合钌（III）（hexammineruthenium(III) trichloride） CAS 号 14282-91-8。化学式 $[Ru(NH_3)_6]Cl_3$，分子量 309.61。白色粉末，极易溶于水。在水中不易发生水解。制备：可由三氯化钌与氨水反应制得。用途：常用于钌催化剂的合成。

二氯化一氯五氨合钌（III）（pentamminechlororuthenium(III) dichloride） CAS 号 18532-87-1。化学式 $[RuCl(NH_3)_5]Cl_2$，分子量 292.58。浅黄色晶体。制备：可由三氯化钌水溶液与水合肼反应，再将溶液调节至酸性制得；或向 $[Ru(NH_3)_6]Cl_2$ 水溶液中加入稍过量的溴水，再加入盐酸制得。用途：可用于合成钌催化剂及含钌配合物。

一亚硝基五氯合钌（IV）酸钾（potassium pentachloronitrosylruthenate(IV)） CAS 号 14854-54-7。化学式 $K_2[RuCl_5(NO)]$，分子量 386.54。暗红紫色斜方系晶体。易溶于水，不溶于乙醇。受热分解。制备：可由亚硝酰钌（III）盐溶液与氯化钾反应制得；或向 $RuCl_3 \cdot H_2O$ 加入亚硝酸钾直至不再发泡，加入盐酸，蒸发结晶制得。用途：可用作有机催化剂。

六氯合钌（IV）酸钾（potassium hexachlororuthenate(IV)） CAS 号 23013-82-3。化学式 $K_2[RuCl_6]$，分子量 391.98。密度 2.82 g/cm^3。深棕色立方系晶体。易溶于水，水溶液呈橙黄色，可因水解而显棕色。制备：向五氯一水合铑的浓盐酸溶液中通入氯气；或由金属钌与氯化钾的紧密混合物在氯气流中氧化加热；或由钌粉与氯酸钾熔融，浸取时加入氯化钾制得。用途：可作为催化剂、氧化剂，可用于合成其他含钌化合物。

五氯一羟基合钌（IV）酸钾（potassium ruthenium(IV) hydroxochloride） 化学式 $K_2[Ru(OH)Cl_5]$，分子量 373.54。红色晶体。难溶于冷水，易溶于温水，不溶于醇。水溶液不稳定，受热慢慢分解。制备：可在氯化钌的浓盐酸溶液中加入氯化钾，或由四氯化钌与氯和盐酸反应后加入氯化钾制得。

五氯亚硝基合钌（IV）酸钾（potassium ruthenium(IV) nitrosochloride） 化学式 $K_2[Ru(NO)Cl_5]$，分子量 386.54。紫红色晶体。溶于水，不溶于乙醇。受热分解。制备：可由氯化钌或钌的碱式盐与浓硝酸反应后再加入氯化钾，或由亚硝基三氯化钌和氯化钾反应制得。

五氯合铑（III）酸钾（potassium pentachlororhodate(III)） 亦称"氯铑酸钾"。CAS 号 65980-75-8。化学式 $K_2[RhCl_5]$，分子量 356.67。红色菱形晶体。易溶于水，不溶于乙醇。

六氯合铑（III）酸钠（sodium hexachlororhodate(III)） 亦称"氯亚铑酸钠"。CAS 号 14972-70-4。化学式 $Na_3[RhCl_6]$，分子量 384.59。暗红色三斜系晶体。易潮解。易溶于水，不溶于乙醇。加热至 550℃ 时分解。加压下，用氢、锌或镁等还原剂可将其水溶液定量地还原为金属铑。与碱作用生成水合氧化物沉淀。与氨水作用生成氯化一氯五氨合铑沉淀，用硫化氢处理生成硫化铑（III）沉淀。有多种水合物。十八水合物为八面体晶体，易风化，加热至 150℃ 时成无水物，在 904℃ 分解。十二水合物易风化，于 150℃ 成无水物。二水合物加热至 120℃ 成无水物。制备：将金属铑和氯化钠的粉末充分混合，并在氯气流中加热至 900℃ 制得。用途：可用于制催化剂。

六氯合铑（III）酸钾（potassium hexachlororhodate(III)） 亦称"氯铑酸钾"。CAS 号 13845-07-3。化学式 $K_3[RhCl_6] \cdot 3H_2O$，分子量 486.96。紫红色三斜系晶体或粉末。密度 3.291 g/cm^3。不溶于醇，微溶于冷水。溶于水成暗红色溶液，加热或者放置变成棕色。在热水中或高温时分解。120℃变为无水盐。制备：将铑、氯化钾在氯气流中加热，或将氯化钾加到热的含铑的氯配位体中反应制得。用途：可作为分析标准试剂。

六氯合铑（Ⅲ）酸铵（ammonium rhodium（Ⅲ）chloride）　亦称"氯化铑铵"。CAS 号 15336-18-2。化学式（NH$_4$）$_3$[RhCl$_6$]·H$_2$O，分子量 387.75。暗红色菱形针状晶体。可溶于水、稀氯化铵溶液，微溶于乙醇。加热至 140℃失去结晶水，变不透明且呈粉色。加热至 200℃不分解，在 440℃时生成 RhCl$_2$。制备：可由除去铂的氯化铑与氯化铵溶液反应，或由过量的氯化铵溶液与 RhCl$_3$ 溶液反应制得。用途：可作为光谱纯试剂、催化剂。

六氰合铑（Ⅲ）酸钾（potassium rhodium cyanide）亦称"氰铑酸钾"。化学式 K$_3$[Rh（CN）$_6$]，分子量 376.31。淡黄色单斜系晶体。易溶于水。可与六亚甲基四胺生成 1∶2 加合物。制备：可由二氯化一氯·五氨合铑（Ⅲ）与氰化钾的混合物加热熔融，或向氧化铑（Ⅲ）五水合物的氢氧化钾水溶液中加入氢氰酸制得。

三草酸根合铑（Ⅲ）酸钾（potassium trioxalatorhodate（Ⅲ））　CAS 号 15602-35-4。化学式 K$_3$Rh（C$_2$O$_4$）$_3$·2H$_2$O，分子量 520.29。无色三斜系晶体。密度 2.71 g/cm^3。易溶于水。加热至 190℃脱去全部结晶水。制备：可由新制的氧化铑（Ⅲ）水合物与煮沸的浓草酸氢钾水溶液反应，或由三氯化铑与草酸钾的弱碱性溶液反应制得。用途：可用于制备催化剂。

氯化六氨合铑（Ⅲ）（hexamminerhodium（Ⅲ）chloride）　CAS 号 13820-96-7。化学式[Rh（NH$_3$）$_6$]Cl$_3$，分子量 311.45。白色片状或柱状晶体。密度 2.008 g/cm^3。溶于水。210℃时失去氨分子分解。制备：可由三氧化铑的水合物与浓氨水在压热器中加热制得。用途：可用于制备含铑化合物。

三硝酸六氨合铑（Ⅲ）（hexamminerhodium（Ⅲ）trinitrate）　CAS 号 19336-48-2。化学式[Rh（NH$_3$）$_6$]（NO$_3$）$_3$，分子量 391.10。白色结晶粉末。可溶于水。制备：将[RhCl（NH$_3$）$_5$]Cl$_2$ 和浓氨水加热，再加入硝酸制得。用途：可作为有机反应催化剂。

硫酸六氨合铑（Ⅲ）（hexamminerhodium（Ⅲ）sulfate）　化学式[Rh（NH$_3$）$_6$]$_2$（SO$_4$）$_3$·5H$_2$O，分子量 788.44。白色针状晶体。100℃变成一水合物。制备：可将氯化六氨合铑用新配制的氧化银和水进行分解，再加入稍过量的硫酸制得。用途：可作为化学试剂。

六硝基合铑（Ⅲ）酸钠（sodium hexanitrorhodate（Ⅲ））　亦称"硝基铑酸钠"。CAS 号 15489-17-5。化学式 Na$_3$[Rh（NO$_2$）$_6$]，分子量 447.91。无色晶体或白色粉末。密度 2.744 g/cm^3。溶于水，不溶于乙醇。在酸中分解，360℃缓慢分解，440℃迅速分解为 Na$_2$O·8RhO$_2$、N$_2$、NO$_2$ 和 NaNO$_3$。制备：将含有少量盐酸的 RhCl$_3$·H$_2$O

或 Na$_3$RhCl$_6$ 水溶液煮沸，加入亚硝酸钠制得。用途：可用于制备臭氧多相氧化固体催化剂。

六硝基合铑（Ⅲ）酸钾（potassium hexanitritorhodate（Ⅲ））　CAS 号 17712-66-2。化学式 K$_3$[Rh（NO$_2$）$_6$]，分子量 496.23。白色立方系晶体。难溶于水。制备：可由亚硝酸钠和 K$_3$RhCl$_6$ 反应制得。用途：可作为氧化剂、催化剂，可用于合成其他含铑化合物。

硫酸一氢五氨合铑（Ⅲ）（hydropentamminerhodium（Ⅲ）sulfate）　CAS 号 19440-32-5。化学式[RhH（NH$_3$）$_5$]SO$_4$，分子量 285.13。浅奶黄色细小晶体。空气中非常稳定。制备：可由[Rh（NH$_3$）$_5$Cl]Cl$_2$ 与硫酸铵在浓氨水氛围下，加入锌粉制得。用途：可作为不饱和羧酸氢化催化剂。

二氯化一氯五氨合铑（Ⅲ）（chloropentamminerhodium（Ⅲ）dichloride）　CAS 号 13820-95-6。化学式[RhCl（NH$_3$）$_5$]Cl$_2$，分子量 294.42。浅黄色斜方系双锥晶体。密度 2.079 g/cm^3。微溶于水，热水中很容易溶解。制备：可将三氯化钌水溶液与氯化铵和碳酸铵细末反应制得；也可在三氯化钌乙醇溶液中加入氨水，快速搅拌下加热至沸腾得到产物。用途：可用作催化剂。

二氯化亚硝酸五氨合铑（Ⅲ）（nitritopentamminerhodium（Ⅲ）dichloride）　CAS 号 16449-88-0。化学式[Rh（NO$_2$）（NH$_3$）$_5$]Cl$_2$，分子量 304.97。无色晶体。可以异构化形成硝基络合物。制备：将三氯化一水五氨合铑（Ⅲ）水溶液与亚硝酸钠在浓盐酸作用下制得。用途：可作为化学试剂。

二硝酸一硝基五氨合铑（Ⅲ）（pentamminenitrorhodium（Ⅲ）dinitrate）　CAS 号 31105-57-4。化学式[Rh（NO$_2$）（NH$_3$）$_5$]（NO$_3$）$_2$，分子量 358.07。无色晶体。不太溶于冷水，易溶于热水。制备：将[RhCl（NH$_3$）$_5$]Cl$_2$ 溶于氢氧化钠溶液，再加亚硝酸钠和稀硝酸制得。用途：可作为化学试剂。

六氟合铑（Ⅳ）酸铯（cesium hexafluororhodate（Ⅳ））　CAS 号 16962-25-7。化学式 Cs$_2$RhF$_6$，分子量 482.71。黄色晶体。在温水中水解。制备：用 CsCl 和 RhCl$_3$ 在 2∶1 摩尔比条件下与 BrF$_3$ 反应，再于真空 270℃加热升华提纯。用途：可作为化学试剂。

四氯合钯（Ⅱ）酸钠（sodium tetrachloropalladate（Ⅱ））　亦称"氯钯酸钠"。CAS 号 13820-53-6。化学式 Na$_2$PdCl$_4$·3H$_2$O，分子量 348.24。红褐色晶体。易潮解，极易溶于水，能溶于乙醇，水溶液可被 CO 或 H$_2$ 还原至金属钯。在 100℃时烘干呈褐色。制备：向氯化钯水溶液中加入氯化钠溶液并缓缓蒸发结晶制得。用途：可用于制含钯化合物。

四氯合钯（Ⅱ）酸钾（potassium tetrachloropalladate（Ⅱ））　CAS 号 10025-98-6。化学式 K$_2$PdCl$_4$，

分子量 326.43。浅黄色立方或棕黄色四方系晶体。熔点 105℃（分解），密度 2.67 g/cm³。易溶于热水，可溶于冷水、氯化钾溶液、氨水，不溶于乙醇。制备：可由二氯化钯和氯化钾的混合水溶液加热蒸发；或由金属钯与过量氯化铵及氯化钾混合，用空气或氧气氧化制得。用途：可用于激光器开关材料、光盘记录介质、条形码材料、超导体，也可用于合成半导电性含金属聚合物。

四氯合钯（II）酸铵（ammonium tetrachloropalladate(II)）　亦称"氯化亚钯铵"。CAS 号 13820-40-1。化学式 $(NH_4)_2PdCl_4$，分子量 284.31。橄榄绿色四方系晶体。密度 2.17 g/cm³。溶于水，不溶于乙醇。与氨气反应生成五氨合四氯钯酸铵加成物。通入 H_2S 再加热至 70～80℃变蓝，在高温下挥发出氯化铵得到 PdS。加热至 100℃分解。制备：可由氯化铵与氯化亚钯的混合溶液蒸发结晶，或由六氯合钯（IV）酸铵与碘化钾反应制得。用途：可作为催化剂、去苄化试剂、感光剂，可用于合成含钯化合物。

四溴合钯（II）酸钾（potassium tetrabromopalladate(II)）　CAS 号 13826-93-2。化学式 K_2PdBr_4，分子量 504.23。易溶于水。空气中稳定，400℃开始分解。制备：可将 $PdBr_2$ 和 KBr 溶于氢溴酸，将溶液在水浴上蒸干制得。用途：可用于制催化剂、含钯化合物。

四氰合钯（II）酸钾（potassium tetracyanopalladate(II)）　CAS 号 14516-46-2。化学式 $K_2[Pd(CN)_4]\cdot H_2O$，分子量 306.70。易溶于水、液氨，稍溶于乙醇。溶液加稀酸可以沉淀出 $Pd(CN)_2$，与浓硫酸煮沸则完全分解。制备：可由 $PdCl_2$ 与 KCN 水溶液反应制得。用途：可作为化工中间体、催化剂。

二草酸合钯（II）酸钾（potassium palladium oxalate）　亦称"二草酸钯钾""草酸钯钾"。CAS 号 36425-78-2。化学式 $K_2[Pd(C_2O_4)_2]\cdot 2H_2O$，分子量 432.71。黄色针状晶体。微溶于水。在空气中分解。加热至 80℃变为无水物。制备：由二氯化钯、四氯合钯（II）酸钾或反式二氯二氨合钯（II）的热水溶液与草酸钾反应制得。

二氯二氨合钯（dichlorodiamminepalladium）　CAS 号 14323-43-4。化学式 $Pd(NH_3)_2Cl_2$，分子量 211.39。黄色四方系晶体，有毒！密度 2.609^{19-23} g/cm³。溶于水、氨水、热浓盐酸、亚硫酸、苛性钾溶液，微溶于热浓硝酸，不溶于氯仿、四氯化碳、丙酮、乙醇，难溶于稀酸。在大量水中长时间煮沸，分解放出氨。在氢气流中加热还原出钯。受热分解。制备：向氯化亚钯溶液中加入过量氨水使生成的沉淀溶解，然后蒸发，或由 $Pd(NH_3)_4Cl_2$ 或 $[Pd(NH_3)_4][PdCl_4]$ 加热，也可由 $[Pd(NH_3)_4]PdCl_4$ 氨水溶液加入水或盐酸煮沸而得。用途：可作为催化剂、化学试剂。可用于电镀钯、测定一氧化碳、合成含钯化合物等。

二氯四氨合钯（tetraammine palladium(II) chloride）　CAS 号 13933-31-8。化学式 $[Pd(NH_3)_4]Cl_2\cdot H_2O$，分子量 263.44。无色四方系晶体。密度 1.91^{18} g/cm³。易溶于水、氢氧化氨，不溶于盐酸。120℃时放出氨、水生成二氯二氨合钯。制备：可由二氯化钯与过量氨气或氨水反应，或由 $Pd(NH_3)_2Cl_2$ 与氨水反应制得。用途：可用于制备含钯化合物。

二羟基二氨合钯（diamminepalladiumdihydroxide；palladous diaminohydroxide）　化学式 $[Pd(NH_3)_2](OH)_2$，分子量 174.50。黄色微小晶体。熔点高于 105℃。易溶于冷水，热水中分解。水溶液具有强碱性。能吸收二氧化碳，与铵盐反应放出氨气，与酸反应形成相应的盐。制备：可由二氯二氨合钯与湿的氧化银反应；或由硫酸二氨合钯与氢氧化钡反应，过滤后滤液在真空中（或在除去二氧化碳的空气中）蒸发制得。用途：可用作催化剂、化学试剂。

二羟基四氨合钯（tetramminepalladium dihydroxide；palladous tetraminohydroxide）　CAS 号 68413-68-3。化学式 $[Pd(NH_3)_4](OH)_2$，分子量 208.56。透明淡黄色固体。易溶于水。水溶液具有强碱性，能吸收二氧化碳。在无机酸中可生成相应盐。100℃时变为黄色，进一步加热则剧烈分解。制备：可由二羟基二氨合钯与氨水反应制得。用途：可作为有机反应催化剂。

四氯钯酸四氨合钯（tetramminopalladium tetrachloropalladate）　亦称"沃克林盐"。CAS 号 13820-44-5。化学式 $[Pd(NH_3)_4][PdCl_4]$，分子量 422.73。粉红色针状晶体或粉末。密度 2.489^{21} g/cm³。不溶于冷水，缓慢溶于冷稀盐酸。溶于苛性钾溶液，溶于沸水并分解，溶于热酸和沸腾的沸水中生成二氯化二氨合钯。180℃转变为黄色。192℃以上分解。制备：由稍过量的氨水加入中等浓度的二氯化钯溶液中，或由二氯化钯加到二氯化四氨合钯溶液中制得。用途：可用于制催化剂。

四硝基合钯（II）酸钾（potassium tetranitropalladate(II)）　CAS 号 13844-89-8。化学式 $K_2[Pd(NO_2)_4]\cdot 2H_2O$，分子量 404.67。黄色三斜系晶体。易粉化。难溶于冷水，可溶于温水。制备：可向硝酸钯或二氯化钯水溶液加入过量的亚硝酸钾溶液，再加入过量的氢氧化钾制得。用途：可用于合成各类钯配合物。

六氯合钯（IV）酸镁（magnesium hexachloropalladate(IV)）　亦称"氯钯酸镁"。CAS 号 19583-60-9。化学式 $MgPdCl_6\cdot 6H_2O$，分子量 451.53。红色六方系晶体。密度 2.12 g/cm³。熔点时分解。制备：由六氯合钯酸与氢氧化镁或碳酸镁反应制得。

六氯合钯（IV）酸钾（potassium palladichloride）　亦称"氯钯酸钾""氯化高钯酸钾"。CAS 号 16919-73-6。

化学式 K_2PdCl_6，分子量 397.32。淡红色八面体晶体。密度 2.738 g/cm³。微溶于热水，不溶于乙醇，沸水中分解而释放氯气。与氨水反应生成二氯二氨合钯(II)，并释放出氮气。加热至 170℃失去氮气。制备：可由金属钯与氯气饱和的氯化钾盐酸溶液反应，或向六氯合钯酸溶液中加入氯化钾，或由四氯合钯酸钾与王水、氯气等氧化剂反应制得。用途：可用作分析试剂，可用于制取钯的络合物。

六氯合钯(Ⅳ)酸镍（nickel hexachloropalladate(IV)） 亦称"氯钯酸镍"。化学式 $NiPdCl_6 \cdot 6H_2O$，分子量 485.92。六方系晶体。密度 2.353 g/cm³。制备：可由六氯合钯(IV)酸溶液中加入镍盐溶液反应制得。

六氯合钯(Ⅳ)酸铵（ammonium palladium(IV) chloride） 亦称"氯钯酸铵"。CAS 号 19168-23-1。化学式 $(NH_4)_2[PdCl_6]$，分子量 355.20。红色八面体晶体。密度 2.418 g/cm³。微溶于水，溶于乙醇、冷盐酸。常温下长时间放置、受热，会放出氯气而变成 $(NH_4)_2[PdCl_4]$。几乎不溶于浓氯化铵溶液。其水溶液加热至沸分解放出氯气。制备：将含有氯化铵的二氯化钯溶液与浓硝酸溶液加热，或将 Pd 溶于浓盐酸和含有硝酸的水溶液中，或由过二硫酸铵氧化 $(NH_4)_2[PdCl_4]$ 制得。用途：可用于化学分析、催化等领域。

六溴合钯(Ⅳ)酸钾（potassium hexabromo-palladate(IV)） CAS 号 16919-74-7。化学式 K_2PdBr_6，分子量 664.04。黑色有光泽的八面体结晶。微溶于冷水，呈红棕色。在热水，氨水、浓硫酸中分解。制备：向 K_2PdBr_4 水溶液中加入溴制得。用途：可作为催化剂、钯化合物制备前体。

二氰合银(Ⅰ)酸钾（potassium argentocyanide） 亦称"氰化银钾""氰银酸钾"。CAS 号 506-61-6。化学式 $K[Ag(CN)_2]$，分子量 199.00。无色晶体，剧毒！密度 2.36 g/cm³。溶于水，能溶于乙醇。遇酸析出氰化银。见光易分解。制备：可由氰化银与氰化钾在溶液中结晶制得。用途：可用于镀银，也可用作杀菌剂、防腐剂等。

四氰合镉(Ⅱ)酸钾（potassium cyanocadmate） 亦称"氰化镉钾""氰镉酸钾"。CAS 号 14402-75-6。化学式 $K_2[Cd(CN)_4]$，分子量 294.68。无色晶体，有毒！密度 1.85 g/cm³。微溶于冷水，溶于热水，微溶于乙醇。在空气中稳定。可与硫化氢反应。制备：可由氯化镉与氰化钾反应，或将氢氧化镉溶于过量氰化钾溶液中并于乙醇中结晶制得。用途：可用于化学分析及制备配合物。

高铼酸四氨合镉（tetramminecadmium perrhenate） 化学式 $[Cd(NH_3)_4](ReO_4)_2$，分子量 681.16。密度 3.714 g/cm³。微溶于浓氨水。制备：可由高铼酸镉溶液与过量浓氨水反应制得。用途：化学试剂。

六氟合锡(Ⅳ)酸钾（potassium hexafluostannate(IV)） 亦称"氟锡酸钾"。化学式 $K_2SnF_6 \cdot H_2O$，分子量 328.82。无色单斜系晶体。密度 3.053 g/cm³。能溶于水，不溶于乙醇、液氨。制备：可由锡酸盐与氢氟酸反应，或由四氟化锡与氟化钾溶液反应制得。

六氯合锡(Ⅳ)酸镁（magnesium hexachloros-tannate(IV)） 亦称"氯锡酸镁"。化学式 $Mg[SnCl_6] \cdot 6H_2O$，分子量 463.81。无色三斜系晶体。密度 2.08 g/cm³。100℃时分解。制备：由氢氧化镁或碳酸镁溶于 $SnCl_4$ 的盐酸溶液制得。

六氯合锡(Ⅳ)酸钾（potassium hexachloros-tannate(IV)） 亦称"氯锡酸钾"。化学式 $K_2[SnCl_6]$，分子量 409.60。无色立方系晶体。密度 2.71 g/cm³。溶于水。在水及醇中易分解。制备：由氯化锡(IV)和氯化钾在盐酸存在下反应制得。

六氯合锡(Ⅳ)酸钴（cobalt hexachlorostannate(IV)） 亦称"氯锡酸钴""六水合氯锡酸亚钴"。化学式 $Co[SnCl_6] \cdot 6H_2O$，分子量 498.43。斜方或三方系晶体。熔点 100℃（分解）。制备：将六水合二氯化钴和二氯化锡溶解到稀盐酸中，通入氯气使二价的锡离子氧化，溶液经浓缩、冷却生成粉红色的结晶制得。

六氯合锡(Ⅳ)酸铯（cesium hexachlorostannate(IV)） 亦称"氯锡酸铯"。化学式 $Cs_2[SnCl_6]$，分子量 597.22。白色晶体。密度 3.33²⁰·⁵ g/cm³。微溶于水。在稀酸（如硫酸、氟硅酸等）溶液中发生分解。制备：由氯化铯和氯化锡的混合溶液反应制得。用途：可用于铯和铷的分离，可用于鉴别微量的铯。

六氯合锡(Ⅳ)酸铵（ammonium hexachloros-tannate(IV)） 亦称"氯锡酸铵"。CAS 号 16960-53-5。化学式 $(NH_4)_2[SnCl_6]$，分子量 367.49。无色立方系晶体。密度 2.4 g/cm³。易溶于水。在空气中稳定，加热分解。煮沸其稀溶液则沉淀出 $SnO_2 \cdot nH_2O$。制备：可将纯的无水四氯化锡溶于大约等量的水中，加入过量 50% 的饱和氯化铵溶液制得。用途：可作为媒染剂。

六溴合锡(Ⅳ)酸钾（potassium hexabromos-tannate） CAS 号 17362-95-7。化学式 K_2SnBr_6，分子量 676.33。白色晶体。密度 3.783 g/cm³。

六溴合锡(Ⅳ)酸铵（ammonium hexabromostannate(IV)） CAS 号 16925-34-1。化学式 $(NH_4)_2SnBr_6$，分子量 634.21。无色立方系晶体。密度 3.50 g/cm³。极易溶于水。加热分解。制备：将浓的氢溴酸与四氯化锡水溶液混合后，再加入溴化铵制得。

六羟基合锡(Ⅳ)酸钠（sodium hexahydroxostannate(IV)） 亦称"羟锡酸钠"。化学式 $Na_2[Sn(OH)_6]$，分子量 266.71。无色六方系晶体或白色粉末或团块。易溶于水，不溶于乙醇、丙酮。在空气中易吸收水分和二氧化碳而分解为氢氧化锡和碳酸钠。140℃失去 3 分子水。制备：可由二氧化锡与氢氧化钠共熔所得锡酸钠溶于水后结晶，或由锡与铅酸钠溶液共沸制得。用途：可作为媒染剂、防火剂、增重剂，可用于玻璃、陶瓷、电镀锡等。

六羟基合锡(IV)酸钾(potassium hexahydroxostannate(IV)) 亦称"羟锡酸钾"。CAS号12027-61-1。化学式$K_2[Sn(OH)_6]$，分子量298.94。无色三方晶体。密度3.197 g/cm³。易溶于水，微溶于氢氧化钾，不溶于乙醇、丙酮。水溶液显碱性。向其水溶液中加酸可沉淀出α-锡酸。制备：可由热至近熔化的氢氧化钾与硝酸钾及氯化钾的混合物中加入锡，或氧化锡(IV)的水合物与氢氧化钾熔融制得。用途：可用于镀锡、织物印染等。

六氟合锑(V)酸锂(lithium hexafluoroantimonate) 亦称"氟锑酸锂"。CAS号18424-17-4。分子式$LiSbF_6$，分子量242.69。无色晶态粉末。制备：将三氧化二锑加入氟化氢溶液中并通入双氧水，待溶解后加入锂盐中和制得。用途：可作为电池的电解质。

六氟合锑(V)酸钾(potassium hexafluoroantimonate) 亦称"氟锑酸钾"。CAS号16893-92-8。化学式$KSbF_6$，分子量274.85。无色晶体。熔点846℃，沸点1 505℃。制备：可由氟锑酸与氢氧化钾反应制得。

六氟合锑(V)酸银(silver hexafluoroantimonate) 亦称"氟锑酸银"。CAS号26042-64-8。化学式$AgSbF_6$，分子量343.62。浅棕色粉末。极易吸湿。

三草酸合锑(III)酸钾(potassium antimony oxalate) 亦称"草酸锑钾"。CAS号5965-33-3。化学式$K_3Sb(C_2O_4)_3 \cdot 3H_2O$，分子量557.16。白色晶态粉末。可溶于水。制备：可由三氧化锑与草酸氢钾溶液加热反应制得。

四氯合碘(III)酸钾(potassium tetrachloroiodate) 亦称"氯碘酸钾"。CAS号14323-44-5。化学式$KICl_4$，分子量307.81。黄色斜方系晶体。密度1.76 g/cm³。可与水反应。稳定性较差，受热易分解成KCl和ICl_3。制备：用盐酸酸化碘化钾浓溶液并通氯气，或向干燥的二溴碘化钾中通入氯气制得。

四草酸合铪(IV)酸钾(potassium tetraoxalatohafnate(IV)) CAS号12081-84-4。化学式$K_4[Hf(C_2O_4)_4]$，分子量686.96。无色结晶。密度2.44 g/cm³，能溶于水。制备：将$HfCl_2O \cdot 8H_2O$，草酸钾和草酸的混合水溶液加热至沸得到产物。用途：可作为化学试剂。

八氟合钽(V)酸钠(sodium octafluotantalate(V)) CAS号1318926-05-4。化学式Na_3TaF_8，分子量401.90。无色针状晶体。在空气中稳定，易溶于水。制备：将氟化钠和五氟化钽以4∶1的摩尔比配制为水溶液，用氢氟酸调至微酸性，蒸发浓缩结晶制得。用途：可作为红色荧光材料。

八氰合钨(V)酸钾(potassium octacyanotungstate(V)) CAS号18347-84-7。化学式$K_3W(CN)_8 \cdot H_2O$，分子量527.29。柠檬黄色晶体。易溶于水。游离酸的水溶液是由其银盐与盐酸的复分解反应制得。制备：向$K_4[W(CN)_8] \cdot 2H_2O$水溶液加入高锰酸钾溶液直至颜色消失，加入银离子使之转化为银盐沉淀，再用氯化钾和银盐发生复分解反应，过滤掉氯化银，加入少量乙醇使之析出。用途：可作为化学试剂。

八氰合钨(IV)酸钾(potassium octacyanotungstate(IV)) CAS号17475-73-9。化学式$K_4W(CN)_8 \cdot 2H_2O$，分子量584.40。橙黄色正方系晶体。密度1.989 g/cm³。极易溶于水，不溶于乙醇、乙醚。其水溶液用高锰酸钾或铈(IV)盐进行氧化，可生成$[W(CN)_8]^{3-}$离子。热至115℃失去2分子水。制备：将新制的$K_3[W_2Cl_9]$加到氰化钾溶液中，再用空气氧化制得。用途：可用于电池电解或氧化还原反应活性的检测，还可用于磁化学研究。

四氟二氧化钨(VI)酸钾(potassium fluorotungstate) 化学式$K_2WO_2F_4 \cdot H_2O$或$2KF \cdot WO_2 \cdot F_2 \cdot H_2O$，分子量388.12。无色晶体。易溶于热水。加热至熔融失水转为无色。制备：将氧化钨(VI)溶解在氟化钾的氢氟酸溶液中制得。

一氧五氯合钨(V)酸铯(cesium pentachlorooxotungstate(V)) CAS号18131-66-3。化学式$Cs_2[WOCl_5]$，分子量642.91。绿色结晶。在空气中不稳定，基本上不溶于浓盐酸，不溶于乙醇。制备：可由$K[WO_2(C_2O_4)] \cdot nH_2O$和氯化铯按1∶2的摩尔比在浓盐酸中反应制得。用途：可作为化学试剂。

八氟合钨(VI)酸钾(potassium octafluotungstate(VI)) CAS号57300-87-5。化学式K_2WF_8，分子量414.02。无色结晶。在干燥空气中稳定，遇湿则迅速分解并腐蚀容器，易溶于水。制备：将$W(CO)_6$和碘化钾等摩尔比混合，用IF_5处理制得。用途：可用于电解提取金属钨。

八氟合钨(V)酸钾(potassium octafluotungstate(V)) CAS号60840-81-5。化学式K_3WF_8，分子量453.12。在空气中稳定，遇湿气就分解，水溶液为浅绿色。制备：用$W(CO)_6$和碘化钾以2∶1的摩尔比混合，用IF_5处理制得。用途：可用于电解提取金属钨。

六氯合钨(V)酸铯(cesium hexachlorotungstate(V)) CAS号16921-19-0。化学式$CsWCl_6$，分子量529.46。黑色结晶。制备：将氯化铯溶于氯化碘和二氯亚砜的混合液，将此溶液与$[(CH_3)_4N][WCl_6]$的二氯亚砜溶液反应制得。用途：可作为化学试剂。

六氯合钨(IV)酸铯(dicesium pentachlorooxotungstate(IV)) CAS号16902-26-4。化学式Cs_2WCl_6，分子量662.37。红色晶体。制备：可由碘化铯粉末与六氯化钨在加热条件下制得。用途：可作为化学试剂。

九氯合二钨（III）酸钾（potassium nonachloro-ditungstate（III）） CAS 号 23403-17-0。化学式 $K_3W_2Cl_9$，分子量 804.05。黄绿色六方系晶体。能溶于水，水溶液为深绿色且易被空气氧化。微溶于浓盐酸、乙醇。在干燥空气中能稳定存在，一般情况下会缓慢分解。制备：可向冰冷的 K_2WO_4 的盐酸溶液不断通入氯化氢并进行电解还原；或用锡还原 K_2WO_4 的盐酸溶液，加入乙醇可得到暗绿色结晶。用途：可作为催化剂、化学试剂。

十四氯合三钨（III）酸钾（potassium chlorotung-state（III）） CAS 号 128057-81-8。化学式 $K_5W_3Cl_{14}$，分子量 1 243.35。红色晶体。易溶于水。制备：可向冰冷的钨酸钾的盐酸溶液加入少许氯化钾，再用锡还原制得。用途：用作化学试剂。

八氯合二铼（III）酸钾（potassium octachlorodir-henate（III）） CAS 号 13841-78-6。化学式 $K_2Re_2Cl_8$，分子量 734.23。蓝色晶体。具有反磁性。双核配位化合物，阴离子中含金属-金属四重键，包括一个 σ、两个 π 和一个 δ 键。制备：可用次磷酸在盐酸溶液中还原高铼酸钾，或由氢气在高压下还原高铼酸钾制得。用途：可用于制造太阳能电池。

六氟合铼（IV）酸（hydrogen hexafluororhenate（IV）） CAS 号 44469-64-9。化学式 $H_2ReF_6 \cdot H_2O$，分子量 320.23。浅蔷薇红色晶体。浓水溶液呈浅蔷薇色。制备：将 K_2ReF_6 溶于稀氢氟酸后经氢离子型阳离子交换树脂交换制得。用途：可作为化学试剂。

六氟合铼（IV）酸钾（potassium hexafluororhenate（IV）） CAS 号 16962-12-2。化学式 K_2ReF_6，分子量 378.39。无色结晶。稍微溶于冷水，易溶于热水。室温下不水解。制备：将 K_2ReBr_6 和 KHF_2 混合后熔融反应制得。用途：可用于制备其他含铼化合物。

六氯合铼（IV）酸钾（potassium hexachlororhenate（IV）） 亦称“氯铼化钾”。CAS 号 16940-97-9。化学式 $K_2[ReCl_6]$，分子量 477.12。黄绿色八面体晶体。密度 3.34 g/cm³。溶于水和酸，不溶于浓硫酸、热稀硫酸。在空气中稳定，受热分解。制备：可由金属铼与化学计量比的氯化钾在强热下通入氯气，或由氯化铼（IV）的盐酸溶液加入氯化钾，或由高铼酸钾与盐酸及氯化钾反应制得。用途：可作为铼的化学气相沉积前驱体，可用于国防、电子等领域。

六溴合铼（IV）酸钾（potassium hexabromorhenate（IV）） CAS 号 16903-70-1。化学式 K_2ReBr_6，分子量 743.83。暗红色晶体。可溶于水并水解。制备：可由高铼酸钾、溴化钾、氢溴酸和次磷酸混合反应制得。用途：可用于制备卤化银乳液、感光材料。

五氯一氧合铼（V）酸钾（potassium oxopenta-chlororhenate（V）） 亦称“氯氧铼（V）酸钾”。化学式 $K_2[ReOCl_5]$，分子量 457.67。绿色六方系晶体。溶于酸，不溶于乙醇、乙醚。遇冷、热水分解。制备：由电解高铼酸钾的浓盐酸溶液，或氧化铼（VII）与含有碘化钾的浓盐酸溶液反应制得。

四氰二氧合铼（V）酸钾（potassium rhenium oxycyanide） 亦称“氰氧铼酸钾”。化学式 $K_3[ReO_2(CN)_4]$，分子量 439.57。红色单斜系晶体。密度 2.70²⁵ g/cm³。溶于水，难溶于乙醇，不溶于碱。真空中加热至 300～400℃分解。制备：由温热的高铼酸钾水溶液与氰化钾及肼反应，或由六氯合铼（IV）酸钾溶液与过氧化氢在过量氰化钾存在下反应制得。

九氢合铼（VII）酸钠（sodium nonahydrorhenate（VII）） CAS 号 25396-43-4。化学式 Na_2ReH_9，分子量 241.26。易溶于水、甲醇，稍溶于乙醇，不溶于 2-丙醇、乙腈、乙醚、THF。溶液在碱性条件下较稳定，但是有酸时放出大量氢气。制备：在氮气下，在乙醇中用金属钠还原高铼酸钠来制得。用途：可用于合成其他含铼化合物。

六氰合锇（II）酸钾（potassium hexacyanoosmate（II）） CAS 号 14323-54-7。化学式 $K_4[Os(CN)_6] \cdot 3H_2O$，分子量 556.77。无色单斜系板状晶体。易溶于热水，微溶于冷水，不溶于乙醇。受热先失去结晶水，红热时分解。向浓的水溶液中加入浓硫酸，可分离出 $H_4[Os(CN)_6]$。制备：向 K_2OsO_4 的水溶液中加氰化钾并蒸干，冷却后用少量热水溶解，过滤后的滤液冷却可得到白色板状结晶；用热水重结晶得到三水合物。用途：可作为化学试剂。

六氯合锇（III）酸钾（potassium hexachlorosmate（III）） CAS 号 68938-94-3。化学式 $K_3[OsCl_6] \cdot 3H_2O$，分子量 574.27。暗红色晶体。易溶于冷水，溶于酸，不溶于醚。受热至 150℃时失去 3 分子结晶水，并因失氯而分解。制备：可由锇和氯化钾的混合物同氯气反应，或由氧化锇（III）的盐酸或硝酸溶液同氯化钾反应制得。

三氯化六氨合锇（III）（hexammineosmium（III）trichloride） CAS 号 42055-53-8。化学式 $[Os(NH_3)_6]Cl_3$，分子量 398.77。白色晶体。有潮解性。制备：可由 $[Os(NH_3)_6]I_3$ 在温水中和氯化银悬浮液一起振荡后过滤，向滤液中加丙酮和微量稀盐酸制得。用途：可作为化学试剂。

三溴化六氨合锇（III）（hexammineosmium（III）tribromide） CAS 号 42055-54-9。化学式 $[Os(NH_3)_6]Br_3$，分子量 532.12。白色晶体。制备：将完全干燥的 $(NH_4)_2[OsBr_6]$ 装入法拉第管，把无水氨冷凝在固体上 25℃下放置 28 天制得。用途：可作为化学试剂。

三碘化六氨合锇（III）（hexammineosmium（III）triiodide） CAS 号 42055-55-0。化学式 $[Os(NH_3)_6]I_3$，分子量 673.13。浅黄色晶体。制备：向 $[Os(NH_3)_6]I(SO_4$

水溶液中加入氯化钡水溶液，滤除硫酸钡后向滤液中加入碘化钠得到黄色结晶。用途：可作为化学试剂。

六氯合锇（IV）酸钠（sodium hexachloroosmate(IV)） 亦称"氯锇酸钠"。CAS 号 207683-17-8。化学式 $Na_2OsCl_6 \cdot 2H_2O$，分子量 484.93。橙红色棱柱状晶体。易溶于水、乙醇。水溶液呈黄至橙色。在干燥空气中稳定，加热即失氯而分解。在空气中缓慢分解，生成黑色沉淀。制备：可向 OsO_4 的盐酸或硝酸溶液中加入氯化钠和乙醇，或由氯化锇和氯化钠的混合物与氯反应制得。用途：可作为均相催化合成中的中间反应物。

六氯合锇（IV）酸钾（potassium hexachloroosmate(IV)） CAS 号 16871-60-6。化学式 $K_2[OsCl_6]$，分子量 481.12。黑色八面体晶体。密度 3.42^{14} g/cm³。可溶于水、盐酸，不溶于乙醇。600℃分解。其二水合物为橙色晶体。制备：向四氧化锇溶液中加入氯化钾和还原剂（如乙醇）制得。

六氯合锇（IV）酸铵（ammonium hexachloroosmate(IV)） CAS 号 12125-08-5。化学式 $(NH_4)_2[OsCl_6]$，分子量 439.02。暗红色八面体晶体。密度 2.93 g/cm³。遇水分解，溶于盐酸中，加热（或在氢气中加热）易还原形成海绵状锇金属单质。170℃升华。制备：由氯锇酸钠与过量的氨气反复分解反应；或将四氧化锇置于盐酸中，呈浆状后再同氯化铵反应制得。用途：可用于制单质锇。

六溴合锇（IV）酸钾（potassium hexabromoosmate(IV)） CAS 号 16903-69-8。化学式 $K_2[OsBr_6]$，分子量 747.85。黑棕色八面体晶体。难溶于水。制备：由四亚硫酸基二氧合锇（IV）酸钠与氢溴酸反应，再加溴化钾制得。用途：可用于制照片乳剂层、含锇化合物等。

六溴合锇（IV）酸铵（ammonium hexabromoosmate(IV)） CAS 号 24598-62-7。化学式 $(NH_4)_2[OsBr_6]$，分子量 705.73。黑棕色八面体晶体。密度 4.09 g/cm³。微溶于冷水得到红色溶液，在热水中析出 OsO_2 沉淀。不溶于乙醇，可溶于温热的甘油和乙二醇。制备：将四亚硫酸基二氧合锇（IV）酸钠与氢溴酸反应，再加溴化铵制得。用途：可用于制造其他锇化合物。

二氯化二氧四氨合锇（VI）（tetramminedioxoosmium(VI) dichloride） CAS 号 18496-70-3。化学式 $[Os(NH_3)_4O_2]Cl_2$，分子量 361.26。橙黄色晶体。制备：可由稍过量的 K_2OsO_4 与氯化铵在水中反应制得。用途：可作为萃取金属的原料、有机合成中的氧化剂。

四氯二氧锇（VI）酸钾（potassium dioxotetrachloroosmate(VI)） 化学式 $K_2OsO_2Cl_4$，分子量 442.21。红色四方系晶体。密度 3.42 g/cm³。在氢气流中于 200℃分解。可溶于水。从水溶液中低温结晶则得其二水合物，后者为叶状三斜系晶体。在干燥空气中相当稳定。制备：用浓盐酸处理锇酸盐或 $K_2[OsO_3(NO_2)]$

制得。

二氧二草酸根合锇（VI）酸钠（sodium dioxotris(oxalato)osmate(VI)） 化学式 $Na_2[OsO_2(C_2O_4)_2] \cdot 2H_2O$，分子量 480.28。棕色晶体。可溶于水。制备：将含有四氧化锇、氢氧化钠、草酸的混合水溶液长时间加热回流，溶液冷却析出红棕色结晶；加入少量四氧化锇，加热到不再蒸发出四氧化锇时冷却结晶。用途：用作化学试剂。

二氧二草酸根合锇（VI）酸钾（potassium dioxotris(oxalato)osmate(VI)） 化学式 $K_2[OsO_2(C_2O_4)_2] \cdot 2H_2O$，分子量 512.49。棕色晶体。难溶于水。水溶液不稳定。制备：将四氧化锇、氢氧化钾、草酸和水在水浴上加热回流至不再蒸发出四氧化锇，将溶液冷却使之析出棕色结晶制得。用途：用作化学试剂。

六氯合铱（IV）酸（hexachloroiridic(IV) acid） 亦称"氯铱酸"。CAS 号 16941-92-7。化学式 $H_2[IrCl_6] \cdot 6H_2O$，分子量 515.05。黑色粒状或块状物。易潮解。易溶于水。热至 150~180℃转化为三价铱，热至 900℃以上失去结晶水。六氯合铱酸或其盐溶液皆能被亚硝酸或硫化氢还原，生成绿色三氯化铱。制备：可由铱与氯反应并溶于盐酸制得。用途：可作为催化剂。

六氯合铱（III）酸钠（sodium hexachloroiridate(III)） 亦称"氯铱（III）酸钠""氯亚铱酸钠"。CAS 号 19567-78-3。化学式 $Na_3[IrCl_6] \cdot 6H_2O$，分子量 581.99。橄榄绿色粉末或晶体，大块晶体呈深红褐色以至黑色。易溶于水，不溶于乙醇。在空气中缓慢分化。50℃时即溶于自身的结晶水中。制备：可用乙醇或草酸盐还原六氯合铱（IV）酸钠制得。用途：可用于制备三价铱配合物。

六氯合铱（III）酸铵（ammonium hexachloroiridate(III)） 亦称"氯铱（III）酸铵"。CAS 号 15752-05-3。化学式 $(NH_4)_3[IrCl_6] \cdot 1.5H_2O$，分子量 486.06。红黑色六面晶体。溶于盐酸，微溶于水，不溶于醇。受热至 350℃开始分解。制备：可由六氯合铱（III）酸与氯化铵反应，或由三氯化铱与浓氢氧化铵反应，或由六氯合铱（IV）酸铵与碘化铵反应制得。用途：可作为单质铱的精炼原料，可用于制催化剂。

六碘合铱（III）酸钾（potassium hexaiodoiridate） 亦称"碘铱酸钾"。化学式 K_3IrI_6，分子量 1070.94。绿色晶体。不溶于水、乙醇。受热分解。

三草酸合铱酸（trioxalatoiridium acid） 化学式 $H_3[Ir(C_2O_4)_3] \cdot xH_2O$。浅黄色晶体。易溶于水，微溶于乙醇，不溶于乙醚。制备：将水合二氧化铱加入草酸溶液中煮沸而得。

三草酸合铱（IV）酸钾（potassium iridium oxalate） 亦称"草酸铱钾"。化学式 $K_2[Ir(C_2O_4)_3] \cdot 4H_2O$，分子量 645.63。橘黄色三斜系晶体。密度

2.510^{19} g/cm^3。可溶于冷水,易溶于热水,不溶于乙醇、乙醚。加热至120℃失去4分子结晶水,160℃分解。制备:将新沉淀的氧化铱在热浓草酸中加热,再加入碳酸钾或碳酸氢钾进行中和制得。

氯化六氨合铱(Ⅲ)(hexammineiridium(Ⅲ) chloride)　化学式[Ir(NH$_3$)$_6$]Cl$_3$,分子量400.74。无色斜方系晶体。密度$2.434^{15.5}$ g/cm^3。溶于水。用途:可用于制备含铱化合物。

硝酸六氨合铱(Ⅲ)(hexammine iridium(Ⅲ) nitrate)　CAS号185454-01-7。化学式[Ir(NH$_3$)$_6$](NO$_3$)$_3$,分子量480.42。无色正方系微晶。密度2.395 g/cm^3。溶于水。制备:可由氯化六氨合铱(Ⅲ)与稀硝酸反应制得。用途:可作为化学试剂。

氯化一氯五氨合铱(Ⅲ)(pentammine-chloroiridium(Ⅲ) chloride)　亦称"红紫配铱盐"。CAS号15742-38-8。化学式[Ir(NH$_3$)$_5$Cl]Cl$_2$,分子量383.73。淡黄色斜方系晶体。密度$2.68^{15.5}$ g/cm^3。微溶于水,不溶于盐酸、常见有机溶剂。200℃以上分解。制备:向水合氯铱酸钾水溶液中加氯化铵和碳酸铵,把混合物放在蒸汽浴上加热回流,析出黄色沉淀,过滤和盐酸萃取除杂,用热水溶解剩下的固体物、过滤浓缩、加盐酸重结晶即得。用途:可用于催化乳酸合成或有机物的开环、环化反应,还可用于制备含铱化合物。

硝酸-硝酸根五氨合铱(iridium nitratopentaammine nitrate)　分子式[Ir(NH$_3$)$_5$(NO$_3$)](NO$_3$)$_2$,分子量463.37。白色微晶。密度2.515^{18} g/cm^3。加热爆炸。溶于水。

六氯合铱(Ⅳ)酸钠(sodium hexachloroiridate(Ⅳ))　亦称"氯铱(Ⅳ)酸钠"。CAS号19567-78-3。化学式Na$_2$[IrCl$_6$]·6H$_2$O,分子量559.01。暗红至黑色三斜系柱状晶体。易溶于水,微溶于乙醇。在真空中于浓硫酸上脱水,即成砖红色的无水粉末。加热至100℃变为无水物,600℃时分解。制备:在氯气流中将金属铱和氯化钠的细粉充分混合并加热至赤热制得。

六氯合铱(Ⅳ)酸钾(potassium hexachloroiridate(Ⅳ))　CAS号16920-56-2。化学式K$_2$[IrCl$_6$],分子量483.12。暗红色立方系晶体。密度3.549 g/cm^3。微溶于冷水,易溶于热水,不溶于醇。加过量碱成橄榄绿色溶液,温热后,颜色变亮,从玫瑰色到紫色,最后生成深蓝色氢氧化铱沉淀。与碳酸钠一起灼烧,放出二氧化碳和氧,生成三氧化二铱。制备:可将铱黑溶于王水后,与氯化钾作用;或由氢氧化钾和氯化铱反应制得。用途:可用于制备铱的化合物。

六氯合铱(Ⅳ)酸铵(ammonium hexachloroiridate(Ⅳ))　亦称"氯铱(Ⅳ)酸铵"。CAS号16940-92-4。化学式(NH$_4$)$_2$[IrCl$_6$],分子量441.01。颜色依赖于晶粒大小从红黑色到几乎黑色。微溶于水,溶液显深红棕色。溶于盐酸,不溶于醇。加入氯化铵可使溶解度降低。可被碘化钾、二氧化硫和草酸钠还原成六氯合铱(Ⅲ)酸铵。高于200℃时分解为金属铱、氮、氯化铵和氯化氢。制备:可由六氯合铱(Ⅳ)酸钠与氯化铵反应,或由氯化铵与氢氧化铱(Ⅳ)在盐酸溶液或氯化铱溶液中反应制得。用途:可用于铱的定量测定、制催化剂等。

四氯合铂(Ⅱ)酸钠(sodium tetrachloroplatinate(Ⅱ))　亦称"氯亚铂酸钠"。CAS号10026-00-3。化学式Na$_2$[PtCl$_4$]·4H$_2$O,分子量454.98。深红色斜方系晶体。易溶于水、乙醇。在潮湿空气中有潮解性,在干燥空气中风化成粉红色粉末。在100℃时在缓慢失水中熔化,在150℃完全失去结晶水成暗褐色粉末,并有少量分解。在氯气流中加热,高于900℃时即分解而离析出金属铂。制备:可用碳酸钠中和二氯化铂的盐酸溶液,或由金属铂与氯化钠的粉末在氢气中加热制得。用途:可用于制催化剂。

四氯合铂(Ⅱ)酸钾(potassium tetrachloroplatinate(Ⅱ))　亦称"氯亚铂酸钾"。CAS号10025-99-7。化学式K$_2$[PtCl$_4$],分子量415.09。橙黄色四方系晶体或粉末。密度3.38 g/cm^3。微溶于水,不溶于醇。受热分解。制备:可由六氯合铂酸钾与二氧化硫反应;或用草酸钾或水合肼等还原氯铂酸钾,或将二氯化铂溶于盐酸制得四氯合铂(Ⅱ)酸,再加入氯化钾制得。用途:可作为制备二价或零价铂络合物的原料,可用于化学分析、摄影等领域。

四氯合铂(Ⅱ)酸钡(barium tetrachloroplatinate(Ⅱ))　亦称"氯亚铂(Ⅱ)酸钡"。化学式Ba[PtCl$_4$]·3H$_2$O,分子量528.35。暗红色棱柱形晶体。熔点150℃,密度2.868 g/cm^3。易溶于水、乙醇。150℃时变成无水盐。制备:可由饱和的氯亚铂酸和碳酸钡反应制得。

四氯合铂(Ⅱ)酸铵(ammonium tetrachloroplatinate(Ⅱ))　CAS号13820-41-2。化学式(NH$_4$)$_2$[PtCl$_4$],分子量372.98。红色正交系晶体。密度2.936 g/cm^3。溶于水,不溶于乙醇。加热至140~150℃分解。制备:可由草酸铵与氯铂酸铵反应制得。用途:可用于摄影。

四溴合铂(Ⅱ)酸钾(potassium tetrabromoplatinate(Ⅱ))　CAS号13826-94-3。化学式K$_2$PtBr$_4$,分子量592.90。红棕色晶体,二水合物为黑色菱形晶体。熔点大于300℃,密度3.747 g/cm^3。极易溶于水。受热100℃短时间不变色,长时间加热变为茶色。二水合物在真空中失去1分子水。制备:可由溴化钾和溴化亚铂反应,或用草酸钾或水合肼还原溴铂(Ⅳ)酸钾制得。用途:可作为分析试剂,可用于配合物的合成。

二羟化铂(platinum dihydroxide)　CAS号15445-15-5。化学式Pt(OH)$_2$·2H$_2$O,分子量265.14。溶于浓

酸,不溶于水。加热至 100℃脱去 2 分子结晶水变为无水黑色固体。不稳定,易被空气氧化,被过氧化氢还原成金属,被臭氧或高锰酸钾氧化成二氧化物。制备:无水物可由氯化铂(II)或氯铂酸钾溶液与氢氧化钾溶液反应制得。

氯化四氨合铂(II)(tetramineplatinum(II) chloride) 亦称"一水合二氯化四氨合铂(II)"。CAS 号 13933-33-0。化学式 $[Pt(NH_3)_4]Cl_2 \cdot H_2O$,分子量 352.13。无色四方系针状晶体。熔点 250℃,密度 2.737 g/cm^3。易溶于水,不溶于乙醇、丙酮、乙醚。与四氯合铂(II)酸盐溶液生成四氯合铂(II)酸四氨合铂(II)沉淀。110℃失去结晶水,250℃失去 2 分子氨,生成溶解度很小的黄色二氯二氨合亚铂$[Pt(NH_3)_2Cl_2]$。制备:可由氯化亚铂与四氯合铂(II)酸盐溶液反应,或由顺式-二氯二氨合铂(II)与过量氨水加热制得。用途:可用于制备其他铂化合物。

四氰合铂(II)酸(tetracyano platinic acid) 化学式 $H_2[Pt(CN)_4] \cdot 2H_2O$,分子量 337.20。白色斜方系晶体。易潮解,易溶于水、乙醇、乙醚、氯仿。水溶液呈强酸性。用强酸处理时并不产生氰化氢气体。100℃融化分解。制备:由氰化亚钯溶解在过量的氰化钾中制得。

四氰合铂(II)酸钠(sodium cyanoplatinite) 亦称"氰亚铂酸钠"。CAS 号 699012-94-7。化学式 $Na_2[Pt(CN)_4] \cdot 3H_2O$,分子量 399.18。无色柱状或针状有玻璃光泽的三斜系晶体。密度 2.646 g/cm^3。能溶于水和乙醇。在空气中稳定,120～125℃失去结晶水。制备:可向二氯化铂或 Na_2PtCl_4 的水溶液加入氰化钠饱和水溶液,或由碳酸钠或氢氧化钠与 $CuPt(CN)_4$ 水溶液反应制得。

四氰合铂(II)酸镁(magnesium cyanoplatinite) 化学式 $Mg[Pt(CN)_4] \cdot 7H_2O$,分子量 449.57。红色晶体。密度 2.185^{16} g/cm^3。可溶于水和乙醇中,不溶于醚。加热至 45℃失去 2 分子结晶水。制备:可由 $(NH_4)_2[Pt(CN)_4]$ 与硫酸镁在乙醇水溶液中反应;或由 $(NH_4)_2[Pt(CN)_4] \cdot 2H_2O$ 热解得到 $Pt(CN)_2$,再与 $Mg(CN)_2$ 反应制得。

四氰合铂(II)酸钾(potassium tetracyanoplatinate(II)) CAS 号 14323-36-5。化学式 $K_2[Pt(CN)_4] \cdot 3H_2O$,分子量 431.40。具有黄、蓝二色性的正交系晶体。密度 2.455^{16} g/cm^3。易溶于热水,微溶于冷水、乙醇、乙醚、硫酸。加热至 100℃失去结晶水,400～600℃分解。制备:可将氯化亚铂或四氯合铂(II)酸钾的水溶液加到冷的氰化钾饱和水溶液中,或将四氯二乙烯合二亚铂酸加入氰化钾水溶液中制得。用途:可作为解毒剂,可用于冶金、电镀。

四氰合铂(III)酸锶(strontium cyanoplatinite) 亦称"氰铂(III)酸锶"。化学式 $Sr[Pt(CN)_4] \cdot 5H_2O$,分子量 476.85。无色单斜系菱形晶体。溶于无水乙醇。在 150℃时失去 5 分子结晶水而分解。

四氰合铂(II)酸钍(thorium tetracyanoplatinite(II)) CAS 号 14481-33-5。化学式 $Th[Pt(CN)_4]_2$,分子量 830.35。黄绿色正交系晶体。密度 2.460 g/cm^3。微溶于冷水,溶于热水。制备:可由氢氧化钍与四氰铂酸盐在水溶液中反应制得。用途:制作荧光屏。

四氰合铂(II)酸铈(cerium tetracyanoplatinate(II)) CAS 号 79018-00-1。化学式 $Ce_2[Pt(CN)_4]_3 \cdot 18H_2O$,分子量 1502.00。具有黄蓝色光泽的单斜系晶体。密度 2.657 g/cm^3。溶于水。100～110℃失去 13.5 分子结晶水,温度更高即分解。制备:可由硫酸铈与氰化铂钡反应制得。

六氰合铂(II)酸钡(barium cyanoplatinite) 亦称"氰亚铂酸钡"。CAS 号 13755-32-3。化学式 $Ba[Pt(CN)_4] \cdot 4H_2O$,分子量 508.54。α 型为黄色单斜系晶体,熔点 100℃,密度 2.076 g/cm^3。β 型为绿色斜方系晶体,密度 2.085 g/cm^3。均有毒! 溶于水,不溶于乙醇。在 100℃时失去 2 分子结晶水。制备:由氰亚铂酸钾与浓氯化钡在水溶液中反应制得。

二草酸合铂(II)酸钾(potassium bis(oxalato)platinate(II)) 亦称"草酸铂钾"。CAS 号 38685-12-0。化学式 $K_2[Pt(C_2O_4)_2] \cdot 2H_2O$,分子量 485.35。黄色晶体。溶于水,不溶于乙醇、丙酮等。100℃失去 1 分子结晶水。制备:将 K_2PtCl_6 和 $K_2C_2O_4$ 溶解在水中反应制得。用途:可用于制备催化剂。

顺式-二氨合二氯化铂(II)(*cis*-diammineplatinum(II) dichloride) 亦称"顺铂""乙铂定""顺氯氨铂""氯氨铂""顺-双氯双氨络铂"。CAS 号 15663-27-1。化学式 $Pt(NH_3)_2Cl_2$,分子量 300.05。橙黄色或黄色结晶性粉末。熔点 270℃(分解),密度 3.74 g/cm^3。溶于水,久置在溶液中转化为反式。可溶于 DMF,不溶于其他常见有机溶剂。制备:可由 K_2PtCl_4 与碘化钾反应制得顺式 $K_2(NH_3)_2I_2$,再与硝酸银反应;或由 K_2PtCl_4 与乙酸铵、氯化钾反应制得。用途:可作为抑制细胞有丝分裂非特异性药物、抗肿瘤药。

氯亚铂酸四氨合铂(II)(tetrammineplatinum(II) tetrachloroplatinate(II)) 化学式 $[Pt(NH_3)_4][PtCl_4]$,分子量 600.11。深绿色四方系针状晶体。密度小于 4.1 g/cm^3。难溶于水,不溶于乙醇、盐酸。加热至 290℃很快变成反式-二氯二氨合铂(II)。制备:用氯化四氨合铂(II)与四氯合铂(II)酸钾溶液反应制得。

四硝基合铂(II)酸钠(sodium tetranitroplatinate(II)) 亦称"四硝基亚铂酸钠"。化学式 $NaPt(NO_2)_4$,分子量 425.09。淡黄色斜方或单斜系柱状晶体。易风化。能溶于热水或冷水。制备:由 Na_2PtCl_4 与亚硝酸钠的水溶液反应制得。

四硝基合铂(Ⅱ)酸钾（potassium tetranitroplatinate (Ⅱ)） 亦称"四硝基合亚铂酸钾"。CAS 号 13815-39-9。化学式 $K_2Pt(NO_2)_4$，分子量 457.32。无色单斜系晶体。溶于热水。受热分解。制备：可由四氯亚铂酸钾水溶液与计量比的亚硝酸钾反应制得。

四硝基合铂酸银（silver tetranitroplatinite(Ⅱ)） 化学式 $Ag_2[Pt(NO_2)_4]$，分子量 594.85。黄棕色单斜系晶体。微溶于冷水，易溶于热水。加热至 100℃ 分解。

硒氰铂酸钾（potassium selenocyanoplatinate） 化学式 $K_2[Pt(SeCN)_4]$，分子量 693.19。斜方系晶体。密度 $3.378^{12.5}$ g/cm^3。加热至 80℃ 分解。制备：由六氯合铂(Ⅵ)酸钾与硒氰酸钾的乙醇溶液混合加热制得。

六氯合铂(Ⅳ)酸（hexachloroplatinic(Ⅳ) acid） 亦称"氯铂酸""铂氯氢酸"。CAS 号 16941-12-1。化学式 $H_2[PtCl_6]\cdot 6H_2O$，分子量 517.92。红棕色晶体。熔点 60℃，密度 2.431 g/cm^3。易潮解。易溶于水，溶于乙醇、乙醚。在氯气中或在干燥的氯化氢中加热时生成 $PtCl_4$。可被少量的亚硫酸还原为 H_2PtCl_4，过量时，生成亚硫酸配合物。与铵盐反应生成黄色沉淀，与二氯化锡反应生成红褐色，遇碘化钾溶液形成褐色。制备：将海绵状的铂（铂黑）溶解在王水中，用水稀释过滤后，加入浓盐酸蒸发至黏稠状，直至硝酸和亚硝基化合物完全除去制得。用途：可作为沉淀剂、催化剂、电镀液，可用于沉淀 K^+、Rb^+、Cs^+、NH_4^+、Tl^{3+}、生物碱，还可用于制铂绵等。

六氯合铂(Ⅳ)酸锂（lithium hexachloroplatinate (Ⅳ)） 亦称"氯铂酸锂"。化学式 $Li_2[PtCl_6]\cdot 6H_2O$，分子量 529.78。橙黄色棱柱状晶体。易溶于水、乙醇，不溶于乙醚。180℃ 失去 6 分子结晶水。

六氯合铂(Ⅳ)酸钠（sodium hexachloroplatinate） 亦称"氯铂酸钠"。CAS 号 19583-77-8。化学式 $Na_2[PtCl_6]\cdot 6H_2O$，分子量 561.88。橘红色三斜系晶体。密度 2.50 g/cm^3。在潮湿空气中潮解。极易溶于水，易溶于乙醇，不溶于乙醚。在 100℃ 时失去结晶水成橙黄色粉末状无水物。制备：可用浓碳酸钠溶液中和氯铂酸至二氧化碳放出，再加入浓氯化钠溶液制得。用途：可作为催化剂、锌板蚀刻剂，可用于电镀、钾的分析测定等。

六氯合铂(Ⅳ)酸镁（magnesium hexachloroplatinate (Ⅳ)） 亦称"氯铂酸镁"。化学式 $Mg[PtCl_6]\cdot 6H_2O$，分子量 540.21。黄色三方系晶体。密度 2.692 g/cm^3。180℃ 时失去 1 分子结晶水。遇水分解。制备：可由氯铂酸与氢氧化镁或碳酸镁反应制得。

六氯合铂(Ⅳ)酸钾（potassium hexachloroplatinate (Ⅳ)） 亦称"氯铂酸钾""氯化铂钾"。CAS 号 16921-30-5。化学式 $K_2[PtCl_6]$，分子量 486.00。橙黄色立方系晶体或粉末。密度 3.499 g/cm^3。溶于热水，微溶于冷水，不溶于乙醇、乙醚。受热 250℃ 分解。制法：可将铂溶于王水中再与氯化钾作用，或将海绵状铂与氯化钾混合后通入氯气制得。用途：可作为分析试剂、电镀液、催化剂，可用于摄影等领域。

六氯合铂(Ⅳ)酸锰(Ⅱ)（manganese hexachloroplatinate(Ⅳ)） 亦称"氯铂酸亚锰"。化学式 $Mn[PtCl_6]\cdot 6H_2O$，分子量 570.84。三方系晶体。密度 2.692 g/cm^3。加热则分解。

六氯合铂(Ⅳ)酸亚铁（iron(Ⅱ) hexachloroplatinate(Ⅳ)） 亦称"氯铂酸亚铁"。化学式 $Fe[PtCl_6]\cdot 6H_2O$，分子量 571.75。黄色六方系晶体。密度 2.714 g/cm^3。极易溶于水。加热分解。

六氯合铂(Ⅳ)酸钴(Ⅱ)（cobalt hexachloroplatinate(Ⅳ)） 亦称"氯铂酸钴"。化学式 $Co[PtCl_6]\cdot 6H_2O$，分子量 574.83。三方系晶体。密度 2.699 g/cm^3。加热分解。制备：由饱和的氯铂酸与氯化钴反应制得。

六氯合铂(Ⅳ)酸镍（nickel hexachloroplatinate (Ⅳ)） 亦称"氯铂酸镍"。化学式 $Ni[PtCl_6]\cdot 6H_2O$，分子量 574.61。浅绿色三方系晶体。密度 2.798 g/cm^3。制备：由六氯合铂(Ⅳ)酸和氢氧化镍反应制得。

六氯合铂(Ⅳ)酸锌（zinc hexachloroplatinate (Ⅳ)） 亦称"氯铂酸锌"。化学式 $Zn[PtCl_6]\cdot 6H_2O$，分子量 581.27。黄色三方系晶体。易吸潮。密度 2.717^{12} g/cm^3。极易溶于水、乙醇、酸和液氨。160℃ 及遇硫酸分解。制备：由氯铂酸溶液与锌盐溶液反应制得。

六氯合铂(Ⅳ)酸镉（cadmium hexachloroplatinate (Ⅳ)） 亦称"氯铂酸镉"。化学式 $Cd[PtCl_6]\cdot 3H_2O$，分子量 574.25。黄色三方系针状晶体，有毒！密度 2.882 g/cm^3。受热易失去结晶水。加热和光照都可促进分解，170℃ 分解完全。易溶于水，在水中缓慢分解。制备：将金属铂溶于王水中并加热可得氯铂酸，再加入镉盐制得。

六氯合铂(Ⅳ)酸铷（rubidium hexachloroplatinate (Ⅳ)） 亦称"氯铂酸铷"。化学式 $Rb_2[PtCl_6]$，分子量 578.75。黄色晶体。密度 $3.94^{17.5}$ g/cm^3。微溶于水，不溶于醇。受热分解。制备：由氯化铷和氯铂酸溶液混合后经蒸发、结晶制得。用途：可作为分析试剂。

六氯合铂(Ⅳ)酸铯（cesium hexachloroplatinate (Ⅳ)） 亦称"氯铂酸铯"。化学式 $Cs_2[PtCl_6]$，分子量 673.63。黄色立方系晶体。密度 4.197 g/cm^3。570℃ 分解。微溶于水。制备：可将氯化铯溶液加入氯化铂溶液中反应；或将少许过量的浓氯化铂溶液倒入经盐酸酸化的少量乙醇的铯盐溶液中，然后加入乙醇，用吸滤法过滤混合物，用乙醇洗涤，并在 105℃ 下干燥可得。用途：可用于分离铯和铷。

六氯合铂(Ⅳ)酸钡（barium hexachloroplatinate

(IV)) 亦称"氯铂酸钡"。化学式 $Ba[PtCl_6] \cdot 6H_2O$，分子量 653.24。橙黄色单斜系晶体。熔点 70℃，密度 2.868 g/cm^3。溶于冷水，不溶于甲醇、醚。在酸和乙醇中分解。加热至 70℃ 时失去 5 分子结晶水，至 150～160℃ 时失去所有的结晶水，加热至更高温度时生成铂和氯化钡。制备：由氯铂酸和过量的氯化钡反应制得。用途：可作为分析试剂。

六氯合铂(Ⅳ)酸亚铊（thallium(Ⅰ) hexachloroplatinate(Ⅳ)） 亦称"氯铂酸亚铊"。化学式 $Tl_2[PtCl_6]$，分子量 816.57。淡橘红色晶体。密度 5.76^{17} g/cm^3。微溶于水。对热不稳定。制备：向氯铂酸中加入 Tl^+ 离子或 $Tl(OH)$ 溶液制得。

六氯合铂(Ⅳ)酸铵（ammonium hexachloroplatinate(Ⅳ)） 亦称"氯铂酸铵"。CAS 号 16919-58-7。化学式 $(NH_4)_2[PtCl_6]$，分子量 443.89。橙红色晶体或黄色粉末。密度 3.065 g/cm^3。不潮解。微溶于水，不溶于醚、醇、浓盐酸，更难溶于氯化铵。用氢还原时，从 120℃ 开始，200℃ 就可完成还原。受热至 181℃ 开始分解，生成顺式和反式二氯二氨合铂中间产物，在 407℃ 下灼烧完全生成海绵铂，538℃ 开始变为氧化铂。制备：将金属铂溶解在王水中制成六氯合铂(Ⅳ)酸，再与氯化铵反应制得。用途：可用于电镀、测定铂和铵离子、制造海绵铂、配制地质分析用标准液等。

六溴合铂(Ⅳ)酸（platinum bromic acid） 亦称"溴铂酸"。CAS 号 20596-34-3。化学式 $H_2PtBr_6 \cdot 9H_2O$，分子量 838.66。洋红色单斜系晶体。易潮解。极易溶于水，易溶于乙醇、乙醚、氯仿。低于 100℃ 分解。制备：可由海绵状金属铂与氢溴酸、溴一起加热，或将金属铂、碱金属溴化物、碱金属硫酸盐共熔制得。用途：可用于制其他溴铂酸盐。

六溴合铂(Ⅳ)酸钠（sodium bromoplatinate） 亦称"溴铂酸钠"。CAS 号 39277-13-9。化学式 $Na_2PtBr_6 \cdot 6H_2O$，分子量 828.58。深红或褐红色三斜系晶体。密度 3.323 g/cm^3。有吸湿性。易溶于水和乙醇中。在空气中稳定，在潮湿空气中表面趋于毛糙。150℃ 时失去结晶水呈紫红色。制备：可由四溴化铂与溴化钠浓溶液反应制得。

六溴合铂(Ⅳ)酸钾（potassium bromoplatinate） 亦称"溴铂酸钾"。CAS 号 16920-93-7。化学式 K_2PtBr_6，分子量 752.70。暗红棕色晶体。密度 4.66^{24} g/cm^3。溶于水，不溶于醇。400℃ 以上分解。制备：可由铂及溴在氢溴酸中反应，或将铂及溴化钾与硫酸中共热，或将碳酸钾加入溴铂酸中反应制得。

六溴合铂(Ⅳ)酸钴（cobalt bromoplatinate） 亦称"溴铂酸钴"。CAS 号 26300-68-5。化学式 $CoPtBr_6 \cdot 12H_2O$，分子量 949.62。三方系晶体。密度 2.762 g/cm^3。

制备：可由饱和的溴铂酸与碳酸钴反应制得。

六溴合铂(Ⅳ)酸镍（nickel bromoplatinate） 亦称"溴铂酸镍"。CAS 号 26300-64-1。化学式 $NiPtBr_6 \cdot 6H_2O$，分子量 841.29。三方系晶体。密度 3.715 g/cm^3。

六溴合铂(Ⅳ)酸钡（barium bromoplatinate） 亦称"溴铂酸钡"。CAS 号 19583-69-8。化学式 $BaPtBr_6 \cdot 10H_2O$，分子量 991.99。单斜系晶体。密度 3.71 g/cm^3。在干燥空气中稳定，在潮湿空气中潮解。120℃ 时脱水。

六溴合铂(Ⅳ)酸铵（ammonium hexabromoplatinate(Ⅳ)） 亦称"溴铂酸铵"。CAS 号 17363-02-9。化学式 $(NH_4)_2PtBr_6$，分子量 710.56。红色结晶粉末。熔点 145℃（分解），密度 4.265^{24} g/cm^3。微溶于水。制备：向六溴合铂(Ⅳ)酸的水溶液中加入溴化铵制得。用途：可用于精制铂。

六碘合铂酸（iodoplatinic acid） 亦称"碘铂酸"。CAS 号 20740-45-8。化学式 $H_2PtI_6 \cdot 9H_2O$，分子量 1 120.66。黑红色晶体。具潮解性。在水中分解。极不稳定，易分解成水、碘化氢、碘和碘化铂(Ⅳ)。

六碘合铂(Ⅳ)酸钠（sodium iodoplatinate） 亦称"碘铂酸钠"。化学式 $Na_2PtI_6 \cdot 6H_2O$，分子量 1 110.58。棕色单斜系晶体。密度 3.707 g/cm^3。极溶于水，可溶于乙醇中。制备：可由 PtI_4 与碘化钠的水溶液反应，或由 $H_2[PtBr_6]$ 在水溶液中与过量碘化钠在硫酸存在下反应制得。

六碘合铂(Ⅳ)酸钾（potassium iodoplatinate） 亦称"碘铂酸钾""碘化铂钾""铂碘化钾"。CAS 号 16905-14-9。化学式 K_2PtI_6，分子量 1 034.71。黑色立方系晶体。密度 4.963 g/cm^3。溶于水，微溶于乙醇。在空气中稳定。其水溶液中加入过量亚硝酸钾煮沸可得到 $K_2[PtI_2(NO_2)_2]$ 和 $K_2[Pt(NO_2)_6]$。制备：可由四碘化铂和碘化钾反应制得。用途：可用作分析试剂。

六碘合铂(Ⅳ)酸锰(Ⅱ)（manganese iodoplatinate） 亦称"碘铂酸锰"。化学式 $MnPtI_6 \cdot 9H_2O$，分子量 1 173.59。三方系晶体。加热则分解。密度 3.604 g/cm^3。

六碘合铂(Ⅳ)酸钴(Ⅱ)（cobalt iodoplatinate） 亦称"碘铂酸钴"。化学式 $CoPtI_6 \cdot 9H_2O$，分子量 1 177.59。三方系晶体。密度 3.618 g/cm^3。暴露在空气中时，由于失去水而失掉晶体表面光泽。制备：氢氯铂酸中加入过量的碘化钴，其溶液在硫酸上蒸发干燥制得。

六碘合铂(Ⅳ)酸铵（ammonium iodoplatinate） 亦称"碘铂酸铵"。CAS 号 72932-30-0。化学式 $(NH_4)_2PtI_6$，分子量 992.59。黑色立方系晶体。密度 4.61 g/cm^3。溶于水显黑红色并逐渐析出碘化铂，不溶于碘化铵和乙醇。加热可分解出碘、碘化铵和单质铂。在空气中稳定。与草酸、二氧化硫等还原剂反应生成碘亚铂酸铵。制备：可由过量碘化铵溶液与 10% 氯铂酸反应制得。

用途:可用于镀铂。

六羟基合铂(IV)酸(hexahydroxyplatinic(IV) acid) CAS 号 51850-20-5。化学式 $H_2[Pt(OH)_6]$,分子量 299.14。黄色针状不溶性晶体。其新产生的沉淀溶于盐酸,生成 $H_2[PtCl_2(OH)_4]$,溶于硫酸生成 $H_2[Pt(SO_4)(OH)_4]$,溶于碱生成六羟基合铂酸盐。可溶于六氟硅酸。加热至 100℃ 以上时慢慢失水。120℃ 时脱去 3 分子结晶水,变为不溶性酸。制备:由氯化铂(IV)或六氯铂(IV)酸的水溶液与氢氧化钠煮沸,然后用乙酸中和制得。

六羟基合铂(IV)酸钠(sodium hexahydroxyplatinate(IV)) 亦称“羟铂酸钠”。CAS 号 12325-31-4。化学式 $Na_2[Pt(OH)_6]$,分子量 343.11。黄色晶体。溶于水,微溶于盐酸,不溶于乙醇。水溶液不稳定,缓慢胶化产生沉淀。在酸性条件下极易水解生成羟铂酸沉淀。150~160℃ 分解脱去 3 分子结晶水,高于 200℃ 时分解成氢氧化钠和单质铂。制备:可由过量的氢氧化钠与氯铂酸钠溶液反应制得。用途:可用于电镀。

六羟基合铂(IV)酸钾(potassium hexahydroxyplatinate(IV)) 亦称“羟铂酸钾”。CAS 号 12285-90-4。化学式 $K_2[Pt(OH)_6]$,分子量 375.34。黄色斜方系晶体。密度 5.18 g/cm³。溶于水,不溶于乙醇。热至 160℃ 分解。制备:可由铂酸与氢氧化钾反应,或由过量的氢氧化钾与四氯化铂反应制得。用途:可用于制铂催化剂。

氯化三乙二胺合铂(IV)(triethylenediamineplatinum(IV) chloride) 化学式 $[Pt(C_2H_8N_2)_3]Cl_4$,分子量 517.19。白色晶体。易溶于水,在酸性或碱性溶液中稳定。溶液可用镁与盐酸定量还原为金属铂。固态在灼烧时也能定量被还原为金属铂。制备:将六氯合铂(IV)酸的无水乙醇溶液与乙二胺反应制得。

六硫氰合铂(IV)酸钾(potassium thiocyanoplatinate(IV)) 亦称“硫氰铂酸钾”。化学式 $K_2[Pt(SCN)_6]·2H_2O$,分子量 657.82。红色斜方系晶体。能溶于水、热乙醇。易失去结晶水变为不透明的红砖色粉末。制备:由六氯合铂(IV)酸与硫氰酸钾反应制得。

四氯二氨合铂(IV)(diammineplatinum(II) tetrachloride) CAS 号 13933-32-9。化学式 $PtCl_4(NH_3)_2$,分子量 370.96。有顺式和反式两种几何异构体。顺式为橙黄色正交或六方系板状或针状晶体。熔点 240℃(分解),密度 3.42、3.6 g/cm³。易溶于热水,微溶于冷水,不溶于常见的有机溶剂。冷时不与吡啶反应,轻微加热,氨被吡啶取代。反式为柠檬黄色晶状粉末,熔点 200~216℃,密度 3.3 g/cm³。溶于水,不溶于有机溶剂,280℃ 时开始分解。与氨水反应生成反式 $[PtCl_2(NH_3)_4]Cl_2$。制备:可由顺式或反式 $[PtCl_2(NH_3)_2]$ 与氯气反应分别制得两种产物。

羟基五氯合铂(IV)酸(platinum monohydroxy pentachloric acid) 化学式 $H_2[PtCl_5(OH)]·H_2O$,分子量 409.39。红褐色晶体。极易吸湿。水浴加热即溶解。

二氰合金(I)酸钠(sodium dicyanoaurate(I)) 亦称“氰亚金酸钠”。CAS 号 15280-09-8。化学式 $Na[Au(CN)_2]$,分子量 271.99。白色或黄色晶状粉末,剧毒!能溶于水,微溶于乙醇中。遇光稳定,与酸一起加热则分解为氰化亚金。制备:将 $Au_2O_3·4NH_3$ 溶于氰化钠水溶液中制得。用途:可用于镀金。

二氰合金(I)酸钾(potassium cyanoaurite) 亦称“氰化亚金”“氰亚金酸钾”。CAS 号 13967-50-5。化学式 $K[Au(CN)_2]$,分子量 288.10。无色斜方系晶体,剧毒!熔点 200℃,密度 3.45 g/cm³。溶于水,微溶于乙醇,不溶于乙醚、丙酮。制备:可由氰化钾与氯化亚金反应制得。用途:可作为化学试剂、防腐剂,可用于镀金。

二氰合金(I)酸铵(ammonium cyanoaurite(I)) 亦称“氰亚金酸铵”。化学式 $NH_4[Au(CN)_2]$,分子量 267.04。无色立方系晶体,有毒!熔点 100℃(分解)。易溶于水和醇,微溶于醚。在溶液中稳定,遇还原剂(如锌、铝等)立即还原出单质金。热稳定性差,加热分解为氰化亚金和氰化氢。制备:由金和氰化铵在氧气存在条件下制得,或由氰锌酸铵和金在氧气条件下反应制得。用途:可作为提炼金的中间产物和电镀液。

二硫代硫酸根合金(I)酸钠(sodium gold(I) thiosulfate) CAS 号 10233-88-2。化学式 $Na_3[Au(S_2O_3)_2]·2H_2O$,分子量 526.22。白色单斜系晶体。密度 3.09 g/cm³。溶于水,水溶液久置则分解并变为黄色。难溶于乙醇和有机溶剂。遇光缓慢变黑。加热至 150~160℃ 脱水。制备:可由氯化金与浓硫代硫酸钠溶液反应制得。用途:可用作抗关节炎药物等。

氯金酸(tetrachloroauric(III) acid) 亦称“氯化金”“四水合氯化金”。CAS 号 1303-50-0。化学式 $H[AuCl_4]·4H_2O$,分子量 411.85。黄色针状晶体,有毒!有腐蚀性。易溶于水,溶于乙醇、乙醚,微溶于三氯甲烷。受热分解。曝光生成黑色斑点,热至 120℃ 分解为三氯化金。在碱性溶液中与碘化钾反应可沉淀出褐色的金。在酸性溶液中遇二氯化锡则生成“桂皮紫色”。用甲基橙使其水溶液呈紫色,加 1~3 滴盐酸使变绿色,再遇金盐溶液则变成淡紫色;加入冷的氢氧化钾溶液生成氢氧化金沉淀,通入二氧化硫则被还原成金粉。制备:将纯金溶于王水(或为氯气饱和的盐酸)中经蒸馏、结晶即得。用途:可用于电镀金、摄影,制金粉、红玻璃、医治结核病的药物,还可用于铷、铯的微量分析。

四氯金(III)酸钠(sodium tetrachloroaurate(III)) 亦称“氯金酸钠”。CAS 号 13874-02-7。化学式 $Na[AuCl_4]·2H_2O$,分子量 397.80。橙黄色斜方系板状

晶体。易溶于水、乙醇、乙醚。在空气中稳定，100℃时分解。制备：以5％盐酸为溶剂，使三氯化金与氯化钠反应制得。用途：可用于摄影、玻璃着色、制药等。

四氯合金(III)酸钾（potassium tetrachloroaurate(III)) 亦称"氯金酸钾""氯化金钾"。CAS号13682-61-6。化学式$K[AuCl_4] \cdot 2H_2O$，分子量413.91。淡黄色斜方系晶体。熔点375℃（分解），密度7.6 g/cm³。溶于水、乙醇和乙醚。可风化为含有0.5分子结晶水的粉末。100℃失去全部结晶水。制备：可由四氯金酸与氯化钾反应制得。用途：可作为玻璃和瓷器的着色剂、化学分析试剂，可用于摄影、医药等领域。

四氯合金(III)酸铯（cesium tetrachloroaurate(III)) 亦称"氯金酸铯"。CAS号13682-60-5。化学式$Cs[AuCl_4]$，分子量471.68。黄色单斜系晶体，有毒！熔点410℃。溶于水、乙醇，不溶于乙醚。加热分解生成$CsAuCl_2$和Cl_2。制备：可由氯金酸与铯反应，或由氯化铯与氯金酸溶液反应制得。用途：可用于制催化剂。

四氯合金(III)酸铵（ammonium tetrachloroaurate(III)) 亦称"氯金酸铵"。CAS号13874-04-9。化学式$NH_4[AuCl_4] \cdot 5H_2O$，分子量446.50。黄色单斜系晶体。溶于水、乙醇。100℃时失去5分子水。制备：可通过自然蒸发或冷却含氯化铵和氯化金(III)的水溶液制得。用途：可用于制备其他含金配合物。

溴金酸（bromoauric acid） 亦称"四溴合金酸"。CAS号307318-86-1。化学式$HAuBr_4 \cdot 5H_2O$，分子量607.67。有酸味的深红褐色针状晶体。熔点27℃。微溶于水，溶于乙醇。能被甲酸或草酸还原为单质金。空气中稳定，但有氯化物存在时易潮解。制备：可将溴化金溶于氢溴酸制得。用途：可用于制造糖尿病的药物。

四溴合金(III)酸钾（potassium tetrabromoaurate(III)) 亦称"溴金酸钾"。CAS号14323-32-1。化学式$KAuBr_4 \cdot 2H_2O$，分子量591.71。紫色单斜系晶体。熔点－132℃，沸点25℃，密度4.08 g/cm³。溶于水、乙醇。在乙醚中分解。60℃变为红棕色的无水盐。制备：由溴化金溶于溴化钾溶液（或由金与溴在溴化钾溶液中作用）制得。

四碘合金(III)酸钾（potassium iodoaurate） 亦称"碘金酸钾"。CAS号7791-29-9。化学式$KAuI_4$，分子量743.68。亮黑色晶体。溶于冷水并分解。溶于稀碘化钾溶液和乙醇。受热分解。避光保存。制备：可由等摩尔的碘化金溶液与碘化钾溶液反应制得。用途：可用作医药、化学试剂。

四氰合金(III)酸钾（potassium cyanoaurate(III)) 亦称"氰化金钾""氰金酸钾"。CAS号14263-59-3。化学式$K[Au(CN)_4]$，分子量340.13。无色或微黄色晶体，剧毒！易溶于水，溶于乙醇，不溶于乙醚、丙酮。热

至200℃失去结晶水，更高温度分解。在沸酸中分解。制备：可由氰氢酸与氯金酸钾溶液反应，或由氯化金溶液与氰化钾溶液反应制得。用途：可用作化学试剂，可用于镀金、医药等领域。

四氰合金(III)酸铵（ammonium cyanoaurate(III)) 亦称"氰金酸铵"。化学式$NH_4[Au(CN)_4] \cdot H_2O$，分子量337.09。无色片状晶体。熔点200℃（分解）。易溶于水和乙醇，微溶于乙醚。易被草酸、甲醛、葡萄糖等还原为金的溶胶。与氟硅酸作用可析出氟化金沉淀。加热分解放出氨气、氰化氢并析出单质金。制备：可由氰化金同过量的氰化铵反应制得。用途：可用作分析试剂，或用于冶炼单质金。

三碘合汞(II)酸钾（potassium triiodomercurate(II)) 亦称"碘化钾·碘化汞(1∶1)"。CAS号22330-18-3。化学式$KHgI_3$或$KI \cdot HgI_2$，分子量620.47。黄色棱柱状晶体。熔点105℃。易潮解。易溶于水，可溶于碘化钾溶液、醋酸、乙醚。制备：先将碘化汞和碘化钾溶于热水，然后冷却溶液，析出一水合物，最后置于浓硫酸上真空脱水而得。用途：可用作检验生物碱试剂。

四碘合汞(II)酸钾（potassium tetraiodomercurate(II)) 亦称"碘化钾·碘化汞(2∶1)""奈斯勒试剂"。CAS号7783-33-7。化学式K_2HgI_4或$2KI \cdot HgI_2$，分子量786.41。黄色晶体，有毒！易潮解。易溶于水，不溶于乙醇。制备：可由盐酸、碘化钾与氰化汞或氯化汞反应，或由碘化钾与氧化汞反应制得。用途：可作为防腐剂、抗菌剂，可用于检测铵根离子。

四碘合汞酸(II)铜(I)（copper iodomercurate） 亦称"碘汞酸铜"。CAS号13876-85-2。化学式Cu_2HgI_4，分子量835.30。红色四方系晶体或深褐色立方系晶体。密度6.116 g/cm³（红色体）、6.102 g/cm³（深褐色）。转变点约67℃。不溶于水。制备：可由干燥的碘化亚铜和HgI_2融合得到，或用二氧化硫还原硫酸铜和K_2HgI_4的混合溶液制得。

四碘合汞(II)酸银（silver mercury iodide） 亦称"碘化汞银"。CAS号7784-03-4。化学式Ag_2HgI_4，分子量923.94。有两种晶型。α型为深黄色四方系晶粉，密度6.02 g/cm³。受热在40～50℃间变色，50.7℃转变成血红色的β型，冷却又变回黄色。β型为红色立方系晶体，密度5.90 g/cm³。加热至150℃分解。不溶于水、稀酸类，溶于碱金属卤化物或氰化物溶液。制备：可由硝酸银溶液与四碘合汞酸钾溶液反应制得。用途：可用作分析试剂，可用于制造验温器。

钾四氰合汞(II)酸钾（potassium cyanomercurate） 亦称"氰汞酸"。CAS号591-89-9。化学式$K_2[Hg(CN)_4]$，分子量382.86。无色八面体晶体，有毒！溶于水、乙醇。需避光保存。制备：由氰化汞和氰化钾在水溶液中结晶

制得。用途：可用作分析试剂、杀虫剂等。

氯化氨基汞（mercury(II) amide chloride） 亦称"氯化高汞""白降汞""氯化氨汞""氯化汞铵"。CAS 号 10124-48-8。化学式 $HgNH_2Cl$，分子量 252.07。白色粉末，有毒！密度 $5.70 \ g/cm^3$。几乎不溶于冷水、乙醇，溶于热的盐酸、硝酸、乙酸中，也可溶于碳酸铵、硫代硫酸钠溶液。与水煮沸生成黄色的氯氧化氨汞（Hg_2ONH_2Cl）。与碱金属氢氧化物共热，放出氨生成 HgO。红热时不熔化，而分解为氯化汞、氮气、氨气和汞。制备：可由氯化汞与氨水反应制得。用途：可用作消毒剂、防腐剂、医治皮肤病的外用药。

溴化氨基汞（mercury(II) bromide amide） CAS 号 22504-25-2。化学式 $HgNH_2Br$，分子量 296.52。白色粉末。加热分解。不溶于水、乙醇，可溶于氨水。制备：可由 $HgBr_2$ 溶液与氨水反应制得。

溴化二氨合汞（mercury(II) bromide diammine） CAS 号 21827-81-6。化学式 $Hg(NH_3)_2Br_2$，分子量 394.46。白色粉末。熔点 180℃。溶于 NH_4Cl、NH_4Br、NH_4I。在水中分解。制备：可向 $HgBr_2$ 溶液中慢慢加入溴化铵的氨水溶液，经煮沸使生成沉淀溶解后再冷却制得。

碘化氨基汞（aminomercuric iodide） 化学式 $Hg(NH_2)I$，分子量 343.52。灰白色晶体。不溶于水、乙醚。比 $Hg(NH_2)Cl$、$Hg(NH_2)Br$ 更不稳定。在氨合溶剂中显红色，且红色强度与浓度成正比。制备：可向 HgI_2 溶液中加入氨水制得。

碘化二氨基汞（diaminomercuric iodide） 化学式 $Hg(NH_3)_2I_2$，分子量 488.46。无色或浅黄色针状晶体。在水中分解。可溶于氨水中，在空气中放置变为红色的 HgI_2。制备：向 HgI_2 溶液中通入氨气制得。

氯氧化氨基汞（mercury hydroxychloroamide） 化学式 $Hg(OH)NHHgCl$，分子量 468.66。黄色粉末。微溶于水。可溶于盐酸、硝酸。加到氯化铵溶液中并加热，又变为 NH_2HgCl。加热至 120℃ 以上时分解。制备：将 $HgNH_2Cl$ 与大量水长时间沸煮，或由氨水与氯氧化汞溶液反应制得。

羟氨化羟基汞(II)（Millon's base; hydroxylaminomercury(II) hydroxide） 亦称"米隆碱"，因最初由法国化学家米隆制得而得名。化学式 $(HO)_2Hg_2NH_2OH$，分子量 468.27。黄色六方系晶体或粉末。密度 $4.083^{18} \ g/cm^3$。不溶于水、乙醇、乙醚。与酸反应而成盐。与碱金属卤化物水溶液接触时，氢氧根离子可与卤素离子发生交换作用。对光敏感。不稳定，研磨时会发出叭叭的响声，分解并放出氨气。在氨气中，用固体氢氧化钾可脱去 1 分子结晶水，得到暗褐色的粉末状物质，其化学式为 OHg_2NH_2OH，密度 $7.42 \ g/cm^3$，极不稳定，对光极敏感。

在氨气中加热至 125℃，进一步失去 1 分子结晶水，得到暗褐色粉末状无水物，其化学式为 Hg_2NOH，密度 8.52 g/cm^3，更不稳定，轻轻撞击或加热至 130℃ 会发生爆炸。制备：由不含 CO_2 的浓氨水与新制的黄色氧化汞反应制得。用途：可作为检验蛋白质及酚类的试剂。

碘氧化氨基汞（mercury hydroxyiodoamide） 亦称"米隆碱碘化物"。化学式 $Hg(OH)NHHgI$，分子量 560.11。黄色至棕色晶体。极难溶于水，溶于碘化钾溶液，在酸中分解。用奈斯勒试剂检出氨时，可生成该物。加热至 400℃ 以上时，剧烈分解并发出紫色荧光。制备：将碱性碘化汞（$HgI_2 \cdot 3HgO$）在氨气流中加热至 180℃，或在 $K_2[HgI_4]$ 溶液中加入氨水制得。用途：可用于检测铵离子。

四氯合铅(II)酸钾（potassium tetrachloroplumbate(II)） 亦称"氯化铅钾"。CAS 号 10025-99-7。化学式 $K_2[PbCl_4]$，分子量 427.21。黄色或无色斜方系晶体。熔点 490℃。可溶于水并分解。制备：由氯化铅(II)溶于氯化钾溶液，或将氯化铅(II)和氯化钾混合熔融制得。

六氯合铅(IV)酸钾（potassium hexachloroplumbate(IV)） CAS 号 16921-30-5。化学式 $K_2[PbCl_6]$，分子量 498.11。具有光泽的黄色立方系晶体。溶于热的盐酸。遇水分解出二氧化铅。190℃ 分解。制备：将氯化铅粉末分散在浓盐酸中，通氯气，再加入氯化钾制得。

六氯合铅(IV)酸铵（ammonium hexachloroplumbate(IV)） 亦称"氯铅酸铵"。化学式 $(NH_4)_2[PbCl_6]$，分子量 455.98。柠檬黄色立方系晶体。密度 $2.925 \ g/cm^3$。溶于酸，微溶于冷水、乙醇。加热至 120℃ 分解为 Cl_2、NH_4Cl 和 $PbCl_2$。对空气稳定，遇水分解析出 PbO_2。制备：可向二氯化铅与浓盐酸的悬浮液中通入氯气后，再加入氯化铵制得。

六羟基合铅(IV)酸钠（sodium hexahydroxoplumbate(IV)） 亦称"羟铅酸钠"。化学式 $Na_2[Pb(OH)_6]$，分子量 355.21。淡黄色块状物。密度 $3.943 \ g/cm^3$。有吸湿性。溶于碱。遇水分解得 PbO_2。遇酸分解。110℃ 失去 3 分子结晶水成铅酸钠 Na_2PbO_3。制备：由 PbO 与氢氧化钠混合后于空气中加热得 Na_2PbO_3，后者与水加合制得。

六羟基合铅(IV)酸钾（potassium hexahydroxoplumbate(IV)） 亦称"羟基铅酸钾"。化学式 $K_2[Pb(OH)_6]$，分子量 387.44。无色斜方系晶体。溶于氢氧化钾水溶液。在水中分解，生成二氧化铅，醋酸可加速其分解。在含有氢氧化钾的碱性水溶液中加入铅可得亚铅酸钾。制备：可由熔融的二氧化铅与氢氧化钾反应，或由熔融的一氧化铅与氢氧化钾在空气中反应制得。

四草酸合铀(IV)酸钾（potassium uranium oxalate） 亦称"草酸铀钾"。化学式 $K_4[U(C_2O_4)_4] \cdot$

$5H_2O$,分子量 836.59。黄色单斜系晶体。密度 2.563 g/cm^3。195℃时失去结晶水,更高温度时熔融。溶于水,不溶于乙醇。

六氟合钍(IV)酸钾(potassium hexafluothorate (IV)) 亦称"氟钍酸钾"。化学式 $K_2ThF_6 \cdot 4H_2O$,分子量 494.26。无色晶体。受热分解。溶于水,不溶于乙醇。遇酸分解。制备:将二氧化钍和氟化氢铵、氟化钾的混合物在稀有气体中共热反应制得。

有 机 盐

甲醇钠(sodium methylate) 亦称"甲氧化钠"。CAS 号 124-41-4。化学式 $NaCH_3O$,分子量 54.02。白色无定形的细微粉末。易与氧作用,遇水则分解。溶于甲醇、乙醇,不溶于己烷、苯、甲苯。有碱性,遇水分解成氢氧化钠和甲醇。127℃分解。制备:由金属钠和甲醇反应而制得。用途:可作为缓冲剂、油脂的酯交换反应催化剂、有机合成反应的缩合剂和还原剂,可用于医药、香料、染料等工业。

甲醇碲(tellurium methylate) 亦称"甲氧化碲"。化学式 $Te(OCH_3)_4$,分子量 251.74。固体。熔点 123～124℃。溶解性。制备:由四氯化碲 $TeCl_4$ 与甲醇钠反应制得。

甲酸锂(lithium formate) 亦称"蚁酸锂"。CAS 号 6108-23-2。化学式 $LiHCOO \cdot H_2O$,分子量 69.98。白色正交系晶体。密度 1.40 g/cm^3。溶于水,水溶液近中性。溶于甲酸,微溶于乙醇、丙酮,不溶于苯。94℃失去 1 分子结晶水,230℃分解。制备:可由氢氧化锂或碳酸锂与甲酸溶液反应制得。用途:可作为非线性光学材料,可用于制电池。

甲酸铍(beryllium formate) 亦称"蚁酸铍"。CAS 号 1111-71-3。化学式 $Be(HCOO)_2$,分子量 99.05。粉末,有毒!可溶于热的吡啶,冷却后可析出吡啶化物的结晶。几乎不溶于其他有机溶剂。在水中缓慢水解。高于 250℃转化为碱式盐 $Be_4O(HCOO)_2$,该碱式盐在 320℃升华。用途:可用于制备氧化铍薄膜。

甲酸钠(sodium formate) 亦称"蚁酸钠"。CAS 号 141-53-7。化学式 $NaHCOO \cdot 2H_2O$,分子量 104.04。稍有甲酸气味的无色晶体,有毒!熔点 253℃(无水物),熔化前分解。密度 1.92 g/cm^3。易溶于水、甘油,微溶于乙醇。强热时分解为氢和草酸钠,最后转变成碳酸钠。制备:可由甲酸与氢氧化钠反应,或由一氧化碳与氢氧化钠在高压下反应制得。用途:可作为消毒剂、媒染剂、分析试剂,可用于测定砷和磷的含量、校正强酸溶液的 pH。

甲酸镁(magnesium formate) 亦称"蚁酸镁"。CAS 号 6150-82-9。化学式 $Mg(HCOO)_2 \cdot 2H_2O$,分子量 150.38。无色正交系晶体或颗粒。溶于水,水溶液接近中性。不溶于乙醇、乙醚。在 100℃失去 2 分子结晶水。制备:可将碳酸镁溶于甲酸溶液制得。用途:用于分析化学、制药。

甲酸钾(potassium formate) 亦称"蚁酸钾"。CAS 号 590-29-4。化学式 $KHCOO$,分子量 84.12。无色晶状粉末。熔点 167.5℃,密度 1.91 g/cm^3。有吸湿性,极易溶于水,溶于乙醇,不溶于乙醚。高温分解。制备:可由氢氧化钾与一氧化碳在水中加热、加压反应;或由甲酸与碳酸钾反应制得。用途:可作为分析试剂、还原剂,可用于制药工业。

甲酸钙(calcium formate) 亦称"蚁酸钙"。CAS 号 544-17-2。化学式 $Ca(HCOO)_2$,分子量 130.12。微有乙酸气味的无色斜方系晶体。密度 2.015 g/cm^3。溶于水,不溶于乙醇。熔点前分解,制备:可由氢氧化钙和一氧化碳在高温、高压下反应;或由石灰乳与甲酸中和反应制得。用途:可用作食品、粮食、青贮饲料的防腐剂,还可作粉末矿的黏合剂、钻孔冷却液和润滑剂等。

甲酸铬(chromium formate) 亦称"蚁酸铬""甲酸亚铬"。CAS 号 4493-37-2。化学式 $Cr(HOOC)_2 \cdot H_2O$,分子量 160.047。红色针状晶体。可溶于水得到蓝色溶液。制备:可由二氯化铬与甲酸反应制得。用途:可用于电镀、催化有机反应。

甲酸锰(manganese formate) 亦称"蚁酸锰""甲酸亚锰"。CAS 号 3251-96-5。化学式 $Mn(HCOO)_2 \cdot 2H_2O$,分子量 181.01。正交系晶体。密度 1.953 g/cm^3。溶于水。加热分解。制备:可由碳酸锰与甲酸回流制得。用途:可作为催化剂,可用于有机合成。

甲酸铁(iron formate) 亦称"蚁酸铁"。CAS 号 555-76-0。化学式 $Fe(CHOO)_3$,分子量 190.90。红色晶体或粉末。溶于水,极微溶于醇。在水溶液中能水解生成碱式甲酸铁,最后析出氢氧化铁沉淀。见光敏感。制备:由硝酸铁与甲酸反应制得。用途:可用于青饲料的保存。

甲酸钴(cobalt formate) 亦称"蚁酸钴"。CAS 号 6424-20-0。化学式 $Co(HCOO)_2 \cdot 2H_2O$,分子量 185.00。红色晶状粉末。密度 2.129^{22} g/cm^3。溶于水,几乎不溶于醇。加热至 140℃失去 2 分子结晶水。175℃分解。在真

空中 100℃ 分解成钴、氧化钴、二氧化碳、一氧化碳、氢和甲烷。制备：可由氢氧化钴或碳酸钴与甲酸反应，或由钴和甲酸在碱金属甲酸盐中电解制得。用途：可用于制备含钴催化剂。

甲酸镍（nickel formate）　亦称"蚁酸镍"。CAS 号 15694-70-9。化学式 $Ni(HCOO)_2 \cdot 2H_2O$，分子量 184.76。绿色单斜系晶体或结晶性粉末。密度 2.154 g/cm^3。溶于水，微溶于醇，不溶于浓甲酸。热至 130～140℃ 成为无水物，继续加热至 180～200℃ 分解成镍、一氧化碳、二氧化碳、氢和甲烷。制备：可由硫酸镍溶液与甲酸钠反应，或由氢氧化镍与甲酸反应，或由镍与甲酸蒸气在 210～350℃ 反应制得。用途：可用于制镍和含镍催化剂等。

甲酸铜（copper formate）　亦称"蚁酸铜"。CAS 号 544-19-4。化学式 $Cu(HCOO)_2$，分子量 153.58。蓝色单斜系晶体。密度 1.831 g/cm^3。其四水合物为蓝色晶体，密度 1.81 g/cm^3。溶于水，微溶于乙醇，不溶于大多数有机溶剂。在热水中分解。加热至 130℃ 失去 1 分子结晶水。制备：可将氢氧化铜溶于甲酸中制得。用途：可作为催化剂、材料的前驱体。

甲酸锌（zinc formate）　亦称"蚁酸锌"。CAS 号 557-41-5。化学式 $Zn(CHOO)_2$，分子量 155.43。无色晶体。密度 2.368 g/cm^3。二水合物为白色单斜系晶体，密度 2.207 g/cm^3，100℃ 时失去 2 分子结晶水。易溶于水，不溶于乙醇。受热分解。制备：由氧化锌或碳酸锌与甲酸反应制得。用途：可作为防腐剂、织物防水剂、制甲醇的催化剂等。

甲酸锶（strontium formate）　亦称"蚁酸锶"。CAS 号 592-89-2。化学式 $Sr(CHOO)_2$，分子量 177.66。无色斜方系晶体。熔点 71.9℃，密度 2.693 g/cm^3。溶于水。其二水合物为无色斜方系晶体，密度 2.25 g/cm^3。制备：将氢氧化锶与一氧化碳在加压下加热反应，或由碳酸锶溶于甲酸水溶液制得二水合物，将后者在 100℃ 加热即得无水盐。用途：可作为非线性光学材料。

甲酸镉（cadmium formate）　亦称"蚁酸镉"。CAS 号 51006-62-3。化学式 $Cd(HCOO)_2 \cdot 2H_2O$，分子量 238.47。无色单斜系晶体或粉末，有毒！密度 2.44 g/cm^3。微溶于冷水，溶于热水。受热易分解。制备：将氢氧化镉溶于甲酸溶液制得。

甲酸铯（cesium formate）　亦称"蚁酸铯"。CAS 号 3495-36-1。化学式 $CsHCOO$，分子量 177.92。棱柱状晶体。熔点 265℃，密度 1.017 g/cm^3。其一水合物为无色晶体，有吸湿性，熔点 41℃，密度 1.017 g/cm^3。溶于热水。在水中加热至 400℃ 时可生成草酸铯。制备：可由二氧化碳与氢化铯反应，或由碳酸铯与甲酸反应，或由含有碳酸钠的碳酸铯与甲酸反应，或由氢氧化铯与一氧化碳反应制

得。用途：可作为特殊的测湿剂。

甲酸钡（barium formate）　亦称"蚁酸钡"。CAS 号 541-43-5。化学式 $Ba(CHOO)_2$，分子量 227.36。无色斜方系晶体，有毒！密度 3.21 g/cm^3。溶于水，不溶于醇、醚。加热可分解。制备：可由甲酸和碳酸钡或氯化钡反应制得。用途：可用于制杀虫剂。

甲酸铅（lead(II) formate）　亦称"蚁酸铅"。CAS 号 811-54-1。化学式 $Pb(CHOO)_2$，分子量 297.23。白色正交系晶体。密度 4.63 g/cm^3。易溶于水，不溶于乙醇。无氧条件下于 190℃ 分解，生成铅、二氧化碳和氢气。制备：可将氢氧化铅溶于甲酸制得。

甲酸亚汞（mercury(I) formate）　亦称"蚁酸亚汞"。化学式 $Hg_2(CHOO)_2$，分子量 491.22。有闪光的鳞状晶体。难溶于水，不溶于乙醇。常温下，即使在暗处也很不稳定，摩擦变黑，加热会突然燃烧。制备：向硝酸酸化的 $Hg_2(NO_3)_2$ 饱和溶液中加入甲酸钠制得。

甲酸汞（mercury(II) formate）　亦称"蚁酸汞"。化学式 $Hg(CHOO)_2$，分子量 290.65。很不稳定，只能存在于水溶液中。长时间放置或稍稍加热会迅速还原为甲酸亚汞。制备：将 HgO 加到甲酸水溶液中振荡制得。

甲酸亚铊（thallium(I) formate）　亦称"蚁酸亚铊"。CAS 号 992-98-3。化学式 $TlHCOO$，分子量 249.40。无色吸湿性针状晶体或白色粉末，有毒！熔点 101℃，更高温度分解。密度 4.967 g/cm^3。易潮解，极易溶于水、甲醇，略溶于乙醇，不溶于氯仿。制备：可由碳酸亚铊或氢氧化亚铊溶液与甲酸反应制得。用途：可用于配制矿物学重液，即克列里奇重液。

甲酸铵（ammonium formate）　亦称"蚁酸铵"。CAS 号 540-69-2。化学式 NH_4HCOO，分子量 63.06。无色潮解性晶体，有毒！熔点 116℃，密度 1.28 g/cm^3。易溶于水、醇。在水中缓慢水解。同浓硫酸反应即放出一氧化碳。加强热分解为甲酸和氨气。制备：可由氨水与甲酸中和制得。用途：可用于制草酸铵、甲硫胺和人造丝缩合剂，也用于有机合成、医药、化学分析等。

甲酸羟胺（hydroxylamine formate）　亦称"蚁酸羟胺"。化学式 $NH_2OHHCOO$，分子量 78.05。无色针状晶体。熔点 76℃。在冷水中易溶，热水中分解。溶于热的乙醇，不溶于乙醚。80℃ 分解。

甲酸铀酰（uranyl formate）　亦称"蚁酸铀酰"。CAS 号 16984-59-1。化学式 $UO_2(CHOO)_2 \cdot H_2O$，分子量 378.08。黄色八面体晶体。密度 3.69 g/cm^3。微溶于甲酸，溶于水、丙酮。110℃ 失去 1 分子结晶水。制备：可将新制备的二铀酸铵溶解于过量的稀甲酸中，或由化学计量比的硝酸铀酰直接溶解于甲酸中，或由加热硝酸铀酰溶液与过量甲酸的混合液制得。

氨基甲酸铵（ammonium carbamate）　亦称"氨基碳

酸铵"。CAS 号 1111-78-0。化学式 $NH_4NH_2CO_2$，分子量 78.07。无色结晶状粉末，有强烈氨味，有毒！易溶于水，微溶于乙醇，不溶于丙酮。在水溶液或在湿空气中转变成碳酸铵。在室温下稍挥发，在 60℃ 时升华。制备：用无水液氨与粉状干冰反应，或由氨和二氧化碳在气相中制得。用途：可用于制药、化学分析。

二硫代氨基甲酸铵（ammonium dithiocarbamate） CAS 号 513-74-6。化学式 $NH_2CS_2NH_4$，分子量 110.20。浅黄色晶状固体。熔点 50℃（分解）。干燥品在 0℃ 下保存数天而很少分解。易溶于冷水，可溶于乙醇。其水溶液能稳定数星期。熔化时分解成硫氰化铵、硫和硫化氢。制备：由二硫化碳和氨在多种溶剂（酯类、乙醇、酮类、醚类、腈类、硝基化合物、乙酸异丙酯等）中反应均可制取。用途：可用于合成杂环化合物，特别是缩硫醇噻唑。

雷酸银（silver fulminate） CAS 号 5610-59-3。化学式 AgCNO，分子量 149.89。无色或白色小针状晶体。密度 4.09 g/cm^3。可溶于热水，微溶于冷水、氨水，不溶于硝酸。摩擦或加热则爆炸。制备：由硝酸银的硝酸溶液与乙醇反应制得。用途：可用于制雷管。

雷酸汞（mercury fulminate） 亦称"雷汞"。CAS 号 628-86-4。化学式 $Hg(ONC)_2$，分子量 284.62。白色立方系晶体，有毒！密度 4.42 g/cm^3。为氰酸汞 $Hg(NCO)_2$ 的异构体。溶于水、乙醇、氨水。干燥品撞击或受热则爆炸，故用水湿润放置。将其加入 10 倍量的 20% $Na_2S_2O_3$ 溶液可分解。制备：将汞溶于 10 倍量的硝酸，再加入几乎等量的 95% 乙醇，慢慢析出灰色晶体，将其溶于氨水中，用乙酸中和制得。用途：曾用于生产工业雷管。

乙炔亚铜（copper(I) acetylide） CAS 号 1117-94-8。化学式 Cu_2C_2，分子量 151.10。红色无定形固体，有毒，具有爆炸性！着火点 260～270℃。溶于酸、氨水、氰化钾溶液，不溶于水、醇。与盐酸共热分解为乙炔、氯化亚铜和微量的氯乙烯。可被氧或 10% 过氧化氢溶液氧化成氧化亚铜和石墨。长期与空气接触会氧化为氧化亚铜、碳。和氯、溴及浓硝酸或硫酸接触会剧烈爆炸，95% 乙炔亚铜在空气中加热至 170℃ 时也会爆炸。制备：由亚铜化合物的氨溶液中通乙炔得一水合物，然后在干燥的二氧化碳中或在氯化钙上将一水合物加热至 80～120℃ 制得无水物；或向氯化亚铜溶液中通入乙炔制得。用途：可作为引爆剂。

乙炔银（silver acetylide） CAS 号 13092-75-6。化学式 Ag_2C_2，分子量 239.76。灰白色无定形粉末。熔点 120℃。不溶于水，溶于酸，微溶于乙醇。干燥品非常危险，撞击或受热爆炸，爆炸时产生碳和银单质。可用浓盐酸或硫酸铵销毁。制备：可将乙炔通过银氨溶液或硝酸银溶液制得。用途：可用作引爆剂。

乙炔亚汞（mercury(I) acetylide） 化学式 Hg_2C_2·H_2O，分子量 443.22。非爆炸性粉末，有毒！加热至 100℃ 分解。不能脱水成无水盐。制备：向乙酸亚汞的悬浊水溶液中通入乙炔制得。

乙炔汞（mercury(II) acetylide） CAS 号 37297-87-3。化学式 $3HgC_2$·H_2O，分子量 691.85。白色粉末。密度 5.30 g/cm^3。不溶于水、乙醇、碱。遇酸分解，产生乙炔及少量乙醛。干燥品特别不稳定，经摩擦等可发生剧烈爆炸。制备：向 $K_2[HgI_4]$ 的碱性溶液中通入乙炔，或向含有少量氢氧化钾的氰化汞溶液中通入乙炔制得。

乙醇钠（sodium ethylate） 亦称"乙氧基钠"。CAS 号 141-52-6。化学式 C_2H_5ONa，分子量 68.05。白色或微带黄色粉末。易吸湿，遇水分解为氢氧化钠和乙醇。溶于无水乙醇，其乙醇溶液性质稳定。不溶于苯。在空气中易分解。具有碱性、强腐蚀性。易燃。制备：可由无水乙醇与金属钠反应；或由乙醇与氢氧化钠反应，同时加入苯进行共沸蒸馏，使苯、乙醇与水形成三元共沸物，除去反应过程中生成的水后，蒸去苯制得。用途：可作为有机合成中引入羟乙基的试剂，可用于有机合成、医药、农药等领域。

乙醇铝（aluminum ethylate） 亦称"乙氧基铝""三乙氧基铝"。CAS 号 555-75-9。化学式 $(C_2H_5O)_3Al$，分子量 162.16。白色粉状物。熔点 130℃，沸点 197℃（1 333.22 Pa），密度 1.142 g/cm^3。微溶于乙醇、乙醚、热二甲苯、氯苯。对潮气敏感，在空气中吸水后分解为氢氧化铝和乙醇。高度易燃，与水反应激烈。制备：以氯化汞和碘为催化剂，由铝粉与无水乙醇在二甲苯中反应制得。用途：可作为醛类和酮类的还原剂，可催化酯化反应、聚合反应等。

乙醇亚铊（thallium(I) ethylate） 亦称"乙氧化亚铊"。CAS 号 20398-06-5。化学式 $TlOC_2H_5$，分子量 997.73。浅黄色液体，剧毒！熔点 −3℃，沸点 130℃，密度 3.522 g/mL。溶于乙醇、苯，不溶于液氨。加热至 80℃ 及溶于水时分解。

三(巯基乙酰胺)锑（antimony thioglycolamide） CAS 号 6533-78-4。化学式 $Sb(SCH_2CONH_2)_3$，分子量 392.12。白色晶体。熔点 139℃。溶于水，难溶于乙醇。遇碱分解。水溶液呈中性，用乙醇和醚的混合物可使其沉淀，在真空中可使沉淀干燥，成为红色物质。遇光和空气分解，长期放置分解为三硫化二锑。制备：将三氧化二锑在巯基乙酸乙酯中，用醇-氨处理制得。用途：可用于血吸虫病、利什曼原虫病、腹股沟肉芽肿等的治疗药物。

乙酸锂（lithium acetate） CAS 号 6108-17-4。化学式 $LiCH_3COO$·$2H_2O$，分子量 102.01。无色正交系晶体。熔点 70℃，密度 1.3 g/cm^3。易潮解，易溶于水和乙醇。水溶液近中性。制备：可由碳酸锂与乙酸反应制得二水合物；二水合物经重结晶后，在 150℃ 保持三天可得无水物。用途：可用于饱和脂肪酸和不饱和脂肪酸的分离、制利尿剂、制锂离子电池等。

乙酸铍(beryllium acetate) CAS 号 543-81-7。化学式 $Be(CH_3COO)_2$,分子量 127.10。无色片状固体,有毒！熔点 295℃(分解),密度 2.94 g/cm^3。不溶于水、乙醇、乙醚和四氯化碳。粉体与空气可形成爆炸性混合物。遇明火、高热或与氧化剂接触,有引起燃烧爆炸的危险。受热分解,放出有毒的烟气。制备:可由碳酸铍与乙酸反应,或由碱式乙酸铍与乙酸酐反应制得。

乙酸钠(sodium acetate) 亦称"醋酸钠"。CAS 号 127-09-3。化学式 $NaCH_3COO$,分子量 82.03。无色透明单斜系柱状晶体或白色单斜系晶体粉末。熔点 324℃,密度 1.528 g/cm^3。易潮解。其三水合物为无色透明晶体或白色颗粒,熔点 58℃,密度 1.45 g/cm^3。在空气中易风化,123℃失去全部结晶水。易溶于水,难溶于有机溶剂,水溶液呈碱性。用铯盐催化,可与卤代烷形成酯。制备:可由碳酸钠与乙酸反应,或由乙酸钙与碳酸钠进行复分解反应制得。用途:可用作缓冲剂、酸味剂、脱水剂、媒染剂、食品防腐剂、电镀消泡剂,可用于摄影、医药、印染、食品、颜料、鞣革、纺织、合成橡胶、有机合成等领域。

乙酸镁(magnesium acetate) 亦称"醋酸镁"。CAS 号 142-72-3。化学式 $Mg(CH_3COO)_2$,分子量 142.4。白色或无色晶体,略带乙酸气味。熔点 323℃,熔融时同时分解。具有潮解性。密度 1.42 g/cm^3。易溶于水,水溶液呈中性。可溶于乙醇。四水合物熔点 80℃,密度 1.454 g/cm^3。制备:可将碳酸镁溶于乙酸水溶液制得四水合物,再经 130℃下加热至恒重制得无水物。用途:可作为除臭剂、分析试剂,可用于医药、印染等。

乙酸铝(aluminium triacetate) 亦称"三乙酸铝""三醋酸铝"。CAS 号 139-12-8。化学式 $Al(C_2H_3O_2)_3$。分子量 204.12。白色无定形固体粉末。具强吸湿性,溶于水,并析出胶状沉淀。不溶于苯。难溶于丙酮。200℃时分解。制备:可由氢氧化铝与乙酸反应,或由乙酸酐与乙氧基铝回流制得。用途:可用于医药、印染,也用于制防火织物。

乙酸硅(silicon tetraacetate) 亦称"四乙酸硅""四醋酸硅"。化学式 $Si(CH_3COO)_4$,分子量 264.26。无色晶体。沸点 148℃(533 Pa)。吸湿性极强。微溶于丙酮、苯。在潮湿空气中迅速水解。与水、乙醇反应激烈并析出二氧化硅。110℃升华,160～170℃分解为乙酸酐和二氧化硅。制备:可由四氯化硅与过量乙酸酐反应制得。用途:可作为硅树脂的中间体。

乙酸钾(potassium acetate) 亦称"醋酸钾"。CAS 号 127-08-2。化学式 CH_3COOK,分子量 98.15。无色晶体或白色结晶性有咸味的粉末。熔点 292℃,密度 1.57^{25} g/cm^3。易潮解,易溶于水,溶于乙醇、液氨,不溶于乙醚、丙酮。溶液对石蕊呈碱性,对酚酞不呈碱性。制备:可由乙酸与碳酸氢钾或氢氧化钾反应制得。用途:可作

为分析试剂、生化试剂、食品添加剂,可用于医药、玻璃等领域。

乙酸钙(calcium acetate) 亦称"醋酸钙"。CAS 号 62-54-4。化学式 $Ca(CH_3COO)_2$,分子量 158.17。略带乙酸气味的无色晶体。熔点 160℃,密度 1.6 g/cm^3。无水物易吸湿。一水合物为无色针状晶体,熔点前分解。二水合物为无色针状晶体,84℃时失去 1 分子结晶水。溶于水,微溶于乙醇。制备:可由氢氧化钙与乙酸反应,然后将其溶液蒸发,从热水溶液中析出其一水盐,再冷却溶液,可析出二水盐,在 100℃下干燥,得无水物。用途:可用于医药、印染、食品添加剂,还可用于制丙酮、乙酸及乙酸盐。

乙酸亚铬(chromium(II) acetate) 亦称"醋酸铬(II)"。CAS 号 14976-80-8。化学式 $Cr(CH_3COO)_2$,分子量 170.09。红色晶体或深红色粉末,有毒！密度 1.79 g/cm^3。溶于热水,微溶于冷水、乙醇,不溶于乙醚。热水溶液呈红色,如接触空气,则变为紫色三价铬离子。易被空气氧化,潮湿样品比干燥样品更易氧化。可与乙酸、氨和四氢呋喃等生成络合物。100℃时可被五氧化二磷干燥脱水得到褐色无水物。制备:可由饱和的乙酸钠与二氯化铬溶液反应制得。用途:可用于制其他铬盐,可在气体分析中作吸氧剂。

乙酸铬(chromium(III) acetate) 亦称"醋酸铬(III)"。CAS 号 1066-30-4。化学式 $Cr(CH_3COO)_3 \cdot H_2O$,分子量 247.15。灰绿色粉末,有毒！密度 1.28 g/cm^3。易溶于温水,微溶于冷水,不溶于醇。制备:可在氧气存在下,由浓乙酸水溶液中加入氯化铬水溶液;或由乙酸与氢氧化铬反应制得。用途:可用于有机合成、催化剂、印染、摄影、鞣革、电镀、化学分析等领域。

乙酸亚锰(manganese(II) acetate) 亦称"醋酸亚锰"。CAS 号 6156-78-1。化学式 $Mn(CH_3COO)_2 \cdot 4H_2O$,分子量 245.09。淡红色单斜晶体,有毒！熔点 80℃,密度 1.589 g/cm^3。加热至 137℃成无水物。其无水物为褐色晶体,密度 1.74 g/cm^3。溶于水、乙醇。制备:可由二氧化锰在乙醛中与乙酸反应制得。用途:可作为有机反应氧化催化剂、油漆催干剂、染色媒染剂、清漆的干燥剂、聚酯树脂的原料等。

乙酸锰(manganese(III) acetate) CAS 号 19513-05-4。化学式 $Mn(CH_3COO)_3 \cdot 2H_2O$,分子量 268.10。棕色晶状粉末。可溶于水。常温常压下稳定。制备:由高锰酸钾与乙酸锰(II)在乙酸溶液中反应制得。用途:可作为有机合成中的温和氧化剂。

乙酸亚铁(iron(II) acetate) 亦称"醋酸亚铁"。CAS 号 3094-87-9。化学式 $Fe(CH_3COO)_2 \cdot 4H_2O$,分子量 246.00。无色或浅绿色单斜针状晶体。极易溶于水。190～200℃分解。制备:在室温下将新蒸馏的五羰基铁溶于含有乙酸、乙酸酐的 DMF 中,加热至 95℃,有气体放

出,慢慢将温度升至115～120℃,并保持在此温度反应60小时制得。用途:可用于制深色墨水、染料、染色媒染剂等。

乙酸钴(cobalt(II) acetate) 亦称"乙酸亚钴""醋酸亚钴"。CAS 号 71-48-7。化学式 Co(CH₃COO)₂·4H₂O,分子量249.08。微有乙酸气味的红紫色单斜系晶体。密度 1.705¹⁹ g/cm³。有潮解性。溶于水、醇、稀酸。加热至140℃失去全部结晶水。可与氢氧化钠反应生成氢氧化钴。制备:可由硝酸钴或硫酸钴溶液与乙酸反应,或将氢氧化亚钴或碳酸钴溶于稀醋酸制得。用途:可作为分析试剂、漂白剂、酒精饮料的泡沫稳定剂、聚酯生产中的氧化催化剂、涂料和油漆的干燥剂、印染媒染剂、隐染墨水、玻璃钢固化促进剂等。

乙酸高钴(cobalt(III) acetate) 亦称"醋酸高钴"。CAS 号 917-69-1。化学式 Co(CH₃COO)₃,分子量236.07。绿色八面体粉末或固体。溶于酸、乙酸。具潮解性,在水中缓慢水解,60～70℃迅速水解。热至100℃时变黑且分解。制备:可由水合乙酸亚钴在乙酸中电解,或由氢氧化钴和乙酸反应制得。用途:可作为异丙基苯过氧化物分解的催化剂。

乙酸镍(nickel acetate) 亦称"醋酸镍"。CAS 号 373-02-4。化学式 Ni(CH₃COO)₂,分子量176.80。微有乙酸味的淡绿色柱状晶体,有油状液态变体,经真空蒸馏可变成晶态变体,有毒! 沸点 16.6℃,密度 1.798 g/cm³。具吸湿性,溶于水。其四水合物为绿色柱状单斜系晶体,沸点16℃,密度 1.744 g/cm³。溶于水,不溶于乙醇。高温下可与氨作用生成四氨络盐。制备:可由六水硝酸镍与乙酸酐反应,或由氢氧化镍与乙酸铅反应,或由碳酸镍与乙酸反应制得。用途:可用于镀镍、织物媒染、化学分析、制镍催化剂等。

乙酸铜(copper acetate) 亦称"醋酸铜"。CAS 号 6046-93-1。化学式 Cu(CH₃COO)₂·H₂O,分子量199.65。有乙酸气味的暗绿色单斜系晶体,有毒! 熔点115℃,密度 1.882 g/cm³(一水合物)、1.93 g/cm³(无水物)。溶于水、醇,微溶于醚、甘油。在非水溶剂中可被铜、水合肼等还原为无色易挥发的乙酸亚铜。在干燥空气中微有风化。一水合物会在100℃真空失水。加热至240℃分解。制备:由铜、氧化铜或碳酸铜与乙酸反应制得。用途:可作为杀虫剂、杀菌剂、氧化剂、有机反应催化剂、瓷器颜料等。

乙酸锌(zinc acetate) 亦称"醋酸锌"。CAS 号 557-34-6。化学式 Zn(CH₃COO)₂·2H₂O,分子量219.50。略有淡的乙酸气味、涩味感的无色单斜系板晶或晶粒。熔点237℃,密度 1.735 g/cm³。易风化。100℃时失水变为无水物。无水物为无色单斜系晶体或粉末,密度 1.84 g/cm³。两者均极溶于水,其水溶液显弱酸性。溶于乙醇。

200℃时分解,高温可真空升华。制备:由硝酸锌与乙酸酐反应制得。用途:可作为木材防腐剂、媒染剂、止血剂、收敛剂、陶瓷彩釉,可用于蛋白、丹宁、尿胆素、磷酸盐、血液的分析检验。

乙酸锶(strontium acetate) 亦称"醋酸锶"。CAS 号 543-94-2。化学式 Sr(CH₃COO)₂,分子量205.71。白色晶体。密度 2.099 g/cm³。溶于冷水、微溶于乙醇。加热时分解。其半水合物为白色晶状粉末,加热至150℃成无水物,灼烧后转化为碳酸锶。制备:可由乙酸与碳酸锶或氢氧化锶反应制得。用途:可用于二氧化碳的显微结晶测定、点滴分析测定碳酸盐,也用于医药工业。

乙酸钇(yttrium acetate) 亦称"醋酸钇"。CAS 号 207801-28-3。化学式 Y(CH₃COO)₃·4H₂O,分子量338.10。无色三斜系晶体。溶于水。380℃分解为碱式碳酸盐并生成二氧化碳和丙酮。生成的碱式碳酸盐在590℃分解,得到氧化钇。制备:将三氧化二钇溶于50%的乙酸水溶液中制得。用途:可作为分析试剂。

乙酸钼(ditetra(acetato)molybdenum(II)) CAS 号 14221-06-8。化学式 [Mo(OCOCH₃)₂]₂,分子量428.06。黄色针状晶体。密度 2.21 g/cm³。在空气中或稀有气体中慢慢分解,由黄色变为绿色,再变为深蓝色。制备:可由六羰基钼与乙酸在氯气流中反应制得。用途:可作为催化剂,可用于合成其他 Mo(II)化合物。

乙酸银(silver acetate) 亦称"醋酸银"。CAS 号 563-63-3。化学式 AgCH₃COO,分子量166.91。白色有光泽针状晶体,有毒! 密度 3.259 g/cm³。溶于稀硝酸,微溶于水。受热分解。对光敏感。制备:可由氧化银与乙酸反应,或由硝酸银和乙酸钠反应制得。用途:可作为氧化剂,可用于医治眼炎、化学分析。

乙酸镉(cadmium acetate) 亦称"醋酸镉"。CAS 号 543-90-8。化学式 Cd(CH₃COO)₂·2H₂O,分子量266.53。稍有乙酸味的无色晶体,有毒! 熔点256℃,密度 2.341 g/cm³。易溶于水、碱液,溶于醇,微溶于乙醚、丙酮。遇明火、高热、或与氧化剂接触能燃烧,并散发出有毒气体。在130℃可得到无水物。制备:可由硝酸镉与乙酸酐反应制得。用途:可用于印染、化学分析、晕色瓷釉等。

乙酸亚锡(tin(II) acetate) 亦称"醋酸亚锡"。CAS 号 638-39-1。化学式 Sn(CH₃COO)₂,分子量236.78。微黄色粉末。熔点 182℃,沸点240℃。密度 2.31 g/cm³。溶于稀盐酸,遇水分解。有还原性,但难被空气中的氧所氧化。在冰醋酸中可形成加合物。制备:由氧化锡或氢氧化锡溶于乙酸制得。用途:可作为还原剂、乙酰化试剂。

乙酸铯(cesium acetate) 亦称"醋酸铯"。CAS 号 3396-11-0。化学式 CsCH₃COO,分子量191.95。白色晶体状粉末。熔点 194℃。有潮解性。易溶于水,水溶液呈碱性,可溶于甲醇、乙醇。制备:可由乙酸与氢氧化铯反应,或由乙酸与碳酸铯反应制得。

乙酸钡(barium acetate)　亦称"醋酸钡"。CAS 号 543-80-6。化学式 Ba(CH₃COO)₂,分子量 255.43。白色晶体,有毒! 密度 2.468 g/cm³。溶于水、乙醇。其一水合物为白色单斜棱柱状晶体,密度 2.19 g/cm³,150℃失去结晶水。在空气中加热,会分解为碳酸盐。与硫酸、盐酸和硝酸反应生成相应的硫酸盐、氯化物和硝酸盐。制备:可由乙酸与碳酸钡或硫化钡反应制得。用途:可作为媒染剂、润滑剂、有机合成催化剂。

乙酸镧(1anthanum acetate)　亦称"醋酸镧"。CAS 号 25721-92-0。化学式 La(CH₃COO)₃·$\frac{3}{2}$H₂O,分子量 343.07。四方系晶体。熔点 110℃,密度 1.64 g/cm³。溶于水、酸类。制备:可由氢氧化镧与乙酸反应制得。用途:可用于织物防水。

乙酸铈(cerium acetate)　亦称"醋酸铈"。CAS 号 537-00-8。化学式 Ce(CH₃COO)₃,分子量 317.26。无色结晶状粉末,有毒! 熔点 308℃(伴随分解)。其 1.5 水合物为浅红色结晶粉末,熔点 115℃。溶于水,可溶于乙醚,易溶于吡啶,不溶于丙酮。其水溶液对空气稳定。但臭氧将 Ce^{III} 氧化为 Ce^{IV}。制备:可由三价硝酸铈与无水醋酸反应。用途:可用于制汽车尾气净化催化剂等。

乙酸镨(praseodymium acetate)　亦称"醋酸镨"。CAS 号 6192-12-7。化学式 Pr(CH₃COO)₃·3H₂O,分子量 372.09。绿色针状晶体。熔点 151～155℃,密度 1.2 g/cm³。溶于水,难溶于乙醇,不溶于吡啶。加热至 270℃以上分解。加热至 790℃时,生成氧化镨(III,IV)。与 DMF 作用,得到 Pr(CH₃COO)₃·DMF,真空加热至 210℃可脱去 DMF。制备:可将氧化镨与乙酸反应制得。用途:用作化学试剂。

乙酸钕(neodymium acetate)　亦称"醋酸钕"。CAS 号 334869-71-5。化学式 Nd(CH₃COO)₃·H₂O,分子量 339.39。红紫色片状晶体。易溶于水,难溶于乙醇,不溶于吡啶,可溶于无机酸。加热水解不能形成无水盐。制备:可将氧化钕溶于过量乙酸,或将硝酸钕溶于无水乙酸制得。

乙酸钐(samarium acetate)　亦称"醋酸钐"。CAS 号 17829-86-6。化学式 Sm(CH₃COO)₃·3H₂O,分子量 381.53。黄色晶体,沸点 300℃,密度 1.94 g/cm³。可溶于水,难溶于乙醇。制备:可将氧化钐溶于温热的乙酸溶液制得。

乙酸钆(gadolinium acetate)　亦称"醋酸钆"。CAS 号 100587-93-7。化学式 Gd(CH₃COO)₃·H₂O,分子量 352.40。无色三斜系晶体。密度 1.611 g/cm³。易溶于水。制备:可将氧化钆溶于乙酸溶液制得。用途:可用于制催化剂。

乙酸镝(dysprosium acetate)　亦称"醋酸镝"。CAS 号 15280-55-4。化学式 Dy(CH₃COO)₃·4H₂O,分子量 411.64。黄色针状晶体。溶于冷水、酸,极微溶于乙醇,不溶于醚。115℃脱水生成无水盐,其无水盐为白色粉末。高于 120℃长时间加热分解为碱式盐。制备:可将氧化镝或硝酸镝与氨水作用生成氢氧化镝,再将氢氧化镝溶于稀乙酸制得。用途:可作为生化试剂。

乙酸铒(erbium acetate)　亦称"醋酸铒"。CAS 号 15280-57-6。化学式 Er(CH₃COO)₃·4H₂O,分子量 416.48。红色透明三斜系晶体。密度 2.114 g/cm³。易溶于水,难溶于热乙醇,不溶于醚。放置在硫酸真空干燥器中则变成无色透明无水盐。制备:将氧化铒溶于乙酸水溶液制得。

乙酸镱(ytterbium acetate)　亦称"醋酸镱"。CAS 号 15280-58-7。化学式 Yb(CH₃COO)₃·4H₂O,分子量 422.24。六方系片状晶体。沸点 117.1℃,密度 2.09 g/cm³。易溶于水。在 100℃变为无水物。制备:将三氧化二镱溶于乙酸水溶液制得。

乙酸亚汞(mercury(I) acetate)　亦称"醋酸亚汞"。CAS 号 631-60-7。化学式 Hg₂(CH₃COO)₂,分子量 519.27。白色脂肪光泽鳞状晶体或晶粉,有毒! 密度 3.27 g/cm³。微溶于水,不溶于乙醇、乙醚。对光敏感,光照呈灰色。其水溶液受热或光照变为 Hg(C₂H₃O₂)₂ 和 Hg,随后变为黄色不溶性的碱式盐。遇热分解成黑色绵毛状物质。制备:在暗冷处向 Hg₂(NO₃)₂ 的硝酸溶液中加入乙酸钠制得。用途:可用于制药、化学分析。

乙酸汞(mercury(II) acetate)　亦称"醋酸汞"。CAS 号 1600-27-7。化学式 Hg(CH₃COO)₂,分子量 318.68。有轻微醋味的白色片状晶体,剧毒! 熔点 179℃,密度 3.28 g/cm³。可溶于乙醇、乙醚。水溶液易水解,会缓慢产生黄色的碱式乙酸汞沉淀,加热时沉淀速度加快。可与芳香烃发生亲电取代反应,生成有机汞化合物。其甲醇溶液很容易吸收一氧化碳,吸收后的溶液经加热或与浓盐酸作用,可使一氧化碳释放出来。高于熔点或见光分解。制备:可由黄色氧化汞和乙酸溶液反应制得。用途:可作为乙烯的吸收剂、生物碱的氧化剂,可用于羟汞化反应。

乙酸亚铊(thallium(I) acetate)　亦称"醋酸亚铊"。CAS 号 563-68-8。化学式 TlCH₃COO。分子量 263.42。银白色晶体,有毒! 熔点 131℃,密度 3.765 g/cm³。易潮解,极易溶于冷水,在热水中水解。易溶于乙醇、氯仿,不溶于丙酮。可与乙酸铵生成复盐。制备:将 TlOH 溶解在乙酸或乙酸溶液中,或将 Tl₂O₃ 溶于乙酸中制得。用途:可作为有机合成剂,可配置用于矿物分离的重液。

乙酸铅(lead(II) acetate)　CAS 号 301-04-2。化学

式 $Pb(CH_3COO)_2$，分子量 325.28。白色晶体，有毒！熔点 280℃，密度 3.25 g/cm^3。易溶于水，溶于甘油，极微溶于乙醇。其三水合物亦称"铅糖"，可溶于水，不溶于醇，溶于甘油。其水溶液通入硫化氢气体或加入硫化钠溶液生成硫化铅黑色沉淀。其十水合物为白色晶体，熔点 22℃，密度 1.69 g/cm^3。室温下容易风化失水，可溶于水，不溶于醇。制备：由氧化铅与乙酸反应制得。用途：可用于制铅盐、医药、催化剂，三水合物可用作颜料、媒染剂等。

乙酸高铅（lead(IV) acetate）　亦称"醋酸高铅"。化学式 $Pb(CH_3COO)_4$，分子量 443.38。无色针状晶体，剧毒！熔点 175℃，密度 2.228^{17} g/cm^3。溶于氯仿、乙酸。吸湿或遇水则水解产生二氧化铅与乙酸。遇醇醇解。溶于浓硫酸或硒酸，分别形成酸式盐。具强氧化性。制备：用温热乙酸与四氧化三铅反应制得。用途：可作为媒染剂、防水剂、分析试剂、杀虫剂，在有机反应中作氧化剂。

乙酸铋（bismuth acetate）　亦称"醋酸铋"。CAS 号 22306-37-2。化学式 $Bi(CH_3COO)_3$，分子量 386.12。白色类云母石的薄片状晶体。熔点 250℃。溶于乙酸，不溶于水。暴露于空气中分解失去乙酸，加热则分解更快。遇水水解生成乙酸氧铋。制备：由碳酸铋的甘露醇溶液同乙酸加热回流，或由氧化铋(III)溶于乙酸酐和乙酸制得，或由铋粉与乙酸和过氧化氢共热制得。用途：可作为收敛剂、防腐剂、氨与醇的酰基化试剂，可用于制药。

乙酸铵（ammonium acetate）　亦称"醋酸铵"。CAS 号 631-61-8。化学式 NH_4CH_3COO，分子量 77.08。无色或白色易潮解晶体，微带乙酸气味，可燃。熔点 114℃，密度 1.17 g/cm^3。易溶于水，可溶于乙醇，微溶于丙酮。在空气中易失去氨。高温及热水中分解。制备：由乙酸与氨反应制得。用途：可作为分析试剂、色层分析试剂、肉类防腐剂、缓冲剂，可用于制药、印染、电镀、水处理、从其他硫酸盐分离硫酸铅等。

乙酸氢铵（ammonium hydrogen acetate）　亦称"醋酸氢铵"。化学式 $NH_4H(CH_3COO)_2$，分子量 137.14。无色针状晶体。熔点 66℃。易潮解，溶于水，水溶液呈酸性。溶于乙醇。加热至 145℃分解。制备：由乙酸铵水溶液蒸发制得。用途：可用于配制缓冲剂。

乙酸铀酰（uranyl acetate）　亦称"醋酸铀酰"。CAS 号 6159-44-0。化学式 $UO_2(CH_3COO)_2 \cdot 2H_2O$，分子量 424.19。黄色板状或角柱状正交系晶体，具放射性！密度 2.893^{15} g/cm^3。溶于水，热水中分解，易溶于乙醇。于 110℃变为无水物，275℃时分解。制备：将二氧化铀溶于少量乙酸中制得。用途：可作为细菌氧化过程的活化剂，可在临床检验中用于血钠的测定。

乙酸铀酰钠（sodium uranyl acetate）　亦称"醋酸铀酰钠"。化学式 $NaUO_2(CH_3COO)_2$，分子量 470.15。有绿色荧光的黄色四方系柱状晶体，具放射性！密度

2.562 g/cm^3。溶于水、乙醇、丙酮。在浓的水溶液中形成配位离子。由 16℃的溶液所得结晶呈右旋性。制备：将乙酸铀酰与乙酸钠反应制得二水合物，加热脱水可得无水合物。

乙酸铀酰钾（potassium uranyl acetate）　亦称"醋酸铀酰钾"。化学式 $KUO_2(CH_3COO)_3 \cdot H_2O$，分子量 504.28。四方系晶体，具放射性！其半水合物的密度 3.296^{15} g/cm^3。溶于水。275℃时失去结晶水。用途：作化学试剂。

乙酸铀酰锌（uranyl zinc acetate）　亦称"醋酸铀酰锌"。CAS 号 10138-94-0。化学式 $ZnUO_2(CH_3COO)_4 \cdot 7H_2O$，分子量 697.72。黄绿色晶体，具放射性！在含钠离子的溶液中，易析出黄色三聚乙酸铀酰锌钠晶状沉淀。制备：将乙酸铀酰和乙酸锌的乙酸溶液分别加热后，混合、放置、结晶制得。用途：可作为钠离子的鉴定试剂。

乙酸铀酰锌钠（sodium zinc uranyl acetate）　CAS 号 39395-63-6。化学式 $NaZn(UO_2)_3 \cdot (CH_3COO)_9 \cdot 6H_2O$，分子量 1 537.97。柠檬黄色晶体，具放射性！不溶于水，制备：可由乙酸铀酰锌的溶液与含钠离子的溶液反应制得。用途：可用于溶液中钠离子的定量分析。

酸式乙酸钾（potassium hydrogen acetate）　亦称"乙酸合乙酸钾"。CAS 号 4251-29-0。化学式 $KCH_3COO \cdot CH_3COOH$，分子量 158.20。无色针状或板状晶体。熔点 148℃。有吸湿性，易溶于水，溶于乙醇、丙酮。200℃分解。制备：由乙酸钾溶于等摩尔量乙酸反应制得。

碱式乙酸铍（beryllium basic acetate）　CAS 号 19049-40-2。化学式 $Be_4O(CH_3COO)_6$，分子量 406.32。无色八面体晶体。熔点 284℃，在 330℃升华，密度 1.364 g/cm^3。能溶于热的冰醋酸、氯仿，微溶于乙醇、乙醚，不溶于冷水。在稀酸和热水中分解。制备：由氢氧化铍或碳酸铍和热的冰醋酸反应制得。用途：可用于制高纯度的铍盐。

碱式乙酸铁（iron basic acetate）　CAS 号 10450-55-2。化学式 $Fe(OH)(CH_3COO)_2$，分子量 190.94。有微弱乙酸气味的棕红色鳞片状晶体或无定形粉末。不溶于水，溶于乙醇、酸。制备：由乙酸与氢氧化铁共沸制得。用途：可作为媒染剂、丝绸和毛毡增重剂、木材防腐剂、皮革染料、医药制剂等。

碱式乙酸铜（copper basic acetate）　亦称"铜绿"。CAS 号 142-71-2。化学式 $Cu(CH_3COO)_2 \cdot CuO \cdot 6H_2O$，分子量 369.26。蓝绿色粉末。溶于稀酸、氨水，微溶于水、醇。制备：在空气中或过氧化氢存在下，将铜溶解在乙酸中制得。用途：可作为油漆颜料、杀虫剂、杀菌剂、防霉剂、织物媒染剂，可用于制巴黎绿等。

碱式乙酸镓（gallium basic acetate）　化学式

$4Ga(C_2H_3O_2)_3 \cdot 2Ga_2O_3 \cdot 5H_2O$，分子量 1 452.37。白色微小晶体。遇水分解，也溶于乙酸。制备：可由碳酸铵中和镓盐溶液，然后加入过量乙酸制得。

一氟乙酸钠（sodium fluoroacetate）　CAS 号 62-74-8。化学式 $NaC_2H_2FO_2$，分子量 100.02。白色粉末。熔点 200℃。易溶于水，溶于乙醇、甲醇，微溶于丙酮、四氯化碳。制备：由一氟乙酸与氢氧化钠进行中和反应制得。用途：可作为灭鼠剂。

一氯代乙酸镉（cadmium monochloroacetate）　化学式 $Cd(CH_2ClCOO)_2 \cdot 6H_2O$，分子量 407.47。有毒！密度 1.942 g/cm³。加热至 256℃分解。制备：可由氧化镉、氢氧化镉、或碳酸镉与一氯代乙酸在水溶液中制得。用途：可作为橡胶硫化剂。

二氯代乙酸镉（cadmium dichloroacetate）　化学式 $Cd(CHCl_2COO)_2 \cdot 2H_2O$，分子量 403.27。针状晶体，有毒！密度 2.132¹⁵ g/cm³。制备：可由氧化镉（或氢氧化镉、碳酸镉、氯化镉、硝酸镉）与二氯代乙酸在水溶液中反应，然后缓慢蒸发至结晶析出制得。用途：可用于红外光谱的研究。

氨基乙酸铜（copper aminoacetate）　亦称"甘氨酸铜"。CAS 号 18253-80-0。化学式 $Cu(C_2H_4NO_2)_2 \cdot H_2O$，分子量 229.67。蓝色针状晶体。溶于碱，微溶于水。在 130℃失去结晶水，213℃时炭化，228℃时分解。其二水合物为淡蓝色粉状晶体，溶于水，不溶于烃类、醚和丙酮，在 103℃失去 1 分子结晶水，约 140℃失去全部水分，225℃分解。制备：由硫酸铜水溶液中加入稍过量的稀氢氧化钾水溶液，将生成的沉淀放在氨基乙酸溶液中煮沸制得。用途：可用于制药、电镀、生化领域。

碱式乙酸丙酸铍（beryllium basic acetate propionate）化学式 $Be_4O(C_2H_3O_2)_3 \cdot (C_3H_5O_2)_3$，分子量 448.40。熔点 127℃，沸点 330℃。溶于氯仿、乙醚、苯、甲苯、醇类，不溶于冷水。在稀酸、热水中分解。制备：可由碱式丙酸铍与氯化乙酰回流沸煮制得。用途：有机化学试剂。

草酸锂（lithium oxalate）　亦称"乙二酸锂"。CAS 号 553-91-3。化学式 $Li_2C_2O_4$，分子量 101.90。无色正交系晶体。密度 2.121¹⁷·⁵ g/cm³。易溶于水，水溶液显碱性。不溶于乙醇、乙醚。受热分解。制备：可向草酸的热溶液中加入碳酸锂至饱和制得。用途：可用于锂电池、制药等。

草酸铍（beryllium oxalate）　亦称"乙二酸铍"。CAS 号 3173-18-0。化学式 $BeC_2O_4 \cdot 3H_2O$，分子量 151.08。正交系晶体。溶于冷水中。加热至 100℃失去 1 分子结晶水，加热至 220℃失去全部结晶水，加热至 350℃则完全分解为氧化铍。制备：可由氢氧化铍或碳酸铍与草酸溶液反应制得。用途：可用于分析化学、制高纯氧化铍。

草酸钠（sodium oxalate）　亦称"乙二酸钠"。CAS

号 62-76-0。化学式 $Na_2C_2O_4$，分子量 134.00。无色晶体或白色粉末。密度 2.34 g/cm³。溶于水，水溶液基本呈中性。不溶于乙醇、乙醚。加热至 250～270℃分解为碳酸盐和一氧化碳。制备：可由氢氧化钠与草酸反应，或由甲酸钠 400℃脱氢制得。用途：可用于修饰加工纺织物、烟火、鞣革，可作为分析化学中标定高锰酸钾溶液的基准物。

草酸镁（magnesium oxalate）　亦称"乙二酸镁"。CAS 号 6150-88-5。化学式 $MgC_2O_4 \cdot 2H_2O$，分子量 148.36。白色粉状物。密度 2.45 g/cm³。150℃分解。微溶于水，溶于碱、酸、草酸盐溶液，不溶于醇。制备：可由镁盐溶液与草酸或草酸铵反应制得。用途：可用于医药。

草酸铝（aluminium oxalate）　亦称"乙二酸铝"。CAS 号 814-87-9。化学式 $Al_2(C_2O_4)_3 \cdot 4H_2O$，分子量 390.08。白色粉末，有毒！溶于酸，不溶于水、乙醇。制备：由铝盐或氢氧化铝与草酸反应而得。用途：可用作媒染剂。

草酸钾（potassium oxalate）　亦称"乙二酸钾"。CAS 号 6487-48-5。化学式 $KC_2O_4 \cdot H_2O$，分子量 184.23。无色或白色结晶性单斜系粉末，有毒！熔点 356℃，沸点 365.1℃，密度 2.127³·⁹ g/cm³。易溶于水。在干燥空气中易风化。受热至约 160℃时失去结晶水成无水物。制备：可用氢氧化钾或碳酸钾中和草酸或草酸氢钾的水溶液制得。用途：可作为分析试剂、织物去垢剂、抗凝血剂，可用于制药、照片洗印等领域。

草酸钙（calcium oxalate）　亦称"乙二酸钙"。CAS 号 563-72-4。化学式 CaC_2O_4，分子量 128.10。无色立方系晶体。密度 2.2 g/cm³。其一水合物为无色晶体，密度 2.2 g/cm³。加热至 200℃失去水分。难溶于水、乙酸，可溶于硝酸、盐酸。灼烧时分解成碳酸钙和氧化钙。制备：可由氯化钙的稀水溶液与草酸水溶液反应制得。用途：可用于陶瓷上釉、润滑油酯、防水剂、分析化学、制草酸盐、分离稀土金属等。

草酸钪（scandium oxalate）　CAS 号 17926-77-1。化学式 $Sc_2(C_2O_4)_3 \cdot 5H_2O$，分子量 444.05。无色针状晶体。微溶于水，可溶于强酸溶液。易溶于碱金属草酸盐浓溶液形成 $M_3[Sc(C_2O_4)_3]$ 型配合物，是稀土草酸盐中最易溶解者。加热至 140℃失去结晶水，灼烧时分解为氧化钪。制备：由硫酸钪溶液与草酸溶液反应制得。

草酸钛（titanium oxalate）　CAS 号 28212-09-1。化学式 $Ti_2(C_2O_4)_3 \cdot 10H_2O$，分子量 540.01。黄色柱状晶体。仅有三价盐存在，通常为十水合盐。溶于水，其水溶液有强还原性。不溶于醇和醚。与氨作用生成黑色氢氧化钛(III)，和碱金属草酸盐作用生成复盐 $MTi(C_2O_4)_2 \cdot 2H_2O(M=NH_4^+、K^+、Rb^+)$。制备：由三氯化钛溶液与饱和的冷草酸溶液混合后加入乙醇制得。用途：可用作媒染剂或制革用的染剂。

草酸铬（chromium（III）oxalate）　亦称"乙二酸铬"。CAS 号 814-88-0。化学式 $Cr_2(C_2O_4)_3 \cdot 6H_2O$，分子量 476.14。红色无定形晶体，有毒！溶于水，极易溶于乙醇、乙醚。加热至 120℃失去 1 分子结晶水，转变成绿色鳞片状晶体。与其他的草酸盐在水中溶解，生成复盐。制备：将氢氧化铬溶于草酸制得。用途：可用于陶瓷、涂料工业。

草酸亚铬（chromium（II）oxalate）　亦称"乙二酸亚铬"。CAS 号 89306-90-1。化学式 $CrC_2O_4 \cdot H_2O$，分子量 158.03。黄色结晶性粉末。密度 2.468 g/cm^3。微溶于冷水，溶于热水、稀酸。在湿气中稳定，在空气中几乎不被氧化，是二价铬盐中最稳定的化合物。加热时，与硫化氢反应生成硫化铬，与氯作用生成氯化铬。制备：在二氧化碳气氛中，煮沸醋酸亚铬与草酸的混合溶液制得。

草酸锰（manganese oxalate）　亦称"乙二酸锰"。CAS 号 640-67-5。化学式 MnC_2O_4，分子量 142.96。白色粉状晶体。密度 $2.43^{21.7} \text{ g/cm}^3$。不溶于水，溶于碱、氯化铵。其二水合物为粉白色八面体粉末晶体，微溶于水，能溶于酸。100℃时失去 2 分子结晶水，150℃分解成一氧化碳、二氧化碳和氧化锰。其三水合物为粉红色三斜系晶体，25℃失去 1 分子结晶水。用途：可用于油漆、颜料、制金属锰等。

草酸铁（iron oxalate）　亦称"乙二酸铁"。CAS 号 516-03-0。化学式 $FeC_2O_4 \cdot 2H_2O$，分子量 179.90。淡黄色无臭晶体粉末。密度 2.28 g/cm^3。微溶于水，溶于稀无机酸。加热至 190℃分解释放出一氧化碳，制备：可由硫酸亚铁和草酸钠溶液反应制得。用途：可用于医药、摄影、玻璃。

草酸钴（cobalt oxalate）　亦称"乙二酸钴"。CAS 号 814-89-1。化学式 $CoC_2O_4 \cdot 2H_2O$，分子量 182.90。淡粉红色粉末或针状晶体，有毒！约 190℃时失去 1 分子结晶水。难溶于冷水、草酸，微溶于热水、酸，溶于氨水。与氢氧化钾、碳酸钠水溶液共热时分解。热至 250℃时分解。制备：可由二氯化钴水溶液与浓草酸水溶液反应，或向硫酸钴水溶液中加入草酸铵水溶液制得。用途：可作为氢氰酸的稳定剂，可用于制钴催化剂、指示剂、冶金工业。

草酸镍（nickel oxalate）　亦称"乙二酸镍"。CAS 号 547-67-1。化学式 $NiC_2O_4 \cdot 2H_2O$，分子量 182.76。亮绿色粉末。密度 $2.218^{19} \text{ g/cm}^3$。微溶于水、草酸溶液，易溶于草酸钠溶液、氨水，可溶于强酸。150℃脱水。在真空中加热至 320℃以下开始分解成镍及二氧化碳。制备：可由氢氧化镍(II)或镍(II)盐边加热边加入草酸溶液，或向镍(II)盐溶液中加入化学计量比的草酸钾制得。用途：可用于制镍催化剂和镍粉等。

草酸铜（copper oxalate）　亦称"乙二酸铜"。CAS 号 814-91-5。化学式 $CuC_2O_4 \cdot \frac{3}{2}H_2O$，分子量 160.57。浅蓝绿色粉末，有毒！不溶于水、醇、醚，微溶于乙醇，能溶于盐酸、稀硫酸、氨水、草酸钠溶液。加热至 200℃时脱水得到浅蓝色的粉末状无水物，在 310℃分解为氧化铜。制备：可由硫酸铜与草酸铵溶液反应制得。用途：可作为有机反应催化剂、乙烯聚甲醛稳定剂、种子处理剂、高分子稳定剂、分析试剂等。

草酸锌（zinc oxalate）　亦称"乙二酸锌"。CAS 号 4255-7-6。化学式 $ZnC_2O_4 \cdot 2H_2O$，分子量 189.42。白色粉末，有毒！密度 3.28 g/cm^3。微溶于水，溶于酸、碱、氨水。100℃时分解。制备：可由硫酸锌溶液与草酸钠溶液反应制得。用途：可用于照相乳剂、树脂、清漆、制氧化锌、有机合成、电子工业等领域。

草酸镓（gallium oxalate）　亦称"乙二酸镓"。CAS 号 583-52-8。化学式 $Ga_2(C_2O_4)_3 \cdot 4H_2O$，分子量 475.56。白色微晶。有吸湿性。在过量的草酸溶液中可生成草酸配合物。180℃失去全部结晶水，200℃分解。制备：将硝酸镓或氯化镓水溶液与草酸共热制得。

草酸锶（strontium oxalate）　亦称"乙二酸锶"。CAS 号 6160-36-7。化学式 $SrC_2O_4 \cdot H_2O$，分子量 193.65。无色透明晶体。微溶于水，能溶于盐酸、硝酸。在 43℃开始失重，131℃时快速脱水，到 177℃时成无水盐，在温度高于 400℃时发生热分解，产生二氧化碳和碳，在真空下加热到 590℃大量析出碳。制备：由含有氯化铵的氯化锶溶液与草酸铵反应制得。用途：可用于烟火、鞣革。制催化剂等。

草酸钇（yttrium oxalate）　亦称"乙二酸钇"。CAS 号 13266-82-5。化学式 $Y_2(C_2O_4)_3 \cdot 9H_2O$，分子量 604.01。白色晶体。熔融分解。不溶于水，微溶于盐酸。溶于碱金属草酸盐浓溶液形成配合物。制备：可向硝酸钇或氯化钇的稀水溶液中加入少量硝酸及草酸甲酯的水溶液反应，或向钇盐溶液中加入草酸溶液制得。

草酸钯（palladium oxalate）　亦称"乙二酸钯"。CAS 号 57592-57-1。化学式 $Pd(C_2O_4)_2$，分子量 194.42。粉末。制备：可由钯盐溶液与草酸溶液反应制得。用途：可用于制备催化剂。

草酸银（silver oxalate）　亦称"乙二酸银"。CAS 号 533-51-7。化学式 $Ag_2C_2O_4$，分子量 303.76。白色粉末。熔点 961.9℃，密度 5.03^4 g/cm^3。微溶于水，溶于氨水、酸、氰化钾溶液。受打击或加热至 140℃会爆炸。制备：由硝酸银溶液与草酸或草酸钠溶液反应制得。用途：可用于岩石学实验、制备纳米银、制照相乳剂等。

草酸镉（cadmium oxalate）　亦称"乙二酸镉"。CAS 号 814-88-0。化学式 CdC_2O_4，分子量 200.43。无色晶体，有毒！密度 3.23^{18} g/cm^3。三水合物为无色细小晶体，100℃失去结晶水。溶于酸，不溶于水、乙醇。在空气中灼烧分解成氧化镉。但在二氧化碳气流中小心地加热则分解成氧化亚镉。340℃分解。制备：用可溶性镉盐与草酸或草酸钾反应制得。用途：可用作分析试剂、制其他镉盐。

草酸锡（tin oxalate）　亦称"乙二酸锡"。CAS号814-94-8。化学式 SnC_2O_4，分子量206.73。白色重质粉末。密度 3.56 g/cm^3。不溶于水，可溶于稀盐酸。280℃分解。制备：可由草酸钾与无水四氯化锡反应制得。用途：可用于油漆、颜料、催化、生化等领域。

草酸铯（cesium oxalate）　亦称"乙二酸铯"。CAS号18365-41-8。化学式 $Cs_2C_2O_4$，分子量353.82。白色粉末。密度 3.23^{15} g/cm^3。极易溶于水。制备：可由草酸钾与硝酸铯反应，或由草酸和氢氧化铯溶液反应制得。

草酸钡（barium oxalate）　亦称"乙二酸钡"。CAS号516-02-9。化学式 BaC_2O_4，分子量225.36。白色粉末，有毒！密度 2.658 g/cm^3。溶于稀硝酸、稀盐酸、氯化铵溶液，难溶于水。加热至400℃时分解。制备：由钡盐水溶液与草酸铵反应制得。用途：可用于分析化学、烟火等。

草酸镧（lanthanum oxalate）　亦称"乙二酸镧"。CAS号6451-21-4。化学式 $La_2(C_2O_4)_3 \cdot 9H_2O$，分子量704.02。白色粉末。微溶于氯化铵溶液，难溶于水和醋酸，不溶于过量的草酸、草酸铵，可溶于无机酸、浓的碱金属草酸盐。受热分解，在400℃时生成碱式碳酸盐，灼烧至800℃分解为氧化镧。制备：可将草酸加到中性或弱碱性的镧盐溶液中制得。用途：可作为分离稀土的中间体。

草酸铈（cerium oxalate）　亦称"乙二酸铈"。CAS号139-42-4。化学式 $Ce_2(C_2O_4)_3 \cdot 9H_2O$，分子量706.44。黄白色晶体。未达熔点即分解。极微溶于水，溶于硫酸、盐酸，不溶于草酸、碱、乙醚、乙醇。与盐酸反应。110℃失去8分子结晶水，在氢气中加热失水，由褐色变为黑色。制备：可由草酸萃取磷铈镧矿，或由草酸与硝酸铈反应制得。用途：可用作妊娠反应的止吐剂、健胃剂、镇静剂等，可用于医药、铈元素的分离等。

草酸镨（praseodymium oxalate）　亦称"乙二酸镨"。CAS号24992-60-7。化学式 $Pr_2(C_2O_4)_3 \cdot 10H_2O$，分子量726.03。淡绿色晶体。不溶于水，微溶于稀酸。加热至420℃时变为无水盐。在空气中灼烧至790℃时分解成氧化镨（Pr_6O_{11}）。制备：由氯化镨溶液与草酸铵溶液反应制得。用途：用作化学试剂。

草酸钕（neodymium oxalate）　亦称"乙二酸钕"。CAS号14551-74-7。化学式 $Nd_2(C_2O_4)_3 \cdot 10H_2O$，分子量732.69。玫瑰红色晶体粉末。难溶于水、稀的无机酸，可溶于硝酸钕、氯化钕水溶液。与浓硫酸作用生成硫酸钕并放出一氧化碳和二氧化碳的混合气体。真空中加热至200℃时变成无水盐，340℃时生成过氧化草酸盐，750℃时分解生成三氧化二钕。制备：由钕盐水溶液与草酸反应制得。

草酸钐（samarium oxalate）　亦称"乙二酸钐"。CAS号14175-03-2。化学式 $Sm_2(C_2O_4)_3 \cdot 10H_2O$，分子量744.91。白色晶体。极微溶于水，溶于硫酸溶液，不溶于草酸盐溶液。热至300℃变为无水盐，灼烧至735℃分解为三氧化二钐。受热高于800℃时分解为氧化钐。制备：可由草酸与钐盐的温热浓溶液反应，或将钐盐的中性溶液与草酸甲酯回流反应制得。

草酸铕（europium oxalate）　亦称"乙二酸铕"。CAS号14175-02-1。化学式 $Eu_2(C_2O_4)_3$，分子量567.99。白色粉末。不溶于水，缓慢溶于酸。制备：可由草酸与铕(III)盐的溶液反应制得。

草酸钆（gadolinium oxalate）　亦称"乙二酸钆"。CAS号22992-15-0。化学式 $Gd_2(C_2O_4)_3 \cdot 10H_2O$，分子量758.71。白色单斜系晶体。不溶于冷水，溶于硝酸，微溶于硫酸。加热至100℃变为四水合物，在315℃失水变为无水盐，灼烧至700℃分解为氧化钆。制备：由钆盐水溶液与草酸反应制得。

草酸铽（terbium oxalate）　亦称"乙二酸铽"。CAS号24670-06-2。化学式 $Tb_2(C_2O_4)_3 \cdot 10H_2O$，分子量762.06。白色晶状固体。密度 2.60 g/cm^3。不溶于水、稀酸。在有过量草酸根离子存在下，可因生成 $Tb(C_2O_4)_n^{3-2n}$ 络合物而溶解度增大。加热至40℃时开始失去1分子水。435℃变为无水盐，在空气中加热至725℃分解为七氧化四铽。制备：向含铽盐溶液中加入草酸制得。用途：可用于稀土元素的沉淀分离。

草酸镝（dysprosium oxalate）　亦称"乙二酸镝"。CAS号58176-69-5。化学式 $Dy_2(C_2O_4)_3 \cdot 10H_2O$，分子量769.21。白色棱柱晶体。不溶于水、稀无机酸。可溶于草酸铵或草酸钾中生成 $(NH_4)_3[Dy(C_2O_4)_3]$ 配合物。40℃时失去1分子结晶水。415℃变为无水物，在800℃下灼烧分解成氧化镝。制备：由镝盐的水溶液与草酸反应制得。用途：可用于制氧化镝和其他镝盐。

草酸钬（holmium oxalate）　亦称"乙二酸钬"。CAS号28965-57-3。化学式 $Ho_2(C_2O_4)_3 \cdot 10H_2O$，分子量774.10。苍褐色粉末。不溶于水、稀酸，可溶于草酸铵热溶液。400℃时变为无水草酸钬，灼烧至900℃分解为氧化钬。制备：可由钬盐水溶液与草酸反应制得。

草酸铒（erbium oxalate）　亦称"乙二酸铒"。CAS号867-63-0。化学式 $Er_2(C_2O_4)_3 \cdot 10H_2O$，分子量778.77。粉红色微小晶体，有毒！密度 2.64 g/cm^3。不溶于水、稀酸。可溶于过量草酸盐溶液中生成草酸配合物。热至175℃变为二水合物。390℃变为无水物，灼烧至575℃分解为氧化铒。制备：可由硝酸铒的弱酸性溶液与草酸反应制得。用途：可用于铒的分离及制氧化铒。

草酸铥（thulium oxalate）　亦称"乙二酸铥"。CAS号26677-68-9。化学式 $Tm_2(C_2O_4)_3 \cdot 6H_2O$，分子量

710.02。绿白色三斜晶系沉淀物。不溶于水、稀酸。能溶于草酸钾溶液形成草酸复盐。热至50℃失去1分子结晶水,195℃变成二水合物,灼烧至730℃分解为三氧化二铥。制备:可向铥盐水溶液中加入草酸或草酸铵制得。用途:可用于分离铥。

草酸镱(ytterbium oxalate) 亦称"乙二酸镱"。CAS号51373-68-3。化学式$Yb_2(C_2O_4)_3 \cdot 10H_2O$,分子量790.29。无色晶体。密度2.644 g/cm^3。不溶于水,微溶于稀酸。在空气中灼烧至730℃分解为氧化镱和二氧化碳。制备:可由硫酸镱(III)的温热溶液与草酸反应制得。

草酸镥(lutetium oxalate) 亦称"乙二酸镥"。CAS号26677-69-0。化学式$Lu_2(C_2O_4)_3 \cdot 6H_2O$,分子量722.09。无色晶体。难溶于水,也不溶于稀酸,可溶于浓酸中。加热至50℃开始失去1分子结晶水,在空气中灼烧至715℃可分解生成Lu_2O_3。制备:由镥盐溶液与草酸反应制得。

草酸锕(actinium oxalate) 亦称"乙二酸锕"。CAS号12002-61-8。化学式$Ac_2(C_2O_4)_3 \cdot 10H_2O$,分子量898.06。白色固体。密度2.68 g/cm^3。不溶于水。制备:可由锕的盐酸溶液与草酸铵水溶液反应制得。用途:可用作媒染剂。

草酸钍(thorium oxalate) 亦称"乙二酸钍"。CAS号2040-52-0。化学式$Th(C_2O_4)_2$,分子量408.08。白色晶状粉末。密度4.637^{16} g/cm^3(无水物)、3.31 g/cm^3(二水合物)、2.51 g/cm^3(六水合物)。其六水合物为白色非晶态粉末,加热至40～130℃转变为二水合物,150～220℃得一水合物,260℃以上得无水物。400℃分解为碳酸钍与二氧化钍混合物,更高温则得二氧化钍。难溶于水、稀无机酸,溶于碱金属及铵的草酸盐溶液形成配合物。制备:向硝酸钍水溶液中加入可溶性草酸盐或草酸溶液制得。用途:可用于分离钍以及制二氧化钍。

草酸亚汞(mercury(I) oxalate) 亦称"乙二酸亚汞"。CAS号2949-11-3。化学式$Hg_2C_2O_4$,分子量489.20。白色晶体。不溶于水、乙醇、热稀硫酸、草酸,易溶于稀盐酸、硝酸。与水长时间煮沸,分解为草酸汞与金属汞。撞击则激烈爆炸。制备:由硝酸亚汞溶液与草酸钠反应制得。

草酸汞(mercuric(II) oxalate) 亦称"乙二酸汞"。CAS号3444-13-1。化学式HgC_2O_4,分子量288.61。白色粉末。溶于稀盐酸、稀硝酸,不溶于水、热稀硫酸、草酸。可燃,对光敏感,打击则爆炸。加热至162～165℃放出二氧化碳,生成草酸亚汞。制备:可由氯化汞或硝酸汞与草酸铵溶液反应制得。用途:可用于制爱迪尔(Eder)光度计。

草酸亚铊(thallium(I) oxalate) 亦称"乙二酸亚铊"。CAS号30737-24-7。化学式$Tl_2C_2O_4$,分子量

496.76。白色单斜系晶体,剧毒! 密度6.31 g/cm^3。微溶于冷水,溶于热水。制备:可由化学计量比的碳酸亚铊与草酸反应,或由亚硝酸铊与草酸铵的饱和溶液反应制得。

草酸铅(lead oxalate) 亦称"乙二酸铅"。CAS号814-93-7。化学式PbC_2O_4,分子量295.22。白色粉末,有毒! 熔点300℃(分解)。密度5.28 g/cm^3。溶于稀硝酸、苛性碱溶液,微溶于醋酸,难溶于水,不溶于乙醇。制备:由铅盐溶液与草酸盐溶液反应制得。

草酸铋(bismuth oxalate) 亦称"乙二酸铋"。CAS号6591-55-5。化学式$Bi_2(C_2O_4)_3 \cdot 7H_2O$,分子量808.73。白色粉末。溶于无机酸,不溶于乙醇、乙醚。遇水分解。加热至130℃失去6分子结晶水。制备:由铋盐与草酸反应制得。用途:可用于制药。

草酸铵(ammonium oxalate) 亦称"乙二酸铵"。CAS号1113-38-8。化学式$(NH_4)_2C_2O_4 \cdot H_2O$,分子量142.11。无色斜方系晶体,有毒! 密度1.50 g/cm^3。溶于水,微溶于醇,不溶于氨水。可同其他金属盐反应形成溶解度较低的草酸盐。其水溶液如加入可溶性钙盐能形成白色沉淀,也可作为配体同过渡金属盐形成草酸类配合物。加热至95℃脱水,高温分解出一氧化碳、二氧化碳及氨气。制备:由草酸与氨水或由碳酸铵反应制得。用途:可用于制含铁去锡染料、金属抛光剂、有机合成,还可用于钙、铅及稀土金属离子的分析测试。

草酸联氨(hydrazine oxalate) 亦称"草酸肼""乙二酸联氨"。CAS号7335-67-3。化学式$2N_2H_4 \cdot H_2C_2O_4$,分子量154.14。白色针状晶体。熔点148℃。溶于水,不溶于乙醇、乙醚。制备:由水合联氨与草酸水溶液反应制得。

草酸氢锂(lithium hydrogen oxalate) 亦称"乙二酸氢锂"。CAS号58567-85-4。化学式$LiHC_2O_4 \cdot H_2O$,分子量113.99。无色单斜系晶体。易溶于水,不溶于乙醇。在空气中稳定。加热可脱去结晶水并分解。制备:可由草酸锂与等摩尔的草酸反应制得。

草酸氢钠(sodium hydrogen oxalate) 亦称"乙二酸氢钠"。CAS号1186-49-8。化学式$NaHC_2O_4 \cdot H_2O$,分子量130.03。白色单斜系晶体。溶于水。加热至100℃时失去1分子水。200℃时分解。制备:由草酸与氢氧化钠或碳酸钠溶液反应制得。用途:作化学试剂。

草酸氢钾(potassium hydrogen oxalate) 亦称"重草酸钾""酸性草酸钾""乙二酸氢钾"。CAS号127-95-7。化学式$KHC_2O_4 \cdot H_2O$,分子量146.13。白色无味正交系晶体,有毒! 密度2.044$^{3.9}$ g/cm^3。无水物为无色单斜系晶体,密度2.044 g/cm^3。溶于水,微溶于乙醇。在过量的草酸溶液中可析出四草酸钾。加热或在乙醇中易分解。制备:可由草酸与氢氧化钾溶液反应制得。用途:可作为金属擦洗剂、化学试剂、媒染剂,可用于墨水褪迹、摄影、漂

白脂肪酸等领域。

草酸三氢钾（potassium trihydrogen oxalate）　亦称"乙二酸三氢钾"。CAS 号 127-96-8。化学式 $KHC_2O_4 \cdot H_2C_2O_4 \cdot 2H_2O$，分子量 254.20。无色或白色单斜系晶体。密度 1.836 g/cm^3。溶于水，受热及在乙醇中分解。制备：由氢氧化钾与过量草酸反应制得。用途：可作为分析试剂、除锈剂，可用于去墨迹。

草酸氢亚铊（thallium(I) hydrogen oxalate）　亦称"乙二酸氢亚铊"。化学式 $TlH_3(C_2O_4)_2 \cdot 2H_2O$，分子量 419.46。三斜系晶体。密度 2.992^{17} g/cm^3。易溶于水，不溶于冷乙醇，溶于热乙醇中。100℃分解。制备：可将碳酸亚铊溶于过量草酸制得。

草酸氢铵（ammonium hydrogen oxalate）　CAS 号 37541-72-3。化学式 $NH_4HC_2O_4 \cdot \frac{1}{2}H_2O$，分子量 116.02。菱方系晶体。易溶于水，微溶于乙醇。220℃分解。制备：可由草酸与氨反应制得。用途：可用于去除墨迹。

草酸铀酰（uranyl oxalate）　亦称"乙二酸铀酰"。CAS 号 22429-50-1。化学式 $UO_2C_2O_4 \cdot 3H_2O$，分子量 412.09。黄色正交系晶体，具放射性！可溶于水、无机酸、碱、草酸，微溶于乙醇、甲醇。在 110℃失去 1 分子结晶水。水银灯下会发生强的荧光。制备：可由草酸与硝酸铀酰溶液反应制得。用途：可用于精制铀。

草酸钛钾（potassium titanium oxalate）　CAS 号 14481-26-6。化学式 $K_2TiO(C_2O_4) \cdot 2H_2O$，分子量 354.17。有光泽的白色晶体。易溶于水。用途：可作为媒染剂、金属表面处理剂、大理石抛光剂、分析试剂。

草酸亚铁钾（potassium iron(II) oxalate）　亦称"乙二酸亚铁钾"。化学式 $K_2[Fe(C_2O_4)_2] \cdot 2H_2O$，分子量 346.12。金黄色针状晶体。溶于水，水溶液呈暗红色，显示有二草酸根合铁(II)酸根离子的存在。其水溶液在空气中易氧化变为绿色。在干燥的空气中稳定。受热分解。制备：可将草酸铁(II)溶于过量的草酸钾；或在二氧化碳气流中，将草酸铁(II)溶于沸腾的草酸钾溶液中制得。

草酸铁钾（potassium iron(III) oxalate）　化学式 $K[Fe(C_2O_4)_2] \cdot 2.5H_2O$，分子量 316.03。褐色晶体。溶于水，不溶于乙醇。受热或在热水中分解。

硫酸乙酯铅（lead ethylsulfate）　化学式 $Pb(C_2H_5SO_4)_2 \cdot 2H_2O$，分子量 493.57。无色液体，剧毒！可溶于水和乙醇。

异丙醇钾（potassium isopropoxide）　CAS 号 6831-82-9。化学式 $KOCH(CH_3)$，分子量 98.19。无色或浅黄色液体，市售通常为异丙醇溶液。熔点 - 90℃，密度 0.795 g/mL。对湿气敏感。可溶于异丙醇、酯类。制备：可由钾与异丙醇反应，或由氢氧化钾、异丙醇和环乙烷加

热分馏制得。用途：可作为制备吡哌酸的缩合剂，可用于有机合成、制药、农药、染料等。

异丙醇钙（calcium isopropylate）　CAS 号 15571-51-4。化学式 $Ca[OCH(CH_3)_2]_2$，分子量 158.25。白色固体粉末。用途：可用于太阳能材料、水处理等领域。

异丙醇镁（magnesium isopropoxide）　亦称"醇镁"。CAS 号 15571-48-9。化学式 $Mg[OCH(CH_3)_2]_2$，分子量 158.25。白色固体粉末。遇水反应剧烈。制备：可由甲醇镁与乙酸异丙酯反应制得。用途：可作为无水体系的中和剂、化学中间体、聚烯烃的催化剂载体、可用于有机合成。

异丙醇铝（aluminum isopropoxide）　亦称"三异丙氧化铝""异丙氧化铝"。CAS 号 555-31-7。化学式 $Al[OCH(CH_3)_2]_3$，分子量 204.25。白色固体粉末。熔点 119℃，沸点 141℃，密度 1.035 g/cm^3。有吸湿性。遇水分解。溶于乙醇、异丙醇、苯、甲苯、氯仿、四氯化碳、石油醚。具有一般烷氧基金属的通性，有挥发性，以三聚或四聚形式存在。遇水分解生成氢氧化铝。制备：可由铝粉和异丙醇在三氯化铝或氯化汞的催化下加热反应，或向三氯化铝的苯溶液中加入过量的异丙醇反应制得。用途：可用作还原剂，强脱水剂、防水剂的原料，医药原料，醇解及酯交换的催化剂；可用于催化使羰基化合物、脂肪族酮、脂肪族醛还原为醇，制备铝皂，高碱性氧化物、螯合物、丙烯酸盐的合成等。

异丙醇钛（titanium isopropoxide）　亦称"四异丙醇钛"。CAS 号 546-68-9。化学式 $Ti[OCH(CH_3)_2]_4$，分子量 284.23。无色液体。熔点约 20℃，沸点 220℃，密度 0.955 g/mL。在空气中发烟。遇水迅速分解为二氧化钛。溶于无水乙醇、乙醚、苯、氯仿。制备：可由四氯化钛与异丙醇反应制得。用途：用途：可作为聚合催化剂、制备钛酸盐等化合物的前驱体。

异丙醇锆（zirconium(IV) isopropanol）　亦称"四异丙醇锆"。CAS 号 2171-98-4。化学式 $Zr[OCH(CH_3)_2]_4$，分子量 387.67。白色晶体。遇水迅速分解。制备：可以锆板为阳极，不锈钢板为阴极，异丙醇为溶剂，四乙基溴化铵为电解质，通过电化学方法制得。用途：可作为制备二氧化锆、锆酸盐材料的前驱体。

丙酸钠（sodium propionate）　CAS 号 137-40-6。化学式 $NaCH_3CH_2COO$，分子量 96.07。略有气味的白色透明晶体或结晶性粉末。熔点 285～286℃。有吸湿性。微溶于丙酮、溶于乙醇、水。制备：可由氢氧化钠或碳酸钠中和丙酸制得。用途：可作为食品防腐剂、啤酒等的黏性物质抑制剂、饲料添加剂，可用于治疗皮肤霉菌病、测定转氨酶等。

丙酸钾（potassium propionate）　CAS 号 327-62-8。化学式 $KCH_3CH_2COO \cdot H_2O$，分子量 130.19。白色潮解

性晶体。极易溶于水、乙醇。热至 120℃失去结晶水变成无水盐。制备：将丙酸溶于氢氧化钾水溶液制得。用途：可作为防腐剂、防霉剂。

丙酸钙（calcium propionate）　CAS 号 4075-81-4。化学式 $Ca(CH_3CH_2COO)_2 \cdot H_2O$，分子量 204.23。无色单斜系晶体，有毒！溶于水，微溶于甲醇、乙醇，不溶于苯、丙酮。制备：可由丙酸与氢氧化钙或碳酸钙反应制得。用途：可作为食品添加剂、饲料防霉剂，可用于治疗霉菌引起的皮肤病。

丙酸钴（cobalt propionate）　CAS 号 1560-69-6。化学式 $Co(C_2H_5COO)_2 \cdot 3H_2O$，分子量 259.12。深红色晶体。熔点约 250℃。溶于水，极易溶于醇。制备：可由丙酸与氢氧化钴反应制得。

丙酸银（silver propionate）　CAS 号 5489-14-5。化学式 AgC_2H_5COO，分子量 180.94。白色叶片或针状晶体。密度 $2.687\ g/cm^3$。可溶于水，微溶于乙醇。制备：将氧化银溶于丙酸溶液制得。

丙酸铵（ammonium propionate）　CAS 号 17496-08-1。化学式 $NH_4C_2H_5COO$，分子量 91.11。白色结晶。熔点 45℃，密度 $1.108\ g/cm^3$。极易溶于冷水，可溶于乙醇、丙酮。制备：向丙酸溶液中加入氨水制得。用途：可作为防腐剂、防霉剂。

碱式丙酸铍（beryllium basic propionate）　化学式 $Be_4O(C_3H_5O_2)_6$，分子量 490.43。熔点 138℃，沸点 340℃，密度 $1.25\ g/cm^3$。能溶于有机溶剂，如氯仿、乙醚、石油醚、苯、甲苯及醇类，不溶于冷水。在稀酸和热水中分解。制备：由碱式碳酸铍和过量的丙酸反应制得。用途：可用于有机合成。

乳酸钠（sodium lactate）　亦称"2-羟基丙酸单钠盐"。CAS 号 72-17-3。化学式 $NaC_3H_5O_3$，分子量 112.06。无色或淡黄色结晶或黏稠液体。密度 $1.266^{15}\ g/cm^3$。有很强的吸水性。易溶于水、乙醇、甘油，几乎不溶于氯仿、乙醚。140℃分解。制备：可由乳酸与氢氧化钠反应制得。用途：可用作食品添加剂、酸味剂、酪朊纤维的增塑剂、抗冻液的腐蚀抑制剂、医用电解质补充剂、甘油代用品，可用于食品、医疗、印花等领域。

乳酸镁（magnesium lactate）　CAS 号 18917-93-6。化学式 $Mg(C_3H_5O_3)_2 \cdot 3H_2O$，分子量 256.50。有苦味的白色晶体或粉末。溶于水，不溶于醇、醚。制备：由乳酸与氧化镁反应制得。用途：用于医药。

乳酸铝（aluminium lactate）　CAS 号 18917-91-4。化学式 $Al(C_3H_5O_3)_3$，分子量 294.20。白黄色粉末。极易溶于水。制备：由乳酸与异丙醇铝或氯化铝反应制得。用途：可用作收敛剂、杀菌剂、灭火器的泡沫剂。

乳酸钾（potassium lactate）　CAS 号 996-31-6。化学式 $KC_3H_5O_3 \cdot xH_2O$。略带黄色液体，通常为无色结晶

性粉末。溶于水、乙醇，不溶于乙醚。密封保存。制备：将氢氧化钾溶于乳酸水溶液制得。用途：可用作分析试剂。

乳酸钙（calcium lactate）　亦称"2-羟基丙酸钙"。CAS 号 5743-47-5。化学式 $Ca(C_3H_5O_3)_2 \cdot 5H_2O$，分子量 308.30。无臭无味的白色针状晶体或结晶性粉末。溶于水，易溶于热水，不溶于乙醇、乙醚、氯仿。略有风化性。100℃时失去 3 分子结晶水，120℃时变成无水物。制备：可由碳酸钙中和稀乳酸制得。用途：可作为补钙剂、食品添加剂、糕点的缓冲剂和膨松剂等。

乳酸锰（manganese(II) lactate）　CAS 号 51877-53-3。化学式 $Mn(C_3H_5O_3)_2 \cdot 3H_2O$，分子量 287.13。淡红色单斜系晶体。溶于水，很易溶于热水，溶于乙醇。加热分解。制备：可由锰盐溶液与乳酸钠溶液反应制得。用途：用于医药。

乳酸铜（copper lactate）　亦称"2-羟基丙酸铜"。CAS 号 814-82-0。化学式 $Cu(C_3H_5O_3)_2$，分子量 241.69。暗蓝色单斜系晶体。溶于水、氨水，微溶于乙醇。制备：可由铜盐溶液与乳酸钠溶液反应制得。

乳酸锌（zinc lactate）　CAS 号 16039-53-5。化学式 $Zn(C_3H_5O_3)_2 \cdot 3H_2O$，分子量 297.47。白色斜方系晶体或粉末。微溶于水、醇。100℃时失去结晶水。制备：由碳酸锌或氧化锌与乳酸反应制得。用途：可作为抗癫痫剂。

乳酸锶（strontium lactate）　CAS 号 29870-99-3。化学式 $Sr(C_3H_5O_3)_2 \cdot 3H_2O$，分子量 319.81。白色晶体或颗粒状粉末。溶于水，微溶于乙醇。在 120℃时变为无水物。制备：由碳酸锶溶于乳酸水溶液制得。

乳酸银（silver lactate）　亦称"2-羟基丙酸银"。CAS 号 128-00-7。化学式 $AgC_3H_5O_3 \cdot H_2O$，分子量 214.96。白色或微黑色粉针状晶体或晶柱。可溶于水，难溶于冷乙醇，易溶于热乙醇。遇光易分解，颜色变黑。熔点约 100℃。制备：可由等摩尔量的硝酸银溶液与乳酸钠溶液反应制得。用途：可作为防腐剂、收敛剂。

乳酸铅（lead lactate）　CAS 号 18917-82-3。化学式 $Pb(C_3H_5O_3)_2$，分子量 385.33。白色结晶粉末。溶于水、热的醇。制备：可由氧化铅与乳酸溶液反应制得。

乳酸铋（bismuth lactate）　CAS 号 6591-53-3。化学式 $Bi(C_3H_5O_3)_3 \cdot 7H_2O$，分子量 601.9。无色针状棱柱形晶体。不溶于乙醇。制备：将新制的氢氧化铋于常温下与乳酸水溶液反应制得。用途：可用于治泻疾。

乳酸铵（ammonium lactate）　CAS 号 515-98-0。化学式 $NH_4C_3H_6O_3$，分子量 107.11。无色或带黄色浆状液体。极易潮解。密度 $1.19 \sim 1.21^{15}\ g/mL$。溶于水、乙醇。水中缓慢水解。低温稳定，但遇热立即分解为乳酸和氨气。制备：可由氨水与乳酸反应制得。用途：用于鞣革、

制药、电镀等领域。

丙二酸钙（calcium malonate） CAS 号 19455-76-6。化学式 $CaC_3H_2O_4 \cdot 4H_2O$，分子量 214.19。无色晶体。加热至 100℃时失去 3 分子结晶水，180℃时失去 4 分子结晶水。微溶于水。制备：可将氢氧化钙溶于丙二酸水溶液制得。

丙二酸钴钾（potassium cobalt malonate） 化学式 $K_2[Co(C_3H_2O_4)_2]$，分子量 341.22。桃红色晶体。密度 2.234 g/cm^3。能溶于水。

黄原酸铜（copper xanthate） 亦称"乙基黄原酸铜""乙基二硫代碳酸铜"。化学式 $Cu(C_2H_5OCS_2)_2$，分子量 305.94。黄色沉淀物，有毒！不溶于水、二硫化碳，微溶于乙醇，溶于氨水。制备：向黄原酸钠的水溶液中加入硫酸铜制得。

黄原酸钠（sodium xanthate） 亦称"乙基黄原酸钠""乙基二硫代碳酸钠"。CAS 号 140-90-9。化学式 $NaC_2H_5OCS_2$，分子量 144.19。有刺激性臭味的无色至黄色粉末，有毒！易溶于水，可溶于乙醇、丙酮。在空气中易吸湿形成二水合物。遇氧化剂易形成二黄原酸。制备：可由氢氧化钠在乙醇中与过量的二硫化碳反应制得。用途：可作为有色金属矿石浮选剂、橡胶硫化促进剂、防腐剂、杀菌剂，可用于化学分析、谷物干燥、制麻风药等。

黄原酸钾（potassium xanthate） 亦称"乙基黄原酸钾""乙基二硫代碳酸钾"。CAS 号 140-89-6。化学式 $KC_2H_5OCS_2$，分子量 160.29。白色或微黄色晶体。密度 1.588 g/cm^3。易溶于水、乙醇，水溶液呈强碱性。制备：由二硫化碳的乙酸溶液与氢氧化钾的乙酸溶液反应制得。用途：可作为矿石浮选剂、蛋白质的沉淀剂、甲砜霉素的中间体，可用于测定铜、银、镍、汞、钼、生物碱等。

正丁基锂（*n*-butyllithium） CAS 号 109-72-8。化学式 C_4H_9Li，分子量 64.05。无色晶体，市售通常以淡黄色烷烃溶液形式储存，但会随时间缓慢分解，产生氢化锂的白色细粉状沉淀，溶液颜色转为橘色，有毒！与水剧烈反应，分解产生腐蚀性的氢氧化锂。在空气中可自燃。可对羰基化合物进行加成反应，还能对活泼氢进行置换反应，以及卤素-锂交换反应。其与多种金属有机物形成的金属锂衍生物广泛用于有机合成。制备：将金属锂分散在己烷、戊烷或乙醚中，然后与溴丁烷或氯丁烷反应制得。用途：可作为丁二烯等的阴离子聚合引发剂，广泛用于有机合成。

叔丁醇铝（aluminum *t*-butoxide） 亦称"叔丁基氧化铝""三丁氧基铝"。CAS 号 556-91-2。化学式 $Al[OC(CH_3)_3]_3$，分子量 246.32。白色或浅黄粉状体。沸点 185℃(1 333.22 Pa)。易溶于有机溶剂。化学性质与异丙醇铝类似。强吸湿性，遇水分解为氢氧化铝。180℃升华，300℃分解。制备：可由氯化汞为催化剂，通过铝与叔丁醇反应制得。用途：可用于有机合成。

丁酸钠（sodium butyrate） CAS 号 156-54-7。化学式 $CH_3CH_2CH_2COONa$，分子量 110.09。白色晶体。熔点 250～253℃，密度 0.96 g/cm^3。有吸湿性，易溶于水、醇。制备：由氢氧化钠或碳酸钠与丁酸水溶液反应制得。用途：可作为抗肿瘤药物、饲料添加剂。

丁酸钙（calcium butyrate） 亦称"高泛酸钙"。CAS 号 5743-36-2。化学式 $Ca(C_4H_7O_2)_2 \cdot 2H_2O$，分子量 268.32。略带酸臭味的白色或浅白色粉末。可溶于冷水，微溶于热水。制备：将氧化钙溶于丁酸溶液制得。用途：可作为饲料添加剂、功能性补充剂等。

丁酸铜（copper butyrate） CAS 号 540-16-9。化学式 $Cu(C_4H_7O_2)_2 \cdot H_2O$，分子量 255.76。有丁酸气味的绿色单斜系六面体片状结晶状。溶于水、二氧六环、苯，微溶于氯仿、乙醇。露置空气中数日后结晶变成无光并分裂。强热易分解。制备：由氢氧化铜或碳酸铜在丁酸水溶液中溶解制得。用途：可作为催化剂、润滑剂。

丁酸锌（zinc butyrate） 化学式 $Zn(C_4H_7O_2)$，分子量 152.51。白色柱状晶体。溶于冷水，沸水中则分解。制备：可由氢氧化锌与丁酸反应制得。

丁酸铅（lead butyrate） CAS 号 819-73-8。化学式 $Pb(C_4H_7O_2)_2$，分子量 381.39。白色片状晶体，有毒！熔点 90℃。不溶于水，溶于稀硝酸。

碱式丁酸铍（beryllium basic butyrate） 化学式 $Be_4O(C_4H_7O_2)_6$，分子量 574.64。熔点 25℃，沸点 239℃。溶于氯仿、乙醚、苯、甲苯、醇类，不溶于冷水。稀酸和热水中则分解。制备：由无水氯化铍和丁酸或丁酸酐经回流沸煮后，再加入苯、甲苯或石油醚经蒸馏制得。

异丁酸钙（calcium isobutyrate） CAS 号 533-90-4。化学式 $Ca(C_4H_7O_2)_2 \cdot 5H_2O$，分子量 304.35。无色粉末。微溶于热水。制备：将氧化钙或碳酸钙溶于异丁酸，冷却后得五水盐，80℃以上得到一水盐，浓硫酸脱水得无水盐。

顺丁烯二酸钙（calcium maleate） 亦称"马来酸钙"。CAS 号 34938-90-4。化学式 $CaC_4H_2O_4 \cdot H_2O$，分子量 172.15。无色正交系晶体。溶于水。制备：将氢氧化钙溶于顺丁烯二酸的水溶液中制得。

反丁烯二酸钙（calcium fumarate） 亦称"反式丁烯二酸钙"。CAS 号 7718-51-6。化学式 $CaC_4H_2O_4 \cdot 3H_2O$，分子量 208.18。无色斜方系晶体。溶于水。制备：将氧化钙溶于反式丁烯二酸溶液中制得。

丁二酸钠（sodium succinate） 亦称"琥珀酸钠"。CAS 号 150-90-3。化学式 $Na_2C_4H_4O_4 \cdot 6H_2O$，分子量 270.15。有贝类味的白色颗粒或结晶粉末。溶于水，不溶于乙醇。热至 120℃时失水为无水物。制备：由丁二酸与氢氧化钠反应制得。用途：可作为固化剂、润滑剂、酸味剂、缓冲剂、食品调味剂、饲料添加剂、pH 调节剂、化妆品收敛剂、分析试剂、制药工业中间体，可用于食品、制药工业。

丁二酸钙（calcium succinate）　亦称"琥珀酸钙"。CAS 号 140-99-8。化学式 $CaC_4H_4O_4 \cdot 3H_2O$，分子量 210.20。针状或颗粒状固体。可溶于酸，微溶于水，不溶于醇。制备：由丁二酸与氢氧化钙中和制得。用途：可用于制药工业。

丁二酸镉（cadmium succinate）　亦称"琥珀酸镉"。CAS 号 141-00-4。化学式 $CdC_4H_4O_4$，分子量 228.48。针状、片状晶体或白色粉末。微溶于水，不溶于醇。制备：可由碳酸镉与丁二酸反应制得。用途：可作为杀菌剂。

丁二酸氢钾（potassium hydrogen succinate）　亦称"琥珀酸氢钾"。化学式 $KHC_4H_4O_4$，分子量 156.18。白色晶体。密度 1.767 g/cm^3。加热至 240℃时分解。二水合物为白色斜方系晶体，密度 1.616 g/cm^3。溶于水、乙醇。制备：由丁二酸与氢氧化钾反应制得。用途：可用于化学分析、制药。

丁二酸铵（ammonium succinate）　亦称"琥珀酸铵"。CAS 号 11574-09-1。化学式 $(NH_4)_2C_4H_4O_4$，分子量 152.15。无色六方系柱状晶体。密度 1.37 g/cm^3。可溶于水，微溶于乙醇。在空气中逐渐失去氨。制备：可向琥珀酸的乙醇溶液中通入干燥的氨气制得。用途：可作为分析试剂，可用于有机合成、制药工业。

苹果酸钠（sodium malate）　亦称"2-羟基丁二酸钠"。CAS 号 207511-06-6。化学式 $Na_2C_4H_4O_5 \cdot H_2O$，分子量 196.06。白色晶体粉末。易溶于水。制备：将化学计量比的碳酸钠溶液与苹果酸中和制得。用途：可作为调味料、缓冲剂、保水剂、防腐剂、代盐剂，可用于饮料、肉制品、口服液等领域。

苹果酸钾（potassium malate）　亦称"2-羟基丁二酸钾"。CAS 号 585-09-1。化学式 $K_2C_4H_4O_5 \cdot H_2O$，分子量 210.27。白色粉末。易溶于水。制备：由苹果酸与氢氧化钾或碳酸钾反应制得。用途：可作为食品添加剂、酸味剂、调节剂、缓冲剂、卷烟助燃剂，可用于生产药物、饮料。

苹果酸钙（calcium malate）　亦称"2-羟基丁二酸钙"。CAS 号 17482-42-7。化学式 $CaC_4H_4O_5 \cdot 2H_2O$，分子量 208.18。无色晶体。有左旋体、右旋体、外消旋体三种异构体。其六水合左旋体为无色晶体。其三水合外消旋体为无色斜方系晶体。溶于水。制备：在 pH 2.5 时，将顺丁烯二酸钙与过量过氧化氢混合，以二水合钼酸钠为催化剂，加热至 50~80℃制得。

苹果酸锌（zinc malate）　亦称"2-羟基丁二酸锌"。CAS 号 2847-05-4。化学式 $ZnC_4H_4O_5 \cdot 3H_2O$，分子量 233.47。白色粉末，微溶于水，能溶于稀矿酸及氢氧化碱。

用途：可作为营养强化剂。

L-苹果酸钡（L-barium malate）　CAS 号 7530-87-2。化学式 $BaC_4H_4O_5$，分子量 269.41。无色结晶性粉末。不溶于冷、热水及乙醇。其一水合物为鳞状晶体，加热至 30℃时失去 0.5 分子结晶水，至 100℃时变成无水盐，较易溶于水。含有 2 分子结晶水的盐呈叶状晶型，易溶于水。

酒石酸锂（lithium tartrate）　亦称"二羟基丁二酸二锂"。CAS 号 30903-88-9。化学式 $Li_2C_4H_4O_6 \cdot H_2O$，分子量 179.97。白色粉状晶体。溶于水，水溶液呈中性或微碱性。制备：向酒石酸水溶液中加入化学计量比的碳酸锂制得。用途：可作为试剂。

酒石酸钠（sodium tartrate）　亦称"二羟基丁二酸二钠"。CAS 号 868-18-8。化学式 $Na_2C_4H_4O_6 \cdot 2H_2O$，分子量 230.08。无色正交系柱状晶体。密度 1.818 g/cm^3。极易溶于水，不溶于乙醇、乙醚。在空气中稳定。加热至 150℃时变成无水物，至 200℃时分解而变黄，灼烧时有焦糖气味。制备：由氢氧化钠或碳酸钠中和酒石酸水溶液制得。用途：可作为食品添加剂、螯合剂、点滴分析试剂等，可用于制清凉饮料、清酒等。

酒石酸镁（magnesium tartrate）　亦称"二羟基丁二酸镁"。CAS 号 20752-56-1。化学式 $MgC_4H_4O_6 \cdot 5H_2O$，分子量 262.40。白色正交系晶体。密度 1.67 g/cm^3。溶于水、无机酸，不溶于乙醇及氨水。加热至 100℃失去 4 分子结晶水，加热至 200℃失去全部结晶水。制备：由酒石酸与氢氧化镁反应制得。用途：可用于医药、化学分析。

酒石酸钾（potassium tartrate）　亦称"二羟基丁二酸二钾"。CAS 号 921-53-9。化学式 $K_2C_4H_4O_6$，分子量 226.27。二水合物为外消旋体，无色单斜系晶体，密度 1.984 g/cm^3。易溶于水，100℃时失去结晶水成无水物。其半水合物密度 1.98 g/cm^3。155℃时失去结晶水，200~220℃时分解。极易溶于水，微溶于乙醇。制备：由碳酸钾或氢氧化钾溶液与酒石酸反应制得。用途：可用于化学分析、制微生物培养基、制药工业。

酒石酸钙（calcium tartrate）　亦称"二羟基丁二酸钙"。CAS 号 3164-34-9。化学式 $CaC_4H_4O_6$，分子量 188.15。有右旋体、左旋体、外消旋体三种。四水合右旋体为无色小针状正交系晶体，加热至 20℃时，失去 4 分子结晶水。四水合外消旋体为三斜系粉末或针状晶体。热至 200℃时失去 4 分子结晶水得无水盐。内消旋体为针状晶体，加热至 170℃时失去 3 分子结晶水而得无水盐。溶于盐酸、硝酸，微溶于乙醇，不溶于乙酸、水。制备：可由酒石酸氢钾与硫酸钙反应制得。用途：可用于制酒石酸、水果和蔬菜的保鲜等。

酒石酸铬（chromium tartrate）　亦称"酒石酸亚铬"。CAS 号 62498-20-8。化学式 $CrC_4H_4O_6$，分子量 200.07。蓝色粉末。密度 2.33 g/cm^3。不溶于水，微溶于

酸,不溶于乙酸。制备:由酒石酸与醋酸亚铬热溶液在氮气气氛中反应制得。

酒石酸锰(manganese tartrate)　CAS 号 36680-83-8。化学式 $MnC_4H_4O_6$,分子量 203.01。白色粉末。极微溶于水,溶于稀酸。

酒石酸钴(cobalt tartrate)　CAS 号 815-80-5。化学式 $CoC_4H_4O_6$,分子量 207.01。淡红色单斜系晶体。微溶于水,溶于稀酸。制备:可由硝酸钴和酒石酸在氨水中反应,或由氢氧化钴或碳酸钴溶于计算量的酒石酸水溶液中制得。

酒石酸铜(copper tartrate)　CAS 号 815-84-9。化学式 $CuC_4H_4O_6$,分子量 211.61。亮蓝色粉末,三水合物为浅灰至蓝色粉末,有毒! 微溶于水,溶于酸、碱。受热易分解。制备:由硫酸铜溶液与酒石酸钾溶液反应制得。用途:可用于镀铜、可作为催化剂。

酒石酸锌(zinc tartrate)　CAS 号 551-64-4。化学式 $ZnC_4H_4O_6 \cdot H_2O$,分子量 249.48。白色粉末。微溶于水,可溶于苛性碱溶液。制备:由酒石酸钾和氯化锌溶液反应制得。

酒石酸银(silver tartrate)　CAS 号 20963-87-5。化学式 $Ag_2C_4H_4O_6$,分子量 363.81。白色粉末或晶状薄片。遇光敏感。密度 3.432^{15} g/cm³。溶于稀硝酸、氨水、氰化钾溶液,微溶于水,不溶于乙醇、丙酮、乙醚。在氢氧化钠溶液中分解为氧化银。与干燥氯气作用生成氯化银。在 70℃时与氨气反应可得碳酸铵。加热分解放出二氧化碳,留下焦酒石酸和银残渣。制备:由适量的硝酸银溶液与酒石酸钾钠溶液反应制得。

酒石酸铷(rubidium tartrate)　CAS 号 60804-34-4。化学式 $Rb_2C_4H_4O_6$,分子量 319.01。无色晶体。密度 2.658 g/cm³。易溶于水,不溶于甲苯。高温时分解为碳酸铷。制备:将氢氧化铷和酒石酸溶液按化学计量比混合反应制得。用途:可作为试剂。

酒石酸锶(strontium tartrate)　CAS 号 868-19-9。化学式 $SrC_4H_4O_6 \cdot 4H_2O$,分子量 307.75。白色单斜系晶体。密度 1.966 g/cm³。能溶于水、稀盐酸、稀硝酸。当用硫酸进行干燥时,会失去 1 分子结晶水。制备:可用氢氧化锶中和酒石酸水溶液,或将酒石酸钾与硝酸锶的溶液共热制得。

酒石酸镉(cadmium tartrate)　CAS 号 10471-46-2。化学式 $CdC_4H_4O_6$,分子量 260.47。白色细小晶体。难溶于水,能溶于酸、氨水、乙醇,不溶于乙醚、氯仿、丙酮。能与过量酒石酸形成配合物而溶解。制备:可由碳酸镉或硫酸镉与酒石酸水溶液中制得。用途:可作为润肤品的增效剂。

酒石酸亚锡(tin(II) tartrate)　CAS 号 815-85-0。化学式 $SnC_4H_4O_6$,分子量 266.76。重质白色粉末,有毒! 溶于水,易溶于稀盐酸、酒石酸溶液。制备:可由氧化亚锡与酒石酸反应,或将金属锡投入酒石酸水溶液中并通入空气制得。用途:可作为媒染剂。

酒石酸钡(barium tartrate)　CAS 号 5908-81-6。化学式 $Ba C_4H_4O_6 \cdot H_2O$,分子量 303.52。白色晶体粉末,有毒! 密度 2.980 g/cm³。不溶于乙醇,溶于酒石酸钾钠、盐酸、硝酸。制备:可由酒石酸与氢氧化钡或碳酸钡反应制得。用途:可用于电镀,可作为防止铝被侵蚀的隔绝剂。

酒石酸亚汞(mercury(I) tartrate)　化学式 $Hg_2C_4H_4O_6$,分子量 549.25。微黄色晶体或粉末。不溶于水,也不溶于酸。与水沸煮时析出金属汞。见光分解。

酒石酸汞(mercury(II) tartrate)　化学式 $HgC_4H_4O_6$,分子量 348.49。黄白色粉末。微溶于水。煮沸时及遇碱分解。

酒石酸亚铊(thallium(I) tartrate)　化学式 $Tl_2C_4H_4O_6$,分子量 556.81。无色单斜系晶体。密度 4.659 g/cm³。易溶于热水,不溶于乙醇。在 165℃ 时分解。制备:可由碳酸亚铊与酒石酸水溶液反应;或将三氧化二铊溶在酒石酸水溶液中,再用过量的甲酸还原制得。

酒石酸铅(lead tartrate)　CAS 号 815-84-9。化学式 $PbC_4H_4O_6$,分子量 355.26。白色晶体或粉末,有毒! 密度 2.53 g/cm³。微溶于水,溶于硝酸、强碱,不溶于乙醇、乙酸、乙酸铵。制备:可由醋酸铅水溶液与酒石酸溶液反应制得。

酒石酸铋(bismuth tartrate)　CAS 号 6591-56-6。化学式 $Bi(C_4H_4O_6)_3 \cdot 6H_2O$,分子量 970.27。白色粉状固体。密度 2.595^{25} g/cm³。不溶于水、乙醇,溶于酸、碱溶液。在 105℃ 时失去 3 分子结晶水。其碱式盐 $Bi(OH)(C_4H_4O_6)$ 为无色固体,酸式盐 $Bi_2(C_4H_4O_6)_3 \cdot HC_4H_4O_6$ 为无色晶体。制备:将冷却制备出的氢氧化铋溶于浓的酒石酸溶液制得。用途:可用于制抗梅毒药、治疗慢性结肠炎等。

酒石酸铵(ammonium tartrate)　CAS 号 3164-29-2。化学式 $(NH_4)_2C_4H_4O_6$,分子量 184.15。无色单斜系晶体。密度 1.601 g/cm³。溶于水,微溶于乙醇。在空气中可失去氨。加热至 200℃ 以上分解。制备:可将过量的碳酸铵溶于酒石酸水溶液,或向酒石酸的乙醇溶液中通入氨气制得。用途:可作为分析试剂、有机合成中间体,可用于染色、纺织工业。

酒石酸联氨(hydrazine tartrate)　亦称"酒石酸肼"。CAS 号 634-62-8。化学式 $(N_2H_4)C_4H_6O_6$,分子量 182.13。无色晶体。熔点 182~183℃。溶于水。

酒石酸氢钠(sodium hydrogen tartrate)　CAS 号 526-94-3。化学式 $NaHC_4H_4O_6 \cdot H_2O$,分子量 190.09。有几种旋光异构体。D - 型为无色柱状晶体。可溶于冷

水,易溶于热水,不溶于乙醇。加热至100℃时脱水变成无水物。在干燥空气中于234℃时分解。DL-型为无色单斜或三斜系晶体,易溶于沸水,不溶于乙醇。在100℃时变为无水物,在219℃时分解。制备:可由酒石酸与氢氧化钠或碳酸钠的混合物水溶液反应,或向酒石酸钠水溶液中加入等摩尔的酒石酸制得。用途:可用于制发酵粉、酒石酸盐、药物,可用于钾的分析。

酒石酸氢镁(magnesium hydrogen tartrate) 化学式 $Mg(HC_4H_6O_6)_2 \cdot 4H_2O$,分子量394.54。白色正交系晶体。密度1.72 g/cm^3。溶于水。

酒石酸氢钾(potassium hydrogen tartrate) 亦称"重酒石酸钾""酸性酒石酸钾""二羟基丁二酸氢钾"。CAS号868-14-4。化学式 $KHC_4H_4O_6$,分子量188.18。无臭有光泽,灼烧时有焦糖气味,有令人愉快的清凉酸味。右旋异构体为无色斜方系晶体,密度1.984 g/cm^3。易溶于稀无机酸、碱溶液、硼砂溶液。不溶于乙醇、乙酸,微溶于水。外消旋体为无色单斜系晶体,密度1.954 g/cm^3。制备:可由酒石酸钾溶液中与碳酸钠反应;或用热水萃取葡萄酒副产品酒石,再用酸或碱分解;或将酒石酸用碳酸钾中和后,再加入酒石酸溶液制得。用途:可作为食品膨松剂、分析试剂、缓冲剂、还原剂,可用于制革、电镀、医药。

酒石酸氢铷(rubidium hydrogen tartrate) 化学式 $RbHC_4H_4O_6$,分子量234.55。无色晶体。密度2.282 g/cm^3。溶于水。205℃时分解。制备:由氢氧化铷或碳酸铷与酒石酸溶液反应制得。

酒石酸氢铯(cesium hydrogen tartrate) CAS号815-81-6。化学式 $CsHC_4H_4O_6$,分子量281.99。白色斜方系晶体。密度2.586^{17} g/cm^3。溶于水。制备:由酒石酸和氢氧化铯反应制得。

酒石酸氢铵(ammonium hydrogen tartrate) 亦称"酸式酒石酸铵"。CAS号3095-65-6。化学式 $NH_4HC_4H_4O_6$,分子量167.12。无色单斜系棱柱形晶体。密度1.636 g/cm^3。难溶于乙醇,可溶于酸、碱。在温暖潮湿的情况下易发霉变质。受热分解。制备:由氨水与酒石酸反应制得。用途:可用于制发酵粉,可作为检定钙的试剂。

酒石酸钾锂(lithium potassium tartrate) CAS号868-15-5。化学式 $LiKC_4H_4O_6 \cdot H_2O$,分子量212.13。无色单斜系晶体。密度1.610 g/cm^3。溶于水。

酒石酸镁钠(sodium magnesium tartrate) 化学式 $Na_2Mg(C_4H_4O_6)_2 \cdot 10H_2O$,分子量546.59。白色单斜系柱状晶体或粉末。能溶于水。制备:由酒石酸氢钠与氯化镁在水溶液中反应制得。

酒石酸钾钠(potassium sodium tartrate) 亦称"罗谢尔盐""洛息盐"。CAS号304-59-6。化学式 $KNaC_4H_4O_6 \cdot 4H_2O$,分子量282.22。味咸而凉的无色透明晶体或白色粉末。熔点70~80℃,密度1.77 g/cm^3。溶于水,不溶于乙醇。水溶液呈微碱性。100℃失去3分子结晶水,130~140℃转变成无水物。220℃开始分解。制备:可由酒石酸与碳酸钾热溶液反应,或酒石酸氢钾水溶液与碳酸钠反应制得。用途:可用于制压电元件、焙粉、药物、电镀剂等。

酒石酸锑钾(antimony potassium tartrate) 亦称"锑钾""吐酒石"。CAS号11071-15-1。化学式 $Sb_2K_2C_8H_4O_{12}$,分子量613.82。无臭、味微甜的无色透明晶体或白色粉末,有毒!密度2.607 g/cm^3。易风化。溶于水、甘油,不溶于乙醇,水溶液呈弱碱性。制备:由化学计量比的酒石酸钾与三氧化二锑在溶液中反应制得。用途:可作为织物和皮革的媒染剂、杀虫剂,可用于制药工业。

酒石酸汞钾(potassium mercury(I) tartrate) 化学式 $KHgC_4H_4O_6$,分子量387.76。紫色粉末。不溶于乙醇。

酒石酸铵钠(sodium ammonium tartrate) CAS号16828-01-6。化学式 $NaNH_4C_4H_4O_6 \cdot 4H_2O$,分子量261.16。白色斜方系晶体。密度1.590 g/cm^3。易溶于水。用途:可作为药物、试剂。

酒石酸锑钠钾(antimony sodium potassium tartrate) 化学式 $Sb_2K_2C_8H_4O_{12}$,分子量346.91。白色鳞状晶体或粉末。易溶于水。用途:可作为分析试剂。

左旋酒石酸铯(cesium L-tartrate) 化学式 $Cs_2C_4H_4O_6$,分子量413.88。无色三斜系晶体。易潮解。密度3.03^{14} g/cm^3。易溶于水并分解。在空气中稳定。1 mm厚的结晶,比旋光度为-14.1~-19.2。摩擦可发光。制备:将氢氧化铯或碳酸铯溶于化学计量比的酒石酸水溶液制得。用途:可作为试剂。

右旋酒石酸亚锑(antimony(II) D-tartrate) 化学式 $Sb_2(C_4H_4O_6)_2 \cdot 6H_2O$,分子量795.81。白色细微晶体。溶于水。制备:将三氧化二锑溶于酒石酸溶液后急速结晶制得。用途:可作为棉布或皮革印染的媒染剂、香料、医药等。

硼酒石酸钾(potassium borotartrate) CAS号12001-68-2。化学式 $KC_4H_4BO_7$,分子量213.99。白色无臭结晶性粉末。密度1.832 g/cm^3。易溶于水,不溶于乙醇、乙醚。制备:由酒石酸氢钾和硼砂反应制得。用途:可用作防腐剂、利尿剂、轻泻药、延迟显影剂等。

二羟基酒石酸钠(sodium dihydroxytartrate) 亦称"四羟琥珀酸钠"。CAS号866-17-1。化学式 $Na_2C_4H_4O_8$,分子量226.05。白色结晶。熔点285~288℃。溶于无机酸并分解。制备:将酒石酸经混酸酯化制得二硝基物,在碱性条件下水解,再用碳酸钠中和制得。用途:可作为有机合成中间体;可用于合成柠檬黄,测定钠、钙、镁；也用于分离和测定钛。

L-苹果酸氢铵（ammonium hydrogen L-malate）CAS 号 2689-91-0。化学式 $NH_4HC_4H_4O_5$，分子量 151.08。无色斜方系片状晶体。熔点 161℃，密度 $1.55^{12.5}$ g/cm^3。溶于水、酸、碱。能与三价铁离子等金属离子形成稳定的配合物。加热分解放出氨气。制备：由化学计量比的 L-苹果酸与氨水反应制得。用途：可用于制焙粉、泻药、分析试剂。

丁二酮肟镍(II)（nickel(II) dimethylglyoxime）亦称"双丁二酮肟合镍(II)"。CAS 号 13478-93-8。化学式 $Ni(C_4H_7N_2O_2)_2$，分子量 371.13。亮红色晶体或粉末。250℃升华。溶于稀的无机酸、乙醇，不溶于水、醋酸、氨。制备：可由 Ni^{2+} 与丁二酮肟在乙醇中反应制得。用途：可用于涂料、漆类、纤维素、化妆品等领域。

乙酰丙酮锂（lithium acetylacetonate）亦称"2,4-戊二酮铝"。CAS 号 18115-70-3。化学式 $LiC_5H_7O_2$，分子量 106.05。白色结晶性粉末。熔点 141～144℃。250℃分解。制备：可由氢氧化锂与乙酰丙酮在甲醇中反应制得。用途：可作为有机合成催化剂。

乙酰丙酮铍（beryllium acetylacetonate）CAS 号 10210-64-7。化学式 $Be(C_5H_7O_2)_2$，分子量 207.23。白色单斜系晶体，有毒! 熔点 108℃，沸点 270℃，密度 1.168^4 g/cm^3。溶于乙醇、乙醚和酸，微溶于冷水，在酸、碱和热水中均分解。能与氨及二氧化硫生成加合产物。80℃时缓慢升华，在 100℃ 则迅速升华。制备：可由碱式碳酸铍在微酸性溶液中转化成氯化铍，然后加入乙酰丙酮的氨水溶液制得。用途：可作为有机合成催化剂、油漆催干剂。

乙酰丙酮钠（sodium acetylacetonate）亦称"2,4-戊二酮铝"。CAS 号 15435-71-9。化学式 $NaC_5H_7O_2$，分子量 122.10。灰白色粉末。210℃分解。制备：可由氢氧化钠与乙酰丙酮在甲醇中反应制得。

乙酰丙酮镁（magnesium acetylacetonate）亦称"2,4-戊二酮镁"。CAS 号 68488-07-3。化学式 $Mg(C_5H_7O_2)_2$，分子量 258.55。白色粉末。熔点 265℃。溶于常见有机溶剂。制备：可由氢氧化镁和乙酰丙酮在乙醇中反应制得。用途：可作为有机合成催化剂、树脂交联剂和固化促进剂。

乙酰丙酮铝（aluminium acetylacetonate）亦称"2,4-戊二酮铝"。CAS 号 13963-57-0。化学式 $Al(C_5H_7O_2)_3$，分子量 324.31。无色或浅黄色单斜系晶体。熔点 189℃，沸点 315℃，密度 1.27 g/cm^3。易溶于乙醚、乙醇、苯中，难溶于石油醚，不溶于水。320℃分解。制备：可由乙酰丙酮和氯化铝在碱性介质中反应；或将无水三氯化铝溶于氯仿中，加入稍过量的乙酰丙酮制得。用途：可作为交联剂、玻璃表面涂层、丙烯酸系黏合剂的固化剂、环氧树脂系黏合剂的固化剂、烯烃聚合催化剂。

乙酰丙酮钾（potassium acetylacetonate）亦称"2,4-戊二酮钾"。CAS 号 57402-46-7。化学式 $KC_5H_7O_2 \cdot H_2O$，分子量 147.22。灰白色粉末。215℃分解。制备：可由氢氧化钾与乙酰丙酮在甲醇中反应制得。

乙酰丙酮钙（calcium acetylacetonate）亦称"2,4-戊二酮钙"。CAS 号 19372-44-2。化学式 $Ca(C_5H_7O_2)_2$，分子量 238.29。白色晶状粉末。易溶于酸性水溶液，微溶于甲醇、水。175℃分解。制备：可由乙酰丙酮和氢氧化钙反应制得。用途：可作为聚氯乙烯的稳定剂、树脂交联剂、橡胶添加剂、成膜剂等。

乙酰丙酮钪（scandium acetylacetonate）亦称"2,4-戊二酮钪"。CAS 号 14284-94-7。化学式 $Sc(C_5H_7O_2)_3$，分子量 342.29。黄色针状晶体。熔点 197.3℃。310～315℃升华。可溶于醇、苯、氯仿等有机溶剂。制备：由乙酰丙酮和三氯化钪在氨水中反应制得。用途：可作为有机合成催化剂。

乙酰丙酮钛（titanium acetylacetonate）CAS 号 17501-79-0。化学式 $Ti(C_5H_7O_2)_4$，分子量 444.30。淡红色透明液体。熔点 -20℃，密度 1.01 g/mL。微溶于水、一般有机溶剂、丙酮、矿物酸，易溶于异丙醇和苯、甲苯。制备：可由乙酰丙酮钠与四氯化钛反应制得。用途：可作为提高油墨、涂料附着力的添加剂。

乙酰丙酮氧钛（titanium oxyacetylacetonate）CAS 号 14024-64-7。化学式 $TiO(C_5H_7O_2)_2$，分子量 262.08。淡黄色粉末。熔点 196℃，微溶于丙酮、无机酸，稍溶于水，易溶于异丙醇、苯、甲苯。制备：可由氯化氧钛与乙酰丙酮、碳酸钠反应制得。用途：可作为有机反应催化剂、树脂交联剂和固化促进剂。

乙酰丙酮钒（vanadium acetylacetonate）亦称"2,4-戊二酮钒"。CAS 号 13476-99-8。化学式 $V(C_5H_7O_2)_3$，分子量 348.27。棕色晶状粉末。熔点 178～190℃，密度 $0.9～1.2$ g/cm^3。对空气敏感。170℃升华。用途：可作为有机合成催化剂、树脂固化促进剂。

乙酰丙酮氧钒（vanadium oxyacetylacetonate）亦称"2,4-戊二酮氧钒"。CAS 号 3153-26-2。化学式 $VO(C_5H_7O_2)_2$，分子量 265.16。蓝色晶体。熔点 243～259℃，密度 1.4 g/cm^3。几乎不溶于水，溶于甲醇、乙醇、醚、氯仿、丙酮、苯。制备：可由硫酸氧钒与乙酰丙酮反应；或由五氧化二钒与过氧化氢反应得到二氧化钒，然后由二氧化钒与乙酰丙酮反应制得。用途：可用于有机合成催化、金属表面处理。

乙酰丙酮铬（chromium acetylacetonate）亦称"2,4-戊二酮铬"。CAS 号 21679-31-2。化学式 $Cr(C_5H_7O_2)_3$，分子量 349.32。紫色结晶性粉末。熔点 208℃，沸点 345℃，密度 1.34 g/cm^3。不溶于水，溶于乙醇、丙酮、苯、

甲苯、乙酸等。可在丙酮中重结晶。真空条件下可升华。制备：向乙酰丙酮的水溶液中加入尿素，再加入氯化铬的饱和水溶液加热反应；或由三氯化铬与乙酰丙酮在碳酸钠存在下反应制得。用途：可作为有机合成催化剂、树脂交联剂和固化剂、化学吸附剂、食品元素补充剂、橡胶添加剂、红外反射镜材料、透明导电薄膜添加剂；可用于固体聚氨酯的表面修饰，化学沉积制铬、氧化铬以及氮化铬膜，催化氧化甲基丙烯酸酯、低碳链烯烃聚合；可用于有机合成、树脂、塑料、功能材料合成改性、纳米粉体制备等领域。

乙酰丙酮亚锰（manganese(II) acetylacetonate）亦称"2,4-戊二酮锰(II)"。CAS 号 14024-58-9。化学式 $Mn(C_5H_7O_2)_2$，分子量 253.16。淡黄色晶状粉末。熔点 208～211℃。用途：可作为有机合成催化剂、树脂交联剂和固化促进剂、橡胶和燃油添加剂等。

乙酰丙酮锰（manganese(III) acetylacetonate）亦称"2,4-戊二酮锰(III)"。CAS 号 14284-89-0。化学式 $Mn(C_5H_7O_2)_3$，分子量 352.27。黑色至绿棕色晶状粉末。易水解。160℃分解。制备：可将醋酸钠和氯化锰溶于水后加入乙酰丙酮，然后用高锰酸钾氧化制得。用途：可作为有机合成催化剂、树脂交联剂和固化促进剂。

乙酰丙酮亚铁（iron(II) acetylacetonate）亦称"2,4-戊二酮亚铁"。CAS 号 14024-17-0。化学式 $Fe(C_5H_7O_2)_2$，分子量 254.06。深棕色粉末。熔点 208～212℃。制备：可由乙酰丙酮和铁粉在异丙醇或甲苯中反应制得。用途：可作为有机合成催化剂。

乙酰丙酮铁（iron(III) acetylacetonate）亦称"2,4-戊二酮铁"。CAS 号 14024-18-1。化学式 $Fe(C_5H_7O_2)_3$，分子量 353.17。红棕色有光泽的晶体或玫瑰色结晶性粉末。熔点 184℃，密度 1.33 g/cm³。微溶于水、庚烷，易溶于乙醇、苯、氯仿、丙酮、乙醚。将溶液煮沸或用强碱处理时完全分解，析出胶态氢氧化铁，但对酸极稳定。制备：可由氨水、新蒸馏的乙酰丙酮和硫酸铁反应制得。用途：可作为树脂交联剂和固化促进剂、橡胶添加剂、石油裂解催化剂、燃料油添加剂、可用于玻璃、陶瓷着色。

乙酰丙酮亚钴（cobalt(II) acetylacetonate）亦称"2,4-戊二酮亚钴"。CAS 号 14024-48-7。化学式 $Co(C_5H_7O_2)_2$，分子量 257.14。紫红色单斜系晶体。熔点 241℃，密度 1.43 g/cm³。易吸潮，难溶于冷的四氯化碳和苯，微溶于水、氯仿，溶于甲醇、乙醇。制备：可由新制备的纯净氢氧化钴与乙酰丙酮回流反应制得。用途：可作为油漆催干剂、有机金属试剂、有机反应催化剂等。

乙酰丙酮钴（cobalt(III) acetylacetonate）亦称"三乙酰丙酮钴""2,4-戊二酮钴"。CAS 号 21679-46-9。化学式 $Co(C_5H_7O_2)_3$，分子量 356.26。暗绿色或黑色晶体。熔点 216℃，沸点 340℃，密度 1.43 g/cm³。溶于一般有机溶剂，不溶于水。制备：向新蒸馏过的乙酰丙酮与氨水、氯化钴反应，或由碳酸钴、乙酰丙酮和过氧化物反应制得。用途：可作为油漆催干剂、油漆颜料等。

乙酰丙酮镍（nickel acetylacetonate）亦称"2,4-戊二酮镍"。CAS 号 3264-82-2。化学式 $Ni(C_5H_7O_2)_3$，分子量 256.91。淡绿色晶体。密度 1.455 g/cm³。易吸潮，微溶于水、醇类、甲苯，溶于四氢呋喃。238℃分解。制备：由氯化镍与乙酰丙酮、氨水反应制得。用途：可作为有机合成催化剂，环氧树脂固化剂。

乙酰丙酮铜（cupric acetylacetonate）亦称"二乙酰丙酮合铜""2,4-戊二酮铜"。CAS 号 13395-16-9。化学式 $Cu(C_5H_7O_2)_2$，分子量 261.76。蓝色针状晶体或粉末。难溶于水，耐水解。微溶于乙醇，易溶于苯、氯仿、四氯化碳。能和氨及二氧化硫生成加合产物。284℃以上分解。燃烧产生刺激性含铜化合物的烟雾。制备：可由硝酸铜与液氨反应先制得 $Cu(NH_3)_2^{2+}$ 水溶液，再加入乙酰丙酮制得。用途：可作为分析试剂、树脂交联剂、固化促进剂、橡胶添加剂、燃料油添加剂、有机合成催化剂等。

乙酰丙酮锌（zinc acetylacetonate）亦称"二乙酰丙酮合锌""2,4-戊二酮锌"。CAS 号 108503-47-5。化学式 $Zn(C_5H_7O_2)_2$，分子量 263.61。白色结晶粉末。熔点 138℃。极易溶于苯、丙酮，也易溶于醇。遇水易分解。高温时升华。制备：可由乙酰丙酮与锌、乙酸锌或氯化锌反应制得。用途：可作为硬质 PVC 等卤化聚合物热稳定剂、树脂硬化促进剂、橡胶添加剂、催化剂、纺织增重剂，可用于制超导薄膜、热线反射玻璃膜、透明导电膜、合成长链的醇和醛等。

乙酰丙酮镓（gallium acetylacetonate）亦称"2,4-戊二酮镓"。CAS 号 14405-43-7。化学式 $Ga(C_5H_7O_2)_3$，分子量 367.05。单斜系或板状晶体。熔点 192～194℃，密度 1.42 g/cm³。溶于水、丙酮。减压下 140℃升华。用途：可作为有机反应催化剂。

乙酰丙酮铷（rubidium acetylacetonate）亦称"2,4-戊二酮铷"。CAS 号 66169-93-5。化学式 $Rb(C_5H_7O_2)$，分子量 184.58。白色晶体。200℃分解。

乙酰丙酮锶（strontium acetylacetonate）亦称"2,4-戊二酮锶"。CAS 号 12193-47-4。化学式 $Sr(C_5H_7O_2)_2$，分子量 285.84。白色晶体。220℃分解。用途：可作为有机合成催化剂。

乙酰丙酮锆（zirconium acetylacetonate）亦称"2,4-戊二酮锆"。CAS 号 17501-44-9。化学式 $Zr(C_5H_7O_2)_4$，分子量 487.66。白色粉末。熔点 171～173℃。微溶于水、乙醇、乙醚、石油醚，溶于吡啶、丙酮、苯。用途：可作为聚乙烯的热稳定剂、树脂交联剂、树脂硬化促进剂。

乙酰丙酮氧钼（molybdenum oxyacetylacetonate）CAS 号 17524-05-9。化学式 $MoO_2(C_5H_7O_2)_2$，分子量

326.15。浅黄色、灰绿色至黄棕色结晶性粉末。熔点 182～186℃。微溶于水、乙醇、苯。用途：可作为聚乙烯、聚氨酯泡沫的催化剂。

乙酰丙酮钌（ruthenium acetylacetonate） 亦称"2, 4-戊二酮钌"。CAS 号 14284-93-6。化学式 Ru(C$_5$H$_7$O$_2$)$_3$，分子量 398.40。红棕色晶体。熔点 230～235℃。

乙酰丙酮铑（rhodium acetylacetonate） 亦称"2,4-戊二酮钌"。CAS 号 14284-92-5。化学式 Rh(C$_5$H$_7$O$_2$)$_3$，分子量 400.23。黄色结晶性粉末。熔点 263～264℃。易溶于苯、氯仿、丙酮、乙醚、戊烷，微溶于甲醇、乙醇，难溶于水。280℃分解。用途：可用于制催化剂、合金涂层、薄膜、纳米颗粒等。

乙酰丙酮钯（palladium acetylacetonate） 亦称"2, 4-戊二酮钯"。CAS 号 14024-61-4。化学式 Pd(C$_5$H$_7$O$_2$)$_2$，分子量 304.64。黄色晶体。205℃分解。

乙酰丙酮银（silver acetylacetonate） 亦称"2,4-戊二酮银"。CAS 号 15525-64-1。化学式 AgC$_5$H$_7$O$_2$，分子量 206.98。无色小银叶板状晶体。微溶于水，水溶液无色。对光和湿气敏感。100℃分解。制备：可由乙酰丙酮溶液与硝酸银溶液反应制得。

乙酰丙酮镉（cadmium acetylacetonate） 亦称"2, 4-戊二酮镉"。CAS 号 14689-45-3。化学式 Cd(C$_5$H$_7$O$_2$)$_2$，分子量 310.63。无色针状晶体。熔点 209～214℃。溶于乙醇。用途：可作为有机反应催化剂。

乙酰丙酮铟（indium acetylacetonate） 亦称"2,4-戊二酮铟"。CAS 号 14405-45-9。化学式 In(C$_5$H$_7$O$_2$)$_3$，分子量 412.15。苍白色粉末。熔点 180～185℃。溶于甲醇、苯、氯仿。用途：可作为有机反应催化剂。

乙酰丙酮铯（cesium acetylacetonate） 亦称"2,4-戊二酮铯"。CAS 号 25937-78-4。化学式 Ce(C$_5$H$_7$O$_2$)，分子量 232.02。易水解。

乙酰丙酮钡（barium acetylacetonate） 亦称"2,4-戊二酮钡"。CAS 号 12084-29-6。化学式 Ba(C$_5$H$_7$O$_2$)$_2$·8H$_2$O，分子量 479.67。白色粉末。123℃分解。易水解。

乙酰丙酮镧（lanthanum acetylacetonate） 亦称"2,4-戊二酮镧"。CAS 号 64424-12-0。化学式 La(C$_5$H$_7$O$_2$)$_3$，分子量 436.23。白色粉末。易吸潮。

乙酰丙酮铈（cerium acetylacetonate） 亦称"2,4-戊二酮铈"。CAS 号 15653-01-7。化学式 Ce(C$_5$H$_7$O$_2$)$_3$，分子量 437.44。亮黄色晶体。熔点 131～132℃，极易溶于乙醇。遇水则分解，生成 Ce(OH)$_3$。制备：向硝酸铈铵水溶液加入乙酰丙酮和氨水制得。用途：可作为有机合成催化剂。

乙酰丙酮镨（praseodymium acetylacetonate） 亦称"2,4-戊二酮镨"。CAS 号 14553-09-4。化学式 Pr(C$_5$H$_7$O$_2$)$_3$，分子量 438.24。淡绿色晶体。熔点 146℃。

可溶于二硫化碳、乙醚、氯仿、苯、乙醇。在二硫化碳中可得单体。制备：向氯化镨水溶液加入乙酰丙酮和氨水制得。用途：可作为有机合成催化剂。

乙酰丙酮钕（neodymium acetylacetonate） 亦称"2,4-戊二酮钕"。CAS 号 14589-38-9。化学式 Nd(C$_5$H$_7$O$_2$)$_3$，分子量 441.57。紫色晶体。熔点 150～152℃，密度 1.618 g/cm^3。难溶于水，可溶于乙醇、氯仿、苯。制备：将氢氧化钕与乙酰丙酮的乙醇溶液反应，或向钕的中性盐溶液加入乙酰丙酮的氨水溶液制得。用途：可作为有机合成催化剂。

乙酰丙酮钐（samarium acetylacetonate） 亦称"2, 4-戊二酮钐"。CAS 号 14589-42-5。化学式 Sm(C$_5$H$_7$O$_2$)$_3$，分子量 447.68。白色晶体或无定形粉末。熔点 146℃。密度 1.336 g/cm^3。不溶于水，但可吸收空气中的水形成水合物。与有机碱作用可生成加合物。制备：将硝酸钐与新蒸馏的乙酰丙酮反应制得。用途：可作为有机反应催化剂。

乙酰丙酮铕（europium acetylacetonate） 亦称"2, 4-戊二酮铕"。CAS 号 142-86-7。化学式 Eu(C$_5$H$_7$O$_2$)$_3$，分子量 449.29。易吸潮。140℃分解。

乙酰丙酮钆（gadolinium acetylacetonate） 亦称"2, 4-戊二酮钆"。CAS 号 14284-87-8。化学式 Gd(C$_5$H$_7$O$_2$)$_3$·2H$_2$O，分子量 490.61。灰白色粉末。143℃分解。用途：可作为有机反应催化剂。

乙酰丙酮铽（terbium acetylacetonate） 亦称"2,4-戊二酮铽"。CAS 号 14284-95-8。化学式 Tb(C$_5$H$_7$O$_2$)$_3$·3H$_2$O，分子量 510.30。白色晶状粉末。熔点 168～170℃。易吸潮。用途：可作为有机反应催化剂。

乙酰丙酮镝（dysprosium acetylacetonate） 亦称"2, 4-戊二酮铽"。CAS 号 14637-88-8。化学式 Dy(C$_5$H$_7$O$_2$)$_3$，分子量 459.83。白色粉末。溶于甲苯、乙酰丙酮。用途：可作为有机反应催化剂。

乙酰丙酮铒（erbium acetylacetonate） 亦称"2,4-戊二酮铒"。CAS 号 14553-08-3。化学式 Er(C$_5$H$_7$O$_2$)$_3$，分子量 464.56。灰白色粉末。熔点 143℃。有吸湿性。用途：可作为有机反应催化剂。

乙酰丙酮铥（thulium acetylacetonate） 亦称"2,4-戊二酮铥"。CAS 号 14589-44-7。化学式 Tm(C$_5$H$_7$O$_2$)$_3$·3H$_2$O，分子量 520.31。白色晶状粉末。熔点 121～123℃。用途：可作为有机反应催化剂。

乙酰丙酮镱（ytterbium acetylacetonate） 亦称"2, 4-戊二酮镱"。CAS 号 15554-47-9。化学式 Yb(C$_5$H$_7$O$_2$)$_3$·3H$_2$O，分子量 440.28。黄白色粉末。熔点 122℃。用途：可作为有机反应催化剂。

乙酰丙酮镥（lutetium acetylacetonate） 亦称"2,4-戊二酮镥"。CAS 号 17966-84-6。化学式 Lu(C$_5$H$_7$O$_2$)$_3$，

分子量 472.30。白色晶状粉末。用途：可作为有机反应催化剂。

乙酰丙酮铪（hafnium acetylacetonate） 亦称"2,4-戊二酮铪"。CAS 号 17475-67-1。化学式 $Hf(C_5H_7O_2)_4$，分子量 574.93。白色晶状粉末。熔点 193℃。可溶于苯、四氯化碳。用途：可作为有机反应催化剂。

乙酰丙酮铱（iridium acetylacetonate） 亦称"2,4-戊二酮铱"。CAS 号 15635-87-7。化学式 $Ir(C_5H_7O_2)_3$，分子量 489.55。橘黄色晶状粉末。熔点 269～271℃。

乙酰丙酸铂（platinum acetylacetonate） 亦称"2,4-戊二酮铂"。CAS 号 15170-57-7。化学式 $Pt(C_5H_7O_2)_2$，分子量 393.29。浅黄色结晶性粉末。熔点 249～252℃。溶于丙酮、卤代烷烃，微溶于苯、乙醇，不溶于水。具有腐蚀性。252℃分解。制备：可向四氯合铂酸钾的溶液中加入氢氧化钾溶液，再加入乙酰丙酮制得；或将乙酰丙酮溶于氢氧化钠溶液，再缓慢加到铂(II)盐溶液中制得。用途：可作为纳米材料的前体，金属有机化学气相沉积前驱体、均相催化剂等。

乙酰丙酮亚铊（thallium(I) acetylacetonate） 亦称"2,4-戊二酮铊"。CAS 号 25955-51-5。化学式 $Tl(C_5H_7O_2)$，分子量 303.49。白色粉末。

乙酰丙酮铅（lead acetylacetonate） 亦称"2,4-戊二酮铅"。CAS 号 15282-88-9。化学式 $Pb(C_5H_7O_2)_2$，分子量 405.42。白色粉末。易潮解。

乙酰丙酮钍（thorium acetylacetonate） 亦称"2,4-戊二酮钍"。CAS 号 102192-40-5。化学式 $Th(C_5H_7O_2)_4$，分子量 628.48。柠檬黄色晶状粉末。熔点 171℃。溶于苯、四氯化碳。用途：可作为有机反应催化剂。

戊酸钙（calcium pentanoate） CAS 号 52303-93-2。化学式 $Ca(C_5H_9O_2)_2$，分子量 242.33。一水合物为无色叶状晶体，可溶于水。制备：可由氢氧化钙与戊酸中和反应制得。

戊酸锌（zinc pentanoate） CAS 号 5970-56-9。化学式 $Zn(C_5H_9O_2)_2 \cdot 2H_2O$，分子量 303.65。有缬草气味和甜味的白色有光泽鳞状晶体或粉末。可溶于水、乙醇中。遇酸分解。在空气中会逐渐分解。制备：由戊酸和氢氧化锌反应而得。用途：可作为医用镇静剂、收敛剂。

戊酸锰(II)（manganese(II) pentanoate） CAS 号 70268-41-6。化学式 $Mn(C_5H_9O_2)_2 \cdot 2H_2O$，分子量 293.22。褐色粉末。溶于冷水。

戊酸铵（ammonium pentanoate） CAS 号 5972-85-0。化学式 $NH_4C_5H_9O_2$，分子量 119.16。无色或白色晶体。密度 0.987 1 g/cm³。溶于冷水，可溶于乙醇、乙醚。熔点前分解。制备：由氨水与戊酸反应制得。用途：可作为镇静剂。

异戊酸钠（sodium isovalerate） CAS 号 539-66-2。化学式 $NaC_5H_9O_2$，分子量 124.12。无色晶体。有潮解性。易溶于水、乙醇，微溶于丙酮。约于 140℃ 熔化。168～285℃成为液晶。

乙酰丙酸银（silver levulinate） 化学式 $AgC_5H_7O_3$，分子量 222.98。无色小银叶板状晶体。微溶于水，水溶液无色，温度升高则分解。制备：由乙酰丙酸溶液与硝酸银溶液反应制得。

谷氨酸钠（monosodium glutamate） 亦称"谷氨酸一钠"。CAS 号 142-47-2。化学式 $NaC_5H_8NO_4$，分子量 169.11。有很强烈的鲜味的白色晶体或白色结晶性粉末。溶于水、乙醇。味精和味素的主要成分。能与血氨结合形成对机体无害的物质。制备：目前多采用以淀粉为原料，经发酵制得。用途：是商品味精、味素等调味品的主要成分，也可用于肝昏迷恢复期、严重肝机能不全、酸中毒的治疗。

脲酸钠（sodium urate） CAS 号 134-69-0。化学式 $Na_2C_5H_2N_4O_3 \cdot H_2O$，分子量 230.09。白色粒状粉末或硬晶块。不溶于冷水、乙醇。制备：将脲酸和过量的氢氧化钠水溶液加热至 110℃制得。用途：用于生化研究、有机合成，检验钨酸盐等。

脲酸氢钠（sodium hydrogen urate） CAS 号 1198-77-2。化学式 $NaHC_5H_2N_4O_3$，分子量 190.09。其一水合物为无色微细针状晶体。密度 2.356 g/cm³。溶于水。制备：由脲酸与等摩尔的氢氧化钠水溶液加热反应制得。

苯基亚铜（phenyl copper(I)） 化学式 C_6H_5Cu，分子量 140.65。无色粉末。不溶于乙醇、二硫化碳，溶于吡啶。室温下逐渐分解为联苯和铜。遇水分解为氧化亚铜和苯。80℃分解。制备：由苯基溴化镁与溴化亚铜反应制得。

苯酚钠（sodium phenolate） 亦称"苯氧基钠"。CAS 号 139-02-6。化学式 $NaOC_6H_5$，分子量 116.10。白色易潮解针状晶体。极溶于水，略溶于乙醇、丙酮。遇酸分解。制备：用氢氧化钠处理苯酚制得。用途：可用作防腐剂、有机合成中间体，可在防毒面具中用以吸收光气。

苯酚铝（aluminium phenolate） 亦称"苯氧基铝"。CAS 号 15086-27-8。化学式 $Al(C_6H_5O)_3$，分子量 306.27。白灰色晶体。密度 1.23 g/cm³。溶于乙醇、乙醚、氯仿。265℃时或遇水分解。制备：将金属铝溶于热的苯酚中，或由氯化铝和苯酚在石油醚中反应制得。用途：可作为苯酚的酰化反应催化剂、环氧树脂的硬化剂。

苯酚钙（calcium phenolate） 亦称"苯氧基钙"。CAS 号 5793-84-0。化学式 $Ca(OC_6H_5)_2$，分子量 226.28。红色粉末。可溶于水和乙醇，溶于水后可相应得到二水合盐或三水合盐。在空气中分解。制备：在水存在条件下，由氧化钙与酚反应制得。用途：可作为添加剂、消化剂。

苯酚亚铜（copper(I) phenolate） 亦称"苯氧基亚

铜"。CAS 号 3220-49-3。化学式 $CuOC_6H_5$，分子量 140.65。无色粉末。不溶于乙醇、二硫化碳，溶于吡啶。室温下逐渐分解为联苯基和铜。加水使其分解，产生氧化铜和苯。80℃分解。制备：由苯基溴化镁与溴化亚铜反应制得。

苯酚亚铊（thallium(I) phenoxide） 亦称"苯氧基亚铊"。CAS 号 25491-50-3。化学式 $TlOC_6H_5$，分子量 297.48。无色针状晶体。熔点 233~235℃。能溶于热苯、粗汽油。在冷水中分解。制备：由氢氧化亚铊和苯酚反应制得。

山梨酸钾（potassium sorbate） 亦称"2,4-己二烯酸钾""BB 粉"。CAS 号 24634-61-5。化学式 $KC_6H_7O_2$，分子量 150.22。白色至浅黄色鳞片状晶体颗粒粉末，无臭或微有臭味。密度 1.363 g/cm³。长期暴露在空气中易吸潮、被氧化分解而变色。易溶于水，溶于丙二醇、乙醇。270℃分解。制备：可用氢氧化钾或碳酸钾中和山梨酸制得。用途：可作为食品防腐剂。

己酸钠（sodium hexanoate） CAS 号 10051-44-2。化学式 $NaC_6H_{11}O_2$，分子量 138.14。白色晶体或粉末，微溶于醇，不溶于醚、苯。制备：可由己酸与氢氧化钠溶液中和制得。用途：可作为有机合成原料。

己酸锌（zinc hexanoate） CAS 号 20779-08-2。化学式 $Zn(C_6H_{11}O_2)_2$，分子量 295.68。白色针状晶体。微溶于冷水。

己酸铅（lead hexanoate） CAS 号 15773-53-2。化学式 $Pb(C_6H_{11}O_2)_2$，分子量 437.50。熔点 73~74℃。微溶于乙醚。

乙酰乙酸乙酯钠（sodium ethylacetoacetate） 亦称"乙基乙酰乙酸钠"。CAS 号 20412-62-8。化学式 $NaC_6H_9O_3$，分子量 152.13。无色针状或毛状晶体。可溶于乙醚。在 100℃时及遇水分解。制备：使乙酰乙酸乙酯在苯中与金属钠、氢氧化钠或乙醇钠反应，或在无水乙醚中用金属钠处理乙酸乙酯制得。用途：可作为沉淀剂前体、医药中间体等。

乙酰乙酸乙酯铝（aluminium ethylacetoacetate） 亦称"乙基乙酰乙酸铝"。CAS 号 15306-17-9。化学式 $Al(C_6H_9O_3)_3$，分子量 414.39。白色晶体。熔点 78~79℃，沸点 190~200℃，密度 1.101 g/cm³。易溶于水、乙醚、苯、二硫化碳。制备：可由铝酸钾、铝汞合金和乙酰乙酸乙酯反应，或由乙醇铝和乙酸乙酯反应制得。用途：可作为化工原料。

乙酰乙酸乙酯铜（copper ethylacetoacetate） 亦称"乙基乙酰乙酸铜"。CAS 号 14284-06-1。化学式 $Cu(C_6H_9O_3)_2$，分子量 321.81。绿色针状晶体。熔点 192~193℃。在高温下不分解而升华。易溶于醇、醚，也溶于二硫化碳、苯。制备：可由乙酰乙酸乙酯溶液与计量

比的乙酸铜水溶液混合，再加入氢氧化钠水溶液调至弱酸性制得。用途：可作为医药、材料的中间体。

对硝基苯酚钠（sodium 4-nitrophenolate） 亦称"对硝基苯氧化钠"。CAS 号 824-78-2。化学式 $NaOC_6H_4NO_2 \cdot 4H_2O$，分子量 233.15。黄色单斜系柱状晶体。溶于水，略溶于乙醇。加热至 36℃时开始脱去 2 分子结晶水，120℃时完全脱水成无水物。制备：用氢氧化钠溶液处理对硝基苯酚制得。

间硝基苯酚钾（potassium 3-nitrophenolate） CAS 号 3118-78-3。化学式 $KOC_6H_4NO_2 \cdot 2H_2O$，分子量 213.24。密度 1.691 g/cm³。扁平或针状晶体。130℃失去 1 分子结晶水。受热分解。溶于水、乙醇。

对硝基苯酚钾（potassium 4-nitrophenolate） 亦称"对硝基苯氧化钾"。CAS 号 28210-59-5。化学式 $KOC_6H_4NO_2 \cdot 2H_2O$，分子量 213.24。黄色叶状晶体。密度 1.652 g/cm³。溶于水，微溶于乙醇。受热分解。130℃失去 2 分子结晶水。

柠檬酸锂（lithium citrate） 亦称"枸橼酸锂"。CAS 号 919-16-4。化学式 $Li_3C_6H_5O_7 \cdot 4H_2O$，分子量 281.98。有咸味的无色粒状或粉末状晶体。易潮解。易溶于水，水溶液呈微碱性。微溶于乙醇、乙醚。105℃变为无水物。制备：由柠檬酸与碳酸锂反应制得。用途：可作为兴奋剂，可用于制软水饮料。

柠檬酸钠（sodium citrate） 亦称"枸橼酸钠"。CAS 号 6132-04-3。化学式 $Na_3C_6H_5O_7 \cdot 5H_2O$，分子量 348.15。无色斜方系柱状晶体。密度 1.859 g/cm³。能溶于水和甘油中，微溶于乙醇。水溶液具有微碱性，味觉时有清凉感。在空气中稳定。加热至 100℃时变成为二水盐。后者为无色单斜系柱状晶体或粒状粉末，易溶于水。在 150℃时变成无水物，更高温度即分解。制备：可用碳酸钠溶液与柠檬酸中和制得。用途：可作为缓冲剂、络合剂、细菌培养基、血液抗凝剂，可用于医药、食品、饮料、电镀、照相等领域。

柠檬酸钾（potassium citrate） 亦称"枸橼酸钾"。CAS 号 866-84-2。化学式 $K_3C_6H_5O_7 \cdot H_2O$，分子量 324.41。无色或白色结晶性粉末。密度 1.98 g/cm³。有潮解性，易溶于水，水溶液呈碱性。缓慢溶于甘油，几乎不溶于乙醇。180℃失去结晶水，加热至 230℃熔化并分解。制备：由氢氧化钾或碳酸钾中和柠檬酸的水溶液制得。用途：可作为食品的稳定剂、防腐剂、pH 缓冲剂，可用于化学分析、制药、镀金等领域。

柠檬酸钙（calcium citrate） 亦称"枸橼酸钙"。CAS 号 7693-13-2。化学式 $Ca_3(C_6H_5O_7)_2 \cdot 4H_2O$，分子量 570.50，白色针状晶体或结晶性粉末。有吸湿性。极微溶于乙醇，稍溶于水。在 100℃时失去大部分结晶水，在 120℃时失去全部结晶水。制备：用氢氧化钙中和柠檬酸

的水溶液,或由氯化钙与柠檬酸钠反应制得。用途:可作为食品添加剂、螯合剂、缓冲剂、组织凝固剂、钙质增补剂等。

柠檬酸锰(manganese(II) citrate)　亦称"枸橼酸锰"。CAS 号 10024-66-5。化学式 $Mn_3(C_6H_5O_7)_2$,分子量 543.02。粉红色粉末。微溶于水,溶于柠檬酸钠溶液和酸类。制备:由柠檬酸与氢氧化锰反应制得。

柠檬酸铁(iron citrate)　亦称"枸橼酸铁"。CAS 号 3522-50-7。化学式 $FeC_6H_5O_7 \cdot 5H_2O$,分子量 335.03。略有铁锈味的石榴红色透明鳞片状晶体或浅棕色粉末。可缓慢溶于冷水,易溶于热水,水溶液为酸性。几乎不溶于乙醇。应避光保存。制备:用新沉淀的氢氧化铁与柠檬酸水溶液反应制得。用途:可用于制药、营养强化剂、制柠檬酸铁铵、晒蓝图等。

柠檬酸钴(cobalt citrate)　亦称"枸橼酸钴"。CAS 号 6424-15-3。化学式 $Co_3(C_6H_5O_7)_2 \cdot 2H_2O$,分子量 591.04。玫瑰红色。微溶于冷水,溶于稀酸。150℃失去 2 分子结晶水。制备:由柠檬酸与氢氧化钴反应制得。用途:可用于制维生素、医药、有机反应的催化剂等。

柠檬酸锌(zinc citrate)　亦称"枸橼酸锌"。CAS 号 546-46-3。化学式 $Zn_3(C_6H_5O_7)_2 \cdot 2H_2O$,分子量 610.35。白色无臭无定形粉末。微溶于水,溶于稀的无机酸和强碱。制备:由柠檬酸和氢氧化锌或碳酸锌反应制得。用途:可作为医药、化工原料。

柠檬酸铜(copper citrate)　亦称"枸橼酸铜"。CAS 号 10402-15-0。化学式 $Cu_3(C_6H_5O_7)_2$,分子量 568.84。淡蓝绿色结晶性粉末。微溶于水,溶于氨水、稀酸、热的柠檬酸钠溶液。制备:由热的硫酸铜溶液与适量柠檬酸钠溶液反应,或由氢氧化铜与柠檬酸反应制得。用途:可作为防腐剂、杀虫剂,可用于测定葡萄糖。

柠檬酸银(silver citrate)　亦称"枸橼酸银""重粉"。CAS 号 314040-92-1。化学式 $Ag_3C_6H_5O_7$,分子量 512.71。白色针状晶体。难溶于水,水温升高溶解度微增。易溶于稀硝酸、氨水、氰化钾、硫代硫酸钠溶液。有感光性。受热及遇有机物分解。制备:由硝酸银溶液与用碳酸氢钠中和的柠檬酸溶液反应,或由新制氧化银与柠檬酸反应制得。用途:可作为无刺激性的创伤防腐撒布粉。

柠檬酸钡(barium citrate)　亦称"枸橼酸钡"。CAS 号 6487-29-2。化学式 $Ba_3(C_6H_5O_7)_2 \cdot 7H_2O$,分子量 916.33。含 3.5 分子结晶水盐为无色微细结晶,5 分子结晶水盐为无色针状结晶,7 分子结晶水盐为无色结晶,有毒! 溶于盐酸,微溶于醇、水。在 150℃时变为无水盐。用途:可作为烯氧化聚合反应的催化剂。

柠檬酸铈(cerium citrate)　亦称"枸橼酸铈"。CAS 号 512-24-3。化学式 $Ce(C_6H_5O_7) \cdot \frac{7}{2}H_2O$,分子量 392.28。白色粉末。不溶于水,溶于稀无机酸。受热分解。制备:由硝酸铈溶液与柠檬酸铵溶液反应制得。用途:可作为硅氧烷树脂的熟化剂。

柠檬酸铅(lead citrate)　亦称"枸橼酸铅"。CAS 号 6107-83-1。化学式 $Pb_3(C_6H_5O_7)_2 \cdot 3H_2O$,分子量 1 053.82。白色晶态粉末,有毒! 溶于水,极微溶于乙醇。制备:以铅膏和硫酸铅为原料,在柠檬酸-柠檬酸钠浸出体系中制得。用途:可用于制复合材料等。

柠檬酸铋(bismuth citrate)　亦称"枸橼酸铋"。CAS 号 813-93-4。化学式 $BiC_6H_5O_7$,分子量 398.08。白色晶体粉末。密度 3.458 g/cm³。溶于氨水、酒石酸的碱金属盐,微溶于水、乙醇。加热则分解。制备:由柠檬酸与氢氧化铋或次硝酸铋共沸制得。用途:可作为杀菌剂、止血剂。

柠檬酸铵(ammonium citrate)　亦称"枸橼酸铵"。CAS 号 3458-72-8。化学式 $(NH_4)_3C_6H_5O_7$,分子量 243.22。白色晶体。密度 1.48 g/cm³。易潮解,易溶于水,不溶于乙醇、乙醚、丙酮。加热分解。制备:由氢氧化铵与柠檬酸反应,或由柠檬酸与氨水反应制得。用途:可用于测定肥料中的磷酸盐、防锈、制药等。

柠檬酸氢镁(magnesium hydrogen citrate)　亦称"枸橼酸一氢镁"。CAS 号 144-23-0。化学式 $MgHC_6H_5O_7 \cdot 5H_2O$,分子量 304.50。白色粒状晶体或黄色粉状固体。溶于酸、水,难溶于乙醇。制备:可由柠檬酸与氢氧化镁或碳酸镁按化学计量比反应制得。用途:可作为医药、试剂、食品添加剂。

柠檬酸二氢钾(protassium dihydrogen citrate)　亦称"枸橼酸二氢钾"。CAS 号 866-83-1。化学式 $KH_2C_6H_5O_7$,分子量 230.22。白色结晶性粉末。溶于水,溶液呈酸性。制备:由柠檬酸与柠檬酸钾按化学计量比在溶液中反应制得。用途:可用于制药、配制酸度标准度液。

柠檬酸氢铵(ammonium hydrogen citrate)　亦称"枸橼酸氢铵"。CAS 号 3012-65-5。化学式 $(NH_4)_2HC_6H_5O_7$,分子量 226.19。白色颗粒或粉末状物质。密度 1.48 g/cm³。易溶于水,微溶于乙醇。制备:由氨水与柠檬酸部分中和制得。用途:可作为防腐剂、媒染剂、利尿剂、分析试剂。

葡萄糖酸钙(calcium gluconate)　CAS 号 66905-23-5。化学式 $Ca(C_6H_{11}O_7)_2 \cdot H_2O$,分子量 448.39。无色无嗅无味颗粒或针状结晶。稍溶于冷水,可溶于热水,不溶于乙醇、乙醚、氯仿。饱和水溶液接近中性。120℃成为无水物。制备:可由葡萄糖和碳酸钙混匀后加葡萄糖氧化酶和过氧化氢酶,37℃时氧化制得;或由葡萄糖酸与石灰或碳酸钙中和制得。用途:可作为食品添加剂、缓冲剂、固化剂、螯合剂、营养增补剂,可用于治疗缺钙症、佝偻病、软骨病、结核病等。

葡萄糖二酸氢钾（potassium hydrogen glucarate）亦称"酸式糖二酸钾""α-糖二酸氢钾"。CAS 号 576-42-1。化学式 $KC_6H_9O_8$，分子量 248.24。斜方系针状晶体，有毒！能溶于热水中。制备：由葡萄糖二酸与氢氧化钾溶液反应制得。用途：用于医药。

苦味酸钾（potassium picrate）　亦称"2,4,6 三硝基苯氧化钾"。CAS 号 573-83-1。化学式 $KC_6H_2N_3O_7$，分子量 267.20。黄色带红或绿色的斜方系晶体。密度 1.852 g/cm³。溶于水、乙醇。热至 310℃或受打击时爆炸分解。制备：由苦味酸溶液与氢氧化钾水溶液反应制得。用途：可用于制电引火元件、雷管。

苦味酸锌（zinc picrate）　CAS 号 16824-81-0。化学式 $Zn[C_6H_2O(NO_2)_3]_2 \cdot 8H_2O$，分子量 665.69。黄色晶体或粉末。溶于水。加热易爆炸。制备：由苦味酸和锌盐溶液反应制得。用途：可作为医用防腐剂。

苦味酸铅（lead picrate）　CAS 号 6477-64-1。化学式 $Pb(C_6H_2N_3O_7)_2 \cdot H_2O$，分子量 681.45。黄色针状晶体。密度 2.831 g/cm³。微溶于水。130℃失水，高温易爆炸。

苦味酸钍（thorium picrate）　亦称"四(三硝基苯酚基)钍十水合物"。化学式 $Th(C_6H_2N_3O_7)_4 \cdot 10H_2O$，分子量 1 324.59。微溶于水。制备：由氢氧化钍与苦味酸反应制得。

苦味酸铵（ammonium picrate）　亦称"2,4,6-三硝基苯酚铵""苦味酚铵""I7 炸药"。CAS 号 131-74-8。化学式 $(NH_4)C_6H_2N_3O_7$，分子量 246.14。鲜红色介稳型或鲜黄色稳定型斜方系苦味晶体。熔点 265～271℃，密度 1.719 g/cm³。略溶于水，微溶于乙醇。遇湿气燃烧。受热或震动极易爆炸。制备：可由苦味酸与氨水反应制得。用途：可用于制炸药、烟火、信号弹、火箭推进剂。

苦味酸联氨（hydrazine picrate）　亦称"苦味酸肼"。化学式 $N_2H_4HC_6H_2N_3O_7 \cdot 1/2H_2O$，分子量 270.16。熔点 201.3℃。溶于水。制备：可由苦味酸与肼反应制得。

苦氨酸钠（sodium picramate）　亦称"2-氨基-4,6-二硝基苯酚钠"。CAS 号 831-52-7。化学式 $NaC_6H_4N_3O_5$，分子量 221.10。棕红色的膏状物，有毒！可溶于水。制备：可由苦氨酸与氢氧化钠反应制得。用途：可用于制造偶氮染料。

苦氨酸铵（ammonium picramate）　亦称"2-氨基-4,6-二硝基苯酚铵"。CAS 号 131-74-8。化学式 $NH_4C_6H_4N_3O_5$，分子量 216.15。暗棕色片状结晶性粉末。可溶于水、乙醇。制备：可由苦氨酸与氨水反应制得。用途：可作为炸药、药物。

右旋酸式糖二酸铵（ammonium D-glucarate）CAS 号 84864-59-5。化学式 $NH_4HC_6H_8O_8$，分子量 227.17。白色单斜系针状或棱柱形晶体。难溶于冷乙醇，

可溶于热乙醇。制备：可由孟基葡萄苷酸与 Br_2、HBr 反应，滤渣用氨水和乙酸处理制得。

2,4,6-三硝基间苯二酚钾（potassium styphnate）亦称"收敛酸钾"。化学式 $KC_6H_2N_3O_8 \cdot H_2O$，分子量 301.22。黄色单斜系棱柱状晶体。溶于水，难溶于乙醇。热至 120℃失去水变成无水盐。制备：由 2,4,6-三硝基间苯二酚与氢氧化钾水溶液反应制得。

苯甲醇钠（sodium phenylmethanolate）　CAS 号 20194-18-7。化学式 NaC_7H_7O，分子量 130.12。无色或浅黄色黏稠液体。沸点 203～205℃，密度 1.077 g/mL。制备：可由氢氧化钠与苯甲醇在甲苯中回流分水制得。

苯甲酸锂（lithium benzoate）　亦称"安息香酸锂"。CAS 号 553-54-8。化学式 $LiC_7H_5O_2$，分子量 128.06。白色晶体或粉末。熔点 300℃。有吸湿性。溶于水、乙醇。受热变为液晶，在水溶液中，加热到高温也不分解。水溶液呈微碱性。其半水合物为无色晶体。一水合物亦为无色晶体，当受 365 nm 波长光照时呈淡紫色荧光并缓慢分解。其酸式盐为无色叶状晶体。制备：可将碳酸锂溶于苯甲酸水溶液中制得。用途：可作为压片的润滑剂，可用于生产塑料。

苯甲酸钠（sodium benzoate）　亦称"安息香酸钠"。CAS 号 532-32-1。化学式 $NaC_7H_5O_2$，分子量 144.11。具甜涩味的白色颗粒状或结晶性粉末。溶于水，微溶于乙醇，水溶液呈微碱性。在空气中稳定。加热时开始熔化，进而炭化，最后残余为碱性物。制备：可由碳酸氢钠溶液中和苯甲酸制得。用途：可作为食品防腐剂、染料中间体，可用于制药、生物学研究等。

苯甲酸镁（magnesium benzoate）　CAS 号 553-70-8。化学式 $Mg(C_7H_5O_2)_2 \cdot 3H_2O$，分子量 320.59。白色粉末。溶于水、乙醇。在 100℃时失去 3 分子结晶水，200℃时分解。

苯甲酸铝（aluminium benzoate）　亦称"安息香酸铝"。CAS 号 555-32-8。化学式 $Al(C_7H_5O_2)_3$，分子量 390.23。白色晶体或粉末。微溶于水。制备：可在能使铝活化的金属氧化物或铝盐存在下，由苯甲酸和乙醇铝反应；或由苯甲酸和铝在有机溶剂中反应制得。用途：可用于织物防水。

苯甲酸钾（potassium benzoate）　亦称"安息香酸钾"。CAS 号 582-25-2。化学式 $KC_7H_5O_2 \cdot 3H_2O$，分子量 214.26。白色结晶性粉末。易溶于水，溶于乙醇。见光逐渐变成粉红色。空气中易风化。110℃变为无水物。制备：可由碳酸氢钾溶液中和苯甲酸制得。用途：可作为防腐剂、消毒剂，可用于制药。

苯甲酸钙（calcium benzoate）　亦称"安息香酸钙"。CAS 号 2090-05-3。化学式 $Ca(C_7H_5O_2)_2 \cdot 3H_2O$，分子量 336.36。无色斜方系晶体。密度 1.436 g/cm³。溶于水。

在114℃时失去3分子结晶水。制备：可由苯甲酸与氢氧化钙反应制得。用途：可作为食品防腐剂、石蜡氯化的催化剂、制甘油对苯二甲酸酯的催化剂，与苯甲酸锌的混合物可用作聚氯乙烯的稳定剂。

苯甲酸锰（manganese benzoate） 亦称"安息香酸锰"。CAS号636-13-5。化学式$Mn(C_7H_5O_2)_2 \cdot 4H_2O$，分子量369.23。淡红色棱柱状晶体。溶于水。加热至100～105℃失水。

苯甲酸铁（iron benzoate） 亦称"安息香酸铁"。CAS号14534-87-3。化学式$Fe(C_7H_5O_2)_3$，分子量419.20。棕色粉末。不溶于水，溶于热的乙醇、乙醚，缓慢溶于油类。制备：由氢氧化铁和苯甲酸反应制得。用途：可用于制药。

苯甲酸钴（cobalt benzoate） 亦称"安息香酸钴""四水合苯甲酸钴"。CAS号932-69-4。化学式$Co(C_7H_5O_2)_2 \cdot 4H_2O$，分子量372.23。灰红色叶状晶体。易溶于水。加热至115℃时变为无水物。制备：可由氯化钴水溶液中与苯甲酸反应制得。

苯甲酸铜（copper benzoate） 亦称"安息香酸铜"。CAS号533-01-7。化学式$Cu(C_7H_5O_2)_2 \cdot 2H_2O$，分子量341.80。亮蓝色无味结晶性粉末。溶于稀酸，微溶于冷水及醇。110℃时失水。制备：由苯甲酸钠溶液与硫酸铜反应制得。

苯甲酸锌（zinc benzoate） 亦称"安息香酸锌"。CAS号553-72-0。化学式$Zn(C_7H_5O_2)_2$，分子量307.60。白色粉末。溶于水。对呼吸器官有刺激作用。制备：由硫酸锌和苯甲酸钠反应制得。

苯甲酸铵（ammonium benzoate） 亦称"安息香酸铵"。CAS号1863-63-4。化学式$NH_4C_7H_5O_2$，分子量139.16。密度1.260 g/cm³。溶于水、甘油中，微溶于乙醇，不溶于乙醚。暴露在空气中逐渐失去氨，能与铁盐、酸、碱、氢氧化物及碳酸盐反应。160℃时升华，198℃时分解。制备：可由苯甲酸与氨气反应制得。用途：可作为分析试剂、防腐剂。

苯甲酸银（silver benzoate） 亦称"安息香酸银"。CAS号532-31-0。化学式$AgC_7H_5O_2$，分子量228.98。白色或灰白色粉末。溶于热水，微溶于冷水，极微溶于乙醇。与氨反应生成苯甲酸二氨合银。遇光缓慢变黑。制备：可由硝酸银溶液与苯甲酸钾在中性溶液中反应制得。用途：可作为催化剂。

苯甲酸镉（cadmium benzoate） 亦称"安息香酸镉"。CAS号3026-22-0。化学式$Cd(C_7H_5O_2)_2 \cdot 2H_2O$，分子量390.66。白色粉末，有毒！微溶于水、乙醇。制备：将氧化镉、氢氧化镉或碳酸镉加入苯甲酸的热水溶液制得。

苯甲酸钡（barium benzoate） 亦称"安息香酸钡"。CAS号533-00-6。化学式$Ba(C_7H_5O_2)_2 \cdot 2H_2O$，分子量415.60。无色珍珠样光泽的叶状晶体。在空气中由于风化而变成粉状。溶于水，微溶于乙醇。100℃失去结晶水。

苯甲酸亚汞（mercury(I) benzoate） 亦称"安息香酸亚汞"。CAS号635-94-9。化学式$Hg_2(C_7H_5O_2)_2$，分子量643.46。淡黄色针状晶体。不溶于冷水、冷乙醇、冷乙醚，难溶于热水。在热乙醇中分解出汞，光照缓慢分解。

苯甲酸汞（mercury(II) benzoate） 亦称"安息香酸汞"。CAS号583-15-3。化学式$Hg(C_7H_5O_2)_2 \cdot H_2O$，分子量460.84。无色针状晶体，有毒！熔点165℃。微溶于水、乙醇，溶于苯、氯化铵、苯甲酸铵溶液。煮沸其水溶液能水解生成碱式盐并游离出苯甲酸。光照易分解。制备：由可溶性汞盐与苯甲酸钠溶液反应制得。用途：可用于制药。

苯甲酸铋（bismuth benzoate） 亦称"安息香酸铋"。化学式$Bi(C_7H_5O_2)_3$，分子量572.33。白色粉末。溶于酸，不溶于乙醚、水。制备：由苯甲酸钠与铋盐反应制得。用途：可代替碘仿作为消毒剂。

苯甲酸铀酰（uranyl benzoate） CAS号532-60-5。化学式$UO_2(C_7H_5O_2)_2$，分子量512.26。黄色粉末。微溶于冷水、乙醇。

庚酸钠（sodium heptanoate） CAS号10051-45-3。化学式$NaC_7H_{13}O_2$，分子量152.17。白色晶状粉末或叶片状晶体。熔点240～350℃。能溶于水、乙醇、乙醚、氯仿。制备：将氢氧化钠或碳酸钠在庚酸的乙醇溶液中加热反应制得。用途：可用于制洗涤剂、浮选剂等。

庚酸铅（lead heptanoate） 化学式$Pb(C_7H_{13}O_2)_2$，分子量465.55。白色叶状晶体。熔点91.5℃。微溶于水，不溶于醇。制备：由一氧化铅与庚酸的乙醇溶液反应制得。

水杨酸锂（lithium salicylate） 亦称"邻羟基苯甲酸锂"。CAS号552-38-5。化学式$LiC_7H_5O_3$，分子量144.06。白色粉末状固体。有吸湿性。易溶于水和乙醇。在水溶液中稳定，加热也不分解。水溶液略显碱性。受热分解。一水合物为无色晶体，能发出淡紫色的荧光。制备：可由水杨酸与碳酸锂反应制得。用途：可作为润滑脂添加剂。

水杨酸钠（sodium salicylate） 亦称"邻羟基苯甲酸钠"。CAS号54-21-7。化学式$NaC_7H_5O_3$，分子量160.11。白色或微红色细微结晶或鳞片，或白色无定形粉末。熔点200℃。易溶于水、乙醇、甘油，微溶于乙醚、苯、氯仿。水溶液呈酸性。其六水合物为无色圆柱状晶体。在260℃分解。制备：可由水杨酸与碳酸氢钠反应制得。用途：用作防腐剂、镇痛剂、抗风湿剂、解热剂，用于分析二氧化铀、测胃液中的游离酸等。

水杨酸镁（magnesium salicylate） 亦称"邻羟基苯

甲酸镁"。CAS 号 18917-89-0。化学式 $Mg(C_7H_5O_3)_2 \cdot 4H_2O$，分子量 370.61。白色结晶性粉末。溶于水、乙醇，水溶液呈微酸性。易风化。与酸反应生成相应的盐和水杨酸。与碱反应生成氢氧化镁沉淀和水杨酸盐。与过量碱石灰一起加热，生成酚和碳酸盐。制备：由水杨酸与氢氧化镁反应制得。用途：可用作抗炎、解热、镇痛药物，用于治疗类风湿病、结缔组织病、风湿病、骨关节痛、滑囊炎。

水杨酸铝（aluminium salicylate）　亦称"邻羟基苯甲酸铝""撒路明"。化学式 $Al(C_7H_5O_3)_3$，分子量 438.20。浅粉红色粉状物。溶于氨水、碱类，不溶于水、乙醇和乙醚。制备：可由水杨酸与铝盐或氢氧化铝反应制得。用途：可用作防腐剂、治疗鼻喉病症的药物。

水杨酸钾（potassium salicylate）　亦称"邻羟基苯甲酸钾"。CAS 号 578-36-9。化学式 $KC_7H_5O_3$，分子量 176.22。白色、无臭粉末，见光逐渐变成粉红色。易溶于水、乙醇。水溶液对石蕊显微酸性。制备：由水杨酸与等摩尔量的氢氧化钾反应制得。用途：用于医药。

水杨酸钙（calcium salicylate）　亦称"邻羟基苯甲酸钙"。CAS 号 824-35-1。化学式 $Ca(C_7H_5O_3)_2 \cdot 2H_2O$，分子量 314.30。白色单斜系晶体或粉末。溶于水和乙醇，其水溶液呈弱酸性。加热至 120℃时失去 2 分子结晶水，244℃时分解成酚、水杨酸盐、二氧化碳和水。制备：由碳酸钙与水杨酸水溶液加热反应制得。

水杨酸铜（copper salicylate）　亦称"邻羟基苯甲酸铜"。CAS 号 16048-96-7。化学式 $Cu(C_7H_5O_3)_2 \cdot 4H_2O$，分子量 409.83。蓝绿色针状晶体。易溶于水、乙醇、氨水。将其水溶液煮沸能生成水杨酸及不溶于水的黄绿色盐 $CuC_7H_4O_3 \cdot H_2O$。用途：可作为防腐剂。

水杨酸锌（zinc salicylate）　亦称"邻羟基苯甲酸锌"。CAS 号 16283-36-6。化学式 $Zn(C_7H_5O_3)_2 \cdot 3H_2O$，分子量 393.65。无色针状晶体或粉末。能溶于水、乙醇，其水溶液石蕊显中性。制备：由水杨酸和氢氧化锌共热反应制得。用途：可作为防腐剂、收敛剂。

水杨酸锶（strontium salicylate）　亦称"邻羟基苯甲酸锶"。CAS 号 526-26-1。化学式 $Sr(C_7H_5O_3)_2 \cdot 2H_2O$，分子量 397.88。无色透明晶体。升高温度则分解。可溶于水、乙醇。

水杨酸银（silver salicylate）　亦称"邻羟基苯甲酸银"。CAS 号 528-93-8。化学式 $AgC_7H_5O_3$，分子量 244.99。白色乃至带红色晶体。密度 1.375 g/cm^3。微溶于冷水，易溶于沸水，溶于乙醇。空气中见光缓慢分解呈淡红色。制备：由硝酸银或硫酸银溶液与水杨酸盐在中性溶液中反应制得。

水杨酸镉（cadmium salicylate）　CAS 号 19010-79-8。化学式 $Cd(C_7H_5O_3)_2 \cdot H_2O$，分子量 404.65。白色针状晶体。熔点 242℃。更高温会分解。微溶于冷水，易溶于热水，能溶于乙醇、乙醚、甘油、酸、氨水。在溶液中通入氨，可得二氨、四氨、六氨配合物。制备：可由水杨酸与氧化镉反应制得。用途：可作为防腐剂、眼科收敛剂。

水杨酸铈（cerium salicylate）　CAS 号 526-17-0。化学式 $Ce(C_7H_5O_3)_3$，分子量 551.47。白色或浅红色粉末。不溶于水、乙醇。制备：可由碳酸铈水溶液与水杨酸溶液反应制得。用途：可作为防腐剂。

水杨酸铵（ammonium salicylate）　亦称"邻羟基苯甲酸铵"。CAS 号 528-94-9。化学式 $NH_4C_7H_5O_3$，分子量 155.15。白色粉末针状晶体。加热时升华。溶于水、乙醇。长期与空气接触则失去氨。与含铁化合物接触可引起变色。制备：由水杨酸和氨的水溶液反应制得。用途：可作为防腐剂、杀菌剂，可用于制药工业。

碱式水杨酸铋（bismuth basic salicylate）　亦称"次水杨酸铋"。CAS 号 14882-18-9。化学式 $Bi(C_7H_5O_3)_3 \cdot Bi_2O_3$，分子量 1 085.94。白色细微晶体。不溶于水、乙醇、乙醚，可溶于酸、碱。在空气中稳定，见光则不稳定。制备：由新制的氢氧化铋与水杨酸反应制得。用途：可作为肠内或局部的医用防腐剂、抗螺旋体药物等。

碱式没食子酸铋（bismuth basic gallate）　亦称"次没食子酸铋""代马妥耳"。CAS 号 2650-86-8。化学式 $Bi(OH)_2C_7H_5O_6$，分子量 412.11。无臭无味的亮黄色晶体。几乎不溶于水、乙醇、乙醚、氯仿。溶于稀碱、稀酸同时分解。见光缓慢褪色，遇热分解。制备：将硝酸铋的冰醋酸溶液与没食子酸反应制得。用途：可作为收敛剂、防腐剂，可用于医治泻疾、外伤、皮肤病等。

辛酸钠（sodium octanoate）　CAS 号 1984-06-1。化学式 $NaC_7H_{15}COO$，分子量 166.20。乳酪色的细小颗粒。易溶于水。制备：可由辛酸与氢氧化钠溶液反应制得。用途：可用于制药工业。

辛酸铁（iron(III) octanoate）　CAS 号 3130-28-7。化学式 $Fe(C_7H_{15}COO)_3$，分子量 485.46。红紫色半固态物质。溶于乙醇，不溶于水。制备：可由辛酸钠与铁盐溶液反应制得。用途：可作为分析试剂。

辛酸钴（cobalt octanoate）　CAS 号 6700-85-2。化学式 $Co(C_7H_{15}COO)_2$，分子量 345.34。制备：可由辛酸钠与氯化钴反应制得。用途：可作为乳化剂、分散剂、润滑剂、油漆催干剂。

辛酸锌（zinc octanoate）　CAS 号 557-09-5。化学式 $Zn(C_7H_{15}COO)_2$，分子量 351.79。白色有光泽的鳞状晶体。熔点 136℃。微溶于沸水，易溶于热乙醇。在潮湿空气中分解而释出辛酸。制备：可由辛酸铵和硫酸锌溶液反应制得。用途：可作为杀真菌剂、油漆催干剂、配制固化油的原料等。

辛酸锡（tin octanoate）　CAS 号 301-10-0。化学式 $Sn(C_7H_{15}COO)_2$，分子量 405.10。无色至淡黄色透明液

体或黄褐色膏状物,有毒! 熔点低于 $-20℃$,密度 1.251 g/cm^3。不溶于水,溶于石油醚、多元醇。制备:可由氧化亚锡与辛酸反应制得。用途:可作为生产聚氨酯泡沫的催化剂、橡胶固化剂、发泡剂等。

辛酸铅(lead octanoate)　　CAS 号 15696-43-2。化学式 $Pb(C_8H_{15}O_2)_2$,分子量 493.60。白色叶状晶体。熔点 83.5~84.5℃。不溶于水,溶于醇。用途:可作为防腐剂。

辛酸铵(ammonium octanoate)　　CAS 号 5972-76-9。化学式 $NH_4C_7H_{15}COO$,分子量 161.24。无色单斜系晶体。熔点 70~85℃,密度约 1.01 g/cm^3。可溶于乙酸、乙醇。制备:可由辛酸与氨反应制得。用途:可用于制摄影乳剂、杀虫剂、辛酸锌等。

二乙基丙二酸铝(aluminium diethylmalonate)　　化学式 $Al(C_7H_{11}O_4)_3$,分子量 504.47。无色晶体。熔点 98℃,密度 1.084 g/cm^3。溶于有机溶剂,不溶于水。用途:可用作金属黏合剂、半导体器件。

邻苯二甲酸钠(sodium phthalate)　　亦称"邻苯二甲酸钠""酞钠"。CAS 号 827-27-0。化学式 $Na_2C_8H_4O_4$,分子量 210.10。白色叶状晶体或珠光粉末。可溶于水、乙醇。150℃失水分解。其三水合物、二水合物为无色针状晶体。制备:在邻苯二甲酸水溶液中加入氢氧化钠制得。

邻苯二甲酸氢钾(potassium hydrogen phthalate)　　亦称"酸式苯二甲酸钾""酞酸氢钾"。CAS 号 877-24-7。化学式 $KHC_8H_4O_4$,分子量 204.23。无色斜方系晶体。密度 1.636 g/cm^3。在空气中不吸湿。溶于水,溶液呈酸性,微溶于醇。制备:可由苯二甲酸酐与氢氧化钾反应,或由邻苯二甲酸水溶液与化学计量比的氢氧化钾反应制得。用途:可用于配制标准缓冲溶液。

二乙基巴比妥酸钠(sodium barbital)　　亦称"巴比妥钠"。CAS 号 4390-16-3。化学式 $NaC_8H_{11}N_2O_3$,分子量 206.17。有苦味的白色结晶性粉末,有毒! 溶于水,溶液呈碱性。微溶于乙醇,不溶于乙醚。用途:可作为色谱分析试剂,可用于制药、塑料、有机合成。

羟基喹啉镓(gallium hydroxyquinolinate)　　CAS 号 14642-34-3。化学式 $Ga(C_9H_6NO)_3$,分子量 502.18。黄绿色晶体。熔点高于 150℃。真空升华。微溶于水、醇,溶于酸、碱。制备:可由镓盐与羟基喹啉在水和二甲亚砜的混合液中反应制得。用途:可作为发光材料。

桂皮酸钠(sodium cinamate)　　CAS 号 538-42-1。化学式 $NaC_9H_7O_2$,分子量 170.14。白色或无色晶状粉末。稍有吸湿性。可溶于水和甘油中,微溶于乙醇。在 115~120℃成为褐色。在冷水中部分生成酸性盐 $NaC_9H_7O_2 \cdot C_9H_8O_2$,煮沸时该盐完全分解。制备:由氢氧化钠或碳酸钠与桂皮酸反应制得。用途:曾用于治疗结核病。

乙酰水杨酸锂(lithium acetylsalicylate)　　CAS 号 552-98-7。化学式 $LiC_9H_7O_4$,分子量 186.09。无色柱状晶体。有吸湿性。易溶于水、乙醇。在潮湿空气中分解。制备:可由乙酰水杨酸水溶液与碳酸锂反应制得。

二正丁基二硫代氨基甲酸钠(sodium dibutyl dithiocarbamate)　　亦称"促进剂 TP"。CAS 号 136-30-1。化学式 $Na(C_4H_9)_2NCS_2$,分子量 227.37。黄色或红褐色半透明液体。密度 1.09~1.14 g/L。能与水混溶。不宜用铁器存贮。制备:由二正丁胺与二硫化碳在氢氧化钠存在下反应制得。用途:可作为天然胶、丁苯胶、氯丁胶及胶乳硫化促进剂。

二正丁基二硫代氨基甲酸镍(nickel dibutyl dithiocarbamate)　　亦称"光稳定剂 NBC"。CAS 号 13927-77-0。化学式 $Ni[(C_4H_9)_2NCS_2]_2$,分子量 467.45。黄绿色或绿色粉末。熔点 89~90℃,密度 1.29 g/cm^3。微溶于水、乙醇,溶于苯、丙酮、氯仿、二硫化碳。有光稳定性能及抗臭氧作用。在阳光下不变色,耐热性好,可减少由于光、热和氧而产生氯化氢的作用,减少胶料变色。制备:可由镍盐溶液与二正丁基二硫代甲酸钠反应制得。用途:可作为聚丙烯、合成橡胶的光稳定剂。

二正丁基二硫代氨基甲酸锌(zinc dibutyl dithiocarbamate)　　亦称"促进剂 BZ"。CAS 号 136-23-2。化学式 $Zn[(C_4H_9)_2NCS_2]_2$,分子量 474.16。乳白或灰白色粉末。熔点大于 102℃,密度 1.18~1.24 g/cm^3。溶于苯、二硫化碳、氯仿、二氯甲烷,微溶于汽油,不溶于水、稀碱。制备:由水溶性锌盐溶液与二正丁基二硫代氨基甲酸的碱金属盐的水溶液反应制得。用途:可作为天然胶、合成胶及胶乳用超促进剂。

癸酸铅(lead caprate)　　CAS 号 15773-52-1。化学式 $Pb(C_{10}H_{19}O_2)_2$,分子量 549.71。无色粉末。熔点 103~104℃。不溶于水,微溶于乙醚。

樟脑酸钠(sodium camphorate)　　CAS 号 65323-13-9。化学式 $Na_2C_{10}H_{14}O_4 \cdot 3H_2O$,分子量 298.25。白色针状晶体或粉末。易潮解。溶于水、乙醇。100℃时失去结晶水。制备:由氢氧化钠与樟脑酸反应制得。用途:可用于防腐剂、医药。

樟脑酸钾(potassium camphorate)　　CAS 号 6100-04-5。化学式 $K_2C_{10}H_{14}O_4 \cdot 5H_2O$,分子量 366.52。白色或微黄色粉晶。可潮解,易溶于水,溶于乙醇。受热 110℃失去 5 分子结晶水。制备:可由氢氧化钾与樟脑酸反应制得。用途:可用于制药。

乙二胺四乙酸二钠(disodium edetate)　　亦称"乙底酸二钠""依地酸二钠""EDTA 二钠盐"。CAS 号 6381-92-6。化学式 $Na_2C_{10}H_{14}N_2O_8 \cdot 2H_2O$,分子量 372.24。白色或微黄色结晶粉末。熔点 252℃。能溶于水,几乎不溶于乙醇、乙醚。可从碳酸盐中释放二氧化碳,可与金属反应析出氢气。溶解后性质与 EDTA 类似。是一种重要的络合剂及金属掩蔽剂,与多种金属离子能形成稳定的络合物。100℃开始失去结晶水，120℃完全失去结晶水。制备：可由乙二胺四乙酸与氢氧化钠反应；或由乙二胺与氯乙酸钠在氢氧化钠作用下缩合生成乙二胺四乙酸四钠盐，再经酸化、碱溶制得。用途：可作为金属掩蔽剂、彩色显影剂、氨羧配合剂、螯合剂、阻凝剂、软水剂，可用于分析化学、制药工业、彩色显影、稀有金属冶炼等领域。

乙二胺四乙酸三钠（trisodium edetate） 亦称"依地酸三钠"。CAS 号 85715-60-2。分子式 $Na_3C_{10}H_{13}N_2O_8 \cdot H_2O$，分子量 376.20。白色晶态粉末。熔点 730℃。较二钠盐及游离酸更易溶于水，1%水溶液 pH 约为 9.3。每克至少能络合 242 mg 碳酸钙。制备：可由乙二胺四乙酸与氢氧化钠反应制得。用途：可作为生化试剂、螯合剂。

乙二胺四乙酸四钠（tetrasodium edetate） 亦称"依地酸四钠"。CAS 号 64-02-8。分子式 $C_{10}H_{12}N_2Na_4O_8$，分子量 380.17。白色晶态粉末。熔点 730℃。极易溶于水，不易溶于醇。1%溶液 pH 约为 11.3。能与大多数 2、3 价金属离子形成可溶性金属螯合物。用途：可作为分析试剂、氨羧络合剂、合成橡胶触媒、软水剂，可用作纤维精炼、漂白、染色、制药等领域。

乙二胺四乙酸钙二钠（sodium calcium edetate） 亦称"乙底酸钙二钠"。CAS 号 62-33-9。化学式 $Na_2[Ca(CH_2N(CH_2COO)_2)_2]$，分子量 374.27。无臭无味的白色晶体或粉末。稍有潮解性。易溶于水，不溶于乙醇、乙醚。络合物中心金属钙离子可与铅、汞等重金属或放射性元素及其裂变产物发生交换作用，使重金属等形成水溶性络合物而促使它们从人体内排出。制备：由乙二胺四乙酸与相应量的钙盐和氢氧化钠反应制得。用途：可作为络合剂、食品防腐剂、食品色泽稳定剂、调味剂，可用于治疗铅中毒。

三碘化六安替吡啉合铈（cerium hexaantipyrine triiodide） CAS 号 12581-94-1。化学式 $[Ce(C_{11}H_{12}N_2O)_6]I_3$，分子量 1 650.18。黄色晶体。熔点 268～270℃。可溶于水中。安替吡啉属于酰胺类配体，通过羰基与铈离子配位。制备：可由碘化铈溶液与安替吡啉溶液反应制得。

高氯酸六安替吡啉合钇(III)（yttrium hexaantipyrine perchlorate） CAS 号 16449-59-5。化学式 $[Y(C_{11}H_{12}N_2O)_6](ClO_4)_3$，分子量 1 516.61。无色六方系晶体。溶于水。293～296℃分解。制备：可由安替吡啉与高氯酸钇在水溶液中反应，或由安替吡啉与高氯酸钠、氯化钇在水溶液中反应制得。用途：可作为化学试剂。

高氯酸六安替吡啉合镧(III)（lanthanum hexaanitipyrin perchlorate） CAS 号 16350-19-9。化学式 $[La(C_{11}H_{12}N_2O)_6] \cdot (ClO_4)_3$，分子量 1 566.61。无色六方系晶体。溶于水。加热至 290～295℃分解。制备：可由安替吡啉与高氯酸镧在水溶液中制得。用途：可作为化学试剂。

高氯酸六安替吡啉合铈(III)（cerium hexaantipyrine perchlorate） CAS 号 16350-20-2。化学式 $[Ce(C_{11}H_{12}N_2O)_6] \cdot (ClO_4)_3$，分子量 1 567.82。无色六方系晶体。溶于水。295～300℃分解。制备：将高氯酸铈溶液与安替吡啉溶液作用，再经蒸发结晶可得。用途：可作为化学试剂。

十二烷酸锂（lithium dodecanoate） 亦称"月桂酸锂"。CAS 号 14622-13-0。化学式 $LiC_{12}H_{23}O_2$，分子量 206.25。白色粉末。熔点 229.2～229.8℃。微溶于水、乙醇、乙醚。制备：可由月桂酸与碳酸锂反应制得。用途：可作为润滑脂的乳化分散剂、药物等。

十二烷酸钠（sodium dodecanoate） 亦称"月桂酸钠"。CAS 号 629-25-4。化学式 $NaC_{12}H_{23}O_2$，分子量 222.30。白色结晶或粉末。溶于热水和热醇，难溶于冷醇。制备：可由月桂酸与氢氧化钠反应制得。用途：可作为表面活性剂、清洗剂、杀虫剂，可用于有机合成、制洗涤用品。

十二烷酸镁（magnesium dodecanoate） 亦称"月桂酸镁"。CAS 号 4040-48-6。化学式 $Mg(C_{12}H_{23}O_2)_2 \cdot 2H_2O$，分子量 458.97。白色块状物。熔点 150.4℃。微溶于水、乙醇、乙醚。用途：可作为乳化剂。

十二烷酸钾（potassium dodecanoate） 亦称"月桂酸钾"。CAS 号 10124-65-9。化学式 $KC_{12}H_{23}O_2$，分子量 238.41。无定形固体或浅褐色浆状体。熔点 43.8℃，沸点 296.1℃。溶于水、乙醇。制备：可由月桂酸与氢氧化钾反应制得。用途：可作为乳化剂、液体皂、洗发剂的原料。

十二烷酸钙（calcium dodecanoate） 亦称"月桂酸钙"。CAS 号 4696-56-4。化学式 $Ca(C_{12}H_{23}O_2)_2 \cdot H_2O$，分子量 456.73。白色针状晶体。熔点 182～183℃。微溶于水、乙醇。制备：可由月桂酸与氢氧化钙反应制得。用途：可作为乳化剂。

十二烷酸铜（copper dodecanoate） 亦称"月桂酸铜"。CAS 号 19179-44-3。化学式 $Cu(C_{12}H_{23}O_2)_2$，分子量 462.17。亮蓝色粉末，熔点 111～113℃。微溶于水、醇。制备：由十二烷酸钠与硫酸铜溶液反应制得。用途：可作为防水剂、润滑脂添加剂、涂料中的杀真菌添加剂。

十二烷酸锌（zinc dodecanoate） 亦称"月桂酸锌"。CAS 号 2452-01-9。化学式 $Zn(C_{11}H_{23}COO)_2$，分子量 464.01。白色粉末。熔点 128℃。微溶于水、醇。制备：由十二烷酸钠和乙酸锌或硫酸锌反应，或由硫酸锌溶液与可溶性椰子油皂液反应制得。用途：可作为涂料、油漆的催干剂，橡胶的配料。

十二烷酸银（silver dodecanoate） 亦称"月桂酸银"。CAS 号 8268-45-6。化学式 $AgC_{12}H_{23}O_2$，分子量 307.18。无色或白色脂样粉末。熔点 212.5℃。难溶于水、乙醇、乙醚。制备：由十二烷酸钠与银盐溶液反应制得。

十二烷酸铅（lead dodecanoate）　亦称"月桂酸铅"。CAS 号 15773-55-4。化学式 Pb（C$_{12}$H$_{23}$O$_2$）$_2$，分子量 605.82。白色粉末。熔点 104.7℃。难溶于水、醇。制备：由十二烷酸钠与铅盐溶液反应制得。

十二烷酸氢钾（potassium hydrogen dodecanoate）化学式 KC$_{12}$H$_{23}$O$_2$·C$_{12}$H$_{24}$O$_2$，分子量 438.74。白色蜡状固体。熔点 160℃。为月桂酸和月桂酸钾的混合物。极微溶于水，微溶于乙醇。制备：可由十二酸烷钾和十二烷酸在苯中加热制得。

十二烷酸氢铵（ammonium hydrogen dodecanoate）亦称"酸式月桂酸铵"。化学式 NH$_4$C$_{12}$H$_{23}$O$_2$·C$_{12}$H$_{24}$O$_2$，分子量 417.68。有两种变体：一种为黄棕色浆体，有氨臭；另一种为黄棕色蜡状物质，无氨臭。熔点 75℃。溶于乙醇、棉籽油、矿物油等。在水中较稳定。加热分解为月桂酸和氨气。可与甘油反应生成酯。制备：可由摩尔比 2∶1 的月桂酸与氨气反应制得。用途：可作为洗涤剂、油水乳化剂。

十四烷酸锂（lithium tetradecanoate）　亦称"肉豆蔻酸锂"。CAS 号 20336-96-3。化学式 LiC$_{14}$H$_{27}$O$_2$，分子量 243.30。白色粉末。熔点 223.6～224.2℃。微溶于水、乙醚、乙醇、丙酮。制备：可将化学计量比的十四烷酸和氢氧化锂溶于乙醇制得。用途：可作为去污剂、乳化剂、分散剂、润滑剂等。

十四烷酸钠（sodium tetradecanoate）　亦称"肉豆蔻酸钠"。CAS 号 822-12-8。化学式 NaC$_{14}$H$_{27}$O$_2$，分子量 250.35。白色粉末。可溶于水。制备：可将化学计量比的十四烷酸与氢氧化钠反应制得。用途：可作为表面活性剂。

十四烷酸镁（magnesium tetradecanoate）　亦称"肉豆蔻酸镁"。CAS 号 4086-70-8。化学式 Mg（C$_{14}$H$_{27}$O$_2$）$_2$，分子量 479.05。白色粉状物。熔点 131.6℃。微溶于水、乙醇、乙醚。

十四烷酸铊（thallium tetradecanoate）　亦称"肉豆蔻酸铊"。CAS 号 18993-53-8。化学式 TlC$_{14}$H$_{27}$O$_2$，分子量 431.74。白色粉末。熔点 120～123℃。微溶于乙醇。制备：由铊的氧化物溶于十四烷酸中制得。用途：可用于有机合成。

十四烷酸银（silver tetradecanoate）　亦称"肉豆蔻酸银"。化学式 AgC$_{14}$H$_{27}$O$_2$，分子量 335.24。无色或白色粉末。熔点 211℃。难溶于水、醇、乙醚。

十四烷酸氢钾（potassium hydrogen tetradecanoate）亦称"豆蔻酸钾·肉豆蔻酸""肉豆蔻酸氢钾"。化学式 KC$_{14}$H$_{27}$O$_2$·C$_{14}$H$_{28}$O$_2$，分子量 494.85。白色蜡状固体。熔点 153℃。溶于水、乙醇，在 45～50℃水中水解。用乙醚、氯仿长时间洗涤会有豆蔻酸钾析出。制备：可由氢氧

化钾与肉豆蔻酸在热乙醇中反应制得。

山道年酸钾（potassium santoninate）　化学式 KC$_{15}$H$_{19}$O$_4$，分子量 302.42。白色晶粉。具潮解性。溶于水、醇。制备：可由山道年酸与氢氧化钾反应制得。

十六烷酸锂（lithium palmitate）　亦称"软脂酸锂""棕榈酸锂"。CAS 号 20466-33-5。化学式 LiC$_{16}$H$_{31}$O$_2$，分子量 262.36，白色粉末。熔点 224.5℃。微溶于水、乙醇、乙醚、丙酮。制备：可将软脂酸溶于氢氧化锂水溶液制得。

十六烷酸钠（sodium palmitate）　亦称"棕榈酸钠"。CAS 号 408-35-5。化学式 NaC$_{16}$H$_{31}$O$_2$，分子量 278.41。白色晶状固体。熔点 270℃。制备：由氢氧化钠与棕榈酸反应制得。用途：可用于印染。

十六烷酸镁（magnesium palmitate）　亦称"棕榈酸镁"。CAS 号 2601-98-1。化学式 Mg（C$_{16}$H$_{31}$O$_2$）$_2$，分子量 535.14。白色针状晶体或块状物。熔点 121.5℃。微溶于水、乙醇、乙醚，可溶于甲苯。制备：可由棕榈酸与氯化镁溶液反应制得。用途：可作为润滑剂、脱模剂、乳浊剂、抗静电剂、黏度控制剂等。

十六烷酸铝（aluminum palmitate）　亦称"软脂酸铝""棕榈酸铝"。CAS 号 555-35-1。化学式 Al（OH）$_2$C$_{16}$H$_{32}$O$_2$，分子量 316.41。白色晶体。熔点 200℃，密度 1.095 g/cm^3。不溶于水，溶于烷基烃类。制备：由三氯化铝与棕榈酸反应制得。用途：可用于制润滑剂、防水纤维、纸张及皮革的涂料、膨胀剂等。

十六烷酸钙（calcium palmitate）　亦称"软脂酸钙""棕榈酸钙"。CAS 号 542-42-7。化学式 Ca（C$_{16}$H$_{31}$O$_2$）$_2$，分子量 550.90。粉末或棱柱状晶体。不溶于水、乙醇、乙醚、丙酮、石油醚等，微溶于氯仿、苯。在 155℃时分解。制备：可由棕榈酸钠与氯化钙溶液反应制得。用途：可作为防水剂，PVC 塑料热稳定剂，可用于涂料、润滑油等领域。

十六烷酸铜（copper palmitate）　亦称"软脂酸铜""棕榈酸铜"。CAS 号 22992-96-7。化学式 Cu（C$_{16}$H$_{31}$O$_2$）$_2$，分子量 574.39。绿蓝色粉末。熔点 120℃。溶于热苯、二硫化碳、四氯化碳，微溶于醇、乙醚，不溶于水、甲醇、丙酮。制备：由硫酸铜溶液与棕榈酸钾热溶液反应制得。用途：可作为塑料阻燃剂。

十六烷酸银（silver palmitate）　亦称"软脂酸银""棕榈酸银"。化学式 AgC$_{16}$H$_{31}$O$_2$，分子量 363.29。白色脂样粉末。熔点 209℃。难溶于水，不溶于乙醇、乙醚。对光稳定。制备：由硝酸银溶液与棕榈酸钾热溶液反应制得。

十六烷酸铅（lead palmitate）　亦称"软脂酸铅""棕榈酸铅"。CAS 号 15773-56-5。化学式 Pb（C$_{16}$H$_{31}$O$_2$）$_2$，分子量 718.04。白色粉末。熔点 112.3℃。极微溶于水、醇、乙醚，不溶于石油醚。制备：可由四乙酸铅与棕榈酸在真空中加热反应，或由棕榈酸钠与乙酸铅溶液反应制

得。用途：可作为润滑脂、塑料和橡胶产品的添加剂等。

十六烷酸铊（thallium(I) palmitate）　亦称"软脂酸亚铊""棕榈酸亚铊"。CAS 号 33734-55-3。化学式 $TlC_{16}H_{31}O_2$，分子量 459.80。无色针状晶体。熔点 115～117℃。难溶于水、乙醇。制备：由碳酸亚铊与棕榈酸反应制得。

十六烷酸氢钾（potassium hydrogen palmitate）亦称"软脂酸氢钾""棕榈酸氢钾"。化学式 $KC_{16}H_{31}O_2 \cdot C_{16}H_{32}O_2$，分子量 550.96。白色乳状液。熔点 138℃。溶于乙醇。制备：由十六烷酸钾在十六烷酸的热水溶液中结晶制得。用途：可用于测定水的硬度、纺织工业。

十六烷酸氢铵（ammonium hydrogen palmitate）化学式 $NH_4C_{16}H_{31}O_2 \cdot C_{16}H_{32}O_2$，分子量 529.90。黄色滑腻块状物或黄色粉末。熔点 100℃以上，微溶于冷水，溶于热水。可溶于乙醇，微溶于乙醚。加热分解。制备：由十六烷酸与过量的氨水反应制得。用途：可用于制防水纤维、润滑剂、增厚剂。

软脂酸钾及酸的混合物（potassium palmitate and palmitic acid）　亦称"十六烷酸钾及酸的混合物"。化学式 $KC_{16}H_{31}O_2 \cdot C_{16}H_{32}O_2$，分子量 550.96。白色乳状液。熔点 138℃。溶于乙醇。制备：由棕榈酸钾在棕榈酸的热水溶液中混合制得。用途：可用于水硬度的测定、纺织工业等。

十八烷酸锂（lithium stearate）　亦称"硬脂酸锂"。CAS 号 4485-12-5。化学式 $LiC_{18}H_{35}O_2$，分子量 290.41。白色或微黄色细粉。熔点 220.5～221.5℃，密度 1.025 g/cm³。微溶于水、丙酮、乙醚、乙醇。遇强酸分解成硬脂酸和相应的锂盐。制备：可向氢氧化锂水溶液中加入硬脂酸后加热反应制得。用途：可作为粉末冶金润滑剂、高温润滑剂、聚氯乙烯热稳定剂、增塑剂、石油工业腐蚀抑制剂、油溶乳化剂、分散剂、纸张的涂料等，可作为钡皂、铅皂、镉皂的无毒取代品，可用于化工、造纸、化妆品等领域。

十八烷酸铍（beryllium stearate）　亦称"硬脂酸铍"。CAS 号 16687-38-0。化学式 $Be(C_{18}H_{35}O_2)_2$，分子量 575.97。白色蜡状固体。熔点 45℃。溶于乙醚、四氯化碳中，不溶于水、乙醇。制备：由碱式碳酸铍和硬脂酸反应制得。用途：可用于制蜡、橡胶、金属制造业。

十八烷酸钠（sodium stearate）　亦称"硬脂酸钠"。CAS 号 822-16-2。化学式 $NaC_{18}H_{35}O_2$，分子量 306.46。有滑腻感、有脂肪味的白色细微粉末或块状固体。熔点 205℃，密度 1.02 g/cm³。在空气中有吸水性。易溶于水、热醇。水溶液因水解呈碱性，醇溶液为中性。不能在含有电解质的硬水或食盐水中使用，会使硬脂酸胶体聚沉。制备：由硬脂酸与氢氧化钠反应制得。用途：可作为洗涤剂、乳化剂、分散剂、防水剂、塑料稳定剂、腐蚀抑制剂、黏合剂，可用于制牙膏、各种硬脂酸盐类。

十八烷酸铝（aluminum stearate）　亦称"硬脂酸铝"。CAS 号 637-12-7。化学式 $Al[CH_3(CH_2)_{16}COO]_3$，分子量 877.40。白色或微黄色粉末。熔点 117～120℃，密度 1.01 g/cm³。新制品能溶于醇、苯、松节油、矿物油，不溶于水。能形成吡啶配合物。遇强酸分解成硬脂酸和相应的铝盐。制备：可由硬脂酸钠稀溶液与稀硫酸铝或醋酸铝反应制得。用途：可作为聚氯乙烯的热稳定剂、金属的防锈剂、建筑材料防水剂、化妆品的乳化剂、涂料和油墨的增光剂、润滑油增稠剂、塑料制品的润滑剂、石油钻井用消泡剂等。

十八烷酸钾（potassium stearate）　亦称"硬脂酸钾"。CAS 号 593-29-3。化学式 $KC_{18}H_{35}O_2$，分子量 322.567 6。轻微脂肪气味的白色晶体粉末。溶于冷水，易溶于热水、热乙醇。不溶于乙醚、氯仿。其水溶液对石蕊或酚酞显强碱性，其乙醇溶液对酚酞微显碱性。制备：由硬脂酸与氢氧化钾加热反应制得。用途：可作为疏松剂、发泡剂、抗结剂、乳化剂、稳定剂、乳化剂、食品添加剂、表面活性剂、纤维柔软剂。

十八烷酸钙（calcium stearate）　亦称"硬脂酸钙"。CAS 号 1592-23-0。化学式 $Ca(C_{18}H_{35}O_2)_2$，分子量 607.00。白色粉末。熔点 147～149℃，密度 1.035 g/cm³。在空气中能吸收水分。易溶于热吡啶，微溶于热乙醇、植物油、矿物油，不溶于水、乙醚、氯仿、丙酮、冷乙醇。遇强酸分解成硬脂酸和相应的钙盐。可燃，燃烧浓度下限 17.6 g/m³，自燃温度 825℃。湿度 3% 的空气-粉尘混合物有爆炸危险。400℃缓慢分解。制备：由氯化钙与硬脂酸钠在热水中反应制得。用途：可作为聚氯乙烯的热稳定剂、塑料加工的润滑剂、医药及香料工业中的调节剂、润滑脂的增厚剂、防水织物的防水剂、油漆平光剂、食品抗结剂等。

十八烷酸铁（iron stearate）　亦称"硬脂酸铁"。CAS 号 555-36-2。化学式 $Fe(C_{18}H_{35}O_2)_3$，分子量 906.27。橙黄色粉末。溶于热乙醇和苯，不溶于水。遇强酸分解成硬脂酸和相应的铁盐。制备：可由硬脂酸与铁盐溶液加热反应制得。用途：可用于制清漆、干燥剂、光降解聚烯烃的光敏剂。

十八烷酸钴（cobalt stearate）　亦称"硬脂酸钴"。CAS 号 13586-84-0。化学式 $Co(C_{18}H_{35}O_2)_2$，分子量 625.88。紫色或红色粉末。熔点 73～75℃。制备：可由硬脂酸与钴盐溶液加热反应制得。用途：可作为聚氯乙烯、陶瓷颜料等的热稳定剂、有机合成的氧化催化剂、涂料活性催干剂。

十八烷酸铜（copper stearate）　亦称"硬脂酸铜"。CAS 号 660-60-6。化学式 $Cu(C_{18}H_{35}O_2)_2$，分子量 630.50。淡蓝色到蓝绿色无定形粉状固体。熔点 112℃，密度 1.10 g/cm³。不溶于水、乙醇和丙酮，溶于乙醚、热苯和氯仿。遇强酸易分解。制备：用乙酸铜的乙醇溶液与硬脂酸的乙酸溶液反应，或将等摩尔量的乙酸铜乙醇溶液与硬脂酸的乙醇溶液反应制得。用途：可作为防污涂料中的防污剂、制备叔胺的催化剂。

十八烷酸锌（zinc stearate） 亦称"硬脂酸锌"。CAS号 557-05-1。化学式 $Zn(C_{18}H_{35}O_2)_2$，分子量 632.35。白色有好闻气味的微细吸湿性滑腻粉末。熔点 120～130℃，密度 1.095 g/cm^3。有吸湿性。不溶于水、乙醇、乙醚，溶于酸、苯、甲苯、二甲苯。与强酸反应生成硬脂酸与相应的锌盐。加热溶解在有机溶剂中然后冷却，得到胶状物。避免与氧化剂、酸类接触。制备：由熔融的硬脂酸与氧化锌反应，或硬脂酸钠稀溶液与硫酸锌溶液反应制得。用途：可作为聚氯乙烯稳定剂、聚苯乙烯树脂脱模剂、塑料成形脱模剂、油漆催干剂、纺织品打光剂、胶料软化剂和隔离剂、珐琅的平光剂、干燥剂、砂磨剂、防水剂、润肤剂、药物粉剂等。

十八烷酸锶（strontium stearate） 亦称"硬脂酸锶"。CAS号 10196-69-7。化学式 $Sr[C_{18}H_{35}O_2]_2$，分子量 654.58。白色至淡黄色粉末。熔点 130～140℃。不溶于水、乙醇、苯。遇酸分解为硬脂酸和相应的锶盐。制备：由硬脂酸钠的稀溶液与氯化锶溶液反应制得。用途：可用于配制润滑脂等。

十八烷酸银（silver stearate） 亦称"硬脂酸银"。CAS号 3507-99-1。化学式 $AgC_{18}H_{35}O_2$，分子量 391.34。白色无定形粉末。熔点 205℃。几乎不溶于水、乙醇、乙醚。对光稳定。制备：由硝酸银与硬脂酸或硬脂酸钠水溶液反应制得。用途：可用于制备光敏成像材料。

十八烷酸镉（cadmium stearate） 亦称"硬脂酸镉"。CAS号 2223-93-0。化学式 $Cd(C_{18}H_{35}O_2)_2$，分子量 679.35。白色细粉，有毒！熔点 103～110℃，密度 1.28 g/cm^3。溶于热乙醇，不溶于水。遇强酸分解成硬脂酸和相应的镉盐。制备：可由硬脂酸钠的稀溶液与镉盐溶液反应制得。用途：可作为塑料稳定剂、塑料薄膜光滑剂、橡胶制品和薄膜的光滑剂和透明软化剂。

十八烷酸钡（barium stearate） 亦称"硬脂酸钡"。CAS号 6865-35-6。化学式 $Ba(C_{18}H_{35}O_2)_2$，分子量 704.13。白色结晶粉末，剧毒！熔点 160℃，密度 1.145 g/cm^3。有吸湿性。不溶于水、乙醇，加热溶于有机溶剂并冷却时得到胶状物。与强酸反应得到硬脂酸和相应的钡盐。制备：由硬脂酸钠与氢氧化钡溶液反应制得。硬脂酸和碳酸钡或氢氧化钡作用，或硬脂酸钠溶液与稀氯化钡溶液反应而制得。用途：可作为聚氯乙烯及氯乙烯的耐热稳定剂、耐高温润滑剂、橡胶制品的耐高温粉模剂。

十八烷酸汞（mercury stearate） 亦称"硬脂酸汞"。CAS号 645-99-8。化学式 $Hg(C_{18}H_{35}O_2)_2$，分子量 767.54。黄色粒状粉末。微溶于乙醇，能溶于油脂。用途：可作为医药和杀菌剂。

十八烷酸铅（lead stearate） 亦称"硬脂酸铅"。CAS号 1072-35-1。化学式 $Pb(C_{18}H_{35}O_2)_2$，分子量 774.15。有滑腻感的白色粉末，有毒！熔点 104～108℃，密度 1.323 g/cm^3。溶于热的乙醇和乙醚。微溶于松节油、邻苯二甲酸二丁酯、邻苯二甲酸二辛酯等，不溶于水。遇强酸分解成硬脂酸和相应的铅盐。制备：由硬脂酸钠溶液与铅盐溶液反应制得。用途：可作为聚氯乙烯等塑料的半透明耐热稳定剂、润滑油的增稠剂、油漆的催干剂、船底涂料等。

硬脂酸合硬脂酸铵（ammonium hydrogen stearate） 化学式 $NH_4C_{18}H_{35}O_2 \cdot C_{18}H_{36}O_2$，分子量 586.00。无色晶体。密度 0.880 g/cm^3。可溶于水、乙醇、乙醚中，微溶于丙酮。110℃分解。制备：由硬脂酸铵溶于硬脂酸水溶液中制得。用途：可作为乳化剂、分散剂、增稠剂、水泥和混凝土的防水剂。

二十六烷酸铅（lead cerotate） 亦称"蜡酸铅"。化学式 $Pb(C_{26}H_{51}O_2)_2$，分子量 998.57。白色针状晶体。熔点 113℃。不溶于水、乙醇、醚，溶于苯。

三十烷酸铅（lead melissate） 亦称"蜂花酸铅"。化学式 $Pb(C_{31}H_{61}O_2)_2$，分子量 1 138.85。白色粉末。熔点 115～116℃。不溶于水，溶于沸腾的甲苯、乙酸，微溶于热的苯、氯仿，不溶于醇和醚。

亚油酸钠（sodium linoleate） 亦称"9,12-十八碳二烯酸钠"。CAS号 822-17-3。化学式 $NaC_{18}H_{31}O_2$，分子量 302.43。淡黄色至淡棕色粉末。熔点 192℃。不溶于水，溶于乙醇、乙醚、丙酮、乙酸、油类。制备：可由亚油酸与氢氧化钠反应制得。用途：可作为表面活性剂、织物防水剂、润滑剂、乳化剂等。

亚油酸钙（calcium linoleate） 亦称"9,12-十八碳二烯酸钙"。CAS号 19704-83-7。化学式 $Ca(C_{18}H_{31}O_2)_2$，分子量 598.45。白色非结晶状粉末。能溶于醇、醚，不溶于水。制备：可由亚油酸钠与氯化钙反应制得。用途：主要用作防水剂。

亚油酸锰（manganese linoleate） 亦称"9,12-十八碳二烯酸锰"。CAS号 6904-78-5。化学式 $Mn(C_{18}H_{31}O_2)_2$，分子量 613.81。深棕色塑性固体。不溶于水，溶于三氯甲烷和热的亚麻籽油。制备：可由亚油酸钠与硫酸锰溶液反应制得。用途：可作为油漆干燥剂，也用于制药工业。

亚油酸钴（cobalt linoleate） 亦称"9,12-十八碳二烯酸钴"。CAS号 6401-84-9。化学式 $Co(C_{18}H_{31}O_2)_2$，分子量 617.83。棕色无定形粉末。不溶于水，溶于乙醇、乙醚、丙酮、乙酸、油类。制备：可由亚油酸钠与钴盐反应，或由氢氧化钴和亚油酸反应制得。用途：可用于制钴肥皂、油漆催干剂、搪瓷涂料、白漆等。

亚油酸锌（zinc linoleate） 亦称"9,12-十八碳二烯酸

锌"。CAS 号 13014-44-3。化学式 $Zn(C_{18}H_{31}O_2)_2$，分子量 624.26。褐色坚硬固体。制备：可由亚油酸与氧化锌溶液反应制得。用途：可作为干燥剂。

亚油酸铅（lead linoleate）　亦称"9,12-十八碳二烯酸铅"。CAS 号 1120-46-3。化学式 $Pb(C_{18}H_{33}O_2)_2$，分子量 770.10。白色粉末或蜡状固体，有毒！熔点 80℃，密度 1.25 g/cm³。溶于乙醇、苯、松节油、乙醚、二硫化碳，不溶于水。制备：可由油酸钠与硝酸铅反应制得。用途：可用于制清漆、极压润滑油、纤维防水浸润剂、医疗用软膏等。

油酸钠（sodium oleate）　亦称"油酸皂""十八烯酸钠""9-十八碳烯酸钠"。CAS 号 143-19-1。化学式 $NaC_{18}H_{33}O_2$，分子量 304.45。白色晶体或黄色非晶态固体，有类似猪油的气味。熔点 232～235℃。能溶于水、乙醇，略溶于乙醚。由于水解生成难溶的酸性皂和氢氧化钠，故水溶液显碱性并呈乳浊状。在空气中缓慢氧化而使双键断裂，放出腐臭味并颜色变暗。属于阴离子型表面活性剂。制备：由氢氧化钠与油酸反应制得。用途：可作为被膜剂、选矿剂、织物防水剂、油井选择性堵水剂、油的稠化剂等。

油酸镁（magnesium oleate）　亦称"十八烯酸镁""9-十八碳烯酸镁"。CAS 号 1555-53-9。化学式 $Mg(C_{18}H_{33}O_2)_2$，分子量 587.24。淡黄色块状或蜡状物，低毒！微溶于水，溶于乙醇、乙醚、亚麻油、石油醚。与强酸反应生成硬脂酸与相应的镁盐。加热溶解在有机溶剂中然后冷却，得到胶状物。制备：可由油酸钠和硫酸镁反应制得。用途：可作为乳化剂、润滑剂、油漆干燥剂，可用于干洗毛织品，可防止汽油自燃。

油酸铝（aluminium oleate）　亦称"十八烯酸铝""9-十八碳烯酸铝"。CAS 号 688-37-9。化学式 $Al(C_{18}H_{33}O_2)_3$，分子量 871.37。白色粉末。微溶于苯中，不溶于水、乙醇。遇水分解。制备：由 $Al_2(OH)_6$ 与油酸反应制得。用途：可作为防火剂、油漆催干剂、织物防水剂、润滑油增厚剂、塑料品润滑剂。

油酸钾（potassium oleate）　亦称"十八烯酸钾""9-十八碳烯酸钾"。CAS 号 143-18-0。化学式 $KC_{18}H_{33}O_2$，分子量 320.55。灰棕色浆状物或晶体。溶于水、乙醇、乙醚，不溶于苯。其水溶液对酚酞呈碱性。制备：由油酸与氢氧化钾反应制得。用途：可作为乳化剂、清洁剂、润滑剂、洗涤剂、防锈剂、分析试剂，可用于肥皂、洗手剂、胶乳、润滑切削油、除漆剂、纺织、制革等。

油酸钙（calcium oleate）　亦称"十八烯酸钙""9-十八碳烯酸钙"。CAS 号 142-17-6。化学式 $Ca(C_{18}H_{33}O_2)_2$，分子量 603.97。淡黄色晶体。熔点 83℃。不溶于水、乙醇、乙醚、丙酮、石油醚，溶于氯仿、苯等。140℃以上分解。缓慢吸收空气中水分形成一水合物。制备：由氯化钙溶液与油酸反应制得。用途：可作为 PVC 热稳定剂、干燥剂，

可用于涂料、橡胶、黏合剂、颜料等领域。

油酸铁（iron oleate）　亦称"十八烯酸铁""9-十八碳烯酸铁"。CAS 号 1120-45-2。化学式 $Fe(C_{18}H_{33}O_2)_3$，分子量 900.23。棕红色无定形固体。不溶于水，溶于酸、醇、醚。制备：由硫酸铁和油酸钠溶液反应制得。用途：可作为油漆和涂料的干燥剂，亦可用于医药。

油酸钴（cobalt oleate）　亦称"十八烯酸钴""9-十八碳烯酸钴"。CAS 号 14666-94-5。化学式 $Co(C_{18}H_{33}O_2)_2$，分子量 621.86。棕色无定形粉末或蜡状固体。熔点 235℃。不溶于水，溶于乙醇、乙醚、油类、苯。制备：将油酸钠与钴盐反应制得。用途：可作为油漆和清漆的干燥剂，可用于配制油漆颜料。

油酸镍（nickel oleate）　亦称"十八烯酸镍""9-十八碳烯酸镍"。CAS 号 13001-15-5。化学式 $Ni(C_{18}H_{33}O_2)_2$，分子量 621.64。绿色无定形粉末或油状物。熔点 18～20℃。溶于苯。制备：可由硫酸镍和油酸在碱性水溶液中反应制得。

油酸铜（copper oleate）　亦称"十八烯酸铜""9-十八碳烯酸铜"。CAS 号 1120-44-1。化学式 $Cu(C_{18}H_{33}O_2)_2$，分子量 626.47。棕色粉末或深蓝色软脂物质，有毒！不溶于水、乙醇，溶于乙醚。制备：可由油酸与氧化铜或碱式碳酸铜反应，或由油酸钾与硫酸铜溶液反应制得。用途：可作为防腐剂、有机合成原料。

油酸锌（zinc oleate）　亦称"十八烯酸锌""9-十八碳烯酸锌"。CAS 号 557-07-3。化学式 $Zn(C_{18}H_{33}O_2)_2$，分子量 628.30。白色或淡黄色滑腻状粉末。熔点 85.5℃。不溶于水，溶于醇、醚、苯、二硫化碳、石油醚。制备：可由油酸钠和乙酸锌溶液反应，或油酸和氯化锌共熔制得。用途：可作为树脂的干燥剂，可用于涂料、清漆、医用软膏。

油酸镉（cadmium oleate）　亦称"十八烯酸镉""9-十八碳烯酸镉"。CAS 号 10468-30-1。化学式 $Cd(C_{18}H_{33}O_2)_2$，分子量 675.30。黄色蜡状固体。不溶于水、乙醇，能溶于乙醚。制备：可由氧化镉与油酸反应制得。用途：可作为乳化剂、分散剂、润滑剂、油漆催干剂。

油酸汞（mercury oleate）　亦称"十八烯酸汞""9-十八碳烯酸汞"。CAS 号 1191-80-6。化学式 $Hg(C_{18}H_{33}O_2)_2$，分子量 763.51。黄红色液体或固体物质，有毒！受热可分解放出汞蒸气。制备：由黄色氧化汞与油酸反应制得。用途：可作为防腐剂、防污涂料，可用于制药。

油酸亚铊（thallium(I) oleate）　亦称"十八烯酸亚铊""9-十八碳烯酸亚铊"。化学式 $TlC_{18}H_{33}O_2$，分子量 485.83。白色簇状晶体。熔点 131～132℃。微溶于热水、乙醇，不溶于冷水。制备：可由油酸与氢氧化亚铊在乙醇和水的混合液中反应制得。

油酸铅（lead oleate）　亦称"十八烯酸铅""9-十八碳烯酸铅"。CAS 号 1120-46-3。化学式 $Pb(C_{18}H_{33}O_2)_2$，分

子量 770.12。白色粉末或白色油状物质，有毒！熔点 80℃，密度 1.25 g/cm³。不溶于水，微溶于乙醇，新制备的可溶于乙醚、苯和松节油、石油醚。制备：由油酸与碳酸铅或氢氧化铅反应，或由油酸与一氧化铅加热反应，或由乙酸铅与油酸钠反应制得。用途：可作为耐压润滑剂、油漆干燥剂、润滑油的增厚剂。

油酸铋（bismuth oleate）　亦称"十八烯酸铋""9-十八碳烯酸铋"。CAS 号 5128-95-0。化学式 $Bi(C_{17}H_{33}COO)_3$，分子量 1 053.36。黄棕色软粒状物质。不溶于水，溶于乙醚。制备：由三氧化二铋与油酸反应制得。用途：可用于生产柔润剂、收敛药物，用于治疗皮肤病。

酸式油酸铵（ammonium hydrogen oleate）　化学式 $NH_4C_{18}H_{23}O_2 \cdot C_{18}H_{24}O_2$，分子量 561.41。黄色至棕色浆液。溶于水、乙醇、乙醚。加热分解为油酸及氨气。在空气中长期放置易被氧化成醛、酮类化合物。制备：可由二倍的油酸和氨水反应制得。用途：可用于制洗涤剂、乳化剂及固化乙醇等。

油酸钾·油酸(1∶1)（potassium oleate, oleic acid (1∶1 mixture)）　化学式 $KC_{18}H_{33}O_2 \cdot C_{18}H_{34}O_2$，分子量 603.03。白色蜡状晶固体，熔点 95℃。溶于水、乙醇。

亚麻仁油酸钙（calcium linoleate）　化学式 $Ca(C_{18}H_{31}O_2)_2$，分子量 598.45。白色非结晶状粉末。能溶于醇、醚，不溶于水。制备：将亚麻仁油酸钠与氯化钙混合可得。用途：主要用作防水剂。

氨基锂（lithium amide）　CAS 号 7782-89-0。化学式 $LiNH_2$，分子量 22.96。无色针状或粒状立方系晶体。熔点 380～400℃，沸点 430℃，密度 $1.178^{17.5}$ g/cm³。微溶于液氨、乙醇，不溶于乙醚、苯、甲苯。遇水分解为氢氧化锂和氨。溶于盐酸生成氯化锂和氯化铵。空气中慢慢分解，但不燃烧。为强碱，易与硫、硒反应。易被氧化，可被二氧化氮氧化为叠氮化锂。与浓盐酸反应生成游离氨。对玻璃有轻微的腐蚀作用。熔融时呈绿色，冷却后又变白色。真空中加热到 450℃ 分解为 $LiNH_3$ 和 NH_3。加热至 700℃时分解放出氨，生成亚氨基化二锂。制备：可由氢化锂或金属锂与氨反应，或由电解卤化锂的氨溶液制得。用途：可用于制药及有机合成等工业。

氨基钠（sodium amide）　亦称"氨化钠"。CAS 号 7782-92-5。化学式 $NaNH_2$，分子量 39.02。白色结晶性粉末。熔点 210℃，沸点 400℃，密度 1.40 g/cm³。与水剧烈反应，并生成氨和氢氧化钠。液态时可溶解金属镁、锌、钼、钨和石英、玻璃、硅酸盐等物质。易燃、易爆，有腐蚀性及潮解性。在受高热、接触明火或受潮及与强氧化剂混合时，均易发生爆炸起火。在空气中不稳定，加热氧化生成氢氧化钠、亚硝酸钠和氨。400℃开始分解，在 500～600℃ 时迅速分解。在真空中加热至 300～330℃时分解为钠、氮、氢和氨。制备：可将干燥的氨在高温下通过熔融的金

属钠反应，或由液氨与钠在硝酸铁催化下反应制得。用途：可作为脱水剂、脱卤剂、氨化剂、缩合促进剂，可用于制肼、氰化物、叠氮化物、靛蓝等。

氨基钾（potassium amide）　亦称"氨化钾"。CAS 号 17242-52-3。化学式 KNH_2，分子量 55.12。白色或黄绿色吸湿性粉末。熔点 335℃。400℃升华。遇水激烈反应分解放出氨气。乙醇也可使之分解，但作用较水慢。不溶于普通有机溶剂。溶于液氨，离解成 K^+、NH_2^-。-33℃与 O_2 反应生成 KOH、KNO_2 和 NH_3。在湿气中分解为 NH_3 和 KOH。制备：可由干燥和脱过氧的氨气与钾加热反应而得。用途：可用于制氰化钾等。

氨基镁（magnesium amide）　亦称"氨化镁"。CAS 号 7803-54-5。化学式 $Mg(NH_2)_2$，分子量 56.36。灰色粉末。密度 1.39 g/cm³。溶于液氨。在水、乙醇中分解。暴露在空气中会着火。350～400℃分解。制备：可将氨通入二乙基镁与碘的乙醚溶液中，或由液氨在高压下和金属直接反应制得。用途：可作为聚合反应的催化剂。

氨基锌（zinc amide）　亦称"锌胺"。化学式 $Zn(NH_2)_2$，分子量 97.42。白色无定形粉末。密度 2.13 g/cm³。不溶于乙醇、乙醚。在 200℃时可真空分解，遇水分解。用途：可用作分析试剂。

氨基镉（cadmium amide）　亦称"氨化镉"。CAS 号 22750-53-4。化学式 $Cd(NH_2)_2$，分子量 144.45。淡黄白色无定形粉末，有毒！密度 3.05 g/cm³。可溶于含氨基钾的液态氨。遇水剧烈反应生成氢氧化镉和氨。加热至 120℃时爆炸分解，产生金属镉。制备：可由硫氰酸镉与氨基钾在液氨中反应制得。

氨基铯（cesium amide）　亦称"氨化铯"。化学式 $CsNH_2$，分子量 148.93。白色针状晶体。熔点 262±1℃，密度 3.44 g/cm³。溶于水并分解放出氨气。溶于液氨。易发生水解和氧化反应，生成氢氧化铯和氨。制备：可由氧化铯进行氨解反应，或将氮气流通过被加热的氢化铯制得。用途：可用于制氰化铯和有机合成。

氨基钡（barium amide）　亦称"氨化钡"。CAS 号 20253-29-6。化学式 $Ba(NH_2)_2$，分子量 169.39。灰白色晶体。熔点 280℃。不溶于液氨。遇水分解。减压加热转化成氮化钡。制备：由金属钡和氨反应先制得 $Ba(NH_3)_6^{2+}$，再将后者在铂催化下分解制得。

甘油磷酸钠（sodium glycerophosphate）　CAS 号 17603-42-8。化学式 $Na_2C_3H_5(OH)_2PO_4 \cdot H_2O$，分子量 234.05。黄色黏稠液体或白色晶体，能溶于水和乙醇。其水合物为白色板状晶体或粉末。熔点大于 130℃。易溶于水，不溶于乙醇。制备：用氢氧化钠中和甘油磷酸制得。用途：可作为静脉磷补充剂、生化试剂，可用于测定血液中的磷酸酶。

甘油磷酸钙（calcium glycerophosphate）　CAS 号

27214-00-2。化学式 $CaC_3H_5(OH)_2PO_4$，分子量 210.66。白色晶体粉末，无臭，有轻微苦味。熔点 170℃（分解）。有吸湿性。溶于水、甘油，不溶于乙醇。加入柠檬酸及乳酸可增加在水中的溶解度。制备：先将甘油和磷酸制成甘油磷酸，再加入石灰乳中和，用乙醇沉淀制得。用途：可作为食物稳定剂、软骨恢复期的强壮剂、塑料固定剂。

甘油磷酸锰（II）（manganese glycerophosphate） 亦称"甘油磷酸亚锰"。CAS 号 34346-59-3。化学式 $MnC_3H_5(OH)_2PO_4$，分子量 225.00。白色或微红色粉末。在冷水中缓慢溶解，溶于酸、柠檬酸，不溶于醇。用途：可作治疗贫血的药剂。

甘油磷酸铁（ferric glycerophosphate） 化学式 $Fe_3[C_3H_5(OH)_2PO_4]_3$，分子量 621.39。橙色至绿黄色透明无定形鳞片或粉末，无臭，几乎无味。缓慢地溶于水，几乎不溶于酸。光照下变色。制备：向甘油磷酸钠与柠檬酸钠的混合物中加入三氯化铁溶液制得。用途：可作为抗贫血营养药物，可用于治疗人体铁质、磷质缺乏症。

甘油磷酸锌（zinc glycerophosphate） 化学式 $ZnC_3H_7O_6P$，分子量 235.43。白色无定形粉末，溶于水，不溶于乙醇、乙醚。制备：由硫酸锌和甘油磷酸钡反应制得。用途：可用于医药。

甲基硫酸钠（sodium methylsulfate） 亦称"硫酸甲酯钠"。CAS 号 512-42-5。化学式 $NaCH_3SO_4 \cdot H_2O$，分子量 152.10。无色晶体。有吸湿性。能溶于冷水、乙醇。制法：用钠碱溶液中和甲基硫酸溶液并蒸发、结晶制得。用途：可作为缓血酸胺的中间体，可用于制硝基甲烷、二甲基硫醚。

甲基硫酸钾（potassium methyl sulfate） 亦称"硫酸甲酯钾"。CAS 号 562-54-9。化学式 $2KCH_3SO_4 \cdot H_2O$，分子量 318.41。无色板状单斜系晶体。有吸湿性。溶于水、乙醇。其无水盐为无色晶体，无吸湿性，可溶于水、乙醇和甲醇。制备：可向硫酸氢甲酯水溶液中加氢氧化钾制得。用途：可用于有机合成。用途：可用于有机合成、镀铬等领域。

乙基硫酸钠（sodium ethylsulfate） 亦称"乙磺酸钠"。CAS 号 546-74-7。化学式 $NaC_2H_5SO_4 \cdot H_2O$，分子量 166.13。无色或白色六方系板状晶体。极易潮解。易溶于水、乙醇。加热及遇氢氧化钠、硫酸即分解。制备：可由碳酸钠与乙基硫酸反应制得。用途：可作为内吸磷、甲基内吸磷、甲拌磷、异丙磷杀虫剂的中间体，可用于生产乙硫醇。

乙基硫酸钡（barium ethylsulfate） 亦称"乙磺酸钡"。CAS 号 6509-22-4。化学式 $Ba(C_2H_5SO_4)_2 \cdot 2H_2O$，分子量 423.62。白色有光泽晶体，有毒！溶于水，微溶于乙醇。制备：用氢氧化钡与乙基硫酸反应制得。用途：可用于有机合成。

苯基硫酸钾（potassium phenylsulfate） 亦称"苯氧磺酸钾"。CAS 号 1733-88-6。化学式 $KC_6H_5SO_4$，分子量 212.27。斜方系叶片状晶体。溶于水，难溶于乙醇。加热至 150～160℃分解成对羟基苯磺酸钾。与稀盐酸混合加热分解成苯酚和硫酸氢钾。制备：将苯基硫酸溶于氢氧化钾水溶液制得。

甲基二磺酸钾（potassium methanedisulfonate） 亦称"甲二磺酸钾"。CAS 号 6291-65-2。化学式 $K_2CH_2(SO_3)_2$，分子量 252.36。无色单斜系板状、柱状或鳞状等晶体。密度 2.376 g/cm³。溶于水。制备：可由甲基二磺酸水溶液与氢氧化钾反应制得。用途：可作为医药中间体、镀铬添加剂。

亚硝基三磺酸钾 释文见 234 页。

氨基磺酸（sulfamic acid） 亦称"磺酰胺酸""磺胺酸"。CAS 号 5329-14-6。化学式 NH_2SO_3H，分子量 97.09。无色片状正交系晶体。熔点 205℃，密度 2.126 g/cm³。溶于水，微溶于乙醇、乙醚、丙酮，不溶于二硫化碳、四氯化碳。在冷水中很稳定，但长时间加热沸煮能生成 NH_4HSO_4。与钠反应放出氢气后生成 $NaSO_3NH_2$。在浓硝酸和浓硫酸混合液中被分解并有氮的氧化物产生。其水溶液能与碱、金属、亚硝酸盐、氯化物等进行反应。在空气中常温下很稳定，但加热至 100℃则慢慢地与空气中的水反应，生成 NH_4HSO_4。加热到 209℃开始分解，在 260℃下分解成二氧化硫、三氧化硫、氮、水等。制备：可由尿素与发烟硫酸或氯磺酸反应制得。用途：可作为染料工业中重氮化反应过剩的亚硝酸盐的消除剂、纺织品染色的定色剂、纺织物的防火层、纺织工业的净纱剂、照片的定影剂、金属抛光剂、纤维漂白剂、除草剂。

氨基磺酸铵（ammonium sulfamate；AMS） 亦称"氨磺铵"。CAS 号 7773-06-0。化学式 $NH_4NH_2SO_3$，分子量 114.12。白色片状晶体。熔点 131℃，沸点 160℃（分解）。有吸湿性。微溶于乙醇、丙二醇、甲酰胺，易溶于水、液氨。可与醛形成加成产物，易被溴和氯氧化。受热分解出不可燃气体，因此具有阻燃性。制备：可在加压下，将精制后的氨基磺酸溶于液氨中制得；或以三氧化硫及液氨为原料，在加压下反应制得；或由碳酸氢铵与氨基磺酸反应制得。用途：用作分析试剂、除草剂、织物防水剂等。

苯磺酸钠（sodium benzenesulfonate） CAS 号 515-42-4。化学式 $NaC_6H_5SO_3$，分子量 180.15。白色片状晶体。熔点 450℃，密度 1.124 g/cm³。易溶于水，微溶于乙醇。制备：可由苯经发烟硫酸磺化后经碳酸钙中和，再与碳酸钠反应制得。用途：可作为染料中间体、洗涤助剂、分析试剂、有机合成中间体。

苯磺酸铍（beryllium benzenesulfonate） 化学式 $Be(C_6H_5O_3S)_2$，分子量 323.35。无色单斜系板状晶体。极易溶于水、乙醇、丙酮、乙酸，不溶于乙醚、苯、二硫化碳、四氯化碳。制备：由氧化铍溶于苯磺酸二苯砜溶液中制得。用途：可作为蓖麻油脱水和脂肪酸酯化的催化剂。

苯磺酸铵（ammonium benzenesulfonate）　CAS 号 19402-64-3。化学式 $NH_4C_6H_5SO_3$，分子量 175.21。正交系晶体。熔点 $171\sim175℃$，密度 $1.342\ g/cm^3$。易溶于水，不溶于乙醚、苯。制备：由苯磺酸水溶液与氨中和制得。用途：可用于有机合成。

苯磺酸镍（nickel benzenesulfonate）　CAS 号 39819-65-3。化学式 $Ni(C_6H_5SO_3)_2 \cdot 6H_2O$，分子量 481.10。淡绿色板状晶体。密度 $1.628^{25}\ g/cm^3$。溶于水、乙醇、乙醚。热至 $90℃$ 可成四水合物，$110℃$ 呈绿色。制备：可由苯磺酸的热水溶液与碳酸镍反应制得。用途：可用于有机合成。

邻羟基苯磺酸钾（potassium 2-hydroxybenzenesulfonate）　亦称"苯酚磺酸钾"。CAS 号 87376-18-9。化学式 $KC_6H_4(OH)SO_3 \cdot H_2O$，分子量 230.29。白色、无臭斜方系晶体。熔点 $400℃$，密度 $1.87\ g/cm^3$。溶于水、乙醇。水溶液对石蕊呈中性。制备：可由苯酚磺酸水溶液与氢氧化钾反应制得。

对羟基苯磺酸钠（sodium 4-hydroxybenzenesulfonate）　CAS 号 825-90-1。化学式 $NaC_6H_4(OH)SO_3 \cdot 2H_2O$，分子量 232.19。无色单斜系晶体或颗粒。略风化。溶于水、乙醇、甘油。加热分解。制备：由氢氧化钠溶液处理 1-苯酚-4-磺酸制得。

对羟基苯磺酸铝（aluminum 4-phenolsulfonate）　亦称"苯酚对磺酸铝"。CAS 号 1300-35-2。化学式 $Al(C_6H_5O_4S)_3$，分子量 546.49。淡红色粉末。溶于水、乙醇。制法：将氢氧化铝溶于 1-羟基-4-苯磺酸中制得。用途：可作为杀菌剂、收敛剂。

对羟基苯磺酸钾（potassium 4-hydroxybenzenesulfonate）　CAS 号 30145-40-5。化学式 $KC_6H_4(OH)SO_3$，分子量 212.27。斜方系晶体。密度 $1.87\ g/cm^3$。

$260℃$ 以上分解。

对羟基苯磺酸钙（calcium 4-hydroxybenzenesulfonate）　亦称"苯酚对磺酸钙"。CAS 号 1300-41-0。化学式 $Ca[C_6H_4(OH)SO_3]_2 \cdot H_2O$，分子量 404.43。无色针状晶体。可溶于水、乙醇。制备：将氢氧化钙加到苯酚磺酸水溶液中制得。

对羟基苯磺酸锌（zinc 4-hydroxybenzenesulfonate）　亦称"苯酚磺酸锌"。CAS 号 127-82-2。化学式 $Zn(C_6H_4(OH)SO_3)_2 \cdot 8H_2O$，分子量 555.83。无色柱状透明晶体或细微粉末，在干燥空气中易分化变成桃红色。溶于水、醇。水溶液对石蕊显酸性。在约 $120℃$ 时失去全部结晶水。制备：由氢氧化锌、苯酚和浓硫酸共热制得。用途：可作为杀虫剂、防腐剂、收敛剂、肠道抗菌剂等。

对羟基苯磺酸铅（lead 4-hydroxybenzenesulfonate）　亦称"酚磺酸铅""苯酚磺酸铅"。化学式 $Pb[C_6H_4(OH)SO_3]_2 \cdot 5H_2O$，分子量 643.60。白色闪光针状晶体。溶于水、乙醇。

对氨基苯磺酸钠（sodium 4-aminobenzenesulfonate）　亦称"敌锈钠""磺胺酸钠"。CAS 号 515-74-2。化学式 $NaC_6H_4(NH_2)SO_3$，分子量 195.17。白色有光泽叶状晶体，工业品呈粉红色或浅玫瑰色，二水合物为无色片状或叶状晶体。易溶于水，可溶于热乙醇、沸酸，不溶于乙醚。水溶液呈中性。制备：可将对氨基苯磺酸溶于氢氧化钠水溶液中反应，或由对氨基苯磺酸与碳酸钠反应制得。用途：可用于有机合成、制染料、防治中耳炎、治碘中毒、防治小麦锈病、测定亚硝酸盐等。

β-萘磺酸铅（sodium 2-naphthalenesulfonate）　CAS 号 532-02-5。化学式 $Pb(C_{10}H_7SO_3)_2$，分子量 621.65。白色结晶性粉末，有毒！不溶于冷水，溶于乙醇。制备：可由乙酸铅与 β-萘磺酸反应制得。用途：可用于有机合成。

功能无机材料、矿物等

沸石（zeolite）　一类含水的具有微孔结构的铝硅酸盐矿物。具有多种组成，其含水量与外界温度及水蒸气的压力有关，加热时水分可慢慢逸出，但并不破坏其微孔构造。沸石结构中有许多空腔（笼）和连接空腔的通道，水分子位于其中。沸石族矿物由低温热液作用形成，见于喷出岩，特别是玄武岩的孔隙中，也见于沉积岩、变质岩及热液矿床和某些近代温泉沉积中。除天然产外，根据需要也可大量地由人工合成。用作分子筛，可以吸取或过滤其他物质的分子。在分子筛中最具代表性，因此"沸石"和"分子筛"这两个词互通。

天然沸石类矿物（natural zeolite minerals）　构成沸石的矿物。大约有 30 多种，根据结构可分为 5 种亚类：(1) 辉沸石亚类，主要是辉沸石和片沸石，还包括有丝光沸石、环晶石、柱沸石、汤河原石、斜发沸石等。(2) 菱沸石亚类，有菱沸石、钠菱沸石、插晶菱沸石和毛沸石等。(3) 方沸石亚类，有方沸石、斜钙沸石、八面沸石和铯沸石等。(4) 钠沸石亚类,有钠沸石、钙沸石、中沸石、杆沸石、浊沸石和水钙沸石等。(5) 钙十字沸石(交沸石)亚类,有钙十字沸石、锶沸石、交沸石、钡沸石和勃林沸石等。

片沸石(heulandite)　化学式 $Ca[Al_2Si_7O_{18}] \cdot 6H_2O$。无色透明,或呈白到红、灰、棕等色调,有玻璃光泽的单斜系晶体,$a = 1.773\ nm$,$b = 1.782\ nm$,$c = 0.743\ nm$,$\beta = 116.33°$。多为板状或柱状晶体,具有假斜方的对称性。有时作短柱状或鳞片状,没有双晶。莫氏硬度 3.5~4,密度 2.1~2.2 g/cm^3。解理面平行于{010},有珍珠光泽。具有良好的离子交换特性。主要存在于花岗岩、伟晶岩和玄武岩的空洞内。

辉沸石(stilbite)　化学式 $Na_2Ca_4[Al_{10}Si_{26}O_{72}] \cdot 28H_2O$。单晶体呈板形,通常呈十字形切面的四方形单斜系晶体。呈白色微带浅黄、浅棕或浅红等色。有玻璃光泽,解理面有珍珠光泽。莫氏硬度 3.5~4,密度 2.09~2.20 g/cm^3。其内部有许多大小不一的开放性孔洞和通道,具有很大的比表面积、较高的化学和生物稳定性,吸附性能较好。主要形成于玄武岩质火山岩的裂隙或气孔中,极少数产于变质岩、浅成岩或深成岩中,常与方解石、片沸石以及其他沸石类矿物共生。广西辉沸石矿储量大,纯度高,晶体大,是目前国内外唯一具有工业意义的辉沸石矿。可作为吸附剂,可用于废水处理。

丝光沸石(mordenite)　亦称"发光沸石"。沸石矿的主要矿物组分之一。白、浅黄或玫瑰色,有丝绢光泽或玻璃光泽的正交系晶体。呈针状、纤维状,集合体为束状和放射状。莫氏硬度 3~4,密度 2.15 g/cm^3。硅铝比 4.17~5。在其结构中,有四元环、六元环和八元环等,还有占比很大的五元环。五元环成对地相互并联,即两个五元环共用两个四面体。成对的五元环又可通过氧桥与另一对的五元环相连形成了四元环。环进一步相互连接,可围成八元环和十二元环等。通过层重叠形成丝光沸石晶体,其主孔道由直径最大十二元环组成,截面呈椭圆形,长轴直径为 0.695 nm,短轴直径为 0.581 nm。主孔道之间有小孔道相互沟通,但由于小孔道孔径(约 0.39 nm)很小,分子只能在主孔道出入。由于硅铝比高,五元环多,故耐酸性及热稳定性特别高。常温下不溶于酸。自然界常见于中酸性火山岩的裂隙和气孔中,常与斜发沸石共生。主要来源于人工合成,即由铝酸钠、硅酸钠和氢氧化钠为原料,在加压水热条件下合成。在石油化工中大量地用作各种芳烃反应催化剂。

柱沸石(epistilbite)　化学式 $(Ca, Na_2)_3[Al_6Si_{18}O_{48}] \cdot 16H_2O$。通常为无色、白色、橘色或红色,有玻璃光泽的单斜系晶体。外形呈柱状、纤维状、放射状,常见有双晶构造晶型。莫氏硬度 4~4.5,密度 2.25~2.28 g/cm^3。为含钠和钙的铝硅酸盐矿物,属于低压高温相的沸石。解理性佳,形成于火成岩的裂隙或气孔中,属于次生充填矿物,经常和其他沸石类矿物共生,也可以形成于轻度变质岩中,

作为低压高温变质度的指标矿物。在工业上常用于废水处理与气体的吸附,农业上则常用于土壤改良剂与饲料添加剂,也用于太阳能的储存。

斜发沸石(clinoptilolite)　化学式 $Na(AlSi_5O_{12}) \cdot 4H_2O$。多为透明板状晶体,可因含杂质而成褐色、红色。为含钠、钾、钙的铝硅酸盐矿物,是沸石矿物中最丰富的一种。脱水后可具有分子筛的功能,可从空气中有选择地提取氮并使氧富集。可作为离子交换剂,用于处理核废料,还可作为造纸工业中的填充剂和膨胀剂。

菱沸石(chabazite)　化学式 $Ca_2[Al_4Si_8O_{24}] \cdot 13H_2O$。透明到半透明,有玻璃光泽的三方系晶体。通常呈白色、浅黄色、浅粉红色、浅红色、浅绿色或无色,条痕无色。莫氏硬度 4.5,密度 2.05~2.10 g/cm^3。呈假立方体和菱面体,常成双晶。有时含钠、钾。形成于玄武岩熔岩裂隙和某些石灰岩中。与其他沸石如交沸石、钙十字沸石、片沸石和钙沸石伴生;也与石英和方解石共生;还产于某些片岩,以及温泉周围热水沉积物和矿物中。具有阳离子交换的性能,可用于软化硬水。

钠菱沸石(gmelinite)　化学式 $Na_8(Al_8Si_{16}O_{48}) \cdot 24H_2O$。无色或白色,或带黄、绿、红色,有玻璃光泽的六方系晶体。莫氏硬度 4~5,密度 2.08~2.16 g/cm^3。是菱沸石亚类中的一种含钠的铝硅酸盐矿物。主要见于玄武岩类喷出岩的杏仁体中,与其他沸石和方解石共生。

毛沸石(erionite)　化学式 $(Ca, Na, K)_9Al_9Si_{27}O_{72} \cdot 30H_2O$。呈针状或纤维状,故名。白色有玻璃光泽的六方系晶体。莫氏硬度 3.5~4,密度 2.02~2.13 g/cm^3。为含钠、钾、钙的铝硅酸盐矿物,是沉积岩中含量最多的几种沸石之一。一般以毛状易碎纤维存在于因气候变化或地下水的作用而风化的火山灰岩石空隙中,具有类似于菱沸石的由四面体框架连接而成的六方笼状结构。有良好的热稳定性和吸收水蒸气能力。在水中最多能够吸取其体积20%的水分。具有高选择性(由吸附的分子大小决定)的气体吸收、离子交换和催化作用。

方沸石(analcime)　化学式为 $Na_{16}Al_{16}Si_{32}O_{96} \cdot 16H_2O$。无色透明,偶见粉红色、黄色或绿色,具有玻璃光泽的晶体。莫氏硬度 5~5.5,密度 2.22 g/cm^3。为含钠的铝硅酸盐,类似于长石矿物。具有良好的吸附、离子交换和催化性能。在玄武岩、辉绿岩、花岗岩、片麻岩及洞穴中和碱性湖底沉积中存在。可用于生产离子筛、橡塑助剂、土壤改良剂、重金属提取剂、硅铝化合物、杀菌剂、特殊氧化剂等,可用于农牧业、环境保护、建材等领域。

斜钙沸石(wairakite)　化学式为 $Ca_{0.5}AlSi_2O_6 \cdot H_2O$。无色至白色,有玻璃光泽,不明亮单斜系晶体。大多呈纤维状、针状、叶片状、放射状或鳞片状集合体,有时也呈薄板状或薄片状的单晶。莫氏硬度 3.5~5.5,密度 2.265 g/cm^3。是含有碱土金属的铝硅酸盐,属于沸石族

中方沸石亚类的矿物。存在于温泉沉积物中,著名产地有新西兰怀拉基和日本鬼首。

八面沸石(faujasite) 化学式 $Na_{29}Ca_{15}Al_{58}Si_{134}O_{384}$ · nH_2O。为天然结晶性硅酸铝含水金属盐或碱土金属盐,阳离子可为 Na、K、Ca 等。白色或无色,有玻璃光泽的立方系晶体。呈片状或板状,集合体呈放射状、毛发状。莫氏硬度 4.5~5,密度 1.93 g/cm^3。骨架的最基本结构由硅氧四面体及铝氧四面体单元构成,各四面体经氧桥连形成链状或环状。具有三维 12 元环孔道体系(0.74 nm × 0.74 nm),而且各种不同的多元环进一步通过氧桥连接成具有三维空间的多面体中空笼。八面沸石的 β 笼为截角八面体,形成 24 个顶点的十四面体,含有六个四元环和八个六元环,通过六元环用六个氧桥互相连接。其形成机理属沸石再结晶过程,即由斜发沸石结构解聚后重组,晶格参数及硅铝比均经过较大的变化而形成的。多产于火山岩气孔中。是良好的天然分子筛材料,也用于水泥、建材工业。

铯沸石(pollucite) 曾称"铯榴石"。化学式 $Cs(AlSi_2O_6)$ · H_2O。无色透明,有玻璃光泽的立方系晶体。呈立方体与四角三八面体的聚形,少见;通常呈致密块状集合体。莫氏硬度 6.5~7,密度 2.86~2.90 g/cm^3。断口呈贝壳状。产于花岗岩和伟晶岩中,与锂云母、锂辉石、叶钠长石等共生。是已知含铯最多的矿物,可作为提取铯和制取铯盐的重要矿物。

钠沸石(natrolite) 化学式 $Na_{16}Al_{16}Si_{24}O_{80}$ · $16H_2O$。无色或白色,罕呈黄色至红晕色的正交系晶体。常呈针状且柱面结晶带有垂直条纹,通常为放射状晶簇,亦为角锥状、纤维状、块状、粒状或致密状。莫氏硬度 5.5,密度 2.20~2.26 g/cm^3。易熔,熔融后呈透明珠体。化学组成中 Si/Al 变化不大,在 1.44~1.58 之间,有少量 Na 可被 K、Ca 等置换。晶体结构是 Si-O-Al 网状架构。生长在玄武岩岩石的空洞里或裂缝中,与其他沸石和方解石共生。其他种类的共生矿物有霓辉石、钠长石、角闪石、石英等。

钙沸石(scolecite) 化学式 $Ca(Al_2Si_3O_{10})$ · $3H_2O$。无色或白、灰、淡黄、黄、浅粉红等色,微透明,具有玻璃光泽或丝绢光泽的单斜系晶体。呈柱状或针状,也常见纤维状、块状集合体。莫氏硬度 5,密度 2.25~2.29 g/cm^3。产于玄武岩、响岩等喷发岩的气孔和裂隙中,也见于接触变质带。优质大晶体(5~10 克拉)仅见于印度浦那和巴西南里奥格兰德州。可用于磨制翻型宝石。

中沸石(mesolite) 化学式 $Na_2Ca_2(Al_2Si_3O_{10})_3$ · $8H_2O$。无色或白色,淡黄至红色,有玻璃光泽或丝绢光泽的单斜系晶体。呈针状,通常为放射状集合体,有时形成球粒状。莫氏硬度 5,密度 2.26 g/cm^3。解理面平行于柱面{110}。

杆沸石(thomsonite) 化学式 $NaCa_2(Al_5Si_5O_{20})$ ·

$6H_2O$。白色、无色至半透明、粉红色、黄色及蓝色,具有玻璃光泽的斜方系晶体,$a = 1.307$ nm,$b = 1.308$ nm,$c = 1.318$ nm。多长柱状、长板柱、放射、纤维状结晶,柱状的少见,通常以放射状或块状集合体出现。是沸石中比较少见的一种。成分以钙的铝硅酸盐为主,其钙可被少量钠置换,因此与钠沸石相似。解理面平行于{010},莫氏硬度 5~5.5,密度 2.10~2.39 g/cm^3。平行 b 轴方向呈现热电性。产于玄武岩、响岩等喷出岩的气孔中。具有吸附、离子交换、筛分和催化性能。

浊沸石(laumontite) 化学式 $Ca_4(Al_8Si_{16}O_{48})_2$ · $18H_2O$。白色至黄色或灰色的单斜系晶体,$a = 1.4587$ nm,$b = 1.2877$ nm,$c = 0.7613$ nm,$β = 111.159°$。呈棱柱状。莫氏硬度 5.5,密度 2.20~2.26 g/cm^3。高 pH 值对浊沸石的形成有利,高 pH 值、低 CO_2 分压对其保存有利。

水钙沸石(gismondine) 化学式 $Ca_4[Al_8Si_8O_{32}]$ · $18H_2O$。灰色或灰白色单斜系晶体,$a = 1.002$ nm,$b = 1.017$ nm,$c = 0.984$ nm,$β = 92.42°$。莫氏硬度 4.5,密度 2.20~2.26 g/cm^3。在一个结晶方向上的链环比在相交成直角的平面上的数量多,产生纤维状形态和解理。是含碱土金属的铝硅酸盐,是沸石族中钠沸石亚类的稀有矿物。在爱尔兰和冰岛的玄武熔岩中发现了许多与菱沸石、杆沸石、钙十字沸石共生的水钙沸石。

钙十字沸石(phillipsite) 化学式 (K_2, Na_2, Ca) $[AlSi_3O_8]_2$ · $6H_2O$。白色,有时呈淡红色,有玻璃光泽的正交系晶体。常形成假正方的十字形贯穿双晶,集合体呈放射状或球粒状。莫氏硬度 4~4.5。为钙、钠、钾的铝硅酸盐矿物。解理面平行于{001}和{010}。产于玄武岩和响岩的气孔中,与其他沸石共生。

交沸石(harmotome) 化学式 $(Ba_{0.5}, Ca_{0.5}, K, Na)_5$ $[Al_5Si_{11}O_{32}]$ · $12H_2O$。无色透明或呈白、灰、淡黄等色,有玻璃光泽的单斜系晶体,$a = 0.987$ nm,$b = 1.414$ nm,$c = 0.869$ nm,$β = 124.81°$。呈柱状,但通常以十字形贯穿双晶出现,集合体呈放射状或杏仁状。莫氏硬度 4.5,密度 2.35~2.44 g/cm^3。解理面平行于{010}。主要产于火山岩的气孔中,也见于热液铅锌矿脉中。脱水后吸收氢、氮、二氧化碳和氨的能力很强,工业上可用作分子筛。

钡沸石(edingtonite) 化学式 $Ba(Al_2Si_3O_{10})$ · $3H_2O$。呈白色、灰白色及淡红色,透明至微透明,有玻璃光泽的正交系晶体。呈锥状,集合体成块状。莫氏硬度 4~4.5,密度 2.6~2.7 g/cm^3。性脆,断口半贝壳状或参差状,解理面平行于柱面。常与其他沸石、方解石、葡萄石伴生。用于制钡盐。

镁碱沸石(ferrierite) 化学式 $Na_{1.5}Mg_2$ $(Al_{5.5}Si_{30.5}O_{72})$ · $18H_2O$。正交系晶体。常为长板形、针状。沿{100}面解理。主要的骨架外阳离子为 Mg、K、Na

和 Ca。莫氏硬度 3～3.25，密度 2.14～2.21 g/cm³。主要产于榴纹质和英安质玻璃的蚀变岩石中。典型产地为加拿大不列颠哥伦比亚省坎卢普斯湖。可用于催化正丁烯的异构化。

人工合成沸石分子筛（synthetic zeolitic molecular sieves） 化学通式（M'$_2$M)O·Al$_2$O$_3$·xSiO$_2$·yH$_2$O，M'，M 分别为一价、二价阳离子，如 K$^+$、Na$^+$ 和 Ca^{2+}、Ba^{2+}、Mg^{2+} 等。在结构上有许多孔径均匀的孔道和排列整齐的孔穴，不同孔径的分子筛把不同大小和形状的分子分开。根据硅铝比和结构不同，得到不同孔径的分子筛。其型号有：3A（钾 A 型）、4A（钠 A 型）、5A（钙 A 型）、10X（钙 X 型）、13X（钠 X 型）、Y（Y 型）、MOR（丝光沸石型）、ZSM-5 等等。吸附能力强、选择性强、耐高温。广泛用于有机化工和石油化工，也是煤气脱水的优良吸附剂，在废气净化上也日益受到重视。其再生方法包括在氧气浓缩器中变换压力，当用于乙醇脱水时也可用载气加热和清洗。

ZSM-5 分子筛（ZSM-5 molecular sieve；MFI） 化学式 Na$_n$Al$_n$Si$_{96-n}$O$_{192}$·16H$_2$O（0<n<27）。由美国美孚石油公司于 20 世纪 60 年代末合成的新型沸石分子筛。属于正交晶系，a=2.01 nm，b=1.99 nm，c=1.34 nm。其阴离子骨架密度约为 1.79 g/cm³。含有十元环，基本结构单元由 8 个五元环组成。骨架由两种交叉的孔道系统组成。属于中孔沸石。由于其结构非常稳定，且在化学组成、晶体结构、物化性质方面具有许多独特性，对很多有机催化反应有优异的催化效能，成为石油化工领域一种重要的新型催化剂。可以由铝酸钠和硅酸钠为原料，在含 TPAOH（四丙基氢氧化铵）的 NaOH 溶液中，在水热条件下合成。

β 分子筛（β molecular sieve） 化学式 Na$_7$[Al$_7$Si$_{57}$O$_{128}$]。一种具有三维十二元环孔结构的高硅沸石。其结构特点是两个四元环和四个五元环的双六元环单位晶穴结构，主孔道直径 0.56～0.75 nm，热稳性较高。β 分子筛只有孔道没有笼，因此可进行阳离子全部交换。对环己烷、正己烷、水的吸附量都较大，均在 14% 以上。是石油化工领域一种重要的新型催化剂材料。可以由铝酸钠、氯化钠、二氧化硅、TEAOH 和氢氧化钠为原料，在水热条件下合成。

A 型分子筛（A molecular sieve；LTA） 化学式 |Na$_{12}$(H$_2$O)$_{27}$|$_8$[Al$_{12}$Si$_{12}$O$_{48}$]$_8$。应用最广的人造硅铝酸盐沸石。为立方面心晶胞，a=2.46 nm 左右。孔道直径 0.41 nm×0.41 nm。具有良好的吸附水分子性能，易再生，可反复使用。3A（钾型）可干燥乙烯、丙烯等气体，5A（钙型）可以高效分离正丁烷和异丁烷。可以由铝酸钠和硅酸钠为原料，加入不同的碱或碱盐，在水热条件下合成。

X 型分子筛（X molecular sieve） 一种重要的微孔硅铝沸石分子筛。具有天然矿物八面沸石的骨架结构。

习惯上把 SiO$_2$/Al$_2$O$_3$ 为 2～3 的称为 X 型分子筛。NaX（13X）型分子筛的典型组成为 Na$_{95}$[Al$_{95}$Si$_{97}$O$_{384}$]·264H$_2$O。可作为催化剂、吸附剂，在化工和石油化工上已实现大规模工业应用。X 型分子筛可以由铝酸钠、硅酸钠和氢氧化钠为原料，采取合适的配比，在水热条件下合成。

Y 型分子筛（Y molecular sieve） 一种重要的微孔硅铝沸石分子筛。具有天然矿物八面沸石的骨架结构。习惯上把 SiO$_2$/Al$_2$O$_3$ 大于 3 的称为 Y 型分子筛。Y 型分子筛结构比 X 型分子筛更稳定，工业上主要用作石油裂解催化剂。其合成原料和方法与 X 型分子筛类似，只是配比不同。

磷酸铝分子筛（AlPO$_4$ molecular sieves） 亦称"介孔磷酸铝"。化学组成 AlPO$_4$，代号 AFI。AlPO$_4$-5 属于六方晶系，a=1.382 7 nm，c=0.858 0 nm。AlPO$_4$-11 属于正交晶系，a=0.83 nm，b=1.87 nm，c=1.34 nm。具有优良的反应活性，可用于制备单层碳纳米管；可用作催化剂，将乙烷氧化为乙二酸。主要原料为磷酸、氧化铝、有机胺模板剂（三乙胺、二丙胺）和氢氟酸，在水热条件下合成。

SAPO 分子筛（SAPO molecular sieves） 一类新型分子筛，是一种骨架结构由 Si、Al、P、O 四种元素组成的微孔分子筛。代表性的 SAPO-34 结构类似菱沸石型，属于小孔沸石，具有特殊的吸水性能和质子酸性。SAPO-34 分子筛通常采用水热法合成。理想的硅源、铝源和磷源分别为硅溶胶、假勃姆石或烷基铝及正磷酸，常用模板剂为四乙基氢氧化铵、吗啉、异丙基胺、三乙胺、二乙胺、哌啶等。可用作吸附剂、催化剂、催化剂载体。

有序介孔材料（ordered mesoporous materials） 一类新型纳米结构材料。主要以表面活性剂形成的超分子结构为模板，利用溶胶-凝胶工艺，通过有机物-无机物界面间的定向作用，组装成孔径在 2～50 nm 之间孔径分布窄且有规则孔道结构的无机多孔材料。

有序介孔碳材料（ordered carbon mesoporous materials） 多孔碳材料的一种。指孔径大小在 2～50 nm，孔道呈周期性有序排列且孔径分布均一的碳材料。具有大的比表面积、规则的孔道结构和均一的孔径、良好的导电性等特点。合成方法主要有模板法（硬模板浸渍和化学气相沉积法、软模板法）、催化活化法和有机凝胶碳化法。在储能、吸附分离有机大分子、催化剂载体等应用领域越来越显示出其优越性，成为当前研究的热点之一。

CMK 系列（CMK series） 通过硬模板法反相复制得到的一系列介孔碳材料。如以 MCM-48 为模板，蔗糖为碳源，以少量硫酸作为催化剂，通过先低温聚合后高温碳化的过程，最后以氢氧化钠或氢氟酸刻蚀二氧化硅可得到有序介孔碳材料 CMK-1。分别以 SBA-1、SBA-15、KIT-6 为模板可制备出 CMK-2、CMK-3、CMK-8、CMK-9 介孔碳材料。

M41S 系列（M41S series）　以正硅酸乙酯为硅源，通过基于胶束的软模板方法合成的一系列介孔硅材料。其中最早提出的 MCM-41（六方相）由规则排列的圆柱形介孔组成，形成一维孔隙系统。具有可独立调节的孔径，较窄的孔分布，大的比表面积和大的孔体积。孔隙大于沸石，孔隙分布容易调节，介孔的直径为 2~6.5 nm。因为晶格中不含铝，MCM-41 的骨架没有布朗斯特酸中心。氧化铝掺杂的 MCM-41 的酸度与无定形铝硅酸盐的酸度相当。由于硅酸盐单元的壁厚很小并且交联程度低，MCM-41 水热不稳定。可作为催化剂或催化剂载体。此系列还有 MCM-48（立方相）和 MCM-50（层状结构）等。

SBA 系列（SBA series）　以嵌段共聚物为表面活性剂，通过软模板法制备的一系列介孔硅材料。其孔径在 5~30 nm 的范围内可调。由于用到的中性表面活性剂与中性无机前驱体间的排斥力比离子表面活性剂与带电荷的无机前驱体间的排斥力小得多，能够形成较厚的孔壁，进而提高了其骨架结构的稳定性。其中最具代表性的为 SBA-15，其合成条件温和，表面活性剂易除去，且不易引起结构坍塌。在催化、分离、生物及纳米材料等领域有广泛的应用前景。

FDU 系列（FDU series）　以不同原料在不同的条件下用不同的模板合成的新型有序介孔材料系列。如 FDU-1 是以强疏水性三嵌段共聚物为模板剂，在酸性条件下合成的。FDU-2 是以有机表面活性剂为模板剂，在碱性条件下合成的。而 FDU-15 和 FDU-16 是使用表面活性剂作为结构导向剂，使用酚醛树脂的前驱体作为原料，通过溶剂挥发自组装的方法得到的有序介孔结构材料。该类介孔材料具有结构和孔径多样性，有潜在的应用前景。

金属有机骨架材料（metal organic frameworks；MOFs）　一类新型无机-有机材料。是由多齿有机配体（大多是芳香多酸和多碱）与金属离子自组装而成的配位聚合物。由有机配位体和金属中心两部分组成，分别起支柱和结点的作用。已成功合成了大量的 MOFs，主要是以含羧基有机阴离子或含氮杂环有机中性配体为主。骨架多数具有高孔隙率和高化学稳定性。可按组分单元和结构特征将 MOFs 材料分为以下几大类：网状金属和有机骨架材料（isoreticular metal-organic frameworks，简称 IRMOFs），类沸石咪唑骨架材料（zeolitic imidazolate frameworks，简称 ZIFs）、莱瓦希尔骨架材料（materials of Institute Lavoisier frameworks，简称 MILs）、孔-通道式骨架材料（pocket-channel frameworks，简称 PCNs）。MOFs 的合成方法有溶剂法、液相扩散法、溶胶-凝胶法、搅拌合成法、固相合成法、微波、超声波、离子热等。由于其孔结构易调控，比表面积大，可用于气体的吸附分离、催化剂、磁性材料、光学材料等。另外，作为一种超低密度多孔材料，在存储大量甲烷和氢等燃料气方面有很大的潜力。

MOF-5 金属有机骨架材料（MOF-5 metal-organic framework）　由 Zn^{2+} 和对苯二甲酸构筑的具有微孔结构的三维立体骨架。属于立方晶系，空间群为 $Fm\text{-}3m$。其次级结构单元为 $Zn_4O(BDC)_3$（BDC^{2-} 为对苯二甲酸根）。比表面积 $3\,362\ m^2/g$，孔容积 $1.19\ cm^3/g$，孔径 0.78 nm。具有很好的热稳定性，加热至 300℃ 仍保持稳定。可通过水热法、挥发法、扩散法、直接加入合成法、超声法、微波法和二次生长法等合成。具有较大的贮氢质量分数，同时在甲烷吸附方面也有应用价值。

IRMOF 金属有机骨架材料（isoreticular metal-organic frameworks）　系列配合物，具有和 MOF-5 非常相似的配位结构。将 MOF-5 中的对苯二甲酸分别替换为 2,6-萘二甲酸、4,9-二羧酸-1,2,6,9-四氢芘和四甲基对苯二甲酸，可制得 IRMOF-8、IRMOF-11 和 IRMOF-18。其金属离子的次级结构单元与 MOF-5 相同，区别在于因有机配体的大小和结构等方面的差异导致微孔的形状和大小不同。在气体吸附、存贮、分离等方面也有应用价值。

ZIF 系列金属骨架材料（ZIF metal-organic frameworks）　即沸石咪唑酯骨架材料（zeolitic imidazolate frameworks），因与沸石多孔材料具有类似骨架结构而得名。其中金属离子（Zn 或 Co 等）取代沸石骨架中的 Si，而咪唑酯环取代沸石骨架中的 O，构成键角同为 145° 的 M-Im-M 骨架结构单元。改变骨架结构单元中的金属离子与咪唑酯环上的取代基团，能够调控 ZIFs 材料的结构和孔性质，形成一系列具有不同物理化学性质的多孔结构材料。具有非常稳定的热物理化学性质，能耐水及各种有机溶剂，亦具有超高的比表面积与孔隙率，对 CO_2、CH_4 和 H_2 等各种气体具有超强的吸附能力，尤其对 CO_2 具有较高的选择性吸附能力。可由金属盐和咪唑类配体在水热或溶剂热条件下反应制得。在气体贮存、气体分离等领域具有潜在的应用前景。

ZIF-8 骨架材料（ZIF-8 framework）　沸石咪唑酯骨架材料（ZIFs）的典型代表。骨架结构由金属 Zn 离子与甲基咪唑中的 N 原子相连形成的 ZnN_4 四面体结构单元构成，拓扑结构与方钠石类似，每个单元晶胞包含两个 SOD 笼，SOD 笼直径为 1.16 nm，每个 SOD 笼通过六个 Zn 原子组成的六元环笼口相连，六元环笼口直径为 0.34 nm。可由硝酸锌和甲基咪唑溶剂热条件下反应制得。可广泛应用在 CO_2/N_2 的吸附分离、水中砷离子的吸附脱除、汽油中硫醇的吸附研究中。

MIL-101 骨架材料（MIL-101 framework）　由法国拉瓦锡研究所报道，其中 MIL 为 materials of Institute Lavoisior frameworks 缩写。MIL 系列可由不同的过渡金属元素和琥珀酸、戊二酸等二羧酸配体合成。其中代表性的 MIL-101(Cr) 可由硝酸铬与对苯二甲酸在水热条件下合成。具有较大的比表面积,较大的孔容和孔径,较大尺寸的窗口,在空气中可稳定存在数月,成为研究较多的 MOFs 材料。在外界因素的刺激下,其结构会在大孔和窄孔两种形态之间转变。

UiO 系列骨架材料(UiO frameworks)　由锆离子与二羧酸配体构建的三维多孔材料。次级结构单元 $[Zr_6O_4(OH)_4]$ 与有机配体相连,形成包含八面体中心孔笼和八个四面体角笼的三维微孔结构。通过使用不同尺寸的线性二羧酸配体,可对其笼的尺寸进行调节。其中代表性的 UiO-66 具有很好的热稳定性、化学稳定性和机械稳定性。可通过均相法、扩散法、溶剂热、水热、微波辅助法、机械研磨法等制备。在吸附、分离、光催化、传感、药物缓释和超级电容器等多个领域皆表现出潜在的应用前景。

HKUST-1 骨架材料(HKUST-1 framework)　亦称"MOF-199"。化学式 $Cu_3(C_9H_3O_6)_2(H_2O)_3$ 或 $Cu_3(TMA)_2(H_2O)_3$。由铜离子与均苯三酸形成的具有面心立方晶格结构的配位聚合物。包含轮浆式次级结构单元 $[Cu_2(O_2CR)_4]$(R 为芳环),次级结构单元相互交错连接形成三维网格结构。其结构中的金属中心配位有易离去的客体小分子或配体离子,经活化除去这些小分子后,可形成活性位点,实现不饱和金属活性位点催化反应。其化学结构稳定,比表面积较大,孔隙率较高。可通过溶剂(水)热合成法或常温常压合成法制备。在气体储存与分离、工业催化、传感应用等方面具有广泛应用前景。

富勒烯(fullerene)　一种完全由碳组成的中空分子。可呈球型、椭球型、柱型或管状。在结构上与石墨相似,石墨是由六元环组成的石墨烯层堆积而成,而富勒烯不仅含有六元环还有五元环,偶尔还有七元环。第一种富勒烯即为 C_{60}。与石墨和金刚石成为碳的同素异形体。在材料科学、电子学和纳米技术方面具有潜在的应用价值。

碳纤维(carbon fiber)　含碳量高于 90% 的无机高分子纤维。其中含碳量高于 99% 的称石墨纤维。由片状石墨微晶等有机纤维沿纤维轴向方向堆砌而成,经碳化及石墨化处理得到的微晶石墨材料为乱层石墨结构,碳纤维各层面间的间距约为 0.339~0.342 nm,层与层之间通过范德华力连接。具有低密度、高刚度、高抗拉强度、高耐化学性、耐高温、低热膨胀等优点。对一般的有机溶剂、酸、碱具有良好的耐腐蚀性,但其耐冲击性差,易损伤,在强酸作用下可发生氧化,在 400℃ 以上的空气中出现明显的氧化,生成一氧化碳与二氧化碳。主要用聚丙烯腈纤维(PAN)和沥青纤维为原料制备。以聚丙烯腈为原料制备碳纤维时,首先将聚丙烯腈纤维在拉伸应力作用下于 200~250℃ 进行氧化处理,然后在 800~1 600℃ 的惰性气氛中进行碳化处理,得到石墨结构的高强度碳纤维,最后将纤维在 2 500~3 000℃ 进一步热处理,使纤维中石墨晶体结构沿纤维方向取向,制得石墨纤维。以原油裂解的沥青直接熔融纺丝,在 150~400℃ 下经过不溶化处理,再在 800~

1 200℃ 惰性气氛中进行碳化处理得到碳纤维,再经 1 500~2 800℃ 惰性气氛中的高温石墨化处理制得石墨纤维。可作为高温滤波器、防火服、屏蔽体、特殊导线等,广泛应用于国防、航天航空、建筑材料、汽车工业、机械电子、化工等领域。碳纤维与塑料或金属构成复合材料,可用于飞机、人造卫星元件、文体用品等。

碳纳米管(carbon nanotube;CNT)　一种管状碳分子。管上每个碳原子采取 sp^2 杂化,碳-碳通过 σ 键结合,形成由六边形组成的蜂窝状结构作为碳纳米管的骨架。每个碳原子上未参与杂化的 p 电子在整个碳纳米管形成共轭 π 键。分为单壁碳纳米管和多壁碳纳米管。管径只有纳米尺度,而轴向长度则可长达数十到数百微米。碳纳米管除六边形结构外混杂了五边形和七边形,出现五边形的区域由于张力的关系导致碳纳米管向外凸出,如果五边形恰好出现在碳纳米管的顶端,就形成碳纳米管的封口;出现七边形的区域碳纳米管则向内凹进。具有高的机械强度和弹性、优良的导体和半导体特性(量子限域所致)、高的比表面积、强的吸附性能、优良的光学特性及导热性能。可通过电弧放电法、激光烧蚀法、化学气相沉积法(碳氢气体热解法)、固相热解法、辉光放电法、气体燃烧法以及聚合反应合成法等制备。

石墨烯(graphene)　一种由碳原子以 sp^2 杂化轨道组成六角型呈蜂巢晶格的平面薄膜,只有一个碳原子厚度的二维材料。是目前最薄却也是最坚硬的纳米材料,几乎完全透明的,只吸收 2.3% 的光。导热系数高达 5 300 W/(m·K),高于碳纳米管和金刚石。常温下其电子迁移率超过 15 000 $cm^2/(V·s)$,比碳纳米管或硅晶体高,而电阻率只有约 10^{-6} Ω·cm,比铜或银更低,为目前电阻率最小的材料。由于其电阻率极低,电子的移动速度极快,因此可期待用来发展出更薄、导电速度更快的新一代电子元件或晶体管。可用来制造透明触控荧幕、光板、甚至是太阳能电池。石墨烯另一个特性是能够在常温下观察到量子霍尔效应。

三维石墨烯(tridimentional graphenes)　包括石墨烯海绵、石墨烯泡沫、石墨烯气凝胶及石墨烯宏观体等。石墨烯泡沫最初是以泡沫镍为模版制备的,石墨烯片层在镍表面生长并连接为一个整体,因此继承了泡沫镍各向同性的、多孔的三维骨架结构。石墨烯海绵也具有多孔结构,但制备方法与石墨烯泡沫不同,在其结构中部分石墨烯片层平行排列,形成了各向异性的结构特征。石墨烯水凝胶和气凝胶通常用溶胶-凝胶法制备,先通过水热等过程将氧化石墨烯交联形成水凝胶,再通过冷冻干燥或超临界干燥除去水分生成气凝胶。这些三维石墨烯材料结构和性质存在差异,但它们都拥有高比表面积和孔隙率、低密度、高导电率等共同特性,在吸附、催化、传感、能量转化与储存以及生物医药等领域都具有很好的应用前景。

中间相炭微球(mesocarbon microbeads;MCMB)

一种新型功能材料。是在稠环芳烃化合物的炭化过程中形成的一种盘状向列液晶结构。沥青类化合物热处理时，可发生热缩聚反应可生成液晶状各向异性的中间相小球体，该小球体即为 MCMB 的前驱体（沥青中间相球体）。原料沥青性能及制备工艺的不同，中间相炭微球的结构组成存在较大差异。通常主要成分为喹啉不溶物，同时还可能存在一部分 β 树脂（不溶于甲苯但溶于喹啉的组分）。元素组成为 C、H、S，其中 C 含量大于 90%，其次为 H。粒径在 1～100 微米，商品化中间相碳微球粒径为 1～40 微米。通常不溶于喹啉类溶剂，热处理时不熔融，石墨化时不变形。随处理温度的升高，其分子排列不发生变化，氢含量下降，层间距减小，密度增大，晶胞变大；600℃时发生中间相结构的变化，700℃以上变成固体，比表面积出现极大值。1 000℃左右形成收缩裂纹，裂纹方向平行于中间相炭微球的层片方向。中间相炭微球及其热处理产物呈疏水性。对表面进行改性处理后，其表面活性非常高。通常采用热缩聚法制备，即将含有多环芳烃重质成分的烃类原料进行热处理以聚合生成富含 MCMB 的缩聚产物中间相，然后用适当的分离方法和溶剂对其进行分离提纯。此外还有乳化法、悬浮法和化学气相沉积法等。可作为锂离子电池负极材料、复合材料、活性炭微球、液相色谱柱填料、催化剂载体、导电材料、阳离子交换剂、表面修饰碳材料等。

上转换发光材料（up-conversion luminescence materials） 在长波长光的激发下可发射比激发光波长短的光的材料。斯托克斯定律认为材料只能受到高能量的光激发，发出低能量的光，也就是波长短、频率高的激发出波长长、频率低的光，如紫外线激发发出可见光，或蓝光激发出黄色光，或可见光激发出红外线。上转换发光与上述定律正好相反，又称"反斯托克斯发光"。主要由基质材料、激活剂、共激活剂和敏化剂组成。其中，激活剂主要以 Er、Ho、Tm、Pr 等三价离子为主。上转换发光的光稳定性强、发射带窄、荧光寿命长、化学稳定性高、潜在生物毒性低。当采用近红外连续激发光源激发，还使其具有较大的光穿透深度、无光闪烁和光漂白、无生物组织自发荧光以及对生物组织几乎无损伤。上转换发光发生在掺杂稀土离子的化合物中，主要有氟化物、氧化物、含硫化合物、氟氧化物、含氧酸盐等。可通过高温固相法、水热合成法、溶胶凝胶法、共沉淀法、分子束外延法等方法制备。主要用于制作上转换激光器、检测传感器，可用于防伪和显示等技术领域。

下转换发光材料（down-conversion luminescence materials） 能够在吸收一个高能光子的紫外光后，发射出两个或多个低能光子的材料。由于下转换发光可将一个高能光子转换为两个以上的可被利用的低能光子，在理论上量子效率可达 200%。可用于太阳能电池、传感器、显示器、光电设备等领域。

超分子化合物（supramolecular compounds） 由若干化学物种通过分子间相互作用结合在一起、具有较高复杂性和一定组织性的化合物。大致可分为杂多酸类、多胺类、卟啉类、树枝状、液晶类及酞菁类超分子化合物。制备方法包括自组装、模板法等。可用于压电化学传感器、生物识别、分子器件、分子机器、催化、能源存储等领域。

液晶超分子化合物（liquid crystalline supramolecular compounds） 超分子化合物的一类。液晶是处于连续流体和有序固体之间的一种中间态物质，按照结构特征可分为小分子液晶、高分子液晶和超分子液晶。小分子液晶由于分子结构较小，容易自由旋转，会造成性能不稳定；高分子液晶强度高、热膨胀率低、热稳定性高、黏度大、有较大的相区间温度；超分子液晶是基于分子间的超分子相互作用形成的复合液晶体系，具有更稳定的液晶性和更宽的液晶范围。氢键、范德华力、静电作用、疏水作用等均可用于超分子液晶的组装，氢键是其中最常见的非共价键连接方式。此外，还有离子键型、金属络合型液晶超分子化合物。

酞菁超分子化合物（phthalocyanine supramolecular compounds） 超分子化合物的一类。酞菁是一种具有 18 个电子的大共轭体系的化合物，又称"四氮杂四苯并卟啉"，其结构非常类似于自然界中广泛存在的卟啉，但酞菁是一种人工合成的化合物。卟吩环上 5，10，15，20 四个中位"meso 位"上的碳原子换成氮原子，即为四氮杂卟啉。在四个吡咯环的外侧连接四个苯环，则可得到酞菁分子。酞菁具有芳香性，在近红外区有很强的吸收，具有广泛的光谱响应范围，因而具有优越的光电性能。酞菁及其金属化合物在水和有机溶剂中溶解度低，通过在酞菁分子上引入不同的取代基团可有效地阻碍酞菁分子之间的聚集，提高其在有机溶剂中的溶解度。酞菁中心腔内的两个氢原子可以被 70 多种元素取代，包括几乎所有的金属元素和部分非金属元素。随着中心金属配位数提高，金属酞菁的分子会呈角锥体、四面体或八面体结构。通过向中心金属引入轴向配体可消除酞菁分子在固态和溶液中的聚集状态，常用的轴向配位的配体有吡啶、氰基、胺基、卤素等。

透明陶瓷（crystalline ceramics） 像玻璃一样透明的陶瓷。一般陶瓷内部存在有杂质和气孔，前者能吸收光，后者令光产生散射，导致不透明。选用高纯原料，并通过工艺手段排除气孔可获得透明陶瓷。常见透明陶瓷有氧化铝陶瓷、烧结白刚玉、氧化镁、氧化铍、氧化钇、氧化钇-二氧化锆等。

钇铝石榴石透明陶瓷（yttrium aluminum garnet crystalline ceramic） 化学式 $Y_3Al_5O_{12}$，分子量 593.7。立方系晶体。熔点 1 970℃，密度 4.55 g/cm³，莫氏硬度 8～8.5。不溶于水、硫酸、硝酸、氢氟酸。属于人造化合物，具有很高的硬度和优异的高温力学性能，在熔化之前能保持优异的相稳定性和热稳定性。可由氧化钇和氧化铝粉体经固相法、共沉淀法、溶胶凝胶法、水热法等制得。曾作为钻石的代用品,可作为理想的激光基质材料、荧光材料、高温结构材料、热障涂层材料。

透明铝酸镁陶瓷(transparent magnesium aluminate ceramics)　化学式 $MgAl_2O_4$。有玻璃光泽。熔点 $2135℃$,莫氏硬度 $7.5\sim8$。具有较好的化学稳定性,强耐化学腐蚀性,优异的机械性能、光学性能,优良的热冲击性能。对红外区波段透过率高。可由 Al_2O_3 和 MgO 粉末通过热压烧结、热等静压烧结、常压烧结、放电等离子体烧结、微波烧结等方法制备。可用于红外激光窗口、高温窗口、红外制导导弹球罩、高温或强辐照下工作的照相镜头、核反应堆窗口、光电子等领域。

透明氧化铝陶瓷(transparent alumina ceramics)　亦称"半透明氧化铝陶瓷""透明多晶氧化铝陶瓷"。化学式 Al_2O_3。主晶相为 $α$-Al_2O_3。密度 $3.98\,g/cm^3$ 以上,直线透光率 $90\%\sim95\%$ 以上。介电常数大于 9.8,抗弯强度大于 $350\sim380\,MPa$,击穿强度 $6.0\sim6.4\,kV/mm$,热膨胀系数 $(6.5\sim8.5)×10^{-6}/℃$。高温下具有良好的耐碱金属蒸气腐蚀性。可由纯度 99.99% 以上的三氧化二铝,添加少量纯氧化镁、三氧化二镧,或三氧化二钇等添加剂得到高致密透明陶瓷。可用于制造高压钠灯的发光管,也可用作微波集成电路基片、轴承材料、耐磨表面材料和红外光学元件材料等。

透明偏铌酸铅钡镧陶瓷(transparent lead barium lanthanum metaniobate ceramics)　亦称"PBLN 陶瓷"。主要组分为 $(Pb_{1-y}Ba_{1-y})_{1-x}La_xNb_{2-x/5}O_6$。是一种透明铁电陶瓷,具有高的电光效应,一次电光效应为 $7.45×10^{-10}\,M/V$,二次电光效应为 $2.09×10^{-16}\,M^2/V^2$。可由高纯三氧化二镧、五氧化二铌、$β$-氧化铅、钛酸钡为原料,经 $1300℃$ 通氧热压烧结制得。主要用于电光源装置,还可作为原子能反应堆材料。

氧化铍陶瓷(beryllia ceramics)　化学式 BeO。呈半透明状,属六方晶系。熔点 $2550℃$,密度 $3.03\,g/cm^3$。具有高热导率、高绝缘性、高熔点、高强度、低介电常数、低介质损耗、高的化学稳定性以及良好的工艺适应性。可由高纯氧化铍为原料经热压烧结制得,常添加少量高纯氧化铝、氧化镁、氧化钙等来降低其烧成温度。生产中应避免氧化铍与水蒸气接触而生成氢氧化铍挥发逸失。氧化铍粉末及其蒸汽会伤害人体的肺和皮肤,引起脾肺的皮肤溃疡。可作为反应堆中的中子减速剂、反射剂,可用于制造微波装置窗口、高温部件、集成电路基板等,广泛用于特种冶金、真空电子技术、核技术、微电子与光电子技术等领域。

石英陶瓷(quartz ceramics)　一种耐高温材料。具有导热性差、膨胀系数小、耐高温、热稳定性好且成本较低等优点。可由晶态石英(石英砂或水晶)于 $1600℃$ 焙烧制得,或将石英玻璃粉碎后于 $1200℃$ 焙烧制得。可用于冶金、建材、化工、国防、科研等领域。

介电陶瓷(dielectric ceramics)　亦称"电介质陶瓷"。通过调节陶瓷的介电性能,使之具有高介电常数、低介质损耗、介电常数和温度系数适当等性质的一类陶瓷。主要利用陶瓷在外电场作用下可发生极化,且能在内部长期建立起电场的功能。当材料的晶格为对称分布时,应力可以导致电荷的不对称分布,这种材料被称为压电陶瓷;当材料的不对称分布(即电极子)有两个方向时,温度差异也会导致电极子,这种材料被称为热释电陶瓷;可以产生自发极子的材料被称为铁电陶瓷。按照介电常数大小可分为低介电常数、中介电常数、高介电常数陶瓷。按用途和性能可大体分为电绝缘陶瓷、电容器陶瓷、压电陶瓷、热释电陶瓷、铁电陶瓷等多种。具有绝缘电阻率高、介电常数小、介电损耗小、导热性能好、膨胀系数小、热稳定性和化学稳定性好等特点。制备主要分为粉体制备、成型、烧结三大步。主要用于陶瓷电容器和微波介质元件。

压电陶瓷(piezoelectric ceramics)　一类将机械能和电能互相转换的陶瓷材料。在外力作用下,其内部正负电荷中心可相对位移而发生极化,导致材料两端表面出现电性相反的电荷,当外力卸掉后又会恢复到不带电的状态。为了使人工造制的陶瓷能表现出宏观的压电特性,需在强直流电场下进行极化处理,以使原来混乱取向的各自发极化矢量沿电场方向择尤取向。经过电场极化处理后的压电陶瓷,会保留一定的宏观剩余极化强度,从而使陶瓷具有一定的压电性质。常用的压电陶瓷有钛酸钡系、锆钛酸铅型化合物。广泛应用于制造超声换能器、高频换能器、声传感器、压力传感器、滤波器、谐振器等。

锆钛酸铅压电陶瓷(lead zirconate titanate piezoelectric ceramics;PZT)　化学式 $PbZr_{1-x}Ti_xO_3$。锆酸铅和钛酸铅的固溶体。具有钙钛矿型结构。是一种性能优异的铁电材料,具有良好的介电、铁电、压电、热释电等效应。可由二氧化铅、锆酸铅、钛酸铅在高温下烧结制得。已成为微机电系统中应用最为广泛的传感和驱动材料之一。可用于制作微型传感器、微型驱动器、红外探测器、微镜、微压电悬臂梁、微马达、微加速度计、陀螺仪、滤波器、动态随机存储器等。

偏铌酸铅压电陶瓷(lead metaniobate piezoelectric ceramics)　以偏铌酸铅为主晶相的铁电陶瓷,具有斜方晶系钨青铜结构。有较高的介电常数、较小的介电损耗、高居里温度,并具有各向异性。可由四氧化三铅和五氧化二铌,加入少量添加物,经高温烧结制得。随冷却速度不同可形成两种晶型,如在 $1250℃$ 以上快速冷却可制得铁电陶瓷,而从 $1250℃$ 缓慢冷却则为反铁电相陶瓷。主要用于制作宽频换能器、高储能材料、超声探测器等。

铌酸钾钠陶瓷（potassium sodium niobate ceramics）　一种具有钙钛矿型结构的无铅压电陶瓷。具有较高居里温度、低介电常数、低的机械品质因素、高的频率常数等特性。以碳酸钠、碳酸钾和五氧化二铌为原料，经热压烧结、等离子烧结或激光烧结等方法制得。由于无铅，可减少对环境的污染。主要用于制表面声波器件、压电传感器、高频延迟线、光电器件、超声换能器等。

铁电陶瓷（ferroelectric ceramics）　具有铁电性的陶瓷材料。在低于居里温度时具有自发极化性能。其重要特征是其极化强度与外加电压不成线性关系，具有明显的滞后效应。由于这类陶瓷的电性能与铁磁材料的磁性能类似，因而称为铁电陶瓷。常见的铁电陶瓷多属钙钛矿型结构，如钛酸钡陶瓷及其固溶体，也有钨青铜型、含铋层状化合物、烧绿石型等结构。可用于制激光调制器、光电显示器、光信息存储器、光开关、光电传感器、显示器，以及激光或核辐射防护镜等新型器件。

钛酸钡陶瓷（barium titanate ceramics）　以钛酸钡及其固溶体为主晶相的陶瓷，具有钛钙矿型结构。在温度高于 120℃ 时为立方顺相，温度在 5～120℃ 时为四方铁电相，- 80～5℃ 时为正交铁电相，低于 - 80℃ 时为三方铁电相。具有高介电性、压电性，为陶瓷电容器的主要材料。可采用固相烧结法制得。广泛用作铁电陶瓷器件、正温度系数热敏电阻材料。

钛酸铅陶瓷（lead titanate ceramics）　以钛酸铅及其固溶体为主晶相的陶瓷，具有钛钙矿型结构。具有高居里温度、较低介电常数、较高机械强度等特性。以四氧化三铅和二氧化钛为原料，同时加入少量掺杂其他氧化物，经高温烧结制得。可用于制造高频压电陶瓷滤波器、高温换能元件、热释电探测器、高温换能器等。

铌酸钡钠陶瓷（barium sodium niobate ceramics）　一种具有钨青铜结构的铁电陶瓷。是一种优良压电材料，高效的倍频晶体，具有良好的频率温度稳定性。可由碳酸钡、碳酸钠和氧化铌为原料经提拉法生长晶体，也可由热压烧结法制得致密陶瓷，可通过离子置换和添加少量元素进行改性。可用于激光倍频、光量振荡、电光调制、窄带陶瓷滤波器等器件。

铌酸锂铁电陶瓷（lithium niobate ferroelectric ceramics）　一种高温铁电陶瓷，具有畸变的钙钛矿结构。具有居里点高、自发极化强度大、机电耦合系数大、机械品质因素高、声学传输损耗低等特征，是优良的压电、铁电、非线性光学以及电光学晶体材料。可由五氧化二铌和碳酸锂经高温烧结制得。广泛用于微声器件、高频高温换能器、红外探测器、激光调制器、高频宽通带滤波器等领域。

钛酸钡-钛酸锶陶瓷（barium titanate strontium titanate ceramics）　化学式 $(Sr_{1-x}Ba_x)TiO_3$。一种铁电陶瓷材料。具有介电损耗低、抗电强度高等优点。通过掺入钛酸锶使钛酸钡铁电陶瓷的居里温度常数移至负值，使材料在使用温度范围内处于顺电态。可由钇碳酸钡、碳酸锶、二氧化钛为原料，经固相烧结法制得。用于制作高压电容器。

热敏陶瓷（heat sensitive ceramics）　亦称"热敏电阻陶瓷"。电导率随温度呈明显变化的陶瓷。在工作温度范围内，电阻率随温度变化而变化。按阻值随温度变化类型不同，分为正温度系数、负温度系数、临界温度系数及线性热敏电阻。主要用于制作热敏电阻器、温度传感器、加热器以及限流元件等。

钛酸钡热敏陶瓷（barium titanate thermosensitive ceramics）　一类基于钛酸钡制备的具有热敏效应的半导体材料。属典型的钙钛矿结构。除主要成分钛酸钡外，还有二氧化钛、钛酸锶、钙、铅等。通常采用固相烧结法制取。制备时采用化合价控制方法，在材料中引入施主杂质使钛酸钡半导体化，采用三价镧、镨、钕、钇离子等置换钡，用五价铌、钽、锑等离子置换钛，在氧化气氛中烧结成 N 型半导体。用作热敏半导体材料。

光敏陶瓷（photosensitive ceramics）　在光照下可产生光电导或光生伏特效应的陶瓷材料。主要是半导体陶瓷，其导电机理分为本征光导和杂质光导。对本征半导体陶瓷材料，当入射光子能量大于或等于禁带宽度时，价带的电子跃迁至空带形成导带，而在价带产生空穴，这一电子-空穴对即为附加电导的载流子，使材料阻值下降。对杂质半导体陶瓷，当杂质原子未全部电离时，光照能使未电离的杂质原子激发出电子或空穴，产生附加电导，从而使阻值下降。不同波长的光子具有不同的能量，因此，一定的陶瓷材料只对应一定的光谱产生光导效应。有紫外、可见光和红外光敏陶瓷。可用于制作适于不同波段范围的光敏电阻器。

气敏陶瓷（gas sensitive ceramics）　电导率随所接触气体分子而发生变化的陶瓷。一般为金属氧化物，如氧化锡、氧化锌、氧化铁、五氧化二钒、氧化锆、氧化镍、氧化钴、氧化铱等的陶瓷。对许多气体响应灵敏度高，对气体的检测是可逆的，吸附、脱附时间短，可应用于气敏检漏仪等装置。

湿敏陶瓷（humidity sensitive ceramics）　电导率或相对介电常数随湿度呈明显变化的陶瓷。常见的有氧化铝、三氧化二钽、五氧化二铌、四氧化三铁、氧化钛、氧化钾-氧化铁、铬酸镁-氧化钛及氧化锌-氧化锂-氧化钒等体系的陶瓷。可用于湿度的测量和控制。

钛酸锶压敏陶瓷（strontium titanate voltage-sensitive ceramics）　一种以半导体钛酸锶晶粒和晶界层间形成 PN 结层和绝缘层的有压敏效应的材料。材料静电容量大，电压范围广。可向钛酸锶中掺杂氧化铌、氧化钽或稀土氧化物等半导体和氧化锰、氧化钴、氧化镍等改性剂经高温烧结制得。可广泛应用于家用电器、电子电路、电力系统等领域。

钛酸锆陶瓷（zirconium titanate ceramics）　主晶相为 $ZrTiO_4$ 的陶瓷材料。主要原料为二氧化钛和二氧化锆，加入少量适宜的添加物，经高温烧结制得。高温下可形成 $ZrTiO_4$-TiO_2 和 $ZrTiO_4$-ZrO_2 两类固溶体。调整锆和钛的比例可获得不同介电常数和温度系数的瓷料。可用于制作高频陶瓷电容器、介质谐振器等。

铌铋锌系陶瓷（bismuth zinc niobate ceramics）　以 Nb_2O_5-Bi_2O_3-ZnO 三元体系统为主晶相的陶瓷材料。主要特点是介电常数高。主要原料为五氧化二铌、三氧化二铋、氧化锌，加入少量改性添加物，经高温烧结制得。通过改变主要原料的组成配比和添加物的量，可得到一系列不同介电常数和不同介电常数温度系数的陶瓷材料。可用于制造小体积、大容量的低温烧结高频独石电容器。可广泛用于钟表、电子摄像机、医疗仪器、汽车、电子调谐器等。

锆钛酸铅镧陶瓷（lead lanthanum zirconium titanate ceramics）　亦称"掺镧锆钛酸铅"。一种铁电陶瓷光电材料，属锆钛酸铅系压电陶瓷。化学式 $Pb_{(1-x)}La_xZrTiO_3$，缩写为 PLZT。属于钙钛矿型结构。透明度较好，具有优良的电光效应、电控可变双折射、电控可变光散射等特性。其光学特性可通过拉伸或压缩或外加电场而改变。可用于制造光阀、光闸、光存储、映像存储显示器、偏光器、光调制器件等，可用于各种光电存储器和显示设备中。

铬酸镧陶瓷（lanthanum chromate ceramics）　以铬酸镧为主晶相的陶瓷材料。具有钙钛矿结构。耐腐蚀性能好，高温下具有良好的化学与物理稳定性。高温下电阻随温度变化小，利于精确控温，空气中的使用温度可达 1 900℃。可由三氧化三镧和氧化铬为原料，经高温烧结而成，掺杂氧化锶、氧化钡可在一定程度上提高其高温氧化气氛下的稳定性。可用于高温电热元件、固体氧化物燃料电池、热敏电阻、等离子喷涂、磁性材料等领域。

绝缘装置瓷（insulator porcelain）　亦称"装置陶瓷""装置瓷"。具有优良的电绝缘性能，在电子设备中作为安装、固定、支撑、保护、绝缘、隔离及连接各种无线电元件及器件的陶瓷材料。这类陶瓷介电常数低、介质损耗小、绝缘电阻率高、击穿强度大、介电温度特性和频率特性好。此外还要求有较高的机械强度和化学稳定性。以滑石瓷和氧化铝瓷应用最广。可广泛用于电子设备和器件中的结构件、电容器支柱支架、基片、封装外壳等。

电容器瓷（capacitor ceramics）　用作电容器介质的电子陶瓷。这类陶瓷用量最大、规格品种繁多。可分为高频、低频电容器瓷和半导体电容器瓷。高频电容器瓷主要用于制造高频电路中的高稳定性陶瓷电容器和温度补偿电容器，构成这类陶瓷的主要成分大多是碱土金属、稀土金属的钛酸盐或基于钛酸盐的固溶体等。低频电容器瓷主要用于制造低频电路中的旁路、隔直流和滤波用的陶瓷电容器，这类应用最多的是钛酸钡系陶瓷，以铌镁酸铅等为主成分的低温烧结型低频独石电容器瓷料也是重要的低频电容器瓷。半导体电容器瓷是利用半导体化的陶瓷外表面或晶粒间的内表面（晶界）上形成的绝缘层为电容器介质，主要有钛酸钡及钛酸锶两类。

半导体陶瓷（semiconductive ceramics）　通过半导体化手段使陶瓷具有半导电性晶粒和绝缘性（或半导体性）晶界，从而呈现很强的界面势垒等半导体特性的电子陶瓷。陶瓷半导体化的方法主要有强制还原法和施主掺杂法。两种方法都是在陶瓷的晶体中形成离子空位等缺陷，从而提供大量导电电子，使陶瓷中的晶粒成为某种类型（通常为 N 型）的半导体。而这些晶粒之间的层成为绝缘层或另一类型（P 型）的半导体层。种类很多，其中包括利用半导体瓷中晶粒本身性质制成的各种负温度系数热敏电阻；利用晶界性质制成的正温度系数热敏电阻器；利用表面性质制成的各种陶瓷型湿敏电阻器和气敏电阻器等。

离子导电陶瓷（ion conductive ceramics）　由离子沿电场方向运动而产生高电导率的陶瓷。具有快速传递离子的特性。按导电离子的种类，分为阳离子和阴离子导电陶瓷。β-Al_2O_3 为典型的阳离子导电陶瓷，在 300℃时离子电导率可达 $0.1/(\Omega \cdot cm)$，可用于制造钠的探测器、固体电池、高储能密度的电容器。碱土金属、稀土金属离子掺杂的 ZrO_2 为典型的阴离子导电陶瓷，其结构中产生大量的氧空位，在电场作用下，氧离子可通过氧空位扩散而导电，可用于制造氧分析器、氧敏感元件等。

生物陶瓷（bioceramics）　用作特定的生物或生理功能的一类陶瓷材料。即直接用于人体或与人体直接相关的生物、医用、生物化学等的陶瓷材料。需具备良好的生物相容性、力学相容性、与生物组织有优异的亲和性、抗血栓、灭菌性，并具有很好的物理、化学稳定性。可分为生物惰性陶瓷（如氧化铝、氧化锆等）和生物活性陶瓷（如致密羟基磷灰石、生物活性玻璃等）。

生物惰性陶瓷（inert bioceramics）　主要指化学性能稳定、生物相容性好的陶瓷材料。主要有氧化铝、氧化锆及医用碳素材料等。这类陶瓷材料的结构都比较稳定，分子中的键合力较强，而且都具有较高的强度、耐磨性及化学稳定性，在生物体内不发生或发生极小反应。氧化铝和氧化锆可用于牙根、关节及其他骨的修复和置换。特种碳材料模量低、韧性好、耐磨和抗疲劳性好，在临床中广泛应用于制起搏器电极等。

生物活性陶瓷（bioactive ceramics）　在生理环境中可通过其表面发生的生物化学反应与生物体组织形成化学键结合的陶瓷材料。主要包括表面活性玻璃、表面活性玻璃陶瓷和羟基磷灰石三类。当与原骨相结合时,在界面处无纤维状的组织,其表面可与生理环境发生选择性的化学反应,所形成的界面能保护移植物而防止降解。由于化学成分与骨头和牙齿等硬组织类似,这类材料含有能够通过人体正常新陈代谢途径进行置换的钙、磷等元素,或含有能与人体组织发生键合的羟基等基团,其表面同人体组织可通过键的结合达到完全亲和。对动物体无毒、无害、无致癌作用,具有极佳的生物相容性。主要用于人工骨、人工关节等。

莫来石陶瓷(mullite ceramics) 主晶相为莫来石的一类陶瓷的统称。莫来石组成可在 $3Al_2O_3 \cdot 2SiO_2$ 至 $2Al_2O_3 \cdot SiO_2$ 间变化。具有高熔点、抗蠕变性、低膨胀系数、抗热震性、抗腐蚀性等特点。可通过铝硅酸盐系天然矿物作为主要原料经高温烧结制得。可作为耐火材料、高温工程材料、电子封装材料、光学材料、催化材料等。

发光陶瓷(luminescence ceramics) 在普通陶瓷生产过程中加入长余辉光致蓄光材料,使其具有自发光功能的新型陶瓷制品。可吸收存贮阳光或其他散射光,在阴暗环境下会自动发光,发光时间长达 12 小时以上,且发光性能可重复再现。根据不同釉料的烧成温度可分为低温有铅陶瓷发光釉、中温陶瓷发光釉、高温陶瓷发光釉。可广泛应用于家庭、医院病房等夜间低亮度照明,大楼走廊、房间铭牌、座位牌、安全门、电器开关以及暗房照明电源等。

赛龙陶瓷(sialon ceramics) 亦称"赛隆陶瓷"。化学式 $Si_{6-x}Al_xN_{8-x}O_x$。主要元素组成为硅、铝、氧和氮,是硅-铝-氧-氮系统及其相关物质系统的固溶体,其英文名即为 Si、Al、O、N 四种元素的合成词。是在 Si_3N_4 陶瓷基础上开发出的一种致密多晶氮化物陶瓷,由 Al_2O_3 中的 Al 和 O 原子部分置换 Si_3N_4 中的 Si 和 N 原子形成。属六方晶系。是一种性能非常好的高温烧结材料,常温和高温下强度很高,化学性能稳定,耐磨性能好,热膨胀系数很低,抗热冲击性能好,抗氧化性强,密度相对较小。原始物料可为 Si_3N_4、Al_2O_3、AlN、Y_2O_3 及其他金属氧化物,通过无压烧结、热压烧结、气压烧结、等离子体烧结制得。可用于轴承、滚珠、密封圈、喷嘴、坩埚、压铸模具、刀具等领域。

高温超导体(high-temperature superconductors) 超导物质中的一类。相对原来超导所需的超低温,此类超导体在较高温度下就表现出超导性能,故称。研究较广泛的主要有氧化物超导材料、二硼化镁超导材料、铁基超导材料三类。可用于制造超导电缆、超导计算机、超导电机、超导储能装置、超导滤波器、超导磁浮列车、电磁推进装置、核磁共振成像仪等。

钇钡铜氧(yttrium barium copper oxide; YBCO) 亦称"钇钡铜氧化物"。化学式 $YBa_2Cu_3O_7$,分子量 666.19。一种高温超导体。是首个转变温度在液氮沸点以上的材料,属于第二类超导体。当 $YBa_2Cu_3O_{(7-x)}$ 中氧原子计量小于 7 时,根据具体数值的不同,这些非计量化合物结构存在差异,可以化学式中的 x 来表示。$x=1$ 时为四方结构,不显示超导性;$x < 0.65$ 时结构变为正交;当 $x \approx 0.07$ 时超导性最佳。最早通过在 $1\,000 \sim 1\,300$ K 加热金属碳酸盐混合物制得,现在可通过相应的硝酸盐和氧化物为原料制得。为高温超导领域标志性的化合物,引发了对新高温超导材料的研究热潮。

微胶囊化红磷(microcapsule red phosphorus) 亦称"包覆红磷"。CAS 号 103271-45-5。紫红色粉末。较难吸湿,在空气中不易被氧化,不易引起粉尘爆炸。本品能改善阻燃剂与树脂的相容性,可使红磷均匀地分散在树脂中。阻燃效果好,对制品的物理、机械性能影响小,且能赋予被阻燃材料较好的抗冲击性能。其稳定性、电气性能、适用期及在被阻燃材料中的稳定性均优于普通红磷。制备:可由铝、镁、锌、钴的氢氧化物沉淀或酚醛树脂、三聚氰胺树脂、糠醇树脂、环氧树脂等沉积于红磷微粒表面制得。用途:广泛用于阻燃环氧树脂、聚丙烯、不饱和聚酯、聚酯、聚氨酯、天然橡胶、合成橡胶、丙烯酸乳液、聚氯乙烯、聚乙烯、ABS 树脂、聚甲醛、聚碳酸酯、聚苯醚等。

凹凸棒土(attapulgite) 亦称"坡缕石(palygorskite)""坡缕缟石"。化学式 $Mg_5Si_8O_{20}(OH)_2(OH_2)_4 \cdot 4H_2O$。一种链层状结构的含水镁铝硅酸盐。呈土状、致密块状,颜色呈白色、灰白色、青灰色、灰绿色或弱丝绢光泽,莫氏硬度 2~3。具有独特的分散、耐高温、抗盐碱性质和较高的吸附脱色能力,并具有一定的可塑性及黏结力。产于沉积岩和风化壳层中。大量用于涂料、钻井泥浆、食用油脱色,可用于石油、化工、建材、农业、造纸、医药等领域。

白垩(chalk) 亦称"白土粉""白土子""白垩土""白善"。一种微细的碳酸钙的沉积物,属于方解石的变种,主要成分为碳酸钙。白色,质软。是由古生物的残骸集聚形成的。白垩一般主要是指白垩纪的地层,白垩纪一词即由此而来。作为矿物的白垩分布很广,一般用来制造粉笔等。

白云石(dolomite) 化学式 $CaMg(CO_3)_2$。三方晶系,晶体呈菱面体,晶面常弯曲成马鞍状,聚片双晶常见。集合体通常呈粒状。纯品为白色,含铁时呈灰色,风化后呈褐色,有玻璃光泽。密度 $2.8 \sim 2.9$ g/cm^3,莫氏硬度 $3.5 \sim 4$。是组成白云岩的主要矿物。海相沉积成因的白云岩常与菱铁矿层、石灰岩层成互层产出。在湖相沉积物中,白云石与石膏、硬石膏、石盐、钾石盐等共生。常有铁、锰等类质同象(代替镁)。当铁或锰原子数超过镁时,又称为"铁白云石"或"锰白云石"。可作为炼钢时用的转化炉的耐火内层、造渣剂、水泥原料、玻璃熔剂,用于化工、建材、农业、陶瓷、油漆等领域。

冰洲石(iceland spar) 无色透明纯净的方解石,主要成分为碳酸钙。优质冰洲石的晶体产于玄武岩的方解石脉和沸石方解石脉中。冰洲石晶体具有最大的双折射功能和最大的偏振光性能，是已知物质中不能人工制造和无法替代的天然晶体。常用于光学工业中的偏光棱镜和偏光片，是制造天文用的太阳黑子仪、微距仪的核心材料。也用于宝石二色镜中的棱镜。可用于制造高精度光学仪器，还可用于无线电电子学、天体物理学等技术领域。

长石（feldspar）　长石族矿物的总称。是一类常见的含钙、钠和钾的铝硅酸盐类造岩矿物，主要成分为 SiO_2、Al_2O_3、K_2O、Fe_2O_3、Na_2O、CaO。四方晶系。密度 2.55～2.75 g/cm³，莫氏硬度 6～6.5。有很多种，如钠长石、钙长石、钡长石、钡冰长石、微斜长石、正长石、透长石等，有玻璃光泽，可呈无色、白色、黄色、粉红色、绿色、灰色、黑色等，有些透明，有些半透明。为地表岩石最重要的造岩矿物。可用于制造陶瓷、搪瓷、玻璃原料、磨具、钾肥等。

大理石（marble）　原指产于云南省大理的白色带有黑色花纹的石灰岩。是地壳中原有的岩石经过地壳内高温高压作用形成的变质岩，主要由方解石、石灰石、蛇纹石和白云石组成。主要成分为碳酸钙，约占 50% 以上，其他还有碳酸镁、氧化钙、氧化锰、二氧化硅等。根据大理石的品种划分，命名原则不一，有的以产地和颜色命名，如丹东绿、铁岭红等；有的以花纹和颜色命名，如雪花白、艾叶青；有的以花纹形象命名，如秋景、海浪；有的是传统名称，如汉白玉、晶墨玉等。因此常有同类异名或异岩同名现象出现。一般性质比较软，磨光后非常美观，主要用于建筑物的墙面、地面、台、柱，还常用于纪念性建筑物如碑、塔、雕像等；还可以雕刻成工艺美术品和实用艺术品等。

方石英（cristobalite）　主要成分为二氧化硅。分 α-方英石和 β-方英石两个变种。β-方英石相对较为重要，属立方晶系，晶体呈小八面体，少数为立方体、聚合体或纤维放射状的球状。密度 2.20 g/cm³，莫氏硬度 6.0～6.5。多产于火山岩等地，是某些陨石和月球样品的一种次要组分。

方解石（calcite）　可呈簇状晶体，如粒状、块状、纤维状、钟乳状、土状等，三方晶系。一般多为白色或无色，含少量其他元素时可呈浅黄、浅红、褐黑。密度 2.6～2.8 g/cm³，莫氏硬度 3。敲击可破碎为很多方形碎块，故名。主要成分为碳酸钙，遇稀盐酸剧烈起泡。广泛分布在地球表面。是制造水泥和石灰的主要原料，可广泛应用于建筑、冶金、化工等领域。

高岭石（kaolinite）　亦称"高岭土""瓷土""观音土""白鳝泥""膨土岩"一种含水的铝硅酸盐。三斜晶系。纯品为白色，因含杂质可呈其他颜色，外观为致密或疏松的块状，集合体光泽暗淡或呈蜡状。密度 2.60～2.63 g/cm³，莫氏硬度 2.0～3.5。致密块体具粗糙感，干燥时具吸水性，湿润时具有可塑性、黏着性和体积膨胀性，特别是微晶高岭石（亦称"蒙脱石""胶岭石"）膨胀性可达几倍

到十几倍。由微晶高岭石和拜来石为主要成分的称"斑脱土"。主要是长石和其他硅酸盐矿物天然蚀变的产物。因首先在江西省景德镇附近的高岭村发现而得名。可用作陶瓷原料、造纸原料、橡胶和塑料的填料、耐火材料原料等，还可用于合成沸石分子筛等。

橄榄石（olivine）　一种镁与铁的硅酸盐。呈粒状，在岩石中呈分散颗粒或粒状集合体，正交晶系。黄绿色为主，少量为褐绿色或褐色。密度 3.32～3.37 g/cm³，莫氏硬度 6.5～8。主要成分是铁、镁、硅，同时可含有锰、镍、钴等元素。热敏性高，不均匀加热或快速加热易破裂。可与盐酸、氢氟酸、浓硫酸、碱液反应。可以作为耐火材料，可用于铝制品的铸造。高品质单晶可作为宝石。

辉绿岩（diabase）　基性浅层侵入岩岩石。以暗绿、灰黑色为主，显晶质，细至中粒。密度 2.7～2.9 g/cm³，莫氏硬度 6.5～7。主要矿物成分为辉石和基性长石，还可有少量橄榄石、黑云母、石英、磷灰石、磁铁矿、钛铁矿等。常蚀变为绿泥石、角闪石、碳酸盐等。可作为建筑材料、工艺石料等。

辉石（pyroxene）　一种常见的单链结构造岩硅酸盐矿物。广泛存在于火成岩和变质岩中。无色、带浅绿的灰色、褐绿色、褐黄色、绿黑色、褐黑色，有玻璃光泽，单斜晶系或正交晶系。密度 3.02～3.45 g/cm³，莫氏硬度 5～6。主要成分可表示为 $XY(Si,Al)_2O_6$，X 代表半径较大的钙、钠、镁、二价铁等离子，Y 代表半径较小的铝、三价铁、钒、钪等离子。辉石族矿物共包括 20 个矿物种，按成分可分为 Ca-Mg-Fe 辉石组、Na-Ca 辉石组、Na 辉石组和其他辉石组。在其他辉石组中，仅有锂辉石（$LiAlSi_2O_6$）较为常见。锂辉石可用于提炼锂。色彩鲜艳且透明的锂辉石，如紫锂辉石和翠绿锂辉石，也可作宝石。

金红石（rutile）　二氧化钛三种晶相中最稳定和常见的一种。呈四方柱状或针状晶形，集合体呈粒状或致密块状，四方晶系。可呈暗红、褐红、黄或橘黄色，含铁量高可呈黑色，条痕黄色至浅褐色，有金刚光泽。密度 4.25 g/cm³，莫氏硬度 6。能溶于热磷酸，冷却稀释后加入过氧化钠可使溶液变成黄褐色。耐高温、耐低温、耐腐蚀、高强度、低密度。可产于片麻岩、伟晶岩、榴辉（闪）岩体和砂矿中。是提炼钛的重要矿物。可广泛用于航空、航天、航海、机械、化工、军工、涂料、焊接、环境、海水淡化等领域。

孔雀石（malachite）　化学式 $Cu_2(OH)_2CO_3$ 或 $2CuO \cdot CO_2 \cdot H_2O$，分子量 221.12。一种天然矿石，呈翠绿或草绿色的块石。能溶于酸。主要产于含铜硫化物矿床的氧化带，是原生含铜矿物氧化后形成的表生矿物，是寻找原生铜矿床的标志。可作为炼铜的次要原料，还可用于琢磨各种装饰品，粉末可用于制作颜料。

蓝晶石（kyanite）　一种耐火度高、高温体积膨胀大的天然耐火原料矿物，属于高铝矿物。理论化学组成为

63.1％的 Al_2O_3 和 36.9％的 SiO_2。颜色呈淡蓝色或青色、亮灰白色等。晶面上有平行条纹。单晶体常呈平行于(100)的长板状或刀片状。抗化学腐蚀性能强，热震机械强度大，受热膨胀不可逆。高温下可转变为莫来石和熔融状游离二氧化硅。属于变质矿物，主要产于区域变质结晶片岩中，其变质相由绿片岩相到角闪岩相。可作为耐火材料，可用于生产氧化铝、高强瓷、金属纤维等。

粒硅镁石（chondrodite） 一种层状硅酸盐类矿物。理想化学式为 $Mg_5(SiO_4)_2(OH,F)_2$。常呈片状双晶，也成块状，有玻璃光泽，单斜晶系。呈黄色、褐色或红色。密度 $3.16\sim3.26\ g/cm^3$，莫氏硬度 $6\sim6.5$。遇盐酸可成胶状。可与斜硅镁石、镁橄榄石和钙镁橄榄石构成叶片状互生。可用于制水泥、陶瓷等。

菱镁石（magnesite） 晶体呈菱面体，但少见，集合体常呈致密粒状，三方晶系。呈白色或浅黄白、灰白色，有时带淡红色，含铁则呈黄至褐色、棕色，有玻璃光泽。密度 $3.0\sim3.2\ g/cm^3$，莫氏硬度 $3.5\sim4.5$。主要成分为碳酸镁，含镁的溶液与方解石作用后，会使方解石变成菱镁石，因此菱镁矿也属于方解石族。常与白云石、方解石、滑石等共生。性脆，溶于热盐酸并产生气泡。不与弱酸反应。外观与白云石很相似。是镁的主要来源，可用于制取硫酸镁等镁化合物、提炼金属镁。可作为耐火材料、天然橡胶的填料、化妆品的原料等，可用于建筑、冶金、塑料、肥料、饲料、人造纤维等领域。

磷灰石（apatite） 一类含钙的磷酸盐矿物的总称。一般呈带锥面的六方柱，集合体呈粒状、致密块状、结核状，六方晶系。可呈浅绿、黄绿、褐红等色，有玻璃光泽。密度 $3.18\sim3.21\ g/cm^3$，莫氏硬度 5。化学式可写为 $Ca_5(PO_4)_3(F,Cl,OH)$，最常见的是氟磷灰石 $Ca_5(PO_4)_3F$，其次有氯磷灰石 $Ca_5(PO_4)_3Cl$、羟磷灰石 $Ca_5(PO_4)_3(OH)$、氧硅磷灰石 $Ca_5[(Si,P,S)O_4]_3(O,OH,F)$、锶磷灰石 $Sr_5(PO_4)_3F$ 等。呈胶体形态的变种称为胶磷灰石，其矿石称为胶磷矿。多数磷灰石较纯净，加热后常会发出磷光。常见于各种火成岩中。是重要的矿物原料，也用于制造黄磷、磷酸、磷化物及其他磷酸盐类，还可用于医药、食品、火柴、染料、制糖、陶瓷等领域。

羟基磷灰石（hydroxyapatite） 亦称"羟磷灰石""碱式磷酸钙"。化学式 $Ca_{10}(PO_4)_6(OH)_2$，分子量 1 004.62。钙磷灰石 $Ca_5(PO_4)_3(OH)$ 的自然矿化物。熔点 1 650℃，密度 $3.16\ g/cm^3$。是脊椎动物骨骼和牙齿的主要无机组成成分。其中的羟基可被氟离子、氯离子或碳酸根取代，生成氟基磷灰石或氯基磷灰石；钙离子也可被多种金属离子通过离子交换发生取代。制备：可由磷酸钙和碳酸钙按一定比例在高温下反应，同时注入高压水蒸气，粉末经氯化铵水溶液洗涤后干燥制得。具有优良的生物相容性和生物活性，对牙齿具有较好的再矿化、脱敏及美白作用。还可用于防治龋齿病、修复骨组织等。

铝土矿（bauxite） 指工业上能利用的，以三水铝石、一水铝石为主要矿物所组成的矿石统称。莫氏硬度 2.5～3.5。90％以上用于生产金属铝，还可广泛用于耐火材料、石油精炼、铸造、水泥、造纸、陶瓷、制药、橡胶、研磨材料、净化水等领域。

绿松石（turquoise） 亦称"松石""土耳其石"。化学式 $CuAl_6(PO_4)_4(OH)_8\cdot5H_2O$。一般为块状隐晶，没有明确的外形，有蜡状光泽或油脂光泽，三斜晶系。以不透明的蔚蓝色最具代表性，也有淡蓝、蓝绿、绿、浅绿、黄绿、灰绿、苍白色等。密度 $2.6\sim2.9\ g/cm^3$，莫氏硬度 $5\sim6$。主要作为宝石、工艺品。

麦饭石（maifanstone） 亦称"石英二长岩"。一种天然的硅酸盐矿物。主要化学成分为硅铝酸盐，其中包括 SiO_2、Al_2O_3、Fe_2O_3、FeO、MgO、CaO、K_2O、Na_2O、TiO_2、P_2O_5、MnO 等，还含有 K、Na、Ca、Mg、Cu、Mo 等多种微量元素和稀土元素。是复合矿物和药用岩石。

蒙脱石（montmorillonite） 亦称"微晶高岭石""胶岭石"。一种含水层状结构硅酸盐矿物。一般为块状或土状，光泽暗淡，单斜晶系。白色，有时微带红色或绿色。密度 $2\sim2.7\ g/cm^3$，莫氏硬度 $2\sim2.5$。其层状结构间含有水分子和可被交换的 Na^+ 或 Ca^{2+}，$100\sim200℃$ 时逐步失去层间水分子，但并不破坏其单元层的结构。失水后的蒙脱石又可重新吸附水分子或其他极性分子进入层间，具有很强的吸附能力和离子交换能力，同时还具有高度的胶体性、可塑性和黏结力。加水后体积可膨胀几倍至十几倍，是组成膨润土的主要成分。可广泛用于橡胶、塑料、造纸、油漆、食品、石化、医药、饲料、纺织、铸造、钻探、核废料处理、污水处理等领域。

玛瑙（agate） 纹带状半透明或透明块体，常呈葡萄状、结核状等同心圆构造，可呈绿、红、黄、褐、白等多种颜色。密度 $2.65\ g/cm^3$，莫氏硬度 $6.5\sim7$。主要成分为二氧化硅。是石英的一种隐晶质变体，其特征是质地细腻且色彩鲜艳。玛瑙在各种岩石中均有出现，通常和喷出岩共生，且在变质岩中常见。可用于宝石、首饰、工艺品、材料、研磨工具、仪表、轴承等领域。

蔷薇辉石（rhodonite） 亦称"玫瑰石"。晶体为板状或板柱状，集合体为粒状或块状，三斜晶系，有玻璃光泽，呈浅粉至红色。密度 $3.4\sim3.7\ g/cm^3$，莫氏硬度 $5.5\sim6.5$。主要成分为硅酸钙锰铁。稍溶于盐酸，并析出二氧化硅。与钙蔷薇辉石、菱锰矿、石榴石共生，易氧化转变成软锰矿、菱锰矿。可用于制工艺品、雕刻等。

石膏（gypsum） 矿物名。泛指生石膏和熟石膏。天然二水石膏（$CaSO_4\cdot2H_2O$），亦称"生石膏"。一般呈白色或无色透明，含有杂质时可呈灰褐色、黄色，单斜晶系。密度 $2.31\sim2.33\ g/cm^3$，莫氏硬度 $1.5\sim2$。在水中的溶解度较小。生石膏经过煅烧、磨细可得 β 型半水石膏

$(CaSO_4 \cdot \frac{1}{2}H_2O)$，亦称"熟石膏"。呈显微针状晶体或呈块状，单斜晶系。无色或白色，有似玻璃光泽。密度 $2.55\sim2.67\ g/cm^3$，莫氏硬度约为 2。微溶于水。可用于制建筑材料、石膏绷带、石膏模型、粉笔、工艺品、纸张填料等。

石灰岩（limestone）　亦称"石灰石""灰岩"。以方解石为主要成分的碳酸盐岩。可呈灰色、灰白色、灰黑色、黄色、浅红色、褐红色等。硬度一般不大。遇稀酸可剧烈反应放出二氧化碳。高温煅烧可转化为氧化钙和二氧化碳。化学组分主要为碳酸钙，在环境中可被溶蚀形成喀斯特地形。常与白云石、石膏、菱镁矿、黄铁矿、蛋白石、玉髓、石英、海绿石、萤石等伴生。可广泛用于冶金、建材、化工、轻工、建筑、农业等领域。

石榴石（garnet）　矿物名。其晶体与石榴籽的形状、颜色十分相似，故名。通式为 $A_3B_2(SiO_4)_3$，其中 A 代表二价元素（钙、镁、铁、锰等），B 代表三价元素（铝、铁、铬以及钛、钒、锆等）。常见为红色，随元素组成不同，亦可呈红、橙、黄、绿、蓝、紫、棕、黑、粉红及透明等颜色。密度 $3.6\sim4.2\ g/cm^3$，莫氏硬度 $6.5\sim7.5$。常见有红榴石、铁铝榴石、锰铝榴石、钙铁榴石、钙铬榴石、钙铝榴石等。可作为研磨材料，大块单晶可用于制作工艺品。

石棉（asbestos）　亦称"石棉纤维"。天然纤维状硅酸盐类矿物的总称。呈纤维状，绿黄色或白色，有丝绢光泽，富有弹性。具有高抗张强度、高挠性、耐热、耐化学腐蚀、电绝缘和可纺性。主要包括蛇纹石类石棉、角闪石类石棉、叶蜡石石棉、水镁石石棉等。是重要的防火、绝缘、保温材料，可广泛用于建筑、电工、化工、汽车等领域。但是由于石棉纤维能引起石棉肺、胸膜间皮瘤等疾病，名列一类致癌物清单，许多国家逐渐禁止使用这种物质。

石英（quartz）　地壳中分布最广的矿物之一。具玻璃光泽，断口呈油脂光泽。纯净的石英无色透明，因含微量色素离子或细分散的包裹体，或存在色心可呈多种颜色，并使透明度降低。密度 $2.65\ g/cm^3$，莫氏硬度 7。其晶体是由硅-氧四面体通过共享氧原子连成的框架结构，其化学、热学和机械性能具有明显的各向异性。不溶于酸，微溶于浓碱溶液。种类很多，无色全透明的石英称为水晶。纯石英能够让一定波长范围的紫外线、可见光和红外线通过，具有旋光性、压电效应、电致伸缩等性质。可广泛用于玻璃、陶瓷、冶金、建筑、化工、机械、电子、橡胶、塑料、涂料、航空航天、珠宝等领域。

石英岩（quartzite）　一般由石英砂岩或其他硅质岩石经过区域变质作用，重结晶而形成，主要成分是二氧化硅。块状构造，粒状变晶结构，呈晶质集合体。颜色丰富，可呈绿、灰、黄、褐、橙红、白、蓝、紫、红等颜色。密度 $2.64\sim2.71\ g/cm^3$，莫氏硬度 7。硬度高，吸水较低。可以用于建筑、玻璃、陶瓷、冶金、化工、机械、电子、橡胶、塑料、涂料、

工艺雕刻等领域。

水晶（rock crystal）　石英结晶体。主要化学成分是二氧化硅，当二氧化硅结晶完美时形成水晶。纯净时为无色透明的晶体，当含其他元素时可呈粉、紫、黄、茶等颜色。有玻璃光泽，断口呈树脂光泽。经辐照微量元素形成不同类型的色心，产生不同的颜色，如紫、黄、茶、粉等颜色。主要用于工艺雕刻。

水滑石（hydrotalcite）　一类碳酸型镁铝双氢氧化物。在自然状态下以叶状和旋转板状或纤维团状形式存在。其结构包含带正电荷的层与存在其中间平衡电荷的阴离子，中间的阴离子和层间作用力较弱，通常可被交换。通常可表示为：$[M^{2+}_{1-x}M^{3+}_x(OH)_2]^{x+}[(A^{n-})_{x/n}\cdot mH_2O]^{x-}$，其中 M^{2+} 为 Mg^{2+}、Ni^{2+}、Co^{2+}、Zn^{2+}、Cu^{2+} 等二价金属阳离子；M^{3+} 为 Al^{3+}、Cr^{3+}、Fe^{3+}、Sc^{3+} 等三价金属阳离子；A^{n-} 为阴离子，如 CO_3^{2-}、NO_3^-、Cl^-、OH^-、SO_4^{2-}、PO_4^{3-}、$C_6H_4(COO)_2^{2-}$ 等无机，有机或络离子，层间距会随着层间无机阴离子不同而改变。典型的水滑石化学式为 $Mg_6Al_2(OH)_{16}CO_3\cdot4H_2O$，其热分解过程包括脱结晶水、层板羟基缩水并脱除 CO_2，最终形成镁铝尖晶石和氧化镁。可广泛用于催化、离子交换、吸附、医药、造纸、染料、涂料、油漆、油墨、日用化工、原材料、水处理等领域。

水镁石（brucite）　亦称"氢氧镁石"。单晶体呈厚板状，常见者为片状集合体，有时成纤维状集合体，三方晶系。可呈白色、浅绿色、浅黄色。密度 $2.3\sim2.6\ g/cm^3$，莫氏硬度 2.5。主要组分为氢氧化镁。其中的 Mg^{2+} 可被 Fe^{2+}、Mn^{2+}、Zn^{2+} 取代，颜色随铁、锰的增加逐渐变深，密度增大，变成低铁水镁石、低锰水镁石。可作为橡胶、塑料、人造纤维、颜料、电绝缘材料、无线电陶瓷、镁黏合剂等的增强填料，还可用于提取镁、制氧化镁、制镁质耐火材料等。

水云母（hydromica）　水云母族（伊利石族）矿物的总称。属层状硅酸盐，为云母风化的产物。结构和组成类似云母，区别是钾含量变少、水含量变多、颗粒变小，是云母族矿物向蒙脱石族矿物转变的过渡产物。经常与其他矿物伴生，是土壤和沉积物中普遍存在的黏土矿物。可作为陶瓷、造纸、涂料、石油化工的填料，还可作为香皂、牙膏、香粉等日化产品的润滑剂、掺合料等。

透闪石（tremolite）　角闪石的一类。通常呈放射状或纤维状集合体，单斜晶系。可呈白色、浅灰色、粉红色、浅绿色、褐色、淡紫色，有玻璃光泽或丝绢光泽，莫氏硬度 $5\sim6$。来自白云石和石英混合沉积后形成的变质岩。纯镁透闪石呈乳白色，其中的镁离子可被二价铁离子部分置换，同时颜色逐渐变为深绿。在高温下转化成透辉石、方解石、石榴石、滑石和蛇纹石等其他矿物。可用于制陶瓷、玻璃、填料、软玉等。

霞石（nephelite）　一种含有铝和钠的硅铝酸盐。有玻

璃光泽,断口呈脂肪光泽,六方晶系。无色或灰白色,因含杂质有时也呈灰色、绿色或红色。莫氏硬度5.5～6。主要用于制造玻璃、陶瓷,还可作为油漆、塑料和泡沫橡胶中的填料,可代替铝土矿用于炼铝。

玄武岩(basalt) 一种细粒致密的火成岩。常见的多为黑色、黑褐或暗绿色。密度2.8～3.3 g/cm³,莫氏硬度5～7。主要成分是硅铝酸钠或硅铝酸钙,二氧化硅的含量约45%～52%,还含有较高的氧化铁和氧化镁。是太阳系其他行星体上的重要岩石类型。由基性岩浆喷发凝结而成,由于喷发时产生大量气孔,有时是如杏仁状的大孔,中间常被其他矿物充填。玄武岩岩浆的黏度小,易于流动,形成大的覆盖层,常形成广大的熔岩台地,所以分布很广。按成分,分为拉斑玄武岩、碱性玄武岩、高铝玄武岩;按结构,分为气孔状玄武岩、杏仁状玄武岩、玄武玻璃;按充填矿物,分为橄榄玄武岩、紫苏辉石玄武岩等。未风化的玄武岩是黑色或暗绿色的致密岩石,风化后形成六方柱状,重度风化可以形成黄褐色的玄武土,如果进一步被雨水淋洗除去二氧化硅后可形成铝土矿。有的玄武岩气孔中还填充有铜、钴、硫黄等矿物。广泛用作建筑材料、研磨材料等。

叶蜡石(pyrophyllite) 化学式Al₂(Si₄O₁₀)(OH)₂。一种含羟基的层状铝硅酸盐矿物。通常呈致密块状、片状或放射状集合体,单斜晶系。呈白色,微带浅黄或浅绿色,半透明,有玻璃光泽,具珍珠状晕彩。密度2.66～2.90 g/cm³,莫氏硬度1～2。纯叶蜡石为白、灰、黄色调,有蜡光,触摸具有滑腻的感觉,薄片能弯曲但无弹性。一般不与强酸强碱反应,在高温下才能被硫酸分解。具有较好的耐热性和绝缘性。可广泛用于耐火材料、陶瓷、电瓷、坩埚、玻璃纤维、橡胶、造纸、颜料、制药、制糖、化妆品、塑料制品的辅助材料等。少部分材质好的叶蜡石可作为篆刻的石料。

伊利石(illite) 一种常见的黏土矿物。常呈极细小的鳞片状晶体,单斜晶系。纯品为白色,常因杂质而呈黄色、绿色、褐色。底面解理完全。密度2.6～2.9 g/cm³,莫氏硬度1～2。常由白云母、钾长石风化而成,并产于泥质岩中或由其他矿物蚀变形成。通常是形成其他黏土矿物的中间过渡性矿物。可广泛用于造纸、陶瓷、化妆品、橡胶、油漆填料、建筑材料、钾肥等领域。

膨润土(bentonite) 亦称"皂土"。一种黏土矿物。具蜡状、土状或油脂光泽,有的松散如土,有的致密坚硬,单斜晶系。一般为白色、淡黄色,因含铁量变化可呈浅灰、浅绿、粉红、褐红、砖红、灰黑色等。搓磨时有润滑感,小块体加水后体积可膨胀数倍至20～30倍,在水中呈悬浮状,水少时呈糊状。主要有效成分即为蒙脱石,含量大约90%。晶胞形成的层状结构可容纳多种阳离子,这些阳离子与蒙脱石的结合很不稳定,易被其他阳离子交换,故具有较好的离子交换性能。可广泛用于铸造、冶金、钻井、食品、农业、轻工业、化妆品、药品等领域。

珍珠岩(perlite) 一种火山喷发的酸性熔岩,经急剧冷却而成的玻璃质岩石,因其具有珍珠裂隙结构而得名。外观断口参差状、贝壳状、裂片状、条痕白色。以灰白、浅灰为主色,也可呈黄白色、肉红色、暗绿色、灰色、褐棕色、黑灰色。密度2.2～2.4 g/cm³,莫氏硬度5.5～7。主要成分是为SiO₂,其次是Al₂O₃、Fe₂O₃等。具有表观密度轻、导热系数低、化学稳定性好、使用温度范围广、吸湿能力小,且无毒、无味、防火、吸音等特点。可用于建筑、水处理、橡塑制品、颜料、油漆、油墨、合成玻璃、隔热材料、填充材料等领域。

重晶石(barite) 以硫酸钡为主要成分的非金属矿物。正交晶系,常呈厚板状或柱状晶体,多为致密块状或板状,纯重晶石显白色,有光泽,由于杂质及混入物的影响也常呈灰色、浅红色、浅黄色等。密度4.5 g/cm³,莫氏硬度3～3.5。化学性质稳定,不溶于水、盐酸,无磁性、无毒。是自然界分布最广的含钡矿物。其中的钡如被锶完全类质同象代替,形成天青石;被铅部分替代,形成北投石。重晶石是一种很重要的非金属矿物原料,具有广泛的工业用途。可作为钻井泥浆加重剂,油漆填料,真空管的吸气剂,可用于制锌钡白、含钡化合物,提取金属钡等,还可用于橡胶、造纸、玻璃、水泥、医药、烟火等领域。

蛭石(vermiculite) 一种层状结构的硅酸盐。外形类似云母,光泽较云母弱,油脂光泽或珍珠光泽。多呈褐、黄褐、金黄、青铜色,有时带绿色。密度2.4～2.7 g/cm³,莫氏硬度1～1.5。单斜晶系。在高温下会明显膨胀,并沿其晶体的c轴产生蠕虫似剥落。可分为蛭石片和膨胀蛭石。生蛭石片经过高温焙烧后,其体积能迅速膨胀数倍至数十倍,体积膨胀后的蛭石称膨胀蛭石。按颜色,分为金黄色蛭石、银白色蛭石、乳白色蛭石。热导率小,具有良好的电绝缘性。膨胀蛭石可广泛用作绝热材料、防火材料、摩擦材料、密封材料、耐火材料、绝缘材料,用于建筑、涂料、油漆、橡胶、硬水软化、冶炼、造船、化学、园林等领域。

铸石(cast stone) 一种经加工而成的硅酸盐结晶材料。采用天然岩石(玄武岩、辉绿岩等基性岩,以及页岩)或工业废渣(高炉矿渣、钢渣、铜渣、铬渣、铁合金渣等)为主要原料,经配料、熔融、浇注、热处理等工序制成质地坚硬、细腻的工业材料。莫氏硬度7～8。耐磨性好,抗腐蚀性能强,能耐受除氢氟酸、热磷酸、熔碱外的酸碱腐蚀。工业上主要用作防腐、耐磨材料,可广泛用于发电、化工、煤炭、钢铁、矿山、建筑等领域。

硫砷铜矿(enargite) 主要成分为Cu₃AsS₄。含铜约48%。板状或柱状晶体,集合体呈粒状。颜色钢灰到铁黑,条痕灰黑色,金属光泽,不透明。莫氏硬度3.5,密度4.3～4.5 g/cm³。溶于王水。用途:可用于提炼铜、氧化砷。

硫砷银矿（proustite）　主要成分为 Ag_3AsS_3。含银65.42%，砷15.14%，硫19.44%，常含少量的锑。柱状或锥状晶体，常含粒状或致密块状集合体。颜色呈深红至朱红色，条痕鲜红色，有光泽，半透明。莫氏硬度2～2.5，密度5.57～5.64 g/cm^3。产生于铅、锌、银热液矿床中。用途：可作为银矿石矿物，其单晶可作为激光调制晶体。

硫钌锇矿（laurite）　主要成分为(Ru, Os, Ir)S_2。含钌、锇和铱约61%。颜色锡白微带蓝灰，条痕灰黑色，金属光泽，不透明，莫氏硬度6.65～8，密度7.71～7.76 g/cm^3。产生于与基性、超基性岩有关的铜镍硫化物矿床及铂矿床中。

硫铂钯矿（platium-palladium sulphide ore）　主要成分为(Pd, Pt)S。含钯和铂约73%。正方短柱形晶体，颜色淡黄，有光泽，不透明。莫氏硬度4.87～5.75。产生于超基性岩中的铜镍硫化物磷灰石矿床中。用途：用于提炼钯。

硫锑银矿（pyrargyrite）　亦称"深红银矿"。主要成分为 Ag_3SbS_3。含银和锑约82%，常含少量砷。类似硫砷银矿，可呈深红色、黑红色、暗灰色、条痕暗红色等。晶体呈短柱状，有光泽、常为粒状或块状集合体。莫氏硬度2～2.5，密度5.77～5.86 g/cm^3。为一重要的含银矿物。常见于铅、锌、银热液矿床中。用途：用于提炼银。

硫锑铅矿（boulangerite）　主要成分为 $Pb_5Sb_4S_{11}$。含铅和锑约81%。铅灰至铁黑色，条痕灰色而微带棕色，有光泽。晶体呈柱状、针状，聚集体常呈现纤维状。莫氏硬度2.5～3，密度6.2 g/cm^3。常见于某些多金属矿床和锑矿床中。用途：用于提炼铅和锑。

鳞石英（tridymite）　亦称"鳞英石"。CAS号7631-86-9。化学式 SiO_2，分子量60.08。晶质石英的一种变体，常含少量钠、铝、钾和钙等杂质。有三种变体：属六方晶系的高温鳞石英(β_2)、中温鳞石英(β_1)和属斜方晶系的低温鳞石英(α)。高温鳞石英在870～1470℃稳定，高于1470℃转为高温方石英，低于870℃时以亚稳态存在，117℃以下时转变为低温鳞石英。一般所称鳞石英系指高温鳞石英。晶体呈假六方系片状，常呈叠瓦状、花瓣状集合体。无色、白色或灰白色。熔点1703℃，沸点2590℃，密度2.26 g/cm^3。溶于氢氟酸，微溶于碱，不溶于水。产生于酸性火山岩中，常见于硅砖及陶瓷坯体中。制备：在矿化剂存在下适当加热石英制得。

焦石英（lechatelierite）　CAS号14832-85-0。化学式 SiO_2，分子量60.08。无色非晶态硬脆玻璃体。密度2.19 g/cm^3。不溶于水，能溶于氢氟酸，极微溶于碱溶液。有两个变种，分别为陨石二氧化硅玻璃和闪电管石。陨石玻璃是由沙子受陨石冲击在高温高压作用下形成的。闪电管石是由落地闪电产生的高温作用在硅石上形成的。

蛋白石（opal）　亦称"含水石英"。CAS号14639-88-4。化学式 $SiO_2 \cdot nH_2O$。无固定外形，通常为致密玻璃状块体，有时呈多孔状、土状、钟乳状和结核状等，有白、浅蓝或灰色玻璃光泽或松脂光泽。熔点高于1600℃，密度2.13～2.20 g/cm^3。天然含水的非晶质或胶质的二氧化硅。含水量不定，约2%～13%，最高可达34%。按物理性质的某些差异又可分为不同的亚种，如玻璃蛋白石、水蛋白石、火蛋白石、贵蛋白石等。溶于氢氟酸，微溶于碱，不溶于水。系火山区温泉的沉积物，或在外生条件下由硅酸盐矿物分解产生的硅酸溶胶凝聚形成。用途：可作为宝石、工艺品、玻璃和陶瓷的硅质原料、水玻璃原料、水泥附加物、隔音材料、隔热材料、研磨材料等。

方英石（cristobalite）　亦称"白硅石"。CAS号14464-46-1。化学式 SiO_2，分子量60.08。晶质石英的一种变体。包括等轴晶系的高温方石英(β-方石英)和四方晶系的低温方石英(α-方石英)。β-方石英在1470～1713℃范围内稳定，在1470℃以下可呈亚稳定状态存在，当低于269℃则转变为α-方石英。通常所称方石英系指高温方石英。呈高温变体的八面体假象或球粒状集合体，呈白色或乳白色，有玻璃光泽。密度2.32～2.38 g/cm^3。溶于氢氟酸，微溶于碱，不溶于水。在自然界极为少见，与鳞石英共生于火山岩中。亦为硅砖及陶瓷坯体的组分之一。制备：将石英热至1200℃制得。用途：可用于牙科金属铸模。

钙长石（anorthite）　CAS号1302-54-1。化学式 $CaO \cdot Al_2O_3 \cdot 2SiO_2$，分子量278.21。灰白至暗灰有玻璃光泽的三斜系晶体，常呈板状或柱状。熔点1553℃，密度2.75～2.76 g/cm^3。属于CaO-Al_2O_3-SiO_3三组分体系中的三元稳定复合物。与酸作用分解为可溶性部分和胶状硅胶。广泛存在于自然界中。制备：可由火山熔岩与氢氧化钠反应制得。用途：可用于玻璃、陶瓷等领域。

氟碳铈镧矿（bastnaesite）　CAS号12334-25-7。化学式(Ce、La)FCO_3，分子量219.13。黄至褐色、条痕白至黄色，有玻璃光泽或油脂光泽的板状晶体，集合体呈肾状或球状。密度4.9～5.2 g/cm^3。可溶于盐酸、硝酸、硫酸、磷酸。加热至600℃分解。主要产于花岗岩、伟晶石、热液矿脉及砂矿中。用途：可用于提取铈、镧等稀土元素。

有机化合物

烃 类 化 合 物

饱 和 烃

甲烷(methane)　CAS 号 74-82-8。分子式 CH_4,分子量 16.04。无色无臭气体,极易燃。熔点 -182.5℃,沸点 -161.5℃,相对密度 0.554(空气=1)。微溶于水,溶于乙醇、乙醚等有机溶剂。在自然界中广泛分布,存在于天然气、煤层气、沼气中。制备:可从天然气、油田气、炼厂气及焦炉气中分离而得。用途:作燃料和重要的化工原料,用于合成氨、尿素和炭黑;也用于生产甲醇、氢、乙炔、乙烯、甲醛、二硫化碳、硝基甲烷、氢氰酸和 1,4-丁二醇等精细化工品;通过甲烷氯化还可制备一、二、三氯甲烷及四氯化碳。

乙烷(ethane)　CAS 号 74-84-0。分子式 C_2H_6,分子量 30.07。无色无臭气体,极易燃。熔点 -182.8℃,沸点 -88.5℃,相对密度 1.050(空气=1)。不溶于水,微溶于乙醇、丙酮,溶于苯,与四氯化碳互溶。制备:可由石油气、天然气、油田气、焦炉气、石油裂解气及炼厂气分离制得。用途:作燃料、冷冻剂以及石化分析仪器的标准气;在高温下可分解为乙烯和氢;也可通过气相催化氧化反应制备合成气;也作制备一氯乙烷、二氯乙烷、三氯乙烷、四氯乙烷、硝基乙烷等的原料。

丙烷(propane)　CAS 号 74-98-6。分子式 C_3H_8,分子量 44.10。无色无臭气体,极易燃。熔点 -189.7℃,沸点 -42.1℃,相对密度 1.556(空气=1)。不溶于水,微溶于丙酮,易溶于醚、醇、苯和氯仿。制备:由石油气为原料经吸收、脱附、压缩、冷却、浓缩后,通过分馏提纯制得。用途:作燃料、冷冻剂,也用作炼油厂脱沥青、脱硫的溶剂;通过裂解可制乙烯和丙烯外;也作制备丙烯腈、硝基丙烷、全氯乙烯的原料;高纯丙烷在化工、电子、冶金等部门以及基础研究、大气污染监测、原子能等领域作标准气、校正气。

正丁烷(n-butane)　亦称"丁烷"。CAS 号 106-97-8。

分子式 C_4H_{10},分子量 58.12。无色气体,有轻微刺激性气味,极易燃。熔点 -138.4℃,沸点 -0.5℃,相对密度 2.11(空气=1)。不溶于水,易溶于乙醇、乙醚、氯仿及其他烃类。广泛存在于石油和天然气中。制备:可由油田气、湿天然气和裂化气中分离制得;也可由石油裂解的 C4 馏分再经精馏分离制得。用途:作燃料、溶剂、制冷剂;也作有机合成原料,用于异丁烷、卤代丁烷、硝基丁烷、丁烯或丁二烯、丁烯二酸酐、乙酸、乙醛等精细化学品的制备;还用于燃料掺和剂、重油脱沥青剂、油井中蜡沉淀剂、石油回收的流溢剂、树脂发泡剂等;高纯丁烷用于标准气、校正气、烟雾喷射剂及电离粒子计数器和标准蒸气压型压力表。

异丁烷(isobutane)　系统名"2-甲基丙烷"。CAS 号 75-28-5。分子式 C_4H_{10},分子量 58.12。无色气体,极易燃。熔点 -159.4℃,沸点 -11.7℃,闪点 -83.07℃,相对密度 2.01(空气=1)。微溶于水,溶于乙醇、乙醚等。存在于石油气、天然气和裂化气中。制备:可由石油裂化过程中产生的 C4 馏分,经分离精馏制得。用途:用于与异丁烯、丙烯进行烷基化可制烷基化汽油(如异辛烷);也可作制备甲基丙烯酸、丙酮和甲醇等的原料;作汽油辛烷值改进剂、冷冻剂,用于石化分析、检测仪器的标准气、充气剂等。

正戊烷(n-pentane)　CAS 号 109-66-0。分子式 C_5H_{12},分子量 72.15。无色液体,极易燃,有害。熔点 -129.8℃,沸点 36.1℃,密度 0.621 g/mL,折射率 1.358。不溶于水,微溶于乙醇,溶于醚和烃类。制备:由天然气或石油催化裂解、热分解制得;也可通过顺丁烯二酸酐加氢、呋喃催化氢化、正戊醇脱水加氢、2-戊醇和3-戊醇氢化等方法制得。用途:作低沸点溶剂、塑料工业发泡剂,制造人造冰、麻醉剂和低温温度计等;也可与2-甲基丁烷一同用作汽车和飞机燃料;还可作合成戊醇、异戊烷等的原料。

异戊烷（isopentane）　系统名"2-甲基丁烷"。CAS 号 78-78-4。分子式 C_5H_{12}，分子量 72.15。无色液体，极易燃。熔点 -160℃，沸点 30℃，密度 0.620 g/mL，折射率 1.353 7。不溶于水，可混溶于乙醇、乙醚等多数有机溶剂。制备：由石油裂解产物或铂重整的油中分离得到；也可由正戊烷为原料，通过液相催化异构化制得。用途：作溶剂；还可作聚苯乙烯及聚氨酯泡沫体系的发泡剂、脱沥青溶剂等；还可作汽车、飞机的燃料。

新戊烷（neopentane）　系统名"2,2-二甲基丙烷"。CAS 号 463-82-1。分子式 C_5H_{12}，分子量 72.15。无色气体，极易燃。熔点 -16.6℃，沸点 9.5℃，相对密度 2.49（空气=1）。不溶于水，可混溶于乙醇等多数有机溶剂。制备：由天然气提取丁烷后剩余的含有碳氢化合物的液体通过再精馏制得；或由叔丁基氯与甲基氯化镁（格氏试剂）偶联制得。用途：作制备异丁烯、合成丁基橡胶原料，还可用作溶剂及有机合成中间体。

正己烷（hexane）　CAS 号 110-54-3。分子式 C_6H_{14}，分子量 86.18。无色易燃液体。熔点 -95.2℃，沸点 69℃，密度 0.659 g/mL，折射率 1.375 0。不溶于水，可混溶于氯仿、乙醚，溶于丙酮。天然存在于石油醚和石脑油中。制备：可由铂重整抽余油通过蒸馏或吸附分离制得。用途：作溶剂、稀释剂、清洁剂和萃取溶剂，也作制造聚合物的原料，紫外光谱分析、矿物折射率、农药残留分析、甲醇中水分测定以及高效液相色谱、气相色谱分析的标准物。

2-甲基戊烷（2-methylpentane）　亦称"异己烷"。CAS 号 107-83-5。分子式 C_6H_{14}，分子量 86.18。无色液体，极易燃。熔点 -154℃，沸点 60.3℃，密度 0.75 g/mL，折射率 1.371 4。不溶于水，溶于乙醇、乙醚，可与丙酮、氯仿、苯混溶。存在于直馏汽油、铂重整抽余油或湿性天然气中。有麻醉和刺激作用。制备：由直馏汽油、铂重整抽余油或湿性天然气经精馏法制得。用途：作气相色谱分析标准物、溶剂及有机合成原料。

3-甲基戊烷（3-methylpentane）　CAS 号 96-14-0。分子式 C_6H_{14}，分子量 86.18。无色液体，极易燃。熔点 -162.9℃，沸点 63.3℃，密度 0.664 g/mL，折射率 1.377 5。不溶于水，溶于乙醇、四氯化碳，与丙酮、乙醚、庚烷等互溶。存在于直馏汽油、铂重整抽余油或湿性天然气中。制备：由直馏汽油、铂重整抽余油或湿性天然气精馏制备；或通过轻质石脑油经催化氢化、共沸精馏、吸附分离后制得。用途：作燃料、润滑剂、快速干燥涂料、印刷油墨和黏合剂中的稀释剂；也用作有机合成中间体。

2,2-二甲基丁烷（2,2-dimethylbutane）　亦称"新己烷"。CAS 号 75-83-2。分子式 C_6H_{14}，分子量 86.18。无色易燃液体，微有异臭。熔点 -99.9℃，沸点 49.7℃，密度 0.649 g/mL，折射率 1.368 8。不溶于水，溶于乙醇、乙醚，易溶于丙酮、四氯化碳、苯。制备：由 2,3-二甲基丁烷在酸催化剂下通过加氢异构化制得。用途：作车用汽油和航空汽油的添加剂；也用作气相色谱对比样品。

2,3-二甲基丁烷（2,3-dimethylbutane）　CAS 号 79-29-8。分子式 C_6H_{14}，分子量 86.18。无色易燃液体。熔点 -129.2℃，沸点 58℃，密度 0.657 g/mL，折射率 1.374 2。难溶于水，溶于乙醇、丙酮。制备：由直馏汽油、铂重整抽余油或湿性天然气分离制备，也可通过正己烷在铂催化剂、高温高压条件下制得。用途：作航空汽油、车用汽油的添加剂，也作色谱试剂标准品。

正庚烷（n-heptane）　CAS 号 142-82-5。分子式 C_7H_{16}，分子量 100.21。无色易燃液体。熔点 -90.5℃，沸点 97~99℃，密度 0.684^{20} g/mL，折射率 1.387 7。不溶于水，溶于乙醇、乙醚、氯仿，可与丙酮混溶。制备：利用油田优质轻烃为原料通过连续精馏工艺生产，还可利用铂重整抽余油通过吸附脱附、催化氢化、精馏等工艺提纯制备。用途：作测定辛烷值的标准物，还用作麻醉剂、汽油机爆震试验标准、色谱分析参比物质以及溶剂等。

2-甲基己烷（2-methylhexane）　亦称"异庚烷"。CAS 号 591-76-4。分子式 C_7H_{16}，分子量 100.21。无色易燃液体。熔点 -118.2℃，沸点 90.0℃，密度 0.684^{15} g/mL，折射率 1.385 4。不溶于水，溶于乙醇、乙醚、丙酮、苯。制备：由油田优质轻烃为原料，通过连续精馏工艺生产制得。用途：作气相色谱对比样品及溶剂等。

3-甲基己烷（3-methylhexane）　CAS 号 589-34-4。分子式 C_7H_{16}，分子量 100.21。无色易燃液体。熔点 -119.4℃，沸点 91.9℃，密度 0.687 g/mL，折射率 1.388 8。不溶于水，溶于乙醇、乙醚、丙酮、苯。制备：由油田优质轻烃为原料，通过连续精馏工艺生产制得。用途：作油类溶剂及气相色谱分析标准试剂。

2,2-二甲基戊烷（2,2-dimethylpentane）　亦称"新庚烷"。CAS 号 590-35-2。分子式 C_7H_{16}，分子量 100.21。无色易燃液体。熔点 -123.8℃，沸点 79.0℃，密度 0.674 g/mL，折射率 1.382 2。不溶于水，溶于乙醇、乙醚、丙酮、苯。制备：由油田优质轻烃通过精馏制得。用途：作有机溶剂、化学试剂及有机合成中间体。

2,3-二甲基戊烷（2,3-dimethylpentane）　CAS 号

565-59-3。分子式 C_7H_{16}，分子量 100.21。无色易燃液体。沸点 89～90℃，密度 0.695 g/mL，折射率 1.3916。不溶于水，溶于烃类溶剂。制备：由油田优质轻烃通过精馏制得。用途：作色谱分析标准物质、溶剂；也应用于有机合成。

2,4-二甲基戊烷（2,4-dimethylpentane） CAS 号 108-08-7。分子式 C_7H_{16}，分子量 100.21。无色易燃液体。熔点-119.2℃，沸点80.5℃，密度 0.673 g/mL，折射率 1.3814。不溶于水，溶于丙酮、苯、氯仿和醚。制备：由油田优质轻烃通过精馏制备，也可通过 2,4-二甲基-1,3-戊二烯催化氢化制得。用途：用于黏结剂、降凝增稠剂、复合萃取剂，还用于维尼纶、涂料、树脂纤维的合成。

3,3-二甲基戊烷（3,3-dimethylpentane） CAS 号 562-49-2。分子式 C_7H_{16}，分子量 100.21。无色易燃液体。熔点-135.0℃，沸点86℃，密度 0.693 g/mL，折射率 1.3917。不溶于水，溶于丙酮、氯仿、醇和醚类溶剂。制备：由油田优质轻烃通过连续精馏制得。用途：作气相色谱对比样品，还用于有机合成。

3-乙基戊烷（3-ethylpentane） CAS 号 617-78-7。分子式 C_7H_{16}，分子量 100.21。无色易燃液体。熔点-118.6℃，沸点 93～94℃，密度 0.694 g/mL，折射率 1.3933。不溶于水，溶于丙酮、氯仿、醇和醚类溶剂。制备：由优质轻烃通过连续精馏工艺生产，或利用乙基格氏试剂与四氯化碳在催化剂作用下制得。用途：作气相色谱分析标准，也用于有机合成。

正辛烷（n-octane） CAS 号 111-65-9。分子式 C_8H_{18}，分子量 114.23。无色易燃液体。熔点-56.8℃，沸点 125～126℃，密度 0.703 g/mL，折射率 1.3974。不溶于水，微溶于乙醇，溶于乙醚，混溶于丙酮、苯、氯仿及石油醚。制备：从石油中分馏制得，还可由 2-辛酮经过钠汞齐还原得到；或由 1-溴丁烷、金属钠为原料通过 Wurtz 偶联合成。用途：是工业用汽油成分之一；还可作为溶剂、有机合成原料及色谱分析参比等。

2-甲基庚烷（2-methylheptane） 亦称"异辛烷"。CAS 号 592-27-8。分子式 C_8H_{18}，分子量 114.23。无色易燃液体。熔点-108.9℃，沸点117.6℃，密度 0.698 g/mL，折射率 1.3962。不溶于水，溶于醇类溶剂。制备：由 2-甲基-1-庚烯还原制得。用途：作测验汽油抗爆性能的标准物质；也作为溶剂、气相色谱分析标准及有机合成中间体。

3-甲基庚烷（3-methylheptane） CAS 号 589-81-1。分子式 C_8H_{18}，分子量 114.23。无色液体，有刺激性，易燃易爆。熔点-120.5℃，沸点 115～118℃，密度 0.705 g/mL，折射率 1.3984。不溶于水，溶于丙酮、氯仿、乙醚。是汽油成分之一。制备：由 3-甲基-3-庚醇经酸催化脱水得烯烃，再经催化氢化制得。用途：可用作热裂化和催化制备甲烷的原料。

4-甲基庚烷（4-methylheptane） CAS 号 589-53-7。分子式 C_8H_{18}，分子量 114.23。无色易燃液体。熔点-121℃，沸点117～118℃，密度 0.705 g/mL，折射率 1.3978。不溶于水，溶于丙酮、氯仿、乙醚。是汽油成分之一。制备：由 4-甲基庚-4-醇脱水后，再经镍催化剂催化氢化制得。用途：可用作有机合成原料。

2,2-二甲基己烷（2,2-dimethylhexane） CAS 号 590-73-8。分子式 C_8H_{18}，分子量 114.23。无色易燃液体。熔点-121.2℃，沸点106.8℃，密度 0.693 g/mL，折射率 1.3937。不溶于水，溶于丙酮、氯仿、乙醚。制备：由 1-丁烯和异丁烷经烷基化反应制得。用途：作化学试剂、气相色谱对比样品。

2,3-二甲基己烷（2,3-dimethylhexane） CAS 号 584-94-1。分子式 C_8H_{18}，分子量 114.23。无色易燃液体。熔点-91.5℃，沸点115.6℃，密度 0.708 g/mL，折射率 1.4012。不溶于水，溶于丙酮、氯仿、乙醚。制备：由 2,3-二甲基己-3-醇经脱水制得烯烃，再经催化氢化合成，也可由 1-丁烯和异丁烷在 $AlCl_3$ 等作用下反应制得。用途：作化学试剂、气相色谱对比样品。

2,4-二甲基己烷（2,4-dimethylhexane） CAS 号 589-43-5。分子式 C_8H_{18}，分子量 114.23。无色易燃液体。沸点 108～109℃，密度 0.701 g/mL，折射率 1.3842。不溶于水，溶于丙酮、氯仿、醇和醚类溶剂。制备：由 1-丁烯与 2-甲基丙烷反应制得，或通过间二甲苯在 280℃ 及 8 250.83 Torr 压力下氢化制得。用途：作色谱分析标准物质，也用于有机合成。

2,5-二甲基己烷（2,5-dimethylhexane） CAS 号 592-13-2。分子式 C_8H_{18}，分子量 114.23。无色易燃液体。熔点-91.2℃，沸点 108～109℃，密度 0.694 g/mL，折射率 1.3929。不溶于水，溶于氯仿、醇、醚类等溶剂。制备：由 1-碘代-2-甲基丙烷与钠通过 Wurtz 反应制得。用途：是汽油成分之一，可用于热裂化制备甲烷。

3,3-二甲基己烷（3,3-dimethylhexane） CAS 号 563-16-6。分子式 C_8H_{18}，分子量 114.23。无色易燃液体。熔点-126.1℃，沸点111.9℃，密度 0.710 g/mL，折射率 1.4002。不溶于水，溶于丙酮、氯仿、醇、醚类等溶剂。制备：由 2-甲基-2-氯丁烷和二丙基锌或丙基氯化镁格氏试剂制得。用途：作化学试剂。

3,4-二甲基己烷（3,4-dimethylhexane） CAS 号 583-48-2。分子式 C_8H_{18}，分子量 114.23。无色易燃液体。熔点 -94.5℃，沸点 117.7℃，闪点 7℃，密度 0.72 g/mL，折射率 1.404 5。不溶于水，溶于丙酮、氯仿、醇和醚类等溶剂。制备：由 2-碘丁烷和仲丁基锂反应制得。用途：作色谱分析标准物质。

3-乙基己烷（3-ethylhexane） CAS 号 619-99-8。分子式 C_8H_{18}，分子量 114.23。无色易燃液体。沸点 118.6℃，密度 0.709 g/mL，折射率 1.401 4。不溶于水，溶于丙酮、氯仿和醚类溶剂。制备：可先由二乙基酮经与丙基卤化镁格氏试剂加成，所得到的醇脱水成烯烃后再经催化加氢制得。用途：作色谱分析标准物质。

2-甲基-3-乙基戊烷（3-ethyl-2-methylpentane） CAS 号 609-26-7。分子式 C_8H_{18}，分子量 114.23。无色易燃液体。熔点 -114.9℃，沸点 115.6℃，密度 0.715 g/mL，折射率 1.404 0。不溶于水，溶于丙酮、氯仿和醚类溶剂。制备：由 2-甲基-3-乙基戊-2-醇或 2-甲基-3-乙基戊-3-醇经脱水制得烯烃，再经氢化而得。用途：作有机合成中间体。

2,2,3-三甲基戊烷（2,2,3-trimethylpentane） CAS 号 564-02-3。分子式 C_8H_{18}，分子量 114.23。无色易燃液体。熔点 -112.3℃，沸点 110.0℃，密度 0.712 g/mL，折射率 1.403 1。不溶于水，微溶于乙醇，溶于丙酮、氯仿和醚类溶剂。制备：由 1-丁烯或 2-丁烯与异丁烷在三氯化铝等作用下反应制得，或由 3,3-二甲基-2-丁酮与乙基溴化镁格氏试剂反应制得 2,2,3-三甲基-3-戊醇，经脱水得烯烃，再通过催化氢化而得。用途：作溶剂和有机合成中间体。

2,2,4-三甲基戊烷（2,2,4-trimethylpentane） CAS 号 540-84-1。分子式 C_8H_{18}，分子量 114.23。无色易燃液体。熔点 -107℃，沸点 98 ~ 99℃，密度 0.692^{15} g/mL，折射率 1.391 0。不溶于水，微溶于乙醇，溶于丙酮、氯仿和醚类溶剂。制备：由石油炼制而得；或在无水氟化氢存在下由异丁烷与异丁烯反应制得。用途：作测定汽油辛烷值（抗震性）的标准燃料；也可作汽油、航空汽油等的添加剂；还可作有机合成中的非极性惰性溶剂。

2,3,4-三甲基戊烷（2,3,4-trimethylpentane） CAS 号 565-75-3。分子式 C_8H_{18}，分子量 114.23。无色易燃液体。熔点 -110℃，沸点 113 ~ 114℃，密度 0.719 g/mL，折射率 1.404 0。微溶于水，溶于丙酮、氯仿和醚类溶剂。制备：由 2-丁烯与异丁烷在氟化氢或三氯化铝作用下反应制得，或由 2,3,4-三甲基戊-2-烯催化氢化制得。用途：作溶剂和有机合成中间体。

3-甲基-3-乙基戊烷（3-ethyl-3-methylpentane） CAS 号 1067-08-9。分子式 C_8H_{18}，分子量 114.23。无色易燃液体。熔点 -90.8℃，沸点 118.2℃，密度 0.727 g/mL，折射率 1.407 8。不溶于水，溶于丙酮、氯仿、乙醚。制备：可由 3-甲基-3-碘戊烷与二乙基锌反应制得。用途：作溶剂和有机合成中间体。

2,2,3,3-四甲基丁烷（2,2,3,3-tetramethylbutane） 亦称"六甲基乙烷"。CAS 号 594-82-1。分子式 C_8H_{18}，分子量 114.23。无色易燃固体，易升华。熔点 100.6℃，沸点 106.5℃，密度 0.653 9 g/cm^3，折射率 1.469 5。不溶于水，溶于丙酮、氯仿、乙醚。制备：由叔丁基氯和叔丁基氯化镁在 CuI 作用下反应制得，或由叔丁基氯在铜或镁作用下通过偶联反应制得。用途：作化学试剂、色谱分析对比样品。

正壬烷（n-nonane） CAS 号 111-84-2。分子式 C_9H_{20}，分子量 128.26。无色易燃液体。熔点 -53.5℃，沸点 150 ~ 152℃，密度 0.718 g/mL，折射率 1.405 4。不溶于水，溶于乙醇和乙醚，混溶于丙酮、氯仿和苯。制备：由石油精馏分离制得；也可由丁基氯化镁格氏试剂与氯仿或四氯化碳或二氯甲烷在催化剂作用下反应制得；还可由正壬醛或 2-壬酮还原制得。用途：作溶剂、色谱分析标准物质及有机合成试剂。

2-甲基辛烷（2-methyloctane） 亦称"异壬烷"。CAS 号 3221-61-2。分子式 C_9H_{20}，分子量 128.26。无色易燃液体。熔点 -80.4℃，沸点 141 ~ 143℃，密度 0.713 g/mL，折射率 1.402 4。不溶于水，易溶于乙醇、乙醚，与丙酮、氯仿、苯混溶。制备：由 1-氯-3-甲基-2-丁烯或 1-溴-3-甲基-2-丁烯与 $LiAlH_4$、高氯酸银等反应制得；或由 2-碘辛烷与甲基铜锂试剂反应制得。用途：作溶剂及有机合成中间体。

3-甲基辛烷（3-methyoctane） CAS 号 2216-33-3。分子式 C_9H_{20}，分子量 128.26。无色易燃液体。熔点 -107.6℃，沸点 144.2℃，密度 0.721 g/mL，折射率 1.406 4。不溶于水，与乙醇、苯、氯仿、丙酮和醚类溶剂混溶。制备：由正溴丁烷与 1-溴-2-甲基丁烷偶联制得。用途：作气相色谱分析标准等。

4-甲基辛烷（4-methyoctane） CAS 号 2216-34-4。分子式 C_9H_{20}，分子量 128.26。无色易燃液体。熔点 -113.3℃，沸点 142.4℃，密度 0.720 g/mL，折射率 1.405 8。不溶于水，溶于乙醇、苯、氯仿、丙酮和醚类溶剂。制备：可由 2-碘戊烷与正丁基锂反应制得。用途：作气相色谱分析标准、有机合成试剂等。

2,3-二甲基庚烷（2,3-dimethylheptane）　CAS号3074-71-3。分子式 C_9H_{20}，分子量128.26。无色易燃液体。熔点-116.7℃，闪点 91℃，沸点 140.7℃，密度 0.726 g/mL，折射率1.408 7。不溶于水，溶于乙醇、苯、氯仿、丙酮和醚类等溶剂。制备：由 2-甲基丙烷和正戊烯在氟化氢作用下反应制得；或由 2,3-二甲基-2-庚烯催化加氢还原制得。用途：作化学试剂；也用作生物标记物。

2,4-二甲基庚烷（2,4-dimethylheptane）　CAS号2213-23-2。分子式 C_9H_{20}，分子量128.26。无色易燃液体。沸点 133.5℃，闪点 51.7℃，密度 0.713 g/mL，折射率1.402 2。不溶于水，与乙醇、氯仿、丙酮和醚类溶剂混溶。制备：由 4-甲基-2-戊酮与丙基卤化镁格氏试剂反应后再经催化氢化制得。用途：作气相色谱分析标准物。

2,5-二甲基庚烷（2,5-dimethylheptane）　CAS号2216-30-0。分子式 C_9H_{20}，分子量128.26。无色易燃液体。沸点 135.6～135.9℃，闪点 23℃，密度 0.715^{16} g/mL，折射率1.403 8。不溶于水，与乙醇、氯仿、丙酮和醚类溶剂混溶。制备：由 5-甲基-2-乙基己-1-烯在镍催化下加氢制得；或由 5-甲基-2-己酮经过镍催化氢化制得。用途：用于气相色谱对比标准样品。

3,3-二甲基庚烷（3,3-dimethylheptane）　CAS号4032-86-4。分子式 C_9H_{20}，分子量128.26。无色易燃液体。沸点 137.3℃，密度 0.725 g/mL，折射率1.408 1。不溶于水，与乙醇、苯、氯仿、丙酮和醚类溶剂混溶。制备：由 2-氯-2-甲基丁烷和丁基卤化镁格氏试剂以乙醚为溶剂反应制得；或由5,5-二甲基-3-庚烯氢化制得。用途：作气相色谱分析标准物。

3,4-二甲基庚烷（3,4-dimethylheptane）　CAS号922-28-1。分子式 C_9H_{20}，分子量128.26。无色易燃液体。沸点 141℃，密度0.728 g/mL，折射率1.411 6。不溶于水，与乙醇、苯、氯仿和醚类溶剂混溶。制备：由 3-甲基庚-4-酮合成而得；或由 3,4-二甲基庚-1,5-二烯通过催化氢化制得。用途：用于有机合成；也作气相色谱分析标准物。

3,5-二甲基庚烷（3,5-dimethylheptane）　CAS号926-82-9。分子式 C_9H_{20}，分子量128.26。无色易燃液体。沸点 136℃，密度0.712 g/mL，折射率1.407 0。不溶于水，与乙醇、苯、氯仿、丙酮和醚类溶剂混溶。制备：可先由 3,5-二甲基庚-4-醇经磷酸催化脱水，所得烯烃再经催化加氢制得；或由长链烷烃裂解制得。用途：作气相色谱对比样品，也用于有机合成。

4,4-二甲基庚烷（4,4-dimethylheptane）　CAS号1068-19-5。分子式 C_9H_{20}，分子量128.26。无色易燃液体。沸点 135.2℃，密度 0.722 g/mL，折射率1.405 3。不溶于水，与乙醇、氯仿、丙酮和醚类溶剂混溶。制备：可由 4-庚酮与二甲基二氯化钛以二氯甲烷为溶剂反应制得；或由 4-甲基-4-氯庚烷与二甲基锌反应制得。用途：作气相色谱对比样品；也用于有机合成。

3-乙基庚烷（3-ethylheptane）　CAS号15869-80-4。分子式 C_9H_{20}，分子量128.26。无色易燃液体。熔点-114.9℃，沸点143℃，密度0.728 g/mL，折射率1.409 5。不溶于水，与乙醇、苯、氯仿、丙酮和醚类溶剂混溶。制备：由 3-溴-3-乙基庚烷在二氯化锡催化下经还原制得。用途：作气相色谱对比样品；也用于有机合成。

4-乙基庚烷（4-ethylheptane）　CAS号2216-32-2。分子式 C_9H_{20}，分子量128.26。无色易燃液体。熔点 -113.2℃，沸点141.2℃，闪点 25℃，密度 0.727 g/mL，折射率1.407 3。不溶于水，与苯、氯仿、丙酮和醚类溶剂混溶。制备：由正丙苯在高温高压条件下氢化还原制得；或先由 4-乙基-4-庚醇经酸催化脱水，所得烯烃再经催化加氢制备。用途：作气相色谱对比样品；也可用于有机合成。

2,2,5-三甲基己烷（2,2,5-trimethylhexane）　CAS号3522-94-9。分子式 C_9H_{20}，分子量128.26。无色易燃液体。熔点-105.8℃，沸点 122.0℃，密度 0.710 g/mL，折射率1.399 7。不溶于水，与乙醇、苯、氯仿、丙酮和醚类溶剂混溶。制备：可由叔丁基氯与双-(3-甲基丁基)锌试剂反应制得；或由 2,5,5-三甲基-1,3-己二烯氢化还原制得。用途：作发动机燃料；也作有机合成试剂。

2,3,5-三甲基己烷（2,3,5-trimethylhexane）　CAS号1069-53-0。分子式 C_9H_{20}，分子量128.26。无色易燃液体。熔点-127.8℃，沸点 131.4℃，密度 0.718 g/mL，折射率1.406 0。不溶于水，易溶于乙醇，与苯、氯仿、乙醚混溶。制备：由重氮甲烷与 2,5-二甲基己烷反应制得；或由 2,3,5-三甲基己-2-烯催化加氢制得；或以丙烯为原料，在高温下发生烯烃低聚反应制得。用途：作溶剂，用于有机合成。

2,2,3,4-四甲基戊烷（2,2,3,4-tetramethylpentane）CAS号1186-53-4。分子式 C_9H_{20}，分子量128.26。无色易燃液体。熔点 -121.1℃，沸点 133.0℃，密度 0.739

g/mL，折射率 1.414 6。不溶于水，易溶于乙醇，可与苯、氯仿、乙醚混溶。制备：可由 2-甲基-2-丁醇和叔丁醇反应制得；或由 2,3,4,4-四甲基-1-戊烯催化加氢制得。用途：作气相色谱分析标准。

2,2,4,4-四甲基戊烷（2,2,4,4-tetramethylpentane）　CAS 号 1070-87-7。分子式 C_9H_{20}，分子量 128.26。无色易燃液体。熔点 -66.5℃，沸点 122.3℃，密度 0.720 g/mL，折射率 1.406 7。不溶于水，易溶于乙醇，与氯仿、乙醚、苯混溶。制备：由 2-氯-2,4,4-三甲基戊烷与二甲基锌试剂反应制得；或由 2,4,4-三甲基-1-戊烯催化氢化还原制得。用途：作气相色谱分析标准。

正癸烷（n-decane）　CAS 号 124-18-5。分子式 $C_{10}H_{22}$，分子量 142.28。无色透明液体，易燃。熔点 -29.7℃，闪点 46℃，沸点 172～174℃，密度 0.730 g/mL，折射率 1.411 9。不溶于水，易溶于乙醇，与氯仿、乙醚、苯混溶。存在于石蜡及石油中。制备：可由正癸烯催化加氢制得；或由两分子卤代正戊烷经 Wurtz 反应制得。用途：作中沸点溶剂、印刷油墨的无嗅溶剂，用于仪器洗涤、干洗或燃料；或与其他高级烷烃的混合物作为凡士林、润滑剂以及其他化工产品原料。

2-甲基壬烷（2-methylnonane）　亦称“异癸烷”。CAS 号 871-83-0。分子式 $C_{10}H_{22}$，分子量 142.28。无色易燃液体。熔点 -74.5℃，沸点 166.8℃，密度 0.726 g/mL，折射率 1.409 9。不溶于水，易溶于乙醇，与丙酮、乙醚、氯仿、苯混溶。制备：由甲基锂与 1,1-二碘辛烷制得；或由 2-甲基壬-4-酮还原而得。用途：作燃料、溶剂。

3-甲基壬烷（3-methylnonane）　CAS 号 5911-04-6。分子式 $C_{10}H_{22}$，分子量 142.28。无色易燃液体。熔点 -84.8℃，沸点 167.6℃，密度 0.733 g/mL，折射率 1.412 3。不溶于水，易溶于乙醇，与丙酮、乙醚、氯仿、苯混溶。制备：由二乙基锌与 2-碘辛烷制备；或由 1-辛烯与乙基溴化镁格氏试剂反应制得；还可由愈创木酚和丙酮为原料在镍催化剂作用下氢化脱氧制得。用途：作化学试剂和溶剂。

4-甲基壬烷（4-methylnonane）　CAS 号 17301-94-9。分子式 $C_{10}H_{22}$，分子量 142.28。无色易燃液体。熔点 -98.7℃，沸点 165.7℃，密度 0.732 g/mL，折射率 1.411 9。不溶于水，易溶于乙醇，与丙酮、乙醚、氯仿、苯混溶。制备：可由三氟甲磺酸 2-甲基戊酯与丁基氯化镁格氏试剂反应制得；或由糠醛和 2-戊酮在镍-铜催化下加氢制得；或由 1-戊烯通过二聚制得。用途：作溶剂及有机合成中间体。

2,7-二甲基辛烷（2,7-dimethyloctane）　亦称“二异戊基”。CAS 号 1072-16-8。分子式 $C_{10}H_{22}$，分子量 142.28。无色易燃液体。熔点 -54.6℃，沸点 159.9℃，密度 0.724 g/mL，折射率 1.408 6。不溶于水，易溶于乙醇，与丙酮、乙醚、氯仿、苯混溶。制备：由两分子 1-溴代异戊烷偶联制得；或由两分子异戊基溴化镁格氏试剂在乙醚中用三氟甲磺酸酐催化反应制得；或由 2,7-二甲基辛-3-烯氢化制得。用途：作有机合成中间体。

3,4-二乙基己烷（3,4-diethylhexane）　CAS 号 19398-77-7。分子式 $C_{10}H_{22}$，分子量 142.28。无色易燃液体。熔点 -54.0℃，沸点 160.7℃，密度 0.751 g/mL，折射率 1.419 0～1.421 0。不溶于水，与氯仿、丙酮、苯和醚类溶剂混溶。制备：由 3-溴戊烷偶联制得；或由正戊烷为原料，以汞为催化剂制得。用途：作有机合成中间体。

正十一烷（n-undecane）　CAS 号 1120-21-4。分子式 $C_{11}H_{24}$，分子量 156.31。无色易燃液体。熔点 -25.6℃，沸点 195.9℃，密度 0.722^{45} g/mL，折射率 1.416 2。不溶于水，可与丙酮和醚类溶剂混溶。制备：可由二丁基铜锂与 1-碘庚烷反应制备。用途：作高档电子清洗液等；也作色谱标准剂、石油分析的标样。

正十二烷（n-dodecane）　CAS 号 112-40-3。分子式 $C_{12}H_{26}$，分子量 170.34。无色易燃液体。熔点 -9.6℃，沸点 215～217℃，闪点 71℃，密度 0.753 g/mL，折射率 1.421 0。不溶于水，易溶于乙醇、乙醚、丙酮、氯仿、四氯化碳、苯。制备：由 6-溴己烷通过 Wurtz 反应制得。用途：用于有机合成；作溶剂、气相色谱对比样品；也作生产十二碳二元酸、直链醇和卤代物以及日化产品的主要原料。

正十三烷（n-tridecane）　CAS 号 629-50-5。分子式 $C_{13}H_{28}$，分子量 184.36。无色易燃液体。熔点 -5.3℃，沸点 235.4℃，闪点 94℃，密度 0.752 g/mL，折射率 1.425 0。不溶于水，溶于乙醇、乙醚和丙酮。存在于树胡椒的精油以及褐纹臭蜷释放物中。制备：由 1-溴壬烷与丁基氯化镁格氏试剂反应制得；或由五甲基呋喃溴酸酯为原料在镍催化下脱氧开环制得。用途：作试剂，用于制备十三烷二元酸（巴西二酸）的原料；用作油漆、橡胶、乳胶、塑料等行业的溶剂，也用作润滑油表面活性剂主要添加剂。

正十四烷（n-tetradecane）　CAS 号 629-59-4。分子式 $C_{14}H_{30}$，分子量 198.39。无色易燃液体。熔点 5.8℃，沸点 252～254℃，密度 0.735^{60} g/mL，折射率 1.429 1。不溶于水，溶于乙醇。制备：由 1-溴庚烷通过 Wurtz 反应制得；或由五甲基呋喃溴酸酯为原料在镍催化下脱氧制得。用途：作气相色谱分析标准、溶剂以及蒸馏驱逐剂；也用于有机合成。

正十五烷（*n*-pentadecane） CAS 号 629-62-9。分子

式 $C_{15}H_{32}$，分子量 212.42。无色易燃液
体。熔点 8～10℃，沸点 270℃，密度
0.730^{60} g/mL，折射率 1.433 8。不溶于
水、甲醇、乙醇，溶于正己烷、丙酮及乙醚等。制备：由癸
基溴和正戊基溴化镁格氏试剂反应制得；或由棕榈酸甲酯
或棕榈酸在镍作用下催化氢化制得。用途：作气相色谱
分析标准等。

正十六烷（*n*-hexadecane） CAS 号 544-76-3。分子

式 $C_{16}H_{34}$，分子量 226.45。无色易燃液
体。熔点 18℃，沸点 287℃、133～134℃
（3 Torr），密度 0.773^{60} g/mL，折射率
1.434 4。不溶于水，溶于乙醇、乙醚和丙酮。制备：由
1-十六烯催化加氢制得；或将碘代十六烷脱卤制得。用
途：作溶剂、气相色谱对比样品、测定柴油燃烧质量的标
准物质。

2,2,4,4,6,8,8-七甲基壬烷（2,2,4,4,6,8,8-
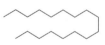
heptamethylnonane） 亦称"七甲基
壬烷"。CAS 号 4390-04-9。分子
式 $C_{17}H_{36}$，分子量 226.45。白色液体或白色固体。熔点
20～22℃，沸点 246.4℃，密度 0.771^{40} g/mL，折射率
1.439 6。不溶于水，与氯仿、丙酮、苯和醚类溶剂混溶。制
备：由石油提炼制得。用途：作配制特定十六烷值的燃
料；也用作对比测定柴油的易燃性。

正十七烷（*n*-heptadecane） CAS 号 629-78-7。分子
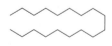
式 $C_{17}H_{36}$，分子量 240.48。无色液体
或白色固体。熔点 22.5～23℃，沸点
303℃，密度 0.778^{60} g/mL，折射率
1.436 2。不溶于水，易溶于乙醇。制备：由油酸为原料通
过还原脱羧制得。用途：作气相色谱对比样品；也用作
溶剂。

正十八烷（*n*-octadecane） CAS 号 593-45-3。分子式
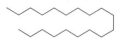
$C_{18}H_{38}$，分子量 254.50。白色固体。
熔点 27～29℃，沸点 317℃，密度
0.768^{40} g/mL，折射率 $1.438 6^{30}$。不
溶于水，溶于乙醇、乙醚、丙酮、石油醚和煤焦油烃。制备：
以硬脂酸为原料，在癸烷或环己烷中通过脱羧加氢制得。
用途：作气相色谱固定液；用于分离分析低级烃；还用作
气相色谱分析标准物质。

正十九烷（*n*-nonadecane） CAS 号 629-92-5。分子
式 $C_{19}H_{40}$，分子量 268.53。白色固体。熔点 31.9℃，沸点 329.9℃，密
度 0.772^{40} g/mL，折射率 $1.438 8^{70}$。
不溶于水，溶于乙醇、乙醚。制备：可由菜籽油在镍、氧化
铝催化条件下加氢制得；或由柴油高温高压下裂解制得。

用途：作色谱分析标准物；也用于有机合成。

正二十烷（*n*-icosane） CAS 号 112-95-8。分子式
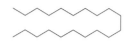
$C_{20}H_{42}$，分子量 282.55。无色晶体
或蜡状固体。熔点 35～36℃，沸点
343℃，密度 0.777^{40} g/mL，折射率
$1.435 4^{70}$。不溶于水，溶于乙醚等有机溶剂。制备：可由
1-溴癸烷和三氟乙酸、溴化钴、锰在吡啶中进行 Wurtz 反
应制得；或由二十酸在氢气氛围中通过钴催化脱羧制得。
用途：作气相色谱分析标准、气相色谱固定液等。

正二十一烷（*n*-henicosane） CAS 号 629-94-7。分
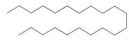
子式 $C_{21}H_{44}$，分子量 296.57。白
色固体。熔点 39.5℃，沸点
356.5℃，密度 0.758^{70} g/mL，折
射率 $1.424 7^{70}$。不溶于水，微溶于乙醇，溶于乙醚。制备：
由 1-碘代癸烷和 1-碘代十一烷在氢化钠作用下反应制得；
或经柴油高温高压裂解制得。用途：作有机合成砌块及
反应中间体；作柴油、低温改进剂以及环保液体燃料组合
物的关键组分；也用作地质、原油、大气颗粒物等物质
分析。

正二十二烷（*n*-docosane） CAS 号 629-97-0。分子
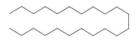
式 $C_{22}H_{46}$，分子量 310.60。无色
结晶固体。熔点 43.8℃，沸点
368.6℃，密度 $0.754 9^{79.6}$ g/mL，
折射率 $1.431 4^{60}$。不溶于水，微溶于乙醇，易溶于乙醚。
制备：可由两分子 1-溴代正十一烷和金属钠通过 Wurtz
反应偶联制得；或由 1-二十二烯氢化制备；或由二十二酸
通过脱羧制得。用途：作气相色谱内标、有机合成试剂；
也用作柴油低温改进剂。

正二十三烷（*n*-tricosane） CAS 号 638-67-5。分子
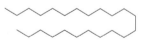
式 $C_{23}H_{48}$，分子量 324.63。白
色固体。熔点 47.4℃，沸点
380.2℃，闪点 113℃，密度
$0.795 8$ g/cm³，折射率 $1.427 6^{70}$。不溶于水，微溶于乙醇，
易溶于乙醚。制备：由二十三烷-12-酮还原制得；或由月
桂酸通过脱羧制得。用途：用于分析天然提取物。

正二十四烷（*n*-tetracosane） CAS 号 646-31-1。分
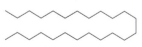
子式 $C_{24}H_{50}$，分子量 338.65。
白色固体。熔点 49～52℃，沸
点 390℃，密度 $0.796 7$ g/cm³，
折射率 $1.428 8^{70}$。不溶于水，微溶于乙醇，易溶于乙醚。
制备：由两分子 1-溴代正十二烷和金属钠经 Wurtz 偶联
反应制得。用途：作色谱分析标样及固定液；也用于有机
合成。

正二十五烷（*n*-pentacosane） CAS 号 629-99-2。分
子式 $C_{25}H_{52}$，分子量 352.68。白色固体。熔点 54～56℃，
沸点 404℃，密度 $0.798 6$ g/cm³，折射率 $1.430 2^{70}$。不溶

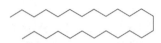

于水,溶于乙醇。存在于姜黄的丙酮提取物中。制备:以十三酸乙酯为原料合成制得。用途:作气相色谱对比样品。

正二十六烷(*n*-hexacosane)　CAS 号 630-01-3。分子式 $C_{26}H_{54}$,分子量 366.71。白色固体。熔点 56.4℃,沸点 412.2℃,密度 0.770^{70} g/mL,折射率 $1.435\ 7^{60}$。不溶于水,溶于乙醚、丙酮。制备:可将钠加入甲醇,待反应结束后,加入正十四碳酸,混合物经电解后由减压蒸馏制得。用途:作化学试剂等。

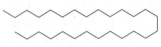

正二十七烷(*n*-heptacosane)　CAS 号 593-49-7。分子式 $C_{27}H_{56}$,分子量 380.73。白色固体。熔点 57～59℃,沸点 269～270℃(15 Torr),密度 0.773^{70} g/mL,折射率 $1.432\ 1^{70}$。不溶于水,溶于乙醇。制备:由二十七烷-14-酮还原制得。用途:作有机合成试剂;还用于增强化学调味料的调味效果。

正二十八烷(*n*-octacosane)　CAS 号 630-02-4。分子式 $C_{28}H_{58}$,分子量 394.77。白色固体。熔点 63～64℃,沸点 432℃,密度 0.775^{70} g/mL,折射率 $1.433\ 0^{70}$。不溶于水,溶于氯仿、丙酮、苯、甲苯。存在于石蜡油中。制备:由 1-溴十四烷 Wurtz 偶联反应制得。用途:用于环境分析气相色谱检测;还用作柴油、低温改进以及环保液体、燃料组合物的关键组分。

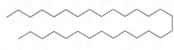

正二十九烷(*n*-nonacosane)　CAS 号 630-03-5。分子式 $C_{29}H_{60}$,分子量 408.80。白色片状固体。熔点 63～66℃,沸点 280℃(15 Torr),密度 $0.775\ 5^{70}$ g/mL,折射率 $1.434\ 6^{70}$。不溶于水,溶于乙醇。制备:由二十九烷-15-酮还原制得;或由乙烯为原料聚合制得。用途:用于有机合成;作中药材鉴定的对照标准品,用于含量测定、鉴别、药理实验和活性筛选。

正三十烷(*n*-triacontane)　亦称"蜂花烷"。CAS 号 638-68-6。分子式 $C_{30}H_{62}$,分子量 422.83。白色蜡质固体。熔点 64～67℃,沸点 258～259℃(3 Torr),密度 $0.779\ 5^{70}$ g/mL,折射率 $1.434\ 8^{70}$。不溶于水,溶于乙醚、丙酮。制备:由 1-溴十五烷经过 Wurtz 偶联反应制得。用途:用于有机合成及色谱分析。

正三十一烷(*n*-hentriacontane)　CAS 号 630-04-6。分子式 $C_{31}H_{64}$,分子量 436.85。白色固体。熔点 67～69℃,沸点 180℃(4 Torr),密度 $0.770\ 9^{90}$ g/mL。不溶于水,溶于乙醚、丙酮、乙醇。制备:由三十一烷-16-酮为原料还原制得。用途:用于有机合成及有机溶剂。

正三十二烷(*n*-dotriacontane)　CAS 号 544-85-4。分子式 $C_{32}H_{66}$,分子量 450.88。白色或浅灰色鳞片状结晶。熔点 65～70℃,沸点 465.7℃,密度 $0.916\ 2^{60}$ g/cm³,折射率 $1.433\ 8^{75}$。不溶于水,微溶于氯仿、乙醇和苯,溶于四氯化碳、热乙醚和热乙酸。制备:由 1-溴十六烷,金属钠为原料,经 Wurtz 偶联反应制得。用途:作气相色谱固定液。

正三十三烷(*n*-tritriacontane)　CAS 号 630-05-7。分子式 $C_{33}H_{68}$,分子量 464.91。白色片状固体。熔点 71～73℃。不溶于水,溶于乙醚、丙酮、乙醇。存在于石蜡、沥青中。制备:由三十三烷-1-酮经还原制得。用途:作有机合成试剂、分析标准样品;可裂解为低级烃,用作化工原料。

正三十四烷(*n*-tetratriacontane)　CAS 号 14167-59-0。分子式 $C_{34}H_{70}$,分子量 478.93。白色片状固体。熔点 72～75℃,沸点 285℃(3 Torr),密度 0.773^{90} g/mL,折射率 $1.432\ 2^{84}$。不溶于水,溶于乙醚、丙酮、乙醇。存在于石蜡、沥青中。制备:由硬脂酸为原料合成制得。用途:作试剂、分析标准样品;可裂解为低级烃,用作化工原料。

正三十五烷(*n*-pentatriacontane)　CAS 号 630-07-9。分子式 $C_{35}H_{72}$,分子量 492.96。白色固体。熔点 73～75℃,沸点 331℃(15 Torr),密度 $0.773\ 4^{90}$ g/mL,折射率 $1.430\ 1^{90}$。不溶于水,溶于乙醚、丙酮、乙醇。存在于石蜡、沥青中。制备:由三十五烷-18-酮在镍催化下加氢还原制得。用途:作试剂、分析标准样品;可裂解为低级烃,作化工原料。

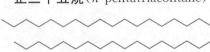

正三十六烷(*n*-hexatriacontane)　CAS 号 630-06-8。分子式 $C_{36}H_{74}$,分子量 506.99。白色固体。熔点 74～76℃,沸点 265℃(1 Torr),密度

0.778 3^{90} g/mL,折射率 1.434 7^{80}。不溶于水,溶于乙醇。制备:可由 1-溴十八烷和钠经 Wurtz 偶联反应制得。存在于沥青中。用途:作气相色谱固定液,分离分析烃类化合物、气相色谱分析标准;可裂解为低级烃,用作化工原料。

正三十七烷(*n*-neptatriacontane) CAS 号 7194-84-5。分子式 C$_{37}$H$_{76}$,分子量 521.02。白色固体。熔点 77~79℃。不溶于水,溶于乙醚、丙酮、乙醇。存在于沥青中。制备:由三十七烷-19-酮还原制得。用途:作分析标准样品;裂解为低级烃,用作化工原料。

正三十八烷(*n*-octatriacontane) CAS 号 7194-85-6。分子式 C$_{38}$H$_{78}$,分子量 535.03。白色固体。熔点 79.2℃。不溶于水,溶于乙醚、苯等有机溶剂。存在于沥青中。制备:由 1-溴十九烷经 Wurtz 偶联反应制得。用途:作分析标准样品;可裂解为低级烃,用作化工原料。

正三十九烷(*n*-nonatriacontane) CAS 号 7194-86-7。分子式 C$_{39}$H$_{80}$,分子量 549.07。白色固体。熔点 80.0~80.2℃。不溶于水,溶于乙醚、丙酮、乙醇。存在于沥青中。制备:由三十九烷-20-酮为原料经还原制得。用途:作分析标准样品;可裂解为低级烃,用作化工原料。

正四十烷(*n*-tetracontane) CAS 号 4181-95-7。分子式 C$_{40}$H$_{82}$,分子量 563.10。白色粉末或片状固体。熔点 81.2~81.4℃。不溶于水,溶于乙醚、丙酮、乙醇。存在于沥青中。制备:由 1-正四十烯经催化氢化还原制得。用途:作分析标准样品;可裂解为低级烃,用作化工原料。

正四十一烷(*n*-hentetracontane) CAS 号 7194-87-8。分子式 C$_{41}$H$_{84}$,分子量 577.12。白色固体。熔点 83~85℃。不溶于水,溶于乙醚、乙醇等有机溶剂。存在于沥青中。制备:可由四十一烷-21-酮为原料氢化制得。用途:作分析标准样品;可裂解为低级烃,用作化工原料。

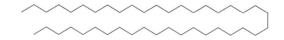

正四十二烷(*n*-dotetracontane) CAS 号 7098-20-6。分子式 C$_{42}$H$_{86}$,分子量 591.15。白色固体。熔点 83~84℃。不溶于水,溶于丙酮、乙醇、氯仿等有机溶剂。存在于沥青中。制备:由 1-溴二十一烷进行 Wurtz 偶联反应制得。用途:作分析标准样品;可裂解为低级烃,用作化工原料。

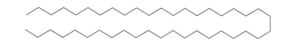

正五十烷(*n*-pentacontane) CAS 号 6596-40-3。分子式 C$_{50}$H$_{102}$,分子量 703.37。白色固体。熔点 91.9~92.3℃。不溶于水,溶于苯等有机溶剂。存在于沥青中。制备:由高级烷烃溴代物进行偶联反应合成制得。用途:作分析标准样品;可裂解为低级烃,用作化工原料。

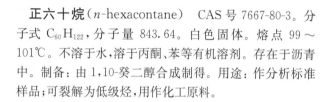

正六十烷(*n*-hexacontane) CAS 号 7667-80-3。分子式 C$_{60}$H$_{122}$,分子量 843.64。白色固体。熔点 99~101℃。不溶于水,溶于丙酮、苯等有机溶剂。存在于沥青中。制备:由 1,10-癸二醇合成制得。用途:作分析标准样品;可裂解为低级烃,用作化工原料。

正七十烷(*n*-heptacontane) CAS 号 7719-93-9。分子式 C$_{70}$H$_{142}$,分子量 983.91。白色固体。熔点 105~105.5℃。不溶于水,溶于乙醚、苯等有机溶剂。存在于沥青中。制备:可由 1,10-癸二醇或 1,10-二溴代癸烷合成制得。用途:作分析标准样品;可裂解为低级烃,用作化工原料。

正八十烷(*n*-octacontane) CAS 号 7667-88-1。分子式 C$_{80}$H$_{162}$,分子量 1124.18。白色固体。不溶于水,溶于乙醚、苯等有机溶剂。存在于沥青中。制备:可由高级烷烃溴代物进行偶联反应合成制得。用途:用于有机合成;还可作为分析标准样品;可裂解为低级烃,用作化工原料。

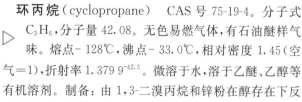

环丙烷(cyclopropane) CAS 号 75-19-4。分子式 C$_3$H$_6$,分子量 42.08。无色易燃气体,有石油醚样气味。熔点-128℃,沸点-33.0℃,相对密度 1.45(空气=1),折射率 1.379 9$^{-42.5}$。微溶于水,溶于乙醚、乙醇等有机溶剂。制备:由 1,3-二溴丙烷和锌粉在醇存在下反应制得;或由乙烯在铜-锌复合催化剂作用下与二碘甲烷反应制得。用途:作医药麻醉剂,也用于有机合成。

甲基环丙烷(methylcyclopropane) CAS 号 594-11-

6。分子式 C_4H_8，分子量 56.11。有石油醚样气味的气体，极易燃。熔点 -177.2℃，沸点 4～5℃，相对密度 1.483（空气＝1）。不溶于水，溶于乙醚、乙醇等有机溶剂。制备：由 1,3-二氯丁烷或 1,3-二溴丁烷与锌反应制得；或由 1,3-二溴丁烷在四氢呋喃中，用铜催化脱卤环化制得。用途：作有机合成原料。

乙基环丙烷（ethylcyclopropane）　CAS 号 1191-96-4。分子式 C_5H_{10}，分子量 70.14。无色易燃液体。熔点 -149.2℃，沸点 35.9℃，相对密度 0.684（空气＝1），折射率 1.379 7。稍溶于水，溶于乙醚、甲苯等有机溶剂。制备：由乙烯基环丙烷催化氢化制备；或由 1,3 二溴戊烷在乙醇中用锌脱溴制得。用途：作医药中间体及工业原材料。

环丁烷（cyclobutane）　CAS 号 287-23-0。分子式 C_4H_8，分子量 56.11。无色易燃气体。熔点 -90.2℃，沸点 12.5℃，相对密度 0.694（空气＝1），折射率 1.375 2⁰。稍溶于水，溶于乙醚、乙醇等有机溶剂。制备：由环丁烯通过镍催化加氢制得；或由环丁基溴化物与镁作用得环丁基溴化镁 Grignard 试剂，然后经水解制得；或由环丁酮经黄鸣龙还原法与肼反应制得；或由环丁烷羧酸通过 Hundsdiecker 反应制得。用途：作试剂、有机合成中间体。

环戊烷（cyclopentane）　CAS 号 287-92-3。分子式 C_5H_{10}，分子量 70.14。无色易燃液体。熔点 -95～ -93℃，沸点 47～49℃，闪点 -37℃，密度 0.751 g/mL，折射率 1.406 0。不溶于水，溶于乙醇、乙醚、苯、四氯化碳、丙酮等多数有机溶剂。存在于石油中。制备：由石油醚馏分中得到；或由环己烷经高压催化裂解制得；或环戊烯、环戊二烯经催化加氢制得。用途：作工业合成树脂和橡胶的黏合剂；也用作制造聚氨酯绝缘泡沫的发泡剂；可替代氟利昂，作制冷剂。

甲基环戊烷（methylcyclopentane）　CAS 号 96-37-7。分子式 C_6H_{12}，分子量 84.16。无色易燃液体。熔点 -142.5℃，沸点 71.8℃，闪点 -23.9℃，密度 0.742 g/mL，折射率 1.409 9。不溶于水，与乙醇、乙醚、丙酮等混溶。存在于石油中。制备：由工业己烷通过与甲醇共沸蒸馏方法制得；或由环戊酮还原制得。用途：作有机溶剂，可以溶解树脂、蜡、沥青、橡胶和干性油；还作气相色谱的参比物质。

乙基环戊烷（ethylcyclopentane）　CAS 号 1640-89-7。分子式 C_7H_{14}，分子量 98.19。无色易燃液体。熔点 -137.9℃，沸点 103.5℃，密度 0.763 g/mL，折射率 1.417 9。不溶于水，与乙醇、乙醚、丙酮等混溶。市售石油苯溶剂中含有一定量的乙基环戊烷。制备：由环戊酮用格氏试剂乙基化后还原制得。用途：作化学中间体、分析试剂。

1,3-二甲基环戊烷（1,3-dimethylcyclopentane）　CAS 号 2453-00-1。分子式 C_7H_{14}，分子量 98.19。无色液体。熔点 -136.7℃，沸点 90.6～90.8℃，密度 0.746 g/mL，折射率 1.407 6。不溶于水，易溶于苯、丙酮。存在于石油中。制备：由 1,3-环戊二酮由格氏试剂甲基化后，再经还原制得。用途：作试剂；用于有机合成。

顺-1,3-二甲基环戊烷（cis-1,3-dimethylcyclopentane）　CAS 号 2532-58-3。分子式 C_7H_{14}，分子量 98.19。无色液体。熔点 -133.9℃，沸点 91.7℃，密度 0.749 g/mL，折射率 1.410 7。不溶于水，易溶于苯、丙酮。制备：由降冰片烯在铂-碳催化下于 225～280℃氢解而得，或由 6-溴-5-甲基己-1-烯在苯中与三丁基氢化锡加热反应制得。用途：作试剂；用于有机合成。

(1S,3S)-1,3-二甲基环戊烷（(1S,3S)-1,3-dimethylcyclopentane）　CAS 号 2453-00-1。分子式 C_7H_{14}，分子量 98.19。无色液体。熔点 -133.7℃，沸点 90.8℃，密度 0.745 g/mL，折射率 1.408 9。不溶于水，易溶于苯、丙酮。制备：可由（＋）-反-1,3-二羟甲基环戊二醇和对甲苯磺酸酯经锂铝氢还原制得。用途：作试剂；用于有机合成。

(±)-1,1,3r,4s-四甲基环戊烷（(±)-1,1,3r,4s-tetramethylcyclopentane）　CAS 号 74563-63-6。分子式 C_9H_{18}，分子量 126.24。无色液体。熔点 -93.9℃，沸点 121.4～121.6℃，密度 0.749 g/mL，折射率 1.412 2。不溶于水，易溶于苯、丙酮。制备：由 1,1,3,4-四甲基环戊烯用钠/液氨还原制得。用途：作试剂；用于有机合成。

环己烷（cyclohexane）　CAS 号 110-82-7。分子式 C_6H_{12}，分子量 84.16。无色易燃液体，有汽油样气味。熔点 6.5℃，沸点 80.7℃，密度 0.779 g/mL，折射率 1.425 9。不溶于水，溶于甲醇，与乙醇、乙醚、丙酮、苯等多种有机溶剂混溶。存在于石油中。制备：由苯催化氢化制得；或从粗石油中分离制得。用途：主要用于制造己二酸、己内酰胺及己二胺（尼龙 6 和尼龙 66 的原料），小部分用于制造环己胺；也可作醚类、脂肪类、油类、蜡、沥青、树脂、纤维及橡胶的溶剂；作有机和重结晶介质；高浓度时可用作麻醉剂；也可用作涂料、清漆的去除剂、油漆脱膜剂、清净剂，聚合反应稀释剂以及己二酸萃取剂和黏结剂等。

甲基环己烷（methylcyclohexane）　CAS 号 108-87-2。分子式 C_7H_{14}，分子量 98.19。无色易燃液体。熔点 -126.6℃，沸点 101℃，密度 0.770 g/mL，折射率 1.422 2。不溶于水，与丙酮、苯、乙醚、四氯化碳、乙醇混溶。存在于石油中。制备：

由甲苯在高温高压下加氢反应制得。用途：作橡胶、涂料、清漆用溶剂以及油脂萃取溶剂；可作校正温度计的标准物；也用于有机合成。

1,2-二甲基环己烷（1,2-dimethylcyclohexane）
CAS 号 583-57-3。分子式 C_8H_{16}，分子量 112.22。无色易燃透明液体。为顺式和反式混合物。沸点 123～124℃，闪点 15℃，密度 0.778 g/mL，折射率 1.432 0。不溶于水，与苯、乙醚、乙醇等有机溶剂混溶。存在于石油中。制备：由 1,2-二甲基环乙烯或邻二甲苯氢化制得。用途：作分析试剂、溶剂；也用于有机合成。

顺-1,2-二甲基环己烷（cis-1,2-dimethylcyclohexane）CAS 号 2207-01-4。分子式 C_8H_{16}，分子量 112.22。无色透明易燃液体。熔点 -50℃，沸点 129～130℃，闪点 12℃，密度 0.796 g/mL，折射率 1.436 0。不溶于水，与苯、乙醚、乙醇等有机溶剂混溶。制备：由 1,2-二甲基环己烯经铂催化氢化制得。用途：作试剂、溶剂。

乙基环己烷（ethylcyclohexane）CAS 号 1678-91-7。分子式 C_8H_{16}，分子量 112.22。无色易燃液体。熔点 -111℃，沸点 130～132℃，闪点 19℃，密度 0.784 g/mL，折射率 1.427 5。不溶于水，与醇、醚、丙酮和苯、四氯化碳混溶。存在于石油中。制备：由乙苯通过镍或铂催化氢化制得。用途：作溶剂、有机合成原料、色谱分析标准物质；也用作金属表面处理剂。

异丙基环己烷（isopropylcyclohexane）亦称"六氢茴香素"。CAS 号 696-29-7。分子式 C_9H_{18}，分子量 126.24。无色易燃液体。熔点 -90.6℃，沸点 155℃，闪点 36℃，密度 0.804 g/mL，折射率 1.440 5。不溶于水，与醇、醚、丙酮和苯、四氯化碳混溶。存在于石油中。制备：由异丙苯或 3-异丙基苯酚氢化还原制得。用途：作有机合成中间体；还用于抗静电涂料的制备。

1,2,4-三甲基环己烷（1,2,4-trimethylcyclohexane）CAS 号 2234-75-5。分子式 C_9H_{18}，分子量 126.24。无色易燃液体。熔点 -86.4℃，沸点 145.7～146.3℃，闪点 19℃，密度 0.791 g/mL，折射率 1.433 9。不溶于水，与醇、醚、丙酮和苯、四氯化碳混溶。存在于石油中。制备：由 1,2,4-三甲苯通过镍催化氢化还原制得。用途：作试剂，用于有机合成。

丁基环己烷（butylcyclohexane）CAS 号 1678-93-9。分子式 $C_{10}H_{20}$，分子量 140.27。无色易燃液体。熔点 -79℃，沸点 180.9℃，密度 0.799 g/mL，折射率 1.439 8。不溶于

水，与醇、醚、丙酮和苯、四氯化碳混溶。存在于石油中。制备：由正丁苯催化氢化还原制得。用途：作试剂，用于有机合成。

环庚烷（cycloheptane）CAS 号 291-64-5。分子式 C_7H_{14}，分子量 98.19。无色易燃油状液体。熔点 -11.6℃，沸点 118～119℃，闪点 6℃，密度 0.811 g/mL，折射率 1.445 0。不溶于水，溶于醇、醚、苯。存在于石油中。制备：由溴代环庚烷还原制得；或由环庚醇通过镍和氧化铝催化氢化还原制得；也可由环庚酮经 Clemmensen 还原反应制得。用途：作溶剂、有机合成试剂。

环辛烷（cyclooctane）CAS 号 292-64-8。分子式 C_8H_{16}，分子量 112.21。无色易燃液体，有樟脑样气味。熔点 12～14℃，沸点 150～152℃，闪点 28℃，密度 0.835 g/mL，折射率 1.458 0。不溶于水，溶于醇、醚、苯等有机溶剂。存在于石油中。制备：由环辛四烯通过镍催化加氢还原制得。用途：作试剂，用于合成环辛酮、环辛醇、辛内酰胺、辛二酸等。

环壬烷（cyclononane）CAS 号 293-55-0。分子式 C_9H_{18}，分子量 126.24。无色易燃液体。熔点 9.7℃，沸点 69℃，密度 0.891 g/mL，折射率 1.466 5。不溶于水，溶于苯等有机溶剂。制备：由顺式环壬酮通过氢化还原制得。用途：作试剂，用于合成环壬烯或六氢茚满。

环癸烷（cyclodecane）CAS 号 293-96-9。分子式 $C_{10}H_{20}$，分子量 140.27。无色易燃液体。熔点 9～10℃，沸点 201℃，闪点 65℃，密度 0.871 g/mL，折射率 1.470 5。不溶于水，溶于苯等有机溶剂。制备：由反式环癸烯氢化制得。用途：作试剂，用于合成十氢化萘。

环十二烷（cyclododecane）CAS 号 294-62-2。分子式 $C_{12}H_{24}$，分子量 168.32。白色易燃固体。熔点 59～61℃，沸点 247℃、104～109℃（9 Torr），密度 0.855 g/cm³。不溶于水，溶于苯等有机溶剂。制备：由环十二烷酮经还原制得；或由 1,3-丁二烯进行三聚成环生成十二碳三烯后，再经氢化制得。用途：作尼龙的单体和十二内酰胺的中间体。

环十五烷（cyclopentadecane）CAS 号 295-48-7。分子式 $C_{15}H_{30}$，分子量 210.41。白色固体。熔点 62.5～63.5℃，沸点 120～123℃（10 Torr），密度 0.836 g/cm³。不溶于水，溶于苯等有机溶剂。制备：由环十五烷酮还原制得。用途：作试剂，用于有机合成、香料制备。

环己基环己烷（1,1'-bicyclohexyl）亦称"联环己烷"，系统名"1,1'-联环己烷"。CAS 号 92-51-3。分子式

$C_{12}H_{22}$，分子量 166.30。无色液体。熔点 4.6℃，沸点 227.0℃，密度 0.864 g/mL，折射率 1.479 5。不溶于水，溶于环己烷等有机溶剂。制备：由环己基溴或环己基碘在锰、溴化钴、三氟乙酸的条件下反应制得；或由 3-环己基环己烯、1-环己基环己烯和环己亚基环己烷催化氢化制得。用途：作高沸点溶剂、渗透剂；也用作医药化工中间体。

1，1′-联（环辛基）（1，1′-bicyclooctane） CAS 号

6708-17-4。分子式 $C_{16}H_{30}$，分子量 222.41。无色液体。熔点 10.0～11.0℃，沸点 100.0℃（1 Torr），密度 0.863 g/mL，折射率 1.509 9。不溶于水，溶于环己烷等有机溶剂。制备：由 1，1′-联（环辛烯基）通过氢化制得。用途：可用于有机合成。

会议烷（congressane） 亦称"双金刚烷"。CAS 号

2292-79-7。分子式 $C_{14}H_{20}$，分子量 188.31。白色立方晶体或白色固体。熔点 244～245℃，沸点 269.5℃，密度 1.22 g/cm³。不溶于水，溶于乙醚。制备：由石油中分离得到；或由降冰片烯经光二聚后再经 Lewis 酸催化重排制得。用途：作试剂、生物标记中的掺杂剂。

金刚烷（adamantane） 系统名"三环[3.3.1.1.³·⁷]癸

烷"。CAS 号 281-23-2。分子式 $C_{10}H_{16}$，分子量 136.23。白色或米黄色固体。熔点 209.0～212.0℃，沸点 187.1℃，密度 1.07～1.08 g/cm³，折射率 1.568 0⁸⁰。不溶于水，稍溶于环己烷，溶于乙醚。天然存在于石油中。制备：由二聚环戊二烯催化氢化得四氢二聚环戊二烯后，在无水氯化铝存在下异构化制得。用途：主要用于抗癌、抗肿瘤等特效药物，农药中间体、兽药中间体的合成；还用作制备高级润滑剂、表面活性剂、杀虫剂、催化剂及感光材料等。

1,3-二甲基金刚烷（1,3-dimethyladamantane）

CAS 号 702-79-4。分子式 $C_{12}H_{20}$，分子量 164.29。无色液体，易燃。熔点 -28.2℃，沸点 201.5℃，密度 0.886 g/mL，折射率 1.477 6。不溶于水，溶于乙醚。制备：由溴代金刚烷与甲基溴化镁格氏试剂经两步反应制得。用途：用于药物合成，可制备治疗阿尔茨海默症药物盐酸美金刚。

1-乙基金刚烷（1-ethyladamantane） CAS 号 770-69-4。分子式 $C_{12}H_{20}$，分子量 164.29。无色液体。熔点 -57.7℃，沸点 229℃，密度 0.937 g/mL，折射率 1.492 7。不溶于水，稍溶于环己烷，溶于乙醚。制备：由金刚烷和乙烯在二叔丁基过氧化物氧化下合成制得。用途：作药物中间体，用于合成 1-羟乙基金刚烷。

1，3，5-三甲基金刚烷（1，3，5-trimethyladamantane） CAS 号 707-35-7。分子

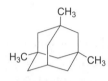

式 $C_{13}H_{22}$，分子量 178.32。无色液体。熔点 -19.6℃，沸点 210.2℃、112℃（46 Torr），密度 0.970 g/mL，折射率 1.475 1。不溶于水，溶于环己烷、乙醚等溶剂。制备：由 9H-芴催化氢化，所得产物再与 $AlCl_3$ 作用制得，或以金刚烷为原料合成制得。用途：用于合成金刚烷衍生物及医药中间体；也用于光学以及航天领域等。

萘烷（decahydronaphthalene） 亦称"十氢化萘"。

CAS 号 91-17-8。分子式 $C_{10}H_{18}$，分子量 138.25。无色液体，为顺式和反式异构体的混合物。熔点 -125.0℃，沸点 189.0～191.0℃，密度 0.897 g/mL，折射率 1.473 1。不溶于水，溶于苯等有机溶剂。存在于柴油中。制备：由萘在镍存在下催化加氢得到两种异构体的等量混合物。用途：主要用作油脂、树脂、橡胶、涂料等的溶剂及除漆剂和润滑剂；也可用于折射率测定、提取脂肪和蜡、代替松节油制造鞋油、地板蜡等；还可作为添加剂提高沥青质加氢转化效率，或与苯和乙醇配成混合物作为内燃机的燃料。

顺式十氢化萘（cis-decahydronaphthalene；cis-decalin） CAS 号 493-01-6。分子式 $C_{10}H_{18}$，

分子量 138.25。无色易燃液体。熔点 -43℃，沸点 193.0℃，密度 0.897 g/mL，折射率 1.481。不溶于水，溶于苯等有机溶剂。制备：由萘在镍存在下催化加氢得到两种异构体的等量混合物，通过减压精馏，从 130 块理论塔板的塔中，回流比接近 145∶1 的条件下，制得顺式异构体。用途：用作折射率测定；还用于有机合成。

反式十氢化萘（trans-decahydronaphthalene；trans-decalin） CAS 号 493-02-7。分子式

$C_{10}H_{18}$，分子量 138.25。无色易燃液体，具有类似甲醇气味。熔点 -32℃，沸点 187.3℃，密度 0.870 g/mL，折射率 1.469。不溶于水，易溶于甲醇、乙醇、乙醚、氯仿。制备：由萘在镍存在下催化加氢得到两种异构体的等量混合物，通过减压精馏，在 200 块理论塔板的塔中。回流比接近 160∶1 的条件下，制得反式异构体；或由萘在乙酸中用铂催化氢化制备。用途：作试剂、涂料的溶剂。

顺-六氢茚满（cis-hydrindane） 系统名"顺式双环[4.3.0]壬烷"。CAS 号 4551-51-3。分子式

C_9H_{16}，分子量 124.22。无色易燃液体。熔点 -36.8℃，沸点 167.9℃，密度 0.882 g/mL，折射率 1.469 8。不溶于水，溶于环己烷、乙醚等溶剂。制备：由 4,5,6,7-四氢茚满通过氢化制得。用途：

用于有机合成。

全氢化芴（perhydrofluorene） 亦称"十二氢芴"。

CAS 号 5744-03-6。分子式 $C_{13}H_{22}$，分子量 178.31。无色液体。熔点 15.0℃，沸点 253.0℃，密度 0.949 g/mL，折射率 1.500 1。不溶于水，溶于环己烷、乙醚等溶剂。制备：由芴全氢化制得。用途：用于合成芴或取代芴。

四氢二环戊二烯（*endo*-tetrahydrodicyclopentadiene） 亦称"桥式四氢双环戊二烯"。CAS

号 2825-83-4。分子式 $C_{10}H_{16}$，分子量 136.23。无色易燃固体。熔点 75.0℃，沸点 192.5℃，密度 0.936 g/cm³。制备：可由糠醇和环戊二烯通过 Diels-Alder 反应制得。用途：作生产防老剂 2246 和 2246-S 及紫外线吸收剂 UV-326 的原料；还用作有机合成及农药中间体。

立方烷（cubane） CAS 号 277-10-1。分子式 C_8H_8，分

子量 104.15。无色晶体。熔点 125.0～126.0℃，沸点 137.9℃，密度 1.577 g/cm³。制备：先由环丁二烯与 2,5-二溴对苯醌通过[2+4]环加成，所得产物在光作用下发生[2+2]环加成反应制得立方烷-1,3-二羧酸，进一步通过游离基方法脱羧制得。用途：作有机合成中间体；还可用于制备炸药八硝基立方烷。

十六氢芘（hexadecahydropyrene） CAS 号 2435-85-0。分子式 $C_{16}H_{26}$，分子量 218.38。无色固体。熔点 84.0℃，沸点 110℃(0.2 Torr)，密度 0.984 g/cm³。不溶于水，溶于苯等有机溶剂。制备：由芘通过催化加氢反应制得。用途：作有机合成中间体；也可作为煤液化反应的供氢溶剂。

(＋)-环莎草烯（(＋)-cyclosativene） CAS 号 22469-52-9。分子式 $C_{15}H_{24}$，分子量 204.35。无色液体。沸点 87℃(10 Torr)，密度 0.929 g/mL，折射率 1.488，比旋光度 $[\alpha]_D^{24}+84$ ($c=0.36$, $CHCl_3$)。不溶于水，溶于二氯甲烷等有机溶剂。制备：可从天然产物中分离制得。用途：用作有机合成及医药中间体。

双环[2.2.1]庚烷（bicyclo[2.2.1]heptane） 亦称"降莰烷""降冰片烷"。CAS 号 279-23-2。分子式 C_7H_{12}，分子量 96.17。白色固体。熔点 87.5℃，沸点 105.3℃，密度 1.090 0 g/cm³。不溶于水，溶于苯、氯仿、正戊烷等有机溶剂。制备：由降冰片烯或降冰片二烯通过催化氢化反应制得。用途：作有机合成中间体；还可用于合成降莰烷的衍生物。

螺戊烷（spiro[2.2]pentane） 系统名"螺[2.2]戊烷"。CAS 号 157-40-4。分子式 C_5H_8，分子量 68.12。无色液体。熔点-107.1℃，沸点 39.0℃，

密度 0.755²⁰ g/mL，折射率 1.411 7。不溶于水，溶于苯、氯仿、正戊烷等有机溶剂。制备：四溴新戊烷在碘化钠和乙二胺四乙酸条件下反应制得。用途：作有机合成中间体；用于合成取代新戊烷类化合物。

螺[2.5]辛烷（spiro[2.5]octane） CAS 号 185-65-9。分子式 C_8H_{14}，分子量 110.20。无色液体。熔点-86.2℃，沸点 125.5℃，密度 0.828²⁰ g/mL，折射率 1.446 2。不溶于水，可溶于苯、氯仿、正戊烷等有机溶剂。制备：由 1,1-二溴甲基环己烷在乙醇中和锌、乙二胺四乙酸四钠盐反应制得。用途：作合成 1,2-二甲基环己烷，乙基环己烷等化合物的原料。

螺[3.4]辛烷（spiro[3.4]octane） CAS 号 175-56-4。分子式 C_8H_{14}，分子量 110.20。无色液体。沸点 129.0℃，密度 0.813²⁰ g/mL，折射率 1.431 8。不溶于水，溶于正戊烷等大部分有机溶剂。制备：由螺[3.4]辛烷-5 酮通过氢化还原制得。用途：作有机合成中间体。

螺[4.5]癸烷（spiro[4.5]decane） CAS 号 176-63-6。分子式 $C_{10}H_{18}$，分子量 138.25。无色液体。熔点-76.0℃，沸点 101.9℃(60 Torr)，密度 0.878²⁰ g/mL，折射率 1.475 5。不溶于水，溶于正戊烷等大部分有机溶剂。制备：先由两分子环戊酮通过缩合反应生成二醇，经 pinacol 重排后还原制得。用途：作有机合成中间体，用于合成十氢化萘。

螺二环己烷（spirobicyclohexane） CAS 号 180-43-8。分子式 $C_{11}H_{20}$，分子量 152.28。无色液体。熔点-24.5℃，沸点 83℃(11 Torr)，密度 0.879²⁰ g/mL，折射率 1.478 1。不溶于水，溶于正戊烷等大部分有机溶剂。制备：由环己酮与烯戊基格氏试剂反应后进一步关环制得。用途：作有机合成中间体，用于制备环己酮。

螺[5.6]十二烷（spiro[5.6]dodecane） CAS 号 181-15-7。分子式 $C_{12}H_{22}$，分子量 166.31。无色液体。熔点-51.0℃，沸点 162.2℃(10 Torr)，密度 0.902²⁰ g/mL，折射率 1.485 9。不溶于水，溶于正戊烷等大部分有机溶剂。制备：先由两分子环己酮通过缩合反应生成二醇，经 pinacol 重排后还原制得。用途：作有机合成中间体，用于合成环己酮或环庚酮。

三螺[2.0.2⁴.0.2⁷.0³]壬烷（trispiro[2.0.2⁴.0.2⁷.0³]nonane） CAS 号 31561-59-8。分子式 C_9H_{12}，分子量 120.19。无色固体。熔点 38.9℃，沸点 186.1℃，密度 1.02 g/cm³。不溶于水，溶于正戊烷等大部分有机溶剂。制备：由环丙亚基环丙烷与二碘甲烷通过卡宾中间体关环制得。用途：作有机合成中间体。

不饱和烃

乙烯（ethylene）　CAS 号 74-85-1。分子式 C_2H_4，分子量 28.05。无色气体，极易燃。熔点 $-169.4℃$，沸点 $-103.7℃$，相对密度 0.97（空气＝1），折射率 1.363^0。难溶于水，微溶于乙醇、酮、苯，溶于醚。溶于四氯化碳等有机溶剂。大量存在于石油和天然气中。制备：可由石油烃裂解、乙醇催化脱水、焦炉煤气分离制得。用途：作为石油化工最基本的原料之一，是用作生产聚乙烯、氯乙烯及聚氯乙烯、乙苯、苯乙烯及聚苯乙烯以及乙丙橡胶等的原料；也是合成乙醇、环氧乙烷及乙二醇、乙醛、乙酸、丙醛、丙酸等多类有机化合物的原料；还可用于制备 α-烯烃，进而生产高级醇、烷基苯等；也可作石化分析的标准气等。

丙烯（propylene）　亦称"甲基乙烯"。CAS 号 115-07-1。分子式 C_3H_6，分子量 42.08。无色气体，极易燃。熔点 $-185.3℃$，沸点 $-47.7℃$，相对密度 1.48（空气＝1），折射率 1.3567。不溶于水，溶于有机溶剂。制备：可由炼厂催化裂化气经蒸馏、精馏制得；或由石油烃类经高温裂解制得；也可由丙烷催化脱氢制备。用途：用于丙烯酸、烯丙醇、甘油醛、氯丙腈、羟基乙醛以及蛋氨酸的生产；也是合成纤维、合成橡胶、环氧树脂、表面活性剂和农药的重要原料；还可用作增塑剂、染料、溶剂等。

1-丁烯（1-butylene）　亦称"正丁烯"。CAS 号 106-98-9。分子式 C_4H_8，分子量 56.11。无色气体，极度易燃。熔点 $-185.4℃$，沸点 $-6.3℃$，相对密度 0.58（空气＝1），折射率 1.3962。不溶于水，溶于大多数有机溶剂。制备：可利用石油中 C4 馏分经精馏分离制得；或由乙烯二聚制备；也可通过正丁醇、异丁醇脱水，正丁烷、异丁烷脱氢制备。用途：是生产甲乙酮、正丁醇、仲丁醇、1,2-丁二醇、丁二烯、顺酐及乙酸等化学品的原料；也是聚 1-丁烯单体，可用于杀菌剂乙环唑、杀虫剂仲丁威制备；也是石化分析仪器的标准气，用于大气监测和相关科研。

顺-2-丁烯（cis-2-butylene）　系统名"(Z)-2-丁烯"。CAS 号 590-18-1。分子式 C_4H_8，分子量 56.11。无色气体，极度易燃。熔点 $-139.0℃$，沸点 3.7℃，相对密度 0.6213（空气＝1），折射率 $1.3842^{-42.2}$。不溶于水，能溶于大多数有机溶剂。制备：可由石油裂解以及通过乙烯二聚反应制得。用途：作丁二烯制备原料；也可经水合反应制备仲丁醇。

反-2-丁烯（trans-2-butylene）　系统名"(E)-2-丁烯"。CAS 号 624-64-6。分子式 C_4H_8，分子量 56.11。无色气体，极度易燃。熔点 $-105.6℃$，沸点 0.9℃（750 Torr），相对密度 0.6044（空气＝1），折射率 1.3848^{-25}。溶于大多数有机溶剂，不溶于水。制备：由炼厂气及石油馏分催化裂化、石油烃裂解的 C4 馏分中分离得到；或由 C4 抽余液为原料，在钯/氧化铝催化剂存在下，通过邻氢异构化将 1-丁烯异构为 2-丁烯，再经蒸馏制得；或由丁醇脱水制得。用途：作脱氢制丁二烯的原料；也可经水合制取仲丁醇。

2-甲基丙烯（2-methylpropene）　亦称"异丁烯"。CAS 号 115-11-7。分子式 C_4H_8，分子量 56.11。无色气体，极度易燃。熔点 $-140.4℃$，沸点 $-6.9℃$，相对密度 0.5942（空气＝1），折射率 $1.3926^{-42.4}$。不溶于水，易溶于多数有机溶剂。天然存在于石油中。制备：由甲基叔丁基醚经催化醚解反应制得；也可由炼厂气中用硫酸或盐酸吸收分离法制得。用途：作制备丁基橡胶、聚异丁烯、甲基丙烯腈、抗氧剂、叔丁酚、叔丁基醚等的原料；也用于制备杀虫剂特丁硫磷、氯菊酯；可用于轻工、炼油、医药、香料、农药、建材及其他精细化工等领域。

1-戊烯（1-pentene）　亦称"正戊烯"。CAS 号 109-67-1，化学式 C_5H_{10}，分子量 70.13。无色液体，极度易燃。熔点 $-165.2℃$，沸点 30.1℃，密度 0.641 g/mL，折射率 1.371。难溶于水，溶于醇、醚等有机溶剂。制备：由石油裂解气 C5 馏分经精馏制得。用途：作制备 1,2-戊二醇、异戊二烯的原料；也可用作生产杀菌剂丙环唑的原料；还可用作高辛烷汽油的添加剂。

3,3-二甲基-1-丁烯（3,3-dimethyl-1-butene）　亦称"叔丁基乙烯""3,3-二甲基丁烯"。CAS 号 558-37-2。分子式 C_6H_{12}，分子量 84.16。无色液体，极易燃。熔点 $-115.2℃$，沸点 41.2℃，密度 0.653^{20} g/mL，折射率 1.3761。难溶于水，溶于醇、醚等有机溶剂。制备：由 3,3-二甲基-2-丁醇通过脱水反应制得。用途：作试剂、气相色谱分析标准物。

顺-2-戊烯（cis-2-pentene）　亦称"β-顺式-戊烯"，系统名"(Z)-2-戊烯"。CAS 号 627-20-3。分子式 C_5H_{10}，分子量 70.13。无色易燃液体。熔点 $-151.4℃$，沸点 36.9℃，密度 0.656^{20} g/mL，折射率 1.3832。难溶于水，溶于醇、醚等有机溶剂。制备：由 2-戊醇通过脱水反应制得。用途：作合成 2-戊醇、3-戊醇的原料。

2-甲基-1-丁烯（2-methylbut-1-ene）　亦称"1-甲基-1-乙基乙烯"。CAS 号 563-46-2。分子量 70.13。无色液体，极易燃。熔点 $-137.5℃$，沸点 31.2℃，密度 0.650^{20} g/mL，折射率 1.378。不溶于水，溶于乙醚、乙醇、苯。制备：由 2-溴-2-甲基丁烷在碱性条件下通过消除反应制得。用途：作制备异戊二烯的原料；也可作为提高无铅汽油辛烷值的添加剂。

2-甲基-2-丁烯（2-methyl-2-butene）　亦称"三甲基乙烯"。CAS 号 513-35-9。分子式 C_5H_{10}，分子量 70.13。无色液体，极易燃。熔点 $-133.8℃$，

沸点 38.6℃,密度 0.662^{20} g/mL,折射率 1.387 7。不溶于水,溶于醇、醚、苯等有机溶剂。制备:由炼油厂催化裂化汽油的 C5 馏分通过精馏分离制得。用途:作合成异戊二烯的原料;也可作合成橡胶、树脂和有机合成的中间体;也可作提高汽油辛烷值的掺合剂;还可作气相色谱对比样品。

1-己烯(1-hexene) 亦称"正丁基乙烯"。CAS 号 592-41-6。分子式 C_6H_{12},分子量 84.16。无色易燃液体。熔点-139.8℃,沸点 63.5℃,密度 0.673^{20} g/mL,折射率 1.383 8。不溶于水,溶于醇、醚、苯、石油醚、氯仿等多数有机溶剂。制备:由石油裂解或己烷通过催化脱氢反应制得。用途:作聚乙烯的共聚单体;也可用于制造染料、洗涤剂、药剂及杀虫剂等的原料;也可作油类添加剂和高辛烷值燃料;还可用作树脂、香料和染料的合成及气相色谱对比样品。

反-2-己烯(trans-2-hexene) CAS 号 4050-45-7。分子式 C_6H_{12},分子量 84.16。无色易燃液体。熔点-141.1℃,沸点 67.9℃,密度 0.678^{20} g/mL,折射率 1.393 5。不溶于水,溶于醇、醚、苯、石油醚、氯仿等多数有机溶剂。制备:由己烷通过选择性催化脱氢反应制得。用途:作合成 2,3-己二酮的原料。

反-3-己烯(trans-3-hexene) CAS 号 13269-52-8。分子式 C_6H_{12},分子量 84.16。无色易燃液体。熔点-115.4℃,沸点 67.1℃,密度 0.677^{20} g/mL,折射率 1.394 3。不溶于水,溶于苯、石油醚、乙醇、氯仿、醚等有机溶剂。制备:由己烷通过选择性催化脱氢反应制得。用途:作有机合成中间体。

2-甲基-2-戊烯(2-methyl-2-pentene) 亦称"1,1-二甲基-1-丁烯"。CAS 号 625-27-4。分子式 C_6H_{12},分子量 84.16。无色易燃液体。熔点-135.0℃,沸点 66.9℃,密度 0.689^{20} g/mL,折射率 1.400 3。不溶于水,溶于乙醇、乙醚。制备:由 2-甲基戊烷通过选择性脱氢反应制得。用途:作合成 2-甲基-3-戊酮或 2,3-二甲基-2-丁酮的原料。

2,3-二甲基-2-丁烯(2,3-dimethyl-2-butene) 亦称"四甲基乙烯"。CAS 号 563-79-1。分子式 C_6H_{12},分子量 84.16。无色易燃液体。熔点-74.2℃,沸点 73.0℃,密度 0.718^{20} g/mL,折射率 1.411 2。不溶于水,溶于乙醇、苯、甲苯等有机溶剂。有腐蚀性。制备:由丙烯在催化剂作用下通过二聚反应制得。用途:作农药和香料的中间体,是合成菊酸的主要原料;也可代替新己烯生产吐纳麝香香料;还作医药中间体,用于生产治疗糖尿病新药那格列。

2-乙基-1-丁烯(2-ethyl-1-butene) 亦称"1,1-二乙基乙烯"。CAS 号 760-21-4。分子式 C_6H_{12},分子量 84.16。无色易燃液体。熔点-131.5℃,沸点 64.7℃,密度 0.689^{20} g/mL,折射率 1.396 9。不溶于水,溶于甲醇、乙醇。制备:由 2-乙基-1-丁醇通过脱水反应制得。用途:作试剂,用于合成 3-甲基-3-戊醇或 2-甲基-2-戊烯。

1-庚烯(1-heptene) 亦称"正庚烯"。CAS 号 592-76-7。分子式 C_7H_{14},分子量 98.19。无色易燃液体。熔点-119.0℃,沸点 94.0℃,密度 0.699^{20} g/mL,折射率 1.400 2。不溶于水,溶于乙醇、乙醚等多种有机溶剂。制备:由沸点为 100～200℃的石油加工馏分中制得;或由丙烯和丁烯共聚制得。用途:作气相分析标准物;也可作为汽油及生产聚乙烯的添加剂;还可作为制备庚酸、高级醇的原料。

顺-2-庚烯(cis-2-heptene) CAS 号 6443-92-1。分子式 C_7H_{14},分子量 98.19。无色易燃液体。熔点-109.2℃,沸点 98.5℃,密度 0.708^{20} g/mL,折射率 1.406 0。不溶于水,溶于乙醇、乙醚、氯仿等多种有机溶剂。制备:由 1-己炔与碘乙烷反应制得。用途:作溶剂或气相分析标准物。

反-3-庚烯(trans-3-heptene) CAS 号 14686-14-7。分子式 C_7H_{14},分子量 98.19。无色易燃液体。熔点-136.6℃,沸点 95.7℃,密度 0.699^{20} g/mL,折射率 1.404 5。不溶于水,溶于醇类、醚类、氯仿等多种有机溶剂。制备:由 1-溴代丁烯与丙基格氏试剂反应制得。用途:作气相分析标准物。

2,4-二甲基-2-戊烯(2,4-dimethyl-2-pentene) 亦称"异丙基二甲基乙烯""2,4,4-三甲基-2-丁烯"。CAS 号 625-65-0。分子式 C_7H_{14},分子量 98.19。黄色或无色液体,易燃。熔点-127.7℃,沸点 83.3℃,密度 0.695^{20} g/mL,折射率 1.402 8。不溶于水,溶于乙醇、乙醚等大多数有机溶剂。制备:由二异丙基甲醇通过脱水反应制得。用途:作气相分析标准物。

2,3,3-三甲基-1-丁烯(2,3,3-trimethyl-1-butene) CAS 号 594-56-9。分子式 C_7H_{14},分子量 98.19。无色易燃液体。熔点-110.2℃,沸点 76.7～77.0℃(746 Torr),密度 0.705^{20} g/mL,折射率 1.402。难溶于水,溶于醇、醚等有机溶剂。制备:由 pinacol 酮和甲基锂先发生加成反应,然后通过脱水反应制得。用途:作有机合成中间体。

1-辛烯(1-octene) 亦称"正辛烯"。CAS 号 111-66-0。分子式 C_8H_{16},分子量 112.21。无色易燃液体。熔点-101.7℃,沸点 121.3℃,密度 0.711 g/mL,折射率 1.408 6。不溶于水,与醇、醚混溶。制备:由溴戊基格氏试剂与溴丙烯反应制得。用途:作气相色谱分析标准;也可用作聚乙烯共聚单体及生产增塑剂、表面活性剂和合成润滑油的原料。

反-2-辛烯(trans-2-octene) CAS 号 13389-42-9。分

子式 C_8H_{16}，分子量 112.21。无色易燃液体。熔点 -87.7℃，沸点 125.0℃，密度 0.720^{20} g/mL，折射率 1.413 2。不溶于水，溶于乙醇、乙醚、丙酮。制备：由 2-辛醇经消除反应制得。用途：作气相色谱分析标准、润滑剂、试剂及聚合物单体。

反-3-辛烯（trans-3-octene）　CAS 号 14919-01-8。分子式 C_8H_{16}，分子量 112.21。无色易燃液体。熔点 -109.1℃，沸点 123.3℃，密度 0.715^{20} g/mL，折射率 1.412 9。不溶于水，溶于乙醇、乙醚、丙酮。制备：由 3-辛炔与氢气经过还原反应制得。用途：作有机合成中间体；也可作润滑剂。

反-4-辛烯（trans-4-octene）　CAS 号 14850-23-8。分子式 C_8H_{16}，分子量 112.21。无色易燃液体。熔点 -93.8℃，沸点 122.4℃，密度 0.715^{20} g/mL，折射率 1.412 3。不溶于水，溶于乙醇、乙醚、丙酮、氯仿等多种有机溶剂。制备：由 4-辛炔氢化制得。用途：作气相色谱分析标准物，也用作化工中间体。

顺-4-辛烯（cis-4-octene）　CAS 号 7642-15-1。分子式 C_8H_{16}，分子量 112.21。无色易燃液体。熔点 -118.7℃，沸点 122.6℃，密度 0.721^{20} g/mL，折射率 1.412 7。不溶于水，溶于乙醇、乙醚等大多数有机溶剂。制备：由 4-辛炔氢化制得。用途：作有机合成中间体；也作气相色谱分析标准物。

壬烯（1-nonene）　亦称"香茅烯"。CAS 号 124-11-8，化学式 C_9H_{18}，分子量 126.24。无色易燃液体。熔点 -81.6℃，沸点 146.9℃，密度 0.729^{20} g/mL，折射率 1.415 9。不溶于水，溶于醇、醚、丙酮、醚等有机溶剂。制备：由壬烷脱氢或丙烯三聚制得。用途：作制造壬基苯、壬基酚的原料；也作石油产品添加剂。

7-甲基-1,6-辛二烯（7-methylocta-1,6-diene）　CAS 号 42152-47-6。分子式 C_9H_{16}，分子量 124.22。无色液体。沸点 143~144℃，密度 0.751^{20} g/mL，折射率 1.435 5。难溶于水，溶于醇、醚等有机溶剂。制备：由异丁烯和环戊烯加成开环制得。用途：作有机合成中间体，用于聚合物制备。

1-癸烯（1-decene）　亦称"正癸烯"。CAS 号 872-05-9。分子式 $C_{10}H_{20}$，分子量 140.27。无色易燃液体。熔点 -66.3℃，沸点 170.6℃，密度 0.741^{20} g/mL，折射率 1.421 4。不溶于水，溶于乙醇、乙醚。存在于石油加工馏分中。制备：由 1-癸醇通过脱水反应制得；或由乙烯齐聚法制备；还可从石蜡裂解的 C9~C10 馏分中分离制得。用途：作生产（线性）高密度聚乙烯的共聚单体；也作高级增

塑剂、高级脂肪酸的原料；还可制取香精、香料、药品、染料、油脂、树脂等。

1-十一烯（1-undecene）　亦称"正-1-十一碳烯"。CAS 号 821-95-4。化学式 $C_{11}H_{22}$，分子量 154.29。无色易燃液体。熔点 -49.2℃，沸点 192.1~192.6℃，密度 0.751^{20} g/mL，折射率 1.427 6。不溶于水，溶于氯仿、石油醚和醚类有机溶剂。制备：由十一烷通过催化脱氢反应制得。用途：作气相色谱参比物质。

1-十二烯（1-dodecene）　亦称"四聚丙烯"。CAS 号 112-41-4。化学式 $C_{12}H_{24}$，分子量 168.32。无色易燃液体。熔点 -35.2℃，沸点 213.8℃，密度 0.758^{20} g/mL，折射率 1.432 2。不溶于水，溶于乙醇、乙醚、丙酮。制备：由丙烯通过四聚反应制得。用途：作试剂，用于生产表面活性剂、洗涤剂、润滑油添加剂及增塑剂等。

1-十三烯（1-tridecene）　亦称"α-十三碳烯"。CAS 号 2437-56-1。化学式 $C_{13}H_{26}$，分子量 182.35。无色液体。熔点 -23.5℃，沸点 100~102℃（8 Torr），密度 0.765^{20} g/mL，折射率 1.433 8。不溶于水，易溶于乙醇、乙醚，溶于苯。制备：由十三烷催化脱氢制得。用途：作生产表面活性剂的中间体。

1-十四烯（1-tetradecene）　CAS 号 1120-36-1。分子式 $C_{14}H_{28}$，分子量 182.35。无色液体。熔点 -13.3℃，沸点 251.0℃，密度 0.764^{20} g/mL，折射率 1.436 6。不溶于水，溶于烃类、醇、醚、丙酮、氯仿等大部分有机溶剂。制备：由十四烷通过催化脱氢反应制得。用途：作合成十四酸酯类化合物以及生产表面活性剂等。

1-十五烯（1-pentadecene）　亦称"正十五烯"。CAS 号 13360-61-7。分子式 $C_{15}H_{30}$，分子量 210.43。无色液体。熔点 -4.0℃，沸点 268.5~269.0℃，密度 0.776^{20} g/mL，折射率 1.438 8。难溶于水，溶于烃类、苯、醇、醚、丙酮、氯仿等大部分有机溶剂。制备：由石蜡裂解所得 C15~C18 烯烃馏分经蒸馏制得。用途：用于生产表面活性剂；也可用于制备相应卤代物、环状化合物等。

1-十六烯（1-hexadecene）　亦称"鲸蜡烯"。CAS 号 629-73-2。分子式 $C_{16}H_{32}$，分子量 224.43。易燃淡黄色液体。熔点 3.0~5.0℃，沸点 274.4℃，密度 0.783^{20} g/mL，折射率 1.430 7。微溶于水，易溶于醇类、醚类等有机溶剂。制备：由十六醇通过脱水反应制得。用途：用于合成洗涤剂、增塑剂及其他精细化工产品的原

料;还可用于制备马来酸酐共聚物。

1-十八烯(1-octadecene)　亦称"正十八烯"。CAS号112-88-9。分子式C₁₈H₃₆,分子量252.48。无色液体,易燃,有害。熔点14.4~16.3℃,沸点179.0℃,密度0.789²⁰ g/mL,折射率1.447 8。微溶于水,易溶于乙醇、丙酮、乙醚等有机溶剂。制备:由十八醇通过脱水反应制得。用途:作气相色谱对比样品;也用于生产表面活性剂、香料、染料和聚合物等。

苯乙烯(styrene)　亦称"肉桂烯"。CAS号100-42-5。分子式C₈H₈,分子量104.15。无色易燃液体。熔点-30.7℃,沸点145.3℃,密度0.906²⁰ g/mL,折射率1.544 0。不溶于水,溶于乙醇、乙醚、丙酮等有机溶剂,与苯混溶。制备:由乙苯在催化剂作用下脱氢制得。用途:是合成树脂、离子交换树脂及合成橡胶的重要单体,如生产丁苯橡胶、(泡沫)聚苯乙烯及工程塑料的原料;也可用于制药、香料、染料、农药以及选矿等行业,如用作非麻醉性镇痛剂强痛定;还是镇咳祛痰的易咳嗪、抗胆碱药胃长宁的原药。

4-甲基苯乙烯(4-methylstyrene)　亦称"对乙烯基甲苯"。CAS号622-97-9。化学式C₉H₁₀,分子量118.18。无色易燃液体。熔点-34.2℃,沸点172.8℃,密度0.897²⁰ g/mL,折射率1.539 1。不溶于水,溶于乙醇、乙醚、苯。制备:由4-甲基苯乙炔在十二烷基苯磺酸钠和二乙酸钯催化条件下氢化制得。用途:用于生产合成对甲基苯乙烯树脂;也作为合成橡胶单体;还用于制造涂料。

2-甲基苯乙烯(2-methylstyrene)　亦称"邻乙烯基甲苯""2-乙烯基甲苯""邻甲基苯乙烯"。CAS号611-15-4。分子式C₉H₁₀,分子量118.18。无色易燃液体。熔点-68.6℃,沸点171.0℃,密度0.908²⁰ g/mL,折射率1.543 7。不溶于水,溶于乙醇、乙醚。制备:由二甲基苯乙炔氢化制得。用途:用于制备涂料、增塑剂,作有机合成中间体。

3-甲基苯乙烯(3-methylstyrene)　亦称"间乙烯基甲苯"。CAS号100-80-1。分子式C₉H₁₀,分子量118.18。无色易燃液体。熔点-86.3℃,沸点170~171℃,密度0.896²⁰ g/mL,折射率1.542 7。不溶于水,溶于甲醇、乙醚、苯、丙酮等有机溶剂。制备:由3-甲基苯乙炔氢化制得;或由乙苯与3-溴甲基苯或3-碘甲苯偶联制备。用途:作有机合成中间体及聚合物单体。

4-甲氧基苯乙烯(4-methoxystyrene)　亦称"对甲氧基苯乙烯"。CAS号637-69-4。分子式C₉H₁₀O,分子量134.18。无色液体。熔点3.3℃,沸点105.0℃(20 Torr),密度0.996²⁰ g/mL,折射率1.561 2。不溶于水,溶于甲醇、乙醚、苯、丙酮等有机溶剂。制备:由4-甲氧基-α-甲基苯甲醇脱水制得。用途:作聚合物单体及有机合成中间体。

4-氟苯乙烯(4-fluorostyrene)　亦称"对氟苯乙烯"。CAS号405-99-2。分子式C₈H₇F,分子量122.14。无色或淡黄色易燃液体。熔点-34.5℃,沸点67.0℃,密度1.023²⁰ g/mL,折射率1.515 8。不溶于水,溶于大部分有机溶剂。制备:由4-氟苯乙炔氢化制得。用途:作聚合物单体以及有机合成中间体。

2-氟苯乙烯(2-fluorostyrene)　亦称"邻氟苯乙烯"。CAS号394-46-7。分子式C₈H₇F,分子量122.14。无色或淡黄色易燃液体。沸点29.0~30.0℃,密度1.025²⁰ g/mL,折射率1.520 1。难溶于水,溶于大部分有机溶剂。制备:由2-氟苯甲醛与甲基格氏试剂反应成醇,再进一步脱水制得。用途:作聚合物单体,用于有机合成。

3-氟苯乙烯(3-fluorostyrene)　亦称"间氟苯乙烯"。CAS号350-51-6。分子式C₈H₇F,分子量122.14。无色易燃液体。沸点30.0~31.0℃(4 Torr),密度1.025²⁰ g/mL,折射率1.517 0。难溶于水,溶于大部分有机溶剂。制备:由3-氟苯基苯甲醛与三苯基膦经Wittig反应制得。用途:作聚合物单体以及有机合成中间体。

4-氯苯乙烯(4-chlorostyrene)　亦称"对氯苯乙烯"。CAS号1073-67-2。分子式C₈H₇Cl,分子量138.59。无色或淡黄色液体。熔点-15.9℃,沸点192.0℃,密度1.155²⁰ g/mL,折射率1.565 0。不溶于水,溶于大部分有机溶剂。制备:由对氯苯甲醛经Wittig反应制得,或由对氯肉桂酸在铜催化下脱羧制得,也可由对氯苯乙炔经催化氢化制得。用途:作生产塑料和橡胶的原料;也可用作有机合成中间体;其衍生物可应用于离子交换树脂、功能性高分子、感光性高分子、高分子催化剂、医药、农药等方面。

2-氯苯乙烯(2-chlorostyrene)　亦称"邻氯苯乙烯"。CAS号2039-87-4。分子式C₈H₇Cl,分子量138.59。黄色液体。熔点-63.1℃,沸点188.7℃,密度1.101²⁰ g/mL,折射率1.565 0。不溶于水,溶于大部分有机溶剂。制备:由邻氯苯甲醛通过Wittig反应制得,或由邻氯肉桂酸在铜催化下脱羧制得,也可由1-氯-2-溴苯与溴乙烯经偶联制得。用途:作聚合物单体,用于制备耐温型离子交换树脂催化剂、特种有机玻璃材料以及特种纸张材料;也常用于药物合成,是合成抗真菌药拉诺康唑中关键中间体前体。

3-氯苯乙烯(3-chlorostyrene)　亦称"间氯苯乙烯"。CAS号2039-85-2。分子式C₈H₇Cl,分子量138.59。无色

液体。熔点－23.4℃,沸点188.7℃,密度1.117²⁰ g/mL,折射率1.562 0。难溶于水,溶于醇、醚等大部分有机溶剂。制备:由间氯苯甲醛通过Wittig反应制得,或由间氯肉桂酸在铜催化下脱羧制得,也可由1-(间氯苯基)乙醇在对叔丁基邻苯二酚存在下,与硫酸氢钾反应制得。用途:作聚合物单体,用于有机合成。

4-溴苯乙烯(4-bromostyrene) 亦称"对溴苯乙烯"。

CAS号2039-82-9。分子式C_8H_7Br,分子量183.05。无色或黄色液体。熔点4.5℃,沸点89.8℃,密度1.399²⁰ g/mL,折射率1.592 9。不溶于水,溶于乙醇、乙醚、苯等大部分有机溶剂。制备:由4-溴苯甲醛与三苯基膦通过Wittig反应制得。用途:作聚合物单体、医药中间体;也用于烯烃交叉复分解反应高效合成硝基烯烃;还可作为生产离子交换树脂的助剂。

2-溴苯乙烯(2-bromostyrene) 亦称"邻溴苯乙烯"。

CAS号2039-88-5。分子式C_8H_7Br,分子量183.05。无色或黄色液体。熔点－52.5℃,沸点102.5~104.0℃,密度1.416²⁰ g/mL,折射率1.592 7。不溶于水,溶于乙醇、乙醚、苯等大部分有机溶剂。制备:由2-溴苯甲醛与三苯基膦通过Wittig反应制得。用途:作聚合物单体,也用于有机合成;还可用作生产离子交换树脂的助剂。

3-溴苯乙烯(3-bromostyrene) 亦称"间溴苯乙烯"。

CAS号2039-86-3。分子式C_8H_7Br,分子量183.05。无色或黄色液体。沸点74.8~75.0℃,密度1.406²⁰ g/mL,折射率1.590 3。不溶于水,溶于乙醇、乙醚、苯等大部分有机溶剂。制备:由3-溴苯甲醛与三苯基膦通过Wittig反应制得;或由间溴苄溴与多聚甲醛一步制备。用途:作聚合物单体,用于有机合成。

4-羟基苯乙烯(4-hydroxystyrene) 亦称"4-乙烯基苯酚"。CAS号2628-17-3。分子式C_8H_8O,分子量120.15。白色固体。熔点63~65℃,沸点90~95℃,密度1.055²⁰ g/cm³。不溶于水,溶于乙醇、乙醚、苯等有机溶剂。制备:由丙二酸与对羟基苯甲醛反应制得对羟基肉桂酸,再通过脱羧反应制得。用途:作医药合成的中间体、高分子单体;还作香精香料和化工原料;是248 nm光刻胶的重要单体之一。

4-硝基苯乙烯(4-nitrostyrene) 亦称"对硝基苯乙烯"。CAS号100-13-0。分子式$C_8H_7NO_2$,分子量149.15。无色液体或白色固体,有刺激性。熔点21.4℃,沸点87.0℃,密度1.164²⁰ g/cm³。不溶于水,溶于乙醇、乙醚、苯等有机溶剂。制备:由4-硝基苯甲醛与三苯基膦通过Wittig反应制得。用途:作聚合物单体、医药中间体;用于有机合成。

4-氰基苯乙烯(4-cyanostyrene) 亦称"对氰基苯乙烯"。

CAS号3435-51-6。分子式C_9H_7N,分子量129.16。无色液体。熔点－15.0℃,沸点102~104℃,密度1.001²⁰ g/mL,折射率1.579 5。不溶于水,溶于乙醇、乙醚等有机溶剂。制备:由4-氰基苯甲醛与三苯基膦通过Wittig反应制得。用途:作聚合物单体,用于有机合成。

4-三氟甲基苯乙烯(4-trifluoromethylstyrene) 亦称"对三氟甲基苯乙烯"。CAS号402-50-

6。分子式$C_9H_7F_3$,分子量172.15。无色液体。沸点66.0℃,密度1.165²⁰ g/mL,折射率1.464 8。不溶于水,溶于乙醇、乙醚等有机溶剂。制备:由4-三氟甲基苯甲醛与三苯基膦通过Wittig反应制得;或由对三氟甲基苯基溴化镁格氏试剂与氯乙烯反应制得;也可通过4-三氟甲基苯乙炔催化氢化制得。用途:作聚合物液晶材料的单体;也用作制备防霉剂、电子化学品表面处理剂等精细化学品。

3-三氟甲基苯乙烯(3-trifluoromethylstyrene) 亦称"间三氟甲基苯乙烯"。CAS号402-24-

4。分子式$C_9H_7F_3$,分子量172.15。无色液体。沸点64.5℃,密度1.158²⁰ g/mL,折射率1.465 8。不溶于水,溶于多数有机溶剂。制备:由3-三氟甲基苯甲醛与溴代甲基三苯基鏻通过Wittig反应制得;或由间三氟甲基苯甲醇为原料与三苯基膦、甲醛、氢溴酸反应制得。用途:作液晶材料、涂料及聚合物材料的原料;还可与过渡金属制备烯烃聚合催化剂;还可用于制备防霉剂及电子化学品表面处理剂。

4-叔丁基苯乙烯(4-*tert*-butylstyrene) 亦称"对叔丁基苯乙烯"。CAS号1746-23-2。分子

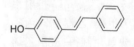

式$C_{12}H_{16}$,分子量160.26。无色液体。熔点－36.9℃,沸点91.0~92.0℃,密度0.886²⁰ g/mL,折射率1.521 2。不溶于水,溶于多数有机溶剂。制备:由4-叔丁基苯乙炔通过氢化反应制得。用途:作试剂、医药合成中间体。

反-4-羟基芪(*trans*-4-hydroxystilbene) CAS号6554-98-9。分子式$C_{14}H_{12}O$,分子量196.25。黄色或白色固体。熔点183~185℃,沸点336.4℃,密度1.147²⁰ g/cm³。不溶于水,溶于多种有机溶剂。制备:由苯乙烯与对溴苯酚通过Heck反应制得。用途:作医药中间体及有机合成中间体。

反-β-甲基苯乙烯(*trans*-β-methyl-styrene) 亦称"1-苯丙烯"。CAS号637-50-3。分子量118.18。无色易燃液体。熔点－27.1℃,沸点175.0℃,密

度 0.914^{20} g/mL，折射率 1.546 4。不溶于水，溶于丙酮、苯、乙醚、乙醇。制备：由 1-苯基-1-丙醇通过脱水反应制得。用途：作医药中间体及有机合成中间体。

2-苯基-1-丙烯（2-phenyl-1-propene）　亦称"α-甲基苯乙烯""苯基异丙烯""异丙烯苯"。CAS 号 98-83-9。分子式 C$_9$H$_{10}$，分子量 118.18。无色液体。熔点－23.2℃，沸点 165.5～169.0℃，密度 0.911^{20} g/mL，折射率 1.538 1。不溶于水，溶于醚、苯、氯仿。制备：由异丙苯法生产苯酚和丙酮时生成副产物制得；也可由异丙苯通过催化脱氢制得。用途：作聚合物单体、溶剂及有机合成的原料；也作生产香料、涂料、热熔胶、增塑剂的原料。

茴香烯（*trans*-anethole）　亦称"4-丙烯基茴香醚""反式茴香脑"。CAS 号 4180-23-8。分子式 C$_{10}$H$_{12}$O，分子量 148.21。白色晶体。熔点 22.0℃，沸点 234.0～234.5℃，密度 0.988^{20} g/cm^3。不溶于水，溶于苯、乙酸乙酯、丙酮和二硫化碳。制备：由大茴香脑含量高的精油（如茴香油）中分离制得；也可由对甲酚和甲醛反应后再与乙醛缩合制得。用途：作食品添加剂；也作生产茴香醛及相关香料的原料；还可用于因肿瘤化疗、放疗所致的白细胞减少症。

1-甲基-4-（1-甲基乙烯基）苯（1-methyl-4-(1-methylethenyl)-benzene）　亦称"4-异丙烯基甲苯"。CAS 号 1195-32-0。分子式 C$_{10}$H$_{12}$，分子量 132.21。无色液体。熔点－28.0℃，沸点 186.3～189.0℃，密度 0.903^{20} g/mL，折射率 1.534 9。不溶于水，溶于大部分有机溶剂。制备：由对甲基苯乙酮与三苯基膦通过 Wittig 反应制得。用途：作聚合物单体，用于有机合成；也作棉铃虫产卵驱避剂的备选物。

2,5-二甲基苯乙烯（2,5-dimethylstyrene）　CAS 号 2039-89-6。分子式 C$_{10}$H$_{12}$，分子量 132.21。无色液体。熔点－35.4℃，沸点 71.0～72.3℃，密度 0.905^{20} g/mL，折射率 1.538 9。不溶于水，溶于大部分有机溶剂。制备：由 2,5-二甲基苯甲醛与三苯基膦通过 Wittig 反应制得；还可由 2-氯-1,4-二甲基苯与三丁基乙烯基锡反应制得。用途：作聚合物单体，用于有机合成。

2-甲基-1-苯基丙烯（2-methyl-1-phenylpropene）　亦称"2-甲基-1-苯基-1-丙烯"。CAS 号 768-49-0。分子式 C$_{10}$H$_{12}$，分子量 132.21。无色液体。熔点－50.2℃，沸点 187.7℃，密度 0.906^{20} g/mL，折射率 1.536 6。不溶于水，溶于大部分有机溶剂。制备：由苯甲醛与丙酮在碱催化下缩合制得；或

由三苯基膦与苯甲醛经 Wittig 反应制得；或由 2-甲基-1-苯基-2-丙醇经消除反应制得。用途：作聚合物单体，用于有机合成。

2-苯-2-丁烯（2-phenyl-2-butene）　CAS 号 2082-61-3。分子式 C$_{10}$H$_{12}$，分子量 132.21。无色或黄色液体。沸点 186.0℃，密度 0.914^{20} g/mL，折射率 1.539 5。不溶于水，溶于多数有机溶剂。制备：由苯乙烯与乙烯合成制得；或由三苯基膦与苯乙酮通过 Wittig 反应制得；或由 2-苯基-2-丁醇通过消除反应制得。用途：作聚合物单体及有机合成中间体。

(*E*)-4-甲基二苯乙烯（(*E*)-4-Methylstilbene）　亦称"4-甲基芪"。CAS 号 4714-21-0。分子式 C$_{15}$H$_{14}$，分子量 194.28。无色或黄色固体。熔点 116～118℃，沸点 307.1℃，密度 1.028 g/cm^3。不溶于水，微溶于乙醇，易溶于醚和苯。制备：由苯乙烯与对溴甲苯通过 Heck 偶联反应制得；或由对甲基苯乙烯与溴苯通过 Heck 偶联反应制得。用途：作试剂、医药合成中间体；还作聚合物和光敏复合材料的硬度控制剂。

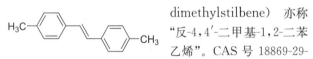

(*E*)-4,4-二甲基-反-二苯乙烯（(*E*)-4,4'-dimethylstilbene）　亦称"反-4,4'-二甲基-1,2-二苯乙烯"。CAS 号 18869-29-9。分子式 C$_{16}$H$_{16}$，分子量 208.30。无色或黄色固体。熔点 183.0℃，沸点 325.5℃，密度 1.015 g/cm^3。不溶于水，微溶于乙醇，可溶于醚和苯。制备：由对甲基苯乙烯与对溴甲苯通过 Heck 偶联制得；或由对甲基苯甲醛通过 McMurry 偶联反应制得。用途：作试剂、染料及医药合成中间体。

1,1-二苯乙烯（1,1-diphenylethylene）　亦称"二苯亚乙基"。CAS 号 530-48-3。分子式 C$_{14}$H$_{12}$，分子量 180.25。无色或黄色液体。熔点 8.2℃，沸点 277.1℃，密度 1.024^{20} g/mL，折射率 1.608 8。不溶于水，微溶于乙醇，易溶于醚和苯。制备：由苯与苯乙炔经加成反应制得；或由苯基溴化镁格氏试剂与乙酸乙酯反应得到醇，再经硫酸脱水制得；或由三苯基膦与二苯甲酮通过 Wittig 反应制得。用途：有机合成中间体。

三苯乙烯（triphenylethylene）　亦称"α-苯基二苯乙烯"。CAS 号 58-72-0。分子式 C$_{20}$H$_{16}$，分子量 256.34。无色或黄色固体。熔点 72.5℃，沸点 220.0℃，密度 1.072^{78} g/mL。制备：由 1,1-二苯乙烯与碘苯制得；或由二苯甲酮与苄基三甲基硅烷反应制得；还可由苯甲醛与二苯氯甲烷反应制得。

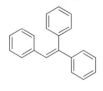

用途：作医药及其他精细化工产品的中间体；也用作表面活性剂、天然胶乳膏化加工的改性剂或添加剂；还可作高性能钙钛矿太阳能电池的空穴传输层的掺杂材料。

1，1，2，2-四苯乙烯（1，1，2，2-tetraphenyle-thylene） 亦称"均四苯乙烯"。CAS号632-51-9。分子式 $C_{26}H_{20}$，分子量 332.45。白色或淡米色固体。熔点 $222\sim224℃$，沸点 $424℃$，密度 1.155^{24} g/cm³。不溶于水，溶于部分有机溶剂。

制备：由二苯甲酮通过 McMurry 偶联反应制得；或由1，2-二苯基乙烯、碘苯和苯硼酸等经偶联反应制得。用途：作有机合成中间体，广泛应用于光化学、电化学及材料合成；也作荧光探针前体制备聚集诱导发光材料；还可用于建筑、医疗设备、包装和电器制造等领域。

1-乙烯基萘（1-vinylnaphthalene） 亦称"1-萘乙烯"。CAS号826-74-4。分子式 $C_{12}H_{10}$，分子量 154.21。白色或黄色固体。熔点 $64.0\sim66.0℃$，沸点 $124\sim125℃$，密度 1.067^{20} g/cm³。不溶于水，溶于乙酸乙酯、甲醇等多数有机溶剂。制备：由1-萘基乙醇在草酰氯作用下脱水制备；或由三苯基膦与1-萘甲醛通过 Wittig 反应制得。用途：作聚合物单体，用于制备改性橡胶制品；也用作制备荧光聚合物的原料。

2-乙烯基萘（2-vinylnaphthalene） 亦称"2-萘乙烯"。CAS号827-54-3。分子式 $C_{12}H_{10}$，分子量 154.21。白色或浅黄色粉末。熔点 $64\sim66℃$，沸点 $135\sim137℃$，密度 1.049 g/cm³。不溶于水，溶于多数有机溶剂。制备：由乙烯基三甲基硅烷与2-碘萘合成制得；或由三苯基膦与2-萘甲醛通过 Wittig 反应制得。用途：作医药中间体、染料中间体或光学元件涂层原料；还用作聚合物单体。

1-苯乙烯基萘（1-styrylnaphthalene） 亦称"1-苯乙烯萘"。CAS号2043-00-7。分子式 $C_{18}H_{14}$，分子量 230.30。白色固体。熔点 $70\sim70.5℃$，沸点 $170.0℃$（14 Torr），密度 1.113 g/cm³。不溶于水，溶于多数有机溶剂。制备：由苯乙烯与溴代萘通过 Heck 反应制得；或由2-乙烯基萘与碘萘通过偶联反应制备；还可由三苯基膦与苯甲醛通过 Wittig 反应制得。用途：作医药及有机合成中间体；也作交叉偶联反应的助催化剂；还可作电子照相中全彩色成像材料的原料。

9-乙烯基蒽（9-vinylanthracene） 亦称"9-乙烯蒽"。CAS号2444-68-0。分子式 $C_{16}H_{12}$，分子量 204.27。淡黄色固体。熔点 $60.0\sim63.0℃$，沸点 $140.6\sim145.0℃$，密度 1.225^{20} g/cm³。不溶于水，溶于多数有机

溶剂。制备：由乙基萘在三氧化铝催化下通过脱水反应制得；或由三苯基膦与9-蒽甲醛通过 Wittig 反应制得；或由三丁基乙烯基锡与9-溴蒽通过 Stille 偶联反应制得。用途：作聚合物单体、有机合成中间体；制备可修复涂层材料及石墨烯改性吸附填料。

1-(1(2H)-苊烯亚基)-1，2-二氢苊烯（1-(1(2H)-acenaphthylenylidene)-1，2-dihydroacenaphthylene） 亦称"2H，2'H-[1，1']双苊亚基"。CAS号2435-82-7。分子式 $C_{24}H_{16}$，分子量304.39。固体。熔点 277.0℃，沸点 528.8℃，密度 1.307 g/cm³。不溶于水，溶于多数有机溶剂。制备：可由苊经通过偶联反应制得。用途：作有机合成中间体。

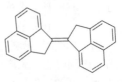

丙二烯（allene） CAS号463-49-0。分子式 C_3H_4，分子量 40.07。无色气体，极易燃。熔点 $-136.6℃$，沸点 $-32.0℃$，相对密度 1.42^{20}（空气=1）。不溶于水，微溶于乙醇，易溶于乙醚。制备：由1，2，3-三氯丙烷为原料，先合成 2，3-二氯丙烯，再在乙醇溶液中脱氯、冷冻除去高沸点杂质、干燥脱水制得。用途：作有机合成中间体，制备甲基丙二烯、乙基丙二烯等。

$H_2C=C=CH_2$

1，3-丁二烯（1，3-butadiene） 亦称"丁二烯"。CAS号106-99-0。分子式 C_4H_6，分子量54.09。无色气体，极易燃。熔点 $-109.0℃$，沸点 $-4.5℃$，相对密度 1.9^{15}（空气=1）。不溶于水，溶于乙醇、乙醚，易溶于丙酮。制备：由烃类裂解制乙烯中的C4馏分精馏分离得到；或由丁烷或者丁烯通过催化脱氢反应制得。用途：作生产合成橡胶（丁苯橡胶、顺丁橡胶、丁腈橡胶、氯丁橡胶）、树脂的原料；或用于生产乙叉降冰片烯、1，4-丁二醇、己二腈、环丁砜、蒽醌、四氢呋喃等的化工原料；也可作精细化学品合成中间体，合成染料、杀菌剂、杀虫剂、聚酯树酯、环氧树脂固化剂和增塑剂、水溶性漆环氧树脂的固化剂；还可作合成香料、表面活性剂、润滑油的添加剂等。

1，2-丁二烯（1，2-butadiene） 亦称"甲基丙二烯"。CAS号590-19-2。分子式 C_4H_6，分子量54.09。无色气体，极易燃。熔点 $-136.2℃$，沸点 10.8℃，相对密度 1.9（空气=1）。不溶于水，易溶于苯，混溶于醇、醚类有机溶剂。制备：由3-氯-1-丁炔为原料制得。用途：作聚合物单体、有机合成中间体。

$H_2C=C=CHCH_3$

1，3-戊二烯（1，3-pentadiene） 亦称"间戊二烯"。CAS号504-60-9。分子式 C_5H_8，分子量68.12。无色易燃液体。熔点 $-87.5℃$，沸点42.3℃，密度 0.683 g/mL，折射率 1.430 1。不溶于水，与乙醇、乙醚、丙酮、苯等互溶。制备：由石油裂解后得到的含共轭二烯烃的C5馏分，经分精馏离后制得；或由2，4-戊

二醇用溴化氢通过消除反应制得。用途：作生产间戊二烯石油树脂的原料及有机合成中间体；还可作合成压敏胶黏剂、浅色热熔胶、标志漆、热熔涂料、橡胶增黏剂、油漆和印刷油墨添加剂。

1,4-戊二烯（1,4-pentadiene） CAS 号 591-93-5。分子式 C_5H_8，分子量 68.12。无色易燃液体。熔点 -148.2℃，沸点 26.5℃，密度 0.659 g/mL，折射率 1.444 8。不溶于水，与乙醇、乙醚、丙酮、苯等互溶。制备：由 5-戊烯-1-炔高压下催化氢化制得；或由烯丙基溴化镁 Grignard 试剂和乙醛反应制得。用途：作聚合物单体、有机合成中间体。

1,2-戊二烯（1,2-pentadiene） 亦称"乙基丙二烯"。CAS 号 591-95-7。分子式 C_5H_8，分子量 68.12。无色易燃液体。熔点 -137.3℃，沸点 45.0℃，密度 0.693 g/mL，折射率 1.420 9。不溶于水，与乙醚、丙酮等互溶。制备：由 3-氯戊炔与乙醇催化反应制得；或由 3-溴丙炔和乙烯催化反应制得。用途：作聚合物单体、有机合成中间体，用于合成共聚物作为产品的表面改性剂。

1,3-己二烯（1,3-hexadiene） 亦称"1-乙基-1,3-丁二烯"。CAS 号 592-48-3。分子式 C_6H_{10}，分子量 82.14。无色易燃液体。熔点 -94.9℃，沸点 72.0℃，密度 0.711 g/mL，折射率 1.440 3。不溶于水，与乙醇、乙醚、丙酮等互溶。制备：由 1,4-己二醇通过消除反应制得。用途：作聚合物单体，合成羧化橡胶胶乳；作合成环保阻燃聚苯乙烯的原料；还作有机合成中间体。

1,4-己二烯（1,4-hexadiene） 亦称"1-烯丙基丙烯"。CAS 号 592-45-0。分子式 C_6H_{10}，分子量 82.14。无色易燃液体。熔点 -138.7℃，沸点 64.4℃，密度 0.712 g/mL，折射率 1.414 7。不溶于水，与乙醇、乙醚、丙酮、苯等互溶。制备：由乙烯和丁二烯经氧化钴催化反应制得。用途：作聚合物单体、有机合成中间体。

1,5-己二烯（1,5-hexadiene） 亦称"联丙烯"。CAS 号 592-42-7。分子式 C_6H_{10}，分子量 82.14。无色易燃液体。熔点 -141.2℃，沸点 59.5℃，密度 0.689 g/mL，折射率 1.404 2。不溶于水，溶于醇、醚、苯和氯仿。制备：由 3-氯-1-丙烯与镁反应制得。用途：作合成聚合物的单体，可用于合成聚烯烃和聚苯乙烯的双轴链增长试剂；还可作色谱分析标准物质及有机合成中间体。

1,6-庚二烯（1,6-heptadiene） CAS 号 3070-53-9。分子式 C_7H_{12}，分子量 96.17。无色或略黄色液体，易燃。熔点 -129.4℃，沸点 89.0～90.0℃，密度 0.714 g/mL，折射率 1.414 8。不溶于水，溶于醇、醚、苯和氯仿。制备：可由烯丙基格氏试剂与二氯甲烷反应制得；或由壬二酸在钯催化剂的存在下反应制得。用途：作合成聚合物的单体、有机合成中间体。

1,5-庚二烯（1,5-heptadiene） CAS 号 1541-23-7。分子式 C_7H_{12}，分子量 96.17。黄色易燃液体。沸点 93.7℃，密度 0.718 g/mL，折射率 1.419 9。不溶于水，易溶于甲醇，乙醇等有机溶剂。制备：由烯丙基 Grignard 试剂与 1-氯-2-丁烯反应制得。用途：作合成聚合物的单体、有机合成中间体。

1,7-辛二烯（1,7-octadiene） CAS 号 3710-30-3。分子式 C_8H_{14}，分子量 110.20。无色或淡黄色液体，易燃。熔点 -111.16℃，沸点 117.0℃，密度 0.764 g/mL，折射率 1.422 5。微溶于水，溶于甲醇、环己烷等有机溶剂。制备：由 1,3-丁二烯二聚制得；或由 1,8-二乙酰氧基辛烷在高温下反应制得。用途：作合成聚合物的单体，用于合成长链支化乙烯聚合物；作有机合成中间体。

1,8-壬二烯（1,8-nonadiene） 亦称"1,8-十九二烯"。CAS 号 4900-30-5。分子式 C_9H_{16}，分子量 124.22。易燃液体。熔点 -21.0℃，沸点 147.0℃，密度 0.751 g/mL，折射率 1.428 9。不溶于水，溶于烃类有机溶剂。制备：由 1,8-壬二炔还原制得；或由乙酸烯丙酯和六碳-5-烯基溴化镁格氏试剂反应制得。用途：作合成聚合物的单体、有机合成中间体。

1,9-癸二烯（1,9-decadiene） CAS 号 1647-16-1。分子式 $C_{10}H_{18}$，分子量 138.25。易燃液体。熔点 -77.2℃，沸点 167.0℃，密度 0.755 g/mL，折射率 1.432 6。不溶于水，溶于烃类有机溶剂。制备：由 1,9-癸二醇通过脱水反应制得；或由 1,4-二氯丁烷和 3-溴丙烯为原料，经多步反应制得。用途：作合成聚合物的单体，合成机械增强聚烯烃复合材料。

1,10-十一碳二烯（1,10-undecadiene） CAS 号 13688-67-0。分子式 $C_{11}H_{20}$，分子量 152.28。无色易燃液体。熔点 -77.2℃，沸点 187.0℃，密度 0.767 g/mL，折射率 1.435 2。不溶于水，溶于有机溶剂。制备：由 1,6-二溴代戊烷与烯丙基格氏试剂合成制得；或由三苯基膦与 1,9-壬二醛经 Wittig 反应合成制得。用途：作聚合物的单体，制备高分子量分散剂。

1,11-十二碳二烯（1,11-dodecadiene） 亦称"1,10-十一烷二烯"。CAS 号 5876-87-9。分子式 $C_{12}H_{22}$，分子量 166.30。液体。沸点 208.5℃，密度 0.770 g/mL，折射率 1.440 0。不溶于水，溶于有机溶剂。制备：可由 1,6-二溴

代己烷与烯丙基格氏试剂反应制得;或由 10-十一烯醛与三苯基膦通过 Wittig 反应制得;或由十四烷二酸在钯催化条件下脱酸制得。用途:作合成聚合物的单体,可用于电力电缆绝缘材料的制备。

1,4-双(2-甲基苯乙烯基)苯(1,4-bis(2-methylstyryl)benzene)

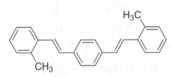

亦称"1,4-二(2-甲基苯乙烯基)苯"。CAS 号 13280-61-0。分子式 $C_{24}H_{22}$,分子量 310.43。亮绿黄色晶体粉末。熔点 180.0℃,沸点 385.6℃,密度 1.059 g/cm^3。不溶于水,溶于有机溶剂。制备:由对二甲苯和 2-甲基苯甲醛通过缩合反应制得。用途:作闪烁计数器和闪烁能谱仪的闪烁剂。

烯丙亚基环己烷(prop-2-enylidenecyclohexane)

CAS 号 5664-10-8。分子式 C_9H_{14},分子量 122.21。无色或黄色固体。沸点 180～181℃,密度 0.841[20] g/cm^3。不溶于水,溶于甲醇、丙酮等有机溶剂。制备:由环己酮及烯丙基溴通过 Wittig 反应制得;或由烯丙基溴制得格氏试剂,与环己酮反应得到醇,作酸催化脱水而得。用途:作聚合物单体、有机合成中间体。

1,4-二异丙烯基苯(1,4-diisopropenylbenzene)

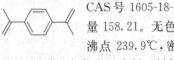

CAS 号 1605-18-1。分子式 $C_{12}H_{14}$,分子量 158.21。无色固体。熔点 62～63℃,沸点 239.9℃,密度 1.065[22.3] g/cm^3。不溶于水,溶于氯仿有机溶剂。制备:由相应的醇通过脱水反应制得;或由对苯二甲酰氯与三甲基铝反应制得。用途:作交联剂,制备复合热界面材料;作有机合成中间体,合成纤维素酰化物薄膜。

3,7-二甲基-1,6-辛二烯(3,7-dimethylocta-1,6-diene) 亦称"二氢月桂烯"。CAS 号 2436-90-0。分子式 $C_{10}H_{18}$,分子量 138.25。黄色易燃液体。沸点 93～94℃,密度 0.756[20] g/mL,折射率 1.436 1。不溶于水,溶于氯仿等有机溶剂。制备:由 3,7-二甲基-1,2,6-辛三烯通过还原制得;或由 2,6-二甲基-5-庚烯醛和三苯基膦通过 Wittig 反应制得。用途:作香料中间体,如生产二氢月桂烯醇、香茅醇等。

十四碳-1,13-二烯(tetradeca-1,13-diene) CAS 号 21964-49-8。分子式 $C_{14}H_{26}$,分子量 194.36。无色至淡黄色液体。沸点 131.2～131.4℃,密度 0.7761[28] g/mL,折射率 1.442 7。不溶于水,溶于氯仿等有机溶剂。制备:由 7-辛烯酸通过电解反应制得。用途:作有机合成中间体;还可用于制备无灰分散剂。

十一碳-1,3,5-三烯(undeca-1,3,5-triene) CAS

号 16356-11-9。分子式 $C_{11}H_{18}$,分子量 150.26。无色液体。沸点 98℃(20 Torr),密度 0.800[20] g/mL,折射率 1.5122。不溶于水,溶于氯仿等有机溶剂。存在于烤过或者生的青椒中。制备:由乙烯基格氏试剂与 1-氯-1,3 壬二烯制得。用途:有青椒香味,可作食品香精。

癸-1,5,9-三烯(deca-1,5,9-triene) CAS 号 13393-64-1。分子式 $C_{10}H_{16}$,分子量 136.23。无色易燃液体。熔点 -27.2℃,沸点 54.0～55.0℃,密度 0.767[20] g/mL,折射率 1.444 7。不溶于水,溶于氯仿等有机溶剂。制备:由 1,4-二溴丁-2-烯与烯丙基格氏试剂反应得到;或由乙烯和 1,5-环辛二烯在钼催化下反应制得。用途:作有机合成中间体;也作制备润滑油抗磨添加剂;还可作钛酸烷基酯催化剂的载体,用于(甲基)丙烯酸酯的连续酯交换。

1,4-二乙烯基苯(1,4-divinylbenzene) 亦称"对二乙烯基苯"。CAS 号 105-06-6。分子式 $C_{10}H_{10}$,分子量 130.19。无色液体或固体,有特殊臭味和刺激性。熔点 30.5℃,沸点 50～51℃(3 Torr),密度 0.928[40] g/mL,折射率 1.581 8[40]。不溶于水,溶于氯仿等有机溶剂。制备:由乙烯与对二溴苯经偶联反应制得;或由对苯二甲醛通过 Wittig 反应制得。用途:作合成聚合物的单体、交联剂。

1,2-二乙烯基苯(1,2-diethenylbenzene) CAS 号 1321-74-0。分子式 $C_{10}H_{10}$,分子量 130.19。无色液体。熔点 -66.9℃,沸点 195℃,密度 0.919[20] g/mL,折射率 1.580 5。溶于甲醇、乙醚,不溶于水。制备:由乙烯和苯经烷基化制取乙苯时,作为副产物得到混合二乙基苯,经脱氢制得;或由邻苯二甲醛和三苯基膦通过 Wittig 反应制得。用途:作交联剂,用作离子交换膜、离子交换树脂、聚苯乙烯树脂、不饱和聚酯树脂及合成橡胶的原料。

9,10-双(2,2-二苯基乙烯基)蒽(9,10-bis(2,2-diphenylvinyl)anthracene)

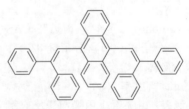

CAS 号 683227-80-7。分子式 $C_{42}H_{30}$,分子量 534.70。黄色固体。沸点 673.1℃,密度 1.170 g/cm^3。不溶于水,溶于甲苯。制备:由 9,10-双(氯甲基)蒽和二苯甲酮反应制得。用途:作聚合物单体以及有机合成中间体,可用于光变色材料的制备。

2,8-双((E)-2-苯基乙烯基)䓛(2,8-bis[(E)-2-phenylethenyl]chrysene) CAS 号 1023972-32-8。分子式 $C_{34}H_{24}$,分子量 432.57。固体。密度 1.06 g/cm^3。不溶于水,溶于甲苯。制备:由 2,8-二溴䓛和(E)-(2-苯基乙

烯基)硼酸为原料通过 Suzuki 偶联制得。用途：作有机半导体材料，如有机薄膜晶体管、有机薄膜发光晶体管的制备。

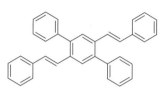

2，5-二苯基-1，4-双（2-苯基乙烯基）苯（2，5-diphenyl-1，4-bis（2-phenylethenyl）benzene） CAS号 14474-63-6。分子式 C$_{34}$H$_{26}$，分子量 434.58。固体。熔点 251～252℃，密度 1.124 g/cm^3。不溶于水，溶于热苯。制备：可由 2,5-二苯基-1,4-苯二甲醛和苄基磷叶立德试剂通过 Wittig 反应制得。用途：作聚集诱导发光材料，如有机发光二极管、化学传感器等。

9，10-二乙烯基蒽（9，10-divinylanthracene） CAS号 18512-61-3。分子式 C$_{18}$H$_{14}$，分子量 230.30。固体。熔点 141.0℃，密度 1.098 g/cm^3。不溶于水，溶于大多数有机溶剂。制备：由 9,10-二溴蒽和溴乙烯通过 Heck 反应制得。用途：作电致发光材料。

2-[2-[4-(2-[1，1′-联苯基]-4-基乙烯基)苯基]乙烯基]-萘（2-[2-[4-(2-[1，1′-biphenyl]-4-ylethenyl)phenyl]ethenyl]naphthalene） CAS号 23798-38-1。分子式 C$_{32}$H$_{24}$，分子量 408.54。固体。熔点 320.0～321.0℃。制备：由 2-萘乙烯与对二溴苯经 Heck 偶联反应制得。用途：作荧光增白剂。

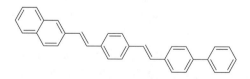

9，10-双[（E）-2-苯基乙烯基蒽（9，10-bis（（E）-2-phenylethenyl）anthracene） CAS号 10273-82-2。分子式 C$_{30}$H$_{22}$，分子量 382.50。固体。熔点 310℃，密度 1.234 g/cm^3。不溶于水，溶于多数有机溶剂。制备：由 9,10-二溴蒽和苯乙烯在钯催化下通过 Heck 偶联反应制得。用途：可作为高效荧光团，用作标记。

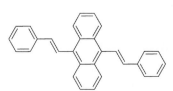

1，2，3，4-四亚甲基环丁烷（1，2，3，4-tetramethylenecyclobutane） 亦称"[4]轴烯"。CAS号 3227-91-6。分子式 C$_8$H$_8$，分子量 104.15。无色液体。沸点 134℃，闪点 14.7℃，密度 0.85 g/mL。制备：由 1,2,3-丁三烯二聚制得；也可由四（溴甲基）环丁烷通过消除反应制得。用途：作有机合成中间体。

1，4-二（4-甲基苯乙烯基）苯（1，4-bis（4-methylstyryl）benzene） 亦称"1,4-二(4-甲基苯乙烯)苯"。CAS号 76439-00-4。分子式 C$_{24}$H$_{22}$，分子量 310.44。黄色固体。熔点 296℃，密度 1.222 g/cm^3。不溶于水，溶于多数有机溶剂。制备：由 1,4-二溴苯与对甲基苯乙烯通过 Heck 反应制得。用途：作核辐射探测材料的原料；也用于制备塑料闪烁体薄片。

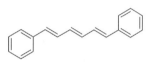

1，6-二苯基-1，3，5-己三烯（1，6-diphenyl-1，3，5-hexatriene） 亦称"二肉桂酰"。CAS号 1720-32-7。分子式 C$_{18}$H$_{16}$，分子量 232.32。黄色晶体粉末。熔点 196℃，密度 1.139^{20} g/cm^3。不溶于水，溶于多种有机溶剂。制备：由 3-苯基-2-丙烯醛通过羟醛缩合反应制得。用途：作有机合成中间体；还可用于制备闪烁计数器的闪烁剂、成像剂或两亲性嵌段共聚物药物载体的材料。

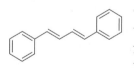

（E，E）-1，4-二苯基-1，3 丁二烯（（E，E）-1，4-diphenyl-1，3-butadiene） CAS号 538-81-8。分子式 C$_{16}$H$_{14}$，分子量 206.28。白色或黄色晶体粉末。熔点 151～153℃，密度 1.152 g/cm^3。微溶于水，溶于多种有机溶剂。制备：由（2-溴乙烯基）苯通过偶联反应制得。用途：作有机合成中间体。

1-异丙基-4-甲基-1，3-环己二烯（1-isopropyl-4-methyl-1，3-cyclohexadiene） 亦称"松油烯"。CAS号 99-86-5。分子式 C$_{10}$H$_{16}$，分子量 136.23。无色液体。熔点<25.0℃，沸点 175.0℃，密度 0.853 g/mL，折射率 1.477 8。不溶于水，溶于乙醇等有机溶剂。制备：由柑橘类精油脱萜产物经真空分馏制得；或由松节油中的蒎烯在酸催化下经异构体化反应制得。用途：作合成香料及人造柠檬和薄荷精油的原料。

环戊烯（cyclopentene） CAS号 142-29-0。分子式 C$_5$H$_8$，分子量 68.12。无色易燃液体。熔点 -135.1℃，沸

点 46.0℃，密度 0.775 g/mL，折射率 1.422 2。不溶于水，溶于乙醇、乙醚、苯和石油醚等有机溶剂。

制备：由环戊二烯选择性氢化或由环戊醇脱水而制得；或由卤代环戊烷脱卤化氢制得。用途：作生产聚环戊烯橡胶、环戊二醇-1,2-及环戊烯氧化物、药物氯胺酮、环戊基苯酚(消毒剂)、环醛、环戊二醇、溴代环戊烷等的原料；也用作共聚单体；还可作树脂的交联剂和气相色谱对比样品。

环戊二烯(cyclopentadiene)　亦称"茂"。CAS 号 542-92-7。分子式为 C_5H_6，分子量 66.10。无色易燃液体。熔点 - 85℃，沸点 40℃，密度 0.802^{20} g/mL，折射率 1.444 5。不溶于水，与醇、醚、苯和四氯化碳混溶，溶于二硫化碳、苯胺、乙酸及液体石蜡。制备：由煤焦油苯前馏分分离得到较纯的环戊二烯二聚体，经高温裂解和分馏得到环戊二烯单体；或由 1,3-环戊二醇和全氟磺酸在水中反应制得。用途：作合成杀虫剂氯丹、硫丹的中间体四氯环戊烷的原料；也可作生产杀虫剂吡虫啉的中间体；还可作树脂工业、合成橡胶等的原料。

1-甲基-1,3-环戊二烯(1-methyl-1,3-cyclopentadiene)　亦称"甲基环戊二烯"。CAS 号 26519-91-5。分子式 C_6H_8，分子量 80.13。浅黄色液体。熔点 - 51℃，沸点 70～73℃，密度 0.804 g/mL。折射率 1.457。不溶于水，易溶于乙醇、乙醚、苯。制备：由环戊二烯与碘甲烷反应制备，也可由环戊二烯与硫酸二甲酯反应制得。用途：作各种金属衍生物、特种黏结剂、阻燃剂等；也可作制备环氧树脂固化剂的原料。

1-甲基-4-(1-甲基亚乙基)环己烯(1-methyl-4-(1-methylethylidene)-cyclohexene)　亦称"萜品油烯""异松油烯"。CAS 号 586-62-9。分子式为 $C_{10}H_{16}$，分子量 136.23。无色至淡黄色油状液体。熔点 < 25℃，沸点 185.0℃，密度 0.864 g/mL，折射率 1.491 1。不溶于水，可混溶于醇、醚。制备：由蒎烯与硫酸的乙醇溶液反应制得。用途：作食品用香料，也可作各种工业溶剂。

1-甲基-4-(1-甲基乙烯基)环己烯(1-methyl-4-(1-methylethenyl)cyclohexene)　亦称"柠檬烯"。CAS 号 138-86-3。分子式为 $C_{10}H_{16}$，分子量 136.23。无色易燃液体。熔点 - 95.5℃，沸点 178.1℃，密度 0.86^{20} g/mL，折射率 1.475 5。微溶于水，与乙醇混溶。天然存在于植物精油中。制备：可由精油分馏制得；或由一般精油中萃取萜烯，或在加工樟脑油及合成樟脑的过程中，作为副产物制得。用途：作香精香料添加剂，用于调和橙花香精、柑橘油香精，还可作柠檬系精油的代用品；也作磁漆、假漆和各种含油树脂、树脂蜡和金属催干剂；还用作制造合成树脂、

合成橡胶。

4-乙烯基环己烯(4-vinyl-1-cyclohexene)　亦称"还原靛蓝"。CAS 号 100-40-3。分子式 C_8H_{12}，分子量 108.18。无色或米黄色液体。熔点 - 108.7℃，沸点 129.0℃，密度 0.836 g/mL，折射率 1.464 5。不溶于水，溶于多数有机溶剂。制备：由 1,3-丁二烯在氯化铁催化下环化制得。用途：作聚合物单体、有机合成中间体；还可作医药、农药、聚酯、聚醚制备的原料。

1,2,3,4-四甲基-1,3-环戊二烯(1,2,3,4-tetramethylcyclopenta-1,3-diene)　CAS 号 4249-10-9。分子式为 C_9H_{14}，分子量 122.21。淡黄色液体。沸点 146℃，密度 0.808 g/mL，折射率 1.472 0。不溶于水，溶于大多数有机溶剂。制备：由 2,3,4,5-四甲基-2-环戊烯-1-酮经四氢化锂铝还原制得。用途：作茂金属催化剂合成、有机合成中间体。

1,2,3,4,5-五甲基环戊二烯(1,2,3,4,5-pentamethylcyclopentadiene)　CAS 号 4045-44-7。分子式为 $C_{10}H_{16}$，分子量 136.24。无色至黄色液体。熔点 236℃，沸点 58.3℃(14 Torr)，密度 0.840 g/mL，折射率 1.474 0。微溶于水，溶于甲醇、二氯甲烷和乙酸乙酯等有机溶剂。制备：由 2,3,4,5-四甲基-2-环戊烯-1-酮与甲基锂反应制得。用途：作络合不同过渡金属的配位体，制备相关金属络合物。

环己烯(cyclohexene)　CAS 号为 110-83-8。分子式 C_6H_{10}，分子量 82.14。无色液体，极易燃。熔点 - 103.5℃，沸点 82.8℃，密度 0.811 g/mL，折射率 1.446 0。不溶于水，溶于大多数有机溶剂。制备：由环己醇经硫酸脱水制得。用途：作有机合成试剂；还作催化剂溶剂和石油萃取剂，高辛烷值汽油稳定剂。

1,4-环己二烯(cyclohexa-1,4-diene)　CAS 号为 628-41-1。分子式 C_6H_8，分子量 80.13。无色易燃液体。熔点 - 49.2℃，沸点 88～89℃，密度 0.847 g/mL，折射率 1.472 1。不溶于水，溶于乙醚、四氢呋喃和甲苯。制备：由苯经 Birch 还原来制得。用途：作试剂，用于有机合成。

1-甲基-1,4-环己二烯(methyl-cyclohexadiene)　CAS 号为 4313-57-9。分子式 C_7H_{10}，分子量 94.16。无色易燃液体。沸点 115～116℃，密度 0.837 9 g/mL，折射率 1.470 8。不溶于水，可与四氢呋喃和甲苯混溶。制备：由甲苯经 Birch 还原制得。用途：用作有机合成，是制备甲基取代氧化环己烯、环己酮衍生物、氯代环己烯、甲苯的原料；也可用作制造气凝胶、电子照相成像的定影剂的原料。

1-甲基-1-环己烯（1-methyl-1-cyclohexene） CAS 号为 591-49-1。分子式 C_7H_{12}，分子量 96.17。无色液体，易燃。熔点 -119.4℃，沸点 108～112℃，密度 0.811^{20} g/mL，折射率 1.430 4。不溶于水，可溶于苯和乙醚。制备：可由甲基碘化镁格氏试剂与环己酮反应，所得醇再脱水制得。用途：作试剂，用于有机合成。

水芹烯（(-)-α-phellandrene） 亦称"(R)-5-异丙基-2-甲基-1,3-环己二烯"。CAS 号 4221-98-1。分子式 $C_{10}H_{16}$，分子量 136.23。无色至浅黄色液体。沸点 171.0～172.0℃，密度 0.844^{20} g/mL，折射率 1.475 3。不溶于水，溶于苯和乙醚。制备：可从植物中提取，右旋体存在于肉桂油、姜油、榄香脂油、小茴香油等中；左旋体存在于桉叶油、八角茴香油、甘椒油、月桂油、胡椒油等中。用途：作食用香料，用于配制柑橘类和香辛料类人造精油，具有祛痰、抗菌作用；有机合成中作手性砌块；也作生物活性杀虫剂。

2,5-降冰片二烯（2,5-norbornadiene） 系统名"二环[2.2.1]庚-2,5-二烯"。CAS 号 121-46-0。分子式 C_7H_8，分子量 92.14。无色易燃液体。熔点 -19.1℃，沸点 89～90℃，密度 0.906 g/mL，折射率 1.470 1。不溶于水，溶于石油醚。制备：由环戊二烯与乙炔进行 Diels-Alder 反应制得。用途：作农药、前列腺素合成的原料；也用于合成环氧树脂和光存储材料；还作保鲜剂，用于鲜花、水果和蔬菜的保鲜。

顺-环辛烯（cis-cyclooctene） CAS 号 931-88-4。分子式 C_8H_{14}，分子量 110.20。无色易燃液体。熔点 -15.5～-14.5℃，沸点 147～148℃，密度 0.847^{20} g/mL，折射率 1.474 6。不溶于水，溶于乙醇、乙醚。制备：由环辛二烯选择加氢制得。用途：作有机合成试剂。

1-甲基-1-环辛烯（1-methyl-1-cycloctene） CAS 号 933-11-9。分子式为 C_9H_{16}，分子量 124.23。无色液体。沸点 165.0～169.0℃，密度 0.849^{20} g/mL，折射率 1.4689。不溶于水，能与乙醇、乙醚相混溶。制备：由环辛酮和甲基溴化镁格氏试剂反应，所得醇再经脱水制得。用途：作有机合成试剂。

1,5-环辛二烯（1,5-cyclooctadiene） CAS 号 111-78-4。分子式 C_8H_{12}，分子量 108.18。无色液体。熔点 -69.5℃，沸点 150.5℃，密度 0.882 g/mL，折射率 1.493 1。不溶于水，溶于乙醇。制备：由 1,3-丁二烯在零价镍催化下二聚环化制得。用途：作合成辛二酸、辛烯二酸、四氯环辛烷的原料；也作合成乙丙橡胶单体；还作为配体。

环庚三烯（cycloheptatriene） CAS 号 544-25-2。分子式 C_7H_8，分子量 92.14。无色液体，极易燃。熔点 -79.5℃，沸点 115.6℃，密度 0.890 g/mL，折射率 1.523 9。不溶于水，与苯混溶。制备：由苯与重氮甲烷发生光化学反应制得，可由莨菪醇分解制得；也可由环己烯与二氯卡宾的加合物经热裂解制得。用途：作罗丹明 6G 染料激光器的猝灭剂；也可作重要医药中间体环庚三烯酚酮化合物的上游产物；还作印刷机清洗剂。

环辛四烯（1,3,5,7-cyclooctatetraene） CAS 号 629-20-9。分子式 C_8H_8，分子量 104.15。金黄色液体。熔点 -4.7℃，沸点 140～143℃，密度 0.925 g/mL，折射率 1.526 5。微溶于水，溶于大部分有机溶剂。制备：由伪石榴碱作原料制得；或由乙炔在氰化镍作用下发生环化反应制得。用途：作溴代环辛烷，环辛烷的原料；还可用作合成纤维、染料、药物的原料。

反-环癸烯（trans-cyclodecene） CAS 号 2198-20-1。分子式 $C_{10}H_{18}$，分子量 138.25。浅黄色油状液体。沸点 198～199℃，密度 0.868^{20} g/mL，折射率 1.481 8。不溶于水，溶于大部分有机溶剂。制备：由癸醇脱水制得，工业上可由癸烷氧化脱氢制得。用途：作试剂，用于有机合成。

环十二烯（cyclododecene） CAS 号 1501-82-2。分子式 $C_{12}H_{22}$，分子量 166.30。浅黄色油状液体。熔点 28.0～38.0℃，沸点 234℃，密度 0.88^{20} g/mL，折射率 1.486 3。不溶于水，溶于苯、氯仿和乙醇。制备：由环十二碳三烯选择性加氢制得。用途：作合成环十二烷醇、十二碳二羧酸的中间体；还可用作环烯聚合物合成的原料。

反,反,顺-1,5,9-环十二烷基三烯（trans,trans,cis-1,5,9-cyclododecatriene） CAS 号 706-31-0。分子式 $C_{12}H_{18}$，分子量 162.27。液体。熔点 -18℃，沸点 241℃，密度 0.904^{20} g/mL，折射率 1.507 5。不溶于水，溶于苯、氯仿和乙醇。制备：由丁二烯在四氯化钛催化下合成制得。用途：作试剂，用于制备调味剂、香料、阻燃剂、尼龙、人造橡胶等。

降冰片烯（2-norbornylene） 亦称"降萡烯""二环[2.2.1]庚-2-烯"。CAS 号 498-66-8。分子式 C_7H_{10}，分子量 94.15。白色易燃固体。熔点 44～46℃，沸点 96℃，密度 0.879^{13} g/cm³，折射率 $1.448 1^{50}$。不溶于水，溶于乙醇、醚和大部分有机溶剂。制备：由环戊二烯和乙烯通过 Diels-Alder 反应制得。用途：作共聚单体。

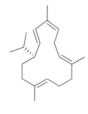

西松烯（cembrene） 亦称"西柏烯""烟草烯"。CAS 号 1898-13-1。分子式 $C_{20}H_{32}$，分子量 272.48。固体。熔点 59～60℃，密度 0.918 g/cm³，折射率 1.519 6。不溶于水，溶于多种有机溶剂。制备：由烟草中提取。用途：作有机合成原料；还可作石墨烯/铜纳米晶复合催化材料的原料。

螺[2.4]庚-4,6-二烯（spiro[2.4]hepta-4,6-diene） CAS号765-46-8。分子式C$_{14}$H$_{20}$,分子量92.14。无色液体。沸点113～115℃,密度0.92^{20} g/mL,折射率1.504 1。不溶于水,溶于多种有机溶剂。制备:由环戊二烯和二氯乙烷制得。用途:作有机合成原料。

螺[3.4]辛-5,7-二烯（spiro[3.4]octa-5,7-diene） CAS号15439-15-3。分子式C$_8$H$_{10}$,分子量106.17。无色液体。沸点154.8℃,密度0.96 g/mL,折射率1.544 0。不溶于水,溶于多种有机溶剂。制备:由环戊二烯和1,3-二氯丙烷制得。用途:作有机合成原料。

螺[4.4]壬-8-烯（spiro[4.4]nonan-1-ene） CAS号873-12-1。分子式C$_9$H$_{14}$,分子量122.21。无色液体。沸点139～140℃,折射率1.504 0。不溶于水,溶于多种有机溶剂。制备:由1-(3-丁烯-1-基)环戊烷闭环制得。用途:作有机合成原料。

螺[3.3]庚-2,5-二烯（spiro[3.3]hepta-2,6-diene） CAS号22635-78-5。分子式C$_7$H$_8$,分子量92.14。无色液体。沸点136.6℃,折射率1.559 0。不溶于水,溶于多种有机溶剂。制备:由2,6-二乙酰基苯基螺[3.3]庚烷-2,6-二胺通过消除反应制得。用途:作有机合成砌块;还可作为有机物光电子能谱的研究材料。

5-甲基螺(2.4)庚-4,6-二烯（5-methylspiro[2.4]hepta-4,6-diene） CAS号4087-51-8。分子式C$_8$H$_{10}$,分子量106.17。无色液体。沸点145.2℃,密度0.96 g/mL,折射率1.541 0。不溶于水,溶于氯仿等有机溶剂。制备:由2-甲基-1,3-环戊二烯和二氯乙烷制得。用途:作有机合成原料。

5-亚甲基螺[2.4]庚烷（5-methylidenespiro[2.4]heptane） CAS号37745-07-6。分子式C$_8$H$_{12}$,分子量108.18。油状液体。沸点119℃,密度0.910 g/mL。不溶于水,溶于二氯甲烷等有机溶剂。制备:由亚甲基环丙烷在钯催化下合成制得。用途:用于有机合成。

1-亚甲基螺[4.4]壬烷（1-methylenespiro[4.4]nonane） CAS号19144-06-0。分子式C$_{10}$H$_{16}$,分子量136.24。无色液体。沸点162～165℃,密度0.890 g/mL。不溶于水,溶于二氯甲烷等有机溶剂。制备:由甲基三苯基溴化膦和螺[4.4]壬-1-酮反应制得。用途:作有机合成砌块。

β-石竹烯（β-caryophyllene） 系统名"8-亚甲基-4,11,11-三甲基二环[7.2.0]-4-十一碳烯"。CAS号87-44-

5。分子式为C$_{15}$H$_{24}$,分子量204.35。无色至微黄色油状液体。沸点116.0℃（10 Torr）,密度0.902 g/mL,折射率1.498 6。不溶于水,溶于乙醚和乙醇。存在于丁香油、锡兰桂皮油、肉桂叶油、薰衣草油、百里香油、胡椒油、甘椒油等精油中。制备:从天然精油中单离分离制得。用途:作食用香料、药物中间体;也可用作配制精油仿制品和定香剂。

甲基环戊二烯二聚体（methylcyclopentadiene dimer（MCPD dimer）） 系统名"2,5-二甲基-3a,4,7,7a-四氢-1H-4,7-甲撑茚"。CAS号26472-00-4。分子式C$_{12}$H$_{16}$,分子量160.26。无色易燃液体。熔点-51℃,沸点200℃,密度0.941 g/mL,折射率1.498 0。不溶于水,易溶于醇、醚、苯。存在于煤焦油、石油高温裂解焦油中。制备:由煤焦油、石油高温裂解焦油分离得到的粗甲环戊二烯二聚,再减压精馏得。用途:作高能火箭燃烧料;也可用作增塑剂、表面涂层、固化剂、高分子合成材料等。

双环戊二烯（dicyclopentadiene） CAS号77-73-6。分子式为C$_{10}$H$_{12}$,分子量132.20。带有樟脑气味的无色晶体,易燃。熔点32℃,沸点170℃,密度0.986 g/cm³,折射率1.510 0～1.512 0。不溶于水,易溶于醇、醚、苯。存在于煤焦油中。制备:由煤焦油的轻苯馏分中提取;或由烃裂解工业中的C5馏分为原料二聚得到;也可由环戊二烯二聚制得。用途:作试剂、共聚物单体、有机合成原料。

二环[3.2.1]-2-辛烯（bicyclo[3.2.1]-2-octene） CAS号823-02-9。分子式C$_8$H$_{12}$,分子量108.18。固体。熔点38～38.5℃,沸点135～136℃,密度0.905$^{17.5}$ g/cm³,折射率1.482 8。制备:由3,4-二氯二环[3.2.1]-2-辛烯在液氨与钠的作用下反应制得。用途:作有机合成砌块。

(+)-莰烯（(+)-camphene） 系统名(1R)-2,2-二甲基-3-亚甲基二环[2.2.1]庚烷。CAS号5794-03-6。分子式C$_{10}$H$_{16}$,分子量136.24。固体。熔点48～50℃,沸点159℃,密度0.839 g/cm³,折射率1.4643^{56},[α]$_D^{20}$+16（c=4,EtOH）。制备:由(+)-(1R)-α-蒎烯氢化制得。用途:作有机合成砌块。

5,6-二氢二环戊二烯（5,6-dihydrodicyclopentadiene） CAS号为4488-57-7。分子式C$_{10}$H$_{14}$,分子量134.22。固体。熔点52℃,沸点184℃,密度1.011 g/cm³。制备:由二聚环戊二烯催化氢化制得。用途:作有机合成砌块。

三环[6.2.1.0^{2,7}]十一碳-4-烯（tricyclo

［6.2.1.0²,⁷］undeca-4-ene） CAS 号 91465-71-3。分子式 C₁₁H₁₆，分子量 148.25。液体。沸点 209℃，密度 0.963 g/mL，折射率 1.506 2。制备：由降冰片烯和丁二烯发生 Diels-Alder 反应制得；或由 1,4-二氢-1,4-甲撑萘在锂与甲胺的作用下氢化制得。用途：作有机合成砌块。

1,2,3,4,4α,5,8,8α-八氢-1,4：5,8-二甲撑萘（1,2,3,4,4α,5,8,8α-octahydro-1,4：5,8-dimethanonaphthalene） CAS 号 21635-90-5。分子式 C₁₂H₁₆，分子量 160.26。固体。熔点 78℃，沸点 93℃（11 Torr），密度 1.006 g/cm³，折射率 1.522。制备：由环戊二烯与 2-降冰片烯发生 Diels-Alder 反应反应制得；或由双环戊二烯与 2-降冰片烯发生 Diels-Alder 反应制得。用途：作有机合成砌块。

(-)-α-新丁香三环烯（(-)-α-neoclovene） CAS 号 4545-68-0。分子式 C₁₅H₂₄，分子量 204.35。无色液体。沸点 58～60℃（0.1 Torr），密度 0.951²⁰ g/mL，折射率 1.508 8。不溶于水，溶于氯仿等有机溶剂。制备：由异石竹烯与甲酸反应制得。用途：作有机合成原料。

香附子烯（cyperene） 亦称"莎草烯"。CAS 号 2387-78-2。分子式 C₁₅H₂₄，分子量 204.36。沸点 103～105℃（5 Torr），密度 0.935 g/mL，折射率 1.505 8。不溶于水，溶于氯仿等有机溶剂。存在于莎草类香附子中。制备：由香附烯酮合成而得；或由香附子中提取制得。用途：作有机合成原料。

乙炔（acetylene） 亦称"电石气"。CAS 号 74-86-2。HC≡CH 分子式 C₂H₂，分子量 26.04。无色气体，极易燃。熔点 -88.0℃，沸点 -28.0℃，密度 0.62⁻⁸² g/mL，折射率 1.005 4²⁵。微溶于水，溶于乙醇、苯、丙酮。制备：可由电石（碳化钙）与水作用制得；或由天然气制乙炔法制得。用途：用于有机合成、金属焊接、气源切割及医药加工、仪器分析等领域；也作乙炔炭黑、芳烃合成的原料。

丙炔（propyne） 亦称"甲基乙炔"。CAS 号 74-99-7。≡—CH₃ 分子式 C₃H₄，分子量 40.07。无色易燃气体。熔点 -102.7℃，沸点 -23.3℃，密度 0.706 2⁻⁵⁰ g/mL，折射率 1.386 3⁻⁴⁰。微溶于水，溶于乙醇、乙醚等多数有机溶剂。制备：由碘甲烷或硫酸二甲酯与乙炔钠反应制得；或由 1-溴基-1-丙烯通过消除反应制得。用途：作有机合成中间体。

1-丁炔（1-butyne） 亦称"乙基乙炔"。CAS 号 107-00-6。分子式 C₄H₆，分子量 54.09。无色易燃气体。熔点 -125.7℃，沸点 8.0～8.5℃，密度 0.678⁰ g/mL，折射率 1.396 2。不溶于水，溶于乙醇、乙醚等多数有机溶剂。制备：由乙炔钠与卤代乙烷反应制得；或由 1,2-二溴丁烷发生消除反应制得；或由碘乙烷与乙炔基溴化镁格氏试剂作用而制得。用途：作有机合成的中间体及特殊燃料。

2-丁炔（2-butyne） 亦称"巴豆炔""二甲基乙炔"。H₃C≡≡CH₃ CAS 号 503-17-3。分子式 C₄H₆，分子量 54.09。无色易燃液体。熔点 -32.3℃，沸点 26.9℃，密度 0.691 g/mL，折射率 1.392 3。不溶于水，溶于大部分有机溶剂。制备：由 1-丁炔重排制得；或由乙炔钠与碘甲烷反应制得；或由 2,3-二溴丁烷通过消除反应制得。用途：作维生素 E 合成的原料；也用作有机合成中间体。

1-戊炔（1-pentyne） 亦称"丙基乙炔""正丙基乙炔"。CAS 号 627-19-0。分子式 C₅H₈，分子量 68.12。无色易燃液体。熔点 -106.0℃，沸点 40.2℃，密度 0.691 g/mL，折射率 1.385 5。不溶于水，溶于乙醇、乙醚等多数有机溶剂。制备：由乙炔钠与溴代正戊烷反应制得；或由 1-戊烯在溴和氢氧化钾的作用下发生加成以及消除两步反应制得。用途：作溶剂、有机合成中间体。

2-戊炔（2-pentyne） 亦称"甲基乙基乙炔"。CAS 号 H₃C≡≡CH₂CH₃ 627-21-4。分子式 C₅H₈，分子量 68.12。无色易燃液体。熔点 -109.3℃，沸点 55℃，密度 0.711 g/mL，折射率 1.406 2。不溶于水，溶于乙醇、乙醚等多数有机溶剂。制备：由 1-戊炔在氢氧化钾的乙醇溶液中重排制得；或由 2,3-二溴戊烷通过消除反应制得；或由 1-丙炔钠与溴乙烷作用制得；也可由 2-戊烯在溴和氢氧化钾的作用下发生加成以及消除两步反应制得。用途：作溶剂、试剂。

1-己炔（1-hexyne） 亦称"丁基乙炔"。CAS 号 693-02-7。分子式 C₆H₁₀，分子量 82.15。无色易燃液体。熔点 -132℃，沸点 71～72℃，密度 0.715 g/mL，折射率 1.399 4。不溶于水，溶于乙醇、乙醚等多数有机溶剂。制备：由乙炔钠与丁基溴反应制得。用途：作有机合成试剂。

2-己炔（2-hexyne） 亦称"甲基丙基乙炔"。CAS 号 764-35-2。分子式 C₆H₁₀，分子量 82.15。无色易燃液体。熔点 -89.6℃，沸点 84℃，密度 0.731 g/mL，折射率 1.413 5。不溶于水，溶于多种有机溶剂。制备：由 1-己炔在氢氧化钾的乙醇溶液中重排制得；或由丙炔钠与溴代正丙烷反应制得；或由 2-己烯在溴和氢氧化钾的作用下发生加成以及消除两步反应制得；或由 2,3-二溴己烷通过消除反应制得。用途：作有机合成试剂。

3-己炔（3-hexyne） 亦称"二乙基乙炔"。CAS 号 CH₃CH₂≡≡CH₂CH₃ 928-49-4。分子式 C₆H₁₀，分子量 82.15。无色易燃液体。熔点

－103.2℃,沸点 81.5℃,密度 0.723 g/mL,折射率 1.411 2。不溶于水,溶于大多数有机溶剂。制备:由乙炔钠与溴乙烷反应制得;或由 3,4-二溴己烷发生消除反应制得;还可由 3-己烯在溴和氢氧化钾的作用下发生加成以及消除两步反应制得。用途:作有机合成试剂。

4-甲-2-戊炔(4-methyl-2-pentyne)　亦称"甲基异丙基乙炔"。CAS 号 21020-27-9。分子式 C_6H_{10},分子量 82.15。亮黄色易燃液体。熔点 －110.9℃,沸点 71.0～72.5℃,密度 0.711 g/mL,折射率 1.407 0。不溶于水,溶于大多数有机溶剂。制备:由 4-氯-4-甲基-2-戊炔在三丁基氢化锡作用下制得;或由 4-甲基-2-戊酮在五氯化磷、叔丁醇钾以及二甲亚砜作用下制得。用途:作有机合成试剂。

1-庚炔(1-heptyne)　亦称"正庚炔"。CAS 号 628-71-7。分子式 C_7H_{12},分子量 96.17。无色至淡黄绿色液体,易燃。熔点 －81℃,沸点 99.7℃,密度 0.733 g/mL,折射率 1.408 0。不溶于水,溶于大多数有机溶剂。制备:由乙炔钠与溴代正戊烷反应制得;或由 1,2-二溴庚烷发生消除反应制得;也可由 1-庚烯在氧化铝、镁以及钯的作用下制得;还可由 1-己醛与四溴甲烷在三苯基膦与二氯甲烷的作用下制得。用途:作有机合成原料。

2-庚炔(2-heptyne)　亦称"甲基丁基乙炔"。CAS 号 1119-65-9。分子式 C_7H_{12},分子量 96.17。无色易燃液体。熔点 11.3℃,沸点 112.3℃,密度 0.745 g/mL,折射率 1.423 0。不溶于水,溶于大多数有机溶剂。制备:由乙炔钠与溴丁烷反应制得;或由 2,3-二溴庚烷发生消除反应制得。用途:作有机合成试剂。

3-庚炔(3-heptyne)　亦称"乙基丙基乙炔"。CAS 号 2586-89-2。分子式 C_7H_{12},分子量 96.17。无色易燃液体。熔点 －130.5℃,沸点 107.2℃,密度 0.741 g/mL,折射率 1.422 5。不溶于水,溶于大多数有机溶剂。制备:由 2-戊炔在苯中发生重排反应获得;或由乙炔钠与溴乙烷以及溴丙烷反应制得。用途:作有机合成试剂。

3-甲基-1-己炔(3-methyl-1-hexyne)　CAS 号 40276-93-5。分子式 C_7H_{12},分子量 96.17。无色易燃液体。熔点 －88.7℃,沸点 85.0℃,密度 0.710 g/mL,折射率 1.403 0。不溶于水,溶于大多数有机溶剂。制备:由乙炔钠与 2-溴戊烷反应制得。用途:作有机合成试剂。

5-甲基-1-己炔(5-methyl-1-hexyne)　CAS 号 2203-80-7。分子式 C_7H_{12},分子量 96.17。无色液体,易燃。熔点 －124.6℃,沸点 91.9℃,密度 0.727 g/mL,折射率 1.405 2。不溶于水,溶

于大多数有机溶剂。制备:由乙炔钠与卤代异戊烷反应制得。用途:作有机合成试剂。

1-辛炔(1-octyne)　CAS 号 629-05-0。分子式 C_8H_{14},分子量 96.17。无色至黄色液体,易燃。熔点 －79.6℃,沸点 125℃,密度 0.747 g/mL,折射率 1.415 5。不溶于水,易溶于乙醇、乙醚及其他有机溶剂。制备:由乙炔钠与溴代正己烷反应制得。用途:作溶剂、有机合成中间体。

1-壬炔(1-nonyne)　亦称"壬炔"。CAS 号 3452-09-3。分子式 C_9H_{16},分子量 124.23。无色至浅黄色液体,易燃。熔点 －50.0℃,沸点 150～152℃,密度 0.757 g/mL,折射率 1.421 6。不溶于水,溶于有机溶剂。制备:由乙炔钠与 1-溴代庚烷反应制得。用途:作有机合成试剂。

1-癸炔(1-decyne)　亦称"正辛基乙炔"。CAS 号 764-93-2。分子式 $C_{10}H_{18}$,分子量 138.25。无色或淡黄色液体。熔点 －44.0℃,沸点 174℃,密度 0.766 g/mL,折射率 1.426 8。不溶于水,溶于氯仿等有机溶剂。制备:由乙炔钠与 1-溴代辛烷反应制得。用途:作有机合成试剂。

1-十一炔(1-undecyne)　亦称"1-十一碳炔"。CAS 号 2243-98-3。分子式 $C_{11}H_{20}$,分子量 152.28。无色液体。熔点 －25.0℃,沸点 194.9℃,密度 0.773 g/mL,折射率 1.430 6。不溶于水,溶于氯仿等有机溶剂。制备:由乙炔钠与 1-溴代壬烷反应制得。用途:作有机合成试剂。

1-十二炔(1-dodecyne)　CAS 号 765-03-7。分子式 $C_{12}H_{22}$,分子量 166.31。亮黄色液体。熔点 －19.0℃,沸点 215.0℃,密度 0.778 g/mL,折射率 1.436 5。不溶于水,溶于氯仿等有机溶剂。制备:由乙炔钠与 1-溴代癸烷反应制得。用途:作有机合成试剂。

1-十三炔(1-tridecyne)　亦称"1-十三碳炔"。CAS 号 26186-02-7。分子式 $C_{13}H_{24}$,分子量 180.33。无色至淡黄色液体。熔点 2.5℃,沸点 234℃,密度 0.784 g/mL,折射率 1.437 4。不溶于水,溶于氯仿等有机溶剂。制备:由乙炔钠与 1-溴代十一烷反应制得。用途:作有机合成试剂。

1-十四炔(1-tetradecyne)　亦称"1-十四碳炔"。CAS 号 765-10-6。分子式 $C_{14}H_{26}$,分子量 194.36。易燃液体。熔点 2.5℃,沸点 252℃,密度 0.790 g/mL,折射率 1.439 6。不溶于水,溶于常见低极性有机溶剂。制备:由乙炔钠与 1-溴代十二烷反应制得。用途:作有机合成试剂。

1-十五炔（1-pentadecyne）　CAS 号 765-13-9。分子式 C$_{15}$H$_{28}$，分子量 208.38。无色液体。熔点 10℃，沸点 131～137℃（12 Torr），密度 0.794^{20} g/mL，折射率 1.442 2。不溶于水，溶于大部分有机溶剂。制备：由乙炔钠与 1-溴代十三烷反应制得，用途：作有机合成试剂。

1-十六炔（1-hexadecyne）　CAS 号 629-74-3。分子式 C$_{16}$H$_{30}$，分子量 222.42。无色液体。熔点 15℃，沸点 144℃（10 Torr），密度 0.796^{20} g/mL，折射率 1.441 9。不溶于水，溶于多数有机溶剂。制备：由乙炔钠与 1-溴代十四烷反应制得。用途：作有机合成试剂。

1-十七炔（1-heptadecyne）　CAS 号 26186-00-5。分子式 C$_{17}$H$_{32}$，分子量 236.44。无色至淡黄色液体。熔点 22℃，沸点 123℃（0.5 Torr），密度 0.796 g/mL，折射率 1.445 7。不溶于水，溶于大部分有机溶剂。制备：由乙炔钠与 1-溴代十五烷反应制得。用途：作有机合成试剂。

1-十八炔（1-octadecyne）　CAS 号 629-89-0。分子式 C$_{18}$H$_{34}$，分子量 250.46。无色至淡黄色液体或低熔点固体。熔点 26.7℃，沸点 140℃（1 Torr），密度 0.803 g/mL，折射率 1.444 6。不溶于水，溶于大部分有机溶剂。制备：由乙炔钠与 1-溴代十六烷反应制得，用途：作有机合成试剂。

苯乙炔（phenylacetylene）　亦称"乙炔基苯"。CAS 号 536-74-3。分子式 C$_8$H$_6$，分子量 102.14。无色易燃液体。熔点 -44.8℃，沸点 142～144℃，密度 0.930 g/mL，折射率 1.549 0。不溶于水，混溶于醇、醚。制备：可由 α，β-二溴苯乙烷通过消除反应制得；或由 β-溴代苯乙烯通过消除反应制得。用途：作医药中间体及有机合成中间体。

1-苯基-1-丙炔（1-phenyl-1-propyne）　亦称"1-苯基丙炔""1-甲基-2-苯乙炔""苯基甲基乙炔"。CAS 号 673-32-5。分子式 C$_9$H$_8$，分子量 116.16。黄色透明液体。沸点 185～186℃，密度 0.928 g/mL，折射率 1.564 3。微溶于水，溶于大多数有机试剂。制备：由苯乙炔、碘甲烷、正丁基锂在四氢呋喃中反应制得；或由乙基苯基砜和苯甲醛反应制得；也可由碘苯在三苯基膦氯化钯、碘化亚铜、三乙胺的催化下制得。用途：作试剂，用于有机合成。

4-苯基-1-丁炔（4-phenyl-1-butyne）　亦称"2-苯基乙炔"。CAS 号 16520-62-0。分子式 C$_{10}$H$_{10}$，分子量 130.19。无色液体。沸点 190℃，密度 0.926 g/mL，折射率 1.521 9。难溶于水，溶于大多数有机试剂。制备：由 4-苯基-1-丁烯脱氢制得；或由苯丁醇在硫酰氟、1,8-二氮杂双环[5.4.0]十一碳-7-烯、氟化铯的作用下反应制得；或由（叔丁基亚氨基）三（吡咯烷）膦与 4-苯基丁醛和全氟丁基磺酰氟反应制得。用途：作有机合成试剂。

3-甲基苯乙炔（3-ethynyltoluene）　亦称"间甲苯乙炔"。CAS 号 766-82-5。分子式 C$_9$H$_8$，分子量 116.16。淡黄色液体。沸点 170～175℃，密度 0.900 g/mL，折射率 1.544 0。不溶于水，溶于大多数有机溶剂。制备：由 3-甲基碘苯与 1-三甲基硅烷乙炔反应得到（3-甲基苯乙炔基）三甲基硅烷，再与碳酸钾反应制得。用途：作有机合成试剂。

4-甲基苯乙炔（4-ethynyltoluene）　亦称"对甲基苯基乙炔""对甲基苯乙炔"。CAS 号 766-97-2。分子式 C$_9$H$_8$，分子量 116.16。无色或淡黄色透明液体。熔点 95～97℃，沸点 64～66.5℃（16 Torr），密度 0.916 g/mL，折射率 1.547 0。不溶于水，溶于大多数有机溶剂。制备：由 4-甲基碘苯与 1-三甲基硅烷乙炔反应得到（4-甲基苯乙炔基）三甲基硅烷，再与碳酸钾反应制得。用途：作有机合成中间体。

2-甲基苯乙炔（2-ethynyltoluene）　亦称"邻甲基苯乙炔"。CAS 号 766-47-2。分子式 C$_9$H$_8$，分子量 116.16。易燃固体。熔点 285℃（分解），沸点 60℃（10 Torr），密度 0.922 g/cm^3，折射率 1.542 6^{20}。不溶于水，溶于氯仿等有机溶剂。制备：由 2-甲基碘苯与 1-三甲基硅烷乙炔反应得到（2-甲基苯基乙炔基）三甲基硅烷，再与碳酸钾反应制得。用途：作有机合成试剂。

4-乙基苯乙炔（4-ethylphenylacetylene）　亦称"对乙基苯乙炔"。CAS 号 40307-11-7。分子式 C$_{10}$H$_{10}$，分子量 130.19。白色晶体。沸点 190～192℃，密度 0.930 g/cm^3，折射率 1.536^{20}。不溶于水，溶于大多数有机溶剂。制备：由 4-乙基碘苯与 1-三甲基硅烷乙炔反应得到（4-乙基苯乙炔基）三甲基硅烷，再与碳酸钾反应制得。用途：作有机合成试剂。

1-乙炔基-2-氟苯（1-ethynyl-2-fluorobenzene）　亦称"邻氟苯乙炔"。CAS 号 766-49-4。分子式 C$_8$H$_5$F，分子量 120.12。黄色液体。沸点 150℃，密度 1.06 g/mL，折射率 1.524。不溶于水，溶于大多数有机溶剂。制备：由 2-氟碘苯与 1-三甲基硅烷乙炔反应得到（2-氟苯乙炔基）三甲基硅烷，再与碳酸钾反应制得。用途：作有机合成试剂。

3,5-双三氟甲基苯乙炔(3,5-bis(trifluoromethyl) phenylacetylene) CAS 号 88444-81-9。分子式 $C_{10}H_4F_6$，分子量 238.13。无色液体。沸点 147～148℃，密度 1.346 g/mL，折射率 1.423 0。不溶于水，溶于大多数有机溶剂。制备：由 3,5-二三氟甲基碘苯与 1-三甲基硅烷乙炔反应得到(3,5-二三氟甲基苯乙炔基)-三甲基硅烷，再与碳酸钾反应制得。用途：作有机合成试剂。

3-氯苯乙炔(3-chlorophenylacetylene) 亦称"间氯苯乙炔"。CAS 号 766-83-6。分子式 C_8H_5Cl，分子量 136.58。淡黄色液体。沸点 103℃（56 Torr），密度 1.109 g/mL，折射率 1.562 3。不溶于水，溶于丙酮、氯仿等有机溶剂。制备：由 3-氯-碘苯与 1-三甲基硅烷乙炔反应得到(3-氯苯基乙炔基)-三甲基硅烷，再与碳酸钾反应制得。用途：作有机合成试剂；也可用作聚芳炔合成的原料。

4-氯苯乙炔(4-chlorophenylacetylene) 亦称"对氯苯乙炔"。CAS 号 873-73-4。分子式 C_8H_5Cl，分子量 136.58。黄色晶体粉末。熔点 45～47℃，沸点 84℃（25 Torr），密度 1.240^{50} g/mL，折射率 1.24^{50}。不溶于水，溶于甲醇、乙醇、丙酮、氯仿、二氯甲烷、乙酸乙酯、己烷、四氢呋喃及甲苯等有机溶剂。制备：由 4-氯-碘苯与 1-三甲基硅烷乙炔反应得到(4-氯苯基乙炔基)-三甲基硅烷，再与碳酸钾反应制得。用途：作有机合成试剂。

4-丙基苯乙炔(1-eth-1-ynyl-4-propylbenzene) 亦称"正丙基乙炔""4-丙基苯乙炔"。CAS 号 62452-73-7。分子式 $C_{11}H_{12}$，分子量 144.22。黄色液体。沸点 204.9℃，密度 0.910 g/mL，折射率 1.534 0。不溶于水，易溶于乙醇、乙醚等有机溶剂。制备：由 4-丙基碘苯与 1-三甲基硅烷乙炔反应得到(4-丙基苯乙炔基)-三甲基硅烷，再与碳酸钾反应制得。用途：作有机合成试剂。

4-丁基苯乙炔(1-butyl-4-eth-1-ynylbenzene) 亦称"4-正丁基苯乙炔""1-丁基-4-乙炔苯"。CAS 号 79887-09-5。分子式 $C_{12}H_{14}$，分子量 158.24。黄色液体。沸点 225.2℃，密度 0.906 g/mL，折射率 1.527 0。不溶于水，易溶于乙醇、乙醚等有机溶剂。制备：由 4-丁基碘苯与 1-三甲基硅烷乙炔反应得到(4-丁基苯乙炔基)-三甲基硅烷，再与碳酸钾反应制得。用途：作有机合成试剂。

4-氟苯乙炔(4-fluorophenylacetylene) 亦称"对氟苯乙炔"。CAS 号 766-98-3。分子式 C_8H_5F，分子量 120.13。淡黄色固体。熔点 26℃，沸点 34.0℃（10 Torr），密度 1.048 g/cm³，折射率 $1.516\ 1^{20}$。不溶于水，与氯仿、乙醚、丙酮、二氯甲烷等混溶。制备：由 4-氟碘苯与 1-三甲基硅烷乙炔反应得到(4-氟苯乙炔基)-三甲基硅烷，再与碳酸钾反应制得。用途：作有机合成试剂。

1-乙炔基-3-氟苯(3-fluorophenylacetylene) 亦称"间氟苯乙炔"。CAS 号 2561-17-3。分子式 C_8H_5F，分子量 120.13。淡黄色固体。沸点 138℃，密度 1.039 g/cm³，折射率 $1.517\ 5^{20}$。不溶于水，与氯仿、乙醚、丙酮、二氯甲烷等有机溶剂混溶。制备：由 3-氟碘苯与 1-三甲基硅烷乙炔反应得到(3-氟苯乙炔基)-三甲基硅烷，再与碳酸钾反应制得。用途：作有机合成试剂。

1-氯-2-乙炔基苯(1-chloro-2-ethnylbenzene) 亦称"邻氯苯乙炔"。CAS 号 873-31-4。分子式 C_8H_5Cl，分子量 136.58。无色或黄色液体。沸点 75℃（20 Torr），密度 1.125 g/mL，折射率 1.561 3。不溶于水，溶于己烷等多种有机溶剂。制备：由 2-氯碘苯与 1-三甲基硅烷乙炔反应得到(2-氯苯乙炔基)-三甲基硅烷，再与碳酸钾反应制得。用途：作有机合成试剂。

2-溴苯乙炔(1-bromo-2-ethynylbenzene) 亦称"邻溴苯乙炔"。CAS 号 766-46-1。分子式 C_8H_5Br，分子量 181.03。无色或黄色液体。沸点 92～93℃（20 Torr），密度 1.443 g/mL，折射率 1.596 5。不溶于水，溶于多种有机溶剂。制备：由 2-溴碘苯与 1-三甲基硅烷乙炔反应得到(2-溴苯乙炔基)-三甲基硅烷，再与碳酸钾反应制得。用途：作有机合成试剂。

3-溴苯乙炔(3-Bromophenylacetylene) 亦称"间溴苯乙炔"。CAS 号 766-81-4。分子式 C_8H_5Br，分子量 181.03。无色或黄色液体。沸点 211.8℃，密度 1.447 g/mL，折射率 1.596 3。不溶于水，与大多有机溶剂混溶。制备：由 3-溴碘苯与 1-三甲基硅烷乙炔反应得到(3-溴苯乙炔基)-三甲基硅烷，再与碳酸钾反应制得。用途：作有机合成试剂。

(4-溴苯基)乙炔(4-Bromophenylacetylene) 亦称"对溴苯乙炔"。CAS 号 766-96-1。分子式 C_8H_5Br，分子量 181.03。白色或淡黄色固体粉末。熔点 64～67℃，沸点 88～90℃（16 Torr）。不溶于水，溶于氯仿、乙醚和乙醇等有机溶剂。制备：由 4-溴碘苯与 1-三甲基硅烷乙炔反应得到(4-溴苯乙炔基)-三甲基硅烷，再与碳酸钾反应制得。用途：作有机合成试剂。

2-甲氧基苯乙炔(2-methoxyphenylacetylene) 亦称"邻甲氧基苯乙炔"。CAS 号 767-91-9。分子式 C_9H_8O，分子量 132.16。无色或黄色液体，或低熔点固体。熔点 23.5～24℃，沸点

197℃,密度 1.022 g/mL,折射率 1.572 0。不溶于水,溶于氯仿等有机溶剂。制备:由 2-甲氧基碘苯与 1-三甲基硅烷乙炔反应得到(2-甲氧基苯乙炔基)-三甲基硅烷,再与碳酸钾反应制得。用途:作有机合成试剂。

4-甲氧基苯乙炔(4-methoxyphenylacetylene) 亦称"对甲氧基苯乙炔"。CAS 号 768-60-5。分子式 C_9H_8O,分子量 132.16。淡黄色液体或低熔点固体。熔点 26~27℃,沸点 90~95℃(10 Torr),密度 1.008^{17} g/cm^3,折射率 $1.563 0^{20}$。不溶于水,溶于氯仿、丙酮、二氯甲烷、甲醇等有机溶剂。制备:由 4-甲氧基苯苯与 1-三甲基硅烷乙炔反应得到(4-甲氧基苯乙炔基)-三甲基硅烷,再与碳酸钾反应制得。用途:作有机合成试剂。

3-甲氧基苯乙炔(3-methoxyphenylacetylene) 亦称"间甲氧基苯乙炔"。CAS 号 768-70-7。分子式 C_9H_8O,分子量 132.16。无色或淡黄色液体。沸点 110~114℃(35 Torr),密度 1.04 g/mL,折射率 1.555 9。微溶于水,溶于氯仿等有机溶剂。制备:由 3-甲氧基碘苯与 1-三甲基硅烷乙炔反应得到(3-甲氧基苯乙炔基)-三甲基硅烷,再与碳酸钾反应制得。用途:作有机合成试剂。

4-三氟甲氧基苯乙炔(4-(trifluoromethoxy)phenylacetylene) 亦称"对三氟甲氧基苯乙炔"。CAS 号 160542-02-9。分子式 $C_9H_5F_3O$,分子量 186.13。无色液体,有刺激性。折射率 1.455 4。制备:由 4-三氟甲氧基碘苯与 1-三甲基硅烷乙炔反应得到(4-三氟甲氧基苯乙炔基)-三甲基硅烷,再与碳酸钾反应制得。用途:作有机合成试剂。

4-异丙基苯乙炔(4-isopropylphenylacetylene) 亦称"对异丙基苯乙炔"。CAS 号 23152-99-0。分子式 $C_{11}H_{12}$,分子量 144.22。无色或淡黄色液体。沸点 79~81℃(12 Torr),密度 0.904 g/mL,折射率 1.529 6。不溶于水,溶于氯仿等有机溶剂。制备:由 4-异丙基碘苯与 1-三甲基硅烷乙炔反应得到(4-异丙基苯乙炔基)-三甲基硅烷,再与碳酸钾反应制得。用途:作有机合成试剂。

1-乙炔基-2,4-二甲基苯(1-ethynyl-2,4-dimethylbenzene) CAS 号 16017-30-4。分子式 $C_{10}H_{10}$,分子量 130.19。黄色液体。沸点 184~186℃,76℃(17 Torr),密度 0.926^{12} g/mL,折射率 1.546 8。不溶于水,溶于氯仿等有机溶剂。制备:由 2,4-二甲基碘苯与 1-三甲基硅烷乙炔反应得到(2,4-二甲基苯乙炔基)-三甲基硅烷,再与碳酸钾反应制得。用途:作有机合成试剂。

2,4,6-三甲基苯乙炔(2,4,6-trimethylphenylacetylene) CAS 号 769-26-6。分子式 $C_{11}H_{12}$,分子量 144.22。无色液体。熔点 2.7~3.5℃,沸点 210~215℃,密度 0.921 g/mL,折射率 1.543 5。不溶于水,溶于氯仿等有机溶剂。制备:由 2,4,6-三甲基碘苯与 1-三甲基硅烷乙炔反应得到(2,4-二甲基苯乙炔基)-三甲基硅烷,再与碳酸钾反应制得。用途:作有机合成试剂。

(3,3,3-三氟丙-1-炔基)苯(3,3,3-trifluoroprop-1-ynylbenzene) CAS 号 772-62-3。分子式 $C_9H_5F_3$,分子量 170.13。无色或黄色液体。沸点 165.0℃,密度 1.160 g/mL,折射率 1.461 5。不溶于水,溶于氯仿等有机溶剂。制备:可由末端炔烃和(三氟甲基)三甲基硅烷反应制得。用途:作有机合成试剂、有机合成中间体。

4-己基苯乙炔(4-hexylphenylacetylene) CAS 号 79887-11-9。分子式 $C_{14}H_{18}$,分子量 186.30。黄色液体。沸点 80℃(0.2 Torr),密度 0.89 g/mL,折射率 1.5170~1.5210。不溶于水,溶于氯仿等有机溶剂。制备:由 4-己基碘苯与 1-三甲基硅烷乙炔反应得到(4-己基苯乙炔基)-三甲基硅烷,再与碳酸钾反应制得。用途:作有机合成中间体。

4-庚基苯乙炔(4-heptylphenylacetylene) CAS 号 79887-12-0。分子式 $C_{15}H_{20}$,分子量 200.33。黄色液体。沸点 281.5℃,密度 0.90 g/mL,折射率 1.510 7。不溶于水,溶于氯仿等有机溶剂。制备:由 4-庚基碘苯与 1-三甲基硅烷乙炔反应得到(4-庚基苯乙炔基)-三甲基硅烷,再与碳酸钾反应制得。用途:作有机合成中间体。

4-辛基苯乙炔(4-octylphenylacetylene) CAS 号 79887-13-1。分子式 $C_{16}H_{22}$,分子量 214.35。黄色油状液体。沸点 299℃,密度 0.89 g/mL,折射率 1.505 0。不溶于水,溶于氯仿等有机溶剂。制备:由 4-辛基碘苯与 1-三甲基硅烷乙炔反应得到(4-辛基苯乙炔基)-三甲基硅烷,再与碳酸钾反应制得。用途:作有机合成中间体。

4-(反式-4-戊基环己基)苯乙炔(4-(trans-4-pentylcyclohexyl)phenylacetylene) CAS 号 88074-72-0。分子式 $C_{19}H_{26}$,分子量 254.41。固体。熔点 39.4℃。不溶于水,溶于氯仿等有机溶剂。制备:由 4-(反式-4-戊基环己基)碘苯与 1-三甲基硅烷乙炔反应得到(4-(反式-4-戊基环己基)苯乙炔基)-三甲基硅烷,再与碳酸钾反应制得。

用途：作有机合成中间体。

1-（2-苯乙基）-4-（苯乙炔基）苯（1-（2-phenylethyl)-4-(phenylethynyl) benzene）　CAS号906650-60-0。分子式

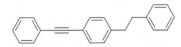

C$_{22}$H$_{18}$，分子量282.38。固体。熔点104～106℃。制备：由溴苯与三甲基甲硅烷基乙炔反应得到的产物与4-乙苯碘苯反应制得。用途：作有机合成中间体。

1,10-十一碳二炔（1,10-undecadiyne）　CAS号4117-15-1。分子式C$_{11}$H$_{16}$，分子量148.24。无色液体。熔点-17.0℃，沸点82.5～83.0℃（12 Torr），密度0.818 g/mL，折射率1.453 0。制备：由乙炔锂乙二胺络合物与1,7-二溴庚烷反应制得。用途：作有机合成中间体。

1,4-二乙炔基苯（1,4-diethynylbenzene）　亦称"对苯二乙炔"。CAS号935-14-8。分子式C$_{10}$H$_{6}$，分子量126.15。白色或黄色晶体粉末。熔点94～98℃，密度1.100 g/cm^3。不溶于水，溶于氯仿等有机溶剂。制备：由对二溴苯与三甲基甲硅烷基乙炔反应得到1,4-双(2-(三甲基甲硅烷基)乙炔基)苯，再与碳酸钾反应制得。用途：作合成材料中间体。

1-乙炔基-4-（苯乙炔基）苯（1-ethynyl-4-(phenylethynyl) benzene；4-ethynyltolane）　CAS号92866-00-7。分子式C$_{16}$H$_{10}$，分子量202.25。白色或黄色固体。熔点83.3℃，密度1.100 g/cm^3。制备：由((3-溴苯基)乙炔基)三甲基硅烷在三苯基膦氯化钯和碘化亚铜的作用下反应，所得产物再与碳酸钾反应制得。用途：作合成材料中间体。

9,10-双苯乙炔基蒽（9,10-bis(phenylethynyl) anthracene）　CAS号10075-85-1。分子式C$_{30}$H$_{18}$，分子量378.46。橙色固体。熔点248～250℃，不溶于水，溶于二硫化碳、醇、苯、氯仿等大多有机溶剂。制备：由9,10-二溴蒽在三苯基膦氯化钯和碘化亚铜的作用下与芳基乙炔通过偶联反应制得。用途：作绿色荧光剂。

1,7,13-十四碳三炔（1,7,13-tetradecatriyne）

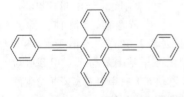

CAS号872-21-9。分子式C$_{14}$H$_{18}$，分子量186.30。液体。熔点-3.0℃，沸点100～105℃（0.2 Torr），折射率1.482 1。制备：由1,10-二氯-5-癸炔和乙炔钠反应制得。用途：作有机合成中间体。

1-溴-2,5,8-十一碳三炔（1-bromoundeca-2,5,8-triyne）　CAS号34498-25-4。分子式C$_{11}$H$_{11}$Br，分子量223.11。固体。熔点27.8～30.2℃，沸点110.0～114.5℃（0.2 Torr）。制备：由2,5,8-十一碳三炔-1-醇通过取代反应制得。用途：作有机合成中间体。

1,3,5-三乙炔基苯（1,3,5-triethynylbenzene）

CAS号7567-63-7。分子式C$_{12}$H$_{6}$，分子量150.18。白色或黄色固体粉末。熔点101～103℃。不溶于水，与醇混溶。制备：制备：由1,3,5-三(2-(三甲基甲硅烷基)乙炔基)苯与碳酸钾反应制得。用途：作试剂及合成材料中间体。

1,4-双（苯乙炔基）苯（1,4-bis(phenylethynyl) benzene）　亦称"1,4-双(苯基乙炔)苯"。CAS号1849-27-0。

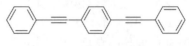

分子式C$_{22}$H$_{14}$，分子量278.35。白色至浅黄色结晶粉末。熔点175～177℃，250℃（12 Torr）升华，密度1.165 g/cm^3。不溶于水，溶于氯仿等有机溶剂。制备：由1,4-二碘苯和苯乙炔在三乙胺、碘化亚铜、三苯基膦氯化钯的作用下反应制得。用途：作有机合成试剂。

1-辛烯-7-炔（1-octen-7-yne）　CAS号65909-92-4。分子式C$_{8}$H$_{12}$，分子量108.18。无色液体。沸点122.2℃，密度0.91 g/mL。不溶于水，溶于氯仿等有机溶剂。制备：由5-溴-1-戊烯与乙炔锂乙二胺络合物反应制得。用途：作有机合成中间体。

1-氯-6,6-二甲基-2-庚烯-4-炔（1-chloro-6,6-dimethyl-2-heptene-4-yne）　CAS号126764-17-8。分子式C$_9$H$_{13}$Cl，分子量156.65。无色至黄色液体。沸点207.5℃，密度0.95 g/mL，折射率1.485 0。与醇混溶，不溶于水。制备：由6,6-二甲基庚-1-烯-4-烯-3-醇与氯化氢或三氯化磷反应制得。用途：作生产盐酸特比萘芬的关键中间体。

环壬炔（cyclononyne）　CAS号6573-52-0。分子式C$_9$H$_{14}$，分子量122.21。无色液体。沸点180.4℃，密度0.86 g/mL，折射率1.488。不溶于水，溶于氯仿等有机溶剂。制备：由环壬烷-1,2-二腙与氢氧化钾在氧化汞存在下反应制得。用途：作有机合成中间体。

环癸炔（cyclodecyne）　CAS号3022-41-1。分子式C$_{10}$H$_{16}$，分子量136.24。无色液体。沸点204℃，密度0.86 g/mL，折射率1.471 2。不溶于水，溶于二氯甲烷、氯仿等有机溶剂。制备：由环癸烷-

1,2-二腈与氢氧化钾反应制得。用途：作有机合成试剂。

1,5-环辛二烯-3-炔（1,5-cyclooctadiene-3-yne） CAS 号 68344-46-7。分子式 C_8H_8，分子量 104.15。液体。熔点 -15℃。不溶于水，溶于二氯甲烷、氯仿等有机溶剂。制备：由 2,6-环辛二烯-1-酮经还原反应制得。用途：作有机合成中间体。

1,7-环十二碳二炔（1,7-cyclododecadiyne） CAS 号 4641-85-4。分子式 $C_{12}H_{16}$，分子量 160.26。固体。熔点 38.9℃，沸点 87℃（0.2 Torr）。不溶于水，溶于丙酮、氯仿等有机溶剂。制备：由 1,4-二溴丁烷和 1,7-二辛炔二钠反应制得。用途：可作有机合成中间体。

1,7-环十三碳二炔（1,7-cyclotridecadiyne） CAS 号 4533-25-9。分子式 $C_{13}H_{18}$，分子量 174.29。无色液体。熔点 7～8℃，沸点 83～84℃（0.08 Torr），密度 0.91 g/mL，折射率 1.506。不溶于水，溶于氯仿等有机溶剂。制备：由 1,4-二溴丁烷和 1,7-二壬炔二钠反应制得。用途：作有机合成中间体。

1,8-环十四二炔（1,8-cyclotetradecadiyne） CAS 号 1540-80-3。分子式 $C_{14}H_{20}$，分子量 188.31。固体。熔点 100℃，沸点 100～110℃（0.001 Torr），密度 1.040 g/cm³。不溶于水，溶于丙酮、氯仿等有机溶剂。制备：由 1,5-二溴戊烷与 1,8-壬二炔钠反应制得。用途：作有机合成中间体。

1,8-环十五二炔（1,8-cyclopentadecadiyne） CAS 号 4277-42-3。分子式 $C_{15}H_{22}$，分子量 202.34。固体。熔点 40℃，沸点 105～115℃（0.001 Torr）。不溶于水，溶于氯仿等有机溶剂。制备：由 1,6-二溴己烷与 1,8-壬二炔钠反应制得。用途：作有机合成中间体。

苯（benzene） CAS 号 71-43-2。化学式 C_6H_6，分子量 78.11。无色至淡黄色液体，易燃，有毒！熔点 5.5℃，沸点 80.1℃，密度 0.874 g/mL，折射率 1.5010。不溶于水，溶于大多数有机溶剂。存在于高温焦油中。制备：由高温焦油精馏制得。用途：作溶剂、试剂、有机化工原料；也作提高汽油辛烷值的掺和剂、测定折射率时用作标准样品；还可作为精密光学仪器、电子工业等的溶剂和清洗剂。

甲苯（toluene） 亦称"甲基苯"。CAS 号 108-88-3。分子式 C_7H_8，分子量 92.14。无色液体，易燃。熔点 -95.5℃，沸点 110.6℃，密度 0.87 g/mL，折射率 1.496 2。微溶于水，溶于乙醇、乙醚、丙酮、氯仿、二硫化碳和乙酸。制备：由煤和石油中提取制得。用途：作试剂、溶剂、有机化工原料。

乙苯（ethylbenzene） 亦称"乙基苯"。CAS 号 100-41-4。分子式 C_8H_{10}，分子量 106.17。无色液体，易燃。熔点 -95.0℃，沸点 136.2℃，密度 0.867 g/mL，折射率 1.495 3。不溶于水，溶于乙醇、醚等多数有机溶剂。制备：以苯为原料与乙烯通过多种催化剂催化制得；或由含烯烃的废气与芳烃为原料选择性烷基化制得；也可由羟基乙基苯在三氟乙酸和三乙基硅烷的催化下制得。用途：作生成苯乙烯的原料、有机合成试剂、色谱标准物质和溶剂；作合霉素和氯霉素等药物的中间体。

正丙基苯（n-propylbenzene） 亦称"丙苯""1-苯丙烷"。CAS 号 103-65-1。分子式 C_9H_{12}，分子量 120.20。无色液体，易燃。熔点 -99.6℃，沸点 159.2～159.3℃，密度 0.862 g/mL，折射率 1.491 1。微溶于水，溶于乙醇、乙醚等多数有机溶剂。制备：由 1-苯基丙-1-酮在 Zn-Hg/HCl 的条件下还原而得。用途：作溶剂、试剂。

异丙基苯（isopropylbenzene） 亦称"异丙苯""枯烯"。CAS 号 98-82-8。分子式 C_9H_{12}，分子量 120.20。无色液体，易燃。熔点 -96.2℃，沸点 152.2～153.9℃，密度 0.864 g/mL，折射率 1.491 2。不溶于水，溶于乙醇、乙醚、四氯化碳和苯等有机溶剂。制备：由苯与丙烯进行烷基化反应制得。用途：作生产苯酚和丙酮的原料；或者用作提高燃料油辛烷值的添加剂；也可用作合成香料和聚合引发剂的原料；还可用作合成除草剂异丙隆的中间体。

丁苯（butylbenzene） 亦称"丁基苯"。CAS 号 104-51-8。分子式 $C_{10}H_{14}$，分子量 134.22。无色液体，易燃。熔点 -88℃，沸点 183.3℃，密度 0.860 g/mL，折射率 1.489 4。不溶于水，与乙醇、乙醚、苯等有机溶剂互溶。制备：由丁酰基苯在 Zn-Hg/HCl 的条件下还原而得；或由丁基溴化镁和氯苯反应制得；也可由 4-苯基-1-丁炔加氢制得。用途：作试剂、溶剂、有机合成原料。

仲丁基苯（sec-butylbenzene） 亦称"仲丁苯""2-苯基丁烷"。CAS 号 135-98-8。分子式 $C_{10}H_{14}$，分子量 134.22。无色液体，易燃。熔点 -75.5℃，沸点 173.4℃，密度 0.863 g/mL，折射率 1.490 5。不溶于水，与乙醇、乙醚、苯等有机溶剂互溶。制备：由苯基溴化镁 2-碘丁烷反应制备；或由苯与仲丁基氯反应制备。用途：作涂料和有机合成溶剂；还可用作增塑剂。

叔丁基苯（tert-butylbenzene） 亦称"2-甲基-2-苯基丙烷"。CAS 号 98-06-6。分子式 $C_{10}H_{14}$，分子量 134.22。无色液体，易燃。熔点 -58℃，沸点 169℃，密度 0.867 g/mL，折射率 1.492。不溶于水，溶于乙醇、苯等多数有机溶剂。制备：

由苯与叔丁醇在无水三氯化铝作用下反应制得；或由异丁烯和苯反应制得。用途：作杀菌剂丁苯吗啉、苯锈啶和杀螨剂哒螨灵的中间体；也作抗过敏性药物安其敏、盐酸氯苯丁嗪的中间体；也可作有机合成试剂、聚合用溶剂及交联剂。

2-甲基丙基苯（(2-methylpropyl)benzene）　亦称"异丁基苯""2-甲基-1-苯基丙烷"。CAS 号 538-93-2。分子式 $C_{10}H_{14}$，分子量 134.22。无色液体，易燃。熔点 -51.5℃，沸点 172.8℃，密度 0.853 g/mL。折射率 1.486 9。不溶于水，溶于乙醇、乙醚等有机溶剂。制备：由甲苯、丙烯为原料通过侧链烷基化而得；或由丙烯与甲苯反应制得。用途：作有机合成试剂，生产镇痛解热药布洛芬中间体（异丁基苯乙酮）的原料；也可用于生产涂料、增塑剂、表面活性剂；还用作有机溶剂。

正戊基苯（n-pentylbenzene）　亦称"正戊苯""苯基戊烷"。CAS 号 538-68-1。分子式 $C_{11}H_{16}$，分子量 148.25。无色液体。熔点 -75℃，沸点 205℃，密度 0.863 g/mL，折射率 1.487 2。不溶于水，与乙醇、乙醚、丙酮、苯混溶。制备：由苄基氯化镁与对甲苯磺酸正丁酯反应制得；或由苯硼酸和 1-氯戊烃发生 Suzuki 偶联得到；还可由苯戊酮加氢、脱羟基制得；也可由 5-苯基-1-戊烯加氢得到。用途：作色谱分析标准物质；还可作为石蜡、巴西棕榈蜡的溶剂。

(3-甲基丁基)苯（(3-methylbutyl)benzene）　亦称"异戊基苯"。CAS 号 2049-94-7。分子式 $C_{11}H_{16}$，分子量 148.25。无色液体。沸点 198~199℃，密度 0.853^{20} g/mL，折射率 1.485 6。不溶于水，溶于多数有机溶剂。制备：由 1-溴代异戊烷与溴苯在金属钠存在下反应制得；或由 3-甲基-4-苯基-1-丁烯加氢制得；还可由溴代苏合香烯和异丙基氯化镁为底物，经过烯烃加氢和还原交叉偶联反应制得。用途：作有机合成中间体。

(2-甲基丁基)苯（(2-methylbutyl)benzene）　CAS 号 3968-85-2。分子式 $C_{11}H_{16}$，分子量 148.25。无色液体。沸点 194~197℃，密度 0.861 g/mL，折射率 1.484 6。不溶于水，溶于多数有机溶剂。制备：由 2-溴丁烷和苄基氯化镁反应制得；或由烯丙基苯和三乙基铝在室温下反应制得；还可由苯和 2-甲基丁酰氯在三氯化铝作用下通过 Friedel-Crafts 反应制得酮，再进行还原制得。用途：作有机合成试剂。

(1-甲基丁基)苯（(1-methylbutyl)benzene）　亦称"2-苯基戊烷"。CAS 号 2719-52-0。分子式 $C_{11}H_{16}$，分子量 148.24。无色液体。沸点 199℃，密度 0.863 g/mL，折

射率 1.487 1。不溶于水，溶于多种有机溶剂。制备：可由 2-溴戊烷和苯硼酸通过 Suzuki 偶联制得；或由 2-苯基-1-戊烯加氢制得；还可由苯和戊烯在醋酸钯为催化剂下制得；也可由苯和 2-溴戊烷在三氯化铝下通过 Friedel-Crafts 反应制得。用途：作试剂、溶剂及有机合成中间体。

庚基苯（heptylbenzene）　亦称"1-苯基庚烷"。CAS 号 1078-71-3。分子式 $C_{13}H_{20}$，分子量 176.30。无色液体。熔点 -48.0℃，沸点 235℃，密度 0.886^{20} g/mL，折射率 1.483 5。不溶于水，溶于氯仿等有机溶剂。制备：由 1-溴庚烷与苯硼酸通过 Suzuki 偶联得到；或由苯乙醇和己醇通过偶联反应制得；还可由环庚三烯酮和 1-碘庚烷反应制得。用途：作有机合成中间体及液晶中间体。

辛基苯（octylbenzene）　亦称"1-苯基辛烷"。CAS 号 2189-60-8。分子式 $C_{14}H_{22}$，分子量 190.32。无色液体。熔点 -36.0℃，沸点 264.5℃，密度 0.858 g/mL，折射率 1.484 2。不溶于水，溶于氯仿等有机溶剂。制备：由 1-碘辛烷和苯基氯化镁 Grignard 试剂反应制得；或由 1-碘辛烷与碘苯或溴苯偶联制得；或由辛基酰苯氢化还原制得。用途：作有机合成中间体。

壬基苯（nonylbenzene）　亦称"1-苯基壬烷"。CAS 号 1081-77-2。分子式 $C_{15}H_{24}$，分子量 204.35。无色液体。熔点 -24.2℃，沸点 281.7~282.2℃，密度 0.858 g/mL，折射率 1.483 8。不溶于水，溶于氯仿等有机溶剂。制备：由 1-壬基苯，在一水合的对甲苯磺酸和 2,3-二氯-5,6-二氰基苯醌的作用下与 1-壬基环己-3-烯醇及苯反应制得。用途：作有机中间体。

癸基苯（decylbenzene）　亦称"1-苯基癸烷"。CAS 号 104-72-3。分子式 $C_{16}H_{26}$，分子量 218.38。无色液体。熔点 -14.4℃，沸点 297.8~297.9℃，密度 0.855 g/mL，折射率 1.483 4。不溶于水，溶于氯仿等有机溶剂。制备：由 1-溴壬烷和苯基溴化镁格氏试剂反应制得；或由 2-碘代乙基苯和 1-辛基氯化镁格氏试剂偶联反应制得；也可由 1-溴癸烷和三丁基苯基锡反应制得；还可由 1-辛烷磺酰氯和苯乙基氯化镁格氏试剂反应制得。用途：作有机合成中间体。

十一烷基苯（undecylbenzene）　亦称"1-苯基十一烷"。CAS 号 6742-54-7。分子式 $C_{17}H_{28}$，分子量 232.41。无色液体。

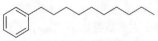
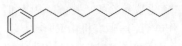

熔点-5.0℃,沸点316.0℃,密度0.855 g/mL,折射率1.482 8。微溶于水,混溶于乙醇、丙酮等多数有机溶剂。制备:由1-溴十一烷和苄基溴化镁格氏试剂反应制得;也由十一苯酮氢化制得;还可由十一烷酰氯和苯通过Friedel-Crafts反应制得酰基苯,再还原而得。用途:作有机合成中间体。

十二烷基苯(dodecylbenzene)　CAS号123-01-3。

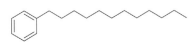

分子式 $C_{18}H_{30}$,分子量 246.44。无色液体。熔点-7.0℃,沸点327.7℃,密度0.856 g/mL,折射率1.482。几乎不溶于水,混溶于乙醇、醚等多数有机溶剂。制备:由1-溴十一烷和苄基三甲基硅烷反应制得;或由十二酸酰基苯氢化得到;也由1-溴壬烷和(3-苯基丙基)溴化镁格氏试剂反应制得;还可由直链十二烯烃与苯为原料,在固体酸催化剂催化下进行烷基化反应制得。用途:作合成洗衣粉的原料;或用于生产软性(可生物降解型)洗涤剂。

十三烷基苯(tridecylbenzene)　CAS号123-02-4。

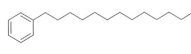

分子式 $C_{19}H_{32}$,分子量260.46。无色液体。熔点10℃,沸点346℃,密度0.855 g/mL,折射率1.482 1。不溶于水,混溶于多数有机溶剂。制备:由1-溴十二烷和苄基三甲基硅烷反应制得;或由十三酸酰基苯氢化得到;也由1-溴癸烷和(3-苯基丙基)溴化镁格氏试剂反应制得;也由直链十三烯烃与苯为原料,在固体酸催化剂催化下进行烷基化反应制得。用途:作有机合成中间体。

十四烷基苯(tetrdecylbenzene)　CAS号1459-10-5。

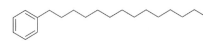

分子式 $C_{20}H_{34}$,分子量274.48。无色至淡黄色液体。熔点15.9℃,沸点359.0℃,密度 0.854^{20} g/mL,折射率1.481 5。不溶于水,混溶于乙醇、醚等多数有机溶剂。制备:由1-溴十三烷和苄基三甲基硅烷反应制得;或由十四酸酰基苯氢化得到;由1-溴十一烷和(3-苯基)丙基溴化镁格氏试剂反应制得;还可由直链十四烯烃与苯为原料,在固体酸催化剂催化下通过烷基化反应制得。用途:作高沸点溶剂及有机合成中间体。

十五烷基苯(pentadecylbenzene)　CAS号2131-18-2。分子式 $C_{21}H_{36}$,分子量288.52。无色至淡黄色液体。熔点11.9℃,沸点373℃、109～111℃(0.3 Torr),密度 0.855^{20} g/mL,折射率1.486 3。不溶于水,混溶于多数有机溶剂。制备:由1-溴十四烷和苄基三甲基硅烷反应制得;或由十五酸酰基苯氢化得到;也由1-溴十二烷和(3-苯基丙基)溴化镁格氏试剂反应制得;还可由直链十五烯烃与苯为原料,在固体酸催化剂催化下进行烷基化反应制得。用途:作高沸点溶剂,有机合成中间体。

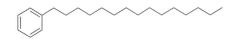

十六烷基苯(hexadecylbenzene)　CAS号1459-09-2。分子式 $C_{22}H_{38}$,分子量302.55。白色固体。熔点27.0℃,沸点385.0℃,密度 0.855^{20} g/cm³。不溶于水,溶于多种有机溶剂。制备:由溴代十五烷和苄基三甲基硅烷反应制得;或由十六苯酮氢化得到;或由溴十三烷和(3-苯基丙基)溴化镁格氏试剂反应制得;也可由十六烷酰氯和苯通过Friedel-Crafts反应制得;还可由直链十六烯烃与苯为原料,在固体酸催化剂催化下进行烷基化反应制得。用途:作有机合成中间体。

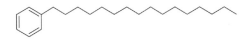

环戊基苯(cyclopentylbenzene)　CAS号700-88-9。

分子式 $C_{11}H_{14}$,分子量146.23。无色或白色固体。熔点 115.0～117.0℃,沸点221.2℃,密度0.956 g/cm³。不溶于水,溶于普通有机溶剂。制备:由溴代环戊烷和苯基溴化镁格氏试剂反应制得;或由环戊烯和苯反应制得;也可由1-苯基环戊烯加氢得到。用途:作有机合成中间体。

环己基苯(cyclohexylbenzene)　CAS号827-52-1。

分子式 $C_{12}H_{16}$,分子量160.26。无色油状液体。熔点6～7℃,沸点239～240℃,密度0.950 g/mL,折射率1.526 2。不溶于水和甘油,易溶于醇、丙酮、苯等有机溶剂。制备:由环己烯加入苯和硫酸的混合物反应制得。用途:作高沸点溶剂,渗透剂;还可作有机合成中间体。

烯丙苯(allylbenzene)　CAS号300-57-2。分子式 C_9H_{10},分子量118.18。无色或淡黄色液体。熔点-40℃,沸点156℃,密度0.892 g/mL,折射率1.512 5。不溶于水,溶于乙醇、乙醚、苯。制备:由溴丙烯和苯基溴化镁格氏试剂反应制得;或由肉桂酸钠与乙二酰氯反应制得。用途:作聚合物单体,如丁甲苯橡胶和耐高温塑料;还可用于制取涂料、热熔胶、增塑剂以及合成麝香等。

1,2-二甲基苯(1,2-dimethylbenzene)　亦称"邻二甲苯"。CAS号95-47-6。分子式 C_8H_{10},分子量106.17。无色液体,易燃。熔点-25.2℃,沸点144.2℃,密度0.879 g/mL,折射率1.505 5。不溶于水,溶于乙醇、乙醚、丙酮、石油醚、苯和四氯化碳。天然存在于煤焦油和某些石油中。制备:由煤焦油中制得;或由混合二甲苯中精馏制得。用途:作试剂、溶剂、有机合成原料及电色谱标准物质;还可作航空汽油添加剂。

1,3-二甲基苯(1,3-dimethylbenzene)　亦称"间二

甲苯"。CAS 号 108-38-3。分子式 C_8H_{10}，分子量 106.17。无色易燃液体。熔点 $-47.9℃$，沸点 139.1℃，密度 0.868 g/mL，折射率 1.497 2。不溶于水，易溶于氯仿，溶于乙醇、乙醚、丙酮和苯。制备：由混合二甲苯精馏制得。用途：作试剂、溶剂、有机合成原料。

1,4-二甲基苯（1,4-xylene）　亦称"对二甲苯"。CAS 号 106-42-3。分子式 C_8H_{10}，分子量 106.17。无色液体，易燃。熔点 13.2℃，沸点 138.3℃，密度 0.868 g/mL，折射率 1.500 4。不溶于水，溶于乙醇、乙醚、丙酮和苯，易溶于氯仿。制备：由石油二甲苯、煤焦油二甲苯通过低温结晶分离法、吸附分离法和络合分离法制得；或由甲苯进行烷基转移反应制得。用途：作试剂、溶剂、有机合成原料。

邻甲乙苯（2-ethyltoluene）　CAS 号 611-14-3。分子式 C_9H_{12}，分子量 120.20。淡黄色液体，易燃。熔点 $-17.0℃$，沸点 $165.1\sim165.2℃$，密度 0.887 g/mL，折射率 1.504 8。微溶于水，易溶于氯仿，溶于乙醇、乙醚、丙酮和苯。制备：由 2-甲基苯乙烯和水合肼在四氢呋喃中反应制得；或由 2-甲基苯乙酮催化加氢制得。用途：作有机合成中间体。

3-乙基甲苯（3-ethyltoluene）　亦称"间甲乙苯"。CAS 号 620-14-4。分子式 C_9H_{12}，分子量 120.20。无色液体，易燃，有刺激性，有害。熔点 $-95.5℃$，沸点 161.3℃，密度 0.865 g/mL，折射率 1.496 6。不溶于水，溶于乙醇、苯等有机溶剂。制备：由间甲乙苯与对甲乙苯的萃取精馏分离制得。用途：作溶剂、有机化工原料，用于制备甲醇汽油添加剂。

对甲乙苯（4-ethyltoluene）　CAS 号 622-96-8。分子式 C_9H_{12}，分子量 120.20。无色液体，易燃。熔点 $-62.3℃$，沸点 162℃，密度 0.861 g/mL，折射率 1.494 9。不溶于水，溶于乙醇、苯等有机溶剂。制备：由间甲乙苯与对甲乙苯的萃取精馏分离得到。用途：作溶剂、有机化工原料；还可用于制备甲醇汽油添加剂。

4-叔丁基甲苯（4-*tert*-butyltoluene）　亦称"对叔丁基甲苯（PTBT）"。CAS 号 98-51-1。分子式 $C_{11}H_{16}$，分子量 148.25。无色液体，易燃。熔点 $-54℃$，沸点 191℃，密度 0.858 g/mL，折射率 1.491 8。不溶于水，易溶于乙醇、乙醚、苯等有机溶剂。制备：由甲苯和溴代叔丁烷制得；或由异丁烯和甲苯在硫酸存在下通过烷基化反应制得。用途：作有机合成中间体，杀螨剂哒螨灵的中间体。

4-正丁基甲苯（4-*n*-butyltoluene）　CAS 号 1595-05-7。分子式 $C_{11}H_{16}$，分子量 148.25。无色液体。熔点 $-85℃$，沸点 207℃，密度 0.858 g/mL，折射率 1.491 6。不溶于水，溶于乙醇、苯等有机溶剂。制备：由 1-溴丙烷和对甲基苄基三甲基硅烷反应制得；或由对甲基丁苯酮通过氢化反应制得；也可由丁酰氯和甲苯反应制得；还可由 1-氯丙烷和甲苯偶联反应制得；还可由丁基溴化镁格氏试剂和对氯甲苯反应制得。用途：作溶剂、有机合成中间体。

1,2-二乙苯（1,2-diethylbenzene）　CAS 号 135-01-3。分子式 $C_{10}H_{14}$，分子量 134.22。无色液体，易燃。熔点 $-31℃$，沸点 183℃，密度 0.880 g/mL，折射率 1.502。不溶于水，溶于乙醇、苯和四氯化碳。制备：由苯和乙烯在三氧化二镓催化下反应制得。用途：作溶剂及有机合成中间体。

1,3-二乙苯（*m*-di-ethylbenzene）　CAS 号 141-93-5。分子式 $C_{10}H_{14}$，分子量 134.22。无色液体，易燃。熔点 $-84℃$，沸点 182℃，密度 0.864^{20} g/mL，折射率 1.495 6。不溶于水，溶于乙醇、乙醚、苯等有机溶剂。制备：由 3-乙基苯乙酮通过黄鸣龙反应制得。用途：作生产二乙烯基苯的原料。

1,4-二乙基苯（1,4-diethylbenzene）　CAS 号 105-05-5。分子式 $C_{10}H_{14}$，分子量 134.22。无色易燃液体。熔点 $-43℃$，沸点 184℃，密度 0.862 g/mL，折射率 1.495。不溶于水，溶于乙醇、苯、四氯化碳。制备：由乙烯和对二氯苯反应制得；或由对乙基苯乙酮通过黄鸣龙反应制得；或由苯和乙烯在三氯化铝催化下反应制得。用途：作吸附分离对二甲苯的解吸剂。

1,2,3-三甲基苯（1,2,3-trimethylbenzene）　亦称"联三甲苯"。CAS 号 526-73-8。分子式 C_9H_{12}，分子量 120.20。无色透明液体。熔点 $-25℃$，沸点 $175\sim176℃$，密度 0.894 g/mL，折射率 1.513 5。不溶于水，溶于乙醇、醚、苯、石油醚、四氯化碳等有机溶剂。制备：由催化重整 C9 芳烃分离装置的副产品为原料，通过精馏制得。用途：作制备苯胺染料、醇酸树脂、聚酯树脂及联苯三甲酸等的原料。

1,2,4-三甲基苯（1,2,4-trimethylbenzene）　CAS 号 95-63-6。分子式 C_9H_{12}，分子量 120.20。无色液体，易燃。熔点 $-44℃$，沸点 168℃，密度 0.876^{20} g/mL，折射率 1.504 8。不溶于水，溶于乙醇、乙醚、苯、丙酮、四氯化碳和石油醚。制备：由催化重整或石脑油裂解所得 C9-C10 芳烃通过蒸馏制得。用途：作有机化工原料。

1,3,5-三甲基苯（1,3,5-trimethylbenzene）　亦称"均三甲苯"。CAS 号 108-67-8。分子式 C_9H_{12}，分子量

120.20。无色液体，易燃。熔点-45.0℃，沸点163～166℃，密度0.864 g/mL，折射率1.498 5。不溶于水，与醇、醚、苯、丙酮混溶。制备：由C9芳烃分离而得；或由偏三甲苯为原料通过异构化法分馏制得。用途：作试剂、溶剂，用于生产均苯三甲酸。

1,2,4-三乙基苯（1,2,4-triethylbenzene）　CAS号877-44-1。分子式$C_{12}H_{18}$，分子量162.28。无色液体。熔点-78.0℃，沸点220～222℃，密度0.872 g/mL，折射率1.500 9。不溶于水，溶于乙醇、乙醚、苯等大部分有机溶剂。制备：由苯和乙烯在铱催化下反应制得；还可由1,2,4-三乙烯基环己烷在三氧化二铝的催化下制得。用途：作溶剂、试剂，用于有机合成。

1,3,5-三乙基苯（1,3,5-triethylbenzene）　CAS号102-25-0。分子式$C_{12}H_{18}$，分子量162.28。无色液体。熔点-66.0℃，沸点215℃，密度0.862 g/mL，折射率1.495 5。不溶于水，溶于乙醇和乙醚。制备：由溴乙烷与苯通过Friedel-Crafts反应制得。用途：作试剂、溶剂、有机合成中间体。

5-叔丁基间二甲苯（5-tert-butyl-m-xylene）　系统名"1-叔丁基-1,3-二甲基苯"。CAS号98-19-1。分子式$C_{12}H_{18}$，分子量162.28。无色液体。熔点-18℃，沸点205～206℃，密度0.867 g/mL，折射率1.495 7。微溶于水，溶于氯仿等有机溶剂。制备：由间二甲苯与叔丁醇反应而得；或由间二甲苯与异丁烯反应而得；或由间二甲苯与叔丁基氯通过Friedel-Crafts反应而得。用途：作医药和香料的中间体。

4-叔丁基邻二甲苯（4-tert-butyl-o-xylene）　系统名"4-叔丁基-1,2-二甲基苯"。CAS号7397-06-0。分子式$C_{12}H_{18}$，分子量162.28。无色液体。熔点-25.4℃，沸点205～210℃，90～91℃（20 Torr），密度0.871 g/mL，折射率1.499 4。不溶于水，溶于氯仿等有机溶剂。制备：由叔丁基氯和邻二甲苯反应制得；或由叔丁基溴或叔丁基碘和邻二甲苯反应制得；也可由间二甲苯与异丁烯反应制得。用途：作有机合成中间体。

1,3,5-三异丙基苯（1,3,5-triisopropylbenzene）　亦称"均三异丙基苯"。CAS号717-74-8。分子式$C_{15}H_{24}$，分子量204.36。无色至淡黄色液体。熔点-14～-11℃，沸点232～236℃，密度0.845 g/mL，折射率1.488 2。不溶于水。制备：由2,4,6-三异丙基溴苯脱溴制得；或由2,4,6-三异丙基氯苯脱氯制得。

得。用途：作有机合成中间体；也作胶束膨胀剂。

3,5-二叔丁基甲苯（3,5-di-tert-butyltoluene）

CAS号15181-11-0。分子式$C_{15}H_{24}$，分子量204.36。无色液体或固体。熔点31～32℃，沸点244℃，密度0.860 g/mL。不溶于水，溶于乙醇、乙醚、苯等大部分有机溶剂。制备：由甲苯和氯代叔丁烷通过Friedel-Crafts反应制得；或由3,5-二叔丁基苄溴脱溴制得。用途：作有机合成中间体。

1,3,5-三叔丁基苯（1,3,5-tri-tert-butylbenzene）　CAS号1460-02-2。分

子式$C_{18}H_{30}$，分子量246.44。白色固体。熔点67～72℃，沸点248℃，密度0.854 g/cm³。不溶于水，溶于乙醇、苯等大部分有机溶剂。制备：由叔丁基氯和苯通过Friedel-Crafts反应制得；或由3,3-二甲基-1-丁炔在铜作为催化剂的条件下三聚环化制得；或由2,4,6-三叔丁基碘苯脱卤反应制得。用途：用作有机合成中间体。

1,2,3,4-四甲基苯（1,2,3,4-tetramethylbenzene）　亦称"连四甲苯"。CAS号

488-23-3。分子式$C_{10}H_{14}$，分子量134.22。无色液体，易燃。熔点-6℃，沸点205℃、46～46.5℃（1.5 Torr），闪点69.7℃，密度0.828 g/mL。不溶于水。溶于乙醇、苯等大部分有机溶剂。制备：由2,3-双（溴甲基）-1,4-二甲基苯用过四氢锂铝还原制得；或由1,2,3-三甲苯与甲醇反应制得。用途：作高沸点溶剂及有机合成中间体。

1,2,3,5-四甲基苯（1,2,3,5-tetramethylbenzene）　亦称"异杜烯"。CAS号527-53-7。分子式$C_{10}H_{14}$，分子量134.22。无色液体。熔点-24℃，沸点198℃，闪点63℃，密度0.891 g/mL，折射率1.512 4。不溶于水，溶于乙醇等大部分有机溶剂。制备：由2,4,6-三甲基溴苯和碘甲烷合成而得；由2,4,6-三甲基苯乙腈或2,4,6-三甲基苯甲醛为原料制得。用途：作高沸点溶剂及有机合成中间体。

二苯基甲烷（diphenylmethane）　亦称"二苯甲烷"。

CAS号101-81-5。分子式$C_{13}H_{12}$，分子量168.24。透明液体或低熔点晶体。熔点22～24℃，沸点264℃，密度1.006 g/mL。不溶于水，溶于乙醇、乙醚、氯仿、苯和环己烷。制备：由氯苄与苯在铝汞齐（或无水三氯化铝，或氯化锌）催化下反应制得；或由二苯酮通过黄鸣龙反应制得；或由二苯甲醇反应制得。用途：作有机合成中间体、测定汞的试剂及气相色谱固定液，有定香能力。

3,4-二甲基-3,4-二苯基己烷（3,4-dimethyl-3,4-

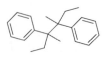

diphenylhexane） CAS 号 10192-93-5。分子式 $C_{20}H_{26}$，分子量 266.43。固体。熔点 55 ～ 57℃，密度 0.939 g/cm³。不溶于水，溶于醇等有机溶剂。制备：由异丁基苯在铂催化下制得；或由二苯基丁烷在钯作为催化剂的条件下反应制得。用途：作有机合成中间体。

三苯基甲烷（triphenylmethane） CAS 号 519-73-3。

分子式 $C_{19}H_{16}$，分子量 244.33。淡黄色粉末。熔点 92～94℃，沸点 358～359℃，密度 1.142 g/cm³。不溶于水，溶于甲苯等有机溶剂。制备：由二苯甲醇与苯反应制得；或由三苯基卤代甲烷脱卤反应制得。用途：作有机合成中间体、气相色谱固定液；也用于芳香烃衍生物及一般烃类的分离。

四苯基甲烷（tetraphenylmethane） CAS 号 630-76-2。分子式 $C_{25}H_{20}$，分子量 320.43。白

色结晶粉末。熔点 270～271℃，沸点 431℃，密度 1.217 g/cm³。不溶于水及酒精、醚、乙酸、轻石油，溶于甲苯。制备方法：由三苯基氯甲烷与苯胺合成而得，也可由三苯基氯甲烷与苯基溴化镁 Grignard 试剂反应制得。用途：作试剂、药物中间体。

1,2-二苯乙烷（1,2-diphenylethane） 亦称"联苄"。

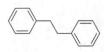

CAS 号 103-29-7。分子式 $C_{14}H_{14}$，分子量 182.26。白色针状或小片状结晶，易燃。熔点 50～53℃，沸点 284℃，密度 1.014 g/cm³，几乎不溶于水，溶于醇，易溶于氯仿、醚、二硫化碳等有机溶剂。制备：由氯化苄与金属钠制得；或由氯化苄在铜存在下反应制得；或由安息香氢化制得。用途：作硝化纤维素的溶剂，电力容器的浸渍剂及无碳复写纸的染料溶剂；还可作塑料增塑剂和高温加热介质。

顺-1,2 二苯乙烯（cis-stilbene） CAS 号 645-49-8。

分子式 $C_{14}H_{12}$，分子量 180.25。淡黄色液体。熔点 −5℃，沸点 82 ～ 84℃（0.4 Torr），密度 1.011 g/mL。不溶于水，溶于乙醇。制备：由苯乙烯及溴苯通过偶联反应制备；或由二苯乙炔反应氢化制得。用途：作试剂、有机合成原料。

反-1,2-二苯乙烯（trans-1,2-diphenyle-thylene）

亦称"1,2-二苯乙烯"。CAS 号 103-30-0。分子式 $C_{14}H_{12}$，分子量 180.25。白色针状晶体。熔点 123.2 ～ 125.0℃，沸点 305.5～307.0℃，密度 1.146^{67} g/cm³。不溶于水，微溶于乙醇，易溶于醚和苯。制备：由苯乙烯与

溴苯通过 Heck 偶联、二苯乙炔氢化及苯乙醛的 McMurry 偶联反应制得；也可由安息香在锌汞齐存在下脱水制得。用途：作有机合成中间体合成天然产物、药物分子和聚合材料；还可作闪烁试剂、荧光增白剂及染料。

1,2-二苯基乙炔（1,2-diphenylethyne） CAS 号

501-65-5。分子式 $C_{14}H_{10}$，分子量 178.23。白色晶体。熔点 59～61℃，沸点 300.0 ± 11.0℃，密度 0.99 g/cm³。不溶于水，溶于乙醚及热乙醇。制备：由二苯乙烯溴化后再与氢氧化钾反应而得；或由苯乙炔与卤代苯在钯作为催化剂的条件下反应通过偶联制得；或由苯乙炔与溴苯在钯作为催化剂的条件下反应制得。用途：作试剂、有机合成中间体。

(1E,3E)-1,4-二苯基-1,3-丁二烯（(1E,3E)-1,4-diphenylbuta-1,3-diene） CAS

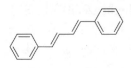

号 886-65-7。分子式 $C_{16}H_{14}$，分子量 206.29。浅黄色晶体。熔点 147 ～ 148℃，沸点 350℃，密度 1.121 g/cm³。不溶于水，微溶于乙醚，溶于乙醇。制备：由 1,4-二苯基丁二炔氢化制得；或由苯乙酸、肉桂醛、PbO 和乙酸酐合成而得。用途：作有机合成中间体。

1,4-二苯基-1,3-丁二炔（1,4-diphenyl-1,3-butadiyne） CAS 号 886-66-

8。分子式 $C_{16}H_{10}$，分子量 202.26。白色结晶粉末。熔点 86～87℃，沸点 200～210℃（3 Torr），密度 1.100 g/cm³。不溶于水，溶于乙醇、丙酮。制备：由苯乙炔通过自偶联反应制备；或由溴代苯乙炔通过自偶联反应制备。用途：作有机合成中间体。

联苯（diphenyl） 亦称"联二苯""1,1'-联苯"。CAS

号 92-52-4。分子式 $C_{12}H_{10}$，分子量 154.21。白色晶体。熔点 68～70℃，沸点 255℃，密度 0.922 g/cm³，折射率 1.5577^{135}。不溶于水，溶于醇、醚、苯等有机溶剂。制备：由亚硝酸钠与苯胺进行重氮化，用碱中和后，再与苯缩合制得；或由卤代苯与苯硼酸通过 Suzuki 偶联反应制得。用途：作试剂，用于医药、农药、增塑剂、防腐剂、染料、液晶材料等合成，也作防霉剂、柑橘包装纸的浸渍剂等。

2-甲基联苯（2-methyl biphenyl） CAS 号 643-58-3。

分子式 $C_{13}H_{12}$，分子量 168.24。无色液体。熔点 −0.2℃，沸点 255.5℃，密度 1.011 g/mL，折射率 1.591。不溶于水，溶于醇、醚、苯等有机溶剂。制备：由 2-氯甲苯或 2-溴甲苯或 2-碘甲苯与苯硼酸通过 Suzuki 偶联反应制得。用途：作有机合成中间体。

3-甲基联苯（3-methylbiphenyl） 亦称"3-苯基甲

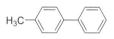

苯"。CAS 号 643-93-6。分子式 $C_{13}H_{12}$，分子量 168.24。无色至黄色液体。熔点 $4\sim5℃$，沸点 $272℃$，密度 $1.018\ g/mL$。不溶于水，溶于醇、醚、苯等有机溶剂。制备：由间溴甲苯及苯硼酸通过 Suzuki 偶联反应制得。用途：作试剂及有机合成中间体。

4-甲基联苯（4-methylbiphenyl）　CAS 号 644-08-6。

分子式 $C_{13}H_{12}$，分子量 168.24。白色结晶粉末。熔点 $44\sim47℃$，沸点 $267\sim268℃$，密度 $0.983\ g/cm^3$。不溶于水，溶于乙醇和醚，溶于有机溶剂。制备：由对溴甲苯及苯硼酸通过 Suzuki 偶联反应制得。用途：作有机合成中间体。

4-乙基联苯（4-ethylbiphenyl）　CAS 号 5707-44-8。

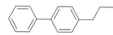

分子式 $C_{14}H_{14}$，分子量 182.27。白色粉末。熔点 $33\sim34℃$，沸点 $149\sim149.8℃$（12 Torr），密度 $0.971\ g/cm^3$。不溶于水，溶于乙醇、乙醚、苯等有机溶剂。制备：由 4-乙酰基联苯通过黄鸣龙反应制备；或由对溴乙苯与苯硼酸通过 Suzuki 偶联反应制得。用途：作有机合成中间体。

4-正丙基联苯（4-propylbiphenyl）　CAS 号 10289-

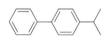

45-9。分子式 $C_{15}H_{16}$，分子量 196.29。透明淡黄色液体或低熔点固体。熔点 $30\sim31℃$，沸点 $162\sim165℃$（6 Torr），密度 $0.971\ g/mL$，折射率 1.585。不溶于水，溶于氯仿，丙酮等有机溶剂。制备：由对溴正丙基苯与苯硼酸通过 Suzuki 偶联反应制得。用途：作有机合成中间体。

4-异丙基联苯（4-isopropylbiphenyl）　CAS 号

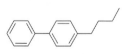

7116-95-2。分子式 $C_{15}H_{16}$，分子量 196.29。无色液体。熔点 $11℃$，沸点 $110\sim112℃$（1 Torr），密度 1.461 g/mL，折射率 1.583。不溶于水，溶于醇、醚、苯等有机溶剂。制备：由对溴异丙基苯与苯硼酸通过 Suzuki 偶联反应制得。用途：作有机合成中间体。

4-丁基联苯（4-butylbiphenyl）　CAS 号 37909-95-8。

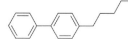

分子式 $C_{16}H_{18}$，分子量 210.32。无色透明液体。熔点 $14\sim15℃$，沸点 $140\sim141℃$（3 Torr），密度 $0.990\ 3\ g/mL$，折射率 $1.576\ 3$。不溶于水，溶于乙醇、乙醚、甲苯等有机溶剂。制备：由对氯正丁基苯与苯硼酸通过 Suzuki 偶联制得。用途：作有机合成中间体。

4-戊基联苯（4-pentylbiphenyl）　CAS 号 7116-96-3。

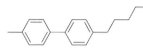

分子式 $C_{17}H_{20}$，分子量 224.35。透明无色液体。熔点 $9\sim11℃$，沸点 $166\sim167℃$（6 Torr），密

度 $0.943\ g/mL$，折射率 1.570。不溶于水，溶于醇、醚、苯等有机溶剂。制备：由对溴正戊基苯与苯硼酸通过 Suzuki 偶联反应制得。用途：作液晶中间体。

4-甲基-4′-戊基-1，1′-联苯（4-methyl-4′-pentyl-1，

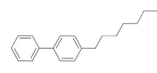

1′-biphenyl）　CAS 号 64835-63-8。分子式 $C_{18}H_{22}$，分子量 238.37。固体。熔点 $47\sim51℃$。密度 $0.940\ g/cm^3$。不溶于水。制备：由 4-甲基联苯与正戊酰氯通过 Friedel-Crafts 反应与黄鸣龙反应制得。用途：作有机合成中间体。

4-正庚基联苯（4-heptylbiphenyl）　CAS 号 59662-

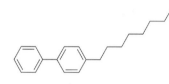

32-7。分子式 252.39，分子量 252.40。低熔点固体。熔点 $28℃$，沸点 $175\sim176℃$（2 Torr），密度 $0.934\ g/cm^3$，折射率 $1.553\ 8^{25}$。制备：由联苯与正戊酰氯通过 Friedel-Crafts 反应与黄鸣龙反应制得。用途：作有机合成中间体。

4-正辛基联苯（4-n-octylbiphenyl）　CAS 号 7116-

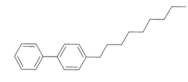

97-4。分子式 $C_{20}H_{26}$，分子量 266.43。固体。熔点 $41\sim42℃$，沸点 $181\sim182℃$（1.5 Torr），密度 $0.929\ g/cm^3$，折射率 $1.541\ 5^{50}$。不溶于水，溶于氯仿等有机溶剂。制备：由联苯与正辛酰氯通过 Friedel-Crafts 反应与黄鸣龙反应制得。用途：作有机合成中间体。

4-壬基联苯（4-nonyl-biphenyl）　CAS 号 93972-01-

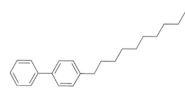

1。分子式 $C_{21}H_{28}$，分子量 280.46。固体。熔点 $41℃$，沸点 $202\sim204℃$（2 Torr），密度 $0.925\ g/cm^3$。不溶于水，溶于氯仿等有机溶剂。制备：由联苯与正壬酰氯通过 Friedel-Crafts 反应与黄鸣龙反应制得。用途：作有机合成中间体、液晶材料。

4-正癸基联苯（4-decyl-biphenyl）　亦称"4-癸基-1，1′-联苯"。CAS 号 93972-02-2。分子式 $C_{22}H_{30}$，分子量 294.48。固体。熔点 $52\sim54℃$，沸点 $210\sim212℃$（2 Torr），密度 $0.921\ g/cm^3$，折射率 $1.528\ 5^{60}$。不溶于水，溶于二氯甲烷、氯仿等有机溶剂。制备：由正癸基溴化镁格氏试剂与 4-氯联苯反应制得；或由 4-联苯基溴化镁格氏试剂与正癸基溴反应制得；也可由 1-溴-4-癸基苯

与苯硼酸通过 Suzuki-Miyaura 偶联反应制得；还可由联苯与正癸酰氯通过 Friedel-Crafts 反应与黄鸣龙反应制得。用途：作有机合成中间体；用于制备液晶材料。

4-苄基联苯（4-benzylbiphenyl）　亦称"4-苯基甲基-1,1'-联苯"。CAS 号 613-42-3。

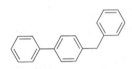

分子式 $C_{19}H_{16}$，分子量 244.34。淡黄色固体。熔点 85～87℃，沸点 285～286℃（110 Torr），密度 1.171 g/cm³。不溶于水，溶于苯、氯仿等有机溶剂。制备：由对氯联苯与苄基锌试剂反应制得；或由 1-苄基-4-溴苯与苯在三叔丁基膦催化下反应制得。用途：作试剂。

1,4-二苯基苯（1,4-diphenylbenzene）　亦称"对三联苯""二苯基苯""4-苯基联苯"。

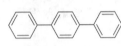

CAS 号 92-94-4。分子式 $C_{18}H_{14}$，分子量 230.31。白色或淡黄色固体，有刺激性，对环境有害。熔点 212～213℃，沸点 389℃、169～162℃（1 Torr），密度 1.231 g/cm³。不溶于水，溶于苯、乙醇。制备：由联苯硝化、还原、乙酰化，制得对乙酰氨基联苯，再与三氧化二氮作用，得 N-亚硝基对乙酰氨基联苯，然后与苯作用制得；或由卤代苯与间二苯硼酸或苯硼酸与对二溴苯通过 Suzuki 偶联反应制得。用途：作有机合成中间体，有机闪烁试剂；与联苯等混合可用作核电站的载热体。

1,3-二苯基苯（1,3-diphenylbenzene）　亦称"间三联苯""3-苯基联苯"。CAS 号 92-06-8。分子式 $C_{18}H_{14}$，分子量 230.31。

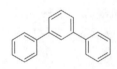

黄色固体。熔点 86～88℃，沸点 379℃、165℃（0.06 Torr），密度 1.200 g/cm³。不溶于水，溶于乙酸、醇、醚、苯等有机溶剂。制备：由 1,3-二卤代苯与苯硼酸通过 Suzuki 偶联反应制备。用途：作闪烁剂，有机合成中间体、医药中间体。

1,2-二苯基苯（1,2-diphenylbenzene）　亦称"邻三联苯""邻二苯基苯"。CAS 号 84-15-1。分

子式 $C_{18}H_{14}$，分子量 230.31。无色至淡黄色晶体。熔点 56～59℃，沸点 332℃，密度 1.100 g/cm³，折射率 1.642 1²⁰。不溶于水，溶于丙酮、苯、甲醇、氯仿等溶剂。制备：由苯与邻二苄胺反应；或由 1,2-二卤代苯与苯硼酸通过 Suzuki 偶联反应制得。用途：作医药中间体及材料中间体。

4,4'-二甲基联苯（4,4'-dimethylbiphenyl）　亦称"4,4'-联甲苯"。CAS 号 613-33-2。分子式 $C_{14}H_{14}$，分子量 182.27。白色晶体。熔点 118～120℃，沸点 295℃、100～115℃（3 Torr），密度 1.102 g/cm³。不溶于水，溶于氯仿等有机溶剂。制备：由对碘甲苯或对氯甲苯通过自偶联反应制得；或由对氯甲苯与对甲苯基溴化镁 Grignard 试剂反应制得。用途：作液晶材料及医药中间体。

3,3'-二甲基联苯（3,3'-dimethylbiphenyl）　CAS 号 612-75-9。分子式 $C_{14}H_{14}$，分子量 182.27。无色液体。熔点 5～7℃，

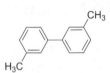

沸点 286℃、138～139℃（5 Torr），密度 0.999 g/mL，折射率 1.594。不溶于水，溶于氯仿等有机溶剂。制备：由间溴甲苯或间碘甲苯通过自偶联反应制得；或由间溴甲苯或间碘甲苯与 3-甲基苯硼酸通过 Suzuki 偶联反应制得。用途：作有机合成中间体。

2,2'-二甲基联苯（2,2'-dimethylbiphenyl）　CAS 号 605-39-0。分子式 $C_{14}H_{14}$，分子量 182.27。无色液体。熔点 18℃，沸点 259℃、98℃（3 Torr），密度 0.988 g/mL，折射率 1.574。不溶于水，溶于氯仿等有机溶剂。制备：由邻氯甲苯与邻甲基苯硼酸通过 Suzuki 偶联反应制得。用途：作有机合成中间体。

茚（indene）　亦称"苯并环戊烯"。CAS 号 95-13-6。分子式 C_9H_8，分子量 116.16。无色至淡黄色

液体。熔点 -5～-3℃，沸点 181～182℃，闪点 59℃，密度 0.996 g/mL，折射率 1.595。不溶于水，溶于醇、醚、苯等大多数有机溶剂。存在于高温焦油中。制备：由煤焦油或粗苯通过精馏制得。用途：作试剂、溶剂用于制备合成树脂、杀虫剂。

萘（naphthalene）　亦称"并苯""骈苯"。CAS 号 91-20-3。分子式 $C_{10}H_8$，分子量 128.17。无色晶

体，有樟脑丸样气味，常温下易挥发、升华。熔点 80～82℃，沸点 218℃，密度 0.990 g/cm³，折射率 1.586¹⁰⁰。不溶于水，溶于大多数有机溶剂。制备：由煤焦油蒸馏制得，或由石油烃制得。用途：作生产苯酐、各种萘酚、萘胺等的原料；也用于生产合成树脂、增塑剂、染料中间体、表面活性剂、合成纤维、涂料、农药、医药、香料、橡胶助剂等的原料；还用于有机分析中作难溶性染料结晶的溶剂；测定分子量、比色法及有机微量分析测定碳和氢的标准物；液体闪烁计数中晶体有机闪烁剂。

1-甲基萘（1-methylnaphthalene）　亦称"α-甲基萘"。CAS 号 90-12-0。分子式 $C_{11}H_{10}$，分子量 142.20。无色至淡黄色油状液体。熔点 -22℃，沸点 240～243℃，闪点 97℃，密度 1.001 g/mL，折射率 1.613。不溶于水，易溶于乙醚和乙醇。主要存在于萘油馏分中。制备：由萘油通过精馏制得；或由萘通过氯甲基化反应制得 α-氯甲基萘，再经 Ni 催化氢化还原而得。用途：作试剂、医药中间体，用于生产增塑剂、纤维助染剂、荧光增白剂染料等。

2-甲基萘(2-methylnaphthalene) 亦称"β-甲基萘"。

CAS 号 91-57-6。分子式 $C_{11}H_{10}$，分子量 142.20。白色或浅黄色单斜晶体或熔融状晶体。熔点 34～36℃，沸点 241～242℃，密度 1.001 g/cm³，折射率 $1.601\ 9^{40}$。不溶于水，易溶于乙醇和乙醚等有机溶剂。制备：由煤焦油精馏制得。用途：作生产维生素 K_3 的原料；也用作合成植物生长抑制剂、表面活性剂、减水剂、分散剂等的原料。

苊(acenaphthene) 亦称"萘己环"。CAS 号 83-32-9。

分子式 $C_{12}H_{10}$，分子量 154.21。白色或略带黄色斜方针状结晶。熔点 89～92℃，沸点 265～275℃，闪点 122℃，密度 0.899 g/cm³，折射率 $1.604\ 8^{99}$。不溶于水，微溶于乙醇，溶于热石油醚、热苯、甲苯、乙酸、氯仿和石油醚。制备：由煤焦油蒸馏制得；或由萘与乙烯反应制得。用途：作试剂、有机合成原料。

1,8-二乙炔基萘(1,8-bis(ethynyl)naphthalene)

CAS 号 18067-44-2。分子式 $C_{14}H_8$，分子量 176.22。白色晶体。熔点 71～73℃，密度 1.10 g/cm³。不溶于水，溶于氯仿等有机溶剂。制备：由 1,8-二碘萘与三甲基硅基乙炔在三苯基膦钯与碘化亚铜催化条件下偶联制得。用途：作有机合成中间体。

1,1′-联萘(1,1′-binaphthalene) 亦称"1,1′-联二萘"。

CAS 号 604-53-5。分子式 $C_{20}H_{14}$，分子量 254.33。棕色粉末。熔点 143～146℃，沸点 240～244℃(12 Torr)，密度 1.300 g/cm³。不溶于水，溶于苯、氯仿等有机溶剂。制备：由 1-溴萘与 1-萘硼酸通过 Suzuki 偶联反应制得。用途：作染料中间体。

蒽(anthracene) 亦称"绿油脑"。CAS 号 120-12-7。

分子式 $C_{14}H_{10}$，分子量 178.23。淡黄色片状晶体。熔点 213～216℃，沸点 340～342℃，闪点 121℃，密度 1.250 g/cm³，折射率 1.53^{227}。不溶于水，微溶于乙醇、乙醚、丙酮及氯仿，溶于苯。制备：由煤焦油蒸馏制得。用途：作制造分散染料、茜素、塑料、绝缘材料等的原料；也作杀虫剂、杀菌剂、汽油阻燃剂及各种油漆；还作合成染料中间体蒽醌及单宁的原料；还用作分析试剂及闪烁体。

1-甲基蒽(1-methylanthracene) 亦称"1-甲蒽"。

CAS 号 610-48-0。分子式 $C_{15}H_{12}$，分子量 192.26。白色固体。熔点 88～86℃，沸点 363℃，密度 1.105 g/cm³，折射率 1.667^{99}。不溶于水，微溶于乙醇、乙醚、丙酮及氯仿，溶于苯。制备：由间甲基碘苯和邻甲基苯乙酮在三氟乙酸钯和乙酸的条件下反应制得。用途：作有

机合成中间体；也作荧光剂。

2-甲基蒽(2-methylanthracene) CAS 号 613-12-7。

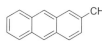

分子式 $C_{15}H_{12}$，分子量 192.26。无色鳞片状结晶体。熔点 204～206℃，密度 1.181 g/cm³。不溶于水，微溶于乙醇、乙醚、丙酮及氯仿，溶于苯。制备：由蒽油为原料，通过精馏、乙醇中重结晶制得。用途：作合成树脂的原料、荧光剂等。

9-甲基蒽(9-methylantracene) 亦称"9-甲蒽"。

CAS 号 779-02-2。分子式 $C_{15}H_{12}$，分子量 192.26。黄色至金色结晶固体。熔点 77～79℃，沸点 196～197℃(12 Torr)，密度 1.066 g/cm³，折射率 1.682^{99}。不溶于水，略溶于苯。制备：由 9-溴代萘与甲基硼酸通过 Suzuki 反应制得；或由甲基碘化镁格氏试剂与 9-溴蒽反应制得。用途：作染料中间体及有机合成原料。

2-苯基蒽(2-phenylanthracene) CAS 号 1981-38-0。

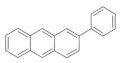

分子式 $C_{20}H_{14}$，分子量 254.33。无色至黄色固体。熔点 207～207.5℃，密度 1.140 g/cm³。不溶于水，微溶于乙醇、乙醚、乙酸，难溶于甲醇和丙酮。制备：由 2-溴代蒽或氯代蒽和苯硼酸通过 Suzuki 偶联反应制得；或由 2-氯代蒽与苯基锂试剂反应制得。用途：作有机合成试剂，医药中间体。

9,9′-联蒽(9,9′-bianthracene) 亦称"9,9′-联二蒽"。CAS 号 1055-23-8。分子式 $C_{28}H_{18}$，

分子量 354.44。淡黄色片状晶体。熔点 312～316℃，密度 1.217 g/cm³。不溶于水，难溶于甲醇和丙酮。制备：由蒽酮在氯化锌催化下反应制得；或由 9-溴蒽与 9-蒽硼酸通过 Suzuki 偶联反应制得。用途：作制备电子材料的原料；也可作有机合成的原料。

菲(phenanthrene) 亦称"1,2-苯并萘"。CAS 号 85-01-8。分子式 $C_{14}H_{10}$，分子量 178.23。白色

晶体。熔点 99～101℃，沸点 340℃，闪点 171℃，密度 1.179 g/cm³，折射率 1.629^{170}。不溶于水，溶于甲苯、苯、乙醇、乙醚、二硫化碳、乙酸、四氯化碳等有机溶剂。制备：由(E)-1,2-二苯基乙烯环化制得。用途：作合成染料和农药等的原料；也作无烟火药的稳定剂。

菲(phenalene) 亦称"1H-非那烯""迫苯并萘"。

CAS 号 203-80-5。分子式 $C_{13}H_{10}$，分子量 166.22。固体。熔点 82～84℃，沸点 70℃(0.01 Torr)，密度 1.139 g/cm³。不溶于水，溶于多种有机溶剂。制备：由萘嵌苯酮在还原剂作用下制得。用途：作有机合成中间体。

并四苯（tetracene）　亦称"稠四苯""苯并[*b*]蒽"。

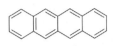

CAS 号 92-24-0。分子式 $C_{18}H_{12}$，分子量 228.29。橙红色叶状结晶，在日光下微有绿色荧光，对环境有害。熔点 357℃，沸点 450℃，密度 1.323 g/cm³。不溶于水，溶于有机溶剂。制备：由琥珀酸和邻苯二甲酸酐在醋酸钠作用下通过缩合反应制得。用途：作分子有机半导体，可衍生出多种有机光电材料；也可作有机场效应晶体管和有机发光二极管等有机发光器件。

苯并[*a*]蒽（benz[*a*]anthracene）　亦称"苯并蒽""四芬""苄蒽"。CAS 号 56-55-3。分

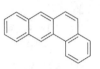

子式 $C_{18}H_{12}$，分子量 228.29。淡黄色固体，对环境有害。熔点 157～159℃，沸点 437.6℃，密度 1.274 g/cm³。不溶于水，溶于醚、苯、丙酮等有机溶剂。存在于煤焦油、煤焦油沥青以及杂酚油中。制备：由邻甲酰基苄溴和 2-萘硼酸通过 Suzuki 偶联反应再关环制得。用途：作环境检测试剂。

芘（pyrene）　亦称"嵌二萘""苯并[*def*]菲"。CAS 号 129-00-0。分子式 $C_{16}H_{10}$，分子量 202.26。

淡黄色晶体，剧毒！对环境有害。熔点 148℃，沸点 393℃，密度 1.271 g/cm³。不溶于水，易溶于乙醇、乙醚、二硫化碳、苯和甲苯等有机溶剂。主要存在于煤焦油沥青的蒸馏物中。制备：由煤焦油沥青中减压蒸馏制得。用途：作有机合成原料，用于制备染料、合成树脂、分散性染料和工程塑料。

9,10-苯并菲（9,10-benzophenanthrene）　亦称"三亚苯""苯并[9,10]菲"。CAS 号 217-59-

4。分子式 $C_{18}H_{12}$，分子量 228.29。淡黄色固体，对环境有害。熔点 195～198℃，沸点 438℃，密度 1.19 g/cm³。不溶于水，易溶于乙醇、甲醇、丙醇、乙醚、石油醚、苯。存在于煤焦油中。制备：由煤焦油精馏制得；或由 2,2'-二溴联苯与苯硼酸偶联而得，或由卤代苯通过苯炔中间体合成制得。用途：作有机合成中间体，用于制备盘状液晶材料、有机电致发光材料等。

苯并[*c*]菲（benzo[*c*]phenanthrene）　亦称"苯并-3,4-菲"。CAS 号 195-19-7。分子式

$C_{18}H_{12}$，分子量 228.29。淡黄色固体。熔点 158～168℃，沸点 450℃，密度 1.19 g/cm³。不溶于水，溶于氯仿等有机溶剂。制备：由 2-萘基苯乙炔在氯化铂催化条件下关环得到。用途：用于合成有机染料和工程塑料。

䓛（chrysene）　亦称"1,2-苯并菲""稠二萘"。CAS 号 218-01-9。分子式 $C_{18}H_{12}$，分子量 228.29。白色或带银灰

色、黄绿色结晶体，对环境有害。熔点 252～254℃，沸点 448℃，密度 1.274 g/cm³。不溶于水，微溶于醇、醚、二硫化碳和乙酸。存在于煤焦油或煤焦或温沥青中。制备：由煤焦或温沥青通过蒸馏提取制得。用途：作非磁性金属表面探伤用荧光剂、化学仪器紫外线过滤剂、光敏剂以及照像感光剂；也用作合成染料的原料；还可作为农药敌稗的溶剂及增效剂。

并五苯（pentacene）　亦称"五联苯""稠五苯""2,3,6,7-二苯并蒽"。CAS 号 135-

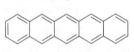

48-8。分子式 $C_{22}H_{14}$，分子量 278.35。深蓝色或紫色晶状粉末，对光和空气敏感。熔点 268℃，密度 1.232 g/cm³。不溶于水，溶于热苯。制备：由四氢并五苯二醇氢化还原制得。用途：作有机薄膜晶体管的制备的原料；也可作导电塑料及制造有机太阳能电池。

4,4'-二(2,2-二苯乙烯基)-1,1'-联苯（4,4'-bis(2,2-diphenylvinyl)-1,1'-biphenyl）　CAS 号 142289-08-5。分子式 $C_{40}H_{30}$，分子量

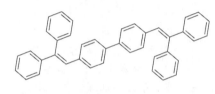

510.68。浅黄色粉末。熔点 205℃，密度 1.125 g/cm³。不溶于水，溶于氯仿等有机溶剂。制备：由 4,4'-二氯甲基联苯与二苯甲酮制得。用途：作有机合成中间体。

p-四联苯（p-quaterphenyl）　亦称"对四联苯""4,4'-二苯基联苯"。CAS 号 135-70-6。分子式 $C_{24}H_{18}$，分子量 306.41。

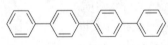

白色片状结晶。熔点 316～318℃，沸点 428℃（18 Torr）。不溶于水，几乎不溶于乙醇和乙醚，微溶于沸苯，易溶于硝基苯、甲苯、吡啶、喹啉、苯甲酸乙酯和乙酸戊酯。制备：由 4-溴联苯通过自偶联反应制得；或由 4,4'-二溴联苯与苯硼酸通过 Suzuki 偶联反应制得。用途：作闪烁试剂，激光染料。

3,3-二苯基联苯（3,3'-diphenylbiphenyl）　CAS 号 1166-18-3。分子式 $C_{24}H_{18}$，分子量 306.41。白色固体。熔点 86～87℃，沸点 480℃，240～250℃（1 Torr）。不溶

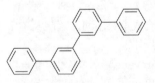

于水，溶于氯仿等有机溶剂。制备：由 3-联苯硼酸和 3-溴联苯通过 Suzuki 偶联反应制得。用途：作有机合成中间体。

1,3,5-三苯基苯（1,3,5-triphenylbenzene）　亦称"均三苯基苯""3,5-二苯基联苯"。CAS 号 612-71-5。分子式 $C_{24}H_{18}$，分子量 306.41。淡棕色结晶。熔点 172～

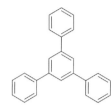

174℃,沸点 460℃、240℃(0.2 Torr),密度 1.22 g/cm³。不溶于水,溶于甲苯、氯仿等有机溶剂。制备:由 1,3,5-三氯苯和苯硼酸通过 Suzuki 偶联反应制得。用途:作有机合成中间体。

对五联苯(*p*-pentaphenyl;*p*-quinquephenyl) 亦称"对联五苯"。CAS 号 3073-05-0。分子式 $C_{30}H_{22}$,分子量 382.51。白色固体。熔点 390℃,密度 1.284 g/cm³。不溶于水,溶于二甲基亚砜等有机溶剂。制备:由对二溴苯与 4-联苯硼酸或 4,4'-二碘三联苯与苯硼酸通过 Suzuki 偶联反应制得。用途:作有机合成中间体。

对六联苯(*p*-sexiphenyl) 亦称"对联六苯"。CAS 号 4499-83-6。分子式 $C_{36}H_{26}$,分子量 458.60。白色固体。熔点 465～467℃,密度 1.102 g/cm³。不溶于水,难溶于乙醇、乙酸乙酯。制备:由 4-联苯硼酸与 4,4'-二溴联苯通过 Suzuki 偶联反应制得;或由三联苯、三氯化铝、1,2-二氯苯、氯化铜等合成制得。用途:作有机合成原料。

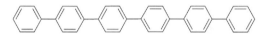

1,2,4,5-四苯基苯(1,2,4,5-tetraphenylbenzene) CAS 号 3383-32-2。分子式 $C_{30}H_{22}$,分子量 382.51。灰白色粉末。熔点 269～270℃,沸点 418～420℃,密度 1.091 g/cm³。不溶于水,溶于氯仿等有机溶剂。制备:由 1,2,4,5-四氯苯或 1,2,4,5-四溴苯与苯硼酸通过 Suzuki 偶联反应制得。用途:作有机合成中间体。

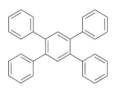

1,2,3,5-四苯基苯(1,2,3,5-tetraphenylbenzene) CAS 号 912-61-8。分子式 $C_{30}H_{22}$,分子量 382.50。灰白色粉末。熔点 230～232℃,密度 1.091 g/cm³。不溶于水,溶于氯仿等有机溶剂。制备:由 1,2,3,5-四氯苯与苯硼酸通过 Suzuki 偶联反应制得。用途:作有机合成中间体。

1,2,3,4,5-五苯基苯(1,2,3,4,5-pentakisphenylbenzene) CAS 号 18631-82-8。分子式 $C_{36}H_{26}$,分子量 458.60。灰白色粉末。熔点 225～227℃,密度 1.102 g/cm³。不溶于水,溶于氯仿等有机溶剂。制备:由 1,2,3,4,5,-五氯苯和苯硼酸通过

Suzuki 偶联反应制得。用途:作有机合成原料。

六苯基苯(hexaphenylbenzene) CAS 号 992-04-1。分子式 $C_{42}H_{30}$,分子量 534.70。灰白色粉末。熔点 > 300℃,密度 1.111 g/cm³。不溶于水,溶于氯仿等有机溶剂。制备:由对二苯基乙炔在钴催化下制得;也可由六溴苯与苯硼酸通过 Suzuki 偶联反应制得。用途:作有机合成原料。

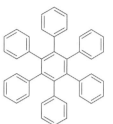

10,10′-双(1,1′-联苯-4-基)-9,9′-联蒽(10,10′-bis([1,1′-biphenyl]-4-yl)-9,9′-bianthracene) CAS 号 172285-79-9。分子式 $C_{52}H_{34}$,分子量 658.84。淡黄色粉末。密度 1.192 g/cm³。不溶于水,溶于氯仿等有机溶剂。制备:由 10,10′-二溴联蒽与联苯硼酸通过 Suzuki 偶联反应制得。用途:作有机合成原料。

9-(2-萘基)-10-[4-(1-萘基)苯基]蒽(9-naphthalen-2-yl-10-(4-naphthalen-1-ylphenyl)anthracene) CAS 号 667940-34-3。分子式 $C_{40}H_{26}$,分子量 506.65。固体。密度 1.201 g/cm³。不溶于水,溶于苯、甲苯等有机溶剂。制备:由蒽酮与 2-溴萘及 1-(4-溴苯)萘反应制得。用途:作有机合成中间体。

[5]螺烯([5]helicene) 系统名"二苯并[*c*,*g*]菲"(dibenzo[*c*,*g*]phenanthrene)。CAS 号 188-52-3。分子式 $C_{22}H_{14}$,分子量 278.35。固体。熔点 175～177℃,沸点 490℃,密度 1.232 g/cm³。不溶于水,溶于苯、乙醇、乙醚、丙酮,易溶于氯仿。制备:由 1-溴-2-甲基萘通过消除反应制得。用途:作有机合成中间体。

萘并[2,3-*a*]晕苯(naphtho[2,3-*a*]coronene) CAS 号 190-74-9。分子式 $C_{32}H_{16}$,分子量 400.47。固体。熔点 352～354℃,密度 1.467 g/cm³。微溶于水,易溶于苯、甲苯等有机溶剂。制备:由晕苯和邻苯二甲酸酐通过 Friedel-Crafts 反应,再与苯甲酰氯制备相应的醌,通过还原反应制得。用途:作有机

合成中间体。

[8]螺烯（[8]helicene） CAS 号 20495-12-9。分子式 $C_{34}H_{20}$，分子量 428.53。固体。熔点 330～331℃，密度 1.305 g/cm³。不溶于水，易溶于苯、甲苯等有机溶剂。制备：由 2-萘甲醛和 4-溴苄基亚膦酸二乙酯通过多次关环反应制得。用途：作有机合成中间体。

萘并（8，1，2-bcd）苝（naphtho（8，1，2-bcd）perylene） CAS 号 188-89-6。分子式 $C_{26}H_{14}$，分子量 326.39。固体。熔点 310～311℃，沸点 579℃，密度 1.391 g/cm³。难溶于水，能溶于苯等有机溶剂。制备：由苝和 1-溴萘在氯化铝和氯化钠催化条件下，高温反应制得。用途：作化学试剂。

萘并[1，2-b]䓛（naphtho（1，2-b）chrysene） CAS 号 220-77-9。分子式 $C_{26}H_{16}$，分子量 328.41。固体。熔点 385℃，密度 1.263 g/cm³。难溶于水，溶于苯、甲苯等有机

溶剂。制备：由 2-甲基-1-萘基溴化镁格氏试剂和 2-菲甲腈合成 2-甲基-1-萘基-2-菲基酮，再通过高温关环反应制得。用途：作有机合成原料。

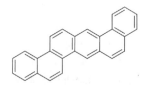

苯并[a]芘（benzo[a]pyrene） 亦称"3,4-苯并芘""苯并芘"。CAS 号 50-32-8。分子式 $C_{20}H_{12}$，分子量 252.32。黄色至棕色粉末。熔点 177～180℃，沸点 495℃，密度 1.286 g/cm³。不溶于水，溶于苯、甲苯、二甲苯，微溶于乙醇、甲醇。制备：由 2-溴-1,3-苯甲醛与萘硼酸及季鏻盐试剂合成制得。用途：作有机合成中间体。

蒽嵌蒽（anthanthrene） 亦称"二苯并[d,j,k]芘""二苯并[def,mno]蒀"。CAS 号 191-26-4。分子式 $C_{22}H_{12}$，分子量 276.34。金黄色固体。熔点 261℃，密度 1.39 g/cm³。不溶于水，溶于甲苯。制备：由蒽嵌蒽醌通过锌粉等还原制得。用途：作有机合成中间体。

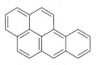

含杂原子官能团化合物

含氧官能团化合物

甲醇（methanol） 亦称"木醇""木精"。CAS 号 67-56-1。化学式 CH_3OH，分子式 CH_4O，分子量 32.04。无色液体，有乙醇气味，易挥发，易燃，有毒！熔点 -97.6℃，沸点 64.7℃，闪点 11～12℃，密度 0.792 g/mL，折射率 1.331 4。溶于水，与醇类、乙醚等多数有机溶剂可混溶。吞食和吸入有害，可导致器官损伤。制备：由氢气和一氧化碳合成。用途：作试剂、溶剂、化工原料以及车用燃料。

乙酰氨基甲醇（acetamidomethanol；formicin） 亦称"N-(羟甲基)乙酰胺"。CAS 号 625-51-4。分子式 $C_3H_7NO_2$，分子量 89.09。白色针状晶体。有吸湿性。熔点 48～52℃，闪点 108℃，密度 0.957 1 g/cm³，折

射率 1.430 1。溶于水、乙醇、苯、醚、氯仿等，不溶于石油醚。制备：由乙酰胺和甲醛在碳酸钾作用下反应而得。用途：作试剂和农药，医药等有机合成的中间体。

乙醇（ethanol） 亦称"酒精"。CAS 号 64-17-5。化学式 CH_3CH_2OH，分子式 C_2H_6O，分子量 46.07。无色透明液体，易燃，易挥发，具有特殊香味并略带刺激性，低毒。熔点 -114.1℃，沸点 78.2℃，闪点 13℃，密度 0.789

g/mL，折射率 1.361 1。与水能以任意比例互溶，混溶于醚、氯仿、丙酮、甘油等多数有机溶剂。无水乙醇有潮解性。是中枢神经系统抑制剂，具有成瘾性。制备：用糖质原料、淀粉等发酵法制备，或乙烯直接水合法制取。用途：作试剂、溶剂，有机化工原料，汽车燃料；食用酒精可以勾兑白酒，纯液体不能直接饮用；70%～75%乙醇溶液常用于医疗消毒。

2-氟乙醇（2-fluoroethanol；ethylene fluorohydrin） CAS 号 371-62-0。分子式 C_2H_5FO，分子量 64.06。无色液体，带有醇的气味，高毒！熔点 -27℃，沸点 102～104℃，闪点 31℃，相对密度 1.104，折射率 1.365 0。与水和许多有机溶剂互溶。制备：将 2-氯乙醇滴加到乙二醇和无水氟化钾的混合物中，在 180℃保温反应 2 小时制得。用途：作试剂、医药和农药中间体，用于合成抗菌药物氟罗沙星等；曾被开发用作杀鼠剂、杀虫剂和杀螨剂，但由于易被氧化成氟乙酸而呈高毒性，而相关的二氟和三氟乙醇的危险性要小得多。

2-氯乙醇（2-chloroethanol；ethylene chlorohydrin） CAS 号 107-07-3。分子式 C_2H_5ClO，分子量 80.51。无色透明液体，高毒！熔点 -63℃，沸点 128～130℃，闪点 40℃（开放），密度 1.201^{25} g/mL，折

射率 1.441 9。与水、乙醇能按任意比例混合。制备：实验室可由环氧乙烷与盐酸制备；若在氯化铁和磷酸二氢钠存在下由环氧乙烷与无水氯化氢反应，则适用于制造高纯度氯乙醇；工业生产方法是将乙烯和氯同时通入水中，氯与水反应生成次氯酸，次氯酸与乙烯加成制得氯乙醇。用途：作试剂、有机溶剂和有机合成原料，用于制备合成橡胶、染料、医药及农药等。

2-溴乙醇（2-bromoethanol；ethylene bromohydrin）CAS 号 540-51-2。分子式 C_2H_5BrO，分子量 124.97。无色或浅黄色吸湿性液体，高毒！其水溶液有甜的灼烧味。熔点 - 80℃，沸点 149～150℃，闪点＞110℃，密度 1.762 9 g/mL，折射率 1.493 0。与水、乙醇混溶，溶于除石油醚以外的有机溶剂。水溶液遇酸、碱及加热，能加速水解。制备：由环氧乙烷与氢溴酸反应制备。用途：作试剂、有机溶剂和有机合成原料。

2-碘乙醇（2-iodoethanol；ethylene iodohydrin）CAS 号 624-76-0。分子式 C_2H_5IO，分子量 171.97。无色至浅黄色液体。常压蒸馏易分解。沸点 85℃（25 Torr），闪点 65℃，密度 2.205^{25} g/mL，折射率 1.572 0。溶于水。易氧化变色。一般加入铜使之稳定。制备：由氯乙醇与碘化钠反应制得。用途：作试剂，用于有机合成。

2-硝基乙醇（2-nitroethanol）CAS 号 625-48-9。分子式 $C_2H_5NO_3$，分子量 91.07。带有辛辣气味的黄色透明液体。熔点 - 80℃，沸点 194℃、106℃（14 Torr），闪点＞110℃，密度 1.296 g/mL，折射率 1.442 5。制备：由硝基甲烷与甲醛反应而得，或由环氧乙烷在催化剂作用下与亚硝酸钠反应而得。用途：作试剂，用于有机合成。

2，2，2-三硝基乙醇（2，2，2-trinitroethanol；TNE）CAS 号 918-54-7。分子式 $C_2H_3N_3O_7$，分子量 181.06。白色针状晶体。熔点 72℃，沸点 60～62℃（2 Torr），24.84℃（0.075 Torr）升华。制备：由硝仿和甲醛反应制得；或由硝仿和 α，α'-二氯甲醚反应而得。用途：作试剂、合成硝仿类炸药的重要中间体。

2，2，2-三氯乙醇（2，2，2-trichloroethanol）亦称"（羟甲基）三氯甲烷"。CAS 号 115-20-8。分子式 $C_2H_3Cl_3O_2$，分子量 149.40。无色液体。易吸湿，有醚的气味。熔点 17.8℃，沸点 152～154℃，58～59℃（15 Torr），闪点＞110℃，密度 1.56 g/mL，折射率 1.488 5。溶于水，能与醇、醚混溶。制备：由三氯乙醛还原而得。用途：作试剂、药物中间体，在有机合成上用作有效的羧酸保护基；在 SDS-PAGE 凝胶中加入 2,2,2-三氯乙醇，以便无需染色步骤即可进行蛋白质的荧光检测。

2-羟基乙硫醇（2-mercaptoethanol；β-met）亦称"硫代乙二醇"。CAS 号 60-24-2。分子式 C_2H_6OS，分子量 78.13。无色透明液体，有特臭，高毒！熔点 - 100℃，沸点 157℃，闪点 74℃，密度 1.115 g/mL，折射率 1.500。易溶于水、乙醇和乙醚等有机溶剂，可与苯以任意比例混溶。制备：以强碱性阴离子交换树脂为催化剂，由硫化氢与环氧乙烷反应制得。用途：作有机合成试剂、生物试剂、药物中间体，用于农药、医药、染料、照相化学品的生产；在橡胶、纺织、塑料、涂料工业中用作助剂。

2-苯基乙醇（2-phenylethan-1-ol；phenethyl alcohol）亦称"β-苯乙醇""苄基甲醇"。CAS 号 60-12-8。分子式 $C_8H_{10}O$，分子量 122.17。具有清甜的玫瑰样花香气味的黏稠液体。熔点 - 27℃，沸点 219～221℃，闪点 102℃，密度 1.023 5 g/mL，折射率 1.517 9。微溶于水，溶于乙醇、乙醚和甘油等有机溶剂。制备：天然品存在于玫瑰油、天竺葵油、风信子油、苦橙花油和烟草等中；可经由氧化苯乙烯制取，或将苯基格氏试剂与环氧乙烷作用而得；也可在无水三氯化铝存在下，由苯与环氧乙烷发生 Friedel-Crafts 反应制取。用途：作试剂、有机合成原料，也是规定允许使用的食用香料，用以配制蜂蜜、面包、桃子和浆果类香精，也可用于调配玫瑰香型花精油和各种花香型香精。

苯氧乙醇（2-phenoxyethanol）亦称"乙二醇单苯醚"。CAS 号 122-99-6。分子式 $C_8H_{10}O_2$，分子量 138.17。无色透明液体，有芳香气味，并有烧灼味。熔点 11～14℃，沸点 128～130℃（20 Torr），闪点 121℃，密度 1.102 g/mL，折射率 1.537 0。微溶于水，易溶于醇、醚和氢氧化钠溶液。在酸或碱中稳定。制备：由苯酚和环氧乙烷在碱性条件下反应而得。用途：作高沸点有机溶剂、气相色谱固定液以及水性涂料和油墨成膜助剂、香料定香剂、防腐杀菌剂等。

3-吲哚乙醇（indole-3-ethanol）亦称"色醇"，系统名"2-(1H-吲哚-3-基)乙醇""3-(2-羟乙基)吲哚"。CAS 号 526-55-6。分子式 $C_{10}H_{11}NO$，分子量 161.20。类白色至浅棕色片状晶体或粉末。熔点 56～59℃，沸点 170～173℃（2 Torr），闪点 255℃，密度 1.219 g/cm³。微溶于石油醚、水，溶于乙醇、乙醚、丙酮、氯仿、乙酸乙酯、乙酸等有机溶剂，略溶于苯。能诱导人睡眠，是在葡萄酒中发现的乙醇发酵的次生产物。制备：可由 3-吲哚乙酸或其酯还原制备，或由苯肼、二氢呋喃通过 Fischer 合成法制得。用途：作试剂，用于有机合成和生化研究。

2-氨 基-1，2-二 苯 基 乙 醇（2-amino-1，2-diphenylethanol） 亦称"1,2-二苯基-2-羟基乙胺"。外消旋体 CAS 号 530-36-9。分子式 $C_{14}H_{15}NO$，分子量 213.28。外消旋体由乙醇中得针状晶体。熔点 165℃。有两个手性中心，其中(1R,2S)-体 CAS 号 23190-16-1，$[\alpha]_D^{20} - 7(c = 0.6$，EtOH)；(1S,2R)-体 CAS 号 23364-44-5，$[\alpha]_D^{20} + 7(c = 0.6$，EtOH)；熔点 141～143℃。不溶于水，溶于热乙醇，微溶于乙醚。制备：外消旋体可由苄基胺、苯甲醛和 NaOH/EtOH 反应而得，或由 α-安息香肟用锌粉还原而得。用途：作有机合成试剂；手性异构体作手性拆分剂。

2-氨基乙醇（2-aminoethanol；monoethanolamine） 亦称"2-羟基乙胺""乙醇胺"。CAS 号 141-43-5。化学式 $H_2NCH_2CH_2OH$，分子式 C_2H_7NO，分子量 61.08。无色透明的黏稠液体。有吸湿性和氨臭。熔点 10℃，沸点 169～170℃，闪点 93℃，折射率 1.454 1，密度 1.018 0 g/mL。与水、乙醇、甘油、丙酮混溶，溶于苯、四氯化碳。对鱼和浮游动物有毒。制备：工业上由环氧乙烷与氨反应，或由硝基甲烷与甲醛反应后再还原制得。用途：作各种有机合成试剂，用于合成树脂和橡胶的增塑剂、硫化剂、促进剂和发泡剂等；也是合成洗涤剂、化妆品的乳化剂等的原料；作农药、医药和染料的中间体。

1-氨基乙醇（1-aminoethanol） 亦称"乙醛胺"（acetaldehyde ammonia）。CAS 号 75-39-8。分子式 C_2H_7NO，分子量 61.08。无色正交系晶体。熔点 97℃，沸点 110℃（部分分解）。溶于水，微溶于醚。制备：由乙醛和氨缩合制得。用途：用作提纯乙醛和有机合成的原料；作橡胶丝的专用硫化促进剂。

2-甲氧基乙醇（2-methoxyethanol） 亦称"乙二醇单甲醚"。CAS 号 109-86-4。分子式 $C_3H_8O_2$，分子量 76.10。无色透明液体，具有令人愉快的气味。熔点 - 85℃，沸点 124～125℃，闪点 46℃，密度 0.965^{25} g/mL，折射率 1.402。与水、乙醇、乙醚、甘油、丙酮、N，N-二甲基甲酰胺等溶剂混溶。遇明火、高温、氧化剂较易燃。制备：在三氟化硼乙醚配合物作用下由甲醇和环氧乙烷反应制取。用途：作试剂、涂料溶剂、渗透剂、匀染剂及喷气燃料的添加剂，作有机合成中间体，用于合成除草剂醚磺隆、二(2-甲氧乙基)苯二甲酸酯增塑剂等。

2-氨基-1-苯基乙醇（2-amino-1-phenylethanol） 亦称"2-苯甘氨醇"。CAS 号 7568-93-6。分子式 $C_8H_{11}NO$，分子量 137.18。黄色针状晶体。外消旋体熔点 56～57℃，沸点 160℃(17 Torr)。有一个手性中心，其

中(R)-体 CAS 号 2549-14-6，$[\alpha]_D^{20} - 43(c = 2$，EtOH)；(S)-体 CAS 号 56613-81-1，$[\alpha]_D^{20} + 43(c = 2$，EtOH)；熔点 57～63℃，沸点 160℃(17 Torr)。可与水混溶，溶于乙醇，在水中呈碱性。制备：外消旋体由 2-氨基苯乙酮的氢溴酸盐在氧化钯存在下催化氢化制得，也可由苯甲酰氰化物用 LiAlH₄ 还原而得，或还原 2-硝基-1-苯基乙醇而得；由（＋）-扁桃酸经（＋）-扁桃酰胺可合成(S)-体。用途：作试剂、医药中间体、材料中间体；作苯乙烯-丁二烯橡胶聚合的终止剂、蜡的硬化剂；其硫酸盐可作血管收缩药物。

2-溴-1-苯 基 乙 醇（2-bromo-1-phenylethanol） CAS 号 2425-28-7。分子式 C_8H_9BrO，分子量 201.06。有刺激性气味的液体。有一个手性碳原子，故有一对对映异构体，(R)-体 CAS 号 73908-23-3，(S)-体 CAS 号 2425-28-7。外消旋体熔点 111℃，沸点 114℃(4 Torr)，折射率 1.578 2。不溶于水，溶于乙醇、乙醚。制备：由苯乙烯和溴水反应而得，或 α-溴代苯乙酮用硼氢化钠还原制得。用途：作化学试剂，医药中间体、材料中间体。

2-溴-2-苯 基 乙 醇（2-bromo-2-phenylethanol） CAS 号 41252-83-9。分子式 C_8H_9BrO，分子量 201.06。低熔点固体。有一个手性碳原子，故有一对对映异构体。外消旋体熔点 35～37℃，沸点 131～132℃(19 Torr)，折射率 1.582 2(26℃)。不溶于水，溶于乙醇、乙醚。制备：由苯基环氧乙烷与溴化镁或溴化锂反应而得，也可由苯基乙二醇与三甲基溴硅烷反应而得。用途：作化学试剂、有机合成中间体。

2-乙 硫 基 乙 醇（2-(ethylsulfanyl)ethanol；2-ethylthioethanol） 亦称"乙基 2-羟基乙基硫醚"（ethyl 2-hydroxyethyl sulfide）。CAS 号 110-77-0。分子式 $C_4H_{10}OS$，分子量 106.18。无色至浅黄色液体，微带臭味。熔点 - 100℃，沸点 180～184℃，闪点 93℃，密度 1.016 6 g/mL，折射率 1.486 7。易溶于水及有机溶剂，在碱性溶液中易水解。在空气中逐渐被氧化成砜，高温能聚合。制备：由 2-氯乙醇和乙硫醇作用，或由 2-巯基乙醇和硫酸二甲酯作用而得；也可以环氧乙烷为原料，与乙硫醇进行反应制取。用途：用作试剂和农药、医药等有机合成的中间体，用于制备农药内吸磷、甲基内吸磷等。

正丙醇（n-propanol） 亦称"1-丙醇""丙醇"。CAS 号 71-23-8。化学式 $CH_3CH_2CH_2OH$，分子式 C_3H_8O，分子量 60.10。具有类似乙醇气味的易燃无色透明液体。熔点 - 126℃，沸点 97～98℃，闪点 22℃，密度 0.803 g/mL，折射率 1.384 0。与水能以任意比例互溶，溶于醇、醚等多数

有机溶剂。低毒,具刺激性,能导致嗜睡或头昏。制备:由乙烯经氢甲酰化反应先制得丙醛,再进行还原而得。用途:用作试剂、溶剂,用于医药、农药、香料、化妆品等领域。

异丙醇(isopropanol) 亦称"2-丙醇"。CAS 号 67-63-0。化学式 $(CH_3)_2CHOH$,分子式 C_3H_8O,分子量 60.10。有类似乙醇气味的无色透明可燃性液体。熔点 $-89℃$,沸点 82.6℃,闪点 12℃,密度 0.785 5 g/mL,折射率 1.377 0。能与水、乙醇、乙醚及氯仿混溶。制备:以磷酸硅藻土为催化剂,在加压下丙烯直接水合制得,或以丙烯为原料采用硫酸水合法(又称间接水合法)制备。用途:用作试剂、溶剂、有机化工原料,用于制药、化妆品、塑料、香料、涂料等领域。

1,3-二氯-2-丙醇(1,3-dichloro-2-propanol) 亦称"1,3-二氯代甘油"。CAS 号 96-23-1。分子式 $C_3H_6Cl_2O$,分子量 128.98。具有醚臭的液体,高毒! 熔点 $-4℃$,沸点 174℃,闪点 74℃,密度 1.363^{25} g/mL,折射率 1.483。溶于 10 倍的水,与乙醇或乙醚混溶。制备:由氯丙烯与次氯酸反应而得;或由甘油在乙酸存在下与氯化氢反应而得。用途:作有机合成试剂、医药中间体,用于合成抗病毒药更昔洛韦;作醋酸纤维、乙基纤维的溶剂,也用于制造环氧树脂、离子交换树脂等。

1-溴-2-丙醇(1-bromo-2-propanol) CAS 号 19686-73-8。分子式 C_3H_7BrO,分子量 138.99。无色至浅黄棕色液体。有一个手性碳原子,故有一对对映异构体。其中(R)-体 CAS 号 113429-86-0,$[\alpha]_D^{20}-8.1(c=20,CHCl_3)$;(S)-体 CAS 号 16088-60-1,$[\alpha]_D^{20}+14.45(c=21,CHCl_3)$。外消旋体沸点 145~148℃,48~51℃(15 Torr),折射率 1.480,密度 1.53^{25} g/mL。不溶于水,溶于乙醇、乙醚。制备:外消旋体由甲基环氧乙烷与溴化氢反应,或由溴代丙酮被还原而得。用途:作化学试剂、有机合成中间体。

2-溴-1-丙醇(2-bromo-1-propanol) CAS 号 598-18-5。分子式 C_3H_7BrO,分子量 138.99。无色至浅黄色液体。有一个手性碳原子,故有一对对映异构体。其中(R)-体 CAS 号 16088-61-2,$[\alpha]_D^{25}-2.59$;(S)-体 CAS 号 60434-72-2,$[\alpha]_D^{20}+4.41(c=1.27,四氢呋喃)$。外消旋体沸点 146℃,58~59℃(20 Torr),折射率 1.481,密度 $1.555 1^{30}$ g/mL。不溶于水,溶于乙醇、乙醚。制备:外消旋体由 α-丙酰氯还原而得。用途:作化学试剂、有机合成中间体。

3-溴-1-丙醇(3-bromo-1-propanol) 亦称"三甲撑溴醇"。CAS 号 627-18-9。分子式 C_3H_7BrO,分子量 138.99。无色至浅黄色液体。沸点 71~73℃(11 Torr),闪点 65℃,折射率 1.487 0,密度

1.590 g/mL。微溶于水,溶于乙醇、乙醚。制备:由 1,3-丙二醇与氢溴酸作用而得,或由 3-溴代丙酸及衍生物还原而得。用途:作化学试剂、有机合成中间体。

3-苯丙醇(3-phenylpropyl alcohol) 亦称"苄基乙醇",俗称"氢化肉桂醇",系统名"3-苯基-1-丙醇"。CAS 号 122-97-4。分子式 $C_9H_{12}O$,分子量 136.19。无色油性液体。具有甜的、花香、辛香、肉桂、酒香和树脂香气。熔点 $-18℃$,沸点 236℃,闪点 109℃,密度 1.001 g/mL,折射率 1.526。微溶于水,溶于乙醇、乙醚等有机溶剂中。制备:天然存在于苏合香、安息香、秘鲁香脂、草莓、茶叶中。可由桂醛或桂醇经氢化制得,或由桂酸乙酯经还原制备,也可由氯苄、环氧乙烷制备。用途:作试剂和药物合成的原料,微量用于食用香料。

1-氨基异丙醇((±)-1-aminoisopropyl alcohol) 亦称"异丙醇胺",系统名"1-氨基-2-丙醇"。CAS 号 78-96-6。分子式 C_3H_9NO,分子量 75.11。无色至浅黄色黏性液体。有一个手性碳原子,故有一对对映异构体,(R)-体 CAS 号 2799-16-8,$[\alpha]_D^{20}-24(c=1,MeOH)$;(S)-体 CAS 号 2799-17-9,$[\alpha]_D^{20}+24(c=1,MeOH)$。外消旋体熔点 $-2℃$,沸点 160℃,闪点 74℃,密度 0.973^{18} g/mL,折射率 1.447 8。与水、乙醇、乙醚混溶,水溶液呈碱性。制备:外消旋体可由环氧丙烷与氨水溶液反应而得。用途:作试剂、有机合成原料、表面活性剂的原料以及纤维工业精炼剂、抗静电剂、染色助剂等;也用作酸性气体的吸收剂。

2-氨基-1-丙醇((±)-2-amino-1-propanol;(±)-alaninol) 亦称"丙醇胺"。CAS 号 6168-72-5。分子式 C_3H_9NO,分子量 75.11。无色至浅黄色黏性液体,具鱼腥味。有一个手性碳原子,故有一对对映异构体,(R)-体 CAS 号 35320-23-1,$[\alpha]_D^{20}-22(c=2,EtOH)$;(S)-体 CAS 号 2749-11-3,$[\alpha]_D^{20}+22(c=2,EtOH)$;沸点 98℃(50 Torr)。外消旋体熔点 8℃,沸点 175℃,闪点 63℃,密度 0.965 g/mL,折射率 1.450 2。溶于水、乙醇、乙醚。制备:可由丙氨酸乙酯为原料经还原而得。用途:作试剂、乳化剂、有机合成原料。

3-氨基-1-丙醇(3-aminopropan-1-ol) 亦称"正丙醇胺""γ-丙醇胺"。CAS 号 156-87-6。分子式 C_3H_9NO,分子量 75.11。无色液体。熔点 10~12℃,沸点 188℃,闪点 101℃,密度 0.982 g/mL,折射率 1.459 8。能与水、醇、醚和氯仿混溶,有吸湿性。制备:由 β-羟基丙腈经催化加氢而得。用途:作试剂、有机合成中间体,用于合成环磷酰胺、心可定等药物,也可用于合成 dl-泛醇。

正丁醇(n-butanol) 亦称"1-丁醇""丁醇",俗称"酪

醇""丙原醇"。CAS号71-36-3。化学式$CH_3(CH_2)_3OH$，分子式$C_4H_{10}O$，分子量74.12。无色、有特殊气味的透明液体。熔点－89.8℃，沸点117.7℃，闪点35℃，密度0.81 g/mL，折射率1.399 3。微溶于水，溶于乙醇、醚类等多数有机溶剂。低毒，有刺激和麻醉作用。制备：由丙烯经氢甲酰化反应先制得丁醛，再进行还原而得；或由谷物、淀粉为原料发酵法制备。用途：用作溶剂、有机合成中间体，制备增塑剂邻苯二甲酸二丁酯、表面活性剂，也用作萃取剂。

异丁醇（isobutyl alcohol；isobutanol）　亦称"2-甲基丙醇"。CAS号78-83-1。化学式$(CH_3)_2CH CH_2OH$，分子式$C_4H_{10}O$，分子量74.12。无色透明液体，有甜的、特殊的发霉气味。熔点-108℃，沸点108℃，闪点28℃，密度0.802 g/mL，折射率1.395 9。微溶于水，溶于乙醇、醚类等多数有机溶剂。低毒，有刺激和麻醉作用。制备：以丙烯与合成气为原料，经羰基合成制得正丁醛及异丁醛，脱催化剂后再加氢成正丁醇、异丁醇，经脱水分离，分别得正、异丁醇成品；或采用异丁醛液相加氢法制得。用途：作有机合成中间体、溶剂。

仲丁醇（sec-butyl alcohol）　亦称"2-丁醇"（2-butanol）。分子式$C_4H_{10}O$。分子量74.12。无色透明易燃液体，有类似葡萄酒的气味。闪点22～27℃，折射率1.397。与乙醇及乙醚混溶，易溶于水。分子中有一个手性碳原子，故有一对对映异构体，包括外消旋体在内其他物性等数据如下：

名　称	CAS号	结构式	熔点（℃）	沸点（℃）	密度（g/mL）	$[\alpha]_D^{20}$（纯）
(R)-2-丁醇	14898-79-4	OH	－114.7	98～100	0.807	－13
(S)-2-丁醇	4221-99-2	OH	－114.7	99～100	0.803	＋13
(±)-2-丁醇	78-92-2	OH	－115	98	0.808	—

易燃，其蒸气与空气可形成爆炸性混合物。遇明火、高热能引起燃烧爆炸。受热分解放出有毒气体。制备：由1-丁烯或2-丁烯经硫酸催化水合或2-丁酮还原得到；光学活性2-丁醇可由2-丁酮在酶催化条件下还原制得。用途：用于制造2-丁酮，合成香精、染料等的原料，用作溶剂、色谱分析标准物质，也用作抗乳化剂、染料分散剂、工业洗涤剂等。

叔丁醇（tert-butyl alcohol）　亦称"特丁醇""三甲基甲醇"，系统名"2-甲基-2-丙醇"。CAS号75-65-0。化学式$(CH_3)_3COH$，分子式$C_4H_{10}O$，分子量74.12。无色透明液体，有类似樟脑的气味。熔点25～26℃，沸点82～83℃，闪点11℃，密度0.775 g/cm³，折射率1.387 0。溶于乙醇、乙醚，与水能形成共沸混合物。制备：以硫酸或酸性离子交换树脂为催化剂，通过异丁烯的催化水合而得；或通过甲基氯化镁与丙酮之间的格氏反应来制备。用途：作有机溶剂、乙醇变性剂、脱漆漆成分、汽油辛烷值促进剂和含氧剂等，作化工原料用于制备药物、香料、甲基叔丁基醚、乙基叔丁基醚、叔丁基过氧化氢等；其钠盐和钾盐是常用的有机碱。

3-氯-2-丁醇（3-chloro-2-butanol）　CAS号563-84-8。分子式C_4H_9ClO，分子量108.57。无色液体。有两个手性碳原子，有赤式一对和苏式一对共4个立体异构体。沸点136～137℃，密度1.062 g/mL，折射率1.441。不溶于水，溶于乙醇和乙醚等有机溶剂。制备：由3-氯-2-丁酮还原而得，或由2-丁烯与硫酸、氯胺-T等反应而得。用途：作有机合成试剂。

3-溴-2-丁醇（3-bromo-2-butanol）　CAS号5798-80-1。分子式C_4H_9BrO，分子量153.02。无色液体。有两个手性碳原子，有赤式一对和苏式一对共4个立体异构体。沸点154℃，62～65℃（21 Torr），密度1.501 6 g/mL，折射率1.478 0。不溶于水，溶于乙醇和乙醚等有机溶剂。制备：由2,3-环氧丁烷与氢溴酸反应而得。用途：作有机合成试剂。

4-氯-1-丁醇（4-chloro-1-butanol）　亦称"四亚甲基氯醇"。CAS号928-51-8。分子式C_4H_9ClO，分子量108.57。无色液体。一般含量在85%左右（含有数量不等的四氢呋喃）。沸点84～85℃（15 Torr），密度1.088 g/mL，折射率1.455 8。不溶于水，溶于乙醇和乙醚等有机溶剂。制备：由四氢呋喃与氯化氢反应而得。用途：作有机合成试剂。

4-溴-1-丁醇（4-bromo-1-butanol）　CAS号33036-62-3。分子式C_4H_9BrO，分子量153.02。浅黄色液体。沸点63～65℃（5 Torr），闪点32℃，密度1.260 g/mL，折射率1.503 5。不溶于水，溶于乙醇和乙醚等有机溶剂。制备：由四氢呋喃或1,4-丁二醇与氢溴酸反应而得。用途：作有机合成试剂。

2-氨基-1-丁醇（(±)-2-amino-1-butanol）　CAS号96-20-8。分子式$C_4H_{11}NO$，分子量89.14。液体。有一个手性碳原子，故有一对对映异构体，(R)-体 CAS号5856-63-3，$[\alpha]_D^{20}$－9.5（纯）；(S)-体 CAS号5856-62-2，$[\alpha]_D^{20}$＋9.5（纯）。外消旋体熔点-2℃，沸点180℃，闪点84℃，密度0.944 g/mL，折射率1.452。与水、乙醇、乙醚混溶。制备：外消旋体可由2-硝基-1-丁醇经催化氢化还原而得。用途：作试剂、有机合成原料，用于制备乳化剂、表面活性剂、树脂化剂、擦光蜡、硫化促进剂等；其右旋体可作医药原料，用于生产抗结核药乙胺丁醇、抗菌剂、子宫收缩止血剂等。

1，1，1-三羟甲基氨基甲烷（1，1，1-tris

（hydroxymethyl）methylamine；tromethamine）亦称"氨丁三醇""缓血酸胺"。CAS 号 77-86-1。分子式 $C_4H_{11}NO_3$，分子量 121.14。白色晶体或粉末，味微甜而带苦。熔点 167～172℃，沸点 219～220℃（10 Torr），密度 1.353 g/cm³。溶于乙醇和水，不溶于乙醚、四氯化碳，微溶于乙酸乙酯和苯。制备：先由硝基甲烷与甲醛反应生成中间体三羟甲基硝基甲烷（$(HOCH_2)_3CNO_2$），然后再由该中间体还原制得。用途：作生物缓冲液、滴定标准物、生化试剂；作有机合成中间体，制备表面活性剂、硫化促进剂和磷霉素等药物；也可作酸碱度调节药，用于治疗急性呼吸、代谢中毒以及碱化尿液。

正戊醇（n-pentanol）亦称"1-戊醇"（1-amyl alcohol）。CAS 号 71-41-0。化学式 $CH_3(CH_2)_4OH$。分子式 $C_5H_{12}O$，分子量 88.15。有杂醇油气味的无色液体。熔点 -78℃，沸点 137～139℃，闪点 49℃，密度 0.811 g/mL，折射率 1.409。微溶于水，混溶于乙醇、乙醚、丙酮等多数有机溶剂。低毒，蒸气有刺激作用，吸入、口服或经皮肤吸收对身体有害。制备：由戊醛氢化，或戊烷先经光氯化，产物再用氢氧化钠水溶液水解制得。用途：用作色谱标准试剂及分析试剂、溶剂、有机合成原料，作为食用香料用于配制香精。

2-戊醇（(±)-2-pentanol）亦称"仲戊醇"。CAS 号 6032-29-7。化学式 $CH_3CH(OH)CH_2CH_2CH_3$，分子式 $C_5H_{12}O$，分子量 88.15。无色液体。有一个手性中心，(R)-体 CAS 号 31087-44-2，$[\alpha]_D^{20}$ -13.7（纯）；(S)-体 CAS 号 26184-62-3，$[\alpha]_D^{20}$ +13.7（纯）。熔点 -50℃，沸点 118～119℃，闪点 33℃，密度 0.812 g/mL，折射率 1.406 0。溶于水，可混溶于乙醇、乙醚。微量存在于新鲜香蕉中。制备：可通过戊烯水合制备，或由 2-戊酮催化还原制备，也可由 3-戊烯-2-醇或乙酰丙酮制备。用途：作试剂、溶剂、有机合成原料等。

异戊醇（isoamyl alcohol；isopentyl alcohol）系统名"3-甲基-1-丁醇"。CAS 号 123-51-3。化学式 $(CH_3)_2CHCH_2CH_2OH$，分子式 $C_5H_{12}O$，分子量 88.15。无色透明液体。熔点 -117℃，沸点 131.1℃，密度 0.810 4 g/mL，折射率 1.401 4，闪点 43℃。与丙酮、醇和醚等混溶，微溶于水。天然以酯的形式存在于草莓、椒样薄荷、香茅、铵叶油及朗姆酒等中。制备：可由淀粉、糖蜜发酵法或碳四烯烃经羰基合成而得。用途：作试剂、溶剂、照相化学药品、香精、分析试剂、消泡剂等。

叔戊醇（tert-amyl alcohol；tert-pentyl alcohol；t-amylol）亦称"三级戊醇"，系统名"2-甲基-2-丁醇"。CAS 号 75-85-4。分子式 $C_5H_{12}O$，分子量 88.15。无色透明液体，具有特殊的类似樟脑的气味。熔点 -12℃，沸点 101～103℃，密度 0.805^{25} g/mL，折射率 1.405 0，闪点 20.5℃。与乙醇、乙醚、苯、氯仿、甘油和油类混溶，微溶于水。是谷物发酵的副产品，因此在许多酒精饮料中都微量存在；在包括油炸培根、木薯、罗布斯茶等各种食物中也检测到。制备：通过在酸性催化剂存在下 2-甲基-2-丁烯的水合反应制得，或以丙酮、乙炔为原料，经炔化、加氢而得。用途：作试剂、溶剂、合成香料及农药的原料。

2,2-二甲基-1-丙醇（2,2-dimethyl-1-propanol）亦称"新戊醇"。CAS 号 75-84-3。分子式 $C_5H_{12}O$，分子量 88.15。具有挥发性的无色蜡状晶体，有薄荷油味。熔点 54℃，沸点 114℃，密度 0.812 g/cm³，折射率 1.405 1，闪点 37℃。极易溶于乙醇、乙醚，微溶于水。制备：通过特戊酸甲酯的还原制得，或由叔丁基氯、甲醛通过格氏反应而得。用途：作试剂。

三溴新戊醇（tribromoneopentylalcohol）亦称"季戊四醇三溴化物"（pentaerythrityl tribromide），系统名"3-溴-2,2-二（溴甲基）-1-丙醇"。CAS 号 1522-92-5。分子式 $C_5H_9Br_3O$，分子量 324.84。白色粉末。熔点 64～66℃，沸点 131℃（2.5 Torr）。不溶于水，溶于乙醇、乙醚。制备：由季戊四醇与氢溴酸反应而得。用途：作反应型阻燃剂，广泛用于弹性体、涂料和泡沫体。

2-甲基-1-丁醇（2-methylbutan-1-ol）亦称"活性戊醇"。消旋体 CAS 号 137-32-6。(R)-体 CAS 号 616-16-0；(S)-体 CAS 号 1565-80-6。分子式 $C_5H_{12}O$，分子量 88.15。无色液体。具有较戊醇清快的黑巧克力香气。熔点 -117℃，沸点 129～131℃，闪点 43℃，密度 0.815 g/mL，折射率 1.411 0。微溶于水，与乙醇、醚类溶剂混溶，溶于丙酮。天然品存在于如葡萄等水果中。制备：可以 2-甲基-1-丁烯经水合反应制得，也可通过羰基工艺或戊烷的卤化方法合成制备。用途：作有机合成原料、溶剂，也是工业上销售的许多戊醇混合物的组分。

4-氯-2-甲基-2-丁醇（4-chloro-2-methyl-2-butanol）亦称"4-氯叔戊醇"。CAS 号 1985-88-2。分子式 $C_5H_{11}ClO$，分子量 122.59。沸点 66～67℃（14 Torr），密度 1.030 2 g/mL，折射率 1.443 6。溶于乙醇、乙醚。制备：可由 β-氯代丙酸乙酯和甲基碘化镁格氏试剂反应而得；或以异戊二烯为原料，先后与盐酸和硝酸银/四氢呋喃溶液反应制得。用途：作试剂、有机合成原料。

5-氯-1-戊醇（5-chloro-1-pentanol）亦称"五亚甲基氯醇"（pentamethylene chlorohydrin）。CAS 号 5259-98-3。分子式 $C_5H_{11}ClO$，分子量 122.59。无色液体。沸点 97～98℃（10 Torr），密度 1.043 6 g/mL，折射率 1.453 7。微溶于水，易溶于乙

醇。制备：由 5-氯戊酸乙酯用 $LiAlH_4$ 还原而得，或由 1，5-戊二醇与盐酸反应制得。用途：作试剂、有机合成中间体。

1-氯-2-甲基-2-丁醇（1-chloro-2-methyl-2-butanol）亦称"1-氯-叔丁醇"。CAS 号 74283-48-0。分子式 $C_5H_{11}ClO$，分子量 122.59。无色液体。沸点 152～153℃，80～81℃（73 Torr），密度 1.016 2 g/mL，折射率 1.446 9。微溶于水，易溶于乙醇。制备：由氯丙酮与乙基卤化镁格氏试剂反应而得。用途：作试剂、有机合成中间体。

2，2，3，3，4，4，5，5-八氟-1-戊醇（2，2，3，3，4，4，5，5-octafluoro-1-pentanol）亦称"八氟-1-戊醇"。CAS 号 355-80-6。化学式 $H(CF_2)_4CH_2OH$，分子式 $C_5H_4F_8O$，分子量 232.07。无色液体。熔点＜-50℃，沸点 141～142℃，密度 1.667^{25} g/mL，折射率 1.317 8。不溶于水。制备：由四氟乙烯在甲醇中反应而得。用途：作试剂、光盘涂料溶剂、表面活化剂、润滑剂及弹性剂，用于工业清洗、汽车工业、纺织工业，以及新型含氟聚合功能单体的合成与生产。

5-氨基-1-戊醇（5-aminopentan-1-ol）CAS 号 2508-29-4。分子式 $C_5H_{13}NO$，分子量 103.17。常温条件下为白色晶体。熔点 33～35℃，沸点 222℃，闪点 65℃，密度 $0.948 8^{17}$ g/cm³，折射率 1.461 5。能与水、醇混溶，有吸湿性。制备：由 5-羟基戊醛经催化还原而得；或由 δ-戊丙酰胺为原料合成。用途：作试剂、有机合成中间体；和其他氨基醇用作干洗皂、除蜡剂、化妆品、油漆和杀虫剂的乳化剂。

2-氨基-2-甲基-1-丙醇（2-amino-2-methyl-1-propanol）亦称"2-氨基异丁醇"。CAS 号 124-68-5。分子式 $C_4H_{11}NO$，分子量 89.14。低熔点白色晶体，工业品为黏稠液体。熔点 24～28℃，沸点 165℃，闪点 67℃，密度 0.934^{25} g/mL，折射率 1.445 5。能与水混溶，溶于乙醇，水溶液呈碱性。制备：由 2-甲基-2-硝基-1-丙醇经催化还原而得。用途：作试剂、化妆品和矿物油的乳化剂、有机合成中间体，用于表面活性剂、硫化促进剂等的合成；作涂料、乳胶漆的添加剂，兼有颜料分散、调整 pH 和防锈作用；作酸性气体（如 CO_2）吸收剂。

正己醇（n-hexanol；n-hexyl alcohol）亦称"1-己醇"。CAS 号 111-27-3。化学式 $CH_3(CH_2)_5OH$，分子式 $C_6H_{14}O$，分子量 102.17。具有特殊香味无色透明液体，低毒！熔点-52℃，沸点 157℃，闪点 59℃，密度 0.814 g/mL，折射率 1.417 8。微溶于水，溶于乙醇、乙醚、丙酮等多数有机溶剂。吞食有害，有刺激性，避免吸入蒸气和长期与皮肤直接接触。制备：正己酸催化加氢还原制得。大规模工业生产时以乙烯为原料，在三乙基铝催化下首先合成三己基铝，继续氧化得到三己氧基铝，再经水解、分馏

而得。用途：作溶剂、防腐剂、有机合成原料，作为香精用于配制椰子和浆果类香精。

2-己醇（(±)-2-hexanol）亦称"仲己醇""甲基正丁基甲醇"。CAS 号 626-93-7。化学式 $CH_3CH(OH)(CH_2)_3CH_3$，分子式 $C_6H_{14}O$，分子量 102.17。无色液体。有一个手性中心，(R)-体 CAS 号 26549-24-6，$[\alpha]_D^{20}-10.5$（纯）；(S)-体 CAS 号 52019-78-0，$[\alpha]_D^{20}+10.5$（纯）。熔点-23℃，沸点 140℃，闪点 41℃，密度 0.81^{25} g/mL，折射率 1.414。不溶于水，可混溶于乙醇、乙醚。制备：可通过 1-己烯水合，或由 2-己酮催化还原，或由正丁基溴化镁和三聚乙醛经格氏反应制得。用途：作试剂、有机合成原料等。

2-甲基-2-戊醇（2-methyl-2-pentanol）亦称"叔己醇"。CAS 号 590-36-3。化学式 $(CH_3)_2CH(OH)CH_2CH_2CH_3$，分子式 $C_6H_{14}O$，分子量 102.18。无色透明液体。熔点-103℃，沸点 120～122℃，闪点 30℃，密度 0.835 g/mL，折射率 1.411。微溶于水，与乙醇、乙醚、丙酮等大部分有机溶剂混溶。制备：由丁酸乙酯和甲基卤化镁格氏试剂反应而得。用途：作溶剂、有机合成原料；在气相色谱分析中，可用于帮助带枝链化合物的区分，特别是醇类化合物。

3-甲基-3-戊醇（3-methyl-3-pentanol）亦称"二乙基甲基甲醇"。CAS 号 77-74-7。分子式 $C_6H_{14}O$，分子量 102.17。无色透明液体，有果香气味。熔点-38℃，沸点 123℃，闪点 24℃，密度 0.824 g/mL，折射率 1.418 0。微溶于水，与乙醇、乙醚、丙酮等大部分有机溶剂混溶。制备：由乙基溴化镁与乙酸乙酯或丁酮经格氏反应而得。用途：作溶剂、有机合成原料。

2，2-二甲基-1，3-二氧杂环戊-4-基甲醇（2，2-dimethyl-1，3-dioxolane-4-methanol）亦称"丙酮缩甘油"。CAS 号 100-79-8。分子式 $C_6H_{12}O_3$，分子量 132.16。无色透明液体。有一个手性碳原子，故有一对对映异构体，其中 (R)-体 CAS 号 14347-78-5，$[\alpha]_D^{20}-14$（纯）；(S)-体 CAS 号 22323-82-6，$[\alpha]_D^{20}+14$（纯）。外消旋体熔点-27℃，沸点 189～191℃，82℃（10 Torr），闪点 90℃，密度 1.066 g/mL，折射率 1.438 3。与水、醇、酯、醚、芳烃互溶。不燃烧。制备：用丙三醇与丙酮在氯化氢作用下缩合制得。用途：作万能溶剂、增塑剂、药用辅料（助溶剂、悬浮剂）；作药物合成中间体，用于鲨肝醇的合成等。

正庚醇（n-heptanol）亦称"1-庚醇"，俗称"葡萄花醇"。CAS 号 111-70-6。化学式 $CH_3(CH_2)_6OH$，分子式 $C_7H_{16}O$，分子量 116.20。具有芳香气味的无色透明液体，低毒！熔点-34.6℃，沸点 175.8℃，闪点 76℃，密度 0.819 g/mL，折射率 1.424 0。微溶于水，混溶于乙醇、乙醚等溶

剂。有刺激性，吸入、摄入或经皮肤吸收后对身体有害。天然品存在于丁香、风信子、紫罗兰叶等精油中。制备：由正戊醛还原，或由正戊基溴化镁与环氧乙烷反应合成而得。用途：作溶剂、试剂、有机合成原料，用于制备香料。

2-庚醇（(±)-2-heptanol）　亦称"仲庚醇"。CAS 号 543-49-7。化学式 $CH_3CH(OH)(CH_2)_4CH_3$，分子式 $C_7H_{16}O$，分子量 116.20。略有醚香和油香的无色黏稠状液体，并呈鲜柠檬似香气和青草-草药气味。有一个手性中心，(R)-体 CAS 号 6033-24-5，(S)-体 CAS 号 6033-23-4。熔点 -34℃，沸点 158～161℃，闪点 71℃，密度 0.818 g/mL，折射率 1.421 0。难溶于水，可混溶于乙醇、乙醚，溶于苯。天然品存在于苹果、草莓、红茶、生姜、大豆等中。制备：由 2-庚酮与金属钠在乙醇溶液中进行反应，或由正戊基溴化镁和乙醛经格氏反应制备。用途：作试剂、有机合成原料等，微量作食用香料。

2-甲基-2-己醇（2-methylhexan-2-ol）　亦称"叔庚醇"。CAS 号 625-23-0。化学式 $(CH_3)_2CH(OH)CH_2CH_2CH_2CH_3$，分子式 $C_7H_{16}O$，分子量 116.20。具特殊气味的无色至浅黄色透明液体。沸点 143℃，闪点 40℃，密度 0.811 9 g/mL，折射率 1.417 5。微溶于水，溶于乙醇、乙醚、丙酮等大部分有机溶剂。制备：由正溴丁烷与丙酮经格氏反应而得。用途：作试剂、有机合成原料。

正辛醇（n-octanol）　亦称"1-辛醇"，俗称"亚羊脂醇"。CAS 号 111-87-5。化学式 $CH_3(CH_2)_7OH$，分子式 $C_8H_{18}O$，分子量 130.23。无色、稍有黏性的液体。有柑橘、甜橙、青香香气。熔点 -16℃，沸点 195℃，闪点 80℃，密度 0.827 g/mL，折射率 1.429 0。不溶于水，溶于乙醇、乙醚、氯仿。低毒，对皮肤和眼睛有刺激性。制备：辛醛或辛酸还原，或以 1-庚烯为原料经氢甲酰化法制得。工业生产时以乙烯为原料，在三乙基铝催化下首先合成三辛基铝，继续氧化得到三辛氧基铝，再经水解、分馏而得。用途：作溶剂、试剂、香料中间体，用于生产增塑剂、萃取剂、稳定剂等。

2-辛醇（(±)-2-octanol）　亦称"仲辛醇""甲基己基甲醇"。CAS 号 123-96-6。化学式 $CH_3CH(OH)(CH_2)_5CH_3$，分子式 $C_8H_{18}O$，分子量 130.23。无色至浅黄色有特殊气味的油状液体，易燃。有一个手性中心，(R)-体 CAS 号 5978-70-1，$[\alpha]_D^{20}$ -10(c=1, EtOH)；(S)-体 CAS 号 6169-06-8，$[\alpha]_D^{20}$ +10(c=1, EtOH)。熔点 -38℃，沸点 179～180℃，闪点 76℃，密度 0.820 7 g/mL，折射率 1.426 0。难溶于水，与乙醇、乙醚和氯仿等溶剂混溶。制备：可作为生产癸二酸的副产品得到；也可由蓖麻油通过氢氧化钠和高温下裂解工艺生产。用途：作试剂、低挥发性溶剂（用于油漆及涂料领域）、消泡剂、润湿剂，微量作香料，作有机合成原料，用于制造驱肠虫药己雷琐辛、增塑剂、合成纤维油剂、矿用浮选剂、农药乳化剂等。

2-甲基-2-庚醇（2-methylheptan-2-ol）　亦称"二甲基戊基甲醇"。CAS 号 625-25-2。化学式 $(CH_3)_2CH(OH)(CH_2)_4CH_3$，分子式 $C_8H_{18}O$，分子量 130.23。无色至浅黄色透明液体。熔点 -50.4℃，沸点 162℃，闪点 61℃，密度 0.810 7 g/mL，折射率 1.420 1。不溶于水，溶于乙醇、乙醚、丙酮等大部分有机溶剂。制备：由正戊基溴与丙酮或 2-己酮与甲基卤化镁经格氏反应而得。用途：作试剂、有机合成原料。

2-乙基-1-己醇（2-ethyl-1-hexanol）　CAS 号 104-76-7。分子式 $C_8H_{18}O$，分子量 130.23。无色至淡黄色油状液体，有甜淡的花香味。熔点 -76℃，沸点 183～186℃，闪点 78℃，密度 0.833^{25} g/mL，折射率 1.431。微溶于水，混溶于乙醇等多数有机溶剂。制备：先由正丁醛缩合脱水得 2-乙基-2-己烯醛，再加氢制得本品。用途：作试剂、有机合成原料，生产增塑剂、消泡剂、分散剂、选矿剂和石油添加剂等，微量用作食品用香料。

正壬醇（n-nonanol; pelargonic alcohol）　亦称"1-壬醇""壬醇"。CAS 号 143-08-8。化学式 $CH_3(CH_2)_8OH$，分子式 $C_9H_{20}O$，分子量 144.26。无色至浅黄色液体，有强烈玫瑰香气和橙花香气，低毒！有刺激性。熔点 -8～-6℃，沸点 211～214℃，闪点 75℃，密度 0.827 g/mL，折射率 1.431～1.435。不溶于水，与醇、醚混溶。蒸气损害肺部，严重者可导致肺水肿。天然品以游离或酯化状态存在于甜橙、柚和橡苔等精油中。制备：在磷酸或三氟化硼存在下丙烯聚合得壬烯，再经过水合可得；或用正庚基溴化镁与环氧乙烷反应合成。用途：作溶剂、试剂，制造增塑剂、表面活性剂、稳定剂、消泡剂，极微量用于食用香料。

3-甲基-3-辛醇（3-methyloctan-3-ol）　CAS 号 5340-36-3。分子式 $C_9H_{20}O$，分子量 144.25。无色透明液体。沸点 127℃，闪点 72℃，密度 0.822^{25} g/mL，折射率 1.433。不溶于水，溶于乙醇、乙醚、丙酮等大部分有机溶剂。制备：由乙基溴化镁与 2-庚酮经格氏反应制得。用途：作试剂、有机合成原料。

正癸醇（n-decanol; capric alcohol）　亦称"1-癸醇"。CAS 号 112-30-1。化学式 $CH_3(CH_2)_9OH$，分子式 $C_{10}H_{22}O$，分子量 158.29。无色黏稠液体。有蜡香、玫瑰、油脂香气，略有甜橙花、铃兰花气息。熔点 6.4℃，沸点 230～232℃，闪点 108℃，密度 0.830 g/mL，折射率 1.437 0。不溶于水和甘油。能渗透肌肤造成刺激。天然品存在于甜橘油、橙花油、杏花油、黄葵子油等精油中。制备：由椰子油中的癸酸还原或癸醛还原而得，也可由乙烯经控制聚合后再经水解、分离而得；或用正辛基卤化镁格氏试剂与环氧乙烷反应合成。用途：作溶剂，作为透皮给药的渗透促进剂,制造增塑剂、润滑剂、表面活性剂和食用香精。

正十一烷醇(*n*-undecanol)　亦称"十一烷醇""癸基甲醇"。CAS 号 112-42-5。化学式 $CH_3(CH_2)_{10}OH$,分子式 $C_{11}H_{24}O$,分子量 172.31。无色油状液体,有类似柑橘的花香味和脂肪味。熔点 15～17℃,沸点 243℃,闪点 113℃,密度 0.831 g/mL,折射率 1.440 0。不溶于水,能溶于乙醇和乙醚等有机溶剂。刺激皮肤、眼睛和肺部,吞食可能有害。天然存在于许多食品如水果(包括苹果和香蕉)、黄油、鸡蛋中。制备:由十一醛或十一烯醇加氢还原而得。用途:作香料,调制食用香精。

2-十一烷醇(undecan-2-ol)　亦称"2-十一醇""甲基壬基甲醇"。CAS 号 1653-30-1。分子式 $C_{11}H_{24}O$,分子量 172.31。无色油状液体。有一个手性碳原子,故有一对对映异构体,其中(*R*)-体 CAS 号 85617-06-7,$[\alpha]_D^{25} -5.2(c=1.43, EtOH)$;(*S*)-体 CAS 号 85617-05-6,$[\alpha]_D^{25} +5.9(c=2.13, EtOH)$。外消旋体熔点 1～3℃,沸点 95～100℃(2 Torr),闪点 97℃,密度 0.828 ^{25} g/mL,折射率 1.437 0。不溶于水,能溶于乙醇和乙醚等有机溶剂。制备:外消旋体由 2-十一烷酮用 $NaBH_4$ 还原而得。用途:作试剂,微量也用作食用香料,主要用于焙烤类制品。

正十二烷醇(*n*-dodecanol)　亦称"十二烷醇""月桂醇""椰油醇"。CAS 号 112-53-8。化学式 $CH_3(CH_2)_{11}OH$,分子式 $C_{12}H_{26}O$,分子量 186.34。淡黄色油状液体或片状固体,略具有月下香及紫罗兰的香气。熔点 24～27℃,沸点 258～260℃,闪点 127℃,密度 0.830 g/cm³,折射率 1.443 0。不溶于水和甘油,溶于乙醇、氯仿、苯、乙醚、丙二醇。毒性约为乙醇的一半,刺激皮肤,对海洋生物非常有害。天然存在于白柠檬油、松针油中。制备:由月桂酸加氢还原或月桂酸乙酯氢化而得。用途:制造玫瑰型、紫罗兰型和百合水仙型香精,甜橙、椰子、菠萝等食用香精,以及高效洗涤剂、表面活性剂、纺织油剂、杀菌剂、化妆品、增塑剂、植物生长调节剂、润滑油添加剂等特种化学品。

正十三烷醇(*n*-tridecanol)　亦称"1-十三醇"。CAS 号 112-70-9。化学式 $CH_3(CH_2)_{12}OH$,分子式 $C_{13}H_{28}O$,分子量 200.37。无色透明黏稠液体或白色固体。熔点 32～33℃,沸点 274～280℃,闪点 120℃,密度 0.822 g/cm³。不溶于水,溶于醇和醚。具有轻度刺激性。制备:通过丙烯四聚得十二烯,羰基合成得十三烷醇,再分离后得产品。用途:作润滑剂,制造表面活性剂和增塑剂。

正十四烷醇(*n*-tetradecyl alcohol; myristyl alcohol)　亦称"1-十四醇""肉豆蔻醇"。CAS 号 112-72-1。化学式 $CH_3(CH_2)_{13}OH$,分子式 $C_{14}H_{30}O$,分子量 214.39。无色至白色蜡状固体,有蜡质气味。熔点 38～

40℃,沸点 289℃,闪点 148℃,密度 0.823 ^{25} g/cm³,折射率 1.432 6。不溶于水,溶于乙醚,易溶于乙醇。对水体有轻微危害。制备:由肉豆蔻酸酯类催化还原转化而得。用途:用作有机合成和表面活性剂的原料,气相色谱分析标准,食用香料。

正十五烷醇(*n*-pentadecyl alcohol)　亦称"1-十五醇"。CAS 号 629-76-5。化学式 $CH_3(CH_2)_{14}OH$,分子式 $C_{15}H_{32}O$,分子量 228.41。无色晶体。熔点 45～46℃,沸点 269～271℃,闪点 112℃,密度 0.836 4 $^{22.4}$ g/cm³,折射率 1.450 7。不溶于水,溶于乙醇、乙醚。制备:由十五碳-14-烯-1-醇氢化,或十五酸催化还原而得。用途:作溶剂,气相色谱分析标准。

正十六烷醇(*n*-hexadecanol; cetyl alcohol; palmityl alcohol)　亦称"十六烷醇""鲸蜡醇"。CAS 号 36653-82-4。化学式 $CH_3(CH_2)_{15}OH$,分子式 $C_{16}H_{34}O$,分子量 242.45。白色晶体。熔点 47～51℃,沸点 190℃(15 Torr),闪点 135℃,密度 0.817 g/cm³,折射率 1.428 3 ^{79}。不溶于水,溶于乙醇、氯仿、丙酮、苯,有一定的吸水性。制备:由鲸蜡皂化而得,或用硼氢化钠还原十六烷酰氯制得。用途:用作化妆品中保湿成分,软化剂、乳剂调节剂,医药中作助乳化剂和硬化剂。

正十七烷醇(*n*-heptadecanol)　亦称"1-十七醇"。CAS 号 1454-85-9。化学式 $CH_3(CH_2)_{16}OH$,分子式 $C_{17}H_{36}O$,分子量 256.47。白色至类白色晶体或粉末。熔点 53～54℃,沸点 308～309℃,闪点 154℃,密度 0.967 g/cm³(晶体)。不溶于水。制备:由正溴庚烷和 10-溴癸-1-醇合成制得。用途:作试剂、难挥发的抗乳化剂,制造增塑剂。

正十八烷醇(*n*-octadecanol)　亦称"十八碳醇",俗称"硬脂醇"。CAS 号 112-92-5。化学式 $CH_3(CH_2)_{17}OH$,分子式 $C_{18}H_{38}O$,分子量 270.49。白色片状或颗粒状固体,有香味。熔点 56～59℃,沸点 170～171℃(2 Torr),闪点 195℃,密度 0.812 g/cm³。不溶于水,微溶于苯、氯仿和丙酮,溶于乙醇、乙醚。制备:由硬脂酸或脂肪催化加氢制得。用途:用作化妆品中保湿成分,作软化剂、乳剂调节剂,医药中作助乳化剂和硬化剂。

正十九烷醇(*n*-nonadecanol)　CAS 号 1454-84-8。化学式 $CH_3(CH_2)_{18}OH$,分子式 $C_{19}H_{40}O$,分子量 284.53。熔点 60～61℃,沸点 166～167℃(0.3 Torr),密度 0.882 ^{21} g/cm³,折射率 1.432 8 ^{75}。不溶于水。制备:由正溴庚烷和 12-溴十二烷-1-醇合成。用途:用作试剂,制造清洁棒。

正二十烷醇(*n*-eicosanol)　亦称"1-二十醇",俗称"花生醇"。CAS 号 629-96-9。化学式 $CH_3(CH_2)_{19}OH$,分子式 $C_{20}H_{42}O$,分子量 298.56。半透明白色晶体。熔点 61～63℃,沸点 220～225℃(3 Torr),闪点 195℃,密度 0.841 g/cm³,折射率 1.435。不溶于水,微溶于乙醇、氯

仿,溶于丙酮和苯。制备:由花生酸和花生四烯酸加氢还原而得,或由 1-溴十八烷和环氧乙烷合成制得。用途:用于合成乳化剂、表面活性剂等。

二十二烷醇(*n*-docosanol;behenyl alcohol) 亦称"山醇""山嵛醇"。CAS 号 661-19-8。化学式 $CH_3(CH_2)_{21}OH$,分子式 $C_{22}H_{46}O$,分子量 326.61。白色固体。熔点 72.5℃,折射率 1.386。不溶于水,微溶于乙醚,易溶于甲醇、乙醇。制备:由顺-13-二十二碳烯酸(芥酸)或其酯依次经催化氢化和氢化锂铝还原而得。用途:作化妆品固体润肤赋脂剂、乳化剂、增稠剂、黏度调节剂、抗疱疹病毒药物等。

二十四烷醇(teracosan-1-ol;lignoceryl alcohol) 亦称"二十四醇""木焦醇""巴西棕榈醇"。CAS 号 506-51-4。化学式 $CH_3(CH_2)_{23}OH$,分子式 $C_{24}H_{50}O$,分子量 354.66。闪亮的片状或蓬松的粉末状固体。熔点 77℃,沸点 394.5℃,闪点 142℃,密度 0.839 g/cm³。制备:由二十四烷酸(木焦油酸)或其酯经氢化锂铝还原而得。用途:作多廿烷醇类的降脂药活性成分。

二十六烷醇(hexacosan-1-ol) 亦称"二十六醇"。CAS 号 506-52-5。化学式 $CH_3(CH_2)_{25}OH$,分子式 $C_{26}H_{54}O$,分子量 382.72。白色蜡状固体。熔点 79～81℃。不溶于水,易溶于氯仿。分布于许多植物的蜡质层和角质层。制备:由二十六烷酸(蜡酸)或其酯经氢化锂铝还原而得。用途:降低血脂、血糖,预防心脑血管疾病。

二十七烷醇(heptacosan-1-ol) 亦称"二十七醇"。CAS 号 2004-39-9。化学式 $CH_3(CH_2)_{26}OH$,分子式 $C_{27}H_{56}O$,分子量 396.74。白色粉末。熔点 74～75℃。不溶于水,易溶于氯仿等溶剂。是虫白蜡、川蜡的成分之一,也存在于香蕉花蕾干样精油等中。制备:可以 10-氧代癸酸甲酯、十七烷基溴等为原料合成制得。用途:作试剂、分析用标样。

二十八烷醇(octacosan-1-ol;cluytyl alcohol) 亦称"二十八醇",俗称"蒙旦醇""高粱醇"。CAS 号 557-61-9。化学式 $CH_3(CH_2)_{27}OH$,分子式 $C_{28}H_{58}O$,分子量 410.77。白色粉末或鳞片状、无味无臭晶体。熔点 81～83℃,200～250℃(1 Torr)升华。不溶于水,易溶于氯仿和低分子量的烷烃。是许多种桉树叶子、大多数饲料和谷物、相思以及三叶草植物表面蜡质成分。大米胚芽和小麦胚芽中微量存在。制备:从米糠蜡、蜂蜡甘蔗蜡、虫白蜡中提取。用途:多廿烷醇的主要成分,能抑制胆固醇的产生;抗疲劳功能性物质。

二十九烷醇(nonacosan-1-ol) 亦称"二十九醇"。CAS 号 6624-76-6。化学式 $CH_3(CH_2)_{28}OH$,分子式 $C_{29}H_{60}O$,分子量 424.80。白色粉末或晶体。熔点 80～83℃,200～250℃(1 Torr)升华。不溶于水,易溶于氯仿和低分子量的烷烃。制备:分布在紫花鱼灯草、黔产白刺花、红叶木姜子、滇木姜子等植物中,是自蔗蜡中提取的多种脂肪醇的混合物成分之一。制备:可以二十九烷酸酯为原料经还原制得。用途:多廿烷醇的主要成分,能抑制胆固醇的产生。

三十烷醇(triacontan-1-ol;*n*-triacontanol) 亦称"蜂花醇""蜂蜡醇"。CAS 号 593-50-0。化学式 $CH_3(CH_2)_{29}OH$,分子式 $C_{30}H_{62}O$,分子量 438.81。微米黄色鳞片状晶体。熔点 85～86℃,密度 0.777⁹⁵ g/mL,200～250℃(1 Torr)升华。几乎不溶于水,难溶于冷乙醇,溶于乙醚、氯仿、二氯甲烷及热苯。对人和禽畜无毒,无刺激性。常与高级脂肪酸结合成酯,是植物角质层蜡和蜂蜡成分。制备:由蜂蜡(或糠蜡)等皂化后提取而得,或以溴代十八烷和环十二烷酮为原料合成。用途:是植物生长调节剂,适用于多种作物,尤其是玫瑰。

三十二烷醇(dotriacontan-1-ol;lacceryl alcohol) CAS 号 6624-79-9。化学式 $CH_3(CH_2)_{31}OH$,分子式 $C_{32}H_{66}O$,分子量 466.87。白色粉末或晶体。熔点 82～83℃(轻石油醚)。不溶于水,易溶于氯仿和低分子量的烷烃。制备:是自蔗蜡中提取的多种脂肪醇的混合物成分之一,可以紫胶蜡酸为原料经还原制得。用途:作试剂用于生化研究,作多廿烷醇的主要成分,抑制胆固醇的产生及预防肺上皮细胞氧化损伤。

三十四烷醇(tetratriacontan-1-ol) 俗称"栀子醇""乌桕醇"。CAS 号 28484-70-0。化学式 $CH_3(CH_2)_{33}OH$,分子式 $C_{34}H_{70}O$,分子量 494.93。白色粉末。熔点 90℃(丙酮)。不溶于水,易溶于氯仿和低分子量的烷烃。制备:是栀子的化学成分之一,可由三十四酸及酯还原而得。用途:作试剂及多廿烷醇降胆固醇药物成分。

乙二醇(ethylene glycol) 亦称"1,2-亚乙基二醇""乙撑二醇",俗称"甘醇"。CAS 号 107-21-1。化学式 $HOCH_2CH_2OH$,分子式 $C_2H_6O_2$,分子量 62.07。无色透明黏稠液体,味甜,具有吸湿性。熔点 -12.9℃,沸点 197.3℃,闪点 111℃,密度 1.113²⁵ g/mL,折射率 1.431。微溶于乙醚,几乎不溶于苯及其同系物、氯代烃和石油醚,与水、低级脂肪族醇、甘油、乙酸、丙酮及其他类似酮类、醛类、吡啶等混溶。制备:以氯乙醇为原料在碱性介质中水解而得,也可通过环氧乙烷催化水合法或直接水合法制得。用途:作试剂、防冻剂、干燥剂;作为有机合成原料,用于合成医药、农药、树脂、表面活性剂及炸药;在诸如汽车和液冷计算机中作为对流换热的介质。

苯基-1,2-乙二醇(1-phenyl-1,2-ethanedio;styrene glycol) 亦称"苯基乙二醇"。CAS 号 93-56-1。分子式 $C_8H_{10}O_2$,分子量 138.17。有一个手性碳原子,故有一对对映异构体,其中(*R*)-体 CAS 号 16355-00-3,$[\alpha]_D^{20}$ -39(*c*=3,EtOH);(*S*)-体 CAS 号 25779-13-9,

$[\alpha]_D^{20} +39(c=3，EtOH)$。白色至淡米色针状晶体。外消旋体熔点 $66\sim68℃$，沸点 $272\sim274℃$，闪点 $160℃$，密度 $1.17\ g/cm^3$。易溶于水、乙醇、醚、苯和热石油醚，微溶于冷石油醚。制备：由苯乙烯与溴加成生成 1,2-二溴苯乙烷，再经水解而得；由 (R)-(-)-扁桃酸还原可得光学活性 (R)-体。用途：作试剂，用于有机合成。

1,2-丙二醇（propylene glycol；propane-1,2-diol）亦称"甲基乙二醇"。CAS 号 57-55-6。分子式 $C_3H_8O_2$，分子量 76.09。易吸湿性黏稠液体，略有辣味。分子中有一个手性碳原子，(R)-体 CAS 号 4254-14-2，$[\alpha]_D^{20} -16.5$；(S)-体 CAS 号 4254-15-3，$[\alpha]_D^{20} +16.5$。熔点 $-59℃$，沸点 188.2℃，闪点 103℃，密度 $1.036^{25}\ g/mL$，折射率 1.434 0。溶于乙醚，混溶于水、丙酮、乙酸乙酯和氯仿，与石油醚、石蜡不能混溶。制备：工业上由环氧丙烷水解制得，或以 1,2-二氯丙烷为原料水解而得。用途：作试剂、溶剂和有机合成原料，用于合成医药、农药、树脂等；也作为航空除冰液、冷冻剂和防冻剂；在化妆品、牙膏和香皂中作润湿剂成分；在染发剂中用作调湿、匀发剂。

1,3-丙二醇（propane-1,3-diol）亦称"丙撑二醇"。CAS 号 504-63-2。分子式 $C_3H_8O_2$，分子量 76.09。无色至淡黄色黏稠液体，略有刺激的咸味。熔点 $-27℃$，沸点 $211\sim217℃$，闪点 131℃，密度 $1.056^{25}\ g/mL$，折射率 1.440 0。与水、乙醇、丙酮、氯仿、乙醚等多种溶剂混溶，难溶于苯。制备：通过丙烯醛水合或环氧乙烷氢甲酰化先合成 3-羟基丙醛，再将该醛氢化还原制得 1,3-丙二醇；或在某些细菌存在下将甘油通过生物转化而得。用途：作试剂、溶剂、防冻剂，也作有机合成原料，用于药物、医药中间体、聚对苯二甲酸丙二醇酯及抗氧剂等的合成。

甘油（glycerol）系统名"1,2,3-丙三醇"。CAS 号 56-81-5。分子式 $C_3H_8O_3$，分子量 92.09。纯品为无色、无臭、有甜味的黏稠液体。有吸湿性。熔点 17.8℃，沸点 290℃（分解），182℃（20 Torr），闪点 160℃（闭杯）、176℃（开杯），密度 1.261 g/mL，折射率 1.474 0。能与水、乙醇混溶，易溶于乙酸乙酯，微溶于乙醚，不溶于氯仿、四氯化碳、苯、二硫化碳、石油醚。能吸收硫化氢、氢氰酸、二氧化硫。制备：一般以天然油脂为原料，经过皂化等步骤制得，所得产品称"天然甘油"；也可以丙烯为原料合成，所得甘油称"合成甘油"。用途：在工业、医药及日常生活中用途广泛，可作有机合成试剂、医药中间体、制造硝化甘油、乙酸甘油、香精、表面活性剂、陶瓷工业用塑化剂、醇酸树脂、环氧树脂和酯胶等；可作汽车和飞机燃料以及油田的防冻剂；用作化妆品、纺织和印染工业中的润滑剂、吸湿剂和滋润剂等；食品工业中用作保水剂、稠化剂、甜味剂、增塑剂和载体溶剂；

医药领域用于灌肠或制成栓剂医治便秘。

甘油-2-磷酸酯（glycerol 2-phosphate）亦称"β-甘油磷酸酯"，系统名"1,3-二羟基丙-2-基磷酸二氢酯"。CAS 号 17181-54-3。分子式 $C_3H_9O_6P$，分子量 172.07。制备：天然存在于卵磷脂水解产物中；也可以磷酸与甘油为原料，采用直接酯化法制备甘油-3-磷酸酯和甘油-2-磷酸酯混合物。用途：作生化试剂，常用其 β-甘油磷酸二钠盐水合物（CAS 号 154804-51-0）；是典型的丝氨酸苏氨酸磷酸酶抑制剂，常与其他磷酸酶/蛋白酶抑制剂联合使用以获得广谱抑制作用；还用于体外促进骨髓干细胞的成骨分化；配制缓冲 M17 培养基进行乳球菌重组蛋白表达。甘油磷酸酯的钙盐也用于牙膏，或在面包发酵粉中作食品稳定剂。

甘油-3-磷酸酯（*sn*-glycerol 3-phosphate）亦称"3-磷酸甘油""L-甘油-3-磷酸"，系统名"(R)-2,3-二羟基丙基磷酸二氢酯"。CAS 号 17989-41-2。分子式 $C_3H_9O_6P$，分子量 172.07。有一个手性碳原子，故有一对对映异构体。其对映体为 1-磷酸甘油，也称为"D-甘油-3-磷酸"。大多数生物使用 3-磷酸甘油，或 L-构型为骨架的甘油酯；1-磷酸甘油则专门用于构建拱形的醚类脂质。制备：生物途径是用甘油-3-磷酸脱氢酶还原糖酵解的中间体磷酸二羟丙酮（DHAP）合成得到；DHAP 和 3-磷酸甘油也可以通过甘油生成途径由氨基酸和柠檬酸循环中间体合成。用途：是甘油磷脂的一种成分；也作生化试剂，常用其 α-甘油磷酸二钠水合物（CAS 号为 1555-56-2）。

3-氨基-1,2-丙二醇（3-amino-1,2-propanediol）亦称"1-氨基-2,3-丙二醇"。CAS 号 616-30-8。分子式 $C_3H_9NO_2$，分子量 91.11。无色至浅黄色黏稠液体。有吸湿性。有一个手性碳原子，故有一对对映异构体，其中 (R)-体 CAS 号 66211-46-9，熔点 $54\sim56℃$，沸点 $125\sim128℃$（5 Torr），$[\alpha]_D^{20} +16(c=0.1，EtOH)$；(S)-体 CAS 号 61278-21-5，熔点 $55\sim57℃$，沸点 $128\sim130℃$（5 Torr），$[\alpha]_D^{20} -14(c=0.1，EtOH)$。外消旋体沸点 $127\sim130℃$（2~3 Torr），闪点 186℃，折射率 1.492 0，密度 1.175 2 g/mL。溶于水。制备：由甘油醛与氢气和氨反应而得；或者由 3-氯-1,2-丙二醇与氨、氢氧化钠溶液反应而得。用途：作试剂、有机合成原料、农药中间体，用于制备 X-CT 非离子型造影剂碘海醇、合成特种材料。

2-氨基-1,3-丙二醇（2-amino-1,3-propanediol）亦称"丝氨醇"。CAS 号 534-03-2。分子式 $C_3H_9NO_2$，分子量 91.11。吸湿性晶体。熔点 $55\sim57℃$，沸点 $115\sim116℃$（1 Torr），折射率 1.489 1。溶于水、乙醇。制备：用 5-肟基-1,3-二

噁烷经催化氢化还原先得到 5-氨基-1,3 二噁烷,再经水解制得;或以 1,3-二羟基丙酮经还原胺化反应制得;也可以丝氨酸为原料经氢化还原而得。用途:作试剂、有机合成原料,用于制备第二代非离子型水溶性碘造影剂碘帕醇(医药名称"碘必乐")。

1,2-丁二醇(1,2-butanediol)　CAS 号 26171-83-5。分子式 $C_4H_{10}O_2$,分子量 90.12。无色液体。有一个手性碳原子,故有一对对映异构体,其中(R)-体 CAS 号 40348-66-1,$[\alpha]_D^{20}+12$($c=0.1$, EtOH);(S)-体 CAS 号 73522-17-5,$[\alpha]_D^{20}-15.4$($c=1$, EtOH)。外消旋体熔点 -50℃,沸点 195～197℃、97℃(10 Torr),闪点 93℃,折射率 1.437 8,密度 1.002 3 g/mL。与水混溶,溶于乙醇、丙酮,微溶于酯类和醚类溶剂,不溶于烃类溶剂。制备:由 1-丁烯通过氯化法、过氧化物法等生成 1,2-环氧丁烷,再在稀硫酸介质中或采用高温高压法进行水解而得。用途:作试剂、有机合成原料,用于制备 2-氨基丁醇、α-酮丁酸、杀菌剂乙环唑、聚酯树脂和增塑剂等。

1,3-丁二醇(1,3-butanediol)　CAS 号 107-88-0。分子式 $C_4H_{10}O_2$,分子量 90.12。无色透明黏稠液体。有吸湿性。有一个手性碳原子,故有一对对映异构体,其中(R)-体 CAS 号 6290-03-5,$[\alpha]_D^{20}-30$(纯);(S)-体 CAS 号 24621-61-2,$[\alpha]_D^{20}+30$(纯)。外消旋体熔点 -50℃,沸点 203～204℃、105～106℃(10 Torr),闪点 121℃,折射率 1.440 0,密度 1.005 g/mL。可混溶于水、丙酮,溶于乙醚。制备:以乙醛为原料,在碱溶液中经自身缩合生成 3-羟基丁醛,然后加氢还原而得。用途:作试剂、有机合成原料,用于制造聚氨基甲酸酯、表面活性剂、增塑剂、偶联剂、食品添加剂和香料等;在生物学中,用作降血糖剂,可转化为 β-羟基丁酸酯,作为脑代谢的底物。

2,3-丁二醇(butane-2,3-diol)　亦称"二亚甲基二甘醇"。CAS 号 513-85-9。分子式 $C_4H_{10}O_2$,分子量 90.12。有两个相同的手性碳原子,共有三个立体异构体。(2R,3R)-(-)-体 CAS 号 24347-58-8,$[\alpha]_D^{20}-13$(纯);(2S,3S)-(+)-体 CAS 号 19132-06-0,$[\alpha]_D^{20}+13$(纯);内消旋体(2R,3S)-体 CAS 号 5341-95-7。无色晶体或黏稠液体。有吸湿性。外消旋和内消旋异构体混合物熔点 19℃,沸点 177℃,闪点 85℃,折射率 1.436 6,密度 0.987 g/mL。与水混溶,溶于甲醇、乙醇、丙酮、乙醚。制备:以糖类、糖蜜、麦芽浆或醇母液等为原料,经生物发酵法制得,也可通过 2,3-环氧丁烷水解制备。用途:作试剂、溶剂、有机合成原料,用于制备农药等。内消旋体异构体与萘-1,5-二异氰酸酯反应,可制备聚氨酯弹性体;也用作吸湿剂和偶联剂。

1,4-丁二醇(1,4-butanediol)　亦称"四甲撑二醇""丁隔二醇"。CAS 号 110-63-4。分子式 $C_4H_{10}O_2$,分子量 90.12。无色油状液体。熔点 20.1℃,沸点 229～230℃,闪点 135℃,折射率 1.445 0,密度 1.017 g/mL。与水混溶,微溶于乙醚,溶于甲醇、乙醇、丙酮。制备:在工业合成中,使乙炔与两当量的甲醛反应先生成 1,4-丁炔二醇,再加氢可得到本品;或由马来酸酐首先转化成马来酸甲酯,然后加氢而得;其他途径分别采用丁二烯、乙酸烯丙酯和琥珀酸等为原料也可制得本品。用途:用途广泛。作试剂、有机合成原料,用于制造四氢呋喃、γ-丁内酯和聚对苯二甲酸丁二醇酯工程塑料、表面活性剂、增塑剂偶联剂、食品添加剂和香料,以及制备维生素 B_6、农药、除草剂等;也作明胶软化剂和吸水剂,玻璃纸和其他未用纸的处理剂。也被一些使用者用作一种娱乐性药物,但只在小的剂量下是安全的。

2-氨基-2-甲基-1,3-丙二醇(2-amino-2-methyl-1,3-propanediol)　CAS 号 115-69-5。分子式 $C_4H_{11}NO_2$,分子量 105.14。白色晶体性粉末,高毒!熔点 108～110℃,沸点 151℃(10 Torr),闪点 110℃,密度 1.211 g/cm³。易溶于水。可腐蚀铜和铝。制备:由 2-甲基-2-硝基-1,3-丙二醇在镍催化剂作用下加氢还原而得。用途:作试剂、医药中间体、材料中间体,以及化妆品和矿物油的乳化剂,也用于除去酸性气体。

1,5-戊二醇(1,5-pentanediol)　亦称"五亚甲基二醇"。CAS 号 111-29-5。分子式 $C_5H_{12}O_2$,分子量 104.15。无色黏稠液体,味苦。熔点 -18℃,沸点 242℃,闪点 135℃,密度 0.994²⁵ g/mL,折射率 1.449 0～1.451 0。能与水、甲醇、乙醇、丙酮、乙酸乙酯等混溶。制备:以四氢糠醛为原料,经催化加氢而得,或由环戊二烯经光氧化先制得环氧戊烯醛,再经催化加氢而得本品;也可由戊二酸及其衍生物加氢制得。用途:作试剂、医药及农药中间体、有机合成原料,用于制造聚酯、聚醚和香料等;在聚氨酯中可用于合成特殊聚酯及用作扩链剂。

2,4-戊二醇(pentane-2,4-diol)　CAS 号 625-69-4。分子式 $C_5H_{12}O_2$,分子量 104.15。有两个相同的手性碳原子,共有三个立体异构体。(2R,4R)-(-)-体 CAS 号为 42075-32-1,熔点 50.5℃,沸点 111～113℃(19 Torr),$[\alpha]_D^{20}-41.2$($c=10$, CHCl₃);(2S,4S)-(+)-体 CAS 号为 72345-23-4,沸点 60～63℃(1 Torr),$[\alpha]_D^{20}+41.2$($c=10$, CHCl₃);内消旋体(2R,3S)-体 CAS 号为 3950-21-8,沸点 96℃(11.5 Torr)。透明无色至略淡黄色液体,略带臭味,有吸湿性。外消旋和内消旋异构体混合物熔点 48～49℃,沸点

200～201℃、85～87℃（7 Torr），闪点 101℃，折射率 1.435 0，密度 0.963 5 g/cm³。与水、乙醇混溶，溶于多数有机溶剂。制备：由 2,4-戊二酮还原而得。用途：作试剂、溶剂、有机合成原料；具有光学活性的异构体作为手性配体、手性砌块，其中(2S,4S)-(+)-戊二醇可用于制备强效钙拮抗剂 NIP-101。

2，2-二甲基-1，3-丙二醇（2，2-dimethyl-1，3-propanediol）　亦称"新戊二醇""季戊二醇""二甲基三亚甲基二醇"。CAS 号 126-30-7。分子式 $C_5H_{12}O_2$，分子量 104.15。白色无臭晶体，具吸湿性。熔点 125～127℃，沸点 210～212℃，闪点 103℃，升华温度 210℃，密度 1.066 g/cm³。易溶于水、低级醇、低级酮、醚和芳烃化合物等。制备：由异丁醛和甲醛经缩合，得羟基新戊醛，再经加氢还原而得；或先使异丁醛与甲醛在甲酸钠存在下缩合生成羟基叔丁醛，再在强碱条件下与过量甲醛还原而得。用途：作试剂、有机合成原料，用于制造树脂、增塑剂、表面活性剂、高级润滑油的添加剂及其他精细化学品；也作溶剂，用于芳烃和脂环烃的选择分离；在有机合成中用于保护羰基。

季戊四醇（pentaerythritol）　系统名"2,2-双羟甲基-1,3-丙二醇"。CAS 号 115-77-5。分子式 $C_5H_{12}O_4$，分子量 136.15。白色粉末状晶体，从稀盐酸中析出得四方系无色双四面体晶体。熔点 260～264℃，沸点 276℃（30 Torr），闪点 240℃，密度 1.396 g/cm³。溶于水、乙醇、乙二醇、甘油和甲酰胺，不溶于四氯化碳、乙醚、丙酮、苯和石油醚。制备：首先通过乙醛和 3 当量甲醛发生加成反应，然后与第 4 等量的甲醛进行 Cannizzaro 反应制得。用途：用作试剂以及医药、农药合成原料。在涂料工业中，用以制造醇酸树脂涂料；用作色漆、清漆和印刷油墨等所需的松香脂的原料，制备干性油、阴燃性涂料和航空润滑油、润滑剂和聚氯乙烯增塑剂等；在洗涤剂配方中作为硬水软化剂使用；因具有高度的对称性，硝化可以制得季戊四醇四硝酸酯（太安，PETN），是一种烈性炸药，同时其还有舒张血管的作用，是长效血管扩张药，可治疗心绞痛；与聚磷酸铵（APP）配合用作膨胀型胶黏剂的阻燃剂；还用作聚氨酯的交联剂。

丁炔二醇（butynediol）　系统名"2-丁炔-1,4-二醇"。CAS 号 110-65-6。分子式 $C_4H_6O_2$，分子量 86.09。无色至微黄色片状晶体。有醇的香味，易潮解。熔点 54℃，沸点 238℃，闪点 136℃，折射率 1.480 4，密度 1.11 g/cm³。易溶于水、甲醇、乙醇和酸性溶液，不溶于乙醚和苯，微溶于氯仿。具有腐蚀性，刺激皮肤、眼睛和呼吸道。制备：在丁炔酮或涂覆在惰性材料上的铜-铋催化剂作用下，由乙炔和甲醛反应而得。用途：作试剂以及医药、农药等中间体，用于合成丁烯二醇、1,4-丁二醇、γ-丁内酯等系列化工产品；在电镀工业中作光亮剂。

1，6-己二醇（1，6-hexanediol）　亦称"六亚甲基二醇"。CAS 号 629-11-8。分子式 $C_6H_{14}O_2$，分子量 118.17。常温下为白色蜡片状固体。熔点 38～42℃，沸点 250℃，闪点 147℃，密度 0.96^{50} g/mL。溶于水和乙醇，微溶于热醚，不溶于苯。制备：由己二酸二甲酯或己二酸二乙酯在金属钠、乙醇或在催化剂存在下进行催化还原，或将 2,4-己炔-1,6-二醇经催化还原而制得。用途：作试剂、医药及农药中间体、有机合成原料，用于生产聚氨酯（可提高聚酯的硬度和柔韧性）、不饱和聚酯、增塑剂、胶凝剂的硬化剂，印刷油墨的配制等，也作聚氨酯中的扩链剂，以得到具有高耐水解性和机械强度、但玻璃化转变温度低的改性聚氨酯。

频哪醇（pinacol）　亦称"四甲基乙二醇"，系统名"2,3-二甲基-2,3-丁二醇"。CAS 号 76-09-5。分子式 $C_6H_{14}O_2$，分子量 118.18。无色针状晶体。含 6 分子结晶水者为无色片状晶体。熔点 42～45℃，沸点 171～172℃，闪点 77℃，密度 0.964 1^{17} g/cm³，折射率 1.432 6^{45}。微溶于冷水和二硫化碳，混溶于热水、乙醇、乙醚。制备：以丙酮为原料，用镁作还原剂通过双分子还原而得。用途：作有机合成试剂、医药中间体，用于合成频哪酮、二甲基丁二烯及高分子聚合物的制备。

2-甲基-2，4-戊二醇（2-methyl-2，4-pentanediol）　CAS 号 107-41-5。分子式 $C_6H_{14}O_2$，分子量 118.18。有一个手性碳原子，故有一对对映异构体，其中（R）-体 CAS 号 99210-90-9，$[\alpha]_D^{20}$ -21(纯)；（S）-体 CAS 号 99210-91-0。无色透明略黏稠的液体，略有甜香味。外消旋体熔点 -40℃，沸点 197℃，闪点 98℃，密度 0.925^{25} g/mL，折射率 1.427 0。溶于水、醇、醚和低级脂肪烃。制备：由丙酮缩合得到双丙酮醇，再经液相加氢而得。用途：作试剂、有机合成原料以及有机磷类农药稳定剂、柴机油的防冻剂，也作溶剂、香料、医用消毒剂、织物用透入剂、造纸和皮革加工助剂等。

1，7-庚二醇（1，7-heptanediol）　亦称"七亚甲基二醇"。CAS 号 629-30-1。分子式 $C_7H_{16}O_2$，分子量 132.20。无色至浅黄色透明液体。熔点 17～19℃，沸点 259℃、51～53℃（15 Torr），闪点 113℃，密度 0.951^{25} g/mL，折射率 1.455 0。溶于水、醇，微溶于醚。制备：以庚二酸二乙酯为原料，在催化剂作用下加氢还原而得；或者以 1,5-戊二醇为原料，通过与环氧乙烷的增链过程而制得；也可由庚内酰胺经五硫化磷硫代、硼氢化钠还原而得。用途：作试剂、医药中间体、有机合成原料，用于生产化妆品、增塑剂及各种添加剂,合成液晶材料、不凝血生物材料、生物可降解功能高分子材料、蜂王酸和 MRI 造影剂等。

1,8-辛二醇(1,8-octanediol) 亦称"八亚甲基二醇"。CAS 号 629-41-4。分子式 $C_8H_{18}O_2$,分子量 146.23。白色粉末或片状晶体。熔点 59~61℃,沸点 171~173℃(20 Torr),闪点>110℃,密度 0.941 g/cm³,折射率 1.438。难溶于水、醚和轻汽油,溶于乙醇。制备:以铜-铬氧化物为催化剂,由辛二酸二乙酯在高温、高压下加氢还原而得;也可以 1,7-辛二炔为原料合成。用途:作试剂、有机合成原料,用于制备化妆品、增塑剂、特种添加剂。

1,2-辛二醇(1,2-octanediol) 亦称"辛甘醇"。CAS 号 1117-86-8。分子式 $C_8H_{18}O_2$,分子量 146.23。有一个手性碳原子,故有一对对映异构体,其中(R)-体 CAS 号 87720-91-0,$[\alpha]_D^{20}+14.6$($c=1$,MeOH);(S)-体 CAS 号 87720-90-9,$[\alpha]_D^{20}-14.8$($c=1$,MeOH)。无色至白色半固体。外消旋体熔点 36~38℃,沸点 130~134℃(10 Torr),闪点 138℃,密度 0.914 g/cm³,折射率 1.449 4。微溶于水,溶于乙醇。制备:通过 1-辛烯与甲酸、双氧水在催化剂作用下反应而得。用途:作试剂、有机合成原料,用于制备防腐剂和抗氧化剂等。

1,10-癸二醇(1,10-decanediol) 亦称"十亚甲基二醇"。CAS 号 112-47-0。分子式 $C_{10}H_{22}O_2$,分子量 174.28。白色针状晶体。熔点 70~72℃,沸点 347℃、144~145℃(1.5 Torr),闪点 174℃,密度 1.080 g/cm³。几乎不溶于冷水和石油醚,易溶于乙醇和热乙醚。制备:由癸二酸经酯化、还原而得;或以 1,7-辛二烯为原料,首先在铑催化剂作用下与合成气反应,制得 1,10-癸二醛,再经过加氢还原合成。用途:作试剂、有机合成原料,用于制备香精香料。

1,2-癸二醇(1,2-decanediol) CAS 号 1119-86-4。分子式 $C_{10}H_{22}O_2$,分子量 174.28。有一个手性碳原子,故有一对对映异构体,其中(R)-体 CAS 号 87827-60-9,$[\alpha]_D^{25}+8.3$($c=0.9$,EtOH);(S)-体 CAS 号 84276-14-2,$[\alpha]_D^{25}-12.5$($c=1$,EtOH)。无色液体或白色固体。外消旋体熔点 48℃,沸点 165~168℃(5 Torr),闪点 113℃。微溶于水,溶于乙醇。制备:通过 1-辛烯与甲酸、双氧水在催化剂作用下反应而得。用途:作试剂、有机合成原料;用于化妆品中,具有抗菌活性的保湿剂;用于沐浴、洗发香波等产品中,具有增稠和稳泡作用。

二乙二醇(diethylene glycol; ethylene diglycol; DEG) 亦称"二甘醇""双甘醇""一缩二乙二醇"。CAS 号 111-46-6。分子式 $C_4H_{10}O_3$,分子量 106.12。无色透明的黏稠液体,无臭,具有吸湿性,有辛辣的甜味。熔点 -10.5℃,沸点 244~245℃,闪点 143℃,密度 1.118²⁵ g/mL,折射率 1.446 0。与水、乙醇、丙酮、乙二醇等混溶,与乙醚、四氯化碳、芳香烃、二硫化碳等不混溶。制备:是环氧乙烷制乙二醇时的副产品,也可由环氧乙烷与乙二醇作用而制得。用途:作试剂、气体脱水剂、萃取剂、保温剂、柔软剂和烟草防干剂等,以及油脂、树脂、硝化纤维素等的溶剂,也作有机合成原料,用于制备增塑剂。

三乙二醇(triethylene glycol; TEG) 亦称"三甘醇""二缩三乙二醇"。CAS 号 112-27-6。分子式 $C_6H_{14}O_4$,分子量 150.17。无色黏稠液体,无臭,具有吸湿性。熔点 -7℃,沸点 285℃、125~127℃(0.1 Torr),闪点 165℃,密度 1.125 5 g/mL,折射率 1.455。微溶于乙醚,几乎不溶于石油醚,与水、乙醇、苯、甲苯混溶。制备:由环氧乙烷水合生成单甘醇、二甘醇、三甘醇和四甘醇的副产物得到。用途:作溶剂、萃取剂、气相色谱固定液、空气杀菌剂、烟草防干剂等,作干燥剂用于天然气、油田伴生气和二氧化碳的脱水,在空调系统清洗剂中作为消毒剂,也作有机合成原料,合成增塑剂等。

三缩四乙二醇(tetraethylene glycol) 亦称"四甘醇"。CAS 号 112-60-7。分子式 $C_8H_{18}O_5$,分子量 194.23。无色至浅稻草色透明黏稠液体,易吸湿。熔点 -6.2℃,沸点 313~314℃,闪点 193℃,密度 1.124 8 g/mL,折射率 1.459 0。不溶于苯、甲苯和脂肪烃,与水、醇混溶。制备:由生产乙二醇时的副产物得到。用途:作新型芳烃抽提用溶剂,作化妆品溶剂、刹车油掺合剂、飞机发动机润滑油等。也作热载体及气相色谱固定液。

二乙醇胺(diethanolamine) 亦称"二(2-羟乙基)胺",系统名"2,2′-亚氨基二乙醇"。CAS 号 111-42-2。分子式 $C_4H_{11}NO_2$,分子量 105.14。无色晶体或黏性液体,微有氨味。熔点 28℃,沸点 271℃,闪点 138℃,折射率 1.477 0,密度 1.097²⁵ g/mL。溶于水、乙醇,不溶于乙醚、苯。制备:由环氧乙烷与氨反应而得。用途:作化学试剂、气相色谱固定液、软化剂及润滑剂;作医药和农药中间体,用于合成吗啉、除草剂草甘膦等;因有碱性,能吸收空气中的二氧化碳和硫化氢等气体,作气体的净化剂。

三乙醇胺(triethanolamine; TEOA) 亦称"三(2-羟乙基)胺""2,2′,2″-三羟基三乙胺"。CAS 号 102-71-6。分子式 $C_6H_{15}NO_3$,分子量 149.19。无色油状液体,微有氨味,易吸湿。低温时为无色或浅黄色立方系晶体。暴露在空气中及在光照下易变成棕色。

熔点 21.6℃,沸点 336℃,闪点 179℃,折射率 1.485,密度 1.124 5 g/mL。微溶于四氯化碳、正庚烷,与水、甲醇、丙酮混溶,溶于苯、乙醚。制备:由环氧乙烷与氨水反应而得。用途:在化学分析中用作气液色谱的固定液,在 EDTA 络合滴定法等分析中作干扰离子的掩蔽剂;在浸没超声检测中用作缓蚀剂(防锈剂);在化学镀中是常用的络合剂;在焦炉气等工业气体的净化中,作脱除二氧化碳或硫化氢酸性气体的清净液;在水泥行业作早强剂;食品工业中作加工助剂;作有机合成原料,用于制造表面活性剂、液体洗涤剂、化妆品等;是切削液、防冻液的组分之一;在丁腈橡胶聚合中用作活化剂;也可作为油类、蜡类、农药等的乳化剂以及化妆品的增湿剂和稳定剂,作纺织物的软化剂、润滑油的抗腐蚀添加剂等;在医疗中用作治疗烧伤和皮肤创伤的外用药品(如比亚芬)成分。

2-乙基-1,3-己二醇(2-ethyl-1,3-hexanediol) CAS 号 94-96-2。分子式 $C_8H_{18}O_2$,分子量 146.23。无色略有黏性的液体。熔点 - 40℃,沸点 244℃、110～111℃(1 Torr),闪点 129℃,密度 0.913 g/mL,折射率 1.452 6。微溶于水,溶于醇和醚。制备:以丁醛为原料通过 aldol 缩合和还原合成。用途:作试剂用于有机合成,可制取聚酯树脂、聚酯增塑剂、聚氨酯树脂等;可作对蚊蝇的驱虫剂,也用于生产化妆品或作为油墨溶剂。

N,N,N′,N′-四(2-羟基丙基)乙二胺(N,N,N′,N′-tetrakis(2-hydroxypropyl)ethylenediamine; EDTP) 亦称“乙二胺四异丙醇”,俗称“依的托”“依地醇”。CAS 号 102-60-3。分子式 $C_{14}H_{32}N_2O_4$,分子量 292.42。无色透明黏稠液体。沸点 175～181℃(0.8 Torr),闪点 100℃,折射率 1.480 6,密度 1.03 g/mL。易溶于水,水溶液呈弱碱性。制备:以乙二胺、氧化丙烯为原料合成。用途:作络合剂,在线路板制造上用于化学镀铜、助焊剂和清洗剂;合成橡胶及聚氨醋制品中作交联剂和抗静电剂;在工程塑料中作为稳定剂。

1,2-二苯甲醇(1,2-benzenedimethanol) 亦称“邻苯二甲醇”“1,2-双(羟基甲基)苯”。CAS 号 612-14-6。分子式 $C_8H_{10}O_2$,分子量 138.16。白色至浅黄色粉末。熔点 63～65℃,沸点 145℃(3 Torr),闪点 145℃,折射率 1.583,密度 1.18 g/cm³。溶于水、醇、苯、乙醚。制备:由苯酐、苯酐或邻苯二甲酸经过还原而得;也可由邻二甲苯经侧链的氯化先制得邻二氯苄,然后在碱存在下进行水解合成。用途:作试剂,用于有机合成。

D-阿拉伯糖醇(D-arabitol) 亦称“阿糖醇”,系统名“(2R,4R)-戊烷-1,2,3,4,5-戊醇”。CAS 号 488-82-4。分子式 $C_5H_{12}O_5$,分子量 152.15。白色棱柱晶体或粉末。熔点 103～104℃,密度 1.525 g/cm³,$[\alpha]_D^{20} + 12(c = 5, Na_2B_4O_7)$。极易溶于水,微溶于乙醇与甲醇。制备:由阿拉伯糖或来苏糖还原而得。用途:作食品添加剂、医药及有机合成原料。

木糖醇(xylitol) 系统名“(2R,3r,4S)-戊烷-1,2,3,4,5-戊醇”。CAS 号 87-99-0。分子式 $C_5H_{12}O_5$,分子量 152.15。外形似白糖而略带甜味的正交系晶体(稳定型)或单斜系晶体(亚稳型)。甜度与蔗糖相当。熔点 92～96℃。极易溶于水,微溶于乙醇与甲醇。制备:由玉米芯或甘蔗渣等含多缩戊糖的农产品经水解、净化、加氢、精制而得。用途:广泛应用于食品、日化、医药等行业。作营养甜味剂,用于糕点、饮料、糖果中,特别适合制作糖尿病人饮用的保健饮料;作有机合成原料,制备表面活性剂、乳化剂、破乳剂、各种醇酸树脂以及涂料、清漆等。

D-甘露醇(D-mannitol) 亦称“甘露糖醇”“木密醇”。CAS 号 69-65-8。分子式 $C_6H_{14}O_6$,分子量 182.17。无色至白色针状或棱柱状晶体或晶体粉末,无臭,具有清凉甜味,甜度约为蔗糖的 57%～72%,热量约为葡萄糖的一半。天然品存在于褐藻细胞中,有 D 和 L 两种构型,D 构型在植物界广泛分布,L 构型为合成品。熔点 167～170℃,密度 1.49 g/cm³。溶于水、热乙醇及甘油,微溶于冷乙醇,几乎不溶于大多数其他普通有机溶剂。制备:可由葡萄糖或蔗糖溶液电解还原或催化加氢还原而得;也可从海带、海藻中提取。用途:医药上用作脱水剂和利尿药,也作药片的赋形剂,其注射液作为高渗透降压药,是临床抢救特别是脑部疾患抢救常用的一种药物;在化妆品中充当油质原料作为产品的基质使用,还有锁水保湿功效;在塑料行业中用于制备松香酸酯及人造甘油树脂、炸药、硝化甘露醇(雷管)等;食品工业作甜味剂、营养增补剂、品质改良剂、糕点和胶姆糖等防黏剂、保温剂;作试剂,用于树脂和药物的合成,微生物学上也作培养基。

二溴甘露醇(dibromomannitol; myebrol) 系统名“1,6-二溴-1,6-脱氧-D-甘露糖醇”。CAS 号 488-41-5。分子式 $C_6H_{12}Br_2O_4$,分子量 307.97。白色晶体或晶体粉末,无臭,味微苦。遇碱易分解,在干燥空气中稳定。熔点 176～178℃(分解)。易溶于浓氢溴酸及二甲基甲酰胺,微溶于乙醇、水和酮。制备:可由甘露糖醇与氢溴酸反应制得。用途:作抗肿瘤药物,用于治疗慢性粒细胞白血病和真性红细胞增多症、何杰金氏病等。

D-山梨糖醇(D-sorbitol; D-glucitol) 亦称“山梨醇”。CAS 号 50-70-4。分子式 $C_6H_{14}O_6$,分子量 182.17。

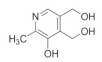

无色针状晶体或白色晶体粉末,无臭,有清凉甜味。甜度约为蔗糖的一半,热值与蔗糖相近。天然品广泛分布于自然界植物果实中,有 D 和 L 两种构型,D 构型在植物界广泛分布,L 构型 CAS 号 6706-59-8,为合成品,是 D-山梨糖醇的对映异构体。熔点 94～96℃,密度 1.49 g/cm³,$[\alpha]_D^{20}-1.2\sim-1.8(c=10,H_2O)$。易溶于水、热乙醇、甲醇、异丙醇、环己醇、丙酮、乙酸和二甲基甲酰胺。制备:由葡萄糖在镍催化下经高温、高压氢化后,经浓缩、结晶、分离而得。用途:在日化工业,作牙膏中的赋形剂、保湿剂、防冻剂;在化妆品中作为防干剂(替代甘油);在面包、蛋糕等食品中用于使食品保持新鲜柔软,防止食品的干裂,也是生产无糖糖果和各种防龋齿食品的重要原料;作有机合成原料,用于维生素 C、治疗冠心病的药物失水山梨醇酯等的合成;分析化学中作气相色谱固定液。

维生素 B₆(vitamin B₆)　亦称"吡哆醇",系统名"5-羟基-6-甲基-3,4-吡啶二甲醇"。CAS

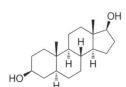

号 65-23-6。分子式 $C_8H_{11}NO_3$,分子量 169.18。从丙酮中得针状晶体。无臭,味酸苦,遇光渐变质。熔点 159～162℃,密度 1.38 g/cm³。易溶于水及乙醇,在酸介质中稳定,在碱液中易破坏。常用其盐酸盐,CAS 号 58-56-0,熔点 214～215℃。天然存在于稻谷壳、甘蔗、酵母、麦芽等中。制备:可从多种途径通过合成而得。用途:作膳食补充剂,用于治疗和预防维生素 B₆ 缺乏、铁母细胞性贫血、维生素 B₆ 依赖性癫痫、某些代谢紊乱、异烟肼问题以及某些类型的蘑菇中毒。

5α-雄甾烷-3β,17β-二醇((3β,5α,17β)-androstane-3,17-diol)　CAS 号 571-20-0。

分子式 $C_{19}H_{32}O_2$,分子量 292.46。无色晶体。熔点 168～170℃,140℃(0.01 Torr)升华。制备:可从多种途径通过合成而得。用途:是一种内源性雌激素,可作合成性激素的原料。

3α-雄甾烷-5α,17β-二醇((3α,5α,17β)-androstane-3,17-diol)　亦称"二氢雄甾酮"。CAS 号 1852-53-5。分子式 $C_{19}H_{32}O_2$,分子量 292.46。白色固体。熔点 215～218℃,130℃(0.01 Torr)升华。制备:可从多种途径通过合成而得,如以 3α-羟基-5α-雄甾烷-17-酮为原料经还原而得。用途:是内源性抑制性雄甾烷类神经甾醇和弱雄激素,是二氢睾酮的主要代谢产物,可作合成性激素的原料。

勃雄二醇(bolandiol)　亦称"19-去甲基-4-雄甾烯-3β,17β-二醇"。CAS 号 19793-20-5。分子式 $C_{18}H_{28}O_2$,分子量

276.41。从丙酮-己烷中得无色针状晶体。熔点 167～169℃,$[\alpha]_D^{24}+28.2(c=1,CHCl_3)$。被列入世界反兴奋剂机构(WADA)的禁药名单,因此被禁止在大多数主要运动中使用。制备:可以 19-去甲睾酮(诺龙)为原料经还原而得。用途:作医药中间体。

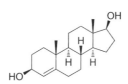

4-雄甾烯-3β,17β-二醇(androst-4-ene-3β,17β-diol;Δ⁴-androstene-3β,17β-diol)　亦称"4-雄烯二醇"。CAS 号 1156-92-9。分子式 $C_{19}H_{30}O_2$,分子量 290.44。从甲醇或水中得白色晶体粉末。熔点 158～160℃,$[\alpha]_D^{26}+47(c=1,EtOH)$。不溶于水,溶于乙醇。存在于粪便、睾丸、羊水中。制备:以 17α-羟基雄甾-4-烯-3-酮(睾甾酮)为原料经还原合成制得。用途:有促进肌肉生长、增加能量、加速恢复等功能,作甾体激素和避孕药、精细化学品。是非常弱的雌激素,能增加人体的睾酮水平;在结构上比 5-雄甾烯二醇更接近睾酮,并且具有雄激素效应,作为雄激素受体的弱部分激动剂。在中国被列为兴奋剂药品。

缩水甘油(glycidol)　亦称"环氧丙醇",系统名"2,3-环氧-1-丙醇"。CAS 号 556-52-5。分子式 $C_3H_6O_2$,分子量 74.08。有一个手性碳原子,故有一对对映异构体,其中(R)-体 CAS 号 57055-25-4,$[\alpha]_D^{20}+15$(纯);(S)-体 CAS 号 60456-23-7,$[\alpha]_D^{20}-15$(纯)。无色、近于无臭的略微黏稠的液体。外消旋体熔点 -54℃,沸点 167℃(分解)、61～62℃(15 Torr),闪点 66℃,折射率 1.433 0,密度 1.117 g/mL。与水、低级醇、乙醚、苯、甲苯、氯仿等混溶,易溶于二甲苯、四氯乙烯,几乎不溶于脂肪烃和脂环烃类。对皮肤、眼睛、黏膜和上呼吸道有刺激性;接触本品可导致中枢神经系统的抑制和刺激。制备:由烯丙醇用过氧化氢或过氧乙酸环氧化而得;或由 3-氯-1,2-丙二醇与氢氧化钠反应闭环合成。用途:作化学试剂、环氧树脂稀释剂、塑料和纤维改性剂、卤代烃类的稳定剂、食品保藏剂、杀菌剂、制冷系统干燥剂和芳烃萃取剂等;作化工原料,用来生产树脂、塑料、固体燃料的凝胶剂、医药、农药和助剂等;其光学活性异构体作手性医药中间体。

二巯基丙醇(dimercaprol)　亦称"英国抗路易气剂""巴尔",系统名"2,3-二巯基-1-丙醇"。CAS 号 59-52-9。分子式 $C_3H_8OS_2$,分子量 124.23。无色或几乎无色的黏稠油状液体,有类似葱蒜样气味,高毒! 对空气敏感,在乙醇中密封可长期保存。沸点 106℃(5 Torr)、120℃(15 Torr),闪点 112℃,折射率 1.576 4,密度 1.246 3 g/mL。微溶于水并

分解,溶于甲醇、乙醇及植物油。制备:由丙烯醇先与溴加成形成 2,3-二溴-1-丙醇,再与 NaSH 进行巯基化而得。用途:作化学试剂、解毒药,主要用于路易斯毒气等含砷或含汞毒物的解毒,也可用于铋、锑、镉等重金属的中毒,常见的副作用包括高血压、注射时疼痛以及呕吐;分析化学中作金属离子掩蔽剂和螯合剂。

烯丙醇(allyl alcohol)　系统名"2-丙烯-1-醇"。CAS 号 107-18-6。分子式 C_3H_6O,分子量 58.08。具有刺激性芥子似气味的无色液体,高毒! 熔点- 129℃,沸点 97℃,闪点 21℃,折射率 1.412,密度 0.854^{25} g/mL。与水、乙醇、乙醚、氯仿和石油醚混溶。有催泪作用,阈值为 2 ppm。制备:主要通过烯丙基氯水解制得;也可通过环氧丙烷异构化而得;或以异丙醇为还原剂,以丙烯醛为原料,在氧化镁和氧化锌催化剂作用下反应制得。用途:作有机合成原料,用于制备缩水甘油、缩水甘油醚、增塑剂、树脂、药物等。

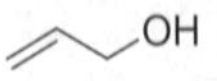

2-氯丙烯醇(2-chloroallyl alcohol)　系统名"2-氯-2-丙烯-1-醇"。CAS 号 5976-47-6。分子式 C_3H_5ClO,分子量 92.53。微弱芳香味液体,高毒! 沸点 133～134℃,密度 1.161 8 g/mL,折射率 1.458 9。制备:由 2,3-二氯丙烯与碳酸钾或碳酸钠溶液加热反应而得;或由 1,2,3-三氯丙烷与碳酸氢钠长时间解热反应而得;也可由炔丙醇在二氯化汞催化下与盐酸反应而得。用途:作试剂。

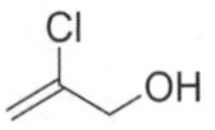

(E)-3-氯丙烯醇((E)-3-chloroallyl alcohol)　系统名"(E)-3-氯-2-丙烯-1-醇"。CAS 号 29560-84-7。分子式 C_3H_5ClO,分子量 92.53。带刺激性气味的液体,高毒! 沸点 153℃,密度 1.162^{15} g/mL,折射率 1.464^{19}。制备:由(E)-1,3-二氯丙烯与氢氧化钾溶液在 100℃ 加热反应而得。用途:作试剂。

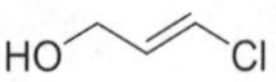

(Z)-3-氯丙烯醇((Z)-3-chloroallyl alcohol)　系统名"(Z)-3-氯-2-丙烯-1-醇"。CAS 号 4643-05-4。分子式 C_3H_5ClO,分子量 92.53。带刺激性气味的液体,高毒! 沸点 93～95℃(105 Torr),密度 1.176 9 g/mL,折射率 1.465 5。制备:由(Z)-1,3-二氯丙烯与碳酸钾或碳酸钠溶液在 100℃ 加热反应而得。用途:作试剂。

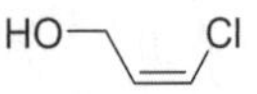

丙炔醇(propargyl alcohol)　亦称"炔丙醇",系统名"2-丙炔-1-醇"。CAS 号 107-19-7。分子式 C_3H_4O,分子量 56.06。无色、挥发性带有刺激气味的液体,剧毒! 易燃,遇光或久置易变黄。熔点- 53℃,沸点 114～115℃,闪点 33℃,折射率 1.432 0,密度 0.972 g/mL。与水、乙醇、乙醚、丙酮、氯仿、苯、1,2-二氯乙烷、四氢呋喃混溶,部分溶于四氯化碳,不溶于脂肪烃类溶剂。避免吸入、摄取和皮肤吸收,具有腐蚀性。制备:

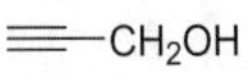

主要由乙炔与甲醛经铜催化反应而得。用途:作有机合成原料及医药中间体,用于制备丙烯酸、丙烯醛、维生素A、杀螨剂炔螨特等;也作镀镍光亮剂和金属除锈剂;还用作溶剂、氯代烃类的稳定剂。

2-氯-2-丁烯-1-醇(2-chlorobut-2-en-1-ol)　亦称"β-氯代肉桂醇"。CAS 号 183297-63-4。分子式 C_4H_7ClO,分子量 106.55。带刺激性气味的液体,高毒! 有(Z)和(E)两种构型。沸点 158～161℃,密度 1.118 g/mL,折射率 1.468 2。溶于水、醇。制备:由 1,2-二氯丁烯与碳酸钙加热反应而得;或由 2-氯-2-丁烯醛还原而得。用途:作试剂。

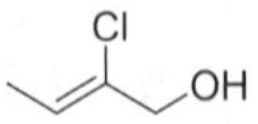

(Z)-3-氯-2-丁烯-1-醇((Z)-3-chlorobut-2-en-1-ol)　CAS 号 183297-63-4。分子式 C_4H_7ClO,分子量 106.55。带刺激性气味的液体。熔点- 40℃,沸点 72℃(20 Torr),密度 1.109 9 g/mL,折射率 1.465 1。制备:由(Z)-1,3-二氯丁烯与碳酸钠溶液加热反应而得;或由(E)-3-氯-2-丁烯-1-醇加热异构化而得。用途:作试剂。

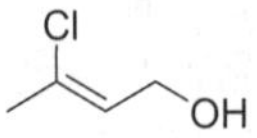

(E)-3-氯-2-丁烯-1-醇((E)-3-chlorobut-2-en-1-ol)　CAS 号 37428-53-8。分子式 C_4H_7ClO,分子量 106.55。带刺激性气味的液体。熔点- 47℃,沸点 77～78℃(20 Torr),密度 1.112 8 g/mL,折射率 1.467 3。制备:由(E)-1,3-二氯丁烯与碳酸钠溶液加热反应而得;或由(E)-3-氯-2-丁烯酸乙酯通过 $LiAlH_4$ 还原而得。用途:作试剂。

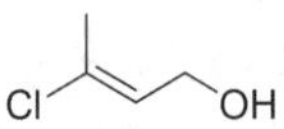

(Z)-4-氯-2-丁烯-1-醇((Z)-4-chlorobut-2-en-1-ol)　亦称"4-氯巴豆醇"。CAS 号 1576-93-8。分子式 C_4H_7ClO,分子量 106.55。带刺激性气味的液体。沸点 65～75℃(5 Torr),密度 1.154 g/mL,折射率 1.469 3。溶于醇、醚类溶剂。制备:由 3,4-环氧-1-丁烯与氯化氢/乙醚反应而得;或由 1,4-丁烯二醇与氯化亚砜反应而得。用途:作试剂。

2-丁炔-1-醇(2-butyn-1-ol)　CAS 号 764-01-2。分子式 C_4H_6O,分子量 70.09。无色至浅黄色透明液体。熔点- 2℃,沸点 142～143℃,闪点 51℃,密度 0.937 g/mL,折射率 1.453 0。与甲醇、乙醇、氯仿混溶。制备:由丙炔基溴化镁格氏试剂与多聚甲醛作用后,再用稀盐酸水解而得。用途:作有机合成试剂。

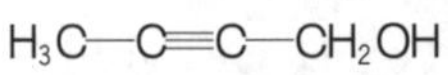

3-丁炔-1-醇(3-butyn-1-ol)　亦称"高炔丙醇"。CAS 号 927-74-2。分子式 C_4H_6O,分子量 70.09。无色至浅黄色透明液体。熔点- 64℃,沸点 129℃,闪点 36℃,密度 0.926 g/mL,折射率 1.441 0。与甲醇、乙醇、氯仿等混溶,不溶于脂肪烃类溶剂。制备:由乙炔基溴化镁格氏试剂或其他乙炔基金属试剂与环氧乙烷反应而得;或以二氢

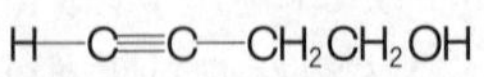

呋喃为原料,与氯经加成反应生成二氯二氢呋喃,再经消除和开环消除而得。用途:作有机化工中间体,应用于医药、农药、香料、化妆品等工业,用于合成非索非那定和利扎曲普坦等药物;经选择性催化加氢可得另一种重要的医药化工原料 3-丁烯-1-醇。

4-氯-2-丁-1-醇(4-chlorobut-2-yn-1-ol)　CAS 号 13280-07-4。分子式 C_4H_5ClO,分子量 104.53。黄色透明液体。沸点 92~94℃ (13 Torr),闪点 74℃,密度 1.205 7 g/mL,折射率 1.500 8。不溶于水,溶于乙醇、乙醚。制备:由 1,4-丁炔二醇和三氯化磷或者亚硫酰氯反应而得;也可由炔丙基氯和正丁基锂作用,得到的炔基锂再和甲醛加成而得。用途:作试剂、有机合成中间体。

3-丁烯-2-醇(3-buten-2-ol)　亦称"甲基乙烯基甲醇"。CAS 号 598-32-3。分子式 C_4H_8O,分子量 72.11。无色液体。熔点 -100℃,沸点 96~97℃,闪点 16℃,折射率 1.415 0,密度 0.832 g/mL。易溶于水、醇、醚、苯、氯仿。制备:由 3-丁炔-2-醇选择性加氢还原而得;或由乙烯基卤化镁格氏试剂和乙醛加成而得。用途:作有机合成原料、医药中间体、材料中间体。

3-丁烯-1-醇(3-buten-1-ol)　亦称"甲基烯丙基甲醇"。CAS 号 627-27-0。分子式 C_4H_8O,分子量 72.11。无色至浅黄色液体。沸点 112~114℃,闪点 33℃,折射率 1.421 0,密度 0.838 g/mL。溶于水、醇、醚、苯、氯仿。制备:以雷尼镍为催化剂,乙醇为溶剂,由 3-丁炔-1-醇催化氢化合成。用途:作有机合成原料、医药中间体。

3-丁炔-2-醇(3-butyn-2-ol)　亦称"乙炔基甲基甲醇"。CAS 号 2028-63-9。分子式 C_4H_6O,分子量 70.09。无色至淡黄色液体,剧毒!外消旋体熔点 -1.5℃,沸点 66~67℃(150 Torr),闪点 26℃,密度 0.894 g/mL,折射率 1.426 0。有一个手性中心,其中(R)-体 CAS 号 42969-65-3,沸点 109~111℃,$[\alpha]_D^{20}$ +47(纯);(S)-体 CAS 号 2914-69-4,沸点 108~111℃,$[\alpha]_D^{20}$ -47(纯)。溶于水以及甲醇、乙醇、乙醚、二氯甲烷等有机溶剂。制备:由乙炔钠或乙炔基卤化镁格氏试剂与乙醛亲核加成反应而得。用途:作试剂、精细化学品、医药中间体、材料中间体。

2-甲基-3-丁炔-2-醇(2-methyl-3-butyn-2-ol)　亦称"甲基丁炔醇"。CAS 号 115-19-5。分子式 C_5H_8O,分子量 84.12。无色至淡黄色液体,有芳香味。熔点 3℃,沸点 104℃,闪点 22℃,密度 0.868 g/mL,折射率 1.420 0。溶于水、丙酮、苯、四氯化碳和石油醚等。制备:由乙炔钠或乙炔基卤化镁格氏试剂与丙酮亲核加成而得。用途:作有

机合成、农药、萜烯类香料原料,也作溶剂、酸蚀抑制剂、镀镍或镀铜的上光剂、氯化烃稳定剂、黏度稳定剂、减黏剂等;在硅橡胶中用作铂催化硅氢加成反应的阻聚剂。

(Z)-3-己烯-1-醇((Z)-hex-3-en-1-ol;cis-3-hexen-1-ol)　俗称"叶醇""青叶醇"。CAS 号 928-96-1。分子式 $C_6H_{12}O$,分子量 100.16。无色油状液体。具有强烈的新鲜青草香气和新茶叶气息。熔点 -61℃,沸点 156~157℃、74~76℃ (15 Torr),闪点 44℃,折射率 1.440 2,密度 0.849 5 g/mL。微溶于水,溶于乙醇、乙醚、丙二醇和大多数非挥发性油。制备:天然品存在于茶叶、薄荷、大茉莉花、葡萄、树莓、柚子等中,可从植物精油中提取。有多种方法合成,主要有:以乙炔和溴乙烷为原料制得 1-丁炔,再加金属钠在液氨中反应,形成丁炔钠,接着再与环氧乙烷反应生成顺-3-己炔-1-醇,最后在 Lindlar 催化剂作用下经不完全加氢反应而得;或以 1,3-戊二烯和甲醛作为起始原料合成,经 Diels-Alder 反应和开环合成;或经由 2-乙基-3-氯四氢呋喃合成;或由乙醛-巴豆醛或者山梨酸为原料制得 2,4-己二烯-1-醇中间体,再经过选择性 1,4-加氢合成;或以 3-氯-1-丙醇、三苯基膦和丙醛通过 Wittig 反应合成;也可采用生物法制备。用途:作食用香料,用以配制各种瓜果和薄荷型香精、激活花香,作果香和薄荷香食用香精中的头香;用于配制高级香料、香水,特别是花香青香的日化香精;对许多捕食性昆虫具有吸引作用,可用以捕杀森林害虫等。

(E)-3-己烯-1-醇((E)-hex-3-en-1-ol;trans-3-hexen-1-ol)　CAS 号 928-97-2。分子式 $C_6H_{12}O$,分子量 100.16。无色油状液体,具青香香气。沸点 60~61℃(12 Torr),闪点 58℃,折射率 1.439 0,密度 0.817 g/mL。微溶于水,溶于乙醇、乙醚。天然存在于紫罗兰叶中,是叶醇的立体异构体。制备:由 3-己炔-1-醇在乙醚中与钠-液氨反应而得;或由 2-乙基-3-氯四氢呋喃与二碘化钐反应而得。用途:相应的酸可用于干酪、覆盆子和其他莓果类食用香精。

橙花醇(nerol)　亦称"β-柠檬醇",系统名"顺-3,7-二甲基-2,6-辛二烯-1-醇"。CAS 号 106-25-2。分子式 $C_{10}H_{18}O$,分子量 154.25。无色油状液体。有近似新鲜玫瑰的香甜气和柑橘香调,微带柠檬香。沸点 106~107℃(11 Torr),密度 0.876^{25} g/mL,折射率 1.477 6。不溶于水,混溶于乙醇、氯仿和乙醚。天然存在于橙花油,玫瑰油等中。制备:可以橙花油为原料制得;或以含有异丙醇铝的异丙醇溶液还原柠檬醛,先得香叶醇和橙花醇的混合物,再精馏分离而得本品。用途:作香料,用于配制玫瑰型和橙花型等花香香精以及树莓、草莓和柑橘类等水果型香精。

(9Z)-9-十六碳烯-1-醇((9Z)-9-hexadecen-1-ol)

亦称"棕榈油醇"。CAS 号 10378-01-5。分子式 $C_{16}H_{32}O$，分子量 240.42。无色至浅黄色黏稠液体。沸点 130～133℃(2 Torr)，密度 0.847 g/cm^3，折射率 1.465。不溶于水，可溶于大多数醇、醚、酯、酮及芳烃等有机溶剂中。制备：以棕榈油等为原料通过还原而得。用途：作试剂、有机合成砌块，在化妆品中用作润肤油、乳化改性剂，也作医药助剂用作乳化剂和硬化剂。

(9Z)-9-十八碳烯-1-醇(oleyl alcohol；(9Z)-9-ctadecen-1-ol) 亦称"顺-9-十八碳烯醇"。CAS 号 143-28-2。分子式 $C_{18}H_{36}O$，分子量 268.48。常温条件下为无色至浅黄色黏稠液体。熔点 13～19℃，沸点 330～360℃、207℃(13 Torr)，闪点>110℃，密度 0.845～0.855 g/mL，折射率 1.46。不溶于水，溶于乙醇、乙醚。制备：通过油酸乙酯的氢化反应制得。用途：作试剂、有机合成砌块，在化妆品中用作非离子表面活性剂、乳化剂、润肤剂和增稠剂，还作为通过皮肤或黏膜递送药物的载体。

乙氯戊烯炔醇(ethchlorvynol) 亦称"1-氯-3-乙基-1-戊烯-4-炔-3-醇"。CAS 号 113-18-8。分子式 C_7H_9ClO，分子量 144.60。无色透明液体，高毒！熔点 25℃，沸点 173～174℃，密度 1.065～1.070 g/mL，折射率 1.467 5～1.480 0。不溶于水，溶于乙醇、乙醚、丙酮等大部分有机溶剂。制备：由乙炔化锂和 1-氯-1-戊烯-3-酮通过乙炔化反应制得。用途：作非巴比妥酸盐类的安眠药，也用于镇静剂，用于失眠症的短期治疗，但基本只有在对其他药物存在不耐受或过敏时才谨慎使用。

法尼醇(farnesol) 亦称"里哪醇""金合欢醇"，系统名"(2E,6E)-3,7,11-三甲基-2,6,10-十二烷碳三烯-1-醇"。CAS 号 4602-84-0。分子式 $C_{15}H_{26}O$，分子量 222.37。无色至微黄色油状液体，有淡的柑橘-白柠檬香味。沸点 283～284℃、111℃(0.35 Torr)，闪点 112℃，折射率 1.490，密度 0.887 g/mL。溶于有机溶剂，微溶于水。制备：天然品存在于许多精油中，如仙客来、柠檬草、玫瑰、桂皮、依兰、麝葵籽等中；可用麝葵籽为原料加工而得；也可以香叶基丙酮或橙花叔醇为原料合成。用途：作食用香料成分，配制杏、樱桃、黄瓜、香蕉、桃、草莓等香精；用于香水，尤其用于以强调香味的甜花香水、丁香香水；作卷烟的添加剂；作螨的天然杀虫剂。

香叶醇(geraniol) 亦称"牻牛儿醇""香天竺葵醇"，系统名"(E)-3,7-二甲基-2,6-辛二烯-1-醇"。CAS 号 106-24-1。分子式 $C_{10}H_{18}O$，分子量 154.25。无色至黄色油状液体。具有温和、甜的玫瑰花气息，味有苦感。熔点<-15℃，沸点 114～115℃(12 Torr)，闪点 108℃，折射率 1.476 6，密度 0.889 g/mL。溶于乙醇、乙醚、丙二醇和矿物油，微溶于水，不溶于甘油。制备：天然品存在于许多精油中，如玫瑰油、棕榈油、香茅油以及天竺葵、柠檬和许多其他精油。可从上述植物精油提取，也可以月桂烯为原料合成。用途：作食用香料，用以配制桃子、覆盆子、葡萄柚、红苹果、李子、酸橙、橙子、柠檬、西瓜、菠萝和蓝莓等香精；应用于花香型日用香精，常与香茅醇、苯乙醇共用，配制香水；作有机合成原料，合成维生素 E 等；也作驱蚊剂。

香茅醇(citronellol；(±)-β-citronellol) 亦称"香草醇""二氢香叶醇"，系统名"3,7-二甲基-6-辛烯-1-醇"。CAS 号 106-22-9。分子式 $C_{10}H_{20}O$，分子量 156.27。无色油状液体。有似新鲜玫瑰特殊香气，有苦味。有一个手性碳原子，故有一对对映异构体，其中(R)-体 CAS 号 1117-61-9，为天然香茅醇(D-型)，是更常见的异构体，存在于香茅油、香叶油等 70 余种精油中，$[\alpha]_D^{20}+5.3$(纯)；(S)-体 CAS 号 7540-51-4，为 L-型，主要存在于玫瑰油和天竺葵油中，$[\alpha]_D^{20}-5.3$(纯)。外消旋体沸点 225℃，闪点 98℃，密度 0.855 g/mL，折射率 1.456 0。难溶于水，不溶于甘油，溶于乙醇、丙二醇和大多数非挥发性油。制备：可从香叶油中用单离的方法获得，也可由香叶醇、香茅醛或橙花醇加氢还原制备，或以蒎烯为原料合成。用途：为常用的香料，用于玫瑰香、柑橘香的香精；作许多香茅醇酯类的原料，用于制造羟基二氢香茅醇、羟基二氢香茅醛；也用作杀虫剂、诱螨剂、驱蚊药等。

植物醇(phytol) 亦称"叶绿醇"，系统名"(2E,7R,11R)-3,7,11,15-四甲基-2-十六碳烯-1-醇"。CAS 号 150-86-7。分子式 $C_{20}H_{40}O$，分子量 296.53。无色至浅黄色油状液体，有微弱的花香和香脂香气。沸点 202～204℃(10 Torr)，闪点>110℃，密度 0.849 7^{25} g/mL，折射率 1.463。不溶于水，易溶于乙醇、乙醚、苯等有机溶剂。制备：可从蚕沙提取，或以叶绿素为原料通过碱性氧化分解制得。用途：是叶绿素的组成部分；作试剂和有机合成砌块，用于合成维生素 E_1、维生素 K_1 等；也可作为食品乳化剂、抗氧化剂、营养添加剂，日化香精配方中可作为定香剂。在反刍动物中，被摄取的植物材料经肠道发酵释放植物醇，然后被转化成植酸并储存在脂肪中；昆虫如漆树跳蚤甲虫，可使用植物醇及其代谢产物(如植物酸)作为化学威慑物来对付捕食。

异植物醇(isophytol) 亦称"异叶绿醇"，系统名"3,7,11,15-四甲基-1-十六碳烯-3-醇"。CAS 号 505-32-8。分子式 $C_{20}H_{40}O$，分子量 296.53。无色油状液体。沸点 309℃、125～128℃(0.06 Torr)，闪点>

110℃,密度 0.841^{25} g/mL,折射率 1.457 1。不溶于水,易溶于乙醇、乙醚、苯等有机溶剂。制备:为叶绿素分解产物,可由假紫罗兰酮和炔丙醇合成,或以乙炔、丙酮、乙酸乙酯等为原料全合成得到。用途:作试剂和有机合成砌块,用于合成维生素 E、维生素 K$_1$ 等。

苯甲醇(benzyl alcohol) 亦称"苄基醇""苄醇"。CAS 号 100-51-6。分子式 C$_7$H$_8$O,分子量 108.14。有微弱芳香气味的无色透明黏稠液体。久置后会因氧化而微带苯甲醛得苦杏仁气息。熔点 −15.2℃,沸点 205℃、92 ~ 94℃(10 Torr),闪点 93℃,密度 1.045^{25} g/mL,折射率 1.540 0。微溶于水,与乙醇、乙醚、苯、氯仿等有机溶剂混溶。有麻醉作用,对眼部、皮肤和呼吸系统有强烈的刺激作用。天然存在于橙花、茉莉、栀子、依兰、金合欢、丁香花、风信子中。制备:工业上多以氯苄为原料,在碱的作用下加热水解而得;或通过苯甲醛的还原而得;也可通过苯基溴化镁与甲醛的 Grignard 反应合成。用途:作试剂;作为低浓度抑菌防腐剂用于静脉用药、化妆品和局部用药;作定香剂和稀释剂,用于配制香皂、日用化妆香精,是茉莉、月下香、伊兰等香精调配时的重要香料;也用于电子烟的电子液体,以提高香味;作油墨、蜡、虫胶、油漆、漆和环氧树脂涂料的溶剂;因其折射率与石英和羊毛纤维几乎相同,可用作石英和羊毛纤维的鉴别剂;作为 5% 的苄基醇洗剂香波中的活性成分,用于治疗虱子感染;作为"无痛水"进行麻醉,可减轻患者在注射青霉素时的疼痛感。

2-氯苄醇(2-chlorobenzyl alcohol) 亦称"邻氯苄醇""2-氯苯甲醇"。CAS 号 17849-38-6。分子式 C$_7$H$_7$ClO,分子量 142.58。白色针状或片状晶体。熔点 69~71℃,沸点 227℃,密度 1.237 g/cm^3。溶于醇、醚、氯仿和热石油醚,不溶于水。制备:以 2-氯苯甲酸或 2-氯苯甲醛为原料经还原而得。用途:作医药、有机合成中间体。

3-氯苄醇(3-chlorobenzyl alcohol) 亦称"间氯苄醇""3-氯苯甲醇"。CAS 号 873-63-2。分子式 C$_7$H$_7$ClO,分子量 142.58。沸点 128~130℃(10 Torr),闪点 >110℃,密度 1.216 g/cm^3,折射率 1.553 5。制备:以 3-氯苯甲酸或 3-氯苯甲醛为原料经还原而得。用途:作农药、医药中间体。

4-氯苄醇(4-chlorobenzyl alcohol) 亦称"对氯苄醇""4-氯苯甲醇"。CAS 号 873-76-7。分子式 C$_7$H$_7$ClO,分子量 142.58。白色至浅黄色针状晶体或粉末。熔点 71~73℃,沸点 234℃、119~120℃(12 Torr),闪点 70℃。易溶于醇、醚,不溶于水。制备:以 4-氯苯甲酸或 4-氯苯甲醛为原料经还原而得。用途:作医药、有机合成中间体。

3,4-二氯苄醇(3,4-dichlorobenzyl alcohol) 亦称"3,4-二氯苯甲醇"。CAS 号 1805-32-9。分子式 C$_7$H$_6$Cl$_2$O,分子量 177.02。白色或淡黄色晶体状固体。熔点 79~82℃,沸点 125 ~ 130℃(3 Torr),折射率 n$_D^{26}$1.574。不溶于水。制备:以 3,4-二氯苯甲醛为原料经还原而得。用途:作医药、有机合成中间体。

3,5-二氯苄醇(3,5-dichlorobenzyl alcohol) 亦称"3,5-二氯苯甲醇"。CAS 号 60211-57-6。分子式 C$_7$H$_6$Cl$_2$O,分子量 177.02。白色或淡黄色晶体状固体。熔点 78~79℃。制备:以 3,5-二氯苯甲酸或 3,5-二氯苯甲醛为原料经还原而得。用途:作医药、有机合成中间体,也作化妆品中的水溶液、护肤乳液和膏霜、凝胶制品的防腐剂。

2-羟基苯甲醇(2-hydroxybenzyl alcohol) 俗称"水杨醇"。CAS 号 90-01-7。分子式 C$_7$H$_8$O$_2$,分子量 124.14。白色片状或针状晶体,味辣。熔点 83 ~ 85℃,沸点 267℃,闪点 134℃,密度 1.613^{25} g/cm^3。微溶于水,溶于苯,不溶于石油醚,易溶于醇、醚和氯仿。制备:由苯酚和甲醛溶液在催化剂作用下反应而得,也可由水杨醛或水杨酸经还原而得。用途:作试剂、有机合成原料、医药和农药中间体,用于合成香豆素、紫罗兰香料以及杀虫剂水杨硫磷。

对羟基苯甲醇(4-hydroxybenzyl alcohol) CAS 号 623-05-2。分子式 C$_7$H$_8$O$_2$,分子量 124.14。粉红色至米色晶体粉末,有水果气息,带有苦杏仁味。熔点 120~122℃,沸点 251~253℃,闪点 294℃,密度 1.22 g/cm^3。可溶于水,溶于甲醇、乙醇、二甲基亚砜等有机溶剂。制备:是生物合成硫胺的噻唑部分过程中产生的裂解产物;可由对羟基苯甲醛或对羟基苯甲酸及其酯的还原而得。用途:作试剂、药物中间体;作局部麻醉剂,用于减少利多卡因注射引起的疼痛;还作为药物助剂,用于香料和调味品。

2-甲氧基苄醇(2-methoxybenzyl alcohol) 亦称"邻茴香醇",系统名"2-甲氧基苯甲醇"。CAS 号 612-16-8。分子式 C$_8$H$_{10}$O$_2$,分子量 138.17。无色或淡黄色液体。沸点 95~97℃(0.5 Torr),闪点 >110℃,密度 1.120 g/mL,折射率 1.550 6。不溶于水,溶于乙醇。制备:由 2-甲氧基苯甲醛或 2-甲氧基苯甲酸还原而得。用途:作试剂、医药中间体,用于有机合成。

3-甲氧基苄醇(3-methoxybenzyl alcohol) 亦称"间茴香醇",系统名"3-甲氧基苯甲醇"。CAS 号 6971-51-3。分子式 C$_8$H$_{10}$O$_2$,分子量 138.17。无色至淡黄色液体。

熔点 29～30℃，沸点 252～254℃、123～126℃（12 Torr），闪点 109℃，密度 1.112 g/mL，折射率 1.544 0。不溶于水，溶于乙醇。制备：由 3-甲氧基苯甲醛或 3-甲氧基苯甲酸还原而得。用途：作试剂、医药中间体；医药上作利尿药、碳酸酐酶抑制剂，也用于治疗青光眼和轻度心脏性水肿等。

茴香醇（anisyl alcohol）　亦称"大茴香醇""4-甲氧基苄醇"，系统名"4-甲氧基苯甲醇"。CAS 号 105-13-5。分子式 $C_8H_{10}O_2$，分子量 138.17。无色或淡黄色固体。具有类似丁香、香子兰温和的花香香气。熔点 22～25℃，沸点 134℃（12 Torr），闪点 101℃，密度 1.169 g/cm³，折射率 1.544 0。不溶于水，微溶于丙二醇和甘油。制备：以茴香醛为原料，在乙醇中和甲醛、氢氧化钠发生 Cannizzaro 反应而得。用途：作醇类合成香料用于香水等化妆品，主要用作茉莉、丁香、香豌豆、栀子等香精的调和香料；作医药中间体，用于有机合成。

二甲基苄基原醇（dimethyl benzyl carbinol）　亦称"二甲基苄基原醇"，系统名"2-甲基-1-苯基-2-丙醇"。CAS 号 100-86-7。分子式 $C_{10}H_{14}O$，分子量 150.22。低熔点白色半透明晶体，过冷状态下可为无色至淡黄色液体。有丁香香气，带有青香和木香香韵。熔点 23～25℃，沸点 94～96℃（10 Torr），闪点 92℃，密度 0.971～0.977²⁵ g/mL，折射率 1.514～1.517。溶于乙醇、丙二醇及大多数非挥发性油、矿物油，不溶于甘油和水。制备：由丙酮和苄基氯化镁或苄基溴化镁进行格氏反应，经水解后减压蒸馏而得。用途：作化妆和皂用香精时用于配制花香型香精，作食用香料时用于配制香草和水果型香精。

松柏醇（coniferyl alcohol）　亦称"4-羟基-3-甲氧基肉桂醇"，系统名"(E)-3-(4-羟基-3-甲氧基苯基)-2-丙烯-1-醇"。CAS 号 458-35-5。分子式 $C_{10}H_{12}O_3$，分子量 180.20。米黄色固体。熔点 75～76℃，沸点 163～165℃（3 Torr）。不溶于水，也不溶于碳酸氢钠水溶液，易溶于乙醚、乙醇。天然以松柏苷配糖化合物形式存在于许多植物体内。制备：以 4-羟基-3-甲氧基肉桂酸（阿魏酸）及其酯为原料经还原而得。用途：作试剂、药物中间体，用于合成抗肝炎药水飞蓟宾等。

二苯甲醇（diphenylmethanol; benzhydrol）　亦称"α-苯基苯甲醇"。CAS 号 91-01-0。分子式 $C_{13}H_{12}O$，分子量 184.24。白色至浅米色晶体。熔点 69℃，沸点 297～298℃，闪点 71℃，密度 1.103 g/cm³。微溶于水，易溶于乙醇、醚、氯仿和二硫化碳，几乎不溶于冷的石脑油。对眼睛、皮肤和呼吸系统有刺激作用。制备：由苯基溴化镁和苯甲醛之间的格氏反应制得，也可用硼氢化钠、锌粉或用汞齐钠和水还原二苯甲酮来制备。用途：作有机合成试剂和药物中间体，用于合成抗组胺/抗过敏药和抗高血压药，如苯甲托品、苯海拉明、莫达非尼及乙酰唑胺；在香料中，作固定剂，聚合反应中作为终止基团。

肉桂醇（cinnamic alcohol）　亦称"桂皮醇"，系统名"(2E)-3-苯基-2-丙烯-1-醇"。CAS 号 104-54-1。分子式 $C_9H_{10}O$，分子量 134.18。无色至淡黄色液体，有类似风信子与膏香香气，有甜味。熔点 30～33℃，沸点 250℃、94℃（1.5 Torr），闪点>110℃，密度 1.044²⁵ g/mL，折射率 1.581 9。难溶于水和石油醚，溶于乙醇、丙二醇、二氯甲烷和丙酮。制备：由肉桂醛还原而得；天然品以肉桂酸酯的形式存在于秘鲁香脂、安息香脂和苏合香脂中，可将苏合香脂在 10% 的氢氧化钠溶液中加热皂化制得肉桂醇。用途：作试剂、医药中间体、香料、定香剂、防腐剂、脱臭剂；作食用香料，主要用于桃、李、杏、树莓等类型香精。

糠醇（furfuryl alcohol）　亦称"2-呋喃甲醇""α-呋喃甲醇"。CAS 号 98-00-0。分子式 $C_5H_6O_2$，分子量 98.10。无色易流动液体，暴露在空气中或日光照射下易转变成棕色或深红红色，有苦味。熔点 -29℃，沸点 170℃，闪点 65℃，密度 1.135 g/mL，折射率 1.486 0。与水混溶，但在水中不稳定，易溶于乙醇、乙醚、苯和氯仿。制备：由糠醛经加氢还原而得。用途：作合成各种呋喃型树脂的原料、防腐涂料、食品添加剂（黏结剂）及树脂、清漆、颜料的良好溶剂；作医药、农药中间体，用于有机合成；也作食品用香料，用于配制焦香型香精；作为燃料应用于火箭，与白色发烟硝酸或红色发烟硝酸氧化剂高能点火。

苯频哪醇（benzopinacole）　系统名"1,1,2,2-四苯基-1,2-乙二醇"。CAS 号 464-72-2。分子式 $C_{26}H_{22}O_2$，分子量 366.46。白色至浅黄色单斜系晶体。熔点 187～188℃，密度 1.24 g/cm³。易溶于沸热的乙酸和沸苯，极易溶于乙醚、二硫化碳和氯仿。制备：在阳光照射及微量乙酸存在下，由二苯甲酮和异丙醇的混合物进行反应而得；也可以二苯甲醇为原料合成而得。用途：作有机合成中间体。

顺-13-二十二碳烯醇（erucyl alcohol; cis-13-docosen-1-ol）　俗称"瓢儿菜醇"。CAS 号 629-98-1。分子式 $C_{22}H_{44}O$，分子量 324.58。无色或微黄色长型细小针状晶体。熔点 33℃，沸点 225℃（5 Torr），密度 0.847 g/cm³，折

射率 1.463。不溶于水,溶于乙醇、乙醚。制备:通过芥酸即顺-二十二碳-13-烯酸或其酯氢化还原制得。用途:作试剂、有机合成砌块。

10-十一烯-1-醇(10-undecen-1-ol)　CAS 号 112-43-6。分子式 $C_{11}H_{22}O$,分子量 170.29。无色液体。熔点- 3℃,沸点 133℃(14 Torr),闪点 93℃,密度 0.85^{15} g/mL,折射率 1.446 2。不溶于水,溶于乙醇、乙醚。制备:通过 10-十一碳烯酸或其酯还原而得。用途:作试剂、精细化学品、医药中间体、材料中间体;其乙酸酯作香料,可用于软饮料、冷饮、糖果、焙烤制品等。

油醇(oleyl alcohol)　亦称“橄榄油醇”,系统名“顺-十八碳-9-烯-1-醇”。CAS 号 143-28-2。分子式 $C_{18}H_{36}O$,分子量 268.48。常温条件下为无色或淡黄色油状液体。熔点 13～19℃,沸点 330～360℃、207℃(13 Torr),闪点＞110℃,密度 0.845～0.855 g/mL,折射率 1.46。不溶于水,溶于乙醇、乙醚。制备:由油酸乙酯在乙醇中用金属钠还原而得。用途:作试剂,用于有机合成、生化研究;在化妆品中用作非离子表面活性剂、乳化剂、润肤剂和增稠剂;作通过皮肤或黏膜,特别是肺,递送药物的载体。

亚麻醇(linoleyl alcohol)　亦称“亚油醇”,系统名“顺,顺-9,12-十八碳二烯-1-醇”。CAS 号 506-43-4。分子式 $C_{18}H_{34}O$,分子量 266.46。沸点 149℃(1 Torr),闪点 124℃,密度 0.83^{25} g/mL,折射率 1.467 0～1.471 0。不溶于水,溶于乙醇、乙醚。制备:由亚油酸还原而得。用途:作试剂、有机合成中间体;作为一种亲脂性的醇,用于修饰脂溶性喜树碱类抗癌药物化合物。

4,4′-二氯二苯甲醇(4,4′-dichlorobenzhydrol; bis(4-chlorophenyl) methanol)　CAS 号 90-97-1。分子式 $C_{13}H_{10}Cl_2O$,分子量 253.12。奶油色至淡棕色粒状粉末。熔点 90～92℃,密度 1.325 g/cm³,折射率 1.617。不溶于水。制备:由 4,4′-二氯二苯甲酮用硼氢化钠还原而得;或由 1-氯-4-溴苯先与镁粉作用制得格氏试剂,再与 4-氯苯甲醛加成制得。用途:作试剂、有机合成中间体。

环丁醇(cyclobutanol)　CAS 号 2919-23-5。分子式 C_4H_8O,分子量 72.11。无色液体。沸点 123～124℃,闪点 21℃,密度 0.925 g/mL,折射率 1.436 0。微溶于水,可与乙醇、乙醚、丙酮、氯仿、乙酸酯、亚麻仁油、芳烃等有机溶剂混溶。制备:由环丙基甲醇在盐酸作用下重排而得,或由环丁酮还原而得。用途:作试剂。

3-甲基环丁醇(3-methylcyclobutanol)　CAS 号 20939-64-4。分子式 $C_5H_{10}O$,分子量 86.13。无色液体。溶于乙醇、乙醚。沸点 133～134℃,折射率 n_D^{25} 1.428 7～1.429 2。制备:用 $LiAlH_4$ 还原 3-甲基环丁酮合成。用途:作试剂。

环戊醇(cyclopentanol)　CAS 号 96-41-3。分子式 $C_5H_{10}O$,分子量 86.13。无色黏稠液体,有一种特殊的霉气味。熔点- 19℃,沸点 139～140℃,闪点 51℃,密度 0.950 g/mL,折射率 1.453 0。微溶于水,溶于乙醇、乙醚和丙酮;可与水组成含 42%环戊醇的共沸混合物,共沸点 96.3℃。制备:由环戊酮与四氢锂铝在乙醚中还原而得。用途:作试剂,用于医药、染料和香料的制备,也用作药物和香料的溶剂。

(±)-四氢呋喃-2-甲醇((±)-(tetrahydrofuran-2-yl)methanol)　俗称“四氢糠醇”。CAS 号 97-99-4。分子式 $C_5H_{10}O_2$,分子量 102.13。无色透明液体,有吸湿性。有一个手性碳原子,故有一对对映异构体,其中(R)-体 CAS 号 22415-59-4,比旋光度 $[\alpha]_D^{20}$ - 2.3(纯);(S)-体 CAS 号 57203-01-7,比旋光度 $[\alpha]_D^{20}$ + 2.3(纯)。外消旋体熔点＜- 80℃,沸点 177～178℃,闪点 75℃,密度 1.063 g/mL,折射率 1.452 0。与水、乙醇、乙醚、丙酮、氯仿和苯混溶,不溶于石蜡烃。制备:由糠醛加氢而得。用途:作试剂、溶剂、有机合成原料,其酯类用作增塑剂。

1-乙炔基环戊醇(1-ethynylcyclopentanol)　CAS 号 17356-19-3。分子式 $C_7H_{10}O$,分子量 110.16。透明无色至黄色液体。熔点 25℃,沸点 161℃,72～75℃(25 Torr),闪点 48℃,密度 0.962 g/mL,折射率 1.474 0。不溶于水,溶于乙醇、乙酸乙酯。制备:以环戊酮为原料与乙炔在叔丁醇钾存在下反应而得,也可由环戊酮与乙炔基溴化镁格氏试剂反应而得。用途:作试剂、有机合成中间体。

环己醇(cyclohexanol; cyclohexyl alcohol)　俗称“六氢苯酚”。CAS 号 108-93-0。分子式 $C_6H_{12}O$,分子量 100.16。无色黏性可燃液体,有吸湿性;低于凝固点时呈白色结晶。熔点 23～24℃,沸点 160～161℃,闪点 67℃,密度 0.962 g/mL。微溶于水,可与乙醇、乙醚、丙酮、氯仿、乙酸乙酯、亚麻仁油、芳烃等有机溶剂混溶。制备:工业制备方法主要为苯酚加氢法,即苯酚蒸气和氢气在镍催化剂存在下进行加氢反应制得;也可由环己烷在空气中用钴催化剂氧化制得。用途:作试剂、溶剂;用于制备己二酸、己二胺、环己酮、环己胺、己内酰胺等,是高分子工业的重要原料;作尼龙以及各种增塑剂的前体。

1,2-环己二醇(1,2-cyclohexanediol)　CAS 号 931-17-9。分子式 $C_6H_{12}O_2$,分子量 116.16。白色晶体或粉

末。为顺、反异构体混合物。熔点 72～76℃，沸点 118～120℃(10 Torr)，闪点＞110℃。溶于氯仿、甲醇。制备：由环己烯氧化而得。用途：作试剂、有机合成中间体。

反-1,2-环己二醇(*trans*-1,2-cyclohexanediol)
CAS 号 1460-57-7。分子式 $C_6H_{12}O_2$，分子量 116.16。白色晶体或粉末。熔点 102～105℃，沸点 117℃(17 Torr)，闪点 134℃，密度 1.147^{24} g/cm^3。溶于氯仿、甲醇。制备：由 1,6-己二醛在催化剂作用下还原偶联而得；或由环己烯经环氧化和开环制得。用途：作试剂、有机合成中间体，用于制备邻苯二酚等。

1,3-环己二醇(1,3-cyclohexanediol)　亦称"六氢氢醌""六氢对苯二酚"。CAS 号 504-01-8。分子式 $C_6H_{12}O_2$，分子量 116.16。浅黄色低熔点固体。为顺、反异构体混合物。熔点 -30℃，沸点 130～140℃(6 Torr)，闪点＞110℃，折射率 1.495。易溶于水、乙醇。制备：由间苯二酚催化加氢而得；或由 1,3-环己二酮还原而得。用途：作试剂、医药中间体。

1,4-环己二醇(1,4-cyclohexanediol)　亦称"六氢氢醌""六氢对苯二酚"。CAS 号 556-48-9。分子式 $C_6H_{12}O_2$，分子量 116.16。白色蜡状固体。为顺、反异构体混合物。熔点 96～100℃，沸点 149～151℃(20 Torr)，闪点 65℃，密度 1.156 g/cm^3。易溶于水、乙醇。制备：由对苯二酚催化加氢而得。用途：作试剂、医药中间体和新材料单体，用于合成液晶材料、有机光电材料、生物控制器标识物等。

顺-1,4-环己二醇(*cis*-1,4-cyclohexanediol)　CAS 号 931-71-5。分子式 $C_6H_{12}O_2$，分子量 116.16。棱形晶体。熔点 112℃，闪点 65℃。在真空中升华，对高锰酸钾稳定。溶于水、乙醇和丙酮，微溶于乙醚和氯仿。制备：由对苯二酚催化加氢得顺-和反-1,4-环己二醇混合物。用途：作试剂、医药中间体和新材料单体。

反-1,4-环己二醇(*trans*-1,4-cyclohexanediol)
CAS 号 6995-79-5。分子式 $C_6H_{12}O_2$，分子量 116.16。板状固体。熔点 141～142℃，闪点 66℃，密度 1.18 g/cm^3。溶于水、乙醇，难溶于乙醚，微溶于冷丙酮。制备：由对苯二酚催化加氢得顺-和反-1,4-环己二醇混合物；也可由 1,4-环己二酮还原而得。用途：作试剂、医药中间体和新材料单体。

肌醇(inositol)　亦称"环己六醇""纤维糖"。分子式 $C_6H_{12}O_6$，分子量 180.16。从水或乙酸中得白色晶体，无臭，味甜，甜度约为蔗糖的一半。对热、强的酸和碱均稳定，易吸湿。溶于水，微溶于乙醇、乙二醇、甘油和乙酸，不

溶于乙醚、丙酮和氯仿。根据羟基相对于环平面的取向不同，共有 9 种异构体，其中 7 种为非旋光体，2 种为旋光体(左旋体和右旋体)，相关物性等数据如下：

名称	CAS 号	结构式	熔点(℃)	密度(g/cm^3)	$[\alpha]_D^{20}$
myo-肌醇	87-89-8		224～227	1.75	
scyllo-肌醇	488-59-5		350	1.66	
muco-肌醇	41546-34-3		286	1.68	
neo-肌醇	488-54-0		315	1.69	
allo-肌醇	643-10-7		270～280		
epi-肌醇	488-58-4		274～276		
cis-肌醇	576-63-6		377		
1D-chiral-肌醇	643-12-9		230～235		+63(c=1, H_2O)
1L-chiral-肌醇	551-72-4		240		-65(c=1, H_2O)

最早从心肌和肝脏中分离得到，广泛分布于动物和植物体内。天然存在的异构体为顺-1,2,3,5-反-4,6-环己六醇，

即 myo-肌醇。制备：可从玉米浸泡液中提取。生物体内是以葡萄糖-6-磷酸（G-6-P）为原料，经两步反应合成；人体绝大部分肌醇合成是在肾脏中完成。用途：是动物、微生物的生长因子，可促进细胞新陈代谢、助长发育、增进食欲；在临床上用于治疗脂肪肝、肝炎、肝硬化、血中胆固醇过高等症；从米糠或麸皮中提取得到的肌醇六磷酸可作食品抗氧化剂、稳定剂及保鲜剂；也作高级化妆品的原料。

反-2-氨基环己醇盐酸盐（trans-2-aminocyclohexanol hydrochloride） CAS 号 5456-63-3。分子式 $C_6H_{14}ClNO$，分子量 151.53。白色或米色至浅棕色晶体粉末，易吸潮。熔点 172～175℃。溶于水。制备：由氧化环己烯与氨水反应而得；或由反-2-异氰基环己醇还原制得。用途：作试剂、医药中间体。

反-4-氨基环己醇盐酸盐（trans-4-aminocyclohexanol hydrochloride） CAS 号 50910-54-8。分子式 $C_6H_{14}ClNO$，分子量 151.53。白色或类白色晶体粉末，极易吸潮。熔点 223～225℃。溶于水。制备：由 1,4-环己二酮单肟与四氢化铝锂反应制得。用途：作试剂、医药中间体。

消旋薄荷醇（（±）-menthol；DL-menthol） 系统名"5-甲基-2-异丙基环己醇"。CAS 号 89-78-1。分子式 $C_{10}H_{20}O$，分子量 156.27。无色针状或粒状晶体，有薄荷的特殊香气，味初灼热后清凉。有 3 个手性中心，共有 8 个立体异构体。消旋体熔点 28～30℃，沸点 212～216℃，闪点 93℃，密度 0.890 g/cm³，折射率 1.463 5。微溶于水，极易溶解于乙醇、氯仿、石油醚、乙醚。制备：由蒲勒酮（胡薄荷酮）加氢还原而得。用途：作试剂、有机合成中间体。

L-薄荷醇（L-menthol） 系统名"(1R,2S,5R)-5-甲基-2-异丙基环己醇"。CAS 号 2216-51-5。分子式 $C_{10}H_{20}O$，分子量 156.27。无色针状晶体。具有清凉的薄荷香气。熔点 43～45℃，沸点 212～216℃，闪点 93℃，密度 0.890 g/cm³，折射率 1.460 9，$[\alpha]_D^{20}-50(c=10,EtOH)$。微溶于水，溶于乙醇、丙酮、乙醚、氯仿和苯等有机溶剂。为自然界中存在的薄荷醇的主要形式。制备：天然品与一些薄荷酮、乙酸薄荷酯和其他化合物一起存在于薄荷油中。唇形科植物薄荷的地上部分（茎、枝、叶和花）经水蒸气蒸馏所得的精油称薄荷原油，可由天然薄荷原油提纯制得。也可用合成法制取，主要的合成工艺包括：由月桂烯形成烯丙基胺，在 BINAP-铑配合物的存在下，经历不对称异构化得到对映体纯的 R-香茅醛，再用酸催化剂（如硅胶、溴化锌）羰基-烯反应环化成左旋异胡薄荷醇，然后氢

化得到左旋薄荷醇；另一工艺（Haarmann-Reimer 工艺）是以间甲苯酚为原料，经与丙烯烷基化成百里酚，加氢得到所有四对薄荷醇立体异构体，再通过手性拆分而得。用途：作香料，用作牙膏、香水、香烟、饮料和糖果等的赋香剂；具有局部麻醉、清凉止痒和抗刺激作用的特性，在医药上广泛用于减轻轻微喉咙刺激，内服可作为驱风药；其酯用于香料和药物。

D-薄荷醇（D-menthol） 系统名"(1S,2R,5S)-5-甲基-2-异丙基环己醇"。CAS 号 15356-60-2。分子式 $C_{10}H_{20}O$，分子量 156.27。无色针状晶体。具有辛辣刺激性气味，微带樟脑气息。熔点 43～44℃，沸点 104～105℃（10 Torr），闪点 91℃，密度 0.891 g/cm³，折射率 1.461，$[\alpha]_D^{20}+49(c=10,EtOH)$。微溶于水，溶于甲醇、乙醇、丙酮、乙醚、氯仿和苯等有机溶剂。为自然界中存在的薄荷醇的对映异构体。制备：可以月桂烯为原料采用与 D-薄荷醇类似的不对称合成方法而得。用途：作试剂、有机合成手性砌块。

环己酮氰醇（cyclohexanone cyanohydrin） 系统名"1-羟基-1-环己烷甲腈"。CAS 号 931-97-5。分子式 $C_7H_{11}NO$，分子量 125.17。无色低熔点固体，剧毒！具有典型的强烈的腈气味。熔点 32～35℃，沸点 132℃（19 Torr），闪点 118℃，密度 1.017³⁰ g/cm³，折射率 1.465 3。不溶于水，溶于乙醇、乙酸乙酯。制备：由环己酮与氢氰酸在碱性条件下反应制取，也可由环己酮和丙酮氰醇反应而得。用途：作试剂、有机合成中间体。

环庚醇（cycloheptanol） CAS 号 502-41-0。分子式 $C_7H_{14}O$，分子量 114.19。无色至淡黄色液体。熔点 2℃，沸点 78～81℃（11 Torr），闪点 71℃，密度 0.948 g/mL，折射率 1.477 0。不溶于水，溶于乙醇和丙酮。制备：由环戊酮与四氢锂铝在乙醚中还原而得。用途：作试剂，用于有机合成。

环辛醇（cyclooctanol） CAS 号 696-71-9。分子式 $C_8H_{16}O$，分子量 128.22。熔点 20～23℃，沸点 97～98℃（11 Torr），闪点 86℃，密度 0.974 1²⁵ g/mL，折射率 1.486 0。不溶于水，溶于乙醇、丙酮。制备：由环辛酮还原而得；也可由环辛烷在催化剂作用下与氧气或双氧水反应而得。用途：作试剂、有机合成中间体。

环十二（烷）醇（cyclododecanol） CAS 号 1724-39-6。分子式 $C_{12}H_{24}O$，分子量 184.32。从丙酮中得白色晶体。熔点 78～79℃，沸点 130℃（4 Torr），闪点 138℃。不溶于水。制备：由环十二（烷）酮还原而得；也可由环十二烷在催化剂作用下与氧气或双氧水反应而得；或由

1,2-环氧环十二烷在三氟化硼催化下用硼氢化钠还原而得。用途：作试剂、有机合成中间体，用于制造环十二酮等。

环十五(烷)醇（cyclopentadecanol）　CAS 号 4727-

17-7。分子式 $C_{15}H_{30}O$，分子量 226.40。固体粉末。熔点 80～81℃，沸点 145℃（0.3 Torr），密度 0.8713^{113} g/mL，折射率 1.4555^{98}。不溶于水。制备：由环十五(烷)酮还原而得；也可由 1,2-环氧环十五烷与四氢锂铝反应而得。用途：作试剂，用于有机合成。

1-金刚烷醇（1-admantanol；1-hydroxyadamantane）

系统名“三环[3.3.1.1(3.7)]癸烷-1-醇”。CAS 号 768-95-6。分子式 $C_{10}H_{16}O$，分子量 152.23。白色晶体粉末，有升华性。熔点 247℃，密度 1.16 g/cm³。不溶于水，溶于有机溶剂。制备：通过 1-溴金刚烷在丙酮水溶液中水解制得，或通过金刚烷在硅胶存在下于-65℃臭氧化制取。用途：作试剂、有机合成原料，特别是用于合成金刚烷衍生物和阿达巴林。

2-金刚烷醇（2-admantanol；2-hydroxyadamantane）

系统名“三环[3.3.1.1(3.7)]癸烷-2-醇”。CAS 号 700-57-2。分子式 $C_{10}H_{16}O$，分子量 152.23。黄色或者白色晶体粉末。熔点 258～262℃，密度 1.115 g/cm³。不溶于水，溶于甲醇、乙醇、二甲基亚砜等有机溶剂。制备：通过 2-金刚烷酮还原而得。用途：作试剂、有机合成原料、医药中间体，用于合成金刚烷衍生物。

粪甾烷-3-醇（coprostanol）
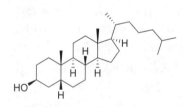
亦称“粪甾醇”“粪甾烷醇”，系统名“5β-胆甾烷-3β-醇”。CAS 号 360-68-9。分子式 $C_{27}H_{48}O$，分子量 388.68。白色粉末。熔点 100～101℃，密度 0.956 g/cm³，比旋光度 $[\alpha]_D^{18}+28$（c=1.8，氯仿）。不溶于水，溶于乙醚、氯仿、苯，微溶于甲醇。制备：通过粪甾烷酮或 4-胆甾烯-3-酮催化氢化还原而得。用途：是由胆固醇在大多数高等动物和鸟类的肠内细菌生物加氢形成的甾醇，能破坏细菌的细胞壁并在细菌细胞的繁殖期起杀菌作用；作生化试剂，用作生活污水检测指示物，环境中人类粪便物质存在的生物标志物等。

2-环己烯-1-醇（2-cyclohexene-1-ol）　亦称“2-环己烯醇”。CAS 号 822-67-3。分子式 $C_6H_{10}O$，分子量 98.15。无色透明液体。沸点 62～63℃（10 Torr）；闪点 58℃，密度 0.97 g/mL，折射率 1.4856。微溶于水，溶于乙醇、丙酮、二氯甲烷。

制备：以环己烯为原料，经烯丙位溴化和亲核取代制得环己烯醇乙酸酯，最后水解而得；也可由 2-环己烯酮经还原制得；或在催化剂的作用下，以环己烯为原料，与氧气等进行氧化反应而得。用途：作试剂、有机合成原料、药物中间体，用于合成萜烯、生物碱雪花莲胺、二氢可待因酮等，也作不对称加成及不对称氧化等许多有机合成反应研究的底物。

3,5,5-三甲基-2-环己烯-1-醇（(±)-3,5,5-

trimethyl-2-cyclohexen-1-ol）　俗称“异佛尔醇”。CAS 号 470-99-5。分子式 $C_9H_{16}O$，分子量 140.23。无色液体。沸点 93～94℃（15 Torr），闪点 80℃，密度 0.918^{25} g/mL，折射率 1.4685。不溶于水，溶于乙醇、乙酸乙酯。制备：以异佛尔酮为原料经还原而得。用途：作试剂、有机合成中间体，用于制备香料、环扁桃酸酯、新型增塑剂、润滑剂。

1-乙炔基环己醇（1-ethynylcyclohexanol）　CAS 号

78-27-3。分子式 $C_8H_{12}O$，分子量 124.18。白色晶体。熔点 30～33℃，沸点 180℃，闪点 73℃，密度 0.973 g/cm³，折射率 1.4830。不溶于水，溶于乙醇、乙酸乙酯。制备：以环己酮为原料与乙炔钠在液氨中反应而得。用途：作试剂、有机合成中间体及硅橡胶生产的稳定剂。

马鞭草烯醇（verbenol；2-pine-4-ol）　系统名“4,6,6-三甲基二环[3.1.1]庚-3-烯-2-醇”。
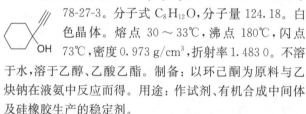
CAS 号 1820-09-3。分子式 $C_{10}H_{16}O$，分子量 152.24。无色液体，具特征的马鞭草样香气。顺式异构体熔点 3～5℃，沸点 90～92℃（10 Torr）；反式异构体熔点 24℃，沸点 92℃（10 Torr）；密度 0.9715 g/mL，折射率 1.4912。几乎不溶于水，与乙醇、丙酮等有机溶剂混溶。制备：存在于乳香脂胶、马鞭草油等精油中；从马鞭草烯酮还原可合成。用途：反式马鞭草醇是一种昆虫信息素，雌虫释放的马鞭草烯酮与顺式马鞭草烯醇可能是调控种内竞争的多功能信息素物质；作试剂，可用于合成其他萜类化合物。

胆固醇（cholesterol）　亦称“胆甾醇”，系统名“5-胆甾烯-3β-醇”。CAS 号 57-88-5。分子式 $C_{27}H_{46}O$，分子量 386.66。白色或淡黄色晶体。熔点 147～150℃，沸点 360℃（分解），密度 1.067 g/cm³，比旋光度 $[\alpha]_D^{20}-36$（c=2，二噁烷）、-31.5（c=2，乙醚）、-39.5（c=2，氯仿）。
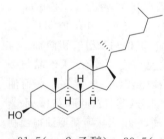
不溶于水，溶于乙醇、乙醚、丙酮、二氧六环和石油醚。制备：以牲畜脑组织为原料，例如猪脑（及脊髓）或羊脑提取。也存在于胆囊结石中。用途：是一种重要的脂类分子，由动物细胞生物合成,是所有动物细胞膜的基本结构成分;还作为生物合成类固醇、胆汁酸和维生素 D 的前体。可作生化试剂、有机合成原料及乳化剂,用于合成甾体激素。

β-谷甾醇(β-sitosterol)

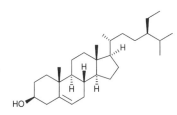

亦称"麦固醇",系统名"24α-乙基胆甾烷-5-烯-3β-醇"。CAS 号 83-46-5。分子式 $C_{29}H_{50}O$,分子量 414.72。白色固体。熔点 136～140℃,密度 0.97 g/cm³,比旋光度 $[\alpha]_D^{25}-27(c=0.1,氯仿)$。不溶于水,溶于食用油。广泛存在于自然界中的各种植物油、坚果、鳄梨等植物种子以及沙拉酱等加工食品中,也存在于某些植物药材中。制备:以米糠油下脚为原料制取;也可以豆甾醇为原料合成。用途:作医药原料及保健食品,具有降胆固醇、止咳、消炎、加强免疫系统、缓解良性前列腺增生症状,以及预防脱发、祛痰和抑制肿瘤、修复组织作用。

豆甾醇(stigmasterol)

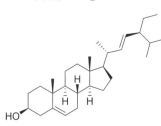

亦称"豆固醇",系统名"(22E,24S)-24-乙基胆甾-5,22-二烯-3β-醇"。CAS 号 83-48-7。分子式 $C_{29}H_{48}O$,分子量 412.70。白色固体。熔点 167～168℃,密度 0.97 g/cm³,比旋光度 $[\alpha]_D^{20}-51(c=2,氯仿)$。不溶于水,常温下微溶于丙酮和乙醇,易溶于氯仿、苯、乙酸乙酯、吡啶。是一种植物甾醇,为大豆油中的主要甾醇之一。存在于汉防己、黄柏、毒扁豆及马铃薯等中以及海洋浮游植物、海水和海洋沉积物中。制备:以大豆混合植物甾醇为原料经分离、提取制得。用途:可作生化试剂、有机合成原料,用于合成甾体激素、维生素 D_3。在医药、化妆品,以及造纸、印刷、纺织、食品等领域应用广泛。

麦角甾醇(ergosterol)

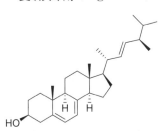

亦称"麦角固醇",系统名"(22E,24R)-麦角甾烷-5,7,22-三烯-3β-醇"。CAS 号 57-87-4。分子式 $C_{28}H_{44}O$,分子量 396.66。无色针状或片状晶体。易带若干结晶水。熔点 170℃,沸点 250℃(0.01 Torr),密度 1.055 g/cm³(带 1 分子结晶水),比旋光度 $[\alpha]_D^{20}-11.5(c=1,四氢呋喃)$。溶于乙醇、乙醚、苯和三氯甲烷,不溶于水。制备:以酵母为原料经分离、提取制得。用途:作生化试剂、有机合成原料、维生素 D_2 的前体,用于合成激素类药物可的松。

炔雌醇(ethinylestradiol) 系统名"17α-乙炔基雌甾-

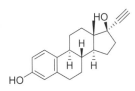

1,3,5(10)-三烯-3,17β-二醇"。CAS 号 57-63-6。分子式 $C_{20}H_{24}O_2$,分子量 296.41。白色至奶白色晶体粉末。熔点 182～183℃,密度 1.245 g/cm³。不溶于水,易溶于乙醇、丙酮或乙醚中,在氯仿中溶解。制备:由雌酮乙炔化而得。用途:作雌激素类药物,作用同乙烯雌酚,广泛用于避孕药和孕激素的联合应用;偶尔也被用作更年期激素疗法的组成部分,用于结合孕激素治疗更年期症状、妇科疾病和前列腺癌。

雌三醇(estriol) 亦称"16,17-二羟甾醇",系统名"雌

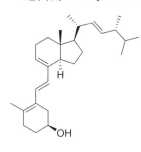

(甾)烷-1,3,5(10)-三烯-3,16α,17β-三醇"。CAS 号 50-27-1。分子式 $C_{18}H_{24}O_3$,分子量 288.39。无臭、无味白色晶体粉末。熔点 281～282℃(分解),密度 1.268 g/cm³。不溶于水,易溶于吡啶,在乙醇、乙醚、氯仿或二噁烷中溶解。制备:可从孕妇尿中分离得到;也可通过 16α-羟基雌酮还原而得。用途:作雌激素类药物,用于治疗白细胞减少、各种月经病、妇女更年期综合征等,对前列腺肥大、前列腺癌也有一定疗效,也用于更年期的激素治疗。

速甾醇(tachysterol)

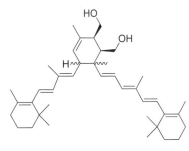

亦称"速固醇"。CAS 号 115-61-7。分子式 $C_{28}H_{44}O$,分子量 396.66。白色固体。熔点 136～140℃,密度 0.97 g/cm³,比旋光度 $[\alpha]_D^{30}-72.7(c=1.24,乙醚)$。不溶于水,溶于有机溶剂。制备:以麦角甾醇为原料经光化学反应转化而得。用途:作生化试剂,用于维生素 D 的合成。

鲸醇(kitol) 亦称"维生素 A 原"。CAS 号 4626-00-0。分子式 $C_{40}H_{60}O_2$,分子量 577.92。从乙醇中得棱柱状晶体。熔点 136～137℃,比旋光度 $[\alpha]_D^{20}-2.6(c=1.1,氯仿)$。不溶于水,溶于"溶脂"性有机溶剂。制备:是维生素 A 在光照下产生的二聚体,无生物活性;可从海洋生物露脊鲸属动物中提得鲸油,再加热后分离而得。用途:作化妆品添加剂。

苯酚(phenol) 俗称"石炭酸"。CAS 号 108-95-2。分子式 C_6H_6O,分子量 94.11。无色针状晶体或白色晶体熔块,在空气中易被氧化而变为粉红色甚至红色。有特殊臭

味和燃烧味。熔点 39～41℃，沸点 182℃，闪点 79℃，密度 1.07 g/cm³。室温微溶于水，可溶于苯及碱性溶液，易溶于乙醇、乙醚、氯仿、甘油、乙酸等有机溶剂中，难溶于石油醚。化学性质活泼。高毒，对皮肤和黏膜有强烈的腐蚀性。制备：苯酚是煤焦油的主要成分之一。工业上主要由异丙苯经氧化生成氢过氧化异丙苯，再经稀硫酸分解而得苯酚和丙酮，再经分离后而得；或由氯苯在高温、高压下与苛性钠水解生成酚钠，再中和水解制得；或以苯磺酸为原料用苛性钠碱溶，经酸化和减压蒸馏等步骤制得；也可由苯直接用一氧化二氮氧化制得。用途：是重要的有机化工原料，还用作试剂、医药和农药中间体。

石炭酸 即"苯酚"。

邻甲基苯酚（o-cresol；2-methylphenol） 亦称"邻甲酚"。CAS 号 95-48-7。分子式 C_7H_8O，分子量 108.14。无色晶体，高毒！有苯酚气味。熔点 31℃，沸点 191℃，闪点 81℃，密度 1.027 3 g/cm³，折射率 1.536 1。溶于热水、溶于苛性碱液，混溶于乙醇、乙醚、氯仿。是在蓖麻中发现的一种化合物，也是烟草烟雾的一种成分。制备：可从煤焦油中提取；工业上是在催化剂存在下，以苯酚为原料，用甲醇作烃化剂而制得。用途：作试剂，用于除草剂、香料合成，也作消毒剂和防腐剂。

间甲基苯酚（m-cresol；3-methylphenol） 亦称"间甲酚"。CAS 号 108-39-4。分子式 C_7H_8O，分子量 108.14。无色或淡黄色可燃液体，高毒！有苯酚气味。熔点 8～10℃，沸点 203℃，闪点 86℃，密度 1.034 g/mL，折射率 1.541 0。溶于热水、苛性碱液，混溶于乙醇、乙醚。对中枢神经有毒害作用。是烟草烟雾的一种成分。制备：可从煤焦油中提取；工业上主要采用合成法，由甲苯与丙烯在三氯化铝存在下生成异丙基甲苯，经空气氧化生成氢过氧化异丙基甲苯，再经酸解得丙酮和间、对位混合甲基苯酚，分离后可得。用途：作试剂，用于农药、医药、香料、树脂增塑剂、抗氧剂等领域。

对甲基苯酚（p-cresol；4-methylphenol） 亦称"对甲酚"。CAS 号 106-44-5。分子式 C_7H_8O，分子量 108.14。无色至粉红色晶体，高毒！有烟熏、草药、苯酚气味。熔点 36℃，沸点 202℃，闪点 85℃，密度 1.035²⁵ g/cm³，折射率 1.539 5。溶于乙醇、乙醚、氯仿和热水。对中枢神经有毒害作用。制备：可从煤焦油中提取；工业制备主要以甲苯为原料经磺化和碱水解制得；其他方法包括甲苯氯化和水解、由甲苯与丙烯为原料的伞花烃-甲酚工艺（见"间甲基苯酚"）。用途：作试剂、医药、农药和染料合成的原料，用于制造抗氧剂 2,6-二叔丁基对甲酚和橡胶防老剂。

4-氯-3-甲基苯酚（4-chloro-3-methylphenol；p-choro-m-cresol） CAS 号 59-50-7。分子式 C_7H_7ClO，分子量 142.58。无色晶体。带有苯酚气味。熔点 61～62℃，沸点 235℃、104℃（4 Torr），密度 1.422 g/cm³，折射率 n_D^{73} 1.540 3。不溶于水，易溶于多数有机溶剂。制备：由间甲酚与氯化硫酰反应而得。用途：作有机合成试剂、消毒剂以及蛋白质香波和婴儿化妆品防腐剂。

2,4-二氯-3,5-二甲基苯酚（2,4-dichloro-3,5-dimethylphenol） 亦称"二氯二甲酚"。CAS 号 133-53-9。分子式 $C_8H_8Cl_2O$，分子量 191.05。熔点 91～96℃，闪点 138℃，密度 1.323 g/cm³。制备：由 3,5-二甲苯酚与氯化硫酰反应而得。用途：作试剂。

2-甲氧基-4-甲基苯酚（2-methoxy-4-methylphenol；2-methoxy-p-cresol） 亦称"4-甲基愈创木酚"。CAS 号 93-51-6。分子式 $C_8H_{10}O_2$，分子量 191.05。无色至黄色液体，有香辛料、丁香、香兰素和烟熏香气，略有苦味。熔点 5.5℃，沸点 220℃，闪点 138℃，密度 1.092 g/mL，折射率 1.535 3。微溶于水，与醇、醚、苯、氯仿、乙酸混溶。制备：天然存在于依兰油、茴香油、茉莉精油和山毛榉焦油中。可由香兰素氢化还原而得；或由 4-甲基邻苯二酚（高儿茶酚）用硫酸二甲酯和碱进行甲基化而得。用途：作香料、医药及其他有机合成中间体。

二甲酚（dimethylphenol） 亦称"混二甲酚"。分子式 $C_8H_{10}O$。有六种异构体，结构式和 CAS 号如下：

2,3-二甲基苯酚	2,4-二甲基苯酚	2,5-二甲基苯酚
CAS号 526-75-0	106-67-9	95-87-4

2,6-二甲基苯酚	2,3-二甲基苯酚	2,3-二甲基苯酚
CAS号 576-26-1	95-65-8	108-68-9

分子量 122.17。常见产品为白色晶体或浅黄色至褐色透明液体，可燃，有毒！有腐蚀性。熔点 20～76℃，沸点 203～225℃，密度 1.02～1.03 g/mL。微溶于水，溶于大多数有机溶剂及碱溶液。制备：可从煤裂解产生的煤焦油及石油裂解副产物的混合酚中提取；通过蒸馏法和结晶法相结合的方式提取精制可得到较纯的单一结构。也可

以由甲醇和苯酚、甲基苯酚进行甲基化反应制备。用途：作工业呋喃树脂的硬化剂、高分子材料合成的单体或助剂；单一异构体作香料、药物和农药合成的起始原料。

邻乙基苯酚（o-ethylphenol；2-ethylphenol）亦称"邻乙酚"。CAS 号 90-00-6。分子式 $C_8H_{10}O$，分子量 122.17。无色液体。熔点 -18℃，沸点 206℃，闪点 78℃，密度 1.035 g/mL，折射率 1.536 0。微溶于水，混溶于乙醚；溶于乙醇、丙酮、苯。吸入、皮肤接触及吞食有害。制备：存在于香料烟烟叶、烟气中。可从煤焦油中提取；工业上是在苯酚铝催化剂存在下，以苯酚和乙烯为原料反应制得；或以苯酚和乙醇为原料，在氧化铝和氧化钍的作用下，加热至 350℃以上脱水制得。用途：作试剂，用于有机合成。

间乙基苯酚（m-ethylphenol；3-ethylphenol）亦称"间乙酚"。CAS 号 620-17-7。分子式 $C_8H_{10}O$，分子量 122.17。无色液体。熔点 -4℃，沸点 218℃，闪点 94℃，密度 1.028 g/mL，折射率 1.533 5。微溶于水，混溶于乙醇、乙醚。存在于雌象尿液样本中。制备：可以 3-羟基苯乙酮为原料经还原而得；或由间乙基苯胺经重氮化、水解而得。用途：作试剂，用于有机合成。

对乙基苯酚（p-ethylphenol；4-ethylphenol）亦称"对乙酚"。CAS 号 123-07-9。分子式 $C_8H_{10}O$，分子量 122.17。无色或白色针状晶体，光照下变黄。具有强烈的木酚气息和轻微的香甜香气。熔点 40～45℃，沸点 218～219℃，闪点 100℃，密度 1.011 g/cm³，折射率 1.533 0。微溶于水，易溶于乙醇、乙醚、丙酮、苯和二硫化碳中。制备：天然存在于鸡蛋果、酸蔓果、猪肉、朗姆酒、威士忌、咖啡等中。可由苯酚与乙醇或乙烯在催化剂作用下反应而得；也可由 4-乙基苯磺酸碱融而得；或由 4-氯代乙基苯与氢氧化钠在铜粉催化下加热反应而得。用途：作试剂及医药、农药和染料中间体，用于制造高档、低毒、低残留农药，合成树脂、医药、增塑剂等。微量作香精。

4-乙烯基苯酚（4-vinylphenol）亦称"4-羟基苯乙烯"。CAS 号 2628-17-3。分子式 C_8H_8O，分子量 120.15。在空气及其他氧化性环境中不稳定，市售一般为约 10%的丙二醇溶液。熔点约 70℃，沸点 90～95℃（3 Torr）。易溶于水。制备：对羟基苯甲醛与丙二酸在金属离子催化作用下先经过缩合反应形成对羟基肉桂酸，再在有机或无机碱催化作用下经过脱羧制得。用途：化工及医药中间体，用于各类高分子材料、光刻胶技术及医药合成；微量作香料，用于焙烤制品、肉制品。

邻丁基苯酚（o-butylphenol；2-butylphenol）CAS 号 3180-09-4。分子式 $C_{10}H_{14}O$，分子量 150.22。浅黄色油状液体，有毒！熔点 -20℃，沸点 228℃、110℃（10 Torr），密度 0.974 8 g/mL，折射率 1.521 7。微溶于水，溶于乙醇。制备：由邻羟基苯丁酮还原而得；或邻丁基苯胺经重氮化、水解而得。用途：作消毒剂、有机合成试剂。

间丁基苯酚（m-butylphenol；3-butylphenol）CAS 号 4074-43-5。分子式 $C_{10}H_{14}O$，分子量 150.22。黄色至浅棕色油状液体。沸点 250～251℃、136～138℃（20 Torr），密度 0.974 g/mL，折射率 1.519 2。微溶于水，溶于乙醇。制备：由间丁基苯甲醚与三溴化硼作用脱甲基而得；或间正丁基苯胺经重氮化、水解而得；也可由 3-(1-丁烯基)苯酚或者 3-羟基苯丁酮的还原而得。用途：作消毒剂、有机合成试剂。

对丁基苯酚（p-butylphenol；4-butylphenol）CAS 号 1638-22-8。分子式 $C_{10}H_{14}O$，分子量 150.22。黄色至浅棕色油状液体。熔点 22℃，沸点 248～249℃、138～139℃（18 Torr），密度 0.980 g/mL，折射率 1.518 5。不溶于水，溶于乙醇。制备：由正丁基苯在催化剂作用下氧化而得；或由 4-羟基苯丁酮的还原而得；或由 4-正丁基苯胺经重氮化、水解而得；也可由 4-(1-丁烯基)苯酚还原而得。用途：作液晶原料及有机合成试剂。

邻叔丁基苯酚（2-tert-butylphenol）CAS 号 88-18-6。分子式 $C_{10}H_{14}O$，分子量 150.22。无色或淡黄色液体，有轻微的苯酚臭味，高毒！熔点 -7℃，沸点 223～224℃，闪点 102℃，密度 0.980 g/mL，折射率 1.523 0。微溶于水，易溶于甲醇、乙醇、丙酮和苯。制备：由苯酚与叔丁醇或叔丁基氯反应而得。用途：作试剂、抗氧化剂、植物保护剂，以及合成树脂、医药、农药和香精香料的中间体。

对叔丁基苯酚（4-tert-butylphenol；terbutol）CAS 号 98-54-4。分子式 $C_{10}H_{14}O$，分子量 150.22。白色晶体，中等毒性！具有轻微的苯酚臭味。熔点 97～101℃，沸点 236～238℃，闪点 113℃，密度 0.908 g/cm³，折射率 1.478 7。微溶于水，溶于乙醇、丙酮、苯和甲苯。制备：苯酚与异丁烯为原料、阳离子交换树脂作催化剂制得；或在无水三氯化铝作用下由苯酚与叔丁醇反应制得。用途：作农药中间体，用于杀螨剂炔螨特、螺环菌胺的合成；具有抗氧化性质，可用于橡胶、肥皂、氯代烃和硝化纤维的稳定剂；作医药、香料、合成树脂的原料以及软化剂、染料与涂料的添加剂；还用作油田用破乳剂成分、车用油添加剂等。

2-苄基苯酚（2-benzylphenol）亦称"2-羟基二苯基甲烷"。CAS 号 28994-41-4。分子式 $C_{13}H_{12}O$，分子量

184.24。白色晶体或液体。熔点 50～52℃（稳定型晶体）、21℃（不稳定型晶体），沸点 310～312℃、110～115℃（3 Torr），闪点 > 110℃，密度 1.098 g/cm³，折射率 1.594 4。不溶于水，溶于碱溶液及乙醇、丙酮等有机溶剂。制备：由氯苄和苯酚反应而得；也可由苄醇和苯酚在催化剂作用下反应而得；或由苄基苯基醚在酸性条件下重排而得。用途：作试剂、药物中间体，用于脑功能改善剂二苯美仑、苯丙哌啉等的合成。

4-苄基苯酚（4-benzylphenol） 亦称"4-羟基二苯基甲烷"。CAS 号 101-53-1。分子式 $C_{13}H_{12}O$，分子量 184.24。由乙醇中得针状晶体。熔点 83～85℃，沸点 320～322℃、132～136℃（1 Torr）。溶于热水、碱溶液及乙醇、乙醚、丙酮、氯仿、苯等有机溶剂。制备：由苯酚在氯化锌作用下与苄基氯烷基化而得；也可由 4-羟基-二苯甲酮还原而得。用途：作试剂、杀菌剂、防腐剂和药物中间体，用于合成雌受体拮抗剂 DPPE。

百里酚（thymol） 亦称"麝香草酚"，系统名"5-甲基-2-异丙基苯酚"。CAS 号 89-83-8。分子式 $C_{10}H_{14}O$，分子量 150.22。白色晶体或晶体粉末，具有百里香油的香气，有强烈的腐蚀作用。熔点 48～51℃，沸点 232℃，闪点 102℃，密度 0.979^{15} g/cm³，折射率 1.520 8。微溶于水和甘油，易溶于乙醇、乙醚、氯仿、乙酸和苯。制备：天然品主要存在于百里香油（约含 50% 左右）、牛至油、丁香罗勒油等植物精油中，通常由百里香油分离而得；也可由间甲酚和异丙基氯在 -10℃ 下通过 Friedel-Crafts 反应而得，或由间甲酚和异丙烯在气相反应而得。用途：作分析试剂、防腐剂和指示剂等；作药物，常用于皮肤霉菌和癣症；作食用香料，用以配制止咳糖浆、胶姆糖、椒样薄荷、柑橘、蘑菇和香辛料型香精。

丁子香酚（eugenol） 亦称"丁子香酸"，系统名"4-烯丙基-2-甲氧基苯酚"。CAS 号 97-53-0。分子式 $C_{10}H_{12}O_2$，分子量 164.20。无色至淡黄色稠性油状液体，空气中易变稠、变棕色，有强烈的丁香和辛香香气。熔点 -7.5℃，沸点 254℃，闪点 104℃，密度 1.067^{25} g/mL，折射率 1.541。微溶于水，能与醇、醚、氯仿、挥发油混溶，溶于乙酸和苛性碱溶液。制备：天然存在于丁香油、月桂叶油、丁香罗勒油等多种精油中，可采用天然精油单离法制得；化学合成法是以邻甲氧基苯酚与烯丙基溴为原料制备。用途：作香料，用于调配香石竹花香的体香、香薇、玫瑰等香型花香香精，可作为修饰剂和定香剂，也可用于辛香、木香和东方型、薰香型中，还可用于食用香精及烟草香精。具有抗菌、防腐、降血压作用，作为局部镇痛药可用于龋齿。

2-苯基苯酚（2-phenylphenol） 亦称"2-羟基联苯"。

CAS 号 90-43-7。分子式 $C_{12}H_{10}O$，分子量 170.21。白色片状晶体。熔点 56～58℃，沸点 152～154℃（15 Torr），闪点 124℃，密度 1.293 g/cm³。不溶于水，溶于碱液及乙醇、丙酮、苯、氯仿等大多数有机溶剂。制备：从磺化法生产苯酚的副产物中得到 2-苯基苯酚和 4-苯基苯酚的混合物，再分离而得；也由 2-氨基联苯经重氮化后水解而得。用途：作试剂，也作杀菌防腐剂、防霉剂、果蔬保鲜剂，主要用于柑橘类表皮的防霉。

4-苯基苯酚（4-phenylphenol） 亦称"4-羟基联苯"。CAS 号 92-69-3。分子式 $C_{12}H_{10}O$，分子量 170.21。白色至浅黄色片状晶体。熔点 165～167℃，沸点 305～308℃、140～142℃（10 Torr），闪点 165℃，密度 1.297 g/cm³。不溶于水，溶于碱液及甲醇、乙醇、丙酮、苯、氯仿等有机溶剂。制备：从磺化法生产苯酚的副产物中得到 2-苯基苯酚和 4-苯基苯酚的混合物，再分离而得；也由 4-氨基联苯经重氮化后水解而得。用途：作试剂，耐腐蚀漆的组分、印染的载体，用于制造油溶性树脂和乳化剂。

邻氟苯酚（o-fluorophenol；2-fluorophenol） 亦称"邻氟酚"。CAS 号 367-12-4。分子式 C_6H_5FO，分子量 112.10。无色至浅黄色透明液体。熔点 16℃，沸点 171～172℃（741 Torr），闪点 47℃，密度 1.256 g/mL，折射率 1.511 0。制备：以邻氨基苯酚为原料，经重氮化和 Balz-Schiemann 反应制得。用途：作农药、医药及染料中间体，用于合成杀菌剂、除草剂、染料、液晶材料，也作塑料及橡胶的添加剂。

间氟苯酚（m-fluorophenol；3-fluorophenol） 亦称"间氟酚"。CAS 号 372-20-3。分子式 C_6H_5FO，分子量 112.10。黄色至棕色液体。熔点 8～12℃，沸点 178℃，闪点 71℃，密度 1.238 g/mL，折射率 1.514 0。制备：以间氨基苯酚为原料，经重氮化和 Balz-Schiemann 反应制得。用途：作医药、农药及染料的中间体。

对氟苯酚（p-fluorophenol；4-fluorophenol） 亦称"对氟酚"。CAS 号 371-41-5。分子式 C_6H_5FO，分子量 112.10。白色至黄色固体，有毒！有腐蚀性。熔点 43～46℃，沸点 186℃，闪点 68℃，密度 $1.188\,9^{56}$ g/mL，折射率 1.523。溶于水，易溶于乙醇、乙酸乙酯等有机溶剂。制备：以对氨基苯甲醚为原料，经过重氮化、氢氟酸氟化，然后在浓的氢溴酸中加热回流进行水解而得；以对氟溴苯为原料，在强碱性溶液中高温、高压下水解制得；或以对氟苯胺为原料，经重氮化反应制得重氮盐溶液，后者再加热水解而得。用途：作医药、农药及染料中间体。

邻氯苯酚（o-chlorophenol；2-chlorophenol） 亦称

"邻氯酚"。CAS 号 95-57-8。分子式 C_6H_5ClO，分子量 128.56。无色至黄棕色液体，有不愉快的刺鼻的（石炭）气味。熔点 9.4℃，沸点 175℃，闪点 64℃，密度 1.263 4 g/mL，折射率 1.556 5。微溶于水，溶于乙醇、乙醚、苯和碱溶液。制备：由苯酚选择性氯化合成，或以邻氨基苯酚为原料经重氮盐中间体合成。用途：作试剂，医药、农药和染料及其他有机合成原料。

间氯苯酚（m-chlorophenol；3-chlorophenol） 亦称"间氯酚"。CAS 号 108-43-0。分子式 C_6H_5ClO，分子量 128.56。白色针状晶体，有毒！具有强腐蚀性。熔点 33～35℃，沸点 214℃，闪点 120℃，密度 1.245 g/cm³，折射率 1.567 0。微溶于冷水，溶于乙醇、乙醚、热水、苯和碱溶液。制备：由间氯苯胺经亚硝酸重氮化，然后将所得重氮盐水解制得。用途：作试剂，医药、农药和染料及其他有机合成原料。

对氯苯酚（p-chlorophenol；4-chlorophenol） 亦称"对氯酚"。CAS 号 106-48-9。分子式 C_6H_5ClO，分子量 128.56。纯品为白色晶体，工业品多为黄色或粉红色晶体，有不愉快的刺激性气味。熔点 41～45℃，沸点 220℃，闪点 102℃，密度 1.265 1⁴⁰ g/cm³，折射率 1.557 9。不溶于水，溶于乙醇、乙醚、氯仿、苯、甘油。对眼睛、黏膜、呼吸道及皮肤有强烈刺激作用。制备：用苯酚氯化后，经分离可分别得到对氯苯酚和邻氯苯酚；或由对氨基苯酚经重氮化、氯化亚铜置换而得；或以对二氯苯为原料经碱性水解制得。用途：作试剂，医药、农药和染料及其他有机合成原料，也可用作精制矿物油的溶剂。

2,4-二氯苯酚（2,4-dichlorophenol） CAS 号 120-83-2。分子式 $C_6H_4Cl_2O$，分子量 163.00。白色固体或针状晶体。有酚臭，能随水蒸气挥发。熔点 42～43℃，沸点 209～210℃，闪点 114℃，密度 1.383 g/cm³，折射率 1.557 9。溶于乙醇、乙醚、氯仿、苯和四氯化碳，微溶于水。吸入、摄入或经皮肤吸收对身体有害，对眼睛、黏膜、呼吸道及皮肤有强刺激作用；熔化的 2,4-二氯苯酚很容易通过皮肤吸收，大量接触可能是致命的。制备：由苯酚催化氯化法制得。用途：作试剂，医药、农药和其他有机合成原料，用于合成苯氧羧酸类和芳氧基苯氧基羧酸类除草剂等产品。

2,3,4,6-四氯苯酚（2,3,4,6-tetrachlorophenol） CAS 号 58-90-2。分子式 $C_6H_2Cl_4O$，分子量 231.88。白色针状晶体，有特殊异味，高毒！熔点 68～69℃，沸点 164℃（23 Torr）。难溶于水，溶于乙醇、乙醚、丙酮、氯仿、四氯化碳和苯。严重刺激结膜和泪管。制备：由 2,4-二氯苯酚与氯气反应制得。用途：作杀虫剂、消毒剂和木材、乳胶、皮革防腐剂。

五氯苯酚（pentachlorophenol） 亦称"五氯酚"。CAS 号 87-86-5。分子式 C_6HCl_5O，分子量 266.34。白色薄片或晶体，常带 1 分子结晶水。具有苯样气味，稍热散发极强的辛辣臭味。剧毒！熔点 190～191℃，沸点 309～110℃（分解），密度 1.978²² g/cm³。难溶于水，溶于乙醇、乙醚、苯等大多数有机溶剂，略溶于冷石油醚。无特殊解毒剂，对人体具有致畸形和致癌性。制备：由六氯苯和烧碱溶液加热进行水解，得五氯（苯）酚钠，再经酸化而得。用途：作试剂，用于有机合成；作水稻田除草剂，纺织品、皮革品、纸张、木材的防腐剂和防霉剂，用于防治白蚁、钉螺等亦有效。

邻溴苯酚（o-bromophenol；2-bromophenol） 亦称"邻溴酚"。CAS 号 95-56-7。分子式 C_6H_5BrO，分子量 173.01。无色至浅黄色液体，有毒！熔点 3～7℃，沸点 194～195℃，闪点 42℃，密度 1.492 g/mL，折射率 1.589 0。微溶于水，溶于乙醇、乙醚等。制备：由邻氨基苯酚经重氮化、溴代而得。用途：作试剂，用于有机合成，制造消毒剂。

间溴苯酚（m-bromophenol；3-bromophenol） 亦称"间溴酚"。CAS 号 591-20-8。分子式 C_6H_5BrO，分子量 173.01。无色至黄棕色晶体。熔点 28～32℃，沸点 236℃、64～65℃（3 Torr），闪点 110℃，折射率 1.595～1.599。微溶于水，溶于乙醚、乙醇和氯仿。制备：由间氨基苯酚重氮化、溴代而得。用途：作试剂、有机合成中间体和农药、医药的原料。

对溴苯酚（p-bromophenol；4-bromophenol） 亦称"对溴酚"。CAS 号 106-41-2。分子式 C_6H_5BrO，分子量 173.01。无色或灰白色晶体。熔点 61～64℃，沸点 235～236℃，闪点 235～238℃，密度 1.84 g/cm³，折射率 1.595～1.599。微溶于水，溶于乙醇、乙醚、乙酸和氯仿。制备：由苯酚于二硫化碳溶液中经低温溴化而得。用途：作试剂、作医药、农药、阻燃剂中间体，也用作杀虫剂、消毒剂。

邻碘苯酚（o-iodophenol；2-iodophenol） 亦称"邻碘酚"。CAS 号 533-58-4。分子式 C_6H_5IO，分子量 220.01。无色针状晶体。熔点 37～40℃，沸点 186～187℃（160 Torr），闪点 113℃，密度 1.947²⁵ g/cm³。微溶于水，易溶于乙醇、乙醚等有机溶剂。制备：由邻氨基苯酚经重氮化、碘化钾碘代而得。用途：作试剂、有机合成中间体和消毒剂。

间碘苯酚（m-iodophenol；3-iodophenol） 亦称"间碘酚"。CAS 号 626-02-8。分子式 C_6H_5IO，分子量

220.01。黄色-米色至灰色晶体粉末。对光敏感。熔点 39 ～ 40℃，沸点 106 ～ 108℃ (2.5 Torr)，闪点＞110℃。微溶于水，易溶于乙醇、乙醚等有机溶剂。制备：由间氨基苯酚经重氮化、碘化钾碘代而得；或由间碘苯胺经重氮化、加热水解而得。用途：作试剂、有机合成中间体。

对碘苯酚(*p*-iodophenol；4-iodophenol) 亦称"对碘酚"。CAS 号 540-38-5。分子式 C₆H₅IO，分子量 220.01。无色至淡黄色针状晶体，有毒！能随水蒸气挥发。熔点 92～94℃，沸点 138℃(5 Torr)，密度 1.857 3¹¹²g/mL。微溶于水，易溶于乙醇、乙醚等有机溶剂。吸入、与皮肤接触有毒，有刺激性。制备：由对氨基苯酚经重氮化、碘化钾或碘化钠碘代而得。用途：作试剂、有机合成中间体，制备植物生长调节剂对碘苯氧乙酸(增产灵)；作为促生长剂，还能促进猪机体新陈代谢，催肥增膘。

邻硝基苯酚(*o*-nitrophenol；2-nitrophenol) 亦称"邻硝基酚"。CAS 号 88-75-5。分子式 C₆H₅NO₃，分子量 139.11。淡黄色针状或棱状晶体，有杏仁味，有毒！能与水蒸气一同蒸发。熔点 45℃，沸点 214 ～ 216℃，闪点 102℃，密度 1.495 g/cm³，折射率 1.572 3。溶于乙醇、乙醚、苯、二硫化碳、碱液和热水，微溶于冷水。制备：由邻硝基氯苯用氢氧化钠溶液水解，再酸化而得；或将苯酚先硝化成邻硝基苯酚和对硝基苯酚的混合物，再通过水蒸气蒸馏分离出邻硝基苯酚。用途：作有机合成试剂、医药、染料的中间体，也作单色 pH 指示剂。

间硝基苯酚(*m*-nitrophenol；3-nitrophenol) 亦称"间硝基酚"。CAS 号 554-84-7。分子式 C₆H₅NO₃，分子量 139.11。淡黄色晶体，有毒！熔点 96～ 98℃，沸点 194℃ (70 Torr)，闪点 102℃，密度 1.49 g/cm³。微溶于水，易溶于乙醇、乙醚和苯，溶于苛性碱和碱金属碳酸盐溶液。制备：由间硝基苯胺经重氮化、水解而得。用途：作有机合成试剂、医药、染料的中间体；作分析试剂，用作酸碱指示剂。

对硝基苯酚(*p*-nitrophenol；4-nitrophenol) 亦称"对硝基酚"。CAS 号 100-02-7。分子式 C₆H₅NO₃，分子量 139.11。无色或淡黄色晶体。不易随水蒸气蒸发。熔点 110 ～ 115℃，沸点 279℃(70 Torr)，闪点 169℃，密度 1.27 g/cm³。微溶于冷水，溶于热水、乙醇、乙醚和苯，易溶于苛性碱溶液。制备：由对硝基氯苯经水解、酸化而得。用途：作有机合成试剂，医药、农药、染料等精细化学品的中间体；作分析试剂，配制滴定分析用标准溶液，用作酸碱指示剂。

2,4-二硝基苯酚(2,4-dinitrophenol) 亦称"2,4-二硝基酚"。CAS 号 51-28-5。分子式 C₆H₄N₂O₅，分子量 184.11。浅黄色单斜系晶体，有霉味，剧毒！能随水蒸气挥发，加热升华。熔点 108 ～ 112℃，闪点 169℃，密度 1.683 g/cm³。不溶于冷水，溶于热水、乙醇、乙醚、丙酮、氯仿、苯、甲苯和吡啶。制备：由 1-氯-2,4-二硝基苯在碱溶液中水解、酸化而得。用途：作有机合成试剂，医药、农药、染料等精细化学品的中间体，用于生产硫化染料、木材防腐剂和苦味酸；作防腐剂和非选择性生物累积农药；分析化学中用作酸碱指示剂，还可用于检测钾、铵、铯、镁、铷和铊，测定钢铁中铈的含量等。

3,5-二硝基苯酚(3,5-dinitrophenol) CAS 号 586-11-8。分子式 C₆H₄N₂O₅，分子量 184.11。针状晶体。熔点 121～122℃，密度 1.702 g/cm³。微溶于水，溶于四氢呋喃、乙腈、1,4-二氧六环等有机溶剂。制备：由间硝基苯酚经硝化而得；或由 1-甲氧基-3,5-二硝基苯经酸性条件下脱甲基反应制取。用途：作试剂和酸碱指示剂。

2,4,6-三硝基苯酚(2,4,6-trinitrophenol) 俗称"苦味酸"。CAS 号 88-89-1。分子式 C₆H₃N₃O₇，分子量 229.10。市售试剂一般含水(约 30%)。纯净物室温下为略带黄色的晶体，具苦杏仁味。熔点 122.5℃，沸点＞300℃(起爆)，闪点 150℃，密度 1.763 g/cm³。不溶于冷水，溶于热水、醇、苯乙醚等。制备：用硝酸直接硝化 2,4-二硝基苯酚而得。用途：作化学试剂和生化试剂；是炸药的一种，主要用作弹药和炸药；有机化学中用于制备有机碱结晶盐(苦味酸盐)，以进行鉴定和表征；在冶金中，4%苦味酸用于光学金相中，以揭示铁素钢中先前的奥氏体晶界；医学中作防腐剂和治疗烧伤、疟疾、疱疹和天花的药物。

苦味酸(picric acid) 即"2,4,6-三硝基苯酚"。

2-甲基-4,6-二硝基苯酚(2-methyl-4,6-dinitrophenol) 亦称"4,6-二硝基邻甲酚"。CAS 号 534-52-1。分子式 C₇H₆N₂O₅，分子量 198.13。黄色棱柱状晶体，剧毒！熔点 86℃，沸点 196℃ (10～12 Torr)，闪点 11℃。微溶于水、石油醚，溶于乙醚、乙醇、丙酮和碱溶液。制备：以邻甲酚为原料、四氯化碳为溶剂，经稀硝酸硝化而得。用途：作有机合成中间体；作分析试剂以及调节溶液酸碱度的指示剂；50%的铵盐溶液用于植物保护，在冬天或春天种植庄稼前，用作土壤除草剂；使用石油配成含量 3%～10%的药剂，用于在冬天处理果树，控制病虫害。

4-甲基-2,6-二硝基苯酚(4-methyl-2,6-

dinitrophenol) 亦称"2,6-二硝基对甲酚"。CAS 号 609-93-8。分子式 $C_7H_6N_2O_5$，分子量 198.13。黄色至浅棕黄色晶体，有毒！熔点 77℃，密度 1.385 g/cm³。不溶于水，溶于乙醇、苯、乙苯等有机溶剂。制备：由对甲苯酚用硝酸硝化而得；或以邻硝基对甲酚为原料，在溶剂 1,2-二氯乙烷中和硝酸反应而得。用途：作乙烯基芳香化合物单体的阻聚剂；作有机合成中间体，用于制造杀虫剂、除草剂及染发剂等。

2,4-二硝基邻甲苯酚（2,4-dinitro-o-cresol） 亦称"4,6-二硝基邻甲苯酚"，系统名"2-甲基-4,6-二硝基苯酚"。CAS 号 534-52-1。分子式 $C_7H_6N_2O_5$，分子量 198.14。黄色固体，有毒！熔点 87.5℃，沸点 312℃。微溶于水，溶于甲苯、甲醇、乙酸乙酯、丙酮、二氯甲烷等有机溶剂。对皮肤有刺激性，对眼睛有伤害作用，对水生生物和水生环境长久有害。制备：用邻甲基苯酚经磺化反应及硝化反应制取。用途：作试剂，杀虫剂，除草剂等。

2,6-二硝基-4-甲基苯酚（2,6-dinitro-4-methylphenol） 亦称"2,6-二硝基对甲基苯酚"。CAS 号 609-93-8。分子式 $C_7H_6N_2O_5$，分子量 198.14。黄色针状晶体，有毒！熔点 85℃。不溶于水，溶于乙醇、乙醚和苯等有机溶剂。吞食致死，刺激眼睛、皮肤和呼吸系统。制备：由对甲苯酚经硝化反应制取。用途：作试剂、高温阻聚剂，用于制造杀虫剂、除草剂等化工原料。

邻氨基苯酚（o-aminophenol；2-aminophenol） 亦称"邻氨基酚"。CAS 号 95-55-6。分子式 C_6H_7NO，分子量 109.13。纯品为白色针状晶体，久置转变成棕色或黑色。加热可升华。熔点 170～175℃，闪点 168℃，密度 1.328 g/cm³。不溶于冷水，溶于热水、乙醇、乙醚，微溶于苯。制备：以邻硝基苯酚为原料，用硫化钠还原或用氢气催化还原而得；也可由邻硝基氯苯经水解、还原制得。用途：作染料和医药的重要中间体、分析试剂。

间氨基苯酚（m-aminophenol；3-aminophenol） 亦称"间氨基酚"。CAS 号 591-27-5。分子式 C_6H_7NO，分子量 109.13。纯品为白色晶体，高毒！熔点 120～124℃，沸点 284℃，闪点 155℃，密度 1.195 g/cm³。溶于水、乙醇、乙醚，难溶于苯。制备：以 3-氨基苯磺酸为原料，经碱熔（即用 NaOH 在 245℃加热 6 小时）、酸化而得；也可以通过间苯二酚与氢氧化铵的取代反应来制备。用途：作染料及医药中间体，用于制造偶氮染料、抗结核药、杀菌剂灭锈

胺、氟酰胺等。

对氨基苯酚（p-aminophenol；4-aminophenol） 亦称"对氨基酚"。CAS 号 123-30-8。分子式 C_6H_7NO，分子量 109.13。白色或浅黄棕色晶体，高毒！具有苯胺和苯酚的双重毒性。熔点 185～189℃，沸点 284℃（分解），闪点 195℃，密度 1.29 g/cm³。稍溶于水、乙醇，不溶于苯和氯仿，溶于碱液后很快变褐色。制备：对硝基氯苯经碱性水解得对硝基苯酚钠，酸化后用铁粉还原而得；或通过硝基苯部分加氢得到苯羟胺，再经重排而得。用途：作染料及医药中间体，用于制造扑热息痛、安妥明等药物，生产硫化蓝 FBG、弱酸性嫩黄 5G 等染料。

2,4-二氨基苯酚二盐酸盐（2,4-diaminophenol dichloride） 俗称"阿米酚"。CAS 号 137-09-7。分子式 $C_6H_8N_2O \cdot 2HCl$，分子量 197.06。米色至灰-绿色晶体粉末，高毒！熔点 222℃（分解）。溶于水，微溶于乙醇。制备：由 2,4-二硝基苯酚用铁和盐酸还原而得。用途：作试剂、显影剂和毛皮染料。

2-氨基-4,6-二硝基苯酚（2-amino-4,6-dinitrophenol） 俗称"苦氨酸"。CAS 号 96-91-3。分子式 $C_6H_5N_3O_5$，分子量 199.12。红色单斜系晶体，剧毒！具有爆炸性。有苦味。熔点 169～170℃，密度 1.749 g/cm³。溶于水、乙醇、苯，略溶于氯仿及乙醚。制备：由 2,4,6-三硝基苯酚（苦味酸）用硫氢化钠部分还原而得；或由邻氨基苯酚直接硝化制得。用途：作试剂和染料合成的原料，主要用于制造偶氮类染料。

2-氨基-3,5-二溴苯酚（2-amino-3,5-dibromophenol） CAS 号 116632-17-8。分子式 $C_6H_5Br_2NO$，分子量 266.92。针状晶体。熔点 142～143℃，密度 1.749 g/cm³。溶于水、热石油醚及碱液。制备：由 2-氨基-5-溴苯酚与溴作用制得；或由邻氨基苯酚与溴作用制得；也可由 2-乙氧基-4,6-二溴苯胺用三氯化铝作用而得。用途：作试剂和染料合成的原料。

4-氨基-2,6-二溴苯酚（4-amino-2,6-dibromophenol） CAS 号 609-21-2。分子式 $C_6H_5Br_2NO$，分子量 266.92。米色至淡棕色晶体粉末。熔点 191～193℃，密度 2.178 g/cm³。制备：由 4-硝基苯酚经溴化得 4-硝基-2,6-二溴苯酚，再经氯化亚锡还原而得。用途：作试剂，用于有机合成。

2-氨基-3-硝基苯酚（2-amino-3-nitrophenol） 亦称"2-羟基-6-硝基苯胺"。CAS 号 603-85-0。分子式 $C_6H_6N_2O_3$，分子量 154.13。红色针状晶体。熔点 210～

212℃(分解)。可升华。易溶于热水。制备：以 O,N-二乙酰基-2-氨基苯酚为原料制得。用途：作试剂、有机合成中间体，用于染料合成。

2-氨基-4-硝基苯酚（2-amino-4-nitrophenol） 亦称"2-羟基-5-硝基苯胺"。CAS 号 99-57-0。分子式 $C_6H_6N_2O_3$，分子量 154.13。棕黄色或橙色片状晶体，常带结晶水。熔点 141～143℃，密度 1.66 g/cm³。溶于乙醇、乙醚、乙酸乙酯，微溶于水和热苯。制备：以 2,4-二硝基氯苯为原料，经水解、铁粉-盐酸或者水合肼部分还原而得。用途：作试剂、有机合成中间体，用于染料合成。

2-氨基-5-硝基苯酚（2-amino-5-nitrophenol） 亦称"2-羟基-4-硝基苯胺"。CAS 号 121-88-0。分子式 $C_6H_6N_2O_3$，分子量 154.13。浅棕色针状晶体。熔点 207～208℃(分解)，密度 1.54 g/cm³。微溶于水，溶于乙醇、乙醚和浓无机酸。制备：以邻氨基苯酚为原料经环合、硝化和水解合成而得。用途：作试剂、有机合成中间体，用于制造金属络合染料、活性黑和中性桃红 BL 染料。

2-氨基-6-硝基苯酚（2-amino-6-nitrophenol） 亦称"2-羟基-3-硝基苯胺"。CAS 号 603-87-2。分子式 $C_6H_6N_2O_3$，分子量 154.13。橙色棱柱状晶体，常带有结晶水。可升华。熔点 111～112℃，密度 1.511 g/cm³。微溶于水，溶于乙醇、乙醚、氯仿、苯和乙酸。制备：以 2,6-二硝基苯酚为原料在钯-碳催化下，经部分氢化还原而得；也可由 2-乙酰氨基苯酚在乙酸酐存在下与硝酸反应而得。用途：作试剂、染料合成中间体。

2-氨基-4,6-二氯苯酚（2-amino-4,6-dichlorophenol） CAS 号 527-62-8。分子式 $C_6H_5Cl_2NO$，分子量 178.01。淡黄色或白色固体。游离态不稳定，一般通过与酸作用制成胺盐的形式保存。熔点 95～96℃，70～78℃(0.06 Torr)升华。不溶于水，溶于苯、甲苯。制备：由 2-硝基-4,6-二氯苯酚在钯-碳存在下氢化还原而得。用途：作试剂、农药、染料、医药中间体，用于合成治疗猪牛羊血吸虫病药物氯羟柳胺、血纤维蛋白溶酶原酰胺类抑制剂等。

4-氨基-2,6-二氯苯酚（4-amino-2,6-dichlorophenol） CAS 号 5930-28-9。分子式 $C_6H_5Cl_2NO$，分子量 178.01。无色至米色或淡红色固体。熔点 166～168℃。不溶于水，溶于苯、甲苯。制备：由 4-硝基-2,6-二氯苯酚在钯-碳存在下氢化还原而得。用途：作试剂、农药、染料、医药中间体，合成农药氟啶脲、氟铃脲等。

3-氨基-4-羟基苯磺酸（3-amino-4-hydroxyben-

zenesulfonic acid） 亦称"2-氨基苯酚-4-磺酸"。CAS 号 98-37-3。分子式 $C_6H_9NO_4S$，分子量 189.19。无色至灰棕色菱形晶体。熔点 ≥300℃。溶于热水，易溶于碱溶液。制备：由 2-硝基苯酚-4-磺酸经铁粉还原或加氢还原而得。用途：作染料中间体。

对羟基苯硫酚（p-mercaptophenol；4-mercaptophenol） CAS 号 637-89-8。分子式 C_6H_6OS，分子量 126.17。无色或浅黄色低熔点固体。熔点 33～35℃，沸点 149～150℃(25 Torr)，密度 1.255 g/cm³，折射率 1.615 3。难溶于水，溶于乙醇。刺激性物质。制备：由 4-氯苯酚和硫氢化钠反应而得，也可由苯酚在 Al-Ni 催化下与聚硫双酚反应合成。用途：作医药、染料中间体。

反-4-羟基芪（$trans$-4-hydroxystilbene） 亦称"4-[(E)-2-苯基乙烯基]苯酚"。CAS 号 6554-98-9。分子式 $C_{14}H_{12}O$，分子量 196.25。白色至浅黄色固体。熔点 183～185℃，密度 1.147 g/cm³。不溶于水，溶于乙醇、乙醚、乙酸和苯。制备：由苯乙烯与对溴苯酚经碳酸钯催化下的偶联反应制得，或由苯基氯化锌和对羟基苯甲醛反应而得。也可由对羟基苯甲醛与苯乙酸在哌啶存在下加热反应而得。用途：具有抑菌等活性，作试剂，用于生化研究。

酚酞（phenolphthalein） 系统名"3,3-双(4-羟基苯基)异苯并呋喃-1(3H)-酮"。CAS 号 77-09-8。分子式 $C_{20}H_{14}O_4$，分子量 318.32。白色或微带黄色的细小晶体。熔点 261～263℃，密度 1.277³² g/cm³。难溶于水，不溶于苯、正己烷，微溶于二甲基亚砜，易溶于乙醇、乙醚。制备：由邻苯二甲酸酐在浓硫酸或无水氯化锌存在下与苯酚缩合而得。用途：医药上作轻泻剂，用于治疗习惯性顽固便秘；作医药及其他有机合成中间体；分析化学中作酸碱指示剂，常配成乙醇溶液，在酸性和中性溶液中为无色，在碱性溶液中为紫红色，变色范围为 pH 8.2～10.0。

百里酚酞（thymolphthalein） 亦称"麝香草酚酞"。CAS 号 125-20-2。分子式 $C_{28}H_{30}O_4$，分子量 430.54。白色或微带黄色针状晶体。熔点 251～253℃。不溶于水，溶于乙醇和丙酮，溶于硫酸显红色，溶于稀碱液显蓝色。制备：由邻苯二甲酸酐与 5-甲基-2-异丙基酚缩合制得。

用途：分析化学中作酸碱指示剂，也作检验血液用试剂。

3′，3″，5′，5″-四溴苯酚酞（3′，3″，5′，5″-tetrabromophenolphthalein；3，3-bis（3，5-dibromo-4-hydroxyphenyl）phthalide）

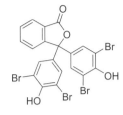

亦称"四溴酚酞"。CAS 号 76-62-0。分子式 C₂₀H₁₀Br₄O₄，分子量 633.91。白色或浅黄色粉末。熔点 282～284℃。难溶于水，微溶于乙醇、乙酸。在碱性溶液中显紫色。制备：由酚酞直接溴代而得。用途：作酸碱指示剂。

1-萘酚（1-naphthol）　亦称"α-萘酚"。CAS 号 90-15-3。分子式 C₁₀H₈O，分子量 144.17。无色或黄色菱形晶体或粉末，有苯酚气味。熔点 94～96℃，沸点 278～280℃，闪点 125℃，密度 1.10 g/cm³。

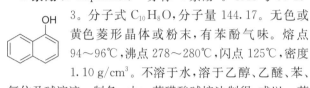

不溶于水，溶于乙醇、乙醚、苯、氯仿及碱溶液。制备：由 α-萘磺酸碱熔法制得，或以 α-萘胺为原料，在 15%～20% 的硫酸中加压水解而得。也可以 α-氯萘为原料，在高温、高压条件下水解而得。用途：作试剂和有机合成中间体，用于染料、农药、香料和橡胶防老剂的合成；也用作人类和家畜暴露于多环芳烃的生物标志物。

2-萘酚（2-naphthol）　亦称"β-萘酚"。CAS 号 135-19-3。分子式 C₁₀H₈O，分子量 144.17。白色有光泽的薄片或粉末，在空气中久置颜色变暗，有苯酚的气味。熔点 120～122℃，

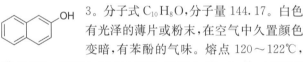

沸点 285～286℃，闪点 153℃，密度 1.28 g/cm³。不溶于水，易溶于乙醇、乙醚、氯仿及碱溶液。制备：可从煤焦油中油馏分中分离得到。工业上可由 β-萘磺酸碱熔法制得；也可以萘和丙烯为原料先制得 2-异丙基萘，再氧化、重排制得 2-萘酚，同时联产丙酮。用途：作试剂和有机合成中间体，有机原料及染料中间体，用于合成吐氏酸、防老剂、有机颜料、染料、感光材料、液晶材料及杀菌剂等；也用作人类和家畜暴露于多环芳烃的生物标志物。

4-氯-1-萘酚（4-chloro-1-naphthol）　CAS 号 604-44-4。分子式 C₁₀H₇ClO，分子量 178.62。白色片状晶体。熔点 118～120℃。易溶于一般有机溶剂。制备：由 1-萘酚和磺酰氯反应而得。用途：作试剂、有机合成中间体；作生化试剂，用于电泳测试，免疫细胞化学中用于印迹膜上过氧化物酶染色检测。

1-溴-2-萘酚（1-bromo-2-naphthol）　CAS 号 573-97-7。分子式 C₁₀H₇BrO，分子量 223.07。从苯中得白色棱柱状晶体，从乙酸中得针状晶体。味苦。熔点 77～81℃，130℃分解。微溶于水，溶于乙醇、乙醚、苯和乙酸。制备：由 2-萘酚溴化而得。用途：作试剂、有机合成中间体；医药上作驱肠虫药，用于钩虫感染。

6-溴-2-萘酚（6-bromo-2-naphthol）　CAS 号 15231-91-1。分子式 C₁₀H₇BrO，分子量 223.07。白色针状晶体。熔点 122～124℃，沸点 200～205℃（2 Torr）。不溶于水，溶于乙醇。制备：由 2-萘酚经溴化、还原而得。用途：作试剂、有机合成中间体，用于制备杀虫剂和杀菌剂、染料，也作医药中间体和液晶原料。

2-硝基-1-萘酚（2-nitro-1-naphthol）　CAS 号 607-24-9。分子式 C₁₀H₇NO₃，分子量 189.17。黄色固体。熔点 124～126℃。

不溶于水，溶于乙醇、乙醚、乙腈、苯和乙酸等溶剂。刺激眼睛、皮肤和呼吸系统。制备：用 1-萘酚经硝化反应制取；或用双氧水氧化 2-亚硝基-1-萘酚而得。用途：化学试剂。

1-硝基-2-萘酚（1-nitro-2-naphthol）　CAS 号 550-60-7。分子式 C₁₀H₇NO₃，分子量 189.17。黄色晶体。熔点 103℃，密度 1.413 g/cm³。不溶于水，溶于乙醇、乙醚、乙酸。制备：在乙酸、相转移催化剂聚乙二醇存在下，由 2-萘酚与硝酸铈铵反应制得。用途：作化学试剂，有机合成中间体。

4-硝基-1-萘酚（4-nitro-1-naphthol）　CAS 号 605-62-9。分子式 C₁₀H₇NO₃，分子量 189.17。白色晶体粉末。熔点 165～168℃。不溶于水，溶于乙醇、乙醚。制备：由 1-硝基萘在碱作用下与过氧化氢叔丁醇反应，再用盐酸酸化而得。用途：有机合成中间体，用于医药、染料、显色底物的合成。

4-氨基-1-萘酚（4-amino-1-naphthol）　CAS 号 2834-90-4。分子式 C₁₀H₉NO，分子量 159.19。针状晶体。易被氧化为 1,4-萘醌，常以盐酸盐形式分离、贮存。熔点 198℃。其盐酸盐溶于水。制备：由 1-萘酚和苯胺为原料，经偶合得到 4-苯偶氮-1-萘酚，再加入保险粉还原而得。用途：作阻聚剂，有机合成中间体。

2-苄基-1-萘酚（2-benzyl-1-naphthol）　CAS 号 36441-32-4。分子式 C₁₇H₁₄O，分子量 234.30。略带黄色的晶体。熔点 73～74℃，沸点 237～240℃（12～13 Torr）。

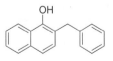

不溶于水，溶于有机溶剂。制备：由 3-苄基呋喃与苯炔活性中间体反应后再与酸作用而得；或以 α-萘满酮和苯甲醛为原料合成。用途：作试剂，有机合成中间体；具有抗炎活性。

4-苄基-1-萘酚（4-benzyl-1-naphthol）　CAS 号 28178-96-3。分子式 C₁₇H₁₄O，分子量 234.30。从乙酸-水-石油醚中得片状或针状晶体，从苯中得棱柱状晶体。

熔点 125～126℃,沸点 235～240℃(15 Torr)。不溶于水,微溶于石油醚,溶于一般有机溶剂。制备:由 1-萘酚和苄基氯在水中一起加热反应而得,或由 4-苯甲酰基-1-萘酚用氢化锂铝还原而得。用途:作试剂、有机合成中间体。

2-萘酚-7-磺酸(2-naphthol-7-sulfonic acid)　亦称"2-羟基萘-7-磺酸""卡塞拉酸"。CAS 号 92-40-0。分子式 $C_{10}H_8O_4S$,分子量 224.23。从盐

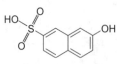

酸中得针状晶体。熔点 115～116℃,带 1 分子结晶水熔点 108～109℃,带 4 分子结晶水熔点 67℃。溶于水、醇,不溶于苯、醚。制备:由 2-氨基萘-7-磺酸经重氮化和水解而得;也可由 2,7-萘二磺酸与碱作用而得。用途:作试剂、染料中间体。

4-羟基萘-1,5-二磺酸(4-hydroxynaphthalene-1,5-disulphonic acid)　亦称"萧尔科夫酸",系统名"1-萘酚-4,8-二磺酸"。CAS 号 117-56-6。分子式 $C_{10}H_8O_7S_2$,分子量 304.29。

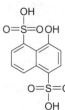

晶体。溶于水,其钠盐极易溶于水。制备:由 8-羟基萘-1-磺酸磺化而得。用途:作染料中间体。

1,1′-联-2-萘酚(1,1′-bi-2-naphthol;BINOL)

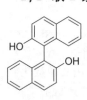

CAS 号 602-09-5。分子式 $C_{20}H_{14}O_2$,分子量 286.33。白色针状晶体或粉末。具有轴手性,有一对对映异构体,其中(R)-体 CAS 号 18531-94-7,熔点 210℃,$[\alpha]_D^{20}+35.5(c=1,THF)$;(S)-体 CAS 号 18531-99-2,熔点 210℃,$[\alpha]_D^{20}-35.5(c=1,THF)$。外消旋体熔点 205～211℃,105℃(29 Torr)升华,密度 1.303 g/cm³。不溶于水,难溶于氯仿,溶于乙醚、二噁烷及碱液,微溶于乙醇。制备:由 2-萘酚氧化偶联而得;手性单一异构体可由消旋体用手性苯乙胺和硼酸拆分制得,或由 2-萘酚在手性苯丙胺等催化剂作用下,与氯化铜(Ⅱ)的不对称氧化偶联直接制备。用途:作试剂、手性配体,广泛用于不对称合成,制备手性液晶、药物、香料、农药。

1-氨基-8-萘酚-3,6-二磺酸(1-amino-8-naphthol-3,6-disulphonic acid)　亦称"1-氨基-8-羟基-4,6萘二磺酸""H-酸"。CAS 号 90-20-0。分子

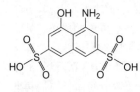

式 $C_{10}H_9NO_7S_2$,分子量 319.30。白色至灰色晶体粉末。微溶于水、醇和醚,溶于碱溶液。制备:由 8-氨基萘-1,3,6-三磺酸经碱融而得;也可由 4,5-二氨基-2,7-萘二磺酸碱融而得。用途:作试剂、偶氮类染料中间体,分析化学中用于测血钙、钢铁分析中微量钛的测定。

1-氨基-8-萘酚-4,6-二磺酸(1-amino-8-naphthol-

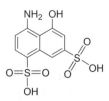

4,6-disulphonic acid)　亦称"4-氨基-5-羟基-1,7-萘二磺酸""K-酸"。CAS 号 130-23-4。分子式 $C_{10}H_9NO_7S_2$,分子量 319.30。浅棕色粉末。微溶于冷水,易溶于热水和碱溶液。制备:由 1-萘胺-4,6,8-三磺酸经碱中和、碱熔、酸化而得。用途:作试剂、偶氮类染料中间体。

1-氨基-2-萘酚-4-磺酸(1-amino-2-naphthol-4-sulphonic acid)　亦称"4-氨基-3-羟基萘-1-磺酸"。CAS 号 567-13-5。分子式 $C_{10}H_9NO_4S$,分子量 239.25。白色或灰色针状晶体,通常带 $\frac{1}{2}$ 分子结晶水。在潮湿空气环境中变成玫瑰红色。熔点 290℃(分解)。不溶于冷水、乙醇、乙醚和苯,溶于热水和碱溶液。制备:以 2-萘酚为原料,经碱熔、亚硝化、磺化、催化氢化还原等步骤而得。用途:作试剂、偶氮类染料中间体及还原剂,用于有机合成,分析化学中用于磷酸盐检出。

1-氨基-2-萘酚-6-磺酸(1-amino-2-naphthol-6-sulphonic acid)　亦称"5-氨基-6-羟基萘-2-磺酸"。CAS 号 5639-34-9。分子式 $C_{10}H_9NO_4S$,分子量 239.25。无色针状或棱柱状晶体,

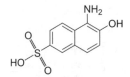

通常带 $\frac{1}{2}$ 分子结晶水。在潮湿空气环境中变成玫瑰红色。不溶于乙醚,微溶于乙醇及水,溶于热水和碱溶液。制备:以 6-羟基-2-萘磺酸为原料,在硫酸中用硝酸硝化,生成 6-羟基-5-硝基萘-2-磺酸,最后经还原而得。用途:作试剂、偶氮类染料中间体,用于制造酸性媒介黑 R,酸性络合桃红 B,酸性络合盐 GGN 以及酸性媒介枣 BN 等。其钠盐用作显影剂,也用于钾离子的测定。

1-氨基-8-萘酚-4-磺酸(1-amino-8-naphthol-4-sulphonic acid)　亦称"8-氨基-1-萘酚-5-磺

酸""S-酸",系统名"4-氨基-5-羟基萘-1-磺酸"。CAS 号 83-64-7。分子式 $C_{10}H_9NO_4S$,分子量 239.25。无色针状晶体。不溶于乙醇和乙醚,微溶于水,可溶于碱溶液。制备:由 1-氨基-4,8-萘二磺酸在 200～230℃经碱熔而得。用途:作试剂、偶氮类染料中间体。

萘酚黄-S(naphthol yellow S)　亦称"黄胺酸",系统名"8-羟基-5,7-二硝基萘-2-磺酸"。CAS 号 483-84-1。分子式 $C_{10}H_6N_2O_8S$,分子量 314.22。淡黄色针状晶体。熔点 150～151℃(无

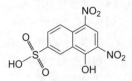

结晶水)、136～137℃(带 2 分子结晶水)。易溶于水和醇。制备:由 8-羟基-5,7-二硝基萘-2-磺

酸经硝化而得。用途：作有机合成中间体、有机碱类沉淀剂、氨基酸试剂，也用作毛、丝的染料。

萘酚 AS(naphthol AS) 系统名"3-羟基-N-苯基-2-萘甲酰胺"。CAS 号 92-77-3。分子式 $C_{17}H_{13}NO_2$，分子量 263.09。米黄色粉末。熔点 243～244℃。可升华。不溶于水，微溶于乙醇和乙醚，可溶于强碱溶液。制备：由 2-萘酚钠盐先与二氧化碳作用得 3-羟基-2-萘甲酸，继续与苯胺在三氯化磷存在下缩合而得。用途：作试剂、染料中间体，用于生产有机颜料，用于棉纤维、黏胶纤维和部分合成纤维的染色、印花。

邻苯二酚(o-benzenediol) 亦称"儿茶酚""焦性儿茶酚"。CAS 号 120-80-9。分子式 $C_6H_6O_2$，分子量 110.11。白色至棕色羽毛状晶体，能升华，遇空气和光变色。有微弱的酚类气味。高毒！熔点 103～106℃，沸点 246℃，闪点 131℃。易溶于吡啶和苛性碱液，溶于氯仿、苯、四氯化碳、乙醚、乙酸乙酯。天然多数以衍生物的形式存在于自然界中。制备：有多种制备方法，早期由干馏原儿茶酸或蒸馏儿茶提取液得到，现主要通过邻氨基苯酚重氮化后水解而得。也可采用 2,4-二磺基苯酚碱熔水解法、邻氯苯酚水解法、苯酚直接氧化法以及 2-羟基环己酮脱氢芳化法制取。用途：作试剂、医药中间体及其他化工中间体，可用来制造止咳素、丁子香酚、黄连素和异丙肾上腺素等，化工上用于制造橡胶硬化剂、电镀添加剂、皮肤防腐杀菌剂、染发剂等。也作分析试剂，用于显色反应或比色分析以测定钛、钼、钨、钒、铁和铈。

间苯二酚(m-benzenediol) 亦称"1,3-苯二酚""雷锁酚""雷锁辛"。CAS 号 108-46-3。分子式 $C_6H_6O_2$，分子量 110.11。从苯中得无色针状物。暴露在空气、光线和铁中时变成粉红色。有甜味。熔点 109～112℃，沸点 277℃、178℃(16 Torr)，闪点 127℃，密度 1.271 g/cm^3。易溶于水、乙醇、乙醚，溶于氯仿、四氯化碳，不溶于苯。天然作为儿茶素分子结构单元，存在于茶中。制备：有多种制备方法。可由天然树脂蒸馏或碱熔制得。工业上大多由苯磺酸用发烟硫酸磺化生成间苯二磺酸，再经中和、碱熔和酸化而得；其他方法还有间苯二酚与苯酚联产法、间苯二胺法、间二异丙苯法、间氨基苯酚水解法、3-碘苯酚碱熔等。用途：具有杀菌，杀霉菌和止痒作用。作试剂、有机合成原料及化工中间体，用于制造橡胶黏合剂、防腐剂、合成树脂、分析试剂及药物、染料。

对苯二酚(1,4-benzenediol；quinol) 亦称"氢醌"。CAS 号 123-31-9。分子式 $C_6H_6O_2$，分子量 110.11。白色针状晶体，有特殊臭味，见光易变色。熔点 172～175℃，沸点 285～287℃，闪点 165℃，密度 1.3 g/cm^3。易溶于热水、乙醇及乙醚，微溶于苯。制备：工业上有两条主要路线生产，最广泛使用的途径包括苯与丙烯的二烷基化反应，得到 1,4-二异丙苯，再用空气氧化得到双过氧化氢异丙苯，在酸中重新得到丙酮和对苯二酚。第二种途径是使用过氧化氢使苯酚羟基化，转化为对苯二酚和邻苯二酚的混合物，进行分离后分别得到邻苯二酚和对苯二酚。用途：作试剂以及医药、染料、农药中间体，也作自由基阻聚剂、抗氧剂。在焦化厂工业生产装置中，作洛克斯法氧化法脱硫、脱氰的催化剂。作分析试剂，用于铜、金的还原剂和显影剂，以及光度分析法测定磷、镁、铌、铜、硅和砷等。还作为纯处方成分被局部应用于皮肤美白，以减少肤色；但由于长期、低剂量使用容易发生外源性褐黄病、色素脱失等，因此禁止在驻留型化妆品(膏霜乳液精华)中使用。

4,6-二乙酰基间苯二酚(4,6-diacetylresorcinol) 亦称"4,6-二乙酰基雷锁酚"，系统名"1-(5-乙酰基-2,4-二羟基苯基)-1-乙酮"。CAS 号 2161-85-5。分子式 $C_{10}H_{10}O_4$，分子量 194.19。白色针状晶体。熔点 178～180℃。溶于热水、热乙醇、热苯及热酸。制备：由间苯二酚在氯化锌等催化剂作用下，以乙酸酐或乙酸作为酰化试剂进行酰化而得。用途：作试剂。

1，2，4-苯三酚(1,2,4-benzenetriol；hydroxyquinol) 亦称"1,2,4-三羟基苯"。CAS 号 533-73-3。分子式 $C_6H_6O_3$，分子量 126.11。从乙醚中得片状晶体，从水中得叶状晶体。熔点 140℃(升华)，密度 1.45 g/cm^3。溶于水、乙醇、乙醚、乙酸乙酯，几乎不溶于三氯甲烷、二硫化碳和苯。制备：由对苯醌和乙酸酐作用制得 1,2,4-苯三酚三乙酸酯，再用盐酸水解即得。用途：作有机合成中间体、气体分析吸收剂。

1,3,5-苯三酚(1,3,5-benzenetriol；phlorglucinol) 俗称"根皮苷酚""藤黄酚"，亦称"1,3,5-三羟基苯"。CAS 号 108-73-6。分子式 $C_6H_6O_3$，分子量 126.11。白色或淡黄色晶体或晶体粉末。通常带 2 分子结晶水，在 110℃加热转变为无水物。见光变色。味甜。无水物熔点 218～221℃，160～180℃(0.1 Torr)升华，密度 1.46 g/cm^3；带 2 分子结晶水物熔点 214～217℃。溶于乙醇、乙醚、吡啶，微溶于水。主要以黄酮、儿茶素、香豆素、花色素、黄嘌呤及糖苷衍生物的形式存在于许多天然植物中。制备：有许多方法合成，代表性的是从苯出发，选择性对称硝化得到 1,3,5-三硝基苯，再经催化氢化还原得 1,3,5-苯三胺，碱性水解后即得。用途：作有机合成中间体、分析试剂，用于制备黄酮、异黄酮等抗癌、抗心血管疾病类药物；作药物，用于治疗胆结石、痉挛性疼痛和其他相关的胃肠道疾病，对血管、支气管、肠、输尿管和胆囊有非特异性的解痉作用,因此也用于这些器官疾病的治疗。印刷中作偶联剂,用于把重氮染料连接起来以快速形成黑色。

5-氨基间苯二酚(5-aminoresorcinol) 亦称"3,5-二羟基苯胺"。CAS 号 20734-67-2。分子式 $C_6H_7NO_2$,分子量 125.13。细小针状晶体。熔点 146~152℃。在空气中迅速被氧化。微溶于水,溶于乙醇,不溶于乙醚。制备:由 1,3,5-苯三酚在惰性气氛中与氨水反应而得;或由 5-硝基-1,3-苯二酚在镍的催化下,氢化还原而得。用途:作试剂、有机合成中间体。

2,4-二硝基间苯二酚(2,4-dinitroresoricinol) 系统名"2,4-二硝基-1,3-苯二酚"。CAS 号 519-44-8。分子式 $C_6H_4N_2O_6$,分子量 200.11。白色至略带浅黄色晶体,有毒!熔点 146~148℃。不溶于水或冷乙醇,溶于强碱性溶液。易爆,可灼伤眼睛和皮肤。制备:由 2-硝基-1,3-苯二酚经硝化反应制取。用途:作试剂、有机反应中间体,用于织物媒染剂。

4,6-二硝基间苯二酚(4,6-dinitroresocinol;4,6-dinitro-1,3-benzenediol) CAS 号 616-74-0。分子式 $C_6H_4N_2O_6$,分子量 200.11。橙黄色晶体。熔点 215℃,密度 1.786 g/cm³。不溶于冷水或冷乙醇,溶于热水、强碱性溶液。制备:以 2,6-二羟基甲酸为原料,经双磺化,再硝化,最后脱羧而得;或由间苯二酚出发经硝化、水解而得。也可以间苯二酚为原料,选择性二磺化得到 4,6-二磺酸间苯二酚,然后氯化得到 2-氯-4,6-二磺酸间苯二酚,对其水解得 2-氯间苯二酚,再硝化转变为 2-氯-4,6-二硝基间苯二酚,最后经加氢还原而得。用途:作试剂及有机反应中间体,用于制造超高性能纤维聚对苯撑苯并二噁唑。

2,4,6-三硝基间苯二酚(styphnic acid) 俗称"收敛酸"。CAS 号 82-71-3。分子式 $C_6H_3N_3O_8$,分子量 245.11。易爆浅黄色晶体,真空升华后为无色。熔点 175.5℃,密度 1.77 g/cm³。溶于水,易溶于乙醇、乙醚。吞食、吸入或与皮肤接触有害。制备:由间苯二酚与硝酸、硫酸经硝化反应制取。用途:作试剂,用于制造炸药、染料、药物等。

4-己基间苯二酚(4-hexyl-1,3-benzenediol;4-hexylresorcinol) 亦称"己雷锁辛"。CAS 号 136-77-6。分子式 $C_{12}H_{18}O_2$,分子量 194.27。白色或黄白色针状晶体或粉末、块状,有刺激性臭味。遇光、空气变为淡粉红色。熔点 65~67℃,沸点 333~335℃、178~180℃(6~7 Torr)、198~200℃(13~14 Torr)。与甲醇、乙醇、乙醚、丙酮、氯仿和苯互溶,微溶于石油醚和水。制备:由 4-己酰基间苯二酚还原而得。用途:作试剂、抗氧化剂、色素稳定剂、酶褐变抑制剂、食品加工助剂以及驱肠虫药。作抗氧护色剂,用于防止虾、蟹等甲壳水产品在贮存过程中的褐变。

莰菲醇-3-O-芸香糖苷(kaempferol-3-O-rutinoside) 俗称"烟花苷"。CAS 号 17650-84-9。分子式 $C_{27}H_{30}O_{15}$,分子量 594.52。浅黄色针状晶体。熔点 182~185℃,密度 1.76 g/cm³。溶于甲醇、乙醇、DMSO 等有机溶剂。制备:来源于槐米、红花。用途:具有降血脂、活血化瘀的作用。

金合欢素(acacetin) 亦称"5,7-二羟基-4′-甲氧基黄酮""刺槐黄素""刺槐素""阿卡西汀"。CAS 号 9480-44-4。分子式 $C_{16}H_{12}O_5$,分子量 284.27。灰白-黄色针状晶体。熔点 260~265℃,闪点 198.2℃,密度 1.42 g/cm³,折射率 1.668。溶于甲醇、乙醇、DMSO 等有机溶剂,不溶于水和乙醚。制备:从飞机草、大蓟、金合欢等植物中分离提取。用途:具有镇静、抗癌作用。提炼的芳香油作高级香水等化妆品的原料,用于紧肤防皱粉和紧肤防皱水的敏感性配方,发挥紧致肌肤的作用。

白皮杉醇(piceatannol) 亦称"3′-羟基白藜芦醇""比杉特醇",系统名"4[(E)-2-(3,5-二羟基苯基)乙烯基]苯-1,2-二酚"。CAS 号 10083-24-6。分子式 $C_{14}H_{12}O_4$,分子量 244.25。驼色至黄色粉末,对光敏感。熔点 223~227℃,沸点 108℃(0.04 Torr)。不溶于水,易溶于乙醇、二甲基亚砜等有机溶剂。白皮杉醇及其糖苷是存在于挪威云杉的菌根和非菌根中的酚类化合物,也是红酒、葡萄、西番莲果、白茶、日本结缕草等植物中白藜芦醇的代谢产物。制备:以 3,4-二甲氧基苄醇和 3,5-二甲氧基苯甲醛等为原料合成而得。用途:作试剂,有抗癌、抗细胞增殖、抗炎、免疫调节、抗脂质氧化、抗菌和抑制胃中 H^+、K^+、ATP 酶等多种药理活性,可用于生化研究;可抑制未成熟脂肪细胞的生长发育,从而达到减肥目的。

苯六酚(benzenehexol) 亦称"六羟基苯"。CAS 号 608-80-0。分子式 $C_6H_6O_6$,分子量 174.11。针状晶体。熔点 >300℃。200℃转变为深灰色。微溶于水、

乙醇、乙醚和苯。制备：可由肌醇(环己醇)合成。用途：作试剂、抗氧化剂。

六苯酚(cyclotricatechylene；hexaphenol) 系统名"2,3,7,8,12,13-六羟基-10,15-二氢-5H-三苯并[a,d,g]环壬烯"。CAS 号 1506-76-9。分子式 $C_{21}H_{18}O_6$，分子量 366.37。灰色粉末。熔点 375℃。制备：可以 3,4-二甲氧基苄醇或 1,2-二甲氧基苯为原料合成而得。用途：作试剂、有机合成中间体，用于超分子化学的分子识别与组装研究。

双酚 A(bisphenol A；BPA) 系统名"4,4′-异亚丙基联苯酚"。CAS 号 80-05-7。分子式 $C_{15}H_{16}O_2$，分子量 228.29。白色针状晶体或片状粉末，带微弱的苯酚气味，低毒！熔点 158～159℃，沸点 220℃(4 Torr)，闪点 227℃，密度 1.20 g/cm³。不溶于水，微溶于四氯化碳，溶于乙醇、乙醚、丙酮、苯及稀碱液。可能导致内分泌失调、新陈代谢紊乱、癌症、威胁胎儿和儿童的健康。制备：由苯酚和丙酮在酸性介质中缩合而得。用途：作化工原料，用于生产聚碳酸酯、环氧树脂、聚酯树脂、聚砜树脂、聚苯醚树脂、不饱和聚酯树脂等多种高分子材料；也用于生产增塑剂、阻燃剂、塑料抗氧剂、热稳定剂、橡胶防老剂、紫外线吸收剂以及杀菌剂、涂料等精细化工产品。

双酚 B(bisphenol B) 系统名"2,2-二(4-羟基苯基)丁烷"。CAS 号 77-40-7。分子式 $C_{16}H_{18}O_2$，分子量 242.32。从水中得略带棕色的固体或晶体粉末。熔点 124～125℃，沸点 204～207℃(5 Torr)，密度 1.12 g/cm³。难溶于水、四氯化碳和苯，易溶于甲醇、乙醚和丙酮。制备：由苯酚和 2-丁酮在酸性介质中缩合而得。用途：作化工原料，用于生产酚醛树脂、橡胶添加剂、塑料添加剂、农药、染料。

棉酚((rac)-gossypol) CAS 号 303-45-7。分子式 $C_{30}H_{30}O_8$，分子量 518.56。棕色固体。熔点 179～182℃，密度 1.22 g/cm³。不溶于水，微溶于乙醇，溶于丙酮、乙醚、氯仿、二氯乙烷、四氯化碳、乙酸乙酯等有机溶剂以及稀氨水溶液和碳酸钠溶液。制备：天然存在于棉花的根、茎和种子等色腺体中。可从棉仁粉、棉籽饼粕和棉籽油、皂脚中分离提取。用途：在棉花的进化及抵抗害虫方面有重要作用。作药物，用作外用杀精子剂、口服男用避孕药，还用于治疗妇科疾病，包括月经过多或

失调、子宫内膜异位症、子宫肌瘤等。但偶有低血钾症等毒副反应。也作化工产品的抗氧化剂以及石油、机械加工、筑路方面的稳定剂。

5-氯-8-羟基喹啉(5-chloro-8-hydroxyquinoline) 亦称"氯羟喹""5-氯-8-喹啉醇"。CAS 号 130-16-5。分子式 C_9H_6ClNO，分子量 179.60。浅黄色至浅绿或灰色粉末，由甲醇中可得针状晶体。熔点 122～123℃。微溶于稀、冷的盐酸。制备：以 4-氯-2-氨基苯酚为原料，与丙烯醛发生 Michael 加成，再经硝基酚脱氢氧化制备而得；或以 8-羟基喹啉为原料，经不同的氯化剂进行选择性氯化而得。用途：作试剂、除草剂组分解毒喹等农药中间体、杀菌剂、防霉剂、金属防腐剂，也用作动物饲料添加剂。

9-蒽酚(9-anthracenol；9-anthrol) 亦称"9-羟基蒽"。CAS 号 529-86-2。分子式 $C_{14}H_{10}O$，分子量 194.23。从乙醇中得浅黄色片状晶体，从乙酸中得针状晶体。熔点 120℃(先预热，110℃开始加热)、152℃(从低温缓慢加热)。不溶于水，溶于乙醇、乙醚、苯、二甲基亚砜等有机溶剂。制备：以 9-甲酰基蒽或 9,10-蒽醌等为原料合成。用途：作试剂，用于染料合成。

1-蒽酚(1-anthracenol；1-anthrol) 亦称"1-羟基蒽"。CAS 号 610-50-4。分子式 $C_{14}H_{10}O$，分子量 194.23。从乙醇或乙酸中得棕色针状或片状晶体。熔点 151～152℃，沸点 224℃(13 Torr)。不溶于水，微溶于乙醇，溶于乙醚、苯。制备：以 1-蒽磺酸经碱熔而得；或由 1-蒽胺依次与亚硫酸氢钠和氢氧化钾作用制得。用途：作试剂，用于染料合成。

9,10-蒽氢醌(9,10-anthracenediol) 亦称"9,10-二羟基蒽"。CAS 号 4981-66-2。分子式 $C_{14}H_{10}O_2$，分子量 210.23。微黄色针状晶体。熔点 270℃，沸点 224℃(13 Torr)。极易被氧化，尤其在碱溶液中能被空气中的氧气氧化转变为蒽醌。不溶于水，微溶于苯和氯仿，溶于乙醇、乙醚。制备：由 9,10-二氢蒽或者 9,10-蒽醌制得。用途：作试剂，用于有机合成。

蒽绛酚(anthrarufin) 亦称"1,5-二羟基-9,10-蒽醌"。CAS 号 117-12-4。分子式 $C_{14}H_8O_4$，分子量 240.21。从乙酸中析出得浅黄色片状晶体。熔点 280℃，密度 1.592 g/cm³。微溶于乙醇、乙醚、乙酸，不溶于水和碳酸钠溶液，溶于苯和硝基苯。溶于氢氧化钾溶液呈红色，溶于浓硫酸呈带荧光的红色。制备：以蒽醌为原料，经磺化得到 1,5-蒽醌二磺酸和 1,8-蒽醌二磺酸，分出 1,5-蒽醌二磺酸，经碱熔、酸化即得；或以苯甲酸为原料，

经磺化、碱熔、缩合等多步转化而得。也可由1,5-二硝基-9,10-蒽醌与生石灰在190～200℃反应而得。用途：作试剂、染料中间体，用于制造分散染料及酸性染料。

9-菲酚（9-phenanthrenol）　亦称"9-羟基菲""9-菲醇"。CAS号484-17-3。分子式 $C_{14}H_{10}O$，分子量194.23。从石油醚或苯中得针状晶体。熔点151～153℃，135～140℃（1～3 Torr）升华，沸点378.9℃。微溶于水，溶于乙醇、乙醚、氯仿、苯。对眼睛、呼吸道和皮肤有刺激作用。制备：由9-氨基菲经重氮化、水解而得，或由9-溴菲合成。用途：作试剂，用于有机合成。

1,8,9-三羟基蒽（1,8,9-anthratriol；anthracen-1,8,9-triol）　亦称"地蒽酚""二羟蒽酚""去甲苷楮素"。CAS号480-22-8。分子式 $C_{14}H_{10}O_3$，分子量226.23。从石油醚中得针状晶体。熔点178～183℃。溶于乙醇、丙酮和苯。制备：由1,8-二羟基蒽醌与红磷-氢碘酸反应合成。用途：作试剂，用于有机合成；医学上用于治疗银屑病。

1,2,3-三羟基-9,10-蒽醌（1,2,3-trihydroxy-9,10-anthraquinone；anthragallol）　亦称"酸棕""蒽培酚""蒽五倍子酚"。CAS号602-64-2。分子式 $C_{14}H_8O_5$，分子量256.21。从乙醇-水中得黄色针状晶体。熔点282～284℃。微溶于水、丙酮和氯仿，溶于乙醇、乙醚、乙酸和二硫化碳。制备：由邻苯二甲酸酐和与焦培酚（1,2,3-苯三酚）在三氯化锑存在下经 Friedel-Crafts 反应而得；也可由培酸（3,4,5-三羟基苯甲酸）在硫酸存在下与焦培酚在125℃加热反应而得。用途：作试剂，用于有机合成。

1,2,4-三羟基-9,10-蒽醌（1,2,4-trihydroxy-9,10-anthraquinone）　亦称"红紫素""羟基茜草素"。CAS号81-54-9。分子式 $C_{14}H_8O_5$，分子量256.21。橙红色晶体粉末。熔点259～261℃。溶于甲醇、乙醇、二甲基亚砜等有机溶剂。制备：来源于茜草。由邻苯二甲酸酐和与1,2,4-苯三酚经 Friedel-Crafts 反应而得。用途：具有抗菌、抗炎的作用；作试剂、植物染料，用于有机合成。

二甲嘧酚（dimethirimol）　亦称"甲菌定""甲嘧醇""灭霉灵"，系统名"5-丁基-2-二甲氨基-4-羟基-6-甲基吡啶"。CAS号5221-53-4。分子式 $C_{11}H_{19}N_3O$，分子量209.29。白色针状晶体，无臭。熔点102℃。溶于乙醇、丙酮，氯仿、二甲苯、丙醇，微溶于水。制备：以 N,N-二甲基胍硫酸盐、尿素、硫酸二甲酯、2-正丁基乙酰乙酸乙酯等为原料合成。

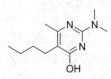

用途：内吸性杀菌剂，用于瓜类、蔬菜及麦类、橡胶树、柞树等各种作物白粉病的防治。

二甲醚（dimethyl ether；wood ether）　亦称"甲醚"。CAS号115-10-6。化学式 CH_3OCH_3，分子式 C_2H_6O，分子量46.07。无色气体，具有轻微醚的香味。易液化，易燃，与空气混合能形成爆炸性混合物。熔点 -141℃，沸点 -24.8℃，闪点 -41℃，密度 0.735^{-25} g/mL（液体），$2\,114.6^0$ g/L（气体，1.377 MPa），折射率1.298 4。溶于水、乙醇、乙醚、四氯化碳、苯、氯苯、丙酮和乙酸甲酯。制备：由甲醇脱水而得。用途：作冷冻剂、燃料添加剂、发泡剂、溶剂、浸出剂、萃取剂、麻醉剂、燃料、民用复合乙醇及氟利昂气溶胶的代用品、城市管道煤气的调峰气、液化气掺混气，有机合成中作为甲基化剂。也用于护发护肤品、药品和涂料中，作为各类气雾推进剂。

乙醚（diethyl ether）　亦称"二乙醚"。CAS号60-29-7。化学式 $CH_3CH_2OCH_2CH_3$，分子式 $C_4H_{10}O$，分子量74.12。无色、有特殊干甜气味的透明液体。极易挥发，具有吸湿性。普通乙醚常含有2%乙醇和0.5%水。久置由于氧化使其常含有少量过氧化物。熔点 -116.3℃，沸点34.6℃，闪点 -45℃，密度0.713 4 g/mL，折射率1.353 0。微溶于水，溶于低级醇、氯仿、石油醚和苯。制备：工业上主要作为由乙烯在固体负载磷酸催化剂作用下，气相水合制乙醇的副产品而得，在氧化铝催化剂上的气相乙醇脱水可以制得高达95%产率的二乙醚；实验室也可由乙醇在硫酸作用下脱水后分馏而得。用途：有机合成中主要用作溶剂、反应介质，也是重要的分析试剂及萃取剂，毛纺、棉纺工业的油污洁净剂；火药工业中用于制造无烟火药；乙醚是最先试用成功的外科麻醉剂，但因对黏膜刺激性、麻醉诱导期较长、有燃烧爆炸的危险，以及苏醒中不良反应较多，趋向慎用或不用。根据《危险化学品安全管理条例》《易制毒化学品管理条例》，作为第二类易制毒品种受管制。

异丙醚（diisopropyl ether）　亦称"二异丙醚"。CAS号108-20-3。化学式 $(CH_3)_2CHOCH(CH_3)_2$，分子式 $C_6H_{14}O$，分子量102.17。无色易燃液体。具有中等挥发性和醚类的特殊气味。在空气中久置可形成爆炸性过氧化物，且这一反应比乙醚容易进行，常加入对苄基氨基苯酚或对苯二酚作稳定剂。熔点 -85.5℃，沸点68～69℃，闪点 -28℃、-9℃（开杯），密度 0.725^{25} g/mL，折射率1.367。微溶于水，与有机溶剂混溶。与水、异丙醇、丙酮、乙腈、乙醇可组成共沸物。制备：工业上作为用丙烯水合制异丙醇的副产品而得；实验室可由异丙醇用硫酸脱水得到，还可由异丙醇与丙烯经催化反应而得。用途：作溶剂、色谱分析标准物质及萃取剂；作为特殊的溶剂，常用于从诸如酚类、乙醇、乙酸等水溶液中去除或提取极性有机化合物；具有高辛烷值及抗冻性能，可作为汽油掺合剂；医学上作麻醉剂，麻醉作用较乙醚轻，但持续时间较长。

叔丁醚（di-*tert*-butyl ether）　亦称"二叔丁醚"。CAS 号 6163-66-2。化学式 $(CH_3)_3COC(CH_3)_3$，分子式 $C_8H_{18}O$，分子量 130.23。无色液体。熔点 -61℃，沸点 107.2℃，闪点 -3℃，密度 0.765 8 g/mL，折射率 1.394 9。微溶于水，与有机溶剂混溶。制备：由叔丁醇锂与对甲基苯磺酰氯或对溴苯磺酰氯反应而得，也可由叔丁基氯与碳酸银反应而得。用途：作溶剂，用于有机合成；也作汽油添加剂。

丁醚（di-*n*-butyl ether）　亦称"二（正）丁醚"。CAS 号 142-96-1。化学式 $CH_3(CH_2)_3O(CH_2)_3CH_3$，分子式 $C_8H_{18}O$，分子量 130.23。无色液体。易挥发、易燃，具有类似水果的气味，微有刺激性。熔点 -98℃，沸点 142～143℃，闪点 25℃，密度 0.764^{25} g/mL，折射率 1.399 2。不溶于水，溶于丙酮和许多其他有机溶剂。易形成过氧化物，应防止其受到热、光和空气的影响。制备：由正丁醇用硫酸脱水而得；工业上可由 1-丁醇在氧化铝上于 300℃ 脱水制得。用途：用作格氏试剂、橡胶、农药等的有机合成反应溶剂，和磷酸丁酯的混合溶液可用作分离稀土元素的溶剂；作萃取剂、电子级清洗剂。

二烯丙基醚（diallyl ether; bis（2-propenyl）ether）　亦称"烯丙基醚"。CAS 号 557-40-4。分子式 $C_6H_{10}O$，分子量 98.15。无色液体。有萝卜样气味。熔点 -6℃，沸点 94℃，闪点 -7℃（开杯），密度 0.844 9 g/mL，折射率 1.414 3。不溶于水，与乙醇、乙醚、丙酮等有机溶剂混溶。制备：由烯丙醇在氯化亚铜-硫酸作用下脱水而得，或在碳酸钾作用下由烯丙基溴和烯丙醇反应而得。用途：作试剂，用于有机合成。

二苯醚（diphenyl ether）　亦称"苯醚"。CAS 号 101-84-8。分子式 $C_{12}H_{10}O$，分子量 170.21。无色晶体，受热至熔点以上为淡黄色油状液体。具有桉叶油、天竺葵似气味。熔点 25～26℃，沸点 259℃、121℃（10 Torr），闪点 115℃，密度 1.08 g/mL，折射率 1.579。不溶于水、无机酸溶液和碱溶液，溶于乙醇、乙醚、苯和乙酸。制备：由氯苯或溴苯与苯酚，以铜为催化剂，在苛性碱溶液中缩合而得。用途：作溶剂或高温载热体，用于香料及染料等有机合成；与联苯形成共晶混合物，用作恒温传热介质；分析化学中作气相色谱固定液；作有机合成原料，用于生产阻燃剂十溴二苯醚、药物；也作低档香叶油的代用品，用于调制花香型化妆品、制造皂用香精、合成洗涤剂、除臭剂及其他日化产品香精配方。

二苄基醚（dibenzyl ether）　亦称"苄醚"。CAS 号 103-50-4。分子式 $C_{14}H_{14}O$，分子量 198.26。无色至淡黄色油状液体，具有淡的杏仁香气和蘑菇香味及泥土味。熔点 4℃，沸点 298℃，闪点 135℃（闭口），密度 0.978 2 g/mL，折射率 $1.559 2^{25}$。不溶于水，溶于乙醇、乙醚、氯仿、丙酮等有机溶剂。制备：作为氯化苄水解制备苯甲醇时的副产品而得；实验室可由氯化苄与浓碱作用制得。用途：作香料，用于配制蘑菇和樱桃香精；作硝酸纤维素的增韧剂，树脂、橡胶、蜡及配制人造麝香等香精用的溶剂，中等程度的防老剂；与氧化锌的混合物作蚊、蝇、蚋、跳蚤的驱避剂。

α,α′-二氯甲醚（bis（2-chloromethyl）ether）　亦称"对称二氯甲醚""双（氯甲基）醚"。CAS 号 542-88-1。分子式 $C_2H_4Cl_2O$，分子量 114.95。无色液体，高毒！熔点 -41.5℃，沸点 104～105℃，闪点 75℃，密度 1.336 2 g/mL，折射率 1.442 7。不溶于水，与乙醇、乙醚混溶。制备：由多聚甲醛与干燥氯化氢反应而得。用途：有机合成中作甲基化试剂，药物消瘤芥、双解磷、维生素 B_2 及农药八氯二丙醚等的中间体；生化试验中作动物诱发癌症试剂。

α,α-二氯甲醚（α,α-dichloromethyl ether; bis（dichloromethyl）ether）　亦称"四氯甲醚"。CAS 号 20524-86-1。分子式 $C_2H_2Cl_4O$，分子量 183.84。发烟液体，有刺激性臭味。熔点 0℃，沸点 144～145℃，密度 1.656 5 g/mL，折射率 1.501 5。不溶于普通溶剂。制备：由 α,α′-二氯甲醚在光照条件下与氯气反应制得。用途：作试剂，用于有机合成。

1,4-二氧六环（1,4-dioxane）　亦称"1,4-二噁烷"。CAS 号 123-91-1。分子式 $C_4H_8O_2$，分子量 88.11。无色可燃液体，微有醚样气味。对光敏感，在空气中易氧化形成爆炸性的过氧化物。熔点 10～12℃，沸点 100～102℃，闪点 12℃，密度 1.033 g/mL，折射率 1.422 0。与水和许多有机溶剂混溶。有麻醉作用，对眼睛和呼吸道有刺激性。暴露其中可能对中枢神经系统、肝脏和肾脏造成损害，甚至发生尿毒症。在体内有蓄积作用，为可疑致癌物。制备：由乙二醇在酸催化下脱水而得，或由环氧乙烷直接二聚制得。用途：作试剂、溶剂、反应介质和萃取剂。

2,2′-二氯乙基醚（2,2′-dichlorodiethyl ether）　亦称"β,β′-二氯二乙醚"。CAS 号 111-44-4。分子式 $C_4H_8Cl_2O$，分子量 143.01。无色、有刺激性液体，有乙醚和氯化溶剂相似的气味。熔点 -47℃，沸点 178℃（分解）、65～67℃（15 Torr），闪点 55℃，密度 1.22 g/mL，折射率 1.456 0。微溶于水，易溶于乙醇和乙醚。为可疑致癌物。制备：由 2-氯乙醇在硫酸催化下加热脱水而得，或由一缩二乙二醇与亚硫酰氯反应而得。用途：作试剂，用于合成冠醚以及药物；作脂肪、石蜡、油类、橡胶、树脂等的溶剂；也作气相色谱固定液、土壤杀虫剂和干洗剂。

甲乙醚(ethyl methyl ether)　亦称"甲氧基乙烷"。CAS 号 540-67-0。化学式 $CH_3CH_2OCH_3$，分子式 C_3H_8O，分子量 60.10。无色液体或气体，有一种类似药物的气味。熔点 -113℃，沸点 7.4℃，闪点 -37℃，密度 0.725 2^0 g/mL，折射率 1.342 0^4。溶于水，可混溶于乙醇、乙醚。极其易燃，与空气混合能形成爆炸性混合物。吸入后可能导致窒息或头晕。制备：由乙醇在氢化钠存在下与碘代甲烷反应而得。用途：作试剂、有机合成中间体。

甲基丙基醚(methyl propyl ether；methyl *n*-propyl ether)　亦称"甲丙醚""1-甲氧基丙烷"。CAS 号 557-17-5。化学式 $CH_3CH_2CH_2OCH_3$，分子式 $C_4H_{10}O$，分子量 74.12。无色液体。熔点 -189℃，沸点 39℃，闪点 <-20℃，密度 0.728 3 g/mL，折射率 1.357 1。微溶于水，混溶于乙醇、乙醚、丙酮等多数有机溶剂。极度易燃，有麻醉性。制备：由甲醇钠和正溴丙烷利用 Williamson 醚类合成反应制备；或由甲醇与正丙醇在酸催化剂存在下脱水制得。用途：作溶剂，用于麻醉剂制备。

甲基正丁基醚(*n*-butyl methyl ether)　亦称"1-甲氧基丁烷"。CAS 号 628-28-4。分子式 $C_5H_{12}O$，分子量 88.15。无色透明液体，易燃。熔点 -115.5℃，沸点 70～71℃，闪点 -10℃，密度 0.747 4 g/mL，折射率 1.375 5。微溶于水，混溶于乙醇、乙醚，溶于一般有机溶剂。制备：由正丁醇钠与碘甲烷作用而得，也可在氢氧化钾存在下由正丁醇和硫酸二乙酯反应制得。用途：作溶剂、萃取剂、麻醉剂。

甲基仲丁基醚(*sec*-butyl methyl ether；MSBE)　亦称"2-甲氧基丁烷"。CAS 号 6795-87-5。分子式 $C_5H_{12}O$，分子量 88.15。无色透明液体。有一个手性中心，故有一对对映异构体，其中(*R*)-体 CAS 号 66610-40-0，$[\alpha]_D^{25}$ - 7.54（纯）；(*S*)-体 CAS 号 66610-39-7，$[\alpha]_D^{20}$ +12.2（纯）。外消旋体沸点 61～63℃，闪点 -30℃，密度 0.741 5 g/mL，折射率 1.372。可与水、乙醇、乙醚、丙酮混溶。制备：可作为生产甲基叔丁基醚时的副产物获得。外消旋体由仲丁醇在氢氧化钾存在下与碘甲烷反应而得；由相应构型的手性仲丁醇可制得对映异构体。用途：作溶剂、手性溶剂。

甲基叔丁基醚(methyl *tert*-butyl ether；MTBE)　亦称"2-甲基-2-甲氧基丙烷"。CAS 号 1634-04-4。化学式 $(CH_3)_3COCH_3$，分子式 $C_5H_{12}O$，分子量 88.15。无色、低黏度液体，具有类似萜烯的臭味。熔点 -109℃，沸点 55～56℃，闪点 -33℃，密度 0.742 2 g/mL，折射率 1.369 0。微溶于水，与许多有机溶剂互溶；与水、甲醇、乙醇等极性溶剂形成共沸物。制备：由甲醇和叔丁醇在酸催化剂存在下脱水制得；也可通过甲醇和异丁烯经在酸性催化剂存在下反应制得。用途：作溶剂、萃取剂；在无铅汽油中作抗爆剂，提高辛烷值；也作为有机合成原料，用于准备高纯度异丁烯，合成 2-甲基丙烯醛、甲基丙烯酸及异戊二烯等。

乙基正丁基醚(*n*-butyl ethyl ether)　亦称"1-乙氧基丁烷"。CAS 号 628-81-9。分子式 $C_6H_{14}O$，分子量 102.18。无色透明液体，易燃。熔点 -124℃，沸点 93℃，闪点 -6℃，密度 0.761 g/mL，折射率 1.381 7。微溶于水，溶于一般有机溶剂。与水形成恒沸物。制备：由正丁醇钠与溴乙烷作用，或由乙醇钠与正溴丁烷作用而得。用途：作溶剂、萃取剂。

乙基仲丁基醚(*sec*-butyl ethyl ether)　亦称"2-乙氧基丁烷"。CAS 号 2679-87-0。分子式 $C_6H_{14}O$，分子量 102.18。无色透明液体。有一个手性中心，故有一对对映异构体，其中(*R*)-体 CAS 号 44595-84-8，$[\alpha]_D^{20}$ - 21.31（纯）；(*S*)-体 CAS 号 2439-28-3，$[\alpha]_D^{25}$ +28.29（纯）。外消旋体沸点 81℃，闪点 -6℃，密度 0.750 3 g/mL，折射率 1.381 4。溶于一般有机溶剂，与水形成恒沸物。制备：外消旋体由仲丁醇钠与溴乙烷或硫酸二乙酯作用而得；也可由对甲苯磺酸仲丁酯与乙醇作用而得。由相应构型的手性仲丁醇可制得相应对映异构体。用途：作溶剂、手性溶剂。

乙基叔丁基醚(*tert*-butyl ethyl ether)　系统名"2-甲基-2-乙氧基丙烷"。CAS 号 637-92-3。分子式 $C_6H_{14}O$，分子量 102.18。无色透明液体，具有醚味和类似萜烯的臭味。熔点 -94℃，沸点 72～73℃，闪点 -19℃，密度 0.740 7 g/mL，折射率 1.375 0。不溶于水，易溶于乙醇、乙醚。与水或乙醇形成恒沸物。制备：在硫酸催化下由叔丁醇和乙醇脱水制得，也可由异丁烯在酸性催化剂作用下与乙醇反应而得。用途：作溶剂、高辛烷汽油改良剂、抗震剂，临床上作胆固醇结石的直接溶解剂。

甲基叔戊基醚(*tert*-amyl methyl ether；TAME)　亦称"叔戊基甲基醚"，系统名"2-甲基-2-甲氧基丁烷"。CAS 号 994-05-8。分子式 $C_6H_{14}O$，分子量 102.18。无色透明液体，具有醚的气味。熔点 -80℃，沸点 85～86℃，闪点 -12℃，密度 0.770 6 g/mL，折射率 1.389 6。微溶于水，易溶于乙醇、乙醚。制备：在硫酸催化下由 2-甲基-1-丁烯、2-甲基-2-丁烯和甲醇作用制得。用途：作溶剂、萃取剂以及汽油改良剂，调节汽油辛烷值。

氯甲基甲醚(chloromethyl methyl ether；MOM-Cl)　CAS 号 107-30-2。化学式 $ClCH_2OCH_3$，分子式 C_2H_5ClO，分子量 80.51。无色透明液体，易挥发，有刺激性臭味，剧毒！熔点 -103℃，沸点 55～57℃，闪点 15℃，密度 1.06^{25} g/mL，折射率 1.397 4。在水中分解，溶于乙醇、丙酮、氯仿和苯。为致癌物，具有催泪性。制备：在略高于室温和在氯化钙存在下，将氯化氢气体通入甲醇和甲醛的混合液中，通过醇醛缩合和加成反应而得。用途：作有机合成中间体，用于制备除草剂甲草胺、生产阴离子交换树脂及磺胺嘧啶药物等；有机合成中作氯甲基化剂，用于羟基的保护。

1,1-二氯甲基甲基醚（1,1-dichloromethyl methyl ether）亦称"α,α-二氯甲基甲醚""二氯甲基甲醚"。CAS 号 4885-02-3。分子式 $C_2H_4Cl_2O$，分子量 114.95。无色液体，有强烈刺激性气味，剧毒！沸点 85～87℃，闪点 42℃，密度 1.271 g/mL，折射率 1.430 2。溶于甲醇、乙醇、丙酮和苯。为致癌物，有强催泪性。制备：由甲酸甲酯与五氯化磷反应，或由氯甲基甲醚与氯气或硫酰氯反应制得。用途：用于有机合成，作氯化试剂，制备甲氧基卡宾中间体。

乙二醇二甲醚（ethylene glycol dimethyl ether）亦称"1,2-二甲氧基乙烷"。CAS 号 110-71-4。分子式 $C_4H_{10}O_2$，分子量 90.12。无色透明液体。有强烈醚样气味。熔点 - 58℃，沸点 85℃，闪点 - 2℃，密度 0.866 7 g/mL，折射率 1.379 6。与水、醇混溶，溶于烃类溶剂。制备：由乙二醇单甲醚与金属钠、氯甲烷反应而得；工业上也可通过二甲醚与环氧乙烷的反应制得。用途：主要作溶剂和有机合成中间体。常与高介电常数溶剂一起用作锂电池电解质溶剂的低黏度组分。在有机合成中用作双齿配体配位型溶剂以及乙醚和四氢呋喃的高沸点替代品；也是低聚糖和多糖的良好溶剂。

1-溴乙基乙醚（1-bromoethyl ethyl ether）CAS 号 116779-75-0。分子式 C_4H_9BrO，分子量 153.02。无色液体，有强烈刺激性。沸点 105℃、40～41℃（42 Torr），密度 1.276 6 g/mL，折射率 1.446 2。易溶于乙醇、乙醚等多数有机溶剂。被水分解。制备：由乙醛、乙醇在干燥溴化氢作用下反应而得。用途：作有机合成试剂。

2-溴乙基乙醚（2-bromoethyl ethyl ether）CAS 号 592-55-2。分子式 C_4H_9BrO，分子量 153.02。无色液体，易燃，具刺激性。沸点 125～127℃、32℃（17 Torr），闪点 21℃，密度 1.357 2 g/mL，折射率 1.445 8。不溶于水，易溶于乙醇、乙醚等多数有机溶剂。制备：由乙二醇单乙醚和三溴化磷作用制得。用途：作有机合成试剂。

2-氯乙基乙烯基醚（2-chloroethyl vinyl ether）CAS 号 110-75-8。分子式 C_4H_7ClO，分子量 106.55。无色至淡黄色透明液体。熔点 - 70℃，沸点 109℃，闪点 16℃，密度 1.045 2 g/mL，折射率 1.438 4。难溶于水，溶于乙醇、乙醚及大多数有机溶剂。遇稀酸溶液可水解，对碱液稳定。制备：由 2,2'-二氯乙基醚在 200～220℃与固体氢氧化钠作用而得。用途：作聚合物单体、有机合成原料。

安氟醚（enflurane）系统名"1,1,2-三氟-2-氯乙基二氟乙基醚"。CAS 号 13838-16-9。分子式 $C_3H_2ClF_5O$，分子量 184.49。易挥发液体，不燃烧。沸点 56.5℃，密度 1.499 6～1.524 4 g/mL（20～30℃），折射率 1.302 5。混溶于有机溶剂。能够抑制中枢神经系统，导致意识丧失和痛感消失。制备：以二氯甲基(2-氯-1,1,2-三氟甲基)醚为原料，在五氯化锑存在下用氟化氢进行氟代反应而得。用途：作吸入性麻醉剂。多用于复合全身麻醉，可与多种静脉全身麻醉药及全身麻醉辅助用药联用或者合用。

二乙氧基甲烷（diethoxymethane）亦称"甲醛缩二乙醇"。CAS 号 462-95-3。分子式 $C_5H_{12}O_2$，分子量 104.15。无色澄清液体。熔点 - 66.5℃，沸点 87～88℃，闪点 - 5℃，密度 0.831 g/mL，折射率 1.374 0。溶于丙酮、水和苯，极易溶于乙醇、乙醚。易燃。制备：由甲醛、乙醇在干燥溴化氢作用下反应而得。用途：作有机合成试剂。

二乙二醇二甲醚（diethylene glycol dimethyl ether；diglyme）亦称"二(2-甲氧基乙基)醚"。CAS 号 111-96-6。分子式 $C_6H_{14}O_3$，分子量 134.18。无色透明、易燃液体，有微弱醚的气味。熔点 - 64℃，沸点 162℃、63℃（19 Torr），闪点 57℃，密度 0.937 g/mL，折射率 1.409 7^{25}。与水、醇、醚及烃类溶剂混溶。制备：由一缩二乙醇与甲醇反应而得；或由二乙二醇单甲醚与氯甲烷（或碳酸二甲酯、硫酸二甲酯）进一步甲基化而得；也可由二甲醚和环氧乙烷在酸性催化剂催化下反应而得。用途：作溶剂，特别是在有机合成中作为非质子极性溶剂；也用作无污染清洗剂，萃取剂、稀释剂及医药助剂。

二乙醇一乙醚（diethylene glycol monoethyl ether；dioxitol）亦称"二甘醇单乙醚"。CAS 号 111-90-0。分子式 $C_6H_{14}O_3$，分子量 134.17。无色、吸水性稳定的液体。有中等程度令人愉快的气味，微有黏性。熔点 - 76℃，沸点 196～202℃，闪点 96℃，密度 0.999^{25} g/mL，折射率 1.427 0。与水、乙醇、乙醚、丙酮、氯仿、苯和吡啶等混溶。制备：由环氧乙烷和无水乙醇在三氟化硼催化下反应而得；或由二甘醇和硫酸二乙酯反应制得。用途：作高沸点溶剂，用于染料、硝化纤维素、油漆、油墨和树脂等；作制动液；作矿物油-皂和矿物油-硫化油混合物的互溶剂、非油漆着色剂；作为柑橘香精的乙醇代用品。

乙二醇二乙醚（diethylene glycol diethyl ether；ethyl diglyme）亦称"二甘醇二乙醚"。CAS 号 112-36-7。分子式 $C_8H_{18}O_3$，分子量 162.23。无色液体。熔点 - 44℃，沸点 180～190℃，闪点 67℃，密度 0.909^{25} g/mL，折射率 1.412 0。与水混溶，溶于乙醇、乙醚、丙酮、卤代烃等有机

溶剂。制备：由一缩二乙二醇与乙醇反应而得，也可由二乙二醇单乙醚在金属钠存在下与溴乙烷反应制得。用途：作有机合成溶剂、高沸点反应介质、纤维和毛织品印染的油水混合溶剂、铀矿的萃取剂及化学试剂，也用作刷涂用硝基喷漆成分、纤维及皮革匀染剂和照相印刷的调平剂。

1，2-二（2-氯乙氧基）乙烷（1，2-bis（2-chloroethoxy）ethane） 亦称"二氯化三甘醇"。CAS 号 112-26-5。分子式 $C_6H_{12}Cl_2O_2$，分子量 187.06。无色或微黄色透明液体，有刺激性臭味，有毒！熔点 - 32℃，沸点 235℃、117～119℃（10 Torr），闪点＞110℃，密度 1.102 4 g/mL，折射率 1.461 0。不溶于水，溶于烃类溶剂。刺激皮肤。制备：由三甘醇和亚硫酰氯反应合成而得，也可以 1,4-二噁烷为原料制备。用途：作试剂、有机合成原料，用于合成冠醚、制备橡胶改性剂，也用作聚氨酯的发泡剂。

二乙醇一丁醚（diethylene glycol monobutyl ether） 亦称"二甘醇单丁醚"。CAS 号 112-34-5。分子式 $C_8H_{18}O_3$，分子量 162.23。无色液体。稍有丁醇气味。熔点 - 68℃，沸点 231℃，闪点 78℃（闭杯）、93℃（开杯），密度 0.967^{25} g/mL，折射率 1.432 0。与水以任何比例混溶，溶于乙醇、乙醚、油类和许多其他有机溶剂。制备：由环氧乙烷与正丁醇作用而得。用途：作高沸点溶剂，用于油漆、油墨、树脂等；也用于有机合成。

二缩乙二醇二丁醚（diethylene glycol dibutyl ether；butyl diglyme） 亦称"二甘醇二丁醚"。CAS 号 112-73-2。分子式 $C_{12}H_{26}O_3$，分子量 218.33。无色液体。熔点 - 60℃，沸点 256℃，闪点 118℃，密度 0.885 3 g/mL，折射率 1.423 0。微溶于水，与醇、醚、酮、酯、卤代烃类溶剂混溶。制备：由一缩二乙二醇与正丁醇反应而得，也可以环氧乙烷和正丁醇为原料合成。用途：作有机合成溶剂、高沸点反应介质、脂肪酸稀水溶液的萃取剂，用于铀、钚、黄金的提取，也用于香料和制药工业。

二乙醇一己醚（diethylene glycol monohexyl ether） 亦称"二甘醇单己醚"。CAS 号 112-59-4。分子式 $C_{10}H_{22}O_3$，分子量 190.28。无色透明液体。有吸湿性，具有轻微醚类气味和苦味。熔点 - 40℃，沸点 261～265℃，闪点 140℃，密度 0.935^{25} g/mL，折射率 1.438 1。溶于水、乙醇、乙醚。制备：由环氧乙烷与正己醇反应而得。用途：作高沸点溶剂，用于有机合成及油漆、树脂、染料、油类和润滑油。

苯甲醚（methyl phenyl ether） 俗称"茴香醚"。CAS 号 100-66-3。分子式 C_7H_8O，分子量 108.14。无色液体，具有大茴香和甜的气味。熔点 - 37℃，沸点 154℃，闪点 43℃，密度 0.995 g/mL，折射率 1.517 0。不溶于水，溶于乙醇、乙醚、丙酮、苯等多数有机溶剂。天然存在于龙蒿精油中。制备：可由苯酚钠与硫酸二甲酯或氯甲烷进行甲基化而得。用途：作试剂、溶剂和驱虫剂，也作食用香料，用于软饮料、冰淇淋、冰制食品、糖果、烘烤类食品。

2，4，6-三氯苯甲醚（2，4，6-trichloroanisole） 俗称"2，4，6-三氯茴香醚"。CAS 号 87-40-1。分子式 $C_7H_5Cl_3O$，分子量 211.47。白色晶体，室温下慢慢升华。会产生令人不快的泥土味、陈腐和发霉味。熔点 61～62℃，沸点 235～238℃、140℃（28 Torr），密度 1.64 g/cm³。不溶于水，溶于乙醇、丙酮和苯。是一种有效的嗅觉信号转导抑制剂，已知能引起葡萄酒中软木塞污染。在用三氯苯酚处理过的纤维板储存的包装材料上，可以在微小的痕迹中找到这种物质。制备：由 2，4，6-三氯苯酚与硫酸二甲酯反应而得，或由苯甲醚在三氟乙酸中用 $SnCl_4/Pb(OAc)_4$ 氯化而得。用途：是 2，4，6-三氯苯酚的真菌代谢产物，用作杀菌剂；作聚酯织物的助染剂。

苯乙醚（ethyl phenyl ether；phenetole） 亦称"乙氧基苯"。CAS 号 103-73-1。分子式 $C_8H_{10}O$，分子量 122.16。无色油状液体。有芳香气味。熔点 - 30℃，沸点 169～170℃，闪点 57℃，密度 0.967 g/mL，折射率 1.507 0。不溶于水，易溶于醇和醚。能随水蒸气挥发。制备：由苯酚钠与溴乙烷或硫酸二乙酯反应而得。用途：作有机合成中间体，用于制造医药、染料等，也作有机反应的助溶剂。

苄基甲基醚（benzyl methyl ether） 亦称"苄甲醚"。CAS 号 538-86-3。分子式 $C_8H_{10}O$，分子量 122.16。无色至略淡黄色透明液体。熔点 - 52.6℃，沸点 174℃，闪点 55℃，密度 0.987^{25} g/mL，折射率 1.502 0。不溶于水，易溶于醇和醚。制备：以甲醇、氢氧化钾和氯化苄为原料合成。用途：作有机合成试剂、溶剂。

苄基乙基醚（benzyl ethyl ether） 亦称"苄乙醚"。CAS 号 539-30-0。分子式 $C_9H_{12}O$，分子量 136.19。无色油性液体，有强烈的水果样香味。熔点 2.5℃，沸点 186℃，闪点 53℃，密度 0.949^{25} g/mL，折射率 1.495 5。不溶于水，易溶于醇和醚。制备：由乙醇钠和溴化苄合成；或由苯甲醇钠和溴乙烷反应而得。用途：作有机合成试剂、溶剂，微量也用作香料。

β-萘乙醚（ethyl β-naphthyl ether） 亦称"2-萘乙醚""2-乙氧基萘""乙位萘乙醚"。CAS 号 93-18-5。分子式 $C_{12}H_{12}O$，分子量 172.22。白色片状晶体，具有似

橘叶、青涩带苦的芳草气,但在极淡时具有强烈的类似橙花、洋槐花、菠萝样的香气和类似草莓的甜味。熔点 35℃,沸点 282℃,闪点 134℃,密度 1.049 9^{36} g/mL,折射率 1.593 2$^{47.3}$。不溶于水,溶于乙醇、乙醚、氯仿、石油醚、二硫化碳和甲苯。制备:以 β-萘酚和硫酸二甲酯为原料,在氢氧化钠水溶液中进行甲基化反应而得;或由 β-萘酚在硫酸存在下与乙醇反应而得。用途:作为食用香料以及增甜剂、定香剂,配制玫瑰香、薰衣草香、柠檬香等,用于肥皂和洗涤剂;作有机合成原料,医药上也用于合成乙氧萘青霉素钠。

烯丙基苯基醚(allyl phenyl ether)　亦称"3-苯氧基丙烯"。CAS 号 1746-13-0。分子式 $C_9H_{10}O$,分子量 134.18。无色或微黄色透明液体。沸点 192℃,闪点 62℃,密度 0.978^{25} g/mL,折射率 1.522。不溶于水,溶于乙醇、乙醚等有机溶剂。制备:由苯酚钠与 3-氯丙烯反应而得。用途:作试剂、有机合成原料,用于 Claisen 重排反应制备 2-烯丙基苯酚、合成药物心得舒(alprenolol)及其他精细化工产品。

邻甲氧基苯酚(2-methoxyphenol)　俗称"愈创木酚",亦称"甲基儿茶酚"(o-methylcatechol)。CAS 号 90-05-1。分子式 $C_7H_8O_2$,分子量 124.14。白色或微黄色晶体,或呈无色至淡黄色透明油状液体,有特殊芳香气味。熔点 28～29℃,沸点 204～206℃,闪点 82℃,密度 1.128 g/cm^3,折射率 1.543 4。微溶于水和苯,易溶于甘油,与乙醇、乙醚、氯仿、乙酸混溶。制备:天然存在于愈创树脂或松油中,可从木材干馏所得的杂酚油中提取;工业上可由邻氨基苯甲醚经重氮化和水解制得。用途:作医药及染料中间体、食品添加剂,香料工业上用以制造香兰素和人造麝香;作分析试剂,用于检验铜、氢氰酸和亚硝酸盐;医药上用以制造愈创木酚磺酸钙。

愈创木酚(guaiacol)　即"邻甲氧基苯酚"。

间甲氧基苯酚(3-methoxyphenol)　亦称"间苯二酚单甲醚"。CAS 号 150-19-6。分子式 $C_7H_8O_2$,分子量 124.14。无色透明至淡黄色液体,带有苯酚的气味。熔点 -18℃,沸点 244℃、113～115℃(5 Torr),闪点 114℃,密度 1.140 g/mL,折射率 1.552 0。制备:天然存在于芸香油、芹菜籽油、烟叶油、橙叶蒸馏液和海狸香中。由间苯二酚在相转移催化下与硫酸二甲酯作用而得。用途:作有机合成试剂及合成香兰素的原料。

对羟基苯甲醚(4-hydroxyanisole)　亦称"4-甲氧基苯酚""对苯二酚甲基醚"。CAS 号 150-76-5。分子式 $C_7H_8O_2$,分子量 124.14。白色片状或蜡状晶体。熔点

56℃,沸点 243℃,密度 1.55 g/cm^3。微溶于水,易溶于乙醇、醚、丙酮、苯和乙酸乙酯。制备:由苯醌与甲醇经自由基反应合成;或以对苯二酚为原料,用硫酸二甲酯甲基化而得。用途:用作乙烯基型塑料单体自由基聚合的阻聚剂、紫外线抑制剂、有机合成中间体,用于合成化妆品抗氧化剂 BHA。

2-氯苯甲醚(2-chloroanisole)　亦称"2-氯茴香醚",系统名"1-氯-2-甲氧基苯"。CAS 号 766-51-8。分子式 C_7H_7ClO,分子量 142.58。无色透明液体,有类似苯乙酮的气味。熔点 -26.6℃,沸点 194～196℃、90～95℃(16 Torr),闪点 76℃,密度 1.191 1 g/mL,折射率 1.546 0。不溶于水,溶于醇和醚。易随水蒸气挥发。制备:由 2-氯苯酚与硫酸二甲酯进行甲基化反应而得。用途:作试剂,用于有机合成。

3-氯苯甲醚(3-chloroanisole)　亦称"3-氯茴香醚",系统名"1-氯-3-甲氧基苯"。CAS 号 2845-89-8。分子式 C_7H_7ClO,分子量 142.58。无色透明液体,有茴香醚的气味。沸点 192～194℃、85℃(20 Torr),闪点 73℃,密度 1.173 7 g/mL,折射率 1.535 3。不溶于水,溶于醇和醚。易随水蒸气挥发。制备:由 3-氯苯酚与硫酸二甲酯进行甲基化反应而得;或由 3-硝基氯苯与氢氧化钾反应制得。用途:作试剂,用于有机合成。

4-氯苯甲醚(4-chloroanisole)　亦称"4-氯茴香醚",系统名"1-氯-4-甲氧基苯"。CAS 号 623-12-1。分子式 C_7H_7ClO,分子量 142.58。无色透明液体。熔点 -18℃,沸点 198～200℃、77℃(15 Torr),闪点 78℃,密度 1.171 2 g/mL,折射率 1.535 7。不溶于水,溶于醇和醚。易随水蒸气挥发。制备:由 4-氯苯酚与硫酸二甲酯进行甲基化反应而得;或以苯甲醚为原料进行氯代反应制得。用途:作试剂,用于有机合成。

3,5-二甲氧基苯胺(3,5-dimethoxyaniline)　亦称"5-氨基间苯二酚二甲醚"。CAS 号 10272-07-8。分子式 $C_8H_{11}NO_2$,分子量 153.18。白色晶体或无色液体。熔点 54～57℃,沸点 178℃(20 Torr),密度 1.096 g/cm^3。制备:以 3,5-二甲氧基苯甲酸为原料合成。用途:作有机合成试剂。

2,3-二硝基苯甲醚(2,3-dinitrophenyl methyl ether; 2,3-dinitroanisole)　亦称"2,3-二硝基茴香醚",系统名"1-甲氧基-2,3-二硝基苯"。CAS 号 16315-07-4。分子式 $C_7H_6N_2O_5$,分子量 198.13。浅黄色晶体。熔点 119～120℃,密度 1.524 g/cm^3。微溶于热水,溶于醇和

醚。制备：由 2,3-二硝基苯酚在碳酸钠作用下与碘甲烷反应而得，或由间硝基苯甲醚用硝酸硝化制得。用途：作有机合成试剂。

2,4-二硝基苯甲醚（2,4-dinitrophenyl methyl ether; 2,4-dinitroanisole） 亦称"2,4-二硝基茴香醚"，系统名"1-甲氧基-2,4-二硝基苯"。CAS 号 119-27-7。分子式 $C_7H_6N_2O_5$，分子量 198.13。无色至浅黄色单斜系针状晶体。熔点 93～95℃，沸点 207℃（12 Torr），密度 1.336 g/cm³。微溶于热水，溶于醇和醚。制备：由 2,4-二硝基氯苯经与甲醇反应而得，或由对硝基苯甲醚硝化或邻硝基苯甲醚硝化制得。用途：作染料中间体，用于生产 2-甲氧基-5-硝基苯胺盐酸盐（大红色基 RC）；也作杀虫卵剂和 TNT 炸药的替代品。

3,4-二氢-2H-吡喃（3,4-dihydro-2H-pyran） 亦称"3,4-二氢吡喃"。CAS 号 110-87-2。分子式 C_5H_8O，分子量 84.12。无色至浅黄色液体。熔点 -70℃，沸点 84～88℃，闪点 -16℃，密度 0.922 g/mL，折射率 1.440 0。微溶于水，易溶于醇和醚等多数有机溶剂。制备：由糠醛在镍-铬-铜系催化剂催化下加氢制得四氢呋喃甲醇（四氢糠醇），再经脱水、扩环而得。用途：作试剂、有机合成中间体；在有机合成中广泛用作醇类基团的保护试剂。

橙花醚（nerol oxid; neryl oxide） 系统名"3,6-二氢-4-甲基-2-（2-甲基-1-丙烯基）-2H-吡喃"。CAS 号 1786-08-9。分子式 $C_{10}H_{16}O$，分子量 152.24。无色至黄色液体，具有强烈的花香香气、橙花油似香韵以及新鲜的青香气息。沸点 78～79℃（11 Torr），密度 0.905 5 g/mL，折射率 1.474 2。不溶于水，溶于乙醇等有机溶剂。天然存在于圆柚汁、白葡萄酒、玫瑰油、香叶油中。制备：以橙花醇为原料，经光敏氧化生成过氧橙花醇，将其还原为橙花二醇，再在酸诱导下转化而得。用途：作香料，用于调配药草、蔬菜、热带水果、茶叶等的食用香精。

乙氧喹（ethoxyquin） 亦称"虎皮灵"，系统名"2,2,4-三甲基-6-乙氧基-1,2-二氢喹啉"。CAS 号 91-53-2。分子式 $C_{14}H_{19}NO$，分子量 217.31。浅褐色黏稠液体。熔点＜0℃，沸点 130℃（3 Torr），闪点 137℃，密度 1.03 g/mL，折射率 1.559 2。不溶于水，溶于乙醚、乙醇、丙酮、二氯乙烷、四氯化碳、苯。制备：由对氨基苯乙醚与丙酮在催化剂作用下缩合而得。用途：具有保鲜、防腐和抗氧化作用，可作食品保鲜剂、饲料添加剂、橡胶防老化剂，防止苹果虎皮病、饲料中油脂酸败和蛋白质氧化等。

环氧乙烷（epoxyethane; oxirane） 亦称"氧化乙烯"。CAS 号 75-21-8。分子式 C_2H_4O，分子量 44.05。常温下为无色易燃气体；在低于沸点时是无色易流动液体。有类似乙醚气味，高毒！熔点 -112.5℃，沸点 10.7℃，闪点 -20℃，密度 0.897 1⁰ g/mL、0.890 6⁵ g/mL，折射率 1.384 5。与水、乙醇、酒精、乙醚混溶。化学性质非常活泼。易爆炸；蒸气对眼和鼻黏膜有刺激性。制备：以乙烯为原料，先经次氯酸化制得氯乙醇，然后用碱环化而得；或由乙烯与空气或氧气通过银催化剂于 200～300℃和 1～3 MPa 压力下在气相直接氧化制得。用途：作有机化工原料，广泛用于有机合成；作杀菌消毒剂、谷物熏蒸剂以及烟叶成熟的加速剂和杀菌剂；在化妆品工业中作稠度调节剂，用于膏霜、牙膏和剃须膏等的生产；在化纤工业中可作为可染聚酯的聚合单体；液态环氧乙烷在军事领域用作热压武器（燃料空气炸药）的主要成分。

环氧氯丙烷（epichlorohydrin） 亦称"氯甲基环氧乙烷"。CAS 号 106-89-8。分子式 C_3H_5ClO，分子量 92.52。无色油状液体，有类似大蒜或氯仿的气味，易燃，易挥发，高毒！有一个手性中心，故有一对对映异构体，其中（R）-体 CAS 号 51594-55-9，$[\alpha]_D^{20}$ -35（c=1，甲醇）；（S）-体 CAS 号 67843-74-7，$[\alpha]_D^{20}$ +35（c=1，甲醇）。外消旋体熔点 -57℃，沸点 115～117℃，闪点 32℃，密度 1.181 2 g/mL，折射率 1.438 0。微溶于水，易溶于苯，与乙醇、乙醚、丙醇、丙酮、氯仿、三氯乙烯及四氯化碳等许多有机溶剂混溶。疑似致癌物，具麻醉性。制备：工业上主要用丙烯氯化法制取，先由丙烯和氯气进行高温氯化得到烯丙基氯，再与次氯酸作用制取二氯丙醇，进而皂化制得。用途：作有机合成的原料，用于医药，农药，制备甘油、环氧树脂、氯醇橡胶、聚醚多元醇和甘油及缩水甘油的衍生物。

顺-2,3-环氧丁烷（cis-2,3-epoxybutane） 亦称"顺-β-氧化丁烯"。CAS 号 1758-33-4。分子式 C_4H_8O，分子量 72.11。无色透明液体。熔点 -84℃，沸点 60～61℃，闪点 -21℃，密度 0.832¹⁰ g/mL，折射率 1.383 0。微溶于水，溶于甲醇、乙醚、丙酮、四氯化碳。制备：由顺-2-丁烯与过氧苯甲酸或间氯过氧苯甲酸作用而得。用途：作试剂，用于有机合成。

反-2,3-环氧丁烷（trans-2,3-epoxybutane） 亦称"反-β-氧化丁烯"。CAS 号 21490-63-1。分子式 C_4H_8O，分子量 72.11。无色透明液体。熔点 -82.6℃，沸点 54～55℃，闪点 -26℃，密度 0.804 3 g/mL，折射率 1.373 0。微溶于水，溶于甲醇、乙醚、丙酮、四氯化碳。制备：由反-2-丁烯与过氧苯甲酸或间氯过氧苯甲酸作用而得。用途：作试剂，用于有机合成。

1,3-丁二烯单环氧化物（1,3-butadiene monoepoxide） 亦称"2-乙烯基环氧乙烷""环氧丁烯"。分子式 C_4H_6O，分子量 70.09。无色

液体。有一个手性中心,故有一对对映异构体,其中(R)-体 CAS 号 930-22-3,$[\alpha]_D^{20}$ - 8.1($c=1$,二氯甲烷);(S)-体 CAS 号 62249-80-3,$[\alpha]_D^{20}$ +9.6($c=6.33$,异丙醇)。外消旋体熔点 - 135℃,沸点 65～66℃,闪点 - 22℃,密度 0.874 5 g/mL,折射率 1.417 0。与乙醇、乙醚、苯混溶。制备:由1-丁烯与双氧水在催化剂作用下反应或与间氯过氧化苯甲酸作用制得。用途:作试剂、化工产品中间体。

1,3-丁二烯二环氧化物(1,3-butadiene diepoxide) 亦称“1,2:3,4-双环氧化丁烷”。CAS 号 1464-53-5。分子式 $C_4H_6O_2$,分子量 86.09。浅黄色液体,高毒! 性质活泼,在 0～6℃保存。熔点- 19℃,沸点 138℃、56～58℃(25 Torr),闪点 45℃,密度 1.183 5 g/mL,折射率 1.434 0。溶于水、醇。致癌物。制备:由1,3-丁二烯与双氧水在催化剂作用下反应制得。用途:作试剂、化工产品中间体、聚合物固化剂、纺织品交联剂和防腐剂。

烯丙基缩水甘油醚(allyl glycidyl ether) 亦称“1-烯丙氧基-2,3-环氧丙烷”。CAS 号 106-92-3。分子式 $C_6H_{10}O_2$,分子量 114.14。无色透明液体,高毒! 熔点- 100℃,沸点 154℃、50～51℃(15 Torr),闪点 57℃,密度 0.967 g/mL,折射率 1.433 0。溶于水、醇、丙酮、苯和四氯化碳。制备:以烯丙醇和环氧氯丙烷为原料,在氢氧化钠溶液和相转移催化剂的作用下反应而得;或以烯丙醇和环氧氯丙烷为原料,在酸的作用下开环加成,所得中间体在 NaOH 碱溶液的作用下脱除 HCl 闭环而制得;也可在各种钛催化剂存在下,使用过氧乙酸或过氧化叔丁醇、双氧水等使二烯丙基醚单环氧化来合成。用途:作有机合成中间体、聚氨酯橡胶的原料、电子涂层有机硅中间体及环氧树脂的稀释剂,也作纤维改性剂、氯化有机物的稳定剂。

氧化苯乙烯(styrene oxide; 2-phenyloxirane) 亦称“环氧苯乙烷”。CAS 号 96-09-3。分子式 C_8H_8O,分子量 120.15。无色至浅黄色透明液体。有一个手性中心,故有一对对映异构体,其中(R)-体 CAS 号 20780-53-4,$[\alpha]_D^{20}$ + 32(纯);(S)-体 CAS 号 20780-54-5,$[\alpha]_D^{20}$ - 32(纯)。外消旋体熔点 -37℃,沸点 193～196℃,闪点 74℃,密度 1.059 2 g/mL,折射率 1.535 0。难溶于水,溶于甲醇、乙醚、四氯化碳、苯、丙酮。制备:由苯乙烯与过氧苯甲酸作用而得。用途:作试剂、医药和香料中间体以及环氧树脂稀释剂。

环氧环戊烷(epoxycyclopentane) 亦称“氧化环戊烯”,系统名“6-氧杂二环[3.1.0]己烷”。CAS 号 285-67-6。分子式 C_5H_8O,分子量 84.12。无色透明液体。熔点- 135℃,沸点 101～102℃,闪点 10℃,密度 0.966 3 g/mL,折射率 1.434 0。溶于乙醇、乙醚、丙酮。制备:由环戊烯与双氧水或过氧乙酸等有机过氧化合物

在催化剂作用下反应制得。用途:作有机合成中间体。

环氧环己烷(epoxycyclohexane) 亦称“氧化环己烯”,系统名“7-氧杂二环[4.1.0]庚烷”。CAS 号286-20-4。分子式 $C_6H_{10}O$,分子量98.15。无色至淡黄色液体。熔点- 40℃,沸点 129～130℃,闪点24℃,密度 0.971 8 g/mL,折射率 1.452 0。不溶于水,溶于乙醇、乙醚、丙酮。制备:由环己烯与双氧水或过氧乙酸等有机过氧化合物在催化剂作用下反应制得,也可由 2-氯环己醇与氢氧化钠溶液作用而得。用途:作有机合成中间体。

α-环氧蒎烷(α-pinene oxide) 系统名“2,7,7-三甲基-3-氧杂三环[4.1.1.0²,⁴]辛烷”。CAS 号 1686-14-2。分子式 $C_{10}H_{16}O$,分子量 152.24。黄色油状液体。沸点 71～71.5℃(12 Torr),闪点 66℃,相对密度 0.964 7,折射率 1.469 8,$[\alpha]_D^{20}$ - 55(纯)。不溶于水,溶于乙醇、乙醚、丙酮。制备:由 α-蒎烯以过氧乙酸等无机或有机过氧化物作为氧化剂环氧化制得。用途:作有机合成中间体,主要用于檀香类香料的合成。

12-冠醚-4(12-crown-4 ether) 系统名“1,4,7,10-四氧杂环十二烷”。CAS 号 294-93-9。分子式 $C_8H_{16}O_4$,分子量 176.21。无色至浅黄色油状液体。熔点17℃,沸点 68～70℃(0.1 Torr),闪点 ＞109℃,密度 1.103²⁵ g/mL,折射率 1.462 0。与水混溶。制备:由三缩四乙二醇合成。用途:作络合试剂(锂离子)和相转移试剂。

15-冠醚-5(15-crown-5 ether) 系统名“1,4,7,10,13-五氧杂环十五烷”。CAS 号 33100-27-5。分子式 $C_{10}H_{20}O_5$,分子量 220.27。无色黏稠液体,易吸潮。熔点 -20℃,沸点 93～95℃(0.05 Torr),闪点 ＞110℃,密度 1.113 g/mL,折射率 1.465 0。与水混溶,溶于乙醇、苯、氯仿、二氯甲烷等有机溶剂。制备:以三缩四乙二醇和乙二醇为原料,在碳酸钠及二环己基碳二亚胺作用下缩合而得。用途:作络合试剂(钠离子)和相转移试剂。

18-冠醚-6(18-crown-6 ether; 18C6) 系统名“1,4,7,10,13,16-六氧杂环十八烷”。CAS 号 17455-13-9。分子式 $C_{12}H_{24}O_6$,分子量 264.32。蜡状固体或白色晶体。熔点 42～45℃,沸点 116℃(0.2 Torr),闪点 109℃,密度 1.09⁵⁰·¹ g/mL,折射率 1.465 0。溶于水。与金属盐形成络合物后可溶于有机溶剂。对眼睛、皮肤有刺激性。制备:以三缩四乙二醇和二乙二醇与对甲苯磺酸酯为原料,在氢氧化钠存在下缩合而得;或以四氢呋喃和二氯甲烷作为溶剂,以三甘醇、二氯

代三甘醇为原料,在氢氧化钾存在下反应制备;也可选择其他合适的醇盐与卤代烷通过 Williamson 法合成。用途:作络合试剂(钾离子)和相转移催化剂;分析化学中作比色测定试剂,用以测定血清中的钾盐。

二环己烷并-18-冠醚-6(dicyclohexano-18-crown-6 ether; perhydrodibenzo-18-crown-6)

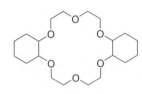

CAS 号 16069-36-6。分子式 $C_{20}H_{36}O_6$,分子量 372.50。白色至灰白色晶体粉末或白色棱柱形晶体,有毒! 易吸湿。为四种立体异构体的混合物。熔点 60~62℃,沸点 342℃(755 Torr)。较易溶于水、醇、石油醚和芳烃。与金属盐形成络合物后可溶于有机溶剂。对眼睛和皮肤有刺激性。制备:以 1,2-环己二醇和 1,2-双(6-氯-1,4-二氧杂己基)环己烷在氢氧化钾存在下反应制备;或通过二苯并-18-冠-6 氢化还原苯环而得。用途:作碱金属离子络合试剂(钾离子)和相转移催化剂,有机合成中用作阴离子活化剂。

二苯并-18-冠醚-6(dibenzo-18-crown-6 ether)

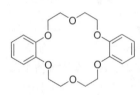

CAS 号 14187-32-7。分子式 $C_{20}H_{24}O_6$,分子量 360.41。白色至淡黄色针状晶体,高毒! 熔点 162~164℃,沸点 380~384℃(769 Torr)。不溶于水,溶于氯仿、二氯甲烷、吡啶、甲酸。与金属盐形成络合物后可溶于有机溶剂。制备:由邻苯二酚和双(2-氯乙基)醚反应制得。用途:作碱金属离子络合试剂(钾离子)和相转移催化剂,有机合成中用作阴离子活化剂;超分子化学中作离子跨膜迁移试剂,也作制备液晶聚酯的合成试剂。

过氧化二乙酰(diacetyl peroxide)

亦称"二乙酰过氧化物"。CAS 号 110-22-5。分子式 $C_4H_6O_4$,分子量 118.09。从乙醚中得无色针状晶体,有浓烈的辛辣刺激味。受热分解、遇水产生有毒气体。一般在 25% 二甲基邻苯二甲酸酯中储存和处理。熔点 27℃,闪点 45℃(开杯),沸点 63℃(21 Torr)。微溶于水,在水中沉底;溶于乙醇、四氯化碳和热乙醚。遇有机物、还原剂、硫、磷等易燃物可燃;高浓度溶液可引起严重眼睛危害,刺激皮肤。制备:由乙酸或乙酸酐或乙酰氯在乙醚溶剂中,与过氧化氢、过氧化钠或过氧化钡反应制得。用途:作氧化剂(小于 25% 溶液)、自由基引发剂,但禁用含量超过 25% 的溶液和固体;也作树脂合成催化剂或交联剂。

过氧化二苯甲酰(dibenzoyl peroxide)

亦称"二苯甲酰过氧化物"。CAS 号 94-36-0。

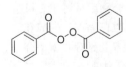

分子式 $C_{14}H_{10}O_4$,分子量 242.23。白色晶体粉末,微有苦杏仁气味。熔点 106~108℃,闪点 45℃(开

杯),密度 1.334 g/cm^3。不溶于水,微溶于乙醇,溶于苯、氯仿。性质极不稳定,遇摩擦、撞击、高温、明光、硫及还原剂等,均有引起着火爆炸的危险。一般用碳酸钙、磷酸钙、硫酸钙等不溶性盐或滑石粉、皂土等将其稀释至 20% 左右时使用。储存时常注入约 25% 的水。制备:在冷却条件下将浓度为 30% 的过氧化氢加入 30% 的氢氧化钠溶液,先制成过氧化钠水溶液,然后在 0~10℃ 下缓慢与苯甲酰氯反应而得。用途:作氧化剂,可用以漂白有机物,如面粉、植物油脂,以及牙齿美白等;具有杀菌作用,临床上用过氧化苯甲酰凝胶可进行寻常痤疮的局部治疗;作自由基引发剂,在树脂制备中用作启动聚合过程的硬化剂。

叔丁基过氧化氢(tert-butyl hydroperoxide; TBHP)

亦称"过氧化叔丁醇"。CAS 号 75-91-2。分子式 $C_4H_{10}O_2$,分子量 90.12。微黄色透明液体,有挥发性。市售商品一般为非挥发性溶剂的溶液,例如约 70% 水溶液。熔点 -3℃,沸点 89℃、37℃(15 Torr),闪点 43℃,密度 0.894 3 g/mL,折射率 1.401 7。与水、有机溶剂互溶,溶于氢氧化钠水溶液。对眼睛、皮肤、黏膜及上呼吸道有强的刺激作用。制备:由叔丁醇通过过氧化氢反应法、氧气自氧化反应法或臭氧反应法等制得;或在硫酸存在下通过过氧化氢与异丁烯的反应以及异丁烷的自氧化制得。用途:作催化剂、自由基反应或聚合反应的引发剂,以及漂白粉和除臭剂,不饱和聚酯的交联剂、橡胶硫化剂等;有机合成中作氧化剂,用于 Sharpless 环氧化反应等。

二叔丁基过氧化物(di-tert-butyl peroxide; DTBP)

亦称"过氧化叔丁基"。CAS 号 110-05-4。分子式 $C_8H_{18}O_2$,分子量 146.23。无色至微黄色透明液体。常温下相对较稳定。熔点 -40℃,沸点 62~63℃(58 Torr),闪点 45℃(开杯),密度 0.797 6 g/mL,折射率 1.388 1。不溶于水,溶于四氯化碳,与苯、甲苯、丙酮等有机溶剂混溶。有强氧化性,易燃。制备:由叔丁醇、硫酸和过氧化氢反应而得。用途:作不饱和聚酯和硅橡胶的交联剂、单体聚合的引发剂、聚丙烯改性剂、橡胶硫化剂等。

过氧化琥珀酰(succinyl peroxide; disuccinic acid peroxide)

亦称"过氧化丁二酸"。CAS 号 123-23-9。分子式 $C_8H_{10}O_8$,分子量 234.16。细白色粉末,无臭,有酸味。见光分解。熔点 133℃(分解),密度 1.6 g/cm^3。溶于水、乙醇、丙醇,微溶于乙醚,不溶于苯和氯仿。受撞击、摩擦,遇明火极易爆炸。制备:由琥珀酸酐和过氧化氢反应而得。用途:作聚合催化剂、不饱和聚酯固化剂、除臭剂、杀菌剂和防腐剂。

甲醛(formaldehyde)

CAS 号 50-00-0。分子式 CH_2O,分子量 30.03。无色可燃气体,具有强烈刺激性、

窒息性气味,高毒! 熔点- 118℃,沸点- 19℃,密度 0.815 3^{-20} g/mL、0.917 2^{-80} g/mL。与水以及乙醇、丙酮等有机溶剂混溶。其水溶液浓度最高可达 55%,通常为 40%,称为福尔马林(formalin),为具有刺激性气味的无色液体,闪点 56℃,密度 1.09 g/mL,折射率 1.376 5。甲醛能缓慢发生聚合反应,市售多为 37%的水溶液,并添加 0%~15%甲醇作稳定剂,以抑制聚合。为强还原剂,其蒸气与空气形成爆炸性混合物。属高度可疑致癌物(1 类致癌物),具有能引起哺乳动物细胞核的基因突变、染色体损伤的危害性,对人的眼、鼻等有刺激作用,是造成室内空气污染、影响人类身体健康的主要污染物之一。制备:主要采用甲醇氧化法和天然气直接氧化法生产。甲醇氧化法根据所使用催化剂不同,分为银催化氧化法和铁钼氧化物催化氧化法。用途:主要作精细化学品原料,用于农药、医药、染料、香料、纺织整理剂、螯合剂、黏合剂等合成;用于生产聚甲醛(POM,亦称"赛钢"),应用于工业机械、汽车制造、电子电器等工业领域;福尔马林具有防腐杀菌性能,可用来浸制生物标本,在农业上给种子消毒、浸麦种以防治黑穗病,多聚甲醛作仓库的熏蒸剂;在木材工业领域,用于生产脲醛树脂及酚醛树脂;在纺织工业作组织固定剂和防腐剂,但与皮肤接触的纺织品的甲醛量不得超过 0.03‰,其他纺织品的甲醛量不得超过 0.3‰,并且在纺织品中禁止使用甲醛作为去色剂或褪色剂;水产养殖领域用于治疗寄生虫多发性鱼鳞病和刺激隐核虫;甲醛和 18 M(浓)硫酸制成马奎斯(Marquis)试剂,用于鉴别生物碱和其他化合物。

乙醛(acetaldehyde;ethanal) CAS 号 75-07-0。化学式 CH_3CHO。分子式 C_2H_4O,分子量 44.05。无色、易燃、易挥发、易流动的液体,有辛辣刺激性气味。熔点- 123.4℃,沸点 20.2℃,闪点- 39℃,密度 0.784 g/mL,折射率 1.331 6。微溶于氯仿,与水、乙醇、乙醚、苯、甲苯、二甲苯以及丙酮混溶。对眼睛和呼吸道有刺激作用。制备:有多种方法制备,主要有乙烯直接用氧气在氯化钯、氯化铜等催化下氧化,以及乙醇在银、铜或银-铜合金的网或粒作催化剂由空气氧化脱氢而得。用途:作试剂、化工原料;微量作食用香料,用于配制柑橘、苹果、奶油等类型香精。

氯乙醛(chloroacetaldehyde) CAS 号 107-20-0。分子式 C_2H_3ClO,分子量 78.50。市售为 40%或 50%的水溶液,呈无色透明油状液体,具强烈的刺激性气味,高毒! 40%的水溶液熔点- 16.3℃,沸点 80~100℃,闪点 87.8℃,密度 1.236^{25} g/mL,折射率 1.407。溶于水及乙醚、甲醇、乙醇、丙酮等有机溶剂。制备:在避光条件下,由氯乙烯在 35℃水中与氯气反应而得;或由氯乙酸在氢氧化铵存在下用甲酸还原而得。用途:作试剂,用于有机合成及用作杀菌剂。

二氯乙醛(dichloroacetaldehyde) CAS 号 79-02-7。分子式 $C_2H_2Cl_2O$,分子量 112.94。具强催泪性液体。熔点- 50℃,沸点 91℃,密度 1.433 0 g/mL,折射率 1.429。存放过程中逐渐聚合,最后转变为白色无定形粉末状聚合物。聚合物不溶于醇,在 120℃可以解聚;溶于水后即形成水合物,溶于醇后生成半缩醛。对皮肤、角膜有腐蚀性。制备:由乙醛或三聚乙醛氯化而得。用途:作试剂,用于药物和农药合成等。

三氯乙醛(trichloroacetaldehyde) 亦称"氯醛"。CAS 号 75-87-6。分子式 C_2HCl_3O,分子量 147.39。无色油状液体,具强烈辛辣刺激性气味,高毒! 熔点- 57.5℃,沸点 94~98℃,闪点 75℃,密度 1.512 1 g/mL,折射率 1.455 7。溶于水时,形成一水合三氯乙醛(有特殊气味的无色透明晶体);溶于乙醇时形成半缩醛;在光照和硫酸存在下,形成白色固体三聚物"介氯醛"(metachloral)。有腐蚀性和麻醉性,接触皮肤时会引起灼伤。制备:工业上可由乙醇氯化法或乙醛氯化法制得。用途:作试剂,用于药物和农药合成等。例如,在农药业上用于生产敌百虫、滴滴涕和除莠剂三氯乙醛脲;在医药上用于生产催眠、麻醉药水合三氯乙醛。

乙二醛(glyoxal;oxalaldehyde) CAS 号 107-22-2。分子式 $C_2H_2O_2$,分子量 58.04。无色或淡黄色棱状晶体或液体,晶体易潮解。熔点 15℃,沸点 50.4℃,闪点 285℃,密度 1.14 g/mL,折射率 1.382 6。溶于乙醇、醚,溶于水。易聚合,通常以各种聚合形式存在;加热时无水聚合物又转变成单体,市售多为 40%水溶液,其熔点- 14℃,沸点 104℃。制备:可用硝酸铜为催化剂,通过硝酸氧化乙醛而得,或由乙二醇在 Ag/Cu 催化剂作用下通过空气氧化而得。用途:作试剂、化工原料,纺织工业中作纤维处理剂;也作黏合剂及人造丝的阻缩剂,用于皮革工业以及制作防水火柴,还用于除虫剂、除臭剂、尸体防腐剂、砂型固化剂等。

乙缩醛(acetaldehyde diethyl acetal) 亦称"1,1-二乙氧基乙烷""乙叉二乙基醚"或"二乙醇缩乙醛"。CAS 号 105-57-7。分子式 $C_6H_{14}O_2$,分子量 118.18。无色液体,易挥发,有芳香气味。为麦芽威士忌等蒸馏饮料的主要香味成分。熔点- 100℃,沸点 103℃,闪点 21℃,密度 0.831 4 g/mL,折射率 1.383 4。能与乙醇、乙醚混溶;溶于水、乙酸、庚烷、丁醇和乙酸乙酯。长期放置易聚合,在碱性中稳定。制备:由乙醛和乙醇在无水氯化钙和少量无机酸存在下反应而得。用途:作溶剂,用于有机合成和化妆品、香料的制造。

溴乙醛(bromoacetaldehyde) CAS 号 17157-48-1。分子式 C_2H_3BrO,分子量 122.95。无色液体,有毒! 沸点 100~112℃,闪点 74℃,密度 1.841 4 g/mL,折射率 1.479 6。不稳定,易被氧化为溴乙酸。制备:由反-1,4-二溴-2-丁烯经臭氧氧化

而得,也可以乙醛为原料,在溴化酮存在下与溴水反应而得。用途:作试剂、医药化工合成中间体。一般将其转化为溴乙醛缩乙二醇、溴乙醛缩二乙醇等缩醛使用。

乙醇醛(glycolaldehyde;hydroxyethanal)　亦称"2-羟基乙醛"。CAS 号 141-46-8。分子式 $C_2H_4O_2$,分子量 60.05。白色片状固体。熔点 96～97℃,沸点 110～120℃(12 Torr),闪点 42℃,密度 1.366 9 g/cm^3,折射率 1.477 2。易形成二聚体,市售多为乙醇醛二聚体。微溶于乙醚,溶于水和热乙醇。制备:由乙醛经卤代后水解制得;工业上也可以甲醛为原料制备。用途:作试剂、精细有机化工原料。

丙醛(propionaldehyde)　CAS 号 123-38-6。分子式 C_3H_6O,分子量 58.08。无色透明液体,易燃,有轻微的刺激性和水果味。熔点-81℃,沸点 46～50℃,闪点 - 40℃,密度 0.805 g/mL,折射率 1.362 0。溶于水,与乙醇和乙醚混溶。制备:有多种方法,工业上主要以羰基钴为催化剂,由乙烯与一氧化碳、氢气经氢甲酰化反应制得(羰基合成法),或者由 1,2-环氧丙烷在铬-钒催化剂存在下经气相异构化而得;也可在高温下通过铜催化剂使正丙醇蒸气氧化而得。用途:作试剂、精细有机化工原料,包括还原为丙醇和氧化为丙酸,通过与甲醛的缩合反应制备醇酸树脂的重要中间体三羟甲基乙烷,用于农药除草剂和杀虫剂吡虫啉、啶虫脒、戊烯氰氯菊酯、药物眠尔痛和乙噻嗪以及涂料、塑料、食品、饲料、轻纺、橡胶助剂等领域的精细化学品合成;微量作食用香料,用以配制苹果、樱桃、巧克力和洋葱等型香精;高分子合成中作乙烯聚合的链终止剂;也作橡胶促进剂和防老剂、抗冻剂、润滑剂、脱水剂等。

丙酮醛(pyruvaldehyde;acetylformaldehyde)　亦称"2-氧代丙醛""甲基乙二醛"。CAS 号 78-98-8。分子式 $C_3H_4O_2$,分子量 72.06。黄色黏稠状液体,具有刺激性辛辣气味和焦糖样的甜味。有吸湿性,极易聚合,可在封管中保存若干天。市售商品一般为 20%～40% 水溶液。熔点 25℃,沸点 72℃,密度 1.046^{25} g/mL,折射率 1.420 9。溶于水。具有高度细胞毒性。制备:工业上通过使用过表达的甲基乙二醛合酶降解碳水化合物生产;实验室可由丙酮或丙醛经二氧化硒氧化或 1,2-丙二醇在铜粉催化下经空气氧化制得;也可由二羟基丙酮的稀溶液通过在碳酸钙存在下的蒸馏而得。用途:作医药、农药中间体及生化试剂。

丙二醛(malonaldehyde;propanedial)　CAS 号 542-78-9。分子式 $C_3H_4O_2$,分子量 72.06。无色针状晶体。一般含有 2 分子结晶水,60℃下真空干燥可得无水物,易潮解。熔点 72～74℃。制备:由乙醛和甲酸乙酯在碱作用下缩合而得。用途:作试剂和有机合成原料;作为脂质过氧化指标,

表示植物细胞膜质受到伤害的程度和植物对逆境地条件反应的强弱,丙二醛含量高,说明植物细胞膜质过氧化程度高。

丙烯醛(acrolein;acrylaldehyde;prop-2-enal)　亦称"败脂醛"。CAS 号 107-02-8。分子式 C_3H_4O,分子量 56.06。无色至微黄色透明液体,有类似油脂烧焦的辛辣、恶臭气味,剧毒!易在光线照射下聚合,形成二聚丙烯醛,贮存时可加入 0.2% 对苯二酚作稳定剂。熔点 - 87℃,沸点 53℃,闪点 - 26℃,密度 0.839 g/mL,折射率 1.403。易溶于水、醇、醚、丙酮、石蜡烃(正己烷、正辛烷、环戊烷)、甲苯、二甲苯、氯仿和乙酸乙酯等有机溶剂。对眼睛和呼吸道黏膜具有强烈刺激性,液体和蒸汽极易燃;是环境中较常见的污染物;烟草烟雾中的丙烯醛气体与肺癌风险之间存在联系。制备:由丙烯催化空气氧化法制得;也可由甘油与硫酸氢钾或硫酸钾、硼酸、三氯化铝在 215～235℃温度下共热脱水而得;或由甲醛和乙醛气相缩合制得。用途:作试剂、有机合成中间体、油田注水杀菌剂,用于制造树脂、药物、甘油、类蛋氨酸(辅助饲料)等;作分析试剂,用于从钴、锰、镍中分离锌。

正丁醛(butyraldehyde;butanal)　亦称"酪醛""丁醛"。CAS 号 123-72-8。分子式 C_4H_8O,分子量 72.11。无色透明液体。有辛辣、窒息性醛味。熔点- 96℃,沸点 75℃,闪点- 7℃,密度 0.817 g/mL,折射率 1.376 6。微溶于水和氯仿,与乙醇、乙醚、甲苯混溶,易溶于丙酮、苯。天然存在于植物花、叶、果精油中以及奶制品、酒类等,也存在于烤烟烟叶和烟气中。制备:工业上主要以羰基钴或三苯基膦铑配合物为催化剂,由丙烯与一氧化碳、氢气经氢甲酰化反应制得,同时联产异丁醛(羰基合成法),或者由丁酸钙和甲酸钙干馏而得;也可以银为催化剂,由丁醇经空气一步氧化而得。用途:作试剂、精细有机化工原料,用于生产树脂、塑料增塑剂、硫化促进剂、杀虫剂,合成香料、医药、农药等;微量作食用香料,用以配制香蕉、焦糖和其他水果型香精。也作麻醉剂和刺激剂。

2-氯丁醛(2-chlorobutanal)　CAS 号 28832-55-5。分子式 C_4H_7ClO,分子量 106.55。具有刺激性气味的液体。沸点 107～108℃、36～37℃(50 Torr),密度 1.114^{25} g/mL,折射率 $1.423 1^{25}$。制备:由丁醛与亚硫酰氯或磺酰氯氯代而得;也可由 2-氯-3-乙基环氧乙烷经加热重排而得。用途:作有机合成中间体。

3-氯丁醛(3-chlorobutanal)　CAS 号 81608-88-0。分子式 C_4H_7ClO,分子量 106.55。具有刺激性气味的液体。沸点 105～110℃、56～57℃(30 Torr),密度 1.082 6 g/mL,折射率 1.435 1。难溶于水,混溶于常见有机溶剂。制备:由巴豆

醛在冷却条件下与氯化氢加成而得，也可由 2-氯丙烯和甲醛在酸作用下反应制得。用途：作有机合成中间体。

4-氯丁醛（4-chlorobutanal；4-chlorobutyraldehyde；γ-chlorobutyraldehyde）　CAS 号 6139-84-0。分子式 C_4H_7ClO，分子量 106.55。具有刺激性气味的液体。沸点 77℃（38 Torr）、50～53℃（20 Torr），密度 1.031 g/mL，折射率 1.443 8。溶于醇、醚、酮类常见有机溶剂。制备：由 4-氯丁酰氯经 Rosenmund 还原而得，或由 4-氯丁酸酯在甲苯中用二异丁基氢化铝还原而得，也可由 4-氯-丁醇经 Swern 氧化制得。用途：作有机合成中间体。

异丁醛（isobutyraldehyde；isobutanal）　系统名"2-甲基丙醛"。CAS 号 78-84-2。分子式 C_4H_8O，分子量 72.11。无色透明液体，有强烈的刺激气味。熔点-65℃，沸点 63℃，闪点-19℃，密度 0.79 g/mL，折射率 1.374 0。微溶于水，与乙醇、乙醚、丙酮、氯仿、苯、甲苯、二硫化碳等有机溶剂混溶。制备：工业上主要由丙烯与一氧化碳、氢气经氢甲酰化反应制得，同时联产丁醛（羰基合成法），或者由在强酸作用下重排而得。实验室也可由异丁醇经重铬酸钾和浓硫酸氧化而得。用途：作试剂、精细有机化工原料，用于制备异丁醇、异丁酸、羟基三甲基乙醛、泛酸、亮氨酸、缬氨酸、纤维素酯、增塑剂、树脂、香料及汽油添加剂，也用于制造硫化促进剂和防老剂，合成香料、医药、农药等；微量作食用香料，用以配制焦糖、烘烤食品、肉制品、香蕉和各种水果型香精。

α-甲基巴豆醛（α-methylcrotonaldehyde）　亦称"惕各醛"，系统名"(2E)-2-甲基丁-2-烯醛"。CAS 号 497-03-0。分子式 C_5H_8O，分子量 84.12。无色液体，有刺激性臭味。熔点-78℃，沸点 116～119℃、63～65℃（119 Torr），闪点 21℃，密度 0.871 0 g/mL，折射率 1.448。微溶于水，与乙醇、乙醚等有机溶剂混溶。制备：由乙醛和丙醛缩合而得。用途：作试剂、有机合成中间体；作香料，可用于调配香荚兰、热带水果、杏仁、樱桃等食用香精，也用于口香糖、糖果、胶冻及布丁等食品工业。

丁二醛（succinaldehyde；succindialdehyde；butanedial）亦称"琥珀醛"。CAS 号 638-37-9。分子式 $C_4H_6O_2$，分子量 86.09。无色液体，有毒！在水溶液中，发生水合和环化；在甲醇中，转化为环状缩醛 2,5-二甲氧基四氢呋喃；因活性高，通常以水合物或甲醇衍生的缩醛形式使用。具强烈刺激性。沸点 169～170℃（分解）、58℃（9 Torr），密度 1.064 g/mL，折射率 1.426 2。制备：由四氢呋喃用氯氧化后水解，所得丙烯醛衍生物再经氢甲酰化而生成。用途：作试剂、医药中间体，托品酮的前体，也作交联剂，但不如戊二醛使用广泛。

2-甲基-2-氯丙醛（2-chloro-2-methylpropanal）　亦称"2-氯异丁醛"。CAS 号 917-93-1。分子式 C_4H_7ClO，分子量 106.55。无色液体，有毒！熔点-20℃，沸点 87～88℃，闪点 26℃，密度 1.054^{15} g/mL，折射率 1.413 7。制备：以异丁醛为原料，经氯化反应合成。用途：作试剂，医药和农药化工合成中间体。

2-甲基-2-溴丙醛（2-bromo-2-methylpropanal）　亦称"2-溴异丁醛"。CAS 号 13206-46-7。分子式 C_4H_7BrO，分子量 151.00。无色液体，有毒！能被水分解。沸点 70～77℃（170 Torr），密度 1.413 2 g/mL，折射率 1.452 4。制备：由异丁醛与溴反应或以 5,5-二溴巴比妥酸为溴代剂反应而得。用途：作试剂、医药、化工合成中间体。

3-羟基丁醛（3-hydroxybutanal）　亦称"β-羟基丁醛""3-丁醇醛"。CAS 号 107-89-1。分子式 $C_4H_8O_2$，分子量 88.11。无色或浅黄色黏稠液体。沸点 59～60℃（10～11 Torr），闪点 66℃，密度 1.108 g/mL，折射率 1.423 8。溶于水、丙酮、乙醇、乙醚。制备：由乙醛在稀氢氧化钠溶液中经 aldol 缩合反应而得。用途：作有机合成中间体，用于制取丁烯醇、防老剂、香料、矿物浮选剂、橡胶硫化剂；医药上作镇静剂和安眠药。

正戊醛（valeraldehyde；pentanal）　亦称"戊醛"。CAS 号 110-62-3。分子式 $C_5H_{10}O$，分子量 86.13。无色透明液体。具有特殊香味和辛辣味。熔点-92℃，沸点 100～103℃，闪点 4℃，密度 0.810 g/mL，折射率 1.394 0。几乎不溶于水，溶于乙醇、乙醚等普通有机溶剂。制备：工业上主要由 1-丁烯与一氧化碳、氢气经氢甲酰化反应制得（羰基合成法），或者通过正戊醇气相氧化法制得。用途：作试剂、有机合成中间体、香料原料以及硫化橡胶促进剂等。

戊二醛（glutaraldehyde；pentanedial）　CAS 号 111-30-8。分子式 $C_5H_8O_2$，分子量 100.12。纯度低时易经过 aldol 反应，聚合成不溶性玻璃体，高浓度的戊二醛不易保存，市售一般为 50% 水溶液。纯品为无色透明油状液体，略带有刺激性的特殊的类似变质的水果味道。熔点-14℃，沸点 187～189℃（分解）、65～66℃（5 Torr），闪点 100℃，密度 1.058 g/mL，折射率 1.435 9。溶于水，易溶于乙醇、乙醚等有机溶剂。对人和动物的呼吸道黏膜、眼睛和皮肤有刺激性。制备：工业上由环戊烯氧化而得；实验室可由乙烯基乙醚和丙烯醛经 Diels-Alder 反应得 2-乙氧基-3,4-二氢吡喃中间体，再经酸作用下的水解而得；或将吡啶先还原成二氢吡啶，再用羟胺处理得到戊二醛肟，最后用亚硝酸钠和盐酸分解而得。用途：作试剂、药物和高分子合成原料、食品工业用加工助剂；因能与蛋白质分子的氨基和肽键连接形成交联，部分保持酶和蛋白质的活性，故可作非凝固型固定剂，用于电镜检验的固定剂；分析化学中用于缓冲液配制；作化学防腐杀菌剂，可用于蔬果的保鲜；也作杀菌消毒剂、鞣革剂、木材防腐剂。

反-2-戊烯醛（*trans*-2-pentenal）　CAS 号 1576-87-0。分子式 C_5H_8O，分子量 84.12。无色至浅黄色液体。沸点 $125 \sim 126℃$、$50 \sim 52℃$（45 Torr），闪点 19℃，密度 0.86 g/mL，折射率 1.442 2。不溶于水，溶于乙醇、乙醚、氯仿、丙酮等多数有机溶剂。制备：由反-2-戊烯醇通过二氧化锰氧化而得，或者以丙醛、乙烯基乙醚为原料在三氟化硼存在下反应而得。用途：作试剂和有机合成中间体。

反,反-2,4-戊二烯醛（(2*E*,4*E*)-2,4-pentadienal；(2*E*,4*E*)-penta-2,4-dienal）　CAS 号 764-40-9。分子式 C_5H_6O，分子量 82.10。无色液体，具有水果的芳香和类似肉汤的香味。长期放置后颜色加深。沸点 129℃，闪点 45℃，密度 0.845^{25} g/mL，折射率 1.431 0。不溶于水，易溶于乙醇、乙醚等有机溶剂。制备：由1,3-丁二烯-1-基溴化镁格氏试剂与甲醛反应得到2,4-戊二烯-1-醇，再经二氧化锰氧化而得。用途：作试剂、有机合成中间体；作香料，主要用于调配肉味香精和调味品用香精。

2-甲基-2-戊烯醛（2-methyl-2-pentenal）　CAS 号 623-36-9。分子式 $C_6H_{10}O$，分子量 98.14。无色液体。熔点-90℃，沸点 137～138℃，闪点 31℃，密度 0.858 1 g/mL，折射率 1.448 8。不溶于水，溶于乙醇、乙醚和苯。制备：由丙醛缩合而得。用途：作试剂、食品用香料；作合成香料草莓酸、农药烯炔菊酯等的中间体。

4-甲基-2-戊烯醛（4-methyl-2-pentenal）　CAS 号 5362-56-1。分子式 $C_6H_{10}O$，分子量 98.14。无色至浅黄色液体，有水果样气味。沸点 137～138℃、70℃（75 Torr），闪点 32℃，密度 0.844 g/mL，折射率 1.450 5。不溶于水，溶于乙醇、乙醚。制备：由4-甲基-2-戊烯-1-醇用二氧化锰氧化而得；或由3-(N-苯基-N-甲基)氨基丙烯醛与异丙基溴化镁格氏试剂反应制得。用途：作试剂，用于医药、农药合成。微量作食品用香料。

正己醛（hexanal；capronaldehyde）　亦称"己醛"。CAS 号 66-25-1。分子式 $C_6H_{12}O$，分子量 100.16。无色透明液体，有生的油脂和青草气息及苹果香味。熔点-56℃，沸点 130～131℃，闪点 25℃，密度 0.815 g/mL，折射率 1.403 5。不溶于水，溶于乙醇、乙醚、丙酮、苯。天然品存在于苹果、茶叶、草莓、苦橙、咖啡等多种精油中。制备：由正己醇氧化而得；实验室制备时，可由1-溴戊烷与镁反应得到相应格氏试剂，与原甲酸乙酯反应形成二乙醇缩己醛，然后再将其与硫酸一起蒸馏、水解而得。用途：作试剂、精细有机化工原料，用于有机合成；作食用香料，用以配制苹果和番茄等型香精。

反,反-2,4-己二烯醛（(2*E*,4*E*)-2,4-hexadienal；(2*E*,4*E*)-hexa-2,4-dienal）　亦称"山梨醛"。CAS 号 142-83-6。分子式 C_6H_8O，分子量 96.13。黄色液体，具有强烈的鲜甜青椒辛辣香气。熔点-16.5℃，沸点 69℃（20 Torr），闪点 67℃，密度 0.871^{25} g/mL，折射率 1.541 0。不溶于水，易溶于乙醇、乙醚、丙二醇。天然存在于橄榄、番茄、茶叶、炒花生中。制备：由巴豆醛与乙醛在碱存在下缩合而得。用途：作试剂、有机合成中间体和香料，主要用于果冻、果酱、冰淇淋等食品及酒类、饮料。

己二醛（adipaldehyde；hexanedial）　CAS 号 1072-21-5。分子式 $C_6H_{10}O_2$，分子量 114.14。无色油状液体。熔点-8～-7℃，沸点 190℃、65～66℃（2～3 Torr），闪点 66℃，密度 0.933 g/mL，折射率 1.435 0。微溶于水，易溶于乙醇、醚、苯；可与乙醇等反应生成缩醛。制备：由环己烯经臭氧氧化再还原水解而得；或由环己烯用过氧化氢先制得反式-1,2-环己二醇，再进一步用高碘化钠氧化而得；也可由己二酸还原而得。用途：作试剂和有机合成原料；作化学灭菌剂，应用于医疗和食品器械、禽畜栏舍等的消毒及灭菌；在石油开采中，用来抑制硫酸盐还原菌，避免原油含硫量升高；作为交联剂，用于皮革的处理、生物组织和人体器官的黏合与修复；作皮革鞣剂，使鞣革后的皮革粒面细致、绒面均匀、染色鲜艳，具有较高的耐汗性、耐热性和耐皂洗牢度等特点。

正辛醛（octanal；caprylic aldehyde）　亦称"辛醛""羊脂醛"。CAS 号 124-13-0。分子式 $C_8H_{16}O$，分子量 128.21。无色至浅黄色油状液体。低温下固化。带果香茉莉气息和青辛的脂蜡香，但留香力差。极度稀释后呈现甜橙样香气并略带脂肪蜜香气息。熔点 12～15℃，沸点 171℃，闪点 51℃，密度 0.822 g/mL，折射率 1.421 0。不溶于水和甘油，溶于乙醇、乙醚和氯仿。天然品存在于玫瑰、橙花油、锡兰肉桂油等精油以及红茶、绿茶中。制备：工业上主要由1-庚烯的氢甲酰化制取或由辛醇经铜、铂、氧化银处理铜网等催化脱氢氧化制取；也可将辛酸与过量的甲酸蒸气混合，在氧化钛或氧化锰催化下于300℃还原而得。用途：作试剂、香料、食品添加剂；作玫瑰头香成分，用于调制甜橙花、苦橙花、香柠檬和柑橘古龙型香精，也作肥皂洗涤剂的香料。极微量用于食用香精中，用于配制杏、梅、奶油、巧克力、葡萄和柑橘类香精。

反，反-2，4-辛二烯醛（(2E，4E)-2,4-octadienal；

(2E，4E)-octca-2,4-dienal） 亦称"戊烯基丙烯醛"。CAS 号 30361-28-5。分子式 $C_8H_{12}O$，分子量 124.18。黄色液体，具有脂肪、清香、油腻和柑橘香味和类似甜瓜的香气。沸点 198℃，88℃(10 Torr)，闪点 79℃，密度 0.875^{25} g/mL，折射率 1.526 0。不溶于水，易溶于乙醇、丙二醇。天然存在于白面包、干酪、鱼子酱、鱼、烤牛肉、羔羊肉、花生、大米等食品的香气中，属天然等同香料，也为乳脂氧化产生的氧化臭以及鱼油腥味成分。制备：由炔丙醇出发，羟基经二氢吡喃保护，与 1-溴戊烷偶联、再脱保护得到 2-辛炔-1-醇，将其氧化得到 2-辛炔-1-醛，然后经异构化合成而得；或由巴豆醛与丙醛在碱存在下缩合而得。用途：作试剂、有机合成中间体和香料，主要用于配制肉类、奶油香精，应用于黄瓜、橘子、热带水果、豆奶、牛油和脂肪类食品。

正壬醛（nonanal；nonylaldehyde） 亦称"壬醛"。CAS 号 124-19-6。分子式 $C_9H_{18}O$，分子量 142.24。无色至浅黄色油状液体。低温下固化。具有强烈的油脂气味和甜橙气息，同时有青而微甜和尖锐的蜜蜡花香气息，但留香力一般，若浓度较低时，呈现柑橘和醋味。熔点 -18℃，沸点 191～192℃、90～91℃(22 Torr)，闪点 71℃，密度 $0.826\ 4^{22}$ g/mL，折射率 1.424。不溶于水，易溶于乙醇与油类溶剂。天然品存在于玫瑰、橙花油、锡兰肉桂油等精油以及红茶、绿茶中。制备：工业上主要由 1-辛烯的氢甲酰化制取或由壬醇脱氢氧化制取；也可将壬酸和甲酸的钙盐或钡盐混合，在减压下加热蒸馏而得；或将甲酸在一氧化锰上由壬酸还原而制得。用途：作试剂、香料、食品添加剂；常作为醛香基的头香，用以调制玫瑰、橙花、香紫罗兰、香味等香精。极微量用于食用香精中，如柠檬和橘子等柑橘类的配方中。能吸引库蚊。

正癸醛（decanal；caprinaldehyde） 亦称"癸醛""羊蜡醛"。CAS 号 112-31-2。分子式 $C_{10}H_{20}O$，分子量 156.27。无色至浅黄色油状液体。低温下固化。具有强烈的脂蜡香，香气青辛微甜，有似甜橙油与柠檬油以及玫瑰样和蜡香的后韵。熔点 -5～3.2℃，沸点 207～209℃，闪点 64℃，密度 0.839 g/mL，折射率 1.424 0。不溶于水，易溶于乙醇。天然品存在于玫瑰油、柠檬草油、胡荽子油、柑橘油、鸢尾根油、橙花油以及圆柚、西红柿、草莓等中，也是荞麦气味的重要成分。制备：由癸酸还原或 1-癸醇氧化而得。用途：作试剂、香料，主要用于调配鸢尾、橙花、素馨、香叶、香堇和玫瑰等型香精。

柠檬醛（citral） 亦称"枸橼醛"，系统名"3,7-二甲基-2,6-辛二烯醛"。CAS 号 5392-40-5。分子式 $C_{10}H_{16}O$，分

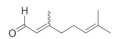

子量 152.24。无色或微黄色液体，呈浓郁的柠檬香味。有(Z)-式与(E)-式两种立体异构体。(Z)-式称为牻牛儿醛或香叶醛，柠檬醛 A；(E)-式称为橙花醛、柠檬醛 B。沸点 229℃、118～119℃(20 Torr)，闪点 91℃，密度 0.893 g/mL，折射率 1.489 1。不溶于水和甘油，溶于乙醇、丙酮、乙酸乙酯等有机溶剂。在碱性和强酸中不稳定。天然品存在于柠檬桃金娘(90%～98%)、山楂(90%)、山苍子(70%～85%)、柠檬草(65%～85%)、柠檬茶树(70%～80%)、广叶石楠(66.5%)、柠檬树(约 65%)、小叶石楠(约 62%)、叶柄草(36%)、柠檬马鞭草(30%～35%)、柠檬铁皮(26%)以及香油(11%)、酸橙(6%～9%)、柠檬(2%～5%)等的精油和橘子中。制备：可由上述山苍子油、柠檬草油和柑橘精油中分离而得；也可通过香叶醇和橙花醇的氧化制取。工业上主要以 3-甲基-3-丁烯醛、3-甲基-2-丁烯-1-醇(异戊烯醇)为原料经分子重排反应而得(BASF 工艺)；或由 6-甲基-5-庚烯-2-酮和乙氧基乙炔基溴化镁试剂为原料，经加成得到相应乙氧基乙炔醇，再进行氢化还原转变为烯醇醚，后者进一步用磷酸水解和脱水制得。用途：作合成紫罗兰酮、甲基紫罗兰酮和维生素 A 的原料；作香料，用于橙花、丁香、玉兰、柠檬、薰衣草、香微、古龙等日用香精；也用于柠檬、柑橘、甜橙、什锦水果等型食用香精；具有杀、驱昆虫和抑、杀真菌以及防腐作用；还用于掩盖烟雾的气味。

十二醛（dodecanal；dodecyl aldehyde） 亦称"月桂醛"。CAS 号 112-54-9。分子式 $C_{12}H_{24}O$，

分子量 184.32。无色片状晶体。具有强烈脂肪香气，并有类似松叶油和橙油的香气，稀释时呈现似紫罗兰样强烈而又持久的香气。熔点 43～44℃，沸点 237～239℃、184～186℃(100 Torr)，闪点 82℃，密度 0.831^{25} g/cm³，折射率 1.435 5。不溶于水和甘油，易溶于乙醇、乙醚。天然品存在于柠檬油、白柠檬油、甜橙油、芸香油和冷杉油等精油中。制备：由月桂酸经还原或由月桂醇氧化制得。用途：作试剂、有机合成中间体和香料，主要用于调配多种花香型香精以及配制奶油、焦糖、蜜糖、香蕉、柠檬等柑橘类和什锦水果型香精。

油醛（oleic aldehyde；olealdehyde） 系统名"(Z)-十八碳-9-烯醛"。CAS 号 2423-10-1。分子式 $C_{18}H_{34}O$，分子量 266.46。沸点 128～134℃ (0.2 Torr)，密度 0.850 9 g/mL，折射率 1.453 8。制备：由油酸还原或油醇氧化而得。用途：作试剂，用于有机合成，也作昆虫信息素。

2-乙基丁醛（2-ethylbutylaldehyde；2-ethylbutanal） 亦称"二乙基乙醛"。CAS 号 97-96-1。分子式 $C_6H_{12}O$，分子量 100.16。无色易流动液体，具可可和巧克力的香气，

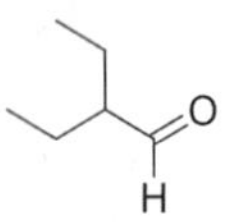

有刺激气味。对空气敏感，易燃。熔点 - 89℃，沸点 117℃，闪点 21℃，密度 0.814²⁵ g/mL，折射率 1.402。微溶于水，混溶于乙醇和乙醚。制备：由 α-乙烯基丁烯醛用铁屑与乙酸进行还原而得。用途：作试剂、有机合成中间体，也作香料，主要用以配制可可和巧克力型香精。

正庚醛（n-heptaldehyde；heptanal）　亦称"庚醛""水芹醛"。CAS 号 111-71-7。分子式 $C_7H_{14}O$，分子量 114.19。无色油状液体，有果子香味。熔点 - 43℃，沸点 153℃，闪点 35℃，密度 0.817 4 g/mL，折射率 1.409 4。微溶于水，微溶于四氯化碳，与乙醇和乙醚混溶。天然存在于紫苏、鼠尾草、柠檬、苦橙、玫瑰和风信子的精油中。制备：由蓖麻子油经加热分解后减压蒸馏而得；工业上主要由 1-己烯与一氧化碳、氢气经氢甲酰化反应制得（羰基合成法）。用途：作试剂、精细有机化工原料，用于有机合成和合成香料等；作香料，用以配制香水以及柑橘类、蔬菜类和瓜类香精。

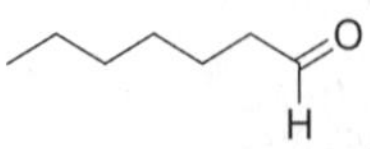

(E,E)-2,4-庚二烯醛（(E,E)-2,4-heptadienal）　CAS 号 4313-03-5。分子式 $C_7H_{10}O$，分子量 110.15。无色油状液体。沸点 85℃（20 Torr），闪点 63℃，密度 0.881²⁵ g/mL，折射率 1.534 0。微溶于水，与乙醇和乙醚混溶。制备：由庚二烯酸用 $LiAlH_4$ 还原成庚二烯醇，再用新制二氧化锰氧化而得。用途：作试剂，用于有机合成；作香料，用以配制蓝莓、树莓和什锦水果等型香精。

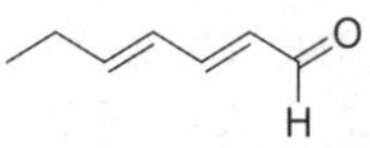

反，反-2,4-癸二烯醛（(2E,4E)-2,4-decadienal；(2E,4E)-deca-2,4-dienal）　亦称"庚烯基丙烯醛"。CAS 号 25152-84-5。分子式 $C_{10}H_{16}O$，分子量 152.23。黄色液体，呈强烈的鸡香和鸡油味。沸点 114～116℃（10 Torr），闪点 101℃，密度 0.872 g/mL，折射率 1.515 0。不溶于水，易溶于乙醇。天然品存在于橙皮、苦橙、草莓、柠檬、烤鸡、茶叶挥发性成分等中；也存在于黄油、熟牛肉、鱼、烤花生、薯片、荞麦和小麦面包屑中。制备：由亚油酸甲酯氢过氧化物（反,反-式体）在自氧化过程中形成；实验室可由炔丙醇出发，羟基经二氢吡喃保护，与 1-溴庚烷偶联，再脱保护得到 2-癸炔-1-醇，将其氧化得到 2-癸炔-1-醛，然后经异构化合成而得。用途：作试剂、有机合成中间体和香料，主要用于配制鸡肉香精及土豆片、柑橘、油炸品和香辛型食品。

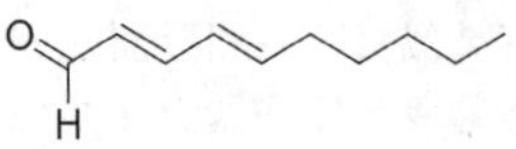

水芹醛（phellandral）　系统名"4-(1-甲基乙基)-1-环己烯-1-醛"。CAS 号 21391-98-0。分子式 $C_{10}H_{16}O$，分子量 152.23。无色油状液体。有果子清香的香气。熔点 - 43℃，沸点 223℃，闪点 83℃，密度 0.817 g/mL，折射率 1.522。微溶于水，溶于乙醇、乙醚、丙酮。制备：

天然品存在于水芹草等植物中；可以 β-蒎烯为原料，经过氧乙酸环氧化和固体酸催化重排合成而得。用途：作试剂、香料。

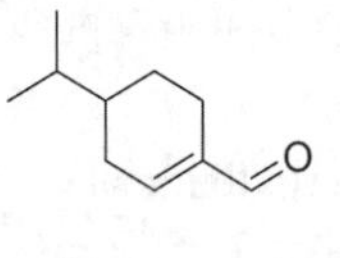

紫苏醛（perillaldehyde；perilla aldehyde）　系统名"(S)-(-)-4-(1-甲基乙烯基)-1-环己烯-1-甲醛"。CAS 号 18031-40-8。分子式 $C_{10}H_{14}O$，分子量 150.22。无色油状液体，具有与紫苏、桂醛和枯茗醛等类似的香气。沸点 104～105℃（10 Torr），闪点 96℃，密度 0.965 g/mL，折射率 1.508 0，$[\alpha]_D^{20}$ - 135～- 124（纯）。不溶于水，溶于乙醇、乙酸乙酯、氯仿、苯等有机溶剂。天然品存在于紫苏油中，是天然紫苏油的主要成分。制备：由紫苏全草经水蒸气蒸馏得紫苏油，再经精馏而得；也可以 β-蒎烯为原料，用四乙酸铅氧化生成乙酸紫苏酯，经皂化得到紫苏醇，再经三氧化铬或二氧化锰氧化而得。用途：作香料，化妆品领域用于调制茉莉、水仙等花香型香精；作食品用香料，用于调制柠檬、留兰香及香辛料等香型香精；也作原料，用于合成紫苏醛肟，甜度是蔗糖的 2 000 倍。

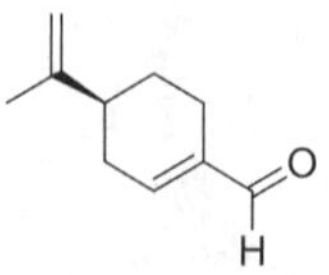

乙烯酮（ethenone；ketene）　CAS 号 463-51-4。分子式 C_2H_2O，分子量 42.04。在标准条件下为高活性无色气体，易聚合。具有强烈的刺激性气味，剧毒！其毒性是光气的 8 倍。熔点 - 151℃，沸点 - 49.8℃，闪点 - 107℃，密度 0.65⁻⁶⁰ g/mL，折射率 1.435 5。在水中分解，生成乙酸；溶于乙醇、乙醚、丙酮、芳烃和卤代烃。制备：通过乙酸脱水或丙酮裂解制备。用途：用于从乙酸制取乙酸酐，有机合成中作乙酰化试剂。

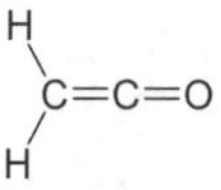

二乙烯酮（diketene）　亦称"双乙烯酮"。系统名"4-亚甲基-2-氧杂环丁烷酮"。CAS 号 674-82-8。分子式 $C_4H_4O_2$，分子量 84.07。无色液体，有强烈的刺激性气味，剧毒！熔点 - 7℃，沸点 127℃，67～69℃（90 Torr），闪点 33℃，密度 1.081 7²⁵ g/mL，折射率 1.437 6。溶于水和多数有机溶剂。具强烈催泪性，对组织黏膜有强烈的刺激作用。制备：通过乙烯酮在室温下自发进行二聚反应而得。用途：作有机合成中间体，用于染料、颜料、医药、农药、高分子等领域。

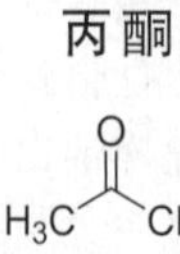

丙酮（acetone；2-propanon）　亦称"二甲基酮"。CAS 号 67-64-1。分子式 C_3H_6O，分子量 58.08。常温下为有特殊芳香气味的无色、透明、可燃液体，易挥发。熔点 - 94.7℃，沸点 56.1℃，闪点 - 17℃，密度 0.791 g/mL，折射率 1.358 8。与水、甲醇、乙醇、乙醚、氯仿和吡啶等均互溶。对中枢神经系统有抑制、麻醉作用，长期接触易出现眩晕、咽炎、支气管炎、乏力、易激动等，皮肤长期反复接触可导致皮炎。制备：由丙烯直接或间接地生产。大约 83% 的丙酮是通过异丙苯工艺制得，即使苯与丙烯烷基化生成异丙苯，再经空气氧化，同时生成苯酚和丙酮；其他工艺包括丙烯的直接氧化（Wacker-Hoechst 工艺）和丙烯水合生成 2-丙醇，然后

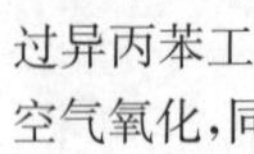

被氧化制成丙酮。用途：作溶剂、萃取剂、稀释剂等；作有机合成原料，用于生产环氧树脂、聚碳酸酯、有机玻璃等。

氯丙酮（chloroacetone；monochloroacetone）　系统名"1-氯-2-丙酮"。CAS 号 78-95-5。分子式 C_3H_5ClO，分子量 92.52。无色至暗黄色液体，有毒！市售商品可添加 0.1% 环氧大豆油作稳定剂。熔点 - 45℃，沸点 118～120℃，闪点 40℃，密度 1.174 g/mL，折射率 1.435 2。易溶于水，与乙醇、乙醚、氯仿混溶。有极强的刺激性气味及催泪性，主要刺激人的眼睛。制备：由丙酮直接用氯气氯化而得；或以丙酮为原料，由氯酸钾等氧化剂与氯化氢反应分解产生的氯气进行氯化而得；也可在硫酸水溶液催化下，以三氯三聚氰酸为氯化剂使丙酮氯化而得。用途：作试剂、催泪剂、制备四乙酸铅的催化剂，用于制备药物、香料和染料等；在农药中主要作三嗪酮类杀虫剂吡嗪酮的中间体。

1,3-二氯丙酮（1,3-dichloroacetone）　CAS 号 534-07-6。分子式 $C_3H_4Cl_2O$，分子量 126.97。无色针状或片状晶体，高毒！熔点 45℃，沸点 173℃，闪点 89℃，密度 1.382 6^{46} g/mL，折射率 1.440。溶于水、乙醇和乙醚。具有强烈的催泪作用、刺激性和渗透性。制备：由 1,3-二氯丙醇用重铬酸钠氧化而得。用途：作试剂、有机合成中间体，用于药物和农药的合成。

1,1-二氯丙酮（1,1-dichloroacetone；*asym*-dichloroacetone）　亦称"二氯甲基甲基酮"。CAS 号 513-88-2。分子式 $C_3H_4Cl_2O$，分子量 126.97。无色透明至黄色液体。沸点 117～118℃、39～40℃（10 Torr），闪点 37℃（闭杯）、密度 1.308 6 g/mL，折射率 1.445 2。制备：由丙酮在 N,N-二甲基甲酰胺中于 50℃ 氯化而得。用途：作试剂、医药和农药的中间体。

1,1,3,3-四氯丙酮（1,1,3,3-tetrachloroacetone）　CAS 号 632-21-3。分子式 $C_3H_2Cl_4O$，分子量 195.86。无色液体，有强烈的辛辣气味，有毒！有致畸、致突变作用。熔点 48～49℃（带 4 个水合物），沸点 184℃、81～82℃（22 Torr），密度 1.500 2 g/mL，折射率 1.494 9。溶于乙醇、丙酮、醚、苯等有机溶剂。对眼睛、皮肤、黏膜及上呼吸道有强烈刺激性。制备：由 1,3-丙酮二羧酸与磺酰氯反应而得。用途：作试剂、有机合成中间体。

溴丙酮（bromoacetone；monobromoacetone）　系统名"1-溴-2-丙酮"。CAS 号 598-31-2。分子式 C_3H_5BrO，分子量 136.98。无色有刺激性液体，高毒！接触空气后逐渐转变成紫色，宜避光密闭贮存。熔点 - 36.5℃，沸点 133～136℃、42℃（20 Torr），闪点 51℃，密度 1.62 g/mL，折射率 1.469。易溶于乙醇、丙酮；微溶于水，在水中能分解出溴化氢。有强烈的催泪性，对眼黏膜和上呼吸道有强烈的刺激作用。制备：由丙酮与溴反应而得。用途：作试剂、催泪性军用毒剂。

1,1,3,3-四溴丙酮（1,1,3,3-tetrabromoacetone）　CAS 号 22612-89-1。分子式 $C_3H_2Br_4O$，分子量 373.66。白色晶体，有毒！熔点 37～38℃，沸点 129～130℃（7 Torr）。溶于乙醇、丙酮、醚等有机溶剂。对眼睛、呼吸道和皮肤有刺激作用。制备：由丙酮溴化而得；或由 1,3-丙酮二羧酸与溴反应而得。用途：作试剂、有机合成中间体。

碘丙酮（iodoacetone；monoiodoacetone）　系统名"1-碘-2-丙酮"。CAS 号 3019-04-3。分子式 C_3H_5IO，分子量 183.98。黄色液体。沸点 78～81℃（20 Torr）、50℃（11 Torr），密度 2.17^{15} g/mL。制备：由丙酮与碘和碘化钾反应而得；也可由溴丙酮或氯丙酮与碘化钾在乙醇中反应而得。用途：作试剂。

羟基丙酮（hydroxyacetone；acetol）　俗称"丙酮醇"，系统名"1-羟基-2-丙酮"。CAS 号 116-09-6。分子式 $C_3H_6O_2$，分子量 74.08。无色透明液体，有甜味。熔点 - 17℃，沸点 145～146℃，闪点 56℃，密度 1.080 g/mL，折射率 1.425 0。溶于水、乙醇、乙醚。制备：可以通过各种糖的降解产生，存在于啤酒、烟草、蜂蜜中。在食品中由美拉德反应形成，并可进一步反应形成具有各种香味的其他化合物。可由甲酸钾的甲醇溶液与溴丙酮加热回流制得。用途：作试剂、调味品、有机合成中间体，有机合成中用于保护羧基。

1,3-二羟基丙酮（1,3-dihydroxyacetone；glycerone；DHA）　亦称"二羟基丙酮"，系统名"1,3-二羟基-2-丙酮"。CAS 号 96-26-4。分子式 $C_3H_6O_3$，分子量 90.08。白色粉末状晶体，有甜味。常态为二聚体，CAS 号 62147-49-3。单体熔点 89～91℃，二聚体熔点 117℃。溶于水、乙醇、乙醚、丙酮，不溶于苯和氯仿；在溶液中解聚为单体。制备：由甘油用乙酸菌氧化而得；也可通过电催化法、金属催化氧化法或甲醛缩合法进行合成。用途：是最简单的酮糖；作有机合成中间体，用于合成治疗心血管疾病的药物；有防紫外线辐射、保湿和防晒作用，可用于化妆品中；也作为添加剂，用于功能性食品。

2-丁酮（2-butanone；butan-2-one）　亦称"丁酮""甲乙酮""甲基丙酮"。CAS 号 78-93-3。分子式 C_4H_8O，分子量 72.11。无色透明液体，有类似薄荷、丙酮的气味。熔点 - 86℃，沸点 80℃，闪点 - 9℃，密度 0.806 g/mL，折射率 1.378 8。能与水形成共沸混合物，共沸点 73.4℃（含水 11.3%、丁酮 88.7%）。易溶于水，与乙醇、乙醚、苯、氯仿混溶。制备：工业上主要由 2-丁醇在铜、锌或青铜催化下氧化脱氢而得；也可以氯化钯/氯化铜溶液为催化剂，通过 Wacker 法氧化 2-丁烯得到；或者先由 1-丁烯和苯经烷基化生成仲丁苯，再氧化生成过氧化氢异丁苯，最后用酸分解得到丁酮，同时联产苯酚。用途：作试剂、溶剂、精细有机化工原料以及染料的黏结剂、润滑油脱蜡剂、塑性焊接、硫化促进剂等。作食用香料，主要用于配制干酪、咖啡和香蕉型香精。

乙偶姻（acetoin）　亦称"甲基乙酰甲醇"，系统名"3-羟基-2-丁酮"。CAS 号 513-86-0。分子式 $C_4H_8O_2$，分子量 88.11。单体为无色或淡黄色液体，二聚体为白色晶体粉末，有牛奶香气。单体熔点 15℃，沸点 148℃，闪点 47℃，密度 1.013 g/mL，折射率 1.417 0。混溶于水，溶于乙醇、丙二醇，微溶于乙醚、石油醚，不溶于植物油。制备：可通过丁二酮部分加氢还原而得，或通过 2,3-丁二醇选择性氧化制备，也可利用酶法转化丁二醇。用途：作医药中间体、食品添加剂、食用香料（增香剂），主要用于配置奶油、乳品、酸奶和草莓等型香料。

二丙酮醇（diacetone alcohol）　系统名"4-甲基-4-羟基戊-2-酮"。CAS 号 123-42-2。分子式 $C_6H_{12}O_2$，分子量 116.16。无色或微黄色透明液体，微有宜人的薄荷气味。熔点 -42.8℃，沸点 166℃，闪点 56℃，密度 0.938 7 g/mL，折射率 1.423 5。混溶于乙醇、芳烃、卤代烃、醚类溶剂及水。制备：由丙酮在碱性条件下经缩合而得。用途：作试剂、有机合成中间体；作高沸点溶剂，用于指甲油等化妆品以及赛璐珞、硝化纤维、脂肪等，也作喷漆稀释剂、木材着色剂、除锈剂。

甲基乙烯基酮（methyl vinyl ketone；MVK）　系统名"3-丁烯-2-酮"。CAS 号 78-94-4。分子式 C_4H_6O，分子量 70.09。无色或黄色液体，有刺激性臭味。熔点 -6℃，沸点 81℃，闪点 -7℃（闭杯）、-1℃（开杯），密度 0.864 g/mL，折射率 1.408 1。溶于水以及甲醇、乙醇、乙醚、丙酮和乙酸等有机溶剂，微溶于烃类溶剂。对眼睛、皮肤、黏膜及上呼吸道有强烈刺激性。制备：由甲醛与丙酮缩合得到乙酰基乙醇，再在草酸存在下脱水而得。用途：作试剂、有机合成中间体，用于合成甾族化合物、维生素 A 等；作聚合反应单体，用于制备阴离子树脂。

巴豆醛（crotonaldehyde）　系统名"(2E)-丁-2-烯醛"。CAS 号 123-73-9。分子式 C_4H_6O，分子量 70.09。无色透明液体，有窒息性刺激气味，易燃，剧毒！熔点 -76℃，沸点 104℃，闪点 13℃，密度 0.846 g/mL，折射率 1.438 4。与光或空气接触，变为淡黄色液体。易溶于水，与乙醇、乙醚、苯和甲苯等以任何比例互溶。其蒸气具有极强的催泪性。制备：由乙醛在碱或阴离子交换树脂催化作用下进行 aldol 缩合，生成丁醇醛，再在稀酸中加热脱水而得。用途：作试剂、精细有机化工原料、Diels-Alder 反应中的亲二烯体，用于制取丁醛、丁醇、3-甲氧基丁醛、3-甲氧基丁醇、2-乙基己醇、山梨酸、丁烯酸、喹哪啶、顺丁烯二酸酐以及吡啶系产品；还可用于制取橡胶硫化促进剂、乙醇变性剂、鞣剂、选矿用发泡剂、染料及橡胶抗氧剂、杀虫剂和军用化学品。

2-氯代巴豆醛（2-chlorocrotonic aldehyde）　系统名"2-氯丁-2-烯醛"。CAS 号 53175-28-3。分子式 C_4H_5ClO，分子量 104.53。无色液体。有 (Z) 和 (E) 两种立体异构体。其中 (Z)-构型 CAS 号 25129-61-7，(E)-构型 CAS 号 55947-16-5。(Z)-构型沸点 147~150℃、53~54℃（20 Torr），密度 $1.142\ 2^{15}$ g/mL，折射率 1.480 8。不溶于水，易溶于醇、醚、氯仿和四氯化碳。有催泪性。制备：在冷却条件下，由巴豆醛与氯加成得 α,β-二氯丁醛，然后与乙酸钠水溶液反应而得；或者通过蒸馏 2-氯-3-羟基丁醛以消除氯化氢后得到。用途：作试剂、有机合成原料。

β-氯代巴豆醛（β-chlorocrotonaldehyde）　系统名"3-氯丁-2-烯醛"。CAS 号 1679-41-0。分子式 C_4H_5ClO，分子量 104.53。无色液体。有 (Z)- 和 (E)- 两种立体异构体。其中 (Z)-构型 CAS 号 33603-81-5，(E)-构型 CAS 号 33603-82-6。(Z)/(E)-混合物沸点 146~149℃、34~36℃（10 Torr），折射率 1.479。不溶于水，易溶于醇、醚、氯仿和四氯化碳。制备：由 1,3-二氯丁-2-烯与碳酸钠溶液作用后得到 3-氯-2-丁烯-1-醇，再通过 $Na_2Cr_2O_7$-H_2SO_4 氧化制得；也可由 1,3-二氯丁-2-烯先与亚硝酸钠反应形成 1-硝基-3-氯-丁-2-烯，再加氢氧化钠转化为 3-氯-丁烯-2-亚硝酸钠盐，然后加入硫酸酸解后制得。用途：作试剂、有机合成原料，用于合成磺胺甲基嘧啶等。

肉桂醛（cinnamaldehyde）　俗称"桂皮醛"，系统名"(E)-3-苯基-2-丙烯醛"。CAS 号 14371-10-9。分子式 C_9H_8O，分子量 132.16。无色至淡黄色油状液体，有强烈的肉桂香气、甜味和灼热香味。熔点 -7.5℃，沸点 250~252℃（部分分解）、127℃（10 Torr），闪点 71℃，密度 1.049 7 g/mL，折射率 1.619 5。微溶于水，溶于醇、氯仿。能随水蒸气挥发。是桂皮油和锡兰肉桂油的主要成分。制备：天然品可从肉桂油中分离；实验室可由苯甲醛与乙醛缩合而得。用途：作试剂、有机合成原料、香料、食品保鲜剂、防腐剂；作合成香料，主要用于调制素馨、玫瑰、铃兰等日用香精，也用于食品香料、调味品，使食品具有肉桂香味，还用于苹果、樱桃等水果香精以及烘烤食品。

2,3-丁二酮（2,3-butanedione）　亦称"联乙酰""二乙二酰""双乙酰"。CAS 号 431-03-8。分子式 $C_4H_6O_2$，分子量 86.09。浅黄绿色油状

液体。有苯醌的气味,极度稀释后(1 mg/kg)呈奶油香气,其极稀水溶液具有特殊的白脱油香。熔点- 4～- 2℃,沸点88℃,闪点57℃,密度0.985 g/mL,折射率1.394 0。溶于水和甘油,混溶于乙醇、丙二醇、乙醚和大多数非挥发性油。天然品存在于月桂油、树莓、草莓、欧白芷根油、奶油、当归油、香旱芹油以及葡萄酒等中。制备:将2-丁酮用亚硝酸处理生成丁酮肟,再用稀硫酸分解而得;或由乙烯基乙炔或甲基乙烯基酮经水合后再氧化的方法制得;或用二氧化硒氧化2-丁酮制取;也可由葡萄糖经特殊发酵获得。用途:作试剂、医药中间体;作香料,主要用于配制奶油、干酪发酵风味和咖啡等型食用香精,微量用于化妆用鲜果香精中;作明胶的硬化剂;分子化学中作镍的鉴定试剂;作有机合成原料,用于生产吡嗪类香料。

1-氯-2-丁酮(1-chloro-2-butanone) CAS 号 616-27-3。分子式 C_4H_7ClO,分子量 106.55。有刺激性气味的液体。沸点 138～140℃,50℃(6 Torr),密度 1.085 g/mL,折射率 1.437 1。溶于醇、醚、酮类有机溶剂。制备:由丙酰氯在乙醚中与重氮甲烷反应,再加入盐酸反应而得;或由氯乙酰氯与乙基溴化镁格氏试剂反应制取;也可由1-氯-2-丁醇用酸性重铬酸钾氧化制得。用途:作有机合成中间体。

3-氯-2-丁酮(3-chloro-2-butanone) CAS 号 4091-39-8。分子式 C_4H_7ClO,分子量 106.55。有刺激性气味的液体。熔点<- 60℃,沸点 113～116℃,闪点 28℃,密度 1.054 7 g/mL,折射率 1.422 6。不溶于水,溶于醇、醚、酮类有机溶剂。制备:由2-丁酮在冷却条件下导入经二氧化碳稀释的干燥氯气氯化而得,或由2-丁酮用氯气经气相氯化而得;或由2-丁酮用三氯异氰尿酸作氯代剂进行氯化制得。用途:作有机合成中间体。

4-氯-2-丁酮(4-chloro-2-butanone) CAS 号 6322-49-2。分子式 C_4H_7ClO,分子量 106.55。有刺激性气味的液体。沸点 120～121℃(分解)、59～60℃(12 Torr),密度 1.082 2 g/mL,折射率 1.432 5。不溶于水,溶于醇、醚、酮类有机溶剂。制备:由4-氯-2-丁醇用酸性重铬酸钾氧化制得,或由丙酮与多聚甲醛反应,所得产物再与盐酸反应后制得;或由4-羟基-2-丁酮与亚硫酰氯反应而得;也可在三氯化铝作用下由乙酰氯和乙烯在二氯甲烷中反应制得。用途:作有机合成中间体。

4-羟基-2-丁酮(4-hydroxy-2-butanone) 亦称"乙酰乙醇"。CAS 号 590-90-9。分子式 $C_4H_8O_2$,分子量 88.11。无色液体。沸点 182℃,73～76℃(12 Torr),闪点 89℃,密度 1.023 3 g/mL,折射率 1.429 2。易溶于丙酮,与水、乙醇、乙醚混溶。制备:由丙酮和甲醛反应而得。用途:作试剂、有机合成中间体。

2-戊酮(2-pentanone) 亦称"甲基丙基酮"。CAS 号 107-87-9。分子式 $C_5H_{10}O$,分子量 86.13。无色透明液体。有酒和丙酮的气味。熔点 - 78℃,沸点 101～105℃,闪点 10℃,密度 0.809 g/mL,折射率 1.390 0。微溶于水,与乙醇和乙醚相混溶。天然品存在于烟草和蓝奶酪中。制备:由 2-戊醇脱氢氧化而得,或丁酰乙酸乙酯与水共热制得。也可由乙酸钙和丁酸钙的混合物蒸馏而得。用途:作试剂、医药合成中间体,用于有机合成;作香料,主要用以配制香蕉、菠萝、什锦水果等型香精。也用作硝基喷漆、合成树脂涂料的溶剂、萃取剂、润滑油的脱蜡剂。

3-戊酮(3-pentanone) 亦称"二乙基酮"(diethyl ketone)。CAS 号 96-22-0。分子式 $C_5H_{10}O$,分子量 86.13。无色透明液体。有丙酮的气味。熔点-38℃,沸点 102℃,闪点 13℃,密度 0.813 g/mL,折射率 1.392 0。微溶于水,与乙醇和乙醚相混溶。对眼及皮肤有强烈刺激性,会导致神经系统或器官的损伤;摄入可引起恶心、呕吐、腹泻及昏睡。制备:由 3-戊醇脱氢氧化而得,或在金属氧化物催化下由二分子丙酸通过酮式脱羧制备;也可在八羰基二钴催化下,以乙烯、一氧化碳和氢气为原料合成。用途:作试剂、溶剂、医药和农药中间体及有机合成原料,用于维生素 E 的合成等。

2-溴-3-戊酮(2-bromo-3-pentanone) CAS 号 815-52-1。分子式 C_5H_9BrO,分子量 165.03。无色液体。有强烈刺激性。沸点 80℃(25 Torr),44～46℃(13 Torr),密度 1.394^{23} g/mL,折射率 1.458。不溶于水,易溶于乙醚。制备:由 3-戊酮在惰性气氛中用溴直接溴代而得。用途:作试剂、有机合成中间体。

3-甲基-2-戊酮(3-methyl-2-pentanone) 亦称"甲基仲丁基酮"。CAS 号 565-61-7。分子式 $C_6H_{12}O$,分子量 100.16。无色可燃液体。熔点- 83℃,沸点 118℃,闪点 12℃,密度 0.813 g/mL,折射率 1.401 2。微溶于水,混溶于乙醇、乙醚。制备:以乙酰乙酸乙酯、溴乙烷和溴甲烷为原料合成;或由 2-丁酮与乙醛进行羟醛缩合得 3-甲基-3-烯-2-酮,再经催化氢化而得。用途:作试剂、溶剂和有机合成中间体。

2-甲基-3-戊酮(2-methyl-3-pentanone) 亦称"乙基异丙基酮"。CAS 号 565-69-5。分子式 $C_6H_{12}O$,分子量 100.16。无色或浅黄色可燃液体。沸点 113～115℃,闪点 11℃,密度 0.810 6 g/mL,折射率 1.398 1。微溶于水,易溶于乙醇、氯仿、苯,混溶于丙酮和乙醚。制备:以 4-甲基戊烯为原料直接水合而得;或通过异丙基格氏试剂与丙腈反应生成;或以 2-甲基-2,3-戊二醇为原料,在三苯基膦、四氯化碳、碳酸钾作用下制得；也可由丙醛与异丙基格氏试剂加成、水解得到2-甲基-3-戊醇，再通过过氧化氢等氧化生成。用途：作试剂和有机合成中间体，用于医药、农药、染料、纺织、油漆、选矿等行业，也用于合成香料 β-突厥酮。

4-甲基-2-戊酮（4-methyl-2-pentanone）　亦称"甲基异丁基酮"。CAS 号 108-10-1。分子式 $C_6H_{12}O$，分子量 100.16。无色透明液体，有令人愉快的酮样香味。熔点 -84℃，沸点 117～118℃，闪点 16℃，密度 0.801^{25} g/mL，折射率 1.395 0。微溶于水，与乙醇、乙醚、苯等有机溶剂混溶。制备：由丙酮在氢氧化钠催化下缩合、脱水得异丙叉丙酮，再经催化选择加氢而得。用途：作试剂、中沸点溶剂、化工中间体以及润滑油的脱蜡剂；无机盐萃取分离剂，例如可从铀中分出钚、从钽中分出铌，从铪中分出锆等；微量作香料，用以配制朗姆酒、干酪和水果型香精。

2,3-戊二酮（2,3-pentanedione）　俗称"乙酰基丙酰"。CAS 号 600-14-6。分子式 $C_5H_8O_2$，分子量 100.12。黄绿色油状液体，有奶油、奶酪、甜味、坚果、果味、焦糖的味道。熔点 -52℃，沸点 110～112℃，闪点 19℃，密度 0.957 g/mL，折射率 1.404 0。溶于水、乙醇、乙醚、丙酮。天然品存在于芬兰松等精油中。制备：可以 2-戊酮或 3-戊酮为原料经氧化而得；或由 3-戊酮先经过亚硝酸异戊酯重氮化，得到 3-肟-2-戊酮，最后经水解而得。用途：作试剂以及染料、杀虫剂和药物的原料；作为一种调味剂，可用作一些电子液体产品中的成分，与电子烟一起使用，以产生黄油或焦糖的味道；作奶香型香精（较之于丁二酮柔和），用于皂用香精、洗涤剂香精、香水香精、膏霜类香精等。也用作乙酸纤维素、油漆、油墨和清漆的溶剂。

2,4-戊二酮（2,4-pentanedione）　亦称"乙酰丙酮"。CAS 号 123-54-6。分子式 $C_5H_8O_2$，分子量 100.12。无色至浅黄色透明液体，有令人愉快的酯的气味。通常为烯醇式和酮式两种互变异构体的混合物，二者处于动态平衡，其中烯醇式占82％，酮式约占18％。熔点 -23℃，沸点 140℃，闪点 35.5℃，密度 0.975 g/mL，折射率 1.451 0～1.453 0。微溶于水，溶于醇、氯仿、醚、苯、丙酮等有机溶剂。制备：工业上主要由乙酸异戊酯热重排而制得；实验室可以三氟化硼为催化剂，通过丙酮和乙酸酐的缩合反应而得；或者在碱催化下，通过丙酮和乙酸乙酯的缩合、然后酸化而得。用途：作试剂、金属络合剂、有机合成中间体，广泛用于制药、香料、农药等工业。

2-己酮（2-hexanone）　亦称"甲基丁基酮"。CAS 号 591-78-6。分子式 $C_6H_{12}O$，分子量 100.16。无色可燃液体，有类似丙酮的气味。熔点 -52℃，沸点 127℃，闪点 23℃，密度 0.812 g/mL，折射率 1.400 7。微溶于水，与乙醇、丙酮、乙醚、四氯化碳混溶。制备：以乙酰乙酸乙酯和 1-溴丙烷为原料合成。用途：作试剂、溶剂和有机合成中间体，还用作硝化纤维、油脂、树脂、油漆和制蜡等工业的洗涤剂。

3-己酮（3-hexanone）　亦称"乙基丙基酮"。CAS 号 589-38-8。分子式 $C_6H_{12}O$，分子量 100.16。无色可燃液体，有醚香、葡萄和葡萄酒香气。熔点 -55℃，沸点 122～124℃，闪点 20℃，密度 0.815 g/mL，折射率 1.400。微溶于水，溶于丙酮，混溶于己醇、乙醚。天然品存在于冷榨的白柠檬皮油、黑加仑果、菠萝、桃子、面包、奶油、乳制品、煮熟的牛肉、可可和咖啡等中。制备：由 3-己醇用氧化铜氧化而得；或通过丙基溴化镁格氏试剂与丙腈加成后水解而得。其他制备方法还包括 2-乙基呋喃的氢化以及 3-己炔与 BH_3 作用后再与过氧化氢反应。用途：作试剂、溶剂；微量作食品用香料，主要用于配制葡萄酒等果酒香精及肉香精。

2,5-己二酮（2,5-hexadione）　亦称"丙酮基丙酮"。CAS 号 110-13-4。分子式 $C_6H_{10}O_2$，分子量 114.14。无色液体，久置逐渐变黄。熔点 -5.5℃，沸点 191.4℃，闪点 80℃，密度 0.973 7 g/mL，折射率 1.425 0。与水、乙醇、乙醚混溶。制备：由 2,5-二甲基呋喃水解而得；或由乙酰乙酸乙酯钠与纯碘反应生成二乙酰琥珀酸二乙酯，再将其进行碱性水解、酸化脱缩而得。用途：作试剂、医药和农药中间体，用于合成异卡波肼、罗匹定和莫比拉嗪等；作合成树脂、着色剂、硝基喷漆以及印刷油墨等的高沸点溶剂，也作皮革鞣制剂，橡胶硫化促进剂。

3,4-己二酮（3,4-hexadione）　亦称"二丙酰"。CAS 号 4437-51-8。分子式 $C_6H_{10}O_2$，分子量 114.14。黄色油状液体，呈奶油似香气，略有不愉快刺激性气味。熔点 -10℃，沸点 131℃，闪点 27℃，密度 0.939 g/mL，折射率 1.410 0。不溶于水，极易溶于丙二醇，溶于乙醇。制备：由丙酸乙酯合成而得。用途：作试剂、有机合成中间体，也作食用香料（增香剂），用于软饮料、冷饮、糖果、胶冻、布丁等。

异丙叉丙酮（isopropylidene acetone）　亦称"异亚丙基丙酮"，系统名"4-甲基-3-戊烯-2-酮"。CAS 号 141-79-7。分子式 $C_6H_{10}O$，分子量 98.15。无色油状可燃液体，有类似蜂蜜的气味。熔点 -52.8℃，沸点 130℃，闪点 32℃，密度 0.858 4 g/mL，折射率 1.442 0。微溶于水，易溶于乙醇、丙酮等有机溶剂。制备：丙酮在氢氧化钠存在下缩合成二丙酮醇，再在磷酸存在下脱水而得。用途：作试剂、溶剂、精细有机化工原料，用于药物、香料及杀虫剂等合成，也作色谱分析参比物。

2-庚酮（2-heptanone）　亦称"甲基戊基酮"。CAS 号

110-43-0。分子式 $C_7H_{14}O$，分子量 114.19。无色液体，具有类似梨的水果香味。熔点 $-35℃$，沸点 $149 \sim 150℃$，闪点 $41℃$，密度 0.82 g/mL，折射率 1.408 0。微溶于水，与多数有机溶剂混溶。制备：天然品可由丁香油或桂皮油萃取而得；可由 2-正丁基乙酰乙酸乙酯皂化、脱羧而得。用途：作试剂、硝化纤维素的溶剂和涂料、惰性反应的介质、色谱分析标准物质；作香蕉型食用香精，也用于椰子、奶油、乳酪香味的食用香精。

3-庚酮（3-heptanone） 亦称"乙基正丁基甲酮"。CAS 号 106-35-4。分子式 $C_7H_{14}O$，分子量 114.19。无色液体，有水果、青草和油脂似的香气。熔点 $-37℃$，沸点 $146 \sim 149℃$，闪点 $38℃$，密度 0.818 g/mL，折射率 1.408 0。微溶于水，与乙醇和乙醚混溶。制备：由 3-庚醇在空气中通过银丝网加热至 $300℃$ 而得。用途：作试剂、作硝化纤维素的溶剂、有机溶胶的分散剂；作食用香料，用于配制干酪、香蕉和甜瓜等型香精。

4-庚酮（4-heptanone; butyrone） 亦称"二正丙基甲酮"。CAS 号 123-19-3。分子式 $C_7H_{14}O$，分子量 114.19。无色液体，有强烈的醚香和果香以及乳酪、波罗蜜等香气。熔点 $-33℃$，沸点 $144℃$，闪点 $49℃$，密度 0.816 0 g/mL，折射率 1.406 7。不溶于水，溶于乙醇和乙醚。制备：天然品存在于苹果汁、香木瓜、番木瓜、烤土豆、梨、面包、咖啡、花生等中；可由 4-庚醇经氧化制得；或由正丁酸在还原铁粉存在下于高温反应而得。用途：作试剂、溶剂，用于油漆、硝化纤维、原油和树脂工业。

2,6-庚二酮（2,6-heptadione） CAS 号 13505-34-5。分子式 $C_7H_{12}O_2$，分子量 128.17。白色结晶。熔点 $33 \sim 34℃$，沸点 $221 \sim 224℃$，$96.5 \sim 97℃$（10 Torr），密度 0.939 9^{37} g/mL，折射率 1.427 7。溶于水、乙醇、乙醚和苯。制备：由双乙烯酮和甲醛为原料制得。用途：作试剂，用于合成医药 18-甲基炔诺酮等。

3,5-庚二酮（3,5-heptadione） CAS 号 7424-54-6。分子式 $C_7H_{12}O_2$，分子量 128.17。无色至浅黄色液体。沸点 $175 \sim 177℃$，闪点 $57℃$，密度 0.934 6 g/mL，折射率 1.456。溶于乙醇、乙醚。制备：在碱金属醇盐催化剂存在下，由 2-丁酮与丙酸乙酯反应制得。用途：作试剂、医药中间体。

2-辛酮（2-octanone） 亦称"仲辛酮""甲基正己基酮"。CAS 号 111-13-7。分子式 $C_8H_{16}O$，分子量 128.21。无色至淡黄色液体，有花香、蘑菇和草香苹果似香气，并伴有木犀草的香韵。熔点 $-16℃$，沸点 $173℃$，闪点 $56℃$，密度 0.819

g/mL，折射率 1.416 0。微溶于水，溶于乙醇、乙醚、烃类以及酯类有机溶剂。天然品少量存在于烤花生、炸土豆片、可可、酸乳酪、啤酒、芸香油以及香蕉和柑橘类果实中。制备：可由 2-辛醇经氧化而得；也可由 2-正戊基乙酰乙酸乙酯皂化、脱羧而得。用途：作试剂、合成纤维油剂、消沫剂、制取表面活性剂及煤矿用浮选剂等；作香料，用于人造精油，调配牛奶、奶油、乳酪、苹果、椰子、蘑菇等食用香精。

3-辛酮（3-octanone） 亦称"乙基正戊基酮"。CAS 号 106-68-3。分子式 $C_8H_{16}O$，分子量 128.21。无色液体，有果实香味。熔点 $-18.5℃$，沸点 $168℃$，闪点 $43℃$，密度 0.845 6 g/mL，折射率 1.415 2。不溶于水，与乙醇、乙醚等有机溶剂混溶。制备：可由 1-辛烯-3-醇经异构化而得；也可由 3-辛醇氧化而得。用途：作试剂、香料。

4-辛酮（4-octanone） 亦称"正丙基正丁基酮"。CAS 号 589-63-9。分子式 $C_8H_{16}O$，分子量 128.21。无色液体。沸点 $172℃$、$55 \sim 57℃$（18 Torr），闪点 $38 \sim 54℃$，密度 0.817 5 g/mL，折射率 1.413 5。不溶于水，溶于乙醇、乙醚等有机溶剂。制备：可由 4-辛炔水合而得；也可由 4-辛醇氧化而得。用途：作有机合成中间体。

2-壬酮（2-nonanone） 亦称"甲基正庚基酮"。CAS 号 821-55-6。分子式 $C_9H_{18}O$，分子量 142.24。无色至淡黄色液体。呈水果、花、油脂和药草似香气。熔点 $-21℃$，沸点 $195℃$，闪点 $76℃$，密度 0.82 g/mL，折射率 1.421 0。不溶于水，溶于乙醇和丙二醇。天然品存在于草莓、干酪和姜中。制备：可由 2-辛醇用铬酸在室温下氧化而得；也可由 2-正己基乙酰乙酸乙酯皂化、脱羧而得。用途：作试剂、溶剂、有机合成中间体，也用于制备香料。

2-十一酮（2-undecanone） 亦称"甲基壬基甲酮""甲壬酮"。CAS 号 112-12-9。分子式 $C_{11}H_{22}O$，分子量 170.29。无色至淡黄色液体，呈柑橘类、油脂和芸香似香气，浓度低时具有类似桃子的香气。熔点 $11 \sim 13℃$，沸点 $231 \sim 232℃$，闪点 $106℃$，密度 0.822 g/mL，折射率 1.430 0。不溶于水，溶于乙醇、乙醚和丙酮。天然品存在于芸香油、白柠檬油、黄柏油等精油以及椰子油和棕榈油中。制备：由癸酸与乙酸在催化剂作用下于高温经缩合、消除反应而得。用途：作试剂、香料合成中间体以及气相色谱分析的标准物，也作香料，用于布丁、快餐食品和烘烤食品。

苯基丙酮（phenylacetone） 亦称"甲基苄基酮"，系统名"1-苯基丙-2-酮"。CAS 号 103-79-7。分子式 $C_9H_{10}O$，分子量 134.18。黄色透明液体。熔点 $-15℃$，沸点 $216℃$、$86 \sim 87℃$（100 Torr），闪点 $83℃$，密度 1.015 7 g/mL，折射率 1.516 8。微溶于水，溶

于乙醇、乙醚、氯仿,混溶于苯、二甲苯。制备:由苯乙酸与乙酸酐在无水乙酸钠存在下经缩合反应而得。用途:作试剂、医药和农药的中间体,用于杀鼠剂敌鼠、氯鼠酮等产品的合成;能参与生成苯丙胺、苯基异丙胺等制毒品的反应,根据国家《危险化学品安全管理条例》《易制毒化学品管理条例》的规定,本品受管制。

苄基丙酮(benzylacetone) 亦称"甲基苯乙基酮",系统名"4-苯基丁-2-酮"。CAS 号 2550-26-7。分子式 $C_{10}H_{12}O$,分子量 148.20。无色透明或无色至淡黄色液体,具有花香、草香及茉莉的香韵。熔点 -13℃,沸点 235℃,闪点 105℃,密度 0.984 9 g/mL,折射率 1.512 0。不溶于水,易溶于丙酮,溶于乙醇、乙醚和四氯化碳。制备:由苯甲醛和丙酮缩合得苄叉丙酮,再经氢化还原而得;或由 3-苯基丙酸和乙酸在氧化钍存在下于高温反应而得。用途:作试剂、医药合成中间体,也用于化妆、皂用和食用香精。

桤木酮(alnustone) 系统名"(4E,6E)-1,7-二苯基-4,6-庚二烯-3-酮"。CAS 号 33457-62-4。分子式 $C_{19}H_{18}O$,分子量 262.35。淡黄色晶体或粉末。熔点 60.5~61℃,密度 1.058 g/cm³。溶于甲醇、乙醇。天然品主要存在于草豆蔻根茎、种子以及垂桤木花、黄根姜黄根茎。制备:从姜科植物白豆蔻成熟果实中提取。用途:中药有效成分,具有抗炎的作用。

臭椿酮(ailanthone; 13,21-didehydrochaparrinone) 系统名"11β,20-环氧-1β,11,12α-三羟基苦木素-3,13(21)-二烯-2,16-二酮"。CAS 号 981-15-7。分子式 $C_{20}H_{24}O_7$,分子量 376.40。白色晶体粉末。密度 1.47 g/cm³。溶于甲醇、乙醇、二甲基亚砜。制备:从苦木科植物臭椿树皮中提取。用途:具有抗菌、抗原虫及抗肿瘤作用。

12-二十三(烷)酮(tricosan-12-one) 亦称"月桂酮""双十一基酮"。CAS 号 540-09-0。分子式 $C_{23}H_{46}O$,分子量 338.61。白色固体。熔点 66~68℃,沸点 215~230℃(3 Torr),密度 0.808 6²⁵ g/cm³,折射率 1.428 3⁸⁰。溶于苯、乙醚、氯仿以及热甲醇。制备:由月桂酰氯在冰水浴中与三乙胺作用,所得中间体癸基烯酮二聚体再与 2%稀硫酸或者 2%氢氧化钾溶液共热后制得。用途:作试剂,用于有机合成。

环丁酮(cyclobutanone) CAS 号 1191-95-3。分子式 C_4H_6O,分子量 70.09。无色至浅黄色液体,具有类似丙酮的气味。熔点 -50.9℃,沸点 99℃,闪点 10℃,密度 0.954 7 g/mL,折射率 1.421 0。稍溶于水,易溶于二氯甲烷、乙酸乙酯、甲苯、四氢呋喃等有机溶剂。

制备:由环丁烷甲酸的氧化脱羧而得;或由重氮甲烷-二乙醚溶液与烯酮反应形成环丙酮中间体,再经过同系化环扩而得;或由环丙甲醇经酸催化的重排成环丁醇,再用次氯酸钠氧化而得;或以 1,3-二噻烷与 1-氯-3-溴丙烷为原料经双烷基化和 $HgCl_2$-$CdCO_3$ 作用下的脱保护反应制得;也可由亚甲基环丙烷经环氧化和 LiI 催化的重排而得。用途:作试剂、有机合成中间体,用于医药、农药、香料行业。

环戊酮(cyclopentanone) CAS 号 120-92-3。分子式 C_5H_8O,分子量 84.12。无色透明液体,具有类似薄荷的气味。熔点 -58.2℃,沸点 130~131℃,闪点 26℃,密度 0.951²⁵ g/cm³,折射率 1.437 0。不溶于水,溶于乙醇、乙醚和丙酮。高浓度时有麻醉性。制备:由环戊醇氧化而制得;或者由己二酸在氢氧化钡存在下加热而得。用途:作试剂、有机合成中间体,用于医药、农药、香料等行业,如制备新型香料氢茉莉酮酸甲酯、药物环戊巴比妥、杀虫剂戊菌隆。

环己酮(cyclohexanone; pimelic ketone) CAS 号 108-94-1。分子式 $C_6H_{10}O$,分子量 98.15。无色透明液体,具有类似薄荷和丙酮的气味。熔点 -47℃,沸点 156℃,闪点 44℃,密度 0.947 8 g/mL,折射率 1.447 0。微溶于水,溶于乙醇、乙醚、丙酮等大多数有机溶剂。制备:以苯酚为原料加氢生成环己醇,再脱氢而得,也可由苯酚部分加氢直接制备;或由环己烷在钴催化剂作用下在空气中氧化生成。用途:作试剂、有机合成中间体,用于生产己内酰胺和己二酸;作油墨、油漆、合成橡胶及合成树脂的溶剂和稀释剂,还可用作皮革脱脂剂。

1,2-环己二酮(1,2-cyclohexanedione) CAS 号 765-87-7。分子式 C_6H_8O,分子量 112.13。无色油状物。熔点 34~38℃,沸点 193~195℃,闪点 84℃,密度 1.118²⁵ g/cm³,折射率 1.518。不溶于水,溶于乙醇、乙醚、丙酮等有机溶剂。制备:由环己酮通过二氧化硒的乙醇溶液氧化而得。用途:作试剂、有机合成中间体。

1,3-环己二酮(1,3-cyclohexanedione) CAS 号 504-02-9。分子式 C_6H_8O,分子量 112.13。淡黄色至浅灰色粉末。熔点 101~105℃,密度 1.1²⁵ g/cm³。微溶于乙醚和二硫化碳,溶于水、乙醇、丙酮、氯仿和热苯。制备:由间苯二酚在 Raney-Ni 催化剂存在下进行加氢反应而得。用途:作试剂、有机合成中间体,用于医药、香料和除草剂磺草酮、硝磺酮的合成。

1,4-环己二酮(1,4-cyclohexanedione) CAS 号 637-88-7。分子式 C_6H_8O,分子量 112.13。淡黄色至浅灰色粉末。熔点 77~79℃,沸点 112℃(20 Torr),闪点 132℃,密度 1.086 1²⁵ g/cm³。溶于水、甲醇、乙醇和丙酮。制备:先由丁二酸二乙酯在乙醇钠

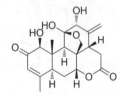

作用下自身缩合,得丁二酰丁二酸二乙酯,再加入浓硫酸、水、乙醇,加热回流反应而得。用途:作试剂、分析试剂、有机合成中间体,用于医药、液晶、电导体材料等的合成。

4-叔丁基环己酮(4-*tert*-butylcyclohexanone) 系统名"4-(1,1-二甲基乙基)环己酮"。CAS号 98-53-3。分子式 $C_{10}H_{18}O$,分子量 154.25。白色至近乎白色的晶体粉末。具木香、薄荷样气味,略有广藿香醇的香气。熔点 47～50℃,沸点 113～116℃(20 Torr),闪点 96℃,密度 0.893^{25} g/cm^3,折射率 1.456 0。不溶于水,溶于乙醇、乙醚、丙酮。制备:由 4-叔丁基苯酚催化氢化生成 4-叔丁基环己醇,再经氧化转化生成。用途:作试剂、有机合成中间体及日化香精。

5,5-二甲基-1,3-环己二酮(5,5-dimethyl-1,3-cyclohexanedione; cyclomethone) 亦称"达美酮""醛试剂"。CAS号 126-81-8。分子式 $C_8H_{12}O_2$,分子量 140.18。白色至绿黄色针状或柱状晶体。熔点 147～150℃(分解)。极微溶于水,溶于甲醇、乙醇、氯仿、苯、乙酸和 50%的醇-水混合液;在氯仿溶液中以 2:1 的酮式和烯醇式互变异构体形式存在。制备:由异丙叉丙酮和丙二酸二乙酯合成而得。用途:作试剂,用于有机合成;作分析试剂,用于比色法、结晶学、发光和分光光度分析以及分离或检验醛类化合物;也可用作过渡金属配合物形成的催化剂。

环庚酮(cycloheptanone; suberone) 亦称"软木酮"。CAS号 502-42-1。分子式 $C_7H_{12}O$,分子量 112.17。无色油状液体,具有类似胡椒薄荷的气味。熔点 - 21℃,沸点 179～181℃,闪点 56℃,密度 0.950 8 g/mL,折射率 1.460 8。不溶于水,溶于乙醇、乙醚、丙酮等大多数有机溶剂。制备:将辛二酸或其酯在掺杂有氧化锌或氧化铈的氧化铝上于 400～450℃加热脱羧而得;或在真空中由辛二酸的锌或镁盐于 400℃加热而得;也可由环己酮与硝甲烷依次经加成、还原、重氮化、扩环而得。用途:作试剂、溶剂、有机合成中间体,用于颠茄酮以及解痉剂和血管扩张剂药物等有机物的合成。

环辛酮(cyclooctanone) CAS号 502-49-8。分子式 $C_8H_{14}O$,分子量 126.20。浅黄色到无色透明液体或低熔点白色固体。熔点 32～41℃,沸点 195～197℃,闪点 74℃,密度 0.958^{25} g/cm^3,折射率 1.469 4。不溶于水,溶于甲醇、乙醇、丙酮、氯仿等大多数有机溶剂。制备:由壬二酸在碱作催化剂条件下于高温反应而得;或由环辛烷氧化得环辛醇和环辛酮粗产品,将粗产品分离提纯分别得到环辛醇和环辛酮。用途:作试剂、有机合成中间体,用于有机合成、医药合成中间体,可用于合成治疗非典型性精神病药物布南色林(blonanserin)。

环十二酮(cyclododecanone) CAS号 830-13-7。分

子式 $C_{12}H_{22}O$,分子量 182.31。白色固体。熔点 60.8℃,沸点 85℃(1 Torr),闪点 118℃,密度 0.906^{25} g/cm^3,折射率 $1.457 1^{60}$。不溶于水,溶于乙醇和醚。制备:由环十二醇催化脱氢而得。用途:作试剂、有机合成中间体和合成香料的原料,主要用于合成 1,12-十二烷二酸和某些特殊尼龙的前体月桂内酰胺,还用于转化为香料前体环十六烷酮。

胡薄荷酮((*R*)-(＋)-pulegone) 亦称"长叶薄荷酮""(＋)-蒲勒酮",系统名"(*R*)-5-甲基-2-(1-甲基亚乙基)环己酮"。CAS号 89-82-7。分子式 $C_{10}H_{16}O$,分子量 152.24。清澈、无色油状液体,具介于薄荷和樟脑类似的令人愉悦的气味。沸点 224℃,97℃(12 Torr),闪点 82℃,密度 0.934 6 g/mL,折射率 1.485 0～1.488 0,$[\alpha]_D^{20}$(纯)＋21.5～＋25.5。溶于水,与乙醇、乙醚、氯仿混溶,溶于正己烷、乙酸乙酯。制备:从猫爪草、胡薄荷和薄荷精油中分离,可经亚硫酸盐加成物精制。用途:作有机合成原料,用于合成薄荷脑等;具有抗炎、抗病毒、镇痛作用,用在调味剂、香料和芳香疗法中。

鸢尾酮(irone) 亦称"α-甲基紫罗兰酮",系统名"(*3E*)-4-(2,5,6,6-四甲基-2-环己烯-1-基)-3-丁烯-2-酮"。CAS号 79-69-6。分子式 $C_{14}H_{22}O$,分子量 206.32。无色或极浅的淡黄色油状液体,有紫罗兰、鸢尾、桂花的甜香。有 α-体、β-体、γ-体三种异构体,以 α-体为主。市售商品为 α-体和 β-体的混合物。沸点 248℃,闪点 ≥100℃,密度 0.931～0.937 g/mL,折射率 1.500～1.503。不溶于水,易溶于乙醇、丙二醇、石蜡油、丙酮。天然品存在于鸢尾、紫罗兰、桂花、紫藤花等植物中,是鸢尾油的主要香气成分。制备:由柠檬醛与丁酮缩合得到假性异甲基紫罗兰酮,然后经环化、异构化而得;也可以由二甲基丁二烯和异戊二烯合成而得。用途:作香料以及鸢尾油的代用品,用于配制树莓、草莓等花香型化妆品香精,也可以用于烟用、酒用等类香精中。

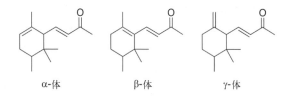

α-体　　　β-体　　　γ-体

环丙基甲基酮(cyclopropyl methyl ketone) 亦称"乙酰基环丙烷"。CAS号 765-43-5。分子式 C_5H_8O,分子量 84.12。无色液体。熔点 < - 70℃,沸点 114℃,闪点 13℃,密度 0.849 g/mL,折射率 1.424 0。易溶于水,与乙醇、乙醚、丙酮混溶。制备:以 5-氯-2-戊酮为起始原料,在碱性条件下反应而得;或以邻苯二胺、环丙基甲酸和碘甲烷等为原料制备;

或以乙酰乙酸乙酯和 1,2-二溴乙烷为原料合成。用途：作医药及农药中间体，如作抗艾滋病药依氟维（Efavirenz）和伊尔雷敏（Yierleimin）的关键中间体。

环丁基甲基酮（cyclobutyl methyl ketone）　亦称"乙酰基环丁烷"。CAS 号 3019-25-8。分子式 $C_6H_{10}O$，分子量 98.14。透明无色至黄绿色液体。沸点 137～139℃（754 Torr），闪点 29℃，密度 0.902^{25} g/mL，折射率 1.432。易溶于水，与乙醇、乙醚、丙酮混溶。制备：以乙酰乙酸乙酯和 1,3-二溴丙烷为原料合成。用途：作试剂、有机合成中间体。

1-环戊基乙酮（1-cyclopentylethanone）　亦称"乙酰环戊烷""甲基环戊基酮"。CAS 号 6004-60-0。分子式 $C_7H_{12}O$，分子量 112.17。无色液体。沸点 151～156℃，闪点 47℃，密度 0.935 g/mL，折射率 1.443 5。混溶于水、甲醇、乙醇、氯仿、丙酮。制备：由乙酰乙酸乙酯和 1,4-二卤代烷合成而得。用途：作试剂，用于有机合成。

2-乙酰基环戊酮（2-acetylcyclopentanone）　CAS 号 1670-46-8。分子式 $C_7H_{10}O_2$，分子量 126.15。无色至淡黄色液体。沸点 91～92℃（18 Torr），闪点 73℃，密度 $1.078~4^{17}$ g/mL，折射率 1.487。微溶于水，混溶于乙醇、丙酮和乙醚。制备：以环戊酮为原料与乙酸酐在三氟化硼作用下反应合成。用途：作试剂、有机合成中间体。

(－)-马鞭草烯酮（(－)-verbenone）　亦称"(1S,5S)-2-蒎烯-4-酮"，系统名"(-)-4,6,6-三甲基二环[3.1.1]庚-3-烯-2-酮"。CAS 号 80-57-9。分子式 $C_{10}H_{14}O$，分子量 150.22。液体，具有令人愉快的特征气味。熔点 3～5℃，沸点 227～228℃、80～84（9 Torr），闪点 109℃，密度 0.978 g/mL，折射率 1.495 7。几乎不溶于水，与乙醇、丙酮等有机溶剂混溶。制备：是西班牙马鞭草油的主要成分，也存在于迷迭香油中；可通过 α-蒎烯的氧化而制得。用途：对树皮甲虫如山松甲虫和南松树皮甲虫的控制有重要作用，作昆虫信息素。

1-环己基乙酮（1-cyclohexylethanone）　亦称"乙酰环己烷""甲基环己基酮"。CAS 号 823-76-7。分子式 $C_8H_{14}O$，分子量 126.20。无色液体。熔点-34℃，沸点 181～183℃，闪点 57℃，密度 0.919 8 g/mL，折射率 1.452 0。稍溶于水，溶于甲醇、乙醇、氯仿、丙酮。制备：由环己烯和乙酰氯合成而得；或由环己基甲酸和甲基锂在 1,2-二甲氧基乙烷-乙醚中反应而得。用途：作试剂，用于有机合成。

姜酮（zingerone；vanillylacetone）　亦称"姜油酮"，系统名"4-(3-甲氧基-4-羟基苯基)-2-丁酮"。CAS 号 122-48-5。分子式 $C_{11}H_{14}O_3$，分子量 194.23。从丙酮、石油醚

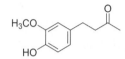

或乙醚-石油醚中得淡黄或淡琥珀色晶体，室温下久置后成黏性液体。具有强烈的姜样的辛辣味道，且具有甜香、辛香、浓郁而沉厚的花香香气，留香持久。熔点 40～41℃，沸点 141℃（0.5 Torr）。微溶于水，溶于乙醚和稀碱液。新鲜生姜不含姜酮，但可由生姜根蒸煮或干燥过程产生。制备：由生姜的精油中分离而得；或以香兰醛为起始原料，在碱性条件下与丙酮进行 Claisen-Schmidt 缩合反应，制得脱氢姜酮，再经 Pd/C 催化加氢制得。用途：作调香用香料，以引入辛辣的香味，用于食用香精和调味制品配方中。在日化香精配方中，主要用作浓郁香型香精的增甜剂。

3-甲基环十五烷酮（3-methylcyclopentadecanone）　亦称"麝香酮"。分子式 $C_{16}H_{30}O$。分子量 238.42。油状液体，有麝香味，香气阈值百万分之 0.001～0.01，留香持久。与乙醇混溶，微溶于水。分子含有一个手性碳原子，有一对对映异构体，天然麝香酮（R）-体。熔点 15℃，密度 0.922 1 g/mL。包括外消旋体在内的物性数据如下：

名　　称	CAS 号	沸点 （℃/Torr）	密度 （g/mL）	折射率	$[\alpha]_D^T$ （甲醇）
(R)-3-甲基环十五酮	10403-00-6	130/0.5	$0.922~1^{17}$	$1.480~2^{17}$	$[\alpha]_D^{17}-13$
(S)-3-甲基环十五酮	63975-98-4	145/0.9	$0.921~2^{18}$	$1.478~5^{24}$	$[\alpha]_D^{25}+12.4$
(±)-3-甲基环十五酮	956-82-1	85/0.1	$0.917~7^{20}$	$1.476~7^{26}$	—

天然品是从鹿科动物林麝或原麝成熟雄体香囊中的干燥分泌物提取得到的活性成分之一，天然麝香的主要香成分，大环麝香的代表性品种。制备：可由环己酮、丁二烯、环十五酮等多种原料出发合成。以香茅醛为原料，经由成环烯烃复分解反应的关键步骤及还原氢化可制备（R）-体。用途：作高级香料，化妆品香精的有效定香剂，也用于医药。

2-金刚烷酮（2-admantanone）　系统名"三环[3.3.1.1(3.7)]癸-2-酮""2-氧基金刚烷"。CAS 号 700-58-3。分子式 $C_{10}H_{14}O$，分子量 150.22。白色或灰白色晶体，有樟脑似气味。熔点 256～258℃（升华），密度 1.105 g/cm³。不溶于水，溶于甲醇、乙醇、二甲基亚砜等有机溶剂。制备：以金刚烷为原料采用浓硫酸直接氧化法制取，或通过 1-金刚烷醇在浓硫酸中于 30℃加热而得。用途：作试剂、有机合成原料、医药中间体，用于合成金刚烷衍生物，作感光材料应用于信息技术领域。

肾上腺酮（corticosterone）　亦称"皮质酮"，系统名

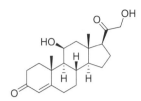

"(11β)-11,21-二羟基孕甾-4-烯-3,20-二酮"。CAS 号 50-22-6。分子式 $C_{21}H_{30}O_4$,分子量 346.47。白色晶体。熔点 179～183℃,$[\alpha]_D^{15} + 223$($c = 1.1$,EtOH)。不溶于水,溶于乙醇、丙酮等一般有机溶剂。是一种在肾上腺皮质产生的皮质类醇激素,除极少数由于 17α-羟化酶缺乏而引起的先天性肾上腺增生外,其对人类的重要性很小。制备:可由 4-孕烯-3,11,20-三酮合成。用途:作肾上腺皮质激素。在两栖动物、爬行动物、啮齿动物和鸟类动物中是主要的糖皮质激素,具有调节应激反应、免疫反应的功能。

11-脱氢皮质甾酮(11-dehydrocorticosterone) 系统名"Δ⁴-孕烯-21-醇-3,11,20-三酮"。CAS 号 72-23-1。分子式 $C_{21}H_{28}O_4$,分子量 344.45。

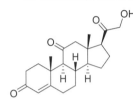

从丙酮-水溶液中得棱柱形晶体。熔点 177～180℃,$[\alpha]_D^{25} + 258$(EtOH)。微溶于水,溶于乙醇和苯。是一种天然存在的内源性皮质类固醇,存在于牛和其他动物的肾上腺中。制备:可由 4-孕烯-3,11,20-三酮合成。用途:作医药,用于肾上腺激素缺乏症的治疗。

脱氧皮质甾酮(deoxycorticosterone) 系统名"Δ⁴-孕甾烯-21-醇-3,20-二酮"。CAS 号 64-85-7。分子式 $C_{21}H_{30}O_3$,分子量 330.47。从乙醇中得片状晶体。熔点 139～141℃,$[\alpha]_D^{25} +178$(EtOH)。

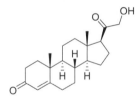

不溶于水,溶于乙醇和丙酮。存在于肾上腺皮层中。制备:可由其乙酸酯水解制得。用途:作医药,用于控制体内无机盐的平衡;作医药中间体,用于羟孕酮琥酯钠等的合成。

氯地孕酮(chlormadinone) 系统名"17α-羟基-6-氯-5-脱氢孕甾酮"。CAS 号 1961-77-9。分子式 $C_{21}H_{27}ClO_3$,分子量 362.89。白色晶体。熔点 212～214℃,$[\alpha]_D^{20} +68$(二噁烷)。不溶于水,溶于乙醇、丙酮等一般有机溶剂。

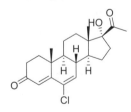

制备:可由 17α-羟基黄体酮合成。用途:临床上用其乙酸酯作强效孕激素避孕药物。

甲地孕酮(megestrol) 系统名"17α-羟基-6-甲基孕甾-4,6-二烯-3,20-二酮"。CAS 号 3562-63-8。分子式 $C_{22}H_{30}O_3$,分子量 342.48。白色晶体。熔点 205～206℃,$[\alpha]_D^{20} + 42.6$($c = 1.1$,氯仿)。不溶于水,溶于乙

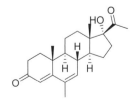

醇、丙酮等有机溶剂。制备:可由甲孕酮与四氯苯醌作用而得。用途:有抗雌激素作用,抑制排卵、影响宫颈黏液稠度及子宫内膜正常发育,从而阻止精子穿透和孕卵着床。临床上用其乙酸酯作避孕药,治疗痛经、闭经、功能性子宫出血、子宫内膜异位症等。为半合成孕激素衍生物,对激素依赖性肿瘤,如子宫内膜腺癌,有一定抑制作用,并具有增进肿瘤患者食欲、增加体重、缓解疼痛和自觉症状的辅助疗效。

甲孕酮(medroxyprogesterone) 亦称"甲羟孕酮",系统名"(6α-甲基-17α-羟基孕甾-4-烯-3,20-二酮"。CAS 号 520-85-4。分子式 $C_{22}H_{32}O_3$,分子量 344.50。白色或类白色晶体粉末。熔点 220～223℃,密度 1.13 g/cm³,$[\alpha]_D^{22} +78$($c=1$,氯

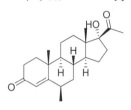

仿)。不溶于水,微溶于无水乙醇,易溶于氯仿。制备:可由 5,17-二羟基-6β-甲基-5α-孕甾-3,20-二酮与氯化氢作用而得。用途:作药物,用于治疗肾癌、乳腺癌、子宫内膜癌、前列腺癌,增强晚期癌症病人的食欲。临床上用其乙酸酯,用于痛经、功能性子宫出血、功能性闭经、习惯性或先兆流产、子宫内膜异位症等。

炔诺酮(norethindrone) 亦称"降雄甾炔酮",系统名"17α-19-去甲基睾酮"。CAS 号 68-22-4。分子式 $C_{20}H_{26}O_2$,分子量 298.42。白色或类白色的晶体粉末。熔点 202～208℃,$[\alpha]_D^{20} - 31.7$(氯仿)。难溶于水,易溶于

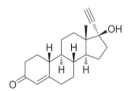

乙醇,溶于二甲基亚砜。制备:以雌二醇-3-甲基醚为原料合成而得。用途:作试剂,用于生化研究;作孕激素类药,用于短效口服避孕以及月经不调、子宫功能性出血、子宫内膜异位症的治疗。

雄甾酮(androsterone) 亦称"雄烯二酮""雄酮",系统名"3α-羟基-5α-雄甾烷-17-酮"。CAS 号 53-41-8。分子式 $C_{19}H_{30}O_2$,分子量 290.44。白色晶体或粉末。熔点 185～186℃,$[\alpha]_D^{20} +94.6$($c = 0.7$,乙醇),$[\alpha]_D^{15} +87.8$($c=1.5$,

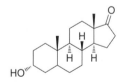

二噁烷)。不溶于水,溶于醇、二噁烷。制备:在体内的肝脏和睾丸中产生,是睾丸激素的一种代谢产物;也存在于人的腋窝和皮肤以及尿液中,也可能由人的皮脂腺分泌。用途:作生化试剂;作为 GABAA 受体的正变构调节剂,具有抗惊厥作用;在体内通过与葡萄糖醛酸化和硫酸化结合,可以从体内去除睾酮,但它是一种弱的神经甾体,可以穿过大脑并对大脑功能产生影响。

雌酮(estrone;oestrone) 亦称"雌酚酮""雌甾酮""动情酮""卵泡素",系统名"1,3,5(10)-雌三烯-3-醇-17-酮"。CAS 号 53-16-7。分子式 $C_{18}H_{22}O_2$,分子量 270.37。

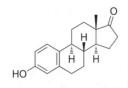

白色至乳白色晶体粉末。熔点258～261℃，$[\alpha]_D^{25}+158\sim+168$（二噁烷）、$[\alpha]_D^{22}+152$（$c=0.995$，氯仿）。不溶于水，微溶于冷乙醇、乙醚、碱液，溶于沸乙醇、丙酮、氯仿、二噁烷。是卵巢成熟卵泡（主要是泡膜细胞）和黄体分泌的三种主要内源性雌激素中的一种（另两种分别是雌二醇和雌三醇），能促进和调节女性副性器官发育，促使女性副性征的出现；雌酮可转化为雌二醇，主要作为雌二醇的前体或代谢中间体。制备：可由孕妇尿中或家畜的卵巢中分离而得；或由17β-雌二醇在17β-羟甾类脱氢酶的作用下转化制得；也可以雄甾-1,4-二烯-3,17-二酮、乙酸去氢表雄酮或者雌甾二烯为原料合成。用途：作试剂、合成避孕药炔雌醇的中间体；作注射用雌激素用于临床，例如用于子宫发育不全、月经失调治疗以及更年期障碍症状的激素疗法，但由于医用治疗、工业和生活排废而导致雌酮对环境水体的污染，已基本停止使用。

甲睾酮（methyltestosterone）　亦称"甲基睾丸素"，

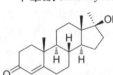

系统名"17α-甲基-雄甾-4-烯-17β-羟基-3-酮"。CAS 号 58-18-4。分子式 $C_{20}H_{30}O_2$，分子量 302.45。白色无臭无味晶体粉末。有吸湿性，遇光变质。熔点 161～166℃，密度 1.13 g/cm³。难溶于水，微溶于乙醚，易溶于乙醇、甲醇、丙酮、氯仿和二噁烷。制备：以去氢表雄酮为原料，经与甲基溴化镁格氏试剂加成，然后经过 Oppennauer 氧化而得。用途：具有促进雄性生殖器官发育成熟，促使第二性征发育并维持，促进蛋白合成及骨质形成，刺激骨髓造血功能和抗雌激素作用。作试剂，用于生化研究；作雄性激素类药物，用于睾丸素缺乏症的补充治疗以及子宫功能性出血、再生障碍性贫血等病症的治疗。除医疗用途外，还用于改善体质和性能。但在许多国家是一种受管制物质，因此非医疗用途通常是非法的。

黄体酮（progesterone）　亦称"孕酮""保孕素"，系统

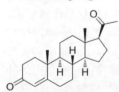

名"孕甾-4-烯-3,20-二酮"。CAS 号 57-83-0。分子式 $C_{21}H_{30}O_2$，分子量 314.46。有 α-型和 β-型两种晶型，从稀乙醇-水溶液中析出得到 α-型，为正交系白色棱柱状晶体，β-型为正交系白色针状晶体。熔点 126℃，密度 1.08 g/cm³，$[\alpha]_D^{20}+186$（$c=1$，乙醇）。两者晶型均不溶于水，溶于乙醇、乙醚、丙酮、氯仿、二噁烷及浓硫酸。孕酮是由卵巢黄体细胞分泌的具有生物活性的一种类固醇激素，也是一切类固醇激素生物合成的中间产物，属于孕激素之一。制备：可由从山药中分离出的植物甾体薯蓣皂苷元出发，经多步转化而得，或由乙酸孕甾双烯醇酮经催化氢化、碱水解和异丙醇铝氧化制得；也可以豆甾醇为原料

料合成。用途：两种晶型有相同的生理活性。作试剂，用于生化研究；作孕激素类药物，用于更年期激素治疗以及习惯性流产、痛经、闭经等病症治疗。

3-氨基莰酮（3-aminocamphor；α-amino-campher）

亦称"3-胺莰酮""3-胺樟脑"，系统名"1,7,7-三甲基-3-氨基二环[2.2.1]庚-2-酮"。CAS 号 2438-17-7。分子式 $C_{10}H_{17}NO$，分子量 167.25。蜡状固体。熔点 110～115℃（分解），沸点 244℃。不溶于水，易溶于乙醇和乙醚。制备：由 3-硝基莰酮用 Na-Hg 合金在 KOH 溶液中还原而得；也可由 3-叠氮基莰酮用 Zn/乙酸或 SnCl₂/盐酸或 Na₂S₂O₄/碱还原而得。用途：作有机合成中间体。

3-氯莰酮（3-chlorocamphor；3-chlorobornan-2-one）　亦称"3-氯樟脑"，系统名"1,7,7-三甲基-3-氯二环[2.2.1]庚-2-酮"。CAS 号 508-29-2。分子式 $C_{10}H_{15}ClO$，分子量 186.68。有两种立体异构体。其中(1R)-3-内型体 CAS 号 133443-54-6，呈片状结晶，具有樟脑气味；熔点 94℃，沸点 244～247℃，密度 1.26 g/cm³，$[\alpha]_D^{20}+96.2$（$c=5$，EtOH）；溶于热水、醇、醚、氯仿、苯和二硫化碳；可随水蒸气蒸发。(1R)-3-外型体 CAS 号 1925-57-1，由乙醇中得树枝状结晶，具有樟脑气味；熔点 117～118℃，沸点 231℃（分解），$[\alpha]_D^{20}+35$（$c=5$，EtOH）；不溶于水和甲酰胺，溶于醇、醚、氯仿和二硫化碳；不稳定，放置中可逐渐释放出 HCl。制备：由樟脑在封管中与磺酰氯在 100℃反应 4 小时得(1R)-3-内型体，也可由樟脑在乙醇或者甲醇中与氯气反应得(1R)-3-内型体；由(1R)-3-内型体溶于沸腾的乙醇后加入乙醇钠反应，再用稀盐酸酸化可转化为(1R)-3-外型体。用途：作有机合成中间体。

4-氯莰酮（4-chlorocamphor）　亦称"4-氯樟脑"，系

统名"1,7,7-三甲基-4-氯二环[2.2.1]庚-2-酮"。CAS 号 55784-69-5。分子式 $C_{10}H_{15}ClO$，分子量 186.68。有两种立体异构体。其中(1S)-体呈固体；熔点 198～199℃，$[\alpha]_D^{20}-30$（$c=5$，EtOH）。外消旋体(±)-体从石油醚中得结晶；熔点 198～199℃。制备：由 d-樟脑氯化得(1S)-体；由(±)-2-外型-4-氯莰醇在乙酸中与 CrO₃-硫酸于蒸汽浴上加热，或于含有碳酸铜的(±)-4-氨基樟脑盐酸盐溶液中通入氯化亚硝酰反应可得(±)-体。用途：作有机合成中间体。

降樟脑（norcamphor）　亦称"2-降冰片酮""2-降莰烷

酮"，系统名"二环[2.2.1]庚-2-酮"。CAS 号 497-38-1。分子式 $C_7H_{10}O$，分子量 110.16。无色或白色结晶。熔点 93～96℃，沸点 172～174℃，55℃（2 Torr），闪点 33℃，密度 1.082 g/cm³，折射率 1.496 4。不溶于水，易溶于乙醇和丙酮。制备：由降冰片氧化而得；或由降莰烷在四氧化钌催化下于乙腈中用高

碘酸钠氧化而得。用途：作有机合成中间体。

薄荷酮（*l*-menthone）　亦称"*l*-盖酮"，系统名"（2S，5R）-5-甲基-2-异丙基环己酮"。CAS 号 14073-97-3。分子式 $C_{10}H_{18}O$，分子量 154.25。无色油状液体，有清新的薄荷香气，并略带有木香香韵。除存在旋光异构体外，还存在有顺反立体异构体；通常将反式体称为"薄荷酮"，顺式体称为"异薄荷酮"；纯 *l*-薄荷酮有强烈的薄荷清香，而异薄荷酮（*d*-薄荷酮）有一种"绿色"的气味，会降低 *l*-薄荷酮的气味质量。可能的立体异构体中含量最丰富的是（2S，5R）-异构体。熔点 - 6℃，沸点 207～210℃，闪点 73℃，密度 0.895 g/mL，折射率 1.450 5，$[\alpha]_D^{20}$ - 20（纯）。微溶于水，溶于乙醇、乙醚、丙酮、苯等有机溶剂。天然品存在于薄荷油及其他许多精油中。制备：可从薄荷油中脱除薄荷脑后所得的薄荷素油中，采用真空精馏法单离而得；实验室可用酸性重铬酸盐氧化薄荷醇制备；或以乙醚作为共溶剂，用化学计量的铬酸氧化剂氧化薄荷醇，该法在很大程度上避免了 *l*-薄荷酮向 *d*-异薄荷酮的异构化。用途：主要作香料，用于日化香精配方中，包括牙膏、化妆品以及其他日化产品加香，配制人造香叶油等。

（Z）-肟基丙酮（（Z）-isonitroso acetone；（Z）-2-oxopropanal oxime）　亦称"（Z）-丙酮醛-1-肟"。CAS 号 31915-82-9。分子式 $C_3H_5NO_2$，分子量 87.08。白色针状结晶。熔点 61℃，沸点 136℃、61℃（20 Torr），密度 0.911 3^{62} g/mL，折射率 1.415 6。易溶于水、乙醇、乙醚和丙酮，能溶于酸或碱液，但在稀酸中易水解。制备：由丙酮和羟胺反应而得。用途：作有机合成中间体；作分析试剂，用于测定钴。

（E）-肟基丙酮（（E）-isonitroso acetone；（E）-2-oxopropanal oxime）　亦称"（E）-丙酮醛-1-肟"。CAS 号 17280-41-0。分子式 $C_3H_5NO_2$，分子量 87.08。由四氯化碳中得片状晶体。熔点 69℃。易溶于水和乙醚，溶于热氯仿、四氯化碳和苯，不溶于石油醚。制备：由丙酮和亚硝酸钠在乙酸中于 0℃反应而得。用途：作有机合成中间体。

4-甲氧基苯基丙酮（4-methoxyphenylacetone）　亦称"甲基对甲氧苄基酮""甲基对茴香基酮"。CAS 号 122-84-9。分子式 $C_{10}H_{12}O_2$，分子量 164.20。无色至淡黄色液体。熔点＜- 15℃，沸点 157～158℃（16 Torr），闪点 101℃，密度 1.067^{18} g/mL，折射率 1.522 2。微溶于水，溶于乙醇、乙醚。制备：由丙酮与对氯苯甲醚在二乙酸钯催化下反应而得；或由对甲氧基苯甲醛与硝基乙烷缩合，然后使所产生的硝基烯在酸性条件下反应而得；或由 1-（4-甲氧基苯基）-1,2-丙二醇在硫酸作用下经重排而得；或以对甲氧基苯甲醛为原料，在甲醇钠或碳酸钠催化下与

2-氯丙酸甲酯进行 Darzens 缩合成环，所得环氧中间体不经分离直接进行水解制得。用途：作有机合成中间体、食用香料（增香剂）。

茴香丙酮（anisylacetone）　系统名"4-（4-甲氧苯基）-2-丁酮"。CAS 号 104-20-1。分子式 $C_{11}H_{14}O_2$，分子量 178.23。无色至淡黄色油状液体，具有甜的花果香以及樱桃、玫瑰、金合欢样香气。熔点 10℃，沸点 152～153℃（15 Torr），密度 1.046 g/mL，折射率 1.522 5。不溶于水，略溶于 1,2-丙二醇，溶于乙醇。天然品存在八角挥发性油、沉香油中。制备：由苯甲醚与甲基乙烯基酮在无水三氯化铝催化作用下制得；或由乙酸异丙烯酯和 4-甲氧基苯甲醇在五羰基溴铼（I）催化下反应而得。用途：作有机合成中间体，用于多巴酚丁胺的合成；作香料，用于配置水果型香精，用于糖果、布丁类食品、软饮料、冷饮和焙烤食品；也用作昆虫（如金龟子）引诱剂。

甲卡西酮（methcathinone）　俗称"浴盐""丧尸药"，系统名"2-（甲基氨基）-1-苯基-1-丙酮"。CAS 号 5650-44-2。分子式 $C_{10}H_{13}NO$，分子量 163.22。白色或类白色粉末。有一个手性碳原子，所以有两个对映异构体；其中（R）-体 CAS 号 5650-44-2，$[\alpha]_D^{26}$ +50（c=4.4，MeOH）；（S）-体 CAS 号 112117-24-5，$[\alpha]_D^{27}$ - 48.3（c = 2，MeOH）。沸点 120～121℃（11 Torr）。作为盐酸盐形式更稳定，更易溶于水。吸食后有强烈精神刺激剂作用，具有高度心理成瘾性，长期高剂量使用可导致急性神经紊乱；滥用者可产生易怒、攻击行为、心动过速、精神错乱、头痛、恶心、心悸、胸痛等急性中毒症状。制备：由麻黄碱氧化得到。用途：对多巴胺转运体和去甲肾上腺素转运体有很强的亲和力，对血清素转运体的亲和力低于甲基苯丙胺；因成瘾易滥用，没有临床使用价值；中国国家药品食品监督管理局规定为 I 类精神药品管理，生产销售都受到严格管制。

三聚乙醛（paraldehyde；paracetaldehyde）　系统名"2,4,6-三甲基-1,3,5-三噁烷"。CAS 号 123-63-7。分子式 $C_6H_{12}O_3$，分子量 132.16。无色油状液体，具有令人愉快的辛辣气味。易分解成乙醛，可作为乙醛的稳定形态，以便于乙醛的储存和运输。熔点 12.6℃，沸点 124℃，闪点 24℃，密度 0.994 g/mL，折射率 1.404 4。溶于水，混溶于多数有机溶剂。制备：乙醛在存放过程中自动聚合而成；工业上是以硫酸等无机酸为催化剂使乙醛发生聚合而得。用途：作溶剂、试剂、橡胶促进剂和抗氧剂，用于农药、香料、医药等的合成。

2-羟基丙醛（2-hydroxypropanal；lactaldehyde）　CAS 号 3913-65-3。分子式 $C_3H_6O_2$，分子量 74.08。从乙醇中得针状晶体。有一个手性中心，其中（R）-体 CAS 号

3946-09-6，$[\alpha]_D^{25}+5.8$（$c=11$，苯）；（S）-体 CAS 号 3913-64-2。外消旋体熔点 105～107℃，沸点 180～186℃，折射率 1.437^{25}。纯品为二聚体。在水溶液中解离为单体。溶于乙酸，较易溶于水、乙醇和丙酮，不溶于乙醚。制备：甲基乙二醛通过甘油脱氢酶而转化为 2-羟基丙醛，是甲基乙二醛代谢途径的中间产物，然后通过醛脱氢酶将其进一步氧化成乳酸；实验室由 3-丁烯-2-醇经臭氧化而得；或由二乙醇缩 2-羟基丙醛在丙酮中经硫酸催化水解而得。用途：作有机合成中间体。

3-羟基丙醛（3-hydroxypropanal；hydracrylaldehyde）亦称"罗氏菌素""β-羟基丙醛"。CAS 号 2134-29-4。分子式 $C_3H_6O_2$，分子量 74.08。性质活泼，易聚合。在水溶液中主要呈现单体、水合物和二聚体三种状态。溶于乙醇、乙醚、丙酮，极易溶于水。沸点 74～77℃（12 Torr），折射率 1.448 5。制备：由 1,3-丙二醇在水中用溴胺 B（N-溴代苯磺酰胺基钠）氧化而得；或由环氧乙烷、氢气、一氧化碳在八羰基二钴催化下进行羰基化反应而得；也可由丙烯醛经水合而得。或者利用甘油进行生物转化而生成。用途：作有机合成中间体；具广谱抗菌特性，其潜在用途如作为食品防腐剂、生物灭菌剂、抗感染治疗剂、口香糖添加剂等。

甘油醛（glyceraldehydes；glyceral）亦称"丙醛糖"，系统名"2,3-二羟基丙醛"。CAS 号 56-82-6。分子式 $C_3H_6O_3$，分子量 90.08。白色结晶。有一个手性碳原子，故有一对对映异构体，（R）-体 CAS 号 453-17-8，亦称 D-（+）-甘油醛，$[\alpha]_D^{20}+8.7$（$c=2$，水）；（S）-体 CAS 号 497-09-6，亦称"L-(-)-甘油醛"，$[\alpha]_D^{25}-8.7$（$c=1$，水）。外消旋体熔点 145℃，沸点 140～150℃（0.8 Torr），闪点 112℃，密度 1.455^{18} g/cm^3。微溶于水，不溶于苯、石油醚及戊烷。制备：由甘油在亚铁盐催化下经过氧化氢进行温和氧化而得，同时制得 1,3-二羟基丙酮。用途：作试剂、有机合成中间体和营养剂。

香茅醛（citronellal；rhodinal）亦称"雄刈萱醛"，系统名"2,3-二羟基丙醛"。CAS 号 106-23-0。分子式 $C_{10}H_{18}O$，分子量 154.25。无色至微黄色液体，有柠檬、香茅和玫瑰香气。沸点 201～207℃、85～87℃（10 Torr），闪点 76℃，密度 0.855 g/mL，折射率 1.451 2。不溶于水和甘油，微溶于丙二醇，易溶于乙醇。有一个不对称碳原子，可以 d-、l-和外消旋体存在。d-香茅醛具有（R）-构型，为香茅油和桉叶油等主要成分，CAS 号 2385-77-5，$[\alpha]_D^{24}+18.22$（$c=7.3$，氯仿）；l-香茅醛具有（S）-构型，存在于柠檬草油中，CAS 号 5949-05-3，$[\alpha]_D^{24}-19.2$（$c=0.7$，氯仿）。制备：用单离方法从天然植物精油中提取；或由香茅醇在催化剂存在下催化脱氢氧化而得；也可由柠檬醛催化氢化而得。用途：作香料、定香剂、协调剂和变调剂，用于配制柑橘类和樱桃

型香精，特别用于突出草青气功效；作香料中间体，用于合成香茅醇、羟基香茅醛、薄荷脑等；具有驱虫性能，用于祛除蚊虫。

α-戊基肉桂醛（α-amyl cinnamic aldehyde）亦称"茉莉醛""素馨醛"，系统名"2-亚苄基庚醛"。CAS 号 122-40-7。分子式 $C_{14}H_{18}O$，分子量 202.30。苍黄色油状液体，具有强烈的茉莉花香味。沸点 174～175℃（20 Torr）、132℃（4 Torr），密度 0.971 1 g/mL，折射率 1.538 1。不溶于水，溶于乙醇、乙醚。是茉莉花油的主要成分之一。制备：由苯甲醛与正庚醛在氢氧化钠催化下经 aldol 缩合反应而得。用途：作食品增香剂，用于配制苹果、杏、桃、草莓等食用香精，也应用于日化香精，调配茉莉、铃兰、紫丁香等。

l-葑酮（l-fenchone）系统名"（1R,4S）-(-)-1,3,3-三甲基-二环[2,2,1]庚烷-2-酮"。CAS 号 7787-20-4。分子式 $C_{10}H_{16}O$，分子量 152.24。无色至淡黄色油状液体，具有浓郁的果香、青香和木香以及鲜花和水果甜香气。熔点 6～8℃，沸点 192～194℃，闪点 78℃，密度 0.948 4 g/mL，折射率 1.462 8，$[\alpha]_D^{20}-52$（纯）。不溶于水，难溶于丙二醇，溶于乙醇。天然品存在于艾草、艾菊和雪松中，其对映体（（1S,4R）-体，右旋体）主要存在于野生、苦味和甜茴香的植物和种子中。制备：由（+）-葑醇经氧化而得。用途：作试剂；作食用香料，用于配制覆盆子、葡萄、樱桃、热带水果等水果型香精。

α-紫罗兰酮（α-ionone；α-irisone）亦称"α-芷香酮""甲位紫罗兰酮"，系统名"（3E）-4-(2,6,6-三甲基环己-2-烯-1-基)-3-丁烯-2-酮"。CAS 号 127-41-3。分子式 $C_{13}H_{20}O$，分子量 192.30。无色至微黄色液体，具有较强的紫罗兰香气和暖的木香，伴有果香香韵，稀释后呈鸢尾根香气。沸点 259～263℃、130～132℃（13 Torr），闪点 104℃，密度 0.929 1 g/mL，折射率 1.499 6。不溶于水和甘油，溶于乙醇、丙二醇。天然品存在于金合欢油、桂花浸膏等中。制备：由柠檬醛与丙酮在氢氧化钠作用下缩合得假性紫罗兰酮，然后用 Lewis 酸或 80% 磷酸处理，主要得到 α-紫罗兰酮及少量 β-紫罗兰酮，再经分馏而得。用途：作食用香料，用以配制龙眼、树莓、黑莓、樱桃、柑橘等型香精，也用于调配日化、皂用香精。

β-紫罗兰酮（β-ionone；β-irisone）亦称"乙位紫罗兰酮"，系统名"（3E）-4-(2,6,6-三甲基环己-1-烯-1-基)-3-丁烯-2-酮"。CAS 号 79-77-6。分子式 $C_{13}H_{20}O$，分子量 192.30。浅黄色至无色液体。有紫罗兰香味。熔点 -35℃，沸点 126～128℃（12 Torr），闪点 122℃，密度 0.945 g/mL，折射率 1.517 5。不溶于水和甘油，溶于乙

醇、乙醚、丙二醇。天然品存在于紫罗兰等多种植物中。制备：由柠檬醛与丙酮在稀氢氧化钠作用下缩合得假性紫罗兰酮，然后用稀硫酸环化成β-紫罗兰酮和少量α-紫罗兰酮的混合物，再经分馏而得。用途：作有机合成中间体，大量用于生产维生素 A、E 和胡萝卜素；作食用香料，用于配制樱桃、葡萄、树莓、草莓、黑莓、菠萝等型香精，也用于调配日化香精。

γ-紫罗兰酮（γ-ionone）　系统名"(3E)-4-(2,2-二甲基-6-亚甲基环己基)-3-丁烯-2-酮"。

CAS 号 79-76-5。分子式 $C_{13}H_{20}O$，分子量 192.30。浅黄色至无色液体，有暖的木香、紫罗兰香和白兰地香气。沸点 131℃ (13 Torr)，闪点 104℃。天然品存在于番茄中。制备：由环香叶醛与丙酮缩合，将所得混合物中β-紫罗兰酮经硅胶色谱柱分离除去后制得。用途：作食用香料，用于玫瑰等花香型香精，也用于调配日化香精。

顺-茉莉酮（cis-jasmone）　系统名"(Z)-3-甲基-(2-戊烯基)-2-环戊烯-1-酮"。CAS 号 488-10-8。

分子式 $C_{11}H_{16}O$，分子量 164.25。淡黄色油状液体，有茉莉花香和芹菜籽香气。其环外反式异构体 CAS 号 6261-18-3，香气远差于顺式。顺式体沸点 82～85℃ (1 Torr)、134～135℃ (12 Torr)，闪点 107℃，密度 0.942 4 g/mL，折射率 1.498 9。微溶于水，溶于乙醇、乙醚、四氯化碳。天然品存在于茉莉油、黄水仙油、橙花油等精油中，也存在于胡椒、留兰香、香柠檬、长寿花、薄荷、茶叶及多种花中。制备：有多种工业合成方法，典型的有：由糠醛与顺式-2-戊烯基溴化镁进行格氏反应，生成顺式-2-戊烯基-2-吠喃甲醇，再通过催化异构化使其转变为顺式-2-戊烯基-3-羟基-4-环戊烯酮，再催化还原为顺式-2-戊烯基-2-环戊烯酮，最后与碘甲烷发生甲基化反应而得；在强碱存在下，使 2-甲基呋喃与丙烯醛进行反应得到 3-(2-甲基-5-呋喃喃基)丙醛，通过 Wittig 反应延长碳链，生成(2-甲基-5-呋喃基)-3-己烯，再在酸性条件下使呋喃环开环，形成制成十一碳烯二酮，然后通过 aldol 缩合-环化而得；或由(Z)-4-氧代癸-7-烯醛经分子内 aldol 缩合，所得产物再用甲基锂引入甲基而制得；或以(Z)-3-己烯-1-醇为原料经多步反应而得；或以环戊烯-2-酮为原料合成；或以 2,4-己二烯-1-醇和 2-甲基呋喃为原料合成等。用途：作香料，用于高级茉莉系列化妆品、香皂和食品、饮料、糖果中；也作香料中间体，用于二氢茉莉酮的合成等。

二亚苄基丙酮（dibenzylideneacetone；dibenzalacetone；DBA）　系统名"(1E,4E)-1,5-二苯基-1,4-戊二烯-3-酮"。CAS 号 538-58-9。分子式 $C_{17}H_{14}O$，分子量 234.30。黄色结晶固体。熔点 112～

114℃，沸点 230℃（20 Torr），密度 1.033^{118} g/mL。其(1Z,4E)-式异构体为淡黄色针状结晶，熔点 60℃；(1Z,4Z)-式异构体为黄色油状液体。溶于乙醇、丙酮、氯仿，不溶于水。制备：由苯甲醛和丙酮在乙醇水溶液中于 20～25℃反应而得。用途：作试剂，金属有机化学中作配体，用于防日光制品的制备。

9-十七酮（9-heptadecanone）　亦称"二辛基酮"。

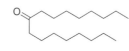

CAS 号 540-08-9。分子式 $C_{17}H_{34}O$，分子量 254.46。从水中得片状晶体。熔点 51～53℃，沸点 142.3℃（1.5 Torr），密度 0.791^{80} g/mL，折射率 $1.420\ 5^{80}$。不溶于水，微溶于冷乙酸，溶于甲苯。制备：由正壬酸与五氧化二磷在 210℃反应而得；也可由正辛基溴化镁与壬腈反应制得。用途：作试剂。

4-十七酮（4-heptadecanone）　亦称"丙基十三烷基酮"。CAS 号 53685-77-1。分子式 $C_{17}H_{34}O$，分子量 254.46。低熔点固

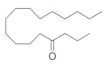

体。熔点 41～42℃。制备：由丁酸和正十四酸（肉豆蔻酸）在二氧化钛存在下于 400℃反应而得；也可由丙基碘化镁与肉豆蔻腈（十四烷腈）反应制得。用途：作试剂。

2-十七酮（2-heptadecanone）　CAS 号 2922-51-2。

分子式 $C_{17}H_{34}O$，分子量 254.46。从苯或乙醇中得晶体。熔点 47～48℃，沸点 149～150℃（0.4 Torr），密度 0.814^{48} g/mL，折射率 $1.428\ 6^{60}$。不溶于水，微溶于冷乙酸，溶于丙酮、石油醚，易溶于乙醚、氯仿和苯。制备：由十六酸钡盐与乙酸钡盐混合物在减压条件下蒸馏而得；或由十六酸与乙酸在二氧化钛存在下于 400～430℃反应而得；或由棕榈酰胺与甲基碘化镁试剂反应而得；也可由棕榈酸与甲基锂在乙酸乙酯中反应制得。用途：作试剂。

灵猫酮（(Z)-civetone）　系统名"(Z)-环十七-9-烯-1-酮"。CAS 号 542-46-1。分子式

$C_{17}H_{30}O$，分子量 250.43。白色针状晶体，有动物香、温甜的灵猫香，略带麝香香气。熔点 31～32℃，沸点 342℃、114℃（0.02 Torr），密度 0.917^{33} g/mL，折射率 $1.482\ 7^{33.4}$。难溶于水，溶于乙醇、苯、氯仿。为灵猫香气的主要成分，在天然灵猫香中约含 3.5%。制备：以从天然虫胶提取得到的 9,10,16-三羟基十六酸为原料，经卤代、消除、酰氯化，再与乙酰乙酸乙酯缩合、脱羧、酯化、碘化、环合以及水解等多个步骤制得；也可从油酸或十一烯酸出发制得。用途：作香料、麝香代用品、香水的定香剂，用于高级香水香精配方中，配制人造灵猫香、调和高级香精。

苯甲醛（benzaldehyde）　亦称"安息香醛"。CAS 号

100-52-7。分子式 C_7H_6O，分子量 106.12。无色至淡黄色液体，有苦杏仁气味。熔点 -56℃，沸点 178～179℃，闪点 64℃，密度 1.046 g/mL，折射率 1.545 5。不溶于水，与乙醇、乙醚、氯仿、苯等溶剂混溶。对眼睛、上呼吸道黏膜有一定的刺激作用。天然品常以苷的形式存在于蔷薇科植物的茎皮、叶或种子中。制备：主要由甲苯直接氧化制得，也可由苯甲醇经氧化而得；或以苯为原料，在三氯化铝作用下，与一氧化碳和氯化氢在压力下反应而得。用途：作化学试剂、医药和染料中间体；作香料，用于日化香精和烟草香精；也用作驱蜂剂。

2-氯苯甲醛（2-chlorobenzaldehyde） 亦称"邻氯苯甲醛"。CAS 号 89-98-5。分子式 C_7H_5ClO，分子量 140.57。无色透明液体。熔点 11～14℃，沸点 212～214℃、100～102℃（15 Torr），闪点 87℃，密度 1.249 g/mL，折射率 1.565 6。不溶于水，溶于乙醇、乙醚、苯等。制备：由邻氯甲苯经二氯化、水解而得；或由邻氯苯甲酸经还原而得；也可由邻氯苯甲醇氧化而得。用途：作化学试剂以及医药、染料、农药中间体，用于合成杀螨剂四螨嗪、氟螨嗪以及医药氨唑西林等。

3-氯苯甲醛（3-chlorobenzaldehyde） 亦称"间氯苯甲醛"。CAS 号 587-04-2。分子式 C_7H_5ClO，分子量 140.57。无色或淡黄色透明液体。熔点 16～18℃，沸点 213～214℃、92～95℃（10 Torr），闪点 88℃，密度 1.241 g/mL，折射率 $1.562\ 4^{25}$。微溶于水，溶于乙醇、乙醚、丙酮和苯。制备：由间硝基苯甲醛经重氮化得到重氮盐，再与氯化亚铜溶液和浓盐酸作用而得；或由间氯苯甲酸经还原而得；也可由间氯苯甲醇氧化而得。用途：作化学试剂以及医药、染料、农药中间体。

4-氯苯甲醛（4-chlorobenzaldehyde） 亦称"对氯苯甲醛"。CAS 号 104-88-1。分子式 C_7H_5ClO，分子量 140.57。淡黄色粉末或无色片状结晶。熔点 45～47℃，沸点 213～214℃、92～94℃（10 Torr），闪点 87℃，密度 $1.195\ 8^{61}$ g/mL。略溶于水和丙酮，易溶于乙醇、乙醚和苯。制备：由对氯甲苯经二氯化后再水解而得，或用对氯甲苯空气氧化制得。用途：作化学试剂以及染料、医药等有机合成中间体。

2-硝基苯甲醛（2-nitrobenzaldehyde） 亦称"邻硝基苯甲醛"。CAS 号 552-89-6。分子式 $C_7H_5NO_3$，分子量 152.12。黄色结晶性固体。熔点 42～44℃，沸点 153℃（23 Torr），闪点 113℃，密度 1.35^{25} g/cm³。几乎不溶于水，易溶于乙醇、乙醚和氯仿。吞食有害，刺激眼睛、呼吸系统和皮肤，对水生生物和水生环境有长期不利影响。制备：由邻硝基甲苯经温和氧化制取。用途：作化学试剂，医药和染料中间体。

3-硝基苯甲醛（3-nitrobenzaldehyde） 亦称"间硝基苯甲醛"。CAS 号 99-61-6。分子式 $C_7H_5NO_3$，分子量 152.12。浅黄色针状晶体。熔点 55～58℃，沸点 232℃，密度 1.279 g/cm³。微溶于水，易溶于乙醇、乙醚和苯。刺激眼睛、皮肤和呼吸系统。制备：用苯甲醛经硝化反应制取，也可用间硝基甲苯经氧化反应制备。用途：化学试剂，染料、医药、材料等有机合成中间体。

4-硝基苯甲醛（4-nitrobenzaldehyde） 亦称"对硝基苯甲醛"。CAS 号 555-16-8。分子式 $C_7H_5NO_3$，分子量 152.12。白色或黄色晶体。熔点 103～106℃，密度 1.546 g/cm³。微溶于水、乙醚，溶于乙醇、苯、乙酸。具有刺激性，对水生生物和水生环境有长期不利影响。制备：用对硝基甲苯和乙酸酐经氧化、水解反应制取，或用苯甲醇经多步反应制备。用途：化学试剂，染料、医药等有机合成中间体。

2,4-二硝基苯甲醛（2,4-dinitrobenzaldehyde） 亦称"间二硝基苯甲醛"。CAS 号 528-75-6。分子式 $C_7H_4N_2O_5$，分子量 196.12。黄色或浅棕色固体。熔点 66～70℃，沸点 190℃（10 Torr）。微溶于水，易溶于乙醇、乙醚，溶于苯、乙酸等有机溶剂。刺激眼睛、皮肤和呼吸系统。制备：可由 2,4-二硝基甲苯经系列反应制取。用途：试剂。

香草醛（vanillin；4-formylguaiacol） 亦称"香荚兰素""香兰素""香荚兰醛""香兰醛"，系统名"4-羟基-3-甲氧基苯甲醛"。CAS 号 121-33-5。分子式 $C_8H_8O_3$，分子量 152.15。白色或微黄色结晶，从石油醚中得四方系晶体，具有香荚兰香气及浓郁的奶香。熔点 81～83℃，沸点 284℃、146℃（10 Torr），密度 1.056 g/cm³，折射率 1.555。微溶于冷水，溶于热水、乙醇、乙醚、丙酮、苯、氯仿、二硫化碳、乙酸和吡啶。制备：可从芸香科植物香荚兰豆中提取，或由 N,N-二甲基苯胺在 30% 的盐酸、亚硝酸钠存在下进行亚硝化，所得亚硝基化合物再与邻甲氧基苯酚、甲醛进行缩合，再经水解而得；也以丁香油或黄樟油素或愈创木酚为基本原料合成制取。用途：作食用香精、日化香精，用于糖果、饮料、冰淇淋等食品香精配方中；也作医药中间体；临床上用于治疗各型癫痫，尤其适用于癫痫小发作。

苯乙酮（acetophenone） 亦称"甲基苯基酮""乙酰苯"。CAS 号 98-86-2。分子式 C_8H_8O，分子量 120.15。纯品为白色板状晶体，市售品多为浅黄色油状液体，有像苯甲醛的杏仁气息和山楂的香气，稀释后具有甜的坚果、水果味道。熔点 19～20℃，沸点 202℃，闪点 77℃，密度 1.028 g/mL，折射率 1.531 5～1.534 0。微溶于水,溶于氯仿、乙醚和乙醇。制备:天然存在于牛奶、乳酪、可可、覆盆子、豌豆、斯里兰卡桂油中,可从岩蔷薇油、鸢尾油等中分离;可由苯和乙酸酐在催化剂作用下经酰化反应合成。用途:作有机合成原料、作溶剂、烯烃聚合的催化剂、增塑剂、光敏剂等;作食品用香料,用于调配樱桃、坚果、番茄、草莓、杏等食用香精,也可用于烟用香精中。

苯偶姻(benzoin) 亦称"二苯乙醇酮",俗称"安息香",系统名"1,2-二苯基-2-羟基乙-1-酮"。CAS 号 579-44-2。分子式 $C_{14}H_{12}O_2$,分子量 212.25。白色或淡黄色棱柱体结晶。熔点 134～138℃,沸点 344℃、194℃(12 Torr),闪点 181℃,密度 1.31 g/cm³。

不溶于冷水,微溶于热水和乙醚,溶于乙醇。天然品存在于安息属植物。制备:由苯甲醛在氰化钾(钠)或维生素 B_1 的催化下经安息香缩合制得。用途:作试剂、防腐剂、生产聚酯的催化剂、有机合成中间体,用于医药、农药、香料、染料等行业,制备光引发剂苯偶、抗癫痫药苯妥英钠、抗胆碱药胃复康和安胃灵等;具有抗基质金属蛋白酶-1、细胞毒和抗溃疡、抗氧化、抗补体、抗菌和抗真菌等活性。

脱氧苯偶姻(deoxybenzoin) 亦称"2-苯基苯乙酮""苄基苯基酮",系统名"1,2-二苯基-乙-1-酮"。CAS 号 579-44-2。分子式 $C_{14}H_{12}O$,分子量 196.25。微黄色片状结晶。熔点 54～55℃,沸点 320℃,闪点>110℃,密度 1.2 g/cm³。不溶于水,溶于乙醇、乙醚、丙酮,稍溶于热水。制备:由苯乙酰氯在无水三氯化铝存在下与苯反应制得。用途:作试剂以及医药、香精香料中间体,用于三苯氧胺、解热镇痛抗炎药以及雌激素类药物的合成等。

联苯甲酰(benzyl;dibenzoyl) 亦称"二苯乙二酮",系统名"1,2-二苯基乙-1,2-二酮"。CAS 号 134-81-6。分子式 $C_{14}H_{10}O_2$,分子量 210.23。黄色棱形结晶粉末。熔点 94～96℃,沸点 346～348℃,闪点 180℃,密度 1.255 g/cm³。不溶于水,溶于乙醇、乙醚、氯仿、乙酸乙酯、苯和甲苯。制备:由苯偶因经三氯化铁、乙酸铜、硫酸铜或硝酸氧化而得。用途:作试剂、光敏剂、黏合剂以及医药、化工合成中间体、也可用作杀虫剂。

α-萘乙酮(α-acetonaphthone) 亦称"1-乙酰基萘"(1-acetylnaphthalene)。CAS 号 941-98-0。分子式 $C_{12}H_{10}O$,分子量 170.21。浅黄色液体。

熔点 10～12℃,沸点 301～303℃,闪点 113℃,密度 1.117 1～1.119 1 g/mL,折射率 1.628 0。不溶于水,溶于乙醇、乙醚、丙酮。制备:由萘与乙酸酐在三氯化铝存在下乙酰化而得。用途:作有机合成、染料和医药的中间体。

β-萘乙酮(β-acetonaphthone) 亦称"2-乙酰基萘"。CAS 号 93-08-3。分子式 $C_{12}H_{10}O$,分子量 170.21。白色针状晶体,具有橙花香气、柑橘似的气味。熔点 52～56℃,沸点 300～301℃,闪点 168℃,密度 0.914～0.919 g/cm³,折射率 1.628 0。不溶于水,溶于苯、乙醇、乙醚、丙酮。制备:由萘和乙酰氯在三氯化铝存在下按 Friedel-Crafts 反应制得。用途:作有机合成中间体,用于肥皂、洗涤剂等日化香精配方中,也用于食用香精配方,用以配制葡萄、草莓、柑橘和橙花等型香精。

二苯甲酮(benzophenone) 亦称"二苯酮""二苯基酮"。CAS 号 119-61-9。分子式 $C_{13}H_{10}O$,分子量 182.22。无色棱状结晶,具有甜味和天竺葵、玫瑰香味。熔点 48.5℃,沸点 305℃,闪点 124℃,密度 1.11 g/cm³,折射率 1.584。不溶于水,溶于乙醇、乙醚、氯仿等有机溶剂。是一种环境激素、内分泌干扰物,能与孕烷 X 受体结合,造成精子数量减少,并导致男性不育症。制备:由铜催化空气氧化二苯甲烷;实验室也可由苯与四氯化碳反应先制得二苯基二氯甲烷,然后水解而得;或由氯苄经与苯缩合,再经硝酸氧化而得;也可以在 Lewis 酸(如三氯化铝)催化剂的存在下通过苯甲酰氯与苯的 Friedel-Crafts 酰化来制得。用途:作试剂、苯乙烯聚合抑制剂、氟橡胶的低温快速硫化剂以及医药化工合成中间体;在紫外光固化应用中作为光引发剂,如印刷工业中的油墨、成像和透明涂层;可防止紫外线损害香水和肥皂等产品的气味和颜色;也可以作为紫外线阻滞剂添加到塑料包装中,以防止包装聚合物或其内容物的光降解,还用于防晒化妆品领域;在生物应用中,广泛用作光物理探针来识别和绘制肽-蛋白质相互作用;作香料或香水的添加剂,用于配制香草、奶油等型香精和作定香剂。实验室作为处理甲苯、苯、乙醚、四氢呋喃、乙腈等溶剂时的无水指示剂。

米氏酮(Michler's ketone;4,4'-bis(dimethylamino)benzophenone) 亦称"米希勒酮""米蚩酮",系统名"双[4-(二甲氨基)苯基]甲酮"。CAS 号 90-94-8。分子式

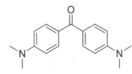

$C_{17}H_{20}N_2O$,分子量 268.35。无色至白色或绿色叶状体或针状体结晶。熔点 173℃,沸点>360℃,闪点 220℃,密度 1.101 g/cm³。不溶于水,微溶于乙醇和乙醚,溶于热苯。刺激皮肤,能引起皮炎和血液中毒,有致癌可能性。制备:由 N,N-二甲基苯胺与光气或三光气通过 Friedel-Crafts 酰基化反应而得。用途:作碱性染料合成的中间体,用于碱性艳蓝 B、碱性艳蓝 R 等的生产;分析化学中作测定钨的试剂,也作光刻制板用增感剂。

1-茚满酮(1-indanone) 亦称"2,3-二氢-1-茚酮"。

CAS 号 83-33-0。分子式 C_9H_8O，分子量 132.16。白色片状结晶。熔点 38~42℃，沸点 243~245℃，闪点 111℃，密度 $1.094^{44.5}$ g/mL。微溶于水，溶于乙醇、乙醚、丙酮、氯仿、石油醚。制备：3-苯基丙酸在 Lewis 酸催化下经分子内 Friedel-Crafs 酰基化反应而得；也可由茚出发，经与干燥氯化氢作用得 α-氯二氢茚，再将其在乙酸中用三氧化铬氧化而得。用途：作试剂、药物合成中间体。

1-苊酮（1-acenaphthenone） 亦称"1(2H)-苊酮""二氢苊酮"。CAS 号 2235-15-6。分子式 $C_{12}H_8O$，分子量 168.19。由乙醇中得针状晶体。熔点 122℃，沸点 180℃（20 Torr），密度 1.279 g/cm³，折射率 1.718。溶于热水、热乙醇、苯和氯仿，微溶于石油醚。溶于氢氧化钠水溶液呈紫色，溶于硫酸呈黄绿色。制备：由 α-萘乙酰氯在三氯化铝催化下反应制得。用途：作染料合成和有机合成试剂。

黄酮（flavone） 系统名"2-苯基-4H-1-苯并吡喃-4-酮"。CAS 号 525-82-6。分子式 $C_{15}H_{10}O_2$，分子量 222.24。从石油醚中得黄色针状晶体。熔点 94~97℃，沸点 185℃（1 Torr）。不溶于水，溶于乙醇、乙醚、氯仿、苯、丙酮和石油醚。天然黄酮类物质主要以结合态（黄酮苷）或自由态（黄酮苷元）形式存在于香料和红色或紫色植物性食品以及茶叶中。制备：以 2-羟基苯乙酮与苯甲酰氯为原料合成。用途：作试剂。黄酮类化合物对能代谢体内大多数药物的酶 CYP（P450）的活性有影响。

4-二氢色原酮（4-chromanone） 系统名"2,3-二氢-4H-苯并吡喃-4-酮"。CAS 号 491-37-2。分子式 $C_9H_8O_2$，分子量 148.16。白色结晶。熔点 35~38℃，沸点 127~128℃（13 Torr），闪点＞110℃，密度 1.196 g/cm³，折射率 1.5750。微溶于水。制备：由 β-苯氧基丙酸与五氧化二磷在磷酸中反应制得。用途：作试剂，用于有机合成。

凯林（Khellin） 系统名"4,9-二甲氧基-7-甲基-5H-呋喃并[3,2-g]苯并吡喃-5-酮"。CAS 号 82-02-0。分子式 $C_{14}H_{12}O_5$，分子量 260.24。无色针状结晶。熔点 154~155℃。溶于丙酮和甲醇，微溶于水和乙醚。制备：天然品存在于伞形科阿迷芹属植物阿米芹果实中；也可以焦倍酚为原料合成而得。用途：作试剂、有机合成中间体，用于生化研究。凯林是一种民间草药，早在古埃及的地中海地区就已用于治疗各种疾病，包括肾绞痛、肾结石、冠状动脉疾病、支气管哮喘、白癜风和银屑病；可用作支气管扩张剂，用来缓解心绞痛相关的疼痛。但也有建议凯林不作为治疗性药物使用，因为风险往往大于

益处，包括产生头晕、可逆性胆汁淤积性黄疸、假过敏反应和肝酶（转氨酶和 γ-谷氨酰转移酶）水平升高等副作用。

凯林酮（khellinone） 系统名"5-乙酰基-4,7-二甲氧基-6-羟基苯并呋喃"。CAS 号 484-51-5。分子式 $C_{12}H_{12}O_5$，分子量 236.22。熔点 98~99℃，沸点 120~130℃（0.03 Torr），密度 1.414 g/cm³。制备：可从凯林或 4,7-二甲氧基-6-羟基苯并呋喃合成而得；也可由 5-乙酰基-4,7-二甲氧基-6-乙氧基苯并呋喃通过与三氟化硼作用转化而得。用途：作试剂、有机合成中间体，用于生化研究。

葎草酮（humulone; α-lupulic acid; α-bitter acid） 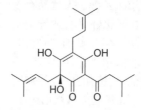 系统名"(6S)-3,5,6-三羟基-2-(3-甲基丁酰基)-4,6-双(3-甲基-2-烯-1-基)环己-2,4-二烯-1-酮"。CAS 号 26472-41-3。分子式 $C_{21}H_{30}O_5$，分子量 362.46。淡黄色粉末。熔点 72℃。天然存在于葎草球果、啤酒花，可在啤酒生产过程中产生。制备：外消旋体可由 1,2,3,5-苯四酚、异戊酰氯以及 3-甲基-1-溴-2-丁烯为主要原料合成而得。用途：具有多种生物活性，包括抗氧化、环氧化酶-2 抑制活性以及抗病毒和抗菌性。作试剂，用于检测麦汁及啤酒含量测定、鉴定和药理实验等。

色酮（chromone） 亦称"色原酮""苯并-γ-吡喃酮"，系统名"苯并吡喃-4-酮"。CAS 号 491-38-3。分子式 $C_9H_6O_2$，分子量 146.14。无色针状晶体。熔点 55~60℃，密度 1.29 g/cm³。微溶于水，溶于乙醇、乙醚、苯和氯仿，可升华，溶于浓硫酸呈蓝紫色的荧光，其醇溶液与碘作用后呈红色。色酮衍生物广泛存在于植物中，有些为有色物质，故母体分子称为色酮。制备：可 2-羟基苯乙酮与甲酸乙酯在碱存在下缩合，产物再经酸催化关环制得；或由顺-3-苯氧基丙烯酸在少量硫酸存在下与乙酰氯反应而得。用途：作试剂、有机合成中间体，用于生化研究。

黄酮醇（flavonol; flavon-3-ol） 亦称"3-羟基黄酮"，系统名"2-苯基-3-羟基-4H-1-苯并吡喃-4-酮"。CAS 号 577-85-5。分子式 $C_{15}H_{10}O_3$，分子量 238.24。从甲醇或乙醇中得无色针状晶体。熔点 171~172℃，密度 1.393 g/cm³。不溶于水，易溶于乙醇、乙醚。制备：以 2-羟基苯乙酮与苯甲醛为原料先进行羟醛缩合，再将所得中间体与过氧化氢作用制得；或以黄酮为原料经进一步转化而得。用途：作试剂、金属有机配体、中药对照品；是代谢体内大多数药物的酶

CYP2C9 和 CYP3A4 的抑制剂;作荧光探针,用于生化研究。

甲酸(formic acid;methanoic acid) 亦称"蚁酸"。CAS 号 64-18-6。分子式 CH_2O_2,分子量 46.03。无色发烟液体。熔点 8.2～8.4℃,沸点 101℃,闪点 69℃,密度 1.220 g/mL,折射率 1.371 4。能与水、乙醇、乙醚、甘油及其他大多数的极性有机溶剂混溶,在烃中也有一定的溶解性。易燃,具有强烈的刺激性和腐蚀性。存在于赤蚁、蜂、毛虫等的分泌物中。制备:由一氧化碳和氢氧化钠溶液在 160～200℃ 和 2 MPa 压力下反应生成甲酸钠,经硫酸酸解后蒸馏即得;或由甲醇和一氧化碳在甲醇钠催化下反应,生成甲酸甲酯,然后再经水解生成甲酸和甲醇。用途:基本有机化工原料之一,广泛用于农药、皮革、染料、医药皮革种类和橡胶等工业;可直接用于织物加工、鞣革、纺织品印染和青饲料的贮存,作橡胶助剂、金属表面处理剂和工业溶剂;在有机合成中作试剂和还原剂,用于合成甲酰胺系列医药中间体、各种甲酸酯和吖啶类染料;还可用于制造印染媒染剂,纤维和纸张的染色剂、处理剂、增塑剂、食品保鲜和动物饲料添加剂等。

过甲酸(performic acid) 亦称"过氧甲酸""过蚁酸"。CAS 号 107-32-4。分子式 CH_2O_3,分子量 62.02。90%的过甲酸溶液为无色液体,有强烈刺激性气味。其水溶液在临用前配制。熔点 -18.5℃,沸点 105℃,闪点 40℃,密度 1.66 g/cm^3。与水、乙醇、乙醚、混溶,溶于苯、氯仿。有着火、爆炸危险,极不稳定。制备:由甲酸、双氧水在少量浓硫酸存在配置其水溶液。用途:有机合成中作氧化剂。

原甲酸(orthoformic acid;methanetriol) 亦称"正甲酸"。CAS 号 463-78-5。分子式 CH_4O_3,分子量 64.04。游离状态不存在。与此结构相应的酯可稳定存在。例如,以氯仿和甲醇钠为原料两步反应可合成原甲酸三甲酯。

乙酸(acetic acid) 亦称"醋酸",无水乙酸也称"冰醋酸"。CAS 号 64-19-7。分子式 $C_2H_4O_2$,分子量 60.05。纯乙酸为无色液体,有刺激性味。是食醋的主要成分。熔点 16.6℃,沸点 118.1℃,闪点 40℃,密度 1.049^{25} g/mL,折射率 1.372 1。溶于水、乙醇、甘油、乙醚和四氯化碳,不溶于二硫化碳。具腐蚀性,蒸气对眼、鼻、咽喉和肺有刺激性,浓蒸气的吸入能引起鼻、咽喉和肺覆膜的严重损伤。制备:工业上可通过合成和细菌发酵生产。用于化学工业的乙酸约 75% 由甲醇的羰基化制得;也可采用乙醛在催化剂存在下与空气进行液相氧化生产乙酸;或以丁烷或丁烯为原料,在催化剂存在下经空气氧化制得。用途:作试剂、溶剂,作酸味剂用于复合调味料;制备醋酐、醋酸乙烯、乙酸酯类、金属醋酸盐、氯乙酸、醋酸纤维素等,也用作制药、染料、农药等有机合成的重要原料。

过氧乙酸(peroxyacetic acid) CAS 号 79-21-0。分子式 $C_2H_4O_3$,分子量 76.05。无色液体,有强烈刺激性气味。熔点 -8.4℃,沸点 110℃(爆炸)、25～26℃(12 Torr),闪点 40.5℃,密度 1.103 7 g/mL,折射率 1.406 9。溶于水、乙醇、乙醚、硫酸等。爆炸性物质,在有机溶剂中浓度小于 55% 时,室温下相对安全。制备:由乙酸与双氧水反应而得。用途:作氧化剂,以及纸张、石蜡、木材、织物、油脂、淀粉的漂白剂;医药工业用作饮水、食品和防止传染病的消毒剂和杀菌剂。

氟乙酸(fluoroacetic acid;monofluoroacetic acid) CAS 号 144-49-0。分子式 $C_2H_3FO_2$,分子量 78.04。无色晶体。熔点 35℃,沸点 165℃,闪点 56℃,密度 1.369 3～1.369 3^{36} g/mL,折射率 1.381^{35}。易溶于水和乙醇。对人及家禽、牲畜均有毒。制备:以氯乙酸为原料,与氟化钾反应制取;工业生产是以氟乙酸钠与硫酸混合蒸馏而得。用途:直接应用很少,主要用其钠盐和其酯类如氟乙酸甲酯作杀鼠药。

三氟乙酸(trifluoroacetic acid;TFA) CAS 号 76-05-1。分子式 $C_2HF_3O_2$,分子量 114.02。无色透明发烟液体。有吸湿性,有强烈刺激性气味。熔点 -15.2℃,沸点 72～73℃,密度 1.489 3 g/mL,折射率 1.285 5。易溶于水、乙醇、乙醚、丙酮和苯。制备:以 2,3-二氯六氟-2-丁烯氧化制取;或由 3,3,3-三氟丙烯经高锰酸钾氧化制得;或由三氯乙腈与氟化氢反应生成三氟乙腈,继而水解制得;或将乙酸(或乙酸酐)进行电化学氟化制得。用途:有机合成试剂,用于合成各种含氟化合物、杀虫剂和染料;作酯化反应和缩合反应等的催化剂;还可作为羟基和氨基的保护剂,用于糖和多肽的合成。

氯乙酸(chloroacetic acid;monochloroacetic acid) CAS 号 79-11-8。分子式 $C_2H_3ClO_2$,分子量 94.50。无色结晶固体。有潮解性。熔点 61℃,沸点 189℃,闪点 126℃,密度 1.40～1.58 g/cm^3。溶于水、乙醇、乙醚、氯仿和二硫化碳。具有强腐蚀性。制备:由乙酸在碘催化下通过氯气直接氯化而得;或以 93% 的硫酸为催化剂,由 1,1,2-三氯乙烯水解生成;也可由氯乙醇氧化制得。用途:作试剂;作染料、农药和医药中间体、淀粉胶黏剂的酸化剂。

二氯乙酸(dichloroacetic acid) CAS 号 79-43-6。分子式 $C_2H_2Cl_2O_2$,分子量 128.94。透明无色至淡黄色液体,有刺鼻气味。熔点 9～11℃,沸点 192～194℃、85℃(8 Torr),闪点 >110℃,密度 1.566 8 g/mL,折射率 1.466 3。溶于水、乙醇和乙醚。制备:由乙酸在碘催化下经氯化而得;或由三氯乙醛水合物经氰化、脱氯化氢和水解而得。用途:作农药及医药中间体,用于制氯霉素中间体二氯乙酸甲酯、尿囊素及阳离子染料等;也用作腐蚀剂。

三氯乙酸(trichloroacetic acid;TCA) CAS 号 76-03-9。分子式 $C_2HCl_3O_2$,分子量 163.38。透明至白色片状晶体,具有腐蚀性,易潮解。熔点 54～58℃,沸点 196℃、141～142℃(25 Torr),闪点 >110℃,密度 1.618^{50} g/cm³,折射率 1.477 5。易溶于水、乙醇和乙醚。制备:由水合三氯乙醛经硝酸氧化而得;或用硫粉为催化剂,使氯乙酸进一步深度氯化,经结晶而得;或以四氯乙烯为原料,在紫外线照射下于 120℃通氧气氧化制得;或以钛为催化剂,四氯乙烯为原料,在 40～120℃进行水解而得。用途:医药上作除疣剂和收敛剂;三氯乙酸钠作选择性除草剂;作生物化学药品提取剂;作分析试剂,如与三氯化铁共用作胆色素的试剂,薄层色谱法测定薄荷呋喃、蛋白质沉淀剂,葡萄糖苷类物质的显色剂,显微镜分析中的固定剂等。

溴乙酸(bromoacetic acid;monobromoacetic acid) CAS 号 79-08-3。分子式 $C_2H_3BrO_2$,分子量 138.95。无色结晶。易潮解。熔点 49～51℃,沸点 208℃,闪点 112℃,密度 1.83 g/cm³。易溶于水、乙醇和乙醚,溶于丙酮和苯。有腐蚀性。制备:以乙酸为原料,在吡啶存在下滴加溴素进行反应制得;或由氯乙酸与氢溴酸反应而得;也可由羟乙酸与氢溴酸反应而得。用途:作试剂、农药和医药中间体,用于有机合成。

碘乙酸(iodoacetic acid;monoiodoacetic acid) CAS 号 64-69-7。分子式 $C_2H_3IO_2$,分子量 185.95。无色或白色片状结晶。熔点 82～83℃,沸点 208℃(分解),闪点 112.3℃,密度 2.189 3～2.269 4 g/mL(85～130℃)。溶于水、热石油醚和乙醇,微溶于乙醚,不溶于氯仿。制备:由氯乙酸与碘化钠反应而得。用途:作试剂、农药和医药中间体,用于有机合成。

乙醇酸(glycolic acid) 亦称"羟基乙酸"。CAS 号 79-14-1。分子式 $C_2H_4O_3$,分子量 76.05。无色晶体。易潮解。熔点 75～80℃,沸点 112℃,分解点 100℃,闪点 300℃,密度 1.416^{25} g/cm³。微溶于乙醚,极难溶于烃类溶剂,溶于水、甲醇、乙醇、丙酸和乙酸乙酯。制备:由一氯乙酸水解制得;或由乙二醇氧化制得;也可由甲醛与一氧化碳在高压下作用制得。用途:作试剂,用于有机合成原料;作羊毛和耐纶的助染剂、化学镀镍的络合剂,用于配制化学洗涤剂,也用作酒石酸的代用品。

苯乙酸(phenylacetic acid;o-tolylic acid) CAS 号 103-82-2。分子式 $C_8H_8O_2$,分子量 136.15。白色粉末,有特殊气味。熔点 77.5℃,沸点 265℃,闪点 132℃,密度 1.100 g/cm³。微溶于水,溶于乙醇、乙醚。天然存在于土豆、可可、蘑菇及百叶玫瑰、橙花、薄荷等精油中。制备:

由苯乙腈水解而得。用途:作试剂、有机合成原料。

α-氯苯乙酸(α-chlorophenylacetic acid) 系统名"2-氯-2-苯基乙酸"。CAS 号 4755-72-0。分子式 $C_8H_7ClO_2$,分子量 170.59。有一个手性碳原子,有一对对映异构体。外消旋体:从石油醚中得片状晶体;熔点 77～78℃;易溶于热石油醚、醇,难溶于冷水及冷石油醚。(R)-体:CAS 号 43195-94-4;从石油醚中得针状结晶;熔点 61℃,$[\alpha]_D^{20}$ -191.3(c=2.2,苯);难溶于冷水,易溶于醇、醚、苯及氯仿。(S)-体:CAS 号 29125-24-4;从石油醚中得结晶;熔点 60～61℃,$[\alpha]_D^{20}$ +191.9(c=2.2,苯);难溶于冷水,易溶于醇、醚、苯及氯仿。制备:由苯乙酸氯代而得,或由扁桃酸与 7,7-二氯环庚-1,3,5-三烯在三乙胺作用下反应制得。用途:作医药中间体。

α-溴苯乙酸(α-bromophenylacetic acid) 系统名"2-溴-2-苯基乙酸"。CAS 号 4870-65-9。分子式 $C_8H_7BrO_2$,分子量 215.05。白色粉末。熔点 83～84℃。制备:由苯乙酸溴代而得,或由扁桃酸与氢溴酸作用制得。用途:作医药中间体。

1-萘乙酸(1-naphthylacetic acid;2-(naphthalen-1-yl)acetic acid) 亦称"α-萘乙酸"。CAS 号 86-87-3。分子式 $C_{12}H_{10}O_2$,分子量 186.21。从水中得针状晶体。熔点 133℃。难溶于冷水,溶于热水,易溶于乙醇、乙醚、丙酮、苯和氯仿等有机溶剂。制备:以萘为原料,在催化剂氯化锌存在下,在盐酸中与甲醛进行 Blanc 氯甲基化反应,生成 α-氯甲基萘,再与氰化钠反应生成 α-萘乙腈,然后在硫酸水溶液中水解而得;或萘在催化剂氯化铝等作用下,与氯乙酸在 200℃下反应制取。用途:作有机合成原料、植物生长激素,合成鼻眼净和眼可明的原料。

巯基乙酸(mercaptoacetic acid) 亦称"硫代乙醇酸"。CAS 号 68-11-1。分子式 $C_2H_4O_2S$,分子量 92.11。无色透明液体,有强烈的令人不愉快气味。熔点 -12～-10℃,沸点 96～97℃(5 Torr),闪点 119℃,密度 1.295 g/mL,折射率 1.504 5。与水混溶,也与乙醇、乙醚混溶,溶于普通有机溶剂。制备:由有机或无机含硫化合物与一氯乙酸钠盐或钾盐反应而得。用途:作试剂、有机合成原料、毛毯整理剂及冷烫液的原料,分析化学中作检验铁、钼、银、锡的试剂;其铵盐及钠盐作卷发冷烫剂,钙盐作脱毛剂。

氰基乙酸(cyanoacetic acid) CAS 号 372-09-8。分子式 $C_3H_3NO_2$,分子量 85.06。白色结晶。熔点 65～67℃,沸点 108℃(15 Torr),闪点 107℃,密度 1.287 g/cm³。溶于水、乙醇、乙

醚,微溶于氯仿、苯乙酸。制备:由氯乙酸在碳酸钠作用下与氰化钠反应制得。用途:作试剂、有机合成中间体,主要用于合成氰乙酸酯类制备,也用于合成维生素 B_6、咖啡因、巴比妥等。

胍基乙酸(guanidinoeacetic acid; N-amidinoglycine)　CAS 号 352-97-6。分子式 $C_3H_7N_3O_2$,分子量 117.11。白色或微黄色结晶性粉末或片状结晶。熔点 280~284℃,密度 1.44 g/cm³。溶于水。制备:由硫脲与溴乙烷反应生成 S-乙基硫脲氢溴酸盐,然后与甘氨酸反应而得。用途:作饲料添加剂、有机合成中间体。

海因酸(hydantoic acid)　亦称"脲基乙酸""氨甲酰基甘氨酸"。CAS 号 462-60-2。分子式 $C_3H_6N_2O_3$,分子量 118.09。白色棱柱晶体。熔点 173~175℃。不溶于冷水,溶于热水、热乙醇及碱液。制备:由甘氨酸和尿素在 130~135℃反应制得,也可由尿素和氯乙酸反应制得。用途:作试剂、有机合成中间体。

丙酸(propanoic acid; propionic acid)　亦称"初油酸"。CAS 号 79-09-4。分子式 $C_3H_6O_2$,分子量 74.08。无色油状液体,有刺激性气味。熔点 -24~-23℃,沸点 141℃,闪点 54℃,密度 0.993²⁵ g/mL,折射率 1.384 8。与水混溶,溶于乙醇、丙酮和乙醚。具腐蚀性。天然存在于发酵或腐败的奶制品、糖蜜、淀粉等中。制备:工业上可通过木浆废液经丙杆菌发酵后提纯而得;由丙醛在空气或其他氧化剂作用下氧化得;轻质烃氧化生产乙酸的同时联产丙酸;以乙醇、一氧化碳和水为原料,在高温、高压下进行催化羧化得到;或由丙腈在浓硫酸催化作用下水解而得;或由丙烯酸加氢还原制得。用途:作试剂、溶剂、作食品防腐剂和防霉剂;作制药、染料、农药等有机合成的重要原料;还可用作啤酒等中黏性物质抑制剂。

2-氯丙酸(2-chloropropionic acid)　亦称"α-氯丙酸"。CAS 号 598-78-7。分子式 $C_3H_5ClO_2$,分子量 108.52。无色液体。有一个手性碳原子,故有一对对映异构体,(R)-体 CAS 号 7474-05-7,$[\alpha]_D^{25}$ +2.0(c =12,水),沸点 77℃(10 Torr);(S)-体 CAS 号 29617-66-1,$[\alpha]_D^{20}$ -9.1(c =2.7,水),沸点 104~108℃(25 Torr)。外消旋体熔点 -13~-11℃,沸点 184~185℃、78~80℃(11 Torr),闪点 101℃,密度 1.258 5 g/mL,折射率 1.435 0。溶于水,也溶于乙醚、丙酮、苯和四氯化碳。制备:由丙酸在三氯化磷催化下与氯气反应而得。用途:作试剂,农药、医药、染料中间体。

2-溴丙酸(2-bromopropionic acid)　亦称"α-溴丙酸"。CAS 号 598-72-1。分子式 $C_3H_5BrO_2$,分子量 152.98。无色棱柱晶体,具腐蚀性,高毒! 有一个手性碳

原子,故有一对对映异构体,(R)-体 CAS 号 10009-70-8,$[\alpha]_D^{25}$ +27.2,沸点 68~70℃(0.1 Torr);(S)-体 CAS 号 32644-15-8,$[\alpha]_D^{20}$ -29.0,沸点 104~108℃(25 Torr)。外消旋体熔点 25.7℃,沸点 202~203℃、84~87℃(1 Torr),闪点 100℃,密度 1.691 g/cm³,折射率 1.474 2¹⁵。溶于水,与乙醇、乙醚、氯仿和苯混溶。制备:消旋体由丙酸溴化而得;也可由丙交酯在环己烷中于 120℃与溴化氢反应 5 小时制得。用途:作有机合成、医药及农药中间体。

2-碘丙酸(2-iodopropionic acid)　亦称"α-碘丙酸"。CAS 号 598-80-1。分子式 $C_3H_5IO_2$,分子量 199.98。从水中得闪烁的叶片状晶体。有一个手性碳原子,故有一对对映异构体,(R)-体 CAS 号 18791-45-2,$[\alpha]_D^{20}$ +41.4(稀硫酸);(S)-体 CAS 号 18791-44-1,$[\alpha]_D^{25}$ -20.5。外消旋体熔点 42~44℃,沸点 93~96℃(0.2 Torr)。微溶于冷水,溶于热水,易溶于乙醇和乙醚。制备:由 α-溴丙酸与碘化钾在丙酮中进行取代反应而得;也可由丙酸在碘化亚铜催化下与碘在 120℃反应 6 小时而得。用途:作试剂,用于有机合成。

3-氯丙酸(3-chloropropionic acid)　亦称"β-氯丙酸"。CAS 号 107-94-8。分子式 $C_3H_5ClO_2$,分子量 108.52。白色针状结晶。有吸湿性。熔点 37~41℃,沸点 203~205℃、101~103℃(12 Torr),闪点 122℃,密度 1.270 g/cm³,折射率 1.439 8⁴⁰。溶于水,也溶于乙醇、乙醚、氯仿。制备:由丙酸在约 20℃和紫外光照射下氯化而得;或在极少量对苯二酚存在下,由丙烯酸于 20℃与干燥的氯化氢反应而得;或由热盐酸中与丙烯腈,回流反应制得;也可由丙烯醛与氯化氢反应生成氯丙醛,再用硝酸氧化制得;也可由 3-氯-1-丙醇用硝酸氧化制得。用途:作试剂、有机合成中间体,用于抗癫痫药的生产。

3-溴丙酸(3-bromopropionic acid)　亦称"β-溴丙酸"。CAS 号 590-92-1。分子式 $C_3H_5BrO_2$,分子量 152.98。片状晶体。熔点 62.5℃,沸点 88℃(0.5 Torr)、140~142℃(45 Torr),闪点 65℃,密度 1.48 g/cm³。溶于水,也溶于乙醇、乙醚、氯仿及苯。制备:由丙烯腈与溴化氢加成得到溴丙腈,再经水解制得。用途:作有机合成中间体。

3-碘丙酸(3-iodopropionic acid)　亦称"β-碘丙酸"。CAS 号 141-76-4。分子式 $C_3H_5IO_2$,分子量 199.98。闪烁的叶片状晶体。熔点 81.5℃。微溶于冷水,溶于热水,极易溶于乙醇和乙醚。制备:由 β-羟基丙酸与氢碘酸反应制得;也可由 β-氯丙酸或 β-溴丙酸与碘化钠或碘化钾进行取代反应制得。用途:作试剂,用于有机合成。

丙酮酸(pyruvic acid)　系统名"2-氧代丙酸"。CAS

号 127-17-3。分子式 $C_3H_4O_3$，分子量 88.06。无色至淡黄色液体。熔点 11～12℃，沸点 164～166℃，45～46℃（2 Torr），闪点 83℃，密度 1.262 g/mL，折射率 1.427 2。与水、醇、醚混溶；易吸湿，易聚合。在人体内主要参与糖、脂肪等的代谢，是碳水化合物代谢的一种中间产物。制备：由酒石酸与焦硫酸钾反应而得；或以乳酸酯为原料进行氧化制得丙酮酸酯，进一步水解而得；或以 2,2-二氯丙酸为原料，用氢氧化钠调节 pH 6 左右进行水解后制得。用途：作试剂，用于有机合成和生化研究，测定转氨酶；丙酮酸钙作钙营养补充剂。

丁酸（butyric acid；butanoic acid）　亦称"酪酸""正丁酸"。CAS 号 107-92-6。分子式 $C_4H_8O_2$，分子量 88.11。无色油状液体，具有刺激性及难闻的气味，极稀溶液有汗臭味。熔点 - 6～- 3℃，沸点 162℃，闪点 72℃，密度 0.958 7 g/mL，折射率 1.398 4。溶于水、乙醇、乙醚等。是干酪的发酵产物，在牛奶中以甘油酯的形式存在。制备：由正丁醛在丁酸锰催化剂存在下，与空气或氧气进行氧化反应制得；或由正丁醇氧化脱氢制得；或以 $Ni(CO)_4$ 为催化剂，由丙烯经羰基化合成而得；或由正戊醇在沸腾的浓硝酸中消除 1 分子结晶水而生成 1-戊烯，再进一步用硝酸氧化而得；或以淀粉和糖蜜为原料，采用丁酸菌发酵法制取丁酸，同时联产乳酸。用途：作试剂，用于制造丁酸纤维素、合成各类丁酸酯，纤维素阻燃剂和其他有机合成；作调香原料，用于黄油、干酪，使许多水果香精增味、增稠。

乙酰乙酸（acetoacetic acid）　系统名"3-氧代丁酸"，亦称"3-丁酮酸"。CAS 号 541-50-4。分子式 $C_4H_6O_3$，分子量 102.09。无色油状液体或结晶，具强酸性。不稳定，受热至 100℃强烈分解为丙酮和二氧化碳。与水、醇混溶。制备：由双乙烯酮水解或由乙酰乙酸乙酯水解而得。用途：是有机合成中的不稳定中间体。

二苯基乙酸（diphenylacetic acid）　亦称"α-苯基苯乙酸"。CAS 号 117-34-0。分子式 $C_{14}H_{12}O_2$，分子量 212.24。白色结晶。熔点 147～149℃，沸点 195℃（25 Torr），密度 1.257 g/cm³。微溶于冷水，易溶于热水、热乙醇，溶于乙醚、氯仿。制备：由二苯羟乙酸用乙酸、红磷及碘还原而得；或以苯、乙醛酸为原料，以浓硫酸为催化剂进行反应制得；也可以苯基羟基乙酸为原料，在四氯化锡存在下与苯作用制得。用途：作试剂、药物中间体。

二苯基乙醇酸（benzilic acid）　亦称"二苯羟乙酸"，系统名"2,2-二苯基-2-羟基乙酸"。CAS 号 76-93-7。分子式 $C_{14}H_{12}O_3$，分子量 228.25。白色结晶粉末。熔点 150～153℃，沸点 180℃（22 Torr），密度 1.08 g/cm³。溶于热水、乙醇、乙醚、氯仿等。制备：可以通过加热苯偶姻、乙醇和氢氧化钾的混合物来制备；或由苯甲醛二聚形成苯偶姻，再通过碱性重排反应转化而得。用途：作试剂、医药和农药中间体，用于合成除草剂等。

α-氨基苯乙酸（α-aminophenyl acetic acid）　亦称"苯基甘氨酸"，系统名"2-氨基-2-苯基乙酸"。CAS 号 2835-06-5。分子式 $C_8H_9NO_2$，分子量 151.17。片状结晶。约 255℃升华而不熔化。有一对对映异构体，(R)-体 CAS 号 875-74-1，熔点 305℃（分解），$[\alpha]_D^{20}$ - 154（c＝1，1N HCl）；(S)-体 CAS 号 2935-35-5，熔点＞300℃（分解），$[\alpha]_D^{20}$＋156（c＝1，1N HCl）。不溶于水，溶于碱溶液，微溶于醇及其他普通有机溶剂。制备：由苯甲醛与氯化钠经环合、水解、中和等步骤合成而得；或用 α-氨基苯乙腈以稀盐酸水解制得。用途：作试剂，药物头孢氨苄、头孢克洛等的中间体。

4-氨基苯乙酸（4-aminophenylacetic acid）　亦称"对氨基苯乙酸"。CAS 号 1197-55-3。分子式 $C_8H_9NO_2$，分子量 151.17。无色板状或片状晶体。熔点约 201℃（分解）。溶于醇及碱液，略溶于热水。制备：由对硝基苯乙酸还原而得。用途：作试剂、有机合成原料和医药中间体。

1,3-丙酮二羧酸（1,3-acetone dicarboxylic acid）　系统名"3-戊酮二酸"。CAS 号 542-05-2。分子式 $C_5H_6O_5$，分子量 146.10。无色针状结晶。熔点 135℃（分解）。易溶于水和醇，不溶于氯仿和苯，微溶于乙醚和乙酸乙酯。制备：以柠檬酸为原料，用次氯酸钠或浓硫酸氧化脱羧而得。用途：作试剂、医药中间体，用于制备化疗止吐类药物格拉司琼及阿托品、山莨菪碱等抗胆碱药物、非甾体抗炎药托美丁等。

乙酰丙酮酸（acetopyruvic acid；acetonylglyoxylic acid）　系统名"2,4-二氧代戊酸"。CAS 号 5699-58-1。分子式 $C_5H_6O_4$，分子量 130.10。由苯中得柱状晶体。熔点 101℃，沸点 130℃（37 Torr），闪点 111℃。溶于水、乙醇、乙醚、丙酮、氯仿、乙酸和苯，不溶于石油醚。制备：由丙酮与草酸乙酯在乙醇钠存在下缩合，再将所得的乙酰丙酮酸乙酯加以水解制得。用途：作有机合成原料及铜、钯、锡、稀土等金属的配体。

N-乙酰-L-半胱氨酸（N-acetyl-L-cysteine）　CAS 号 616-91-1。分子式 $C_5H_9NO_3S$，分子量 163.20。白色结晶粉末，有类似大蒜的气味，味酸。有吸湿性。熔点 106～108℃，密

度 1.294 g/cm³，$[\alpha]_D^{20}+21.0\sim+27.0(c=5$，MeOH)。易溶于水和乙醇，不溶于乙醚、氯仿。制备：由 L-胱氨酸丙酮与乙酸酐乙酰化而得。用途：作有机合成中间体、生化试剂、黏痰溶解药物。

乙炔二羧酸（acetylenedicarboxylic acid） 系统名"丁-2-炔二酸"。CAS 号 142-45-0。分子式 $C_4H_2O_4$，分子量 114.06。奶油色至米色结晶粉末。二水合物为无色结晶。无水物熔点 $180\sim187℃$（分解），闪点 131℃，密度 1.699 g/cm³。溶于水、乙醇和乙醚。制备：以 α,β-二溴丁二酸为原料，在碱溶液中脱 HBr 制得丁炔二酸钠，精致后再加稀硫酸酸化而得；也可由丁炔二醇氧化而得。用途：作有机合成原料、医药中间体，用于生产解毒药二巯基丁二酸钠。

异丁酸（isobutyric acid；isobutanoic acid） 系统名"2-甲基丙酸"。CAS 号 79-31-2。分子式 $C_4H_8O_2$，分子量 88.11。无色液体，有刺激性气味。熔点-47℃，沸点 154.5℃，闪点 55℃，密度 0.95 g/mL，折射率 1.393 0。溶于水，混溶于乙醇、乙醚、氯仿、甘油、丙二醇等。制备：由异丁醛与空气或氧气直接进行氧化制得；或由甲基丙烯酸催化加氢制得。用途：作试剂、脂类的溶剂，也用作防腐剂，用于香精、香料的制备等。

道益氏酸（doisynolic acid） 系统名"1-乙基-7-羟基-2-甲基-3,4,4a,9,10,10a-六氢-1H-菲-2-甲酸"。CAS 号 482-49-5。分子式 $C_{28}H_{24}O_3$，可能存在 16 种异构体。主要异构体列表如下：

结　构	英文名称	性　状	熔点（℃）	$[\alpha]_D^{20}$
	(+)-trans-doisynolic acid	无色针状结晶（丙酮-己烷）	198.5～200	+105(c=0.47，EtOH)
dl-cis，B 系列	rac-3-hydroxy-16，17-seco-8α-estratrien-(1.3.5(10))-oic acid-(18)	晶体（甲醇）	212～214	—
dl-cis，A 系列	rac-3-hydroxy-16，17-seco-14β-estratrien-(A)-oic acid-(17)	晶体（甲醇）	181～182	—
dl-trans，A 系列	(±)-doisynolic acid	片状晶体（甲醇）	175～177	—
	(+)-lumidoisynolic acid	晶体（甲醇-水）	152～154	+71(c=0.5，EtOH)
dl-cis，C 系列	rac-3-hydroxy-16，17-seco-9β-estra-1,3,5(10)-trien-18-oic acid	晶体（甲醇），带 $\frac{1}{2}$ 分子结晶水	113～117	

如果位置 4a 的氢原子是 α-,而位置 10a 的氢原子是 β-,则酸属于 A 系列;如果位置 4a 的氢原子是 β-,而位置 10a 的氢原子是 α-,则酸属于 B 系列。如果两个氢都是 α-,则酸属于 C 系列。如果两个氢都是 β-,则酸属于 D 系列。如果位置 1 处的氢原子和位置 2 处的甲基具有 α,α-或 β,β-取向,则酸为顺式;如果它们 α,β-取向,则酸为反式。分子量 288.39。制备:以雌甾酮为原料在 275℃ 与熔融的氢氧化钾作用制得。用途:作生化试剂,用于药理研究。

脱落酸((+)-abscisic acid;ABA)　亦称"诱抗素""休眠素",系统名"((2Z,4E)-5-[(1S)-1-羟基-4-氧代-2,6,6-三甲基-2-环己烯-1-基])-3-甲基戊二烯酸"。CAS 号 21293-29-8。分子式 $C_{15}H_{20}O_4$,分子量 264.32。白色结晶粉末。水溶液对光敏感,属强光分解化合物。熔点 161～163℃,密度 1.193 g/cm³,$[\alpha]_D^{20}+415(c=0.211$,EtOH)。极微溶于水,易溶于甲醇、乙醇、丙酮、氯仿、乙酸乙酯与三氯甲烷,难溶于醚和苯。存在于各种植物器官中,包括叶、芽、果实、种子和块茎。制备:可由微生物发酵制取。用途:为一种植物激素,在许多植物发育过程中起作用,包括促进叶片衰老和脱落,诱导芽和种子休眠。对促生长激素有拮抗作用;用于生化研究,如植物组织分化组织培养实验等,作天然植物生长调节剂。

L-苹果酸(L-malic acid)　亦称"(S)-(−)-2-羟基琥珀酸"。CAS 号 97-67-6。分子式 $C_4H_6O_5$,分子量 134.09。无色结晶。具有特殊的水果酸味。有一个手性碳原子,故有一对对映异构体。其(R)-体 CAS 号 636-61-3,$[\alpha]_D^{20}+27(c=5.5$,吡啶);外消旋体 CAS 号 6915-15-7,熔点 130～133℃,闪点 203℃,密度 1.609 g/cm³。(S)-体熔点 101～103℃,闪点 220℃,$[\alpha]_D^{20}-26(c=5.5$,吡啶)。易溶于水,溶于甲醇、乙醇、乙醚、丙酮,不溶于苯。制备:由微生物(或酶)转化反丁烯二酸;或由米曲霉、寄生曲霉、黄曲霉等微生物发酵糖质原料生产。用途:作食品添加剂、酸味剂、保鲜剂和 pH 调节剂;药物中间体;用于果香香精中,配制清凉饮料、冰淇淋等;有机合成中作手性拆分剂。

乙二酸(oxalic acid;ethanedioic acid)　亦称"草酸""修酸"。CAS 号 144-62-7。分子式 $C_2H_2O_4$,分子量 90.04。无色透明晶体。有吸湿性,在空气中变为二水合物。其晶体结构有两种形态,即 α-型(菱形)和 β-型(单斜晶形)。熔点分别为:α-型 189.5℃,β-型 182℃;密度:α-型 1.900 g/cm³,β-型 1.895 g/cm³;折射率 1.540;在 100℃ 开始升华,125℃时迅速升华,157℃ 时大量升华并开始分解。溶于水,微溶于乙醚,不溶于苯和氯仿,易溶于乙醇。自然界常以草酸盐形式存在于植物如伏牛花、羊蹄草、酢浆草和酸模草的细胞膜,几乎所有的植物都含有草酸钙。制备:由净化的一氧化碳在加压情况下与氢氧化钠反应生成甲酸钠,经高温脱氢生成草酸钠,再经铅化(或钙化)、酸化、结晶而得;或以淀粉或葡萄糖母液为原料,在矾催化剂存在下,与硝酸-硫酸进行氧化反应得草酸;或纯度 90% 以上的一氧化碳在钯催化剂存在下与丁醇发生羰基化反应,生成草酸二丁酯,然后经水解而得;或以乙二醇为原料,在硝酸和硫酸存在下,用空气氧化而得;也可通过丙烯氧化法制得,即先用硝酸氧化使丙烯转化为 α-硝基乳酸,然后进一步催化氧化得到草酸。用途:作试剂、催化剂,用于制药、提炼稀有金属的溶剂、纤维漂白等;作螯合剂、金属洗涤处理剂、鞣革剂、电镀络合剂、厌氧胶黏剂及丙烯酸酯快固胶的阻聚剂、机加工除锈剂、木材漂白、大理石清洗以及油脂精制等;化妆品中作洗发水的添加剂。

丙二酸(malonic acid;propanedioic acid)　亦称"胡萝卜酸""缩苹果酸"。CAS 号 141-82-2。分子式 $C_3H_4O_4$,分子量 104.06。无色细小晶体。熔点 134～135℃(分解),100℃(10 Torr)升华,闪点 157℃,密度 1.619^{16} g/cm³。溶于水、乙醇和乙醚。自然界多以钙盐形式存在于甜菜根中。制备:由氰乙酸或丙二酸二乙酯水解制得。用途:作试剂、医药及农药中间体,也用于制造香料、黏合剂、络合剂、树脂添加剂、电镀抛光剂等。

甲基丙二酸(methylmalonic acid;2-methylpropanedioic acid)　CAS 号 516-05-2。分子式 $C_4H_6O_4$,分子量 118.09。白色晶体。熔点 129～130℃,闪点 170℃,密度 1.455 g/cm³。溶于水、易溶于醇和醚。制备:由丙二酸二甲酯和硫酸二甲酯在碱存在下制得甲基丙二酸二甲酯,再水解、酸化而得。用途:作试剂,用于有机合成。

乙基丙二酸(ethylmalonic acid;2-ethylpropanedioic acid)　CAS 号 601-75-2。分子式 $C_5H_8O_4$,分子量 132.12。从水中得含 1 分子结晶水的柱状晶体。熔点 113～113.5℃,沸点 180℃(0.05 Torr),闪点 163℃。易溶于水,溶于乙醇和乙醚。制备:由丁酸乙酯与草酸乙酯进行缩合,再水解、酸化制取;或由 2-溴丁酸与氰化钾共热后水解而得。用途:作试剂,用于有机合成;作医药中间体,用于合成巴比妥酸等。

苄基丙二酸(benzylmalonic acid;2-benzylpropanedioic acid)　CAS 号 616-75-1。分子式 $C_{10}H_{10}O_4$,分子量 194.19。白色棱柱状晶体。熔点 119～120℃,密度 1.455 g/cm³。易溶于乙醇、乙醚、热水和热苯,微溶于苯、氯仿和二硫化碳。制备:由丙二酸二甲酯和苄基溴或苄基氯在碱存在下制得苄基丙二酸二甲酯,再水解、酸化而得;或由亚苄基丙二酸用钠汞齐还原而得。用途:作试剂,用于有机合成。

亚苄基丙二酸（benzylidene malonic acid；benzylidenepropane-1；3-dioic acid）CAS 号 584-45-2。分子式 $C_{10}H_8O_4$，分子量 192.17。从水中得白色棱柱状晶体。熔点 195～196℃（分解），密度 1.413 g/cm^3。溶于乙醇、丙酮、乙酸乙酯，微溶于水、乙醚、苯、氯仿和二硫化碳。制备：由丙二酸和苯甲醛在乙酸-哌啶或乙醇胺催化下缩合而得。用途：作试剂，用于有机合成。

氯代丙二酸（chloromalonic acid）CAS 号 600-33-9。分子式 $C_3H_3ClO_4$，分子量 138.50。白色棱柱状晶体。熔点 133～135℃（分解），密度 1.751 g/cm^3。易溶于水、醇、和醚。制备：在无水乙醚中由丙二酸和计算比的亚硫酰氯反应而得；或由丙二酸二酯氯化后得氯代丙二酸二酯，再皂化而得。用途：作试剂，用于有机合成、制造合成树脂。

溴代丙二酸（bromomalonic acid）CAS 号 600-31-7。分子式 $C_3H_3BrO_4$，分子量 182.96。自乙醚中得针状晶体。熔点 114～115℃（分解）。溶于乙醇和乙醚。制备：在无水乙醚中由丙二酸和溴作用而得。用途：作试剂，用于有机合成。

丁二酸（succinic acid；butanedioic acid）亦称"琥珀酸"。CAS 号 110-15-6。分子式 $C_4H_6O_4$，分子量 118.09。无色或白色单斜柱状晶体，具有特殊的酸酯气味。熔点 185～187℃，沸点 235℃（同时失水转化为酸酐），156～157℃（2.2 Torr）升华，闪点 206℃，密度 1.572 g/cm^3，折射率 1.534。易溶于热水，溶于甲醇、乙醇、丙酮、乙醚等，几乎不溶于苯、四氯化碳和石油醚。制备：工业上由石蜡经深度氧化生成各种羧酸的混合物，再经过水蒸气蒸馏以及结晶等步骤分离纯化；由马来酸酐或丁烯二酸催化氢化制得；或由丁二腈水解制备；实验室中也可由两分子丙二酸二乙酯的钠盐与碘反应，继而水解脱羧制得；或由乙炔与一氧化碳及水在 $[Co(CO)^4]$ 催化剂存在下，于酸性介质中反应制得；也可由微生物发酵法生产。用途：作试剂、有机化工原料，主要用于涂料、染料、黏合剂和医药等领域；医药上用作抗痉挛剂、祛痰剂和利尿剂；分析化学中用作从其他金属中分离铁的试剂；微量用于食品中，用于配制奶香型和果香型食用香精。

2-甲基丁二酸（2-methylbutanedioic acid）亦称"2-甲基琥珀酸"。CAS 号 498-21-5。分子式 $C_5H_8O_4$，分子量 132.12。白色或微黄色晶体。有吸潮性，易聚合。有一个手性碳原子，故有一对对映异构体。其（R）-体 CAS 号 3641-51-8，熔点 114～115℃，$[\alpha]_D^{20}+17.09$（$c=2.16$，乙醇）；（S）-体 CAS 号 2174-58-5，熔点 111.5～113.5℃，

$[\alpha]_D^{22}$ -14.1。外消旋体熔点 110～115℃，112℃（1.5 Torr）升华，密度 1.42 g/cm^3。溶于水、乙醇和乙醚，微溶于氯仿。制备：由炔丙基氯、一氧化碳、羰基镍和水合成亚甲基丁二酸（衣康酸），然后催化加氢而得；或由巴豆酸乙酯、氰化钠等合成而得。用途：作试剂，用于有机合成；也用于马铃薯试管苗生长和保存的影响研究。

2-乙基丁二酸（2-ethylbutanedioic acid）亦称"2-乙基琥珀酸"。CAS 号 636-48-6。分子式 $C_6H_{10}O_4$，分子量 146.14。无色针状晶体。有一个手性碳原子，故有一对对映异构体。其（R）-体 CAS 号 4074-24-2，熔点 91～93℃，$[\alpha]_D^{16}+20.6$（$c=3.7$，乙酸）；（S）-体 CAS 号 687-28-5，熔点 94～95℃，$[\alpha]_D^{24}$ -20.8（$c=4.6$，丙酮）。外消旋体熔点 97～98℃，102℃（2 Torr）升华，密度 1.002 g/cm^3。溶于水、乙醇和乙醚，微溶于氯仿。制备：由丁二酸二乙酯与碘乙烷作用后，再皂化、中和而得；或由亚乙基琥珀酸经催化加氢而得。用途：作试剂，用于有机合成。

（2R，3S）-2，3-二氯丁二酸（（2R，3S）-2，3-dichlorosuccinic acid）亦称"内消旋-2，3-二氯丁二酸"。CAS 号 3856-37-9。分子式 $C_4H_4Cl_2O_4$，分子量 186.97。固体。熔点 217～218℃（分解）。溶于乙醇和乙醚。制备：由用氯气对富马酸在无机酸溶剂中进行亲电加成制得。用途：作试剂、有机合成中间体，用于有机合成及农药合成中，是合成除草剂吡唑啉酮及咪唑喹啉酸的重要中间体。

（±）-2，3-二氯丁二酸（（±）-2，3-dichlorosuccinic acid）亦称"外消旋-2，3-二氯丁二酸"。CAS 号 1114-09-6。分子式 $C_4H_4Cl_2O_4$，分子量 186.97。固体。其中 d-型体熔点 166～167℃（分解），密度 1.82^{15} g/cm^3，$[\alpha]_D+79.3$（$c=6$，乙酸乙酯）；l-型体熔点 166～167℃（分解），密度 1.82^{15} g/cm^3，$[\alpha]_D-78.3$（$c=6$，乙酸乙酯）。外消旋体熔点 170～172℃（分解），密度 1.844^{16} g/cm^3。溶于水和乙醚。制备：外消旋体可用氯气对马来酸在无机酸溶剂中进行亲电加成制得，或由氯乙酸在四氯化碳中在过氧化二乙酰存在下于 105℃反应制得；通过（-）-α-甲基苄胺拆分，得单一光学活性异构体。用途：作试剂，有机合成中间体。

（2R，3S）-2，3-二溴丁二酸（（2R，3S）-2，3-dibromosuccinic acid）亦称"内消旋-2，3-二溴丁二酸"。CAS 号 608-36-6。分子式 $C_4H_4Br_2O_4$，分子量 275.88。白色至浅黄色固体。熔点 259～260℃（分解）。略溶于水，溶于乙酸乙酯。制备：由用溴素对富马酸在无机酸溶剂中进行亲电加成制得。用途：作试剂，有机合成中间体。

（±）-2，3-二溴丁二酸（（±）-2，3-dibromosuccinic

acid）亦称"外消旋-2,3-二溴丁二酸"。CAS 号 1114-00-7。分子式 $C_4H_4Br_2O_4$，分子量 275.88。白色至浅黄色固体。其中（2R,3R）-型体 CAS 号 916065-44-6，熔点 157~158℃（分解），$[\alpha]_D^{10} - 148$（$c = 5.788$，乙酸乙酯）；（2S,3S）-型体熔点 157~158℃（分解），$[\alpha]_D^{18} + 147$（乙酸乙酯）、$[\alpha]_D^{18} + 64.4$（水）。外消旋体熔点 170~171℃。略溶于水，溶于乙酸乙酯。制备：外消旋体可用溴素对马来酸在 60℃进行亲电加成制得；通过（-）-α-甲基苄胺或金鸡纳碱拆分，得单一光学活性异构体。用途：作试剂、有机合成中间体。

（±）-茉莉酸（（±）-jasmonic acid）　系统名"（±）-1α,2β-3-氧代-2-（顺-2-戊烯基）环戊烷乙酸"。CAS 号 3572-65-4。分子式 $C_{12}H_{18}O_3$，分子量 210.27。无色至浅黄色油状液体。密度 1.07^{25} g/mL。易溶于甲醇和乙醇。存在于高等植物的花、茎、叶、根等组织与器官中的一种内源生长调节物质。制备：可从植物中提取，或通过化学合成以及微生物发酵法制得；其中人工合成的主要原料为己二酸酯、丙二酸单酯、环戊烯酮等，一般先由这些原料制备出茉莉酸酯，再水解得到茉莉酸。用途：具有抑制植物生长、萌发、促进衰老、提高抗性等生理作用，也具有清淡、优雅的香味，可作为很多香花精油的主香成分，应用于香料生产；在农业生产中，能明显促进不育植物开花，用于提高植物的抗旱性，还可诱导植物产生有毒物质、害虫蛋白抑制剂等以达到抗虫害的效果，从而在农业生产中代替部分杀虫剂；用于制备果蔬着色剂。

戊二酸（pentanedioic acid；glutaric acid）　亦称"胶酸"。CAS 号 110-94-1。分子式 $C_5H_8O_4$，分子量 132.12。无色针状晶体。熔点 95~98℃，沸点 200℃（20 Torr），密度 1.429 g/cm³，折射率 $1.418\,8^{106}$。易溶于水、乙醇、乙醚和氯仿，微溶于石油醚。制备：可从生产己二酸的副产品中回收得到；也可由 γ-丁内酯和氰化钾合成而得；或由二氢吡喃等合成。用途：作试剂，用于有机合成。

己二酸（hexanedioic acid；adipic acid）　亦称"肥酸"。CAS 号 124-04-9。分子式 $C_6H_{10}O_4$，分子量 146.14。白色无臭晶体。熔点 151~155℃，沸点 205.5℃（10 Torr），密度 1.362 g/cm³，折射率 1.439。稍溶于水，易溶于乙醇、丙酮，微溶于乙醚，不溶于苯和石油醚。制备：由环己烷、环己醇或环己酮氧化而得。用途：作尼龙 66 和工程塑料的原料，也作试剂，用于有机合成。

庚二酸（heptanedioic acid；pimelic acid）　亦称"蒲桃酸"。CAS 号 111-16-0。分子式 $C_7H_{12}O_4$，分子量 160.17。无色单斜柱状晶体或晶体粉末。熔点 103~105℃，沸点 212℃（10 Torr），密度 1.329 g/cm³。稍溶于水，易溶于醇和醚类溶剂，几乎不溶于冷苯。制备：由庚二腈水解而得。用途：也作试剂，用于制备聚合物、增塑剂。

辛二酸（octanedioic acid；suberic acid）　亦称"软木酸"。CAS 号 505-48-6。分子式 $C_8H_{14}O_4$，分子量 174.20。无色结晶。熔点 142~144℃，沸点 230℃（15 Torr），密度 1.162 g/cm³，闪点 203℃。难溶于水、乙醚，不溶于氯仿，溶于乙醇。制备：由辛二腈水解而得；也可通过氧化蓖麻油、蓖麻油酸或环辛烷而得。用途：作试剂，用于制备高分子聚合物合成。

壬二酸（nonanedioic acid；azelaic acid）　亦称"杜鹃花酸"。CAS 号 123-99-9。分子式 $C_9H_{16}O_4$，分子量 188.22。白色至微黄色单斜棱状晶体或针状结晶或粉末。熔点 109~110℃，沸点 225.5℃（10 Torr），密度 1.251 g/cm³。微溶于冷水，易溶于热水、乙醇及热苯。制备：由油酸经硝酸或臭氧氧化而得；也可以 1,5-二溴戊烷与乙腈为原料制得，或者以戊二酸单甲酯单酰氯为原料制得。用途：作试剂、食品防腐剂，也作皮肤外用抗菌剂。

癸二酸（decanedioic acid；sebacic acid）　亦称"皮脂酸""泌酯酸"。CAS 号 111-20-6。分子式 $C_{10}H_{18}O_4$，分子量 202.25。白色片状晶体或粉末。熔点 133~137℃，沸点 294.5℃（100 Torr），密度 1.271 g/cm³。微溶于水，易溶于乙醇、乙醚，难溶于四氯化碳、苯、石油醚。制备：以天然蓖麻油或己二酸单酯为原料合成而得。用途：作试剂、有机合成原料，用于制造耐寒增塑剂、生成尼龙；气相色谱分析中作减尾剂。

十一烷二酸（undecanedioic acid）　亦称"1,9-壬烷二甲酸"。CAS 号 1852-04-6。分子式 $C_{11}H_{20}O_4$，分子量 216.28。白色至淡黄色片状固体。熔点 108~110℃，密度 1.084 g/cm³。不溶于水，溶于甲醇。制备：以环十一酮为原料经氧化而得。用途：作有机合成原料，用于合成尼龙 1011、611、1111，制备聚酰胺工程塑料、高档润滑剂、高级涂料、光导纤维套管、高档热熔胶、地对空导弹绳索和石油管道等。

DL-2-氨基己二酸（DL-2-aminoadipic acid；2-aminohexanedioic acid）　CAS 号 542-32-5。分子式 $C_6H_{11}NO_4$，分子量 161.16。白色晶体。熔点 204~

205℃，密度 1.333 g/cm³。溶于水、稀酸，微溶于乙醇、乙醚。是赖氨酸和糖嘌呤代谢的中间体。制备：以己二酸或 6-氧代哌啶-2-甲酸为原料合成而得。用途：作试剂，用于生化研究。

(R)-2-氨基己二酸((R)-2-aminoadipic acid)
CAS 号 7620-28-2。分子式 $C_6H_{11}NO_4$，分子量 161.16。白色结晶粉末。熔点 208～210℃，密度 1.33 g/cm³。溶于水、稀酸，微溶于乙醇、乙醚。制备：由 DL-2-氨基己二酸经拆分而得；或由 5-氧亚基戊腈经不对称合成而得。用途：作试剂，用于生化研究。

(S)-2-氨基己二酸((S)-2-aminoadipic acid)
CAS 号 1118-90-7。分子式 $C_6H_{11}NO_4$，分子量 161.16。白色小片状结晶粉末。熔点 203～205℃（分解），密度 1.33 g/cm³，$[\alpha]_D^{20}+25(c=2,5N\ HCl)$。溶于水、稀酸，微溶于乙醇、乙醚。制备：由 DL-2-氨基己二酸经拆分而得；或由 5-氧亚基戊腈经不对称合成而得。用途：作试剂、谷氨酰胺合成酶抑制剂，用于生化研究。

富马酸(fumaric acid) 亦称"延胡索酸""紫堇酸""反丁烯二酸"。CAS 号 110-17-8。分子式 $C_4H_4O_4$，分子量 116.07。白色无臭颗粒或结晶性粉末，有水果样酸味。熔点 287℃（分解），密度 1.625 g/cm³。微溶于水和乙醚，溶于乙醇，难溶于氯仿、四氯化碳、苯。制备：以糠醛为原料，经氯酸钠氧化而得；或将苯（或丁烯）在催化剂存在下氧化生成顺丁烯二酸（或顺丁烯二酸酐），再经异构化而得；也可由碳水化合物如蔗糖、葡萄糖、麦芽糖经黑根菌发酵制得。用途：作试剂、酸化剂、增香剂和抗氧化助剂等。

马来酸(maleic acid) 亦称"失水苹果酸""顺丁烯二酸"。CAS 号 110-16-7。分子式 $C_4H_4O_4$，分子量 116.07。白色粉末或无色晶体，有特臭，有毒！熔点 134～136℃（分解），闪点 127℃，密度 1.59 g/cm³。溶于水、乙醇、丙酮、乙酸，微溶于苯，不溶于三氯甲烷。刺激皮肤和黏膜。制备：苯在钒系列催化剂作用下空气氧化，生成顺丁烯二酸酐，然后经水吸收、浓缩、结晶和干燥制得。用途：作试剂、有机合成原料、人造树脂保养剂。

2-氯代富马酸(2-chlorofumaric acid) CAS 号 617-42-5。分子式 $C_4H_3ClO_4$，分子量 150.51。从乙醇中得片状晶体。熔点 189～190℃。溶于水、乙醇、乙醚、丙酮，不溶于氯仿、石油醚、苯。制备：由 1,1,2,4,4-五氯-1,3-丁二烯在 5～8℃下与硫酸反应制得，或由 α,α'-二氯琥珀酸与浓碱液在 0℃反应而得。用途：作试剂、有机合成原料。

柠康酸(citraconic acid；methylmaleic acid) 亦称"2-甲基马来酸"，系统名"(Z)-2-甲基-2-丁烯二酸"。CAS 号 498-23-7。分子式 $C_5H_6O_4$，分子量 130.10。吸湿性灰白色粉末，自乙醚-石油醚中得针状结晶。熔点 93～94℃，密度 1.617 g/cm³。溶于水，不溶于二硫化碳、石油醚、苯，难溶于乙醚、氯仿。制备：由乳酸于 250～260℃加热反应制得。用途：作试剂。

中康酸(mesaconic acid) 亦称"2-甲基富马酸"，系统名"(E)-2-甲基-2-丁烯二酸"。CAS 号 498-24-8。分子式 $C_5H_6O_4$，分子量 130.10。单斜棱柱状或正交系针状结晶。熔点 200～202℃。溶于热水、乙醇、乙醚，微溶于氯仿、石油醚、二硫化碳。制备：以衣康酸二甲酯为原料在甲苯中与 DBU 一起加热，随后再用盐酸处理而得。用途：作试剂、有机合成中间体。

戊酸(pentanoic acid) 亦称"缬草酸"。CAS 号 109-52-4。分子式 $C_5H_{10}O_2$，分子量 102.13。透明淡米色液体，具有不愉快的刺激性气味。熔点 -34.5℃，沸点 184～186℃，110～111℃(10 Torr)，闪点 88℃，密度 0.938 g/mL，折射率 1.408 0。微溶于水，与乙醇、乙醚混溶。制备：由正戊醇经电解氧化而得，也可用 1-丁烯与甲酸反应制得。用途：作试剂、有机合成中间体，用于合成药物、香料、调味品、增塑剂等。

异戊酸(isovaleric acid) 亦称"异缬草酸"，系统名"3-甲基丁酸"。CAS 号 503-74-2。分子式 $C_5H_{10}O_2$，分子量 102.13。无色黏稠、有刺激性酸败味的液体，高度稀释后呈甜润的果香样香味。熔点 -31～-28℃，沸点 175～177℃，92℃(31 Torr)，闪点 70℃，密度 0.937 g/mL，折射率 1.403 8。微溶于水，与醇、醚、氯仿等混溶。天然存在于苹果、干酪、面包、柠檬叶、缬草油、月桂叶油、香草油、留兰香油、酒花油等。制备：由异戊醇或异戊醛氧化制得；天然则由缬草直接分馏而得。用途：作试剂、有机合成中间体，用于制备香料。

己酸(hexanoic acid) 亦称"羊油酸"。CAS 号 142-62-1。分子式 $C_6H_{12}O_2$，分子量 116.16。油状液体。熔点 -5～-3℃，沸点 202～203℃，闪点 104℃，密度 0.929 g/mL，折射率 1.416 2。微溶于水，与乙醇、乙醚、氯仿、丙酮、苯等有机溶剂混溶。天然存在于草莓、椰子油、樟脑、香叶、羊奶等中。制备：有多种合成方法，可通过仲辛醇氧化法、己腈水解法、己醛氧化法、己醇氧化法等制得；天然则可从椰子油通过精密分馏得到。用途：作试剂、有机合成中间体；也作食用香料，用于调配各类香精；医药中用于制备己雷琐辛，气相色谱分析作标准。

庚酸（heptanoic acid）　亦称"葡萄花酸"。CAS 号 111-14-8。分子式 $C_7H_{14}O_2$，分子量 130.19。无色油状液体，有脂肪样气味。熔点 -10.5℃，沸点 223～203℃，闪点 99.2℃，密度 0.917 8 g/mL，折射率 1.421 4～1.423 4。微溶于水，溶于乙醇、乙醚、二甲基甲酰胺、二甲基亚砜等。天然存在于干酪、面包、啤酒、紫罗兰等中。制备：由 1-己烯用合成气（CO+H₂）经氢甲酰化而成庚醛，再经空气氧化而得。用途：作试剂、有机合成中间体。

辛酸（octanoic acid）　亦称"羊脂酸"。CAS 号 124-07-2。分子式 $C_8H_{16}O_2$，分子量 144.21。无色透明状液体，有汗臭味，稀释后呈水果香气。熔点 16～17℃，沸点 236～238℃，闪点 132℃，密度 0.910 g/mL，折射率 1.427 5。略溶于水，溶于乙醚、石油醚、氯仿、二硫化碳、乙酸、乙酸乙酯等有机溶剂。天然存在于苹果、葡萄酒、肉豆蔻、柠檬草、椰子油、酒花等中。制备：可通过正辛醛氧化法、正辛醇氧化法、正己基丙二酸加热脱羧等方法制得；天然品可从椰子油中用挥发性脂肪酸分馏提取制得。用途：作试剂、有机合成中间体，用于制造染料、药物、香料等。

壬酸（nonanoic acid）　亦称"风吕草酸""天竺葵酸""洋秀球酸"。CAS 号 112-05-0。分子式 $C_9H_{18}O_2$，分子量 158.24。透明油状液体，有不愉快的腐臭气味。熔点 12.5℃，沸点 254℃，闪点 114℃，密度 0.906 g/mL，折射率 1.429 9～1.433 9。不溶于水，溶于乙醇、氯仿和乙醚等有机溶剂。天然存在于香蕉、啤酒、面包中。制备：由壬醇或壬醛或甲基壬酮通过氧化而得，也可由油酸经臭氧氧化而得。用途：作试剂、有机合成中间体；作香料，配制椰子和浆果类香精。

癸酸（decanoic acid）　亦称"羊蜡酸"。CAS 号 334-48-5。分子式 $C_{10}H_{20}O_2$，分子量 172.27。白色晶体。熔点 30～32℃，沸点 123～124℃（0.1 Torr），闪点 147℃，密度 0.893 g/cm³。不溶于水，溶于乙醇等大部分有机溶剂和稀硝酸。天然存在于苹果、小麦面包、牛肉等中。制备：由椰子油脂肪酸经分馏而得，也可由正癸醛氧化制得。用途：作试剂、有机合成中间体。

十一烷酸（undecanoic acid）　亦称"十一酸"。CAS 号 112-37-8。分子式 $C_{11}H_{22}O_2$，分子量 186.30。无色结晶。熔点 28～31℃，沸点 283～285℃、112℃（0.3 Torr），闪点 >110℃，密度 0.984 g/cm³。溶于乙醇和乙醚，不溶于水。制备：由十一醇通过氧化而得。用途：作试剂、有机合成中间体。

2-乙基戊酸（2-ethylpentanoic acid；2-ethylvaleric acid）　亦称"乙基丙基乙酸"。CAS 号 20225-24-5。分子式 $C_7H_{14}O_2$，分子量 130.19。油状液体。沸点 209～210℃、103～105℃（13 Torr），闪点 114℃，密度 0.936 1³³ g/mL，折射率 1.418 6。不溶于水，溶于乙醇、氯仿和乙醚等有机溶剂。制备：以 1-己烯等为原料合成而得，也可由 2-乙基-1-戊醇氧化而得。用途：药物丙戊酸相关物质的原料。

2-乙基己酸（2-ethylhexanoic acid）　亦称"2-乙基代次羊脂酸"。CAS 号 149-57-5。分子式 $C_8H_{16}O_2$，分子量 144.21。无色液体。熔点 -59℃，沸点 283～285℃，闪点 114℃，密度 0.91 g/mL，折射率 1.425 0。微溶于冷水及乙醇，溶于热水及乙醚、丙酮、乙酸乙酯、氯仿、乙酸和苯。制备：以 2-乙基己烯醛为原料，通过选择性加氢制得 2-乙基己醛，再经液相氧化而得。用途：作试剂、有机合成中间体，医药羧苄青霉素的原料；其各种金属盐作为涂料和油漆的催干剂。

3-羟基丁酸（3-hydroxybutyric acid）　亦称"β-羟基丁酸"。CAS 号 625-71-8。分子式 $C_4H_8O_3$，分子量 104.11。透明至浅黄色黏稠液体。熔点 33～34℃，沸点 269.2℃、130℃（12 Torr），闪点 >112℃，密度 0.91 g/mL，折射率 1.436 5。易溶于水、乙醇、乙醚，微溶于苯。制备：由乙醛经 aldol 缩合制得 β-羟基丁醛，再经醋酸钴催化的空气氧化而得。用途：作试剂、有机合成中间体，用于制造可降解塑料。

反-2-己烯酸（trans-2-hexenoic acid）　CAS 号 13419-69-7。分子式 $C_6H_{10}O_2$，分子量 114.14。无色针状结晶，呈特殊持久的油脂香气。熔点 33～35℃，沸点 217℃，闪点 125℃，密度 0.965 g/cm³，折射率 1.438 5。略溶于水，极易溶于乙醚，溶于甲醇、乙醇、丙二醇等。制备：由丁醛和丙二酸缩合制得。用途：作试剂、有机合成中间体，也作食用香料。

反-3-己烯酸（trans-3-hexenoic acid）　CAS 号 1577-18-0。分子式 $C_6H_{10}O_2$，分子量 114.14。无色至淡黄色液体。熔点 11～12℃，沸点 107～108℃（10 Torr），闪点 99℃，密度 0.961 g/mL，折射率 1.439 8。略溶于水，溶于甲醇、乙醇、乙醚等。制备：由山梨酸经钠汞齐还原制得。用途：作试剂、有机合成中间体；也作食品用香料，用于香蕉、芝士、树莓香精的调配。

4-己烯酸(4-hexenoic acid)　CAS号35194-36-6。分子式$C_6H_{10}O_2$，分子量114.14。无色液体。为顺式和反式混合物。熔点1℃，沸点100℃(10 Torr)，密度0.961 g/mL，折射率1.4383。略溶于水，溶于甲醇、乙醇、乙醚等。制备：由巴豆酸或山梨酸合成制得。用途：作试剂、有机合成中间体。

5-己烯酸(5-hexenoic acid)　CAS号1577-22-6。分子式$C_6H_{10}O_2$，分子量114.14。无色至淡黄色液体。熔点-37℃，沸点107℃(17 Torr)，闪点104℃，密度0.964 g/mL，折射率1.4340。略溶于水，溶于甲醇、乙醇。制备：由环己酮与过氧化物发生氧化反应制备。用途：作试剂、有机合成中间体。

3-羟基丙酸(3-hydroxypropionic acid)　CAS号503-66-2。分子式$C_3H_6O_3$，分子量90.08。具有黏性的糖浆状液体。沸点温度下分解。密度1.066 g/mL。易溶于水、乙醇，与乙醚混溶。制备：3-羟基丙腈加入氢氧化钠溶液中反应，反应产物经硫酸酸化，用乙醚提取制得；也可以甘油、葡萄糖等碳源，利用工程大肠杆菌等进行发酵制得。用途：作试剂、有机合成中间体，也做食品或饲料的添加剂、防腐剂。

肉桂酸(cinnamic acid)　亦称"桂皮酸"，系统名"反-3-苯基丙烯酸"。CAS号140-10-3。分子式$C_9H_8O_2$，分子量148.16。白色单斜系晶体，有微弱桂皮气味。熔点133~136℃，沸点147℃(4 Torr)，闪点166℃，密度1.250 g/cm³。微溶于水，易溶于丙酮、苯、乙酸，溶于甲醇、乙醇和氯仿。制备：由苯甲醛与乙酐缩合而得。用途：作试剂、有机合成中间体，高级防晒霜成分，香料化学中作膏香或定香剂，特别适宜于东方香型；也作食品用香料，用于桂皮等辛香类，偶尔也用于樱桃、蜂蜜香型中；分析化学用于测定铀、钒以及分离钍。

邻氨基肉桂酸(o-aminocinnamic acid)　系统名"3-(2-氨基苯基)丙烯酸"。CAS号1664-63-7。分子式$C_9H_9NO_2$，分子量163.18。从水中得黄色针状晶体。熔点158~159℃(分解)。溶于热水及乙醇、乙醚。制备：由2-硝基肉桂酸还原而得。用途：作试剂、有机合成中间体。

间氨基肉桂酸(m-aminocinnamic acid)　系统名"E-3-(3-氨基苯基)丙烯酸"。CAS号127791-53-1。分子式$C_9H_9NO_2$，分子量163.18。从水或醇中得苍

黄色针状晶体。熔点180~181℃。溶于热水及乙醇、乙醚。制备：由3-硝基肉桂酸还原而得。用途：作试剂、有机合成中间体。

对氨基肉桂酸(p-aminocinnamic acid)　系统名"E-3-(4-氨基苯基)丙烯酸"。CAS号17570-30-8。分子式$C_9H_9NO_2$，分子量163.18。黄色针状晶体。熔点175~176℃(分解)。溶于热水及乙醇、乙醚。制备：由4-硝基肉桂酸还原而得。用途：作试剂、有机合成中间体。

邻氯肉桂酸(o-chlorocinnamic acid)　系统名"3-(2-氯苯基)丙烯酸"。CAS号3752-25-8。分子式$C_9H_7ClO_2$，分子量182.60。白色至淡黄色晶体粉末。熔点209~211℃。难溶于冷水，可溶于热水，易溶于乙醚、丙酮、氯仿、乙酸等有机溶剂。制备：由邻氯苯甲醛与乙酸酐缩合而得。用途：作试剂、有机合成中间体。

间氯肉桂酸(m-chlorocinnamic acid)　系统名"3-(3-氯苯基)丙烯酸"。CAS号1866-38-2。分子式$C_9H_7ClO_2$，分子量182.60。白色结晶粉末。熔点161~163℃。不溶于水，溶于乙醇、乙酸乙酯等有机溶剂。制备：由邻氯苯甲醛与乙酸酐或丙二酸缩合而得。用途：作试剂、有机合成中间体。

对氯肉桂酸(p-chlorocinnamic acid)　系统名"3-(4-氯苯基)丙烯酸"。CAS号1615-02-7。分子式$C_9H_7ClO_2$，分子量182.60。白色至淡黄色晶体粉末。熔点248~250℃。不溶于水，溶于乙醇、乙酸乙酯等有机溶剂。制备：由对氯苯甲醛与乙酸酐缩合而得。用途：作试剂、有机合成中间体，除草剂麦敌散的原料。

2-氯丁酸(2-chlorobutyric acid)　CAS号4170-24-5。分子式$C_4H_7ClO_2$，分子量148.16。淡黄色液体。沸点210℃、88~89℃(0.7 Torr)，闪点112℃，密度1.190 g/mL，折射率1.4390。有一对对映异构体，(R)-体比旋光度$[\alpha]_D^{23}$+12.7(c=0.42，甲醇)，(S)-体比旋光度$[\alpha]_D^{25}$-9.1(c=7，氯仿)。制备：由丁酸氯代制得。用途：作试剂、有机合成中间体。

2-溴丁酸(2-bromobutyric acid)　CAS号80-58-0。分子式$C_4H_7BrO_2$，分子量167.00。无色或浅黄色油状液体。熔点-4℃，沸点99~103℃(10 Torr)，闪点>110℃，密度1.567 g/mL，折射率1.4270。有一对对映异构体，(R)-体CAS号2681-94-9，比旋光度$[\alpha]_D^{20}$+33.6(c=2.74，甲

醇),(S)-体 CAS 号 32659-49-7,$[\alpha]_D^{20}-31.9(c=1.5,$甲醇)。难溶于冷水,溶于醇、醚溶剂。制备:由丁酸经三氯化磷溴化而得。用途:作试剂、有机合成中间体,也用作呈色剂中间体。

2-溴戊酸(2-bromovaleric acid)　CAS 号 584-93-0。分子式 $C_5H_9BrO_2$,分子量 181.03。透明淡黄色液体。沸点 132～136℃(25 Torr),闪点＞110℃,密度 1.381 g/mL,折射率 1.470 9。有一对对映异构体,(R)-体 CAS 号 42990-12-5,沸点 123～124℃(15 Torr),$[\alpha]_D^{20}+31(c=7,$乙醚);(S)-体 CAS 号 32835-74-8,沸点 92～94℃(0.5～1 Torr),$[\alpha]_D^{27}-36.9$。不溶于水,溶于乙酸、苯、醚等有机溶剂。制备:由戊酸经三氯化磷溴化而得。用途:作试剂、有机合成中间体。

2-溴己酸(2-bromohexanoic acid)　CAS 号 616-05-7。分子式 $C_6H_{11}BrO_2$,分子量 195.06。无色或淡黄色液体。熔点 3～5℃,沸点 136～138℃(18 Torr),闪点＞110℃,密度 1.37 g/mL,折射率 1.472 0。不溶于水,溶于醇和醚。制备:由己酸经三氯化磷溴化而得。用途:作试剂、有机合成中间体。

2,3-二氨基丙酸(2,3-diaminopropanoic acid;3-aminoalanine)　CAS 号 515-94-6。分子式 $C_3H_8N_2O_2$,分子量 104.11。吸湿性晶体。熔点 110～120℃。其盐酸盐熔点约 232℃。溶于水,不溶于乙醇、乙醚。有一对对映异构体,右旋体$[\alpha]_D^{20}+25$,左旋体$[\alpha]_D^{20}-25$。制备:由 2,3-二溴丙酸与氨反应制得。用途:作试剂、有机合成中间体;其形成的盐对微生物生长有抑制作用。

3-氨基丙酸(3-aminopropanoic acid)　亦称"β-丙氨酸"。CAS 号 107-95-9。分子式 $C_3H_7NO_2$,分子量 89.09。白色晶体。熔点约 205℃(分解),密度 1.437 g/cm³。溶于水,微溶于乙醇,不溶于乙醚、丙酮。制备:由丙烯腈与氨在二苯胺和叔丁醇溶液中反应生成 β-氨基丙腈,再进行碱解而得。用途:作试剂、有机合成中间体;用于制备电镀缓蚀剂、饲料添加剂的泛酸钙等。

2-氨基辛酸(2-aminooctanoic acid)　亦称"DL-α-氨基羊脂酸"。CAS 号 2187-07-7。分子式 $C_8H_{17}NO_2$,分子量 159.23。片状结晶。熔点约 295℃(分解)。有一对对映异构体,右旋体$[\alpha]_D^{20}+12.3(c=0.5,1N\ NaOH)$,左旋体$[\alpha]_D^{20}-13(c=1,1N\ NaOH)$。极微溶于水、乙醇和乙醚;溶于乙酸。制备:由 2-溴辛酸在 NH_3 存在下反应制得;或由乙酰氨基丙二酸二乙酯与 1-卤代己烷在醇钠作用下反应,再经水解制得。

用途:作试剂、有机合成中间体。

9-氨基壬酸(2-aminononanoic acid)　CAS 号 5440-35-7。分子式 $C_9H_{19}NO_2$,分子量 173.26。结晶。熔点 270～273℃(分解)。不溶于水、醇,溶于热水。制备:以庚醛为原料合成而得。用途:作有机合成中间体。

2-氨基-2-甲基丁酸(2-amino-2-methylbutanoic acid;DL-isovaline)　亦称"异缬氨酸"。CAS 号 595-39-1。分子式 $C_5H_{11}NO_2$,分子量 117.15。从乙醇-乙醚中得针状晶体。熔点 307～308℃(封管),300℃升华。有一对对映异构体,(R)-体盐酸盐 CAS 号 73473-40-2,$[\alpha]_D^{20}-10.5(c=2,$水);(S)-体盐酸盐 CAS 号 43177-22-6,$[\alpha]_D^{22}+6.8(c=1,$水)。溶于水,微溶于乙醚,不溶于苯。制备:由 2-丁酮与碳酸钠、氰化钠反应得到 5-甲基-5-乙基海因,再依次经氢氧化钡水解、硝酸酸化而得。用途:作试剂、有机合成中间体。

乳酸(lactic acid)　系统名"2-羟基丙酸"。CAS 号 849585-22-4。分子式 $C_3H_6O_3$,分子量 90.08。纯品为无色液体,工业品为无色到浅黄色液体。外消旋体熔点 18℃,沸点 122℃(15 Torr),常压蒸馏分解,闪点＞110℃,密度 1.206 0 g/mL,折射率 1.427 0。有一对对映异构体,(R)-体 CAS 号 10326-41-7,熔点 52.8℃,$[\alpha]_D^{20}-2.6°(c=8)$;(S)-体 CAS 号 79-33-4,$[\alpha]_D^{20}-13(c=2.5,1N\ NaOH)$。与水、乙醇、甘油混溶,微溶于乙醚,不溶于石油醚、氯仿、二硫化碳。制备:可通过发酵法、乙醛法及丙烯腈法等制得。用途:作试剂,用于酿造、医药、食品、卷烟、皮革、化工、印染等领域;作食品的酸味剂、防腐剂,用于制造乳酸钙等药物。

2-氨基丙二酸(2-aminomalonic acid;2-aminopropanedioic acid)　CAS 号 1068-84-4。分子式 $C_3H_5NO_4$,分子量 119.08。由水中得棱柱状晶体。一水合物熔点 109℃(分解)。性质不稳定,需避光在稀有气体中保存。微溶于水、乙醇。制备:用氨基丙二酸二乙酯经水解制得,或由 2-丙二酸与氨反应制得,也可由 2-氨基巴比妥酸水解制得。用途:作药物合成中间体,用于合成抗肿瘤药氨铂等。

白芷酸(angelic acid)　亦称"当归酸",系统名"(Z)-2-甲基-2-丁烯酸"。CAS 号 565-63-9。分子式 $C_5H_8O_2$,分子量 100.12。无色棱柱状或针状晶体。有香辣气味,能随水蒸气挥发。熔点 44～46℃,沸点 185℃,88～90℃(12 Torr),100℃(1 Torr)升华,密度 1.141 g/cm³,折射率 1.416 7^100。微溶于冷水,易溶于热水,溶于乙醇和乙醚。其水溶液长时间煮沸引起异构化,转化为惕各酸。天然以酯的形式存在于木犀科植物齐墩果的叶、女贞果实、龙胆科植物青叶胆全草中。制备:由氯乙烷、三苯基膦和丙酮酸用 Wittig 反应合成,或以乙醛、α-溴代丙酸乙酯、锌为原料用 Reformatsky 反应合成;也可以 2-甲基-3-丁烯腈为原料,先与活性氧化铝反应,得到(Z)- 以及(E)-2-甲基-2-丁烯腈的混合物,此混合物在碱性溶液中水解,再通过减压蒸馏分离形成的白芷酸和顺芷酸混合物,而得纯品白芷酸。用途:作试剂、有机合成中间体,也作食用香料。有祈祷镇静的作用。

D-木糖酸(D-xylonic acid) 亦称"松萝酸",系统名"(2R,3S,4R)-2,3,4,5-四羟基戊酸"。CAS 号 526-91-0。分子式 $C_5H_{10}O_6$,分子量 166.13。浆状物。溶于水。$[\alpha]_D +7.05(c=10,水)$,水溶液有变旋光现象,终点 $[\alpha]_D +17.98$。制备:以 D-木糖为底物利用氧化葡萄糖酸杆菌发酵生产。用途:作高效水泥黏合剂,也可作为合成多种化合物的前体,如共聚酰胺类、多酯类、水凝胶类等。

D-阿拉伯糖酸(D-arabonic acid) 亦称"树胶糖酸",系统名"(2S,3R,4R)-2,3,4,5-四羟基戊酸"。CAS 号 13752-83-5。分子式 $C_5H_{10}O_6$,分子量 166.13。由乙酸-水中得晶体。熔点 $114 \sim 116℃$,比旋光度 $[\alpha]_D^{25} +10.5$ $(c=6,水)$。溶于水,微溶于乙醇,不溶于丙酮。制备:用阿拉伯糖经溴水氧化制得。用途:作试剂、有机合成中间体。

2-氯丙烯酸(2-chloroacrylic acid;2-chloroprop-2-enoic acid) 亦称"α-氯丙烯酸"。CAS 号 598-79-8。分子式 $C_3H_3ClO_2$,分子量 106.51。白色晶体粉末。熔点 $64 \sim 66℃$,沸点 $178 \sim 181℃$,密度 $1.211\,5$ g/cm³,折射率 $1.440\,5$。不溶于水和甲醇,微溶于乙醇,溶于氯仿、乙醚苯、石油醚。制备:由多聚甲醛或甲醛与三氯乙烯、浓硫酸一起加热制得,或由 2,3-二氯丙酸消除氯化氢而得,或由 2-氯丙烯醛通过催化氧化而得。用途:作试剂、有机合成原料。

顺-3-氯丙烯酸(cis-3-chloroacrylic acid;cis-3-chloropropenoic acid) CAS 号 1609-93-4。分子式 $C_3H_3ClO_2$,分子量 106.51。片状或针状白色晶体。熔点 $60 \sim 62℃$,沸点 105℃ (17.5 Torr)。不溶于水,溶于醇、醚。制备:由丙炔酸于 60℃与浓盐酸反应,同时制得顺-3-氯丙烯酸和反-3-氯丙烯酸。用途:作试剂、有机合成原料。

反-3-氯丙烯酸(trans-3-chloroacrylic acid;trans-3-chloropropenoic acid) CAS 号 2345-61-1。分子式 $C_3H_3ClO_2$,分子量 106.51。片状晶体。熔点 $81 \sim 83℃$,沸点 94℃

(18 Torr)。不溶于水,较易溶于醇、醚。制备:由丙炔酸于 60℃与浓盐酸反应,同时制得顺-3-氯丙烯酸和反-3-氯丙烯酸,顺-3-氯丙烯酸在封管中于 125℃加热数小时后可转化为反-3-氯丙烯酸。用途:作试剂、有机合成原料。

2-溴丙烯酸(2-bromoacrylic acid;2-bromo-2-propenoic acid) 亦称"α-溴丙烯酸"。CAS 号 10443-65-9。分子式 $C_3H_3BrO_2$,分子量 150.91。棱柱状晶体。熔点 $68 \sim 70℃$。溶于水、乙醇、乙醚。制备:由 2,3-二溴丙酸或 2,2-二溴丙酸与三乙胺或氢氧化钾等碱作用消除溴化氢而得。用途:作试剂、有机合成原料。

3-溴苹果酸(3-bromomalic acid) 系统名"3-溴-2-羟基丁二酸"。CAS 号 19071-26-2、21788-51-2、74243-83-7、74243-84-8。分子式 $C_4H_5BrO_5$,分子量 212.98。分子中有两个手性碳原子,故有两对共 4 个立体异构体。(±)-赤式:自乙醇-氯仿中得晶体,熔点 136℃。溶于水、醇、乙醚,不溶于氯仿、石油醚、苯。制备:由反式环氧乙烷-1,2-二甲酸与氢溴酸作用,开环得(±)-赤式;由顺式环氧乙烷-1,2-二甲酸与氢溴酸作用,开环得(±)-苏式。由 D-或 L-酒石酸与氢溴酸作用,可分别得(2R,3R)-及 (2S,3S)-赤式对映异构体。用途:作有机合成中间体。

(±)-苏式   (±)-赤式

2-溴-3-苯基丙酸(2-bromo-3-phenylpropionic acid) CAS 号 16503-53-0。分子式 $C_9H_9BrO_2$,分子量 229.07。分子中有一手性碳原子,有一对对映异构体,但放置易消旋。外消旋体熔点 52℃,沸点 $146 \sim 148℃$ (1.1~1.8 Torr)、$128 \sim 130℃$(0.1 Torr),密度 1.48 g/cm³。(R)-体 $[\alpha]_D^{17} -10.2$;(S)-体 $[\alpha]_D^{20} +7.5(c=1,乙醇)$。不溶于水和石油醚,易溶于乙醇、丙酮、苯、乙酸乙酯。制备:由 3-苯基丙酸在红磷存在下与溴反应得外消旋体;在水溶液中由 D-苯丙氨酸、亚硝酸钠和溴化氢可制备(R)-异构体。用途:作有机合成原料、手性试剂。

3-溴-3-苯基丙酸(3-bromo-3-phenylpropionic acid) CAS 号 15463-91-9。分子式 $C_9H_9BrO_2$,分子量 229.07。分子中有一手性碳原子,有一对对映异构体。外消旋体:从苯或乙醇中得单斜菱形晶体,熔点 137℃。右旋体 $[\alpha]_D^{13} +110(c=1,乙醇)$;左旋体熔点 $82 \sim 84℃$,折射率 $1.542\,4^{27}$。不溶于水,易溶于无水乙醇、乙醚,难溶于二硫化碳。制备:由肉桂酸和 HBr 反应制得制备(R)-异构体。用途:作有机合成中间体。

巴豆酸（crotonic acid）　系统名"(E)-2-丁烯酸"。CAS 号 107-93-7。分子式 $C_4H_6O_2$，分子量 86.09。白色晶体，具有窒息性臭味。熔点 71～73℃，沸点 128℃（100 Torr），闪点 87℃，密度 1.027 g/cm^3，折射率 1.422 8。溶于水、乙醇、乙醚、甲苯、丙酮等。制备：在催化剂乙酸铜-乙酸钴存在下，巴豆醛经空气或氧气氧化制得；也可由乙醛与丙二酸缩合制得。用途：作试剂、有机合成原料、作合成橡胶软化剂，用于制造合成树脂、增塑剂、药物等。

异巴豆酸（isocrotonic acid）　亦称"别巴豆酸""顺巴豆酸"，系统名"(Z)-2-丁烯酸"。CAS 号 503-64-0。分子式 $C_4H_6O_2$，分子量 86.09。从戊烷或石油醚中得针状或棱柱状晶体。熔点 12.5～14℃，沸点 170～171℃，69℃（14 Torr），闪点 81.6℃，密度 1.026 8 g/cm^3，折射率 1.447 8。略溶于水，溶于乙醇。制备：由 1,3-二溴-2-丁酮经 Favorskii 重排反应制得；巴豆酸在甲苯溶液中可转化为异巴豆酸。用途：作试剂、有机合成原料。

扁桃酸（mandelic acid）　亦称"苦杏仁酸"，系统名"2-羟基-2-苯基乙酸"。CAS 号 90-64-2。分子式 $C_8H_8O_3$，分子量 152.15。分子中有一手性碳原子，有一对对映异构体。外消旋体：片状晶体，熔点 121.3℃，密度 1.300 g/cm^3。(R)-体：CAS 号 611-71-2，片状晶体，熔点 131～135℃，密度 1.341 g/cm^3，$[\alpha]_D^{20}-153$（$c=5$，水）；(S)-体：CAS 号 17199-29-0，片状晶体，熔点 131～134℃，$[\alpha]_D^{20}+155$（$c=5$，水）。外消旋体较易溶于水，极易溶于乙醇、乙醚；(R)-体及(S)-体溶于水、乙醇、乙醚、氯仿。天然源自苦杏仁。制备：由苯甲醛和氰化钠、饱和亚硫酸氢钠溶液制得扁桃腈，再在浓硫酸存在下水解而得；或由苯甲醛与二溴化苯乙酮作用制得。用途：作药物中间体、染料中间体、手性试剂等；具有较强抑菌作用，可口服用于治疗泌尿系统感染；分析化学中用于测定锆。

异丁烯酸（methacrylic acid）　亦称"甲基丙烯酸"，系统名"2-甲基-2-丙烯酸"。CAS 号 79-41-4。分子式 $C_4H_6O_2$，分子量 86.09。无色结晶或透明液体，有刺激性气味。极易聚合，存放时需加入 100～250 ppm 对苯二酚或 4-甲氧基苯酚作稳定剂。熔点 16℃，沸点 160.5℃，45～50℃（10 Torr），闪点 76℃，密度 1.014 g/mL，折射率 1.431 0。溶于热水，可溶于乙醇、乙醚等多数有机溶剂。制备：由丙酮和氢氰酸在碱催化剂存在下，反应生成丙酮氰醇，然后与浓硫酸反应生成甲基丙烯酰胺硫酸盐，再经水解而得。用途：作试剂、有机合成原料，用于聚合物制备。

D-艾杜糖酸（D-idonic acid）　亦称"D-艾杜酸"，系统名"(2S,3R,4S,5R)-2,3,4,5,6-五羟基己酸"（(2S,3R,4S,5R)-2,3,4,5,6-pentahydroxyhexanoic acid)。CAS 号 488-33-5。分子式 $C_6H_{12}O_7$，分子量 196.16。熔点 265℃，$[\alpha]_D^{20}+5.2→13.7$。溶于水。制备：由无水 α-L-吡喃葡萄糖经葡萄糖氧化酶的酶反应制得。用途：作试剂、有机合成原料。

衣卓酸（isatropic acid）　亦称"异阿托酸""α-二聚颠茄酸"。CAS 号 596-56-5。分子式 $C_{18}H_{16}O_4$，分子量 296.32。从氯仿和石油醚得结晶。熔点 238.5～239℃，$[\alpha]_D^{20}+9.44$（$c=6.7$，乙醇）。微溶于热水，溶于乙醇、乙酸，不溶于乙醚、苯及二硫化碳。制备：由 2-苯基乳酸在氢氧化钡溶液中于 140～160℃加热反应制得 α-衣卓酸；在 200℃得到 α- 及 β-衣卓酸混合物。用途：作试剂。

溴代琥珀酸（bromosuccinic acid）　亦称"DL-溴丁二酸""2-溴琥珀酸"。CAS 号 923-06-8。分子式 $C_4H_5BrO_4$，分子量 196.98。白色结晶性粉末。分子中有一手性碳原子，有一对对映异构体。外消旋体：熔点 164～166℃（分解），密度 2.093 g/cm^3。右旋体：熔点 166～167℃（分解），$[\alpha]_D^{15}+41.9$（$c=5$，乙醇）；左旋体：熔点 166～167℃（分解），$[\alpha]_D^{20}-43.8$（$c=6$，乙醇）。溶于水和乙醇，不溶于醚。制备：由反丁烯二酸溴化而得。用途：作试剂、有机合成原料。

DL-酒石酸（DL-tartaric acid）　系统名"2,3-二羟基丁二酸"。CAS 号 133-37-9。分子式 $C_4H_6O_6$，分子量 150.09。为 D- 及 L-酒石酸的外消旋体。无色透明棱柱状结晶或白色细至粗结晶粉末，无臭、有葡萄和白柠檬似香气及酸味。熔点 210～212℃（分解）。易溶于水，不溶于氯仿、乙醚，略溶于乙醇。酒石酸主要以钾盐的形式存在于多种植物和果实中。制备：从粗酒石中提取，或以顺丁烯二酸和过氧化氢为原料，于 70℃下转化成环氧丁二酸，再于 100℃下水解而得。用途：作试剂，也作酸味剂、增香剂、食用色素稀释、固化剂、螯合剂、抗氧化增效剂、速效性膨松剂等。

D-(-)-酒石酸（D-(-)-tartaric acid）　亦称"左旋酒石酸"，系统名"(2S,3S)-2,3-二羟基丁二酸"。CAS 号 147-71-7。分子式 $C_4H_6O_6$，分子量 150.09。无色结晶或白色结晶粉末。熔点 166～170℃，闪点 210℃，$[\alpha]_D^{20}-13$（$c=10$，水）。易溶于水、甲醇、乙醇。制备：由外消旋体拆分获得。用途：作试剂、有机合成中间体、色谱分析试剂及掩蔽剂，食品添加剂；用于手性合成的手性源及化学拆分剂；用于医药作为缓泻剂和利尿剂；其晶体有压电性质，可用于电子工业。

L-(＋)-酒石酸(L-(＋)-tartaric acid) 亦称"右旋酒石酸",系统名"(2R,3R)-2,3-二羟基丁二酸"。CAS 号 87-69-4。分子式 $C_4H_6O_6$,分子量 150.09。无色结晶或白色结晶粉末。熔点 168～170℃,密度 1.76 g/cm^3,$[\alpha]_D^{20}$ ＋12.4($c=20$,水)。易溶于水、甲醇、乙醇。制备:由制造葡萄酒时所生成的粗酒石与碳酸钙反应部分地转变为钙盐,再添加氯化钙或泥状硫酸钙,全部转为钙盐,然后稀硫酸使其分解而得。用途:作试剂、有机合成中间体以及酸味剂、化学拆分剂和制药原料等。

内消旋酒石酸(*meso*-tartaric acid; erythraric acid) 系统名"(2R,3S)-2,3-二羟基丁二酸"。CAS 号 147-73-9。分子式 $C_4H_6O_6$,分子量 150.09。无色结晶或白色结晶粉末。熔点 147℃,密度 1.666 g/cm^3。溶于水、乙醇,微溶于乙醚。制备:由顺丁烯二酸用高锰酸钾或四氧化锇-双氧水氧化制得。用途:作有机合成中间体。

惕格酸(tiglic acid) 系统名"反-2-甲基-2-丁烯酸"。CAS 号 80-59-1。分子式 $C_5H_8O_2$,分子量 100.12。结晶粉末或块状物。有吸湿性,具有奶香甜味香气。难溶于水,微溶于醇,溶于热水、热醇、热乙醚。熔点 62～66℃,沸点 198～199℃,闪点 101℃,密度 0.969 g/cm^3,折射率 1.446 8。天然存在于巴豆油中。制备:由 2-羟基-2-甲基丁腈合成制得。用途:作有机合成中间体、食品用香料;其酯类也作香料。

3-吲哚乙酸(indole-3-acetic acid) 亦称"异植物生长素""异茁长素""吲哚-3-基乙酸"。CAS 号 87-51-4。分子式 $C_{10}H_9NO_2$,分子量 175.19。白色至黄褐色晶体。熔点 167℃(分解),闪点 171℃,密度 1.354 g/cm^3。不溶于水,微溶于氯仿,易溶于乙醇、乙醚、丙酮。制备:由吲哚与羟基乙酸反应制得。用途:作试剂、作植物生长调节剂。

3-吲哚丙酸(indole-3-propionic acid) 亦称"吲哚-3-基丙酸"。CAS 号 830-96-6。分子式 $C_{11}H_{11}NO_2$,分子量 189.21。灰白色晶体。熔点 134～135℃(分解),密度 1.356 g/cm^3,折射率 1.377。暴露于空气中逐渐变色。难溶于冷水,溶于热水,易溶于乙醇、乙醚、丙酮、氯仿、乙酸乙酯和苯。制备:先由苯胺盐酸盐在酸性条件下用亚硝酸钠重氮化,再与环戊酮-2-羧酸乙酯反应制得 α-羰基乙二酸苯腙,将其溶于含 20%硫酸的乙醇溶液中回流反应而得。用途:作试剂、作植物生长调节剂,具有促进生根、坐果等作用。

3-吲哚丁酸(indole-3-butyric acid) 亦称"吲哚-3-基丁酸"。CAS 号 133-32-4。分子式 $C_{12}H_{13}NO_2$,分子量

203.24。白色结晶固体。熔点 124～125℃,密度 1.27 g/cm^3。难溶于水,易溶于苯,溶于其他普通有机溶剂。制备:由吲哚与 γ-丁内酯在四氢化萘中在 Na-NaOH/γ-Al$_2$O$_3$ 催化下回流反应缩合制得,或由吲哚与乙基溴化镁格氏试剂反应制得吲哚基溴化镁,再与 γ-氯代丁腈反应制得。用途:作试剂、作植物生长调节剂,是良好的生根剂,可促进草本和木本观赏植物插枝的生根。

D-葡萄糖酸(D-gluconic acid) 亦称"D-葡糖酸",系统名"(2R,3S,4R,5R)-2,3,4,5,6-五羟基己酸"。CAS 号 526-95-4。分子式 $C_6H_{12}O_7$,分子量 196.16。固体为结晶体,多为浓度约 50%～52%的水溶液,呈无色至浅黄色透明糖浆状。无臭或微臭,呈酸味。无水态熔点 130～132℃;50%～52%的水溶液密度 1.234 g/mL,$[\alpha]_D^{20}$ ＋9(neat),折射率 1.416 1。溶于水,微溶于醇,不溶于大多数有机溶剂。制备:由葡萄糖氧化或生物发酵而得。用途:作试剂、蛋白凝固剂和食品防腐剂;用于生产葡萄糖酸盐。

D-葡糖醛酸(D-glucuronic acid) 亦称"D-葡糖酸",系统名"(2S,3S,4S,5R)-2,3,4,5-四氢-6-氧代己酸"。CAS 号 6556-12-3。分子式 $C_6H_{10}O_7$,分子量 194.14。无色针状结晶或白色结晶粉末。开链形式不稳定,会转化为更稳定的含吡喃环的半缩醛形式存在或含呋喃环的半缩醛形式存在。熔点 158～161℃,$[\alpha]_D^{24}$ ＋11.7→＋36.3($c=6$,水)。溶于水及醇。制备:由 D-葡萄糖氧化而得,也可用淀粉经硝酸氧化、水解制得。用途:作试剂,用于生化研究,也可以作为食品添加剂。

2,4-滴丁酸(2,4-DB) 系统名"4-(2,4-二氯苯氧基)丁酸"。CAS 号 94-82-6。分子式 $C_{10}H_{10}ClO_3$,分子量 249.09。白色结晶。熔点 118～119℃,沸点 150℃(0.2 Torr),密度 1.242 8 g/cm^3。难溶于水,易溶于多数有机溶剂。制备:由 2,4-二氯苯酚钠与 γ-丁内酯合成而得,也可由 2,4-二氯苯酚钠、1-氯-3-溴丙烷、氰化钠等合成。用途:用于水田和麦田等,作广谱性、激素型除草剂。

2,4,5-涕(2,4,5-T) 系统名"2,4,5-三氯苯氧乙酸"。CAS 号 93-76-5。分子式 $C_8H_5Cl_3O_3$,分子量 255.48。无味白色结晶。熔点 154～158℃,密度 1.592 g/cm^3。几乎不溶于水,易溶于乙醇等多数有机溶剂。制备:由 2,4,5-三氯苯酚与一

氯乙酸在碱作用下脱去氯化氢分子制得。用途：作除草剂和植物生长刺激剂，但禁止在烟草上使用。

1-萘氧乙酸（1-naphthoxy acetic acid） 亦称"α-萘氧乙酸"。CAS 号 2976-75-2。分子式 $C_{12}H_{10}O_3$，分子量 202.21。灰白色至棕色结晶。熔点 193～197℃，密度 1.291 g/cm^3。难溶于水，易溶于乙醇等多数有机溶剂。制备：以 α-萘酚和氯乙酸为原料在碱和相转移催化剂作用下反应制得。用途：作试剂，用于生化研究。

2-萘氧乙酸（2-naphthoxy acetic acid） 亦称"β-萘氧乙酸"。CAS 号 120-23-0。分子式 $C_{12}H_{10}O_3$，分子量 202.21。灰白色角柱状晶体。熔点 155～157℃，密度 1.274 g/cm^3。溶于热水、乙醇、乙醚和乙酸，微溶于冷水。制备：以 β-萘酚和氯乙酸或溴乙酸为原料在碱和相转移催化剂作用下反应制得。用途：作试剂、植物生长刺激素，用于调节番茄、草莓、菠萝等的生长、提高坐果率。

2-氯苯氧基乙酸（2-chlorophenoxyacetic acid） CAS 号 614-61-9。分子式 $C_8H_7ClO_3$，分子量 186.59。白色片状或无色针状晶体。熔点 150～152℃，密度 1.509 g/cm^3。溶于热水及热乙醇，不溶于苯。制备：以 2-氯苯酚和氯乙酸或溴乙酸为原料合成而得。用途：作试剂、有机合成中间体。

2-呋喃乙酸（furan-2-acetic acid） 亦称"2-糠基乙酸"。CAS 号 2745-26-8。分子式 $C_6H_6O_3$，分子量 126.11。从石油醚或苯中得叶片状晶体。熔点 71～73℃，沸点 102～104℃（0.4 Torr）。溶于水、热苯。制备：以糠醛及硝基甲烷经 Henry 反应、Zn/乙酸还原等步骤合成而得。用途：作有机合成中间体。

对羟基苯基丙酸（4-hydroxyphenylpropionic acid） 系统名"3-(4-羟基苯基)丙酸"。CAS 号 501-97-3。分子式 $C_9H_{10}O_3$，分子量 166.18。灰白至黄色晶体。熔点 129～131℃，密度 1.362 g/cm^3。溶于热水、乙醇、乙醚和乙酸乙酯，难溶于苯和氯仿。制备：苯酚与丙烯腈反应，得对羟基丙腈，然后水解而得；或在乙酸钠存在下，对羟基苯甲醛与乙酸酐进行 Perkin 缩合反应生成对羟基苯基丙烯酸，再氢化还原而得。用途：作医药中间体。

3-甲酰基丙酸（3-formylpropionic acid） 亦称"琥珀半醛"，系统名"4-氧代丁酸"。CAS 号 692-29-5。分子式 $C_4H_6O_3$，分子量 102.09。带腐臭味油状物。易挥发，低温下凝固。沸点 91～92℃（0.05 Torr）、130～131℃（10 Torr），密度 1.275 g/mL，折射率 1.456 5。溶于水、乙醇、乙醚和苯。制备：由相应的缩醛酸 3-[1,3]二氧杂戊环-2-丙酸在 HCl-丙酮中室温反应 12 小时制得；也可由 4-氨基丁酸或谷氨酰胺等合成得到。用途：作医药中间体。

4-羟基苯乙酸（4-hydroxyphenylacetic acid） CAS 号 156-38-7。分子式 $C_8H_8O_3$，分子量 152.15。白色或淡黄色结晶粉末。熔点 148～150℃，密度 1.319 g/cm^3。微溶于水，溶于乙醚、乙醇、乙酸乙酯。制备：由对氨基苯乙酸经重氮化、水解而得。用途：作试剂、医药中间体。

4-羟基苯基甘氨酸（4-hydroxyphenylglycine） 系统名"2-氨基-2-(4-羟基苯基)乙酸"。CAS 号 6324-01-2。分子式 $C_8H_9NO_3$，分子量 167.16。有一个手性碳原子，故有一对对映异构体。外消旋体：由乙醇中得棱柱状晶体；熔点 240～245℃；(R)-体 CAS 号 22818-40-2,；(S)-体 CAS 号 32462-30-9，$[\alpha]_D^{20}$ +150(c=1,1N HCl)。稍溶于水，易溶于稀酸、碱和醇氨溶液。制备：对甲氧基苯甲醛与氰化钠等反应生成对甲氧基苯海因，然后以氢氧化钠溶液水解得到对甲氧基苯甘氨酸，再以溴氢酸水解制得。用途：作医药中间体。

N,N-二甲基甘氨酸（N,N-dimethylglycine） CAS 号 1118-68-9。分子式 $C_4H_9NO_2$，分子量 103.12。白色固体。熔点 179～181℃，110～120℃（0.5 Torr）升华，密度 1.344 g/cm^3。溶于水、乙醇，不溶于丙酮、氯仿。制备：由二甲胺与 α-氯乙酸反应制得。用途：作试剂、偶联反应添加剂等。

N-苯基甘氨酸（N-phenylglycine） 亦称"苯胺基乙酸"。CAS 号 103-01-5。分子式 $C_8H_9NO_2$，分子量 151.17。白色或淡黄色结晶。熔点 120～122℃。溶于水，微溶于醚，稍溶于醇。制备：由 40% 甲醛溶液、氰化钠水溶液及苯胺合成而得，也可由 N-苯基氨基乙腈水解制得。用途：作试剂、制造靛蓝的中间体，分析化学中用于比色法测定铜。

亚胺二乙酸（iminodiacetic acid） 亦称"二乙酸亚胺"。CAS 号 142-73-4。分子式 $C_4H_7NO_4$，分子量 133.10。白色晶体。熔点 243℃（分解）。溶于水，难溶于醇、丙酮和乙醚。制备：由氯乙酸钠与水合肼反应生成肼抱二乙酸，最后在亚硝酸钠作用下制得；或由氯乙酸和氨基乙酸在碱作用下反应制得，或由氯乙酸与氨反应制得。用途：作试剂、络合剂，合成除草剂草甘膦的原料等。

3,3′-亚胺二丙酸（3,3′-iminodipropionic acid）　亦称"3-（2-羧乙基氨基）丙酸"。CAS 号 505-47-5。分子式 $C_6H_{11}NO_4$，分子量 161.16。从水中得针状晶体，从乙醇中得棱柱状晶体。熔点 235～236℃（分解），密度 1.3 g/cm³。溶于水，难溶于醇、丙酮和乙醚。制备：由 3,3′-亚氨基二丙腈在氢氧化钡溶液中水解而得，或由 3-溴丙酸与 3-氨基丙酸反应制得。用途：作试剂、螯合剂。

D-赤式-4-羟基谷氨酸（D-erythro-4-hydroxyglutamic acid）　亦称"β-羟基麸酸"。CAS 号 6148-21-6。分子式 $C_5H_9NO_5$，分子量 163.13。从水中得棱柱状晶体。熔点 164～166℃。溶于水、乙酸，不溶于乙醇和乙醚。来源于绿色植物。制备：消旋体可通过 α-乙酰氧基-β-氯丙酸乙酯与乙酰氨基丙二酸二乙酯缩合等步骤制得，或由谷氨酸羟基化方法制得。用途：作生化试剂。

2-羟基戊二酸（2-hydroxyglutaric acid；2-hydroxypentane-1,5-dioic acid）　CAS 号 2889-31-8。分子式 $C_5H_8O_5$，分子量 148.11。有一个手性碳原子，故有一对对映异构体。外消旋体：白色晶体；熔点 72℃（分解）。(2R)-体二钠盐 CAS 号 103404-90-6；(2S)-体 CAS 号 13095-48-2；从乙醚中得结晶；熔点 53～56℃。易溶于水和乙醇，难溶于乙醚。制备：在人体中由羟基酸-含氧酸转氢酶合成，而在细菌中是由 2-羟基戊二酸合成酶形成。实验室可由 L-谷氨酸与亚硝酸钠、稀盐酸溶液作用而得。用途：是多种 α-酮戊二酸依赖性双加氧酶的竞争性抑制剂；(2S)-体是一种表观遗传修饰因子，可抑制组蛋白去甲基化酶，从而促进组蛋白甲基化，可用于肾癌研究。

DL-苄基丁二酸（benzylsuccinic acid）　亦称"DL-2-苄基琥珀酸"。CAS 号 36092-42-9。分子式 $C_{11}H_{12}O_4$，分子量 208.21。白色至灰白色粉末。熔点 161～163℃，密度 1.29 g/cm³。溶于热水、乙醇、乙醚，微溶于苯、氯仿、二硫化碳。制备：由 2-苄叉琥珀酸催化氢化制得。用途：作试剂。

(E)-戊烯二酸（(E)-glutaconic acid）　系统名"(E)-戊-2-烯二酸"。CAS 号 1724-02-3。分子式 $C_5H_6O_4$，分子量 130.10。从乙醚-苯中得扁平针状晶体。熔点 137～138℃。溶于水、乙醇，微溶于乙醚。制备：3-羟基戊二酸二甲酯与氢氧化钾-甲醇在 0～20℃反应后，再用盐酸酸化而得；或以丙二酸二甲酯基氯仿为原料合成而得。用途：作有机合成原料。

3-苯甲酰丙酸（3-benzoylpropionic acid）　系统名"4-氧代-4-苯基丁酸"。CAS 号 2051-95-8。分子式 $C_{10}H_{10}O_3$，分子量 178.19。由醇溶液得米色叶片状晶体。熔点 116～118℃。微溶于热水和石油醚，溶于乙醇、乙醚、二硫化碳、苯、氯仿。制备：由丁二酸酐在三氯化铝催化下与苯进行 Friedel-Crafts 反应而得。用途：作有机合成原料。

反-2-硝基肉桂酸（trans-2-nitrocinnamic acid）　亦称"反-邻硝基肉桂酸"。CAS 号 612-41-9。分子式 $C_9H_7NO_4$，分子量 193.16。固体。熔点 243～245℃。不溶于水，溶于乙醇。刺激眼睛和皮肤。制备：用邻硝基苯甲醛与醋酸酐、醋酸钠反应制取，或用邻硝基苯甲醛与丙二酸反应制取。用途：作化学试剂，有机合成中间体。

反-3-硝基肉桂酸（trans-3-nitrocinnamic acid）　亦称"反-间硝基肉桂酸"。CAS 号 555-68-0。分子式 $C_9H_7NO_4$，分子量 193.16。白色针状晶体。熔点 200～202℃。溶于乙醇，可升华。刺激眼睛和皮肤。制备：用间硝基苯甲醛与醋酸酐、醋酸钠反应制取，或用间硝基苯甲醛与丙二酸反应制取。用途：作化学试剂，医药合成中间体。

反-4-硝基肉桂酸（trans-4-nitrocinnamic acid）　亦称"反-对硝基肉桂酸"。CAS 号 619-89-6。分子式 $C_9H_7NO_4$，分子量 193.16。浅黄色粉末状固体。熔点 283～286℃。难溶于水。刺激眼睛、皮肤和呼吸系统，可能引起基因缺陷。制备：用对硝基苯甲醛与丙二酸反应制取。用途：作化学试剂。

4-甲酰基肉桂酸（4-formylcinnamic acid）　系统名"3-(4-甲酰基苯基)丙烯酸"。CAS 号 23359-08-2。分子式 $C_{10}H_8O_3$，分子量 176.17。白色结晶粉末。可升华。熔点 250～255℃（分解）。不溶于水，溶于热乙醇。制备：由对溴苯甲醛与丙烯酸在四丁基溴化铵存在下，于 90℃碳酸钠水溶液中反应 15 小时制取。用途：作有机合成原料、医药中间体。

4-氟苯乙酸（4-fluorophenylacetic acid）　CAS 号 405-50-5。分子式 $C_8H_7FO_2$，分子量 154.14。白色有光泽的片状晶体或粉末。熔点 81.5℃，沸点 164℃（2 Torr）。不溶于水。制备：由对氟苯乙腈水解而得；或由 4-氟苄基氯、一氧化碳等在吡啶-2-羧酸钴、醋酸钯催化下，在高压金中反应制取。用途：作有机合成原料、医药中间体。

甘草次酸（glycyrrhetinic acid）　亦称"β-甘草亭酸""18β-甘草次酸"。CAS 号 471-53-4。分子式 $C_{30}H_{46}O_4$，分子量 470.69。白色结晶粉末。熔点 325～328℃，$[\alpha]_D^{16}$ +92.6。不溶于水，溶于乙醇、氯仿、乙酸、吡啶，不溶于石油醚。制备：由甘草抽提液分离而得。用途：具有抗炎抗过敏、抑制细菌繁殖等作用，作医药和高档化妆品原料；作甜味剂及甜味改良剂、调味剂、香味增强剂；作消炎药，用于治疗肾上腺皮质机能减退、胃及十二指肠溃疡等。

依他尼酸（ethacrynic acid；etacrynic acid）　亦称"利尿酸"，系统名"2-(2,3-二氯-4-(2-亚甲基丁酰基)苯氧基)乙酸"。CAS 号 58-54-8。分子式 $C_{13}H_{12}Cl_2O_4$，分子量 303.14。白色固体。熔点 121～122℃，密度 1.35 g/cm^3。不溶于水，易溶于乙醚、氯仿或冰醋酸，极易溶于乙醇。制备：先由 2,3-二氯苯甲醚与丁酰氯制得 2,3-二氯-4-丁酰苯酚，再与溴乙酸乙酯缩合，进一步与甲醛缩合并水解制得。用途：有高效利尿作用，临床作高效利尿剂。

二溴马来酸（dibromomaleic acid）　亦称"二溴富马酸"，系统名"2,3-二溴-2-丁烯酸"。CAS 号 608-37-7。分子式 $C_4H_2Br_2O_4$，分子量 273.86。白色或浅黄色粉末，由乙醚中得针状晶体。熔点 123.5℃。制备：由丁炔二酸与溴加成而得。用途：作有机合成原料、医药中间体。

二羟基马来酸（dihydroxymaleic acid）　系统名"2,3-二羟基-2-丁烯酸"。CAS 号 133-38-0。分子式 $C_4H_4O_6$，分子量 148.07。固体。熔点 154℃（分解），密度 1.8 g/cm^3。微溶于水、乙醚、乙醇，溶于乙醇。制备：由酒石酸在酒石酸铁催化剂作用下，用双氧水脱氢氧化而得。用途：作食品抗氧剂，分析化学用于检测氟化物和钛。

柠檬酸（citric acid）　亦称"枸橼酸"，系统名"2-羟基丙-1,2,3-三羧酸"。CAS 号 77-92-9。分子式 $C_6H_8O_7$，分子量 191.12。白色结晶粉末。熔点 153℃，密度 1.553 g/cm^3，折射率 1.468 3。易溶于水和乙醇，溶于乙醚。加热可分解为多种产物，可与酸、碱、甘油等发生反应。制备：可从柠檬、橙子等水果中提取，也可以草酰乙酸与乙烯酮为原料合成而得；或以薯干粉为原料，经黑曲霉深层发酵法制得。用途：作试剂、食品酸味剂，也用作制备医药清凉剂、洗涤剂用添加剂；其钠盐是血液抗凝剂，柠檬酸铁铵作补血药品。

DL-氟代柠檬酸（DL-fluorocitric acid）　亦称"氟代枸橼酸"，系统名"1-氟-2-羟基丙-1,2,3-三羧酸"。CAS 号 100929-81-5。分子式 $C_6H_7FO_7$，分子量 210.11。吸湿性强。一般以钡盐分离出。制备：由丙二酸在吡啶存在下与 2-氟-3-氧代丁二酸二乙酯作用，再经水解制得。用途：作试剂，用于生化研究。

异柠檬酸（isocitric acid）　系统名"1-羟基丙-1,2,3-三羧酸"。CAS 号 320-77-4。分子式 $C_6H_8O_7$，分子量 192.12。黄色糖浆状。熔点 150℃。天然存在于落地生根属等多汁植物的叶或白悬钩子类中。制备：由丁二酸钠、三氯乙醛、乙酸酐等合成而得。用途：作试剂。

D-甘露糖酸（D-mannonic acid）　系统名"(2S,3S,4R,5R)-2,3,4,5,6-五羟基己酸"。CAS 号 642-99-9。分子式 $C_6H_{12}O_7$，分子量 196.16。针状结晶。熔点 205℃（分解）；有变旋现象，$[\alpha]_D^{20}$ +5.2→ +13.7。在水溶液中加热得到 γ-内酯。制备：由甘露糖在溴水中氧化而得；或由甘露糖在氢氧化钾存在下，在 40℃、pH=9.0 水介质中，经金/三氧化二铝催化的氧气氧化而得。用途：作试剂。

D-半乳糖酸（D-galactonic acid）　系统名"(2R,3S,4S,5R)-2,3,4,5,6-五羟基己酸"。CAS 号 13382-27-9。分子式 $C_6H_{12}O_7$，分子量 196.16。针状结晶。无水态熔点 145～146℃；在水溶液中加热得到 γ-内酯，$[\alpha]_D^{20}$ -12.23。制备：由半乳糖在溴水中氧化而得。用途：作生化试剂。

D-半乳糖醛酸（D-galacturonic acid）　系统名"(2S,3R,4S,5R)-2,3,4,5-四羟基-6-氧代己酸"。CAS 号 14982-50-4。分子式 $C_6H_{10}O_7$，分子量 191.14。主要以环状形式存在。α-体：单水合物呈针状晶体；熔点 159℃；在水溶液变旋，$[\alpha]_D^{20}$ +98.0→ +50.8。β-体：熔点 166℃；在水溶液变旋，$[\alpha]_D^{20}$ +27→ +55.6。天然品以聚合态存在于果胶中。制备：由果胶水解分离而得。用途：作生化试剂。

D-古洛糖酸（D-gulonic acid）　系统名"(2R,3R,4S,5R)-2,3,4,5,6-五羟基己酸"。CAS 号 20246-33-7。分子式 $C_6H_{12}O_7$，分子量 196.16。白色或灰白色结晶粉末。无

水态熔点 141～142℃,$[\alpha]_D^0 +1.6$ ($c=2$,稀盐酸);在水溶液中自发转化为 γ-内酯,熔点 182～188℃,其钠盐呈晶体,溶于水,$[\alpha]_D^{20} +11.5$。制备:用钠汞齐还原葡萄糖醛酸而得。用途:作生化试剂。

β-羟基丙酮酸(β-hydroxypyruvic acid)　系统名"3-羟基-2-氧代丙酸"。CAS 号 1113-60-6。分子式 $C_3H_4O_4$,分子量 104.06。自乙醚-石油醚中得晶体。有吸水性。熔点 81～82℃。溶于水。制备:由甘油酸用过氧化氢氧化而得。用途:作试剂、有机合成原料。

对香豆酸(p-coumaric acid)　系统名"(E)-4-羟基肉桂酸"。CAS 号 501-98-4。分子式 $C_9H_8O_3$,分子量 164.16。白色针状结晶。熔点 210～213℃,密度 1.329 g/cm³。微溶于冷水,几乎不溶于苯、石油醚,溶于热水、热乙醇和乙醚。天然存在于白花蛇舌草、地胆草。制备:以对羟基苯甲醛和丙二酸为原料,环己烷为溶剂,在吡啶和苯胺催化下经 Knoevenagel 缩合反应合成。用途:作试剂、有机合成原料,用于香料合成,作祛痰药杜鹃素、抗肾上腺素药艾司洛尔等的中间体。

咖啡酸(caffeic acid)　系统名"(E)-3,4-二羟基肉桂酸"。CAS 号 331-39-5。分子式 $C_9H_8O_4$,分子量 180.16。黄色结晶。熔点 223～225℃,密度 1.46 g/cm³。微溶于冷水,易溶于热水、乙醇、乙酸乙酯。天然主要来源于柠檬果皮、缬草根、毛茛科植物升麻根茎等多种植物。制备:原儿茶醛与乙酸经 Perkin 反应而得。用途:作试剂、有机合成原料;也具有收缩凝固微血管、提高凝血因子功能、升高白细胞和血小板的作用,作止血升白细胞药。

牻牛儿酸(geranic acid)　亦称"香叶酸",系统名"(E)-3,7-二甲基辛-2,6-二烯酸"。CAS 号 459-80-3。分子式 $C_{10}H_{16}O_2$,分子量 168.24。油状液体。为异构体混合物,以(E)-构型为主。沸点 249～251℃,88～92(0.1 Torr),密度 0.959 g/mL,折射率 1.478 2～1.479 2。不溶于水,能溶于醇、醚。天然品为植物提取物,具有新鲜的油脂青香、苹果样的蔬果香气。制备:由柠檬醛经缓和氧化而制得。用途:作试剂、有机合成原料,也用作日化香料。

草氨酸(oxamic acid; oxalic acid monoamide)　亦称"香叶酸",系统名"2-氨基-2-氧代乙酸"。CAS 号 471-47-6。分子式 $C_2H_3NO_3$,分子量 89.05。从乙醇中的棱柱状晶体,从水中得晶体粉末。熔点 210℃(分解),密度 1.66 g/cm³。溶于水、乙醇,不溶于乙醚。制备:由草酰胺或草酸二乙酯与氨反应制得。用途:作试剂。

肌酸(creatine; N-amidnosarosine)　亦称"N-甲基胍基乙酸",系统名"N-(氨基亚氨基甲基)-N-甲基甘氨酸"。CAS 号 57-00-1。分子式 $C_4H_9N_3O_2$,分子量 131.14。白色结晶或结晶性粉,由水中可得一水合单斜棱柱晶体。熔点 295℃,密度 1.33 g/cm³。溶于沸水及乙酸,微溶于乙醇,不溶于乙醚。存在于脊椎动物体内,能够辅助为肌肉和神经细胞提供能量。制备:由肌酸酐与氨或石灰乳反应制得;体内由精氨酸、甘氨酸和蛋氨酸在肝脏、肾脏、胰腺中合成。用途:作试剂,用于生化研究,也作运动补剂。

乌索酸(ursolic acid)　亦称"熊果酸""乌苏酸",系统名"(3β)-3-羟基乌索-12-烯-28-酸"。CAS 号 77-52-1。分子式 $C_{30}H_{48}O_3$,分子量 456.71。从无水乙醇中得大而有光泽的棱晶,从稀乙醇中得细毛似的针晶。熔点 285～288℃,密度 1.09 g/cm³,$[\alpha]_D^{25} +67.5$($c=1$,1N 氢氧化钾-乙醇溶液)。不溶于水,溶于 2%氢氧化钠-乙醇、热乙酸,较易溶于丙酮,微溶于醇、醚、氯仿和二硫化碳。天然存在于许多植物中,如唇形科植物夏枯草的全草及冬青科铁冬青的叶等。制备:由夏枯草中提取。用途:具有抗炎、抗菌、镇静、抗糖尿病、抗溃疡、降低血糖、抗癌、抗氧化等作用,用作医药和化妆品原料。

L-脱氢抗坏血酸(L-dehydroascorbic acid)　系统名"(5R)-5-[(1S)-1,2-二羟乙基]-2,3,4(5H)-呋喃三酮"。CAS 号 490-83-5。分子式 $C_6H_6O_6$,分子量 174.11。白色固体。熔点 223～225℃(分解),密度 1.8 g/cm³。易吸湿形成二水合物。溶于水、甲醇、乙醇,不溶于氯仿、苯。为一种可透过血脑屏障的氧化型维生素C。来源于蔬菜、水果和动物肝脏。制备:可由维生素 C(L(+)-抗坏血酸)用 NBS 或六氰基高铁(III)酸钾氧化而得。用途:具有抗坏血病作用,对中风具有脑保护作用。

酒石酸去甲肾上腺素(norepinephrine tartrate)　CAS 号 3414-63-9。分子式 $C_{12}H_{17}NO_9$,分子量 319.27。白色结晶性粉末。熔点 103℃,$[\alpha]_D -10.0～-12.0$($c=5$,水)。易形成一水合

物。溶于水,微溶于乙醇,不溶于乙醚、氯仿。制备:由邻苯二酚、氯乙酸和酒石酸为原料合成制得。用途:为肾上腺素受体激动药,可收缩血管、升高血压。

吡啶-2,5-二羧酸(pyridine-2,5-dicarboxylic acid)

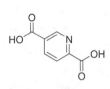

亦称"异辛可部酸"。CAS 号 100-26-5。分子式 $C_7H_5NO_4$,分子量 167.12。白色结晶粉末。熔点 256~258℃,其一水合物熔点 238℃(分解),150℃(0.02 Torr)升华。几乎不溶于冷水、乙醇、乙醚、苯,溶于稀热的无机酸,微溶于沸水和沸乙醇。制备:由 2-甲基喹啉经氧化而得,也可由 2-甲基-5-乙酰基吡啶或 5-乙基吡啶-2-甲酸制得。用途:作试剂,有机合成、医药合成中间体,用于制造烟酸。

吡啶-2,6-二羧酸(pyridine-2,6-dicarboxylic acid) 亦称"皮考啉二酸"。CAS 号 499-83-2。分子式 $C_7H_5NO_4$,分子量 167.12。白色结晶粉末,其二水合物为针状结晶。无水物熔点 252℃,密度 1.262 g/cm^3;二水合物熔点 224℃。溶于热水,极难溶于冷乙醇,微溶于冷水、热乙醇和乙酸。制备:由 2,6-二甲基吡啶用高锰酸钾或硝酸氧化制得,也可由 2,6-吡啶二甲腈水解而得。用途:作试剂及牛肝谷氨酸脱氢酶的竞争抑制剂。

萘普生(naproxene) 系统名"(S)-(+)-2-(6-甲氧基萘-2-基)丙酸"。CAS 号 22204-53-1。分子式 $C_{14}H_{14}O_3$,分子量 230.26。白色结晶或结晶性粉末。熔点 153.2~

155.6℃,$[\alpha]_D^{20}+66(c=1,CH_2Cl_2)$。几乎不溶于水,难溶于苯,易溶于丙酮,溶于甲醇、乙醇、乙酸。制备:由 β-萘酚经甲基化、乙酰化得 6-甲氧基-2-萘乙酮,然后与氯乙酸酯进行 Darzens 缩合,再经异构化、水解、氧化、中和、化学拆分等步骤制得;也可由 2-(6-甲氧基萘-2-基)丙烯酸经不对称氢化而得。用途:具有抗炎、退热和止痛作用,作非甾体消炎镇痛药,用于缓解发热以及与关节炎或其他症状有关的炎症和疼痛。

D-(-)-奎尼酸(D-(-)-quinic acid) 系统名"(1S,3R,4S,5R)-1,3,4,5-四羟基-1-环己-1-羧酸"。CAS 号 77-95-2。分子式 $C_7H_{12}O_6$,分子量 192.17。白色结晶或结晶性粉末。熔点 163~168℃,密度 1.637 g/cm^3,$[\alpha]_D^{20}-43.5(c=10,水)$。难溶于冷乙醇、乙醚,溶于碱液、无水乙醇及 DMSO。天然普遍与莽草酸共存于维管束植物体内。制备:可通过多种方法制得,包括植物提取法、化学合成法、酶工程法及微生物发酵法。用途:作试剂,用于不对

称合成。

异抗坏血酸(D-isoascorbic acid) CAS 号 89-65-6。

分子式 $C_6H_8O_6$,分子量 176.12。白色至浅黄色结晶。干燥状态下在空气中稳定,在溶液中暴露于大气时迅速变质。熔点 169~172℃(分解),$[\alpha]_D^{25}-17.25$ $(c=10,水)$。易溶于水,几乎不溶于乙醇。制备:以玉米淀粉为原料,通过发酵制得葡萄糖,然后转化成 2-古罗酮糖酸甲酯,再用甲醇钠处理得到异抗坏血酸钠,然后通过离子交换树脂脱盐而得。用途:作试剂;天然、绿色、高效的食品抗氧化剂,用于提高食品的稳定性、延长储存期;作医药辅助材料。

中草酸(ketomalonic acid; mesoxalic acid) 系统名"2-氧代丙二酸"。CAS 号 473-90-5。分子式 $C_3H_2O_5$,分子量 118.04。白色结晶。常以偕二醇形式存在。熔点 113~114℃(分解)。溶于乙醇、乙醚。制备:由甘油或丙醇二酸用碘化亚铜等氧化而得。用途:作试剂。

DL-高胱氨酸(DL-homocystine) 系统名"4,4'-二硫代二基双(2-氨基丁酸)"。CAS 号 870-93-9。分子式 $C_8H_{16}N_2O_6S_2$,分子量 268.35。白色片状结晶。熔点 268~280℃(分解),密度 1.5 g/cm^3。D-型:晶状固体,熔点 281~284℃(分解),$[\alpha]_D^{26}-79(1N\ HCl)$;L-型:晶状固体,熔点 281~284℃(分解),$[\alpha]_D^{26}+79(1N\ HCl)$。制备:由高半胱氨酸用过氧化氢氧化偶联而得。用途:作生化试剂。

L-高半胱氨酸(L-homocysteine) 系统名"(S)-2-氨基-4 巯基丁酸"。CAS 号 6027-13-0。分子式 $C_4H_9NO_2S$,分子量 135.18。无色或几乎无色固体。熔点 247~249℃,密度 1.259 g/cm^3。溶于水、乙酸,不溶于乙醚,微溶于乙醇。由体内的蛋氨酸转化而来,存在于肝脏。制备:可由蛋氨酸在 Na/NH_3 中于-60℃ 反应 0.5 小时制得。用途:用作生化试剂。

D-泛酸(D-pantothenic acid) 亦称"维生素 B_5""本多生酸"。CAS 号 79-83-4。分子式 $C_9H_{17}NO_5$,分子量 219.24。无色或淡黄色黏性油状液体,易吸湿,不稳定。易溶于水、乙酸乙酯、二氧六环和乙酸,微溶于乙醚、戊醇,难溶于氯仿、苯。$[\alpha]_D^{20}+24.3(c=1.6,甲醇)$。广泛存在于动植物组织中。制备:由泛酸钙与硫酸反应制得;或由 β-丙氨酸与 D-(-)-泛酰内酯缩合而得。用途:作营养增补剂、饲料添加剂、医药和食品添加剂。

N-苯甲酰甘氨酸（N-benzoylglycine）　亦称"马尿酸"。CAS 号 495-69-2。分子式 $C_9H_9NO_3$，分子量 179.18。晶状固体。熔点 $191\sim193℃$，密度 1.308 g/cm^3。微溶于冷水、冷乙醇、乙醚、氯仿，溶于热水、热乙醇、磷酸钠水溶液，几乎不溶于二硫化碳、石油醚、苯。存在于食草动物的尿液中。制备：由苯甲酰氯与氨基乙酸在氢氧化钠溶液中反应制得。用途：作生化试剂及有机合成、医药及染料中间体。

犬尿酸（kynuric acid; carbostyrilic acid）　系统名"N-草酰邻氨基苯甲酸"。CAS 号 5651-01-4。分子式 $C_9H_7NO_5$，分子量 209.16。从水中得带 1 分子结晶水的针状晶体。熔点 $214\sim215℃$，$220℃$（0.09 Torr）升华。溶于水、乙醇、乙醚。制备：先由邻氨基苯甲酸和草酸甲酯制得犬尿酸甲酯，再经碱液水解制得。用途：作有机合成中间体。

犬尿喹酸（kynurenic acid）　亦称"犬尿烯酸"，系统名"4-羟基喹啉-2-羧酸"。CAS 号 492-27-3。分子式 $C_{10}H_7NO_3$，分子量 189.17。灰白色至黄褐色的粉末或针状结晶。熔点 $282\sim283℃$。微溶于水，溶于热乙醇，不溶于乙醚。是色氨酸通过犬尿氨酸途径代谢的天然代谢物，一种广谱的兴奋性氨基酸拮抗剂，存在于各种动物的尿液中。制备：以邻硝基苯乙酮为原料合成而得。用途：作生化试剂、有机合成中间体；医药上作非竞争性 NMDA 类型的谷氨酸受体拮抗剂、GPR35/CXCR8 激动剂。

地衣酸（usnic acid）　亦称"松萝酸"，系统名"2,6-二乙酰基-7,9-二羟基-8,9b-二甲基-1,3(2H,9bH)-二苯并呋喃二酮"。CAS 号 7562-61-0。分子式 $C_{18}H_{16}O_7$，分子量 344.32。从丙酮中得黄色斜方棱柱状结晶。天然存在于地衣中，有外消旋体及左旋体、右旋体。熔点 $201\sim202℃$，$[\alpha]_D^{16}+509.4$（$c=0.697$，氯仿）。微溶于水，溶于丙酮、乙醇、乙酸乙酯。制备：以 2,4,6-三羟基-3-甲基苯乙酮为原料合成而得。用途：作广谱抗生素，可以抑制革兰氏阳性菌和结核菌的生长。

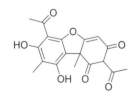

苯甲酸（benzoic acid）　亦称"安息香酸"。CAS 号 65-85-0。分子式 $C_7H_6O_2$，分子量 122.12。鳞片状或针状结晶。熔点 $121\sim123℃$，沸点 $249℃$，闪点 121℃，密度 1.32 g/cm^3。微溶于冷水、己烷，溶于热水，易溶于乙醇、乙醚和其他有机溶剂。制备：以环烷酸钴为催化剂，在 $140\sim$ 160℃和 $0.2\sim0.3$ MPa 压力下通过甲苯的液相空气氧化制得。用途：作化学试剂，苯甲酸及钠盐作食品防腐剂、抗微生物剂，用于果汁饮料的保香。

过苯甲酸（perbenzoic acid）　亦称"过氧化氢苯酰""过氧苯甲酸"。CAS 号 93-59-4。分子式 $C_7H_6O_3$，分子量 138.12。无色或白色棱柱形或片状结晶，有辛辣气味。有毒！易燃，具爆炸性。熔点 $40\sim42℃$，沸点 $97\sim110℃$（$13\sim15$ Torr）。微溶于水，不溶于甲醇，溶于乙醇、乙醚、氯仿。制备：由苯甲酸与过氧化作用制得，或由过氧化苯甲酸酐在甲醇钠存在下，在氯仿中于 $-5℃$ 水解再氧化而得。用途：作氧化剂，用于有机合成。

2-硝基苯甲酸（2-nitrobenzoic acid）　亦称"邻硝基苯甲酸"。CAS 号 552-16-9。分子式 $C_7H_5NO_4$，分子量 167.12。具有强烈甜味的黄白色晶体。熔点 $146\sim148℃$，密度 1.575 g/cm^3。溶于水、氯仿，溶于乙醇、乙醚。刺激眼睛、皮肤和呼吸系统。制备：用邻硝基甲苯经氧化反应制取。用途：作化学试剂，用于染料的合成和有机中间体。

3-硝基苯甲酸（3-nitrobenzoic acid）　亦称"间硝基苯甲酸"。CAS 号 121-92-6。分子式 $C_7H_5NO_4$，分子量 167.12。白色或浅黄色的单斜片状晶体。熔点 $139\sim141℃$，密度 1.494 g/cm^3。溶于水、乙醇、乙醚、氯仿、丙酮、甲醇等溶剂，几乎不溶于苯、石油醚。吞食有害，刺激眼睛和皮肤。制备：用苯甲酸经硝化反应制取。用途：作化学试剂，医药、染料合成中间体。

4-硝基苯甲酸（4-nitrobenzoic acid）　亦称"对硝基苯甲酸"。CAS 号 62-23-7。分子式 $C_7H_5NO_4$，分子量 167.12。无色或黄白色单斜片状晶体。熔点 $237\sim240℃$，闪点 237℃。密度 1.61 g/cm^3。溶于热水、乙醇、氯仿、丙酮、甲醇等溶剂，几乎不溶于苯、石油醚。吞食有害，对眼睛有严重损害风险。制备：用对硝基甲苯经氧化反应制取。用途：作化学试剂，医药、材料、染料等有机合成中间体。

2-甲基苯甲酸（2-methylbenzoic acid）　亦称"邻甲基苯甲酸"。CAS 号 118-90-1。分子式 $C_8H_8O_2$，分子量 136.15。白色至棕黄色结晶。能随水蒸气挥发。熔点 $103\sim105℃$，沸点 $258\sim259℃$，闪点 148℃，密度 1.062 g/cm^3。微溶于冷水，易溶于乙醇、氯仿，溶于热水。制备：由邻二甲苯在环烷酸钴催化剂存在下，用空气氧化制得。用途：作试剂，医药和农药中间体。

3-甲基苯甲酸（3-methylbenzoic acid）　亦称"间甲基苯甲酸"。CAS 号 99-04-7。分子式 $C_8H_8O_2$，分子量

136.15。亮黄色鳞片状固体。能随水蒸气挥发。熔点 112～114℃，沸点 263℃、106℃（30 Torr），闪点 150℃，密度 1.050 g/cm³。微溶于冷水，易溶于乙醇、乙醚，溶于热水。制备：由间二甲苯在乙酸钴或环酸钴催化剂存在下，用空气氧化制得；或由间甲基苯甲腈水解而得。用途：作试剂、医药和农药中间体。

4-甲基苯甲酸（4-methylbenzoic acid） 亦称"对甲基苯甲酸"。CAS 号 99-94-5。分子式 C₈H₈O₂，分子量 136.15。针状晶体。能随水蒸气挥发。熔点 180～182℃，沸点 274℃、107℃（30 Torr），闪点 181℃，密度 1.255 g/cm³。难溶于冷水及热水，易溶于甲醇、乙醇、乙醚。制备：由对二甲苯在环酸钴催化剂存在下，用空气氧化制得；或由对甲基苯甲腈水解而得；或以对氯甲苯和二氧化碳为原料转化而得。用途：作试剂、医药和农药中间体。

3-硝基水杨酸（3-nitrosalicylic acid） 系统名"2-羟基-3-硝基苯甲酸"。CAS 号 85-38-1。分子式 C₇H₄NO₅，分子量 183.12。淡黄色结晶。熔点 148～149℃（无结晶水）、128～129℃（含结晶水），密度 1.631 g/cm³。微溶于水，易溶于乙醇、乙醚、氯仿和苯。制备：由水杨酸在硝酸-乙酸中与普鲁士蓝于 50℃经硝化反应制取。用途：作有机合成中间体。

4-硝基水杨酸（4-nitrosalicylic acid） 系统名"2-羟基-4-硝基苯甲酸"。CAS 号 619-19-2。分子式 C₇H₄NO₅，分子量 183.12。白色或黄色晶体粉末。熔点 236～238℃，160℃（0.05 Torr）升华，密度 1.631 g/cm³。微溶于水，溶于热水、乙醇及热苯。制备：由 2-氯-4-硝基苯甲酸经 CuI 催化水解制取。用途：作有机合成中间体。

5-硝基水杨酸（5-nitrosalicyclic acid） 系统名"2-羟基-5-硝基苯甲酸"。CAS 号 96-97-9。分子式 C₇H₅NO₅，分子量 183.12。淡黄色结晶。熔点 229～230℃，密度 1.650 g/cm³。不溶于冷水，溶于沸水，易溶于乙醇。刺激眼睛、皮肤和呼吸系统。制备：由水杨酸经硝酸硝化或以硝酸脲/硫酸为硝化试剂制得，或由对硝基苯酚在乙酸钾作用下与四氯化碳反应制得；或以 2-氯-5-硝基苯甲酸为原料，在碱性条件下经催化水解、酸化。用途：作试剂，药物及染料中间体。

6-硝基水杨酸（6-nitrosalicyclic acid） 系统名"2-羟基-6-硝基苯甲酸"。CAS 号 601-99-0。分子式 C₇H₅NO₅，分子量 183.12。从甲苯中得淡黄色针状结晶。熔点 172℃。易溶于冷水

及乙醚。制备：由邻硝基苯甲酸经催化氧化制得，或由 2-氯-6-硝基苯甲酸经 CuI 催化水解制取。用途：作有机合成中间体。

3,5-二硝基水杨酸（3,5-dinitrosalicyclic acid） 亦称"3,5-二硝基-2-羟基苯甲酸"。CAS 号 609-99-4。分子式 C₇H₄N₂O₇，分子量 228.12。黄色粉末状固体，从水中得含 1 分子结晶水的片状晶体。熔点 168～172℃。溶于水、乙醇、乙醚。制备：由水杨酸用混酸硝化而得，或由 2-氯-3,5-二硝基苯甲酸在 Cu 催化下于吡啶中用碳酸钾水解制得。用途：作化学试剂。

2-氯茴香酸（2-chloroanisic acid） 系统名"2-氯-4-甲氧基苯甲酸"。CAS 号 21971-21-1。分子式 C₈H₇ClO₃，分子量 186.59。针状晶体。熔点 208℃。不溶于热水，溶于醇、醚、苯。制备：由 4-甲氧基苯甲酸用 NaClO 氯代而得，或由 2-氯-4-甲氧基苯乙酮经 Hofmann 重排制得。用途：作试剂、有机合成中间体。

3-氯茴香酸（3-chloroanisic acid） 系统名"3-氯-4-甲氧基苯甲酸"。CAS 号 37908-96-6。分子式 C₈H₇ClO₃，分子量 186.59。白色有光泽的鳞片状晶体。熔点 212～214℃。制备：由对甲氧基苯甲酸用 N-氯代丁二酰亚胺进行氯代制得；也可用 3,4-二氯苯甲酸在加热条件下与甲醇钠反应制得。用途：作试剂、有机合成中间体。

茴香酸（p-anisic acid） 系统名"4-甲氧基苯甲酸"。CAS 号 100-09-4。分子式 C₈H₈O₃，分子量 152.15。由水中得无色棱柱状或针状晶体。熔点 182～185℃，沸点 275～277℃、88～90℃（12 Torr），闪点 185℃，密度 1.385 g/cm³。难溶于冷水，微溶于热水，溶于甲醇、乙醇、乙醚、氯仿、乙酸乙酯。制备：由对羟基苯甲酸与硫酸二甲酯反应即得；或由对溴苯甲醚的格氏试剂与二氧化碳反应而得；也可由对甲氧基甲苯氧化而得。用途：作试剂、有机合成中间体，用于合成香料、防腐剂、制药等。

没食子酸（gallic acid） 系统名"3,4,5-三羟基苯甲酸"。CAS 号 149-91-7。分子式 C₇H₆O₅，分子量 170.12。白色结晶粉末。熔点 255～258℃，～40℃（0.83 Torr）升华。易形成一水合物（CAS 号 5995-86-8）。难溶于冷水，溶于热水、乙醇、乙醚、丙酮和甘油，不溶于苯和氯仿。制备：由五倍子制得。用途：作试剂，医药上作止血收敛剂、局部刺激剂，用于制药、染料、食品、轻工、墨水和有机合成。

邻溴苯甲酸（2-bromobenzoic acid） 亦称"邻溴安息香酸"。CAS 号 88-65-3。分子式 $C_7H_5BrO_2$，分子量 201.02。米色粉末。熔点 147～149℃，密度 1.929 g/cm³。微溶于冷水，溶于乙醇、乙醚、丙酮、氯仿和热水。制备：由邻氨基苯甲酸经重氮化、与溴化亚铜-氢溴酸作用制得。用途：作试剂，用于有机合成。

间溴苯甲酸（3-bromobenzoic acid） 亦称"间溴安息香酸"。CAS 号 585-76-2。分子式 $C_7H_5BrO_2$，分子量 201.02。无色针状结晶或结晶粉末。熔点 155～158℃，密度 1.701 g/cm³。不溶于水，溶于醇和醚。制备：由间溴甲苯经高锰酸钾氧化、酸化而得。用途：作试剂，用于有机合成。

对溴苯甲酸（4-bromobenzoic acid） 亦称"对溴安息香酸"。CAS 号 586-76-5。分子式 $C_7H_5BrO_2$，分子量 201.02。白色或浅粉红色结晶。熔点 253～255℃，密度 1.894 g/cm³。不溶于冷水，溶于乙醇、乙醚、丙酮及热水。制备：对溴甲苯经氧化、酸化而得。用途：作试剂，用于有机合成。

邻甲酚酸（2,3-cresotic acid） 亦称"3-甲基水杨酸"，系统名"2-羟基-3-甲基苯甲酸"。CAS 号 83-40-9。分子式 $C_8H_8O_3$，分子量 152.15。白色或微红色晶体。熔点 163～164℃，密度 1.304 g/cm³。微溶于冷水，易溶于热水，溶于醇、醚、氯仿及氢氧化钠溶液。制备：由邻甲苯酚钠盐在二氧化碳高压釜中进行 Kolbe-Schmitt 反应制得。用途：作试剂、有机合成和染料中间体。

间甲酚酸（2,4-cresotic acid） 亦称"4-甲基水杨酸"，系统名"2-羟基-4-甲基苯甲酸"。CAS 号 50-85-1。分子式 $C_8H_8O_3$，分子量 152.15。浅黄色晶体或粉末。熔点 174～175℃，130℃（11 Torr）升华。难溶于冷水，易溶于热水，溶于醇、醚、氯仿及氢氧化钠溶液。制备：由间甲苯酚钠盐在二氧化碳高压釜中进行 Kolbe-Schmitt 反应制得；或由 4'-羟基-2'-甲基苯乙酮经 Hofmann 重排制得。用途：作试剂、有机合成和染料中间体。

对甲酚酸（2,5-cresotic acid） 亦称"5-甲基水杨酸"，系统名"2-羟基-5-甲基苯甲酸"。CAS 号 89-56-5。分子式 $C_8H_8O_3$，分子量 152.15。白色或微红色晶体。熔点 149～150℃，密度 1.31 g/cm³。难溶于冷水，易溶于热水，溶于醇、醚、氯仿及氢氧化钠溶液。制

备：由间甲苯甲酸经催化的空气氧化而得；或对甲苯酚钠盐在二氧化碳高压釜中进行 Kolbe-Schmitt 反应制得。用途：作试剂、有机合成和染料中间体。

4-N，N-二甲氨基苯甲酸（4-N，N-dimethylaminobenzoic acid） 亦称"对二甲氨基苯甲酸"。CAS 号 619-84-1。分子式 $C_9H_{11}NO_2$，分子量 152.15。白色结晶。熔点 240℃（分解），闪点 170℃，密度 1.28 g/cm³。溶于醇、醚、盐酸及碱溶液，几乎不溶于乙酸。制备：由对氨基苯甲酸乙酯在丙酮中与无水碳酸钾和碘甲烷作用，再进行皂化、酸化等步骤制得；也可由对二甲氨基苯甲醛氧化而得。用途：作试剂、有机合成和染料中间体，用于制造光敏剂、涂料、高效感光材料、染料等。

间双没食子酸（digallic acid） 亦称"单宁酸"，系统名"3,4-二羟基-5-((3,4,5-三羟基苯甲酰基)氧)苯甲酸"。CAS 号 536-08-3。分子式 $C_{14}H_{10}O_9$，分子量 322.23。针状晶体（水合物）。110℃脱水，熔点 260～261℃（分解）。溶于水、甲醇、乙醇、丙酮，微溶于醚及乙酸。自然来源为阿勒颇五倍子单宁或中国栲单宁。制备：由没食子酸合成转化而得。用途：作试剂，制蓝黑墨水等；双没食子酸锑钠盐作口服药，用于治疗慢性早期血吸虫病；其酯衍生物用于制备治疗高尿酸血症药物；在铅酸蓄电池中作负极添加剂。

3-氨基邻苯二甲酸（3-aminophthalic acid） 亦称"3-氨基酞酸"。CAS 号 5434-20-8。分子式 $C_8H_7NO_4$，分子量 181.15。黄色结晶粉末或针状结晶。熔点 191～192℃（分解），密度 1.551 g/cm³。微溶于水、乙醇和乙醚，不溶于氯仿、苯和石油醚。制备：由 3-硝基邻苯二甲酸经催化氢化或锌粉等还原而得；或由邻苯二甲酸酐硝化后再经 $SnCl_2$-HCl 还原而得。用途：作试剂、有机合成中间体。

4-氨基邻苯二甲酸（4-aminophthalic acid） 亦称"4-氨基酞酸"。CAS 号 5434-21-9。分子式 $C_8H_7NO_4$，分子量 181.15。米色粉末，从含有少量乙酸的水中可得片状晶体。熔点 >300℃（分解）。微溶于水和乙醇，不溶于丙酮、氯仿、四氯化碳和苯。制备：由 4-硝基邻苯二甲酸经 Pd-C 催化氢化等还原而得；或由邻苯二甲酸经发烟硝酸-发烟硫酸硝化后再经 Sn-HCl 还原而得。用途：作试剂、有机合成中间体。

2-氨基对苯二甲酸（2-aminoterephthalic acid） 系统名"2-氨基-1,4-苯二甲酸"。CAS 号 10312-55-7。分子

式 $C_8H_7NO_4$，分子量 181.15。从水中得黄色结晶性粉末。熔点 324～325℃（分解）。微溶于水、乙醇和乙醚，不溶于丙酮、氯仿、石油醚、苯和乙酸。制备：由 2-硝基对苯二甲酸经 Pd/C 催化氢化或 Sn-HCl 还原而得。用途：作试剂、有机合成中间体。

间氯过氧化苯甲酸（*m*-chloroperoxybenzoic acid；*m*CPBA）　CAS 号 937-14-4。分子式 $C_7H_5ClO_3$，分子量 172.56。白色结晶或粉末。试剂中含 50%～55% 的水。熔点 88～89℃。不溶于水，易溶于乙醇、醚类溶剂，溶于氯仿、二氯乙烷。制备：由间氯苯甲酰氯在碱性条件下经双氧水氧化和稀硫酸水解而得。用途：作氧化剂，用于环氧化反应、Baeyer-Villiger 反应、N-氧化和 S-氧化反应等，也用作漂白剂。

2-甲酰基苯甲酸（*o*-formylbenzoic acid）　亦称"邻羧基苯甲醛""邻酞醛酸"。CAS 号 119-67-5。分子式 $C_8H_6O_3$，分子量 150.13。白色晶体。熔点 97～99℃，沸点 104℃（0.4 Torr），密度 1.404 g/cm³。溶于水，易溶于乙醇、乙醚。制备：由邻氯苯甲醛在钠存在下与二氧化碳在 5 148.6 Torr，113℃ 反应制得，或由邻溴苯甲酸在正丁基锂作用下与 DMF 在低温反应制得；或由 2-(α,α-二氯甲基)苯甲腈在硫酸铜催化下水解再酸化而得。用途：作试剂和医药中间体。

3-甲酰基苯甲酸（*m*-formylbenzoic acid）　亦称"间羧基苯甲醛""间酞醛酸"。CAS 号 619-21-6。分子式 $C_8H_6O_3$，分子量 150.13。从水中得针状晶体。熔点 173～175℃。溶于热水，易溶于乙醇、乙醚。制备：由间碘苯甲酸在乙酸钯催化下与一氧化碳作用制得，或由 3-氯甲基苯甲酸在氯仿中与六次甲基四胺作用而得，或通过 3-(α,α-二氯甲基)苯甲酰氯在碳酸钙-水中水解而得，也可由间苯二甲醛选择性氧化制得。用途：作试剂和医药中间体。

4-甲酰基苯甲酸（*p*-formylbenzoic acid）　亦称"对羧基苯甲醛""对酞醛酸"。CAS 号 619-66-9。分子式 $C_8H_6O_3$，分子量 150.13。从水中得针状晶体。熔点 244～245℃。微溶于热水，易溶于乙醇、乙醚、氯仿，溶于 DMF。制备：通过 4-(α,α-二氯甲基)苯甲酰氯在碳酸钙-水中水解而得，或由对二甲苯选择性氧化制得，或由对碘苯甲酸与 I_2、NEt₃、Ph₃P 在甲苯中于 80℃ 封管中反应制得。用途：作试剂和医药、农药、荧光增白剂、香料中间体。

邻氨基苯甲酸（*o*-aminobenzoic acid）　亦称"氨茴酸"。CAS 号 118-92-3。分子式 $C_7H_7NO_2$，分子量 137.14。由乙醇中得白色至浅黄色片状晶体，具有甜味。熔点 144～146℃，99.85℃（0.1 Torr）升华，密度 1.412 g/cm³，折射率 1.578[144]。微溶于水，溶于乙醇、乙醚。为易制毒-1 类管制品、3 类致癌物。制备：由邻硝基苯甲酸在 Pt 催化下氢化还原制得。用途：作染料、医药、香料的中间体，钙盐作猪的杀虫剂。

间氨基苯甲酸（*m*-aminobenzoic acid）　CAS 号 99-05-8。分子式 $C_7H_7NO_2$，分子量 137.14。由水中得黄色晶体，具有甜味。熔点 178～180℃，沸点处升华，密度 1.506[25] g/cm³。微溶于水，溶于丙酮、乙醚，不溶于苯。制备：由间硝基苯甲酸在 Pd/C 催化下氢化还原制得，或由间碘苯胺与二氧化碳在催化剂作用下反应制得。用途：作试剂。

对氨基苯甲酸（*p*-aminobenzoic acid；PABA）　CAS 号 150-13-0。分子式 $C_7H_7NO_2$，分子量 137.14。由乙醇-水中得单斜棱柱状晶体或无色针状晶体。在空气中或光照下渐变为浅黄色。熔点 186～189℃，密度 1.374 g/cm³。微溶于水、苯，易溶于热水、乙醇、乙醚、乙酸乙酯和乙酸，不溶于石油醚。制备：由对硝基苯甲酸经铁粉还原或催化氢化而得，或由对甲基苯胺经乙酰化、氧化、还原、水解等制得。用途：作试剂、染料和医药中间体。

1-氨基蒽醌-2-羧酸（1-aminoanthraquinone-2-carboxylic acid）　系统名"1-氨基-9,10-二氧代-9,10-二氢蒽-2-羧酸"。CAS 号 82-24-6。分子式 $C_{15}H_9NO_4$，分子量 267.24。从硝基苯中得红色针状晶体。熔点 292～294℃。不溶于水、石油醚，微溶于乙醇、乙醚、苯，溶于热的硝基苯及稀氢氧化钠溶液。制备：通过 1-硝基蒽醌-2-羧酸与氨水反应，或由 1-硝基蒽醌-2-羧酸在 Pd/C 催化下氢化还原而得，或由 1-硝基-2-甲基蒽醌在氢氧化钾醇溶液中加热制得。用途：作染料中间体，分析化学中作鉴定痕量铅、镁及锌的试剂。

4-氨基水杨酸（4-aminosalicylic acid）　亦称"4-氨基柳酸"，系统名"4-氨基-2-羟基苯甲酸"。CAS 号 65-49-6。分子式 $C_7H_7NO_3$，分子量 153.14。由乙醇-乙醚中得片状或针状晶体。对光敏感，暴露于空气中易变为棕色。熔点 150～151℃，密度 1.545 g/cm³。微溶于水、乙醚，溶于乙醇、稀硝酸、稀氢氧化钠溶液，不溶于苯、氯仿、四氯化碳；热的水溶液不稳定。制备：由间氨基苯酚与碳酸氢钠-二氧化碳在压力下经羧基化反应制得，或由

4-硝基水杨酸还原而得。用途：作试剂、药物中间体及抗结核药物。

5-氨基-2-羟基苯甲酸（5-aminosalicylic acid）　亦称"5-氨基柳酸""美沙拉嗪"，系统名"5-氨基-2-羟基苯甲酸"。CAS 号 89-57-6。分子式 $C_7H_7NO_3$，分子量 153.14。由水中得针状晶体。熔点 280～282℃，密度 1.568 g/cm³。微溶于冷水和乙醇，溶于热水、稀盐酸。制备：由水杨酸与 68%硝酸和乙酸混合液得 5-硝基水杨酸，再经 Fe-HCl 或 Zn-HCL 还原而得。用途：作试剂、染料中间体及溃疡性结肠炎治疗药。

5-磺基水杨酸（5-sulfosalicylic acid）　系统名"2-羟基-5-磺酸基苯甲酸"。CAS 号 97-05-2。分子式 $C_7H_6O_6S$，分子量 218.18。白色结晶或结晶性粉末，常带有 2 分子结晶水。熔点 113℃，密度 1.695 g/cm³。易溶于水和乙醇，溶于乙醚。制备：由水杨酸或其酚酯经磺化反应制得。用途：作生化试剂、分析试剂、络合指示剂，在比色分析中用于测定高铁离子，作表面活性剂中间体，也用作有机催化剂及润滑脂添加剂。

3-氨基-2-萘甲酸（3-amino-2-naphthoic acid）　亦称"3-氨基-2-萘酸"。CAS 号 5959-52-4。分子式 $C_{11}H_9NO_2$，分子量 187.20。由乙醇-水中得黄色片状晶体。熔点 216～217℃（分解），密度 1.352 g/cm³。溶于乙醇、乙醚，微溶于热水，溶液中带绿色荧光。制备：由 3-羟基-2-萘甲酸与氨在 $ZnCl_2$、ZnO_2 或 $ZnCO_3$ 存在下在压力釜中共热制得。用途：作试剂、染料中间体。

2-氨基-3-硝基苯甲酸（2-amino-3-nitrobenzoic acid）　亦称"3-硝基氨茴酸"。CAS 号 606-18-8。分子式 $C_7H_6N_2O_4$，分子量 182.14。由水中得黄色针状晶体。熔点 206～208℃，密度 1.558^{15} g/cm³。不溶于水，溶于乙醇、乙醚，微溶于氯仿和苯。制备：由 3-硝基邻苯二甲酸酐与尿素制得 3-硝基邻苯二甲酸-2-酰胺，再与次氯酸钠溶液经 Hofmann 重排反应制得。用途：作试剂、有机合成中间体，用于合成医药、农药及各类功能材料。

2-氨基-4-硝基苯甲酸（2-amino-4-nitrobenzoic acid）　亦称"4-硝基氨茴酸"。CAS 号 619-17-0。分子式 $C_7H_6N_2O_4$，分子量 182.14。橙色棱柱状结晶，具有甜味。熔点 269～272℃，密度 1.548 g/cm³。不溶于冷水，微溶于热水，溶于乙醇、乙醚、丙酮和二甲苯。制备：由 4-硝基邻苯二甲酸酐与氨制得 4-硝基邻苯二甲酸-2-酰胺和 5-硝基邻苯二甲酸-2-酰胺，再与次氯酸钠溶液经 Hofmann 重排反应得到 2-氨基-4-硝基苯甲酸及 2-氨基-5-硝基苯甲酸，再经过分离而得。用途：作试剂、有机合成中间体。

2-氨基-5-硝基苯甲酸（2-amino-5-nitrobenzoic acid）　亦称"5-硝基氨茴酸"。CAS 号 616-79-5。分子式 $C_7H_6N_2O_4$，分子量 182.14。由乙醇-水中得黄色针状晶体。熔点 275～283℃。不溶于冷水、氯仿及苯，溶于热水、乙醇、乙醚。制备：由 5-硝基邻苯二甲酸-2-酰胺与次氯酸钠溶液经 Hofmann 重排反应制得到。用途：作试剂、有机合成中间体。

2-氨基-6-硝基苯甲酸（2-amino-6-nitrobenzoic acid）　亦称"6-硝基氨茴酸"。CAS 号 50573-74-5。分子式 $C_7H_6N_2O_4$，分子量 182.14。由水中得黄色针状晶体，具有甜味。熔点 178～180℃。不溶于冷水，溶于热水、乙醇、乙醚、丙酮和乙酸，微溶于氯仿、苯及二硫化碳。制备：由 3-硝基邻苯二甲酸-1-酰胺与次溴酸钠溶液经 Hofmann 重排反应得到，或由 2,6-二硝基苯甲酸经硫化铵还原而得。用途：作试剂、有机合成中间体。

苯甲酰甲酸（benzoylformic acid）　亦称"α-氧代苯乙酸""苯乙醛酸"。CAS 号 611-73-4。分子式 $C_8H_6O_3$，分子量 150.13。从四氯化碳中得无色晶体。熔点 67～69℃，沸点 163～167℃（15 Torr），密度 1.381 g/cm³。溶于水、乙醇、乙醚和热四氯化碳。制备：由苯甲酰腈在浓盐酸催化下水解而得，或由氯甲酰甲酸乙酯在无水三氯化铝催化下与苯反应制得，也可由扁桃酸经氧化而得。用途：作试剂、医药中间体。

水杨酸（salicyclic acid）　俗称"柳酸"，系统名"邻羟基苯甲酸""2-羟基苯甲酸"。CAS 号 69-72-7。分子式 $C_7H_6O_3$，分子量 138.12。白色针状晶体或毛状结晶性粉末，有辛辣味。熔点 158～159℃，沸点 211℃（20 Torr），75～76℃ 时升华，闪点 157℃，密度 1.443 g/cm³，折射率 1.565。微溶于水，溶于沸水、热苯，易溶于乙醇、乙醚、氯仿、丙酮。制备：由苯酚钠与二氧化碳进行羧基化后再经酸化而得，也可由水杨醛氧化而得。用途：作试剂、有机合成中间体、化妆品防腐剂、环氧树脂固化的促进剂，用于合成药物阿司匹林，少量也用于配制动物香型的香精。

硫代水杨酸（thiosalicyclic acid）　系统名"邻巯基苯甲酸""2-巯基基苯甲酸"。CAS 号 147-93-3。分子式 $C_7H_6O_2S$，分子量 154.18。淡黄色针状晶体或片状结晶。熔点 165～166℃，密度 1.489 g/cm³。不溶于水，溶于醇、醚、乙酸及热水，微溶于石油醚。制备：由 2-卤代苯甲酸在铜催化剂存在下与硫氢酸盐反应制得。用途：作试剂、有机合成中间体及测定铁的试剂。

3-溴水杨酸(3-bromosalicyclic acid)　系统名"3-溴-2-羟基苯甲酸"。CAS 号 3883-95-2。分子式 C₇H₅BrO₃，分子量 217.02。由乙醇-水中得淡黄色针状结晶。熔点 182～183℃。不溶于冷水，易溶于乙醇、乙醚、丙酮及乙酸。制备：由 5-溴-4-羟基-3-羧基苯磺酸的水合物经热解或微波介电加热制得，或由邻溴苯酚与乙酸钾在酶催化下进行 Kolbe-Schmidt 反应制得。用途：作分析试剂、有机合成中间体。

5-溴水杨酸(5-bromosalicyclic acid)　系统名"5-溴-2-羟基苯甲酸"。CAS 号 89-55-4。分子式 C₇H₅BrO₃，分子量 217.02。白色结晶或微黄色针状结晶。熔点 164～166℃，100℃ 以上升华。不溶于冷水，易溶于乙醇、乙醚。制备：由水杨酸直接溴代而得，或由 5-氨基-2-羟基苯甲酸经重氮化及与氢溴酸作用制得。用途：作试剂、有机合成中间体。

1-氯蒽醌-2-羧酸(1-chloroanthraquinone-2-carboxylic acid)　系统名"1-氯-9,10-二氧代-9,10-二氢蒽-2-羧酸"。CAS 号 82-23-5。分子式 C₁₅H₇ClO₄，分子量 286.67。由乙醇中得浅黄色针状结晶。熔点 267℃。不溶于水，易溶于热的乙醇、乙醚，溶于酸及碱液，难溶于冷的醚、石油醚及苯。制备：由 1-氯蒽醌-2-甲醛或 2-甲基-1-氯蒽醌用重铬酸钠氧化而得，也可由 2-氨基-1-氯蒽醌经重氮化再与 CuCl 作用制得。用途：作试剂。

4-氯蒽醌-1-羧酸(4-chloroanthraquinone-1-carboxylic acid)　系统名"4-氯-9,10-二氧代-9,10-二氢蒽-1-羧酸"。CAS 号 6268-10-6。分子式 C₁₅H₇ClO₄，分子量 286.67。由乙醇中得亮黄色针状结晶。熔点 241.5～242.5℃。不溶于水，易溶于热乙醇、乙酸，难溶于苯、甲苯及石油醚。制备：由 1-甲基-4-氯蒽醌在醋酸中于 55～70℃用氧化铬(VI)氧化而得，也可由 2-氨基-1-氯蒽醌经重氮化再与 CuCl 作用制得。用途：作试剂。

2-氟苯甲酸(2-fluorobenzoic acid)　亦称"邻氟苯甲酸"。CAS 号 445-29-4。分子式 C₇H₅FO₂，分子量 140.11。白色针状结晶。熔点 123～125℃，密度 1.46 g/cm³。微溶于冷水，不溶于苯、二硫化碳，易溶于甲醇、无水乙醇、乙醚、丙酮及热水。制备：由邻氟甲苯经高锰酸钾氧化制得。用途：作试剂及有机合成中间体，分析化学中作测定

铁的试剂。

3-氟苯甲酸(3-fluorobenzoic acid)　亦称"间氟苯甲酸"。CAS 号 455-38-9。分子式 C₇H₅FO₂，分子量 140.11。白色片状结晶或白色粉末。熔点 122～124℃，密度 1.474 g/cm³。略溶于冷水，易溶于热水，溶于醇和醚。制备：由间氟甲苯经高锰酸钾氧化制得，或由 2-氨基-5-氟苯甲酸经重氮化脱氨基而得。用途：作试剂及有机合成中间体，用于制备医药、农药、液晶材料等。

4-氟苯甲酸(4-fluorobenzoic acid)　亦称"对氟苯甲酸"。CAS 号 456-22-4。分子式 C₇H₅FO₂，分子量 140.11。白色棱柱状结晶或粉末。熔点 182～184℃，密度 1.479 g/cm³。略溶于冷水，易溶于热水，溶于醇和醚。制备：由对乙氧羰基氟苯经进行重氮化，所得重氮盐与氟硼酸进行 Balz-Schiemann 反应而得，或由对氟甲苯氧化而得。用途：作试剂及有机合成中间体，有机微量分析中作测定氟的标准试剂。

2-氯苯甲酸(2-chlorobenzoic acid)　亦称"邻氯苯甲酸"。CAS 号 118-91-2。分子式 C₇H₅ClO₂，分子量 156.57。无色针状结晶或单斜结晶，易升华。熔点 138～142℃，沸点 284～286℃，100℃ 升华，闪点 173℃，密度 1.544 g/cm³。不溶于水、甲苯，溶于甲醇、无水乙醇、乙醚、丙酮、苯及热水。制备：由邻氯甲苯经光照氯化再水解制得，或由邻氨基苯甲酸用盐酸-亚硝酸钠进行重氮化，然后在重氮液中加入氯化亚铜溶于盐酸中的溶液，经后处理制得。用途：作试剂及医药、农药中间体，也作胶水、油漆的防腐剂，分析化学中作碱量法和碘量法的标准试剂。

3-氯苯甲酸(3-chlorobenzoic acid)　亦称"间氯苯甲酸"。CAS 号 535-80-8。分子式 C₇H₅ClO₂，分子量 156.57。白色单斜结晶。熔点 155～157℃，沸点 274～276℃，110℃ 升华，密度 1.517 5 g/cm³。微溶于水，溶于甲醇、乙醚。制备：由 2-氨基-5-氯苯甲酸经重氮化脱氨而得，或由苯甲酸经氯化而得，也可由间氯甲苯在含有 Co(OAc)₂ 和 NaBr 的乙酸中，于 95℃ 经催化氧化制得。用途：作试剂及有机合成中间体。

4-氯苯甲酸(4-chlorobenzoic acid)　亦称"对氯苯甲酸"。CAS 号 74-11-3。分子式 C₇H₅ClO₂，分子量 156.57。白色三斜结晶或粉末状固体。熔点 239～241℃，沸点 275℃，160～163℃ 升华，闪点 238℃，密度 1.54 g/cm³。极微溶于水、甲苯和 95% 乙醇，溶于甲醇、无水乙醇及乙醚。制备：由对氯甲苯氧化制得。用途：作试剂及有机合成中间体，有机微量分析中作测定 C、H、Cl 的

标准。

2,3-二氯苯甲酸(2,3-dichlorobenzoic acid)   CAS号 50-45-3。分子式 $C_7H_4Cl_2O_2$,分子量 191.01。白色粉末或针状结晶。熔点 167~169℃,密度 $1.677^{22.8}$ g/cm³。略溶于水,溶于乙醇。制备:由 2,3-二氯苯胺经重氮化、Meerwein 反应制得 2,3-二氯苯甲醛,再经高锰酸钾氧化制得;或由 2,3-二氯甲苯氧化制得。用途:作试剂及有机合成中间体,用于合成抗癫痫药拉莫三嗪等。

2,4-二氯苯甲酸(2,4-dichlorobenzoic acid)   CAS号 50-84-0。分子式 $C_7H_4Cl_2O_2$,分子量 191.01。白色至浅黄色针状结晶或粉末。能升华。熔点 157~160℃,密度 1.517 g/cm³。不溶于水、庚烷,溶于乙醇、乙醚、丙酮、氯仿和苯。制备:由 2,4-二氯甲苯经用氯气进行侧链氯化得到 2,4-α,α,α-五氯甲苯,再进行水解而得;或由 2,4-二氯甲苯在催化剂存在下进行空气氧化或可用高锰酸钾氧化制得。用途:作试剂及农药、医药、染料等合成的中间体。

2,5-二氯苯甲酸(2,5-dichlorobenzoic acid)   亦称"2,5-二氯安息香酸"。CAS号 50-79-3。分子式 $C_7H_4Cl_2O_2$,分子量 191.01。白色针状结晶。熔点 151~154℃,沸点 300~302℃。不溶于冷水,溶于乙醇、乙醚、热水。制备:由对二氯苯与光气反应制得 2,5-二氯苯甲酰氯,再经水解而得;或对二氯苯进行 Blanc 氯甲基化,再经高锰酸钾氧化而得;或以 1,2,4-三氯苯为原料,制成 2,5-二氯苯腈,再经碱水解而得;或由苯甲酰氯经氯化,所得产物 2,5-二氯苯甲酰氯再在浓硫酸存在下水解而得。用途:作试剂及有机合成中间体,用于制备除草剂豆科威、地草平等。

2,6-二氯苯甲酸(2,6-dichlorobenzoic acid)   亦称"2,6-二氯安息香酸"。CAS号 50-30-6。分子式 $C_7H_4Cl_2O_2$,分子量 191.01。白色至微黄色针状结晶或粉末。熔点 143~145℃,密度 $1.598^{-75.15}$ g/cm³。不溶于冷水,溶于乙醇、乙醚、丙酮、氟仿。制备:由 2,6-二氯苯甲醛或 2,6-二氯苯甲醇氧化而得;也可由 2,6-二氯甲苯经高锰酸钾氧化而得。用途:作试剂及医药、农药、染料中间体。

3,4-二氯苯甲酸(3,4-dichlorobenzoic acid)   亦称"3,4-二氯安息香酸"。CAS号 51-44-5。分子式 $C_7H_4Cl_2O_2$,分子量 191.01。白色结晶。熔点 207~209℃,密度 $1.745^{22.8}$ g/cm³。制备:由 3,4-二氯苯甲醇或 3,4-二氯甲苯氧化而得。用途:作试剂及有机合成中间体。

3,5-二氯苯甲酸(3,5-dichlorobenzoic acid)   亦称"3,5-二氯安息香酸"。CAS号 51-36-5。分子式 $C_7H_4Cl_2O_2$,分子量 191.01。茶色粉末。熔点 185~187℃,密度 $1.659^{-100.15}$ g/cm³。略溶于水,易溶于乙醇。制备:由 3,5-二氯苯乙酮经卤仿反应制得;或由邻氨基苯甲酸在三氯化铁催化下氯化,所得产物再经重氮化-脱氨制得。用途:作试剂及有机合成中间体。

2,4,6-三氯苯甲酸(2,4,6-trichlorobenzoic acid)   CAS号 50-43-1。分子式 $C_7H_3Cl_3O_2$,分子量 225.45。米色至棕色结晶或粉末。熔点 162~164℃,密度 1.674 g/cm³。不溶于水。制备:将 1,3,5-三氯苯经 Friedel-Crafts 酰化反应制得 1-烷羰基-2,4,6-三氯苯,再经氧化反应制得。用途:作试剂及医药、农药中间体。

2,3,6-三氯苯甲酸(2,3,6-trichlorobenzoic acid)   亦称"2,3,6-TBA""草芽平""草芽畏"。CAS号 50-31-7。分子式 $C_7H_3Cl_3O_2$,分子量 225.45。淡黄色至黄褐色结晶。熔点 127~128℃。略溶于水,溶于大多数有机溶剂。制备:由苯甲酰氯经与氯气进行氯代,所得酰氯经水解而得;或由 2,3,6-三氯甲苯经氧化而得。用途:作非选择性除草剂,用于防除某些一年生和多年生深根阔叶杂草和灌木。

2,4-二硝基苯甲酸(2,4-dinitrobenzoic acid)   CAS号 610-30-0。分子式 $C_7H_4N_2O_6$,分子量 212.12。淡黄色至黄褐色结晶,从乙酸乙酯中得长片状结晶。熔点 176~180℃,密度 1.672 g/cm³。不溶于水,易溶于热水、醇类溶剂。制备:由溴苯经混酸硝化得到 2,4-二硝基溴苯,再和氰化钾反应生成 2,4-二硝基苯甲腈,最后经酸催化水解制得。用途:作试剂及有机合成中间体。

3,4-二硝基苯甲酸(3,4-dinitrobenzoic acid)   CAS号 528-45-0。分子式 $C_7H_4N_2O_6$,分子量 212.12。淡黄色固体,能升华。熔点 165~167℃,密度 1.674 g/cm³。微溶于冷水,易溶于热水、乙醇、乙醚。制备:由 4-氨基-3-硝基甲苯在硫酸存在下与过硫酸钾反应,生成 3-硝基-4-亚硝基甲苯,再经重铬酸钾氧化制得。用途:作有机合成试剂及糖的定量分析试剂。

3,5-二硝基苯甲酸(3,5-dinitrobenzoic acid)   CAS号 99-34-3。分子式 $C_7H_4N_2O_6$,分子量 212.12。白色至淡黄色单斜棱形结晶,能升华。熔点 204~206℃,密度

1.683 g/cm³。微溶于水、乙醚、二硫化碳,易溶于醇和乙酸。制备:由苯甲酸用混酸在 140℃ 直接硝化而得。用途:作试剂、有机合成中间体,用于制备 X 光造影剂泛影酸、染料等,分析化学中用于比色法测定肌酐。

2,4-二羟基苯甲酸(2,4-dihydroxybenzoic acid)

亦称"β-雷锁酸"(β-resorcylic acid)。CAS 号 89-86-1。分子式 $C_7H_6O_4$,分子量 154.12。白色针状结晶(带结晶水)。熔点 226℃(分解),170℃(0.01 Torr)升华,密度 1.54 g/cm³。微溶于水,溶于热水、乙醇和乙醚。制备:由间苯二酚经 Kolbe-Schmitt 羧基化反应而得。用途:作试剂及染料、医药、农药中间体。

邻苯二甲酸(o-phthalic acid;benzene-1,2-dicarboxylic acid)　CAS 号 88-99-3。分子式 $C_8H_6O_4$,分子量 166.13。无色结晶。熔点 205℃(分解),闪点 168℃,密度 1.576 g/cm³。微溶于水、乙醚,溶于甲醇、乙醇,不溶于氯仿、苯和石油醚。制备:由邻二甲苯经 V_2O_5/O_2 氧化而得,或由邻苯二甲酸酐水解制得。用途:作试剂、有机合成中间体、色谱分析试剂;分析化学中用于配制标准溶液,作碱量法标准;用于制备树脂、染料、合成纤维和药物等。

间苯二甲酸(m-phthalic acid)　亦称"1,3-苯二甲酸""异酞酸"。CAS 号 121-91-5。分子式 $C_8H_6O_4$,分子量 166.13。由水或乙醇中得无色结晶。熔点 345～348℃,沸点 119～121℃(6 Torr),密度 1.507 g/cm³。难溶于水,不溶于苯、甲苯和石油醚,溶于甲醇、乙醇、丙酮和乙酸。制备:由间二甲苯以乙酸钴为催化剂,乙醛为促进剂,乙酸为溶剂,经空气氧化制得,也可用高锰酸钾氧化制得;或以间苯二甲腈为原料,经水解、酸化而得。用途:作试剂、有机合成中间体,用于制备树脂、聚合物和增塑剂,也用于制电影胶片成色剂、纤维染色改性剂。

对苯二甲酸(p-phthalic acid;terephthalic acid)

亦称"1,4-苯二甲酸"。CAS 号 100-21-0。分子式 $C_8H_6O_4$,分子量 166.13。白色针状结晶或粉末。熔点 402℃(升华而不融解),闪点 260℃,沸点 115℃(2 Torr),密度 1.55 g/cm³。不溶于水、乙醚、乙酸和氯仿,微溶于热乙醇,溶于碱溶液。制备:由对二甲苯以乙酸钴(或醋酸锰)为催化剂,经空气氧化制得。用途:作试剂、有机合成中间体,用于制造聚酯树脂、工程塑料、纤维、薄膜、绝缘漆及染料等。

1,2,3-苯三甲酸(benzene-1,2,3-tricarboxylic acid)　亦称"苯连三酸""连苯三甲酸""半蜜酸"。CAS 号 569-51-7。分子式 $C_9H_6O_6$,分子量 210.14。从水中得针状结晶。熔点 223～224℃,闪点 265℃,密度 1.543～1.546 g/cm³(20～23℃)。溶于水,不溶于浓盐酸,微溶于乙醚。制备:由 2,3-二甲基苯甲酸在碱性介质中用高锰酸钾氧化而得;或由苊醌为原料转化制得。用途:作试剂,用于有机合成。

苯六甲酸(benzene-1,2,3,4,5,6-hexacarboxylic acid)　亦称"苯六酸""蜜蜡酸"。CAS 号 517-60-2。分子式 $C_{12}H_6O_{12}$,分子量 342.17。从乙醇中得针状结晶。熔点 290～293℃(分解),密度 2.078 g/cm³。溶于水、浓硫酸及乙醇。制备:由 1,2,3,4,5,6-六甲基苯氧化制得,或由 9,10-苯并菲经氧化制得。用途:作试剂,用于有机合成;配位化学中作一类多齿配体,用于与金属离子形成配位聚合物。

1-萘甲酸(1-naphthoic acid)　亦称"α-萘甲酸"。CAS 号 86-55-5。分子式 $C_{11}H_8O_2$,分子量 172.18。白色针状结晶。熔点 160～162℃,沸点 >300℃,闪点 195℃,密度 1.398 g/cm³。不溶于冷水,微溶于热水,易溶于热醇和醚。制备:由 1-溴萘与镁屑、无水乙醚在少量碘的存在下制成溴化 1-萘基镁,再用苯溶解并通入二氧化碳进行反应制得。用途:作试剂,用于有机合成。

2-萘甲酸(2-naphthoic acid)　亦称"β-萘甲酸"。CAS 号 93-09-4。分子式 $C_{11}H_8O_2$,分子量 172.18。白色片状或针状结晶。熔点 182～186℃,闪点 205℃,密度 1.08 g/cm³。不溶于冷水,微溶于热水,溶于醇和醚。制备:由 β-萘胺经亚硝酸钠重氮化并转换为 β-萘甲腈,再经水解、中和制得;或由 β-乙酰基萘经与 NaOCl 进行卤仿反应而得。用途:作试剂,用于有机合成。

4-氯-1-萘甲酸(4-chloro-1-naphthoic acid)　亦称"4-氯-α-萘甲酸"。CAS 号 1013-04-3。分子式 $C_{11}H_7ClO_2$,分子量 206.63。从乙醇中得针状结晶。熔点 222～223℃。不溶于水,易溶于乙醇、乙酸。制备:由 1-溴-4-氯萘制成溴化 4-氯 1-萘基镁,再与二氧化碳进行反应制得;或由 1-乙酰基-4-氯萘经与 NaOCl 进行卤仿反应而得。用途:作试剂,用于有机合成。

2-(2-氯苯甲酰基)苯甲酸(2-(2-chlorobenzoyl) benzoic acid)　CAS 号 5543-24-8。分子式 $C_{14}H_9ClO_3$,

分子量 260.67。从乙酸乙酯中得结晶。熔点 124～126℃。不溶于水，易溶于乙醇、乙醚及沸腾的苯。制备：由 2-(2-硝基苯甲酰基)苯甲酸在碘及 1,2,3-三氯苯中通过氯气于 160～170℃ 条件下氯代而得；或由 2-(2-氨基苯甲酰基)苯甲酸通过重氮化反应得重氮盐，再与氯化亚铜作用制得。用途：作试剂，用于有机合成。

2-(3-氯苯甲酰基)苯甲酸（2-(3-chlorobenzoyl) benzoic acid）　CAS 号 13450-37-8。

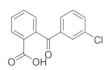

分子式 C₁₄H₉ClO₃，分子量 260.67。从乙腈中得结晶。熔点 166～168℃。不溶于水，易溶于乙醇、乙醚及沸腾的苯。制备：由邻苯二甲酸酐、1-氯-3-溴苯在正丁基锂作用下反应制得，或由 2-(3-氨基苯甲酰基)苯甲酸通过重氮化反应得重氮盐，再与氯化亚铜作用制得。用途：作试剂，用于有机合成。

2-(4-氯苯甲酰基)苯甲酸（2-(4-chlorobenzoyl) benzoic acid）　CAS 号 13450-37-

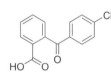

8。分子式 C₁₄H₉ClO₃，分子量 260.67。从苯或乙酸中得结晶。熔点 145～146℃。不溶于水，易溶于乙醇、乙醚及沸腾的苯。制备：由氯苯和邻苯二甲酸酐在三氯化铝作用下经 Friedel-Crafts 反应制得。用途：作试剂，用于有机合成。

4-氯-1-羟基-2-萘甲酸（4-chloro-1-hydroxy-2-naphthoic acid）　CAS 号 5409-15-4。

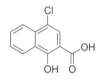

分子式 C₁₁H₇ClO₃，分子量 222.62。从乙醇或乙酸中得针状结晶。熔点 232～233℃（分解）。不溶于水，微溶于苯，难溶于醚，易溶于乙醇、丙酮、乙酸。制备：由 1-羟基-2-萘甲酸在氯仿中用硫酰氯于 20℃ 氯化而得；或由 1-羟基-2-羧基-4-萘磺酸在乙酸中用氯气于 65℃ 氯化而得。用途：作试剂，用于有机合成。

2,3,5-三碘苯甲酸（2,3,5-triiodobenzoic acid）亦称"2,3,5-TIBA"。CAS 号 88-82-4。分子式 C₇H₃I₃O₂，分子量 499.81。浅黄色棱柱状结晶或固体粉末。熔点 224～226℃（分解）。不溶于水，微溶于沸腾的苯，易溶于乙醚、丙酮、热乙醇。制备：由邻氨基苯甲酸或 2-氨基-5-碘苯甲酸在稀盐酸中与一氯化碘作用，再经过重氮化及与碘化钾反应制得。用途：作植物生长调节剂，具有促进开花和诱导花芽形成的作用，主要用于大豆抗倒伏、促进苹果果实着色、促进桑树侧枝生长并增加叶片数量。

2-羟基-3-甲基苯甲酸（2-hydroxy-3-methylbenzoic acid；o-cresotic acid）　亦称"3-甲基水杨酸"。CAS 号 83-40-9。分子式 C₈H₈O₃，分子量 152.15。白色至略微红

色的结晶固体。熔点 163～167℃。微溶于冷水，易溶于热水，溶于醇、醚、氯仿及氢氧化钠溶液。制备：由邻甲苯酚经 Kolbe-Schmitt 反应制得。用途：作试剂、医药中间体。

2-羟基-4-甲基苯甲酸（2-hydroxy-4-methylbenzoic acid；2-hydroxy-p-toluic acid）　亦称"4-甲基水杨酸"。CAS 号 50-85-1。分子式 C₈H₈O₃，分子量 152.15。黄褐色粉末。熔点 174～175℃。略溶于水，易溶于热水，溶于乙醇、乙醚、氯仿和氢氧化碱溶液。制备：由间甲苯酚经 Kolbe-Schmitt 反应制得。用途：作试剂、医药中间体。

2-羟基-5-甲基苯甲酸（2-hydroxy-5-methylbenzoic acid；6-hydroxy-m-toluic acid）　亦称"5-甲基水杨酸""对甲酚酸"。CAS 号 89-56-5。分子式 C₈H₈O₃，分子量 152.15。白色固体。熔点 151～154℃，密度 1.31 g/cm³。不溶于水，易溶于醇、醚及氢氧化钠溶液。制备：由对甲苯酚经 Kolbe-Schmitt 反应制得，也可由 2-氯-5-甲基苯甲酸制得。用途：作试剂、医药中间体。

5-氯-2-羟基-4-甲基苯甲酸（5-chloro-2-hydroxy-4-methylbenzoic acid）　亦称"3-氯-6-羟基对甲苯甲酸"。CAS 号 35458-35-6。分子式 C₈H₇ClO₃，分子量 186.59。从乙醇中得棱柱状或针状结晶。易升华，能随水蒸气蒸发。熔点 203～204℃，密度 1.31 g/cm³。微溶于水，易溶于醇、醚，难溶于氯仿、苯、石油醚、二硫化碳等。制备：由 5-氯-2-羟基-4-甲基苯甲酸经 Sandmeyer 反应制得，也可由 4-氯-3-甲基苯酚经 Kolbe-Schmitt 反应制得，或由 4-甲基水杨酸与氯气进行氯代而得。用途：作有机合成中间体。

3-硝基邻苯二甲酸（3-nitrophthalic acid）　亦称"3-NPA""3-硝基-1,2-苯二羧酸""3-硝基酞酸"。CAS 号 603-11-2。分子式 C₈H₅NO₆，分子量 211.13。淡黄色结晶。熔点 213～216℃，密度 1.74⁻¹⁵³·¹⁵ g/cm³。不溶于水、氯仿、四氯化碳、二硫化碳及苯，溶于热水、甲醇、乙醇，微溶于醚。制备：由苯酐与混酸反应制得，也可 3-硝基邻二甲苯氧化制得。用途：作试剂、有机合成中间体，用于合成医药、染料、农作物保护剂、感光材料等。

1-羟基-2-萘甲酸（1-hydroxy-2-naphthoic acid）

CAS 号 86-48-6。分子式 C₁₁H₈O₃，分子量 188.18。白色至微红色固体。熔点 194～195℃（分解），密度 1.399

g/cm³。几乎不溶于冷水,微溶于热水,溶于乙醇、乙醚、氯仿、苯和碱性溶液。是菲经过嗜盐微生物作用进行好氧代谢的中间产物。制备:由 α-萘酚钠与二氧化碳在加压和135℃条件下经 Kolbe-Schmitt 反应制得。用途:作试剂,也作染料和彩色胶片成色剂的中间体、电池添加剂,其钠盐用于溶解核黄素。

2-羟甲基苯甲酸(2-(hydroxymethyl)benzoic acid) CAS 号 612-20-4。分子式 $C_8H_8O_3$,分子量 152.15。针状晶体。熔点 120～122℃(分解),密度 1.314 g/cm³。微溶于水,易溶于乙醇、乙醚。制备:由邻溴苯甲醇在-78℃与正丁基锂作用,再与二氧化碳反应制得,或由邻甲酰基苯甲酸用硼氢化钠还原制得。用途:作有机合成中间体。

3-羟甲基苯甲酸(3-(hydroxymethyl)benzoic acid) CAS 号 28286-79-5。分子式 $C_8H_8O_3$,分子量 152.15。白色粉末。熔点 114.5～115℃,沸点 190℃(11 Torr),密度 1.314 g/cm³。微溶于水,易溶于乙醇、乙醚。制备:由间二甲苯为原料经硝酸氧化法、碘化钾和氧气氧化法等合成而得,或由 3-甲酰基苯甲酸甲酯经催化氢化还原及水解制得;也可由 3-羟甲基苯甲腈水解而得。用途:作试剂、有机合成中间体,用于制备香料香精、除草剂和昆虫驱逐剂,也作彩色胶片的显影剂。

4-羟甲基苯甲酸(4-(hydroxymethyl)benzoic acid) CAS 号 3006-96-0。分子式 $C_8H_8O_3$,分子量 152.15。白色至类白色粉末或针状晶体。熔点 180～182℃,沸点 140～150℃(9 Torr)。微溶于水,易溶于热水、乙醚。制备:由对氯甲基苯甲酸或对溴甲基苯甲酸水解而得,或由对二甲苯选择性氧化制得;也可由 4-甲酰基苯甲酸经硼氢化钠还原制得。用途:作试剂、有机合成中间体,在多肽或聚酰胺固相合成中作连接试剂。

香草酸(vanillic acid) 亦称"香荚兰酸",系统名"4-羟基-3-甲氧基苯甲酸"。CAS 号 121-34-6。分子式 $C_8H_8O_4$,分子量 168.15。白色无臭晶体或粉末。熔点 209～212℃,闪点 260℃,109.84℃(1.50 Torr)升华,密度 1.44 g/cm³。微溶于水,易溶于乙醇,溶于乙醚。是香草醛生物合成途径中的前体物质,天然来源于香荚兰豆、香子兰的荚、秘鲁香膏、安息香膏、爪哇香茅油等许多植物及精油。制备:以香草醛为原料通过氧化银氧化制备,或从 3,4-二甲氧基苯甲酸选择性脱去甲基而得。用途:作试剂、有机合成中间体,用于香料或

医药合成。

联苯-2-甲酸([1,1'-biphenyl]-2-carboxylic acid; 2-biphenylcarboxylic acid) 亦称"2-苯基苯甲酸"。CAS 号 947-84-2。分子式 $C_{13}H_{10}O_2$,分子量 198.22。白色结晶粉末。熔点 112～114℃,沸点 343～344℃、199℃(10 Torr)。不溶于水,易溶于热水、乙醚。制备:由邻碘苯甲酸或邻溴苯甲酸与苯硼酸经 Suzuki 偶联制得,也可由 9-芴酮与浓氢氧化钾溶液反应制得。用途:作试剂、有机合成中间体。

联苯-4-甲酸([1,1'-biphenyl]-4-carboxylic acid; 4-biphenylcarboxylic acid) 亦称"4-苯基苯甲酸"。CAS 号 92-92-2。分子式 $C_{13}H_{10}O_2$,分子量 198.22。略带米色粉末。熔点 225～226℃,密度 1.284 g/cm³。不溶于冷水,微溶于热水,溶于乙醇、乙醚和苯。制备:由对碘苯甲酸或对溴苯甲酸与苯硼酸经 Suzuki 偶联制得。用途:作试剂、有机合成中间体。

联苯-2,2'-二甲酸([1,1'-biphenyl]-2,2'-dicarboxylic acid; biphenyl-2,2'-dicarboxylic acid) 亦称"2,2'-联苯二甲酸"。CAS 号 482-05-3。分子式 $C_{10}H_{10}O_4$,分子量 242.23。浅灰色粉末。能升华。熔点 226～229℃,密度 1.347 g/cm³。微溶于水,溶于乙醇、丙酮。制备:由菲氧化制得。用途:作试剂、有机合成中间体,用于制备金属-有机超分子配位聚合物等。

联苯-4,4'-二甲酸([1,1'-biphenyl]-4,4'-dicarboxylic acid; biphenyl-4,4'-dicarboxylic acid) 亦称"4,4'-联苯二甲酸"。CAS 号 787-70-2。分子式 $C_{10}H_{10}O_4$,分子量 242.23。白色至浅米色粉末。熔点 309～310℃,密度 $1.544^{-173.16}$ g/cm³。微溶于水,溶于乙醇、丙酮。制备:由 4,4'-二甲基联苯经氧化而得,或由对氯苯甲酸在三乙胺存在下经 $PdCl_2$ 于 80℃反应制得;也可由对碘苯甲酸与对羧基苯硼酸经 Suzuki 偶联制得。用途:作试剂、有机合成中间体、树枝状大分子结构单元,用于制备药物、高分子材料、液晶产品等。

双酚酸(diphenolic acid) 系统名"4,4-二(4-羟基苯基)戊酸"。CAS 号 126-00-1。分子式 $C_{17}H_{18}O_4$,分子量 286.33。白色或微黄色结晶。熔点 171～172℃,密度 1.26 g/cm³。不溶于水及苯、四氯化碳、二甲苯,易溶于热水,溶于乙醇、异丙醇、丙酮、丁酮、乙酸。制备:由乙酰丙酸在催化剂存在下,于酸性

介质中和苯酚反应制得。用途:作试剂、有机合成中间体,用于制造水溶性树脂、涂料、润滑油添加剂、化妆品、表面活性剂、增塑剂、纺织助剂。

吡咯-2-羧酸(pyrrole-2-carboxylic acid) CAS号634-97-9。分子式 $C_5H_5NO_2$,分子量111.10。灰白色或白色晶体。熔点204~208℃(升华、分解),密度 $1.458 g/cm^3$。溶于水、乙醇、乙醚。制备:由2-吡咯甲醛或2-吡咯甲醇氧化制得,或由吡咯钾盐与二氧化碳反应后水解而得,也可由脯氨酸经酶促氧化而得。用途:作试剂、有机合成中间体。

吡嗪-2,3-二羧酸(2,3-pyrazinedicarboxylic acid) CAS号89-01-0。分子式 $C_6H_4N_2O_2$,分子量168.11。灰白色粉末。二水合物为棱柱状结晶,100℃失去结晶水。熔点183~185℃、195℃(二水合物),密度 $1.665 g/cm^3$。易溶于水,溶于甲醇、丙酮、乙酸乙酯,微溶于乙醚、苯、氯仿、石油醚。制备:以苯并吡嗪为原料,经高锰酸钾氧化而得,也可由2,3-二氰基吡嗪水解而得。用途:作试剂、有机合成及医药中间体,用于抗结核病药物吡嗪酰胺等。

5-硝基喹哪啶酸(5-nitroquinaldic acid) 系统名"5-硝基-2-喹啉酸"。CAS号525-47-3。分子式 $C_{10}H_6N_2O_4$,分子量218.17。黄色结晶。熔点203℃(分解),密度 $1.545 g/cm^3$。微溶于水及大多数有机溶剂,易溶于乙酸。制备:由喹哪啶酸在60~70℃用混酸硝化而得。用途:作分析试剂,用于测定锌。

十一碳-10-烯酸(10-undecenoic acid;undec-10-enoic acid) CAS号112-38-9。分子式 $C_{11}H_{20}O_2$,分子量184.28。无色或淡黄色液体,有特殊气味。熔点22.5~24.5℃,沸点144~145℃(3.5 Torr)、120~123℃(0.1 Torr),闪点148℃,密度 $0.917 9^{25} g/mL$,折射率 $1.445 7^{30}$。不溶于水,溶于乙醇、乙醚、氯仿等有机溶剂。制备:由蓖麻油直接裂解制得;或由甘油蓖麻油酸酯与甲醇进行酯交换后进行高温裂解得十一烯酸甲酯,再经皂化、酸化而得。用途:作试剂、有机合成原料,用于制备香料γ-十二内酯(也称桃醛)、麝香酮、壬醛、聚环十五内酯等,也用于抗真菌药和治疗皮肤霉菌病药物的合成。

十二烷酸(dodecanoic acid) 亦称"月桂酸"。CAS号143-07-7。分子式 $C_{12}H_{24}O_2$,分子量200.32。白色针状晶体,略带月桂油香味。熔点44~46℃,沸点171.44℃(9.998 5 Torr)、206.44℃(50 Torr),闪点>110℃,密度 $0.993^{59.99} g/mL$,折射率 $1.420 8^{74}$。不溶于水,溶于甲醇、乙醚、氯仿,微溶于丙酮和石油醚。制备:从天然植物油脂,如椰子油和棕榈核仁油,经过皂化或高温高压下分解制得,或从合成脂肪酸中分离而得。用途:作试剂、有机合成原料,制造醇酸树脂、洗涤剂、杀虫剂、表面活性剂、湿润剂、食品添加剂和化妆品的原料。

月桂酸(lauric acid) 即"十二烷酸"。

豆蔻酸(myristic acid) 亦称"肉豆蔻酸""十四烷酸"。CAS号544-63-8。分子式 $C_{14}H_{28}O_2$,分子量228.38。白色至带黄白色硬质固体,或为有光泽的结晶状固体或白色至带黄白色粉末。熔点52~54℃,沸点326℃、88~90℃(12 Torr),闪点175℃,密度 $0.971^{60} g/mL$(液态),折射率 $1.425 1^{75}$。不溶于水,溶于甲醇、无水乙醇、氯仿、乙醚、石油醚、苯。天然以甘油酯的形式存在于豆蔻油、棕榈油、椰子油等植物油脂中。制备:从椰子油、棕榈仁油所得混合脂肪酸或混合脂肪酸的甲酯,真空分馏制得;实验室可由甘油三(十四酸)酯用稀氢氧化钠溶液皂化,再用盐酸酸化制得;也可由十四烷醇氧化制取。用途:作试剂、生产表面活性剂的原料,也用于消泡剂、增香剂,配制各种食用香料。

十四烷酸(tetradecanoic acid) 即"豆蔻酸"。

十五酸(pentadecanoic acid) 亦称"正十五酸""十五烷酸"。CAS号1002-84-2。分子式 $C_{15}H_{30}O_2$,分子量242.40。白色粉末或无色结晶。熔点51~53℃,沸点257℃(100 Torr)、157.8℃(1 Torr),闪点110℃,密度 $0.849 6^{70} g/mL$(液态),折射率 $1.429 2^{70}$。不溶于水,易溶于醇、丙酮、苯,溶于醚、二硫化碳和氯仿。是一种内源性饱和脂肪酸及食品成分、植物代谢物、大型蚤代谢物、人血清代谢物和藻类代谢物。制备:由十四烷基溴与氰化钾反应,再将所得腈水解而得;也可由1-十六碳烯经高锰酸钾氧化制取。用途:能促进脂肪细胞和骨骼肌细胞对葡萄糖的摄取,改善高胰岛素血症,保护胰岛细胞;作试剂,用于有机合成。

十六酸(hexadecanoic acid) 俗称"软脂酸""棕榈酸",亦称"正十六酸""十六烷酸"。CAS号57-10-3。分子式 $C_{16}H_{32}O_2$,分子量256.43。白色鳞片状晶体。熔点60~62℃,沸点215℃(15 Torr),闪点206℃,密度 $0.849^{70} g/mL$(液态),折射率 $1.430 9^{70}$。不溶于水,溶于醚、氯仿、丙酮等有机溶剂。为自然界分布最广的一种脂肪酸,以甘油酯的形式广泛存在于各种油脂中。制备：可直接从棕榈树果中提取，也可以牛油或木蜡为原料，在高温、高压下水解制得多种脂肪酸的混合物，再进行水解及碱性处理制得；或以油酸为原料在 350℃下碱熔，使双键异构转变为与羧基处于共轭位置，再进一步催化氧化、分解而得。用途：作试剂、气相分析标准，用于制造各种棕榈酸金属盐和防水剂，作生产蜡烛、肥皂、润滑脂、软化剂和合成洗涤剂、食品添加剂的原料等。

软脂酸(palmitic acid)　即"十六酸"。

2-羟基十六烷酸(2-hydroxyhexadecanoicacid)　亦称"2-羟基棕榈酸"。CAS 号 764-67-0、10067-06-8。分子式 $C_{16}H_{32}O_3$，分子量 272.43。白色粉末。熔点 87～88℃，密度 0.955 g/cm³。不溶于水。制备：由十六酸经酰氯化、溴代、水解而得。用途：作试剂，用于制备表面活性剂等。

十七酸(heptadecanoic acid)　俗称"珠光脂酸"，亦称"十七烷酸"。CAS 号 506-12-7。分子式 $C_{17}H_{34}O_2$，分子量 270.46。从石油醚或乙醇中得片状晶体。熔点 60～63℃，沸点 227℃(100 Torr)、131℃(16 Torr)，闪点 206℃，密度 0.849 9⁷⁰ g/mL（液态），折射率 1.433 6⁷⁰。不溶于水，溶于乙醚，微溶于乙醇。制备：由十六烷基腈经碱性水解而得。用途：作试剂。

十八酸(n-octadecanoic acid)　俗称"硬脂酸"，亦称"十八烷酸"。CAS 号 57-11-4。分子式 $C_{18}H_{36}O_2$，分子量 284.48。带有光泽的白色柔软片状晶体。熔点 67～69℃，沸点 370℃、232℃(15 Torr)，闪点 196℃，密度 0.848⁷⁰ g/mL（液态），折射率 1.433 2⁷⁰。不溶于水，稍溶于冷乙醇，微溶于丙酮、苯，易溶于热乙醇、乙醚、氯仿、四氯化碳、二硫化碳。是自然界广泛存在的一种脂肪酸，几乎所有油脂中都有含量不等的硬脂酸，尤以动物脂肪中含量较高。制备：由棕榈油进行加氢变成硬化油，或由其他各种硬化油，通过分馏法或压榨法制得，首先经水解得粗脂肪酸，再经水洗、蒸馏、脱色而得。用途：作试剂，用于生产硬脂酸盐，作表面活性剂的基础原料，用于制备肥皂、化妆品、药品及其他有机化学品，橡胶合成和加工过程中作硫化活性剂、增塑剂和软化剂；在比浊法水硬度检测中用于钙、镁和锂的测定。

硬脂酸(stearic acid)　即"十八酸"。

油酸(oleic acid)　系统名"顺-十八碳-9-烯酸"。CAS 号 112-80-1。分子式 $C_{18}H_{34}O_2$，分子量 282.47。纯品为无色透明液体，在空气中颜色逐渐变深；工业品为黄色至红色油状液体。有猪油气味。熔点 13～14℃，沸点 286℃(100 Torr)，闪点 189℃，相对密度 0.895，折射率 1.458 2。不溶于水，溶于乙醇、氯仿和苯等有机溶剂。为一种单不饱和 ω-9 脂肪酸，油酸与其他脂肪酸一起，以甘油酯的形式存在于一切动植物油脂中。制备：将油酸含量高的油脂经过皂化、酸化、分离精制而得。用途：作试剂，用于制备各种油酸盐，其 75% 酒精溶液可用作除锈剂；医学上用作药物的溶剂。

亚油酸(linoleic acid)　系统名"顺,顺-9,12-十八碳二烯酸"。CAS 号 60-33-3。分子式 $C_{18}H_{32}O_2$，分子量 280.45。纯品为无色液体，接触空气后逐渐变色，工业品为淡黄色。熔点 -12℃，沸点 230℃(16 Torr)，闪点 273℃，密度 0.900 7²² g/mL，折射率 1.469 9。不溶于水和甘油，溶于乙醇、乙醚、氯仿，与 N,N-二甲基甲酰胺和油类混溶。是一种必需脂肪酸，以甘油酯的形式与其他脂肪酸一起存在于动物脂肪中。制备：将油酸含量高的油脂经过皂化、酸化、分离精制而得；可利用大豆油皂脚提取。用途：作试剂，用于制备各种油酸盐；具有降低血脂、降低血压、软化血管、促进微循环的作用，可预防、减少心血管病的发病率。

反式油酸(elaidic acid)　亦称"凝油酸""洋橄榄油酸"，系统名"反-十八碳-9-烯酸"。CAS 号 112-79-8。分子式 $C_{18}H_{34}O_2$，分子量 282.47。白色粉末。熔点 45～45.5℃，沸点 225℃(10 Torr)，闪点 189℃，密度 0.873 4⁴⁵ g/mL，折射率 1.448 8⁵⁰。不溶于水，溶于乙醇、乙醚、氯仿、苯等。是常见于氢化植物油内的反式脂肪酸，在山羊奶、牛奶和一些肉类食品中微量存在。制备：由油酸转化而得。用途：作试剂、色谱分析的参比标准，用于医药研究。

α-亚麻酸(α-linolenic acid)　系统名"顺,顺,顺-9,12,15-十八碳三烯酸"。CAS 号 463-40-1。分子式 $C_{18}H_{30}O_2$，分子量 278.44。纯品为无色液体，接触空气后逐渐变色，工业品为淡黄色。熔点 -11.2～-11℃，沸点

147～149℃（0.2 Torr），密度 0.911 3 g/mL，折射率 1.470 3。不溶于水，溶于多数有机溶剂。是一种 ω-3 必需脂肪酸，自然界中所发现含有 α-亚麻酸最高的食用油是紫苏籽油。制备：由亚麻籽油经过皂化、酸化、精制而得。用途：作试剂，用于医药和生物化学研究，作为结构物质及代谢调控物质，在体内发挥结构功能和调控功能，具有提高记忆力、保护视力、改善睡眠及降低血脂、降血压、抑制血栓性疾病、预防心肌梗死和脑梗死等生理作用。

γ-亚麻酸（γ-linolenic acid）　亦称"维生素 F""异亚麻酸"，系统名"顺，顺，顺-6，9，12-十八碳三烯酸"。CAS 号 506-26-3。分子式 $C_{18}H_{30}O_2$，分子量 278.44。无色或淡黄色油状液体。密度 0.92^{25} g/mL。不溶于水和乙醇，溶于多种有机溶剂。是一种 ω-6 必需脂肪酸。制备：由微生物发酵法获得。用途：作营养保健添加剂，用于化妆品、调和油、乳及乳制品、医药等。

巴西烯酸（brassidic acid）　亦称"巴惟酸""芸苔酸""反芥子酸"，系统名"反-13-二十二烯酸"。CAS 号 506-33-2。分子式 $C_{22}H_{44}O_2$，分子量 338.57。白色粉末。熔点 61～62℃，沸点 282℃（30 Torr），闪点 55℃，密度 0.891 0 g/cm³，折射率 1.448^{57}。制备：由芥子酸制得；或由 13-二十二炔酸氢化而得；或由反油酸与己二酸单甲酯为原料合成而得。用途：作脂肪酸标准品。

芥子酸（erucic acid）　亦称"芥酸"，系统名"(Z)-13-二十二碳烯酸"。CAS 号 112-86-7。分子式 $C_{22}H_{44}O_2$，分子量 338.57。无色针状晶体。熔点 33.5℃，沸点 358℃（400 Torr）、265℃（15 Torr），密度 0.86^{55} g/mL（液态），折射率 $1.453 4^{45}$。不溶于水，极易溶于醚，溶于甲醇、乙醇。天然存在于油菜籽制得的菜油或芥子油、其他一些十字花科植物的种子、一些海生动物脂肪如鳕肝油等中。制备：以菜油或油脚为原料，通过皂化酸解、酸化水解或加压水解等制成菜油脂肪酸，再从中分离而得。用途：作精细化学品的中间体，用于制取各种表面活性剂、润滑剂、乳化剂、软化剂、增塑剂、防水剂和去污剂等。

9，10-亚甲基油酸（sterculic acid）　亦称"苹婆酸"，系统名"8-(2-辛基环丙-1-烯基)辛酸"。CAS 号 738-87-4。分子式 $C_{19}H_{34}O_2$，分子量 294.47。晶体。熔点 18.2℃，密

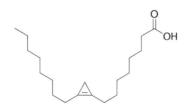

度 0.900 2²⁰ g/mL（液态），折射率 1.464 3。天然以甘油酯形式存在于一些热带树木的种子中。制备：由十八碳-9-炔酸与重氮乙酸乙酯反应制得。用途：作弓形虫的有效抑制剂、储粮防护剂，用于生化研究。

副大风子酸（chaulmoogric acid）　亦称"大风子油酸""晃模酸"，系统名"(−)-(S)-13-(环戊-2-烯-1-基)十三酸"。CAS 号 29106-32-9。分子式 $C_{18}H_{32}O_2$，分子量 280.45。从石油醚或乙醇中得无色有光泽叶片状结晶体。熔点 66℃，$[\alpha]_D^{20}$ − 63.3（c＝4.97，氯仿）。不溶于水，易溶于乙醚、乙酸乙酯、氯仿。天然存在于大枫子科植物大枫子种仁油中。制备：由大枫子油皂化、酯化及真空蒸馏而得。用途：用于治疗麻风病和生化研究。

二十酸（eicosanoic acid）　亦称"正二十烷酸""花生酸"。CAS 号 506-30-9。分子式 $C_{20}H_{40}O_2$，分子量 312.54。有光泽的白色片状晶体。熔点 77℃，沸点 203～205℃（1 Torr），密度 $0.824 0^{100}$ g/cm³。不溶于水，溶于氯仿、苯和热的无水乙醇。天然存在于某些油脂中，花生油中约含 2.4% 的花生酸。制备：从花生油水解后分离而得，或由石蜡氧化生成的脂肪酸混合物中分离提取制得。用途：用于化妆护肤品，制取洗衣粉、摄影材料、润滑油等。

二十二烷酸（n-docosanoic acid）　亦称"山嵛酸""扁油酸"。CAS 号 112-85-6。分子式 $C_{22}H_{44}O_2$，分子量 340.59。白色片状或粒状固体。熔点 81～85℃，沸点 306℃（60 Torr）、262～265℃（15～16 Torr），密度 $0.830 1^{90}$ g/mL（液态）。不溶于水，微溶于乙醇及醚，溶于氯仿。天然以甘油酯的形式存在于硬化菜油和硬化鱼油中。制备：由芥酸（顺-二十二碳-13-烯酸）催化氢化制得。用途：作试剂，有机合成原料，用于制备乳化剂、表面活性剂、化妆品、洗涤剂等。

紫茉莉脑酸（jalapinolic acid）　亦称"药喇叭脂酸"，系统名"11-羟基十六烷酸"。CAS 号 502-75-

0。分子式 $C_{16}H_{32}O_3$，分子量 272.43。从乙酸乙酯中得针状结晶。熔点 68～69℃，右旋体 $[\alpha]_D^{20}+0.79$（$c=18$，氯仿）。不溶于水，溶于乙醇、乙醚。制备：由 11-氧代十六烷酸以 $NaBH_4$ 还原而得。用途：作试剂、有机合成中间体。

花生四烯酸（arachidonic acid）　系统名"(5Z,8Z,11Z,14Z)-5,8,11,14-二十碳四烯酸"。CAS 号 506-32-1。分子式 $C_{20}H_{32}O_2$，分子量 304.47。无色至淡黄色油状液体。熔点- 49℃，沸点 166～167℃(0.06 Torr)，密度 0.924 g/mL，折射率 1.486 7。不溶于水，溶于乙醇、丙酮、苯和其他有机溶剂。一种 ω-6 多不饱和脂肪酸，是许多循环二十烷酸衍生物的生物活性物质，存在于动物和人体的某些脏器，如脑、肝、胰和肾上腺等中，属必需脂肪酸。制备：由白被孢霉菌（*Mortierella alpma*）经微生物发酵法生产。用途：作试剂、合成前列腺素的原料及营养强化剂，用于保健食品、化妆品和医药等领域。

结核硬脂酸（tuberculostearic acid）　系统名"10-甲基十八烷酸"。CAS 号 542-47-2。分子式 $C_{19}H_{38}O_2$，分子量 298.51。油状液体。熔点 25～25.5℃，沸点 174～176℃(0.2 Torr)，密度 0.876 9^{25} g/mL，折射率 1.451 4^{25}。不溶于水，易溶于乙醇、丙酮等。是构成结核杆菌蜡的高级支链饱和脂肪酸，存在于分枝杆菌属、诺卡氏菌属和链霉菌属的主要脂肪酸中。制备：由 1,6-己二醇或 2-甲基癸-1-醇或 2-溴癸烷等合成而得。用途：作生化试剂。

蓖麻醇酸（ricinoleic acid）　亦称"蓖麻酸""蓖麻油酸"，系统名"(R,Z)-12-羟基十八碳-9-烯酸"。CAS 号 141-22-0。分子式 $C_{18}H_{34}O_3$，分子量 298.47。透明琥珀色液体。熔点 5.5℃，沸点 226～228℃（10 Torr），闪点 248℃，密度 0.941 7^{20} g/mL，$[\alpha]_D^{22}+6.67$，$[\alpha]_D^{62}+7.15$（$c=5$，丙酮），折射率 1.474 0^{25}。不溶于水，溶于乙醇、乙醚、丙酮、氯仿。天然存在于桑科木波罗属的种子油中。制备：由蓖麻种子油分离提取。用途：作有机合成试剂，用于制备表面活性剂、增塑剂、润滑油添加剂及癸二酸、十一碳烯酸等。

9,10-二羟基硬脂酸（9,10-dihydroxystearic acid）　系统名"9,10-二羟基十八烷酸"。CAS 号 120-87-6。分子式 $C_{18}H_{36}O_4$，分子量 316.48。蜡质样灰白色固体。赤式外消旋体熔点 131℃，苏式外消旋体熔点

90.6℃；密度 1.001 g/cm^3。不溶于水，溶于乙醇、丙酮，微溶于乙醚。是油酸在人肝癌 HepG2 细胞内转化中间产物。制备：由油酸以低浓度过氧化氢氧化制备得赤式-9,10-二羟基硬脂酸；由油酸经环氧化和酸性开环可制得苏式-9,10-二羟基硬脂酸。用途：作有机合成试剂，用于制备化妆品等。

5-氧代硬脂酸（5-oxostearic acid）　系统名"5-氧代十八烷酸"。CAS 号 16694-31-8。分子式 $C_{18}H_{34}O_3$，分子量 298.47。灰白色固体。熔点 86.1～88.2℃。不溶于水，溶于乙醇、乙醚、乙酸。制备：由 3-氧代十六酸酯及丙烯酸酯经三氯化铁催化的 Michael 加成反应、皂化反应、酸化脱羧反应和结晶纯化而得。用途：作有机合成试剂，用于香料丁位十八内酯合成。

6-氧代硬脂酸（6-oxostearic acid）　系统名"6-氧代十八烷酸"。CAS 号 502-71-6。分子式 $C_{18}H_{34}O_3$，分子量 298.47。片状结晶。熔点 84～85℃。不溶于水，溶于乙醚、氯仿。制备：由戊-4-烯酸与十三醛在苯甲酰甲酸存在下经光促加成而得。用途：作有机合成试剂。

11-氧代硬脂酸（11-oxostearic acid）　系统名"11-氧代十八烷酸"。CAS 号 2388-83-2。分子式 $C_{18}H_{34}O_3$，分子量 298.47。白色结晶。熔点 81.7～81.9℃。不溶于水，溶于乙醇、乙醚、乙酸。制备：由反-11-氧代十六碳-9-烯酸经催化氢化而得，也可由 3-氧代葵二酸甲酯与 9-碘代壬酸乙酯在碳酸钾作用下反应，并进一步皂化、酸化、脱羧而制得。用途：作有机合成试剂。

12-氧代硬脂酸（12-oxostearic acid）　系统名"12-氧代十八烷酸"。CAS 号 925-44-0。分子式 $C_{18}H_{34}O_3$，分子量 298.47。灰白色结晶。熔点 80～82℃。不溶于水，溶于乙醇、乙醚、乙酸。制备：由 12-羟基硬脂酸用 CrO_3 在乙酸中于 100℃氧化而得。用途：作有机合成试剂。

顺-二十二碳-13-烯酸（*cis*-13-docosenoic）　CAS 号

112-86-7。分子式 $C_{22}H_{42}O_2$，分子量 338.58。由甲醇或乙醇中得无色针状结晶。熔点 33～34℃，沸点 254.5℃（10 Torr），闪点 ＞110℃，折射率 1.456 74^{35}，密度 0.860 2$^{55.4}$ g/cm³。不溶于水，极易溶于醚，溶于甲醇、乙醇、丙酮。天然存在于油菜籽制得的菜油或芥子油中，以及若干其他十字花科植物的种子中；海生动物脂肪如鳕肝油中也含有。制备：由菜油经皂化、酸化、纯化而得。用途：作有机合成试剂，用于制备芥酸酰胺、表面活性剂、化妆品、化纤油剂等。

菊酸(chrysanthemumic acid) 系统名"2,2-二甲基-3-(2-甲基-1-丙烯基)环丙烷羧酸"。CAS 号 10453-89-1。分子式 $C_{10}H_{16}O_2$，分子量 168.24。有多种立体异构体。（±）-顺菊酸：CAS 号 2935-23-1，由乙酸乙酯中得立方棱晶体，熔点 114～115℃；（±）-反菊酸：CAS 号 827-90-7，长棱柱晶体，熔点 49～51℃，易溶于乙酸；（-）-反菊酸：CAS 号 4638-92-0，长棱柱晶体，熔点 17～21℃，沸点 80℃（0.5 Torr），60℃（0.01 Torr）升华，折射率 1.476 2，比旋光度- 14.01（c=1.535，无水乙醇）；（＋）-反菊酸：CAS 号 2259-14-5，长棱柱晶体，熔点 17～21℃，沸点 96～100℃（0.4 Torr），折射率 1.476 9，$[\alpha]_D^{20}$ +14.16（c=1.554，无水乙醇）。广泛存在于动植物组织中。制备：有多种合成方法，工业化上主要有重氮乙酸酯法（Harper 和 Campbell 法）和异戊烯基砜法（Martel 法）。用途：作合成甲氰菊酯的重要中间体。

D-樟脑酸(D-（＋）-camphoric acid) 系统名"(1R,3S)-1,2,2-三甲基-1,3-环戊烷二羧酸"。CAS 号 124-83-4。分子式 $C_{10}H_{16}O_4$，分子量 200.23。白色结晶性粉末。熔点 183～186℃，密度 1.186 g/cm³，$[\alpha]_D^{20}$ +48（c=5，EtOH）。微溶于冷水，溶于热水、乙醇、乙醚，不溶于氯仿。制备：由硝酸氧化樟脑制得。用途：作试剂、有机合成原料、医药中间体，医药上可用于制止盗汗。

1-氨基环戊烷羧酸(1-aminocyclopenatne-1-carboxylic acid) 亦称"环亮氨酸"。CAS 号 52-52-8。分子式 $C_6H_{11}NO_2$，分子量 129.16。白色至米色片状结晶或粉末。熔点 320～330℃，150～170℃（0.02 Torr）升华。易溶于水。制备：由环戊酮与氰化钾及氨加成，所得氨基腈再在稀氢氧化钠溶液中进行水解然后酸化制得。用途：作试剂，用于有机合成；作 S-腺苷甲硫氨酸介导的甲基化的特异性抑制剂，用于生化研究，其盐酸盐具有抗肿瘤和抗疟疾作用。

1-氨基环己烷羧酸（1-aminocyclohexane-1-carboxylic acid） 亦称"高环亮氨酸"。CAS 号 2756-85-6。分子式 $C_7H_{13}NO_2$，分子量 143.19。由水中得无色片状晶体。有甜味。熔点 330～340℃，密度 1.229 g/cm³。易溶于水，微溶于热乙酸，不溶于常见的有机溶剂。制备：由环己酮与氰化钾及氨加成，所得氨基腈再在稀硫酸作用下进行水解制得。用途：作试剂，用于有机合成。

2-氨基环己烷羧酸（2-aminocyclohexane-1-carboxylic acid） 亦称"六氢氨茴酸"。分子式 $C_7H_{13}NO_2$，分子量 143.19。针状晶体。有 2 个手性碳原子，故有 4 个立体异构体。(1S, 2R)-体：CAS 号 189101-41-5，熔点 217～220℃，$[\alpha]_D^{22}$ +22.3（c=0.25，水）；(1R, 2S)-体：CAS 号 189101-43-7，熔点 229～233℃，$[\alpha]_D^{22}$ - 23（c=0.25，水）；(1R, 2R)-体：CAS 号 26685-83-6，熔点 234～235℃，$[\alpha]_D^{22}$ - 57.8（c=0.5，水）；(1S, 2S)-体：CAS 号 24716-93-6，熔点 198～201℃，$[\alpha]_D^{25}$ +51（c=0.21，水）。易溶于水，不溶于甲醇、乙醇。制备：由 2-氨基苯甲酸通过钠/异戊醇或铂催化氢化还原而得；光学纯异构体可手性拆分获得。用途：作试剂、手性配体，用于有机合成。

顺-4-氨基环己烷羧酸(cis-4-aminocyclohexane-1-carboxylic acid) CAS 号 3685-23-2。分子式 $C_7H_{13}NO_2$，分子量 143.19。白色或浅黄色晶体。熔点 299～301℃，沸点 117～118℃（11 Torr），210～220℃（0.000 6 Torr）升华，密度 1.265 g/cm³，折射率 1.466^{27}。制备：由 4-氨基苯甲酸通过铑/三氧化二铝催化氢化还原，将产物分离而得。用途：作试剂，用于有机合成。

反-4-氨基环己烷羧酸(trans-4-aminocyclohexane-1-carboxylic acid) CAS 号 3685-25-4。分子式 $C_7H_{13}NO_2$，分子量 143.19。白色或浅黄色粉末。熔点 297～302℃、262～267℃（带 4 分子结晶水），沸点 125～127℃（10 Torr），210～220℃（0.000 3 Torr）升华，密度 1.252 g/cm³。制备：由 4-氨基苯甲酸通过 PtO_2 催化氢化还原，将产物分离而得。用途：作试剂，用于有机合成。

5β-胆烷酸(chololic acid) 亦称"胆酸"。CAS 号 81-25-4。分子式 $C_{24}H_{40}O_5$，分子量 408.58。无色薄片或白色结晶性粉末；味苦，后味带甜。一水合物为白色片状结晶。熔点 200～201℃，$[\alpha]_D^{20}$ + 36（c=6，乙醇）。不溶于水，略溶于乙醇、丙酮，易溶于乙酸，溶于碱金属氢氧化物或碳

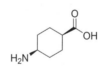

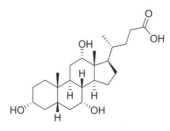

酸盐的溶液中。天然存在于牛、羊、猪的胆汁中。制备：由家畜（猪、牛、羊、兔）的胆汁中提取而得。用途：作试剂、医药中间体，用于生化研究、有机合成；其钠盐作利胆药。

鹅去氧胆酸（chenodeoxycholic acid；CDCA）　系统名"3α,7α-二羟基-5β-胆烷酸"。CAS 号 474-25-9。分子式 $C_{24}H_{40}O_4$，分子量 392.58。无色针状结晶，无臭、味苦。熔点 165～167℃，密度 1.128 g/cm³，$[\alpha]_D^{20}+12$（$c=1$，氯仿）。几乎不溶于水，易溶于乙醇、丙酮、乙酸、氯仿。制备：由鸡、鸭、鹅等胆汁中提取而得。用途：作治疗胆结石药物，也作合成熊去氧胆酸和其他甾体化合物的原料。

熊去氧胆酸（ursodeoxycholic acid；UDCA）　系统名"3α,7β-二羟基-5β-胆烷酸"。CAS 号 128-13-2。分子式 $C_{24}H_{40}O_4$，分子量 392.58。白色结晶粉末，无臭，味苦。熔点 203～206℃，密度 1.128 g/cm³，$[\alpha]_D^{20}+60.5$（$c=2$，乙醇）。不溶于水、氯仿，易溶于乙醇、乙酸。制备：由鹅去氧胆酸经化学转化而得，也可以猪胆盐或猪胆汁为原料分离提取制得。用途：作利胆药物，用于治疗胆结石、胆囊炎、胆道炎、脂肪肝、肝炎、胆汁淤积性肝病、中毒性肝障碍及胆汁性消化不良、胆汁返流性胃炎等。

莽草酸（shikimic acid）　系统名"(3R,4S,5R)-3,4,5-三羟基环己-1-烯-1-羧酸"。CAS 号 138-59-0。分子式 $C_7H_{10}O_5$，分子量 174.15。无色或白色针状结晶。熔点 185～187℃，密度 1.599¹⁴ g/cm³，$[\alpha]_D^{20}-175$（$c=2$，水）。易溶于水，微溶于乙醇、乙醚，几乎不溶于氯仿、苯。天然存在于木兰科植物八角等的干燥成熟果实中。制备：从中药八角茴香中提取，或通过微生物发酵提取制得。用途：作化学试剂、药物合成中间体；具有抗炎、镇痛作用，用于生化研究。

松香酸（abietic acid）　亦称"松脂酸""枞酸"。CAS 号 514-10-3。分子式 $C_{20}H_{30}O_2$，分子量 302.46。黄色树脂粉末，从乙醇/水中得单斜块状晶体。纯净时为无色固体。熔点 172～175℃，闪点 208.1℃，密度 1.067 g/cm³，折射率 1.545，$[\alpha]_D^{20}-95～-75$（$c=1$，EtOH）。易溶于乙醇、乙醚等有机溶剂，微溶于热水，不溶于冷水，溶于稀氢氧化钠溶液。为天然松香树脂的主

要成分。制备：由松树上取下的松脂经提取精制而得。用途：作农药表面活性剂、纺织品上浆剂、增黏剂，应用于橡胶、塑料、涂料、造纸，松香酸的酯用于油漆、清漆、肥皂、塑料和树脂。经过松香酸处理的颜料，用于油墨着色。发酵工业中用于辅助乳酸菌和丁酸菌的生长。

顺-蒎酮酸（cis-pinonic acid）　亦称"顺-蒎酸"，系统名"(1′R,3′R)-2-(2′,2′-二甲基-3′-乙酰基环丁基)乙酸"。CAS 号 61826-55-9。分子式 $C_{10}H_{16}O_3$，分子量 184.24。固体。熔点 103～105℃，沸点 140～150℃（0.3 Torr），密度 1.216 g/cm³。制备：α-蒎烯臭氧化反应合成；或由 α-蒎烯在相转移催化剂作用下，通过高锰酸钾氧化而得。用途：作医药、香料、农药合成中间体。

新松香酸（neoabietic acid）　亦称"新枞酸""新松脂酸"。CAS 号 471-77-2。分子式 $C_{20}H_{30}O_2$，分子量 302.46。白色晶体。熔点 167～169℃，密度 1.06 g/cm³。微溶于水，溶于乙醇、乙醚、丙酮。制备：由左旋海松酸经加热异构化而得。用途：作食品以及农药残留环境类标准品。

赤霉素酸（gibberellic acid）　亦称"赤霉酸"。CAS 号 77-06-5。分子式 $C_{19}H_{22}O_6$，分子量 346.38。白色结晶，工业品为白色粉末。熔点 228～230℃，$[\alpha]_D^{20}+82.5$（$c=10$，乙醇）。难溶于水、醚、氯仿和苯，溶于醇、酮、酯类等有机溶剂及 pH 6.3 的磷酸缓冲溶液；与钾、钠离子形成盐并溶于水。制备：以淀粉、花生饼、玉米浆、葡萄糖等为原料，通过生物合成方法制得。用途：作植物生长调节剂、啤酒生产中的酶活化剂。

香豆基酸（coumarilic acid）　系统名"苯并呋喃-2-羧酸"。CAS 号 496-41-3。分子式 $C_9H_6O_3$，分子量 162.14。由水中得白色针状晶体。熔点 192～193℃，沸点 310～315℃（分解）。溶于沸水，稍溶于氯仿、二硫化碳。制备：由 2-乙酰基苯并呋喃与次氯酸钠反应制得，也可由 2-乙酰基苯并呋喃与过硫酸氢钾基三氟乙酸在 1,4-二噁烷中回流反应制得。用途：作试剂、有机合成中间体。

脱氢胆酸（dehydrocholic acid）　亦称"去氢胆酸"。CAS 号 81-23-2。分子式 $C_{24}H_{34}O_5$，分子量 402.53。白色疏松状粉末。熔点 237～239℃，密度 1.196 g/cm³。在水中几乎不溶，略溶于氯仿中，微溶于乙

醇,溶于氢氧化钠溶液。制备:由胆酸经氯气氧化法制得。用途:作胆道疾病用药,用于胆囊及胆道功能失调、胆囊切除后缩症、慢性胆囊炎、胆石症及慢性肝炎等。

叶酸(folic acid;pteroylglutamic acid)　亦称"维生素 M""维生素 B_c",系统名"(2S)-2-[[4-[(2-氨基-4-氧代-1H-蝶啶-6-基)甲基氨基]苯甲酰]氨基]戊二酸"。CAS 号 59-30-3。分子式 $C_{19}H_{19}N_7O_6$,分子量 441.40。橙色结晶或黄色结晶性粉末,无臭无味。熔点>250℃(分解),$[\alpha]_D^{20}+18(c=0.5,0.1\ N\ NaOH)$。不溶于水、乙醇、乙醚和氯仿,微溶于甲醇,溶于乙酸、吡啶及碱溶液。制备:由 N-对氨基苯甲酰谷氨酸、2,4,5-三氨基-6-羟基嘧啶和三氯丙酮在焦亚硫酸钠和乙酸钠存在下反应制得。用途:作生化试剂、抗贫血药,用于症状性或营养性巨细胞型贫血症;作食品强化剂,用于婴幼儿、孕妇和乳母专用食品;用于妊娠期及婴儿型巨细胞性贫血等症的治疗;也用于饲料。

乙酰氯(acetyl chloride)　CAS 号 75-36-5。分子式 C_2H_3ClO,分子量 78.50。无色发烟液体,有刺激性臭气。熔点-112℃,沸点 50~52℃,闪点 4℃,密度 1.104 0 g/mL,折射率 1.389 0。溶于乙醚、丙酮、氯仿、石油醚、苯或乙酸,遇水分解。具有强烈刺激性和腐蚀性。制备:由乙酸与三氯化磷(或四氯化硅、氯化亚砜、五氯化磷)反应制得,工业上可由乙酸钠、二氧化硫与氯反应制得,也可由乙酐与氯磺酸反应制得到。用途:作乙酰化试剂。

乙酰溴(acetyl bromide)　CAS 号 506-96-7。分子式 C_2H_3BrO,分子量 122.95。无色发烟液体,暴露于空气中变黄。遇水或醇起剧烈反应。溶于乙醚、氯仿、苯。熔点-96℃,沸点 75~77℃,闪点 75℃,密度 1.660 g/mL,折射率 1.450 0。制备:由乙酸酐与溴反应制得。用途:作乙酰化试剂。

氯乙酰氯(chloroacetyl chloride)　CAS 号 79-04-9。分子式 $C_2H_2Cl_2O$,分子量 112.94。无色或微黄色液体,有强烈的刺激性。熔点-22℃,沸点 105~106℃,闪点>100℃,密度 1.417 g/mL,折射率 1.453 0。溶于乙醚、丙酮、氯仿、苯和四氯化碳。遇水或醇起剧烈反应。制备:由乙酰氯和氯气在汞灯照射下反应制得,或由氯乙酸与三氯化磷或光气、氯化亚砜反应而得。用途:作氯乙酰化试剂、农药及医药中间体,有机合成中用于氨基保护。

乙酰碘(acetyl iodide)　CAS 号 507-02-8。分子式 C_2H_3IO,分子量 169.95。无色发烟液体,在空气中变棕色。溶于乙醚、苯。遇水及乙醇分解。沸点 108℃,闪点 17.6℃,密度 2.067 4 g/mL,折射率 1.549 1。溶于苯、醚和氯仿。制备:由乙酰氯与三甲基碘硅烷反应制得,也可由乙烯酮、碘化氢及热解石墨等反应制得。用途:作有机合成试剂。

草酰氯(oxalyl chloride)　亦称"乙二酰氯""乙二酰二氯"。CAS 号 79-37-8。分子式 $C_2Cl_2O_2$,分子量 126.92。无色液体,带有一种辛辣气味。熔点-12℃,沸点 63~64℃,闪点 176~178℃,密度 1.455 g/mL,折射率 1.429 0。溶于乙醚、二氯甲烷、氯仿、正己烷、苯、乙腈。遇水或醇起剧烈反应。制备:由无水草酸与五氯化磷于 64℃左右反应制得。用途:作有机合成试剂,用于 Vilsmeier 反应、Swern 氧化、有机氯化物制备等,也用于制作军用毒气。

丙酰氯(propionyl chloride)　CAS 号 79-03-8。分子式 C_3H_5ClO,分子量 92.52。无色至浅黄色液体,带有一种辛辣气味。熔点-94℃,沸点 77~79℃,闪点 11℃,密度 1.061 g/mL,折射率 1.404 0。溶于乙醚、苯。遇水或醇起剧烈反应。制备:由丙酸与氯化亚砜、三氯化磷、五氯化磷或光气反应制得。用途:作丙酰化试剂,农药,医药中间体。

丙酰溴(propionyl bromide)　CAS 号 598-22-1。分子式 C_3H_5BrO,分子量 136.98。无色有刺激味的液体。熔点-40℃,沸点 103~104℃,密度 1.465^{14} g/mL,折射率 $1.455\ 8^{22}$。溶于乙醚、苯。遇水或醇起剧烈反应。制备:由无水丙酸在红磷的存在下与溴反应制得。用途:作丙酰化试剂,医药和有机合成的中间体。

丙二酰氯(propane-1,3-dioyl dichloride;malonyl dichloride)　亦称"缩苹果酰氯"。CAS 号 1663-67-8。分子式 $C_3H_2Cl_2O_2$,分子量 140.95。淡黄色至棕色液体。遇水或醇起剧烈反应。沸点 55~57℃(25 Torr),闪点 47℃,密度 1.450 9 g/mL,折射率 1.463 9。溶于乙醚和乙酸乙酯。制备:由丙二酸与氯化亚砜或三氯化磷反应制得。用途:作酰化剂,用于有机合成。

丁二酰氯(butanedioyl dichloride)　亦称"琥珀酰氯"。CAS 号 543-20-4。分子式 $C_4H_4Cl_2O_2$,分子量 154.97。无色液体或叶状结晶。熔点 16~17℃,沸点 95~96℃(15 Torr),闪点 76℃,密度 1.370 g/mL,折射率 1.470 0。溶于乙醚、苯,不溶于石油醚;遇水和醇分解。制备:由丁二酸与五氯化磷反应而得。用途:作有机合成试剂,用于制备合成树脂、涂料、药物。

癸二酰氯(sebacoyl dichloride)　亦称"泌脂醯氯"。

CAS 号 111-19-3。分子式 $C_{10}H_{16}Cl_2O_2$，分子量 239.14。油状液体。熔点 $-6\sim-5℃$，沸点 168℃（18 Torr）、115～117℃（0.3 Torr），密度 1.124 g/mL，折射率 1.467 2。溶于醚及烃类有机溶剂；与水接触则缓慢分解。有催泪性及腐蚀性。制备：由癸二酸与氯化亚砜在 DMF 中反应而得。用途：作有机合成试剂。

苯甲酰氯（benzoyl chloride）　亦称"氯化苯甲酰"。CAS 号 98-88-4。分子式 C_7H_5ClO，分子量 140.57。无色发烟液体，有特殊的刺激性臭味。熔点 $-1℃$，沸点 197℃、75～76℃（10 Torr），闪点 68℃，密度 1.211 3 g/mL，折射率 1.552 1。溶于乙醚、氯仿、苯和二硫化碳；遇水或乙醇逐渐分解。制备：由苯甲酸与氯化亚砜或五氯化磷反应而得。用途：作苯甲酰化试剂，用于有机合成。

苯甲酰溴（benzoyl bromide）　亦称"溴化苯甲酰"。CAS 号 618-32-6。分子式 C_7H_5BrO，分子量 185.02。浅棕色液体。熔点 $-24℃$，沸点 218～219℃、95℃（12 Torr），闪点 90℃，密度 1.546 1 g/mL，折射率 1.587 1。溶于乙醚；遇水或乙醇分解。制备：由苯甲酸在苯中与三氯化磷或五氯化磷反应而得。用途：作苯甲酰化试剂，用于有机合成。

邻苯二甲酰氯（1, 2-benzenedicarbonyl chloride；phthaloyl dichloride）　CAS 号 88-95-9。分子式 $C_8H_4Cl_2O_2$，分子量 203.02。无色油状液体。熔点 15～16℃，沸点 281℃、119～112℃（4 Torr），密度 1.427 g/mL，折射率 1.569 2。溶于醚、氯仿、苯，遇水或乙醇分解。制备：由邻苯二甲酸酐在 DMF 催化下与光气反应而得，也可选用氯化亚砜、二氯化异氰酸三氯甲酯、五氯化磷等作氯代剂制备。用途：作有机合成中间体、酰化试剂，用于制备增塑剂、合成树脂、合成药物及农药。

间苯二甲酰氯（1, 3-benzenedicarbonyl chloride；isophthaloyl dichloride）　CAS 号 99-63-8。分子式 $C_8H_4Cl_2O_2$，分子量 203.02。无色或浅黄色结晶。熔点 43～44℃，沸点 275～278℃、103～104℃（2 Torr），闪点 180℃，密度 $1.388^{17.3}$ g/cm³。溶于醚，遇水或乙醇分解。制备：由间苯二甲酸与氯化亚砜或五氯化磷反应制备。用途：作农药、医药中间体，用于合成芳纶。

对苯二甲酰氯（1, 4-benzenedicarbonyl chloride；terephthaloyl chloride）　CAS 号 100-20-9。分子式 $C_8H_4Cl_2O_2$，分子量 203.02。白色单斜晶体或片状晶体。熔点 82～83℃，沸点 259～265℃、112～114℃（5 Torr），闪点 180℃，密度 1.34 g/cm³。溶于乙醇等有机溶剂，遇水分解。制备：由对苯二甲酸与氯化亚砜或五氯化磷反应制备。用途：作试剂及有机合成中间体，用于合成聚酰胺、聚酯，作芳纶、锦纶增强剂、高分子交联剂。

氰脲酰氟（cyanuric fluoride）　亦称"三聚氟氰"，系统名"2,4,6-三氟-1,3,5-三嗪"。CAS 号 675-14-9。分子式 $C_3F_3N_3$，分子量 135.05。无色液体。熔点 $-38℃$，沸点 73～74℃，密度 1.574 g/mL，折射率 1.384 2。遇水、醇剧烈分解。制备：由氰尿酰氯在聚乙烯容器中于 $-78℃$ 与干燥的氟化氢气体反应转化而得，也可由氰尿酰氯在 DMSO 中与四丁基氟化铵于 60℃ 反应制得。用途：作试剂、有机合成中间体。

氰脲酰氯（cyanuric chloride；TCT）　亦称"三聚氯氰"，系统名"2, 4, 6-三氯-1, 3, 5-三嗪"。CAS 号 108-77-0。分子式 $C_3Cl_3N_3$，分子量 184.40。白色有刺激味晶体，易吸潮发热。熔点 145.5～148.5℃，沸点 192～194℃，密度 1.92 g/cm³，折射率 1.745。微溶于水，溶于乙醇、氯仿、四氯化碳、乙酸。制备：由氰基氯经加热三聚而得。用途：作试剂、有机合成中间体。

乙酸酐（acetic anhydride）　俗称"乙酐""醋酸酐""醋酐"。CAS 号 108-24-7。分子式 $C_4H_6O_3$，分子量 102.09。有强烈刺激气味的无色透明液体，易挥发、有吸湿性，中等毒性！熔点 $-73.1℃$，沸点 138～140℃，闪点 49℃，密度 1.082 g/mL，折射率 1.390 0。溶于冷水并缓慢地形成乙酸，溶于氯仿、乙醚和苯。有腐蚀性及催泪性，勿接触皮肤或眼睛。制备：工业上可通过乙酸甲酯的羰基化制得，或以丙酮或乙酸为原料裂解制得乙烯酮，再通过与乙酸反应制得。用途：作试剂和脱水剂，医药中间体，有机合成中作乙酰化试剂。

三氟乙酸酐（trifluoroacetic anhydride；TFAA）　亦称"三氟醋酐"。CAS 号 407-25-0。分子式 $C_4F_6O_3$，分子量 210.03。带刺激性气味、易挥发的无色液体。熔点 $-63.5℃$，沸点 39.5～40℃，闪点 $-26℃$，密度 1.503 g/mL，折射率 1.273 5。遇水和乙醇分解，溶于乙醚和乙酸。制备：由三氟乙酸与二氯乙酸酐反应制得。用途：作试剂、催化剂、脱水缩合剂，有机合成中作与羟基和氨基三氟乙酰化时的保护剂。

丙酸酐（propionic anhydride）　俗称"初油酸酐""丙酐"。CAS 号 123-62-6。分子式 $C_6H_{10}O_3$，分子量 130.14。无色有刺激性的液体。熔点 $-45\sim-42℃$，沸点 166～

168℃,闪点 63℃,密度 1.012 g/mL,折射率 1.404 0。溶于冷水并缓慢地形成丙酸,溶于甲醇、乙醇、乙醚、氯仿。制备:由丙酸加热脱水而得,或由丙酸钠与丙酰氯一起加热回流制得。用途:作试剂、脱水剂,有机合成中作丙酰化试剂。

庚酸酐(heptanoic anhydride) CAS 号 626-27-7。分子式 $C_{14}H_{26}O_3$,分子量 242.36。浅黄色透明液体。熔点 -10.8℃,沸点 162~164℃(14 Torr)、115.7℃(3 Torr),密度 0.921 7^{15} g/mL,折射率 1.433 2。溶于水并缓慢地形成庚酸。制备:由庚酰氯和等摩尔的庚酸在无水吡啶和无水苯中反应制得。用途:作试剂,用于有机合成。

丁二酸酐(succinic anhydride) 俗称"琥珀酸酐",系统名"二氢呋喃 2,5-二酮"。CAS 号 108-30-5。分子式 $C_4H_4O_3$,分子量 100.07。白色正交系锥形或双锥形晶体,略有刺激性气味。熔点 119~120.6℃,沸点 254~256℃、130~135℃(14 Torr),90℃(1~3 Torr)升华,闪点 157℃,密度 1.572 g/cm^3。微溶于水和乙醚;溶于乙醇、氯仿、四氯化碳。制备:由马来酸酐直接催化加氢制得,或由丁二酸在普通精馏设备中在 260℃左右加热脱水而得,或由丁二酸用乙酐、氯化亚砜、五氧化二磷等脱水剂脱水而得。用途:作试剂,用于制备涂料、医药、合成树脂和染料。

马来酸酐(maleic anhydride) 俗称"顺酐",亦称"失水苹果酸酐""顺丁烯二酸酐",系统名"呋喃 2,5-二酮"。CAS 号 108-31-6。分子式 $C_4H_2O_3$,分子量 98.06。白色晶体,有强烈刺激性气味。熔点 52~56℃,沸点 197~199℃、82℃(14 Torr),闪点 103℃,密度 1.48 g/cm^3,折射率 1.451 4$^{64.6}$。溶于水、丙酮、氯仿、苯等多数有机溶剂。制备:由苯的催化氧化制得,或由正丁烷在 V_2O_5-P_2O_5 系催化剂作用下气相氧化制取。用途:作试剂、有机合成原料,金属选矿中作捕收剂。

苯甲酸酐(benzoic anhydride) 亦称"安息香酸酐"。CAS 号 93-97-0。分子式 $C_{14}H_{10}O_3$,分子量 226.23。白色棱柱状晶体,对湿敏感。熔点 38~42℃,沸点 360℃、180℃(5 Torr),闪点 168℃,密度 1.198 9^{15} g/cm^3,折射率 1.576 7^{15}。不溶于水,溶于乙醇、乙醚、丙酮、乙酸乙酯、氯仿、苯、甲苯、二甲苯、乙酸和乙酸酐,微溶于石油醚。制备:由苯甲酸与乙酸酐反应制得。用途:作试剂、有机合成中间体,用于制药、染料、防腐剂、苯甲酰化剂、一些聚合物的添加剂及软化剂,也可用于水分析。

邻苯二甲酸酐(o-phthalic anhydride) 亦称"苯酐" "酞酐",系统名"异苯并呋喃-1,3-二酮"。CAS 号 85-44-9。分子式 $C_8H_4O_3$,分子量 148.12。白色固体或针状晶体。熔点 131~133℃,沸点 295℃(升华),闪点 152℃,密度 1.53 g/cm^3。难溶于冷水,易溶于热水、乙醇、乙醚、二硫化碳、苯等多数有机溶剂。制备:以邻二甲苯为原料采用固定床氧化法、流化床气相氧化法或液相氧化法生产制得。用途:作有机化工原料、环氧树脂固化剂。

肌酸酐(creatinine) 亦称"肌酐",系统名"2-亚氨基-1-甲基咪唑啉-4-酮"。CAS 号 60-27-5。分子式 $C_4H_7N_3O$,分子量 113.12。单斜系片状晶体。熔点 255℃,闪点 290℃,加热至 300℃分解。溶于水,微溶于乙醇,不溶于醚、丙酮和氯仿。制备:由水合肌酸、浓盐酸和水加热制得,也可由肌氨酸乙酯与胍在 -15℃或与单氰胺在室温下反应制得。用途:作分析试剂,用于血液鉴定、生化研究。

甲酸甲酯(methyl formate) 亦称"蚁酸甲酯"。CAS 号 107-31-3。分子式 $C_2H_4O_2$,分子量 60.05。无色液体,有芳香气味。熔点 -100℃,沸点 32~33℃,闪点 -26℃,密度 0.966 g/mL,折射率 1.343 4。易溶于水且容易水解,溶于乙醚、甲醇,与乙醇混溶。制备:由甲酸与甲醇在无水氯化钙存在下进行酯化而得。用途:作试剂,用于有机合成;作硝化纤维素、醋酸纤维素的溶剂;也作处理烟草、干水果、谷物等的烟熏剂和杀菌剂。

甲酸乙酯(ethyl formate) 亦称"蚁酸乙酯"。CAS 号 109-94-4。分子式 $C_3H_6O_2$,分子量 74.08。无色液体。熔点 -81℃,沸点 52~54℃,闪点 -19℃,密度 0.921 g/mL,折射率 1.357 5。微溶于水,溶于丙酮,与甲醇、乙醇、乙醚混溶。制备:由甲酸和乙醇在硫酸催化下加热酯化而得。用途:作试剂,用于有机合成;作色谱分析标准物质、溶剂及杀菌剂,也用于配制香精。

乙酸甲酯(methyl acetate) 亦称"醋酸甲酯"。CAS 号 79-20-9。分子式 $C_3H_6O_2$,分子量 74.08。无色液体,有芳香气味。熔点 -81℃,沸点 52~54℃,闪点 -19℃,密度 0.921 g/mL,折射率 1.361 3。易溶于水,与乙醇、乙醚等多数有机溶剂混溶。制备:由甲醇与乙酸在硫酸催化下直接酯化后,用无水氯化钙脱水,再经碳酸钠中和后进行分馏而得。用途:作试剂,用于有机合成;作色谱分析标准物质和溶剂;也用于制造人造革及香料。

乙酸乙酯(ethyl acetate) 亦称"醋酸乙酯"。CAS 号 141-78-6。分子式 $C_4H_8O_2$,分子量 88.11。无色液体,有芳香气味。熔点 -83.6℃,沸点 77.1℃,闪点 -3℃,密度 0.902 g/mL,折射率

1.375 2。微溶于水,溶于乙醇、乙醚、丙酮、氯仿、苯等多数有机溶剂。天然存在于各类酒中及番茄、菠萝、某些鲜花中。制备:由乙酸与乙醇在硫酸催化下直接酯化而得。用途:作试剂、溶剂、有机合成原料;用于配制香精、制作香水,作饲料的调味剂。

乙酸丙酯(*n*-propyl acetate)　亦称"醋酸丙酯""乙酸正丙酯"。CAS 号 109-60-4。分子式 $C_5H_{10}O_2$,分子量 102.13。无色液体,有水果样芳香气味。熔点 -92℃,沸点 99~102℃,闪点 14℃,密度 0.887 g/mL,折射率 1.384 0。微溶于水,与乙醇、乙醚互溶,溶于醇、醚、酮、酯类等多数有机溶剂。天然存在于草莓、香蕉和番茄中。制备:由正丙醇和乙酸在硫酸存在下酯化而得。用途:作试剂、溶剂、食品香料,也作水果型香料的溶剂;作缓和快干剂,用于弹性版印刷油墨和凹版印刷油墨。

乙酸异丙酯(isopropyl acetate)　亦称"醋酸异丙酯"。CAS 号 108-21-4。分子式 $C_5H_{10}O_2$,分子量 102.13。无色液体,有水果样芳香气味。熔点 -73℃,沸点 87~88℃,闪点 4℃,密度 0.870 g/mL,折射率 1.374 6。微溶于水,与乙醇、乙醚、酯等多数有机溶剂混溶。天然存在于菠萝、梨、可可等中。制备:由异丙醇和乙酸在硫酸存在下酯化而得。用途:作试剂、溶剂,也作食用香料,用以配制朗姆酒香精、烟草香精和水果型香料等。

乙酸正丁酯(*n*-butyl acetate)　亦称"醋酸丁酯"。CAS 号 123-86-4。分子式 $C_6H_{12}O_2$,分子量 116.16。无色液体,有水果样芳香气味。熔点 -78℃,沸点 124~126℃,闪点 22℃,密度 0.881 g/mL,折射率 1.394 1。微溶于水,溶于醇、醚、酮等类有机溶剂。天然存在于菠萝、梨、可可、葡萄、木瓜等中。制备:由正丁醇与乙酸在硫酸催化下进行酯化,然后用碳酸钠中和后进行分馏而得。用途:作试剂、溶剂、色谱分析标准物质,也作食用香料,用以配制香蕉、菠萝、梨、桃、杏、草莓、浆果等型香精;用于日用香精,起协调剂作用。

乙酸异丁酯(isobutyl acetate)　亦称"醋酸异丁酯"。CAS 号 110-19-0。分子式 $C_6H_{12}O_2$,分子量 116.16。无色液体,有水果样芳香气味。熔点 -98.85℃,沸点 116~117.5℃,闪点 22℃,密度 0.873 g/mL,折射率 1.390 2。微溶于水,可混溶于乙醇、乙醚。天然存在于菠萝、梨、葡萄酒、覆盆子等中。制备:由异丁醇与乙酸在硫酸催化下进行酯化而得。用途:作试剂、溶剂,也作食用香料,用以配制香蕉、树莓、草莓和奶油等型香精。

乙酸仲丁酯(*sec*-butyl acetate)　亦称"醋酸仲丁酯"。CAS 号 105-46-4。分子式 $C_6H_{12}O_2$,分子量 116.16。

无色液体,有水果样芳香气味。熔点 -99℃,沸点 111~112℃,闪点 16℃,密度 0.872 g/mL,折射率 1.389 0。不溶于水,与乙醇、乙醚等多数有机溶剂混溶。天然存在于菠萝、梨、葡萄酒、覆盆子等中。制备:由仲丁醇与乙酸在硫酸催化下进行酯化而得,也可由乙酰氯与仲丁醇反应制得。用途:作试剂、溶剂,也用于调制香料。

乙酸叔丁酯(*tert*-butyl acetate)　亦称"醋酸叔丁酯""乙酸特丁酯"。CAS 号 540-88-5。分子式 $C_6H_{12}O_2$,分子量 116.16。无色液体,有水果香味。熔点 -62℃,沸点 94~96℃,闪点 15℃,密度 0.863 g/mL,折射率 1.386 0。不溶于水,与乙醇、乙醚等多数有机溶剂混溶。制备:由乙酸酐、叔丁醇和无水氯化锌混匀加热回流反应制得,也可将镁粉、叔丁醇和无水乙醚混匀后滴加乙酰氯和无水乙醚溶液进行反应制得。用途:作试剂、溶剂,也作汽油防震剂。

乙酸苄酯(benzyl acetate)　亦称"醋酸苄酯""乙酸苯甲醇酯"。CAS 号 140-11-4。分子式 $C_9H_{10}O_2$,分子量 150.18。无色液体,有馥郁茉莉花香气。熔点 -51.5℃,沸点 210~211℃,闪点 95℃,密度 1.053 g/mL,折射率 1.525 4。不溶于水,与乙醇、乙醚等多数有机溶剂混溶。制备:由苄醇与乙酸在硫酸催化下直接酯化制得,也可以氯苄与乙酸钠为原料,在吡啶和 *N*,*N*-二甲基苯胺催化下进行反应制得。用途:作试剂、溶剂,用于配制茉莉型等花香香精和皂用香精,少量用于生梨、苹果、香蕉、桑椹子等型的食用香精中。

氯乙酸乙酯(ethyl chloroacetate)　亦称"一氯乙酸乙酯"。CAS 号 105-39-5。分子式 $C_4H_7ClO_2$,分子量 122.55。无色有刺激性气味液体。熔点 -26℃,沸点 142~144℃、80~83℃(15 Torr),闪点 65℃,密度 1.159 g/mL,折射率 1.439 5。不溶于水,溶于乙醇、乙醚、苯。制备:由氯乙酸和乙醇在硫酸催化下经酯化而得。用途:作试剂、医药及农药原料。

氰乙酸乙酯(ethyl cyanoacetate)　CAS 号 105-56-6。分子式 $C_5H_7NO_2$,分子量 113.12。无色或微黄色液体。熔点 -22.5℃,沸点 208~210℃、90℃(10 Torr),闪点 109℃,密度 1.063 g/mL,折射率 1.415 4。不溶于水,混溶于乙醇、乙醚。制备:由氰基乙酸和乙醇在硫酸催化下经酯化而得。用途:作试剂、染料、医药及农药原料。

乙酸乙烯酯(vinyl acetate)　亦称"醋酸乙烯酯"。CAS 号 108-05-4。分子式 $C_4H_6O_2$,分子量 86.09。无色液体,具有甜的醚味和水果香味。熔点 -100℃,沸点 72~73℃,闪点 -8℃,

密度 0.932 g/mL,折射率 1.395 0。易聚合,常加入 8~12 ppm 对苯二酚作稳定剂。不溶于水,与乙醇混溶,溶于乙醚、丙酮、氯仿、四氯化碳等有机溶剂。制备:由乙酸与乙炔在乙酸锌催化下于 170~200℃加成制得,或由乙烯与乙酸和氧气在 PdCl$_2$/CuCl$_2$ 催化下直接氧化制得。用途:作试剂,用于制造合成纤维、维尼纶、涂料、黏合剂及油类降凝增稠剂。

乙酸异丙烯酯(isopropenyl acetate) 亦称"醋酸异丙烯酯""2-乙酰氧基丙烯"。CAS 号 108-22-5。分子式 C$_5$H$_8$O$_2$,分子量 100.12。无色液体,呈水果香气,稀释后有苹果样香气。熔点 - 93℃,沸点 93~94℃,闪点 18℃,密度 0.917 g/mL,折射率 1.400 9。不溶于水,与乙醇、乙醚、丙酮混溶。制备:由乙酸或丙酮裂解得到的乙烯酮气体与丙酮在硫酸催化下于 55~77℃反应制得,或由乙酸与丙炔在氧化汞及三氟化硼催化下加成制得。用途:作试剂,有机合成中用于乙酰基转移反应。

2-氯乙基乙酸酯(2-chloroethyl acetate) 亦称"β-氯乙基乙酸酯"。CAS 号 542-58-5。分子式 C$_4$H$_7$ClO$_2$,分子量 122.55。无色液体。沸点 150℃,密度 1.172 8 g/mL,折射率 1.422 1。不溶于水,溶于乙醇、乙醚。制备:由乙酸酐与 2-氯乙醇三甲基硅醚反应制得,或由乙酰氯与环氧乙烷在氯化氢存在下反应制得。用途:作试剂、有机合成原料。

2-羟基乙基乙酸酯(2-hydroxyethyl acetate) 亦称"乙二醇单乙酸酯"。CAS 号 542-59-6。分子式 C$_4$H$_8$O$_3$,分子量 104.11。无色液体,微带水果香味。沸点 182℃,82~84℃(15 Torr),密度 1.106 2 g/mL,折射率 1.423 2。溶于水、醇、醚、芳香烃等多种溶剂。制备:以甲苯为脱水剂,在 Lewis 酸催化剂或负载铁的分子筛催化下由乙二醇和乙酸直接酯化制得。用途:作试剂、有机合成原料,也作去漆剂、醋酸纤维素溶剂以及化妆品和香料的溶剂。

对苯二酚单乙酸酯(hydroxyquinone monoacetate) 亦称"氢醌单乙酸酯""4-乙酰氧基苯酚"。CAS 号 3233-32-7。分子式 C$_8$H$_8$O$_3$,分子量 152.15。白色固体。熔点 64~66℃,沸点 144~147℃(4 Torr),密度 1.212 g/cm^3,折射率 1.541。不溶于水,易溶于热醇、苯。制备:由对苯二酚与乙酰氯合成而得。用途:用于皮肤去色素剂。

对苯二酚二乙酸酯(hydroxyquinone diacetate; 1,4-phenylene diacetate) 亦称"对二乙酰氧基苯""二乙酸对苯二酚酯"。CAS 号 1205-91-0。分子式 C$_{10}$H$_{10}$O$_4$,分子量 194.19。片状结晶。熔点 122~123℃,

密度 0.873 1 g/cm^3,折射率 1.506。溶于热水、热乙酸,易溶于热醇、醚、氯仿。制备:由对苯二酚和乙酸酐反应制得。用途:作试剂,用于有机合成,也用于制造皮肤增白霜剂。

乙醛酸乙酯(ethyl glyoxylate; ethyl 2-oxoacetate) 亦称"甲酰基甲酸乙酯"。CAS 号 924-44-7。分子式 C$_4$H$_6$O$_3$,分子量 102.09。极易聚合,一般用其大约 50%甲苯溶液,无色透明至微黄色溶液。聚合形式加热后可解聚。沸点 63~65℃(65 Torr),闪点 7℃,密度 1.03 g/mL,折射率 1.475 0。制备:由二乙氧基乙酸乙酯与乙醛酸水合物发生烷基的交换反应,得到的混合物再经五氧化二磷处理而得。用途:作试剂。

丙酸甲酯(methyl propionate; propanoic acid methyl ester) CAS 号 554-12-1。分子式 C$_4$H$_8$O$_2$,分子量 88.11。无色液体,有水果香味。熔点 - 87.5℃,沸点 78~80℃,闪点 - 2℃,密度 0.915 g/mL,折射率 1.374 3。微溶于水,与醇、醚、烃类等多种有机溶剂混溶。制备:由丙酸与甲醇在硫酸催化下酯化而得。用途:作试剂,用于制造香料。

丙酸乙酯(ethyl propionate; propanoic acid ethyl ester) CAS 号 105-37-3。分子式 C$_5$H$_{10}$O$_2$,分子量 102.13。无色液体,有菠萝样香味。熔点 - 73℃,沸点 99℃,闪点 12℃,密度 0.891 g/mL,折射率 1.384 4。微溶于水,与醇、醚等多种有机溶剂混溶。制备:由丙酸与乙醇在硫酸催化下酯化而得。用途:作试剂、溶剂,用于有机合成。

丙酸丁酯(n-butyl propionate) CAS 号 590-01-2。分子式 C$_7$H$_{14}$O$_2$,分子量 130.19。无色液体,有苹果样香味。熔点 - 89.6℃,沸点 146℃,闪点 38℃,密度 0.875 4 g/mL,折射率 1.401 1。微溶于水,溶于醇、醚、酮、烃类溶剂。制备:由丙酸与正丁醇在浓硫酸或对甲苯磺酸催化下酯化而得。用途:作试剂、溶剂,用于有机合成;也作香料,用于配制醚香和香蕉类香精,也用于烟草香精。

丁酸甲酯(methyl butyrate) CAS 号 623-42-7。分子式 C$_5$H$_{10}$O$_2$,分子量 102.13。无色液体,有苹果及干酪样香味。熔点 - 83℃,沸点 102℃,闪点 11℃,密度 0.892 2 g/mL,折射率 1.386 0。微溶于水,溶于乙醇、乙醚等类溶剂。天然品存在于苹果汁、菠萝蜜、猕猴桃、圆柚汁、蘑菇等中。制备:由丁酸和甲醇在硫酸催化下经酯化反应制得。用途:作试剂及树脂、漆用溶剂,也用作人造甜酒和果实香精的原料,用以配制牛奶、干酪和苹果等型香精。

丁酸乙酯(ethyl butyrate) CAS 号 105-54-4。分子式 C$_6$H$_{12}$O$_2$,分子量 116.16。无色至微黄色透明液体,有

香蕉、菠萝样香气。熔点-93~-92℃,沸点119~120℃,闪点19℃,密度0.879 g/mL,折射率1.3920。微溶于水,溶于乙醇、乙醚等类溶剂。制备:由丁酸和乙醇在硫酸催化下经酯化反应制得。用途:作试剂、溶剂;作香料,应用于香蕉、菠萝等食用香精配方及日化香精配方中。

异丁酸甲酯(methyl isobutyrate) CAS号547-63-7。分子式$C_5H_{10}O_2$,分子量102.13。无色液体,有苹果、菠萝果香和似杏甜味。熔点-85℃,沸点90~92℃,闪点3℃,密度0.891 g/mL,折射率1.3840。微溶于水,混溶于乙醇、乙醚等类溶剂。天然品存在于草莓等中。制备:由甲醇和异丁酸直接酯化而得。用途:作试剂、溶剂,也用作食用香料。

异丁酸乙酯(ethyl isobutyrate) CAS号97-62-1。分子式$C_6H_{12}O_2$,分子量116.16。无色液体,有水果和奶油香气。熔点-88℃,沸点108~110℃,闪点13℃,密度0.869 g/mL,折射率1.3870。微溶于水,与乙醇、乙醚混溶,溶于丙酮。制备:由异丁酸和无水乙醇在硫酸催化下经酯化反应制得。天然品存在于草莓、蜂蜜、啤酒和香槟酒等中。用途:作试剂、溶剂;作食品香精原料,也用于香烟、日化产品或其他产品的香原料。

异丁酸异丁酯(isobutyl isobutyrate) CAS号97-85-8。分子式$C_8H_{16}O_2$,分子量144.21。无色液体,具有新鲜葡萄和菠萝的香味。熔点-81~-79℃,沸点147~149℃,闪点37℃,密度0.855 g/mL,折射率1.3986。不溶于水,混溶于乙醇、乙醚、丙酮等多数有机溶剂。制备:由异丁酸和异丁醇在硫酸或固体硫酸氢钠催化下经酯化反应制得,也可以异丁醇为原料经过烷氧基铝催化的歧化反应制得。天然品存在于香蕉、甜瓜、草莓、葡萄、酒类、橄榄、啤花油、白葡萄酒等中。用途:作试剂、香精原料,用于配制香精。

异丁酸壬酯(nonyl isobutyrate; nonyl 2-methylpropanoate) CAS号10522-34-6。分子式$C_{13}H_{26}O_2$,分子量214.35。无色液体,具有花香及果香香气。沸点130℃(12 Torr),密度0.8552 g/mL,折射率1.427。不溶于水,溶于乙醇、丙酮。制备:由异丁酸和壬醇经酯化反应制得。用途:用于配制香精。

乙醇酸甲酯(methyl glycolate; glycolic acid methyl ester) 亦称"甘醇酸甲酯",系统名"2-羟基乙酸甲酯"。CAS号96-35-5。分子式$C_3H_6O_3$,分子量90.08。无色透明液体。沸点150~151℃,闪点67℃,密度1.184 g/mL,折射率1.4170。溶于水、醇、丙酮、乙酸酯。制备:在碱性催化剂存在下,将由醇和一氧化碳反应生成甲酸甲酯,然后再与甲醛在Lewis酸或离子交换树脂存在反应制得;也可将甲醛水溶液与一氧化碳在浓硫酸或三氟化硼等催化剂作用下,在约70.9 MPa和高温下反应生成乙醇酸,再将乙醇酸与甲醇酯化而得;也可通过甲醛与氢氰酸加成法或草酸二甲酯加氢还原法制得;或基于纳米金催化剂通过乙二醇和甲醇直接合成而得。用途:作试剂、有机合成原料及高档的清洁溶剂。

乙醇酸乙酯(ethyl glycolate; glycolic acid ethyl ester) 亦称"甘醇酸乙酯",系统名"2-羟基乙酸乙酯"。CAS号623-50-7。分子式$C_4H_8O_3$,分子量104.11。无色透明液体。沸点158~159℃,闪点62℃,折射率1.4190,密度1.1 g/mL。溶于水、醇、丙酮、乙酸酯,微溶于乙醚,极微溶于烃类溶剂。50℃以上易聚合。制备:以卤代乙酸为原料制得乙醇酸,再以酸性化合物为催化剂,利用与水、乙醇共沸点低的溶剂为脱水剂,对乙醇酸用乙醇直接酯化制得。用途:作试剂、高档的清洁溶剂和有机合成原料。

(S)-(—)-乳酸甲酯((S)-(-)-methyl lactate; methyl L-lactate) 亦称"(S)-(-)-2-羟基丙酸甲酯"(methyl (S)-2-hydroxypropanoate)。CAS号27871-49-4。分子式$C_4H_8O_3$,分子量104.11。无色透明液体。熔点-44℃,沸点135~138℃,闪点49℃,密度1.109 g/mL,折射率1.4140,比旋光度-8.2(neat)。溶于水、乙醇及多数有机溶剂。制备:由丙酮酸甲酯经不对称还原制得。用途:作试剂、溶剂、洗净剂、有机合成原料。

(S)-(—)-乳酸乙酯((S)-(-)-ethyl lactate; ethyl L-lactate) 亦称"(S)-(-)-2-羟基丙酸乙酯"。CAS号687-47-8。分子式$C_5H_{10}O_3$,分子量118.13。无色透明液体。熔点-25℃,沸点152~155℃,闪点46℃,密度1.036 g/mL,折射率1.4130,比旋光度-11(neat)。溶于水并缓慢分解,易溶于醇、醚、酮、酯类溶剂。制备:由丙酮酸乙酯经不对称还原制得,或在硫酸存在下由L-乳酸和过量乙醇反应制得。用途:作试剂、溶剂、有机合成原料,也作香料。

丙烯酸甲酯(methyl acrylate; methyl 2-propenoate) CAS号96-33-3。分子式$C_4H_6O_2$,分子量86.09。无色易挥发液体,具有辛辣气味,有催泪作用。易聚合,常添加15 ppm 4-甲氧基苯酚作稳定剂。熔点-76.5℃,沸点79~81℃,闪点-3℃,密度0.956 g/mL,折射率1.4030。微溶于水,溶于乙醇、乙醚、丙酮及苯。制备:在浓硫酸存在下由丙烯腈进行水解得丙烯酰胺硫酸盐,再与甲醇进行反应制得;或由丙烯酸与甲醇反应而得。用途:是有机合成中间体和合成高分子的单体。

丙烯酸乙酯（ethyl acrylate；acrylic acid ethyl ester） CAS 号 140-88-5。分子式 $C_5H_8O_2$，分子量 100.12。无色液体。易聚合，常加入 20 ppm 4-甲氧基苯酚作稳定剂。熔点 -71℃，沸点 99～100℃，闪点 -1℃，密度 0.924 g/mL，折射率 1.406 0。略溶于水，溶于氯仿，与乙醇、乙醚混溶。制备：由丙烯酸与乙醇在离子交换树脂催化下进行酯化反应制得。用途：作有机合成中间体及聚合物单体。

α-甲基丙烯酸甲酯（methyl methacrylate；2-methyl acrylic acid methyl ester） 亦称"甲基丙烯酸甲酯""甲甲酯"。CAS 号 80-62-6。分子式 $C_5H_8O_2$，分子量 100.12。无色液体，伴有强辣味，易挥发。易聚合，常添加对苯二酚作稳定剂。熔点 -48.2℃，沸点 100～101℃、48℃（70 Torr），闪点 10℃，密度 0.936 g/mL，折射率 1.414 5。微溶于水和乙二醇，溶于乙醇、乙醚、丙酮等多种有机溶剂。制备：由丙酮与氢氰酸发生亲核加成生成丙酮氰醇，再和浓硫酸及甲醇共热，同时进行水解、脱水及酯化而得。用途：作有机合成中间体和合成高分子的单体，用于制造有机玻璃，也用于与其他乙烯基单体共聚。

2-丁烯酸丁酯（butyl (E)-but-2-enoate；butyl crotonate） 亦称"巴豆酸丁酯"。CAS 号 591-63-9。分子式 $C_8H_{14}O_2$，分子量 142.20。无色液体，有香气。沸点 180℃、75～78℃（20 Torr），密度 0.899 4 g/mL，折射率 1.439 7。不溶于水，溶于氯仿，与乙醇、乙醚、乙酸乙酯混溶。制备：由 2-丁烯酸与丁醇在对甲苯磺酸催化下进行酯化反应制得。用途：作有机合成中间体，用于香料工业。

没食子酸乙酯（ethyl gallate） 亦称"棓酸乙酯"，系统名"3,4,5-三羟基苯甲酸乙酯"。CAS 号 831-61-8。分子式 $C_9H_{10}O_5$，分子量 198.17。白色至浅褐色粉末。熔点 149～153℃，密度 1.424 g/cm³。易溶于水。天然存在于各种植物源中，包括核桃、菟丝子。制备：从狼毒大戟的乙酸乙酯层提取液中分离得到，也可由没食子酸和乙醇制备。用途：作试剂、食品和油脂抗氧化剂，属于多酚类抗肿瘤活性化合物。

焦棓酚三乙酸酯（pyrogallol triacetate） 亦称"1,2,3-苯三酚三乙酸酯""1,2,3-三乙酰氧基苯"。CAS 号 525-52-0。分子式 $C_{12}H_{12}O_6$，分子量 252.22。白色结晶性粉末。熔点 165～166℃。微溶于水，易溶于醇。制备：由 1,2,3-苯三酚和乙酸酐反应制得。用途：作试剂。

焦碳酸二乙酯（diethyl pyrocarbonate；DEPC） 亦称"二碳酸二乙酯"。CAS 号 1609-47-8。分子式 $C_6H_{10}O_5$，分子量 162.14。无色透明液体。沸点 93～94℃（18 Torr）、62～64℃（2 Torr），闪点 69℃，密度 1.101 g/mL，折射率 1.398 0。难溶于水，遇水分解成二氧化碳和乙醇，与乙醇混溶，溶于普通有机溶剂。制备：由氯甲酸乙酯在四丁基溴化铵存在下与氢氧化钠在 -10℃反应制得。用途：作试剂、核酸酶抑制剂、蛋白质中组氨酸以及酪氨酸残余物的修饰试剂，生化研究中用于提取 RNA。

1,2-乙二醇二乙酸酯（ethylene glycol diacetate） 亦称"乙二醇二乙酸酯"。CAS 号 111-55-7。分子式 $C_6H_{10}O_4$，分子量 146.14。无色液体，具有芳香味。熔点 -40.9～-30.9℃，沸点 189℃、69～71℃（10 Torr），闪点 82℃，密度 1.109 3 g/mL，折射率 1.416 2。易溶于水，与乙醇、乙醚、苯混溶。制备：由 1,2-二溴乙烷与乙酸钾反应而得。用途：作试剂、溶剂，用于制造油漆、黏合剂和除漆剂等。

氨基甲酸乙酯（ethyl carbamate；carbamic acid ethyl ester） 亦称"乌拉坦""尿烷"。CAS 号 51-79-6。分子式 $C_3H_7NO_2$，分子量 89.09。无色结晶或白色粉末，具有清凉味。熔点 48～50℃，沸点 182～184℃，70℃（150 Torr）升华，闪点 92℃，密度 0.981 g/cm³，折射率 1.422。易溶于水、乙醇、乙醚和甘油，微溶于氯仿。制备：由硝酸与尿素反应生成硝酸尿素，然后加乙醇、亚硝酸钠，再在硫酸存在下进行酯化反应而得。用途：作试剂及农药、医药等有机合成的中间体；医药上作镇静及缓和的催眠药，兼有微弱的利尿作用，用于治疗多发性骨髓瘤和慢性白血病等；也作实验动物的麻醉药。

甘油 1,2-二乙酸酯（1,2,3-propanetriol 1,2-diacetate） 系统名"3-羟基丙-1,2-二基二乙酸酯"。CAS 号 102-62-5。分子式 $C_7H_{12}O_5$，分子量 176.17。无色透明液体。商品为 1,3-二酯及 1,2-二酯的混合物。沸点 116℃（2 Torr），密度 1.167 4 g/mL，折射率 1.434 5。溶于水、乙醇、乙醚和苯，不溶于二硫化碳。制备：由甘油与乙酸共热酯化，再用无水硫酸钠干燥后减压精馏而得 1,3-二酯及 1,2-二酯的混合物。用途：作樟脑、醋酸纤维素和硝酸纤维素的增塑剂和溶剂。

甘油 1,3-二乙酸酯（1,2,3-propanetriol 1,3-diacetate） 系统名"2-羟基丙-1,3-二基二乙酸酯"。CAS 号 25395-31-7。分子式 $C_7H_{12}O_5$，分子量 176.17。无色透

明液体。商品为 1,3-二酯及 1,2-二酯的混合物。沸点 116℃（2 Torr），密度 1.167 4 g/mL，折射率 1.434 5。溶于水、乙醇、乙醚和苯，不溶于二硫化碳。制备：由甘油与乙酸共热酯化，再用无水硫酸钠干燥后减压精馏而得 1,3-二酯及 1,2-二酯的混合物。用途：作樟脑、醋酸纤维素和硝酸纤维素的增塑剂和溶剂。

二甘醇单月桂酸酯（diethylene glycol laurate） 亦称"二乙二醇单月桂酸酯"，系统名"月桂酸 2-(2-羟基乙氧基)乙基酯"。CAS 号 141-20-8。分子式 $C_{16}H_{32}O_4$，分子量 288.43。淡黄色液体。熔点 30℃，沸点 198～199℃（2 Torr），密度 0.960 4 g/mL，折射率 1.449 3。不溶于水，而溶于甲醇、乙醚、苯、甲苯及矿物油。制备：由二甘醇与月桂酸在二甲苯中于 140～150℃共热酯化约 10 小时而得。用途：作乳化剂、分散剂、增塑剂等。

苯甲酸甲酯（methyl benzoate; benzoic acid methyl ester） 亦称"安息香酸甲酯"。CAS 号 93-58-3。分子式 $C_8H_8O_2$，分子量 136.15。无色透明油状液体，具有强烈花香、樱桃香味以及浓郁的冬青油和尤南迦油香气。熔点 - 12.4℃，沸点 198～199℃、76.5～77℃（9 Torr），闪点 82℃，密度 1.083 8 g/mL，折射率 1.517 2。不溶于水和甘油，与甲醇、乙醇、乙醚混溶。制备：天然品存在于丁香油、依兰油和月下香油中，可从精油中精馏提取而得；或由苯甲酸、甲醇在硫酸催化下酯化而得；也可由苯甲酸和硫酸二甲酯在高温下反应而得。用途：作试剂、溶剂、有机合成中间体；作香料，用于配制香水香精、人造精油，也用于食品中。

苯甲酸乙酯（ethyl benzoate; benzoic acid ethyl ester） 亦称"安息香酸乙酯"。CAS 号 93-89-0。分子式 $C_9H_{10}O_2$，分子量 150.18。无色透明液体，稍有水果气味。熔点 - 34℃，沸点 212～214℃、91～92℃（15 Torr），闪点 84℃，密度 1.049 g/mL，折射率 1.505 0。不溶于水和甘油，微溶于热水，与乙醇、丙二醇、乙醚、石油醚、氯仿等混溶。天然存在于菠萝、桃、醋栗、红茶中。制备：由苯甲酸、乙醇在硫酸或无水硫酸铝和微量硫酸催化下酯化而得。用途：作试剂、溶剂、有机合成中间体；作香料，用于配制新刈草、香薇等非花香精，也用作食用香料，用于配置鲜果、浆果、坚果香精。

苯甲酸丁酯（n-butyl benzoate; benzoic acid n-butyl ester） CAS 号 130-60-7。分子式 $C_{11}H_{14}O_2$，分子量 178.23。无色油状黏稠液体，略有水果香味和百合花香韵。熔点 - 22℃，沸点 250℃、108～110℃（8 Torr），闪点 106℃，密度 1.011 g/mL，折射率 1.499 5。不溶于水，与乙醇、乙醚等混溶。天然存在于菠萝、桃、醋栗、红茶中。制备：由苯甲酸、正丁醇在硫酸催化下酯化而得。用途：作试剂、香料，用于配制香水香精和皂用香精，也作纤维素酯类的溶剂、增塑剂。

苯甲酸异丁酯（isobutyl benzoate; benzoic acid isobutyl ester） CAS 号 120-50-3。分子式 $C_{11}H_{14}O_2$，分子量 178.23。无色油状液体，带有清甜微涩的琥珀香及玫瑰、鸢尾、香叶底蕴的叶青气息，留香持久。沸点 242℃、105～108℃（8 Torr），闪点 96℃，密度 0.994 g/mL，折射率 1.495 8。不溶于水，与乙醇、乙醚等混溶。制备：由苯甲酸、正丁醇在硫酸催化下酯化而得。用途：作试剂、香料及花香与非花香的合剂与定香剂，用于香皂、薰香用香精，也于鲜果、樱桃、凤梨、浆果、梅子等食用香精。

苯甲酸异戊酯（isopentyl benzoate; isoamyl benzoate） 亦称"安息香酸异戊酯"。CAS 号 94-46-2。分子式 $C_{12}H_{16}O_2$，分子量 192.26。无色至淡黄色液体，有果香和龙涎香的香韵。沸点 262℃、122℃（8 Torr），闪点 110℃，密度 0.987 3 g/mL，折射率 1.494 9。不溶于水，能与醇、醚等多种有机溶剂混溶。制备：由苯甲酸和异戊醇在硫酸存在下酯化而得。用途：作试剂、香料，在三叶草、兰花等香型香精中作定香剂；用于日化香精配方中，可调配东方型香精等。

苯甲酸苄酯（benzyl benzoate; benzoic acid benzyl ester） 亦称"安息香酸苄酯"。CAS 号 120-51-4。分子式 $C_{14}H_{12}O_2$，分子量 212.25。叶状结晶或无色黏稠油状液体。有极微弱的洋李、杏仁香气。熔点 18～20℃，沸点 323～324℃、142℃（3 Torr），闪点 147℃，密度 $1.119\ 4^{30}$ g/mL，折射率 1.568 1。不溶于水和甘油，溶于乙醇、氯仿、乙醚等大多数有机溶剂。制备：苯甲酸钠和苄基氯为原料合成而得，也可由苯甲酸甲酯或乙酯，以碳酸钠为催化剂与苯甲醇进行酯交换而得。用途：作试剂、麝香的溶剂；作香精定香剂，用于配制洋李、樱桃等浆果型香精；医药上用于配制百日咳药、气喘药等，用于治疗疥疮体虱、头虱和阴虱。

苯甲酸-2-萘酯（naphthalen-2-yl benzoate; β-naphthyl benzoate） CAS 号 93-44-7。分子式 $C_{17}H_{12}O_2$，分子量 248.28。白色结晶性粉末。熔点 106～108℃，密度 1.246 g/cm³。不溶于水，微溶于乙醚，易溶于热乙醇、氯仿和甘

油。制备：由苯甲酰氯和β-萘酚反应制得。用途：作试剂、有机合成原料、石蜡硬化剂。

邻氨基苯甲酸甲酯（methyl anthranilate；2-aminobenzoic acid methyl ester） 亦称"氨茴酸甲酯"。CAS 号 134-20-3。分子式 $C_8H_9NO_2$，分子量 151.17。无色至淡黄色液体，呈橙花果香香气、塔花的甜香味，略有苦味的辣味道，稀释时具有葡萄样香味，带蓝色荧光。熔点 24℃，沸点 134～136℃（15 Torr），闪点 104℃，密度 1.170 g/mL，折射率 1.582 5。微溶于水和甘油，溶于乙醇、乙醚等有机溶剂。天然存在于塔花油、橙花油、依兰油、茉莉油、晚香玉油等中。制备：由邻氨基苯甲酸与甲醇在硫酸催化下酯化而得，也可由苯酐经氨解、Hofmann 降解和酯化等制得。用途：作试剂、农药及糖精的中间体；作食用香料，用于配制柑橘、葡萄、西瓜、草莓等水果型食用香精及酒用香精，也用于制备皂馥基香料；作皂用香料。

水杨酸甲酯（methyl salicylate；salicylic acid methyl ester） 亦称"柳酸甲酯""冬绿油""冬青油"，系统名"2-羟基苯甲酸甲酯"。CAS 号 119-36-8。分子式 $C_8H_8O_3$，分子量 152.15。无色至淡黄色油状液体，具有冬青叶香味。熔点 -10～-8℃，沸点 224℃、93～95℃（10 Torr），闪点 96℃，密度 1.180 g/mL，折射率 1.530 7。微溶于水，溶于乙醇、乙醚、氯仿和乙酸。制备：由水杨酸与甲醇在硫酸催化下酯化而得。用途：作试剂、有机合成中间体；作香料，用于食品、牙膏、化妆品，也用作防腐剂及消毒剂；局部用于减轻关节或肌肉疼痛，防晒液中作紫外线吸收剂。

水杨酸异戊酯（isoamyl salicylate；isopentyl salicylate；salicylic acid isopentyl ester） 亦称"柳酸异戊酯"，系统名"2-羟基苯甲酸异戊酯"。CAS 号 87-20-7。分子式 $C_{12}H_{16}O_3$，分子量 208.26。无色或微黄色液体，呈类似于三叶草和芝兰的香味及兰花香气和草莓香甜气息，留香持久。沸点 277.5℃、123～126℃（6 Torr），闪点 >110℃，密度 1.057 8 g/mL，折射率 1.506 5。不溶于水、丙二醇和甘油，易溶于乙醇、乙醚、氯仿和大多数非挥发性油。制备：由异戊醇和水杨酸酯化后分馏精制而得。用途：作试剂、有机合成中间体；作皂用及食用香精，极微量用于配制各种类型的香精和啤酒，适用于草兰型香精及素心兰、香薇、苔香、新刈草等香型。

水杨酸苄酯（benzyl salicylate；salicylic acid benzyl ester） 亦称"柳酸苄酯"，系统名"2-羟基苯甲酸苄酯"。CAS 号 118-58-1。分子式 $C_{14}H_{12}O_3$，分子量 228.25。白色结晶粉末，微有甜香气息；气温较高转为无色液体。熔点 18～20℃，沸点 190℃（14 Torr），闪点 137℃，密度 1.170 g/cm³，折射率 1.580 4。不溶于水、甘油，微溶于丙二醇，与乙醇、乙醚混溶，溶于大多数非挥发性油和挥发性油。制备：由水杨酸与苄醇以硫酸为催化剂酯化而得。用途：作试剂、化妆品和皂用香精、人造麝香和花香香料的定香剂；作食用香料；用于配制桃、香蕉、杏、树莓等型香精。

乙酰水杨酸甲酯（methyl acetyl salicylate） 亦称"乙酰柳酸甲酯""2-（乙酰氧基）苯甲酸甲酯"。CAS 号 580-02-9。分子式 $C_{10}H_{10}O_4$，分子量 194.19。无色片状结晶。熔点 47～49℃，沸点 130～132℃（8.5 Torr），闪点 121℃，密度 1.205 8 g/cm³，折射率 1.510 7。不溶于水，溶于乙醇、乙醚、氯仿。制备：由水杨酸甲酯与乙酸酐经乙酰化反应制得。用途：作香料的定香剂。

邻羟甲基苯甲酸内酯（phthalide） 亦称"苯酞"，系统名"异苯并呋喃-1(3H)-酮""苯并[c]呋喃-2-酮"。CAS 号 87-41-2。分子式 $C_8H_6O_2$，分子量 134.13。白色固体。熔点 72～74℃，沸点 290℃，100℃（0.5 Torr）升华，闪点 152℃，密度 1.636 g/cm³，折射率 1.536^{99.1}。难溶于水，溶于乙醇、乙醚、甲苯等有机溶剂。制备：由邻苯二甲酰亚胺在氢氧化钠溶液中，用少量铜活化的锌粉进行还原制得；也可由邻苯二甲酸二甲酯在 CuO-H_2O 体系中于 250℃反应制得。用途：作试剂、有机合成中间体，用于合成多虑平药物、杀菌剂苯氧菌酯及染料还原棕 BR 等。

邻苯二甲酸二甲酯（dimethyl phthalate；phthalic acid dimethyl ester） 亦称"邻酞酸二甲酯"。CAS 号 131-11-3。分子式 $C_{10}H_{10}O_4$，分子量 194.19。无色透明微黄色油状液体，略芳香味。熔点 5.5℃，沸点 283～284℃、120～121℃（3 Torr），闪点 146℃，密度 1.190 4 g/mL，折射率 1.515 5。与乙醇、乙醚等一般有机溶剂混溶，不溶于水和石油醚。制备：由苯酐与过量甲醇酯化而得。用途：作试剂、气相色谱固定液、增塑剂、有机合成中间体，也作避蚊剂、驱蚊油（原油）。

β-（N-正丁基-N-乙酰基）氨基丙酸乙酯（ethyl（3-N-acetyl-N-butyl-β-alaninate）；BAAPE） 亦称"3-（N-正丁基乙酰胺基）丙酸乙酯""驱蚊酯""驱虫剂 3535"。CAS 号 52304-36-6。分子式 $C_{11}H_{21}NO_3$，分子量 215.29。无色或微黄色油状液体。熔点 <-20℃，沸点 108～110℃（0.2 Torr）、

126～127℃(0.5 Torr),闪点 144℃,密度 0.979 g/mL,折射率 1.452～1.455。微溶于水,溶于甲醇、丙酮、二氯甲烷、乙酸乙酯、正己烷、对二甲苯。制备:由苯酐与过量甲醇酯化而得。用途:作昆虫驱避剂,常用于化妆品和药剂中。

2-氯乙酰乙酸乙酯(ethyl 2-chloroacetoacetate) CAS 号 609-15-4。分子式 $C_6H_9ClO_3$,分子量 164.59。亮黄色液体。熔点 < -80℃,沸点 106～107℃(14 Torr),闪点 88℃,密度 1.182 g/mL,折射率 1.442 5。微溶于水,溶于乙醇、乙醚。制备:由乙酰乙酸乙酯和硫酰氯或氯气反应制得。用途:作试剂、有机合成砌块、农药中间体。

4-氯乙酰乙酸乙酯(ethyl 4-chloroacetoacetate) CAS 号 638-07-3。分子式 $C_6H_9ClO_3$,分子量 164.59。透明无色至淡红-黄色液体。熔点-8℃,沸点 118～120℃(15 Torr)、95℃(10 Torr),闪点 92℃,密度 1.212 g/mL,折射率 1.452 0。微溶于水,溶于有机溶剂。制备:由乙酰乙酸乙酯和氯化硫酰反应制得,或由 4-氯乙酰乙酰氯与乙醇反应制得;也可由双乙烯酮、乙醇、氯气反应制得。用途:作试剂、有机合成砌块及医药和农药中间体。

草酸二甲酯(dimethyl oxalate) 亦称"乙二酸二甲酯"。CAS 号 553-90-2。分子式 $C_4H_6O_4$,分子量 118.09。无色单斜结晶。熔点 50～54℃,沸点 164.2℃、55～60℃(10 Torr),闪点 75℃,密度 $1.124\ 2^{80}$ g/mL,折射率 $1.391\ 5^{56.6}$。微溶于水,溶于乙醇、乙醚等。制备:由草酸与甲醇在硫酸存在下酯化而得。用途:作试剂、增塑剂、有机合成砌块及医药和农药中间体。

草酸二乙酯(diethyl oxalate) 亦称"乙二酸二乙酯"。CAS 号 95-92-1。分子式 $C_6H_{10}O_4$,分子量 146.14。无色油状液体,有芳香气味。熔点-41～-39℃,沸点 184～186℃、74～76℃(6 Torr),闪点 75℃,密度 1.078 9 g/mL,折射率 1.410 4。不溶于水,混溶于乙醇、乙醚、丙酮、乙酸乙酯等有机溶剂。制备:由无水草酸与乙醇在甲苯溶剂中加热酯化而得。用途:作试剂、溶剂、塑料促进剂及有机合成中间体,用于染料、油漆、药物的制备。

丙二酸二甲酯(dimethyl malonate) 亦称"丙二酸甲酯"。CAS 号 108-59-8。分子式 $C_5H_8O_4$,分子量 132.12。无色液体。熔点-62℃,沸点 180～181℃、85～87℃(20 Torr),闪点 90℃,密度 1.154 g/mL,折射率 1.413 0。微溶于水,溶于醇、醚等有机溶剂。制备:由氰乙酸钠水解成丙二酸钠,然后在硫酸存在下与甲醇酯化制得;或以氯乙酸酯、一氧化碳、甲醇为原料,在催化剂存在下通过催化羰基化反应合成而得。用途:作试剂、有机合成中间体,用于生产医药吡哌酸,作气相色谱对比样品。

丙二酸二乙酯(diethyl malonate) 亦称"丙二酸乙酯"。CAS 号 105-53-3。分子式 $C_7H_{12}O_4$,分子量 160.17。无色液体。熔点-50℃,沸点 198～200℃、94～98℃(22 Torr),闪点 95℃,密度 1.055 g/mL,折射率 1.414 0。微溶于水,溶于醇、醚等有机溶剂。制备:由氰乙酸钠水解成丙二酸钠,然后在硫酸存在下与乙醇酯化制得。用途:作试剂及香料、染料、医药中间体;作食用香料,用于配制苹果、葡萄、梨、樱桃等水果型香精;也作气相色谱固定液、树脂和硝化纤维素的溶剂、增塑剂。

2,2-二甲基丙二酸二乙酯(diethyl 2,2-dimethylmalonate;2,2-dimethylmalonic acid diethyl ester) 亦称"二甲基丙二酸二乙酯"。CAS 号 1619-62-1。分子式 $C_9H_{16}O_4$,分子量 188.22。无色液体。熔点-30.4℃,沸点 196.5℃、73～75℃(15 Torr),闪点 72℃,密度 0.996 4 g/mL,折射率 1.412 9。不溶于水,溶于乙醇、乙醚、氯仿、苯、四氯化碳等有机溶剂。制备:由丙二酸二乙酯在醇钠碱性条件下甲基化而得。用途:作试剂,用于合成巴比妥酸类化合物。

2,2-二乙基丙二酸二乙酯(diethyl 2,2-diethylmalonate;2,2-diethylmalonic acid diethyl ester) 亦称"二乙基丙二酸二乙酯"。CAS 号 77-25-8。分子式 $C_{11}H_{20}O_4$,分子量 216.28。无色液体。沸点 219.5℃、54～56℃(0.6 Torr),闪点 95℃,密度 0.984 g/mL,折射率 1.416 4。不溶于水,与乙醇、乙醚等有机溶剂混溶。制备:由丙二酸二乙酯在醇钠碱性条件下乙基化而得。用途:作试剂及医药和农药中间体。

乙酰乙酸乙酯(ethyl acetoacetate) 系统名"3-丁酮酸乙酯""3-氧代丁酸乙酯"。CAS 号 141-97-9。分子式 $C_9H_{10}O_3$,分子量 130.14。无色透明液体,有香味。熔点-45～-43℃,沸点 180～181℃、84℃(30 Torr),闪点 84℃,密度 1.025 g/mL,折射率 1.419 0。微溶于水,与乙醇、乙醚等有机溶剂混溶。制备:由乙酸乙酯在乙醇钠存在下进行 Claisen 缩合而得;或由双乙烯酮与无水乙醇在浓硫酸催化下酯化而得。用途:作试剂、有机合成原料;分析化学作气相色谱固定液及检测铊、氧化钙、氢氧化钙和铜的试剂;也作食品着香剂,用于配制苹果、桃、杏、草莓、樱桃等水果型和酒型香精,偶尔也用于栀子等化妆品香精。

氯甲酸三氯甲酯（trichloromethyl chloroformate） 亦称"二光气""双光气"。CAS 号 503-38-8。分子式 $C_2Cl_4O_2$，分子量 197.82。微黄色或无色有窒息性液体。熔点 -57℃，沸点 128℃、48～49℃（47 Torr），闪点 >110℃，密度 1.640 5 g/mL，折射率 1.458 4。不溶于水，溶于乙醇、乙醚和苯。为一种窒息性毒剂，其蒸气剧毒，可用乌洛托品作其抗毒药。制备：由甲醇和一氧化碳羰基化制备甲酸甲酯，再通入氯气进行反应而得。用途：作试剂，有机合成中作光气替代物；军用毒气。

γ-丁内酯（γ-butyrolactone；4-butanolide） 亦称"4-羟基丁酸内酯""γ-羟基丁酸内酯"。CAS 号 96-48-0。分子式 $C_4H_6O_2$，分子量 86.09。无色透明液体。熔点 -44℃，沸点 206℃、80℃（7.5 Torr），闪点 99.2℃，密度 1.129 g/mL，折射率 1.435 1。与水混溶，溶于甲醇、乙醇、乙醚和苯等有机溶剂。被列为第三类易制毒化学品被管控。制备：在 Cu/ZnO/Al_2O_3 等催化剂作用下由 1,4-丁二醇脱氢制得，或由环丁酮经 Baeyer-Villiger 氧化反应而得，或由顺酐经常压催化氢化制得，也可以一氧化碳、乙炔为原料经高温高压催化反应制得。用途：作试剂、溶剂。

丁二酸二甲酯（dimethyl succinate） 亦称"琥珀酸二甲酯"。CAS 号 106-65-0。分子式 $C_6H_{10}O_4$，分子量 146.14。室温下呈无色至淡黄色液体，冷却后固化；具有葡萄酒和醚香以及果香和焦香。熔点 18～19℃，沸点 196℃、90℃（21 Torr），闪点 85℃，密度 1.119 g/mL，折射率 1.419 5。微溶于水，易溶于乙醇。制备：由琥珀酸和甲醇在浓硫酸催化下于苯溶液中煮沸酯化而得。用途：作试剂、有机合成中间体；用于配制香精；作气相色谱分析标准。

丁二酸二乙酯（diethyl succinate） 亦称"琥珀酸二乙酯"。CAS 号 123-25-1。分子式 $C_8H_{14}O_4$，分子量 174.20。无色液体，有特殊香气。熔点 -21℃，沸点 216～218℃、105℃（20 Torr），闪点 90℃，密度 1.043 g/mL，折射率 1.420 1。不溶于水，溶于丙酮，与乙醇、乙醚混溶。制备：由琥珀酸和乙醇在浓硫酸催化下酯化而得。用途：作试剂、有机合成中间体、食品加香剂；作气相色谱固定液。

丁二酸二叔丁酯（di-*tert*-butyl succinate） CAS 号 926-26-1。分子式 $C_{12}H_{22}O_4$，分子量 230.30。固体或黏稠液体。熔点 34～35℃，沸点 110℃（0.05 Torr）。不溶于水，溶于甲醇、乙醇、乙醚和苯等有机溶剂。制备：由丁二酸与异丁烯在硫酸催化下反应制得。用途：作试剂、溶剂。

己二酸二乙酯（diethyl adipate） 亦称"肥酸乙酯"。CAS 号 141-28-6。分子式 $C_{10}H_{18}O_4$，分子量 202.25。无色油状液体。熔点 -20℃，沸点 250～252℃、116～117℃（9 Torr），闪点 >110℃，密度 1.008 g/mL，折射率 1.427 3。不溶于水，溶于乙醇及其他有机溶剂。制备：由己二酸与乙醇在浓硫酸催化下酯化而得。用途：作试剂、有机合成中间体、增塑剂。

壬二酸二乙酯（diethyl azelate；nonanedioic acid diethyl ester） 亦称"杜鹃花酸乙酯"。CAS 号 624-17-9。分子式 $C_{10}H_{18}O_4$，分子量 202.25。淡黄色液体。熔点 -15.8℃，沸点 291℃、119.5～120℃（2 Torr），闪点 >110℃，密度 0.973 2 g/mL，折射率 1.435 1。不溶于水，溶于乙醇、乙醚、氯仿及其他有机溶剂。制备：由壬二酸与乙醇在浓硫酸或盐酸催化下酯化而得。用途：作试剂、有机合成中间体、增塑剂，制备高分子材料。

硬脂酸甲酯（methyl stearate） 亦称"十八酸甲酯"。CAS 号 112-61-8。分子式 $C_{19}H_{38}O_2$，分子量 298.52。白色晶体或无色或微黄色透明油状液体。熔点 37～41℃，沸点 355.5℃、181～182℃（4 Torr），闪点 169.3℃，密度 0.863 g/cm³，折射率 1.444⁴⁰。不溶于水，溶于醚、醇类溶剂。制备：由硬脂酸与甲醇酯化而得。用途：作气相色谱固定液、润滑剂、表面活性剂、软化剂、去污剂、增塑剂、化妆品基料，用于医药行业。

硬脂酸正丁酯（*n*-butyl stearate） 亦称"十八酸丁酯"。CAS 号 123-95-5。分子式 $C_{22}H_{44}O_2$，分子量 340.59。无色或微黄色蜡状固体或油状液体。熔点 26.2～26.5℃，沸点 158～161℃（0.02 Torr），密度 0.854 g/mL，折射率 1.432 8⁵⁰。不溶于水，溶于乙醇，易溶于丙酮、氯仿，与矿物油及植物油类混溶。制备：由硬脂酸与丁醇酯化而得。用途：作香料、食品包装材料，塑料的分散剂及软化剂。

油酸丁酯（*n*-butyl oleate；oleic acid butyl ester） 亦称"9-十八烯酸丁酯"。CAS 号 142-77-8。分子式 $C_{22}H_{42}O_2$，分子量 338.58。浅琥珀色透明油状液体。熔点 -35.5℃，沸点 350～360℃（分

解）、150℃（0.03 Torr），密度 0.867 g/mL，折射率 1.447 2。不溶于水，与乙醇及植物油、矿物油类混溶。制备：由油酸与丁醇酯化而得。用途：作溶剂、增塑剂、润滑剂、染料表面的湿润剂及防水剂。

蓖麻油酸丁酯（butyl ricinoleate；ricinolic acid butyl ester） 系统名"(R,Z)-12-羟基十八-9-烯酸丁酯"。CAS 号 151-13-3。分子式 $C_{22}H_{42}O_3$，分子量 354.58。浅琥珀色透明油状液体。沸点 275℃（13 Torr），密度 $0.905\ 8^{22}$ g/mL，$[\alpha]_D^{25}+3.7$，折射率 $1.456\ 6^{22}$。不溶于水，溶于乙醇、乙醚及植物油或矿物油。制备：由蓖麻油酸与丁醇在盐酸催化下酯化而得。用途：作塑料润滑剂，用于合成塑料、润滑剂等。

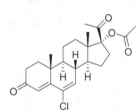

醋酸氯地孕酮（chlormadinone acetate） 系统名"17-乙酰基-6-氯孕甾 4,6-二烯-3,20-二酮"。CAS 号 302-22-7。分子式 $C_{23}H_{29}ClO_4$，分子量 404.93。淡黄色结晶固体。熔点 210～212℃，$[\alpha]_D^{25}+6$（$c=1$，氯仿）。不溶于水，易溶于丙酮和氯仿。制备：以 6-脱氢-17α-乙酰氧基孕酮或 17α-羟基黄体酮为原料经一系列反应合成制得。用途：具有抗雄激素和抗促性腺激素的作用，作避孕药，为口服强效孕激素。

二溴肉桂酸乙酯（dibromocinnamic acid ethyl ester） 亦称"二溴桂皮酸乙酯"，系统名"2,3-二溴-3-苯基丙酸乙酯"。CAS 号 5464-70-0。分子式 $C_{11}H_{12}Br_2O_2$，分子量 336.02。片状晶体。熔点 75～76℃。不溶于水，微溶于乙醇，溶于乙醚及氯仿。制备：由肉桂酸乙酯与溴加成而得。用途：作有机合成中间体。

吗苯丁酯（dioxaphetyl butyrate） 亦称"福二苯丁酸乙酯"，系统名"4-吗啉代-2,2-二苯基丁酸乙酯"。CAS 号 467-86-7。分子式 $C_{22}H_{27}NO_3$，分子量 353.46。固体。熔点 68.5～70℃，沸点 175～180℃（0.5 Torr），密度 1.103 g/cm³；其盐酸盐熔点 168～169℃。制备：由 N-(2-氯乙基)吗啉与 2,2-二苯基丁酸乙酯钠盐反应制得，或由二苯基乙腈与 N-(2-氯乙基)吗啉反应制得 4-吗啉-4-基-2,2-二苯基丁腈，再经水解、酯化而得。用途：盐酸盐作止疼、抗痉挛药，滥用易成瘾。

3β,14β-二羟基-5α-卡酰-20(22)-内酯（3β,14β-dihydroxy-5α-card-20(22)-enolide） 亦称"乌沙甙

元"。CAS 号 466-09-1。分子式 $C_{23}H_{34}O_3$，分子量 374.52。自甲醇中得柱状结晶。熔点 246～249℃，$[\alpha]_D^{25}+13.5$（$c=0.25$，甲醇）。制备：由萝藦科植物提取而得。用途：作抗腹泻药物。

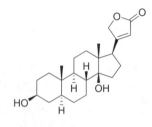

氯磷酸二乙酯（diethyl phosphorochloridate；phosphorochloridic acid diethyl ester） 亦称"氯化磷酸二乙酯"。CAS 号 814-49-3。分子式 $C_4H_{10}ClO_3P$，分子量 172.55。油状液体，极毒！沸点 51℃（3 Torr）、81℃（6 Torr），密度 1.202 g/mL，折射率 1.415 2。不溶于水，溶于二氯甲烷、氯仿。制备：由亚磷酸二乙酯与氯反应制得，或用乙醇和三氯氧磷一步反应合成而得。用途：作合成有机磷农药的中间体。

1-乙酰氧基-1,3-丁二烯（1-acetoxy-1,3-butadiene） 亦称"1-乙酰氧基丁二烯""1,3-丁二烯基乙酸酯"。CAS 号 1515-76-0。分子式 $C_6H_8O_2$，分子量 112.13。无色液体。试剂为顺式和反式混合物，常加入 0.1% 4-叔丁基儿茶酚作稳定剂。沸点 51～52℃（30 Torr），闪点 33℃，密度 0.945 g/mL，折射率 1.469 0。不溶于水，溶于大多数有机溶剂。制备：由巴豆醛与乙酰氯在叔丁醇钾或其他有机碱存在下反应而得。用途：作试剂，Diels-Alder 反应中作二烯体。

1,4-二乙酰氧基-1,3-丁二烯（1,4-diacetoxy-1,3-butadiene） 亦称"丁-1,3-二烯-1,4-二基二乙酸酯"。CAS 号 3817-40-1。分子式 $C_8H_{10}O_4$，分子量 170.16。固体。熔点 103～104℃，沸点 62～66℃（0.01 Torr）。不溶于水，溶于乙醚、丙酮、二氯甲烷、氯仿、乙酸乙酯。制备：由环辛四烯在醋酸汞作用下加热进行电环化，再经丁炔二酸二甲酯促进的开环制得。用途：Diels-Alder 反应中作二烯体。

维生素 A 醋酸酯（vitamin A acetate；retinyl acetate） 亦称"维生素 A 乙酸酯""视黄醇乙酸酯""乙酸维生素 A"。CAS 号 127-47-9。分子式 $C_{22}H_{32}O_2$，分子量 328.50。浅黄色晶体。空气中不稳定，遇光易变质。熔点 57～58℃，沸点 70℃（0.000 1 Torr），密度 1.007 g/cm³。不溶于水，微溶于乙醇，与氯仿、乙醚、环己烷或石油醚混溶。制备：由维生素 A 醇与乙酸酐反应制得。用途：用于维生素 A 缺乏症，也用于护肤、护发、祛皱、美白、保湿霜、修护霜、眼霜、香波等

化妆品。

油菜素内酯（brassinolide; brassinosteroid; epibrassinolide）　亦称"天丰素""芸苔素内酯"，系统名"（22R，23R，24S）-2α，3α，22，23-四羟基-24-甲基-B-高-7-氧杂-5α-胆甾-6-酮"。CAS 号 72962-43-7。分子式 $C_{28}H_{48}O_6$，分子量 480.69。白色结晶粉末。熔点 274～278℃，比旋光度 +41.9（c=0.253，甲醇）。不溶于水，溶于甲醇、乙醇、四氢呋喃、丙酮等。天然存在于植物的花粉、种子、茎和叶等器官中。制备：由豆甾醇经多步反应合成而得。用途：一种新型植物内源激素，作高效、广谱、无毒植物生长调节剂，可调节植物的光合作用，提高植物的抗逆性，对各种经济作物有增产作用。

硫酸单甲酯（methyl hydrogen sulfate）　亦称"甲基硫酸""硫酸氢甲酯"。CAS 号 75-93-4。分子式 CH_4O_4S，分子量 112.10。无色或浅黄色透明液体，略呈洋葱样臭味。熔点 -35～-30℃，77～78℃（2 Torr），密度 1.45～1.47^{15} g/mL。易溶于水，稍少溶于醇，与醚类溶剂混溶。制备：由氯磺酸与甲醇反应制得。用途：作有机合成中间体，作胺类和醇类的甲基化试剂。

硫酸单乙酯（ethyl hydrogen sulfate）　亦称"乙基硫酸""硫酸氢乙酯"。CAS 号 540-82-9。分子式 $C_2H_6O_4S$，分子量 126.13。无色或浅黄色油状液体。沸点 280℃，密度 1.365 7 g/mL，折射率 1.410 5。易溶于水，微溶于乙醇、乙醚。制备：由乙醇与浓硫酸在 100℃酯化而得；或由乙烯在 17～35 大气压下，于 55～58℃时与浓硫酸加成而得；或在催化剂的作用下由乙醇和三氧化硫反应制得。用途：作有机合成中间体。

硫酸二甲酯（dimethyl sulfate）　亦称"二甲基硫酸"。CAS 号 77-78-1。分子式 $C_2H_6O_4S$，分子量 126.13。无色或浅黄色透明液体，略呈洋葱样臭味，剧毒！熔点 -31.8℃，沸点 188.3℃（分解）、76℃（15 Torr），闪点 83℃，密度 1.332 g/mL，折射率 1.387 4。微溶于水，溶于乙醇、乙醚、丙酮等。对呼吸系统黏膜和皮肤具有强烈的腐蚀和刺激作用。制备：将无水甲醇加入 -10℃的氯磺酸或发烟硫酸中，然后在减压下经蒸馏而得。用途：有机合成中作甲基化剂。

硫酸二乙酯（diethyl sulfate）　亦称"二乙基硫酸"。CAS 号 64-67-5。分子式 $C_4H_{10}O_4S$，分子量 154.19。无色油状液体，略有醚样气味。熔点 -24℃，沸点 208℃，闪点 104℃，密度 1.179 5 g/mL，折射率 1.399 0。不溶于水，溶于乙醇、乙醚。制备：由乙醇或乙烯与硫酸反应而得，也可将硫酸单乙酯加热或在脱水剂存在下蒸馏而得。用途：有机合成中作乙基化剂。

碳酸二甲酯（dimethyl carbonate）　亦称"碳酸甲酯"。CAS 号 616-38-6。分子式 $C_3H_6O_3$，分子量 90.08。无色透明、有芳香气味液体。熔点 2～4℃，沸点 90℃，闪点 16℃，密度 1.069 g/mL，折射率 1.368 0。微溶于水，与醇、酮、酯等类有机溶剂混溶。制备：由甲醇在氧气存在下经催化氧化羰基化反应制得。用途：有机合成中作甲基化剂，相比其他甲基化试剂毒性较小，且可被生物降解；作汽油添加剂、锂电池电解液；在油漆、胶黏剂行业中作溶剂。

碳酸二乙酯（diethyl carbonate）　亦称"碳酸乙酯"。CAS 号 105-58-8。分子式 $C_5H_{10}O_3$，分子量 118.13。无色透明液体，略有刺激性气味。熔点 -74℃，沸点 126～128℃，闪点 31℃，密度 0.975 g/mL，折射率 1.382 9。不溶于水，与醇、酮、酯、芳烃等多数有机溶剂混溶。制备：由无水乙醇与光气反应制得。用途：有机合成中作乙基化剂；仪表工业中作制造密封固定液；分析化学中作锂离子电池电解液成分；天然树脂的溶剂。

亚硝酸甲酯（methyl nitrite; nitrous acid methyl ester）　CAS 号 624-91-9。分子式 CH_3NO_2，分子量 61.04。无色、无味气体。熔点 -17℃，沸点 -12℃，密度 0.991^{15} g/mL。溶于乙醇、乙醚。易水解并释放出亚硝酸；其蒸气能与空气形成爆炸性混合物；受光照或受热易分解。制备：由甲醇与亚硝酸钠在硝酸存在下反应制得。用途：用于有机合成，也作治疗药物血管舒张剂、炸药。

亚硝酸异丙酯（isopropyl nitrite; nitrous acid isopropyl ester）　CAS 号 541-42-4。分子式 $C_3H_7NO_2$，分子量 89.09。黄色油状液体，易挥发。沸点 40℃，闪点 <10℃，密度 0.868 4^{15} g/mL，折射率 1.348 3^{25}。不溶于水，溶于乙醇、乙醚。制备：由异丙醇与亚硝酸钠在硝酸存在下反应制得。用途：作有机合成的中间体、火箭燃料。

亚硝酸正丁酯（butyl nitrite; nitrous acid n-butyl ester）　CAS 号 544-16-1。分子式 $C_4H_9NO_2$，分子量 103.12。无色或淡黄色油状液体，见光易分解。沸点 76℃，闪点 -13℃，密度 0.882 3 g/mL，折射率 1.376 2。与乙醇、乙醚混溶，不溶于水。制备：由正丁醇醇与亚硝酸钠在硫酸存在下于 0℃反应制得。用途：作试剂，用于有机合成。

亚硝酸叔丁酯(*tert*-butyl nitrite;nitrous acid *tert*-butyl ester) 亦称"亚硝酸特丁酯"。CAS号540-80-7。分子式 $C_4H_9NO_2$,分子量103.12。浅黄色油状液体,有香味。沸点61～63℃,闪点-23℃,密度0.867 g/mL,折射率1.368 7。微溶于水,易溶于乙醇、乙醚、氯仿、二硫化碳。制备:硝酸银与叔丁基氯在乙醚中反应制得,或于25～30℃将二氧化氮或一氧化氮/二氧化氮混合气体通入叔丁醇中反应制得,或用叔丁醇与亚硝酸钠在硫酸等酸性条件下反应制得。用途:作试剂,多肽合成中作羧酸活化剂;作药物增血压素的中间体;也作火箭燃料。

亚硝酸异戊酯(isopentyl nitrite;isoamyl nitrite;nitrous acid isopentyl ester) CAS号110-46-3。分子式 $C_5H_{11}NO_2$,分子量117.15。淡黄色透明液体,有水果样香味,具有挥发性;见光和空气会分解,试剂中常加入0.2%无水碳酸钠作稳定剂。沸点99℃、18℃(30 Torr),闪点-20℃,密度0.871 7 g/mL,折射率1.387 1。不溶于水,溶于乙醇、乙醚、氯仿及汽油。制备:由异戊醇与亚硝酸钠在盐酸等酸性条件下反应制得。用途:作试剂,有机合成中用于重氮化反应;作血管扩张药,用于治疗心绞痛,也用作氰化物中毒的解毒剂。

硝酸甲酯(methyl nitrate;nitric acid methyl ester) CAS号589-58-3。分子式 CH_3NO_3,分子量77.04。无色液体。熔点-83℃,沸点65℃(爆炸),闪点24℃,密度1.207 5 g/mL,折射率1.374 8。微溶于水,溶于乙醇、乙醚、氯仿。遇高热、撞击、震动或摩擦可爆炸。制备:以68%浓硝酸为硝化剂使甲醇硝化而得。用途:作火箭燃料。

乙酰硝酸酯(acetyl nitrate;acetyl nitric acid ester) 亦称"乙酸硝酸混酐""硝乙酐"。CAS号591-09-3。分子式 $C_2H_3NO_4$,分子量105.05。无色发烟具强吸湿性液体。沸点34～36℃(45～50 Torr),密度1.201 6 g/mL。遇氧化汞或突然受热(>60℃)即可爆炸。制备:由乙酸酐与五氧化二氮或硝酸于低温反应而得。用途:有机合成中作温和的硝化试剂,可用于活泼杂环的硝化且在低温下进行。

硝化甘油(nitroglycerin) 亦称"三硝酸甘油酯",系统名"丙-1,2,3-三醇三硝酸酯"。CAS号55-63-0。分子式 $C_3H_5N_3O_9$,分子量227.09。淡黄色黏稠液体。熔点12.86℃,沸点218℃(爆炸)、141～142℃(4 Torr)、180℃(50 Torr)、50℃(0.003 Torr),密度1.591 g/mL,折射率1.472 5。不溶于水,微溶于二硫化碳、石油醚,与乙醇、乙醚、乙酸乙酯、丙酮、硝基苯、吡啶等混溶。性质不稳定,受暴冷、暴热、撞击、摩擦或遇明火、高热均可引起爆炸。制备:由发烟硝酸和浓硫酸与甘油在低温下反应制得。用途:用于制造军事和商业用炸药;医药上作血管扩张药,用于治疗冠状动脉狭窄引起的心绞痛。

乙酯杀螨醇(chlorobenzilate) 系统名"4,4'-二氯二苯乙醇酸乙酯"。CAS号510-15-6。分子式 $C_{16}H_{14}Cl_2O_3$,分子量325.19。黄色黏性液体,纯品为淡黄色固体。熔点37.5～39℃,沸点131℃(0.01 Torr),密度1.281 6 g/cm³,折射率1.572 7。不溶于水,溶于大多数有机溶剂。制备:由4,4'-二氯二苯乙醇酸在硫酸催化下与乙醇酯化反应制得。用途:作农用杀虫剂、内吸性杀螨剂。

硫氰酸乙酯(ethyl thiocyanate;thiocyanic acid ethyl ester) CAS号542-90-5。分子式 C_3H_5NS,分子量87.14。带葱样气味的浅黄色液体。熔点-83.8℃,沸点144～146℃、49℃(20 Torr),密度1.006 7 g/mL,折射率1.468 4。不溶于水,与醇、醚类溶剂混溶。制备:由硫氰酸钾与硫酸二乙酯或氯乙烷反应制得。用途:作试剂,用于杀虫剂和杀霉菌剂合成。

硫代异氰酸乙酯(ethyl isothiocyanate) 亦称"乙基芥子油"。CAS号542-85-8。分子式 C_3H_5NS,分子量87.14。无色或浅黄色油状液体,有刺激性臭味,有毒! 熔点-5.9℃,沸点130～132℃、42℃(9.8 Torr),闪点32℃,密度0.993 8 g/mL,折射率1.513 4。不溶于水,与醇、醚类溶剂混溶。制备:由硫光气与乙胺在碳酸钙存在下在二氯甲烷-水中于20℃反应制得。用途:作试剂,用于制药和杀虫剂,也作军用毒气。

亚磷酸三乙酯(triethyl phosphite) CAS号122-52-1。分子式 $C_6H_{15}O_3P$,分子量166.16。无色透明液体。熔点-112℃,沸点157.9℃,闪点54℃,密度0.969 g/mL,折射率1.413 0。不溶于水,在水中易水解,易溶于乙醇、乙醚、丙酮、苯等有机溶剂。制备:由无水乙醇、三氯化磷在氨存在下反应制得。用途:作试剂、医药及农药原料,作增塑剂、润滑油添加剂及稳定剂。

亚磷酸二苄酯(dibenzyl phosphite) 亦称"二苄基亚磷酸酯"。CAS号17176-77-1。分子式 $C_{14}H_{15}O_3P$,分子量262.24。无色至浅黄色透明液体。熔点0～5℃,沸点110～120℃(0.01 Torr),闪点>110℃,密度1.187 g/mL,折射率1.555 0。在水中水解,溶于甲醇、苯、二甲亚砜。

制备：由苄醇与三氯化磷反应制得。用途：作试剂、医药及农药原料。

磷酸单乙酯（ethyl dihydrogen phosphate）　CAS 号 1623-14-9。分子式 $C_2H_7O_4P$，分子量 182.16。无色液体，易吸湿。密度 1.374 5 g/mL，折射率 1.413 5。溶于水、乙醇、乙醚、丙酮，不溶于氯仿、甲苯。制备：由二氯磷酸乙酯水解得。用途：作金属离子萃取剂。

磷酸二乙酯（diethyl hydrogen phosphate）　亦称"二乙基磷酸酯"。CAS 号 598-02-7。分子式 $C_4H_{11}O_4P$，分子量 154.10。无色透明油状液体。熔点 6℃，沸点 203.3℃（分解）、80℃（0.7 Torr），闪点 91℃，密度 1.191 9 g/mL，折射率 1.418 1。溶于水、醇、醚、丙酮、四氯化碳及苯，不溶于饱和食盐水。制备：由亚磷酸二乙酯用高锰酸钾氧化制得，也可以磷酸三乙酯为原料，通过与五氧化二磷/乙醇反应间接合成而得。用途：作萃取剂、聚合催化剂。

磷酸三乙酯（triethyl phosphate）　亦称"三乙基磷酸酯"。CAS 号 78-40-0。分子式 $C_6H_{15}O_4P$，分子量 182.16。无色液体，微带水果香味。熔点 -56.5℃，沸点 210～220℃，闪点 117℃，密度 1.068 2 g/mL，折射率 1.494 8。在水中混溶，易溶于乙醇、乙醚、苯等有机溶剂。制备：由三氯氧磷与无水乙醇反应制得。用途：作试剂、高沸点溶剂、塑料、树胶、树脂等增塑剂、韧化剂，也作制备农药杀虫剂的原料。

磷酸三丁酯（tributyl phosphate）　亦称"三丁基磷酸酯"。CAS 号 126-73-8。分子式 $C_{12}H_{27}O_4P$，分子量 266.32。无色液体。熔点 -79℃，沸点 180～183℃（22 Torr），闪点 145℃，密度 0.979 g/mL，折射率 1.421 5。易溶于水，溶于乙醇、乙醚、苯等多数有机溶剂。制备：由三氯氧磷与丁醇反应制得。用途：作试剂、增塑剂、稀有金属的萃取剂、工业用消泡剂、热交换介质，也作丙烯酸酯类、丙烯腈、苯乙烯、丁二烯等的阻聚剂。

磷酸三苯酯（triphenyl phosphate; phosphoric acid triphenyl ester）　亦称"磷酸三苯基酯""阻燃剂 TPP"。CAS 号 115-86-6。分子式 $C_{18}H_{15}O_4P$，分子量 326.29。白色无臭晶体，易潮解。熔点 49～50℃，沸点 195℃（0.3 Torr）、138℃（1 Torr），闪点 223℃，密度 1.185 g/cm³。不溶于水，略溶于乙醇，易溶于乙醚、丙酮、氯仿、苯等有机溶剂。制备：由苯酚与五氯化磷反应制得；也可由苯酚与三氯氧磷在吡啶-无水苯溶剂中反应制得。用途：作气相色谱固定液，硝化纤维、醋酸纤维和聚氯乙烯等塑料的增塑剂，合成橡胶的柔软剂及无卤环保型阻燃剂。

磷酸三甲苯酯（tricresyl phosphate）　亦称"磷酸三甲酚酯""增塑剂 TCP"。CAS 号 1330-78-5。分子式 $C_{21}H_{21}O_4P$，分子量 368.36。无色至浅黄色透明无臭油状液体，略有荧光。熔点 < -40℃，沸点 265℃（10 Torr），闪点 234℃，密度 1.16 g/mL，折射率 1.555 0～1.557 0。性质稳定，不挥发，有阻燃性。不溶于水，溶于乙醇、苯等多数有机溶剂。制备：可在固载杂多酸盐 $TiSiW_{12}O_{40}/TiO_2$ 等催化下由甲苯酚与三氯氧磷反应制得；也可先由三氯化磷和甲苯酚在 15～20℃下反应生成亚磷酸三甲酯，然后在 60～70℃通入氯气，得到二氯代亚磷酸三甲酯，最后于 50℃下水解而制得。用途：作合成橡胶、聚酯、聚氯乙烯的阻燃增塑剂，也作汽油添加剂、润滑油添加剂及液压油，气相色谱固定液。

环扁桃酯（cyclandelate）　亦称"乙雌烯醇""三甲基环扁桃酸""环扁桃酸酯""安脉生""抗栓丸"，系统名"扁桃酸 3,3,5-三甲基环己基酯"。CAS 号 456-59-7。分子式 $C_{17}H_{24}O_3$，分子量 276.38。白色或类白色无定形粉末。熔点 55～57℃，沸点 192～194℃（14 Torr），闪点 150℃，密度 1.08 g/cm³。不溶于水，易溶于乙醇，溶于稀盐酸。制备：先由苯与草酰氯单乙酯反应制得苯乙酮酸乙酯，然后与 3,3,5-三甲基环己醇通过酯交换合成 3,3,5-三甲基环己醇苯乙酮酸酯，最后经羰基还原而制得。用途：作血管扩张剂，临床上主要用于治疗脑动脉硬化、脑卒中、脑外伤、静脉栓塞、跛行和雷诺氏病，也用于治疗夜间腿抽筋。

肉桂酸甲酯（methyl cinnamate）　亦称"β-苯丙烯酸甲酯""桂皮酸甲酯"，系统名"3-苯丙烯酸甲酯"。CAS 号 103-26-4。分子式 $C_{10}H_{10}O_2$，分子量 162.19。白色至微黄色结晶，具有似樱桃和香酯香气和可可香味。熔点 36～38℃，沸点 263～264℃、102～103℃（4 Torr），闪点 123℃，密度 1.092²⁰ g/cm³，折射率 1.577 1。不溶于水，溶于乙醇、丙二醇、甘油、乙醚及大多数非挥发性油和矿物油。制备：由苯丙炔酸碱甲酯经催化氢化制得，或由肉桂酸与甲醇在硫酸催化下酯化制得。用途：作试剂、有机合成中间体、定香剂，作食用香料，用于配制康乃馨、果子香精、东方型香精和皂用香精。

氟轻松醋酸酯（fluocinonide acetate; fluocinolone

acetonide acetate) 亦称"醋酸氟轻松",系统名"21-乙酰氧基-6α,9α-二氟-11β,21-二羟基-16α,17-[(1-甲基亚乙基)双(氧基)]孕-1,4-二烯-3,20-二酮"。CAS 号 356-12-7。分子式 $C_{26}H_{32}F_2O_7$,分子量 494.53。白色或类白色结晶性粉末。熔点 307~310℃,$[\alpha]_D$+83(氯仿)。不溶于水及石油醚,略溶于乙醇、二氧六环,易溶于丙酮。制备:由 11α-羟基雄甾-1,4-二烯-3,17-二酮为原料,经消除反应、氰基取代、硅烷氧基保护等反应,以及分子内亲核取代、溴代环氧反应和置换反应制得 21-醋酸酯-9,11-环氧-17α-羟基孕甾-1,4-二烯-3,20-二酮,再经开环及缩酮化等步骤合成而得。用途:具有抗炎、止痒、抗增生及免疫抑制作用,临床上作强效外用抗炎糖皮质激素药物,用于各种皮炎、牛皮癣、湿疹、红斑狼疮、扁平苔藓及骨性关节炎等疾病治疗。

对甲苯磺酸乙酯(ethyl p-toluenesulfonate) 亦称"4-甲基苯磺酸乙酯"。CAS 号 80-40-0。分子式 $C_9H_{12}O_3S$,分子量 200.25。无色单斜结晶。熔点 32~34℃,沸点 95℃(0.6 Torr),122~123℃(2 Torr),闪点 157℃,密度 $1.163\ 7^{40}$ g/mL,折射率 1.513 1。不溶于水,溶于乙醇、乙醚、苯。制备:由对甲苯磺酰氯与乙醇酯化制得。用途:有机合成中作乙基化试剂、感光材料中间体,也作乙酸纤维素的增韧剂。

盐酸肾上腺素异戊酯(dipivefrin hydrochloride) 亦称"盐酸地匹福林""盐酸特戊肾上腺素",系统名"4-(1-羟基-2-甲胺基乙基)-1,2-苯二酚双(2,2-二甲基丙酸)酯盐酸盐"。CAS 号 64019-93-8。分子式 $C_{19}H_{29}NO_5 \cdot HCl$,分子量 387.90。白色或类白色结晶性粉末,无臭,有引湿性。熔点 161~163℃。极易溶于水,易溶于乙醇,极微溶于乙酸乙酯,不溶于石油醚。制备:由 4-氯乙酰儿茶酚为原料与特戊酰氯进行双酯化反应,再与 N-甲基苄胺进行取代反应,然后再经还原剂 $NaBH_4$ 还原羰基及催化氢化脱苄基,最后与过量盐酸成盐而得。用途:作肾上腺素受体激动剂,用于治疗慢性开角型青光眼。

甲氰菊酯(fenpropathrin;danitol) 亦称"灭扫利""分扑菊""中西农家庆""农螨丹",系统名"α-氰基-3-苯氧基苄基-2,2,3,3-四甲基环丙烷-1-羧酸酯"。CAS 号 39515-41-8、67890-38-4、67890-41-9、64257-84-7。分子式 $C_{22}H_{23}NO_3$,分子量 349.43。原药呈棕黄色液体或固体,纯品为白色结晶固体,中等毒性!熔点 49~50℃,密度 1.153 g/cm³,折射率 1.528 3。不溶于水,溶于甲醇、丙

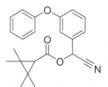

酮、甲基异丁酮、环己酮、氯仿、乙腈、环己烷、二甲苯等有机溶剂。制备:由 2,2,3,3-四甲基环丙烷甲酰氯在相转移催化剂存在下与间苯氧基苯甲醛、氰化钠等反应制得。用途:为拟除虫菊酯类杀虫剂、杀螨剂,具有触杀、胃毒和一定的驱避作用,杀虫谱广,用于防治棉花、蔬菜、茶叶、各种果树等作物的虫螨。

甲醚菊酯(methothrin) 亦称"甲苄菊酯",系统名"二甲基-3-异丁烯基环丙烷羧酸对甲氧基苄基酯"。CAS 号 34388-29-9。分子式 $C_{19}H_{26}O_3$,分子量 302.41。无色油状液体。沸点 142~144℃(0.02 Torr),密度 0.9 g/mL,折射率 1.523 2。不溶于水,溶于乙醇、丙酮、苯、煤油等多种有机溶剂。制备:由 2,5-二甲基-2,4-己二烯在铜催化剂下与重氮乙酸酯成环,生成菊酸,然后与氢氧化钠乙醇溶液作用得菊酸钠盐,再与 4-甲氧基甲基苯基氯反应制得。用途:为拟除虫菊酯类杀虫剂,用于防治蚊、蝇等卫生害虫,也用来制作电热驱虫片、蚊香等。

肌醇烟酸酯(inositol hexanicotinate;hexanicit;

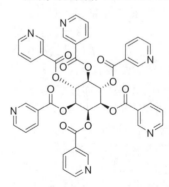

inositol nicotinate) 亦称"烟肌酯""肌醇""六烟酸酯""酸肌醇酯"。CAS 号 6556-11-2。分子式 $C_{42}H_{30}N_6O_{12}$,分子量 810.73。白色或类白色结晶性粉末。熔点 253~254℃,密度 1.5 g/cm³。不溶于水、乙醇、乙醚及热 N,N-二甲基甲酰胺、二甲基亚砜,在氯仿中极微溶解,溶于稀酸,在碱溶液中加热时破坏分解。用途:具有降胆固醇和甘油三酯及抗凝血作用,用于冠心病、高脂血症及各种末梢血管障碍性疾病的辅助治疗。

柠檬酸三丁酯(tributyl citrate;citroflex-4) CAS 号 77-94-1。分子式 $C_{18}H_{32}O_7$,分子量 360.45。无色透明油状液体。熔点 -80℃,沸点 182~183℃(2 Torr),闪点 185℃,密度 0.999 7 g/mL,折射率 1.443 9。不溶于水,溶于甲醇、丙酮、四氯化碳、乙酸、矿物油等。制备:由柠檬酸与丁醇在硫酸的作用下酯化而得。用途:作

聚氯乙烯,聚乙烯共聚物和纤维素树脂的增塑剂,可用于食品包装、医疗卫生制品、儿童玩具等。

乙酰柠檬酸三丁酯(acetyl tributyl citrate;tributyl O-acetylcitrate) CAS 号 77-90-7。分子式 $C_{20}H_{34}O_8$,分子量 402.48。无色无臭液体。熔点 -75℃,沸点 172～174℃ (1 Torr),闪点 204℃,密度 1.048 g/mL,折射率 1.440 8。不溶于水,溶

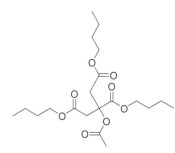

于多数有机溶剂。制备:由柠檬酸与丁醇酯化,再在硫酸催化下用乙酸酐进行乙酰化制得。用途:作氯乙烯-乙酸乙烯酯共聚物、缓释药剂、胶乳黏合剂等的增塑剂,也用作空气清新剂、除臭剂、油墨成分。

酒石酸二乙酯(diethyl tartrate) CAS 号 408332-88-7。分子式 $C_8H_{14}O_6$,分子量 206.19。有三种异构体。L-(+)-酒石酸二乙酯:CAS 号 87-91-2,无色黏稠油状液体,熔点 18℃,沸点 280℃,闪点 93℃,密度 1.205 g/mL,$[\alpha]_D^{20}$ + 26.5 (c=1,水),折射率 1.446 0;D-(-)-酒石酸二乙酯:CAS 号 13811-71-7,无色黏稠油状液体,熔点 18℃,沸点 280℃,闪点 93℃,密度 1.205 g/mL,$[\alpha]_D^{20}$ - 26.5(c=1,水),折射率 1.446 0;meso-酒石酸二乙酯:CAS 号 21066-72-8,白色固体,熔点 56～57℃,沸点 157～158℃(11 Torr),密度 1.144 1～1.178 3 g/mL(60.7～93.9℃)。不溶于水,溶于乙醇、乙醚、氯仿、苯等多数有机溶剂。制备:由相应酒石酸在酸性催化剂作用下与无水乙醇酯化制得。用途:作试剂,用于药物、食品和动物饲料。

乙酸呋喃甲醇酯(furfuryl acetate;(furan-2-yl) methyl acetate) 亦称"乙酸糠酯"。CAS 号 623-17-6。分子式 $C_7H_8O_3$,分子量 140.14。无色液体,在空气中见光变成棕色。沸点 175～177℃,闪点 65℃,密度 1.117 5 g/mL,折射率 1.462 7。不溶于水,溶于醇和醚。制备:由呋喃甲醇与乙酸酐或乙酰氯反应而得。用途:作试剂,用于制备染料、树脂、香料。

蔗糖八乙酸酯(sucrose octaacetate) 亦称"八乙酰蔗糖"。CAS 号 126-14-7。分子式 $C_{28}H_{38}O_{19}$,分子量 678.59。白色粉末,有吸湿性和苦味。熔点 78℃,沸点 250℃(1 Torr)、180～185℃(0.000 1 Torr),密度 1.257 g/cm³,$[\alpha]_D^{25.4}$ + 58.5

(c=2.56,乙醇),折射率 1.466 0。极微溶于水,溶于甲醇、乙醇、乙醚、乙酸、丙酮、苯、氯仿。制备:由蔗糖与乙酸酐或乙酰氯反应而得。用途:作试剂、酒精变化剂、苦味剂等,也作食用香料。

硅酸四乙酯(ethyl silicate) 亦称"四乙氧基硅烷"。CAS 号 78-10-4。分子式 $C_8H_{20}O_4Si$,分子量 208.33。无色透明液体。熔点 -85℃,沸点 168.8℃,闪点 46℃,密度 0.934 g/mL,折射率 1.392 8。不溶于水,与乙醇、乙醚混溶。制备:由四氯化硅与乙醇在常温常压下酯化而得。用途:作试剂、有机合成中间体,用于制备防热涂料、耐化学作用的涂料。

偏磷酸乙酯(ethyl metaphosphate;ethyl phosphenate) CAS 号 4697-37-4。分子式 $C_2H_5O_3P$,分子量 108.03。无色黏稠液体,有吸水性。溶于水并分解,溶于氯仿。制备:由五氧化二磷与磷酸二乙酯作用而得,也可由三偏磷酸银与碘乙烷反应制得。用途:作磷酰化试剂。

甲酰胺(formamide;formamidic acid) 亦称"氨基甲醛"。CAS 号 75-12-7、77287-34-4。分子式 CH_3NO,分子量 45.04。无色油状液体,有吸湿性。熔点 2～3℃,沸点 210.5℃,闪点 154℃,密度 1.134 g/mL,折射率 1.447 5。与水、甲醇、乙醇、丙酮、乙酸、乙二醇、甘油、二氧六环等混溶,极微溶于乙醚、苯。制备:由一氧化碳在甲醇钠作用下与甲醇生成甲酸甲酯,再进行氨解而得,也可由一氧化碳在甲醇钠催化作用下与氨经高压反应直接合成而得,也可由甲酸铵加热脱水而得。用途:作试剂、溶剂、纸张处理剂、纤维工业的柔软剂,也用于有机合成。

N,N-二甲基甲酰胺(N,N-dimethylformamide;DMF) CAS 号 68-12-2。分子式 C_3H_7NO,分子量 73.10。无色液体,有鱼腥味。熔点 -61.5℃,沸点 153℃,29～31℃(1.6 Torr),闪点 57℃,密度 0.994 g/mL,折射率 1.430 3。与水及除卤代烃以外的多数有机溶剂混溶。制备:由甲酸与甲醇经酯化生成甲酸甲酯,然后与二甲胺在气相进行反应而得;或以钌络合物为催化剂,以二氧化碳、氢气与二甲胺为原料合成而得。用途:作试剂、非质子型极性溶剂,也作萃取剂、医药和农药杀虫脒的原料。

乙酰胺(acetamide) 亦称"醋酰胺"。CAS 号 60-35-5。分子式 C_2H_5NO,分子量 59.07。无色透明、针状、吸湿性晶体,具有老鼠分泌物样气味。熔点 78～80℃,沸点 220～222℃,闪点 220～222℃,密度 1.159 g/cm³,折射率 1.427 4。溶于水、乙醇、三氯甲烷、苯和甘油,微溶于乙醚。制备:实验室可由乙酸铵脱水制备,工业上则由乙酸通氨生成乙酸铵,再经热解脱水而得,或通过乙腈(丙烯腈生产的副产品)水解来生

产。用途：作试剂、原料，用于有机合成；作增塑剂、化妆品生产中的抗酸剂，也作对水溶解度低的一些物质在水中溶解时的增溶剂。

氟乙酰胺(2-fluoroacetamide) 亦称"敌蚜胺""氟素儿"。CAS 号 640-19-7。分子式 C_2H_4FNO，分子量 77.06。白色针状晶体，无臭无味，不易挥发，加热能升华，剧毒！熔点 106～109℃，沸点 259℃，闪点 110℃，密度 1.136 g/cm^3，折射率 1.362 0。易溶于水、丙酮，难溶于氯仿。是一种代谢毒物，能阻断三羧酸循环。制备：由氯乙酰胺氟化而得。用途：作农药，用于防治棉花、大豆、高粱、小麦、苹果等作物的蚜虫、柑橘介壳虫及森林螨类，也用作杀鼠剂。现已列入禁止生产、销售、使用的农药名单。

N-乙酰苯胺(N-phenylacetamide; acetanilide) 亦称"苯基乙酰胺""乙酰苯胺"。CAS 号 103-84-4。分子式 C_8H_9NO，分子量 135.17。白色有光泽片状结晶或白色结晶粉末，无臭。熔点 113～115℃，沸点 304～305℃，闪点 161℃，密度 1.219 g/cm^3。微溶于冷水，溶于热水、甲醇、乙醇、乙醚、氯仿、丙酮、甘油和苯等。制备：由苯胺经乙酰化而得。用途：作试剂及过氧化氢的稳定剂，作原料用于有机合成、制药工业等。

丙酰胺(propionamide) CAS 号 79-05-0。分子式 C_3H_7NO，分子量 73.10。灰白色固体或白色片状结晶。熔点 76～79℃，沸点 213℃，闪点 213℃，密度 1.042 g/cm^3，折射率 1.416 0。能随水蒸气挥发。溶于水、乙醇、乙醚和氯仿。制备：由丙酸与氨反应而得。用途：作试剂、有机合成原料。

丙烯酰胺(acrylamide) 亦称"2-丙烯酰胺"。CAS 号 79-06-1。分子式 C_3H_5NO，分子量 71.08。无色透明片状晶体或白色结晶固体。熔点 82～86℃，沸点 125℃（25 Torr），35℃（0.014 Torr）升华，闪点 138℃，密度 1.322 g/cm^3，折射率 1.460 0。易溶于水、甲醇、乙醇、丙醇、乙醚、丙酮，稍溶于氯仿、乙酸乙酯，微溶于甲苯，不溶于苯。低蛋白质的植物性食物加热（120℃以上）烹调过程中能形成。制备：由丙烯酰氯与氨反应而得，也可由丙烯腈在铜系催化剂或硫酸催化下水解而得。用途：作试剂、生产聚丙烯酰胺及其系列产品的原料。

草酰胺(oxamide) 亦称"乙酰二胺""乙二酰二胺"。CAS 号 471-46-5。分子式 $C_2H_4N_2O_2$，分子量 88.07。无色结晶或粉末。熔点＞300℃（分解），密度 1.667 g/cm^3。微溶于水，溶于乙醇，不溶于乙醚。制备：由乙二酸二乙酯氨解制得，也可由乙二酸二铵脱水或甲酰胺缩合等方法制得；工业上可通过氰化氢催化氧化制得氰气（N≡C—

C≡N），再经水化制备。用途：作试剂、硝化纤维素的稳定剂，也作高含氮量农业化肥。

丙二酰胺(malonamide) CAS 号 108-13-4。分子式 $C_3H_6N_2O_2$，分子量 102.09。白色单斜针状结晶。熔点 172～175℃，密度 1.43 g/cm^3。微溶于水，不溶于醇、醚和苯。制备：由丙二酸二乙酯与氨反应而得。用途：作试剂，用于有机合成。

苯甲酰胺(benzamide) CAS 号 55-21-0。分子式 C_7H_7NO，分子量 121.14。无色结晶。熔点 132～133℃，沸点 290℃、100～120℃（0.2 Torr），闪点 180℃，密度 1.079 2^{130} g/cm^3。不溶于水，溶于热苯，微溶于醚。制备：由苯甲酰氯与氨反应而得。用途：作试剂、有机合成中间体。

邻苯二酰胺(phthalamide; 1,2-benzenedicarboxamide) CAS 号 88-96-0。分子式 $C_8H_8N_2O_2$，分子量 164.16。无色细小结晶。熔点 214～219℃（分解）。微溶于冷水和甲醇，易溶于热的有机溶剂。制备：由 1,2-二氰基苯水解而得，或由邻苯二甲酸酐与氨反应制得。用途：作试剂、有机合成中间体。

邻苯二酰亚胺(phthalimide) 亦称"异吲哚啉-1,3-二酮"。CAS 号 85-41-6，223537-84-6。分子式 $C_8H_5NO_2$，分子量 147.13。白色棱柱状单斜系晶体。能升华。熔点 232～234℃，沸点 366℃，闪点 165℃。微溶于水和热氯仿，不溶于石油醚、苯，溶于氢氧化钠溶液及沸腾的乙酸。制备：由邻苯二甲酸酐与碳酸氢铵（液氨或氨水）反应制得，或由邻苯二甲酸酐与尿素混合均匀，加热搅拌至全部熔化后进行反应制得。用途：作试剂，用于伯胺、靛蓝、杀虫剂、香料等的合成。

邻苯二甲酸亚胺(phthalamic acid) 亦称"邻氨甲酰苯甲酸"。CAS 号 88-97-1。分子式 $C_8H_7NO_3$，分子量 165.15。棱柱状晶体。熔点 142～145℃，密度 1.368 g/cm^3。稍溶于热水和乙醇，难溶于乙醚和苯，不溶于石油醚。制备：由邻苯二甲酸酐与氨部分氨解制得。用途：作试剂，用于有机合成。

3,3′4′,5-四氯水杨酰苯胺(3,3′,4′,5-tetrachlorosalicylanilide; BS-200; TCSA) 系统名"3,5-二氯-N-(3,4-二氯苯基)-2-羟基苯甲酰胺"。CAS 号 1154-59-2。分子式 $C_{13}H_7Cl_4NO_2$，分子量 351.00。灰白色或米色结晶性粉末。熔点 149～151℃。不

溶于水,溶于多数有机溶剂及碱液。制备:由 3,5-二氯水杨酸与 3,4-二氯苯胺反应制得。用途:作皂用抑菌剂、洗发膏中的脱臭剂、织物的后处理剂、污水处理中作解偶联剂。

缩二脲(biuret) 亦称"脲基甲酰胺""氨基甲酰脲""亚氨基二碳酸二酰胺"。CAS 号 108-19-0。分子式 $C_2H_5N_3O_2$,分子量 103.08。由水中得一水合物,为针状晶体,在约 110℃时失水;由乙醇中得片状晶体。熔点 193~194℃,密度 1.456 g/cm^3。微溶于水,极微溶于醚,易溶于醇。制备:由尿素经 181℃左右加热,放出一个分子氨后得到,也可由尿素与亚硫酰氯反应制得。用途:作试剂,用于鉴定生物组织中是否含有蛋白质;作医药中间体。

丁二酰亚胺(succinimide) 亦称"琥珀酰亚胺",系统名"吡咯烷-2,5-二酮"。CAS 号 123-56-8。分子式 $C_4H_5NO_2$,分子量 99.09。无色针状结晶或呈淡褐色光泽的薄片状固体,味甜。熔点 123~125℃,沸点 287~288℃,闪点 201℃,密度 1.572 g/cm^3。易溶于水、醇及氢氧化钠溶液,不溶于乙醚和氯仿。制备:由丁二酸与氨反应制得。用途:作试剂,有机合成原料。

N-溴代乙酰胺(N-bromoacetamide) 亦称"乙酰溴胺"。CAS 号 79-15-2。分子式 C_2H_4BrNO,分子量 137.96。白色至淡黄色粉末。遇光和热不稳定。熔点 102~105℃,密度 1.95 g/cm^3;一水合物熔点 70~80℃。溶于热水、乙醇,易溶于乙醚和氯仿。制备:由乙酰胺与溴反应制得。用途:作试剂,有机合成中作溴化剂、氧化剂、催化剂。

甲草胺(alachlor) 亦称"澳特拉索",系统名"2-氯-2',6'-二乙基-N-甲氧甲基乙酰替苯胺"。CAS 号 15972-60-8。分子式 $C_{14}H_{20}ClNO_2$,分子量 269.77。乳白色无味非挥发性结晶。熔点 41~42℃,密度 1.119 g/cm^3。溶于水、乙醇、乙醚、丙酮、苯、乙酸、乙酸乙酯。在强碱或酸的条件下水解。制备:由 2,6-二乙基苯胺与甲醛水溶液反应生成 2,6-二乙基甲叉苯胺,然后与氯乙酰氯加成,所得产物再用氨作缚酸剂与甲醇反应制得。用途:作芽前和芽后早期除草剂,用于防除棉花、玉米、花生、大豆、油菜和甘蔗中一年生禾本科杂草和阔叶杂草。

N-甲酰溶肉瘤素(N-formyl-L-sarcolysin) 亦称"澳特拉索",系统名"3-[4-[双(2-氯乙基)氨基]苯基]-2-甲酰氨基丙酸"。CAS 号 35849-41-3、26367-45-3、32526-17-3。分子式 $C_{14}H_{18}Cl_2N_2O_3$,分子量 333.21。白色或浅黄色结晶性粉末。熔点 150~152℃。不溶于水,溶于乙

醇,微溶于丙酮。制备:由左旋溶肉瘤素、甲酸及乙酸酐反应制得。用途:作药物,主要用于治疗多发性骨髓瘤、睾丸精原细胞瘤、恶性淋巴瘤等疾病。

N-氯代丁二酰亚胺(N-chlorosuccinimide; NCS) 亦称"N-氯代琥珀酰亚胺"。CAS 号 128-09-6。分子式 $C_4H_4ClNO_2$,分子量 133.53。白色结晶。熔点 148~149℃,密度 1.66 g/cm^3。溶于水和醇类溶剂,微溶于乙醚、氯仿和四氯化碳。制备:由丁二酰亚胺在乙酸-水-混合溶剂中与次氯酸叔丁酯反应而得。用途:作试剂,有机合成常用的氯化剂。

N-溴代丁二酰亚胺(N-bromosuccinimide; NBS) 亦称"N-溴代琥珀酰亚胺"。CAS 号 128-08-5。分子式 $C_4H_4BrNO_2$,分子量 177.99。白色至乳白色结晶或粉末。熔点 176~178℃(分解),密度 2.098 g/cm^3。难溶于水,微溶于乙酸,溶于丙酮、四氢呋喃、N,N-二甲基甲酰胺、二甲基亚砜。制备:由丁二酰亚胺在氢氧化钠溶液中与溴和四氯化碳的混合液反应而得,也可使琥珀酰亚胺在溴化氢存在的条件下与 $NaBrO_2$ 反应制备。用途:作试剂,有机合成常用的溴化剂,也作水果保鲜剂以及防腐、防霉剂;作分析试剂,用来测定蔬菜水果、药物制剂、生物体液中的抗坏血酸。

海因(hydantoin) 亦称"乙内酰脲",系统名"咪唑啉-2,4-二酮"。CAS 号 461-72-3。分子式 $C_3H_4N_2O_2$,分子量 100.08。由甲醇中得浅黄色针状结晶。熔点 222~223℃,450℃升华,密度 $1.669^{83.15}$ g/cm^3。微溶于水、乙醚,易溶于乙醇。制备:由乙二醛与尿素在五氧化二磷作用下反应制得,也可甘氨酸与尿素在硫酸作用下反应制得;或将羟基乙腈和碳酸氢铵在水溶液中混合后,连续通入二氧化碳,于 40~100℃下常压反应制得。用途:作试剂、药物中间体。

1-(羟甲基)-5,5-二甲基海因(1-(hydroxymethyl)-5,5-dimethylhydantoin) 亦称"1-羟甲基-5,5-二甲基乙内酰脲",系统名"1-(羟甲基)-5,5-二甲基-2,4-咪唑啉二酮"。CAS 号 116-25-6。分子式 $C_6H_{10}N_2O_3$,分子量 158.16。白色至灰白色结晶粉末。熔点 104~106℃。易溶于水、醇、丙酮不溶于乙醚、四氯化碳、三氯乙烯,微溶于乙酸乙酯。制备:由 5,5-二甲基-2,4-咪唑啉二酮与甲醛反应制得。用途:作洗发香波、化妆品、护发素等的杀菌防腐剂。

N-苯甲酰-N'-苯基肼(N-benzoyl-N'-phenylhydrazine) 亦称"1-苯甲酰-2-苯基肼"。CAS 号 532-96-7。分子式 $C_{13}H_{12}N_2O$,分子量 212.25。由水中得针状晶体,

由乙醇-水中得片状晶体，由乙醇中得棱柱状晶体。熔点 165～167℃。微溶于水、乙醚，溶于氯仿、苯、热乙醇。制备：由苯肼与苯甲酰氯在吡啶或三乙胺作用下反应制得，也可由苯肼与苯甲酸酐在甲醇中反应制得。用途：作植物及种子的杀菌剂。

2-乙酰氨基苯甲酸（2-acetylaminobenzoic acid）

亦称"N-乙酰基氨茴酸"。CAS 号 89-52-1。分子式 $C_9H_9NO_3$，分子量 179.18。由乙酸中得针状晶体。熔点 184～186℃。微溶于冷水，易溶于热水、热乙醇、热乙酸和乙醚、丙酮、苯，易被稀酸水解。制备：由邻氨基苯甲酸与乙酸酐或乙酰氯进行乙酰化而得。用途：作医药中间体，用于生产非巴比妥类催眠药安眠酮等。

苯甲酰苯胺（benzanilide）　亦称"N-苯基苯甲酰胺"。CAS 号 93-98-1。分子式 $C_{13}H_{11}NO$，分子量 197.24。从乙醇中得无色至白色针状结晶。熔点 161～163℃，沸点 117℃（10 Torr），密度 1.371 g/cm³。不溶于水，微溶于乙醚，溶于乙醇、乙酸。制备：以苯甲酸和苯胺为原料，在180～190℃下加热缩合 2 h，然后提高温度至225℃蒸出水而制得，也可由二苯甲酮肟在酸性催化剂下发生 Beckmann 重排制得。用途：作有机合成中间体，用于制备农药、染料、香料和药物等。

N-乙酰神经氨酸（N-acetylneuraminic acid；NANA）　亦称"唾液酸"。CAS 号 131-48-6。分子式 $C_{11}H_{19}NO_9$，分子量 309.27。从乙醚（或乙醇）中得无色结晶。熔点 181～182℃，$[\alpha]_D^{22}-32$（$c=2$，水）。溶于水、甲醇，微溶于乙醇，不溶于乙醚、丙酮和氯仿。在细胞膜的糖蛋白和哺乳细胞神经节甘脂的糖脂上普遍存在的唾液酸单糖。制备：化学合成法可先由 N-乙酰甘露糖胺和二叔丁基氧代丁二酸的钾盐缩合，然后再在碱的催化下脱羧而得；酶合成法可用 N-乙酰甘露糖胺、丙酮酸钠和 ATP 在唾液酸醛缩酶的催化下合成而得；也可采用天然产物提取法或微生物发酵法制得。用途：在神经传递、白细胞血管渗出及病毒或细菌感染起着生物作用；作生化试剂，用于组织培养、生化研究。

N-苯甲酰脲（N-benzoylurea）　亦称"苯甲酰脲""N-(氨基羰基)-苯甲酰胺"。CAS 号 614-22-2。分子式 $C_8H_8N_2O_2$，分子量 164.16。从醇中得叶片状晶体。熔点 215～218℃，密度 1.257 g/cm³。微溶于水、乙醇，易溶于沸水、热乙醇，不溶于乙醚。制备：由脲与苯甲酰氯反应制得，也可由苯甲酰异氰酸酯与氨的乙

醚溶液加成而得。用途：作有机合成中间体。

乙炔二羰酰胺（but-2-ynediamide；acetylenedicarboxylic acid diamide）　亦称"叶枯炔"。CAS 号 543-21-5。分子式 $C_4H_4N_2O_2$，分子量 112.09。米色结晶状粉末，高毒！熔点 219～221℃，密度 1.41 g/cm³。难溶于水，易溶于甲醇、乙醇、丙酮、氯仿、乙酸。制备：由丁炔二酸二甲酯在低温与氨反应而得。用途：作有机合成中间体、杀虫剂及抗生素。

乙酰乙酰苯胺（acetoacetanilide；acetoacetylaniline）　亦称"N-苯基乙酰基乙酰胺"。CAS 号 102-01-2。分子式 $C_{10}H_{11}NO_2$，分子量 177.20。白色结晶。熔点 85～86℃，沸点 129℃（24 Torr），闪点 150℃，密度 1.26 g/cm³。微溶于水，溶于乙醇、乙醚、氯仿、热石油醚、热苯及酸、氢氧化碱溶液。制备：由苯胺与双乙烯酮作用而得。用途：作试剂，用于染料、药物合成。

2-甲基乙酰苯胺（2-methylacetaniline；N-(o-toluyl)acetamide）　亦称"邻甲基乙酰苯胺"。CAS 号 120-66-1。分子式 $C_9H_{11}NO$，分子量 149.19。由乙醇中得针状结晶。熔点 108～110℃，沸点 296℃、176℃（14 Torr），密度 1.168¹⁵ g/cm³，折射率 1.510 1。微溶于水，溶于乙醇、乙醚、丙酮、氯仿。制备：由 2-甲基苯胺与冰醋酸或乙酰氯反应而得。用途：作试剂，用于染料、药物合成。

3-甲基乙酰苯胺（3-methylacetaniline；N-(m-toluyl)acetamide）　亦称"间甲基乙酰苯胺"。CAS 号 537-92-8。分子式 $C_9H_{11}NO$，分子量 149.19。由乙醇中得针状结晶。熔点 66～67℃，沸点 303℃、182～183℃（14 Torr），密度 1.141¹⁵ g/cm³。微溶于水，溶于乙醇、乙醚、丙酮、氯仿。制备：由 3-甲基苯胺与乙酰氯或乙酸酐反应而得。用途：作试剂，用于染料、药物合成。

4-甲基乙酰苯胺（4-methylacetaniline；N-(p-toluyl)acetamide）　亦称"对甲基乙酰苯胺"。CAS 号 103-89-9。分子式 $C_9H_{11}NO$，分子量 149.19。白色至棕色片状结晶。熔点 152～154℃，沸点 306～308℃，密度 1.212¹⁵ g/cm³。微溶于水、苯，溶于甲醇、乙醇、乙醚、氯仿、乙酸乙酯。制备：由 4-甲基苯胺与乙酸酐反应而得。用途：作试剂，用于染料、药物合成。

N-乙酰甘氨酸（N-acetylglycine；aceturic acid）　CAS 号 543-24-8。分子式 $C_4H_7NO_3$，分子量 117.10。白色长针状结晶。熔点 207～209℃，密度 1.243 g/cm³。溶于水

和醇,微溶于丙酮、氯仿、乙酸,不溶于乙醚、苯。制备:由甘氨酸与乙酸酐反应而得。用途:作医药中间体及生化试剂。

N'-乙酰基-N-甲基脲(N-acetyl-N'-methylurea)

亦称"1-乙酰-3-甲脲"。CAS 号 623-59-6。分子式 $C_4H_8N_2O_2$,分子量 116.12。由水中得棱柱状晶体。熔点 176~178℃,密度 1.215 g/cm³。微溶于冷水、乙醇、乙醚,溶于热水。制备:由甲基脲与乙酸酐反应制得,或由乙酰胺与异氰酸甲酯反应制得。用途:用于有机合成。

苯甲酰肼(benzoylhydrazine; benzoic acid hydrazide)

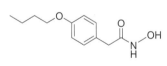

亦称"苯酰肼"。CAS 号 613-94-5。分子式 $C_7H_8N_2O$,分子量 136.15。白色至微黄色结晶。熔点 114~115℃,密度 1.30 g/cm³。溶于水和醇,微溶于乙醚、丙酮、氯仿和苯。制备:由苯甲酸甲酯与水合肼反应制得。用途:作试剂,用于有机合成。

氯醛乙酰胺(chloral acetamide)　系统名"N-(2,2,2-三氯-1-羟乙基)乙酰胺"。CAS 号 5445-85-2。分子式 $C_4H_6Cl_3NO_2$,分子量 206.45。从水中得片状晶体。熔点 155~156℃,密度 1.557 g/cm³。溶于热水和乙醇,不溶于乙醚。制备:由乙酰胺和三氯乙醛反应制得。用途:用于有机合成;禁止将其作为防腐剂用在化妆品中。

丁苯羟酸(bufexamac; bufexamic acid)　别称"皮炎灵",系统名"4-丁氧基-N-羟基苯乙酰胺"。CAS 号 2438-72-4。分子式 $C_{12}H_{17}NO_3$,分子量 223.27。从丙酮水中得针状晶体。熔点 153~155℃,密度 1.12 g/cm³。不溶于水,略溶于甲醇、乙醇,易溶于 N,N-二甲基甲酰胺。制备:由 4-丁氧基苯乙酸酯和羟胺反应制得。用途:作非甾体消炎镇痛药,用于类风湿性关节炎、髋关节炎等。

马来酸酰肼(maleic hydrazide)　亦称"顺丁烯二酸酰肼",系统名"1,2-二氢哒嗪-3,6-二酮"。CAS 号 123-33-1。分子式 $C_4H_4N_2O_2$,分子量 112.09。从水中得白色结晶。熔点 299~301℃(分解),闪点 300℃,密度 1.60 g/cm³。难溶于冷水,溶于热水,易溶于二乙醇胺、三乙醇胺,微溶于热乙醇。制备:由马来酸酐与硫酸肼反应制得,也可由马来酸与水合肼反应制得。用途:作选择性除草剂和暂时性植物生长抑制剂;用于有机合成。

马来酰亚胺(maleimide)　亦称"顺丁烯二酰亚胺",系统名"1H-吡咯-2,5-二酮"。CAS 号 541-59-3。分子式 $C_4H_3NO_2$,分子量 97.03。片状结晶,易升华。熔点 90~94℃,沸点 97~103℃(5 Torr),密度 1.249 g/cm³。溶于水、乙醇,不溶于乙醚、氯仿、苯。制备:由吡咯与重铬酸钾反应而得,也可由马来酸酐在二甲苯中与氨反应制得。用途:作试剂,用于有机合成;作为荧光探针用于硫醇分析物的特异性检测;用于氨基酸、多肽、材料等的修饰。

双丙酮丙烯酰胺(diacetone acrylamide;DAAM)　系统名"N-(1,1-二甲基-3-氧代丁基)丙烯酰胺"。CAS 号 2873-97-4。分子式 $C_9H_{15}NO_2$,分子量 169.22。白色或略带黄色的片状结晶。熔点 57~58℃,沸点 120℃(8 Torr),闪点>110℃,密度 0.998^{60} g/mL。溶于水,以及甲醇、乙醇、正己醇、丙酮、四氢呋喃、乙酸乙酯、苯、乙腈、苯乙烯等有机溶剂,不溶于石油醚。制备:由丙烯腈和丙酮在浓硫酸中反应制得。用途:作聚合物单体,用于与其他乙烯及单体共聚,用于涂料、耐湿性好的烫发用树脂以及感光树脂、喷雾定型剂、玻璃防模糊剂、涂料的固化剂等。

N-氯苯甲酰胺(N-chlorobenzamide)　亦称"苯异羟肟酸氯化物"。CAS 号 1821-34-7。分子式 C_7H_6ClNO,分子量 155.58。由水中得针状或棱柱状结晶。熔点 115~117℃。溶于水,不溶于乙醇、苯。制备:由苯甲酰胺在四氯化碳中与氯气和碳酸氢钠反应制得,也可由苯甲酰胺与次氯酸钠溶液反应制得。用途:作试剂,用于有机合成。

2-氯苯甲酰胺(2-chlorobenzamide)　亦称"邻氯苯甲酰胺"。CAS 号 609-66-5。分子式 C_7H_6ClNO,分子量 155.58。由水中得针状结晶。熔点 142~144℃,密度 1.34^{18} g/cm³。不溶于水,溶于醇、醚、苯、甲苯等溶剂。制备:由 2-氯苯甲酰氯与氨反应制得。用途:作试剂,用于有机合成。

3-氯苯甲酰胺(3-chlorobenzamide)　亦称"间氯苯甲酰胺"。CAS 号 618-48-4。分子式 C_7H_6ClNO,分子量 155.58。针状结晶。熔点 134~135℃,沸点 99~100℃(15 Torr)。不溶于水,溶于热水、醇、醚。制备:由 3-氯苯甲酰氯与氨反应制得,也可由间氯苯甲腈水解而得,或由间氯苯甲醛肟经 Beckmann 重排制得。用途:作试剂,用于有机合成。

4-氯苯甲酰胺(4-chlorobenzamide)　亦称"对氯苯甲酰胺"。CAS 号 619-56-7。分子式 C_7H_6ClNO,分子量 155.58。由乙醚或乙醇中得针状结晶。熔点 178~180℃。微溶于水,溶于热水、醇、醚。制备:由

4-氯苯甲酰氯与氨反应制得，也可由对氯苯甲腈水解而得，或由对氯苯甲醛肟在 Cu(OAc)₂ 催化下经 Beckmann 重排制得。用途：作试剂，用于有机合成。

水杨酰胺（salicylamide） 系统名"2-羟基苯甲酰胺"。CAS 号 65-45-2。分子式 C₇H₇NO₂，分子量 137.14。白色或微粉红色结晶性粉末。略有苦味。熔点 140～144℃，沸点 181℃（14 Torr），密度 1.67 g/cm³，折射率 1.562。

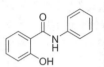

微溶于冷水，易溶于热水、醇、醚和氯仿。制备：由水杨酸甲酯在甲苯中于 40～45℃，持续通入氨气进行氨化反应制得。用途：具有解热镇痛、抗炎作用，用于发热头痛、神经痛、关节痛、活动性风湿症等病症。

水杨酰苯胺（salicylanilide） 系统名"2-羟基-N-苯基苯甲酰胺"。CAS 号 87-17-2。分子式 C₁₃H₁₁NO₂，分子量 213.24。白色叶片状结晶。熔点 136～138℃。微溶于水，易溶于醇、醚、苯和氯仿。制备：由水杨酸和苯胺在甲苯或四氯化碳中，于 25℃ 以下逐渐加入三氯氧磷进行反应制得，也可由水杨酸甲酯或水杨酸苯酯与新蒸馏的苯胺反应制得。用途：作杀菌剂、防腐剂，用于棉织物的防霉，防治果树和蔬菜病害（如番茄褐斑病），医药上用作外科杀菌剂、治疗皮肤癣病；也作试剂，用于有机合成。

2-苯乙酰胺（2-phenylacetamide） 亦称"苯乙酰胺"。CAS 号 103-81-1。分子式 C₈H₉NO，分子量 135.17。白色片状或叶状结晶。熔点 158～159℃，沸点 262℃（250 Torr）（分解），密度 1.002 9¹⁸⁰ g/mL。微溶于冷水、乙醚、苯，易溶于热水、乙醇。制备：由苯乙腈水解而得，也可由苯乙醛肟经 Beckmann 重排反应制得。用途：作试剂及青霉素和苯巴比妥类药物中间体，也用于制备苯乙酸、香料、农药杀鼠剂等。

甲酰苯胺（formanilide） 亦称"N-苯基甲酰胺"。CAS 号 103-70-8。分子式 C₇H₇NO，分子量 121.14。单斜棱柱结晶。熔点 47～49℃，沸点 271℃、133～137℃（2 Torr），闪点 110℃，密度 1.114⁵⁵ g/mL，折射率 1.587 6。溶于水、乙醇、乙醚。制备：由苯胺与甲酸反应而得。用途：作试剂，用于有机合成。

马来酰胺酸（maleamic acid；maleamidic acid） 亦称"马来酸单酰胺 9"，系统名"(Z)-4-氨基-4-氧代丁-2-烯酸"。CAS 号 557-24-4。分子式 C₄H₅NO₃，分子量 115.09。从乙醇中得片状晶体。熔点 155～156℃。溶于水、乙醇，不溶于乙醚、氯仿、苯。是一种内源性代谢产物。制备：由马来酸酐与氢氧化铵溶液反应而得。用途：作试剂，用于有机合成。

避蚊胺（detamide；dieltamid） 系统名"N,N-二乙基-3-甲基苯甲酰胺"。CAS 号 134-62-3。分子式 C₁₂H₁₇NO，分子量 191.27。无色至琥珀色或淡黄色液体，呈淡的柑橘清香气味。熔点 -33℃，沸点 288℃、110～112℃（1 Torr），闪点 141.7℃，密度 1.009 5 g/mL，折射率 1.520 5。

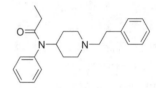

不溶于水，与乙醇、丙二醇、乙醚、苯、棉籽油混溶。是一种内源性代谢产物。制备：由间甲苯酰氯与二乙胺反应而得。用途：作广谱昆虫驱避剂，对各种环境下的多种叮人昆虫有驱避作用，用作固、液体驱蚊产品的主要驱避成分。

芬太尼（fentanyl） 系统名"N-(1-苯乙基哌啶-4-基)-N-苯基丙酰胺"。CAS 号 437-38-7。分子式 C₂₂H₂₈N₂O，分子量 336.48。淡棕色固体。熔点 83～84℃，沸点 391℃，闪点 186℃，密度 1.087 g/cm³。

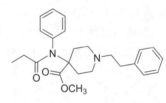

不溶于水，易溶于甲醇、乙醇。属于管制类精神药品。制备：以苯胺、丙酰氯、苯乙醛与 4-哌啶酮盐酸盐为原料合成而得。用途：作合成阿片类镇痛剂，通常用于治疗重度疼痛患者或治疗术后疼痛，以及外科、妇科等手术后和手术过程中的镇痛，也用于治疗身体上对其他阿片类药物耐受的慢性疼痛患者。

卡芬太尼（carfentanyl） 系统名"1-苯乙基-4-(N-苯基丙胺基)哌啶-4-羧酸甲酯"。CAS 号 59708-52-0。分子式 C₂₄H₃₀N₂O₃，分子量 394.52。白色固体。熔点 98℃，密度 1.142 g/cm³。不溶于水，易溶于甲醇、乙醇。是阿片受体激动剂的芬太尼类似物，为非药用类麻醉药品和精神药品管制品种。制备：以苯胺、丙酸酐、苯乙基溴、三光气、4-哌啶甲酸、甲醇等为原料合成而得。用途：作合成阿片类镇痛剂，仅用于大型动物静脉使用。

含硫官能团化合物以及
硒代及碲代化合物

甲硫醇（methanethiol；methyl mercaptan） 亦称"甲基硫醇"。CAS 号 74-93-1。化学式 CH₃SH，分子式 CH₄S，分子量 48.11。具有烂菜心气味的无色气体。高度易燃性，与空气形成爆炸性混合物。有毒！吸入有极高毒性。熔点 -123℃，沸点 6℃，闪点 -18℃，相对密度 0.866（空气＝1）。可溶于水，溶于醇、乙醚等有机溶剂。具有环境危害性。制备：由活性氧化铝催化甲醇和硫化氢反应合成，或由碘甲烷与硫脲反应制得。用途：有机合成原料,可用于合成染料、农药、医药等。

乙硫醇(ethanethiol；ethyl mercaptan) 亦称"乙基硫醇"。CAS 号 75-08-1。化学式 CH_3CH_2SH,分子式 C_2H_6S,分子量 62.13。具有刺激性蒜臭味的易挥发无色透明液体。蒸气与空气可形成爆炸性混合物。有毒! 吸入有极高毒性。熔点 $-148℃$,沸点 $35℃$,闪点 $-45℃$,密度 0.839^{25} g/mL,折射率 1.430 6。可溶于水,溶于醇、乙醚等有机溶剂。具有环境危害性。制备:由氧化铝催化乙醇和硫化氢反应制得,或由乙烯与硫化氢反应制取。用途:农药中间体、医药中间体、天然气及石油气的臭味添加剂。

2-氨基乙硫醇(2-aminoethanethiol) 俗称"半胱胺",亦称"β-巯基乙胺"。CAS 号 60-23-1。化学式 $NH_2CH_2CH_2SH$,分子式 C_2H_7NS,分子量 77.15。具有令人不愉快气味的固体。空气中氧化成胱胺。熔点 97~98.5℃。易溶于水,溶于甲醇、乙醇。吞食有害,刺激眼睛、皮肤和呼吸系统。制备:用胱胺催化氢化制取,或用环乙胺与硫化氢反应制备。工业上主要由 β-溴乙胺于硫酸存在下与二硫化碳再经水解而得。用途:试剂、处方药物、解毒剂。

1-丙硫醇(1-propanethiol) 亦称"硫代丙醇"。CAS 号 107-03-9。化学式 $CH_3CH_2CH_2SH$,分子式 C_3H_8S,分子量 76.16。具有强刺激性臭味的高度可燃性无色或浅黄色液体。其蒸气与空气形成爆炸性混合物。有毒! 熔点 $-113℃$,沸点 67~68℃,闪点 $-20℃$,密度 0.841^{25} g/mL,折射率 1.437。微溶于水,溶于乙醇、乙醚等有机溶剂。刺激眼睛、呼吸系统和皮肤,吞食和吸入有害。制备:由紫外光引发丙烯和硫化氢经加成反应制得,或由 1-氯丙烷与硫氢化钠反应等方法制得。用途:有机化工原料、农药中间体。

2-丙硫醇(2-propanethiol) 亦称"异丙硫醇"。CAS 号 75-33-2。化学式 $(CH_3)_2CHSH$,分子式 C_3H_8S,分子量 76.16。具有极其令人不愉快的强刺激性臭味的无色透明液体,高度易燃,有毒! 熔点 $-131℃$,沸点 57~60℃,闪点 $-34℃$,密度 0.82^{25} g/mL,折射率 1.426。溶于水,与乙醇、乙醚互溶,易溶于丙酮。刺激眼睛、呼吸系统和皮肤。制备:由丙烯与硫化氢反应制得,也可由 2-丙醇或 2-卤代烷烃与硫氢化钠反应制得。用途:溶剂、有机合成中间体。

烯丙基硫醇(allyl mercaptan) 亦称"2-丙烯-1-硫醇"。CAS 号 870-23-5,分子式 C_3H_6S,分子量 74.14。具有强烈大蒜味的易燃性无色至淡黄色液体。沸点 67~68℃,闪点 18℃,密度 0.898^{25} g/mL,折射率 1.483 2。不溶于水,与乙醇、乙醚和油脂混溶。吞食、吸入有害,可严重刺激眼睛。制备:用烯丙基卤和硫氢化钠反应制取。用途:试剂、有机合成中间体、医药中间体、橡胶促进剂、食品用香料。

1-丁硫醇(1-butanethiol) 亦称"丁硫醇"。CAS 号 109-79-5。化学式 $CH_3(CH_2)_3SH$,分子式 $C_4H_{10}S$,分子量 90.19。带有恶臭味的极度易燃无色或黄色透明液体,有毒! 熔点 $-116℃$,沸点 98℃,闪点 12℃,密度 0.842^{25} g/mL,折射率 1.443。微溶于水,易溶于乙醇、乙醚等有机溶剂。吞食有害,刺激眼睛、呼吸系统和皮肤。制备:由 1-丁烯与硫化氢催化反应制得,也可由正溴丁烷与硫脲反应而得。用途:有机合成中间体、合成橡胶中的调节剂、食品添加剂、警告剂。

2-丁硫醇(2-butanethiol) 亦称"仲丁硫醇"。CAS 号 513-53-1。化学式 $CH_3CH_2CH(SH)CH_3$,分子式 $C_4H_{10}S$,分子量 90.19。带有恶臭味的极度易燃的无色透明液体,有毒! 熔点 $-165℃$,沸点 84.6~85.2℃,闪点 $-23℃$,密度 $0.829\,9^{17}$ g/mL,折射率 1.436。溶于水,易溶于乙醇、乙醚、液化硫化氢等溶剂。刺激眼睛、呼吸系统和皮肤。制备:由 2-丁烯与硫化氢反应合成,或由 2-卤代醇与硫化氢反应制得。用途:有机合成中间体、合成橡胶中的调节剂、食品添加剂、警告剂。

1-己硫醇(1-hexanethiol) 亦称"己硫醇"。CAS 号 111-31-9。化学式 $CH_3(CH_2)_5SH$,分子式 $C_6H_{14}S$,分子量 118.24。带有恶臭味的易燃无色透明液体,有毒! 熔点 -81~$-80℃$,沸点 150~154℃,闪点 30℃,密度 0.838^{25} g/mL,折射率 1.448 2。不溶于水。吞食有害,刺激眼睛、呼吸系统和皮肤。制备:用 1-溴己烷制取,也可由 1-己醇与硫脲反应制备。用途:试剂、警告剂、有机合成中间体、催化剂、农药、香料、溶剂等。

1,2-乙二硫醇(1,2-ethanedithiol) 亦称"乙烷-1,2-二硫醇""乙二硫醇"。CAS 号 540-63-6。化学式 $HSCH_2CH_2SH$,分子式 $C_2H_6S_2$,分子量 94.20。可燃性无色液体,有毒! 熔点 $-41℃$,沸点 144~146℃,闪点 45℃,密度 1.123^{25} g/mL,折射率 1.558。不溶于水,溶于乙醇、乙醚、丙酮、苯及强碱溶液。制备:由 1,2-二氯乙烷与硫化钠水溶液制取,或由 1,2-二溴乙烷与硫脲反应后水解制备。用途:有机合成试剂、金属络合剂。

1,3-丙二硫醇(1,3-propanedithiol) 亦称"丙烷-1,3-二硫醇"。CAS 号 109-80-8。化学式 $HSCH_2CH_2CH_2SH$,分子式 $C_3H_8S_2$,分子量 108.23。具有臭味的油状液体。熔点 $-79℃$,沸点 169℃,闪点 61℃,密度 1.078^{25} g/mL,折射率 1.539。微溶于水,与乙醇、乙醚、氯仿、苯混溶。刺激眼睛、呼吸系统和皮肤。制备:由 1,3-二卤丙烷与硫化钠水溶液制取,或由 1,3-二卤丙烷与硫脲反应后水解制备。用途:有机合成试剂、金属络合剂、香料。

1,4-丁二硫醇(1,4-butanedithiol) 亦称"丁烷-1,4-二硫醇"。CAS 号 1191-08-8。化学式 $HS(CH_2)_4SH$,分子式 $C_4H_{10}S_2$,分子量 122.25。液体。熔点 $-53.9℃$,沸点 105~106℃,闪点 113℃,密度 1.042^{25} g/mL,折射率 1.529。刺激眼睛、呼吸系统和皮肤。制备:1,4-二卤代丁

烷与硫氢化钠反应制得。用途：试剂、有机化工原料、医药中间体、材料中间体、香料。

2,3-丁二硫醇（2,3-butanedithiol）　亦称"2,3-丁烷二硫醇"。CAS 号 4532-64-3。化学式 $(CH_3)CH(SH)CH(SH)CH_3$，分子式 $C_4H_{10}S_2$，分子量 122.25。易燃性液体。沸点 86～87℃，闪点 52℃，密度 0.995^{25} g/mL，折射率 1.519 4。刺激眼睛、呼吸系统和皮肤。制备：由 2-丁炔与硫化氢加成反应制取。用途：试剂、有机化工原料、食品

1,4-二硫代赤藓醇（1,4-dithioerythritol）　亦称"Cleland 试剂"。化学式 $HSCH_2CH(OH)CH(OH)CH_2SH$，分子式 $C_4H_{10}O_2S_2$，分子量 154.25。轻微吸湿性针状晶体。易溶于水、乙醇、丙酮、乙酸乙酯、氯仿、乙醚等溶剂。吞食有害，刺激眼睛、皮肤和呼吸系统。分子中有两个手性碳原子，其旋光异构体的物性等数据如下：

名　　称	CAS号	结构式	熔点(℃)	沸点(℃)	密度(g/cm³)	$[\alpha]_D^{20}$(纯)
(2R，3S)-dihydroxy-1,4-butanedithiol (DTE)	6892-68-8	CH₂SH / H—OH / H—OH / CH₂SH	82～84	—	—	0
(2R，3R)-1,4-dimercapto-2,3-butanediol	27565-41-9	CH₂SH / H—OH / HO—H / CH₂SH	42～43	125～130 (2 Torr)	1.302	—
DL-1,4-dithioerythritol (DTT)	3483-12-3	CH₂SH / H—C—OH / HO—C—H / CH₂SH	42～43	125～130 (2 Torr)	1.04	0

制备：由 1,2-二噻烷-4,5-二醇制取，或由 3-丁烯-1,4-二醇与硫代乙酸反应制备。用途：生化试剂，用于分子生物学、变性剂、蛋白质组学、保护巯基、定量还原二硫键。

1,5-戊二硫醇（1,5-pentanedithiol）　亦称"戊烷-1,5-二硫醇"。CAS 号 928-98-3。化学式 $HS(CH_2)_5SH$，分子式 $C_5H_{12}S_2$，分子量 136.28。刺激性无色透明液体。熔点 -72℃，沸点 107～108℃（15 Torr），闪点 95℃，密度 1.016^{25} g/mL，折射率 1.519。溶于甲醇、乙醇等有机溶剂。吞食有害，刺激皮肤、眼睛和呼吸系统。制备：由 1,5-二卤戊烷与硫氢化钾或硫脲反应制取。用途：试剂、有机化工原料。

1-壬硫醇（1-nonanethiol）　亦称"1-壬烷硫醇"。CAS 号 1455-21-6。化学式 $CH_3(CH_2)_8SH$，分子式 $C_9H_{20}S$，分子量 160.32。有难闻气味的无色透明液体。熔点 -21℃，沸点 220℃，闪点 79℃，密度 0.842^{25} g/mL，折射率 1.455。不溶于水。刺激眼睛、皮肤和呼吸系统。制备：由 1-壬醇与硫化氢制取。用途：试剂。

1,9-壬二硫醇（1,9-nonanedithiol）　亦称"1,9-壬烷二硫醇"。CAS 号 3489-28-9。化学式 $HS(CH_2)_9SH$，分子式 $C_9H_{20}S_2$，分子量 192.39。液体，有毒！熔点 -17.5℃，沸点 284℃，闪点 102℃，密度 0.952^{25} g/mL，折射率 1.499 9。不溶于水，溶于甲醇、乙醇、乙醚。刺激眼睛、皮肤和呼吸系统。制备：由 1,9-二壬醇与硫化铵在甲醇中制取。用途：试剂、香精、食品添加剂。

苯硫酚（thiophenol）　亦称"苯硫醇"。CAS 号 108-98-5。化学式 C_6H_6S，分子式 C_6H_5SH，分子量 110.18。有恶臭味的可燃性无色液体。吸入有极高毒性。熔点 -15℃，沸点 169℃，闪点 50℃，密度 1.073^{25} g/mL，折射率 1.588。不溶于水，易溶于乙醇，与乙醚、苯、二硫化碳混溶。有刺激性，吞食有害。制备：氧化铝催化氯苯与硫化氢反应制备，也可用锌粉还原苯磺酰氯，或硫与苯基格氏试剂、苯基锂试剂反应制取。用途：农药、医药合成中间体，高分子树脂硫化剂、共聚剂、稳定剂等。

2-甲基苯硫酚（2-methylbenzenethiol）　亦称"邻甲苯硫酚"。CAS 号 137-06-4。分子式 C_7H_8S，分子量 124.20。液体。熔点 15℃，沸点 195℃，闪点 64℃，密度 1.041 g/mL，折射率 1.578。不溶于水，溶于乙醇、乙醚。有害，刺激眼睛、呼吸系统和皮肤。制备：由 2-碘甲苯与硫代硫酸钠或硫化氢反应制取。用途：试剂，有机化工原料，用于医药、有机合成。

3-甲基苯硫酚（3-methylbenzenethiol）　亦称"间甲苯硫酚"。CAS 号 108-40-7。分子式 C_7H_8S，分子量 124.20。液体。熔点低于 -20℃，沸点 196℃，闪点 73℃，密度 1.044^{25} g/mL，不溶于水，溶于乙醇、乙醚。有害，刺激眼睛、呼吸系统和皮肤。制备：用 3-溴甲苯与硫代硫酸钠或硫化氢反应制取。用途：试剂，有机化工原

料,用于医药、有机合成。

4-甲基苯硫酚(4-methylbenzenethiol) 亦称"对甲苯硫酚"。CAS 号 106-45-6。分子式 C_7H_8S,分子量 124.20。白色晶体粉末。熔点 41～43℃,沸点 195℃,闪点 68℃。不溶于水,溶于乙醇、乙醚。具有腐蚀性,能引起灼伤。制备:用对卤代甲苯与硫代硫酸钠反应制取。用途:试剂,有机化工原料,用于医药和染料。

2,3,5,6-四氟苯硫酚(2,3,5,6-tetrafluoro-benzenethiol) CAS 号 769-40-4。分子式 $C_6H_2F_4S$,分子量 182.14。易燃性液体,有毒!沸点 152～153℃,闪点 48℃,折射率 1.486 5。刺激眼睛、皮肤和呼吸系统。制备:由五氟苯与硫氢化钠反应制备,或用 1,2,4,5-四氟苯反应制取。用途:试剂。

2-硝基-4-(三氟甲基)苯硫酚(2-nitro-4-(trifluoromethyl)benzenethiol) CAS 号 14371-82-5。分子式 $C_7H_4F_3NO_2S$,分子量 223.17。黄色固体。熔点 160～162℃,沸点 105℃(1 Torr)。吸入和与皮肤接触有极高毒性。制备:用 1-氯-2-硝基-4-(三氟甲基)苯与硫化钠制取。用途:化学试剂。

1-萘硫酚(naphthalene-1-thiol) 亦称"α-萘硫酚"。CAS 号 529-36-2。分子式 $C_{10}H_8S$,分子量 160.24。散发硫气味的液体,低温时固化。沸点 285℃,密度 1.607 g/mL,折射率 1.680 2。微溶于碱的水溶液,溶于乙醇、乙醚。吞食有害。制备:还原 1-萘磺酸或 1-萘磺酰氯制取。用途:试剂。

2-萘硫酚(naphthalene-2-thiol) 亦称"β-萘硫酚"。CAS 号 91-60-1。分子式 $C_{10}H_8S$,分子量 160.24。白色至乳白色粉末状固体。熔点 79～81℃,沸点 286℃。微溶于水,易溶于乙醇、乙醚、石油醚。吞食有害。制备:由 2-萘磺酸或 2-萘磺酰氯还原制取。用途:有机合成中间体、增塑剂、橡胶工业中的再生活化剂。

二甲硫醚(dimethyl sulfide) 亦称"甲硫醚"。CAS 号 75-18-3。化学式 $(CH_3)_2S$,分子式 C_2H_6S,分子量 62.13。高度易燃、带有臭味的无色挥发性液体,有毒!熔点 -98℃,沸点 38℃,闪点 -48℃,密度 0.848 3 g/mL,折射率 1.435。微溶于水,溶于乙醇、乙醚等有机溶剂。对眼睛有严重损害,刺激呼吸系统和皮肤。制备:用甲基硫酸钾与浓硫化钾水溶液蒸馏制得,也可由甲醇与硫化氢反应制取。用途:溶剂、试剂、食品香精。

二乙硫醚(diethyl sulfide) 亦称"乙硫醚"。CAS 号 352-93-2。化学式 $(CH_3CH_2)_2S$,分子式 $C_4H_{10}S$,分子量

90.19。易燃、带有刺激性大蒜味的无色油状液体,有毒!熔点 -103.9℃,沸点 90～92℃,闪点 -10℃,密度 0.836 2 g/mL,折射率 1.442。微溶于水、四氯化碳,溶于乙醇、乙醚等有机溶剂。可刺激皮肤和眼睛。制备:用乙烯和硫化氢制得,或由乙醇与硫化氢经催化反应制取。用途:溶剂、试剂、食品添加剂。

硫化丙烯(propylene sulfide) 亦称"1,2-环硫丙烷""硫丁环"。CAS 号 1072-43-1。分子式 C_3H_6S,分子量 74.14。高度易燃性液体,有毒!熔点 -91℃,沸点 72～75℃,闪点 10℃,密度 0.946^{25} g/mL,折射率 1.475。不溶于水。高度易燃。刺激眼睛和皮肤,吸入有极高毒性。制备:用环氧丙烷与硫脲或硫氰酸铵制取。用途:试剂,有机化工原料。

二正丁基硫醚(di-*n*-butyl sulfide) 亦称"正丁基硫醚""丁巯基丁烷"。CAS 号 544-40-1。化学式 $[CH_3(CH_2)_3]_2S$,分子式 $C_8H_{18}S$,分子量 146.30。易燃性无色液体,有毒!熔点 -79.7℃,沸点 186℃,闪点 60℃,密度 0.835 3 g/mL,折射率 1.453 0。不溶于水,易溶于乙醇、乙醚。刺激皮肤、眼睛和呼吸系统,吞食有害。制备:用 1-溴丁烷与硫化钠反应制取,也可由 1-正丁醇与二硫化碳反应制备。用途:试剂、香料。

二仲丁基硫醚(di-*sec*-butyl sulfide) 亦称"仲丁基硫醚"。CAS 号 626-26-6。化学式 $[C_2H_5CH(CH_3)]_2S$,分子式 $C_8H_{18}S$,分子量 146.29。易燃性液体,有毒!沸点 165℃,闪点 39℃,密度 0.833 6 g/mL,折射率 1.450 4。不溶于水,溶于乙醇、乙醚和氯仿。刺激眼睛、皮肤和呼吸系统。制备:用仲丁基卤代物与硫脲或硫化钾反应制取。用途:试剂、有机合成中间体、溶剂、药物渗透剂。

硫杂环丁烷(thietane) 亦称"硫化环丁烷""三亚甲基硫醚"。CAS 号 287-27-4。分子式 C_3H_6S,分子量 74.14。透明无色液体,有毒!熔点 -73.2℃,沸点 94～94.5℃,闪点 -20℃,密度 1.028^{25} g/mL,折射率 1.510。高度易燃,刺激眼睛和皮肤,吸入有极高毒性。制备:用 1,3-二卤代丙烷与硫化钠或硫脲反应制取。用途:试剂、有机化工原料。

噻烷(thiolane) 亦称"四氢噻吩""四亚甲基硫醚"。CAS 号 110-01-0。分子式 C_4H_8S,分子量 88.17。高度易燃性恶臭无色透明液体,有毒!熔点 -96℃,沸点 119℃,闪点 13℃,密度 0.998 7 g/mL,折射率 1.504。不溶于水,溶于乙醇、乙醚、丙酮、苯等有机溶剂。易燃,吸入、与皮肤接触和吞食有害,刺激眼睛和皮肤,对水生生物有害,可能对水生环境造成长期不利影响。制备:用四氢呋喃与硫化氢反应制取,也可用 1,5-二卤戊烷与硫化钠反应制备。用途:城市煤气、天然气等气体燃料的警告剂,合成医药,农药等原料。

二烯丙基硫醚(diallyl sulfide) 亦称"烯丙基硫醚"

"大蒜油"。CAS 号 592-88-1。分子式 $C_6H_{10}S$,分子量 114.21。具有大蒜味的易燃性无色油状液体。熔点 -85℃,沸点 139℃,闪点 46℃,密度 0.888^{27} g/mL,折射率 1.489。不溶于水,与乙醇、氯仿、乙醚和四氯化碳混溶。吞食、吸入或接触皮肤有害,具有强刺激性。制备:用烯丙基卤代烷和硫化钠反应制取。用途:试剂、溶剂、香精。

1,3-二噻烷(1,3-dithiane) CAS 号 505-23-7。分子式 $C_4H_8S_2$,分子量 120.24。易吸潮的微黄色针状晶体。与皮肤接触和吞食有毒!熔点 52～54℃,沸点 207～208℃,闪点 90℃,密度 1.36^{25} g/mL。微溶于水,易溶于苯、乙醚、氯仿、四氢呋喃。制备:用醛或缩醛衍生物与 1,3-甲烷二硫醇反应制取,或用二碘甲烷与 1,3-丙二硫醇反应制备。用途:主要用作试剂,经金属化作用后与亲电试剂反应。

1,4-二噻烷(1,4-dithiane) CAS 号 505-29-3。分子式 $C_4H_8S_2$,分子量 120.24。白色晶体。熔点 107～113℃,沸点 200℃,密度 1.376 g/cm³,折射率 1.507 5。溶于水,溶于乙醇、乙醚、四氯化碳、乙酸和二硫化碳等有机溶剂。刺激眼睛、呼吸系统和皮肤。制备:用二氯二乙基硫醚制备,或由 1,2-乙二硫醇与 1,2-二卤乙烷反应制取。用途:试剂、有机化工原料、食品添加剂、医药中间体。

二苯基硫醚(diphenyl sulfide) 亦称"苯硫醚"。CAS 号 139-66-2。化学式 $(C_6H_5)_2S$,分子式 $C_{12}H_{10}S$,分子量 186.28。无色无味液体。熔点 -40℃,沸点 295～297℃,密度 1.118^{15} g/mL,折射率 1.635 0。不溶于水,溶于热乙醇,与苯、乙醚、二硫化碳混溶。吞食有害,可刺激皮肤,对水生生物有毒。制备:还原二苯砜或二苯亚砜制得,也可由卤代苯与苯硫酚偶联制取。用途:农药、医药、染料中间体。

茴香硫醚(thioanisole) 亦称"苯甲硫醚"。CAS 号 100-68-5。化学式 $CH_3SC_6H_5$,分子式 C_7H_8S,分子量 124.20。液体,有毒!熔点 -15℃,沸点 188℃,闪点 72℃,密度 1.057 g/mL,折射率 1.587。不溶于水,溶于乙醇等有机溶剂。吞食有害,刺激眼睛、皮肤和呼吸系统。制备:有多种合成方法,可由苯硫酚经甲基化制备,也可由碘苯与二甲基二硫醚经催化反应制取。用途:试剂、有机化工原料、食品添加剂。

硫双二氯酚(bithionol) 亦称"硫二氯酚""硫氯酚""别丁"。CAS 号 97-18-7。分子式 $C_{12}H_6Cl_4O_2S$,分子量 356.06。白色或灰白色晶体粉末。熔点 188℃,密度 1.73^{25} g/cm³。几乎不溶于水,溶于乙醚、氯仿和稀苛性碱溶液。吞食有害,可引起急性中毒。制备:用 2,4-二氯苯酚和一氯化硫等反应制取。用途:试剂、医药中间体、杀虫剂、消毒剂、农药。

(乙基二硫基)乙烷((ethyldisulfanyl)ethane) 亦称"二乙基二硫醚""乙基二硫醚"。CAS 号 110-81-6。化学式 $(CH_3CH_2)_2S_2$,分子式 $C_4H_{10}S_2$,分子量 122.25。油状带有淡芳香液体,有毒!熔点 -101.5℃,沸点 151～153℃,闪点 40℃,密度 0.993^{25} g/mL,折射率 1.506。难溶于水,易溶于多种有机溶剂。易燃,刺激眼睛、呼吸系统和皮肤。制备:用卤代乙烷和硫化钠、硫反应制取。用途:试剂、有机化工原料、有机合成中间体。

1,1′-二硫二哌啶(1,1′-dithiobispiperidine) 亦称"1,1-二硫醇双哌啶"。CAS 号 10220-20-9。分子式 $C_{10}H_{20}N_2S_2$,分子量 232.41。固体,有毒!熔点 63～65℃,沸点 160～161℃(11 Torr),闪点 159.1℃,密度 1.21 g/cm³。对眼睛、皮肤和呼吸系统有刺激性。制备:用哌啶、二氯化硫、氢氧化钠反应制取。用途:试剂。

4,4′-二硫化二吗啉(4,4′-dithiodimorpholine) 亦称"N,N-二硫二吗啉"。CAS 号 103-34-4。分子式 $C_8H_{16}N_2O_2S_2$,分子量 236.36。白色固体。熔点 124～125℃,密度 1.36^{25} g/cm³。不溶于水,难溶于乙醇,溶于苯、四氯化碳。刺激皮肤、眼睛和呼吸系统。制备:用分子氧氧化 4-巯基吗啉制取。用途:试剂,有机化工原料,天然橡胶和合成橡胶的硫化剂和促进剂,沥青的稳定剂,灭菌剂。

二苯基二硫醚(diphenyl disulfide) 亦称"苯基二硫醚"。CAS 号 882-33-7。化学式 $C_6H_5SSC_6H_5$,分子式 $C_{12}H_{10}S_2$,分子量 218.34。白色粉末固体,有毒!熔点 58～60℃,沸点 191～192℃(15 Torr),闪点 310℃,密度 1.338 g/cm³。不溶于水。刺激眼睛、皮肤和呼吸系统。制备:用苯硫酚氧化制取,也可由卤代苯与硫、氢氧化钾反应制备。用途:试剂,农药、医药、染料中间体,食品添加剂。

2,2′-二吡啶基二硫醚(2,2′-dipyridyl disulfide)

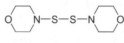

亦称"2,2′-二硫二吡啶"。CAS 号 2127-03-9。分子式 $C_{10}H_8N_2S_2$,分子量 220.31。米黄色或黄色晶体粉末。熔点 53～56℃。刺激眼睛、皮肤和呼吸系统。制备:用 2-巯基吡啶氧化制取。用途:试剂,亚磺酰化试剂。

4,4′-二吡啶基二硫醚(4,4′-dipyridyl disulfide) 亦称"4,4′-二硫二吡啶"。CAS 号 2645-22-9。分子式 $C_{10}H_8N_2S_2$,分子量 220.31。白色至淡黄色晶体粉末。熔点 76～78℃,密度 1.477 g/cm³。刺激眼睛、皮肤和呼吸系统。制备:用 4-吡啶硫醇氧化制取。用途:试剂,硫醇试剂,用于金属表面改性、蛋白质研究。

2，2′-二硫二苯并噻唑（2，2′-dithiobis（benzothiazole））

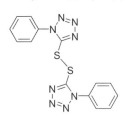

亦称"二硫化二苯并噻唑""促进剂 MBTS"。CAS 号 120-78-5。分子式 $C_{14}H_8N_2S_4$，分子量 332.49。苯中结晶为浅黄色针状晶体，有毒！熔点 177～180℃，密度 1.50 g/cm³。不溶于水、乙酸乙酯、汽油及碱性溶液，微溶于乙醇、丙酮、苯、四氯化碳、二氯甲烷。能引起皮肤过敏，对水生生物有害。制备：用 2-巯基苯并噻唑氧化制得。用途：试剂，有机化工原料，天然橡胶、合成橡胶、再生胶的通用型促进剂，制造头孢类消炎药的医药中间体。

5，5-二硫-1，1-双苯基四氮唑（5，5′-dithiobis（1-phenyl-1H-tetrazole））CAS 号 5117-07-7。分子式 $C_{14}H_{10}N_8S_2$，分子量 354.41。固体。熔点 58～60℃，密度 1.516 g/cm³。制备：用 5-巯基-1-苯基四氮唑氧化制得。用途：试剂、医药中间体。

5，5′-二硫双（2-硝基苯甲酸）（5，5′-dithiobis（2-nitrobenzoic acid））亦称"Ellman 试剂""3-羧基-4-硝基苯基二硫化物"。CAS 号 69-78-3。分子式 $C_{14}H_8N_2O_8S_2$，分子量 396.35。乳白色或黄色粉末状固体。熔点 240～245℃（分解）。微溶于水和乙酸。刺激眼睛、皮肤和呼吸系统。制备：用 2-硝基-5-巯基苯甲酸氧化制取。用途：试剂，检测有机磷农药残留（胆碱酯酶测定），测定低分子量的巯基化合物。

2，2′-二硫双（5-硝基吡啶）（2，2′-dithiobis（5-nitropyridine）；DTNP）CAS 号 2127-10-8。分子式 $C_{10}H_6N_4O_4S_2$，分子量 310.31。浅黄色固体。熔点 155～157℃。刺激眼睛、皮肤和呼吸系统。制备：用 5-硝基吡啶-2-硫醇氧化制取。用途：试剂、有机化工原料、检测硫醇的选择性试剂、叶绿体偶联因子 I 的 ATP 酶抑制剂。

3-(2-吡啶基二硫基)丙酸-N-羟基琥珀酰亚胺酯（N-succinimidyl-3-（2-pyridyldithio）propionate；SPDP）CAS 号 68181-17-9。分子式 $C_{12}H_{12}N_2O_4S_2$，

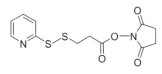

分子量 312.36。对潮湿敏感的白色或浅黄色粉末状固体。熔点 84～86℃。溶于 N，N-二甲基甲酰胺、二甲基亚砜、无水乙醇。刺激眼睛、皮肤和呼吸系统。制备：由 2，2′-二硫二吡啶经有机合成制取。用途：免疫化学中作异-双官能团生物试剂，用于结合酶或抗体等两种不同的蛋白质、抗体生产和酶的免疫测定。

氯化亚砜（thionyl chloride）亦称"二氯亚砜"。CAS 号 7719-09-7。化学式 $SOCl_2$，分子式 Cl_2OS，分子量 118.98。无色或黄色液体。熔点 -105℃，沸点 79℃，密度 1.631²⁵ g/mL，折射率 1.518。溶于醚、烷烃、卤代烃，与水、质子性溶剂、N，N-二甲基甲酰胺、二甲基亚砜反应。具有腐蚀性，能引起严重灼伤，与水剧烈反应并释放出有毒气体，吸入和吞食有害。制备：用二氯化硫氧化制取，或二氧化硫与一氯化硫和过量氯气反应制备。用途：常用的氯代试剂、有机化工原料、反应中间体。

溴化亚砜（thionyl bromide）亦称"二溴亚砜"。CAS 号 507-16-4。化学式 $SOBr_2$，分子式 Br_2OS，分子量 207.87。无色液体。熔点 -52℃，沸点 48℃（20 Torr），密度 2.683²⁵ g/mL，折射率 1.675。与苯、甲苯、乙醚互溶。具有腐蚀性，能引起严重灼伤，与水剧烈反应并释放出有毒气体，吸入和吞食有害。制备：用二氯亚砜与溴化氢反应制取。用途：常用的溴代试剂、有机化工原料、反应中间体。

甲基亚磺酰基甲烷（methylsulfinylmethane；DMSO）亦称"二甲基亚砜"。CAS 号 67-68-5。化学式 $(CH_3)_2SO$，分子式 C_2H_6OS，分子量 78.13。无色无味吸湿性液体。熔点 16～19℃，沸点 189℃，闪点 87℃，密度 1.100 g/mL，折射率 1.479 5。与水混溶，溶于乙醇、丙酮、乙醚、四氯化碳、乙酸乙酯等有机溶剂。低毒，对人体皮肤有强渗透性和刺激性。制备：氧化二甲硫醚制得。用途：溶剂、试剂、有机反应中间体。

噻烷-1-氧化物（thiolane-1-oxide）亦称"四甲基亚砜""丁撑亚砜""四亚甲基亚砜"。CAS 号 1600-44-8。分子式 C_4H_8OS，分子量 104.17。无色至黄色液体。沸点 235～237℃，闪点 112℃，密度 1.158²⁵ g/mL，折射率 1.520 3。易与水混溶，溶于甲醇、乙腈、四氢呋喃等常用有机溶剂。刺激眼睛、皮肤和呼吸系统。制备：用四氢噻吩氧化制取。用途：试剂、精细化学品、医药中间体、材料中间体。

三甲基碘化亚砜（trimethylsulfonxonium iodide）CAS 号 1774-47-6。化学式 $(CH_3)_3S(I)O$，分子式 C_3H_9IOS，分子量 220.07。光敏性白色至浅黄色固体。熔点 208～212℃（分解）。溶于水，溶于二甲基亚砜和乙醚等有机溶剂。刺激皮肤和眼睛。制备：用二甲基亚砜与碘甲烷反应制取。用途：试剂、医药中间体。

三甲基氯化亚砜（trimethylsulfonxonium chloride）CAS 号 5034-06-0。化学式 $(CH_3)_3S(Cl)O$，分子式 C_3H_9ClOS，分子量 128.62。吸湿性白色晶体粉末，有毒！熔点 226～229℃。溶于水。刺激皮肤、眼睛和呼吸系统。制备：用三甲基碘化亚砜与苄基三正丁基氯化铵反应制取。用途：试剂、精细化学品、医药中间体、合

成材料中间体。

甲基苯基亚砜(methyl phenyl sulfoxide) 亦称"甲

基亚磺酰基苯""苯亚砜甲酯"。CAS 号 1193-82-4。化学式 $CH_3SOC_6H_5$，分子式 C_7H_8OS，分子量 140.20。白色吸湿性固体。熔点 26～29℃，沸点 139～140℃ (14 Torr)，闪点 86℃，密度 1.153 g/cm³，折射率 1.577 5。溶于甲醇、乙腈、苯、四氢呋喃等有机溶剂。刺激眼睛、皮肤和呼吸系统。制备：用甲基苯基硫醚经氧化制取。用途：试剂、精细化学品、医药中间体、材料中间体。

二丁基亚砜(dibutyl sulfoxide) 亦称"1-丁基亚磺酰基丁烷""丁基亚砜"。CAS 号 2168-93-6。化学式 $[(CH_3CH_2)_3]_2SO$，分子式 $C_8H_{18}OS$，分子量 162.29。吸湿性白色固体。熔点 31～34℃，沸点 250℃，闪点 121℃，密度 $0.923\ 8^{40}$ g/cm³，折射率 1.467。不溶于水，溶于乙醇、乙醚。制备：用二丁基硫醚氧化制取。用途：试剂、有机化工原料。

二苯基亚砜(diphenyl sulfoxide) 亦称"苯基亚磺酰基苯"。CAS 号 945-51-7。化学式$(C_6H_5)_2SO$，分子式 $C_{12}H_{10}OS$，分子量 202.27。白色晶体粉末。熔点 69～71℃，沸点 206～208℃ (13 Torr)，密度 1.305 g/cm³。溶于水及多种有机溶剂。与皮肤接触，吞食有害。制备：氧化二苯基硫醚制得。用途：用于有机合成。

甲基砜(methyl sulfone) 亦称"甲基磺酰基甲烷"。CAS 号 67-71-0。化学式$(CH_3)_2SO_2$，分子式 $C_2H_6O_2S$，分子量 94.13。白色晶体。熔点 107～109℃，沸点 238℃，闪点 143℃。易溶于水、甲醇、乙醇、丙酮，微溶于乙醚。低毒，吞食有害，与皮肤接触有害。制备：二甲硫醚氧化制取。用途：高沸点溶剂。

乙基砜(ethyl sulfone; diethyl sulfone) 亦称"1-乙基磺酰基乙烷"。CAS 号 597-35-3。化学式$(CH_3CH_2)_2SO_2$，分子式 $C_4H_{10}O_2S$，分子量 122.19。固体。熔点 73～74℃，沸点 246℃ (755 Torr)，密度 $1.081\ 6^{73}$ g/cm³。制备：用二乙硫醚或二乙基亚砜氧化制取。用途：高沸点溶剂。

环丁基砜(sulfolane) 亦称"环丁砜""四氢化噻吩-1,1-二氧化物"。CAS 号 126-33-0。分子式 $C_4H_8O_2S$，分子量 120.17。液体，低温时为白色或乳白色晶体粉末。熔点 27.4～27.8℃，沸点 285℃，闪点 177℃，密度 1.261^{25} g/cm³，折射率 1.484。与水、丙酮、甲苯混溶，与辛烷、烯烃部分混溶。吞食有害。制备：用环丁烯砜催化加氢制取。用途：试剂、有机化工原料、液-气萃取的选择性溶剂。

2,5-二氢噻吩-1,1-二氧化物(2,5-dihydrothiophene 1,1-dioxide) 亦称"环丁烯砜""3-环丁烯砜"。CAS 号 77-79-2。分子式 $C_4H_6O_2S$，分子量

118.15。白色晶体，有毒！熔点 65～66℃，闪点 112℃，密度 1.5^{17} g/cm³。溶于水和有机溶剂。对眼睛有严重损害风险。制备：用 1,3-丁二烯和二氧化硫反应制取。用途：试剂、化工原料、润滑剂、润滑剂添加剂。

2,4-二甲基硫烷-1,1-二氧化物(2,4-dimethylthiolane 1,1-dioxide) 亦称

"2,4-二甲基环丁砜"。CAS 号 1003-78-7。分子式 $C_6H_{12}O_2S$，分子量 148.23。无色至黄色液体，有毒！熔点 -18℃，沸点 280～281℃，密度 1.136 2 g/mL，折射率 1.473 3。与水有限混溶，与低碳芳香烃混溶，与烯烃、萘和石蜡油部分互溶。吞食有急性毒性。制备：由 2,4-二甲基-3-烯砜经催化氢化制取。用途：试剂、有机化工原料、液-液或气-液萃取溶剂。

乙烯基砜(divinyl sulfone; vinyl sulfone) 亦称"二乙烯基砜""1-乙烯基磺酰基乙烯"。CAS 号 77-77-0。化学式$(CH_2=CH)_2SO_2$，分子式 $C_4H_6O_2S$，分子量 118.15。无色或淡黄色透明液体，剧毒！熔点 -26℃，沸点 234℃，闪点 102℃，密度 1.177^{25} g/mL，折射率 1.477 2。溶于水。与皮肤接触有极高毒性，刺激眼睛、皮肤和呼吸系统。制备：用二乙烯基硫醚氧化制取，或用$(ClCH_2CH_2)_2SO_2$ 发生消除反应制备。用途：试剂、有机化工原料、多种染料中间体、医药化工中间体。

2-乙基磺酰基乙醇(2-ethylsulfonylethanol) 亦称"乙基磺酰基乙醇"。CAS 号 513-12-2。化学式 $C_2H_5SO_2CH_2CH_2OH$，分子式 $C_4H_{10}O_3S$，分子量 138.18。吸湿性晶体。熔点 42.5～43℃，沸点 129～130℃ (0.3 Torr)，闪点 188℃，密度 1.25 g/cm³。溶于水和多种有机溶剂。吞食和吸入有害，灼伤皮肤和眼睛。制备：用 2-乙硫基乙醇经双氧水氧化反应制取。用途：极性有机化合物溶剂、医药中间体、塑化剂、保湿剂、合成纤维和织物的抗静电剂。

丁基砜(dibutyl sulfone) 亦称"二丁基砜""1-丁基磺酰基丁烷"。CAS 号 598-04-9。化学式$[(CH_3CH_2)_3]_2SO_2$，分子式 $C_8H_{18}O_2S$，分子量 178.29。固体。熔点 43～45℃，沸点 287～295℃，闪点 143℃，密度 0.964^{75} g/cm³，折射率 1.443 3。制备：用二丁基硫醚氧化制取。用途：试剂、有机化工原料。

二苯基砜(diphenyl sulfone; phenyl sulfone) 亦称"苯基磺酰基苯"。CAS 号 127-63-9。化学式$(C_6H_5)_2SO_2$，分子式 $C_{12}H_{10}O_2S$，分子量 218.27。白色单斜系棱柱状或片状晶体。熔点 128～129℃，沸点 378～379℃。不溶于冷水，微溶于沸水，溶于热乙醇、苯。刺激眼睛、呼吸系统和皮肤。制备：由苯与硫酸和发烟硫酸经磺化反应制得，或由苯磺酰氯与苯反应制取。用途：高沸

点溶剂。

甲烷亚磺酸（methanesulfinic acid） 亦称"甲基亚磺酸"。CAS 号 17696-73-0。化学式 CH_3SO_2H，分子式 CH_4O_2S，分子量 80.11。固体。熔点 $40 \sim 42℃$，沸点 256.4℃，闪点 108.9℃，密度 1.52 g/cm^3，溶于水、丙酮、乙醚、氯仿等溶剂。制备：用甲基亚磺酰氯反应制取。用途：试剂、有机合成中间体。

乙烷亚磺酸（ethanesulfinic acid） 亦称"乙基亚磺酸"。CAS 号 598-59-4。化学式 $CH_3CH_2SO_2H$，分子式 $C_2H_6O_2S$，分子量 94.13。无色至浅黄色液体。熔点 $-17℃$，沸点 123℃（0.01 Torr），闪点 $> 230℃$，密度 1.352 5 g/mL，折射率 1.434。溶于水、乙醇等溶剂。制备：用乙基溴化镁与二氧化硫反应制取，或由乙基硫醇氧化制备。用途：试剂，有机反应中间体，农药、医药中间体。

丙烷-1-亚磺酸（propane-1-sulfinic acid） 亦称"丙烷亚磺酸"。CAS 号 55109-28-9。化学式 $CH_3CH_2CH_2SO_2H$，分子式 $C_3H_8O_2S$，分子量 108.16。液体。溶于氯仿、二氯甲烷。制备：由 1-丙硫醇用二甲基二环氧乙烷氧化制取，或用丙基亚磺酰氯水解反应制备。用途：试剂，有机反应中间体。

2-氨基乙烷亚磺酸（2-aminoethanesulfinic acid） 亦称"亚牛磺酸"。CAS 号 300-84-5。化学式 $H_2NCH_2CH_2SO_2H$，分子式 $C_2H_7NO_2S$，分子量 109.14。白色固体。熔点 170℃。溶于水。刺激眼睛、皮肤和呼吸系统。制备：用 2-氨基乙硫醇氧化制取。用途：试剂、有机化工原料、生物试剂。

苯亚磺酸（benzenesulfinic acid） CAS 号 618-41-7。分子式 $C_6H_6O_2S$，分子量 142.17。白色晶体。熔点 $83 \sim 84℃$，密度 1.502 g/cm^3，折射率 1.682。制备：用苯磺酰氯制取，也可用甲基苯基砜与钠汞齐反应制备。用途：试剂、医药中间体、有机化工原料。

4-甲基苯亚磺酸（4-methylbenzenesulfinic acid） 亦称"4-甲苯亚磺酸"。CAS 号 536-57-2。分子式 $C_7H_8O_2S$，分子量 156.20。固体。白色固体。熔点 $82 \sim 84℃$。溶于甲醇、乙醇、丙酮、二氯甲烷、四氢呋喃等溶剂。制备：用甲苯与二氧化硫或二氯亚砜反应制取。用途：试剂，有机化工原料，医药、农药中间体，灌浆材料固化剂。

甲烷磺酸（methanesulfonic acid） 亦称"甲基磺酸""甲磺酸"。CAS 号 75-75-2。化学式 CH_3SO_3H，分子式 CH_4O_3S，分子量 96.11。室温下为液体。熔点 $17 \sim 19℃$，沸点 167℃（10 Torr），闪点 170℃，密度 1.481^{25} g/mL，折射率 1.429。溶于水、醇、醚，微溶于苯、甲苯，不溶于正己烷。具有腐蚀性，能引起严重灼伤。制备：用甲烷与三氧

化硫制备，也可氧化二甲基二硫化物或甲基硫醇制取。用途：溶剂、聚合反应催化剂、烷基化和酯化反应试剂。

三氟甲烷磺酸（trifluoromethanesulfonic acid） 亦称"三氟甲基磺酸""三氟甲磺酸"。CAS 号 1493-13-6。化学式 CF_3SO_3H，分子式 CHF_3O_3S，分子量 150.08。带有辛辣气味的无色液体。熔点 $-40℃$，沸点 162℃，密度 1.696^{25} g/mL，折射率 1.327。易溶于水、极性有机溶剂，并强烈放热。具有强腐蚀性，与皮肤接触有害，吞食有害。制备：用三氟甲磺酰氯先碱性水解再酸化制取。用途：试剂，用于医药、化工等。

乙烷磺酸（ethanesulfonic acid） 亦称"乙基磺酸"。CAS 号 594-45-6。化学式 $CH_3CH_2SO_3H$，分子式 $C_2H_6O_3S$，分子量 110.13。腐蚀性液体。熔点 $-17℃$，沸点 123℃（0.01 Torr），闪点 113℃，密度 1.35^{25} g/mL，折射率 1.434。溶于水、乙醇。具有腐蚀性，能引起严重灼伤。制备：用卤代乙烷与无水亚硫酸盐反应制取。用途：试剂，聚合等反应催化剂。

乙烷-1,2-二磺酸（ethane-1,2-disulfonic acid） 亦称"1,2-乙二磺酸"。CAS 号 110-04-3。化学式 $HO_3SCH_2CH_2SO_3H$，分子式 $C_2H_6O_6S_2$，分子量 190.18。灰白色至灰色-米色晶体或粉末。熔点 103℃。溶于水和 1,2-乙二醇。对金属有腐蚀性，灼伤皮肤，并对眼睛有严重伤害。制备：由 1,2-二氯乙烷与亚硫酸钠制备，或由 1,2-乙二硫醇经氧化反应制取。用途：试剂，医药中间体。

苯磺酸（benzenesulfonic acid） CAS 号 98-11-3。分子式 $C_6H_6O_3S$，分子量 158.18。细针状或片状白色固体。熔点 $50 \sim 51℃$，沸点 190℃，闪点 113℃。易溶于水、乙醇，微溶于苯，不溶于乙醚、二硫化碳。具有腐蚀性，吞食有害，对皮肤、眼睛和黏膜有强刺激性。制备：用苯和浓硫酸反应制得。用途：试剂、有机化工原料、医药中间体。

4-甲基苯磺酸（4-methylbenzenesulfonic acid） 亦称"对甲基苯磺酸"。CAS 号 104-15-4。分子式 $C_7H_8O_3S$，分子量 172.20。无色片状或棱柱状固体。熔点 $106 \sim 107℃$，沸点 260℃，闪点 184℃，密度 1.24 g/cm^3。易溶于水，溶于乙醇和乙醚。刺激眼睛、呼吸系统和皮肤。制备：通过甲苯的磺化反应制得，或由甲苯与氯磺酸反应制得。用途：试剂，有机化工原料，用于农药（如三氯杀螨醇）、染料、涂料等的中间体，聚合反应的稳定剂，树脂固化剂及电镀中间体，也用于洗涤剂、塑料、涂料等领域。

4-氨基苯磺酸（4-aminobenzenesulfonic acid; sulfanilic acid） 亦称"磺胺酸""对氨基苯磺酸"。CAS 号 121-57-3。分子式 $C_6H_7NO_3S$，分子量 173.19。白色至

灰白色固体。熔点＞300℃，密度 1.485^{25} g/cm^3。缓慢溶于水，微溶于热甲醇，不溶于乙醇、苯、乙醚。刺激眼睛和皮肤。制备：用苯胺和硫酸可制取。用途：试剂，有机化工原料，染料、医药等的中间体。

4-羟基苯磺酸（4-hydroxybenzenesulfonic acid）

亦称"苯酚-4-磺酸""对苯酚磺酸"。CAS 号 98-67-9。化学式 HOC$_6$H$_4$SO$_3$H，分子式 C$_6$H$_6$O$_4$S，分子量 174.18。易溶性针状固体。熔点 50℃（分解），密度 1.337 g/cm^3，折射率 1.489。与水、乙醇混溶。具有腐蚀性，可引起灼伤。制备：用 4-氯苯磺酸或 4-溴苯磺酸水解制取，或直接磺化苯酚制备。用途：树脂固化、酸性镀锡工艺中的添加剂、试剂、有机反应中间体、医药及染料中间体、化工原料。

樟脑磺酸（camphorsulfonic acid） 亦称"10-樟脑磺酸"。分子式 C$_{10}$H$_{16}$O$_4$S，分子量 232.30。易潮解性白色晶体粉末。不溶于乙醚，微溶于乙酸、乙酸乙酯。分子中有两个手性碳原子，故有两对对映异构体，其中一对对映异构体及其外消旋体的物性数据如下：

名称	CAS 号	结构式	熔点（℃）	[α]$_D^{20}$
(1R)-10-樟脑磺酸	35963-20-3		198（分解）	-21(c=2, H$_2$O)
(1S)-10-樟脑磺酸	3144-16-9		196～200（分解）	+19.9(c=2, H$_2$O)
(±)-10-樟脑磺酸	5872-08-2	—	203～206（分解）	—

具有腐蚀性，能引起灼伤。制备：由樟脑经硫酸和乙酸酐的磺化反应制取，光学活性樟脑磺酸可拆分制得。用途：试剂、精细化学品、医药中间体，用于手性胺类化合物的拆分剂。

4-苯胺基苯磺酸（4-anilinobenzenesulfonic acid）

亦称"N-苯基苯胺磺酸""二苯基胺-4-磺酸"。CAS 号 101-57-5。分子式 C$_{12}$H$_{11}$NO$_3$S，分子量 249.28。固体，光照后变为蓝色。熔点 206℃。溶于水、乙醇，不溶于乙醚。有腐蚀性，吞食有害，可引起皮肤灼伤和伤害眼睛。制备：二苯胺乙酰化后用硫酸磺酰化，水解产物后制得。用途：试剂、有机化工原

料、氧化还原反应指示剂、检测氧化性物质、比色法测定硝酸根试剂。

萘-1-磺酸（naphthalene-1-sulfonic acid） 亦称"1-萘磺酸""α-萘磺酸"。CAS 号 85-47-2。分子式 C$_{10}$H$_8$O$_3$S，分子量 208.23。灰色细小晶体。一水合物熔点 87～88℃，二水合物熔点 90℃。易溶于水、乙醇，微溶于乙醚。具有腐蚀性，引起灼伤。制备：由萘和浓硫酸经磺化反应制得。用途：化工中间体，用于制造 α-萘酚、1-萘酚磺酸、1-萘胺磺酸等。

萘-2-磺酸（naphthalene-2-sulfonic acid） 亦称"2-萘磺酸""β-萘磺酸"。CAS 号 120-18-3。分子式 C$_{10}$H$_8$O$_3$S，分子量 208.23。一水合物为白色或浅棕色片状固体。熔点 91℃，一水合物熔点 124～125℃。易溶于水。具有腐蚀性，引起灼伤。制备：由萘经浓硫酸高温磺化而得。用途：用于合成 β-萘酚，与甲醛缩合可制得扩散剂 N，作 2-萘酚磺酸、2-萘胺磺酸等染料合成中间体。

7-羟基萘-2-磺酸（7-hydroxynaphthalene-2-sulfonic acid） 俗称"Cassella's 酸"。CAS 号 92-40-0。分子式 C$_{10}$H$_8$O$_4$S，分子量 224.23。针状固体。熔点 115～116℃，二水合物熔点 95℃，密度 1.549 g/cm^3，折射率 1.703。易溶于水、乙醇，难溶于乙醚、苯。制备：用 2-萘酚与硫酸发生磺化反应制取。用途：试剂，合成染料中间体。

1-萘胺-7-磺酸（1-naphthylamine-7-sulfonic acid） 亦称"1.7-克力夫酸"。CAS 号 119-28-8。分子式 C$_{10}$H$_9$NO$_3$S，分子量 223.25。浅灰色晶体。熔点≥300℃。难溶于水，极微溶于乙醇、乙醚，溶于碱液。制备：由 β-萘磺酸经混酸硝化，用碳酸镁进行中和得 1-硝基萘-6-磺酸镁、1-硝基萘-7-磺酸镁和 1-硝基萘-8-磺酸镁三种异构体混合物。三种异构体混合物用铁粉还原后得到对应的三种氨基萘磺酸镁异构体，再根据相应镁盐在不同温度、酸度下溶解度的不同进行分离，然后经酸化同时得到三种产品。用途：作染料中间体，用于制造直接耐晒红棕 RTL、直接耐晒蓝 B2RL、硫化蓝 CV 等染料。

1-萘胺-6-磺酸（1-naphthylamine-6-sulfonic acid）

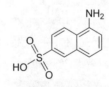

亦称"1.6-克力夫酸"。CAS 号 119-79-9。分子式 C$_{10}$H$_9$NO$_3$S，分子量 223.25。灰色或紫色粉末。熔点≥330℃。微溶于水，不溶于乙醇、乙醚，溶于碱液。制备：同"1-萘胺-7-磺酸"。用途：作染料中间体，用于制造直接耐晒蓝 B2R、RGL、BGL、直接耐晒灰 LBN、直接耐晒棕 RTL 和直接耐晒黑

FF 等染料,也用于制造偶氮染料硫化蓝 CV 等。

萘-1,6-二磺酸(naphthalene-1,6-disulfonic acid)

亦称"1,6-萘二磺酸""Ewer-Pick 酸"。CAS 号 525-37-1。分子式 $C_{10}H_8O_6S_2$,分子量 288.30。白色晶体。熔点 125℃,密度 1.56 g/cm³。极易溶于水,溶于乙醇,不溶于乙醚。具有腐蚀性,可引起皮肤和眼睛灼伤。制备:由萘经与浓硫酸的磺化反应制得。用途:试剂,染料、农药、药物中间体,阴离子表面活性剂等。

萘-2,6-二磺酸(naphthalene-2,6-disulfonic acid)

亦称"2,6-萘二磺酸""Ebert-Merz β-酸"。CAS 号 581-75-9。分子式 $C_{10}H_8O_6S_2$,分子量 288.30。潮解性白色固体。密度 1.704 g/cm³,折射率 1.695。极易溶于水,溶于乙醇,不溶于乙醚。具有腐蚀性,可引起皮肤和眼睛灼伤。制备:由萘经与浓硫酸的磺化反应制得。用途:试剂,染料、农药、药物中间体等。

萘-2,7-二磺酸(naphthalene-2,7-disulfonic acid)

亦称"2,7-萘二磺酸"。CAS 号 92-41-1。分子式 $C_{10}H_8O_6S_2$,分子量 288.30。极易潮解性白色固体。熔点 80～84℃,密度 1.704 g/cm³。极易溶于水,溶于乙醇,不溶于乙醚。具有腐蚀性,可引起皮肤和眼睛灼伤。制备:由萘经与浓硫酸的磺化反应制得。用途:试剂,染料中间体等。

2,3-二巯基丙烷-1-磺酸(2,3-bis(sulfanyl)propane-1-sulfonic acid;DMPS)

亦称"2,3-二巯基-1-丙磺酸"。CAS 号 74-61-3。化学式 HSCH₂CH(SH)CH₂SO₃H,分子式 $C_3H_8O_3S_3$,分子量 188.29。其钠盐为片状固体,熔点 235℃。制备:用 2,3-二溴丙烷-1-磺酸与硫代乙酸盐反应制取。用途:作汞离子等重金属解毒剂。

FerroZine 铁试剂(FerroZine iron reagent)

亦称"菲洛嗪钠水合物"。CAS 号 63451-29-6。分子式 $C_{20}H_{13}N_4NaO_6S_2$,固体。溶于水。刺激眼睛、皮肤和呼吸系统。制备:经多步合成制取。用途:试剂,金属铁离子螯合剂。

2-十二烷基苯磺酸(2-dodcecylbenzenesulfonic acid)

亦称"十二烷基苯磺酸"。CAS 号 27176-87-0,分子式 $C_{18}H_{30}O_3S$,分子量 326.49。透明液体,或为黄色至棕色液体。熔点 -10℃,沸点 204.5℃(分解),闪点 148.9℃,密度 0.992 g/mL,折射率 1.479。易溶于水。具有强腐蚀性,吞食有害,能引起急性毒性,可灼伤皮肤、眼睛。制备:用硫酸磺化十二烷基苯制取。用途:阴离子表面活性剂,用于洗涤剂原料、氨基烘漆的固体催化剂。

甲烷磺酰氯(methanesulfonyl chliride)

亦称"甲磺酰氯"。CAS 号 124-63-0。化学式 CH₃SO₂Cl,分子式 CH₃ClO₂S,分子量 114.55。浅黄色腐蚀性液体,有毒! 熔点 -32℃,沸点 161℃(97 kPa),闪点 113℃,密度 1.480 5¹⁸ g/mL,折射率 1.452。不溶于水,溶于乙醇、乙醚。吞食或与皮肤接触有害,可引起严重灼伤。制备:用甲基磺酸与二氯亚砜反应制取。用途:试剂,有机化工原料,染料、医药、农药等中间体。

三氟甲烷磺酰氯(trifluoromethanesulfonyl chloride)

亦称"三氟甲磺酰氯"。CAS 号 421-83-0。化学式 CF₃SO₂Cl,分子式 CClF₃O₂S,分子量 168.52。液体。沸点 29～32℃,密度 1.583²⁵ g/mL,折射率 1.334。遇水剧烈反应。具有腐蚀性,引起灼伤。制备:用三氟甲磺酸与三氯化磷制取,或三氟甲基亚磺酸与氯气反应制备。用途:试剂,有机化工原料。

乙烷磺酰氯(ethanesulfonyl chloride)

亦称"乙磺酰氯""乙基磺酰氯"。CAS 号 594-44-5。化学式 CH₃CH₂SO₂Cl,分子式 $C_2H_5ClO_2S$,分子量 128.58。浅黄色油状液体,有毒! 熔点 -68℃,沸点 177℃,闪点 83℃,密度 1.357 g/mL,折射率 1.452。易溶于乙醚,溶于二氯甲烷。遇水及乙醇分解。吞食或与皮肤接触有害,可引起严重灼伤。制备:用乙硫醇或乙基二硫化物在水中与氯气反应制取。用途:试剂,医药、农药中间体。

苯磺酰氯(benzenesulfonyl chloride)

CAS 号 98-09-9。分子式 $C_6H_6ClO_2S$,分子量 176.62。无色或浅黄色油状液体。熔点 13～15℃,沸点 251～252℃,闪点 132℃,密度 1.384 2¹⁵ g/mL,折射率 1.551。不溶于冷水,溶于醚、醇。具有腐蚀性,对皮肤、眼睛和黏膜有强刺激性。制备:用苯磺酸钠与五氯化磷或三氯氧磷反应制得,也可由苯与氯磺酸反应制取。用途:试剂,有机反应中间体。

4-甲基苯磺酰氯(4-methylbenzenesulfonyl chloride)

亦称"对甲苯磺酰氯"。CAS 号 98-59-9。分子式 $C_7H_8ClO_2S$,分子量 190.65。对湿气敏感的白色固体。熔点 65～69℃,沸点 134℃(10 Torr),闪点 128℃,密度 1.201 g/mL。不溶于水,易溶于乙醇、苯、氯仿和乙醚。具有腐蚀性,能引起灼伤。制备:用对甲苯磺酸制备,或由 4-甲基苯硫酚制取。用途:试剂,用于醇类化合物的磺酰化试剂。

2,4,6-三甲基苯磺酰氯(2,4,6-trimethylbenzenesulfonyl chloride) 亦称"均三甲苯磺酰氯"。CAS 号 773-64-8。分子式 $C_9H_{11}ClO_2S$，分子量 218.70。白色晶体。熔点 55～57℃。溶于乙醚、丙酮、二氯甲烷、四氢呋喃等有机溶剂。具有腐蚀性，对湿气敏感，能引起灼伤。制备：用 1,3,5-三甲苯和氯磺酸反应制取。用途：试剂，有机化工原料，作磺酸化反应以及核苷合成中作为缩合剂，或氨基酸分子内酯化和环合试剂。

2,3,4-三氯苯磺酰氯（2,3,4-trichlorobenzene-sulfonyl chloride） CAS 号 34732-09-7。分子式 $C_6H_2Cl_3O_2S$，分子量 279.96。白色至黄色粉末、晶体或晶体粉末。熔点 62～66℃，沸点 349.9℃，闪点 165.4℃。具有腐蚀性，能引起皮肤和眼睛的严重灼伤。制备：用 1,2,3-三氯苯与氯磺酸反应制取。用途：试剂。

2,4,5-三氯苯磺酰氯（2,4,5-trichlorobenzene-sulfonyl chloride） CAS 号 15945-07-0。分子式 $C_6H_2Cl_3O_2S$，分子量 279.96。灰白色晶体。熔点 65～67℃，沸点 345℃，闪点 162.4℃，密度 1.728 g/cm³。具有腐蚀性，能引起皮肤和眼睛的严重灼伤。制备：用 1,2,4-三氯苯与氯磺酸反应制取。用途：试剂，合成杀螨剂三氯杀螨砜的中间体。

2,4,6-三氯苯磺酰氯（2,4,6-trichlorobenzene-sulfonyl chloride; tricsyl chloride） CAS 号 51527-73-2。分子式 $C_6H_2Cl_4O_2S$，分子量 279.96。固体。熔点 44～48℃。具有腐蚀性，能引起皮肤和眼睛的严重灼伤。制备：用 1,3,5-三氯苯与氯磺酸反应制取。用途：试剂。

2-硝基-4-（三氟甲基）苯磺酰氯（2-nitro-4-(trifluoromethyl)benzenesulfonyl chloride） CAS 号 837-95-6。分子式 $C_7H_3ClF_3NO_4S$，分子量 289.62。固体。熔点 74～75℃，闪点 113℃。具有腐蚀性，引起灼伤，刺激眼睛和呼吸系统。制备：用 4-三氟甲基-2-硝基苯胺经重氮化后，与二氧化硫、乙酸及二氯亚铜反应制取。用途：试剂。

4-硝基-3-（三氟甲基）苯磺酰氯（4-nitro-3-(trifluoromethyl)benzene-sulfonyl chloride） CAS 号 39234-83-8。分子式 $C_7H_3ClF_3NO_4S$，分子量 289.62。固体。熔点 63～67℃，沸点 354℃，闪点 167.9℃，折射率 1.511。有腐蚀性，灼伤眼睛和皮肤。制备：用 4-硝基-3-三氟甲基苯硫酚制取，或由 4-氟-1-硝基-2-(三氟甲基)苯制备。用途：试剂。

4-（溴甲基）苯磺酰氯（4-(bromomethyl)benzenesulfonyl chloride） 亦称"对溴甲基苯磺酰氯""α-溴甲基苯磺酰氯"。CAS 号 66176-39-4。分子式 $C_7H_6BrClO_2S$，分子量 269.54。白色或微黄色固体。熔点 71～75℃。遇水分解，溶于苯和四氯化碳等有机溶剂。具有腐蚀性，对眼睛、皮肤和呼吸系统有严重不可逆作用危险。制备：用对甲基苯磺酰氯与 N-溴代琥珀酰亚胺反应制取。用途：试剂、有机化工原料、医药中间体。

4-溴-3-甲基苯磺酰氯（4-bromo-3-methylbenzene-sulfonyl chloride） 亦称"6-溴甲基-3-磺酰氯"。CAS 号 72256-93-0。分子式 $C_7H_6BrClO_2S$，分子量 269.54。白色固体。熔点 58～61℃。遇水分解，溶于氯仿。具有腐蚀性，能引起灼伤。制备：用邻溴甲苯与氯磺酸反应制取。用途：试剂、有机化工原料、医药中间体。

樟脑磺酰氯（camphorsulfonyl chloride） 亦称"10-樟脑磺酰氯"。分子式 $C_{10}H_{15}ClO_3S$，分子量 250.74。白色片状晶体。分子中有两个手性碳原子，故有两对对映异构体，其中一对对映异构体及其外消旋体物性数据如下：

名称	CAS号	结构式	熔点(℃)	$[\alpha]_D^T$
(1R)-10-樟脑磺酰氯	39262-22-1		66～68	$-33(c=3,$ $CHCl_3),$ $18℃$
(1S)-10-樟脑磺酰氯	21286-54-4		65～67	$+33(c=1,$ $CHCl_3),$ $22℃$
(±)-10-樟脑磺酰氯	4552-50-5	—	66～68	—

具有腐蚀性，能引起灼伤。制备：由樟脑磺酸与五氯化磷、三氯化磷或二氯亚砜制取。用途：试剂、精细化学品、医药中间体。

萘-1-磺酰氯（naphthalene-1-sulfonyl chloride） 亦称"1-萘磺酰氯"。CAS 号 85-46-1。分子式 $C_{10}H_7ClO_2S$，分子量 226.68。灰白色晶体。熔点 64～67℃，沸点 194～195℃ (13 Torr)，密度 1.414 g/cm³。具有腐蚀性，

能引起灼伤。制备：通过 1-萘磺酸与三氯化磷反应制得。用途：鉴定伯胺和仲胺，有机合成试剂。

萘-2-磺酰氯（naphthalene-2-sulfonyl chloride） 亦称"2-萘磺酰氯"。CAS 号 93-11-8。分子式 $C_{10}H_7ClO_2S$，分子量 226.68。淡黄色粉末。熔点 74～76℃，沸点 147.7℃(0.6 Torr)，密度 1.414 g/cm^3。具有腐蚀性，能引起灼伤。制备：通过 2-萘磺酸与三氯化磷反应制得。用途：试剂，鉴定胺类化合物。

磺酰胺（sulfamide） 亦称"硫酰胺"。CAS 号 7803-58-9。化学式 $(NH_2)_2SO_2$，分子式 $H_4N_2O_2S$，分子量 96.11。白色固体。熔点 90～92℃，密度 1.611^{25} g/cm^3。溶于水、热乙醇、丙酮，微溶于冷乙醇。刺激眼睛、呼吸系统和皮肤。制备：用磺酰氯和氨气反应制取。用途：试剂，用于制造医药、农药、染料等。

苯磺酰胺（benzenesulfonamide） CAS 号 98-10-2。分子式 $C_6H_7NO_2S$，分子量 157.18。白色针状或片状晶体。熔点 150～152℃。微溶于水，易溶于乙醇、乙醚。吞食有害。制备：由苯磺酰氯氨化制得。用途：试剂，有机合成中间体、医药中间体。

4-氨基苯磺酰胺（4-aminobenzenesulfonamide） 亦称"对氨基苯磺酰胺""对苯胺磺酰胺"。CAS 号 63-74-1。分子式 $C_6H_8N_2O_2S$，分子量 172.20。白色晶体。熔点 164～166℃，密度 1.08^{25} g/cm^3。溶于水、乙醇、丙酮、丙三醇、丙二醇，不溶于氯仿、乙醚、苯、石油醚。制备：用对乙酰氨基苯磺酰氯与氨反应后，水解反应产物制取。用途：试剂，医药中间体、抗生素。

2-氟苯磺酰胺（2-fluorobenzenesulfonamide） CAS 号 30058-40-3。分子式 $C_6H_6FNO_2S$，分子量 175.18。白色晶体，有毒！熔点 162～166℃，沸点 317.1℃，闪点 145.6℃，密度 1.428 g/cm^3。刺激眼睛、皮肤和呼吸系统。制备：用 2-氟苯磺酰氯与氢氧化铵直接反应制取，也可由 2-氟苯硫酚制备。用途：试剂。

3-氟苯磺酰胺（3-fluorobenzenesulfonamide） CAS 号 1524-40-9。分子式 $C_6H_6FNO_2S$，分子量 175.18。白色晶体，有毒！熔点 124.5～128.5℃，沸点 320.5℃，闪点 147.6℃，密度 1.428 g/cm^3。刺激眼睛、皮肤和呼吸系统。制备：用 3-氟苯磺酰氯与氢氧化铵直接反应制取，也可由 3-氟苯硫酚制备。用途：试剂。

4-氟苯磺酰胺（4-fluorobenzenesulfonamide）

CAS 号 402-46-0。分子式 $C_6H_6FNO_2S$，分子量 175.18。白色晶体，有毒！熔点 124～127℃，沸点 307.9℃，闪点 140℃，密度 1.554 g/cm^3。刺激眼睛、皮肤和呼吸系统。制备：用 4-氟苯磺酰氯与氢氧化铵直接反应制取，也可由 4-氟苯硫酚制备。用途：试剂，医药、染料中间体。

N-苯磺酰基-N-氟苯磺酰胺（N-(benzenesulfonyl)-N-fluorobenzenesulfonamide） 亦称"N-氟苯磺酰亚胺""N-氟代双苯磺酰胺"。CAS 号 133745-75-2。分子式 $C_{12}H_{10}FNO_4S_2$，分子量 315.34。白色晶体，有毒！熔点 114～116℃，沸点 244.5℃，闪点 101.7℃，密度 1.476 g/cm^3。易溶于氯仿、二氯甲烷、乙酸乙酯等有机溶剂，溶于甲醇、乙醇。刺激眼睛、呼吸系统和皮肤。制备：由双苯磺酰亚胺制取。用途：氟化剂，用于富电子芳香化合物、烯醇硅醚、烯醇锂盐等的单氟化反应。

甲基氟磺酸酯（methyl fluorosulfonate） 亦称"氟磺酸甲酯""魔甲基"。CAS 号 421-20-5。分子式 CH_3FO_3S，分子量 114.10。液体，对人体极毒！熔点 -95℃，沸点 93℃，闪点 10℃，密度 1.363 g/mL。易溶于大多数有机溶剂。制备：由氟磺酸与硫酸二甲酯制取。用途：甲基化试剂。

甲基磺酸甲酯（methyl methanesulfonate） 亦称"甲磺酸甲酯"。CAS 号 66-27-3。化学式 $CH_3SO_3CH_3$，分子式 $C_2H_6O_3S$，分子量 110.13。无色液体，有毒！沸点 202～203℃，闪点 104℃，密度 1.294 3 g/mL，折射率 1.414 0。溶于水、N,N-二甲基甲酰胺，微溶于低极性溶剂。可能致癌，吞食有害，刺激眼睛、呼吸系统和皮肤。制备：用甲磺酰氯与甲醇或甲醇钠制取。用途：试剂，精细化学品、医药中间体、材料中间体。

苯基三氟甲磺酸酯（phenyl trifluoromethanesulfonate） CAS 号 17763-67-6。分子式 $C_7H_5F_3O_3S$，分子量 226.17。无色或黄色固体，有毒！沸点 99～100℃(60 Torr)，闪点 71℃，密度 1.396^{25} g/cm^3，折射率 1.435。溶于二氯甲烷、四氢呋喃、乙腈等有机溶剂。具有腐蚀性，刺激眼睛、皮肤和呼吸系统。制备：用苯酚和三氟甲磺酸酐反应制取。用途：试剂，有机化工原料。

4-甲基苯磺酸甲酯（methyl 4-methylbenzenesulfonate） 亦称"对甲苯磺酸甲酯"。CAS 号 80-48-8。分子式 $C_8H_{10}O_3S$，分子量 186.23。白色晶体。熔点 25～28℃，沸点 144～

145℃(5 Torr),闪点 113℃,密度 1.234^{25} g/cm^3,折射率 1.517 2。不溶于水,微溶于石油醚,易溶于乙醇、乙醚、苯和氯仿。具有腐蚀性,吞食有害,能引起灼伤。制备:用对甲苯磺酰氯与甲醇制取。用途:有机合成中的选择性甲基化试剂,用于医药、显像胶带等。

4-甲基苯磺酸乙酯(ethyl 4-methylbenzenesulfonate) 亦称"对甲苯磺酸乙酯"。CAS 号 80-40-0。分子式 $C_9H_{12}O_3S$,分子量 200.25。单斜系晶体。熔点 29~33℃,沸点 158~162℃(10 Torr),闪点 158℃,密度 1.174^{25} g/cm^3,折射率 1.511。不溶于水,溶于乙醚、乙醇、热乙酸。吞食有害,刺激眼睛、呼吸系统和皮肤。制备:用对甲苯磺酰氯与乙醇制取。用途:乙基化试剂,用于医药、有机合成、显像胶带等。

对硝基苯磺酸甲酯(methyl 4-nitrobenzenesulfonate) CAS 号 6214-20-6。分子式 $C_7H_7NO_5S$,分子量 217.20。浅黄色或米色粉末。熔点 89~92℃,闪点 174℃,折射率 1.555,密度 1.453 g/cm^3。刺激皮肤。制备:用对硝基苯磺酰氯与甲醇反应制取。用途:甲基化试剂。

甲酚红(cresol red) 亦称"邻甲酚红""邻甲酚磺酞"。CAS 号 1733-12-6。分子式 $C_{21}H_{18}O_5S$,分子量 382.43。红棕色粉末。熔点 295℃。几乎不溶于丙酮、苯,微溶于甲醇和乙醇,溶于碱溶液。刺激眼睛、皮肤和呼吸系统。制备:用苯甲磺酸酐、邻甲基苯酚与无水氯化锌制取,也可由邻磺酸基苯甲酸与邻甲基苯酚共热制备。用途:试剂,酸碱指示剂(溶液低于 pH 7.2 呈黄色,高于 pH 8.8 呈红色)。

溴甲酚绿(bromcresol green) 亦称"3,3′,5,5′-四溴间甲酚磺酞"。CAS 号 76-60-8。分子式 $C_{21}H_{14}Br_4O_5S$,分子量 698.02。乙酸中结晶得到的浅黄色细微晶体。熔点 218~219℃,密度 0.9 g/cm^3。微溶于水,溶于乙醇、乙醚、乙酸乙酯和苯。对碱敏感,碱量足够时呈现出特征蓝绿色。刺激眼睛、皮肤和呼吸系统。制备:由间甲苯酚磺酞与溴反应制取。用途:试剂,酸碱指示剂(溶液 pH 低于 3.8 呈黄色,高于 5.4 呈蓝绿色)。

溴甲酚紫(bromcresol purple) 亦称"溴甲酚红""二溴邻甲酚磺酞"。CAS 号 115-40-2。分子式

$C_{21}H_{16}Br_2O_5S$,分子量 540.22。浅黄色细微晶体。熔点 241.5℃。难溶于水,溶于乙醇、稀氢氧化钠和碳酸钠的水溶液。刺激眼睛、皮肤和呼吸系统。制备:用甲酚红与溴在冰醋酸中反应制取。用途:试剂、酸碱指示剂、色谱分析试剂。

二乙基硒(diethyl selenide) CAS 号 627-53-2。化学式 Se(CH$_2$CH$_3$)$_2$,分子式 $C_4H_{10}Se$,分子量 137.08。高度易燃性淡黄色液体,有毒!沸点 108℃,闪点 22℃,密度 1.232^{25} g/mL,折射率 1.476。不溶于水,易溶于乙醚、乙醇、苯、二氯甲烷和氯仿。吞食和吸入有毒,对水体和水环境长期有害。制备:用二乙基硒亚砜还原制取,或用卤代乙烷与硒反应制备。用途:试剂、有机合成中间体。

甲基亚硒酸(methylseleninic acid) 亦称"甲亚硒酸"。CAS 号 28274-57-9。化学式 CH$_3$SeO$_2$H,分子式 CH_4O_2Se,分子量 127.00。白色固体。熔点 128~132℃。溶于水、甲醇、二氯甲烷等溶剂。吸入或吞食有毒,对眼睛有害,可引起皮肤灼伤。制备:由二甲基二硒醚氧化或二甲基硒醚制取。用途:试剂。

苯硒酚(benzeneselenol) 亦称"苯基硒酚"。CAS 号 645-96-5。化学式 C_6H_5SeH,分子式 C_6H_6Se,分子量 157.07。无色液体,剧毒!熔点 -23℃,沸点 71~72℃(Torr),闪点 70℃,密度 1.479^{25} g/mL,折射率 1.616。不溶于水,溶于乙醚等有机溶剂。吸入和吞食有害,有累积作用危险,对水生生物有极高毒性,并在水生环境中造成长期不利影响。制备:用苯基格氏试剂与硒反应,酸性水解后制取。用途:有机合成试剂、有机化工原料。

苯基氯化硒(phenyl selenohypochlorite) 亦称"苯硒基氯"。CAS 号 5707-04-0。化学式 C_6H_5ClSe,分子式 C_6H_5SeCl,分子量 191.52。红色固体,剧毒!熔点 59~62℃,沸点 120℃(20 Torr)。溶于甲醇、氯仿。吸入和吞食有害,有累积作用危险,对水生生物有极高毒性,并在水生环境中造成长期不利影响。制备:用二苯基二硒醚与二氯亚砜反应制取。用途:试剂。

苯基溴化硒(phenyl selenohypobromite) 亦称"苯硒基溴"。CAS 号 34837-55-3。化学式 C_6H_5BrSe,分子式 C_6H_5SeBr,分子量 235.97。固体,剧毒!熔点 58~62℃,沸点 107~108℃(15 Torr)。溶于甲苯。吸入和吞食有害,有累积作用危险,对水生生物有极高毒性,并在水生环境中造成长期不利影响。制备:用二苯基二硒醚与二溴亚砜反应制取。用途:试剂、精细化学品、医药中间体。

苯亚硒酸(benzeneseleninic acid) CAS 号 6996-92-5。化学式 $C_6H_5SeO_2H$,分子式 $C_6H_6O_2Se$,分子量 189.07。白色固体,剧毒!熔点 121~124℃,密度 1.93 g/cm^3。溶于二氯甲烷、四氢呋喃、1,4-二氧六环等有机溶

剂。吸入和吞食有害,有累积作用危险,对水生生物有极高毒性,并在水生环境中造成长期不利影响。制备:用二苯二硒经氧化反应制取。用途:试剂、有机合成中间体。

二苯基二硒醚(diphenyl diselenide) 亦称"二苯基联二硒"。CAS 号 1666-13-3。化学式 $C_6H_5SeSeC_6H_5$,分子式 $C_{12}H_{10}Se_2$,分子量 312.13。黄色粉末状固体,剧毒!熔点 $59\sim61℃$,沸点 $202\sim203℃$(11 Torr),密度 1.743 g/cm^3。不溶于水,溶于热醇、醚和二甲苯。吸入和吞食有害,有累积作用危险,对水生生物有极高毒性,并在水生环境中造成长期不利影响。制备:用苯基格氏试剂与硒粉反应制取,也可由卤代苯、硒粉与强碱反应制备。用途:试剂,有机合成中间体。

苯碲酚(benzenetellurol; tellurophenol) 亦称"苯基碲酚"。CAS 号 69577-06-6。化学式 C_6H_5TeH,分子式 C_6H_6Te,分子量 205.71。溶于乙醇、苯。制备:用碘苯与碲氢化钠反应制取,或直接还原二苯基二碲制备。用途:试剂,有机合成中间体。

(苯基二碲基)苯((phenylditellanyl)benzene) 亦称"二苯基二碲基醚"。CAS 号 32294-60-3。化学式 $C_6H_5TeTeC_6H_5$,分子式 $C_{12}H_{10}Te_2$,分子量 409.41。黄色或橘红色固体。熔点 $65\sim67℃$。溶于四氢呋喃、N,N-二甲基甲酰胺。吸入、与皮肤接触和吞食有害,并刺激眼睛、呼吸系统和皮肤。制备:用苯基格氏试剂与碲粉反应制取,也可由卤代苯、碲粉与强碱反应制备。用途:试剂,有机合成中间体。

乙氧基碲(Ⅳ)(tellurium ethoxide) 亦称"碲酸四乙酯"。CAS 号 2017-01-8。化学式 $Te(OC_2H_5)_4$,分子式 $C_8H_{20}O_4Te$,分子量 307.84。固体。熔点 20℃,沸点 $107\sim107.5℃$(5.5 Torr)。溶于乙醇、苯、四氢呋喃等有机溶剂。吸入、与皮肤接触和吞食有害。制备:用乙醇钠与四氯化碲反应制取,或用乙醇与四异丙氧基碲反应制备。用途:试剂,有机合成中间体。

硫酸氢甲酯(methyl hydrogen sulfate) 亦称"硫酸单甲酯"。CAS 号 75-93-4。化学式 CH_3OSO_3H,分子式 CH_4O_4S,分子量 112.11。无色油状液体,高毒!熔点 $-35\sim-30℃$,沸点 $77\sim78℃$(2 Torr),闪点 83℃,密度 1.318^{31} g/mL。与水互溶,与乙醚混溶。有腐蚀性、强刺激性,可引起皮肤、眼睛灼伤。制备:用甲醇和氯磺酸酯制取。用途:胺类和醇类化合物的甲基化试剂,制造靛蓝染料的试剂。

硫酸二甲酯 释文见 483 页。

1,3,2-二噁噻烷-2,2-二氧化物(1,3,2-dioxathiolane 2,2-dioxide) 亦称"乙烯硫酸酯""乙二醇硫酸酯""2-氧代-1,3,2-二氧硫杂戊烷"。CAS 号 1072-53-3。分子式 $C_2H_4O_4S$,分子量 124.12。淡黄色晶体。熔点 $95\sim97℃$,密度 1.735^{13}

g/cm^3,折射率 1.4478^{40}。溶于二氯甲烷、氯仿、四氯化碳、乙腈等有机溶剂。吞食或与皮肤接触有毒。制备:由乙二醇与二氯亚砜反应后再经氧化反应制备,或用亚硫酸乙烯酯经氧化反应直接制取。用途:试剂、有机化工原料、电解液添加剂、合成药物中间体等。

硫酸氢乙酯(ethyl hydrogen sulfate) 亦称"硫酸单乙酯"。CAS 号 540-82-9。化学式 $C_2H_5OSO_3H$,分子式 $C_2H_6O_4S$,分子量 126.13。腐蚀性无色油状液体。密度 1.3657 g/mL,折射率 1.4105。溶于水。具有腐蚀性,可引起皮肤、眼睛灼伤。制备:用乙醇和一氯化硫反应制取,或用乙烯与硫酸反应制备。用途:试剂,医药,农药中间体,生产乙硫醇。

硫酸二乙酯 释文见 483 页。

苄基硫酸氢酯(benzyl hydrogen sulfate) CAS 号 26687-85-4。化学式 $C_6H_5CH_2OSO_3H$,分子式 $C_7H_8O_4S$,分子量 188.20。固体。熔点 $183.5\sim184.5℃$。溶于乙醇、氯仿、丙酮、1,4-二氧六环等有机溶剂。有腐蚀性,可引起皮肤、眼睛灼伤。制备:用苯甲醇与氯磺酸反应制取。用途:试剂、有机化工原料。

苯基硫酸氢酯(phenyl hydrogen sulfate) CAS 号 937-34-8。$C_6H_5OSO_3H$,分子式 $C_6H_6O_4S$,分子量 174.17。固体。溶于水。制备:用苯酚与氯磺酸反应制取。用途:试剂、有机化工原料。

二苯基硫酸酯(diphenyl sulfate) CAS 号 4074-56-0。化学式 $(C_6H_5O)_2SO_2$,分子式 $C_{12}H_{10}O_4S$,分子量 250.28。黄色固体。熔点 288℃(分解),沸点 $144\sim146℃$(1 Torr),折射率 1.5464。溶于四氢呋喃、乙腈等溶剂。制备:用苯酚与 N,N'-磺酰二咪唑反应制取。用途:试剂。

硫丹(endosulfan; benzoepin; endocel) 系统名"1,2,3,4,7,7-六氯双环[2.2.1]庚烯-(2)-双羟甲基-5,6-亚硫酸酯"。CAS 号 115-29-7。分子式 $C_9H_6Cl_6O_3S$,分子量 406.93。棕色或无色晶体,可燃,高毒!熔点 $70\sim100℃$,闪点 225.8℃,密度 1.745 g/cm^3。不溶于水,溶于氯仿、丙酮、正己烷、二氯甲烷、异辛烷等多数有机溶剂。制备:由六氯环戊二烯与 1,4-丁烯二醇加热反应制取。用途:广谱杀虫杀螨剂,主要作旱地用的有机氯杀虫剂。

硫丹硫酸酯(endosulfan sulfate) 系统名"1,4,5,6,7,7-六氯-5-降冰片烯-2,3-二甲醇环状硫酸酯"。CAS 号 1031-07-8。分子式 $C_9H_6Cl_6O_4S$,分子量 422.90。固体。有机氯农药硫丹的代谢产物之一。熔点 $181\sim182℃$,闪点 244.5℃,密度 1.94 g/cm^3。微溶于水,溶于正己烷、甲苯、

乙醚、丙酮、乙酸乙酯等有机溶剂。吞食致命,对水体和水生生物有持久的极高毒性。制备:用高锰酸钾在乙酸中氧化硫丹制取。用途:试剂。

含氮有机化合物

N-亚硝基二甲胺（N-nitrosodimethylamine; dimethylnitrosamine）　亦称"二甲基亚硝胺"。CAS号62-75-9。化学式$(CH_3)_2NNO$,分子式$C_2H_6N_2O$,分子量74.08。浅黄色油状液体,具可燃性,剧毒! 熔点-28℃,沸点152℃,闪点61℃,密度1.005 g/mL,折射率1.484 9。与水互溶,易溶于乙醇、乙醚、二氯甲烷、氯仿等常见有机溶剂。吞食和吸入会致死,刺激皮肤、眼睛,可致癌。制备:用N,N-二甲胺与亚硝酸反应制取。用途:化学试剂,有机合成中间体。

N-亚硝基二乙胺（N-nitrosodiethylamine; diethylnitrosamine）　亦称"二乙基亚硝胺"。CAS号55-18-5。化学式$(C_2H_5)_2NNO$,分子式$C_4H_{10}N_2O$,分子量102.14。浅黄色油状液体。沸点175～177℃,闪点61℃,密度0.942 g/mL,折射率1.438 8。与水互溶,易溶于乙醇、乙醚、二氯甲烷、氯仿等常见有机溶剂。吸入有毒,具有刺激作用,可能致癌。制备:用N,N-二乙胺与亚硝酸反应制取。用途:化学试剂,有机合成中间体。

N-亚硝基二正丙基胺（N-nitrosodipropylamine; dipropylnitrosamine）　亦称"二正丙基亚硝胺"。CAS号621-64-7。化学式$(C_3H_7)_2NNO$,分子式$C_6H_{14}N_2O$,分子量130.19。浅黄色油状液体。沸点194.5℃,闪点98.9℃,密度0.916 g/mL,折射率1.443 7。微溶于水,溶于乙醇、乙醚等有机溶剂以及脂质。吞食有毒,可能致癌,对水生生物及水生环境长期有害。制备:用N,N-二正丙胺经亚硝化反应制取。用途:化学试剂,有机合成中间体。

N-亚硝基二异丙基胺（N-nitrosodiisopropylamine; diisopropylnitrosamine）亦称"二异丙基亚硝胺"。CAS号601-77-4。分子式$C_6H_{14}N_2O$,分子量130.19。白色或浅黄色晶体。熔点44～46℃,沸点78℃(12 Torr)。溶于四氢呋喃、二氯甲烷、苯等有机溶剂。制备:用N,N-二异丙胺经亚硝基化反应制取。用途:化学试剂,有机合成中间体。

N-亚硝基二正丁基胺（N-nitrosodibutylamine; dibutylnitrosamine）　CAS号924-16-3。分子式$C_8H_{18}N_2O$,分子量158.24。浅黄色油状液体。沸点115℃(12 Torr),密度0.900 g/mL,折射率1.447 5。微溶于水,溶于四氢呋喃、二氯甲烷等有机溶剂。吞食有害,可能致癌。制备:用N,N-二正丁基胺与亚硝酸反应制取。用途:化学试剂,有机合成中间体。

亚硝基苯（nitrosobenzene; NOB）　CAS号586-96-9。分子式C_6H_5NO,分子量107.11。白色固体。熔点65～69℃,沸点59℃(18 Torr)。吸入、吞食和与皮肤接触有害。制备:由硝基苯还原为苯基羟胺,再以重铬酸钠氧化制得;或用卡罗酸氧化苯胺制得。用途:自旋捕获剂,用于DNA的氧化损伤及亚硝基类化合物诱发中性粒细胞呼吸爆发的研究。

2-亚硝基苯甲酰胺（2-nitrosobenzamide）　亦称"邻亚硝基苯甲酰胺"。CAS号89795-55-1。分子式$C_7H_6N_2O_2$,分子量150.14。固体。熔点220℃(分解)。溶于乙醇。制备:由间硝基苯甲酰胺经电化学还原反应制取,也可由2-氨基苯甲酰胺经氧化反应制备。用途:化学试剂。

3-亚硝基苯甲酰胺（3-nitrosobenzamide）　CAS号144189-66-2。分子式$C_7H_6N_2O_2$,分子量150.14。浅黄色固体,135℃以上颜色变深,150～160℃软化并聚合。熔点240～250℃(分解)。不溶于水,易溶于乙醇、乙酸乙酯和DMF,溶液中为深绿色。具有刺激性,吞食可引起急性中毒。制备:由间氯过氧苯甲酸氧化3-氨基苯甲酰胺溶液制得。用途:因能够除去病毒粒子蛋白中反转录病毒型的锌,可作抗反转录病毒药;具有抗肿瘤活性,可抑制HIV-1毒株感染。

4-亚硝基苯甲酰胺（4-nitrosobenzamide）　亦称"对亚硝基苯甲酰胺"。CAS号54441-14-4。分子式$C_7H_6N_2O_2$,分子量150.14。固体。熔点335～345℃(分解)。溶于乙腈。制备:由间氯过氧苯甲酸氧化4-氨基苯甲酰胺溶液制得。用途:化学试剂。

N-亚硝基二乙醇胺（N-nitrosodiethanolamine; diethanolnitrosamine）　亦称"二乙醇亚硝基胺",CAS号1116-54-7。分子式$C_4H_{10}N_2O_3$,分子量134.14。黄色黏稠状液体。沸点114℃(1.4 Torr),密度1.28 g/mL,折射率1.484 9。溶于水和极性有机溶剂,不溶于非极性溶剂。属易燃性液体,具有致癌性。制备:由二乙醇胺或三乙醇胺与亚硝基试剂反应制取。用途:化学试剂,有机合成中间体。

对亚硝基-N,N-二甲基苯胺（p-nitroso-N,N-dimethylaniline）　亦称"4-亚硝基-N,N-二甲基苯胺"。CAS号138-89-6。分子式$C_8H_{10}N_2O$,分子量150.18。深绿色片状固体。熔点92～93℃,密度1.145 g/cm³。不溶于水,溶于乙醇、乙醚和甲酰胺,可随水蒸气蒸发。吞食有毒,刺激眼睛、皮肤和呼吸系统。制备:由二甲基苯甲酰胺与亚硝酸反应制取。

用途：化学试剂，有机合成中间体。

N-甲基-N-苯基亚硝胺（N-methyl-N-nitrosoaniline；N-methyl-N-phenyl-nitrous amide）CAS 号 614-00-6。分子式 $C_7H_8N_2O$，分子量 136.15。黄色晶体。熔点 14.7℃，沸点 225℃（分解），密度 1.129 g/cm³，折射率 1.577 6。不溶于水，溶于乙醇、乙醚。吞食或与皮肤接触有毒，可能诱发基因突变并致癌。制备：由 N-甲基苯胺经亚硝基化反应制取。用途：化学试剂。

N-苄基-N-甲基亚硝胺（N-benzyl-N-methylnitrous amide）CAS 号 937-40-6。分子式 $C_8H_{10}N_2O$，分子量 150.18。黄色至棕黄色粉末状固体。沸点 299℃，折射率 1.538 8³¹。不溶于水，溶于甲醇、二氯甲烷。属致癌物。制备：由 N-甲基-N-苄基胺经亚硝化反应制取。用途：化学试剂。

N-亚硝基二苯胺（N-nitrosodiphenylamine；diphenylnitrosamine）亦称"亚硝基二苯胺""二苯基亚硝胺"。CAS 号 86-30-6。分子式 $C_{12}H_{10}N_2O$，分子量 198.22。黄色至棕黄色粉末状固体。熔点 66℃，沸点 101℃，密度 1.23 g/cm³。不溶于水，微溶于乙醇、氯仿，溶于苯、丙酮、二氯乙烷。吞食有害，刺激眼睛和皮肤，可能诱发基因突变，对水生生物和水生环境有长期不利影响。制备：由二苯胺与亚硝酸反应制取。用途：化学试剂，用于天然橡胶与合成橡胶的防焦剂。

4-亚硝基二苯基胺（4-nitrosodiphenylamine）亦称"对亚硝基二苯基胺"。CAS 号 156-10-5。分子式 $C_{12}H_{10}N_2O$，分子量 198.22。绿色片状固体。熔点 144℃（分解）。微溶于水和石油醚，易溶于乙醇、乙醚、苯和氯仿。吞食有害，刺激眼睛和皮肤。制备：由 N-亚硝基二苯胺经重排反应制取，也可由苯胺与硝基苯反应制备。用途：化学试剂、橡胶硫化促进剂。

N-亚硝基吗啉（N-nitrosomorpholine）CAS 号 59-89-2。分子式 $C_4H_8N_2O_2$，分子量 116.12。黄色晶体。熔点 29℃，沸点 224～225℃（747 Torr），密度 1.104 g/cm³，折射率 1.492 5。与水混溶，溶于有机溶剂。吞食有毒，可致癌。制备：由吗啉与亚硝酸反应制取。用途：化学试剂，生物试剂。

1,4-二亚硝基哌嗪（1,4-dinitrosopiperazine）CAS 号 140-79-4。分子式 $C_4H_8N_4O_2$，分子量 144.13。浅黄色片状晶体。熔点 158℃，密度 1.425²⁵ g/cm³。微溶于水、丙酮，易溶于热乙醇。吞食有毒，可致癌。制备：由哌嗪与亚硝酸反应制取。用途：化学试剂，生物试剂。

1-亚硝基-2-萘酚（1-nitroso-2-naphthol）CAS 号 131-91-9。分子式 $C_{10}H_7NO_2$，分子量 173.17。黄棕色片状固体。熔点 109～110℃。微溶于水和石油醚，溶于乙醇、乙醚、苯、二硫化碳和碱性水溶液、乙酸。吞食有害，刺激眼睛、皮肤和呼吸系统，对水生生物有剧毒。制备：由 2-萘酚与亚硝酸反应制取。用途：化学试剂，有机合成中间体，分析试剂。

2-亚硝基-1-萘酚（2-nitroso-1-naphthol）CAS 号 132-53-6。分子式 $C_{10}H_7NO_2$，分子量 173.17。黄色针状晶体。熔点 155～157℃。不溶于水，溶于乙醇、乙醚、乙酸和丙酮。刺激眼睛、皮肤和呼吸系统。制备：由 1-萘酚与亚硝酸或亚硝基硫酸反应制取。用途：化学试剂，分析试剂，有机合成中间体。

1-亚硝基吡咯烷（1-nitrosopyrrolidine）亦称"N-亚硝基吡咯烷"。CAS 号 930-55-2。分子式 $C_4H_8N_2O$，分子量 100.12。黄色液体。沸点 214℃，闪点 98℃，密度 1.085²⁵ g/mL，折射率 1.489。与水混溶，溶于有机溶剂。吞食有害，可能致癌。制备：由吡咯烷与亚硝酸反应制取。用途：化学试剂。

2-亚硝基甲苯（2-nitrosotoluene）亦称"邻亚硝基甲苯"。CAS 号 611-23-4。分子式 C_7H_7NO，分子量 121.14。固体。熔点 72～75℃，密度 1.324 g/cm³。溶于二氯甲烷、氯仿。吞食、吸入或与皮肤接触有害，刺激皮肤和眼睛及呼吸系统。制备：由邻甲基苯胺用双氧水氧化制取。用途：化学试剂。

3-亚硝基甲苯（3-nitrosotoluene）亦称"间亚硝基甲苯"。CAS 号 620-26-8。分子式 C_7H_7NO，分子量 121.14。绿色固体。熔点 52～53℃。溶于二氯甲烷、氯仿。制备：由间甲基苯胺用双氧水氧化制取。用途：化学试剂。

4-亚硝基甲苯（4-nitrosotoluene）亦称"对亚硝基甲苯"。CAS 号 623-11-0。分子式 C_7H_7NO，分子量 121.14。绿色固体。熔点 46～48℃，折射率 1.489²⁵。溶于二氯甲烷、氯仿、丙酮。制备：由对甲基苯胺用双氧水氧化制取。用途：化学试剂。

4-亚硝基-N,N-二甲基苯胺（4-nitroso-N,N-dimethylaniline）亦称"对亚硝基-N,N-二甲基苯胺""N,N-二甲基-4-亚硝基苯胺"。CAS 号 138-89-6。分子式 $C_8H_{10}N_2O$，分子量 150.18。深绿色固体。熔点 92～94℃，密度 1.145 g/cm³。不溶于水，溶于乙醇、乙醚和 N，

N-二甲基甲酰胺。吞食、吸入和与皮肤接触有害,刺激眼睛、皮肤和呼吸系统。制备:由 *N*,*N*-二甲基苯胺与亚硝酸反应制取。用途:化学试剂,硫化促进剂,有机合成中间体。

2-亚硝基苯酚(2-nitrosophenol)　亦称"邻亚硝基苯酚"。CAS 号 13168-78-0。分子式 $C_6H_5NO_2$,分子量 123.11。可溶于水,溶于稀碱性水溶液。制备:由邻氨基苯酚与双氧水经催化反应制取。用途:化学试剂。

3-亚硝基苯酚(3-nitrosophenol)　亦称"间亚硝基苯酚"。CAS 号 20031-38-3。分子式 $C_6H_5NO_2$,分子量 123.11。固体。熔点 104～105℃(分解)。可溶于水,溶于稀碱性水溶液、乙醇。制备:可由间硝基苯酚经还原反应制取,也可由间氨基苯酚经氧化反应制备。用途:化学试剂。

4-亚硝基苯酚(4-nitrosophenol)　亦称"对亚硝基苯酚"。CAS 号 104-91-6。分子式 $C_6H_5NO_2$,分子量 123.11。浅黄色针状晶体。熔点 144℃(分解)。可溶于水,溶于稀碱性水溶液、乙醇、乙醚、丙酮和苯。与浓酸、浓碱接触或受热引起爆炸,吞食有害,能引起基因缺陷,对水生生物和水生环境长久有害。制备:由苯酚和亚硝酸在低温反应制取。用途:化学试剂,有机反应中间体,精细化学品中间体。

亚硝基红盐(nitroso-R salt)　亦称"亚硝基 R 盐""4-亚硝基-3-羟基-2,7-萘二磺酸二钠""试钴铁灵"。CAS 号 525-05-3。分子式 $C_{10}H_5NNa_2O_8S_2$,分子量 377.26。金黄色晶体。溶于水,在热水中溶解度增加,微溶于甲醇和乙醇。吞食、吸入或与皮肤接触有害,刺激眼睛、皮肤和呼吸系统。制备:由 3-羟基-2,7-萘二磺酸二钠与亚硝酸在低温反应制取。用途:化学试剂、分析试剂,用于测定钴和钾。

1-甲基-1-亚硝基脲(1-methyl-1-nitrosourea)　亦称"*N*-亚硝基-*N*-甲基脲""亚硝基甲脲""甲基亚硝基脲"。CAS 号 684-93-5。分子式 $C_2H_5N_3O_2$,分子量 103.08。浅黄色片状晶体。熔点 124℃(分解),密度 1.49 g/cm³。溶于水、乙醇、乙醚、丙酮、苯和氯仿等有机溶剂。可燃性固体,吞食有毒,可致癌。制备:由甲基脲与亚硝酸反应制取。用途:化学试剂,合成中间体。

N-亚硝基-N-甲基烯丙胺(*N*-nitroso-*N*-methylallylamine)　CAS 号 4549-43-3。分子式 $C_4H_8N_2O$,分子量 100.12。黄色液体。沸点 170～174℃。溶于水。有毒、致癌。制备:由甲基烯丙基胺与亚硝酸反应制取,或由烯丙基溴与 *N*-甲基对甲苯磺酰胺反应后,再与亚硝酸反应制取。用途:化学试剂。

N-亚硝基甲基乙烯基胺(*N*-nitrosomethylvinylamine)　亦称"甲基乙烯基胺亚硝胺"。CAS 号 4549-40-0。分子式 $C_3H_6N_2O$,分子量 86.09。极易挥发性黄色液体。沸点 47～48℃(30 Torr),折射率 1.492^{25}。溶于水、有机溶剂和脂质化合物。吞食致命,致癌。制备:由甲基乙烯基胺与亚硝酸反应制取。用途:化学试剂。

N-乙烯基-N-乙基亚硝胺(*N*-ethenyl-*N*-ethylnitrous amide; vinylethylnitrosamine)　CAS 号 13256-13-8。分子式 $C_4H_8N_2O$,分子量 100.12。易挥发性液体。沸点 61～63℃(43 Torr)。溶于甲醇。吞食致命,致癌。制备:以二乙基亚硝胺为原料经多步反应制取。用途:化学试剂。

二戊基亚硝胺(dipentylnitrosamine)　亦称"*N*,*N*-二戊基亚硝胺"。CAS 号 13256-06-9。分子式 $C_{10}H_{22}N_2O$,分子量 186.30。浅黄色液体,有毒!沸点 146℃(12 Torr),密度 0.893 g/mL,折射率 1.451 2。不溶于水。制备:由二戊胺与亚硝酸反应制取。用途:化学试剂。

对甲苯磺酰基甲基亚硝胺(*p*-tolylsulfonyl-methylnitrosamide)　亦称"*N*-甲基-*N*-亚硝基对甲苯磺酰胺"。CAS 号 80-11-5。分子式 $C_8H_{10}N_2O_3S$,分子量 214.25。黄色晶体。熔点 62℃。不溶于水,溶于热乙醇、乙醚、苯、石油醚、氯仿和四氯化碳,与碱作用生成重氮甲烷。刺激眼睛、皮肤和呼吸系统,吸入或与皮肤接触有毒。制备:由对甲苯磺酰基甲基胺与亚硝酸反应制取。用途:化学试剂,制备重氮甲烷原料,有机反应中间体,医药原料。

亚硝基胍(nitrosoguanidine; 2-nitrosoguanidine)　CAS 号 674-81-7。分子式 CH_4N_4O,分子量 88.07。黄色针状晶体,有毒!熔点 164～165℃。溶于水。制备:由硝基胍经还原反应制取。用途:化学试剂。

N-甲基-N′-硝基-N-亚硝基胍(*N*-methyl-*N′*-nitro-*N*-nitrosoguanidine)　亦称"甲基硝基亚硝基胍"。CAS 号 70-25-7。分子式 $C_2H_5N_5O_3$,分子量 147.09。可燃性黄色粉末状固体。熔点 123～125℃(分解)。遇水剧烈反应,溶于二甲基亚砜等极性有机溶剂。吸入有害,刺激眼睛、皮肤,可致癌,对水生生物有长久毒性。制备:由 *N*-甲基-*N′*-硝基胍与亚硝酸反应制取。用途：化学试剂,重氮甲烷前体;在生化研究中作致癌物和强效诱变剂。

N-亚硝基乙酰苯胺(N-nitrosoacetanilide) 亦称"N-亚硝基 N-苯基乙酰胺"。CAS 号 938-81-8。分子式 $C_8H_8N_2O_2$,分子量 164.16。浅黄色晶体。熔点 51℃(分解)。不溶于水,溶于二氯甲烷。制备:由乙酰苯胺与亚硝酸反应制取。用途:化学试剂,有机反应中间体。

硝基甲烷(nitromethane) CAS 号 75-52-5。化学式 CH_3NO_2,分子式 CH_3NO_2,分子量 61.04。有刺激性气味的可燃性无色油状液体。熔点 -29℃,沸点 101.2℃,闪点 36℃,密度 1.137 g/mL,折射率 1.382。部分溶于水,溶于乙醇、乙醚、乙酸乙酯、丙酮、四氯化碳、二甲基甲酰胺等有机溶剂以及碱性溶液。吞食有害,能引起中枢神经系统损害,对肝、肾有损害。易燃,具刺激性;属易制爆化学品。制备:工业上用丙烷与硝酸高温反应制取,实验室用氯乙酸钠与硝酸反应制备。用途:溶剂、试剂,有机反应中间体,用于制造炸药、燃料、医药及汽油添加剂等。

硝基乙烷(nitroethane) CAS 号 79-24-3。化学式 $CH_3CH_2NO_2$,分子式 $C_2H_5NO_2$,分子量 75.07。可燃性无色油状液体。熔点 -90℃,沸点 114~115℃,闪点 28℃,密度 1.045 g/mL,折射率 1.391 6。部分溶于水,与甲醇、乙醇、乙醚混溶,溶于氯仿、丙酮和碱性溶液。吞食和吸入有害。制备:工业上用丙烷与硝酸高温反应制取,或用卤代乙烷与硝酸银反应制备。用途:溶剂、试剂,有机反应中间体,用于燃料、医药、颜料及汽油添加剂等。

1-硝基丙烷(1-nitropropane) CAS 号 108-03-2。化学式 $CH_3(CH_2)_2NO_2$,分子式 $C_3H_7NO_2$,分子量 89.09。可燃性无色油状液体。熔点 -108℃,沸点 131~132℃,闪点 35℃,密度 0.989 g/mL,折射率 1.401 5。微溶于水,与乙醇、乙醚混溶,溶于多种有机溶剂。吞食、吸入或与皮肤接触有害。制备:工业上用丙烷与硝酸高温反应制取。用途:溶剂、试剂,有机反应中间体,用于燃料、医药、颜料及汽油添加剂等。

2-硝基丙烷(2-nitropropane) CAS 号 79-46-9。化学式 $CH_3CH(NO_2)CH_3$,分子式 $C_3H_7NO_2$,分子量 89.09。可燃性无色油状液体。熔点 -93℃,沸点 120℃,闪点 26℃,密度 0.992 g/mL,折射率 1.394 6。微溶于水,与多数烃、酮、酯及低级羧酸混溶。可能致癌,吞食、吸入或与皮肤接触有害。制备:工业上用丙烷与硝酸高温反应制取。用途:溶剂、试剂,有机反应中间体,用于燃料、医药、颜料及汽油添加剂等。

1-硝基丁烷(1-nitrobuane) CAS 号 627-05-4。化学式 $CH_3(CH_2)_3NO_2$,分子式 $C_4H_9NO_2$,分子量 103.12。无色液体。熔点 -81℃,沸点 152~153℃,闪点 44℃,密度 0.974 g/mL,折射率 1.411 4。微溶于水,溶于多种有机溶剂。属较易燃液体;中等毒性;对中枢神经系统和肝脏可能有损害。制备:由 1-卤代丁烷制取。用途:试剂,有机反应中间体。

2-硝基丁烷(2-nitrobutane) CAS 号 600-24-8。化学式 $CH_3CH(NO_2)CH_2CH_3$,分子式 $C_4H_9NO_2$,分子量 103.12。油状液体。熔点 -132℃,沸点 139~140℃,密度 0.966 g/mL,折射率 1.404 2。微溶于水,溶于多种有机溶剂。吞食有毒,对眼睛有严重伤害。制备:用正丁烷与硝酸反应制取,或用 2-卤代丁烷反应制备。用途:试剂,有机反应中间体。

2-甲基-2-硝基丙烷(2-methyl-2-nitropropane) CAS 号 594-70-7。化学式 $(CH_3)_3CNO_2$,分子式 $C_4H_9NO_2$,分子量 103.12。高度易燃性白色固体。熔点 25~26℃,沸点 126~127℃,闪点 19℃,密度 0.949 g/cm³,折射率 1.403 7。不溶于水,溶于乙醇、二氯甲烷、丙酮、四氢呋喃、四氯化碳等有机溶剂。对眼睛、皮肤和呼吸系统有毒。制备:用叔丁胺经氧化反应制取,或用叔丁烷反应制备。用途:试剂,有机反应中间体。

2-甲基-1-硝基丙烷(2-methyl-1-nitropropane) CAS 号 625-74-1。化学式 $(CH_3)_2CHCH_2NO_2$,分子式 $C_4H_9NO_2$,分子量 103.12。液体。熔点 -77℃,沸点 136~138℃,密度 0.964 g/mL,折射率 1.407 5。微溶于水,溶于甲醇、乙醚、氯仿等有机溶剂。制备:用 2-甲基-1-卤代丙烷反应制取。用途:试剂,有机反应中间体。

2-甲基-2-硝基-1-丙醇(2-methyl-2-nitropropan-1-ol) CAS 号 76-39-1。分子式 $C_4H_9NO_3$,分子量 119.12。固体。熔点 86~89℃,沸点 94~95℃(10 Torr)。溶于甲醇、四氢呋喃等溶剂。刺激眼睛,吞食有害,对水生生物有持久性伤害。制备:用 2-硝基丙烷与甲醛反应制取。用途:试剂,有机反应中间体。

硝基苯(nitrobenzene) 亦称"杏仁油""密斑油"。CAS 号 98-95-3。分子式 $C_6H_5NO_2$,分子量 123.11。具有苦杏仁味的无色至浅黄色油状液体。熔点 6℃,沸点 210~211℃,闪点(密闭)88℃,密度 1.196^{25} g/mL,折射率 1.552 9。难溶于水,易溶于乙醇、苯、乙醚等有机溶剂。吸入、与皮肤接触和吞食有毒,刺激皮肤、眼睛,具有环境危害性。制备:由苯和混酸(硝酸与硫酸)反应制得。用途:试剂,溶剂,除臭剂、医药、农药、香料等有机化工原料。

1-甲基-2-硝基苯(1-methyl-2-nitrobenzene) 亦称"2-硝基甲苯""邻硝基甲苯"。CAS 号 88-72-2。分子式 $C_7H_7NO_2$,分子量 137.14。带有硝基苯气味的黄色液体。熔点 -10℃,沸点 222℃,闪点 95℃,密度 1.163^{25} g/mL,折射率 1.547 2。几

乎不溶于水,与乙醇、乙醚混溶,溶于苯、石油醚、四氯化碳等有机溶剂。吸入、与皮肤接触和吞食有毒,具有环境危害性。制备:用甲苯经硝化反应制取。用途:有机试剂,溶剂,染料、涂料、塑料及医药的重要中间体。

1-甲基-3-硝基苯(1-methyl-3-nitrobenzene) 亦称"3-硝基甲苯""间硝基甲苯"。CAS 号 99-08-1。分子式 $C_7H_7NO_2$,分子量 137.14。黄色液体。熔点 14~16℃,沸点 230~231℃,闪点 102℃,密度 1.163 g/mL,折射率 1.542 6。不溶于水,与乙醇、乙醚混溶,溶于苯。吸入、与皮肤接触和吞食有毒。制备:用间甲苯基硼酸反应制取,也可由 3-硝基-4-氨基甲苯制备。用途:有机试剂。

1-甲基-4-硝基苯(1-methyl-4-nitrobenzene) 亦称"4-硝基甲苯""对硝基甲苯"。CAS 号 99-99-0。化学式 $CH_3C_6H_4NO_2$,分子式 $C_7H_7NO_2$,分子量 137.14。黄色晶体。熔点 53~54℃,沸点 238℃,闪点 106℃,密度 1.392^{25} g/cm³,折射率 1.538 2。几乎不溶于水,溶于乙醇、乙醚、苯、氯仿、丙酮等有机溶剂。吸入、与皮肤接触和吞食有毒,具有环境危害性。制备:用甲苯经硝化反应制取。用途:有机试剂,农药、染料、医药、塑料等的重要中间体。

2-甲基-1,3,5-三硝基苯(2-methyl-1,3,5-trinitrobenzene) 亦称"2,4,6-三硝基甲苯""梯恩梯"(TNT)。CAS 号 118-96-7。分子式 $C_7H_5N_3O_6$,分子量 227.13。无色至黄色的爆炸性固体。熔点 81℃,沸点 240℃,密度 1.654 g/cm³。难溶于水,溶于丙酮、苯、氯仿等有机溶剂。刺激眼睛、皮肤和呼吸系统。制备:用甲苯与混酸(硫酸与硝酸)反应制取。用途:试剂,用于炸药。

2,4-二硝基苯甲醚(2,4-dinitroanisole) 系统名"1-甲氧基-2,4-二硝基苯"。CAS 号 119-27-7。分子式 $C_7H_6N_2O_5$,分子量 198.13。易燃性无色至黄色针状固体。熔点 93~95℃,沸点 207℃(12 Torr),密度 1.34 g/cm³。微溶于热水,溶于乙醇、乙醚等多种有机溶剂。吞食有害,可疑致癌物。制备:用对硝基苯甲醚或间硝基苯甲醚经硝化反应制取,也可用 1-氯-2,4-二硝基苯与甲醇钠反应制备。用途:试剂,TNT 炸药替代物,染料中间体,杀虫剂。

3-硝基苯胺(3-nitroaniline) 亦称"间硝基苯胺"。CAS 号 99-09-2。化学式 $O_2NC_6H_4NH_2$,分子式 $C_6H_6N_2O_2$,分子量 138.12。黄色固体,高毒! 熔点 111~114℃,沸点 306℃,密度 0.901^{25} g/cm³。溶于水、乙醇、乙醚、甲醇等溶剂。吸入、与皮肤接触和吞食有害,可经皮肤吸收。制备:由苯甲酰胺经硝化反应先制得 3-硝基苯甲酰胺,再通过霍夫曼降解后制得。用途:试剂,染料合成的中间体。

3-硝基邻苯二甲酸 释文见 463 页。

1-硝基萘(1-nitronaphthalene) CAS 号 86-57-7。分子式 $C_{10}H_7NO_2$,分子量 173.17。黄色针状晶体。熔点 53~57℃,沸点 304℃,闪点 164℃,密度 1.223^{25} g/cm³。不溶于水,溶于乙醇、乙醚、氯仿、二硫化碳等溶剂。易燃易爆,吞食有毒,对水生生物有毒,可能对水生环境有长期不利影响。制备:用萘经硝化反应制取。用途:试剂,染料中间体,用于石油工业的脱荧光剂。

甲胺(methylamine) CAS 号 74-89-5。化学式 CH_3NH_2,分子式 CH_5N,分子量 31.06。具有强烈鱼腥味的易燃性无色气体。熔点 -93℃,沸点 -6.3℃,闪点 -10℃,相对密度 0.70(空气=1)。极易溶于水,溶于乙醇、苯、丙酮,与乙醚混溶。易燃性气体,吞食和吸入有害,能灼伤眼睛和皮肤。制备:用甲醇和氯化铵、氯化锌反应制取,或用氯化铵与甲醛反应制备。用途:化学试剂,重要有机合成原料,溶剂,制冷剂等。

二甲胺(dimethylamine) CAS 号 124-40-3。化学式 $(CH_3)_2NH$,分子式 C_2H_7N,分子量 45.08。具有鱼腥味的易燃性无色气体。熔点 -93℃,沸点 7℃,闪点 -18℃,密度 0.68^0 g/mL。极易溶于水,溶于乙醇、乙醚等多种有机溶剂。易燃性气体,吞食、与皮肤接触和吸入有害,能灼伤眼睛和皮肤。制备:用甲醇和氨反应制取。用途:化学试剂,有机合成原料,橡胶硫化促进剂,农药、医药重要中间体等。

三甲胺(trimethylamine) CAS 号 75-50-3。化学式 $(CH_3)_3N$,分子式 C_3H_9N,分子量 59.11。具有鱼腥味的易燃性无色气体。熔点 -117℃,沸点 3~4℃,闪点 -7℃,密度 0.67^0 g/mL。与水、醇混溶,溶于乙醚、苯、甲苯及氯仿等有机溶剂。易燃性气体,吞食、与皮肤接触和吸入有害,能灼伤眼睛和皮肤。制备:用甲醇与氨反应制取,或用多聚甲醛与氯化铵反应制备。用途:化学试剂,有机反应中间体,医药、农药中间体等。

乙胺(ethylamine; aminoethane) CAS 号 75-04-7。化学式 $CH_3CH_2NH_2$,分子式 C_2H_7N,分子量 45.08。具有强烈鱼腥味的易燃性无色气体。熔点 -81℃,沸点 16.6℃,闪点 -37℃,密度 0.689^{15} g/mL,折射率 1.409 8。极易溶于水,与水、乙醇和乙醚混溶。易燃性气体,吞食和吸入有害,能灼伤眼睛和皮肤。制备:用乙醇和氨反应制取,也可用乙醛与氨、氢气反应制备,或由乙烯与氢气反应合成。用途:化学试剂,重要有机合成原料,医药、染料反应中间体,也用于离子交换树脂、选矿剂等。

二乙胺(diethylamine) CAS 号 109-89-7。化学式 $(CH_3CH_2)_2NH$,分子式 $C_4H_{11}N$,分子量 73.14。具有鱼腥味的易燃性无色液体。熔点 -50℃,沸点 55℃,闪点

-23℃,密度 0.707 g/mL,折射率 1.386 4。与水、乙醇及多数有机溶剂混溶,溶于乙醚、四氯化碳。易燃性液体,吞食和吸入有害,能灼伤眼睛、皮肤和呼吸系统。制备:用乙醇和氨反应制取,也可用卤代乙烷与氨反应制备。用途:化学试剂,重要有机合成原料,医药、染料反应中间体,也用于离子交换树脂、石油工业等。

三乙胺(triethylamine)　CAS 号 121-44-8。化学式 $(CH_3CH_2)_3N$,分子式 $C_6H_{15}N$,分子量 101.19。具有鱼腥味的易燃性无色液体。熔点 -115℃,沸点 89~90℃,闪点 -15℃,密度 0.726^{25} g/mL,折射率 1.400 3。与水在 18℃ 以下混溶,易溶于丙酮、苯、氯仿等有机溶剂,溶于乙醇和乙醚。易燃性液体,吞食和吸入有害,能灼伤眼睛、皮肤和呼吸系统。制备:用乙醛、氨和氢气反应制取,也可用卤代乙烷与氨反应制备,或用乙醇与氨反应合成。用途:化学试剂,溶剂,重要有机合成原料,医药、染料反应中间体。

三羟甲基甲胺(tromethamine; trimethylol aminomethane)　亦称"氨基丁三醇""三羟甲基氨基甲烷""缓血酸胺"。CAS 号 77-86-1。分子式 $C_4H_{11}NO_3$,分子量 121.14。晶体。熔点 167~172℃,沸点 219~220℃(10 Torr)。溶于水、甲醇、乙醇、丙酮,几乎不溶于氯仿和四氯化碳。刺激眼睛、皮肤和呼吸系统。制备:由三羟甲基硝基甲烷经还原反应制取。用途:试剂,重要工业原料及反应中间体,用于表面活性剂、医药等。

2-氨基-2-乙基-1,3-丙二醇(2-amino-2-ethyl-1,3-propanediol)　CAS 号 115-70-8。分子式 $C_5H_{13}NO_2$,分子量 119.16。晶体,商品试剂可能为黏稠状液体。熔点 37.5~38.5℃,沸点 152~153℃(10 Torr),密度 1.099 g/cm³,折射率 1.490。与水混溶,溶于乙醇。刺激眼睛和皮肤。制备:由 2-乙基-2-硝基-1,3-丙二醇经还原反应制取。用途:重要工业原料及反应中间体,用于表面活性剂、润滑剂、医药等。

丙胺(propylamine; 1-aminopropane)　亦称"正丙基胺""1-正丙胺"。CAS 号 107-10-8,化学式 $CH_3CH_2CH_2NH_2$,分子式 C_3H_9N,分子量 59.11。具有鱼腥味的无色透明液体。熔点 -83℃,沸点 48℃,闪点 -30℃,密度 0.719 g/mL,折射率 1.388。与水、乙醇、乙醚混溶,易溶于丙酮,溶于苯、氯仿,微溶于四氯化碳。易燃性液体,吞食、吸入或与皮肤接触有害,对水生生物和环境长期有害。制备:由丙醇和氨反应制取,或由丙醛、氨和氢气反应制取。用途:化学试剂,有机合成原料,用于医药、农药、橡胶等。

异丙胺(isopropylamine; 2-aminopropane)　亦称"2-丙胺"。CAS 号 75-31-0。化学式 $(CH_3)_2CHNH_2$,分子式 C_3H_9N,分子量 59.11。具有鱼腥味的无色透明液体。熔点 -101℃,沸点 33~34℃,闪点 -18℃,密度 0.688 g/mL,折射率 $1.377 0^{15}$。与水、乙醇、乙醚混溶,易溶于丙酮,溶于苯、氯仿。易燃性液体,吞食、吸入或与皮肤接触有害。制备:由异丙醇和氨反应制取,或由丙酮和氨反应制取。用途:化学试剂,溶剂,有机合成原料,用于医药、农药、橡胶等。

二丙胺(dipropylamine; N-propylpropan-1-amine)　亦称"二正丙胺"。CAS 号 142-84-7。化学式 $(CH_3CH_2CH_2)_2NH$,分子式 $C_6H_{15}N$,分子量 101.19。具有鱼腥味的无色透明液体。熔点 -63℃,沸点 109℃,闪点 7℃,密度 0.738 g/mL,折射率 1.404 9。易溶于水、乙醚、乙醇和丙酮。易燃性液体,具有腐蚀性。吞食、吸入或与皮肤接触有害。制备:由正丙醇和氨反应制取。用途:化学试剂,溶剂,有机合成原料及中间体,用于医药、农药、橡胶等。

二异丙胺(diisopropylamine; DIPA)　CAS 号 108-18-9。化学式 $[(CH_3)_2CH]_2NH$,分子式 $C_6H_{15}N$,分子量 101.19。具有鱼腥味的无色透明液体。熔点 -61℃,沸点 84℃,闪点 -17℃,密度 0.722^{25} g/mL,折射率 1.392。溶于水,易溶于丙酮、苯、乙醚和乙醇。易燃性液体,吞食、吸入或与皮肤接触有害,对水生生物和水生环境长期有害。制备:由异丙醇和氨反应制取,或由异丙基氯和氨反应制备。用途:化学试剂,有机合成原料,用作医药、农药、染料等中间体。

1-丁胺(butylamine; 1-butylamine)　亦称"正丁基胺"。CAS 号 109-1073-9。化学式 $CH_3CH_2CH_2CH_2NH_2$,分子式 $C_4H_{11}N$,分子量 73.14。具有鱼腥味的无色透明液体。熔点 -50℃,沸点 78℃,闪点 -7℃,密度 0.733^{25} g/mL,折射率 1.401 0。与水、乙醇、乙醚混溶。易燃性液体,吞食、吸入或与皮肤接触有害。制备:由正丁醇和氨反应制取,也可由正丁醇、氨和氢气反应制备。用途:化学试剂,有机合成原料,用于医药、农药、橡胶等。

2-丁胺(2-aminobutane; isobutylamine)　亦称"仲丁胺"。分子式 $C_4H_{11}N$,分子量 73.14。具有鱼腥味的无色透明液体。闪点 -19℃,折射率 1.392 8。与水混溶,极易溶于乙醇、乙醚,溶于丙酮和苯。分子中有一个手性碳原子,故有一对对映异构体,包括外消旋体在内其他物性等数据如下:

名　称	CAS 号	结构式	熔点(℃)	沸点(℃)	密度(g/mL)	$[\alpha]_D^{19}$(纯)
(R)-2-丁胺	13250-12-9	NH₂	-105	63	0.728^{19}	-7.5
(S)-2-丁胺	513-49-5	NH₂	-105	63	0.731^{15}	+7.5
(±)-2-丁胺	13952-84-6	NH₂	-104	63	0.724	—

制法：由 2-丁醇与氨反应制取。易燃性液体，吞食、吸入或与皮肤接触有害。用途：化学试剂，也用作矿物浮选剂、汽油抗震剂等。

叔丁胺（*tert*-butylamine）　亦称"叔丁基胺""特丁胺"。CAS 号 75-64-9。化学式（CH₃）₃CNH₂，分子式 $C_4H_{11}N$，分子量 73.14。具有鱼腥味的无色透明液体。熔点 - 72.6℃，沸点 44～46℃，闪点 - 38℃，密度 0.695 g/mL，折射率 1.377。与水、乙醇、乙醚混溶，溶于氯仿和其他常用有机溶剂。易燃性液体，吞食、吸入或与皮肤接触有害，对水生生物和水生环境长期有害。制备：由异丁烯和氨反应制取，也可由叔丁醇与尿素经缩合及后续水解反应制备。用途：化学试剂，有机合成原料，用于橡胶添加剂、杀虫剂、染料、医药等。

1-戊胺（amylamine；1-pentylamine）　亦称"正戊基胺"。CAS 号 110-58-7。化学式 CH₃（CH₂）₄NH₂，分子式 $C_5H_{13}N$，分子量 87.16。具有鱼腥味的无色透明液体。熔点 -55℃，沸点 104℃，闪点 1℃，密度 0.752^{25} g/mL，折射率 1.411。与乙醚混溶，极易溶于水，溶于乙醇。易燃性液体，吞食、吸入或与皮肤接触有害和有刺激性，对水生生物和水生环境长期有害。制备：可由 1-正戊醇与氨反应制取，也可还原 1-戊腈制备。用途：化学试剂，有机合成原料，用于医药、农药、橡胶等。

1,5-戊二胺（pentane-1,5-diamine）　亦称"尸胺"。CAS 号 462-94-2。化学式 NH₂（CH₂）₅NH₂，分子式 $C_5H_{14}N_2$，分子量 102.18。具有特征恶臭的糖浆状无色透明液体。熔点 9℃，沸点 178～180℃，闪点 62℃，密度 0.873^{25} g/mL，折射率 1.458。溶于水、乙醇，微溶于乙醚。具有腐蚀性，吞食、与皮肤或眼睛接触引起严重伤害。制备：由赖氨酸在脱羧酶作用下脱羧制取，也可由戊二腈经还原反应制备。用途：化学试剂。

1,4-丁二胺（1,4-butanediamine）　俗称"腐胺"，亦称"1,4-二氨基丁烷"。CAS 号 110-60-1。化学式 NH₂（CH₂）₄NH₂，分子式 $C_4H_{12}N_2$，分子量 88.15。具有哌啶气味的无色油状液体或无色固体。熔点 27.5℃，沸点 158～160℃，密度 0.877^{25} g/cm³。极易溶于水。具有腐蚀性，吞食、与皮肤或眼睛接触引起严重伤害。制备：由丁二腈经氢气还原制取，也可由 1,4-二卤丁烷出发制备。用途：化学试剂。

亚精胺（spermidine；*N*-(3-aminopropyl)-1,4-butanediamine）　系统名"*N*-(3-氨丙基)-1,4-丁二胺"。CAS 号 124-20-9。化学式 H₂N（CH₂）₃NH（CH₂）₄NH₂，分子式 $C_7H_{19}N_3$，分子量 145.25。液体。熔点<25℃，沸点 128～130℃，闪点 112℃，密度 0.925^{25} g/mL，折射率 1.479。溶于水、乙醚和乙醇，广泛分布在生物体内。具有腐蚀性，引起皮肤灼伤或伤害眼睛。制备：可由 1,4-丁二胺与腺苷甲硫氨酸经生物合成制得，也可化学合成。用

途：生物研究试剂。

精胺（spermine）　系统名"*N*，*N*′-(3-氨丙基)-1,4-丁二胺"。CAS 号 71-44-3。化学式 H₂N（CH₂）₃NH（CH₂）₄NH（CH₂）₃NH₂，分子式 $C_{10}H_{26}N_4$，分子量 202.34。针状固体。熔点 28～30℃，沸点 150℃（5 Torr），闪点 110℃，折射率 1.488^{26}。溶于水、低级醇和氯仿，几乎不溶于乙醚、苯和石油醚。具有腐蚀性，能引起皮肤灼伤或伤害眼睛。制备：可由 1,4-丁二胺与腺苷蛋氨酸经多步酶催化反应合成。用途：化学试剂，阴离子表面活性剂，用于化工、农药等行业。

氮丙啶（aziridine）　亦称"氮杂环丙烷""乙撑亚胺"。CAS 号 151-56-4。分子式 C_2H_5N，分子量 43.07。有刺激性氨味的无色透明液体。熔点 -74℃，沸点 56～57℃，闪点 - 11℃，密度 0.832^{24} g/mL，折射率 1.412^{25}。与水混溶，易溶于氯仿，溶于乙醇。可燃性液体，具有腐蚀性，引起皮肤灼伤或伤害眼睛，吸入有害，对水生生物和水生环境有长期不利影响。制备：可由乙醇胺或 2-氯乙胺反应制取。用途：化学试剂，用于聚合反应、石油精细化工品、表面活性剂等多种用途。

氮杂环丁烷（azetidine；trimethylenimine）　CAS 号 503-29-7。分子式 C_3H_7N，分子量 57.09。无色液体。熔点 -83℃，沸点 61～62℃，闪点 -21℃，密度 0.846 g/mL，折射率 1.431。溶于水。可燃性液体，具有腐蚀性，引起皮肤灼伤或伤害眼睛，吸入有害。制备：可由 4-氨基-1-丁醇出发反应制取。用途：化学试剂。

（S）-氮杂环丁烷-2-羧酸（（S）-azetidine-2-carboxylic acid）　系统名"L-氮杂环丁烷-2-羧酸"。CAS 号 2133-34-8。分子式 $C_4H_7NO_2$，分子量 101.10。晶体。熔点 205～210℃（分解），密度 1.463 g/cm³，比旋光度 -108°（*c*=3.6，水）。溶于水，几乎不溶于无水乙醇，对矿物酸不稳定。制备：可由 L-天冬氨酸经多步反应制取。用途：化学试剂，多用作 L-脯氨酸替代物。

四氢吡咯（tetrahydropyrrole）　亦称"吡咯烷"。CAS 号 123-75-1。分子式 C_4H_9N，分子量 71.12。有刺激性气味的无色或微黄色液体。熔点 - 63℃，沸点 87～88℃，闪点 3℃，密度 0.853 g/mL，折射率 1.443。与水混溶，溶于乙醇、乙醚，微溶于苯和氯仿。可燃性液体，具有腐蚀性，与眼睛、皮肤接触或吸入有害。制备：可由 1,4-丁二醇与氨反应制取，也可用氢气还原吡咯制备，或用鸟氨酸与腐胺经生物途径合成。用途：化学试剂。

3-吡咯啉（3-pyrroline）　亦称"2,5-二氢吡咯"。CAS 号 109-96-6。分子式 C_4H_7N，分子量 69.11。有刺激性气味的易吸湿性无色液体。熔点 - 71℃，沸点 90～91℃，闪点 -18℃，密度 0.910 g/mL，折射率

1.466 8。与水混溶,溶于乙醇、乙醚和氯仿。可燃性液体,具有腐蚀性,与眼睛、皮肤接触或吸入有害。制备:可由氢气部分还原吡咯制备,或用二烯丙基胺经环化反应制取。用途:化学试剂。

烯丙基胺(allylamine) 亦称"烯丙胺""3-氨基丙烯"。CAS 号 107-11-9。化学式 $CH_2 = CHCH_2NH_2$,分子式 C_3H_7N,分子量 57.09。具有强烈氨味的无色或浅黄色液体,有毒! 熔点 -88℃,沸点 53℃,闪点 -29℃,密度 0.760 g/mL,折射率 1.420。与水、乙醇、乙醚和氯仿混溶。易燃性液体,吞食、吸入或与皮肤接触有害,对水生生物和环境长期有害。制备:由丙烯基氯和氨反应制取,或水解异硫氰酸烯丙酯制备。用途:化学试剂,有机合成原料,用于医药、农药等。

二烯丙基胺(diallylamine; di-2-propenylamine) 亦称"二烯丙胺"。CAS 号 124-02-7。化学式 $(CH_2 = CHCH_2)_2NH$,分子式 $C_6H_{11}N$,分子量 97.16。具有令人不愉快气味的液体,有毒! 熔点 -88℃,沸点 111~112℃,闪点 7℃,密度 0.790 g/mL,折射率 1.440 6。溶于水、乙醇和乙醚。易燃性液体,吞食、吸入或与皮肤接触有害,对水生生物和环境长期有害。制备:由丙烯基氯和氨反应制取,或水解二烯丙基氰胺制备。用途:化学试剂,有机合成中间体。

哌啶(piperidine) 亦称"六氢吡啶"。CAS 号 110-89-4。分子式 $C_5H_{11}N$,分子量 85.15。有胡椒气味的无色液体,有毒! 熔点 -7℃,沸点 106℃,闪点 16℃,密度 0.862 g/mL,折射率 1.453 4。与水、乙醇混溶,溶于乙醚、丙酮、苯和氯仿。具有可燃性,吸入有毒,可灼伤眼睛和皮肤。制备:可由 1,5-戊二胺经环化反应制取,或用吡啶经氢化还原反应制备。用途:化学试剂,用于有机合成、制药。

哌嗪(piperazine) 系统名"1,4-二氮杂环己烷"。CAS 号 110-85-0。分子式 $C_4H_{10}N_2$,分子量 86.14。白色针状晶体或无色固体。熔点 106℃,沸点 146℃,闪点 109℃,密度 1.114 g/cm³。易溶于水和甘油,微溶于乙醇,不溶于乙醚。具有腐蚀性,可灼伤眼睛和皮肤,吸入有害。制备:可由氯乙醇经氨化、环合反应制取。用途:化学试剂,用于有机合成、医药、驱虫剂等。

吗啉(morpholine) 亦称"吗啡啉",系统名"1,4-氧氮杂环己烷"。CAS 号 110-91-8。分子式 C_4H_9NO,分子量 87.12。具有鱼腥味的吸湿性无色液体。熔点 -5℃,沸点 129℃,闪点 31℃,密度 1.007 g/mL,折射率 1.454 0。与水、丙酮、苯、醚、醇等多种有机溶剂混溶。具有腐蚀性,吸入、与眼睛或皮肤接触有害。制备:可由环氧乙烷和氨反应制取,或用二乙醇胺经脱水反应制备。用途:有机合成中间体,用于医药、农药、表面活性剂、橡胶硫化促进剂、染料等的合成。

奎宁环(quinuclidine) 系统名"1-氮杂二环[2.2.2]辛烷"。CAS 号 100-76-5。分子式 $C_7H_{13}N$,分子量 119.19。晶体。熔点 156℃,沸点 100~105℃(4 Torr),密度 1.025 g/cm³。易溶于水和常用有机溶剂。吞食、吸入或与皮肤接触有毒。制备:可由 2-(哌啶-4-基)乙醇经催化反应制取,或由 3-奎宁环酮制备。用途:制药中间体,络合剂。

3-奎宁醇(3-quinuclidinol) 系统名"1-氮杂二环[2.2.2]辛烷-3-醇"。分子式 $C_7H_{13}NO$,分子量 127.18。白色至浅黄色固体。溶于水。对空气敏感,具有腐蚀性。分子中有一个手性碳原子,故有一对对映异构体,包括外消旋体在内其他物性等数据如下:

名 称	CAS 号	结构式	熔点(℃)	$[\alpha]_D^{23}$(1N HCl)
(R)-3-奎宁醇	25333-42-0		220~222	-37.0
(S)-3-奎宁醇	34583-34-1		215~217	+39.3
(±)-3-奎宁醇	1619-34-7		221~223	—

制备:由 3-奎宁酮经还原反应制取。用途:化学试剂,有机合成中间体,医药中间体。

3-奎宁酮(3-quinuclidinone) 系统名"1-氮杂二环[2.2.2]辛烷-3-酮"。CAS 号 3731-38-2。分子式 $C_7H_{11}NO$,分子量 125.17。固体。熔点 140℃,沸点 110℃(12 Torr)。溶于乙腈、甲醇、丙酮等溶剂。吞食、吸入或与皮肤接触有害。制备:可由 3-奎宁醇经氧化反应制取,也可由奎宁环经氧化反应制备。用途:试剂,有机反应中间体。

托品酮(tropinone) 系统名"8-甲基-8-氮杂二环[3.2.1]辛烷-3-酮"。CAS 号 532-24-1。分子式 $C_8H_{13}NO$,分子量 139.19。浅黄色至棕黄色晶体。熔点 44℃,沸点 227℃,闪点 90℃。密度 0.987⁴ g/cm³,折射率 1.462 4¹⁰⁰。溶于水。吞食有害。制备:由丁二醛、甲胺和丙酮二羧酸酯经加热环合反应制取。用途:试剂,医药中间体。

莨菪烷(tropane) 亦称"托品烷",系统名"8-甲基-8-氮杂二环[3.2.1]辛烷"。CAS 号 529-17-9。分子式 $C_8H_{15}N$,分子量 125.21。液体。沸点 163~169℃,闪点 42℃,密度 0.926¹⁵ g/mL,折射率 1.477。微溶于水,在水中的溶解度随温度增加而降低。可燃性液体,吞食、吸入或与皮肤接触有害。制备:可由托品酮经还原反应制取。用途:化学试剂,反应中间体。

1-金刚烷胺(amantadine;1-adamantylamine) 亦称"1-氨基金刚烷""金刚烷胺"。CAS 号 768-94-5。分子式 $C_{10}H_{17}N$,分子量 151.25。白色晶体粉末。熔点 180~192℃。几乎不溶于水,溶于有机溶剂。吞食有害,刺激眼睛、皮肤和呼吸系统。制备:由金刚烷经多步反应制取。用途:化学试剂,有机合成中间体,医药品。

1,8-二氮杂二环[5.4.0]十一碳-7-烯(1,8-diazabicyclo[5.4.0]undec-7-ene;DBU) CAS 号 6674-22-2。分子式 $C_9H_{16}N_2$,分子量 154.24。液体。沸点 80~83℃(0.6 Torr),闪点 113℃,密度 1.018^{25} g/mL,折射率 1.522 0。溶于水、乙醇、丙酮、乙酸乙酯、二甲基亚砜等溶剂。具有腐蚀性,吞食、吸入或与皮肤接触有害,对水生生物和水生环境有长期不利影响。制备:由己内酰胺和丙烯腈经多步反应制取。用途:化学试剂,催化剂,有机合成中间体。

1,4-二氮杂二环[2.2.2]辛烷(1,4-diazabicyclo[2.2.2]octane;triethyldiamine;DABCO) 亦称"三乙烯二胺""三亚乙基二胺"。CAS 号 280-57-9。分子式 $C_6H_{12}N_2$,分子量 112.17。极易吸湿性无色固体。熔点 158℃,沸点 174℃,闪点 62℃,密度 1.02^{25} g/cm³,折射率 1.463 4。溶于水、丙酮、苯、乙醇等溶剂。具可燃性,吞食有害,刺激眼睛、皮肤和呼吸系统,对水生生物和水生环境有长期不利影响。制备:可由乙二胺、乙醇胺或二乙醇胺等经催化反应制取。用途:化学试剂,有机合成中间体,添加剂,碱性催化剂。

1,5-二氮杂二环[4.3.0]壬-5-烯(1,5-diazabicyclo[4.3.0]non-5-ene;DBN) CAS 号 3001-72-7。分子式 $C_7H_{12}N_2$,分子量 124.18。无色或浅黄色液体。沸点 95~98℃(7.5 Torr),闪点 94℃,密度 1.005^{25} g/mL,折射率 1.519 6。溶于水。具有腐蚀性,刺激眼睛、呼吸系统。制备:由丁内酰胺和丙烯腈经多步反应制取。用途:化学试剂,催化剂,有机合成中间体。

苯胺(aniline) CAS 号 62-53-3。分子式 C_6H_7N,分子量 93.13。带有鱼腥味的无色油状液体,暴露于光或空气颜色变黑。熔点 -6℃,沸点 184℃,闪点 70℃,密度 1.022^{25} g/mL,折射率 1.586。微溶于水,与乙醇、苯、氯仿和多数有机溶剂混溶。吸入、与皮肤接触和吞食有毒,具有环境危害性。制备:用硝基苯还原制取。用途:重要有机反应中间体,用于染料、聚合物、橡胶行业和农业,也用做溶剂。

2-甲氨基-苯丙烷-1-醇(2-(methylamino)-1-phenylpropan-1-ol) CAS 号 4607-45-8。分子式

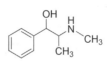

$C_{10}H_{15}NO$,分子量 165.23。白色无味粉末状固体,或蜡状固体,颗粒状固体。溶于氯仿、乙醚、苯、乙醇、水。吞食有害。分子中有两个不同的手性碳原子,故有两对对映异构体,其他物性等数据如下(其中,前两种被称为麻黄碱或麻黄素,后两种称为伪麻黄碱):

名 称	CAS 号	熔点(℃)	沸点(℃)	密度(g/cm³)	$[\alpha]_D^T$
(1R,2S)-2-甲氨基-苯丙烷-1-醇	299-42-3	34	255	1.124^{25}	$[\alpha]_D^{21}-36$(c=2,H₂O)
(1S,2R)-2-甲氨基-苯丙烷-1-醇	321-98-2	119	—	—	$[\alpha]_D^{20}+51$(c=20.6,EtOH)
(1R,2R)-2-甲氨基-苯丙烷-1-醇	321-97-1	118~120	—	—	$[\alpha]_D^{20}-51$(c=20.6,EtOH)
(1S,2S)-2-甲氨基-苯丙烷-1-醇	90-82-4	118~119	130(16 Torr)	—	$[\alpha]_D^{20}+52$(c=20.6,EtOH)

制备:有多种化学合成方法,或通过生物半合成法,将L-苯丙氨酸转化为苯甲醛,再与丙酮酸反应及后续甲基化反应制得。用途:试剂,医药等有机化工原料。

4-(2-氨基丙基)苯酚(4-(2-aminopropyl)-phenol) 亦称"羟基安非他明"。分子式 $C_9H_{13}NO$,分子量 151.21。苯中重结晶得到玫瑰形固体。溶于水、乙醇、氯仿、乙酸乙酯等溶剂。分子中有一个手性碳原子,故有一对对映异构体,包括外消旋体在内其他物性等数据如下:

名 称	CAS 号	结构式	熔点(℃)	$[\alpha]_D^T$
(R)-4-(2-氨基丙基)苯酚	1518-89-4		110.5~111.5	$[\alpha]_D^{17}-52$(EtOH)
(S)-4-(2-氨基丙基)苯酚	1693-66-9		110~111.5	—
(±)-4-(2-氨基丙基)苯酚	103-86-6		125~126	—

制备:可由对甲氧基苯甲醛和硝基乙烷反应,或由苯丙胺经苯环的对位羟基化反应制得。用途:医药、试剂等有机化工原料。

N,N-二乙基苯胺(N,N-diethylaniline) CAS 号 91-66-7。分子式 $C_{10}H_{15}N$,分子量 149.24。无色至黄色液体。熔点 -38℃,沸点 215~216℃,闪点 88℃,密度

0.930^{25} g/mL，折射率 $1.539\ 4^{24}$。溶于水，微溶于乙醇、氯仿和乙醚。吞食、与皮肤接触或吸入有毒，对水生生物和水生环境长期有害。制备：由苯胺和乙醇反应制取，或由溴苯、叠氮化钠和二乙基胺反应制备。用途：染料中间体，有机合成中间体，分析试剂。

N-(二苯基甲基)-N-乙基乙胺（N-benzhydryl-N-ethylethanamine；N，N-diethyl-benzhydrylamine）亦称"二乙基氨基二苯甲烷"。CAS 号 519-72-2。分子式 $C_{17}H_{21}N$，分子量 239.36。黏性液体。熔点 $58\sim59℃$，沸点 170℃（17 Torr）。不溶于水，溶于二氯甲烷。制备：由苯基格氏试剂与 N，N-二乙基苯甲酰胺反应制取，也可由二乙基胺与二苯基溴甲烷反应制备。用途：化学试剂，用于检测硝酸盐。

N，N-二甲基苯胺（N，N-dimethylaniline）亦称"二甲基苯胺"。CAS 号 121-69-7。分子式 $C_8H_{11}N$，分子量 121.18。黄色至棕色油状液体。熔点 2℃，沸点 $192\sim194℃$，闪点 75℃，密度 0.956 g/mL，折射率 1.558 2。不溶于水，溶于乙醇、丙酮、乙醚，易溶于氯仿。吞食、与皮肤接触或吸入有害，对水生生物和水生环境长期有害。制备：用苯胺、甲醇和酸催化剂反应制取，或用苯胺与磷酸三甲酯反应制备。用途：溶剂，重要有机反应中间体，用于制造香料、农药、染料等。

N-乙基苯胺（N-ethylaniline）亦称"乙基苯胺"。CAS 号 103-69-5。分子式 $C_8H_{11}N$，分子量 121.18。黄棕色油状液体。熔点 -63.5℃，沸点 204.5℃，闪点 85℃，密度 0.963^{25} g/mL，折射率 1.555 9。不溶于水，溶于乙醇、乙醚等多种有机溶剂。吞食、与皮肤接触或吸入有毒，对水生生物和水生环境长期有害。制备：用苯胺、乙醇和酸催化剂加热反应制备。用途：重要有机反应中间体，用于制造偶氮类染料和三苯甲烷类染料，精细化工品中间体。

N，N-二甲基-1-萘胺（N，N-dimethyl-1-naphthylamine）亦称"1-二甲氨基萘"。CAS 号 86-56-6。分子式 $C_{12}H_{13}N$，分子量 171.24。有芳香味道的淡黄色油状液体。沸点 $139\sim140℃$（13 Torr），闪点 113℃，密度 1.039^{25} g/mL，折射率 1.622。溶于二氯甲烷。吞食有害，刺激眼睛、皮肤和呼吸系统。制备：用 1-萘胺与碘甲烷反应制取，也可由 1-萘胺与硫酸二甲酯反应制备。用途：化学试剂，可用于检测亚硝酸盐。

N，N-二甲基-1，4-苯二胺（N，N-dimethyl-p-phenylenediamine；4-(dimethylamino)aniline）亦称"4-二甲氨基苯胺"。CAS 号 99-98-9。分子量 136.19。无色或紫红色固体。熔点 53℃，沸点 262℃，闪点 91℃，密度 1.036^{25} g/cm³，折射率 $1.579\ 1^{57}$。溶于水、乙醇、氯仿、乙醚和苯。吞食、与皮肤接触或吸入有毒。制备：用 N，N-二甲基-对硝基苯胺经还原反应制取。用途：化学试剂，可用于检测丙酮、尿酸、铊盐及氧化酶等。

苯乙胺（phenethylamine）亦称"2-苯乙胺""β-苯乙胺"。CAS 号 64-04-0。分子式 $C_8H_{11}N$，分子量 121.18。带有鱼腥味的液体。熔点 -60℃，沸点 $194.5\sim195℃$，闪点 81℃，密度 0.964^{25} g/mL，折射率 1.533。溶于水，易溶于乙醇、乙醚。具有腐蚀性，吞食、与皮肤接触或吸入有害。制备：用苯乙醇与氨反应制取，或用苯乙腈在碱性条件下水解制备。用途：医药中间体，有机合成中间体。

1-(2-甲基苯基)-2-丙胺（1-(2-methylphenyl)-2-propylamine）亦称"奥替他明""邻甲基苯丙胺"。CAS 号 5580-32-5。分子式 $C_{10}H_{15}N$，分子量 149.23。液体。沸点 $58\sim60℃$（0.9 Torr），折射率 $1.526\ 4^{22}$。不溶于水，溶于乙醇、乙醚等有机溶剂。属于刺激剂（含精神药品）和兴奋剂品种，反对在体育运动中使用。制备：用 1-邻甲苯基-2-丙酮与羟胺缩合反应及后续还原反应可制取。用途：化学试剂。

N-乙基-N-苄基苯胺（N-benzyl-N-ethylaniline）亦称"乙基苄基苯胺"。CAS 号 92-59-1。分子式 $C_{15}H_{17}N$，分子量 211.31。无色至浅黄色油状液体。熔点 -30℃，沸点 $163\sim164℃$（6 Torr），闪点 157℃，密度 1.029^{25} g/mL，折射率 $1.593\ 8^{23}$。不溶于水，溶于乙醇、乙醚。吞食、与皮肤接触有害。制备：用乙基苯胺和苄基氯在碱性条件下加热制取，或由乙基苯基酮经多步反应制备。用途：有机合成中间体，染料中间体。

阿尔维林（alverine）系统名"N-乙基-3-苯基-N-(3-苯基丙基)-1-丙胺"。CAS 号 150-59-4。分子式 $C_{20}H_{27}N$，分子量 281.44。

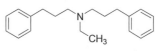

液体。熔点 <25℃，沸点 $165\sim168℃$（0.3 Torr）。不溶于水，溶于四氢呋喃、二氯甲烷。吞食、与皮肤接触或吸入有害。制备：用乙胺和 1-氯-3-苯基丙烷反应制取。用途：医药品前体。

4-羟基苯乙胺（4-hydroxyphenethylamine）亦称"酪胺"。CAS 号 51-67-2。分子式 $C_8H_{11}NO$，分子量 137.18。白色或近白色晶体。熔点 $164\sim165℃$，沸点 $205\sim207℃$（25 Torr）。溶于水和热乙醇，几乎不溶于苯和

二甲苯。刺激眼睛、皮肤和呼吸系统。制备：由络氨酸经脱羧反应制取。用途：有机合成中间体，食品添加剂，医药品。

多巴胺（dopamine；4-(2-aminoethyl)benzene-1,2-diol） 系统名"4-(2-氨基乙基)-1,2-苯二酚"。CAS 号 51-61-6。分子式 $C_8H_{11}NO_2$，分子量 153.18。固体，极易被氧气氧化。熔点 128℃。易溶于水、甲醇、乙醇，几乎不溶于乙醚、石油醚、氯仿、苯和甲苯。制备：由藜芦醚出发经多步反应制取。用途：化学试剂，医药品。

肾上腺素（epinephrine；adrenaline） 系统名"4-[1-羟基-2-(甲氨基)乙基]苯-1,2-二醇"。分子式 $C_9H_{13}NO_3$，分子量 183.21。白色无味粉末状或颗粒状固体，暴露于光或空气中则颜色逐渐变深。极易溶于水、乙醇，易溶于无机酸以及氢氧化钠、氢氧化钾的水溶液，不溶于氯仿、乙醚、丙酮等。吸入、与皮肤接触和吞食有毒。分子中有一个手性碳原子，故有一对对映异构体。其他物性等数据如下：

名　称	CAS 号	结构式	熔点(℃)	$[\alpha]_D^T$
L-肾上腺素	51-43-4		211~212	$[\alpha]_D^{25} -52$ ($c=1$, 0.6N HCl)
D-肾上腺素	150-05-0		211.5	$[\alpha]_D^{25} +48.2$
dl-肾上腺素	329-65-7		197 (分解)	—

制备：由 3,4-二羟基-α-甲氨基苯乙酮经还原反应制取消旋体，拆分后可得两种光学异构体。用途：化学试剂，非甾体激素类医药品。

麦司卡林（mescaline） 亦称"三甲氧苯乙胺"。CAS 号 54-04-6。分子式 $C_{11}H_{17}NO_3$，分子量 211.26。结晶性固体。熔点 35~36℃，沸点 180℃（12 Torr）。溶于水、乙醇、氯仿和苯，几乎不溶于乙醚和石油醚。吞食有害。属于强致幻剂，没有医药用途。制备：可从皮约特仙人掌中提取，也可由三甲氧基苯乙酰胺还原制取。用途：化学试剂。

四甲基氢氧化铵（tetramethylammonium hydroxide） 亦称"氢氧化四甲铵"。CAS 号 75-59-2。化学式 $(CH_3)_4N(OH)$，分子式 $C_4H_{13}NO$，分子量 91.15。具有强烈的类似氨水气味。商品试剂为其水溶液或甲醇溶液。以溶液、三水合物或五水合物形式存在，五水合物为无色易潮解的针状晶体，熔点 63℃，密度 1.00^{25} g/cm³。与水能互溶，极易吸收空气中的二氧化碳。为强碱，与皮肤接触或吞食有害，有神经毒性和肌肉麻痹作用。制备：由四甲基碘化铵和湿的氧化银反应制得。用途：化学试剂，相转移催化剂，表面活性剂，光刻胶，各向异性湿法蚀刻试剂等。

四乙基氢氧化铵（tetraethylammonium hydroxide） CAS 号 77-98-5。化学式 $(C_2H_5)_4N(OH)$，分子式 $C_8H_{21}NO$，分子量 147.26。商品试剂为无色无味的强碱性水溶液，沸腾时分解。四水合物的熔点 49~50℃，六水合物的熔点 55℃，35% 水溶液密度 1.023^{25} g/mL，折射率 1.404。与水能互溶，极易吸收空气中的二氧化碳。会灼伤眼睛和皮肤，对水生生物有毒，对水生环境有长期不利影响。制备：用四乙基卤化铵和氧化银反应制取。用途：化学试剂，反应中间体，相转移催化剂，清洗剂，极谱试剂等。

四丙基氢氧化铵（tetrapropylammonium hydroxide） CAS 号 4499-86-9。化学式 $(CH_3CH_2CH_2)_4N(OH)$，分子式 $C_{12}H_{29}NO$，分子量 203.37。强碱性无色或微黄色液体。密度 0.994^{30} g/mL，折射率 1.409^{30}。易溶于水。会灼伤眼睛和皮肤，对水生生物有毒，对水生环境有长期不利影响。制备：用四丙基溴化铵和氢氧化钾在乙醇或二氯甲烷溶液中反应制取，或用四丙基溴化铵和氧化银反应制备。用途：化学试剂，反应中间体，相转移催化剂，清洗剂，极谱试剂等。

四丁基氢氧化铵（tetrabutylammonium hydroxide） CAS 号 2052-49-5。化学式 $(CH_3CH_2CH_2CH_2)_4N(OH)$，分子式 $C_{16}H_{37}NO$，分子量 259.48。强碱性无色或微黄色液体。熔点 28~29℃，密度 0.992^{30} g/mL，折射率 1.405^{30}。易溶于水。会灼伤眼睛和皮肤，吞食、与皮肤接触或吸入有害。制备：用四丁基溴化铵和氢氧化钾在乙醇或二氯甲烷溶液中反应制取，或用四丁基溴化铵和氧化银反应制备。用途：化学试剂，有机反应中间体，相转移催化剂，清洗剂，极谱试剂等。

1-金刚烷基三甲基氢氧化铵（1-adamantyl trimethyl ammonium hydroxide） CAS 号 53075-09-5。分子式 $C_{13}H_{25}NO$，分子量 211.35。水溶液为无色至淡黄色液体。易溶于水。腐蚀金属，吞食有害，灼伤眼睛和皮肤，对水生生物和水生环境有长期不利影响。制备：用 1-金刚烷基三甲基卤化铵与氧化银反应制取。用途：化学试剂，有机强碱，相转移催化剂，极谱试剂等。

氢氧化六甲双铵（hexamethonium hydroxide） CAS 号 556-81-0。分子式 $C_{12}H_{32}N_2O_2$，分子量 236.4。水溶液为无色至微黄色透明

液体。溶于水。具有腐蚀性，能灼伤眼睛和皮肤。制备：用卤化六甲双胺与氧化银反应制取。用途：化学试剂，有机强碱，相转移催化剂，极谱试剂等。

苄基三甲基氢氧化铵（benzyltrimethylammonium hydroxide）　CAS 号 100-85-6。分子式 $C_{10}H_{17}NO$，分子量 167.25。具有类似鱼腥味的无色透明液体，商品试剂为其水溶液或甲醇溶液。40wt% 的甲醇溶液闪点 11℃，密度 0.92^{25} g/mL。与水互溶。极易燃性液体，且具有腐蚀性，吸入、与皮肤接触或吞食有害，并引起严重眼睛伤害。制备：由苄基三甲基氯化铵和湿的氧化银反应制得。用途：相转移催化剂，碱性试剂。

四甲基氯化铵（tetramethylammonium chloride）　亦称"氯化四甲铵"。CAS 号 75-57-0。化学式 $(CH_3)_4N^+Cl^-$，分子式 $C_4H_{13}ClN$，分子量 109.60。易吸潮性白色固体。熔点 230℃（分解），密度 1.169 g/cm³。易溶于水、甲醇和热乙醇，不溶于乙醚、苯和氯仿。吞食有害，刺激眼睛、呼吸系统和皮肤，对水生生物有毒，可能在水生环境中造成长期不利影响。制备：由氯甲烷与氨或与三甲胺反应制得。用途：相转移催化剂，分析试剂等。

四甲基溴化铵（tetramethylammonium bromide）　亦称"溴化四甲铵"。CAS 号 64-20-0。化学式 $(CH_3)_4N^+Br^-$，分子式 $C_4H_{13}BrN$，分子量 154.05。易吸潮性固体。熔点 > 230℃（分解），密度 1.56 g/cm³。易溶于水，微溶于乙醇，不溶于乙醚。吞食有害，刺激眼睛、呼吸系统和皮肤。制备：由溴甲烷与氨或与三甲胺反应制得。用途：化学试剂，催化剂，乳化剂，灭菌剂，抗静电剂等。

四甲基碘化铵（tetramethylammonium iodide）　亦称"碘化四甲铵"。CAS 号 75-58-1。化学式 $(CH_3)_4N^+I^-$，分子式 $C_4H_{13}IN$，分子量 201.05。浅黄色晶体。熔点 > 300℃（分解），密度 1.84 g/cm³。略溶于水，溶于无水乙醇，不溶于氯仿、乙醚。刺激眼睛、呼吸系统和皮肤。制备：由碘甲烷与氨或与三甲胺反应制得。用途：化学试剂。

三乙基苄基氯化铵（triethylbenzylammonium chloride；TEBAC）　CAS 号 56-37-1。分子式 $C_{13}H_{22}ClN$，分子量 227.77。白色晶状粉末。熔点 190~192℃（分解），闪点 275℃。溶于水、甲醇、乙醇、丙酮、二氯甲烷等溶剂。刺激眼睛、呼吸系统和皮肤。制备：由苄基氯与三乙基胺反应制得。用途：化学试剂，相转移催化剂，杀菌剂。

三乙基苄基溴化铵（triethylbenzylammonium bromide；TEBAB）　CAS 号 5197-95-3。分子式 $C_{13}H_{22}BrN$，分子量 272.22。白色晶状粉末。熔点 193~195℃（分解）。溶于水、甲醇、乙醇、丙酮、二氯甲烷等溶剂。刺激眼睛和皮肤。制备：由苄基溴与三乙基胺反应制得。用途：化学试剂，相转移催化剂，杀菌剂。

甜菜碱（betaine）　亦称"三甲铵乙内酯"。CAS 号 107-43-7。分子式 $C_5H_{11}NO_2$，分子量 117.15。具有强烈吸湿性的白色固体，有轻微甜味。熔点 293~301℃（分解）。易溶于水，溶于甲醇、乙醇，微溶于氯仿，几乎不溶于乙醚。刺激眼睛和皮肤。制备：可通过植物中提取、发酵及化学合成等方法制取。用途：化学试剂，药品，表面活性剂，杀菌剂等。

四丁基氯化铵（tetrabutylammonium chloride）　亦称"氯化四丁基铵"。CAS 号 1112-67-0。化学式 $(CH_3CH_2CH_2CH_2)_4N^+Cl^-$，分子式 $C_{16}H_{36}ClN$，分子量 277.92。易潮解性白色固体。熔点 52~54℃。易溶于水、乙醇、氯仿和丙酮，微溶于苯和乙醚。吞食有害，刺激眼睛、皮肤和呼吸系统。制备：用三丁基胺与 1-氯丁烷反应制取。用途：化学试剂，用作相转移催化剂，离子对色谱试剂。

四丁基溴化铵（tetrabutylammonium bromide）　CAS 号 1643-19-2。化学式 $(CH_3CH_2CH_2CH_2)_4N^+Br^-$，分子式 $C_{16}H_{36}BrN$，分子量 322.37。白色吸湿性固体。熔点 102~106℃，密度 1.035^{25} g/cm³。溶于水、醇和丙酮，微溶于苯。吞食有害，刺激眼睛、皮肤和呼吸系统。制备：用三丁基胺与 1-溴丁烷反应制取。用途：化学试剂，反应中间体，相转移催化剂。

四丁基碘化铵（tetrabutylammonium iodide）　CAS 号 311-28-4。化学式 $(CH_3CH_2CH_2CH_2)_4N^+I^-$，分子式 $C_{16}H_{36}IN$，分子量 369.37。吸湿性白色固体。熔点 141~143℃，密度 1.003^{25} g/cm³。溶于水和乙醇，微溶于氯仿和苯。吞食有害，刺激眼睛、皮肤和呼吸系统。制备：用三丁基胺与 1-碘丁烷反应制取。用途：用于有机合成试剂，相转移催化剂，离子对色谱试剂。

四丁基硫酸氢铵（tetrabutylammonium hydrogen sulfate）　CAS 号 32503-27-8。化学式 $(CH_3CH_2CH_2CH_2)_4N(HSO_4)$，分子式 $C_{16}H_{37}NO_4S$，分子量 339.53。吸湿性白色或灰白色固体。熔点 169~171℃。溶于水、乙腈、乙酸乙酯等溶剂。吞食有害，刺激眼睛、皮肤和呼吸系统。制备：用三丁基胺与 1-碘丁烷或 1-溴丁烷反应后，再与硫酸氢甲酯反应制取。用途：化学试剂，相转移催化剂，表面活性剂，杀菌剂等。

三辛基甲基氯化铵（methyltricaprylylammonium chloride）　CAS 号 5137-55-3。化学式 $CH_3N[(CH_2)_7CH_3]_3Cl$，分子式 $C_{25}H_{54}ClN$，分子量 404.16。吸湿性白色至淡黄色膏状物或液体。熔点 30℃，闪点 113℃，密度 0.884^{25} g/cm³，折射率 1.4665。溶于水和甲苯。吞食有害，刺激眼睛与皮肤，也可灼伤皮肤和眼睛，对

水生生物有毒,可能对水生环境造成长期不利影响。制备:用三辛基胺与氯甲烷反应制取。用途:化学试剂,表面活性剂,相转移催化剂。

十二烷基三甲基氯化铵(dodecyltrimethylammonium chloride) 亦称"月桂基三甲基氯化铵"。CAS 号 112-00-5。化学式 $CH_3(CH_2)_{11}N(CH_3)_3Cl$,分子式 $C_{15}H_{34}ClN$,分子量 263.89。白色至微黄色固体。熔点 246℃(分解)。溶于水和乙醇。吞食有害,刺激眼睛、皮肤和呼吸系统,对水生生物有毒,可能对水生环境造成长期不利影响。制备:用十二烷基二甲胺与氯甲烷反应制取,也可用三甲胺与 1-氯十二烷反应制备。用途:化学试剂,表面活性剂,相转移催化剂,洗涤剂,消毒剂,抗静电剂,金属萃取剂等。

十二烷基三甲基溴化铵(dodecyltrimethylammonium bromide) 亦称"月桂基三甲基溴化铵"。CAS 号 1119-94-4。化学式 $CH_3(CH_2)_{11}N(CH_3)_3Br$,分子式 $C_{15}H_{34}BrN$,分子量 308.34。固体。熔点 246℃(分解)。溶于水。吞食有害,刺激眼睛、皮肤和呼吸系统,对水生生物有毒,可能对水生环境造成长期不利影响。制备:用十二烷基二甲胺与溴甲烷反应制取,也可用三甲胺与 1-溴十二烷反应制备。用途:化学试剂,相转移催化剂,润湿剂等。

十二烷基二甲基苄基氯化铵(benzododecinium chloride) 亦称"苯扎氯铵"。CAS 号 139-07-1。

分子式 $C_{21}H_{38}ClN$,分子量 339.99。无色或淡黄色固体,水溶液为无色或淡黄色透明液体。熔点 42~43℃。易溶于水、乙醇。吞食有害,刺激眼睛、皮肤和呼吸系统,对水生生物有毒,可能对水生环境造成长期不利影响。制备:可用十二烷基二甲胺与苄基氯反应制取,或用苄基二甲胺与 1-氯十二烷反应制备。用途:化学试剂,杀菌剂,防霉剂,乳化剂,调理剂等。

十二烷基二甲基苄基溴化铵(benzododecinium bromide) 亦称"新洁儿灭""苯扎溴铵"。CAS 号 7281-04-1。分子式 $C_{21}H_{38}BrN$,分子量 384.45。无色或淡黄色固体。熔点 46~48℃。易溶于水或乙醇。吞食有害,刺激眼睛、皮肤和呼吸系统,对水生生物有毒,可能对水生环境造成长期不利影响。制备:可用十二烷基二甲胺与苄基溴反应制取,或用苄基二甲胺与 1-溴十二烷反应制备。用途:化学试剂,表面活性剂,消毒剂,杀菌剂等。

十四烷基三甲基氯化铵(tetradecyltrimethylammonium chloride; myristyltrimethylammonium chloride; tetradonium chloride) 亦称"肉豆蔻基三甲基氯化铵"。CAS 号 4574-04-3。化学式 $CH_3(CH_2)_{13}$

$(CH_3)_3Cl$,分子式 $C_{17}H_{38}ClN$,分子量 291.95。白色粉末状固体。熔点 241℃。溶于水。刺激眼睛、皮肤和呼吸系统。制备:用三甲胺与 1-氯十四烷反应制备用途:化学试剂,表面活性剂,乳化剂,消毒剂,杀菌剂,抗静电剂等。

十四烷基三甲基溴化铵(tetradecyltrimethylammonium bromide; myristyltrimethylammonium bromide; tetradonium bromide) 亦称"溴化十四烷基三甲基铵""西曲溴铵""肉豆蔻基三甲基溴化铵"。CAS 号 1119-97-7。化学式 $CH_3(CH_2)_{13}N(CH_3)_3Br$,分子式 $C_{17}H_{38}BrN$,分子量 336.39。白色粉末状固体。熔点 245~250℃。溶于水。具有腐蚀性,灼伤眼睛和皮肤,吸入有害,对水生生物有毒,可能对水生环境造成长期不利影响。制备:用三甲胺与 1-溴十四烷反应制备。用途:化学试剂,洗涤剂,消毒剂,抗静电剂,相转移催化剂等。

十四烷基二甲基苄基氯化铵(myristalkonium chloride; tetradecyl dimethyl benzyl ammonium chloride) 亦称"米他氯铵""肉豆蔻基苄基二甲基氯化铵"。CAS 号 139-08-2。分子式 $C_{23}H_{42}ClN$,分子量 368.05。白色固体。熔点 61~62℃。溶于水和乙醇,不溶于苯和乙醚。吞食有害,刺激眼睛、皮肤和呼吸系统,对水生生物有毒,可能对水生环境造成长期不利影响。制备:用十四烷二甲基胺与苄基氯反应制取。用途:化学试剂,阳离子表面活性剂,杀菌剂,灭藻剂等。

十六烷基三甲基氯化铵(cetrimonium chloride; hexadecyltrimethylammonium chloride) CAS 号 112-02-7。化学式 $CH_3(CH_2)_{15}N(CH_3)_3Cl$,分子式 $C_{19}H_{42}ClN$,分子量 320.00。白色或灰白色固体。熔点 201~204℃。溶于水,易溶于甲醇、乙醇。吞食有害,刺激眼睛、皮肤和呼吸系统,对水生生物有毒,可能对水生环境造成长期不利影响。制备:用三甲胺与 1-氯十六烷反应制备。用途:化学试剂,阳离子表面活性剂,柔软剂,相转移催化剂,杀菌剂等。

十六烷基三甲基溴化铵(cetrimonium bromide; hexadecyltrimethylammonium bromide) 亦称"阳性皂"。CAS 号 57-09-0。化学式 $CH_3(CH_2)_{15}(CH_3)_3Br$,分子式 $C_{19}H_{42}BrN$,分子量 364.46。白色粉末状固体。熔点 248~251℃。溶于水,易溶于乙醇,微溶于丙酮,几乎不溶于乙醚和苯。吞食有害,刺激眼睛、皮肤和呼吸系统,对水生生物有毒,可能对水生环境造成长期不利影响。制备:用三甲胺与 1-溴十六烷反应制备。用途:化学试剂,表面活性剂,相转移催化剂,杀菌剂等。

二甲基二癸基溴化铵(didecyldimonium bromide) CAS 号 2390-68-3。化学式 $[CH_3(CH_2)_9]_2N$

$(CH_3)_2Br$，分子式 $C_{22}H_{48}BrN$，分子量 406.54。固体。熔点 88℃。溶于水。刺激眼睛、皮肤和呼吸系统。制备：二甲基癸基胺与 1-溴癸烷反应制取。用途：化学试剂，阳离子表面活性剂，杀菌剂，相转移催化剂。

十二烷基二甲基-2-苯氧基乙基溴化铵（dimethyldodecyl (2-phenoxyethyl) ammonium-bromide；domiphen bromide）亦称"弗洛丙酮""度米芬"。CAS 号 538-71-6。分子式 $C_{22}H_{40}BrNO$，分子量 414.47。白色或微黄色固体。熔点 112～113℃。易溶于水，溶于乙醇、丙酮、乙酸乙酯和氯仿，微溶于苯。吞食有害，刺激眼睛、皮肤和呼吸系统。制备：由苯乙氧基二甲胺与 1-溴十二烷反应制取。用途：化学试剂，灭菌剂。

重氮甲烷（diazomethane）亦称"叠氮甲烷"。CAS 号 334-88-3。化学式 CH_2N_2，分子式 CH_2N_2，分子量 42.04。黄色气体，剧毒！熔点 -145℃，沸点 -23℃。溶于乙醚、二氧六环，遇水和醇则快速分解。受热、遇火、摩擦、撞击会导致爆炸；吸入、与皮肤或眼睛接触有毒。制备：由 N-甲基-N-亚硝基对甲苯磺酰胺、N-甲基-N-亚硝基脲或 1-甲基-3-硝基-1-亚硝基胍与无机强碱反应制得。用途：甲基化试剂，有机合成试剂，也可用作亚甲基卡宾前体。

重氮乙烷（diazoethane）CAS 号 1117-96-0。化学式 CH_3CHN_2，分子式 $C_2H_4N_2$，分子量 56.07。挥发性气体。沸点 -20℃。溶于乙醚。不稳定。制备：由 N-乙基-N-亚硝基脲与无机强碱反应制得。用途：化学试剂，有机合成试剂。

重氮乙酸乙酯（ethyl diazoacetate）亦称"重氮醋酸乙酯"。CAS 号 623-73-4。化学式 $N_2CHC(O)OC_2H_5$，分子式 $C_4H_6N_2O_2$，分子量 114.10。具有辛辣气味的挥发性黄色油状液体，有毒！熔点 -22℃，沸点 140～141℃（720 Torr），密度 1.085^{25} g/mL，折射率 1.458 8。微溶于水，可溶于乙醇、苯、乙醚、石油醚等有机溶剂。易燃，受热分解或遇浓硫酸爆炸，吞食可引起急性中毒。制备：由甘氨酸乙酯盐酸盐与亚硝酸钠反应制得。用途：化学试剂，医药、农药等有机化工原料。

（三甲基硅烷基）重氮甲烷（trimethylsilyldi-azomethane）亦称"重氮甲基三甲基硅烷"。CAS 号 18107-18-1。化学式 $(CH_3)_3SiCHN_2$，分子式 $C_4H_{10}N_2Si$，分子量 114.22。黄绿色液体。沸点 96℃，闪点 -35℃，密度 0.773^{25} g/mL，折射率 $1.436\ 2^{25}$。不溶于水，溶于大多数有机溶剂，在酸性或碱性的醇溶液中可分解为重氮甲烷。极度易燃性液体，吸入有害，重复暴露可能导致皮肤干燥或开裂，其蒸汽可能导致昏睡或头昏。制备：由 N-亚

硝基-N-三甲基硅基甲基脲反应制取。用途：化学试剂，化工中间体。

重氮基乙酰乙酸乙酯（ethyldiazoacetoacetate；2-diazo-3-oxobutanoic ethyl ester）CAS 号 2009-97-4。分子式 $C_6H_8N_2O_3$，分子量 156.14。液体。沸点 70～72℃（2.3 Torr），闪点 85℃，密度 1.131^{25} g/mL，折射率 1.474。溶于乙醚、四氢呋喃、甲苯、乙腈等有机溶剂。刺激眼睛、皮肤和呼吸系统。

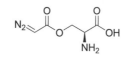

制备：由乙酰乙酸乙酯与对甲苯磺酰叠氮或甲基磺酰叠氮反应制取。用途：化学试剂，有机合成中间体。

重氮丝氨酸（azaserine；O-diazoacetyl-L-serine）CAS 号 115-02-6。分子式 $C_5H_7N_3O_4$，分子量 173.13。浅黄色至绿色晶体。熔点 153～155℃。易溶于水，溶于热甲醇、乙醇、丙酮。

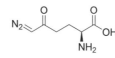

制备：可由放线菌发酵液中提取。用途：化学试剂，有机合成中间体，抗生素。

6-重氮基-5-氧代-L-正亮氨酸（6-diazo-5-oxo-L-norlecucine；DON）CAS 号 157-03-9。分子式 $C_6H_9N_3O_3$，分子量 171.16。黄色固体。熔点 146℃（分解）。溶于二氯甲烷、乙醚、四氢呋喃。吞食、与皮肤接触或吸入有毒。制备：由 (S)-2-氨基戊二酸经多步反应制取。用途：化学试剂，有机合成中间体。

重氮基苯乙酮（diazoacetophenone）亦称"2-重氮基-1-苯乙酮"。CAS 号 3282-32-4。分子式 $C_8H_6N_2O$，分子量 146.15。固体。熔点 45℃，密度 1.29 g/cm³。溶于二氯甲烷、乙腈、乙醚、四氢呋喃等溶剂。制备：由苯甲酰氯与重氮甲烷反应制取，或用 2-溴苯乙酮与 N,N'-二对甲苯磺酰肼反应制备。用途：化学试剂，有机合成中间体。

9-重氮基芴（9-diazofluorene）CAS 号 832-80-4。分子式 $C_{13}H_8N_2$，分子量 192.22。棕红色固体。熔点 98～99℃，密度 $1.318^{-193.2}$ g/cm³。不溶于水，溶于 1,4-二氧六环、正己烷、甲苯、二氯甲烷。制备：由 9-芴酮经多步反应制取。用途：化学试剂，有机合成中间体。

N-苄基-α-重氮基乙酰胺（N-benzyl-α-diazoacetamide）CAS 号 105310-97-2。分子式 $C_9H_9N_3O$，分子量 175.19。黄色固体。熔点 75～80℃（分解）。不溶于水，溶于 1,4-二氧六环、二氯甲烷、四氢呋喃、乙酸乙酯、二氯甲烷等溶剂。制备：由 N-苄基-2-

溴乙酰胺或 N-苄基-2-氨基乙酰胺为原料制取。用途：化学试剂，有机合成中间体。

重氮基乙酸叔丁酯(t-butyl diazoacetate) CAS 号 35059-50-8。化学式 $N_2CHCO_2C(CH_3)_3$，分子式 $C_6H_8N_2O_2$，分子量 142.16。液体。沸点 51～53℃ (12 Torr)，闪点 43℃，密度 1.026^{25} g/mL。溶于二氯甲烷、乙醚、乙腈。可燃性液体，吞食有害，刺激眼睛、皮肤和呼吸系统，可能致癌，对胎儿有害。制备：由乙酰乙酸叔丁酯与对甲苯磺酰基叠氮经多步反应制取。用途：化学试剂，有机合成中间体。

重氮基氰基乙酸甲酯(methyl cyanodiazoacetate) CAS 号 22979-38-0。分子式 $C_4H_3N_3O_2$，分子量 125.09。油状液体。溶于乙醚、乙腈。制备：由氰基乙酸甲酯与叠氮化钠，或与三氟甲磺酰基叠氮反应制取。用途：化学试剂，有机合成中间体。

二苯基重氮甲烷(diazodiphenylmethane) CAS 号 883-40-9。分子式 $C_{13}H_{10}N_2$，分子量 194.24。红黑色固体。熔点 29～30℃。溶于二氯甲烷、四氢呋喃、乙醚等溶剂。制备：由二苯甲酮腙在碱性条件下经氧化反应制取。用途：化学试剂，有机合成中间体。

α-(4-溴苯基)-α-重氮基乙酸乙酯(ethyl α-diazo-α-(4-bromophenyl)acetate) CAS 号 758692-47-6。分子式 $C_{10}H_9BrN_2O_2$，分子量 269.09。橘黄色固体。熔点 48～49℃。溶于乙醚、四氢呋喃、甲苯等溶剂。制备：由 2-(4-溴苯基)-乙酸乙酯与 4-乙酰氨基苯磺酰叠氮反应制取。用途：化学试剂，有机合成中间体。

5-重氮尿嘧啶(5-diazouracil) CAS 号 2435-76-9。分子式 $C_4H_2N_4O_2$，分子量 138.09。白色固体。熔点 210℃(分解)。对光、热和水敏感。制备：用 5-氨基尿嘧啶与亚硝酸经重氮化反应制取。用途：化学试剂，用于癌症研究领域。

对重氮苯磺酸内盐(4-diazobenzenesulfonic acid) CAS 号 305-80-6。分子式 $C_6H_4N_2O_3S$，分子量 184.17。白色或微红色固体，干燥时受热、冲击或摩擦易爆炸。熔点 103～104℃。微溶于冷水、乙醇，易溶于热水、稀碱性溶液及盐酸。刺激皮肤和呼吸系统。制备：由对氨基苯磺酸经重氮化反应制取。用途：化学试剂，用于检测苯酚、糖等，也用于制取偶氮类或其他类型的染料。

(E)-二苯基二氮烯((E)-diphenyldiazene) 亦称"偶氮苯""苯偶氮苯"。CAS 号 103-33-3。分子式

$C_{12}H_{10}N_2$，分子量 182.22。橙色片状晶体。熔点 65～68℃，沸点 293℃，密度 1.09^{25} g/cm^3。不溶于水，溶于乙醇、醚、乙酸等有机溶剂。致癌物，有环境危害性，吸入和吞食会急性中毒。制备：由硝基苯经铁或锌还原制得。用途：作化学试剂、橡胶促进剂、医药等有机化工原料，用于制造联苯染料。

2,2'-偶氮二异丁腈(2,2'-azobisisobutyronitrile; AIBN) CAS 号 78-67-1。分子式 $C_8H_{12}N_4$，分子量 164.21。白色晶体。熔点 102～104℃(分解)。不溶于水，溶于甲醇、乙醇、乙醚、丙酮等多种有机溶剂。有环境危害性，吸入或吞食有急性毒性。易燃，能引起爆炸着火。制备：由丙酮氰醇和肼反应，再经氧化制得。用途：化学试剂，自由基反应引发剂，塑料和橡胶工业中的发泡剂。

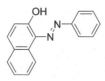

苏丹红 I 号(Sudan I) 系统名"1-苯基偶氮-2-萘酚"。CAS 号 842-07-9。分子式 $C_{16}H_{12}N_2O$，分子量 248.28。砖红色或橙色固体。熔点 131～133℃，密度 1.106^{170} g/mL。不溶于水，溶于乙醇、乙醚、丙酮、苯、石油醚等溶剂。可引起皮肤过敏，也可能引起基因缺陷及致癌，对水生生物有长期损害。制备：用重氮苯与 2-萘酚偶联制取。用途：染料、生物染色剂。

2-苯基偶氮-1-萘酚(2-(phenylazo)naphthalene-1-ol) CAS 号 3375-23-3。分子式 $C_{16}H_{12}N_2O$，分子量 248.28。橘红色固体。熔点 135～136℃。不溶于水，溶于乙醇、乙醚、丙酮、苯、石油醚等溶剂。制备：实验室中可由 1-萘酚与偶氮苯经偶联反应制取。用途：化学试剂，染料。

4-苯基偶氮-1-萘酚(4-phenylazo-1-naphthol) CAS 号 3651-02-3。分子式 $C_{16}H_{12}N_2O$，分子量 248.28。固体。熔点 207～209℃。不溶于水，溶于乙腈、二氯甲烷、苯等溶剂。制备：用苯胺经重氮化后与 1-萘酚发生偶联反应制取。用途：化学试剂，染料。

1-苯基偶氮-2-萘胺(1-phenylazo-2-naphthylamine) CAS 号 85-84-7。分子式 $C_{16}H_{13}N_3$，分子量 247.30。红色片状或橙红色固体。熔点 103～104℃，密度 1.28 g/cm^3。几乎不溶于水，溶于乙醇、四氯化碳、乙酸、植物油。制法：用苯胺经重氮化后与 2-萘胺通过偶联反应制取。用途：试剂，染料。

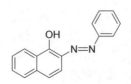

4-苯基偶氮-1-萘胺(4-phenyldiazenylnaphthalen-

1-amine) 亦称"萘基红""萘红"。CAS 号 131-22-6。分子式 $C_{16}H_{13}N_3$，分子量 247.30。固体。熔点 124℃。不溶于水。刺激皮肤和眼睛。制备：用苯胺经重氮化后与 1-萘胺发生偶联反应制取。用途：化学试剂，染料。

偶氮紫（azoviolet） 亦称"试镁灵""镁试剂"，系统名"4-(对硝基苯基偶氮)间苯二酚"。CAS 号 74-39-5。分子式 $C_{12}H_9N_3O_4$，分子量 259.22。棕红色粉末状固体。熔点 195～200℃（分解）。不溶于水，溶于稀氢氧化钠水溶液。刺激眼睛和皮肤。制备：用对硝基偶氮苯与间苯二酚反应制取。用途：化学试剂，用于检测镁离子及钼离子。

橙黄 I（α-naphthol orange；organge I；acid orange 20） 系统名"4-羟基萘偶氮对苯磺酸钠"。CAS 号 523-44-4。分子式 $C_{16}H_{11}N_2NaO_4S$，分子量 350.33。红棕色粉末状固体。溶于水，微溶于乙醇、丙酮，氢氧化钠可加深其水溶液的颜色。制备：由 1-萘酚与重氮化的对氨基苯磺酸经偶联反应制取。用途：化学试剂，染料，生物染色剂。

金橙 II（organge II；acid orange 7） 系统名"2-羟基萘偶氮对苯磺酸钠"。CAS 号 633-96-5。分子式 $C_{16}H_{11}N_2NaO_4S$，分子量 350.33。由水为溶剂重结晶得到的五水合物为橙色针状晶体。溶于水和乙醇。制备：由 2-萘酚与重氮化的对氨基苯磺酸经偶联反应制取。用途：染料，生物染色剂，用于蚕丝、羊毛织品、皮革、纸张的染色，也作酸碱指示剂。

萘胺棕（naphthylamine brown；fenazo brown F） CAS 号 6409-10-5，分子式 $C_{20}H_{14}N_2NaO_4S$，分子量 401.39。棕色固体。溶于水和乙醇。制备：由 2-萘酚与重氮化的 4-氨基萘磺酸经偶联反应制取。用途：化学试剂，染料。

苏丹红 II 号（sudan II；solvent organge 7） 系统名"2,4-二甲基苯基偶氮-2-萘酚"。CAS 号 3118-97-6。分子式 $C_{18}H_{16}N_2O$，分子量 276.34。棕红色针状晶体或粉末。熔点 166℃。不溶于水，溶于乙醇、乙醚、丙酮和苯等溶剂。刺激眼睛、皮肤和呼吸系统。制备：用间二甲基重氮苯与 2-萘酚偶联制取。用途：染料，生物染色剂。

苏丹红 III 号（sudan III；solvent red23） 系统名"1-(4-苯基偶氮基)苯基偶氮基-2-萘酚"。CAS 号 85-86-9。分子式 $C_{22}H_{16}N_4O$，分子量 352.40。红棕色粉末。熔点 195℃。不溶于水，溶于乙醇、乙醚、丙酮、氯仿、苯和乙酸等溶剂。刺激眼睛、皮肤和呼吸系统，具有潜在致癌影响。制备：用 2-萘酚与对氨基偶氮苯经多步反应制取。用途：染料，生物染色剂。

苏丹红 IV 号（sudan IV；solvent red 24） 系统名"1-(2-甲基-4-(2-甲基苯基偶氮)苯基偶氮)-2-萘酚"。CAS 号 85-83-6。分子式 $C_{24}H_{20}N_4O$，分子量 380.44。深棕色粉末。熔点 188℃（分解），密度 1.192 g/cm³。不溶于水，溶于苯、汽油，微溶于乙醇和丙酮。刺激眼睛和皮肤，具有潜在致癌影响。制备：用 2-萘酚与对 2,5-二硝基甲苯经多步反应制取。用途：染料，生物染色剂。

对位红（para red；paranitraniline red；pigment red 1） 亦称"红颜料 PR-1"。CAS 号 6410-10-2。分子式 $C_{16}H_{11}N_3O_3$，分子量 293.28。深红色固体。熔点 24～252℃。微溶于热甲苯和乙醇。刺激眼睛、皮肤和呼吸系统。制备：用 2-萘酚与对硝基苯胺的重氮盐经偶联反应制取。用途：染料，生物染色剂，用于油脂、肥皂、蜡烛、橡胶玩具、塑料制品等的着色。

甲基橙（methyl organge；acid organge 52） 系统名"4-((4-(二甲氨基)苯基)偶氮基)苯磺酸钠"。CAS 号 547-58-0。分子式 $C_{14}H_{14}N_3NaO_3S$，分子量 327.33。橙黄色粉末状固体。熔点＞300℃。溶于水，易溶于热水，几乎不溶于乙醇。吞食有毒。制备：用对氨基苯磺酸经重氮化后与 N,N-二甲基苯胺偶联制取。用途：染料，酸碱指示剂。

百浪多息（prontosil；streptocide） 亦称"磺胺米柯定"，系统名"4-(2,4-二氨基苯基偶氮)苯磺酰胺"。CAS 号 103-12-8。分子式 $C_{12}H_{13}N_5O_2S$，分

子量291.33。红色固体。熔点224～230℃。不溶于水。制备：用对氨基苯磺酰胺经重氮化后与间二苯胺偶联制取。用途：染料，曾用于抗菌药物。

日落黄（sunset yellow FCF） 亦称"晚霞黄FCF""食品黄3"，系统名"1-对磺酸苯基偶氮-2-羟基萘-6-磺酸二钠盐"。CAS号2783-94-0。分子式$C_{16}H_{10}N_2Na_2O_7S_2$，分子量452.36。橙红色晶体。熔点＞390℃（分解）。溶于水和甘油，微溶于乙醇。刺激眼睛、皮肤和呼吸系统。制备：用4-氨基苯磺酸经重氮化后，再与6-羟基-2-萘磺酸发生偶联反应制取。用途：染料，食品添加剂，用于食品、药品和化妆品。

丽春红4R（ponceau 4R；new coccine；cochineal red A） 亦称"胭脂红""食用红色7号"。CAS号2611-82-7。分子式$C_{20}H_{11}N_2Na_3O_{10}S_2$，分子量604.46。红色粉末或红色块状固体。溶于水和甘油，微溶于乙醇。吞食有害，刺激眼睛、皮肤和呼吸系统。制备：用4-氨基苯磺酸经重氮化后，再与2-萘酚-6,8-二磺酸发生偶联反应制取。用途：染料，食品添加剂，用于食品、药品和化妆品。

铬变素2B（chromotrope 2B；acid red 176） CAS号548-80-1。分子式$C_{16}H_9N_3Na_2O_{10}S_2$，分子量513.37。红棕色粉末状固体。溶于水，不溶于乙醇。刺激眼睛、皮肤和呼吸系统。制备：由铬变酸与重氮化的对硝基苯胺经偶联反应制取。用途：染料，硼酸及硼酸盐试剂。

苋菜红（amaranth；acid red 37；azorubin S） 亦称"酸性红27"。CAS号915-67-3。分子式$C_{20}H_{11}N_2Na_3O_{10}S_2$，分子量604.46。深红色至深紫色粉末。熔点＞300℃。溶于水和甘油，微溶于乙醇，不溶于大多数有机溶剂。刺激眼睛、皮肤和呼吸系统。制备：用4-氨基苯磺酸经重氮化后，再与2-萘酚-3,6-二磺酸发生偶联反应制取。用途：食品添加剂，染料。

碱性菊橙（chrysoidine；basic organge 2） 亦称"碱性橙II""菊橙"。CAS号532-82-1。分子式$C_{12}H_{13}ClN_4$，分子量248.71。闪光的棕红色晶体或粉末。溶于水呈黄光橙色。熔点118～118.5℃。溶于水、乙醇、乙二醇，微溶于丙酮，几乎不溶于苯。吞食有害，刺激眼睛和皮肤；对水生生物有极高毒性，可能对水生环境有长期不利影响。制备：由苯胺重氮化后，再与间苯二胺经偶联反应制取。用途：染料，用于腈纶纤维、蚕丝、羊毛和棉纤维染色和织物的直接印花，还用于皮革、纸张、羽毛、草、木、竹等制品的染色。

萘酚蓝黑（naphthol blue black；acid black 1；buffalo black NBR） 亦称"氨基黑10B""水牛黑NBR"。CAS号1064-48-8，分子式$C_{22}H_{14}N_6Na_2O_9S_2$，分子量616.49。黑棕色块状固体。熔点＞350℃。溶于水，难溶于乙醇等有机溶剂。刺激眼睛、皮肤和呼吸系统。制备：由1-氨基-8-萘酚-3,6-二磺酸与重氮化的对硝基苯胺以及重氮化的对氨基苯磺酸分别经偶联反应制取。用途：染料，用于墨汁、油墨、纤维等的染色。

N,N-二甲基-4-苯基偶氮基苯胺（N,N-dimethyl-4-phenyldiazenylaniline） CAS号60-11-7。分子式$C_{14}H_{15}N_3$，分子量225.30。黄色晶体。熔点114～117℃，密度1.223 g/cm³。不溶于水，溶于乙醇、乙醚、石油醚、苯、氯仿、矿物酸等溶剂。吞食有毒，刺激眼睛、皮肤和呼吸系统，可能引起基因突变、致癌。制备：由苯基氯化重氮苯与N,N-二甲基苯胺经偶联反应制取。用途：试剂，染料，酸碱指示剂。

4-(苯基偶氮基)苯酚（4-(phenylazo)-phenol） CAS号1689-82-3。分子式$C_{12}H_{10}N_2O$，分子量198.22。黄色晶体或橙色晶体。熔点155～157℃，沸点220～230℃（20 Torr），密度1.38 g/cm³。不溶于水，易溶于乙醇、乙醚，溶于苯、浓硫酸、稀碱溶液。刺激眼睛、皮肤和呼吸系统。制备：由重氮苯与苯酚经偶联反应制取。用途：试剂，染料。

直接黑38（direct black 38；azo black；chlorazol black E） CAS号1937-37-7。分子式$C_{34}H_{25}N_9Na_2O_7S_2$，分子量781.73。灰褐色粉末。溶于水，稍溶于乙醇，不溶于其他有机溶剂。可能引起癌症，对胎儿有潜在危害。制备：由8-氨基-1-萘酚-3,6-二磺酸经多步偶联反应制取。用途：试剂，染料。

苯紫红素 4B（benzopurpurine 4B）　亦称"直接红2"。CAS 号 992-59-6。分子式 $C_{34}H_{26}N_6Na_2O_6S_2$，分子量 724.72。红棕色粉末状固体。溶于水、氢氧化钠溶液、硫酸、乙醇、丙酮等溶剂，几乎不溶于其他有机溶剂。可能致癌。制备：由重氮化的 o-联甲苯胺与 4-氨基-1-萘磺酸钠经偶联反应制取。用途：棉织品或人造丝等的染料，铝、镁、汞、银等离子的检测试剂，生物染色剂，酸碱指示剂。

刚果红（congo red）　亦称"直接红 28"，系统名"二苯基-4,4′-二（偶氮-2-）-1-氨基萘-4-磺酸钠"。CAS 号 573-58-0。分子式 $C_{32}H_{22}N_6Na_2O_6S_2$，分子量 696.66。红棕色粉末状固体。熔点 > 360℃。溶于水和乙醇，微溶于丙酮，几乎不溶于乙醚。刺激眼睛，可能致癌，对胎儿有害。制备：由重氮化的联苯胺与 4-氨基-1-萘磺酸钠经偶联反应制取。用途：酸碱指示剂，生物染色剂，棉织品或人造丝等的染料，分析试剂。

柠檬黄（tartrazine; hydrazine yellow; food yellow 4）
CAS 号 12225-21-7。分子式 $C_{16}H_9N_4Na_3O_9S_2$，分子量 534.37。亮黄色固体。熔点 > 360℃。易溶于水，溶于甘油、乙醇、浓硫酸。刺激皮肤，吸入后有过敏症状。制备：由重氮化的对氨基苯磺酸与相应的吡唑衍生物经偶联反应制取。用途：染料，用于羊毛、蚕丝的染色，食品、药品、化妆品等添加剂，生物指示剂。

联苯胺黄（benzidine yellow G; pigment yellow 12）　亦称"颜料黄 12"。CAS 号 6358-85-6。分子式 $C_{32}H_{26}Cl_2N_6O_4$，分子量 629.49。黄色粉末状固体。熔点 320℃。不溶于水，微溶于乙醇。制备：用 3,3′-二氯联苯二胺经重氮化后，再与 N-丁间酮酰苯胺反应制取。用途：染料，用于食品包装、墨汁、染色、颜料等。

乙腈（acetonitrile）　亦称"甲基氰"（methyl cyanide; cyanomethane; ethanenitrile）。CAS 号 75-05-8。化学式 CH_3CN，分子式 C_2H_3N，分子量 41.05。具有类似醚气味的无色透明液体。熔点 - 48℃，沸点 81～82℃，闪点 12.8℃，密度 0.786^{25} g/mL，折射率 1.339 3。与水混溶，溶于醇、醚、丙酮、乙酸乙酯等多数有机溶剂，不溶于饱和烃。有毒，吸入、与皮肤接触和吞食有害。制备：由丙烯与氨气、氧气经金属催化反应制得，也可由乙酰胺脱水，或一氧化碳和氨气的混合物经氢化反应制得。用途：非质子性极性溶剂，试剂、医药等有机化工原料。

2-氨基乙腈（2-aminoacetonitrile）　亦称"氨基乙腈""氰基甲胺"。CAS 号 540-61-4。化学式 H_2NCH_2CN，分子式 $C_2H_4N_2$，分子量 56.07。油状液体。熔点 44℃，沸点 60℃（21 Torr），折射率 $1.430\ 4^{26}$。与水混溶，溶于醇、醚、丙酮、乙酸乙酯等多数有机溶剂。吸入、与皮肤接触和吞食有毒。制备：用羟基乙腈反应制取。用途：化学试剂，重要有机化工原料。

2,2,2-三氯乙腈（2,2,2-trichloroacetonitrile）　亦称"三氯乙腈"。CAS 号 545-06-2。化学式 Cl_3CCN，分子式 C_2Cl_3N，分子量 144.39。无色透明液体。熔点 - 42℃，沸点 83～84℃，闪点 195℃，密度 1.440^{25} g/mL，折射率 1.440 9。不溶于水。在水中缓慢水解生成三氯乙酸。具有强烈刺激性，吸入、与皮肤接触和吞食有毒，对水生生物和水生环境有长期不利影响。制备：用乙腈和氯气反应制取，或用三氯乙酰胺脱水反应制备。用途：化学试剂，有机化工原料。

丙腈（propanenitrile）　亦称"乙基氰"。CAS 号 107-12-0。化学式 CH_3CH_2CN，分子式 C_3H_5N，分子量 55.08。具有类似醚气味的无色透明液体。熔点 - 93℃，沸点 97℃，闪点 6℃，密度 0.777^{25} g/mL，折射率 1.365 8。易溶于水，与乙醚、乙醇、二甲基甲酰胺混溶。高度易燃，刺激眼睛，吸入有害，吞食有毒，与皮肤接触有极高毒性。制备：由丙酸氨化或由丙烯腈催化加氢制取。用途：溶剂、试剂、医药等有机化工原料。

丙二腈（malononitrile）　亦称"二氰甲烷""氰基乙腈"。CAS 号 109-77-3。分子式 $CH_2(CN)_2$，分子式 $C_3H_2N_2$，分子量 66.06。白色固体。熔点 30～32℃，沸点

220℃,闪点112℃,密度1.191 g/cm³,折射率1.041 46³⁴。溶于水、丙酮、苯,易溶于乙醇、乙醚。吸入、与皮肤接触和吞食有毒,对水生生物有毒,可能对水生环境有长期不利影响。制备:用氰基乙酰胺经五氯化磷脱水反应制取,工业上用氯化氰和乙腈经高温反应制取。用途:化学试剂,医药、染料及农药等合成中间体。

丙烯腈 释文见717页。

2-氯丙烯腈(2-chloroacrylonitrile) CAS号920-37-6。化学式CH₂＝CClCN,分子式C₃H₂ClN,分子量87.51。无色或淡黄色透明液体,易燃,有毒! 熔点-65℃,沸点89.5℃,闪点6.7℃,密度1.096²⁵ g/mL,折射率1.429。微溶于水,溶于四氯化碳、乙醚等多数有机溶剂,不溶于烃类溶剂。常温常压下稳定。制备:可由丙烯腈为原料,经催化氯化、消除、蒸馏等步骤制得。用途:化学试剂,医药,农药等合成中间体。

甲基丙烯腈(methacrylonitrile) 系统名"2-甲基丙烯腈"。CAS号126-98-7。化学式CH₂＝C(CH₃)CN,分子式C₄H₅N,分子量67.09。易燃性无色透明液体。熔点-35.8℃,沸点90～92℃,闪点12℃,密度0.800 g/mL,折射率1.400。溶于水、乙醇、乙醚,与丙酮、正辛烷、甲苯混溶。高度易燃,吸入、与皮肤接触和吞食有毒,皮肤接触可能引起过敏。制备:用2-甲基烯丙胺经高温氧化反应制取,也可用异丁烯酰胺经脱水反应制备。用途:化学试剂,重要工业原料,反应中间体。

烯丙基腈(allyl cyanide) 亦称"乙烯基乙腈",系统名"3-丁烯腈"。CAS号109-75-1。化学式CH₂＝CHCH₂CN,分子式C₄H₅N,分子量67.09。具有洋葱味的易燃性液体。熔点-87℃,沸点116～121℃,闪点24℃,密度0.834²⁵ g/mL,折射率1.406 9。微溶于水,溶于乙醇、乙醚等溶剂。吸入、与皮肤接触时有害,吞食有毒。制备:用烯丙基卤代物制备。用途:化学试剂,有机化工原料、聚合交联剂。

氰基乙酸乙酯(ethyl cyanoacetate; ethyl 2-cyanoacetate) CAS号105-56-6。化学式NCCH₂CO₂CH₂CH₃,分子式C₅H₇NO₂,分子量113.11。无色液体。熔点-22℃,沸点208～210℃,闪点109℃,密度1.056²⁵ g/mL,折射率1.417 9。不溶于水,溶于碱性水溶液,易溶于乙醇、乙醚。吸入、与皮肤接触或吞食有害。制备:用氰基乙酸与乙醇反应制取,或用氯乙酸乙酯与氰化钠反应制备。用途:试剂,医药、染料等精细化工产品的中间体,黏结剂原料。

苯甲腈(benzonitrile) 亦称"苄腈"。CAS号100-47-0。分子式C₇H₅N,分子量103.12。有杏仁味的油状无色液体。熔点-13℃,沸点191℃,闪点70℃,密度1.010¹⁵ g/mL,折射率1.528。微溶于冷水,溶于热水,与乙醇、丙酮、苯、四氯化碳等多数有机溶剂混溶。与皮肤接触和吞食有毒,刺激眼睛、皮肤和呼吸系统。制备:用氯化重氮苯制取,或用苯甲酸与尿素经催化反应制备,也可用甲苯经氨氧化反应制得。用途:化学试剂,溶剂,重要有机合成中间体。

苯乙腈(phenylacetonitrile) 亦称"苄基氰"。CAS号140-29-4。分子式C₈H₇N,分子量117.15。具有芳香味道的无色油状液体。熔点-24℃,沸点233～234℃,密度1.015²⁵ g/mL,折射率1.521 0。不溶于水,溶于醇、醚等有机溶剂。有环境毒性,与皮肤接触、吞食有害,与酸接触时会释放出有毒气体。制备:由苄基氯与氰化钠反应,或由苯丙氨酸经氧化脱羧反应制得。用途:试剂,溶剂,化妆品,除臭剂,医药前体,农药、香料等有机化工原料。

己二腈(hexanedinitrile; adiponitrile) 亦称"1,4-二氰基丁烷"。CAS号111-69-3。化学式NC(CH₂)₄CN,分子式C₁₀H₁₆N₂,分子量108.14。无色或浅黄色透明油状液体。熔点1～3℃,沸点295℃,闪点163℃,密度0.968 g/mL,折射率1.438 4。难溶于水,较难溶于乙醚、二硫化碳和脂肪烃基溶剂,溶于甲醇、乙醇、氯仿。吞食有毒,刺激眼睛、皮肤和呼吸系统。制备:用己二酸经氨化、脱水反应制取,或用丁二烯与氰化氢反应制备。用途:气相色谱固定液,溶剂,试剂,有机合成中间体。

苯-1,2-二甲腈(benzene-1,2-dicarbonitrile) 亦称"1,2-苯二甲腈""1,2-二氰基苯""邻苯二甲腈"。CAS号91-15-6。分子式C₈H₄N₂,分子量128.13。浅黄色或白色针状晶体。熔点137～139℃,闪点162℃,密度1.238 g/cm³。难溶于水,溶于乙醇、乙醚、丙酮、苯等有机溶剂。吞食有毒。制备:用邻二甲苯、邻二苯甲酸或邻二苯甲酸酐等与氨反应后脱水制取。用途:试剂,重要精细化学品中间体,用于染料、药物等的合成。

苯-1,3-二甲腈(benzene-1,3-dicarbonitrile) 亦称"1,3-二氰基苯""间苯二甲腈"。CAS号626-17-5。分子式C₈H₄N₂,分子量128.13。白色针状晶体。熔点163～165℃,闪点＞150℃,密度1.28²⁵ g/cm³。不溶于水,易溶于乙醇、乙醚、丙酮、苯等有机溶剂。吞食有害。制备:用间二甲苯与氨反应后脱水制取。用途:试剂,重要精细化学品中间体,用于染料、药物、塑料等的合成。

对苯二甲腈(terephthalonitrile) 亦称"对酞腈""1,4-二氰基苯"。CAS号623-26-7。分子式C₈H₄N₂,分子量128.13。浅黄色或白色针状晶体。熔点221～225℃,密度1.284 g/cm³。不溶于水,溶于乙醇、丙酮、苯、乙酸等溶剂。刺激眼睛、呼吸系统和皮肤。制备:用对二甲苯与氨反应后脱水制取。用途:试剂,重要有机合成中间体,用于染料、药物等的合成。

癸二腈（sebaconitrile）　CAS 号 1871-96-1。化学式 NC(CH$_2$)$_8$CN，分子式 C$_{10}$H$_{16}$N$_2$，分子量 164.25。无色或浅黄色透明液体。熔点 7～8℃，沸点 199～200℃，闪点 113℃，密度 0.915 g/mL，折射率 1.447 6。不溶于水，溶于乙醚和丙酮。吞食有毒，刺激眼睛、皮肤和呼吸系统。制备：用乙腈与 1,6-二溴己烷反应制取，或用癸二酰胺经脱水反应制取，也可用癸二酸经氨解脱水制备。用途：溶剂，化学试剂，药物、染料等有机合成中间体。

甲胩（methyl isocynide）　亦称"异氰基甲烷"。CAS 号 593-75-9。化学式 CH$_3$NC，分子式 C$_2$H$_3$N，分子量 41.05。无色液体。熔点 -45℃，沸点 60℃，密度 0.746 g/mL，折射率 1.346 6。溶于水、乙醇、苯、甲苯、二氯甲烷等溶剂。高度易燃。吞食、与皮肤接触和吸入有害，长期接触或暴露于该试剂对特定器官有害。制备：用 N-甲基甲酰胺经脱水反应制取，或用氯仿、甲胺与氢氧化钾反应制备。用途：化学试剂，用于制备杂环化合物，也用做金属配体。

乙胩（ethyl isocynide）　亦称"异氰基乙烷"。CAS 号 624-79-3。化学式 CH$_3$CH$_2$NC，分子式 C$_3$H$_5$N，分子量 55.08。无色液体。沸点 76～78℃，密度 0.748 g/mL，折射率 1.365 8。溶于水、乙醇、二氯甲烷。高度易燃。吞食、与皮肤接触和吸入有害。制备：用 N-乙基甲酰胺经脱水反应制取，或用氯仿、乙胺与氢氧化钾反应制备。用途：化学试剂。

叔丁基胩（tert-butyl isocynide）　亦称"叔丁基异腈""2-甲基-2-异氰基丙烷"。CAS 号 7188-38-7。分子式 C$_5$H$_9$N，分子量 83.13。无色液体，有恶臭。沸点 90～92℃，闪点 -2℃，密度 0.735 g/mL，折射率 1.377 0。不溶于水，溶于乙醇、甲醇、乙醚、甲苯、二氯甲烷等有机溶剂。高度易燃。吞食、与皮肤接触和吸入有害。制备：由叔丁胺与三氯甲烷在碱性条件下反应而得。用途：化学试剂，用于氨基酸、肽的合成。

异氰基苯（isocyanobenzene；phenyl isocyanide）　CAS 号 1197040-29-1。分子式 C$_6$H$_5$N，分子量 103.12。无色透明液体。沸点 60℃（14 Torr），密度 0.982^{18} g/mL，折射率 1.528 3。溶于乙醇、二氯甲烷、四氢呋喃、甲苯等溶剂。制备：用 N-苯基甲酰胺经脱水反应制取，或用氯仿、苯胺在强碱溶液中反应制备。用途：化学试剂。

异氰基乙酸甲酯（methyl isocyanoacetate；methyl 2-isocyanoacetate）　CAS 号 39687-95-1。化学式 CNCH$_2$CO$_2$CH$_3$，分子式 C$_4$H$_5$NO$_2$，分子量 99.09。黄色至棕色液体。沸点 75～76℃（10 Torr），闪点 84℃，密度 0.803 g/mL，折射率 1.417。能微溶于水，与多数有机溶剂混溶。有腐蚀性，吸入、与皮肤接触和吞食有害，可引起急性毒性。制备：由 N-甲酰基甘氨酸甲酯经三氯氧磷脱水制得。用途：试剂，医药中间体，材料中间体。

异氰基乙酸乙酯（ethyl isocyanoacetate；ethyl 2-isocyanoacetate）　CAS 号 2999-46-4。化学式 CNCH$_2$CO$_2$CH$_2$CH$_3$，分子式 C$_5$H$_7$NO$_2$，分子量 113.11。液体。沸点 194～196℃，闪点 84℃，密度 1.035^{25} g/mL，折射率 1.418。溶于四氢呋喃、二氯甲烷、氯仿。吞食和吸入有害。制备：由 N-甲酰基甘氨酸乙酯经脱水反应制得。用途：化学试剂。

元素有机化合物

卤 代 烃

碘甲烷（methyl iodide）　亦称"甲基碘"。CAS 号 74-88-4。分子式 CH$_3$I，分子量 141.94。无色易燃液体，高毒！熔点 -64℃，沸点 41～43℃，密度 2.279 g/mL。折射率 1.538 0。微溶于水，溶于乙醇、乙醚、丙酮、苯。制备：在碳酸钙存在下由硫酸二甲酯与碘化钾反应制得。用途：作甲基化试剂、土壤消毒剂；也用于碘甲基蛋氨酸（维生素 U）、镇痛药、解毒药、磷酸系药物的生产。

溴甲烷（methyl bromide）　亦称"甲基溴"。CAS 号 74-83-9。分子式 CH$_3$Br，分子量 94.94。无色透明易挥发液体，有甜味，易燃，剧毒！熔点 -94℃，沸点 4℃，相对密度 3.3^{20}（空气＝1）。微溶于水，溶于醇、醚、氯仿、二硫化碳、四氯化碳、苯等有机溶剂。制备：由甲醇在硫酸存在下与溴化钠反应制得；也可由硫黄、甲醇与溴反应制得；或由一氯甲烷与氢溴酸在三溴化铝存在下反应制得；还可由甲烷与氯化溴进行光化学反应制得。用途：作杀虫剂、杀菌剂、谷物熏蒸剂、木材防腐剂、制冷剂、低沸点溶剂等，也用于有机合成。

氯甲烷（methyl chloride）　亦称"甲基氯"。CAS 号 74-87-3。分子式 CH$_3$Cl，分子量 50.49。无色气体，可压缩成具有醚臭和甜味的无色液体，易燃。熔点 -97℃，沸点 -24.2℃，相对密度 1.74^0（空气＝1）。微溶于水，溶于乙醇、苯、四氯化碳，与氯仿、乙醚、乙酸混溶。制备：可由甲烷经氯化反应制得；也可由甲醇与氯化氢制得;还可由甲烷经催化氯化、氧化氯化和脱氯化氢制得。用途:作生产有机硅化合物-甲基氯硅烷,以及甲基纤维素的原料,也作溶剂、提取剂、推进剂、制冷剂、局部麻醉剂、甲基化试剂,还用于生产农药、医药、香料等。

氟甲烷(methyl fluoride)　亦称"甲基氟"。CAS 号 593-53-3。分子式 CH_3F,分子量 34.03。无色具有醚味气体,易燃。熔点-115℃,沸点-79℃,密度 0.842^{-130} g/cm^3。易溶于醇、醚。制备:可由氯甲烷与氟化氢经取代反应制得。用途:可用于半导体及电子产品的制备;还可用作制冷剂、麻醉剂。

碘乙烷(iodoethane)　亦称"乙基碘"。CAS 号 75-03-6。分子式 C_2H_5I,分子量 155.97。无色易燃液体,具有醚的气味。熔点-108℃,沸点 72.8℃,密度 1.921 g/mL,折射率 1.505 3。微溶于水,溶于乙醇、乙醚,能与大多数有机溶剂混溶。制备:由乙醇与三碘化磷反应制得;也可由乙烯与碘化氢经加成反应制得。用途:有机合成中作乙基化试剂。

溴乙烷(bromoethane)　亦称"乙基溴"。CAS 号 74-96-4。分子式 C_2H_5Br,分子量 108.97。无色油状液体,有类似乙醚的气味和灼烧味,易挥发,易燃。熔点-119℃,沸点 38.4℃,密度 1.450 g/mL,折射率 1.420 5。能与乙醇、乙醚、氯仿和多数有机溶剂混溶。制备:由乙醇与溴化钠经取代反应制得;也可由乙烯与溴化氢加成或由乙烷溴化制得。用途:有机合成中作乙基化试剂;还可作制冷剂、有机溶剂、熏蒸剂以及合成医药、农药、染料、香料的原料。

氯乙烷(chloroethane)　亦称"乙基氯"。CAS 号 75-00-3。分子式 C_2H_5Cl,分子量 64.51。无色可燃气体,低温或压缩时为无色低黏度易挥发液体,具有类似醚的气味。熔点-138.7℃,沸点 12.3℃,相对密度 2.22(空气=1),折射率 $1.375\ 1^5$。微溶于水,与乙醚混溶,溶于乙醇。制备:由乙烯与氯化氢经加成反应制得。用途:用于农药、染料、医药及其中间体的合成,也作局部麻醉剂、烟雾剂、冷冻剂、杀虫剂、乙基化剂、烯烃聚合溶剂、汽油抗震剂等;还作磷、硫、油脂、树脂、蜡等的溶剂。

氟乙烷(fluoroethane)　亦称"乙基氟""氟利昂161"。CAS 号 353-36-6。分子式 C_2H_5F,分子量 48.06。无色易燃气体,有麻醉性。熔点-143.2℃,沸点-37.7℃,密度 0.817^{-37} g/cm^3。微溶于水,溶于乙醇、乙醚。制备:可由乙烯与无水氟化氢加成制得,或由乙醇与氟化氢反应制得,也可由溴乙烷或氯乙烷与氟化银或氟化汞反应制得。用途:作制冷剂、发泡剂。

1-碘丙烷(1-iodopropane)　CAS 号 107-08-4。分子式 C_3H_7I,分子量 169.99。无色至黄色液体。熔点-101℃,沸点 101～102℃,密度 1.743 g/mL,折射率 1.504 5。微溶于水,与乙醇、乙醚混溶。制备:由正丙醇与三碘化磷取代反应制得。用途:作溶剂、分析化学试剂以及有机合成原料。

1-溴丙烷(1-bromopropane)　CAS 号 106-94-5。分子式 C_3H_7Br,分子量 122.99。无色或淡黄色透明液体。熔点-110℃,沸点 71℃,密度 1.354 g/mL,折射率 1.431 9。微溶于水,与醇、醚混溶。制备:由正丙醇与氢溴酸取代反应制得;也由正丙醇与溴化钠反应制得;还可由正丙醇与溴在红磷存在下制得。用途:作有机合成原料,用于合成医药、农药、染料、香料等。

1-氯丙烷(1-chloropropane)　CAS 号 540-54-5。分子式 C_3H_7Cl,分子量 78.54。无色液体。熔点-123℃,沸点 46～47℃,密度 0.892 g/mL,折射率 1.391 4。微溶于水,与乙醇、乙醚混溶。制备:由正丙醇与氯化氢经取代反应制得,也可由正丙醇与五氯化磷经取代反应制得。用途:作试剂及农药、医药中间体。

1-氟丙烷(1-fluoropropane)　CAS 号 460-13-9。分子式 C_3H_7F,分子量 62.09。无色气体。熔点-159℃,沸点-2.5℃,密度 0.749^{-100} g/mL。微溶于水,溶于二氯甲烷、苯、氯仿等有机溶剂。制备:由正丙醇与氟化氢反应制得;可由环丙烷与氟化氢反应制得。用途:用于有机合成。

2-碘丙烷(2-iodopropane)　CAS 号 75-30-9。分子式 C_3H_7I,分子量 169.99。无色或淡黄色液体。熔点-90℃,沸点 90℃,密度 1.703 g/mL,折射率 1.498 5。微溶于水,溶于氯仿、乙酸、二甲基亚砜等有机溶剂。制备:由异丙醇与碘及赤磷经取代反应制得;也可由异丙基氯与碘化钾丙酮溶液经取代反应制得;还可由丙烯与碘化氢经加成反应制得。用途:作试剂,用于医药及有机合成。

2-溴丙烷(2-bromopropane)　CAS 号 75-26-3。分子式 C_3H_7Br,分子量 122.99。易挥发无色液体。熔点-89℃,沸点 59℃,密度 1.258 g/mL,折射率 1.425 2。微溶于水,与醇、醚、苯、氯仿混溶。制备:由异丙醇与氢溴酸反应制得。用途:作试剂,用于有机合成及医药、农药中间体。

2-氯丙烷(2-chloropropane)　CAS 号 75-29-6。分子式 C_3H_7Cl,分子量 78.54。无色液体。熔点-118℃,沸点 35℃,密度 0.859 g/mL,折射率 1.383 5。不溶于水,溶于甲醇、乙醚、氯仿等有机溶剂。制备:由异丙醇和氯化氢在氯化锌催化剂作用下反应制得;还可由丙烯与无水氯化氢经加成反应制得。用途:作试剂,用于合成杀菌剂、杀虫剂、除草剂。

2-氟丙烷(2-fluoropropane)　CAS 号 420-26-8。分子式 C_3H_7F,分子量 62.09。无色易燃气体。熔点-133.4℃,沸点-10℃,密度 0.723^{-100} g/mL。溶于氯仿、

丙酮等有机溶剂。制备：由丙烯和氢氟酸经过加成反应制得；或由异丙醇与氢氟酸经取代反应制得。用途：用于有机合成。

1-碘丁烷（1-iodobutane）　CAS 号 542-69-8。分子式 C_4H_9I，分子量 184.02。无色液体。熔点 -103℃，沸点 130～131℃，密度 1.617 g/mL，折射率 1.499 7。不溶于水，溶于氯仿，能与乙醇、乙醚混溶。制备：由正丁醇与碘在磷存在下经取代反应制得。用途：作试剂，用于有机合成。

1-溴丁烷（1-bromobutane）　CAS 号 109-65-9。分子式 C_4H_9Br，分子量 137.02。无色透明有芳香味液体。熔点 -112℃，沸点 100～104℃，密度 1.276 g/mL，折射率 1.439 2。不溶于水，溶于醇、醚和氯仿等有机溶剂。制备：由正丁醇在红磷存在下与溴经取代反应制得；或由正丁醇在硫酸存在下与氢溴酸经取代反应制得。用途：作试剂、稀有元素萃取剂、烃化剂及有机合成原料。

1-氯丁烷（1-chlorobutane）　CAS 号 109-69-3。分子式 C_4H_9Cl，分子量 92.57。无色易燃液体。熔点 -123℃，沸点 77～78℃，密度 0.886 g/mL，折射率 1.388 2。不溶于水，与乙醇和乙醚混溶。制备：由正丁醇与氯化氢经取代反应制得。用途：作合成驱虫剂和药物的原料；还用作乙烯聚合催化剂的助剂、脱蜡剂、溶剂以及丁基化试剂。

1-氟丁烷（1-fluorobutane）　CAS 号 2366-52-1。分子式 C_4H_9F，分子量 76.11。无色液体。熔点 -134℃，沸点 32℃，密度 0.773 5 g/mL。不溶于水，溶于二氯甲烷、氯仿、四氯化碳等有机溶剂。制备：由 1-丁醇经取代反应制得；也可由 1-丁烯与氟化氢加成反应制得。用途：作化学试剂、医药中间体、材料中间体；也用于合成精细化学品。

2-碘丁烷（2-iodobutane）　CAS 号 513-48-4。分子式 C_4H_9I，分子量 184.02。无色液体。熔点 -104℃，沸点 119～120℃，密度 1.598 g/mL，折射率 1.498 9。不溶于水，溶于醇、丙酮、醚。制备：由 2-丁醇经取代反应制得。用途：作溶剂；用于有机合成。

2-溴丁烷（2-bromobutane）　CAS 号 78-76-2。分子式 C_4H_9Br，分子量 137.02。无色透明液体，有芳香气味。熔点 -112℃，沸点 91℃，密度 1.255 g/mL，折射率 1.434 6。溶于氯仿，不溶于水，与丙酮和苯相混溶。制备：由 2-丁醇在硫酸存在下与溴氢酸经取代反应制得。用途：作溶剂；也用于有机合成。

2-氯丁烷（2-chlorobutane）　亦称“仲丁基氯”“氯代仲丁烷”。CAS 号 78-86-4。分子式 C_4H_9Cl，分子量 92.57。无色透明液体，有类似醚的气味。

熔点 -140℃，沸点 68～70℃，密度 0.873 g/mL，折射率 1.394 9。微溶于水，与乙醇、乙醚、氯仿等多数有机溶剂混溶。制备：由 2-丁醇与盐酸在氯化锌存在下经取代反应制得。用途：作试剂、溶剂、有机合成中间体。

碘代叔丁烷（tert-butyl iodide）　系统名“2-甲基-2-碘丙烷”。CAS 号 558-17-8。分子式 C_4H_9I，分子量 184.02。深棕色液体，易燃，有刺激性。熔点 -38℃，沸点 99～100℃，密度 1.544 g/mL，折射率 1.489 2。不溶于水，溶于乙醇、乙醚。制备：可由叔丁醇与碘化氢经取代反应制得。用途：作试剂、有机合成中间体。

溴代叔丁烷（tert-butyl bromide）　系统名“2-甲基-2-溴丙烷”。CAS 号 507-19-7。分子式 C_4H_9Br，分子量 137.02。无色液体。熔点 -20℃，沸点 72℃，密度 1.222 g/mL，折射率 1.425 2。不溶于水，与有机溶剂混溶。制备：由叔丁醇与溴化氢经取代反应制得。用途：作试剂、有机合成中间体。

氯代叔丁烷（tert-butyl chloride）　系统名“2-甲基-2-氯丙烷”。CAS 号 507-20-0。分子式 C_4H_9Cl，分子量 92.57。无色液体。熔点 -25℃，沸点 51～52℃，密度 0.851 g/mL，折射率 1.382 2。难溶于水，与醇、醚混溶。制备：由叔丁醇与氯化氢经取代反应制得。用途：作试剂，用于合成香料二甲苯麝香；还用于合成农药及其他精细化工产品。

碘代异丁烷（isobutyl iodide）　系统名“2-甲基-1-碘丙烷”。CAS 号 513-38-2。分子量 184.02。无色至浅黄色液体。熔点 -93℃，沸点 120～121℃，密度 1.599 g/mL，折射率 1.471 4。不溶于水，与醇、醚混溶。制备：由异丁醇与三碘化磷经取代反应制得。用途：作溶剂、分析试剂、有机合成原料。

溴代异丁烷（isobutyl bromide）　系统名“2-甲基-1-溴丙烷”。CAS 号 78-77-3。分子式 C_4H_9Br，分子量 137.02。无色液体。熔点 -119℃，沸点 90～92℃，密度 1.272 g/mL，折射率 1.434 6。微溶于水，与乙醇、乙醚等有机溶剂混溶。制备：由异丁醇与三溴化磷经取代反应制得。用途：作溶剂、有机合成和医药中间体。

氯代异丁烷（isobutyl chloride）　系统名“2-甲基-1-氯丙烷”。CAS 号 513-36-0。分子式 C_4H_9Cl，分子量 92.57。无色液体。熔点 -131℃，沸点 68～69℃，密度 0.883 g/mL，折射率 1.399 2。不溶于水，与乙醇、乙醚混溶。制备：可由异丁醇与氯化亚砜反应制得。用途：作试剂、有机合成原料。

环丁基溴（cyclobutyl bromide）　亦称“溴代环丁烷”。CAS 号 4399-47-7。分子式 C_4H_7Br，分子量 135.00。无色液体。沸点 108℃，密度

1.434 g/mL,折射率 1.479 4。不溶于水,溶于氯仿、四氯化碳等有机溶剂。制备:由环丁基甲酸在碘苯二乙酸存在下与溴化钾经取代反应制得。用途:作有机合成中间体。

环丁基氯(cyclobutyl chloride)　亦称"氯代环丁烷"。CAS 号 1120-57-6。分子式 C_4H_7Cl,分子量 90.55。无色液体。沸点 83℃,密度 0.991 g/mL,折射率 1.433 2。不溶于水,溶于氯仿等有机溶剂。制备:由环丁烷甲酸在四乙酸铅存在下与氯化锂反应制得。用途:作有机合成中间体。

1-碘戊烷(1-iodopentane)　亦称"正戊基碘"。CAS 号 628-17-1。分子式 $C_5H_{11}I$,分子量 198.05。无色液体。熔点 - 86℃,沸点 154~155℃,密度 1.517 g/mL,折射率 1.495 8。不溶于水,溶于醇、醚。制备:可由正戊醇与三碘化磷经取代反应制得。用途:作有机合成中间体,也作溶剂。

1-溴戊烷(1-bromopentane)　亦称"正戊基溴"。CAS 号 110-53-2。分子式 $C_5H_{11}Br$,分子量 151.05。无色液体。熔点 - 95℃,沸点 130℃,密度 1.218 g/mL,折射率 1.444 4。不溶于水,溶于醇,能与醚混溶。制备:由正戊醇与溴化氢经取代反应制得。用途:作有机合成中间体、溶剂。

1-氯戊烷(1-chloropentane)　亦称"正戊基氯"。CAS 号 543-59-9。分子式 $C_5H_{11}Cl$,分子量 106.59。无色或浅黄色液体。熔点 - 60℃,沸点 107~108℃,密度 0.882 g/mL,折射率 1.405 2。不溶于水,溶于苯、乙醚、乙醇、氯仿。制备:由戊醇与氯化氢经取代反应制得。用途:作有机合成中间体、溶剂。

2-溴戊烷(2-bromopentane)　CAS 号 107-81-3。分子式 $C_5H_{11}Br$,分子量 151.05。无色液体。熔点 - 95.5℃,沸点 116~117℃,密度 1.223 g/mL,折射率 1.439 2。不溶于水,溶于丙酮、苯、四氯化碳、甲醇和醚。制备:由 2-戊醇和氢溴酸经取代反应制得。用途:作试剂、有机合成中间体。

环戊基碘(cyclopentyl iodide)　亦称"碘代环戊烷"。CAS 号 1556-18-9。分子式 C_5H_9I,分子量 196.03。黄色或棕色液体。沸点 160~162℃,56~58℃(20 Torr),密度 1.695 g/mL,折射率 1.547 1。不溶于水,溶于氯仿等有机溶剂。制备:由环戊醇与氢碘酸经取代反应制得。用途:作试剂、有机合成中间体。

环戊基溴(cyclopentyl bromide)　亦称"溴代环戊烷"。CAS 号 137-43-9。分子式 C_5H_9Br,分子量 149.03。无色至黄色液体,具有类似樟脑的香气。沸点 137~139℃,密度 1.387 g/mL,折射率 1.486 3。不溶于水,溶于乙醇、乙醚。制备:可由环戊醇与氢溴酸经溴化制得;还可由环戊醇与三溴化磷经取代反应制得。用途:作试剂、有机合成中间体。

环戊基氯(cyclopentyl chloride)　亦称"氯代环戊烷"。CAS 号 930-28-9。分子式 C_5H_9Cl,分子量 104.58。无色透明液体。熔点 - 50℃,沸点 114℃,密度 1.005 g/mL,折射率 1.449 2。微溶于水,溶于氯仿等有机溶剂。制备:由环戊醇与氯化氢经取代反应制得。用途:作试剂、有机合成中间体。

1-溴己烷(1-bromohexane)　亦称"正己基溴"。CAS 号 111-25-1。分子式 $C_6H_{13}Br$,分子量 165.07。无色或淡黄色液体。熔点 - 85℃,沸点 154~158℃,密度 1.176 g/mL,折射率 1.448 5。不溶于水,溶于醇、醚、酯。制备:由正己醇与三溴化磷经取代反应制得。用途:有机合成中间体。

1-氯己烷(1-chlorohexane)　亦称"正己基氯"。CAS 号 544-10-5。分子式 $C_6H_{13}Cl$,分子量 120.62。无色液体。熔点 - 94℃,沸点 135℃,密度 0.879 g/mL,折射率 1.417 2。不溶于水,溶于氯仿等有机溶剂。制备:由正己醇与二氯亚砜经取代反应制得。用途:用于香料的合成及有机合成。

环己基溴(cyclohexyl bromide)　亦称"溴代环己烷"。CAS 号 108-85-0。分子式 $C_6H_{11}Br$,分子量 163.06。无色液体。熔点 - 57℃,沸点 166~167℃,密度 1.324 g/mL,折射率 1.495 2。不溶于水,与乙醇、乙醚、丙酮、苯和四氯化碳混溶。制备:由环己醇与溴氢酸经取代反应制得。用途:作有机合成中间体。

环己基氯(cyclohexyl chloride)　亦称"氯代环己烷"。CAS 号 542-18-7。分子式 $C_6H_{11}Cl$,分子量 118.60。无色液体。熔点 - 44℃,沸点 142℃,密度 0.993 g/mL,折射率 1.462 6。不溶于水,溶于乙醇。制备:由环己醇与盐酸经取代反应制得。用途:用于合成杀螨剂三环锡、医药盐酸苯海索,也用于制防焦剂等产品。

1-溴金刚烷(1-bromoadamantane)　亦称"1-金刚烷基溴"。CAS 号 768-90-1。分子式 $C_{10}H_{15}Br$,分子量 215.13。淡黄色粉末。熔点 115~117℃,90℃(1 Torr)升华。溶于氯仿,不溶于水。制备:由金刚烷与液溴反应制得。用途:作合成盐酸金刚烷胺的中间体。

1-碘十六烷(1-iodohexadecane)　CAS 号 544-77-4。分子式 $C_{16}H_{33}I$,分子量 352.34。无色至浅黄色液体,低温时为无色或浅黄色片状结晶。熔点 21~23℃,沸点 206~207℃,密度 1.121 g/mL,折射率 1.479 5。不溶于水,易溶于氯仿,溶于乙醚、丙酮,微溶于乙醇,与苯混溶。制备:由正十六醇与三碘化磷经取代反应制得。用途:用于去污剂的合成和有机合成。

1-溴十六烷（1-bromohexadecane） CAS 号 112-82-3。分子式 $C_{16}H_{33}Br$，分子量 305.34。深黄色液体。熔点 16～18℃，沸点 190℃（11 Torr），密度 0.999 g/mL，折射率 1.462 5。不溶于水，溶于醚、醇。制备：由十六醇与三溴化磷反应制得。用途：用于生产表面活性剂，还用于制杀菌剂、去污剂等。

1-氯十六烷（1-chlorohexadecane） CAS 号 4860-03-1。分子式 $C_{16}H_{33}Cl$，分子量 260.89。无色透明液体。熔点 8～14℃，沸点 149℃（1 Torr），密度 0.865 g/mL，折射率 1.450 3。不溶于水，溶于醇、醚等有机溶剂。制备：由十六醇与氯化氢经取代反应制得。用途：作有机合成中间体、制备表面活性剂。

二碘甲烷（diiodomethane） CAS 号 75-11-6。分子式 CH_2I_2，分子量 267.84。黄色液体。熔点 6℃，沸点 67～69℃（11 Torr），密度 3.325 g/mL，折射率 1.742 5。与乙醇、丙醇、异丙醇、己烷、环己烷、乙醚、氯仿和苯等溶剂混溶。制备：由碘仿与乙酸钠在乙醇中反应制得；还可由二氯甲烷与碘化钠以三乙基苄基氯化铵为催化剂经取代反应制得。用途：作有机合成原料、化学试剂和药品中间体，也用于制造 X 光造影剂，测定矿物相对密度及折射率，检定吡啶以及分离矿物等。

三碘甲烷（triiodomethane） 亦称“碘仿”（iodoform）。CAS 号 75-47-8。分子式 CHI_3，分子量 393.73。黄色有光泽片状结晶。熔点 119℃，沸点 218℃，密度 4.008 g/cm³。易溶于苯和丙酮，溶于醇、醚、氯仿、二硫化碳和橄榄油，微溶于水、甘油和石油醚。制备：由丙酮（或乙醇）经卤化、水解制得；也可由氯仿与碘甲烷经取代反应可制得。用途：有较强的杀菌消毒作用，用于感染创面的杀菌与除臭，故用来制取皮肤病外用油膏（内服有毒）和杀菌剂，亦用作防腐剂和消毒剂。

二溴甲烷（dibromomethane） CAS 号 74-95-3。分子式 CH_2Br_2，分子量 173.84。无色或浅黄色液体。熔点 -52℃，沸点 96～98℃，密度 2.477 g/mL，折射率 $1.510 6^{60}$。微溶于水，与乙醇、乙醚、丙酮混溶。制备：由溴仿与亚砷酸钠反应制得；也可由二氯甲烷在无水三溴化铝催化下与溴化氢经取代反应制得；还可由溴氯甲烷与溴化氢经取代反应制得。用途：作试剂、有机合成原料、溶剂、制冷剂、阻燃剂和抗爆剂的组分；也作消毒剂和镇痛剂；还用于农药腈菌唑等。

三溴甲烷（tribromomethane） 亦称“溴仿”。CAS 号 75-25-2。分子式 $CHBr_3$，分子量 252.73。无色液体。熔点 8℃，沸点 150℃，密度 2.853 g/mL，折射率 1.594 8。能与醇、苯、氯仿、醚、石油醚、丙酮、不挥发和易挥发的油类混溶。制备：由丙酮与次溴酸钠经卤仿反应制得。用途：作染料中间体、医药镇痛剂、空气熏蒸消毒剂、制冷剂、抗爆剂组分、树脂和石

蜡的溶剂等；也作测定分子量的溶剂，测定矿物的折射指数。

溴仿（bromoform） 即“三溴甲烷”。

四溴化碳（carbon tetrabromide） CAS 号 558-13-4。分子式 CBr_4，分子量 331.63。灰白色粉末，高毒！熔点 88～90℃，沸点 190℃，密度 3.42 g/cm³。不溶于水，溶于氯仿、二硫化碳、氢氟酸，难溶于乙醇、乙醚。制备：由四氯化碳与三溴化铝经取代反应制得。用途：作试剂，用于制造医药（麻醉剂）、制冷剂，也作农药原料、染料中间体、分析化学试剂；还用于合成季铵类化合物；也作油脂、蜡和油的溶剂，在塑料和橡胶工业中用于吹塑和硫化；也可用于矿物质的分离。

二氯甲烷（dichloromethane; methylene chloride） CAS 号 75-09-2。分子式 CH_2Cl_2，分子量 84.93。无色透明易挥发液体，有类似醚的气味。熔点 -97℃，沸点 39.8～40℃，密度 1.327 g/mL，折射率 1.424 2。微溶于水，与绝大多数常用的有机溶剂互溶，与其他含氯溶剂、乙醚、乙醇和 N,N-二甲基甲酰胺混溶。制备：由甲烷与氯气经取代反应制得；还可由甲醇与氯气反应制得。用途：作溶剂、麻醉剂、制冷剂和灭火剂；也用于制备氨苄青霉素、羟苄青霉素和先锋霉素等；还用作胶片生产中的溶剂、石油脱蜡溶剂、气溶胶推进剂、有机合成萃取剂、聚氨酯等泡沫塑料生产用发泡剂和金属清洗剂等。

三氯甲烷（trichloromethane） 亦称“氯仿”。CAS 号 67-66-3。分子式 $CHCl_3$，分子量 119.37。无色透明易挥发液体。熔点 -63℃，沸点 60.5～61.5℃，密度 1.492 g/mL，折射率 1.442 1。能与甲醇、乙醇、乙醚、石油醚、苯、四氯化碳和二硫化碳混溶。制备：由氯气在 400～450℃下与一氯甲烷反应制得，工业上还可用乙醇与次氯酸盐作用制得。用途：作试剂、溶剂、萃取剂，用于生产氟利昂、染料和药物；曾作麻醉剂，与四氯化碳混合制成不冻的防火液体，农业上还可配制熏蒸剂，电子工业常用作清洗去油剂。

氯仿（chloroform） 即“三氯甲烷”。

四氯甲烷（carbon tetrachloride） 亦称“四氯化碳”。CAS 号 56-23-5。分子式 CCl_4，分子量 153.81。无色液体，具有特殊的芳香气味。熔点 -23℃，沸点 76～77℃，密度 1.594 g/mL，折射率 1.457 4。微溶于水，与乙醇、乙醚、氯仿、苯、二硫化碳、石油醚等混溶。制备：由甲烷与氯气经取代反应制得；也可由氯气和二硫化碳以铁作催化剂反应制得。用途：作试剂、溶剂，滴定分析用标准溶液，电子工业作清洗剂；也作脂肪、树脂、树胶等不燃性溶剂。

1,2-二碘乙烷（1,2-diiodoethane） CAS 号 624-73-7。分子式 $C_2H_4I_2$，分子量 281.86。黄色菱形或片状晶

体。熔点 80～82℃,密度 2.132 g/cm³。溶于乙醇和乙醚,微溶于水。制备:由乙烯与碘经加成反应制得。用途:用于有机合成。

1,2-二溴乙烷(1,2-dibromoethane) CAS 号 106-93-4。分子式 $C_2H_4Br_2$,分子量 187.86。无色液体,有特殊甜味和氯仿气味。熔点 9℃,沸点 131～132℃,密度 2.171 g/mL,折射率 1.535 6。微溶于水,与乙醇、乙醚、四氯化碳、苯、汽油等多种有机溶剂互溶。制备:由乙烯与溴经加成反应制得;或由乙烷与液溴经取代制得;还可由乙二醇和溴氢酸经取代反应制得。用途:作溶剂;有机合成作乙基化试剂,也作杀虫剂、合成植物生长调节剂、溴乙烯阻燃剂、汽油抗震液中铅的消除剂、金属表面处理剂和灭火剂等;还用于合成二乙基溴苯乙腈。

1,2-二氯乙烷(1,2-dichloroethane) CAS 号 107-06-2。分子式 $C_2H_4Cl_2$,分子量 98.95。无色透明油状液体。熔点 - 35℃,沸点 83℃,密度 1.256 g/mL,折射率 1.444 5。微溶于水,与乙醇、氯仿、乙醚混溶。制备:由乙烯与氯气经加成反应制得。用途:作试剂、溶剂、干洗剂,农药除虫菊素、咖啡因、维生素、激素的萃取剂,湿润剂,浸透剂,石油脱蜡。

1,4-二碘丁烷(1,4-diiodobutane) CAS 号 628-21-7。分子式 $C_4H_8I_2$,分子量 309.92。无色或浅黄色油状液体。熔点 6℃,沸点 147～152℃(26 Torr),密度 2.358 g/mL,折射率 1.615 5。不溶于水,溶于二氯甲烷和氯仿等有机溶剂。制备:由四氢呋喃与过量氢碘酸反应制得。用途:用于有机合成。

1,4-二溴丁烷(1,4-dibromobutane) CAS 号 110-52-1。分子式 $C_4H_8Br_2$,分子量 215.92。无色或微黄色液体,有毒,有刺激性!熔点 - 20℃,沸点 63～65℃(6 Torr),密度 1.808 g/mL,折射率 1.516 2。溶于氯仿、醇和醚,不溶于水。制备:由四氢呋喃与过量氢溴酸反应制得;也可由 1,4-丁二醇与三溴化磷经取代反应制得。用途:作有机合成中间体,用于制造氨茶碱、咳必清、驱蛲净等。

1,4-二氯丁烷(1,4-dichlorobutane) CAS 号 110-56-5。分子式 $C_4H_8Cl_2$,分子量 127.01。无色液体。熔点 - 38℃,沸点 161～163℃,密度 1.130 g/mL,折射率 1.442 9。不溶于水,溶于多数有机溶剂。制备:由 1,4-丁二醇与氯化氢反应制得;也可由四氢呋喃与氯化氢经开环、取代反应制得。用途:作有机合成原料、溶剂;用于合成己二腈、药物咳必清等。

1,5-二碘戊烷(1,5-diiodopentane) CAS 号 628-77-3。分子式 $C_5H_{10}I_2$,分子量 323.94。透明淡黄色至橙色液体。沸点 101～102℃,密度 2.177 g/mL,折射率 1.604 1。不溶于水,可溶于氯仿等有机溶剂。制备:由 1,5-戊二醇与碘化氢经取代反应制得。用途:用于有机合成。

1,5-二溴戊烷(1,5-dibromopentane) CAS 号 111-24-0。分子式 $C_5H_{10}Br_2$,分子量 229.94。无色或浅黄色液体。熔点 - 34℃,沸点 110℃(15 Torr),密度 1.688 g/mL,折射率 1.512 6。不溶于水,溶于苯和氯仿。制备:由四氢吡喃与溴化氢经开环溴化制得。用途:用于有机合成。

1,5-二氯戊烷(1,5-dichloropentane) CAS 号 628-76-2。分子式 $C_5H_{10}Cl_2$,分子量 141.04。无色液体。熔点 - 72℃,沸点 63～66℃,密度 1.106 g/mL,折射率 1.455 6。不溶于水,混溶于乙醇、乙醚、氯仿。制备:由 1,5-戊二醇与氯化氢经过取代反应制得。用途:作油类、树脂、橡胶等溶剂、有机合成中间体。

1,6-二碘己烷(1,6-diiodohexane) CAS 号 629-09-4。分子式 $C_6H_{12}I_2$,分子量 337.97。液体。熔点 9～10℃,沸点 141～142℃,密度 2.052 g/mL,折射率 1.581 3。不溶于水,溶于氯仿等有机溶剂。制备:由环氧己烷、二氯磷酸苯酯与碘化钠经开环、取代反应制得。用途:用于有机合成。

1,6-二溴己烷(1,6-dibromohexane) CAS 号 629-03-8。分子式 $C_6H_{12}Br_2$,分子量 243.97。无色或浅黄色液体。熔点 - 2～2.5℃,沸点 243℃,密度 1.586 g/mL,折射率 1.505 5。不溶于水,溶于乙醇、乙醚、苯和氯仿。制备:由 1,6-己二醇与溴化氢经取代反应制得。用途:作有机合成中间体;用于降血压药六甲溴胺的生产。

1,6-二氯己烷(1,6-dichlorohexane) CAS 号 2163-00-0。分子式 $C_6H_{12}Cl_2$,分子量 155.06。无色液体。熔点 - 13℃,沸点 87～90℃(15 Torr),密度 1.068 g/mL,折射率 1.455 5。不溶于水,溶于醇、醚和苯。制备:由己二醇与氯化氢经取代反应制得。用途:作试剂,用于有机合成。

1,1,2,2-四溴乙烷(1,1,2,2-tetrabromoethane) CAS 号 79-27-6。分子式 $C_2H_2Br_4$,分子量 345.65。无色或淡黄色液体。熔点 1℃,沸点 244℃,密度 2.967 g/mL,折射率 1.637 7。不溶于水,与乙醇、乙醚、氯仿、苯胺、乙酸混溶。制备:由乙炔和液溴经加成反应制得。用途:作试剂及医药、染料中间体,也作催化剂、助催化剂、引发剂、阻燃剂、制冷剂、灭火剂、熏蒸消毒剂等。

1,1,2,2-四氯乙烷(1,1,2,2-tetrachloroethane) CAS 号 79-34-5。分子式 $C_2H_2Cl_4$,分子量 167.84。无色液体,有氯仿气味。熔点 - 43℃,沸点 147℃,密度 1.586

g/mL,折射率 1.470 6。难溶于水,与甲醇、乙醇、乙醚、氯仿、四氯化碳、苯、二硫化碳、石油醚、N,N-二甲基甲酰胺及油类混溶。制备:由乙炔与氯气经加成反应制得;也可由 1,2-二氯乙烯与氯气经加成反应制得。用途:作生产三氯乙烯、四氯乙烯的原料;也作生产金属净洗剂、杀虫剂、除草剂、溶剂等。

1,1,1,2-四氟乙烷(1,1,1,2-tetrafluoroethane) 亦称"诺氟烷""四氟乙烷"。CAS 号 811-97-2。分子式 $C_2H_2F_4$,分子量 102.03。无色气体,有刺激性。熔点 - 101℃,沸点 - 26.5℃,密度 1.188^{30} g/mL(7 600 Torr)。不溶于水,溶于醚。制备:由三氯乙烯和氟化氢经加成反应制得。用途:作制冷剂。

六氯乙烷(hexachloroethane) CAS 号 67-72-1。分子式 C_2Cl_6,分子量 236.72。无色针状斜方晶体。熔点 185～190℃(升华),沸点 60℃(2 Torr),密度 2.091 g/cm³。不溶于水,溶于乙醇、乙醚、苯、氯仿等。对环境有害。制备:由四氯乙烯与氯气经加成反应制得;也由四氯化碳在氯化铝存在下与氯气反应制得。用途:作溶剂、兽用驱虫药;也作发烟剂、除泡剂、脱气剂、脱氧剂以及聚氯乙烯助增塑剂;还作有机合成中间体。

四氯乙烯(tetrachloroethylene) 亦称"全氯乙烯"。CAS 号 127-18-4。分子式 C_2Cl_4,分子量 165.82。无色透明液体,有醚气味。熔点 - 22℃,沸点 121℃,密度 1.622 g/mL,折射率 1.505 8。微溶于水,与乙醇、乙醚、氯仿、苯及氯有机溶剂互溶。制备:由乙烯和氯气以 1,2-二氯乙烷为中间体经过加成、消除反应制得;也可由乙炔和氯气以 1,1,2,2-四氯乙烷为中间体经加成、消除反应制得。用途:作溶剂、金属表面清洁剂和干洗剂、脱硫剂、热传递介质、驱虫药;也作含氟有机物的中间体。

四氟乙烯(tetrafluoroethylene) CAS 号 116-14-3。分子式 C_2F_4,分子量 100.02。无色无臭气体。熔点 - 142℃,沸点 - 76.3℃,密度 $1.519^{-76.3}$ g/mL。不溶于水,溶于丙酮、乙醇。制备:由二氯氯甲烷经高温热裂解制得;也可由 1,2-二氯四氟乙烷在锌的存在下经消除反应制得。用途:作制造新型塑料、耐油耐低温橡胶、新型灭火剂和抑雾剂的原料;也作合成农药氟铃脲的中间体。

碘苯(iodobenzene) 亦称"碘代苯"。CAS 号 591-50-4。分子式 C_6H_5I。分子量 204.01。无色有特殊气味的液体。熔点 - 2℃,沸点 188℃,密度 1.823 g/mL,折射率 1.620。难溶于水,溶于氯仿、乙醚和乙醇。制备:由苯胺经重氮化,再和碘化钾经过置换反应制得。用途:用于有机合成;也可用作折射率

标准液。

溴苯(bromobenzene) 亦称"溴代苯"。CAS 号 108-86-1。分子式 C_6H_5Br,分子量 157.01。无色液体。熔点 - 31℃,沸点 156℃,密度 1.491 g/mL,折射率 1.559。难溶于水,溶于氯仿、乙醚和乙醇。制备:由苯与溴反应制得。用途:作试剂、有机合成原料;也作溶剂。

氯苯(chlorobenzene) 亦称"氯代苯"。CAS 号 108-90-7。分子式 C_6H_5Cl,分子量 112.56。无色透明易挥发液体,有杏仁味。熔点 - 45℃,沸点 132℃,密度 1.108 g/mL,折射率 1.524。难溶于水,溶于大多数有机溶剂。制备:由苯和氯气经过氯化反应制得。用途:作试剂、溶剂、有机合成原料。

氟苯(fluorobenzene) 亦称"氟代苯"。CAS 号 462-06-6。分子式 C_6H_5F,分子量 96.10。无色透明易挥发液体。熔点 - 42℃,沸点 85℃,密度 1.024 g/mL,折射率 1.465。不溶于水,溶于醚、醇等有机溶剂。制备:由苯胺重氮化后经 Schiemann 反应制得。用途:作试剂、溶剂、有机合成原料;也用于塑料和树脂聚合物的鉴定。

4-碘甲苯(4-iodotoluene) 亦称"对碘甲苯"。CAS 号 624-31-7。分子式 C_7H_7I,分子量 218.04。无色或淡黄色结晶。熔点 33～35℃,沸点 211.5℃,密度 1.678 g/cm³,折射率 $1.588 4^{50}$。不溶于水,溶于醇、醚、二硫化氯、苯等。制备:由甲苯与三氟乙酸碘反应制得。用途:作试剂,有机合成原料、医药及农药中间体。

对溴甲苯(4-bromotoluene) 亦称"4-溴甲苯"。CAS 号 106-38-7。分子式 C_7H_7Br,分子量 171.04。无色液体。熔点 26～29℃,沸点 184℃,密度 1.390 g/mL,折射率 1.549。不溶于水,溶于乙醇、乙醚。制备:由对甲苯胺重氮化反应、再和溴化亚铜-氢溴酸溶液经过置换反应制得。用途:作有机合成原料及中间体。

对氯甲苯(4-chlorotoluene) 亦称"4-氯甲苯"。CAS 号 106-43-4。分子式 C_7H_7Cl,分子量 126.58。无色油状液体。熔点 7.5℃,沸点 162℃,密度 1.070 g/mL,折射率 1.520。微溶于水,溶于乙醇、乙醚、丙酮、苯及氯仿。制备:由对甲苯胺重氮化,再加入氯化亚铜盐酸溶液经过置换反应制得;也可由甲苯直接氯化制得。用途:作有机合成原料;也作医药、农药、染料,有机合成的中间体及橡胶、合成树脂的溶剂。

对氟甲苯(4-fluorotoluene) 亦称"4-氟甲苯"。CAS 号 352-32-9。分子式 C_7H_7F,分子量 110.13。无色透明液体。熔点 - 56℃,沸

点 116℃,密度 1.000 g/mL,折射率 1.468。不溶于水,与醇、醚以任意比例混溶。制备:由对甲基苯胺重氮化后再经过 Balz-Schiemann 反应制得。用途:作有机氟化合物原料;也作合成多种医药、农药、染料、高分子氟塑料中间体以及含氟芳香衍生物。

2-碘代甲苯(2-iodotoluene)　亦称"邻碘甲苯"。CAS 号 615-37-2。分子式 C_7H_7I,分子量 218.04。淡黄色液体。熔点 11.2℃,沸点 211℃,密度 1.713 g/mL,折射率 1.608。不溶于水,溶于乙醇、乙醚。制备:由邻甲苯胺重氮化,再加入碘化钾经过置换反应制得。用途:作试剂、医药中间体。

2-溴甲苯(2-bromotoluene)　亦称"邻溴甲苯"。CAS 号 95-46-5。分子式 C_7H_7Br,分子量 171.04。无色液体。熔点-27℃,沸点 58～60℃,密度 1.422 g/mL,折射率 1.555。不溶于水,溶于乙醇、乙醚。制备:由邻甲苯胺经重氮化后再与氢溴酸、铜粉反应制得。用途:作试剂、有机合成原料及中间体。

2-氯甲苯(2-chlorotoluene)　亦称"邻氯甲苯"。CAS 号 95-49-8。分子式 C_7H_7Cl,分子量 126.58。无色液体。熔点-36℃,沸点 157～159℃,密度 1.083 g/mL,折射率 1.525。微溶于水,易溶于醇、醚、苯及氯仿。制备:由邻甲基苯胺经重氮化、再和盐酸-氯化亚铜溶液反应制得;也可由甲苯经芳环氯化,分离制得。用途:作试剂、溶剂;也作染料、医药、农药等有机合成的中间体。

2-氟甲苯(2-fluorotoluene)　亦称"邻氟甲苯"。CAS 号 95-52-3。分子式 C_7H_7F,分子量 110.13。无色透明液体。熔点-62℃,沸点 113～114℃,密度 1.001 g/mL,折射率 1.473。微溶于水,溶于乙腈、四氢呋喃、甲苯、氯仿等有机溶剂。制备:由邻氯甲苯和碱金属氟化物(如氟化铯和氟化钾等)经过卤素交换反应制得。用途:作试剂及医药、农药中间体。

间碘甲苯(3-iodotoluene)　亦称"3-碘甲苯"。CAS 号 625-95-6。分子式 C_7H_7I,分子量 218.04。无色液体。熔点-27℃,沸点 80～82℃,密度 1.698 g/mL,折射率 1.604。不溶于水,溶于氯仿等有机溶剂。制备:由间甲基苯硼酸和三水合醋酸铜、碘在封管中反应制得;也可由间甲苯胺重氮化,再加入碘化钾经过置换反应制得。用途:作试剂,用于制药和有机合成。

间溴甲苯(3-bromotoluene)　亦称"3-溴甲苯"。CAS 号 591-17-3。分子式 C_7H_7Br,分子量 171.04。无色液体。熔点-40℃,沸点 183.7℃,密度 1.410 g/mL,折射率 1.552。不溶于水,溶于乙醇、乙醚。制备:由 3-溴-4-氨基甲苯经

重氮化、还原制得,也可由间甲苯胺重氮化,再加入溴化亚铜经过置换反应制得。用途:用于有机合成原料及中间体;也用于医药工业。

间氯甲苯(3-chlorotoluene)　亦称"3-氯甲苯"。CAS 号 108-41-8。分子式 C_7H_7Cl,分子量 126.58。无色液体。熔点-48℃,沸点 160～162℃,密度 1.072 g/mL,折射率 1.522。难溶于水,易溶于苯、乙醇、乙醚和氯仿中。制备:由间甲苯胺经重氮化、再加入氯化亚铜反应制得。用途:作试剂、溶剂,用于有机合成。

3-氟甲苯(3-fluorotoluene)　亦称"间氟甲苯"。CAS 号 352-70-5。分子式 C_7H_7F,分子量 110.13。无色液体。熔点-87℃,沸点 115℃,密度 0.997 g/mL,折射率 1.469。不溶于水,与醇、醚混溶。制备:由间甲苯胺经重氮化、再与氟硼酸经 Balz-Schiemann 反应制得。用途:作医药、农药中间体,用于有机合成。

4-硝基碘苯(1-iodo-4-nitrobenzene)　亦称"对硝基碘苯"。CAS 号 636-98-6。分子式 $C_6H_4INO_2$,分子量 249.01。浅棕色粉末。熔点 171～173℃,沸点 289℃,密度 1.809 g/cm³。溶于乙酸和乙醇,不溶于水。制备:可由对碘苯胺氧化制得。用途:作有机合成原料。

4-硝基溴苯(1-bromo-4-nitrobenzene)　亦称"对硝基溴苯"。CAS 号 586-78-7。分子式 $C_6H_4BrNO_2$,分子量 202.01。棱柱状结晶。熔点 124～126℃,沸点 255～256℃,密度 1.95 g/cm³。不溶于水,溶于醇、醚和苯。制备:由溴苯硝化制得。用途:作染料中间体。

4-硝基氯苯(1-chloro-4-nitrobenzene)　亦称"对硝基氯苯"。CAS 号 100-00-5。分子式 $C_6H_4ClNO_2$,分子量 157.55。浅黄色结晶。熔点 80～83℃,沸点 242℃,密度 1.298 g/cm³。难溶于水,微溶于冷乙醇,溶于热乙醇、乙醚、丙酮和苯等有机溶剂。制备:由氯苯硝化制得。用途:作试剂,用于染料(偶氮染料、硫化染料)、医药(非那西丁、扑热息痛)、农药(除草醚)中间体;也可作橡胶防老剂等的原料。

4-硝基氟苯(1-fluoro-4-nitrobenzene)　亦称"对氟硝基苯"。CAS 号 350-46-9。分子式 $C_6H_4FNO_2$,分子量 141.10。低温时为结晶。熔点 21℃,沸点 205℃,密度 1.330²⁰ g/cm³。难溶于水,溶于乙醚、丙酮和苯等有机溶剂。制备:由氟苯以混酸硝化制得。用途:作试剂及医药、农药及染料中间体,用于合成诺氟沙星(氟哌酸)。

α,α,α-三氯甲苯(α,α,α-trichloromethylbenzene;

（trichloromethyl）benzene） 亦称"苯氯仿""次苄基三氯""三氯苄""三氯甲基苯""苯三氯甲烷"。CAS 号 98-07-7。分子式 $C_7H_5Cl_3$，分子量 195.47。无色或淡黄色液体。熔点 $-7.5 \sim -7$℃，沸点 $219 \sim 223$℃，密度 1.380 g/mL，折射率 1.557。不溶于水，溶于乙醇、乙醚、苯。制备：由甲苯在光化学条件下氯化制得。用途：作有机合成中间体；用于生产紫外线吸收剂；还用作分析化学试剂。

α,α,α-三氟甲苯（α,α,α-trifluoromethylbenzene；（trifluoromethyl）benzene） 亦称"苯三氟甲烷""苯氟仿""苄川三氟""三氟甲基苯"。CAS 号 98-08-8。分子式 $C_7H_5F_3$，分子量 146.11。无色液体。熔点 -29℃，沸点 102℃，密度 1.190 g/mL，折射率 1.414。不溶于水，溶于乙醇、乙醚、丙酮、苯、四氯化碳等。制备：由甲苯和氟气在催化剂存在下侧链氟化制得。用途：作有机合成中间体，用于制备氟草隆、氟咯草酮、吡氟草胺等除草剂；也用作医药的重要中间体。

苄基碘（benzyl iodide） 亦称"碘化苄"。CAS 号 620-05-3。分子式 C_7H_7I，分子量 218.04。白色固体。熔点 $280 \sim 282$℃，沸点 218℃，密度 1.750 g/cm³，折射率 1.433。难溶于水，易溶于有机溶剂。制备：由甲苯侧链碘化制得。用途：作有机合成原料。

溴化苄（benzyl bromide） 亦称"苄基溴"。CAS 号 100-39-0。分子式 C_7H_7Br，分子量 171.04。无色液体。熔点 -3℃，沸点 $198 \sim 199$℃，密度 1.440 g/mL，折射率 1.575。难溶于水，溶于乙醇、乙醚及苯等有机溶剂。制备：可由甲苯侧链溴代制得。用途：作试剂，有机合成中作苄基化试剂。

苄基氯（benzyl chloride） 亦称"氯化苄"。CAS 号 100-44-7。分子式 C_7H_7Cl，分子量 126.58。无色透明液体。熔点 -39℃，沸点 179℃，密度 1.100 g/mL，折射率 1.538。不溶于水，但能与水蒸气一同挥发，溶于乙醚、乙醇、氯仿等有机溶剂。制备：由甲苯连续光氯化法制得；也可由甲苯在催化剂过氧化物存在下与氯化亚砜反应制得；也可由苯环氯甲基化制得。用途：作试剂、有机合成中间体，用于合成有机磷杀菌剂稻瘟净、异稻瘟净等。

1,4-二碘苯（1,4-diiodobenzene） 亦称"对二碘苯"。CAS 号 624-38-4。分子式 $C_6H_4I_2$，分子量 329.91。无色或微黄色片状晶体。熔点 $131 \sim 133$℃，沸点 285℃，密度 2.350 g/cm³，折射率 1.621[20]。不溶于水，易溶于乙醚，溶于乙醇。制备：由对 4-碘苯胺经重氮化、置换制得；可由对苯二胺盐酸盐重氮化，再与碘化钾进行置换反应制得。用途：作试剂及医药中间体。

对溴碘苯（1-bromo-4-iodobenzene） 亦称"对碘溴苯"。CAS 号 589-87-7。分子式 C_6H_4BrI，分子量 282.91。白色到棕色晶体。熔点 $89 \sim 91$℃，沸点 $120 \sim 122$℃，密度 2.223 g/cm³，折射率 1.662。不溶于水，易溶于乙醚，溶于乙醇。制备：由对溴苯胺经重氮化、再与碘化钾反应制得。用途：作试剂，用于有机合成。

对氯碘苯（1-chloro-4-iodobenzene） 亦称"对碘氯苯"。CAS 号 637-87-6。分子式 C_6H_4ClI，分子量 238.45。灰白色固体。熔点 $53 \sim 54$℃，沸点 $226 \sim 227$℃，密度 1.886 g/cm³。不溶于水，易溶于乙醚，溶于乙醇。制备：由对氯苯胺经重氮化、再与碘化钾反应制得。用途：作试剂，用于有机合成。

对氟碘苯（1-fluoro-4-iodobenzene） 亦称"对碘氟苯"。CAS 号 352-34-1。分子式 C_6H_4FI，分子量 222.00。黄色液体。熔点 -20℃，沸点 $182 \sim 184$℃，密度 1.925 g/mL，折射率 1.583。不溶于水，溶于有机溶剂。制备：由对氟苯胺经重氮化、再与碘化钾反应制得。用途：作试剂，用于有机合成。

1,4-二溴苯（1,4-dibromobenzene） 亦称"对二溴苯"。CAS 号 106-37-6。分子式 $C_6H_4Br_2$，分子量 235.91。白色结晶。熔点 $86 \sim 89$℃，沸点 219℃，密度 1.841 g/cm³，折射率 1.574。不溶于水，易溶于热乙醇、丙酮、乙醚和热苯。制备：由苯和液溴反应制得。用途：用于有机合成，也作染料中间体。

4-溴氯苯（4-bromochlorobenzene） 亦称"对氯溴苯"。CAS 号 106-39-8。分子式 C_6H_4BrCl，分子量 191.45。针状体结晶。熔点 $64 \sim 67$℃，沸点 196℃，密度 1.651 g/cm³，折射率 1.496。不溶于水，溶于醚、苯、氯仿及热醇。制备：由氯苯和溴反应制得。用途：作试剂、溶剂，用于有机合成。

对溴氟苯（4-bromofluorobenzene） 亦称"对溴氟苯"。CAS 号 460-00-4。分子式 C_6H_4BrF，分子量 175.00。无色液体。熔点 -16℃，沸点 150℃，密度 1.593 g/mL，折射率 1.527。不溶于水，溶于苯、甲醇、醚等有机溶剂。制备：由氟苯和溴反应制得。用途：用于医药、农药的合成。

1,4-二氯苯（1,4-dichlorobenzene） 亦称"对二氯苯"。CAS 号 106-46-7。分子式 $C_6H_4Cl_2$，分子量 147.00。白色晶体。熔点 $52 \sim 54$℃，沸点 174℃，密度 1.241

g/cm³，折射率 1.543。不溶于水，溶于乙醇、乙醚、苯等有机溶剂。对环境有害。制备：由苯和氯气反应制得。用途：作试剂，用于合成染料及农药中间体；作熏蒸杀虫剂、织物防蛀剂、防霉剂、空气脱臭剂；还可用于制造卫生球；用于特压润滑剂，腐蚀抑制剂。

1-氯-4-氟苯（1-chloro-4-fluorobenzene） 亦称"对氯氟苯"。CAS 号 352-33-0。分子式 C_6H_4ClF，分子量 130.55。无色至微黄色液体。熔点 -21.5℃，沸点 129～130℃，密度 1.226 g/mL，折射率 1.495。不溶于水，易溶于有机溶剂。制备：由氟苯、N-氯代丁二酰亚胺、三氟化硼等合成制得。用途：用作医药、农药、液晶材料中间体。

1,4-二氟苯（1,4-difluorobenzene） 亦称"对二氟苯"。CAS 号 540-36-3。分子式 $C_6H_4F_2$，分子量 114.09。无色透明液体。熔点 -13℃，沸点 88～89℃，密度 1.170 g/mL，折射率 1.441。不溶于水，易溶于有机溶剂。制备：由对苯二胺、氯化氢、四氟硼酸在亚硝酸钠溶液中反应制得。用途：作医药、农药、液晶材料中间体。

2,4,6-三甲基碘苯（2,4,6-trimethyliodobenzene；iodomesitylene） CAS 号 4028-63-1。分子式 $C_9H_{11}I$，分子量 146.09。无色固体，对光敏感。熔点 28～32℃，沸点 250℃，密度 1.510 g/cm³，折射率 1.591。不溶于水，易溶于有机溶剂。制备：由均三甲苯、过硫酸氢钾和碘化钾反应制得。用途：作医药、农药、有机合成中间体。

2,4,6-三甲基溴苯（2,4,6-trimethylbromobenzene；bromomesitylene） CAS 号 576-83-0。分子式 $C_9H_{11}Br$，分子量 199.09。无色液体。熔点 2℃，沸点 225℃，密度 1.301 g/mL，折射率 1.552。不溶于水，溶于多种有机溶剂。制备：由均三甲苯、过氧单磺酸钾和溴化钾反应制得。用途：作有机合成中间体。

2,4,6-三甲基氯苯（2,4,6-trimethylchlorobenzene；chloromesitylene） CAS 号 1667-04-5。分子式 $C_9H_{11}Cl$，分子量 154.64。无色液体。熔点 -43℃，沸点 204～206℃，密度 1.050 g/mL，折射率 1.521。不溶于水，溶于多种有机溶剂。制备：由均三甲苯、过氧单磺酸钾和氯化钾反应制得。用途：作有机合成中间体。

2,4,6-三甲基氟苯（2,4,6-trimethylfluorobenzene；fluoromesitylene） CAS 号 392-69-8。分子式 $C_9H_{11}F$，分子量 138.19。浅黄色液体。熔点 -36.7℃，沸点 163～165℃，密度 0.9745 g/mL，折射率 1.483。稍溶于水，易溶于有机溶剂。制备：由均三甲苯、过氧单磺酸钾和氟化钾反应制得。用途：作有机合成中间体。

1,4-二（溴甲基）苯（1,4-bis（bromomethyl）benzen） 亦称"二溴对二甲苯"。CAS 号 623-24-5。分子式 $C_8H_8Br_2$，分子量 263.96。白色固体。熔点 143～145℃，沸点 245℃，密度 2.012 g/cm³，折射率 1.614。稍溶于水，易溶于有机溶剂。制法：由对二苯甲醇与溴化氢反应制得。用途：作有机合成中间体。

1,3,5-三溴苯（tribromobenzene） 亦称"均三溴苯"。CAS 号 626-39-1。分子式 $C_6H_3Br_3$，分子量 314.80。浅黄棕色粉末。熔点 117～121℃，沸点 271℃，密度 2.351 g/cm³，折射率 1.634。不溶于水，溶于热乙醇、乙酸。制备：由苯胺和溴制得三溴苯胺，然后在浓硫酸/亚硝酸钠、乙醇中脱去氨基反应制得。用途：作有机合成中间体。

1,3,5-三氯苯（1,3,5-trichlorobenzene） 亦称"均三氯苯"。CAS 号 108-70-3。分子式 $C_6H_3Cl_3$，分子量 181.44。长针状晶体。熔点 63℃，沸点 208℃，密度 1.452 g/cm³，折射率 1.569。不溶于水，微溶于乙醇，易溶于乙醚。制备：由干燥的六氯环己烷在热解釜中加热制得；也可由六氯环己烷与石灰乳共热制得。用途：作溶剂；也作制取农药、染料、医药、电解液、润滑油等的原料。

1,3,5-三氟苯（1,3,5-trifluorobenzene） 亦称"均三氟苯"。CAS 号 372-38-3。分子式 $C_6H_3F_3$，分子量 132.09。无色透明液体。熔点 -5.5℃，沸点 75～76℃，密度 1.277 g/mL，折射率 1.414。不溶于水，易溶于有机溶剂。制备：由均三氯苯和氟化钾在高温下反应制得。用途：作医药或液晶材料中间体。

1,2,4,5-四溴苯（1,2,4,5-tetrabromobenzene） 亦称"四溴苯"。CAS 号 636-28-2。分子式 $C_6H_2Br_4$，分子量 393.70。晶体。熔点 179～180℃，沸点 323～329℃，密度 3.032 g/cm³。不溶于水，易溶于有机溶剂。制备：由苯、氯化铁和液溴经过溴化反应制得。用途：作有机合成中间体。

1,2,4,5-四氯苯（1,2,4,5-tetrachlorobenzene） 亦称"四氯苯"。CAS 号 95-94-3。分子式 $C_6H_2Cl_4$，分子量 215.88。固体。熔点 139℃，沸点 240～246℃，密度 1.858 g/cm³。

不溶于水,易溶于有机溶剂。制备:由苯和氯气在高温下经过氯化反应制备。用途:作有机合成中间体。

1,2,4,5-四氟苯(1,2,4,5-tetrafluorobenzene)
亦称"四氟苯"。CAS 号 327-54-8。分子式 $C_6H_2F_4$,分子量 150.08。无色透明液体或白色晶体。熔点 4℃,沸点 90℃,密度 1.344 g/mL,折射率 1.407。不溶于水,易溶于有机溶剂。制备:由六氟苯用 $NaBH_4$ 还原制得。用途:作医药中间体。

2-碘吡啶(2-iodopyridine) 亦称"α-碘代吡啶"。CAS 号 5029-67-4。分子式 C_5H_4IN,分子量 205.00。淡黄色固体。熔点 118~120℃,沸点 87~89℃(10 Torr),密度 1.928 g/cm³,折射率 1.636 3。溶于水,能与乙醇、乙醚、苯和吡啶相混溶。制备:由 2-溴吡啶和碘化氢经碘化反应制得。用途:作有机合成中间体。

2-溴吡啶(2-bromopyridine) 亦称"α-溴代吡啶"。CAS 号 109-04-6。分子式 C_5H_4BrN,分子量 158.00。浅黄色油状液体。熔点<25℃,沸点 192℃,密度 1.657 g/mL,折射率 1.573。溶于水,与乙醇、乙醚、苯和吡啶相混溶。制备:由 2-氨基吡啶经溴化而得。用途:作试剂、医药中间体。

2-氯吡啶(2-chloropyridine) 亦称"α-氯代吡啶"。CAS 号 109-09-1。分子式 C_5H_4ClN,分子量 113.54。无色透明液体。熔点-46℃,沸点 168℃,密度 1.209 g/mL。溶于水,与乙醇、乙醚、苯和吡啶相混溶。制备:由 2-氨基吡啶重氮化后经 Sandmeyer 反应制得。用途:作有机合成中间体,用于医药、杀菌剂等。

2-氟吡啶(2-fluoropyridine) 亦称"α-氟代吡啶"。CAS 号 372-48-5。分子式 C_5H_4FN,分子量 97.09。无色透明液体。沸点 126℃,密度 1.128 g/mL,折射率 1.466。溶于水,与乙醇、乙醚、苯和吡啶相混溶。制备:由 2-溴吡啶和四甲基氟化铵反应制得。用途:作医药、农药中间体。

3-溴吡啶(3-bromopyridine) 亦称"β-溴代吡啶"。CAS 号 626-55-1。分子式 C_5H_4BrN,分子量 158.00。无色至浅黄色液体。熔点-27℃,沸点 173℃,密度 1.640 g/mL,折射率 1.571。溶于水,与乙醇、乙醚、苯和吡啶相混溶。制备:由 3-氨基吡啶和溴化氢、溴、亚硝酸钠反应制得。用途:作有机合成中间体。

3-氯吡啶(3-chloropyridine) 亦称"β-氯代吡啶"。CAS 号 626-60-8。分子式 C_5H_4ClN,分子量 113.54。无色液体。熔点-61℃,沸点 148℃,密度 1.194 g/mL,折射率 1.533。溶于水,与乙醇、乙醚、苯和吡啶相混溶。制备:由可由 3-氨基吡啶经重氮化和 Sandmeyer 反应制得。用途:作医药中间体。

3-氟吡啶(3-fluoropyridine) 亦称"β-氟代吡啶"。CAS 号 372-47-4。分子式 C_5H_4FN,分子量 97.09。无色透明液体。沸点 107~108℃,密度 1.130 g/mL,折射率 1.473 4。溶于水,与乙醇、乙醚、苯和吡啶相混溶。制备:由 3-溴吡啶和四甲基氟化铵反应制得。用途:作医药、农药中间体。

4-碘吡啶(4-iodopyridine) 亦称"γ-碘代吡啶"。CAS 号 15854-87-2。分子式 C_5H_4IN,分子量 205.00。白色结晶。熔点 80℃,沸点 212~215℃,密度 1.081 g/cm³,折射率 1.529。溶于水,与乙醇、乙醚、苯和吡啶相混溶。制备:由 4-溴吡啶和碘化氢经碘化反应制得。用途:作医药中间体。

五氟苯(pentafluorobenzene) 亦称"1,2,3,4,5-五氟苯"。CAS 号 363-72-4。分子式 C_6HF_5,分子量 168.07。无色液体。熔点-48℃,沸点 85℃,密度 1.514 g/mL,折射率 1.391。不溶于水,易溶于有机溶剂。制备:由六氟苯和二氯化锆反应制得。用途:作有机合成中间体。

六溴苯(hexabromobenzene) 亦称"1,2,3,4,5,6-六溴苯"。CAS 号 87-82-1,分子式 C_6Br_6,分子量 551.49。白色针状晶体。熔点 325℃,沸点 444℃,密度 3.543 g/cm³。不溶于水,微溶于乙醇、乙醚,溶于苯。制备:苯与过量的溴反应制得。用途:用于阻燃剂、热固性树脂,也可用作填料。

六氯苯(hexachlorobenzene) 亦称"1,2,3,4,5,6-六氯苯"。CAS 号 118-74-1。分子式 C_6Cl_6,分子量 284.77。无色针状晶体,工业品为淡红色晶体。熔点 227~229℃,沸点 323~326℃,密度 1.569 g/cm³,折射率 1.569。不溶于水及乙醇,溶于乙醚、氯仿、苯、甲苯、二氯甲烷等有机溶剂。制备:由苯或低级氯苯直接氯化制得。用途:作拌种杀菌剂,可防治小麦腥黑穗病和杆黑穗病;用于生产花炮,作焰火色剂;还用作五氯酚及五氯酚钠的原料。

六氟苯(hexafluorobenzene) 亦称"1,2,3,4,5,6-六氟苯"。CAS 号 392-56-3。分子式 C_6F_6,分子量 186.06。无色液体。熔点 3.7~4.1℃,沸点 81℃,密度 1.612 g/mL,折射率 1.377。制备:由六氯苯和氟化钾及氯化六乙基胍在四乙二醇二甲醚中氟化制得。用途:作麻醉剂、溶剂,用于化工、医药、液晶材料等方面,也作氢核磁共振谱或闪烁计数器用溶剂。

1-碘萘(1-iodonaphthalene) 亦称"α-碘代萘"。CAS 号 90-14-2。分子式 $C_{10}H_7I$,分子量 254.07。黄色至棕色

透明液体。熔点 4℃，沸点 163～165℃，密度 1.740 g/mL，折射率 1.701。制备：由 1-萘硼酸和 N-碘代丁二酰亚胺反应制得。用途：用于有机合成。

1-溴化萘（1-bromonaphthalene）　亦称"α-溴代萘"。CAS 号 90-11-9。分子式 $C_{10}H_7Br$，分子量 207.07。无色或微黄色液体。熔点 -2～-1℃，沸点 133～134℃，密度 1.480 g/mL，折射率 1.657。不溶于水，与醇、醚、苯和氯仿混溶。制法：由萘经溴化反应制得。用途：作有机合成原料、分析试剂、冷冻剂以及分子量大的物质的溶剂，干燥物品的热载体；还可用于折射率测定。

1-氯萘（1-chloronaphthalene）　亦称"α-氯代萘"。CAS 号 90-13-1。分子式 $C_{10}H_7Cl$，分子量 162.62。无色挥发性油状液体。熔点 -20℃，沸点 111～113℃，密度 1.194 g/mL，折射率 1.632。不溶于水，溶于四氯化碳、二硫化碳、苯及氯苯。制备：由萘和 N-氯代琥珀酰亚胺、硝酸铈铵反应制得。用途：用于有机合成，制备 1-萘酚；也作溶剂、分析试剂。

1-氟萘（1-fluoronaphthalene）　亦称"α-氟代萘"。CAS 号 321-38-0。分子式 $C_{10}H_7F$，分子量 146.16。无色至淡黄透明液体。熔点 -13℃，沸点 215℃，密度 1.132 g/mL，折射率 1.593。不溶于水，溶于四氯化碳、二硫化碳、苯及氯苯。制备：由 1-氨基萘和亚硝酸钾、氟化氢反应制得。用途：用于有机合成，制备 1-萘酚；也作溶剂、分析试剂。

2-溴萘（2-bromonaphthalene）　亦称"β-溴代萘"。CAS 号 580-13-2。分子式 $C_{10}H_7Br$，分子量 207.07。无色晶体。熔点 52～55℃，沸点 281～282℃，密度 1.605 g/cm³，折射率 1.638。不溶于水，溶于乙醇、乙醚、氯仿、苯。制备：由 2-萘酚与三溴化磷反应制得。用途：作有机合成和染料中间体。

2-氯萘（2-chloronaphthalene）　亦称"β-氯代萘"。CAS 号 91-58-7。分子式 $C_{10}H_7Cl$，分子量 162.62。白色晶体粉末。熔点 57～60℃，沸点 256℃，密度 1.178 g/cm³，折射率 1.608。不溶于水，溶于乙醇、乙醚、氯仿、苯。制备：由 2-萘酚与五氯化磷反应制得。用途：作有机合成和染料中间体。

8-溴喹啉（8-bromoquinoline）　CAS 号 16567-18-3。分子式 C_9H_6BrN，分子量 208.06。黄色至淡黄色固体。熔点 58℃，沸点 165～166℃，密度 1.594 g/cm³，折射率 1.667 4³⁰。不溶于水，溶于乙醇、乙醚、氯仿、苯。制法：由邻溴苯胺、

甘油、浓硫酸及邻溴硝基苯加热制得。用途：作试剂及医药、农药中间体。

1-氯异喹啉（1-chloroisoquinoline）　CAS 号 19493-44-8。分子式 C_9H_6ClN，分子量 163.60。白色至黄色固体。熔点 31～36℃，沸点 274～275℃，105～108℃（4 Torr），密度 1.210 g/cm³，折射率 1.634。不溶于水，溶于乙醇、乙醚、氯仿、苯。制备：由异喹啉与间氯过氧化苯甲酸反应制得。用途：作试剂，用于有机合成。

1,3-二碘苯（1,3-diiodobenzene）　亦称"间二碘苯"。CAS 号 626-00-6。分子式 $C_6H_4I_2$，分子量 329.91。无色针状结晶。熔点 34～37℃，沸点 285℃，密度 2.470 g/cm³，折射率 1.718。不溶于水，溶于乙醇、乙醚和氯仿。制备：由间溴二苯和碘、碘化钠反应制得。用途：作有机合成试剂及医药、农药中间体。

1,3-二溴苯（1,3-dibromobenzene）　亦称"间二溴苯"。CAS 号 108-36-1。分子式 $C_6H_4Br_2$，分子量 235.91。无色液体。熔点 -7℃，沸点 218～219℃，密度 1.952 g/mL，折射率 1.608。不溶于水，易溶于乙醚，溶于乙醇。制备：由 2,6-二溴苯胺与硫酸、亚硝酸钠反应，再和次磷酸反应制得。用途：作有机合成试剂及医药、农药中间体。

1,3-二氯苯（1,3-dichlorobenzene）　亦称"间二氯苯"。CAS 号 541-73-1。分子式 $C_6H_4Cl_2$，分子量 147.00。无色液体。熔点 -24℃，沸点 172～173℃，密度 1.288 g/mL，折射率 1.546。微溶于水，溶于乙醇、乙醚。制备：由 2,6-二氯苯胺与硫酸、亚硝酸钠反应，再和次磷酸反应制得。用途：作有机合成试剂及医药、农药中间体。

1,3-二氟苯（1,3-difluorobenzene）　亦称"间二氟苯"。CAS 号 372-18-9。分子式 $C_6H_4F_2$，分子量 114.09。无色至黄色液体。熔点 -59℃，沸点 83℃，密度 1.163 g/mL，折射率 1.438。不溶于水，溶于乙醇、乙醚。制备：由 2,6-二氟苯胺与硫酸、亚硝酸钠反应，再和次磷酸反应制得。用途：作合成含氟医药、农药等的中间体。

1,2-二碘苯（1,2-diiodobenzene）　亦称"邻二碘苯"。CAS 号 615-42-9。分子式 $C_6H_4I_2$，分子量 329.91。黄色液体。熔点 27℃，沸点 287℃，密度 2.524 g/mL，折射率 1.718。微溶于水，溶于乙醇、乙醚。制备：由邻碘苯胺和亚硝酸钠经过重氮化反应，再和碘化钠反应制得。用途：作试剂、有机合成中间体。

1,2-二溴苯（1,2-dibromobenzene）　亦称"邻二溴苯"。CAS 号 583-53-9。分子式 $C_6H_4Br_2$，分子量 235.91。

无色或淡黄色液体。熔点 4～6℃，沸点 224℃，密度 1.956 g/mL。折射率 1.616。不溶于水，溶于乙醇，易溶于乙醚、丙酮、苯和四氯化碳。制备：由邻溴苯胺和亚硝酸钠经过重氮化反应，再和溴化钠反应制得。用途：用于有机合成、染料中间体。

邻二氯苯（1,2-dichlorobenzene） 亦称"1,2-二氯苯"。CAS 号 95-50-1。分子式 $C_6H_4Cl_2$，分子量 147.00。无色液体。熔点-15℃，沸点 179℃，密度 1.306 g/mL，折射率 1.551。不溶于水，与乙醇、乙醚和苯混溶。制备：由邻氯苯酚和五氯化磷反应制得。用途：作试剂，也作树脂、蜡、树胶、橡胶、焦油、染料和沥青等的溶剂；还作抗锈剂、脱脂剂、抛光剂、冷却剂及热交换介质等。

1,2-二氟苯（1,2-difluorobenzene） 亦称"邻二氟苯"。CAS 号 367-11-3。分子式 $C_6H_4F_2$，分子量 114.09。无色液体。熔点-34℃，沸点 92℃，密度 1.158 g/mL，折射率 1.443。不溶于水，与乙醇、乙醚和苯混溶。制备：由邻二苯胺和氯化氢、四氟硼酸、亚硝酸钠反应制得。用途：作医药中间体、有机合成中间体。

9-溴蒽（9-bromoanthracene） 亦称"溴蒽"。CAS 号 1564-64-3。分子式 $C_{14}H_9Br$，分子量 257.13。白色晶体。熔点 97～100℃，密度 1.409 g/cm³。不溶于水，溶于乙酸、二硫化碳。制备：由蒽和溴化铜在加热条件下经溴化反应制得。用途：作医药中间体、有机合成中间体。

1-溴-3-碘苯（1-bromo-3-iodobenzene） 亦称"间溴碘苯"。CAS 号 591-18-4。分子式 C_6H_4BrI，分子量 282.91。淡黄色液体。熔点-9.3～-9℃，沸点 120℃，密度 2.219 g/mL，折射率 1.660。不溶于水，易溶于有机溶剂。制备：由间二溴苯和碘化氢反应制得。用途：作有机合成中间体、医药中间体。

1-氯-3-溴苯（1-bromo-3-chlorobenzene） 亦称"间氯溴苯"。CAS 号 108-37-2。分子式 C_6H_4BrCl，分子量 191.45。无色液体。熔点-21.5℃，沸点 196℃，密度 1.630 g/mL，折射率 1.578 2。不溶于水，易溶于有机溶剂。制备：由间氯苯胺经重氮化和与溴化亚铜反应制得。用途：作医药中间体、有机合成中间体。

有机硼化合物

硼酸三甲酯（trimethyl borate） 亦称"三甲氧基硼烷"。CAS 号 121-43-7。分子式 $C_3H_9BO_3$，分子量 103.91。无色液体。熔点-34℃，沸点 68～69℃，密度 0.932 g/mL，折射率 1.358。溶于四氢呋喃、甲醇、乙醚和己烷，遇水分解。制备：由甲醇和氟化硼或甲醇和硼酸经取代反应制得；还可由原硅酸甲酯和卤化硼经取代反应制得。用途：作硫化剂、木材防腐剂、催化剂、胶凝剂、热稳定剂和灭火剂；用于棉花阻燃处理和制备活性硅石；作碳水化合物衍生物气相色谱分析试剂；作半导体的掺杂源，制备高纯硼；也用于电子工业；还用作溶剂、脱氢剂、杀虫剂，用于有机合成以及半导体硼扩散源。

硼酸三乙酯（triethyl borate） 亦称"三乙氧基硼烷"。CAS 号 150-46-9。分子式 $C_6H_{15}BO_3$，分子量 145.99。无色透明液体。熔点-84.5℃，沸点 117～118℃，密度 0.858 g/mL，折射率 1.373 2。溶于乙醇、乙醚，遇水分解。制备：由无水乙醇与三氯化硼反应制得。用途：用于制造半导体元件、增塑剂、焊接助熔剂等；也用于其他有机硼化合物的合成。

硼酸三异丙酯（triisopropyl borate） 亦称"三异丙氧基硼烷"。CAS 号 5419-55-6。分子式 $C_9H_{21}BO_3$，分子量 188.07。无色液体，极易燃。熔点-59℃，沸点 139～141℃，密度 0.815 g/mL，折射率 1.376。溶于乙醇、乙醚、异丙醇和苯，遇水分解。制备：由异丙醇与氧化硼反应制得。用途：作溶剂、半导体硼扩散源；也作有机合成中间体。

硼酸三丁酯（tributyl borate） 亦称"三正丁氧基硼"。CAS 号 688-74-4。分子式 $C_{12}H_{27}BO_3$，分子量 230.16。透明无色液体。熔点-70℃，沸点 230～235℃，密度 0.853 g/mL，折射率 1.409。溶于甲醇、乙酸乙酯、乙酰丙酮和四氯化碳，遇水分解。制备：由正丁醇与硼酸反应制得。用途：作合成硼氢化合物中间体，可用于合成橡胶添加剂、润滑油添加剂、半导体硼扩散剂、防火剂、黏合剂、无水系统脱水干燥剂。

三（二甲基氨基）硼烷（tris(dimethylamino)borane） CAS 号 4375-83-1。分子式 $C_6H_{18}BN_3$，分子量 143.04。无色易燃液体。熔点-16℃，沸点 147～148℃，密度 0.835 g/mL，折射率 1.446。制备：由三氯化硼或三氟化硼二甲醚与二甲胺反应制得。用途：作医药中间体、材料中间体。

三甲基硼烷（trimethylborane） 亦称"甲基硼"。CAS 号 593-90-8。分子式 C_3H_9B，分子量 55.92。无色易燃气体。熔点-161.5℃，沸点-20.2℃，密度 0.753$^{-178.16}$ g/cm³。不溶于水，易溶于乙醇、乙醚。制备：由三氟化硼与甲基格氏试剂经反应制得。用途：用于有机合成；也可用于硼-碳膜化学气相沉积的有机金属前体，以及硼磷硅玻璃沉积的硼源。

三乙基硼烷（triethylborane）　CAS 号 97-94-9。分子式 C₆H₁₅B，分子量 98.00。透明无色至淡琥珀色液体，极易燃。熔点 - 93℃，沸点 95℃，密度 0.865 g/mL，折射率 1.380。不溶于水，溶于乙醇、乙醚。制备：由三氟化硼与乙基格氏试剂经取代反应制得；也可由三乙基铝与卤化硼或由二硼烷与乙烯反应制得。用途：作引火剂，也可作有机合成中间体；还可作火箭推进机或喷气发动机的引燃剂及燃料，烯烃聚合的添加剂；还可用于自由基引发剂，合成天然产物丁内酯。

三甲氨基硼烷（borane-trimethylamine complex）　亦称"硼烷-三甲胺络合物"。CAS 号 75-22-9。分子式 C₃H₁₂BN，分子量 72.95。白色易燃固体。熔点 92~94℃，沸点 172℃，密度 0.810 g/cm³。遇水分解。制备：由三甲基胺和乙硼烷反应制得；也可由氯化三甲铵和硼氢化锂经取代反应制得。用途：用于电镀镍，可获得高纯度的镍膜；也用于印刷电路板的制作。

二甲胺基甲硼烷（dimethylaminoborane）　亦称"硼烷二甲基胺"。CAS 号 74-94-2。分子式 C₂H₁₀BN，分子量 58.92。白色易燃晶体。熔点 36℃，沸点 59~65℃（12 Torr），密度 0.690 g/cm³。溶于水，溶于甲醇、乙醇、异丙醇和四氢呋喃。制备：由二甲胺和乙硼烷反应制得；也可由硼氢化钠和二甲胺反应制得。用途：用于蛋白质的还原性烷基化反应。

三正丁基硼烷（tributylborane）　亦称"三丁基硼烷"。CAS 号 122-56-5。分子式 C₁₂H₂₇B，分子量 182.16。无色到淡黄色液体。熔点 - 34℃，沸点 109℃（20 Torr），密度 0.834 g/mL，折射率 1.428 5。不溶于水，溶于四氢呋喃。制备：由三氟化硼与丁基格氏试剂反应制得。用途：作烯烃聚合反应的催化剂，可用于有机合成中的丁基转移试剂。

三氟甲磺酸二丁硼（di-n-butylboryl trifluoromethanesulfonate）　CAS 号 60669-69-4。分子式 C₉H₁₈BF₃O₃S，分子量 274.11。淡黄色至橙色液体。沸点 56~58℃（1.5 Torr），密度 1.271 g/mL，折射率 1.394。极易燃，有腐蚀性。制备：由三氟甲磺酸和三正丁基硼烷反应制得。用途：作有机合成中间体，用于合成氨苯胆内酯 B；也可作 Lewis 酸用于有机合成。

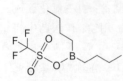

吡啶硼烷（borane-pyridine complex）　亦称"三氢（吡啶）硼"。CAS 号 110-51-0。分子式 C₅H₈BN，分子量 92.94。透明无色至琥珀色液体，易燃，剧毒！熔点 10~11℃，沸点 102℃（0.38 Torr），密度 0.929 g/mL，折射率 1.532。几乎不溶于水，易溶于醇、醚。制备：由吡啶盐酸盐与硼氢化钠反应制得。用途：作还原剂，在温和条件下能还原醛、酮和羧酸；也作硼氢化试剂。

二乙基（3-吡啶基）硼烷（3-(diethylboranyl) pyridine）　CAS 号 89878-14-8。分子式 C₉H₁₄BN，分子量 147.03。白色或类白色粉末。熔点 160~161℃，密度 0.860 g/cm³。微溶于水，可溶于氯仿等有机溶剂。制备：由 3-溴吡啶和二乙基甲氧基硼烷经取代反应制得。用途：作有机合成中间体，用于合成前列腺癌治疗药。

二乙基甲氧基硼烷（diethylmethoxyborane）　CAS 号 7397-46-8。分子式 C₅H₁₃BO，分子量 99.97。透明至淡黄色液体。熔点 - 17℃，沸点 88~89℃，密度 0.868 g/mL，折射率 1.387。不溶于水，溶于四氢呋喃。制备：可由甲醇和三乙基硼烷或二乙基硼酸反应制得。用途：作试剂、还原剂，用于有机合成。

二环己基硼烷（dicyclohexylborane）　CAS 号 1568-65-6。分子式 C₁₂H₂₂B，分子量 177.13。白色易燃晶体。熔点 103℃，密度 1.044 g/cm³。溶于四氢呋喃。制备：由硼烷与环己烯反应制得。用途：作选择性硼氢化试剂，用于有机合成。

二苯基氯硼烷（chlorodiphenylborane）　CAS 号 3677-81-4。分子式 C₁₂H₁₀BCl，分子量 200.47。白色固体。熔点 200℃，沸点 119~120℃（3 Torr），密度 1.104 g/cm³，折射率 1.611 8。制备：由三苯基硼与三氯化硼经歧化反应制得；也可由三苯基硼与二氯化苯基硼经歧化反应制得。用途：作有机合成中间体，也作溴代烷烃与碳酸钾反应的催化剂。

二氯苯基硼烷（dichloro(phenyl)borane）　亦称"苯硼烷二氯化物"。CAS 号 873-51-8。分子式 C₆H₅BCl₂，分子量 158.82。无色或黄色透明液体。熔点 7℃，沸点 66℃（11 Torr），密度 1.224 g/mL，折射率 1.545。遇水剧烈反应，溶于二氯甲烷、氯仿、乙腈有机溶剂。制备：由四苯基锡与三氯化硼反应制得；也可由三氯化硼和三甲基苯基硅烷反应制得；还可由三氯化硼与三苯基环三硼氧烷反应制得。用途：作有机合成中间体。

乙烯基硼烷（vinylborane）　CAS 号 5856-70-2。分

子式 C_2H_5B，分子量 39.87。无色易燃液体。熔点－111.1℃，沸点 45.1℃。溶于四氢呋喃。制备：由三氯化硼与四乙烯基锡经取代反应制得。用途：作合成有机硼化合物的原料。

三苯基硼烷（triphenylborane）　亦称"三苯基硼"。CAS 号 960-71-4。分子式 $C_{18}H_{15}B$，分子量 242.13。白色晶体。熔点 145℃，沸点 203℃（15 Torr），密度 $1.1 \mathrm{g/cm^3}$。不溶于水，溶于芳香族溶剂。制备：由三氯化硼与苯基格氏试剂经取代反应制得；也可由四苯硼酸三甲胺盐热分解制得。用途：作有机硼试剂、医药合成中间体；可用于制备船舶专用低表面能防污涂料；也用于制备无金属的硼掺杂炭材料过氧化氢电还原催化剂；还可用于制备航空皮革坐垫、金属涂料。

（－）-B-甲氧基二异松莰基硼烷（(－)-B-methoxydiisopinocampheylborane）CAS 号 85134-98-1。分子式 $C_{21}H_{37}BO$，分子量 316.34。白色晶体。比旋光度－72（$c=1$，乙醚）。溶于氯仿。制备：由硼烷和 α-蒎烯反应制得。用途：作烯丙基二异松蒎基硼烷衍生物的前体，合成具有高光学纯度的高烯丙醇和 β-氨基醇。

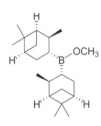

（－）-二异松蒎基氯硼烷（(－)-diisopinocamphenylborane chloride）亦称"氯化二异松香芹硼烷"。CAS 号 85116-37-6。分子式 $C_{20}H_{34}BCl$，分子量 320.75。固体。熔点 54～56℃，密度 $0.954 \mathrm{g/cm^3}$。溶于庚烷和己烷。制备：由（＋）-α-蒎烯与硼氢化钠、三氯化硼等反应制得。用途：用于前手性酮的不对称还原反应和 β-氨基醇的制备。

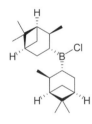

9-硼二环[3.3.1]壬烷（9-borabicyclo[3.3.1]nonane）CAS 号 280-64-8。分子式 $C_8H_{15}B$，分子量 122.02。无色易燃固体。熔点 152℃，沸点 195℃（12 Torr），密度 $0.894 \mathrm{g/cm^3}$。遇水反应，溶于乙醚、己烷、苯、甲苯、四氯化碳、氯仿、四氢呋喃、二甲硫醚和二氯甲烷，微溶于环己烷、二甲氧基乙烷、二甘醇二甲醚和二噁烷。制备：可由 1,5-环辛二烯与三氟化硼乙醚反应制得。用途：作药物合成中间体；也作选择性硼氢化还原试剂。

儿茶酚硼烷（catecholborane）　亦称"邻苯二酚硼烷"。CAS 号 274-07-7。分子式 $C_6H_5BO_2$，分子量 119.91。无色易燃液体。熔点 12℃，沸点 50℃（50 Torr），密度 $1.125 \mathrm{g/mL}$，折射率 1.507。遇水反应，溶于乙醚、四氢呋喃、二氯甲烷、氯仿、四氯化碳、甲苯和苯。制备：由邻苯二酚和硼烷反应制得。用途：作单官能硼氢化试剂，用于有机合成。

硼烷二甲硫醚络合物（borane-methyl sulfide complex）　CAS 号 13292-87-0。分子式 C_2H_9BS，分子量 75.97。无色至淡黄色液体，极易燃。熔点－40～－37℃，沸点 34℃，密度 $1.287 \mathrm{g/mL}$，折射率 1.457 0。遇水反应，溶于与乙醚、二氯甲烷、四氢呋喃、己烷、苯、甲苯、二甲苯、二甘醇二甲醚、乙酸乙酯。制备：由二甲硫醚和三氟化硼反应制得。用途：作还原剂，用于有机合成。

联硼酸频那醇酯（bis(pinacol)diborane）　CAS 号 73183-34-3。分子式 $C_{12}H_{24}B_2O_4$，分子量 253.94。白色至灰白色固体。熔点 137～140℃，密度 $1.1 \mathrm{g/cm^3}$。不溶于水，溶于四氢呋喃、二氯甲烷、甲苯、己烷和庚烷。制备：由四(二甲基氨基)二硼烷和频那醇反应制得。用途：用于有机合成。

烯丙基硼酸频那醇酯（allylboronic acid pinacol ester）　CAS 号 72824-04-5。分子式 $C_9H_{17}BO_2$，分子量 168.04。无色透明液体。沸点 50～53℃（5 Torr），密度 $0.896 \mathrm{g/mL}$，折射率 1.426 8。不溶于水，溶于二氯甲烷、氯仿、苯、四氢呋喃等有机溶剂。制备：由 3-氯丙烯和频那醇反应制得。用途：用于有机合成。

三甲基环三硼氧烷（trimethylboroxine）　亦称"三甲基硼氧六环"。CAS 号 823-96-1。分子式 $C_3H_9B_3O_3$，分子量 125.53。无色至淡黄色易燃液体。熔点－38℃，沸点 78～80℃，密度 $0.898 \mathrm{g/mL}$，折射率 1.363 8。不溶于水，溶于四氢呋喃。制备：由甲基硼酸和氢化钙反应制得，工业生产方法主要是用硼烷二甲硫醚和一氧化碳反应制得。用途：用于有机合成；也可用于提高高压锂离子电池负极电极或电解液界面稳定性。

三苯基环三硼氧烷（triphenylboroxin）　亦称"2,4,6-三苯环硼氧烷""苯硼酸酐"。CAS 号 3262-89-3。分子式 $C_{18}H_{15}B_3O_3$，分子量 311.75。白色固体。熔点 217～221℃，密度 $1.29^{-150} \mathrm{g/cm^3}$。

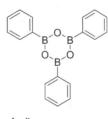

溶于苯和己烷。制备：由苯硼酸在甲苯中回流制得。用途：用于有机合成。

三乙醇胺环硼酸酯（triethanolamine borate）　系统名"2,8,9-三氧杂-5-氮杂-1-硼二环[3.3.3]十一碳烷"。CAS 号 283-56-7、15277-97-1、122-55-4。分子式 $C_6H_{12}BNO_3$，分子量 156.98。白色或

者淡黄色晶体或者粉末。熔点 235～237℃。溶于水和氯仿。制备：由三乙醇胺和硼酸反应制得。用途：作有机合成中间体和医药中间体。

三异丙醇胺环硼酸酯（triisopropylamin borate）

系统名"3,7,10-三甲基-2,8,9-三氧杂-5-氮杂-1-硼二环[3.3.3]十一碳烷"。CAS 号 101-00-8。分子式 $C_9H_{18}BNO_3$，分子量 199.06。白色至黄褐色的针状晶体。熔点 151℃，沸点 135℃（0.2 Torr），密度 1.050 g/cm³。制备：由三异丙醇胺和硼酸反应制得。用途：作汽油腐蚀抑制剂、金属工作液、汽油脱水剂、聚硅氧烷弹性橡胶稳定剂、黏合剂以及聚合物交联剂。

N, N-二甲基苯铵四（五氟苯基）硼酸盐（dimethylanilinium tetrakis（pentafluorophenyl）borate）　亦称"四（五氟苯基）硼酸二甲基苯铵"。CAS 号 118612-00-3。分子式 $C_{32}H_{12}BF_{20}$，分子量 801.23。灰白色粉末。熔点 225～229℃。遇水缓慢分解。制备：由五氟溴苯和 N,N-二甲基苯胺盐酸盐反应制得。用途：作聚合反应催化剂。

2,2′-[1,2-亚苯基双（氧基）]双（1,3,2-苯并二氧杂硼酸酯）（2,2′-[1,2-phenylenebis（oxy）]bis（1,3,2-benzodioxaborate））　亦称"O-亚苯基硼酸酯"。CAS 号 37737-62-5。分子式 $C_{18}H_{12}B_2O_6$，分子量 345.91。无色固体。熔点 71～73.5℃，沸点 176～177℃（0.07 Torr），密度 1.370 g/cm³。溶于苯、甲苯等有机溶剂。制备：由硼酸和邻苯二酚缩合制得。用途：作试剂。

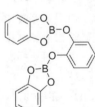

三苯甲基四（五氟苯基）硼酸盐（trityl tetrakis（pentafluorophenyl）borate）　亦称"四（五氟苯基）硼酸三苯基甲酯"。CAS 号 136040-19-2。分子式 $C_{43}H_{15}BF_{20}$，分子量 922.37。黄色至芥末色的粉末。熔点 180～185℃，沸点 90℃（25 Torr）。制备：可由溴五氟苯和三苯基氯甲烷经取代反应制得。用途：作聚合反应催化剂。

四正丁基四苯基硼酸铵（tetrabutylammonium tetraphenylborate）　亦称"四丁铵四苯硼酸盐"。CAS 号 15522-59-5。分子式 $C_{40}H_{56}BN$，分子量 561.71。白色晶体或粉末。熔点 229～231℃，密度 0.786 g/cm³。溶于吡啶、丙酮和水。制备：由四丁基溴化铵和四苯硼钠反应制得。用途：作试剂，用于有机合成。

三叔丁基膦四氟硼酸盐（tri-*tert*-butylphosphine tetrafluoroborate）　亦称"四氟硼酸三叔丁基膦"。CAS 号 131274-22-1。分子式 $C_{12}H_{28}BF_4P$，分子量 290.13。白色至淡黄色晶体粉末。熔点 261℃。不溶于己烷、甲苯和水，微溶于四氢呋喃，溶于二氯甲烷和氯仿。制备：由叔丁基氯、镁屑、三溴化磷和氟硼酸等制得。用途：用于有机合成。

三乙基氧鎓四氟硼酸盐（triethyloxonium tetrafluoroborate）　亦称"三乙基氧四氟硼酸"。CAS 号 368-39-8。分子式 $C_6H_{15}BF_4O$，分子量 189.99。无色晶体或白色至淡黄色晶体粉末。熔点 96～97℃，密度 1.328 g/cm³。与水反应，溶于二氯甲烷。制备：由 3-氯-1,2-环氧丙烷与三氟化硼乙醚溶液反应制得。用途：作乙基化剂，用于羧酸酯化和蛋白质羧基修饰。

1-氟吡啶四氟硼酸盐（1-fluoropyridinium tetrafluoroborate）　CAS 号 107264-09-5。分子式 $C_5H_5BF_5N$，分子量 184.90。灰白色粉末，有腐蚀性。熔点 90～91℃。可溶于乙腈。制备：可由吡啶与三氟化硼乙醚溶液反应制得。用途：作氟化试剂，用于有机合成，也可作吡啶 2-位的活化试剂。

二甲基（甲硫代）锍四氟硼酸盐（dimethyl（methylsulfanyl）sulfanium tetrafluoroborate） 亦称"双（甲硫）锍四氟硼酸盐"。CAS 号 5799-67-7。分子式 $C_3H_9BF_4S_2$，分子量 196.03。棕褐色粉末，有腐蚀性。熔点 81.5～84℃。制备：可由二甲基二硫醚和三甲基氧锍四氟硼酸经取代反应制得。用途：作甲硫基试剂。

2，4，6-三苯基吡喃锍四氟硼酸盐（2，4，6-triphenylpyrylium tetrafluoroborate） CAS 号 448-61-3，分子式 $C_{23}H_{17}BF_4O$，分子量 396.19。黄色结晶粉末。熔点 250～251℃。不溶于水、乙醇和乙醚，溶于三氟乙酸。制备：由苯乙酮和苯甲醛及 $BF_3 \cdot Et_2O$ 反应制得。用途：作有机合成中间体。

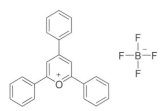

1-甲基-3-乙基咪唑四氟硼酸盐（1-ethyl-3-methylimidazolium tetrafluoroborate） CAS 号 143314-16-3。分子式 $C_6H_{11}BF_4N_2$，分子量 197.97。无色液体。熔点 15℃，沸点 ＞350℃，密度 1.294 g/mL，折射率 1.413。溶于水、乙腈、二甲亚砜。制备：由 N-甲基咪唑和溴乙烷经取代反应制得。用途：作反应介质；也作医药中间体。

三环己基膦氟硼酸盐（tricyclohexylphosphonium tetrafluoroborate） CAS 号 58656-04-5。分子式 $C_{18}H_{34}BF_4P$，分子量 368.25。白色粉末。熔点 164℃。溶于水。制备：由环己基格氏试剂与三溴化磷反应制得。用途：作有机化工原料及医药原料。

四苯基硼酸钠（sodium tetraphenylboron） 亦称"四苯硼钠"。CAS 号 143-66-8。分子式 $C_{24}H_{20}BNa$，分子量 342.22。白色晶体。熔点 300℃，密度 1.178^{40} g/cm³。溶于水、乙醇、甲醇和丙酮，微溶于苯和氯仿，几乎不溶于石油醚。制备：由苯基格氏试剂与硼酸三甲酯反应制得。用途：用于钾、钠和含氮有机化合物测定；也用于制备碳酸酯的缩聚催化剂。

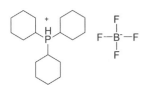

甲基硼酸（methylboric acid） CAS 号 13061-96-6。分子式 CH_5BO_2，分子量 59.86。白色至淡黄色晶体粉末。熔点 91～94℃，沸点 141.7℃，密度 0.965 g/cm³。溶于水，溶于四氢呋喃、甲苯。制备：由硼酸三甲酯与甲基格氏试剂反应后水解制得。

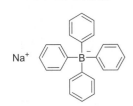

得；也可由硼烷与一氧化碳反应后水解制得。用途：作合成有机硼化合物的中间体。

乙基硼酸（ethylboric acid） CAS 号 4433-63-0。分子式 $C_2H_7BO_2$，分子量 73.89。白色至略黄色结晶粉末。熔点 161～162℃，沸点 154℃，密度 0.941 g/cm³。制备：可由硼酸三甲酯与乙基格氏试剂反应后水解制得。用途：作合成有机硼化合物的中间体，在有机合成中用于保护二元醇。

异丙基硼酸（isopropylboronic acid） CAS 号 80041-89-0。分子式 $C_3H_9BO_2$，分子量 87.91。白色片状固体。熔点 95～100℃，沸点 160.4℃，密度 0.921 g/cm³。可溶于水及甲醇、氯仿等有机溶剂。制备：由硼酸三乙酯与异丙基氯化镁反应后水解制得。用途：作有机合成试剂。

环丙基硼酸（cyclopropylboronic acid） CAS 号 411235-57-9。分子式 $C_3H_7BO_2$，分子量 83.90。白色片状固体。熔点 90～95℃，密度 1.110 g/cm³。可溶于水及二甲基亚砜等有机溶剂。制备：由硼酸三甲酯与环丙基溴化镁反应后水解制得。用途：作有机合成试剂。

苯硼酸（phenylboronic acid；benzeneboronic acid） CAS 号 98-80-6。分子式 $C_6H_7BO_2$，分子量 121.93。白色至灰白色固体。熔点 214～216℃，密度 1.13 g/cm³。溶于水、苯，易溶于乙醚、甲醇。制备：由苯基溴化镁格氏试剂与硼酸三酯反应制得。用途：作药物合成中间体，也用于 Stille 和 Suzuki 交叉偶联反应。

4-甲基苯硼酸（4-methylphenylboronic acid；p-tolylboronic acid） CAS 号 5720-05-8。分子式 $C_7H_9BO_2$，分子量 135.96。白色至淡黄色晶体粉末。熔点 244～245℃，密度 0.911 g/cm³。溶于水、四氢呋喃、乙酸乙酯。制备：由对甲苯基溴化镁格氏试剂与硼酸三酯反应制得。用途：作有机反应试剂。

4-甲氧基苯硼酸（4-methoxyphenylboronic acid） CAS 号 5720-07-0。分子式 $C_7H_9BO_3$，分子量 151.96。白色至灰白色粉末。熔点 202～204℃，密度 1.17 g/cm³。溶于二甲基亚砜和甲醇。制备：对甲氧基苯基溴化镁与硼酸三酯反应制得。用途：作 Suzuki 偶联反应试剂，用于有机合成。

3-甲基苯硼酸（3-methylphenylboronic acid；m-tolylboronic acid） CAS 号 17933-03-8。分子式 $C_7H_9BO_2$，分子量 135.96。浅褐色固体。熔点 160～162℃，沸点 290.4℃，密度 1.10 g/cm³。溶于甲醇、丙酮、

氯仿等有机溶剂。制备：由硼酸三异丙酯与 3-甲苯基溴化镁格氏试剂反应制得。用途：作偶联反应的底物，用于有机合成。

2-甲基苯硼酸（2-methylphenylboronic acid） 亦称"邻甲基苯硼酸"。CAS 号 16419-60-6。分子式 $C_7H_9BO_2$，分子量 135.96。浅褐色固体。熔点 160～162℃，密度 1.10 g/cm^3。微溶于水，溶于丙酮、氯仿等有机溶剂。制备：由硼酸三甲酯与邻甲基苯基溴化镁格氏试剂反应制得。用途：作偶联反应的底物，用于有机合成。

4-羟甲基苯硼酸（(4-(hydroxymethyl)phenyl)boronic acid） 亦称"对羟甲基苯硼酸"。CAS 号 59016-93-2。分子式 $C_7H_9BO_3$，分子量 151.96。白色至微黄色固体。熔点 251～256℃，密度 1.25 g/cm^3。溶于水乙酸乙酯和二氧六环。制备：由 4-溴甲基苯甲酸甲酯等制得 4-羟甲基苯硼酸频哪醇酯，再加入 N-溴代丁二酰亚胺和偶氮二异丁腈等反应制得。用途：作偶联反应的底物，用于有机合成；也可用于识别糖蛋白。

4-甲氧羰基苯硼酸（4-(methoxycarbonyl)phenylboronic acid） 亦称"4-羧酸甲酯苯硼酸"。CAS 号 99768-12-4。分子式 $C_8H_9BO_4$，分子量 179.97。白色至灰白色固体。熔点 197～200℃，密度 1.25 g/cm^3。溶于甲醇。制备：由 4-溴苯甲酸甲酯与联硼酸反应制得。用途：作有机合成中间体。

苯并呋喃-2-硼酸（benzofuran-2-boronic acid） CAS 号 98437-24-2。分子式 $C_8H_7BO_3$，分子量 161.95。淡黄色至黄色固体。熔点 114～116℃，密度 1.31 g/cm^3。溶于水，可溶于四氢呋喃、二甲基亚砜等有机溶剂。制备：由苯并呋喃与硼酸三异丙酯反应制得。用途：作偶联反应的反应底物，用于有机合成。

吡啶-4-硼酸（pyridine-4-boronic acid） CAS 号 1692-15-5。分子式 $C_5H_6BNO_2$，分子量 122.92。白色晶体粉末。熔点 153℃，密度 1.22 g/cm^3。溶于水及乙腈、氯仿等有机溶剂。制备：由 4-溴吡啶与硼酸三甲酯、丁基锂经取代反应制得。用途：作有机合成中间体。

4-氨基苯硼酸（(4-aminophenyl)boronic acid） CAS 号 89415-43-0。分子式 $C_6H_8BNO_2$，分子量 136.95。白色至灰白色固体。熔点 62～66℃，密度 1.23 g/cm^3。溶于丙酮。制备：由对硝基苯硼酸通过还原反应得到；也可由对溴苯胺与硼酸三甲酯、丁基锂经取代

反应制得。用途：作偶联反应的底物。

4-硝基苯硼酸（(4-nitrophenyl)boronic acid） CAS 号 24067-17-2。分子式 $C_6H_6BNO_4$，分子量 166.93。白色至黄色晶体或者粉末。熔点 285～290℃，密度 1.40 g/cm^3。微溶于水，溶于乙腈、四氢呋喃、氯仿等有机溶剂。制备：由联硼酸频哪醇酯和 4-硝基碘苯反应制得；也可由苯硼酸经硝化反应制得。用途：作偶联反应底物；也用于制备对氨基苯硼酸。

4-氯苯硼酸（(4-chlorophenyl)boronic acid） CAS 号 1679-18-1。分子式 $C_6H_6BClO_2$，分子量 156.37。灰白色粉末。熔点 284～289℃，密度 1.32 g/cm^3。溶于水，可溶于乙腈、二甲基亚砜等有机溶剂。制备：由 4-氯苯基溴化镁格氏试剂和硼酸三甲酯反应制得。用途：作有机反应中间体，用于甲苯磺酸吡咯啉酯的 Suzuki 偶联反应；还可用于合成巴氯芬内酰胺。

4-溴苯硼酸（(4-bromophenyl)boronic acid） CAS 号 5467-74-3。分子式 $C_6H_6BBrO_2$，分子量 200.83。淡灰色固体。熔点 284～288℃，密度 1.67 g/cm^3。不溶于水，溶于甲醇等有机溶剂。制备：由对溴苯基溴化镁格氏试剂与硼酸三异丙酯反应制得。用途：作为有机反应中间体，用于交叉偶联反应。

4-碘苯硼酸（(4-iodophenyl)boronic acid） CAS 号 5122-99-6。分子式 $C_6H_6BIO_2$，分子量 247.83。白色结晶粉末。熔点 326～330℃，密度 1.95 g/cm^3。溶于水及二甲基亚砜等有机溶剂。制备：由对碘苯胺与盐酸、亚硝酸钠发生重氮化反应后再与联硼酸发生取代反应制得。用途：作有机反应中间体、偶联试剂。

4-氟苯硼酸（(4-fluorophenyl)boronic acid） CAS 号 1765-93-1。分子式 $C_6H_6BFO_2$，分子量 139.92。白色或近乎白色粉末。熔点 205℃，密度 1.24 g/cm^3。溶于乙腈、丙酮、二甲基亚砜等有机溶剂。制备：由 1-氟-4-溴苯与硼酸三甲酯、丁基锂等反应制得。用途：作有机合成中间体和医药中间体。

4-三氟甲基苯硼酸（(4-(trifluoromethyl)phenyl)boronic acid） CAS 号 128796-39-4。分子式 $C_7H_6BF_3O_2$，分子量 189.93。白色粉末。熔点 240℃，密度 1.36 g/cm^3。不溶于水，可溶于二甲基亚砜。制备：由硼酸三甲酯、丁基锂和对三氟甲基溴苯等制得。用途：作有机合成中间体和医药中间体。

4-羧基苯硼酸（4-carboxyphenylboronic acid）

CAS 号 14047-29-1。分子式 $C_7H_7BO_4$，分子量 165.94。灰白色粉末。熔点 220℃，密度 1.40 g/cm³。可溶于水及丙酮、甲醇、二甲基亚砜等有机溶剂。制备：由高锰酸钾与对甲基苯硼酸经氧化反应制得。用途：用于聚苯乙烯乳胶表面，与稳定剂链发生缩合反应；也可用于偶联反应。

4-甲酰基苯硼酸（(4-formylphenyl) boronic acid）　亦称"4-醛基苯硼酸"。CAS 号 87199-17-5。分子式 $C_7H_7BO_3$，分子量 149.94。白色至淡黄色晶体粉末。熔点 237～242℃，密度 1.24 g/cm³。微溶于水及甲醇、四氢呋喃、丙酮等有机溶剂。制备：由硼酸三丁酯、丁基锂和 4-溴苯甲醛二乙基缩醛反应制得。用途：用于识别和检测生物体中各种糖的存在及测定其浓度；作偶联反应底物。

4-羟基苯硼酸（(4-hydroxyphenyl) boronic acid）　CAS 号 71597-85-8。分子式 $C_6H_7BO_3$，分子量 137.93。灰白色至淡棕色粉末。熔点 >230℃，密度 1.32 g/cm³。溶于水及甲醇、二甲基亚砜等有机溶剂。制备：由(4-溴苯氧基)三甲基硅烷与硼酸三甲酯、丁基锂等反应制得。用途：作偶联反应底物。

4-巯基苯硼酸（4-mercaptophenylboronic acid）　CAS 号 237429-33-3。分子式 $C_6H_7BO_2S$，分子量 153.99。白色固体。熔点 >230℃，密度 1.27 g/cm³。溶于氯仿等有机溶剂。制备：由(4-溴苯硫基)-叔丁基二甲基硅烷先与丁基锂反应后再与硼酸三异丙基反应制得。用途：作偶联反应底物。

2-吡啶硼酸（2-pyridineboronic acid）　CAS 号 197958-29-5。分子式 $C_5H_6BNO_2$，分子量 122.92。白色至淡黄色晶体粉末。熔点 >300℃，密度 1.22 g/cm³。溶于水。制备：由 2-吡啶基溴化镁格氏试剂与硼酸酯反应制得。用途：作 Suzuki 交叉偶联反应的底物；用于合成治疗肺癌的药物色瑞替尼。

2-呋喃硼酸（2-furanboronic acid）　CAS 号 13331-23-2。分子式 $C_4H_5BO_3$，分子量 111.89。淡米色结晶粉末。熔点 112℃，密度 1.25 g/cm³。溶于水及四氢呋喃、二甲基亚砜等有机溶剂。制备：由硼酸三乙酯和 2-溴呋喃制得。用途：作偶联反应底物。

2-噻吩硼酸（2-thiopheneboronic acid）　CAS 号 6165-68-0。分子式 $C_4H_5BO_2S$，分子量 127.95。白色至淡黄色晶体粉末。熔点 138～140℃，密度 1.32 g/cm³。溶于甲醇。制备：由 2-溴噻吩与硼酸酯反应制得。用途：作有机合成中间体。

喹啉-8-硼酸（8-quinolineboronic acid）　CAS 号 237429-33-3。分子式 $C_9H_8BNO_2$，分子量 172.98。黄色晶体粉末。熔点 >300℃，密度 1.28 g/cm³。溶于氯仿等有机溶剂。制备：由 8-喹啉基溴化镁格氏试剂和硼酸三异丙酯反应制得。用途：作有机合成中间体。

环己烯-1-基硼酸（cyclohexen-1-ylboronic acid）　CAS 号 89490-05-1。分子式 $C_6H_{11}BO_2$，分子量 125.96。白色至灰白色粉末。熔点 165℃，密度 1.05 g/cm³。溶于氯仿、二甲基亚砜等有机溶剂。制备：可由环己烯基溴化镁格氏试剂与硼酸酯反应制得。用途：作 Suzuki 交叉偶联反应的底物。

4-乙烯基苯硼酸（(4-vinylphenyl) boronic acid）　CAS 号 2156-04-9。分子式 $C_8H_9BO_2$，分子量 147.97。白色淡米色结晶粉末。熔点 190～193℃，密度 1.09 g/cm³。溶于氯仿、甲醇等有机溶剂。制备：由 4-苯乙烯基溴化镁格氏试剂和硼酸三丁酯反应制得。用途：作 Suzuki 交叉偶联反应的底物。

1-芘硼酸（1-pyrenylboronic acid）　CAS 号 164461-18-1。分子式 $C_{16}H_{11}BO_2$，分子量 246.07。淡黄色固体。熔点 247～251℃，密度 1.35 g/cm³。微溶于水，溶于四氢呋喃、二甲基亚砜等有机溶剂。制备：由 1-溴芘和硼酸三甲酯、丁基锂等制得。用途：用于交叉偶联反应的底物；也用于合成大 π 环组装前体。

1-萘硼酸（1-naphthylboronic acid）　CAS 号 13922-41-3。分子式 $C_{10}H_9BO_2$，分子量 171.99。灰白色至粉红色粉末。熔点 208～214℃，密度 1.21 g/cm³。溶于水及二氯甲烷、丙酮等有机溶剂。制备：由 1-溴萘和硼酸酯、丁基锂等反应制得。用途：药物合成中间体。

9-菲硼酸（9-phenanthracenylboronic acid）　CAS 号 68572-87-2。分子式 $C_{14}H_{11}BO_2$，分子量 222.05。白色固体。熔点 165～170℃，密度 1.27 g/cm³。不溶于水，溶于二甲基亚砜。制备：由 9-溴菲和硼酸三异丙酯、丁基锂等反应制得。用途：作交叉偶联反应的底物，用于制备有机发光半导体材料。

9-蒽硼酸（9-anthraceneboronic acid）　CAS 号 100622-34-2。分子式 $C_{14}H_{11}BO_2$，分子量 222.05。白色到棕褐色晶体。熔点 214～216℃，密度 1.26 g/cm³。溶于氯仿、丙酮等有机溶剂。制备：由 9-溴蒽和硼酸三

甲酯、丁基锂等反应制得。用途：作交叉偶联反应的底物。

环己基硼酸（cyclohexylboronic acid） CAS 号 4441-56-9。分子式 $C_6H_{13}BO_2$，分子量 127.98。灰白色粉末。熔点 $112\sim114℃$，密度 $1.00\ g/cm^3$。溶于水及甲醇、二甲亚砜等有机溶剂。制备：由环己基溴化镁格氏试剂与硼酸酯反应制得。用途：作交叉偶联反应的底物。

苯并-1,4-二氧六环-6-硼酸（1,4-benzodioxane-6-boronic acid） CAS 号 164014-95-3。分子式 $C_8H_9BO_4$，分子量 179.97。白色至淡黄色晶体粉末。熔点 187℃，密度 $1.35\ g/cm^3$。溶于二甲基亚砜等有机溶剂。制备：由 6-溴-苯并-1,4-二氧六环与硼酸酯、丁基锂等反应制得。用途：作交叉偶联反应的底物。

3-甲磺酰氨基苯硼酸（(3-(methylsulfonamido)phenyl)boronic acid） CAS 号 148355-75-3。分子式 $C_7H_{10}BNO_4S$，分子量 215.03。黄色固体。熔点 $90\sim96℃$，密度 $1.42\ g/cm^3$。制备：由 3-溴苯胺与硼酸酯、丁基锂等反应制得 3-氨基苯硼酸，再经过磺酰化反应而得。用途：作交叉偶联反应的底物。

2,3,4-三甲氧基苯硼酸（(2,3,4-trimethoxyphenyl)boronic acid） CAS 号 118062-05-8。分子量 212.01。白色固体。熔点 $74\sim79℃$，密度 $1.21\ g/cm^3$。溶于氯仿。制备：由 2,3,4-(三甲氧基)溴苯和硼酸三丁酯、丁基锂等反应制得。用途：作交叉偶联反应的底物。

3-乙酰胺基苯硼酸（3-acetamidophenylboronic acid） CAS 号 78887-39-5。分子式 $C_8H_{10}BNO_3$，分子量 178.98。白色结晶固体。熔点 135℃，密度 $1.23\ g/cm^3$。溶于甲醇、二甲基亚砜等有机溶剂。制备：由 3-氨基苯硼酸和乙酸酐反应制得；也可由 3-乙酰氨基苯基溴化镁格氏试剂与硼酸酯反应制得。用途：作交叉偶联反应的底物。

4-氰基苯硼酸（(4-cyanophenyl)boronic acid） CAS 号 126747-14-6。分子式 $C_7H_6BNO_2$，分子量：146.94。白色至黄色粉末。熔点 280℃，密度 $1.25\ g/cm^3$。溶于水及乙腈、甲醇等有机溶剂。制备：由 4-氯苯硼酸和氰化锌经取代反应制得，也可由 4-氰基苯基溴化镁格氏试剂与硼酸酯反应制得。用途：用于 Suzuki 交叉偶联反应；也用于制备杀虫剂、防腐剂和防霉剂。

4-异喹啉硼酸（4-isoquinolineboronic acid） CAS 号 192182-56-2。分子式 $C_9H_8BNO_2$，分子量 172.98。棕色固体。熔点 178℃，密度 $1.28\ g/cm^3$。溶于甲醇。制备：由 3-溴喹啉和硼酸三异丙酯、丁基锂等反应制得。用途：作交叉偶联反应的底物。

4-三氟甲氧基苯硼酸（(4-(trifluoromethoxy)phenyl)boronic acid） CAS 号 139301-27-2。分子式 $C_7H_6BF_3O_3$，分子量 205.93。白色或米色晶体粉末。熔点 $123\sim127℃$，密度 $1.41\ g/cm^3$。溶于丙酮、二甲基亚砜等有机溶剂。制备：由 4-三氟甲氧基溴苯和硼酸三异丙酯、丁基锂等反应制得。用途：作交叉偶联反应的底物。

吩噁噻-4-硼酸（phenoxathiin-4-ylboronic acid） CAS 号 100124-07-0。分子式 $C_{12}H_9BO_3S$，分子量 244.07。白色至米色晶体粉末。熔点 $162\sim167℃$，密度 $1.45\ g/cm^3$。制备：由苯氧噻吩与正丁基锂反应再与硼酸三异丙酯经取代反应制得。用途：作交叉偶联反应的底物。

3-联苯硼酸（3-biphenylboronic acid；[1,1'-biphenyl]-3-ylboronic acid） CAS 号 5122-95-2。分子式 $C_{12}H_{11}BO_2$，分子量 198.03。白色固体。熔点 $193\sim198℃$，密度 $1.18\ g/cm^3$。不溶于水，溶于丙酮、甲醇等有机溶剂。制备：由 3-溴联苯与正丁基锂反应后再与硼酸三甲酯经取代反应制得。用途：用作制备联芳基化合物的原料。

1,4-苯二硼酸（1,4-phenylenediboronic acid；1,4-benzenediboronic acid） 亦称"对苯二硼酸"。CAS 号 4612-26-4。分子式 $C_6H_8B_2O_4$，分子量 165.75。白色至灰白色晶体。熔点 >350℃，密度 $1.33\ g/cm^3$。溶于水及乙腈、二甲基亚砜等有机溶剂。制备：由对二溴苯与正丁基锂反应后再与硼酸三甲酯发生取代反应制得。用途：作交叉偶联反应的底物。

有机硅化合物

硅烷（silicon tetrahydride） 亦称"甲硅烷"。CAS 号 7803-62-5。分子式 H_4Si，分子量 32.12。无色气体，极易燃。熔点 -185.0℃，沸点 -111.9℃，相对密度 1.1(空气 =1)。溶于水，几乎不溶于乙醇、乙醚、苯、氯仿、硅氯仿和四氯化硅。制备：由金属硅化物与酸制得；或由硅的卤化物与金属氢化物的化学反应制得;也可由硅或者二氧化硅氢化制得。用途:用于各种微电子薄膜制备;也可用作太阳能电池的原料;还可用作涂膜反射玻璃的原料。

四甲基硅烷(tetramethylsilane) 亦称"四甲基硅"。CAS 号 75-76-3。分子式 $C_4H_{12}Si$,分子量 88.23。无色液体,极易燃。熔点 $-99℃$,沸点 26.5℃,密度 0.65 g/mL,折射率 1.358。不溶于水,溶于醚等多数有机溶剂。制备:由四氯硅烷或正硅酸乙酯与甲基碘化镁反应制得;也可由氯甲烷和硅粉在铜催化剂存在下反应制得。用途:作试剂;也作航空燃料。

乙硅烷(disilane) 亦称"硅乙烷"。CAS 号 1590-87-0。分子式 H_6Si_2,分子量 62.22。无色透明易燃气体。熔点 $-132.6℃$,沸点 $-14.3℃$,相对密度 0.686(空气=1)。溶于二硫化碳、乙醇、苯和乙基硅酸。制备:由氢化铝锂等还原剂还原六氯乙硅烷制得;也可由降甲硅烷经聚合、精馏制得。用途:用于太阳能电池、非晶硅膜的生产与制备;可作为感光鼓的原料。

丙硅烷(trisilane) CAS 号 7783-26-8。分子式 H_8Si_3,分子量 92.32。无色易燃液体。熔点 $-117.5℃$,沸点 52.9℃,密度 0.743 g/mL,折射率 1.498。不溶于水,溶于醚等多数有机溶剂。制备:在丁醚中用氢化铝锂还原全氯代丙硅烷制得。用途:作化学试剂。

三甲基苯硅烷(phenyltrimethylsilane) 亦称"三甲基硅基苯"。CAS 号 768-32-1。分子式 $C_9H_{14}Si$,分子量 150.30。无色液体。沸点 168~170℃,密度 0.873 g/mL,折射率 1.491。难溶于水,溶于醚等多数有机溶剂。制备:由氯苯与硅在铜和银的催化下制得;也可由苯基溴化镁格氏试剂与三甲氯硅烷反应制得。用途:作化学试剂。

三甲基硅咪唑(N-(trimethylsilyl)imidazole) 亦称"N-(三甲基硅基)咪唑"。CAS 号 18156-74-6。分子式 $C_6H_{12}N_2Si$,分子量 140.26。无色或黄色易燃液体。熔点 $-42℃$,沸点 92~93℃(10 Torr),密度 0.957^{20} g/mL,折射率 1.474 5。不溶于水,溶于醚等多数有机溶剂。制备:由六甲基二硅基胺及咪唑合成而得。用途:作试剂、抗生素中间体;还作硅烷化剂。

六甲基二硅氮烷(hexamethyldisilazane) 亦称"六甲基二硅胺"。CAS 号 999-97-3。分子式 $C_6H_{19}NSi_2$,分子量 161.40。无色透明液体。熔点 $-78℃$,沸点 125℃,密度 0.774 g/mL,折射率 1.407 8。溶于丙酮、乙醚、正庚烷、苯、四氯乙烯。制备:由三甲基氯硅烷与氨气反应制得。用途:有机合成中作硅烷化保护剂;也可作无机填料处理剂;生产橡胶的原料。

六甲基二硅烷(hexamethyldisilane) CAS 号 1450-14-2。分子式 $C_6H_{18}Si_2$,分子量 146.38。无色透明易燃液体。熔点 9~12℃,沸点 112~114℃,密度 0.715 g/mL,折射率 1.422。不溶于水,溶于二甲苯、苯、乙二醇二甲醚等溶剂。制备:由金属锂或金属钾和三甲基氯硅烷反应制得。用途:作合成三甲基硅基锂、三甲基硅基钠、三甲基硅基钾的原料;也可用于医药合成;还作聚硅碳烷链的终止剂。

双三甲基硅基胺基锂(lithium bis(trimethylsilyl)amide;LDA) CAS 号 4039-32-1。分子式 $C_6H_{18}LiNSi_2$,分子量 167.33。白色易燃粉末固体,有腐蚀性。熔点 73℃,沸点 115℃(5 Torr),密度 0.891 g/cm³。溶于水发生分解。制备:由丁基锂夺取双(三甲基硅基)胺的质子制得。用途:作试剂,是常用的非亲核性有机碱。

三甲基乙炔基硅(trimethylsilylacetylene) 亦称"三甲基乙炔基硅烷"。CAS 号 1066-54-2。分子式 $C_5H_{10}Si$,分子量 98.22。无色易燃液体。沸点 53℃,密度 0.695 g/mL,折射率 1.388 5。溶于有机试剂。制备:由格氏试剂和三甲基氯硅烷反应制得。用途:作试剂,有机合成中作乙炔替代物。

乙基硅烷(ethylsilane) CAS 号 2814-79-1。分子式 C_2H_8Si,分子量 60.17。无色气体,极易燃,有刺激性。熔点 $-180℃$,沸点 $-19℃$,密度 0.640^{-19} g/mL。遇水以及质子性溶剂分解。溶于苯等有机溶剂。制备:四氢锂铝和乙基三氯硅烷通过氢化反应制得。用途:可作有机合成试剂。

二乙基硅烷(diethylsilane) CAS 号 542-91-6。分子式 $C_4H_{12}Si$,分子量 88.23。易燃液体。熔点 $-132℃$,沸点 56℃,密度 0.681 g/mL,折射率 1.391 9。不溶于水,溶于有机溶剂。制备:由甲硅烷和乙烯反应制得。用途:作制备沉积金属硅酸盐膜的硅源。

二甲基乙基硅烷(dimethylethylsilane) CAS 号 758-21-4。分子式 $C_4H_{12}Si$,分子量 88.23。无色易燃液体。沸点 45~46℃,密度 0.668 g/mL,折射率 1.378 3。遇水以及质子性溶剂分解。溶于苯、乙醇等有机溶剂。制备:由二甲基氯硅烷与乙基溴化镁格氏试剂反应制得;或由二甲基乙基氯硅烷与四氢锂铝氢化制得。用途:作有机合成试剂。

正辛基硅(*n*-octylsilane)　CAS 号 871-92-1。分子式

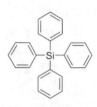

$C_8H_{20}Si$，分子量 144.33。液体。熔点＜0℃，沸点 162℃、60℃（10 Torr），密度 0.745 7 g/mL，折射率 1.425 3。溶于多数有机溶剂。制备：由三氯正辛基硅烷用氢化锂或氢化铝锂还原制得。用途：作有机化工原料。

环三亚甲基二甲基硅烷(cyclotrimethylenedimethylsilane)　亦称"1,1,-二甲基硅杂环丁烷"。CAS 号 2295-12-7。分子式 $C_5H_{12}Si$，分子量 100.24。易燃液体。熔点＜0℃，沸点 82℃，密度 0.78 g/mL，折射率 1.424 6。溶于多数有机溶剂。制备：由二甲基烯丙基硅烷在氯铂酸催化下环化制得；或由二甲基二氯硅烷与 1,3-二溴乙烷、金属镁等反应制得。用途：作有机合成试剂。

环四甲基二甲基硅烷(cyclotetramethylenedimethylsilane)　亦称"1,1-二甲基硅代环戊烷"。CAS 号 1072-54-4。分子式 $C_6H_{14}Si$，分子量 114.26。易燃液体。沸点 103～105℃，密度 0.79 g/mL，折射率 1.435 6。可溶于多数有机溶剂。制备：由二甲基二氯硅烷与 1,4-二溴丁烷、金属锂等反应制得。用途：作有机合成试剂。

1,1-二甲基-1-硅杂环己烷(1,1-dimethylsilinane; 1,1-dimethyl-1-silacyclohexane)　CAS 号 4040-74-8。分子式 $C_7H_{16}Si$，分子量 128.29。易燃液体。沸点 132℃，密度 0.804 g/mL，折射率 1.439 3。溶于多数有机溶剂。制备：由 1,5-二氯戊烷、二甲基二氯硅烷在镁等作用下反应制得。用途：作有机合成试剂。

乙烯基三甲基硅烷(vinyltrimethylsilane)　亦称"三甲基硅乙烯"。CAS 号 754-05-2。分子式 $C_5H_{12}Si$，分子量 100.24。无色易燃液体。熔点-132℃，沸点 55℃，密度 0.69^{20} g/mL，折射率 1.391 9。溶于有机溶剂。制备：由三甲基氯硅烷与乙烯基溴化镁格氏试剂反应制得。用途：作有机合成试剂，用于乙烯的替代物。

2-烯丙基三甲基硅烷(2-propenyltrimethylsilane)　CAS 号 18163-07-0。分子式 $C_6H_{14}Si$，分子量 114.26。液体，极易燃。熔点＜0℃，沸点 82℃，密度 0.72 g/mL，折射率 1.406 5。溶于有机溶剂。制备：由三甲基氯硅烷与 2-烯丙基溴化镁格氏试剂反应制得。用途：作有机合成试剂。

烯丙基三异丙基硅烷(allyltriisopropylsilane)　CAS 号 24400-84-8。分子式 $C_{12}H_{26}Si$，分子量 198.43。液体。熔点＜0℃，沸点 130℃、74～79℃（0.4 Torr），密度 0.824 g/mL，折射率 1.467。溶于有机溶剂。制备：由格氏试剂与三异丙基氯硅烷反应制得。用途：作玻璃布表面处理剂。

四苯基硅烷(tetraphenylsilan)　CAS 号 1048-08-4。

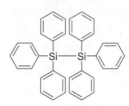

分子式 $C_{24}H_{20}Si$，分子量 336.51。白色晶体。熔点 233～236℃，沸点 428℃、165～166℃（0.07 Torr），密度 1.19 g/cm³。不溶于水，溶于乙醚等有机溶剂。制备：由四氯化硅与苯基溴化镁格氏试剂反应制得，也可由苯基溴化镁与正硅酸乙酯反应制得，或由八氯三硅烷与苯基溴化镁反应制得。用途：作制备有机硅化合物的中间体。

六苯基二硅烷(hexaphenyldisilan)　CAS 号 1450-23-3。分子式 $C_{36}H_{30}Si_2$，分子量 518.81。白色粉末。熔点 352℃，密度 1.13 g/cm³。不溶于水，溶于乙醚等有机溶剂。制备：由三苯基氯硅烷用钠偶联制得。用途：作有机合成试剂。

二甲基苯基乙烯基硅烷(dimethyl(phenyl)(vinyl)silane)　亦称"乙烯基苯基二甲基硅烷"。CAS 号 1125-26-4。分子式 $C_{10}H_{14}Si$，分子量 162.31。易燃液体。熔点＜0℃，沸点 82℃（20 Torr），密度 0.892 g/mL，折射率 1.506 1。溶于有机溶剂。制备：由二甲基乙烯基氯硅烷与苯基溴化镁格氏试剂反应制得。用途：作有机合成试剂。

二苯甲基硅烷(methyldiphenylsilane)　亦称"甲基二苯基硅烷"。CAS 号 776-76-1。分子式 $C_{13}H_{14}Si$，分子量 198.34。无色液体。熔点 20℃，沸点 90～91℃（1 Torr），密度 0.995 g/mL，折射率 1.570 5。溶于有机溶剂。制备：由甲基二氯硅烷与苯基溴化镁格氏试剂反应制得。用途：作有机合成试剂。

三苯基硅烷(triphenylsilane)　CAS 号 789-25-3。

分子式 $C_{18}H_{16}Si$，分子量 260.41。白色晶体。熔点 43～45℃，沸点 152℃（2 Torr），密度 1.152 g/cm³。溶于有机溶剂。制备：由三苯基氯硅烷用氢化锂或四氢锂铝还原制得。用途：合成有机硅的中间体。

1-乙烯基-N-(乙烯基二甲硅基)-1,1-二甲基硅胺(1-ethenyl-N-(ethenyldimethylsilyl)-1,1-dimethyl-silanamine)　CAS 号 7691-02-3。分子式 $C_8H_{19}NSi_2$，分子量

185.42。无色透明液体，有腐蚀性。沸点 161～163℃，密度 0.819 g/mL，折射率 1.441。遇水发生水解反应，溶于

乙醚等有机溶剂。制备：由四甲基二乙烯基二硅氧烷通过酯化、氨化制得。用途：作硅树脂橡胶、硅树脂胶体和乙烯基硅树脂的原料；也可作负性光刻胶的助黏性促进剂；还作橡胶结构控制剂。

甲基三氟硅烷（methyltrifluorosilane）　CAS号373-74-0。分子式CH_3F_3Si，分子量100.12。无色气体。熔点－73.0℃，沸点－30℃。遇水以及质子性溶剂分解。溶于氯仿、四氯化碳。制备：由甲基三氯硅烷与氟化锌反应制得。用途：作有机合成试剂。

三甲基氟硅烷（trimethylfluorosilane）　CAS号420-56-4。分子式C_3H_9FSi，分子量92.19。无色透明液体，极易燃，有刺激性。熔点－74℃，沸点16～18℃，密度0.793^0 g/mL。遇水以及质子性溶剂分解，溶于苯、四氢呋喃、二氯甲烷等有机溶剂。制备：由三甲基氯硅烷与氟化锂通过取代反应制得。用途：作试剂。

三氟甲基三甲基硅烷（trimethyl(trifluoromethyl)silane）　亦称"三氟甲基三氟硅"。CAS号81290-20-2。分子式$C_4H_9F_3Si$，分子量142.20。无色透明液体，极易燃，有刺激性。沸点54～55℃，密度0.962 g/mL，折射率1.386。溶于水（溶于水会冒烟），也溶于乙醇、四氢呋喃、乙醚、氯仿、苯以及脂肪烃族。制备：由三甲基氯硅烷与三氟甲基在双(三甲基硅烷基)氨基钾条件下制得。用途：作试剂；有机合成中作三氟甲基化试剂。

三乙基(三氟甲基)硅烷（trifluoromethyltriethylsilane）　CAS号120120-26-5。分子式$C_7H_{15}F_3Si$，分子量184.28。易燃液体。熔点＜0℃，沸点56～58℃(60 Torr)，密度0.98 g/mL，折射率1.382。不溶于水，溶于醚等多数有机溶剂。制备：由三乙基氯硅烷与三氟甲烷反应制得。用途：作有机合成试剂。

氯二甲基-3，3，3-氟丙基硅烷（trifluoromethyltriethylsilane）　CAS号1481-41-0。分子式$C_5H_{10}ClF_3Si$，分子量190.67。无色易燃液体。沸点117～118℃，密度1.113 g/mL，折射率1.374 5。遇水以及质子性溶剂分解，溶于氯仿等有机溶剂。制备：由二甲基一氯硅烷与三氟丙烯在$RhCl(PPh_3)_3$等催化下加成而得。用途：作有机合成试剂。

3，3，3-三氟丙基甲基二氯硅烷（(3，3，3-trifluoropropyl)dichloromethylsilane)　CAS号675-62-7。分子式$C_4H_7Cl_2F_3Si$，分子量211.09。无色液体。沸点121～122℃，密度1.261 1 g/mL，折射率

1.385 0。遇水以及质子性溶剂分解，溶于氯仿等有机溶剂。制备：由甲基二氯硅烷与三氟丙烯加成制得。用途：作有机合成试剂。

3，3，3-三氟丙基三氯硅烷（3，3，3-trifluoropropyltrichlorosilane）　CAS号592-09-6。分子式$C_3H_4Cl_3F_3Si$，分子量231.50。无色液体。沸点111～112℃，密度1.416 6 g/mL，折射率1.385。遇水以及质子性溶剂分解，溶于氯仿等有机溶剂。制备：由三氯硅烷与三氟丙烯加成制得。用途：作含氟硅烷偶联剂；也是制备其他含氟硅烷偶联剂的中间体和氟硅树脂的重要原料。

二氯硅烷（dichlorosilane）　CAS号4109-96-0。分子式Cl_2H_2Si，分子量101.00。无色气体，极易燃。熔点－122℃，沸点8.2℃，密度1.42^{-122} g/cm³。与水剧烈反应，溶于苯、四氢呋喃等有机溶剂。制备：由硅粉和氯化氢按适当比例进行反应制得。用途：作半导体制造的硅源。

三氯甲硅烷（trichlorosilane）　亦称"硅氯仿"。CAS号10025-78-2。分子式$SiHCl_3$，分子量135.45。无色液体，极易燃，有腐蚀性。熔点－126.5℃，沸点32℃，密度1.328 g/mL。溶于二硫化碳、四氯化碳、氯仿、苯等。制备：可由硅粉与氯化氢反应制得。用途：用作生产有机硅化合物、多晶硅的原料。

四氯化硅（silicon tetrachloride）　亦称"氯化硅"。CAS号10026-04-7。分子式$SiCl_4$，分子量169.90。无色或淡黄色透明液体，有刺激性和腐蚀性。熔点－70℃，沸点57.6℃，密度1.48 g/mL。混溶于苯、氯仿、石油醚等多数有机溶剂。制备：由硅粉与氯化氢于高温反应制得。用途：作合成有机硅化合物原料；用于制取高纯硅。

三甲基氯硅烷（trimethyl chlorosilane）　CAS号75-77-4。分子式C_3H_9ClSi，分子量108.64。无色透明液体，有腐蚀性。在潮湿空气中易水解而成游离盐酸。熔点－40℃，沸点57.3℃，密度0.857 g/mL，折射率1.500。溶于苯、乙醚和全氯乙烯。制备：由氯甲烷与硅粉在氯化亚铜催化下一步直接合成；也可由四甲基硅烷与乙酰氯在三氯化铝存在下反应制得。用途：作试剂，用于香料和药物等的合成；作高分子化合物封端剂、干燥剂、脱水剂，也是高温黏合剂及树脂的原料。

乙基三氯硅烷（trichloro(ethyl)silane）　CAS号115-21-9。分子式$C_2H_5Cl_3Si$，分子量163.50。无色易燃液体，有腐蚀性，剧毒！熔点－107℃，沸点74～76℃，密度1.093 g/mL，折射率1.425 4。遇水以及

质子性溶剂分解,溶于四氯化碳等有机溶剂。制备:在铜催化剂存在下,由硅粉与氯乙烷反应制得。用途:作有机合成试剂。

氯(二甲基)硅烷((chloromethyl) dimethylsilane) CAS 号 3144-74-9。分子式 C_3H_9ClSi,分子量 108.64。无色易燃液体。沸点 82～83℃,密度 0.892 g/mL,折射率 1.416 7。遇水以及质子性溶剂分解,溶于氯仿、苯、四氯化碳等有机溶剂。制备:由氯甲基二甲基氯硅烷和四氢锂铝通过还原反应制得。用途:作有机合成试剂。

(氯甲基)甲基二氯硅烷(dichloro(chloromethyl) (methyl)silane) CAS 号 1558-33-4。分子式 C_3H_9ClSi,分子量 163.50。无色液体,有腐蚀性。沸点 121～122℃,密度 1.276 9 g/mL,折射率 1.449 7。遇水以及质子性溶剂分解,溶于氯仿、苯、四氯化碳等有机溶剂。制备:由二甲基二氯硅烷和氯气在光照条件下反应制得。用途:作农药合成的原料;也作硅系列中间体合成的原料。

三异丙基氯硅烷(chlorotriisopropylsilane) CAS 号 13154-24-0。分子式 $C_9H_{21}ClSi$,分子量 192.80。无色透明液体,有腐蚀性。沸点 198℃ (739 Torr),密度 0.901 g/mL,折射率 1.451 8。溶于水,溶于氯仿等有机溶剂。制备:由三异丙基硅烷醇为原料合成制得。用途:作试剂;也作制药和有机合成中间体。

叔丁基二甲基氯硅烷(tert-butyldimethylsilyl chloride) CAS 号 18162-48-6。分子式 $C_6H_{15}ClSi$,分子量 150.72。白色晶体颗粒。熔点 86～89℃,沸点 125℃,密度 0.87^{20} g/cm³。不溶于水,溶于氯仿和乙酸乙酯。制备:由二氯二甲基硅烷与叔丁基锂反应制得。用途:作试剂,有机合成中作为羟基保护剂;也作为硅烷化剂。

叔丁基二苯基氯硅烷(tert-butylchlorodiphenylsilane; tert-butyldiphenylsilyl chloride) CAS 号 58479-61-1。分子式 $C_{16}H_{19}ClSi$,分子量 274.86。无色或浅棕色油状液体。沸点 90℃ (0.01 Torr),密度 1.057 g/mL,折射率 1.581 6。与水反应,溶解于氯仿和乙酸乙酯。制备:由二苯基二氯硅烷与叔丁基氯反应制得。用途:作硅烷化试剂,用于有机合成。

二甲基一氯硅烷(chlorodimethylsilane) 亦称"二甲基氯硅烷"。CAS 号 1066-35-9。分子式 C_2H_7ClSi,分子量 94.61。无色透明液体,极易燃。熔点 -111℃,沸点 34.7℃,密度 0.852 g/mL。溶于有机溶剂。制备:由二甲基硅烷与氯化氢反应制得。用途:用于有机合成,也作炔烃的氢化硅烷化剂。

五甲基一氯二硅烷(1-chloro-1, 1, 2, 2, 2-pentamethyldisilane) CAS 号 1560-28-7。分子式 $C_5H_{15}ClSi_2$,分子量 166.80。无色易燃液体,有腐蚀性。沸点 134～136℃,密度 0.862 g/mL,折射率 1.441 5。溶于有机试剂。制备:由六甲基二硅烷与氯化氢反应制得。用途:可作有机硅烷试剂。

3-氯丙基三氯硅烷(3-chloropropyltrichlorosilane) 亦称"氯丙基三氯硅烷"。CAS 号 2550-06-3。分子式 $C_3H_6Cl_4Si$,分子量 211.97。无色透明液体。沸点 181℃,密度 1.35 g/mL,折射率 1.466 8。溶于苯、氯仿等有机溶剂。制备:由 3-氯丙烯与三氯甲硅烷加成制得。用途:作制造硅烷偶联剂系列产品的原料。

甲基苯基二氯硅烷(dichloro(methyl)(phenyl) silane) CAS 号 149-74-6。分子式 $C_7H_8Cl_2Si$,分子量 191.13。无色液体。熔点 -53℃,沸点 205℃,密度 1.176 g/mL,折射率 1.519 2。与水反应,溶于氯仿、二甲基亚砜等有机溶剂。制备:由甲基苯基硅烷与氯化铜在碘化铜的作用下制得。用途:用于有机硅的合成;也作有机硅的单体。

苯基二氯硅烷(dichloro(phenyl)silane) CAS 号 1631-84-1。分子式 $C_6H_6Cl_2Si$,分子量 177.10。白色或黄色粉末晶体。沸点 64.5～65.5℃ (10 Torr),密度 1.204 g/cm³,折射率 1.525 3。在水中水解,溶于氯仿、二甲基亚砜、苯等有机溶剂。制备:由苯基硅烷与氯化铜在碘化铜的作用下制得。用途:用作硅烷试剂。

甲基三氯硅烷(trichloro(methyl)silane) 亦称"甲基硅仿"。CAS 号 75-79-6。分子式 CH_3Cl_3Si,分子量 149.47。无色液体,有腐蚀性。熔点 -77℃,沸点 66℃,密度 1.273 g/mL,折射率 1.412 9。与水反应而分解。制备:由硅粉与氯甲烷在铜催化剂存在下反应制得。用途:作有机硅树脂的单体;也作各种表面处理剂及合成有机硅中间体。

二甲基二氯硅烷(dichlorodimethylsilane) CAS 号 75-78-5。分子式 $C_2H_6Cl_2Si$,分子量 129.06。无色易燃液体,有腐蚀性。熔点 -76℃,沸点 70℃,密度 1.333 g/mL,折射率 1.400 2。与水反应,溶于苯及乙醚。制备:由一氯甲烷与硅粉在铜的催化下制得。用途:作试剂,用于有机硅化合物的合成,制造硅油、硅橡胶、硅树脂;也作制造硅酮的中间体。

(氯甲基)三氯硅烷(trichloro(chloromethyl)silane)   CAS 号 1558-25-4。分子式 H_2Cl_4Si,分子量 183.91。无色液体,剧毒! 沸点 117~118℃,密度 1.476 g/mL,折射率 1.454 1。微溶于水,溶于氯仿、四氯化碳、苯等有机溶剂。制备:由甲基三氯硅烷在光照条件下与氯气反应制得。用途:作硅烷试剂。

乙基二氯硅烷(dichloro(ethyl)silane)   CAS 号 1789-58-8。分子式 $C_2H_6Cl_2Si$,分子量 129.06。易燃液体,有腐蚀性。熔点 -107℃,沸点 74~76℃,密度 1.089 g/mL,折射率 1.418 8。溶于苯、氯仿等有机溶剂。制备:由氯乙烷、硅粉在铜催化下于 300℃、氢气氛中反应制得。用途:作制造硅酮的中间体。

三乙基氯硅烷(chlorotriethylsilane; triethylsilyl chloride)   CAS 号 994-30-9。分子式 $C_6H_{15}ClSi$,分子量 150.72。无色液体。熔点 -50℃,沸点 144~145℃,密度 0.897^{20} g/mL,折射率 1.431 4。遇水以及质子性溶剂分解,溶于二氯甲烷、氯仿、苯等有机溶剂。制备:由三乙基甲氧基硅烷与盐酸发生反应制得。用途:作合成有机硅的原料、中间体;也作乙基硅油,乙基硅橡胶的封端剂。

甲基乙烯基二氯硅烷(dichloro(methyl)(vinyl)silane)   亦称“二氯乙烯基甲基硅烷”。CAS 号 124-70-9。分子式 $C_3H_6Cl_2Si$,分子量 141.07。易燃液体,有腐蚀性。熔点 -78℃,沸点 92℃,密度 1.08 g/mL,折射率 1.427。遇水和醇分解,溶于乙醚和苯。制备:由甲基二氯硅烷与乙炔反应而得。用途:作硅橡胶、硅树脂的原料;也作硅酮制造中的偶联剂。

二氯二乙基硅烷(dichlorodiethylsilane)   CAS 号 1719-53-5。分子式 $C_4H_{10}Cl_2Si$,分子量 157.11。易燃液体,有腐蚀性。熔点 -96℃,沸点 125~131℃,密度 1.05 g/mL,折射率 1.431 9。与水反应,溶于有机溶剂。制备:可由氯乙烷作用于硅铝合金制得。用途:作重要的有机硅中间体;也可作硅油和硅树脂制造的原料。

甲基丙基二氯硅烷(dichloro(methyl)(propyl)silane)   CAS 号 4518-94-9。分子式 $C_4H_{10}Cl_2Si$,分子量 157.11。无色液体。沸点 125℃,密度 1.027^{20} g/mL,折射率 1.422 1。遇水以及质子性溶剂分解,溶于有机溶剂。制备:由二氯甲基硅烷与 3-氯丙烯加成制得。用途:作有机合成试剂。

二甲基丙基氯硅烷(dimethylpropylsilylchloride)   CAS 号 17477-29-1。分子式 $C_5H_{13}ClSi$,分子量 136.69。无色液体。沸点 113~114℃,密度 0.873 g/mL,折射率 1.412 3。遇水以及质子性溶剂分解,溶于有机溶剂。制备:由二甲基氯硅烷与 3-氯丙烯加成制得。用途:作有机合成试剂。

二苯二氯硅烷(dichlorodiphenylsilane)   CAS 号 80-10-4。分子式 $C_{12}H_{10}Cl_2Si$,分子量 253.20。无色透明液体。熔点 -22℃,沸点 305℃,密度 1.204 g/mL,折射率 1.577 5。遇水反应而分解,溶于有机试剂。制备:由氯苯与硅粉在铜的催化下制得。用途:作硅油和硅树脂的原料;也用于高分子芳基硅化合物的合成。

甲基二苯基氯硅烷(chlorodiphenylmethylsilane)   亦称“二苯基甲基氯硅烷”。CAS 号 144-79-6。分子式 $C_{13}H_{13}ClSi$,分子量 232.78。无色透明液体。熔点 -22℃,沸点 114℃(0.1 Torr),密度 1.126 g/mL,折射率 1.576 9。遇水反应,溶于有机试剂。制备:由二苯基二氯硅烷与甲基碘化镁格氏试剂反应制得。用途:作含苯基的高真空扩散泵油的聚合剂;也作合成有机硅树脂及含苯基硅化合物的原料。

十二烷基三氯硅烷(dodecyltrichlorosilane)   亦称“三氯十二硅烷”。CAS 号 4484-72-4。分子式 $C_{12}H_{25}Cl_3Si$,分子量 303.77。无色或淡黄色液体。沸点 294℃、82℃(0.2 Torr),密度 1.028 g/mL,折射率 1.452 2。易水解,溶于有机试剂。制备:由十二烷基氯化镁格氏试剂与四氯化硅反应制得。用途:作制备硅酮的中间体。

十八烷基三氯硅烷(n-octadecyltrichlorosilane)   CAS 号 112-04-9。分子式 $C_{18}H_{37}Cl_3Si$,分子量 387.93。无色液体。熔点 22℃,沸点 223℃(10 Torr),密度 0.984 g/mL,折射率 1.459。不溶于水,溶于乙醚、庚烷和苯。制备:由十八烷基氯化镁格氏试剂与四氯化硅反应制得。用途:作制备硅酮的中间体。

十六烷基三氯硅烷(n-hexadecyltrichlorosilane)   CAS 号 5894-60-0。分子式 $C_{16}H_{33}Cl_3Si$,分子量 359.88。无色或浅黄色液体。熔点 >20℃,沸点 202℃,密度 0.992 g/mL,折射率 1.459 2。不溶于水,溶于乙醚、庚烷和苯。制备:由十六烷基氯化镁格氏试剂与四氯化硅反应而得。用途:作硅酮合成的中间体。

1,2-二(三氯甲硅基)乙烷(1,2-bis(tichlorosilyl) ethane) 亦称"1,2-双(三氯硅基)乙烷"。CAS 号 2504-64-5。分子式 $C_2H_4Cl_6Si_2$，分子量 296.92。无色液体。熔点 27～29℃，沸点 202℃，密度 1.482 g/cm^3，折射率 1.472 5。溶于有机溶剂，易水解、醇解。制备：由三氯硅烷与乙炔在过氧化物催化下制得，或由 1,2-二氯乙烷与三氯硅烷经四丁基氯化磷催化制得。用途：作试剂，用于硅酮的合成。

正丁基三氯硅烷(n-butyltrichlorosilane) 亦称"三氯丁基硅烷"。CAS 号 7521-80-4。分子式 $C_4H_9Cl_3Si$，分子量 191.55，无色液体。沸点 149℃，密度 1.16 g/mL，折射率 1.436 5。遇水分解，溶于苯、乙醚等有机溶剂。制备：由正丁基氯化镁格氏试剂与四氟化硅反应制得。用途：作试剂，用于制造硅酮。

正丙基三氯硅烷(n-propyltrichlorosilane) 亦称"三氯丙基硅烷"。CAS 号 141-57-1。分子式 $C_3H_7Cl_3Si$，分子量 177.53。无色液体，有腐蚀性。熔点<0℃，沸点 123～124℃，密度 1.195 g/mL，折射率 1.431 8。遇水反应而分解，溶于大部分有机溶剂。制备：由丙基氯化镁格氏试剂和四氯化硅反应制得。用途：作试剂，用于制造硅酮。

戊基三氯硅烷(amyltrichlorosilane) CAS 号 107-72-2。分子式 $C_5H_{11}Cl_3Si$，分子量 205.58。无色或淡黄色液体。熔点 -30℃，沸点 173℃，密度 1.142 g/mL，折射率 1.438 5。遇水反应而分解，溶于大部分有机溶剂。制备：由戊基氯化镁格氏试剂与四氯化硅反应制得。用途：作试剂，用于制造硅酮。

正丁基三甲基氯硅烷(butyldimethylsilyl chloride) CAS 号 1000-50-6。分子式 $C_6H_{15}ClSi$，分子量 150.72。无色液体。熔点<0℃，沸点 138℃，密度 0.875 g/mL，折射率 1.420 5。遇水以及质子性溶剂分解，溶于苯等有机溶剂。制备：由二甲基二氯硅烷与丁基溴化镁格氏试剂反应制得。用途：作有机合成试剂。

正丁基甲基二氯硅烷(butyldichloro(methyl) silane) CAS 号 18147-23-4。分子式 $C_5H_{12}Cl_2Si$，分子量 171.14。无色液体。熔点<0℃，沸点 148℃，密度 1.042 g/mL，折射率

1.431 2。遇水及质子性溶剂分解，溶于苯等有机溶剂。制备：由甲基三氯硅烷与丁基格氏试剂反应制得。用途：作有机合成试剂。

叔丁基二甲基硅烷(tert-butyldimethylsilane) CAS 号 29681-57-0。分子式 $C_6H_{16}Si$，分子量 116.28。无色液体。沸点 81～83℃，密度 0.701 g/mL，折射率 1.400 5。遇水以及质子性溶剂分解，溶于苯、氯仿等有机溶剂。制备：由二甲基氯硅烷与叔丁基溴化镁格氏试剂反应制得。用途：作有机合成试剂。

正己基二氯硅烷(n-hexyldichlorosilane) CAS 号 871-64-7。分子式 $C_6H_{14}Cl_2Si$，分子量 185.16。无色液体。沸点 172～175℃，密度 1.021 g/mL，折射率 1.441 2。遇水以及质子性溶剂分解，溶于苯、氯仿等有机溶剂。制备：由二氯硅烷与 1-己烯在 $ClRh(P(C_6H_5)_3)_3$ 催化下加成制得。用途：作原料，用于有机硅化合物合成。

正己基三氯硅烷(trichlorohexylsilane) CAS 号 928-65-4。分子式 $C_6H_{13}Cl_3Si$，分子量 219.61。无色液体。沸点 191～192℃，密度 1.107 g/mL，折射率 1.443 3。遇水反应而分解，溶于多数有机溶剂。制备：由己基氯化镁格氏试剂与四氯化硅反应制得。用途：作硅酮中间体。

庚基甲基二氯硅烷(dichloro-heptyl-methylsilane) CAS 号 18395-93-2。分子式 $C_8H_{18}Cl_2Si$，分子量 213.22。无色液体。熔点<0℃，沸点 207～208℃，密度 1.107 g/mL，折射率 1.438 2。遇水反应而分解，溶于多数有机溶剂。制备：由 1-庚烯与甲基二氯硅烷反应制得。用途：作硅酮中间体。

正辛基三氯硅烷(n-octyltrichlorosilane) 亦称"辛基三氯硅烷"。CAS 号 5283-66-9。分子式 $C_8H_{17}Cl_3Si$，分子量 247.66。无色液体。沸点 233℃ (731 Torr)，密度 1.07 g/mL，折射率 1.449 2。遇水反应而分解，溶于多数有机溶剂。制备：由辛基氯化镁格氏试剂与四氯化硅反应制得。用途：作硅酮中间体。

氯二甲基辛硅烷(chloro-dimethyl-octylsilane) 亦称"正辛基化二甲基化氯硅烷"。CAS 号 18162-84-0。分子式 $C_{10}H_{23}ClSi$，分子量 206.83。透明无色液体。熔点<0℃，沸点 222～225℃，密度 0.873 g/mL，折射率 1.432 8。遇水反应而分解，溶于多数有机溶剂。制备：由 1-辛烯与二甲基一氯硅烷在金

属铂催化条件下反应制得。用途:作有机合成试剂。

癸基三氯硅烷(decyltrichlorosilane) 亦称"三氯癸基硅烷"。CAS 号 13829-21-5。分子式 $C_{10}H_{21}Cl_3Si$,分子量 275.71。无色液体。沸点 135℃(5 Torr),密度 1.054 g/mL,折射率 1.4518。遇水反应而分解,溶于多数有机溶剂。制备:由正癸基氯化镁格氏试剂与四氯化硅反应制得。用途:作有机合成试剂。

十一烷基三氯硅烷(trichloro(undecyl)silane) CAS 号 18052-07-8。分子式 $C_{11}H_{23}Cl_3Si$,分子量 289.74。无色液体。沸点 155℃,密度 1.02 g/mL,折射率 1.457。遇水反应而分解,溶于多数有机溶剂。制备:由正十一基氯化镁格氏试剂与四氯化硅反应制得。用途:作有机合成试剂。

环戊基三氯硅烷(trichlorocyclopentylsilane) 亦称"三氯环戊基硅烷""环戊三氯硅烷"。CAS 号 14579-03-4。分子式 $C_5H_9Cl_3Si$,分子量 203.56。无色或淡黄色液体,有腐蚀性。沸点 181℃,密度 1.226 g/mL,折射率 1.4705。遇水反应而分解,溶于多数有机溶剂。制备:可由环戊基氯化镁格氏试剂与四氯化硅反应制得。用途:作硅酮合成中间体。

环己基二甲基氯硅烷(chloro(cyclohexyl)dimethylsilane) CAS 号 71864-47-6。分子式 $C_8H_{17}ClSi$,分子量 176.76。透明无色液体。沸点 95～97℃(40 Torr),密度 0.955 g/mL,折射率 1.4525。遇水反应而分解,溶于多数有机溶剂。制备:由环己基氯化镁格氏试剂与二甲基二氯硅烷反应制得。用途:作有机合成试剂。

环己基三氯硅烷(trichloro(cyclohexyl)silane) 亦称"三氯环己基硅烷"。CAS 号 98-12-4。分子式 $C_6H_{11}Cl_3Si$,分子量 217.59。无色或淡黄色液体。沸点 90℃(10 Torr),密度 1.232 g/mL,折射率 1.4755。遇水反应而分解,溶于多数有机溶剂。制备:由环己基氯化镁格氏试剂与四氯化硅反应制得。用途:作硅酮合成中间体。

乙烯基三氯硅烷(trichloro(vinyl)silane) 亦称"三氯硅烷基乙烯"。CAS 号 75-94-5。分子式 $C_2H_3Cl_3Si$,分子量 161.48。无色透明液体,有腐蚀性。熔点-95℃,沸点 90℃,密度 1.27 g/mL,折射率 1.4363。易水解、醇解,溶于有机溶剂。制备:由氯乙烯与三氯硅烷缩合制得;或由三氯硅烷与乙炔加成制得。用途:作有机硅偶联剂原料;用于含氯树脂(如聚氯乙烯等)的改性,或与含氯单体共聚;还可用作玻璃纤维表面处理剂和增强塑料层压品的处理剂;有机合成中作乙烯的替代物。

二甲基乙烯基氯硅烷(chlorodimethyl(vinyl)silane) CAS 号 1719-58-0。分子式 C_4H_9ClSi,分子量 120.65。无色透明液体,有腐蚀性。熔点-132℃,沸点 82～83℃,密度 0.874 g/mL,折射率 1.4162。溶于二氯甲烷等非质子型有机溶剂。制备:由二甲基氯硅烷与乙炔金属化物反应制得。用途:作有机合成试剂。

甲基苯基氯硅烷(chloro(methyl)(phenyl)silane) CAS 号 1631-82-9。分子式 C_7H_9ClSi,分子量 156.68。易燃液体。熔点<0℃,沸点 113℃,密度 1.043 g/mL,折射率 1.5073。遇水会发生水解,溶于多数有机溶剂。制备:可由甲基苯基硅烷在三苯基氯甲烷条件下制得。用途:可用作有机合成试剂。

苯基三氯硅烷(trichloro(phenyl)silane) 亦称"三氯苯硅烷"。CAS 号 98-13-5。分子式 $C_6H_5Cl_3Si$,分子量 211.54。无色透明液体,有腐蚀性,剧毒! 熔点-127℃,沸点 201℃,密度 1.321 g/mL,折射率 1.5238。遇水反应,溶于苯、乙醚等多数有机溶剂。制备:由氯苯与硅粉在铜催化下制得;或由苯基氯化镁格氏试剂与四氯化硅反应制得。用途:作试剂,用于有机硅的合成;作硅油、硅树脂的原料。

苄基三氯硅烷(benzyltrichlorsilane) CAS 号 770-10-5。分子式 $C_7H_7Cl_3Si$,分子量 225.57。无色液体,有腐蚀性。沸点 213～214℃(756 Torr),密度 1.28 g/mL,折射率 1.5251。遇水水解,溶于多数有机溶剂。制备:由三氯硅烷与苄基氯在有机碱作用下反应制得。用途:作有机合成试剂。

甲基苯基乙烯基氯硅烷(chloro(methyl)(phenyl)(vinyl)silane) 亦称"乙烯基苯基甲基氯硅烷"。CAS 号 17306-05-7。分子式 $C_9H_{11}ClSi$,分子量 182.72。无色液体。沸点 86～87℃(10 Torr),密度 1.040 g/mL,折射率 1.5197。溶于多数有机溶剂。制备:由甲基乙烯基二氯硅烷与苯基溴化镁格氏试剂反应制得。用途:作有机合成试剂。

二苯基乙烯基氯硅烷(chlorodiphenyl(vinyl)silane) CAS 号 18419-53-9。分子式 $C_{14}H_{13}ClSi$,分子量 244.79。无色液体。熔点<0℃,沸点 132℃,密度 1.108 g/mL,折射率 1.5751。溶于

有机溶剂。制备：由乙烯基三氯硅烷与苯基溴化镁格氏试剂反应制得。用途：作有机合成试剂。

1，1-二氯-1-硅杂环丁烷（1，1-dichloro-1-silacyclobutane） 亦称"1，1-二氯硅杂环丁烷"。CAS 号 2351-33-9。分子式 $C_3H_6Cl_2Si$，分子量 141.07。无色透明至略黄色液体。熔点＜0℃，沸点 113～115℃，密度 1.19 g/mL，折射率 1.446 4。溶于多数有机溶剂。制备：由 3-氯丙基三氯硅烷与金属镁、碘反应制得。用途：作有机合成试剂。

1，1-二氯-1-硅杂环戊烷（1，1-dichloro-1-silacyclopentane） CAS 号 2406-33-9。分子式 $C_4H_8Cl_2Si$，分子量 155.09。透明至稻黄色液体。熔点＜0℃，沸点 142℃，密度 1.185 g/mL，折射率 1.464 4。溶于多数有机溶剂。制备：由四氯硅烷与 1,4-二溴丁烷及金属镁等反应制得。用途：作有机合成试剂。

(4-氯苯基)三氯硅烷（trichloro(4-chlorophenyl)silane） 亦称"对氯苯基三氯硅烷"。CAS 号 825-94-5。分子式 $C_6H_4Cl_4Si$，分子量 245.98。无色或淡黄色液体。熔点＜0℃，沸点 230℃，密度 1.439 g/mL，折射率 1.541 4。遇水反应，溶于部分有机溶剂。制法：由 4-氯苯基氯化镁格氏试剂与四氯化硅反应而得。用途：作硅酮合成中间体；也用于制有机硅聚合物。

(二氯甲基)三甲基硅烷（(dichloromethyl)trimethylsilane） CAS 号 5926-38-5。分子式 $C_4H_{10}Cl_2Si$，分子量 157.11。无色液体。沸点 134～135℃，密度 1.040 g/mL，折射率 1.445 7。遇水以及质子性溶剂分解，溶于二氯甲烷、氯仿、丙酮、苯等有机溶剂。制备：由氯甲基三甲基硅烷和氯气通过取代反应制得；或由(二氯甲基)二甲基氯硅烷和甲基碘化镁格氏试剂反应制得。用途：作有机合成试剂。

三甲基溴硅烷（bromotrimethylsilane） 亦称"溴三甲基硅烷"。CAS 号 2857-97-8。分子式 C_3H_9BrSi，分子量 153.09。无色或黄色液体，有腐蚀性。熔点 - 43℃，沸点 79℃，密度 1.160 g/mL，折射率 1.419 5。遇水分解，溶于乙醚、苯、四氯乙烯。制备：由苯基三甲基硅烷经溴化而得。用途：作三甲硅基化试剂。

溴乙基二甲基氯硅烷（(bromomethyl)chlorodimethylsilane） CAS 号 16532-02-8。分子式 $C_3H_8BrClSi$，分子量 187.54。无色液体，有腐蚀性。沸点 130～131℃，密度 1.375 g/mL，折射率 1.465。遇水以及质子性溶剂分解，溶于有机溶剂。制备：由三甲基氯硅烷

与溴素通过取代反应制得。用途：作有机合成试剂。

溴乙基三甲基硅烷（(bromomethyl)trimethylsilane） CAS 号 18243-41-9。分子式 $C_4H_{11}BrSi$，分子量 167.12。无色液体，有腐蚀性。沸点 116～117℃，密度 1.170 g/mL，折射率 1.446 4。遇水以及质子性溶剂分解，溶于氯仿、四氯化碳等有机溶剂。制备：由四甲基硅烷与溴素发生取代反应制得。用途：作有机合成试剂。

三乙基溴硅烷（bromotriethylsilane） CAS 号 1112-48-7。分子式 $C_6H_{15}BrSi$，分子量 195.18。无色液体，有腐蚀性。熔点 - 50℃，沸点 66～67℃(24 Torr)，密度 1.140 g/mL，折射率 1.456 1。遇水以及质子性溶剂分解，溶于四氯化碳、苯等有机溶剂。制备：由三乙基氨基硅烷与溴化氢反应制得；也可由三乙基硅烷与溴发生取代反应制取。用途：作有机合成试剂。

三甲基碘硅烷（iodotrimethylsilane；trimethylsilyl iodide） 亦称"碘三甲基硅烷"。CAS 号 16029-98-4。分子式 C_3H_9ISi，分子量 200.09。无色或淡红色液体，有腐蚀性。沸点 106℃，密度 1.406 g/mL，折射率 1.474 2。遇水分解，溶于丙酮、二氯甲烷、苯等多种有机溶剂。制备：由铝粉，六甲基二硅氧烷和碘反应制得。用途：作硅烷化试剂。

碘甲基三甲基硅烷（(iodomethyl)trimethylsilane） CAS 号 4206-67-1。分子式 $C_4H_{11}ISi$，分子量 214.12。无色液体。沸点 137～138℃，60℃(40 Torr)，密度 1.443 1 g/mL，折射率 1.489 8。遇水以及质子性溶剂分解。溶于四氢呋喃、氯仿等有机溶剂。制备：可由氯甲基三甲基硅烷和碘化钠通过取代反应制得。用途：可作有机合成试剂。

三乙基硅烷醇（triethylsilanol） 亦称"三乙基硅醇"。CAS 号 597-52-4。分子式 $C_6H_{16}OSi$，分子量 132.28。易燃液体。沸点 158℃，密度 0.864 g/mL，折射率 1.434 1。溶于氯仿、苯、乙腈、丙酮等多种有机溶剂。制备：由三乙基氯硅烷与水反应而得；或由三乙基硅烷与水在钯碳催化下制备。用途：作有机硅烷试剂。

二苯基二羟基硅烷（diphenylsilanediol） 亦称"苯基硅烷二醇"。CAS 号 947-42-2。分子式 $C_{12}H_{12}O_2Si$，分子量 216.31。白色针状晶体。熔点 140～141℃，密度 1.25 g/cm³。溶于氯仿、丙酮等有机溶剂。制备：由二苯基二氯硅烷水解制得。用途：作试剂；也作硅橡胶结构控制剂，苯甲基硅油等硅产品的原料。

（2-（氯甲氧基）乙基）三甲基硅烷（（2-（chloromethoxy）ethyl）trimethylsilane） 亦称"三甲基硅基乙氧基甲基氯"。CAS 号 76513-69-4。分子式 $C_6H_{15}ClOSi$，分子量 166.72。无色透明液体。沸点 170～172℃，密度 0.942 g/mL，折射率 1.435。不溶于水，溶于氯仿、丙酮等有机溶剂。制备：由在活性锌粉的作用下将 2-溴乙酸乙酯和三甲基氯硅烷进行偶联，通过硼氢化钠或四氢铝锂进行还原得到三甲基硅乙醇，最后氯甲基化制得；或由 1-溴-2-氯甲氧基乙烷在金属镁和三甲基氯硅烷存在条件下制得。用途：作试剂；常用作硅基保护基。

甲基二甲氧基硅烷（dimethoxy（methyl）silane） 亦称"二甲氧甲基硅烷"。CAS 号 16881-77-9。分子式 $C_3H_{10}O_2Si$，分子量 106.20。无色液体，极易燃。熔点 - 136℃，沸点 61℃，密度 0.861 g/mL，折射率 1.360。溶于有机溶剂。制备：由甲基二氯硅烷与甲醇在碱性条件下反应制得。用途：作有机合成试剂。

甲基三甲氧基硅烷（trimethoxy（methyl）silane） 亦称"三甲氧基甲基硅烷"。CAS 号 1185-55-3。分子式 $C_4H_{12}O_3Si$，分子量 136.22。无色易燃液体。熔点 < - 70℃，沸点 102～104℃，密度 0.955 g/mL，折射率 1.370 9。溶于甲醇、乙醇、丙酮、苯等有机溶剂。制备：由甲基三氯硅烷与甲醇在碱性条件下反应制得。用途：作室温硫化硅橡胶的交联剂、玻璃纤维表面处理剂和增强塑料层压品的外理剂，以提高制品的机械强度、耐热性能、防潮性能；也作制备硅树脂原料。

三甲氧基硅烷（trimethoxysilane） 亦称"三甲氧基甲硅烷"。CAS 号 2487-90-3。分子式 $C_3H_{10}O_3Si$，分子量 122.20。无色液体，易燃，剧毒！熔点 - 115℃，沸点 81℃，密度 0.960 g/mL，折射率 1.358。溶于乙醇、乙醚，微溶于甲苯，不溶于水。制备：可由硅粉在铜催化剂存在下，与甲醇反应制得。用途：作试剂、硅烷偶联剂；作合成功能性有机硅化合物的中间体，也作加氢还原试剂。

丙基三甲氧基硅烷（trimethoxy（propyl）silane） CAS 号 1067-25-0。分子式 $C_6H_{16}O_3Si$，分子量 164.28。无色液体。沸点 142℃，密度 0.932 g/mL，折射率 1.388 0。遇水以及质子性溶剂分解，溶于氯仿、二甲基亚砜等有机溶剂。制备：由三甲氧基硅烷与丙烯经催化加成制得；也可由丙基三氯硅烷与甲醇反应制得。用途：作加工溶胶凝胶的基础原料。

乙基三甲氧基硅烷（ethyltrimethoxysilane） CAS 号 5314-55-6。分子式 $C_5H_{14}O_3Si$，分子量 150.25。无色液体。沸点 123℃，密度 0.949 g/mL，折射率 1.389 8。遇水以及质子性溶剂分解。溶于苯等有机溶剂。制备：可由三甲氧基硅烷与乙烯发生偶联反应制得。用途：可作有机合成试剂。

丙基三乙氧基硅烷（triethoxy（propyl）silane） CAS 号 2550-02-9。分子式 $C_9H_{22}O_3Si$，分子量 206.36。无色液体。沸点 179～180℃，密度 0.892 g/mL，折射率 1.396 9。遇水以及质子性溶剂分解，溶于氯仿等有机溶剂。制备：由三乙氧基硅烷与丙烯经催化加成制得，也可由丙基三氯硅烷与乙醇反应制得。用途：可作有机合成试剂。

戊基三乙氧基硅烷（pentyltriethoxysilane；amyltriethoxysilane） CAS 号 2761-24-2。分子式 $C_{11}H_{26}O_3Si$，分子量 234.41。无色液体。沸点 95～96℃（1.3 Torr），密度 0.895 g/mL，折射率 1.405 9。遇水以及质子性溶剂分解，溶于氯仿等有机溶剂。制备：由三乙甲基氯硅烷与戊基氯化镁格氏试剂反应制得。用途：作合成有机硅化合物的原料。

环戊烷三甲氧基硅烷（cyclopentyltrimethoxysilane） CAS 号 143487-47-2。分子式 $C_8H_{18}O_3Si$，分子量 190.31。无色或淡黄色液体。沸点 75℃（10 Torr），密度 0.99 g/mL，折射率 1.422 7。遇水水解，溶于多数有机溶剂。制备：由环戊基三氯硅烷与甲醇反应制得。用途：作有机合成试剂。

乙基环己基二甲氧基硅烷（cyclohexyl（ethyl）dimethoxysilane） CAS 号 131390-30-2。分子式 $C_{10}H_{22}O_2Si$，分子量 202.37。无色液体。熔点 < 0℃，沸点 210℃，密度 0.938 g/mL，折射率 1.435。溶于多数有机溶剂。制备：由环己基氯化镁格氏试剂与乙基三甲氧基硅烷反应制得。用途：作有机合成试剂。

六甲基二硅氧烷（hexamethyldisiloxane） 亦称"硅醚"。CAS 号 107-46-0。分子式 $C_6H_{18}OSi_2$，分子量 162.38。无色透明液体。熔点 - 59℃，沸点 99℃，密度 0.764 g/mL，折射率 1.377 3。不溶于水，溶于多种有机溶剂。制备：将三甲基氯硅烷滴加至 N,N-二甲基苯胺和水组成的溶液制得；或由三甲基氯硅烷水解制得。用途：作试剂；也作憎水剂、绝缘材料及防潮剂、封头剂、清洗剂、脱膜剂等，用于有机化工及医药生产。

八甲基环四硅氧烷（octamethyl cyclotetrasiloxane）亦称"八甲基环四硅醚"。CAS号556-67-2。分子式 $C_8H_{24}O_4Si_4$，分子量296.62。无色透明或乳白色液体。熔点17～18℃，沸点175～176℃，密度0.956 g/mL，折射率1.397。不溶于水，与有机试剂互溶。制备：将二甲基二氯硅烷滴加入水中制得。用途：作试剂，合成硅油、硅橡胶的中间体，也用于电子元器件的绝缘、防潮等。

丙烯酰氧基三甲基硅烷（acryloxytrimethylsilane）亦称"丙烯酸三甲基硅酯"（trimethylsilyl acrylate）。CAS号13688-55-6。分子式 $C_6H_{12}O_2Si$，分子量144.25。易燃液体。沸点53℃（0.2 Torr），密度0.984 g/mL，折射率1.409 2。制备：由三甲基氯硅与丙烯酸在1-甲基咪唑存在下于50℃反应制得。用途：作试剂。

三乙氧基硅烷（triethoxysilane）CAS号998-30-1。分子式 $C_6H_{16}O_3Si$，分子量164.28。无色液体，有腐蚀性，剧毒！熔点-170℃，沸点134～135℃，密度0.89 g/mL，折射率1.377 2。不溶于水，溶于有机试剂。制备：由三氯硅烷与无水乙醇反应制得；也可由硅粉在铜催化剂存在下，与乙醇反应制得。用途：作试剂、合成硅烷偶联剂的原料，用于制造硅油、聚硅烷等；有机合成中用于烯烃硅烷氢化反应；也作还原剂。

三甲基苯氧基硅（trimethyl(phenoxy)silane）亦称"苯基三甲基硅醚"。CAS号1529-17-5。分子式 $C_9H_{14}OSi$，分子量166.30。无色液体。熔点-55℃，沸点163.7℃，密度0.92 g/mL，折射率1.473 8。溶于有机溶剂。制备：由苯酚与六甲基二硅氮烷在氧化铈或4-二甲氨基吡啶条件下反应制得。用途：作有机合成试剂。

甲基二苯基乙氧基硅烷（ethoxy(methyl)diphenylsilane）亦称"二苯基甲基乙氧基硅烷"。CAS号1825-59-8。分子式 $C_{15}H_{18}OSi$，分子量242.39。透明至稻黄色液体。熔点-27℃，沸点100℃，密度1.018 g/mL，折射率1.548 8。不溶于水，溶于有机试剂。制备：由二苯基二乙氧基硅烷与甲基溴化镁格氏试剂反应制得；或由甲基三乙氧基硅烷与苯基锂试剂制得；也可由二苯基甲基硅烷与乙醇在铜催化剂条件下制得。用途：用于合成有机硅聚合物，制备特定的有机硅化合物；也可作为各种表面处理剂、偶联剂、交联剂等。

乙氧基三苯基硅烷（ethoxytriphenylsilane）亦称"三苯基乙氧基硅烷"。CAS号1516-80-9。分子式

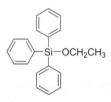

$C_{20}H_{20}OSi$，分子量304.46。固体。熔点64℃，沸点304℃、125℃（0.1 Torr），密度1.06 g/cm³。不溶于水，溶于有机试剂。制备：由二苯基二乙氧基硅烷与苯基溴化镁格氏试剂制得；或由三苯基氟硅烷与乙醇钠反应制得。用途：用于高分子硅化合物的合成。

苯基二甲基乙氧基硅（ethoxydimethyl(phenyl)silane）CAS号1825-58-7。分子式 $C_{10}H_{16}OSi$，分子量180.32。无色或淡黄色透明液体。熔点<0℃，沸点93℃（25 Torr），密度0.924 g/mL，折射率1.480 7。溶于有机试剂。制备：由二甲基苯硅烷与乙醇在铂催化条件下制得。用途：用于有机合成。

氯甲基三乙氧基硅烷（(chloromethyl)triethoxysilane）亦称"(氯甲基)三乙氧基硅烷"。CAS号15267-95-5。分子式 $C_7H_{17}ClO_3Si$，分子量212.75。无色透明液体。沸点173～176℃、52℃（4 Torr），密度1.022 g/mL，折射率1.406 5。溶于有机试剂。制备：用氯甲基三氯硅烷与乙醇反应制得。用途：作偶联剂的中间体。

甲基三乙氧基硅烷（triethoxy(methyl)silane）亦称"三乙氧基甲基硅烷""甲基三乙氧基矽烷"。CAS号2031-67-6。分子式 $C_7H_{18}O_3Si$，分子量178.30。无色易燃液体。熔点<40℃，沸点141～143℃，密度0.895 g/mL，折射率1.383 1。不溶于水，溶于乙醇、丙酮、乙醚等有机溶剂。制备：由甲基三氯硅烷与乙醇反应制得。用途：作制备硅树脂、织物整理剂、苯甲基硅油等的原料。

聚（二甲基硅氧烷）（poly(dimethylsiloxane)）亦称"三硅氧烷""八甲基三硅氧烷"。CAS号107-51-7。分子式 $C_8H_{24}O_2Si_3$，分子量236.53。无色透明液体。熔点-82℃，沸点153℃，密度0.82 g/mL，折射率1.384 7。不溶于水，溶于苯和低级烃溶剂，微溶于乙醇和重烃溶剂。制备：由二甲基二氯硅烷和三甲基氯硅烷混合水解制得。用途：用于制作硅油和滑润油泡沫抑制剂。

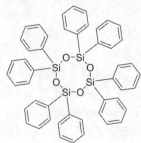

八苯基环四硅氧烷（octaphenylcyclotetrasiloxane）亦称"苯基四环体""辛基苯基环四硅氧烷"。CAS号546-56-5。分子式 $C_{48}H_{40}O_4Si_4$，分子量793.18。白色粉末晶体。熔点196～198℃，沸点330～

340℃(2 Torr),密度 1.185 g/cm³。不溶于水,溶于一般有机溶剂。制备:可由二苯基硅二醇在碱催化剂存在下脱水环化制得。用途:用于医药中间体或其他高分子的合成;也可用于制造硅油。

四乙氧基硅烷(tetraethoxysilane) 亦称"硅酸四乙酯""正硅酸乙酯""原硅酸乙酯"。CAS 号 78-10-4。分子式 $C_8H_{20}O_4Si$,分子量 208.33。无色易燃液体。熔点- 77℃,沸点 168℃,密度 0.933 g/mL,折射率 1.383 7。遇水水解,溶于醇、醚等有机溶剂。制备:由四氯化硅与乙醇在常温常压下进行酯化制得。用途:在电子工业上作绝缘材料;也作光学玻璃处理及凝结剂;用于耐化学品涂料和耐热涂料,有机硅溶剂及精密铸造黏结剂;还可用于防腐涂料的改性,制造荧光粉以及交联剂、黏结剂、脱水剂等。

四甲基二乙烯基二硅氧烷(divinyltetramethyldisiloxane) 亦称"二乙烯基四甲基二硅氧烷""1,1,3,3-四甲基-1,3-二乙烯基二硅氧烷"。CAS 号 2627-95-4。分子式 $C_8H_{18}OSi_2$,分子质量 186.40。无色透明易燃液体。熔点- 99℃,沸点 139℃,密度 0.809 g/mL,折射率 1.41 1。不溶于水,溶于甲苯、四氢呋喃、氯仿等多种有机溶剂。制备:由 1,1,3,3-四甲基二硅氧烷与乙炔制得。用途:作室温(高温)加成型硅橡胶、硅凝胶、乙烯基硅油的生产原料;也用于加成型硅橡胶、硅凝胶、液体硅胶、乙烯基硅树脂、乙烯基硅油、铂铬合金等生产过程中的添加剂或中间体;也用作橡胶的结构控制剂、表面处理剂。

(3-氨基丙基)三乙氧基硅烷((3-aminopropyl)triethoxysilane) 亦称"γ-氨丙基三乙氧基硅烷"。CAS 号 919-30-2。分子式 $C_9H_{23}NO_3Si$,分子量 221.37。无色液体。熔点- 70℃,

沸点 217℃,密度 0.946 g/mL,折射率 1.421 8。与水发生反应,溶于甲苯、丙酮、氯仿和乙醇等有机溶剂。制备:可由三乙氧基硅烷与烯丙基胺制得,或由 3-氯丙基三乙氧基硅烷与氨制得。用途:作硅烷偶联剂、玻璃纤维处理剂及牙科黏结剂。

六氯二硅氧烷(hexachlorodisiloxane) 亦称"1,1,1,3,3,3-六氯二硅氧烷"。CAS 号 14986-21-1。分子式 Cl_6OSi_2,分子量 284.87。透明无色至淡黄色液体,有腐蚀性。熔点<0℃,沸点 137℃,密度 1.575 g/mL,折射率 1.423 8。溶于有机溶剂。制备:由三氯硅烷与水反应制得。用途:作有机合成试剂。

甲基三乙酰氧基硅烷(methyltriacetoxysilane) 亦称"甲基硅烷三醇三乙酸酯""三乙酰氧基甲基硅烷"

"硅烷三醇"。CAS 号 4253-34-3。分子式 $C_7H_{12}O_6Si$,分子量 220.25。无色或淡黄色透明液体。熔点 40℃,沸点 108℃(15 Torr),密度 1.20^{20} g/mL,折射率 1.408 3。溶于有机溶剂。制备:由甲基三氯硅烷与乙酸钾或乙酸酐反应制得。用途:作室温硫化硅橡胶剂合成原料;也用作交联剂,用于塑料、尼龙、陶瓷、铝等与硅橡胶的黏合;作合成橡胶抑制剂、添加剂。

甲基苯基二甲氧基硅烷(dimethoxy(methyl)(phenyl)silane) CAS 号 3027-21-2。分子式 $C_9H_{14}O_2Si$,分子量 182.29。无色或淡黄色透明液体,有刺激性。熔点 73~75℃,沸点 199℃,密度 1.005 g/mL,折射率 1.470 7。溶于有机溶剂。制备:由甲基三乙氧基硅烷与氯苯或溴苯、镁等制得,也可由甲基苯基二氯硅烷与甲醇在吡啶存在下反应制得。用途:作偶联剂、黏结促进剂、疏水剂、分散剂、交联剂、除水剂等;也作其他硅烷或硅氧烷的中间体。

苯基三甲氧基硅烷(trimethoxy(phenyl)silane) CAS 号 2996-92-1。分子式 $C_9H_{14}O_3Si$,分子量 198.29。无色或黄色透明液体。熔点- 25℃,沸点 233℃,密度 1.062 g/mL,折射率 1.470 8。溶于有机溶剂。制备:由苯基三氯硅烷和无水甲醇反应制得。用途:作试剂,用于制备高分子有机硅化合物。

乙烯基三乙氧基硅烷(triethoxy(vinyl)silane) 亦称"三乙氧基乙烯基硅烷"。CAS 号 78-08-0。分子式 $C_8H_{18}O_3Si$,分子量 190.31。淡黄色至无色液体。熔点<0℃,沸点 160~161℃,密度 0.903 g/mL,折射率 1.400 2。不溶于水,溶于有机溶剂。制备:由乙烯基三氯硅烷与无水乙醇反应来制得;或由四乙氧基硅烷与乙烯基溴化镁格氏试剂反应制得。用途:作交联剂,应用在聚合物中,也用于硅烷交联聚乙烯电缆和管材;作憎水剂、玻璃布表面处理剂和无线电零件的防潮绝缘材料等。

氯甲基三甲氧基硅烷((chloromethyl)trimethoxysilane) CAS 号 5926-26-1。分子式 $C_4H_{11}ClO_3Si$,分子量 170.66。易燃液体。沸点 151℃,密度 1.132 g/mL,折射率 1.407 4。溶解于有机溶剂。制备:由(氯甲基)三氯硅烷与甲醇制得;或由(氯甲基)三氯硅烷与原甲酸三甲酯制得。用途:作制备硅烷偶联剂的中间体;也用作交联剂。

正辛基三乙氧基硅烷(triethoxy(octyl)silane) 亦

称"三乙氧基辛基硅烷"。CAS 号 2943-75-1。分子式 $C_{14}H_{32}O_3Si$，分子量 276.49。无色透明液体。熔点 $<-40℃$，沸点 $84\sim85℃(0.5\ Torr)$，密度 $0.88\ g/mL$，折射率 1.417。溶解于有机溶剂。制备：由三乙氧基硅烷与 1-辛烯制得；或由四乙氧基硅烷与正辛基溴化镁格氏试剂反应来制得。用途：作活性成分用于高效渗透型混凝土硅烷浸渍保防护剂；也作建筑防水剂、保护剂，在基材表面形成憎水层；还可作无机填料表面处理剂。

异丁基三乙氧基硅烷（triethoxy (isobutyl) silane） 亦称"三乙氧基(2-甲基丙基)硅烷"。CAS 号 17980-47-1。分子式 $C_{10}H_{24}O_3Si$，分子量 220.38。无色透明液体。沸点 $180\sim195℃$，密度 $0.910\ 4\ g/mL$，折射率 1.390 8。不溶于水，溶解于有机溶剂。制备：由四乙氧基硅烷与异丁基溴化镁格氏试剂反应制得。用途：用于海港工程的混凝土结构防腐。

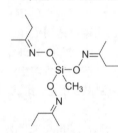

甲基三丁酮肟基硅烷（methyltris(methylethylketoxime)silane） 亦称"三[(2-亚丁基)亚氨氧基]甲基硅烷"。CAS 号 22984-54-9。分子式 $C_{13}H_{27}N_3O_3Si$，分子量 301.46。无色或浅黄色液体。熔点 $-22℃$，沸点 110℃，密度 $0.982\ g/mL$，折射率 1.455。溶于有机溶剂。制备：由甲基三氯硅烷与丁酮肟制得；或由甲基三甲氧基硅烷与丁酮肟在苯甲磺酸条件下制得。用途：作交联剂（硫化剂），用于室温硫化硅橡胶；也用于塑料、尼龙、陶瓷、玻璃等与硅橡胶粘接的促进剂。

有机磷化合物

苯基膦（phenylphosphine） 亦称"苯膦"。CAS 号 638-21-1。分子式 C_6H_7P，分子量 110.10。无色具有恶臭的易燃液体，剧毒！沸点 160℃，闪点 73.9℃，密度 $1.001^{15}\ g/mL$，折射率 1.579 6。不溶于水，溶于甲苯、四氢呋喃等多种有机溶剂。制备：由二氯苯基膦在乙醚中用氢化铝锂还原制得。用途：作有机合成中间体，也作泡沫或干粉灭火剂。

二苯基膦（diphenylphosphine） CAS 号 829-85-6。分子式 $C_{12}H_{11}P$，分子量 186.19。无色易燃液体。熔点 $-14.5℃$，沸点 280℃，密度 $1.07^{16}\ g/mL$，折射率 1.627 9。不溶于水，溶于乙醇、乙醚、苯等有机溶剂。制备：由氯化二苯基膦用氢化铝锂还原制得，也可由三苯基膦在液氨中用钠还原而得。用途：作有机合成中间体，用于制备有机膦配体和 Wittig-Horner 试剂。

三苯基膦（triphenylphosphine） 亦称"三苯膦"。CAS 号 603-35-0。分子式 $C_{18}H_{15}P$，分子量 262.29。无色至淡黄色单斜结晶。熔点 81℃，沸点 363℃、160~165℃（0.01 Torr），密度 $1.105\ g/cm^3$，折射率 $1.524\ 8^{69}$。不溶于水，与醇、醚、苯和丙酮等有机溶剂混溶。制备：由三氯化磷、硫和苯直接回流反应，再经铁粉还原制得。用途：作试剂、催化剂，用于医药、石化、涂料、橡胶等行业；也作促进剂、阻燃剂、光热稳定剂、润滑油抗氧剂，以及聚合引发剂、抗生素类药物氯洁霉素等的原料；还可作合成醇酸树脂和聚酯树脂的原料。

三环己基膦（tricyclohexylphosphine） CAS 号 2622-14-2。分子式 $C_{18}H_{33}P$，分子量 280.45。白色至灰白色固体，易燃。熔点 $76\sim77℃$，沸点 $132\sim134℃(0.02\ Torr)$，密度 $0.909\ g/cm^3$。不溶于水，溶于大部分有机溶剂。制备：由三苯基膦氢化制得。用途：作过渡金属催化的偶联反应的配体。

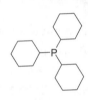

三甲基膦（trimethylphosphine） CAS 号 594-09-2。分子式 C_3H_9P，分子量 76.08。无色易燃液体，有强烈的令人不愉快的气味。熔点 $-86℃$，沸点 $40\sim42℃$，闪点 $-30℃$，密度 $0.735\ g/mL$，折射率 1.428。溶于水和大多数有机溶剂。制备：由甲基氯化镁与亚磷酸三苯酯反应制得。用途：作配位化学中的配体；也作还原剂，用于有机合成。

三乙基膦（triethylphosphine） CAS 号 554-70-1。分子式 $C_6H_{15}P$，分子量 118.16。无色有刺激气味液体，易燃。熔点 $-88℃$，沸点 $127\sim128℃$，密度 $0.88\ g/mL$，折射率 1.458 0。不溶于水，溶于大多数有机溶剂。制备：由乙基氯化镁与亚磷酸三苯酯反应制得。用途：作配位化学中的配体。

三丙基膦（tripropylphosphine） CAS 号 2234-97-1。分子式 $C_9H_{21}P$，分子量 160.24。无色易燃液体。沸点 $72\sim74℃$，密度 $0.801\ g/mL$，折射率 1.458 6。不溶于水，溶于大多数有机溶剂。制备：由丙基氯化镁与亚磷酸三苯酯反应制得。用途：作配位化学中的配体；也作还原剂。

三异丙基膦（triisopropylphosphine） CAS 号 6476-36-4。分子式 $C_9H_{21}P$，分子量 160.24。无色透明液体，易燃。熔点 $-72℃$，沸点 81℃（22 Torr），密度 $0.839\ g/mL$，折射率 1.466。不溶于水，溶于有机溶剂。制备：由异丙基溴化镁格氏试剂与三氯化磷反应制得。用途：作配体，用于过渡金属有机合成。

三丁基膦(tributylphosphane) CAS 号 998-40-3。

分子式 $C_{12}H_{27}P$,分子量 202.32。无色到浅黄色液体,易燃。熔点 - 65℃,沸点 150℃,密度 0.81 g/mL,折射率 1.462 2。微溶于乙腈和水,溶于大多数有机溶剂。制备:由丁基氯化镁与亚磷酸三苯酯反应制得。用途:作配体,用于过渡金属有机合成;可作还原剂、催化剂,用于烯烃聚合、二苄醇的羰基化、聚丁二烯的氨甲基化及不饱和类固醇选择加氢等。

三叔丁基膦(tri-*tert*-butylphosphine) CAS 号 13716-12-6。分子式 $C_{12}H_{27}P$,分子量 202.32。

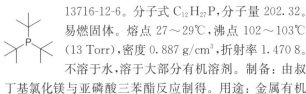

易燃固体。熔点 27~29℃,沸点 102~103℃(13 Torr),密度 0.887 g/cm³,折射率 1.470 8。不溶于水,溶于大部分有机溶剂。制备:由叔丁基氯化镁与亚磷酸三苯酯反应制得。用途:金属有机化学中作配体。

二苯基氯化膦(chlorodiphenylphosphine) 亦称"二苯基亚膦酰氯"。CAS 号 1079-66-9。

分子式 $C_{12}H_{10}ClP$,分子量 220.64。无色到黄色油状液体。熔点 15~16℃,沸点 103 ~ 105℃(0.2 Torr),密度 1.229 g/mL,折射率 1.636 2。与水剧烈反应,溶于乙醇。制备:由二氯苯基膦在高温下通过歧化反应制得。用途:用于有机合成,作为农药、医药和染料中间体;也用于生产二苯基氧化膦、有机磷阻燃剂、抗氧剂、增塑剂。

R-(＋)-1,1'-联萘-2,2'-双二苯膦((R)-(＋)-2,2'-bis(diphenylphosphanyl)-1,1'-binaphthalene;(R)-BINAP) 系统名"(R)-(＋)-(1,1'-联萘-2,2'-二基)双(二苯膦)"。CAS 号 76189-55-4。分子式 $C_{44}H_{32}P_2$,分子量 622.69。白色至奶白色粉末。熔点 238~239℃,比旋光度＋240(c = 0.3,甲苯)。

不溶于水,溶于多数有机溶剂。制备:由二苯基氯化膦和(R)-2,2'-二乙氧基-1,1'-联萘等制得。用途:是一种 C_2 轴手性二膦化合物,作过渡金属催化不对称反应中的配体。

S-(－)-1,1'-联萘-2,2'-双二苯膦((S)-(－)-2,2'-bis(diphenylphosphanyl)-1,1'-binaphthalene;(－)-BINAP) 系统名"(S)-(－)-(1,1'-联萘-2,2'-二基)双(二苯膦)"。CAS 号 76189-56-5。分子式 $C_{44}H_{32}P_2$,分子量 622.69。

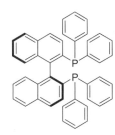

白色至浅黄色结晶粉末。熔点 236~238℃,比旋光度－240(c = 0.3,甲苯)。不溶于水,溶于氯仿、四氢呋喃等有机溶剂。

制备:由二苯基氯化膦和(S)-2,2'-二乙氧基-1,1'-联萘等制得。用途:是一种 C_2 轴手性二膦化合物,作过渡金属催化不对称反应中的配体。

4,5-双二苯基膦-9,9-二甲基氧杂蒽(4,5-bis(diphenylphosphino)-9,9-dimethylxanthene;xantphos) CAS 号 161265-03-8。分子式 $C_{39}H_{32}OP_2$,分子量 578.63。白色至浅黄色固

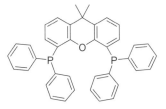

体。熔点 229~230℃,密度 1.21 g/cm³。溶于大多数有机溶剂。制备:由双(2-二苯基膦苯基)醚与三氟甲磺酸反应制得。用途:作双齿配体,用于 Buchwald、Suzuki 等偶联反应。

1,1'-双(二苯基膦)二茂铁(1,1'-bis(diphenylphosphino)ferrocene;DPPF) CAS 号 12150-46-8。分子式 $C_{34}H_{28}FeP_2$,分子量 554.39。黄色至橙色粉末。熔点 180 ~ 186℃,密度 1.32 g/cm³。不溶于水,溶于氯仿、二氯甲烷、乙醇和正戊烷。制

备:由二茂铁和二苯基氯化膦反应制得。用途:作双膦配体,可与钯、镍等过渡金属形成稳定的配合物,用于催化格氏试剂与有机卤化物进行的交叉偶联反应。

1,3-双(二苯基膦)丙烷(1,3-bis(diphenylphosphino)propane;DPPP) CAS 号 6737-42-4。分子式 $C_{27}H_{26}P_2$,分子量 412.44。白色至淡黄色米色颗粒或粉末。熔点 63~65℃。不溶于水,溶于

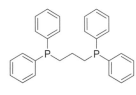

大多数有机溶剂。制备:由二苯基膦和 1,3-二溴丙烷反应制得。用途:作配体,与过渡金属的络合后作催化剂,用于有机合成中 C-C/C-N/C-O 偶联。

1,4-双(二苯基膦)丁烷(1,4-bis(diphenylphosphino)butane;DPPB) 系统名"1,4-双二苯基磷酸化丁烷"。CAS 号 7688-25-7。分子式 $C_{28}H_{28}P_2$,分子量 426.48。白色至近白色结晶状粉末。熔点 132~136℃,

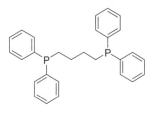

密度 1.23 g/cm³。微溶于水,溶于氯仿。制备:由二苯基膦和 1,4-二溴丁烷反应制得。用途:作配体,与过渡金属的络合后作催化剂,用于有机合成。

2-二环己基膦-2,4,6-三异丙基联苯(2-

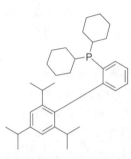

(dicyclohexylphosphino)-2′，4′，6′-triisopropylbiphenyl；X-Phos) CAS 号 564483-18-7。分子式 $C_{33}H_{49}P$，分子量 476.73。白色固体。熔点 185.9℃。微溶于水，溶于有机溶剂。制备：由 2′-氯-2,4,6-异丙基联苯与二环己基氯化膦反应制得。用途：作配体，用于芳烃磺酸酯、芳基卤的钯催化胺化和酰胺化反应；也用于钯催化 2-卤代苯胺环化生成吲哚和色氨酸。

2-二环己基磷-2′，6′-二异丙氧基-1，1′-联苯（2-dicyclohexylphosphino-2′，6′-diisopropoxy-1，1′-biphenyl；RuPhos） CAS 号 787618-22-8。

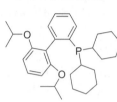

分子式 $C_{30}H_{43}O_2P$，分子量 466.64。白色固体。熔点 123～124℃。微溶于水，溶于有机溶剂。制备：由 2′-溴-2,4,6-异丙氧基联苯与二环己基氯化膦反应制得。用途：过渡金属催化反应中作大位阻膦配体。

四（三苯基膦）钯（tetrakis（triphenylphosphine）palladium（0）） CAS 号 14221-01-3。

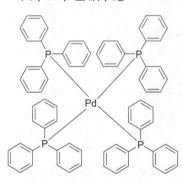

分子式 $C_{72}H_{60}P_4Pd$，分子量 1 155.58。黄色晶体。熔点 100～105℃。不溶于水，溶于醇、醚、苯和甲苯。制备：由三苯基膦用肼还原氯铂酸钯制得；或由 Pd_2（dba）$_3$ 与 PPh_3 反应制得。用途：作催化剂，用于 Suzuki、Kumada、Negishi 等偶联反应及异构化反应中。

氧化二苯基膦（diphenylphosphine oxide） CAS 号 4559-70-0。分子式 $C_{12}H_{11}OP$，分子量 202.19。黄色或浅橙色晶体。熔点 56～57℃，沸点 102～105℃（0.4 Torr）。微溶于水，溶于苯、甲醇、乙腈等多种有机溶剂。制备：由亚磷酸二乙酯与苯基溴化镁格氏试剂反应制得；或由二苯基氯化膦与氢氧化钾溶液反应而得。用途：作试剂，用于医药、农药合成。

二甲基氧化膦（dimethyl phosphine oxide） CAS 号 7211-39-4。分子式 C_2H_7OP，分子量 78.05。白色固体或黄色液体。熔点 40℃，沸点 65～67℃（6 Torr）。溶于极性有机溶剂。

制备：由二甲基氯化膦水解制得；也可由亚磷酸二乙酯与甲基格氏试剂反应制得。用途：作有机合成中间体。

三乙基氧膦（triethylphosphine oxide） CAS 号 597-50-2。分子式 $C_6H_{15}OP$，分子量 134.16。

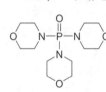

白色固体。熔点 48～52℃，沸点 84～85℃（3 Torr），密度 0.936^{50} g/mL。溶于水及二氯甲烷、氯仿、苯等多种有机溶剂。制备：由三乙基膦与过氧化氢反应制得。用途：用于有机合成。

三（4-吗啉基）氧化膦（tris（4-morpholino）phenylphosphine oxide） CAS 号 4441-12-7。分子式 $C_{12}H_{24}N_3O_4P$，分子量 305.31。固体。熔点 184～186℃，密度 1.365^{-98} g/cm³。溶于氯仿等有机溶剂。制备：由吗啉与三氯化磷反应制得。用途：作有机合成中间体。

三（二乙基氨基）膦（tris（diethylamino）phosphine） 亦称"六乙基亚磷酰三胺"。CAS 号 2283-11-6。分子式 $C_{12}H_{30}N_3P$，分子量 247.37。无色透明至黄橙色油状液体。沸点 245℃、74～76℃（10 Torr），密度 0.903 g/mL，折射率 1.474 5。不溶于水，溶于甲苯、氯仿等有机溶剂。制备：由三氯化磷和二乙胺反应制得。用途：用于有机合成。

三（二甲基氨基）膦（tris（dimethylamino）phosphine） 亦称"六甲基亚磷酰三胺"。CAS 号 1608-26-0。分子式 $C_6H_{18}N_3P$，分子量 163.20。透明无色至微黄色液体，易燃。

熔点-44℃，沸点 165℃、72℃（20 Torr），密度 0.898 g/mL，折射率 1.465 7。不溶于水，溶于甲醇、氯仿等有机溶剂。制备：由二甲胺和三氯化磷反应制得。用途：作建筑材料的阻燃剂和合成化学中的磷酸化剂；也作有机合成中间体。

二乙基亚磷酰氯（diethyl chlorophosphite） 亦称"氯代二乙基亚磷酸酯"。CAS 号 589-57-1。分子式 $C_4H_{10}ClO_2P$，分子量 156.55。透明无色至黄色液体。熔点 25℃，沸点 56～57.5℃（30 Torr），密度 1.089 g/mL，折射率 1.435 5。溶于二甲基亚砜和氯仿，与水发生反应。制备：由亚磷酸三乙酯与三氯化磷反应制得；也可由乙基二氯磷酸酯与乙醇反应制得。用途：用于有机合成。

苯膦酰二氯（phenylphosphonic dichloride） CAS 号 824-72-6。分子式 $C_6H_5Cl_2OP$，分子量 194.98。透明黄色或棕色液体，有腐蚀性。

熔点 3℃，沸点 258℃，密度 1.375 g/mL，折射率 1.558 6。溶于苯、氯仿和四氯化碳，在水或热醇中分解。制备：由苯基膦酸二甲酯与氯化亚砜反应制得；也可由磷酸单苯酯与草酰氯反应制得；还可由苯硫代二氯化磷氧化制得。用途：作试剂，用于合成苯膦酸和苯膦酸二甲酯，也用于制备聚酯的热稳定剂或低挥发性增塑剂。

二苯基磷酸（diphenylphosphinic acid） CAS 号 1707-03-5。化学式 $C_{12}H_{11}O_2P$，分子量 218.19。白色结晶状粉末。熔点 193～195℃，沸点 334℃，密度 1.25 g/cm^3。易溶于水。常温常压下稳定。制备：由二苯基氯化膦在深冷下通氧气，氧化为二苯基膦酰氯，再经水解而成。用途：作医药、农药中间体。

塔崩（tabu；GA） 系统名"二甲胺氰磷酸乙酯"。CAS 号 77-81-6。分子式 $C_5H_{11}N_2O_2P$，分子量 162.13。无色有水果香味液体，工业品呈棕色，剧毒！熔点 - 48～- 50℃，沸点 220～240℃，密度 1.073 g/mL，折射率 1.425。易溶于水，溶于苯、氯仿等有机溶剂。制备：由二甲胺与三氯氧磷作用得到二甲基氨基二氯化磷，再与氰化钠、乙醇在氯苯中共热制得。用途：作神经性毒剂，军用毒剂。

沙林（sarin；GB） 系统名"甲氟膦酸异丙酯"。CAS 号 107-44-8。分子式 $C_4H_{10}FO_2P$，分子量 140.09。无色水样液体，工业品呈淡黄至黄棕色，剧毒！熔点- 57℃，沸点 56℃（16 Torr），密度 1.098 g/mL，折射率 1.382 6。溶于水，也溶于四氯化碳等有机溶剂。制备：由甲基磷酸二氟与异丙醇反应制得。用途：剧毒神经毒剂，军用毒剂。

梭曼（soman；GD） 系统名"甲氟磷酸频哪酯"。CAS 号 96-64-0。分子式 $C_7H_{16}FO_2P$，分子量 182.18。无色、具有微弱水果气味的易挥发液体，具腐蚀性，剧毒！熔点- 42℃，沸点 198℃，密度 1.022 g/mL。溶于水，易溶于有机溶剂。制备：由甲基磷酸二氟与频哪醇在三乙胺中制得。用途：军用毒剂。

环沙林（cyclosarin；GF） 系统名"甲氟磷酸环己甲醇酯"。CAS 号 329-99-7。分子式 $C_7H_{14}FO_2P$，分子量 180.16。无色、易燃、具有类似桃子气味的液体，剧毒！熔点- 30℃，沸点 239℃，密度 1.128 g/mL，折射率 1.433。制备：由甲基磷酸二氟与环己醇反应制得。用途：军用毒剂。

S-(2-二异丙基氨乙基)-甲基硫代膦酸乙酯（S-(2-(diisopropylamino)ethyl) O-ethyl methylphosphonothioate；VX） 俗称"维爱克斯"。CAS 号 50782-69-9。分子式 $C_{11}H_{26}NO_2PS$，分子量 267.37。无色无味的

油状液体，剧毒！熔点 - 50℃，沸点 298℃，密度 1.008 g/mL。溶于水，溶于氯仿、甲醇等有机溶剂。制备：由甲基膦酸乙酯与 2-二异丙基氨基乙硫醇盐酸盐反应制备。用途：军用毒剂。

四(三苯基膦)镍（tetrakis(triphenylphosphine)nickel(0)） CAS 号 15133-82-1。化学式 $C_{72}H_{60}P_4Ni$，分子量 1 107.84。红棕色晶体。熔点 120～123℃。易溶于苯、四氢呋喃，微溶于乙醚，难溶于乙醇。在空气中迅速分解。制备：可由双(2,4-戊二酮基)合镍、三苯基膦与三乙基铝反应制得。用途：作氢化硅烷化、交叉偶联反应的催化剂。

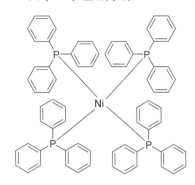

二苯基膦酰氯（diphenylphosphinic chloride） 亦称"二苯基一氯氧膦"。CAS 号 1499-21-4。分子式 $C_{12}H_{10}ClOP$，分子量 236.63。无色到黄色液体。熔点 20℃，沸点 150℃（0.2 Torr），密度 1.240 g/mL，折射率 1.610 8。遇水分解，溶于二氯甲烷、乙腈、氯仿等有机溶剂。制备：由三苯基氧化膦和二苯基氯化膦在三氟甲磺酸催化下反应制得。有腐蚀性。用途：作合成二齿配体、农药的原料；肽合成中作偶联剂；还用于制备混凝土用复合型缓凝减水剂、阻燃剂等。

三苯基氧化膦（triphenylphosphine oxide） CAS 号 791-28-6。分子式 $C_{18}H_{15}OP$，分子量 278.29。白色到粉色结晶粉末或片状物。熔点 155～156℃，沸点 180～182℃（1 Torr），闪点 180℃，密度 1.242 g/cm^3。稍溶于水，难溶于己烷和冷乙醚，易溶于甲醇。制备：由三苯基膦氧化制得。用途：作试剂、催化剂；用于橡胶促进剂和其他精细化学品合成。

O,O'-二甲基二硫代磷酸铵（O,O'-dimethyldithiophosphoric acid ammonium salt） CAS 号 1066-97-3。分子式 $C_2H_{10}NO_2PS_2$，分子量 175.20。白色针状晶体。熔点 146～150℃。溶于水。制备：由 O,O'-二甲基二硫代磷酸与氨反应制得。用途：作有机磷杀虫剂乐果的中间体。

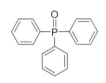

N-(膦酰甲基)亚氨基二乙酸（N-(phosphonomethyl)iminodiacetic acid） 亦称"双甘膦"。CAS 号 5994-61-

6。分子式 $C_5H_{10}NO_7P$，分子量 227.11。白色疏松粉末。熔点 215℃，密度 1.792 g/cm³。微溶于水。制备：由亚氨基二乙酸钠盐加入过量的盐酸，生成亚氨基二乙酸盐酸盐，高温脱水，再与亚磷酸和甲醛反应制得。用途：有机合成中间体，用于生产广谱除草剂草甘膦等。

二甲氧基二硫代磷酸基乙酸甲酯（methyl [(dimethoxyphosphinothioyl) thio]acetate） 系统名"O,O-二甲基 S-(甲氧羰基甲基)二硫代磷酸酯"。CAS 号 757-86-8。分子式 $C_5H_{11}O_4PS_2$，分子量 230.23。无色透明液体，熔点 85℃，沸点 125～132℃，密度 1.29 g/mL，折射率 1.520 7。不溶于水和石油醚，溶于醇、苯、酮等有机溶剂。制备：由氯乙酸甲酯与 O,O'-二甲基二硫代磷酸铵反应制得。用途：作有机磷杀虫剂乐果的中间体。

二硫代磷酸二乙酯（diethyl phosphorodithioate; O,O-diethyl S-hydrogen phosphoro-dithioate） 系统名"O,O-二乙基硫代磷酸酯"。CAS 号 298-06-6。分子式 $C_4H_{11}O_2PS_2$，分子量 186.22。无色透明油状液体。熔点 - 33.3℃，沸点 60℃（1 Torr），密度 1.11 g/mL，折射率 1.509 8。易溶于水和有机溶剂。制备：由乙醇与五硫化二磷反应制得。用途：作农药中间体。

亚磷酸三甲酯（trimethyl phosphite） 亦称"三甲氧基膦"。CAS 号 121-45-9。分子式 $C_3H_9O_3P$，分子量 124.08。无色透明易燃液体。熔点 - 78℃，沸点 111～112℃，密度 1.052 g/mL，折射率 1.411 6。溶于甲醇、乙醇、苯等有机溶剂，遇水分解成亚磷酸二甲酯。制备：由苯酚与三氯化磷反应，生成亚磷酸三苯酯，然后在甲醇钠存在下与醇进行酯交换制得；或由二甲苯为溶剂，甲醇和三氯化磷在 N,N-二甲基苯胺存在下进行酯化反应而得。用途：作试剂，用于合成有机磷杀虫剂及其他有机合成、化纤阻燃、离子薄膜、医药工业等方面。

亚磷酸三乙酯 释文见 484 页。

三-(2-氯乙基)亚磷酸酯（tris (2-chloroethyl) phosphite） CAS 号 140-08-9。分子式 $C_6H_{12}Cl_3O_3P$，分子量 269.48。无色油状液体。沸点 114℃（3 Torr），密度 1.353 g/mL，折射率 1.487 5。制备：在冰盐冷却下将环氧乙烷气体通入三氯化磷制得。用途：作植物生长调节剂乙烯利的中间体。

亚磷酸二甲酯（dimethyl phosphonate） CAS 号 868-85-9。分子式 $C_2H_7O_3P$，分子量 110.05。无色油状液体。沸点 170～171℃，55～59℃（10 Torr），密度 1.200 g/mL，折射率 1.405 3。溶于醇、醚等有机溶剂。制备：由甲醇与三氯化磷反应制得。用途：作农药合成中间体；还用于有机磷酸型缓蚀剂、塑料助剂、染料添加剂以及纺织品阻燃剂的生产。

亚磷酸二乙酯（diethyl phosphite） 系统名"O,O'-二乙基亚磷酸酯"。CAS 号 762-04-9。分子式 $C_4H_{11}O_3P$，分子量 138.10。无色油状液体。熔点 - 70℃，沸点 62～65℃（14 Torr），密度 1.072 g/mL，折射率 1.408 5。不溶于水，在热水中分解，溶于醇和醚等有机溶剂。制备：由乙醇与三氯化磷在四氯化碳中反应制得。用途：用作萃取剂、合成磷酸酯的中间体；也用于制备磷酸二乙酯。

亚磷酸二异丙酯（diisopropyl phosphite） CAS 号 1809-20-7。分子式 $C_6H_{15}O_3P$，分子量 166.16。无色透明液体。沸点 64～65℃（5～6 Torr），密度 0.998 g/mL，折射率 1.406 5。溶于水及乙醇等有机溶剂。制备：由异丙醇直接与三氯化磷反应制得。用途：农药中间体，用于制备有机磷杀菌剂异稻瘟净。

乙基磷酸（ethylphosphonic acid） CAS 号 6779-09-5。分子式 $C_2H_7O_3P$，分子量 110.05。无色透明液体，有腐蚀性。熔点 63℃，沸点 330～340℃（8 Torr），密度 1.363 g/mL。溶于水，也溶于大多数有机溶剂。制备：由三氯化磷与乙醇在水存在下反应制得。用途：农药中间体，用于合成杀菌剂三乙膦酸铝。

苯基磷酸（phenylphosphonic acid） 亦称"苯膦酸"。CAS 号 1571-33-1。分子式 $C_6H_7O_3P$，分子量 158.09。无色针状晶体。熔点 163～164℃，密度 1.42 g/cm³，折射率 1.543 4。易溶于水，溶于醇、醚和丙酮，不溶于苯及四氯化碳。制备：由苯膦酰二氯水解制得。用途：作农药中间体，用于合成拟除虫菊酯类杀虫剂等；还可作防污涂料的中间体，用于制造引燃剂、催化剂。

磷酸二甲酯（dimethyl phosphate） 亦称"二甲基磷酸酯"。CAS 号 813-78-5。分子式 $C_2H_7O_4P$，分子量 126.05。无色到黄色或棕色液体。沸点 128～129℃（0.4 Torr），密度 1.323 g/mL，折射率 1.406 5。溶于水、碱性溶液、乙醇、氯仿，不溶于苯、醚和石油醚。制备：由磷酸三甲酯与氢氧化钡反应制得。用途：作农药、医药中间体。

磷酸三甲酯（trimethyl phosphate） 亦称"三甲基磷酸酯"。CAS 号 512-56-1。分子式 $C_3H_9O_4P$，分子量

H₃CO-P(=O)(OCH₃)OCH₃

140.07。无色液体。熔点 - 46℃，沸点197℃、56 ～ 57℃（2 Torr），密度1.197 g/mL，折射率1.400 5。易溶于水而分解，溶于乙醚，难溶于乙醇。制备：由三氯氧磷与甲醇在碳酸钾存在下反应制得。用途：作试剂，用于有机合成；作汽油添加剂，用于改善辛烷值，防止爆震，提高加铅汽油存贮时的稳定性；也作石墨制品的改性剂，聚酯纤维聚合时的催化剂，硝酸纤维素的增塑剂；还用作萃取剂，用于分离金属离子。

磷酸三甲苯酯　释文见 485 页。

氯磷酸二甲酯（dimethyl phosphorchloridate） 系统名"O,O-二甲基磷酰氯"。CAS 号 813-77-4。分子式 C₂H₆ClO₃P，分子量 144.49。无色透明液体，剧毒！沸点80℃（10 Torr），密度 1.329 g/mL。遇水分解，溶于乙醇、苯、四氯化碳等有机溶剂。制备：由三氯化磷与甲醇反应制得亚磷酸二甲酯，而后用氯气氯化制得。用途：用于合成有机磷杀虫剂甲基硫环磷。

氯磷酸二乙酯　释文见 482 页。

二氯磷酸甲酯（methoxyphosphorylchloride） 亦称"甲基磷酰氯"。CAS 号 677-24-7。分子式 CH₃Cl₂O₂P，分子量 148.91。液体，有腐蚀性。熔点 - 59℃，沸点 62 ～ 66℃（15 Torr），密度 1.488 g/mL，折射率1.436 1。溶于苯等有机溶剂。制备：由三氯氧磷与无水甲醇直接反应制得。用途：作核黄素磷酸酯钠的合成原料。

二氯磷酸乙酯（ethyl dichlorophosphate） 亦称"乙基磷酰二氯"。CAS 号 1498-51-7。分子式 C₂H₅Cl₂O₂P，分子量 162.93。无色到淡棕色液体，有腐蚀性。熔点- 42℃，沸点 58 ～ 62℃（10 Torr），密度 1.373 g/mL，折射率 1.436 2。溶于苯等有机溶剂，遇水分解。制备：由三氯氧磷与无水乙醇反应制得。用途：作制备杀线虫剂灭线磷、苯线磷和杀菌剂敌瘟磷等的原料。

O-甲基硫代磷酰二氯（O-methyl dichlorothiophosphate） CAS 号 2523-94-6。分子式CH₃Cl₂OPS，分子量 164.97。无色或黄色透明液体，有腐蚀性。沸点 66℃（40 Torr），密度 1.493 g/mL，折射率 1.512 4。不溶于水，溶于有机溶剂。制备：由三氯硫磷与甲醇在低温下直接反应制得。用途：用于制备农药，如硫代磷酰胺类杀虫剂水胺硫磷、甲基异柳磷、胺丙畏，有机磷杂环类杀虫剂蔬果磷（水杨硫磷），除草剂甲基胺草磷等的中间体。

O-乙基硫代磷酰二氯（ethyl dichlorothiophosphate） CAS 号 1498-64-2。分子式 C₂H₅Cl₂OPS，分

子量 178.99。无色液体。熔点- 78.4℃，沸点 65℃（23 Torr），密度 1.397 g/mL，折射率 1.500 3。溶于甲苯等溶剂。制备：由三氯硫磷和无水乙醇反应制得。用途：农药中间体，用于合成有机磷杀虫剂异丙胺磷（乙基异柳磷）及除草剂胺草磷、抑草磷。

五氟苯基二苯基磷酸酯（perfluorophenyl diphenylphosphinate） CAS 号138687-69-1。分子式 C₁₈H₁₀F₅O₂P，分子量 384.24。固体。熔点 46～49℃，沸点 152～153℃（1 Torr），密度 1.45 g/cm³。溶于二甲基亚砜、丙酮等有机溶剂。制备：由五氟苯酚与二苯基次膦酰氯反应制得。用途：作医药中间体；多肽合成中作缩合剂。

四甲基亚甲基二磷酸酯（tetramethyl methylenediphosphonate） CAS 号16001-93-7。分子式 C₅H₁₄O₆P₂，分子量 232.11。无色液体。沸点80 ～ 85℃（0.02 Torr），折射率1.452 3。与水互溶，溶于氯仿、四氢呋喃等有机溶剂。制备：由亚甲基二磷酸与原甲酸三乙酯反应制得；也由亚甲基二磷酸与重氮甲烷反应制得。用途：用于有机合成。

THP-24（antioxidant 24） 亦称"抗氧剂 AT-626"，系统名"3,9-二[2,4-二叔丁基-苯氧基]-2,4,8,10-四氧杂-3,9-二磷杂螺［5.5］-十一烷"。CAS 号 26741-53-7。分子式C₃₃H₅₄O₈P₂，分子量604.70。白色结晶粉

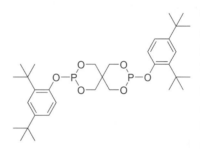

末。熔点 160～178℃，密度 1.206 g/cm³。不溶于水，易溶于甲苯、氯甲烷、氯仿等有机溶剂。制备：由 2,4-二叔丁基苯酚和 3,9-二氯-2,4,8,10-四氧-3,9-二磷螺[5.5]十一烷反应制得。用途：抗氧阻聚剂；与酚类抗氧剂复配后用于聚酰胺、聚碳酸酯等高分子材料。

抗氧剂 168（antioxidant 168） 系统名"亚磷酸三(2,4-二叔丁基苯)酯""三(2,4-二叔丁基)亚磷酸苯酯"。CAS 号 31570-04-4。分子式C₄₂H₆₃O₃P，分子量 646.94。白色粉末。熔点 181 ～184℃，密度 0.98 g/cm³。不溶于水、醇等极性溶剂，易溶于苯、氯仿、环己烷等有机溶

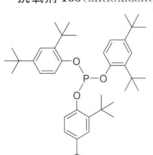

剂,微溶于乙醇、丙酮及酯类。制备:由 2,4-二叔丁基苯酚与三氯化磷反应制得。用途:作抗氧化剂,应用于聚烯烃及烯烃共聚物、聚酰胺、聚碳酸酯、工程塑料、橡胶及石油产品等高分子材料。

抗氧剂 1222(antioxidant 1222)

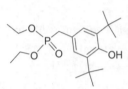

系统名"3,5-二叔丁基-4-羟基苄基膦酸二乙酯"。CAS 号 976-56-7。分子式 $C_{19}H_{33}O_4P$,分子量 356.44。白色或微黄色结晶性粉末。熔点 122℃,密度 1.046 g/cm^3。微溶于正己烷和水,溶于丙酮、甲醇、苯、氯仿、乙酸乙酯。制备:由 2,6-二叔丁基苯酚与甲醛、二甲胺反应生成 3,5-二叔丁基-4-羟基苄基二甲胺,再与亚磷酸二乙酯在甲醇钠催化下通过缩合反应制得。用途:作聚酰胺光稳定剂;还可作对苯二甲酸二甲酯在贮存和运输中的稳定剂。

植酸十二钠(sodium phytate)

系统名"肌醇六(磷酸二氢酯)钠盐"。CAS 号 14306-25-3。分子式 $C_6H_6Na_{12}O_{24}P_6$,分子量 923.82。白色吸湿性粉末。易溶于水和含水乙醇,难溶于无水乙醇、甲醇等。制备:由植酸与氢氧化钠通过中和反应制得。用途:作食品添加剂、食品抗氧化剂、抑菌剂、护色剂、螯合剂和保鲜剂等。

异环磷酰胺(isophosphamide)

系统名"3-(2-氯乙基)-2-[(2-氯乙基)氨基]四氢-2H-1,3,2-噁磷-2-氧化物"。CAS 号 3778-73-2。分子式 $C_7H_{15}Cl_2N_2O_2P$,分子量 261.09。室温下为白色结晶或结晶性粉末。熔点 48℃,密度 1.33 g/cm^3。溶于水及氯仿、甲醇等有机溶剂。制备:由 2-氮杂环-3-(2-氯乙基)-2H-1,3,2-环磷酰胺经多步反应制得。用途:医药中作烷化化学治疗剂,具有抗多种肿瘤的作用。

O,O-二甲基硫代磷酰胺(O,O-dimethyl phosphoramidothioate)

亦称"精胺"。CAS 号 17321-47-0。分子式 $C_2H_8NO_2PS$,分子量 141.12。无色透明或浅白色液体。沸点 114~116℃(10 Torr),密度 1.264 9 g/mL,折射率 1.498 2。不溶于水,溶于大多数有机溶剂。制备:由 O,O-二甲基硫代磷酰氯在低温下用氨水进行胺化制得。用途:作农药中间体。

O,O-二甲基-N-乙酰基硫代磷酰胺(O,O-dimethyl acetylthiophosphoramidate) CAS 号 42072-27-5。分子式 $C_4H_{10}NO_3PS$,分子量 183.16。纯品

为固体。熔点 50.5℃,密度 1.27 g/cm^3。微溶于水,溶于丙酮、二氯乙烷、氯仿等有机溶剂。制备:由 O,O-二甲基硫代磷酰胺在低温下进行乙酰化反应制得。用途:作合成有机磷杀虫剂乙酰甲胺磷的中间体。

三亚乙基硫代磷酰胺(triethylenethiophosphoramide)

亦称"塞替派"。CAS 号 52-24-4。分子式 $C_6H_{12}N_3PS$,分子量 189.22。白色鳞片状结晶或结晶性粉末。熔点 54~57℃,密度 1.50 g/cm^3。溶于苯、乙醚、氯仿、丙酮和甲醇。制备:由乙撑亚胺、三乙胺和无水苯混合溶液滴与硫氯化磷和苯的溶液反应制得。用途:作药物,用于治疗乳腺癌和卵巢癌;还可作细胞周期非特异性药物。

六乙基亚磷酸胺(hexaethyl-phosphorous-triamid) 系统名"三(二乙胺基)膦"。CAS 号 2283-11-6。分子式 $C_{12}H_{30}N_3P$,分子量 247.37。无色至橙黄色油状液体,有刺激性。沸点 80~90℃(10 Torr),密度 0.903 g/mL,折射率 1.474 5。不溶于水,溶于多数有机溶剂。制备:由三氯化磷与过量的二乙胺在乙醚中反应制得。用途:作有机合成中间体。

三(二甲胺基)膦(hexamethylphosphorous triamide) 亦称"六甲基亚磷酰三胺"。CAS 号 1608-26-0。分子式 $C_6H_{18}N_3P$,分子量 163.20。无色至浅黄色吸湿性液体。熔点-44℃,沸点 48~50℃(12 Torr),密度 0.898 g/mL,折射率 1.465 7。溶于醇、醚、苯,对空气和水敏感。制备:由无水二甲胺与三氯化磷在无水乙醚中反应制得。用途:作有机合成中间体;还作建筑材料的阻燃剂和合成化学中的磷酸化剂。

六甲基磷酰三胺(hexamethylphosphoramide) 亦称"六磷胺",系统名"三(二甲氨基)氧膦"。CAS 号 680-31-9。分子式 $C_6H_{18}N_3OP$,分子量 179.20。无色或淡黄色易燃透明液体。熔点 7℃,沸点 253℃、75~77℃(1.5 Torr),密度 1.03 g/mL,折射率 1.460 5。溶于水及多种极性和非极性溶剂。制备:由二甲胺和三氯氧磷反应制得。用途:作聚氯乙烯及其他含氯树脂制品、涂料的高效耐蚀剂;还作气相色谱固定液、紫外光抑制剂、火箭燃料降低冰点添加剂、化学灭菌剂。

八甲磷(tamethyl pyrophosphoramine; schradan; OMPA) 系统名"八甲基焦磷酰胺"。CAS 号 152-16-9。分子式 $C_8H_{24}N_4O_3P_2$,分子量 286.25。无色或浅黄色黏稠液体。熔点 17℃,沸点 120~125℃(0.5 Torr),密度

1.134 3 g/mL,折射率 1.461 2。与水互溶,溶于醇、酮等多数溶剂。制备:由六甲基磷酰三胺与 P_2O_5 反应制得。用途:作农药杀虫剂。

四丁基氯化鏻(tetrabutylphosphonium chloride)

CAS 号 2304-30-5。分子式 $C_{16}H_{36}ClP$,分子量 294.89。无色至浅黄色液体。熔点 62~66℃。溶于水。制备:由 1-氯丁烷与三丁基膦反应制得。用途:作表面活性剂。

四丁基溴化鏻(tetrabutylphosphonium bromide)

CAS 号 3115-68-2。分子式 $C_{16}H_{36}BrP$,分子量 339.34。白色吸湿性固体。熔点 100~103℃。溶于水及氯仿、乙腈等有机溶剂。制备:由 1-溴丁烷与三丁基膦反应制得。用途:作相转移催化剂、离子对试剂。

四丁基碘化鏻(tetrabutylphosphonium iodide)

CAS 号 3115-66-0。分子式 $C_{16}H_{36}IP$,分子量 386.34。白色吸湿性固体。熔点 98~100℃。溶于水及氯仿、丙酮等有机溶剂。制备:由 1-碘丁烷与三丁基膦反应制得。用途:作表面活性剂。

甲基三苯基溴化鏻(methyltriphenylphosphonium bromide) 亦称"三苯基磷溴甲烷"。CAS 号 1779-49-3。分子式 $C_{19}H_{18}BrP$,分子量 357.23。白色晶体。熔点 234~235℃。溶于水及四氢呋喃、氯仿等多种有机溶剂。制

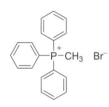

备:由三苯基膦与溴甲烷在干燥的苯中共热制得。用途:作 Wittig-Horner 试剂,用于链烯烃制备、增加不饱和碳链的碳数;也可用于液晶材料不饱和键的合成;还作阳离子型相转换催化剂。

甲基三苯基碘化鏻(methyltriphenylphosphonium iodide) 亦称"三苯基磷碘甲烷"。CAS 号 2065-66-9。分子式 $C_{19}H_{18}IP$,分子量 404.23。白色到浅黄色吸湿性粉末。熔点 183~185℃。溶于水及四氢呋喃、氯仿等多种有机溶剂。制备:由三苯基膦与碘甲烷作用制得。用

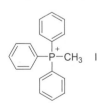

途:作环氧树脂硬化促进剂、聚合反应催化剂、加氢重整催化剂,也作芳香族聚酯树脂的耐热性改进剂、聚碳酸酯的热稳定剂、塑料加工性能改进剂、橡胶制品相转换剂及杀虫剂合成的中间体等。

溴化四苯基磷(tetraphenylphosphonium bromide)
CAS 号 2751-90-8。分子式 $C_{24}H_{20}BrP$,分子量 419.30。

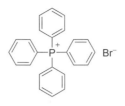

白色至灰白色结晶粉末。熔点 295~300℃。溶于水及氯仿、二氯甲烷等有机溶剂。制备:由三苯基磷和溴苯反应制得。用途:作相转移催化剂、电还原富勒烯的支持电解质等。

碘化四苯基磷(tetraphenylphosphonium iodide)

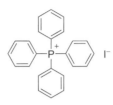

CAS 号 2065-67-0。分子式 $C_{24}H_{20}IP$,分子量 466.30。固体。熔点 343~348℃,密度 1.5 g/cm³。溶于甲醇、苯等多种有机溶剂。制备:由碘苯和三苯基磷反应制得。用途:用于有机合成。

氯化四苯基磷(tetraphenylphosphonium chloride)

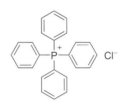

CAS 号 2001-45-8。分子式 $C_{24}H_{20}ClP$,分子量 374.85。白色至灰白色晶体。熔点 272~274℃。溶于水及氯仿、乙腈等多种有机溶剂。制备:由氯苯和三苯基磷反应制得。用途:作相转移催化剂,有机合成原料和医药中间体。

四羟甲基氯化鏻(tetrakis(hydroxymethyl) phosphonium chloride) CAS 号

124-64-1。分子式 $C_4H_{12}ClO_4P$,分子量 190.56。亮粉色或黄绿色固体。熔点 154℃,密度 1.341 g/cm³。易溶于水及甲醇等有机溶剂。制备:由甲醛、PH_3 和 HCl 制得。用途:作塑料、纸品阻燃剂;还用作有机合成中间体。

甲氧甲酰基亚甲基三苯基膦(methyl (triphenylphosphoranylidene) acetate) CAS 号 2605-67-6。

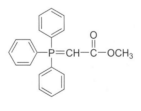

分子式 $C_{21}H_{19}O_2P$,分子量 334.35。白色至灰白色粉末。熔点 168~172℃,密度 1.17 g/cm³。溶于苯、乙腈、四氢呋喃等多种有机溶剂。制备:由氯乙酸甲酯与三苯基膦反应生成季鏻盐,再在强碱中脱去氯化氢制得。用途:作试剂,用于有机合成。

乙氧甲酰基亚甲基三苯基膦(ethyl (triphenylphosphoranylidene) acetate) 系统名"(乙氧基羰基亚甲基)三苯基磷烷"。CAS 号

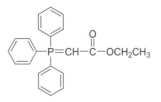

1099-45-2。分子式 $C_{22}H_{21}O_2P$,分子量 348.38。白色固体。熔点 124~129℃,密度 1.086 g/cm³。不溶于水,溶于大多数有机溶剂。制备:由

氯乙酸乙酯与三苯基膦反应生成季鏻盐,再在强碱中脱去氯化氢制得。用途:作试剂,用于有机合成。

乙氧甲酰基亚乙基三苯基膦(ethyl 2-(triphenylphosphoranylidene)propionate) CAS 号 5717-37-3。分子式 $C_{23}H_{23}O_2P$,分子量 362.41。黄色结晶粉末。熔点 158～162℃,密度 1.14 g/cm³。溶于水及二氯

甲烷、氯仿等多种有机溶剂。制备:由 2-氯丙酸乙酯与三苯基膦反应生成季鏻盐,再在强碱中脱去氯化氢制得。用途:作试剂,用于有机合成。

杂 环 化 合 物

五 元 杂 环

呋喃(furan) CAS 号 110-00-9。分子式 C_4H_4O,分子量 68.08。具有温和香味的无色液体。熔点 - 85.6℃,沸点 31.4℃,闪点 - 31℃,密度 0.936 g/mL,折射率 1.507 0。难溶于水,溶于丙酮、苯,易溶于乙醇、乙醚等多数有机溶剂。制备:由糠醛氧化得 2-呋喃甲酸,再脱羧制得;工业上由糠醛在无机金属催化下直接脱羰制得。用途:主要用于有机合成,可用于制造吡咯、噻吩、四氢呋喃和苯并呋喃等多种工业化学产品,还可用于合成茴香胺、阿托品、甲苯酰吡咯乙酸钠等药物;也用作溶剂。

5-甲酰基呋喃-2-硼酸(5-formylfuran-2-boronic acid) CAS 号 27329-70-0。分子式 $C_5H_5BO_4$,分子量 139.90。米色至棕色粉末。熔点 150～151℃,沸点 379.3℃,闪点 183.2℃,密度 1.36 g/mL,折射率 1.51。不溶于水。制备:可由 2-糠醛缩乙二醇和硼酸三甲酯反应制得。用途:用作有机合成中间体。

糠醇 释文见 386 页。

2-糠酸甲酯(methyl 2-furoate) CAS 号 611-13-2。分子式 $C_6H_6O_3$,分子量 126.11。无色至淡黄色液体。沸点 181℃,闪点 73℃,密度 1.179 g/mL,折射率 1.487。微溶于水,溶于醇和醚。制备:由糠酸酯化而得。用途:用于有机合成,也用作溶剂。

5-甲基呋喃醛(5-methyl furfural) CAS 号 620-02-0。分子式 $C_6H_6O_2$,分子量 110.11。无色至淡黄色液体。沸点 187℃,闪点 72℃,密度 1.107 g/mL,折射率 1.531。溶于苯、甲苯、四氯化碳等溶剂,不溶于水。制备:在三氯氧磷的作用下,由 2-甲基呋喃和 N,N-二甲基甲酰胺反应合成。用途:用作食品级香料;用于有机合成,是拟除虫菊酯烯丙菊酯和丙炔菊酯的中间体。

噻吩(thiophene) CAS 号 110-02-1。分子式 C_4H_4S,分子量 84.14。常温下为具有不愉快气味的无色液体,具有一定的催泪作用。熔点 - 38.3℃,沸点 84℃,闪点 - 1℃,密度 1.064 g/mL,折射率 1.528 7。不溶于水,可溶于乙醇、乙醚等多种溶剂。制备:可从煤焦油和页岩油内提取,也可以丁烷和硫为原料化学合成。用途:用于有机合成,是合成酚醛塑料和树脂的重要中间体。可用于制造染料、医药,合成新型广谱抗生素先锋霉素。也可用于彩色影片摄制及特技摄影。

3-甲基噻吩(3-methylthiophene) CAS 号 616-44-4。分子式 C_5H_6S,分子量 98.17。无色油状液体,熔点 - 69℃,沸点 116℃,闪点 11℃,密度 1.021 6 g/mL,折射率 1.520 4。能混溶于乙醇、乙醚、丙酮、苯和四氯化碳,溶于氯仿,不溶于水。制备:由 3-溴噻吩在钯配合物催化下和三甲基铝等反应得到。用途:用于有机合成,是制备噻吩酮、双硫酯的原料及合成噻吩并噻喃的中间体。

3-乙酰基噻吩(3-acetylthiophene) CAS 号 1468-83-3。分子式 C_6H_6OS,分子量 126.18。白色至淡黄色晶体粉末。熔点 59～63℃,沸点 97℃(7 Torr),密度 1.142 g/cm³,折射率 1.54。微溶于水,易溶于各类有机溶剂。制备:由 3-乙炔基噻吩在金属催化下与水反应制得。用途:主要用于有机合成,应用于香料、医药、农药、化学工业等领域。

吡咯(pyrrole) 亦称"氮杂茂"。CAS 号 109-97-7。分子式 C_4H_5N,分子量 67.09。具有类似氯仿气味的油状液体,新蒸馏品无色,见光或露置变成淡黄色或棕色。熔点 - 23.4℃,沸点 129.7℃,闪点 36℃,密度 0.969 1 g/mL,折射率 1.508 5。易溶于乙醇、乙醚、苯、稀酸和大多数非挥发性油,不溶于稀碱。制备:可以呋喃和氨为原料,γ-氧化铝为催化剂,经气相催化反应而得;或由骨油和硫酸共热分馏制得;也可由半乳糖二酸铵在甘油或矿物油中热解制得。用途:可用作色谱分析标准物质,也用于有机合成及制药工业。其衍生物广泛

用作有机合成、农药、医药、环氧树脂固化剂，以及合成香料等的原料。

2,5-二甲基吡咯（2,5-dimethyl-1*H*-pyrrole）CAS 号 625-84-3。分子式 C_6H_9N，分子量 95.14。透明黄色至橙色-棕色液体。熔点 6.5℃，沸点 169℃，闪点 54℃，密度 0.93 g/mL，折射率 1.506 6。混溶于乙醇和乙醚，极难溶于水。在空气中可成红色树脂状物。制备：由 2,5-己二酮和碳酸铵加热反应制得。用途：主要用于有机合成。

N-甲基吡咯（N-methyl pyrrole）CAS 号 96-54-8。分子式 C_5H_7N，分子量 81.12。无色透明液体，在光照下变成淡黄色和棕色。熔点 - 57℃，沸点 112～113℃，闪点 16℃，密度 0.908 8 g/mL，折射率 1.487 5。溶于一般有机溶剂，不溶于水。制备：由吡咯和碘甲烷在碱性条件下合成。用途：可用于有机合成，广泛用作医药中间体和有机溶剂；也可作为染料稳定剂、防腐剂。

1-甲基-2-乙酰基吡咯（2-acetyl-1-methylpyrrole）CAS 号 932-16-1。分子式 C_7H_9NO，分子量 123.15。透明黄色液体。沸点 202℃，闪点 82℃，密度 1.04 g/mL，折射率 1.542。制备：用丁二醛与甲胺缩合生成 N-甲基吡咯，然后进行乙酰化反应，再水解得到。用途：用于配制食用、烟用香精。

2-呋喃甲酸（2-furoic acid；2-furancarboxylic acid）亦称"糠酸""焦黏酸"。CAS 号 88-14-2。分子式 $C_5H_4O_3$，分子量 112.08。常温下为白色至淡黄色粉末。熔点 128～132℃，沸点 230～232℃，闪点 94.2℃，密度 1.3^{25} g/cm³，折射率 1.531。微溶于冷水，易溶于热水、乙醇及乙醚。刺激眼睛、呼吸系统和皮肤。制备：由糠醛经空气或其他氧化剂氧化而制得。用途：用作有机合成中间体，用于合成甲基呋喃、糠酰胺及糠酸酯等；也用于医药合成工业中，合成呋脲青霉素和头孢噻唑等；在塑料工业中用作增塑剂，在食品工业中用作防腐剂、杀菌剂。

2-呋喃甲醛（2-furaldehyde）亦称"糠醛"。CAS 号 98-01-1。分子式 $C_5H_4O_2$，分子量 96.09。常温下为具有苦杏仁味道的无色或浅黄色的油状液体，高毒！熔点 - 37℃，沸点 162℃，闪点 60℃，密度 1.16 g/mL，折射率 1.526。与水部分互溶，也溶于乙醇、乙醚、乙酸、苯、丙酮等溶剂。制备：由富含戊聚糖的农产品废料提取，如玉米芯、棉籽壳、稻糠和甜菜渣等。用途：用作有机溶剂，用于提炼高级润滑油和柴油；也用作有机合成中间体，用于制取糠醇、糠酸、四氢呋喃、γ-戊内酯、吡咯、四氢吡咯等。

硒酚（selenophene）CAS 号 288-05-1。分子式 C_4H_4Se，分子量 131.03。常温下为具有不愉快气味的无色液体。熔点 - 30℃，沸点 110℃，闪点 20.6℃，折射率 1.58。不溶于水。制备：可由乙炔和硒在加热条件下反应制得。也可由呋喃与硒化氢作用发生环转化而制得。用途：用于有机合成。

碲吩（tellurophene）CAS 号 288-08-4。分子式 C_4H_4Te，分子量 179.68。常温下为浅黄色液体。熔点 - 36℃，沸点 150℃，密度 2.13^{25} g/mL，折射率 1.684 4。制备：由丁二炔和碲钠在甲醇中反应制得。用途：用于有机合成。

2-硝基噻吩（2-nitrothiophene）CAS 号 609-40-5。分子式 $C_4H_3NO_2S$，分子量 129.14。常温下为淡黄色固体。熔点 43～45℃，沸点 224～225℃，闪点 93.9℃，密度 1.364 g/cm³，折射率 1.585 5。溶于乙醇等有机溶剂。制备：将噻吩溶于乙酐，将发烟硝酸溶于乙酸，两种溶液在 10℃左右混合反应，硝化反应完成后倾入碎冰中即可析出 2-硝基噻吩。用途：用于有机合成。

硅杂环戊-2,4-二烯（1*H*-silole）CAS 号 4723-64-2。分子式 C_4H_6Si，分子量 82.18。沸点 60～62℃，闪点 4.3℃，折射率 1.426 5。制备：由 1,1-二氯-1*H*-硅咯还原制得。用途：用于有机合成。

2-乙酰基吡咯（2-acetylpyrrole）CAS 号 1072-83-9。分子式 C_6H_7NO，分子量 119.13。单斜系针状晶体。熔点 88～93℃，沸点 220℃，密度 1.099 g/cm³。易溶于水、酸、乙醇和乙醚。制备：在氯化锌存在下，由吡咯、乙酸钠和无水乙酸反应而得。也可将 N-乙酰吡咯放在封管中，在 250～280℃下加热而得。用途：具有苦杏仁样香气，用于配制焙烤食品型香精，用于咖啡、茶叶、榛子、坚果类食用香精中。也用于有机合成。

3-呋喃甲酸（3-furoic acid；3-furancarboxylic acid）亦称"3-糠酸"。CAS 号 488-93-7。分子式 $C_5H_4O_3$，分子量 112.08。常温下为白色至淡黄色晶体粉末。熔点 120～122℃，沸点 230℃，闪点 93℃，密度 1.322 g/cm³。制备：是从受感染的薯类植物的块根中分离出来的苦味成分之一。可由 3-溴呋喃合成制得。用途：作合成中间体、感光材料、食品添加剂、药物及杀虫剂等。

2-乙酰基呋喃（2-acetylfuran）CAS 号 1192-62-7。分子式 $C_6H_6O_2$，分子量 110.11。无色至淡黄色液体，有杏仁、坚果、牛奶和甜的焦糖似的香气。熔点 26～28℃，沸点 168～169℃，闪点 71℃，密度 1.097 5 g/mL。制备：由呋喃与乙酰氯通过 Friedel-Kraft 反应制得。用途：作有机合成原料、医药中间体。

噻唑（1，3-thiazole） 亦称"硫氮茂798"。CAS号 288-47-1。分子式 C_3H_3NS，分子量 85.124。常温下为具有腐臭气味的无色液体。熔点 $-33℃$，沸点 118℃，闪点 26℃，密度 1.200 2 g/mL，折射率 1.538。可溶于水，易溶于乙醇、乙醚及丙酮。制备：用氯乙醛与硫代甲酰胺反应制取。用途：用作有机合成试剂，用于合成药物、染料。作橡胶促进剂、胶片成色剂等。

2-甲酰基噻唑（2-thiazolecarboxaldehyde） 亦称"噻唑-2-甲醛"。CAS号 10200-59-6。分子式 C_4H_3NOS，分子量 113.14。无色至淡黄色液体。沸点 70℃（11 Torr），闪点 68℃，密度 1.35 g/mL，折射率 1.574。可溶于水。制备：可由 2-溴-1,3-噻唑和 N,N-二甲基甲酰胺在正丁基锂的作用下反应制得。用途：用于有机合成，是医药合成中间体。

4-甲基-2-氨基噻唑（2-amino-4-methylthiazole） 亦称"4-甲基-2-噻唑胺""4-甲基噻唑-2-胺"。CAS号 1603-91-4。分子式 $C_4H_6N_2S$，分子量 114.17。白色至淡黄色晶体。熔点 44～47℃，沸点 232℃，密度 1.202^50 g/mL，折射率 1.618。制备：由氯丙酮和硫脲作用而得。用途：用于有机合成，用作医药中间体。

噁唑（oxazole） CAS号 288-42-6。分子式 C_3H_3NO，分子量 69.06。常温下为无色至淡黄色液体。熔点 $-87～-84℃$，沸点 69～70℃，密度 1.050 g/mL，闪点 19℃，折射率 1.425 8。制备：可由噁唑羧酸衍生物（主要是 4-噁唑甲酸和噁唑-2-羧酸）脱羧制得。用途：用于有机合成。

2，5-二苯基噁唑（2，5-diphenyloxazole） CAS号 92-71-7。分子式 $C_{15}H_{11}NO$，分子量 221.25。白色晶体。熔点 71～74℃，沸点 360℃，密度 1.06 g/mL，折射率 1.616 5^{99.5}。溶于醇、醚和石油醚，不溶于水。制备：由苯甲酰氨基苯乙酮在硫酸作用下加热反应制得。用途：是国防工业和科学研究中极为常用的有机荧光闪烁剂，在医学、生命科学及化学化工等领域用于同位素的测定。

4-噁唑甲酸乙酯（ethyl oxazole-4-carboxylate） CAS号 23012-14-8。分子式 $C_6H_7NO_3$，分子量 141.13。浅黄色油状液体。熔点 48℃，沸点 101℃（14 Torr），闪点 75.9℃，密度 1.177^{25} g/cm^3，折射率 1.467。制备：在室温下，向甲酸的无水四氢呋喃溶液中分批加入 1,1'-羰基二咪唑，30 分钟后加入异氰基乙酸乙酯和三乙醇胺加热回流反应制得。用途：用于有机合成，医药中间体。

咪唑（1H-imidazole） CAS号 288-32-4。分子式 $C_3H_4N_2$，分子量 68.08。常温下为带有氨气味的白色至黄色晶体或粉末。熔点 90℃，沸点 256℃，闪点 145℃，密度 1.01 g/cm^3，折射率 1.480。可溶于水及其他质子性溶剂，微溶于非质子性溶剂。制备：以乙二醛、氨和甲醛发生环缩合反应制得。也可以 D-酒石酸为原料，在硫酸中，用硝酸进行硝化，制得 2,3-二硝基酒石酸，再于甲醛中与氨反应制得二羧基咪唑，然后脱羧而成。用途：用作有机合成原料及中间体，用于制取药物及杀虫剂。也可用作分析试剂。

咪唑-4-甲醛（1H-imidazole-4-carbaldehyde） 亦称"4-甲酰基咪唑"。CAS号 3034-50-2。分子式 $C_4H_4N_2O$，分子量 96.09。白色至淡黄色粉末。熔点 173～177℃，密度 1.322 g/cm^3，折射率 1.535。可溶于乙醇、二甲基亚砜。制备：可以 4-溴-1H-咪唑和 N,N-二甲基甲酰胺为原料反应制得。用途：用于有机合成，是合成强效 C17,20-裂解酶抑制剂的原料。

2-硝基咪唑（2-nitroimidazole） 亦称"吖素""氮霉素"。CAS号 527-73-1。分子式 $C_3H_3N_3O_2$，分子量 113.08。黄色橙色粉末。熔点 288℃（分解），密度 1.552 g/cm^3，折射率 1.612。溶于甲醇、乙醇、丙酮、乙酸乙酯，不溶于乙醚、氯仿。对眼睛、呼吸道和皮肤有刺激作用。制备：由 2-氨基咪唑等合成制得。用途：作有机合成中间体。

4-硝基咪唑（4-nitroimidazole） CAS号 3034-38-6。分子式 $C_3H_3N_3O_2$，分子量 113.08。白色至淡黄色粉末。熔点 312℃，密度 1.552 g/cm^3，折射率 1.612。制备：由咪唑和混酸硝化制得。用途：用于有机合成，是抗原虫药罗硝唑的中间体。

组胺二盐酸盐（histamine dihydrochloride） CAS号 56-92-8。分子式 $C_5H_{11}Cl_2N_3$，分子量 184.07。白色粉末状固体。熔点 246℃，密度 1.43 g/cm^3。制备：可由组氨酸脱羧制得。用途：用作生化试剂，是测定组胺酶的底物；用作医药中间体。

5-氨基-1H-咪唑-4-甲酰胺（5-amino-1H-imidazole-4-carboxamide） CAS号 360-97-4。分子式 $C_4H_6N_4O$，分子量 126.12。白色固体粉末。熔点 170～171℃，密度 1.538 g/cm^3，折射率 1.673。溶于二甲基亚砜、甲醇、水。制备：由 α-脒基-α-甲酰氨基乙酰胺盐酸盐在溶剂（如二甲苯）中环合制得。用途：用于有机、医药合成，是阿卡明、氮烯咪胺、替莫唑胺的中间体。

4-甲基咪唑（4-methylimidazole） CAS号 822-36-6。分子式 $C_4H_6N_2$，分子量 82.11。淡黄色固体。熔点 52～56℃，沸点 263℃，密度 1.02 g/cm^3，折射率 1.504。溶于

水、乙醇。制备：由丙酮醛、乙醛和氨反应而得。用途：用于有机、医药合成，是合成西咪替丁的主要中间体。还用于农用化学品、环氧树脂固化剂、金属防蚀剂等方面。

吡唑（1*H*-pyrazole） CAS 号 288-13-1。化学式 C₃H₄N₂，分子量 68.08。有类似吡啶臭味的白色针状或棱形晶体。熔点 66～70℃，沸点 186～188℃，密度 1.116 g/cm³，折射率 1.420。能溶于水、醇、醚和苯。制备：利用甘油和水合肼在硫酸溶剂中用碘化钠为脱氢催化剂一步合成吡唑；或通过 α,β-不饱和醛和肼反应，然后脱氢合成吡唑。用途：其结构骨架一般具有广谱的药物活性，是合成农药、医药重要的中间体；还用作含卤素溶剂、润滑油的稳定剂、螯合剂。

异噁唑（isoxazole） CAS 号 288-14-2。分子式 C₃H₃NO，分子量 69.06。有类似吡啶臭味的无色液体。沸点 94.5，闪点 12℃，密度 1.078²⁵ g/mL，折射率 1.427。可溶于水。制备：以羟胺作用于丙醛或其二乙基缩醛制取；也可由腈氧化物和炔发生[3+2]环加成反应制得。用途：用于有机合成。

异噻唑（isothiazole） CAS 号 288-16-4。分子式 C₃H₃NS，分子量 85.12。具有类似吡啶气味的无色液体。沸点 114℃，闪点 - 32℃，密度 1.170 6 g/mL，折射率 1.528 0。制备：可由丙炔醛与硫氰化钠反应，先制得 3-硫氰基丙烯醛，后者再与氨反应制取。用途：用于有机合成，一些药物、除草剂、杀菌剂等都具有异噻唑环。

1,3-二硫酸-2-硫酮（1,3-dithiole-2-thione） 亦称"1,3-二硫酸-2-硫因"。CAS 号 930-35-8。分子式 C₃H₂S₃，分子量 134.23。黄色晶体。熔点 48～50℃，沸点 235.5℃，闪点 113℃，密度 1.56 g/cm³，折射率 1.806。制备：由 1,2,3-噻二唑和二硫化碳反应制得。用途：用作有机合成和医药中间体。

噁唑-5-酮（5（4*H*）-oxazolone；1,3-oxazol-5（4*H*）-one） CAS 号 497-24-5。分子式 C₃H₃NO₂，分子量 85.06。沸点 105.5℃，闪点 35.7℃，密度 1.414 g/cm³，折射率 1.548。制备：由 N-酰基氨基酸用乙酸酐环化脱水制得。用途：主要用于有机合成。

2-氯噻唑（2-chlorothiazole） CAS 号 3034-52-4。分子式 C₃H₂ClNS，分子量 119.57。无色至淡黄色液体。沸点 145℃，闪点 54℃，密度 1.378 2 g/mL，折射率 1.550 3。可溶于醚。制备：可由 2-氨基噻唑为原料合成制得。用途：主要用于有机合成。是植物天然香料的重要成分。

咪唑-2,4,5-三酮（imidazolidine-2,4,5-trione） CAS 号 120-89-8。分子式 C₃H₂N₂O₃，分子量 114.06。白

色针状或棱柱状晶体。熔点 249℃，密度 1.721 g/cm³，折射率 1.507。可溶于水和乙醇，微溶于乙醚。制备：由草酸二乙酯和脲反应制得。用途：用于有机合成。

1-丁基-3-甲基咪唑四氟硼酸盐（1-butyl-3-methylimidazolium tetrafluoroborate） CAS 号 174501-65-6。分子式 C₈H₁₅BF₄N₂，分子量 226.03。淡黄色至橙色透明油状液体。熔点- 71℃，闪点 288℃，密度 1.21 g/mL，折射率 1.52。易溶于水。制备：由 N-甲基咪唑和 1-氯丁烷为原料制得。用途：用作溶剂；也用作反应催化剂，如 Suzuki 交叉偶联反应和不对称氢化反应。

咪唑啉-2,4-二酮（imidazolidine-2,4-dione） 亦称"海因"（hydantoin）。CAS 号 461-72-3。分子式 C₃H₄N₂O₂，分子量 100.08。白色晶体粉末。熔点 218～220℃，密度 1.356 g/cm³，折射率 1.702。微溶于水和醇。制备：由尿囊素为原料合成。用途：用于有机合成，主要用于合成医药中间体、合成呋喃妥因和呋喃烯啶等。

1,2,3-三氮唑（1,2,3-triazole） 亦称"1*H*-1,2,3-三氮唑""1,2,3-三唑""连三唑"。CAS 号 288-36-8。分子式 C₂H₃N₃，分子量 69.07。无色液体或晶体。熔点 23～25℃，沸点 203℃（752 Torr），闪点 107℃，密度 1.192 5 g/cm³，折射率 1.498 5。可溶于水。制备：可将叠氮酸和乙炔在封管中加热到 100℃制得。用途：作药物三唑巴坦的中间体。

1,2,4-三氮唑（1,2,4-triazole） CAS 号 288-88-0。分子式 C₂H₃N₃，分子量 69.07。白色针状晶体。熔点 119～121℃，沸点 260℃，闪点 170℃，密度 1.132¹⁵³ g/mL。易溶于水，微溶于丙酮、乙酸乙酯，不溶于氯仿、苯。制备：可由二甲酰肼与氨在甲酰胺中加热除水反应制得；也可在甲酸中通入氨气，制成甲酸铵后加热到 160℃，再加入肼，不断蒸去生成的氨气和水制得。用途：作农药和医药中间体；也用作复制系统的光电导体。

1,2,5-噁二唑（1,2,5-oxadiazole） 亦称"呋咱"。CAS 号 288-37-9，分子式 C₂H₂N₂O，分子量 70.05。无色液体。熔点- 28℃，沸点 98℃，密度 1.168 g/mL，折射率 1.407 7。可溶于水。制备：乙二醛二肟与丁二酸酐在 150～170℃下加热制备；也可由 1,2,5-噁二唑-2-氧化物经三苯基磷脱氧制得。用途：用于有机合成。

2-巯基-5-甲基-1,3,4-噻二唑（5-methyl-1,3,4-thiadiazole-2-thiol） CAS 号 29490-19-5。分子式 C₁₄H₁₉N₇O₃S₃，分子量 132.21。熔点 182～184℃，密度 1.57

g/mL,折射率 1.774。易溶于水。制备：由乙酸乙酯经肼化、加成、环合而得。用途：是合成头孢唑啉钠(先锋霉素V)的主要中间体。

1-甲基-1,2,4-三唑（1-methyl-1,2,4-triazole）CAS 号 6086-21-1。分子式 $C_3H_5N_3$,分子量 83.09。常温下为淡黄色液体。熔点 16℃,沸点 175～176℃,闪点 81℃,密度 1.465 g/mL,折射率 1.466 5。制备：由 1,2,4-三氮唑和碘甲烷反应制得。用途：主要用于有机合成。

1,3,4-噻二唑（1,3,4-thiadiazole）CAS 号 289-06-5。分子式 $C_2H_2N_2S$,分子量 86.12。熔点 42～44℃,沸点 204～205℃,闪点 39.2℃,密度 1.317 g/cm^3,折射率 1.348。制备：由硫化氢和二甲基甲酰胺吖嗪制备。用途：用于有机合成。

1,2,5-噻二唑（1,2,5-thiadiazole）CAS 号 288-39-1。分子式 $C_2H_2N_2S$,分子量 86.12。熔点-50℃,沸点 94℃,密度 1.268^{25} g/mL,折射率 1.515 1。制备：由乙二胺等合成。用途：用于有机合成。

5-氨基-1,2,4-噻二唑（1,2,4-thiadiazol-5-amine）CAS 号 7552-07-0。分子式 $C_2H_3N_3S$,分子量 101.13。白色固体。熔点 112～115℃,沸点 238.9℃,闪点 98.3℃,密度 1.495 cm^3,折射率 1.662。制备：由脒和硫氰酸钾在次氯酸钠中氧化制得。用途：主要用于有机合成,合成用于聚酯和聚丙烯腈纤维的染料。

3-氯-1,2,4-三唑（3-chloro-1H-1,2,4-triazole）CAS 号 6818-99-1。分子式 $C_2H_2ClN_3$,分子量 103.51。白色至淡黄色粉末或晶体。熔点 169℃,密度 1.78 g/cm^3,折射率 1.706。制备：由 3-氨基-1,2,4-三唑先重氮化,再跟盐酸反应制得。用途：用于有机合成。

1,4-二苯基-3-(苯氨基)-1(H)-1,2,4-三唑鎓内盐（1,4-diphenyl-3-(phenylamino)-1H-1,2,4-triazolium innersalt）亦称"硝酸灵"。CAS 号 2218-94-2。分子式 $C_{20}H_{16}N_4$,分子量 312.37。柠檬黄色晶体粉末。熔点 189～190℃,密度 0.93 g/cm^3,折射率 1.367。不溶于水,溶于乙醇、苯、丙酮、氯仿、乙酸乙酯和稀酸,微溶于乙醚。制备：由 N,N',3-三苯基卡巴米胺等合成而得。用途：作为硝酸试剂,用于硝酸盐、高氯酸盐、氟硼酸盐、铼酸盐的检测和定量分析;也用于碘的光度测定。

3-氨基-1H-1,2,4-三氮唑（3-amino-1H-1,2,4-triazole）亦称"杀草强""去甲安乃近"。CAS 号 61-82-5。分子式 $C_2H_4N_4$,分子量 84.08。白色粉末或晶体。熔点 152～

153℃,沸点 249℃,闪点 102℃,密度 1.138 g/cm^3,折射率 1.739。可溶于水、甲醇、乙醇及氯仿,不溶于乙醚及丙酮。制备：可由水合肼、氨基氰、甲酸经环合制得;或由氨基胍碳酸氢盐与甲酸作用,再加热环合制得;也可以硝酸胍为原料,先与乙酸反应,再与草酸作用,最后环合制得。用途：用作非选择性除草剂、农药分析标准样品,也用作医药、染料的中间体。

4-氨基-4H-1,2,4-三氮唑（4-amino-4H-1,2,4-triazole）CAS 号 584-13-4。分子式 $C_2H_4N_4$,分子量 84.08。白色到灰白色针状晶体。熔点 84～86℃,密度 1.59 g/cm^3,能溶于乙醇,易溶于盐酸,难溶于氯仿、石油醚。制备：由甲酰肼加热制得。用途：用于有机合成,用作农药、医药的中间体。

3,5-二甲基-1H-1,2,4-三唑（3,5-dimethyl-1H-1,2,4-triazole）CAS 号 7343-34-2。分子式 $C_4H_7N_3$,分子量 97.12。白色固体。沸点 255～260℃,密度 1.12 g/cm^3,闪点 123.8℃,折射率 1.523。制备：由乙酰胺和水合肼反应制得。用途：主要用于有机合成。

四氮唑（tetrazole）CAS 号 288-94-8。分子式 CH_2N_4,分子量 70.05。白色砂粒状晶体。熔点 156～158℃,密度 0.798 g/cm^3,折射率 1.348。能溶于水。制备：用氰化物和叠氮酸在加热条件下制得。也可对氨基胍用亚硝酸处理生成 5-氨基四氮唑,然后叠氮化,再酸解制得。用途：用作西洛他唑中间体;为肽偶合剂。

5-氨基四氮唑（1H-tetrazol-5-amine）CAS 号 4418-61-5。分子式 CH_3N_5,分子量 85.07。无色晶体。熔点 203℃,密度 1.51 g/cm^3,折射率 2.104。可溶于水。制备：可由氨基胍与亚硝酸环缩合制得,也可由叠氮酸与氨腈环加成制得。用途：用作医药合成的中间体。

戊四唑（pentetrazol）亦称"卡他阿唑"。CAS 号 54-95-5。分子式 $C_6H_{10}N_4$,分子量 138.17。白色晶体粉末,微有辛辣苦味。熔点 59～61℃,沸点 194℃(12 Torr),密度 1.73 g/cm^3,折射率 1.494。易溶于水和乙醇,可溶于乙醚、氯仿和四氯化碳。制备：由环己酮与叠氮酸反应制取。用途：作为强心药,是刺激呼吸和血液循环的药物。

1-甲基-5-巯基-1H-四氮唑（5-mercapto-1-methyltetrazole）亦称"甲硫四氮唑"。CAS 号 13183-79-4。分子式 $C_2H_4N_4S$,分子量 116.14。具有刺激臭味的白色晶体粉末。熔点 124～126℃,密度 1.69 g/cm^3,折射率 1.807。制备：由 4-甲基硫代氨基脲和亚硝酸钠反应制得。用途：用于有机合成,用作头孢哌酮钠、头孢孟多、头孢甲肟盐酸盐、头孢美唑、头孢替坦、头孢匹胺等药物的中间体。

1-苯基-5-巯基四氮唑（1-phenyltetrazole-5-thiol） CAS 号 86-93-1。分子式 $C_7H_6N_4S$，分子量 178.21。白色固体。熔点 145℃，沸点 340.2℃，密度 1.46 g/cm^3，折射率 1.76。溶于乙醇、氯仿、四氯化碳。制备：由异硫氰酸苯酯与叠氮化钠反应而得。用途：作照相防灰雾剂，也用作试剂及驱虫药的中间体。

六 元 杂 环

吡啶（pyridine） CAS 号 110-86-1。分子式 C_5H_5N，分子量 79.10。具有特殊臭味的无色液体。熔点 -42℃，沸点 115℃，闪点 17℃，密度 0.978^{25} g/mL，折射率 1.509。与水、乙醚和乙醇能混溶，具有弱碱性。制备：由乙醛、甲醛和氨在催化条件下合成。工业制备是从煤焦油中提取得到吡啶的盐，再酸化制得。用途：用作溶剂，对有机物有很好的溶解性。用于有机合成，制造维生素、磺胺类药、杀虫剂及塑料等。还可用作缓蚀剂、硅橡胶稳定剂、阴离子交换膜的原料等。

2-氯烟酸（2-chloronicotinic acid） 系统名"2-氯-3-吡啶羧酸""2-氯吡啶-3-甲酸"。CAS 号 2942-59-8。分子式 $C_6H_4ClNO_2$，分子量 157.55。灰白色至棕色粉末。熔点 176~178℃，闪点 316.8℃，密度 1.47 g/cm^3。不溶于水，溶于苯、甲苯等有机溶剂。制备：以 3-甲基吡啶为原料在过氧化氢的氧化下生成 N-氧-3-甲基吡啶，然后用氯化剂进行氯化，分离得到 2-氯-3-甲基吡啶，再进行侧链氯化、水解即可制得。对眼睛、呼吸道和皮肤有刺激作用。用途：用作医药和农药中间体。

2-吡啶甲酸（pyridine-2-carboxylic acid；picolinic acid） CAS 号 98-98-6。分子式 $C_6H_5NO_2$，分子量 123.11。白色针状晶体。熔点 138~142℃，闪点 125℃，密度 1.571 g/cm^3。易溶于乙酸，微溶于水，几乎不溶于乙醚、氯仿和二硫化碳。制备：可由 2-甲基吡啶用高锰酸钾氧化制得。用途：用作有机合成中间体。

2-巯基吡啶（pyridine-2-thiol；2-pyridyl mercaptan） 亦称"2-吡啶硫醇"。CAS 号 2637-34-5。分子式 C_5H_5NS，分子量 111.16。常温下为黄色或黄绿色晶体。熔点 127~130℃，闪点 125℃，密度 1.2 g/cm^3，折射率 1.653。微溶于水。制备：可由 2-卤代烃与硫脲反应制得。用途：用作医药和农药的中间体，金属络合物的配体。

吡啶-N-氧化物（pyridine 1-oxide） CAS 号 694-59-7。分子式 $C_6H_9N_3OS$，分子量 95.10。白色至淡黄色固体。熔点 65~66℃，沸点 270℃，闪点 143℃，密度 1.34 g/cm^3，折射率 1.611 8。可溶于水。制备：用过氧化物氧化吡啶而得。用途：用作有机合成中间体，在医药工业中常用于抗生素等药物（如头孢匹林）的合成。

烟酰胺（nicotinamide） 亦称"尼克酰胺""维生素 PP""维生素 B3"。CAS 号 98-92-0。分子式 $C_6H_6N_2O$，分子量 122.13。为白色晶体粉末或无色针状晶体。熔点 130℃，闪点 182℃，密度 1.400^{25} g/cm^3，折射率 1.466。易溶于水和醇，不溶于醚和苯。制备：β-甲基吡啶经空气氧化成烟酸，后者与氢氧化铵作用，再加热脱水制得。用途：是维生素类药，参与体内代谢过程，用于防治糙皮病等烟酸缺乏症。用于护肤品，可防止皮肤粗糙，维护皮肤细胞健康，促进皮肤美白。

4-吡啶酮（4-pyridone；pyridin-4(1H)-one） CAS 号 108-96-3。分子式 C_5H_5NO，分子量 95.10。常温下米色粉末。熔点 150~151℃，沸点 240℃（12 Torr），密度 1.11 g/cm^3，折射率 1.513。易溶于水。能跟 4-羟基吡啶互变。制备：可由 1,1,5,5-四乙氧基戊-3-酮和乙酸铵合成。用途：用于合成利尿药物托拉塞米或其他药物中间体。

吡啶硼烷（borane-pyridine complex） 亦称"三氢（吡啶）硼"。CAS 号 110-51-0。分子式 C_5H_8BN，分子量 92.94。透明无色至琥珀色液体，易燃，剧毒！熔点 10~11℃，沸点 102℃（0.38 Torr），密度 0.929 g/mL，折射率 1.532。几乎不溶于水，易溶于醇、醚。制备：由吡啶盐酸盐与硼氢化钠反应制得。用途：作还原剂，在温和条件下能还原醛、酮和羧酸；也作硼氢化试剂。

2H-吡喃-2-酮（2H-pyran-2-one） 亦称"香豆灵"。CAS 号 504-31-4。分子式 $C_5H_4O_2$，分子量 96.09。无色透明至棕色液体。熔点 5℃，沸点 208℃，闪点 94℃，密度 1.197 g/cm^3，折射率 1.529 8。易溶于水和乙醚，能溶于乙醇。制备：苹果酸在浓硫酸加热的条件下生成甲酰基醋酸，再发生两分子缩合生成阔马酸，最后脱羧制得。用途：用于有机合成，主要用作亲双烯体发生[4+2]-环加成反应。

烟酸（nicotinic acid） 亦称"维生素 PP""维生素 B3"。CAS 号 59-67-6。分子式 $C_6H_5NO_2$，分子量 123.11。常温下为无色针状晶体或白色粉末。熔点 236~239℃，闪点 193℃，密度 1.473 g/cm^3，折射率 1.466。易溶于沸水、沸乙醇、丙二醇、氯仿和碱溶液，不溶于醚及脂类溶剂，能升华。制备：工业上以 2-甲基-5-乙基吡啶、3-甲基吡啶或喹啉为原料，用硝酸进行液相氧化或用空气进行气相氧化制得。用途：

有较强的扩张周围血管作用,临床用于治疗头痛、偏头痛、耳鸣、内耳眩晕症等。作为医药中间体,用于异烟肼、烟酰胺、尼可刹及烟酸肌醇酯等的制备。

异烟肼(isonicotinohydrazide)　亦称"雷米封"。CAS 号 54-85-3。分子式 $C_6H_7N_3O$,分子量 137.14。无色晶体或白色至类白色的晶体粉末。熔点 170～173℃,闪点 >250℃,密度 1.42 g/cm³,折射率 1.550 2。易溶于水,微溶于乙醇,极微溶于乙醚。制备:将 4-甲基吡啶氧化后,再与水合肼缩合而得。用途:主要用作抗结核杆菌的药物治疗结核病。

异烟酸(isonicotinic acid;4-picolinic acid)　亦称"异尼克酸""4-吡啶甲酸""4-吡啶羧酸"。CAS 号 55-22-1。分子式 $C_6H_5NO_2$,分子量 123.11。白色无味晶体。熔点 310℃(升华),闪点 193℃,密度 1.47 g/cm³,折射率 1.542 3。微溶于水。制备:以五氧化二钒为催化剂氧化 4-甲基吡啶制得。用途:作医药中间体,合成抗结核病药物异烟肼等。

尿嘧啶(uracil;2,4(1H,3H)-pyrimidinedione)　系统名"2,4-二羟基嘧啶"。CAS 号 66-22-8。分子式 $C_4H_4N_2O_2$,分子量 112.09。白色或黄色针状晶体。熔点 335℃,密度 1.321 g/cm³,折射率 1.501。易溶于热水,溶于稀氨水,微溶于冷水,不溶于乙醇和乙醚。制备:可由苹果酸、硫酸及尿素反应制得。用途:是 RNA 中的碱基,用于生化研究。

4-甲基吡啶(4-methylpyridine)　亦称"4-皮考林"。CAS 号 108-89-4。分子式 C_6H_7N,分子量 93.13。具有不愉快甜味的无色液体。熔点 2.4℃,沸点 145℃,闪点 57℃,密度 0.957²⁵ g/mL,折射率 1.504。溶于水、乙醇和乙醚。制备:由乙醛和氨反应得到 2-甲基吡啶和 4-甲基吡啶,再分离制得。亦可从煤焦化副产物中回收制得。用途:用于生产药物异烟肼,解毒药双复磷和双解磷。也用于杀虫剂、染料、橡胶助剂和合成树脂的生产。

吡啶-4-醇(pyridin-4-ol)　CAS 号 626-64-2。分子式 C_5H_5NO,分子量 95.10。米色至浅棕色粉末。熔点 150～151℃,沸点 381℃,闪点 182℃,密度 1.11 g/cm³。溶于水和乙醇,不溶于乙醚和苯。制备:用 4-甲氧基吡啶和 4-碘吡啶作为原料合成。用途:作为药物中间体,用于合成利尿药物托拉塞米等。

吡啶-2-醇(pyridin-2-ol)　亦称"2-羟基吡啶"。CAS 号 142-08-5。分子式 C_5H_5NO,分子量 95.10。白色或淡黄色颗粒。熔点 105～107℃,沸点 280～281℃,闪点 210℃,密度 1.39 g/cm³。溶于水、乙醇、氯仿,部分溶于乙醚、苯,几乎不溶于轻石油、己烷。制备:由 2-氯吡啶直接碱性水解再酸化。用途:主

要用于有机合成和医药合成。也可用作有机催化剂。

吡啶-2-甲醛(pyridine-2-carbaldehyde;picolinaldehyde;picolinal)　亦称"2-甲酰基吡啶"。CAS 号 1121-60-4。分子式 C_6H_5NO,分子量 107.11。无色至浅黄色透明液体。熔点 -21～-22℃,沸点 181℃,密度 1.126²⁵ g/mL,折射率 1.536。可混溶于水。制备:可由 2-甲基吡啶经 N-氧化、重排、水解和再氧化合成制得。用途:作为合成有机磷酸酯类解毒药解磷定和缓泻药比沙可啶的原料。也应用于一些精细的有机合成。

吡啶-3-甲醛(pyridine-3-carbaldehyde;3-nicotinaldehyde)　亦称"3-甲酰基吡啶"。CAS 号 500-22-1。分子式 C_6H_5NO,分子量 107.11。无色至浅黄色液体。熔点 8℃,沸点 97℃(17 Torr),密度 1.141²⁰ g/mL,折射率 1.549。可混溶于水。制备:以 3-氰基吡啶为原料,在钯/碳催化剂存在下通过加氢反应制得。用途:用作有机合成中间体、医药中间体。

吡啶-4-甲醛(pyridine-4-carbaldehyde;isonicotinicaldehyde)　亦称"4-甲酰基吡啶"。CAS 号 872-85-5。分子式 C_6H_5NO,分子量 107.11。微黄色油状液体。熔点 -4～-2℃,沸点 71～73℃(10 Torr),密度 1.137 20 g/mL,折射率 1.544。能溶于水及乙醇。制备:可由 4-甲基吡啶在钒-钼触媒作用下空气氧化而得。用途:用作有机合成中间体。

4-二甲氨基吡啶(N,N-dimethylpyridin-4-amine)　CAS 号 1122-58-3。分子式 $C_7H_{10}N_2$,分子量 122.17。白色至黄色晶体粉末。熔点 83～86℃,沸点 211℃,闪点 110℃,密度 1.012 g/cm³,折射率 1.431。溶于水、乙醇、丙酮、苯等多种溶剂。制备:由 4-羟基吡啶、二甲胺盐酸盐和六甲基磷酰三胺加热反应制得;或通过 4-取代吡啶与二甲基胺共热制得。用途:用作有机合成的高效催化剂,催化酰化、烷基化、醚化等多种类型反应。

2-吡喃酮-5-羧酸(2-oxo-2H-pyran-5-carboxylic acid)　亦称"香豆酸""阔马酸"。CAS 号 500-05-0。分子式 $C_6H_4O_4$,分子量 140.09。青褐色粉末。熔点 203～205℃,沸点 218℃(120 Torr),闪点 218℃(120 Torr),密度 1.542 g/cm³。易溶于醇、水。制备:由 dl-苹果酸在酸性条件下自缩合制得。用途:用于有机合成。

2-氨基吡啶(2-aminopyridine)　亦称"2-吡啶胺"。CAS 号 504-29-0。分子式 $C_5H_6N_2$,分子量 94.12。白色至黄色片状晶体。熔点 59℃,沸点 204～210℃,闪点 68℃。溶于水、醇、苯、醚及热石油醚。能升华。有麻醉作用。制备:在溶剂存在

下,由氨基钠与吡啶反应制得。用途:用作药物和染料合成中间体,化学试剂,也用作锑、铋、钴、铜、金、锌等金属离子的分析试剂。

3-氨基吡啶(3-aminopyridine) 亦称"3-吡啶胺"。CAS 号 462-08-8。分子式 $C_5H_6N_2$,分子量 94.12。棕色晶体,剧毒! 熔点 65℃,沸点 248℃,闪点 124℃,密度 1.107 g/cm³。溶于水、醇、苯,不溶于石油醚。有吸潮性。制备:由烟酰胺与液溴和氢氧化钠反应制得。用途:用作农药及染料合成的中间体,分析试剂。

4-氨基吡啶(4-aminopyridine;fampridine) 亦称"4-吡啶胺"。CAS 号 504-24-5。分子式 $C_5H_6N_2$,分子量 94.12。无色针状晶体。熔点 158~159℃,沸点 273℃,闪点 124℃,密度 1.26 g/cm³。溶于水、乙醇,微溶于乙醚和苯。制备:由 N-氧化吡啶盐酸盐先经硝化制得 N-氧化-4-硝基吡啶,再经铁粉还原 N-氧化-4-硝基吡啶制得。用途:用于有机合成,作合成抗生素类药物的中间体。

1-氨基吡啶碘(1-aminopyridinium iodide) 亦称"N-氨基碘化吡啶"。CAS 号 6295-87-0。分子式 $C_5H_7IN_2$,分子量 222.03。粉红色晶体粉末。熔点 159~161℃。溶于水。制备:由吡啶为原料氨化制得。用途:用于有机合成。

4-羟基-6-甲基-2-吡喃酮(4-hydroxy-6-methyl-$2H$-pyran-2-one) CAS 号 675-10-5。分子式 $C_6H_6O_3$,分子量 126.11。白色至淡黄色晶体粉末。熔点 188~190℃,闪点 127.9℃,密度 1.44 g/cm³,折射率 1.56。可溶于水。对眼睛、呼吸道和皮肤有刺激性作用。制备:可由 1-苯基-1-三甲基硅氧基乙烯和丙二酰氯合成。用途:主要用于有机合成,作医药中间体。

哒嗪(pyridazine) CAS 号 289-80-5。分子式 $C_4H_4N_2$,分子量 80.09。无色液体。熔点-8℃,沸点 208℃,闪点 85℃,密度 1.073 g/mL,折射率 1.524。易溶于甲醇、乙醇和乙醚,与水、苯和二甲基甲酰胺混溶。制备:实验室用马来酸酐与肼反应,再还原的方法合成。也可由 2,2′-二硝基联苯经还原、氧化,最后脱羧制得。用途:主要用于有机合成。

吡嗪(pyrazine) CAS 号 290-37-9。分子式 $C_4H_4N_2$,分子量 80.09。有吡啶气味的无色晶体。熔点 50~56℃,沸点 115~116℃,闪点 55℃,密度 1.031 g/cm³,折射率 1.495 3。易溶于水、乙醇和乙醚等。制备:工业上利用羟乙基乙二胺在 Ni/Al₂O₃ 催化下高温脱水脱氢制得。用途:主要用于有机合成,用作合成医药、香料和香精的中间体。

5-甲基吡嗪-2-羧酸(5-methyl-2-pyrazinecarboxylic acid) 亦称"2-羧基-5-甲基吡嗪"。CAS 号 5521-55-1。分子式 $C_6H_6N_2O_2$,分子量 138.13。淡棕色固体粉末。熔点 167~171℃,沸点 316.5℃,闪点 145.2℃,密度 1.319 g/cm³。刺激性物质。制备:可用 2,5-二甲基或 2-甲基-5-(取代)甲基吡嗪经电解氧化制得。用途:用于有机合成,作药物合成中间体,如合成降血脂药阿莫西司。

2,3-二甲基吡嗪(2,3-dimethylpyrazine) CAS 号 5910-89-4。分子式 $C_6H_8N_2$,分子量 108.14。具有坚果气味的透明黄色液体。熔点 11~13℃,沸点 156℃,闪点 57℃,密度 1.02 g/cm³,折射率 1.507。混溶于水和大多数有机溶剂。制备:由双乙酰与乙二胺的反应产物与氢氧化钾在乙醇中共热而得。用途:因其呈焙烤、奶油、肉类香气,有烤焦的蛋白质气味和可可果气,主要用于配制肉类、果仁、巧克力、咖啡、奶油和烟草的香精。

2,5-二甲基吡嗪(2,5-dimethylpyrazine) CAS 号 123-32-0。分子式 $C_6H_8N_2$,分子量 108.14。具有特殊香味的透明无色至淡黄色液体。熔点 15℃,沸点 155℃,闪点 64℃,密度 0.988 4 g/mL,折射率 1.502。混溶于水和有机溶剂。制备:在铵盐存在下,由丙烯醛与氨在甘油中加热反应而得。用途:因其呈刺鼻的炒花生香气和巧克力、奶油气味,主要用于配制可可、咖啡、肉类、坚果和马铃薯等型香精。还可用于染料及制药领域。

嘧啶(pyrimidine) CAS 号 289-95-2。分子式 $C_4H_4N_2$,分子量 80.09。无色油状液体或者块状晶体。熔点 19~22℃,沸点 124~128℃,闪点 34℃,密度 1.079 2²⁵ g/mL,折射率 1.495 1。易溶于水、乙醇和乙醚。制备:以丙二醛和甲酰胺为原料,在加热条件下反应制得;由尿素和 3-氧代丙酸原料出发,合成 2,4-二氯嘧啶中间体,再经催化氢解制得;也可由乙酰乙酸乙酯与脒反应制得。用途:用作医药中间体、感光剂的原料等。

胸腺嘧啶(thymine) 亦称"5-甲基脲嘧啶",系统名"2,4-二羟基-5-甲基嘧啶"。CAS 号 65-71-4。分子式 $C_5H_6N_2O_2$,分子量 126.12。细灰白色晶体粉末。熔点 316℃,闪点 198℃,沸点 403.8℃,密度 1.226 g/cm³,折射率 1.489。易溶于热水。制备:可从胸腺中提取。用途:DNA 中的碱基;用作关键中间体,合成抗艾滋病药物 AZT、DDT 及相关药物;也可作为合成抗肿瘤、抗病毒药物 β-胸苷的起始原料。

胞嘧啶(cytosine) 系统名"4-氨基-2-羟基嘧啶"。CAS 号 71-30-7。分子式 $C_4H_5N_3O$,分子量 111.10。白色片状晶体或晶体粉末。熔点大于 300℃,闪点 223.4℃,密度 1.478 g/cm³,折射率 1.688。可溶于水,微溶于乙醇,不溶于乙醚。制备:可由二巯基尿嘧啶、浓氨水和氯乙酸为原料合成制得。用途:DNA 以及 RNA 的碱基;用作精细化工、农药和医药的中间体。在医药领域主要用于合成抗艾滋病药物及抗乙肝药物拉米夫定,抗癌药物吉西他滨、依诺他滨以及 5-氟胞嘧啶等。可作为升高白细胞的药物。

2,4,6-嘧啶三酮（pyrimidine-2,4,6(1*H*,3*H*,5*H*)-trione） 亦称"丙二酰脲""巴比妥酸""巴比土酸"。CAS 号 67-52-7。分子式 $C_4H_4N_2O_3$,分子量 128.09。白色晶体粉末。熔点 248～252℃,沸点 260℃(分解),闪点 150℃,密度 1.455 g/cm³,折射率 1.581。微溶于水和乙醇,溶于乙醚。制备:可由丙二酸二乙酯与脲素在乙醇钠催化下发生缩合反应而得。用途:可用作分析试剂、有机合成原料、塑料和染料的中间体、聚合反应的催化剂。

马来酰肼（maleic hydrazide） 亦称"抑芽丹"。CAS 号 123-33-1。分子式 $C_4H_6N_2O_2$,分子量 114.10。白色晶体。熔点 299～301℃(分解),闪点 300℃,密度 1.60^{25} g/cm³,折射率 1.649。难溶于水,溶于有机溶剂,易溶于二乙醇胺或三乙醇胺。制备:由顺丁烯二酸酐与水合肼或硫酸肼反应而得。用途:用作选择性除草剂和暂时性植物生长抑制剂。

4,5-二氢-6-甲基哒嗪-3(2*H*)-酮（4,5-dihydro-6-methylpyridazin-3(2*H*)-one） CAS 号 5157-08-4。分子式 $C_5H_8N_2O$,分子量 112.13。白色固体或无色片状晶体。熔点 104～105℃,密度 1.24 g/cm³,折射率 1.576。制备:由 4 氧代戊酸酯和肼发生环缩合反应制得。用途:用作医药中间体,如磺胺药 3-磺胺-6-甲基哒嗪的中间体。

1,3,5-三嗪（1,3,5-triazine;*s*-triazine） 亦称"均三嗪"。CAS 号 290-87-9。分子式 $C_3H_3N_3$,分子量 81.08。无色针状晶体。熔点 77～83℃,沸点 114℃,闪点 114℃,密度 1.367 g/cm³,折射率 1.391 2。制备:可由三分子氢氰酸聚合而成。用途:用于有机合成,作为医药中间体。

三聚硫氰酸（trithiocyanuric acid） 亦称"1,3,5-三嗪-2,4,6-三硫醇""三巯基均三嗪"。CAS 号 638-16-4。分子式 $C_3H_3N_3S_3$,分子量 177.27。黄色晶体。密度 1.78 g/cm³,折射率 1.784。微溶于水。制备:由硫代乙酸和三聚氯氰在 NaOH 存在下反应制得。用途:主要用作聚合物的硫化剂和热稳定剂,用于聚丙烯、橡胶等高聚物的热稳定剂以及丙烯酸酯橡胶专用硫化剂等。

氧嗪酸钾（potassium oxonate） 系统名"1,4,5,6-

四氢-4,6-二氧-1,3,5-三嗪-2-羧酸钾"。CAS 号 2207-75-2。分子式 $C_4H_2KN_3O_4$,分子量 195.18。白色晶体粉末,高毒!熔点 300℃。溶于热水。燃烧产生有毒氮氧化物和氧化钾烟雾。制备:由尿囊素、溴、碘化钾、氢氧化钾等反应而得。用途:可抑制抗肿瘤药物替加氟的毒副作用。

三聚氯氰（cyanuric chloride;2,4,6-trichloro-1,3,5-triazine） 亦称"氰脲酰氯"。CAS 号 108-77-0。分子式 $C_3Cl_3N_3$,分子量 184.40。无色针状晶体。熔点 145～148℃,沸点 194℃,闪点大于 200℃,密度 1.92 g/cm³,折射率 1.676。不溶于水,溶于氯仿、四氯化碳、乙醇、乙醚、丙酮、二氧六环、苯、乙腈等。具有强烈刺激性气味,有催泪性,对皮肤有腐蚀性。制备:工业上由活性炭催化氯化氰三聚反应得到。用途:在有机合成中用作氯化试剂和脱水试剂。用作染料、医药、农药等的合成中间体。

1,2,4,5-四嗪（1,2,4,5-tetrazine） CAS 号 290-96-0。分子式 $C_2H_2N_4$,分子量 82.07。深红色晶体。熔点 99℃,沸点 217℃,闪点 108℃,密度 1.316 g/cm³,折射率 1.509。制备:可由 1,2,4,5-四嗪-3,6-二羧酸发生热脱羧反应得到。用途:用于有机合成。

1,2,4-三嗪（1,2,4-triazine） CAS 号 290-38-0。分子式 $C_3H_3N_3$,分子量 81.08。液体。熔点 16～17℃,沸点 158℃,闪点 92℃,密度 1.173 g/mL,折射率 1.515。制备:由 1,2,4-三嗪-3-胺合成。用途:用于有机合成。

1,2,4-三嗪-3-胺（1,2,4-triazin-3-amine） CAS 号 1120-99-6。分子式 $C_3H_4N_4$,分子量 96.09。白色固体粉末。熔点 174～177℃,沸点 311.7℃,闪点 168℃,密度 1.346 g/cm³,折射率 1.61。制备:由乙二醛和氨基胍碳酸盐反应制得。用途:用于有机和药物合成。

三聚氰酸（cyanuric acid） 亦称"氰尿酸"。CAS 号 108-80-5。分子式 $C_3H_3N_3O_3$,分子量 129.08。与 2,4,6-三羟基-1,3,5-三嗪呈互变异构。白色晶体。熔点 360℃(分解),密度 1.768^0 g/cm³,折射率 1.748。溶于热水、热醇,微溶于冷水,不溶于冷醇、醚、丙酮、苯和氯仿。制备:由尿素聚合而成。用途:用于制造氰尿酸衍生物。用作漂白剂、杀菌剂或除草剂的成分或原料。还可以直接用作游泳池氯稳定剂,尼龙、塑料、聚酯阻燃剂,以及化妆品添加剂,用于专用树脂的合成和鉴定锰的试剂。

三聚氰胺（melamine） CAS 号 108-78-1。分子式 $C_3H_6N_6$,分子量 126.12。白色单斜系晶体。熔点大于

300℃（升华），闪点 110℃，密度 1.573 g/cm³，折射率 1.872。微溶于冷水，可溶于甲醇、乙酸、热乙醇、甘油、吡啶等，不溶于丙酮、醚类。制备：由双氰胺与氨反应而得。用途：用作有机合成原料，是制造三聚氰胺甲醛树脂的主要原料。

稠 杂 环

吲哚（indole） 亦称"苯并吡咯""氮茚""氮杂茚""2,3-苯并吡咯"。CAS 号 120-72-9。分子式 C_8H_7N，分子量 117.06。白色晶体。溶于乙醇、丙二醇及油类，几乎不溶于石蜡油和水。熔点 51～54℃，沸点 253～254℃，密度 1.22 g/cm³。制备：可通过煤焦油和洗油馏分提取或者通过苯胺、乙二醇在高温催化下脱水环化制得。用途：用作有机及医药合成中间体。高度稀释的溶液可以作为香料使用。

色氨酸（tryptophan） 亦称"β-吲哚基丙氨酸"。CAS 号 54-12-6。分子式 $C_{11}H_{12}N_2O_2$，分子量 204.23。白色或微黄晶体，熔点 281～282℃，密度 1.362 g/cm³。有两个立体异构体。其中，L-色氨酸为存在于蛋白质中常见的氨基酸，CAS 号 73-22-3，$[\alpha]_D^{20} -31.1(c=1，H_2O)$；D-色氨酸 CAS 号 153-94-6，$[\alpha]_D^{20} +31.1(c=1，H_2O)$，可以 DL-色氨酸为原料经化学拆分而得。微溶于水和乙醇，溶于甲酸、稀酸和稀碱，不溶于氯仿和乙醚。外消旋体制备：由丙烯醛与 N-丙二酸基乙酸胺在乙醇钠存在下与苯肼缩合、环化，经水解脱羧得到产品。也可由 3-乙腈基吲哚与氨基脲缩合后与氰基加成、水解得到色氨酸。用途：用作营养剂。在医药上用作糙皮病的防治剂。

3-吲哚乙酸 释文见 449 页。

异吲哚（1H-isoindole） 亦称"苯并[c]吡咯"。CAS 号 270-69-9。分子式 C_8H_7N，分子量 117.06。常温下不稳定，在室温时于空气中容易分解，但其衍生物如二氢异吲哚和 N-取代的异吲哚相当稳定。异吲哚类化合物遇 Ehrlich 试剂（4-二甲氨苯甲醛和盐酸）呈蓝色。不少颜料分子中具有异吲哚骨架，例如黄色颜料——伊佳净黄 2RLT。制备：可由二苄基叠氮化合物环化制得。用途：用于有机合成。

苯并呋喃（benzo[b]furan） 亦称"香豆酮""氧杂茚""β-苯并呋喃"。CAS 号 271-89-6。分子式 C_8H_6O，分子量 118.04。透明至略绿色液体，熔点 -18℃，沸点 173～175℃，密度 1.095 g/cm³。溶于苯、乙醇、乙醚，不溶于水。具有芳香性。制备：通过氯乙酸对水杨醛发生氧烷基化，而后失水得到。用途：制造合成树脂。

苯并噻吩（benzo[b]thiophene） 亦称"硫茚""噻茚"。CAS 号 95-15-8。分子式 C_8H_6S，分子量 134.20。白色固体。熔点 30～33℃，沸点 221～222℃，密度 1.149 g/cm³。溶于乙醇、乙醚、丙酮、苯等溶剂。不溶于水。溶于浓硫酸呈樱桃红色，加热后消失。在光和空气中暴露会变成淡褐色。有芳香性、稳定性高。制备：工业上主要由粗萘中提取。也可用苯乙烯或乙苯与硫化氢合成，或由噻吩和苯环缩合制得。用途：用于有机合成，制造硫靛。

苯并噁唑（benzo[d]oxazole） CAS 号 273-53-0。分子式 C_7H_5NO，分子量 119.121。黄色固体。熔点 27～30℃，沸点 181～185℃，密度 1.175 g/cm³。制备：由原甲酸三甲酯与邻氨基苯酚环合而得。用途：用作有机合成中间体。

6-甲氧基-2-苯唑啉酮（6-methoxy-2-benzoxazolinone） 亦称"6-甲氧基-2-苯并噁唑酮"。CAS 号 532-91-2。分子式 $C_8H_7NO_3$，分子量 165.15。白色固体。熔点 151～156℃，密度 1.309 g/cm³。制备：可从植物中提取，也可通过 2-羟基-4-甲氧基苯胺、尿素在高温下环合而得。用途：用于抵制谷类蛀虫侵蚀和有机合成。

1,2-苯并异噁唑（1,2-benzoxazole） CAS 号 271-95-4。分子式 C_7H_5NO，分子量 119.12。无色液体。沸点 90～92℃，闪点 86℃，密度 1.174 g/mL，折射率 1.561。制备：2-羟基苯甲醛肟环合而得。用途：用于有机合成。

苯并噻唑（benzothiazole） 亦称"1,3-硫氮杂茚"。CAS 号 95-16-9。分子式 C_7H_5NS，分子量 135.19，黄色液体，带有一种令人不愉快的气味。熔点 2～3℃，沸点 231℃，闪点 113℃，密度 1.238 g/cm³。制备：由甲醛与邻氨基苯硫醇经脱水环化制得。用途：用作有机合成原料，亦可作橡胶助剂、有机胶黏剂等。

2-巯基苯并噻唑（2-mercaptobenzothiazole） 亦称"2-巯基-1,3-硫氮茚""苯并噻唑硫醇"。CAS 号 149-3-4。分子式 $C_7H_5NS_2$，分子量 167.25。淡黄色粉末。熔点 177～181℃，沸点 305℃，闪点 243℃，密度 1.42 g/cm³，折射率 1.783。溶于丙醇、乙醇、氯仿、氨水、氢氧化钠和碳酸钠等碱性溶液，微溶于苯，不溶于水和汽油。制备：将苯胺、二硫化碳和硫黄在高压釜中环合制得。用途：作橡胶的硫化促进剂，也用作农药杀菌剂，又可用作腐蚀抑制剂。

1H-苯并咪唑（1H-benzimidazole） 亦称"1,3-苯并二氮唑""间二氮茚"。CAS 号 51-17-2。分子式

$C_7H_6N_2$，分子量 118.14。白色晶体。熔点 169～171℃，沸点 360℃，密度 1.242 g/cm^3。溶于热水、乙醇、沸二甲苯、酸和强碱水溶液，微溶于冷水和乙醚，几乎不溶于苯和石油醚。制备：由邻苯二胺与甲酸经环合而得。用途：作有机合成试剂。

吲唑（indazole） 亦称"1,2-二氮杂茚""苯并吡唑""苯并-1,2-二吖唑"。CAS 号 271-44-3。分子式 $C_7H_6N_2$，分子量 118.14。白色晶体。熔点 145～148℃，沸点 270℃，密度 1.242 g/cm^3。可随水蒸气挥发，易升华，溶于乙醇、乙醚与热水。制备：先由邻氨基苯甲酸经重氮化、还原、环合、氯化得到 3-氯吲唑，然后将其与红磷和氢碘酸混合回流，再经后处理精制而得吲唑。用途：用作有机合成中间体，其衍生物具有广泛的药理活性。

苯并三唑（benzotriazole） 亦称"连三氮杂茚""苯三唑"。CAS 号 95-14-7。分子式 $C_6H_5N_3$，分子量 118.12。白色到浅粉色针状晶体，中等毒性！熔点 97～99℃，沸点 204℃，密度 1.360 g/cm^3。溶于醇、苯、甲苯、氯仿、二甲基甲酰胺及多数有机溶剂，微溶于水，易溶于热水，易溶于碱性水溶液中。制备：由邻苯三胺与亚硝酸钠反应而得。用途：在电镀中用以表面纯化银、铜、锌，有防变色作用。用作黑白胶片和相纸的显影防灰雾剂。

咔唑（carbazole） 亦称"9-氮(杂)芴"。CAS 号 86-74-8。分子式 $C_{12}H_9N$，分子量 167.20。无色晶体。熔点 243～246℃，沸点 355℃，闪点 220℃，密度 1.10 g/cm^3，折射率 1.767。微溶于水，稍溶于乙醇、乙醚和苯，溶于喹啉、吡啶和丙酮。制备：可从煤焦油中提取。用途：作化学试剂，用于染料、炸药、杀虫剂、润滑剂、橡胶抗氧剂等的制备。还作分析试剂。

香豆素（coumarin） 亦称"香豆内脂""邻氧萘酮""2H-1-苯并吡喃-2-酮"。CAS 号 91-64-5。分子式 $C_9H_6O_2$，分子量 146.15。白色晶体。熔点 68～70℃，沸点 297～299℃，闪点 162℃，密度 0.935 0 g/cm^3，折射率 1.594。不溶于冷水，溶于热水、乙醇、乙醚、氯仿。制备：由水杨醛和乙酸酐在乙酸钠的作用下发生 Perkin 反应制备。用途：常用作定香剂、脱臭剂，用于配制香水和香料。

异补骨脂素（angelicin） 亦称"白芷素""当归素"。CAS 号 523-50-2。分子式 $C_{11}H_6O_3$，分子量 186.16。纯白晶体。熔点 132～134℃，沸点 362.6℃，闪点 173.1℃，密度 1.389 g/cm^3，折射率 1.667。制备：可从白芷等伞形科植物中提取。用途：用于有机合成及药物。

7-羟基-6-甲氧基香豆素（7-hydroxy-6-methoxy-2H-1-benzopyran-2-one） 亦称"东莨菪内酯"。CAS 号 92-61-5。分子式 $C_{10}H_8O_4$，分子量 192.17。黄色晶体粉末。熔点 203～205℃，沸点 413.5℃，闪点 172.4℃，密度 1.377 g/cm^3，折射率 1.609。制备：可从植物莨菪中提取。用途：植物生长激素。亦可作药用，有祛风、抗炎、止痛、祛痰作用。

色酮 释文见 434 页。

异黄酮（isoflavone） 系统名"3-苯基-4H-1-苯并吡喃-4-酮"（3-phenyl-4H-chromen-4-one）。CAS 号 574-12-9。分子式 $C_{15}H_{10}O_2$，分子量 222.24。微黄色晶体。熔点 150℃，沸点 367℃，闪点 171.1℃，密度 1.239 g/cm^3，折射率 1.635。制备：可从大豆中提取；亦可由 2'-羟基-2-苯基苯乙酮与原甲酸三甲酯环合而得。用途：抗氧化剂；具有抗雌激素作用，用于降低受雌激素激活的癌症风险。

黄酮（flavone） 亦称"2-苯基苯并吡喃酮"（2-phenyl-4-chromone）。CAS 号 525-82-6。分子式 $C_{15}H_{10}O_2$，分子量 222.24。黄色晶体。熔点 94～97℃，沸点 185℃（1 Torr），闪点 171.1℃，密度 1.239 g/cm^3，折射率 1.635。制备：可从植物中提取。用途：用于有机合成。

呫吨（9H-xanthene） 亦称"氧杂蒽""二苯并-γ-吡喃"。CAS 号 92-83-1。分子式 $C_{13}H_{10}O$，分子量 182.07。白色晶体。熔点 101～102℃，沸点 310～312℃，密度 1.042 g/cm^3，折射率 1.41。不溶于水，微溶于乙醇、乙酸、石油醚，溶于乙醚、苯、氯仿。在水蒸气中挥发，氧化成呫吨酮。制备：由 2,2'-亚甲基双苯酚加热脱水环化制备。用途：作有机合成试剂，是呫吨染料和荧光物质的母体化合物。

喹啉（quinoline） 亦称"苯并吡啶""氮杂萘"。CAS 号 91-22-5。分子式 C_9H_7N，分子量 129.16。无色至棕色液体。熔点 -15.6℃，沸点 237～238℃，闪点 100～101℃，密度 1.093 g/mL，折射率 1.626 8。能与醇、醚及二硫化碳混溶，易溶于热水，难溶于冷水。具吸湿性，能从空气中吸收水分，至含水 22%，能随水蒸气挥发。制备：可从煤焦油的洗油或萘油中提取；或用斯克洛浦法合成，将苯胺、甘油、硫酸和氧化剂（如硝基苯）一起加热，经环化脱氢而成。用途：用于分析及有机合成。

异喹啉（isoquinoline） 亦称"苯并[c]吡啶"。CAS 号 119-65-3。分子式 C_9H_7N，分子量 129.16。微黄色具有类似于苯甲醛香味的固体。熔点 26～28℃，沸点 242～

243℃,闪点 107℃,密度 1.099 g/mL,折射率 1.623。能与多种有机溶剂混溶,溶于稀酸。制备:可从煤焦油中提取;亦可通过苯乙胺与羧酸或酰氯形成酰胺,然后在脱水剂作用下失水关环,再脱氢而得到异喹啉类化合物。用途:用于生产防治血吸虫、抗疟疾等的药物,也用于橡胶硫化促进剂,作化学试剂等。

吖啶(acridine) 亦称"10-氮(杂)蒽""二苯并吡啶"。

CAS 号 260-94-6。分子式 $C_{13}H_9N$,分子量 179.22。无色晶体。熔点 106～109℃,沸点 346℃,闪点 346℃,密度 1.005 g/cm³,折射率 1.726。能溶于乙醇、乙醚、二硫化碳、苯等。制备:由煤焦油的蒽油馏分用硫酸提取制得。用途:制作吖啶染料,也用作荧光 pH 值指示剂。

菲啶(phenanthridine) 亦称"苯并[c]喹啉""3,4-苯并喹啉"。CAS 号 229-87-8。分子式

$C_{13}H_9N$,分子量 179.22。白色粉末。熔点 104～107℃,沸点 349℃,密度 1.187 g/cm³,折射率 1.726。制备:存在于煤焦油高沸点馏分中。也可用邻氯苯亚甲基苯胺与氨基钾在液氨中反应制得。用途:用于有机合成、染料等。

二苯并呋喃(dibenzofuran) 亦称"氧杂芴"。CAS 号 132-64-9。分子式 $C_{12}H_8O$,分子量

168.19。无色叶片状或鳞片状晶体。熔点 86～87℃,沸点 287℃,闪点 130℃,密度 1.072 8 g/cm³,折射率 1.607 9。制备:由 2-2′-二羟基联苯经脱水制得。用途:作有机合成试剂。

邻磺酰苯甲酰亚胺(benzo[d]isothiazol-3(2H)-one-1,1-dioxide) 亦称"邻苯甲硫酰亚

胺""糖精"。CAS 号 81-07-2。分子式 $C_7H_5NO_3S$,分子量 183.18。纯白晶体。熔点 226～229℃,密度 0.828 g/cm³。溶于水、乙醇、丙酮、甘油。其钠盐味极甜。制备:由 2-甲基苯磺酰胺经氧化环化而得。用途:可用于食品添加剂,亦可作厌氧胶的固化促进剂和不饱和聚酯树脂的助促进剂。

喹喔啉(quinoxaline) 亦称"苯并吡嗪""1,4-二氮萘"。CAS 号 91-19-0。分子式 $C_8H_6N_2$,分子

量 130.15。白色晶体。熔点 29～30℃,沸点 229℃,闪点 98.3℃,密度 1.334 g/cm³,折射率 1.623。易溶于水、醇、醚、苯。制备:由邻苯二胺与乙二醛经环合而得。用途:用作抗结核药物吡嗪酰胺的中间体。

维生素 B₂ 释文见 677 页。

噌啉(cinnoline) 亦称"苯并[c]哒嗪"。CAS 号 253-66-7。分子式 $C_8H_6N_2$,分子量 130.15。白色晶体。熔点

40～41℃,沸点 263.4℃,闪点 120.7℃,密度 1.183 g/cm³,折射率 1.653。制备:由 2-氨基苯乙烯与亚硝酸盐反应得重氮化中间体,再进一步环化制得。用途:用于有机合成。

酞嗪(phthalazine) 亦称"苯并[d]哒嗪"。CAS 号

253-52-1。分子式 $C_8H_6N_2$,分子量 130.15。浅黄色针状晶体。熔点 90～91℃,沸点 315～317℃,密度 1.183 g/cm³,折射率 1.653。易溶于水,溶于甲醇、乙醇、苯和乙酸乙酯,略溶于乙醚,不溶于石油醚。制备:以邻苯二甲醛与肼环合而得。用途:主要用于合成工业。

吩嗪(phenazine) 亦称"二苯并吡嗪"。CAS 号 92-82-

0。分子式 $C_{12}H_8N_2$,分子量 180.21。黄色至棕色晶体。熔点 172～176℃,沸点 360℃,闪点 160.3℃,密度 1.25 g/cm³。几乎不溶于水,稍溶于乙醇、乙醚和苯,溶于无机酸成黄色至红色溶液。制备:将苯胺蒸气通过红热管,或将邻苯二胺和邻苯二酚在管道中加热,或将 2-氨基二苯胺和一氧化铅环合蒸馏而得。用途:用于制造染料和有机合成。

喹唑啉(quinazoline) 亦称"5,6-苯并嘧啶"。CAS

号 253-82-7。分子式 $C_8H_6N_2$,分子量 130.15。淡黄色晶体。熔点 46～48℃,沸点 243℃,闪点 111.67℃,密度 1.183 g/cm³,折射率 1.653。易溶于水,溶于大多数有机溶剂。制备:由 2-氨基苄胺与甲醛环合制得。用途:喹唑啉的环结构是多种生物碱的骨架。用于有机合成。

2,4-喹唑啉二酮(1H-quinazoline-2,4-dione) 亦

称"苯并四氢嘧啶-2,4-二酮"。CAS 号 86-96-4。分子式 $C_8H_6N_2O_2$,分子量 162.15。白色粉末。熔点 299～300℃,沸点 491.9℃,密度 1.336 g/cm³,折射率 1.565。制备:由邻苯二甲酰胺环合而得。用途:主要用于医药中间体。

吩噁嗪(phenoxazine) CAS 号 135-67-1。分子式 $C_{12}H_9NO$,分子量 183.21。绿色至灰色

粉末。熔点 156～159℃,沸点 318℃,闪点 122.6℃,密度 1.196 g/cm³,折射率 1.624。制备:由邻苯二酚与 2-氨基苯酚脱水环合而得。用途:用于有机合成、生化研究、染料中间体。

吩噻嗪(phenothiazine) 亦称"二苯并噻嗪"。CAS

号 92-84-2。分子式 $C_{12}H_9NS$,分子量 199.27。黄色或淡绿色粉末。熔点 184℃,沸点 371℃,闪点 202℃,密度 1.362 g/cm³,折射率 1.635 3。溶于苯、乙醚、热乙酸、二甲基甲酰胺、四氢呋喃等极性溶剂,微溶

于乙醇和矿物油,不溶于石油醚、四氯化碳、正己烷、环己烷等极性较弱的溶剂以及水。制备:由二苯胺、碘片及硫黄等合成。用途:烯基单体的阻聚剂。也用于药物、染料的合成。

二苯并噻吩(dibenzothiophene) 亦称"硫化二苯撑"(diphenylene sulfide)。CAS 号 132-65-0。分子式 $C_{12}H_8S$,分子量 184.26。黄色至绿色固体。熔点 97～100℃,沸点

332～333℃,闪点 170℃,密度 1.252 g/cm³,折射率 1.756。不溶于水,易溶于乙醇、苯。制备:从煤焦油、蒽油馏分中提取;或用联苯和硫粉在三氯化铝存在下加热制取。用途:用于有机合成、化妆品和制药的中间体。

2H-色烯(2H-chromene) CAS 号 254-04-6。分子式 C_9H_8O,分子量 132.16。无色液体。沸点 93～95℃(16 Torr),闪点 79.7℃,密度 1.192 1 g/mL,折射率 1.587 6。制备:由 2-烯丙氧基苯乙烯环合而得。用途:用于有机合成。

4H-色烯(4H-chromene) CAS 号 254-03-5。分子式 C_9H_8O,分子量 132.16。无色液体。沸点 77℃(9 Torr),闪点 75.7℃,密度 1.073 2$^{12.5}$ g/mL,折射率 1.563。制备:由二氢香豆素经还原和消除反应制得。用途:用于有机合成。

吖啶酮(9(10H)-acridone) 亦称"9,10-二氢-9-吖啶酮"。CAS 号 578-95-0。分子式 $C_{13}H_9NO$,分子量 195.22。淡黄色至金色晶体粉末。熔点 354℃,密度 1.23 g/cm³,折射率 1.642。在乙醇溶液中显

蓝色荧光。溶于热乙醇、热乙酸及氢氧化钾乙醇溶液,不溶于水、乙醚、氯仿和苯。制备:由 2-氯苯甲酸和苯胺反应生成二苯胺-2-羧酸,再在浓硫酸中脱水环合而得。用途:用于有机合成。

咔啉(β-carboline) 亦称"9H-吡啶并[3,4-b]吲哚"。CAS 号 244-63-3。分子式 $C_{11}H_8N_2$,分子量 168.20。淡黄色晶体。熔点 199～

201℃,沸点 391.3℃,闪点 182.1℃,密度 1.301 g/cm³,折射率 1.784。在稀酸溶液中呈蓝色荧光。溶于热水,微溶于苯和石油醚。制备:由 1-β-吡啶基苯并三唑合成而得。用途:用于有机合成。

9H-嘌呤(9H-purine) 系统名"7H-咪唑并[4,5-d]嘧啶"。CAS 号 120-73-0。分子式 $C_5H_4N_4$,分子量 120.11。淡黄色粉末。熔点 214～

217℃,沸点 424℃,闪点 225.4℃,密度 1.472 g/cm³,折射率 1.828。易溶于水。制备:由 4,5-二氨基嘧啶与甲酸环合而成。用途:化学试剂。

腺嘌呤 释文见 677 页。

鸟嘌呤(guanine) 系统名"2-氨基-6-羟基嘌呤""2-氨

基次黄嘌呤"。CAS 号 73-40-5。分子式 $C_5H_5N_5O$,分子量 151.13。白色至淡黄色晶体粉末。熔点 361～362℃,沸点

591.4℃,闪点 311.4℃,密度 2.19 g/cm³,折射率 2.047。微溶于醇、醚,溶于氨水、氢氧化钾水溶液及稀酸,几乎不溶于水。制备:由 2,4,5-三氨基-1,6-二氢-6-羟基嘧啶与甲酸环合制得。用途:DNA 和 RNA 的碱基;作抗病毒药物阿昔洛韦中间体。

尿酸(uric acid) 亦称"7,9-二氢-2,6,8(3H)三酮-1H-嘌呤"。CAS 号 69-93-2。分子式 $C_5H_4N_4O_3$,分子量 168.11。白色或灰白色晶体。熔点 299～301℃,沸点 863℃,闪点 475.7℃,密度 1.9

g/cm³,折射率 1.72。微溶于水,溶于热的浓硫酸、甘油、乙酸钠和磷酸钠等碱溶液,不溶于醇和醚。是鸟类和爬行类的主要代谢产物。制备:可从禽类粪便中提取。用途:测定尿酸酶和钨酸盐的试剂;有保湿性能,用于化妆品中;微量用于护发品中能有效抑制头屑。

黄嘌呤(xanthine) 亦称"3,7-二氢-1H-嘌呤-2,6-二酮"。CAS 号 69-89-6。分子式 $C_5H_4N_4O_2$,分子量 152.11。白色鳞片状或片状晶体。沸点 834.9℃,闪点 458.7℃,密度 1.637 g/cm³,折射率 1.539 2。微溶于水和乙醇,不

溶于有机溶剂,可溶于氢氧化钠溶液、氨水及酸性溶液。制备:由 4-氨基-5-甲酰氨基脲嗪与甲酰胺在 180～185℃反应而得。用途:用作温和的兴奋剂和支气管扩张剂,用于治疗哮喘症状。还用于有机合成。

次黄嘌呤(hypoxanthine) 亦称"6-羟基嘌呤""次黄碱"。CAS 号 68-94-0。分子式 $C_5H_4N_4O$,分子量 136.11。白色晶体。熔点＞360℃,闪点 276.4℃,密度 1.89 g/cm³,折射率 1.902。几乎不溶于水,溶于稀酸和碱液

中。制备:由氰乙酸乙酯与乙醇钠、硫脲经环合反应得到 6-羟基-4-氨基 2-巯基嘧啶,再经亚硝化、还原、消除、环合,制得 6-羟基嘌呤。用途:作营养药物,帮助铁的吸收和智力发育,亦用作巯嘌呤和硫唑嘌呤的制备原料。

可可碱(theobromine) 亦称"咖啡碱""3,7-二甲基黄嘌呤",系统名"3,7-二氢-3,7-二甲基-1H-嘌呤-2,6-二酮"。CAS 号 83-67-0。分子式 $C_7H_8N_4O_2$,分子量 180.16。白色至黄色晶体粉末,熔点 345～350℃,沸点 290～295℃(升华),闪点 290～295℃,密

度 1.50 g/cm³,折射率 1.737。微溶于沸水,不溶于乙醇、苯、乙醚、氯仿和四氯化碳,溶于氢氧化碱溶液、浓酸和 20%磷酸三钠水溶液。制备:可从植物中提取,或由 4-氨基-5-甲酰胺基脲嗪和甲酰胺等合成制得。用途:作为苦味剂,用作食品添加剂;医药上用作支气管扩张剂和血管

扩张剂。

茶碱(theophylline) 亦称"1,3-二甲基黄嘌呤""二氧二甲基嘌呤",系统名"1,3-二甲基-3,7-二氢-1H-嘌呤-2,6-二酮"。CAS 号 58-55-9。分子式 $C_7H_8N_4O_2$,分子量 180.17。白色至灰白色晶体粉末。熔点 271～273℃,沸点 454.1℃,闪点 11℃,密度 1.465 g/cm³,折射率 1.737。微溶于冷水、乙醇、氯仿和乙醚,溶于热水、氢氧化碱溶液、氨水、稀盐酸和稀硝酸。制备:以氰基乙酸乙酯和二甲基尿素为原料,经缩合、亚硝化、还原、甲酰化、环合反应得粗品,再重结晶而得。用途:是一种磷酸二酯酶(PDE)抑制剂,具有与咖啡因类似的结构和药理学特性,作甲基嘌呤类药物,可用于治疗呼吸系统疾病。

蝶啶(pteridine) 亦称"四氮杂萘"。CAS 号 91-18-9。分子式 $C_6H_4N_4$,分子量 132.12。因最早发现于蝴蝶翅膀色素中而得名。淡黄色片状晶体。熔点 137～138.5℃,密度 1.37 g/cm³。溶于水、乙醇。水溶液具有弱碱性。在过氧苯甲酸的醇溶液中可被氧化为 N-氧化物。蝶啶环系广泛存在于动植物体内,是天然药物的有效成分,如叶酸和维生素 B₂ 均具有蝶啶环结构。有些衍生物是重要的合成药物,如氨苯蝶啶用作利尿药;呋氨蝶啶用于治疗心力衰竭、肝硬化和慢性肾炎等引起的顽固性水肿或腹水。制备:可由 4,5-二氨基嘧啶与乙二醛反应而成。用途:用于合成和生化研究。

虫草素(cordycepin) 亦称"冬虫夏草菌素""3′-脱氧腺苷"。CAS 号 73-03-0。分子式 $C_{10}H_{13}N_5O_3$,分子量 251.25。针状晶体。熔点 225.5℃,密度 1.495 g/cm³,折射率 1.863,$[\alpha]_D^{20}$ - 47。溶于水、热乙醇和甲醇,不溶于苯、乙醚和氯仿。是冬虫夏草和蛹虫草中的主要活性成分。制备:由蛹虫草中提取纯化,或通过化学合成或生物合成制得。用途:用于生化研究,核糖核酸合成的抑制剂。

香菇嘌呤(eritadenine) 亦称"赤酮酸嘌呤"。CAS 号 23918-98-1。分子式 $C_9H_{11}O_4N_5$,分子量 253.22。针状晶体。熔点 278℃,闪点 390℃,密度 1.92 g/cm³,$[\alpha]_D^{20}$ - 15.6($c=0.5$,稀 HCl)。制备:由异抗坏血酸为起始原料进行合成。用途:是 S-腺苷-L-高半胱氨酸水解酶的抑制剂,具有降胆固醇的活性。

嘌呤霉素(puromycin; stylomycin; 3′-deoxy-N, N-dimethyl-3′-[(O-methyl-L-tyrosyl) amino] adenosine) CAS 号 53-79-2。分子式 $C_{22}H_{29}N_7O_5$,分子量

471.52。单斜系或正交系晶体,有毒!常用其二盐酸盐(CAS 号 58-58-2),为白色至米白色粉末。熔点 175.5～177℃。是由白黑链霉菌发酵代谢产生的一种氨基糖苷类抗生素。用途:作生化研究。

生 物 碱

(1R,2S)-(一)-麻黄碱((1R,2S)-(一)-ephedrine) 系统名"1-N,2-二甲基-β-羟基苯乙胺"。CAS 号 299-42-3。分子式 $C_{10}H_{15}NO$,分子量 165.24。白色微晶粉末。熔点 37～39℃,沸点 255℃,闪点 85.6℃,密度 1.124 g/cm³。溶于水、乙醚、乙醇、苯以及氯仿。制备:可从麻黄草中提取得到,也可经微生物半合成途径,由丙酮酸脱羧酶将苯甲醛和丙酮酸转化为苯乙酰甲醇,再利用化学合成方法合成麻黄碱;或以 α-甲胺基苯酮衍生物为原料,与金属硼氢化物等反应制备麻黄碱。也可以苯丙烯或者丙醛为原料,先得到外消旋的麻黄碱,再经化学拆分制备。用途:常用作兴奋剂、食物抑制剂、解充血药等。

去甲基麻黄素(norephedrine) 亦称"消旋去甲麻黄碱"。CAS 号 14838-15-4。分子式 $C_9H_{13}NO$,分子量 151.21。熔点 104～105℃,密度 1.072 g/cm³。制备:去甲麻黄碱是安非他命的代谢物。可由中枢兴奋药苯丙胺或者 2-氨基-1-苯基丙-1-酮合成而得。用途:作苯乙胺类药物。

仙人球毒碱(mescaline) 亦称"麦斯卡林",系统名"3,4,5-三甲氧基苯乙胺"。CAS 号 54-04-6。分子式 $C_{11}H_{17}NO_3$,分子量 211.26。熔点 35～36℃,沸点 180℃(12 Torr)。常用其盐酸盐,CAS 号 832-92-8。毒性:具有致幻性。制备:主要存在于美国西南部和墨西哥北部的仙人球及内源性类似物。用途:有广泛的建议医疗用途,包括治疗酒精中毒和抑郁症。但由于其作为精神药物属于受控物质,限制了研究人员对该化合物的获得,其在人体内的活性和潜在医疗应用效果的研究甚少。

益母草碱(leonurine) CAS 号 24697-74-3。分子式 $C_{14}H_{21}N_3O_5$,分子量 311.34。白色晶体粉末。熔点 229～

230℃（分解），密度 1.29 g/cm³。溶于戊醇，常以盐酸盐水合物形式存在，溶于冷水。制备：可从益母草、石蒜、青蒿、益母草、西伯利亚益母草等植物中提取，或以 3,5-二甲氧基-4-羟基苯甲酸（丁香酸）、S-甲基异硫脲半硫酸盐等为原料合成。用途：作中药，具有活血化瘀、利水消肿的功效。

甜菜碱　释文见 517 页。

秋水仙碱（colchicine）　亦称"秋水仙素"。CAS 号 64-86-8。分子式 $C_{22}H_{25}NO_6$，分子量 399.44。白色或淡黄色的粉末或针状晶体，味苦。熔点 150～160℃，$[\alpha]_D^{20}=-250(c=1，乙醇)$。易溶于水、乙醇以及氯仿。制备：可从百合科植物秋水仙中提取得到，也可以山慈菇为原料加乙醇回流提取。用途：最先用于治疗风湿病及痛风，同时也具泻药及促进呕吐的功能，现今主要用于治疗痛风和肿瘤。

微叶猪毛菜碱（subaphylline）　亦称"N-阿魏酰基-1,4-丁二胺"，系统名"N-(4-氨基丁基)-3-(4-羟基-3-甲氧基苯基)丙烯酰胺"。CAS 号 501-13-3。分子式 $C_{14}H_{20}N_2O_3$，分子量 264.33。熔点 171.5～172℃。从苯或甲醇中结晶得晶体。用途：作生化试剂。

辣椒素（capsaicin）　亦称"辣椒碱"。CAS 号 404-86-4。分子式 $C_{18}H_{27}NO_3$，分子量 305.42。无色无味的晶体或蜡状固体。熔点 62～65℃，沸点 210～220℃(0.01 Torr)，闪点 113℃，密度 1.041 g/cm³。在高温（>100℃）下易分解。不溶于水，溶于乙醇、乙酸乙酯、乙醚、苯，微溶于 CS_2、石油醚。是影响辣椒辣度的主要成分之一。对包括人类在内的哺乳动物都有刺激性并可在口腔中产生灼烧感。制备：以优质干红辣椒为原料提取。用途：作植物源杀虫剂，用于果树、蔬菜以及粮食作物害虫防治，驱避鸟类、田鼠等。

二氢辣椒碱（dihydrocapsaicin）　系统名"N-(4-羟基-3-甲氧基苄基)-8-甲基壬酰胺"。CAS 号 19408-84-5。分子式 $C_{18}H_{29}NO_3$，分子量 307.43。白色至类白色粉末，有强烈刺激性。熔点 62～65℃，密度 1.026 g/cm³。极微溶于水，溶于乙醇、二甲基亚砜等。是影响辣椒辣度的主要成分之一。制备：从天然辣椒中提取。用途：有很强的镇痛和消炎作用，作害虫驱避剂。

降二氢辣椒碱（nordihydrocapsaicin）　系统名"N-[(4-羟基-3-甲氧基苯基)甲基]-7-甲基-辛酰胺"。CAS 号 28789-35-7。分子式 $C_{17}H_{27}NO_3$，分子量 293.41。熔点 60～61℃，密度 1.036 g/cm³，折射率 1.512。制备：从辣椒、红辣椒中提取。用途：试剂。用于哺乳动物失能的组合物成分。

古豆碱（hygrine）　CAS 号 496-49-1。分子式 $C_8H_{15}NO$，分子量 141.21。无色液体，有刺激性臭味。沸点 193～195℃，密度 0.935 g/mL，折射率 1.452。制备：最初从古柯叶中提取得到，也可由 N-甲基吡咯烷酮为原料合成。用途：常用作治疗和缓解急性痛风性关节炎。

水苏碱（stachydrine；L-proline betaine）　亦称"脯氨酸甜菜碱"，系统名"(2S)-1,1-二甲基吡咯烷-2-甲酸"。CAS 号 471-87-4。分子式 $C_7H_{13}NO_2$，分子量 143.19。白色针状晶体。熔点 232～235℃，易溶于水、甲醇、乙醇，不溶于乙醚、氯仿。存在于益母草叶、四川青风藤的根、块茎水苏以及苜蓿全草中。制备：可以 L-脯氨酸为原料合成。用途：用作药物，可活血调经、利尿消肿、清热解毒。

红古豆碱（cuscohygrine）　系统名"1,3-双(1-甲基-2-吡咯烷基)丙酮""1-[(2R)-1-甲基-2-吡咯烷基]-3-[(2S)-1-甲基-2-吡咯烷基]丙酮"。CAS 号 454-14-8。分子式 $C_{13}H_{24}N_2O$，分子量 224.35。晶体或油状液体。三水合物熔点 40～41℃，沸点 118～125℃(2 Torr)，密度 0.989 g/cm³，折射率 1.488。溶于水、乙醇、乙醚、苯。是红古豆醇酯的中间体。制备：可从茄科植物中提取，例如颠茄、曼陀罗等；也可由 N-甲基吡咯烷酮合成。用途：有中枢镇静作用和外周抗胆碱作用，但活性较阿托品弱。

千里光宁（senecionine）　亦称"千里光宁碱"。CAS 号 130-01-8。分子式 $C_{18}H_{25}NO_5$，分子量 335.40。从丙酮中得无色棱柱状晶体，或从乙醇中得针状晶体。熔点 168～169℃，密度 1.255 g/cm³，折射率 1.57，$[\alpha]_D^5-55.1(c=0.034，氯仿)$。是菊科千里光属植物中产生的一种毒素。对食草动物有毒。制备：可由千里光酸与倒千里光裂碱

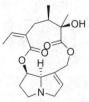

为原料合成制得。用途：作药用天然产物，用于消炎和抗病毒等。

野百合碱（monocrotaline） 亦称"响尾蛇毒蛋白""单响尾蛇毒蛋白""大叶猪尿青碱""农吉利碱""猪屎豆碱"。CAS 号 315-22-0。分子式 $C_{16}H_{23}NO_6$，分子量 325.36。白色至淡黄褐色的粉末，微有臭味，味苦。熔点 204℃，密度 1.35 g/cm³，$[\alpha]_D^{20}$ − 54.8（$c=5$，氯仿）。微溶于水，溶于无水乙醇和氯仿。制备：可从豆科植物农吉利及大叶猪尿青中提取得到。用途：昆虫止繁殖剂；用于生化研究以及抗肿瘤药，但毒性较大。

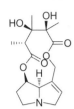

光萼野百合碱（usaramine） 亦称"光萼猪屎豆碱""乌沙拉明"。CAS 号 15503-87-4。分子式 $C_{18}H_{25}NO_6$，分子量 351.39。白色晶体。熔点 179～181℃，$[\alpha]_D^{17}$ − 26.09（$c=1.8$，氯仿），密度 1.32 g/cm³。微溶于乙醇，可溶于氯仿、乙酸乙酯、丙酮等。制备：从豆科植物假地兰的全草或猪屎豆种子中提取，或以倒千里光裂碱等为原料合成。用途：具有一定的杀菌、消炎作用，作中药对照品用于含量测定、鉴定、药理实验等。

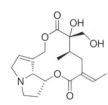

毛果天芥菜碱（lasiocarpine） 亦称"向阳紫草碱"。CAS 号 303-34-4。分子式 $C_{21}H_{33}NO_7$，分子量 411.49。无色至米色晶体。熔点 97℃，密度 1.21 g/cm³，折射率 1.544，溶于乙醚、乙醇、苯，难溶于水。制备：天然存在于紫草科植物毛果天荠菜、盐天荠菜等中，可提取得到。用途：具有解痉、抗微生物等作用。

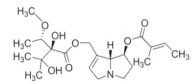

异桑叶生物碱盐酸盐（isofagomine hydrochloride） 亦称"阿戈司他盐酸盐"，系统名"(3R,4R,5R)-5-(羟基甲基)哌啶-3,4-二醇盐酸盐"。CAS 号 169105-89-9。分子式 $C_6H_{14}ClNO_3$，分子量 183.64。黄色固体。熔点 128～129℃，密度 1.279 g/cm³。制备：可由甘露糖等为原料合成。用途：作 β-葡萄糖苷酶抑制剂用于生化研究，其酒石酸盐曾作为潜在的黑素细胞皮质素受体激动药，用于治疗高雪氏症。

烟碱（nicotine） 亦称"尼古丁"，系统名"(S)-3-(1-甲基-2-吡咯烷基)吡啶"。CAS 号 54-11-5。分子式 $C_{10}H_{14}N_2$，分子量 162.24。黄色液体，加热后有苦味。熔点-80℃，沸点 243～248℃，闪点 101.6℃，密度 1.01 g/mL，折射率 1.526 5。溶于水和乙醇。有神经毒性，属高毒类物质。是一种存在于茄科（茄属）植物中的生物碱，是烟草的重要成分。制备：通过不对称合成制得。用途：曾用作园艺上的杀虫剂；烟碱经氧化可制得烟酸，用作医药、食品和饲料添加剂。

新烟碱（(S)-anabasine） 亦称"假木贼碱""灭虫碱""阿拉巴新碱"。CAS 号 494-52-0。分子式 $C_{10}H_{14}N_2$，分子量 162.24。白色细晶体粉末或油状液体，高毒！凝固点 9℃，沸点 270～272℃，闪点 93℃，密度 1.048 1²⁰ g/mL，折射率 1.543。溶于水和普通有机溶剂。对猪有致畸作用。制备：属于吡啶和哌啶型生物碱，可从藜科和茄科植物无叶假木贼、狭叶烟草和其他烟草属植物分离提取。用途：乙酰胆碱受体激动剂，可作杀虫剂。因痕量存在于在二手烟，也可作为人暴露于烟草烟雾程度的指标。

菸特碱（nicotelline） 亦称"尼可替林"，系统名"3,2′:4′,3″-联三吡啶"。CAS 号 494-04-2。分子式 $C_{15}H_{11}N_3$，分子量 233.27。淡黄色固体。熔点 145～147℃，沸点＞300℃。微溶于甲醇及乙腈。制备：可由 3-溴吡啶等合成。用途：尼古丁相关的代谢物质。可作人细胞色素 P450 2A6 抑制剂，用于生化研究。

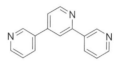

葫芦巴碱（trigonelline；caffearine） 亦称"烟酸甜菜碱"，系统名"1-甲基吡啶-3-甲酸内盐"。CAS 号 535-83-1。分子式 $C_7H_7NO_2$，分子量 137.14。棕色粉末。一水合物熔点 218℃，盐酸盐熔点 258～259℃，密度 1.38 g/cm³。制备：由豆科植物葫芦巴中提取，或由烟酸通过甲基化制得。用途：作营养型添加剂，医药中间体。

槟榔碱（arecoline） 亦称"甲基槟榔次碱"。CAS 号 63-75-2。分子式 $C_8H_{13}NO_2$，分子量 155.20。无味油状液体或易潮解的低熔点晶体。熔点＜25℃，沸点 209℃，闪点 81.1℃，密度 1.059 g/cm³，折射率 1.483。可与水、乙醇、乙醚以任意比例混溶。槟榔碱氢溴酸及盐酸盐是无色晶体，味苦，溶于水和乙醇。盐酸槟榔碱盐为针状晶体，熔点 158℃；氢溴酸槟榔碱盐为细棱状晶体，熔点 177～179℃。制备：可从槟榔中提取，也可由烟酸出发，在有机碱的存在下与能够提供烷基的化合物经过酯化、烷基化、还原制得。用途：作拟胆碱药，能使瞳孔缩小、眼内压下降，滴眼用于青光眼治疗。作驱绦虫药。

胡椒碱（piperine） 亦称"胡椒辣碱"。CAS 号 94-62-2。分子式 $C_{17}H_{19}NO_3$，分子量 285.34。白色至黄褐色粉状固体。熔点 131℃，密度 1.193 g/cm³。极微溶于水，溶

于乙醇、乙醚、氯仿等有机溶剂。制备：从胡椒科植物胡椒的干燥近成熟或成熟果实中用二氯甲烷提取，或以胡椒醛、丙二酸等为原料合成。用途：用作广谱抗惊厥药；作添加剂，给白兰地赋予辛辣的味道。

洛贝林（lobeline）　亦称"山梗菜碱""祛痰菜碱""半边莲碱"。CAS号90-69-7。分子式 $C_{22}H_{27}NO_2$，分子量337.46。白色晶体或颗粒状粉末，无臭，味苦。熔点130~131℃，密度 1.085 g/cm^3，折射率1.562。易溶于乙醇和氯仿，微溶于水。制备：存在于多种植物中，尤其是半边莲属植物，可由山梗菜中提取。用途：作戒烟辅助剂，也可用于治疗其他药物成瘾，如安非他明、可卡因，或酒精成瘾。

毒芹碱（(+)-coniine）　CAS号458-88-8。分子式 $C_8H_{17}N$，分子量127.23。无色液体，剧毒！熔点-2℃，沸点166~167℃，折射率 1.4505^{23}。略溶于水，溶于乙醇、乙醚、丙酮、戊醇，微溶于氯仿。是第一个人工合成的生物碱。制备：可由2-甲基吡啶、乙醛等经缩合和加氢还原合成。用途：小量使用时具有抗痉挛的生理作用。制成外用软膏或浸剂，可作治疗某些皮肤病及痛风或风湿、神经痛等的止痛剂。

异石榴皮碱（isopelletierine）　亦称"石榴根皮碱"。CAS号4396-01-4。分子式 $C_8H_{15}NO$，分子量141.21。沸点 95~96℃（18.8 Torr），闪点74.2℃，密度 0.9624 g/cm^3，折射率1.4661。制备：可由2-甲基吡啶、乙酸酐或乙酰乙酸乙酯等合成。用途：有机合成中间体。

西贝母碱（sipeimine）　亦称"西贝素""西贝碱"。CAS号 61825-98-7。分子式 $C_{27}H_{43}NO_3$，分子量429.65。从乙醇中得无色棱柱状晶体，从石油醚-丙酮中得白色针状晶体。熔点 263~265℃，密度 1.198 g/cm^3。易溶于氯仿、乙酸乙酯，溶于甲醇、乙醇、丙酮、乙醚，不溶于水及石油醚。制备：从川贝母渗滤提取。用途：是百合科贝母属植物中的常见生物碱药效成分，具有治疗肺热燥咳、干咳少痰等功效。

小檗碱（berberine）　亦称"黄连素"。CAS号2086-83-1。分子式 $C_{20}H_{18}NO_4^+$，分子量336.37。黄色针状晶体。熔点145℃。能缓慢溶解于冷水或冷乙醇，在热水或热乙醇中溶解度比较大，难溶于苯、乙醚和氯仿。制备：从小檗属与黄连属植物中提取，提取方法有酸水法、石灰乳法等几种。用途：是中药黄连中存在的一种季铵生物碱，为黄连抗菌的主要有效成分，具有抗菌、止泻、消炎等效果。

盐酸表小檗碱（epiberberine chloride）　CAS号6873-09-2。分子式 $C_{20}H_{18}ClNO_4$，分子量371.82。白色晶体粉末。熔点260℃。在热水中溶解，在冷水或乙醇中微溶，易溶于甲醇。制备：从黄柏、芸香科植物黄皮树的干燥树皮中提取。用途：具有抑制在结肠癌细胞中大量表达的环氧合酶活性，对结肠肿瘤形成具有化学预防性。

黄藤素（berbericinine）　亦称"掌叶防己碱""巴马汀"。CAS号3486-67-7。分子式 $C_{21}H_{22}NO_4^+$，分子量352.41。黄色粉末。熔点205℃，密度 1.23 g/cm^3。制备：主要存在于防己科植物黄藤中。用途：能增加白细胞吞噬细菌的活性，具有广谱抑菌抗病毒作用，用于治疗黄疸、痢疾、高血压、炎症和肝相关疾病。

盐酸药根碱（jatrorrhizine hydrochloride）　CAS号6681-15-8。分子式 $C_{20}H_{20}ClNO_4$，分子量373.84。红黄色针状晶体或红棕色粉末。熔点208~210℃。溶于水、甲醇、乙醇。制备：从防己科植物青牛胆的块根中提取，或以4-甲氧基-3-羟基苯基乙胺、2,3-二甲氧基苯甲醛等为原料合成。用途：具有抗菌、抗病毒、抗真菌活性。

碘化木兰花碱（(+)-magnoflorine iodide）　亦称"木兰花碱""唐松草碱""玉兰碱""洋玉兰碱"。CAS号4277-43-4。分子式 $C_{20}H_{24}INO_4$，分子量469.32。针状晶体。熔点264~265℃。制备：从青藤根茎中和从茯苓中分离提取得到。用途：具有抗炎、降压、抗生育以及抗微生物和细胞毒作用。

氯化木兰花碱（(+)-magnoflorine chloride）　亦称"木兰花碱（氯化物）"。CAS号6681-18-1。分子式 $C_{20}H_{24}ClNO_4$，分子量377.87。白色棱状晶体。熔点

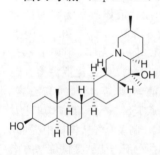

202～206℃（分解）。制备：从马兜铃属植物及唐松草属植物根中分离提取得到。用途：用于生化研究，具有潜在的抗氧化、酪氨酸酶抑制剂、抗炎和抗癌活性。

粉防己碱（D-tetrandrine）　亦称"汉防己甲素"。CAS 号 518-34-3。分子式 $C_{38}H_{42}N_2O_6$，分子量 622.76。无色针状晶体。熔点 219～222℃，密度 $1.272^{-173.16}$ g/cm^3。不溶于水、石油醚，可溶于苯，易溶于丙酮、乙酸乙酯、乙醇、乙醚和氯仿等有机溶剂及稀酸中。制备：从防己科植物粉防己块根中提取。用途：用作钙通道阻滞剂，具有抗炎、免疫和抗过敏作用。作抗风湿与镇痛药，用于治疗风湿、高血压、肺癌等病症。

延胡索乙素（rotundium）　亦称"罗通定""四氢黄藤素""四氢帕马丁"，系统名"2,3,9,10-四甲氧基-6,8,13,13a-四氢-5H-异喹啉并[3,2-a]异喹啉""2,3,9,10-四甲氧基-5,8,13,13a-四氢-6H-二苯并[a,g]喹嗪"。CAS 号 2934-97-6。分子式 $C_{21}H_{25}NO_4$，分子量 355.43。白色或淡黄色片状无臭晶体。熔点 150～152℃，密度 1.23 g/cm^3。不溶于水，略溶于乙醇，易溶于甲醇、氯仿及乙醚。其硫酸盐水中溶解度较大。其盐酸盐多制成注射剂。制备：从华千金藤、圆叶千金藤的块根等中提取，或由黄藤素等进行合成。用途：具有多种生理活性。例如镇痛、镇静、催眠及安定作用以及对脑缺血再灌注损伤的保护作用。作镇痛药，用于治疗紧张性失眠、痉挛性咳嗽、胃溃疡和十二指肠溃疡的疼痛以及月经痛、分娩后宫缩痛等。

(±)-劳丹素（dl-laudanosine）　亦称"半日花素""N-甲基-1,2,3,4-四氢罂粟碱"，系统名"(1-[(3,4-二甲氧基苯基)甲基]-6,7-二甲氧基 2-甲基-3,4-二氢-1H-异喹啉)"。CAS 号 1699-51-0。分子式 $C_{21}H_{27}NO_4$，分子量 357.45。浅黄微晶粉末。熔点 113～115℃。天然物为(S)-构型。微量存在于鸦片中，是阿曲库铵的代谢物。制备：可由四氢罂粟碱、甲醛等合成。用途：具有与伽马氨基丁酸受体、甘氨酸受体、阿片受体和烟碱型乙酰胆碱受体相互作用的生物活性，可降低癫痫发作阈值。

轮环藤酚碱（α-cyclanoline）　亦称"汉防己丙素"。CAS 号 18556-27-9。分子式 $C_{20}H_{24}NO_4^+$，分子量 342.42。从无水乙醇中得无色晶体。熔点 212℃。制备：由防己科植物粉叶轮环藤的根或藤茎中提取。用途：具有抗风湿、镇痛等活性，用于抗风湿、高血压、肺癌等的治疗。

罂粟碱（papaverine）　CAS 号 58-74-2。分子式 $C_{20}H_{21}NO_4$，分子量 339.39。无色棱柱状或针状晶体。熔点 150～151℃，115℃（0.01 Torr）升华，密度 1.308～1.337 g/cm^3。易溶于苯、丙酮、热乙醇、乙酸，稍溶于乙醚、氯仿，不溶于水。常以盐酸盐形式存在，其盐酸盐 CAS 号 61-25-6，为白色结晶性粉末，无臭，熔点 226℃，沸点 483.2℃，闪点 172.2℃，密度 1.161 g/cm^3，溶于氯仿，略溶于水，微溶于乙醇，几乎不溶于乙醚。制备：可从罂粟科植物罂粟或夹竹桃科植物蛇根木中提取得到。用途：可用作平滑肌解痉剂，有扩张血管和抗哮喘作用，也可以用于治疗胃肠道痉挛。

北美黄连碱（(−)-β-hydrastine）　亦称"白毛茛碱""金印草素"。CAS 号 118-08-1。分子式 $C_{38}H_{42}N_2O_6$，分子量 383.40。棱柱状晶体。熔点 132℃，密度 1.339 g/cm^3。溶于丙酮、苯、乙醇等溶剂，不溶于水。制备：从黄芩的根部或毛茛科植物白毛茛中分离得到；或以 5-(溴甲基)苯并[d][1,3]-二氧杂环戊烯等为原料通过全合成制得。用途：具有影响肌肉收缩力和血管舒张活性，可用于治疗心肺衰竭，作收敛剂，抑制子宫出血。

吐根碱（cephaeline）　CAS 号 483-17-0。分子式 $C_{28}H_{38}N_2O_4$，分子量 466.62。白色无定形粉末。熔点 107～108℃，密度 1.21 g/cm^3。易溶于甲醇、乙醇、丙酮、乙酸乙酯、乙醚以及氯仿，微溶于水和石油醚。存在于巴西产吐根的根中，例如茜草科植物吐根、五加科植物洋常春藤中。制备：可由吐根微碱通过化学转变而得。用途：促呕吐以防止意外或过量服用药物。

去甲基衡州乌药碱（(rs)-norcoclaurine）　亦称"去甲乌药碱"。CAS 号 5843-65-2。分子式 $C_{16}H_{17}NO_3$，分子

量 271.32。固体。熔点 242～244℃，密度 1.317 g/cm³。有两个立体异构体，(R)-体的 CAS 106 032-53-5，(S)-体的 CAS 22 672-77-1。微量存在于咖啡和咖啡制品中。制备：其 (R)-异构体可从东印度莲花种子胚中分离得到。用途：用于生化研究。在欧盟、英国和北美，常用去甲乌药碱的盐酸盐作用于控制体重的食品补充剂，也被称为"脂肪燃烧器"。

牛心果碱((+)-(S)-reticuline)　亦称"瑞枯灵"。CAS 号 485-19-8。分子式 C₁₉H₂₃NO₄，分子量 329.39。白色至黄色粉末。熔点 145℃。溶于甲醇、乙醇、二甲基亚砜等溶剂。是吗啡和其他许多生物碱的前体。制备：可从印防己、山胡椒、凹叶厚朴等多种植物中提取，或以异香兰醛等为原料合成。用途：用于医药研究。具有抗血小板聚集、抑制子宫平滑肌收缩等作用。

可待因(codeine)　亦称"甲基吗啡"，系统名"17-甲基-3-甲氧基-4,5α-环氧-7,8-二去氢吗啡喃-6α-醇"。CAS 号 76-57-3。分子式 C₁₈H₂₁NO₃，分子量 299.37。白色晶体粉末，高毒！熔点 150～152℃，沸点 250℃(12 Torr)，密度 1.307 g/cm³。制备：从鸦片中提取，或以吗啡等为原料化学合成。用途：有止痛、止咳和止泻作用，作局部麻醉或全身麻醉时的辅助用药，药品中常用其硫酸盐或磷酸盐。抑制呼吸、镇静和欣快作用及成瘾性均弱于吗啡。易产生耐受性、成瘾性，不宜长期使用。

蝙蝠葛碱(dauricine)　亦称"北豆根碱""山豆根碱"。CAS 号 524-17-4。分子式 C₃₈H₄₄N₂O₆，分子量 624.78。略微黄色无定形体。熔点 115℃，密度 1.186 g/cm³。溶于乙醇、丙酮及苯，略微溶于乙醚。制备：可由防己科植物蝙蝠葛(通常称为亚洲月籽)和北美藤本植物蝙蝠葛(通常称为加拿大月籽)的根茎中提取分离得到。用途：具有多种生物学作用，包括抑制癌细胞生长和阻断心肌跨膜 Na^+、K^+、Ca^{2+} 离子流。

蝙蝠葛苏林碱(daurisoline)　亦称"北豆根苏林碱"。CAS 号 70553-76-3。分子式 C₃₇H₄₂N₂O₆，分子量 610.75。白色至米黄色晶体粉末。熔点 96～102℃，密度

1.218 g/cm³，[α]²⁰_D - 129 (c=0.65，甲醇)。溶于二甲基亚砜。制备：从中药蝙蝠葛根茎中提取得到。用途：Ca^{2+} 离子拮抗剂，具有潜在的抗高血压、抗心律失常活性。

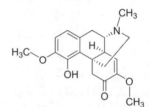

那可汀((-)-noscapine)　亦称"诺司卡品""纳可丁"。CAS 号 128-62-1。分子式 C₂₂H₂₃NO₇，分子量 413.43。无色晶体粉末或有光泽的棱柱状或片状晶体。无臭。熔点 174～176℃，密度 1.395 g/cm³，[α]²⁰_D - 200(c=1，氯仿)。几乎不溶于水，溶于氯仿，微溶于乙醇和乙醚。制备：从罂粟科植物分离提取。用途：无止痛特性，有镇咳(止咳)作用，作支气管解痉性镇咳药。

青藤碱(sinomenine)　亦称"青风藤碱"。CAS 号 115-53-7。分子式 C₁₉H₂₃NO₄，分子量 329.40。针状晶体。熔点 180℃，密度 1.3 g/cm³，[α]²⁶_D - 71(c=2.1，乙醇)。溶于乙醇、丙酮、氯仿和稀碱，微溶于水、乙醚和苯。制备：由防己科植物青藤的根和茎、蝙蝠葛的叶提取。用途：具有镇痛镇静、镇咳局麻、降血压和抗炎作用。

蒂巴因(thebaine)　亦称"副吗啡""二甲基吗啡"。CAS 号 115-37-7。分子式 C₁₉H₂₁NO₃，分子量 311.38。片状晶体，有毒！熔点 183～186℃，密度 1.305 g/cm³，[α]_D - 219(c=2，乙醇)。几乎不溶于水，稍溶于乙醚、石油醚，溶于苯、氯仿、吡啶、乙醇。毒性较吗啡大，但麻醉性较吗啡强而镇痛作用较弱。制备：由罂粟科植物大红罂粟的种子分离提取。用途：小剂量有中枢抑制作用，大剂量产生痉挛和呼吸麻痹，易成瘾。

石蒜碱(lycorine)　CAS 号 476-28-8。分子式 C₁₆H₁₇NO₄，分子量 287.32。棱柱状晶体。熔点 253～255℃(分解)，密度 1.53 g/cm³。溶于稀酸，难溶于醇、氯仿、石油醚。制备：从石蒜科植物水仙花、雪花莲和蜘蛛百合的花和鳞茎中提取。用途：用于生化研究；作祛痰剂；经氢化后生成

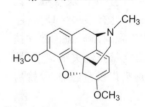

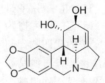

的二氢石蒜碱具有较强的抗阿米巴病的作用,且毒性较小,可供临床使用。

利血平（reserpine）　亦称"蛇根碱""血安平""蛇根草素"。CAS 号 50-55-5。分子式 $C_{33}H_{40}N_2O_9$,分子量 608.69。无色棱柱晶体。熔点 260～265℃,密度 1.298 g/cm³。易溶于氯仿、二氯甲烷、乙酸,溶于苯、乙酸乙酯,稍溶于丙酮、甲醇、乙醇、乙醚、乙酸。制备:从萝芙木属植物蛇根木中提取,或经全合成制得。用途:是一种用于治疗高血压及精神疾病的吲哚类生物碱药物。

长春新碱（vincristine）　CAS 号 57-22-7。分子式 $C_{46}H_{56}N_4O_{10}$,分子量 824.97。在甲醇中重结晶时可析出白色至浅黄色针状晶体。熔点 211～216℃,密度 1.4 g/cm³。溶于氯仿、丙酮和乙醇。制备:可从夹竹桃科植物长春花中提取得到。用途:具有抑制白细胞生成和成熟的活性,对于治疗急性淋巴细胞性白血病具有较好的疗效,对于其他癌症也有一定的疗效。

长春碱（vincaleukoblastine）　亦称"长春花碱""长春质碱"。CAS 号 865-21-4。分子式 $C_{46}H_{58}N_4O_9$,分子量 810.98。在甲醇中重结晶时为针状晶体。熔点 211～216℃,$[\alpha]_D^{20}$ - 32（c = 0.88,甲醇）。溶于氯仿、丙酮和乙醇。常用其硫酸盐,为白色或类白色结晶性无臭粉末,有引湿性,易溶于水,遇光或热易变黄。制备:从夹竹桃科植物长春花提取得到。用途:具有干扰蛋白质合成的作用,作抗肿瘤药,可用于治疗恶性淋巴瘤、急性白血病、乳腺癌等。

麦角新碱（ergometrine）　亦称"爱谷米特邻碱"。

CAS 号 60-79-7。分子式 $C_{19}H_{23}N_3O_2$,分子量 325.41。白色细晶体。熔点 162～163℃。微溶于氯仿,易溶于低级醇、乙酸乙酯和丙酮等有机溶剂。制备:最初从黑麦麦角菌用发酵法生产,现也可从麦角酸合成。用途:作子宫兴奋药,用于治疗阴道产后出血。

吴茱萸碱（evodiamine）　亦称"吴茱萸胺"。CAS 号 518-17-2。分子式 $C_{19}H_{17}N_3O$,分子量 303.37。黄色片状晶体。熔点 266～268℃。不溶于水、石油醚、苯,溶于丙酮,微溶于乙醇、乙醚、氯仿。制备:可从芸香科植物吴茱萸的近成熟果实中分离得到;也可以 N-甲基邻氨基苯甲酸、3,4-二氢卡波啉等为起始原料合成。用途:具有抑制多种肿瘤细胞的增殖、镇痛、降血压及体温上升等药理作用;小鼠研究中证明能降低脂肪摄取。

相思豆碱（L-abrine）　亦称"相思碱""红豆碱""N-甲基-L-色氨酸"。CAS 号 21339-55-9。分子式 $C_{12}H_{14}N_2O_2$,分子量 218.26。从甲醇-水中得白色菱柱状晶体,无臭,味苦。熔点 247～249℃。微溶于冷水,溶于热水、乙醇,不溶于乙醚。制备:从相思豆种子中提取;或由色氨酸、3-吲哚甲醛合成。用途:作试剂,用于研究色氨酸的颜色反应;生化研究,如作吲哚胺-2,3-双加氧酶（IDO）抑制剂等药物成分。

麦角酸（lysergic acid）　系统名"7-甲基-4,6,6a,7,8,9-六氢吲哚并[4,3-fg]喹啉-9-羧酸"。CAS 号 82-58-6。分子式 $C_{16}H_{16}N_2O_2$,分子量 268.32。从水中得白色晶体粉末。熔点 238～240℃,$[\alpha]_D^{20}$ +40（c = 0.5,吡啶）。溶于酸碱、适度溶于嘧啶,微溶于水和中性有机溶剂。制备:可从麦角中提取或浸式发酵得到,也可由天然麦角酰胺水解制得;也可通过复杂的全合成法制成。用途:作医药中间体、有机原料;用于制备酰麦角酰胺,以用作药物和迷幻药,精神依赖和耐受性极强,除产生抽象思维障碍外,还有严重的毒副作用。

毒扁豆碱（physostigmine）　亦称"卡拉巴豆碱""依色林"。CAS 号 57-47-6。分子式 $C_{15}H_{21}N_3O_2$,分子量 275.35。白色无味微晶体粉末。熔点 102～104℃,密度 1.166 g/cm³。微溶于水,易溶于乙醇,极易溶于氯仿和二氯甲烷。制备:从毒扁豆中提取;也可通过复杂的全合成法合成。用途:可作拟副交感神经药使用,是一种乙酰胆碱酯酶抑制剂;还用于逆转苯二氮卓类药物如安定的不良副作用、减轻焦虑和紧张。

钩藤碱(rhynchophylline) CAS 号 76-66-4。分子

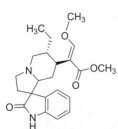

式 $C_{22}H_{28}N_2O_4$,分子量 384.48。无色针状晶体。熔点 216℃,密度 1.23 g/cm³。微溶于乙醚和乙酸乙酯,几乎不溶于石油醚,溶于氯仿、丙酮、乙醇、苯。制备:从茜草科植物钩藤的茎枝及钩中提取分离。用途:作非竞争性的 NMDA 拮抗剂和钙离子通道阻滞剂;临床上用于治疗高血压病,对 I、II 期高血压有一定的疗效。

马钱子碱(strychnine) 亦称"士的宁""番木鳖碱""毒鼠碱"。CAS 号 57-24-9。分子式

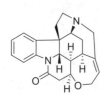

$C_{21}H_{22}N_2O_2$,分子量 334.42。白色晶体粉末,味极苦,剧毒! 熔点 284～286℃,沸点 270℃(5 Torr),125℃(0.01 Torr)升华,密度 1.36 g/cm³,$[\alpha]_D^{20}-104(c=0.5,$无水乙醇)。略溶于乙醇,易溶于氯仿和苯,难溶于水、乙醚和石油醚。制备:可从马钱子中提取;也可通过复杂的全合成得到。用途:一般用来毒杀老鼠等啮齿类动物;用作化学拆分试剂、分析试剂;临床上用于巴比妥类药物的解毒。

麦角克碱(ergocristine) 亦称"麦角日亭宁"。CAS

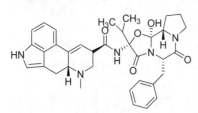

号 511-08-0。分子式 $C_{35}H_{39}N_5O_5$,分子量 609.73。对光和空气敏感的晶体。熔点 155～157℃。易溶于乙醇、甲醇、丙酮、氯仿和乙酸乙酯,微溶于乙醚,几乎不溶于水和石油醚。是寄生于大麦及其他谷类穗中的麦角菌菌核所含的一种生物碱。制备:可从麦角中提取。用途:作化学试剂,用于生化研究。

麦角异克碱(ergocristinine) CAS 号 511-07-9。分

子式 $C_{35}H_{39}N_5O_5$,分子量 609.73。柱状晶体。熔点 220～223℃,$[\alpha]_D^{20}+366$($c=0.68$,氯仿)、$+471$($c=0.35$,吡啶)。是属于寄生于大麦及其他谷类穗中的麦角菌菌核所含的一种生物碱。制备:可从麦角中提取。用途:作麦角药品成分,有偏头

痛治疗药效。

阿托品 释文见 641 页。

东莨菪碱(scopolamine) 亦称"左旋天仙子胺"。

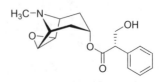

CAS 号 51-34-3。分子式 $C_{17}H_{21}NO_4$,分子量 303.36。晶体,味苦,辛辣。熔点 59℃,密度 1.31 g/cm³。微溶于苯和石油醚,易溶于乙醇、乙醚、氯仿、丙酮和热水。制备:由茄科植物天仙子、曼陀罗等提取,也可经人工合成。用途:具有毒蕈碱受体拮抗剂作用,属于抗胆碱药物、抗毒蕈碱药物;可作治疗运动病和术后恶心和呕吐的药物,有时也用于在手术前减少唾液。

莨菪碱(L-hyoscyamine) 亦称"天仙子胺""澳洲毒

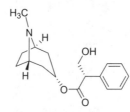

茄碱"。CAS 号 101-31-5。分子式 $C_{17}H_{23}NO_3$,分子量 289.38。白色晶体粉末,无臭,苦辣味。熔点 108～109℃,83℃(0.02 Torr)升华,密度 1.252^{-173} g/cm³,$[\alpha]_D^{20}-21$(乙醇)。难溶于冷水,可溶于沸水、乙醇和氯仿。作为次级代谢产物存在于天仙子、曼德拉草、曼陀罗、番茄和颠茄等茄科植物中。制备:颠茄浸膏经提取精制而得。用途:生化研究,作抗胆碱药。

奎宁 释文见 649 页。

辛可尼丁(cinchonidine) 亦称"金鸡尼丁""类金鸡

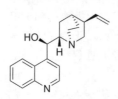

纳碱""辛可尼定"。CAS 号 485-71-2。分子式 $C_{19}H_{22}N_2O$,分子量 294.40。白色粉末。熔点 204～205℃,145℃(5 Torr)升华,密度 1.22 g/cm³,$[\alpha]_D^{20}-115$($c=1$,乙醇)。不溶于水。是辛可宁的立体异构体和拟对映体。制备:从金鸡纳树皮中分离。用途:作试剂,在有机化学中用于不对称合成。

喜树碱(camptothecin) CAS 号 7689-03-4。分子式

$C_{20}H_{16}N_2O_4$,分子量 301.35。淡黄色晶体粉末。见光易变质,微有吸湿性,毒性较大! 熔点 275～277℃,$[\alpha]_D^{25}+31.3$(氯仿-甲醇,8:2)。不溶于水,溶于氯仿、甲醇、乙醇中。制备:从中国特有植物喜树的根、皮、果实中分离提取。也可由多条全合成路线制得。用途:作拓扑异构酶抑制剂,能抑制 DNA 拓扑异构酶,干扰 DNA 的复制;作抗肿瘤药,用以治疗肠癌、直肠癌、胃癌和白血病等;因溶解度差,且对泌尿系统毒性大,使临床应用受到限制,对其结构进行化学修饰后,已有两

个喜树碱的类似物(拓扑替康和伊立替康),被批准用于癌症患者治疗。

10-羟基喜树碱((*S*)-10-hydroxycamptothecine)

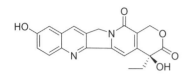

CAS 号 19685-09-7。分子式 $C_{20}H_{16}N_2O_5$,分子量 364.36。淡黄色晶体粉末,一水合物为黄色棱柱状晶体。见光不稳定。熔点 268~270℃。不溶于水,微溶于甲醇、乙醚、氯仿、吡啶等有机溶剂,易溶于乙醇-氯仿中。微量存在于乔木喜树中。制备:可由喜树碱经化学合成制得。用途:作抗肿瘤药,用于胃癌、肝癌、头颈癌及白血病等的治疗,作用机制与喜树碱相似,但毒性较小。

白鲜碱(dictamine) 系统名"4-甲氧基呋喃并[2,3-*b*]喹啉"(4-methoxyfuro[2,3-*b*]quinoline)。

CAS 号 484-29-7。分子式 $C_{12}H_{14}N_2O_2$,分子量 199.21。棱柱状晶体。熔点 132~133℃,130℃(1.5 Torr)升华。其盐酸盐为针状结晶(由乙醇中结晶),熔点 170℃(分解)。难溶于水,微溶于乙醚,溶于热乙醇和氯仿。制备:可从多种植物如白鲜根以及两面针中分离提取,也可以苯胺、丙二酸二乙酯等为原料合成。用途:具有抗微生物、抗菌和皮肤湿疹、皮肤瘙痒的治疗作用。

血根碱(sanguinarine chloride) 亦称"氯化血根碱"。CAS 号 5578-73-4。分子式 $C_{20}H_{14}ClNO_4$,分子量 367.79。淡黄色至红色针状晶体。熔点 278~281℃。溶于甲醇、乙醇、二甲基亚砜等。主要存在于白屈菜全草、紫堇块根以及博落回的全草、血水草的地上部分等。制备:经全合成制得。用途:具有抗菌、消炎、抗氧化性能,有抑制肿瘤细胞株扩增和促凋亡的活性。

毛果芸香碱((+)-pilocarpine) 亦称"匹罗卡品""毛果云香碱"。CAS 号 92-13-7。分子式 $C_{11}H_{16}N_2O_2$,分子量 208.26。油状液体或低熔点结晶。熔点 34℃,沸点 260℃(5 Torr)。溶于水、乙醇、氯仿,难溶于乙醚、苯,几乎不溶于石油醚。制备:从毛果芸香属植物巴西毛果芸香与小叶毛果芸香叶中提取,或经化学合成制得。用途:拟胆碱药物,对平滑肌和各种腺体有直接兴奋作用;作药物,用于治疗眼内和口腔干燥的压力增高,用于青光眼的治疗。

常山乙素(febrifugine) 亦称"β-常山碱",系统名"3-{3-[(2*R*,3*S*)-3-羟基-2-哌啶基]-2-氧代丙基}喹唑啉-4(3*H*)-1-酮"。CAS 号 24159-07-7。分子式 $C_{16}H_{19}N_3O_3$,

分子量 301.35。黄色晶体。熔点 139~141℃,$[\alpha]_D^{25}$ +6(*c* = 0.5,氯仿)、+28(*c* = 0.5,乙醇)。可溶于甲醇、乙醇、二甲基亚砜等有机溶剂。制备:最初从植物常山中提取得到,是常山根中的主要生物碱;也可通过化学合成制得。用途:是一种治疗疟疾的特效药,其疗效是奎宁的 100 倍,但副作用较大,多在中医中使用。目前有研究指出其适用领域可能会扩展到治疗癌症等。还具有抗心律失常的作用。

咖啡因(caffeine) 亦称"咖啡碱""茶素",系统名"1,3,7-三甲基-3,7-二氢-1H-嘌呤-2,6-二酮""1,3,7-三甲基黄嘌呤"。CAS 号 58-08-2。分子式 $C_8H_{10}N_4O_2$,分子量 194.19。白色柔韧有弱光的针状晶体,无臭、味苦。熔点 235~238℃,89℃(15 Torr)升华,密度 1.4 g/cm³,折射率 1.494。溶于吡啶、水。制备:可从茶叶、咖啡豆、可可中分离提取,也可以黄嘌呤为原料经硫酸二甲酯甲基化制得。用途:对中枢神经系统有较强的兴奋作用,可作中枢兴奋药,用于制备医药复方制剂,如是复方阿司匹林和氨非加的主要成分之一,也可作食品添加剂在可乐型饮料及含咖啡饮料中使用;也用于治疗早产儿呼吸暂停,但不用于预防。

卡茄碱(α-chaconine) CAS 号 20562-03-2。分子式 $C_{45}H_{73}NO_{14}$,分子量 852.07。一种茄科植物中含有的糖苷生物碱,高毒!熔点 236~241℃。是未成熟马铃薯产生的一种天然毒素,给马铃薯带来苦味。制备:从彩色马铃薯块茎表皮中提取。用途:块茎在有压力下会制造这类卡茄碱,具有毒害作用,可以抗虫及抗真菌。

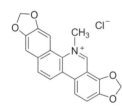

澳洲茄碱(solasonine) 亦称"茄解碱"。CAS 号 19121-58-5。分子式 $C_{45}H_{73}NO_{16}$,分子量 884.07。针状晶体。熔点 281~286℃,密度 1.42 g/cm³,$[\alpha]_D^{23}$ -88(*c* = 1.01,吡啶)、$[\alpha]_D^{22}$ -74.5(*c* = 0.51,甲醇)。微溶于热水,不溶于氯仿、乙醚,溶于热乙醇。制备:从茄科植物中提取。用途:用于生物活性研究;用于合成甾体类药物。

贝母素乙（peiminine；imperialin；verticinone）

亦称"贝母宁碱""去氢浙贝母碱""浙贝乙素""贝母乙素"。CAS号18059-10-4。分子式 $C_{27}H_{43}NO_3$，分子量 429.64。白色粉末，从丙酮-石油醚中得白色簇状晶体。熔点 212～213℃，$[\alpha]_D^{22}-38.5$（$c=1.5$，氯仿）。不溶于石油醚、水，易溶于丙酮、氯仿，稍溶于乙醚、苯。制备：从百合科贝母属植物鳞茎中提取，含量在 0.1%～2.0% 之间。用途：贝母具有化痰止咳、清热散结的功效，但其中的贝母素乙可能引起痉挛、呕吐、低血压和心脏骤停。

环巴胺（cyclopamine）亦称"环杷明""11-去氧芥芬胺"。CAS号4449-51-8。分子式 $C_{27}H_{41}NO_2$，分子量 411.63。白色晶体。熔点 236～238℃。易溶于二甲基亚砜。是从藜芦属植物中分离得到的一种异甾体类生物碱，主要存在于百合科植物中北美山藜芦、印第安鹿食草以及毛叶藜芦、伊贝中；也是一种从玉米百合中分离出来的致畸物质，能引起致命的出生缺陷。制备：可从脱氢表雄酮开始通过简洁仿生和非立体选择性途径合成。用途：作生化试剂及潜在的抗肿瘤新药。

乌头碱（aconitine）亦称"附子精"。CAS号302-27-2。分子式 $C_{34}H_{47}NO_{11}$，分子量 645.75。白色至灰白色粉末，剧毒！熔点 203～204℃，$[\alpha]_D^{20}+17.3$（氯仿）。溶于无水乙醇、乙醚和苯，微溶于石油醚，难溶于水。制备：是常用中药乌头中所含有的一种化学物质，可通过全合成得到。用途：具有镇痛作用，临床上用于缓解癌痛，尤其适用于消化系统的癌痛，外用时能麻痹周围神经末梢，产生

局部麻醉和镇痛作用，此外还有消炎作用。

包氏飞燕草碱（browniin）CAS号5140-42-1。分子式 $C_{25}H_{41}NO_7$，分子量 467.60。制备：从中国云南飞燕草全草中提取。用途：具有抗心律失常活性，有局部麻醉作用。

雪上一枝蒿乙素（bullatine B）亦称"尼奥灵"（neoline）。CAS号 466-26-2。分子式 $C_{24}H_{39}NO_6$，分子量 437.58。白色粉末。熔点 159～160℃，$[\alpha]_D^{20}+20.7～+22.3$（$c=0.05～0.1$，甲醇）。微溶于水，溶于乙醇或氯仿。制备：从毛茛科植物短柄乌头中提取。用途：有良好的镇痛、抗炎消肿、局麻镇痛作用，用于风湿、跌打损伤、各种劳损的辅助治疗。

硬飞燕草碱（delsoline）亦称"异飞燕草碱"。CAS号509-18-2。分子式 $C_{25}H_{41}NO_7$，分子量 467.60。白色粉末或晶体。熔点 213～216℃，$[\alpha]_D^{22}+53.4$（$c=2.04$，氯仿），密度 1.33 g/cm³。微溶于水，溶于乙醇或氯仿。制备：从草本植物翠雀花全草及种子中分离提取；或由硬飞燕草次碱经化学半合成制得。用途：具有松弛平滑肌的作用，作治疗急性菌痢、肠炎的药物成分。

查斯马宁（chasmanine）亦称"展花乌头宁"。CAS号 5066-78-4。分子式 $C_{25}H_{41}NO_6$，分子量 451.61。从正己烷中得无色针状晶体。熔点 90～91℃，$[\alpha]_D^{25}+23.6$（$c=2.5$，乙醇）。溶于热乙醇。制备：从毛茛科植物展花乌头的根中分离提取。用途：具有抗氧化活性，用于生化研究。

乌头原碱（aconine）CAS号 509-20-6。分子式 $C_{25}H_{41}NO_9$，分子量 499.60。非晶粉末，味苦。熔点 129～131℃，$[\alpha]_D^{22}+23$。极易溶于水、乙醇，溶于氯仿，略溶于苯，在乙醚、石油醚中几乎不溶。盐酸二水合物熔点 175～176℃，$[\alpha]_D^{20}$

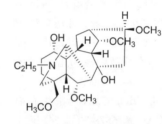

-8。制备：由乌头碱水解制得。用途：作生化试剂，乌头碱的解毒剂。

藜芦素（cevine） CAS 号 124-98-1。分子式 $C_{27}H_{43}NO_8$，分子量 509.64。熔点 195～200℃，$[\alpha]_D^{17}$ -17.5（乙醇-水）。制备：由藜芦定经化学半合成制得。用途：作生化试剂。

紫杉醇（paclitaxel） 亦称"红豆杉醇""泰素""特素""紫素"。CAS 号 33069-62-4。分子式 $C_{47}H_{51}NO_{14}$，分子量 853.92。从甲醇中得针状晶体或无定形粉末，无臭、无味。熔点 213～216℃（分解），密度 1.39 g/cm^3。难溶于水，易溶于甲醇、乙腈、氯仿、丙酮等有机溶剂。制备：从裸子植物红豆杉的树皮分离提纯；或以 10-脱乙酰巴卡亭为原料合成制得，也可由细菌培养法制得。用途：作广谱抗肿瘤植物药，用于治疗转移性乳腺癌和转移性卵巢癌，也用于治疗肺癌、宫颈癌、抗化疗白血病等病症。

高乌甲素（lannaconitine） 亦称"刺乌头碱"。CAS 号 32854-75-4。分子式 $C_{32}H_{44}N_2O_8$，分子量 584.71。白色粉末。熔点 217～218℃，密度 1.35 g/cm^3，$[\alpha]_D^{18}$ +27（氯仿）。不溶于水。制备：由毛茛科植物高乌头中分离得到。用途：具有较强的镇痛作用，作非麻醉性镇痛药。

三水多烯紫杉醇（docetaxel trihydrate） 亦称"三水多西他赛"。CAS 号 148408-66-6。分子式 $C_{43}H_{59}NO_{17}$，分子量 861.94。白色晶体粉末。熔点 186～192℃，密度 1.37 g/cm^3。不溶于水，易溶于无水乙醇、二氯甲烷。制备：可从欧洲紫杉针叶中提取，也可采用化学半合成法制得。用途：紫杉醇类似物，能抑制微管解聚，作抗肿瘤药。

3 H₂O

光翠雀碱（denudatine） 亦称"裸翠雀亭""无毛翠雀亭"。CAS 号 26166-37-0。分子式 $C_{22}H_{33}NO_2$，分子量 343.51。熔点 248～249℃，密度 1.194 g/cm^3。制备：自毛茛科植物裸露翠雀花根中分离提取。用途：作中草药活性成分，用于生化研究。

三尖杉酯碱（harringtonine） 亦称"哈林通碱"。CAS 号 26833-85-2。分子式 $C_{28}H_{37}NO_9$，分子量 531.60。有引湿性白色晶体或微黄色无定形粉末，味苦。熔点 68～69℃，密度 $1.307^{-160.16}$ g/cm^3。存在于三尖杉科植物三尖杉或其同属植物中。制备：可由三尖杉碱等合成。用途：具有显著的抗癌活性，作具有干扰蛋白质合成功能的抗癌药物。临床多用于治疗各种白血病及恶性淋巴瘤等。

异三尖杉酯碱（isoharring-tonine） CAS 号 26833-86-3。分子式 $C_{28}H_{37}NO_9$，分子量 531.60。熔点 70.8℃，$[\alpha]_D^{20}$ -93（c=0.41，氯仿）。制备：从三尖杉属植物中提取，也可人工合成。用途：有抗肿瘤活性，作中草药成分，用于生化研究。

一叶萩碱（securinine） 亦称"一叶秋碱"。CAS 号 5610-40-2。分子式 $C_{13}H_{15}NO_2$，分子量 217.27。黄色棱形晶体。熔点 140～142℃，密度 1.3±0.1 g/cm^3。难溶于水，易溶于醇、氯仿，较难溶于石油醚。制备：从大戟科植物一叶萩（也称叶底珠，亦称狗杏条）的根、叶或嫩枝中提取。用途：具有抗菌和抗肿瘤活性，作中枢神经系统兴奋药，临床用硝酸一叶萩碱治疗小儿麻痹后遗症和面神经麻痹。

金雀花碱（cytisine） 亦称"乌乐碱""金雀儿碱""金链花碱""野靛碱"。CAS 号 485-35-8。分子式 $C_{11}H_{14}N_2O$，分子量 190.25。灰白色至黄褐色斜方棱柱晶体，能升华。熔点 152～153℃，沸点 218℃（2 Torr），$[\alpha]_D^{20}$ -120（水）。溶于水、甲醇、乙醇、氯仿，不溶于石油醚。制备：从豆科槐属植物苦豆子的种子、豆科野决明属植物披针叶黄华的全草、紫藤的种子以及鹰爪豆等中提取。用途：具有抗心律失常、抗溃疡、抗微生物感染以及升高白细胞等药理作用，临床上主要用于抢救手术创伤及窒息性毒剂、氰类毒剂、麻醉药等中毒时引起的反射性呼吸暂停，还用于休克、虚脱和新生儿窒息等症状的治疗。

N-甲基野靛碱（N-methylcytisine；caulophylline）

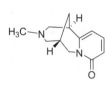

亦称"N-甲基金雀花碱""葳严仙碱"。CAS号486-86-2。分子式 $C_{12}H_{16}N_2O$，分子量 204.27。白色晶体。熔点 135～138℃，$[\alpha]_D^{30}-200.1(c=1,甲醇)$，$[\alpha]_D^{25}-194.7(c=5,甲醇)$。制备：可由金雀花碱经甲基化合成制得。用途：有抗肿瘤活性，作生化试剂。

黄华碱（(-)-thermopsine） 亦称"野决明碱"。CAS号486-90-8。分子式 $C_{15}H_{20}N_2O$，分子量 244.34。类白色粉末。熔点 205～

206℃，$[\alpha]_D^{20}+150(c=0.21,乙醇)$。可溶于甲醇、乙醇、二甲基亚砜等有机溶剂，微溶于石油醚。制备：从豆科植物披针叶黄华中提取。用途：作生化试剂，用于含量测定、鉴定及药理实验等。

安纳基林（anagyrine） 亦称"安那吉碱""臭豆碱"。CAS号486-89-5。分子式 $C_{15}H_{20}N_2O$，分子量 244.34。浅黄色玻璃态物。熔点

196℃，沸点 210～215℃(2 Torr)，密度 1.22 g/cm³，$[\alpha]_D^{25}-168(c=4.8,乙醇)$。可溶于水。对奶牛等有致畸毒性，奶牛在怀孕的某些时期吞食含安纳基林的植物，会导致小腿弯曲的疾病。制备：是羽扇豆属植物中常见的一种生物碱，可从沙豆树的叶、臭味红豆的种子、披针叶黄华的全草等中提取。用途：对神经节传导有抑制作用、有抗病毒活性；作生化试剂。

石杉碱甲（huperzine A） 亦称"石杉碱甲A""哈伯因""卷柏石松碱"。CAS号102518-79-6。分子式 $C_{15}H_{18}N_2O$，分子量

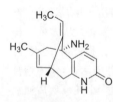

242.32。有引湿性的白色或类白色的晶体粉末，无臭、味微苦。熔点 217～219℃，密度 1.2 g/cm³，$[\alpha]_D^{20}-147(c=0.36,甲醇)$。易溶于氯仿，溶于甲醇、乙醇，微溶于水。制备：从石杉属植物千层塔中提取，或通过化学合成制得。用途：作胆碱酯酶抑制剂类药物，用于预防中老年人脑神经衰弱、恢复脑神经功能、活化脑神经传递，治疗阿尔茨海默病以及重症肌无力。

苦参碱（matrine） 亦称"母菊碱"。CAS号519-02-8。分子式 $C_{15}H_{24}N_2O$，分子量248.37。白色

粉末，中等毒性！随结晶条件不同，可有四种晶型：α型，针状，熔点76℃；β型，短棱柱状，熔点87℃；γ型，油状液体，静置转变为α型；δ型，叶状或棱柱状，熔点84℃。沸点 86～88℃(2.5 Torr)，密度 1.089 g/cm³，$[\alpha]_D^{20}+38(乙醇)$。溶于乙

醇、乙醚、氯仿、苯以及冷水，微溶于石油醚，在热水中溶解度比在冷水中小。制备：从豆科植物苦参的干燥根、植株以及果实中经乙醇提取，在苦豆子、山豆根等植物中也有分布。用途：有抗菌抗病毒作用，作 κ 阿片及 μ 阿片受体激动剂、抗菌消炎药，用于治疗慢性宫颈炎、菌痢、肠炎等，可升高因抗癌药物和X、γ线源照射引发的白细胞减少症；也作低毒的植物杀虫剂。

苦参素（oxymatrine） 亦称"氧化苦参碱"。CAS号16837-52-8。分子式 $C_{15}H_{24}N_2O_2$，分子量

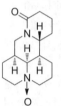

264.36。白色或类白色晶体粉末，无臭味苦，中等毒性！熔点 207℃。难溶于乙醚。易溶于水、甲醇、乙醇、氯仿、苯。制备：从豆科植物苦参中分离提取。用途：有抗纤维化、保护神经作用，也具有减少心脏缺血、心肌损伤、心律失常，并通过增加心功能改善心力衰竭等作用；传统中药成分，用于抗乙型肝炎病毒的治疗。

槐果碱（sophocarpine） CAS号145572-44-7。分子式 $C_{15}H_{22}N_2O$，分子量246.35。白色针状

晶体。熔点 277～279℃。溶于甲醇、乙醇、氯仿、丙酮和苯，易溶于稀酸，微溶于水。来源：从豆科槐属植物苦豆子、苦参及白刺花中提取。用途：具有消炎、免疫调节、镇咳祛痰、抗病毒、抗肿瘤等多种药理作用；作生化试剂。

槐定碱（sophoridine） CAS号6882-68-4。分子式 $C_{15}H_{24}N_2O$，分子量248.36。类白色针状

晶体。熔点 108～109℃。易溶于水、甲醇、乙醇、四氯化碳等。制备：从豆科槐属植物苦豆子中提取得到。用途：具有治疗心律失常、心肌梗死、心功能不全、恶性肿瘤的作用，用于生化研究。

鹰爪豆碱（(-)-sparteine） CAS号90-39-1。分子式 $C_{15}H_{26}N_2$，分子量234.39。黏稠油状液

体。熔点 30℃，沸点 137～138℃(1 Torr)，闪点 113℃，密度 1.02²⁵ g/mL，折射率1.528，$[\alpha]_D^{20}-16.4(c=10,乙醇)$。可溶于水，易溶于乙醇、氯仿、乙醚。制备：存在于豆科植物金雀花、黄羽扇豆、黑羽扇豆、披针叶野决明的全草以及罂粟科植物白屈菜等中。制备：可由L-赖氨酸或2-吡啶乙酸乙酯等通过多步合成制得。用途：作有机合成手性试剂，是不对称催化反应中常用的手性配体；有兴奋子宫的作用；有催产性能；有抗心律失常作用，能降低心肌应激性和传导性减慢心率，抑制心脏收缩力，作药物用于治疗室性心动过速。

雷公藤碱（wilfordine） 亦称"雷公藤定碱"。CAS号37239-51-3。分子式 $C_{43}H_{49}NO_{19}$，分子量 883.86。白色晶

体。熔点 $170 \sim 176℃$，$[\alpha]_D^{22} +5$。制备：用乙醇从卫矛科雷公藤属植物雷公藤干根中提取。用途：作生化试剂、中药对照品，用于含量测定和药理研究。

骆驼蓬碱（vasicine）亦称"鸭嘴花碱""哈尔明"，系统名"(R)-1,2,3,9-四氢吡咯并[2,1-b]喹唑啉-3-醇"。CAS 号 6159-55-3。分子式 $C_{11}H_{12}N_2O$，分子量 188.23。用甲醇重结晶获细长的棱柱体晶体，可升华。熔点 210℃，密度 $1.37 \ g/cm^3$。盐酸盐二水合物熔点 262℃（分解）。微溶于水，溶于丙酮、乙醇、氯仿、乙醚等。制备：可从蒺藜科多年生草本植物骆驼蓬的种子提取。用途：具有致幻作用，显示出明显的支气管扩张、子宫兴奋等作用，可用作呼吸兴奋剂。

鸭嘴花碱酮（vasicinone）系统名"(3S)-3-羟基-2,3-二氢-1H-吡咯并[2,1-b]喹唑啉-9-酮"。CAS 号 486-64-6。分子式 $C_{11}H_{10}N_2O_2$，分子量 202.21。粉末状固体。熔点 200～202℃，密度 $1.50 \ g/cm^3$。制备：可从蒺藜科多年生草本植物骆驼蓬中提取，也可以脱氧维西酮为原料合成。用途：具有子宫兴奋、呼吸兴奋等作用，可用作呼吸兴奋剂。

阿克罗宁（acronycine）亦称"降真香碱"。CAS 号 7008-42-6。分子式 $C_{20}H_{19}NO_3$，分子量 321.38。熔点 $175 \sim 176℃$，密度 $1.208 \ g/cm^3$。不溶于水。中等毒性！存在于芸香科植物中。制备：可以 N-甲基靛红酸酐或 1,3-二羟基吖啶-9(10H)-酮等为原料合成。用途：作生化试剂，有干扰核酸合成作用，可作抗肿瘤药。

生物有机化合物

萜类化合物

橙花醇（nerol）亦称"β-柠檬醇"，系统名"(Z)-3,7-二甲基-2,6-辛二烯-1-醇"。CAS 号 106-25-2。分子式 $C_{10}H_{18}O$，分子量 154.25。无色透明液体，有玫瑰香气。熔点< -15℃，沸点 225℃，闪点 107.8℃，密度 $0.876 \ g/mL$。微溶于水，溶于氯仿、乙醚，易溶于乙醇。对皮肤和眼睛具有刺激性。制备：从橙花油中提取，或由甲基庚烯酮和乙炔基甲醚合成。用途：作香精香料。

香叶醇（geraniol）亦称"香天竺葵醇""牻牛儿醇"，系统名"(E)-3,7-二甲基-2,6-辛二烯-1-醇"。CAS 号 106-24-1。分子式 $C_{10}H_{18}O$，分子量 154.25。无色或浅黄色液体，有玫瑰香气。熔点< -15℃，沸点 230℃，闪点 108℃，密度 $0.889 \ g/mL$。微溶于水，可溶于乙醇、氯仿，与乙醚、丙酮混溶。对眼睛有损害，对皮肤具有刺激性和过敏反应。制备：从富含香叶醇的植物如香天竺葵的挥发油中提取，或由月桂烯为原料制备。用途：作香精，其酯类也可用作香料。

香茅醇（citronellol）亦称"香草油""香草醇""β-雄刈萱草醇"，系统名"3,7-二甲基-6-辛烯-1-醇"。CAS 号 106-22-9。分子式 $C_{10}H_{20}O$，分子量 156.27。无色液体，有新鲜的玫瑰花香气。熔点< 25℃，沸点 225℃，闪点> 93℃，密度 $0.855 \ g/mL$。微溶于水，可溶于丙二醇，与乙醚、乙醇混溶。对皮肤具有刺激性，对眼睛有严重刺激性，可能对皮肤有过敏反应，对水生生物有长期毒性。制备：由橙花醇或香叶醇氢化而得。用途：作香精香料。

橙花醛（neral）亦称"柠檬醛 b"，系统名"(Z)-3,7-二甲基-2,6-辛二烯醛"。CAS 号 106-26-3。分子式 $C_{10}H_{16}O$，分子量 152.23。浅黄色液体，有强烈柠檬香气。熔点< -10℃，沸点 229℃，闪点 91℃，密度 $0.890^{15} \ g/mL$。难溶于水，可溶于乙醇。对眼睛有刺激性，对皮肤具有刺激性和过敏反应。制备：由橙花醇脱氢而得。用途：作香精香料。

香叶醛（gerania）亦称"柠檬醛 a""牻牛儿醛"，系统名"(E)-3,7-二甲基-2,6-辛二烯醛"。CAS 号 141-27-5。分子式 $C_{10}H_{16}O$，分子量 152.23。浅黄色液体，有强烈柠檬香气。熔点< -10℃，沸点 229℃，闪点 91℃，密度 $0.889 \ g/mL$。难溶于水，可溶于乙醇。高度易燃液体和蒸汽，对眼睛有高度刺激性，对皮肤具有刺激性和过敏反应，对水生生物具有长期毒性。制备：从柠檬草油、

山苍子油的精油中提取,或由甲基庚烯酮和乙炔制得脱氢芳樟醇再重排。用途:作香精香料。

香茅醛　释文见 430 页。

β-月桂烯(β-myrcene)　亦称"香叶烯""桂叶烯",系统名"7-甲基-3-亚甲基-1,6-辛二烯"。CAS 号 123-35-3。分子式 $C_{10}H_{16}$,分子量 136.23。黄色液体,有令人愉快香气。熔点<-10℃,沸点 167℃,闪点 39℃,密度 0.794 g/mL。难溶于水,可溶于乙醇、氯仿、乙醚、乙酸。易燃液体和蒸汽,吞咽并进入呼吸道有可能致命,对皮肤有刺激性,对水生生物具有长期毒性。制备:由 β-蒎烯热分解而得。用途:用于合成香料。

芳樟醇(linalool)　亦称"沉香醇""里那醇",系统名"3,7-二甲基-1,6-辛二烯-3-醇"。CAS 号 78-70-6。分子式 $C_{10}H_{18}O$,分子量 154.25。无色液体,有铃兰香气。熔点<25℃,沸点 198～200℃,闪点 75℃,密度 0.865^{15} g/mL。微溶于水,与乙醇、乙醚混溶。易燃液体,对皮肤和眼睛有刺激性,可能会导致头晕及嗜睡,对水生生物具有毒性。制备:从芳樟油、玫瑰木油中提取或由月桂烯化学合成。用途:作香精香料。

α-松油醇(α-terpineol)　亦称"α-桦脂醇""α-特品醇""α-萜品醇",系统名"2-(4-甲基-3-环己烯基)-2-丙醇"。CAS 号 98-55-5。分子式 $C_{10}H_{18}O$,分子量 154.25。白色晶体粉末或无色透明液体,有丁香香气。熔点 35～40℃,沸点 218～221℃,闪点 90℃,密度 0.935 g/cm³。微溶于水、甘油,易溶于乙醇、乙醚、丙酮。对皮肤和眼睛有刺激性。制备:从白千层油中提取或由松节油化学合成。用途:作香精香料。

β-松油醇(β-terpineol)　亦称"β-桦脂醇""β-特品醇""β-萜品醇",系统名"1-甲基-4-(1-甲基乙烯基)环己醇"。CAS 号 138-87-4。分子式 $C_{10}H_{18}O$,分子量 154.25。无色澄清液体或低熔点透明晶体,有丁香香气。熔点 32～33℃,沸点 209～210℃,闪点 87℃。微溶于水、甘油,易溶于乙醇。对皮肤和眼睛有刺激性。制备:由氧化柠檬烯经化学合成。用途:作香精香料。

γ-松油醇(γ-terpineol)　亦称"γ-萜品醇""γ-特品醇""γ-桦脂醇",系统名"1-甲基-4-(1-甲基亚乙基)环己烷-1-醇"。CAS 号 586-81-2。分子式 $C_{10}H_{18}O$,分子量 154.25。无色至淡黄色黏稠液体,有丁香香气。熔点 68～70℃,沸点 218～219℃,闪点 88℃。难溶于水、甘油,易溶于乙醇。对皮肤和眼睛有刺激性。制备:松节油化学合成。用途:作香精香料。

柠檬烯(limonene)　亦称"二聚戊烯""二烯萜",系统名"1-甲基-4-(1-甲基乙烯基)环己烯"。CAS 号 138-86-3。分子式 $C_{10}H_{16}$,分子量 136.23。无色液体,有令人愉快的柠檬香气。熔点-95.5℃,沸点 177.6℃,闪点 45℃,密度 0.841 g/mL。难溶于水,与乙醇、乙醚混溶。其液体和蒸汽易燃,吞咽并进入呼吸道有可能致命,对皮肤有刺激性和过敏性,对水生生物具有长期高毒性。制备:由植物精油分馏提取而得。用途:常用其右旋体,作香精香料,在临床上用于胆囊炎、胆管炎、胆结石等的治疗。

L-(-)-薄荷醇(L-menthol)　亦称"薄荷冰""左薄荷脑""L-孟醇",系统名"(1R,2S,5R)-2-异丙基-5-甲基环己醇"。CAS 号 2216-51-5。分子式 $C_{10}H_{20}O$,分子量 156.27。无色针状晶体,有薄荷气味。熔点 43℃,沸点 212℃,闪点 91℃,密度 0.890^{25} g/cm³。微溶于水,易溶于乙醇、乙醚、丙酮、乙酸、氯仿。对皮肤和眼睛有刺激性。制备:从薄荷油中提取或百里香酚氢化。用途:作赋香剂,临床上外用作为刺激药,具有清凉止痒作用,内服用于头痛及鼻、咽、喉炎症等。

L-(-)-薄荷酮(L-menthone)　亦称"薄荷酮""L-蓋酮",系统名"(2S,5R)-2-异丙基-5-甲基环己酮"。CAS 号 14073-97-3。分子式 $C_{10}H_{18}O$,分子量 154.25。无色液体,有淡淡薄荷气味。熔点-6℃,沸点 210℃,闪点 73℃,密度 0.895 g/mL。微溶于水,易溶于乙醇、乙醚、丙酮、氯仿。液体及蒸气易燃,对皮肤有刺激性,对皮肤可能有过敏反应,对水生生物有长期毒性。制备:由 L-薄荷醇氧化而得。用途:作香精香料。

胡椒酮(piperitone)　系统名"3-甲基-6-异丙基-2-环己烯-1-酮"。CAS 号 89-81-6。分子式 $C_{10}H_{16}O$,分子量 152.23。无色液体,有类似樟脑和薄荷气味。熔点<25℃,沸点 233℃,闪点 98℃,密度 0.933 g/mL。微溶于水,易溶于乙醇。对皮肤有刺激性。制备:从日本薄荷油或阔叶桉油提取,或由 5-甲基-2-异丙基苯甲醚合成。用途:作香精香料。

α-紫罗兰酮(α-ionone)　亦称"甲位紫罗兰酮""α-芷香酮",系统名"(3E)-4-(2,6,6-三甲基-2-环己烯-1-基)-3-丁烯-2-酮"。CAS 号 127-41-3。分子式 $C_{13}H_{20}O$,分子量 192.30。无色或淡黄色液体,有木质的紫罗兰气味。沸点 130～132℃(13 Torr),闪点 104℃,密度 0.929 g/mL。微溶于水,易溶于乙醇、乙醚、氯仿、苯。如果吸入,可能导致过敏、哮喘症状及呼吸困难。制备:由柠檬醛与丙酮缩合、环化制备。用途:作香精香料。

β-紫罗兰酮(β-ionone)　亦称"乙位紫罗兰酮""香堇

酮""β-芷香酮",系统名"(3E)-4-(2,6,6-三甲基-1-环己烯-1-基)-3-丁烯-2-酮"。CAS号79-77-6。分子式$C_{13}H_{20}O$,分子量192.30。无色或淡黄色液体,有木香气味。熔点-35℃,沸点271℃,闪点>113℃,密度0.945 g/mL。微溶于水,易溶于乙醇、乙醚、氯仿、苯。对水生生物有长期毒性。制备:由柠檬醛与丙酮缩合、环化制备。用途:作香精香料,合成维生素A的原料。

斑蝥素(cantharidin) 亦称"斑蝥酸酐",系统名"2,6-二甲基-4,10-二氧三环-[5.2.1.0²,⁶]癸-3,5-二酮"。CAS号56-25-7。分子式$C_{10}H_{12}O_4$,分子量196.20。无色无味片状晶体。熔点215~217℃,84℃升华。难溶于冷水,微溶于热水、乙醇、苯。吞食致命,对皮肤、眼睛、胃肠道有刺激性。制备:从昆虫斑蝥虫体提取,也可通过化学合成。用途:用于生化研究,作抗肿瘤药,作羟基斑蝥胺的中间体。

甲基斑蝥胺(methyl cantharidimide) 系统名"N-甲基-六氢-3a,7a-二甲基-4,7-环氧异苯骈吡咯-1,3-二酮"。CAS号76970-78-0。分子式$C_{11}H_{15}NO_3$,分子量209.24。白色无臭针状晶体。熔点124~125℃。微溶于冷水,易溶于热水、氯仿、丙酮。吞食致命,对皮肤、眼睛、胃肠道有刺激性。制备:由斑蝥素合成。用途:作抗肿瘤药物,治疗原发性肝癌药物。

(-)-α-侧柏酮((-)-α-thujone) 亦称"(-)-α-苧酮""(-)-α-崖柏酮""(-)-α-守酮",系统名"[1S-(1α,4α,5α)]-4-甲基-1-(1-甲基乙基)二环[3.1.0]己烷-3-酮"。CAS号546-80-5。分子式$C_{10}H_{16}O$,分子量152.23。无色透明液体,有类似于薄荷醇气味。熔点<25℃,沸点203℃,闪点64℃,密度0.919¹⁵ g/mL。难溶于水,易溶于乙醇。吞食有害。制备:从侧柏叶挥发油中提取。用途:作香精香料。

扁柏酚(hinokitiol) 亦称"桧木醇",系统名"2-羟基-4-异丙基-2,4,6-环庚三烯-1-酮"。CAS号499-44-5。分子式$C_{10}H_{12}O_2$,分子量164.20。白色或微黄色晶体粉末,有木香气味。熔点50~52℃,沸点303~304℃,闪点>100℃。难溶于水,易溶于乙醇。吞食有害。制备:扁柏树干中提取,或由环戊二烯和异丙基化试剂合成。用途:作抗菌、防虫剂。

α-蒎烯 释文见626页。

β-蒎烯 释文见626页。

马鞭草烯酮(verbenone) 亦称"马苄烯酮",系统名"4,6,6-三甲基双环[3.1.1]-3-庚烯-2-酮"。CAS号80-57-

9。分子式$C_{10}H_{14}O$,分子量150.22。无色或黄色澄清黏稠液体,有类似樟脑气味。熔点6.5℃,沸点227~228℃,闪点85℃,密度0.975 g/mL。难溶于水,易溶于乙醇。吞食有害,对皮肤可能有过敏作用。制备:由α-蒎烯氧化而得。用途:作蒎烯类合成香料的起始原料或中间体。

天然樟脑(D-camphor) 亦称"右旋樟脑""(+)-樟脑",系统名"(1R,4R)-1,7,7-三甲基双环[2.2.1]庚烷-2-酮"。CAS号464-49-3。分子式$C_{10}H_{16}O$,分子量152.24。无色或白色晶体,有刺鼻芳香气味。熔点179℃,沸点207℃,闪点64℃。微溶于水,易溶于乙醇。易燃,吸入蒸气有害,对皮肤和眼睛有刺激性。制备:樟脑树干中提取。用途:在赛璐珞生产中作增塑剂,作手性中间体,还用于中药材和防蛀剂等。

合成樟脑(DL-camphor) 亦称"消旋樟脑""2-莰酮",系统名"1,7,7-三甲基双环[2.2.1]庚烷-2-酮"。CAS号76-22-2。分子式$C_{10}H_{16}O$,分子量152.23。无色或白色晶体,有刺鼻芳香气味。熔点176~177℃,沸点204~205℃,闪点66℃。难溶于水,易溶于乙醇。易燃,吸入蒸气致命,与皮肤接触有害,对皮肤和眼睛有刺激性。制备:由龙脑等合成。用途:在赛璐珞生产中作增塑剂,用于防蛀剂。

冰片(borneol) 亦称"2-莰醇""龙脑",系统名"内型-1,7,7-三甲基-二环[2.2.1]庚-2-醇"。CAS号507-70-0。分子式$C_{10}H_{18}O$,分子量154.25。白色半透明晶体,有类似樟脑气味,易燃。熔点202℃,沸点212℃,闪点60℃。微溶于水,可溶于乙醇、乙醚。制备:由蒎烯合成或樟脑氢化。用途:作香料,用于制药。

异冰片(isoborneol) 亦称"2-异莰醇""异龙脑",系统名"外型-1,7,7-三甲基-二环[2.2.1]庚-2-醇"。CAS号124-76-5。分子式$C_{10}H_{18}O$,分子量154.25。白色固体,有类似樟脑气味,易燃。熔点213℃,沸点76~77℃(3 Torr),闪点93℃。难溶于水,可溶于乙醇、乙醚。制备:由樟脑氢化而得。用途:作香精香料,也用作防腐剂。

葑酮(fenchone) 亦称"小茴香酮",系统名"1,3,3-三甲基二环[2.2.1]庚-2-酮"。CAS号1195-79-5。分子式$C_{10}H_{16}O$,分子量152.23。无色至淡黄色透明液体,有清凉的类似樟脑和薄荷气味。熔点5℃,沸点191~193℃,闪点60℃,密度0.944 g/mL。难溶于水,可溶于乙醇、乙醚。液体及其蒸气易燃。制备:由松节油化学合成。用途:作香精香料。

法呢醇(farnesol)　亦称"合金欢醇",系统名"3,7,11-

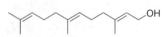

三甲基-(2Z,6Z,10)-十二烷三烯-1-醇"。CAS 号 4602-84-0。分子式 $C_{15}H_{26}O$,分子量222.37。无色液体,有淡雅花香。熔点<25℃,沸点110～113℃(0.35 Torr),闪点112℃,密度0.887 g/mL。难溶于水,易溶于乙醇。对皮肤和眼睛有刺激性。制备:从麝葵籽油或檀木油中提取。用途:作香精香料。

(十)-柏木醇(cedrol)　亦称"(＋)-雪松醇""(＋)-柏木脑",系统名"(1S,2R,5S,7R,8R)-2,6,6,8-四甲基三环[5.3.1.01.5]十一烷-8-

醇"。CAS 号77-53-2。分子式 $C_{15}H_{26}O$,分子量222.37。白色针状晶体,有柏木香气。熔点86℃,沸点273℃,闪点81℃。难溶于水,易溶于乙醇。对皮肤有轻微刺激性。制备:从松柏类植物精油中提取。用途:作香精香料。

牻牛儿酮(germacrone)　亦称"杜鹃酮""吉马酮""大根香叶酮",系统名"(E,E)-3,7-二甲基-10-(1-甲基亚乙基)-3,7-环癸二烯-1-酮"。

CAS 号6902-91-6。分子式 $C_{15}H_{22}O$,分子量218.33。淡黄色晶体。熔点55.5～56.0℃,沸点153～157℃(13 Torr),闪点148.4℃,密度0.991 g/cm³。对皮肤有刺激性,对眼睛有严重刺激性,对呼吸道可能有刺激性。制备:由兴安杜鹃的叶及双叶细辛挥发油等植物提取。用途:作药物,具有镇咳、平喘及一定的细胞毒作用。

愈创奥(guaiazulene)　亦称"愈创兰油烃",系统名"1,4-二甲基-7-异丙基薁"。CAS 号489-

84-9。分子式 $C_{15}H_{18}$,分子量198.30。深蓝色晶体或黏稠液体。熔点31.5℃,沸点153℃(7 Torr),闪点>110℃,密度0.976²⁵ g/cm³。难溶于水、乙醇,可溶于氯仿、乙醚。吞食有害。制备:由植物提取。用途:作药物,可消炎和促进组织肉芽再生。

愈创醇(guaiol)　亦称"愈创木醇",系统名"[3S-(3α,5α,8α)]-1,2,3,4,5,6,7,8-八氢-α,α-3,8-四甲基-5-奥甲醇"。CAS 号 489-86-1。

分子式 $C_{15}H_{26}O$,分子量222.37。白色柱状晶体,有木香气味。熔点91～93℃,沸点309～310℃,闪点113℃,密度0.971 g/cm³。难溶于水,可溶于乙醇、乙醚、氯仿。对皮肤有刺激性。制备:从愈创木中提取。用途:用作香料。

山道年(santonin)　亦称"驱蛔素""茴蒿素",系统名"(3S,3aS,5aS,9bS)-3,5a,9-三甲基-3a,4,5,9b-四氢-3H-苯并[g][1]苯并呋喃-2,8-二酮"。CAS 号481-06-1。分子式 $C_{15}H_{18}O_3$,分子量246.30。无色晶体或白色粉末。

熔点172～173℃。微溶于水,可溶于氯仿、乙醇和苯。吞食有害,对皮肤、眼睛、胃肠道有刺激性。制备:由菊科艾属植物蛔蒿的花蕾提取。用途:曾用作驱虫药,现已被临床淘汰。

青蒿素(artemisinin)　亦称"黄花蒿素""黄花素""黄蒿素",系统名"(3R,5aS,6R,8aS,9R,10S,12R,12aR)-十氢-3,6,9-三甲基-10-甲氧基-3,12-桥氧-12H-吡喃并[4,3-j]-1,2-苯并二塞平-10-酮"。CAS 号63968-

64-9。分子式 $C_{15}H_{22}O_5$,分子量282.33。白色无臭晶体或晶体粉末。熔点156～157℃,沸点389.9℃。难溶于水,可溶于甲醇、乙醇、乙醚,易溶于氯仿、乙酸乙酯、苯。加热可能会着火,对水生生物有非常大的长期毒性。制备:由黄花蒿茎叶中提取。用途:作抗疟疾药物。

蒿甲醚(artemether)　亦称"甲基还原青蒿素",系统名"(3R,5aS,6R,8aS,9R,10S,12R,12aR)-十氢-3,6,9-三甲基-3,12-桥氧-12H-吡喃并[4,3-j]-1,2-苯并二塞平-10-酮"。CAS 号 71963-77-4。分子式

$C_{16}H_{26}O_5$,分子量298.37。无色针状晶体。熔点86～89℃,沸点358℃。可溶于乙醇、乙酸乙酯,易溶于氯仿、丙酮。吞食有害。制备:由青蒿素合成。用途:作抗疟疾药物。

环桉醇(eucalyptol)　亦称"桉树脑""桉叶油""1,8-环氧对孟烷""欧卡那卜托",系统名"1,3,3-三甲基-2-氧杂双环[2.2.2]辛烷"。CAS 号 470-82-

6。分子式 $C_{10}H_{18}O$,分子量154.25。无色液体,有类似樟脑气味。熔点1.5℃,沸点176℃,闪点49℃,密度0.927²⁰ g/mL。可溶于乙醇、乙酸乙酯,易溶于氯仿、丙酮。液体及蒸气易燃,吞食进入胃肠道致命,对皮肤和眼睛有刺激性,对水生生物有长期毒性。制备:从蓝桉树中提取。用途:作香精香料。

植物醇(phytol)　亦称"叶绿醇""植醇",系统名"(E)-3,7,11,15-四甲基-2-十六碳烯-1-醇"。CAS 号150-86-7。分子式 $C_{20}H_{40}O$,分子量296.53。无色或浅黄色油状液体,有芳香气味。熔点<25℃,沸点202～204℃,闪点>100℃,密度0.850²⁵ g/mL。难溶于水,可溶于乙醇、乙酸乙酯、丙酮。对皮肤有刺激性,对水生生物有很大的长期毒性。制备:从蚕沙提取,或以叶绿素为原料,经碱性氧化后真空蒸馏制得。用途:作合成维生素 K_1、维生素 E 的中间体。

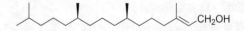

视黄醛(retinal)　亦称"维生素 A 醛""全反式视黄醛"

"全反式视网膜醛",系统名"(2E,4E,6E,8E)-3,7-二甲基-9-(2,6,6-三甲基-1-环己烯-1-基)-2,4,6,8-壬四烯-1-醛"。CAS 号 116-31-4。分子式 $C_{20}H_{28}O$,分子量 284.44。黄色粉末。熔点 61~63℃。难溶于水。吞食对人体有害,对皮肤有刺激性,对水生生物可能有长期毒性。制备:由维生素 A 氧化断裂形成。用途:是眼球发育中重要的信号转导分子,参与视黄醇的生化反应过程。

视黄醇(retinol) 亦称"维生素 A""维生素 A_1""全反式视黄醇""抗干眼醇""视网醇""视黄素",系统名"(2E,4E,6E,8E)-3,7-二甲基-9-(2,6,6-三甲基-1-环己烯-1-基)-2,4,6,8-壬四烯-1-醇"。CAS 号 68-26-8。分子式 $C_{20}H_{30}O$,分子量 286.45。黄色片状晶体或橙色固体。熔点 62~64℃,沸点 137~138℃(0.001 3 Pa),闪点-26℃。难溶于水、甘油,易溶于无水乙醇、甲醇、氯仿、醚和油脂。吞食有害,可能造成皮肤过敏,对眼睛有严重刺激性,可能造成生殖损伤或对胎儿有害,亦可能对水生生物有长期危害。制备:由鱼肝油中提取,或由 β-紫罗兰酮合成得到。用途:具有维持正常视觉功能、维持骨骼正常生长发育的生理作用,用于治疗维生素 A 缺乏症,在饲料工业中作为维生素类饲料添加剂。

松香酸 释文见 470 页。

角鲨烯(squalene) 亦称"反式角鲨烯""鲨烯""角鲛油素""鱼肝油萜",系统名"(6E,10E,14E,18E)-2,6,10,15,19,23-六甲基-2,6,10,14,18,22-二十四碳己烯"。CAS 号 111-02-4。分子式 $C_{30}H_{50}$,分子量 410.72。透明微黄色液体,有微弱宜人香味。熔点

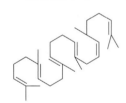

-4.8℃,沸点 421.3℃,闪点 110℃,密度 0.858 g/mL。难溶于水,微溶于乙醇和乙酸,易溶于乙醚、石油醚、四氯化碳、丙酮和其他脂肪性溶剂。吞食和吸入可能致命。制备:由鲨鱼肝油蒸馏得到。用途:是胆固醇生物合成中间体之一,用作营养品。

龙涎香醇(ambrein) 亦称"龙涎精",系统名"E-1-((1R,2R,5S,9S,10S)-2,5,5,9-四甲基-2-羟基-四氢萘-1-基)-6-((1S)-2,2-二甲基-6-亚甲基环己基)-4-甲基-3-己烯"。CAS 号 473-03-0。分子式 $C_{30}H_{52}O$,分子量 428.75。晶状固体。熔点 82~83℃,沸点 210℃(0.1 Torr),闪点 222℃,$[\alpha]_D$ +14.1(c=1,苯)。难溶于水,可溶于乙醇。制备:由抹

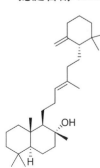

香鲸的病状分泌物中提取。用途:作香水的定香剂,是中药材龙涎香的主要成分,医疗上用于开窍化痰、活血利气。

穿心莲内酯(andrographolide) 亦称"穿心莲乙素""雄茸内酯",系统名"3,7,12,16-四甲基-1,18-二(2,6,6-三甲基-1-环己烯-1-基)-1,3,5,7,9,11,13,15,17-十八碳九烯"。CAS 号 5508-58-7。分子式 $C_{20}H_{30}O_5$,分子量 350.45。无色无臭晶体粉末。熔点 218℃。难溶于水,微溶于甲醇、乙醇,可溶于沸乙醇。对皮肤、眼睛、胃肠道有刺激性。制备:由穿心莲的全草或叶中提取。用途:作药物成分,临床用于清热解毒、抗菌消炎。

β-胡萝卜素(β-carotene) 亦称"β-叶红素""橙黄素""前维生素 A",系统名"3,7,12,16-四甲基-1,18-二(2,6,6-三甲基-1-环己烯-1-基)-1,3,5,7,9,11,13,15,17-十八碳九烯"。CAS 号 7235-40-7。分子式 $C_{40}H_{56}$,分子量 536.89。棕红色或紫罗兰色晶体或晶体粉末。熔点 183℃。难溶于水、乙醇、甘油,微溶于正己烷,可溶于丙酮。对皮肤有刺激性,对眼睛有强烈刺激性,对水生生物有长期危害。制备:植物中提取或微生物发酵而得。用途:作营养品、色素。

玉米黄素(zeaxanthin) 亦称"玉米黄酯""玉米黄质",系统名"(1R)-3,5,5-三甲基-4-[(1E,3E,5E,7E,9E,11E,13E,15E,17E)-3,7,12,16-四甲基-18-[(4R)-2,6,6-三甲基-4-羟基-1-环己烯-1-基]-1,3,5,7,9,11,13,15,17-十八碳九烯基]-1-环己醇-3-烯"或"(3R,3'R)-β,β-胡萝卜素-3,3'-二醇"。CAS 号 144-68-3。分子式 $C_{40}H_{56}O_2$,分子量 568.89。黄色固体。熔点 215.5℃。难溶于水,易溶于乙醚、石油醚、丙酮等有机溶剂。可能对水生生物具有长期毒性。制备:由玉米蛋白粉中提取。用途:作食品添加剂、色素。

叶黄素(lutein) 亦称"黄体素""胡萝卜醇",系统名"(1S)-3,5,5-三甲基-4-[(1E,3E,5E,7E,9E,11E,13E,15E,17E)-3,7,12,16-四甲基-18-[(1R,4R)-2,6,6-三甲基-4-羟基-2-环己烯-1-基]-1,3,5,7,9,11,13,15,17-十八碳九烯基]-1-环己醇-3-烯"或"(3S,3'R,6'R)-β,ε-胡萝卜素-3,3'-二醇"。CAS 号 127-40-2。分子式 $C_{40}H_{56}O_2$,分子

量 568.89。黄色固体。熔点 196℃，闪点 14℃。难溶于水，易溶于脂肪性溶剂。对皮肤有刺激性，对眼睛有强烈刺激性，对水生生物有长期危害。制备：由牧草或苜蓿用溶剂萃取后经皂化以除去叶绿素，然后用溶剂提纯后再脱溶而得。用途：作食品添加剂、营养品、色素。

番茄红素（lycopene） 亦称"ψ,ψ-胡萝卜素""茄红素""西红柿红素"，系统名"(4E,6E,8E,10E,12E,14E,16E,18E,20E,22E,24E,26E,30E)-2,6,10,14,19,23,27,31-八甲基-2,4,6,8,10,12,14,16,18,20,22,24,26,30-三十二碳十四烯"。CAS 号 502-65-8。分子式 $C_{40}H_{56}$，分子量 536.89。深红色固体。熔点 175℃。难溶于水、甲醇、乙醇，可溶于乙醚、石油醚、己烷、丙酮，易溶于氯仿、二硫化碳、苯、油脂等。可能对皮肤、眼睛、呼吸系统有刺激性。制备：自番茄中提取。用途：作营养品、色素。

雷公藤甲素（triptolide） 亦称"雷公藤内酯""雷公藤内酯醇"。CAS 号 38748-32-2。分子式 $C_{20}H_{24}O_6$，分子量 360.40。白色至灰白色固体。熔点 226～227℃，闪点 220.7℃。难溶于水，可溶于甲醇、乙酸乙酯、氯仿。如果吸入或吞食致命，可能损害生育能力或对胎儿有害。制备：从雷公藤中提取，或由雷公藤内酯酮合成得到。用途：制备雷公藤软膏，用于治疗银屑病。

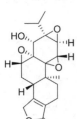

碳 水 化 合 物

DL-甘油醛（glyceraldehyde） 亦称"丙醛糖"，系统名"2,3-二羟基丙醛"。CAS 号 56-82-6。分子式 $C_3H_6O_3$，分子量 90.08。无臭白色晶体。熔点 145℃，沸点 140～150℃（0.8 Torr）。可溶于水，不溶于苯、石油醚及戊烷。吞入有害。制备：甘油经催化氧化或经过生源途径合成。用途：用于生化研究、有机合成中间体、营养剂。

1,3-二羟基丙酮（1,3-dihydroxyacetone） 亦称"丙酮糖"，系统名"1,3-二羟基-2-丙酮"。CAS 号 96-26-4。分子式 $C_3H_6O_3$，分子量 90.08。有特殊气味的白色晶体粉末。熔点 89～91℃。溶于乙醚、乙醇、丙酮，易溶于水。对皮肤有刺激性，对眼睛有强刺激性，可能对呼吸系统有刺激性。制备：以甘油为原料经山梨酸菌发酵得到。用途：作医药中间体，化妆品配方原料。

D-赤藓糖（D-erythrose） 亦称"D-赤丝藻糖"，系统名"(2R,3R)-2,3,4-三羟基丁醛"。CAS 号 583-50-6。分子式 $C_4H_8O_4$，分子量 120.10。易潮解的浅黄色糖浆。熔点 <25℃，折射率 1.498。易溶于水。对皮肤、眼睛和呼吸系统有刺激性。制备：由 D-阿拉伯糖酸钙经氧化制备。用途：作生化试剂。

L-赤藓糖（L-erythrose） 亦称"L-赤丝藻糖"，系统名"(2S,3S)-2,3,4-三羟基丁醛"。CAS 号 533-49-3。分子式 $C_4H_8O_4$，分子量 120.10。易潮解的浅黄色糖浆。熔点 164℃，沸点 311℃。易溶于水。避免接触皮肤和眼睛。制备：由 L-阿拉伯糖酸钙经氧化制备。用途：作生化试剂。

D-苏糖（D-threose） 亦称"D-苏阿糖""D-苏丁糖"，系统名"(2S,3R)-2,3,4-三羟基丁醛"。CAS 号 95-43-2。分子式 $C_4H_8O_4$，分子量 120.10。易潮解的无色糖浆。熔点 130℃，沸点 291℃。微溶于水。吞入有害，对皮肤具有刺激性，对眼睛具有严重刺激性，可能对呼吸道具有刺激性。制备：由赤藓糖在钼酸催化下异构化得到。用途：作生化试剂。

L-苏糖（L-threose） 亦称"L-苏阿糖""L-苏丁糖"，系统名"(2R,3S)-2,3,4-三羟基丁醛"。CAS 号 95-44-3。分子式 $C_4H_8O_4$，分子量 120.10。固体或糖浆。熔点 162～163℃，沸点 290.6℃。可溶于水。吞入有害，对皮肤具有刺激性，对眼睛具有严重刺激性，可能对呼吸道具有刺激性。制备：由赤藓糖在钼酸催化下异构化得到。用途：作生化试剂。

D-核糖（D-(−)-ribose） 亦称"D-脆核糖""异性树胶糖""右旋核糖""异树胶糖"，系统名"(2R,3R,4R)-2,3,4,5-四羟基戊醛"。CAS 号 50-69-1。分子式 $C_5H_{10}O_5$，分子量 150.13。具有清凉甜味的白色晶体粉末。熔点 88～92℃。溶于水，难溶于乙醚。避免与皮肤和眼睛接触。制备：由 D-阿拉伯糖酸差向异构化制得。用途：作医药原料、保健品、中间体、食品添加剂等。

L-核糖（L-(+)-ribose） 亦称"L-脆核糖"，系统名"(2S,3S,4S)-2,3,4,5-四羟基戊醛"。CAS 号 24259-59-4。分子式 $C_5H_{10}O_5$，分子量 150.13。具有甜味的白色晶体粉末。熔点 87℃。难溶于乙醚，可溶于甲醇、乙醇，易溶于水。吸入或吞入有害，可能对皮肤、眼睛、消化道具有刺激性。制备：由 L-阿拉伯糖酸差向异构化制得。用途：作医药中间体。

D-阿拉伯糖（D-arabinose）　亦称"D-阿(戊)糖""D-树胶醛糖"，系统名"(2S,3R,4R)-2,3,4,5-四羟基戊醛"。CAS 号 10323-20-3。分子式 $C_5H_{10}O_5$，分子量 150.13。白色晶体粉末。熔点 159℃。难溶于乙醚，微溶于乙醇，易溶于水。吸入或吞入有害，可能对皮肤、眼睛、消化道具有刺激性。制备：由 D-葡萄糖酸氧化降解。用途：作医药中间体、生化试剂。

L-阿拉伯糖（L-arabinose）　亦称"L-阿(戊)糖""果胶糖"，系统名"(2R,3S,4S)- 2,3,4,5-四羟基戊醛"。CAS 号 5328-37-0。分子式 $C_5H_{10}O_5$，分子量 150.13。无色晶体或晶体粉末。熔点 166℃。难溶于乙醚、乙醇，易溶于水。吸入或吞入有害，可能对皮肤、眼睛、消化道具有刺激性。制备：用酸或碱水解植物纤维制得。用途：作医药中间体、食品添加剂。

D-木糖（D-xylose）　亦称"D-木质醛糖""D-戊醛糖""D-戊醣"，系统名"(2S,3R,4S)-2,3,4,5-四羟基戊醛"。CAS 号 58-86-6。分子式 $C_5H_{10}O_5$，分子量 150.13。有特殊气味和爽口甜味的白色晶体。熔点 153～154℃，闪点＞100℃。难溶于乙醚、乙醇，易溶于水、热乙醇。对皮肤、眼睛和呼吸系统有刺激性。制备：用酸水解木材中的木聚糖制得。用途：制备木糖醇，在食品、饮料中作无热量甜味剂。

L-木糖（L-xylose）　亦称"L-木质醛糖""L-戊醛糖""L-戊醣"，系统名"(2R,3S,4R)-2,3,4,5-四羟基戊醛"。CAS 号 609-06-3。分子式 $C_5H_{10}O_5$，分子量 150.13。白色至类白色晶体粉末。熔点 144℃。难溶于乙醚、乙醇，易溶于水。对皮肤有刺激性，对眼睛有严重刺激性，可能对呼吸系统有刺激性。制备：由 D-葡萄糖或 2,4-二苄叉山梨醇合成。用途：作医药中间体、生化试剂。

α-D-(－)-来苏糖（α-D-(－)-lyxose）　亦称"α-D-异木糖""α-D-胶木糖"，系统名"(2S,3S,4S,5R)-2,3,4,5-四羟基四氢吡喃"。CAS 号 608-46-8。分子式 $C_5H_{10}O_5$，分子量 150.13。白色至浅黄色晶体。熔点 108～112℃。易溶于水。对皮肤、眼睛和呼吸系统有刺激性。制备：由半乳糖作为原料，经 Ruff 降解或选择性氧化化学合成；或由阿拉伯糖经保护、还原、脱保护、氧化等步骤得到。用途：用作生化试剂。

β-D-(－)-来苏糖（β-D-(－)-lyxose）　亦称"β-D-异木糖""β-D-胶木糖"，系统名"(2R,3S,4S,5R)-2,3,4,5-四羟基四氢吡喃"。CAS 号 608-47-9。分子式 $C_5H_{10}O_5$，分子量 150.13。白色至浅黄色晶体。熔点 118～122℃。易溶于水。对皮肤、眼睛和呼吸系统有刺激性。制备：由半乳糖作为原料，经 Ruff 降解或选择性氧化化学合成；或由阿拉伯糖经保护、还原、脱保护、氧化等步骤得到。用途：用作生化试剂。

L-来苏糖（L-lyxose）　亦称"L-异木糖""L-胶木糖"，系统名"(2R,3R,4S)-戊醛-2,3,4,5-四醇"。CAS 号 1949-78-6。分子式 $C_5H_{10}O_5$，分子量 150.13。白色粉末。熔点 108～112℃。易溶于水。可能对皮肤、眼睛和呼吸系统有刺激性。制备：由 L-阿拉伯糖合成得到。用途：用作生化试剂。

α-D-(＋)-阿洛糖（α-D-(＋)-allose）　亦称"α-D-别己糖""α-D-别吡喃糖"，系统名"(2S,3R,4R,5S,6R)-6-羟甲基-2,3,4,5-吡喃四醇"。CAS 号 7282-79-3。分子式 $C_6H_{12}O_6$，分子量 180.16。白色晶体。熔点 148～150℃。易溶于水。对皮肤、眼睛和呼吸系统有刺激性。制备：用钠汞齐还原 D-阿洛糖酸内酯而得。用途：作生化试剂。

β-D-(＋)-阿洛糖（β-D-(＋)-allose）　亦称"β-D-别己糖""β-D-别吡喃糖"，系统名"(2R,3R,4R,5S,6R)-6-羟甲基-2,3,4,5-吡喃四醇"。CAS 号 7283-09-2。分子式 $C_6H_{12}O_6$，分子量 180.16。白色晶体。熔点 128～128.5℃。易溶于水。对皮肤、眼睛和呼吸系统有刺激性。制备：用钠汞齐还原 D-阿洛糖酸内酯而得。用途：作生化试剂。

D-阿卓糖（D-altrose）　系统名"(2S,3R,4R,5R)-2,3,4,5,6-五羟基己醛"。CAS 号 1990-29-0。分子式 $C_6H_{12}O_6$，分子量 180.16。类白色粉末。熔点 106～108℃。易溶于水，几乎不溶于乙醇。对皮肤、眼睛和呼吸系统有刺激性。制备：由 D-葡萄糖经化学反应制备。用途：作生化试剂。

L-阿卓糖（L-altrose）　系统名"(2R,3S,4S,5S)-2,3,4,5,6-五羟基己醛"。CAS 号 1949-88-8。分子式 $C_6H_{12}O_6$，分子量 180.16。白色粉末。熔点 107～109℃。易溶于水。为非危险性物质。制备：可由葡萄糖经化学合成转变制备。用途：作生化试剂。

D-(－)-古洛糖（D-(－)-gulose）　亦称"D-古罗糖""D-谷洛糖"，系统名"(2R,3R,4S,5R)-2,3,4,5,6-五羟基己醛"。CAS 号 4205-23-6。分子式 $C_6H_{12}O_6$，分子量 180.16。无色糖浆状液体。溶于水。可能对皮肤、眼睛

和呼吸系统有刺激性。存在于某些植物中。制备：可由钠汞齐还原古洛糖酸的内酯制备。用途：作生化试剂。

L-(＋)-古洛糖（L-(－)-gulose）　亦称"L-古罗糖""L-谷洛糖"，系统名"(2S,3S,4R,5S)-2,3,4,5,6-五羟基己醛"。CAS 号 6027-89-0。分子式 $C_6H_{12}O_6$，分子量 180.16。白色或类白色晶体粉末。熔点 132℃。易溶于水。对皮肤有刺激性，对眼睛有严重刺激性，可能对呼吸系统有刺激性。存在于某些植物中。制备：可由钠汞齐还原古洛糖酸的内酯制备。用途：作生化试剂。

D-(＋)-艾杜糖（D-(＋)-idose）　系统名"(2S,3R,4S,5R)-2,3,4,5,6-五羟基己醛"。CAS 号 5978-95-0。分子式 $C_6H_{12}O_6$，分子量 180.16。糖浆状液体。熔点 132℃，沸点 410℃，闪点 202℃。溶于水。避免与皮肤或眼睛直接接触。制备：利用 D-塔格糖异构化制备。用途：作生化试剂。

D-(＋)-塔罗糖（D-(＋)-talose）　系统名"(2S,3S,4S,5R)-2,3,4,5,6-五羟基己醛"。CAS 号 2595-98-4。分子式 $C_6H_{12}O_6$，分子量 180.16。白色晶体粉末。熔点 128～130℃。易溶于水，微溶于醇。对皮肤、眼睛和呼吸系统有刺激性。存在于某些植物和细菌中。制备：可由葡萄糖或甘露糖经化学反应制备。用途：用于土壤细菌毒性基因的表达控制研究。

L-(－)-塔罗糖（L-(－)-talose）　系统名"(2R,3R,4R,5S)-2,3,4,5,6-五羟基己醛"。CAS 号 23567-25-1。分子式 $C_6H_{12}O_6$，分子量 180.16。白色晶体粉末。熔点 120～123℃。易溶于水，微溶于醇。可能对皮肤、眼睛和呼吸系统有刺激性。制备：由 L-塔格糖经 L-鼠李糖异构酶制备。用途：作核糖-5-磷酸的底物。

D-赤藓酮糖（D-erythrulose；glycerotetrulose）　亦称"D-赤藻酮糖""D-苏酮糖"，系统名"(R)-1,3,4-三羟基-2-丁酮"。CAS 号 496-55-9。分子式 $C_4H_8O_4$，分子量 120.10。无色糖浆。沸点 349.6℃。易溶于水。制备：由赤藓糖醇氧化或发酵得到。用途：作生化试剂，合成中间体。

L-赤藓酮糖（L-erythrulose）　亦称"L-赤藻酮糖""L-苏酮糖"，系统名"(S)-1,3,4-三羟基-2-丁酮"。CAS 号 533-50-6。分子式 $C_4H_8O_4$，分子量 120.10。淡黄色透明糖浆。闪点 179.4℃，折射率 1.507。易溶于水，微溶于醇。吸入可能有害，可能对皮肤、眼睛、呼吸道有刺激性。制备：由羟乙醛或 L-苏糖醇合成得到。

用途：作医药中间体。

D-核酮糖（D-ribulose）　系统名"(3R,4R)-1,3,4,5-四羟基-2-戊酮"。CAS 号 488-84-6。分子式 $C_5H_{10}O_5$，分子量 150.13。糖浆状液体。闪点 251.6℃，密度 1.516 g/cm³。易溶于水。避免与皮肤或眼睛直接接触。制备：用生物方法对其他五碳糖进行异构化得到。用途：用作生化试剂，合成中间体。

D-木酮糖（D-xylulose）　亦称"D-苏式戊酮糖"，系统名"(3S,4R)-1,3,4,5-四羟基-2-戊酮"。CAS 号 551-84-8。分子式 $C_5H_{10}O_5$，分子量 150.13。浅黄色液体。熔点 15℃。易溶于水。制备：通过生物方法对其他五碳糖进行异构化得到；或以山梨糖醇为底物，通过多步催化氧化得到。用途：作化学试剂。

L-木酮糖（L-xylulose）　亦称"L-苏式戊酮糖"，系统名"(3R,4S)-1,3,4,5-四羟基-2-戊酮"。CAS 号 527-50-4。分子式 $C_5H_{10}O_5$，分子量 150.13。液体。闪点 113℃。易溶于水。制备：由 L-核酮糖或 D-木糖醇合成。用途：作化学试剂。

D-阿洛酮糖（D-allulose；D-psicose）　系统名"(3R,4R,5R)-1,3,4,5,6-五羟基-2-己酮"。CAS 号 551-68-8。分子式 $C_6H_{12}O_6$，分子量 180.16。白色晶体粉末。熔点 109℃，沸点 552℃。易溶于水。吞入有害，对皮肤、眼睛、呼吸道有刺激性。制备：利用酶固定转化法，由果糖异构得到。用途：有调节血糖等功能，作低能量甜味剂。

L-阿洛酮糖（L-psicose）　系统名"(3S,4S,5S)-1,3,4,5,6-五羟基-2-己酮"。CAS 号 16354-64-6。分子式 $C_6H_{12}O_6$，分子量 180.16。白色粉末。熔点 113℃。易溶于水。制备：由阿洛醇经弗托氏葡糖杆菌转化而得。用途：作有机合成中间体。

D-塔格酮糖（D-tagatose）　亦称"D-塔格糖""D-万寿菊糖"，系统名"(3S,4S,5R)-1,3,4,5,6-五羟基-2-己酮"。CAS 号 87-81-0。分子式 $C_6H_{12}O_6$，分子量 180.16。白色粉末。熔点 133～135℃。易溶于水。吸入或吞入可能有害，经皮肤吸收可能有害，可能对皮肤、眼睛和呼吸系统有刺激性。制备：由半乳糖经异构化酶转化而得。用途：作低热量甜味剂、阻湿剂、组织改进剂、稳定剂。

L-塔格酮糖（L-tagatose） 亦称"L-塔格糖""L-万寿菊糖"，系统名"(3R,4R,5S)-1,3,4,5,6-五羟基-2-己酮"。CAS 号 17598-82-2。分子式 $C_6H_{12}O_6$，分子量 180.16。白色至淡黄色粉末。熔点 131℃。易溶于水。制备：由 D-半乳糖醇制备。用途：作低热量甜味剂。

D-山梨糖（D-sorbose） 系统名"(3R,4S,5R)-1,3,4,5,6-五羟基-2-己酮"。CAS 号 3615-56-3。分子式 $C_6H_{12}O_6$，分子量 180.16。白色晶体。熔点 163～165℃。易溶于水,微溶于乙醇及异丙醇,不溶于醚、苯、丙醇和氯仿。吸入或吞入可能有害,经皮肤吸收可能有害,可能对皮肤、眼睛和呼吸系统有刺激性。制备：以 D-山梨醇为原料,经细菌氧化而得。用途：用作生产维生素 C 和表面活性剂的原料,在食品工业中作甜味剂、保湿剂、螯合剂和组织改良剂,在医药工业中作药物中间体。

D-葡萄糖（D-(＋)-glucose） 亦称"右旋糖",系统名"(2R,3S,4R,5R)-2,3,4,5,6-五羟基己醛"。CAS 号 50-99-7。分子式 $C_6H_{12}O_6$,分子量 180.16。白色晶体粉末,无臭,有甜味。有开链结构和环形结构,分 α 型及 β 型异构体。α 型熔点 146℃,β 型熔点 148～150℃。难溶于丙酮、乙酸乙酯,微溶于乙醇,易溶于水。制备：以淀粉为原料,经盐酸或稀硫酸水解制得;也可以淀粉为原料在淀粉糖化酶的作用下制得。用途：作营养型甜味剂、保水剂、组织改进剂、成型和加工助剂。

α-D-葡萄糖（α-D-(＋)-glucose） 亦称"右旋糖",系统名"(2S,3R,4S,5S,6R)-6-羟甲基-2,3,4,5-四氢吡喃四醇"。CAS 号 492-62-6。分子式 $C_6H_{12}O_6$,分子量 180.16。白色晶体粉末,无臭,有甜味。熔点 146℃,密度 1.544 g/cm^3。难溶于乙醚和芳香烃,微溶于乙醇,易溶于水。对皮肤、眼睛和呼吸系统有刺激性。制备：以淀粉为原料,经盐酸或稀硫酸水解制得;也可以淀粉为原料在淀粉糖化酶的作用下制得。用途：医药上可配成口服液或静脉注射液作为营养补给,食品工业中用作甜味料。

β-D-葡萄糖（β-D-(＋)-glucose） 亦称"右旋糖",系统名"(2R,3R,4S,5S,6R)-6-羟甲基-2,3,4,5-四氢吡喃四醇"。CAS 号 492-61-5。分子式 $C_6H_{12}O_6$,分子量 180.16。白色晶体粉末,无臭,有甜味。熔点 148～150℃,密度 1.56^{25} g/cm^3。溶于水,微溶

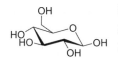

于乙醇,不溶于乙醚和芳香烃。避免与皮肤和眼睛接触。制备：以淀粉为原料,经盐酸或稀硫酸水解制得;也可以淀粉为原料在淀粉糖化酶的作用下制得。用途：医药上可配成口服液或静脉注射液作为营养补给,食品工业中用作甜味料。

D-甘露糖（D-(＋)-mannose） 系统名"(2S,3S,4R,5R)-2,3,4,5,6-五羟基己醛"。CAS 号 3458-28-4。分子式 $C_6H_{12}O_6$,分子量 180.16。白色晶体或晶体粉末,味甜带苦。有开链结构和环形结构,分 α 型和 β 型两种异构体,α 型熔点 133℃,β 型熔点 132℃。密度 1.539 g/cm^3。易溶于水,难溶于乙醇,不溶于乙醚。避免与皮肤和眼睛接触。制备：由富含 D-甘露糖的聚糖(象牙棕榈子、酵母甘露聚糖等)水解制备;也可由 D-甘露醇(海带制碘工业的副产品)在亚铁离子存在下,用过氧化氢氧化合成;也可由 D-葡萄糖差向异构化;或由 D-阿拉伯糖增长碳链等方法制备。用途：用于细胞培养及分子生物学,作甜味剂。

α-D-甘露糖（α-D-(＋)-mannose） 系统名"(2S,3S,4R,5S,6R)-6-羟甲基-2,3,4,5-四氢吡喃四醇"。CAS 号 7296-15-3。分子式 $C_6H_{12}O_6$,分子量 180.16。其理化性质、制备及用途见"D-甘露糖"。

β-D-甘露糖（β-D-(＋)-mannose） 系统名"(2R,3S,4S,5S,6R)-6-羟甲基-2,3,4,5-四氢吡喃四醇"。CAS 号 7322-31-8。分子式 $C_6H_{12}O_6$,分子量 180.16。其理化性质、制备及用途见"D-甘露糖"。

L-甘露糖（L-mannose） 系统名"(2R,3R,4R,5R,6S)-6-羟甲基-2,3,4,5-四氢吡喃四醇"。CAS 号 10030-80-5。分子式 $C_6H_{12}O_6$,分子量 180.16。棕灰色晶体粉末。熔点 129～131℃。易溶于水。吸入可能有害,可能对皮肤、眼睛、呼吸道具有刺激性。制备：由象牙棕榈子水解制备。用途：用于生化研究。

D-半乳糖（D-(＋)-galactose） 系统名"(2R,3S,4S,5R)-2,3,4,5,6-五羟基己醛"。CAS 号 59-23-4。分子式 $C_6H_{12}O_6$,分子量 180.16。白色晶体或晶体粉末,无特殊气味。有开链结构和环形结构,分 α 型和 β 型两种异构体,熔点 170℃,密度 1.6 g/cm^3。外消旋体熔点 163～165℃。能溶于水和吡啶,微溶于甘油和醇。避免与皮肤和眼睛接触。制备：由乳糖用酸水解制得。用途：用作营养药,医药上用于测定肝功能。

α-D-半乳糖（α-D-(＋)-galactopyranose） 系统名

"(2S,3R,4S,5R,6R)-6-羟甲基-2,3,4,5-四氢吡喃四醇"。CAS 号 3646-73-9。分子式 $C_6H_{12}O_6$，分子量 180.16。其理化性质、制备及用途见"D-半乳糖"。

β-D-半乳糖（β-D-（＋）-galactopyranose）系统名"(2R,3R,4S,5R,6R)-6-羟甲基-2,3,4,5-四氢吡喃四醇"。CAS 号 7296-64-2。分子式 $C_6H_{12}O_6$，分子量 180.16。其理化性质、制备及用途见"D-半乳糖"。

L-半乳糖（L-galactose）系统名"(2S,3R,4R,5S)-2,3,4,5,6-五羟基己醛"。CAS 号 15572-79-9。分子式 $C_6H_{12}O_6$，分子量 180.16。白色晶体粉末，无特殊气味。有开链结构和环形结构。熔点 160～162℃。易溶于水，溶于吡啶，微溶于甘油和醇。制备：由左旋维生素 C 合成或由半乳糖醇经半乳糖氧化酶催化合成。用途：是水莲花中 D-葡萄糖转化为草酸的关键中间体。

D-果糖（D-(-)-fructose）亦称"左旋糖"，系统名"(3S,4R,5R)-1,3,4,5,6-五羟基己-2-酮"。CAS 号 57-48-7。分子式 $C_6H_{12}O_6$，分子量 180.16。白色无臭晶体或晶体粉末，味甜，吸湿性极强。晶体以呋喃型结构形式存在，水溶液中以呋喃糖和吡喃糖两种形式存在。熔点 102～104℃，密度 1.694 g/cm³。易溶于水，溶于甲醇和乙醇，不溶于乙醚。避免与皮肤和眼睛接触。制备：将含有果糖的多糖体菊粉进行水解生成果糖，经分离而得成品。用途：作营养剂、药物、食品添加剂、生化试剂。

L-果糖（L-fructose）系统名"(3R,4S,5S)-1,3,4,5,6-五羟基己-2-酮"。CAS 号 7776-48-9。分子式 $C_6H_{12}O_6$，分子量 180.16。白色至类白色晶体粉末。熔点 101～103℃，密度 1.694 g/cm³。易溶于水，可溶于乙醇。吸入或吞食可能有害，可能对皮肤、眼睛、呼吸道有刺激性。制备：由 L-阿拉伯糖酸四乙酯合成，或酶催化 L-甘露糖异构化制备。用途：作有机合成原料及中间体。

纤维二糖（cellobiose）系统名"4-O-(β-D-吡喃葡萄糖基)-D-吡喃葡萄糖"。CAS 号 528-50-7。分子式 $C_{12}H_{22}O_{11}$，分子量 342.30。白色晶体粉末。熔点 225～226℃。不溶于乙醚和乙醇，易溶于水。制备：使用纤维素原料，通过化学酸解或酶解制备而得。用途：用作医药中间体，微生物培养基的基础试剂。

麦芽糖（maltose）亦称"淀粉糖"，系统名"4-O-(α-D-吡喃葡萄糖基)-D-吡喃葡萄糖"。

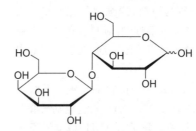

CAS 号 69-79-4。分子式 $C_{12}H_{22}O_{11}$，分子量 342.30。白色针状晶体，味甜，易吸湿。熔点 102～103℃。几乎不溶于乙醚，微溶于乙醇，易溶于水。制备：以淀粉为原料生产制得。用途：用作甜味剂、生物培养基、分析化学比色测定褐色标准。

乳糖（lactose）系统名"4-O-(β-D-吡喃半乳糖基)-D-吡喃葡萄糖"。CAS 号 63-42-3。分子式 $C_{12}H_{22}O_{11}$，分子量 342.30。白色晶体颗粒或粉末，味微甜。熔点 222.8℃，密度 1.525 g/cm³。不溶于氯仿或乙醚，微溶于乙醇，易溶于水。制备：由牛奶中的乳清制备。用途：用作营养型甜味剂、赋形剂、分散剂、矫味剂、营养剂。

蔗糖（sucrose）亦称"白砂糖"，系统名"β-D-呋喃果糖基-α-D-吡喃葡萄糖苷"。CAS 号 57-50-1。分子式 $C_{12}H_{22}O_{11}$，分子量 342.30。白色晶体颗粒或粉末，无臭，味甜。熔点 185～187℃，密度 1.587^{25} g/cm³。易溶于水，不溶于乙醚。制备：由甘蔗或甜菜经压榨或渗滤后经澄清、蒸发、结晶而得。用途：用于食品、化妆品、医药，也用于分析检测的标准品。

海藻糖（trehalose）亦称"蕈糖"，系统名"α-D-吡喃葡萄糖基-α-D-吡喃葡萄糖苷"。

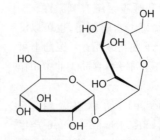

CAS 号 99-20-7。分子式 $C_{12}H_{22}O_{11}$，分子量 342.32。白色至灰白色晶体粉末，味甜。熔点 203℃，密度 1.76 g/cm³。不溶于乙醚、丙酮，易溶于水、热乙醇、乙酸。对眼睛、皮肤有刺激性。制备：以乳酸菌、酵母、霉菌及其他一些含海藻糖的菌体利用微生物抽提法提取，或将葡萄糖、麦芽糖或淀粉进行酶转化而成。用途：作甜味剂、生物活性物质的稳定剂和保护剂。

异麦芽糖（isomaltose）　系统名"6-O-(α-D-吡喃葡糖基)-D-吡喃葡萄糖"。CAS 号 499-40-1。分子式 $C_{12}H_{22}O_{11}$，分子量 342.30。白色粉末，味甜。熔点 120℃。易溶于水。吸入可能有害。制备：在 α-葡萄糖苷酶的作用下，以淀粉为原料生产。用途：用于生化研究，用作食品添加剂。

龙胆二糖（gentiobiose）　系统名"6-O-(β-D-吡喃葡糖苷基)-D-吡喃葡萄糖"。CAS 号 554-91-6。分子式 $C_{12}H_{22}O_{11}$，分子量 342.30。白色至灰白色粉末。熔点 86℃。溶于水及热的甲醇。可能对眼睛、皮肤、胃肠道产生刺激。制备：由葡萄糖为原料制备。用途：能促进益生菌双歧杆菌、乳酸菌的增殖，改善食品风味；主要用于化学和生物化学研究。

曲二糖（kojibiose）　系统名"2-O-(α-D-吡喃葡萄糖基)-D-吡喃葡萄糖"。CAS 号 2140-29-6。分子式 $C_{12}H_{22}O_{11}$，分子量 342.30。有甜味的白色固体。熔点 174.5℃。易溶于水。制备：由葡萄糖通过焦糖化反应制备。用途：作甜味剂，用于化学和生物化学研究。

松二糖（turanose）　亦称"土冉糖""土耳其干罗糖"，系统名"3-O-(α-D-吡喃葡萄糖基)-D-果糖"。CAS 号 547-25-1。分子式 $C_{12}H_{22}O_{11}$，分子量 342.30。白色晶体粉末。熔点 168℃。可溶于水和甲醇。可能对眼睛有刺激性，吞入或吸入有害。制备：在含淀粉性物质和果糖的水溶液中加入环糊精葡萄糖基转移酶制取，或者将淀粉蔗糖酶作用于蔗糖溶液制取。用途：作甜味剂，用于生化研究。

蜜二糖（melibiose）　系统名"6-O-(α-D-吡喃半乳糖基)-D-吡喃葡萄糖"。CAS 号 585-99-9。分子式 $C_{12}H_{22}O_{11}$，分子量 342.30。白色晶体粉末。熔点 84～85℃。易溶于水。可能对皮肤和眼睛有刺激性。制备：可从水苏糖中获得较高纯度的蜜二糖。用途：作食品添加剂。

异麦芽酮糖（isomaltulose）　亦称"帕拉金糖"，系统名"6-O-(α-D-吡喃葡糖基)-D-呋喃果糖"。CAS 号 13718-94-0。分子式 $C_{12}H_{22}O_{11}$，分子量 342.30。白色晶体，味甜。熔点 125～128℃，密度 1.53 g/cm³。易溶于水。可能对皮肤和眼睛有刺激性。制备：以蔗糖为原料，由非致病微生物中的蔗糖-葡萄糖基果糖变位酶转化后，经浓缩、结晶、分离制得成品。用途：作低甜度营养性甜味剂，与蔗糖并用时还有抑制蔗糖的致龋作用。

乳果糖（lactulose）　亦称"半乳糖苷果糖"，系统名"4-O-(β-D-吡喃半乳糖基)-D-呋喃果糖"。CAS 号 4618-18-2。分子式 $C_{12}H_{22}O_{11}$，分子量 342.30。白色粉末，味甜。熔点 169℃，密度 1.32 g/cm³。易溶于水。

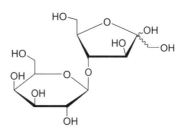

制备：以乳糖为原料，用氢氧化钠为异构化剂经反应而得；或通过 β-半乳糖苷酶的水解活力将乳糖水解成半乳糖和葡萄糖，再通过 β-半乳糖苷酶的转糖基活力将半乳糖转移给果糖受体从而生成乳果糖。用途：作间接的营养增补剂，有降低血氨及缓泻作用，主要用于治疗氨性肝昏迷、高血氨症及习惯性便秘等病症。

芸香糖（rutinose）　亦称"芦丁糖"，系统名"6-O-(α-L-吡喃鼠李糖)-D-吡喃葡糖"。CAS 号 90-74-4。分子式 $C_{12}H_{22}O_{10}$，分子量 326.30。白色至淡黄色晶体粉末。熔点 190.5℃。易溶于水，能溶于乙醇。制备：以芦丁为原料，通过鼠李糖苷酶水解而得。用途：用于医药、生化试剂。

壳二糖（N,N'-diacetylchitobiose）　亦称"N,N'-二乙酰基壳二糖"，系统名"4-O-(2-乙酰氨基-2-脱氧-β-D-吡喃葡糖基)-2-乙酰氨基-2-脱氧-D-葡萄糖"。

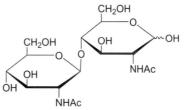

CAS 号 35061-50-8。分子式 $C_{16}H_{28}N_2O_{11}$，分子量 424.40。白色晶体粉末。熔点 245～247℃。能溶于水。对皮肤和眼睛有刺激性。制备：以来源于虾蟹壳的甲壳质为原料，经酶法降解、化学衍生和柱层析分离而得。用途：应用于医药、食品、水产养殖、现代农业、日用化工和生化试剂等领域。

黑曲霉二糖(nigerose)

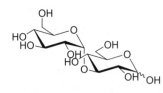

系统名"3-O-(α-D-吡喃葡萄糖基)-D-吡喃葡萄糖"。CAS 号 497-48-3。分子式 $C_{12}H_{22}O_{11}$,分子量 342.30。白色固体。密度 1.768 g/cm³。易溶于水。制备:黑曲霉多糖部分水解。用途:生化试剂。

槐糖(sophorose)　亦称"2-葡萄糖-β-葡萄糖苷",系统名"2-O-(β-D-吡喃葡萄糖基)-D-吡喃葡萄糖"。CAS 号 20429-79-2。分子式 $C_{12}H_{22}O_{11}$,分子量 342.30。其一水合物为针状晶体。熔点 194～195℃。易溶于水。制备:由槐树所产槐角或用酸水解甜菊糖苷制得。用途:用于医药、化工合成、生化研究;还广泛用于生物表面活性剂以及化妆品行业等。

昆布二糖(laminarabiose)　亦称"海带二糖",系统名"3-O-(β-D-吡喃葡萄糖基)-D-吡喃葡萄糖"。CAS 号 34980-39-7。分子式 $C_{12}H_{22}O_{11}$,分子量 342.30。白色固体。溶于水。可能对眼睛和皮肤有刺激性。制备:通过控制凝胶多糖的酸性水解制得。用途:用于研究、酶生化分析和体外诊断分析等。

木二糖(xylobiose)　系统名"4-O-(β-D-吡喃木糖基)-D-吡喃木糖"。CAS 号 6860-47-5。分子式 $C_{10}H_{18}O_9$,分子量 282.24。白色或类白色晶体颗粒,味甜。熔点 186～187℃。易溶于水。制备:通过色谱柱分离低聚木糖糖浆而得,或由微生物发酵分离或固定化酶法生产。用途:用作食品和药品添加剂。

氨基酸、肽

甘氨酸(glycine)　亦称"氨基乙酸",系统名"2-氨基乙酸"。CAS 号 56-40-6。分子式 $C_2H_5NO_2$,分子量 75.07。白色晶体或结晶性粉末,有甜味。熔点 262℃(分解),145～150℃(0.3 Torr)升华,密度 1.587 g/cm³。易溶于水,微溶于丙酮,难溶于乙醇、乙醚。制备:由明胶或牛韧带水解后经分离而得;以甲醛、氰基化钠和氯化铵为原料通过 Strecker 合成法制得;也可以乌洛托品、氯乙酸、氨水为原料合成而得。用途:作食品添加剂、食品防腐剂、饲料添加剂、医药中间体、营养增

补剂、头发及皮肤的调理剂和抗静电剂。

L-丙氨酸(L-alanine)　亦称"L-初油氨基酸",系统名"(S)-2-氨基丙酸"。CAS 号 56-41-7。分子式 $C_3H_7NO_2$,分子量 89.09。白色结晶或结晶性粉末,从水中得正交形晶体,有甜味。熔点 314℃(分解),193～200℃(0.3 Torr)升华,密度 1.424 g/cm³,比旋光度$[\alpha]_D^{20}$ +14.7(c=10,6N HCl)。易溶于水,微溶于乙醇,难溶于丙酮、乙醚。制备:由绢丝类含 L-丙氨酸较多的蛋白质水解后经分离而得;或以 L-天冬氨酸为原料,在天冬氨酸-β-脱羧酶的催化下经脱羧反应而得;也可先以乙醛为原料,通过 Strecker 合成法或 Bucherer-Bergs 法制得外消旋体,或由 2-溴丙酸经氨解制得外消旋体,然后进行拆分而得。用途:作食品添加剂、食品防腐剂、饲料添加剂、酸味矫正剂、医药中间体和营养增补剂,用于改善人工合成甜味剂的味感。

L-亮氨酸(L-leucine)　亦称"L-白氨酸""α-氨基异己酸",系统名"(S)-2-氨基-4-甲基戊酸"。CAS 号 61-90-5。分子式 $C_6H_{13}NO_2$,分子量 131.17。白色结晶或结晶性粉末,从无水乙醇中得有光泽的六边形片状晶体,味微苦。熔点 293～295℃(分解),180～188℃(0.3 Torr)升华,密度 1.187 g/cm³,比旋光度$[\alpha]_D^{20}$ +15.4(c=2,6N HCl)。易溶于水,可溶于乙酸,微溶于乙醇,难溶于乙醚。制备:由干酪素、角蛋白等含 L-亮氨酸较多的天然蛋白质水解后经分离而得;或以 4-甲基-2-氧代戊酸(α-酮异己酸)为原料,在转氨酶催化下反应而得;或以异戊醛为原料,通过 Strecker 法制得外消旋体,然后进行拆分而得;或由异己酸为原料,在三氯化磷存在下加入溴生成 2-溴异己酸,再与氨作用得外消旋体,然后进行拆分而得。用途:作食品添加剂、营养增补剂和医药中间体。属营养必需氨基酸。

L-异亮氨酸(L-isoleucine)　亦称"L-异白氨酸",系统名"(2S,3S)-2-氨基-3-甲基戊酸"。CAS 号 73-32-5。分子式 $C_6H_{13}NO_2$,分子量 131.17。白色结晶或结晶性粉末,从乙醇中得有光泽的菱形叶片或片状晶体,味苦。熔点 284℃(分解),170～181℃(0.3 Torr)升华,比旋光度$[\alpha]_D^{25}$ +38.9(c=2,6N HCl)。易溶于水,微溶于热乙醇、热乙酸,难溶于乙醚。制备:由干酪素、角蛋白等天然蛋白质水解后分离而得;或以异戊酸为原料通过 Strecker 法制得外消旋体,然后进行拆分而得;或以葡萄糖为碳源、能源,再添加特异的前体物质如 α-氨基丁酸,经微生物发酵制备。用途:作食品添加剂、营养增补剂和医药原料。属营养必需氨基酸。

L-缬氨酸(L-valine)　系统名"(S)-2-氨基-3-甲基丁酸"。CAS 号 72-18-4。分子式 $C_5H_{11}NO_2$,分子量 117.15。白色结晶或结晶性粉末,从醇水中得小叶状晶

体。熔点 314℃（分解），178～188℃（0.3 Torr）升华，密度 1.320 g/cm³，比旋光度$[\alpha]_D^{20}$＋27.1（$c=6N$ HCl）。易溶于水，微溶于乙醇，难溶于乙醚。制备：由动物血粉或蚕蛹等天然蛋白质水解后分离而得；或以异丁醛为原料经 Strecker 反应制得外消旋体，然后进行拆分而得；或由 2-溴异戊酸经氨解制得外消旋体，然后进行拆分而得；或以葡萄糖为碳源、能源，再添加特异的前体物质如丙酮酸，经微生物发酵制备。用途：用于生化研究、组织培养基的制备，医药上用作氨基酸类营养药。属营养必需氨基酸。

L-苯丙氨酸（L-phenylalanine） 系统名"(S)-2-氨基-3-苯基丙酸"。CAS 号 63-91-2。分子式 $C_9H_{11}NO_2$，分子量 165.19。白色晶体，从水中得棱柱状晶体，略有苦味。熔点 283℃（分解），176～184℃（0.3 Torr）升华，密度 1.349 g/cm³，比旋光度$[\alpha]_D^{20}$＋44.8（$c=3.63$，95%乙醇）。易溶于水，微溶于甲醇、乙醇，难溶于乙醚、苯。制备：由脱脂大豆等天然蛋白质水解后分离而得；或以苯乙醛为原料经 Strecker 反应制得外消旋体，然后进行拆分而得；或以苯丙酮酸为前体、L-天冬氨酸为氨基供体，经转氨酶催化合成；或以玉米糖浆、淀粉水解糖等原料经短杆菌变异株 FMP92814 发酵生产而得。用途：作生产阿斯巴甜的主要原料，氨基酸类营养药和食品添加剂。属营养必需氨基酸。

L-丝氨酸（L-serine） 系统名"(S)-2-氨基-3-羟基丙酸"。CAS 号 56-45-1。分子式 $C_3H_7NO_3$，分子量 105.09。无色晶体，有甜味。熔点 228℃（分解），160～170℃（0.3 Torr）升华，密度 1.540 g/cm³，比旋光度$[\alpha]_D^{20}$＋15.0（$c=10$, $2N$ HCl）。易溶于水，难溶于乙醇、乙醚、苯。制备：由蚕茧等天然蛋白质水解后分离而得；或以甘氨酸为原料与甲醛反应制得外消旋体，然后进行拆分而得；或采用甲基营养型由甘氨酸制备；或以糖类为碳源、能源，再添加特异的前体物质如甘氨酸，经微生物发酵制备得到。用途：用于生化研究、组织培养基的制备，医药上用作氨基酸类营养药。

L-苏氨酸（L-threonine） 亦称"L-异赤丝藻氨酸"，系统名"(2S,3R)-2-氨基-3-羟基丁酸"。CAS 号 72-19-5。分子式 $C_4H_9NO_3$，分子量 119.12。无色晶体，有甜味。熔点 240℃（分解），200～226℃（0.3 Torr）升华，密度 1.490 g/cm³，比旋光度$[\alpha]_D^{20}$－25.3（$c=2$, 水）。可溶于水，难溶于乙醇、乙醚、氯仿。制备：由玉米麸质粉、丝胶等天然蛋白质水解后分离而得；或以甘氨酸为原料与乙醛反应制得外消旋体，然后进行拆分而得；或以葡萄糖为碳源、能源，再添加特异的前体物质如 L-异亮酸，经微生物发酵制备得到。用途：用于烟草制品、化妆品，医药上

用作氨基酸营养药。属营养必需氨基酸。

L-半胱氨酸（L-cysteine） 系统名"(S)-2-氨基-3-巯基丙酸"。CAS 号 52-90-4。分子式 $C_3H_7NO_2S$，分子量 121.15。白色晶体或结晶性粉末。熔点 240℃（分解），170～180℃（0.3 Torr）升华，密度 1.667 g/cm³，比旋光度$[\alpha]_D^{20}$＋8.75（$c=12$, $2N$ HCl）。易溶于水、乙醇、乙酸和氨水，难溶于苯、四氯化碳、乙酸乙酯、二硫化碳、乙醚和丙酮。制备：由毛发加工成胱氨酸后，然后还原而得；以 α-溴丙烯酸甲酯为原料，与甲基硫代乙酰胺反应，得到 2-甲基噻唑啉-4-羧酸甲酯，再水解制得；或以 α-氯丙烯酸甲酯和硫脲为原料，先合成 D/L-2-氨基噻唑啉-4-羧酸(D/L-ATC)，然后在酶作用下发生不对称水解生成 L-半胱氨酸。用途：作食品添加剂、调味剂、氨基酸类解毒药。

L-蛋氨酸（L-methionine） 亦称"L-甲硫氨酸"，系统名"(S)-2-氨基-4-甲硫基丁酸"。CAS 号 63-68-3。分子式 $C_5H_{11}NO_2S$，分子量 149.20。白色晶体，从稀乙醇中得六角形晶体。熔点 280～282℃（分解），密度 1.373 g/cm³，197～208℃（0.3 Torr）升华，比旋光度$[\alpha]_D^{20}$＋24.2（$c=4,6N$ HCl）。可溶于水，难溶于乙醇、乙醚、石油醚、苯、丙酮。制备：由米曲霉酰化酶拆分外消旋 N-乙酰蛋氨酸而得；或由甲硫基丙醛与氰化钠、碳酸氢铵经缩合生成甲硫基乙基乙内酰脲，然后经水解再氰化生成 L-蛋氨酸。用途：作营养增补剂、饲料添加剂，临床上用于慢性肝炎、肝硬化及脂肪肝等的辅助治疗，还可用作利胆药。属营养必需氨基酸。

L-脯氨酸（L-proline） 系统名"(S)-吡咯烷-2-羧酸"。CAS 号 147-85-3。分子式 $C_5H_9NO_2$，分子量 115.13。白色晶体或结晶性粉末，从水中得棱柱状晶体，有甜味。熔点 281～282℃（分解），182～187℃（0.3 Torr）升华，密度 1.324 g/cm³，比旋光度$[\alpha]_D^{20}$－84.8（$c=4$, 水）。易溶于水，微溶于乙醇，难溶于乙醚、正丁醇、异丙醇。制备：由鱼皮或鱼鳞等天然蛋白质水解后分离而得；或由北京棒状杆菌 AS1.229 鸟氨酸缺陷型突变株进行发酵生产。用途：作调味剂，医药上是复方氨基酸大输液原料药之一，用于营养不良、蛋白质缺乏症、肠胃疾病、烫伤及术后蛋白质的补充等；作有机小分子催化剂，用于有机合成。

L-色氨酸（L-tryptophan） 系统名"(S)-2-氨基-3-(3-吲哚基)丙酸"。CAS 号 73-22-3。分子式 $C_{11}H_{12}N_2O_2$，分子量 204.23。白色至淡黄色晶体，味微苦。熔点 282℃（分解），220～230℃（0.3 Torr）升华，比旋光度$[\alpha]_D^{20}$－31.5（$c=1$, 水）。溶于水，微溶于乙醇、乙酸，难溶于乙醚。制备：由吲哚、丝氨酸为原料，

经 L-色氨酸合成酶和丝氨酸消旋酶合成得到；或以葡萄糖、甘蔗糖蜜等为碳源、能源，利用谷氨酸棒杆菌、黄色短杆菌等发酵生产而得。用途：作食品添加剂、饲料添加剂，医药上用作镇静剂、氨基酸类营养药。

L-组氨酸（L-histidine）　系统名"(S)-2-氨基-3-(4-咪唑基)丙酸"。CAS 号 71-00-1。分子式 $C_6H_9N_3O_2$，分子量 155.16。白色晶体，味甜。熔点 287℃（分解），200℃（0.3 Torr）升华，比旋光度 $[\alpha]_D^{20}$ -38.95（$c=0.752\sim3.770$，水）。溶于水，微溶于乙醇，难溶于乙醚、丙酮。制备：由动物血粉等原料天然蛋白质水解后分离而得；或以葡萄糖、甘蔗糖蜜等为原料，利用谷氨酸棒杆菌、黄色短杆菌等直接发酵生产。用途：用于烟草制品，用作营养强化剂，是临床上复方氨基酸输液的重要成分，还可用于治疗胃溃疡。

L-赖氨酸（L-lysine）　系统名"(S)-2,6-二氨基己酸"。CAS 号 56-87-1。分子式 $C_6H_{14}N_2O_2$，分子量 146.19。白色针状晶体。熔点 224℃（分解），密度 1.452 g/cm^3，160℃（0.3 Torr）升华，比旋光度 $[\alpha]_D^{25}$ +21.2（$c=1$，水）。易溶于水，难溶于乙醇、乙醚、丙酮、苯。制备：由动物血粉等天然蛋白质水解后分离而得；或以淀粉水解糖、甘蔗糖蜜等为原料，利用谷氨酸棒杆菌发酵生产得到；或以己内酰胺为原料，利用奥巴无色杆菌的消旋酶催化生产得到。用途：作食品添加剂，营养增补剂，还用作烟草制品。属营养必需氨基酸。

L-酪氨酸（L-tyrosine）　系统名"(S)-2-氨基-3-(4-羟基苯基)丙酸"。CAS 号 60-18-4。分子式 $C_9H_{11}NO_3$，分子量 181.19。白色针状晶体。熔点 343℃（分解），235～240℃（0.3 Torr）升华，密度 1.460 g/cm^3，比旋光度 $[\alpha]_D^{20}$ -9.5（$c=8$，1N HCl）。微溶于水，难溶于乙醇、乙醚、丙酮。制备：由蚕丝或毛发等天然蛋白质水解后分离而得；或以淀粉水解糖、甘蔗糖蜜等为原料，利用谷氨酸棒杆菌、黄色短杆菌等发酵生产得到；或由对羟基苯甲醛与海因为原料，经缩合、水解等步骤制得外消旋体，然后进行拆分而得。用途：作食品添加剂、饲料添加剂，医药上用作氨基酸类营养药。

L-精氨酸（L-arginine）　系统名"(S)-2-氨基-5-胍基戊酸"。CAS 号 74-79-3。分子式 $C_6H_{14}N_4O_2$，分子量 174.20。白色晶体。熔点 244℃（分解），密度 1.100 g/cm^3，其盐酸盐的比旋光度 $[\alpha]_D^{20}$ +22.5（$c=8$，6N HCl）。易溶于水，微溶于乙醇，难溶于乙醚。制备：由毛发等天然蛋白质水解后分离而得；或以葡萄糖为原料，再添加精氨酰琥珀酸前体

物质发酵生产得到。用途：作营养增补剂，调味剂，是临床上复方氨基酸输液的重要成分。

L-天冬氨酸（L-aspartic acid）　亦称"L-天门冬氨酸"，系统名"(S)-2-氨基-丁二酸"。CAS 号 56-84-8。分子式 $C_4H_7NO_4$，分子量 133.10。白色晶体，有特殊甜味。熔点 270℃（分解），230～237℃（0.3 Torr）升华，密度 1.663 g/cm^3，比旋光度 $[\alpha]_D^{20}$ +26.2（$c=10$，2～3N HCl）。可溶于稀盐酸、吡啶，微溶于水，难溶于乙醇、乙醚、苯。制备：以富马酸为原料，在 L-天冬氨酸氨基裂解酶和过量氨作用下催化生成 L-天门冬氨酸铵，再酸化而得；或以马来酸为原料，利用马来酸异构酶、L-天冬氨酸氨基裂解酶催化生成 L-天门冬氨酸铵，再酸化而得。用途：作营养增补剂、调味剂、食用香料，是临床上复方氨基酸输液的重要成分。

L-谷氨酸（L-glutamic acid）　亦称"L-麸氨酸"，系统名"(S)-2-氨基-戊二酸"。CAS 号 56-86-0。分子式 $C_5H_9NO_4$，分子量 147.13。白色晶体。熔点 247～249℃（分解），密度 1.460 g/cm^3，比旋光度 $[\alpha]_D^{25}$ +31.8（$c=1$，6N HCl）。微溶于水，难溶于乙醇、乙醚。制备：以淀粉水解糖、甘蔗糖蜜等为原料，利用黄色短杆菌或谷氨酸棒杆菌等发酵生产得到。用途：用于食品添加剂、调味剂、代盐剂、营养增补剂和生化试剂；用于生产味精、香料，也作药物，参与脑内蛋白质和糖的代谢，促进氧化过程。

L-天冬酰胺（L-asparagine）　亦称"L-天冬素"，系统名"(S)-2-氨基-3-氨基甲酰基丙酸"。CAS 号 70-47-3。分子式 $C_4H_8N_2O_3$，分子量 132.12。白色晶体，无臭，稍有甜味。熔点 232～235℃（分解），密度 1.543 g/cm^3，比旋光度 $[\alpha]_D^{25}$ +31（$c=5$，5N HCl）。微溶于水，几乎不溶于乙醇、乙醚、甲醇和苯，溶于酸和碱溶液。制备：由芦笋、白羽扇豆、草木樨等天然植物水解得到；或 L-天冬氨酸与氨水酰胺化而得；或以富马酸为原料，经天冬酰胺合成酶催化得到。用途：作食品添加剂、微生物培养和动物细胞培养添加剂，医药上用作营养增补剂，以及氨基酸类药物，用于生物培养基的制备，测转氨酶底物；也用于女性乳腺小叶增生和男性乳房发育症。

L-谷氨酰胺（L-glutamine）　亦称"麸氨酰胺"，系统名"(S)-2-氨基-4-氨基甲酰基丁酸"。CAS 号 56-85-9。分子式 $C_5H_{10}N_2O_3$，分子量 146.15。无色针状晶体或结晶性粉末。熔点 186～187℃（分解），密度 1.364 g/cm^3，比旋光度 $[\alpha]_D^{20}$ +33（$c=5$，5N HCl）。可溶于水，不溶于甲醇、乙醇、乙醚、丙酮、乙酸乙酯。制备：以 L-谷氨酸为原料经酯化、氨化、水解等反应合成得

到;或以葡萄糖为原料,利用短杆菌发酵生产得到。用途:用作营养增补剂、调味增香剂,医药上用于治疗消化器官溃疡、醇中毒及改善脑功能。

D-丙氨酸(D-alanine) 亦称"D-氨基丙酸",系统名"(R)-2-氨基丙酸"。CAS号338-69-2。分子式$C_3H_7NO_2$,分子量89.09。无色晶体,无臭,有甜味。熔点289~291℃(分解),密度1.371 g/cm³,比旋光度$[\alpha]_D^{20}$ - 14.5($c=0.5$, 6N HCl)。易溶于水,微溶于乙醇,难溶于丙酮、乙醚。制备:以D/L-丙氨酸为原料,经乙酰化、氨基酰化酶拆分和水解而得。用途:作烟草制品,作为手性源用于手性药物合成。

D-亮氨酸(D-leucine) 亦称"D-白氨酸""D-2-氨基-4-甲基戊酸",系统名"(R)-2-氨基-4-甲基戊酸"。CAS号328-38-1。分子式$C_6H_{13}NO_2$,分子量131.17。白色片状晶体。熔点292~294℃(分解),密度1.035 g/cm³,比旋光度$[\alpha]_D^{20}$ - 15.5($c=1.6$, 6N HCl)。可溶于水,微溶于乙醇,难溶于乙醚。制备:以D/L-亮氨酸为原料,经乙酰化、酰化酶拆分和水解而得。用途:作为手性源,用于手性药物、手性添加剂、手性助剂的合成。

D-异亮氨酸(D-isoleucine) 亦称"D-异白氨酸",系统名"(2R,3R)-2-氨基-3-甲基戊酸"。CAS号319-78-8。分子式$C_6H_{13}NO_2$,分子量131.17。白色结晶性粉末。熔点283~284℃(分解),密度1.235 g/cm³,比旋光度$[\alpha]_D^{25}$ - 36.6($c=4$, 1N HCl)。可溶于水,难溶于乙醇。制备:以D/L-异亮氨酸为原料,经乙酰化、酰化酶拆分和水解而得。用途:作为手性源,用于手性药物、手性添加剂、手性助剂的合成。

D-缬氨酸(D-valine) 系统名"(R)-2-氨基-3-甲基丁酸"。CAS号640-68-6。分子式$C_5H_{11}NO_2$,分子量117.15。白色至类白色结晶粉末,无臭。熔点293~294℃(分解),210~220℃(0.005 Torr)升华,密度1.316 g/cm³,比旋光度$[\alpha]_D^{20}$ - 13.95($c=1.85$,水)。可溶于水,难溶于乙醇。制备:以D/L-缬氨酸为原料,经乙酰化、酰化酶拆分和水解而得。用途:作为手性源,用于手性药物、手性添加剂、手性助剂的合成。

D-苯丙氨酸(D-phenylalanine) 系统名"(R)-2-氨基-3-苯基丙酸"。CAS号673-06-3。分子式$C_9H_{11}NO_2$,分子量165.19。白色至类白色结晶粉末,味苦,从水中得单斜小叶片或棱柱状晶体。熔点288~290℃(分解),密度1.200 g/cm³,比旋光度$[\alpha]_D^{23}$ + 34.9($c=0.95$,水)。可溶于水,难溶于乙醇、乙醚、苯。制备:以D/L-苯丙氨酸为原料,与乙酸酐进行酰化得乙酰D/L-苯丙氨酸,经酰化酶拆分、盐酸水解得到。用途:用作手性源,用于手性药物合成。

D-丝氨酸(D-serine) 系统名"(R)-2-氨基-3-羟基丙酸"。CAS号312-84-5。分子式$C_3H_7NO_3$,分子量105.09。白色晶体。熔点228℃(分解),比旋光度$[\alpha]_D^{20}$ + 6.97($c=1.43$,水)。易溶于水。制备:以D/L-丝氨酸和氯乙酰氯为原料反应,经酶拆分制备。用途:用作手性源,用于手性药物、手性添加剂、手性助剂的合成。

D-苏氨酸(D-threonine) 亦称"D-异赤丝藻氨酸",系统名"(2R,3S)-2-氨基-3-羟基丁酸"。CAS号632-20-2。分子式$C_4H_9NO_3$,分子量119.12。白色晶体,味甜。熔点251~253℃(分解),比旋光度$[\alpha]_D^{20}$ + 29($c=5$,水)。易溶于水,难溶于乙醇、乙醚、氯仿。制备:在碱性条件下,以D/L-苏氨酸和氯乙酰氯为原料反应,经酶拆分得到。用途:用作手性源,用于手性药物、手性添加剂、手性助剂合成。

D-半胱氨酸(D-cysteine) 系统名"(R)-2-氨基-3-巯基丙酸"。CAS号921-01-7。分子式$C_3H_7NO_2S$,分子量121.15。白色晶体。熔点260℃(分解),比旋光度$[\alpha]_D^{25}$ - 0.32($c=1$,水)。易溶于水、乙醇、乙酸和氨水,难溶于苯、四氯化碳、乙酸乙酯、丙酮。制备:将L-半胱氨酸消旋化再拆分而得。用途:用于手性药物头孢米诺钠的合成。

D-蛋氨酸(D-methionine) 亦称"D-甲硫氨酸""D-2-氨基-4-甲硫基丁酸",系统名"(R)-2-氨基-4-甲硫基丁酸"。CAS号348-67-4。分子式$C_5H_{11}NO_2S$,分子量149.20。白色晶体,有硫黄臭味。熔点276~278℃(分解),比旋光度$[\alpha]_D^{25}$ + 20.2($c=1$, 0.2N HCl)。可溶于水,微溶于乙醇,难溶于乙醚。制备:将L-蛋氨酸消旋化再拆分而得。用途:用于生化研究和营养增补剂。

D-脯氨酸(D-proline) 系统名"(R)-吡咯烷-2-羧酸"。CAS号344-25-2。分子式$C_5H_9NO_2$,分子量115.13。白色晶体,味甜。熔点220~222℃(分解),比旋光度$[\alpha]_D^{20}$ + 84($c=1$,水)。易溶于水,微溶于乙醇、丙酮,难溶于乙醚、异丙醇。制备:将L-脯氨酸消旋化再拆分而得。用途:用作手性源,用于手性合成。

D-色氨酸(D-tryptophan) 系统名"(R)-2-氨基-3-(3-吲哚基)丙酸"。CAS号153-94-6。分子式$C_{11}H_{12}N_2O_2$,分子量204.23。白色至淡黄色晶体,味微

甜。熔点 282～285℃（分解），比旋光度$[\alpha]_D^{15}+32.0$（$c=$1，水）。溶于水，微溶于乙醇，难溶于乙醚。制备：以 D/L-色氨酸为原料，与氯乙酸酐反应,经硫酸酸化后在冰水中研磨，过滤后水中重结晶，最后用胰羧肽酶处理，除去 L-型得到。用途：作营养剂，也用作手性源，用于手性合成。

D-组氨酸（D-histidine）　系统名"（R）-2-氨基-3-(4-咪唑基)丙酸"。CAS 号 351-50-8。分子式 $C_6H_9N_3O_2$,分子量 155.16。白色粉末。熔点 287～288℃（分解），比旋光度$[\alpha]_D^{25}+38.8$（$c=2$，水）。溶于水，微溶于乙醇,难溶于乙醚、丙酮。制备：将 L-组氨酸消旋化再拆分而得。用途：用于合成多肽类药物及重金属螯合剂。

D-赖氨酸（D-lysine）　系统名"（R）-2,6-二氨基己酸"。CAS 号 923-27-3。分子式 $C_6H_{14}N_2O_2$,分子量 146.19。白色至类白色粉末。熔点 224℃（分解），比旋光度$[\alpha]_D^{25}-12.8$（$c=1$，水）。易溶于水,难溶于乙醇、乙醚、丙酮、苯。制备：将 L-赖氨酸消旋化再拆分而得。用途：作合成促黄体生成激素类似物的前体。

D-酪氨酸（D-tyrosine）　系统名"（R）-2-氨基-3-(4-羟基苯基)丙酸"。CAS 号 556-02-5。分子式 $C_9H_{11}NO_3$,分子量 181.19。白色针状结晶。熔点 294～300℃（分解），比旋光度$[\alpha]_D^{23}+8.8$（$c=1$，6.3N HCl）。微溶于水,溶于碱溶液和稀酸,难溶于乙醇、乙醚、丙酮。制备：将 L-酪氨酸消旋化再拆分而得。用途：用于生化研究,也可作为研究蛋白质结构和动力学的探针。

D-精氨酸（D-arginine）　亦称"D-2-氨基-5-胍基戊酸",系统名"（R）-2-氨基-5-胍基戊酸"。CAS 号 157-06-2。分子式 $C_6H_{14}N_4O_2$,分子量 174.20。白色晶体。熔点 226℃（分解）。比旋光度$[\alpha]_D^{27}-22.8$（$c=2$，5N HCl）。可溶于水,微溶于乙醇,不溶于乙醚。制备：以 D-鸟氨酸盐酸盐为原料化学合成得到；或以 L-精氨酸为原料经消旋后再拆分而得。用途：作生化试剂。

D-天冬氨酸（D-aspartic acid）　亦称"D-天门冬氨酸",系统名"（R）-2-氨基-丁二酸"。CAS 号 1783-96-6。分子式 $C_4H_7NO_4$,分子量 133.10。白色晶体。熔点 260℃（分解）。比旋光度$[\alpha]_D^{25}-11.0$（$c=2.3$，6N HCl）。溶于水,难溶于乙醇、乙醚。制备：以 L-天冬氨酸为原料经消旋后再拆分而得。用途：用于手性药物

阿扑西林的合成。

D-谷氨酸（D-glutamic acid）　亦称"D-麸氨酸",系统名"（R）-2-氨基-戊二酸"。CAS 号 6893-26-1。分子式 $C_5H_9NO_4$,分子量 147.13。白色晶体，有酸味。熔点 213℃（分解），密度 1.533 g/cm^3,比旋光度$[\alpha]_D^{25}-30.9$（$c=1$，6N HCl）。微溶于水,难溶于乙醇、乙醚。制备：以乙酰-D/L-谷氨酸为原料，经酰化酶处理后去 L-型而得。用途：用于生化研究以及氨基酸类药物。

D-天冬酰胺（D-asparagine）　亦称"D-天冬素",系统名"（R）-2,4-二氨基-4-氧代丁酸"。CAS 号 2058-58-4。分子式 $C_4H_8N_2O_3$,分子量 132.12。白色晶体,味甜。熔点 234～235℃（分解），比旋光度$[\alpha]_D^{25}-35$（$c=5$，5N HCl）。溶于水,难溶于乙醇、乙醚。制备：以 L-天冬酰胺为原料经消旋后再拆分而得。用途：作医药中间体。

D-谷氨酰胺（D-glutamine）　亦称"D-麸氨酰胺",系统名"（R）-2-氨基-4-氨基甲酰基丁酸"。CAS 号 5959-95-5。分子式 $C_5H_{10}N_2O_3$,分子量 146.15。白色针状结晶,味甜。熔点 184～185℃，密度 1.364 g/cm^3,比旋光度$[\alpha]_D^{19}+8.0$（水）。溶于水,难溶于甲醇、乙醇、乙醚、丙酮。制备：以 L-谷氨酸为原料，将 α-氨基保护再分子内脱水，氨水开环,脱保护,再经脱羧酶脱羧而得。用途：作手性源,用于手性药物、手性添加剂、手性助剂合成。

L-胱氨酸（L-cystine）　亦称"双硫代氨基丙酸",系统名"（2R, 2'R）-3, 3'-二硫代二丙氨酸"。CAS 号 56-89-3。分子式 $C_6H_{12}N_2O_4S_2$,分子量 240.30。白色六角形板状结晶或白色结晶性粉末。熔点>240℃（分解），密度 1.677 g/cm^3,比旋光度$[\alpha]_D^{25}-219$（$c=1$，1N HCl）。溶于稀酸和碱性溶液,微溶于水,难溶于乙醇、乙醚。制备：由毛发中提取得到；或由 L-半胱氨酸空气氧化而得。用途：作营养增补剂,用于奶粉的母乳化,能促进手术及外伤治疗；用于生化研究,临床上用于治疗慢性肝炎、脱发以及膀胱炎。

L-鸟氨酸盐酸盐（L-ornithine hydrochloride）　亦称"L-鸟粪氨基酸盐酸盐",系统名"（S）-2,5-二氨基戊酸盐酸盐"。CAS 号 3184-13-2。分子式 $C_5H_{13}ClN_2O_2$,分子量 168.62。白色结晶粉末,有吸湿性。熔点 225℃，密度 1.413 g/cm^3,

比旋光度$[\alpha]_D^{25}+20.5(c=1,6N\ HCl)$。易溶于水、乙醇，难溶于乙醚、甲苯。制备：由 L-精氨酸盐酸经水解或化学水解而得。用途：作医药中间体，用于生化研究。

L-瓜氨酸（L-citrulline）　亦称"氨甲酰鸟氨酸""脲氨基戊酸"，系统名"(S)-2-氨基-5-氨甲酰氨基戊酸"。CAS 号 372-75-8。分子式 $C_6H_{13}N_3O_3$，分子量 175.19。白色结晶粉末。熔点 222℃，密度 1.481 g/cm³，比旋光度 $[\alpha]_D^{20}+22(c=2,1N\ HCl)$。易溶于水，难溶于乙醚、乙醇。制备：由西瓜中提取得到；或在碱性条件下水解 L-精氨酸得到；或在精氨酸脱亚胺酶作用下，将 L-精氨酸转化而得；或以 L-鸟氨酸盐酸盐为原料，以碱式碳酸铜或硫酸铜为络合剂，经氨基甲酰化反应得到瓜氨酸铜，再以硫化氢脱除铜离子而得。用途：人体尿素循环的一个重要中间代谢物，可与 L-鸟氨酸、L-精氨酸等合用于治疗高氨血症、用作医药原料。

L-高瓜氨酸（L-homocitrulline）　系统名"(S)-2-氨基-6-脲基己酸"。CAS 号 1190-49-4。分子式 $C_7H_{15}N_3O_3$，分子量 189.21。白色结晶粉末。熔点 212～213℃（分解）。易溶于水。制备：以 L-赖氨酸盐酸盐、尿素为原料，以碱式碳酸铜或硫酸铜为络合剂，经氨基甲酰化反应得到瓜氨酸铜，再以硫化氢脱除铜离子而得。用途：作医药中间体、合成多肽原料。

肌氨酸（sarcosine）　系统名"甲氨基乙酸"。CAS 号 107-97-1。分子式 $C_3H_7NO_2$，分子量 89.09。白色结晶粉末，易潮解，有甜味。熔点 212.5℃（分解），180～185℃（0.3 Torr）升华，密度 1.301 g/cm³。溶于水，微溶于乙醇，难溶于乙醚、丙酮。制备：由皂树的树皮提取。用途：在生物体内参与生物体的代谢，但不会产生热量，能够强健肌肉，应用于食品、养殖等领域。

L-别异亮氨酸（L-alloisoleucine）　亦称"L-别异白氨酸"，系统名"(2S,3R)-2-氨基-3-甲基戊酸"。CAS 号 1509-34-8。分子式 $C_6H_{13}NO_2$，分子量 131.17。白色结晶粉末。熔点 278℃（分解），比旋光度 $[\alpha]_D^{20}+15.9(c=1,水)$。溶于水，难溶于乙醇。制备：由合成的 D/L-别异亮氨酸进行酶拆分得到；或由融合表达氨基转移酶 DsaD 和异构酶 DsaE 合成得到。用途：作合成环肽抗生素 desotamides 的原料。

顺-4-羟基-L-脯氨酸（cis-4-hydroxy-L-proline）　亦称"羟脯氨酸""顺-L-别羟脯氨酸"，系统名"(2S,4S)-4-羟基四氢吡咯-2-羧酸"。CAS 号 618-27-9。分子式 $C_5H_9NO_3$，分子量 131.13。白色粉末。熔点 250～252℃

（分解），比旋光度 $[\alpha]_D^{20}-59(c=2,水)$。溶于水，微溶于乙醇，不溶于正丁醇和乙醚。制备：通过反式-4-羟基-L-脯氨酸差向异构化反应而得；或由 L-脯氨酸发酵生产。用途：作为手性源，用于药物合成及香料制造。

反-4-羟基-L-脯氨酸（trans-4-hydroxy-L-proline）　亦称"L-羟脯氨酸""反-4-羟基-左旋脯氨酸"，系统名"(2S,4R)-4-羟基四氢吡咯-2-羧酸"。CAS 号 51-35-4。分子式 $C_5H_9NO_3$，分子量 131.13。白色片状结晶或结晶性粉末。熔点 274℃（分解），比旋光度 $[\alpha]_D^{20}-74.8(c=2,水)$。易溶于水，微溶于乙醇，难溶于乙醚。制备：由动物胶原蛋白水解提取得到；或由 L-脯氨酸发酵生产而得。是动物结构蛋白如胶原蛋白和弹性蛋白的天然成分。用途：作合成多种碳青霉烯类抗生素的原料；作为手性化合物，催化合成及分离手性物质；在疾病诊断方面，作为肝纤维化评分的诊断标志，以及判断组织中胶原蛋白损伤的一个生化指标。

γ-氨基丁酸（4-aminobutyric acid）　亦称"4-氨基丁酸""γ-氨酪酸"，系统名"4-氨基丁酸"。CAS 号 56-12-2。分子式 $C_4H_9NO_2$，分子量 103.12。白色片状或针状晶体。熔点 203℃（分解），密度 1.253 g/cm³。易溶于水，微溶于热乙醇，难溶于乙醚。制备：以 γ-氯丁腈与邻苯二甲酰亚氨钾于高温下反应得到；或由谷氨酸或谷氨酸钠为原料，经谷氨酸脱羧酶脱羧而得；或以葡萄糖为碳源，经酵母菌、乳酸菌等发酵生产得到。用途：中枢神经系统抑制性神经递质，用作功能食品添加剂。

L-3,5-二碘酪氨酸（diiodotyrosine）　亦称"3,5-二碘-L-酪氨酸"，系统名"(S)-2-氨基-3-(4-羟基-3,5-二碘苯基)丙酸"。CAS 号 300-39-0。分子式 $C_9H_9I_2NO_3$，分子量 432.98。白色结晶性粉末。熔点 222～225℃（分解），比旋光度 $[\alpha]_D^{20}-20.7(c=2.5,0.1N\ NaOH)$。微溶于水。制备：由 L-酪氨酸经碘代合成得到。用途：人体合成甲状腺素的基础物质，用作合成左旋甲状腺素钠的重要中间体，以及用于治疗甲状腺功能减退症或肥胖症。

β-丙氨酸（β-alanine）　系统名"3-氨基丙酸"。CAS 号 107-95-9。分子式 $C_3H_7NO_2$，分子量 89.09。白色粉末。熔点 197～199℃（分解），密度 1.437^{-5} g/cm³。易溶于水，微溶于热乙醇，难溶于乙醚。制备：以丙烯腈与氨为原料化学合成得到；或由 L-天冬氨酸经 L-天冬氨酸-α-脱羧酶脱去 α 位羧基而得；或由 L-天冬氨酸经全细胞催化生产得到。用途：作调味剂，用于药剂制备中的沉淀剂，以及用于合成肌肽、帕米酸钠、巴柳氮等药物的原料。

牛磺酸（taurine） 亦称"β-氨基乙磺酸"，系统名"2-氨基乙磺酸"。CAS 号 107-35-7。分子式 $C_2H_7NO_3S$，分子量 125.15。白色结晶性粉末，从水中得单斜棱状晶体，味微酸。熔点 328℃（分解），密度 1.714 g/cm^3。可溶于水，难溶于乙醚、乙醇、丙酮。制备：由 2-溴乙胺与 Na_2SO_3 合成得到。用途：作食品添加剂、营养强化剂，以及用于有机合成和生化试剂。

D/L-α-氨基己二酸（D/L-α-aminoadipic acid） 系统名"D/L-2-氨基己二酸"。CAS 号 542-32-5。分子式 $C_6H_{11}NO_4$，分子量 161.16。白色至类白色结晶性粉末。熔点 205～207℃（分解）。微溶于水，难溶于乙醚、乙醇。制备：以己二酸为原料经卤代、氨化合成得到。用途：作生化试剂。

L-α-氨基丁酸（L-α-aminobutyric acid） 系统名"(S)-2-氨基丁酸"。CAS 号 1492-24-6。分子式 $C_4H_9NO_2$，分子量 103.12。白色片状晶体。熔点 297℃（分解），比旋光度 $[\alpha]_D^{20} + 7.94(c=4，水)$。易溶于热水，难溶于乙醚、乙醇。制备：由 D/L-α-氨基丁酸经酶拆分而得。用途：作生化试剂，用于合成多肽或拟肽。

L-乙硫氨酸（L-ethionine） 亦称"L-S-乙基高半胱氨酸"，系统名"(S)-2-氨基-4-乙硫基丁酸"。CAS 号 13073-35-3。分子式 $C_6H_{13}NO_2S$，分子量 163.24。无色晶体。熔点 272～274℃（分解），196～216℃(0.3 Torr)升华，比旋光度 $[\alpha]_D^{20} + 22(c=1，1N HCl)$。溶于水、稀酸和稀碱溶液，不溶于乙醚。制备：由 D/L-乙硫氨酸乙酰化后经酶拆分得到。用途：用作生化试剂。

L-正亮氨酸（L-norleucine） 亦称"L-正白氨酸"，系统名"(S)-2-氨基己酸"。CAS 号 327-57-1。分子式 $C_6H_{13}NO_2$，分子量 131.17。白色至类白色结晶性粉末。熔点 290℃（分解），比旋光度 $[\alpha]_D^{25} - 19.4(c=2，乙醇)$。溶于水、稀酸，微溶于乙醇。制备：由 D/L-正亮氨酸乙酰化后经酶拆分而得。用途：用作生化试剂。

D-正亮氨酸（D-norleucine） 亦称"D-正白氨酸"，系统名"(R)-2-氨基己酸"("(S)-2-aminohexanoic acid")。CAS 号 327-56-0。分子式 $C_6H_{13}NO_2$，分子量 131.17。白色至类白色结晶性粉末。从水中得长针状晶体。熔点 296～301℃（分解），比旋光度 $[\alpha]_D^{20} - 23$

($c=5，5N$ HCl)。溶于水、稀酸，微溶于乙醇。制备：由 D/L-正亮氨酸乙酰化后经酶拆分。用途：作生化试剂、医药中间体。

L-甲状腺素（L-thyroxine） 亦称"左旋甲状腺素"，系统名"(S)-2-氨基-3-(4-(4-羟基-3,5-二碘苯氧基)-3,5-二碘苯基)丙酸"。CAS 号 51-48-9。分子式 $C_{15}H_{11}I_4NO_4$，分子量 776.87。白色针状结晶。熔点 233～235℃（分解），比旋光度 $[\alpha]_D^{20} - 4.4(c=3，0.13N$ NaOH，70%乙醇)。溶于碱溶液，难溶于乙醇、乙醚、水。制备：由动物甲状腺体的蛋白质水解提取；或由 L-酪氨酸为原料，经硝化、保护、还原、碘代等关键步骤合成而得。用途：拟甲状腺素药物，是一种重要的激素。

6-氨基己酸（6-aminocaproic acid） 亦称"氨己酸"，系统名"6-氨基己酸"。CAS 号 60-32-2。分子式 $C_6H_{13}NO_2$，分子量 131.17。白色结晶性粉末。熔点 202～203℃（分解）。易溶于水，微溶于甲醇，难溶于乙醇。制备：以环己酮为原料，经肟化、Beckmann 重排和水解开环得到。用途：临床上用于治疗纤维蛋白溶酶活性升高所致的出血；用于合成尼龙。

L-焦谷氨酸（L-pyroglutamate） 亦称"5-氧代-L-脯氨酸"，系统名"(S)-5-氧代吡咯烷-2-羧酸"。CAS 号 98-79-3。分子式 $C_5H_7NO_3$，分子量 129.11。白色至类白色结晶性粉末。熔点 160～162℃，密度 1.444 g/cm^3。易溶于水，微溶于乙酸乙酯，难溶于乙醚。制备：由 L-谷氨酸甲酯分子内缩合得到。用途：用于合成 II 型糖尿病治疗药物沙格列汀以及免疫促进剂匹西莫德。

L-红豆碱（L-abrine） 亦称"N-甲基-L-色氨酸""相思豆毒素"。CAS 号 526-31-8。分子式 $C_{12}H_{14}N_2O_2$，分子量 218.26。从水中得菱形晶体。熔点 296℃（分解），闪点 219.4℃，密度 1.25 g/cm^3，$[\alpha]_D^{25} - 70 \sim - 78(2\%$ EtOH)。易溶于乙醇、热水以及乙酸或稀碱溶液。制备：用甲醇从相思子的种子中萃取而得，或由 3-吲哚甲醛为原料合成。用途：为鉴别、检查、含量测定的标准物质，研究色氨酸的颜色反应。

L-丙氨酰-L-丙胺酸（Ala-Ala） 系统名"(S)-2-((S)-2-氨基丙酰氨基)丙酸"。CAS 号 1948-31-8。分子式 $C_6H_{12}N_2O_3$，分子量 160.17。白色结晶性粉末。熔点 277～278℃，比旋光度 $[\alpha]_D^{29} + 21.8$(水)。易溶

于水。制备：由 N-保护的 L-丙氨酸为原料，活化羧基成酰氯或活性酯后与羧基保护的 L-丙氨酸缩合，再脱保护而得；或由 L-丙氨酸甲酯盐酸盐与 L-丙氨酸的四丁基镓离子溶液缩合得到。用途：用作多肽合成中间体，也可作为二肽模型用于理化研究，如 pH 对构象的影响。

D-丙氨酰-D-丙胺酸（D-Ala-D-Ala）　系统名"(R)-2-((R)-2-氨基丙酰氨基)丙酸"。CAS 号 923-16-0。分子式 $C_6H_{12}N_2O_3$，分子量 160.17。白色或类白色粉末。熔点 266～268℃，密度 1.28 g/cm^3，比旋光度 $[\alpha]_D^{26}$ -21.2(c=2.98，水)。易溶于水。制备：

由 N-保护的 D-丙氨酸为原料，活化羧基成酰氯或活性酯后与羧基保护的 D-丙氨酸缩合，再脱保护而得。用途：作拟肽合成中间体。

L-丙氨酰甘氨酸（Ala-Gly）　系统名"(S)-2-(2-氨基丙酰氨基)乙酸"。CAS 号 687-69-4。分子式 $C_5H_{10}N_2O_3$，分子量 146.14。白色晶体。熔点 232～234℃，比旋光度 $[\alpha]_D^{20}$ +46(c=1，水)。易溶于水。制

备：由 N-保护的 L-丙氨酸为原料，活化羧基成酰氯或活性酯后，和羧基保护的甘氨酸缩合，再脱保护得到；或由 L-丙氨酸甲酯盐酸盐与甘氨酸的四丁基镓离子溶液缩合得到。用途：作多肽合成中间体。

L-丙氨酰-L-亮氨酸（Ala-Leu）　系统名"(S)-2-((S)-2-氨基丙酰氨基)-4-甲基戊酸"。CAS 号 3303-34-2。分子式 $C_9H_{18}N_2O_3$，分子量 202.25。白色固体。熔点 256～257℃（分解），150～170℃（0.3 Torr）升华，比旋光度 $[\alpha]_D^{21}$ -17.0(c=5，水)。易

溶于水。制备：由 N-保护的 L-丙氨酸为原料，活化羧基成酰氯或活性酯后和羧基保护的 L-亮氨酸缩合，再脱保护得到；或由 L-丙氨酸甲酯盐酸盐与 L-亮氨酸的四丁基镓离子溶液缩合得到。用途：作多肽合成中间体。

L-丙氨酰-L-苯丙氨酸（Ala-Phe）　系统名"(S)-2-((S)-2-氨基丙酰氨基)-4-甲基戊酸"。CAS 号 3061-90-3。分子式 $C_{12}H_{16}N_2O_3$，分子量 236.27。白色结晶粉末。熔点 242～243℃。制备：由 N-保护的 L-丙氨酸为原料，活化羧基成酰氯或活性酯后和羧基保护的 L-苯丙氨酸缩合，再脱保护

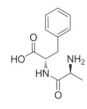

到；或由 L-丙氨酸甲酯盐酸盐与 L-苯丙氨酸的四丁基镓离子溶液缩合得到。用途：作多肽合成中间体。

L-丙氨酰-L-脯氨酸（Ala-Pro）　系统名"(S)-1-((S)-2-氨基丙酰基)吡咯烷-2-羧酸"。CAS 号 13485-59-1。分子式 $C_8H_{14}N_2O_3$，分子量 186.21。白色晶体。熔点 154～155℃，比旋光度 $[\alpha]_D^{20}$ -112.4(c=2.7，水)。微溶于

甲醇、水。制备：由 N-保护的 L-丙氨酸为原料，活化羧基成酰氯或活性酯后和羧基保护的 L-脯氨酸缩合，再脱保护得到；或由 L-丙氨酸甲酯盐酸盐与 L-脯氨酸的四丁基镓离子溶液缩合得到。用途：作合成血管紧张素转换酶抑制剂依那普利的中间体。

L-丙氨酰-L-酪氨酸（Ala-Tyr）　系统名"(S)-2-((S)-2-氨基丙酰氨基)-3-(4-羟基苯基)丙酸"。CAS 号 3061-88-9。分子式 $C_{12}H_{16}N_2O_4$，分子量 252.27。白色结晶性粉末。熔点 238～240℃（分解），比旋光度 $[\alpha]_D^{28}$ +23(c=2，5N HCl)。制备：由 N-保护的 L-丙氨酸为原料，活化羧基成酰氯或活性酯后和羧基保护的 L-酪氨酸缩合，再脱保护得到；或由 L-丙氨酸甲酯盐酸盐与 L-酪氨酸的四丁基镓离子溶液缩合得到。用途：作多肽合成中间体、培养基的组成成分。

L-半胱氨酰甘氨酸（Cys-Gly）　系统名"(R)-2-(2-氨基-3-巯基丙酰胺)乙酸"。CAS 号 19246-18-5。分子式 $C_5H_{10}N_2O_3S$，分子量 178.21。白色固体。L-半胱氨酰甘氨酸一水结晶物熔点 184～185℃（分解），比旋光度 $[\alpha]_D^{28}$ +46.1(c=2.9，水)。微溶于水。制备：由 N-保护的 L-半胱氨酸为原料，活化羧基成酰氯或活性酯后和羧基保护的甘氨酸缩合，再脱保护得到；或由 L-半胱氨酸甲酯盐酸盐与甘氨酸的四丁基镓离子溶液缩合得到。用途：作多肽合成中间体。

L-谷氨酰-L-谷氨酸（Clu-Glu）　系统名"(S)-5-氨基-2-((S)-2,5-二氨基-5-氧代戊酰氨基)-5-氧代戊酸"。CAS 号 3929-61-1。分子式 $C_{10}H_{16}N_2O_7$，分子量 276.24。固体。熔点 187℃（分解），密度 1.510^{-5} g/cm^3，比旋光度 $[\alpha]_D^{11}$ +19.9(c=1.81，1N HCl)。制备：

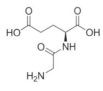

由 N-保护的 L-谷氨酸为原料，活化羧基成酰氯或活性酯后和羧基保护的 L-谷氨酸缩合，再脱保护得到；或由 L-谷氨酸甲酯盐酸盐与 L-谷氨酸的四丁基镓离子溶液缩合得到。用途：作多肽合成中间体。

甘氨酰-L-谷氨酸（Gly-Glu）　系统名"S-2-(2-氨基乙酰氨基)戊二酸"。CAS 号 7412-78-4。分子式 $C_7H_{12}N_2O_5$，分子量 204.18。白色固体。熔点 175℃，比旋光度 $[\alpha]_D^{16}$ -5(c=3.54，水)。易溶于水。制备：由 N-保护的甘氨酸为原料，活化羧基成酰氯或活性酯后和羧基保护的 L-谷氨酸缩合，再脱保护得到；或由甘氨酸甲酯盐酸盐与 L-谷氨酸的

四丁基鏻离子溶液缩合得到。用途：作多肽合成中间体。

甘氨酰-L-谷氨酰胺（Gly-Gln）　系统名"(S)-2-((S)-2-氨基-4-羧丁氨基)戊二酸"。CAS 号 13115-71-4。分子式 $C_7H_{13}N_3O_4$，分子量 203.20。白色晶体或结晶性粉末。熔点 202～203℃，比旋光度 $[\alpha]_D^{20}$ - 7(c=3, 1N HCl)。易溶于水。制备：由 N-保护的甘氨酸为原料,活化羧基成酰氯或活性酯后和 L-谷氨酰胺缩合,再脱保护得到。用途：作氨基酸营养药物,用于提高患者细胞免疫功能；用于复方氨基酸双肽注射液作为肠外营养剂。

甘氨酰-L-组氨酸（Gly-His）　系统名"S-2-(2-氨基乙酰氨基)-3-(1H-咪唑-5-基)丙酸"。CAS 号 2489-13-6。分子式 $C_8H_{12}N_4O_3$，分子量 212.21。白色粉末。熔点 178℃(分解),比旋光度 $[\alpha]_D^{22}$ + 26 (c=1, 水)。可溶于水。制备：由 N-保护的甘氨酸为原料,活化羧基成酰氯或活性酯后和羧基保护的 L-组氨酸缩合,再脱保护得到；或由甘氨酸甲酯盐酸盐与 L-组氨酸的四丁基鏻离子溶液缩合得到。用途：作多肽合成中间体。

甘氨酰肌氨酸（Gly-Sar；glycyl-N-methyl-glycine）　系统名"S-2-(2-氨基乙酰氨基)-3-苯基丙酸"(2-(2-amino-N-methyleacetamido)acetic acid)。CAS 号 29816-01-1。分子式 $C_5H_{10}N_2O_3$，分子量 146.14。白色粉末。熔点 200～201℃。制备：由 N-保护的甘氨酸为原料,活化羧基成酰氯或活性酯后和羧基保护的 L-肌氨酸缩合,再脱保护得到；或由甘氨酸甲酯盐酸盐与 L-肌氨酸的四丁基鏻离子溶液缩合得到。用途：作生化试剂。

甘氨酰-L-酪氨酸（Gly-Tyr）　系统名"S-2-(2-氨基乙酰氨基)-3-(4-羟基苯基)丙酸"。CAS 号 658-79-7。分子式 $C_{11}H_{14}N_2O_4$，分子量 238.24。白色粉末状固体。熔点 174～176℃（分解）,密度 1.348 g/cm³,比旋光度 $[\alpha]_D^{14}$+44.7(c=2, 水)。制备：由 N-保护的甘氨酸为原料,活化羧基成酰氯或活性酯后和羧基保护的 L-酪氨酸缩合,再脱保护得到；或由甘氨酸甲酯盐酸盐与 L-酪氨酸的四丁基鏻离子溶液缩合得到。用途：作有机合成中间体和医药中间体,用于复方氨基酸双肽注射液作为肠外营养剂。

双甘肽（Ala-Ala）　系统名"2-(2-氨基乙酰氨基)乙酸"。CAS 号 556-50-3。分子式 $C_6H_{12}N_2O_3$，分子量

132.12。白色粉末状固体。熔点 221～222℃（分解）,密度 1.518 g/cm³。易溶于水,微溶于乙醇,难溶于乙醚。制备：由 N-保护的甘氨酸为原料,活化羧基成酰氯或活性酯后和羧基保护的甘氨酸缩合,再脱保护得到；或由甘氨酸甲酯盐酸盐与甘氨酸的四丁基鏻离子溶液缩合得到。用途：作生化试剂,在生物研究及医药上用作血液保存和蛋白质药物细胞色素 C 水针剂的稳定剂。

甘氨酰-L-脯氨酸（glycyl-L-proline）　系统名"S-1-(2-氨基乙酰基)吡咯烷-2-羧酸"。CAS 号 704-15-4。分子式 $C_6H_{12}N_2O_3$，分子量 172.18。白色或类白色固体。熔点 184℃(分解),密度 1.42 g/cm³,比旋光度 $[\alpha]_D^{20}$ - 114(c=4, 水)。微溶于水。制备：由 N-保护的甘氨酸为原料,活化羧基成酰氯或活性酯后和羧基保护的 L-脯氨酸缩合,再脱保护得到；或由甘氨酸甲酯盐酸盐与 L-脯氨酸的四丁基鏻离子溶液缩合得到。用途：作生化试剂、多肽合成中间体。

甘氨酰-L-缬氨酸（Gly-Val）　系统名"(S)-2-(2-氨基乙酰氨基)-3-甲基丁酸"。CAS 号 1963-21-9。分子式 $C_7H_{14}N_2O_3$，分子量 174.20。熔点 242～243℃,比旋光度 $[\alpha]_D^{29}$ - 20.1(c=1.3, 水)。易溶于水。制备：由 N-保护的甘氨酸为原料,活化羧基成酰氯或活性酯后和羧基保护的 L-缬氨酸缩合,再脱保护得到；或由甘氨酸甲酯盐酸盐与 L-缬氨酸的四丁基鏻离子溶液缩合得到。用途：用作生化试剂、多肽合成中间体。

甘氨酰-L-亮氨酸（Gly-Leu）　系统名"(S)-2-(2-氨基乙酰氨基)-4-甲基戊酸"。CAS 号 869-19-2。分子式 $C_8H_{16}N_2O_3$，分子量 188.22。白色固体。熔点 233～235℃,180～215℃(0.3 Torr)升华,比旋光度 $[\alpha]_D^{24}$ - 36.0(c=1.9, 水)。易溶于水。制备：由 N-保护的甘氨酸为原料,活化羧基成酰氯或活性酯后和羧基保护的 L-酪氨酸缩合,再脱保护得到；或由甘氨酸甲酯盐酸盐与 L-酪氨酸的四丁基鏻离子溶液缩合得到。用途：作生化试剂、多肽合成中间体。

甘氨酰-L-苯丙氨酸（Gly-Phe）　系统名"(S)-2-(2-氨基乙酰氨基)-3-苯基丙酸"。CAS 号 3321-03-7。分子式 $C_{11}H_{14}N_2O_3$，分子量 222.24。白色晶体或结晶性粉末。熔点 258～262℃,比旋光度 $[\alpha]_D^{23}$ +41.7(c=1.5, 水)。易溶于水。制备：由 N-保护的甘氨酸为原料,活化羧基成酰氯或

活性酯后和羧基保护的 L-苯丙氨酸缩合,再脱保护得到;或由甘氨酸甲酯盐酸盐与 L-苯丙氨酸的四丁基鏻离子溶液缩合得到。用途:作生化试剂、多肽合成中间体。

天门冬酰苯丙氨酸甲酯(L-Asp-L-Phe-OMe;

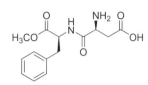

aspartame) 俗称"阿斯巴甜""天冬甜精"。CAS 号 22839-47-0。分子式 $C_{14}H_{18}N_2O_5$,分子量 294.31。白色结晶粉末,有近似蔗糖强甜味,甜度为蔗糖的 100～200 倍。熔点 246～247℃,密度 1.280±0.06 g/cm^3,比旋光度 $[\alpha]_D^{25}$ +15.5 ($c=4$,15N 甲醇)。微溶于水和乙醇,几乎不溶于己烷和二氯甲烷。制备:将天冬氨酸转变为酸酐,然后与苯丙氨酸甲酯缩合,再经分离纯化而得。用途:人工合成的低热量甜味剂,也作风味增强剂,常与蔗糖或其他甜味剂并用,可作为蔗糖替代品用于各类食品,配制用于糖尿病、高血压、肥胖症、心血管患者的低糖类、低热量保健食品。对苯丙酮尿症患者不能使用,需特别标明。

L-苯丙氨酰-L-亮氨酸(L-Phe-L-Leu) 系统名"(S)-2-((S)-2-氨基-3-苯丙氨基)-4-甲基戊酸"。CAS 号 3303-55-7。分子式 $C_{15}H_{22}N_2O_3$,分子量 278.35。白色固体。其一水结晶物的熔点 248～250℃,比旋光度 $[\alpha]_D^{26}$ - 19.9($c=0.55$,1% NaHCO₃)。可溶于碱水溶液。制备:由 N-保护的亮氨酸为原料,活化羧基成酰氯或活性酯后和羧基保护的 L-苯丙氨酸缩合,再脱保护得到。用途:作生化试剂、多肽合成中间体。

L-丙氨酰-L-谷氨酰胺(Ala-Gln) 系统名"(S)-5-氨基-2-((S)-2-氨基丙酰氨基)-5-氧代戊酸"。CAS 号 39537-23-0。分子式 $C_8H_{15}N_3O_4$,分子量 217.22。白色或类白色结晶性粉末。熔点 214～215℃,比旋光度 $[\alpha]_D^{20}$ +10.6 ($c=2$,水)。易溶于水。制备:由 L-丙氨酸甲酯盐酸盐与 L-谷氨酰胺的四丁基鏻离子溶液缩合得到。用途:作 L-谷氨酰胺的应用载体,用于哺乳动物细胞培养基,用作肠外营养用药。

L-精氨酰-L-甘氨酰-L-天冬氨酸(Arg-Gly-Asp)

亦称"RGD 肽",系统名"(S)-2-(2-((S)-2-氨基-5-胍戊酰胺)乙酰氨基)琥珀酸"。CAS 号 99896-85-2。分子式 $C_{12}H_{22}N_6O_6$,分子量 346.34。白色或类白色结晶性粉末。熔点 153～155℃,比旋光度 $[\alpha]_D^{20}$ +19.0($c=1$,水)。可溶于 0.1N 冰醋酸、水。制备:由保护的精氨酸、甘氨酸、天冬氨酸缩合后再脱保护得到;或由 L-精氨酸甲酯盐酸盐与甘氨酸的四丁基鏻离子溶液缩合得到精氨酰甘氨酸,再由精氨酰甘氨酸甲酯盐酸盐与 L-天冬氨酸的四丁基鏻离子溶液缩合而得。用途:为整合素的受体,用于合成含 RGD 序列的活性短肽。

L-赖氨酰-L-酪氨酰-L-赖氨酸(Lys-Tyr-Lys) 系统名"(S)-6-氨基-2-((S)-2-((S)-2,6-二氨基己二酸-3-(4-羟基苯基)丙酰胺))己酸"。CAS 号 35193-18-1。分子式 $C_{21}H_{35}N_5O_5$,分子量 437.53(游离碱)。白色固体。微溶于水。制备:由保护的 L-赖氨酸、L-酪氨酸缩合后再脱保护;或由 L-赖氨酸甲酯盐酸盐与 L-酪氨酸的四丁基鏻离子溶液缩合得到赖氨酰-酪氨酸,再由赖氨酰-酪氨酸甲酯盐酸盐与 L-赖氨酸的四丁基鏻离子溶液缩合而得。用途:作生化试剂。

甘氨酰-L-组氨酰-L-赖氨酸乙酸盐(Gly-His-Lys acetate salt) 系统名"(S)-6-氨基-2-((S)-2-(2-氨基乙酰氨基)-3-(1H-咪唑-4-基)丙酰胺基)己酸乙酸盐"。CAS 号 72957-37-0。分子式 $C_{16}H_{28}N_6O_6$,分子量 400.43。白色固体。微溶于水。制备:由保护的甘氨酸、组氨酸、赖氨酸缩合后再脱保护;或由甘氨酸甲酯盐酸盐与 L-组氨酸的四丁基鏻离子溶液缩合得到甘氨酰-组氨酸,再由甘氨酰-组氨酸甲酯盐酸盐与 L-赖氨酸的四丁基鏻离子溶液缩合而得。用途:作生化试剂;具有肝脏损伤后启动肝再生的功能,作肝细胞生长因子。

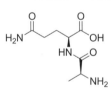

甘氨酰-脯氨酰-谷氨酸(Gly-Pro-Glu) 系统名"(S)-2-((S)-1-(2-氨基乙酰基)吡咯烷-2-甲酰胺基)戊二酸"。CAS 号 32302-76-4。分子式 $C_{12}H_{19}N_3O_6$,分子量 301.30。白色粉末。微溶于水。制备:由保护的甘氨酸、脯氨酸、谷氨酸缩合后再脱保护;或由甘氨酸甲酯盐酸盐与 L-脯氨酸的四丁基鏻离子溶液缩合得到甘氨酰-脯氨酸,再由甘氨酰-脯氨酸甲酯盐酸盐与 L-谷氨酸的四丁基鏻离子溶液缩合而得。用途:作生化试剂。

亮氨酰-甘氨酰-甘氨酸(Leu-Gly-Gly) 系统名"(S)-2-(2-(2-氨基-4-甲基戊酰胺)乙酰氨基)乙酸"。CAS 号 1187-50-4。分子式 $C_{10}H_{19}N_3O_4$,分子量 245.28。白色

粉末状固体。熔点 219～222℃，比旋光度 $[\alpha]_D^{25}$ +57.7($c=5$, EtOH)。制备：由保护的 L-亮氨酸、甘氨酸缩合后再脱保护；或由 L-亮氨酸甲酯盐酸盐与甘氨酸的四丁基鏻离子溶液缩合得到亮氨酰甘氨酸，再由亮氨酰甘氨酸甲酯盐酸盐与甘氨酸的四丁基鏻离子溶液缩合而得。用途：作生化试剂。

D/L-亮氨酰-甘氨酰-甘氨酸(D/L-Leu-Gly-Gly)

系统名"2-(2-(2-氨基-4-甲基戊酰胺)乙酰氨基)乙酸"。CAS 号 4337-37-5。分子式 $C_{10}H_{19}N_3O_4$，分子量 245.28。白色或淡黄色结晶性粉末。熔点 231℃，密度 1.28 g/cm³。制备：由保护的亮氨酸消旋体、甘氨酸缩合后再脱保护；或由消旋的亮氨酸甲酯盐酸盐与甘氨酸的四丁基鏻离子溶液缩合得到亮氨酰-甘氨酸，再由亮氨酰-甘氨酸甲酯盐酸盐与甘氨酸的四丁基鏻离子溶液缩合而得。用途：作生化试剂。

精氨酸-甘氨酸-天冬氨酸-丝氨酸(Arg-Gly-Asp-Ser) 系统名"(6S,12S,15S)-1,6-二氨基-12-(羧甲基)-15-(羟甲基)-1-亚氨基-7,10,13-三氧基-2,8,11,14-四氮杂十六烷-16-油酸"。CAS 号 91037-65-9。分子式 $C_{15}H_{27}N_7O_8$，分子量 433.42。无色晶体。熔点 183～187℃，比旋光度 $[\alpha]_D^{20}$ -20($c=0.2$, 6N HCl)。制备：由保护的 L-精氨酸、甘氨酸、L-天冬氨酸、L-丝氨酸依次缩合后再脱保护而得。用途：作生化试剂。

甘氨酸-精氨酸-甘氨酸-天冬氨酸-丝氨酸-脯氨酸-赖氨酸(Gly-Arg-Gly-Asp-Ser-Pro-Lys) 系统名"(2S)-6-氨基-2-[[(2S)-1-[(2S)-2-[[(2S)-2-[[2-[[(2S)-2-[(2-氨基乙酰基)氨基]-5-(二氨基甲基亚氨基)戊酰基]氨基]乙酰基]氨基]-3-羧丙基]氨基]-3-羟基丙

基]吡咯烷-2-羰基]氨基]己酸"。CAS 号 111119-28-9。分子式 $C_{28}H_{49}N_{11}O_{11}$，分子量 715.77。固体。制备：由保护的 L-甘氨酸、L-精氨酸、L-甘氨酸、L-天冬氨酸、L-丝氨酸、L-脯氨酸、L-赖氨酸依次缩合后再脱保护得到。用途：一种诱发细胞黏附生长因子，用作生化试剂。

亮氨酸脑啡肽(Leu-enkephalin; Tyr-Gly-Gly-Phe-Leu) 系统名"(2S,5S,14S)-14-氨基-5-苄基-15-(4-羟基苯基)-2-异丁基-4,7,10,13-四氧代-3,6,9,12-四氮杂十五烷-1-油酸"。CAS 号 58822-25-6。分子式 $C_{28}H_{37}N_5O_7$，分子量 555.62。固体。熔点 158～160℃，比旋光度 $[\alpha]_D^{25}$ +32.3($c=9$,甲醇)。微溶于水。制备：由保护的酪氨酸、甘氨酸、苯丙氨酸、亮氨酸缩合后再脱保护。用途：具有吗啡样活性的内源性多肽。

α-内啡肽(human α-endorphin; Tyr-Gly-Gly-Phe-Met-Thr-Ser-Glu-Lys-Ser-Gln-Thr-Pro-Leu-Val-Thr) CAS 号 59004-96-5。分子式 $C_{77}H_{120}N_{18}O_{26}S$，分子量 1 745.97。白色粉末状固体。α-内啡肽及其乙酰化形式都存在于垂体的中间叶和前叶。制备：由相应氨基酸为原料经固相合成法制得。用途：是转谷氨酰胺酶的底物，具有吗啡样活性的内源性多肽，具有镇痛作用；对免疫系统功能的刺激作用已有报道。

β-内啡肽(human β-endorphin; Tyr-Gly-Gly-Phe-Met-Thr-Ser-Glu-Lys-Ser-Gln-Thr-Pro-Leu-Val-Thr-Leu-Phe-Lys-Asn-Ala-Ile-Ile-Lys-Asn-Ala-Tyr-Lys-Lys-Gly-Glu) CAS 号 61214-51-5。分子式

$C_{158}H_{251}N_{33}O_{46}S$,分子量 3 465.03。白色粉末状固体。体内分布广泛,包括胃肠道及脑组织等,是人体中内源性吗啡样物质中的一种,与脑啡肽、强啡肽共同组成阿片肽家族。制备:由转基因技术生物合成;或由固相合成得到。用途:具有吗啡样活性的内源性多肽,具有镇痛作用;作为神经激素和调制物质参与许多生理功能的调节过程。

强啡肽 A(dynorphin A;Tyr-Gly-Gly-Phe-Leu-Arg-Arg-Ile-Arg-Pro-Lys-Leu-Lys) CAS 号 72957-38-1。分子式 $C_{75}H_{126}N_{24}O_{15}$,分子量 1 603.99。固体。制备:固相多肽合成。用途:具有吗啡样活性的内源性多肽,具有镇痛作用。

消旋卡曲多(racecadotril) 亦称"醋托泛",系统名"(R,S)-N-(2-(乙酰基硫基)甲基)-1-氧代-3-苯基丙基-甘氨酸苄酯"。CAS 号 81110-73-8。分子式 $C_{21}H_{23}NO_4S$,分子量 385.48。白色至类白色结晶性粉末。熔点 89℃,密度 1.206 g/cm³。难溶于水,微溶于乙醇,易溶于氯仿、二甲基亚砜。制备:以 2-苄基-3-硫代乙酰基丙酸和甘氨酸苄酯对甲酸苯磺酸盐为原料,经缩合剂 HOBT/DCC 缩合得到;或由苯甲醛与丙二酸二乙酯经缩合、还原、水解得苄基丙二酸,与多聚甲醛、二乙胺反应得到的苄基丙烯酸再与硫代乙酸加成,最后与甘氨酸苄酯对甲酸苯磺酸盐缩合而得。用途:一种急性腹泻症治疗药。

醋酸阿拉瑞林(alarelin acetate;Pyr-His-Trp-Ser-Tyr-D-Ala-Leu-Arg-Pro-NHET) 亦称"丙氨瑞林"。CAS 号 79561-22-1。分子式 $C_{56}H_{78}N_{16}O_{12}$,分子量 1 167.32。白色至类白色结晶性粉末。有引湿性。易溶于水,微溶于甲醇。制备:以脯氨酸-2-氯-三苯甲基-氯树脂为起始树脂,采用芴甲氧羰基固相合成法逐一偶联每一个保护氨基酸,得到侧链全保护的肽链树脂,对侧链全保护的肽链树脂进行切割,得到全保护的肽链片段 pGluP-9,对全保护的肽链片段 pGluP-9 进行 C 端乙胺化,得到醋酸阿拉瑞林的全保护片段,对醋酸阿拉瑞林的全保护片段切割除去侧链保护基,得到醋酸阿拉瑞林。用途:作促性腺激素药。

甘氨酸酐(2,5-piperazinedione) 系统名"2,5-哌嗪二酮"。CAS 号 106-57-0。分子式 $C_4H_6N_2O_2$,分子量 114.10。片状或针状结晶。熔点 312℃(分解),密度 1.593 g/cm³。可溶于热水。制备:由甘氨酰甘氨酸环合得到。用途:作生化试剂。

环(甘氨酰-L-丙氨酰)(cyclo(Gly-Ala)) 系统名"(3S)-3-甲基哌嗪-2,5-二酮"。CAS 号 4526-77-6。分子式 $C_5H_8N_2O_2$,分子量 128.13。白色固体。熔点 246~247℃(分解),其盐酸盐比旋光度 $[\alpha]_D^{20}$ - 8.1(c=1.36,水)。制备:由羧基保护的甘氨酸和 L-丙氨酸甲酯盐酸盐缩合,再脱保护环化得到。用途:作生化试剂,药物合成中间体。

环(丙氨酰-L-组氨酰)(cyclo(Ala-His)) 系统名"(3S,6S)-3-(1H-咪唑-5-亚甲基)-6-甲基哌嗪-2,5-二酮"。CAS 号 54300-25-3。分子式 $C_9H_{12}N_4O_2$,分子量 208.22。白色固体。熔点 252~254℃(分解),比旋光度 $[\alpha]_D^{25}$ - 10(c=1,H_2O)。制备:由 L-丙氨酰组氨酸甲酯环化合成得到。用

途:作生化试剂,作为手性辅剂用于手性化合物合成。

环(丙氨酰-L-丝氨酰)(cyclo(Ala-Ser)) 系统名

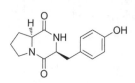

"(3S,6S)-3-羟甲基-6-甲基哌嗪-2,5-二酮"。CAS 号 13174-73-7。分子式 $C_6H_{10}N_2O_3$,分子量 158.16。白色固体。熔点 227~230℃(分解)。制备:由丙氨酰丝氨酸环合得到。用途:作生化试剂。

环(甘氨酰-L-亮氨酰)(cyclo(Gly-Leu)) 系统名

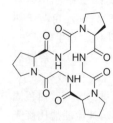

"(3S)-3-异丁基哌嗪-2,5-二酮"。CAS 号 5845-67-0。分子式 $C_8H_{14}N_2O_2$,分子量 170.21。白色固体。熔点 251~253℃(分解),比旋光度 $[\alpha]_D^{25}$ - 2.2(c=1,DMSO)。制备:由 N-Boc 保护的甘氨酸与 L-亮氨酸缩合,再环合得到。用途:作生化试剂。

环(L-脯氨酰-L-酪氨酰)(maculosin) 系统名"(3S,8aS)-3-(4-羟基苄基)六氢吡咯并[1,2-a]吡嗪-1,4-二酮"。CAS 号 4549-02-4。分子式 $C_{14}H_{16}N_2O_3$,分子量 260.29。白色固体。熔点 147~149℃,比旋光度 $[\alpha]_D^{20}$ - 126.1(c=0.26,乙醇)。制备:由 L-脯氨酰-L-酪氨酸环化合成得到。用途:作生化试剂。

环(L-脯氨酰-L-缬氨酰)(cyclo(Pro-Val)) 系统名"(3S,8aS)-3-异丙基六氢吡咯并[1,2-a]吡嗪-1,4-二酮"。CAS 号 2854-40-2。分子式 $C_{10}H_{16}N_2O_2$,分子量 196.25。白色固体。熔点 190~192℃,密度 1.212 g/cm³,比旋光度 $[\alpha]_D^{20}$ - 139.4(c=0.16,乙醇)。制备:由 L-脯氨酰-L-缬氨酸环化合成得到。用途:作生化试剂。

环(L-脯氨酰甘氨酰-L-脯氨酰甘氨酰-L-脯氨酰甘氨酰)(cyclo(Pro-Gly)₃) 系统名"(8aS,16aS,24aS)-十八氢三吡咯并[1,2-a:1',2'-g:1'',2''-m][1,4,7,10,13,16]六氮十八烷-5,8,13,16,21,24-己酮"。CAS 号 37783-51-0。分子式 $C_{21}H_{30}N_6O_6$,分子量 462.51。固体。制备:由保护的脯氨酸和甘氨酸甲酯盐酸盐缩合得到脯氨酰甘氨酸,再依次与脯氨酰甘氨酸缩合两次,最后环化而得。用途:作生化试剂。

环(L-丙氨酰-L-脯氨酰-L-丙氨酰-L-苏氨酰-L-苏氨酰-L-酪氨酰-L-亮氨酰甘氨酰)肽(cyclo(L-alanyl-L-prolyl-L-alanyl-L-threonyl-L-threonyl-L-tyrosyl-L-leucylglycyl)) CAS 号 1004749-74-9。分子式 $C_{36}H_{54}N_8O_{11}$,分子量 774.87。白色固体。比旋光度 $[\alpha]_D^{23}$ + 52.3(c=0.04,乙腈)。制备:由番荔枝种子中分离得到。用途:具有抗炎作用。

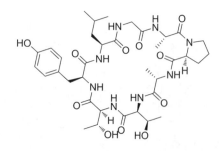

核苷、核苷酸、辅酶和相关药物

腺嘌呤核苷(adenosine) 亦称"腺苷",系统名"(2R,3R,4S,5R)-2-(6-氨基-9H-嘌呤-9-基)-5-羟甲基四氢呋喃-3,4-二醇"。

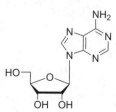

CAS 号 58-61-7。分子式 $C_{10}H_{13}N_5O_4$,分子量 267.24。白色针状晶体,有苦味。熔点 235.5℃(分解),密度 0.987 g/cm³,$[\alpha]_D^{25}$ - 57.8°(c=0.6,水)。可溶于热水,微溶于水,难溶于乙醇。制备:由 RNA 经浓氨水的高温高压水解或甲酰胺的化学水解后,经树脂分离、结晶得到;或由腺嘌呤和 1-O-乙酰基-2,3,5-三-O-苯甲酰基-β-L-呋喃糖为原料在氯化锡作用下合成得到。用途:作医药原料、合成中间体,也用作抗心律失常药物。

胞嘧啶核苷(cytidine) 亦称"胞苷",系统名"4-氨基-1-(2R,3R,4S,5R)-3,4-二羟基-5-(羟甲基四氢呋喃-2-基)嘧啶-2(1H)-酮"。

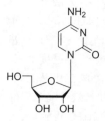

CAS 号 65-46-3。分子式 $C_9H_{13}N_3O_5$,分子量 243.22。白色针状结晶。熔点 230.5℃(分解),沸点 124~126℃(9.976 Torr),密度 1.532 g/cm³,$[\alpha]_D^{25}$ +35.4(c=0.7,水)。可溶于水,微溶于乙醇。制备:由 RNA 经浓氨水的高温高压水解或甲酰胺的化学水解后,经树脂分离、结晶得到;或由硅醚保护的 N⁴-乙酰基胞嘧啶与 1-氯代三苯基甲酰基核糖反应生成混合构型胞苷,再利用重结晶和柱层析分离得到。用途:作合成抗肿瘤药物阿糖胞苷和改善头部外伤药物胞二磷胆碱的原料,也用作生化试剂。

鸟嘌呤核苷(guanosine) 亦称"鸟苷""鸟粪苷""鸟粪素苷""9-β-D-呋喃核糖基鸟嘌呤",系统名"2-氨基-9-((2R,3R,4S,5R)-3,4-二羟基-5-(羟甲基四氢呋喃-2-基))-1H-嘌呤-6(9H)-酮"。CAS 号 118-00-3。分子式 $C_{10}H_{13}N_5O_5$,分

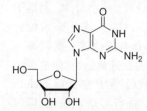

子量 283.24。白色粉末。熔点 239℃(分解),密度 1.597 g/cm³,$[\alpha]_D^{20}$ - 48.2(c=0.1,水)。易溶于乙酸,可溶于热水,微溶于冷水,难溶于乙醚、乙醇。制备:由 RNA

经浓氨水的高温高压水解或甲酰胺的化学水解后,树脂分离、结晶得到;或以葡萄糖或多糖为碳源,经发酵得到。用途:作合成抗病毒药物利巴韦林、阿昔洛韦的原料,也用作合成 5′-鸟苷酸二钠等食品增鲜剂的原料。

尿嘧啶核苷(uridine) 亦称"尿苷",系统名"1-(2R,3R,4S,5R)-3,4-二羟基-5-(羟甲基四氢呋喃-2-基)嘧啶-2,4(1H,3H)-二酮"。CAS 号 58-96-8。分子式 $C_9H_{12}N_2O_6$,分子量 244.20。白色针状结晶或粉末,味微甜而微辛。熔点 165℃,密度 1.59 g/cm^3,$[\alpha]_D^{30} + 4.6$($c=5.3$,水)。可溶于水、甲醇,难溶

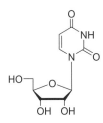

于乙醚。制备:由 RNA 经浓氨水的高温高压水解或甲酰胺的化学水解后,树脂分离、结晶得到;或由 D-核糖和尿嘧啶为原料化学合成而得。用途:作核苷类药物,也用作合成抗肿瘤药物氟尿嘧啶、5-溴-2-脱氧尿苷等药物的原料。

胸腺嘧啶脱氧核苷(thymidine) 亦称"脱氧胸苷",系统名"1-(2R,4S,5R)-4-羟基-5-(羟甲基四氢呋喃-2-基)-5-甲基嘧啶-2,4(1H,3H)-二酮"。CAS 号 50-89-5。分子式 $C_{10}H_{14}N_2O_5$,分子量 242.23。白色结晶性粉末。熔点 187～188℃,

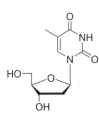

密度 1.474 g/cm^3,$[\alpha]_D^{20} + 19$($c=1$,水)。可溶于水、甲醇。制备:由 5-甲基尿苷经脱水、卤代、还原得到。用途:作合成抗病毒药物叠氮胸苷、齐多夫定的中间体。

2-氯腺嘌呤脱氧核苷(2-chlorodeoxyadenosine) 亦称"2-氯脱氧腺苷""克拉曲滨",系统名"(2R,3S,5R)-5-(6-氨基-2-氯-9H-嘌呤-9-基)-2-羟甲基四氢呋喃-3-醇"。CAS 号 4291-63-8。分子式 $C_{10}H_{12}ClN_5O_3$,分子量 285.69。白色固体。熔

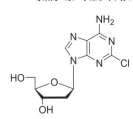

点 208～212℃,$[\alpha]_D^{25} - 18.8$($c=1$,DMF)。可溶于热水,微溶于水、甲醇。制备:由 2-氯腺苷为原料,先形成 8,2′-环状核苷,再经镍还原得到;或由 1-氯-2-脱氧-3,5-二-O-对甲苯甲酰基-α-D-顺-呋喃核糖与 2,6-二氯嘌呤缩合、6-位氨取代、脱保护而得。用途:作抗白血病药。

胞嘧啶脱氧核苷(deoxycytidine) 亦称"脱氧胞苷",系统名"4-氨基-1-(2R,4S,5R)-4-羟基-5-(羟甲基四氢呋喃-2-基)嘧啶-2(1H)-酮"。CAS 号 951-77-9。分子式 $C_9H_{13}N_3O_4$,分子量 227.22。白色结晶性粉末。熔点 207～210℃,密度 1.454 g/cm^3,$[\alpha]_D^{25} + 54$($c=2$,水)。可溶于

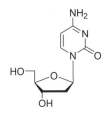

水。制备:由 α-D-2-脱氧核糖和尿嘧啶为起始原料,经过

甲苷化、酯化、氯代、亲核取代、高效氨化及水解脱保护合成得到。用途:作医药原料、生化试剂。

鸟嘌呤脱氧核苷(deoxyguanosine) 亦称"脱氧鸟苷",系统名"2-氨基-9-((2R,4S,5R)-4-羟基-5-(羟甲基四氢呋喃-2-基))-1H-嘌呤-6(9H)-酮"。CAS 号 961-07-9。分子式 $C_{10}H_{13}N_5O_4$,分子量 267.24。

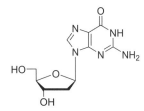

白色粉末。熔点 250～252℃,$[\alpha]_D^{20} - 32$($c=0.5$,水)。微溶于水。制备:由 DNA 为原料,依次经核酸酶、磷酸单酯酶水解得到;或由乙酰短杆菌的核苷磷酸化酶生物合成而得。用途:作医药原料、生化试剂。

尿嘧啶脱氧核苷(deoxyuridine) 亦称"脱氧尿苷",系统名"1-(2R,4S,5R)-4-羟基-5-(羟甲基四氢呋喃-2-基)嘧啶-2,4(1H,3H)-二酮"。CAS 号 951-78-0。分子式 $C_9H_{12}N_2O_5$,分子量 228.20。白色针状结晶。熔点 164～167℃,$[\alpha]_D^{20} + 52$($c=1.1$,1N NaOH)。溶于水,微

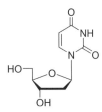

溶于乙醇。制备:以尿苷为原料,经丙酰溴酰化保护的同时溴化,再脱溴氢解,最后皂化得到。用途:作合成抗肿瘤药物 2′-脱氧-5-氟苷的中间体。

黄嘌呤核苷(xanthosine) 亦称"黄苷",系统名"9-((2R,3R,4S,5R)-3,4-二羟基-5-(羟甲基)四氢呋喃-2-基)-3,9-二氢-1H-嘌呤-2,6-二酮"。CAS 号 146-80-5。分子式 $C_{10}H_{12}N_4O_6$,分子量 284.23。长柱形结晶,多含有二分子结晶水。熔点 213～

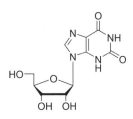

215℃,$[\alpha]_D^{20} - 51.2$($c=1.029$,0.1N NaOH)。微溶于冷水,溶于热水、氢氧化钠溶液和热稀醇,不溶于醚。制备:由鸟苷为原料,在冰醋酸条件下和亚硝酸钠反应,再与水作用合成得到。用途:作生化试剂。

次黄嘌呤核苷(inosine) 亦称"肌苷""次黄苷",系统名"9-(2R,3R,4S,5R)-3,4-二羟基-5-(羟甲基四氢呋喃-2-基)-1,9-二氢-6H-嘌呤-6-酮"。CAS 号 58-63-9。分子式 $C_{10}H_{12}N_4O_5$,分子量 268.23。白色结晶性粉末,味微苦。熔点 218℃,密度 1.613 g/cm^3,

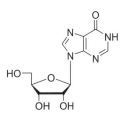

$[\alpha]_D^{18} - 49$($c=0.9$,水)。溶于水,难溶于乙醇、氯仿。制备:由腺苷为原料,在冰醋酸条件下和亚硝酸钠反应,再与水作用合成得到。用途:用于治疗心脏病、肝病及由放射线和抗癌药物所引起的白血球减少症、血小板减少症等,用作合成抗病毒药物利巴韦林、阿昔洛韦的中间体。

1-甲基腺苷（1-methyladenosine）

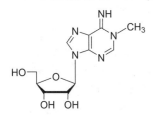

系统名"(2R，3S，4R，5R)-2-羟甲基-5-(6-亚氨-1-甲基-1H-嘌呤-9(6H)-基)四氢呋喃-3，4-二醇"。CAS 号 15763-06-1。分子式 $C_{11}H_{15}N_5O_4$，分子量 281.27。白色细小针状晶体。熔点 214～217℃（分解），密度 1.89 g/cm³，$[\alpha]_D^{26} - 58.95$（$c=2$，水）。溶于水。制备：由腺苷与碘甲烷为原料化学合成而得。用途：作医药合成中间体。

2-甲基腺苷（2-methyladenosine）

系统名"(2R，3R，4S，5R)-2-(6-氨基-2-甲基-9H-嘌呤-9-基)-5-羟甲基四氢呋喃-3，4-二醇"。CAS 号 16526-56-0。分子式 $C_{11}H_{15}N_5O_4$，分子量 281.27。固体。有轻微吸湿性。熔点 147～151℃，$[\alpha]_D^{25} - 66.6$（$c=1$，水）。溶于水。制备：由 2-碘代腺苷和三甲基铝为原料合成得到。用途：作医药合成中间体、生化试剂。

2-甲氧基腺苷（2-methoxyladenosine）　亦称"海绵核苷"，系统名"(2R，3R，4S，5R)-2-(6-氨基-2-甲氧基-9H-嘌呤-9-基)-5-羟甲基四氢呋喃-3，4-二醇"。CAS 号 24723-77-1。分子式 $C_{11}H_{15}N_5O_5$，分子量 297.27。固体。熔点 192℃，比旋光度 $[\alpha]_D^{26} - 43.3$（$c=0.6$，甲醇）。溶于甲醇。制备：从隐南瓜海绵中提取得到；或由 2,6-二氯嘌呤为原料，经氨化、甲基化、缩合、脱保护等步骤合成而得。用途：作医药合成中间体、生化试剂。

2′-O-甲基腺苷（2′-O-methyladenosine）　亦称"2′-O-甲基腺嘌呤核苷"，系统名"(2R，3R，4R，5R)-5-(6-氨基-9H-嘌呤-9-基)-2-羟甲基-4-甲氧基四氢呋喃-3-醇"。CAS 号 2140-79-6。分子式 $C_{11}H_{15}N_5O_4$，分子量 281.27。白色至类白色粉末。熔点 204～206℃，密度 1.482 g/cm³，$[\alpha]_D^{22} - 58$（$c=1$，水）。溶于水。制备：由 2-氨基-6-氯嘌呤核苷为原料，先与碘甲烷反应，再与乙酸酐反应保护羟基后，氨解得到。用途：作医药原料、生化试剂。

N^6-甲基-2′-脱氧腺苷（2′-deoxy-N^6-methyladenosine）　系统名"(2R，3S，5R)-2-羟甲基-5-(6-甲氨基-9H-嘌呤-9-基)四氢呋喃-3-醇"。CAS 号 2002-35-9。

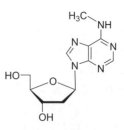

分子式 $C_{11}H_{15}N_5O_3$，分子量 265.27。白色粉末状固体。熔点 206～208℃，$[\alpha]_D^{25.5} - 23.45$（$c=1$，水）。溶于热乙醇、水。制备：由 1-甲基-2′-脱氧腺苷在氢氧化钠溶液中重排得到。用途：作医药合成中间体、生化试剂。

2′-O-甲基胞苷（2′-O-methylcytidine）　亦称"2′-O-甲基胞嘧啶核苷"，系统名"4-氨基-1-((2R，3R，4R，5R)-4-羟基-5-羟甲基-3-甲氧基四氢呋喃-2-基)嘧啶-2(1H)-酮"。CAS 号 2140-72-9。分子式 $C_{10}H_{15}N_3O_5$，分子量 257.24。白色至类白色粉末。熔点 255～257℃，$[\alpha]_D^{22} +72.3$（$c=1.1$，水）。溶于水。制备：由 1,3,5-三苯甲酰基保护的呋喃核糖为原料，与重氮甲烷反应后，再与苯甲酰基保护的胞嘧啶在四氯化锡作用下缩合，再脱保护得到。用途：作医药合成中间体、生化试剂。

5-甲基胞苷（5-methylcytidine）　亦称"5-甲基胞嘧啶核苷"，系统名"4-氨基-1-(2R，3R，4S，5R)-3，4-二羟基-5-(羟甲基四氢呋喃-2-基)-5-甲基嘧啶-2(1H)-酮"。CAS 号 2140-61-6。分子式 $C_{10}H_{15}N_3O_5$，分子量 257.24。固体。熔点 238～240℃，$[\alpha]_D^{23} +14$（$c=3.2$，水）。溶于水。

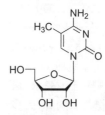

制备：由三苯甲酰基-β-D-呋喃核糖基胸腺嘧啶为原料，与三氯氧磷作用后，再与氨反应得到。用途：作医药合成中间体、生化试剂。

5-甲基脱氧胞苷（5-methyldeoxycytidine）　亦称"5-甲基胞嘧啶脱氧核苷"，系统名"4-氨基-1-(2R，4S，5R)-4-羟基-5-(羟甲基四氢呋喃-2-基)-5-甲基嘧啶-2(1H)-酮"。CAS 号 838-07-3。分子式 $C_{10}H_{15}N_3O_4$，分子量 241.24。白色至类白色粉末。其盐酸盐熔点 154～155℃（分解），$[\alpha]_D^{23} +54$（$c=1.02N$ NaOH，水）。溶于碱水溶液。

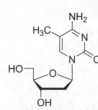

制备：由 3′,5′-二-O-苯甲酰脱氧胸腺苷为原料，与三氯氧磷作用后，再与氨反应得到。用途：作医药合成中间体、生化试剂。

异鸟苷（isoguanosine；crotonoside）　亦称"巴豆苷"，系统名"6-氨基-9-((2R，3R，4S，5R)-3，4-二羟基-5-(羟甲基四氢呋喃-2-基))-3，9-二氢-2H-嘌呤-2-酮"。CAS 号 1818-71-9。分子式 $C_{10}H_{13}N_5O_5$，分子量 283.24。白色结晶。熔点 243～

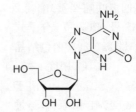

245℃(分解)，$[\alpha]_D^{26}-71(c=1.06,0.1N\ NaOH)$。易溶于碱水溶液，微溶于水。制备：由鸟苷为原料，依次与乙酸酐、三氯氧磷反应得到2-氨基-6-氯-9-(2,3,5-三-O-乙酰基-β-D-呋喃核糖基)嘌呤，然后被对甲基苯硫酚核亲核取代，再在酸性条件下与亚硝酸钠反应后，与醇氨溶液反应得到异鸟苷。用途：作有机合成中间体、生化试剂。

1-甲基鸟苷(1-methylguanosine) 亦称"1-甲基鸟粪苷"，系统名"2-氨基-9-((2R,3R,4S,5R)-3,4-二羟基-5-(羟甲基四氢呋喃-2-基))-1-甲基-1H-嘌呤-6(9H)-酮"。CAS号2140-65-0。

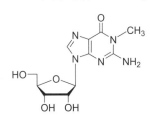

分子式$C_{11}H_{15}N_5O_5$，分子量297.27。白色结晶性粉末。熔点226~227℃(分解)。溶于热的甲醇。制备：由鸟苷为原料，在碱性条件下与碘甲烷反应得到。用途：用作有机合成中间体、肿瘤标志物。

7-甲基鸟苷(7-methylguanosine) 亦称"7-甲基鸟粪苷"，系统名"2-氨基-9-((2R,3R,4S,5R)-3,4-二羟基-5-(羟甲基四氢呋喃-2-基))-7-甲基-8,9-二氢-1H-嘌呤-6(7H)-酮"。CAS号15313-37-8。

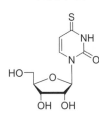

分子式$C_{11}H_{15}N_5O_5$，分子量297.27。白色结晶性粉末。熔点159~160℃。溶于水，难溶于乙醚、乙醇。制备：由鸟苷和硫酸二甲酯合成得到。用途：作有机合成中间体。

4-硫代尿苷(4-thiouridine) 亦称"4-巯基尿苷"，系统名"1-(2R,3R,4S,5R)-3,4-二羟基-5-(羟甲基四氢呋喃-2-基)-4-硫代-3,4-二氢嘧啶-2(1H)-酮"。CAS号13957-31-8。分子式$C_9H_{12}N_2O_5S$，分子量260.27。浅黄色结晶。熔点139~140℃。溶于水、甲醇。制备：由保护的尿苷与五硫化二磷反应，再脱保护得到；或由保护的尿苷先氯代、甲氧基化、再硫代而得。用途：作医药合成中间体、生化试剂。

2-硫代胞苷(2-thiocytidine) 亦称"2-巯基胞苷"，系统名"1-(2R,3R,4S,5R)-3,4-二羟基-5-(羟甲基四氢呋喃-2-基)-4-硫代-3,4-二氢嘧啶-2(1H)-酮"。CAS号13239-97-9。分子式$C_9H_{13}N_3O_4S$，分子量259.28。白色固体。熔点211~212℃，比旋光度$[\alpha]_D^{23}+62.2(c=0.1,$水)。溶于热的乙醇。制备：由2-巯基胞嘧啶与2,3,5-三-O-苯甲酰基-D-呋喃基溴在氰化汞作用下缩合得到。用

途：作医药合成中间体、生化试剂。

5-甲基尿苷(5-methyluridine) 亦称"5-甲基尿嘧啶核苷"，系统名"1-(2R,3R,4S,5R)-3,4-二羟基-5-(羟甲基四氢呋喃-2-基)-5-甲基嘧啶-2,4(1H,3H)-二酮"。CAS号1463-10-1。

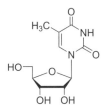

分子式$C_{10}H_{14}N_2O_6$，分子量258.23。白色粉末。熔点183~184℃，密度1.503 g/cm³，$[\alpha]_D^{22}-12.9(c=0.43,$甲醇)。溶于热的甲醇，难溶于乙酸乙酯。制备：由胸腺嘧啶与六甲基二硅胺烷反应生成双三甲硅基胸腺嘧啶，再和四乙酰核糖缩合后经醇解反应而得。用途：作合成抗艾滋病药物齐多夫定、司他夫定，以及抗肿瘤药物氟铁龙的中间体。

3-甲基尿苷(3-methyluridine) 亦称"3-甲基尿嘧啶核苷"，系统名"1-(2R,3R,4S,5R)-3,4-二羟基-5-(羟甲基四氢呋喃-2-基)-3-甲基嘧啶-2,4(1H,3H)-二酮"。CAS号2140-69-4。

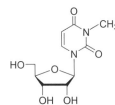

分子式$C_{10}H_{14}N_2O_6$，分子量258.23。白色针状结晶。熔点122~123℃，密度1.515 g/cm³。溶于甲醇，难溶于乙醚。制备：由尿苷在碱性条件下与碘甲烷反应得到。用途：作医药合成中间体。

5-羟基尿苷(5-hydroxyuridine) 亦称"5-羟基尿嘧啶核苷"，系统名"1-(2R,3R,4S,5R)-3,4-二羟基-5-(羟甲基四氢呋喃-2-基)-5-羟基嘧啶-2,4(1H,3H)-二酮"。CAS号957-77-7。分子式$C_9H_{12}N_2O_7$，分子量260.20。黄色固体。熔点242~245℃。

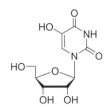

易溶于热水，难溶于乙醚、乙醇。制备：由尿苷和溴水反应后，再与氧化铅加热得到。用途：作医药合成中间体。

二氢尿苷(dihydrouridine) 亦称"5,6-二氢尿苷"，系统名"1-(2R,3R,4S,5R)-3,4-二羟基-5-(羟甲基四氢呋喃-2-基)二氢嘧啶-2,4(1H,3H)-二酮"。CAS号5627-05-4。分子式$C_9H_{14}N_2O_6$，分子量246.22。固体。熔点106~108℃，$[\alpha]_D^{21}+39.1(c=0.3,$水)。微溶于水、甲醇。制备：由尿苷在铑催化下氢化得到。用途：作有机合成中间体。

5-氟-2'-脱氧尿苷(5-fluoro-2'-deoxy-uridine；FUDR) 亦称"氟苷""5-氟-2'-脱氧尿嘧啶核苷"，系统名"1-(2R,4S,5R)-4-羟基-5-(羟甲基四氢呋喃-2-基)-5-氟嘧啶-2,4(1H,3H)-酮"。CAS号50-91-9。分子式$C_9H_{11}FN_2O_5$，分子量246.20。白色粉末。熔点150~

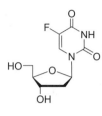

151℃，$[\alpha]_D^{25}+21$($c=2$，水）。易溶于甲醇、水，可溶于乙醇、丙酮，难溶于乙醚、氯仿。制备：由鸟苷酸二钠盐为原料，经脱磷、酰化、氟化、皂化等反应步骤合成得到；或由 7-氟尿嘧啶核苷为原料，经丙酰溴酰化溴代、氢化、皂化得到。用途：作抗肿瘤药物。

5-氯-2′-脱氧尿苷（5-chloro-2′-deoxy-uridine） 亦称"氯苷""5-氯-2′-脱氧尿嘧啶核苷"，

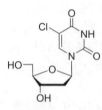

系统名"1-(2R,4S,5R)-4-羟基-5-(羟甲基四氢呋喃-2-基)-5-氯嘧啶-2,4(1H,3H)-酮"。CAS 号 50-90-8。分子式 $C_9H_{11}ClN_2O_5$，分子量 262.65。白色粉末。熔点 178～179.5℃（分解），$[\alpha]_D^{25}+3.5$（$c=1$，水）。易溶于氢氧化钠溶液，可溶于水，难溶于乙醚、氯仿。制备：由鸟苷酸二钠盐为原料，经脱磷、酰化、氯代、皂化等反应步骤合成得到。用途：作医药合成中间体。

5-溴-2′-脱氧尿苷（5-bromo-2′-deoxy-uridine） 亦称"溴苷""5-溴代-2′-脱氧尿嘧啶核

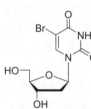

苷"，系统名"1-(2R,4S,5R)-4-羟基-5-(羟甲基四氢呋喃-2-基)-5-溴嘧啶-2,4(1H,3H)-酮"。CAS 号 59-14-3。分子式 $C_9H_{11}BrN_2O_5$，分子量 307.10。白色粉末。熔点 173.5～175.5℃，密度 1.789 g/cm³，$[\alpha]_D^{20}+31$（$c=1$，0.1N NaOH）。易溶于氢氧化钠溶液，可溶于水，微溶于丙酮，难溶于乙醚、氯仿。制备：由鸟苷酸二钠盐为原料，经脱磷、酰化、溴代、皂化等反应步骤合成得到。用途：作抗肿瘤药物、医药合成中间体。

5-碘-2′-脱氧尿苷（idoxuridine；IDU） 亦称"碘苷""5-碘代-2′-脱氧尿嘧啶核苷""碘去氧

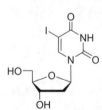

啶"，系统名"1-(2R,4S,5R)-4-羟基-5-(羟甲基四氢呋喃-2-基)-5-碘嘧啶-2,4(1H,3H)-酮"。CAS 号 54-42-2。分子式 $C_9H_{11}IN_2O_5$，分子量 354.10。白色结晶性粉末。从水中得无色针状晶体。熔点 164～184℃（分解），$[\alpha]_D^{25}+7.4$（$c=0.108$，水）。易溶于氢氧化钠溶液，微溶于甲醇、乙醇、丙酮、水，难溶于乙醚。制备：由鸟苷酸二钠盐为原料，经脱磷、酰化、碘代、皂化等反应步骤合成得到。用途：作抗病毒药物。

5-氟尿苷（5-fluorouridine） 亦称"5-氟尿嘧啶核

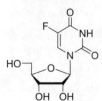

苷"，系统名"5-氟-1-((2R,3R,4S,5R)-3,4-二羟基-5-羟甲基四氢呋喃-2-基)嘧啶-2,4(1H,3H)-二酮"。CAS 号 18814-21-6。分子式 $C_9H_{11}FN_2O_6$，分子量 262.20。白色结晶。熔点

180～182℃（分解），$[\alpha]_D^{20}-8.2$（$c=0.7$，水）。可溶于水、热的乙醇，难溶于乙醚。制备：以 5-氟尿嘧啶与保护的 D-核糖缩合，再脱保护得到。用途：作有机合成中间体、生化试剂。

5-氯尿苷（5-chlorouridine） 亦称"5-氯尿嘧啶核

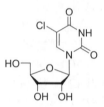

苷"，系统名"5-氯-1-((2R,3R,4S,5R)-3,4-二羟基-5-羟甲基四氢呋喃-2-基)嘧啶-2,4(1H,3H)-二酮"。CAS 号 2880-89-9。分子式 $C_9H_{11}ClN_2O_6$，分子量 278.65。白色结晶。熔点 212～214℃（分解），$[\alpha]_D^{25}+5.8$（$c=0.139$，水）。可溶于碱水溶液，微溶于水、甲醇，难溶于乙醚。制备：由保护的尿苷与氯代试剂反应，再脱保护得到。用途：作有机合成中间体、生化试剂。

5-溴尿苷（5-bromouridine） 亦称"5-溴尿嘧啶核

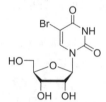

苷"，系统名"5-溴-1-((2R,3R,4S,5R)-3,4-二羟基-5-羟甲基四氢呋喃-2-基)嘧啶-2,4(1H,3H)-酮"。CAS 号 957-75-5。分子式 $C_9H_{11}BrN_2O_6$，分子量 323.10。白色固体。从甲醇/乙醚中得无色针状晶体。熔点 203～204℃（分解），$[\alpha]_D^{25}-4.1$（$c=0.092$，水）。溶于碱水溶液，难溶于水、甲醇、乙醚。制备：由保护的尿苷与溴代试剂反应，再脱保护得到。用途：作有机合成中间体、生化试剂。

5-碘尿苷（5-iodouridine） 亦称"5-碘尿嘧啶核苷"，

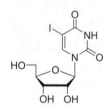

系统名"5-碘-1-((2R,3R,4S,5R)-3,4-二羟基-5-羟甲基四氢呋喃-2-基)嘧啶-2,4(1H,3H)-二酮"。CAS 号 1024-99-3。分子式 $C_9H_{11}IN_2O_6$，分子量 370.10。从甲醇/乙醚中得无色针状晶体。熔点 208～209℃（分解），$[\alpha]_D^{25}-27.5$（$c=0.124$，水）。可溶于碱水溶液，难溶于水、甲醇、乙醚。制备：由保护的尿苷与碘代试剂反应，再脱保护得到。用途：作有机合成中间体、生化试剂。

1-甲基肌苷（1-methylinosine） 亦称"1-甲基次黄嘌呤核苷"，系统名"9-(2R,3R,4S,5R)-3,4-二羟基-5-(羟基四氢呋喃-2-基)-1-甲基-1H-嘌呤-6(9H)-酮"。CAS

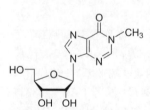

号 2140-73-0。分子式 $C_{11}H_{14}N_4O_5$，分子量 282.25。白色晶体。熔点 211～212℃，密度 1.564 g/cm³，$[\alpha]_D^{28}-49.2$（$c=0.5$，水）。可溶于热的丙酮。制备：由肌苷和三甲基氢氧化硫反应得到。用途：作有机合成中间体、生化试剂。

2′-甲氧基腺苷（2′-O-methyladenoside） 亦称"2′-O-甲基腺嘌呤核苷"，系统名"(2R，3R，4R，5R)-5-(6-氨基-9H-嘌呤-9-基)-2-羟甲基-4-甲氧基四氢呋喃-3-醇"。CAS 号 2140-79-6。分子式 $C_{11}H_{15}N_5O_4$，分子量 281.27。白色至类白色粉末。熔点 204～206℃，

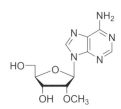

密度 1.482 g/cm³，$[\alpha]_D^{22}-58$（$c=1$，水）。易溶于氢氧化钠溶液，可溶于水，微溶于甲醇、乙醇、丙酮，难溶于乙醚。制备：由腺苷在碱性条件与碘甲烷反应得到。用途：作有机合成中间体、生化试剂。

2,3′-脱水胸苷（2,3′-anhydrothymidine） 系统名"(2R，3R，5R)-2,3-二氢-3-羟甲基-8-甲基-2,5-甲叉-5H,9H-嘧啶并[2,1-b][1,5,3]-二氧氮杂䓬-9-酮"。CAS 号 15981-92-7。分子式 $C_{10}H_{12}N_2O_4$，分子量 224.22。固

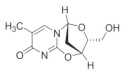

体。熔点 230～231℃，$[\alpha]_D^{23}-14$（$c=0.45$，水）。可溶于甲醇。制备：由胸苷和 1-甲基-1H-咪唑、亚硫酸二苯酯反应得到。用途：作有机合成中间体、生化试剂。

2,2′-脱水尿苷（2,2′-anhydrouridine） 系统名"(2R,3R,3aS,9aR)-3-羟基-2-(羟甲基)-3,3a-二氢-2H-呋喃[2′,3′:4,5]噁唑并[3,2-a]嘧啶-6(9aH)-酮"。CAS 号 3736-77-4。分子式 $C_9H_{10}N_2O_5$，分子量 226.19。固体。熔点 238～240℃（分解），$[\alpha]_D^{26}-19$（$c=0.45$，甲醇）。可溶于甲醇、水。制备：由尿苷和碳酸二苯酯反应得到。

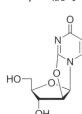

用途：作有机合成中间体、生化试剂。

玉米素核苷（trans zeatin riboside） 亦称"玉精核糖甙""玉米苷"，系统名"(2R,3R,4S,5R)-2-(6-(((E)-4-羟基-3-甲基丁-2-烯-1-基)氨基)-9H-嘌呤-9-基)-5-羟甲基四氢呋喃-3,4-二醇"。CAS 号 6025-53-2。分子式 $C_{15}H_{21}N_5O_5$，分子量 351.36。白色至类白色粉末。熔点 180～182℃，$[\alpha]_D^{20}-17$（$c=1$，水）。可溶于水。制备：由反-4-氨基-2-甲基-2-丁烯-1-醇盐酸盐、6-氯嘌呤、6-氯-9-β-D-核糖基嘌呤为原料合成得到。用途：用于植物生长调节和植物细胞培养，也用作有机合成中间体、生化试剂。

腺苷-2′-磷酸（adenosine 2′-phosphate；2′-AMP） 亦称"2′-磷酸腺苷""酵母腺苷酸"，系统名"(2R,3R,4R,5R)-2-(6-氨基-9H-嘌呤-9-基)-4-羟基-5-羟甲基四氢呋喃-3-基单磷酸酯"。CAS 号 130-49-4。分子式 $C_{10}H_{14}N_5O_7P$，

分子量 347.22。白色针状结晶或结晶性粉末。熔点 187℃（分解）。较易溶于水，不溶于有机溶剂。制备：由腺苷和磷酸缩合后，水解得到 2′-AMP 和 3′-AMP 混合物后，再用离子交换树脂拆分得到。用途：作有机合成中间体、生化试剂。

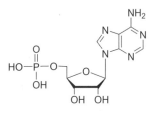

腺苷-3′-磷酸（adenosine 3′-phosphate；3′-AMP） 系统名"(2R,3S,4R,5R)-5-(6-氨基-9H-嘌呤-9-基)-4-羟基-2-羟甲基四氢呋喃-3-基单磷酸酯"。CAS 号 84-21-9。分子式 $C_{10}H_{14}N_5O_7P$，分子量 347.22。白色粉末。熔点 191℃（分解），$[\alpha]_D^{25}-58.7$（$c=0.5$，含有 2%N-甲基吗啉的无水甲酰胺溶液）。微溶于沸水和乙醇，不溶于乙醚。制备：由腺苷和磷酸缩合后，水解得到 2′-AMP 和 3′-AMP 混合物后，再用离子交换树脂拆分；或由 RNA 经 3′-核糖核酸酶水解而得。用途：作有机合成中间体、生化试剂，也用于制备腺苷三磷酸、环腺苷酸等生化药物。

腺苷-5′-磷酸（adenosine 5′-phosphate；5′-AMP） 系统名"((2R,3S,4R,5R)-5-(6-氨基-9H-嘌呤-9-基)-3,4-二羟基四氢呋喃-2-基)甲基单磷酸酯"。CAS 号 61-19-8。分子式 $C_{10}H_{14}N_5O_7P$，分子量 347.22。白色晶体。熔点 178℃（分解），$[\alpha]_D^{25}-50.0$（$c=0.5$，含有 2%N-甲基吗啉的无水甲酰胺溶液）。可溶于水，微溶于乙醇，难溶于乙醚。制备：由产蛋白假丝酵母的菌体用热水提取核酸，再经酶的水解作用后分离而得。用途：作医药原料、营养强化剂。

腺苷-5′-二磷酸（adenosine 5′-diphosphate；5′-ADP） 亦称"二磷酸腺苷"，系统名"((2R,3S,4R,5R)-5-(6-氨基-9H-嘌呤-9-基)-3,4-二羟基四氢呋喃-2-基)甲基二磷酸酯"。CAS 号 58-64-0。分子式 $C_{10}H_{15}N_5O_{10}P_2$，分子量 427.20。白色至类白色粉末。其二钠盐 $[\alpha]_D^{20}-17$（$c=0.5$，0.5N Na₂HPO₄）。易溶于水。制备：由腺苷-5′-三磷酸和二羟基丙酮(DHA)在脱氢乙酸、负载的甘油激酶作用下反应得到；或由腺苷-5′-磷酸三乙胺盐为原料，在 2,2′-二硫代二吡啶、三苯基膦存在下与咪唑反应，再在氯化锌催化下与三丁基磷酸铵反应得到。用途：作有机合成中间体、生化试剂。

腺苷-5′-三磷酸（adenosine 5′-triphosphate；ATP） 亦称"5′-三磷酸腺苷"，系统名"((2R,3S,4R,5R)-5-(6-氨基-9H-嘌呤-9-基)-3,4-二羟基四氢呋喃-2-基)甲基三磷酸酯"。

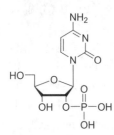

CAS 号 56-65-5。分子式 $C_{10}H_{16}N_5O_{13}P_3$，分子量 507.18。冻干粉末。熔点 176℃，其二钠盐 $[\alpha]_D^{20}-19$ $(c=3, 0.5N\ Na_2HPO_4)$。可溶于水。制备：由腺苷一磷酸经酵母细胞酶系催化合成得到。用途：作有机合成中间体、生化试剂。

胞苷-2′-一磷酸（cytidine 2′-phosphate；2′-CMP） 系统名"(2R,3R,4R,5R)-2-(4-氨基-2-氧嘧啶-1(2H)-基)-4-羟基-5-羟甲基四氢呋喃-3-基单磷酸酯"。CAS 号 85-94-9。分子式 $C_9H_{14}N_3O_8P$，分子量 323.20。白色粉末。熔点 240～242℃（分解），$[\alpha]_D^{20}+20.7$ $(c=1, 热水)$。易溶于热的乙醇，可溶于热水，难溶于冷水。

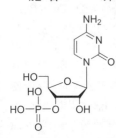

制备：RNA 碱水解后经离子交换树脂分离得到。用途：作有机合成中间体、生化试剂。

胞苷-3′-一磷酸（cytidine 3′-phosphate；3′-CMP） 系统名 "(2R,3S,4R,5R)-5-(4-氨基-2-氧代嘧啶-1(2H)-基)-4-羟基-2-羟甲基四氢呋喃-3-基单磷酸酯"。CAS 号 84-52-6。分子式 $C_9H_{14}N_3O_8P$，分子量 323.20。白色或类白色粉末。熔点 233～234℃，密度 1.66 g/cm³，$[\alpha]_D^{20}+50.3(c=1, 水)$。溶于水，易溶于热的乙醇。制备：RNA 经酶水解后进行离子交换树脂分离。用途：作生化试剂。

胞苷-5′-一磷酸（cytidine 5′-phosphate；5′-CMP） 系统名"((2R,3S,4R,5R)-5-(4-氨基-2-氧嘧啶-1(2H)-基)-3,4-二羟基四氢呋喃-2-基)甲基单磷酸酯"。CAS 号 63-37-6。分子式 $C_9H_{14}N_3O_8P$，分子量 323.20。白色晶体。熔点 230～232℃，$[\alpha]_D^{20}+48.6$ $(c=1, 水)$。易溶于热的乙醇，可溶于水，难溶于乙醇、丙酮。制备：2′,3′-O-异丙叉胞苷为原料合成，或 5′-核糖核酸酶水解 RNA。用途：作医药合成中间体、生化试剂，也作食品添加剂。

胞苷-5′-二磷酸（cytidine 5′-diphosphate；5′-CDP） 系统名"(2R,3S,4R,5R)-5-(4-氨基-2-氧嘧啶-1

(2H)-基-3,4-二氢四氢呋喃-2-基)甲基二磷酸酯"。CAS 号 63-38-7。分子式 $C_9H_{15}N_3O_{11}P_2$，分子量 403.18。白色结晶性粉末。熔点 183℃

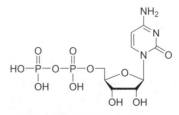

（分解），其三钠盐 $[\alpha]_D^{20}+13(c=1, 0.5N\ Na_2HPO_4)$。可溶于水。制备：由胞苷-5′-磷酸三乙胺盐为原料，在 2,2′-二硫代二吡啶、三苯基膦存在下与咪唑反应，再在氯化锌催化下与三丁基磷酸铵反应得到。用途：作合成聚肌胞药物的原料。

胞苷-5′-三磷酸（cytidine 5′-triphosphate；5′-CTP） 系统名 "((2R,3S,4R,5R)-5-(4-氨基-2-氧嘧啶-1(2H)-基)-3,4-二羟基四氢呋喃-2-基)甲基三磷酸酯"。

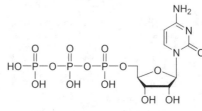

CAS 号 65-47-4。分子式 $C_9H_{14}N_3O_{14}P_3$，分子量 483.16。白色粉末。可溶于水，微溶于乙醚。制备：由胞苷一磷酸经酵母细胞酶系催化合成得到。用途：在生物体内，主要参与核酸和磷脂类的合成代谢，具有调节和促进受损神经组织再生和修复的功能，作心脑血管类药物。

2′-脱氧腺苷-5′-一磷酸（2′-deoxyadenoside 5′-phosphate；dAMP） 系统名"((2R,3S,5R)-5-(6-氨基-9H-嘌呤-9-基)-3-羟基四氢呋喃-2-基)甲基单磷酸酯"。CAS 号 653-63-4。分子式 $C_{10}H_{14}N_5O_6P$，分子量

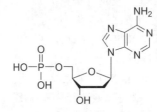

331.22。白色结晶性粉末。熔点 146～147℃。可溶于水。制备：由脱氧腺苷为原料，与三氯氧磷反应，再水解开环，然后经离子交换树脂分离得到。用途：用作生化试剂。

2′-脱氧腺苷-5′-二磷酸（deoxyadenoside 5′-diphosphate；dADP） 系统名"((2R,3S,5R)-5-(6-氨基-9H-嘌呤-9-基)-3-羟基四氢呋喃-2-基)甲基二磷酸"。CAS 号 72003-83-9。分子式 $C_{10}H_{15}N_5O_9P_2$，分子量 411.20。白色粉末状固体。可溶于水。制备：由脱氧腺苷三乙胺盐为原料，在 2,2′-二硫代二吡啶、三苯基膦存在下与咪唑反应，再在氯化锌催化下与三丁基磷酸铵反应得到。用途：作生化试剂。

2′-脱氧腺苷-5′-三磷酸（deoxyadenoside 5′-

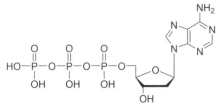

triphosphate；dATP）系统名"((2R, 3S, 5R)-5-(6-氨基-9H-嘌呤-9-基)-3-羟基四氢呋喃-2-基)甲基三磷酸酯"。CAS 号 1927-31-7。分子式 $C_{10}H_{16}N_5O_{12}P_3$，分子量 491.18。白色粉末状固体。可溶于水。制备：以苯甲酰基保护的 dAMP 为原料，在 2,2′-二硫代二吡啶、三苯基膦存在下与 2-甲基咪唑反应，再在氯化锌催化下与 1-(2(芘磺酰基)乙基)-焦磷酸盐反应，然后脱保护而得。用途：作合成 DNA 的原料和生化试剂。

2′-脱氧胞苷-5′-三磷酸（2′-deoxycytidine 5′-triphosphate；dCTP）系统名"((2R, 3S, 5R)-5-(4-氨基-2-氧嘧啶-1(2H)-基)-3-羟基四氢呋喃-2-基)甲基三磷酸酯"。CAS 号 2056-98-6。分子式 $C_9H_{16}N_3O_{13}P_3$，分子量 467.16。白色粉末。可溶于水。制备：以苯甲酰基保护的 dCMP 为原料，在 2,2′-二硫代二吡啶、三苯基膦存在下与 2-甲基咪唑反应，再在氯化锌催化下与 1-(2(芘磺酰基)乙基)-焦磷酸盐反应，然后脱保护而得。用途：作生化试剂。

2′-脱氧胸苷-5′-三磷酸（2′-deoxythymidine 5′-triphosphate；dTTP）系统名"((2R, 3S, 5R)-3-羟基-5-(5-甲基-2,4-二氧-3,4-二氢嘧啶-1(2H)-基)四氢呋喃-2-基)甲基三磷酸"。CAS 号 365-08-2。分子式 $C_{10}H_{17}N_2O_{14}P_3$，分子量 482.17。固体。可溶于水。制备：以苯甲酰基保护的 dTMP 为原料，在 2,2′-二硫代二吡啶、三苯基膦存在下与 2-甲基咪唑反应，再在氯化锌催化下与 1-(2(芘磺酰基)乙基)-焦磷酸盐反应，然后脱保护而得。用途：作生化试剂。

2′-脱氧尿苷-5′-三磷酸（2′-deoxyuridine 5′-triphosphate；dUTP）系统名"((2R, 3S, 5R)-5-(2,4-二氧-3,4-二氢嘧啶-1(2H)-基)-3-羟基四氢呋喃-2-基)甲基三磷酸酯"。CAS 号 1173-82-6。分子式

$C_9H_{15}N_2O_{14}P_3$，分子量 468.14。固体。可溶于水。制备：以苯甲酰基保护的 dUMP 为原料，在 2,2′-二硫代二吡啶、三苯基膦存在下与 2-甲基咪唑反应，再在氯化锌催化下与 1-(2(芘磺酰基)乙基)-焦磷酸盐反应，然后脱保护而得。用途：作生化试剂。

鸟苷-3′-磷酸（guanosine 3′-phosphate；3′-GMP）系统名"(2R,3S,4R,5R)-5-(2-氨基-6-氧-1H-嘌呤-9(6H)-基)-4-羟基-2-羟甲基四氢呋喃-3-基单磷酸酯"。CAS 号 117-68-0。分子式 $C_{10}H_{14}N_5O_8P$，分子量 363.22。固体。熔点 191℃（分解）。可溶于水。制备：由 RNA 经碱或 3′-核糖核酸酶水解得到。用途：作有机合成中间体和生化试剂。

鸟苷-5′-磷酸（guanosine 5′-phosphate；5′-GMP）系统名"((2R, 3S, 4R, 5R)-5-(2-氨基-6-氧-1H-嘌呤-9(6H)-基)-3,4-二羟基四氢呋喃-2-基)甲基单磷酸酯"。CAS 号 85-32-5。分子式 $C_{10}H_{14}N_5O_8P$，分子量 363.22。白色晶体或结晶性粉末，有类似香菇味道。熔点 190～200℃（分解），密度 1.644 g/cm³。可溶于水。制备：由 RNA 经 3′-核糖核酸酶水解得到；或由葡萄糖为碳源直接发酵得到；或由葡萄糖或多糖为碳源生产鸟苷，再利用生物或化学方法转化得到；或以鸟苷钠盐、磷酸三乙酯为原料，进行 5′-磷酸化，然后水解得到。用途：在食品工业主要以钠盐形式用作食品添加剂和调味剂。

鸟苷-5′-二磷酸（guanosine 5′-diphosphate；5′-GDP）系统名"((2R, 3S, 4R, 5R)-5-(2-氨基-6-氧-1H-嘌呤-9(6H)-基)-3,4-二氢四氢呋喃-2-基)甲基二磷酸酯"。CAS 号 146-91-8。分子式 $C_{10}H_{15}N_5O_{11}P_2$，分子量 443.20。固体。可溶于水。制备：由鸟苷三乙胺盐为原料，在 2,2′-二硫代二吡啶、三苯基膦存在下与咪唑反应，再在氯化锌催化下与三丁基磷酸铵反应得到。用途：作有机合成中间体、生化试剂。

鸟苷-5′-三磷酸（guanosine 5′-triphosphate；5′-GTP）系统名"((2R, 3S, 4R, 5R)-5-(2-氨基-6-氧-1H-嘌呤-9(6H)-基)-3,4-二羟基四氢呋喃-2-基)甲基三磷酸酯"。CAS 号 86-01-1。分子式 $C_{10}H_{16}N_5O_{14}P_3$，分子量

523.18。白色或类白色粉末。有吸湿性。熔点191℃（分解）。易溶于水，难溶于乙醇、氯仿。制备：以苯甲酰基保护的 5'-GMP 为原料，在 2,2'-二硫代二吡啶、三苯基膦存在下与 2-甲基咪唑反应，再在氯化锌催化下与 1-(2(芘磺酰基)乙基)-焦磷酸盐反应，然后脱保护而得。用途：作生化试剂。

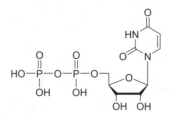

肌苷-5'-磷酸（guanosine 5'-triphosphate；5'-IMP） 亦称"5'-肌苷酸""次黄嘌呤核苷-5'-磷酸"，系统名"((2R,3S,4R,5R)-3,4-二羟基-5-(6-氧-1H-嘌呤-9(6H)-基)四氢呋喃-2-基)甲基单磷酸酯"。

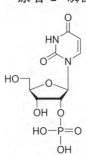

CAS 号 131-99-7。分子式 $C_{10}H_{13}N_4O_8P$，分子量 348.21。无色或白色结晶，或白色结晶性粉末，无臭，有特殊滋味。极易溶于水，微溶于乙醇。天然由肌肉中的 ATP 降解而产生。制备：由酵母所得的核酸经分解、分离而得；或以由淀粉糖解液（葡萄糖）等为碳源，利用棒杆菌属的腺嘌呤缺陷型或黄嘌呤缺陷型的变异株发酵生产得到；或以肌苷为原料，利用三氯氧磷选择性对 5'-羟基磷酸化而得。用途：作调味剂。

尿苷-2'-磷酸（uridine 2'-phosphate；2'-UMP） 亦称"2'-尿苷磷酸"，系统名"(2R,3R,4R,5R)-2-(2,4-二氧-3,4-二氢嘧啶-1(2H)-基)-4-羟基-5-羟甲基四氢呋喃-3-基单磷酸酯"。CAS 号 131-83-9。分子式 $C_9H_{13}N_2O_9P$，分子量 324.18。白色粉末。可溶于水。制备：由 RNA 经碱水解后离子交换树脂分离得到。用途：作生化试剂、有机合成中间体。

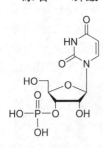

尿苷-3'-磷酸（uridine 3'-phosphate；3'-UMP） 亦称"3'-尿苷磷酸"，系统名"(2R,3S,4R,5R)-5-(2,4-二氧-3,4-二氢嘧啶-1(2H)-基)-4-羟基-2-羟甲基四氢呋喃-3-基单磷酸酯"。CAS 号 84-53-7。分子式 $C_9H_{13}N_2O_9P$，分子量 324.18。固体。熔点 195℃（分解）。可溶于水。制备：由 RNA 经 3'-核糖核酸酶水解后离子交换树脂分离。用途：作生化试剂、有机合成中间体。

尿苷-5'-磷酸（uridine 5'-phosphate；5'-UMP） 亦称"5'-尿苷磷酸"，系统名"((2R,3S,4R,5R)-3,4-二羟基-5-(6-氧-1H-嘌呤-9(6H)-基)四氢呋喃-2-基)甲基单磷酸酯"。CAS 号 58-97-9。分子式 $C_9H_{13}N_2O_9P$，分子量 324.18。白色结晶性粉末。熔点 202℃（分解），比旋光度 $[\alpha]_D^{20}+11.1$（水）。可溶于水。制备：由 2,3-位羟基保护的尿苷与三氯氧磷反应得到；或由 RNA 经 5'-磷酸二酯酶降解而得。用途：5'-尿苷磷酸二钠用作生产核酸类药物的合成中间体。

尿苷-5'-二磷酸（uridine 5'-diphosphate；5'-UDP） 亦称"5'-尿苷二磷酸"，系统名"((2R,3S,4R,5R)-3,4-二羟基-5-(6-氧-1H-嘌呤-9(6H)-基)四氢呋喃-2-基)甲基二磷酸酯"。CAS 号 58-98-0。分子式 $C_9H_{14}N_2O_{12}P_2$，分子量 404.16。白色固体。可溶于水。制备：由 5'-UMP 与磷酸经 DCC 缩合，再经离子交换树脂分离得到。用途：作生化试剂。

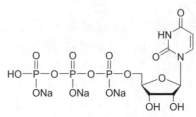

尿苷-5'-三磷酸三钠盐（uridine 5'-triphosphate tetrisodium salt） 亦称"5'-尿苷三磷酸三钠盐"，系统名"((2R,3S,4R,5R)-3,4-二羟基-5-(6-氧-1H-嘌呤-9(6H)-基)四氢呋喃-2-基)甲基三磷酸酯三钠盐"（sodium ((2R,3S,4R,5R)-5-(2,4-dioxo-3,4-dihydropyrimidin-1(2H)-yl)-3,4-dihydroxytetrahydrofuran-2-yl) methyl hydrogentriphosphate）。CAS 号 19817-92-6。分子式 $C_9H_{12}N_2Na_3O_{15}P_3$，分子量 550.08。白色粉末。可溶于水。制备：由 5'-UMP 与磷酸经 DCC 缩合，再经离子交换树脂分离得到。用途：RNA 酶生物合成中富含能量的前体，作生化试剂。

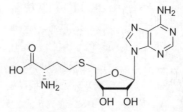

S-腺苷-L-高半胱氨酸（S-(5'-adenosyl)-L-homocysteine） 系统名"(2S)-2-氨基-4-(((((2S,3S,4R,5R)-5-(6-氨基-9H-嘌呤-9-基)-3,4-二羟基四氢呋喃-2-基)甲基)硫)丁酸"

((2S)-2-amino-4-(((((2S，3S，4R，5R)-5-(6-amino-9H-purin-9-yl)-3，4-dihydroxytetrahydrofuran-2-yl) methyl) thio) butanoic acid)。CAS 号 979-92-0。分子式 $C_{14}H_{20}N_6O_5S$，分子量 384.41。无色针状结晶。熔点 209~211℃，$[\alpha]_D^{25}+37$（$c=1.3$，$0.1N\ H_2SO_4$）。易溶于热水，微溶于冷水、乙醇，难溶于乙醚。制备：由腺苷和 L-同型半胱氨酸经酶催化合成得到。用途：作稳定同位素标记化合物。

S-腺苷-L-蛋氨酸（S-adenosyl-L-methionine） 亦称"S-腺苷甲硫氨酸"。CAS 号 29908-03-0。分子式 $C_{15}H_{22}N_6O_5S$，分子量 398.44。白色粉末状固体。比旋光度 $[\alpha]_D^{25}+106$（$c=1.8$，pH 3.5 水）。易溶于水。制备：生物体内 SAM 由 S-腺苷甲硫氨酸合成酶催化 ATP 和 L-甲硫氨酸生成；或由 L-甲硫氨酸和 ATP 经 SAM 合成酶催化合成得到；或由 S-腺苷高半胱氨酸和碘甲烷反应得到。用途：作甲基供体、酶催化的甲基化反应的辅助因子。

β-烟酰胺单核苷酸（nicotinamide mononucleotide；NMN） 亦称"瑞维拓"（reinvigorator），系统名"((2R，3S，4R，5R)-5-(3-氨甲酰吡啶-1-鎓-1-基)-3，4-二羟四氢呋喃-2-基)磷酸氢甲酯"[((2R,3S,4R,5R)-5-(3-carbamoylpyridin-1-ium-1-yl)-3,4-dihydroxytetrahydrofuran-2-yl)methyl hydrogen phosphate]。CAS 号 1094-61-7。分子式 $C_{11}H_{15}N_2O_8P$，分子量 334.22。黄色或白色冷冻干燥粉末，对光敏感。熔点 166℃（分解）。溶于水。为人体内固有物质，也富含在西兰花、卷心菜等一些水果和蔬菜中，是辅酶 NAD^+ 的前体，广泛参与人体多项生化反应，与免疫、代谢息息相关。制备：以烟酰胺核苷为原料合成而得。用途：用于抗衰老保健品原料，作生化试剂。

氧化型辅酶 I（coenzyme I；NAD^+） 亦称"烟酰胺腺嘌呤二核苷酸"。CAS 号 53-84-9。分子式 $C_{21}H_{27}N_7O_{14}P_2$，分子量 663.43。白色粉末。易吸湿。熔点 140~142℃（分解），$[\alpha]_D^{20}-31.5$（$c=1.2$，水）。易溶于水，难溶于丙酮。制备：从鲜酵母中提取得到。用途：生物体内必需的一种辅酶，起传递氢作用，用于生化研究、临床诊断，也用作辅酶类药物，用于冠心病的辅助治疗。

氧化型辅酶 II（coenzyme II；$NADP^+$） 亦称"β-烟酰胺腺嘌呤二核苷酸磷酸"。CAS 号 53-59-8。分子式 $C_{21}H_{28}N_7O_{17}P_3$，分子量 743.41。白色或灰白色粉末。易吸湿。易溶于水、甲醇，微溶于乙醇，不溶于乙酸乙酯和乙醚。制备：由烟酰胺核苷酸和 5′-腺苷磷酸为原料，在二环己基二亚胺作用下缩合得到；或发酵法生物合成而得。用途：生物体内必需的一种辅酶，起传递氢和电子作用。

辅酶 A（coenzyme A） CAS 号 85-61-0。分子式 $C_{21}H_{36}N_7O_{16}P_3S$，分子量 767.53。有吸湿性白色或微黄色粉末，有似蒜臭气。$[\alpha]_D^{20}-7.4$（$c=1.4$，水）。易溶于水，难溶于丙酮、乙醇、乙醚。制备：从鲜酵母中提取得到。用途：生物体内代谢反应中乙酰化酶的辅酶，调节糖、脂肪及蛋白质代谢的重要因子，临床上用于白细胞减少症、原发性血小板减少性紫癜、功能性低热等的治疗，也用于生化研究。

焦磷酸硫胺素（thiamine diphosphate；TPP） 亦称"维生素 B_1""脱羧辅酶"。CAS 号 154-87-0。分子式 $C_{12}H_{19}ClN_4O_7P_2S$，分子量 460.76。白色结晶性粉末。熔点 238~240℃（分解）。易溶于水，难溶于丙酮、乙醇、乙醚。制备：由硫胺素与磷酸反应得到。用途：脱羧酶的辅酶，临床用于治疗心律失常、心肌梗死、昏迷等症状，也用于生化研究。

四氢叶酸（tetrahydrofolic acid） 亦称"辅酶 F"。CAS 号 135-16-0。分子式 $C_{19}H_{23}N_7O_6$，分子量 445.43。无色晶体。在空气中易被氧化。$[\alpha]_D^{20}-49.9$（$c=0.149$，水）。微溶

于水。制备：由叶酸还原而得。用途：是一碳基团载体，在人体内参与嘌呤、胸腺嘧啶核苷酸的合成，对正常血细胞的生成具有促进作用。作叶酸类药物的合成中间体。

磷酸吡哆醛一水化合物（pyridoxal phosphate-monohydrate）　系统名"（4-甲酰基-5-羟基-6-甲基吡啶-3-基）磷酸二氢甲酯水合物"。CAS 号 41468-25-1。分子式 $C_8H_{10}NO_6P \cdot H_2O$，分子量 265.16。白色结晶。熔点 140～143℃。微溶于水，难溶于乙醇。制备：由吡哆胺或盐酸吡哆醇为合成得到。用途：转氨酶的辅酶，临床上用于治疗帕金森综合征。

核黄素磷酸钠（riboflavin 5′-monophosphate sodium salt）　CAS 号 130-40-5。分子式 $C_{17}H_{20}N_4NaO_9P$，分子量 478.33。橙黄色结晶性粉末，味微苦，有引湿性。熔点 ＞300℃，$[\alpha]_D^{20}+38～+43(c=1.5$，稀 HCl)（按无水态计）。可溶于水，难溶于乙醇、乙醚、氯仿。制备：由核黄素与三氯氧磷反应后，水解，再用氢氧化钠中和而得。用途：用于治疗各种核黄素缺乏症如口角炎、唇炎、舌炎、眼结膜炎及阴囊炎等疾病，也用作食品营养强化剂。

黄素腺嘌呤二核苷酸（flavin adenine dinucleotide; FAD）　亦称"核黄素-5′-腺苷二磷酸"。CAS 号 146-14-5。分子式 $C_{27}H_{33}N_9O_{15}P_2$，分子量 785.55。橙黄色粉末。熔点＞300℃。易溶于水，难溶于乙醇。制备：由粉末状纤维素通过色谱法提取得到。用途：FAD 是黄素蛋白的辅基，在生物氧化体系中起传递氢的作用，临床上用于治疗神经性耳鸣、顽固性头痛等疾病。

D-生物素（D-biotin）　亦称"维生素 H""维生素 B_7""辅酶 R"，系统名"5-((3aS,4S,6aR)-2-氧代六氢-1H-噻吩并[3,4-d]咪唑-4-基)戊酸"。CAS 号 58-85-5。分子式 $C_{10}H_{16}N_2O_3S$，分子量 244.31。无色或白色细长针状结

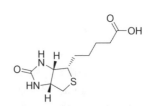

晶。熔点 231～232℃（分解），密度 1.42 g/cm³，$[\alpha]_D^{25}+90.6$（$c=0.5,0.1N$ NaOH）。可溶于水，难溶于乙醇、乙醚、氯仿。制备：从蛋黄中提取得到；或由1,3-二苄基咪唑啉-2-酮-顺-4,5-二羧酸为原料，经(3aS,6aR)-1,3-二苄基-四氢-4H-噻吩并[3,4-d]咪唑-2,4-(1H)-二酮关键中间体合成得到。用途：参与机体的脂类、蛋白质、核酸、碳水化合物等的代谢，改善血糖的调节，促进蛋白质的合成，尿素合成与排泄，为活细胞生长因子，动植物生长发育的必需物质；用作医药和饲料添加剂、营养强化剂；生化研究中作核酸探针的标记物。

辅酶 Q_{10}（coenzyme Q_{10}）　亦称"泛醌 10"。CAS 号 303-98-0。分子式 $C_{59}H_{90}O_4$，分子量 863.34。橙黄色晶体。熔点 50～52℃。不溶于水和甲醇，微溶于乙醇，溶于丙酮、氯仿、乙醚及石油醚。制备：由猪心或牛心中提取得到；或由酵母发酵生成而得；或以 2,3,4,5-四甲氧基甲苯为原料，经 6-溴-2,3,4,5-四甲氧基甲苯的格氏试剂为中间体，与活化的异戊烯反应，再与茄尼基溴缩合、脱除砜基、然后氧化得到。用途：转氨酶的辅酶，辅酶类药物，用作抗氧化剂、免疫增强剂，也用作医药和饲料添加剂。

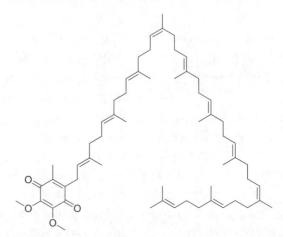

氟尿嘧啶（fluorouracil）　亦称"5-氟尿嘧啶"，系统名"5-氟-2,4(1H,3H)-嘧啶二酮"。CAS 号 51-21-8。分子式 $C_4H_3FN_2O_2$，分子量 130.08。白色或类白色结晶或结晶性粉末。熔点 282℃（分解），190℃（1 Torr 升华），密度 1.788 g/cm³。微溶于水、乙醇，难溶于乙醚。制备：由氟乙酸乙酯经缩合、环合水解而得。用途：作抗肿瘤药物。

呋氟尿嘧啶（ftorafur）　亦称"替加氟"，系统名"5-氟-1-(四氢呋喃-2-基)嘧啶-2,4(1H,3H)-二酮"。CAS 号 17902-23-7。分子式 $C_8H_9FN_2O_3$，分子量 200.17。白色结晶性粉末，味苦。熔点 171～173℃，密度 1.51

g/cm³。易溶于热水、乙醇,难溶于乙醚。制备:由 5-氟尿嘧啶和 2-乙酰氧基四氢呋喃缩合得到。用途:作抗肿瘤药物。

去氧氟尿苷(doxifluridine) 亦称"多西氟尿啶""5′-脱氧-5-氟尿嘧啶核苷",系统名"1-((2S,3S,4R,5S)-3,4-二羟基-5-甲基四氢呋喃-2-基)-5-氟尿嘧啶-2,4(1H,3H)-二酮"。CAS 号 3094-09-5。分子式 $C_9H_{11}FN_2O_5$,分子量 246.19。白色针状结晶。熔点 190℃,密度 1.637 g/cm³,$[\alpha]_D^{25} +18.4(c=0.419,水)$。

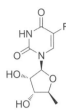

微溶于水。制备:由 2′,3′-羟基保护的 5-氟尿嘧啶为原料,与亚磷酸三苯酯、碘甲烷反应后再脱碘、脱保护得到。用途:作抗肿瘤药物。

卡莫氟(carmofur) 亦称"氟脲己胺""密福禄""1-己氨基甲酰-5-氟尿嘧啶",系统名"N-己基-5-氟-3,4-二氢-2,4-二氧代-1(2H)-嘧啶甲酰胺"。CAS 号 61422-45-5。

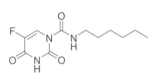

分子式 $C_{11}H_{16}FN_3O_3$,分子量 257.27。白色结晶性粉末。熔点 120～122℃。易溶于 N,N-二甲基甲酰胺,微溶于甲醇、乙醇,难溶于水。制备:由 5-氟尿嘧啶与异氰酸乙酯反应得到;或由 5-氟尿嘧啶与固体光气反应生成氯化氨基甲酰 5-氟尿嘧啶,再与己胺反应而得。用途:作抗肿瘤药物。

叠氮胸苷(azidothymidine) 亦称"齐多夫定",系统名"1-((2R,4S,5S)-4-叠氮基-5-羟甲基四氢呋喃-2-基)-5-甲基嘧啶-2,4(1H,3H)-二酮"。CAS 号 30516-87-1。分子式 $C_{10}H_{13}N_5O_5$,分子量 267.25。类白色粉末。熔点 106～112℃,密度 1.499 g/cm³,

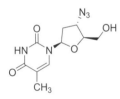

$[\alpha]_D^{20} +50.4(c=0.5,水)$。可溶于水。制备:胸腺嘧啶脱氧核苷为原料,与三苯甲基氯反应成醚,保护 5 位伯醇羟基,再经成"氧桥"、上"叠氮",最后脱保护得到。用途:作抗艾滋病、抗病毒药。

司他夫定(stavudine) 亦称"3′-脱氧-2′,3′-双脱氢胸苷""司他呋啶""司他夫啶",系统名"1-((2R,5S)-5-羟甲基-2,5-二氢呋喃-2-基)-5-甲基嘧啶-2,4(1H,3H)-二酮"。CAS 号 3056-17-5。分子式 $C_{10}H_{12}N_2O_4$,分子量 224.21。无色颗粒状固体。熔点 165～166℃,密度 1.411 g/cm³,$[\alpha]_D^{25} -44(c=0.69,水)$。可溶于水、甲醇、乙醇、氯仿。制备:以 β-胸苷为原料,经磺酰氯磺酰化,将磺酰化产物溶于氢氧化钠水溶液

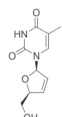

得 3′,5′-环氧或 2,3′-环氧中间体,再加入叔丁醇钾消除制得。用途:作抗艾滋病、抗病毒药。

阿兹夫定(azvudine) 亦称"阿滋福啶",系统名"4′-叠氮基-2′-脱氧-2′-氟-β-D-阿糖胞苷"。CAS 号 1011529-10-4。分子式 $C_9H_{11}FN_6O_4$,分子量 286.22。浅黄色固体。熔点 99～100℃,密度 1.621 g/cm³。易溶于水。制备:以非西他滨、叠氮化钠等为原料合成

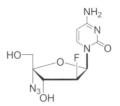

制得。用途:一种艾滋病病毒逆转录酶抑制剂,针对变异的艾滋病病毒发挥阻断作用,作双靶点抗艾滋病药物。

替比夫定(telbivudine) 亦称"2-脱氧-L-胸苷",系统名"1-((2S,4R,5S)-4-羟基-5-羟甲基四氢呋喃-2-基)-5-甲基嘧啶-2,4(1H,3H)-二酮"。CAS 号 3424-98-4。分子式 $C_{10}H_{14}N_2O_5$,分子量 242.23。白色固体。熔点 186℃,$[\alpha]_D^{20} -20.3(c=0.192,水)$。微溶于水。制备:2-脱

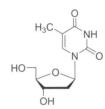

氧-L-核糖为原料,经(2S,3R,5S)-5-氯-2-对甲基苯甲酰氧甲基-3-对甲基苯甲酰氧基四氢呋喃为关键中间体,再与胸腺嘧啶缩合、脱保护得到。用途:作乙型肝炎抗病毒药。

拉米夫定(lamivudine) 亦称"拉咪夫定",系统名"4-氨基-1-((2R,5S)-2-羟甲基-1,3-氧硫杂戊环-5-基)嘧啶-2(1H)-酮"。CAS 号 134678-17-4。分子式 $C_8H_{11}N_3O_3S$,分子量 229.26。白色固体。熔点 160～162℃,密度 1.503 g/cm³,$[\alpha]_D^{25} -98.32(c=0.5,水)$。可溶于水。制备:以 L-薄荷醇乙醛酸酯一水合物为手性源,与 2,5-二羟基-1,4-二噻烷反应,经不对称合成而得。用途:作乙型肝炎抗病毒药。

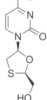

溴呋啶(brivudine) 亦称"溴乙烯尿苷",系统名"5-((E)-2-溴乙烯基)-1-((2R,4S,5R)-4-羟基-5-(羟甲基)四氢呋喃-2-基)嘧啶-2,4(1H,3H)-二酮"。CAS 号 69304-47-8。分子式 $C_{11}H_{13}BrN_2O_5$,分子量 333.14。白色固体。熔点 164～166℃(分解),$[\alpha]_D^{20} +10(c=1,甲醇)$。可溶于水、甲醇。制备:以 5-位官能团化的尿嘧啶与经活化的呋喃糖基经偶联反应得到;或由 2′-脱氧尿嘧啶核苷为原料,经嘧啶碱基 5-位的羟甲基化、羟甲基选择性氧化、醛羰基的 Knoevenagel 缩合及缩合产物的 Hunsdiecker 反应等步骤合成得到。用途:作抗病毒药物。

克拉夫定(clevudine) 亦称"1-(2′-脱氧-2′-氟-L-阿拉伯呋喃糖基)-5-甲基尿嘧啶",系统名"1-((2S,3R,4S,5S)-3-氟-4-羟基-5-(羟甲基)四氢呋喃-2-基-5-甲基嘧啶-2,4(1H,3H)-二酮"。CAS 号 163252-36-6。分子式

$C_{10}H_{13}FN_2O_5$，分子量 260.22。白色固体。熔点 184～185℃，$[\alpha]_D^{25}$ -111.77（$c=0.23$，甲醇）。可溶于水、甲醇，难溶于氯仿。制备：以 1,3,5-三苯甲酰-L-核糖为原料，2-位羟基与三氟甲磺酸酐反应后，继与氟化四丁基铵作用得到氟代物，然后经 1-位溴代、与硅烷化的胸腺嘧啶缩合、水解而得。用途：用作抗病毒药物，用于治疗慢性乙肝。

阿糖腺苷（vidarabine） 亦称"腺嘌呤阿拉伯糖苷""9-β-D-阿拉伯呋喃糖基腺嘌呤"，系统名"（2R,3S,4S,5R）-2-（6-氨基-9H-嘌呤-9-基）-5-羟甲基四氢呋喃-3,4-二醇"。CAS 号 5536-17-4。分子式 $C_{10}H_{13}N_5O_4$，分子量 267.24。白色针状结晶或结晶性粉末。熔点 260～265℃，$[\alpha]_D^{27}$ -5（$c=0.25$，水）。可溶于 DMF，微溶于水，难溶于乙醇。制备：由卤代糖与腺嘌呤为原料，经保护、缩合、水解等步骤合成得到；或以腺苷为原料，经溴代、水解、2'-羟基转位等关键步骤合成而得。用途：作广谱 DNA 病毒抑制剂。

三氮唑核苷（ribavirin） 亦称"利巴韦林""病毒唑"，系统名"1-β-D-呋喃核糖基-1H-1,2,4,-三氮唑-3-甲酰胺"。CAS 号 36791-04-5。分子式 $C_8H_{12}N_4O_5$，分子量 244.20。白色针状结晶或结晶性粉末。熔点 174～176℃，$[\alpha]_D^{25}$ +27.7（$c=1$，水）。可溶于水，微溶于乙醇、氯仿和醚类溶剂。制备：由尿苷经嘧啶核苷酸磷化酶及嘌呤核苷酸磷化酶催化合成得到。用途：作抗病毒药物，用于治疗丙型肝炎病毒、呼吸道合孢病毒和拉沙热病毒感染。

盐酸阿糖胞苷（cytarabinehydrochloride） 亦称"胞嘧啶阿拉伯糖苷盐酸盐"，系统名"4-氨基-1-（2R,3S,4S,5R）-3,4-二羟基-5-羟甲基四氢呋喃-2-基嘧啶-2（1H）-酮盐酸盐"。CAS 号 69-74-9。分子式 $C_9H_{14}ClN_3O_5$，分子量 278.67。白色细小针状结晶或结晶性粉末。熔点 190～195℃，$[\alpha]_D^{23}$ +129（$c=1.411$，水）。易溶于水，微溶于甲醇、乙醇、乙醚。制备：以胞苷为原料，在脱水剂作用下得到盐酸环胞苷，再开环得到；或以尿嘧啶核苷酸为原料，经过切磷、环化、转位、硫代、氨解、成盐等步骤合成而得。用途：作抗病毒药物、抗白血病药物。是治疗急性粒细胞白血病的首选药物。

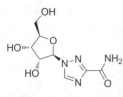

胞二磷胆碱（citiolone） 亦称"西替沃酮""DL-乙酰基高半胱氨酸硫醇内酯""乙酰胺噻酮"，系统名"N-（2-氧四氢噻吩-3-基）乙酰氨"。CAS 号 17896-21-8。分子式

$C_6H_9NO_2S$，分子量 159.21。白色至类白色结晶性粉末。易吸湿。熔点 112℃。易溶于水，难溶于乙醇、丙酮。制备：由胞苷酸和磷酸胆碱经酶催化得到。用途：临床用于减轻严重脑外伤和脑手术伴随的意识障碍，治疗帕金森病、抑郁症等疾病。

阿昔洛韦（acyclovir） 亦称"开链鸟嘌呤核苷""羟乙氧甲鸟嘌呤""无环鸟苷"，系统名"2-氨基-9-（2-羟乙氧基甲基）-1H-嘌呤-6（9H）-酮"。CAS 号 59277-89-3。分子式 $C_8H_{11}N_5O_3$，分子量 225.20。白色结晶性粉末。熔点 256～257℃。可溶于稀盐酸，微溶于水，难溶于乙醇。制备：以鸟嘌呤为原料，先经过乙酰化生成 N^2，N^9-双乙酰鸟嘌呤（DAG），然后与 2-氧杂-1,4-丁二醇二乙酯缩合生成双乙酰阿昔洛韦（DACV），再水解得到；或以 2,6,9 位硅烷化的鸟嘌呤为原料，与 2-氧杂-1,4-一丁二醇二乙酯，在碘和磷酸盐的催化下缩合，然后再水解而得。用途：作广谱抗病毒药物。

更昔洛韦（ganciclovir） 亦称"9-（1,3-二羟基-2-丙氧甲基）鸟嘌呤"，系统名"2-氨基-9-（（（1,3-二羟基丙烷-2-基）氧）甲基）-1H-嘌呤-6（9H）-酮"。CAS 号 82410-32-0。分子式 $C_9H_{13}N_5O_4$，分子量 255.23。白色结晶性粉末。熔点 250℃（分解）。微溶于水。制备：以 6-氯鸟嘌呤核苷为原料，与保护的 2-羟甲基甘油缩合，再脱保护得到。用途：作抗病毒药物，用于治疗因免疫功能低下而引起的巨细胞病毒感染。

喷昔洛韦（penciclovir） 亦称"哌昔洛韦"，系统名"2-氨基-9-[4-羟基-3-（羟基甲基）丁基]-1,9-二氢-6H-嘌呤-6-酮"。CAS 号 39809-25-1。分子式 $C_{10}H_{15}N_5O_3$，分子量 253.26。白色结晶性粉末。熔点 275～277℃。溶于水，微溶于甲醇、乙醇，不溶于氯仿。制备：以 2-氨基-6-氯嘌呤为原料，与 1-乙酰氧基-2-乙酰氧甲基-4-碘丁烷缩合，再水解而得。用途：作抗病毒药物，用于治疗唇疱疹、生殖器疱疹等。

法昔洛韦（famciclovir） 亦称"泛昔洛韦"，系统名"2-（2-（2-氨基-9H-嘌呤-9-基）乙基）丙烷-1,3-二基二乙酯"。CAS 号 104227-87-4。分子式 $C_{14}H_{19}N_5O_4$，分子量 321.33。白色晶体。熔点 102～104℃。微溶于水、甲醇，易溶于丙酮，难溶于乙醇。制备：以 2-氨

基-6-氯嘌呤为原料,与 2-乙酰基甲基-4-碘丁基乙酸酯缩合、氢化得到;或以 2-氨基-6-氯嘌呤为原料,与 3-溴丙烷 1,1,1-三甲酸乙酯经缩合、Pd-C/HCOONH₄ 下还原、Na/乙醇下脱羧、NaBH₄ 下还原、醋酐下酯化而得。用途:作抗疱疹病毒类药物。

盐酸伐昔洛韦(valacyclovir hydrochloride)　CAS

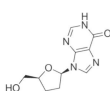

号 124832-27-5。分子式 $C_{13}H_{21}ClN_6O_4$,分子量 360.80。白色或类白色结晶性粉末。有引湿性。熔点 170～172℃,$[\alpha]_D^{20}-10.8$ ($c=4$,水)。易溶于水,微溶于甲醇、乙醇,难溶于二氯甲烷。制备:由阿昔洛韦与保护的缬氨酸缩合,再脱保护得到。用途:作抗病毒药物。

双脱氧肌苷(dideoxyinosine)　亦称"地达诺辛""2′,3′-双脱氧肌苷""去羟肌苷",系统名"9-((2R,5S)-5-羟甲基四氢呋喃-2-基)-1H-嘌呤-6(9H)-酮"。CAS 号 69655-05-6。分子式 $C_{10}H_{12}N_4O_3$,分子量 236.23。白色结晶性粉末。熔点 160～163℃。微溶于水。制备:以 2′-脱氧肌苷为原料,与 4,4′-二甲氧基三苯甲基氯反应,再经 1,1′-硫代羰基二咪唑硫酰化后,与三异丁基锡氢反应成酯,最后氨解得到。用途:为逆转录酶抑制剂,作抗肿瘤药物和抗艾滋病药物。

三氟尿苷(trifluridine;TFT)　亦称"5-三氟甲基-2-脱氧尿苷""曲氟尿苷",系统名"1-((2R,4S,5R)-4-羟基-5-羟甲基四氢呋喃-2-基)-5-三氟甲基嘧啶-2,4(1H,3H)-二酮"。CAS 号 70-00-8。分子式 $C_{10}H_{11}F_3N_2O_5$,分子量 296.20。固体。熔点 186～189℃,$[\alpha]_D^{20}+47.3$ ($c=1$,水)。微溶于水。制备:由 5-三氟甲基尿嘧啶经酶催化合成得到。用途:作广谱抗病毒药物。

盐酸环胞苷(cyclocytidinehydrochloride)　亦称"安西他滨盐酸盐",系统名"(2R,3R,3aS,9aR)-2-羟甲基-6-亚氨基-3,3a,6,9a-四氢-2H-呋喃并[2′,3′:4,5]噁唑并[3,2-a]嘧啶-3-醇盐酸盐"。CAS 号 10212-25-6。分子式 $C_9H_{12}ClN_3O_4$,分子量 261.66。白色针状结晶或结晶性粉末。熔点 248～250℃,$[\alpha]_D^{20}-21.8$ ($c=2$,水)。易溶于水,微溶于甲醇、乙醇,难溶于乙醚。制备:以胞苷为原料,在脱水剂作用下得到。用途:临床用于治疗各类急性白血病,亦可用于治疗单疱疹病毒角膜炎和虹膜炎。

阿扎胞苷(azacitidine)　亦称"5-氮胞苷""阿托胞苷",系统名"4-氨基-1-((2R,3R,4S,5R)-3,4-二羟基-5-羟甲基四氢呋喃-2-基)-1,3,5-三嗪-2(1H)-酮"。CAS 号 320-67-2。分子式 $C_8H_{12}N_4O_5$,分子量 244.20。白色或类白色固体。熔点 228～230℃(分解),$[\alpha]_D^{20}+40$ ($c=1$,水)。微溶于水,难溶于丙酮、乙醇。制备:由保护的 5-氮杂胞嘧啶与保护的 D-呋喃核糖在路易斯酸催化下缩合,再脱保护得到。用途:用于治疗急性粒细胞白血病。

盐酸吉西他滨(gemcitabine hydrochloride)　亦称"2′-脱氧-2′,2′-二氟胞苷异构体盐酸盐",系统名"4-氨基-1-((2R,4R,5R)-3,3-二氟-4-羟基-5-羟甲基四氢呋喃-2-基)-1H-嘧啶-2(1H)-酮盐酸盐"。CAS 号 122111-03-9。分子式 $C_9H_{12}ClF_2N_3O_4$,分子量 299.66。白色或类白色结晶性粉末。熔点 287～292℃,$[\alpha]_D^{36.5}+257.9$ ($c=1$,水)。可溶于水,微溶于甲醇,难溶于丙酮。制备:以 D-甘露醇为原料,与丙酮进行缩酮反应等步骤得到关键中间体 R-甘油醛缩丙酮,然后与二氟溴乙酸乙酯进行 Reformatsky 反应、水解、内酯化等步骤合成得到;或由 D-核糖为原料,与无水甲醇反应、再经保护羟基、氧化、水解、酯化等步骤合成而得。用途:作抗肿瘤药物。

恩曲他滨(emtricitabine)　系统名"4-氨基-5-氟-1-((2R,5S)-2-羟甲基-1,3-氧硫戊烷-5-基)-2(1H)-嘧啶酮"。CAS 号 143491-57-0。分子式 $C_8H_{10}FN_3O_3S$,分子量 247.25。白色或类白色结晶性粉末,味微臭。熔点 136～140℃,$[\alpha]_D^{25}-133.6$ ($c=0.23$,水)。易溶于水、甲醇,微溶于无水乙醇,难溶于乙酸乙酯、二氯甲烷。制备:由 L-古洛糖为原料,经 6-位磺酰化、1,2,3,4-位四乙酰化、1-位溴代反应得到;或由顺-1,4-丁烯二醇与丁酰氯反应,再经臭氧氧化、环合、糖苷化、手性柱分离等步骤而得。用途:作抗病毒药物。

卡培他滨(capecitabine)　系统名"1-((2R,3R,4S,5R)-(3,4-二羟基-5-甲基四氢呋喃-2-基)-5-氟-2-氧代-1,2-二氢嘧啶-4-基)氨基甲酸戊酯"。CAS 号 154361-50-9。分子式

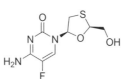

$C_{15}H_{22}FN_3O_6$,分子量 359.35。白色或类白色结晶性粉末。熔点 117～119℃,$[\alpha]_D^{20}+96$ ($c=1$,甲醇)。可溶于

水、甲醇。制备：由 5-氟胞嘧啶为原料化学合成。用途：作抗肿瘤药物。

腺苷环磷酸酯（adenosine cyclic phosphate; cAMP）　亦称"腺苷-3′,5′-环磷酸""环磷腺苷"，系统名 "(4aR,6R,7R,7aS)-6-(6-氨基-9H-嘌呤-9-基)-2,7-二羟基四氢-4H-呋喃并[3,2-d][1,3,2]二氧杂磷杂环己烷 2-氧化物"。CAS 号 60-92-4。分子式 $C_{10}H_{12}N_5O_6P$，分子量 329.21。类白色或淡黄色粉末。熔点 219～220℃，密度 1.75 g/cm³，其三乙胺盐 $[\alpha]_D^{22}+25.43$（$c=0.99$，水）。微溶于水，难溶于乙醚、乙醇。制备：由腺苷-5′-单磷酸（5′-AMP）为原料化学合成。用途：作蛋白激酶致活剂，用于缓解心绞痛及心肌梗死等疾病。

特殊用途的有机化合物

香　料

月桂烯（myrcene）　亦称"香叶烯"，系统名"7-甲基-3-亚甲基辛-1,6-二烯"。CAS 号 123-35-3。分子式 $C_{10}H_{16}$，分子量 136.24。无色或淡黄色液体，具有清淡的香脂香气。有 α-体和 β-体，常见的为 β-体。熔点 < -10℃，沸点 167℃、50～55℃（12 Torr），闪点 44℃，密度 0.795 g/mL，折射率 1.468 6。难溶于水，溶于乙醇、乙醚、氯仿。制备：以 β-蒎烯为原料，在 160℃下热分解而制得，也可由芳樟醇制得；天然品由含量 30%～35% 的酒花油等天然精油减压分馏而得。用途：作香料，用于古龙香水、消臭剂；作原料，用于其他香料合成。

罗勒烯（ocimene）　系统名"3,7-二甲基辛-1,3,6-三烯"。CAS 号 13877-91-3。分子式 $C_{10}H_{16}$，分子量 136.24。无色或淡黄色油状液体，呈草香、花香并伴有橙花油的气息。沸点 176℃、65～66℃（13 Torr），闪点 38℃，密度 0.818 g/mL，折射率 1.489 3。难溶于水，溶于乙醇、乙醚、氯仿。主要存在于罗勒油及薰衣草油、龙蒿油等精油中。制备：由 α-蒎烯在高温下热解制得。用途：作香料，用于日化香精配方。

(R)-(+)-苧烯（limonene）　亦称"柠檬烯"，系统名"(R)-1-甲基-4-异丙烯基环己-1-烯"。CAS 号 5989-27-5。分子式 $C_{10}H_{16}$，分子量 136.24。无色油状液体，呈愉快的新鲜橙子、柠檬和柑橘香气。熔点 -75～-73℃，沸点 176～177℃、59～60℃（10 Torr），闪点 48.3℃，密度 0.8445 g/mL，折射率 1.472 1，比旋光度 $[\alpha]_D^{20}+112$（$c=0.1$，乙醇）。不溶于水，溶于乙醇等有机溶剂。天然存在于柠檬油、橘油、青柠檬油、白柠檬油、柚油、橙花油、橙叶油、小茴香油、莳萝油、香芹子油等多种精油中，尤其是柑橘类精油含量更高。制备：从柑橘类精油分馏单离而得，也可由松油醇在 $H_2SO_4 \cdot NaHSO_4$ 催化下脱水而得。用途：作食用香料，用

于配制白柠檬、柑橘及香辛料类香精。

α-蒎烯（α-pinene）　亦称"α-松节烯"。CAS 号 80-56-8。分子式 $C_{10}H_{16}$，分子量 136.24。无色透明液体，呈松木、针叶及树脂样的气息。熔点 -55℃，沸点 154～157℃，闪点 38℃，密度 0.85 g/mL，折射率 1.465 7。不溶于水、丙二醇、甘油，溶于乙醇、乙醚、氯仿、乙酸等多数有机溶剂。制备：以松节油或白樟脑油为原料，通过分馏而得。用途：作香料，用于配制香水及消臭剂，也作合成萜品醇、芳樟醇、冰片、樟脑、檀香型香料的原料及漆、蜡等的溶剂。

(1R,5R)-(+)-α-蒎烯（(1R,5R)-(+)-α-pinene）　系统名"(1R,5R)-2,6,6-三甲基二环[3.1.1]庚-2-烯"。CAS 号 7785-70-8。分子式 $C_{10}H_{16}$，分子量 136.24。无色透明液体。熔点 -62.2℃，沸点 155～156℃、60～62℃（20 Torr），闪点 33℃，密度 0.858 g/mL，折射率 1.465 5，比旋光度 $[\alpha]_D^{20}+42$（neat）。不溶于水、丙二醇、甘油，溶于乙醇、乙醚、氯仿、乙酸等多数有机溶剂。制备：由中国海南岛产松节油和带蜡松节油通过分馏而得。用途：作试剂，用于药物、香料合成，有机合成中作光学拆分剂等。

(1S,5S)-(-)-α-蒎烯（(1S,5S)-(-)-α-pinene）　系统名"(1S,5S)-2,6,6-三甲基二环[3.1.1]庚-2-烯"。CAS 号 7785-26-4。分子式 $C_{10}H_{16}$，分子量 136.24。无色透明液体，有松木、针叶及树脂样气息。熔点 -64℃，沸点 154～155℃、40℃（10 Torr），闪点 32℃，密度 0.856 g/mL，折射率 1.466 5，比旋光度 $[\alpha]_D^{20}-42$（neat）。不溶于水，溶于无水乙醇、乙醚、氯仿等多数有机溶剂。制备：由中国广大产区的松节油及西班牙、奥地利等产区松节油分馏而得。用途：作试剂，合成香料的重要原料，有机合成中作光学拆分剂、手性砌块等。

β-蒎烯（β-pinene）　系统名"6,6-二甲基-2-亚甲基二环[3.1.1]庚烷"。CAS 号 18172-67-3、19902-08-0。分子式

$C_{10}H_{16}$，分子量 136.24。无色至淡黄色液体，有松节油特有的香气及干燥木材和松脂气息。熔点 -62.2℃，沸点 165～166℃、54℃（14 Torr），闪点 36℃，密度 0.869 g/mL，折射率 1.478 4，(1S)-体比旋光度 $[\alpha]_D^{20}$ -21（neat）。不溶于水，溶于乙醇，几乎不溶于丙二醇、甘油。与 α-蒎烯一起存在于松节油中，中国思茅产松节油含 β-蒎烯约 30%。制备：以 α-蒎烯为原料，进行异构化反应转位制得，也可以美洲松节油为原料经分馏而得。用途：作试剂，合成香料的重要原料，用于合成维生素 A、维生素 E 及热裂解制备月桂烯，也由于日化香精的调配和为其他工业品加香。

α-柏木烯（α-cedrene）　亦称"α-雪松烯"，系统名

"(1S,2R,5S)-2,6,6,8-四甲基三环 [5.3.1.0^{1,5}] 十一烷-8-烯"。CAS 号 469-61-4。分子式 $C_{15}H_{24}$，分子量 204.36。无色至淡黄色黏稠液体，呈柏木、干甜的木香气息。沸点 262～263℃、100℃（3.5 Torr），闪点 104℃，密度 0.934 3 g/mL，折射率 1.498 2，比旋光度 $[\alpha]_D$ -88（c=0.1，EtOH）。不溶于水，溶于乙醇等有机溶剂。制备：以柏木油为原料，通过分馏单离而得，或由柏木醇脱水制得。用途：作原料，用于合成柏木烷酮、环氧柏木烷、乙酰基柏木烯等香料。

(-)-乙酸香芹酯（(-)-carvyl acetate）　系统名

"(1R,5R)-5-异丙基-2-甲基环己-2-烯-1-基乙酸酯"。CAS 号 97-42-7、1205-42-1。分子式 $C_{12}H_{20}O_2$，分子量 196.29。无色至淡黄色黏稠液体，有留兰香样香气。沸点 92～94℃（4 Torr），闪点 98℃，密度 0.96 g/mL，折射率 1.474。不溶于水，溶于乙醇等有机溶剂。天然品存在于肉豆蔻、小豆蔻，迷迭香、芫荽等中。制备：由 l-香芹醇与乙酸酐酯化而得。用途：日化香精和食用香精用香料，主要用于各类香精的配方中。

紫罗兰酯（vertenex；woody acetate）　亦称"鸢尾

酯"，系统名"4-叔丁基环己基乙酸酯"。CAS 号 32210-23-4。分子式 $C_{12}H_{22}O_2$，分子量 198.31。无色油状液体，有木香、花香和鸢尾香香气。为顺式和反式异构体混合物，顺式的香气强烈而纯正。沸点 228～230℃、100～105℃（8 Torr），闪点 97℃，密度 0.934～0.939 g/mL，折射率 1.450 0～1.454 0。不溶于水，溶于乙醇、煤油、石蜡油等。制备：由 4-叔丁基环己醇与乙酸酐酯化而得。用途：作香料，用于香水、化妆品、皂用香精配方。

(E)-壬-2-烯酸甲酯（methyl (E)-non-2-enoate）

亦称"2-壬烯酸甲酯"。CAS 号 111-79-5。分子式 $C_{10}H_{18}O_2$，分子量 170.25。无色至淡黄色液体，呈紫罗兰似香气和强烈果香、青香香气，并伴有菠萝和梨样的香。沸点 44℃（0.2 Torr）、108～109℃（12 Torr），闪点 196℃，密度 0.893^{18.5} g/mL，折射率 1.442 6。不溶于水，溶于乙醇。制备：由壬酸甲酯脱氢而得。用途：作食品用香料，也用于配制日化、皂用香精。

(-)-丙酸香芹酯（(-)-carvyl propionate）　系统名"(1R,5R)-5-异丙基-2-甲基环己-2-

烯-1-基丙酸酯"。CAS 号 97-45-0、112419-68-8。分子式 $C_{13}H_{22}O_2$，分子量 210.32。无色油状液体，带薄荷样味道，有果香、浓甜气息。沸点 78～80℃（0.2 Torr），闪点 108℃，密度 0.952 g/mL，折射率 1.474。不溶于水，溶于乙醇等有机溶剂。天然品存在于肉豆蔻、小豆蔻，迷迭香、芫荽等中。制备：由 l-香芹醇与丙酸酐酯化而得。用途：食品用香料，主要用于配制留兰香和香辛料类香精。

2-辛炔羧酸甲酯（methyl 2-octynoate）　CAS 号 111-12-6。分子式 $C_9H_{14}O_2$，分子量 154.21。无色至微黄色油状液体，有辛辣而尖锐的清香，稀释后呈紫罗兰叶香气，也带桃子、黄瓜皮和未成熟香蕉的气息。沸点 80～81℃（6 Torr）、41℃（0.2 Torr），密度 0.919 6 g/mL，折射率 1.447 1。不溶于水，溶于乙醇，微溶于丙二醇。制备：由 2-辛炔羧酸与重氮甲烷乙醚溶液反应制得，或由 2-辛炔羧酸酰氯与甲醇反应制得。用途：作有机合成中间体；作香料，用以配制香蕉、薄荷、草莓、桃、黄瓜、甜瓜、梨及牛奶、浆果类和酒类等香精。

环十五内酯（pentadecanolide；cyclopentadecanolide）

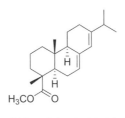

亦称"15-羟基十五酸内酯"。CAS 号 106-02-5。分子式 $C_{15}H_{28}O_2$，分子量 240.39。常温下为固体，受热熔融后呈无色液体，具有当归油和类似麝香的气味。熔点 34～36℃，沸点 137℃（2 Torr），闪点＞104℃，密度 0.940 1^{40} g/mL，折射率 1.466 9^{33}。不溶于水，溶于乙醇。制备：以芥酸为原料合成而得；也可由 15-羟基十五碳-2-烯酸内酯经催化氢化而得。用途：作定香剂，适用于花香、木香、琥珀香等东方型和幻想型的香精。

松香酸甲酯（methyl abietate；methyl abietadien-19-oate）　CAS 号 127-25-3。分子式 $C_{21}H_{32}O_2$，分子量 316.49。淡琥珀色液态树脂。沸点 165～170℃（0.3 Torr）、180℃（1 Torr），密度 1.048 g/mL，折射率 1.528 6。不溶于水，溶于乙醇、丙酮和苯。制备：由松香酸与甲醇或硫酸二甲酯酯化制得。用途：作

定香剂、胶姆糖咀嚼料,用于配制香水香精及皂用香精。

甲基庚烯醇(methyl heptenol) 　亦称"食菌甲诱醇",系统名"6-甲基庚-5-烯-2-醇"。CAS 号 1335-09-7、4630-60-2。分子式 $C_8H_{16}O$,分子量 128.22。无色至淡黄色液体。沸点 78℃(14 Torr),闪点 68℃,密度 0.844 g/mL,折射率 1.449 5。不溶于水,溶于乙醇等有机溶剂。制备:由 6-甲基庚-5-烯-2-酮还原制得。用途:作香料、昆虫性信息素。

阿道克醛(adoxal) 　亦称"三甲基十一烯醛",系统名"2,6,10-三甲基-9-烯-十一醛"。CAS 号 141-13-9。分子式 $C_{14}H_{26}O$,分子量 210.36。无色至淡黄色液体,有强烈而新鲜的花香、玫瑰香气、海洋气息。沸点 276℃,闪点 126℃,密度 0.837 g/mL。不溶于水,溶于乙醇等有机溶剂。制备:从紫罗兰酮经催化氢化、与氯乙酸乙酯 Darzens 反应及皂化等步骤制得。用途:作香料,用于花香配方,如铃兰、兔耳草醛,及果香和木香配方,也用于洗衣粉香精。

10-十一烯醛(10-undecenal) 　CAS 号 112-45-8。分子式 $C_{11}H_{20}O$,分子量 168.28。无色至淡黄色液体,有强烈椰子香气。熔点 7℃,沸点 235℃、100~102℃(0.1 Torr),闪点 96℃,密度 0.846 7 g/mL,折射率 1.472 7。不溶于水,溶于乙醇、丙二醇及大多数非挥发性油和矿物油,几乎不溶于甘油。天然品存在于番茄、桃子、杏子等中。制备:以十一碳-10-烯酸用甲酸在二氧化锰存在下还原制得。用途:作香料,用于玫瑰、柑橘等日化香精。

3-甲硫基丙醛(3-(methylthio)propionaldehyde) 　亦称"菠萝醛"。CAS 号 3268-49-3。分子式 C_4H_8OS,分子量 104.17。无色至淡黄色液体,呈强烈的洋葱及肉类、烤马铃薯香气和土豆、灰尘、番茄样气息。熔点 -68℃,沸点 165~166℃、61℃(14 Torr),闪点 61℃,密度 1.036 g/mL,折射率 1.481 5。不溶于水,溶于乙醇、丙二醇。天然存在于肉类、烘烤类、蔬菜、面包、奶类、威士忌和土豆片等中。制备:由 3-甲硫基丙醇氧化而得,也可由丙烯醛与甲硫醇在乙酸铜和甲酸存在下经 Michael 加成而制得。用途:作香料及医药蛋氨酸的中间体。

甜瓜醛(melonal; melon heptenal) 　系统名"2,6-二甲基-5-庚烯醛"。CAS 号 106-72-9。分子式 $C_9H_{16}O$,分子量 140.23。淡黄色油状液体,带强烈的青香、新鲜甜瓜和黄瓜似的香气。沸点 79~80℃(20 Torr),闪点 46℃,密度 0.839~0.850 g/mL,折射率 1.439 0~1.449 0。不溶于水,溶于乙醇。天然存在于柠檬皮、白柠檬皮和生姜中。制备:由 6-甲基-5-庚烯-2-酮和氯乙酸乙酯经 Darzens 反应和皂化重排制备。用途:作香料,用于配制具有天然感的海洋和果香-甜瓜香型香精。

素馨醛(jasmine aldehyde; jasminal) 　亦称"茉莉醛""甲位戊基桂醛""α-戊基肉桂醛",系统名"2-苄叉庚醛"。CAS 号 122-40-7。分子式 $C_{14}H_{18}O$,分子量 202.30。淡黄色液体,具有强烈的茉莉花香。沸点 287~290℃、140℃(5 Torr),闪点 >100℃,密度 0.964~0.972 g/mL,折射率 1.555 0~1.559 0。不溶于水,溶于乙醇等有机溶剂。天然存在于柠檬皮、白柠檬皮和生姜中。制备:由苯甲醛与正庚醛在稀氢氧化钠溶液催化下经 aldol 缩合而制得。用途:作香料,用于调配草莓、桃子、苹果、樱桃、杏仁等食用香精,也作配制茉莉、素心兰、铃兰和紫丁香等花香香精的主香剂。

紫罗兰醛(cetonal) 　系统名"2-甲基-4-(2,6,6-三甲基-2(1)-环己烯-1-基)-丁醛"。CAS 号 73398-85-3、84518-22-9。分子式 $C_{14}H_{24}O$,分子量 208.35。结构式为 2 个异构体。淡黄色油状液体,有强烈的鸢尾、木香。沸点 276℃、106~111℃(2 Torr),闪点 95℃,密度 0.927 6^{15} g/mL,折射率 1.485 1。不溶于水,溶于乙醇。制备:由 2,2,6-三甲基环己酮、水合肼及 2-甲基丁-3-烯-1-醇合成而得。用途:作香料,用于高档日用香精、美容用品、肥皂中,适用于皮革、烟草、动物香型的配方;作调和剂,增加香精的协调性。

紫罗兰叶醛(villet leaf aldehyde) 　亦称"黄瓜醛",系统名"(2E,6Z)-2,6-壬二烯醛"。CAS 号 557-48-2。分子式 $C_9H_{14}O$,分子量 138.21。无色至淡黄色液体,呈强烈的青香、紫罗兰叶香、黄瓜香、蜜瓜香。沸点 187℃、100~104℃(11 Torr),闪点 82℃,密度 0.865 8^{24} g/mL,折射率 1.473 8。不溶于水,溶于乙醇。天然存在于紫罗兰花油、紫罗兰叶油及黄瓜、甜瓜、柿子椒等果蔬植物中。制备:以叶醇为原料,先制得格氏试剂,再与丙烯醛反应生成醇,继之用溴化磷处理得到 2,6-壬二烯溴,经水解后转化为 2,6-壬二烯醇,最后经 CrO_3 氧化而得。用途:作香料,用于紫罗兰、水仙、玉兰等日化香精,也用于肥皂、美容用品。

女贞醛(cyclal C; triplal; cyclovertal) 　系统名"2,4-二甲基-3-环己-1-烯羰醛"。CAS 号 68039-49-6。分子式 $C_9H_{14}O$,分子量 138.21。无色至淡黄色液体,呈强烈的青香、叶香、花香气。沸点 71~73℃(10 Torr),闪点

65℃,密度 0.933 g/mL,折射率 1.473 0。不溶于水,溶于乙醇。天然存在于紫罗兰花油、紫罗兰叶油及黄瓜、甜瓜、柿子椒等果蔬植物中。制备:由 2-甲基-1,3-戊二烯及丙烯醛经 Diels-Alder 反应制得。用途:作香料,用于香水、古龙水、泡沫浴剂、香波、香皂、洗涤剂,调和柑橘、松木、药草及木香。

洋茉莉醛(heliotropin; piperonyl aldehyde; piperonal) 亦称"胡椒醛""天芥菜精",系统名"1,3-苯并二噁烷-5-碳醛"。CAS 号 120-57-0。分子式 $C_8H_6O_3$,分子量 150.13。

白色或黄白色结晶,暴露于空气中呈红棕色。具有类似洋茉莉花和葵花的花香。熔点 37～39℃,沸点 263～265℃、144～145℃(15 Torr),闪点＞110℃,密度 1.337 g/cm³。不溶于水和甘油,易溶于乙醇、乙醚、丙二醇。被列为第一类易制毒化学品管控。天然品少量存在于香胡椒、甜瓜、香荚兰豆、笃斯越橘、刺槐属等花油中。制备:由黄樟油素与氢氧化钾共热,使双键转位异构化,得到异黄樟油素,再经氧化而制得。用途:作香料,用于配制百合、葵花、紫罗兰等花香型香精,少量用于食品及烟草。

新铃兰醛(lyral) CAS 号 31906-04-4。分子式 $C_{13}H_{22}O_2$,分子量 210.32。结构式为 2 个异构体。无色黏稠液体。具有类似仙客来花香、兔耳草

花香及铃兰香韵。熔点-30℃,沸点 318.7℃,密度 0.994 1 g/mL,折射率 1.491 5。不溶于水,溶于乙醇等有机溶剂。制备:由月桂烯和丙烯醛经 Diels-Alder 反应制得 3-和 4-(4-甲基戊基-3-烯基)环己-3-烯羰醛(柑青醛),再经水合而制得;也可先由月桂烯经水合得月桂烯醇,再与丙烯醛经 Diels-Alder 反应制得。用途:作香精修饰剂,改进铃兰、紫丁香、风信子、忍冬花等香气,用于化妆品、洗涤剂。

兔耳草醛(cyclamen aldehyde) 亦称"仙客来醛",系统名"2-甲基-3-(4-异丙基苯基)丙醛"。CAS 号 103-95-7。分子式 $C_{13}H_{18}O$,分子量 190.29。无色至淡黄色液体,有强烈的仙客来花、甜瓜及哈密瓜的香气。沸点 98～100℃

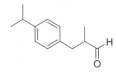

(1 Torr),闪点 115℃,密度 0.954 3 g/mL,折射率 1.508 3。不溶于水,溶于乙醇等有机溶剂。制备:以枯茗基氯和甲基丙二酸二乙酯原料,在乙醇钠作用下进行取代,再经过水解、甲酸还原等步骤合成而得。用途:作食用香料,用于配制瓜类及柑橘等水果型香精;作头香剂,用于香精配方,以增强青鲜花香头香。

铃兰醛(lilial; lily aldehyde) 系统名"3-(4-(叔丁

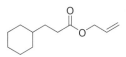

基)苯基)-2-甲基丙醛"。CAS 号 80-54-6、75166-25-5、75166-31-3、75166-30-2。分子式 $C_{14}H_{20}O$,分子量 204.31。无色至浅黄色液体,有铃兰的清甜香气及百合紫丁香、兔耳草等花香香味。沸点 254～256℃、96～98℃(1 Torr),闪点 108℃,密度 0.939 g/mL,折射率 1.505 6,(S)-体比旋光度$[\alpha]_D$+5.1 (c=1,CHCl₃)。不溶于水,溶于乙醇等有机溶剂。制备:由 4-叔丁基苯甲醛和丙醛为原料,在碱作用下缩合,再经过氢化而制得。用途:作香料,用于配制茉莉、百合、铃兰、玉兰、丁香、茶花、素心兰等香型日用香精,也作香皂、洗涤剂的香料,但不作食用。

橙花素(aurantio) 系统名"N-3,7-二甲基-7-羟基辛亚基邻氨基苯甲酸甲酯"。CAS 号 89-43-0。分子式 $C_{18}H_{27}NO_3$,分子量 305.42。

黄色黏稠液体,有新鲜、甜润的铃兰、橙花样香气。沸点 241℃,闪点 140℃,密度 1.01 g/mL,折射率 1.535～1.560。不溶于水,溶于乙醇等有机溶剂。制备:由羟基香茅醛与邻氨基苯甲酸甲酯在 90℃加热缩合制得。用途:作香料,用于调配橙花、柑橘、素心兰、东方型等日化香精。

3-环己基丙酸烯丙酯(allyl 3-cyclohexylpropionate) 亦称"菠萝酯"。CAS 号 2705-87-5。分子式 $C_{12}H_{20}O_2$,分子量 196.29。无色或淡黄色透明液体,有菠萝似香气。沸点 91℃(1 Torr),闪点 109℃,密度 0.948 g/mL,折射率 1.459 5²²。不溶于水,混溶于乙醇、乙醚、氯仿和非挥发性油,几乎不溶于甘油。制备:由 3-环己基丙酸和烯丙醇直接酯化而制得。用途:作香料、食品添加剂,用于调配菠萝等水果型香精。

香豆素(coumarin) 亦称"香豆内酯""邻羟基桂酸内酯""1,2-苯并吡喃酮"。CAS 号 91-64-5。分子式 $C_9H_6O_2$,分子量 146.15。白色晶体,有黑香豆、巧克力气息及新刈草样的甜香。熔点 68～70℃,沸点 297～299℃、161～162℃(14 Torr),闪点＞93℃,密度 0.935 g/cm³。不溶于冷水,易溶于热水、乙醇、乙醚、氯仿和氢氧化钠溶液。天然存在于黑香豆、兰花、野香荚兰和香蛇鞭菊中。制备:由水杨醛及乙酸酐在乙酸钠或乙酸钾作用下进行 Perkin 反应制得。用途:作香料,用于配制香皂、日用化妆香精,也作试剂。

天然黄葵内酯(natural ambrettolide) 系统名"(8Z)-氧代环十七碳-8-烯-2-酮"。CAS 号 123-69-3。分子式 $C_{16}H_{28}O_2$,分子量 252.40。无色或淡黄色性液体,具

有强烈的麝香香气,并伴有持久的花香香韵。沸点 154℃(1 Torr),密度 0.957 7 g/mL,折射率 1.481 5。不溶于水,溶于乙醇。制备:从黄葵油等天然精油中分离得到,或通过人工培养药用真菌槐生多年卧孔菌以获得子实体或菌丝体,并进一步通过提取分离纯化制得。用途:作香料,用于高档日化香精配方。

合成黄葵内酯(synthetic ambrettolide;2-norambrienolide;isoambrettolide)

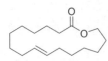

系统名"(E)-氧代环十七碳-10-烯-2-酮"。CAS 号 28645-51-4。分子式 $C_{16}H_{28}O_2$,分子量 252.40。无色或淡黄色液体,具有极强烈的麝香味,并赋予花香和甜味。沸点 115～116℃(0.2 Torr),闪点>100℃,密度 0.955 6 g/mL,折射率 $1.479\ 2^{24}$。不溶于水,溶于乙醇。制备:以溴代十六烯酸或二羟基棕榈酸或松柏酸等为原料合成而得。用途:作香料、定香剂,天然麝香和麝香子油的代用品,用于香水、美容用品、香皂和洗涤用品,配制麝香、龙涎香等系列香精。

γ-十一内酯(γ-undecalactone;undecano-1,4-lactone) 亦称"桃醛""十四醛""5-庚基-2(3H)-呋喃酮"。CAS 号 104-67-6。分子式 $C_{11}H_{20}O_2$,分子量 184.28。无色至浅黄色黏稠液体,具有杏仁样、鸢尾甜脂香气和淡的桃子样香味。沸点 297℃、164～166℃(13 Torr),闪点 93℃,密度 0.941～0.947 g/mL,折射率 1.449 0～1.454 0。不溶于水,溶于乙醇等普通有机溶剂。天然存在于桃子、杏子、桂花、鸡蛋果花等中。制备:以 ω-溴代十一烯酸为原料,在硫酸作用下双键转位至 β,γ-位,再内酯化而得;也可由 1-辛醇、丙烯酸甲酯与二叔丁基过氧化物通过自由基加成和分子内酯交换反应制得。用途:作香料,用于日化香精和食用香精,调配铃兰、紫罗兰、桂花、白玫瑰、茉莉、栀子花、紫丁香、金合欢等花香型日用香料以及桃子、梅子、甜瓜、杏子、樱桃、桂花等食用香精,也作烟用和饲料香精。

降龙涎香醚(ambrox;ambroxide) 系统名"(3aR,5aS,9aS,9bR)-十二氢-3a,6,6,9a-四甲基萘并[2,1-b]呋喃"。CAS 号 6790-58-5。分子式 $C_{16}H_{28}O$,分子量 236.40。无色至白色结晶,具有强烈、特殊的龙涎香香气并伴有松木、柏木似木香。熔点 73～75℃,沸点 120℃(1 Torr),闪点 161℃,密度 0.939 g/cm³,比旋光度 $[\alpha]_D^{20}-30$ (c=1,甲苯)。不溶于水,溶于乙醇等有机溶剂。天然来自抹香鲸肠内的结石。制备:以香紫苏醇为原料,分别进行碱性和弱酸性两步氧化制得。用途:作香料、定香剂,用于皮

肤、头发和织物的加香,配制高级香水及化妆品。

6-乙酰氧基己酸乙酯(ethyl 6-acetoxyhexanoate)

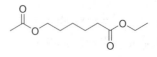

亦称"百瑞福"。CAS 号 104986-28-9。分子式 $C_{10}H_{18}O_4$,分子量 202.25。无色至浅黄色液体,具有花香、果香、覆盆子样香气,伴有茉莉、茴香和香膏的韵调。沸点 254℃,闪点 106℃,密度 1.008 g/mL。不溶于水,溶于乙醇等有机溶剂。制备:由 6-羟基己酸乙酯、乙腈在三氟甲基磺酸三甲基硅酯作用下,经 Pinner 亚胺醚合成法制得。用途:作香料,用于花香、木香和麝香配方,与异甲基紫罗兰酮和其他紫罗兰酮配合效果更好。

芹菜酮(celery ketone) 亦称"利福酮",系统名"3-甲基-5-丙基环己-2-烯-1-酮"。CAS 号 3720-16-9。分子式 $C_{10}H_{16}O$,分子量 152.24。

无色至黄色液体,有草香和辛香及芹菜香气。沸点 110～113℃(9 Torr),闪点>100℃,密度 $0.926\ 7^{22.5}$ g/mL,折射率 1.482 4。不溶于水,溶于乙醇、丙酮等有机溶剂。制备:由丁醛和丙酮在吡咯烷-丙酸催化下,于 45℃进行 aldol-Robinson 串联反应制得。用途:作香料,用于醛类凝乳和香料的调节剂。

橙花酮(nerone;neroli ketone) 系统名"1-(对蓋-1-烯-6-基)丙-1-酮"。CAS 号 31375-17-4。分子式 $C_{13}H_{22}O$,分子量 152.24。

无色至黄色液体,有类似叶青香、花香、木香和香柠檬的香气。沸点 262～263℃、102～105℃(5 Torr),闪点>100℃,密度 0.910～0.915 g/mL,折射率 1.471 6。不溶于水,溶于乙醇、丙酮等有机溶剂。制备:由 1-蓋烯丁醛在 $ZnCl_2$ 催化下与丙酸酐反应制得。用途:作香料,用于香皂、洗涤剂、化妆品香精,调配橙花、紫罗兰、铃兰、橙叶、含羞花,新刈草等香型以及素心兰、现代柑橘古龙、东方型香基,也用以增强海狸香及橡苔或树苔的气息。

葛缕酮(carvone) 亦称"香芹酮""香旱芹籽油萜酮",系统名"2-甲基-4-异丙烯基环己-2-烯-1-酮"。CAS 号 99-49-0、22327-39-5。分子式 $C_{10}H_{14}O$,分子量 150.22。无色或淡黄色液体,有黄蒿子、葛缕子、莳萝油的香气。沸

点 228～230℃、81～82℃(3 Torr),闪点 93℃,密度 0.959 g/mL,折射率 1.497 0。(R)-体 CAS 号 6485-40-1,比旋光度 $[\alpha]_D^{20}-60$ (neat);(S)-体 CAS 号 2244-16-8,比旋光度 $[\alpha]_D^{20}+59$ (neat)。不溶于水,溶于乙醇、乙醚、氯仿。天然存在于留兰香油、黄蒿子油等中。制备:由留兰香油、黄蒿子油等分馏单离而得,也可由(±)-柠檬烯为原料,与亚硝酰氯及氯化氢或与亚硝酸酯及氯化氢反应,生成亚硝基氯化物,将其用 CH_3ONa 或氢氧化钾乙醇溶液

等处理得香芹酮肟,再用稀硫酸水解制得。用途:作食用香料,用于配制莳萝甜酒、泡菜和香辛料型香精,也用于牙膏、口香糖和各种饮料中。

二氢-β-紫罗兰酮(dihydro-β-ionone)　系统名“4-(2,6,6-三甲基-1-环己烯-1-基)丁-2-酮”。CAS 号 17283-81-7。分子式 $C_{13}H_{22}O$,分子量 194.32。无色至淡黄色液体,有花香、木香、覆盆子、果香香气。沸点 47～49℃(0.01 Torr)、105～107℃(3 Torr),闪点>100℃,密度 0.925 3 g/mL,折射率 1.478 2。不溶于水,溶于乙醇等有机溶剂。制备:由 β-紫罗兰酮催化氢化而得。用途:作食品添加剂。

α-鸢尾酮(α-irone)　亦称“6-甲基紫罗兰酮”“鸢尾酮”“α-甲基紫罗兰酮”“甲位甲基紫罗兰酮”,系统名“(E)-4-(2,5,6,6-四甲基-1-环己-2-烯基)丁-3-烯-2-酮”。CAS 号 79-69-6。分子式 $C_{14}H_{22}O$,分子量 206.33。无色或极浅的苍黄色油状液体,具有特有的紫罗兰、鸢尾、桂花的甜香,是鸢尾油的主要香气。为 α-鸢尾酮为主,伴有 β-鸢尾酮的混合物。沸点 68～73℃(0.01 Torr)、110～112℃(3 Torr),闪点>100℃,密度 0.932～0.939 g/mL,折射率 1.497 0～1.503 0。不溶于水,溶于乙醇等有机溶剂。天然存在于鸢尾根、覆盆子中。制备:假性紫罗兰酮与 $(CH_3)_2Zn$ 进行环丙烷化反应,产物再与磷酸作用而得;或由甲基柠檬醛与丙酮 aldol 缩合,得到假性鸢尾酮,然后在磷酸作用下环化而得。用途:作食品添加剂。

4,7-二甲基-6-辛烯-3-酮(4,7-dimethyloct-6-en-3-on)　亦称“二甲基辛烯酮”。CAS 号 2550-11-0。分子式 $C_{10}H_{18}O$,分子量 154.25。无色至淡黄色液体。沸点 78℃(13 Torr)、46℃(2 Torr),闪点 68℃,密度 0.835 g/mL,折射率 1.440 1。不溶于水,溶于乙醇等有机溶剂。制备:由 2-甲基-3-氧代戊酸 1,1-二甲基烯丙基酯在异丙醇铝作用下于 150～160℃重排-脱羧而得,也可以 3-戊酮及异戊烯基溴为原料合成而得。用途:作柑橘类香精香料。

黑檀醇(ebanol)　亦称“甲基环戊檀香烯醇”,系统名“3-甲基-5-(2,2,3-三甲基-3-环戊烯-1-基)-4-戊烯-2-醇”。CAS 号 67801-20-1。分子式 $C_{14}H_{24}O$,分子量 208.35。无色至淡黄色液体,有强烈的木香、檀香和麝香味。为各种异构体混合物。沸点 287℃,闪点>100℃,密度 0.938 g/mL,折射率 1.522。不溶于水,溶于乙醇等有机溶剂。制备:由龙脑烯醛和丁酮在碱作用下进行 aldol 缩合,然后用叔丁醇钾进行双键转位异构化,再将得到的中间体用硼氢化钠的甲醇溶液还原而得。用途:作香料,用于香精、美容化妆品、香皂、洗衣护理、家居护理。

白檀醇(bacdanol)　亦称“檀香 208”“2-亚龙脑烯基丁醇”,系统名“2-乙基-4-(2,2,3-三甲基环戊-3-烯-1-基)-2-丁烯-1-醇”。CAS 号 28219-61-6。分子式 $C_{14}H_{24}O$,分子量 208.35。无色至淡黄色液体,具有强烈的天然檀香香气,伴有柔软的花香香调。为各种异构体混合物。沸点 114～116℃(1 Torr),闪点 104℃,密度 0.916 g/mL,折射率 1.486 5～1.491 0。不溶于水,溶于乙醇等有机溶剂。制备:由龙脑烯醛和丁醛在碱作用下进行 aldol 缩合,然后经催化氢化而得。用途:作香料,用于素心兰、檀香、琥珀香、木香等各类香精中,也用于人造龙涎香。

2,4-二羟基-3,6-二甲基苯甲酸甲酯(methyl 2,4-dihydroxy-3,6-dimethylbenzoate)　亦称“合成橡苔”。CAS 号 4707-47-5。分子式 $C_{10}H_{12}O_4$,分子量 196.20。白色或杏黄色结晶性粉末,有强烈的橡苔、木香和酚类香气。熔点 140～141℃,106～120℃(0.01 Torr)升华,闪点 183℃,密度 1.42 g/cm³。不溶于水,易溶于乙酸乙酯等有机溶剂。制备:以丙二酸二甲酯、己-4-烯-3-酮为原料,在甲醇钠的甲醇溶液中进行 Michael 加成-环化得到二氢橡苔中间体,再使其芳构化而得;或由黑茶渍素在乙酸或碳酸钠作用下水解而得;或利用土曲霉菌株生产 4-O-去甲基巴尔巴地衣酸,水解为 2,4-二羟基-3,6 二甲基苯甲酸,再由甲基化试剂进行甲酯化反应而得。用途:作定香剂、橡苔的替代物,用于日化香精、肥皂、美容用品、洗烫护理、家居用品。

柠檬腈(geranyl nitrile)　亦称“橙花腈”“香叶腈”,系统名“3,7-二甲基-2,6-辛二烯腈”。CAS 号 5146-66-7。分子式 $C_{10}H_{15}N$,分子量 149.24。无色至淡黄色液体,有新鲜柠檬香气。为(E)-及(Z)-异构体混合物。沸点 222℃,73～75℃(1 Torr),闪点 102℃,密度 0.853 g/mL,折射率 1.471 8。不溶于水,溶于乙醇等有机溶剂。制备:由柠檬醛与羟胺反应形成柠檬醛肟,再用乙酐为脱水剂转化而得,也可由 6-甲基庚-5-烯-2-酮与乙腈在氢氧化钾溶液中缩合制得,或由 6-甲基庚-5-烯-2-酮与氰乙酸在三乙醇胺作用下经缩合、脱羧制得。用途:作香料,用于配制花香型、果香型、木香型和皂用香精,不作食用香精。

香叶基丙酮(geranylacetone)　亦称“二氢假紫罗兰酮”,系统名“6,10-二甲基-5,9-十一碳二烯-2-酮”。CAS 号 689-67-8。分子式 $C_{13}H_{22}O$,分子量 194.32。无色或淡

黄色油性液体,具有新鲜、清淡的花香香气,伴有甜蜜-玫瑰香韵味。为(E)-及(Z)-异构体混合物。沸点254～258℃,闪点101℃,密度0.873 g/mL,折射率1.467。天然存在于茴香、薄荷、番茄、茶叶、圆柚油、柠檬草油中,是烟草的一种致香物质。不溶于水,溶于乙醇等有机溶剂。制备:由芳樟醇在异丙醇铝催化下与乙酰乙酸乙酯反应制得,也可以芳樟醇和甲基异丙烯基醚为原料合成而得,或以月桂烯为原料,先与氯化氢反应生成香叶基氯,再在碱作用下与乙酰乙酸乙酯发生取代反应,经水解脱羧制得。用途:作香料,用于配制苹果、香蕉、生梨、热带水果、梅子等食用香精;作皂用及化妆品用香精的花香剂及甜香剂,也作医药中间体,用于合成异植物醇等。

乙基芳樟醇(ethyl linalool)　亦称"玫瑰醇""乙基伽罗木醇",系统名"3,7-二甲基-1,6-壬二烯-3-醇"。CAS号 10339-55-6。

分子式$C_{11}H_{20}O$,分子量168.28。无色至淡黄色液体,有新鲜的花香香气。为(E)-及(Z)-异构体混合物。沸点 80～82℃(2 Torr),闪点26℃,密度0.865 3 g/mL,折射率1.462 2。不溶于水,溶于乙醇等有机溶剂。制备:由3-甲基-戊-1-烯-3-醇和甲基异丙烯基醚反应在苯膦酸催化下反应,制得6-甲基-辛-5-烯-2-酮,再与乙炔基钠作用转化为3,7-二甲基壬-6-烯-1-炔-3-醇,最后在Lindlar催化剂作用下选择性氢化而得。用途:作香料,用于配制各种花香型、玫瑰型日化香精,用于香皂、头蜡香精,也可用于食用香精和烟用香精。

柏木醇(cedrol)　亦称"柏木脑"。CAS号 77-53-2。

分子式$C_{15}H_{26}O$,分子量222.37。白色结晶,有膏香-木香香气。熔点86～87℃,沸点 273℃,密度 1.07 g/cm³,比旋光度$[\alpha]_D^{20}+10.5$(c=5,氯仿)。不溶于水,易溶于乙醇等有机溶剂。天然存在于柏木、雪松等精油中。制备:从天然精油单离而得。用途:作定香剂,用于香皂和重垢型洗衣粉香精以及水香、木香、檀香、东方香型和麝香型等香精。

顺式茉莉酮(cis-jasmone)　系统名"(Z)-3-甲基-2-(戊-2-烯-1-基)环戊-2-烯-1-酮"。CAS号 488-10-8。分子式 $C_{11}H_{16}O$,分子量164.25。浅黄色液体,呈茉莉花香和芹菜籽香气。沸点 134～135℃(12 Torr)、74～75℃(2 Torr),闪点121℃,密度0.942 3 g/mL,折射率1.498 9。微溶于水,溶于乙醇、乙醚、丙酮和四氯化碳。天然存在于由茉莉花提取得到的挥发油、橙花油、长寿花油、香柠檬油、薄荷油等中。制备:有多种方法进行合成制备,如以叶醇为原料,与氢溴酸反应生成溴代物,再与3-庚烯酸进行酯化,生成的酯在氢氧化钠溶液中,在钠的作用下,进行环化而得;或由(Z)-4-氧代-7-烯醛在NaOH溶

液中进行aldol缩合环化,再依次与甲基锂试剂及CrO_3反应制得;也可以环戊烯-2-酮或(Z)-癸-8-烯-2,5-二酮为原料合成。用途:作香料,用于茉莉系列化妆品、香皂等日用香精,也作茶叶、桃子、薄荷、柑橘等食用香精和烟用香精。

(E)-β-紫罗兰酮((E)-β-ionone)　亦称"乙位紫罗兰酮",系统名"(E)-4-(2,6,6-三甲基-1-环己烯-1-基)-3-丁烯-2-酮"。CAS号 79-77-6、8013-90-9。分子式$C_{13}H_{20}O$,分子量192.30。浅黄至无色液体,有紫罗兰香味。熔点- 35℃,沸点 138～140℃(10 Torr)、60～61℃(0.07 Torr),闪点＞100℃,密度 0.946 7 g/mL,折射率1.517 5。

不溶于水和甘油,溶于乙醇、乙醚、丙二醇。制备:先在氢氧化钾作用下,由柠檬醛与丙酮进行aldol缩合,再用稀硫酸环化成α-和β-紫罗兰酮混合物,再经分馏而得。用途:作香料,用于日化、食品香精,配制草莓、树莓、黑莓、菠萝、樱桃、葡萄等型香精,也作生产维生素A、维生素E和胡萝卜素的原料。

(E)-α-紫罗兰酮((E)-α-ionone)　亦称"甲位紫罗兰酮",系统名"(E)-4-(2,6,6-三甲基-2-环己烯-1-基)-3-丁烯-2-酮"。CAS号 127-41-3、8013-90-9。分子式$C_{13}H_{20}O$,分子量192.30。无色至浅黄色液体,有甜的花香兼木香并带香豆香和果香;稀释后呈鸢尾根香气,再与乙醇混合,则呈紫罗兰香气。沸点 130℃(3.5 Torr)、74～76℃(0.2 Torr),闪点117℃,密度0.929 1 g/mL,折射率1.499 6。极微溶于水,溶于乙醇、乙醚、氯仿、苯。天然品存在于金合欢油、桂花浸膏及芹菜叶、当归油等中。制备:先在氢氧化钾作用下,由柠檬醛与丙酮进行aldol缩合得到假性紫罗兰酮,再用稀硫酸环化成α-和β-紫罗兰酮混合物,再经分馏而得;或以乙炔和丙酮为原料,制得脱氢芳樟醇,再与乙酰乙酸乙酯反应,经脱羧、重排而得假性紫罗兰酮,最后经65%硫酸催化环化而得。用途:作香料,用于配制龙眼、樱桃、柑橘、树莓黑莓等型香精以及调配日化、皂用香精。

玫瑰醚(rose oxide)　亦称"氧化玫瑰",系统名"4-甲基-2-(2-甲基丙-1-烯-1-基)四氢-2H-吡喃"。CAS号 16409-43-1、876-17-5、876-18-6。分子式$C_{10}H_{18}O$,分子量154.25。无色至浅黄至液体,呈葡萄和玫瑰似香气和新鲜香叶的香韵。

为顺式和反式异构体的混合物,并存在左旋和右旋光学异构体;顺式体香气偏甜而细腻,反式体偏青涩;左旋异构体香气较右旋者更甜润,并有强烈青香,而右旋异构体则略带辛香气息。沸点182℃、86～88℃(2 Torr),闪点66℃,密度0.971 6 g/mL,折射率1.455 0,左旋体比旋光度$[\alpha]_D^{20}- 41.5$(neat)。微溶于水,溶于乙醇、丙酮。制备:从玫瑰油或香叶油中分离;以β-香茅醇为原料,用过氧乙酸进行环氧化,所得环氧化物与二甲胺进行开环,

再用过氧化氢氧化、Cope 消除,最后在酸性溶液中环化而得;或以 β-乙酸香茅酯为原料进行光氧化,然后在碱性溶液中生成二醇,再在硫酸作用下脱水环化而得。用途:作香料,用于调制玫瑰、香叶等花香型香精,用于高级化妆品;也作食用香精及烟用香精。

茉莉-9(jasmin-9) 系统名"3-己基-4-乙酰氧基四氢吡喃"。CAS 号 18871-17-5。分子

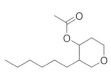

式 $C_{13}H_{24}O_3$,分子量 228.33。无色至浅黄色液体,有强烈的茉莉花香气。沸点 84℃(0.1 Torr),密度 0.964 5 g/mL,折射率 1.449 5。微溶于水,溶于乙醇等有机溶剂。制备:由 1-壬烯为原料,与多聚甲醛及乙酸经 Prins 反应而制得。用途:作茉莉型香精的主香剂,用于日化香精,也用于其他花香型和幻想型香水香精。

白柠檬环醚(limetol) 亦称"氧化白柠檬""氧化芳樟醇(六元环吡喃型 B)",系统名"2,2,6-三

甲基-6-乙烯基四氢-2H-吡喃"。CAS 号 7392-19-0、13226-34-1。分子式 $C_{10}H_{18}O$,分子量 154.25。无色至浅黄色液体,有强烈的白柠檬、柑橘、清新的青香和泥土香气。沸点 162℃,86℃(54 Torr),闪点 58℃,密度 0.873 8 g/mL,折射率 1.446 8。不溶于水,溶于乙醇等有机溶剂。制备:由 2,6-二甲基辛-7-烯-2,6-二醇经硝酸铈铵氧化而制得。用途:作香料,用于美容护理、香皂、洗涤护理和家居护理。

氧化芳樟醇(五元环呋喃型 A)(linalool oxide) 系统名"2-甲基-2-乙烯基-5-(1-羟基-1-甲基乙基)四氢呋喃"。CAS 号 1365-19-1、41720-60-9、60047-17-8、41720-55-2。分子式 $C_{10}H_{18}O_2$,分子量 170.25。无色至浅黄色液体,有强烈的柑橘木香、白柠檬花香、樟脑萜香、青香气并带有清凉气息。有多种立异构体。沸点 79~80℃(13 Torr),闪点 63℃,密度 0.945 5 g/mL,折射率 1.454 8。不溶于水,溶于乙醇等有机溶剂。天然存在于芫荽、芳樟、薰衣草、天香百合、厚壳桂等精油中。制备:由芳樟醇用有机过氧酸氧化,所得环氧化物再经加热或用酸处理后制得。用途:作香料,用于日用香精、配制薰衣草油等人造精油,少量用于配制水蜜桃、杜果、西番莲等食用香精。

肉桂酸芳樟酯(linalyl cinnamate; cinnamic acid linalyl ester) 系统名"3,7-二甲基辛-1,6-二烯-3-基肉桂酸酯"。CAS 号 78-37-5。分子式 $C_{19}H_{24}O_2$,

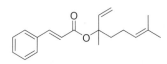

分子量 284.40。几乎无色的油状或稍有黏性的液体,有甜的花香和温和的水果气息。沸点 353℃,闪点>100℃,密度 0.98 g/mL,折射率 1.533。不溶于水,溶于乙醇等有机溶剂。制备:由肉桂酸和芳樟醇经酸催化酯化而得。用

途:作食用香料,用于配制蜂蜜、葡萄、桃子、菠萝、香蕉、浆果等香精。

苹果酯(apple ketal;fructone) 亦称"乙酰乙酸乙酯乙二醇缩酮"。CAS 号 6413-10-1。分子

式 $C_8H_{14}O_4$,分子量 174.20。无色液体,有新鲜苹果、菠萝、草莓的香气。沸点 112~114℃(33 Torr),闪点 93℃,密度 1.085 0 g/mL,折射率 1.432 6。不溶于水,溶于乙醇、乙酸乙酯等有机溶剂。制备:由乙酰乙酸乙酯和乙二醇在酸催化剂存在下进行缩酮化反应制得。用途:作食用香料,用于配制花香型和果香型香精。

1-甲氧基-1-甲基环十二烷(1-methoxy-1-methylcyclododecan;madrox) 亦称"1-

甲基环十二烷基甲基醚"。CAS 号 37514-30-0。分子式 $C_{14}H_{28}O$,分子量 212.38。无色至浅黄色液体。沸点 90℃(0.1 Torr),闪点>100℃。不溶于水,溶于乙醇等有机溶剂。制备:由 1-甲基环十二烷醇在氢化钠存在下用硫酸二甲酯甲基化而得。用途:作香料,用于化妆品、香皂、家居护理。

桉叶油素(cineole) 亦称"桉树脑""1,8-桉叶油素",系统名"1,3,3-三甲基-2-氧杂二环[2.2.2]辛烷"。CAS 号 470-82-6。分子式 $C_{10}H_{18}O$,分子量 154.25。无色至淡黄色油状液体,有樟脑和清凉的草药气味。熔点 1.2℃,沸点 176~177℃,75~76℃(25 Torr),闪点 48℃,密度 0.921 g/mL,折射率 1.455 3。微溶于水,溶于乙醇、乙醚、氯仿、乙酸、丙二醇。制备:由含约 60%桉叶素的桉叶油为原料,利用减压蒸馏法分离提纯而得。用途:作香料,用于药草型如薰衣草、新刈草和香薇型香精,也有驱虫和杀菌作用,可配制驱虫剂;作食品添加剂,用于口香糖的配方。

2,6-二甲基-5-庚烯醛(2,6-dimethyl-5-heptenal) 亦称"甜瓜醛""西瓜醛"。CAS 号 106-72-9、77787-60-1、118333-87-2、116127-07-2。分子式 $C_9H_{16}O$,分子量 140.21。淡黄色油状液体,具有强烈的新鲜甜瓜似清香。沸点 79~80℃(20 Torr),闪点 46℃,密度 $0.853^{17.5}$ g/mL,折射率 1.449 2,(R)-(-)-体比旋光度 $[\alpha]_D^{20}-16.6$($c=2$,Et_2O)。不溶于水和甘油,溶于乙醇、丙二醇和非挥发性油。制备:由异丁醛和 3-甲基丁烯醛经 aldol 缩合后,再经选择性氢化而得。用途:作食用香料,用于配制甜瓜、黄瓜和热带水果型香精。

甲基庚烯酮(methyl heptenone) 系统名"6-甲基-庚-5-烯-2-酮"。CAS 号 110-93-0。分子式 $C_8H_{14}O$,分子量 126.20。无色液体,具有柑橘和新鲜清香香气。熔点-67.1℃、

沸点173℃、79℃（17 Torr），闪点58℃，密度0.8611 g/mL，折射率1.4392。不溶于水，与醇、醚混溶。制备：以2-甲氧基丙烯、2-甲基-丁-3-炔-2-醇为原料合成而得；也可以丙酮、乙炔、乙酰乙酸甲酯为原料，经炔酮反应、Carroll重排反应等制得。天然存在于玫瑰草油、香茅油、香叶油、柠檬油等精油中。用途：作食用香料，用于配制香蕉、梨、柑橘和浆果类香精；也作医药中间体，用于合成假性紫罗兰酮和柠檬醛。

圆柚甲烷（methyl pamplemousse；grapefruit acetal）　系统名"6,6-二甲氧基-2,5,5-三甲基己-2-烯"。CAS号67674-46-8。分子式$C_{11}H_{22}O_2$，分子量186.30。无色至浅黄色液体，具有新鲜柑橘、葡萄、柚皮气味。沸点214～215℃，82℃（16 Torr），闪点75℃，密度0.859 g/mL。不溶于水，溶于乙醇等有机溶剂。制备：由2,2,5-三甲基-4-己烯醛与二分子的甲醇进行缩合反应制得。用途：作香根香型提味剂，常与柑橘香型配合，用作古龙水的原料。

桃酮（nectaryl）　亦称"仙酒酮"，系统名"2-[2-(4-甲基-3-环己烯基-1)丙基]环戊酮"。CAS号95962-14-4、1035968-04-7、1035967-97-5。分子式$C_{15}H_{24}O$，分子量220.36。无色液体，有桃香、果香、杏仁和内酯样香气。沸点287～288℃，闪点164℃。不溶于水，溶于乙醇等有机溶剂。制备：由D-柠檬烯和环戊酮在乙酸钴(II)及乙酸锰(II)催化下进行氧化偶联制得。用途：作香料，用于香水、洗衣粉等配方。

菠叶酯（neofolione）　系统名"反式-2-壬烯酸甲酯"。CAS号111-79-5。分子式$C_{10}H_{18}O_2$，分子量170.25。无色至淡黄色液体，呈紫罗兰似香气并伴有菠萝和梨样的香韵。沸点44℃（0.2 Torr）、115℃（21 Torr），闪点77℃，密度0.893 g/mL，折射率1.4426。不溶于水，溶于乙醇等有机溶剂。制备：由庚醛和二氯乙酸甲酯在三甲基氯硅烷和锌粉存在下反应制得，或由庚醛通过Wittig反应制得。用途：作香料，用于配制日化、皂用及食用香精。

橙花叔醇（nerolidol）　系统名"(E)-3,7,11-三甲基十二碳-1,6,10-三烯-3-醇"。CAS号7212-44-4、142-50-7、1119-38-6、2211-29-2。分子式$C_{15}H_{26}O$，分子量222.37。无色至浅黄色糖浆状油性液体，呈苹果和玫瑰的混合香气，并略带木质香味。熔点-75℃，沸点108～112℃（2 Torr）、65～74℃（0.5 Torr），闪点125℃，密度0.8726 g/mL，折射率1.4645，(R)-体

比旋光度$[\alpha]_D^{20}$ -17.9（$c=1.15$，EtOH）。不溶于水及甘油，溶于乙醇、丙二醇等有机溶剂。天然存在于苦橙花油、秘鲁香脂油等精油中。制备：由橙花油、甜橙油或秘鲁香脂油用真空分馏法分离而得，也可由假性紫罗兰酮与乙炔基溴化镁反应，所得炔醇再经部分氢化而得。用途：作香料，有协调性能和定香作用，用于配制苹果、杂锦水果和柑橘等类香精，也作医药中间体，用于合成异植物醇。

黄瓜醇（cucumber alcohol）　亦称"紫罗兰叶醇"，系统名"(2E,6Z)-壬-2,6-二烯-1-醇"。CAS号7786-44-9。分子式$C_9H_{16}O$，分子量140.23。无色液体，呈黄瓜和甜瓜样香味及未成熟绿色蔬菜气味。沸点122～125℃（5～7 Torr），闪点94℃，密度0.8622 g/mL，折射率1.4631。不溶于水，溶于乙醇等有机溶剂。天然存在于紫罗兰叶油和黄瓜油中。制备：由(2E,6Z)-壬酸甲酯经还原而得，也可以叶醇为原料合成而得。用途：作香料，用于配制黄瓜等蔬菜香精以及紫罗兰、金合欢、桂花、玉兰花等花型香精，以赋予紫罗兰香气。

奥古烷（okoumal；woody dioxolane；ambroxan）

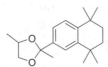

系统名"2,4-二甲基-2-(5,5,8,8-四甲基-6,7-二氢萘-2-基)-1,3-二氧戊环"。CAS号131812-67-4、131812-51-6、131812-52-7。分子式$C_{19}H_{28}O_2$，分子量288.43。无色至黄色黏稠液体，有木质-琥珀、麝香及木香-龙涎香气。为各异构体混合物。沸点303℃、128～129℃（1 Torr），闪点104℃，密度0.97 g/mL。不溶于水，溶于乙醇等有机溶剂。制备：以1,1,4,4-四甲基-1,2,3,4-四氢萘为原料，在三氯化铝催化下与乙酰氯反应，所得乙酰化产物再在酸催化下与1,2-丙二醇进行缩酮化而制得。用途：作体香原料，用于香水、香皂、化妆品、洗涤剂等配方，与柏木类原料配合，调配广藿香油和檀香等产品（如黑檀醇）。

甲酸琥珀酯（amber formate；oxyoctaline formate）　系统名"1,3,6,7-四甲基二环[4.4.0]癸-7-烯-2-基甲酸酯"。CAS号65405-72-3。分子式$C_{15}H_{24}O_2$，分子量236.36。无色至浅黄色液体，略带花香的水果味。为各异构体混合物。闪点132℃，密度1.035 g/mL，折射率1.5020～1.5050。

不溶于水，溶于乙醇等有机溶剂。制备：由1,3,6,7-四甲基二环[4.4.0]癸-7-烯-2-醇与甲酸反应制得。用途：作香原料，用于与天然木质产品完美协调。

乙酸柏木酯（cedryl acetate）　CAS号77-54-3。分子式$C_{17}H_{28}O_2$，分子量264.41。白色固体，具有强烈的木香、雪松气息和岩兰草样香气。熔点80℃，沸点303℃，闪

点 > 100℃，密度 0.977 ～ 0.987[20] g/cm³，折射率 1.496～1.510。不溶于水，溶于乙醇等有机溶剂。制备：由柏木醇在硫酸催化下与乙酸或乙酸酐酯化而得。用途：作香原料，用于配制香皂、日用化妆品、木香型和东方型等香精。

姜酮（zingerone） 亦称"香草基丙酮""姜油酮"，系统名"(4-羟基-3-甲氧基苯基)-2-丁酮"。CAS 号 122-48-5。分子式 $C_{11}H_{14}O_3$，分子量 194.23。从丙酮、石油醚或乙醚-石油醚中得淡黄或淡琥珀色晶体，于室温下久置后成黏性液体。具有强烈的姜似的辛辣刺激气味及姜样的辛辣味道，且伴有甜香、辛香、浓郁沉厚的花香香气。熔点 40～41℃、沸点 290℃、141℃(0.5 Torr)，闪点 98℃，密度 1.111 g/cm³。微溶于水和石油醚，溶于乙醚和稀碱液。天然品存在于蔓越莓、覆盆子和芒果中。制备：由生姜的精油中分离而得；或由香兰醛在碱性条件下与丙酮进行 Claisen-Schmidt 缩合反应，制得脱氢姜酮，再经 Pd/C 催化加氢制得。用途：作调香用香料，用于配制食用香精；具有麻醉、降温和止吐作用，作苛性健胃剂。

结晶玫瑰（rose crystals） 亦称"乙酸-α-(三氯甲基)苄酯"，系统名"乙酸 2,2,2-三氯-1-苯基乙基酯"。CAS 号 90-17-5。分子式 $C_{10}H_9Cl_3O_2$，分子量 267.53。白色或无色结晶，有玫瑰样甜香并伴有青苦气息。熔点 88～89℃，沸点 280～282℃，密度 1.381 g/cm³。不溶于水，溶于乙醇。制备：由苯甲醛与氯仿乙醚的混合液与苛性钾反应制得 α-(三氯甲基)苄醇，然后与乙酰氯反应而得。用途：作香精的定香剂，用于配制玫瑰、香叶香型化妆品及皂用香精。

牡丹腈（peonile） 系统名"2-环己亚基-2-苯基乙腈"。CAS 号 10461-98-0。分子式 $C_{14}H_{15}N$，分子量 197.28。无色至淡黄色液体，具有香叶-玫瑰的香气。熔点 28℃，沸点 350～351℃、116～117℃(1 Torr)，闪点 > 120℃，密度 1.022 1[20] g/cm³，折射率 1.548 2。不溶于水，溶于乙醇等有机溶剂。制备：由环己酮与苄基腈在叔丁醇钾或其他碱的作用下进行 Knoevenagel 缩合而制得。用途：作香精，用于美容用品、香皂、织物护理、家居用品。

辣椒碱（capsaicin） 亦称"反式辣椒素"，系统名"反式-8-甲基-N-香草基-6-壬烯酰胺"。CAS 号 404-86-4。分子式 $C_{18}H_{27}NO_3$，分子量 305.42。白色结晶性粉末。熔点 62.3℃，密度

1.041 g/cm³。不溶于水，溶于甲醇、乙醇、乙酸乙酯等有机溶剂。制备：由香草胺和(E)-8-甲基壬-6-烯酸酰氯反应而得。用途：作食品调味料、海洋防污涂料中附着生物驱避剂、电线电缆的防蚁防鼠忌避剂，也作治疗软组织损伤的药物。

桂酸异丙酯（isopropyl cinnamate；cinnamic acid isopropyl ester） 亦称"肉桂酸异丙酯"。CAS 号 7780-06-5。分子式 $C_{12}H_{14}O_2$，分子量 190.24。淡黄色液体。具有甜的琥珀香和清鲜果香。沸点 268～270℃，闪点 149℃，密度 1.035 g/mL，折射率 1.546。不溶于水，溶于乙醇、乙酸乙酯等有机溶剂。制备：由肉桂酸与亚硫酰氯制得酰氯，再和异丙醇反应而得。用途：作食用香料，用于琥珀、樱桃、桃子香精的调配及软饮料、冰制食品及烘烤食品的调味与增香。

桂酸桂酯（cinnamyl cinnamate） 亦称"桂皮酸桂皮醇酯"，系统名"(E)-3-苯基-2-丙烯基(E)-苯丙烯酸酯"。CAS 号 122-69-0、61019-10-1、40918-97-6。分子式 $C_{18}H_{16}O_2$，分子量 264.32。无色或白色晶体，具有桂甜温和膏香并伴有辛香和花香。为顺式和反式异构体的混合物。熔点 44～45℃，沸点 370℃，闪点 >110℃，密度 1.121 g/cm³。不溶于水、甘油，溶于乙醇、乙醚和苯等有机溶剂。天然存在于苏合香脂、白秘鲁香脂等中。制备：从苏合香脂中单离而得，也可由桂酸和桂醇酯化而得。用途：作食用香料，用于各种水果型香精的定香剂，也用于檀香型与素心兰型香精。

2-乙酰基-3-乙基吡嗪（2-acetyl-3-ethylpyrazine） CAS 号 32974-92-8。分子式 $C_8H_{10}N_2O$，分子量 150.18。微黄色液体，呈果仁、爆米花、面包皮香气，且伴有土豆香和霉香。沸点 77℃(6 Torr)，闪点 87℃，密度 1.068～1.079 g/mL(25℃)，折射率 1.512 0～1.516 0。微溶于水，易溶于乙醇等有机溶剂。天然存在于猪肝、可可等中。制备：由 2,3-二乙基吡嗪氧化而得。用途：作食用香料，用于配制土豆、花生、肉类、可可型香精。

3-羟基己酸乙酯（ethyl 3-hydroxyhexanoate） CAS 号 2305-25-1、88496-71-3、123807-92-1、84314-29-4。分子式 $C_8H_{16}O_3$，分子量 160.21。无色至淡黄色液体，具有水果香气。沸点 74℃(2 Torr)，闪点 94℃，密度 1.075 g/mL，折射率 1.425 8。微溶于水，易溶于乙醇等有机溶剂。天然存在于橙汁、甜橙油、葡萄柚汁、菠萝、木瓜等中。制备：由溴乙酸乙酯和丁醛经 Reformatsky 反应制得。用途：作食用香料、增香剂。

硬脂酸乙酯（ethyl stearate）　CAS 号 111-61-5。分子式 $C_{20}H_{40}O_2$，分子量 312.54。

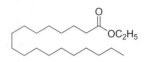

白色结晶型固体，略呈蜡香。熔点 30.9～31.2℃，沸点 213～215℃（15 Torr），闪点＞110℃，密度 $0.844\ 8^{40}$ g/mL，折射率 $1.435\ 4^{40}$。不溶于水，溶于乙醇和油脂。制备：由硬脂酸和无水乙醇经酯化反应制得；或由硬脂酸与乙酸乙酯经酯交换反应而得。用途：作食用香料，用于配制腊肉类香精；作抗水剂、软化剂、润滑剂、乳化剂。

苯乙酸叶醇酯（(Z)-hex-3-enyl phenylacetate）

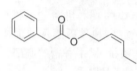

系统名"顺式-3-己烯醇苯乙酸酯"。CAS 号 42436-07-7。分子式 $C_{14}H_{18}O_2$，分子量 218.30。无色或淡黄色液体，有花香、蜂蜜气味。沸点 292～297℃、133～134℃（4 Torr），闪点 104℃，密度 0.992 g/mL，折射率 1.497 0～1.504 0。不溶于水，溶于乙醇等有机溶剂。制备：由苯乙酸和叶醇经酯化反应制得。用途：作食用香料，在薄荷香精中有促进作用，也用于淡淡的蜂蜜和玫瑰香，用于调配蜂蜜、梨、卷心菜和洋葱口味。

三硫丙酮（trithioacetone）　亦称"三聚巯基丙酮"，系

统名"2,2,4,4,6,6-六甲基-1,3,5-三噻烷"。CAS 号 828-26-2。分子式 $C_9H_{18}S_3$，分子量 222.42。淡黄色液体，具有强烈的硫样香韵，并伴有甜的绿色黑莓、坚果样的香韵与口味。熔点 23～24℃，沸点 78.5℃（0.5 Torr）、105～107℃（10 Torr），闪点 62℃，密度 1.065 g/mL，折射率 1.534 0～1.544 0。不溶于水，溶于乙醇等有机溶剂。天然存在于一些热带水果中。制备：由丙酮与硫化氢在氯化氢存在下反应制得，或由丙酮与双（三甲基硅化硅）在三氟甲磺酸三甲基硅酯存在下反应制得。用途：作香料，用于配制草莓、黑加仑、葡萄等水果型香味，以及坚果、糖果、肉类香料及黑加仑、甜橙等香料，也用于日用化学品中。

乙酰基异丁香酚（isoeugenyl acetate）　系统名"2-甲氧基-4-丙-1-烯基苯基乙酸酯"。

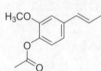

CAS 号 93-29-8、5912-87-8。分子式 $C_{12}H_{14}O_3$，分子量 206.24。白色结晶性粉末，具有甜的水果、香脂、康乃馨气味和微甜辛辣味道。熔点 79～81℃，沸点 282～283℃，闪点＞149℃，密度 $1.025\ 1^{99.7}$ g/mL。不溶于水和甘油，溶于乙醇、乙醚、氯仿等有机溶剂。制备：由异丁香酚与乙酸酐反应制得。用途：作皂用香精、定香剂、香兰素的拟和剂，用于配制花香型和药草性香精的甜香剂；作食用香料，用于配制草莓、树莓、浆果和混合香辛料等香精。

乙酸异龙脑酯（isobornyl acetate）　亦称"乙酸异冰

片酯""白乙酯"，系统名"1,7,7-三甲基二环[2.2.1]庚-2-醇乙酸酯"。CAS 号 125-12-2、5655-61-8，分子式 $C_{12}H_{20}O_2$，分子量 196.29。无色液体，具有松香、药草、木香、樟脑样气味。熔点 27℃，沸点 227.6℃、102～103℃（13 Torr），闪点 87.8℃，密度 0.985 7 g/mL，折射率 1.464 5。不溶于水，溶于乙醇、乙醚等有机溶剂。天然存在于莳萝、麝香草、药草、香荔枝属植物中。制备：由异龙脑在少量硫酸存在下与乙酸反应制得，也可由异龙脑于乙酸酐乙酰化而得。用途：作香料，用于肥皂、爽身粉、花露水、空气喷雾剂等日用化学品的加香剂；作食用香料，用于浆果、凉香、木香、辛香和各种水果型香精。

2-甲基丁酸异丙酯（isopropyl 2-methylbutanoate）

CAS 号 66576-71-4。分子式 $C_8H_{16}O_2$，分子量 144.21。无色液体，具有甜的果香、青香、油香及菠萝样热带水果香气，且伴有柑橘的气息。沸点 140～144℃（727 Torr），闪点 32.8℃，密度 0.847 0～0.853 0 g/mL，折射率 1.393 0～1.399 0。微溶于水，溶于乙醇等有机溶剂。天然存在于草莓、康考特葡萄汁等中。制备：由惕各酸异丙酯催化氢化制得。用途：作食用香料，用于配制各类水果如苹果、梨、桃子及菠萝等热带水果香精。

甲酸异戊酯（isopentyl formate; isoamyl formate）

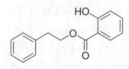

CAS 号 110-45-2。分子式 $C_6H_{12}O_2$，分子量 116.16。无色液体，具有浓甜的黑醋栗、李子、梅子样水果香气，且伴有扩散的酒香。熔点 -93.5℃，沸点 123～124℃、52～55℃（60 Torr），闪点 30℃，密度 0.875 4 g/mL，折射率 1.398 4。微溶于水，溶于乙醇、乙醚等有机溶剂。天然存在于新鲜苹果、菠萝蜜、草莓及醋中。制备：由甲酸和异戊醇在硫酸存在下酯化而得。用途：作食用香料，用于配制樱桃、香蕉、菠萝、菠萝蜜、桃子等香精。

柳酸苯乙酯（phenethyl salicylate）　系统名"2-羟基苯甲酸苯乙酯"。CAS 号 87-22-9。分子式 $C_{15}H_{14}O_3$，分子量 242.27。白色晶体，具有丁香和香脂似香气，高度稀释后呈蜂蜜和李子香的甜味。熔点 39～41℃，沸点 370℃，190℃（0.5 Torr），闪点＞110℃，密度 1.154 g/cm³。不溶于水，溶于乙醇等有机溶剂。制备：由水杨酸和苯乙醇酯化而得，也可由苯乙醇与水杨酸甲酯经酯交换反应而得。用途：作食用香料，用以配制桃子、杏子和蜂蜜等型香精，也作香精协调剂和定香剂。

S-(2-甲基呋喃-3-基)乙酸硫酯（S-(2-methylfuran-3-yl)ethanethioate）　亦称"乙酸-2-甲基-3-呋喃硫醇酯""3-(乙酰硫基)-2-甲基呋喃"。CAS 号

55764-25-5。分子式 $C_7H_8O_2S$，分子量 156.20。无色至黄色琥珀色透明液体，具有浓郁的牛肉、鸡肉和培根味道，稀释后则呈葱、蒜和肉的香味。沸点 $222\sim224℃$，闪点 $60℃$，密度 $1.140\sim1.159$ g/mL，折射率 $1.4440\sim1.4510$。不溶于水、甘油，溶于乙醇等有机溶剂。制备：由 2-甲基呋喃-3-硫醇与乙酸反应而得，或由 3-乙酰硫基-4-氧代戊醛脱水环化而得。用途：作香料、食品添加剂，用于洋葱、大蒜、肉味等香精。

可卡醛（cocoa hexenal） 系统名"(E)-5-甲基-2-苯基己-2-烯醛"。CAS 号 21834-92-4。分子式 $C_{13}H_{16}O$，分子量 188.27。无色至浅黄色液体，具有蜜糖、烘烤、苦可可、坚果和青草的香味及独特的摩卡咖啡香润。沸点 $290\sim291℃$、$96\sim100℃(0.7$ Torr)，闪点 $>110℃$，密度 $0.970\sim0.976$ g/mL，折射率 $1.5310\sim1.5360$。不溶于水，溶于乙醇、乙二醇等有机溶剂。天然存在于炒花生及可可的挥发性物质中。制备：由苯乙醛与异戊醛进行醇醛缩合而得。用途：作食用香料，用以黑巧克力和椰子口味的烘焙和软糖果，以及含酒精饮料、甜点和非酒精饮料。

2-甲氧基-4-乙烯基苯酚（2-methoxy-4-vinylphenol） 亦称"4-乙烯基愈创木酚"。CAS 号 7786-61-0。分子式 $C_9H_{10}O_2$，分子量 150.18。无色至浅黄色油状液体，具有强烈香辛料、丁香和发酵似香气，伴有炒花生气息。熔点 $9\sim10℃$，沸点 $108\sim110℃(3$ Torr)，闪点 $>110℃$，密度 1.110 g/mL，折射率 1.5780。不溶于水，溶于乙醇等有机溶剂。天然存在于玉米酒精发酵的挥发物等中。制备：由香兰素与乙酸酐和乙酸钠反应后水解得 3-甲氧基-4-羟基肉桂酸，再在氢醌存在下与喹啉加热脱羧而得，也可由香兰素经 Wittig 反应制得。用途：作食用香料，用于烘烤食品、肉制品及肉汤。

新橙皮甙二氢查尔酮（neosperidin dihydrochalcone） CAS 号 20702-77-6。分子式 $C_{28}H_{16}O_{15}$，分子量 612.58。白色或微黄色粉末结晶。熔点 $156\sim158℃$。不溶于冷水，易溶于热水，略溶于乙醇，不溶于乙醚和苯。制备：从天然柑橘植物中提取得到的新甲基橙皮苷查尔酮经钯碳催化氢化而得。用途：具有抗氧化性、降低血糖血脂、抑制脂肪肝、调节免疫力等生理活性，作甜味剂、增香

剂及矫味剂，用于添加到食品、膳食补充剂、药品和饲料中屏蔽苦味。

4-氧代异佛尔酮（4-oxoisophorone；ketoisophorone） 亦称"茶香酮"，系统名"2,6,6-三甲基环己-2-烯-1,4-二酮"。CAS 号 1125-21-9。

分子式 $C_9H_{12}O_2$，分子量 152.19。无色固体或浅黄色油状液体，具有发霉的木质、甜茶、烟草叶香气。熔点 $23\sim28℃$，沸点 $222℃$、$97\sim98℃(10$ Torr)，闪点 $96℃$，密度 0.918 g/mL，折射率 1.4910。不溶于水，溶于乙醇等有机溶剂。制备：由 3,5,5-三甲基-4-羟基-2-环己烯-1-酮（茶醇）或 β-异佛尔酮氧化制得。用途：作香料，用于琥珀、柑橘、茶、烟草香精等的调配，以赋予特征的花香。

2-噻吩硫醇（thiophene-2-thiol） 亦称"噻吩-2-硫醇""2-巯基噻吩"。CAS 号 7774-74-5。分子式 $C_4H_4S_2$，分子量 116.20。无色或淡黄色油状液体，具有令人不愉快的烧灼、焦糊和焦糖烤咖啡气味。熔点 $23\sim28℃$，沸点 $166℃$、$62\sim65℃(12$ Torr)，闪点 $65.6℃$，密度 $1.250\sim1.235$ g/mL，折射率 $1.6180\sim1.6320$。极微量溶于水，溶于丙酮等有机溶剂。制备：由噻吩与丁基锂作用得噻吩基锂，再与单质硫作用而得。用途：作香料、食用香精，用于糖果和烘烤食品的加香；也作试剂，用于有机合成。

硫代香叶醇（thiogeraniol） 系统名"(E)-3,7-二甲基-2,6-辛二烯-1-硫醇"。CAS 号 39067-80-6。分子式 $C_{10}H_{18}S$，分子量 170.31。无色至浅黄色油状液体，具有绿色含硫水果、浆果、大黄柑橘、薄荷、香肠气味，低浓度时具有柔顺清香以及微弱的硫化物的韵味。沸点 $58℃(0.35$ Torr)，闪点 $53℃$，折射率 1.5030。不溶于水，溶于乙醇等有机溶剂。制备：由芳樟醇为原料，经溴化氢溴代、重排，与硫脲作用及水解等步骤合成而得。用途：作香料、食用香精，用于配制覆盆子、柑橘、热带绿色水果、圆柚等水果香精。

3-甲基-5-(2,2,3-三甲基-1-环戊-3-烯基)戊-2-醇（3-methyl-5-(2,2,3-trimethyl-1-cyclopent-3-enyl)pentan-2-ol；sandal pentanol；sandalore；sandasweet；dersantol） 亦称"檀香210"。CAS 号 65113-99-7。分子式 $C_{14}H_{26}O$，分子量 210.36。浅黄色油状液体，具有甜的檀香气味。沸点 $103\sim106℃(1$ Torr)，密度 $0.896\sim0.904$ g/mL，折射率 $1.470\sim1.475$。不溶于水，溶于乙醇等有机溶剂。制备：由龙脑烯醛同丁酮缩合，再经催化加氢而得。用途：作木香型日化香精，与黑檀醇混合用作檀香木的替代品，赋予甜的、温暖的、强烈的、木香和檀香的气味，用于化妆品、香

皂、洗熨及家居用品等。

6-甲基-1，2，3，4-四氢喹啉（6-methyl-1，2，3，4-tetrahydroquinoline） 亦称"6-甲基四氢喹啉"。CAS 号 91-61-2。分子式

$C_{10}H_{13}N$，分子量147.22。无色至浅黄色结晶或液体，具有灵猫、皮革、龙涎香香气。熔点 36～37℃，沸点 264℃、115～117℃（7 Torr），闪点＞110℃，密度 0.99 g/cm³，折射率 1.586。不溶于水，溶于乙醇等有机溶剂。制备：由 6-甲基喹啉催化加氢而得。用途：作香精香料，用于美容化妆品、香皂、织物洗涤剂；也作医药中间体。

4-甲基-3-癸烯-5-醇（4-methyl-3-decen-5-ol） 亦称"甲基癸烯醇"。CAS 号 81782-77-

6、177772-08-6。分子式 $C_{11}H_{22}O$，分子量 170.30。无色至浅黄色液体，具有紫罗兰花香、木瓜、热带果香及油紫色百合种子、猕猴桃似香气。沸点 250℃、103℃（12 Torr），闪点 98℃。不溶于水，溶于乙醇等有机溶剂。制备：由丙醛经 aldol 缩合制得 2-甲基-2-戊烯醛，再与正戊基溴化镁格氏试剂反应制得。用途：作香精香料，用于花香、木香、麝香等日化香精。

环十六烯酮（ambretone; musk TM-II; velvione; musk amberol） 系统名"环十六碳-5-

烯-1-酮"。CAS 号 21944-95-6、35951-24-7、37609-25-9。分子式 $C_{16}H_{28}O$，分子量 236.40。无色或浅黄色固体或油状液体，有强烈的麝香气味。熔点 43℃，凝固点 5.5℃，沸点 296～300℃、120℃（1 Torr），闪点 160℃，密度 0.93 g/mL。不溶于水，溶于乙醇等有机溶剂。制备：由环十二酮与氯反应生成 2-氯环十二烷酮，再与乙烯基氯化镁反应生成 1，2-二乙烯基环十二烷-1-醇，最后在 200℃进行 Claisen 重排而得。用途：作天然大环酮麝香的替代物，用于添加到香水组合物、增加麝香的柔软度。

麝香 T（ethylene brassylate） 亦称"昆仑麝香""麝香 BRB"，系统名"1，4-二氧杂环十七烷-5，17-二酮"。CAS 号 105-95-3。分子式

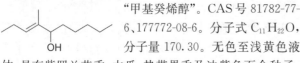

$C_{15}H_{26}O_4$，分子量270.37。无色或浅黄色黏稠液体，具有优雅而持久的麝香香气并伴有油脂气息。沸点 330～331℃、138～142℃（1 Torr），闪点＞100℃，密度 1.040～1.047 g/mL。不溶于水，溶于乙醇、石蜡油。制备：由十三烷二羧酸（巴西基酸）与乙二醇进行缩聚，然后再经 Pb_3O_4 促进的解聚环化而得。用途：作化妆品和皂用香精的定香剂。

菩提花酯（verdantiol） 系统名"铃兰醛邻氨基苯甲酸甲酯席夫碱"。CAS 号 91-51-0。分子式 $C_{22}H_{27}NO_2$，分子量337.46。黄色固体或黏稠液体，具有新鲜橙花、百合、

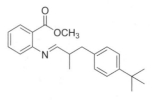

柑橘、羟基香茅醛气味。闪点＞100℃，密度 1.035 9～1.042 1 g/cm³，折射率 1.535 6～1.542 9。不溶于水，溶于乙醇等有机溶剂。制备：由铃兰醛与邻氨基苯甲酸甲酯缩合而得。用途：作香料，用于配制橙花、水仙花等花香型香精。

鲜草醛（vernaldehyde; green carbaldehyde） 系统名"1-甲基-4-(4-甲基戊基)-3-环己烯碳醛"。CAS 号 66327-54-6。分

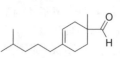

子式 $C_{14}H_{24}O$，分子量 337.46。无色至浅黄色液体，具有新鲜青香的山林空气气息。沸点 276～277℃，闪点 78℃，密度 0.890～0.895 g/mL，折射率 1.463 0～1.467 0。不溶于水，溶于乙醇等有机溶剂。制备：以月桂烯及 α-甲基丙烯醛为原料经 Diels-Alder 反应等合成而得。用途：作香料，用于增加香水的原味，并产生一种天然的气息；当与深谷百合、玲兰等花香型混合时能产生独特的新鲜感和延长留香持久性的效果。

乙酸石竹烯酯（β-caryophyllene alcohol acetate; vetynal extra） 系统名"[1R-(1α，2α，5β，8β)]-4，4，8-三甲基三环[6.3.1.0²·⁵]

十二烷-1-醇乙酸酯"。CAS 号 57082-24-3。分子式 $C_{17}H_{28}O_2$，分子量 264.41。无色至黄绿色黏稠液体，具有木香、甜味、果味等。熔点 43～43.5℃，沸点 295～296℃，闪点 105℃，密度 0.992⁴⁷ g/mL。不溶于水，溶于乙醇等有机溶剂。制备：以 β-石竹烯在苯磺酸催化下与乙酸反应制得，或由 β-石竹烷醇及乙酸酐在乙酸钠作用下反应制得。用途：作香料，用于洗发水、肥皂和洗涤剂。

烟酮（tobacco ketone） 系统名"3，5，5-三甲基环己-1，2-二酮"。CAS 号 57696-89-6。分子式 $C_9H_{14}O_2$，分子量 154.21。无色晶体或粉末，具有特征的烟草香气，略带凉甜感。熔点 91～92℃，沸点 214～215℃、90～100℃（15 Torr），58℃（3 Torr）升华，闪点 76.7℃，密度 0.985～1.005 g/cm³。不溶于水，溶于乙醇等有机溶剂。天然存在于白肋烟草等中。制备：由异佛尔酮在碱性条件下被过氧化氢氧化成 2，3-环氧异佛尔酮，然后在酸性条件下加热转化制得。用途：作烟用香料，用于烤烟型、混合型卷烟的加香或加料；作食用香料，用于配制橘子、菠萝等系列食用、饮用香精；作有机合成中间体。

开司米酮（cashmeran; musk indanone） 系统名"1，1，2，3，3-五甲基-1，2，3，5，6，7-六氢-4H-茚-4-酮"。CAS 号 33704-61-9。分子式 $C_{14}H_{22}O$，分子量 206.33。淡黄色液体或晶状固体，具有持久的麝香、木香香气，并伴有

浓郁的花香。熔点 91～92℃，沸点 285～286℃，闪点 94℃，密度 0.954～0.962^{25} g/cm³，折射率 1.497 0～1.502 0。不溶于水，溶于乙醇、二丙二醇等有机溶剂。制备：由五甲基茚满在 Raney-Ni 催化下选择性氢化，先制得四氢五甲基茚满，再氧化而制得。用途：作香料，用于配制香水和化妆品用香精。

β-大马烯酮（β-damascenone） 亦称"突厥酮""大马酮""突厥烯酮"，系统名"(E)-1-(2,6,6-三甲基己-1,3-二烯基)丁-2-烯-1-酮"。

CAS 号 23696-85-7。分子式 C₁₃H₁₈O，分子量 190.29。无色至浅黄色液体，具有玫瑰花香、木香、青香、药草和李子、圆柚、覆盆子等果香。沸点 80℃(0.01 Torr)，密度 0.942 g/mL，折射率 1.512 3。不溶于水，溶于乙醇等有机溶剂。天然存在于玫瑰油、覆盆子油、红茶、啤酒、葡萄酒等中。制备：以 β-环柠檬醛为原料，经与丙烯基溴化镁进行格氏反应，所得醇再依次用二氧化锰氧化、N-溴代琥珀亚胺溴代和碱作用下的消除而制得；也可由 1,3-戊二烯与 3-溴代亚异丙叉丙酮在三氯化铝作用下进行 Diels-Alder 反应环合，再经消除以及与乙醛的 aldol 缩合而制得。用途：作香料，在花香型香精中起主香剂作用；食用香料，用于调配苹果、浆果、香子兰、覆盆子、烟草等香精。

β-大马酮（β-damascone） 亦称"二氢大马酮"，系统名"(E)-1-(2,6,6-三甲基环己-1-烯-1-基)丁-2-烯-1-酮"。CAS 号 23726-91-2。分子式 C₁₃H₂₀O，分子量 192.30。无色至浅黄色液体，具有木香、薄荷、水果及类似玫瑰的香气。沸点 78～80℃(3 Torr)，密度 0.937 8 g/mL，折射率 1.498 9。不溶于水，溶于乙醇等有机溶剂。天然存在于玫瑰油、圆柚、红茶、烟叶等中。制备：以 β-环柠檬醛为原料，经与丙烯基溴化镁进行格氏反应，所得醇再用二氧化锰氧化而制得；也可由柠檬醛与丙烯基溴化镁进行格氏反应，再用三氧化铬氧化、叔丁醇钾促进的双键移位及磷酸催化下的环化而制得；或由 β-紫罗兰醇经氧化得联烯二元醇，然后用甲酸处理而制得。用途：作香料，在玫瑰系列花香型香精中起主香剂作用；食用香料，用于调配杞果、杏子、覆盆子等香精。

α-大马酮（α-damascone） 亦称"甲位突厥酮"，系统名"(E)-1-(2,6,6-三甲基环己-2-烯-1-基)丁-2-烯-1-酮"。CAS 号 24720-09-0。分子式 C₁₃H₂₀O，分子量 192.30。无色至浅黄色液体，具有玫瑰、苹果和黑加仑香韵，并伴有丰富的李香底蕴。沸点 77～80℃(3 Torr)，闪点＞93℃，密度 0.937～0.943 g/mL，折射率 1.495 8。不溶于水，溶于乙醇等有机溶剂。天然存在于茶叶的香气成分中。制备：由 2,6,6-三甲基己-2-烯-1-羧酸甲酯与烯丙

基溴化镁进行格氏反应，所得酮在三乙胺或对甲苯磺酸作用下使双键移位而得，也可由 α-环柠檬醛与丙烯基溴化镁进行格氏反应，得 1-(2,6,6-三甲基-2-环己烯基)-3-丁烯-1-醇，再进行氧化和双键转位而制得。用途：作香料，用于调配醛香、花香、木香、草药及果香韵调，也用于烟草增香。

γ-大马酮（γ-damascone） 系统名"(E)-1-(2,2-二甲基-6-亚甲基环己基)丁-2-烯-1-酮"。CAS 号 35087-49-1、31191-93-2。分子式 C₁₃H₂₀O，分子量 192.30。无色至浅黄色液体，具有果香、花香、玫瑰、熟苹果、李子、烟草香气。

沸点 58～60℃(0.1 Torr)，闪点 98℃，密度 0.933 5 g/mL，折射率 1.493 9。不溶于水，溶于乙醇等有机溶剂。天然存在于茶叶的香气成分中。制备：由 1-(2′,2′-二甲基-6′-亚甲基环己基)-3-丁烯-1-酮在氧化铝作用下双键移位而得。用途：作香料，用于赋予醛香、花香、木香、草本、柑橘和水果的香味。

δ-大马酮（δ-damascone） 亦称"丁位突厥酮"，系统名"(E)-1-(2,6,6-三甲基环己-3-烯-1-基)丁-2-烯-1-酮"。CAS 号 57378-68-4。分子式 C₁₃H₂₀O，分子量 192.30。无色至浅黄色液体，呈黑加仑似水果香气。沸点

82℃(2 Torr)，闪点＞100℃，密度 0.92～0.94 g/mL，折射率 1.485 0～1.502 0。不溶于水，溶于乙醇等有机溶剂。天然存在于茶叶的香气成分中。制备：由亚异丙基丙酮和 1,3-戊二烯在三氯化铝催化下进行 Diels-Alder 反应，所得产物与乙基溴化镁和乙醛作用生成醇酮，再在酸性催化剂下脱水而制得。用途：作香料和食用香料，用于醛香、木香、花香、药香、橙香及果香型的香水配方。

西瓜酮（watermelon ketone；calone；calone 1951） 亦称"卡隆""卡龙"，系统名"7-甲基-2H-苯并[b][1,4]二氧杂䓬-3(4H)-酮"。CAS 号 28940-11-6。

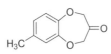

分子式 C₁₀H₁₀O₃，分子量 178.19。白色至类白色粉末或晶体，具有海水和西瓜味。熔点 38～40℃，沸点 158℃、95℃(1 Torr)，闪点 167℃。不溶于水，略溶于热水，溶于乙醇、二丙二醇等有机溶剂。制备：由 4-甲基邻苯二酚(高儿茶酚)和溴乙酸乙酯进行 Williamson 合成，所得二酯在氢化钠作用下进行 Dieckmann 缩合反应，在酸性催化剂下水解-脱羧而制得；也可由 4-甲基邻苯二酚和 1,3-二氯丙酮在碱作用下缩合而得。用途：作香料，用于医药、食品、洗涤日化产品的加香，配制柑橘类及花香香精。

二甲苯麝香（musk xylene） 系统名"1-叔丁基-3,5-二甲基-2,4,6-三硝基苯"。CAS 号 81-15-2。分子式 C₁₂H₁₅N₃O₆，分子量 297.27。浅黄色粉状或针状晶体，具有干甜的麝香样动物香气。熔点 112～

114℃,闪点 93℃,密度 1.39 g/cm³。不溶于水,微溶于乙醇,溶于石蜡油。制备:由叔丁基氯在三氯化铝存在下与间二甲苯反应生成 1,3-二甲基-5-叔丁基苯,再用浓硝酸-浓硫酸混酸硝化而得。用途:作定香剂和修饰剂,用于香皂、香波、香粉香精中。

酮麝香（musk ketone）　系统名"4-叔丁基-2,6-二甲基-3,5-二硝基苯乙酮"。CAS 号 81-14-1。分子式 C₁₄H₁₈N₂O₅,分子量 294.31。

浅黄色片状晶体,有天然麝香样香气。熔点 135～139℃,闪点 100℃,密度 1.29 g/cm³。不溶于水,微溶于乙醇,溶于石蜡油。制备:由叔丁基氯在三氯化铝存在下与间二甲苯反应生成 1,3-二甲基-5-叔丁基苯,再用浓硝酸-浓硫酸混酸硝化而得。用途:作化妆品香精及皂用香精定香剂,与甲基紫罗兰酮、桂醇、水杨酸苄酯等共用可产生粉香。

保尔麝香（musk baur）　系统名"2-叔丁基-4-甲基-1,3,5-三硝基苯"。CAS 号 547-94-4。分子式 C₁₁H₁₃N₃O₆,分子量 283.24。淡黄色晶体,有类似天然麝香的香气。熔点 96～97℃,沸点 383℃,闪点 173℃,密度 1.36 g/cm³。不溶于水,微溶于乙醇。

制备:由 3-叔丁基甲苯用混酸硝化制得。用途:作定香剂,用于配制香皂、洗涤剂香精。

西藏麝香（musk tibetene; nitromusk tibetene）系统名"1-叔丁基-3,4,5-三甲基-2,6-二硝基苯"、"2,6-二硝基-3,4,5-三甲基叔丁基苯"。CAS 号 145-39-1。分子式 C₁₃H₁₈N₂O₄,分子量 266.30。淡黄色晶体,具有甜而柔和的类似酮麝香的麝香香气和粉香香气,并伴有花香香调和甜润的韵味。熔点 134.5～136℃,沸点 391℃,闪点＞93℃,密度 1.28 g/cm³。不溶于水,微溶于乙醇,易溶于苯甲酸苄酯、邻苯二甲酸二甲酯等有机溶剂。制备:由 1,2,3-三甲苯和叔丁基氯在三氯化铝作用下反应,形成 1,2,3-三甲基-5-叔丁基苯,再用混酸硝化制得;或以间二甲苯为原料,经叔丁基化、氯甲基化、还原和硝化反应制得。用途:作香料、定香剂,用于各种麝香香韵的玫瑰、檀香、东方等香型日化香精;具有抗癌活性。

葵子麝香（musk ambrette）　系统名"1-叔丁基-2-甲氧基-4-甲基-3,5-二硝基苯"、"2,6-二硝基-3-甲氧基-4-叔丁基甲苯"。CAS 号 83-66-9。分子式 C₁₂H₁₆N₂O₅,分子量 268.27。浅黄色片状晶体,有优雅的麝香样香气。熔点 84～85℃,沸点 185℃(16 Torr),闪点＞93℃。不溶于水,溶于甲醇、乙醇、乙醚、

二丙二醇。制备:由间甲基苯酚与硫酸二甲酯制得间甲基苯甲醚,再在硫酸催化下与叔丁醇反应,所得产物用混酸硝化而得。用途:作化妆品香精及皂用香精定香剂。

万山麝香（versalide）　系统名"7-乙酰基-6-乙基-1,2,3,4-四氢-1,1,4,4-四甲基萘"。CAS 号 88-29-9。分子式 C₁₈H₂₆O,分子量 258.41。白色晶体,有甜的麝香香气。熔点 46～47℃,沸点 130℃(2 Torr),闪点＞93℃。不溶于水,溶于乙醇、苄醇、苯甲酸苄酯。

制备:由乙苯与 2,5-二甲基-2,5-二氯己烷进行 Friedel-Crafts 反应得 1,1,4,4-四甲基-6-乙基-1,2,3,4-四氢化萘,然后与乙酰氯发生乙酰化反应而得。用途:作化妆品香精及皂用香精定香剂。

粉檀麝香（phantolide; musk indane）　系统名"5-乙酰基-1,1,2,3,3,6-六甲基-2,3-二氢-1H-茚"。CAS 号 15323-35-0。分子式 C₁₇H₂₄O,分子量 244.38。白色针状晶体,有麝香香气。熔点 61.5℃,沸点 102～113℃(0.5 Torr),闪点＞100℃。不溶于水,溶于乙醇等有机溶剂。

制备:以对异丙基甲苯和叔戊醇为原料,在硫酸作用下进行缩合反应得 1,1,2,3,3,6-六甲基-1H-茚,然后在三氯化铝作用下用乙酰氯进行乙酰化制得。用途:作化妆品香精及皂用香精定香剂。

萨利麝香（celestolide; musk dimethyl indane）　系统名"4-乙酰基-6-叔丁基-1,1-二甲基-2,3-二氢-1H-茚"。CAS 号 13171-00-1。分子式 C₁₇H₂₄O,分子量 244.38。白色晶体,具有麝香-花香香气。熔点 77～78℃,沸点 112～114℃(0.5 Torr),闪点 94℃。

不溶于水,溶于乙醇、二丙二醇等有机溶剂。制备:以叔丁苯和异戊二烯为原料,在硫酸作用下进行缩合环化反应得 6-叔丁基-1,1-二甲基-2,3-二氢-1H-茚,然后在三氯化铝作用下用乙酰氯进行乙酰化制得。用途:作化妆品香精及皂用香精定香剂。

佳乐麝香（galaxolide）　系统名"1,3,4,6,7,8-六氢-4,6,6,7,8,8-六甲基环戊烷并[g]-2-苯并吡喃"。CAS 号 1222-05-5。分子式 C₁₇H₂₄O,分子量 258.41。无色黏稠液体,具有持久的麝香香气。熔点 56～57℃,沸点 129℃(0.8 Torr),闪点＞100℃。

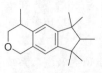

不溶于水,溶于乙醇、二丙二醇等有机溶剂。制备:以 2-甲基苯乙烯和叔戊醇在硫酸中反应,生成五甲基茚满,再与环氧丙烷反应得茚满醇,再与甲醛在盐酸溶液中反应而得;或由苯和环氧丙烷在三氯化铝作用下反应,生成 2-苯基-1-丙醇,再与甲醛在盐酸溶液中反应生成 4-甲基异色满,进一步与 2,4-二氯-2,3,4-三甲基戊烷环化而得。用途:作定香剂、协调剂,用于梨水香精和化妆品香精,也用于皂用、

洗涤剂香精及其他日化香精配方。

伞花麝香（muskene；musk cymene；musk moskene；nitromusl moskene）

系统名"1,1,3,3,5-五甲基-4,6-二硝基-2H-茚"。CAS 号 116-66-5。分子式 $C_{14}H_{18}N_2O_4$，分子量 278.31。白色或浅黄色晶体，具有强烈而持久的类似酮麝香和葵子麝香的特殊动物香。熔点 131℃，沸点 350～353℃，闪点＞93℃，密度 1.29 g/cm^3。不溶于水，略溶于乙醇，易溶于苯甲酸苄酯、邻苯二甲酸二甲酯等有机溶剂。制备：由对异丙基甲苯和异丁醇在硫酸作用下反应，形成 1,1,3,3,5-五甲基-2H-茚，再用混酸硝化制得。用途：作香料的定香剂，用于香皂和各种化妆品用香精中，调配紫罗兰、薰衣草、香薇等香精。

吐纳麝香（tonalide；musk AHMT；musk tetralin）

系统名"6-乙酰基-1,1,2,4,4,7-六甲基四氢化萘"。CAS 号 1506-02-1。分子式 $C_{18}H_{26}O$，分子量 258.41。无色或白色晶体，具有强烈的麝香和粉香香气。熔点 53～54℃，沸点 142～143℃（3 Torr），闪点＞100℃。不溶于水，易溶于乙醇、二丙二醇等有机溶剂。制备：由对异丙基甲苯和 2,3-二甲基丁-烯在硫酸作用下反应，或由对异丙烯基甲苯和 2,3-二甲基丁-2-醇在硫酸作用下反应，形成六甲基萘满，再在三氯化铝作用下用乙酰氯进行乙酰化制得。用途：作定香剂、协调剂，用于调配香皂、香水和洗涤用品的香精。

药　物

阿托品（atropine）

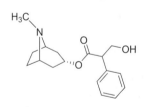

亦称"混旋莨菪碱"。CAS 号 51-55-8。分子式 $C_{17}H_{23}NO_3$，分子量 289.38。白色晶体粉末。熔点 114～116℃，密度 1.205 g/cm^3。微溶于水。制备：可从颠茄叶中提取得到莨菪碱（左旋体），经消旋化、重结晶精制而得，也可以 1-苯丙氨酸为原料经合成而得。用途：属副交感神经抑制剂，可作眼科扩瞳药；用于缓减干草热、伤风鼻阻和肠痉挛，治疗小儿夜尿症，有时用于舒减输尿管和胆道痉挛，还可用于治疗有机磷中毒等。

东莨菪碱（scopolamine） 亦称"左旋天仙子胺"。CAS 号 51-34-3。分子式 $C_{17}H_{21}NO_4$，分子量 303.36。晶体。熔点 59℃。易溶于热水，也可溶于醇、醚、氯仿、丙酮等有机溶剂。制备：主要从茄科天仙子、曼陀罗等植物中提取，也可经人工合成制得。用途：与阿托品相似，其散瞳及抑制腺体分泌作用比阿托品强，对呼吸中枢具兴奋作用，但对大脑皮质有明显的抑制作用。用于治疗晕车的耳后贴剂、手术后的恶心、肠易激综合征、胃肠痉挛、肾或胆道痉挛，也可作手术前给药以减少呼吸道分泌物。

山莨菪碱（(-)-anisodamine） 亦称"7-羟基莨菪碱"。CAS 号 126371-43-5。分子式 $C_{17}H_{23}NO_4$，分子量 305.37。白色晶体或晶体粉末。熔点 67℃。易溶于水和乙醇。制备：从茄科植物山莨菪中提取，也可经人工合成制得。用途：有明显的外周抗胆碱作用，能对抗乙酰胆碱引起的肠及膀胱平滑肌收缩和血压下降，并能使在体肠张力降低，作用强度与阿托品近似。

丁溴东莨菪碱（scopolamine butylbromide） 亦称"丁溴酸东莨菪碱""天仙子碱溴氢酸盐"。CAS 号 149-64-4。分子式 $C_{21}H_{30}BrNO_4$，分子量 440.38。白色或类白色晶体粉末。熔点 188～189℃。易溶于水，微溶于乙醇。制备：从茄科植物白曼陀罗的干燥花（洋金花）中提取，也可经人工合成制得。用途：主要用于治疗胃肠痉挛，可作为一种受体拮抗剂，当作胃肠解痉药被使用。口服后不进入血液，只影响途经的消化道的平滑肌。本品不是镇痛药，但可有效防止痛苦的痉挛发生。

后马托品（homatropine） 亦称"扁桃酰托品碱"。CAS 号 87-00-3。分子式 $C_{16}H_{21}NO_3$，分子量 275.35。熔点 98～100℃。常用的是其氢溴酸盐，CAS 号 51-56-9，分子式 $C_{16}H_{21}BrNO_3$，为无色晶体或白色晶体粉末，味苦。易溶于水，略溶于乙醇，微溶于氯仿，不溶于乙醚。制备：由颠茄醇（即托品醇）和扁桃酸为原料合成而得。用途：作一种抗胆碱药，具有阻断乙酰胆碱的作用，使瞳孔括约肌和睫状肌麻痹而引起散瞳及调节麻痹，作用及毒性似阿托品，但较弱，其阻断胆碱的能力仅为阿托品的十分之一。

溴丙胺太林（propantheline bromide） 亦称"普鲁本辛"。CAS 号 50-34-0。分子式 $C_{23}H_{30}BrNO_3$，分子量 448.40。白色或类白色晶体粉末，味极苦。熔点 158～161℃。易溶于水、乙醇和氯仿，不溶于乙醚。制备：由咕吨-9-羧酸与二异丙氨基乙醇在二甲苯中酯化、脱水得咕吨-9-羧酸-β-二异丙氨基乙酯，然后与溴甲烷进行季铵化成盐而得。用途：作抗胆碱解痉药，与阿托品具有相似作用,适用于胃及十二指肠溃疡、胃炎、胰腺炎、肠痉挛、多汗和妊娠呕吐等的治疗,也可作抗胃肠痉挛药。

盐酸苯海索(benzhexol hydrochloride)　亦称"盐酸三己芬迪"。CAS 号 52-49-3。分子式 $C_{20}H_{32}ClNO$,分子量 337.93。白色固体。熔点 241~243℃。易溶于水。制备:可由苯乙酮与哌啶经系列反应制备。用途:作中枢抗胆碱抗帕金森病药,用于改善患者的帕金森病症状。

盐酸哌仑西平(pirenzepine hydrochloride)　亦称"哌吡草酮""必舒胃"。CAS 号 29868-97-1。分子式 $C_{19}H_{23}Cl_2N_5O_2$,分子量 424.33。白色晶体粉末。熔点 248~251℃。易溶于水,难溶于甲醇,几乎不溶于乙醚。制备:以 3-氨基吡啶为原料经系列反应合成而得。用途:作选择性抗胆碱药,可阻断胆碱受体,减少胃酸和胃蛋白酶的分泌,并能解除平滑肌的痉挛与痛感。临床主要用于治疗急慢性胃及十二指肠溃疡,对胆碱型迷走神经张力过高所致的胃酸分泌过多更为适用。

盐酸贝那替嗪(benactyzine hydrochloride)　亦称"盐酸苯乃嗪""乙胺痉平"。CAS 号 57-37-4。分子式 $C_{20}H_{26}ClNO_3$,分子量 363.88。白色或近白色晶体粉末。熔点 174~175℃。易溶于水。制备:由二苯乙醇酸与1-氯-2-二乙氨基乙烷反应得到。用途:作抗胆碱药,用于治疗胃及十二指肠溃疡、胃痛、胆结石绞痛、多汗症和胃酸过多症。

氯化筒箭毒碱((+)-tubocurarine chloride)　亦称"氯化右旋筒箭毒""氯化 D-筒箭毒碱"。CAS 号 57-94-3。分子式 $C_{37}H_{42}Cl_2N_2O_6$,分子量 681.65。白色至微黄色晶体粉末,剧毒!熔点 274~275℃(分解)。易溶于水,微溶于乙醇,不溶于三氯甲烷或乙醚。制备:由产于南美的葛藤科植物 Chondrodendron 浸出液提取而得。用途:属于非去极化型肌松剂,用于诊断肌无力,因具有一定的危险性,仅在其他诊断难以确定时才使用本品进行试验麻醉辅助药;用于治疗帕金森病、破伤风、狂犬病、士的宁中毒等症。

苯磺酸阿曲库铵(atracurium besylate)　亦称"安托肌松""苯磺阿曲库铵"。CAS 号 64228-81-5。分子式 $C_{65}H_{82}N_2O_{18}S_2$,分子量 1 243.49。类白色至微黄色晶体粉末,易潮解。熔点 85~90℃。可溶于水。制备:以 3,4-二氢罂粟碱为主要原料合成而得。用途:作非去极化肌肉松弛药,效力为筒箭毒碱的 2.5 倍,但作用持续时间较短;用于气管插管、剖宫产等各种外科手术。

多库氯铵(doxacurium chloride)　亦称"多库酯钠""杜什氯铵"。CAS 号 106819-53-8。分子式 $C_{56}H_{78}Cl_2N_2O_{16}$,分子量 1 106.14。无定形固体。溶于水。制备:由 5′,8′-二甲氧基-N-甲基罂粟碱和 3-碘丙醇反应,经季铵化后再和丁二酰氯反应即可制得。用途:作长效非去极化神经肌肉阻滞剂;用于肌肉松弛;用于在气管内插管和外科手术全身麻醉期间提供肌肉松弛并辅助控制性通气。

米库氯铵(mivacurium chloride)　亦称"氯米洼库"。CAS 号 106861-44-3。分子式 $C_{58}H_{80}Cl_2N_2O_{14}$,分子量 1 100.18。灰白色固体。溶于水。制备:由罂粟碱衍生物和 3-氯丙醇反应,得到的季铵盐再和辛-4-烯二酰氯反应而得。用途:作短效非去极化神经肌肉阻断剂、短效肌肉松弛剂。可用于短期手术过程,亦可作为松弛骨骼肌和促进气管插管及机械换气时全身麻醉的辅助用药。

泮库溴铵(pancuronium bromide)　亦称"巴活朗""巴夫龙"。CAS 号 15500-66-0。分子式 $C_{35}H_{60}Br_2N_2O_4$,分子量 732.68。白色至类白色晶体粉末,微臭,味苦。熔点 214~217℃。溶于水、乙醇、甲醇、氯仿,不溶于乙醚。

制备：由 5α-雄甾-2-烯-17-酮和乙酸异丙烯醇酯进行烯醇酯化和环氧化，水解并使其中一个环氧重排开环成羰基，接着和哌啶反应，再经还原、乙酰化，最后和二分子的溴甲烷反应、季铵化成盐而得。用途：作非去极化肌肉松弛药，起效快，作用强；用于外科手术或矫形手术麻醉的辅助用药，以得到充分的肌肉松弛作用；也可用于破伤风等惊厥性疾病。

维库溴铵（vecuronium bromide） 亦称"溴化凡寇罗宁""诺库隆"。CAS 号 50700-72-6。分子式 $C_{34}H_{57}BrN_2O_4$，分子量 637.74。白色或类白色晶体粉末。熔点 227～229℃。微溶于水，易溶于二氯甲烷，几乎不溶于无水乙醇。制备：与泮库溴铵制法相似，仅在最后一步中，与一分子的溴甲烷反应，生成单季铵盐而制得。用途：作中效非去极化肌肉松弛药，有较强的肌肉松弛作用；用于气管插管及外科手术。

罗库溴铵（rocuronium bromide） 亦称"罗库溴安"。CAS 号 119302-91-9。分子式 $C_{32}H_{53}BrN_2O_4$，分子量 609.69。晶体。熔点 162～164℃。制备：由 (2α,3α,5α,16α,17β)-2,3,16,17-二环氧雄甾-17-醇乙酸酯和四氢吡咯水溶液反应，得到 17-酮产物，然后用硼氢化钠还原，再和吗啡水溶液回流反应，经部分乙酰化后再和烯丙基溴反应而得。用途：作肌肉松弛药和非去极化神经肌肉阻断剂，主要用于患者全身麻醉和常规气管插管时的辅助用药。

氯唑沙宗（chlorzoxazone） 亦称"氯苯噁唑酮"，系统名"5-氯-苯并[*d*]噁唑-2(3*H*)-酮"（5-chlorobenzo[*d*]oxazol-2(3*H*)-one）。CAS 号 95-25-0。分子式 $C_7H_4ClNO_2$，分子量 169.56。白色至灰白色晶体粉末。熔点 191～193℃。微溶于水，易溶于醇、丙酮、乙酸。制备：由 2-氨基-4-氯苯酚与尿素在盐酸中环合而得。用途：作中枢性肌肉松弛药，用于各种慢性扭伤、挫伤、肌肉劳损等引起的软组织疼痛，以及由中枢神经引起的肌肉痉挛疼痛等。

美索巴莫（methocarbamol） 亦称"甲氧卡巴莫""舒筋灵"。CAS 号 532-03-6。分子式 $C_{11}H_{15}NO_5$，分子量 241.24。白色粉末，有轻微特异臭味。熔点 95～97℃。溶于水，微溶于氯仿，溶于热乙醇和甲苯。制备：由愈创木酚甘油醚和碳酸二乙酯在乙醇钠作用下反应，所得中间体再在二氯乙烷中经浓氨水氨解后经过精制而得。用途：作肌肉松弛药，主要用于治疗关节肌肉扭伤、腰肌劳损、坐骨神经痛等病症，也有镇静、镇痛及消炎作用。

替扎尼定（tizanidine） 亦称"痉痛停""米噻二唑"，系统名"5-氯-4-(4,5-二氢-1*H*-咪唑-2-基)-2,1,3-苯并噻二唑-4-胺"。CAS 号 51322-75-9。分子式 $C_9H_8ClN_5S$，分子量 253.71。白色至淡黄色固体。熔点 221～223℃。溶于水。制备：由 4-氯-2-硝基苯胺依次经还原、缩合成环、硝化、还原先得到关键中间体 5-氯-4-氨基-2,1,3-苯并噻二唑，再与 1-乙酰基咪唑烷-2-酮缩合后，经醇解反应等步骤而得。用途：作中枢性骨骼肌松弛药，临床上用于治疗疼痛性肌痉挛，如颈腰综合征、斜颈；术后疼痛，如椎间盘突出、髋关节炎。还可治疗源于神经障碍的强直状态，如多发性硬化症、慢性脊髓病、脑血管意外等。

巴氯芬（baclofen） 亦称"贝康芬""贝可芬""脊舒锭"。CAS 号 1134-47-0。分子式 $C_{10}H_{12}ClNO_2$，分子量 213.66。白色粉末。熔点 206～208℃。溶于热水，几乎不溶于乙醇、乙醚、丙酮。制备：由对氯苯甲醛与乙酰乙酸乙酯缩合，得到对氯代苯亚甲基-双-乙酰乙酸乙酯，然后加热水解得对氯代苯基戊二酸，用乙酐脱水环合，再用浓氨水胺化后经开环、降解而得。用途：作用于脊椎的骨骼肌松弛剂，镇静剂。适用于多发性硬化的骨骼股痉挛症、脊髓感染、变性的肌肉痉挛症、脊髓外伤性、赘生性肌肉痉挛症等。

曲吡那敏（tripelennamine） 亦称"去敏灵""扑敏宁""吡乍明"。CAS 号 91-81-6。分子式 $C_{16}H_{21}N_3$，分子量 255.36。黄色油状液体，有氨的气味。沸点 138～142℃（0.1 Torr）、185～190℃（1.7 Torr）、193～205℃（20 Torr），折射率 1.575 9～1.576 5。溶于水。其盐酸盐 CAS 号 154-69-8，为白色晶体粉末，味苦，熔点 192～193℃，溶于水。制备：由 2-氯吡啶经系列反应制得。用途：其盐酸盐作为乙二胺类抗组胺药，用于治疗过敏性皮炎、湿疹、过敏性鼻炎、哮喘等。

苯海拉明（diphenhydramine） 亦称"苯那君"。CAS 号 58-73-1。分子式 $C_{17}H_{21}NO$，分子量 255.36。油状液体。沸点 149～151℃（1 Torr），密度 1.043 g/mL，折射率 1.549 2。微溶于水。其盐酸盐为白色晶体粉末，味苦，熔点 161～162℃，易溶于水和醇。制备：由二苯甲醇经氯乙

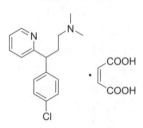

醇醚化后再与二甲胺缩合而得。用途:常用其盐酸盐,能降低组织对机体的反应,消除各种过敏症状,具有较强的中枢神经抑制作用和轻度的镇静及镇吐作用;用于荨麻疹、枯草热、血管神经性水肿、血清病、接触性皮炎、过敏性结膜炎的治疗;可防止晕动病,如晕船、晕车、孕期呕吐和帕金森病等。

马来酸氯苯那敏(chlorpheniramine maleate) 亦

称"扑尔敏""氯苯那敏马来酸盐"。CAS 号 113-92-8。分子式 $C_{20}H_{23}ClN_2O_4$,分子量 390.86。白色晶体粉末、无臭、味苦。熔点 131~135℃。易溶于水、乙醇、氯仿,微溶于乙醚。制备:由 2-对氯苄基吡啶经两步缩合,再与顺丁烯二酸成盐而得。用途:用于治疗荨麻疹、血管舒张性鼻炎、感冒、哮喘、鼻炎、接触性皮炎,也用于药物和食物等引起的过敏症、虫咬及晕动等。

异丙嗪(promethazine) 亦称"非那根""普鲁米嗪"。

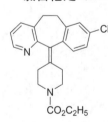

CAS 号 60-87-7。分子式 $C_{17}H_{20}N_2S$,分子量 284.42。白色至浅黄色晶体或粉末,味苦,熔点 60℃。其盐酸盐为白色或几乎白色粉末或颗粒,熔点 230~232℃(部分分解)。难溶于水。制备:以吩噻嗪为原料与 1-氯-2-二甲氨基丙烷缩合制得。用途:作抗组胺药,用于治疗各种过敏性疾病(如哮喘、荨麻疹、过敏性鼻炎及支气管哮喘等)和孕期呕吐,亦可与氯丙嗪等配合成冬眠合剂,用于人工冬眠。

氯雷他定(loratadine) 亦称"开瑞坦""氯雷他汀"。

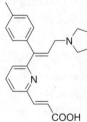

CAS 号 79794-75-5。分子式 $C_{22}H_{23}ClN_2O_2$,分子量 382.89。白色或类白色晶体粉末。熔点 134~136℃。不溶于水,易溶于甲醇、乙醇或丙酮。制备:由 8-氯-11-(1-甲基哌啶-4-亚基)-6,11-二氢-5H-苯并[5,6]环庚并[1,2-b]吡啶(甲基氯雷他定)和氯甲酸乙酯反应而得。用途:第二代的抗组胺药物,常用于治疗过敏性疾病。

阿伐斯汀(acrivastine) 亦称"阿伐司丁"。CAS 号 87848-99-5。分子式 $C_{22}H_{24}N_2O_2$,分子量 348.45。白色至米黄色固体。熔点 56~59℃。制备:以 2,6-二溴吡啶、4-甲基苯甲腈和溴化(2-吡咯烷基乙基)三苯基膦为原料经多步反应合成而得。用途:作竞争性 H_1 受体拮抗剂,用于治疗过敏性鼻炎、花粉病、慢性原发性

荨麻疹、皮肤划痕症、拟副交感神经性荨麻疹、特异性风冷型荨麻疹等。

布克立嗪(buclizine) 亦称"安其敏""布克利嗪"。

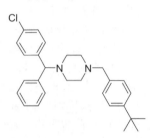

CAS 号 82-95-1。分子式 $C_{28}H_{33}ClN_2$,分子量 433.04。白色晶体粉末。沸点 230~240℃(0.001 Torr)。不溶于水,溶于乙醇、氯仿。制备:由对叔丁基氯化苄为原料与哌嗪缩合生成对叔丁基苄基哌嗪,再与对氯二苯基溴甲烷缩合而得。用途:作抗过敏性药物,用于荨麻疹、神经性皮炎等的治疗,亦可用于妊娠呕吐、晕动症等。

左卡巴斯汀(levocabastin) 亦称"左卡巴司丁""佐卡司汀"。CAS 号 79516-68-0。分子式 $C_{26}H_{29}FN_2O_2$,分子量 420.53。晶体。熔点 298~299℃。微溶于水。制备:由 4-氰基-4-(4-氟苯基)环己酮和 3-甲基-4-苯基-1-乙氧羰基-4-哌啶羧酸反应,所得产物用硼氢化钠还原后再水解而得。用途:高选择性、高活性的组胺 H_1 受体拮抗剂,用于过敏性鼻炎、过敏性结膜炎的治疗。

二苯环庚啶盐酸盐倍半水合物(cyproheptadine hydrochloride sesquihydrate) 亦称"盐酸赛庚啶""赛庚啶""二苯环庚啶""偏痛定""乙苯环庚啶"。CAS 号 41354-29-4。分子式 $C_{21}H_{22}ClN \cdot \frac{3}{2}H_2O \cdot HCl$,分子量 350.89。白色或浅黄色晶体粉末,味微苦。熔点 165℃。微溶于水、乙醇、氯仿、甲醇,几乎不溶于乙醚。制备:由二苯并环庚三烯酮与 N-甲基-4-哌啶基溴化镁作用后脱水,再经与盐酸作用成盐而得。用途:用于治疗荨麻疹、皮肤瘙痒、过敏性鼻炎。

富马酸酮替芬(ketotifen fumarate) 亦称"酮替芬""噻喘酮""甲哌噻庚酮""噻哌酮""克脱吩"。

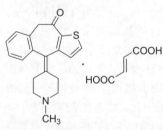

CAS 号 34580-14-8。分子式 $C_{23}H_{23}NO_5S$,分子量 425.50。白色或微黄色晶体粉末,味苦。熔点 192℃。微溶于水,易溶于甲醇,微溶于氯仿和丙酮。用途:作抗组胺药和平喘药,用于预防、治疗支气管炎和哮喘。

奥美拉唑（omeprazole）　亦称"奥西康""洛赛克""亚砜咪唑""安胃哌唑"。CAS 号 73590-58-6。分子式 $C_{17}H_{19}N_3O_3S$，分子量 345.42。白色或类白色晶体粉末。熔点 156℃。不溶于水，微溶于甲醇和乙醇，易溶于二氯甲烷和氯仿。制备：由 4-甲氧基-1,2-苯二胺和黄原酸钾反应，制得 5-甲氧基-2-巯基苯并咪唑，再与 3,5-二甲基-2-氯甲基-4-甲氧基吡啶反应，最后用间氯过氧苯甲酸氧化而得。用途：质子泵抑制剂，临床作消化系统用药，用于胃及十二指肠溃疡、反流性或糜烂性食管炎、Zollinger-Ellison 综合征等，对用 H_2 受体拮抗剂无效的胃及十二指肠溃疡也有效。

兰索拉唑（lansoprazole）　亦称"达克普隆""郎索那唑"。CAS 号 103577-45-3。分子式 $C_{16}H_{14}F_3N_3O_2S$，分子量 369.36。白色晶体粉末。熔点 178～182℃。难溶于水。制备：以 4-羟基-2-氯甲基-3-甲基吡啶为原料，与三氟乙醇成醚后与 2-巯基-5-甲氧基苯并咪唑作用，经氧化制得。用途：作抗溃疡病药，用于治疗十二指肠溃疡、反流性食管炎等症；对幽门螺杆菌具有强烈的抗菌作用，可治疗消化性溃疡。

西咪替丁（cimetidine）　亦称"甲氰咪胍""甲氰咪胺""泰胃美"。CAS 号 51481-61-9。分子式 $C_{10}H_{16}N_6S$，分子量 252.34。白色晶体，具有淡的硫化物气味。熔点 139～141℃。微溶于水，略溶于异丙醇，易溶于甲醇、乙醇和稀盐酸。制备：由 5-甲基-4-羟甲基-1H-咪唑盐酸盐和 2-氨基乙硫醇盐酸盐在溴化氢存在下反应，再用碳酸钾中和，所得氨基乙硫基甲基咪唑产物再与 N-氰基-N′,S-二甲基异硫脲反应而得。用途：作组胺 H_2 受体拮抗剂，可抑制基础胃酸分泌，用于胃及十二指肠溃疡、消化性食道炎的治疗。

雷尼替丁（ranitidine）　亦称"甲硝呋胍""胃安太定""善胃得""胃安太"。CAS 号 66357-35-5。分子式 $C_{13}H_{22}N_4O_3S$，分子量 314.40。白色粉末。熔点 70～72℃。溶于甲醇、水和乙酸，略溶于乙醇，几乎不溶于氯仿或丙酮。制备：由 5-[(二甲氨基)甲基]-2-呋喃甲醇和半胱氨酸为原料制得。用途：长效强效的 H_2 受体拮抗剂，用于良性胃及十二指肠溃疡、术后溃疡，反流性食管炎及卓艾氏综合征等的治疗。

法莫替丁（famotidine）　亦称"胃舒达""愈疡宁"。CAS 号 76824-35-6。分子式 $C_8H_{15}N_7O_2S_3$，分子量 337.44。白色至黄白色晶体。熔点 163～164℃。几乎不溶水或氯仿，微溶于甲醇和丙酮，易溶于乙酸。制备：由脒基硫脲和 1,3-二氯丙酮环合生成 2-胍基-4-氯甲基噻唑，然后与硫脲反应后再和 β-氯丙腈反应，生成 2-胍基-4-[(氰乙硫基)甲基]噻唑，接着用甲醇醇解，再胺化而得。用途：组胺 H_2 受体拮抗剂，用于消化性溃疡病、胃及十二指肠溃疡、反流性食管炎、上消化道出血等的治疗。

乙酸罗沙替丁（roxatidine acetate；pifatidine）　亦称"罗沙替丁乙酸酯"，系统名"2-乙酰氧基-N-[3-[3-(1-哌啶基甲基)苯氧基]丙基]乙酰胺"。CAS 号 78628-28-1。分子式 $C_{19}H_{28}N_2O_4$，分子量 348.44。晶体。熔点 58～60℃，密度 1.218 g/cm³。制备：由哌啶和 3-羟基苯甲醛进行还原胺化，然后用 3-氯丙胺或 3-溴丙胺对酚羟基进行氧上烷基化，最后与乙酰氧基乙酰氯反应而得。用途：组胺 H_2 受体拮抗剂，用于胃溃疡、Zollinger-Ellison 综合征、糜烂性食管炎、胃食管反流病和胃炎的治疗，也用于麻醉前给药以预防酸吸入综合征。

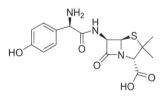

尼扎替丁（nizatidine）　CAS 号 76963-41-2。分子式 $C_{12}H_{21}N_5O_2S_2$，分子量 331.45。白色至灰白色晶体粉末。熔点 130～132℃。微溶于水，不溶于苯和乙醚，溶于甲醇，易溶于氯仿。制备：由 2-二甲胺基甲基-4-氯甲基噻唑盐酸盐和 N-(2-巯乙基)-N′-甲基-2-硝基-1,1-乙烯二胺在氢氧化钠水溶液中反应而得。用途：H_2 受体阻断剂，用于活动性十二指肠溃疡、良性胃溃疡、活动性十二指肠溃疡愈合后的预防。

阿莫西林（amoxicillin）　亦称"羟氨苄青霉素""阿莫锋"。CAS 号 26787-78-0。分子式 $C_{16}H_{19}N_3O_5S$，分子量 365.40。白色晶体粉末。熔点 193～195℃。微溶于水、甲醇、乙醇。制备：由 6-氨基青霉烷酸（6-APA）与 N-(3-乙氧羰基-1-甲基乙烯基)对羟基苯甘氨酸钠盐经缩合而得。用途：最常用的半合成青霉素类广谱 β-内酰胺类抗生素，临床上用于治疗扁桃体炎、喉炎、肺炎、慢性支气管炎、泌尿系统感染、皮肤软组织感染、化脓性胸膜炎、肝胆系统感染、败血症、伤寒、痢疾等。

氨苄西林（ampicillin）　亦称"安比西林""氨苄青霉素"。CAS 号 69-53-4。分子式 $C_{16}H_{19}N_3O_4S$，分子量 349.40。白色晶体或粉末。熔点 199～202℃。溶于水，几乎不溶于氯仿、乙醚、丙酮和四氯化碳；其钠盐易溶于水。制备：先将 D-(-)-苯甘氨酸的侧链羧酸氯化为酰氯，再与 6-氨基青霉烷酸(6-APA)进行缩合反应而得。用途：广谱青霉素，用于治疗敏感的肠球菌、痢疾杆菌、伤寒杆菌、大肠杆菌、李斯特菌、产气杆菌、流感杆菌和奇异变形杆菌等。

头孢唑林（cefazolin）　亦称"先锋霉素 V"。CAS 号 25953-19-9。分子式 $C_{14}H_{14}N_8O_4S_3$，分子量 454.50。针状晶体。熔点 198～200℃（分解）。微溶于水，溶于丙酮、乙醇，微溶于甲醇，不溶于氯仿、苯、醚。制备：由头孢西酮母核，即 7-氨基-3-｛[(5-甲基-1,3,4-噻二唑-2-基)硫]甲基｝头孢霉素烷酸和四氮唑-1-乙酸甲酯为原料合成而得；或以头孢菌素 C 为原料合成而得。用途：为半合成广谱头孢菌素，用于治疗由敏感菌所致的呼吸道、泌尿生殖系、皮肤软组织、骨和关节、胆道等感染，也可用于心内膜炎、败血症、咽和耳部感染。

头孢噻吩钠（cephalothin sodium）　亦称"先锋霉素 I""噻孢霉素钠"。CAS 号 58-71-9。分子式 $C_{16}H_{15}N_2NaO_6S_2$，分子量 418.41。白色晶体粉末。熔点 160℃。微溶于水和乙醇，不溶于氯仿和乙醚；水溶液在低温时比较稳定。制备：以发酵生产的头孢菌素 C 为原料，经保护性水解得 7-氨基头孢烷酸(7-ACA)，与噻吩乙酰氯缩合，再加入甲醇与醋酸钠成盐，经结晶而得。用途：广谱繁殖期杀菌型抗生素，用于耐青霉素 G 的细菌引起的感染，如呼吸系统、胆道、泌尿道感染，金黄色葡萄球菌性脑膜炎，心内膜炎，败血症，扁桃体炎，骨髓炎和猩红热等。

头孢呋辛（cefuroxim）　亦称"呋肟霉素""头孢呋肟"。CAS 号 55268-75-2。分子式 $C_{16}H_{16}N_4O_8S$，分子量 424.38。白色晶体。熔点 218～225℃。微溶于水。制备：以头孢噻吩钠为原料，经脱去

乙酰基后系列反应制得。用途：第二代头孢菌素类抗生素，对革兰阳性菌和阴性菌均有较强的抑菌或杀菌作用，对 β-内酰胺酶稳定，注射给药。用于治疗敏感菌引起的泌尿系统感染、呼吸系统感染、软组织感染、妇产科疾病感染、淋病、脑膜炎等。

头孢克洛（cefaclor）　亦称"氯氨苄头孢菌素""单水头孢氯氨苄""可福乐""新达罗"。CAS 号 53994-73-3，分子式 $C_{15}H_{14}ClN_3O_4S$，分子量 367.80。白色粉末。溶于水，不溶于甲醇、氯仿、苯；溶液在 pH 2.5～4.5 时稳定。制备：由对硝基苄-7-氨基-3-氯-3-头孢-4-羧酸酯与臭氧、二氯亚砜、2-氨基苯乙酸反应制得。用途：为第二代头孢菌素，作 β-内酰胺类抗生素，头孢菌素类药，主要用于治疗由于敏感菌所致的急性咽炎、急性扁桃体炎、中耳炎、支气管炎、肺炎等呼吸道感染、皮肤软组织感染和尿路感染等。

头孢噻肟（cefotaxime）　亦称"噻胞霉素""头孢泰克松"。CAS 号 63527-52-6。分子式 $C_{16}H_{17}N_5O_7S_2$，分子量 455.46。白色粉末。熔点 162～163℃（分解）。微溶于水。制备：以发酵所生产的头孢菌素 C 为原料，经裂解得 7-氨基头孢烷酸(7-ACA)，再经硅酯化，与侧链酸缩合、水解、结晶等步骤合成而得。用途：为第三代头孢菌素，作半合成肟型头孢菌素，用于治疗由于敏感菌所致的呼吸系统感染、泌尿系统感染、胆道及肠道感染、皮肤及软组织感染以及烧伤和骨关节感染等。

头孢唑肟（ceftizoxime）　亦称"安普西林""头孢去甲噻肟"。CAS 号 68401-81-0。分子式 $C_{13}H_{13}N_5O_5S_2$，分子量 383.40。白色或淡黄色晶体粉末。熔点 227℃（分解）。其钠盐易溶于水，略溶于甲醇。制备：以 2-甲氧亚氨基-2-(2-氨基-1,3-噻唑-4-基)乙酸和 7-氨基头孢烷酸发生酰胺化反应制得。用途：为第三代头孢菌素类抗生素，对多种革兰氏阳性菌和阴性菌均有抗菌作用，但对革兰氏阴性菌作用较强；用于治疗由于敏感菌所致的呼吸系统感染、泌尿系统感染、胆道感染、骨和关节感染、皮肤及软组织感染、妇科疾病、败血症、腹膜炎、脑膜炎和心内膜炎等。

头孢匹罗（cefpirome）　亦称"头孢吡隆"。CAS 号 84957-29-9。分子式 $C_{22}H_{22}N_6O_5S_2$，分子量 514.58。白色或近白色晶体粉末。溶于水，几乎不溶于乙醇、乙醚。制

备：由头孢噻肟和 2,3-环戊烯并吡啶在碘化钾存在下于水中加热而得；或将头孢噻肟侧链转化为碘化物后，再和 2,3-环戊烯并吡啶在二氯甲烷中回流反应而得。用途：为第四代头孢菌素，用于治疗金黄色葡萄球菌、肺炎链球菌、流感杆菌、卡他莫拉菌、肠杆菌科细菌和铜绿假单胞菌所致的医院获得性肺炎和严重社会获得性肺炎。

头孢吡肟（cefepime） 亦称"头孢匹美"。CAS 号 88040-23-7。分子式 $C_{19}H_{24}N_6O_5S_2$，分子量 480.56。白色或近白色晶体粉末。熔点 150℃（分解）。难溶于水。制备：以 7-氨基-3-氯甲基-3-头孢-4-羧酸二苯甲基酯盐酸盐为原料合成而得。用途：为第四代头孢菌素，用于治疗由于敏感菌所引起的各种感染，主要包括难治性感染如金黄色葡萄球菌、肠杆菌属及铜绿假单胞菌引起的呼吸道感染。

磷霉素（phosphonomycin；fosfomycin） 亦称"赐福美仙"，系统名"(2)-(1R,2S)-1,2-环氧丙基膦酸"。CAS 号 23155-02-4。分子式 $C_3H_7O_4P$，分子量 138.06。白色晶体。熔点 94℃，密度 1.561 g/cm³，折射率 1.486。其钠盐为白色晶体粉末，极易溶于水，微溶于乙醇、乙醚。制备：以丙炔醇为原料，依次经酯化、重排、水解和异构化，得丙炔基膦酸二钠，然后经水解、异构化、氢化后，再将所得顺式消旋体中间体用(±)-a-苯乙胺成盐，环氧化后拆分而得。用途：为广谱抗生素，用于金黄色葡萄球菌、大肠杆菌、奇异变形杆菌、痢疾杆菌等感染疾病的治疗。

萘啶酸（nalidixic acid） 亦称"萘啶酮酸"，系统名"1,4-二氢-7-甲基-1-乙基-4-氧代-1,8-萘啶-3-羧酸"。CAS 号 389-08-2。分子式 $C_{12}H_{12}N_2O_3$，分子量 232.24。白色至灰白色粉末。熔点 227～229℃。难溶于水和醚，微溶于醇和强碱液，溶于氯仿。制备：由 2-氨基-5-甲基吡啶与原甲酸乙酯及丙二酸二乙酯缩合成 N-(2-甲基-5-氨基吡啶)甲叉丙二酸二乙酯，然后在高温下将其环合后，再加到氢氧化钠稀溶液中水解，所得 7-甲基-1,8-萘啶-4-羟基-3-羧酸用溴乙烷进行 N-烷基化并发生异构化而得。用途：为第一代喹诺酮类抗菌药，能抑制细菌 DNA、RNA 的合成，用于治疗革兰氏阴性菌所致的尿道感染。

吡哌酸（pipemidic acid） 亦称"吡卜酸"。CAS 号 51940-44-4。分子式 $C_{14}H_{17}N_5O_3$，分子量 303.32。浅黄色晶体粉末。熔点 251～255℃。难溶于甲醇、丙酮、水、乙醇、氯仿，溶于乙酸、稀碱或其他酸溶液。制备：将 2,4-二氯嘧啶-5-羧酸乙酯与 β-乙氨基丙酸乙酯缩合环化为 2-氯-5-羟基-7,8-二氢-8-乙基吡啶[2,3-d]嘧啶-6-羧酸酯，然后溴化后经与哌嗪缩合、水解、中和而得。用途：为第二代喹诺酮类抗菌药物，抗菌谱较萘啶酸广，用于治疗泌尿道感染及耳鼻喉科感染等。

诺氟沙星（norfloxacin） 亦称"氟哌酸""淋克星"。CAS 号 70458-96-7。分子式 $C_{16}H_{18}FN_3O_3$，分子量 319.34。灰白色至淡黄色晶体粉末。熔点 220℃。微溶于水、甲醇、乙醇、丙酮、氯仿，易溶于酸性或碱性溶液。制备：由 3-氯-4-氟硝基苯先还原，然后和原甲酸三乙酯及丙二酸二乙酯在硝酸铵存在下环合，生成 4-羟基-6-氟-7-氯喹啉-3-羧酸乙酯，再进行乙基化后水解，最后与哌嗪缩合而得。用途：为第三代喹诺酮类抗菌剂，具有广谱高效的抗菌作用，毒性低，口服吸收好，用于治疗尿路感染、淋病、前列腺炎、肠道感染和伤寒及其他沙门菌感染。

莫西沙星（moxifloxacin） CAS 号 151096-09-2。分子式 $C_{21}H_{24}FN_3O_4$，分子量 401.44。近白色晶体粉末。熔点 324～325℃，$[\alpha]_D^{20}$ -193。难溶于水，几乎不溶于丙酮，微溶于乙醇。制备：由 1-环丙基-6,7-二氟-1,4-二氢-8-甲氧基-4-氧-3-喹啉羧酸与 [1S,6S]-2,8-二氮杂二环[4.3.0]壬烷反应而得。用途：为第四代喹诺酮类抗菌药物，DNA 拓扑异构酶抑制剂，用于治疗金黄色葡萄球菌、流感杆菌、肺炎球菌等引起的社区获得性肺炎，慢性支气管炎急性发作，急性窦炎等。

左氧氟沙星（levofloxacin hemihydrate） 亦称"可乐必妥"。CAS 号 138199-71-0。分子式 $C_{18}H_{22}FN_3O_5$，分子量 379.39。黄色或灰黄色晶体粉末。熔点 214～216℃。微溶于水、丙酮、乙醇、甲醇。制备：由外消旋的氧氟沙星经直接拆分得左旋体；或以左氧氟沙星 Q 酸为前体，经与 N-甲基哌嗪反应而得；或将氧氟沙星以硫酸羟胺处理后，用盐酸酸化得盐酸盐经碱性离子交换柱处理，所得到的两性化合物中加入(S)-(+)-扁桃酸,其与(-)-异构体成盐后形成结晶,可通过离子交换树脂,再经还原脱氨基而得。用途:全合成抗生素,具有广谱抗菌作用,抗菌作用强,用于治疗呼吸道感染、妇科疾病感染、皮肤和软组织感染、外科感染、胆道感染、性传播疾病以及耳鼻口腔科感染等多种细菌感染。

盐酸金刚烷胺(amantadine hydrochloride) 亦称"1-金刚胺盐酸盐"。CAS号 665-66-7。分子式 $C_{10}H_{18}ClN$,分子量 187.71。白色晶体粉末。熔点>300℃(分解)。易溶于水,微溶于乙醇和丙酮,不溶于苯和乙醚。制备:由金刚烷胺与盐酸成盐后精制而得。用途:作抗病毒药,属窄谱类,仅用于防治 A2 型病毒引起的流行性感冒,不推荐用于治疗甲型流感感染;也作缓释制剂,用于治疗由于帕金森病患者服用左旋多巴而引起的运动障碍副作用;对多发性硬化症相关的疲劳也有中等程度的作用。

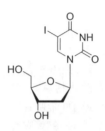

盐酸金刚乙胺(rimantadine hydrochloride) 亦称"甲基金刚烷甲胺""甲金胺"。CAS号 1501-84-4,分子式 $C_{12}H_{22}ClN$,分子量 215.77。白色晶体粉末。熔点 373～375℃。溶于水、乙醇和氯仿。制备:由 1-溴化金刚烷在三溴化铝催化下和溴乙烯加成,再加入氢氧化钾加热消除,得到乙炔化物,然后经硫酸催化下水合得到酮,接着和羟胺成肟,最后用氢化铝锂还原、盐酸化成盐而得。用途:作抗病毒药,用于预防和治疗 A 型(包括 H1N1、H2N2、H3N2)等流感病毒引起的感染。

扎那米韦(zanamivir) CAS号 139110-80-8。分子式 $C_{12}H_{20}N_4O_7$,分子量 332.31。无色至米黄色晶体或粉末。熔点 252～256℃。溶于水。制备:以 5-乙酰氨基-4,7,8,9-四-O-乙酰基-2,3,5-三脱氧-D-甘油基-D-半乳糖壬-2-烯吡喃糖醇为原料合成制得。用途:作神经氨酸酶抑制剂,用于治疗由甲型流感和乙型流感病毒引起的感染。

磷酸奥司他韦(oseltamivir phosphate) 亦称"达菲"(tamiflu)。CAS号 204255-11-8。分子式 $C_{16}H_{31}N_2O_8P$,分子量 410.40。白色至黄白色粉末。熔点 196～198℃。溶于水,微溶于乙醇,几乎不溶于丙酮。制备:以 5-叠氮基奥塞米韦为原料合成而得。用途:作神经氨酸苷酶抑制剂,对流感 A 型和 B 型病毒均有效。是已上市药物中治疗甲型 H1N1 流感最有效的药物之一。

碘苷(idoxuridine) 亦称"疱疹净",系统名"2'-脱氧-5-碘尿核苷"。CAS号 54-42-2。分子式 $C_9H_{11}IN_2O_5$,分子量 354.10。白色晶体粉末。熔点 170～180℃(分解),密度 2.014 g/cm³,$[\alpha]_D^{25}+7.4$($c=0.108$,水)。微溶于水、甲醇、乙醇或丙酮,几乎不溶于氯仿或乙醚,易溶于氢氧化钠溶液。制备:由 2'-脱氧尿苷和 5-碘尿嘧啶合成而得。用途:作抗微生物感染药,用于局部治疗单纯疱疹性角膜炎上皮病变,尤其是最初出现树突状溃疡的病变,由于对心脏有毒性,只能局部使用。

屈氟尿苷(trifluridine) 亦称"曲氟尿苷""三氟尿苷""三氟哩啶",系统名"5-三氟甲基-2'-脱氧尿苷"。CAS号 70-00-8,分子式 $C_{10}H_{11}F_3N_2O_5$,分子量 296.20。近白色晶体粉末。熔点 186～189℃,$[\alpha]_D^{20}+47.3$($c=1$,水)。易溶于甲醇和丙酮,溶于水、乙醇、0.01M 盐酸和 0.01M 氢氧化钠,微溶于异丙醇、乙腈和乙醚。制备:以 2'-脱氧尿苷为原料与 Langlois 试剂(CF_3SO_2Na)及过氧化叔丁醇反应而得。用途:抗疱疹病毒药物,主要用于治疗眼病。

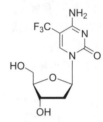

阿糖胞苷(cytarabine) 亦称"胞嘧啶阿拉伯糖苷"。CAS号 147-94-4。分子式 $C_9H_{13}N_3O_5$,分子量 243.22。白色或近白色晶体粉末。熔点 212～214℃,密度 1.89 g/cm³,$[\alpha]_D^{24}+153$($c=0.5$,水)。溶于水,部分溶于甲醇,几乎不溶于乙醚。制备:由 5-胞嘧啶核苷酸经水解得到胞嘧啶核苷,然后进行氯化、环氧化及氨解而得。用途:抗肿瘤、抗病毒药,主要用于治疗急性髓细胞白血病、急性淋巴细胞白血病、慢性髓细胞白血病和非霍奇金淋巴瘤的化疗药物。

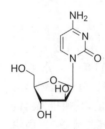

阿糖腺苷(vidarabine) 亦称"9-β-D-阿拉伯呋喃糖基腺嘌呤"。CAS号 5536-17-4。分子式 $C_{10}H_{13}N_5O_4$,分子量 267.24。白色至灰白色晶体粉末。熔点 260～265℃。微溶于水、甲醇,几乎不溶于乙醚。制备:以 5'-腺嘌呤核苷酸为原料先制得 8-羟基-N,3',5'-O-三乙基-2'-O-对甲苯磺酰基腺苷,在甲醇-氨中环化后再在甲醇-硫化氢中开环,所得 8-巯基阿糖腺苷再经氢解脱硫而得。用途:抗病毒药物,对疱疹病毒、痘病毒、横纹病毒、嗜肝 DNA 病毒和一些 RNA 肿瘤病毒有活性,用于治疗单纯疱疹病毒性脑膜炎、免疫抑制病人的带状疱疹和水痘感染;其单磷酸酯衍生物有抑制乙肝病毒复制的作用。

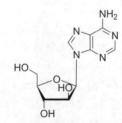

阿昔洛韦(acyclovir; acycloguanosine) 亦称"阿

昔洛维""开糖环鸟苷""无环鸟苷""羟乙氧甲基嘌呤"，系统名"9-(2-羟乙氧基甲基)鸟嘌呤"。CAS 号 59277-89-3。分子式 $C_8H_{11}N_5O_3$，分子量 225.20。白色晶体粉末。熔点 256～257℃。微溶于水。制备：以鸟嘌呤核苷为原料合成而得。用途：广谱抗病毒药物，主要用于治疗单纯疱疹病毒感染、水痘和带状疱疹，也用于乙型肝炎、包括预防移植后巨细胞病毒感染和爱泼斯坦-巴尔病毒感染的严重并发症等。

伐昔洛韦（valaciclovir） 亦称"万乃洛韦"。CAS 号 124832-26-4。分子式 $C_{13}H_{20}N_6O_4$，分子量 324.34。白色至灰白色晶体粉末。易吸潮。熔点 150～152℃。微溶于水和乙醇，几乎不溶于丙酮。制备：由 N-苄氧羰基-L-缬氨酸及阿昔洛韦为原料合成而得。用途：抗病毒药物，用于治疗单纯疱疹、带状疱疹和 B 型疱疹。是一种前药，在人体内转化为阿昔洛韦。

丙氧鸟苷（ganciclovir） 亦称"更昔洛韦"，系统名"9-(1,3-二羟基-2-丙氧甲基)鸟嘌呤"。CAS 号 82410-32-0。分子式 $C_9H_{13}N_5O_4$，分子量 255.23。白色粉末。熔点 250℃（分解）。微溶于水。制备：以 6-氯鸟嘌呤为原料合成而得。用途：作抗病毒药物，用于治疗巨细胞病毒（CMV）感染，是使口服生物利用度提高的前药。

泛昔洛韦（famciclovir） 亦称"法昔洛韦"。CAS 号 104227-87-4。分子式 $C_{14}H_{19}N_5O_4$，分子量 321.34。白色晶体。熔点 102～104℃。微溶于水，难溶于乙醇。制备：以 2-氨基-6-氯嘌呤为原料制得。用途：抗病毒和抗感染药，用于治疗单纯疱疹病毒（生殖器疱疹）、带状疱疹和免疫功能患者的唇疱疹（冷疮），也用于抑制单纯疱疹病毒的复发、治疗艾滋病患者反复发作的单纯疱疹。

利巴韦林（ribavirin） 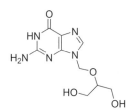亦称"病毒唑"。CAS 号 36791-04-5。分子式 $C_8H_{12}N_4O_5$，分子量 244.21。白色或近白色晶体粉末。熔点 174～176℃。易溶于水，微溶于乙醇、氯仿和乙醚。制备：由尿苷和 1H-1,2,4-三唑-3-甲酰胺经酶催化合成而得。用途：抗病毒

药物，用于治疗 RSV 感染、丙型肝炎和病毒性出血热。

膦甲酸钠（trisodium phosphonoformate） 亦称"膦甲酸三钠"。CAS 号 63585-09-1。分子式 CNa_3O_5P，分子量 191.95。白色或近白色晶体粉末。熔点＞250℃。制备：由膦甲酸三乙酯与氢氧化钠反应而得。用途：抗病毒药，用于敏感病毒所致的皮肤感染、黏膜感染，也用于 HIV 感染者。

齐多夫定（zidovudine；ZDV；AZT） 系统名"3′-叠氮-2′,3′-脱氧胸苷"。CAS 号 30516-87-1。分子式 $C_{10}H_{13}N_5O_4$，分子量 267.25。白色至灰白色晶体；从石油醚中得针状结晶。熔点 120～122℃，密度 1.51 g/cm³，$[\alpha]_D^{25}$ +99（$c=0.5$，水）。溶于水，易溶于乙醇。制备：以胸腺嘧啶脱氧核苷为原料合成而得。用途：抗逆转录病毒药，用于预防和治疗艾滋病，通常建议与其他抗逆转录病毒药物联用。

奎宁（quinine） 亦称"金鸡纳碱""金鸡纳霜"。CAS 号 130-95-0。分子式 $C_{20}H_{24}N_2O_2$，分子量 324.42。白色无定形粉末或晶体。熔点 175～177℃，$[\alpha]_D^{20}$ - 172（$c=1$，EtOH）。微溶于水，溶于乙醇、乙醚、氯仿和苯。制备：从金鸡纳树的树皮中分离提取而得。用途：作抗疟药，用于治疗和预防各种疟疾，但从 2006 年起，世界卫生组织不再建议将其作为治疗疟疾的一线药物，仅在无青蒿素的情况下才使用；也用于治疗狼疮和关节炎以及作为可卡因和海洛因等街头毒品的切割剂；有机合成中作手性催化剂或配体。

氯喹（chloroquine） CAS 号 54-05-7。分子式 $C_{18}H_{26}ClN_3$，分子量 319.88。白色粉末。熔点 90℃。难溶于水，易溶于有机溶剂。制备：由 4,7-二氯喹啉与 2-氨基-5-二乙氨基戊烷反应而得。用途：常用其磷酸盐，作预防和治疗疟疾的药物，偶尔用于肠道外发生的阿米巴病、风湿性关节炎、ID 关节炎和红斑狼疮。

伯氨喹（primaquine） 亦称"伯氨喹啉"，系统名"N-(6-甲氧基喹啉-8-基)戊-1,4-二胺"。CAS 号 90-34-6。分子式 $C_{15}H_{21}N_3O$，分子量 259.35。黏性液体。沸点 175～179℃（2 Torr）。其磷酸盐为橙红色晶体粉末。溶于水，不溶于氯仿或乙醚。制备：以 8-氨基-6-甲氧基喹啉为原料合成而得。用途：用于治疗和预防疟疾以及治疗

肺孢子虫肺炎的药物,特别用于因间日疟原虫和卵状疟原虫引起的疟疾,也用于肺孢子虫肺炎和克林霉素的替代治疗。

青蒿素(artemisinin) 亦称"黄花蒿素""黄花素"。CAS 号 63968-64-9。分子式 $C_{15}H_{22}O_5$,分子量 282.33。白色针状晶体。熔点 152～157℃,密度 1.24 ± 0.1 g/cm³,$[\alpha]_D^{20}+75$($c=0.5$,甲醇)、$[\alpha]_D^{17}+66.3$($c=1$,氯仿)。不溶于水,溶于甲醇和乙醇,易溶于氯仿、丙酮、乙酸乙酯和苯。制备:从植物青蒿的叶中提取;或通过半合成制取,其前体可以用基因工程酵母生产,这种酵母比使用植物更有效。用途:用于治疗恶性疟原虫引起的疟疾的药物,对血吸虫也有杀灭作用;含有青蒿素衍生物的治疗方法是目前恶性疟原虫疟疾的标准治疗方法。

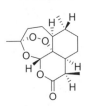

双氢青蒿素(dihydroartemisinin) CAS 号 81496-82-4。分子式 $C_{15}H_{24}O_5$,分子量 284.35。白色针状晶体。熔点 145～150℃,$[\alpha]_D^{20}+75$($c=0.5$,甲醇)。不溶于水,溶于三氯甲烷和丙酮,略溶于甲醇或乙醇。制备:由青蒿素还原制得。用途:为青蒿素衍生物,临床作用于各型疟疾,尤其用于对氯喹、哌喹耐药的脑型、病情凶险的恶性疟疾的抢救;通常作为一种与哌喹的联合药物。

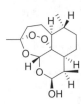

蒿甲醚(artemether) 亦称"青蒿醚"。CAS 号 71963-77-4。分子式 $C_{16}H_{26}O_5$,分子量 298.38。白色粒状晶体。熔点 86～89℃,$[\alpha]_D^{19.5}+171$($c=2.6$,氯仿)。不溶于水,溶于甲醇、乙醇、DMSO 等有机溶剂。制备:由青蒿素为原料合成而得。用途:作抗疟药,用于治疗多药耐药恶性疟原虫疟疾。

哌喹(piperaquine) 系统名"7-氯-4-[4-[3-[4-(7-氯喹啉-4-基)哌嗪-1-基]丙基]哌嗪-1-基]喹啉"。CAS 号 83764-65-2。分子式 $C_{29}H_{32}Cl_2N_6$,分子量 535.52。其磷酸盐为微黄色粉末。制备:以 4,7-二氯喹啉为原料,先与无水哌嗪缩合制得 7-氯-4-(1-哌嗪基)喹啉,再与 1,3-溴氯丙烷进行缩合反应而得。用途:常用其磷酸盐,用于疟疾的治疗和疟疾症状的抑制性预防,也用于硅肺的防治。

阿苯达唑(albendazole) 亦称"扑尔虫""肠虫清"。CAS 号 54965-21-8。分子式 $C_{12}H_{15}N_3O_2S$,分子量

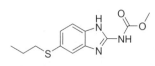

265.33。白色至淡黄色晶体粉末。熔点 207～211℃(分解)。不溶于水,微溶于丙酮、氯仿,溶于乙酸。制备:由 2-硝基-4-硫氰酸酯基苯胺和 1-溴丙烷反应,所得中间体用硫化钠还原为邻苯二胺衍生物后再与 S-甲基-N,N-二(甲氧羰基)异硫脲环合而得。用途:高效广谱驱虫药,用于驱除蛔虫、蛲虫、钩虫、鞭虫,治疗各种类型的囊虫病,也用于家畜的驱虫。

噻苯达唑(tiabendazole; thiabendazole) 亦称"噻苯咪唑""噻苯唑""噻菌灵"。CAS 号 148-79-8。分子式 $C_{10}H_7N_3S$,分子量 201.25。白色至类白色晶体粉末。熔点 304～305℃。微溶于水,不溶于氯仿、苯,溶于稀盐酸溶液。制备:由 4-噻唑羧酸酰胺与邻苯二胺在磷酸中缩合反应而得。用途:为广谱驱虫药,常用于驱蛲虫、蛔虫;也用于控制水果(如橙子)和蔬菜中的霉菌、枯萎病和其他真菌性疾病以及荷兰榆树病的预防治疗。

甲苯咪唑(mebendazole) 亦称"安乐士""美鞭达唑",系统名"(5-苯甲酰-1H-苯并[d]咪唑-2-基)氨基甲酸甲酯"。CAS 号 31431-39-7。分子式 $C_{16}H_{13}N_3O_3$,分子量 295.30。白色至淡黄色晶体粉末。熔点 288.5℃,密度 1.39 g/cm³。不溶于水,溶于甲酸、乙酸。制备:以邻二氯苯和苯甲酰氯为原料,经缩合、氨解、环合而得。用途:作驱肠虫药,用于蛔虫、蛲虫、线虫、绦虫、钩虫、滴虫、包囊虫以及鞭虫类感染的治疗。

盐酸左旋咪唑(levamisole hydrochloride) 亦称"左旋驱虫净""保松噻",系统名"(S)-6-苯基-2,3,5,6-四氢咪唑并[2,1-b]噻唑盐酸盐"。CAS 号 16595-80-5。分子式 $C_{11}H_{13}ClN_2S$,分子量 240.75。白色至淡黄色晶体粉末。熔点 227～229℃,$[\alpha]_D^{20}-128$($c=5$,水)。易溶于水、甲醇、乙醇和甘油,微溶于氯仿、乙醚,难溶于丙酮;在酸性条件下稳定,在碱性条件下易分解而失效。制备:先由 2-亚氨基-3-(2-羟基-2-苯乙基)噻唑烷制得外消旋体,再用双苯甲酰基-D-酒石酸酐拆分、碱析后酸化成盐而得。用途:驱肠虫药,用于抗蛔虫及抗钩虫。

哌嗪(piperazine) 亦称"驱蛔灵"。CAS 号 110-85-0。分子式 $C_4H_{10}N_2$,分子量 86.14。无色晶体,具有氨的气味。熔点 106℃,沸点 146℃,密度 1.114 g/cm³。溶于水、乙醇,不溶于乙醚。制备:以氯乙醇为原料,经氨化、环合而得。用途:常用其磷酸盐或枸橼酸盐,用作驱除蛔虫、蛲虫

的药物。

乙胺嗪（diethylcarbamazine）　亦称"海群生"，系统名"1-甲基-4-二乙基氨基甲酰基哌嗪"。CAS 号 90-89-1。分子式 $C_{10}H_{21}N_3O$，分子量 199.30。灰白色晶体粉末。熔点 47～49℃，沸点 108.5～111℃（3 Torr）。溶于水。制备：由二乙胺与光气反应生成二乙胺基甲酰氯，然后与哌嗪缩合得 1-二乙胺基甲酰基哌嗪，再经甲基化制得。用途：作抗丝虫药，常用其枸橼酸盐、盐酸盐或磷酸盐。

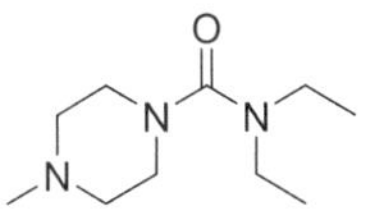

伊维菌素 B_1（ivermectin B_1）　亦称"22,23-二氢阿巴美丁"。CAS 号 70288-86-7、71827-03-7。分子式 $C_{48}H_{74}O_{14}$、$C_{47}H_{72}O_{14}$，分子量 875.11(B_{1a})、861.08 (B_{1b})。类白色粉末。熔点 155～157℃。不溶于水，溶于甲醇、酯和芳香烃。由阿维链霉菌发酵产生的半合成大环内酯类多组分抗生素。主要含伊维菌素 B_1(B_{1a}＋B_{1b})，含量≥93%，其中 B_{1a} 不少于 85%。制备：由阿维菌素氢化而得。用途：抗生素类抗寄生虫药，用于治疗多种寄生虫的感染，包括河盲症(丝虫病)和淋巴丝虫病以及头虱、疥疮、圆线虫病、滴虫病等；也可制成农用杀虫、杀螨剂，用于杀灭广泛寄生于植物上的螨类、小菜蛾、菜青虫、潜叶蝇、木虱、线虫等。

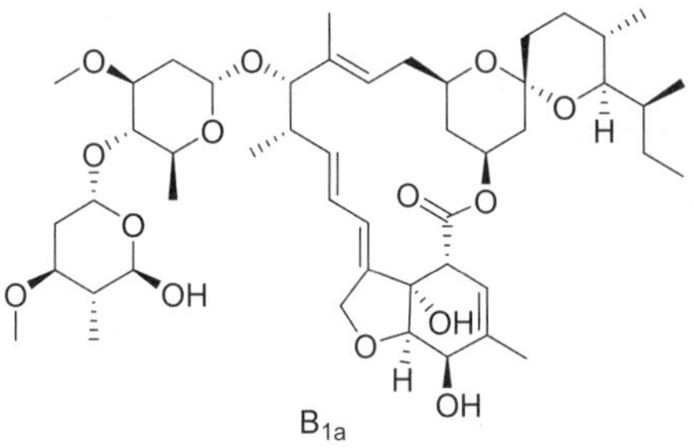

B₁ₐ

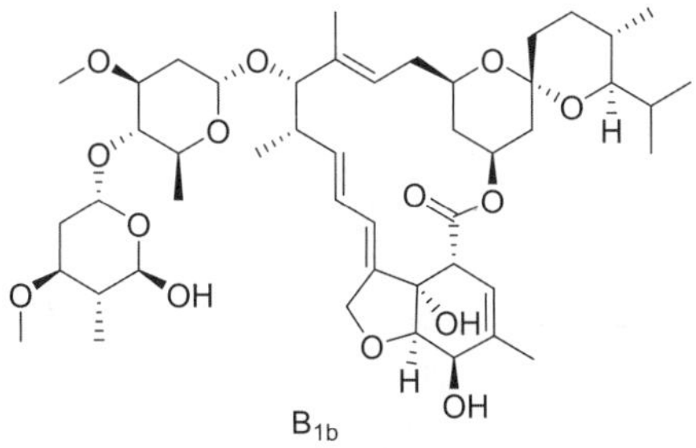

B₁ᵦ

酒石酸锑钾（L-antimony potassium tartrate）　亦称"吐酒石"。CAS 号 11071-15-1。分子式 $C_8H_4K_2O_{12}Sb_2$，分子量 613.82。无色透明晶体或白色粉末。溶于水及甘油，不溶于乙醇，水溶液呈弱碱性，遇单宁酸生成白色沉淀。制备：由酒石酸钾溶于水，加入三氧化二锑，经反应后浓缩结晶即可制得。用途：作织物和皮革的媒染

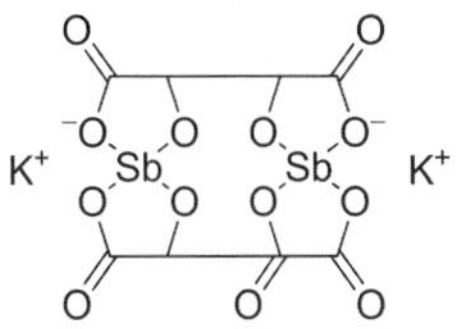

剂以及杀虫剂，对血吸虫有直接杀死作用。

吡喹酮（praziquantel）　亦称"环吡异喹酮"。CAS 号 55268-74-1。分子式 $C_{19}H_{24}N_2O_2$，分子量 312.41。白色或几乎白色晶体粉末。熔点 136℃，密度 1.25 g/cm³。微溶于水，不溶于乙醚，溶于二甲基亚砜。制备：以苯乙胺为原料，用氯乙酰氯进行酰化后，再以苯二甲酰胺钾进行胺化反应引入氨基，在三氯氧磷的作用下环合得 3,4-二氢异喹啉衍生物，经氢化、水解得到 1-氨甲基四氢喹啉，先后用环己甲酰氯和氯乙酰氯酰化，最后脱氯化氢环合制得。用途：广谱抗寄生虫病药，用于血吸虫病、囊虫病、肺吸虫病、包虫病、姜片虫病、棘球蚴病、蠕虫感染等的治疗和预防。

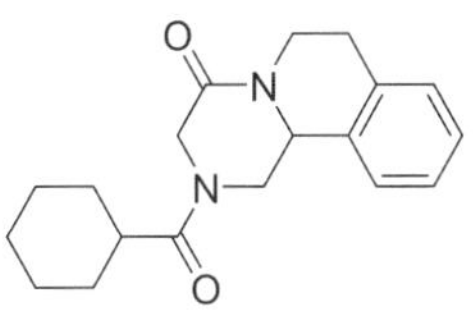

呋喃丙胺（furapromide）　CAS 号 1951-56-0。分子式 $C_{10}H_{12}N_2O_4$，分子量 224.22。固体。溶于水。制备：以糠醛为原料合成而得。用途：主要用于治疗血吸虫病、华支睾吸虫病、姜片虫病。

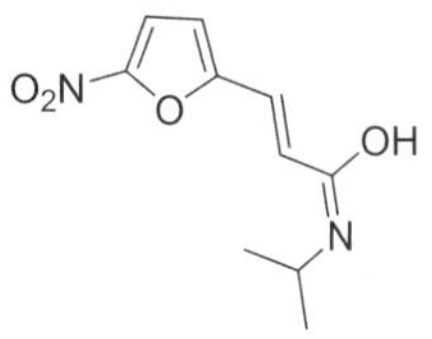

尼卡巴嗪（nicarbazin）　亦称"球虫净"。CAS 号 330-95-0。分子式 $C_{19}H_{18}N_6O_6$，分子量 426.39。淡黄色晶体粉末。熔点 265～275℃（分解）。不溶于水、乙醇、氯仿和乙醚，微溶于二甲基甲酰胺。与水研磨时会慢慢分解，在稀酸中分解较快。制备：由 4,4'-二硝基均二苯脲(DNC)与乙酰丙酮和尿素环合、复合而得。用途：作抗球虫药，用于治疗鸡球虫病。

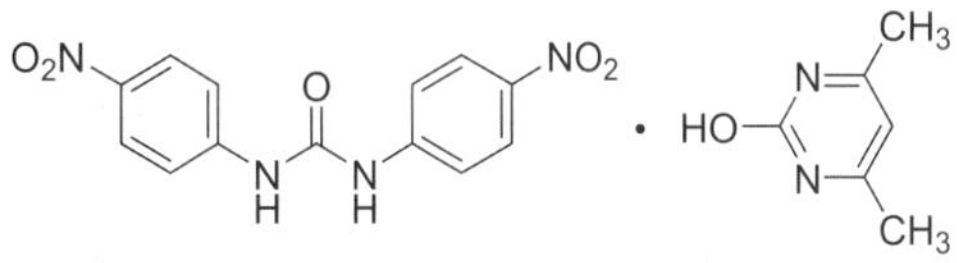

癸氧喹酯（decoquinate）　亦称"敌可昆"。CAS 号 18507-89-6。分子式 $C_{24}H_{35}NO_5$，分子量 417.55。淡黄色晶体。熔点 242～245℃。不溶于水，微溶于氯仿、乙醚。制备：由 3,4-二羟基硝基苯在 DMF 介质中与 1-溴癸烷反应生成 3-羟基-4-癸氧基硝基苯，接着经乙氧基化、还原，制得 3-乙氧基-4-癸氧基苯胺，然后与乙氧基亚甲基丙二酸二乙酯缩合，得 3-乙氧基-4-癸氧苯胺基甲叉丙二酸二乙酯，最后经加热缩合而得。用途：喹啉类抗球虫药，作为饲料添加剂，以预防肉鸡球虫病。

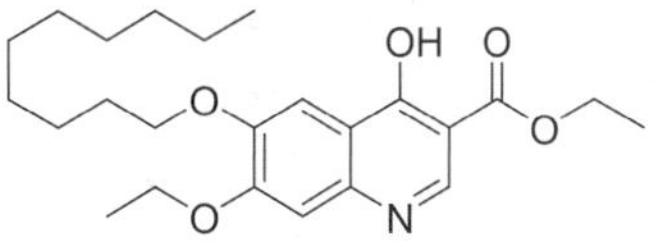

盐酸氨丙啉（amprolium hydrochloride）　亦称"盐酸安普霉素""安保宁"。CAS 号 137-88-2。分子式 $C_{14}H_{20}Cl_2N_4$，分子量 315.24。白色或类白色粉末。熔点

248～249℃。溶于水、甲醇或乙醇，稍溶于乙醚，不溶于氯仿。制备：以生产维生素 B_1 的中间体为原料，经环合、水解开环、重氮化等多步合成而得。用途：作抗球虫药，对鸡艾美耳球虫、柔嫩与堆形艾美耳球虫、羔羊及犊牛球虫都有效，禁用于产蛋鸡。

亚硝酸异戊酯（isopentyl nitrite） 亦称"亚硝戊酯"。CAS 号 110-46-3。分子式 $C_5H_{11}NO_2$，分子量 117.15。淡黄色澄清液体，具有水果香味。具挥发性，遇光和空气会分解。沸点 99℃，密度 0.871 g/mL，折射率 1.387 1。不溶于水，与醇、醚混溶。制备：由异戊醇与亚硝酸作用而得。用途：短效血管扩张剂，用于治疗心绞痛；还可作氢氰酸及其盐类中毒的解毒剂。

硝酸甘油（nitroglycerin） 亦称"硝化甘油""硝酸甘油酯""三硝酸甘油酯""三硝酸丙三酯"。CAS 号 55-63-0。分子式 $C_3H_5N_3O_9$，分子量 227.09。淡黄色黏稠液体，低温易冻结。熔点 13℃，50～60℃时分解，密度 1.593^{15} g/mL，折射率 1.473。不溶于水，混溶于乙醇、乙醚、丙酮、硝基苯、乙酸乙酯等。制备：由甘油用 1∶1 硝酸/硫酸进行硝化制得。用途：作制造军事和商业用炸药；作血管扩张药，用于治疗冠状动脉狭窄引起的急性心绞痛。

5-单硝酸异山梨酯（isosorbide 5-nitrate） 亦称"5-硝酸异山梨酯"。CAS 号 16051-77-7。分子式 $C_6H_9NO_6$，分子量 191.14。白色晶体粉末。熔点 89～91℃，密度 1.56 g/cm³，$[\alpha]_D^{20}+145$（$c=5$，水）。易溶于水。制备：由山梨醇经脱水环合制得脱水山梨醇，再与硝酸及乙酸酐反应而得。用途：用于心绞痛的预防和治疗，冠心病的长期治疗、预防血管痉挛和混合型心绞痛，也适用于心肌梗死后的治疗和慢性心衰的长期治疗。

硝苯地平（nifedipine） 亦称"利心平""心痛定""硝苯吡啶"。CAS 号 21829-25-4。分子式 $C_{17}H_{18}N_2O_6$，分子量 346.34。黄色晶体。熔点 171～175℃。不溶于水，略溶于乙醇，易溶于丙酮和氯仿。遇光易变质。制备：由邻硝基苯甲醛、乙酰乙酸甲酯、甲醇和氨水在回流条件下反应制得。用途：长效冠脉扩张药，用于急慢性冠脉功能不全，尤其是心绞痛及心肌梗死。

尼群地平（nitrendipine） 亦称"舒麦特"。CAS 号 39562-70-4。分子式 $C_{18}H_{20}N_2O_6$，分子量 360.37。有一个手性中心，故有一对对映异构体，其中（R）-体 CAS 号 80890-07-9，（S）-体 CAS 号 80873-62-7。黄色晶体粉末。熔点 130～132℃。易溶于丙酮或三氯甲烷，略溶于甲醇或乙醇，不溶于水。遇光易变质。制备：间硝基苯甲醛和乙酰乙酸乙酯在酸催化下缩合后与 3-氨基丁烯酸甲酯反应制得。用途：第二代钙离子拮抗剂，为治疗高血压药物，用于降低血压、治疗原发性高血压，也用于降低可卡因的心脏毒性。

尼莫地平（nimodipine） 亦称"尼莫通""尼达尔"。CAS 号 66085-59-4。分子式 $C_{21}H_{26}N_2O_7$，分子量 418.45。黄色晶体粉末。熔点 122～127℃。不溶于水，溶于乙醇和氯仿。制备：先由间硝基苯甲醛和乙酰乙酸甲氧基乙酯在盐酸或浓硫酸催化下缩合，所得产物再和 3-氨基丁烯酸异丙酯在无水乙醇中加热环合而得。用途：钙离子通道拮抗剂，具有抗缺血和抗血管收缩的作用，为脑血管扩张和脑功能改善药，用于治疗缺血性脑血管病、中轻度高血压、偏头痛、突发性耳聋、脑血管痉挛等。

盐酸地尔硫䓬（dilthiazem hydrochloride） 亦称"地尔硫""硫氮草酮""恬尔心"。CAS 号 33286-22-5。分子式 $C_{22}H_{27}ClN_2O_4S$，分子量 450.98。白色晶体或晶体粉末。熔点 212～214℃，$[\alpha]_D^{20}+118$（$c=1$，水）。溶于水、甲醇、氯仿，不溶于苯，难溶于乙醇。制备：由 2-氨基苯硫酚与对甲氧苯基环氧丙酸乙酯缩合，得 2-(4-甲氧苯基)-3-羟基-1,5-苯并硫氮杂草-4(5H)-酮，再经与二甲氨基氯乙烷反应、乙酸酐酰化以及与盐酸作用成盐而得。用途：钙离子通道阻滞药，用于治疗室上性心律失常、心绞痛、老年人高血压等。

维拉帕米（verapamil） 亦称"异搏定""戊脉安""凡拉帕米"。CAS 号 52-53-9。分子式 $C_{27}H_{38}N_2O_4$，分子量 454.61。淡黄色黏稠油状液体。不溶于水，易溶于低级醇、丙酮、乙酸乙酯、氯仿,溶于苯、乙醚,难溶于己烷。制备:由 3,4-二甲氧基苯乙腈与异丙基溴在强碱存在下反应,所得烃基化产物再与 1,3-氯溴丙烷进行氯丙基化反应,然后与 N-甲基-3,4-二甲氧基苯乙胺缩合而得。用途:选择性冠脉扩张剂,用于阵发性室外上性心动过速的治疗,也用于心绞痛、高血压和肥厚型梗死性心肌病。

桂利嗪(cinnarizine) 亦称"脑益嗪""肉桂嗪""反式-1-二苯基甲基-4-肉桂基哌嗪"。CAS 号 298-57-7。分子式 $C_{26}H_{28}N_2$,分子量 368.52。白色粉末。熔点 117～119℃,密度 1.13 g/cm³。不溶于水,溶于三氯甲烷和热乙醇。制备:由无水哌嗪与二苯基溴代甲烷先制得二苯甲基哌嗪,再与肉桂基氯缩合而得。用途:长效多功能的血管收缩拮抗剂,用于治疗脑血管疾病以及颈源性眩晕等引起的头痛、头晕失眠、记忆力减退等症。

奎尼丁(quinidine) 亦称"异奎宁""异性金鸡纳碱"。CAS 号 56-54-2。分子式 $C_{20}H_{25}N_2O_2$,分子量 324.42。白色至淡黄色晶体粉末。熔点 174～175℃,$[\alpha]_D^{15}+230$($c=1.8$,氯仿)、$[\alpha]_D^{17}+258$($c=1$,乙醇)、$[\alpha]_D^{17}+322$($c=1.6$, 2N 盐酸)。微溶于水和乙醇,易溶于甲醇。是奎宁的立体异构体。制备:可从茜草科植物金鸡纳树皮中提取而得。用途:抗心律失常剂,用于心房颤动、心房扑动、室上性和室性心动过速的复律和预防以及恶性过早搏动的治疗和预防;在有机合成中作手性催化剂和配体;奎尼丁硫酸盐也用于治疗马房颤。

盐酸普鲁卡因胺(procainamide hydrochloride) 亦称"奴佛卡因胺"。CAS 号 614-39-1。分子式 $C_{13}H_{22}ClN_3O$,分子量 271.79。无色至淡黄色晶体粉末。熔点 165～169℃。难溶于水,溶于乙醇,微溶于氯仿,极微溶于乙醚和苯。制备:由对硝基苯甲酰氯与二乙氨基乙胺缩合,再经催化氢化还原硝基后再与盐酸作用成盐而得。用途:抗心律失常药,属典型膜稳定剂,也用于房性心律失常和心肌梗死患者预防心律失常的治疗。

甲基多巴(methyldopa) 亦称"阿道美""爱道美"。CAS 号 555-30-6。分子式 $C_{10}H_{13}NO_4$,分子量 211.22。白色晶体粉末。熔点>300℃。可溶于水,易溶于稀盐酸,饱和水溶液 pH 5 左右,微溶于乙醇,不溶于乙醚和氯仿。制备:将香兰醛用硫酸二甲

酯甲基化为藜芦醛,再与硝基乙烷缩合得到 1-(2-硝基丙烯基)-3′,4′-二甲氧基苯,用铁粉还原并经水解后生成 3′,4′-二甲氧基苯丙酮,然后经环合、开环、水解反应得到 DL-甲基多巴,拆分出左旋物即得。用途:用于中、重度或恶性高血压,还有镇静、降低眼压作用;尤其适用于肾性高血压及肾功减退的高血压。

卡托普利(captopril) 亦称"开博通""甲巯丙脯酸"。CAS 号 62571-86-2。分子式 $C_9H_{15}NO_3S$,分子量 217.28。白色或类白色晶体粉末,具有蒜的特异臭,味咸。熔点 104～108℃,$[\alpha]_D^{20}-129.5$($c=1$,乙醇)。易溶于水、甲醇、乙醇、丙酮、二氯甲烷和氯仿,不溶于乙醚和己烷。制备:由 α-甲基丙烯酸和硫代乙酸加成得到 α-甲基-β-乙酰硫基乙酸,再用氯化亚砜制得相应酰氯后,在氢氧化钠(作为缚酸剂)的作用下直接和脯氨酸反应形成非对映异构体混合物,用二环己胺成盐后进行光学拆分,再通过氨解脱去乙酰基而得。用途:抗高血压药,属非肽类血管紧张素转化酶抑制剂,用于治疗高血压和心力衰竭。

氯沙坦(losartan carboxylic acid) 亦称"科素亚""洛沙坦""罗沙藤"。CAS 号 124750-92-1。分子式 $C_{22}H_{21}ClN_6O_2$,分子量 436.90。淡黄色固体。熔点 125.2～128.5℃。溶于水。制备:2-丁基-4-氯-5-羟甲基咪唑先和甲醇钠反应,然后和 4′-溴甲基-2-氰基联苯在二甲基甲酰胺中反应,所得中间体再和叠氮钠反应形成四氮唑环,经高锰酸钾氧化羟甲基后制得。用途:非肽类血管紧张素 II 受体拮抗剂,用于原发性高血压和充血性心力衰竭的治疗,特别对糖尿病、肾病的恶化有逆转作用。

替米沙坦(telmisartan) 亦称"泰米沙坦",系统名"4′-[[4-甲基-6-(1-甲基-2-苯并咪唑基)-2-丙基-1-苯并咪唑基]甲基]-2-联苯甲酸"。CAS 号 144701-48-4。分子式 $C_{33}H_{30}N_4O_2$,分子量 514.63。白色至类白色粉末。熔点 269℃,密度 1.24 g/cm³。不溶于水,溶于氯仿,微溶于甲醇,极微溶于丙酮。制备:由 2-正丙基-4-甲基苯并咪唑-6-羧酸和 N-甲基邻苯二胺等合成而得。用途:特异性血管紧张素 II 受体拮抗剂,用作抗高血压药物,用于治疗原发性高血压、轻至中度高血压、心力衰竭和糖尿病肾病。

洛伐他汀(lovastatin) 亦称"明维欣""艾乐汀"。

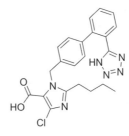

CAS 号 75330-75-5。分子式 $C_{24}H_{36}O_5$，分子量 404.55。白色晶体。熔点 174.5℃（分解），$[\alpha]_D^{25}+323$（$c=0.5$，乙腈）。不溶于水，溶于氯仿、甲醇、丙酮、乙腈和二甲基甲酰胺。制备：从土曲霉培养液中分离而得。用途：作血脂调节药，用于杂合型家族性高胆固醇血症、严重及轻型原发性高胆固醇血症的治疗，也作饮食疗法辅助药物，以减少过高的胆固醇和低密度蛋白胆固醇水平。

瑞舒伐他汀钙（rosuvastatin calcium） 亦称"罗苏伐他汀钙"，系统名"（+）-(3R,5S)-双｛7-[4-(4-氟苯基)-6-异丙基-2-(N-甲基-N-甲磺酰基氨基)嘧啶-5-基]-3,5-二羟基-6-(E)-庚烯酸｝钙"。CAS 号 147098-20-2。分子式 $C_{44}H_{54}CaF_2N_6O_{12}S_2$，分子量 1 001.14。白色至类白色粉末。熔点 122℃，$[\alpha]_D^{25}+12\sim+18$（$c=1$，1∶1 甲醇-水）。略溶于甲醇，极微溶解于乙醇。制备：以对氟苯甲醛、异丁酰乙酸乙酯、尿素为原料，经环合、氧化、亲核取代、水解还原得到瑞舒伐他汀钙重要中间体嘧啶甲醇，再以 3-O-叔丁基二甲基硅基戊二酸酐等为原料，经酰胺化、活性酯的制备、Wittig 反应、脱保护、还原、水解及成盐等多步反应而得。用途：选择性 HMG-CoA 还原酶抑制剂，可降低血中总胆固醇和低密度脂蛋白胆固醇水平，临床用于预防高危人群的心血管疾病和治疗血脂异常、原发性高胆固醇血症（IIa 型，包括杂合子家族性高胆固醇血症）或混合性脂血障碍（IIb 型）患者的辅助治疗。

阿托伐他汀钙（atorvastatin calcium） 亦称"阿托伐司他丁钙""立普妥"。CAS 号 134523-03-8。分子式 $C_{66}H_{68}CaF_2N_4O_{10}$，分子量 1 155.36。白色晶体粉末。熔点 176～178℃。易溶于二甲基亚砜。制备：可采用先合成出取代的吡咯环，然后在环上引入手性的 3,5-顺式双羟基庚酸结构，或者预先制备手性的 3,5-顺式二羟基庚酸片断，再与 1,4-二羰基化合物环合得到吡咯环结构侧，经多步反应合成而得。用途：HMG-CoA 还原酶的选择性竞争性抑制剂，作降胆固醇药物，并阻断胆固醇的产生，临床用于治疗血脂异常和预防心血管疾病。

吉非罗齐（gemfibrozil） 亦称"乐衡""诺衡""吉非贝齐"，系统名"2,2-二甲基-5-(2,5-二甲基苯氧基)戊酸"。

CAS 号 25812-30-0。分子式 $C_{15}H_{22}O_3$，分子量 250.34。白色晶体粉末。熔点 61～63℃。不溶于水，溶于甲醇、乙醇、丙酮、己烷和碱液。制备：由异丁酸异丁酯在二异丙基氨基锂作用下，和 1-氯-3-溴丙烷反应，生成 5-氯-2,2-二甲基戊酸异丁酯，再和 2,5-二甲基苯酚反应而得。用途：血脂调节药，可降低极低密度脂蛋白的水平、中等程度降低低密度脂蛋白（LDL）水平、温和升高高密度脂蛋白（HDL）水平，临床用于高脂血症。

米力农（milrinone） 亦称"二联吡啶酮""甲腈吡酮"。CAS 号 78415-72-2。分子式 $C_{12}H_9N_3O$，分子量 211.22。灰白色固体。熔点 315℃（分解），密度 1.344 g/cm^3。微溶于水。制备：先由 4-甲基吡啶在苯基锂作用下与乙酸乙酯反应，制得 1-(4-吡啶基)丙酮，然后和 N,N-二甲基甲酰胺二甲基缩醛反应，得 1-(4-吡啶基)-2-(二甲氨基)乙烯基甲酮，最后与氰乙酰胺、甲醇钠和二甲基甲酰胺加热回流反应而得。用途：作非苷类非儿茶酚胺类强心药，用于治疗慢性心力衰竭及充血性心力衰竭等严重的心力衰竭。

苯妥英（phenythoin） 亦称"二苯尿囊素""5,5-二苯基海因"，系统名"5,5-二苯基咪唑烷-2,4-二酮"。CAS 号 57-41-0。分子式 $C_{15}H_{12}N_2O_2$，分子量 252.27。白色结晶粉末或针状晶体。熔点 295～298℃，密度 1.27 g/cm^3。不溶于水，溶于乙醇，易溶于二甲基亚砜。制备：由苯甲醛经缩合、氧化得到二苯基乙二酮，然后再在氢氧化钾等碱存在下与尿素反应而得。用途：临床上主要使用其钠盐，用作癫痫治疗药物，例如用于预防性治疗强直阵挛发作、预防局灶性癫痫的发展、治疗单纯失神发作、降低手术期间的癫痫发作等；也用于治疗外周性神经痛；在其他抗心律失常药物或心脏复律失败后，可用于治疗室性心动过速和房性心动过速突发事件，属于 1B 级抗心律失常药。

卡马西平（carbamazepine） 亦称"叉颠宁""卡巴咪嗪"，系统名"5H-二苯并[b,f]氮杂䓬-5-甲酰胺"。CAS 号 298-46-4。分子式 $C_{15}H_{12}N_2O$，分子量 236.27。白色或类白色结晶性粉末。熔点 189～192℃，密度 1.266 g/cm^3。不溶于水，溶于甲醇、乙醇、丙酮等。制备：可由亚氨基芪与异氰酸反应制得，也可由亚氨基芪经氯甲酰化和氨化反应制得。用途：作抗癫痫药，具有与苯妥英钠相似的抗癫痫作用；用于治疗神经性疼痛，比如三叉神经痛、舌咽神经痛等；也用于心律失常及尿崩症等的治疗。

乙琥胺（ethosuximide） 亦称"柴郎丁"，系统名"3-

甲基-3-乙基吡咯烷-2,5-二酮""2-甲基-2-乙基丁二酰亚胺"。CAS 号 77-67-8。分子式 $C_7H_{11}NO_2$，分子量 141.17。白色至微黄色蜡状固体。熔点 64～65℃，沸点 265℃，146～150℃（12 Torr）。易溶于水、乙醇和三氯甲烷。制备：由 2-甲基-2-乙基丁二酸用氨水环合而得。用途：作抗癫痫药，主要用于癫痫小发作。

苯琥胺（phensuximide） 亦称"米浪丁"，系统名"1-甲基-3-苯基吡咯烷-2,5-二酮"。CAS 号

86-34-0。分子式 $C_{11}H_{11}NO_2$，分子量 189.21。白色固体。熔点 71～73℃。制备：由苯硼酸与 N-甲基马来酰亚胺在乙酸钯催化下反应而得；或由 2-苯基丁二酸酐与甲胺反应而得。用途：用于治疗癫痫小发作和精神运动性发作。

丙戊酸钠（sodium valproate） 亦称"抗癫灵"，系统名"2-丙基戊酸钠"。CAS 号 1069-66-5。

分子式 $C_8H_{15}NaO_2$，分子量 166.20。白色或类白色结晶性粉末。熔点 300℃。易溶于水、乙醇和热乙酸乙酯，几乎不溶于乙醚、丙酮和石油醚。制备：由二丙基丙二酸经加热、脱羧后，再用氢氧化钠中和而得。用途：作广谱抗癫痫药，用于治疗和预防各种类型癫痫，对失神性小发作、癫痫性行动失常等疗效较好。

苯巴比妥（phenobarbital） 亦称"迦地那""鲁米那"，系统名"5-乙基-5-苯基嘧啶-2,4,6

($1H,3H,5H$)-三酮""5-乙基-5-苯基巴比妥酸"。CAS 号 50-06-6。分子式 $C_{12}H_{12}N_2O_3$，分子量 232.24。白色或类白色结晶性粉末。熔点 174～178℃，密度 1.35 g/cm³，折射率 1.354。微溶于水，易溶于乙醇、乙醚和氯仿。制备：2-苯基丙二酸二乙酯在碱性下与溴乙烷反应引入乙基，再与脲缩合制得。用途：作广谱抗癫痫药，用于治疗和预防各种类型癫痫，对失神性小发作、癫痫性行动失常等疗效较好。

巴比妥（barbital） 亦称"巴比特鲁""巴比通""佛罗拿"，系统名"5,5-二乙基嘧啶-2,4,6($1H$,$3H$,$5H$)-三酮"。CAS 号 57-44-3。分子式 $C_8H_{12}N_2O_3$，分子量 184.20。白色粉末。熔点 188～192℃。溶于热水、乙醇、乙醚和氯仿。制备：由 2,2-二乙基丙二酸二乙酯与尿素缩合而得。用途：作催眠药，具有镇静、催眠、抗惊厥及抗癫痫作用，但由于易产生耐受性和依赖性，过量服用可产生严重毒性，例如能诱导肝药酶的活性、干扰其他药物经肝脏的代谢耐药性等，因此巴比妥类已不作镇静催眠药的常规使用，临床上主要用作抗惊厥、抗癫痫和麻醉药；其钠盐溶液作生物研究用的 pH 缓冲液；也用作过氧化氢稳定剂。

扑米酮（primidone） 亦称"密苏林""扑痫酮""普里米酮"，系统名"5-乙基-5-苯基二氢嘧啶-4,6

($1H,5H$)-二酮"。CAS 号 125-33-7。分子式 $C_{12}H_{14}N_2O_2$，分子量 218.26。白色结晶粉末。熔点 281～282℃。微溶于乙醇，几乎不溶于水、丙酮和苯，易溶于热水、热乙醇和氯仿。制备：由乙基苯基丙二酸二乙酯与硫脲缩合，再由锌粉还原制得。用途：用于癫痫大发作和精神运动性发作。

加巴喷丁（gabapentin） 亦称"诺立汀""盖巴潘汀"，系统名"2-(1-(氨基甲基)环己基)乙酸"。

CAS 号 60142-96-3。分子式 $C_9H_{17}NO_2$，分子量 171.24。白色至灰白色结晶粉末。熔点 162～166℃，密度 1.058 g/cm³。易溶于水。制备：以环己酮和氰乙酸乙酯为原料，在氨存在下环合、水解，得 2-(2-羧甲基环己基)乙酸，再与乙酸酐作用形成环酐，随后进行氨解和 Hofmann 重排制得。用途：作常规抗癫痫药和抗焦虑药。

拉莫三嗪（lamotrigine） 亦称"拉米克妥"，系统名"6-(2,3-二氯苯基)-1,2,4-三嗪-3,5-二胺"。CAS 号 84057-84-1。分子式 $C_9H_7Cl_2N_5$，分子量 256.09。白色至淡奶色粉末。熔点 216～218℃。易溶于二甲基亚砜。制备：由 2,3-二氯苯甲酰氯和氰化亚铜反应形成酰氰中间体，然后和氨基胍缩合，再在氢氧化钾作用下环合后而得。用途：是谷氨酸和天冬氨酸递质抑制剂，作抗癫痫药，临床主要用于其他抗癫痫药不能有效控制的部分发作、继发性发作和原发性全身发作的癫痫，也用于帕金森病、运动神经元疾病以及神经性疼痛等的治疗。

氨己烯酸（vigabatrin） 系统名"4-氨基-5-己烯酸"。CAS 号 60643-86-9。分子式 $C_6H_{11}NO_2$，分子量 129.16。从乙醇-水中得白色结晶或结晶性粉末。熔点 209℃，密度 1.108²⁵ g/cm³。易溶于水。制备：由 5-乙烯基-2-吡咯烷酮在含水异丙醇中进行碱性水解反应而得。用途：作抗癫痫药，用于其他抗癫痫药比较难控制的癫痫治疗。

托吡酯（topiramate） 亦称"妥泰""托佩冯特""妥普迈"，系统名"2,3:4,5-双-O-(1-甲基亚乙基)-β-吡喃糖氨基磺酸酯"。CAS 号 97240-79-4。分子式 $C_{12}H_{21}NO_8S$，分子量 339.36。白色粉末或晶体。熔点 125～126℃，密度 1.44 g/cm³。易溶于二甲基亚砜、丙酮、乙醇和氯仿。制备：由 2,3:4,5-二-O-异丙亚基-β-D-吡喃果糖（双丙酮-β-D-果糖）与氨基磺酰氯反应而得。

用途：作抗惊厥药和抗癫痫药。

氯硝西泮（clonazepam）　亦称"氯安定"，系统名"1, 3-二氢-7-硝基-5-(2-氯苯基)-1,4-苯并二氮杂草-2酮"。CAS号 1622-61-3。分子式 $C_{15}H_{10}ClN_3O_3$，分子量 315.71。微黄色或淡黄色结晶性粉末。熔点 236.5～238.5℃。溶于水，易溶于甲醇、乙醚和苯。制备：由 2-氨基-2′-硝基二苯酮经重氮化氯化得 2′-硝基-2-氯二苯酮，再经催化加氢得 2-氨基-2′-氯二苯酮后，与溴乙酰溴反应生成 2-溴-2′-(2-氯苯甲酰)乙酰苯胺，再经与吡啶一起回流，环化生成 5-(2-氯苯基)-3H-1,4-苯并二氮杂草-2(1H)-酮，最后经硝化而得。用途：抗惊厥药，用于短期治疗癫痫和惊恐障碍伴随或不伴随广场恐怖症（陌生环境恐怖症）。

三甲双酮（trimethadione）　亦称"解痉酮"，系统名"3,5,5-三甲基噁唑烷-2,4-二酮"。CAS号 127-48-0。分子式 $C_6H_9NO_3$，分子量 143.14。无色或白色结晶。熔点 45～46℃，沸点 94～96℃(8 Torr)。易溶于水、乙醚、乙醇和氯仿。制备：由 5,5-二甲基噁唑烷-2,4-二酮(二甲双酮)经与碘甲烷或硫酸二甲酯甲基化而得。用途：用于治疗难于治愈的癫痫小发作，如伴有大发作时，需与适量的抗大发作药物合用。因毒副反应较大，特别是孕妇服用可导致产生胎儿三甲基二酮综合征，包括面部畸形（鼻子短翘、眉毛歪斜）、心脏缺陷、宫内生长受限和智力迟钝，已不多用。

乙酰唑胺（acetazolamide）　亦称"醋唑磺胺""乙酰偶氮胺""丹木斯""代冒克斯"，系统名"2-乙酰基氨基-1,3,4-噻二唑-5-磺酰胺"。CAS号 59-66-5。分子式 $C_4H_6N_4O_3S_2$，分子量 222.24。白色针状结晶或结晶性粉末。熔点 258～259℃，密度 1.77 g/cm^3。溶于沸水，微溶于水和乙醇，几乎不溶于氯仿或乙醚。制备：由 2-乙酰氨基-5-巯基-1,3,4-噻二唑用液氯氧化得 2-乙酰基氨基-5-磺酰氯-1,3,4-噻二唑，再通过与氨水作用进行胺化而得。用途：用于治疗青光眼；亦有作为抗癫痫药物。

戊巴比妥（pentobarbital；5-ethyl-5-(1-methylbutyl) barbituric acid）　系统名"5-乙基-5-(戊-2-基)嘧啶-2,4,6(1H,3H,5H)-三酮"。CAS号 76-74-4。分子式 $C_{11}H_{18}N_2O_3$，分子量 226.28。白色至灰白色结晶粉末。熔点 128～129℃，79～87℃(10～12 Torr)升华。易溶于水和乙醇，几乎不溶于乙醚。制备：由乙基(1-甲基丁基)丙二酸二乙酯与尿素缩合环化而得。用途：是一种短效巴比妥类药物，用于全身麻醉及中枢神经兴奋药中毒的解救；高剂量会导致呼吸停止而死亡，已被苯二氮草类药物所取代。

眠尔通（meprobamate）　亦称"甲丙氨酯""甲丁双脲""安宁""氨基丙二酯"，系统名"2-甲基-2-丙基-1,3-丙二醇二氨基甲酸酯"。CAS号 57-53-4。分子式 $C_9H_{18}N_2O_4$，分子量 218.25。白色结晶性粉末。熔点 105～106℃，沸点 200～210℃，密度 1.229 g/cm^3。易溶于水。制备：由 2-甲基戊醛与两分子甲醛进行反应得到 2-甲基-2-丙基 1,3-丙二醇，然后依次与光气及氨反应而得。用途：作抗焦虑药物，用于治疗神经症的焦虑紧张失眠；也用作反刍动物的饲料营养强化剂。

卡利普多（carisoprodol）　亦称"肌安宁""卡来梯""异氨甲丙二酯""异丙安宁""异丙基眠尔通""异庚二酯"。CAS号 78-44-4。分子式 $C_{12}H_{24}N_2O_4$，分子量 260.33。白色结晶性粉末。熔点 92～92℃，沸点 160～170℃(2 Torr)。微溶于水。制备：由 2-甲基-丙基-1,3-丙二醇和光气反应得相应的氯甲酸酯，再依次与异丙胺和氨基甲酸乙酯(或氰酸钠)反应而得。用途：中枢作用骨骼肌松弛剂，用于肌肉松弛治疗。有被滥用和过量服用，以及嗜睡、头晕、恶心和心理损伤等毒副作用。

地西泮（diazepam）　亦称"安定""苯甲二氮"，系统名"1-甲基-5-苯基-7-氯-1,3-二氢-2H-苯并[e][1,4]二氮杂草-2-酮"。CAS号 439-14-5。分子式 $C_{16}H_{13}ClN_2O$，分子量 284.74。白色或类白色结晶性粉末。熔点 129～132℃，密度 1.73 g/cm^3，折射率 1.609。微溶于水，易溶于乙醇、丙酮、氯仿和石油醚。制备：先用溴乙酰溴将 2-氨基-5-氯二苯甲酮溴乙酰化，然后与氨水反应缩合环化，再经甲基化而得。用途：作弱安定药，具有镇静、催眠、抗焦虑、抗惊厥、抗癫痫及肌肉松弛作用；还可用作麻醉前给药作为全身麻醉的辅助药。

艾司唑仑（estazolam）　亦称"三唑氯安定""三唑氮草""忧虑定""舒乐安定"，系统名"6-苯基-8-氯-4H-[1,2,4]三唑并[4,3-a][1,4]苯并二氮杂草"。CAS号 29975-16-4。分子式 $C_{16}H_{11}ClN_4$，分子量 294.74。白色或微黄色结晶或粉末。熔点 228～229℃。几乎不溶于水和乙醚，易溶于氯仿和甲醇，难溶于丙酮、乙醇、乙酸乙酯和苯。制备：由 2-氨基-5-氯二苯甲酮和氨基乙腈反应，所得中间体再依次与水合肼和甲酸反应而得；也可由 2-氨基-5-氯二苯甲酮先与氨基乙酸乙酯反应环化，所得产物依次与 P_4S_{10}、水合肼和甲酸反应而得。用途：具有抗焦虑、抗惊厥、催眠、镇静和骨骼肌松弛作用，用于失眠的短期治疗。是一种可能被滥用的药物。

硝西泮（nitrazepam）　亦称"硝基安定"，系统名"1,3-二氢-5-苯基-7-硝基-2H-苯并[e][1,4]二氮杂䓬-2-酮"。CAS 号 146-22-5。

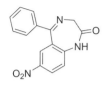

分子式 $C_{15}H_{11}N_3O_3$，分子量 281.27。淡黄色结晶性粉末。熔点 223～227℃。不溶于水、乙醚、苯和己烷，溶于乙醇、丙酮、乙酸乙酯、二氯甲烷和氯仿。制备：由 2-氨基-5-硝基二苯酮与氯乙酰氯或溴乙酰溴反应得 2-氯乙酰胺基-5-硝基二苯酮或 2-溴乙酰胺基-5-硝基二苯酮，再与液氨或六次甲基四胺缩合关环而得。用途：具有镇静、催眠、抗焦虑、抗惊厥、抗癫痫和骨骼肌松弛等作用，作催眠药，主要用于短期缓解严重的、致残的焦虑和失眠；有健忘症（诱发健忘）的副作用。

氟西泮（flurazepam）　亦称"氟苯安定""妥眠多""氟安定""氟西律""妥眠灵""氟拉西泮"，系统名"7-氯-1-(2-二乙氨基乙基)-5-(2-氟苯基)-1,3-二氢苯并[e][1,4]二氮杂䓬-2-酮"。CAS 号 17617-23-1。分子式

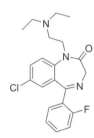

$C_{21}H_{23}ClFN_3O$，分子量 387.88。淡黄色固体。熔点 80～83℃。不溶于水和环己烷，溶于丙酮、甲醇、乙醇、乙醚和乙酸，极易溶于氯仿。制备：以对氯苯胺为原料，依次经邻氟苯甲酰氯酮化、氯乙酰氯酰化，然后与乌洛托品环合，再与盐酸二乙氨基氯乙烷缩合而得。用途：具有抗焦虑、抗惊厥、催眠、镇静和骨骼肌松弛，作催眠、镇静药。是一种可能被滥用的药物。

溴西泮（bromazepam）　亦称"溴安定"，系统名"7-溴-5-(2-吡啶基)-3H-1,4-苯并二氮杂䓬-2(1H)-酮"。CAS 号 1812-30-2。分子式 $C_{14}H_{10}BrN_3O$，分子量 316.16。白色至灰白色结晶粉末。熔点 237～239℃。微溶于水。制备：先用溴乙酰溴将 2-氨基-5-溴二苯甲酮溴乙酰化，再与氨水反应后缩合环化，再经甲基化而得。用途：抗焦虑剂，具有抗焦虑、镇静催眠和抗惊厥作用。除用于治疗焦虑或恐慌状态外，还可在小手术前用作术前用药。对于老年人、孕妇、有酗酒或其他药物滥用病史的患者以及儿童，应谨慎使用。长期使用会导致耐药性以及身体和心理对药物的依赖，属于管制药物。

氯氮䓬（chlordiazepoxide）　亦称"甲氨二氮䓬""氯氮䓬""甲氨二氮杂""利勃灵""利勃龙"，系统名"7-氯-2-(甲基氨基)-5-苯基-3H-苯并[e][1,4]二氮杂䓬 4-氧化物"。CAS 号 58-25-3。分子式 $C_{16}H_{14}ClN_3O$，分子量

299.76。淡黄色结晶性粉末。熔点 236～237℃，密度 1.32 g/cm³。微溶于水，溶于乙醚、氯仿和二氯甲烷。制备：由 2-氨基-5-氯二苯甲酮与盐酸羟胺缩合得到 2-氨基-5-氯二苯酮肟，再经与氯乙酰氯环合、与甲胺作用扩环而得。用途：具有催眠、镇静、抗惊厥、抗焦虑、治健忘症和骨骼肌肉松弛的作用，作镇静剂和催眠药，用于治疗焦虑、失眠、戒酒和/或药物滥用症状。

奥沙西泮（oxazepam）　亦称"去甲羟基安定""去甲羟安定""羟苯二氮唑""舒宁"，系统名"7-氯-3-羟基-5-苯基-1H-苯并[e][1,4]二氮杂䓬-2-酮"。CAS 号 604-75-1。分子式 $C_{15}H_{11}ClN_2O_2$，分子量 286.71。白色或类白色结晶性粉末。熔点 205～206℃。不溶于水，微溶于乙醇、乙醚、氯仿和丙酮。制备：由 2-氨基-5-氯二苯甲酮与氯乙酰氯反应，所得酰化产物依次与乌洛托品和过氧二硫酸二钾、碘等作用，制得奥沙西泮 3-乙酸酯，最后经碱性水解而得。用途：短至中效苯二氮杂䓬类药物，用于治疗中度健忘症、抗焦虑、抗惊厥、催眠、镇静和骨骼肌松弛的作用，也作抗焦虑药，用于治疗焦虑症、失眠和酒精戒断综合征。

盐酸羟嗪（hydroxyzine dihydrochloride）　亦称"盐酸羟嗪""安泰乐""羟嗪盐酸盐""羟嗪二盐酸盐"。CAS 号 2192-20-3。分子式 $C_{21}H_{27}ClN_2O_2$，分子量 374.91。白色结晶性粉末。熔点 193℃。易溶于水、乙醇和乙醚。制备：由 1-(4-氯二苯基甲基)-4-羟乙基哌嗪与氯化亚砜作用得羟基氯代物，再与乙二醇单钠反应而得。用途：作抗组胺药，具有松弛横纹肌的作用、抗组胺作用和胆碱作用，用于精神疾病的治疗或镇静，对由于焦虑、紧张、激动而引起的情绪或精神障碍有一定疗效。

氯美扎酮（chlormezanone）　亦称"非脑乐""氯甲䓬酮""氯甲噻酮"，系统名"2-(4-氯苯基)-3-甲基-3,4,5,6-四氢-2H-1,3-噻嗪-4-酮 1,1-二氧化物"。CAS 号 80-77-3。分子式 $C_{11}H_{12}ClNO_3S$，分子量 273.74。白色结晶性粉末。熔点 116～118℃。微溶于水和乙醇，易溶于丙酮、氯仿。制备：由对氯苯甲醛经与甲胺溶液缩合后再与巯基丙酸环合，然后用高锰酸钾氧化而得。用途：作弱安定药，具有镇静、安定和中枢性肌肉松弛作用；也用于精神紧张恐惧、慢性疲劳、焦虑、激动以及某些疾病引起的烦躁不眠等；因有肌肉松弛作用，可配合镇痛药用于背酸、颈硬、骨痛、脊椎及四肢酸痛和风湿关节痛等的治疗。

三甲氧啉（trimetozine） 亦称"曲美托嗪""三甲氧苯酰吗啉"，系统名"4-(3,4,5-三甲氧基苯甲酰基)吗啉"。CAS 号 635-41-6。分子式 $C_{14}H_{19}NO_5$，分子量 281.30。白色结晶粉末。熔点 120～122℃。易溶于四氢呋喃和二氯甲烷。制备：由 3,4,5-三甲氧基苯甲酸或者三甲氧基苯甲酰氯与吗啉进行酰胺化而得；也可由 3,4,5-三甲氧基苯甲醛与吗啉通过还原胺化而得。用途：作镇静安定剂，用于治疗焦虑症。

γ-谷维素（γ-oryzanol） 亦称"γ-米谷酚""米谷酚""阿魏酸酯"。CAS 号 11042-64-1。分子式 $C_{40}H_{58}O_4$，分子量 602.89。白色至类白色粉末。熔点 135～137℃。不溶于水，微溶于碱水，易溶于甲醇、乙醇、乙醚、丙酮、氯仿和苯等有机溶剂。制备：从米糠油、胚芽油等谷物油脂中提取。用途：临床上用于改善植物神经功能和内分泌调节，还具有抗氧化、抗衰老等多种生理作用；作有调节间脑及植物神经作用的抗焦虑药；用于植物神经功能失调、更年期综合征、周期性精神病、脑震荡后遗症、月经前紧张症等。

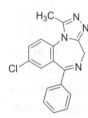

苯佐他明（benzoctamine） 亦称"苯环辛胺""太息定""骈四环仲胺"。CAS 号 17243-39-9。分子式 $C_{18}H_{19}N$，分子量 249.36。熔点 75～78℃。制备：由蒽与 N-甲基-N-苯基甲酰胺制得蒽-9-甲醛，然后与乙烯进行 Diels-Alder 反应，所得中间体再与甲胺进行还原胺化而得。用途：具有镇静和抗焦虑作用的药物，与其他镇静剂和抗焦虑药物相比，是一种更安全的镇静剂。但可能引起嗜睡、口干、头痛等症状，当与其他引起呼吸抑制的药物（如吗啡）联合使用时，会导致呼吸抑制增强。

盐酸芬氟拉明（fenfluramine hydrochloride） 亦称"安德力减肥丸""芬美啉片"，系统名"N-乙基-1-(3-(三氟甲基)苯基)丙-2-胺盐酸盐"。CAS 号 404-82-0。分子式 $C_{12}H_{17}ClF_3N$，分子量 267.72。白色结晶性粉末。熔点 160～161℃。易溶于乙醇、氯仿和水。制备：由 3-三氟甲基苯乙酸与甲基锂反应生成 3-三氟甲基苯丙酮，再与乙胺通过硼氢化钾还原胺化，随后用盐酸酸化成盐而得。用途：作减肥药，临床上用于单纯性

肥胖及伴有糖尿病、高血压、焦虑症、心血管疾病的肥胖患者；对治疗孤独症亦有一定疗效。

布他比妥（butalbital） 亦称"丙烯异丁比妥""异丁巴比妥""烯丙基巴比妥酸"，系统名"5-烯丙基-5-异丁基嘧啶-2,4,6-三酮"。CAS 号 77-26-9。分子式 $C_{11}H_{16}N_2O_3$，分子量 224.26。白色结晶性粉末或小叶状结晶。熔点 139～140℃，100～120℃(8～10 Torr)升华。微溶于冷水，溶于热乙醇、丙酮和氯仿。制备：由 2-异丁基-2-烯丙基丙二酸二乙酯与尿素反应而得。用途：作镇静催眠药。

格鲁米特（glutethimide） 亦称"导眠能"，系统名"3-乙基-3-苯基哌啶-2,6-二酮"。CAS 号 77-21-4，分子式 $C_{13}H_{15}NO_2$，分子量 217.27。白色结晶粉末。熔点 103～104℃，沸点 168℃(0.3 Torr)。微溶于水。制备：2-乙基-2-苯基戊二腈在硫酸催化作用下缩合而得。用途：作镇静催眠抗惊厥药，用于神经性失眠、夜间易醒及麻醉前给药。

阿普唑仑（alprazolam） 亦称"佳静安定""甲基三唑安定""三唑安定"，系统名"1-甲基-6-苯基-8-氯-4H-苯并[f][1,2,4]三唑并[4,3-a][1,4]二氮杂䓬"。CAS 号 28981-97-7。分子式 $C_{17}H_{13}ClN_4$，分子量 308.77。黄褐色结晶。熔点 228～230℃。不溶于水和乙醚，易溶于氯仿、甲醇、乙醇和丙酮。用途：常用于短期治疗焦虑症，特别是恐慌症或广泛性焦虑症；能缓解急性酒精戒断症状；对药源性顽固性呃逆有较好的治疗作用。也结合其他治疗方法用于化疗所引起的恶心。

溴替唑仑（brotizolam） 亦称"贝帕雷地""苄丙咯"，系统名"9-甲基-4-(2-氯苯基)-2-溴-6H-噻吩并[3,2-f][1,2,4]三唑并[4,3-a][1,4]苯并二氮杂䓬"。CAS 号 57801-81-7。分子式 $C_{15}H_{10}BrClN_4S$，分子量 393.69。从乙醇中得无色结晶。熔点 212～214℃。制备：由 7-溴-5-(2-氯苯基)-3H-噻吩并[2,3-e][1,4]苯并二氮杂䓬-2-酮与五硫化二磷进行硫代，所得苯并二氮杂䓬-2-硫酮产物再依次与水合肼、原乙酸三乙酯反应而得。用途：有抗激动、抗惊厥肌肉松弛以及催眠等作用，用于治疗严重失眠症或严重失眠症的短期治疗，也用于术前镇静催眠。

卡马西泮（camazepam） 系统名"1-甲基-3-(N,N-二甲基)氨甲酰氧基-5-苯基-7-氯-1,3-二氢-2H-1,4-苯并二氮杂䓬-2-酮"。CAS 号 36104-80-0。分子式 $C_{19}H_{18}ClN_3O_3$，分子量 371.82。白色结晶性粉末。熔点 173～174℃。可

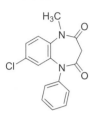

溶于水,易溶于乙醇。制备:由 1-甲基-5-苯基-3-羟基-7-氯-1,3-二氢-2H-1,4-苯并二氮杂䓬-2-酮经与氯甲酸苯酯缩合,再与二甲胺作用而得。用途:具有抗焦虑、抗惊厥、骨骼肌松弛和催眠特性,作安定药和抗抑郁药,用于短期治疗失眠和焦虑症。

氧异安定(clobazam) 亦称"氯巴占""氯巴扎姆",系统名"1-甲基-5-苯基-7-氯-1H-苯并[b][1,4]二氮杂䓬-2,4(3H,5H)-二酮"。CAS 号 22316-47-8。分子式 $C_{16}H_{14}ClNO_2$,分子量 300.74。白色至灰白色结晶粉末。熔点 166～168℃。

微溶于水,略溶于醇,与二氯甲烷混溶。制备:由间二氯苯硝化得 1-硝基-2,4 二氯苯,然后与苯胺作用,得 2-硝基-5-氯二苯胺,接着与丙二酰氯单乙酯反应后再通过锌粉还原关环,最后与氯甲烷作用而得。用途:抗癫痫药物,用于焦虑症和难治性癫痫的治疗。

地洛西泮(delorazepam) 系统名"5-(2-氯苯基)-7-氯-1,3-二氢-2H-苯并[e][1,4]二氮杂䓬-2-酮"。CAS 号 2894-67-9。分子式 $C_{15}H_{10}Cl_2N_2O$,分子量 305.16。白色至灰白色结晶粉末。熔点 187～189℃。制备:先用溴乙酰溴将 1-(2-氨基-5-氯苯基)-1-(2-氯苯基)甲酮溴乙酰化,然后与氨水反应后缩合环化,再经甲基化而得。用途:作催眠镇静药,用于焦虑状态和失眠症的治疗;可能产生包括嗜睡、行为障碍以及短期记忆障碍等副作用。

氟地西泮(fludiazepam) 亦称"氟安定",系统名"1-甲基-5-(2-氟苯基)-7-氯-1,3-二氢-2H-1,4-苯并[e][1,4]二氮杂䓬-2-酮"。CAS 号 3900-31-0。分子式 $C_{16}H_{12}ClFN_2O$,分子量 302.73。白色结晶粉末。制备:先用溴乙酰溴将 1-(2-氨基-5-氯苯基)-1-(2-氟苯基)甲酮溴乙酰化,然后与氨水反应进行缩合环化,再经甲基化而得。用途:具有抗焦虑作用,临床作消除患者焦虑、紧张作用的药物。长期服用可产生依赖性。

哈拉西泮(halazepam) 亦称"氟乙安定""哈拉安定""三氟甲安定",系统名"1-(2,2,2-三氟乙基)-5-苯基-7-氯-1,3-二氢-2H-1,4-苯并二氮杂䓬-2-酮"。CAS 号 23092-17-3。分子式 $C_{17}H_{12}ClF_3N_2O$,分子量 352.74。白色结晶粉末。熔点 160～163℃。制备:先用溴乙酰溴将 2-氨基-5-氯二苯甲

酮溴乙酰化,然后与氨水反应进行缩合环化,再经三氟乙基化而得。用途:神经系统用药,用于治疗焦虑症,副作用包括嗜睡、精神错乱、头晕和镇静。

哈洒唑仑(haloxazolam) 亦称"卤恶唑仑""卤沙唑仑",系统名"10-溴-11b-(2-氟苯基)-2,3,7,11b-四氢苯并[f]噁唑并[3,2-d][1,4]二氮杂䓬-6-酮"。CAS 号 59128-97-1。分子式 $C_{17}H_{14}BrFN_2O_2$,分子量 377.21。

白色结晶粉末。熔点 179～184℃,密度 1.54 g/cm³。制备:先用溴乙酰溴将 2'-氟-2-氨基-5-溴二苯甲酮溴乙酰化,然后与乙醇胺作用,得 2-(2-羟乙基氨基)乙酰胺基-5-溴-2'-氟二苯甲酮,再在乙酸作用下缩合环化而得。制备:用途:有较好的催眠作用,用于治疗失眠。

凯他唑仑(ketazolam;anseren) 系统名"2,8-二甲基-12b-苯基-11-氯-8,12b-二氢-4H-苯并[f][1,3]噁嗪并[3,2-d][1,4]二氮杂䓬-4,7(6H)-二酮"。CAS 号 27223-35-4。分子式 $C_{20}H_{17}ClN_2O_3$,分子量 368.82。白色结晶粉末。熔点 182～183.5℃。不溶于水,易溶于

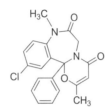

二甲基亚砜。制备:先用溴乙酰溴将 2'-甲基氨基-5-氯二苯甲酮与溴乙酰化,然后与氨作用,所得产物再与双乙烯酮反应而得;也可由地西泮与双乙烯酮反应而得。用途:用于治疗焦虑症,也适用于药物与酒精依赖出现的戒断反应。

乙氯维诺(ethchlorvynol) 亦称"乙氯戊烯炔醇",系统名"(E)-3-乙基-1-氯-1-戊烯-4-炔-3-醇"。CAS 号 113-18-8。分子式 C_7H_9ClO,分子量 144.60。无色液体。沸点 173～174℃,密度 1.070 g/mL。不溶于水。制备:由 1-氯-1-戊烯-3-酮与乙炔基锂反应而得。用途:具有镇静、催眠、抗惊厥以及肌松作用,用于治疗失眠,但自 1990 年起逐渐被其他更安全的催眠药替代。

炔己蚁胺(ethinamate) 亦称"凡眠特""瓦尔米",系统名"1-乙炔基环己醇氨基甲酸酯"。CAS 号 126-52-3。分子式 $C_9H_{13}NO_2$,分子量 167.21。白色结晶粉末。熔点 96～98℃,沸点 118～122℃(3 Torr),密度 1.187 g/cm³。制备:由 1-乙炔基环己醇与三氯乙酰异氰酸酯缩合后再在碳酸钾存在下水解而得。用途:作镇静及催眠药物,用于不易入睡者、对巴比妥类过敏或肝病失眠患者。

马吲哚(mazindol) 亦称"美新达",系统名"5-(4-氯苯基)-3,5-二氢-2H-咪唑并[2,1-a]异吲哚-5-醇"。CAS 号 22232-71-9。分子式 $C_{16}H_{13}ClN_2O$,分子量 284.74。白色结晶粉末。熔点 198～199℃。溶于二甲基亚砜。制备:

由 2-（4-氯苯甲酰基）苯甲酸与乙二胺等先制得 4′-氯-（2-咪唑啉-2-基）二苯甲酮,再在氢氧化钠作用下反应而得。用途:作食欲抑制剂,用于治疗非器质性单纯性肥胖症,以辅助控制饮食及运动疗法的减肥。

莫达非尼（modafinil） 亦称"莫达非",系统名"2-((二苯甲基)亚砜基)乙酰胺"。CAS 号 68693-11-8。分子式 $C_{15}H_{15}NO_2S$,分子量 273.35。白色粉末。熔点 164～166℃。

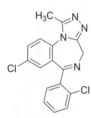

溶于二甲基亚砜。制备:由二苯基甲醇、氯乙酸和硫脲制得 2-(二苯基甲硫基)乙酸,再通过亚硫酰氯转化为酰氯,与氨作用后得到酰胺,最后用双氧水氧化而得。用途:作非苯胺类中枢兴奋药,用于治疗自发性嗜睡症和发作性睡眠症以及注意力缺乏/活动过度症。

三唑仑（triazolam） 亦称"三唑氯安定",系统名"1-甲基-6-(2-氯苯基)-8-氯-4H-[1,2,4]三氮唑并[4,3-a][1,4]苯并二氮杂䓬"。CAS 号 28911-01-5。分子式 $C_{17}H_{12}Cl_2N_4$,分子量 343.21。白色结晶粉末。熔点 233～235℃。微溶于水,溶于二甲基亚砜。制备:由 2-氯-2′,5-二氯二苯甲酮与甘氨酸乙酯盐酸盐作用缩合,然后与五硫化二磷反应,所得硫代物与乙酰肼反应后加热环化而得。用途:具有抗惊厥、抗癫痫、抗焦虑、镇静催眠、中枢性骨骼肌松弛和暂时性记忆缺失(或称遗忘)作用,用于短期治疗急性失眠和昼夜节律睡眠障碍,在需要麻醉的医疗程序中也用作辅助药物;使用者应避免饮用含酒精饮料。属于国家管制的精神药品。

劳拉西泮（lorazepam） 亦称"氯羟安定""氯羟去甲安定""罗拉",系统名"3-羟基-7-氯-5-(2-氯苯基)-1,3-二氢-2H-苯并[e][1,4]二氮杂䓬-2-酮"。CAS 号 846-49-1。分子式 $C_{15}H_{10}Cl_2N_2O_2$,分子量 321.16。白色结晶粉末。熔点 166～168℃。微溶于水,溶于二甲基亚砜。制备:先由氯乙酰氯将 2-氨基-2′,5-二氯二苯甲酮氯乙酰化,再与乙酸胺作用环化,所得到环化产物用碘和过硫酸钾对酰胺 α-位碘代,再用乙酸钾取代,最后用碱水解后酸化而得。用途:具有镇静、肌肉松弛和抗惊厥作用,用于治疗焦虑症、睡眠障碍,包括癫痫持续状态、酒精戒断和化疗引起的恶心和呕吐等活动性癫痫发作。

氯甲西泮（lormetazepam） 亦称"双氯苯䓬醇",系统名"1-甲基-3-羟基-7-氯-5-(2-氯苯基)-1,3-二氢-2H-苯并[e][1,4]二氮杂䓬-2-酮"。CAS 号 848-75-9。分子式 $C_{16}H_{12}Cl_2N_2O_2$,分子量 335.18。白色结晶粉末。熔点

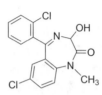

206℃。微溶于水,溶于二甲基亚砜。制备:由劳拉西泮在碳酸钾作用下与碘甲烷反应而得。用途:具有催眠、抗焦虑、抗惊厥、镇静和骨骼肌松弛的作用,临床主要用于治疗焦虑症和一般性失眠,还用于抗癫痫和抗惊厥,也用作全身麻醉的辅助药。

美达西泮（medazepam） 亦称"麦达西泮",系统名"1-甲基-5-苯基-7-氯-2,3-二氢-1H-苯并[e][1,4]二氮杂䓬"。CAS 号 2898-12-6。分子式 $C_{16}H_{15}ClN_2$,分子量 270.76。白色至淡黄色结晶性粉末。熔点 100～102℃。不溶于水,易溶于苯、丙酮、甲醇和乙醇,极易溶于氯仿及乙酸。制备:由地西泮经四氢化锂铝还原而得。用途:具有抗焦虑、抗惊厥、镇静和骨骼肌松弛的作用,为地西泮、诺达西泮、替马西泮和奥沙西泮等的前药。属于国家管制的精神药品。

咪达唑仑（midazolam） 亦称"咪唑安定""咪唑二氮䓬",系统名"1-甲基-8-氯-6-(2-氟苯基)-4H-咪唑并[1,5-a][1,4]苯并二氮杂䓬"。CAS 号 59467-64-0。分子式 $C_{18}H_{13}ClFN_3$,分子量 325.77。白色至微黄色粉末。熔点 158～160℃。不溶于水,易溶于乙酸、甲醇和乙醇。制备:由 2′-氟-2-氨基-5-氯二苯甲酮、甘氨酸乙酯、甲胺、乙酸酐等为原料经多步反应合成而得。用途:作麻醉药和安眠药,用于治疗失眠症,在外科手术或诊断检查时也用于诱导睡眠。属于国家管制的精神药品。

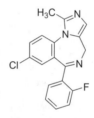

去甲西泮（nordazepam） 亦称"去甲安定",系统名"5-苯基-7-氯-1,3-二氢-2H-苯并[e][1,4]二氮杂䓬-2-酮"。CAS 号 1088-11-5。分子式 $C_{15}H_{11}ClN_2O$,分子量 270.72。淡黄色结晶。熔点 210～214℃。微溶于水,溶于二甲基亚砜。制备:由 5-氯-2-(氯乙酰氨基)二苯甲酮在碱性条件下与六亚甲基四胺反应而得。用途:具有抗惊厥、抗焦虑、抗健忘症、肌肉松弛和镇静作用,主要用于治疗焦虑症;是地西泮、氯地西泮、氯唑嗪、普拉西泮和美达西泮等的活性代谢产物。

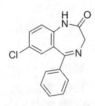

奥沙唑仑（oxazolam） 亦称"噁唑仑",系统名"2-甲基-11b-苯基-10-氯-2,3,7,11b-四氢苯并[f]噁唑并[3,2-d][1,4]二氮杂䓬-6(5H)-酮"。CAS 号 24143-17-7。分子式 $C_{18}H_{17}ClN_2O_2$,分子量 328.79。白色粉末。熔点 186～188℃。微溶于水,溶于二甲基亚砜。制备:先用溴乙酰

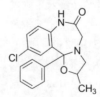

溴将 2-氨基-5-氯二苯甲酮溴乙酰化,得 2-(2-溴乙酰胺基)-5-氯二苯甲酮,然后与 1-氨基-2-丙醇在三乙胺存在下加热环化而得。用途:具有抗焦虑、抗惊厥、镇静和骨骼肌松弛的特性。是地西泮的前药。临床作神经系统用药、镇静催眠药和抗焦虑药物。

甲基苯巴比妥(mephobarbital) 亦称"甲苯比妥""甲苯巴比妥""1-甲基-5-乙基-5-苯基巴比妥酸",系统名"1-甲基-5-乙基-5-苯基嘧啶-2,4,6(1H,3H,5H)-三酮"。CAS 号 115-38-8。分子式 $C_{13}H_{14}N_2O_3$,分子量 246.27。

白色结晶粉末。熔点 177～178℃,87～96℃(10～12 Torr)升华。溶于热水、乙醇、乙醚和氯仿。制备:由 2-乙基-2-苯基乙二酸二乙酯经与尿素缩合环化,再用硫酸二甲酯或溴甲烷进行 N-甲基化而得。用途:主要作抗惊厥药,也作镇静剂和抗焦虑药。

匹莫林(pemoline) 亦称"苯异妥英""培脑灵""匹吗啉""翠雀它明",系统名"2-氨基-5-苯基噁唑-4(5H)-酮"。CAS 号 2152-34-3。分子式 $C_9H_8N_2O_2$,分子量 176.17。白色粉末。熔点 256～257℃。难溶于水、乙醚、氯仿、丙酮和苯,溶于无水乙醇和丙二醇,易溶于碱性溶液。制备:由苯羟乙酸乙酯与胍反应制得。用途:作中枢神经兴奋药,兴奋作用约为咖啡因的 20 倍,用于治疗脑功能失调症,轻型忧郁症及发作性睡病等。但因其对接受药物治疗的儿童的肝功能衰竭有影响以及其他毒副作用,已逐渐被其他抗忧郁药所替代。

芬特明(phentermine) 亦称"分特拉明",系统名"2-甲基-1-苯基丙-2-胺"。CAS 号 122-09-8。分子式 $C_{10}H_{15}N$,分子量 149.23。无色液体。沸点 203～205℃、89～90℃(10 Torr),密度 0.938 g/mL,折射率 1.512 5。制备:由(2-甲基-2-硝基丙基)苯在 Pd-C 催化下氢化还原而得。用途:作食欲抑制剂,临床上主要用于中、重度肥胖症的短期治疗。属于国家管制的精神药品。

哌苯甲醇(pipradrol) 亦称"米拉脱灵""匹普鲁多",系统名"α,α-二苯基-2-哌啶甲醇"。CAS 号 467-60-7。分子式 $C_{18}H_{21}NO$,分子量 267.37。白色粉末。熔点 81～82℃。

制备:在溴乙烷存在下由 2-溴吡啶与镁粉反应,制得 2-吡啶基溴化镁格氏试剂,然后加入二苯甲酮进行反应,所得叔醇产物再在 Pt 催化下氢化还原吡啶环而得。用途:温和的中枢神经系统兴奋剂,可作精神兴奋药,用于对抗抑郁症,提高精神活动。但由于担心其可能被滥用,在大多数国家已不再使用。

文拉法辛(venlafaxine; effexor) 亦称"万那法新"

"维拉法司""郁复伸",系统名"1-[2-二甲氨基-1-(4-甲氧基苯基)乙基]环己醇"。CAS 号 467-60-7。分子式 $C_{17}H_{27}NO_2$,分子量 277.41。

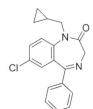

从甲醇-乙酸乙酯中得白色或类白色结晶性固体。熔点 74～76℃。易溶于水。有一对对映异构体,其(R)-体熔点 102～104℃,$[\alpha]_D^{20}$ - 24.5 (c=1,乙醇);(S)-体熔点 102～104℃,$[\alpha]_D^{20}$+30.9 (c=1.07,乙醇)。制备:先由对甲氧基苯乙腈与丁基锂反应,所得锂盐溶液中加入环己酮得 1-[氰基(4-甲氧苯基)基]环己醇,随后在铑-氧化铝催化下进行催化氢化,将氰基还原为氨甲基,最后再与甲醛水溶液、甲酸和水一起搅拌进行 N,N-二甲基化得消旋体;消旋体用二(对甲苯基)-L-酒石酸单水合物的乙酸乙酯溶液进行拆分,可得到光学异构体的(+)或(-)-文拉法辛。用途:用于抑郁症的治疗。

普拉西泮(prazepam) 亦称"环丙安定""环丙二氮""普拉西",系统名"1-(环丙基甲基)- 5-苯基-7-氯-1,3-二氢-2H-1,4-苯并二氮杂䓬-2-酮"。CAS 号 2955-38-6。分子式 $C_{19}H_{17}ClN_2O$,分子量 324.80。白色结晶粉末。熔点 145～146℃。制备:先由 2-氨基-5-氯二苯甲酮与环丙基甲酰氯反应,所得酰胺用四氢化锂铝还原后再用二氧化锰氧化得 2-[(环丙基甲基)氨基]-5-氯二苯甲酮,然后再与邻苯二甲酰亚胺基乙酰氯反应,最后用水合肼肼解后缩合环化而得;也可由地西泮与环丙基甲基溴在 NaH 作用下进行环丙烷甲基化而得。用途:作抗焦虑药。

替马西泮(temazepam) 亦称"甲羟安定""羟基安定",系统名"1-甲基-5-苯基-3-羟基-7-氯-1,3-二氢-2H-苯并[e][1,4]二氮杂䓬-2-酮"。CAS 号 846-50-4。分子式 $C_{16}H_{13}ClN_2O_2$,分子量 300.74。白色结晶粉末,熔点 119～121℃。制备:先由 2-氯甲基-4-苯基-6-氯喹唑啉-3-氧化物与氢氧化钠作用,所得产物为 5-苯基-7-氯-2-氧代-1,3-二氢-2H- 1,4-苯并二氮杂䓬-N-氧化物,该产物与硫酸二甲酯进行甲基化后,再依次与乙酸酐和氢氧化钠反应而得。用途:用于治疗失眠症,还具有抗焦虑、抗肿瘤和骨骼肌松弛作用。

唑吡坦(zolpidem) 亦称"左吡登""思诺思",系统名"N,N,6-三甲基-2-(4-甲基苯基)咪唑并[1,2-a]吡啶-3-乙酰胺"。CAS 号 82626-48-0。分子式 $C_{19}H_{21}N_3O$,分子量 307.40。无色结晶。熔点 196℃。微溶于水。制

备：由 6-甲基-2-(4-甲基苯基)咪唑并[1,2-a]吡啶与二乙胺、一氧化碳和氰化钠反应得到 6-甲基-2-(4-甲基苯基)咪唑并[1,2-a]吡啶-3-乙酸后，再转化为酰氯，进一步与二甲胺反应而得。用途：用于失眠症的短期治疗。

咖啡因　释文见 585 页。

呋芬雷司（furfenorex）　亦称"呋甲苯丙胺"，系统名"N-甲基-1-苯基-N-(呋喃-2-基甲基)丙-2-胺"。CAS 号 3776-93-0。分子式 $C_{15}H_{19}NO$，分子量 229.32。无色液体。沸点 86 ～ 88℃（0.1 Torr），折射率 $n_D^{21} 1.529\,5$。制备：由 α-甲基苯乙胺与 2-糠醛经缩合再还原得。用途：作食欲抑制剂。

曲马多（tramadol）　亦称"曲马朵""氟比汀""马伯龙""奇曼丁"，系统名"(1R,2R)-2-(二甲氨基甲基)-1-(3-甲氧基苯基)环己醇"。CAS 号 27203-92-5。分子式 $C_{16}H_{25}NO_2$，分子量 263.38。白色结晶粉末。熔点 180～181℃，沸点 106～110℃(0.01 Torr)。制备：由间甲氧基溴化镁格氏试剂与 2-二甲基氨基环己酮反应得消旋体，再用 D-(+)-O,O-二(4-甲基苯基)酒石酸拆分而得。用途：作非阿片类中枢性镇痛药，用于骨折和多种术后疼痛以及中重度癌症疼痛等的缓解。

扎来普隆（zaleplon）　亦称"扎莱普隆""扎雷普隆""拆帕隆"，系统名"N-乙基-N-3-[(3-氰基吡唑并[1,5-a]嘧啶-7-基)苯基]乙酰胺"。CAS 号 151319-34-5。分子式 $C_{17}H_{15}N_5O$，分子量 305.34。白色或类白色晶体粉末。不溶于水，微溶于乙醇。熔点 186～187℃。制备：以间氨基苯乙酮为原料，先依次与乙酸酐和二甲基甲酰胺二甲缩醛反应得 N-[3-(3-二甲基氨基-1-氧代-2-丙烯基)苯基]乙酰胺，然后用溴乙烷氢化钠作用下乙基化，得 3-二甲基氨基 1-[(3-N-乙基-N-乙酰氨基)苯基]-2-丙烯-1-酮，最后再与 3-氨基-4-氰基吡唑缩合环化而得。用途：具有镇静催眠、肌肉松弛、抗焦虑和抗惊厥作用，作镇静催眠药，适用于抗焦虑、镇静催眠和抗惊厥。

佐匹克隆（zopiclone）　亦称"唑吡酮""吡嗪哌酯"，系统名"6-(5-氯吡啶-2-基)-7-羰基-6,7-二氢-5H-吡咯并[3,4-b]吡嗪-5-基 4-甲基哌嗪-1-羧酸酯"。CAS 号 43200-80-2。分子式 $C_{17}H_{17}ClN_6O_3$，分子量 388.81。白色至淡黄色结晶性粉末。熔点 178℃。不溶于水，难溶于甲醇、乙醇、乙腈、丙酮，易溶于

二甲基亚砜和氯仿。制备：由 6-(5-氯-2-吡啶基)-6,7-二氢-7-羟基-5H-吡咯并[3,4-b]吡嗪-5-酮和 1-氯甲酰基-4-甲基哌嗪反应而得。用途：用于各种原因引起的失眠症，尤其适用于不能耐受次晨残余作用的患者。一般用于失眠的短期治疗，但因会产生耐受性、依赖性和成瘾性，故不建议长期使用。

安非他明（amphetamine）　亦称"苯异丙胺""苯基乙丙胺"，系统名"1-苯基丙-2-胺"（1-phenylpropan-2-amine）。CAS 号 300-62-9。分子式 $C_9H_{13}N$，分子量 135.21。无色油状液体。沸点 203℃、75 ～ 78℃（10 Torr），密度 0.913^{25} g/mL。微溶于水。有一对对映异构体，右旋体 $[\alpha]_D^{20}+17$（c=2，甲醇）；左旋体 $[\alpha]_D^{20}-17.1$（c=2，甲醇）。制备：由苯丙酮、氨-乙醇溶液在活性镍催化下用氢气进行还原胺化反应而得。用途：作中枢兴奋药（苯乙胺类中枢兴奋药）及抗抑郁症药，用于治疗儿童脑功能障碍。

屈大麻酚（dronabinol）　亦称"四氢大麻酚""草那比醇"，系统名"(6aR,10aR)-6,6,9-三甲基-3-戊基-6a,7,8,10a-四氢-6H-苯并[c]色烯-1-醇"。CAS 号 1972-08-3。分子式 $C_{21}H_{30}O_2$，分子量 314.47。熔点<25℃，沸点 155～157℃（0.05 Torr），$[\alpha]_D^{20}-150.5$（c=0.53,CHCl₃）。制备：为存在于大麻中的主要精神活性物质，可通过化学合成而得。用途：作食欲刺激药、止吐药和睡眠呼吸暂停缓解药，仅用于艾滋病引起的厌食症以及由于化疗引起的恶心和呕吐。易产生精神依赖性和被滥用。

氯氮平（clozapine）　亦称"氯扎平"，系统名"8-氯-11-(4-甲基-1-哌嗪基)-5H-二苯并[b,e][1,4]二氮杂草"。CAS 号 5786-21-0。分子式 $C_{18}H_{19}ClN_4$，分子量 326.83。淡黄色结晶性粉末。熔点 182～184℃。几乎不溶于水，易溶于乙醇和氯仿。制备：由 4-氯-2-硝基苯胺、邻氯苯甲酸甲酯、1-甲基哌嗪等为原料合成而得。用途：具有较强的抗精神病作用和镇静作用，作广谱精神病药，临床作非典型抗精神病药物，主要用于对其他抗精神病药物无反应或不耐受的患者。

利培酮（risperidone）　亦称"利哌利酮""利司环酮""瑞斯哌东""瑞司哌酮""利司培酮"，系统名"3-(2-(4-(6-氟苯并[d]异噻唑-3-基)哌啶-1-基)乙基)-2-

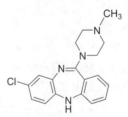

甲基-6,7,8,9-四氢吡啶并[1,2-a]嘧啶-4-酮"。CAS 号106266-06-2。分子式 $C_{23}H_{27}FN_4O_2$，分子量410.49。白色结晶粉末。熔点170℃。制备：以 4-哌啶甲酸为原料，经氨基保护及氯代后得1-乙氧甲酰基-4-哌啶甲酰氯，将其与1,3-二氟苯经 Friedel-Crafs 酰基化后脱氨基保护，再经过肟化、环合、成盐得到 6-氟-3-(4-哌啶基)-1,2-苯并异唑盐酸盐，接着使其在碱催化下与 3-(2-氯乙基)-6,7,8,9-四氢-2-甲基-4H-吡啶并[1,2-a]嘧啶-4-酮缩合而得。用途：具有 $5HT_2$ 受体和 D_2 受体的拮抗作用，临床作抗精神失常药，主要用于急慢性精神分裂症的治疗。

奥氮平（olanzapine）　亦称"奥兰扎平""奥兰氮平"，系统名"2-甲基-10-(4-甲基哌嗪-1-基)-10H-苯并[b]噻吩并[2,3-5][1,4]二氮杂䓬"。CAS 号132539-06-1。分子式 $C_{17}H_{20}N_4S$，分子量 312.43。淡黄色或黄色粉末。熔点 195℃。

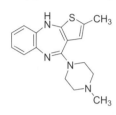

制备：由 2-甲基-4-氨基-10H-噻吩并[2,3-b][1,5]苯并二氮杂䓬盐酸盐和 N-甲基哌嗪在二甲基亚砜和甲苯中加热回流反应而得。用途：作中枢神经系统药，临床上用于控制精神分裂症，双极性躁狂症和痴呆症患者的激越症状，也可缓解精神分裂症及相关疾病常见的继发性情感症状。

喹硫平（quetiapine）　系统名"11-(4-(2-(2-羟基乙氧基)乙基)-1-哌嗪基)二苯并[b,f][1,4]硫氮杂䓬"。CAS 号111974-69-7。分子式 $C_{21}H_{25}N_3O_2S$，分子量 383.51。白色至灰白色结晶粉末。熔点 172～174℃。制备：可以硫代水杨酸与邻氟硝基苯为起始原料，经过缩合、还原、脱水环合、三氯氧磷氯化以及与 1-[2-(2-羟基乙氧基)乙基]哌嗪缩合等步骤的反应而得。用途：非典型抗精神病药，用于治疗精神分裂症、双相情感障碍和严重的抑郁症。常见的副作用包括嗜睡、便秘、体重增加和口干。

齐拉西酮（ziprasidone）　亦称"齐哌西酮""噻帕西酮"，系统名"5-(2-(4-(1,2-苯并异噻唑-3-基)-1-哌嗪基)乙基)-6-氯-1,3-二氢-2H-吲哚-2-酮"。CAS 号146939-27-7。分子式 $C_{21}H_{21}ClN_4OS$，分子量412.94。黄褐色固体。熔点 213～215℃。制备：由 6-氯-1,3-二氢-2H-吲哚-2-酮在多聚磷酸作用下和溴乙酸反应，得到5-溴乙酰化合物，再用三乙基氢化硅及三氟乙酸还原，最后和 N-(3-苯并异噻唑基)哌嗪在碳酸钠作用下缩合而得。用途：作非典型抗精神病药、中枢神经系统用药，用于治疗精神分裂症、与双相情感障碍相关的急性躁狂或混合状态；其肌肉注射形式也用于精神分裂症患者的急性兴奋；也用于抑郁症、双相情感维持和创伤后应激障碍等。常见的副作用包括导致头晕、困倦、口干和抽搐。

阿立哌唑（aripiprazole）　亦称"阿比利非""博思清""赫尔宁"，系统名"7-(4-(4-(2,3-二氯苯基)-1-哌嗪基)丁氧基)-3,4-二氢喹啉-2(1H)-酮"。CAS 号 129722-12-9。分子式 $C_{23}H_{27}Cl_2N_3O_2$，分子量 448.38。无色结晶粉末。熔点139℃。制备：由 7-(4-溴丁氧基)-3,4-二氢喹诺酮和碘化钠在乙腈中回流，与 1-(2,3-二氯苯基)哌嗪缩合而得。用途：主要用于治疗精神分裂症或双相情感障碍。

氟奋乃静（fluphenazine）　亦称"吉他霉素""氟吩嗪""羟哌氟丙嗪""氟非拉嗪"，系统名"2-(4-(3-(2-(三氟甲基)-10H-苯并噻嗪-10-基)丙基)哌嗪-1-基)乙醇"。CAS 号 69-23-8。分子式 $C_{22}H_{26}F_3N_3OS$，分子量437.53。暗褐色黏质油状物。熔点＜25℃，密度 1.272 g/mL。易溶于水，微溶于乙醇及氯仿，略溶于甲醇，几乎不溶于乙醚和苯。有吸湿性。制备：由 2-羟基乙基哌嗪与溴代氯丙烷进行烷基化，再与 2-三氟甲基吩噻嗪缩合成而得。用途：作抗精神病药，临床用于紧张型、妄想型精神分裂症。

硫利达嗪（thioridazine）　亦称"甲硫达嗪""甲硫哌啶""硫醚嗪"，系统名"10-(2-(1-甲基哌啶-2-基)乙基)-2-(甲硫基)-10H-苯并噻嗪"。CAS 号 50-52-2。分子式 $C_{21}H_{26}N_2S_2$，分子量 370.57。熔点 72～74℃。制备：由 2-甲巯基吩噻嗪与 2-(2-氯乙基)-N-甲基哌啶反应而得。用途：抗精神病药物，用于治疗精神分裂症、躁狂症，也用于治疗抑郁症、癫痫性精神病、更年期综合征、老年性精神病和舞蹈病。2005 年因能引起严重的心律失常，该产品在全球范围内被撤销。

哌泊噻嗪（pipotiazine）　亦称"哌普嗪""安乐嗪"，系统名"N,N-二甲基-10-(3-(4-(2-羟基乙基)哌啶-1-基)丙基)-10H-苯并噻嗪-2-磺酰胺"。CAS 号 39860-99-6。分子式 $C_{24}H_{33}N_3O_3S_2$，

分子量 475.67。淡黄色结晶性粉末。熔点 72～74℃。不溶于水,微溶于无水乙醇,易溶解于氯仿、丙酮和乙醚。制备:由 2-二甲基氨基磺酰基苯并噻嗪与 4-甲基苯磺酸(3-氯丙基)酯在氨基钠作用下反应,所得产物再进一步与 4-(2-羟乙基)哌啶反应而得。用途:具有较强的抗精神病作用,并有镇静、止吐、抗组胺、拮抗苯丙胺作用和交感神经阻滞作用,临床用于治疗精神分裂症,其性质与氯丙嗪相似。

舒必利(sulpiride)　系统名"N-((1-乙基吡咯烷-2-基)甲基)-2-甲氧基-5-氨磺酰苯酰胺"。CAS 号 15676-16-1。分子式 $C_{15}H_{23}N_3O_4S$,分子量 341.43。白色或类白色结晶性粉末。熔点 178～180℃,密度 1.34 g/cm³。不溶于水,微溶于乙醇、丙醇和氯仿。制备:可由 2-甲氧基-5-氨基磺酰基苯甲酸在二羰基咪唑作用下与 N-乙基-2-氨甲基吡咯烷缩合而得。用途:多巴胺 D_2 受体拮抗剂,临床上作抗抑郁剂、安定药和助消化药,作精神分裂症的单一疗法和辅助疗法,也有证据表明它在治疗惊恐障碍方面有效。也用于治疗眩晕症。

阿米替林(amitriptyline)　亦称"阿密曲替林""依拉维""氨三环庚素",系统名"3-(10,11-二氢-5H-二苯并[a,d]环庚烯-5-亚基)-N,N-二甲基-1-丙胺"。CAS 号 50-48-6。分子式 $C_{20}H_{23}N$,分子量 277.41。无色结晶或白色、类白色粉末。熔点 196～197℃,沸点 168～172℃(0.6 Torr)。易溶于水、甲醇、乙醇或氯仿,几乎不溶于乙醚。制备:由 10,11-二氢二苯并[a,b]环庚烯-5-酮与环丙基溴化镁格氏试剂反应,所得叔醇用 HBr-CH₃COOH 处理脱水并使三元环开环,最后再与二甲胺反应而得;也可由 10,11-二氢二苯并[a,b]环庚烯-5-酮与 3-二甲氨基丙基溴化镁格氏试剂反应,然后加盐酸处理制得。用途:抗抑郁药,用于严重的抑郁症和焦虑症,以及不太常见的注意缺陷多动障碍和双相情感障碍,也用于预防偏头痛、治疗神经性疼痛,如纤维肌痛和疱疹后神经痛以及不太常见的失眠。

癸氟奋乃静(fluphenazine decanoate)　亦称"氟奋乃静癸酸酯""癸酸氟奋乃静"。CAS 号 5002-47-1。分子式 $C_{32}H_{44}F_3N_3O_2S$,分子量 591.78。淡黄色或黄棕色黏稠液体。熔点 30～32℃。不溶于水,易溶于乙醇、氯仿和无水乙醚,在甲醇中混溶。制备:由氟奋乃静与癸酸酰氯反应而得。用途:是氟奋乃静的注射用长效缓释形式,作抗精神、抗

抑郁、抗焦虑症药物,临床上用于急、慢性精神分裂症,减少精神分裂症患者出现的幻觉、妄想或奇怪行为的发作。严重抑郁症患者不宜使用。

氟哌啶醇(haloperidol)　亦称"氟哌丁苯""氟哌醇""卤吡醇",系统名"4-[4-(对氯苯基)-4-羟基哌啶基]-4'-氟苯丁酮"。CAS 号 52-86-8。分子式 $C_{21}H_{23}ClFNO_2$,分子量 375.87。白色或类白色结晶性粉末。熔点 151～152℃,密度 1.23 g/cm³。微溶于水和乙醚,溶于氯仿、甲醇、丙酮、苯和稀酸。制备:由氟苯、γ-丁内酯、氯化亚砜等为原料先制得 γ-氯代-4-氟苯丁酮,再与 4-对氯苯基-4-羟基哌啶缩合而得。用途:作抗精神病药物,临床主要用于控制精神分裂症以及其他具有幻觉、妄想、兴奋、冲动等症状的疾病。

五氟利多(penfluridol)　亦称"羟丙基纤维素",系统名"1-(4,4-二(4-氟苯基)丁基)-4-(4-氯-3-(三氟甲基)苯基)哌啶-4-醇"。CAS 号 26864-56-2。分子式 $C_{28}H_{27}ClF_5NO$,分子量 523.97。白色或类白色结晶性粉末。熔点 105～107℃。易溶于乙醇、丙酮和氯仿。制备:先由 4-氧代哌啶-1-羧酸甲酯与 4-氯-3-三氟甲基苯基溴化镁格氏试剂进行加成,所得产物用氢氧化钾处理脱除甲氧羰基,再与 4,4-双(4-三氟甲基)丁基氯在碳酸钠存在下缩合而得。用途:作长效抗精神失常药,由于其极为持久的作用,通常规定为一周仅口服一次,临床上主要用于慢性精神分裂症的维持性治疗,也用于急性精神分裂症和阿尔茨海默症的精神与行为障碍的治疗,对控制幻觉、妄想、淡漠、退缩等症状较好,还具有镇吐作用。

氯普噻吨(chlorprothixene)　亦称"氯丙硫蒽""泰尔登""泰乐登",系统名"(Z)-N,N-二甲基-3-(2-氯-9H-噻吨-9-亚基)-1-丙胺"。CAS 号 113-59-7。分子式 $C_{18}H_{18}ClNS$,分子量 315.86。淡黄色结晶性粉末。熔点 97～98℃。不溶于乙醇、乙醚和氯仿,其盐酸盐易溶于水。制备:由邻氨基苯甲酸经重氮化,与对氯苯硫酚缩合,再与 PCl₅ 作用得到酰氯,经 Friedel-Crafts 酰化、环合,与 3-二甲氨基-1-溴丙基溴化镁格氏试剂加成、脱水而得。用途:作抗精神病药,用于治疗精神病(如精神分裂症)和作为双相情感障碍一部分出现的急性躁狂,以及术前和术后的焦虑和失眠,严重恶心、呕吐,也可以谨慎地用于治疗儿童患者的非

精神病性易怒、攻击性和失眠。

丁螺环酮（buspirone） 亦称"布斯哌隆""布斯帕""希斯必隆"，系统名"8-(4-(4-(嘧啶-2-基)哌嗪-1-基)丁基)-8-氮杂螺[4.5]癸烷-7,9-二酮"。CAS号

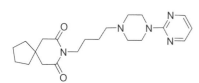

36505-84-7。分子式 $C_{21}H_{31}N_5O_2$，分子量 385.51。白色结晶。熔点 104～106℃。溶于乙醇。制备：由 1-(4-溴丁基)-4-(2-嘧啶基)哌嗪和 β,β-四甲基戊二酰亚胺在无水碳酸钾和甲苯中回流而得。用途：用于抗焦虑，用于短期治疗焦虑症或焦虑症状，不具有催眠、肌肉松弛和抗惊厥作用；因起效慢而不适用于急性病例，也可用于焦虑伴有轻度抑郁者。

马普替林（maprotiline） 亦称"路滴美""吗丙啶""麦普替林""马洛噻平"，系统名"N-甲基-9,10-乙撑蒽-9(10H)-丙胺"。CAS号 10262-69-8。分子式 $C_{20}H_{23}N$，分子量 277.41。白色结晶性粉末。熔点 92～94℃。难溶于水，稍溶于甲醇、乙醇、乙酸，易溶于氯仿。制备：

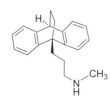

由 β-(9-蒽基)丙酸经还原得 9-(3-羟基丙基)蒽，用亚硫酰氯氯代后再与甲胺缩合得 β((9-蒽基)丙基)甲胺，再与乙烯在 150℃、50 atm 条件下进行双烯合成而得。用途：作抗忧郁药，用于治疗忧郁症，对疾病或精神因素引起的焦虑、忧郁状态患者有效，还可用于伴有忧郁、激动行为障碍的儿童及夜尿者。

氟西汀（fluoxetine） 亦称"氟烷苯胺丙醚""百忧解"，系统名"N-甲基-3-苯基-3-(4-(三氟甲基)苯氧基)-1-丙胺"。CAS号 54910-89-3。分子式 $C_{17}H_{18}F_3NO$，分子量 309.33。白色至类白色结晶性固体。有一个手性中心，其中(R)-体 CAS号 57226-07-0，$[\alpha]_D^{20}+4.3(c=1$，氯仿)；(S)-体 CAS号 100568-02-3，$[\alpha]_D^{20}-4.1(c=1$，氯仿)，熔点 57～63℃，沸点 160℃(17 Torr)。外消旋体熔点 157～158℃。易溶于甲醇或乙醇，溶于乙腈、丙酮或氯仿。制备：由 β-甲氨基苯丙酮用硼烷来还原为醇后，再用氯化亚砜氯化，接着和对三氟苯酚钠反应而得；光学活性纯氟西汀可经不对称合成得到手性 N-甲基-3-苯基-3-羟丙胺关键中间体，再经进一步转化而得。用途：作抗忧郁药，多用其盐酸盐，临床上用于成人抑郁症、强迫症和神经性贪食症的治疗，还用于治疗具有或不具有广场恐惧症的惊恐症。

帕罗西汀（paroxetine） 亦称"帕罗昔丁""氟苯哌苯醚""帕罗西汀碱""帕罗克赛"，系统名"(3S,4R)-3-[(苯并[d][1,3]二噁茂-5-基-氧)甲基]-4-(4-氟苯基)哌啶"。

CAS号 61869-08-7。分子式 $C_{19}H_{20}FNO_3$，分子量 329.37。熔点 114～116℃。微溶于水，略溶于无水乙醇和二氯甲烷；其盐酸盐或甲磺酸盐易溶于甲醇。制备：由(3S,4R)-3-羟甲基-4-(4-氟苯基)哌啶和芝麻酚在二环己基碳化二亚胺(DCC)存在下缩合而得。用途：抗抑郁药，用于治疗抑郁症、强迫症、创伤后应激障碍、社交焦虑症、恐慌症、广场恐惧症、广泛性焦虑症、经前焦虑症和更年期潮热等。

氟伏沙明（fluvoxamine） 亦称"氟提肟氨""兰释"，系统名"(E)-5-甲氧基-(4-三氟甲基苯基)-1-戊酮-O-(2-氨基乙基)肟"。CAS号 54739-18-3。分子式 $C_{15}H_{21}F_3N_2O_2$，分子量 318.34。熔点 120～122℃。

制备：先由盐酸羟胺将 5-甲氧基-1-(4-(三氟甲基)苯基)-1-戊酮羟胺化，再与 2-氯乙胺盐酸盐在碱的作用下发生亲核反应而得。用途：常用于抑郁症、强迫症和社交焦虑症的治疗；对儿童和青少年的恐慌症和分离焦虑症也有效。

西酞普兰（citalopram） 亦称"西普妙"，系统名"1-(3-(二甲氨基)丙基)-1-(4-氟苯基)-1,3-二氢-5-异苯并呋喃甲腈"。CAS号 59729-33-8。分子式 $C_{20}H_{21}FN_2O$，分子量 324.40。白色或类白色结晶粉末。熔点 180～188℃，沸点 175～181℃(0.03 Torr)。制备：以 4-硝基

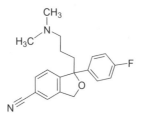

邻苯二甲酰亚胺为起始原料，在碱性条件下经锌粉还原制得中间体 5-氨基苯酞，其氨基用 NaI 取代转化为 5-碘苯酞，然后与对氟苯基溴化镁以及 3,3-二甲基丙基氯化镁格氏试剂进行两次格氏反应、闭环，最后再经氰化而得。用途：抗抑郁药，用于治疗抑郁、阿尔茨海默症和多发梗死性痴呆。

盐酸丙咪嗪（imipramine hydrochloride） 亦称"咪帕明""托弗尼尔"，系统名"10,11-二氢-N,N-二甲基-5H-二苯并[b,f]氮杂䓬-5-丙胺盐酸盐"。CAS号 113-52-0。分子式 $C_{19}H_{25}ClN_2$，分子量 316.87。白色结晶性粉末。熔点 174～175℃。易溶于水、乙醇，微溶于丙酮，几乎不溶于乙醚。制备：由 10,11-二氢-5H-二苯并[b,f]氮杂䓬、氨基钠一起加热回流后冷却，再滴加 1-氯-3-二甲氨基丙烷后继续回流得到丙咪嗪，最后经盐酸酸化成盐而得。用途：镇静安眠性抗组胺及抗抑郁药，用于治疗精神抑郁症及小儿遗尿症。

苯海索（trihexylphenedyl）　亦称"安坦"，系统名"1-环己基-1-苯基-3-哌啶基-1-丙醇"。

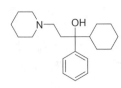

CAS 号 144-11-6。分子式 $C_{20}H_{31}NO$，分子量 301.47。白色轻质结晶性粉末。微溶于水，溶于甲醇、乙醇或氯仿。熔点 114～115℃。制备：由 1-苯基-3-(哌啶-1-基)丙-1-酮与环己基溴化镁通过格氏反应而得。用途：用于帕金森病、畸形性肌张力障碍、癫痫、慢性精神分裂症、抗精神病药物所致的不能静坐。

氯丙嗪（chlorpromazine）　亦称"冬眠灵""阿米那嗪""氯普马嗪""氯硫二苯胺"，系统名"3-(2-氯-10H-苯并噻嗪-10-基)-N,N-二甲基-1-丙胺"。CAS 号 50-53-3。分子式 $C_{17}H_{19}ClN_2S$，分子量

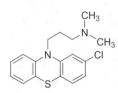

318.86。油状液体。其盐酸盐为白色或乳白色结晶性粉末。其盐酸盐易溶于水、乙醇或氯仿，不溶于苯或乙醚。沸点 200～202℃。制备：由 2-氯吩噻嗪与甲苯、氨基钠一起加热回流后冷却，再滴加 1-氯-3-二甲氨基丙烷，回流反应而得。用途：对中枢神经系统，小剂量有安定作用，大剂量连续使用则有抗精神病作用；为精神病治疗的首选药物，适用于除忧郁症以外的各类精神病，对运动性兴奋、急性幻觉妄想及思维障碍均有疗效。具有较强的镇静抑制作用，副作用包括嗜睡、心动过速、帕金森病等。

三氟拉嗪（trifluoperazine）　亦称"甲哌氟丙嗪""三氟比拉嗪""三氟哌丙嗪"，系统名"10-(3-(4-甲基哌嗪-1-基)丙基)-2-(三氟甲基)-10H-苯并噻嗪"。CAS 号 117-89-5。分子式 $C_{21}H_{24}F_3N_3S$，分子量

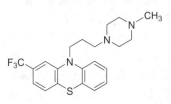

407.50。白色至淡黄色结晶粉末。熔点 232℃，沸点 202～210℃(0.6 Torr)。制备：由 2-三氟甲基吩噻嗪与甲苯、氨基钠一起加热回流后冷却，再滴加 1-(3-氯丙基)-4-甲基哌嗪，继续回流而得。用途：主要用于治疗精神病，对急、慢性精神分裂症，尤其对妄想型与紧张型疗效较好。

多虑平（doxepin）　亦称"多塞""凯舒"，系统名"3-(二苯并[b,e]氧杂䓬-11(6H)-亚基)-N,N-二甲基-1-丙胺"((Z)-3-(dibenzo[b,e]oxepin-11(6H)-ylidene)-N,N-dimethylpropan-1-amine)。CAS 号 1668-19-5。分子式 $C_{19}H_{21}NO$，分子量 279.38。油状液体。沸点 154～157℃(0.03 Torr)。制备：由 2-溴甲

基苯甲酸乙酯、苯酚、三氟乙酸酐等制得 6,11-二氢二苯并[b,e]氧杂䓬-11-酮，再与 3-二甲基氨基丙基氯化镁格氏试剂反应，然后加酸脱水而得。用途：具有抗焦虑、抗抑郁、镇静、催眠、肌肉松弛，抗消化性溃疡作用。

阿司匹林（aspirin）　亦称"醋柳酸""乙酰基柳酸""乙酰水杨酸"，系统名"2-乙酰氧基苯甲酸"。

CAS 号 50-78-2。分子式 $C_9H_8O_4$，分子量 180.16。白色结晶性粉末。熔点 134～136℃，折射率 1.562 3，密度 1.433 g/cm³。微溶于水，溶于乙醇、乙醚、氯仿。制备：由水杨酸与乙酸酐或双乙烯酮乙酰化而得。用途：解热镇痛药，用于发热、疼痛及类风湿关节炎等；也作医药、农药中间体。

4-乙酰氨基苯酚（4-acetamidophenol）　亦称"对乙酰氨基酚"，商品名"扑热息痛"。

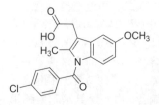

CAS 号 103-90-2。分子式 $C_8H_9NO_2$，分子量 151.16。从乙醇中得棱柱状晶体，无臭，味微苦。熔点 168～172℃，密度 1.263 g/cm³。几乎不溶于冷水和石油醚，在热水和乙醇中易溶，溶于丙酮。制备：以 4-硝基苯酚为原料，将硝基还原得 4-氨基苯酚，再用乙酸酐乙酰化而得(Boots 工艺)；或在氢氟酸催化下，苯酚与乙酸酐直接酰化，得到 4-羟基苯乙酮，用羟胺将其转化为酮肟，然后用酸催化，通过 Beckmann 重排而得(Hoechst - Celanese 工艺)；或在氩气氛中将对苯二酚、乙酸铵和乙酸混合，并缓慢加热至 230℃，继续搅拌 15 小时，冷却、蒸发出乙酸，过滤沉淀，用水洗涤并干燥而得。用途：作解热镇痛药，临床上主要用于感冒引起的发热、头痛及缓解轻、中度疼痛和手术后镇痛；也可用于对阿司匹林过敏、不耐受或不适于应用阿司匹林的患者；作药物扑炎痛等中间体、有机合成中间体以及作为照相用化学药品和过氧化氢的稳定剂。

吲哚美辛（indometacin）　亦称"消炎痛""抗炎吲哚酸""久保新""美达新""意施丁""吲哚新""艾狄多斯""运动派士"，系统名"2-(1-(4-氯苯甲酰)-5-甲氧基-2-甲基-1H-吲哚-3-基)乙酸"。CAS 号 53-86-1。分子式 $C_{19}H_{16}ClNO_4$，分子量 357.79。白色或微黄色结晶性粉末。熔点 156～159℃。几乎不溶于水，溶于乙醇、乙醚、丙酮。制备：由溴乙酸乙酯将 5-甲氧基-2-甲基吲哚 β-碳氢取代，然后与对氯苯甲酰氯发生取代反应，再经水解酸化而得。用途：消炎镇痛药，主要用于对水杨酸类药物疗效不显著或不耐受的风湿性关节炎、强直性光脊椎炎以及骨关节炎等的治疗。

二氟尼柳（diflunisal）　亦称"二氟苯水杨酸""氟苯水杨酸"，系统名"2′,4′-二氟-4-羟基-[1,1′-联苯基]-3-羧

酸"。CAS 号 22494-42-4。分子式 $C_{13}H_8F_2O_3$，分子量 250.20。白色结晶。熔点 210～211℃。难溶于水。制备：由 4-(2′,4′-二氟苯基)苯酚经与二氧化碳 Kolbe-Schmitt 羧化而得。用途：作非甾体抗炎镇痛药，临床上用于治疗风湿性关节炎、类风湿关节炎、骨关节炎、扭伤、劳损和镇痛。

尼美舒利（nimesulide）　系统名"N-(4-硝基-2-苯氧基苯基)甲磺酰胺"。CAS 号 51803-78-2。分子式 $C_{13}H_{12}N_2O_5S$，分子量 308.31。从乙醇得淡褐色结晶或结晶性粉末。熔点 142～144℃，密度 1.476 g/cm³。易溶于二甲基亚砜，微溶于乙醇。制备：由邻硝基溴苯和苯酚钠进行亲核取代反应，生成二苯醚衍生物，经 Raney 镍催化氢化还原硝基为氨基，再用甲磺酰氯进行磺酰化，最后硝化而得。用途：作非甾体消炎药，主要用于类风湿性关节炎、骨关节炎、耳鼻喉科疾病、呼吸道疾病、软组织及口腔炎症等。

青霉素 G（penicillin G）　亦称"盘尼西林""苄青霉素"。CAS 号 61-33-6。分子式 $C_{16}H_{18}N_2O_4S$，分子量 334.39。白色粉末。熔点 217℃，$[\alpha]_D^{20} + 282$(EtOH)。微溶于水，溶于甲醇；其钾或钠盐为白色结晶性粉末，微有特异性臭味，有引湿性，易溶于水，水溶液极不稳定。其结构中的 β-内酰胺环在酸、碱、氧化剂、青霉素酶等作用下易开环而使药物失效。制备：主要从青霉菌培养液中提取得到。用途：常用其钾或钠盐，作广谱抗菌药，主要用于治疗肺炎、链球菌性咽喉炎、梅毒、坏死性小肠结肠炎、白喉、气性坏疽、钩端螺旋体病以及蜂窝织炎和破伤风。

链霉素（streptomycin）　亦称"链霉素 A"。CAS 号 57-92-1。分子式 $C_{21}H_{39}N_7O_{12}$，分子量 581.58。固体粉末。熔点 194℃。易溶于水。制备：从革兰氏阳性的放线菌灰色链霉菌培养液中分离得到。用途：作微生物源杀细菌剂，可有效防治植物细菌病害，例如苹果、梨火疫病、烟草野火病、蓝霉病等。

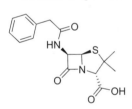

庆大霉素（gentamicin）　亦称"正泰霉素"。CAS 号 1403-66-3。分子式 $C_{21}H_{43}N_5O_7$，分子量 477.60。透明琥珀色液体。熔点 102～108℃。易溶于水，溶于吡啶和二甲基甲酰

胺，溶于甲醇、乙醇、丙酮，几乎不溶于苯、卤代烃。制备：从放线菌科单孢子属发酵培养液中提取得到。用途：主要用于治疗败血症、骨头感染、尿路感染、骨盆腔发炎、脑膜炎等适应证。

硫酸卡那霉素（anmycin sulfate）　亦称"卡那霉素"。CAS 号 133-92-6。分子式 $C_{18}H_{38}N_4O_{15}S$，分子量 582.58。无色或白色结晶粉末。熔点 185℃。略溶于水。制备：用链球菌为菌种，经过发酵得到硫酸卡那霉素发酵液再经分离结晶得到。用途：常用于治疗食道炎、胃窦炎、细菌性痢疾及消化道感染。

氯霉素（chloramphenicol）　亦称"左旋霉素"，系统名"2,2-二氯-N-((1R,2R)-1,3-二羟基-1-(4-硝基苯基)丙-2-基)乙酰胺"。CAS 号 56-75-7。分子式 $C_{11}H_{12}Cl_2N_2O_5$，分子量 323.13。白色至灰白色晶体或者粉末。熔点 150～151℃，密度 1.49 g/cm³，$[\alpha]_D^{20} + 19.5$（$c = 5$，EtOH）。微溶于水，易溶于甲醇、乙醇、乙酸乙酯，不溶于乙醚、苯。制备：最初从委内瑞拉链霉菌中分离得到，现可以对硝基苯乙酮为原料合成而得；也可以苯乙烯或肉桂醇法或对硝基肉桂醇为原料合成而得。用途：用于治疗由伤寒杆菌、痢疾杆菌、大肠杆菌、流感杆菌等引起的感染，属广谱抑菌抗生素，是治疗伤寒、副伤寒的首选产品。

甲砜霉素（thiamphenicol）　亦称"硫霉素""甲砜氯霉素"，系统名"2,2-二氯-N-((1R,2R)-1,3-二羟基-1-(4-甲基磺酰基苯基)丙-2-基)乙酰胺"。CAS 号 15318-45-3。分子式 $C_{12}H_{15}Cl_2NO_5S$，分子量 356.21。白色至类白色结晶性粉末或晶体。熔点 163～165℃。微溶于水，易溶于 DMF。制备：可以由氯霉素中间体经过酰化、还原、重氮化、甲基化、水解、二氯乙酰化、氧化等步骤合成而得。用途：作抗生素，主要用于治疗呼吸、泌尿、肝胆、伤寒等肠道外科疾病以及妇产科和五官科感染等症，对中轻度感染作用尤为明显。

红霉素（erythromycin）　亦称"红霉素碱""艾狄密新"。CAS 号 114-07-8。分子式 $C_{37}H_{67}NO_{13}$，分子量 733.94。白色或类白色结晶性粉末。熔点 133～135℃，密

度 1.22 g/cm³。微溶于水，易溶于乙醇、氯仿等。酸性条件下不稳定。制备：一般是从红霉素链霉菌发酵培养液中提取，发酵液经预处理后用乙酸丁酯和水进行反复抽取，最后在乙酸丁酯中冷冻结晶得到产物。用途：作抗生素，常见药品有红霉素软膏，用于治疗皮肤病。

万古霉素（vancomycin） 亦称"凡古霉素""盐酸万古霉素"。CAS 号 1404-90-6。分子式 $C_{66}H_{75}Cl_2N_9O_{24}$，分子量 1 449.27。白色或苍白色晶体粉末。密度 1.65 ± 0.1 g/cm³。易溶于水，微溶于甲醇，不溶于丙酮、高级醇、酯等溶剂。制备：工业上从东方链霉菌的发酵液中提取得到。用途：用于治疗结肠炎和肠道炎症，还经常用于安装心脏导管、静脉导管等装置时的预防感染。

甲硝唑（metronidazole） 亦称"灭滴唑""甲硝哒唑"，系统名"2-甲基-5-硝基-1H-咪唑-1-乙醇""1-(2-羟乙基)-2-甲基-5-硝基咪唑"。CAS 号 443-48-1。分子式 $C_6H_9N_3O_3$，分子量 171.16。白色或乳白色结晶性粉末。熔点 158～160℃。溶于热水，略溶于乙醇及氯仿，微溶于乙醚。制备：由 2-甲基-5-硝基咪唑与环氧乙烷反应而得。用途：对大多数厌氧菌具强的抗菌作用，主要用于治疗阿米巴病、滴虫病及厌氧菌感染。

替硝唑（tinidazole） 亦称"甲硝磺酰咪唑"，系统名"2-甲基-1-[2-(乙基磺酰基)乙基]-5-硝基-1H-咪唑"。CAS 号 19387-91-8。分子式 $C_8H_{13}N_3O_4S$，分子量 247.27。近乎白色或淡黄色结晶粉末。熔点

127～128℃，密度 1.48 g/cm³。微溶于水或乙醇，溶于丙酮或三氯甲烷。制备：由 2-甲基-4-硝基咪唑经一步或分步引入乙基磺酰基乙基侧链合成而得。用途：抗厌氧菌及抗滴虫药物，国际上广泛用于厌氧菌感染和原虫疾病的预防和治疗，药效优于甲硝唑。

赐福美仙（fosfomycin） 亦称"磷霉素"，系统名"P-[(2R,3S)-3-甲基-2-环氧乙烷基磷酸]""(1R,2S)-1,2-环氧顺丙烯磷酸"。CAS 号 23155-02-4。分子式 $C_3H_7O_4P$，分子量 138.06。结晶体。熔点94℃。其钠盐为白色结晶性粉末，极易溶于水，微溶于乙醇、乙醚；其钙盐为白色粉末，微溶于水，不溶于丙酮、乙醚、苯及氯仿。制备：从 fradiae 链霉菌（ATCC 21096）发酵液中提取而得；也可以丙炔醇为原料，经酯化、重排、水解、异构化得丙炔基磷酸二钠，然后经水解、异构化和氢化，得顺丙烯磷酸，再将其与(±)-a-苯乙胺成盐，经环氧化、拆分而制得。用途：广谱抗生素，临床一般用其钠盐作注射用，钙盐作口服用，主要用于敏感的革兰氏阴性菌引起的尿路、皮肤及软组织、肠道等部位感染的治疗。

利福平（rifampicin） 亦称"威福仙""仙道伦"。CAS 号 13292-46-1。分子式 $C_{43}H_{58}N_4O_{12}$，分子量 822.95。橙红色片状结晶或砖红色结晶粉末。熔点 184℃。溶于水、丙醇、四氯化碳、乙酸乙酯、甲醇和四氢呋喃，易溶于氯仿和二甲基亚砜。制备：将利福霉素 SV 氧化成利福霉素 S，再与甲醛、叔丁胺进行甲酰化反应，生成 3-甲酰基叔丁胺利福霉素 S，然后用维生素 C 还原，与 1-甲基-4-氨基哌嗪缩合而得。用途：广谱抗生素，对结核杆菌有较强抗菌作用，对革兰氏阳性或阴性菌、病毒等也有疗效。

林可霉素（lincomycin） 亦称"洁霉素"。CAS 号 154-21-2。分子式 $C_{18}H_{34}N_2O_6S$，分子量 406.54。白色结晶固体，有臭味。熔点 148～150℃。易溶于水和甲醇，微溶于乙醇。制备：由链霉菌变异株发酵产生。用途：作抗生素，主要用于治疗鸡的慢性呼吸道疾病和耐青霉素 G 的金色葡萄球菌和链球菌引起的感染，也作兽用饲料。

克林霉素（clindamycin） 亦称"氯林霉素""氯洁霉素"。CAS 号 18323-44-9。分子式 $C_{18}H_{33}ClN_2O_5S$，分子量 424.98。灰白色结晶性粉末。极易溶于水，微溶于乙醇，易溶于甲醇，几乎不溶于氯仿或丙酮。制备：以盐酸林可霉素为原料，用 Vilsmeier 试剂与其反应得到克林霉

素加合物再经碱化水解酸化提取而得。用途：作抗生素，用于厌氧菌引起的腹腔和妇科感染，是金黄色葡萄球菌骨髓炎首选治疗药物。

制霉菌素（nystatin） 亦称"制霉素"。CAS 号 1400-61-9。分子式 $C_{47}H_{75}NO_{17}$，分子量 926.11。黄色粉末，有类似谷物气味。熔点 44～46℃。极微溶于水，微溶于甲醇，不溶于丙酮、氯仿或乙醚，溶于 N,N-二甲基甲酰胺。用途：作抗生素，主要用于内服治疗消化道真菌感染或外用于表面皮肤真菌感染，如牛的真菌性胃炎、鸡和火鸡哺囊真菌病等，对曲霉菌、毛霉菌引起的乳腺炎，乳管灌注也有效。

两性霉素 B（amphotericin B） 亦称"芦山霉素"。CAS 号 1397-89-3。分子式 $C_{47}H_{73}NO_{17}$，分子量 924.09。橙黄色针状或柱状结晶。熔点＞170℃。不溶于水、乙醇、氯仿或乙醚，极微溶于甲醇，微溶于 N,N-二甲基甲酰胺，易溶于二甲基亚砜。制备：用节链霉菌株为菌种，在含有碳水化合物和有机氮源的液体培养基中进行通气深层发酵，当达到相当效价单位后，由发酵液中提取而得。用途：作抗生素，主要用于深部真菌病的首选药，细胞培养用防霉剂。

氟康唑（fluconazole） CAS 号 86386-73-4。分子式 $C_{13}H_{12}F_2N_6O$，分子量 306.28。白色或灰白色结晶粉末。熔点 138～140℃。微溶于水、二氯甲烷和乙酸，不溶于乙醚，易溶于甲醇。制备：1,3-二氟苯和氯乙酰氯在三氯化铝催化下进行酰基化，得 α-氯代-2,4-二氟苯乙酮，再与 1,2,4-三氮唑进行取代，所得产物再依次与碘化三甲基氧锍和 1,2,4-三氮唑反应而得。用途：广谱抗真菌药，用于治疗真菌感染。

5-氟胞嘧啶（fluorocytosine） 亦称"安啦喷"，系统名"4-氨基-5-氟嘧啶-2(1H)-酮"。CAS 号 2022-85-7。分子式 $C_4H_4FN_3O$，分子量 129.09。白色或类白色结晶性粉末。熔点 295～297℃。略溶于水，微溶于乙醇，几乎不溶于乙醚或氯仿，易溶于稀盐酸或稀氢氧化钠溶液。制备：由 5-氟尿嘧啶依次经三氯氧磷氯化、氨化、水解而得。用途：作抗真菌药，用于治疗隐球菌和念珠菌等所致的真菌感染，如真菌败血症、心内膜炎、关节炎、脑膜炎及肺部和泌尿道感染。

酮康唑（ketoconazole） 亦称"金达克宁"。CAS 号 65277-42-1。分子式 $C_{26}H_{28}Cl_2N_4O_4$，分子量 531.43。白色至灰白色结晶粉末。熔点 154～156℃。不溶于水，微溶于乙醇，易溶于氯仿，溶于甲醇。制备：由 1-乙酰基-4-(4-羟基苯基)哌嗪、2-(2,4-二氯苯基)-2-(1H-咪唑-1-基甲基)-1,3-二氧戊环-4-基甲基甲磺酸酯合成而得。用途：抗真菌药，主要作皮肤外用药，用于治疗和预防由马拉色菌引起的各种感染，如花斑癣、脂溢性皮炎和头皮糠疹（头皮屑），并能迅速缓解由脂溢性皮炎和头皮糠疹引起的脱屑和瘙痒。

克霉唑（clotrimazole） 亦称"三苯氯甲咪唑"，系统名"1-((2-氯苯基)二苯甲基)-1H-咪唑"。CAS 号 23593-75-1。分子式 $C_{22}H_{17}ClN_2$，分子量 344.84。白色粉末或无色结晶性粉末。熔点 147～149℃。溶于无水乙醇、丙酮、氯仿，几乎不溶于水，在酸溶液中迅速分解。制备：由邻氯苯甲酸酯经与苯基溴化镁格氏试剂加成、水解，再经氯化和与咪唑缩合而得。用途：作广谱抗真菌药，可用于全身性真菌感染以及外用于局部真菌感染，临床用于治疗敏感菌所致的深部和浅部真菌病，如手足癣、体癣、耳道和阴道霉菌病等。

卡泊芬净（caspofungin） CAS 号 162808-62-0。分子式 $C_{52}H_{88}N_{10}O_{15}$，分子量 1 093.33。白色或类白色冻干状块。制备：由丝状真菌发酵产生的纽莫康定 B_0 为原料合成而得。用途：半合成脂肽类化合物，主要用于成人患者和儿童（三个月及三个月以上）患者的经验性治疗中性粒细胞减少、伴有发热的可疑真菌感染病人的治疗、对其他治疗无效或不能耐受的侵袭性曲霉病的治疗等。

丝裂霉素 C（mitomycin C）　亦称"自力霉素"。CAS号 50-07-7。分子式 $C_{15}H_{18}N_4O_5$，分子量 334.33。蓝紫色有光泽结晶或结晶性粉末。熔点＞360℃，沸点 534℃。溶于水，溶于甲醇、丙酮和乙酸乙酯等有机溶剂，微溶于苯、乙醚和四氯化碳，不溶于石油醚。制备：由自放线菌培养液提取而得。用途：作细胞周期非特异性抗肿瘤药物，临床主要用于消化道癌，如胃癌、肠癌、肝癌、胰腺癌的治疗，也用于乳腺癌、肺癌、恶性淋巴瘤及绒毛膜上皮癌等的治疗。

放线菌素 D（actinomycin D）　亦称"更生霉素"。CAS号 50-76-0。分子式 $C_{62}H_{86}N_{12}O_{16}$，分子量 1 255.44。鲜红色结晶性粉末。熔点 241～243℃。微溶于水，易溶于氯仿和丙酮，溶于甲醇、乙醇及乙酸乙酯，不溶于石油醚。制备：用产黑色素链霉菌培养液为原料进行提取而得。用途：作代谢抑制剂，临床上用于治疗软组织肉瘤、恶性淋巴瘤等实体瘤或与放射治疗合用，提高肿瘤对放射治疗的敏感性。

阿霉素（doxorubicin）　亦称"多柔比星""羟基红比霉素"。CAS 号 23214-92-8。分子式 $C_{27}H_{29}NO_{11}$，分子量 543.53。橙色至红色粉末。熔点 204℃。易溶于水、乙醇、甲醇，不溶于丙酮、苯、石油醚、醚、氯仿。在较高温度或在酸性溶液或碱性溶液时不稳定。制备：从放线菌属培养液中分离而得。用途：临床用于急、慢性淋巴细胞白血病及实体性肿瘤的治疗。

吡嗪酰胺（pyrazinamide）　系统名"2-吡嗪甲酰胺"。CAS 号 98-96-4。分子式 $C_5H_5N_3O$，分子量 123.11。无色结晶或白色至类白色的结晶性粉末。熔点 192℃，密度 1.448 g/cm^3。溶于水、乙醇。制备：以 2-甲基吡嗪为原料合成而得。用途：作高效、低毒、价廉的抗结核病药物，也用作电镀添加剂和药物合成中间体。

异烟肼（isoniazid）　亦称"雷米封"，系统名"4-吡啶甲酰肼"。CAS 号 54-85-3。分子式 $C_6H_7N_3O$，分子量 137.14。透明至灰白色结晶粉末。熔点 171.4℃，密度 1.420 g/cm^3。易溶于水，微溶于乙醇。制备：由异烟酸与水合肼缩合而得。用途：作抗结核病药，常用于其他抗结核药物治疗失败的复治患者，此外对痢疾、百日咳、麦粒肿等也有一定疗效。

利福布汀（rifabutin）　亦称"安莎霉素"。CAS 号 72559-06-9。分子式 $C_{46}H_{62}N_4O_{11}$，分子量 847.02。紫红色结晶性粉末。熔点 169～171℃，密度 1.339 g/cm^3。极微溶于水，溶于甲醇，微溶于乙醇，极易溶于氯仿。制备：以 1,4-二氢利福霉素 S 为原料合成而得。用途：用于非典型结核菌感染的治疗，用于艾滋病人鸟分枝杆菌感染综合征、肺炎、慢性抗药性肺结核等治疗。

环孢霉素（ciclosporin A）　亦称"环孢霉素 A"。CAS 号 59865-13-3。分子式 $C_{62}H_{111}N_{11}O_{12}$，分子量 1 202.64。白色针状晶体。熔点 148～151℃。微溶于水及石油醚，溶于甲醇、乙醇、丙酮、乙醚和氯仿。制备：从多孢木霉菌中发酵提取而得。用途：作免疫抑制剂，常用于多种组织、器官移植时预防排斥反应和免疫性疾病的治疗。

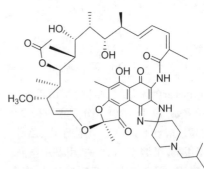

金霉素(chlortetracycline)　亦称"氯四环素"。CAS 号 57-62-5。分子式 $C_{22}H_{23}ClN_2O_8$，分子量 478.88。金黄色结晶性粉末。熔点 168～169℃，密度 1.52 g/cm³。极微溶于水，其盐酸盐溶于水。制备：由金色

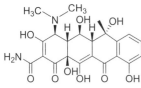

链霉菌发酵，产生的酵液经酸化、过滤，所得沉淀物再溶解于乙醇，酸析得粗品，随后经溶解、成盐得盐酸盐。用途：具有抗菌、抗寄生虫作用，作抗生素药物添加剂，用于治疗畜禽的伤寒、白痢等疾病。

土霉素(oxytetracycline)　亦称"地霉素""氧四环素"。CAS 号 79-57-2。分子式 $C_{22}H_{24}N_2O_9$，分子量 460.44。淡黄色至黄褐色结晶性粉末。熔点 184～185℃，密度 1.63 g/cm³。易溶于水和甲醇，不溶于氯仿、乙醚，微溶于乙醇。制备：由龟裂链霉菌发酵产生，在发酵液中加入碳酸钙，过滤出沉淀，将固体干燥而得。用途：作抗生素类医药原料和畜禽饲料添加剂；用于治疗对青霉素类抗生素过敏的破伤风、气性坏疽、雅司、梅毒等疾病，也可用于治疗敏感菌所致的呼吸道、胆道、尿路和皮肤软组织感染，还可用于痤疮治疗。

盐酸去甲金霉素(demeclocycline)　亦称"地美环素盐酸盐"。CAS 号 64-73-3。分子式 $C_{21}H_{22}Cl_2N_2O_8$，分子量 501.31。黄色固体。熔点＞245℃。溶于水和乙醇。制备：由金色链霉菌发酵法制得。用途：临床用于肺炎、尿路感染、淋病、细菌性痢疾、布氏杆菌病及小儿猩红热等的治疗。

强力霉素(doxycycline)　CAS 号 564-25-0。分子式 $C_{22}H_{24}N_2O_8$，分子量 444.44。黄色结晶粉末。熔点 206～209℃，密度 1.63 g/cm³。其盐酸盐为淡黄色或黄色结晶性粉末。易溶于水或甲醇，微溶于乙醇或丙酮，不溶于氯仿。制备：工业上常用土霉素碱为原料通过氯化、脱水、氢化置换精制而得。用途：用于敏感的革兰氏阳性菌和革兰氏阴性菌所致的上呼吸道感染、扁桃体炎、胆道感染、淋巴结炎、蜂窝组炎、老年慢性支气管炎等的治疗。

美他环素(methacycline; adriamycin)　亦称"甲烯土霉素"。CAS 号 914-00-1。分子式 $C_{22}H_{22}N_2O_8$，分子量 442.42。其盐酸盐为淡黄色或黄色结晶性粉末，气味较

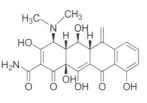

臭。熔点 143～151℃（分解）。易溶于水和甲醇，微溶于乙醇或丙酮，不溶于氯仿。用途：作抗生素，临床应用与四环素相似，抗菌作用强于四环素。

胆固醇(cholesterol；(3β)-cholest-5-en-3-ol)　亦称"胆甾醇"。CAS 号 57-88-5。分子式 $C_{27}H_{46}O$，分子量 386.66。白色或淡黄色结晶。熔点 147～150℃，沸点 360℃（分解），密度 1.067

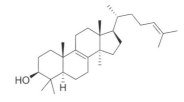

g/cm³，$[\alpha]_D^{20}$ - 36（$c=2$，1,4-二氧六环）。溶解性与脂肪类似，不溶于水，易溶于乙醚、氯仿等溶剂，溶于醇。制备：可以牛脊髓为原料，经石油醚提取，再经多次精制而得。用途：用作乳化剂，人造牛黄、维生素 D、液晶、合成激素的原料，也用于生化研究。

羊毛甾醇(lanosterin；(3β)-lanosta-8,24-dien-3-ol；3β-hydroxy-lansota-8,24-dien-21-oic acid)　亦称"隐甾醇"。CAS 号 79-63-0。分子式 $C_{30}H_{50}O$，分子量 426.73。白色粉末或晶体。熔点 140.5℃。

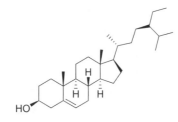

溶于氯仿、乙醇、乙醚。制备：由角鲨烯在质子催化下环化而得。用途：用于动脉硬化的研究；也作化妆品、医药原料。

β-谷固醇(β-sitosterol；(3β)-stigmast-5-en-3-ol)　亦称"β-谷甾醇"。CAS 号 83-46-5。分子式 $C_{29}H_{50}O$，分子量 414.72。白色固体。熔点 140℃，密度 0.942²⁵ g/cm³。不溶于水，极易溶于氯仿和二硫化碳，微溶于乙醇、丙酮等溶剂。制备：以米糠油下脚为原料经提取、纯化、结晶而得。用途：有降胆固醇、止咳、祛痰及抑制肿瘤和修复组织的作用，也用于 Ⅱ 型高脂血症、动脉粥样硬化症和慢性气管炎以及早期子宫颈癌及皮肤溃疡等的治疗。

豆甾醇　释文见 391 页。

麦角甾醇(ergosterol；(3β,22E)-ergosta-5,7,22-trien-3-ol)　亦称"麦角固醇"。CAS 号 57-87-4。分子式 $C_{28}H_{44}O$，分子量 396.66。白色至黄色结晶粉末。熔点 170℃，沸点 250℃(0.01 Torr)，密度 1.04 g/cm³。不溶于水，溶于乙醇、乙醚、苯和三氯甲烷。制备：从燕麦麦角菌

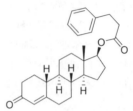

中分离而得。用途：作生产维生素 D_2 的前体，也是生产激素类药物的中间体，可用于制备可的松。

胆酸（cholic acid；（3α，5β，7α，12α）-3，7，12-trihydroxy-cholan-24-oic acid） 亦称"胆汁酸"。CAS 号 81-25-4。分子式 $C_{24}H_{40}O_5$，分子量 408.58。白色至灰白色结晶粉末。熔点 198～199℃。极难溶于水，溶于乙醇、丙酮和氯

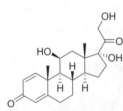

仿。制备：从家畜（猪、牛、羊、兔）的胆汁中通过乙醇结晶法或者乙酸乙酯分离法提取而得。用途：有乳化剂的作用，在体内能乳化脂肪，促进其消化作用，用于治疗胆囊炎、胆汁缺乏、肠道消化不良等症。

泼尼松龙（prednisolone；（11β）-11，17，21-trihydroxypregna-1，4-diene-3，20-dione） 亦称"氢化泼尼松"。CAS 号 50-24-8。分子式 $C_{21}H_{28}O_5$，分子量 360.45。白色或类白色的结晶性粉末。熔点 235℃（分解）。极微溶于水，略溶

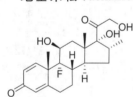

于丙酮或二氧六环，微溶于三氯甲烷，溶于甲醇或乙醇。制备：由氢化可的松经消除（生物节杆菌脱氢）而得。用途：作激素药，用于类风湿关节炎、风湿热、皮肌炎、红斑狼疮及多发性骨髓瘤等的治疗。

地塞米松（dexamethasone；（11β，16α）-9-fluoro-11，17，21-trihydroxy-16-methyl-pregna-1，4-diene-3，20-dione） 亦称"氟美松"。CAS 号 50-02-2。分子式 $C_{22}H_{29}FO_5$，分子量 392.47。白

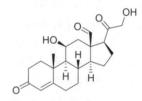

色结晶固体。熔点 262～264℃。难溶于水，溶于甲醇或乙醇。制备：以 21-乙酸酯为原料合成而得。用途：主要用于抗炎和抗过敏，适用于类风湿性关节炎和其他胶原性疾病等，也可用于治疗严重过敏、哮喘、慢性阻塞性肺病、义膜性喉炎、脑水肿，也可与抗生素合并用于结核病患者。

白桦脂醇（betulin） 亦称"桦木脑"，系统名"羽扇豆-20（29）-烯-3β，28-二醇"。CAS 号 473-98-3。分子式 $C_{30}H_{50}O_2$，分子量 442.72。白色结晶粉末。熔点 256～257℃，密度 1.017 g/cm³，$[\alpha]_D^{20}+19$（$c=2$，吡啶）。

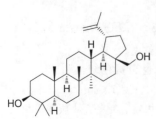

不溶于水，微溶于乙醇和苯，溶于乙醚、乙酸乙酯。制备：由白桦树皮提取。用途：作生物制剂，应用于抗 HIV、消炎和癌症治疗方面的研究，也具有抑制头发纤维中蛋白质溶解、改善受损头发光泽、促进头发生长等活性。

苯丙酸诺龙（nandrolone phenylpropionate；（17β）-17-（1-oxo-3-phenylpropoxy）estr-4-en-3-one） 亦称"多乐宝灵""19-去甲基睾丸素苯丙酸酯"。CAS 号 62-90-8。分子式 $C_{27}H_{34}O_3$，分子量 406.57。白色或乳白色结晶性

粉末。熔点 95～96℃，密度 1.14 g/cm³。溶于乙醇、茶油、稍溶于植物油，几乎不溶于水。制备：以 19-去甲睾丸素与苯丙酰氯经酯化而得。用途：作蛋白同化激素，以促进蛋白质合成，抑制蛋白质分解，使肌肉增长，体重增加，能导致水、钠、钙、磷潴留，临床主要用于蛋白质合成不足和分解增多的病例。

醛固酮（aldosterone；（11β）-11，21-dihydroxy-3，20-dioxo-pregn-4-en-18-al）

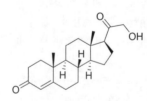

亦称"醛甾酮"。CAS 号 52-39-1。分子式 $C_{21}H_{28}O_5$，分子量 360.45。白色固体。熔点 166.5℃。难溶于水，溶于甲醇或乙醇。制备：由肾上腺皮质所产生。用途：主要作用于肾脏，诱导尿排泄出钾离子，同时使肾脏吸收钠离子，以维持血压的稳定；用于生化研究。

去氧皮质酮（cortexone） 亦称"11-去氧皮甾酮"，系统名"4-孕烯-21-醇-3，20-二酮"。CAS 号 64-85-7。分子式 $C_{21}H_{30}O_3$，分子量 330.47。白色至奶油色结晶粉末。熔点 141.5℃，密度 1.22 g/cm³。微溶于水，易溶于乙醇、丙酮。制

备：由其乙酸酯水解而得。用途：去氧皮质酮为盐皮质激素，具有类似醛固酮的作用，促进远端肾小管钠的再吸收及钾的排泄，对糖代谢影响较小，用于原发性肾上腺皮质功能减退症的替代治疗。

皂素（diosgenin） 亦称"薯蓣皂苷元"。CAS 号 512-04-9。分子式 $C_{27}H_{42}O_3$，分子量 414.63。片状或针状晶体。熔点 205～208℃，密度 1.13 g/cm³。不溶于

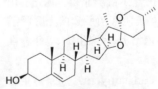

水，易溶于石油醚、乙醇、氯仿等有机溶剂。制备：以薯蓣科植物穿龙薯蓣和盾叶薯蓣为原料，经水解、提取而得。用途：作合成甾体激素药

物的前体,用于氢化可的松、强的松、炔诺酮、地塞米松等各类甾体药物的合成。

泼尼松(prednisone) 亦称"强的松",系统名"1,4-孕二烯-17α,21-二醇-3,11,20-三酮"

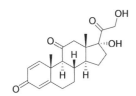

(1,4-pregnadiene-17α,21-diol-3,11,20-trione)。CAS 号 53-03-2。分子式 $C_{21}H_{26}O_5$,分子量 358.43。白色结晶粉末。熔点 234℃。不溶于水,易溶于氯仿,微溶于丙酮、乙醇、乙酸乙酯。制备:以乙酸可的松或乙酸二氢可的松为原料,先用二氧化硒脱氢,再水解而得。用途:作肾上腺皮质激素类药物,主要用于过敏性以及炎症性疾病,如治疗结缔组织病、系统性红斑狼疮、严重的支气管哮喘、皮肌炎、血管炎等过敏性疾病,也用于治疗急性白血病、恶性淋巴瘤等病症。

阿比特龙(abiraterone;abiraterol) 亦称"坦度酮罗",系统名"17-(3-吡啶基)雄甾-5,16-二烯-3β-醇"。CAS 号 154229-19-3。分子式 $C_{24}H_{31}NO$,分子量 349.52。白色至淡白色固体。熔点 228~229℃,密度 1.14 g/cm³。不溶于水。制备:

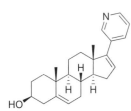

先以脱氢表雄酮为原料制得 17-碘-5,16-雄甾二烯-3-醇,再与二乙基(3-吡啶基)-硼烷偶联而得。用途:雄激素拮抗药,临床上作类固醇 CYP17A1 抑制剂,用于治疗前列腺癌,一般与泼尼松联用。

炔诺酮 释文见 427 页。

肤轻松(fluocinolone acetonide) 亦称"仙乃乐""醋酸氟轻松"。CAS 号 67-73-2。分子式 $C_{24}H_{30}F_2O_6$,分子量 452.49。白色或类白色结晶性粉末。熔点 267~269℃。不溶于水,溶于丙酮,略溶于乙醇和二氧六环。制备:以表皮质醇

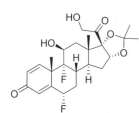

和霉菌氧化物为原料合成而得。用途:作外用皮质激素药物,用于湿疹、神经性皮炎、皮肤瘙痒症、牛皮癣、盘状红斑狼疮等皮肤病。

羟甲烯龙(oxymetholone) 亦称"枸橼酸托法替尼"。CAS 号 434-07-1。分子式 $C_{21}H_{32}O_3$,分子量 332.48。白色粉末。熔点 178~180℃。不溶于水,易溶于氯仿,溶于二氧六环、植物油。制备:以番麻皂素或剑麻皂素为原料合成而得。用途:蛋白同化激素类药物,能降低血胆固醇、减少钙磷排泄和减轻骨髓抑制,促进发育等;也用作康力龙的中间体。

康力龙(stanozolol) 亦称"司坦唑醇",系统名"(5α,17β)-17-甲基-2′H-雄甾-2-烯并[3,2-c]吡唑-17-醇"。CAS 号 10418-03-8。分子式 $C_{21}H_{32}N_2O$,分子量 328.50。白色至淡黄色粉末。熔点 229.8~242.0℃。不溶于水,溶于乙醇、氯仿,微溶于丙酮、乙酸乙酯,不溶于苯。

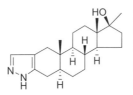

制备:以二氢睾酮为原料合成而得。用途:用于慢性消耗性疾病、重病以及手术后的体弱消瘦、小儿发育不良、年老体衰、骨质疏松症和再生障碍性贫血等的治疗。

十一酸睾酮(testosterone undecanoate) 亦称"十一酸睾丸素",系统名"17β-17-(1-氧代十一烷基氧基)-雄甾-4-烯-3-酮"。CAS 号 5949-44-0。分子式 $C_{30}H_{48}O_3$,分子量 456.71。白色结晶粉末。熔点 64.5~66℃,$[\alpha]_D^{20}$ +75.7(CHCl₃)。不

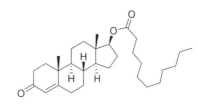

溶于水,易溶于三氯甲烷,溶于乙醇,略溶于甲醇。制备:从睾酮通过衍生反应而得。用途:用于治疗原发性或继发性睾丸功能减退、男孩体质性青春期延迟、乳腺癌转移女性患者的姑息治疗、再生障碍性贫血、类风湿性关节炎、中老年部分雄性激素缺乏综合征。

磺胺嘧啶(sulfadiazine) 系统名"4-氨基-N-2-嘧啶基苯磺酰胺"。CAS 号 68-35-9。分子式 $C_{10}H_{10}N_4O_2S$,分子量 250.28。白色至略黄色结晶粉末。熔点 255.5℃(分解),密度

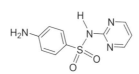

1.52 g/cm³。不溶于水,微溶于乙醇和丙酮,易溶于稀盐酸、氢氧化钠溶液或氨溶液。制备:由 2-氨基嘧啶与对乙酰氨基苯磺酰氯在吡啶中反应后再水解脱乙酰基而得。用途:作广谱抗菌药,对大多数革兰氏阳性菌和阴性菌均有抑制作用,临床上常用其治疗流行性脑脊髓膜炎、上呼吸道感染、中耳炎、局部软组织或全身感染、泌尿道感染及急性菌痢,尚可用于呼吸道感染、伤寒等。

磺胺(sulfanilamide) 系统名"4-氨基苯磺酰胺"。CAS 号 63-74-1。分子式 $C_6H_8N_2O_2S$,分子量 172.20。白色至淡黄色结晶粉末。熔点 164~166℃,密度 1.08 g/cm³。微溶于冷水、甲醇、乙醇、乙醚及丙酮,易溶于沸水,不溶于苯、乙醚、石油醚和氯仿。制备:由乙酰苯胺经氯磺化、胺化、水解、中和而得。用途:作广谱抗菌药,对溶血性链球菌、脑膜炎奈瑟菌、葡萄球菌等革兰氏阳性及阴性菌均具抗菌作用;作磺胺类药物和农药中间体;分析化学中用于亚硝酸盐的测定。

磺胺甲噁唑(sulfamethoxazole)　亦称"新诺明",系统名"4-氨基-N-(5-甲基异噁唑-3-基)苯磺酰胺"。CAS号 723-46-6。分子式 $C_{10}H_{11}N_3O_3S$,分子量 253.28。白色结晶性粉末。熔点 167℃,密度 1.46 g/cm^3。微溶于水,易溶于稀酸、稀碱液或氨水。制备:以 5-甲基异噁唑-3-甲酰胺为原料,在次氯酸钠作用下经 Hofmann 降解为 5-甲基异噁唑-3-胺,然后与对乙酰胺苯磺酰氯缩合后水解脱乙酰基而得。用途:抗菌消炎药,主要用于敏感菌引起的尿路感染、呼吸系统感染、肠道感染、胆道感染及局部软组织或创面感染等。

磺胺二甲嘧啶(sulfamethazine)　系统名"4-氨基-N-(4,6-二甲基-2-嘧啶基)苯磺酰胺"。CAS 号 57-68-1。分子式 $C_{12}H_{14}N_4O_2S$,分子量 278.33。白色或微黄结晶或粉末。熔点 198.5℃,密度 1.44 g/cm^3。不溶于水,溶于热乙醇,易溶于稀酸或稀碱溶液。制备:由磺胺脒与乙酰丙酮环合而得。用途:作抗菌消炎药,用于葡萄球菌、链球菌、肺炎球菌以及脑膜炎球菌感染的治疗。

磺胺二甲异嘧啶(sulfisomidine)　亦称"磺胺索嘧啶",系统名"4-氨基-N-(2,6-二甲基-4-嘧啶基)苯磺酰胺"。CAS 号 515-64-0。分子式 $C_{12}H_{14}N_4O_2S$,分子量 278.33。白色或微黄结晶或粉末。熔点 243℃,密度 1.378 g/cm^3。不溶于水和乙醚,溶于乙醇,易溶于稀酸或稀碱溶液。制备:以 4-氨基-2,6-二甲基嘧啶和对氨基苯磺酰氯反应而得。用途:作抗菌药,抗菌谱与磺胺嘧啶相似。

磺胺脒(sulfaguanidine)　亦称"4-氨基-N-(氨基亚氨基甲基)苯磺酰胺",系统名"4-氨基-N-(2,6-二甲基-4-嘧啶基)苯磺酰胺"。CAS 号 57-67-0。分子式 $C_7H_{10}N_4O_2S$,分子量 214.24。白色至灰白色结晶粉末。熔点 190 ~ 193℃,密度 1.62 g/cm^3。几乎不溶于冷水,易溶于沸水,微溶于乙醇或丙酮,易溶于稀盐酸。制备:由磺胺和硝酸胍在纯碱中熔融,减压缩合而得。用途:作抗菌药,用于肠道抗菌感染,如细菌性痢疾、肠炎,还可用于肠道手术前的预防感染。

酞磺胺噻唑(phthalylsulfathiazole)　亦称"泻痢定"。CAS 号 85-73-4。分子式 $C_{17}H_{13}N_3O_5S_2$,分子量 403.43。白色或类白色结晶性粉末。熔点 273℃。不溶于水或氯仿,微溶于乙醇,易溶于盐酸、氢氧化钠溶液、氨水。制备:由磺胺噻唑(ST)与苯酐反应而得。用途:作药物,用于治疗细菌性痢疾、细菌性溃疡性肠炎及肠道术前准备。

磺胺喹喔啉(sulfaquinoxaline)　系统名"4-氨基-N-2-喹喔啉基苯磺酰胺"。CAS 号 59-40-5。分子式 $C_{14}H_{12}N_4O_2S$,分子量 300.34。淡黄色结晶性粉末。熔点 247 ~ 248℃,密度 1.491 g/cm^3。不溶于水、乙醇、丙酮,溶于碱溶液。制备:由邻苯二胺与氯乙酸反应,再经氧化、缩合等步骤合成;或由 2-氯喹啉与磺胺反应而得。用途:作兽用抑球虫剂,用于治疗禽、兔球虫病。

磺胺对甲氧嘧啶(sulfamethoxydiazine)　亦称"磺胺甲氧嘧啶",系统名"4-氨基-N-(5-甲氧基-2-嘧啶基)-苯磺酰胺"。CAS 号 651-06-9。分子式 $C_{11}H_{12}N_4O_3S$,分子量 280.30。白色或微黄色结晶性粉末。熔点 214~216℃。极微溶于水、乙醇、乙醚,易溶于碱液。制备:由乙醛经缩合、氯化、醚化,再与磺胺脒环合制得。用途:作抗菌剂,用于防治溶血性链球菌、肺炎球菌及脑膜炎球菌引起的感染。

磺胺邻二甲氧嘧啶(sulfadoxine)　亦称"周效磺胺""磺胺多辛"。CAS 号 2447-57-6。分子式 $C_{12}H_{14}N_4O_4S$,分子量 310.33。白色结晶粉末。熔点 190 ~ 194℃,密度 1.44 g/cm^3。不溶于水或氯仿,微溶于乙醇,易溶于盐酸、氢氧化钠溶液和氨水。制备:由磺胺和 4,6-二氯-5-甲氧基嘧啶在甲醇钠作用下制得。用途:作消炎药,用于治疗脑膜炎、尿路感染、皮肤及软组织感染、气管炎及肺炎、急性扁桃体炎、咽喉炎、鼻炎、急性菌痢等。

磺胺醋酰(sulfacetamide)　亦称"乙酰磺胺",系统名"N-((4-氨基苯基)磺酰基)乙酰胺"。CAS 号 144-80-9。分子式 $C_8H_{10}N_2O_3S$,分子量 214.24。白色至淡黄色结晶粉末。熔点 177℃,密度 1.373 g/cm^3。微溶于水或乙醚,溶于乙醇,不溶于氯仿或苯。制备:由磺胺醋酰钠酸化而得。用途:作药物,用于治疗结膜炎、砂眼及其他眼部感染。

吡柔比星(pirarubicin)　亦称"吡喃阿霉素"。CAS 号 72496-41-4。分子式 $C_{32}H_{37}NO_{12}$,分子量 627.64。红色

结晶粉末。熔点 184～186℃。微溶于水、正己烷或石油醚,溶于乙酸乙酯、氯仿和乙醇。制备:由阿霉素和二氢吡喃等合成而得。用途:抗肿瘤药,对头颈部癌、乳癌、尿路上皮癌、卵巢癌、子宫癌、急性白血病、恶性淋巴瘤有缓解作用。

吉非替尼(gefitinib) 亦称"易瑞沙",系统名"*N*-(3-氯-4-氟苯基)-7-甲氧基-6-(3-吗啉-4-丙氧基)喹唑啉-4-胺"。CAS 号 184475-35-2。分子式 $C_{22}H_{24}ClFN_4O_3$,分子量 446.90。白色晶体。熔点 119～120℃。难溶于水,微溶于甲醇、乙醇、乙酸乙酯、异丙醇、乙腈,易溶于乙酸、二甲基亚砜。制备:由 2-氨基-4,5-二甲氧基苯甲酸、盐酸甲脒等经多步反应制得 4-(3-氯-4-氟苯)氨基-6-羟基-7-甲氧基喹唑啉,再与 3-吗啉基丙基氯在碳酸钾存在下反应而得。用途:具有抗血管生成活性,可减少细胞增殖、诱导细胞周期停滞,并增加细胞凋亡,为口服表皮生长因子受体酪氨酸激酶(EGFR-TK)抑制剂,作靶向抗癌药物,用于治疗小细胞肺癌和非小细胞肺癌以及头颈癌、乳腺癌、卵巢癌、前列腺癌、结肠癌等。

达沙替尼(dasatinib) 亦称"施达赛"。CAS 号 302962-49-8。分子式 $C_{22}H_{26}ClN_7O_2S$,分子量 488.01。灰白至黄色固体。熔点 280～286℃。极微溶于甲醇、乙醇、乙腈、丙酮、水,溶于二甲基亚砜。制备:由 *N*-(2-氯-6-甲基苯基)-2-[(6-氯-2-甲基-4-嘧啶基)氨基]噻唑-5-酰胺和 1-(2-羟基乙基)哌嗪反应而得。用途:作抗白血病原料药。

阿立必利(alizapride) 亦称"阿立札必利"。CAS 号 59338-93-1。分子式 $C_{16}H_{21}N_5O_2$,分子量 315.37。晶体。熔点 139℃。制备:以 4-氨基-2-甲氧基苯甲酸甲酯 4-氨基-2-甲氧基苯甲酸甲酯、2-氨甲基-N-烯丙基吡咯烷等为原料合成而得。用途:用于防治肿瘤化疗引起的恶心和呕吐。

硫酸博来霉素(bleomycin; bleomycin A_2; N^1-[3-(dimethylsulfonio)propyl]bleomycinamide) 亦称"争光霉素"。CAS 号 11116-31-7。分子式 $C_{55}H_{85}N_{17}O_{25}S_4$,分子量 1 512.62。白色粉末。易溶于水,微溶于乙醇。制备:从轮枝链霉菌中提取制得。用途:广谱抗肿瘤药,对鳞癌,包括头颈部、皮肤、食道、肺、宫颈、阴茎和恶性淋巴瘤等有效,对脑瘤、恶性黑色素瘤和纤维肉瘤等也具有一定疗效。

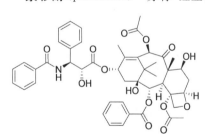

氟尿嘧啶(5-fluorouracil) 亦称"氟脲嘧啶",系统名"5-氟-2,4(1*H*,3*H*)-嘧啶二酮"。CAS 号 51-21-8。分子式 $C_4H_3FN_2O_2$,分子量 130.08。白色至几乎白色结晶粉末。熔点 282℃(分解)。微溶于水和乙醇,难溶于氯仿和醚,溶于稀盐酸和氢氧化钠溶液。制备:由氟乙酸乙酯和甲基异脲硫酸盐经缩合,环合水解而得。用途:作抗代谢抗肿瘤药,可抑制 DNA 合成,临床用于结肠癌、直肠癌、乳腺癌、卵巢癌、胃癌、肝癌等的治疗;也作中间体,用于氟胞嘧啶合成;也用于植物生长发育研究。

紫杉醇(paclitaxel) 亦称"红豆杉提取物"。CAS 号 33069-62-4。分子式 $C_{47}H_{51}NO_{14}$,分子量 853.92。白色结晶性粉末。熔点 213～216℃。不溶于水,易溶于氯仿、丙酮等有机溶剂。制备:从天然或栽培的红豆杉中分离而得;也可通过化学合成或细菌培养法制得。用途:抗癌药,主要用于转移性卵巢癌及乳腺癌,也用于治疗小细胞和非细胞肺癌、大肠癌、黑色素瘤、宫颈癌、抗化疗白血病等。

阿糖胞苷 释文见 648 页。

羟基脲(hydroxyurea) 亦称"羟基尿素氮"。CAS 号 127-07-1。分子式 $CH_4N_2O_2$,分子量 76.06。白色至淡黄色针状晶体。熔点 135～140℃。易溶于水和热乙醇,微溶于冷乙醇,不溶于乙醚。制备:由氨基甲酸乙酯与盐酸羟胺反应而得。用途:抗肿瘤药,用于慢性粒细胞白血病的治疗,也用于转移性卵巢癌、头颈部原发性鳞癌、顽固性牛皮癣等疾病的治疗;还用于治疗链状细胞疾病和治疗艾滋病病毒药物。

比卡鲁胺(bicalutamide) 亦称"比卡胺"。CAS 号 90357-06-5。分子式 $C_{18}H_{14}F_4N_2O_4S$,分子量 430.37。灰白色晶体。熔点 191～193℃。不溶于水,略溶于氯仿、乙酸乙酯和甲醇,溶于四氢呋喃,易溶于 DMF。制备:以 2-甲基丙烯酸甲酯、对氟苯硫酚及 3-三氟甲基-4-氰基苯胺等为原料合成而得。用途:抗前列腺癌、抗雄激素类药。

他莫昔芬(tamoxifen) 亦称"三苯氧胺"。CAS 号 10540-29-1。分子式 $C_{26}H_{29}NO$,分子量 371.52。细灰白色结晶粉末。熔点 96～98℃。微溶于水。制备:以苯酚、苯甲醛、苯甲醚、对溴苯乙酸、为原料制得。用途:用于治疗晚期乳腺癌,对卵巢癌也有效,与其他抗癌药合用效果更好。

甲地孕酮 释文见 427 页。

盐酸伊立替康(irinotecan hydrochloride) 亦称"盐酸依列替康"。CAS 号 100286-90-6。分子式 $C_{33}H_{39}ClN_4O_6$,分子量 623.14。黄色结晶粉末。熔点 250～256℃(分解)。微溶于水、乙醇或氯仿,不溶于丙酮。制备:以 4-哌啶基哌啶和 7-乙基-10-羟基喜树碱为主要原料合成而得。用途:作抗肿瘤药,为 DNA 合成抑制剂,对非小细胞肺癌和小细胞肺癌也有很好的效果,用于晚期大肠癌患者的治疗。

白消安(busulfan) 亦称"二甲磺酸丁酯""二甲磺酸-1,4-丁二醇"。CAS 号 55-98-1。分子式 $C_6H_{14}O_6S_2$,分子量 246.29。白色晶体。熔点 114～118℃,密度 1.56 g/cm³。在水中分解;溶于丙酮,微溶于乙醇。制备:由甲基磺酰氯与 1,4-丁二醇缩合而得。用途:作抗肿瘤药,为细胞周期非特异性药物,主要用于治疗慢性粒细胞白血病。

氮芥(mechlorethamine) 亦称"双(2-氯乙基)甲胺",系统名"2-氯-N-(2-氯乙基)-N-甲基乙胺"。CAS 号 51-75-2。分子式 $C_5H_{11}Cl_2N$,分子量 156.05。无色易流动液体。熔点 -60℃,沸点 87℃(18 Torr),密度 1.118 g/cm³。极微溶于水,溶于二甲基甲酰胺、二硫化碳、四氯化碳等有机溶剂。制备:以二乙醇胺为原料人工合成。用途:抗恶性肿瘤药,主要用于恶性淋巴瘤及癌性胸膜、心包及腹腔积液。

索拉非尼(sorafenib) 亦称"Raf 抑制剂"。CAS 号 284461-73-0。分子式 $C_{21}H_{16}ClF_3N_4O_3$,分子量 464.83。白色至灰白色固体。熔点 202～204℃,密度 1.454 g/cm³。微溶于水和乙醇,易溶于 PEG-400。制备:由 2-吡啶甲酸和 4-氯-3-(三氟甲基)苯胺等为原料合成而得。用途:作多靶向性的治疗肿瘤的口服药物,用于治疗无法手术或远处转移的肝细胞癌。

盐酸多柔比星(adriamycin hydrochloride; 14-hydroxydaunomycin hydrochloride) 亦称"盐酸阿霉素"。CAS 号 25316-40-9。分子式 $C_{27}H_{30}ClNO_{11}$,分子量 579.98。橙色-红色晶体。熔点 204～205℃。溶于水,略溶于无水甲醇,不溶于丙酮、苯、氯仿、乙醚。制备:由松链丝菌浅灰色变株的培养液提取而得。用途:反相转录酶和 RNA 聚合酶抑制剂、免疫抑制剂,临床上作癌症化疗剂,主要用于急、慢性白血病的治疗。

卡铂(carboplatin) 亦称"碳铂",系统名"(SP-4-2)-二氨[1,1-环丁烷二羧络(2-)-κO,κO″]铂"。CAS 号 41575-94-4。分子式 $C_6H_{12}N_2O_4Pt$,分子量 371.26。白色结晶粉末。熔点 217℃。易溶于水和乙醇。制备:以氯铂酸钾和盐酸肼及碘化钾为原料合成而得。用途:临床上主要用于治疗小细胞肺癌、卵巢癌、睾丸癌、生殖细胞肿瘤、甲状腺癌、鼻咽癌等恶性肿瘤。

环磷酰胺(cyclophosphamide) 亦称"癌得星",系统名"N,N-双(2-氯乙基)四氢-2H-1,3,2-氧氮磷杂环己烷-2-胺-2-氧化物"。CAS 号 50-18-0。分子式 $C_7H_{15}Cl_2N_2O_2P$,分子量 261.09。白色结晶粉末。熔点 49.5～53℃。溶于水,但溶液不稳定;溶于乙醇。制备:由二乙醇胺经氯化、与三氯氧磷缩合、再与 3-氨基-1-丙醇环合而得。用途：抗肿瘤药，主要用于恶性淋巴瘤、急性淋巴白血病，对于其他如慢性淋巴细胞白血病、多发性骨髓瘤、神经母细胞瘤、乳腺癌、卵巢癌、睾丸癌和结肠癌等也有效；也作免疫抑制剂。

维生素 A（vitamin A） 亦称"视黄醇"，系统名"3,7-二甲基-9-(2,6,6-三甲基-1-环己烯基)-2,4,6,8-壬四烯-1-醇"。CAS 号 11103-57-4。分子式 $C_{20}H_{30}O$，分子量 286.46。黄色晶体或橙色固体。熔点 62～64℃，沸点 137～138℃（0.000 001 Torr），密度 0.954 g/cm³。不溶于水，溶于无水乙醇、甲醇、氯仿、乙醚。多存于哺乳动物及咸水鱼的肝脏中。制备：由鱼肝油提取，也可由柠檬醛、丙酮、甲基乙烯酮等经多步反应合成而得；人体内可由 β-胡萝卜素及其他胡萝卜素经生物氧化合成。用途：在生物体中维持正常视觉功能，维护上皮组织细胞的健康和促进免疫球蛋白的合成，维持骨骼正常生长发育等功效；人体缺乏维生素 A，会出现皮肤干燥、脱屑和脱发等症状。

维生素 B₁（vitamine B₁；thiamine hydrochloride） 亦称"硫胺素""抗脚气病维生素""盐酸硫胺"，系统名"3-[(4-氨基-2-甲基-5-嘧啶基)甲基]-5-(2-羟乙基)-4-甲基噻唑鎓盐酸盐"。CAS 号 67-03-8。分子式 $C_{12}H_{17}ClN_4OS \cdot HCl$，分子量 337.28。白色晶体。熔点～250℃（分解）。极易溶于水，溶于丙二醇，稍溶于乙醇，不溶于乙醚、苯、己烷和氯仿。天然品存在于米糠、酵母、胚芽及豆类等中。制备：由米糠或酵母水解后提取而得；有多种合成方法，如由 4-氨基-2-甲基-5-乙酰氨甲基嘧啶经水解、加成缩合，然后再经环合水解、氧化、取代等步骤制得。用途：能增进食欲，维持神经正常活动等，缺乏会引起脚气病、神经性皮炎；对维持正常的神经传导、心脏以及消化系统的正常活动具有重要作用；用于医药、生化研究，可用于婴幼儿食品；分析化学中用于荧光和磷光光度测定磷、汞。

维生素 B₂（vitamine B₂；riboflavin） 亦称"核黄素"。CAS 号 83-88-5。分子式 $C_{17}H_{20}N_4O_6$，分子量 376.37。黄色至橙色结晶粉末。熔点 278～279℃（分解）。易溶于水和碱性溶液，不溶于乙醚、氯仿、丙酮、苯，微溶于环己醇、乙酸戊酯、苯甲醇。制备：以 D-核糖与 3,4-二甲基苯胺为原料合成而得；也可以葡萄糖、玉米浆、无机盐

等为培养基经发酵法制得。用途：主要用作医药、食品添加剂和饲料添加剂，可预防口角炎、唇炎、舌炎及脂溢性皮炎等。

维生素 PP（vitamin PP） 亦称"烟酸""维生素 B₃"，系统名"3-吡啶甲酸"。CAS 号 59-67-6。分子式 $C_6H_5NO_2$，分子量 123.11。白色至灰白色粉末。熔点 236.6℃，沸点 166℃（0.6 Torr），密度 1.473 g/cm³。易溶于热水、热乙醇、含碱水、丙二醇及氯仿，常温下微溶于冷水和乙醇。制备：以烷基吡啶，如 3-甲基吡啶、2-甲基-5-乙基吡啶以及喹啉等为原料氧化而得。用途：促进消化系统的健康，减轻胃肠障碍；预防和缓解严重的偏头痛；促进血液循环，使血压下降；生化研究中作营养剂，用于配制组织培养基。

腺嘌呤（adenine） 曾称"维生素 B₄"，系统名"6-氨基嘌呤"。CAS 号 73-24-5。分子式 $C_5H_5N_5$，分子量 135.13。白色针状结晶。熔点 360℃。难溶于冷水，微溶于乙醇，溶于沸水、酸及碱的水溶液。制备：由 4,6-二氯-5-硝基嘧啶用氨水氨化得 4,6-二氨基-5-硝基嘧啶，再与甲酸、甲酰胺和硫代硫酸钠一起环合而得。用途：能促进白细胞增生，促使白细胞数目增加，临床用于防治白细胞减少症，尤其是用于苯中毒、肿瘤化学治疗时所引起的白细胞减少症，也用于急性粒细胞减少症；作医药中间体，用于制备阿德福韦双特戊酰氧甲酯、抗艾滋病药和植物生长激素 6-苄基腺嘌呤等。

D-泛酸 释文见 454 页。

吡多素（pyridoxine） 亦称"维生素 B₆""吡哆醇"，系统名"6-甲基-5-羟基-3,4-吡啶二甲醇"。CAS 号 65-23-6。分子式 $C_8H_{11}NO_3$，分子量 169.18。白色或类白色的结晶或结晶性粉末。熔点 159～162℃。易溶于水，微溶于乙醇，不溶于氯仿和乙醚。制备：以氯乙酸为原料，经酯化、取代等反应合成而得。用途：调节皮脂腺活力，可用于脸部控油的清洁和护理产品；也用于护发品，改善油性头发状况，健康毛囊；作食品添加剂。

D-生物素 释文见 622 页。

维生素 B₉（vitamine B₉） 亦称"叶酸"。CAS 号 59-30-3。分子式 $C_{19}H_{19}N_7O_6$，分子量 441.40。黄色至橙黄色晶体或结晶粉末。熔点 250℃。不溶于水、乙醇、乙醚和氯仿，溶于乙酸、吡啶和碱溶液。制备：从肝脏浸出液中提取而得；也可由 2,4,5-三氨基-6-羟基嘧啶、N-(4-氨基苯甲酰)谷氨酸和三氯丙酮在乙酸钠和焦亚硫酸

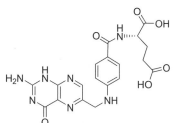

钠存在下发生环合反应而得。用途：用于生化研究；作药物，用于解除氨基蝶呤及甲氨蝶呤过量而引起的毒性反应，还用于治疗巨型红细胞贫血；女性在妊娠期间作为补充剂，以降低婴儿神经管缺陷的风险。

维生素 B₁₃（vitamine B₁₃） 亦称"尿嘧啶-6-羧酸""乳清酸"，系统名"2,6-二氧代-1,2,3,6-四氢-4-嘧啶甲酸"。CAS 号 65-86-1。分子式 $C_5H_4N_2O_4$，分子量 156.10。白色结晶性粉末。熔点 345～346℃。难溶于水，极微溶于醇，不溶于醚。

制备：从制取乳糖后的副产物中提取而得。用途：作抗贫血和营养强壮剂；作药物，适用于治疗高尿酸血症、高胆固醇血症、慢性肝炎、肝硬化；与维生素 A、维生素 B₁₂ 联合使用可防止皮肤色素沉着，防晒和抗老化。

维生素 C（vitamine C） 亦称"L-抗坏血酸"。CAS 号 50-81-7。分子式 $C_6H_8O_6$，分子量 176.12。白色至淡黄色结晶粉末。熔点 190～192℃（分解），密度 1.65 g/cm³，比旋光度$[\alpha]_D^{20}+21$（$c=10$，水）。溶于水、乙醇，不溶于氯仿、乙醚和苯。

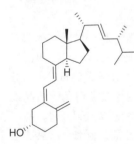

制备：以 D-葡萄糖为原料合成而得。用途：维生素类药，用于防治坏血病，也用于各种急慢性传染性疾病及紫癜等的辅助作用；作食品的营养增补剂、抗氧化剂、护色剂等；分析化学中作还原剂、掩蔽剂。

维生素 D₂（vitamin D₂） 亦称"麦角钙化醇"。CAS 号 50-14-6。分子式 $C_{28}H_{44}O$，分子量 396.66。白色针状结晶或结晶性粉末。熔点 115～118℃（分解）。不溶于水，易溶于乙醇、氯仿、乙醚和丙酮。制备：由麦角甾醇乙醇溶液经紫外线照射，再用 3,5-二硝基苯甲酰氯进行酯化，碱性下水解后经纯化而得。用途：维生素类药，主要用于防治佝偻病、骨软化症、婴儿手足搐搦症等；大剂量也用于皮肤结核、各型红斑狼疮等的治疗。

维生素 D₃（vitamin D₃） 亦称"胆钙化醇"，系统名"(5Z,7E)-(3S)-9,10-开环胆甾-5,7,10(19)-三烯-3-醇"。CAS 号 67-97-0。分子式 $C_{27}H_{44}O$，分子量 384.65。白色柱状结晶或结晶性粉末。熔点 84～85℃，密度 0.939 g/cm³。不溶于水，易溶于乙醇、乙醚、环己烷和丙酮，极易溶于氯仿。制备：由 7-脱氢胆固醇经紫外线照射转化而得。用途：维生素类药，主要促进肠内钙磷的吸收和沉积，用于治疗佝偻病及骨质软化病。

维生素 E（vitamin E） 亦称"D-gamma-生育酚"。CAS 号 54-28-4。分子式 $C_{28}H_{48}O_2$，分子量 416.69。淡黄色黏稠液体。沸点 200℃（0.1 Torr），折射率 1.505。不溶于水，易溶于乙醇，微溶于丙酮、氯仿和乙醚。制备：以异植物醇和三甲基氢醌为原料合成而得。用途：是自然界中分布最广泛含量最丰富活性最高的维生素 E 形式，可以有效阻止脂肪氧化时活性氧化物的形成，具有抗氧化、延缓衰老和降血脂的功效；也用于预防习惯性流产和先兆性流产以及肝炎、肝硬化、肌营养不良的辅助治疗。

维生素 K₁（vitamin K₁） 亦称"叶绿醌""植物甲萘醌"，系统名"(2E,7R,11R)-2-甲基-3-(3,7,11,15-四甲基十六-2-烯-1-基)-1,4-萘醌"。CAS 号 84-80-0。分子式 $C_{31}H_{46}O_2$，分子量 450.71。黄色至橙色透明黏稠液体。熔点-20℃，沸点 140～145℃（0.001 Torr），密度 0.984²⁵ g/cm³。不溶于水，微溶于乙醇，易溶于氯仿。制备：以 2-甲基-1,4-萘醌和异植物醇为原料合成而得；也可由苜蓿或其他植物体中提取。用途：有促进血凝、促进肝脏中凝血酶原的合成及增加肠道蠕动及分泌功能，临床用于治疗新生儿吸收障碍以及药物所引起的维生素缺乏症、蚕豆类抗凝血药所引起的低凝血酶原血症；作食品强化剂，可用于婴幼儿食品。

农 药

喹禾灵（quizalofop-ethyl） 亦称"禾草克""精禾草克"，系统名"2-[4-(6-氯-2-喹唑啉-2-氧基)苯氧基]丙酸乙酯"。CAS 号 76578-14-8。分子式 $C_{19}H_{17}ClN_2O_4$，分子量 372.81。白色粉末状结晶，低毒！熔点 91.7～92.1℃，闪点 100℃，密度 1.301 g/cm³。难溶于水，在常用有机溶剂中溶解度亦不大。制备：在氮气保护下，DMF 中，2,6-二氯喹喔啉与对苯二酚在碱性条件下缩合制得 4-(6-氯-2-喹喔啉氧基)酚，然后在乙腈溶液中，以碳酸钾为缚酸剂，与α-卤代丙酸乙酯缩合而得。也可用 2,6-二氯喹喔啉与α-对羟基苯氧基丙酸乙酯在碳酸钾存在下，于乙腈溶液中回流 24 小时直接作用制得。用途：作内吸性高效选择性苗后除草剂，适用于大豆、棉花、蚕豆、油菜、甜菜、向日葵、亚麻、甘薯、豌豆、茄子、马铃薯、花生、草莓等多种作物。

敌草胺(napropamide)　亦称"草萘胺",系统名"N,

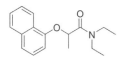

N-二乙基-2-(1-萘氧基)丙酰胺"。CAS 号 15299-99-7。分子式 $C_{17}H_{21}NO_2$,分子量 271.36。白色或类白色结晶,低毒! 熔点 74.8～75.5℃。易溶于乙醇,丙酮等有机溶剂,在碱性溶液中不稳定,在稀酸性溶液中稳定。制备: 将 α-氯丙酸与光气反应生成 α-氯丙酰氯,再与二乙胺反应生成 N,N-二乙基-2-氯代丙酰胺,最后与 α-萘酚缩合而得。用途: 作选择性芽前土壤处理除草剂,主要用于防除萌芽期一年生禾本科杂草及部分双子叶杂草。

禾草丹(thiobencarb; benthiocarb; bolero)　亦称"杀草丹""灭草丹""稻草完",系

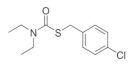

统名"S-(4-氯苄基)-N,N-二乙基硫代甲酰胺"。CAS 号 28249-77-6。分子式 $C_{12}H_{16}ClNOS$,分子量 257.78。无色或淡黄色透明油状液体,低毒! 熔点 1.7℃,沸点 127～131℃(1 Torr),密度 1.145～1.180 g/mL,折射率 1.563 4。难溶于水,易溶于丙酮、醇类、芳烃类等多种有机溶剂。制备: 将二乙胺与氧硫化碳在甲苯中反应,反应产物再与 4-氯苄缩合而得。用途: 作内吸传导选择性除草剂,主要通过杂草根部和幼芽吸收,作土壤处理剂使用,对水稻安全,对稗草有优良防治效果。

野麦畏(triallate; Triallat-D14)　亦称"野燕畏""阿畏达""三氯烯丹",系统名"S-2,3,

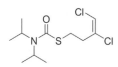

3-三氯烯丙基二异丙基硫代氨基甲酸酯"。CAS 号 2303-17-5。分子式 $C_{10}H_{16}Cl_3NOS$,分子量 304.65。无色晶体或油性琥珀色液体,低毒! 熔点 29～30℃,沸点 142～146℃(2～3 Torr),密度 1.266 g/cm³,折射率 1.528 5。微溶于水,溶于乙醚、丙酮、苯。制备: 将二异丙胺在氢氧化钠溶液通入二硫化碳,再与 1,1′,2,3-四氯丙烯反应,将粗产品减压蒸馏可得。用途: 作农用除草剂、防除野麦类的选择性土壤处理剂,适用于小麦、青稞、油菜、豌豆、亚麻、甜菜、大豆等农作物田防除野燕麦。

燕麦敌(diallate)　亦称"二氯烯丹",系统名"2,3-二氯烯丙基-N,N-二异丙基硫代氨基甲酸酯"。CAS 号 2303-16-4。分子式 $C_{10}H_{17}Cl_2NOS$,分子量 270.22。琥珀色或棕色易挥发液体,低毒! 该品为顺式和反式的混合物。熔点 25～30℃,沸点 160～161℃(10 Torr),密度 1.188 g/mL。不溶于水,溶于丙酮、乙醇、乙酸乙酯、煤油、二甲苯等有机溶剂。制备: 由 1,2-二氯丙烯、二异丙胺和氧硫化碳等为原料合成而得。用途: 作农用播前除草剂。

乙草胺(acetochlor)　亦称"禾耐斯""草必净""乙草

胺""消草安""乙基乙草胺",系统名"2-乙基-6-甲基-N-乙氧基甲基-2-氯

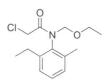

代乙酰替苯胺"。CAS 号 34256-82-1。分子式 $C_{14}H_{20}ClNO_2$,分子量 269.77。淡黄色液体,原药因含有杂质而呈现深红色,低毒! 性质稳定,不易挥发和光解。不溶于水,易溶于有机溶剂。熔点＞0℃,沸点＞200℃,密度 1.1 g/mL,闪点＞68℃,折射率 1.527 2。不易挥发和光解。制备: 先由 2-甲基-6-乙基苯胺与氯乙酸和三氯化磷反应,所得中间体继而与氯甲基乙基醚缩合而得。用途: 作选择性芽前除草剂。

毒草胺(propachlor; bexton; ramrod)　系统名"2-氯-N-(1-甲基乙基)-N-苯基乙酰胺"。

CAS 号 1918-16-7。分子式 $C_{11}H_{14}ClNO$,分子量 211.69。黄棕色固体。熔点 78～79℃,沸点 110℃(0.03 Torr)。微溶于水,易溶于苯、丙酮、乙醇、甲苯、四氯化碳。常温下稳定,在酸、碱中受热易分解。制备: 由 N-异丙基苯胺与氯乙酰氯反应制得。用途: 作选择性芽前除草剂,是一种高效、低毒的旱田、水田广泛应用的除草剂。

氯麦隆(chlorotoluron)　亦称"绿麦隆",系统名"N-(3-氯-4-甲基苯基)-N′,N′-二甲基

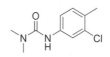

脲"。CAS 号 15545-48-9。分子式 $C_{10}H_{13}ClN_2O$,分子量 212.68。白色粉末状物,低毒! 熔点 147.5～148℃。难溶于水,溶于丙酮、苯、二氯甲烷等有机溶剂。常温下稳定,在强碱或强酸中分解。制备: 由 3-氯-4-甲基苯基异氰酸酯与二甲胺加成而得,也可在适宜的催化剂和一定压力下,3-氯-4-甲基硝基苯与一氧化碳作用生成 3-氯-4-甲基异氰酸酯,再与二甲胺作用生成绿麦隆。用途: 作麦田除草剂,用于防除麦田中禾本科及阔叶一年生杂草。

利谷隆(linuron)　亦称"利谷隆""直西龙",系统名"N-(3,4-二氯苯基)-N′-甲氧基-

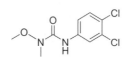

N′-甲基脲"。CAS 号 330-55-2。分子式 $C_9H_{10}Cl_2N_2O_2$,分子量 249.10。白色晶体状固体,低毒! 熔点 93～94℃,闪点 11℃,密度 1.49 g/cm³。可溶于丙酮、乙醇,不溶于水。化学性质稳定。制备: 由 3,4-二氯苯异氰酸酯与硫酸羟胺反应生成 3,4-二氯苯羟基脲,然后再与硫酸二甲酯反应进行甲基化制得。用途: 作除草剂,用于棉花、大豆、玉米、小麦、胡萝卜、芹菜、花生、甘蔗、果树等农作物。

地乐胺(butralin)　亦称"仲丁灵""止芽素""比达宁""硝苯胺灵""双丁乐灵""止芽素",系统名"N-仲丁基-4-特丁基-2,6-二硝基苯胺"。CAS 号 33629-47-9。分子式 $C_{14}H_{21}N_3O_4$,分子量 295.34。红棕色固体,低毒! 熔点 61.5～62℃。易溶于甲苯、二甲苯、丙酮等有机溶剂,溶于

乙醇、异丙醇,难溶于水。制备:由 2,6-二硝基-4-叔丁基苯酚,在 N-甲基咪唑催化下,与环氧乙烷反应,转化为 2-(2,6-二硝基-4-丁基苯氧基)乙醇。然后在减压下蒸发反应混合物,继续与仲丁胺反应而得。用途:作水旱两用化学除草剂、烟草抑芽剂。

氟乐灵(trifluralin)　亦称"氟乐宁""氟特力""茄科宁""特氟力""特富力""氟利克",系统名"2,6-二硝基-N,N-二丙基-4-三氟甲基苯胺"。CAS 号 1582-09-8。

分子式 $C_{13}H_{16}F_3N_3O_4$,分子量 335.28。橙黄色结晶固体,低毒! 熔点 47.9～48.5℃,沸点 96～97℃(0.2 Torr)。微溶于水,易溶于丙酮、氯仿、乙腈、甲苯、乙酸乙酯。紫外光下分解。易挥发、易光解。制备:由 4-三氟甲基-2,4-二硝基氯苯与二丙胺于 100℃反应而得。用途:作芽前除草剂,用于防除棉花、饲用豆类田一年生杂草。

莠去津(atrazine)　亦称"阿特拉津""盖萨普林""阿特核嗪""园保净",系统名"6-氯-N-乙基-N′-异丙基-1,3,5-三嗪-2,4-二胺"。CAS 号 1912-24-9。分子式 $C_8H_{14}ClN_5$,分子量 215.69。无色晶体或白色粉末,低毒! 熔点 179～180℃,沸点 200℃,密度 1.2 g/cm³。微溶于水,易溶于氯仿、丙酮、乙酸乙酯、甲醇。在微酸或微碱性介质中较稳定,但在较高温度下,碱或无机酸可使其水解。制备:以三聚氯氰为原料,先与乙胺反应,然后再与异丙胺反应而得。用途:作芽前除草剂,为内吸选择性苗前、苗后除草剂,用于防除棉花、饲用豆类田一年生杂草。

扑灭津(propazine)　亦称"拒食胺",系统名"2-氯-4,6-双异丙胺基-1,3,5-三嗪"。CAS 号 139-40-2。分子式 $C_9H_{16}ClN_5$,分子量 229.71。乳白色晶体,低毒! 熔点 212～214℃。微溶于水,易溶于乙醇、乙醚、丙酮、氯仿等有机溶剂。在强酸强碱条件下分解。制备:由三聚氯氰在缚酸剂存在下与两分子异丙胺反应制得。用途:作选择性内吸传导型土壤处理除草剂,用于芽前防除高粱和伞形花科作物田中阔叶和禾本科杂草。

氰草津(cyanazine)　亦称"百得斯""草净津""氰草津""特丁津""丙腈津""百行斯""赛类斯""氰草津",系统名"2-氯-4-(1-氰基-1-甲基乙胺基)-6-乙胺基-1,3,5-三嗪"。CAS 号 21725-46-2。分子式 $C_9H_{13}ClN_6$,分子量 240.70。白色结晶,中

等毒性! 熔点 164.3℃。微溶于水,溶于乙醇、苯、氯仿、己烷。制备:先将 2-羟基异丁腈(丙酮氰醇)与氨作用,制得氨基异丁腈,然后再将氨基异丁腈和三聚氯氰的丙酮悬浮液冷却到 0℃后,搅拌下加入 50%氢氧化钠溶液,待反应混合物呈中性后,再加入乙胺和氢氧化钠反应而得。用途:作内吸选择性除草剂,杀草谱广,能防除大多数一年生禾本科杂草及阔叶杂草。

异丙净(dipropetryne)　亦称"杀草净""异丙净",系统名"2-乙硫基-4,6-双异丙氨基-1,3,5-三嗪"。CAS 号 4147-51-7。分子式 $C_{11}H_{21}N_5S$,分子量 255.39。白色粉末,低毒! 熔点 101～102℃,密度 1.12 g/cm³。

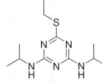

微溶于水,易溶于有机溶剂,溶于丙酮、乙醇、二噁烷等有机溶剂。在常温常压、中性、微酸性、微碱性条件下稳定,但在强酸或强碱条件下,水解成无除草活性的羟基衍生物。制备:由扑灭津与硫脲及硫酸二甲酯反应而得。用途:作选择性芽前土壤处理剂,适用于棉田除草。

扑草净(prometryn)　亦称"扑蔓尽""割草佳""扑草津""捕草净""割杀佳""扑草净胺",系统名"2-甲硫基-4,6-双异丙氨基-1,3,5-三嗪"。CAS 号 7287-19-6。分子式 $C_{10}H_{19}N_5S$,分子量 241.36。

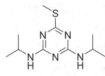

白色结晶,原药为灰白色或米黄色粉末,中等毒性! 熔点 118～120℃。难溶于水,易溶于有机溶剂。制备:由三聚氯氰和异丙胺在碱性条件下反应,生成物再与硫化钠、硫酸二甲酯进行硫甲基化反应而得;或以扑灭津为中间体,经甲硫化反应合成而得。用途:作内吸选择性除草剂,可经根和叶吸收并传导。对刚萌发的杂草防效最好,杀草谱广,用于防除多年生禾本科杂草及阔叶杂草。

苄嘧磺隆(bensulfuron methyl)　亦称"农得时""苄黄隆""苄磺隆""农时得""苄嘧磺隆",系统名"N-(2-甲氧基羰基苄基磺酰基)-N′-(4,6-双甲氧基嘧啶-2-基)-脲"。CAS

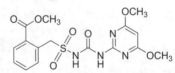

号 83055-99-6。分子式 $C_{16}H_{18}N_4O_7S$,分子量 410.40。纯品为白色无臭固体,原药略带浅黄色,低毒! 熔点 188℃。在微碱性(pH＝8)水溶液中稳定,在酸性溶液中缓慢分解。难溶于水,易溶于有机溶剂。制备:由尿素和丙二酸二乙酯在乙醇钠存在下反应,生成 2,4,6-三羟基嘧啶,再用三氯化磷氯化,在氨基钠存在下胺化,然后与甲醇钠反应制得 2-氨基-4,6-二甲氧基嘧啶,最后与 2-((异氰酸酯磺酰基)甲基)苯甲酸甲酯加成而得。用途:作选择性内吸传导型除草剂;广谱稻田除草剂,用于芽前和早期芽后处理。

吡嘧磺隆（pyrazosulfuron-ethyl） 亦称"草克星""稻歌""稻月生""水星""韩乐星"，系统名"5-[[（4,6-二甲氧基嘧啶-2-基）氨基羰基]氨基磺酰基]-1-甲基-1H-吡唑-4-羧酸乙酯"。

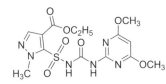

CAS号 93697-74-6。分子式 $C_{14}H_{18}N_6O_7S$，分子量 414.39。原药外观为灰白色晶体，低毒！熔点 181～182℃。在 50℃条件下可稳定半年，对光稳定。难溶于水，易溶于有机溶剂。制备：由 2-氨基-4,6-二甲氧基嘧啶中间体和 1-甲基-4-乙氧基羰基吡唑-5-磺酰氯反应而得。用途：作水田除草剂。

甲磺隆（metsulfuron-methyl） 亦称"合力""甲黄隆"，系统名"2-[[[[（4-甲氧基-6-甲基-1,3,5-三嗪-2-基）氨基]羰基]氨基]磺酰基]苯甲酸甲酯"。CAS号 74223-64-6。分子式 $C_{14}H_{15}N_5O_6S$，分子量 381.36。无色晶体，原药为略带酯味灰白色固体，低毒！熔点 169℃。140℃以下在空气中稳定，25℃时在中性和碱性介质中稳定。制备：由 2-甲氧基羰基苯磺酰氯、4-甲氧基-6-甲基-1,3,5-三嗪-2-胺和氰酸钠等合成而得。用途：作高活、广谱、具有选择性的内吸传导型麦田除草剂。

氯磺隆（chlorsulfuron；trilixon） 亦称"绿黄隆"，系统名"1-(2-氯苯基磺酰基)-3-(4-甲氧基-6-甲基-1,3,5-三嗪-2-基)脲"。CAS号 64902-72-3。分子式 $C_{12}H_{12}ClN_5O_4S$，分子量 357.77。纯品为白色晶体，无臭，低毒！熔点 186～188℃，192℃分解，密度 1.611 1 g/cm^3。不溶于水，易溶于二氯甲烷、丙酮、甲醇、甲苯、己烷。在酸性条件下不稳定。制备：由 2-氨基-4-甲氧基-6-甲基-1,3,5-三嗪和邻氯苯磺酰异氰酸酯反应而得。用途：作内吸、超高效除草剂，用于防除禾谷作物田阔叶杂草及禾本科杂草。

氯嘧磺隆（chlorimuron ethyl） 亦称"豆磺隆""氯嘧黄隆""豆草隆""豆威""氯嗪黄隆""乙磺隆"，系统名"N-(2-乙氧羰基苯基磺酰基)-N′-(4-氯-6-甲氧基嘧啶-2-基)-脲""2-(4-氯-6-甲氧基嘧啶-2-基氨甲酰基)氨基苯甲酸乙酯"。CAS号 90982-32-4。分子式 $C_{15}H_{15}ClN_4O_6S$，分子量 414.82。无色晶体，低毒！熔点 185～187℃，密度 1.51 g/cm^3。可溶于二甲基甲酰胺、二氧六环，微溶于丙酮、乙醇，难溶于苯等非极性溶剂，极微

溶于水。在 25℃、pH=5 时，水中半衰期为 17～25 天。制备：先将 2-氨基-4,6-二氯嘧啶与光气反应制得 4,6-二氯嘧啶-2-异氰酸酯，然后将其加到邻乙氧羰基苯磺酰胺甲苯溶液中，加热回流 6 小时，再将所得中间产物溶于甲醇中，室温下滴加甲醇钠的甲醇溶液反应而得。用途：作选择性芽前、芽后除草剂，可被植物根、茎、叶吸收，在植物体内进行上下传导，用于防除旱地大豆地的反枝苋、铁苋菜、马齿苋、鳢肠等阔叶杂草和碎米莎草、香附子等莎草科杂草。

胺苯磺隆（ethametsulfuron-methyl） 亦称"油磺隆""甲基胺苯磺隆""甲基胺苯磺隆"，系统名"N-(2-甲氧羰基苯基磺酰基)-N′-(4-乙氧基-6-甲基氨基-1,3,5-三嗪-2-基)-脲"。CAS号 97780-06-8。分子式 $C_{15}H_{18}N_6O_6S$，分子量 410.41。白色晶体，低毒！熔点 192～194℃，密度 1.473 g/cm^3。不溶于水，易溶于丙酮。制备：由 2-氨基-4-甲基氨基-6-乙氧基均三嗪在二氯甲烷中与邻甲氧基羰基苯磺酰异氰酸酯反应而得。用途：作除草剂，用于防除油菜田杂草。

吡喃隆（metobenzuron） 系统名"1-甲氧基-3-(4-((2-甲氧基-2,4,4-三甲基-3H-色满-7-基)氧)苯基)-1-甲基脲"。CAS号 111578-32-6。分子式 $C_{22}H_{28}N_2O_5$，分子量 400.48。白色粉末，低毒！熔点 101.0～102.5℃，密度 1.21 g/cm^3。不溶于水，易溶于丙酮。制备：由 4-(2-甲氧基-2,4,4-三甲基-2,3-二氢-7-苯并吡喃氧基)苯胺与光气作用制得异氰酸 4-(2-甲氧基-2,4,4-三甲基-2,3-二氢-7-苯并吡喃氧基)苯酯，其与甲氧基甲基胺反应而得。用途：作除草剂，通过抑制光合作用，用于防治苋属、藜、曼陀罗、澳洲茄等阔叶杂草。

氯藻胺（quinonamid） 亦称"醌萍胺"，系统名"2-氯-3-二氯乙酰基氨基-1,4-萘醌"。CAS号 27541-88-4。分子式 $C_{12}H_6Cl_3NO_3$，分子量 318.53。黄色无味针状结晶，低毒！熔点 215～217℃。不溶于水，溶于苯、丙醇、氯仿和热二甲苯等有机溶剂。在酸或碱中分解。制备：由 2-氨基-3-氯-1,4-萘醌和 2,2-二氯乙酰氯反应制得。用途：防治室外藻类和温室内的藻类与苔藓。可用于苗床浸渍、栽培盆的处理等。

咪唑喹啉酸（imazaquin；imazaqine） 亦称"灭草喹"，系统名"2-[4,5-二氢-4-甲基-4-异丙基-5-氧代-1H-咪唑-2-基]-3-喹啉羧酸"。CAS号 81335-37-7。分子式

$C_{17}H_{17}N_3O_3$,分子量 311.34。粉色刺激性气味固体或浅黄色结晶,低毒! 熔点 219～224℃(分解),密度 1.35 g/cm³。不溶于水,易溶于二甲基亚砜、N,N-二甲基甲酰胺,溶于二氯甲烷。制备:由 2-氨基-2,3-二甲基丁腈或 2-氨基-2,3-二甲基丁酰胺与喹啉-2,3-二羧酸酐反应制得。用途:作内吸除草剂,对阔叶杂草和禾本科杂草、苔草有良好防除效果,主要用于春大豆一年生阔叶杂草。

咪唑乙烟酸(imazethapyr) 亦称"咪草烟""普施特""普施特""灭草烟""豆草特水剂""咪草烟水剂",系统名"2-[4,5-二氢-4-甲基-4-异丙基-5-氧代-1H-咪唑-2-基]-5-乙基-3-吡啶羧酸"。CAS 号 81335-77-5。分子式 $C_{15}H_{19}N_3O_3$,分子量 289.34。淡黄色至白色晶体,低毒! 熔点 169～173℃,密度 1.28 g/cm³,闪点 224℃。不溶于水,易溶于丙酮、氯仿、甲醇,微溶于甲苯。在酸性及中性条件下稳定,遇强碱分解。制备:先由 2,4-二氯代乙酰乙酸乙酯与 2-乙基丙烯醛和氨基磺酸铵在无水乙醇中回流,制得 2-氯甲基-5-乙基烟酸乙酯,后者与 2-氨基-2,3-二甲基丁酰胺和碳酸氢钠在二甲基亚砜中反应得缩合物,水解后在乙酸中环合制得。用途:作选择性芽前及早期苗后除草剂,用于豆科作物防除禾本科杂草及阔叶的杂草。

二氯喹啉酸(quinclorac) 亦称"快杀稗""杀稗净""克稗星""稗宝""稗草净""氯喹酸""神锄",系统名"3,7-二氯-8-喹啉羧酸"。CAS 号 84087-01-4。分子式 $C_{10}H_5Cl_2NO_2$,分子量 242.06。无色或白色结晶,低毒! 熔点 274℃,密度 1.75 g/cm³,闪点 100℃。可溶于丙酮、乙醇、乙酸乙酯等,难溶于甲苯、正辛醇、二氯甲烷、正己烷、乙腈,不溶于水。在光、热和弱酸、弱碱条件下稳定,无腐蚀性。制备:由 3,7-二氯-8-氰基喹啉在硫酸催化下水解而得,也可由 3-氯-2-甲基苯胺和甘油通过 Skraup 合成法制得 7-氯-8-甲基喹啉,其进一步氧化后转化为 7-氯喹啉-8-甲酸,然后在 AIBN 作用下于邻二氯苯中在 100℃用氯气氯代而制得。用途:作为激素型喹啉羧酸类除草剂,用于选择性防除稻田稗草,也可防治雨久花、水芹、鸭舌草、田菁、皂角等。

解草嗪(benoxacor;primextras) 亦称"解草酮",系统名"4-二氯乙酰基-3,4-二氢-3-甲基-2H-1,4-苯并噁嗪"。CAS 号 98730-04-2。分子式 $C_{11}H_{11}Cl_2NO_2$,分子量 260.11。白色或灰色粉末状固体,低毒! 熔点 106～107℃,密度 1.520 g/cm³,闪

点>107℃。不溶于水,易溶于丙酮、环己烷、二氯甲烷,溶于甲醇、甲苯、二甲苯等。制备:将二氯乙酰氯与 2,3-二氢-3-甲基-1,4-苯并噁嗪在碳酸钠碱性条件下反应而得。用途:作为氯代酰胺类除草剂的解毒剂,能增加玉米对异丙甲草胺的耐药性。

解草酯(cloquintocet-mexyl) 亦称"解毒喹",系统名"1-甲基己基(5-氯喹啉-8-基氧基)乙酸酯"。CAS 号 99607-70-2。分子式 $C_{18}H_{22}ClNO_3$,分子量 335.83。类白色至浅黄色粉末,低毒! 熔点 60.9℃,密度 1.163 g/cm³,闪点 225℃。不溶于水,溶于大多数有机溶剂。制备:由 5-氯-8-羟基喹啉与氯乙酸-1-甲基己基酯在碳酸钾或氢氧化钠存在下反应而得。用途:作为除草剂炔草酯专用作物安全剂,保护作物不受除草剂炔草酯的侵害。加速除草剂在谷类作物中的解毒作用,改善作物对除草剂的耐受性。

解草胺腈(cyometrinil) 系统名"氰基甲氧基亚氨基苯乙腈"。CAS 号 63278-33-1。分子式 $C_{10}H_7N_3O$,分子量 185.19。无色晶体,中等毒性! 熔点 56～57℃,密度 1.09 g/cm³。微溶于水,溶于苯、二氯甲烷、甲醇、异丙醇等有机溶剂。在 300℃以上放热分解。制备:在氮气下,将苯乙醛腈肟、亚硝酸异戊酯钠盐于乙醇中与苄基氰反应,制得苯乙醛腈-2-肟,再与氯乙腈反应而得。用途:用于提高作物对乙酰替氯苯胺类除草剂的耐药力。能干扰除草剂吸收和输导,加强除草剂在作物中的消除。常与甲氧毒草胺一同施用。

解草腈(oxabetrinil) 系统名"(Z)-1,3-二氧戊环-2-基甲氧基亚氨基(苯基)乙腈"。CAS 号 74782-23-3。分子式 $C_{12}H_{12}N_2O_3$,分子量 232.24。无色结晶至类白色至浅黄色粉末,低毒! 熔点 77.7℃,密度 1.33 g/cm³。不溶于水,易溶于丙酮、环己酮、甲苯、二甲苯、二氯甲烷,溶于甲醇,微溶于己烷、正辛醇。在≤240℃下稳定。制备:由 2-氯甲基-1,3-二氧戊环与苯乙醛腈-2-肟反应而得。用途:作除草剂解毒剂,可使高粱免受甲草胺、异丙甲草胺和毒草胺的毒害。低温下对杂交高粱的保护作用有所降低。

氟草肟(fluxofenin) 亦称"肟草胺",系统名"4-氯-N-(1,3-二氧杂环戊烷-2-基甲氧基)-α-三氟苯乙酮肟"。CAS 号 88485-37-4。分子式 $C_{12}H_{11}ClF_3NO_3$,分子量 309.67。油状物,低毒! 沸点 94℃(0.1 Torr),密度 1.36 g/mL。不溶

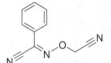

于水,与一般有机溶剂互溶。制备:由 4-三氟乙酰基氯苯与盐酸羟胺反应,生成的肟化合物与 2-溴甲基-1,3-二氧戊环反应而得。用途:作肟醚除草剂安全剂,用于保护高粱不受异丙甲草胺危害,保持高粱的耐药性。

肟草酮(tralkoxydim) 亦称"三甲苯草酮",系统名"2-[1-(乙氧基亚氨基)丙基]-3-羟基-5-(2,4,6-三甲苯基)-环己-2-烯-1-酮"。CAS 号 87820-88-0。分子式 $C_{20}H_{27}NO_3$,分子量 329.44。无色固体,低毒! 熔点 106℃。不溶于水,溶于正己烷、甲、丙酮,易溶于甲苯、二氯甲烷、乙酸乙酯等。制备:先由 2,4,6-三甲基苯甲醛与丙酮缩合,所得不饱和酮与丙二酸二乙酯反应,生成物进一步经水解、环化、脱羧,制得 3-羟基-5-(2′,4′,6′-三甲苯基)-2-丙酰基-环己-2-烯-酮,最后再与乙氧胺盐酸盐反应而得。用途:作高选择性除草剂。具有内吸传导作用,主要防除大麦、小麦田一年生禾本杂草。

解草安(flurazole) 系统名"2-氯-4-三氟甲基-1,3-噻唑-5-羧酸苄酯"。CAS 号 72850-64-7。分子式 $C_{12}H_{28}N_2O_3$,分子量 321.70。具淡香味无色结晶。工业品纯度为 98%,黄色至棕黄色固体或琥珀色油状液体,低毒! 熔点 56~58℃,密度 1.488 g/cm^3,折射率 1.549。不溶于水,溶于很多有机溶剂。93℃以下稳定。制备:由 2-氯-4-三氟甲基-5-噻唑甲酰氯与苄醇反应制得。用途:作除草剂的安全剂,用于保护高粱免遭甲草胺和异丙甲草胺损坏,用于防除水稻田内的稗草、芦草等多种杂草。

解草烯(DK24) 系统名"2,2-二氯-N-[2-氧代-2-(2-丙烯-1-基氨基)乙基]-N-2-丙烯-1-基-乙酰胺"。CAS 号 97454-00-7。分子式 $C_{10}H_{14}Cl_2N_2O_2$,分子量 265.13。浅黄色液体,低毒! 微溶于水中,溶于丙酮、氯仿、二甲基甲酰胺。温度≤140℃和 pH 4.5~8.3 时稳定。制备:由 N,N'-二烯丙基甘氨酸酰胺与二氯乙酰氯在三乙胺存在下于二氯甲烷中反应制得。用途:作 2,2-二氯乙酰胺类除草剂安全剂。

解草唑(fenchlorazole;fenchlorazole-ethyl) 系统名"1-(2,4-二氯苯基)-5-三氯甲基-1H-[1,2,4]-三唑-3-羧酸乙酯"。CAS 号 103112-35-2。分子式 $C_{12}H_8Cl_5N_3O_2$,分子量 403.47。固体,低毒! 熔点 108~112℃,密度 1.65 g/cm^3。不溶于水,溶于丙酮、二氯甲烷、甲苯,微溶于正己

烷。制备:由 2,4 二氯苯胺、α-氯代乙酰乙酸乙酯、氨水、三氯乙酰氯等为原料合成而得。用途:作三唑类除草剂安全剂,主要用于小麦、硬粒小麦和黑麦,选择性防除禾本科杂草。

解草啶(fenclorim) 系统名"4,6-二氯-2-苯基嘧啶"。CAS 号 3740-92-9。分子式 $C_{10}H_6Cl_2N_2$,分子量 225.08。无色结晶,低毒! 熔点 97~98℃,密度 1.5 g/cm^3。不溶于水,溶于丙酮、环己酮、二氯甲烷、甲苯、二甲苯,微溶于己烷、甲醇、正辛醇、异丙醇。在 400℃以下稳定。制备:由 2-苯基-4,6-二羟基嘧啶与三氯氧磷反应制得。用途:作除草剂解毒剂,用于保护湿播水稻不受丙草胺的侵害。

解草噁唑(furilazole) 亦称"呋喃解草唑",系统名"3-(二氯乙酰基)-5-(2-呋喃基)-2,2-二甲基噁唑烷"。CAS 号 121776-33-8。分子式 $C_{11}H_{13}NO_3Cl_2$,分子量 278.14。白色针状晶体,低毒! 熔点 98~99℃。可溶于热的无水乙醇中,在冷的无水乙醇中析出。制备:以呋喃甲醛和三甲基硅腈为原料合成而得。用途:作二氯乙酰基唑烷类除草剂安全剂。

解草烷(MG191) 系统名"2-氯甲基-2-甲基-1,3-二氧戊烷"。CAS 号 4469-49-2。分子式 $C_5H_9ClO_2$,分子量 136.58。无色液体,低毒! 沸点 62~64℃(18 Torr),密度 1.183 5 g/mL,折射率 1.445 1。微溶于水,溶于有机溶剂。对光稳定。制备:由乙二醇和氯丙酮缩合而得。用途:作玉米用高效硫代氨基甲酸酯类和氯乙酰苯胺类除草剂的安全解毒剂。

吡唑解草酯(mefenpyr-diethyl) 亦称"吡咯二酸二乙酯",系统名"1-(2,4-二氯苯基)-5-(乙氧羰基)-5-甲基-2-吡唑啉-3-羧酸乙酯"。CAS 号 135590-91-9。分子式 $C_{16}H_{18}Cl_2N_2O_4$,分子量 373.23。淡黄色及类白色粉末,低毒! 熔点 48.6~51.8℃。不溶于水,溶于丙酮、乙酸乙酯、甲苯、甲醇。对酸碱稳定。制备:由甲基丙烯酸乙酯和 2-氯-(2,4-二氯苯基肼)羧酸乙酯反应制得。用途:作噁唑草灵用于小麦、大麦等的安全剂。

氰氟草酯(cyhalofop-butyl) 亦称"千金",系统名"(2R)-2-[4-(4-氰基-2-氟苯氧基)苯氧基]丙酸丁酯"。CAS 号 122008-85-9。分子式 $C_{20}H_{20}FNO_4$,分子量 357.38。白色晶体,低毒! 熔点 48~49℃,密度 1.237 5 g/cm^3。不溶于

水,溶于乙腈、甲醇、丙酮、氯仿等大多数有机溶剂。制备:由 3,4-二氟苯腈和过量的对苯二酚反应生成中间体 4-氧-(2′-氟-4′-氰基苯氧基)苯二酚,然后由(S)-乳酸丁酯和过量的 4-甲基苯磺酰氯反应后,构型反转,生成中间体(R)-2-氧-(4′-甲基苯磺酰基)丙酸丁酯,再将上述两个中间体反应而得。用途:作芳氧基苯氧基丙酸类水稻田选择性除草剂,主要用于水稻秧田、直播田、移栽田,防除稗草、千金子、牛筋草等大多数恶性禾本科杂草和稗草,并可有效防除对二氯喹啉酸、磺酰脲类和酰胺类除草剂产生抗性的杂草。只能作茎叶处理,芽前处理无效。

炔草酯(clodinafop-propargyl)　亦称"顶尖",系统名"(R)-2-[4-(5-氯-3-氟-2-吡啶氧基)苯氧基]丙酸丙炔基酯"。CAS 号 105512-06-9。分子式 $C_{17}H_{13}ClFNO_4$,分子量 349.74。白色晶体或浅黄色固体粉末,无味结晶,低毒! 熔点 59.3℃,密度 1.35 g/cm^3。不溶于水,溶于乙醇、乙醚、丙酮、氯仿等大多数有机溶剂。分解温度 105℃,在强酸强碱条件下易分解,50℃时酸性介质中相对稳定。制备:2-(4-羟基苯氧基)丙酸丙炔酯在氢化钠存在下与 5-氯-2,3-二氟吡啶反应而得。用途:作除草剂,用于苗后茎叶处理,防除小麦、黑麦、黑小麦等谷物田禾本科杂草。

精恶唑禾草灵(fenoxaprop-p-ethyl)　亦称"骠马""恶唑灵""恶唑禾草灵""威霸",系统名"(R)-2-[4-(6-氯-1,3-苯并恶唑-2-基氧)苯氧基]丙酸乙酯"。CAS 号 71283-80-2。分子式 $C_{18}H_{16}ClNO_5$,分子量 361.78。无色至米色至棕色无定形固体,略带芳香气味,低毒! 熔点 89～91℃,密度 1.3 g/cm^3。不溶于水,溶于丙酮、乙酸乙酯和甲苯,稍溶于环己烷、乙醇、正辛醇。对光不敏感,因碱、酸而分解。制备:由 2,6-二氯-1,3-苯并恶唑;(R)-2-(4-羟基苯氧基)丙酸合成而得。用途:用于阔叶作物田防除禾本科杂草,对加有安全剂的产品也可用于小麦、黑麦等禾本科作物。

高效氟吡甲禾灵(haloxyfop-p)　亦称"高效盖草能""精盖草能",系统名"(R)-2-[4-(3-氯-5-三氟甲基-2-吡啶氧基)苯氧基]丙酸甲酯"。CAS 号 72619-32-0。分子式 $C_{16}H_{13}ClF_3NO_4$,分子量 375.73。棕色液体,低毒! 沸点＞280℃,密度 1.442 g/mL,闪点 208℃,折射率 1.535。不溶于水,溶于丙酮、环己酮、二氯甲烷、乙醇、甲醇、甲苯、二甲苯中。常温下稳定。制备:由 2-氟-3-氯-5-(三氟甲基)吡啶和(R)-2-(4-羟基苯氧基)丙酸合成而得。用途:作选择性除草剂,用于

棉花、花生、大豆、马铃薯、油菜、油葵、西瓜等阔叶作物田中防除各种禾本科杂草,尤其用于对芦苇、白茅、狗牙根等多年生顽固禾本科杂草的防除。

精吡氟禾草灵(fluazifop-p-butyl)　亦称"稳杀得""寄普""氟吡醚""吡氟禾对丁基",系统名"(R)-2-[4-[(5-三氟甲基吡啶-2-基)氧基]苯氧基]丙酸丁酯"。CAS 号 79241-46-6。分子式 $C_{19}H_{20}F_3NO_4$,分子量 383.37。纯品为无色液体,工业品为淡黄色或褐色液体,低毒! 熔点 5℃,沸点 164℃(0.02 Torr),闪点 213.8℃,密度 1.37 g/mL。常温下易溶于丙酮、二氯甲烷、甲醇、丙二醇、二甲苯、甲苯、醋酸乙酯等多种有机溶剂,难溶于水。对光稳定。对眼睛有中等刺激作用,对皮肤有轻微刺激作用。制备:由 3-甲基吡啶和氯气在四氯化碳中反应制备 2-氯-5-三氯甲基吡啶,再经由氟代反应得 2-氯-5-三氟甲基吡啶,该中间体再在丙酮中与 2-(4-羟基苯氧基)丙酸丁酯回流反应而得。用途:作内吸传导型茎叶处理除草剂,脂肪酸合成抑制剂,用于防除棉花、马铃薯、大豆、花生、烟草、蔬菜等作物一年生和多年生禾本科杂草。

百草枯(paraquat dichloride; methyl viologen)　亦称"克芜踪""对草快""巴拉利",系统名"1,1′-二甲基-4,4′-联吡啶二氯化物"。CAS 号 1910-42-5。分子式 $C_{12}H_{14}Cl_2N_2$,分子量 257.16。纯品为白色吸湿性针状结晶,剧毒! 熔点 176～179℃,＞300℃分解,密度 1.24～1.26 g/cm^3。易溶于水及甲醇,稍溶于丙酮和乙醇,几乎不溶于大多数其他有机溶剂。在中性和酸性介质中稳定,在碱性介质中易水解。在紫外线照射下其水溶液可进行光化学分解。原药溶液为无色无味液体,在生产时常加入警戒色、臭味剂和催吐剂(三氮唑嘧啶酮)以防止误服,此时外观呈绿、蓝色水溶性液体,且有刺激性气味。制备:在低温下由钠与液氨制备钠的氨溶液,再加入吡啶于低温下进行偶联反应,所得还原态的二聚物吡啶经氧化生成 4,4′-联吡啶,最后再与氯甲烷反应成盐而得;或由镁与吡啶在 90～100℃反应,然后氧化,蒸除吡啶后,再通入氯甲烷成盐制得。用途:作速效、广谱、触杀型、灭生性除草剂,用于防除各种一年生杂草,对多年生杂草也有强烈的杀伤作用;由于经各种途经吸收引起的中等毒性无特效解毒救治药,包括中国在内的许多国家禁止或者严格限制其使用。分析化学等研究中作氧化还原反应指示剂和电子受体。

精喹禾灵(quizalofop-p-ethyl)　亦称"精禾草克""精喹""快伏草""盖草灵""高效盖草能""精喹禾灵乙酯""精喹禾灵-P-乙基""高盖",系统名"(R)-2-[4-(6-氯-2-喹喔啉氧基)苯氧基]丙酸乙酯"。CAS 号 100646-51-3。分子式

$C_{19}H_{17}ClN_2O_4$，分子量 372.81。纯品为白色粉末状结晶或淡黄色均匀结晶，低毒！熔点 90.5～91.6℃，沸点 220℃（0.2 Torr），密度 1.409 g/cm³，闪点 276.3℃。不溶于水，溶于丙酮、二甲苯、乙醇、正己烷中。正常条件下贮存稳定。制备：在氮气保护下，2,6-二氯喹喔啉与对苯二酚在碱性条件下缩合得 4-(6-氯-2-喹喔啉氧基)酚，然后在乙腈溶液中，以碳酸钾为缚酸剂，与 α-卤代丙酸乙酯缩合而得；也可由 2,6-二氯喹喔啉与 α-对羟基苯氧基丙酸乙酯在碳酸钾存在下，于乙腈溶液中回流 24 h 制得。用途：作旱田芽后除草剂，对禾本科杂草和双子叶作物间有高度的选择性，对阔叶作物田的禾本科杂草有很好的防效。

嘧菌酯（azoxystrobin） 亦称"阿米西达""安灭达""腈嘧菊酯"，系统名"(E)-[2-[6-(2-氰基苯氧基)嘧啶-4-基氧]苯基]-3-甲氧基丙烯酸甲酯"。CAS 号 131860-33-8。分子式 $C_{22}H_{17}N_3O_5$，分子量 403.39。浅棕色晶体，低毒！熔点 115～116℃，密度 $1.378^{-160.16}$ g/cm³。不溶于水，微溶于己烷、正辛醇，溶于甲醇、甲苯、丙酮，易溶于乙酸乙酯、乙腈、二氯甲烷。制备：以 4,6-二氯嘧啶为起始原料，分别和邻羟基苯甲腈以及(E)-2-(2-羟基苯基)-3-甲氧基丙烯酸甲酯反应而得。用途：作高效、广谱、内吸性杀菌剂。用于水稻、谷物、马铃薯、葡萄、蔬菜等作物进行茎叶喷雾、种子处理，也可进行土壤处理。

双草醚（bispyribac-sodium） 亦称"安美利""双草眯""农美利""2,6-双苯酸钠""一奇""水杨酸双嘧啶""双嘧草醚"，系统名"2,6-双[(4,6-二甲氧基嘧啶-2-基)氧]苯甲酸钠"。CAS 号 125401-92-5。分子式 $C_{19}H_{17}N_4NaO_8$，分子量 452.35。白色粉末，低毒！熔点 223～224℃。易溶于水、甲醇，微溶于丙酮。55℃热贮 14 天不分解。制备：先由丙二酸二乙酯和硫脲在甲醇钠的存在下缩合生成 4,6-二羟基-2-嘧啶硫酚钠，再经硫酸二甲酯甲基化、三氯氧磷氯化、甲氧基化和双氧水氧化等一系列反应制得 4,6-二甲氧基-2-磺酰基嘧啶，再在碱性条件下与 2,6-二羟基苯甲酸反应制得。用途：作高效、广谱、低毒的除草剂、乙酰乳酸酶抑制剂，主要用于防治水稻田稗草等禾本科杂草和阔叶杂草。

嘧硫草醚（pyrithiobac-sodium） 亦称"嘧草硫醚""嘧硫草醚"，系统名"2-氯-6-(4,6-二甲氧基嘧啶-2-基硫)苯甲酸钠"。CAS 号 123343-16-8。分子式 $C_{13}H_{10}ClN_2NaO_4S$，分子量 348.73。纯品为白色固体，低毒！熔点 233～234℃（分解），148～151℃（酸式）。易溶于水。制备：由 2-氯-4,6-二甲氧基嘧啶与 2-氯-6-巯基苯甲酸制得 2-氯-6-[(4,6-二甲氧基嘧啶-2-基)硫]苯甲酸，最后与氢氧化钠成钠盐而得。用途：嘧啶水杨酸类除草剂，为侧链氨基酸合成抑制剂，用以防除一年生和多年生禾本科杂草和大多数阔叶杂草。对难除杂草如各种牵牛、苍耳、苘麻、刺黄花稔、田菁、阿拉伯高粱等都有很好的防除效果。

喔草酯（propaquizafop） 亦称"爱捷""恶草酸"，系统名"(R)-2-(4-(6-氯喹喔啉-2-基氧)苯氧基)丙酸(2-异亚丙基氨基氧乙基)酯"。CAS 号 111479-05-1。分子式 $C_{22}H_{22}ClN_3O_5$，分子量 443.88。无色晶体，低毒！熔点 62.5～64.5℃，密度 1.29 g/cm³，闪点＞100℃。不溶于水，易溶于丙酮、乙腈、环己酮、甲苯、氯仿、二甲基亚砜、二恶烷、甲醇，略溶于乙醇、庚烷、异丙醇。制备：由 2,6-二氯代喹喔啉、对苯二酚、(S)-2-氯丙酸、O-[2-[(4-甲基苯基)磺酰基]氧乙基]丙酮肟等合成而得。用途：作除草剂，是脂肪酸合成抑制剂，用于防除许多主要的一年生和多年生禾本科杂草。

2-甲-4-氯异辛酯（MCPA-isooctyl） 亦称"二甲四氯异辛酯""2-甲基-4-氯苯氧乙酸异辛酯"，系统名"6-甲基庚基 2-(4-氯-2-甲基苯氧基)乙酸酯"。CAS 号 26544-20-7。分子式 $C_{17}H_{25}ClO_3$，分子量 312.83。棕色油状液体，低毒！熔点 -48℃，密度 1.06^{20} g/mL，沸点 309℃。不溶于水，易溶于多种有机溶剂，与正辛醇互溶，遇酸或碱分解。制备：由 2-甲基-4-氯苯氧乙酸与异辛醇酯化而得。用途：激素型选择性除草剂，作植物生长调节剂，具有较强的内吸传导性，能和多种除草剂复配，用于苗后茎叶处理，防治水稻田、小麦田多种杂草，促进作物早熟，加速插条生根，防止番茄等果实早期落花落果，并形成无子果实。

二甲四氯（MCPA；2-M-4-X） 亦称"2甲4氯""2-甲基-4-氯苯氧乙酸"，系统名"4-氯-2-甲基苯氧乙酸"。CAS 号 94-74-6。分子式 $C_9H_9ClO_3$，分子量 200.62。无色结晶，低毒！熔点 117～118℃，密度 1.0214 g/cm³。微溶于水，易溶于甲

醇,溶于甲苯、乙醚、二甲苯、二氯甲烷等。对酸很稳定。制备:由邻甲酚经与氯乙酸钠缩合、酸化、氯化而得。用途:作农用除草剂,可破坏双子叶植物输导组织,干扰生长发育,使茎叶扭曲,茎基部膨大变粗或开裂;作合成除草剂原料。

甲基二磺隆(mesosulfuron-methyl)　亦称"甲磺胺磺隆",系统名"2-[3-(4,6-二甲氧基嘧啶-2-基)-脲基磺酰基]-4-甲磺酰基氨基苯甲酸甲酯"。CAS 号 208465-21-8。分子式 $C_{17}H_{21}N_5O_9S_2$,分子量503.50。奶色细粉,略带辛辣味,低毒! 熔点 149~150℃,密度 1.48 g/cm³。不溶于水,溶于丙酮 13.66,微溶于乙酸乙酯、二氯甲烷。对光稳定。制备:由 4-硝基-2-氯苯甲酸甲酯在雷尼镍催化下加氢,得 4-氨基-2-氯苯甲酸甲酯,再以亚硝酸钠在酸性条件下经重氮化后氰基化,得 4-氰基-2-氯苯甲酸甲酯,将该中间体滴加到丙硫醇钠溶液中制得 4-氰基-2-丙硫基苯甲酸甲酯,进一步经雷尼镍加氢还原得 2-丙硫基-4-甲磺羰基苄胺,随后与甲磺酰氯以三乙胺为缚酸剂反应,制得 2-丙硫基-4-甲磺酰基氨基甲基苯甲酸甲酯,最后经通氯气发生氯氧化,通入氨气得到 2-甲氧羰基-5-甲磺酰胺甲基苯磺酰胺,再与 4,6-二甲氧基嘧啶氨基甲酸苯酯缩合而得。用途:磺酰脲类高效除草剂,可用于在软质型和半硬质型冬小麦品种中一年生禾本科杂草和繁缕等部分阔叶杂草防治。

甲基碘磺隆钠盐(iodosulfuron-methyl sodium)　亦称"碘甲磺隆钠""使阔得",系统名"4-碘-2-[[[[(4-甲氧基-6-甲基-1,3,5-三嗪-2-基)氨基]羰基]氨基]磺酰基]苯甲酸甲酯钠盐"。CAS 号 144550-36-7。分子式 $C_{14}H_{13}IN_5NaO_6S$,分子量529.24。白色固体,低毒! 熔点 154~157℃。溶于水,易溶于丙酮、二氯甲烷,微溶于甲醇。在碱性介质中比酸性介质中稳定。制备:由 2-甲氧羰基-5-碘苯磺酰氯与氨水制得相应的磺酰胺,再与 4-甲氧基-6-甲基-1,3,5-三嗪-2-基氨基甲酸苯酯制得甲基碘磺隆甲酯,最后与 NaOH 溶液反应而得。用途:作高效、低毒、对环境友好的新型除草剂,通过抑制乙酰乳酸合成酶而起作用,主要用于小麦田苗后早期选择性防除黑麦草、野麦草、梯牧草和多种阔叶杂草。

噻酮磺隆(thiencarbazone-methyl)　亦称"三唑酮除草剂",系统名"4-[(4,5-二氢-3-甲氧基-4-甲基-5-氧代-1H-1,2,4-三唑-1-羰基)氨基磺酰基]-5-甲基噻吩-3-羧酸甲酯"。CAS 号 317815-83-1。分子式 $C_{12}H_{14}N_4O_7S_2$,分子量 390.39。白色结晶粉末,低毒! 熔点 201℃,密度

1.65 g/cm³。微溶于水、乙醇、丙酮、乙酸乙酯,溶于二氯甲烷、二甲基亚砜。制备:由 4-(氯磺酰基)-5-甲基噻吩-3-羧酸甲酯、NaOCN、N-甲基咪唑和 5-甲氧基-4-甲基-2,4-二氢-3H-1,2,4-三唑-3-酮在乙腈中反应制得。用途:作除草剂,是乙酰乳酸合成酶(ALS)抑制剂,具有内吸性,用于移栽前、苗前或苗后处理,防除玉米田禾本科杂草以及草坪上的一年生禾本科杂草和阔叶杂草,对苘麻和许多石竹科杂草防效显著,对禾本科作物安全。

砜嘧磺隆(rimsulfuron)　亦称"玉嘧磺隆""宝成",系统名"N-((((4,6-二甲氧基-2-嘧啶基)氨基)羰基)-3-(乙基磺酰基)-2-吡啶磺酰胺"。CAS 号 122931-48-0。分子式 $C_{14}H_{17}N_5O_7S_2$,分子量431.44。白色结晶固体,低毒! 熔点 176~178℃,密度 1.491 8 g/cm³。不溶于水。制备:由 3-(乙磺酰基)-2-吡啶磺酰胺与 4,6-二甲氧基-2-嘧啶氨基甲酸苯酯制得。用途:磺酰脲类除草剂,支链氨基酸合成抑制剂,选择性芽后除草剂,用于防除玉米地中一年生或多年生禾本科及阔叶杂草。

甲酰氨基嘧磺隆(foramsulfuron)　亦称"甲酰胺磺隆""酰胺磺隆""康施它""艾格福""玉米星",系统名"1-(4,6-二甲氧基嘧啶-2-基)-3-(2-二甲氨基羰基-5-甲酰氨基苯基磺酰基)脲"。CAS 号 173159-57-4。分子式 $C_{17}H_{20}N_6O_7S$,分子量452.44。淡黄褐色固体,低毒! 熔点 199.5℃,密度 1.471 g/cm³。不溶于水。不光解。制备:通过 N-[(4,6-二甲氧基嘧啶-2-基)氨基羰基]-5-氨基-2-二甲氨基羰基苯磺酰胺与由甲酸和乙酸酐制得的混合酸酐反应而得。用途:磺酰脲类除草剂,乙酰乳酸合成酶(ALS)抑制剂,主要用于玉米田禾本科杂草和某些阔叶杂草的防除。

苯磺隆(tribenuron-methyl; tribenuron)　亦称"阔叶净""苯黄隆",系统名"2-{[N-(4-甲氧基-6-甲基-1,3,5-三嗪-2-基)-N-(甲基)-氨基羰基]氨基磺酰基}-苯甲酸甲酯"(methyl 2-{[N-(4-methoxy-6-methyl-1,3,5-triazin-2-yl)-N-(methyl)-aminocarbonyl] aminosulfonyl}-benzoate)。CAS 号 101200-48-0。分子式

$C_{15}H_{17}N_5O_6S$，分子量 395.39。白色固体，低毒！熔点 132.3～139.4℃，密度 1.54 g/cm³。不溶于水，微溶于四氯化碳，溶于丙酮、乙腈、乙酸乙酯。常温贮存稳定，对光稳定，在 45℃时水解，pH 8～10 稳定，但在 pH<7 或>12 时迅速水解。制备：以二氯乙烷为溶剂，在催化剂存在下，2-甲氨基-4-甲氧基-6-甲基均三嗪与 2-(甲氧羰基)苯磺酰基异氰酸酯反应而得。用途：作小麦田除草剂，适用于冬小麦、春小麦、大麦、元麦、燕麦等农作物，主要用于防除各种一年生阔叶杂草。

单嘧磺隆（monosulfuron） 系统名"N-[(4'-甲基)嘧啶-2'-基]-2-硝基苯磺酰脲"。CAS 号 155860-63-2。分子式 $C_{12}H_{11}N_5O_5S$，分子量 337.31。无色结晶至淡黄色粉末，低毒！熔点 191.0～191.5℃，密度 1.564 g/cm³。碱性条件下可溶于水，微溶于丙酮，不溶于大多数有机溶剂，易溶于 N,N-二甲基甲酰胺。制备：由 4-甲基-2-氨基嘧啶和邻硝基苯基磺酰基异氰酸酯反应而得。用途：作除草剂，用于防除小麦、谷子、玉米田的主要杂草。

井冈霉素（validamycin A） 亦称"有效霉素""稻纹散""井岗霉素""有效霉素""百里达斯"。CAS 号 37248-47-8。分子式 $C_{20}H_{35}O_{13}N$，分子量 497.50。纯品为白色无定形粉末，低毒！熔点 130～135℃，密度 1.69 g/cm³，$[\alpha]_D^{21}$+124.6（c=1，甲醇）。易溶于水，微溶于乙醇，不溶于丙酮、苯、石油醚，可溶于甲醇、二氧六环、N,N-二甲基甲酰胺。吸潮性强。呈弱碱性。常温下在中性介质及弱酸、弱碱中稳定，在较强酸、碱介质中易分解。制备：由糖为原料，通过吸水链霉素井冈变种发酵提取制成。用途：为内吸性微生物源杀菌剂，主要用于防治水稻纹枯病，兼有保护和治疗作用。

氟吗啉（flumorph） 亦称"灭克"，系统名"4-[3-3-(3,4-二甲氧基苯基)-3-(4-氟苯基)-1-氧代-2-丙烯]吗啉"。CAS 号 211867-47-9。分子式 $C_{21}H_{22}FO_4N$，分子量 371.41。无色晶体，低毒！熔点 105～110℃，密度 1.208 g/cm³。易溶于丙酮、乙酸乙酯等。在常态下对光、热稳定，水解很缓慢。制备：乙酰吗啉和 3,4-二甲氧基-4'-氟二苯甲酮在 80℃、氨基钠作用下于甲苯中反应制得。用途：作农用杀菌剂，对葡萄、马铃薯和番茄上的卵菌纲，尤其是霜霉科和疫霉属菌特别有杀菌效力。

丁香菌酯（coumoxystrobin） 亦称"武灵士（20%丁香菌酯 SC）"，系统名"(E)-2-[2-(3-正丁基-4-甲基-2-氧代-7-色烯基氧)甲基苯基]-3-甲氧基丙烯酸甲酯"。CAS 号 850881-70-8。分子式 $C_{26}H_{28}O_6$，分子量 436.50。乳白色或淡黄色粉末，低毒！熔点 109～111℃。易溶于 N,N-二甲基甲酰胺、丙酮、乙酸乙酯、甲醇，微溶于石油醚，几乎不溶于水。常温下不易分解。制备：以乙酰乙酸乙酯为起始原料，经烷基化、合环、缩合等反应制得。用途：作广谱低毒、高效安全的保护性杀菌剂，主要用于防治苹果腐烂病。

唑菌酯（pyraoxystrobin；SYP-3343） 亦称"正唑菌酯"，系统名"(E)-2-[2-[[3-(4-氯苯基)-1-甲基-1H-吡唑-5-氧基]甲基]苯基]-3-甲氧基丙烯酸甲酯"。CAS 号 862588-11-2。分子式 $C_{22}H_{21}ClN_2O_4$，分子量 412.87。白色晶体，低毒！熔点 124～126℃。极易溶于 N,N-二甲基甲酰胺、丙酮、乙酸乙酯、甲醇，微溶于石油醚，不溶于水。在常温下贮存稳定。制备：以(4-氯苯甲酰基)乙酸乙酯为原料，经过与甲基肼环合得到 3-(4-氯苯基)-1-甲基-5-羟基吡唑中间体，再与甲基(E)-2-[2-(溴甲基)苯基]-2-(甲氧基亚氨基)乙酸酯反应制得。用途：具有广谱杀菌活性以及保护治疗作用，对黄瓜霜霉病、葡萄霜霉病、黄瓜炭疽病、番茄灰霉病、番茄叶霉病、番茄晚疫病、苹果树腐烂病、苹果轮纹病和苹果斑点落叶病等均有良好防效。

唑胺菌酯（pyraoxystrobin；SYP-4155；F500） 亦称"百克敏""吡唑醚菌酯""凯润"，系统名"N-[2-[[1-(4-氯苯基)吡唑-3-基]氧甲基]苯基]-N-甲氧基氨基甲酸甲酯"。CAS 号 175013-18-0。分子式 $C_{19}H_{18}ClN_3O_4$，分子量 387.82。浅米色无味晶体，中等毒性！熔点 64～65℃。不溶于水，略溶于甲醇，溶于乙腈、甲苯、二氯甲烷、丙酮、乙酸乙酯。制备：以对氯苯肼盐酸盐、丙烯酸乙酯、邻硝基甲苯等为原料，经过环合、氧化、溴化、缩合、还原、酰化和甲基化共七步合成而得。用途：作杀菌剂，防治黄瓜白粉病、霜霉病。

噻唑禾草灵（fenthiaprop-ethyl） 系统名"2-(4-((6-氯苯并[d]噻唑-2-基)氧)苯氧基)丙酸乙酯"。CAS 号 66441-11-0。分子式 $C_{18}H_{16}ClNO_4S$，分子量 377.84。纯品为晶体，低毒！熔点 56.5～57.5℃。易溶于丙酮、乙酸乙

酯、甲苯,可溶于乙醇、环己烷,难溶于水。制备:由4-(6-氯-2-苯并噻唑氧基)苯酚与2-卤代丙酸乙酯在碱性条件下反应生成。用途:选择性芽后除草剂,用于防除阔叶作物中野燕麦、稗草、千金子、牛筋草、黑麦草、鼠尾看麦娘等一年生及多年生禾本科杂草。

禾草灵(diclofop-methyl) 亦称"禾草除""伊洛克桑",系统名"2-(4-(2,4-二氯苯氧基)苯氧基)丙酸甲酯"。CAS 号 51338-27-3。分子式 $C_{16}H_{14}Cl_2O_4$,分子量 341.19。纯品为暗棕色液体,低毒! 熔点 39~41℃,沸点 173~175℃,密度 1.3±0.1 g/cm^3。不溶于水,略溶于乙醇,易溶于乙醚、二甲苯、丙酮。制备:由 4-(2,4-二氯苯氧基)苯酚和活化的 2-羟基丙酸甲酯反应制得,或由 2-溴代丙酸甲酯和 4-(2,4-二氯苯氧基)苯酚反应生成。用途:作内吸性除草剂,主要用于防治麦类、大豆、花生、油菜等作物田禾本科杂草。

甲基立枯磷(tolclofos-methyl) 亦称"立枯灭",商品名"利克菌"(Rizolex),系统名"O-(2,6-二氯对甲苯)-O,O-二甲基代磷酸酯"。CAS 号 57018-04-9。分子式 $C_9H_{11}Cl_2O_3PS$,分子量 301.12。纯品为白色粉状晶体,工业品为棕黄色结晶或棕色或深褐色均相油状液体,低毒! 熔点 79~79.5℃,密度 1.401 g/cm^3。难溶于水,能溶于二甲苯、丙酮、乙腈、氯仿等溶剂。对光、热和潮湿较稳定,遇强酸和碱都促进分解。制备:以对甲酚为原料,经催化氯化制得 2,6-二氯-4-甲基苯酚,再以苄基三乙基溴化铵为催化剂,在铜粉、20%氢氧化钠水溶液存在下,将二氯甲酚与 O,O-二甲基硫代磷酰氯于 50℃反应制备而得。用途:作杀菌剂,对半知菌类、担子菌纲和子囊菌纲等各种病原菌有很强的杀菌活性,主要用于防治蔬菜立枯病、枯萎病、菌核病、根腐病、十字花科黑根病和褐腐病。

霜霉威(propamocarb) 亦称"普力克""免劳露""霜敏""扑霉特",系统名"3-(二甲基氨基丙基)氨基甲酸丙酯"。CAS 号 24579-73-5。分子式 $C_9H_{20}N_2O_2$,分子量 188.27。纯品为白色晶体,易吸潮,有淡芳香味,低毒! 熔点 45~55℃,沸点 256.8℃,139~141℃(18 Torr),密度 0.957 g/cm^3。易溶于水、甲醇、异丙醇、二氯甲烷,不容于甲苯、己烷,略溶于乙酸乙酯。制备:由 N,N-二甲基-1,3-二丙胺与氯甲酸丙酯反应而得。用途:防治黄瓜苗期猝倒病、疫病及霜霉病。

百菌清(chlorothalonil) 亦称"克劳优""四氯间苯二甲腈""百菌清胶悬剂""百菌清悬浮剂""百菌清烟剂",系统名"2,4,5,6-四氯-1,3-苯二甲腈"。CAS 号 1897-45-6。分子式 $C_8N_2Cl_4$,分子量 265.91。白色无臭晶体,低毒! 熔点 252℃,沸点 350℃,密度 1.7 g/cm^3。不溶于水,溶于二甲苯、环己酮、N,N-二甲基甲酰胺。制备:由间二甲苯通过氨氧化法制得,或由间苯二腈经氯气氧化法制得。用途:广谱保护性杀菌剂,具有预防和治疗作用,主要用于多种作用真菌病害的预防,如防治果树、蔬菜上锈病、炭疽病、白粉病、霜霉病、早晚疫病。

氟硅唑(flusilazole) 亦称"福星""克菌星""秋福",系统名"1-((双(4-氟苯基)(甲基)硅基)甲基)-1H-1,2,4-三唑"。CAS 号 85509-19-9。分子式 $C_{16}H_{15}F_2N_3Si$,分子量 315.40。纯品为淡棕色晶体,低毒! 熔点 52~53℃,沸点 180~185℃(0.5 Torr),密度 1.3 g/cm^3。不溶于水,易溶于多数有机溶剂。制备:由氯甲基二氯甲硅烷在低温下与氟苯、丁基锂反应,制得双(4-氟基苯)甲基氯代甲基硅烷,再在极性溶剂中与 1,2,4-三唑钠反应而得。用途:三唑类杀菌剂,主要用于防治苹果、梨、黄瓜的黑星病和果树清园。

腈菌唑(myclobutanil) 亦称"腈菌唑""腈菌唑""仙生",系统名"2-(4-氯苯基)-2-(1H-1,2,4-三唑-1-基)甲基己腈"。CAS 号 88671-89-0。分子式 $C_{15}H_{17}ClN_4$,分子量 288.78。白色针状晶体,工业品为淡黄色固体,低毒! 熔点 63~68℃,沸点 202~208℃,密度 1.16 g/cm^3。不溶于水及脂族烃,易溶于醇、芳烃、酯、酮等有机溶剂。制备:由对氯苯乙腈、1-氯丁烷及 1,2,4-三唑钾盐等合成而得。用途:作广谱唑类杀菌剂,用于防治麦类散黑穗病菌、网腥黑粉菌等。

烯肟菌胺(fenaminstrobin;SYP-1620) 系统名"N-甲基-2-[((((1-甲基-3-(2,6-二氯苯基)-2-丙烯亚基)氨基)氧基)甲基)苯基]-2-甲氧基亚氨基乙酰胺"。CAS 号 366815-41-0。分子式 $C_{21}H_{21}Cl_2N_3O_3$,分子量 434.32。白色固体粉末或结晶,中等毒性! 熔点 131~132℃。不溶于石油醚、正己烷等非极性有机溶剂及水,易溶于乙腈、丙酮、乙酸乙酯及二氯乙烷,在 N,N-二甲基甲酰胺和甲苯中有一定溶解度,稍溶于甲醇。在强酸、强碱条件下不稳定。制备:以天然抗生素 Strobilurin

为先导化合物开发制备而得。用途：作杀菌剂，具有预防及治疗作用，对白粉病、锈病防治效果好，用于防治小麦锈病、小麦白粉病、水稻纹枯病、稻曲病、黄瓜白粉病等。

烯肟菌酯（enestroburin） 系统名"α-[[[[4-(4-氯苯基)-丁-3-烯-2-亚基]氨基]氧甲基]苯基]-β-甲氧基丙烯酸酯甲酯"。CAS号238410-11-2。分子式$C_{22}H_{22}ClNO_4$，分子量399.87。棕褐色黏稠物，中等毒性！熔点99℃（E式）。不溶于水，易溶于丙酮、三氯甲烷、乙酸乙酯、乙醚，微溶于石油醚。对光热比较敏感。制备：类似烯肟菌胺，以天然抗生素 Strobilurin 为先导化合物制备而得。用途：作杀菌剂，具有预防及治疗作用，用于防制黄瓜霜霉病、黄瓜白粉病、小麦赤霉病、小麦白粉病、葡萄霜霉病、梨黑星病、番茄晚疫病、苹果斑点落叶病等。

氟菌唑（triflumizole） 亦称"特富灵"，系统名"(E)-4-氯-α,α,α-三氟-N-(1-咪唑-1-基-2-丙氧基亚基)-o-甲苯胺"。CAS号68694-11-1。分子式$C_{15}H_{15}ClF_3N_3O$，分子量345.75。白色无味结晶，中等毒性！熔点63.5℃。不溶于水，易溶于二甲苯、氯仿、丙酮、乙腈，略溶于己烷。制备：在PCl_5存在下，4-氯-α,α,α-三氟甲苯胺与N-丙氧基乙酸反应，生成N-(丙氧基甲基甲酰基)-4-氯-α,α,α-三氟甲苯胺，再在三乙胺存在下与光气作用，最后与咪唑缩合制得。用途：广谱性内吸杀菌剂，具有保护、治疗和铲除作用，用于防治麦类、蔬菜、果树及其他作物的白粉病、锈病、茶树炭疽病、茶饼病、桃褐腐病等多种病害。

苯醚甲环唑（difenoconazole） 亦称"二芬噁醚唑""噁醚唑""敌萎丹""思科""世高"，系统名"3-氯-4-[4-甲基-2-(1H-1,2,4-三唑-1-基甲基)-1,3-二氧杂环戊烷-2-基]苯基 4-氯苯基醚"。CAS号119446-68-3。分子式$C_{19}H_{17}Cl_2N_3O_3$，分子量406.26。无色固体，中等毒性！熔点76℃，沸点220℃，密度1.4916 g/cm³，折射率1.6140。不溶于水，易溶于有机溶剂。制备：由2,4-二氯苯乙酮与对氯苯酚制得4-(4-氯苯氧基)-2-氯苯乙酮，与液溴反应得4-(4-氯苯氧基)-2-氯苯基溴甲酮，最后再经与1,2-丙二醇缩酮化反应以及与1,2,4-三唑钾反应制得。用途：三唑类内吸性杀菌剂，可用于叶面处理或种子处理，防治梨黑星病、苹果斑点落叶病、番茄早疫病、西瓜蔓枯病、辣椒炭疽病、草莓白粉病、葡萄炭疽病、黑痘病、柑橘疮痂病等。

腐霉利（procymidone） 亦称"二甲菌核利""杀霉利""克灵"，系统名"N-(3',5'-二氯苯基)-1,2-二甲基环丙烷-1,2-二甲酰亚胺"。CAS号32809-16-8。分子式$C_{13}H_{11}Cl_2NO_2$，分子量284.14。白色结晶，低毒！熔点166～167℃，密度1.42～1.46 g/cm³。易溶于丙酮、氯仿、二甲苯、二甲基甲酰胺，微溶于乙醇，难溶于水。制备：可由α-氯代丙酸甲酯、α-甲基丙烯酸甲酯和3,5-二氯苯胺为原料制备；或由α-甲基丙烯酸乙酯与α-氯代丙酸乙酯、正丁醇钾和氢氧化钠、乙酐反应，制得1,2-二甲基环丙烷-1,2-二甲酸酐，再与3,5-二氯苯胺反应制得。用途：作内吸性杀菌剂，保护地用蔬菜杀菌剂，对葡萄孢属和核盘菌属真菌有特效，主要用于防治保护地番茄灰霉病等病害。

嘧霉胺（pyrimethanil） 亦称"施佳乐""嘧螨醚""甲基嘧菌胺""二甲基嘧菌胺""丙酮中嘧霉胺""甲苯中嘧霉胺""甲醇中嘧霉胺"，系统名"4,6-二甲基-N-苯基-2-嘧啶胺"。CAS号53112-28-0。分子式$C_{12}H_{13}N_3$，分子量199.26。白色结晶粉末，低毒！熔点96～98℃，密度1.15 g/cm³。不溶于水，溶于大多数有机溶剂。制备：由乙酰丙酮和硝酸胍环合得到2-氯-4,6-二甲基嘧啶，再经重氮化反应，和氯化亚铜由 Sandmeyer 反应将氨基以氯取代，之后和苯胺反应而得；或由氰胺、乙酰丙酮、苯胺合成而得。用途：作杀菌剂，用于葡萄、草莓、番茄、洋葱、菜豆、黄瓜、茄子及观赏植物的灰霉病防治，对苹果黑腥病亦有较好防效。

异丙甲草胺（metolachlor；dual） 亦称"都尔"，系统名"2-甲基-6-乙基-N-(1-甲基-2-甲氧乙基)-N-氯代乙酰基苯胺"。CAS号51218-45-2。分子式$C_{15}H_{22}ClNO_2$，分子量283.80。无臭无色液体，工业品为棕色油状液体，低毒！沸点100℃（0.001 Torr），密度1.12 g/mL，闪点2℃，折射率1.5301。不溶于水，可与大多数有机溶剂混溶。制备：由2-甲基-6-乙基苯胺与2-氯丙醇反应，生成物再依次与氯乙酰氯、甲醇反应制得；或由2-乙基-6-甲基苯胺和2-溴-1-甲氧基丙烷反应，所得产物在三乙胺存在下与氯乙酰氯反应而得。用途：酰胺类广谱性播后苗前除草剂，对禾本科草和阔叶草有较好防效，可用于旱地作物、蔬菜作物和果园苗圃，防除牛筋草、马唐、狗尾草、棉草等一年生禾本科杂草以及苋菜、马齿苋等阔叶杂草和碎米莎草、油莎草。

精异丙甲草胺（S-metolachlor；S-dual） 亦称"精都尔""高效异丙甲草胺""艾斯高效异丙甲草胺"，系统名"S-2-甲基-6-乙基-N-(1-甲基-2-甲氧基)-N-氯代乙酰基苯胺"。CAS号87392-12-9。分子式$C_{15}H_{22}ClNO_2$，分子量 283.80。无臭无色液体，低毒！沸点 126～127℃(0.03 Torr)，密度 1.12 g/cm³。不溶于水，可与大多数有机溶剂混溶。制备：由 S-2-乙基-6-甲基-N-(1-甲氧基丙-2-基)苯胺和氯乙酰氯反应制得；或先制得 N-(2-甲基-6-乙基苯基)丙氨酸酯，然后进行化学或酶动力学拆分，再进行还原、氯乙酰基化及甲基化等得到；或通过手性催化剂对 2-甲基-6-乙基-N-亚甲基苯胺进行不对称加氢，然后进行酰化反应获得。用途：异丙甲草胺的单一异构体，用量可减半，效用同异丙甲草胺，适用于旱地作物播后苗前或移栽前土壤处理，可防除一年生禾本科杂草、部分双子叶杂草和一年生莎草科杂草。

茚虫威（indoxacarb） 亦称"安打""因得克 MP""茚虫威"，系统名"7-氯-2,5-二氢-2-[N-(甲氧基羰基)-4-(三氟甲氧基)苯胺基羰基]茚并[1,2-e][1,3,4]噁二嗪-4a(3H)-甲酸甲酯"(methyl 7-chloro-2, 5-dihydro-2-[N-(methoxy-carbonyl)-4-(trifluorome-thoxy)anilinocarbonyl]indeno[1,2-e][1,3,4]oxadiazine-4a(3H) carboxylate)。CAS 号 144171-61-9，分子式 $C_{22}H_{17}ClF_3N_3O_7$，分子量 527.84。白色粉末状固体，低毒！熔点 139～141℃。不溶于水、甲醇，溶于乙腈、丙酮。制备：以 4-三氟甲氧基苯胺等为原料通过 5-氯-2,3-二氢-2-羟基-1-氧代-2H-茚-2-羧酸甲酯和氯羰基[4-(三氟甲基)苯基]氨基甲酸甲酯为关键中间体合成而得。用途：作高效杀虫剂，防治粮、棉、果、蔬等作物上的多种害虫以及防治蟑螂、火蚁和蚂蚁等。

艾氏剂（aldrin；HHDN） 亦称"六氯-六氢-二甲撑萘""氯甲桥萘"，系统名"(1α, 4α, 4aβ, 5α, 8α,8aβ)-1,2,3,4,10,10-六氯-1,4,4a,5,8,8a-六氢-1,4：5,8-二亚甲基萘"。CAS 号 309-00-2。分子式 $C_{12}H_8Cl_6$，分子量 364.93。纯品为白色无臭易挥发结晶，工业原粉为棕黄色片状结晶，高毒！熔点 94～97℃，密度 1.56 g/cm³。不溶于水，溶于乙醇、丙酮等大多数有机溶剂。可引起人肝功能障碍、致癌，为《关于持久性有机污染物的斯德哥尔摩公约》决定禁止或限制使用的 12 种持久性有机污染物之一。制备：由双环[2.2.1]庚-2,5-二烯与六氯环戊二烯经 Diels-Alder 反应而得。用途：作接触性杀虫剂，防治蝗蝻、蚁类、根蛆、蝼蛄、蛴螬、蝽象、象鼻虫和金针虫等地下害虫，用油剂喷雾直接防治白蚁。

林丹（lindane；agammaxare；gamma-BHC；gamma-HCH） 亦称"γ-1,2,3,4,5,6-六氯环己烷""六六六""丙体六六六"，系统名"γ-六氯环己烷"。CAS 号 58-

9-9。分子式 $C_6H_6Cl_6$，分子量 290.83。白色结晶粉末，高毒！熔点 113～114℃，沸点 288℃，密度 1.777 g/cm³，折射率 $n_D^{123}1.529\,9$。微溶于水，溶于乙醇、苯、甲苯、丙酮等。一类致癌物。制备：根据六六六各异构体在甲醇中不同温度的溶解度不同，及各种异构体的结晶度差异来提取，在适当甲醇量及温度下，丙体、丁体及油状物杂质被抽出在甲醇中，甲、乙体成残渣分出。被饱和以及溶有丁体、油状物的甲醇溶液，经冷却结晶，因结晶速度的差异，六六六丙体结晶分出。一般需再进行第二次提纯才能得到丙体含量在 99% 以上的林丹产品。用途：农用广谱杀虫剂，兼有胃毒、触杀、熏蒸作用，一般用于防治水稻、小麦、大豆、玉米、森林、粮仓等害虫。因在环境和生物体内造成残留积累，许多国家已停止使用。

滴滴涕（dichlorodiphenyltrichloroethane；DDT；p, p'-DDT） 亦称"二二三""双对氯苯基三氯乙烷""4,4'-二氯二苯三氯乙烷"，系统名"2,2-双(4-氯苯基)-1,1,1-三氯乙烷"。CAS 号 50-29-3。分子式 $C_{14}H_9Cl_5$，分子量 354.48。白色结晶状固体或淡黄色粉末，无味，几乎无臭，中等毒性！熔点 108.5～109℃，沸点 260℃，闪点 72～77℃，密度 1.556 g/cm³，折射率 $n_D^{110}1.579\,5$。不溶于水，溶于煤油及吡啶、二氧六环、苯、氯苯、氯仿、环己酮等有机溶剂。化学性质稳定，在常温下不分解。对酸稳定，强碱及含铁溶液以及高温和光照易促进其分解。制备：由三氯乙醛与氯苯在发烟硫酸存在下缩合而得。用途：曾是广泛使用的农用杀虫剂之一，用于防治棉蕾铃期害虫，果树食心虫，农田作物黏虫、蔬菜菜青虫等，以及防治蚊、蝇、臭虫等。由于其严重的环境污染而曾被国际上停用，世界卫生组织于 2002 年启用 DDT 控制蚊子繁殖及预防疟疾、登革热、黄热病的流行。

甲氧滴滴涕（methoxychlor；marlate） 系统名"1,1,1-三氯-2,2-双(4-甲氧基苯基)乙烷"。CAS 号 72-43-5。分子式 $C_{16}H_{15}Cl_3O_2$，分子量 345.64。白色粉末结晶或灰白色鳞状粉末或乳黄色块状或片状固体，中等毒性！熔点 89～90℃，密度 1.39 g/cm³。不溶于水，溶于乙醇、石油，易溶于许多芳香烃溶剂。制备：在发烟硫酸或无水三氯化铝存在下，以三氯乙醛与苯甲醚通过缩合反应而得。用途：作非内吸性触杀和胃毒的有机氯杀虫剂，稍有杀蚜或杀螨活性，生物活性范围与滴滴涕大体上相同。由于在体内脂肪中积累或分泌到乳汁中的趋向较小，因此用于牛奶房和乳牛身上防治蝇。还可用于防治家庭卫生害虫，动物体外寄生虫，蔬菜、果树害虫，代替滴滴涕。

毒杀芬（camphechlor） 亦称"氯化莰""氯化莰烯""氯代莰烯""八氯莰烯""多氯莰烯"，系统名"1,4,5,6,7,7-六氯-2,2-双（氯甲基）-3-亚甲基双环[2.2.1]庚烷"。CAS 号 57028-55-4。分子式 $C_{10}H_8Cl_8$，分子量 411.77。乳白色或琥珀色蜡样固体（纯品为无色结晶），具有萜类气味，高毒！熔点 65～90℃，沸点 155℃（分解），密度 1.65 g/cm^3。不溶于水，易溶于有机溶剂。温度高于 155℃ 逐渐分解，不易挥发，不可燃。2B 类致癌物。制备：由莰烯与氯在光照下反应而得。用途：为非内吸的持久性接触和胃毒杀虫剂，也有杀螨作用，主要用于防治棉花铃期害虫，还可杀灭牲畜、家禽体外寄生虫，拌种可防治地下害虫。

异艾剂（isodrin） 亦称"异艾氏剂"，系统名"1,8,9,10,11,11-六氯四环[6.2.1.1^{3,6}.0^{2,7}]十二碳-4,9-二烯"。CAS 号 465-73-6。分子式 $C_{12}H_8Cl_6$，分子量 364.91。白色结晶，剧毒！熔点 240～242℃，密度 1.773 g/cm^3，折射率 1.659。不溶于水，溶于有机溶剂。对酸、碱稳定，但较艾氏剂稍差。制备：由双环[2.2.1]庚-2,5-二烯与六氯环戊二烯经 Diels-Alder 反应而得。用途：环二烯类杀虫剂，用于防治对菜粉蝶、甘蓝夜蛾、鳞翅目昆虫等。

狄氏剂（dieldrin；HEOD；octalox） 亦称"六氯-环氧八氢-二甲撑萘"，系统名"3,4,5,6,9,9-六氯-1a,2,2a,3,6,6a,7,7a-八氢-2,7：3,6-二甲撑萘[2,3-b]并环氧乙烷"。CAS 号 60-57-1。分子式 $C_{12}H_8Cl_6O$，分子量 380.90。白色无臭晶体，工业品为褐色固体，剧毒！熔点 170～172℃（升华），密度 1.75^{25} g/cm^3。不溶于水、甲醇和脂肪烃，溶于丙酮、苯和四氯化碳等有机溶剂，对酸或碱都稳定。2A 类致癌物。制备：由艾氏剂经过过氧乙酸或过氧苯甲酸氧化而得。用途：为接触性杀虫剂，无内吸性，有一定特效，对大数昆虫有强触杀和胃毒的活性。

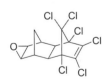

异狄氏剂（endrin；endrex；endricol；mendrin；oktanex） 亦称"安特灵"，系统名"1,2,3,4,10,10-六氯-6,7-环氧-1,4,4a,5,6,7,8,8a-八氢-1,4-环氧-5,8-二甲撑萘"。CAS 号 72-20-8。分子式 $C_{12}H_8Cl_6O$，分子量 380.90。白色晶体，剧毒！熔点 245℃（分解），密度 1.65 g/cm^3。不溶于水，难溶于醇、石油烃，溶于苯、丙酮、二甲苯。狄氏剂的立体异构体。3 类致癌物。制备：由艾氏剂经过过氧乙酸或过氧苯甲酸氧化而得。用途：有机氯农药，用于棉花和谷物等农作物的农药，也用于杀灭家鼠和野鼠等啮齿类动物。

七氯（heptachlor） 亦称"七氯化茚"，系统名"1,4,5,6,7,8,8-七氯代-3a,4,7,7a-四氢-1H-4,7-甲撑茚"。CAS 号 76-44-8。分子式 $C_{10}H_5Cl_7$，分子量 373.32。白色晶体或茶褐色蜡状固体，带有樟脑或雪松的气味，高毒！熔点 95～96℃，沸点 135～145℃（1～1.5 Torr），密度 1.58 g/cm^3。不溶于水，溶于乙醇、醚类、芳烃等有机溶剂。对光、湿气、酸、碱、氧化剂均稳定，不易分解和降解，挥发性较大。2B 类致癌物。制备：由六氯环戊二烯和环戊二烯发生 Diels-Alder 反应，所得产物在有三氯化铝或氯化碘的存在下与氯化氢反应而得。用途：属环二烯类非内吸性触杀、胃毒性杀虫剂。用于防治地下害虫、蚁类及寄生虫，杀虫力比氯丹强，具有触杀、胃毒和熏蒸作用，对作物无药害，对人畜毒性较小。

野燕枯硫酸二甲酯（difenzoquat methyl sulfate）

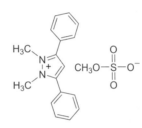

亦称"野燕枯硫酸二甲酯""草吡唑""野燕枯"，系统名"1,2-二甲基-3,5-二苯基-1H-吡唑鎓甲基硫酸酯"。CAS 号 43222-48-6。分子式 $C_{18}H_{20}N_2O_4S$，分子量 360.43。无色至淡黄色流动性细微粉末，具有吸湿性，高毒！熔点 146～148℃，密度 1.13 g/cm^3。易溶于水，微溶于甲醇、乙醇，不溶于石油烃类。制备：由苯乙酮与苯甲醛在氢氧化钠催化下反应，所得产物再于室温与水合肼反应制得 3,5-二苯基吡唑啉，随后加硫黄脱氢反应，得 3,5-二苯基吡唑，最后加硫酸二甲酯反应成盐而得。用途：作除草剂，用于防除小麦、大麦田中的恶性杂草野燕麦。

丙虫磷（propaphos） 亦称"丙苯磷"，系统名"O,O-二正丙基对甲硫基苯基磷酸酯"。CAS 号 7292-16-2。分子式 $C_{13}H_{21}O_4PS$，分子量 304.34。

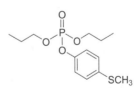

淡黄色油状液体，高毒！沸点 175～177℃（0.85 Torr），密度 1.15 g/mL，折射率 1.513。难溶于水，可溶于一般有机溶剂。中性和酸性介质中稳定，在碱性介质中不稳定。制备：由正丙醇与三氯化磷反应制得亚磷酸二正丙酯，经氯化得 O,O-二正丙基磷酰氯，再在碳酸钾的存在下与对甲硫基苯酚反应而得。用途：作杀虫剂，主要用于防治水稻黑尾叶蝉、灰飞虱、稻负泥虫、稻象甲幼虫、二化螟等，以及防治对氨基甲酸酯类及其他有机磷类杀虫剂已产生抗药性的害虫。

硫丹（endosulfan） 亦称"安杀丹""赛丹""硕丹"，系统名"6,7,8,9,10,10-六氯-1,5,5a,6,9,9a-六氢-6,9-甲撑-2,4,3-苯并二氧硫䓬-3-氧化物"。CAS 号 115-29-7。分子式 $C_9H_6Cl_6O_3S$，分子量 406.93。茶色或白色晶体，高

α-硫丹　　β-硫丹

毒！有 α、β 异构体。熔点：α-硫丹 109.2℃，β-硫丹 213.3℃，沸点 106℃（0.70 Torr），密度 1.745^{20} g/cm³，折射率 1.517 5。不溶于水，溶于氯仿、丙酮、正己烷、二氯甲烷以及异辛烷等有机溶剂。制备：由六氯环戊二烯与 1,4-丁烯二醇发生 Diels-Alder 反应制得硫丹醇，将精制后的硫丹醇与氯化亚砜反应再成环而得。用途：广谱杀虫杀螨剂，用于防治棉花、果树、大豆、蔬菜、茶及烟草等作物害虫，不易产生抗性，杀虫速度快，对天敌和益虫友好，但由于其剧毒性、生物蓄积性和内分泌干扰素作用，在世界上许多国家被禁止使用。

三氯杀虫酯（acetofenate；plifenate）　亦称"蚊蝇净""半滴乙酯"，系统名"乙酸 2,2,2-三氯-1-(3,4-二氯苯基) 乙基酯"。CAS 号 21757-82-4。分子式 $C_{10}H_7Cl_5O_2$，分子量 336.41。白色结晶或微黄色粉粒固体，有少许刺激性气味，低毒！熔点 85～86℃。溶于苯、甲苯、丙酮、二氯甲烷等有机溶剂以及热的甲醇、乙醇，不溶于水。在中性和弱酸性介质中较稳定，遇碱分解，易降解。对动物无致畸、致突变和留毒性。制备：在无水三氯化铝存在下，由邻二氯苯与三氯乙醛反应生成 2,2,2-三氯-1-(3,4-二氯苯基) 乙醇中间产物，然后与乙酐发生酯化而得。用途：作家用卫生有机氯类低毒杀虫剂，用于灭蚊片、灭蚊烟熏纸配制，防治家蝇、蚊、衣蛾、地毯甲虫。

甲基毒虫畏（dimethylvinphos）　亦称"二甲基亚硝胺""杀螟畏"，系统名"2-氯-1-(2,4-二氯苯基) 乙烯基磷酸二甲酯"。CAS 号 71363-52-5。分子式 $C_{10}H_{10}Cl_3O_4P$，分子量 331.51。淡白色结晶固体，中等毒性！熔点 62～64℃，沸点 126℃（0.05 Torr），密度 1.448 g/cm³。不溶于水，易溶于二甲苯、丙酮、正己烷。遇光不稳定。制备：由 2-氯-1-(2,4-二氯苯基) 乙烯基磷酸经二甲酯化而得。用途：作杀虫剂，用于苹果、蔬菜、玉米，以及家畜体内、体外寄生虫的防治。

敌敌钙（calvinphos；krecalvin）　亦称"钙敌畏""钙杀畏"。CAS 号 6465-92-5。分子式 $C_{10}H_{15}CaCl_6O_{12}P_3$，分子量 672.94。白色或淡黄色蜡状固体，中等毒性！熔点 64～67℃。溶于甲醇、乙醇、丙醇、乙醚、二噁烷、丙酮、丁酮、氯仿、四氯化碳、苯、甲苯、氯苯等有机溶剂，不溶于正戊烷、正己烷、正庚烷和煤油，略溶于水。在碱性溶液中不如在酸性溶液中稳定。制备：无水氯化钙、苯、敌敌畏原油，依次加入三口瓶中搅拌，在室温下反应直至反应液透

明，再经减压脱除苯，残液冷却结晶而得。用途：作杀虫剂。

敌敌畏（dichlorvos；DDVP）　亦称"二氯松"，系统名"2,2-二氯乙烯基磷酸二甲酯"。CAS 号 62-73-7。分子式 $C_4H_7Cl_2O_4P$，分子量 220.97。无色有芳香气味的挥发性液体，高毒！熔点＜25℃，沸点 140℃（20 Torr）、74℃（1 Torr），闪点 75℃，密度 1.420 5 g/mL，折射率 1.454 1。微溶于水，易溶于乙醇、芳烃等大多数有机溶剂，能和气溶胶推进剂混溶。易水解，遇碱分解更快。2B 类致癌物。制备：由敌百虫在碱性条件下脱氯化氢而得，或由亚磷酸三甲酯与三氯乙醛经 Perkow 重排缩合制得。用途：广谱性有机磷杀虫剂，具有熏蒸、胃毒和触杀作用，作杀虫、杀螨剂，主要用于农作物防治虫害，用来防治棉蚜等农业害虫，也用来杀死蚊、蝇等。

二溴磷（dibrom；naled）　亦称"二溴灵""1,2-二溴-2,2-二氯乙基二甲基磷酸酯"，系统名"1,2-二溴-2,2-二氯乙基二甲基磷酸酯"。CAS 号 300-76-5。分子式 $C_4H_7Br_2Cl_2O_4P$，分子量 380.78。微有臭味的白色结晶状固体或无色黏稠状液体。熔点 26.5～27.5℃，沸点 110℃（0.5 Torr），密度 1.96^{25} g/cm³，折射率 1.508 3²⁵。不溶于水，易溶于芳烃类溶剂。在无水情况下稳定，在水中分解较快，在高温和碱性条件下水解速度加快。对人畜低毒，对蜜蜂毒性强，对人的眼睛、黏膜有刺激性。制备：以过氧化苯甲酰为催化剂，由敌敌畏、溴素在四氯化碳中于 80℃反应而得。用途：作高效广谱杀虫剂，以触杀作用为主，兼有胃毒和熏蒸作用。

速灭磷（mevinphos）　亦称"磷君""磷群""未磷""灭虫螨""免得烂""美文松""福斯金"，系统名"3-二甲氧基磷酰基氧基丁—2-烯酸甲酯"。CAS 号 26718-65-0。分子式 $C_7H_{13}O_6P$，分子量 224.15。有 E-式异构体（CAS 号 298-01-1）和 Z-式异构体（CAS 号 338-45-4）。Z-式熔点 6.9℃，密度 1.245^{20} g/mL，折射率 1.452 4；E-式熔点 21℃，密度 $1.234 5^{20}$ g/cm³，折射率 1.445 2。速灭磷为两者混合物，其中 E-式含量 60%。淡黄色液体，剧毒！熔点 13.95℃，沸点 115～117℃（2 Torr），密度 1.25^{25} g/mL，折射率 1.449 4。易溶于水，能与醇、酮等多种有机溶剂混溶，微溶于脂肪烃。常温下贮存稳定，在水溶液中可水解。在碱性水溶液中水解加快。制备：由乙酰乙酸甲酯用硫酰氯进行氯化制得 2-氯乙酰乙酸甲酯，进而与亚磷酸三甲酯反

应,在甲苯中重排而得。用途:触杀兼内吸的水溶性有机磷农用杀虫、杀螨剂,具有广谱杀虫作用,常用以防治咀嚼式与刺吸式昆虫以及叶螨等,对棉蚜、棉铃虫、苹果蚜、苹果红蜘蛛、玉米蚜、大豆蚜、菜青虫防效好。

久效磷(monocrotophos;aimocron) 亦称"纽瓦克""亚素灵",系统名"磷酸(E)-1-甲基-2-(甲氨基甲酰基)乙烯基二甲基酯"。CAS号6923-22-4。分子式 $C_7H_{14}NO_5P$,分子量223.16。无色结晶,高毒!熔点 $54\sim55℃$,沸点 $125℃$,密度 1.22^{20} g/cm³、1.195^{25} g/cm³,折射率1.449。溶于水、丙酮、乙醇、三氯甲烷,微溶于二甲苯、乙醚,不溶于石油醚、柴油和炼煤油。制备:由亚磷酸三甲酯与2-乙酰基-2-氯代乙酰甲胺经 Perkow 重排反应制得。用途:作广谱内吸性杀虫剂,兼有强烈触杀和胃毒作用,有杀螨杀卵作用,用于防治棉花棉蚜、棉红蜘蛛、棉铃虫、棉造桥虫、斜纹夜蛾、蓟马等害虫。对蜜蜂有毒,应避免在作物的开花期使用。

百治磷(dicrotophos;bidrin) 亦称"百特磷",系统名"磷酸(E)-1-甲基-2-(二甲基氨基甲酰基)乙烯基二甲基酯"。CAS号141-66-2。分子式 $C_8H_{16}NO_5P$,分子量237.19。具有酯味的琥珀色液体,高毒!熔点<25℃,沸点130℃(0.1 Torr),密度 1.216^{15} g/cm³。可与水及多数有机溶剂混溶。制备:由亚磷酸三甲酯与2-乙酰基-2-氯代乙酰二甲胺经 Perkow 重排而得。用途:作农用杀虫剂,具触杀、胃毒作用,渗透性较强,兼有接触和内吸性,广谱速效、残效期长,对螨类也有效,用于水稻、棉花、果树、大豆等作物虫害防治。

磷胺(phosphamidon;dimecron) 亦称"大灭虫",系统名"2-氯-2-二乙基氨甲酰基-1-甲基乙烯基磷酸二甲酯"。CAS号13171-21-6。分子式 $C_{10}H_{19}ClNO_5P$,分子量299.69。无色无臭油状液体,高毒!熔点-45~-48℃,沸点162℃(1.5 Torr)、70℃(0.01 Torr),闪点>150℃(工业原药),密度 1.2132^{25} g/mL,折射率 1.4718^{25}。易溶于水、醇、丙酮、乙醚、二氯甲烷,微溶于芳香烃,不溶于石油醚及脂肪烃。水溶液不太稳定,在中性及酸性介质中缓慢水解,在碱性及高温下迅速水解。制备:由2,2-二氯乙酰乙酸二乙酰胺与亚磷酸三甲酯反应制得。用途:作广谱性杀虫剂,防治刺吸式口器和咀嚼式口器的多种害虫。由于其高毒性,被农业部列入禁止生产销售和使用的农药名单。

巴毒磷(crotoxyphos;decrotox;ciovap) 亦称"丁烯磷""赛吸磷""八毒磷",系统名"O,O-二甲基 O-[(E)-1-甲基-2-(α-苯乙基羧基)乙烯基]磷酸酯"。CAS号7700-

17-6。分子式 $C_{14}H_{19}O_5P$,分子量314.27。淡黄色透明液体,高毒!沸点135℃(0.03 Torr),密度 1.19^{25} g/mL,折射率 1.4988^{25}。具腐蚀性。用途:作杀螨剂,对家畜体外寄生虫具有速效和中度持效,可防治牛和猪身体上的蝇、螨和蜱。

杀虫畏(tetrachlorvinphos) 亦称"甲基杀螟威""杀虫""杀虫威",系统名"(顺)-2-氯-1-(2,4,5-三氯苯基)乙烯基二甲基磷酸酯"。CAS号22248-79-9。分子式 $C_{10}H_9Cl_4O_4P$,分子量365.95。无色晶体或白色粉末,高毒!熔点 $97\sim98℃$,密度 1.52^{25} g/cm³。微溶于水,易溶于丙酮、氯仿、二氯甲烷、二甲苯。制备:由二氯乙酰氯和1,2,4-三氯苯和无水三氯化铝制得五氯苯乙酮,再与亚磷酸三甲酯作用而得。用途:高效低毒杀虫剂,对鳞翅目、双翅目和多种鞘翅目害虫有高效,可用于粮、棉、果、茶、蔬菜和林业上,防治仓贮粮、织物害虫;也可用作防蛾剂。

毒虫畏(chlorfenvinphos) 亦称"杀瞑威",系统名"(Z)-2-氯-1-(2,4-二氯苯基)乙烯基磷酸二乙酯"。CAS号470-90-6。分子式 $C_{12}H_{14}Cl_3O_4P$,分子量359.56。具有轻微气味的琥珀色液体,中等毒性!熔点-9~-2℃,沸点163~164℃(1.5 Torr),密度1.36 g/mL。微溶于水,与丙酮、己烷、乙醇、二氯甲烷、丙二醇、二甲苯等混溶。制备:由2-氯-1-(2,4-二氯苯基)乙烯基磷酸经二乙酯化而得;或由2,4-二氯苯甲酰氯制得。用途:作土壤杀虫剂,茎叶杀虫剂,用于防治根蝇、根蛆和地老虎以及水稻、玉米、甘蔗、蔬菜、柑橘、茶树等及家畜的杀虫,还可防治牛和羊的体外寄生虫;在公共卫生方面,可用于防治蚊幼虫。

敌百虫(trichlorfon) 亦称"二甲基-(1-羟基-2,2,2-三氯乙基)膦酸酯""美曲磷酯",系统名"O,O-二甲基-(2,2,2-三氯-1-羟基乙基)膦酸酯"。CAS号52-68-6。分子式 $C_4H_8Cl_3O_4P$,分子量257.43。有醛类气味的白色固体,中等毒性!熔点 $81\sim82℃$,沸点100℃(0.1 Torr),密度 1.73^{25} g/cm³。溶于水及普通有机溶剂,但不溶于脂肪烃和汽油。性质较稳定,但遇碱则很快水解转化成敌敌畏。光解缓慢。为3类致癌物。制备:可先用甲醇与三氯化磷反应制得亚磷酸二甲酯,再与三氯乙醛缩合而得;或将甲醇、三氯化磷、三氯乙醛三种原料按适当比例同时加入反应器,在低温下减压脱除氯化氢和氯甲烷,然后升温缩合制得。用途:作杀虫剂,具有高效低毒、低残留、广谱性特点,适用于水稻、麦类、蔬菜、茶树、果树、桑树、棉花等作物上的咀嚼式口器害虫,及家畜寄生虫、卫生害虫的防治,精制的敌百虫可用于防治猪、牛、马、骡牲畜体内外寄生虫,对家庭和环境卫生害虫均有效;也可作畜牧上一种很好的多效驱虫剂,用于治疗血吸虫病。

庚烯磷(heptenopos; ragadan; hostavik) 亦称"蚜螨磷",系统名"7-氯二环-[3.2.0]庚-2,6-二烯-6-基二甲基磷酸酯"。CAS 号 23560-59-0。分子式 $C_9H_{12}ClO_4P$,分子量 250.61。浅琥珀色液体,高毒! 沸点 $128\sim130℃$(4 Torr),密度 1.36^{25}

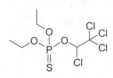

g/mL。不溶于水,溶于丙酮、甲醇、二甲苯。制备:先由二氯乙酰氯、新鲜解聚得到的环戊二烯在三乙胺存在下通过环加成反应制得 7,7-二氯二环庚-2-烯-6-酮,再与亚磷酸三甲酯反应而得。用途:作杀虫剂,用于防治杀灭豆蚜及果树蔬菜蚜虫的防治,具有高效、持效短、残留量低的特点,适用于临近收获期作物的害虫防治,也作猪、狗、牛、羊等动物体外寄生虫的防治剂。

氯氧磷(chlorethoxyfos; fortres) 亦称"地虫磷""四氯乙磷",系统名"(±)-O,O-二乙基 O-(1,2,2,2-四氯乙基)硫代磷酸酯"。CAS 号 54593-83-8。分子式 $C_6H_{11}Cl_4O_3PS$,分子量 335.98。高毒! 沸点 80℃(0.05 Torr),密度

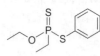

1.41 g/cm^3,折射率 1.498^{25}。不溶于水,溶于乙腈、氯仿、乙醇、己烷、二甲苯。制备:由三氯乙醛、五氯化磷、硫化氢等先制得(±)-O-(1,2,2,2-四氯乙基)硫代磷酰二氯,再与乙醇进行酯化反应而得。用途:作土壤杀虫剂,用于土壤处理,防治地下害虫,对叶甲、夜蛾、叩头虫等特别有效。

地虫磷(fonofos; capfos) 系统名"O-乙基-S-苯基乙基硫代磷酸酯"。CAS 号 944-22-9。分子式 $C_{10}H_{15}OPS_2$,分子量 246.33。具有刺激性气味的浅黄色透明液体,高毒! 熔点 - 31.7℃,沸点 $124\sim$

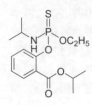

126℃(0.1 Torr),折射率 $1.589\,5^{24}$。溶于丙酮、二甲苯、异戊酮、煤油等有机溶剂。制备:由亚磷酸三乙酯异构化生成二乙氧基膦酸酯,再在 DMF 溶剂中通光气反应制得 O-乙基硫代膦酰氯,再与苯硫酚或苯硫酚钠反应而得。用途:作杀虫剂,用于防治生长期较长的作物的地下害虫,如小麦、玉米、花生、甘蔗等,但禁止在蔬菜、瓜类、果树、茶叶和中草药材上使用。

异柳磷(isofenphos) 亦称"乙基异柳磷""异丙胺磷""水杨硫磷""丙胺磷""丰稻松",系统名"O-乙基-O-(2-异丙氧基羰基苯基)-N-异丙基硫代硫代磷酰胺"。CAS 号 25311-71-1。分子式 $C_{15}H_{24}NO_4PS$,分子量 345.39。亮黄色油状液体,高毒! 密

度 1.13 g/mL,折射率 $1.518\,2^{24}$。不溶于水,溶于氯仿、二氯甲烷、己烷、甲苯等。制备:由乙基硫代磷酰二氯、水杨酸异丙酯、异丙胺合成而得。用途:作杀虫剂,用于防治金针虫、土蚕、蛴螬、地老虎等地下害虫,也可用于水稻螟虫、飞虱、叶蝉的防治,但禁止在果树、蔬菜等作物上使用。

甲基异柳磷(isofenphos-methyl) 亦称"甲基异柳磷胺""异柳磷 1 号",系统名"O-甲基-O-(2-异丙氧基羰基苯基)-N-异丙基硫代硫代磷酰胺"。CAS 号 99675-03-3。分子式 $C_{14}H_{22}NO_4PS$,分子量 331.37。淡黄色油状液体,高毒! 折射率 1.522 1。难溶于水,溶于乙醚、苯、甲苯、二甲苯等有机溶剂。

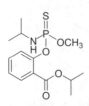

制备:由甲基硫代磷酰氯、水杨酸、异丙醇、异丙胺等合成而得。用途:作土壤杀虫剂,用于防治地下害虫。

畜蜱磷(cythioate; proban) 亦称"萨硫苯磺胺""赛灭磷",系统名"O,O-二甲基-O-(4-氨磺酰苯基)硫代磷酸酯"。CAS 号 115-93-5。分子式 $C_8H_{12}NO_5PS_2$,分子量 297.28。固体,高毒! 熔点

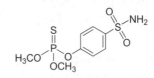

70~72℃,密度 1.459^{25} g/cm^3,折射率 1.576。不溶于水,溶于丙酮、苯、乙醚和乙醇。制备:由 O,O-二甲基氯代硫代磷酸酯、对羟基苯磺酰胺在碱性条件下反应制得。用途:作杀虫剂,用于家畜体外寄生虫的防治,如防治长角血蜱、微小牛蜱、具环牛蜱、绵羊身上的疥螨、血红扇头蜱、扁虱,狗、猫身上的跳蚤等。

氯唑磷(isazofos; brace) 亦称"米乐尔""异丙三唑硫磷""异唑磷",系统名"O-(5-氯-1-异丙基-1H-1,2,4-三唑-3-基)-O,O-二乙基硫代磷酸酯"。CAS 号 42509-80-8。分子式 $C_9H_{17}ClN_3O_3PS$,分子量 313.74。黄色液体,高毒! 熔点<25℃,密度 1.487 g/mL。不溶于水,

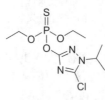

溶于氯仿、苯、己烷、甲醇等。中性及酸性介质中稳定,碱性条件下易分解。制备:将异丙基肼或异丙基肼盐酸盐与等摩尔的氯羰基胩二氯反应得到中间体异唑醇,将再在无水碳酸钾存在下使异唑醇与等摩尔 O,O-二乙基硫代磷酰氯反应而得。用途:作杀虫剂,用于玉米、棉花、水稻、蔬菜等,防治长蝽象、线虫、水稻螟虫等。不宜用于马铃薯上。

虫螨畏(methacrifos; damfin) 系统名"3-(二甲氧基膦硫酰)氧基-2-甲基-2-丙酸甲酯"。CAS 号 30864-28-9。分子式 $C_7H_{13}O_5PS$,分子量 240.21。无色液体,高毒! 密度 1.25 g/mL。微溶于水,可与苯、乙醇等混溶。制备:可用二甲

氧基硫代磷酰氯与 2-醛基丙酸甲酯反应制得。用途：作杀虫、杀螨剂，对昆虫具有触杀、胃毒及熏蒸作用，用于防治贮粮害虫。

治螟磷（sulfotep） 亦称"治螺磷""治螟灵""硫特普""二硫代焦磷酸四乙酯""触杀灵"，系统名"O,O,O,O-四乙基二硫代焦磷酸酯"。CAS 号 3689-24-5。分子式 $C_8H_{20}O_5P_2S_2$，分子量 322.31。无色透明油状液体，剧毒！沸点 110～112℃（0.015 Torr）、136℃（2 Torr），密度 1.192 1 g/mL，折射率 1.474 2。难溶于水和石油醚，溶于大多数有机溶剂。化学性质稳定，遇碱易分解，对铁有腐蚀性。制备：由 O,O-二乙基硫代磷酰氯在脱酸剂吡啶或三甲胺存在下水解、缩合而得。用途：作内吸性杀虫剂，用于防治水稻螟虫、稻飞虱、棉花害虫、红蜘蛛等，也可防治油菜蚜、茄红蜘蛛、象鼻虫、介壳虫等；对钉螺和蚂蟥也有很好的杀灭效果，还可用于温室熏蒸杀虫杀螨。

双硫磷（abaphos） 亦称"替美福司"，系统名"4,4'-双（O,O-二甲基硫代磷酰氧基）二苯硫醚"。CAS 号 3383-96-8。分子式 $C_{16}H_{20}O_6P_2S_3$，分子量 466.46。白色晶体，工业品为深褐色黏稠液体，低毒！熔点 30～31℃，密度 1.4 g/cm³，折射率 1.588 3²⁵。不溶于水及正己烷，易溶于丙酮、四氯化碳、二氯乙烷、乙醚、甲苯等。制备：由二甲氧基硫代磷酰氯与双（对羟基苯基）硫醚反应制得。用途：作杀虫剂，用于公共卫生，用于防治孑孓、蚋、蠓、体虱、跳蚤等害虫，农业上也用于防治水稻二化螟、黏虫、叶蝉、棉铃虫等。

甲基对硫磷（parathion-methyl; metaphos; metron） 亦称"甲基1605"，系统名"O,O-二甲基-O-（4-硝基苯基）硫代磷酸酯"。CAS 号 298-00-0。分子式 $C_8H_{10}NO_5PS$，分子量 263.20。白色结晶粉末，工业品为带蒜臭的棕色或黄色液体或固体，高毒！熔点 35～36℃，沸点 119℃（0.1 Torr）、158℃（2 Torr），密度 1.351 8 g/cm³，折射率 1.551 5³⁵。难溶于水及石油，微溶于石油醚，易溶于卤代烃类有机溶剂。在中性或弱酸性介质中较稳定，加热会异构化，高温或遇碱易分解。3 类致癌物。制备：由 O,O-二甲基硫代磷酰氯与对硝基苯酚在铜盐催化剂和纯碱存在下反应而得。用途：作杀虫剂，常用于防治水稻、棉花的害虫；瓜类（尤其是幼苗期）易产生药害，禁止在蔬菜、茶叶、果树、中草药中使用。

对硫磷（parathion） 亦称"一六〇五""一扫光""乙基1605""乙基对硫磷""硝苯硫磷酯""巴拉松"，系统名"O,

O-二乙基-O-（4-硝基苯基）硫代磷酸酯"。CAS 号 56-38-2。分子式 $C_{10}H_{14}NO_5PS$，分子量 291.26。无色无臭液体，工业品为棕色并有蒜臭的液体，高毒！熔点 6.0℃，沸点 115～117℃（0.03 Torr）、173℃（2 Torr），密度 1.273 7 g/mL，折射率 1.539 4。不溶于水、石油醚、煤油，溶于醇类、醚类、酯类、酮类、芳烃等多数有机溶剂。遇明火、高热可燃。受热分解。制备：由二乙基硫代磷酰氯在三甲胺催化下与对硝基酚钠反应制得。用途：作广谱性农药杀虫剂，用于防治水稻、棉花、苹果、柑橘、梨、桃等果树害虫及麦红蜘蛛等的害虫。

杀螟硫磷（fenitrothion） 亦称"速灭松""诺毕速灭松""杀螟磷""苏米松""苏米硫磷"，系统名"O,O-二甲基-O-（3-甲基-4-硝基苯基）硫代磷酸酯"。CAS 号 122-14-5。分子式 $C_9H_{12}NO_5PS$，分子量 277.23。淡黄色油状液体，中等毒性！熔点 0.3℃，沸点 140～145℃（0.1 Torr），密度 1.322 7²⁵ g/mL，折射率 1.553 2²⁵。不溶于水，溶于乙醇、乙醚、苯、甲苯等大多数有机溶剂。对光稳定，遇高温蒸馏会引起异构化分解失效，在中性及酸性条件下较稳定，遇碱水解，某些金属如铁、锡、铝、铜等会促进分解。制备：在氯化亚铜催化下，由 4-硝基-3-甲基苯酚与 O,O-二甲基硫代磷酰氯碳酸钠为缚酸剂反应而得。用途：作高效低毒广谱触杀性杀虫剂，用于防治半翅目、鞘翅目等害虫，对水稻大螟、二化螟、三化螟、纵卷叶螟等有特效。

除线磷（dichlofenthion; nemacide） 亦称"酚线磷"，系统名"O,O-二乙基-O-（2,4-二氯苯基）硫代磷酸酯"。CAS 号 97-17-6。分子式 $C_{10}H_{13}Cl_2O_3PS$，分子量 315.14。无色黏稠液体，高毒！沸点 100～101℃（0.02 Torr）、150～154℃（0.3 Torr），密度 1.320 6 g/mL，折射率 1.528 5。不溶于水，溶于多种有机溶剂和煤油中。制备：由 2,4-二氯苯酚和二乙基硫代磷酰氯以氢氧化钠水溶液为缚酸剂进行反应制得。用途：作农用杀线虫剂，用于防治玉米、胡瓜、胡椒、草莓、南瓜、番茄等作物的线虫。

倍硫磷（fenthion） 亦称"百治屠""倍太克斯""番硫磷""芬杀松"，系统名"O,O-二甲基-O-（3-甲基-4-甲硫基苯基）硫代磷酸酯"。CAS 号 55-38-9。分子式 $C_{10}H_{15}O_3PS_2$，分子量 278.32。纯品为无色无臭油状液体，工业品为略带特殊气味的棕黄色油状液体，中等毒性！熔点 -25℃，沸点 87℃（0.01 Torr），密度 1.25²⁵ g/mL。难溶于水，易溶于醇、苯等大多数有机溶剂及脂肪油中。对光和碱稳定。制备：由对

甲硫基间甲酚与 O,O-二甲基硫代磷酰氯以氢氧化钠水溶液为缚酸剂进行反应制得。用途：作广谱、速效、残效期长的有机磷杀虫剂，用于防治大豆食心虫，棉花、果树、蔬菜和水稻害虫，也可防治蚊、蝇、臭虫、虱子、蟑螂等卫生害虫。

异氯磷（dicapthon）　亦称"异氯硫磷"，系统名"O-(2-氯-4-硝基苯基)-O,O-二甲基硫代磷酸酯"。CAS 号 2463-84-5。分子式 $C_8H_9ClNO_5PS$，分子量 297.65。白色晶体，低毒！熔点 48～48℃，密度 $1.499\ g/cm^3$。不溶于水，溶于丙酮、环己烷、甲苯、二甲苯、乙酸乙酯等多数有机溶剂。常温常压下稳定，避免与氧化物接触。制备：由 O,O-二甲基硫化磷酰氯和 2-氯-4-硝基酚以碳酸钠为缚酸剂反应而得。用途：作非内吸性农用杀虫杀螨剂，主要用于防治家蝇。

皮蝇磷（fenchlorphos）　亦称"芬氯磷""皮蝇硫磷"，系统名"O,O-二甲基-O-(2,4,5-三氯苯基)硫代磷酸酯"。CAS 号 299-84-3。分子式 $C_8H_8Cl_3O_3PS$，分子量 321.53。白色结晶粉末，低毒！熔点 40.5～41.5℃，沸点 97℃（0.01 Torr），密度 $1.457\ 5^{25}\ g/cm^3$，折射率 $1.559\ 2^{50}$。难溶于水，易溶于大多数有机溶剂。制备：由 2,4,5-三氯苯酚与 O,O-二甲基硫代磷酰氯以氢氧化钠水溶液为缚酸剂进行反应制得。用途：作内吸杀虫剂，兼具熏蒸作用，用于防治体虱、旋皮蛇、角蛇、麦秆蝇蛆、等体外寄生虫和体内寄生的皮下蝇幼虫，有效防治粮食害虫以及用于食品加工厂灭蝇。

溴硫磷（bromophos methyl；bromophos；nexion）　亦称"溴磷松""甲基溴硫磷"，系统名"O-4-溴-2,5-二氯苯基 O,O-二甲基硫代磷酸酯"。CAS 号 2104-96-3。分子式 $C_8H_8BrCl_2O_3PS$，分子量 365.99。带微弱特殊气味的浅黄色晶体，中等毒性！熔点 49～51℃，沸点 140～142℃（0.01 Torr）。不溶于水，溶于甲苯、乙醚与四氯化碳等多数有机溶剂。制备：由 2,5-二氯-4-溴苯酚和二甲基硫代磷酰氯在碱性条件下反应制得。用途：非内吸性的广谱触杀、胃毒性杀虫剂，用于防治蝇蚊。

乙基溴硫磷（bromophos-ethyl）　亦称"乙溴硫磷""二乙基硫代磷酸酯"，系统名"O-(4-溴-2,5-二氯苯基)-O,O-二乙基硫代磷酸酯"。CAS 号 4824-78-6。分子式 $C_{10}H_{12}BrCl_2O_3PS$，分子量 394.04。无色至淡黄色液体，几乎无味，中等毒性！沸点 122～123℃（0.001 Torr），密度 1.52～1.55 g/mL，折射率 1.558 1。难溶于水，可溶

于多种有机溶剂。制备：由 2,5-二氯-4-溴苯酚和 O,O-二乙基硫代磷酰氯反应制得。用途：作农用杀虫剂。

碘硫磷（iodfenphos）　系统名"O-(2,5-二氯-4-碘苯基)O,O-二甲基硫代磷酸酯"。CAS 号 18181-70-9。分子式 $C_8H_8Cl_2IO_3PS$，分子量 412.99。无色晶体，低毒！熔点 72～73℃。不溶于水，易溶于丙酮、苯、乙烷等有机溶剂。在强酸和强碱中则不稳定。制备：由 2,5-二氯-4-碘代苯酚和 O,O-二甲基硫代磷酰氯反应在氢氧化钠存在下反应制得。用途：作杀螨剂，用于防治卫生害虫、贮粮害虫，对蚊、蝇、跳蚤、臭虫、蟑螂、蛾类、螨类均有效。

杀螟腈（cyanophos；ciafos；cyanox）　亦称"杀螟"，系统名"O-(4-氰苯基)O,O-二甲基硫代磷酸酯"。CAS 号 2636-26-2。分子式 $C_9H_{10}NO_3PS$，分子量 243.22。淡黄色透明液体，高毒！熔点 14～15℃，沸点 110℃（0.1 Torr），密度 $1.258^{25}\ g/mL$，折射率 $1.540\ 5^{32.5}$。几乎不溶于水和直链烃，溶于醇、醚、酯和芳烃。对强碱不稳定。制备：由 4-氰基苯酚与 O,O-二甲基硫代磷酰氯在无水碳酸钾条件下反应而得。用途：作杀虫剂，用于防治果树、蔬菜以及观赏植物上的鳞翅目害虫，也可用于防治蟑螂、苍蝇和蚊子等卫生害虫。

丰索磷（fensulfothion；dasanit）　亦称"丰索硫磷""线虫磷"，系统名"O,O-二乙基 O-(4-(甲基亚磺酰基)苯基)硫代磷酸酯"。CAS 号 115-90-2。分子式 $C_{11}H_{17}O_4PS_2$，分子量 308.35。淡黄色或棕色油状液体，剧毒！沸点 140～141℃（0.01 Torr），密度 1.202 g/mL，折射率 1.575。微溶于水，溶于多数有机溶剂。制备：由对甲硫基苯酚与 O,O-二乙基硫代磷酰氯在缚酸剂存在下反应，再用双氧水氧化硫醚为亚砜而得。用途：作杀虫剂和杀线虫剂。

伐灭磷（famphur；dovip；famophos）　亦称"氨磺磷"，系统名"O-(4-(N,N-二甲基氨磺酰)苯基)O,O-二甲基硫代磷酸酯"。CAS 号 52-85-7。分子式 $C_{10}H_{16}NO_5PS_2$，分子量 325.33。从甲苯或己烷中得无色

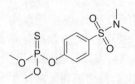

结晶，剧毒！熔点 52.5～53.5℃。不溶于水，溶于氯仿、二氯甲烷、四氯化碳、丙酮、二甲苯等溶剂中。制备：由二甲氧基硫代磷酰氯与对二甲氨基磺酰基苯酚反应制得。用途：作杀虫剂，用于防治家畜体内外体虱、狂蝇幼虫、皮下蝇幼虫等寄生虫。

三唑磷(triazophos) 亦称"特力克",系统名"O,O-二乙基 O-(1-苯基-1H-1,2,4-三氮唑-3-基)硫代磷酸酯"。CAS号 24017-47-8。分子式 $C_{12}H_{16}N_3O_3PS$,分子量 313.31。

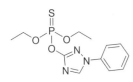

黄褐色液体,中等毒性! 熔点 2~5℃,密度 1.433^{25} g/mL。不溶于水,易溶于丙酮,可溶于大多数有机溶剂。对光稳定,在酸、碱介质中水解。制备:由苯肼盐酸盐、尿素、原甲酸三乙酯等制得中间体 1-苯基-3-羟基-1H-1,2,4-三唑(苯唑醇),再与 O,O-二乙氧基硫代磷酰氯在碳酸钾存在下反应而得。用途:作广谱杀虫、杀螨、杀线虫剂,用于防治果树、棉花、粮食类作物上的鳞翅目害虫、害螨、植物线虫、森林松毛虫、蝇类幼虫及地下害虫等。

毒死蜱(chlorpyrifos; dursban; dursban(r); eradex; chlorpyrifos-ethyl) 亦称"氯蜱硫磷""氯吡硫磷""乐斯本",系统名"O,O-二乙基-O-(3,5,6-三氯-2-吡啶基)硫代磷酸酯""硫代磷酸-O,O-二乙基-O-(3,5,6-三氯-2-吡啶基)酯"。

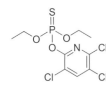

CAS号 2921-88-2。分子式 $C_9H_{11}Cl_3NO_3PS$,分子量 350.57。白色晶体,中等毒性! 熔点 41.5~43.5℃,密度 $1.398^{43.5}$ g/cm³。不溶于水,溶于丙酮、苯、氯仿等多数有机溶剂。制备:以碳酸钾为缚酸剂,由 O,O-二乙基硫代磷酰氯与 3,5,6-三氯-2-吡啶醇反应制得。用途:作非内吸性的高效广谱、低残留有机磷杀虫剂,用于防治玉米、棉花、大豆、花生、甜菜、果树、蔬菜等多种土壤和叶面害虫,也用于防治蚊蝇、蟑螂、白蚁等家庭害虫、粮仓害虫和家畜体外寄生虫。

甲基毒死蜱(chlorpyrifos-methyl) 亦称"甲基氯吡硫磷",系统名"O,O-二甲基-O-3,5,6-三氯-2-吡啶基硫代磷酸酯"。CAS号 5598-13-0。分子式 $C_7H_7Cl_3NO_3PS$,分子量 322.52。具有轻微硫醇味的白色结晶,中等毒性! 熔点 45.5~46.5℃,密度 1.582^{25} g/cm³,折射率 $1.574\ 5^{25}$。不溶于水,易溶于丙酮、氯仿、甲醇等大多数有机溶剂。在酸性和碱性介质中易水解,碱性条件下水解速度较快。制备:由 2-羟基-3,5,6-三氯吡啶与 O,O-二甲基硫代磷酰氯反应制得。用途:作广谱杀虫剂,用于防治贮藏谷物中的害虫和各种叶类作物上的害虫,也可用来防治蚊成虫、蝇类、水生幼虫和卫生害虫。在土壤中无持效性。

恶唑磷(isoxathion; karphos) 亦称"异恶唑磷",系统名"O,O-二乙基 O-5-苯基异恶唑-3-基硫代磷酸酯"。CAS号 18854-01-8。分子式 $C_{13}H_{16}NO_4PS$,分子量 313.31。淡黄色液体,高毒! 沸点 160℃(0.1 Torr),密度 1.258^{25} g/mL。难溶于水,易溶于有机溶剂。对高温和碱不稳定。制备:可用二乙氧基硫代磷酰氯与 3-羟基-5-苯基异恶唑反应制得。用途:作杀虫剂,用于柑橘、烟草、蔬菜等作物防治卷叶蛾、潜叶蛾、锈壁虱、烟青虫、果树食心虫等害虫,也可用于防治水稻二化螟、负泥虫、直纹稻苞虫、稻纵卷叶螟。

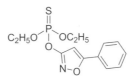

嘧啶磷(pirimiphos-ethyl) 亦称"嘧定磷""乙基安定磷""乙基嘧啶磷",系统名"O-[2-(二乙基氨基)-6-甲基-4-嘧啶基]-O,O-二乙基硫代磷酸酯"。CAS号 23505-41-1。分子式 $C_{13}H_{24}N_3O_3PS$,分子量 333.39。淡黄色液体,高毒! >130℃分解,密度 1.14 g/mL,折射率 1.520^{25}。不溶于水,溶于大多数有机溶剂。在强酸或强碱下易水解,对铁容器有腐蚀性。制备:由二乙胍硫酸盐与乙酰乙酸乙酯缩合得 2-二乙基氨基-6-甲基-4-羟基嘧啶(嘧啶醇),再与 O,O-二乙氧基硫代磷酰氯反应而得。用途:作杀虫剂,用于小麦、水稻、棉花、蔬菜、果树、花卉等作物害虫的防治,还可防治地下害虫及仓贮害虫;作种子处理剂,防治稻飞虱、稻叶蝉。

甲基嘧啶磷(pirimiphos-methyl) 亦称"安得利""安定磷""甲基虫螨磷",系统名"O-[2-(二乙基氨基)-6-甲基-4-嘧啶基]-O,O-二甲基硫代磷酸酯"。CAS号 29232-93-7。分子式 $C_{11}H_{20}N_3O_3PS$,分子量 305.33。棕黄色液体,低毒! 熔点 15℃,沸点 128~132℃(0.04 Torr),密度 1.229 g/mL,折射率 $1.529\ 1^{24}$。不溶于水,易溶于大多数有机溶剂。可被强酸和碱水解,对光不稳定。制备:由二乙胍硫酸盐与乙酰乙酸乙酯缩合得 2-二乙基氨基-6-甲基-4-羟基嘧啶(嘧啶醇),再与 O,O-二甲氧基硫代磷酰氯反应而得。用途:作速效广谱的杀虫杀螨剂,对于储粮甲虫、象鼻虫、米象、锯谷盗、拟锯谷盗、谷蠹、粉斑螟、蛾类和螨类均有良好药效,也用于防治仓库害虫、家庭及公共卫生蚊、蝇害虫。

虫线磷(thionazin) 亦称"硫磷嗪""治线磷",系统名"O,O-二乙基 O-(2-吡嗪基)硫代磷酸酯"。CAS号 297-97-2。分子式 $C_8H_{13}N_2O_3PS$,分子量 248.24。黄色液体,剧毒! 熔点-1.7℃,密度 1.207^{25} g/mL,折射率 $1.513\ 1^{25}$。微溶于水,与有机溶剂混溶。制备:由 O,O-二乙基硫代磷酰氯与吡嗪-2-醇在 N-甲基吡咯烷酮作用下反应而得。用途:作杀虫剂,用于防治土壤害虫和线虫。

二嗪磷（diazinon）　亦称"二嗪农""地亚农"，系统名 "O,O-二乙基 O-(6-甲基-2-异丙基嘧啶-4-基)硫代磷酸酯"。CAS 号 333-41-5。分子式 $C_{12}H_{21}N_2O_3PS$，分子量 304.34。黄色液体，中等毒性！沸点 83～84℃(0.02 Torr)，密度 1.116～1.118 g/mL，折射率 1.497 8。

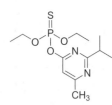

不溶于水，溶于甘油，可与乙醇、丙酮、二甲苯等混溶。在碱性介质中缓慢水解，酸性介质中加速水解，在中性介质中稳定。2A 类致癌物。制备：以氢氧化钠为缚酸剂，由 6-甲基-2-异丙基嘧啶-4-醇（嘧啶醇）与二乙基硫代磷酰氯反应制得。用途：作杀虫剂，用于防治菜青虫、棉蚜、三化螟和地下害虫。

嘧啶氧磷（pirimioxyphos；MDYL；midinyanglin）　系统名"O,O-二乙基 O-(2-甲氧基-6-甲基-嘧啶-4-基)硫代磷酸酯"。CAS 号 36378-61-7。分子式 $C_{10}H_{17}N_2O_4PS$，分子量 292.29。无色油状液体，工业品略带淡黄色，中等毒性！密度 $1.197\ 7^{25}$ g/mL，折射率 1.509 6。不溶于水，溶于丙酮、乙醇、乙腈、二氯乙烷、乙酸乙酯、苯、甲苯等多种有机溶剂。受热、遇碱或酸会分解。制备：由硫酸二甲酯、尿素、乙酰乙酸乙酯等先制得 2-甲氧基-6-甲基-4-嘧啶醇，再与 O,O-二乙基硫代磷酰氯反应而得。用途：作高效内吸杀虫剂，用于水稻、棉花、柑橘、甘蔗、茶等作物防治水稻二化螟、三化螟、稻纵卷叶螟、稻瘿蚊、飞虱、叶蝉、棉蚜、红蜘蛛、地下害虫、桃小食心虫、蝼蛄、蛴螬和地老虎等山药害虫及其他果树害虫。

蔬果磷（dioxabenzofos；salithion）　亦称"水杨硫磷"，系统名"2-甲氧基-$4H$-1,3,2-苯并二氧磷杂芑-2-硫化物"。CAS 号 3811-49-2。分子式 $C_8H_9O_3PS$，分子量 216.19。白色针状晶体或浅黄色晶体，高毒！熔点 55～56℃。难溶于水，易溶于丙酮、苯、乙醇和乙醚等有机溶剂，可溶于环己烷、环己酮、甲苯、二甲苯、异丁基甲酮等。在弱酸性介质中稳定，遇碱易分解，耐热性差。制备：由水杨醛与甲基硫代磷酰二氯在碱液中反应制得 O-甲基-O-甲酰基苯基硫代磷酰氯，再与硼氢化合物在碱液中反应而得，或由水杨醇与甲基硫代磷酰二氯在碱性条件下直接成环而得。用途：作杀虫剂，用于防治水果、水稻、蔬菜和经济作物的许多害虫。

蝇毒磷（coumaphos）　亦称"库马福司""蝇毒硫磷""蝇毒""库马磷""香豆磷"，系统名"O-(3-氯-4-甲基-2-氧代-$2H$-1-苯并吡喃-7-基)O,O-二乙基-硫代磷酸酯"。CAS 号 56-72-4。分子式 $C_{14}H_{16}ClO_5PS$，分子量 362.76。无色或棕色晶体，高毒！熔点 97.8～98.2℃，密度 1.474^{25} g/cm³。微溶于水。制备：由间苯二酚和 α-氯化乙酰乙酸

乙酯在浓硫酸中反应制得 3-氯-4-甲基-7-羟基香豆素，再在无水碳酸钾作用下，以丁酮为溶剂与 O,O-二乙基硫代磷酰氯反应而得。用途：作非内吸性杀虫剂，用于防治体外寄生虫、皮蝇等。

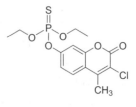

喹噁硫磷（quinalphos；chinalphos）　亦称"喹硫磷""喹噁磷"，系统名"O,O-二乙基-O-(喹喔啉-2-基)硫代磷酸酯"。CAS 号 13593-03-8。分子式 $C_{12}H_{15}N_2O_3PS$，分子量 298.30。白色无味晶体，中等毒性！熔点 30～31℃，密度 1.235 g/cm³，折射率 $1.562\ 4^{25}$。不溶于水，易溶于丙酮、乙腈、乙酸乙酯、醇、乙醚、苯、甲苯、二甲苯等有机溶剂，微溶于石油醚。酸性条件下易水解。制备：以邻苯二胺、氯乙酸、双氧水为原料，制取中间体 2-羟基喹喔啉，然后与 O,O-二乙基硫代磷酰氯在乙腈中及碳酸钾存在下反应而得。用途：作触杀、胃毒及渗透性杀虫剂和杀螨剂，用于防治鳞翅目、红铃虫、棉铃虫、红蜘蛛及蔬菜上的菜青虫等，也适用于水稻、棉花、果树、蔬菜上多种害虫的防治。

喹硫磷（quintiophos）　亦称"喹磷""拜裕松"，系统名"O-乙基-O-(喹啉-8-基)苯基硫代磷酸酯"。CAS 号 1776-83-6。分子式 $C_{17}H_{16}NO_2PS$，分子量 329.35。无色晶体，中等毒性！密度 1.3 ± 0.1 g/cm³，折射率 1.562 4。制备：在氢氧化钠作用下由 8-羟基喹啉与苯基硫代磷酰二氯等反应而得。

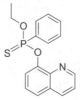

用途：作杀虫、杀螨剂，用于水稻、棉花、果树、蔬菜上多种害虫的防治，对拟除虫菊脂类农药的抗性害虫效果尤佳，兼治红蜘蛛等螨类害虫。

内吸磷（demeton）　亦称"一○五九""内吸磷""杀虱多"。为 demeton-O 及 demeton-S 两个异构体混合物。CAS 号 8065-48-3。分子式 $C_8H_{19}O_3PS_2$，分子量 258.33。带有硫醇臭味的淡黄色油状液体，高毒！沸点 140～142℃(4 Torr)、81℃(0.1 Torr)，密度 1.117^{25} g/mL，折射率 1.488 5。微溶于水，溶于包括万脑油和万油醚在内的多种有机溶剂。强碱使其水解。制备：由 2-乙硫基乙醇和对硫磷（硝苯硫磷酯）反应制得。用途：作杀虫剂，用于防治蚜虫、红蜘蛛、线虫等。

demeton-O　　　　　demeton-S

畜虫磷（coumithoate）　系统名"O,O-二乙基-O-(7,8,9,10-四氢-6-氧代-$6H$-二苯并[b,d]吡喃-3-基)硫代磷

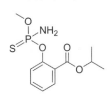

酸酯"。CAS 号 572-48-5。分子式 $C_{17}H_{21}O_5PS$,分子量 368.38。固体,中低毒性！熔点 88～89℃,密度 1.31^{25} g/cm³。不溶于水,易溶于多数有机溶剂。制备:由 3-羟基-7,8,9,10-四氢苯并[c]苯并吡喃-6-酮和 O,O-二乙基硫代磷酰氯在碳酸钾存在下反应而得。用途:作杀虫剂和杀螨剂。

乙嘧硫磷(etrimfos; satisfar) 亦称"乙氧嘧啶磷",系统名"O,O-二甲基 O-(6-乙氧基-2-乙基-4-嘧啶基)硫代磷酸酯"。CAS 号 38260-54-7。分子式 $C_{10}H_{17}N_2O_4PS$,分子量 292.29。无色油状液体,低毒！熔点- 3.4℃,密度 1.195^{20} g/mL,折射率 1.506 8。微溶于水,与丙酮、氯仿、甲醇、乙醇、己醇、二甲基亚砜、二甲苯混溶。纯品不稳定,在非极性稀溶液中稳定。制备:由 2-乙基-6-乙氧基-4-羟基嘧啶和 O,O-二甲基硫代磷酰氯在碱性条件下反应而得。用途:作高效广谱非内吸性触杀和胃毒杀虫剂,主要用于防治果树、蔬菜、稻田、马铃薯、玉米、橄榄和苜蓿上的鞘翅目、鳞翅目、半翅目、啮虫目害虫。

水胺硫磷(isocarbophos) 亦称"羧胺磷""沙洛宁""灭蛾净""羟胺磷""羧胺硫磷""梨星一号",系统名"2-((氨基(甲氧基)硫代磷酰)氧基)苯甲酸异丙酯"。CAS 号 245-61-5。分子式 $C_{11}H_{16}NO_4PS$,分子量 289.29。纯品为无色鳞片状结晶,工业品为浅黄色至茶褐色黏稠油状液体,高毒！熔点 45～46℃,密度 1.275^{25} g/cm³。不溶于水,溶于乙醚、丙酮、乙酸乙酯、乙醇、苯等有机溶剂,难溶于石油醚。常温下贮存稳定。制备:先在甲苯中和碱性条件下,通过 O-甲基硫代磷酰二氯与水杨酸异丙酯反应,制得 O-甲基-O-(2-异丙氧基羰基苯基)硫代磷酰氯,然后与氨水反应而得。用途:作杀虫杀螨剂,用于防治棉花红蜘蛛、棉蚜、棉伏蚜、棉铃虫(幼虫和卵)、红铃虫卵、斜纹夜蛾、水稻三化螟,对介壳虫也有良好效果。

辛硫磷(phoxim) 亦称"肟硫磷""倍腈松""倍氰松""腈肟磷""拜辛松",系统名"O-α-氰基苄叉基氨基 O,O-二乙基硫代磷酸酯"。CAS 号 14816-18-3。分子式 $C_{12}H_{15}N_2O_3PS$,分子量 298.30。浅黄色油状液体,中低毒性！熔点 5～6.1℃,在蒸馏时分解,密度 1.176^{25} g/mL,折射率 1.541^{25}。不溶于水,溶于丙酮、二氯甲烷、异丙醇、甲苯、正己烷等,微溶于脂肪烃类溶剂。制备:由苯乙醛腈肟钠与 O,O-二乙基硫代磷酰

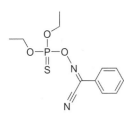

氯反应而得。用途:作广谱杀虫剂,用于防治鳞翅目幼虫、地下害虫,也适于防治仓库和卫生害虫。

氯辛硫磷(chlorphoxim) 系统名"O,O-二乙基(E)-(((((2-氯苯基)(氰基)亚甲基)氨基)氧基)硫代磷酸酯"。CAS 号 14816-20-7。分子式 $C_{12}H_{14}N_2O_3PSCl$,分子量 332.74。白色结晶,低毒！熔点 65～66℃,密度 1.3^{25} g/cm³,折射率 1.563。不溶于水,溶于环己酮、甲苯。制备:由邻氯苯乙腈在醇钠催化下,与亚硝酸正丁酯反应制备邻氯苯乙腈肟钠,再与 O,O-二乙基硫代磷酰氯反应而得。用途:作杀虫剂,用于防治仓贮、土壤以及蚊、蝇等卫生害虫,也用于防治对辛硫磷产生抗性的害虫。

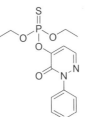

哒嗪硫磷(pyridaphenthione) 亦称"达净松""苯哒磷""哒净硫磷""打杀磷",系统名"O,O-二乙基 O-(2,3-二氢-3-氧代-2-苯基-4-哒嗪基)硫代磷酸酯"。CAS 号 119-12-0。分子式 $C_{14}H_{17}N_2O_4PS$,分子量 340.33。纯品为白色结晶,工业品为淡黄色固体,低毒！熔点 56～57℃。难溶于水,溶于甲醇、异丙醇、氯仿、乙醚、丙酮等。对酸、热较稳定,对强碱不稳定。对光较稳定。制备:顺丁烯二酸酐与苯肼环合制得哒嗪酮,再在碱性条件下与 O,O-二乙基硫代磷酰氯反应而得。用途:作杀虫杀螨剂,适合于多种咀嚼式口器和刺吸式口器害虫,用于水稻,可防治螟虫、纵卷叶螟、稻苞虫、飞虱、叶蝉、蓟马、稻瘿蚊等,对鱼类低毒;对棉叶螨特效,对成螨、若螨、螨卵都有显著抑制作用;还可用于小麦、杂粮、油料、蔬菜、果树等作物及林木,防治棉蚜、棉铃虫、红铃虫。

毒壤磷(trichloronat) 亦称"壤虫磷",系统名"O,O-二乙基 O-(2,4,5-三氯苯基)硫代磷酸酯"。CAS 号 327-98-0。分子式 $C_{10}H_{12}Cl_3O_2PS$,分子量 333.6。琥珀色液体,低毒！熔点 6.0℃,沸点 108℃(0.01 Torr)。不溶于水,易溶

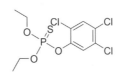

于丙酮、乙醇、芳烃和氯代烃溶剂。遇碱分解。制备:由2,4,5-三氯苯酚钠和 O,O-二乙基硫代次磷酰氯反应而得。用途:作杀虫剂,有触杀作用。在欧盟被禁用。

苯硫磷(EPN) 亦称"伊皮恩""苯硫磷""苯硫磷酯",系统名"O-乙基 O-(4-硝基苯基)苯基硫代磷酸酯"。CAS 号 2104-64-5。分子式 $C_{14}H_{14}NO_4PS$,分子量 323.30。纯品为淡黄色结晶粉末,工业品为深琥珀色液体,高毒！熔点 36～37℃,沸点 175～180℃(2.5 Torr),密度 1.275^{20} g/cm³,折射率 1.597 8。不溶于水,溶于苯、甲苯、二甲苯、丙酮、异丙醇、甲醇等大多数有机溶剂。在中性和酸性介

质中稳定,遇碱水解。制备:由苯基硫代膦酰氯与乙醇和吡啶在室温中反应,然后再与4-硝基酚钠在氯苯中回流制得。或由对硝基苯酚与O-乙基苯基硫代膦酰氯反应制得。用途:作杀虫、杀螨剂,用于防治棉蚜虫、棉红蜘蛛、菜青虫、稻螟虫、稻苞虫、水稻二化螟、三化螟、稻螟蛉、叶蝉、飞虱等。

溴苯磷(leptophos)　亦称"溴苯磷""对溴磷",系统名"O-(2,5-二氯-4-溴苯基)O-甲基苯基硫代磷酸酯"。CAS号21609-90-5。分子式$C_{13}H_{10}BrCl_2O_2PS$,分子量412.07。白色固体,剧毒!熔点71~72℃,密度1.66^{25} g/cm³,折射率$1.638\ 5^{22}$。微溶于水,易溶于丙酮、己烷、苯。制备:由O-甲基苯基硫代磷酰氯与4-溴-2,5-二氯苯酚钠盐反应制取。用途:特异的迟发性神经毒的有机磷农药,作杀虫剂。

苯腈膦(cyanofenphos)　亦称"苯腈硫磷""苯腈磷",系统名"O-(4-氰基苯基)O-乙基苯基硫代膦酸酯"。CAS号13067-93-1。分子式$C_{15}H_{14}NO_2PS$,分子量303.33。白色结晶固体,剧毒!熔点83℃,密度1.26^{25} g/cm³,折射率$1.583\ 9^{25}$。不溶于水,易溶于酮类和芳香族溶剂。制备:由4-腈基苯酚与O-乙基苯基硫代膦酰氯反应而得。用途:作杀虫剂,在热带地区主要用于防治稻螟虫、稻瘿蚊和棉铃虫,在温带用于防治鳞翅目幼虫和蔬菜上的害虫。

吡唑硫磷(pyraclofos)

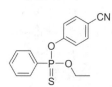

亦称"氯吡唑磷",系统名"$(R,S)O$-1-((4-氯苯基)吡唑-4-基)-O-乙基-S-丙基硫代磷酸酯"。CAS号77458-01-6。分子式$C_{14}H_{18}ClN_2O_3PS$,分子量360.79。淡黄色油状液体,中等毒性!密度1.271^{28} g/mL。不溶于水,微溶于正己烷,与其他大多数有机溶剂互溶。制备:以双乙烯酮、对氯苯胺为原料制得1-(4-氯苯基)-4-羟基吡唑,再在三乙胺和乙腈中,与O-乙基-S-丙基磷酰氯反应而得。用途:作杀虫剂,防治蔬菜鳞翅目害虫(实夜蛾属和灰翅夜蛾属),也用于多种田间防治,如防治棉花的埃及棉夜蛾、棉铃虫、棉斑实蛾、红铃虫、飞虱、蓟马,马铃薯的马铃薯甲虫,块茎蛾,甘薯的甘薯烦夜蛾、麦蛾,茶的茶叶细蛾、黄蓟马等。

甲基吡噁磷(azamethiphos)　亦称"阿米磷""加强蝇必净""甲基吡啶磷""氯吡噁唑磷""蟑螂宁",系统名"S-((6-氯-2,3-二氢-2-氧代-1,3-噁唑并[4,5-b]吡啶-3-基)甲基)O,O-二甲基硫代磷酸酯"。CAS号35575-96-3。分子式$C_9H_{10}ClN_2O_5PS$,分子量324.67。无色晶体,中等毒性!熔点88~90℃,密度1.6^{28} g/cm³。不溶于水,略溶于甲醇、正辛醇、苯,易溶于二氯甲烷。制备:以2-氨基-5-氯-3-吡啶醇为原料经6-氯噁唑并[4,5-b]吡啶-2(3H)-酮中间体合成而得。用途:作杀虫、杀螨剂,主要用于棉花、果树和蔬菜地以及卫生方面,防治苹果蠹蛾、蚜虫、梨小食心虫、马铃薯甲虫及飞虱、叶蝉、家蝇、蚊子、螨、木虱、叶蝉、蚂蚁、蟑螂等害虫。

甲基内吸磷(demeton-S-methyl)　亦称"灭赐松""硫赶磷酸""甲基一〇五九",系统名"O,O-二甲基S-(2-(乙硫基)乙基)硫代磷酸酯"。CAS号867-27-6。分子式$C_6H_{15}O_3PS_2$,分子量230.28。浅黄色有蒜味的油状物质,中等毒性!沸点70℃(0.1 Torr)、106℃(1 Torr),密度1.184 8 g/mL,折射率$1.494\ 9^{22}$。微溶于水,易溶于苯、乙醇等溶剂中。制备:由二甲氧基硫代磷酰氯与2-羟基乙硫醚反应制得。用途:作杀虫、杀螨剂,用于多种作物上防治蚜虫、蓟马、潜叶蝇、螨类。

甲基乙酯磷(methylacetophos)　亦称"稻丰散",系统名"2-((二甲氧基磷酰基)硫代)乙酸乙酯"。CAS号2088-72-4。分子式$C_6H_{13}O_5PS$,分子量228.20。浅黄色油状物。熔点17~18℃,沸点76~80℃(0.01 Torr)、97~103℃(0.07 Torr),密度1.26 g/mL,折射率1.467 9。不溶于水,溶于正己烷、乙二醇二乙酯。在酸性以及中性介质中稳定。刺激眼睛、呼吸系统和皮肤。制备:由亚磷酸二甲酯或亚磷酸三甲酯和溴(氯)乙酸乙酯以及O,O,O-三甲基巯基磷酸酯为原料合成制得。用途:作杀虫、杀卵、杀螨剂,用于防治稻、棉、蔬菜、果树、油料等作物上的多种害虫。

乙酯磷(acetophos; acetoxon)　系统名"O,O-二乙基S-乙氧羰基甲基硫代磷酸酯"。CAS号2425-25-4。分子式$C_8H_{17}O_5PS$,分子量256.25。液体,中等毒性!不溶于水,溶于大多数有机溶剂。沸点78~81℃(0.01 Torr)、138℃(3 Torr)、82℃(0.02 Torr),闪点135.1℃,密度1.182 6 g/mL,折射率1.462 1。制备:由亚磷酸二乙酯和巯基乙酸乙酯合成而得,也可由O,O-二乙基硫代磷酰氯和氯乙酸乙酯反应制得。用途:作触杀性杀虫剂和杀螨剂。

氧乐果(omethoate)　亦称"氧化乐果""蚧毕丰乳油""华果""克蚧灵""欧灭松",系统名"O,O-二甲基-S-(甲基氨基甲酰基甲基)硫代磷酸酯"。CAS号1113-02-6。分子式$C_5H_{12}NO_4PS$,分子量213.19。无色至黄色油状物,

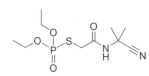

有葱味,高毒! 沸点 $150\sim152℃$ ($0.1\sim0.2$ Torr),密度 1.3943 g/mL,折射率 1.4987。微溶于乙醚,几乎不溶于石油醚,与水、乙醇和烃类等多种溶剂混溶。在中性及偏酸性介质中较稳定,遇碱易分解。制备:将亚磷酸二甲酯与硫黄悬浮剂进行通氨反应得二甲基硫代磷酸铵盐,继而与氯乙酸甲酯反应得中间体 O,O-二甲基-S-(甲氧羰基甲基)硫代磷酸酯,在与过量的一甲胺在氯仿中反应而得。用途:作高效广谱杀虫、杀螨剂,对抗性蚜虫有很强的毒效,对飞虱、叶蝉、介壳虫及其他刺吸式口器害虫具有较好防效;在低温下仍能保持杀虫活性,特别适于防治越冬的螨类、蚜虫、木虱和蚧类等害虫。

果虫磷(cyanthoate) 亦称"果虫磷""腈果",系统名"S-N-(1-氰基-1-甲基乙基)氨基甲酰基甲基 O,O-硫代磷酸二乙酯"。CAS 号 3734-95-0。分子式 $C_{10}H_{19}N_2O_4PS$,分子量 294.31。淡黄色液体,略带令人不愉快气味,剧毒! 工业品为带苦杏仁味的橙色液体,纯度约 90%。密度 1.200 g/mL,折射率 1.4845。$20℃$ 时约溶于水 7%,可溶于大多数有机溶剂。制备:由 O,O-二乙基硫代磷酰氯和 N-(2-氰基丙-2-基)-2-疏基乙酰胺反应制得。用途:作杀螨剂和杀虫剂,具有触杀、胃毒和内吸作用。

砜吸磷(oxydemeton-methyl) 亦称"亚砜磷""亚砜吸磷""异砜吸硫磷""甲基内吸磷亚砜""甲基一〇五九亚砜",系统名"S-[2-(乙基亚磺酰基)乙基] O,O-二甲基硫代磷酸酯"。CAS 号 301-12-2。分子式 $C_6H_{15}O_4PS_2$,分子量 246.28。无色液体,高毒! 熔点 $<-20℃$,沸点 $105\sim106℃$(0.01 Torr),密度 1.289^{20} g/mL,折射率 1.5151。溶于水及除石油醚外的普通有机溶剂。在酸性介质中水解相对缓慢,但在碱性介质中水解迅速。制备:由 O,O-二甲基亚磷酸酯、2-氯乙基硫醚与硫黄制备甲基内吸磷,然后将甲基内吸磷经双氧水氧化而得。用途:作内吸性触杀杀虫剂,适用于防治刺吸式害虫和螨类,用于控制蚜虫、叶蜂、吸盘和其他水果、藤蔓、蔬菜、谷物和装饰品上的吮吸昆虫。

蚜灭磷(vamidothion) 亦称"蚜灭多""完灭硫磷""除虫雷""芽灭多",系统名"O,O-二甲基-S-[(1-甲基氨甲酰乙基硫]硫代磷酸乙酯"。CAS 号 2275-23-2。分子式 $C_8H_{18}NO_4PS_2$,分子量 287.33。纯品为无色针状晶体,原药为白色蜡状固体,高毒! 纯品熔点 $46\sim48℃$,原药熔点 $40℃$。易溶于水及大多数有机溶

剂,不溶于石油醚和环己烷。制备:由 N-甲基-2-氯丙酰胺、2-疏基乙醇在碱性条件下制备 2-[(2-羟乙基)硫]-N-甲基丙胺,其与亚硫酰氯反应转化为 2-[(2-氯乙基)硫代]-N-甲基丙酰胺,再与 O,O-二甲基亚磷酸酯、硫黄等反应合成而得。用途:作广谱内吸、触杀杀虫、杀螨剂,用于控制棉花、啤酒花、柚子、核果、水稻作物上的刺吸式同翅目昆虫,防治各种蚜、螨、稻飞虱、叶蝉等,对苹果绵蚜有特效。

内毒磷(endothion) 亦称"因毒磷",系统名"S-[(5-甲氧基-4-氧代-$4H$-吡喃-2-基)甲基] O,O-二甲基硫代磷酸酯"。CAS 号 2778-04-3。分子式 $C_9H_{13}O_6PS$,分子量 280.23。有轻微气味的白色晶体,高毒! 熔点 $74\sim76℃$,密度 1.35^{20} g/cm³。较易溶于水,溶于氯仿和乙醇。制备:由亚磷酸二甲酯、2-氯甲基-5-甲氧基-吡喃-4-酮等合成而得。用途:作杀虫剂。

灭线磷(ethoprophos) 亦称"灭克磷""乙灭磷""扑虫磷""线土磷""茎线灵""益收宝""益丰收",系统名"O-乙基-S,S-二丙基二硫代磷酸酯"。CAS 号 13194-48-4。分子式 $C_8H_{19}O_2PS_2$,分子量 242.33。淡黄色透明液体,剧毒! 沸点 $86\sim91℃$(0.2 Torr),密度 1.094^{20} g/mL。不溶于水,易溶于丙酮、乙醇、二甲苯、1,2-二氯乙烷、乙酸乙酯、乙醚、汽油、环己烷。中性和弱酸性环境中稳定,碱中迅速水解。制备:由丙硫醇和二氯磷酸乙酯反应而得。用途:作杀线虫剂和杀虫剂,用于可防治多种线虫,对大部分地下害虫也具有良好的防效,可用于农田、果园、菜地等多种作物防治各种植物线虫和水稻稻瘿蚊等害虫。

硫线磷(cadusafos) 亦称"克线丹",系统名"S,S-二仲丁基-O-乙基二硫代磷酸酯"。CAS 号 95465-99-9、103735-82-6。分子式 $C_{10}H_{23}O_2PS_2$,分子量 270.39。无色至黄色液体,剧毒! 沸点 $112\sim114℃$(0.8 Torr),密度 1.054 g/mL。不溶于水,可与大多数有机溶剂完全混溶。对光、热稳定。制备:由三氯氧磷与乙醇作用制得 O-乙基磷酰二氯,再与 1-甲基丙硫醇在缚酸剂存在下合成而得。用途:触杀性杀线虫剂,无熏蒸作用,用于防治香蕉、柑橘、玉米、马铃薯、甘蔗、烟草和蔬菜中夜蛾科、叩甲属和其他土壤昆虫的各种线虫和幼虫。胆碱酯酶抑制剂。

丙溴磷(profenofos) 亦称"溴氯磷""多虫磷",系统名"O-(4-溴-2-氯苯基)-O-乙基 S-丙基硫代磷酸酯"。CAS 号 41198-08-7。分子式 $C_{11}H_{15}BrClO_3PS$,分子量 373.63。具蒜味的浅黄色液体,中等毒性! 沸点 $110℃$

（0.000 975 Torr），密度 1.455[20] g/mL，折射率 1.546 6。不溶于水，与大多有机溶剂混溶。中性和微酸条件下比较稳定，碱性环境中不稳定。制备：在缚酸剂存在下，由 O-乙基-S-丙基硫代磷酰氯与 2-氯-4-溴苯酚缩合而得；或将 O,O-二乙基-O-(2-氯-4-溴苯基)磷酸酯与硫氢化钾作用，生成中间化合物，再与 1-溴丙烷作用制得。用途：作杀虫剂，具有速效性，在植物叶片上有较好的渗透性，适用于防治棉铃虫、棉蚜、红铃虫、二三化螟、稻纵卷叶螟、韭蛆等，对水稻二化螟、钻心虫、稻纵卷叶螟、水稻稻飞虱同样有效。

田乐磷（demephion）　亦称"甲基灭赐松""得美松"。为含 O,O-二甲基 O-(2-(甲基硫)乙基)硫代磷酸酯（demephion-O）和 O,O-二甲基 S-(2-(甲基硫)乙基)硫代磷酸酯（demephion-S）两种化合物的混合物。CAS 号 682-80-4、8 065-62-1（demephion-O）、2 587-90-8（demephion-S）。分子式 $C_5H_{13}O_3PS_2$，分子量 216.25。稻草色液体，高毒！沸点 51～53℃（0.05 Torr）、115℃（2 Torr），密度 1.245 g/mL。制备：由 2-氯乙基甲硫醚与 O,O-二甲基硫代磷酸钠反应而得。用途：作杀虫剂、杀螨剂，对刺吸式昆虫有效。

硫丙磷（sulprofos）　亦称"甲丙硫磷""保达""虫螨消""棉铃磷"，系统名"O-乙基-O-[4-(甲硫基)苯基]-S-丙基二硫代磷酸酯"。CAS 号 35400-43-2。分子式 $C_{12}H_{19}O_2PS_3$，分子量 322.44。具硫醇气味的无色黏稠油状液体，原药为棕黄色液体，中等毒性！熔点 -15℃，沸点 155～158℃（0.1 Torr），密度 1.2[20] g/mL，折射率 1.585 9。不溶于水，溶于异丙醇、二氯甲烷、正己烷、甲苯。见光分解。制备：由 4-甲硫基苯酚钠盐在有机溶剂中和五硫化二磷的存在下，与无水乙醇和溴丙烷混合液加热反应制得。用途：作杀虫剂，用于防治棉花、烟草、大豆和蔬菜中鳞翅目等的昆虫。

特丁硫磷（terbufos）　亦称"特丁硫甲基二硫代磷酸酯""抗得安""叔丁磷""特丁磷""特丁甲拌磷""特丁三九一一"，系统名"S-((叔丁基)甲基) O,O-二硫代磷酸二乙酯"。CAS 号 13071-79-9。分子式 $C_9H_{21}O_2PS_3$，分子量 288.42。无色或淡黄色液体，剧毒！熔点 -29.2℃，沸点

312℃、96.5～98℃（0.002 Torr），密度 1.112 5 g/mL，折射率 1.525 5。不溶于水，能溶解于丙酮、醇类、芳烃和氯代烷烃溶剂中。制备：由 O,O-二乙基二硫代磷酰氯与叔丁基硫代甲硫醇反应制得。用途：具触杀和胃毒作用及内吸性的广谱杀虫剂、杀线虫剂，只用作土壤处理或拌种，有长持效。

地虫硫膦（fonofos）　亦称"地虫磷""大风雷"，系统名"O-乙基-S-苯基-乙基二硫代膦酸酯"。CAS 号 944-22-9。分子式 $C_{10}H_{15}OPS_2$，分子量 246.33。浅黄色透明有芳香味液体，高毒！熔点 -31.7℃，沸点 124～126℃（0.1 Torr），密度 1.16[25] g/mL，折射率 1.589 5[24]。不溶于水，溶于丙酮、二甲苯、异戊酮、煤油等有机溶剂。制备：由乙氧基乙基磷酰氯与苯硫酚或苯硫酚钠反应，得 O-乙基-S-苯基硫代膦酸乙基酯，再与 P_2S_3 反应而得；或由乙基硫代磷酰二氯在缚酸剂存在下与无水乙醇反应，得乙氧基乙基硫代磷酰氯，再继续与苯硫酚等反应制得。用途：作杀虫剂，主要用于防治云斑蛴螬、暗黑蛴螬、小麦沟金叶虫、华北蝼蛄等多种作物的地下害虫，适用于生长期较长的作物，如小麦、花生、玉米、甘蔗等。

噻唑硫磷（colophonate）　亦称"福赛绝"，系统名"S-仲丁基-O-乙基-2-氧代噻唑烷-3-基硫代磷酸酯"。CAS 号 98886-44-3。分子式 $C_9H_{18}NO_3PS_2$，分子量 283.34。淡黄色液体，低毒！沸点 198℃（0.5 Torr）。微溶于水及正己烷。制备：由 2-噻唑烷硫酮经过氧化氢氧化制得 2-噻唑烷酮，接着先后与(正丁基)锂(或金属钠)、S-仲丁基-O-乙基硫代磷酰氯反应制得。用途：作杀线虫剂，主要用于蔬菜、观赏植物、柑橘、香蕉、咖啡和烟草等作物，对许多螨类也有效，对常用杀虫剂产生抗生害虫(如蚜虫)有良好内吸杀灭活性。

乙硫磷（ethion；diethion；ethanox）　亦称"蚜螨立死""蚜螨""乙赛昂""易赛昂"，系统名"O,O,O',O'-四乙基-S,S'-亚甲基双二硫代磷酸酯"。CAS 号 563-12-2。分子式 $C_9H_{22}O_4P_2S_4$，分子量 384.46。无色至琥珀色油状液体，中等毒性！熔点 -15～-12℃，沸点 164～165℃（0.3 Torr），密度 1.312 1 g/mL，折射率 1.540 8。微溶于水，溶于大多数常用溶剂中，如氯仿、苯、二甲苯，易溶于丙酮、甲醇、乙醇等。受热分解。制备：由 O,O-二乙基二硫代磷酸酯用碳酸氢钠转变为钠盐后，与二氯甲烷(或二溴甲烷)反应制得。用途：作杀虫剂、杀螨剂，具有较强的触杀作用和一定的杀螨卵作用，用于防治棉花、水稻、果树作物上的害虫(蚜虫、介壳虫)和害

螨类,也可用于拌种,防治蛴螬、蝼蛄等地下害虫。

丙硫磷(prothiofos)　亦称"氯丙磷""低毒硫磷""丙虫硫磷",系统名"O-乙基-S-丙基O-2,4-二氯苯基硫代磷酸酯"。

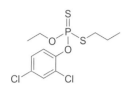

CAS 号 34643-46-4。分子式 $C_{11}H_{15}C_{12}O_2PS_2$,分子量 345.23。淡黄色液体,低毒!沸点 164～167℃(0.2 Torr),密度 1.293^{20} g/mL,折射率 1.569 8。不溶于水,与异丙醇、丙酮、甲醇、正己烷、环己酮、苯和氯仿混溶。制备:将 PrSP(O)Cl$_2$ 与粉状 P$_2$S$_5$ 加热得 PrSP(S)Cl$_2$,用乙醇和三乙胺处理得 PrS(EtO)O(S)Cl,再与 2,4-二氯苯酚和碳酸钾在丁酮中回流反应而得。用途:具触杀和胃毒作用杀虫剂,对鳞翅目幼虫、蚜虫、蓟马等害虫有良好效果,特别是对有抗药性的鳞翅目幼虫如小菜蛾有特效,用于甘蓝、柑橘、烟草、菊花、樱花和草坪蔬菜、玉米、马铃薯、甘蔗、甜菜、茶树等,防治菜青虫、小菜蛾、甘蓝夜蛾、黑点银纹夜蛾、蚜虫、卷叶蛾、粉蚧、斜纹夜蛾、烟青虫、美国白蛾、苍蝇、蚊子等害虫。能防治对有机氯、氨基甲酸酯或其他有机磷杀虫剂产生抗药性的害虫。

甲基乙拌磷(thiometon)　亦称"二甲硫吸磷""蚜克丁",系统名"S-2-乙基硫乙基O,O-二甲基二硫代磷酸酯"。CAS 号 640-15-3。分子式 $C_6H_{15}O_2PS_3$,分子量246.34。无色油状液体,剧毒!熔点19℃,沸点 106～108℃(0.08 Torr),密度 1.206 5 g/mL,折射率 1.550 1。不溶于水,微溶于石油,可溶于一般有机溶剂。制备:由 2-氯乙基乙基硫醚和O,O-二甲基二硫代磷酰氯反应而得,也可由 S-(2-溴乙基)O,O-二甲基二硫代磷酸酯和乙硫醇反应制得。用途:作内吸性杀虫、杀螨剂,用于防治包括观赏植物、草莓、柑橘和其他水果、瑞典菜、芜菁、芸薹、其他蔬菜、橄榄、藤蔓、甜菜、烟草、棉花等的蚜虫、螨类、蓟马、蚧类、粉虱、叶蝉等害虫。

甲拌磷(phorate)　亦称"西梅脱""伏螟",系统名"O,O-二乙基-S-(乙硫基甲基)二硫代磷酸酯"。CAS 号 298-02-2。分子式 $C_7H_{17}O_2PS_3$,分子量 260.36。有轻微臭味的无色透明油状液体,高毒!熔点 -15℃,沸点 118～120℃(0.75 Torr),密度 1.161 5 g/mL,折射率 1.534 9。不溶于水,溶于乙醇、乙醚、丙酮等多数有机溶剂和脂肪油。制备:由 O,O-二乙基二硫代磷酸酯与甲醛以及乙硫醇反应而得。用途:作杀虫剂,具有内吸和熏蒸作用,对刺吸式口器和咀嚼式口器害虫都有效,主要用于棉籽拌种、浸种或土壤处理,防治棉花早期蚜虫、红蜘蛛、蓟马等,可兼治地老虎、蝼蛄、金针虫等地下害虫。对鳞翅目幼虫药效较差。

乙拌磷(disulfoton)　亦称"敌死通""双磺酸盐",系统名"O,O-二乙基 S-(2-(乙硫基)乙基)二硫代磷酸酯"。CAS 号 298-04-4。分子式 $C_8H_{19}O_2PS_3$,分子量 274.39。有特殊气味的无色油状物,高毒!沸点 72～74℃(0.02 Torr)、125～126℃(2 Torr),密度 1.144 5 g/mL,折射率 1.531 9。不溶于水,溶于乙醇、乙醚、丙酮、氯仿等有机溶剂。在强酸强碱条件下分解。制备:由 2-氯乙基乙基醚与 O,O-二乙基二硫代磷酸酯反应制得。用途:作杀虫剂,用于防治蔬菜、谷类、玉米、高粱、水稻、烟草、观赏植物、水果和坚果作物等中的蚜虫、蓟马、粉蚧和其他刺吸式昆虫以及蜘蛛,还可以通过控制病毒载体来防止黄瓜花叶病毒和马铃薯卷叶病毒。

砜拌磷(oxydisulfoton)　亦称"乙拌磷亚砜""乙拌砜磷""敌虫磷""二硫代磷酸酯",系统名"O,O-二乙基 S-[2-(乙基亚磺酰基)乙基]二硫代磷酸酯"。CAS 号 2497-07-6。分子式 $C_8H_{19}O_3PS_3$,分子量 290.39。黄色液体,剧毒!沸点 108℃(0.01 Torr),密度 1.215 6 g/mL,折射率 1.541 6。不溶于水,溶于一般有机溶剂。制备:由乙拌磷经双氧水氧化而得,或由 1-溴-2-乙基亚磺酰基乙烷、O,O'-二乙基二硫代磷酸铵制得。用途:作内吸性杀虫剂,兼有熏蒸作用,用于防治蚜虫。

异拌磷(isothioate)　亦称"异丙吸磷""叶蚜磷",系统名"O,O-二甲基 S-(2-(异丙硫基)乙基)二硫代磷酸酯"。CAS 号 36614-38-7。分子式 $C_7H_{17}O_2PS_3$,分子量 260.36。浅黄色液体,中等毒性!密度 1.199^{20} g/mL,折射率 1.539。不溶于水,溶于一般有机溶剂。制备:由 O,O-二甲基二硫代磷酸钾和 1-氯-2-异丙硫基乙烷在乙醇中加热反应制得。用途:作内吸性杀虫剂,兼有熏蒸作用,能有效防治蚜虫类。

氯甲硫磷(chlormephos)　亦称"灭尔磷",系统名"S-氯甲基-O,O-二乙基二硫代磷酸酯"。CAS 号 24934-91-6。分子式 $C_5H_{12}ClO_2PS_2$,分子量 234.69。无色液体,高毒!沸点 121～126℃(4.5 Torr)、113～115℃(2.5 Torr),折射率 1.52。不溶于水,溶于多数有机溶剂。制备:由 O,O-二乙基二硫代磷酸钾盐与氯溴甲烷或二氯甲烷反应制得,也可先由 O,O-二硫代磷酸氢二乙酯及甲醛制得 S-羟甲基 O,O-二乙基二硫代磷酸酯,再与三氯化磷反应而得。用途:作农用杀虫剂,具有触杀和熏蒸作用,用于谷类、马铃薯、玉米、甜菜、甘蔗、烟草等作物防治叩头虫、叶甲等害虫。

三硫磷(carbophenothion)　亦称"三赛昂""卡波硫

磷",系统名"S-[[(4-氯苯基)硫代]甲基]O,O-二乙基二硫代磷酸酯"。CAS 号 786-19-6。分子式 $C_{11}H_{16}ClO_2PS_3$,分子量 342.85。淡琥珀色透明液体,工业品为黄褐色液体,剧毒!沸点 143℃(0.06 Torr),密度 1.276 3 g/mL,折射率 1.593 2。不溶于水,易溶于多种有机溶剂。化学性质比较稳定,碱性容易分解失效。制备:由对氯苯硫酚和甲醛等在苯中反应得对氯苯基氯代甲硫醚,再与O,O-二乙基二硫代磷酸钠反应而得。用途:作高效广谱杀虫剂、杀螨剂,主要应用于棉花、果树等作物,防治红蜘蛛、蚜虫和螨类等多种害虫。

芬硫磷(phenkapton) 亦称"酚开普顿",系统名"O,O-二乙基 S-(2,5-二氯苯基硫代甲基)二硫代磷酸酯"。CAS 号 2275-14-1。分子式 $C_{11}H_{15}Cl_2O_2PS_3$,分子量 377.29。淡黄色液体,工业品纯度为 90%～95%,有微臭的琥珀色油状液体,高毒!熔点 16.2℃,沸点 120℃(0.001 Torr),密度 1.350 7²¹ g/mL,折射率 1.600 7²¹。不溶于水,与多数有机溶剂混溶。对酸和碱比较稳定。制备:由 2,4-二氯苯硫酚和甲醛等反应制得 2,4-二氯苯基氯代甲硫醚,再与O,O-二乙基二硫代磷酸钠反应而得。用途:作杀虫剂和杀螨剂,用于控制水果(苹果、梨)、蔬菜、棉花等农作物及花卉的红蜘蛛、蓟马、粉虱和其他昆虫。

家蝇磷(acethion) 亦称"阿赛硫磷",系统名"O,O-二乙基 S-乙氧基羰基甲基二硫代磷酸酯"。CAS 号 919-54-0。分子式 $C_8H_{17}O_4PS_2$,分子量 272.31。淡黄色黏稠状液体,低毒!沸点 77℃(0.01 Torr)、110～112℃(0.1 Torr),密度 1.182 3 g/mL,折射率 1.501 1。微溶于水,溶于大多数有机溶剂。制备:由氯乙酸乙酯和O,O-二硫代磷酸氢二乙酯在三乙胺作用下进行硫醚化反应制得。用途:杀虫剂,对家蝇头部胆碱酯酶有抑制作用。

马拉硫磷(malathion) 亦称"防虫磷""粮泰安""粮虫净""马拉松""四〇四九""马拉赛昂",系统名"1,2-双(乙氧基甲酰基)乙基-O,O-二甲基二硫代磷酸酯"。CAS 号 121-75-5。分子式 $C_{10}H_{19}O_6PS_2$,分子量 330.35。无色或淡黄色油状液体,有蒜臭味,低毒!熔点 3.1℃,沸点 73℃(0.01 Torr)、120℃(0.2 Torr),密度 1.232 g/mL,折射率 1.498 3²⁵。微溶于水,易溶于醇、酮、醚等,与多种有机溶剂混溶,微溶于石油醚。中性介质、水

溶液中稳定,遇酸、碱分解。对光稳定,但对热稳定性稍差。2A 类致癌物。制备:由O,O-二甲基硫代磷酰氯与 2-巯基丁二酸二乙酯反应制得,或由O,O-二甲基二硫代磷酸对马来酸二乙酯共轭加成而得。用途:作高效低毒杀虫、杀螨剂,适用于防治烟草、茶和桑树等作物上的害虫,治疗畜禽体表的牛皮蝇、牛虻、体虱、羊痒螨、猪疥螨等寄生虫,也可杀灭蚊、蝇、蟑螂、臭虫、虱等卫生害虫,防治稻谷、玉米、小麦、大麦、高粱和许多其他禾本科农作物原粮的仓储害虫,对于特别是大米的主要害虫中华稻蝗具有很好的触杀作用。

稻丰散(phenthoate) 亦称"爱乐散""益尔散""稻芬妥胺酚拉明""甲基乙酯磷",系统名"O,O-二甲基-S-(α-乙氧基羰基苄基)二硫代磷酸酯"。CAS 号 2597-03-7、61362-00-3、61391-87-5。分子式 $C_{12}H_{17}O_4PS_2$,分子量 320.36。纯品为无色结晶固体,原药为黄褐色油状芳香液,中等毒性!熔点 17～18℃,沸点 122～125℃(0.01 Torr),密度 1.238²⁰ g/mL,折射率 1.572 2。微溶于水,与丙酮、苯、乙醇、甲醇、环己烷等以任何比例混溶。制备:由 α-氯代苯乙酸乙酯或 α-溴代苯乙酸乙酯与O,O-二甲基二硫代磷酸钠反应制得。用途:作杀虫剂,抑制昆虫体内的乙酰胆碱酯酶,适用于水稻、棉花、果树、蔬菜等作物。

乐果(dimethoate) 亦称"乐戈",系统名"O,O-二甲基-S-(-甲基氨基甲酰甲基)二硫代磷酸酯"。CAS 号 60-51-5。分子式 $C_5H_{12}NO_3PS_2$,分子量 229.25。有樟脑气味的白色针状结晶,工业品通常是浅黄棕色的乳剂,中等毒性!熔点 50～51℃,沸点 117℃(0.1 Torr),密度 1.265³⁰ g/cm³、1.277⁶⁵ g/mL,折射率 1.533 4⁶⁵。微溶于水,溶于乙醇、酮类、苯、甲苯、氯仿、二氯甲烷、四氯化碳、饱和脂肪烃等。在酸性溶液中较稳定,在碱性溶液中迅速水解,故不能与碱性农药混用。制备:由O,O-二甲基二硫代磷酸钠盐与氯乙酸甲酯作用,所得产物再与甲胺进行胺解反应而得,也可由O,O-二甲基二硫代磷酸钾与 N-甲基溴乙酰胺反应而得。用途:作高效广谱杀虫剂、杀螨剂,具有触杀性和内吸性,对多种害虫特别是刺吸式口器害虫,具有更高的毒效,可防治蚜虫、潜叶蝇、蓟马、飞虱、叶蝉、果实蝇、红蜘蛛、叶蜂、介壳虫等。

杀扑磷(methidathion) 亦称"麦达西磷""速扑杀",系统名"S-2,3-二氢-5-甲氧基-2-氧代-1,3,4-噻二唑-3-基甲基-O,O-二甲基二硫代磷酸酯"。CAS 号 950-37-8。分子式 $C_6H_{11}N_2O_4PS_3$,分子量 302.32。无色结晶,高毒!熔点

39～40℃，沸点 130℃（0.000 1 Torr），密度 1.495^{20} g/cm^3。不溶于水，溶于乙醇，极易溶于环己酮、丙酮、二甲苯等。强酸和碱中水解，中性和微酸环境中稳定。制备：由 3-氯甲基-5-甲氧基-1,3,4-噻二唑-2-酮与 O,O-二甲基二硫代磷酸反应制得，或由 O,O-二甲基二硫代磷酸、5-甲氧基-3H-[1,3,4]噻二唑-2-酮、甲醛等合成而得。用途：作杀介壳虫药剂，对螨类也有一定的控制作用，适用于果树、棉花、茶树、蔬菜等作物上防治多种害虫。

氟苯尼考（florfenicol）　亦称"氟洛芬""氟甲砜霉素"，系统名"2,2-二氯-N-((1S,2R)-3-氟基-1-羟基-1-(4-(甲基磺酰基)苯基)丙-2-基)乙酰胺"。CAS 号 73231-34-2。分子式 $C_{12}H_{14}Cl_2FNO_4S$，分子量 358.21。白色或类白色结晶性粉末，无臭，味苦，低毒！熔点 152.3～154.6℃，密度 1.451^{20} g/cm^3，比旋光度 $[\alpha]_D^{20}$ - 18.1（$c=1$，DMF）。溶于甲醇、乙醇，在水、乙酸或氯仿中略微溶解，在 DMF 极易溶解。制备：通过不对称合成先制得（1R,2S）-2-氨基-3-氟-1-(4-(甲磺酰基)苯基)-1-丙醇，再与二氯乙酸甲酯反应而得。用途：作兽医专用广谱抗生素，用于敏感细菌所致的猪、鸡及鱼的细菌性疾病，尤其对敏感细菌所致牛、猪、鸡肠道感染及支原体引起的慢性呼吸系统感染性疾病疗效显著。

胺鲜酯（DA-6）　亦称"增效灵""增效胺"，系统名"己酸二乙氨基乙醇酯"。CAS 号 10369-83-2。分子式 $C_{12}H_{25}NO_2$，分子量 215.34。纯白色片状晶体，具酯的气味。沸点 131～133℃（18 Torr），密度 0.893 7^{32} g/mL，折射率 1.432 8^{31}。易溶于水，可溶于甲醇、乙醇、丙酮等普通有机溶剂。制备：由己酰氯和 N,N-二乙基氨基乙醇反应而得。用途：作广谱植物生长调节剂，是高效的细胞分裂素，可促进作物生长、促进作物生根、增强肥效等，无毒、无公害、无残留，对生态环境的相容性较好。

鱼藤酮（rotenone）　亦称"鱼藤""毒鱼藤"，系统名"(2R,6aS,12aS)-8,9-二甲氧基-2-(丙-1-烯-2-基)-1,2,12,12a-四氢苯并吡喃并[3,4-b]呋喃并[2,3-h]苯并吡喃-6（6aH)-酮"。CAS 号 83-79-4。分子式 $C_{23}H_{22}O_6$，分子量 394.42。斜方晶系为六边片状结晶，中等毒性！熔点 153～154℃；双晶型熔点 185～186℃，沸点 210～220℃（0.5 Torr），密度 1.354$^{-100.16}$ g/cm^3。不溶于水，较难溶于乙醚、醇类、石油醚和四氯化碳，溶于丙酮、乙酸乙酯、氯仿和二硫化碳。暴露于日光易分解，在空气中易氧化。制备：一般从豆科鱼藤属等植物的根部提取得到，也可以间苯二酚为起始原料经多步反应进行立体选择性合成。用途：植物源杀虫剂、杀螨剂，有选择性，无内吸性，在作物上残留时间短，对环境无污染，对天敌安全，主要用于防治蔬菜、果树、茶树、花卉等作物害虫，也可用于防治蚊、蝇、跳蚤、虱子等卫生害虫。

除虫菊酯（allethrins；bioresmethrin）　亦称"除虫菊""除虫菊素"。CAS 号 28434-01-7，121-21-1。分子式 $C_{43}H_{56}O_8$，分子量 700.91。有清香气味的黄色黏稠液体，低毒！为混合物，主要由除虫菊酯 I 和除虫菊酯 II 以及桉叶素 I 和 II，密度 0.84～0.86 g/cm^3。除虫菊酯 I 沸点 146～150℃（0.000 5 Torr），密度 1.519 2 g/cm^3，折射率 1.524 2^{20}，比旋光度 $[\alpha]_D^{20}$ - 14（异辛烷）；除虫菊酯 II 折射率 n_D^{17}1.531 5，比旋光度 $[\alpha]_D^{20}$17.8（$c=0.5$，氯仿）。不溶于水，易溶于醇类、氯代烃类有机溶剂。遇碱或在强光或高温下分解失效。制备：从多年生草本植物除虫菊，尤以白花除虫菊的花中提取而得。有多种人工合成除虫菊酯类似物，具有杀虫谱广、对人畜毒性低、环境残留少等优点。用途：作家庭卫生杀虫剂，用于制作蚊香、气溶胶喷雾剂、宠物动物洗发水，防治卫生害虫和家畜害虫。

除虫菊酯I

除虫菊酯II

氯菊酯（permethrin）　亦称"除虫精""二氯苄菊酯""二氯菊酯""安棉宝""除虫清""登热净""二氯苯醚菊酯""克死诺"，系统名"3-(2,2-二氯乙烯基)-2,2-二甲基环丙烷甲酸(3-苯氧基苯基)甲酯"。CAS 号 52645-53-1。分子式 $C_{21}H_{20}Cl_2O_3$，分子量 391.29。黄色至棕色液体，室温下部分趋向结晶，低毒！熔点 34～35℃，顺式异构体 63～65℃，反式异构体 44～47℃，沸点 200℃（0.1 Torr），密度 1.191^{25} g/mL，折射率 1.567 2^{25}。不溶于水，易溶于二甲苯、己烷、甲醇。遇热稳定，最适宜稳定条件约 pH 4，在酸性介质中比碱性介质稳定。制备：以三氯乙醛、原乙酸三乙酯、异丁烯、乙腈等为原料，经多步合成而制得。用途：作高效、低毒杀虫剂，用于蔬菜、茶叶、果树、棉花等作物防治各种害虫，也用于驱杀各种畜禽本表寄生虫，防治由螨、蜱、虱、蝇引起的各类外寄生虫病，尤其适于周围环境中卫生害虫的防治。

氟氰菊酯（flucythrinate）　亦称"氟氰戊菊酯""保好鸿"，系统名"(R,S)-α-氰基-3-苯氧基苄基(S)-2-(4-二氟甲氧基苯基)-3-甲基丁酸酯"。CAS号915101-98-3。分子式$C_{26}H_{23}F_2NO_4$，分子量451.47。暗琥珀色黏稠液体，低毒！沸点108℃（0.35 Torr），密度1.898 g/mL。不溶于水，易溶于丙酮、丙醇、二甲苯。对光和热稳定，在酸性、中性介质中稳定，遇碱分解。制备：以茴香醛为起始原料，经还原、氯代、氰基化、异丙基化、水解、二氟甲醚酰氯化、酯化等多个步骤合成而得；也可由2-(对氯苯基)-3-甲基丁酸水解为2-(对羟基苯基)-3-甲基丁酸，再经二氟甲醚化、酰氯化、酰氯化、缩合等多步转化反应而得。用途：作高效、低毒杀虫剂，主要用于防治鳞翅目、双翅目、鞘翅目等多种害虫，也用于防治棉田的棉铃虫、红铃虫、红蜘蛛、粉虱以及蔬菜、果树的害虫，同时也能防治螨类蜱。

溴氰菊酯（deltamethrin）　亦称"倍特""敌苄菊酯"

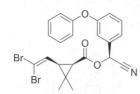

"康素灵"，系统名"(S)-α-氰基-3-苯氧基苄基-($1R,3R$)-3-(2,2-二溴乙烯基)-2,2-二甲基环丙烷甲酸酯"。CAS号52918-63-5、52820-00-5。分子式$C_{22}H_{19}BrNO_3$，分子量505.21。无味白色粉末，从异丙醇中重结晶得斜方晶系针状结晶，中等毒性！熔点97～98℃，密度1.5 g/cm^3。不溶于水，易溶于二噁烷、环己酮、二氯甲烷、丙酮、苯、二甲基亚砜、二甲苯，微溶于乙醇。空气中稳定，在酸性条件下比碱性条件下更稳定，紫外光下脱溴。制备：由二溴菊酸用亚硫酰氯氯化生成二溴菊酰氯，由3-苯氧基苯甲醛与氢氰酸加成得α-氰基-3-苯氧基苯甲醇，然后在吡啶存在下，使二溴菊酰氯与α-氰基-3-苯氧基苯甲醇反应得；光学活性异构体则可由反式菊酸拆分后的中间体经不对称合成制得。用途：作杀虫剂，以触杀、胃毒为主，无内吸熏蒸作用，对害虫有一定驱避与拒食作用，为神经毒剂，使昆虫过度兴奋、麻痹而死，尤其对鳞翅目幼虫及蚜虫杀伤力大。

氰戊菊酯（fenvalerate）　亦称"速灭杀得""丰收苯""百虫灵""虫畏灵""虫菊酯"，系统名"(S)-氰基(3-苯氧基苯基)甲基 4-氯-α-(1-甲基乙基)苯乙酸酯"。CAS号51630-58-1。分子式$C_{25}H_{22}ClNO_3$，分子量419.91。黄色至褐色黏稠油状液体，室温下有部分结晶析出，

高至中等毒性！熔点17～18℃，密度1.172^{25} g/mL，折射率1.553 3。不溶于水和正己烷，易溶于甲醇、氯仿、丙酮、二甲苯。对热和潮湿稳定，在酸性介质中相对稳定，碱性介质中迅速水解。制备：以对氯苯乙腈等为基本原料，异丙基对氯乙酸、间苯氧基苯甲醛等为中间体经多个步骤合成而得。用途：作杀虫剂，用于驱杀畜禽体表各类螨、蜱、虱、蚝等寄生虫，对有机氯、有机磷化合物敏感的畜禽安全，也用于杀灭蚊、蝇等环境和畜禽棚舍卫生昆虫。

氟胺氰菊酯（fluvalinate）　亦称"福化利""马扑立克"，系统名"［氰基-(3-苯氧基苯基)甲基］2-[2-氯-4-(三氟甲基)苯胺基]-3-甲基丁酸酯"。

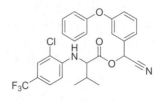

CAS号69409-94-5。分子式$C_{26}H_{22}ClF_3N_2O_3$，分子量502.92。略带甜味黏稠琥珀色油状物，低至中等毒性！沸点164℃（0.07 Torr），密度1.266 g/mL，折射率1.553 3。不溶于水和异辛烷，易溶于醇类、乙醚、二氯甲烷和芳香烃类溶剂。制备：由α-溴代异戊酸用氯化亚砜反应生成α-溴代异戊酰氯，然后在吡啶存在下，与α-氰基-3-苯氧基苄醇反应，生成物再与2-氯-4-三氟甲基苯胺反应而得。用途：作杀虫剂、杀螨剂，具有胃毒、触杀作用，杀虫谱广，还具有杀螨及螨卵的作用，可用于防治棉花、果树、蔬菜、烟草、观赏植物上的蚜虫、叶蝉、鳞翅目、缨翅目害虫以及温室粉属和叶螨等。

N-乙酰基-N-丁基-β-丙氨酸乙酯（ethyl N-acetyl-N-butyl-β-alaninate；BAAPE）　亦称"避蚊酯""爽肤宝""伊默宁"。CAS号52304-36-6。分子式$C_{11}H_{21}NO_3$，分子量215.29。无色或微黄色液体，低毒！熔点20℃，折射率1.452～1.455。不溶于水，溶于乙醇、乙醚等大多数有机溶剂。制备：丁胺、丙烯酸乙酯进行共轭加成，所得产物再与乙酐或乙酰氯反应而得。用途：作广谱、高效的昆虫驱避剂，与常用化妆品和药剂有很好的配伍性，对苍蝇、虱子、蚂蚁、蚊子、蟑螂、蠓牛、牛虻、扁蚤、沙蠓、沙蚤、白蛉、蝉等都有良好的驱避效果。

有机染料与颜料

4,4′-二氨基二苯硫醚（4,4′-thiodianiline）　亦称"4,4′-二氨基二苯硫醚""4,4′-双(氨基苯基)硫醚"。CAS号139-65-1。分子式$C_{12}H_{12}N_2S$，分子量216.30。棕色至棕色-紫罗兰色粉末或针状晶体。熔点107～108℃。微溶于水，易溶于乙醇、乙醚，溶于三氟乙酸、盐酸。制备：由硫脲和两分子对卤苯胺偶联制得。用途：用于染料和橡胶制备。

联苯胺（benzidine） 亦称"4,4'-二氨基联苯""4-(4-氨基苯基)苯胺"。CAS 号 92-87-5。分子式 $C_{12}H_{12}N_2$，分子量 184.24。白色或微红色晶体粉末。熔点 120℃，沸点 401℃，密度 1.25 g/cm³。微溶于水，溶于热乙醇和乙醚。制备：由硝基苯还原生成氢化偶氮苯，再经重排而得。用途：作试剂、有机合成和偶氮染料的中间体。

3,3'-二氯联苯胺（3,3'-dichlorobenzidine） CAS 号 91-94-1。分子式 $C_{12}H_{10}Cl_2N_2$，分子量 253.13。灰色至紫色晶体粉末。熔点 132～133℃，沸点 402℃。不溶于水，溶于乙酸、苯和乙醇，微溶于稀盐酸。制备：由邻硝基氯苯通过锌粉和氢氧化钠溶液还原，随后用稀盐酸或硫酸重排制得。用途：作染料合成中间体，用于生产二偶氮黄、二偶氮橙等有机颜料。

联苯-4-胺（biphenyl-4-amine） 亦称"4-氨基联苯"。CAS 号 92-67-1。分子式 $C_{12}H_{11}N$，分子量 169.23。无色至黄棕色晶体。熔点 53.5℃，沸点 302℃，密度 1.16 g/cm³。微溶于水，溶于乙醇、乙醚、丙酮、氯仿等有机溶剂。制备：由联苯经硝化、还原而得。用途：作试剂、染料和农药中间体。

联大茴香胺（3,3'-dimethoxybenzidine） 亦称"固蓝 B"。CAS 号 119-90-4。分子式 $C_{14}H_{16}N_2O_2$，分子量 244.29。无色晶体或浅棕色粉末，高毒！熔点 137℃。不溶于水，溶于苯、乙醚、丙酮、氯仿。制备：由 2-硝基苯甲醚经偶联还原制得。用途：用作染料中间体、氧化还原指示剂、吸附指示剂及检验铁的络合指示剂；也作分析试剂，用于金、铜、钴和钒等元素的检测。

4,4'-二氨基二苯甲烷（4,4'-diaminodiphenylmethane） 亦称"4,4'-甲撑二苯胺"。CAS 号 101-77-9。分子式 $C_{13}H_{14}N_2$，分子量 198.27。亮黄色晶体，有毒！熔点 91.5～92℃，沸点 398～399℃，216～222℃(2～3 Torr)，密度 1.15 g/cm³。微溶于水，溶于乙醇、苯、乙醚。制备：由 4,4'-二硝基二苯甲烷还原制得。用途：用于生产绝缘材料、染料、二异氰酸酯、聚氨酯橡胶、H 级黏合剂、环氧树脂固化剂等。

4,4'-二氨基-3,3'-二甲基联苯（o-tolidin） 亦称"4,4'-二氨基-3,3'-二甲基联苯"。CAS 号 119-93-7。分子式 $C_{14}H_{16}N_2$，分子量 212.30。白色至微红色晶体，高毒！熔点 129～131℃，沸点 300℃，

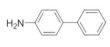
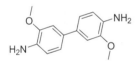

密度 1.234 g/cm³。不溶于水，溶于乙醇、乙醚、稀酸。制备：将邻硝基甲苯还原为 2,2'-二甲基对称二苯肼，然后再重排生成 3,3'-二甲基联苯胺硫酸盐（或盐酸），再脱酸而得。用途：作染料中间体。

苏丹 I（sudan I） 亦称"苏丹黄""油溶黄""溶剂黄 14"。CAS 号 842-07-9。分子式 $C_{16}H_{12}N_2O$，分子量 248.29。橙红色粉末，高毒致癌！熔点 131～133℃。不溶于水，溶于苯等有机溶剂，也可溶于浓盐酸中。制备：由苯基重氮盐和 2-萘酚经偶联反应制得。用途：作脂溶性染料，主要用于蜡、汽油、鞋油、油墨等石油产品的着色。

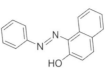

苏丹 II（sudan II） 亦称"溶剂橙 7""溶剂橙"。CAS 号 3118-97-6。分子式 $C_{18}H_{16}N_2O$，分子量 276.34。棕红色针状晶体，高毒致癌！熔点 166℃。不溶于水，溶于乙醇、苯、乙醚、油脂等有机溶剂。制备：由 2-萘酚和 2,4-二甲基苯胺重氮盐偶联制备。用途：作脂溶性染料，工业上用于油脂、蜡等非极性物质的染色，也常用于冻结切片的甘油三酯的染色。

对氨基偶氮苯（4-(phenyldiazenyl)aniline；p-aminoazobenzene） 亦称"苯胺黄""溶剂黄 1"。CAS 号 60-09-3。分子式 $C_{12}H_{11}N_3$，分子量 197.24。棕黄或橙色针状晶体。熔点 128℃，密度 1.19 g/cm³。微溶于水，溶于乙醇、乙醚、氯仿、苯和油类。制备：以苯胺出发，经重氮化后再与苯胺盐酸盐偶联而得。用途：作染料中间体，用于合成偶氮染料、分散染料、噁嗪染料。

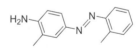

邻氨基偶氮甲苯（o-toluolazotoluidine；o-aminoazotoluene；4-amino-3,2'-dimethyl-azobenzene） 亦称"溶剂黄 3"。CAS 号 97-56-3。分子式 $C_{14}H_{15}N_3$，分子量 225.30。金色晶体。熔点 101～102℃。不溶于水，溶于乙醚、乙醇、氯仿、丙酮、甲苯。制备：由邻甲苯胺用亚硝酸钠和盐酸偶联而得。用途：作染料及医药中间体。

橙黄 I（α-naphthol orange） 亦称"金橙 I""一号橙""酸性橙 20"。CAS 号 523-44-4。分子式 $C_{16}H_{11}N_2NaO_4S$，分子量 350.32。红棕色粉末。溶于水，微溶于乙醇、丙酮。

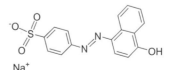

制备：由 1-萘酚与对氨基苯磺酸重氮盐偶联而得。用途：作酸碱指示剂、蛋白质染色剂、颜料，曾用作食品添加剂。

橙黄 II（β-naphthol orange） 亦称"酸性金黄 II""酸性艳橙 GR""β-萘酚橙"。CAS 号 633-96-5。分子式

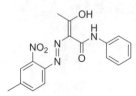

$C_{16}H_{11}N_2NaO_4S$，分子量 350.32。橘黄色至红色粉末。溶于水，呈红光黄色；在浓氢氧化钠中不溶；溶于乙醇呈橙色；于浓硫酸中呈品红色，稀释后产生棕黄色沉淀；于浓硝酸中呈金黄色。制备：由2-萘酚与对氨基苯磺酸重氮盐偶联而得。用途：作酸碱指示剂；用于蚕丝、羊毛织品，以及皮革、纸张的染色；也用于化妆品的着色，但不得用于眼部、口腔及唇部化妆品。

颜料黄 1（pigment yellow 1）　亦称"耐晒黄 G""汉沙黄 G"。CAS 号 2512-29-0。分子式 $C_{17}H_{16}N_4O_4$，分子量 340.34。黄色粉末。制备：将邻硝基对甲基苯胺重氮盐与乙酰基乙酰苯胺在弱酸性介质中进行偶联而得。用途：主要用于涂料和高级耐光油墨、印铁油墨、塑料制品、橡胶和文教用品着色，也用于涂料印花和黏胶的原浆着色。

颜料黄 2（pigment yellow 2；2-[(4-methyl-2-nitrophenyl)azo]-3-oxo-N-phenylbutyramide）CAS 号 6486-26-6。分子式 $C_{18}H_{17}ClN_4O_4$，分子量 388.81。亮黄色粉末。不溶于水，微溶于乙醇。制备：4-氯-2-硝基苯胺制得的重氮盐与2,4-二甲基乙酰基乙酰苯胺在弱酸性介质中进行偶合而得。用途：用于高遮盖力的印墨及彩色笔的着色，也用于橡胶、涂料印花浆及塑料的着色。

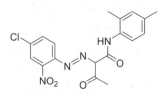

颜料黄 3（pigment yellow 3；lemon yellow 651）亦称"汉沙黄 10G""耐晒黄 10G"。CAS 号 6486-23-3。分子式 $C_{16}H_{12}Cl_2N_4O_4$，分子量 395.20。淡黄色粉末，色泽鲜艳。熔点 230℃。微溶于乙醇、丙酮及苯，加热可溶于乙醇、丙酮等有机溶剂中。遇浓硫酸为黄色，在浓盐酸、浓硝酸及稀氢氧化钠溶液中色泽不变。制备：将4-氯-2-硝基苯胺制得的重氮盐与邻氯乙酰基乙酰苯胺在弱酸性介质（pH 5～6）中进行偶合而制得。用途：用于空气自干漆、乳胶漆、涂料印花、包装印墨、肥皂、文具用品等着色。

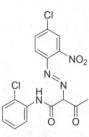

颜料黄 74（pigment yellow 74）亦称"永固黄 5G""偶氮黄"。CAS 号 6358-31-2。分子式 $C_{18}H_{18}N_4O_6$，分子量 386.36。亮黄色粉末。密度 1.436 g/cm^3。不溶于水。制备：将2-甲氧基-4-硝

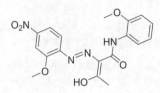

基苯胺制得的重氮盐与邻甲氧基乙酰基乙酰苯胺在弱酸性(pH 5～6)条件下进行偶合而制得。用途：主要用于油墨涂料着色。

颜料黄 97（pigment yellow 97）CAS 号 12225-18-2。分子式 $C_{26}H_{27}ClN_4O_8S$，分子量 591.03。艳黄色粉末。制备：将4-氨基-2,5-二甲氧基苯磺酰胺制得的重氮盐与4-氯-2,5-二甲氧基乙酰基乙酰苯胺在弱酸性(pH 5～6)条件下进行偶合而制得。用途：用于高档装饰涂料、塑料着色。

苏丹 III（sudan III）亦称"溶剂红 23""油红"。CAS 号 85-86-9。分子式 $C_{22}H_{16}N_4O$，分子量 352.40。红棕色粉末，高毒致癌！熔点 195℃。不溶于水，易溶于乙醇、乙酸乙酯。制备：由2-萘酚和4-(苯基二氮烯基)-苯胺重氮盐偶联而得。用途：用作生物染色剂，如脂肪及其类似物质染色。

苏丹 IV（sudan IV）亦称"猩红""溶剂红 24"，系统名"1-(2-甲基-4-(2-甲基苯基偶氮)苯基偶氮)-2-萘酚"。CAS 号 85-83-6。分子式 $C_{24}H_{20}N_4O$，分子量 380.45。暗红色粉末，高毒致癌！熔点 188℃。不溶于水，微溶于乙醇和丙酮，易溶于苯。制备：由2-氨基偶氮甲苯制得的重氮盐与2-萘酚偶联而得。用途：用于着色非极性物质，如油、脂肪、蜡和各种碳氢化合物。

刚果红　释文见 523 页。

颜料黄 12（pigment yellow 12）CAS 号 6358-85-6。分子式 $C_{32}H_{26}Cl_2N_6O_4$，分子量 629.50。细黄色粉末。熔点 320℃，密度 1.22 g/cm^3。不溶于水。制备：将3,3'-二氯联苯胺重氮盐与乙酰基乙酰苯胺在弱酸性(pH 5～6)条件下偶合而得。用途：用于印墨，也可用于涂料印花及塑料着色。

颜料黄 13（pigment yellow 13）亦称"永固黄 GR"。CAS 号 5102-83-0。分子式 $C_{36}H_{34}Cl_2N_6O_4$，分子量

685.61。黄色粉末。制备：将 3,3'-二氯联苯胺重氮盐与 2,4-二甲基乙酰基乙酰苯胺在弱酸性(pH 5～6)条件下偶合而得。用途：用于包装印墨、塑料着色和聚氨酯泡沫塑料着色。

颜料黄 16（pigment yellow 16） 亦称"永固黄 NCG""耐晒黄 GR"。CAS 号 5979-28-2。分子式 $C_{34}H_{28}Cl_4N_6O_4$，分子量 726.44。黄色固体。不溶于水。制备：将 2,4-二氯苯胺制得的重氮盐与 3,3'-二甲基双乙酰基乙酰苯胺偶合而得。用途：用于金属装饰、印墨及涂料印花着色。

颜料黄 17（pigment yellow 17） 亦称"永固黄 GG"。CAS 号 4531-49-1。分子式 $C_{34}H_{30}Cl_2N_6O_6$，分子量 689.55。黄色粉末。不溶于水，溶于丁醇、二甲苯。制备：将 3,3'-二氯联苯胺重氮盐与邻甲氧基乙酰基乙酰苯胺在弱酸性(pH 5～6)条件下偶合而得。用途：用于溶剂墨、胶印墨、溶剂漆、塑料橡胶、涂料印花、文教用品着色。

颜料黄 83（pigment yellow 83） 亦称"永固黄 HR"。CAS 号 5567-15-7。分子式 $C_{36}H_{32}Cl_4N_6O_8$，分子量 818.49。黄色粉末。制备：将 3,3'-二氯联苯胺制得的重氮盐与 4-氯-2,5-二甲氧基乙酰基乙酰苯胺在弱酸性(pH 5～6)条件下偶合而得。用途：用于印墨、汽车涂料(OEM)、乳胶漆、塑料着色。

颜料黄 155（pigment yellow 155） CAS 号 68516-73-4。分子式 $C_{34}H_{32}N_6O_{12}$，分子量 716.66。黄色粉末。制备：将 2,5-二羧酸甲酯基苯胺制得的重氮盐与 1,4-双乙酰基乙酰苯胺在弱酸性(pH 5～6)条件下偶合而得。用途：用于涂料烘焙漆、塑料、聚丙烯及聚苯乙烯与印墨着色。

颜料橙 34（pigment orange 34） 亦称"永固橙 F2G""橙 HF"。CAS 号 15793-73-4。分子式 $C_{32}H_{24}Cl_2N_8O_2$，分子量 651.55。橙红色粉末。制备：将 3,3'-二氯联苯胺制得的重氮盐与 5-甲基-2-对-甲苯基-1,2-二氢吡唑-3-酮偶合而得。用途：用于印刷油墨、涂层、塑料和橡胶的着色。

颜料橙 5（pigment orange 5） 亦称"永固橙 RN"。CAS 号 3468-63-1。分子式 $C_{16}H_{10}N_4O_5$，分子量 338.28。橙色粉末，高毒！熔点 298～300℃。不溶于水。在浓硫酸中为紫红色。制备：由 2,4-二硝基苯胺制得的重氮盐与 2-萘酚在 pH 2 的条件下偶合而得。用途：用于空气自干漆、胶印墨、包装印墨、涂料印花。

颜料红 4（pigment red 4） 亦称"永固银朱 R"。CAS 号 2814-77-9。分子式 $C_{16}H_{10}ClN_3O_3$，分子量 327.72。黄红色粉末。熔点 276℃。不溶于水，微溶于乙醇、丙酮和苯。制备：由邻氯对硝基苯胺重氮盐与 2-萘酚偶合而得。用途：用于空气自干型印墨、鞋油、地板蜡、彩色粉笔、水彩。

颜料红 8（pigment red 8） 亦称"耐

晒红 F4R"。CAS 号 6410-30-6。分子式 $C_{24}H_{17}ClN_4O_4$，分子量 460.87。红色粉末。熔点 305℃，密度 1.31 g/cm³。溶于浓硫酸中，呈黄光 R 红色，稀释后呈大红色沉淀,溶于浓硝酸中呈蓝光大红色。制备：由大红色基 G 重氮盐和色酚 AS-E 偶合制得。用途：用于印墨、织物印花着色。

颜料红 112（pigment red 112） 亦称"永固红 FGR"。CAS 号 6535-46-2。分子式 $C_{24}H_{16}Cl_3N_3O_2$，分子量 484.76。红色粉末。制备：将 1,2,4-三氯苯胺制得的重氮盐与色酚 AS-D 偶合而得。用途：用于胶印墨、溶剂墨、水性墨、印花涂料等。

颜料红 5（pigment red 5） 亦称"坚牢洋红 FB"。CAS 号 6410-41-9。分子式 $C_{30}H_{31}ClN_4O_7S$，分子量 627.11。红色粉末。不溶于水，微溶于丙酮，易溶于乙醇。制备：由红色基 ITR 重氮盐和色酚 AS-ITR 偶合制得。用途：用于油墨、涂料、印花、塑料乳胶和纸张等的着色。

颜料红 146（pigment red 146） 亦称"永固红 FBB"。CAS 号 5280-68-2。分子式 $C_{33}H_{27}ClN_4O_6$，分子量 611.05。红色粉末。制备：将红色基 KD 重氮盐和色酚 AS-LC 偶合而得。用途：主要用于印墨涂料、乳胶漆与建筑涂料。

颜料红 170（pigment red 170） 亦称"永固红 F5R"。CAS 号 2786-76-7。分子式 $C_{26}H_{22}N_4O_4$，分子量 454.49。红色粉末。密度 1.395 g/cm³。不溶于水和乙醇。制备：由对氨基苯甲酰胺重氮盐与色酚 AS-PH 偶合而得。用途：用于溶剂墨、胶印墨、水性墨、溶剂漆、水性漆、工业涂料、塑料橡胶、涂料印花、文教用品的着色。

颜料红 187（pigment red 187） CAS 号 59487-23-9。分子式 $C_{34}H_{28}ClN_5O_7$，分子量 654.08。红色粉末。制备：由 2-甲氧基-5-(4′-甲酰氨基苯基)-甲酰氨苯胺制得的重氮盐与色酚 AS-ITR 偶合而得。用途：用于塑料着色、金属装饰印墨。

颜料橙 38（pigment orange 38） CAS 号 12236-64-5。分子式 $C_{26}H_{20}ClN_5O_4$，分子量 501.93。橙色粉末。制备：由 2-氯-5-甲酰氨基苯胺制得的重氮盐与色酚 AS-P 偶合而得。用途：用于塑料与印墨着色,也用于胶印墨、金属装饰印墨和工业涂料。

颜料黄 191（pigment yellow 191） 亦称"艳黄 HGR"。CAS 号 129423-54-7。分子式 $C_{17}H_{13}CaClN_4O_7S_2$，分子量 524.96。黄色粉末。制备：由 2-氨基-4-氯基-5-甲基苯磺酸制得的重氮盐与 1-(3′-磺酸苯基)-3-甲基吡唑啉酮-5 偶合，再与氯化钙成盐而得。用途：用于交通涂料着色。

颜料红 49（pigment red 49） CAS 号 1248-18-6。分子式 $C_{20}H_{13}N_2NaO_4S$，分子量 400.38。制备：将 2-萘胺-1-磺酸(吐氏酸)重氮盐与 2-萘酚于 pH 9.5～10 偶合而得。用途：用于低成本溶剂型柔版印墨及化妆品着色剂。

颜料红 49：1（pigment red 49：1）　亦称"钡立索尔红"。CAS 号 1103-38-4。分子式 $C_{40}H_{26}BaN_4O_8S_2$，分子量 892.12。红色粉末。微溶于热水、乙醇、丙酮和氢氧化钠溶液；溶于硫酸，呈线光紫色。制备：将 2-萘胺-1-磺酸（吐氏酸）制得的重氮盐与 2-萘酚于 pH 9.5～10 的条件下偶合，再与氯化钡成盐而得。用途：主要用于印墨着色。

颜料红 53：1（pigment red 53：1）　亦称"金光红 C"。CAS 号 5160-02-1。分子式 $C_{34}H_{24}BaCl_2N_4O_8S_2$，分子量 888.93。黄红色或红橙色粉末。熔点 343～345℃，密度 1.66 g/cm³。微溶于水、乙醇，不溶于苯、丙酮。制备：由 2-氨基-4-甲基-5-氯苯磺酸制得的重氮盐与 2-萘酚偶合，再与氯化钡成盐而得。用途：主要用于硝基墨，也可用于胶印墨、表印墨和里印墨。

颜料红 68（pigment red 68）　亦称"永固红 68""永固红 NCR"。CAS 号 5850-80-6。分子式 $C_{34}H_{18}CaCl_2N_4Na_2O_{12}S_2$，分子量 895.61。红色粉末。制备：由 5-氨基-2-氯-4-磺酸苯甲酸制得的重氮盐与 2-萘酚偶合，再与氯化钙成盐制得。用途：主要用于塑料着色，也可用于金属印墨、化妆品着色。

颜料红 48：1（pigment red 48：1）　亦称"永固红 BB"。CAS 号 7585-41-3。分子式 $C_{18}H_{11}BaClN_2O_6S$，分子量 556.13。黄红色粉末。不溶于水和乙醇；溶于浓硫酸和浓硝酸，变为紫红色和棕光红色。制备：由 2B 酸（5-甲基-2-氨基-4-氯苯磺酸）制得的重氮盐与 2-羟基-3-萘甲酸偶合，再与氯化钙成盐制得。

用途：主要用于涂料、油墨、文教用品、涂料印花、塑料和橡胶的着色。

颜料红 48：2（pigment red 48：2）　亦称"永固红 2BS"。CAS 号 7023-61-2。分子式 $C_{18}H_{11}CaClN_2O_6S$，分子量 458.88。红色粉末。制备：将 2B 酸（5-甲基-2-氨基-4-氯苯磺酸）制得的重氮盐与 2-羟基-3-萘甲酸偶合，再与氯化钙成盐制得。用途：主要用于溶剂墨、胶印墨、水墨、水性漆、工业漆、塑料橡胶、涂料印花、文教用品着色。

颜料红 48：3（pigment red 48：3）　亦称"永固红 2B""耐晒红 BBS""富士红 ST"。CAS 号 15782-05-5。分子式 $C_{18}H_{11}ClN_2O_6SSr$，分子量 506.42。红色粉末。制备：由 2B 酸（5-甲基-2-氨基-4-氯苯磺酸）制得的重氮盐与 2-羟基-3-萘甲酸偶合，再与氯化锶成盐而得。用途：主要用于塑料着色（如 PVC、LDPE、PS、PUR、PP 等），亦可用于包装印墨着色。

颜料红 48：4（pigment red 48：4）　亦称"永固红 BBM""永固红 2BRS"。CAS 号 5280-66-0。分子式 $C_{18}H_{13}ClN_2O_6S$，分子量 420.82。红色粉末。制备：由 2B 酸（5-甲基-2-氨基-4-氯苯磺酸）制得的重氮盐与 2-羟基-3-萘甲酸偶合，再和氯化锰成盐制得。用途：用于涂料、聚烯烃及软质 PVC 的着色，也可用于包装印墨着色。

颜料红 52：1（pigment red 52：1）　亦称"新宝红 S6B"。CAS 号 17852-99-2。分子式 $C_{18}H_{11}CaClN_2O_6S$，分子量 458.88。红色粉末。制备：以 6-氯-3-氨基甲苯-4-磺酸制得的重氮盐与 2-羟基-3-萘甲酸偶合，再与氯化钙成盐制得。用途：主要应用于印墨，尤其是溶剂型包装印墨。

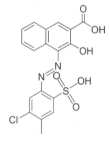

颜料红 57：1（pigment red 57：1）　亦称"立索尔红 BCA""罗宾红""艳红 6B"。CAS 号 5281-04-9。分子式 $C_{18}H_{12}N_2Na_2O_6S$，分子量 430.34。红色粉末。溶于热水，呈黄光红色，不溶于乙醇。制备：将 4-甲苯胺-2-磺酸制得的重氮盐与 2-羟基-3-萘甲

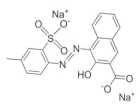

酸偶合,再与氯化钙成盐而得。用途:用于溶剂墨、胶印墨、水性漆、工业涂料、塑料橡胶、文教用品着色。

颜料红 58:1(pigment red 58:1)　亦称"柏胶大红 LG""永固大红 LG"。CAS 号 76613-71-3。分子式 $C_{17}H_9BaClN_2O_6S$,分子量 542.10。黄红色粉末。制备:由 4-氯-3-磺酸苯胺制得的重氮盐与 2-羟基-3-萘甲酸偶合,再与氯化钡成盐而得。用途:用于油墨、塑料制品及文教用品的着色,尤其用于橡胶制品的着色。

颜料红 151(pigment red 151)　CAS 号 61013-97-6。分子式 $C_{23}H_{15}BaN_3O_8S_2$,分子量 662.83。制备:由邻氨基苯磺酸制得的重氮盐与 3-羟基-N-(4'-磺酸基苯基)-2-萘甲酰胺偶合,再与氯化钡成盐而得。用途:用于塑料着色,也用于聚苯乙烯及 ABS 着色。

颜料红 243(pigment red 243)　CAS 号 50326-33-5。分子式 $C_{50}H_{38}BaCl_2N_6O_{12}S_2$,分子量 1 187.23。制备:由 2B 酸(5-甲基-2-氨基-4-氯苯磺酸)制得的重氮盐与色酚 AS-OL 偶合,再与氯化钡成盐而得。用途:用于塑料的着色。

颜料黄 104(pigment yellow 104)　亦称"日落黄铝色淀""食品黄 3:1""食用黄色 5 号铝色淀"。CAS 号 15790-07-5。分子式 $C_{16}H_9AlN_2O_7S_2$,分子量 432.36。橙黄色粉末。制备:由对氨基苯磺酸制得的重氮盐与薛弗酸(2-萘酚-6-磺酸)偶合成钠盐产物 C. I. 食品黄 3,再转变为铝盐色淀而得。用途:应用于食品、医药及化妆品着色。

颜料蓝 15(phthalocyanine blue)　亦称"铜钛菁""酞菁蓝 B"。CAS 号 147-14-8。分子式 $C_{32}H_{16}CuN_8$,分子量 576.08。蓝色粉末。色泽鲜艳,着色力强。不溶于水及有机溶剂。制备:由苯酐与尿素、氯化亚铜缩合制得。用途:用于胶印墨、水性墨、溶剂墨、工业漆、水性漆、溶剂漆、塑料橡胶的着色。

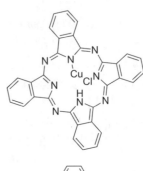

颜料蓝 15:2(pigment blue 15:2)　亦称"酞菁蓝 Bsx"。CAS 号 12239-87-1。分子式 $C_{32}H_{17}ClCuN_8$,分子量 612.53。制备:由邻苯二甲酸酐、尿素、氯化亚铜及钼酸铵缩合,再与氯气反应而得。用途:用于胶印墨、水性墨、溶剂漆、工业涂料、塑料橡胶、涂料印花、文教用品的着色。

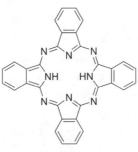

颜料蓝 16(pigment blue 16)　亦称"酞菁"。CAS 号 574-93-6。分子式 $C_{32}H_{18}N_8$,分子量 514.55。蓝紫色粉末。色泽鲜艳,着色力强。熔点>550℃。制备:邻苯二腈和醇的钠盐反应生成酞菁的双钠盐,再与甲醇作用脱钠而得。用途:用于丙烯酸树脂金属装饰漆,也可用于塑料着色。

颜料绿 7(pigment green 7)　亦称"酞菁绿 G"。CAS 号 1328-53-6。分子式 $C_{32}Cl_{16}CuN_8$,分子量 1 127.15。绿色粉末。密度 2.0 g/cm³。制备:以铜酞菁为原料经氯化制得。用途:用于溶剂墨、胶印墨、水性墨、溶剂漆、水性漆、工业涂料、塑料橡胶、涂料印花、文教用品的着色。

颜料黄 138(pigment yellow 138)　CAS 号 30125-47-4。分子式 $C_{26}H_6Cl_8N_2O_4$,分子量 693.94。黄色粉末。制备:由 2-甲基-8-氨基喹啉与四氯代邻苯二甲酸酐经缩合反应制得。用途:用于塑料和涂料、油漆的着色,也应用于合成纤维的原液着色。

颜料蓝 61(pigment blue 61)　亦称"射光蓝 R""碱性蓝 D 6 200"。CAS 号 1324-76-1。分子式 $C_{37}H_{29}N_3O_3S$,分子量 595.72。蓝色粉末。不溶于冷水;溶于热水,呈蓝色;

溶于乙醇,呈绿光蓝色。制备:通过苯胺蓝磺化、溶解、酸化而得。用途:用于油墨中黑色印墨的调色剂。

颜料蓝 1(pigment blue 1) 亦称"孔雀蓝"。CAS 号 1325-87-7。分子式 $C_{33}H_{40}N_3^+$,分子量 478.70。蓝色粉末。微溶于水;溶于热水,易溶于乙醇,呈蓝色;溶于浓硫酸,呈棕黄色,在稀硫酸中呈浅绿到蓝色。制备:由四乙基米氏酮与 N-乙基甲萘胺在三氯氧磷中缩合,然后加入铝钡白、磷钨钼酸色淀化制得。用途:用于溶剂墨、胶印墨、水性墨、文教用品。

还原红 41(Vat Red 41;thioindigo red B) 亦称"还原红 5B""硫靛红 B""硫代靛蓝"。CAS 号 522-75-8。分子式 $C_{16}H_8O_2S_2$,分子量 296.36。深红色粉末。熔点 280℃。不溶于水,微溶于乙醇,易溶于氯仿、苯、氯苯、甲苯、二甲苯及二甲基甲酰胺等有机溶剂;在溶液中呈带荧光的红色,于浓硫酸中呈艳蓝光绿色,稀释后显示带荧光的蓝光红色绒毛状沉淀,于酸性溶液中呈浅黄色。制备:将邻氨基苯甲酸重氮化、巯基化,然后与氯乙酸钠缩合、闭环,再经氧化而得。用途:用于各种塑料的着色,如聚苯乙烯、聚碳酸酯、ABS 树脂、乙酸纤维等,也用于涤纶纤维的原浆着色。

颜料红 88(pigment red 88) CAS 号 14295-43-3。分子式 $C_{16}H_4Cl_2O_2S_2$,分子量 434.13。黄光红色粉末。对织物有很好的附着力。制备:2,5-二氯苯硫酚与氯代乙酸缩合,再与氯磺酸成环、氧化而得。用途:用于汽车底漆(OEM)、工业涂料、塑料(PVC、PUR)、墨水的着色,也用于聚丙烯及聚丙烯腈的原浆着色。

颜料黄 120(pigment yellow 120) 亦称"PV 耐晒黄 H 2G""永固黄 H 2G"。CAS 号 29920-31-8。分子式 $C_{21}H_{19}N_5O_7$,分子量 453.41。黄色粉末。制备:将 5-氨基间苯二甲酸甲酯制得的重氮盐与 5-乙酰基乙酰氨基苯并咪唑酮-2(AABI)在弱酸性(pH 5~6)条件下中偶合而得。用途:应用于塑料着色,高档金属、邮票及包装装饰的印墨。

颜料黄 151(pigment yellow 151) 亦称"颜料黄 H4G"。CAS 号 31837-42-0。分子式 $C_{18}H_{15}N_5O_5$,分子量 381.35。亮黄色粉末。制备:由邻氨基苯甲酸制得的重氮盐与 5-乙酰基乙酰氨基苯并咪唑酮-2(AABI)偶合而得。用途:用于高档工业涂料、汽车底漆(OEM),也可用于聚酯层压塑料薄膜印刷油墨的着色。

颜料黄 154(pigment yellow 154) CAS 号 68134-22-5。分子式 $C_{18}H_{14}F_3N_5O_3$,分子量 405.34。黄色固体。制备:由 2-三氟甲基苯胺制得的重氮盐与 5-乙酰基乙酰氨基苯并咪唑-2-酮偶合而得。用途:用于涂料,也用于软质及硬质 PVC 塑料户外产品着色。

颜料橙 36(pigment orange 36) CAS 号 12236-62-3。分子式 $C_{17}H_{13}ClN_6O_5$,分子量 416.78。橙色粉末。制备:由 2-硝基-4-氯苯胺制得的重氮盐与 5-乙酰基乙酰氨基苯并咪唑-2-酮偶合而得。用途:用于车漆(OEM)、包装印墨、金属装饰印墨中,也可用于 PVC,不饱和聚酯着色。

颜料黄 93(pigment yellow 93) CAS 号 5580-57-4。分子式 $C_{43}H_{35}Cl_5N_8O_6$,分子量 937.05。黄色固体。制备:由 3-氨基-4-氯苯甲酸制得的重氮盐与 2-甲基-5-氯-1,4-双乙酰基乙酰氨基苯偶合,再与氯化亚砜反应,然后与 2-甲基-3-氯苯胺缩合而得。用途:应用于塑料 PVC、PP 原浆着色,也用于涂料印花色浆、高档包装印墨及装饰漆着色。

颜料黄 95(pigment yellow 95) CAS 号 5280-80-8。分子式 $C_{44}H_{38}Cl_4N_8O_6$,分子量 916.64。黄色粉末。制

备：由 3-氨基-4-氯苯甲酸制得的重氮盐与 2,5-双乙酰基乙酰氨基-1,4-二甲基苯偶合，然后与氯化亚砜反应，再与 2-甲基-5-氯-苯胺缩合而得。用途：用于塑料与原浆着色，也用作高档金属装饰印墨、溶剂印墨及包装印墨。

颜料棕 23（pigment brown 23）　CAS 号 35869-64-8。分子式 $C_{40}H_{23}Cl_3N_8O_8$，分子量 850.02。棕色固体。制备：由 2-硝基-4-氯苯胺制得的重氮盐与 2-羟基-3-萘甲酸偶合，然后与氯化亚砜反应，再与 2-氯-1,4-对苯二胺进行缩合而得。用途：用于塑料、涂料的着色。

颜料紫 19（pigment violet 19）　亦称"喹吖啶酮"（quinacridone）。CAS 号 1047-16-1。分子式 $C_{20}H_{12}N_2O_2$，分子量 312.33。紫红色粉末。色泽鲜艳，着色力强。熔点 390℃，密度 1.464 g/cm^3。不溶于水和多数有机溶剂。制备：由丁二酸二乙酯与乙醇钠生成对苯二酚-2,5-二羧酸乙酯氢化物，再与苯胺进行缩合，然后经闭环、氧化而得。用途：用于油墨、油漆、高档塑料树脂、涂料印花、软质塑胶制品的着色。

颜料红 122（pigment red 122）　亦称"2,9-二甲基喹吖啶酮"（2,9-dimethylquinacridone）。CAS 号 980-26-7。分子式 $C_{22}H_{16}N_2O_2$，分子量 340.38。洋红色粉

末。熔点＞400℃（分解），密度 1.45 g/cm^3。制备：丁二酸二乙酯在醇钠中自身缩合生成丁二酰丁二酸二甲酯，再经与对甲苯胺进行缩合、闭环、氧化而得。用途：用于高档汽车涂料、印墨与塑料的着色。

颜料红 123（pigment red 123）　亦称"颜料大红 R"。CAS 号 24108-89-2。分子式 $C_{40}H_{26}N_2O_6$，分子量 630.66。红色粉末。密度 1.45 g/cm^3。制备：由 3,4,9,10-苝四甲酸二酐与对乙氧基苯胺进行氨解反应而得。用途：用于乙烯和聚乙烯塑料、乙酸纤维原浆着色、织物印染、乙烯和丙烯酸漆等。

颜料红 149（pigment red 149）　亦称"永固红 BC"。CAS 号 4948-15-6。分子式 $C_{40}H_{26}N_2O_4$，分子量 598.66。红色粉末。熔点 200～201℃。制备：由 3,4,9,10-苝四甲酸二酐与间二甲基苯胺加热进行氨解反应而得。用途：用于高级塑料、油漆、涂料、油墨的着色。

颜料红 179（pigment red 179）　亦称"C.I 瓮红 23""阴丹士林红 2G"。CAS 号 5521-31-3。分子式 $C_{26}H_{14}N_2O_4$，分子量 418.41。红色固体。熔点 207～208℃。制备：由 3,4,9,10-苝四甲酸二酐与甲胺进行胺解反应而得。用途：用于汽车漆和汽车修补漆。

颜料橙 43（pigment orange 43）　亦称"还原橙 7""还原艳橙 GR"。CAS 号 4424-06-0。分子式 $C_{26}H_{12}N_4O_2$，分子量 412.41。细橙红色粉末。不溶于水、丙酮、乙醇、氯仿、甲苯，微溶于吡啶和邻氯苯酚；于浓硫酸中呈暗红光黄色，在酸性液中呈红光棕色。制备：1,4,5,8-萘四甲酸和邻苯二胺在乙酸介质中缩合，再经分离提纯而得。

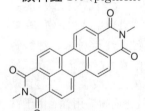

用途：用于棉织品的深色印花。

颜料红 194（pigment red 194）　亦称"还原红 2R""还原红 15"。CAS 号 4216-02-8。分子式 $C_{26}H_{12}N_4O_2$，分子量 412.41。红色粉末。熔点 490～492℃。不溶于水、丙酮和乙醇，微溶于氯仿、吡啶、甲苯；于浓硫酸中呈红光橙色。制备：邻苯二胺与 1,4,5,8-萘四甲酸缩合后过滤而得。用途：主要用于建筑涂料着色、棉布印染以及乳胶漆户外着色、聚丙烯的原浆着色，也用作有机颜料。

颜料紫 23（pigment violet 23）　亦称"永固紫 RL""咔唑紫"。CAS 号 6358-30-1。分子式 $C_{35}H_{23}Cl_2N_3O_2$，分子量 588.49。蓝光紫色固体。熔点 385℃（分解），密度 1.53 g/cm³。制备：由 3-氨基-9-乙基咔唑、邻二氯苯、水、乙酸钠、苄基三甲基氯化铵与四氯苯醌加热处理而得。用途：用于多种涂料、塑料、有机玻璃、橡胶、纺织印花、水性墨、包装印刷等领域。

颜料黄 109（pigment yellow 109）　亦称"异吲哚啉酮黄""依尔加净黄 2GLTE"。CAS 号 5045-40-9。分子式 $C_{23}H_8Cl_8N_4O_2$，分子量 655.94。制备：由四氯苯酐通过氯化反应合成 3,3,4,5,6,7-六氯异吲哚啉酮，再与 2-甲基-1,3-苯二胺缩合而得。用途：用于涂料、塑料与印墨着色，也用于建筑涂料与乳胶漆着色。

颜料黄 110（pigment yellow 110）　亦称"费斯道肯黄 GR"。CAS 号 5590-18-1。分子式 $C_{22}H_6Cl_8N_4O_2$，分子量 641.92。黄色粉末。密度 1.93 g/cm³。制备：由四氯苯酐通过氯化反应合成 3,3,4,5,6,7-六氯异吲哚啉酮，再与对苯二胺缩合而得。用途：用于金属装饰漆、汽车涂料及乳胶漆、塑料着色，也用于各种印墨、美术颜料、溶剂型木材着色等。

颜料黄 139（pigment yellow 139）　亦称"异吲哚啉黄"。CAS 号 36888-99-0。分子式 $C_{16}H_9N_5O_6$，分子量 367.28。黄色粉末。制备：由二亚胺基异吲哚啉与巴比妥酸缩合而得。用途：主要用于汽车涂料、油墨、工业漆、塑料、橡胶等的着色。

颜料橙 61（pigment orange 61）　CAS 号 40716-47-0。分子式 $C_{29}H_{12}Cl_8N_6O_2$，分子量 760.06。红光橙色粉末。密度 1.78 g/cm³。制备：由 3,3,4,5,6,7-六氯代异吲哚啉酮与 4,4′-二氨基-3-甲基偶氮苯在邻二氯苯介质中于 170℃下反应而得。用途：用于氯乙烯、聚烯烃着色以及工业涂料，如汽车底漆（OEM）、农机漆及乳胶漆等。

颜料红 254（pigment red 254）　CAS 号 84632-65-5。分子式 $C_{18}H_{10}Cl_2N_2O_2$，分子量 357.19。红色粉末。密度 1.57 g/cm³。制备：由对氯苯腈和丁二酸二异丙酯（或二乙酯）反应制得。用途：用于涂料、油墨、塑料、橡胶着色以及合成纤维的原浆着色。

颜料红 255（pigment red 255）　系统名"3,6-二苯基-2,5-二氢吡咯并[3,4-c]吡咯-1,4-二酮"。CAS 号 120500-90-5。分子式 $C_{18}H_{12}N_2O_2$，分子量 288.31。红色固体。熔点 372℃。制备：由苯甲腈和丁二酸二乙酯反应制得。用途：用于高档工业涂料，尤其是汽车底漆（OEM），也可用于塑料着色及包装印墨、装饰印墨。

颜料绿 36（pigment green 36）　亦称"颜料绿 38""颜料绿 41"。CAS 号 14302-13-7。分子式 $C_{32}Br_6Cl_{10}CuN_8$，分子量 1 393.88。黄光绿色粉末。颜色鲜艳，着色力高。不溶于水和有机溶剂；溶于浓硫酸呈黄棕色。制备：由酞菁铜、三氯化铝、氯化钠及溴化钠加热、通入氯气反应，再经后处理制得。用途：用于涂料，尤其是高档汽车涂料，也可用于印墨、塑料着色。

颜料红 172（pigment red 172；erythrosine lake；2,4,5,7-tetraiodide-fluorescein aluminum salt）　亦称"食品红 14∶1""赤藓红"。CAS 号 12227-78-0。分子式

$C_{60}H_{24}Al_2I_{12}O_{15}$，分子量 2 555.61。红色粉末。制备：由邻苯二甲酸酐与间苯二酚缩合生成荧光黄，然后通过碘化反应制备出酸性地衣红，再与铝盐作用而得。用途：主要用于化妆品中。

颜料黄 101（pigment yellow 101）　亦称"荧光黄L"。CAS 号 2387-03-3。分子式 $C_{22}H_{16}N_2O_2$，分子量 340.38。黄绿色粉末。熔点 292～293℃，密度 1.377 g/cm^3。制备：由 2-羟基-1-萘甲醛与肼缩合而得。用途：作荧光颜料，用于塑料及黏胶纤维的原浆、高档印墨与涂料着色、美术色及荧光记号笔等。

颜料红 251（pigment red 251）　CAS 号 74336-60-0。分子式 $C_{25}H_{13}Cl_2N_5O_3$，分子量 502.31。红色粉末。密度 1.66 g/cm^3。制备：由 1-氨基蒽醌重氮盐和氯代吡唑并喹唑酮衍生物偶合而得。用途：作汽车涂料、空气自干漆及乳胶漆着色。

氯化翠雀色素（delphinidin chloride）　亦称"飞燕草色素""翠雀花素"。CAS 号 528-53-0。分子式 $C_{15}H_{11}ClO_7$，分子量 338.70。棕红色片状晶体。熔点＞350℃。溶于水、甲醇、乙醇、二甲基亚砜。制备：从漆树果实或金缕梅叶子等中分离提取。用途：作色素，用于生物活性测试。

高分子聚合物、材料重要的有机单体、合成助剂、催化剂等

乙烯　释文见 336 页。

丙烯　释文见 336 页。

氟乙烯（1-fluoroethene）　亦称"氟化乙烯""乙烯基氟"。CAS 号 75-02-5。分子式 C_2H_3F，分子量 46.04。无色无臭气体。熔点-160.5℃，沸点-72.2℃，闪点-120℃，密度 0.853^{-72} g/mL，相对密度 1.6(空气＝1)。不溶于水，溶于乙醇、乙醚、丙酮等。制备：由乙炔与氟化氢催化加成而得；或由氯乙烯先与氟化氢加成，然后再加热消除氯化氢后制得。用途：用于生产聚氟乙烯以及其他树脂。

苯乙烯　释文见 339 页。

对二乙烯基苯　即"1,4-二乙烯基苯"(344)页。

3-氟苯乙烯　释文见 339 页。

4-氟苯乙烯　释文见 339 页。

2-氯苯乙烯　释文见 339 页。

3-氯苯乙烯　释文见 339 页。

4-氯苯乙烯　释文见 339 页。

2-溴苯乙烯　释文见 340 页。

3-溴苯乙烯　释文见 340 页。

4-溴苯乙烯　释文见 340 页。

4-乙烯基苯硼酸　释文见 543 页。

4-氨基苯乙烯（4-aminostyrene）　亦称"4-乙烯基苯胺"。CAS 号 1520-21-4。分子式 C_8H_9N，分子量 119.17。淡黄色至红色油状液体或低熔点固体。常加入 0.1％ 对叔丁基邻苯二酚作稳定剂。熔点 23～24℃，沸点 92～94℃(4 Torr)，闪点＞110℃，密度 1.017^{25} g/mL，折射率 1.626 0。微溶于水，溶于甲醇、丙酮、苯等有机溶剂。制备：由对碘苯胺和四乙烯硅烷为原料合成而得。用途：作聚合物单体。

4-甲氧基苯乙烯　释文见 339 页。

4-叔丁基苯乙烯　释文见 340 页。

2，3，4，5，6-五氟苯乙烯（2，3，4，5，6-pentafluorostyrene）　CAS 号 653-34-9。分子式 $C_8H_3F_5$，分子量 194.1。无色液体。易聚合，常加入 250 ppm 叔丁基邻苯二酚作稳定剂。沸点 139～140℃，闪点 34℃，密度 1.429 5 g/mL，折射率 1.444 1。不溶于水，溶于乙醇等有机溶剂。制备：由五氟溴苯与溴乙烯为原料合成制得；或由 1-(五氟苯基)乙醇在氧化铝存在下加热(350℃)脱水而得；或由五氟苯甲醛通过 Wittig 反应合成而得。用途：作聚合物单体、制造薄膜材料。

异丁烯　即"2-甲基丙烯"(336 页)。

氯乙烯（chloroethylene）　亦称"乙烯基氯"。CAS 号 75-01-4。分子式 C_2H_3Cl，分子量 62.50。无色气体。熔点-153.8℃，沸点-13.9℃，密度 $0.983 4^{-20}$ g/mL，相对密度 2.2(空气＝1)，折射率 0.901 4。微溶于水，溶于乙醇、乙醚、丙酮、苯等大多数有机溶剂。制备：由乙烯与氯气在三氯化铁催化剂存在下氯化，生成 1,2-二氯乙烷，经精制后高温裂解而得。用途：作单体，用以制造聚氯乙烯均聚物，也可与乙酸乙酯、丁二烯等共聚；用作染料及香料的萃取剂，还用作冷冻剂。

1,1-二氯乙烯（1,1-dichloroethylene）　亦称"偏二氯乙烯"。CAS 号 75-35-4。分子式 $C_2H_2Cl_2$，分子量 96.94。具有类似氯仿气味的无色液体，易

挥发,有毒!熔点-122.6℃,沸点31.56℃,闪点-19℃(闭杯),密度1.219 g/mL,相对密度3.3(空气=1)。在光或催化剂作用下极易聚合,常加入阻聚剂作稳定剂,也可用氮气、二氧化碳、碱的水溶液等密封贮存。不溶于水,溶于乙醚、苯等多种有机溶剂。制备:工业上由氯乙烯与氯气在铁屑催化下于80~90℃反应制得1,1,2-三氯乙烷,然后将其与氢氧化钠在80~90℃反应,脱去氯化氢而得。用途:作农药中间体,用于制备二氯菊酸甲酯等;曾用于自身聚合形成聚偏二氯乙烯,作包装的薄膜材料,现主要与氯乙烯、丙烯腈、丁二烯、甲基丙烯酸、甲基丙烯酸甲酯等多种单体聚合形成共聚物,用于材料领域。

四氟乙烯 释文见531页。

三氟氯乙烯(chlorotrifluoroethylene) CAS号79-38-9。分子式C_2ClF_3,分子量116.47。无色气体,略带乙醚样气味。熔点-158℃,沸点-28.4℃,闪点-27.8℃,密度1.44^{-158} g/cm^3,相对密度4.13(空气=1)。溶于醚类溶剂。制备:由三氟三氯乙烷在锌粉作用下脱氯而得。用途:作高分子单体,用于制备聚三氟氯乙烯树脂及氟橡胶、塑料、薄膜、涂料等;也作制冷剂、有机合成原料,用于制备防腐剂、氟氯润滑油、氟烷麻醉剂等。

1,3-丁二烯 释文见342页。

异戊二烯(isoprene) 系统名"2-甲基-1,3-丁二烯"。CAS号78-79-5。分子式C_5H_8,分子量68.12。无色易挥发液体,有芳香气味。熔点-146℃,沸点34℃,密度0.678 g/mL,折射率1.4213。不溶于水,溶于乙醇、乙醚、丙酮等多数有机溶剂。制备:是炼厂催化裂化汽油得到的碳五馏分的重要组分;可通过溶剂抽提精制;工业上也可通过异戊烷和异戊烯脱氢法制得。用途:作合成橡胶的重要单体,主要用于生产性能接近天然橡胶的聚异戊二烯橡胶,也用于合成树脂、制造农药、医药、香料及黏结剂等;作试剂,在有机合成中作Diels-Alder反应中的双烯反应试剂,用于六元碳环和杂环化合物的合成。

2-氯丁二烯(2-chloro-1,3-butadiene) CAS号126-99-8。分子式C_4H_5Cl,分子量88.54。无色液体,有特殊刺鼻气味,易挥发。熔点-130℃,沸点59.4℃,闪点-20℃,密度0.9583 g/mL,折射率1.4585。微溶于水,溶于乙醇、苯。制备:由乙炔二聚得到的乙烯基乙炔与氯化氢加成而得。用途:作制造氯丁橡胶的单体。

丙烯酸(acrylic acid;propenoic acid) CAS号79-10-7。分子式$C_3H_4O_2$,分子量72.06。具有刺激性气味的无色液体。易聚合,常添加200 ppm 4-甲氧基苯酚作稳定剂。熔点13℃,沸点138~139℃,闪点54℃,密度1.051 g/mL,折射率1.4202。溶于水,可溶于乙醇、乙醚等有机溶剂中。制备:可通过乙炔羰化法、丙烯腈水解法和丙烯氧化法制备,其中丙烯氧化法是其主要的合成方法;或由氯乙醇和氰化钠为原料制得氰乙醇,再在硫酸存在下于175℃水解制得;或由乙烯酮与无水甲醛在铜催化下反应生成β-丙内酯,再与热的100%磷酸接触、异构化制得。用途:作高分子单体,通过均聚或共聚制备高聚物,用于涂料、黏合剂、固体树脂、模塑料等;作试剂,用于有机合成。

丙烯酰胺(acrylamide;2-propenamide) CAS号79-06-1。分子式C_3H_5NO,分子量71.08。无色或白色无味结晶。熔点82~86℃,沸点125℃(25 Torr),35℃(0.014 Torr)升华,密度1.322 g/cm^3,折射率1.460。溶于水、乙醇、丙酮、乙醚和三氯乙烷,不溶于苯。制备:由丙烯腈和水在硫酸存在下水解成丙烯酰胺的硫酸盐,然后用液氨中和即可制得。用途:作聚丙烯酰胺的单体,其聚合物或共聚物用作化学灌浆物质、土壤改良剂、絮凝剂、胶黏剂和涂料等。

丙烯酸甲酯 释文见476页。

α-甲基丙烯酸甲酯 释文见477页。

丙烯腈(acrylonitrile;propenenitrile) 亦称"氰基乙烯"。CAS号107-13-1。分子式C_3H_3N,分子量53.06。有微臭气味的无色液体。易聚合,常加入40 ppm对甲氧基苯酚作稳定剂。熔点-83.5℃,沸点77~78℃,闪点0℃,密度0.8059 g/mL,折射率1.3913。微溶于水,溶于丙酮、乙醇、苯、四氯化碳、乙酸乙酯、甲醇、乙醚等多数有机溶剂。制备:由环氧乙烷和氢氰酸在水-三甲胺存在下反应制得氰基乙醇,然后以碳酸镁为催化剂,解热脱水而得;或由丙烯、氨气在催化剂存在下通过空气氧化制得;或以氯化亚铜和氯化铵为催化剂,由乙炔与氢氰酸作用而得。用途:用于制造丙烯腈纤维及碳纤维;用于生产染料、抗氧化剂、表面活性剂等。

乙酸乙烯酯 释文见474页。

丙烯酸乙氧基乙酯(acrylic acid 2-(2-ethoxy-ethoxy)ethyl ester;di(ethylene glycol)ethyl ether acrylate) 亦称"丙烯酸卡必酯"。CAS号7328-17-8。分子式$C_9H_{16}O_4$,分子量188.22。无色或淡黄色透明液体。常加入1 000 ppm对甲氧基苯酚作稳定剂。沸点45℃(0.1 Torr),闪点>110℃,密度1.0145 g/mL,折射率1.4401。制备:由丙烯酰氯与二乙二醇单乙醚反应而得。用途:作单体,用于油墨、阻焊油墨、塑料、木材、纸张涂层等。

乙烯基二茂铁(vinylferrocene) CAS号1271-51-8。分子式$C_{12}H_{12}Fe$,分子量212.07。黄色至橙色晶体或粉末。熔点52~55℃,沸点80~85℃(0.7 Torr),闪点

62℃。不溶于水。制备：由二茂铁甲醛通过 Wittig 反应制得；或由二茂铁在磷酸等催化剂作用下与乙酸酐或乙酰氯制得单乙酰基二茂铁，用氢化锂铝或硼氢化钠还原成 α-二茂铁基乙醇，再经脱水而得。用途：具有良好的电性能、磁性能和氧化还原性能，用于与带功能性基团的乙烯基单体共聚，有利于提高修饰电极电子转移效率。

乙烯基磺酸（ethenesulfonic acid; vinylsulfonic acid） CAS 号 1184-84-5。分子式 $C_2H_4O_3S$，分子量 108.11。无色黏稠油状液体。沸点 114～115℃（0.5 Torr），密度 $1.392\ 1^{25}$ g/mL，折射率 1.449 9。与水混溶。制备：由乙烷-1,2-二磺酰氯或乙烯磺酰氯水解而得；或通过乙烯与三氧化硫反应而得。用途：常用其钠盐。作乳液聚合涂料的单体、共聚型稳定剂、光化学和生物缓冲剂中的中间体，也用于镀镍（光亮剂、流平剂）、油基泥浆和水处理。

乙烯基膦酸（ethenephosphonic acid; vinylphosphonic acid） CAS 号 1746-03-8。分子式 $C_2H_5O_3P$，分子量 108.03。无色至浅黄色固体。熔点 41～45℃，闪点 113℃，密度 $1.389\ 2$ g/cm³，折射率 1.473 5。与水混溶。制备：由乙烯及三氯化磷为原料，经氧化生成 1-二氯磷酰基-2-氯乙烷，再经水解而制得。用途：作喷墨用油墨的添加剂、染料助剂，用于制造含水量大、膨润性高的高黏度触变型胶囊；其共聚物还可用作电泳涂料；也用作口腔医护品。

5-乙烯基双环[2.2.1]庚-2-烯（5-vinylbicyclo[2.2.1]hepta-2-ene） 亦称"5-乙烯基-2-降冰片烯"。CAS 号 3048-64-4。分子式 C_9H_{12}，分子量 120.20。无色液体。易聚合，常加入 80～150 ppm 3,5-二叔丁基-4-羟基甲苯作稳定剂。熔点 -80℃，沸点 140～141℃、57℃（50 Torr），密度 $0.886\ 7$ g/mL，折射率 1.481 9。不溶于水，溶于甲苯或正己烷。制备：由 5-降冰片烯-2-甲醛通过 Wittig 反应制得；或由环戊二烯与 1,3-丁二烯在高压釜中通过 Diels-Alder 反应制得。用途：作高分子合成单体，用于制造乙丙橡胶等。

2-乙烯基吡嗪（2-vinylpyrazine） CAS 号 4177-16-6。分子式 $C_6H_6N_2$，分子量 106.13。稻黄色至暗棕色液体。沸点 75～77℃（30 Torr），闪点 60℃，密度 1.046 g/mL，折射率 1.556 5。微溶于水及乙醇。制备：以 2-甲基哌嗪或 2-(吡嗪-2-基)乙醇合成制得。用途：作试剂，用于有机合成。

10-十一碳烯酸乙烯酯（vinyl 10-undecenoate; ω-undecylenic acid vinyl ester） CAS 号 5299-57-0。分子式 $C_{13}H_{22}O_2$，分子量 210.32。常加入对甲氧基苯酚作稳定剂。沸点 102℃（1～2 Torr），密度 0.878 g/mL，折射率 $1.444\ 2^{30}$。制备：由 10-十一碳烯酸酰氯与乙醛在吡啶存在下反应制得。用途：作试剂，用于有机合成。

2,4,6,8-四甲基-2,4,6,8-四乙烯基环四硅氧烷（2,4,6,8-tetramethyl-2,4,6,8-tetravinyl-cyclotetrasiloxane） CAS 号 2554-06-5。分子式 $C_{12}H_{24}O_4Si_4$，分子量 344.66。无色至极淡的黄色透明液体。熔点 -43.5℃，沸点 224℃、110℃（10 Torr），闪点 112℃，密度 0.997 g/mL，折射率 1.434 2。溶于大多数有机溶剂。制备：由二氯甲基乙烯基硅在甲苯中与水反应而得。用途：用作制造高乙烯基硅油、高乙烯基硅橡胶、液体硅胶、乙烯基羟基硅油等过程中的添加剂；作试剂，用于合成枝状高分子，也用于与芳基卤化物交叉偶联反应、制备苯乙烯衍生物。

三羟甲基丙烷（1,1,1-tri(hydroxymethyl)propane; trimethylolpropane） 亦称"2,2-二羟甲基丁醇"，系统名"2-乙基-2-羟甲基-1,3-丙二醇"。CAS 号 77-99-6。分子式 $C_6H_{14}O_3$，分子量 134.18。白色片状结晶。熔点 59～60℃，沸点 160℃（0.7 Torr），闪点 172℃，密度 1.15 g/cm³。易溶于水、甘油、低级醇和 N,N-二甲基甲酰胺，部分溶于丙酮和乙酸乙酯，微溶于四氯化碳、乙醚和氯仿，不溶于烃类和氯代烃类溶剂。制备：由正丁醛与甲醛在碱性条件下的缩合反应制得。用途：作树脂行业的扩链剂，也用于合成表面活性剂、增塑剂、润湿剂、航空润滑油、炸药以及印刷油墨等，还用作纺织助剂和聚氯乙烯树脂的热稳定剂。

三羟甲基丙烷三(3-巯基丙酸)酯（trimethylolpropane tris(3-mercaptopropionate)） 系统名"3-巯基丙酸-2-乙基-2-[(3-巯基-1-氧代丙氧基)甲基]-1,3-丙二酯"。CAS 号 33007-83-9。分子式 $C_{15}H_{26}O_6S_3$，分子量 398.55。无色透明液体。沸点 220℃（0.3 Torr），密度 1.21^{25} g/mL，折射率 1.518。不溶于水。制备：由三羟甲基丙烷与 3-巯基丙酸在酸性催化剂作用下脱水酯化而得。用途：作连接剂、聚合改性剂和光固化剂，也用作有机合成中间体。

异氰脲酸三(2-丙烯酰氧乙基)酯（isocyanuric acid tris(2-acryloyloxyethyl) ester） CAS 号 40220-08-4。分子式 $C_{18}H_{21}N_3O_9$，分子量 423.38。白色固体。含吩噻嗪作稳定剂。熔点 52～53℃，密度 1.298 g/cm³。不溶于水。制备：由三(2-羟乙基)异氰脲酸酯与丙烯酸在

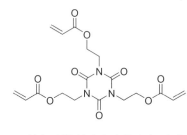

对甲苯磺酸催化下进行酯化反应而得。用途：作特种单体，具有优异的热稳定性、耐候性和阻燃性；作交联剂，具有固化速度快和交联密度高的优点；用于制备柔性凝胶聚合物电解质膜。

季戊四醇四（巯基乙酸）酯（pentaerythritol tetrakis（2-mercapto-acetate））　CAS 号 10193-99-4。分子式 $C_{13}H_{20}O_8S_4$，分子量 432.54。无色透明液体。沸点 250℃（1 Torr），密度 1.385^{25} g/mL，折射率 1.547。不溶于水。制备：由季戊四醇与巯基乙酸在对甲苯磺酸催化下进行酯化反应而得。用途：作聚合改性剂、联结剂以及酸性离子交换催化剂。

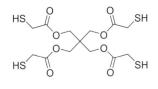

三甲基（乙烯氧基）硅烷（trimethylsiloxyethene）　亦称"三甲基硅基乙烯基醚"。CAS 号 6213-94-1。分子式 $C_{15}H_{12}OSi$，分子量 116.24。淡黄色透明液体。熔点<0℃，沸点 74～75℃，闪点-19℃，密度 0.770 9 g/mL，折射率 1.387 2。不溶于水。制备：由三甲基氯硅烷与乙醛在 DBU 或三乙胺作用反应而得。用途：作有机硅合成中间体及偶联剂。

1，1′-二茂铁二甲酸（1，1′-ferrocenedicarboxylic acid）　CAS 号 1293-87-4。分子式 $C_{12}H_{10}FeO_4$，分子量 274.05。橙色或黄色粉末。熔点≥300℃。不溶于水。制备：由 1，1′-二乙酰基二茂铁用 NaOCl 氧化而得；或在三氯化铝催化下，将二氧化碳通入二茂铁的甲苯溶液进行羧基化而得。用途：作试剂、制备配位聚合物。

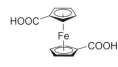

外-2，3-环氧降莰烷（exo-2，3-epoxynorbornane）　系统名"3-氧杂三环[3.2.1.0²,⁴]辛烷"。CAS 号 278-74-0。分子式 $C_7H_{10}O$，分子量 110.16。熔点 123～125℃，85℃升华，密度 1.159 g/cm³。不溶于水。制备：由降冰片烯通过环氧化制得。用途：作试剂、医药中间体、聚合物单体。

DL-丙交酯（DL-lactide）　系统名"3,6-二甲基-1,4-二氧杂环己烷-2,5-二酮"。CAS 号 95-96-5。分子式 $C_6H_8O_4$，分子量 144.13。白色结晶粉末。熔点 124～126℃，沸点 138～142℃（8 Torr），闪点 180℃，密度 1.186 g/cm³。不溶于水，易溶于氯仿和乙醇。制备：在催化剂存在下由 DL-乳酸通过脱水环化合成而得。用途：作试剂；可开环

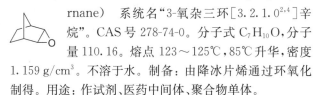

聚合，作聚合物单体，用于制备医学领域的生物可吸收降解材料。

4,4′-亚甲基双（环己胺）（异构体混合物）（4,4′-methylenebis（cyclohexylamine），mixture of isomers）　亦称"4,4′-二氨基二环己基甲烷"。CAS 号 1761-71-3。分子式 $C_{13}H_{26}N_2$，分子量 210.37。淡黄色至白色液体或棕色糊状物。熔点 45℃，沸点 325～327℃，闪点 159℃，密度 0.95^{25} g/mL。不溶于水。制备：在催化剂存在下，由 4,4′-二氨基二苯甲烷通过加氢还原而得。用途：作染料、医药中间体的原料；用于纺织、造纸、人造革及塑料加工；作单体，用于环氧树脂固化剂，制造聚酰胺树脂、强电绝缘材料、磁带黏结剂等。

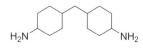

乙二醇双（4-羧苯基）醚（ethylene glycol bis（4-carboxyphenyl）ether）　亦称"1,2-二(4-羧基苯氧基)乙烷"。CAS 号 3753-05-7。分子式 $C_{16}H_{14}O_6$，分子量 302.28。白色固体。熔点 352～355℃，密度 1.353 g/cm³。微溶于水。制备：由 1,2-二氯乙烷或 1,2-二溴乙烷和 4-羟基苯甲酸合成而得。用途：作单体，用于热致液晶聚酰胺嵌段共聚物的合成等。

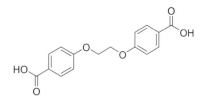

二甲基二乙烯基硅烷（dimethyldivinylsilane）　CAS 号 10519-87-6。分子式 $C_6H_{12}Si$，分子量 112.25。无色液体。熔点-45℃，沸点 81～82℃，闪点-22℃，密度 0.733 7 g/mL，折射率 1.418 7。不溶于水。制备：由乙烯基溴化镁和二氯二甲基硅烷反应制得。用途：作试剂，用于有机合成；作有机硅行业助剂。

1,4-二异丙烯基苯　释文见 344 页。

二（三羟甲基丙烷）（di（trimethylolpropane））　CAS 号 23235-61-2。分子式 $C_{12}H_{26}O_5$，分子量 250.34。白色薄片状固体。熔点 108～111℃，密度 1.122 g/cm³。制备：由 2-乙基丙烯醛、甲醛、1,1,1-三羟甲基丙烷等合成而得。用途：作树脂气干剂，用于不饱和聚酯树脂的改性。

1,2,3,4-环戊烷四羧酸二酐（1,2,3,4-cyclopentanetetracarboxylic acid dianhydride）　CAS 号 6053-68-5。分子式 $C_9H_6O_6$，分子量 210.14。白色晶体。熔点 225～227℃，密度 1.677 g/cm³。制备：由环戊二烯与马来酸酐进行 Diels-Alder 加成，所得产物进一步用硝酸氧化、乙酸酐脱水环化而得。用途：作聚

酰亚胺单体,也用于制备润滑脂和环氧树脂的固化剂。

4,4′-磺酰基二苯酚(4,4′-sulfonediphenol) 亦称"双酚 S"。CAS 号 80-09-1。分子式 $C_{12}H_{10}O_4S$,分子量 250.27。无色至淡黄色针状晶体或白色粉末。熔点 245～247℃,密度 1.4 g/cm³。微溶于冷水,易溶于醇、乙腈、二甲基亚砜、碱溶液和热水。制备:由 4,4′-二羟基二苯硫醚用双氧水氧化而得。用途:作单体,用于合成聚醚砜、聚碳酸酯、环氧树脂等;用于高档助剂合成和热敏显色剂制备;用于纺织助剂和皮革鞣剂的合成。

异烟酸烯丙酯(allyl isonicotinate; isonicotinic acid allyl ester) CAS 号 25635-24-9。分子式 $C_9H_9NO_2$,分子量 163.18。微黄色液体。沸点 104～106℃(10 Torr),闪点 112℃,密度 1.11 g/mL,折射率 1.513 0～1.516 0。不溶于水。制备:由异烟酰氯和异丙醇反应制得。用途:作聚合物单体以及染料敏化太阳能电池溴化物/三溴化物电解质中的添加剂。

氰乙酸烯丙酯(allyl cyanoacetate; cyanoacetic acid allyl ester) CAS 号 13361-32-5。分子式 $C_6H_7NO_2$,分子量 125.13。无色液体。沸点 78～82℃(0.8 Torr),闪点 113℃,密度 1.065²⁵ g/mL,折射率 1.439 3²⁸。微溶于水,混溶于乙醇、乙醚。制备:由氰乙酸和烯丙醇在对甲苯磺酸或硫酸催化下酯化而得。用途:作聚合物单体。

偶氮苯-4,4′-二羧酸(azobenzene-4,4′-dicarboxylic acid) CAS 号 586-91-4。分子式 $C_{14}H_{10}N_2O_4$,分子量 270.24。浅黄色固体。熔点 300℃。制备:由对硝基苯甲酸用葡萄糖还原而得;或由对叠氮基苯己酸合成制得。用途:作试剂,用于合成配合物和配位聚合物。

六氟双酚 A(hexafluorobisphenol A) 亦称"双酚 AF"(bisphenol AF),系统名"4,4′-(六氟亚丙基)二酚"。CAS 号 1478-61-1。分子式 $C_{15}H_{10}F_6O_2$,分子量 336.23。白色至灰白色粉末。熔点 160℃,密度 1.447 g/cm³。微溶于水,溶于乙醇、乙醚。制备:由苯酚和六氟丙酮合成而得。用途:作氟橡胶硫化促进剂。

鞣花酸(ellagic acid) 亦称"二缩双(三羟基甲酸)"。CAS 号 476-66-4。分子式 $C_{14}H_6O_8$,分子量 302.19。乳白色结晶或灰色至略米色结晶粉末。熔点 348～350℃(分

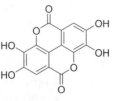

解),密度 1.667 g/cm³。微溶于水和乙醇,溶于碱性水溶液、苯及乙酸乙酯等有机溶剂。制备:从五倍子、菱角果实、榄仁树果实、蓝桉等植物的叶子中提取而得。用途:具有防癌及抑制病毒作用,作医药、化妆品及抗氧剂。

9-乙烯基蒽 释文见 342 页。

三(2-氨基乙基)胺(tris(2-aminoethyl)amine) CAS 号 4097-89-6。分子式 $C_{12}H_{20}N_6O_3$,分子量 146.23。黄色透明液体。熔点 -16℃,沸点 265℃、114℃(15 Torr),闪点>110℃,密度 0.976 g/mL,折射率 1.496 0～1.498 0。混溶于水。制备:由乙烯亚胺和 N-(2-氨基乙基)-1,2-乙二胺反应而得;或由三乙醇胺和二氯亚砜在氯仿中反应制备三(2-氯乙基)胺盐酸盐,然后在 N,N-二甲基甲酰胺中与邻苯二甲酰亚胺钾反应而得。用途:作试剂,用于聚合物制备、三(2-氨基乙基)胺核聚酰胺胺树形分子合成。

2,3-吡嗪二羧酸酐(2,3-pyrazinecarboxylic acid anhydride) 系统名"呋喃并[3,4-b]吡嗪-5,7-二酮"。CAS 号 4744-50-7。分子式 $C_6H_2N_2O_3$,分子量 150.09。晶体。熔点 223～224℃(210℃分解),密度 1.686 g/cm³。制备:由邻苯二胺与乙二醛环合制得喹喔啉,再经氧化得到 2,3-吡嗪二羧酸,进一步在乙酸酐作用下脱水而得。用途:作吡嗪酰胺的中间体。

乙酰乙酸烯丙酯(allyl acetoacetate; allyl 3-oxobutanoate) CAS 号 1118-84-9。分子式 $C_7H_{10}O_3$,分子量 142.15。淡黄色透明液体。熔点 -70℃,沸点 194～195℃(737 Torr),闪点 67℃,密度 1.037 g/mL,折射率 1.439 0。微溶于水,溶于丙酮、乙醇等常见有机溶剂。制备:由乙酰乙酸甲酯和烯丙醇经过酯交换反应制得。用途:作高分子单体;作试剂,用于多取代哌啶等的合成。

三甘醇二甲基丙烯酸酯(triethylene glycol dimethylacrylate) CAS 号 109-16-0。分子式 $C_{14}H_{22}O_6$,分子量 286.32。黏稠液体。熔点 -52℃,沸点 170～172℃(5 Torr),闪点 167℃,密度 1.092 g/mL,折射率 1.461 0。不溶于水。制备:由二缩三乙二醇和 α-甲基丙烯酸反应而得。用途:作高分子交联剂,用于制造环氧/聚酯混合型涂料;光固化材料中作活性稀释剂;也用于涤纶长丝、涤纶短纤维纺前着色剂。

烯丙基三异丙基硅烷 释文见 546 页。

对苯二甲酸 释文见 462 页。

1,6-己二胺(1,6-hexanediamine) CAS 号 124-09-4。分子式 $C_6H_{16}N_2$，分子量 116.20。白色至奶油色固体，具有氨味。熔点 42～45℃，沸点 204～205℃，闪点 81℃，密度 0.89^{25} g/cm³。易溶于水，微溶于乙醇、苯、乙醚。制备：通过己二酸法、丁二烯法、丙烯腈法、己二醇法和己内酰胺法等制得。用途：主要用于合成尼龙 66 和 610 树脂、聚氨酯树脂、离子交换树脂和亚己基二异氰酸酯，作脲醛树脂、环氧树脂等的固化剂，有机交联剂等；还用作纺织和造纸工业的稳定剂、漂白剂，铝合金的抑制腐蚀剂和氯丁橡胶乳化剂等。

己二酸 释文见 442 页。

三聚氰胺(melamine) 系统名"1,3,5-三嗪-2,4,6-三胺"(1,3,5-triazine-2,4,6-triamine)。CAS 号 108-78-1。分子式 $C_3H_6N_6$，分子量 126.12。白色单斜晶体。熔点 346～348℃，190℃(3 Torr)升华，闪点 110℃，密度 1.573 g/cm³。稍溶于水、乙二醇、甘油及吡啶，微溶于乙醇，不溶于乙醚、四氯化碳、苯。制备：由双氰胺在甲醇溶剂中于 200℃与氨反应而得；或由熔融的尿素和氨反应而得。用途：与甲醛缩合聚合可制得三聚氰胺树脂，可用于塑料及涂料工业；作减水剂；用于塑料、涂料纺织、造纸；作分析试剂，用于有机微量分析测定氮的标准样品。

马来酸酐 释文见 473 页。

二氯二甲基硅烷 (dichlorodimethylsilane; dimethylsilyl dichloride) CAS 号 75-78-5。分子式 $C_2H_6Cl_2Si$，分子量 129.06。无色液体。熔点 -76℃，沸点 69～70℃，闪点 -5℃，密度 1.333 g/mL，折射率 1.412 9。不溶于水，在水中分解释放出氯化氢，形成二氯甲烷与硅氧烷复杂混合物，溶于苯及乙醚。制备：以铜或铜盐为催化剂，在 300℃左右使一氯甲烷与硅粉直接反应，反应混合物采用乳化塔进行分离。用途：作硅酮制造的中间体，用作有机硅树脂的单体及有机硅化合物的合成。

顺-1,2-二氯乙烯(cis-1,2-dichloroethylene) CAS 号 540-59-0。分子式 $C_2H_2Cl_2$，分子量 96.94。无色液体，有氯仿样气味。熔点 -57℃，沸点 55℃，闪点 2℃，密度 1.252 g/mL。不溶于水，溶于醇、醚等多数有机溶剂。制备：常与反-1,2-二氯乙烯、偏二氯乙烯一起生成；由 1,1,2,2-四氯乙烷经锌粉或铁粉脱氯而得；也可由乙炔和氯在惰性溶剂中反应制得；还可由 1,1,2-三氯乙烷通过载于浮石上的氯化铜裂解而得。用途：作油漆、树脂、蜡、橡胶、乙酸纤维的溶剂，用于干洗剂、杀虫剂、杀菌剂、麻醉剂、低温萃取剂及冷冻剂等。

反-1,2-二氯乙烯(trans-1,2-dichloroethylene) CAS 号 156-60-5。分子式 $C_2H_2Cl_2$，分子量 96.94。透明液体，有氯仿样和辛辣气味。常添加 4-甲氧基苯酚作稳定剂。熔点 -50℃，沸点 47～49℃，闪点 2℃，密度 1.252 g/mL，折射率 1.445 5。微溶于水，与乙醇、乙醚等多种有机溶剂混溶。制备：常与顺-1,2-二氯乙烯、偏二氯乙烯一起生成；由乙炔与氯气加成而得；或由 1,1,2,2-四氯乙烷经锌粉或铁粉脱氯而得，也可由 1,1,2-三氯乙烷通过载于浮石上的氯化铜裂解而得；由 1,2-二氯乙烷在氧氯化催化剂的作用下与氯气反应得到 1,1,2-三氯乙烷，在氧氯化催化剂的作用下进一步脱氯制备二氯乙烯的混合物，然后通过精馏分离而得到单一的二氯乙烯。用途：作树脂、蜡、油漆、橡胶、乙酸纤维等的溶剂，也用于干洗剂、麻醉剂、杀虫剂、杀菌剂，作脱脂剂、低温萃取剂及冷冻剂，配制清漆和橡胶溶液等；作试剂，用于有机合成。

偏二氯乙烯(vinylidene chloride) 系统名"1,1-二氯乙烯"。CAS 号 75-35-4。分子式 $C_2H_2Cl_2$，分子量 96.94。无色液体，带有不愉快气味。熔点 -122.6℃，沸点 31.6℃，闪点 -28℃，密度 1.21 g/mL，折射率 1.426 0。不溶于水，溶于大部分有机溶剂。吸入高浓度可致死；可致角膜损伤及皮肤灼伤；极度易燃，且具强刺激性。制备：以铁屑为催化剂，由氯乙烯与氯气在 80～90℃加成反应制得 1,1,2-三氯乙烷，然后将其与氢氧化钠作用，在 80～90℃进行消除反应，脱去 1 分子氯化氢即得。用途：作辅聚剂、黏合剂；用于生产偏氯乙烯-氯乙烯、偏氯乙烯-丙烯腈和偏氯乙烯-丙烯酸酯类共聚物；作试剂，用于有机合成，制备二氯菊酸甲酯等。

1,6-己二异氰酸酯 (1,6-diisocyanatohexane; hexamethylenediisocyanate) CAS 号 822-06-0。分子式 $C_8H_{12}N_2O_2$，

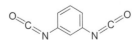

分子量 168.19。无色透明液体，稍有刺激性臭味。易自聚，密封于氩气氛中保存。熔点 -55℃，沸点 255℃、127℃(10 Torr)，闪点 140℃，密度 1.047 g/mL，折射率 1.452 3。不溶于冷水，溶于苯、甲苯、氯苯等有机溶剂。制备：由 1,6-己二胺与二氧化碳或盐酸反应生成己二胺碳酸盐或盐酸盐，再与光气反应，所得产物经蒸馏除去溶液后精馏而得；或通过 1,6-己二胺与光气直接反应制备。用途：作干性醇酸树脂交联剂、聚氨酯涂料和合成纤维的原料；电子涂料原料及中间体。

1,3-苯二异氰酸酯 (1,3-phenylene diisocyanate) 亦称"间苯二异氰酸酯"。CAS 号 123-61-5。分子式 $C_8H_4N_2O_2$，分子量 160.13。白色至灰白色熔融固体，剧毒！对潮气敏感。熔点 46～50℃，沸点 103℃(8 Torr)，闪点 >110℃，密度 1.17 g/cm³，折射率 1.567。在水中缓慢分解，溶于热苯。制备：由间苯二胺

与光气反应而得；或在负载在 Al_2O_3 上的 $MoO_3+Fe_2O_3$ 催化剂存在下通过 1,3-二硝基苯与一氧化碳反应制备。用途：作有机合成的重要中间体、合成聚氨酯的单体。

1，4-苯二异氰酸酯（1,4-phenylene

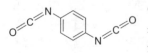

diisocyanate） 亦称"对苯二异氰酸酯"。CAS 号 104-49-4。分子式 $C_8H_4N_2O_2$，分子量 160.13。白色至淡黄色结晶，剧毒！对光和潮气敏感；易自聚，密封于氮气氛中保存。熔点 94~95℃，沸点 260℃、108℃(10 Torr)，闪点＞113℃，密度 1.38 g/cm^3，折射率 1.567。在水中缓慢分解，溶于 N,N-二甲基甲酰胺。制备：由对苯二胺与光气或三光气反应制得；或由 N,N'-对苯撑双氨基甲酸二甲酯在甲苯中加热消除甲醇而得。用途：作有机合成的重要中间体；作单体，与二元醇或二元胺反应合成聚氨酯弹性体。

4，4′-亚甲基双（异氰酸苯酯）（di（4-isocyana-tophenyl） methane；4，4′-methylenebis（phenyl isocyanate））

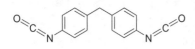

CAS号 101-68-8。分子式 $C_{15}H_{10}N_2O_2$，分子量 250.26。淡黄色熔融固体，有强烈刺激性气味。熔点 38~44℃，沸点 200℃、140℃（1 Torr），密度 1.318 g/cm^3，折射率 $1.590\ 6^{50}$。溶于丙酮、苯、煤油、硝基苯。制备：由 4,4′-二氨基二苯甲烷与光气或三光气反应制得。用途：用于塑料、橡胶工业，与二元醇或二元胺反应生产聚氨酯弹性体，制造合成纤维、人造革、无溶剂涂料等，也用作胶黏剂。

光气（phosgene） CAS 号 75-44-5。分子式 CCl_2O，分子量 98.92。无色气体，剧毒！易液化，当浓缩时具有强烈的刺激性气味或窒息性气味。熔点 -132.78℃，沸点 8.3℃，闪点 4℃，密度 41.463 1~1.270 6 g/mL(-20~-60.2℃)、1.432 g/mL (0℃)。微溶于水，并逐渐水解；易溶于苯、甲苯、四氯化碳和氯仿等。吸入会引起肺水肿、肺炎，造成严重皮肤灼伤和眼损伤等，具有致死危险。制备：工业上通常采用一氧化碳与氯气的反应得到；少量制备可通过四氯化碳与发烟硫酸反应产生。用途：在医药、农药、工程塑料、聚氨酯材料以及军事上都有许多用途，特别是用于制造异氰酸酯和聚氨酯。在农药生产中用于合成氨基甲酸酯类杀虫剂，还用于生产杀菌剂多菌灵及多种除草剂等。

1,4-苯二胺（p-phenylenediamine） CAS 号 106-50-3。分子式 $C_6H_8N_2$，分子量 108.14。白色晶体，暴露在空气中变紫红色或深褐色。熔点 139℃，沸点 267℃，闪点 156℃。溶于水、乙醇、乙醚、氯仿和苯。制备：由对硝基苯胺在酸性介质中用铁粉还原而得。用途：常用于制取偶氮染料、芳纶塑料和纤维等高分子聚合物，也可用于生产毛皮染色剂、橡胶防老剂和照片显影剂。

烯丙基缩水甘油醚（allyl glycidyl ether；1,2-epoxy-3-allyloxypropane） CAS 号 106-92-3。分子式 $C_6H_{10}O_2$，分子量 114.14。无色液体。熔点 -100℃，沸点 50~51℃(15 Torr)，闪点 57℃，密度 0.967 g/mL，折射率 1.433 0。微溶于水，溶于乙醇、乙醚、四氯化碳、丙酮和苯。制备：以烯丙醇和环氧氯丙烷为原料，在路易斯酸的作用下开环得中间体，然后在 NaOH 溶液等碱溶液的作用下脱除 HCl 而制得。用途：作纤维改性剂、氯化有机物的稳定剂和合成树脂反应性稀释剂；用于弹性体、环氧树脂、黏合剂、纤维及涂层反应性中间体，玻璃纤维表面补残剂；也作阻垢剂、不饱和聚酯的风干剂以及电子涂层有机硅中间体。

丙烯酸-2,3-环氧丙酯（acrylic acid 2,3-epoxypropyl ester；glycidyl acrylate） CAS 号 106-90-1。分子式 $C_6H_8O_3$，分子量 128.13。无色液体。沸点 62~65℃(5 Torr)，闪点 61℃，密度 1.129 g/mL，折射率 1.447 2。不溶于水。制备：以丙烯酸和环氧氯丙烷为原料合成而得；或由缩水甘油与丙烯酰氯反应而得。用途：在树脂、涂料、黏合剂、塑料工业中作聚合用单体，具有良好的防紫外、耐水和耐热等特性。

N-乙烯基乙酰胺（N-vinylacetamide；acetylaminoethylene；N-vinyl acetamide） CAS 号 5202-78-8。分子式 C_4H_7NO，分子量 85.11。白色固体。熔点 51~54℃，沸点 96℃(10 Torr)，闪点 108℃，密度 0.946^{55} g/mL，折射率 $1.434\ 8^{25}$。溶于水、丙酮、醚、酯及芳香烃溶剂。制备：由 2,4-二甲基-4H-噁唑啉-5-酮或 N-(1-甲氧基乙基)乙酰胺于 550℃，减压条件下裂解而得。用途：作单体，用于生产建筑、农业、造纸和石油开采等采用的各种聚合物；用于与丙烯、乙烯类物质反应生成共聚物。

全氟癸二酸（perfluorodecanedioic acid；perfluorosebacic acid；hexadecafluorodecane-1,10-dioic acid） CAS 号 307-78-8。分子式 $C_{10}H_2F_{16}O_4$，分子量 490.10。白色结晶粉末。熔点 151~160℃，沸点 225℃(60 Torr)，闪点 141℃，密度 1.812 g/cm^3。不溶于水。制备：以十二氟十二烷-1,11-二烯为原料通过高锰酸钾氧化合成而得。用途：作单体，用于制备全氟耐高温润滑脂等；纳米材料制备中作掺杂剂。

甲基丙烯酸六氟异丙酯（hexafluoroisopropyl methacrylate；1,1,1,3,3,3-hexafluoropropan-2-yl methacrylate） CAS 号 3063-94-3。分子式 $C_7H_6F_6O_2$，

分子量 236.11。无色透明液体。熔点 160～161℃，沸点 99℃，闪点 14℃，密度 1.302 g/mL，折射率 1.331 0。不溶于水。制备：以六氟异丙醇和甲基丙烯酸为原料合成而得。用途：作单体，用于合成树脂涂料，改善其耐候性、抗水性和耐污染性，作光纤的包层和纤蕊材料、接触镜片、计算机的墨粉和载体粒子的电荷调整剂等；也作医药、农药中间体。

异佛尔酮二异氰酸酯（isophorone diisocyanate）

CAS 号 4098-71-9。分子式 $C_{12}H_{18}N_2O_2$，分子量 222.29。无色或略黄色液体。熔点 - 60℃，沸点 120～128℃（1.125 11 Torr），闪点＞110℃，密度 1.049^{25} g/mL，折射率 1.482^{25}。混溶于酯、酮、醚、烃类。制备：由异佛尔酮二胺合成而得。用途：作聚氨基甲酸酯黏合剂所需羟基预聚物的固化剂，用于生产油漆涂料、弹性体、特种纤维、黏合剂；也用于医药和香料等行业。

甲苯-2,4-二异氰酸酯（2,4-toluene diisocyanate；toluylene 2,4-diisocyanate；2,4-diisocyanatotoluene）

CAS 号 584-84-9。分子式 $C_9H_6N_2O_2$，分子量 174.16。水白色至淡黄色液体或晶体。熔点 19.5～21.5℃，沸点 251℃、121℃（10 Torr），闪点 121℃，密度 1.218 g/mL，折射率 1.567 8。溶于乙醚、丙酮、四氯化碳、苯、氯苯和汽油。制备：由甲苯二胺与光气反应而得。用途：主要用于聚氨酯产品，包括泡沫塑料、聚氨酯涂料、聚氨酯橡胶；也用于聚酰亚胺纤维和胶黏剂等。

过氧化苯甲酰（benzoyl peroxide；dibenzoyl peroxide）　亦称“过氧化二苯甲酰”“过氧苯甲酰”。CAS 号 94-36-0。分子式 $C_{14}H_{10}O_4$，分子量 242.23。白色晶体粉末，微有苦杏仁气味。储存时常注入 25%～30% 的水。熔点 106～108℃，闪点 125℃（闭杯），密度 1.334 g/cm³。微溶于水、乙醇，溶于丙酮、氯仿、乙醚、苯、乙酸乙酯。易燃烧；性质极不稳定，受摩擦、撞击，或遇明光、高温、硫及还原剂等，均有起火爆炸的危险。制备：于冷却条件下在 30% 的氢氧化钠溶液中加入 30% 的过氧化氢，生成过氧化钠溶液，然后在 0～10℃ 下滴加苯甲酰氯进行反应，产物经提纯而得。用途：作聚合反应的引发剂；橡胶工业中用作硅橡胶和氟橡胶的硫化剂、交联剂；用于油脂的精制、蜡的脱色；有机合成中助氧化剂。

过氧化十二酰（dilauroyl peroxide；LPO）　亦称“过氧化双月桂酰”。CAS 号 105-74-8。分子式 $C_{24}H_{46}O_4$，分子量 398.62。白色晶体。工业品为均匀分布在水中物，含量 ≤ 42%。熔点 53～57℃，闪点＞110℃，密度

0.91 g/cm³。不溶于水，微溶于醇类，溶于丙酮、氯仿等有机溶剂。受热、猛烈撞击有引起燃烧爆炸危险。制备：十二酰氯与过氧化钠溶液在石油醚中反应制得。用途：用作自由基聚合反应的低活性引发剂，食品工业中作油脂生产的漂白剂；也作聚酯固化剂、发泡剂、干燥剂等。

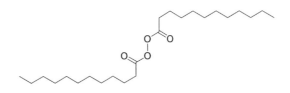

偶氮二异丁腈（2,2'-azo-bisisobutyronitrile；AIBN）　亦称“2,2'-偶氮二(2-甲基丙腈)”。CAS 号 78-67-1。分子式 $C_8H_{12}N_4$，分子量 164.21。白色晶体或粉末，有毒！熔点 102～104℃（分解），密度 1.11 g/cm³。不溶于水，溶于乙醇、乙醚、石油醚、乙酸乙酯、氯仿、甲苯和苯胺等。于室温缓慢分解，高于 100℃ 急剧分解；受热、猛烈撞击有引起燃烧爆炸危险。制备：由丙酮氰醇和水合肼反应生成二异丁腈肼，再通入氯气进行反应而得。用途：作单体聚合时的引发剂，橡胶、塑料的发泡剂，也用作硫化剂、农药和有机合成的中间体等。

邻苯二甲酸二辛酯（bis（2-ethylhexyl）phthalate）　CAS 号 117-81-7。

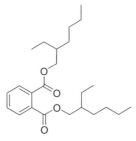

分子式 $C_{24}H_{38}O_4$，分子量 390.56。透明液体。熔点 - 55℃，沸点 397℃、230℃（5 Torr），闪点 207℃，密度 $0.976 4^{30}$ g/mL，折射率 1.486 6。不溶于水，溶于大多数有机溶剂和烃类。制备：由苯酐和 2-乙基己醇（质量比为 1：2）在硫酸催化下酯化而得。用途：通用型增塑剂，主要用于聚氯乙烯树脂的加工，还可用于化纤树脂、乙酸树脂、ABS 树脂及橡胶等高聚物的加工，也可用于造漆、染料、分散剂及气相色谱固定液等。

邻苯二甲酸二丁酯（dibutyl phthalate；phthalic acid dibutyl ester）　CAS 号 84-74-2。分子式 $C_{16}H_{22}O_4$，分子量 278.35。透明液体。熔点 - 35℃，沸点 340℃、173.5℃（3.9 Torr），密度 $1.048 9^{25}$ g/mL，折射率 1.493 1。不溶于水，溶于乙醇、乙醚、丙酮和苯等有机溶剂，也能与大多数烃类互溶。制备：以邻苯二甲酸酐、正丁醇为原料，以硫酸为催化剂，在常压下进行酯化反应而得。用途：主要用于塑料、橡胶、油漆、润滑剂、乳化剂、气相色谱固定液、溶剂及

增塑剂。

己二酸二（2-乙基己）酯（bis（2-ethylhexyl）adipate） CAS 号 103-23-1。分子式 $C_{22}H_{42}O_4$，分子量 370.56。无色或淡黄色油性液体，具有特殊气味。熔点 -67.8℃，沸点 166～168℃（1 Torr），闪点 196℃，密度 0.925 7 g/mL，折射率 1.446 9。微溶于乙二醇类，不溶于水。制备：由己二酸和 2-乙基己醇在硫酸催化下酯化而得。用途：常和苯二甲酸二辛酯并用。作多种树脂特别是聚氯乙烯和氯乙烯共聚物的耐寒增塑剂，也可用作航空润滑脂的原料。

马来酸双（2-乙基己基）酯（bis（2-ethylhexyl）maleate） 亦称"马来酸二异辛酯""（Z）-2-丁烯二酸二（2-乙基己基）酯"。CAS 号 142-16-5。分子式 $C_{20}H_{36}O_4$，分子量 340.50。透明至黄色液体。熔点 -50℃，沸点 208～209℃（10 Torr），闪点 >110℃，密度 0.944 g/mL，折射率 1.455。不溶于水。制备：以马来酸或马来酸酐和 2-乙基-1-己醇为原料合成而得。用途：作涂料工业和农药乳化剂；用于合成渗透剂 T。

2，4，6-三叔丁基苯酚（2，4，6-tri-*tert*-butylphenol） CAS 号 732-26-3。分子式 $C_{18}H_{30}O$，分子量 262.43。白色或淡黄色结晶粉末。熔点 130～132℃，沸点 278℃，144℃（10 Torr），密度 0.919²⁵ g/cm³。不溶于水，易溶于醇类、酯类、烃类等有机溶剂。制备：由对叔丁基苯酚溴化后和叔丁基硼酸反应制得。用途：作抗氧剂、塑料和橡胶的防老剂。

叔丁基对苯二酚（*tert*-butylhydroquinone；TBHQ） 亦称"叔丁基氢醌"。CAS 号 1948-33-0。分子式 $C_{10}H_{14}O_2$，分子量 166.22。黄褐色粉末。熔点 127～129℃，沸点 295℃，闪点 171℃，密度 1.050 g/cm³，折射率 1.559。不溶于水，溶于乙醇、乙酸、乙酯、异丙醇、乙醚等。制备：在浓硫酸或磺酸催化下，由对苯二酚与叔丁醇于 90℃下反应而得。用途：作抗氧化剂，用于食用油脂、油炸食品、饼干、方便面、罐头和腌制肉等产品。

2，6-二叔丁基-4-甲基苯酚（2，6-di-*tert*-butyl-4-methylphenol；BHT） CAS 号 128-37-0。分子式 $C_{15}H_{24}O$，分子量 220.36。白色晶体或结晶粉末。熔点

68～70℃，沸点 264～265℃，闪点 127℃，密度 1.048 g/cm³，折射率 1.485 9。不溶于水及稀烧碱溶液，溶于苯类、醇类、丙酮、四氯化碳、乙酯和汽油等有机溶剂。制备：由对甲苯酚与异丁烯在催化剂浓硫酸或磷酸及脱水剂氧化铝存在下加压反应制得。用途：作抗氧剂，广泛应用于高分子材料、石油制品、橡胶及食品工业中。

2-巯基苯并咪唑（2-mercaptobenzimidazole） 系统名"1H-苯并[*d*]咪唑-2-硫醇"（1*H*-benzo[*d*]imidazole-2-thiol）。CAS 号 583-39-1。分子式 $C_7H_6N_2S$，分子量 150.20。白色粉末，无臭，有苦味。熔点 300～304℃，密度 1.42 g/cm³。不易溶于苯、汽油及水，溶于丙酮、乙醇。制备：由邻苯二胺与二硫化碳进行成环反应而得。用途：作天然橡胶、聚乙烯、二烯类合成橡胶及胶乳的抗氧剂；作镀铜光亮剂；在医药上作抗麻风药。

乙烯硫脲（2-imidazolidinethione） CAS 号 96-45-7。分子式 $C_3H_6N_2S$，分子量 102.16。白色至淡绿色结晶粉末。熔点 198～200℃，密度 1.4 g/cm³。微溶于冷水，易溶于热水，微溶于乙醇、甲醇、乙酸和汽油，不溶于丙酮、乙醚和氯仿。制备：由乙二胺和二硫化碳生成乙烯基二硫代氨基甲酸盐，后加入盐酸制得。用途：作氯丁胶、氯磺化聚乙烯橡胶、氯乙醇橡胶、聚丙烯酸酯橡胶的促进剂。

N，N′-二苯基硫脲（1，3-diphenyl-2-thiourea） CAS 号 102-08-9。分子式 $C_{13}H_{12}N_2S$，分子量 228.31。白色粉末。熔点 155～156℃，密度 1.318 g/cm³。不溶于水，易溶于乙醇、乙醚、二硫化碳、丙酮、氯仿和苯等有机溶剂。制备：由苯胺和硫代异氰酸苯酯反应制得；或由苯胺和二硫化碳为原料制得。用途：作硫化促进剂，主要用于天然胶乳和氯丁胶乳制品，亦可用于制造硫化胶囊、水胎、补胎胶、电线电缆、工业制品、胶鞋等；分析化学中用作测定铼和钌的试剂。

N-环己基苯并噻唑-2-次磺酰胺（N-(cyclohexyl)benzothiazole-2-sulfenamide） 亦称"促进剂 CBS"。CAS 号 95-33-0。分子式 $C_{13}H_{16}N_2S_2$，分子量 264.41。熔点 98～100℃。不溶于水，微溶于乙醇和汽油，溶于苯、二氯甲烷、四氯化碳、乙酸乙酯、丙酮。制备：将 2-巯基苯并噻唑与环己胺水溶液混合，在搅拌下滴加次氯酸钠氧化而制得。用途：作后效促进剂，主要用于制造轮胎、胶管、胶鞋、电缆等工业橡胶制品。

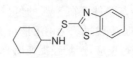

2-（4-吗啉基二硫代）苯并噻唑（2-morpholin-4-

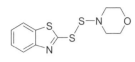

yldisulfanyl-benzothiazole) 亦称"促进剂 DS"。CAS 号 95-32-9。分子式 $C_{11}H_{12}N_2OS_2$，分子量 284.41。浅黄色粉末。熔点 125～127℃。不溶于苯、石油醚、乙醇和水，微溶于二硫化碳、丙酮，溶于氯仿。制备：由 2-疏基苯并噻唑与吗啉、一氯化硫反应制得。用途：作橡胶的后效性硫化促进剂，也用作硫化剂。

六溴苯 释文见 535 页。

十溴二苯醚（decabromodiphenyl oxide） CAS 号 1163-19-5。分子式 $C_{12}Br_{10}O$，分子量 959.17。白色或淡黄色粉末。熔点 294～296℃，密度 3.000 g/cm³。几乎不溶于所

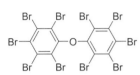

有溶剂。制备：由二苯醚在卤代催化剂（铁粉等）存在下，与溴反应而得。用途：添加型无污染阻燃剂，用于聚乙烯、聚丙烯、ABS 树脂、聚对苯二甲酸丁二醇酯、聚对苯二甲酸乙二醇酯以及硅橡胶、三元乙丙橡胶制品中。

十溴二苯乙烷（1,2-bis(2,3,4,5,6-pentabromophenyl)ethane; DBDPE） 亦称"1,1'-(1,2-亚乙基)双(五溴苯)"。CAS 号 84852-53-9。分子式 $C_{14}H_4Br_{10}$，分子量 971.22。白色或淡黄色

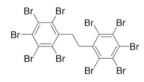

粉末。熔点 334～337℃，密度 2.816 g/cm³。几乎不溶于水，微溶于醇、醚。制备：由二苯乙烷与过量溴素在 Al 粉、无水 $AlCl_3$ 和无水 $TiCl_4$ 等催化剂作用下反应制得。用途：广谱添加型阻燃剂，热稳定性和抗紫外线性能好，主要用于苯乙烯类高聚物、工程热塑性塑料、绝缘体、弹性体、电线和电缆包覆物以及热固性塑料等，特别是计算机、复印机、传真机、电话机、家电等的高档材料的阻燃。

四氯对醌（p-chloranil; tetrachloro-p-benzoquinone） CAS 号 118-75-2。分子式 $C_6Cl_4O_2$，分子量 245.87。金色晶体。熔点 288～290℃，密度 1.970 g/cm³。不溶于水，微溶于醇、难溶于

氯仿、四氯代碳和二硫化碳，溶于氢氧化钠溶液和醚。制备：由五氯酚经氧化而得。用途：作染料和医药中间体、氧化剂、农用作物拌种剂；作非内吸性杀菌剂，用于谷物、蔬菜、棉花、花生及豆类种子的杀菌，作四氯醌电极制备、导电材料中的 π-电子受体等。

二苯胺（diphenylamine） CAS 号 122-39-4。分子式 $C_{12}H_{11}N$，分子量 169.23。无色至浅灰色结晶。熔点 52～56℃，沸点 302℃，闪点 152℃，密度 1.16 g/cm³。不溶于水，溶于苯、乙醇、乙醚、乙酸、二硫化碳和浓无机酸。制备：由苯胺和苯胺盐酸盐在高温高压的条件下缩合而得。用途：

作分析试剂、氧化还原指示剂和液体干燥剂，主要用于制造橡胶防老剂、火药安定剂，也用作染料和农药的中间体，抗氧剂、抑制剂、促进剂的生产。

N-苯基-2-萘胺（N-phenyl-2-naphthylamine） 亦称"防老剂丁"。CAS 号 135-88-6。分子式 $C_{16}H_{13}N$，分子量 219.28。浅灰色粉末，暴露于空气中或日光下逐渐转变为灰红色。熔点 105～108℃，沸点 395～395.5℃、196℃(1 Torr)，密度 1.16 g/cm³。不溶于水，溶于乙醇、四氯化碳、苯、丙酮。制备：由 2-萘酚与苯胺在苯胺盐酸盐的催化下，于 250℃反应而得。用途：作各类橡胶的防老剂、抗氧剂、润滑剂、聚合抑制剂；也作各种合成橡胶后处理和贮存时的稳定剂，但因其毒性和刺激性较大，应限量使用。

N-苯基-1-萘胺（N-phenyl-1-naphthylamine） 亦称"防老剂甲"。CAS 号 90-30-2。分子式 $C_{16}H_{13}N$，分子量 219.28。白色至微黄色棱柱状晶体，暴露于日光和空气中逐渐变为紫色。熔点 60～62℃，沸点 200℃(10 Torr)，125℃(14 Torr)升华，密度 1.1 g/cm³。不溶于水，溶于乙醇、乙醚、苯、二硫化碳、丙酮和氯仿。制备：在对氨基苯磺酸催化下，由苯胺与 1-萘胺于 250℃反应而得；或由 1-溴萘与苯胺合成而得。用途：作通用型防老剂，用于天然橡胶、二烯类合成橡胶、氯丁橡胶、氯丁乳胶等。

2,2'-二羟基-4,4'-二甲氧基二苯甲酮（2,2'-dihydroxy-4,4'-dimethoxybenzophenone） CAS 号 131-54-4。分子式 $C_{15}H_{14}O_5$，分子量 274.27。

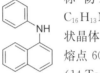

黄色粒状粉末。熔点 138～139℃，密度 1.291 g/cm³。不溶于水，溶于乙酸乙酯和甲苯等有机溶剂。制备：先由 4-甲氧基水杨酸与三氯化磷反应制得酰氯，后者与 3-甲氧基苯酚在氯化锌催化下进行 Friedel-Crafts 酰基化反应而得。用途：水溶性中性广谱二苯甲酮类紫外线吸收剂，具有对光、热稳定性好且吸收效率高、无毒、无致畸性副作用等特点，应用于水溶性化学防晒剂、防晒霜、乳液；作光稳定剂，用于提高染色纺织品颜色的持久性，防止羊毛纺织品泛黄及合成纤维织物的掉色，也用于发胶、摩丝等发用品中防止因紫外线辐射而导致的头发受损以变白。

O,O-二苯甲酰对苯醌二肟（benzoquinone O,O-dibenzoyl dioxime; p-benzoquinone bis(O-benzoyloxime)） CAS 号 120-52-5。分子式 $C_{20}H_{14}N_2O_4$，分子量 346.34。苍黄色或棕色粉末。熔点 259～260℃。

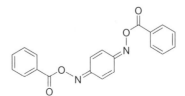

制备：先由苯酚和亚硝酸钠反应得到亚硝基酚，再与盐酸羟胺水溶液混合进行反应得到对苯醌二肟，后者与苯甲酰氯反应而得。用途：作丁基橡胶、天然橡胶和丁苯橡胶的硫化剂。

二甲基二硫代氨基甲酸钠（sodium dimethyldithiocarbamate；N，N-dimethyldithiocarbamic acid sodium salt） CAS 号 128-04-1。分子式 $C_3H_6NNaS_2$，分子量 143.20。灰白色粉末。熔点 $125 \sim 126℃$，密度 $1.17 \sim 1.20 \ g/cm^3$。极易溶于水。制备：由盐酸二甲胺与二硫化碳反应而得。用途：作有机合成中间体、杀菌剂、聚合反应速止剂、橡胶促进剂和腐蚀抑制剂。

高分子化合物

合成高分子

烃类聚合物

高密度聚乙烯（high density polyethylene；HDPE）亦称"低压聚乙烯"。CAS 号 9002-88-4。白色蜡状材料，无毒无味。密度 0.940～0.976 g/cm³，熔点 120～160℃。具有良好的耐热性和耐寒性，化学稳定性好，并具有较好的机械性能和介电性能，吸水性和透气性低。室温下不溶于任何有机溶剂，耐酸、碱和各种盐类的腐蚀（不耐氧化性的酸）。制备：乙烯单体在低压下通过齐格勒-纳塔聚合法聚合制得。用途：可采用注射、挤出、吹塑等成型方法制作塑料制品，用作各种容器、玩具、薄膜和管材等。

超低密度聚乙烯（ultra low density polyethylene；ULDPE）CAS 号 9002-88-4。乳白色颗粒，无毒无味无臭。密度 0.870～0.900 g/cm³，熔点约 95℃。具有良好的柔韧性和耐环境应力开裂性，具有优异的机械性能、优秀的减薄性能（达 10～12.7 μm）、良好的绝缘性、较好的光学性能、耐化学腐蚀性能、耐油性、密封性等。制备：聚合机理与 LLDPE 相似，由乙烯与少量高级 α-烯烃在催化剂作用下，经高压或低压聚合而成。用途：主要作为其他树脂的改性剂，也可代替 EVA 共聚物，生产各种食品及饮料包装膜等。

线型低密度聚乙烯（linear low density polyethylene；LLDPE）CAS 号 9002-88-4。乳白色颗粒，无毒无味无臭。密度 0.918～0.935 g/cm³，熔点 110～125℃。有强度大、韧性好、刚性大、耐热、耐寒性好等优点，还具有良好的耐环境应力开裂性，耐冲击强度、耐撕裂强度等性能，并可耐酸、碱、有机溶剂等。制备：以乙烯为主要原料，以少量 α-烯烃（如丁烯-1、辛烯-1 等），在催化剂作用下经高压或低压进行气相流化床聚合。用途：用于生产农膜、包装膜、电线电缆、管材、涂层制品等。

茂金属线型低密度聚乙烯（metallocene linear low density polyethylene；MLLDPE）CAS 号 9002-88-4。密度 0.918～0.935 g/cm³，熔点低于 LLDPE，约 100～120℃。具有优异的拉伸和抗冲击性能，较好的抗撕裂强度和抗穿刺强度，较低的热封温度和良好的透明性。制备：由茂金属催化剂，通过配位聚合得到乙烯和烯烃的线型共聚物。用途：主要用于薄膜类生产，集中在食品包装、拉伸缠绕膜、重包装袋、固体包装材料等领域。

中密度聚乙烯（medium density polyethylene；MDPE）CAS 号 9002-88-4。密度 0.926～0.953 g/cm³，熔点 126～135℃。性能介于高密度聚乙烯和低密度聚乙烯之间，具有耐环境应力开裂性及强度的长期保持性。制备：在合成过程中用 α-烯烃共聚，控制密度而成，可采用高压法、低压法、中压法制备。用途：可用挤出、注射、吹塑、滚塑、旋转、粉末成型加工方法，生产工艺参数与 HDPE 和 LDPE 相似，常用于生产管材、薄膜、中空容器等。

低分子量聚乙烯（low molecular weight polyethylene；LMPE）亦称"聚乙烯蜡"。CAS 号 9002-88-4。密度 0.93～0.98 g/cm³，熔点 90～120℃。白色小微珠状或片状颗粒。具有优良的耐寒性、耐热性、耐化学性和耐磨性。制备：采用高分子量聚乙烯为主要原料，加入其他辅助材料，通过一系列解聚反应而制成。用途：可广泛应用于制造色母粒、造粒、塑钢、PVC 管材、热熔胶、橡胶、鞋油、皮革光亮剂、电缆绝缘料、地板蜡、塑料型材、油墨、注塑等产品。

超高分子量聚乙烯（ultra-high molecular weight polyethylene；UHMWPE）CAS 号 9002-88-4。密度 0.92～0.964 g/cm³，熔

点 130～136℃。具有普通聚乙烯和其他工程塑料无可比拟的耐磨、耐冲击、自润滑、耐腐蚀、吸收冲击能、耐低温、卫生无毒、不易黏附、不易吸水、密度较小等综合性能。制备：可以用生产普通高密度聚乙烯的方法经过改变工艺条件控制分子量来制得，生产方法有齐格勒法、索尔维法和溶液法。用途：在纺织、造纸、外包装、运输、化工、医疗、体育等领域得到广泛应用，并开始进入常规兵器、航空航天等领域。

交联聚乙烯（cross-linked polyethylene；XLPE）

$+CH_2-CH_2+_n$ CAS 号 9002-88-4。密度约为 0.92 g/cm³。具有优异的力学性能、耐环境应力开裂性能、耐化学药品腐蚀性能、抗蠕变性和电性能等综合性能，耐温等级高。制备：由聚乙烯的交联制得，有物理交联（辐射交联）和化学交联两种方式，化学交联又分为硅烷交联、过氧化物交联。用途：主要用作电线电缆、管材和泡沫塑料等。

氯磺酰化聚乙烯（chlorosulfonated polyethylene；CSM） CAS 号 68037-39-8。白色或黄色弹性体。密度 1.35～1.45 g/cm³。具有抗候变、耐热、抗离子辐射、耐低温、抗磨蚀和电绝缘性及优异的机械性能，尤以耐化学介质腐蚀、抗臭氧氧化及耐油侵蚀、阻燃等性能突出。制备：遵循将烃类进行氯磺酸化的瑞得法（Reed Process）原理，有溶剂法与气固法两种生产方法。用途：广泛应用于电线电缆、防水卷材、汽车工业等领域，成为常用的特种橡胶；作为基础材料制备的防腐涂料用途也非常广泛。

聚乙烯蜡（polyethylene wax） CAS 号 9002-88-4。

$+CH_2-CH_2+_n$ 白色小微珠状或片状颗粒。密度 0.93～0.98 g/cm³，熔点 90～120℃。具有优良的耐寒性、耐热性、耐化学性和耐磨性。制备：用高分子量聚乙烯为主要原料，加入其他辅助材料，通过一系列解聚反应而制成。用途：可广泛应用于制造色母粒、造粒、塑钢、PVC管材、热熔胶、橡胶、鞋油、皮革光亮剂、电缆绝缘料、地板蜡、塑料型材、油墨、注塑等产品。

聚丙烯（polypropylene；PP） CAS 号 9003-07-0。

$\begin{array}{c} CH_3 \\ | \\ +CH-CH_2+_n \end{array}$ 通常为半透明无色固体，无臭无毒。密度 0.92 g/cm³，熔点 164～170℃。具有优良的力学性能，尤其是抗弯曲疲劳性。具有良好的耐热性和较高的介电常数，化学稳定性很好，除能被浓硫酸、浓硝酸侵蚀外，对其他各种化学试剂都比较稳定。制备：有溶剂法、液相本体-气相法、间歇式液相本体法、气相法等多种生产工艺。用途：可以通过拉膜、注塑、挤出等成型工艺生产，常用于薄膜包装、家用电器、汽车工业、管材、高透材料等领域。

低分子量聚丙烯（low molecular weight polypropylene） CAS 号 9003-07-0。结晶性蜡状或软蜡状固体。平均分子量约 3 000～4 000。密度 0.89 g/cm³。制备：以

$\begin{array}{c} CH_3 \\ | \\ +CH-CH_2+_n \end{array}$ 热裂法将高分子量聚丙烯裂解而制得。用途：可用作塑料及橡胶的加工助剂、涂料及印刷油墨的添加剂、颜料分散剂、蜡的改性剂等，也用于纸张加工。

等规聚丙烯（isotactic polypropylene；IPP） 亦称"全同立构聚丙烯"。CAS 号 9003-07-0。

$\begin{array}{c} CH_3 \\ | \\ +CH-CH_2+_n \end{array}$ 分子中的甲基分布在主链的一侧。无色无臭无味固体。密度 0.91 g/cm³，熔点 165～170℃。为聚丙烯工业产品的主要成分，通常聚丙烯特性即指等规聚丙烯树脂的性能。

间规聚丙烯（syndiotactic polypropylene；SPP） CAS 号 9003-07-0。分子中的甲基间隔对

$\begin{array}{c} CH_3 \\ | \\ +CH-CH_2+_n \end{array}$ 称分布在主链两侧。熔点 161～163℃。物化性质与等规聚丙烯相近，其抗冲击强度为等规聚丙烯的两倍，但刚性和硬度则仅及后者的一半。制备：以茂金属催化剂催化丙烯聚合制得。用途：可吹塑、挤塑成薄膜、片材，也可注塑成型，应用在包装材料、无纺布、医疗用品等领域。

无规聚丙烯（atactic polypropylene；APP） CAS 号 9003-07-0。分子中的甲基无规则分布

$\begin{array}{c} CH_3 \\ | \\ +CH-CH_2+_n \end{array}$ 在主链两侧。无色无臭无味固体。密度 0.90～0.91 g/cm³，软化点 90～150℃，平均分子量 3 000～10 000。由于分子量小，结构不规整、内聚力低，故机械性能和耐热性较差。溶于烷烃、芳烃和酯类等有机溶剂，不溶于乙醇、丙酮和水。制备：在齐格勒-纳塔催化剂作用下通过丙烯配位聚合制得。用途：用于改性沥青、填充母料、生产热熔胶、改性涂料、橡塑、密封材料、纸张包装及电子绝缘材料。

α-聚丙烯（α-polypropylene） 晶型为 α 型的等规聚丙烯。在温度大于 132℃的条件下，从等规聚丙烯中仅得到 α 型晶体结构。一般等规聚丙烯中主要为 α-聚丙烯，缺口冲击强度低、热变形等级不高。

β-聚丙烯（β-pdypropylene） 晶型为 β 型的等规聚丙烯。其抗冲击强度、热变形温度较 α-聚丙烯有显著提高。

接枝聚丙烯（graft polypropylene） 通常是指马来酸酐接枝聚丙烯，为无色透明颗粒。改性聚丙烯的抗拉强度、弯曲强度、冲击强度明显提高，极性和可黏结性增强。制备：由聚丙烯经反应挤出接枝马来酸酐制得。用途：用作无机增强材料和填充材料与聚丙烯之间的偶联剂，聚丙烯/尼龙合金的相容剂；可改善聚丙烯与极性材料的粘接性。

氯化聚丙烯（chlorinated polypropylene；CPP） CAS 号 68442-33-1。白色粉末或颗粒。成膜后无色、无毒。密度 0.91 g/cm³，熔点＜150℃。不溶于乙醇及石蜡烃，溶于芳烃及酯类、酮类。耐油、耐热、耐光；能抗强氧化性酸及强碱的腐蚀。制备：采用溶液法、悬浮法或固相法

将聚丙烯氯化而制得。用途：在油墨、涂料、黏合剂、双向拉伸聚丙烯薄膜等行业中有广泛应用。

硅烷交联聚丙烯（silicone crosslinked polypropylene）硅烷与聚丙烯接枝交联形成的共聚物。相较于普通聚丙烯，其耐热性、抗拉强度、刚性、冲击强度、耐油性、耐蠕变性等性能均明显提高。制备：将聚丙烯、硅烷、引发剂和催化剂混合造粒制得交联聚合物，成型后进行水解交联得到成品。用途：用于制作耐高温、耐化学腐蚀的化工管道和汽车零部件。

双向拉伸聚丙烯（biaxially oriented polypropylene；BOPP）　通常指双向拉伸聚丙烯薄膜。具有高透明度和光泽度，优异的油墨和涂层附着力，优异的水蒸气和油脂阻隔性能，低静电性能。制备：将高分子聚丙烯的熔体首先通过狭长机头制成片材或厚膜，然后在专用的拉伸机内，在一定的温度和设定的速度下，同时或分步在纵向和横向上进行拉伸，并经过适当的冷却或热处理或特殊的加工（如电晕、涂覆等）制成薄膜。用途：主要用于印刷、制袋、作胶粘带以及与其他基材的复合。

高结晶聚丙烯（high crystalline polypropylene；HCPP）　结晶度达 70% 以上的聚丙烯。具有较高的热变形温度、表面耐磨性及光泽度，刚性、韧性等机械性能均强于普通聚丙烯。制备：通过改进聚丙烯催化剂和聚合技术，提高等规度和分子量分布来制备，或向等规聚丙烯中加入成核剂来制备。用途：主要应用于汽车、耐用消费品、薄膜、动力工具和电子电气设施等领域。

高抗冲聚丙烯（high impact polypropylene；HIPP）经改性提高了其抗冲击性和低温脆性的一类聚丙烯塑料。具有优异的低温抗冲击性能，弥补了均聚聚丙烯韧性不足的缺陷。制备：采用负载型催化剂，先通过丙烯均聚制得多孔聚丙烯颗粒，然后进行气相乙丙共聚，在颗粒的孔隙中形成乙丙橡胶共聚物制得高抗冲聚丙烯。用途：主要应用于汽车工业、家电等领域。

石油树脂（hydrocarbon resin）　亦称“碳氢树脂”。由石油裂解副产品加工而成的一类树脂。主要包括 C9 石油树脂和 C5 石油树脂。具有酸值低，混溶性好，耐水、耐乙醇和耐化学品等特性，对酸碱具有化学稳定，并有调节黏性和热稳定性好的特点。制备：将石油裂解所副产的 C5、C9 馏分，经前处理、聚合、蒸馏等工艺生产而成。用途：主要用在油漆、橡胶、黏合剂、油墨、涂料等行业中作为添加剂。

C5 石油树脂（C5 petroleum resin）　亦称“脂肪烃树脂”。石油树脂的一种。淡黄色或浅棕色片状或粒状固体。密度 $0.97 \sim 1.07 \ g/cm^3$。溶于丙酮、甲乙酮、乙酸乙酯、三氯乙烷、环己烷、甲苯、溶剂汽油等。具有良好的增黏性、耐热性、安定性、耐水性、耐酸碱性，增黏效果一般优于 C9 树脂。制备：以乙烯装置裂解的 C5 馏分为原料，经

预处理、阳离子催化聚合而成。用途：用作压敏胶、热熔压敏胶、热熔胶和橡胶型胶黏剂的增黏树脂。

C9 石油树脂（C9 petroleum resin）　亦称“芳烃石油树脂”。石油树脂的一种。淡黄色至浅褐色片状、粒状或块状固体。密度 $0.97 \sim 1.04 \ g/cm^3$。溶于丙酮、甲乙酮、环己烷、二氯乙烷、乙酸乙酯、甲苯、汽油等。不溶于乙醇和水。耐酸碱、耐化学药品性、耐水性良好，粘接性能较差，脆性大，耐老化性不佳。制备：以乙烯装置裂解的 C9 馏分为原料，经热聚合、催化聚合或自由基聚合而成。用途：在涂料、橡胶、黏结剂、油墨等行业中作为复配共混物使用。

聚 1-丁烯（poly(1-butene)；PB）　半透明无色无臭固体。密度 $0.91 \ g/cm^3$。为等规聚合物。

$$\begin{array}{c} +CH-CH_2 \overline{}_{\overline{n}} \\ | \\ C_2H_5 \end{array}$$

抗蠕变性、耐环境应力开裂和抗冲击性十分优异，具有优异的耐热性、耐沸水蒸煮性、透明性及无毒等特性，耐化学试剂。制备：由 1-丁烯在齐格勒-纳塔催化剂作用下于低温淤浆法聚合而成。用途：用于生产管材、薄膜、包装材料、医疗器具、理化器具等。

等规聚 1-丁烯　工业产品聚 1-丁烯的主要成分。

聚 4-甲基-1-戊烯（poly(4-methyl-1-pentene)；PMP）无色透明固体。密度 $0.83 \ g/cm^3$，熔点 240℃。耐高温、清晰透明、熔点高、耐化学药品、耐冲击。制备：由丙烯二聚制得单体 4-甲基-1-戊烯，然后用齐格勒-纳塔催化剂聚合而得。用途：可用注塑、吹塑、挤塑等方法成型，主要用于制造医疗器具（如注射器）、理化实验器具、电子炉专用食器、烘烤盘、剥离纸、耐热电线涂层等。

聚 1-戊烯（poly(1-pentene)）　亦称“聚戊烯”。为结晶聚合物。玻璃化温度 -25℃，熔点

$$\begin{array}{c} +CH_2-CH \overline{}_{\overline{n}} \\ | \\ CH_2CH_2CH_3 \end{array}$$

130℃。制备：由 1-戊烯在齐格勒-纳塔催化剂作用下聚合而成。用途：均聚物实际应用较少，1-戊烯可与其他的 α-烯烃共聚，如与丙烯共聚可提高聚丙烯的透明性，与乙烯共聚可制得线型低密度聚乙烯，性能稍优于乙烯-丁烯共聚物。

聚 1-辛烯（poly(1-octene)）　亦称“聚辛烯”。为全同立构聚合物。玻璃化温度 -25℃，能溶于各种烃类溶剂，但在任何情况下不能结晶。

$$\begin{array}{c} +CH_2-CH \overline{}_{\overline{n}} \\ | \\ CH_2 \\ | \\ (CH_2)_4 \\ | \\ CH_4 \end{array}$$

制备：由 1-辛烯在齐格勒-纳塔催化剂作用下进行配位聚合而制得。用途：高分子量的聚 1-辛烯是原油（或成品油）管道输送的减阻剂，低分子量的可作为润滑油的添加剂。此外还可以用作改性剂，少量 1-辛烯与乙烯共聚的热塑性树脂，是性能优越的线型低密度聚乙烯。

聚 1-癸烯（poly(1-decene)）　亦称“聚癸烯”。一类热塑性树脂。熔点 19℃，玻璃化温度小于 -48℃。无论是立体规整结构还是无规聚合物结构，在室温下均为黏稠的

橡胶态，能溶于烃类溶剂。制备：由1-癸烯用齐格勒-纳塔催化剂聚合而得。用途：工业上使用的是与 $C_9 \sim C_{14}$ 的长链 α-烯烃混合物的共聚物。低分子量的可作为透布油的降凝剂，高分子量的可用作油品管输时的减阻剂，此外还可用于改性。

聚降冰片烯（polynorbornene；PNBE；PN） 亦称"聚(1,3-环戊二烯乙烯撑)"。白色粉末状物质，无味无毒。其单个颗粒也呈多孔结构。表观密度 0.30 g/cm^3，混炼后密度 0.96 g/cm^3，玻璃化温度 35～45℃。是一种橡胶和塑料材料之间的过渡物，同时兼有橡胶和塑料的特性。极易溶于芳香族和环状化合物的溶剂中，即使是稀溶液仍具有相当大的黏度，几乎不溶于水和醇。制备：通常由乙烯与环戊二烯进行第尔斯-阿尔德(Diels-Alder)反应缩合制得降冰片烯，聚合后可得到高熔点的结晶产物，若采用适当的催化剂即可得到软化点较低的无定形产物。用途：用于制作隔音板、防冲挡板、高吸油橡胶、软密封和软垫等。

聚乙炔（polyacetylene；PA） CAS 号 25067-58-7。表观密度 0.568 g/cm^3，熔点-80.7℃。制备：在齐格勒-纳塔催化剂的浓稠表面上使乙炔聚合，可得到高度结晶、具有拉伸性的薄膜状聚合物。用途：主要是作为二次电池的电极材料，经过 P 型掺杂的聚乙炔可以和碱金属电极配对作为阳极使用，N 型掺杂的聚乙炔可以作为阴极使用。

聚二乙炔（polydiacetylene） 不含缺陷、100％晶态的立体规整性单晶聚合物。分子以伸展链构象的形式存在，力学性能优异。制备：光化学诱导晶态乙炔单体 1,4 聚合得到。用途：聚合物在光化学作用下电子较易迁移，因此具有良好的光导电性，在自愈合材料、有机光电材料、非线性光学器件等领域均有潜在应用。

聚二乙烯基乙炔（poly(divinyl acetylene)） 为了解决聚乙炔成型加工性差的缺点而研制。与聚乙炔相比，聚二乙烯基乙炔溶解性较好，且因为侧链含有双键，有利于进一步功能化。制备：由二乙烯基乙炔通过配位聚合得到。用途：与聚乙炔类似。

聚三甲硅基丙炔（poly[1-(trimethylsilyl)-1-propyne]；PTMSP） 玻璃化温度大于200℃。由于其主链为单双键交替结构，侧链三甲基硅烷形成一种较大的球状体，其分子链间隙大而疏松，聚合物中有大量的处于非松弛区域的自由体积，对气体的

溶解度系数和扩散系数高，因此是气体渗透性最好的聚合物之一。

聚对二甲苯（poly-p-xylene） 亦称"帕里纶"。CAS 号 1633-22-6。密度 $1.103 \sim 1.289 \text{ g/cm}^3$，熔点 400℃，在稀有气体中可于 270～280℃连续使用，在空气中可于 90～130℃连续使用。在 150℃以下可耐任何有机溶剂，有优良的绝缘性和透气性。制备：由对二甲苯聚合而成。用途：用于涂电容器、电子元器件和线路板等。其氯化物聚一氯对二甲苯，透明性好，可供保护皮膜用；聚二氯对二甲苯，耐火性好，可用于涂耐高温零部件。

聚对乙炔基苯（polyphenylene-vinylene；PPV） 黑棕色固体。制备：对乙炔基苯在催化剂存在和氮气保护下，加热到 150～200℃，在甲苯(氯苯、烯烃)溶液中进行聚合反应得到。用途：经掺杂后是一类重要的导电材料，具有良好的非线性光学性质，为光学二极管的新材料。

聚亚苯基（polyphenylene） 棕色或黑色晶体粉末。不溶不熔。在干空气中可耐 575℃高温，在稀有气体氛围中热稳定温度可达 700℃，于 750～800℃分解。具有优异的耐辐射性能和良好的电性能、耐腐蚀性和耐磨性。制备：合成方法较多，可以由对二氯苯与金属钠缩聚反应制得；也可以由苯在催化剂和助催化剂作用下经付氏反应制得；用正丁基锂为催化剂得到 1,3-环己二烯的聚合物，再经溴化、裂解制得聚对亚苯基。用途：其预聚体制得的复合材料可用于航天和化工设备上，也可用作原子反应堆的调节器、火箭喷嘴等。

聚亚甲基（polymethylene） 由叶立德同源聚合得到的碳氢链。同源聚合一次加入一个 CH_2 来延长碳链，为了和传统的乙烯聚合一次加入两个碳区分开而称作聚亚甲基，结构和聚乙烯结构相同，但同源聚合可以精确控制碳氢链的聚合度。理化性质可以参考聚乙烯。

聚并苯（polyacene） 以苯环相关并接稠合而成的一类聚合物。由于其梯形链芳族结构，故具有很好的耐热性能。制备：由二炔基化合物如丁二炔进行双烯加成(第尔斯-阿尔德反应)得到。

聚 1,2-丁二烯（poly(1,2-butadiene)） 通常以四种方式存在：以丁二烯为原料合成高顺式顺丁橡胶时，1,2 结构的部分以少量组分的方式存在；当以锂系催化剂进行丁二烯聚合时，1,2 结构在聚丁二烯中以不同含量出现，而形成所谓低顺式丁二烯橡胶，或热塑性弹性体；以碱金属催化剂使丁二烯聚合而得到的含量

甚高的聚 1,2-丁二烯；以齐格勒-纳塔为催化剂而得到的高结晶度的高度立构规整性聚 1,2-丁二烯。其中以三乙基铝及钛酸丁酯为催化剂可得到等规聚 1,2-丁二烯，玻璃化温度- 15℃，熔点 128℃；以三乙基铝及三乙酰丙酮铬为催化剂可得到间规聚 1,2-丁二烯，其熔点约 150℃，是典型的塑料，可用于改性，也具有成纤性，可熔纺成纤。

聚环戊二烯（polycyclopentadiene）　CAS 号 68132-00-3。具有两种结构式。密度 1.1 g/cm³，耐酸和碱，能溶于脂肪烃、芳香烃、氯代烃、醚类和酯类，不溶于醇和水。制备：因环戊二烯含有两个共轭双键，故易聚合。环戊二烯可在二氯甲烷溶剂中通过辐照引发聚合；在 190～200℃下进行热聚合；也可

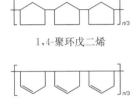

1,4-聚环戊二烯

1,2-聚环戊二烯

在弗里特尔-克拉夫兹催化剂或齐格勒-纳塔催化剂作用下进行催化聚合。用途：主要用作涂料和胶黏剂的增稠剂、颜料分散剂、混凝土保养剂及地毯浸渍剂等。

聚 1,3-环己二烯（poly(1,3-cyclohexadiene)）　制备：由 1,3-环己二烯聚合而成，使用自由基聚合催化剂或酸催化剂时，制得低分子量聚合物；使用齐格勒-纳塔或负离子聚合催化剂时，制得高分子量、无定形聚合物。用途：将聚 1,3-环己二烯和四氯苯醌一起加热，可脱氢制得聚对亚苯基。

端羧基液体聚丁二烯橡胶（carboxy-terminated liquid polybutadiene rubber；CTPB）　分子链端带有羧基的液体聚丁二烯。浅黄色或棕黄色黏稠液体。数均分子量 1 000～5 200。25℃黏度为 2.5～30 Pa·s。具有优良的耐寒性和弹性，良好的粘接性、耐水性和介电性。制备：以自由基聚合和阴离子聚合为主制得。用途：可以用作环氧树脂胶黏剂和密封剂的增韧剂，也用于制造密封材料。

聚异戊二烯橡胶（polyisoprene rubber；PI rubber）　CAS 号 104389-32-4。聚异戊二烯有 4 种结构式，其中自然界只存在两种异构体，即顺-1,4-聚异戊二烯（天然橡胶、三叶橡胶）和反-1,4-聚异戊二烯（杜仲胶、古塔波胶）。工业上重要的是其顺式异构体。聚异戊二烯的密度约 0.90 g/cm³。其玻璃化温度 T_g 与 3,4-（或 1,2-）链节的百分含量 C 有如下的经验关系式：$T_g = -0.74 \times (100 - C)$。制备：顺-1,4-聚异戊二烯的工业生产一般采用两种催化体系 $TiCl_4$-AlR_3 组成的齐格勒-纳塔催化体系和丁基锂催化剂，中国还发展了稀土催化体系。用途：主要用于制造轮胎，还可用于制作鞋靴、机械、医疗器具、体育器材、胶乳及其他工业制品，反式聚异戊二烯可做高尔夫球壳。

1,2-聚异戊二烯　　　3,4-聚异戊二烯

顺-1,4-聚异戊二烯　　反-1,4-聚异戊二烯

顺式-1,4-聚异戊二烯橡胶（cis-1,4-polyisoprene rubber）　CAS 号 104389-32-4。玻璃化温度- 68℃。能在拉伸状态下结晶，具有很好的弹性、耐寒性及很高的抗拉强度。在耐氧化和多次变形条件下耐切口撕裂比天然橡胶高，但加工性能如混炼、压延等比天然橡胶稍差。由异戊二烯可制得顺式构型含量为 92%～97%的顺式 1,4-聚异戊二烯橡胶，其结构和性能与天然橡胶近似，故又称合成天然橡胶。制备：由异戊二烯经溶液聚合得到，催化剂体系包括锂系、钛系和稀土系三类。用途：主要用于轮胎生产，除航空和重型轮胎外，均可代替天然橡胶。是一种综合性能很好的通用合成橡胶。

反式-1,4-聚异戊二烯橡胶（trans-1,4-polyisoprene rubber；TPI）　亦称"合成杜仲橡胶""古塔波胶""巴拉塔胶"。CAS 号 104389-32-4。灰白色固体。能抗臭氧，对酸、碱、脂肪烃、酮类都很稳定，溶于大多数芳烃、醚、一硫化碳、卤代烃等，抗屈挠强度高，加工性、电绝缘性、耐水性都好，并有优良的成膜性能。含有大量双键，硫化交联时交联点的链段仍能热运动结晶，表现为结晶型网络结构高分子，即热致弹性体性质，当硫化度达到一个临界交联密度即成为无定形交联网络，即普通橡胶弹性体，其耐疲劳性能优异、定伸强度高、滚动阻力小。制备：由异戊二烯定向聚合得到。用途：可用作形状记忆材料，用于制造子午线轮胎。

氯化天然橡胶（chlorinated rubber）　亦称"氯化橡胶防腐漆""氯化-2-甲基-1,3-丁二烯均聚物"。CAS 号 9006-03-5。平均分子量 5 000～20 000。未增塑的氯化橡胶抗拉强度较大，但相对伸长率低；增塑氯化橡胶的强度与增塑剂的类型以及增塑程度有关。同其他的氯化聚合物一样，具有很高的化学稳定性。制备：由天然橡胶经氯化改性制得。用途：由于氯化天然橡胶具有优良的成膜性、黏附性、抗腐蚀性、阻燃性和绝缘性，可广泛用于制造胶黏剂、船舶漆、集装箱漆、化工防腐漆、马路划线漆、防火漆、建筑涂料及印刷油墨等。

氢氯化天然橡胶（natural rubber hydrochloride）　亦称"盐酸橡胶"。一种改性天然橡胶。白色固体。氯含量通常为 29%～30%，具有优异的黏合性能。制备：由氯化氢与天然橡胶中不饱和双键进行加成而得。用途：用

作胶黏剂。

环化天然橡胶(cyclized natural rubber)　一种改性天然橡胶。密度 0.992 g/cm^3，软化点 $90\sim120℃$。可溶于芳香烃和脂肪烃溶剂，溶解度取决于环化度。制备：由天然橡胶在 $100\sim150℃$ 加热条件下与环化剂(硫酸、硝酸、磷酸、氯磺酸或苯磺酸等)反应，经过几小时到几十小时的异构化过程而得到此环状结构产物。用途：可作为橡胶(包括干胶和胶乳)的补强剂，还可以作为胶黏剂用于鞋类、印刷涂料以及金属与橡胶的黏合等方面。

接枝天然橡胶(grafted natural rubber)　一种改性天然橡胶。通过接枝共聚对天然橡胶进行化学修饰，可提高天然橡胶的性能，并得到具有指定性能的接枝物。甲基丙烯酸甲酯与天然橡胶接枝共聚产物具有自补强作用；用丙烯腈接枝大大提高了橡胶的耐油性；与顺丁烯二酸酐接枝可使产物具有较好的耐屈挠性。制备：通过溶液法、悬浮法、乳液法及化学与高能辐射合成法等手段，利用功能单体对天然橡胶或天然橡胶乳液进行接枝改性而得。用途：目前已商业化的甲基丙烯酸甲酯接枝天然橡胶主要用于制造具有良好冲击性能的坚硬制品，如无内胎轮胎中不透气的内贴层和轮胎帘线浸胶用的胶浆等；还可应用于其他领域，如生产黏合剂、用作天然橡胶补强剂、用作天然橡胶/聚甲基丙烯酸甲酯共混物的相容剂、环氧树脂的增韧剂等。

端羟基液体聚丁二烯橡胶(hydroxyl-terminated polybutadiene；HTPB)　CAS 号 69102-90-5。无色或淡黄色透明黏稠液体。密度 0.94 g/cm^3，黏度为 $(25℃)4\sim8 \text{ Pa·s}$，数均分子量为 $1\,000\sim4\,500$。透明度好，黏度低，耐老化，耐低温。制备：合成方法包括离子型聚合法、自由基聚合、端基转化、高聚物降解等多种方法。用途：可用作黏合剂、浇注型弹性体、涂料、建筑材料、密封剂、电器绝缘材料、浇注轮胎等方面。

反式-1,4-聚丁二烯橡胶(trans-1,4-polybutadiene rubber；trans-PB)　以反式结构为主的一种合成橡胶。熔点 $135\sim150℃$。定伸应力大，硬度高，耐磨性能好，抗拉强度、伸长率及弹性与丁苯橡胶相似，并能耐酸、碱及各种溶剂，加工性能好。制备：由反式-1,4-丁二烯聚合而成。用途：可用于制造鞋底、地板、垫圈、电器制品等，也可与丁基橡胶并用，其工业上的重要性不及顺丁橡胶。

聚氯丁二烯(polychloroprene；CR)　亦称"氯丁橡胶"。密度 1.23 g/cm^3，分解温度 $233\sim258℃$，结晶温度范围 $-35\sim32℃$，玻璃化温度 $-40℃$，使用温度范围 $-30\sim160℃$。有优良的耐油、耐候、耐臭氧老化性，对多种化学品稳定，抗拉强度高($2\,940 \text{ N/cm}^2$)。制备：可由氯丁二烯经乳液聚合制备，聚合可在胶束中也可在界面或单体液滴中进行，聚合速率高，易产生支化和交联，转化率达 40% 时就出现凝胶。用途：在工业上广泛用于耐水防燃电缆、耐热运输带、耐油耐腐蚀胶管、胶带，以及胶黏剂、密封材料等。

顺丁橡胶(cis-1,4-polybutadiene rubber；BR)

$$\left[CH_2-CH=CH-CH_2 \right]_n$$

"顺式-1,4-聚丁二烯橡胶"的简称。CAS 号 9003-17-2。一种合成橡胶。玻璃化温度 $-110℃$。与天然橡胶和丁苯橡胶相比，具有弹性高、耐磨性好、耐寒性好、生热低、耐屈挠性和动态性能好等特点。主要缺点是抗湿滑性差，撕裂强度和抗拉强度低，冷流性大，加工性能稍差，必须和其他胶种并用。制备：工业生产均采用溶液聚合的方法，原材料主要有单体丁二烯和溶剂，常用的溶剂为脂肪烃、脂环烃、芳香烃和混合烃。用途：主要用于轮胎、制鞋、高抗冲聚苯乙烯以及 ABS 树脂的改性等方面。

氯化聚乙烯(chlorinated polyethylene；CPE)

CAS 号 63231-66-3。白色粉末，无味无毒。密度 1.22 g/cm^3，玻璃化转变温度 $-25\sim-15℃$。具有优良的耐候性、耐臭氧、耐化学品及耐老化性能，耐有机溶剂性能一般，阻燃性好。制备：由高密度聚乙烯进行氯化取代反应制得，主要有溶剂氯化法、悬浮氯化法和固相氯化法三种生产方法。用途：用于电线电缆、汽车配件、密封材料、胶管胶带等。

聚丙烯腈(polyacrylonitrile；PAN)　CAS 号 25014-41-9。白色或略带黄色的不透明粉末，无味无毒。密度 0.797 g/cm^3，熔点 $317℃$，玻璃化温度 $90℃$。溶于二甲基甲酰胺、二甲基亚砜等极性有机溶剂。制备：由单体丙烯腈经自由基聚合反应而得到。用途：主要用于制聚丙烯腈纤维。

聚乙酸乙烯酯(polyvinyl acetate；PVAc)　亦称"聚醋酸乙烯酯"。CAS 号 9003-20-7。无色黏稠液体或淡黄色透明玻璃状颗粒，无臭无味。密度 1.192 g/cm^3，熔点 $60℃$，玻璃化温度大于 $28℃$。有韧性和塑性，不能与脂肪和水互溶，黏着力强，耐稀酸、稀碱，可燃，加热分解释放刺激烟雾，加热到 $250℃$ 以上分解出乙酸。制备：由乙酸乙烯以自由基引发剂引发，可用乳液、悬浮、本体和溶液聚合法生产。用途：用作涂料、胶黏剂、口香糖基料和织物整理剂，也可用作聚乙烯醇和聚乙烯醇缩醛的原料。

聚苯乙烯(polystyrene；PS)　CAS 号 9003-53-6。

无色透明的热塑性塑料。通常为非晶态无规聚合物,无味无毒。密度 1.05 g/cm³,熔点 240℃,玻璃化温度 80～105℃。具有优良的绝热、绝缘和透明性,长期使用温度 0～70℃,但性脆,低温易开裂。耐腐蚀较好,耐溶剂性、耐氧化较差。制备:由苯乙烯单体经自由基加聚反应合成制得。用途:用于制作泡沫塑料制品,也可以制作各种仪表外壳、灯罩、光学化学仪器零件、透明薄膜、电容器介质层等。

超高分子量聚苯乙烯(ultra high molecular weight polystyrene) 分子量超高的一类聚苯乙烯。透明性好,冲击强度和抗弯强度较高,但熔体黏度高,加工性能较差。制备:由苯乙烯单体通过阴离子聚合、自由基聚合或配位聚合等方法合成制得。用途:可制作大型薄壁制品,也可与其他聚合物共混制备新的聚合物共混物。

高抗冲聚苯乙烯(high impact polystyrene;HIPS) 白色不透明珠状或颗粒状固体,无味无毒。密度 1.04～1.06 g/cm³。为热塑性树脂,介电性绝缘性高,光泽性良好,易于涂装。制备:由聚苯乙烯和橡胶组成,分为机械共混法和接枝聚合法。用途:主要的工业和市场包括包装、一次性用品、用具和消费电器,玩具和娱乐用品,建筑产品和装饰品。

聚乙烯吡咯烷酮(polyvinyl pyrrolidone;PVP)

CAS 号 9003-39-8。易流动的白色或近乎白色的粉末,有微臭。密度 1.144 g/cm³,熔点 130℃,玻璃化温度 75℃。极易溶于水及含卤代烃类溶剂、醇类、胺类、硝基烷烃及低分子脂肪酸等。不易发生化学反应。在正常条件下贮存,干燥的聚乙烯吡咯烷酮是很稳定的。制备:以单体乙烯基吡咯烷酮为原料,通过本体聚合、溶液聚合等方法得到。用途:用于医药卫生、食品加工、日用化妆品、洗涤剂、纺织印染、涂料和颜料等。

聚马来酸酐(polymaleic anhydride;PMA) 亦称"聚顺丁烯酸酐""聚失水苹果酸酐"。

棕黄色或棕红色透明液体,无毒。密度 1.19～1.20 g/cm³,pH 1～2。易溶于水、稀碱、丙酮、乙腈、低级醇、酯和硝基烷。制备:由马来酸酐聚合而成。用途:用作增稠剂、防腐剂、阻垢剂、分散剂等。

聚乙烯基咔唑(polyvinyl carbazole;PVK) 亦称"乙烯基咔唑树脂"。微黄色或棕色透明玻璃状固体。密度

1.20 g/cm³,熔点 100～150℃,玻璃化温度 65℃。具有较高的耐热性、耐水性和化学稳定性。电性能良好,脆性大。制备:由咔唑和乙炔在碱性催化剂作用下反应生成乙烯咔唑,再进行乳液聚合而制得。用途:用作胶黏剂的改性剂;其高频电气性能优良,具有光电导性能,主要作为高频绝缘材料、复印机鼓的传输层、全息照相的感光材料等。

乙烯-乙酸乙烯共聚物(ethylene-vinyl acetate copolymer;EVA) CAS 号 24937-78-8。密度 0.92～0.98 g/cm³。一般乙酸乙烯(VA)含量在 5％～40％。无味无毒,具有良好的柔软性,橡胶般的弹性,常温下为固体,加热到一定温度变为能流动且具有一定黏性的液体。熔融后的 EVA 热熔胶呈浅棕色或白色,化学稳定性良好,抗老化和耐臭氧强度好。制备:由乙烯单体与乙酸乙烯单体共聚而成。应用:广泛应用于发泡鞋料、功能性棚膜、包装膜、热熔胶、电线电缆及玩具等领域。

乙烯-丙烯酸酯共聚物(ethylene-acrylate copolymer) 根据共聚单体的不同,可分为乙烯-甲基丙烯酸酯、乙烯-乙基丙烯酸酯、乙烯-丁基丙烯酸酯共聚物。热稳定性高,熔体强度高,柔韧性好,具有良好的着色性,具有极性和非极性官能团,因此可改善共聚物间的相容性。制备:由乙烯与丙烯酸酯以氧或过氧化物为引发剂经自由基聚合而成。用途:广泛应用于热熔胶、复合膜层间黏合剂、密封圈、包装薄膜、挤出涂敷制品、软管、片材型材、电线电缆、树脂改性剂、玩具、容器等领域。

乙烯-丙烯酸共聚物(ethylene-acrylic acid copolymer;EAA) 含有羧基的乙烯共聚物。熔点、刚性、屈服抗拉强度比聚乙烯低,并随丙烯酸含量的增加而降低,气体透过性、耐环境应力开裂性随丙烯酸含量增加而提高。透明性、耐磨性、耐低温性、粘接性、着色性好。制备:由乙烯与丙烯酸经高压高温自由基聚合而成。用途:用作薄膜包装和涂层,用作黏结剂粘接橡胶、塑料、金属和玻璃,用于复合薄膜、牙膏管、电线电缆护套、防护服、大型天线、防爆玻璃、地毯底衬等领域。

乙丙橡胶(ethylene propylene rubber;EPR) 以乙烯和丙烯为基础单体的合成橡胶。耐臭氧、耐热、耐候等耐老化性能优异,具有良好的耐化学品、电绝缘性能、冲击弹性、低温性能、低密度和高填充性及耐热水性和耐水蒸气性等。制备:由乙烯和丙烯共聚而成。分子链中依单体单元组成不同,有二元乙丙橡胶和三元乙丙橡胶之分。用途:用于汽车部件、建筑用防水材料、电线电缆护套、耐热胶管、胶带、汽车密封件、润滑油改性等领域。

二元乙丙橡胶(ethylene propylene rubber;EPM)

CAS 号 9010-79-1。半透明无色至乳白色固体,无味至微石蜡味。丙烯含量 25％～50％,密度 0.855～0.865 g/cm³,玻璃化温度 -59～

－52℃。制备：由乙烯和丙烯共聚而成。用途：见"乙丙橡胶"。

三元乙丙橡胶（ethylene propylene diene monomer；EPDM）　半透明无色至乳白色到浅琥珀色固体，无味至微石蜡味。密度 $0.860\sim0.870$ g/cm³，玻璃化温度－60～－50℃。耐臭氧、耐热、耐候等耐老化性能优异，本质上是无极性的，对极性溶液和化学品具有抗性，吸水率低，具有良好的绝缘特性。制备：由乙烯、丙烯和少量的非共轭二烯烃共聚而成。用途：见"乙丙橡胶"。

氯化乙丙橡胶（chlorinated ethylene-propylene rubber；CEPDM）　乙丙橡胶的氯化改性聚合物。白色至浅褐色柔软弹性体，轻微的氯化石蜡气味，无毒。密度 $0.865\sim1.061$ g/cm³。耐臭氧、耐热、耐候等耐老化性能优异，对极性溶液和化学品具有抗性，吸水率低，具有良好的绝缘特性，黏性尤为突出。制备：由三元乙丙橡胶氯化得到。用途：用作黏合剂材料、聚合物的改性剂、高性能橡胶制品等。

氯磺化乙丙橡胶（chlorosulfonated ethylene propylene rubber）　乙丙橡胶的氯磺化改性聚合物。定伸应力、撕裂强度较高，黏着性能较好，耐燃性、耐油性、机械强度比三元乙丙橡胶有所增强。制备：在三元乙丙橡胶的分子链上引入磺酰氯基团，通常用三元乙丙橡胶的胶液与氯气和二氧化硫反应来制备。用途：用于制造耐水、耐油和耐化学腐蚀性介质、耐高低温的工业橡胶制品。

乙丙嵌段共聚物（ethylene-propylene block copolymer；EP）　密度 $0.90\sim0.91$ g/cm³。无味无毒。具有聚乙烯和聚丙烯两者的优点，耐高温、硬度等性能比高密度聚乙烯好，耐低温、抗冲击等性能比聚丙烯好。制备：丙烯与少量乙烯嵌段共聚而成。用途：用于制造大型容器、中空吹塑容器、机械零件、电线电缆等。

乙烯-丙烯-二烯类共聚物（ethylene-propylene-diene monomer）　CAS 号 25038-36-2。一类三元共聚物。无味无毒，耐臭氧、耐热、耐候等耐老化性能优异，对极性溶剂具有抗性，吸水率低，具有良好的绝缘性能。制备：在乙烯、丙烯共聚过程中加入第三单体非共轭二烯烃共聚而成。用途：用于制造汽车零部件、建筑用防水材料、电线电缆护套、耐热胶管、胶带、汽车密封件等。

乙丙无规共聚物（ethylene-propylene random copolymer）　无味无毒，具有较好的光学透明性、柔顺性、较低的熔融温度，有很高的抗冲击性。制备：由丙烯与乙烯无规共聚而成。用途：用于制造高透明薄膜、上下水管、供暖管材及注塑制品、热封合层。

丙烯酸酯改性乙丙橡胶（acrylate-modified ethylene propylene rubber）　一种弹性体材料。相对聚烯烃基体而言极性较高，可改善乙丙橡胶的自粘性、互粘性以及相容性，提高与其他材料的结合强度、相容性、填料界面的结合、制品韧性、冲击强度、低温脆性及耐热性等。制备：由丙烯酸酯单体与三元乙丙橡胶接枝共聚而成。用途：用于耐油、耐热老化、耐低温、低压缩变形的橡胶制品。

丙烯腈改性乙丙橡胶（acrylonitrile-modified ethylene propylene rubber）　一种弹性体材料。具有较高极性，不但保留了乙丙橡胶耐腐蚀性，而且获得了相当于丁腈-26 的耐油性，具有较好的物理机械性能和加工性能。制备：以甲苯为溶剂，通过自由基聚合方式使丙烯腈接枝于乙丙橡胶上而得。用途：用于耐油、耐热老化、耐低温、低压缩变形的橡胶制品。

氯乙烯-乙酸乙烯共聚物（vinyl chloride-vinyl acetate copolymer）　白色粉末，无味无毒。熔体流动性好，韧性和耐寒性突出。制备：由氯乙烯与乙酸乙烯共聚而成。用途：用于制造保护涂层、薄膜、模压制品等。

氯乙烯-偏氯乙烯共聚物（vinyl chloride-vinylidene chloride copolymer）　CAS 号 9011-06-7。无毒、无臭、不燃，薄膜的阻隔性极佳。制备：由氯乙烯与偏氯乙烯共聚而成。用途：用于制造纤维，肠衣膜，保鲜膜，食品、医药、精密仪器的包装涂层，涂料等。

氯乙烯-丙烯腈共聚物（vinyl chloride-acrylonitrile copolymer）　具有难燃性，耐化学药剂性佳，可热成型加工。制备：由氯乙烯和丙烯腈单体通过溶液聚合、乳液聚合或悬浮聚合等工艺，经自由基共聚得到。用途：用于制造合成纤维、X 射线底片等。

偏二氯乙烯-丙烯腈共聚物（vinylidene chloride-aciylonitrile copolymer）　由此共聚物生产的腈氯纶纤维手感舒适，色泽鲜艳，强度高，阻燃性好。制备：由丙烯腈和偏二氯乙烯共聚生成。用途：广泛用于纤维、涂料、胶乳和油漆等的制造。

氯乙烯-乙丙橡胶接枝共聚物（vinyl chloride-grafted EPDM） 抗冲击、耐老化、耐化学腐蚀、可注塑。制备：将乙丙橡胶溶于或分散于氯乙烯中进行悬浮聚合而制得。用途：用于制作异型材、管材、管件、电器外壳等。

ABS 树脂（acrylonitrile-butadiene-styrene resin；ABS） CAS 号 9003-56-9。微黄色固体。密度 1.03～1.07 g/cm³，玻璃化温度 100～130℃。有一定的韧性，兼具韧、硬、刚相均衡的优良力学性能，易于加工成型的热塑型高分子材料，耐化学品，电性能良好。制备：由丙烯腈、丁二烯、苯乙烯三元共聚而成。用途：用于制作仪表、电气、电器、机械等的各种零件。

SAN 树脂（styrene-acrylonitrile resin；SAN） CAS 号 9003-54-7。密度 1.06～1.1 g/cm³。无味无毒，是一种无色透明、具有较高机械强度的工程塑料。制备：由苯乙烯和丙烯腈共聚而成。用途：用于制作化妆品容器、圆珠笔杆、打火机外壳、冰箱抽屉、低档太空杯等。

苯乙烯-丁二烯嵌段共聚物（polystyrene-polybutadiene-polystyrene；styrene-butadiene triblock copolymer；SBS） CAS 号 91261-65-3。白色半透明弹性体。密度 0.92～0.95 g/cm³。具有优良的抗拉强度、弹性和电性能，永久变形小，屈挠和回弹性好，表面摩擦大。耐臭氧、氧、紫外线照射性能与丁苯橡胶类似，透气性优异。制备：以苯乙烯和丁二烯单体为原料，以正丁基锂为引发剂，采用三步加料工艺的阴离子聚合法制备。用途：用于沥青改性、制鞋，也可制作管、带、板、汽车零件、医疗器械、体育用品和黏合剂。

丁吡橡胶（butadiene-vinyl pyridine rubber） 亦称"丁二烯-乙烯基吡啶橡胶"。一种合成橡胶。有乙烯基吡啶的臭气。玻璃化温度－65～－75℃，在－55～200℃保持弹性。耐溶剂（如水、醇、醛、酮、二羧酸脂、磷酸酯、脂肪烃、芳香烃等）性能优良。强度高、耐磨性好，具有耐寒性和在各种溶剂中的抗膨润性等独特的性能。制备：通常由 1,3-丁二烯与 2-甲基-5-乙烯基吡啶于 50℃经乳液聚合而得。用途：用于制造在高温下与溶剂接触的垫片、密封圈等橡胶制品。

丁锂橡胶（lithium-butadiene rubber） 一种合成橡胶。淡褐色固体，久置后呈深褐色。密度 0.89～0.93 g/cm³。塑性较好，易于加工。能溶于苯、汽油等，在硅油中不溶胀、不溶解。其硫化胶耐寒性能优良，易燃，燃烧时有黑色浓烟。制备：由 1,3-丁二烯在金属锂催化下经气相聚合而成。用途：主要用于制作耐硅油、耐寒橡胶制品。

丁钠橡胶（butyl sodium rubber） 亦称"丁二烯钠橡胶"。淡黄色固体。密度 0.89～0.93 g/cm³。玻璃化温度 －48～－73℃，在 220℃时分解。性能接近天然橡胶。粘接性较差，抗拉强度较低，需加入炭黑等补强剂以提高其物理机械性能。不需塑炼。可用硫黄硫化。制备：以金属钠作为催化剂，由丁二烯单体进行本体聚合而成。用途：用于制造胶鞋、胶管、胶板、胶布、模塑制品等。

丁苯橡胶（polymerized styrene butadiene rubber） 亦称"苯乙烯-丁二烯共聚物"。一种合成橡胶。为微红色或红褐色块状固体。有苯乙烯的特殊气味。密度 0.90～0.93 g/cm³，玻璃化温度－60℃～－75℃。不完全溶于汽油、苯和氯仿。按聚合工艺分为乳液聚合丁苯橡胶和溶液聚合丁苯橡胶。其物理机械性能、加工性能及制品使用性能接近于天然橡胶，有些性能如耐磨、耐热、耐老化及硫化速度较天然橡胶更为优良。制备：由丁二烯和苯乙烯共聚而成。用途：主要用于制造轮胎和一般橡胶制品。

集成橡胶（integral rubber） 以苯乙烯、异戊二烯、丁二烯为单体聚合而成的无规共聚物。集耐低温性能、低滚动阻力和高抓着性能于一体，动态力学性能和物理机械性能优异，门尼黏度 70～90，抗拉强度 16～20 MPa，扯断伸长率 450%～600%，邵氏 A 硬度 70～90。制备：以单官能团烷基锂（主要是丁基锂）为引发剂，采用可进行分子设计、能控制聚合物化学组成和微观结构的负离子聚合技术进行开发生产，合成工艺有一步加料法、多步加料法、连续聚合法和条件渐变法。用途：主要用来制造轮胎胎面胶。

羧基丁苯橡胶（carboxylated styrene butadiene rubber） 一种合成橡胶。在丁苯橡胶中引入羧基，使材料的强度、热稳定性、耐寒性、耐磨性、耐挠曲性等均有所提高，但伸长率、弹性则下降。制备：由丁二烯、苯乙烯和少量不饱和羧酸（丙烯酸或甲基丙烯酸）共聚而成。用途：用以制备高强度成膜材料、胶黏剂和其他橡胶制品。

氯丁橡胶（neoprene） 亦称"氯丁二烯橡胶""新平橡

胶"。一种合成橡胶。外观为乳白色、米黄色或浅棕色的片状或块状物。密度 $1.23 \sim 1.25 \, g/cm^3$，玻璃化温度 $-40 \sim 50 \, ℃$，脆化温度 $-35 \, ℃$，软化点 $80 \, ℃$。溶于甲苯、二甲苯、二氯乙烷、三氯乙烯，微溶于丙酮、甲乙酮、乙酸乙酯、环己烷，不溶于正己烷、溶剂汽油，在植物油和矿物油中溶胀而不溶解。具有良好的物理机械性能，耐油、耐热、耐燃、耐日光、耐臭氧、耐酸碱、耐化学试剂，缺点是耐寒性和贮存稳定性较差。具有较高的抗拉强度、伸长率和可逆的结晶性，粘接性好。分解温度 $230 \sim 260 \, ℃$，短期可耐 $120 \sim 150 \, ℃$，在 $80 \sim 100 \, ℃$ 可长期使用，具有一定的阻燃性。制备：由氯丁二烯(2-氯-1,3-丁二烯)为主要原料进行 α-聚合而成。用途：用于制作汽车零件、机械和工业制品及黏结剂等，在建筑、涂布织物、电线电缆等方面也有应用。

高反式氯丁二烯橡胶（high *trans*- chloroprene rubber） 反式结构的氯丁橡胶。结晶度高，常温下硬度高，$100 \, ℃$ 后门尼黏度平均在 $20 \sim 30$ 之间，加工方便。可与苯酚树脂、萜烯树脂、古巴隆等树脂并用。用途：常用作热密封黏合剂和密封胶料。

羧基氯丁橡胶（carboxylated chloroprene rubber） 一种合成橡胶。为米黄色或棕色块状物。密度 $1.23 \, g/cm^3$。在氯丁橡胶中引入羧基可改进其抗拉强度、撕裂强度、硬度、耐磨性、黏着性和抗臭氧老化性，特别是可改善高温下的抗拉强度，还能提高氯丁橡胶分子的极性，提高相容性。制备：由氯丁二烯、不饱和酸和其他单体共聚得到。用途：可用于制造电缆护套、输送带及其他橡胶制品等。

液体氯丁橡胶（liquid chloroprene rubber） 低分子量的氯丁二烯均聚物或分子链端带有羧基、羟基、硫醇基等的改性聚合物。分子量一般在 $10^2 \sim 10^4$，随分子量变化，液体氯丁橡胶可以是膏状的，也可以是完全流动的。结构规整的液体氯丁二烯均聚物室温下易结晶，通常需在 $50 \, ℃$ 下除晶后方可流动。制备：与氯丁橡胶类似。用途：可用作高分子材料的改性剂，可用于胶黏剂、涂料、衬里材料、密封剂和填缝剂等方面。

丁腈橡胶（nitrile butadiene rubber；NBR） 一种合成橡胶。耐油性极好，耐磨性较高，耐热性较好，黏结力强。其缺点是耐低温性差、耐臭氧性差，绝缘性能低，弹性稍低。制备：由丁二烯和丙烯腈经乳液聚合法制得。用途：主要用于制造耐油橡胶制品。

部分交联丁腈橡胶（partially crosslinked nitrile butadiene rubber；PNBR） 一种有效的非挥发性、非迁移性、非抽出性的高分子增塑剂。加工性能较好，但物理性能较差。制备：在丁二烯、丙烯腈进行共聚时加入少量（质量百分含量 $1\% \sim 3\%$）双官能团单体（如二乙烯基苯），使共聚物中凝胶的质量百分含量为 $40\% \sim 80\%$，从而制得部分交联丁腈橡胶。用途：主要用作丁腈橡胶的加工助剂；也可与极性树脂并用，改进树脂的性能，从而用于制备板材、薄膜、人造革和树脂砖等制品；在用直接蒸汽硫化时，还可防止制品产生下垂变形。

丁腈酯橡胶（acrylonitrile-butadiene- acrylate rubber） 具有优良的耐热、耐寒、耐油、耐水及压缩变形小、经济性能好等综合性能，耐低温性能较突出，可在 $-60 \sim 150 \, ℃$ 温度范围内的煤油介质中使用。制备：由丁二烯、丙烯腈和丙烯酸酯经乳液共聚而成，依三种单体的链节比不同可有不同的品种。用途：适用于制造航空薄膜油箱和航空耐油密封件等制品。

氢化丁腈橡胶（hydrogenated butadiene-acrylonitrile rubber；HNBR） 丁腈橡胶分子链上的碳碳双键加氢饱和得到的产物。具有良好耐油性能，对燃料油、润滑油、芳香系溶剂耐抗性良好。由于其高度饱和的结构，其具有良好的耐热性能、优良的耐化学腐蚀性能（对氟利昂、酸、碱等的良好的抗耐性）、优异的耐臭氧性能、较高的抗压缩永久变形性能。还具有高强度、高撕裂性能、耐磨性能优异等特点。制备：由丁腈橡胶进行特殊加氢处理而得，方法主要有乙烯—丙烯腈共聚法、丁腈橡胶溶液加氢法和丁腈橡胶乳液加氢法。用途：广泛用于油田、汽车工业等领域。

交替丁腈橡胶（nitrile-butadiene alternating copolymer rubber） 丁二烯和丙烯腈两种单体结构单元交替排列而成的丁腈橡胶。玻璃化温度可达 $-15 \, ℃$，耐寒性较好，耐油性优异，可与超高丙烯腈丁腈橡胶类似；结构规整，拉伸结晶，其抗拉强度和扯断伸长率高于超高丙烯腈丁腈橡胶；不含凝胶，加工性好，不易塑炼，易于加工。制备：由丙烯腈和丁二烯经悬浮法聚合而成。用途：主要用途是耐油胶管、耐油衬里和垫圈、耐油膜片、耐油胶辊等各种耐油杂件。

羧基丁腈橡胶（carboxy nitrile rubber；XNBR）

一种合成橡胶。羧基的引入增加了橡胶的极性,增大与聚氯乙烯和酚醛树脂的相容性,赋予其高强度,具有良好的粘接性和耐老化性,改进耐磨性和撕裂强度,进一步提高了耐油性。制备:由丁二烯、丙烯腈和有机酸(丙烯酸、甲基丙烯酸等)三元共聚而成。用途:可以单独使用,也可以与其他弹性体并用,主要用于胶管、胶带密封件、O型圈、胶辊、胶鞋及各种模制品,油井专用品、环氧树脂增韧及生产高性能黏合剂产品的专用材料。

液体丁腈橡胶(liquid nitrile butadiene rubber; LNBR)　由丁二烯、丙烯腈为主链结构,含有或不含其他官能团的、常温下呈黏稠液体状态的橡胶。制备:合成主要采用自由基聚合历程,即以自由基机理进行的乳液聚合和溶液聚合。用途:用于反应性增塑剂和软化剂,在固体火箭推进剂中作为胶黏剂使用。

氯腈橡胶(chlorobutadiene-acrylonitrile rubber)　制备:由氯丁二烯和丙烯腈的乳液共聚而成。属非硫黄调节型氯丁橡胶,有丙烯腈含量约10%和20%两种类型。

丁基橡胶(isobutylene isoprene rubber; IIR)　通常为无色或浅黄色固体,无臭无味,有时会因残留的单体有特殊味道。具有良好的化学和热稳定性,具有特别优良的气密性和水密性。制备:由异丁烯和少量异戊二烯合成。一般在氯甲烷中反应,产生的丁基橡胶不溶于氯甲烷就会以细粉状沉析出来。用途:用于制作各种轮胎的内胎、无内胎轮胎的气密层、各种密封垫圈,在化学工业中作盛放腐蚀性液体容器的衬里、管道和输送带,农业上用作防水材料。

交联丁基橡胶(crosslinked butyl rubber)　亦称"三元丁基橡胶"。异丁烯、异戊二烯和二乙烯基苯的三元共聚物。其非硫化胶没有冷流现象,且有较高的弹性复原性和生胶强度,与相近不饱和度的普通丁基橡胶相比具有更好的抗臭氧性能。可与普通丁基橡胶共混,其共混胶可以改进普通丁基橡胶的生胶强度和冷流性。制备:由异丁烯、异戊二烯和少量二乙烯基苯进行三元共聚,得到含有一定程度交联的弹性体即成。用途:主要用于密封剂、电子元件绝缘封装、汽车和建筑密封带、压敏黏合剂和垫圈等。

卤化丁基橡胶(halogenated butyl rubber)　溶于脂肪烃(如己烷)中的普通丁基橡胶与氯或溴发生卤化反应的产物。可分为氯化丁基橡胶和溴化丁基橡胶两类。耐蒸汽、耐热水性、耐化学性和阻燃性好。制备:丁基橡胶卤化一般采用连续工艺,其工艺过程包括基础胶液制备,液氯、液溴储运及准备,卤化反应及卤化胶液的中和,卤化胶液脱气、汽提和溶剂回收,卤酸气处理,卤化丁基橡胶后处理干燥等过程。用途:可用于制作轮胎、药用瓶塞、飞机和船舶等使用的各种减震器,也可用于制造特殊场所的防核辐射、耐化学、耐生物和防火阻燃的防护服以及防毒手套和防毒面具等。

星形支化丁基橡胶(star-branched butyl rubber)　由高分子量星形支化结构和低分子量线形结构的分子组成的丁基橡胶。性能上有不冷流、不塌陷的特点,构造上的特殊性还导致有比普通丁基橡胶高得多的强度、硬度和易加工性,且有好的黏弹性。制备:丁基橡胶在支化剂的作用下,通过正碳离子聚合得到。用途:主要用来生产轮胎硫化时使用的内支撑模具——硫化胶囊。

高分子量聚氯乙烯(high molecular weight polyvinyl chloride; HPVC)　亦称"高聚合度树脂"。通常指聚合度达2 000~3 000的聚氯乙烯。有较高的物理性能,具有类似弹性体的特征,耐磨性好,压缩永久形变小,回弹性高,抗撕裂性能好。有较宽的使用温度范围,耐热性高。脆化温度较低,耐候性优良,耐蠕变性好,硬度对温度的依赖性小。可降低制品的光泽性,提供附着力和低折射率等。制备:通常采用低温法或添加扩链剂法由氯乙烯聚合而成。用途:应用于汽车、建筑材料、电线电缆和电器、制鞋等工业。

聚氯乙烯糊(polyvinyl chloride paste; PVC paste)　粒度微细的一种聚氯乙烯树脂。其质地像滑石粉,具有不流动性。性能稳定,使用方便,制品性能优良。化学稳定性好,具有一定的机械强度、易着色等。制备:合成方法有乳液法、微悬浮法和混合法。乳液聚合配方主要有氯乙烯、水、水溶性引发剂和乳化剂;微悬浮法是先将部分氯乙烯用机械均化的方法制成稳定的乳状液,然后进行聚合(必须选用油溶性的引发剂);混合法主要是集乳液聚合和微悬浮聚合于一体,在整个反应过程中要加入经过乳液聚合后的种子和其他乳化剂、引发剂、各种助剂及氯乙烯一起参与反应。用途:被广泛应用于人造革、搪胶玩具、软质商标、墙纸、油漆涂料、发泡塑胶等的生产。

氯化聚氯乙烯（chlorinated polyvinyl chloride；CPVC） 聚氯乙烯进一步氯化改性的产品。其氯含量一般为 65%～72%。除具有聚氯乙烯的很多优良性能外，其耐腐蚀性、耐热性、可溶性、阻燃性、机械强度等均比聚氯乙烯有较大提高。根据聚合度的大小可分为高黏度型、中黏度型和低黏度型等。高黏度型氯化聚氯乙烯有较好的耐热性、耐化学腐蚀性和弹性，低黏度型则较易溶于植物油类。制备：由粉状聚氯乙烯在低于 50℃ 温度下，用适当溶剂溶胀并进行水相悬浮氯化制得。用途：广泛用于建筑、化工、冶金、造船、电器、纺织等领域。

聚偏二氯乙烯（poly(vinylidene chloride)；PVDC） 具有耐燃、耐腐蚀、气密性好等特性。由于极性强，常温下不溶于一般溶剂。缺点是光、热稳定性差，加工困难。制备：由偏二氯乙烯以过氧化物或偶氮化合物为引发剂经自由基聚合制备，聚合方法有乳液和悬浮聚合。用途：可制成片材、管材、模塑件、薄膜和纤维。

过氯乙烯树脂（chlorinated PVC resin） 密度 1.6 g/cm³。含氯量 61%～65%，分解温度 140～145℃。溶于丙酮、乙酸酯类、二氯乙烷、氯苯等溶剂，但不溶于汽油和醇类。其黏度取决于所用聚氯乙烯的分子量，分子量越大，氯化后的树脂黏度越高。制备：由聚氯乙烯树脂在溶剂存在下经氯气氯化而制得。用途：制造过氯乙烯特种油漆、PVC 黏合剂、过氯乙烯防火涂料和皮革上光剂等。

聚乙烯醇缩丁醛（polyvinyl butyral；PVB） 白色粉末。密度 1.08～1.10 g/cm³。根据聚合度的不同，玻璃化温度 66～84℃。可溶于甲醇、乙醇、酮类、卤代烷、芳烃类溶剂，不溶于碳烃类溶剂。具有较高的透明性、耐寒性、耐冲击、耐紫外辐照。与金属、玻璃、木材、陶瓷、纤维制品等有良好的黏结力。制备：将聚乙烯醇溶于水中，在搅拌下加入丁醛及催化剂如盐酸或硫酸，在 15～50℃ 的温度下进行缩醛反应，生成的缩醛物经水洗、离心干燥即可制得。用途：主要应用是安全夹层玻璃，汽车挡风玻璃；可用于印刷工业的柔印、凹印、凸印、丝网印、热转印；因其溶于醇类且无毒，印件不残留异味，可用于食品工业中对异味敏感的包装，如茶叶、香烟等。

聚乙烯醇缩甲醛（polyvinyl formal；PVFM；PVFO） 微带草黄色固体。密度 1.2 g/cm³，软化点约 190℃，热变型温度 65～75℃。具有热塑性，溶于丙酮、氯化烃、乙酸、酚类。制备：由聚乙烯醇与甲醛在酸性催化剂存在下缩醛化而得；或将聚乙酸乙烯酯溶于乙酸或醇中，在酸性催化剂作用下与甲醛进行水解和缩醛化反应制得。用途：用于制造耐磨耗的高强度漆包线涂料，金属、木材、橡胶、玻璃层压塑料之间的胶黏剂，作为层压塑料的中间层以及制造冲击强度高、压缩弹性模量大的泡沫塑料。

聚乙烯醇缩乙醛（polyvinyl acetal） 略带微黄色颗粒，无臭无味。密度 1.35 g/cm³。马丁耐热 100℃，伸长率 5%～10%，吸水性（24 h/20℃）1.2%。有热塑性，软化点 140～180℃。溶于乙醇、丙酮、甲乙酮、环己酮、乙酸乙酯、二氯乙烷、苯、甲苯等。与酚醛树脂、硝酸纤维素、天然树脂等混溶。对金属、木材、皮革等有很强的粘接能力。制备：由乙酸乙烯以甲醇或乙醇为介质，在过氧化苯甲酰存在下先反应生成聚乙酸乙烯酯，再于甲醇和硫酸存在下水解加乙醛进行缩醛化、中和、沉淀、过滤、干燥而制得。用途：可制成鞋跟、唱片、地板、瓦片、砂轮、印刷板等，也可用以黏合木粉和制造雕塑品等。

醚类聚合物

聚醚醚酮（poly-ether-ether-ketone；PEEK） CAS 号 29658-26-2。属于高性能工程塑料。密度 1.265 g/cm³（无定形），1.320 g/cm³（高结晶），熔点 334℃，玻璃化温度 143℃。缺口冲击强度高，韧性极强。树脂绝缘性好，本身具有优良的阻燃性，点火自熄。吸水性小，抗水解。耐多种有机溶剂，耐酸碱（除浓硫酸以外）。制备：以 4,4′-二氟二苯酮与对苯二酚钠盐和钾盐的混合物为原料，在二苯砜溶剂中，经溶液缩聚而制得。用途：制造航空航天、汽车、电子电气、医疗器械等领域的塑料结构件。

聚甲醛（polyformaldehyde；POM） 亦称"缩醛树脂""固体甲醛"。CAS 号 30525-89-4。原料为白色粉体或颗粒。密度 1.42 g/cm³，熔点

175℃,玻璃化温度- 35℃(共聚甲醛)。制成的塑料件的表面具有自润滑性,具有优异的耐摩擦性能;抗拉强度高,刚度突出。高度结晶性聚合物,成型收缩率较高。吸水性小,耐溶剂性良好。制备:先用水合甲醛与乙醇反应生成甲缩醛,再脱水加热发生阴离子聚合,最后用乙酸酐封端而成。用途:作为工程塑料用制造齿轮等机械传动零件等。

聚苯醚(polyphenylene oxide;PPO/polyphenyl ether;PPE) 亦称"聚氧二甲苯""聚亚苯基氧化物""聚苯撑醚"。CAS 号 31533-76-3。白色颗粒状固体。密度 1.06 g/cm³,熔点 268℃,玻璃化温度 211℃。熔体黏度高,成型收缩率低。具有较高机械强度,耐热性好,并且介电性能优异,耐酸碱。缺口冲击强度较低。难燃,着火自熄。制备:用氯化亚铜作催化剂,以氧化偶合方式将 2,6-二甲基苯酚聚合而成。用途:作为工程塑料,广泛应用于绝缘塑料件、机械传动零部件以及医疗及电子元件领域。

聚环氧乙烷(polyethylene oxide;PEO) 亦称"聚氧化乙烯""缩乙二醇醚""聚乙二醇"。CAS 号 68441-17-8。低分子量为稠状液体,高分子量为蜡状固体。密度 1.15～1.26 g/cm³,熔点 65～67℃。水溶性聚合物,也可溶于氯仿及苯甲醚等有机溶剂。具有较好化学稳定性,耐酸耐碱。制备:主要采用氧化法,由环氧乙烷在催化剂作用下开环聚合而成。较成功的催化剂体系主要有烷氧基铝-水-乙酰基乙烯酮、有机锌-多元醇-一元醇、烷基铝-水-乙酰丙酮、稀土化合物-烷基铝-水等。用途:用作聚氨酯合成的多元醇原料、纺织浆料、增稠剂、絮凝剂与化妆品添加剂等。

聚环氧丙烷(polypropylene oxide;PPOX) 亦称"聚氧化丙烯""聚 1,2-丙二醇醚"。CAS 号 9042-19-7。无色至棕色黏稠液体。熔点 66～75℃,玻璃化温度为- 72～- 75℃。可溶于大部分有机溶剂,低分子量时可溶于水。其弹性体具有耐油、耐热老化、耐臭氧等性质,动态性能优异。制备:由环氧丙烷在氢氧化钠或氢氧化钾溶液存在下,与水、二元醇、多元醇或胺等含活性氢的化合物反应生成。高分子量的聚环氧丙烷可由配位聚合制得。用途:可用作液压流体、润滑剂、表面活性剂、聚氨酯泡沫塑料中间体。

双酚 A 型环氧树脂(bisphenol A epoxy resin) 亦称"二酚基丙烷环氧树脂"。CAS 号 25085-99-8。无色或淡黄色透明黏稠液体。密度 1.16 g/cm³。溶于丙酮、乙酸乙酯、甲苯、二甲苯与乙醇等有机溶剂。交联后易硬脆性,可燃,低毒。对金属黏附力强,耐化学腐蚀性好,电绝缘性好。机械强度高。制备:由二酚基丙烷和环氧氯丙烷在碱性条件下缩合后得到。用途:用于制造防腐涂料、电子封装胶、黏结剂或光敏树脂。

聚四氢呋喃(polyoxy-1,4-butanediyl;PTMG) 亦称"四氢呋喃均聚醚""聚丁二醇"。CAS 号 25190-06-1。室温下为白色蜡状固体。密度 1.0 g/cm³,熔点 25～33℃。易溶解于醇、酮、芳烃和氯化烃,不溶于脂肪烃和水,但有吸湿性。制备:用乙酸酐及高氯酸、氟磺酸或发烟硫酸为引发剂,由四氢呋喃开环聚合生成。用途:用作聚氨酯的多元醇单体或聚酯的共聚单体。

酚醛环氧树脂(phenolic epoxy resin;EPN) 亦称"F 型环氧树脂""线性酚醛多缩水甘油醚"。浅棕黄色黏稠液体。密度 1.22 g/cm³,软化点 10～28℃。黏度较大。因环氧官能团多,交联从而使得固化产物密度高,耐热性佳。具备电绝缘性和耐腐蚀性。制备:在酸性介质中苯酚与甲醛进行缩聚反应得到线型酚醛树脂,再与过量环氧氯丙烷在氢氧化钠存在下缩聚反应制得。用途:可单独使用或改性普通的环氧树脂,制作耐高温胶黏剂、涂料、电子元器件封装胶。

聚醚酮(polyetherketone;PEK) CAS 号 273870-27-4。为部分结晶性热塑性树脂。密度 1.3 g/cm³,熔点 334℃,玻璃化温度 143℃,最高使用温度 250℃。机械强度高,韧性强,具抗冲击性。在宽频率内具有稳定的介电特性。耐化学品性能优良,耐酸碱性能好。制备:可用 P-FC₆H₄COC₆H₄F-P 在无水碳酸钠及氮气存在下于 Ph₂SO₂ 中与 4,4′-双羟基苯聚合制得。用途:可挤出及拉伸成纤维单丝或复丝,用于制作输送带、高温过滤材料及航空航天用复合材料等。

月桂醇聚氧乙烯醚(polyoxyethylene lauryl ether) 亦称"α-十二烷基-ω-羟基(氧-1,2-乙二基)聚合物"。CAS 号 9002-92-0。结构式中 R=C₁₂ 烷基。白色至微黄色膏状物。密度 0.99 g/cm³,熔点 41～45℃。可溶于水与乙醇等。为一种非离子表面活性剂,对酸、碱与硬

R—O(CH₂CH₂O)ₙCH₂CH₂OH

水均稳定。制备：由月桂醇与环氧乙烷在固态碱催化下缩合后经中和、脱色而得。用途：用作乳化剂、洗涤剂、织物匀染剂与抗静电剂。

聚环氧琥珀酸（polyepoxysuccinic acid；PESA）

$HO(C_4H_2O_5M_2)_nH$　CAS 号 51274-37-4。结构式中 M 为 H、Na 或 K，n 为 2～10。无色或淡琥珀色透明液体。密度 1.28 g/cm^3。可螯合金属阳离子，是一种安全的阻垢剂。制备：以马来酸酐为原料，用蒸馏水和氢氧化钠使之水解成马来酸盐，以固体酸为催化剂，用过氧化氢将马来酸盐氧化成环氧琥珀酸盐，再将环氧琥珀酸盐乙酯化，在无溶剂体系或惰性溶剂体系中开环聚合，然后将聚合物水解而制得。用途：用作金属离子络合剂、循环水缓蚀剂、阻垢剂或洗涤助剂。

聚硅氧烷（polysiloxane）　亦称"聚硅醚"，"聚有机硅氧烷"的简称。一类含有硅—氧交替键合主链，且在硅原子上接有碳侧链的聚合物。依其化学结构和性能，分为硅油、硅树脂和硅橡胶三类。具有优良的耐热、耐水、耐氧化、耐气候和电绝缘等性能。制备：由烃基氯硅烷（如 $RSiCl_3$、R_2SiCl_2、R_3SiCl 等）经水解、脱水缩合制得。用途：可用作胶黏剂、润滑剂、传热介质、绝缘材料或橡胶代用品等。

聚丙二醇（polypropylene glycol；PPG）　亦称"丙二醇聚醚"。CAS 号 25322-69-4。无色透明黏稠液体。密度 1.004 g/cm^3，熔点 -31℃，闪点 113℃。不易挥发，无腐蚀性。低分子量时能溶于水，高分子量时则微溶于水，溶于醇、酮、酯及部分油类。制备：由丙二醇聚合体与水进行加成反应制得。用途：用作分散剂、消泡剂与增溶剂，也用作聚氨酯泡沫的多元醇单体。

聚多卡醇（polidocanol）　亦称"月桂醇聚醚-9"。CAS 号 3055-99-0。密度 1.0 g/cm^3，熔点 33～36℃，沸点 616℃，闪点 326℃。制备：由单十二烷基六乙二醇醚与三乙二醇反应制得。用途：用作泡沫硬化剂、止血剂或用于静脉曲张等硬化法治疗。

聚甘油（polyglycerol）　CAS 号 25618-55-7。水溶性黏性液体或蜡状固体。随聚合度不同外观呈淡黄色至浓茶色等不同色泽。黏度和沸点均比甘油高，挥发性及吸湿性小，保湿性好。聚合度为 3 的三聚甘油，CAS 号 56090-54-1，密度 1.3 g/cm^3，沸点 493℃，闪点 252℃。制备：甘油在碱性催化剂作用下经高温加热（270℃）分子间进行脱水反应可生成聚甘油混合物，有二聚、三聚、四聚等直到十几聚。聚合程度的控制取决于工艺条件，一般以平均三聚为主。用途：用作化妆品保湿添加剂、乳液稳定剂、染色助剂或消泡剂等。

聚苯乙烯氧化物（polystyrene oxide）　分子量为 500 时密度 1.136 g/cm^3，分子量为 700 时密度 1.152 g/cm^3。制备：以有机铝化合物/水或氧化铝组成的催化剂在低温下引发苯基环氧乙烷聚合制得。用途：用作表面活性剂或制备特种聚氨酯。

聚苯硫醚（poly(p-phenylene sulphide)；PPS）　CAS 号 25212-74-2。固体粉末。密度 1.36 g/cm^3，熔点 285～300℃。为结晶型热塑性树脂，具有优良的耐腐蚀，长期使用温度在 250℃ 左右，熔融加工温度较高。尺寸稳定，阻燃性好。制备：由对卤代苯硫酚金属盐在吡啶溶液中或无溶剂时于稀有气体中缩聚制得，也可以二氯苯与碱金属硫化物为原料，在极性溶剂存在下缩聚制得。用途：用作重防腐粉末涂料与工程塑料，或制成耐高温过滤纤维等。

聚 2,6-二苯基对苯醚（poly(2,6-diphenyl-1,4-phenylene oxide)）　其单体 CAS 号 2432-11-3。高性能工程塑料，结晶度高。熔点 480℃，玻璃化温度 235℃。力学性能强，耐热温度高，具有阻燃性与良好的电绝缘性能。制备：由环己酮脱水、脱氢制得 2,6-二苯基苯酚，再经氧化偶联制得。用途：用作电绝缘材料、耐超高压充油电缆绝缘材料等，可纺成高性能纤维。

氯化聚醚（chlorinated polyether）　亦称"聚氯醚""聚 3,3-双（氯甲基）氧杂环丁烷"。CAS 号 25323-58-4。白色颗粒状或粉末状固体。密度 1.4 g/cm^3，熔点 176℃，热变形温度 99℃，热分解温度 290℃。热塑性塑料，耐化学腐蚀性能强。具有良好阻燃性，与金属黏结力强。溶于环己酮、三氯甲烷与四氢呋喃。制备：以 BF_3 或 $AlCl_3$ 为催化剂，由 3,3-二氯甲基氧杂环丁烷阳离子开环聚合制得。用途：制作防腐涂料或塑料件。

聚六氟环氧丙烷（poly(hexafluoropropylene oxide)；PFPE）　亦称"聚全氟环氧丙烷""全氟聚醚"。CAS 号 25038-02-2。该材料一般为齐聚物，具有优良的化学惰性、耐腐蚀性、耐热性与耐氧化性，并具有阻燃性、润滑性和介电性能，可在极低或极高的温度下使用。制备：将氟化季铵盐、无水碱金属氟化物和质子惰性溶剂加入反应釜中，在 -80～20℃ 下加入六氟环氧丙烷单体,搅拌、升温、后处理后得到产物。用途:可用作防腐材料等。

聚环氧氯丙烷(polyepichlorohydrin) 亦称"聚表氯醇"。CAS 号 24969-06-0。密度 1.36 g/cm³,熔点 145~155℃。固体粉末。具有阻燃性能。可溶于丙酮、环己酮、乙二醇、甲苯和苯乙烯等。制备:以环氧氯丙烷为单体,使用齐格勒-纳塔催化剂可得到晶态聚合物,熔点约为 119℃;使用烷基铝/水催化剂或烷基铝/乙酰丙酮等螯合剂为催化剂时,可得到非晶态聚合物。用途:用于制造防腐涂料、粉末涂料或黏合剂,也可用作阻燃性添加剂。

聚醚型聚氨酯(poly(ether-urethane)) CAS 号 9009-54-5。合成时所用的多元醇为聚醚型多元醇的聚氨酯。其结构可用"软段"和"硬段"来描述,聚醚型多元醇构成软段,二异氰酸酯和扩链剂构成硬段。聚醚型聚氨酯低温柔顺性相对较好,耐水解性能好。制备:由两端为羟基的聚醚和二异氰酸酯反应生成。用途:用于制造聚氨酯弹性体、黏结剂与泡沫等。

聚醚胺(polypropylene glycol bis(2-aminopropyl ether);PEA) 亦称"端氨基聚醚""聚醚多胺"。CAS 号 9046-10-0。浅黄色黏稠液体。密度 0.997 g/cm³,沸点 260℃,闪点 128℃。溶于乙醇、乙二醇醚、酮类、脂肪烃类、芳香烃类等有机溶剂。低分子量溶于水。产物光泽度高,有刺激性。制备:通过聚乙二醇、聚丙二醇或乙二醇/丙二醇共聚物在高温高压下氨化而制得。用途:用于环氧树脂固化剂、聚酯的高活性扩链剂或聚氨酯固化剂等。

聚醚酰亚胺(polyetherimide) 亦称"聚醚亚胺"。CAS 号 61128-46-9。琥珀色透明固体。密度 1.28~1.42 g/cm³,玻璃化温度 215℃,热变形温度 198~208℃。是一种高性能工程塑料,耐热温度高,磨耗小,耐化学腐蚀性、阻燃性强,并具有电绝缘性。制备:由 4,4′-二氨基二苯醚或间苯二胺与 2,2′-双[4-(3,4-二羧基苯氧基)苯基]丙烷二酐在二甲基乙酰胺溶剂中经加热缩聚、成粉、亚胺化而制得。用途:制备塑料结构件、耐高温的黏结剂与高强度纤维等。

聚环氧乙烷磺基琥珀酸月桂基钠(4-(2-dodecoxyethoxy)-4-oxo-2-sulfonatobutanoate disodium) 亦称"月桂醇聚醚-6 磺基琥珀酸酯二钠"。CAS 号 39354-

45-5。为磺酸盐阴离子表面活性剂,有良好的抗硬水能力。可溶于水,对弱碱、弱酸和硬水稳定,对强碱易水解。制备:以脂肪醇聚氧乙烯醚和顺酐为原料,通过酯化反应生成脂肪醇聚氧乙烯醚琥珀酸单酯,然后用亚硫酸氢钠通过磺化反应生成脂肪醇聚氧乙烯醚磺基琥珀酸单酯二钠盐。用途:作乳化剂等。

聚芳醚腈(poly(arylene ether nitriles);PEN) CAS 号 611-20-1。结构式中 Ar 代表各芳香二元酚。一种高性能热塑性工程塑料。密度 1.32 g/cm³,熔点 340℃,玻璃化温度 148℃。具有很高的机械强度,良好的电绝缘性与阻燃性,耐酸碱与有机溶剂性。制备:可用二硝基苯腈或二卤苯腈与双酚进行亲核取代反应制得。用途:生产注塑件,或与其他树脂共混制备合金材料等。

聚氧乙基甘油醚(polyoxyethyl glyceryl ether) CAS 号 31694-55-0。密度 1.138 g/cm³,闪点大于 110℃,沸点 200℃。制备:由丙三醇作为起始剂,与环氧乙烷发生开环反应制备得到。用途:用于聚酯或聚氨酯的交联剂,以及乳化剂、分散剂与印染助剂。

脂肪醇聚氧乙烯醚(primary alcohol ethoxylate;AEO) 亦称"聚氧乙烯脂肪醇醚"。CAS 号 68131-39-5。为非离子表面活性剂,耐酸碱,耐电解质,泡沫较小。制备:在氢氧化钠催化作用下,长链脂肪醇与环氧乙烷发生开环聚合反应而制得,根据乙氧基数目不同可制得一系列不同性能的产物。用途:用作乳化剂与印染助剂。

烷基酚聚氧乙烯醚(alkylphenol ethoxylates;APEO) CAS 号 9002-93-1。棕色黏稠液体。为非离子型表面活性剂。制备:直链烷烃氯化,生成氯代烷,再与酚发生缩合反应;或由烯烃通过路易斯酸直接与酚进行加成反应。烷基酚在碱性催化剂下与环氧乙烷反应制得。用途:用作乳化剂、分散剂或织物整理剂等印染助剂。

聚（丙二醇）单丁醚（poly（propylene glycol） monobutyl ether） CAS 号 9003-13-8。无色液体。密度 0.96^{25} g/cm³，玻璃化转变温度 −57℃。具有负载润滑性，热稳定性能好，对金属无腐蚀作用。制备：由丙二醇单丁醚和环氧乙烷发生加成反应制备得到，可通过控制环氧乙烷的量得到不同分子量的产物。用途：用于液压液、金属加工液和润滑剂、热传导液、助焊液与淬火剂。

双酚 A 型聚砜（isphenol A-derived polysulfone；PSF） 亦称"聚砜"。CAS 号 25135-51-7。玻璃化温度 196℃，耐热温度高，热变形温度 175℃，维卡软化温度 188℃。耐热性好，可以在 150℃的高温下使用，热分解温度为 426℃。耐酸碱，但在某些极性溶剂中溶胀或溶解。具有耐辐射性能。制备：原料双酚 A 钠盐和 4,4-二氧二苯亚砜在二甲基甲酰胺或二甲基亚砜溶剂中高温反应而制得。用途：用于制造机械设备与医疗器械的塑料件，或用作分离膜材料。

聚醚砜（polyethersulfone；PES） CAS 号 9002-88-4。淡黄色至灰褐色粉体。密度 1.37～1.51 g/cm³，玻璃化温度 225℃。是具有平衡力学性能的热塑性工程塑料，耐热温度高，负载 1.82 MPa 的热变形温度为 203℃。阻燃，耐蠕变，耐酸碱。制备：由 4,4′-双磺酰氯二苯醚在无水氯化铁催化下，与二苯醚缩合制得。用途：制造用于电子电器、汽车和医疗器具等领域的塑料件，或用作分离膜材料。

聚氧乙烯月桂醚羧酸（glycolic acid ethoxylate lauryl ether） 亦称"月桂醇聚醚-4 羧酸"。CAS 号 220622-96-8。密度 1.0^{25} g/cm³，闪点大于 113℃。制备：在氮气气氛中，碱催化月桂醇和环氧乙烷反应（160℃），得到月桂醇聚氧乙烯醚，然后进行羧基化而制得。用途：用作表面活性剂。

聚苯基缩水甘油醚甲醛共聚物（poly（（phenyl glycidyl ether）-co-formaldehyde）） CAS 号 28064-14-4。

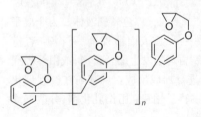

密度 1.227^{25} g/cm³，折射率 1.589，闪点大于 113℃。制备：由苯酚、甲醛和环氧丙醇在催化剂的作用下制备得到。用途：用作电子行业黏结剂、涂层或结构胶。

聚 2,6-二溴苯醚（poly（2,6-dibromophenol oxide）） CAS 号 69882-11-7。白色或淡黄色粉末。熔点高于 210℃，分解温度 360℃。是一种溴系阻燃剂，热稳定性高，可用于工程塑料的阻燃改性。制备：用铁氰化钾为催化剂的合成法，或用过氧化苯甲酰为引发剂的聚合法。用途：用于尼龙 66 或聚酯等工程塑料的阻燃剂。

聚乙醛（metaldehyde） 亦称"多聚乙醛"。CAS 号 203-600-2。纯品为无色菱形晶体。密度 1.120～1.127 g/cm³（25℃），熔点 246℃，闪点 36℃。不溶于水，溶于部分有机溶剂。制备：采用乙炔水合法或乙醛在催化剂存在下聚合而制得。用途：用作农药或固体燃料。

聚乙烯醇缩甲醛 释文见 738 页。

二醇酸乙氧酸 4-叔丁基苯基醚（glycolic acid ethoxylate 4-*tert*-butylphenyl ether） 亦称"丁基苯酚聚醚-5 羧酸"。CAS 号 104909-82-2。阴离子表面活性剂。密度 1.12 g/cm³。制备：丁基苯酚与环氧乙烷的开环聚合而制得。应用：用作乳化剂或分散剂。

双酚 A 聚氧乙烯醚（bisphenol A ethoxylate） CAS 号 32492-61-8。密度 1.14 g/cm³，闪点 205℃。与金属基底的附着力强，并且耐腐蚀。制备：由双酚 A 环氧树脂与环氧乙烷在催化剂作用下反应制得。用途：用作阴极电泳漆、聚氨酯弹性体或泡沫的多元醇单体。

双酚 A 乙氧酸二丙烯酸（bisphenol A ethoxylate diacrylate） CAS 号 64401-02-1。无色液体。密度 1.15 g/cm³，闪点高于 110℃。制备：双酚 A 聚氧乙烯醚与丙烯酸进行酯化反应得到。用途：用作表面活性剂或分散剂。

十三烷基聚氧乙烯（12）醚（poly（ethylene glycol）（12）tridecyl ether） CAS 号 78330-21-9。透明至浑浊的液体。密

C$_{13}$H$_{27}$(OCH$_2$CH$_2$)$_n$OH

度 1^{25} g/cm^3，HLB 值（亲水亲油平衡值）14。溶于水、异丙醇和二甲苯。制备：十三烷基醇和环氧乙烷发生缩合反应制得，改变环氧乙烷用量可以制备得到不同分子量的产物。用途：用作乳化剂、润湿剂或分散剂。

聚乙二醇单甲醚（poly(ethylene glycol) methyl ether；mPEG） 亦称"甲氧基聚乙二醇"。CAS 号 9004-74-4。白色颗粒。密度 1.08^{25} g/cm^3，熔点 12℃，沸点 200℃，闪点 268℃。非离子型表面活性剂。制备：采用乙氧基化法制备，脱去水分后，乙二醇单甲醚与甲醇钠甲醇溶液混合，然后升温雾化后与环氧乙烷充分混合，发生加成反应，然后用乙酸中和而制得；改变环氧乙烷用量可以制备得到不同分子量的产物。用途：制造洗涤剂、乳化剂和分散剂。

聚乙二醇二甲醚（poly(ethylene glycol) dimethyl ether） 亦称"NHD 溶剂""α-甲基-ω-甲氧基（氧-1,2-乙二基）的聚合物"。CAS 号 24991-55-7。淡黄色透明液体。密度 1.08 g/cm^3，沸点大于 250℃，闪点 110℃，可与水混溶。是脱硫脱碳溶剂，效率高，耐酸碱，热稳定性高。制备：采用油醇钠法、相转移催化法或聚乙二醇单醚与醇的缩合反应等方法制得。用途：用于天然气或煤制合成气的净化，以除去硫化氢气体。

聚乙烯基甲醚与马来酸酐交替共聚物（poly methyl vinyl ether-alt-maleic anhydride） 亦称"马来酸共聚物"。CAS 号 9011-16-9。水溶性电解质聚合物。特性黏度（1% 丁酮溶液）0.1～4.0。在适当条件下，于水中慢慢发生水解产生二酸，形成有黏性的透明溶液。具有持久的抗菌性，低毒。制备：由乙烯基甲醚与马来酸酐共聚反应得到不同分子量的产品。用途：用于牙膏等口腔护理用品，也用做胶黏剂和涂料、农药、除草剂、喷雾剂或皮革鞣制剂等。

聚酮（polyketides） CAS 号 25054-06-2。交替共聚物，源自乙酰基与丙酰基的聚合反应。密度 1.1～1.2 g/cm^3，软化点 80～125℃，自燃点大于 450℃。是细菌、真菌、植物与动物的二级代谢产物，用于防卫或细胞间的沟通。制备：化学合成的聚酮可由一氧化碳与烯烃共聚而制得。用途：可用于抗生素、抗真菌素或天然杀虫剂等。

—(CH$_2$CH$_2$CO—CH$_2$CH$_2$CO—CH$_2$CH$_2$CO—CH$_2$CH$_2$CO)—

聚甲基乙烯基醚扁桃酸（methyl vinyl ether/maleic acid copolymer） 亦称"马来酸与甲氧基乙烯的共聚物"。CAS 号 25153-40-6。固体

粉末。沸点 355.5℃，闪点 180℃。制备：由乙烯基甲醚和马来酸酐进行共聚制得。用途：用于牙膏与漱口水的添加剂，或用于义齿黏合剂等，也可作为医用绷带涂层。

聚醚咪唑离子液体（polyether imidazolium ionic liquid） CAS 号 4333-62-4。主链含有聚醚结构而侧链带有咪唑离子的聚合物。既有聚醚的性质，又具有离子液体的性质，具有电导性和离子传输能力。制备：以三氟化硼乙醚络合物（Et$_2$O-BF$_3$）为催化剂对环氧氯丙烷进行阳离子开环聚合反应，得到端羟基环氧氯丙烷，再将其与咪唑反应制得聚醚咪唑离子液体。用途：可作为抗静电等助剂，或用作电池材料。

聚醚吡啶离子液体（polyether pyridinium ionic liquid） CAS 号 25232-41-1。主链上含有醚键，侧链上又有带离子液体结构基团的聚合物。既有聚醚的性质，又具有离子液体的性质。制备：以三氟化硼乙醚络合物（Et$_2$O-BF$_3$）为催化剂对环氧氯丙烷（ECH）进行阳离子开环聚合反应，合成端羟基环氧氯丙烷，再将其与吡啶反应即可得到聚醚吡啶离子液体。用途：可作为抗静电剂或增韧环氧树脂等。

聚芳砜（polyarylsulfone） CAS 号 65-49-6。琥珀色透明颗粒。密度 1.371^{25} g/cm^3，折射率 1.652，玻璃化温度 288℃，长期使用温度 260℃，负载 1.82 MPa 的热变形温度为 274℃。吸水性约 3.1%，熔体黏度高。耐酸碱，可溶于二甲基甲酰胺、二甲基乙酰胺、N-甲基-2-吡咯烷酮、二甲基亚砜与四甲基亚砜等。制备：由 4,4'-二磺酰氯二苯醚与联苯反应而制得。用途：作为耐温等级高的热塑性塑料，用于制造机械零件、开关、线圈与配线板等绝缘材料，还用作高负荷的轴承材料。

聚醚嵌段聚酰胺（polyether block polyamide；PEBA） CAS 号 77402-38-1。由线形硬聚酰胺（PA）链段与柔软的聚醚（PEth）链段构成，是热塑性弹性体。具有优异的抗静电性能。制备：由聚酰胺嵌段或聚氧四甲撑二（PTMG）的十二醇内酰胺或己内酰胺与聚乙二醇-PEG 缩聚制备。用途：用于制造食品包装材料、体育用品与医用康复器械，也被用作高分子材料的抗静电添加剂。

聚醚酮酮（poly(ether-ketone-ketone)；PEKK） 亦称"聚芳醚酮"。CAS 号为 74970-25-5。主链结构中含有两个酮键和一个醚键的重复单元所构成的高聚物，属高

性能工程塑料。具有优异的机械性能、耐高温与抗辐射性能，还具有良好的阻燃性、耐化学腐蚀与电绝缘性能。是一类结晶高分子材料，熔点大于 300℃，软化点 168℃，可以通过挤出与注塑进行加工成型。制备：在低温下加入二苯醚、酰氯和路易斯酸，在路易斯碱、路易斯酸的共同催化作用下在室温下制备出聚醚酮酮。用途：可用作齿轮等耐高温结构件和电绝缘材料，与纤维复合聚醚酮酮材料制造航天航空零部件。

聚乙二醇甲醚叠氮（poly(ethylene glycol) methyl ether azide） 亦称"甲氧基聚乙二醇叠氮化物"。CAS 号 89485-61-0。

密度 1.105^{25} g/cm^3，折射率 1.458。叠氮聚醚每个单元中都带有叠氮甲基，侧链上的叠氮甲基大大阻碍了主链的旋转，使得主链柔顺性变差，应力响应能力降低。聚醚弹性体的力学性能较差。制备：聚乙二醇单甲醚和环氧氯丙烷反应得到端基环氧化的聚乙二醇单甲醚，然后再与叠氮钠和氯化铵进行反应制备得到聚乙二醇甲醚叠氮。用途：用于医药中间体、药性缓释与细胞培养等，也用于多肽合成载体。

聚乙二醇甲醚丙烯酸酯（poly(ethylene glycol) methyl ether acrylate） 亦称"甲氧基聚乙二醇单丙烯酸酯""聚乙二醇单甲醚单丙烯酸酯"。CAS 号 32171-39-4。

熔点 60～64℃，密度 1.09^{25} g/cm^3。为表面活性剂。溶于水与乙醇。制备：由丙烯酸和聚乙二醇甲醚发生酯化反应制备而成。用途：用作水泥减水剂，具有掺量低、减水率高、增强效果好与耐久的优点；也用作油膏分散剂与洗涤助剂等方面。

聚乙二醇单甲醚硫醇（poly(ethylene glycol) methyl ether thiol） 亦称"PEG 硫醇""mPEG 硫醇""甲氧基 PEG 硫醇""甲氧基聚乙二醇硫醇"。

CAS 号 900-74-4。白色固体或黏稠液体。熔点 50～55℃。制备：用端氯化的聚乙二醇单甲醚和硫脲在碱性条件下制备而成。用途：作为化学改性试剂，发挥硫醇的反应活性。

乙醇酸乙氧基油醚（glycolic acid ethoxylate oleyl ether） 亦称"油醇聚醚-10 羧酸""油醇聚醚-3 羧酸""油醇聚醚-6 羧酸"。CAS 号 57635-48-0。

密度 0.99^{25} g/cm^3。是非离子表面活性剂，对硬水不敏感。制备：将乙醇进行乙氧基化而制得。用途：用作化妆品添加剂。

聚苯醚腈（polyphenylene ether nitrile） 一种结晶性的全芳族聚醚。是新型的特种工程塑料。

聚苯醚腈比聚苯硫醚的玻璃化温度、熔点都高 50℃以上，热变形温度 165℃，介电常数约 3.5。不耐浓硫酸，但对其他酸、碱水溶液、脂肪烃、氯化烃和酮类都有较好的耐用性。制备：合成方式主要是由间苯二酚与 2,6 二卤代苯甲腈缩聚反应生成。用途：用于制造电器或汽车与航天航空塑料件。

18-冠醚-6（ethylene oxide cyclic hexamer） 亦称"1,4,7,10,13,16-六氧环十八烷"。CAS 号 17455-13-9。分子量 264.32。

蜡状固体或白色晶体。熔点 42～45℃，沸点 116℃（26.6 Pa），溶于水。制备：通常采用威廉林合成法制取，即用醇盐与卤代烷反应。用途：用作金属离子络合剂与医药中间体，也可用作相转移催化剂。

烷基酚醚硫酸盐（alkyl phenol ether sulfate） 亦称"烷基酚聚氧乙烯醚硫酸盐""酚醚硫酸盐"。

结构式中 R 通常为 C$_8$～C$_{12}$ 烷基，n 为 4～10，M 为 NH$_4^+$、Na$^+$ 或乙醇胺盐。工业品为浅黄至琥珀色清澈黏稠液体。制备：用氨基磺酸对烷基酚醚进行硫酸化得到单亲水基活性物，产品具有高的表面活性，在尿素等催化剂存在下进行硫酸化反应，所得产物为烷基酚醚硫酸铵盐，再用烧碱（或乙醇胺）进行交换脱氨变得其钠盐（乙醇胺盐）。用途：烷基酚醚硫酸盐为阴离子型表面活性剂，用于日化用品、油田采油与纺织印染等行业。

聚乙二醇单甲醚甲磺酸酯（polyethylene glycol monomethyl ether mesylate） 亦称"单甲基聚乙二醇甲磺酸酯""O-甲磺酰基-O'-甲基-聚乙二醇"。CAS 号 175172-61-9。

熔点 58～61℃。制备：可采用亚硫酸盐直接磺化法、磺烷基化法或基团转化法制备。用途：作为表面活性剂，用于日化用品、油田采油与纺织印染等行业。

聚乙二醇辛基苯基醚（2-(2-[4-(1,1,3,3-tetramethylbutyl) phenoxy] ethoxy) ethanol） 亦称"二聚氧乙烯辛烷基苯酚醚"。CAS 号 9002-93-1。

淡黄色液体。密度 1.058^{25} g/cm^3。是一种非离子型表面活性剂，HLB 值（亲水亲油平衡值）12.4。制备：由辛基苯酚和环氧乙烷进行缩合反应制得，不同量的环氧乙烷可以制得不同分子量的产物。用途：作为表面活性剂，用于日化用品、油田采油、沥青与纺织印染等行业。

三聚过氧丙酮（triacetone triperoxide；TATP）
亦称"熵炸药"。CAS号17088-37-8。略带酸气味的白色晶体。不溶于水。极其不稳定，轻微摩擦或温度稍高即分解而发生爆炸，过程中不产生火焰。制备：由丙酮和过氧化氢在催化剂作用下低温反应制得。用途：用作炸药及引爆剂。

聚乙烯基丁基醚（poly(vinyl butyl ether)）亦称"聚丁氧基乙烯"。CAS号9003-44-5。无色至亮黄色透明黏稠液体。密度0.91～1.00 g/cm³。制备：由乙烯基正丁基醚聚合制得，采用自由基聚合方法得到低分子量聚合物；低温下阳离子聚合可得到无规聚合物；用齐格勒-纳塔催化剂聚合可得到规整链聚合物。用途：可用作黏合剂及润滑油等。

聚二苯醚砜（poly(diphenyl ether sulfone)；PES）亦称"聚醚砜"。CAS号9002-88-4。密度1.37～1.51 g/cm³，玻璃化温度225℃，热变形温度203℃。非晶态热塑性特种工程塑料，刚性强，并具有优异的耐高温性能以及良好的电绝缘性，阻燃、抗老化、耐化学品、耐蠕变性，尺寸稳定。在酮类与卤代烃类等极性强的溶剂中可发生溶胀。制备：由4,4′-双磺酰氯二苯在无水氯化铁催化下，与二苯醚缩合制得。用途：作为耐高温工程塑料，用于印刷电路板、电视机零部件、电炉和加热器组件、热水阀门及机械零件等。

聚3,3-双(氟甲基)氧杂环丁烷（polyfluorooxetane）亦称"聚氟氧杂环丁烷"。弹性体。可在较高温度下维持弹性，并具有较好的化学稳定性。经外力拉伸和极化处理后，表现出压电和热电性质。制备：以3,3-双(氟甲基)氧杂环丁烷为原料，在傅克反应催化剂或有机铝催化作用下，开环聚合而制得。用途：用作高温环境的弹性体及热电薄膜等。

聚缩酮（polyketal）亦称"聚(1,4-苯丙酮二亚甲基酮)"。主链由缩酮单元连接而成，具有良好的生物相容性和生物降解性。在碱性或中性环境中较稳定，酸性条件下会降解为中性小分子。制备：采用对苯二甲醇和2,2-二甲氧基丙烷(DMP)，通过缩醛交换聚合反应获得。用途：用于靶向药物载体等。

聚亚甲基二苯醚（poly(methylenediphenylene oxide)）亦称"聚二苯醚""二苯醚树脂"。密度1.13～1.14 g/cm³，软化点70～85℃。琥珀色透明固体。是一种热固性树脂。可溶于甲苯、二甲苯和苯/丁醇混合溶液。具有优良的电绝缘性能、耐腐蚀性、耐辐射性、点火自熄性，且吸水率低等。制备：由氯甲基联苯醚在傅氏催化剂作用下加热缩聚制得。用途：可作为H级绝缘材料使用，也用于电器浸渍漆或绝缘涂料等。

烯丙基聚氧化丙烯-氧化乙烯丁醚（allyl poly(propylene oxide-ethylene oxide) butyl ether）亦称"端烯丙基聚醚"。主链为环氧丙烷和环氧乙烷开环聚合的嵌段共聚物，其醚化、酯化、磺化的衍生物是重要的非离子表面活性剂。制备：端烯丙基聚醚醚化封端技术采用Williamson醚合成法，工艺路线有两种：一是先制备不饱和聚醚，与醇盐化试剂混合，反应生成不饱和聚醚醇盐，然后再与卤代烷封端剂反应，生成端烯丙基聚醚；二是先制备饱和聚醚，与醇盐化试剂混合，在一定条件下反应生成饱和聚醚醇盐，再与卤代烯烃封端剂反应生成端烯丙基聚醚。用途：用作聚氨酯泡沫的匀泡剂，改性硅油的消泡剂，也可用作纸制品柔软剂。

聚醚季铵盐（polyether quaternary ammonium salt；PEQAS）主链型侧链型阳离子表面活性剂。低泡，具有较好的成膜性、增稠性与保湿性，并具有杀菌作用。热稳定性较高，分解温度大于290℃。聚醚季铵盐离子液体可与许多有机溶剂互溶。制备：以BF₃Et₂O作引发剂，引发环氧氯丙烷聚合，再分别与三乙胺、三乙醇胺、N,N-二甲基苯胺进行季铵化反应，或以三乙烯二胺作为季铵化试剂与聚环氧氯丙烷高分子反应制得。用途：用于表面活性剂与杀菌缓蚀剂，也可用作离子液体等。

聚醚磷酸酯（polyether phosphoric ester）亦称"异构十三醇聚氧乙烯醚磷酸酯"。CAS号9046-01-9。结构式中R为聚醚基团。磷酸酯类表面活性剂。具有较强的乳化能力，耐碱性，抗静电，有优良的润湿性。可以水解为相应的单酯。制备：五氧化二磷与异构十三醇聚氧乙烯醚进行酯化反应，可生成单酯、双酯、三酯及聚磷酸酯的混合物。用途：用作织物以增加丝光强度。

异戊烯醇聚氧乙烯醚（prenol polyoxyethylene ether；TPEG）乳白色至淡黄色固体，低毒！具有良好的水溶性，且可溶于合适的有机溶剂。制备：将5%异戊烯醇与催化剂反应，然后投入到剩余异戊烯醇中，再通入环氧乙烷反应制得分子量为300～500的异戊烯醇聚氧乙烯醚低聚物，再与催化剂反应，投入到剩余异戊烯醇聚氧乙烯醚低聚物中，再通入环氧乙烷反应制得分子量为500～5000的异戊烯醇聚氧乙烯醚。用途：是合成水泥聚羧酸减水剂的聚醚大单体，所合成的聚羧酸减水剂具有高效的颗粒分散性和保持能力，减水率高，耐久性好。

甲基烯丙醇聚氧乙烯醚（methallyl alcohol polyoxyethylene ether；APEG）

$$CH_2\!=\!CHCH_2O(CH_2CH_2O)_nH$$

亦称"5 碳醚"。CAS 号 62061-60-9。白色固体。熔点约 40℃。易溶于水及多种有机溶剂。双键保留值高，反应活性大。制备：以甲基烯丙醇和环氧乙烷聚合而成的甲基烯丙醇聚氧乙烯醚。用途：是合成聚羧酸系高性能减水剂的重要原料，合成的减水剂具有高分散性及分散保持能力，并且具有掺量低、减水率高与耐久性好的特点。

聚碳酸酯二元醇（polyecarbonate diols；PCDL）

CAS 号 32472-85-8。透明性液体。沸点 304℃，分子量 800～2 000，羟值 50～120 mgKOH/g。由其合成的聚氨酯具有较高的耐热性与机械性能，耐水解。制备：光气法是将脂肪族二元醇与光气反应生成二氯甲酸酯，然后再与小分子二元醇反应生成聚碳酸酯二元醇；开环聚合法是将五元或六元环碳酸酯进行开环聚合而制得；或是将碳酸二甲酯与小分子二元醇（如丁二醇）进行酯交换反应而制得。用途：用于合成聚氨酯弹性体、水分散体、黏结剂与泡沫。

杂萘联苯聚醚砜酮（poly（phthalazione ether sulfone ketone）；PPESK）　一种高性能的工程塑料。电绝缘性非常突出，耐强酸强碱，是目前耐热等级最高的可溶性聚醚砜酮树脂。制备：由单体 DHPZ、二氯二苯砜、二氟二苯酮在以无水碳酸钾为催化剂、甲苯为带水剂、N，N-二甲基乙酰胺（DMAC）为溶剂，加热至 160～165℃下溶液共聚合得到。用途：用作 H 级绝缘材料，广泛应用于电子电器行业。

聚亚胺醚酮（polyimino ether ketone；PIEK）　无定形态聚合物。玻璃化转变温度接近 260℃。可溶于极性溶剂，如吡咯烷酮、二甲基乙酰胺、二甲基亚砜和二甲基甲酰胺，在氯仿和二氯甲烷中部分溶解。制备：以 1,4-双-(4'卤苯酰基)苯和 4,4'-二氨基二苯醚为单体，加入钯催化剂及其配体可合成聚亚胺醚酮。用途：制造塑料件及质子交换膜。

氯醚橡胶（epichlorohydrin rubber）　均聚或共聚而

$$+CH\!-\!CH_2\!-\!O\,)_n$$
$$\quad\ \ |$$
$$\quad CH_2Cl$$

成的一种弹性体。呈白色或略带微黄色。易溶于四氢呋喃与环己酮，能溶于苯、甲苯与丙酮，难溶于甲醇、乙醇与乙醚。门尼黏度较低，流动性良好，可不经热塑炼而直接混炼加工，工艺方便。氯醚橡胶的黏结力强，并具有耐热、耐寒、耐油、耐臭氧、耐燃烧、耐酸碱和耐溶剂等性能。均聚胶透气性低，耐热；共聚胶则弹性突出，耐低温，使用温度范围为- 40℃～135℃。制备：将环氧氯丙醇（或与环氧乙烷等共聚单体的混合物）的芳烃溶液，在配位阴离子催化剂存在下进行开环聚合反应制得。用途：用作橡胶软管、密封垫圈、内胎、减震片、印刷胶辊及电缆外套等橡胶制品。

聚苯硫醚砜（poly（phenylene sulfide sulfone））

一种高性能工程塑料。玻璃化温度为 215℃。由于分子链结构中极性砜基（—SO₂—）、芳环和硫的强相互作用，表现出非结晶性。具备与聚苯硫醚相似的优异性能，弥补了聚苯硫醚韧性差的缺点，具有更高的抗冲击强度。还具有耐化学腐蚀性、耐辐射、阻燃等性能。制备：合成工艺路线包括无水 Na₂S 路线、硫黄溶液路线、Na₂S·XH₂O 路线、NaSH 路线以及聚苯硫醚的氧化路线。用途：作为高性能的特种工程塑料和树脂基复合材料，在汽车、机械、航空与军工等领域得到广泛应用。

聚醚砜酮（polyethersulfone ketone；PESK）　一种高性能工程塑料。重复单元以醚基、砜基与酮基为结构特征基团。耐热等级高。具有突出的机械性能、耐热性与电绝缘性，是目前耐热等级最高的可溶性聚芳酮，但加工流动性能差。抗水解，在 100℃水作用下，刚度保持率大于 80%。可以抵抗除浓硫酸以外的其他化学腐蚀。制备：以双酚 A，双酚芴、对位的二氯二苯砜和二氟二苯酮为原料合成制得。用途：用于制造塑料件以及分离膜，包括质子交换膜、超滤膜、纳滤膜和气体分离膜。

聚醚砜醚酮（poly（ether sulfone ether ketone）；PESEK）　一种高性能热塑性工程塑料。结构单元含有砜基、醚基和酮基，形成了大共轭结构。玻璃化温度为 198℃。结合了聚醚砜和聚醚醚酮的性能特点，具有突出耐高温性能、热稳定性能和机械性能。制备：在配有机械搅拌、带水器和氮气接口的三口瓶中分别加入一定量的 4,4'-二羟基二苯砜、4,4'-二氟二苯甲酮和 Na₂CO₃，以环丁砜为溶剂，二甲苯为带水剂，进行缩聚反应制得。用途：用于制造航空航天与核能等领域的塑料件。

磺化聚醚砜（sulfonated polyethersulfone；SPES）聚醚砜经过磺化改性,提高了聚醚砜的亲水性与抗污染能力,具有血液相容性。其机械性能与磺化度有关,磺化度增大,磺化聚醚砜的机械强度有所下降。溶于二甲基亚砜等少数强极性溶剂。化学稳定性好。制备:有多种方法,包括浓硫酸磺化法、发烟硫酸法、气体 SO₃ 磺化法、三甲基硅烷氯磺酸盐磺化法、氯磺酸磺化法、液体 SO₃ 磺化法。用途:作为离子交换树脂或分离膜材料,用作制造血液分离膜以及荷电超滤膜、荷电纳滤膜以及荷电反渗透膜,还可用于制造医疗器材等。

酯类聚合物

聚碳酸酯（polycarbonate；PC）亦称"PC 塑料"。CAS 号 25037-45-0。非晶聚合物。透明度高。密度 1.18～1.22 g/cm³,熔融温度 220～230℃,玻璃化温度149℃。溶于二氯甲烷和对二噁烷,微溶于芳香烃和酮等。吸水性小,电绝缘性良好。具有较好的抗冲击性,并且成型收缩率低。制备:主要采用光气法或酯交换法制备。用途:可用于制造车灯罩、防护盾牌玻璃,光学仪器零件与保温房板材等的透明塑料件等,还可与 ABS 树脂复合,用于制造轿车仪表板骨架、电话机壳体、绝缘接插件、线圈框架与绝缘套管等塑料件。

聚对苯二甲酸乙二醇酯（polyethylene terephthalate；PET）亦称"涤纶"。CAS 号 25038-59-9。结晶性半透明塑料。表面有光泽。密度 1.68 g/cm³,熔点 250～255℃,玻璃化转变温度 80℃。刚性强,机械性能优良,具有电绝缘性。氧透过率低,具可印刷性,吸水率小。容易形成折痕,不耐摩擦。制备:以对苯二甲酸与乙二醇为原料,通过酯交换法或者直接酯化法合成。用途:主要用于制作饮料瓶以及纺成涤纶纤维,也可用作工程塑料件。

聚对苯二甲酸丁二醇酯（polybutylene terephthalate；PBT）亦称"聚四亚甲基对苯二甲酸酯"。CAS 26062-94-2。结晶性半透明聚合物。熔点 224℃,玻璃化转变温度 20～40℃。韧性强,具有优良抗冲击强度与耐划伤性能,摩擦系数低。不耐强酸、强碱,易燃。制备:以对苯二甲酸与丁二醇为原料,通过酯交换法或者直接酯化法合成。酯交换法所用催化剂有钛酸四异丙基酯、钛酸四丁基酯、烷氧基锆或烷氧基锡等。用途:主要用于制作汽车、机械设备与电子电器的塑料件。

聚己内酯（polycaprolactone；PCL）CAS 号 24980-41-4。结晶性白色固体,外表似蜡。密度 1.146 g/cm³,熔点 59～64℃,玻璃化转变温度-60℃。可水解,也可生物降解,在土壤环境中可分解成二氧化碳与水。溶解于芳香化合物与酮类溶剂。制备:以金属有机化合物(如四苯基锡)做催化剂,ε-己内酯发生开环聚合而制备。用途:可制作生物降解的手术缝合线、医用造型材料及其他一次性使用的塑料件。

聚丙交酯（polylactide；PLA）亦称"聚乳酸"。CAS 号 26100-51-6。白色结晶粉末。密度 1.2～1.3 g/cm³,熔点 155～185℃,玻璃化转变温度 60～65℃。可水解,也可生物降解,在土壤环境中可分解成二氧化碳与水。生物相容性良好,并具备良好力学性能。可溶于氯仿、二氯甲烷、乙腈、四氢呋喃等。制备:以乳酸为原材料进行合成,合成方法主要有乳酸直接缩聚或丙交酯的开环聚合。用途:可制作生物降解的包装薄膜或纤维,在生物医药等领域也有应用。

聚乙交酯（polyglycolide acid；PGA）亦称"聚羟基乙酸""聚乙醇酸"。CAS 号 26009-03-0。黄色或浅褐色颗粒,为结晶性聚合物。密度 1.5～1.64 g/cm³,熔点 220～240℃,玻璃化温度 35～40℃。可水解,也可生物降解,具有生物相容性。高分子量聚乙交酯不溶于水和常见的有机溶剂,包括丙酮、二氯甲烷、氯仿、乙酸乙酯、四氢呋喃;低分子量的聚乙交酯则可以溶解于这些有机溶剂。制备:主要有乙醇酸的缩聚反应,乙交酯的开环聚合,以及卤代乙酸酯的固相缩聚等方法。用途:可制作生物降解的包装薄膜,也可用于制备可吸收缝线材料、药物传送载体或细胞培养移植支架等医疗用品。

聚己二酸乙二醇酯（polypropylene glycol adipate；PEGA）亦称"聚(氧乙烯己二酸酯)"。CAS 号 68647-16-5。白色蜡状固体。密度 1.16 g/cm³,熔点 30～50℃。制备:由己二酸与过量乙二醇酯化反应生成。用途:用作聚氨酯的饱和聚酯多元醇。

聚苹果酸（polymaleic acid；PMLA）亦称"(Z)-2-丁烯二酸的均聚物""聚顺丁烯二酸""聚马来酸"。CAS 号 26099-09-2。棕黄色液体,低毒!属于低分子量聚电解质。pH 1～2。易溶于水。分解温度高于 330℃。制备:

以过氧化苯甲酰为引发剂,马来酸酐在甲苯溶剂中进行溶液聚合而得。用途:高效阻垢剂,用作输水管线的沉积物抑制剂以及锅炉水等高温水系统的阻垢,也可作纺织物的漂洗剂。

聚丁二酸丁二醇酯(polybutylene succinate; PBS) 亦称"聚琥珀酸丁二酯"。CAS 号 143606-53-5。白色颗粒,为结晶性聚合物,结晶度在 25%～45% 之间。密度 1.26 g/cm³,熔点 114～115℃,玻璃化转变温度约 -32℃,分解温度 350～400℃。可水解,也可生物降解,容易熔融加工成型。制备:由 1,4-丁二酸和 1,4-丁二醇直接缩合聚合,也可通过丁二酸二甲酯与等量的丁二醇的酯交换反应而制备。用途:可用于制造一次性使用的日常包装袋、化妆品瓶、绿化网膜以及医疗用品等。

聚三亚甲基碳酸酯(poly (1, 3-trimethylene carbonate); PTMC) CAS 号 24937-78-8。白色或淡黄色粉状或颗粒,为无定形聚合物。低毒! 溶于甲苯。具有良好的生物降解性能与生物相容性能。制备:可以三亚甲基碳酸酯为单体,辛酸亚锡为催化剂,通过开环聚合反应而制备。用途:用于制作环保性塑料件,可用于可降解缚扎器件、药物释放与体内植入材料等医疗用品。

聚对苯二甲酸丙二酯(polytrimethylene terephthalate; PTT) CAS 号 26590-75-0。一种结晶性热塑性聚合物。一般用于生产纤维,有类似尼龙的柔软性与涤纶的抗污性,能常温染色。制备:以对苯二甲酸和 1,3-丙二醇为单体,通过酯交换法或直接酯化法制备。用途:熔融纺丝用作编织地毯的纤维。

聚甲基丙烯酸 N,N-二甲氨基乙酯(poly (2-(N, N-dimethyl amino) ethyl methacrylate); PDMAEMA) CAS 号 25154-86-3。一种阳离子聚合物。结构单元含有亲水性叔胺基与疏水性烷基,具有温度和 pH 双重敏感性,所形成的水凝胶具有良好的强度与黏结性。在较低的 pH 时溶胀。制备:由甲基

丙烯酸 N,N-二甲氨基乙酯的自由基聚合而制得。用途:用作药物缓释的载体材料。

聚萘二甲酸乙二酯(polyethylene naphthalate two formic acid glycol ester; PEN) CAS 号 25853-85-4。[C₁₄H₁₂O₄]ₙ 一种结晶性热塑性聚合物。比聚对苯二甲酸乙二醇酯(PET)具有更高的物理机械性能、气体阻隔性能、化学稳定性及耐热、耐紫外线、耐辐射

等性能。制备:由 2,6-萘二甲酸二甲酯(NDC)或 2,6-萘二甲酸(NDA)与乙二醇(EG)缩酸而成。用途:可用作液晶材料,也可纺丝用于制作地毯、轮胎帘子线与气体过滤器等。

苯氧树脂(phenoxy resin) 亦称"苯氧基树脂""双酚氧树脂"。CAS 号 26402-79-9。透明固体。密度 1.18 g/cm³。有着与铜、木材或其他非金属材料良好的黏合性。制备:以液体双酚 A 或双酚 F 型环氧树脂为原料,在碱性催化剂作用下,开环聚合而制备。用途:用于制作齿轮等工程塑料件,也可用于涂料与胶黏剂。

醇酸树脂(alkydresin) CAS 号 63148-69-6。由脂肪酸(或其相应的植物油)。二元酸及多元醇缩聚而成的树脂。根据脂肪酸或邻苯二甲酸酐的含量,分为短、中、长和极长四种油度的醇酸树脂。根据脂肪酸分子的双键数目,可分为干性和非干性醇酸树脂。干性醇酸树脂可在室温条件固化;非干性醇酸树脂与氨基树脂混合,加热后固化。醇酸树脂附着力强,固化成膜后表面有光泽,耐磨性良好。制备:醇酸单体的缩聚反应。用途:用作木材的油漆,也可用于金属基材的涂装。

聚对羟基苯甲酸酯(poly-p-hydroxybenzoic acid; PHB) 亦称"聚苯酯"。浅黄到褐黄色结晶性粉末或粒料。密度 1.44 g/cm³。导热率高,在 425℃ 表现出像金属的非黏性流体,结晶度很高,自润滑性好。抗拉强度 17.64 MPa,拉伸模量 0.42 GPa,弯曲强度 38.7 MPa,弯曲模量 7.74 GPa,压缩强度 107.8 MPa。制备:由对羟基苯甲酸苯酯缩聚而成。用途:用于制作耐高温及无油润滑的密封件。

聚芳酯(bisphenol-A-ployarylesters; PAR) 无定形聚合物,透明度高。熔点 355℃,玻璃化转变温度 194～210℃。具有优良的机械强度、耐热性与阻燃性。制法:由二元酚和二元羧酸进行缩聚制得,采用不同化学结构的二元酚和二元羧酸,可以制得多种结构的聚芳酯。常见的聚芳酯是由双酚 A 和对苯二甲酸、间苯二甲酸的混合物为原料,经缩聚反应而成。用途:作为高性能工程塑料,用于制造汽车、机械、电器等行业的塑料件。

苯酐聚酯多元醇(diethylene glycol phthalic anhydride polymer) 亦称"苯酐二乙二醇共聚物"。CAS 号 32472-85-8。淡黄色透明液体。沸点 295℃,闪点

139.7℃。用于聚氨酯的聚醚多元醇单体,所制备的聚氨酯硬泡沫具有较好的阻燃性与耐热性。制备:由苯酐与二乙二醇、己二酸、丙三醇、季戊四醇等经催化反应制得。用途:用于制造聚氨酯泡沫与聚氨酯涂料或黏结剂。

聚丁二酸乙二醇酯(poly (ethylene glycol succinate);PES)亦称"聚乙二醇琥珀酸酯"。CAS 号 25569-53-3。一种可生物降解的半结晶性聚酯。熔点 104℃,玻璃化温度-12.5℃。结晶速度快,具有良好的柔顺性和热稳定性,机械性能和可加工性好,力学性能与线性低密度聚乙烯接近。制备:由丁二酸和乙二醇直接缩聚制得,也可用丁二酸酐和环氧乙烷开环聚合制得。用途:用于塑料薄膜、食品包装、生物材料等。

聚乙二醇单硬脂酸酯(polyethylene glycol stearate)亦称"硬脂酸聚氧乙烯酯""聚乙二醇单十八酸酯"。CAS 号 9004-99-3。白色蜡状固体。可溶于多种有机溶剂,包括乙醇、丙酮、乙醚与乙酸乙酯等。制备:将聚乙二醇与硼酸投入反应釜中,加热反应生成硼酸酯,然后加入硬脂酸与催化剂对甲苯磺酸,在 140℃下反应制得。用途:用作化妆品乳化剂、分散剂、润滑剂以及织物柔软剂等。

多聚异佛尔酮二异氰酸酯(poly (isophorone diisocyanate);PIPDI)CAS 号 53880-05-0。结构式中 R 为异佛尔酮二异氰酸酯(IPDI)的多聚体,一般为二聚体或三聚体。密度 1.08 g/cm³,熔点-60℃,沸点 286℃,闪点 116℃。具有较高的反应活性。制备:用 N,N,N-三甲基-N-(2-羟基乙基)-氢氧化铵的乙基环己醇溶液(TMR-3)为催化剂催化 IPDI 自聚制得。用途:作为固化剂,用于制造聚氨酯涂料、泡沫、黏合剂与弹性体。

溴氯氰聚酯(tralomethrin)亦称"四溴菊酯""溴氯氰菊酯"。CAS 号 66841-25-6。密度 1.849 g/cm³,熔点 138～148℃。为拟除虫菊酯类杀虫剂,具有触杀和胃毒作用。能干扰离子通道,导致过多钠离子进入细胞,从而产生神经冲动振幅。制备:二溴菊酸与溴加成得四溴菊酸,再与氯化亚砜反应转化为四溴菊酰

氯,然后与 α-氰基间苯氧基苯甲醇反应制得。用途:用作杀虫剂,防治禾谷类植物的鳞翅目害虫。

聚谷氨酸甲酯(poly (methyl glutamate))CAS 号 25086-16-2。主链上存在大量肽键,在酶作用下可解为短肽小分子或氨基酸单体。具有生物降解性与优良的生物相容性。制备:由谷氨酸甲酯化、谷氨酸甲酯的羧酸酐化等步骤制得。用途:用于制备缓释药物、人工皮肤与可吸收手术缝线等医疗用品。

聚对苯二甲酸环己二甲酯(poly(cyclohexane-1,4-dimethylene terephthalate))密度 1.22 g/cm³,熔点 290℃,玻璃化温度 130℃。力学性能与聚对苯二甲酸乙烯酯相仿,但具有更高的耐水解性能和耐热性。制备:由对苯二甲酸二甲酯和 1,4-二甲醇基环己烷进行酯交换反应制得。用途:可作为聚酯纤维与棉花或羊毛混纺,制作各种仿棉或仿毛织品。

聚 2,2-二甲基丁内酯(polypivalolactone)熔点 245℃,玻璃化温度-10℃。聚合物有三种结晶形态,分别为 α、β 和 γ 晶型。当从熔体中缓慢冷却时,聚合物会以 α 晶型的形式结晶。通过对 α 晶型聚合物进行拉伸可得到 β 晶型聚合物。从熔体中快速冷却时可以同时得到 α 和 γ 晶型的聚合物。α 晶型结构更加稳定。该聚合物纤维弹性优于涤纶纤维(PET)。制备:由 2,2-二甲基丁内酯在叔胺或三丁膦等弱碱性催化剂存在下熔融,经开环聚合制得。用途:用于制作弹性纤维。

聚呋喃二甲酸乙二醇酯(poly (2,5-furan dicarboxylate);PEF)亦称"呋喃二甲酸聚酯"。淡黄色结晶颗粒。熔点约 215℃,玻璃化转变温度约 86℃,密度 1.38 g/cm³。不溶于水、甲醇、乙醇与丙酮。力学性能接近对苯二甲酸乙二醇酯(PET)。制备:生物质果糖被催化脱水得 5-羟甲基糠醛,进一步氧化得到 2,5-呋喃二甲酸,聚合得到呋喃二甲酸聚酯。用途:可替代 PET,制备包装瓶、纤维、片材和膜。

聚乙丙交酯(poly (lactic-co-glycolic acid);PLGA)亦称"聚乳酸-羟基乙酸共聚物""聚(D,L-乳酸-co-乙醇酸)"。CAS 号 26780-50-7。玻璃化温度 40～60℃。可水解,也可生物降解,具有良好的生物相容性。能溶于多种溶

剂,包括四氢呋喃、丙酮或乙酸乙酯等。韧性较好。制备:将乙交酯与丙交酯进行开环共聚合得到无规结构聚合物。用途:可制造生物降解塑料件,也可用作医用材料。

聚碳酸丙烯酯(poly(propylene carbonate);PPC) 亦称"二氧化碳-甲基环氧乙烷共聚物"。CAS号25511-85-7。密度1.5 g/cm³。

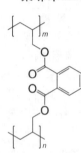

可水解,也可生物降解,生物相容性好。具有较高的氧气阻隔性与弹性模量。制备:由二氧化碳和环氧丙烷在金属有机催化剂催化下交替共聚制得。用途:用于制作一次性使用的包装材料,也可用作手术缝合线和关节固定等医用材料等。

聚邻苯二甲酸二烯丙酯(poly(diallyl phthalate);PDAP) CAS号25053-15-0。密度1.55~1.90 g/cm³。不溶于水、乙醇和脂肪烃,溶于苯、丙酮、丁酮与氯仿等。具有较好耐热性与介电性能,在高温高湿条件下其介电性能维持稳定。制备:由邻苯二甲酸酐和丙烯醇经缩聚制得。用途:可用作工程塑料,主要用来制造仪器仪表的绝缘零部件。

聚癸二酸酐(polysebacic anhydride;PSA) 浅黄色蜡状固体。分子量2 500~8 000,密度1.1 g/cm³,熔点75~80℃。具有生物相容性。可用作为环氧固化剂,反应活性较高,所固化的环氧树脂体系韧性好,抗冲击强度高,能经受冷热交变试验。制备:由癸二酸和乙酸酐经熔融缩聚制得。用途:用作环氧树脂的抗开裂增韧固化剂。

聚磺酸酯(polysulfonate) 透明性高性能工程塑料。具有高强度与高耐热性,同时具备聚砜的高绝缘与耐腐蚀性能,阻燃性好,点火自熄。制备:由苯醚-4,4′-二磺酰氯、1,3-苯二磺酰氯为单体,与双酚A钠盐缩聚而制得。用途:可注塑或挤出成型,制造仪表工业的零部件。

聚肉桂酸乙烯酯(poly(vinylcinnamate)) 亦称"聚乙烯醇肉桂酸酯"。CAS号24968-99-8。淡黄色液体。溶于乙二醇,不溶于水。

具有光敏性,在紫外光照射下聚合,能抵抗氢氟酸与磷酸的腐蚀,属于一种负型光致抗蚀剂。对硅、二氧化硅与铝基材的附着力较强。制备:由聚乙烯醇与肉桂酰氯在吡啶溶剂中反应制得。用途:电子工业制版用光致抗腐蚀剂,亦用于仪表精细图案的加工。

聚酯-8-羟基-1-羧基-2,2-二羟甲基丙酸树枝状聚

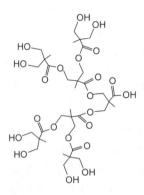

合物(polyester-8-hydroxyl-1-carboxyl bis-MPA dendron, generation 3; dendron-g3-carboxyl-OH) 固体粉末。可溶于水、甲醇与多种有机溶剂。制备:以2,2-二羟甲基丙酸为核,以2,2-二羟甲基丙酸为单体,进行逐步反应,聚合至第三代而制得。用途:可制造热转印或消光功能的粉末涂料。

聚己二酸-1,4-丁二醇酯(poly(1,4-butylene adipate);PBA) CAS号150923-12-9。白色蜡状固体。根据分子量的不同,75℃条件下其黏度在50~750 mPa·s之间。溶于丙酮、甲苯和乙酸乙酯等有机溶剂。制备:由己二酸和1,4-丁二醇反应制得;当合成多元醇单体时,1,4-丁二醇单体过量。用途:用作聚氨酯的多元醇单体与聚酯的增塑剂,也可以用于改性橡胶,制造橡塑材料,以提高橡胶制品的耐热性、耐油性与抗溶胀性能。

聚己二酸-1,3-丁二醇酯(poly(1,3-butylene adipate)) CAS号24937-93-7。低聚物。具备良好的电绝缘性。进行扩链反应以后,可以制造弹性体,例如针对醇羟基封端的聚己二酸丁二醇酯,以异氰酸酯进行扩链反应,可以制得聚氨酯弹性体。制备:由己二酸和1,3-丁二醇反应制得;当合成多元醇单体时,1,3-丁二醇单体过量。用途:用作聚氨酯的多元醇单体或增塑剂,也可以用于改性橡胶,制造橡塑材料,以提高橡胶制品的耐热性、耐油性与抗溶胀性能。

聚己二酸-1,2-丙二醇酯(poly(1,2-propylene glycol adipate);PPA) CAS号25101-03-5。无色至淡黄色液体。密度1.096~1.100 g/cm³。酸值mgKOH/g≤3.0,黏度(25℃)2.5~6.0 Pa·s。制备:由己二酸和1,2-丙二醇反应制得;当合成多元醇单体时,1,2-丙二醇过量。用途:用作聚氨酯的多元醇单体与增塑剂。

聚邻苯二甲酸-1,2-丙二醇酯(poly(1,2-propanediol) phthalate) 结构式中R为 $-CH-CH_2-$(上标CH₃) 低聚物。制备:在催化剂钛酸四丁酯作用下,邻苯二甲酸酐与1,2-丙二醇、2-乙基己醇进行酯化反应制得,反应温度高于190℃。用途:用作塑料增塑剂,也可用作聚氨酯的多元醇单体。

聚邻苯二甲酸-1,3-丁二醇酯(poly(1,3-butylene glycol) phthalate) 结构式中 R 为 $-CH_2-CH_2-\overset{CH_3}{\underset{|}{CH}}-$。低聚物。制备:在催化剂钛酸四丁酯作用下,邻苯二甲酸酐与1,3-丁二醇、2-乙基己醇进行酯化反应制得,反应温度高于190℃。用途:用作塑料增塑剂,也可用作聚氨酯的多元醇单体。

聚 R-3-羟基丁酸酯(poly((R)-3-hydroxybutyric acid);PHB) CAS 号 29435-48-1。浅褐色粉末。可水解,也可生物降解,具备良好的生物相容性。制备:通过 3-丁内酯开环聚合制得。用途:用作骨板、骨钉、药物缓释的载体材料与手术缝合线等医用材料。

乳酸与 2-氨基,1,3-丙二醇碳酸酯共聚物(poly 2-amino, 1, 3-propanediol carbonic ester-co-lactide; P(LA-co-CA)) 可水解,也可生物降解,具备良好的生物相容性。制备:应用二乙基锌或者辛酸亚锡为催化剂,通过丙交酯开环及 2-苄氧酰胺基-1,3-丙二醇碳酸酯的聚合,得到中间产物,再与氢溴酸反应,脱去苄氧羰基,得到乳酸与氨基碳酸酯共聚物 P(LA-co-CA)。用途:用作医用材料。

4-羟基苯甲酸乙烯与对苯二甲酸酯共聚物(poly(4-hydroxy benzoic acid-co-ethylene terephthalate)) CAS 号 125300-07-4。固体粉末。冲击强度 225 J/m。制备:将对羟基苯甲酸乙酰化制备乙酰化苯甲酸,再与苯二甲酸酯进行酯交换反应而制得。用途:用作液晶材料。

聚 1,4-丁烯己二酸酯(poly(1,4-butylene adipate)) 亦称"己二酸与1,4-丁二醇的聚合物""聚己二酸丁二醇酯"。CAS 号

25103-87-1。片状固体。密度 1.019 g/cm³,玻璃化转变温度 -68℃,熔点 50~60℃。制备:己二酸和1,4-丁二醇进行酯化反应,缩聚制备得到。用途:注塑成型用于汽车、机械和电子工业的塑料件。

油酸聚乙二醇双酯(poly(ethylene glycol) dioleate) CAS 号 9005-07-6。密度 0.945 g/cm³。溶于丙酮与乙醇,在水中部分溶解。制备:在酸催化作用下,由聚乙二醇与油酸进行缩聚反应而制得。用途:用于乳化剂、织物柔软剂与抗静电剂。

聚乙二醇二硬脂酸酯(poly(ethylene glycol) distearate) CAS 号 9005-08-7。白色固体。熔点 35~37。溶于异丙醇与汽油,在水中部分溶解。制备:在酸催化作用下,由聚乙二醇与硬脂酸进行缩聚反应而制得。用途:用于化妆品乳化剂、制药乳化剂与织物柔软剂等。

多聚磷酸三甲硅酯(trimethylsilyl polyphosphate; PPSE) 亦称"三甲基硅多磷酸盐"。CAS 号 40623-46-9。密度 1.18 g/cm³。制备:由五氧化二磷与过量的六甲基二硅氧烷(HMDSO)反应制得。用途:在有机合成中用作脱水试剂。

聚[对苯二甲酸丁二酯-co-聚(亚烷基二醇)对苯二甲酸酯](poly[butylene terephthalate-co-poly(alkylene glycol) terephthalate]) 密度 1.2 g/cm³,熔点 200~210℃。以结晶区域为固定相,无定形区域为可逆相,属于热塑性弹性体,并且具有较高弹性模量。制备:先合成聚对苯二甲酸丁二酯和聚(亚烷基二醇)对苯二甲酸酯,然后将两者进行缩合共聚而制得。用途:用作软管、线缆护套与密封件等。

聚间苯二甲酸二烯丙酯(poly(diallyl isophthalate);DAIP) CAS 号 25035-78-3。固体粉末。密度 1.26 g/cm³。具有优良耐水性和电绝缘性等。制备:由间苯二甲

酸二烯丙酯自由基聚合而制得,可交联固化。用途:广泛用于电器仪表等绝缘材料。

聚 (1, 4-亚丁基琥珀酸酯) (poly (1, 4-butylene succinate)) CAS 号 143606-53-5。密度 1.3 g/cm³,熔点 120℃,熔融指数(190℃/2.16 kg)为 10 g/10 min。可水解,也可生物降解。制备:1,4-亚丁基琥珀酸与 1,6-二异氰酸基己烷反应而制得。用途:用于制作一次性使用的瓶、杯和衬垫等。

缩醛类聚合物

酚醛树脂(phenol-formaldehyde resin) 全称"苯酚-甲醛树脂",亦称"101 树脂""100% 油溶性酚醛树脂""电木酚醛树脂""电木"。CAS 号 9003-35-4。热固性树脂为淡黄色、微红色固体,热塑性树脂为红褐色黏稠液体或固体。脆,有毒! 密度 1.25～1.30 g/cm³。制备:甲醛和苯酚在酸性或碱性催化剂作用下经由缩聚制得醇溶性酚醛树脂,当苯酚过量时,与甲醛在酸性介质存在下生成线性结构的热塑性树脂;而当甲醛过量时,在碱性条件下,苯酚与甲醛反应生成体型结构的热固性树脂。用途:主要用作层压板、复合材料、泡沫塑料、保温材料、蜂窝结构材料以及涂料和胶黏剂等。

酚醛树脂 A(A-stage phenolic resin) 亦称"甲阶酚醛树脂"。A 阶段的酚醛树脂为线型结构,分子量较低,并具有较好的流动性和湿润性。制备:酚醛树脂的固化是从 A 阶段向 B 阶段和 C 阶段转化后形成三维网状体型结构高聚物的过程;A 阶酚醛树脂是过量的醛与苯酚在碱性催化剂条件下反应生成的,常用的催化剂有氢氧化钠、氨水、氢氧化钡、氢氧化钙、氢氧化镁、碳酸钠、叔胺等,苯酚和甲醛的摩尔比一般为 1:(1～3);当反应处于 A 阶段,即反应生成的树脂为线性结构,且分子量较小能够溶熔,称此时的树脂为 A 阶酚醛树脂。用途:主要用于酚醛树脂胶黏剂等。

酚醛树脂 B(B-stage phenolic resin) 亦称"乙阶酚醛树脂"。B 阶段的酚醛树脂可部分地溶于丙酮及乙醇等溶剂。可拉伸成丝,冷却后即变成硬脆的树脂。制备:酚醛树脂 A 进一步缩聚到达凝胶化阶段,得到含支链的、溶胀但又不完全溶解、受热软化但不熔化的聚合物,成为酚醛树脂 B。用途:主要用于模塑料等。

酚醛树脂 C(C-stage phenolic resin) 亦称"丙阶酚醛树脂"。C 阶段的酚醛树脂为不溶不熔的体型结构,具有很高的机械强度和极高的耐水性。制备:酚醛树脂 B 继续反应缩聚而得的最终产物。用途:用于制造各种层

压塑料、压塑粉、清漆、耐腐蚀塑料、胶黏剂和改性其他高聚物等。

钡酚醛树脂(barium-phenolic resin) 亦称"酚钡树脂""钡剂胶""低压酚醛树脂"。室温固化型酚醛树脂。黏度小,固化速度较快,成型温度较低,同时具有良好的耐腐蚀性。制备:由苯酚、甲醛在碱性催化剂氢氧化钡的作用下,经缩合反应、中和、过滤及脱水等阶段而制得。用途:主要用于无卤阻燃泡沫、烧蚀材料等。

磺化酚醛树脂(sulfonated phenolic resin) 亦称"磺甲基酚醛树脂"。CAS 号 9016-83-5D。红棕色固体。易溶于水,是一种阳离子交换树脂。制备:有两种典型制备方法,一种是先在酸性或碱性条件下缩聚合成酚醛树脂,然后再用磺化剂磺化;另一种是先磺化,再加甲醛缩合而成。用途:主要用于油田钻井泥浆的降失水剂,硬水软化剂等。

含磷酚醛树脂(phosphorous-containing phenolic resin) 黄色至棕红色固体。制备:将含磷基团引入酚醛树脂中得到,例如以 9,10-二氢-9-氧杂-10-磷杂菲-10-氧化物(DOPO)为阻燃剂,与对羟基苯甲醛在回流条件下,生成相应含磷酚醛树脂。用途:主要用于环保阻燃材料,可作为环氧树脂固化剂使用,广泛用于无卤型覆铜板等。

聚氯乙烯改性酚醛树脂(polyvinyl chloride modified phenolic resin) 黄色固体。制备:将聚氯乙烯树脂与线型酚醛树脂共混得到改性的酚醛树脂。用途:增强酚醛树脂的韧性。

尼龙改性酚醛树脂(nylon modified phenolic resin) 黄色固体。制备:以聚酰胺 6、苯酚、甲醛为主要原料,以草酸为催化剂经缩聚脱水后制得尼龙改性的酚醛树脂。用途:增强酚醛树脂的韧性,用于摩擦材料。

丁腈橡胶改性酚醛树脂(butadiene-acrylonitrile rubber modified phenolic resin) 制备:可采用物理共混的方式将丁腈橡胶与酚醛树脂共混;也可采用共聚的办法,丁腈橡胶、苯酚、甲醛为主要原料,以草酸为催化剂经缩聚脱水后制得改性的酚醛树脂。用途:增韧酚醛树脂并提高其耐热性。

二甲苯树脂改性酚醛树脂(xylene resin modified phenolic resin) 制备:在酚醛树脂的分子结构中引入疏水性结构的二甲苯环制得。用途:可改善酚醛树脂的耐水性、耐碱性、耐热性及电绝缘性。

双氰胺改性酚醛树脂(dicyandiamide modified phenolic resin) 制备:由苯酚、甲醛、双氰胺在碱性催化剂存在下进行缩聚反应得到。用途:用于制造玻璃纤维增强模塑料、层合塑料,可制作各种耐冲击、高强度的塑料制品。

环氧改性酚醛树脂(epoxy modified phenolic resin) 制备:通过酚醛树脂中的羟甲基与环氧树脂中的

羟基及环氧基,以及酚醛树脂中的酚羟基与环氧树脂中的环氧基进行化学反应,最后交联成复杂的体型结构。用途:用于粘接材料。

有机硅改性酚醛树脂(organosilicone modified phenolic resin) 制备:通过有机硅化合物与酚醛树脂中的酚羟基或羟甲基进行反应,形成含 Si—O 键的立体网络,制得耐热性高、热失重率小、韧性高的材料。用途:可作为瞬时耐高温材料,用作火箭、导弹等烧蚀材料。

硼改性酚醛树脂(boron modified phenolic resin) 制备:利用硼酸与苯酚反应形成硼酸酯,再与甲醛、多聚甲醛或三聚甲醛反应生成含无机硼元素的酚醛树脂,其分子链结构中含有键能较高的 B—O 键。用途:主要应用于耐热要求较高的刹车片、离合器片。

钼酚醛树脂(molybdenum modified phenolic resin) 制备:钼酸与苯酚在催化剂作用下发生酯化生成钼酸苯酯,然后再与甲醛反应生成钼酚醛树脂。用途:可用作高温烧蚀材料、摩擦材料、胶黏剂等。

聚乙烯醇缩醛改性酚醛树脂(poly(vinyl acetal) modified phenolic resin) 制备:在加热条件下,聚乙烯醇缩醛分子中的羟基与酚醛树脂分子中的羟甲基发生脱水化学反应,形成接枝共聚物,制得改性的酚醛树脂。用途:可用于玻璃纤维增强塑料的胶黏剂、摩擦材料等。

苯胺改性酚醛树脂(aniline modified phenolic resin) 制备:将苯胺与苯酚、甲醛在催化剂作用下进行共缩合反应,在酚醛树脂结构中引入耐热性较好的芳香胺结构单元制得苯胺改性酚醛树脂。用途:改善酚醛树脂的耐热性。

丁醇醚化酚醛树脂(butylated phenolic resin) 黄色黏稠液体或固体。不溶于水,溶于酮、醇、酯以及芳烃溶剂。制备:由甲醛与苯酚、苯酚衍生物或同系物在碱性催化剂存在下制得缩合物,再在丁醇介质中于酸性催化剂存在下醚化制得热固性酚醛树脂。用途:用于涂料、漆包线漆和食品罐头漆等。

桐油改性酚醛树脂(tung-oil modified phenolic resin) 制备:在酸性催化剂条件下,桐油分子链中的共轭双键与苯酚羟基的邻、对位氢之间发生阳离子烷基化反应;然后将改性酚在碱性催化剂存在下与甲醛反应制得桐油改性酚醛树脂。用途:用于刹车片、石棉摩擦材料等。

梓油改性酚醛树脂(Chinese tallowtree seed oil modified phenolic resin) 制备:过量的苯酚先与梓油在酸性等条件下发生反应,然后将改性酚在碱性等条件下再与甲醛反应制成梓油改性酚醛树脂。用途:改善酚醛树脂的韧性和耐热性。

单宁改性酚醛树脂(tannins modified phenolic resin) 制备:在催化条件下,单宁的酚羟基与甲醛发生缩聚反应,可生成树脂状化合物,因此可部分替代苯酚,得到单宁改性酚醛树脂。用途:可用于绿色环保的胶黏剂。

松香改性酚醛树脂(rosin modified phenolic resin) 制备:以松香、烷基酚、多元醇及甲醛等为主要成分,经缩聚得到高分子量、低酸价的树脂材料。用途:主要用于现代高速印刷油墨等。

妥尔油改性酚醛树脂(talloil modified phenolic resin) 制备:先将苯酚与甲醛在酸性条件下合成热塑性酚醛预聚物,再加入妥尔油,妥尔油中的羧基与酚醛预聚物中的酚羟基在酸性条件下发生酯化反应生成酚酯类聚合物。用途:用于橡胶补强,特别适用于生产轮胎等。

腰果壳油改性酚醛树脂(phenolic resin modified with cashew nut shell liquid) 制备:过量的苯酚先与腰果壳油在酸性等条件下发生反应,然后将改性酚在碱性等条件下再与甲醛反应制成腰果壳油改性酚醛树脂。用途:用于摩擦材料、刹车片等。

双马来酰亚胺改性酚醛树脂(phenolic resin modified with bismaleimides) 制备:可采用烯丙基氯对酚醛树脂进行醚化,得到烯丙基化酚醛树脂;然后将其与双马来酰亚胺共聚,制备得到改性的酚醛树脂。用途:可用于玻璃纤维增强材料。

氰酸酯化酚醛树脂(cyanate ester modified phenolic resin) 制备:氰酸酯化酚醛一般是指以线型酚醛树脂为骨架,酚羟基被氰酸酯官能团所替代而形成的酚醛树脂衍生物,在热和催化剂作用下发生三环化反应,生成含有三嗪环的高交联密度网络结构大分子。用途:印刷电路板的绝缘材料,航空航天用高性能复合材料等。

糠醇改性酚醛树脂(furfuranol modified phenolic resin) 密度 $1.19 \sim 1.20$ g/cm³。制备:在热固性酚醛树脂合成后,加入树脂质量 5%～20%的糠醇,或者在树脂使用时直接加入。用途:用于化工防腐胶泥、铸造、玻璃钢及耐火材料等。

萜烯酚醛树脂(terpene phenolic resin) CAS 号 68648-57-7。淡黄色透明脆性固体。密度 0.98 g/cm³。是一种改性的酚醛树脂,改进了酚醛树脂的非油溶性,而具有优良的油溶性。制备:甲醛和苯酚在催化剂作用下制备母体酚醛树脂,然后加入萜烯类化合物进行烷基化反应,制备萜烯酚醛树脂。用途:用作丁苯橡胶、天然橡胶、氯丁橡胶及再生胶的增黏剂,在油墨和油漆中也得到广泛应用。

聚酚醚树脂(xylok resin) 亦称"新酚树脂"。CAS 号 26834-02-6。红褐色固体。密度 $1.6 \sim 1.7$ g/cm³,软化点 $65 \sim 105$℃。能溶于乙醇、丙

酮等有机溶剂。制备：由醚类和苯酚在弗-克氏催化剂作用下缩聚制得。用途：耐摩擦高温粘接剂、电绝缘材料、烧蚀材料等。

甲苯甲醛树脂（toluene-formaldehyde resin）　CAS号 25155-81-1。制备：由甲苯与甲醛在酸性催化剂存在下经缩聚反应制得。用途：可用作模塑料、层压板等，由于制备工艺及固化速度等问题，现已几乎不使用。

二甲苯甲醛树脂（xylene formaldehyde resin）CAS 号 26139-75-3。是具有多种分子结构的线型聚合物，以含醚桥的分子结构为主。为黄色透明油状液体。制备：由二甲苯和甲醛在催化剂作用下脱水生成。用途：经改性或少量单独使用，可用于绝缘漆、道路标志漆、金粉油墨及丝网油墨、覆膜胶、食品罐头涂料、防腐蚀树脂、橡塑制品增塑剂、橡胶软化增黏剂及粘接剂、环氧酚醛层压板或酚醛纸质压层板等不同领域，可提高产品的黏结性、密着性、耐水耐湿性、耐酸耐碱性和电气绝缘性等。

酚改性二甲苯树脂（phenol modified xylene formaldehyde resin）　黄色液体或固体。二甲苯结构引入提高了酚醛树脂的耐水性，改善了电绝缘性和机械性能。制备：二甲苯和甲醛在酸性催化剂作用下，生成二甲苯甲醛树脂，再与苯酚和甲醛反应形成热固性树脂。用途：可用在湿热地区，做绝缘、高绝缘制品和建工材料。

烷基苯酚甲醛树脂　亦称"烷基酚醛树脂"。结构式中烷基在酚羟基对位。黄棕色液体或固体。制备：烷基酚与甲醛在酸性或碱性介质中发生缩聚反应制备。用途：常用作橡胶增黏剂；烷基酚醛增黏树脂尤其以酚羟基的对位上含有叔碳原子的苯酚为基础的树脂增黏效果最佳。

对叔丁基苯酚甲醛树脂（4-*tert*-butyl phenol formaldehyde resin）　亦称"对叔丁基酚醛树脂""2402 树脂"。CAS 号 25085-50-1。黄色固体，软化点（环球法）85～110℃。制备：由对叔丁基苯酚和甲醛在酸性或碱性催化下发生缩聚反应制备。用途：应用于涂料、油漆和纯油溶性酚醛清漆，具有优良的抗水性、耐热性和抗化学品腐蚀性；也用于天然橡胶、丁苯橡胶、丁腈橡胶、丁基橡胶的硫化剂，这类硫化橡胶具有良好的耐热性能。

对叔丁基苯酚乙炔树脂（4-*tert*-butyl phenol acetylene resin）　CAS号 28514-92-3。棕褐色颗粒。制备：以对叔丁基苯酚和乙炔为原料，采用特殊催化剂，在高温高压下反应获得对叔丁基苯酚乙炔树脂，当乙炔过量50％时，树脂分子呈线型结构。用途：主要用作橡胶的增黏树脂。

辛基酚醛增黏树脂（octyl-phenolic tackifying resin）　亦称"TXN-203 树脂""203增黏树脂""特叔基苯酚甲醛树脂""对叔辛基苯酚甲醛树脂"。CAS 号 26678-93-3。黄色至浅褐色片状或颗粒。制备：由特辛基苯酚和甲醛在酸性催化下发生缩聚制备。用途：各种合成橡胶和天然橡胶（如丁苯、丁基、丁腈、三元乙丙橡胶）的黏合增进剂，可用于生产轮胎、皮带、软管、食品容器、垫片和鞋底等。

辛基酚醛硫化树脂（octyl-phenolic curing resin）　亦称"TXL-202 树脂""202 树脂"。淡黄色至褐色透明颗粒，易燃无异味。不溶于水，溶于苯、甲苯、二甲苯、溶剂汽油、煤油、松节油、丙酮、乙酸乙酯、乙醚和硅油等有机溶剂。制备：由特辛基苯酚和甲醛在碱性催化下发生缩聚制备。用途：天然橡胶、丁苯橡胶、丁腈橡胶和丁基橡胶的有效硫化剂，亦可用作丁基橡胶的增黏剂和聚丙烯纤维的热稳定剂和绝缘清漆制造。

壬基酚醛树脂（nonyl phenol formaldehyde resin）CAS号 9040-65-7。黄色至红棕色液体。制备：由壬基酚和甲醛在酸性或碱性催化下发生缩聚制备。用途：适合用作高速印刷彩色油墨的制造原料，使油墨的光泽度、抗乳化性能、流动性及触变性都有所提高；在橡胶加工工业上可用作粘接剂，能改善弹性体与其他物质的粘接力，具有增黏作用。

苯基酚醛树脂（phenyl phenolic resin）　亦称"苯基苯酚甲醛树脂"。CAS 号 95401-37-9。淡黄色至红棕色黏稠液体或透明固体。具有良好的耐高温烧蚀性。制备：由苯酚、甲醛和苯基苯酚（如邻苯基苯酚和对苯基苯酚）在酸性或碱性催化下发生缩聚制备。用途：可作为弹道导弹端头和固体发动机喷管的优选树脂基体；目前以油溶性邻苯基苯酚甲醛树脂为主，可制备寿命长、对水和碱稳定性能极好的清漆，耐久性和耐候性良好。

溴甲基对叔辛基苯酚甲醛树脂（bromomethyl-*p*-*tert*-octyl phenol formaldehyde resin）　亦称"溴甲基

对叔辛基苯酚甲醛树脂""201 树脂""溴化辛基酚醛硫化树脂"。CAS 号 158242-40-1。黄棕色透明固体。具有良好的耐热性、耐臭氧性和粘接性。用途：用作压敏胶黏剂的增黏树脂和交联剂，也用作丁基橡胶、氯化丁基橡胶的硫化剂。

对氯苯酚间苯二酚甲醛树脂（para-chlorophenol resorcinol-form-aldehyde resin）砖红色粉末状固体。制备：对氯苯酚和甲醛首先在碱性催化剂作用下缩合，中和后，再与间苯二酚反应制得。用途：可专门用于聚酯纤维与橡胶的黏合。

双酚 A 甲醛树脂（bisphenol A novolac）CAS 号 25085-75-0。微黄色透明固体。制备：由甲醛和双酚 A 在酸性或碱性催化剂作用下经缩聚制得。用途：线型双酚 A 酚醛树脂用作固化剂可以很好地克服双氰胺和线型苯酚酚醛树脂的不足，满足环氧敷铜层压板技术的高性能化，特别是耐热性的要求。

二苯醚甲醛树脂（diphenyl ether-formaldehyde resin）亦称"二苯醚树脂""聚二苯醚树脂"。琥珀色透明固体。分子量约 1 000，密度 1.13～1.14 g/cm³。不溶于水、酸、碱、芳香族卤化物、二甲基苯胺、二甲基甲酰胺等；溶于甲苯、二甲苯及甲苯和丁醇的混合溶剂。有良好的抗燃性，火焰中取出可自熄；有良好的耐化学性。制备：合成方法包括直接法和间接法，直接法是由二苯醚单体和多聚甲醛以硫酸为催化剂，乙酸为反应介质而合成；间接法是将二苯醚和甲醛在盐酸存在下，生成氯甲基化的二苯醚，进一步在氢氧化钠催化下与甲醇反应生成带烷氧基的二苯醚树脂。用途：可制成层压品、漆膜、泡沫塑料等供 H 级绝缘用，亦用作油中运转的机械绝缘，各种酸性气体内运转的电机绝缘，以及制造火箭的有关设备，用作浸渍漆。

苯胺甲醛树脂（aniline-formaldehyde resin）CAS 号 9003-35-4。黄色至红色的高黏度半透明液体或固体。制备：由苯胺和甲醛在酸性或碱性条件下发生缩聚反应制得。用途：用于制纸张层压品、高压变压器出线套管、天线线圈、真空管座、人造革，也用作环氧树脂的硬化剂。

甲酚甲醛树脂（cresol-formaldehyde resin）CAS 号 9016-83-5。淡黄或红棕色的透明液体。比酚醛树脂电性能好，有挠性。制备：由甲酚与甲醛缩聚而成。甲酚有邻、对、间位三种异构体，间位甲酚最容易与甲醛反应。用途：用于电器制品、层压板、砂纸黏合剂、抱闸衬里等。

间苯二酚甲醛树脂（resorcinol-formaldehyde resin）CAS 号 24969-11-7。黄棕色固体。密度 1.25 g/cm³。制备：间苯二酚和甲醛在酸或碱催化下发生加成反应生成羟甲基酚，进一步缩聚反应生成线型结构。用途：由于固化速度快，在黏合剂、胶合板和表面涂布剂等领域应用广泛，尤其在汽车轮胎领域，是橡胶与钢丝或聚酯帘线之间常用的黏合剂。

烷基间苯二酚甲醛树脂（alkyl resorcinol-formaldehyde resin）黄棕色固体。制备：由间苯二酚与特征改性剂反应然后再与甲醛缩聚而成，常用的改性剂有苯乙烯、甲基苯乙烯、对甲基苯乙烯、二乙烯基苯、乙烯基萘等乙烯基芳香族化合物。用途：该树脂的游离间苯二酚含量低，有效解决了胶料生产过程中的发烟问题，并提高了硫化胶的黏合性能。

双氰胺甲醛树脂（dicyandiamide formaldehyde resin）CAS 号 55295-98-2。无色至浅黄色或乳白色液体。制备：反应分两步，第一步是双氰胺和甲醛间发生加成反应，生成羟甲基衍生物；第二步在酸性介质中加热发生缩聚反应。合成的双氰胺缩甲醛的性能主要取决于双氰胺甲醛的比例以及合成过程中采用的反应条件和工艺过程。用途：最初用作丝绸固色剂，后发现具有一定的脱色混凝作用。

双环戊二烯苯酚树脂（dicyclopentadiene phenol resin）棕色黏稠状液体。制备：双环戊二烯和苯酚在催化剂作用下反应制备。用途：具有良好的电绝缘性能、耐热性能和化学反应性能。可用于合成高耐热、耐酸碱、低应力、低吸水性、低膨胀系数和低收缩的双环戊二烯苯酚环氧树脂。

丁醇醚化甲酚甲醛树脂（butylated cresol formaldehyde resin）亦称"284 树脂"。黄色至棕红色透明液体。用途：作为环氧树脂的高温固化剂，和环氧树脂有很好的相容性。与环氧树脂混合后需要在比较高的温度下进行烘烤，得到的漆膜具有较好的耐化学腐蚀、耐高温等性能。用于生产酚醛环氧绝缘漆、罐听涂料、化工重防腐涂料等特种涂料。

环己酮甲醛树脂（ketone resins） 亦称"酮醛树脂""醛酮树脂""聚酮树脂"。CAS 号 25054-06-2。黄色固体。密度 1.1～1.2 g/cm³。能溶于绝大多数有机溶剂，如芳香烃、醇、酮、酯等，不溶于水。制法：由环己酮和甲醛在碱性催化剂下反应获得。用途：聚酮树脂与涂料/油墨配方中的原材料有着良好的相容性，能溶于绝大多数有机溶剂，对颜料有良好的润湿、分散作用，能够有效提高涂料/油墨附着力、光泽及硬度等，是一种性能优良的涂料多功能助剂，也广泛用作涂料/油墨通用色浆的研磨树脂。

呋喃树脂（furan resin） 分子链上含有呋喃环的热固性树脂的统称。主要有糠醇树脂、糠醛树脂、糠酮树脂、糠酮醛树脂、糠脲树脂等类型。耐强酸强碱，耐化学品，耐热，可在 180～220℃长期使用，但韧性差，较脆，需改性。制备：以糠醛或糠醇在酸性催化剂（盐酸、硫酸、三氯化铁）下缩聚而成。用途：主要用作胶黏剂、清漆、胶泥、层压模压塑料制品，特别可用作铸造砂芯胶黏剂、耐腐蚀涂料、衬里、管道、阀门、泵件等，在原子能工业中用作耐放射性材料。

糠醇树脂（fuefuryl alcohol resin） 亦称"2-呋喃甲醇均聚物"。CAS 号 9003-35-4。一种呋喃树脂。密度 1.2～1.3 g/cm³。制备：合成糠醇树脂的催化剂可用无机酸（盐酸、硫酸、磷酸等），也可用强酸弱碱所生成的盐（如三氯化铁、三氯化铝、氯化锌等）；活性氧化铝、五氧化二磷、铬酸等也可用作催化剂，工业上常用硫酸作催化剂；酸性催化的缩聚反应是强烈的放热反应，必须谨慎控制反应温度。用途：主要用作胶黏剂、清漆、胶泥、层压模压塑料制品，特别可用作铸造砂芯胶黏剂、耐腐蚀涂料、衬里、管道、阀门、泵件等，在原子能工业中用作耐放射性材料。

糠酮树脂（furfural-acetone（polycondensate）resin） 亦称"糠醛丙酮树脂"。一种呋喃树脂。深褐色至黑色黏稠液体或固体。密度 1.16 g/cm³。制备：糠醛和丙酮在碱性催化剂作用下生成糠叉丙酮单体，若糠醛过量，又可生成二糠叉丙酮，糠叉丙酮和二糠叉丙酮在酸性催化剂作用下生成糠酮树脂。用途：主要用于制造玻璃钢、涂料、管道、耐酸碱容器以及耐热性良好的绝缘材料等。

苯酚糠醛树脂（phenol-furfural resin） 一种呋喃树脂。黄色固体。制备：糠醛可与苯酚反应缩聚成二阶的热塑性树脂，用碱性催化剂，催化剂用量一般为 1%左右。用途：用于制特种塑料，也用于制胶黏剂，以黏合琢

磨材料、铸型酚醛树脂、丙烯酸树脂、铝和其他无孔性材料等。

脲醛树脂（urea formaldehyde） 亦称"脲甲醛树脂""尿素甲醛树脂"。CAS 号 9011-05-6。一种无色、无臭、无毒、透明的热固性树脂。密度 1.48～1.52 g/cm³。变定前能溶于水，易固化，固化时放出低分子物，耐光性优良，长时间使用后不变色，成型时受热固化亦不变色，能耐矿物油。制备：由其用途的不同而用不同方法生产。脲和甲醛以摩尔比 1∶1.5～1.6 配料，在乙二酸催化下，在弱酸性水溶液中生成模塑粉用树脂，在与填料、颜料及其他添加剂混合后烘干、粉碎、研磨并造粒，即得脲醛模塑粉（或称压塑粉）；脲和甲醛在摩尔比 1∶1.8～2.5 时，在弱酸性水溶液中可制造低分子脲醛树脂溶液。用途：用于木材、胶合板、家具制造、农机具修理及其他竹木材料的粘接剂，织物和纸张的处理剂，还可用于塑制民用电器、瓶盖和纽扣等日用品。

硫脲甲醛树脂（thiourea-formaldehyde resin） 无色透明稠厚液体。制备：将 1.8 mol 甲醛（37%水溶液）在室温下用 20%的氢氧化钠调 pH 值至 8.5～9.0，再加入 1 mol 硫脲不断搅拌至溶液澄清，在 30℃以下放置 12 小时后应用。用途：含汞等重金属离子的污水处理等。

阳离子脲醛树脂（cation thiourea-formaldehyde resin） 改性脲醛树脂的一种。聚合过程中添加某些改性剂，使制得的树脂具有正电荷。制备：在尿素和甲醛的聚合过程中加入改性剂如乙烯多胺化合物、甲胺、胺吡啶等，改性剂的用量一般均很少，如以 0.05～0.2 mol（对 1 mol 尿素）的用量就可使脲醛树脂改性，而获得的树脂与三聚氰胺甲醛树脂有类似的效果，且成本较低。用途：可提高脲醛树脂在纸浆中的留着率以及纸张的湿强度。

乙二胺改性脲醛树脂（ethylenediamine modified urea formaldehyde resin） 一种阳离子型树脂。具有较好的水溶性、不易凝胶。制备：将酸与乙二胺生成乙二胺盐，再与甲醛加热反应，最后加入尿素温度升至 95℃后用乙酸调节 pH 值，保持树脂化反应而成。用途：用作纸张制造过程中的增湿强效果。

多元胺改性脲醛树脂（polyamine modified urea formaldehyde resin） 一种阳离子型树脂。具有较好的稳定性。制备：将尿素、二乙烯三胺和三乙烯四胺按比例混合，加入乙二醇，在 130℃下反应得到中间体聚酰脲，再加入 37%的甲醛升温至 80℃，加入烧碱和甲醛的水溶液制得。用途：增强纸张的湿强度。

阴离子脲醛树脂(anion modified urea formaldehyde resin)　改性脲醛树脂的一种。聚合过程中添加某些改性剂,使制得的树脂具有负电荷。制备:在单体聚合阶段的脲醛树脂中加入强极性改性剂(如亚硫酸氢钠),从而制得阴离子型亚磺酸甲基化脲醛树脂,经亚硫酸氢钠改性的阴离子型亚磺酸甲基化脲醛树脂在水溶液中发生电离,从而使其带有负电荷。用途:用作纸张的湿强剂。

改性亚硫酸钠脲醛树脂(sodium sulfite-modified urea formaldehyde resin)　阴离子改性脲醛树脂的一种。制备:为使脲醛树脂具有更大的溶解度和增强其湿强度效果,可在树脂化反应过程中,加入 0.2～0.5 mol(对 1 mol 尿素)的亚硫酸氢钠,使树脂聚合和亚甲基磺化作用同时进行。用途:提高脲醛树脂在纸张中的留着率和湿强度。

苯酚改性脲醛树脂(phenol-modified urea formaldehyde resin)　改性脲醛树脂的一种。乳白色半透明液体(通常为水溶液)。制备:甲醛加入三口烧瓶中,滴加适量 NaOH 溶液调节 pH 7.5～8.5,再加入全部苯酚和第一批尿素(75%),在水浴上加热升温,待温度升到 90℃时,反应一段时间后,用乙二酸调节 pH 4.8～5.4,加入第二批尿素(20%),当胶液滴入清水中呈白色雾状且不散开后,立即用氢氧化钠溶液调胶液至弱碱性,加入第三批尿素(5%),保温后降温出料。用途:用于木材胶合剂。

糠醇改性脲醛树脂(furfuryl alcohol modified urea formaldehyde resin)　呋喃树脂中应用较广的一种。依据糠醇和脲醛的比例的高低,可以得到不同性能的脲醛树脂,高糠醇比时,树脂的稳定性和耐热性将会大幅提升。制备:首先在碱性条件下,尿素与甲醛加成反应生成羟甲脲,再在酸性条件下加入糠醇进行改性生成脲醛呋喃树脂。用途:用于铸铁、铸钢及各种大小型铸件的黏合。

聚乙酸乙烯乳液改性脲醛树脂(polyvinyl acetate emulsion modified urea formaldehyde resin)　脲醛改性树脂的一种,目的为改善脲醛树脂的脆性。制备:脲醛树脂中加入一定量的聚乙酸乙烯乳液混合而成。用途:同"脲醛树脂"(756 页)。

氨基树脂(amino resin)　指含有氨基的化合物和醛类经缩聚反应制得的热固性树脂。为易燃液体。主要分为脲醛树脂、三聚氰胺甲醛树脂、苯代三聚氰胺和共缩聚氨基树脂三类。制备:尿素或三聚氰胺和甲醛在碱性或酸性条件下发生加成和缩聚反应。用途:用于模塑料、黏结材料、层压材料等黏合剂以及纸张处理剂等。

三聚氰胺甲醛树脂(melamine formaldehyde resin)　亦称"聚氧亚甲基密胺"。CAS 号 9003-08-1。黄色固体。制备:通过甲醛与三聚氰胺的缩合形成,在理想条件下得到六羟甲基衍生物。在酸存在下加热时,这种或类似的羟甲基化物质经历进一步的缩合和交联。三聚氰胺树脂的交联密度可以通过与三聚氰胺的双功能类似物如苯并胍胺和乙酰胍胺的共缩合来控制。用途:高压层压板以及强化木地板的主要成分。

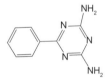

三羟甲基三聚氰胺树脂(trimethylolmelamine resin)　亦称"三甲醇三聚氰胺""三羟甲基三聚氰胺树脂"。CAS 号 51505-94-3。白色固体。属热固性树脂初缩体。难溶于冷水,可溶于 80℃热水,呈澄清溶液。在弱碱性介质中易产生分子间聚合,因此稳定性差,应现用现配。用途:可使织物挺括、丰满、避尘,用作织物防缩、防皱整理剂。

苯代三聚氰胺(2,4-diamino-6-phenyl-1,3,5-triazine)　亦称"苯鸟粪胺",系统名"2,4 二氨基-6-苯基-1,3,5-三嗪"。CAS 号 91-76-9。白色晶体粉末。熔点 226～227℃,密度 1.40^{25} g/cm³。溶解度(25℃,g/100 g):水中为 0,苯中为 0.04,乙酸乙酯中为 0.7,甲醇中为 1.4,丙酮中为 1.8,四氢呋喃中为 8.8,二甲基甲酰胺中为 12.0,甲基溶纤剂乙酸酯中为 13.7。制备:以苯甲腈与双氰胺为原料合成。用途:可与醇酸树脂、丙烯酸树脂等混合以制造涂料。

醚化三聚氰胺甲醛树脂(etherified melamine formaldehyde resin)　亦称"三聚氰胺醚化改性树脂"。主要分为甲醚化、丁醚化、异丁醚化三聚氰胺甲醛树脂。制备:由三聚氰胺和甲醛按摩尔比 1:3～6 混合,经缩合,再用甲醇、丁醇或异丁醇醚化而制得树脂。用途:用于增强三聚氰胺甲醛树脂与基材的复配性和相容性。

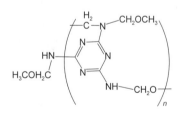

甲醚化三聚氰胺甲醛树脂(methylated melamine formaldehyde resin)　见"醚化三聚氰胺甲醛树脂"。

丁醚化三聚氰胺甲醛树脂(butylated melamine formaldehyde resin)　见"醚化三聚氰胺甲醛树脂"。

异丁醚化三聚氰胺甲醛树脂(*iso*-butylated

melamine formaldehyde resin）　　见"醚化三聚氰胺甲醛树脂"。

酰胺类聚合物

聚甘氨酸（polyglycine）　俗称"尼龙 2"。CAS 号 25718-94-9。纤维状粉末。溶于乙酸，不溶于水。制备：目前多采用固相合成方法或制备型的多肽合成仪上合成；若大分子量的产品，也可在人工合成的 mRNA、引物和有关工具酶存在下采用体外生物合成方法制备。用途：主要应用于人工合成疫苗的制备，以及作为研究多肽类化合物的理化性质，如构象类型、在水环境中各类反应特征的生化材料。

聚β-氨基丙酸（poly（β-alanine））　俗称"尼龙 3"。CAS 号 24937-14-2。制备：丙烯酰胺在自由基聚合阻聚剂存在下，通过叔丁醇钾引发聚合而得。用途：可作为甲醛捕获剂，聚甲醛稳定剂，也有望作为组织工程和药物缓释材料。

聚丁内酰胺（polybutyrolactam）　俗称"尼龙 4"，亦称"聚 α-吡咯烷酮"。CAS 号 24938-56-5。密度 1.22～1.27 g/cm³，熔点 265℃。制备：由 α-吡咯烷酮经缩聚而成。用途：用于制合成纤维、人造革、合成纸等。

聚己内酰胺（polycaprolactam）　俗称"尼龙 6"，亦称"锦纶-6"。CAS 号 25038-54-4。半透明或不透明乳白色结晶形聚合物。密度 1.13 g/cm³。熔点 215℃。热分解温度大于 300℃。平衡吸水率 3.5%。具有良好的耐磨性、自润滑性和耐溶剂性。制备：将己内酰胺和水（或其他开环剂）的混合物加热到聚合温度，保持达到平衡的反应条件。用途：用于制作各种高负荷的机械零件、电子电器开关和设备、建筑及结构材料，交通运输工具零件等；用于制造汽车零件、电子电器及特别要求高强度耐高温的机械部件；大量用于纺织工业制造纤维，广泛用于制造机械零部件、齿轮、外壳、耐油容器、电缆护套等。

ε-己内酰胺与亚胺基六次甲基亚胺基己二酰共聚物（poly（hexamethylene adipamide-co-caprolactam））　俗称"尼龙 6/66"。CAS 号 24993-04-2。在较宽的温度范围内均坚硬而强韧，具有出色的韧性、耐化学性和耐磨性。在高温下会被强酸和强碱腐蚀。可被氯和过氧化氢氧化。制备：以尼龙 6 为主要组分，与尼龙 66 盐通过原位聚合的方法生成无规嵌段共聚物。用途：用于制造纺织品、刷子及缝线用纤维，电缆护套和管材，工具及器械用轴承、凸轮、齿轮和壳体。

聚对苯二甲酰己二胺（polyamide 6T）　俗称"尼龙 6T"。CAS 号 25750-23-6。一种脂肪-芳香族聚酰胺。密度 1.21 g/cm³，熔点 370℃，玻璃化温度 180℃。仅溶于浓硫酸或三氟乙酸等强酸溶剂。纯品的熔融温度很高，甚至高于其分解温度，在缩聚时很难得到稳定的高质量产品，且加工成型十分困难，通常采用加入第三单体进行共聚改性的方法来降低其熔融温度，同时使其便于加工成型。制备：由对苯二甲酰氯与己二胺经界面缩聚或固态缩聚制备。用途：主要用于制造耐热纤维（湿法纺丝）；也可注塑成型为耐热机械零部件，亦可制造耐热薄膜。

聚庚酰胺（polyheptanoamide）　俗称"尼龙 7"。CAS 号 1445924-71-9。密度 1.13 g/cm³。熔点 223℃。所制纤维富有弹性，耐磨、耐光、耐碱、耐气候、耐形变性能比尼龙 6 优越。制备：氨基庚酸或庚内酰胺聚合而得。用途：可制造纤维等。由于其性能与尼龙 6 相似而价格高得多，故未规模生产和应用。

聚辛内酰胺（polycapryllactam）　俗称"尼龙 8"。CAS 号 935-30-8。吸水量在 1% 以下，在注射模型上，不产生膨胀等变形，稳定性优良，并有适合于精密加工的特性。制备：将辛内酰胺和水密封，在氮气流中减压高温聚合而得。用途：适合注塑各种薄壁电子、电器元件。

聚壬酰胺（polynonanoylamide）　俗称"尼龙 9"，亦称"聚-9-氨基壬酸"。除具有一般聚酰胺所具备的良好的机械性能以外，还有极高的双弯曲数和良好的耐折皱性能。无毒。耐光性和热稳定性较好。制备：由 9-氨基壬酸熔融缩聚而制得；如果用蓖麻油为原料，可首先产出癸二酸，进而氨化生成癸二酸单酰胺，再经过次氯酸钠化工处理得到 ω-氨基壬酸，最后进行聚合反应制得。用途：适用于注射齿轮、轴承、机械零件，也可挤塑电缆护套。

聚酰胺 10（polycaprinlactam）　俗称"尼龙 10"，亦称"聚癸内酰胺"。耐磨、坚韧、轻量，耐化学品、耐热、耐寒，易成型、无音、自润滑，无毒，易染色。耐光性、耐污染性差。对芳香族化合物和生物表现为惰性。制备：由癸内酰胺自聚而制得。用途：可用来制作润滑油、食品、牛奶的包装材料。

聚十一酰胺（poly-ω-aminoundecanoyl）　俗称"尼龙 11"，亦称"聚酰胺-11"。呈白色半透明体。密度

1.04 g/cm³,熔点 185℃,吸水率 0.1%～0.4%,抗拉强度 47～58 MPa。玻璃化温度 43℃,熔点 190℃左右。其突出特点是熔融温度低而加工温度宽,吸水性低,低温性能良好,可在-40～120℃保持良好的柔韧性。制备:由 ω-氨基十一酸缩聚而得,可用注射、挤出、吹塑等方法加工成型。用途:制成锦纶纤维,质感柔软,耐磨不皱;在汽车工业中常用于制造抗震耐磨的油管、软管;用于电缆电线护套,耐低温光导纤维等。

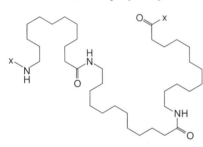

聚十二酰内胺(polylauryllactam) 俗称"尼龙 12",亦称"聚月桂内酰胺"。CAS 号 24937-16-4。密度仅为 1.02 g/cm³,是尼龙系列中密度最小的一种。吸水率低,尺寸稳定性好;耐低温性优良,可达-70℃。是很好的电气绝缘体,不会因潮湿影响绝缘性能。有很好的抗冲击性及化学稳定性。制备:可采用注塑、挤出等方法加工成单丝、薄膜、板、棒、型材,粉末可采用流动床浸渍法、静电涂装法、旋转成型等方法加工,尤其适宜在金属表面涂覆和喷涂。用途:主要用于水量表和其他商业设备、光纤、电缆套、机械凸轮、滑动机构以及轴承等。

聚十三内酰胺(polytridecanoyllactam) 俗称"尼龙 13"。相对密度 1.01,熔点 180℃。制备:由 ω-氨基十三酸熔融缩聚制得。用途:可挤塑、注塑成型精密机械零部件,亦可制造薄膜等。

聚己二酰丁二胺(poly(tetramethylene adipamide))

H—[NH—(CH₂)₄—NH—C(O)—(CH₂)₄—C(O)]ₙ—OH

俗称"尼龙 46",亦称"聚酰胺-46"。CAS 号 50327-22-5;50327-77-0。热塑性树脂。密度 1.24 g/cm³,熔点 278～308℃。难溶,在 98%甲酸中溶解度 45%,在三氟乙酸中微溶,但能溶于 98%硫酸。有很高的热稳定性,最高软化温度 170℃,抗冲击强度较尼龙 6、尼龙 66 和聚对苯二甲酸丁二酯高 2 倍,耐磨强度是尼龙 6 的 3 倍,并具有优良的抗腐蚀性能。制备:一般用 1,4-丁二胺和己二酸制成尼龙 46 盐,然后缩聚而得。用途:在电气及电子、机械加工、汽车工业等领域有广泛应用。

聚庚二酰丁二胺(polyheptanoyl butylamine) 俗称"尼龙 47",亦称"1,4-丁二胺-庚二酸共聚物"。CAS 号 1203465-74-0。熔点 210～240℃。制备:由庚二酰氯和丁二胺在碱性条件下缩聚而得。用途:丁二胺聚合得到的尼龙,耐高温及结晶性良好,用于机动车辆以及电气电子领域。

聚辛二酰丁二胺(polyoctyl succinamide) 俗称"尼龙 48",亦称"1,4-丁二胺-辛二酸共聚物"。CAS 号 26247-04-1。熔点 250～265℃。制备:将辛二酸和丁二胺溶液于高压釜中搅拌形成盐溶液,而后升温进行缩聚可得。用途:类似尼龙 47。

聚壬二酰丁二胺(polytetramethylene azelamide) 俗称"尼龙 49",亦称"1,4-丁二胺-壬二酸共聚物"。CAS 号 28757-62-2。制备:由 1,4-丁二胺和壬二酸缩聚制得。用途:抗冲强度较高,多用于制模。

聚己二酰戊二胺(polyhexanedioyl pentane-diamine) 俗称"尼龙 56",亦称"聚酰胺 56"。CAS 号 41724-56-5。在氢氧化钠和二甲基甲酰胺中不易溶解,但在硫酸中较易溶解,不能作耐酸材料使用,耐碱性也一般。弹性回复率较大,耐用性能好,尺寸稳定性良好,具有良好的吸湿快干特性,可以提高纤维织物的舒适性,断裂强度大,可以对纺织品加工有很好的作用。回潮率高,吸水性好,夏季增加了服装的凉爽性,冬季减少了静电的产生。制备:戊二胺和己二酸直接缩聚可得。用途:可用于纺制袜类和内衣类。还可望用于力学性能优良的产业,如纤维增强树脂基复合材料。用以制作汽车工业中的绝缘垫圈、挡板座、船舶上的涡轮、螺旋推进器、滑动轴承等。由于尼龙 56 具有电绝缘性好,耐化学腐蚀性好,高强高模,耐高温等特点,可用于生产各种日常电气,如吸尘器、电饭锅、高频电子食品加热器、断路器、交流接触器、继电器、墙壁开关、电源连接器、插座等。此外还广泛应用于体育用品、玩具、娱乐用品、医疗器具、服装等。

聚己二酰己二胺(polyhexamethylene adipamide) 俗称"尼龙 66",亦称"聚酰胺 66"。CAS 号 32131-17-2。半透明或不透明的乳白色结晶聚合物,受紫外光照射会发紫白色或蓝白色光。机械强度较高,耐应力开裂性能好,耐磨性好,自润滑性能优良,耐热性也较好,属自熄性材料,化学稳定性好,尤其耐油性极佳。但易溶于苯酚,甲酸等极性溶剂,吸水性大,因而尺寸稳定性差。成型加工性好,可用于注塑、挤出、吹塑、喷涂、浇铸成型、机械加工、焊接、粘接。制备:将等摩尔比的己二酸和己二胺在乙醇中于60℃中和成为尼龙66盐,再于280℃、1.76~1.96 MPa压力下缩聚即得到尼龙66树脂。用途:用于制成各种机械、汽车、电子和电气装置的零部件,特别适用于高强度或耐磨制件。在医疗器械、体育用品和日用品上也得到广泛应用。

聚庚二酰己二胺(polyheptanoly hexanediamine) 俗称"尼龙67",亦称"庚二酰己二胺共聚物"。CAS号28757-64-4。机械强度高,阻燃性好。制备:庚二酸与己二胺缩聚可得。用途:用作电缆的防腐涂层、阻燃剂等。

聚壬二酰己二胺(polynonylhexanediamine) 俗称"尼龙69"。CAS号28757-63-3。熔点208~211℃。综合性能优良。制备:以己二胺和壬二酸为原料,以水为溶剂合成尼龙69盐,将其熔融缩聚成尼龙69。用途:易于加工,适宜与玻璃纤维等材料填充、增强改性,广泛应用于汽车、电子电器、包装、机械、运动休闲及日用品等方面。

聚己二酰庚二胺(polyhexanedioyl heptadiamine) 俗称"尼龙76",亦称"己二酸庚二胺共聚物"。CAS号79569-15-6。制备:己二酸与庚二胺缩聚得到。较少报道,性质用途不详。

聚己二酰辛二胺(polyoctamethylene adipamide) 俗称"尼龙86",亦称"己二酸辛二胺共聚物"。CAS号26468-37-1。制备:己二酸与辛二胺聚合。较少报道,性质用途不详。

聚己二酰壬二胺(polynonamethylene adipamide) 俗称"尼龙96",亦称"己二酸壬二胺共聚物"。CAS号32131-10-5。制备:己二酸与壬二胺共聚得到。

较少报道,性质用途不详。

聚己二酰癸二胺(polydecamethylene adipamide) 俗称"尼龙106",亦称"己二酸癸二胺共聚物"。CAS号26247-49-4。密度1.09 g/cm³,熔点210~237℃。韧性优良。制备:己二酸与癸二胺共聚得到。用途:制作汽车用齿轮、滑轮等精密部件。

聚癸二酰丁二胺(polytetramethylene sebacamide) 俗称"尼龙410",亦称"癸二酸丁二胺共聚物"。CAS号26247-06-3。相比尼龙6具有更低的吸湿性和更好的氧气阻隔性。制备:癸二酸与丁二胺共聚制得。用途:用作阻燃材料,也可作建材、食品包装等。

聚癸二酰己二胺(polyhexamethylene sebacamide) 俗称"尼龙610",亦称"聚酰胺610"。CAS号9008-66-6。半透明、乳白色结晶型热塑性聚合物。性能介于尼龙6和尼龙66之间,但相对密度小,具有较好的机械强度和韧性;吸水性小,因而尺寸稳定性更好;耐强碱、耐酸、耐有机溶剂,但也溶于酚类和甲酸中;属自熄性材料。制备:将等摩尔比的己二胺与癸二酸在乙醇中70℃中和,生成尼龙610盐,然后在270~300℃、1.76~1.96MPa压力下间歇或连续缩聚而得,反应条件较易控制。用途:可用于制造各种机械零件和高强度结构件,广泛应用于机械制造、汽车、航空、电气、造船、化工、军事等领域。

聚十二烷酰己二胺(polyhexamethylene dodecanamide) 俗称"尼龙612"。CAS号24936-74-1。半透明白色聚合物,与尼龙610相似,但尺寸稳定性更好,吸水性低,有较高的抗拉强度和冲击强度,且原料来源于石油化工原料。制备:丁二烯三聚环化生成环十二碳三烯,再用空气氧化制得环十二醇和环十酮的混合物,将此混合物用硝酸氧化生成十二烷二酸;十二烷二酸与己二胺在乙醇中生成结晶盐,将尼龙612盐于270~300℃、2.45~2.95 MPa压力下进行缩聚而得。用途:尼龙612树脂比一般尼龙具有更高的柔韧性和透明度,更低的吸水率和密度,主要用于制高级牙刷,也可用于制作精密机械零部件和电线电缆被覆涂层、输油管、耐油绳索、传送带、轴承、衬垫等,军工上可用于制枪托、钢盔和军用电缆等。

聚癸二酰癸二胺（polydecamethylene sebacamide） 俗称"尼龙1010"。CAS号28774-87-0。白色或微黄色结晶颗粒，半透明、轻而硬、表面光亮。密度和吸水性较一般尼龙低，机械强度高，冲击韧性、耐磨性和自润滑性好，耐寒性好，熔体流动性好，易于成型加工；但熔体温度范围较窄，高于100℃时长期与氧接触会逐渐呈现黄褐色，且机械强度下降，熔融时与氧接触极易引起热氧化降解。还具有较好的电气绝缘性和化学稳定性，无毒。不溶于大部分非极性溶剂，但溶于强极性溶剂，如苯酚、浓硫酸、甲酸、水合三氯乙醛等，耐霉菌、细菌和虫蛀。制备：将癸二酸和癸二胺以等摩尔比溶于乙醇中，在常压75℃下进行中和反应，生成尼龙1010盐；尼龙1010盐的反应釜中，在240～260℃、1.2～2.5 MPa下缩聚制得尼龙1010，其中缩可分成间歇法和连续法。亦可用精制的癸二胺与癸二酸的等摩尔比的水溶液直接缩聚而制得聚合物，然后冷却、造粒而得。用途：作为工程塑料可代替金属及有色金属制作各种机械零件、电机零件、高压密封圈等，例如用它注射的小模塑齿轮普遍用于仪器仪表、纺织、汽车印染等工业部门，还可作轴承保持架、轴套、汽车十字节衬套底盘、蜗杆、涡轮、高压阀衬垫、油箱衬里、输油管，亦可作电线电缆的保护层、医用薄膜、乳胶管等。制成鬃丝后可作工业滤布、筛网、毛刷。粉末尼龙1010主要用于金属表面的防腐、耐磨涂层，如机床导轨、车轴的修复、机车轴瓦的喷涂等。此外还可加入其他树脂中作改性剂。

聚酰胺1313（polyamide 1313） 俗称"尼龙1313"。CAS号26796-70-3。抗水性好，熔点低，韧性和耐磨性较好。制备：将芥酸进行臭氧分解、水解，成为十三烷二酸，然后将其一部分制成二元胺，并把二元酸和二元胺缩合聚合，即得到尼龙1313。用途：其模塑性能和挤塑性能佳，多作工程塑料。

聚呋喃二甲酰辛二胺（poly（octylene 2,5-furanamide）；PA8F） CAS号52734-88-0。耐化学腐蚀性能好，断裂强度高。制备：由呋喃二甲酸和辛二胺缩聚

得到。用途：制作密封膜。

聚对苯二甲酰对苯二胺（poly-p-phenylene terephthamide；PPTA） CAS号24938-64-5。不溶于大多数的有机和无机溶剂，其熔点高于降解温度。制备：将无水氯化钙与N-甲基吡咯烷酮（NMP）按质量比4～20：100的比例加入反应器中，再加入适量的对苯二胺（PPD），室温下搅拌30 min；反应器夹套通冷媒降温，使体系温度降到0～-15℃，加第一批对苯二甲酰氯（TPC），继续搅拌30分钟；再降温至0～-15℃，加入第二批TPC，快速搅拌，反应体系出现爬杆、凝胶，又被搅碎后，停止反应而制得。用途：制造各种耐冲击织物、复合材料、光纤电缆、机械橡胶制品、摩擦与密封件以及防护工作服等。

聚对苯二甲酰三甲基己二胺（polytrimethylhexamethylene terephthalamide；Trogamid-T） 透明性高，超过聚苯乙烯和聚碳酸酯，仅次于聚甲基丙烯酸甲酯。综合力学性能优良，耐热性能、电性能优良，对气体阻隔性好，除醇外，对无机酸、氧化酸、酮、脂肪烃、芳烃、卤代烃、去污剂、脂和油都具有化学惰性。制备：对苯二甲酸和三甲基己二胺缩聚得到。用途：制造体育用品、光学仪器部件、包装薄膜、电机部件、汽车部件、电子元器件等。

聚癸二酰对亚苯基二亚甲基胺（polyxylene sebacamide） 亦称"癸二酸对亚苯基二亚甲基胺共聚物"。CAS号31711-07-6。不吸水，化学惰性良好，机械性能优良。制备：由癸二酸和对亚苯基二亚甲基胺共聚物缩聚得到。用途：用于制造便携式电子器件部件，具有优良的电镀性能、尺寸稳定性和高机械强度的电镀树脂模塑制品，以及其他阻燃、耐候性佳的材料。

聚癸二酰间亚苯基二亚甲基胺（poly-m-xylene sebacamide） 亦称"癸二酸间亚苯基二亚甲基胺共聚物"。CAS号26402-88-0。性状类似聚癸二酰对亚苯基二亚甲基胺。制备：由癸二酸和间亚苯基二亚甲基胺共聚物缩聚得到。用途：用在半芳香族聚酰胺和脂肪族聚酰胺的混合物中，以改善其机械性能。

聚氨基双马来酰亚胺（polyamino bismaleimide）耐热性能高，在高温下仍保持力学性能，是良好的绝缘材料，电性能良好，磨耗和摩擦系数小，耐化学品和辐射性能优良。制备：马来酸与4,4'-二氨基二苯基甲烷（MDA）在氯

仿和二甲基甲酰胺（DMF）存在下，反应生成双马来酰亚胺，经加热或化学转换、脱水或脱醋酸环化，制取双马来酰亚胺（BMI）。然后，BMI 和 4,4′-二氨基二苯基甲烷加成反应制备而成聚氨基双马来酰亚胺。应用：在汽车领域，可用于发动机零件、齿轮箱、车轮、发动机部件、悬架干轴衬、轴杆、液力循环路线和电气零件等；在电气领域，可用于电子计算机印刷基板、耐热仪表板、二极管、半导体开关元件外壳、底板和接插件等；在航空航天领域，可用于喷气发动机的管套、导弹壳体等；在机械领域，可用以制作齿轮、轴承、轴承保持架、插口、推进器、压缩环和垫片等；在其他领域中还可用以制作原子能机器零件、砂轮黏合剂等。

聚间苯二甲酰-4,4′-二氨基二苯砜（poly(sulfonyl-1,4-phenyleneiminocarbonyl-1,3-phenylenecarbonylimino-1,4-phenylene)）

CAS 号 26100-95-8。白色聚合物。只溶于浓硫酸及 DMF、NMP 等强极性非质子性溶剂。制备：由间苯二甲酰氯和 4,4′-二氨基二苯砜缩聚得到。用途：用于制作阻燃纤维。

己内酰胺/癸二酰癸二胺共聚物（nylon-6,1010 copolymer） 俗称"尼龙 6/1010 共聚树脂"。白色或微黄色颗粒。与单一尼龙比，具有低熔点、结晶度低、富有弹性的特点。制备：将己内酰胺、尼龙 1010 盐按一定比例投入高压釜，进行共聚制得。用途：做输油耐压的尼龙软管和电缆尼龙护套；与橡胶类聚合物或聚氯乙烯共混改性，制成耐磨、耐油、耐压密封垫圈等。

三元共聚尼龙 6/66/1010（nylon-6,66,1010 terpolymer） 三元共聚物。熔点低，结晶度也低，具有弹性。根据配比不同，所得制品性能亦不同。制备：将尼龙 6、尼龙 66 和尼龙 1010 的单体，按比例配备，投入反应釜进行高压缩聚而得。用途：主要用于制胶、涂料等。

聚酰胺固化剂（polyamide hardener） 棕黄色黏稠液体。挥发性小，毒性较低，对各种材料的粘接性良好。制备：通常由低分子量聚脂肪酸和脂肪胺缩合而成。用途：用于环氧树脂的固化。

二聚酸聚酰胺树脂（dimer acid-based (DAB) polyamide resins） 亦称"非尼龙型聚酰胺树脂"。常温下是固体。结晶性低，软化点和转变温度低。具有热塑性和极好的粘接性。可按其性质分成非反应性和反应性聚酰胺。制备：由二聚酸和二元胺或多元胺进行缩聚反应得到。用途：非反应性聚酰胺主要用于生产油墨、热熔性粘接剂和涂料；反应性聚酰胺常用于环氧树脂固化剂和用于热固性表面涂料、粘接剂、内衬材料及罐封、模铸

树脂，也可作为金属的边缝粘接剂以及塑料、汽车车身的焊接剂和堵缝剂，还可作为金属-金属粘联的结构粘接剂。

丙烯酸及其酯类聚合物

聚甲基丙烯酸（polymethacrylic acid；PMAA） CAS 号 25087-26-7。透明或白色固体。易碎，溶于水，易溶于乙二醇乙醚、二甲基甲酰胺、甲醇和乙醇，不溶于丙酮和乙醚。制备：首先由丙酮和氰化氢的加成中间产物 2-甲基羟基丙腈水解，或由 2-氰代丙醇与硫酸作用，再经水解制成甲基丙烯酸；然后使甲基丙烯酸在引发剂存在下聚合。按生产方式可分为乳液聚合、悬浮聚合、本体聚合及溶剂聚合。用途：在纺织工业中用作纤维纺织过程中的保护用胶黏剂，也可用于丝网印刷油墨及塑料、金属、船舶、纸张、木材、涂料中，与二乙烯基苯的共聚物可用作离子交换树脂。

聚甲基丙烯酸甲酯（polymethyl methacrylate；PMMA） CAS 号 9011-14-7。透明固体。密度约 1.18 g/cm^3，热变形温度约 $80℃$，玻璃化转变温度约 $105℃$。不溶于水，溶解于四氯化碳、苯、甲基二氯乙烷、三氯甲烷和丙酮等有机溶剂。具有较高透明度和光亮度，耐热性好，并有坚韧、质硬、刚性等特点。制备：采用乳液聚合、本体聚合和溶液聚合方法得到，经常与其他单体共同制备无规或嵌段共聚物。例如，以过氧化二苯甲酰为引发剂，加入甲基丙烯酸甲酯进行本体聚合制得；或者以水溶性过硫酸钾或过硫酸铵等为引发剂进行乳液聚合制得。用途：在建筑方面，由聚甲基丙烯酸甲酯制备的有机玻璃（亚克力）主要应用于建筑采光体、透明屋顶、棚顶、电话亭、广告灯箱、楼梯和房间墙壁护板等方面；在卫生洁具方面，主要用于浴缸、洗脸盆、化妆台等产品；此外，还用于高速公路和高等级道路照明灯罩及汽车灯具等方面。

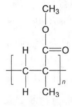

聚甲基丙烯酸乙酯（polyethyl methacrylate；PEMA） CAS 号 197098-43-4。白色或淡黄色粉末。密度 $1.1 \sim 1.2 \text{ g/cm}^3$，玻璃化转变温度 $63 \sim 66℃$，闪点约 $304℃$，本体黏度约 0.80 dL/g。不溶于水，均聚物外观和聚甲基丙烯酸甲酯相同，但机械性能差，玻璃化转变温度低，故通常不制取其本体均聚物。制备：常采用乳液聚合和溶液聚合方法得到，经常与其他单体共同制备无规或嵌段共聚物。用途：主要用于与其他丙烯酸系单体进行共聚，改善聚合物的使用性能。

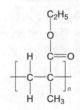

聚甲基丙烯酸正丙酯（polypropyl methacrylate；

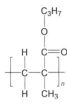

PPMA）　CAS 号 25609-74-9。玻璃化转变温度约 33℃。制备：常采用乳液聚合和溶液聚合方法得到，经常与其他单体共同制备无规或嵌段共聚物。用途：主要用于与其他丙烯酸系单体进行共聚，改善聚合物的使用性能，均聚物应用很少。

聚甲基丙烯酸正丁酯（polybutyl methacrylate；PBMA）　CAS 号 9003-63-8。玻璃化转变温度约 20℃。制备：通常采用乳液聚合和溶液聚合方法得到，常与其他单体共同制备无规或嵌段共聚物。用途：主要用于与其他丙烯酸系单体进行共聚，改善聚合物的使用性能，均聚物应用很少。

聚甲基丙烯酸异丁酯（poly*iso*butyl methacrylate；P*i*BMA）　CAS 号 9011-15-8。无色透明晶体。不溶于水和乙醇。密度 0.894～1.09 g/cm³。玻璃化转变温度约 53℃。制备：常采用乳液聚合和溶液聚合方法得到，经常与其他单体共同制备无规或嵌段共聚物。用途：主要用作塑料涂层、气雾漆、底漆和印刷油墨中的黏合剂，在电视机中用作电子束有机膜。

聚甲基丙烯酸正己酯（polyhexyl methacrylate；PHMA）　CAS 号 25087-17-6。玻璃化转变温度约-5℃。制备：常采用乳液聚合和溶液聚合方法得到，经常与其他单体共同制备无规或嵌段共聚物。例如，以过硫酸盐为引发剂，十二烷基苯磺酸钠为乳化剂，水为介质，使甲基丙烯酸正己酯单体进行乳液聚合，反应温度 50～60℃，反应时间 3 小时。用途：主要用于与其他丙烯酸系单体进行共聚，降低聚合物的玻璃化温度，均聚物应用很少。

聚甲基丙烯酸正辛酯（polyoctyl methacrylate；PAMOE）　CAS 号 25087-18-7。玻璃化转变温度约-20℃。制备：通常采用乳液聚合和溶液聚合方法得到，经常与其他单体共同制备无规或嵌段共聚物。用途：用作毛细管液相色谱整体柱。

聚甲基丙烯酸羟乙酯（poly2-hydroxyethyl methacrylate；PHEMA）　CAS 号 25249-16-5。玻璃化转变温度约 55℃。制备：常采用乳液聚合和溶液聚合方法得到，经常与其他单体共同制备无规或嵌段共聚物。例如，将甲基丙烯酸羟乙酯、偶氮二异丁腈加入盛有二甲基亚砜的三口烧瓶中，通氮气保护，烧瓶上方加冷凝管并通冷却水冷

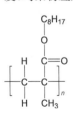

却，磁力搅拌（400 rpm）及 50℃下反应 9 小时，即可得到产物。用途：主要用作隐形眼镜的基材以及人工角膜的光学中心材料。

聚甲基丙烯酸羟丙酯（poly2-hydroxypropyl methacrylate；PHPMA）　CAS 号 25703-79-1。玻璃化转变温度约 26℃。制备：常采用乳液聚合和溶液聚合方法得到，经常与其他单体共同制备无规或嵌段共聚物。用途：可用于制作美瞳材料。

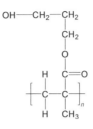

聚甲基丙烯酸缩水甘油酯（polyglycidyl methacrylate；PGMA）　CAS 号 25067-05-4。密度约 0.805 g/cm³，熔点 274～280℃，玻璃化转变温度约 46℃。制备：常采用沉淀聚合得到其均聚物，也可加入其他丙烯酸酯类单体进行共聚。用途：用于印染、粉末涂料、热固性涂料、纤维处理剂、黏合剂、抗静电剂、氯乙烯稳定剂、橡胶和树脂改性剂、离子交换树脂和印刷油墨黏合剂等，提高产品的耐水性、成膜性、粘接性、耐溶剂性；交联的聚甲基丙烯酸缩水甘油酯共聚物多孔交换树脂可用作色谱柱材料，与 N-甲基甘氨酸或 N-苯基甘氨酸的加成物可用于医用牙齿粘接剂。

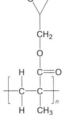

聚甲基丙烯酸环己酯（polycyclohexyl methacrylate；PCHMA）　CAS 号 25768-50-7。制备：常采用乳液聚合和溶液聚合方法得到，经常与其他单体共同制备无规或嵌段共聚物。用途：用作各种共聚合反应以及用作特种涂料的功能组分，降低树脂黏度及增加涂料光泽。

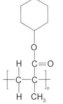

聚甲基丙烯酸异冰片酯（poly*iso*bornyl 2-methyl-2-propenoate）　CAS 号 28854-39-9。制备：常采用乳液聚合和溶液聚合方法得到，经常与其他单体共同制备无规或嵌段共聚物。例如，以甲苯为溶剂，过氧化二苯甲酰为引发剂，在反应釜中搅拌升温至回流温度，并在回流状态下滴加单体，充分反应可得产物。用途：用作高耐醇性及耐擦洗性的塑胶涂料，可以增加涂料漆膜的硬度和韧性。

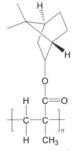

聚甲基丙烯酸二甲胺基乙酯（poly（2-dimethylaminoethyl methacrylate）；PDMAEMA）　玻璃化转变温度约 18℃。具有温度和 pH 敏感性。制备：常采用乳液聚合和溶液聚合方法得到，经常与其他单体共同制备无规或嵌段共聚物。用途：作为一种新型的智能水凝胶，属于阳离子聚合物，在较低的 pH 时（pH 3～5）处于

溶胀态,可作为缓释材料在一些特殊条件下应用。

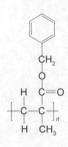

聚甲基丙烯酸二乙胺基乙酯(poly(2-diethylaminoethyl methacrylate);PDEAEMA) 具有温度和 pH 敏感性。与 DNA 的结合能力较强,可在不同细胞中起媒介传递作用,具有生物相容性、抗凝血功能。制备:常采用乳液聚合和溶液聚合方法得到,经常与其他单体共同制备无规或嵌段共聚物。例如,将安息香乙醚溶于无水乙醇和水的混合溶剂中,随后加入甲基丙烯酸二乙胺基乙酯单体,用浓盐酸调节溶液的 pH 1.5~2.0;通氮气 30 分钟后,密封玻璃管,常温下用紫外光灯引发聚合 30 分钟;将所得聚合物溶液先用 2 mol/L 的NaOH 溶液调节至 pH 9~10,然后加热至60℃使聚合产物沉淀出来。用途:在生物医学材料领域有广泛的应用前景,如药物控制释放、人造皮肤、牙用黏合材料、接触镜片、透析膜及抗凝血材料等。

聚甲基丙烯酸十二碳酯(polylauryl methacrylate;PLMA) CAS 号 25719-52-2。制备:常采用乳液聚合和溶液聚合方法得到,经常与其他单体共同制备无规或嵌段共聚物。例如,将单体甲基丙烯酸十二碳酯、二乙烯基苯溶于 N,N-二甲基甲酰胺中,将引发剂偶氮二异丁腈溶于无水乙醇并在搅拌下滴加入上述溶液中,然后在氮气气氛中升温到 80℃反应 6 小时,反应结束后,将样品冷却至室温,分别用无水乙醇和蒸馏水依次洗涤 3 次,然后进行干燥得到聚甲基丙烯酸十二碳酯。用途:用于制备色谱整体柱和吸油材料。

聚甲基丙烯酸十八碳酯(polyoctadecyl methacrylate;POMA) CAS 号 25639-21-8。制备:常采用乳液聚合和溶液聚合方法得到,经常与其他单体共同制备无规或嵌段共聚物。用途:用于毛细管色谱柱。

聚甲基丙烯酸苄酯(polybenzyl methacrylate;PBzMA) CAS 号 25085-83-0。制备:常采用乳液聚合和溶液聚合方法得到,常与其他单体共同制备无规或嵌段共聚物。例如,将少量单体甲基丙烯酸苄酯、乳化剂十二烷基硫酸钠、正戊醇和去离子水制备的预微乳液加入三口反应瓶中,然后将溶于去离子水中的过硫酸铵加入反应瓶中引发聚合反应,随后在一定的时间内滴加剩余的甲基丙烯酸苄酯单体到聚合体系中;温度维持在 70±2℃,单体滴加完后,继续搅拌 2 小时使单体反应完全。用途:用于制备光波导器件等。

聚甲基丙烯酸双环戊烯氧基乙酯(poly(dicyclo-pentenyl oxyethyl methacrylate);PDPOMA) 制备:常采用乳液聚合和溶液聚合方法得到,经常与其他单体共同制备无规或嵌段共聚物。例如,在甲基丙烯酸双环戊烯氧基乙酯单体中加入钴盐、高活性干性油脂肪酸、络合剂丁酮肟、少量氢醌单甲醚或哌啶氮氧自由基进行乳液聚合。用途:用于各类聚合物膜材料等。

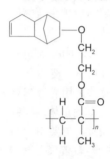

聚甲基丙烯酸双环戊烯基酯(polydicyclopentenyl methacrylate;PDCPMA) 无色无味透明固体。具有较高耐热性和硬度,低表面张力和低吸水率,透光率约为 87%,折射率 1.540 5,质地较脆。制备:常采用乳液聚合和溶液聚合方法得到,常与其他单体共同制备无规或嵌段共聚物。例如,使用二苯酮与 UV 光引发体系可使甲基丙烯酸双环戊烯基酯在空气中快速固化;用烃基过氧化氢-环烷酸钴的氧化还原体系,可在空气中自动固化或在空气中加热快速聚合,聚合物可在聚合前交联,也可在聚合后交联。用途:用于光固化涂料、聚合物复合材料(混凝土、木材强化剂等)、耐磨光学器件、接枝共聚物的合成等。

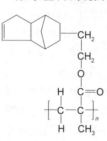

聚甲基丙烯酸四氢呋喃酯(polytetrahydrofurfuryl methacrylate;PTHFMA) 制备:常采用乳液聚合和溶液聚合方法得到,经常与其他单体共同制备无规或嵌段共聚物。例如,用自由基溶液聚合法,将四口烧瓶置于恒温水浴锅中,加入溶剂 N,N-二甲基甲酰胺、引发剂过氧化二苯甲酰,搅拌并加热,滴加单体甲基丙烯酸四氢呋喃酯,滴加完毕后继续保温 2 小时即得到聚合物。用途:用于软骨组织修复、牙齿修复、电泳涂料、胶黏剂等。

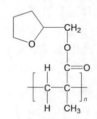

聚甲基丙烯酸三氟乙酯(polytrifluoroethyl methacrylate) 制备:常采用乳液聚合和溶液聚合方法得到,经常与其他单体共同制备无规或嵌段共聚物。例如,将配有磁力转子的聚合反应瓶抽排、烘烤、充氮三次后,依次加入精制的四氢呋喃、定量的二苯基磷锂和硫氰酸亚铜,然后加入单体甲基丙烯酸三氟乙酯,反应 40 分钟后用少量甲醇中止即得到聚合物。用途:用于织物整理、防腐抗污涂料、微晶

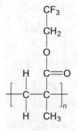

蚀刻抗蚀剂、文物保护和塑料光纤领域等。

聚甲基丙烯酸叔丁酯（poly*tert*-butyl methacrylate）

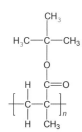

CAS 号 25189-00-8。制备：常采用乳液聚合和溶液聚合方法得到，经常与其他单体共同制备无规或嵌段共聚物。例如，以对氯甲基苯乙烯或 α-溴代丙酸乙酯为引发剂，联二吡啶或 *N*，*N*，*N′*，*N″*，*N″*-五甲基二亚乙基三胺为配体，在氯化亚铜的催化下，加入预定量的甲基丙烯酸叔丁酯单体，充分混合，经三次冷冻/解冻循环脱除氧气；持续通入高纯氮气 30 分钟后密封，在 85℃ 油浴中反应至预定时间即得到聚合物。用途：用于制备羟基功能化微球、表面活性剂等。

聚甲基丙烯酸单甲氧基聚乙二醇酯（polyethylene glycol methyl ether methacrylate；PMPEGMA）

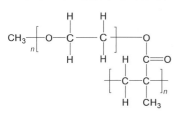

制备：常采用乳液聚合和溶液聚合方法得到，常与其他单体共同制备无规或嵌段共聚物。例如，把甲基丙烯酸单甲氧基聚乙二醇酯单体缓慢滴加到乳化剂 DNS-86 的水溶液中，在室温下用高速分散均质机乳化 6 分钟左右，制得预乳化液；然后，向装有温度计、搅拌器、冷凝管和恒压滴液漏斗的四口烧瓶中加入部分去离子水，待升温至 80℃ 后，同时滴加预乳化液和引发剂过硫酸钾水溶液，滴加完成后保温 1 小时，冷却至室温即得到聚合物。用途：用于对乙烯类共聚物的改性等。

聚丙烯酸 2-羟乙基甲基磷酸酯（poly2-hydroxyethyl methacrylate phosphate；PHEMAP）

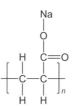

制备：常采用乳液聚合和溶液聚合方法得到，常与其他单体共同制备无规或嵌段共聚物。例如，在装有搅拌器、恒压滴液漏斗的四口烧瓶中，加入一定量的去离子水，待温度升至 65℃ 时加入过氧化氢水溶液，搅拌 10 分钟后，滴加巯基乙酸和抗坏血酸的混合水溶液，待链转移剂和引发剂的混合物滴加 10 分钟左右，开始滴加丙烯酸 2-羟乙基甲基磷酸酯的水溶液，滴加完之后恒温反应 2 小时，冷却至室温后用 30% 的 NaOH 水溶液调节至 pH 6～7，得到聚合物。用途：用于工业减水剂的制备等。

聚丙烯酸（polyacrylic acid；PAA） CAS 号 9003-01-4。无色固体。能与金属离子（如钙、镁等）形成稳定的化合物，对水中碳酸钙和氢氧化钙有优良的分解作用；用

于水处理的聚合物分子量一般在 2 000～5 000，可与水互溶；呈弱酸性，pK_a 为 4.75，在 300℃ 以上易分解。制备：常用溶液聚合方法得到，常与其他单体共同制备无规或嵌段共聚物。例如，聚丙烯酸可由聚丙烯腈或聚丙烯酸酯在 100℃ 左右的温度下进行酸性水解，或用硫酸钠水溶液组成的氧化/还原系统作为引发剂引发丙烯酸的聚合方法来制取聚丙烯酸。用途：用于制备聚丙烯酸钠高吸水性树脂等。

聚丙烯酸钠（polyacrylate sodium；PAAS） CAS 号 9003-04-7。聚合物相对分子量范围广，可达几百到几千万，随分子量由小到大其表观可呈黏稠液体、凝胶、粉末、颗粒及块状固体。通常呈白色或浅黄色。密度 1.32 g/cm³。能溶于水、甘油、丙二醇等介质中。制备：常采用乳液聚合和溶液聚合方法得到，常与其他单体共同制备无规或嵌段共聚物。例如，将丙烯酸单体在引发剂和链转移剂存在下进行溶液聚合，溶剂可以是水，也可以是二氧六环，反应结束后用氢氧化钠中和即可得到产物，通过控制反应温度、引发剂和链转移剂的种类和用量、单体浓度、反应时间和加料方式等可得不同分子量的聚合物。用途：用于食品增稠剂及高分子凝聚剂，也可在造纸、纺织、涂料、印染行业中作为分散剂，在水处理应用中作为絮凝剂等。

聚丙烯酸甲酯（polymethyl acrylate；PMA） CAS 号 9003-21-8。室温下呈乳白色透明橡胶态黏稠液体。具有很好的黏结性和弹性，但弹性较差。密度 1.22 g/cm³，软化点为 6℃。可溶于丙酮、二氯甲烷、二甲苯，不溶于乙醇、甲苯、四氯化碳及饱和烃，其溶解度随分子量增大而降低。制备：常采用乳液聚合和溶液聚合方法得到，常与其他单体共同制备无规或嵌段共聚物。例如，在溶液聚合中，采用可溶性过氧化物和偶氮类化合物引发剂存在下，通过控制反应温度和投料比控制产物分子量；在乳液聚合中采用阴离子型乳化剂，硫酸铵、过硫酸钾或过硫酸钠等作为引发剂进行聚合。用途：用于制备丙烯酸酯型橡胶、复合玻璃透明夹层等；在飞机座舱罩、挡风玻璃及仪器仪表中有较广泛的应用；也可用于织物、皮革、纸张处理剂，胶黏剂，建筑用乳胶漆等，还可以用作锂电池的电解液。

聚丙烯酸乙酯（polyethyl acrylate；PEA） CAS 号 9003-32-1。常温下呈无色透明橡胶态。密度 1.12 g/cm³，玻璃化转变温度-21℃。可溶于丙酮、二氯甲烷、甲苯和二甲苯中，其溶解度随分子量增大而降低。制备：常采用乳液聚合和溶液

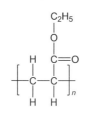

聚合方法得到,常与其他单体共同制备无规或嵌段共聚物。用途:可用于制备丙烯酸酯橡胶,用作织物和皮革处理剂,也作为共聚单体对其他聚合物体系进行改性。

聚丙烯酸异丙酯(polyisopropyl acrylate; PiPA)

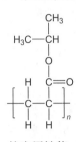

CAS号 26124-32-3。密度约为 1.07～1.12 g/cm³,玻璃化转变温度-3℃,闪点40℃。溶于四氢呋喃及芳香烷烃、醚类和酮类溶剂。制备:常采用乳液聚合和溶液聚合方法得到,常与其他单体共同制备无规或嵌段共聚物。用途:主要用于与其他丙烯酸系单体进行共聚,用于改善共聚物的应用性能,均聚物应用很少。

聚丙烯酸正丁酯(polyn-butyl acrylate; PnBA)

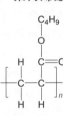

CAS号9003-49-0。常温下呈无色橡胶态,严重发黏。密度约 1.08 g/cm³,玻璃化转变温度-55～-49℃。可溶于丙酮、二氯甲烷、甲苯和二甲苯中,其溶解度随分子量增大而降低。制备:常采用乳液聚合和溶液聚合方法得到,常与其他单体共同制备无规或嵌段共聚物。用途:常用于制备丙烯酸酯橡胶,可作为织物和皮革处理剂改善产品的柔软度和手感,提高织物皮革制品的耐寒性,也常作为共聚单体用以对其他聚合物体系进行改性。

聚丙烯酸正辛酯(polyn-octyl acrylate; PnOA)

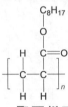

玻璃化转变温度-15℃。制备:常采用乳液聚合和溶液聚合方法得到,经常与其他单体共同制备无规或嵌段共聚物。用途:用于降凝剂。

聚丙烯酸羟乙酯(poly2-hydroxyethyl acrylate; PHEA)

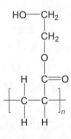

玻璃化转变温度-15℃。制备:常采用乳液聚合和溶液聚合方法得到,常与其他单体共同制备无规或嵌段共聚物。例如,以过硫酸钾和亚硫酸氢钠为复合引发剂,采用水溶液自由基聚合法可合成聚丙烯酸羟乙酯。用途:用于合成医用高分子材料等。

聚丙烯酸十二碳酯(polydodecylacrylate)

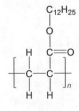

制备:常采用乳液聚合和溶液聚合方法得到,常与其他单体共同制备无规或嵌段共聚物。例如,将单体丙烯酸十二碳酯溶于甲苯,加入引发剂过氧化苯甲酰,在氩气保护下于75℃反应24小时制备得到聚合物。用途:用于石蜡基础液等。

聚丙烯酸十八碳酯(polyoctadecyl acrylate; POA)　CAS号 25986-77-0。制备:常采用乳液聚合和

溶液聚合方法得到,常与其他单体共同制备无规或嵌段共聚物。用途:用于制备涂层剂等。

聚丙烯酸双环戊烯基酯(polydicyclopentenyl acrylate; PDCPA)　制备:常采用乳液聚合和溶液聚合方法得到,常与其他单体共同制备无规或嵌段共聚物。

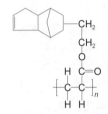

例如,使用过氧化苯甲酰或偶氮二异丁腈为引发剂,在氮气保护下于60℃左右进行本体聚合、悬浮聚合或溶液聚合。用途:用于制备透明材料、光学镜头等。

聚丙烯酸四氢呋喃酯(polytetrahydrofurfuryl acrylate; PTHFA)　制备:常采用乳液聚合和溶液聚合方法得到,常与其他单体共同制备无规或嵌段共聚物。

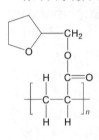

例如,将丙烯酸四氢呋喃酯单体和偶氮二异丁腈引发剂溶于甲醇中,加入三口烧瓶,通入氮气 5 分钟,除氧后密封;升温至70℃,保温反应 20 小时后即得到聚合物。用途:用于光致抗蚀剂。

聚丙烯酸叔丁酯(polytert-butyl acrylate; PtBA)　黏结性强,透明度高。制备:常采用乳液聚合或溶液聚合方法得到,常与其他单体共同制备无规或嵌段共聚物。

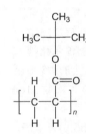

例如,以丙烯酸叔丁酯为单体,苯胺与二苯甲酮络合物为引发剂,四氢呋喃为溶剂,在紫外光照射下通过电荷转移聚合可合成聚丙烯酸叔丁酯。用途:用于涂料、合成纤维、合成橡胶、塑料、黏合剂等。

聚丙烯酸单甲氧基聚乙二醇酯(polyethylene glycol methyl ether acrylate; PEGMEA)　制备:通常采用乳液聚合和溶液聚合方法得到,常与其他单体共同制备无规或嵌段共聚物。用

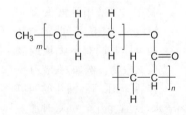

途:用于减水剂等。

聚丙烯酸 2-羟乙酯磷酸酯(poly2-hydroxyethyl acrylate phosphate; PHEAP)　制备:常采用乳液聚合和溶液聚合方法得到,常与其他单体共同制备无规或嵌段共聚物。例如,在装有搅拌器、恒压滴液漏斗的四口烧瓶中,加入

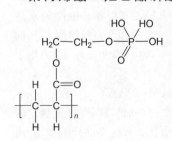

一定量的去离子水,待温度升至65℃时加入过氧化氢水溶液,搅拌10分钟后,滴加巯基乙醇和抗坏血酸的混合水溶液,待链转移剂和引发剂的混合物滴加10分钟左右,开始滴加单体水溶液,滴加完之后恒温反应2小时,冷却至室温用30％的NaOH水溶液调节其至pH 6～7,即可得到聚合物。用途:用作减水剂等。

聚丙烯酸缩水甘油酯(polyglycidyl acrylate;PGA) 制备:常采用乳液聚合和溶液聚合方法得到,常与其他单体共同制备无规或嵌段共聚物。用途:用于聚合物改性及粉末涂料等。

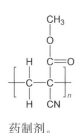

聚氰基丙烯酸甲酯(polymethyl-2-cyanoacrylate;PMCA) 制备:常采用乳液聚合和溶液聚合方法得到。例如,在酸性介质中加入1％的Dextran表面活性剂,然后将氰基丙烯酸酯单体滴加到混合溶液中,在磁力搅拌的作用下反应3小时,然后用NaOH水溶液调节至中性,即得到乳白色的悬浮液,并在真空下将其干燥。用途:用于纳米药物载体以及被动靶向释药制剂。

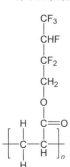

聚丙烯酸六氟丁酯(polyhexafluorobutyl acrylate;PHFA) 制备:常采用乳液聚合和溶液聚合方法得到,常与其他单体共同制备无规或嵌段共聚物。例如,将丙烯酸六氟丁酯、丙酮和乳化剂一起加入单口烧瓶中升温至50℃并预乳化30分钟,升温至70℃后,加入引发剂过硫酸铵聚合得到聚合物。用途:用于拒水拒油剂等。

聚丙烯酰胺(polyacrylamide;PAM) CAS号9003-05-8。聚合物呈白色颗粒、粉末或乳液形态。密度1.302 g/cm³,玻璃化转变温度为165～204℃。能溶于水,微溶于乙二醇、甘油、甲酰胺、乳酸和丙烯酸等;聚丙烯酰胺无毒,但其单体有毒。制备:通过乳液聚合、悬浮聚合、溶液聚合等多种聚合方式进行制备。用途:可作为润滑剂、悬浮剂、黏土稳定剂、驱油剂、降失水剂和增稠剂,在钻井、酸化、压裂、堵水、固井及二次采油、三次采油中得到广泛应用,是一种极为重要的油田化学品。聚丙烯酰胺的主链上带有大量的酰胺基,化学活性很高,也可以改性制取多种衍生物应用于造纸、选矿、采油、冶金、建材、污水处理等行业。

聚 N-异丙基丙烯酰胺(poly N-isopropyl acrylamide;PNIPAM) CAS号25189-55-3。溶于水、四氢呋喃、二氯甲烷和N,N-二甲基甲酰胺,微溶于石油醚,不溶于乙醚;具有温敏性,其水溶液升温至约33℃时发生相变,由均相体系转变成非均相体系,化学交联的聚N-异丙基丙烯酰胺水凝胶当升温至约32℃时体积会发生骤缩。制备:以N-异丙基丙烯酰胺为单体,通过沉淀聚合或溶液聚合来制备聚合物。用途:以聚N-异丙基丙烯酰胺为代表的温敏性高分子材料在药物控释、生化分离以及化学传感器等方面得到广泛应用。

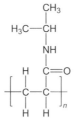

聚 N,N-二乙基丙烯酰胺(poly N,N-diethylacrylamide) 制备:用甲醇作溶剂,偶氮二异丁腈为引发剂,在氮气保护下于60℃搅拌30分钟,然后在60℃的恒温水浴中反应10小时,产物用丙酮溶解,正己烷沉淀,干燥即得聚N,N-二乙基丙烯酰胺聚合物。用途:用于装饰材料、药物释放材料、遮光体、净化剂以及食品添加剂等。

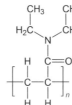

聚 2-丙烯酰胺基-2-甲基丙磺酸(poly2-acrylamido-2-methyl propane sulfonic acid;PAMPS) 制备:将2-丙烯酰胺基-2-甲基丙磺酸单体置于装有温度计和回流冷凝管的四口反应烧瓶中,加入蒸馏水,升温至80℃并搅拌溶解;加入叔丁醇(6％～12％)水溶液,通氮气搅拌1小时除去体系的氧气;通过恒压滴液漏斗缓慢滴加过硫酸铵(6％～12％)水溶液,滴加完毕后保温2.5小时,即可得到聚2-丙烯酰胺基-2-甲基丙磺酸聚合物。用途:用于油井水泥外加剂、钻井液处理剂、酸化剂、压裂液、完井液和修井液的添加剂等。

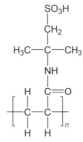

聚 氨 酯

聚氨酯(polyurethane;PU) CAS号51852-81-4。结构式中R、R′分别代表柔性聚醚链段或聚酯链段。具有较高的机械强度和氧化稳定性,较高的柔曲性和回弹性,优良的耐油性、耐溶剂性、耐水性和耐火性。制备:由多异氰酸酯和聚醚多元醇或聚酯多元醇或/及小分子多元醇、多元胺或水等扩链剂或交联剂通过逐步聚合制备。按有无溶剂可分为无溶剂的本体聚合法和有溶剂的溶液聚合法,本体聚合按反应步骤又可分为一步法和预聚体法,前者是将低聚物二元醇、二异氰酸酯和扩链剂同时混合生成,后者是将低聚物二元醇和二异氰酸酯先反应,在少量催化剂条件下与干燥的扩链剂合成。按反应过程的连续性可分为间歇法和连续法。用途:主要用作聚氨酯合成革、聚氨酯泡沫塑料、聚氨酯涂料、聚氨酯黏合剂、聚氨酯橡胶(弹性体)和聚氨酯纤维等;此外,聚氨酯还被用于土建、地质钻探、采矿和石油工程中,起到堵水、稳固建筑物或路基的作用;作为铺面材料,用于运动场的跑道、建筑物的室内地板等。

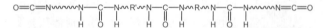

热塑性聚氨酯（thermoplastic polyurethane elastomer；TPU） 亦称"热塑性聚氨酯橡胶""聚氨酯弹性体"。（AB）$_n$ 型嵌段线性聚合物,A 为高分子量(1 000～6 000)的聚酯或聚醚,B 为含 2～12 直链碳原子的二醇,AB 链段间化学结构是二异氰酸酯;热塑性聚氨酯橡胶靠分子间氢键交联或大分子链间轻度交联,随着温度的升高或降低,这两种交联结构具有可逆性,是一类加热可以塑化、溶剂可以溶解的弹性体;具有高模量、高强度、优良的耐磨性、耐化学品、耐水解性、耐高低温和耐霉菌性,在潮湿环境中聚醚型酯水解稳定性远超过聚酯型。制备:同聚氨酯。用途:应用于鞋材、电缆、服装、汽车、医药卫生、管材、薄膜和片材等许多领域。

聚异氰脲酸酯（polyisocyanurate；PIR） 亦称"聚异三聚氰酸酯泡沫""三聚酯"。结构式中 R 为制备过程中添加多元醇的骨架结构。表观密度大于 45 kg/m³。聚异氰脲酸酯分子结构稳定性高,具有优良耐热性、耐寒性及阻燃性。制备:通过异氰酸酯自身发生三聚反应完成。

用途:聚异氰脲酸酯可预制成型,也可现场浇注成型;可用于使用温度- 196～120℃范围、有绝热需求的各种管道和设备,以及建筑物;也广泛应用于炼油厂、化工厂、化肥厂等管道的深冷绝热工程和建筑业绝热保温以及集中供热供水管道的保温工程等。

聚醚聚氨酯（polyether polyurethane） 密度 1.10～1.25 g/cm³,玻璃化转变温度 100.6～106.1℃,脆性温度低于- 62℃。聚醚聚氨酯材料低温柔顺性能好,耐水解性能优良,虽然机械性能不如聚酯型聚氨酯,但原料体系黏度低,易与异氰酸酯、助剂等组分互溶,加工性能优良。制备:同聚氨酯,主要是以二异氰酸酯和端羟基聚醚为原料制备。用途:聚醚型聚氨酯作为温感减压材质的民用产品,用在高级航空、医疗和高级酒店等。

聚酯聚氨酯（polyester polyurethane） 密度 1.10～1.25 g/cm³,玻璃化转变温度 108.9～122.8℃,脆性温度低于- 62℃。是配制涂料最早使用的树脂,所用二元酸有己二酸、苯酐、间苯二甲酸、对苯二甲酸等,多元醇主要采用三羟甲基丙烷、新戊二醇、一缩乙二醇、1,3-丁二醇等,形成的漆膜耐候性好,耐溶剂、耐热性亦好。制备:同聚氨酯,主要是将含羟基的聚酯作为羟基组分,再与二异氰酸酯或多异氰酸酯通过逐步聚合得到的一类高分子化合物。用途:同常规聚氨酯的应用范围。

聚氨酯泡沫（polyurethane foam） 具有多孔性的高分子聚合物。相对密度小,比强度高。软泡为开孔结构,硬泡为闭孔结构。制备:主要原料为异氰酸酯和聚醚或聚酯,聚氨酯硬质泡沫是在发泡剂、催化剂、阻燃剂等多种助剂的作用下,通过专用设备混合,经高压喷涂现场发泡而成;制备软泡的方法有添加物理发泡剂、降低异氰酸酯指数、使用结构特殊的多元醇及聚氨酯泡沫配方中添加软化剂等。用途:硬泡主要用于绝热保温,包括冷藏冷冻设备及冷库、绝热板材、墙体和管道保温、储罐绝热和单组分泡沫填缝材料等;软泡主要应用于家具、床具及其他家用品等。

聚氨酯胶黏剂（polyurethane adhesives） 具备优异的抗剪切强度和抗冲击特性,同时具备优异的柔韧特性、橡胶特性,能适应不同热膨胀系数基材的黏合,不仅粘接力强,同时还具有优异的缓冲、减震功能。制备:同聚氨酯。用途:常用于复合材料与金属框架之间的胶黏剂、汽车的粘接缝、玻璃纤维增强塑料与金属粘接等。

超支化聚氨酯（hyperbranched polyurethane；HBPU） 经固化后玻璃化转变温度可达 160℃,分解温度可达 300℃。超支化聚氨酯较线形聚氨酯黏度更低,溶解度更高,耐热性更好,使用温度范围更广。制备:同聚氨酯,主要通过 AB$_2$ 型单体或 A$_2$ 和 B$_3$ 型单体的缩聚合成。用途:广泛应用于涂料、形状记忆材料、复合材料等领域。

水性聚氨酯（water polyurethane） 亦称"水分散聚氨酯""水系聚氨酯""水基聚氨酯"。以水代替有机溶剂作为分散介质的新型聚氨酯体系。以水为溶剂,无污染、安全可靠、机械性能优良、相容性好、易于改性。制备:通常分为外乳化法和内乳化法两种,前者采用外加乳化剂,在强剪切力作用下强制性地将聚氨酯粒子分散于水中;后者亦称"自乳化法",是指在聚氨酯分子结构中引入了亲水基团,无需乳化剂即可使自身分散成乳液的方法,并已成为水性聚氨酯生产和研究采用的主要方法。用途:广泛应用于涂料、胶黏剂、织物涂层与整理剂、皮革涂饰剂、纸张表面处理剂和纤维表面处理剂等。

氟化聚氨酯（fluorinated polyurethane） 具有低表面性能、拒水拒油性、润滑性、耐热耐化学品性以及抗沾污性和良好的生物相容性。制备:同聚氨酯,合成中的含氟链段的引入主要有由聚氨酯软段引入、聚氨酯硬段引入以及由丙烯酸酯引入等 3 种方法。用途:主要应用到高端弹性体、泡沫塑料、涂料及黏合剂等。

杂环聚合物

聚酰亚胺（polyimide） CAS 号 497926-97-3。结构式中 R 和 R′分别为单体单元上残基。淡黄色粉末。密度 1.38 ～ 1.43 g/cm³;热分解温度达 600℃。是迄今聚合物中热稳定性最高的品种之一,还可耐极低温,在- 269℃的液态氮中不会脆裂,具有优良的机械性能、很高的耐辐照性能、良好的介电性能、良好的生物相容性。制备：首先使二酸酐和二胺在非质子极性溶剂如 N,N-二甲基甲酰胺或二甲基亚砜中进行缩合聚合，生成聚酰胺酸，之后加热固化，最后脱水成聚酰亚胺。用途：广泛应用于石油化工、矿山机械、精密机械、汽车工业、微电子设备、医疗器械等领域。

聚均苯四甲酰二苯醚亚胺（polypyromellitimide；PMMI）　根据分子量不同，在常温常压下可呈淡黄色粉末或琥珀色半透明固体。是一种半梯形结构的环链聚合物。含有苯环及五元杂环，刚性很大，化学稳定性好，具有优异的耐热性，能在 $-269 \sim 400℃$ 范围内保持较高的机械强度。制备：同聚酰亚胺，首先加入一定量的二甲基乙酰胺到反应釜内，然后再加入 $4,4'$-二氨基联苯醚，待基本溶解后，加入均苯四甲酸二酐，反应温度控制在 $50℃$ 左右，得到透明的聚酰胺酸预聚物溶液；将预聚物脱除溶剂后，经 $300℃$ 高温脱水环化或加醋酐（脱水剂）、三乙胺（中和剂）成盐沉淀，最后分离得到。用途：用作耐热绝缘材料，也可用作模塑料、黏合剂等。

聚酯酰亚胺（polyesterimide；PEI）　结构式中 R、R′ 和 R″ 分别代表不同的芳香族或脂肪族基团。是一种改性聚酰亚胺树脂。由于其分子主链上同时含有酯基和亚胺环，使之兼具聚酯和聚酰亚胺的性能，在吸湿性、耐碱性、流动性等方面优于聚酰亚胺，而在耐热性、抗辐射性、多种机械性能指标上优于聚酯。制备：以聚酯酰胺酸法和酯化法为代表的两步合成法，以及采用聚酯树脂与偏苯三酸酐的一步法。用途：广泛用于液晶显示中作为显示元件的液晶取向膜，也可用作柔性印刷电路的基材膜。

聚双马来酰亚胺（polybismaleimide；PBMI）　玻璃化转变温度大于 $300℃$。可在 $180 \sim 230℃$ 长期使用，但脆性较大，可通过多种改性方法来改善。制备：将以马来酰亚胺为活性端基的双官能团化合物，经加成聚合反应形成交联结构的聚双马来酰亚胺。用途：用于耐高温结构胶黏剂、绝缘浸渍漆、模塑料，尤其适用作高性能复合材料基体树脂，已在航空航天、机械、电子、电机电器、国防等领域广泛应用。

可溶性聚酰亚胺（soluble and fusible polyimide）　通过增加分子链柔顺性，降低分子链相互作用，破坏结构共轭，从而改善聚酰亚胺的溶解性；溶解性能比传统聚酰亚胺优良，同时具有低吸水率、低介电常数，耐热性能优良。

制备：同聚酰亚胺，将二元酸酐和二胺以及溶剂在稀有气体保护下搅拌反应得到均一溶液，并进行缩聚反应，主要通过在聚合单体中引入醚键等柔性基团、含氟取代基等大位阻基团、苯侧基等大体积侧基、芴环等非共平面结构，引入脂质/脂环结构进行制备改善聚合物的溶解性。用途：同"聚酰亚胺"（768 页）。

透明聚酰亚胺（transparent polyimide）　在不降低聚酰亚胺薄膜原有优异耐热性、力学性能的基础上，改善溶解性、光学性能等，其产品主要有含氟芳香族聚酰亚胺薄膜和脂环族聚酰亚胺薄膜两大类。制备：同聚酰亚胺，主要通过引入含氟基团，特别是采用含氟取代基及间位取代结构的二酐单体；或通过使用部分脂环族单体来减少聚酰亚胺分子结构中芳香族结构的含量。用途：主要用于光通信领域中的光波导材料、光电封装材料、光伏材料、非线性光学材料、光折变材料、光电材料以及液晶显示领域的取向膜材料等。

超支化聚酰亚胺（hyperbranched polyimide）　综合了超支化聚合物和聚酰亚胺两者的优点，具有一系列独特的理化性能，如无链缠结、难以或者不结晶、溶解性好、低溶液和熔融黏度，以及极佳的耐热、耐溶剂和高介电性能。制备：同聚酰亚胺，主要以多元酸酐与多元胺（二元及以上）反应生成酰胺酸，再进行亚胺化得到含胺基和亚胺基的单体，进一步缩聚得到超支化聚酰亚胺。用途：用于气体分离膜、质子交换膜、光敏、光波导、荧光、介电以及复合材料等。

聚酰亚胺纤维（polyimide fiber）　密度约为 1.41 g/cm^3。耐射线，在沸水和 $250℃$ 的收缩率分别小于 0.5% 和 1%。制备：同聚酰亚胺，例如，由均苯四甲酸酐与 $4,4'$-二氨基对苯醚溶液缩聚成聚酰胺酸后湿纺和高温环化而得；酮类共聚聚酰亚胺纤维由二苯基甲酮-$3,3',4,4'$-四甲酸酐与甲苯二异氰酸酯及 $4,4'$-二亚苯基甲烷二异氰酸酯进行溶液共缩聚和湿纺而得。用途：用于高温粉尘滤材、电绝缘材料、各类耐高温阻燃防护服、降落伞、蜂窝结构及热封材料、复合材料增强剂及抗辐射材料等。

聚酰亚胺泡沫（polyimide foam）　具有良好的隔音性，在隔燃（发烟率低、无滴液）等性能上具有明显优势，抗拉强度在 $100 \, MPa$ 以上，弹性模量通常为 $3 \sim 4 \, GPa$。制备：分为由二酸二酯与二胺得到的预聚物前体发泡制备的材料、由含有热不稳定链段的聚酰亚胺经高温分解得到的纳米材料、聚甲基丙烯酰亚胺泡沫材料和其他方法制备的聚酰亚胺泡沫材料。用途：广泛用于航空、军工等领域，如航天器太阳能帆板热控装置的防辐射绝缘层、运载火箭整流罩、海军军舰和潜艇的框架、壳体、管线等。

聚酰亚胺胶黏剂（polyimide adhesive）　具有较高的耐热性，使用温度范围 $-60 \sim 200℃$，低温性能和绝缘性都优良，缺点是在碱性条件下易水解，难溶于普通溶剂。

制备：同聚酰亚胺，由溶于极性溶剂（如二甲基酰胺）中的酰胺与酸酐缩聚、脱水、环化成聚酰亚胺，常添加金属粉和砷化物以提高其耐热性。用途：在航天、飞机制造及机械工业中被广泛用作铝合金、钛合金，以及陶瓷等非金属胶接的结构胶黏剂等。

聚酰亚胺塑料（polyimide plastic）　具有良好的介电性、力学性能、耐老化性能、尺寸稳定性以及化学稳定性，特别是耐高低温性能优异。制备：同聚酰亚胺，由二元胺和二元酸酐在强极性溶剂中经缩聚反应制备形成聚酰胺酸，然后在烘炉内涂线，溶剂挥发并完成亚胺化反应形成塑料漆膜。用途：广泛应用于电子电气、信息产业以及航空航天等领域，作为薄膜、结构胶、绝缘涂料、树脂基体等。

热塑性聚酰亚胺（thermoplastic polyimide；PI）在传统的热固性聚酰亚胺的基础上发展起来的具有良好热塑加工性能的特种工程塑料之一。可采用热固性聚酰亚胺的所有加工方式成型，还可采用适合于热塑性塑料的挤出和注塑的方法成型。突出的特性是优异的耐热性能，其长期使用温度达到 $230\sim240℃$ 左右，玻璃化温度 $250℃$；超强的尺寸稳定性，热膨胀系数仅为 $50\times10^{-6}/℃$，具有很好的耐蠕变性；力学性能优异，抗拉强度为 $100\ MPa$，冲击强度为 $260\ kJ/m^2$；阻燃性好，氧指数达 $36\sim46$，发烟率低，自熄性强；具有优良的耐油性和耐溶剂性，良好的耐辐射性能。制备：同聚酰亚胺，主要是在合成单体分子结构中引入柔性链或线性链段结构，从而改善聚酰亚胺的热塑加工性能。用途：广泛应用于航天、航空、汽车、微电子、纳米、液晶、分离膜、激光、电器、医疗器械、食品加工等领域。

热固性聚酰亚胺（thermosetting polyimide）　一种含有亚胺环和反应活性端基的低分子量物质或齐聚物，在热或光引发下发生交联而无小分子化合物放出。聚合物在加热时能发生流动变形，冷却后可以保持一定形状；在一定温度范围内，能反复加热软化和冷却硬化；同时具有耐腐蚀性、介电性、高强度、低密度等优异的综合性能。制备：同聚酰亚胺，由端部带有不饱和基团的低分子量聚酰亚胺或聚酰胺酸，应用时再通过不饱和端基进行聚合；按封端剂和合成方法的不同，分为双马来酰亚胺树脂、聚酰亚胺树脂苯炔基封端的聚酰亚胺树脂、以不对称二酐为基础的聚酰亚胺树脂、亚胺化后可溶的聚酰亚胺树脂以及乙炔基封端的聚酰亚胺树脂。用途：用于大型或复杂的结构性零部件，普通的机械、电子零部件如轴承、薄膜，以及板、棒、管等。

聚苯并咪唑（polybenzimidazole；PBI）　CAS 号 32075-68-6。结构式中 R 为烷基碳链，R′为芳香环结构。密度

$1.2\ g/cm^3$，玻璃化转变温度 $234\sim275℃$；全芳族聚苯并咪唑的密度 $1.3\sim1.4\ g/cm^3$，玻璃化转变温度比前者高 $100\sim250℃$。聚苯并咪唑耐高温，烷基聚苯并咪唑在 $465\sim475℃$ 才完全分解，芳基聚苯并咪唑在 $538℃$ 尚不分解，$900℃$ 失重仅 30%，长期使用温度 $300\sim370℃$；耐酸碱、耐焰且有自熄性、具有良好的机械和电绝缘性，热收缩极小。制备：常由芳族四胺与苯二甲酸二苯酯经缩聚和环化而成，反应可在熔融状态或在强极性溶剂中进行。用途：用作耐高温黏合剂和制作高性能复合材料，广泛应用于航天、化工机械、石油开采、汽车等领域，纤维织物则用作防火、防原子辐射的防护服等。

聚苯并噁唑（polybenzoxazole；PBO）　结构式中 R 为单体单元残基。聚合物为棒状分子，不熔融，溶于浓硫酸、甲磺酸等强酸，不溶于有机溶剂；不燃，耐氧化，空气中 $500℃$ 时失重 10%，$316℃$ 老化 100 小时重量不变；耐辐射、电绝缘性和力学性能优良；是一种溶致液晶聚合物，强酸中可制得浓度为 10% 的各向异性向列型液晶溶液，然后纺丝或浇铸薄膜；双轴拉伸薄膜的拉伸强度和拉伸模量达 $2\ GPa$ 和 $270\ GPa$；纤维的密度 $1.52\ g/cm^3$，具有优异的耐高温、高强度、高模量特性，拉伸模量达 $370\ GPa$ 以上，是芳纶纤维的 2.5 倍，远高于宇航级碳纤维。制备：采用多磷酸法进行制备，以 $4,6$-二氨基间苯二酚盐酸盐与对苯二甲酸或苯二甲酰氯在多聚磷酸中加热缩聚得到。用途：制作纤维、薄膜和分子复合材料，主要用于宇宙飞船、飞机的结构材料及电子电器零部件。

聚苯并噁嗪酮（polybenzoxazine；PBOZ）　具有优良的水解稳定性和热稳定性，不溶于普通有机溶剂，微溶于含 LiCl 的二甲基甲酰胺等极性溶剂，溶于浓硫酸；全芳族聚苯并噁嗪酮，氮气中 $550℃$ 开始分解，空气中 $375℃$ 开始分解、$580℃$ 时失重 10%。制备：常由芳族邻胺基羧酸与芳族二酰氯缩合，生成聚酰胺酸，再高温脱水环化制成。用途：用作高性能复合材料基体树脂、制造层压材料和模压制品，也可用作耐高温结构材料和电绝缘材料。

聚苯并咪唑酰胺（polybenzimidazole amide）　具有良好的耐热性、溶解性、加工性和机械性能。制备：将苯并咪唑、双酚单体以及双取代酰亚胺单体为原料，经芳香亲核取代反应制备。用途：用于耐高温的工程塑料、质子交换膜、纤维、胶黏剂、涂料以及先进复合材料等领域。

聚喹唑啉二酮（polyquinazolinone）　结构式中 R 和 R′分别为单体单元残基。一类具有优良综合性能的耐热芳杂环聚合物。在高温下具有良好的耐腐蚀性和耐氧化性，离开稀有气体的保护也能具有良好的稳定性；可在 $-30\sim250℃$ 下长期使用，$400℃$ 下间歇使用，$500℃$ 下短时间间断使用，其硬度和

耐磨性优于聚酰亚胺。制备：利用二氨基二羧酸化合物和二异氰酸酯首先合成聚脲酸，然后经过环化和重排制得聚喹唑啉二酮。用途：用于电气与航空领域中的器件制备，在高科技领域如制造大功率马达和变压器、在原子能及空间技术方面均有重要应用。

聚噁二唑（polyoxadiazole；POD） 结构式中 R 和 R' 分别为单体单元残基。一类大分子链中含有噁二唑环的聚合物。无色到

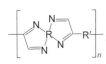

深黄色晶体。熔点高于 400℃，具有良好热氧化稳定性；在空气中 450℃开始分解，不溶于一般溶剂（如苯、正庚烷、四氯化碳等），溶于浓硫酸、三氟乙酸和多磷酸中；聚噁二唑薄膜是淡黄色透明体，密度 1.38～1.41 g/cm³，其性能介于聚酯薄膜和聚酰亚胺薄膜之间，可以在 200℃长期使用；具有良好的热稳定性、阻燃性、光学和电学性能等特点，聚合物还具有非常好的成纤性，但是易受化学和生物影响产生老化现象。制备：常用二元羧酸或其衍生物与肼或它们的盐溶液缩聚制得。用途：应用于高温领域中的过滤材料、防护制品、电绝缘材料、蜂窝结构材料等。

聚喹噁啉（polyquinoxaline；PQ） 结构式中 R 和 R' 分别为单体单元残基。具有良好

的溶解性、优异的耐高温性，对强酸、强碱有突出的稳定性，良好的柔韧性。制备：常由间位芳香双二胺与双α二碳基化合物的逐步反应而合成，可以在苯环侧基上引入乙烯基、乙炔基或苯乙炔基等反应性基团进行改性，增加其抗蠕变性。用途：常用作复合材料的基体树脂，其衍生物可以应用于电子工业。

聚喹啉（polyquinoline；PQ） 聚喹啉及其衍生物是一类重要的可溶性耐高温导电聚合物，

经掺杂处理的聚喹啉电导率可大大提高，掺杂反应多在四氢呋喃或者二甲氧基乙烷溶液中与萘或蒽的碱金属化合物进行反应，为 N 型掺杂，聚合物电导率在 1～100 S/cm 之间。制备：常通过喹啉的电氧化聚合方法得到，带有取代基的聚喹啉多以苯乙腈衍生物为原料通过酸催化的 Friedlander 合成法制备。用途：聚喹啉及其衍生物经掺杂处理后可用作中等导电率的纤维。

聚吡咯（polypyrrole；PPy） CAS 号 30604-81-0。杂环共轭型导电高分子聚合物。常温下呈无

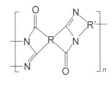

定形态；薄膜在空气中由于氧化呈暗黄色，掺杂后呈蓝色或黑色。空气稳定性好，易于电化学聚合成膜。不溶不熔；在酸性水溶液和多种有机电解液中都能电化学氧化聚合成膜，其电导率和机械强度等性质与电解液阴离子、溶剂、pH 值和温度等聚合条件密切相关。制备：以吡咯为单体，经过电化学氧化聚合

制成导电性薄膜，氧化剂通常为三氯化铁、过硫酸铵等；或用化学聚合方法合成，电化学阳极氧化吡咯也是制备聚吡咯的有效手段。用途：可用于生物、离子检测、超电容及防静电材料及光电化学电池的修饰电极、蓄电池的电极材料；还可以作为电磁屏蔽材料和气体分离膜材料，用于电解电容、电催化、导电聚合物复合材料等。

聚吡咙（polypyrrolone；PPy） 结构式中 R 和 R' 分别为单体单元残基。分子链具有很

大刚性，链旋转自由度受到极大的限制；电导率在 10^{-14} S/cm 范围内，属于绝缘体，经掺杂后可形成导电聚合物；在有机溶剂中的溶解性很差，通过改性能使其在间甲酚、对氯苯酚等溶剂中具有良好的溶解性，并进行简单的成型加工。制备：有熔融、固相和溶液缩聚三种方法，根据所用原料二酐和四胺的不同，可以得到不同结构类型的聚吡咙。用途：作为航空航天、微电子等尖端领域中耐高温材料。

聚噻吩（polythiophene；PTs） 结构式中 R 和 R' 分别为单体单元残基。聚合度升高性状由红色

无定形态过渡到紫色固体，掺杂后则显绿色；聚噻吩主链噻吩环上 3,4 取代位上可以为质子或其他取代基团，带有不同取代基团的聚噻吩溶解性不同，有很高的强度。制备：常由噻吩单体通过异位聚合得到，也可以通过噻吩的电化学聚合制得。用途：用于有机太阳能电池、化学传感、电致发光器件等，其衍生物常被作为有机电致发光器件制备中重要的空穴传输层材料。

聚三唑（polytriazole；PTA） 结构式中 R 和 R' 分别为单体单元残基。是一类主链中含有由

三个氮原子组成的五元杂环聚合物，具有近芳香性，三唑环是刚性五元环结构，能有效提高聚合物的耐热性且具有较好的金属黏附性能；性能主要受参与反应的单体的结构和官能度影响，在官能度不变的情况下，单体的刚性越大，聚三唑的玻璃化转变温度越高；溶于强酸，240～310℃软化，400～510℃失重 10%。制备：常以 Cu(I) 为催化剂，通过含有炔和叠氮基团的单体间的环加成反应来制备。用途：根据结构及分子量不同可作为弹性体、塑性材料及胶黏剂使用。

聚三嗪（polytriazine） 黄褐色脆性树脂。溶于酚类溶剂。软化温度 60～260℃。热稳定性不高，氮气中 330℃时失重 10%。制备：常由含双官能团的均三嗪单体缩聚而成。用途：在功能材料、生物医药、催化剂、传感器等诸多领域具有潜在应用价值。

聚吡唑（polypyrazole） 结构式中 R 和 R' 分别为单

体单元残基。主链含吡唑环重复单元的芳杂环聚合物。白色固体。溶于 N,N-二甲基甲酰胺等极性溶剂,450℃迅速分解,有成膜性。制备:常由二乙炔基苯与肼或甲苯肼缩合制成,也可由分别含有重氮基团及炔基的单体之间发生环加成反应来制备。用途:用于杀菌材料等。

杂环环氧树脂(heterocyclic epoxy resin)　含杂环结构的环氧树脂。主要有含氮杂环的三缩水甘油基三聚异氰酸酯类、缩水甘油基乙内酰脲(俗名海因环氧树脂)类等。因含有高极性杂环结构,具有优良的耐热性、耐候性、高温介电性、耐电弧性和耐漏电起痕性、化学稳定性、电绝缘性、耐腐蚀性,其粘接性能好,机械强度高。制备:常由对应的杂原子单体和环氧氯丙烷在碱性条件下缩聚获得,大致分为一步法和二步法,前者又可分为一次加碱法和二次加碱法,后者又可分为间歇法和连续法。用途:用于化学、机械、电子、汽车、家电和航天等领域,在医疗器械、组织工程、药物缓释等生物医学领域也有很大的潜力。

聚对苯撑苯并双噁唑(poly$p$-phenylene benzobisoxazole;PBO)　具有非常高的强度和模量,有极好的耐湿性、耐氧化性、耐放射性、电绝缘性和热稳定性,工作温度达 300～500℃;但其表面光滑且惰性大,与其他聚合物基体黏合性差,且分子内部化学键易吸收紫外光发生跃迁导致化学键断裂,从而使聚合物发生断链、降解。制备:常由二胺基芳香族二酚与芳香族二酸或其衍生物脱水(脱酸)缩聚而成,一般在多聚磷酸、甲基磺酸或 N-甲基吡咯烷酮等溶剂中进行反应。用途:作为特殊纺织产品应用于航空航天、防弹、防火等高精尖领域;也逐步加工为帆布、滤布、耐磨布等,应用于特殊要求的帆船、磨具、传动带、电学器件、汽车复合材料等传统工业领域。

聚对亚苯基苯并噻唑(poly$p$-phenylene benzobisthiazole;PBZT)　属芳杂环类高强高模量纤维。初纺丝密度 1.47～1.53 g/cm³,强度 15～15.8 cN/dtex,伸长率 2.4%～7.1%,模量 106～431 cN/dtex;热处理丝密度 1.54～1.6 g/cm³,强度 22～26 cN/dtex,伸长率 1.3%～1.4%,模量 1 936～2 112 cN/dtex,耐热性、抗燃性和耐光性极好。制备:将对苯二甲酸和 4,4'-二巯基对苯二胺进行低温溶液缩聚,再溶于多磷酸中配成液晶溶液,经干喷-湿纺而得初纺丝,高温热处理后得热处理丝。用途:用于高性能轮胎和橡胶补强材料、耐高温阻燃防护服、火箭发动机壳体、高档体育用品及新型建材等。

离子交换树脂

离子交换树脂(exchange resin)　带有离子交换能力基团的、具有网状结构、不溶性的高分子化合物的总称。制备:其基体制造原料主要有苯乙烯和丙烯酸(酯)两大类,它们分别与交联剂二乙烯苯产生聚合反应,形成具有长分子主链及交联横链的网络骨架结构的聚合物。用途:通常具有很好的吸附性,丙烯酸系树脂能交换吸附大多数离子型色素,脱色容量大,且吸附物较易洗脱,便于再生,在糖厂中可用作主要的脱色树脂;苯乙烯系树脂对芳香族物质吸附能力很强,善于吸附糖汁中的多酚类色素,但在再生时较难洗脱。

阳离子交换树脂(cation exchange resin)　可交换基团为阳离子的离子交换树脂。呈粉状或球状。人工合成阳离子交换树脂的官能团是有机酸,按酸性的强弱分为强酸性和弱酸性两类,强酸性的官能团是苯磺酸,弱酸性的官能团则包括有机磷酸、羟基酸和酚等。制备:以苯乙烯和二乙烯苯聚合,经含酸性官能团功能化而制得。用途:遇水可将其本身的某一种具有活性的阳离子和水中的对应阳离子相互交换,即发生置换反应,去除水中可溶性的离子。

阴离子交换树脂(anion exchange resin)　可交换基团为阴离子的离子交换树脂。含有季胺基[—N(CH₃)₃OH]、胺基(—NH₂)或亚胺基(—NH—)等碱性基团,在水中易生成 OH⁻离子。制备:以苯乙烯和二乙烯苯聚合,经含氮官能团功能化而制得。用途:水溶液中的阴离子(Cl⁻、HCO₃⁻等)与阴离子交换树脂进行交换,水中阴离子被转移到树脂上,而树脂上的 OH⁻交换到水中从而达到脱盐的目的。

两性离子交换树脂(amphiprotic exchange resin)　同时含有酸性基团和碱性基团的离子交换树脂。两种基团以共价键连接在树脂骨架上,互相靠得较近,呈中和状态;但遇到溶液中的离子时,却能起交换作用。树脂使用后,只需大量的水淋洗即可再生,恢复到树脂原来的形式。用途:不仅可用于分离溶液中的盐类和有机物,还可作为缓冲剂,调节溶液的酸碱性。

氧化还原树脂(redox resins)　亦称"电子交换树脂"。能与周围活性物质进行电子交换、发生氧化还原反应的一类树脂。重要的氧化还原树脂包括氢醌类、巯基类、吡啶类、二茂铁类、吩噻嗪类等多种类型。制备:将带有氧化还原基团的单体通过连锁聚合或逐步聚合制得;或将一些单体先制成高分子骨架,然后通过高分子的基团反应,引入氧化还原基团来制取。也可通过天然高分子改性获得。用途:在交换过程中,树脂失去电子,由原来的还原形式转变为氧化形式,而周围的物质被还原。

强阳离子型离子交换树脂(strong cation exchangers

resin）CAS 号 69011-20-7。浅棕至深棕色颗粒。含水量44%～50%，颗粒大小 550 微米。相对密度 1.28，溶胀度4%。最高使用温度 150℃。制备：由苯乙烯-二苯乙烯共聚的大孔树脂磺化获得。用途：用于水的脱盐的强酸性阳离子交换树脂，常用于浓缩物精处理和糖分析。

丙烯酸系阳离子交换树脂（cation exchange resin, acrylic acid）乳白或淡黄色不透明的球状颗粒。不溶于水、酸、碱和各种有机溶剂，在不同形式或不同介质中膨胀或收缩较大，使用 pH 值范围 4～14，有再生率高、酸耗低和交换容量大等优点。制备：由丙烯酸甲酯与衣康酸丙烯酯或其他双酯或三酯及二乙苯作交联剂，在致孔剂存在下，通过悬浮聚合制成大孔共聚珠体，再经水解、后处理和转型即可得到产品。用途：用于原水含盐量高的水处理、大水量软化脱碱处理、废酸废碱中和、电镀含铜镍废水处理以及制药、食品和制糖等行业。

强碱性阴离子交换树脂（strong anion exchange media）CAS 号 60177-39-1。白色颗粒。含水量 50%～60%，颗粒大小 575 微米。密度 1.08 g/cm³，溶胀度 20%。最高使用温度 60℃。制备：以苯乙烯和二乙烯苯聚合，经含酸性官能团功能化而制得。用途：用于脱盐，尤其适用于含有高浓度弱离子的水，以及富含有机物的饲喂用水。

弱酸性阳离子交换树脂（weak acid cation exchange resins）CAS 号 9052-45-3。白色半透明颗粒。含水量48%～56%，颗粒大小 12～50 目。密度 1.18 g/cm³，最高使用温度 120℃。含弱酸性基团，如羧基-COOH，能在水中离解出 H^+ 而呈酸性。树脂离解后余下的负电基团，如R-COO⁻（R 为碳氢基团），能与溶液中的其他阳离子吸附结合，从而产生阳离子交换作用。这种树脂的酸性即离解性较弱，在低 pH 下难以离解和进行离子交换，只能在碱性、中性或微酸性溶液中（如 pH 5～14）起作用。用途：用于水处理，脱碱以及抗生素、药物、氨基酸等的提纯。

弱碱性阴离子交换树脂（weak anion exchange resins）CAS 号 69011-15-0。深黄色颗粒。含水量48%～56%，颗粒大小 16～50 目。密度 1.10 g/cm³，最高使用温度 46℃。含有弱碱性基团，其正电基团能与溶液中的阴离子吸附结合，从而产生阴离子交换作用，它们在水中能离解出 OH⁻ 而呈弱碱性。制备：在离子交换树脂骨架中引入伯胺基（亦称一级胺基）-NH₂、仲胺基（二级胺基）-NHR，或叔胺基（三级胺基）-NR₂ 等基团，可由苯乙烯-二乙烯苯共聚树脂通过适当官能化获得。用途：用于高果糖玉米糖浆的除灰和混合床精处理，也可用于食物和药品加工用作固相萃取中的吸收剂。

两亲性离子交换树脂（amphoteric exchange resins）CAS 号 68955-09-9。深黄色颗粒。含水量 43%～48%，颗粒大小 50～100 目。密度 1.28 g/cm³，最高使用温度70℃。制备：以苯乙烯和二乙烯苯聚合，经两亲性官能团功能化而制得。用途：用于去除蛋白质样品中的离子洗涤剂（如 SDS），还能去除水溶液中的电解质以及分离阴阳离子。

凝胶型离子交换树脂（gel type ion exchange resin）外观呈透明状的均相凝胶结构的离子交换树脂。其骨架结构呈微孔状。离子交换反应是通过由交联大分子链间距离而形成的孔隙（微孔）扩散到交换基团附近进行的。微孔随交联度增加而变小，随凝胶体的溶胀而变大。树脂处于干燥状态时，孔实际上不存在。制备：由纯单体混合物经缩合或聚合而成，聚合时需要加入交联剂，并控制交联剂数量上的变化，使得在树脂中形成相应的微孔。用途：一般应用于水处理中，主要是用于吸附水中阴、阳离子，对有机物的吸附能力很弱。

大孔吸附树脂（macroporous adsorbent resin）一类不含交换基团且有大孔结构的高分子吸附树脂。一般为白色球状颗粒。孔径 100～1 000 nm，粒度 20～60 目。理化性质稳定，不溶于酸、碱及有机溶剂，对有机物选择性好，不受无机盐类及强离子、低分子化合物存在的影响，在水和有机溶剂中可吸附溶剂而膨胀。制备：主要以苯乙烯、二乙烯苯等为原料，在 0.5%的明胶溶液中，加入一定比例的致孔剂聚合而成。用途：通过物理吸附从溶液中有选择地吸附有机物质，从而达到分离提纯的目的。大孔吸附树脂吸附技术最早用于废水处理、医药工业、化学工业、分析化学、临床检定和治疗等领域，近年来在中国已广泛用于中草药有效成分的提取、分离、纯化工作中。

大孔型离子交换树脂（macro-reticular type ion exchange resin）具有大孔结构并带有功能基团的网状结构的聚合物。不溶不熔。一般孔径在 10 nm 以上，表面积在 5 m²/g，真密度与表观密度之差不低于 0.059 g/cm³树脂，孔的大小形状不随环境条件而变化，在湿态下不透明呈乳白色，易于渗透溶剂而少溶胀。由于其孔径、孔隙度和表面积较大，故能吸附有机高分子化合物并能在再生时洗脱下来。制备：与凝胶型离子交换树脂的制备方法基本相同。重要的大孔型树脂以苯乙烯类为主。聚合时加入致孔剂。用途：具有良好的耐磨强度和耐氧化、抗有机物污染的性能，主要用于分离、提纯等。

离子交换膜（ion exchange membrane）亦称"离子选择透过性膜"。含离子交换基团、对溶液里的离子具有选择透过能力的高分子膜。按功能及结构的不同，可分为阳离子交换膜、阴离子交换膜、两性交换膜、镶嵌离子交换膜、聚电解质复合物膜五种类型。其构造和离子交换树脂相同。制备：按制造工艺分均相膜和非均相膜两类。均相膜先用高分子材料如丁苯橡胶、纤维素衍生物、聚四氟乙烯、聚三氟氯乙烯、聚偏二氟乙烯、聚丙烯腈等制成膜，然后引入单体如苯乙烯、甲基丙烯酸甲酯等，在膜内聚合成高分子，再通过化学反应，引入所需的功能基团；也可以通过单体如甲醛、苯酚、苯酚磺酸等直接聚合得到。非均相膜用粒度200~400目的离子交换树脂和寻常成膜性高分子材料，如聚乙烯、聚氯乙烯、聚乙烯醇、氟橡胶等充分混合后加工成膜。无论是均相膜还是非均相膜，在空气中都会失水干燥而变脆或破裂，故必须保存在水中。均相膜的电化学性能较为优良，但力学性能较差；而非均相膜的电化学性能比均相膜差，但力学性能较优。用途：可装配成电渗析器用于苦咸水的淡化和盐溶液的浓缩；可应用于甘油、聚乙二醇的除盐，分离各种离子与放射性元素、同位素，分级分离氨基酸等；还可用于有机和无机化合物的纯化、原子能工业中放射性废液的处理与核燃料的制备，以及燃料电池隔膜与离子选择性电极中。

含硅氮磷杂原子类型聚合物

聚二甲基硅氧烷（polydimethylsiloxane；PDMS）　亦称"二甲基硅油"。CAS号9006-65-9。无色液体，无味无毒。透明度高，透光率100%。具有耐热性、耐寒性、防水性，黏度随温度变化小，表面张力小，具有电绝缘性和很高的抗剪切能力，可在−50~200℃下长期使用。具有生理惰性和良好的化学稳定性。制备：由八甲基环四硅氧烷在浓硫酸或四甲基氢氧化铵催化剂作用下反应制取。用途：可直接用于防潮绝缘、阻尼、减震、消泡、润滑、抛光等方面，广泛用作润滑油、绝缘油、防震油、防尘油、介电液和热载体，以及用作消泡、脱模、油漆及日化用品的添加剂等。

聚二乙基硅氧烷（polydiethylsiloxane；PDES）　亦称"二乙基硅油"。CAS号63148-61-8。无色透明液体，无味无毒。具有防水性能、耐化学腐蚀、耐低温、表面张力小和对金属表面无腐蚀作用等特点，并具有优良的介电性质和润滑性能，能与矿物润滑油互溶，进一步改进润滑性。制备：将硅烷单体加入预先装有盐酸水溶液的反应釜中进行水解制得。用途：广泛用于各种精密仪器设备以及被用作脱模剂、消泡剂、防水剂和抛光剂等。

聚二甲基硅烷（polydimethylsilane）　CAS号2883-63-8。一种主链由硅原子组成的高分子材料。由于Si的低电负性并具有$3d$空轨道，因此电子可沿着Si-Si主链广泛离域，从而使聚硅烷具有光电导、三阶非线性光学、光致发光和电致发光等特性，在光电导、发光二极管、非线性光学材料等方面有广阔的应用前景。制备：有烷氧基二硅烷的催化歧化反应、环硅烷的开环聚合反应和掩蔽二硅烯的阴离子聚合反应等制取方法。用途：在药品、日化用品、食品、建筑等各领域均有应用。

聚有机硼硅氧烷（polyorganoborosiloxane；PBS）　亦称"聚硼硅氧烷"。结构式中R$_1$、R$_2$为氧、氢、烷基、芳基等，R$_3$为氧、芳基等。聚硅氧烷的硅氧骨架中一些硅原子被硼原子取代而得到的聚合物。有优异的耐高温性和黏结性能，也具有好的水解稳定性。制备：非水解法（硼酸与烷氧基硅烷的缩聚反应）和共水解缩聚法（硼酸酯与烷氧基硅烷的共水解缩聚反应）。用途：用作耐高温胶黏剂、阻燃剂、耐热涂料等。

硼硅橡胶（boron-silicon rubber）　在硅氧主链中带碳十硼烷链段的特种合成橡胶。能在410℃高温下短期使用，一般可在−40~350℃范围内长期使用，其他特性同硅橡胶，可像一般硅橡胶加工和硫化。制备：可以十硼烷和乙炔等为起始原料合成。用途：用于在高温下使用的密封零件和绝缘材料。

腈硅橡胶（nitrile silicone rubber）　分子结构中含有腈烷基的聚有机硅氧烷弹性体。因硅橡胶侧链中引入极性腈基，其耐油性、耐溶剂性得到很大提高，耐低温性能得到改善。腈基含量多少对橡胶性能有明显影响，当含量较低时，耐寒性较好，耐油性有一定提高；含量增大，耐油性进一步改善，耐寒性降低。工业产腈硅橡胶能耐脂肪族和芳香族的溶剂及工业液体，物理机械性能优良，耐寒性高。此外，它也具有硅橡胶的优点，高度的热稳定性，其耐油性与丁腈橡胶相近。制备：由氰烷基甲基二氯硅烷与二甲基二氯硅烷制得。用途：高分子量热硫化腈硅橡胶用于制造航空、石化、汽车工业中的耐油密封垫片，低分子量腈硅橡胶用于制作宇航飞行器座舱密封用不硫化腻子。

硅氮橡胶（silazane rubber）　主链中含有环二硅氮烷链节的高分子量线形聚二有机基硅氧烷。具有优良的耐热性，430~480℃下不分解，425℃下不失重，570℃下失重仅10%。力学性能与通用硅橡胶相当。制备：以N，N'-(二苯基羟基硅基)四甲基环二硅氮烷与α，ω-二氨基六甲基三硅氧烷以及少量的α，ω-二氨基三甲基乙烯基二硅氮烷为原料，经聚合、脱除低沸物后而制得。用途：可作为400℃高温下的密封材料，也可作耐高温涂层。尚未实现工业化生产和广泛应用。

环氧改性有机硅树脂（epoxy resin modified by organic silicon）　主链中引入环氧基团的有机硅树脂。为淡黄色至无色透明液体，固含量50±1%，黏度25~65秒(涂4杯)，环氧值0.02~0.07。兼具环氧树脂和有机硅树脂的优点，具备较优异的耐高低温性能和憎水防潮性能，以及良好的电气绝缘性能、耐电弧电晕性能、耐候性及耐化学品稳定性,防腐性也十分优异。制备:可由含烷氧基或羟基的低分子量聚硅氧烷与双酚基丙烷环氧树脂进行缩合反应来制取。用途:大量被用作耐高温防腐涂料(可达 500℃以上),可常温双组分完全固化,烘烤固化性能更佳,也可作 H 级绝缘涂料。

硅橡胶(silicone rubber)　一种直链状高分子量的聚硅氧烷。分子量一般在 15 万以上,结构形式与硅油类似。根据硅原子上所链接的有机基团不同,有二甲基硅橡胶、甲基乙烯基硅橡胶、甲基苯基硅橡胶、氟硅橡胶、腈硅橡胶、乙基硅橡胶、乙基苯撑硅橡胶等多个品种。按其硫化温度可分为高温硫化和室温硫化;按其硫化机理可分为缩合型和加成型;按其包装方式可分为双组分和单组分两种类型。双组分室温硫化硅橡胶可在-65～250℃温度范围内长期保持弹性,并具有优良的电气性能和化学稳定性,能耐水、耐臭氧、耐气候老化,可以起到防潮、防腐、防震等保护作用。用途:双组分室温硫化硅橡胶硫化后具有优良的防粘性能,加上硫化时收缩率极小,适合于用来制造软模具;利用其高仿真性能可以复制各种精美的花纹,用于文物复制和人造革生产等。

甲基乙烯基三氟丙基硅橡胶(methyl vinyl trifluoropropyl silicone rubber)　亦称"氟硅胶"。在乙烯基硅橡胶(乙烯基含量一般为 0.3 mol%)的分子链中引入氟带烷基(一般为三氟丙基)的一类硅橡胶。具备良好的耐油性能和耐溶剂性能,均显著优于乙烯基硅橡胶,例如对脂肪族、芳香族和氯化烃类溶剂,石油基的各种染料油、润滑油、液压油以及某些合成油(二脂类润滑油、硅酸脂类液压油),在常温和高温下稳定性良好;耐温性能略差于乙烯基硅橡胶。制备:可由含甲基三氟丙基二硅氧烷与甲基乙烯基二硅氧烷反应来制取。用途:特种耐油硅橡胶。

苯甲基硅油(phenylmethylsilicone fluid)　在二甲基硅氧烷的分子链中引入了苯基的复合型硅油。无色或淡黄色透明油状物。苯基含量≥25%～30%,密度 1.02～1.08 g/mL,折射率(25℃)1.480～1.495,闪点(开口)≥300℃,凝固点≤-40℃。黏度低、冻点低、耐热性好、相对闪点高、膨胀系数小、电气性能优异(抗电晕,平均耐压高);除上述甲基硅油一般特性外,还具有良好的热稳定性、抗氧化性、润滑性、抗辐射性、较低凝固点及对水稳定性,有很低的饱和蒸气压。制备:甲基硅油分子中部分甲基被苯基取代后制成。用途:广泛应用于个人护理品、航空及国防工业、生命科学等领域;可进一步制备得到苯基硅橡胶,作为战略

新材料广泛应用于航空航天和军事武器等高科技领域。

苯基硅油(phenylmethylsilicone fluid)　无色或淡黄色透明油状物。闪点 > 300℃。含 5 mol% 苯基硅油的凝固点低达-70℃,表面张力约在 2.1×10⁻⁴～2.85×10⁻⁴ N/cm,密度 1.00～1.11 g/mL,折射率 1.425～1.533。热稳定性好,250℃热空气中的凝胶化时间为 1 750 小时,还具有良好的耐辐照性能及较高的氧化稳定性、耐热性、耐燃性、抗紫外线性和耐化学性。制备:由八甲基环四硅氧烷、二甲基四苯基二硅氧烷、甲基苯基二乙氧基硅烷的水解物在催化剂存在下进行调聚反应制取。用途:用作润滑油、热交换液、绝缘油、气液相色谱的载体等;用于绝缘、润滑、阻尼、防震、防尘及高温热载体等,是电子仪表的理想液态阻尼介电液。

甲基硅油(methylsilicone fluid)　无色透明黏稠液体,无味,不易挥发。密度(25℃)0.960～0.970 g/mL,黏度 100±8 mm²/s,折光度(25℃)1.400～1.410,闪点 300℃。不溶于水、甲醇、乙二醇,可与苯、二甲醚、甲乙酮、四氯化碳或煤油互溶。具有很小的蒸气压,较高的闪点和燃点。具有卓越的耐热性、电绝缘性、耐候性、疏水性、生理惰性和较小的表面张力,黏温系数低、抗压缩性高。制备:由八甲基环四硅氧烷在催化剂作用下经聚合反应制得。用途:用作绝缘、润滑、防震、防尘油、介电液和热载体;用作消泡、脱膜、油漆和日用化妆品的添加剂;用于缝纫线的润滑处理和织物的柔软整理。

乙基硅油(ethyl siloxane fluid)　无色至浅黄色透明液体。密度 0.95～1.053 g/mL,凝固点<-70℃,闪点 > 265℃(开杯),pH 5～7。溶于甲苯、乙醚、氯仿等有机溶剂,可与石油产品任意混合。制备:各种乙基乙氧基硅烷在盐酸存在下进行水解并缩合成聚硅醚,经分子重排,再在真空下分馏,即可得到各种不同黏度的乙基硅油。用途:用作多种橡胶和塑料制品的脱模剂;广泛用作电气工业的绝缘材料、精密仪器仪表油、液压油、特种润滑油等。

甲基含氢硅油(hydrogen silicone oil)　俗称"含氢硅油"。无色透明液体。在其硅氧键中含有氢硅结构,Si—H 键在碱性条件下易断裂,

故其耐碱性能较弱。折射率(25℃)1.390~1.410,含氢量(%,m/m)≥1.55。在金属盐类催化剂作用下低温即可交联成膜,能在各种物质表面形成防水膜。用途:可作织物、玻璃、陶瓷、纸张、皮革、金属、水泥、大理石等各种材料的防水剂,尤其在织物防水方面大量应用;与甲基羟基硅油乳液共同,既能防水又能保持织物原来的透气性和柔软性,并能提高织物的撕裂强度、摩擦强度和防污性等;还可作纸张的防粘隔离剂和交联剂以及泡沫硅橡胶的发泡剂等。

甲基苯基硅油(methyl phenyl silicone oil)　部分甲基被苯基取代的二甲基硅油。无色至浅黄色透明液体。蒸气密度>1(空气=1),蒸气压<5 Torr。用途:用于实验室热浴加温,其中275超高真空扩散泵硅油是含有甲基和苯基的硅氧烷齐聚物,其饱和蒸气压低,极限真空度极高,蒸气压随温度的变化较大,有优良的抗氧化、热稳定性和化学稳定性,适用于高真空扩散泵。

甲基乙氧基硅油(methylethoxysilane)　乙氧基活性基团与羟基发生缩合反应,水解而成的缩合型硅油。无色或淡黄色透明油状液体。密度1.005~1.080 g/mL,乙氧基含量20%~50%,pH7~8。具备优良的疏水性、润滑性,表面张力低,无腐蚀性,无毒无害,同时还具有硅酸盐的某些特性,在一定条件下结网成膜。用途:主要用于干粉灭火剂的防水、防粘处理,建材的防水处理,石油化工、纺织、造纸、发酵、医药等行业的消泡处理,也可以作为模具脱模剂使用。

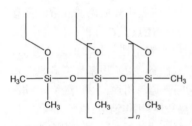

甲基三氟丙基硅油(trifluoropropylmethylsiloxane)　亦称"三氟丙基甲基硅油""DX-8012甲基氟油""三氟丙基甲基聚硅氧烷"。无色或淡黄色、透明或半透明液体。分子量约200 000,是所有含氟硅油中性状最稳定的一类,在硅油中极性最大。表面张力小,折射率低。有较高的纯度和热稳定性及耐油耐水性。用途:适合做耐腐蚀耐溶剂的消泡剂、润滑油、润滑脂,用作纺织印染的高效消泡剂和织物整理剂。

甲基乙烯基硅油(vinyl terminated polymethyl vinyl silicone oil)　无色透明液体。黏度50~150 000 mm²/s,乙烯基含量1.0%~

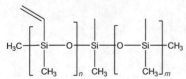

8.0%。用途:用于硅橡胶增强、增硬使用,也可以作为液体加工型硅橡胶的基胶。

甲基羟基硅油(hydroxy silicone oil)　端基为羟基的线型聚二甲基硅氧烷。n=5~11时一般为无色或淡黄色透明油状物,黏度≤20 mm²/s,羟基含量4%~8%,折射率1.40~1.41。端羟基有反应活性,在有机锡催化作用下可与含羟基或烷氧基化合物起缩合反应。制备:用八甲基环四硅氧烷在酸或碱作用下开环加水降解而成;也可用硅橡胶在高压釜同时加水、碱催化降解而成。用途:低黏度产品用作硅橡胶加工中的结构控制剂,也可用作纸张等的防黏处理;高分子量产品是双组分室温硫化硅橡胶的基胶。

乙基含氢硅油(ethyl hydrogen silicone oil)　分子中含有硅氢键的线型聚乙基硅氧烷。为无色透明油状液体。黏度一般为$(1\sim5)\times10^{-2}$ Pa·s。具有甲基含氢硅油的特点,防水性能更好。制备:由乙基含氢二氯硅烷、三乙基氯硅烷先醇解后水解,再在溶剂存在下硫酸催化平衡,蒸除溶剂和脱除低分子物后制得。用途:可作为织物、玻璃、陶瓷、纸张、皮革、金属等多种材料的防水剂;亦可与轻基硅油乳液共同用于整理织物,可提高纺织品抗撕裂性、耐磨性和防污性,改善织物的手感和缝合性。

聚硫橡胶(polysulfide rubber)　CAS号63148-67-4。由二卤代烷与碱金属或碱土金属的多硫化物缩聚而得的合成橡胶。浅褐色透明黏稠液体,有异味。密度1.13~1.31 g/cm³,闪点235℃,玻璃化温度-76~-40℃。具有优异的耐油和耐溶剂性,但强度不高,耐老化性能不佳,加工性能不好,有臭味,多与丁腈橡胶并用。制备:一般以水或含醇的水作聚合介质,以烷基萘磺酸钠和氢氧化镁溶胶作悬浮剂,由二氯乙基缩甲醛和多硫化钠在90~100℃下进行悬乳聚合而成,分子量约为1 000~10 000。用途:主要用作建筑、复层玻璃、其他工业用的密封材料,以及环氧树脂的固化剂。

苯撑硅橡胶(silphenylene rubber)　亦称"亚苯基硅橡胶"。分子主链中含有亚苯基的聚二甲基硅氧烷-甲基乙烯基硅氧烷-二苯基硅氧烷共聚物。乳白色或琥珀色塑性体,特性黏度(25℃,甲苯)0.8~0.95,乙烯基含量(mol)0.65%~1.30%,不含其他聚二有机基硅氧烷的全苯撑橡胶。由于高度结晶,具有热收缩性,有优异的耐辐照性能,是甲基乙烯基硅橡胶的10~15倍,高苯基硅橡胶的5~10倍。如起始拉伸强度为8 MPa的苯撑硅橡胶,经2.58×10^{12} C/kg的γ射线照射后,拉伸强度为4.7 MPa;经2.58×10^{12} C/kg的γ射线照射后,拉伸强度为3.6 MPa。制备:苯撑硅橡胶生胶是以对双(二甲基羟基硅基)苯为主要原料与有关组分用平衡法或缩合法制取。将生胶与白炭黑、二苯基硅二醇在炼胶机上混匀,经180℃

2 小时热处理后,加入硫化剂 2,5-二甲基-2,5-过氧化叔丁基己烷混炼均匀后即得混炼胶,加热后硫化为弹性体。用途:用作耐高温、耐辐照的电缆护套,高强度的油井电缆以及各种密封圈和其他模压制品;用于航天工业、原子能工业和核反应堆。

氯化磷腈聚合物(poly(phosphonitrilic chloride))CAS 号 31550-05-7。无机橡胶。强度与硫化过的天然橡胶相似,具有良好的热稳定性和抗燃性,在潮湿环境中其弹性会因水解而降低,温度高于 300℃时发生裂解。制备:可由五氯化磷与氯化铵作用成环状三聚体后再加热制得。用途:特种无机橡胶,可用在航空航天、生物和机械密封领域。

氟烷氧基磷腈聚合物(phosphonitrile fluororubber)氟烷氧基取代的磷腈弹性体中的取代基为三氟乙氧基与八氟戊氧基或七氟丁氧基,以及少量不饱和硫化点取代基如邻烯丙基苯氧基。无定形无色线型高分子弹性体。密度 1.75 g/cm³,玻璃化转变温度 -70～-80℃,在 -65～175℃可长期使用。宽温度范围和振幅下有优良阻尼特性,具有良好的耐油、耐燃料、耐化学品、耐候性、耐臭氧性、耐霉性和物理机械性能,不燃,在液氧中安全。制备:可由含氟官能团化的五氯化磷与氯化铵作用成环装三聚体后再加热聚合制得。用途:适用于接触油类、腐蚀性介质和低温环境中的密封制品,泵、阀、隔膜、软管、振动衰减装置和电接头等。

聚苯基甲基硅氧烷(polyphenylmethylsiloxane)

CAS 号 9005-12-3。无色或淡黄色透明油状液体。具有二甲基硅油的一般性能。随着苯基含量的提高,密度(23℃下在 1.00～1.11 g/mL 之间)和折射率(23℃下在 1.425～1.533 之间)增大。低苯基含量的凝固点低于 -70℃。中苯基和高苯基含量的热稳定性和氧化稳定性提高,润滑性能优于二甲基硅油。制备:以二苯基二氯硅烷(或苯基甲基二乙氧基硅烷)及甲基二氯硅烷为原料,以三甲基氯硅烷烷(或二苯基甲基乙氧基硅烷或二甲基苯基乙氧基硅烷)为止链剂,经水解及在碱(四甲基氢氧化铵)作用下的调聚等工序而制得。用途:适合作耐溶剂的消泡剂、润滑油脂,广泛用作发用及膏霜类化妆品的基质原料。

聚甲基氢硅氧烷(polymethylhydrosiloxane)亦称"含氢硅油""甲基氢硅氧烷""甲基含氢硅油""202 高含氢硅油"。CAS 号 63148-57-2。浅黄色或无色透明液体。具有二甲基硅油的一般性能。制备:以甲基二氯硅烷与

含氢甲基二氯硅烷为原料,经水解及在碱(四甲基氢氧化铵)作用下的调聚等工序而制得。用途:用作纺织、橡胶、皮革、纸张、建材的防水、防粘匀泡剂,链状交联物的交联剂。甲基含氢硅油乳液与甲基羟基硅油乳液共用,能防水又可保持织物的透气性并能提高织物的撕裂强度、摩擦强度和防污性,改善织物的手感和缝合性能。

聚倍半硅氧烷(polysilsesquioxane)　分子中氧原子数为硅原子数的 1.5 倍的一类聚硅氧烷。是较为特殊的一类硅氧烷聚合物,主体组成为(RSiO₁.₅)ₙ,其高分子结构可呈梯形、树枝型或灯笼型等结构。制备:由三官能有机硅单体经水解缩合等反应制得;当其中的有机基团是苯基时,由于空间位阻效应等影响,其水解产物经催化重排反应,可促使形成规则的立体有序梯形结构。用途:具有更高的耐热性和更低的表面能,适用于耐高温涂料的基料,还可以用作高分子液晶材料。

聚碳硅烷(polycarbosilane)　其主链由硅和碳原子交替组成的一类高分子化合物。硅和碳原子上连接有氢或有机基团,分子链为线形或枝化结构,分子量 1 000～2 000,熔点 200℃左右。制备:采用二氯二甲基硅烷作为初始原料,先通过钠缩合制成聚二甲基硅烷,然后在高温高压下转变为聚碳硅烷。用途:是高技术新材料中新出现的先驱体高分子中最重要的化合物,主要用于制备碳化硅系列的陶瓷材料,其中以碳化硅纤维最具代表性。

聚磷腈(polyphosphazenes)　结构式中 R₁、R₂为有

机基团,n≥3。一类骨架由磷、氮单双键交替排列而成,侧基由有机基团组成的元素有机高分子。其主链是一种无机主链,使之具有耐水、耐溶剂、耐油类和化学药品、耐高温和低温、不燃烧和阻燃、光学性好、光热稳定性高等优良性能。此外,由于所连侧基的不同,聚磷腈高分子可以是亲水的或亲油的,易被水降解的或对水稳定的,导体、半导体或绝缘体,还可以是光解材料、耐辐射材料、耐溶剂和化学药品,也可以有生物活性等。制备:可由六氯环三磷腈真空封管聚合制备。用途:可以制成特种橡胶、低温弹性体、阻燃电子材料、生物医学材料等。

聚酞菁(polyphthalocyanine)　主链由酞菁环构成的一类稠杂环聚合物。具有高热稳定性和机械强度,以及光电特性。制备:有两类聚合方法,可合成邻苯二甲腈封端的线型预聚物,高温下氰基八聚化形成酞菁环和交联结构;或合成含多个反应性官能团的酞菁中间体,高温下经官能团反应形成聚合物和交联结构。制品可由预聚物或中间体溶液或熔融加工并固化成型。用途:适用作涂料、胶黏剂和复合材料基体树脂。

天 然 高 分 子

多 糖

直链淀粉（amylose）　亦称"生粉"。CAS 号 9005-82-7。由 -[α-(1→4)-D-葡萄糖]$_n$- 构成的直链均一多糖，分子量约 100～200 kDa。常为白色粉末，水溶性差，在热水中以糊化（溶胀）的形式存在。空间构象卷曲成螺旋形，每一回转为 6 个葡萄糖基，与碘呈蓝紫色显色反应。制备：由植物生物合成，大量存储于根、茎和种子等处。用途：食物；在食品、医药、日用品、化妆品和涂料等领域用作产品改良剂、增稠剂、悬浮剂和稳定剂等。

支链淀粉（amioca；amylopectin）　亦称"胶淀粉"。CAS 号 9057-02-7。主链由 -[α-(1→4)-D-葡萄糖]$_n$- 构成，并由 D-吡喃葡萄糖在主链上通过 α-(1→6)-糖苷键形成侧链，主链中每隔 6～12 个葡萄糖残基就有一条平均含有 15～18 个葡萄糖残基的侧链。分子量约 1 000～6 000 kDa。常为白色粉末，水溶性差，在热水中以糊化（溶胀）的形式存在，与碘呈紫红色显色反应。制备：由植物生物合成，大量存储于根、茎和种子等处。用途：食物；在食品、医药、日用品、化妆品和涂料等领域用作产品改良剂、增稠剂、缓释剂、保湿剂、稳定剂和黏合剂等。

淀粉胶（starch glue）　亦称"淀粉胶黏剂"。是以淀粉为基料制成的天然胶黏剂。通过各种物理、化学等方法，淀粉被加工成可溶淀粉、糊精、羟乙淀粉等多种形式。根据不同的用途分别加入相应的添加剂如硼砂、甲醛、苯酚、甘油、乙二醇等，外观、黏度、固体含量、黏结性能和力学性能各异。制法：主要有以高锰酸钾为氧化剂的常温氧化法和以硫酸亚铁为催化剂、过氧化氢（双氧水）为氧化剂的加热催化氧化法。用途：在纺织、造纸、医药、食品、包装等领域中用作上浆剂和黏结剂等。

可溶性淀粉（soluble starch）　亦称"可溶淀粉"。CAS 号 9005-84-9。淀粉经过氧化剂、酸、甘油、酶或其他方法处理而成的产物，分子量比普通淀粉低。白色或黄白色粉末，无臭无味。在沸水中可溶解为高黏度的透明溶液，不溶于冷水、乙醇和乙醚。无还原性，化学性质稳定。更低分子量的被称为"水溶性淀粉"，可在冷水中溶解。制法：从红薯、土豆、玉米等高淀粉含量的植物块茎、种子中提取。用途：用作口服片剂中的赋形剂和填充剂、胶囊和糖果等。

预糊化淀粉（pregelatinized starch）　亦称"α-淀粉"。CAS 号 9005-84-9。淀粉晶区被破坏后的产物。无定形态白色粉末，易在冷水中迅速分散并溶解，形成胶体溶液的黏度大。制法：60～80℃（根据不同来源的淀粉调整）下，淀粉颗粒在水中溶胀、分裂，形成均匀糊状浆液，再脱水干燥。用途：用作食品中的增稠剂和保型剂、片剂中的赋形剂和填充剂、纺织业中的上浆剂等。

糊精（dextrin）　亦称"白糊精""玉米糊精"。CAS 号 9004-53-9。淀粉在高温高压、酸或淀粉酶作用下，部分糖苷键链无序断裂降解后形成的葡萄糖寡聚物，分子量为几百至几千 kDa。白色或黄白色粉末。不溶于乙醇，易溶于水且水溶液具有很强的黏性，遇碘呈紫红色。化学性质稳定。制法：高温高压下对淀粉进行热处理，处理温度稍低的产物为"白糊精"（分子量较高），温度较高时的产物为"黄糊精"，淀粉酶存在下的降解产物为"英国胶"。用途：用作食品和饮料等的增稠剂、粉状化妆品的遮盖剂和吸附剂、牙膏增稠剂、药用糖的增稠剂和稳定剂、片剂或冲剂的赋形剂和填充剂、邮票背胶等。

变性淀粉（modified starch）　亦称"改性淀粉""修饰淀粉"。CAS 号 9049-76-7。通过经由物理、化学或酶法处理等二次加工，分子量下降且糖链上引入新的官能团和/或天然特征/特性（如水溶性、糊化温度、热黏度及其稳定性、冻融稳定性、凝胶能力及力学性能、成膜性、透明性等）被改变的淀粉基物质的通称。主要包括氧化淀粉、酸解淀粉、交联淀粉、阳离子淀粉、磷酸酯淀粉、醋酸酯淀粉、羧甲基淀粉、羧烷基淀粉等。制法：根据不同产物的结构和应用需求，利用干法、挤压法、滚筒干燥法等工艺，通过相应的物理作用和化学反应包括酶反应制得。用途：用作各种助剂，如造纸施胶剂、黏合剂、糖果稳定剂和赋形剂、食品增稠剂和乳化剂、乳胶手套隔离剂、织物上浆剂、防垢剂等。

羟乙基淀粉（hydroxyethyl starch）　亦称"羟乙基淀粉醚"。CAS 号 9005-84-9。支链淀粉中的葡萄糖环经羟乙基化形成的淀粉衍生物。易溶于水，并形成胶体溶液，化学性质稳定且不易被内源性淀粉酶水解。制法：对玉米或土豆中的支链淀粉羟乙基化。用途：血浆替代物等。

纤维素（cellulose）　由-[β-(1→4)-D-葡萄糖]$_n$-构成的直链均一多糖，分子量从 50～2 500 kDa 不等。是构成植物细胞壁的主要成分，自然界中不单独存在（在含量最高的棉花纤维中的质量百分数约为 90%），通常与半纤维素、果胶和木质素等结合在一起。分子链间有大量的氢键相互作用，链排列规整，能结晶且程度高，常温下物理和化学性质稳定。不溶于水和常用有机溶剂如乙醇、乙醚、丙酮、苯等,也不溶于稀碱溶液,能溶于 $Cu(NH_3)_4(OH)_2$(铜氨)溶液和 $[NH_2CH_2CH_2NH_2]Cu(OH)_2$(铜乙二胺)溶液等。制法:由植物生物合成。工业上精制(提纯)的主要方法有多种:用亚硫酸盐溶液或碱溶液蒸煮植物原料如木材、棉花、棉短绒、麦秸、稻秸、芦苇、麻和甘蔗渣等,除去大部分木质素,所得浆料经过漂白工序,除去残留木素后用于造纸等,漂白浆中的半纤维素需进一步除去;用纤维植物原料与无机酸捣成浆状,制成 α-纤维素,经适当方法使 α-纤维素聚集体作部分解聚,然后再除去非结晶部分(小分子量部分)并提纯;对棉花浆或木浆等高含量原料,经漂白处理和机械分散后精制而成。用途:为植物细胞骨架、膳食纤维等;制成各类衍生物后应用非常广泛。

半纤维素(hemicellulose)　亦称"木聚糖"。由两或三种不同类型的五碳糖基和六碳糖基通过 1,4-β 糖苷键连接而成的天然高分子,是一类非均一多糖的总称。糖基主要包括 D-木糖基、D-甘露糖基、D-葡萄糖基、D-半乳糖基、L-阿拉伯糖基、4-O-甲基-D-葡萄糖醛酸基、D-半乳糖醛酸基和 D-葡萄糖醛酸基等。在木质组织中占质量百分比 50% 左右。同一植物中通常存在若干种类,如以 1,4-β-D-吡喃型木糖构成主链,以 4-氧甲基-吡喃型葡萄糖醛酸为支链的聚木糖类;由 D-吡喃型葡萄糖基和吡喃型甘露糖基以 1,4-β 型连接成主链的聚葡甘露糖类和以此为主链,D-吡喃型半乳糖基以 1,6-α 型作为支链连接的聚半乳糖葡甘露糖类等。在植物细胞壁中以共生的方式结合在纤维素微纤维的表面,相互连接以构成植物细胞的坚硬网络。制备:由植物生物合成。工业上精制(提纯)方法为:植物纤维、碱、水混合后升温(35~85℃)高速搅拌(300~2 000 rpm)数分钟,在过滤或离心后的滤液或上清液中加入其 2~3 倍体积的 80%~95% 的乙醇,常规过滤,收集沉淀物并干燥。用途:为植物细胞壁骨架;用作木糖醇和发酵酒精原料等。

α-纤维素(α-cellulose)　亦称"甲种纤维素"。一种纤维素聚集体,由已除去木质素的纤维素原料(如木浆、棉浆、纸浆等)经强碱处理(除去半纤维素)后得到。细微的白色短棒状物((15 ± 5) μm × (75 ± 25) μm)或粉末,无臭无味,结晶度高,化学性质稳定,耐高浓度的碱(80℃以下)、油(200℃以下)等介质。制备:纤维素原料在 20℃浸于 18% 左右的氢氧化钠溶液中,45 分钟后常规过滤,收集不溶部分并洗涤干燥。用途:主要用于离子交换膜法制碱工业中的助滤剂。

β-纤维素(β-cellulose)　亦称"乙种纤维素"。高度降解的纤维素和半纤维素的混合物。白色粉末,溶于碱性溶液,不溶于酸性溶液和通常的有机溶液。制法:纤维素原料在 20℃浸于 18% 左右的氢氧化钠溶液中,45 分钟后常规过滤,滤液用乙酸中和,收集沉淀并洗涤干燥。用途:暂无规模化的应用。

细菌纤维素(bacterial cellulose)　由细菌通过生物合成的纤维素的统称。与天然纤维素具有相同的分子结构单元和链结构,分子量 300~1 000 kDa。纯度高且具有强结晶性能,在合成的同时就形成由微纤(直径 3~4 nm)组合成的纤维束(直径 40~60 nm),并相互交织,组成精细网状结构。制备:由多种菌属如醋酸菌属、土壤杆菌属、根瘤菌属和八叠球菌属等中的特定细菌(如醋酸菌属中的葡糖醋杆菌),在不同的环境条件下合成。用途:用作食品基料、膳食纤维以及食品成型剂、增稠剂、分散剂、抗溶化剂等。

硝酸纤维素(nitrocellulose)　亦称"纤维素硝酸酯""火棉胶""硝化棉"。CAS 号 9004-70-0。纤维素糖基上的羟基与硝酸进行酯化反应后的产物,以含氮量表示硝化程度。白色纤维状物,无臭无味。密度 1.23^{25} g/cm³。溶于乙醇、丙酮和乙酸乙酯等溶剂,在苯、二氯乙烷中能部分溶解,耐水和稀酸等,极易燃烧(高于 165℃ 能自燃)。制法:将纤维素(棉纤纤维)、浓硝酸与浓硫酸混合,发生硝化反应,硝化物经除酸、预洗、煮沸、洗净、脱水等工序制成。用途:含氮量 13% 以上(强棉),可用于制造火药;含氮量 12.6%(胶棉),用于制造爆胶(溶解于硝化甘油中而形成的胶体)等;含氮量为 8%~12%(弱棉),可用于制造电影胶片、赛璐珞和硝基清漆等。

醋酸纤维素(cellulose acetate)　亦称"乙酸纤维素""纤维素乙酸酯"。CAS 号 9004-35-7。一种纤维素糖基上羟基与乙酸进行酯化反应后的热塑性树脂。酯化度定义为一个糖基结构单元上的羟基被乙酯基取代的平均数目,一般为 1~3。白色、微黄白色或灰白色的粒状、粉状或纤维状固体,无臭无味。熔点 230~300℃。溶于甲酸、丙酮、二氧六环或甲醇与二氯甲烷等体积混合液等,几乎不溶于水或乙醇。制法:精制短棉绒经醋酸活化,在催化剂存在下,与醋酐和醋酸混合液进行酯化反应;加醋酸中和催化剂,析出的沉淀物经脱酸洗涤、精煮、干燥,制成酯化度为 3 的产物;溶解在丙酮中后再行水解,产生各种不同酯化度的产物。用途:用于制造电影胶片和 X 光片基、绝缘薄膜、隔离膜、过滤/净化膜、包装薄膜以及纺织材料/人造纤维、香烟过滤嘴、工具手柄、笔杆、眼镜框架和油类、苯类液体容器等。

甲基纤维素(methyl cellulose)　亦称"纤维素甲醚"。CAS 号 9004-67-5。一种纤维素糖基上部分羟基经由化学反应,被甲氧基取代的纤维素甲醚。取代度定义为一个糖基结构单元上的羟基被甲氧基取代的平均数目,一般为 1.6~2.4。分子量 10~220 kDa。白色或浅黄或浅灰色颗粒、纤丝状或粉末,无臭无味。溶于冷水,在热水中溶解困难,化学性质稳定,耐酸、碱、微生物、热等的作用。制法:精制棉经碱处理后,以氯化甲烷作为醚化剂,经过一系列反应制成。用途:用作水泥、灰浆、接缝胶泥等的保水剂或黏合剂;化妆品、医药、食品工业中的成膜黏合剂、增稠剂;纺织品的上浆剂等。

羟丙基甲基纤维素（hydroxypropyl methyl cellulose） 亦称"纤维素羟丙基甲基醚""羟丙甲纤维素"。CAS 号 9004-65-3。一类纤维素糖基上部分羟基经由化学反应,被羟丙氧基和甲氧基取代的非离子型纤维素混合醚,性质受甲氧基含量和羟丙氧基含量的比例不同有所差异。取代度定义为一个糖基结构单元上的羟基被羟丙氧基和甲氧基取代的平均数目,一般为 1.2～2.0。分子量 10～200 kDa。白色或类白色纤维状或颗粒状粉末,无臭,易燃。在无水乙醇、乙醚、丙酮中几乎不溶,在冷水中溶胀成澄清或微浑浊的胶体溶液,热水中溶解困难,耐酸、碱。制法:精制棉经碱处理后,用环氧丙烷和氯甲烷作为醚化剂,经过一系列反应制成。用途:在纺织、造纸、皮革、食品和化妆品等工业中用作增稠剂、分散剂、黏结剂、赋形剂、耐油涂层、填料、乳化剂及稳定剂等;也常用作眼科润滑剂等。

羟乙基纤维素（hydroxyethyl cellulose） 亦称"2-羟乙基醚纤维素""2-羟乙基纤维素"。CAS 号 9004-62-0。一种纤维素糖基上部分羟基经由化学反应,被羟乙氧基取代的非离子型纤维素醚。取代度定义为一个糖基结构单元上的羟基被羟乙氧基取代的平均数目,一般为 1.5～2.0。分子量 10～180 kDa。白色或淡黄色纤维状或粉末状固体,无臭无味。密度 0.75^{25} g/cm³,熔点 288～290℃。较易溶于冷水,热水中溶解困难,不溶于通常有机溶剂,耐酸、碱。制法:碱性纤维素或精制棉经碱处理后,用环氧乙烷或氯乙醇经醚化反应制成。用途:用作增稠剂、保护剂、黏合剂、稳定剂以及制备乳剂、冻胶、软膏、洗剂、清眼剂、栓剂和片剂等的添加剂,亦用作亲水凝胶、骨架材料、制备骨架型缓释制剂,还可用于食品稳定剂等。

羧甲基纤维素（carboxymethyl cellulose） CAS 号 9000-11-7。一种纤维素糖基上部分羟基经由化学反应,被羧甲基氧取代的阴离子型纤维素醚。取代度定义为一个糖基结构单元上的羟基被羧甲基氧取代的平均数目,一般为 0.4～14。分子量 10～200 kDa。白色或微黄色絮状纤维粉末或白色粉末,无臭无味。吸湿性大,易溶于水,不溶于乙醇、乙醚、异丙醇、丙酮等有机溶剂,但可溶于含水 60% 的乙醇或丙酮溶液。制法:纤维素与氢氧化钠反应后生成碱纤维素,用一氯乙酸钠作为醚化剂,经一系列反应并除盐后制成。用途:可在多个领域中作为黏合剂、增稠剂、悬浮剂、乳化剂、分散剂、稳定剂、上浆剂等。

甲壳素（chitin） 亦称"甲壳质""几丁质"。CAS 号 1398-61-4。-[β-(1,4)-2-乙酰氨基-2-脱氧-D-葡萄糖]$_n$-(其中含有少量的 2-氨基-2-脱氧-D-葡萄糖基)构成的直链均一多糖。分子量大于 1 000 kDa。白色或淡米黄色无定形体或粉末,无臭无味。在浓氢氧化钠(钾)和尿素混合液中溶胀后溶解,在浓盐酸、磷酸、硫酸等强酸中降解溶解。制法:从海洋甲壳类动物的壳中提取,如将虾蟹壳粉碎后,经酸处理(去除碳酸钙等无机物和脱脂)、碱处理(去除蛋白质)、脱色和干燥等工序制取。用途:用作水/废水净化膜、手术缝合线、增稠剂等。

壳聚糖（chitosan） 亦称"壳多糖""几丁聚糖""脱乙酰甲壳素"。CAS 号 9012-76-4。甲壳素脱除部分或全部 N-乙酰基的产物。脱乙酰度是脱去乙酰基的葡萄糖胺单元数占总的葡萄糖胺单元数的比例,通常在 55%～99% 之间。分子量 20～50 kDa。白色或淡黄色片状粉体,无臭无味。易溶于有机酸如乙酸的水溶液,不溶于水、乙醇和丙酮等。制法:60～140℃下,甲壳素在浓碱中反应 8 小时,经水洗涤即可。用途:用作食品和化妆品添加剂、抗菌剂、医用纤维和敷料、组织工程材料和药物缓释材料等。

羧甲基壳聚糖（carboxymethyl chitosan） 亦称"羧甲基几丁聚糖"。CAS 号 83512-85-0。壳聚糖链上部分羟基和氨基经由化学反应,被羧甲基氧取代的产物。取代度定义为一个糖基结构单元上的羟基和氨基被羧甲基氧取代的平均数目,取代度小于 1 时,羧甲基氧主要取代 C6 羟基,为 O-羧甲基壳聚糖,取代度接近或高于 1 时,C2 氨基才会被取代,为 O,N-羧甲基壳聚糖。白色或微黄色粉状固体,较易溶于水。制法:壳聚糖稀乙酸溶液用过量丙酮沉淀,得到壳聚糖乙酸盐再置于氢氧化钠和异丙醇混合溶液,搅拌并滴加一氯乙酸的异丙醇溶液,70℃下反应数小时,冷却至室温并用稀酸中和, 85% 甲醇洗涤后干燥而成。用途:用作食品和化妆品添加剂、抗菌敷料、组织工程材料等。

麦芽糊精（maltodextrin） CAS 号 9050-36-6。一种葡萄糖值(DE 值)为 3～20,主要由 α-(1→4)-D-葡萄糖和部分 α-(1→6)-D-葡萄糖形成的低分子量葡聚糖。白色粉末,无味或者有一定的甜味,溶于水,不溶于乙醇,水溶液有一定的黏性。具有成膜性、类似脂肪的质构和口感、容易消化吸收等特性。制备:以食用淀粉为原料,用 α-淀粉酶或者在酸性条件下进行低程度水解而得到。用途:食品工业用于生产各种食品和饮料,用于替代脂肪生产低热量食品,用作增稠剂、稳定剂、填充剂等。

抗性糊精（resistant dextrin） 亦称"抗性麦芽糊精"。CAS 号 9004-53-9。一种具有复杂分枝结构的低分子量葡聚糖。由 α-(1→6)、α-(1→4)、α-(1→2)、α-(1→3)-D-葡萄糖连接而成,部分还原端上含有分子内脱水形成的缩葡聚糖和 β-(1→6)-D-葡萄糖苷结构。白色或淡黄色粉末,略有甜味,溶于水,不溶于乙醇。具有热量低、耐热、耐酸、耐冷冻、耐储存、低褐变、难发酵、冷水可溶、水溶液黏度低等特点,具有水溶性膳食纤维功能。制备:以食用淀粉为原料,通过部分降解再经高温聚合而成。用途:造纸工业用作纸张上胶剂;纺织工业用作纺织品上浆剂;食品工业用于制备低热量食品,用作膳食纤维添加剂、稳定剂等。

黄原胶（xanthan gum） 亦称"汉生胶"。CAS 号

11138-66-2。主链由 -[β-(1→4)-D-葡萄糖]$_n$- 构成,每隔一个葡萄糖单元含有一个带负电荷的三糖侧链基团: -β-(1→3)-D-甘露糖-β-(1→4)-D-葡萄糖醛酸-α-(1→2)-D-甘露糖,内部的甘露糖可能在 C-6 位置与乙酰基团相连,外部的甘露糖可能在 C-4 和 C-6 位置连接有丙酮酸酯基团。分子量约 2 000～50 000 kDa。白色或浅黄色粉末,溶于水,稳定性好,水溶液具有低浓度高黏度特性和良好的剪切变稀性质。制备:通过细菌发酵生产。用途:在食品、医药、日用品、化妆品、涂料等工业中用作产品改良剂、增稠剂、悬浮剂、稳定剂等;石油工业中用作钻井泥浆增稠剂。

结冷胶(gellan gum) 亦称"凯可胶"。CAS 号 71010-52-1。由线形四糖重复单元: -[β-(1→3)-D-葡萄糖-β-(1→4)-D-葡萄糖醛酸-β-(1→4)-D-葡萄糖-α-(1→4)-L-鼠李糖]$_n$- 组成,平均分子量约 500 kDa。天然结冷胶在每个 β-(1→3)-D-葡萄糖残基的 C-2 和 C-6 位上分别连接甘油酰基和乙酰基,通过碱处理得到低酰基结冷胶。米黄色粉末,无味,溶于水,水溶液加热后冷却形成透明水凝胶,高酰基结冷胶可形成柔软有弹性的水凝胶,低酰基结冷胶可形成坚固而脆的水凝胶。制备:通过细菌发酵生产。用途:作为产品改良剂、增稠剂、胶凝剂、稳定剂和成膜剂等,应用于食品、医药、日用品、化妆品等领域。

普鲁兰多糖(pullulan) 亦称"短梗霉多糖""茁霉多糖"。CAS 号 9057-02-7。由线形三糖重复单元: -[α-(1→6)-D-葡萄糖-α-(1→4)-D-葡萄糖-α-(1→4)-D-葡萄糖]$_n$- 组成,分子量 48～2 200 kDa。白色粉末,无臭无味,易溶于水,不溶于乙醇,水溶液具有黏度低、耐盐和强粘接性质。具有很好的可塑性和成膜性,其薄膜具有阻氧、透明、强度高、耐油、可热封、可食用等特点。制备:通过细菌发酵生产。用途:应用于食品、医药、日用品、化妆品等领域,用作产品改良剂、稳定剂、保鲜剂、粘接剂、成膜剂、包装材料等。

热凝胶(curdlan) 亦称"凝结多糖""可得然胶"。CAS 号 54724-00-4。由 -[β-(1→3)-D-葡萄糖]$_n$- 形成的直链葡聚糖,聚合度为 135～500。白色或灰白色粉末,无臭无味,不被人体消化,不溶于冷水和乙醇。水分散液加热后形成凝胶,根据加热程度可形成低固定胶(热可逆胶)和高固定胶(热不可逆胶),高固定胶具有高弹性、抗冻融性、耐热性、抗脱水性和包油性等特点。制备:通过细菌发酵生产。用途:应用于食品、医药、日用品、化妆品等领域,用作结构改良剂、增稠剂、凝胶剂、悬浮剂、稳定剂、保湿剂、包装材料等。

右旋糖酐(dextran) 亦称"葡聚糖"。CAS 号 9004-54-0。一种具有分枝结构的葡聚糖,主要由 D-葡萄糖经 α-(1→6)糖苷键线性聚合而成,支链的起点为 α-(1→3)糖苷键,分子量一般为 1～200 kDa。白色粉末,无臭无味,溶于水,不溶于乙醇。制备:通过微生物发酵生产高分子量右旋糖酐,然后利用右旋糖酐酶水解或者通过酸降解制备中分子量和低分子量右旋糖酐。用途:临床上用作血容量扩充药以增加血浆容量和维持血压,用于改善微循环,预防或消除血管内红细胞聚集和血栓形成等。

水溶性大豆多糖(soy soluble polysaccharide) 一种存在于大豆籽粒中的弱酸性多支链多糖。主链由同型半乳糖醛酸(α-(1→4)-D-半乳糖醛酸)聚糖和鼠李半乳糖醛酸(α-(1→2)-L-鼠李糖-α-(1→4)-D-半乳糖醛酸)聚糖组成,支链由 β-(1→4)-D-半乳聚糖和 α-(1→3)或 α-(1→5)-L-阿拉伯聚糖组成,在多糖主链上共价连接了疏水蛋白,蛋白含量在 1.2%～9.2%(质量比)之间,多糖分子量为 5～1 000 kDa,白色粉末。具有高水溶性、低黏度、高温稳定性、乳化性和成膜性,具有水溶性膳食纤维功能。制备:从提取大豆油和大豆蛋白后的副产物中提取。用途:食品和饮料中用作乳化剂、稳定剂、成膜剂和膳食纤维添加剂等。

阿拉伯胶(gum arabic) 亦称"金合欢胶"。CAS 号 9000-01-5。来源于豆科金合欢属的树干渗出物,主链和侧链都含有由 D-半乳糖通过 β-(1→3)糖苷键形成的多聚和寡聚链段,侧链通过 β-(1→6)键连接到主链上,主链和侧链均可键合 L-阿拉伯糖、L-鼠李糖、D-葡萄糖醛酸和 4-O-甲基-D-葡萄糖醛酸,多糖中共价连接约 2%(质量比)蛋白和含有钙、镁、钾等多种阳离子,分子量约为 100～1 300 kDa。天然阿拉伯胶为琥珀色半透明固体,精制后为白色粉末。是天然的黏合剂,具有乳化性、成膜性、高水溶性,水溶液的黏度较低并且呈牛顿流体性质,在人体消化道中不被消化和吸收。制备:收集天然的金合欢树树胶。用途:用作邮票上胶剂;食品和饮料中用作乳化剂、增稠剂、稳定剂、黏合剂、成膜剂、上光剂等。

果胶(pectin) 亦称"聚-D-半乳糖醛酸甲酯"。CAS 号 9000-69-5。一种存在于植物初生壁和细胞间隙中的结构多糖。在不同植物组织中其化学结构和分子量变化很大,主要由同型半乳糖醛酸聚糖、鼠李半乳糖醛酸聚糖 I 和鼠李半乳糖醛酸聚糖 II 组成,糖单元中 D-半乳糖醛酸占 65%以上,根据半乳糖醛酸的酯化程度可分为高甲氧基果胶和低甲氧基果胶,半乳糖醛酸也可被乙酰化,分子量约 50～150 kDa。淡黄色或淡褐色粉末,溶于水,不溶于乙醇。具有良好的凝胶性质和乳化稳定作用,具有水溶性膳食纤维功能。制备:商品果胶主要从柑橘皮、苹果渣皮中提取。用途:食品、乳制品和饮料中作为增稠剂、胶凝剂、乳化剂、稳定剂和膳食纤维添加剂等。

Levan 果聚糖(levan) CAS 号 9013-95-0。一类存在于植物和由微生物代谢产生的果聚糖,由果糖单元以 β-(2→6)糖苷键连接的主链和以 β-(2→1)糖苷键连接的支链组成,还原端有一个葡萄糖基团。来源于植物的 levan 具有很少的支链,分子量约 2～33 kDa;来源于微生物的 levan 分子量大得多并且高度支链化。白色或者淡黄褐色粉末,有一定的甜味,溶于水,水溶液具有黏度较低、不形成凝胶和假塑性性质,具有水溶性膳食纤维功能。制备:微生物发酵生产或者酶法合成。用途:食品工业用于生产功能食品。

菊粉(inulin) 亦称"菊糖""天然果聚糖"。CAS 号 9005-80-5。一种存在于多种植物中的多聚果糖。直链结构,D-果糖单元通过 β-$(2\rightarrow1)$ 糖苷键连接,还原端有一个葡萄糖基团,平均分子量约为 5 kDa。白色粉末,商品菊粉中含有一定量的单糖和双糖而略有甜味,水溶性随温度的升高而增加,水凝胶具有类似脂肪的质构与口感,菊粉具有水溶性膳食纤维功能。制备:商品菊粉从菊苣和菊芋(洋姜)块茎中提取。用途:食品工业用于生产功能食品,替代脂肪和糖生产低热量食品,用作膳食纤维添加剂等。

瓜尔胶(guar gum) 亦称"瓜尔豆胶"。CAS 号 9000-30-0。一种存在于豆科植物瓜尔豆胚乳中的非离子型半乳甘露聚糖,其中 D-甘露糖单元以 β-$(1\rightarrow4)$ 糖苷键连接形成分子主链,单个的 D-半乳糖以 $\alpha(1\rightarrow6)$ 糖苷键与主链连接,甘露糖与半乳糖残基的摩尔比约为 $1.5:1\sim2:1$,分子量约 $1\,000\sim2\,000$ kDa。白色或淡黄褐色粉末,具有良好的水溶性,水溶液在较低浓度下就具有高黏度和假塑性性质。制备:从瓜尔豆种子中提取。用途:在石油开采、食品、化妆品、制药、造纸、纺织印染、建筑涂料等工业领域用作增稠剂、持水剂、稳定剂、分散剂等。

刺槐豆胶(carob gum; locust bean gum) 亦称"角豆胶""槐树豆胶"。CAS 号 9000-40-2。一种存在于豆科植物角豆胚乳中的非离子型半乳甘露聚糖,主链由 D-甘露糖单元以 β-$(1\rightarrow4)$ 糖苷键连接形成,侧链为单个的 D-半乳糖以 α-$(1\rightarrow6)$ 糖苷键与主链无规相连接甘露糖与半乳糖残基的平均摩尔比为 $4:1$,平均分子量均为 300 kDa。白色或淡黄色粉末。溶于热水,不溶于乙醇,水溶性和水溶液的流变学性质与侧链半乳糖基团的数目和分布有关,水溶液具有高黏度、凝胶和假塑性性质,可以其他多糖协同形成水凝胶。制备:从角豆种子中提取。用途:在食品工业用作增稠剂、持水剂、稳定剂、分散剂、胶凝剂等。

魔芋葡甘聚糖(konjac glucomannan) 由 D-葡萄糖和 D-甘露糖按照 $1:1.4\sim1:1.7$ 摩尔比通过 β-$(1\rightarrow4)$ 糖苷键连接构成,在部分主链甘露糖的 C-3 位上通过 β-$(1\rightarrow3)$ 糖苷键与支链相连,支链由几个至几十个糖单元组成,支链化度约为 8%,约 $9\sim19$ 个糖单元中有一个在 C-6 位上与乙酰基相连,分子量约 $200\sim2\,000$ kDa。白色或淡棕黄色粉末,溶于水,不溶于有机溶剂。具有超强的持水性能,水溶液具有高黏度、凝胶、成膜等性质,具有水溶性膳食纤维功能。制备:从魔芋块茎中提取。用途:在食品工业用作增稠剂、持水剂、稳定剂、胶凝剂、成膜剂、膳食纤维添加剂等。

卡拉胶(carrageenan) 亦称"角叉胶"。CAS 号

9062-07-1(ι-型)。一种存在于红藻类海草中、由 -[β-$(1\rightarrow3)$-D-半乳糖-α-$(1\rightarrow4)$-D-半乳糖(或 3,6 内醚-D-半乳糖)]$_n$- 形成的直链多糖硫酸酯,硫酸酯基团的含量约为 $20\%\sim40\%$(质量比)。根据糖单元以及硫酸酯基的数目和位置,卡拉胶分为多种类型,工业生产和使用的主要是 κ-型、ι-型、λ-型或其混合物。白色或浅褐色颗粒或粉末。溶于热水,不溶于有机溶剂。具有凝胶、增稠、成膜等性质,其性质与卡拉胶的类型有关。制备:从红藻类的角叉菜、麒麟菜等中提取。用途:在制药工业用于制造胶囊壳等;在食品工业用作增稠剂、持水剂、稳定剂、胶凝剂等。

琼脂糖(agarose) CAS 号 9012-36-6。由 -[β-$(1\rightarrow3)$-D-半乳糖-α-$(1\rightarrow4)$-3,6-内醚-L-半乳糖]$_n$- 组成的非离子直链多糖,平均分子量约 120 kDa。白色粉末。在水中加热至 85℃ 以上溶解,当温度下降至 $35\sim45℃$ 时形成具有一定孔径和强度的水凝胶,孔径的尺寸随琼脂糖浓度的增加而减小。具有很好的物理、化学和热稳定性,是生物大分子的理想惰性载体。制备:从红藻类的江蓠、石花菜等中提取。用途:在生物化学实验中用作生物培养基,电泳、层析等分离和分析技术的半固体支持物;在食品工业用作持水剂、稳定剂、胶凝剂等。

海藻酸钠(sodium alginate) CAS 号 9005-38-3。由 β-D-甘露糖醛酸(M)和 α-L-古洛糖醛酸(G)2 种结构单元通过 $(1\rightarrow4)$ 糖苷键形成的聚阴离子直链多糖,两种结构单元交替形成-M-M-M-、-G-G-G-、-G-M-G-M- 3 种不同的链段,分子量约 $180\sim400$ kDa。白色或淡黄色粉末,溶于水,不溶于乙醇。具有良好的增稠性、稳定性、凝胶性、泡沫稳定性,其水溶液的黏度和凝胶性与 G 和 M 片段在分子中的比例和位置以及分子量有关;与 Ca^{2+} 等二价阳离子在温和条件下可形成水凝胶。制备:从褐藻类的海带、马尾藻中提取。用途:在印染工业用于配制活性染料色浆;在食品和医药工业中广泛用作增稠剂、黏合剂、胶凝剂、持水剂、稳定剂等。

β-葡聚糖(β-dextran) 亦称"酵母葡聚糖"。CAS 号 9012-72-0。一种具有分枝结构的葡聚糖,存在于酵母细胞壁中,主要由 D-葡萄糖以 β-$(1\rightarrow3)$ 糖苷键聚合而成,也有一部分以 β-$(1\rightarrow6)$ 糖苷键连接,平均分子量约 240 kDa。白色或淡黄色粉末,略溶于水。具有三股螺旋构象,脂肪样口感,具有免疫增强功能。制备:从酵母中提取。用途:作为家禽、家畜饲料添加剂,用于增强机体免疫功能和促进生长;在食品工业用于生产低热量食品,改善食品的质构和口感,作为保健成分添加剂等。

透明质酸(hyaluronic acid) 亦称"玻尿酸"。CAS 号 9004-61-9。一种广泛存在于人体和动物结缔组织中的直链黏多糖,由 -[β-$(1\rightarrow4)$-D-葡萄糖醛酸-β-$(1\rightarrow3)$-N-乙酰-D-氨基葡萄糖]$_n$- 组成,分子量介于 $5\sim20\,000$ kDa 之间,可形成透明质酸盐,如透明质酸钠(CAS 号 9067-32-7)。白色粉末,无臭无味,溶于水,不溶于有机溶剂。具有

很好的生物相容性和生物降解性、低免疫原性、低致炎性、高黏弹润滑性、强吸湿性、高保湿性等特点。制备：从动物组织中提取或者微生物发酵生产。用途：在临床上用于软组织填充、骨关节炎治疗、防术后粘连、眼科疾病治疗、局部给药载体等；在化妆品中用作天然保湿润滑剂等。

硫酸软骨素（chondroitin sulfate）　CAS 号 39455-18-0（硫酸软骨素钠）。存在于人和动物的软骨、韧带、主动脉等组织中的一类直链糖胺聚糖，在体内以蛋白聚糖形式存在。由 D-葡萄糖醛酸（GlcA）和 N-乙酰-D-氨基半乳糖（GalNAc）二糖重复单元构成，根据重复二糖的硫酸化位点和糖醛酸组成可分为多种类型，其中 A 型 -[β-(1→4)-GlcA-β-(1→3)-GalNAc-4-sulfate]$_n$-和 C 型 -[β-(1→4)-GlcA-β-(1→3)-GalNAc-6-sulfate]$_n$- 较为常见，分子量 10～50 kDa。白色或类白色粉末，溶于水，不溶于乙醇。制备：从动物软骨等组织中提取。用途：用于预防、治疗骨关节炎和治疗高脂血症等。

硫酸皮肤素（dermatan sulfate）　亦称"硫酸软骨素 B"。CAS 号 54328-33-5（硫酸皮肤素钠）。一种存在于动物皮肤、血管壁等组织的细胞表皮和细胞外基质中的直链糖胺聚糖，在体内以蛋白聚糖形式存在。由不同程度硫酸化的 L-艾杜糖醛酸（IdoA）和 N-乙酰-D-氨基半乳糖（GalNAc）二糖重复单元组成，其中含糖较高的是 -[β-(1→4)-IdoA-2-sulfate-α-(1→3)-GalNAc-4-sulfate]-，分子量 4～45 kDa。白色粉末或类白色粉末，溶于水，不溶于乙醇。制备：从牛肠黏膜、猪肠黏膜等动物组织中提取，通过酶或者化学降解制备低分子量硫酸皮肤素钠。用途：用作化妆品添加剂；在医学上用作抗血栓剂等。

肝素（heparin）　CAS 号 9041-08-1（肝素钠）。存在于动物肺、肝、肠等组织中，是一类结构复杂、骨架由己糖醛酸和氨基葡萄糖二糖单元通过(1→4)糖苷键连接的直链糖胺聚糖，在体内以蛋白聚糖形式存在，是硫酸类肝素中硫酸化程度高并且结构比较规整的组分。肝素分子中约 70%～85% 的结构片段由含有三个硫酸基的二糖单元：α-(1→4)-2-O-硫酸-L-艾杜糖醛酸-α-(1→4)-N-硫酸-6-O-硫酸-D-氨基葡萄糖组成，其余片段由含有一个或者两个硫酸基的二糖组成，肝素中平均每一重复二糖单元含有 2.7 个硫酸基，分子量 4～40 kDa。白色或类白色粉末。溶于水，不溶于乙醇。制备：从猪肠或者牛肺中提取，通过酶或者化学降解制备低分子量肝素。用途：临床上用作抗凝血和抗血栓药物。

硫酸乙酰肝素（heparan sulfate）　亦称"硫酸类肝素"。CAS 号 9050-30-0。作为蛋白聚糖的多糖链存在于动物肺、动脉管等细胞表面和胞外基质中，是一类结构复杂、骨架由己糖醛酸和氨基葡萄糖二糖单元通过(1→4)糖苷键连接的直链糖胺聚糖，其中，糖醛酸主要为 D-葡萄糖醛酸、L-艾杜糖醛酸、2-O-硫酸-L-艾杜糖醛酸，D-氨基葡萄糖主要为 N-硫酸-6-O-硫酸-D-氨基葡萄糖、N-乙酰-D-氨基葡萄糖、N-硫酸-D-氨基葡萄糖。其中平均每一重复二糖单元含有 0.5～2.0 个硫酸基，分子量 4～20 kDa。白色或类白色粉末，溶于水，不溶于乙醇。在体内参与多种生物学过程的调控，其抗凝血作用比肝素低得多。制备：从猪肠或者牛肺中提取。

木质素（lignin）　由芳香结构组成的丰富可再生资源。主要存在于植物细胞壁中，木材中约含 20%～40%，禾本植物中约含 15%～25%。由愈创木基丙烷、紫丁香基丙烷、对羟基苯丙烷三种单元通过醚键和碳碳键形成的具有复杂三维网络结构的天然酚类聚合物，不同植物木质素的三种单元组成有很大的差别。不溶于水和有机溶剂，溶于浓的强碱溶液。制备：主要来源于制浆造纸工业，是制浆过程的副产物。用途：制备木质素基吸附剂等用于医疗、分离、环保等领域；通过化学改性制备木质素衍生物等。

木质素磺酸钙（calcium lignosulfonate）　CAS 号 8061-52-7。木质素的衍生物。结构未确定，分子量变化很大。黄褐色粉末，溶于水，不溶于有机溶剂。木质素磺酸盐为高分子阴离子表面活性剂，具有吸附、分散、乳化等性质和价格低廉、来源广泛的优势。制备：从亚硫酸盐和硫酸盐造纸废液中制备，或由碱木质素经磺化反应制备。用途：在石油开采和工业洗涤剂、农药杀虫剂、除草剂等产品中用作吸附剂和分散剂，用作混凝土减水剂、染料扩散剂、选矿浮选剂、冶炼矿粉粘接剂、水煤浆分散剂等。

蛋白质和核酸

角蛋白（keratin）　CAS 号 169799-44-4。构成动物毛发、角、爪和皮肤外层的主要蛋白质。分别由 20 余种角蛋白肽链中的若干种组合而成，共同特征是肽链 19 种氨基酸中存在大量侧基团为巯基的半胱氨酸（质量分数为 10%～15%），在链间和链内形成很多二硫键，化学结构稳定，不溶于水、盐溶液、稀酸或稀碱等。二级结构多为 α-螺旋构象（α-角蛋白，如在毛发中等）和 β-折叠构象（β-角蛋白，如在羽毛中等）。毛发角蛋白中氨基酸重复基序主要有半胱氨酸-半胱氨酸-X-脯氨酸-X 和半胱氨酸-半胱氨酸-X-丝氨酸/苏氨酸-丝氨酸/苏氨酸（X 为其他任意氨基酸）两种，两条 α-螺旋链轻度卷曲缠绕，形成左手超螺旋二聚体，几百根刚性的二聚体沿螺旋轴平行聚集排列，构成毛发微原纤维，这些等级结构主要以高量的二硫键维持。制法：在动物外胚层分化而来的细胞中合成；在打开天然角蛋白中二硫键的前提下，通过酶解、酸或碱水解等，可得到分子量降低的（再生）角蛋白溶液。用途：制备各种 α-氨基酸的原料、优质饲料蛋白和化妆品添加剂等。

牛奶蛋白（milk protein）　亦称"牛乳蛋白"。牛奶中多种蛋白质混合物的总称。主要由牛乳酪蛋白和牛乳清蛋白两大部分组成。牛奶在 20℃、pH 4.6 条件下的沉淀物为"牛乳酪蛋白"（785 页），余下溶解于水中的各种蛋白质通称为"牛乳清蛋白"(785页)。制法:主要由牛乳腺中的乳分泌细胞合成。用途:用作食品等。

大豆蛋白(soybean protein)　亦称"豆蛋白"。大豆属植物种子所含蛋白质的总称。主要成分是质量分数为90%的球状蛋白混合物,其中包括胰蛋白酶抑制剂、淀粉酶、血细胞凝集素、脂肪氧化酶等生物活性蛋白和7S、11S球蛋白等储藏蛋白。在pH为2.0~4.0或6.5~12.0时,80%溶解于水。制法:大豆属植物种子脱脂、去除碳水化合物及其他杂质而成。用途:用作食品等。

7S大豆球蛋白(7S soya protein)　亦称"β-伴大豆球蛋白"。大豆分离蛋白7S组分中占三分之一的主要成分,含3.8%的甘露糖基和1.2%的氨基葡萄糖基,是一种糖蛋白。分子量180~210 kDa,等电点为4.8。含18种氨基酸,其中带极性侧基团的氨基酸如天冬氨酸/天冬酰胺、谷氨酸/谷酰胺、赖氨酸和丝氨酸等摩尔分数超过50%。由α亚基(分子量68 kDa)、α′亚基(分子量72 kDa)和β亚基(分子量52 kDa)3种多肽链组成,每个亚基对包含1条α链和1条β链,α链和β链间无二硫键,加热能形成凝胶。制法:从大豆分离蛋白的7S组分中纯化获得。用途:是大豆食品在加工中形成凝固或凝聚状的主要成分。

β-伴大豆球豆白(β-conglycinin)　即"7S大豆球蛋白"。

11S大豆球蛋白(11S soya protein)　亦称"大豆球蛋白"。大豆分离蛋白11S组分中的唯一成分,含0.8%的糖基,是一种糖蛋白。分子量350 kDa,等电点6.4。含18种氨基酸,其中数量较多的是带疏水性侧基团的亮氨酸、苯丙氨酸和带极性侧基团的谷氨酸/谷酰胺、赖氨酸,摩尔分数分别为18.6%、11.3%和8.9%、10.8%。由6对共12个亚基构成,呈酸性的亚基(分子量约为35 kDa)有A_{1a}、A_{1b}、A_2、A_3、A_4和A_5共六种,呈碱性的亚基(分子量约为20 kDa)有B_{1a}、B_{1b}、B_2、B_3和B_4共5种。1个酸性亚基A与1个碱性亚基B通过单个二硫键连接,可形成$A_{1a}B_{1b}$、$A_{1b}B_2$、A_2B_{1a}、A_3B_4、A_5B_3五种亚基对。制法:从大豆分离蛋白的11S组分中获得;脱脂大豆粉的水浸出液在0~2℃静置后的沉淀物。用途:是大豆类食品的主要成分。

大豆球蛋白(glycinin)　即"11S大豆球蛋白"。

豌豆蛋白(pea protein)　豌豆属植物种子所含的蛋白质总称。蛋白质成分与大豆蛋白基本相同,主要为7S大豆球蛋白和11S大豆球蛋白,但含量有所差异。制法:豌豆属植物种子脱脂、去除碳水化合物及其他杂质而成。用途:用作食品及各类食品添加剂等。

小麦蛋白(wheat protein)　亦称"麦蛋白""面筋蛋白"。小麦干粒中质量分比为8%~16%的蛋白质的总称。其中,麦醇溶蛋白和麦谷蛋白等合称为贮藏蛋白,占80%左右。制法:小麦粉脱脂、水中揉洗以去除碳水化合物及其他杂质而成。用途:用作食品等。

麦醇溶蛋白(gliadin)　亦称"醇溶蛋白"。球状多聚体,分子量25~100 kDa,等电点6.41~7.1。质量百分比为小麦蛋白总量的40%~50%,有全部的20种天然氨基酸,其中谷氨酸摩尔百分比高达38.87%。不溶于水及中性盐溶液,易溶于60%~70%的乙醇溶液,在稀甲酸、丙酸、苯、醇、对甲苯乙酸溶液等中有一定的溶解度。具有高延展性,弹性差。制法:用60%~70%的乙醇溶液对小麦蛋白进行提取而成。用途:用作食品、制取味精等。

麦谷蛋白(glutenin)　亦称"谷蛋白"。纤维状聚集体,分子量超过100 kDa,质量百分比为小麦蛋白总量的30%~40%。不溶于水及中性盐溶液,微溶于热的乙醇,与麦醇溶蛋白结合在一起很难单独分离。具有高弹性,延展性差。制法:用60%~70%的乙醇溶液对小麦蛋白进行提取后的余留物。用途:用作食品等。

胶原蛋白(collagen)　亦称"胶原"。一类广泛分布在生物体内的蛋白质家族,有30种以上的类型,其中Ⅰ型(主要分布于真皮、骨、腱、牙齿中)占总量的80%~90%左右。常见的类型还有Ⅱ型(主要分布于透明软骨、玻璃体、神经视网膜中)、Ⅲ型(主要分布于胚胎真皮、心血管、肠胃道、网状纤维中)、Ⅴ型(主要分布于胚胎绒毛膜、羊膜、肌、鞘中)和ⅩⅠ型(主要分布于透明软骨中)等。根据结构辅以功能分组,Ⅰ、Ⅱ、Ⅲ、ⅩⅠ、ⅩⅩⅣ和ⅩⅩⅦ型被称为"成纤维胶原",其余被称为"非成纤维胶原"。等电点为7.5~7.8。不同类型胶原的多肽链氨基酸序列各异,均称作$α_1$链、$α_2$链、$α_3$链或β链;各多肽链的分子量均为100 kDa左右,其中甘氨酸和脯氨酸/羟脯氨酸占比很高。三条长度相似且均形成左手螺旋(螺距为0.87 nm)的多肽链,通过氢键和范德华力等作用,相互交织构成标志性的右手三股螺旋型(螺距为8.6 nm左右)复合结构,称作螺旋区段或胶原域,其间各肽链以"甘氨酸-脯氨酸/羟脯氨酸-任意氨基酸"的三肽基序周期性重复为特征。成纤维胶原如Ⅰ型由两条$α_1$链和一条$α_2$链构成三股螺旋后,成为长度约300 nm,直径约1.5 nm的棒状分子,称为"原胶原纤维"。5根原胶原纤维在轴向以"1/4错位"的形式(即每两根原胶原纤维间都有1/4.5纤维长度的错位)平行聚集在一起,形成直径约为4 nm的微纤维。非成纤维胶原的α链既含有三螺旋域(胶原域),还含有非三螺旋域(非胶原域)。微纤维及微纤维聚集体不溶于冷水、稀酸、稀碱溶液,也不易被通常的蛋白酶水解,有很强的延伸力和良好的保水性和乳化性。制法:生物合成产物;通过低温(0~25℃)酸(乙酸、苹果酸、柠檬酸等)法对动物真皮进行蛋白质提取,能够最大程度保留其中的三股螺旋结构。用途:用作食品及各种食品添加剂、化妆品、生物医用材料等。

明胶(gelatin)　亦称"明胶蛋白""明胶海绵"。CAS号9000-70-8。胶原蛋白在酸、碱、酶或高温作用下的降解变性产物,组成复杂,分子量约 50～100 kDa,且分子量分布宽。氨基酸组成与胶原一致,但肽链有不同程度的断裂,三股螺旋结构被破坏。无色至浅黄色固体,呈粉状、片状或块状,有光泽,无臭无味。密度 1.3～1.4 g/cm³。不溶于水,但浸泡在水中时,可吸收 5～10 倍的水而膨胀软化,热水中溶解成胶体状。按照生产方式分为酸法明胶(A 型,等电点 7.5～9.0)、碱法明胶(B 型,等电点 4.8～5.0)和酶法明胶。制法:主要有对动物皮或骨等原料进行预处理、酸或碱或酶对胶原蛋白的降解和产物提取、产物纯化灭菌烘干等三部分工序。酸法与碱法生产通常是指对原料前处理与提胶过程中处理试剂和方法不同。酸法主要选用盐酸、硫酸、磷酸、乳酸、柠檬酸、乙酸等单一酸或复合酸对前工序进行原料膨胀等处理,并进一步用弱酸或强酸破坏分子间交联与断裂分子键,使多肽溶于酸水溶液中。碱法制备过程中,原料经浸灰、水洗和除脂等方式进行预处理后,在石灰或氢氧化钠和一定温度条件下胶原蛋白逐步降解为分子量不均一的多肽混合物,产品的收率、性质和纯度等较优。用途:用作食品及糖果添加剂、饮料澄清剂或增稠剂、肉制品改良剂、生物医用材料如胶囊和血浆扩容剂、胶黏剂、纸张上浆剂等。

大豆分离蛋白(soy protein isolate) CAS 号 9010-10-0。主要由沉降系数为 11S 的大豆球蛋白和 7S 的 β-大豆伴球蛋白组成。其中球蛋白分子量约为 300～380 kDa,由 6 个亚基组成,每个亚基由两条肽链通过二硫键形成;β-伴球蛋白为糖蛋白,含有约 5% 糖基,分子量约为 140～180 kDa,由 3 条肽链组成。等电点约 4.8。含有人体必需的各种氨基酸,是一种全价植物蛋白。乳白色或淡黄色粉末。水溶性与 pH 有关,在等电点及附近水溶性很低。具有高营养、低成本的特点,具有水合、乳化、发泡、凝胶、成膜等性质。大豆球蛋白和 β-伴球蛋白是大豆蛋白过敏症的主要致敏原。制备:低温下从脱脂豆粕中提取。用途:在食品中替代动物蛋白质作为人体的蛋白质补充剂;食品加工中用作乳化剂和发泡剂;纺织工业中用于生产大豆蛋白共混纤维。

豌豆分离蛋白(pea protein isolate) CAS 号 222400-29-5。主要由沉降系数为 11S 的豆球蛋白和 7S 的豌豆球蛋白以及部分伴球蛋白组成,11S 豆球蛋白的分子量为 330～410 kDa,是由 12 条肽链组成的球状六聚体分子,7S 豌豆球蛋白的组成很复杂,主要由三条分子量约为 50 kDa 的多肽链组成,伴球蛋白是由一条分子量约为 70 kDa 的肽链形成的三聚体分子。等电点约 4.3。含有人体必需的各种氨基酸,是一种全价植物蛋白。乳白色或淡黄色粉末。水溶性与 pH 有关,在 pH 4～6 条件下水溶性很低。具有高营养和过敏性较小的特点,具有乳化、发泡等性质。制备:低温下从生产豌豆淀粉的下脚料中提取。用途:食品中用作营养强化剂;食品加工中替代大豆蛋白用作乳化剂、发泡剂等。

小麦醇溶蛋白(gliadin from wheat) CAS 号 9007-90-3。小麦籽粒中的主要贮藏蛋白之一,也是小麦面筋蛋白的主要成分之一,占小麦总蛋白含量的 40%～50%。主要分为 α、β、γ、ω-1、ω-2 醇溶蛋白,分别由分子量为 25～80 kDa 的单一肽链组成,为球状分子,其中 α、β、γ 醇溶蛋白含分子内二硫键。等电点 6.4～7.1。淡黄色或者米黄色粉末。溶于 60%～80%(v/v)乙醇-水溶液。具有表面活性、黏性、延展性和膨胀性,其含量和组成是影响小麦食品加工品质的一个重要因素。是小麦过敏症的致敏原之一。制备:从小麦籽粒中提取。

小麦谷蛋白(glutenin) 小麦籽粒中的主要贮藏蛋白之一,也是小麦面筋蛋白的主要成分之一,占小麦总蛋白含量的 30%～40%。是由多个多肽亚基通过二硫键结合形成的多链分子,在还原状态下分解为高分子量谷蛋白亚基(分子量 70～90 kDa,约占麦谷蛋白的 25%)和低分子量谷蛋白亚基(分子量 30～45 kDa,约占麦谷蛋白的 75%)。淡黄色或者淡棕色粉末,不溶于水或乙醇,溶于酸或碱溶液。谷蛋白赋予小麦面团弹性和筋力,其含量和亚基组成对小麦食品加工的品质影响很大。是小麦过敏症的致敏原之一。制备:从小麦籽粒中提取。

玉米蛋白(zein) 亦称“玉米醇溶蛋白”。CAS 号 9010-66-6。玉米籽粒中的主要储藏蛋白质,由包含不同肽链(分子量 10～27 kDa)的 α、β、γ、δ 四种组分组成。黄色(含有玉米黄色素)粉末。不溶于水,溶于 70%～85% 乙醇-水溶液或 pH ≥ 11.5 碱性水溶液。富含疏水性氨基酸残基,缺乏色氨酸和赖氨酸残基,营养价值不高。具有很好的成膜性、粘接性和抗氧化性。制备:从玉米籽粒中提取,是生产玉米淀粉的副产品。用途:在食品、医药、化工、木材加工等领域用作涂膜剂、粘接剂、成膜材料等。

牛乳酪蛋白(bovine casein) CAS 号 9000-71-9。牛乳中蛋白质含量的 80% 是酪蛋白,由四种链状的 $α_{s1}$-、$α_{s2}$-、β- 和 κ-酪蛋白组成,含有较多的磷酸丝氨酸残基,有结合钙离子的能力,分子量 19～25 kDa,等电点约 4.6。乳白色或淡黄色粉末。水溶性与 pH 有关,在等电点及附近不溶于水。具有表面活性、胶束化、成膜性、粘接性等特点,可以制备酪蛋白纤维和酪蛋白塑料。是婴儿牛乳过敏症的致敏原之一。制备:从牛乳中提取。用途:在食品、制革、造纸、纺织、木材加工等领域用作营养强化剂、乳化剂、食品改良剂、黏合剂、涂膜剂、上光剂等。

牛乳清蛋白(bovine whey protein) 约占牛乳蛋白质含量的 20%,包含 β-乳球蛋白、α-乳白蛋白、牛血清白蛋白、免疫球蛋白、乳铁蛋白、溶菌酶和其他多种酶等;此外,在经凝乳酶凝乳后得到的乳清蛋白中还含有 15%～20% 的糖巨肽。乳白色粉末。溶于水。其氨基酸组成合理且易被人体吸收利用,营养价值高;具有乳化、发泡、胶束化、黏合、凝胶、成膜等性质。制备:从牛乳中提取,是生产乳酪、干酪的副产品。用途：优质蛋白补充剂；食品工业中用作乳化剂、食品改良剂、可食用涂膜剂等；涂料工业中用作成膜剂等。

牛β-乳球蛋白（bovine β-lactoglobulin） CAS号9045-23-2。占牛乳蛋白质含量的7%～12%，为单链球蛋白，氨基酸残基162，分子量18.4 kDa，等电点约为5.1。为脂质转运蛋白，能与脂肪酸、脂溶性维生素、多酚等疏水性和两亲性小分子相结合并具有一定的保护作用，主要存在A、B两种遗传变异体。白色粉末，溶于水，具有很强的凝胶和乳化功能。是婴儿牛乳过敏症的主要致敏原之一。制备：从牛乳中提取。用途：在食品工业中用作食品改良剂、脂溶性营养物质吸收的促进剂等。

牛α-乳白蛋白（bovine α-lactalbumin） CAS号9051-29-0。单链球蛋白，氨基酸残基123，分子量14.2 kDa，等电点约4.5。每个分子有一个紧密结合的钙离子，具有较高的色氨酸和半胱氨酸含量。白色粉末。溶于水，具有乳化和凝胶性能。α-乳白蛋白在牛乳中的含量为1.5～2 g/L，在人乳中的含量约为3.5 g/L，牛乳和人乳α-乳白蛋白在氨基酸序列、结构、营养等方面有很高的相似性，但是牛α-乳白蛋白是婴儿牛乳过敏症的致敏原之一。制备：从牛乳中提取。用途：婴儿配方乳品添加剂，使牛乳更接近于人乳；也可作为特殊医用食品和保健品成分。

牛乳铁蛋白（bovine lactoferrin） 亦称"乳铁素"。CAS号146897-68-9。单链球蛋白，氨基酸残基689，分子量约80 kDa，等电点约8.0，肽链上连接有两条糖链，每个分子可以结合2个铁离子。白色或淡红色粉末，红色随着铁饱和度的增加而加深，溶于水。乳铁蛋白在牛常乳中的含量为0.10～0.35 g/L，在人常乳中的含量约为牛常乳的10倍，牛和人的乳铁蛋白具有相似的三维结构和生理功能，都具有广谱抗菌性、抗病毒、增强铁吸收等功能，但是牛乳铁蛋白是婴儿牛乳过敏症的致敏原之一。制备：从牛乳中提取。用途：在医药、乳品加工工业中作为高效补铁剂、营养强化剂、天然防腐剂等。

牛血清白蛋白（bovine serum albumin；BSA） CAS号9048-46-8。血液中含量约为38 g/L，单链球蛋白，氨基酸残基583，分子量66.4 kDa，等电点4.7。白色或淡黄绿色粉末或晶体。溶于水，具有很强的凝胶和乳化性能。血液中的白蛋白主要起维持渗透压和机体营养、pH缓冲、保护等作用，牛血清白蛋白的结构与人血清白蛋白相似，都能与很多药物分子可逆结合发挥运输作用，但牛血清白蛋白对人体可能具有致敏性。制备：从牛血中提取。用途：在食品、生物医药等领域用作食品改良剂、乳化剂、营养物和药物载体等；在生物化学实验中作为封闭剂、稳定剂、蛋白分子量标准等。

蜘蛛丝蛋白（spidroin） 亦称"蛛丝蛋白"。蜘蛛所分泌的各类蛋白质纤维中蛋白质的总称。蜘蛛个体内有多个独立的丝腺体，能分泌主要包括大囊状腺丝蛋白、小囊状腺丝蛋白、鞭毛状腺丝蛋白、聚集状腺丝蛋白、葡萄串状腺丝蛋白和管状腺丝蛋白等多种不同的丝蛋白，并通过各自的纺器（吐丝口）形成相应的丝纤维，以作不同的用途。制法：由蜘蛛丝腺体专属柱状上皮细胞合成，不同种属的蜘蛛（如结网蜘蛛或非结网蜘蛛）体内丝腺体的种类和数量各异。用途：形成蜘蛛网以及其上的必要丝状物、协助蜘蛛获取食物、保护蜘蛛卵等。

大囊状腺丝蛋白（major ampullate spidroin） 亦称"主腺体丝蛋白"。蜘蛛所分泌的一种蛋白质。包含简称为MaSp1和MaSp2的两种蛋白质，不同种类蜘蛛产生的大囊状腺丝蛋白并不一致且完整的序列结构不明。分子链大多包含18种氨基酸残基，分子量在300～400 kDa，主要含有（甘氨酸-丙氨酸）$_n$/（丙氨酸）$_n$、（甘氨酸-甘氨酸-X）和甘氨酸-脯氨酸-甘氨酸-X-X三种序列片段（X多为酪氨酸、亮氨酸和谷氨酸），分别成为β-折叠、3_1螺旋和β-转角等构象的构成单元。另外，MaSp2中脯氨酸的含量要远高于MaSp1。在蜘蛛体内以具有特定预结构的水性溶胶形式存在，以液晶干湿纺的过程经由蜘蛛大囊状腺体丝纺器，形成直径约为2～10 μm并具有优异综合力学性能的丝纤维（别名蜘蛛丝）。制法：由蜘蛛大囊状腺体专属柱状上皮细胞合成；人工转基因如细菌发酵生产等。用途：形成蜘蛛的拖牵丝及蜘蛛网的框架丝和放射状丝；人工合成产物也能制备生物医药用材料中的结构性材料。

小囊状腺丝蛋白（minor ampullate spidroin） 亦称"次腺体丝蛋白"。蜘蛛所分泌的一种蛋白质。不同种类蜘蛛产生的小囊状腺丝蛋白并不一致且完整的序列结构不明。分子链大多包含18种氨基酸残基，分子量在200 kDa左右，主要含有（甘氨酸-丙氨酸）$_n$/（丙氨酸）$_n$和（甘氨酸-甘氨酸-X）两种序列片段（X多为酪氨酸、亮氨酸和谷氨酸），分别成为β-折叠和3_1螺旋等构象的构成单元。与大囊状腺丝蛋白相比，（甘氨酸-丙氨酸）$_n$序列片段取代了较长寡聚丙氨酸片段（n大于4）。在蜘蛛小囊状腺体中以具有特定预结构的水性溶胶形式存在，以液晶干湿纺的过程经由蜘蛛小囊状腺体丝纺器，形成直径1～3 μm的丝纤维。制法：在蜘蛛体内生物合成。用途：成为蜘蛛拖牵丝的附着丝/增强丝、蜘蛛网起始旋节线等。

鞭毛状腺丝蛋白（flagelliform spidroin） 亦称"螺旋捕获丝蛋白"。蜘蛛所分泌的一种蛋白质。只有结圆形平面网的蜘蛛种属才生产略有不同的鞭毛状腺丝蛋白，完整的序列结构不明。分子链的重复区域氨基酸序列多由（甘氨酸-脯氨酸-甘氨酸-甘氨酸-X）的五肽基序构成，但X的变化比大囊状丝腺蛋白更多，在重复区域中间经常有一个高度保守且主要由带电亲水性氨基酸组成的34个氨基酸残基间隔序列。在蜘蛛体内以水性溶胶的形式存在，由鞭毛状腺体丝纺器纺出后形成直径约为1 μm的丝纤维，具有很高的回弹性。制法：在蜘蛛体内生物合成。用途：成为蜘蛛网中螺旋状捕获丝的核心纤维。

聚集状腺丝蛋白（aggregate spidroin）　蜘蛛所分泌的一种蛋白质。只有结圆形平面网的蜘蛛种属才生产由神经传递素、小肽、游离氨基酸和糖蛋白等混合而成并在聚集状腺体中储存的聚集状腺丝蛋白，富含甘氨酸、丝氨酸、谷氨酸、天冬氨酸和赖氨酸等，极为亲水，能吸附高湿度空气中的水分，具有很强的黏性，几乎等间距地黏附在高弹性的鞭毛状腺丝上。制法：在蜘蛛体内生物合成。用途：与鞭毛状腺丝协同配合，高效率地粘住并束缚猎物。

葡萄串状腺丝蛋白（aciniform spidroin）　蜘蛛所分泌的一种蛋白质。富含丝氨酸、甘氨酸、丙氨酸、亮氨酸和苏氨酸等，其中丝氨酸含量在 20% 以上。以水溶胶的形式存于蜘蛛葡萄串状腺中，经相应的纺器分泌并由蜘蛛第四对步足一排排拉出后仍具有极好的黏性，干燥后韧性更高。制法：在蜘蛛体内生物合成。用途：包覆猎物，蜘蛛卵袋的内层，在蜘蛛网上作为"装饰隐带"。

管状腺丝蛋白（tubuliform spidroin）　蜘蛛所分泌的一种蛋白质。富含丙氨酸、丝氨酸、谷氨酸和甘氨酸等，占分子链中氨基酸残基总数的 70% 左右。以水溶胶的形式存在于蜘蛛葡萄串状腺中，经相应纺器纺出后的纤维形成蜘蛛卵袋的外层，在各种蜘蛛丝蛋白纤维中硬度和韧性最高。制法：在蜘蛛体内生物合成。用途：形成蜘蛛卵袋的外层纤维，对蜘蛛卵予以充分的保护。

蚕丝蛋白（silk protein）　天然蚕丝中丝素蛋白和丝胶蛋白的总称。不同的蚕种所合成的蚕丝蛋白序列和结构完全不同。制法：蚕丝腺体专属单层腺细胞合成。用途：经蚕纺器（吐丝口）形成蚕丝纤维后成茧，保护蚕蛹在蚕茧内免遭天敌和微生物等的侵害。

丝素蛋白（silk fibroin；SF）　亦称"丝蛋白"。在天然蚕丝中的质量分数约为 75%，构成核心纤维。桑蚕丝素蛋白由分子量为 391 kDa 的重链（H-链）和分子量为 25 kDa 的轻链（L-链）通过单个二硫键连接构成。H-链有 18 种共 5 263 个氨基酸残基，序列结构明确，特征为含大量的甘氨酸-丙氨酸-甘氨酸-丙氨酸-甘氨酸-丝氨酸、甘氨酸-丙氨酸-甘氨酸-丙氨酸-甘氨酸-丙氨酸-甘氨酸-丙氨酸-甘氨酸-丙氨酸-甘氨酸-丙氨酸-甘氨酸-丙氨酸-甘氨酸-丙氨酸-甘氨酸-酪氨酸等重复序列，极易形成 β-折叠构象，但几无可能形成 α-螺旋构象。β-折叠聚集后成为 β-折叠晶区，疏水并成为物理交联点（区域），导致蚕丝纤维不溶于水等性质。柞蚕丝素蛋白由以丙氨酸、甘氨酸和丝氨酸等为主的 18 种氨基酸残基组成，分子量为 400 kDa 左右。全序列结构不明，分子链的特征为具有 80 个含寡聚丙氨酸 $[（丙氨酸）_n，n=4\sim15]$ 的结构单元；短寡聚丙氨酸序列易形成 β-折叠构象，长寡聚丙氨酸序列也能形成 α-螺旋构象。制法：由蚕后部丝腺体专属

柱状上皮细胞合成。用途：经由蚕前部的纺器和吐丝口，形成天然蚕茧丝中的核心纤维，成为丝绸工业中的主要原料，也可用于手术缝合线等。

丝胶蛋白（sericin）　亦称"丝胶"。是多种类似蛋白质的混合物，在天然蚕丝中的质量百分数约为 25%，包覆在核心纤维表面。桑蚕丝胶蛋白由 5~9 种分子量为 24~400 kDa 不等的蛋白质或多肽组成，18 种氨基酸中带极性侧基的氨基酸约占 75%，其中，丝氨酸和天冬氨酸相对质量分别为 33% 和 17%，易溶于水，可在蚕茧缫丝或茧丝脱胶过程中被大部甚至全部除去。水溶液中的构象多 β-折叠和无规卷曲的混合体。制法：由蚕中部丝腺体专属柱状上皮细胞合成，可在缫丝或脱胶中的水中提取。用途：在蚕的吐丝过程中包覆在丝素蛋白核心纤维表面，主要起到将蚕丝纤维黏合并形成蚕茧的作用；经适当处理后，也可作为食品添加剂和化妆品添加剂等。

再生丝素蛋白（regenerated silk fibroin；RSF）　亦称"再生丝蛋白"。蚕丝核心纤维（丝素蛋白纤维）溶解除盐后的蛋白质混合物。基本的氨基酸基序与丝素蛋白相同，脱胶和溶解过程导致分子链无序降解，分子量下降至 300~100 kDa 不等并出现分子量分布，且分子链的构效关系与丝素蛋白纤维中的存在较大差别。通常以微黄色半透明的水溶液的形式存在，按成型和干燥方法的不同，也可制成水溶性（聚集态结构主要为 silk I）和水不溶性（聚集态结构主要为 silk II）的白色粉末。制法：天然蚕（茧）丝纤维脱除丝胶蛋白后，在高浓度盐（如溴化锂、硫氰酸钠、尿素、硝酸钠或氯化钙-乙醇等）的水溶液中充分溶解，随后以透析等方式除盐。用途：制成各种不同性状的材料，用于生物、医药、光电和纺织等领域。

丝素肽（silk peptide）　亦称"丝肽粉"。CAS 号 96690-41-4。蚕丝蛋白（包括丝素蛋白和丝胶蛋白）的无序水解或酶解成大小不一的多肽产物的通称，多肽链中氨基酸的序列结构基本传承蚕丝蛋白中固有的序列。根据不同的制备方法如高温、酸、碱或酶降解等和条件如时间、温度等，平均分子量可在 0.5~10 kDa 的范围内变化。白色或微黄色粉末。易溶于水，微溶于乙醇、丙酮等有机溶剂。制法：天然蚕丝纤维、缫丝过程中产生的废丝或废液（含丝胶蛋白），再生丝素蛋白等原料，加水后经高温、酸、碱或酶降解一定时间，变成溶液后过滤除杂，（喷雾）干燥。用途：用作食品、化妆品添加剂等。

卵溶菌酶（egg-white lysozyme）　亦称"N-乙酰胞壁质水解酶""胞壁质酶"。CAS 号 12650-88-3。单链球蛋白，氨基酸残基 129，分子量 14.3 kDa，等电点约 10.7。白色粉末或晶体。溶于水。溶菌酶广泛存在于卵清和哺乳动物体液中，在卵清中的含量约占卵清蛋白质总质量的 3.4%。是一种微生物细胞壁水解酶，可以裂解 N-乙酰-D-葡糖胺和 N-乙酰胞壁酸残基间的 β(1→4)糖苷键，对革兰氏阳性菌有杀菌作用。是婴幼儿蛋清蛋白过敏症的主

要致敏原之一。制备：从鸡蛋清中提取。用途：用作婴儿配方乳品添加剂，使牛乳更接近于人乳；在食品加工、化妆品和医药中用作杀菌剂、防腐剂、抗感染剂等；在生物工程中用于细胞壁的裂解等。

水解蛋白（proteinum hydrolysatum） CAS 号 9015-54-7。一般含有 17～18 种氨基酸，平均分子量小于 5 kDa。淡黄色或淡灰黄色粉末或固体。溶于水。水解蛋白比蛋白质更容易被人体吸收并且具有低抗原性特点。制备：通过酸性或酶水解酪蛋白、乳清蛋白、血液蛋白等得到。用途：提供人体所必需的氨基酸，临床上用于治疗低蛋白血症。此外，在乳品加工中通过不同程度水解牛乳蛋白制备水解蛋白奶粉用于婴儿喂养并预防和治疗牛乳过敏症等；在食品加工中通过水解大豆、豆粕等富含蛋白质的原料制备水解蛋白作为鲜味添加剂。

索马甜（thaumatin） 亦称"奇异果甜蛋白"。CAS 号 53850-34-3。一种存在于非洲竹芋科多年生灌木 *T. daniellii* 果实中的高甜度蛋白。天然的索马甜由一多基因家族编码，至少存在 6～7 种蛋白质产物，其中最主要的成分是索马甜 I 和 II，两者一般各占 *T. daniellii* 果实假种皮干重的 20% 以上，均为单链球蛋白，含有 207 个氨基酸残基，8 个分子内二硫键，分子量 22 kDa，等电点约 12.0。淡黄色或黄褐色粉末，溶于水，甜度是同质量蔗糖的几千倍，具有很好的食用安全性，在食品加工和储存过程中的稳定性很好。制备：从 *T. daniellii* 果实中提取。用途：在食品、动物饲料、化妆品、制药等领域作为低热量高倍甜味剂和风味增强剂。

硫酸鲑鱼精蛋白（salmon protamine sulfate） 亦称"鲑精蛋白"。CAS 号 53597-25-4。氨基酸残基约 31，其中约 2/3 为精氨酸残基，分子量约 5.1 kDa，等电点 11～13。白色粉末，无臭无味，溶于水，热稳定性好。鱼精蛋白存在于各种动物的成熟精巢组织中，从不同鱼类中提取的鱼精蛋白组成有所不同，是一类天然的阳离子多肽，具有很强的杀菌能力，可与肝素结合使肝素失去抗凝血作用，与外源胰岛素结合延长胰岛素的降血糖时间，与 DNA 形成沉淀除去 DNA，与胃蛋白酶结合抑制胃蛋白酶活性等。制备：从鲑科鱼精巢组织中提取并硫酸化。用途：临床上用作肝素解毒剂；医药工业用于制备中效胰岛素制剂；食品工业用作杀菌剂、防腐剂等。

乳酸链球菌素（nisin） 亦称"尼生素"。CAS 号 1414-45-5。阳离子五环多肽，属羊毛硫抗生素，氨基酸残基 34，分子量约 3.5 kDa。常见有 6 种分子类型，分子中包含 5 个通过硫醚键形成的分子内环和几种稀有氨基酸，包括羊毛硫氨酸、β-甲基羊毛硫氨酸、脱氢丙氨酸、β-甲基脱氢丙氨酸。类白色粉末，溶于水和乙醇，水溶性和热稳定性都随溶液 pH 升高而降低。能有效抑制大部分革兰氏阳性菌，被批准作为食品防腐剂，食用后在消化道被蛋白酶降解。制备：以乳酸链球菌和乳酸乳球菌作为生产菌发酵生产。用途：在各类食品、乳品、饮料、酿酒中作为防腐剂和风味保持剂。

人重组胰岛素（human insulin，recombinant） CAS 号 11061-68-0。由 A 和 B 两条肽链通过二硫键连接而成，A 链含 21 个氨基酸残基，B 链含 30 个氨基酸残基，分子量 5.8 kDa，等电点约 5.4。白色粉末或晶体，水溶性与 pH 有关。胰岛素是体内唯一能够降低血糖的激素，当体内血糖升高后由胰岛 β 细胞分泌，促进组织摄取葡萄糖和促进糖原、脂肪、蛋白质的合成，抑制糖原、脂肪、蛋白质的分解和糖原异生。体内的外源胰岛素也具有内源胰岛素相类似的功能，但不具备血糖响应性的分泌模式，过量外源胰岛素会造成严重的低血糖。胰岛素在溶液中以六聚体形式存在，在体内要解聚成单体才能发挥作用。不同哺乳动物的胰岛素组成稍有差异，猪与人胰岛素的组成最为相似，临床上用来代替人重组胰岛素。制备：人重组胰岛素通过蛋白质工程生产；动物胰岛素从动物胰脏中提取。用途：临床上用于控制糖尿病患者的血糖。

甘精胰岛素（insulin glargine） CAS 号 160337-95-1。一种长效人胰岛素类似物。由 A 和 B 两条肽链通过二硫键连接而成，分子量 6.1 kDa。白色粉末，溶于酸性水溶液中。与人胰岛素相比，A 21 位的天冬氨酸被甘氨酸取代以增加甘精胰岛素六聚体的稳定性，B 链 C-末端多了 2 个精氨酸残基从而将等电点移动到 6.7 以降低甘精胰岛素在生理条件下的溶解性。注射后，甘精胰岛素在皮下组织中形成的微溶缓释沉淀物可以缓慢释放单体分子，从而使甘精胰岛素具有起效慢、作用持续时间长、无峰值血药浓度的特点，适合于作为基础胰岛素。作为外源胰岛素，过量会造成严重的低血糖。制备：通过蛋白质工程生产。用途：临床上用于控制糖尿病患者的血糖。

地特胰岛素（insulin detemir） CAS 号 169148-63-4。一种长效人胰岛素类似物，由通过二硫键连接的 A 和 B 两条肽链和一条侧链组成，分子量 5.9 kDa。白色粉末，溶于水。与人胰岛素相比，地特胰岛素没有 B30 位苏氨酸，在 B29 位赖氨酸上通过酰化反应连接了一条 14 碳脂肪链以增加地特胰岛素与白蛋白的结合、降低单体分子的释放速率、减少代谢降解和肾脏的快速清除，使得地特胰岛素具有起效慢、作用持续时间长、无峰值血药浓度的特点，适合于作为基础胰岛素。作为外源胰岛素，过量会造成严重的低血糖。制备：通过蛋白质工程生产后进行化学修饰。用途：临床上用于控制糖尿病患者的血糖。

赖脯胰岛素（insulin lispro） CAS 号 133107-64-9。一种速效人胰岛素类似物，由 A 和 B 两条肽链通过二硫键连接而成，分子量 5.8 kDa。白色粉末，溶于水。与人胰岛素相比，其 B28 位脯氨酸与 29 位赖氨酸互换以抑制二聚体和六聚体的形成，使得赖脯胰岛素具有起效快、作用持续时间较短的特点，适合于临近餐前注射以控制餐后血糖。作为外源胰岛素，过量会造成严重的低血糖。制备：

通过蛋白质工程生产。用途：临床上用于控制糖尿病患者的血糖，一般与中效胰岛素或长效胰岛素类似物联合使用。

门冬胰岛素（insulin aspart） 亦称"天冬胰岛素"。CAS 号 116094-23-6。一种速效人胰岛素类似物，由 A 和 B 两条肽链通过二硫键连接而成，分子量 5.8 kDa。白色粉末，溶于水。与人胰岛素相比，其 B28 位脯氨酸用天冬氨酸取代以抑制二聚体和六聚体的形成，使得门冬胰岛素具有起效快、作用持续时间较短的特点，适合于临近餐前注射以控制餐后血糖。作为外源胰岛素，过量会造成严重的低血糖。制备：通过蛋白质工程生产。用途：临床上用于控制糖尿病患者的血糖，一般与中效胰岛素或长效胰岛素类似物联合使用。

人胰高血糖素样肽-1（human glucagon-like peptide-1；GLP-1） CAS 号 106612-94-6。一种由肠道 L 细胞分泌的肠促胰岛素分泌激素，进食几分钟后血液中的 GLP-1 浓度就会迅速增加。胰高血糖素原经酶促裂解后首先产生没有生物活性的 GLP-1(1～37)，对应于胰高血糖素原 72～108 氨基酸片段；当 N 端 6 个氨基酸被酶切除后转化为有生物活性的 GLP-1(7～37)，分子量 3.4 kDa，溶于水。GLP-1(7～37)很快发生 C 端甘氨酸酰胺化，变成有生物活性的 GLP-1(7～36)NH_2 而存在于血液中。GLP-1 通过与 GLP-1 受体相结合而发挥作用，GLP-1 血糖响应性地促进胰腺 β 细胞分泌胰岛素、促进 β 细胞增殖和修复、减少胰岛素抵抗、抑制胰高血糖素分泌、促进肝脏和脂肪及肌肉组织摄取葡萄糖和合成糖原、抑制胃排空等。2 型糖尿病患者进食后其 GLP-1 浓度升高的幅度减小，外源 GLP-1 及其类似物可改善 2 型糖尿病人的血糖，但体内的二肽基肽酶-4 快速从 N 端第 8 位丙氨酸处对 GLP-1(7～36)NH_2 进行降解，使得 GLP-1(7～36)NH_2 在血液中的半衰期不到 2 分钟，临床上不能有效利用 GLP-1(7～36)NH_2 改善血糖。制备：多肽化学合成或通过蛋白质工程生产。

艾塞那肽（exenatide；exendin-4） 亦称"百泌达"（Byetta）。CAS 号 141758-74-9。一种 GLP-1(人胰高血糖素样肽-1)模拟剂，由 39 个氨基酸组成，分子量 4.2 kDa。白色粉末，溶于水。有 53% 的氨基酸序列与 GLP-1(7～37)相同，其 N 端第 2 位的氨基酸是甘氨酸，可以抵抗人体内二肽基肽酶-4 的降解。exendin-4 是从钝尾毒蜥唾液中分离出来的。艾塞那肽是 exendin-4 的人工合成产品。是一种较为短效的 GLP-1 受体激动剂，具有血糖响应性地促进胰岛素分泌、促进 β 细胞增殖和修复、降低胰高血糖素分泌、延迟进食后胃排空时间等功能，在血液中的半衰期约为 2～4 小时。制备：多肽化学合成或通过蛋白质工程生产。用途：临床上用于改善 2 型糖尿病患者的血糖。

利拉鲁肽（liraglutide） CAS 号 204656-20-2。一种 GLP-1(人胰高血糖素样肽-1)类似物，由 31 个氨基酸残基和一条侧链组成，分子量 3.8 kDa。白色粉末，溶于磷酸盐缓冲液中。与 GLP-1(7～37)相比，26 位的赖氨酸上连接了一条由谷氨酸衍接的 16 碳脂肪链以增加利拉鲁肽的自我聚集和与白蛋白的亲和力、减少代谢降解和肾脏的快速清除，34 位的赖氨酸被精氨酸取代以确保单一侧链的准确连接。是一种较为长效的 GLP-1 受体激动剂，具有血糖响应性地促进胰岛素分泌、促进 β 细胞增殖和修复、降低胰高血糖素分泌、延迟进食后胃排空时间等功能，在血液中的半衰期约为 10～14 小时。制备：化学合成或通过蛋白质工程生产肽链后进行化学修饰。用途：临床上用于改善 2 型糖尿病患者的血糖。

索马鲁肽（semaglutide） CAS 号 910463-68-2。一种 GLP-1(人胰高血糖素样肽-1)类似物，由 31 个氨基酸残基和一条侧链组成，分子量 4.1 kDa。白色粉末，微溶于水。与 GLP-1(7～37)相比，8 位的丙氨酸被 α-氨基异丁酸取代以抵抗二肽基肽酶-4 的降解，26 位的赖氨酸上连接了一条由衔接臂、谷氨酸和 C18 脂肪二酸衍接而成的侧链以增加索马鲁肽与白蛋白的亲和力、减少代谢降解和肾脏的快速清除，34 位的赖氨酸被精氨酸取代以确保单一侧链的准确连接。是一种长效 GLP-1 受体激动剂，具有血糖响应性地促进胰岛素分泌、促进 β 细胞增殖和修复、降低胰高血糖素分泌、延迟进食后胃排空时间等功能，在血液中的半衰期约为一周。制备：化学合成或通过蛋白质工程生产后进行化学修饰。用途：临床上用于改善 2 型糖尿病患者的血糖。

人血红蛋白（human hemoglobin） CAS 号 9008-02-0。分子量约 66.7 kDa，等电点 6.8。红棕色粉末，溶于水。血红蛋白存在于人和脊椎动物的红细胞中，是血液中的 O_2 运载工具，健康成人的血液中含有 110～165 g/L 血红蛋白。血红蛋白是由 2 对亚基组成的四聚体，每个亚基含有一条多肽链并结合一个血红素，氧分子与血红素中心的 Fe 离子可逆地结合。在发育的不同阶段，人血红蛋白有不同的亚基种类，成人血红蛋白中 95% 以上为 HbA_1，由 $α_2β_2$ 亚基组成，α 链含有 141 个氨基酸残基，β 链含有 146 个氨基酸残基。HbA_1 与血液中的葡萄糖反应生成葡萄糖基化的 HbA_{1c}，其浓度在临床上作为糖尿病诊断和血糖控制的一个指标。一氧化碳与血红蛋白的结合常数比氧与血红蛋白的结合常数高 200 倍以上，当空气中一氧化碳浓度升高时，血红蛋白所结合的氧被一氧化碳取代而发生一氧化碳中毒。

人重组肌红蛋白（human myoglobin, recombinant） 由一条肽链和一个血红素组成的球蛋白，肽链含有 153 个氨基酸残基，血红素位于肽链折叠而成的疏水空腔里，血红素中心的 Fe 离子与氧分子可逆结合，分子量约为 17.5 kDa，等电点约为 7.2。红棕色粉末。溶于水。肌红蛋白大量存在于人体和脊椎动物的心肌和骨骼肌中，是肌细胞储存和分配氧的蛋白质。在人体中,含有血红蛋白的红细胞在肺部将 O_2 运走,在组织中氧分子从血红蛋白释放出来与肌红蛋白结合,当细胞中耗氧的线粒体需要 O_2 时,氧合肌红蛋白便把储存的 O_2 分配给线粒体。血清中肌红蛋白浓度升高是急性肌细胞损伤的检测标志物。制备:通过蛋白质工程生产。

枯草杆菌蛋白酶(subtilisin) 亦称"碱性蛋白酶"。CAS 号 9014-01-1。一类由芽孢杆菌属细菌所分泌的胞外碱性蛋白酶,单链球蛋白,氨基酸残基约 275,分子量约 27 kDa,属丝氨酸蛋白酶,可以水解蛋白分子中的大部分肽键。类白色粉末,溶于水,在中性和碱性条件下具有水解蛋白活性。通过蛋白质工程得到多种突变体,大幅度提高了枯草杆菌蛋白酶的活性、稳定性、pH 和温度适应范围、抗氧化能力等。制备:细菌发酵生产。用途:用作洗涤剂添加剂,用于降解和去除各种蛋白污垢;皮革工业中用作脱毛剂;丝绸工业中用于蚕丝精炼;食品工业中用于蛋白降解等。

胃蛋白酶(pepsin) 亦称"胃液素"。CAS 号 9001-75-6(猪)。单链球蛋白,分子量约 35 kDa,等电点 2.2～3.0。白色或淡黄色粉末,溶于水。胃蛋白酶是由胃黏膜主细胞分泌的胃蛋白酶原经胃酸激活后的一种消化性蛋白酶,属天冬氨酸蛋白酶,可特异性断裂一端或两端为芳香族氨基酸残基的肽键,最适宜的 pH 1.5～2,在胃中将食物中的蛋白质分解为多肽片段。制备:从猪或羊、牛的胃黏膜中提取。用途:临床上用于胃蛋白酶缺乏或病后消化机能减退引起的消化不良症;食品工业中用于蛋白水解等。

胰蛋白酶(trypsin) CAS 号 9002-07-7(猪)、9002-07-05(牛)。单链球蛋白,氨基酸残基约 223,分子量约 24 kDa,等电点 10～11。白色晶体或粉末。溶于水,不溶乙醇。胰蛋白酶是高等脊椎动物胰腺外分泌的胰蛋白酶原经活化后得到的一种丝氨酸蛋白酶,作为肠道消化酶之一分解食物中的蛋白质,最适宜 pH 7～9,特异性断裂蛋白中赖氨酸或精氨酸残基羧端的肽键。制备:从牛、猪或羊胰腺中提取或通过蛋白质工程生产。用途:生化实验中用于蛋白质序列和结构分析等;临床上用于治疗炎症、溃疡、创伤,降解血凝块等;工业上用于食品加工、生丝处理、皮革制造等。

糜蛋白酶(α-chymotrypsin) 亦称"α-糜蛋白酶"。CAS 号 9004-07-3。由三条肽链通过二硫键连接形成的球蛋白,氨基酸残基约 241,分子量约 25 kDa,等电点 8.75。白色或类白色晶体或粉末。溶于水。糜蛋白酶是高等脊椎动物胰腺外分泌的一种丝氨酸蛋白酶,在肠道与胰蛋白酶协同消化食物中的蛋白质,特异性断裂酪氨酸、苯丙氨酸、色氨酸或者亮氨酸残基羧端的肽键,但特异性较低,Ca^{2+} 可以活化和稳定糜蛋白酶。制备:从牛或猪胰腺中提取或者通过蛋白质工程生产。用途:临床上用于降解血凝块、脓性分泌物、坏死组织,治疗炎症、血肿、脓肿等。

猪胰弹性蛋白酶(elastase from porcine pancreas) 亦称"猪胰酞酶""胰肽酶 E"。CAS 号 39445-21-1。单链球蛋白,氨基酸残基 240,分子量 25.9 kDa,等电点 8.5。白色或米黄色粉末,溶于水,不溶于乙醇。弹性蛋白酶在动物体内主要存在于胰脏中,来源于微生物的弹性蛋白酶的组成和分子量与之有所不同但功能类似。弹性蛋白酶属丝氨酸蛋白酶,有广泛的蛋白水解活性,选择性剪切亮氨酸、异亮氨酸、丙氨酸、甘氨酸、丝氨酸或者缬氨酸残基羧端的肽键,既可以分解水不溶性的弹性蛋白也可以分解水溶性的蛋白,最适宜的 pH 8.0～8.5。制备:从猪胰脏中提取或微生物发酵生产。用途:临床上用于防治高脂血症、动脉粥样硬化、脂肪肝等;食品加工中用作嫩肉剂;农副产品深加工领域用于降解韧带、大动脉管、筋腱等蛋白废料,生产可溶性、低分子量弹性蛋白水解物用于制备化妆品、高蛋白食品等。

角蛋白酶(keratinase) 一类由微生物分泌、可降解角蛋白的蛋白酶,具有二硫键还原酶和多肽水解酶活性。不同微生物生产的角蛋白酶有所不同,包括酶的结构和分子量、降解活性和机制、可降解的蛋白质底物以及降解产物、最适 pH 和温度等。角蛋白酶分为丝氨酸蛋白酶和金属蛋白酶,多数没有底物特异性,作用的底物包括羽毛、角质、人发、指甲、羊毛、蚕丝、胶原蛋白、弹性蛋白等不溶性蛋白质,也包括酪蛋白等可溶性蛋白质。制备:通过微生物发酵生产。用途:能使家禽羽毛等废弃物降解为多肽和氨基酸,使之转化为粘接剂、饲料、有机肥料等。

木瓜蛋白酶(papain) 亦称"木瓜酶"。CAS 号 9001-73-4。单链球蛋白,氨基酸残基 212,分子量 23.4 kDa,等电点 8.75。白色或浅黄色粉末。溶于水,不溶于乙醇。是存在于番木瓜的乳汁、茎、叶和果实中的一种半胱氨酸蛋白酶,具有广泛的特异性,优先裂解碱性氨基酸残基羧端的肽键,也可以水解酰胺键和酯键,最适宜的 pH 6.0～7.0,耐热性强。制备:从未成熟番木瓜果实的新鲜乳汁中提取。用途:在食品和啤酒工业用作面团松化剂、肉类嫩化剂、啤酒澄清剂等;作为洗涤剂添加剂用于去除蛋白质污渍;在皮革工业用作制皮的脱毛剂和鞣制剂;在纺织工业用于羊毛防缩、蚕丝精炼等。

无花果蛋白酶(ficin) CAS 号 9001-33-6。分子量 24～26 kDa,等电点约 9.0。淡棕色或类白色粉末。稳定性好,溶于水,不溶于乙醇。存在于无花果树的胶乳、青果及叶中,属半胱氨酸蛋白酶,为混合酶,有广泛的特异性和水解活性,可以水解蛋白质以及合成底物的肽键、酰胺键和酯键。制备:从无花果树的胶乳和青果中提取。用途:食品加工中用作肉类嫩化剂、面团松化剂、食品保鲜剂、乳品凝固剂等;啤酒工业用作啤酒澄清剂。

菠萝蛋白酶(bromelain) 亦称"菠萝酶"。CAS 号

37189-34-7(茎酶)。等电点 9.35～9.55。类白色粉末,溶于水,不溶于有机溶剂。是存在于菠萝植株中的蛋白水解酶,分为果酶和茎酶,二者都是混合酶,茎酶属半胱氨酸蛋白酶,有广泛的特异性和水解活性,可以降解酪蛋白、纤维蛋白、血红蛋白等,也可以水解酰胺键和酯键,最适宜的 pH 6.5～7.5。制备:从菠萝果、茎、叶、皮、冠的汁液中提取。用途:食品工业用作面团松化剂、肉类嫩化剂、啤酒澄清剂、乳品凝结剂等;临床上用于治疗水肿、血肿、炎症等;作为饲料添加剂用于提高动物的抗病能力和促进生长,饲料加工中用于蛋白质分解以促进吸收等。

脂肪酶(lipase)　亦称"甘油酯水解酶"。CAS 号 9001-62-1。单链球蛋白,类白色或乳黄色粉末或脂肪状,溶于水。广泛存在于含脂肪的动物、植物、细菌、酵母和真菌中,不同来源的脂肪酶具有不同的组成、分子量、催化能力和催化特点。主要特点是在油-水界面上催化水解不溶于水的脂类物质,可以将甘油三酯逐步水解为脂肪酸和甘油,还可以催化酯交换等化学反应,可用于酸类、醇类、酯类和生物柴油等的合成。制备:从猪、牛、羊胰腺中提取或通过细菌、真菌发酵生产。用途:作为洗涤剂添加剂用于去除脂肪污垢;食品工业中用于食品风味改良等;精细化工中用于手性化合物合成;能源工业中用于生物柴油制备。

猪胰 α-淀粉酶(α-amylase from porcine pancreas)亦称"1,4-α-D-葡聚糖水解酶"。CAS 号 9000-90-2。单链糖蛋白,氨基酸残基约 475,有一个紧密结合的 Ca^{2+} 离子,分子量 50～54 kDa。白色或浅褐色粉末,溶于水。α-淀粉酶是哺乳类动物唾液腺和胰腺分泌的多糖水解酶,也存在于低等动物的消化液中,在消化道水解碳水化合物,降解 α-(1→4)-D-葡萄糖苷键。通过蛋白质工程生产的多种 α-淀粉酶具有不同的 pH 和温度适应范围。制备:从猪胰腺中提取或通过细菌、真菌发酵生产。用途:纺织工业中用于水解织物上的淀粉浆料;用作洗涤剂添加剂,用于去除淀粉污垢;食品工业中用于面团改良,将淀粉转化为糖等。

纤维素酶(cellulase)　CAS 号 9012-54-8。灰白色粉末,溶于水。由多组分酶系组成,包括 1,4-β-D-葡聚糖内切酶、1,4-β-D-葡聚糖外切酶、β-葡萄糖苷酶 3 个主要组分,通过协同作用水解天然纤维素的 β-(1→4)-D-葡萄糖苷键,得到分子量较小的纤维素分子、纤维二糖分子和葡萄糖单分子。广泛存在于多种植物、动物、细菌、真菌、放线菌中,不同来源的纤维素酶具有不同的组成、分子量、降解能力和水解条件。制备:通过细菌、真菌发酵生产。用途:能源工业中用于生产纤维乙醇;纺织和洗涤剂工业中用于织物整理;造纸工业中用于增加纸张光洁度;饲料工业中用于生产优质饲料和葡萄糖;食品工业中用于谷类、豆类等食品的软化、脱皮,去除饮料、酒类中悬浮的纤维素等。

木聚糖酶(xylanase)　CAS 号 9025-57-4。多种半纤维素木聚糖分解酶的总称,主要包括三类:1,4-β-D-木聚糖内切酶、1,4-β-D-木聚糖外切酶和 β-木糖苷酶,通过水解 β-(1→4)-D-木聚糖苷键,将木聚糖降解为木寡糖、木二糖和木糖。狭义木聚糖酶特指 1,4-β-D-木聚糖内切酶。白色或黄色粉末。溶于水。广泛存在于多种真菌、细菌、动物、植物中,不同来源的木聚糖酶具有不同的组成、水解活性和水解条件。制备:通过微生物发酵生产。用途:造纸工业中用作纸浆漂白助剂以减少漂白化学品的用量;饲料工业中用于分解饲料中所含的木聚糖以增加动物对营养物质的消化吸收;食品工业中用于增加面团的柔软性和黏性;酿酒工业中用于增加乙醇产率等。

果胶酶(pectinase)　CAS 号 9032-75-1。多种果胶质分解酶的总称。分为四大类:原果胶酶、果胶酯酶、果胶水解酶、果胶裂解酶。原果胶酶促使原果胶溶解得到果胶,果胶酯酶用于脱去果胶中的酯基得到果胶酸,果胶水解酶可以水解 α-(1→4)-D-半乳糖醛酸糖苷键,果胶裂解酶通过反式消除反应裂解果胶质中的糖苷键。类白色粉末或晶体,溶于水。广泛存在于多种植物和微生物中,不同来源的果胶酶具有不同的组成、水解活性和水解条件。制备:通过微生物发酵生产。用途:食品工业中用于增加果蔬汁的产量和澄清度、降低黏度等;纺织和造纸工业中用于麻类纤维脱胶等。

右旋糖酐酶(1,6-α-D-glucan 6-glucanohydrolase)亦称"葡聚糖酶"。CAS 号 9025-70-1。为右旋糖酐内切酶,其功能是随机水解右旋糖酐内部的 α-(1→6)-D-葡萄糖苷键。灰白色粉末,溶于水。存在于多种细菌、真菌、放线菌中,不同来源的右旋糖酐酶具有不同的分子量、水解活性和水解条件。制备:通过微生物发酵生产。用途:医药工业中用于降解右旋糖酐以生产中、低分子量的药用右旋糖酐产品;制糖工业中用于降解甘蔗汁和原糖糖浆中的 α-葡聚糖以增加蔗糖的纯度和回收率、降低黏度、提高过滤效率等。

牛胰脱氧核糖核酸酶 I(deoxyribonuclease I from bovine pancreas)　亦称"DNA 酶 I"。CAS 号 9003-98-9。是糖蛋白混合物,包含 4 种组分,分子量 30 kDa,等电点 4.78～5.22。类白色粉末,溶于水。属核酸内切酶,优先剪切 DNA 中与嘧啶邻近的磷酸二酯键,产生 5′ 末端带磷酸基的多聚核苷酸,能被 Mg^{2+}、Mn^{2+}、Ca^{2+}、Co^{2+} 或 Zn^{2+} 活化,剪切 DNA 的方式受二价金属离子的影响,可降解单链 DNA 和双链 DNA,最适宜的 pH 7～8。DNA 酶 I 存在于大部分细胞和组织中。制备:从牛胰脏中提取。用途:用于去除蛋白和核酸制品中的 DNA。

牛胰核糖核酸酶 A(ribonuclease A from bovine pancreas)　亦称"RNA 酶 A"。CAS 号 9001-99-4。单链球蛋白,分子量 13.7 kDa,等电点 9.6。白色粉末或晶体。溶于水。属核糖核酸内切酶,专一性剪切 RNA 中嘧啶核苷酸的 3′端与相邻核苷酸形成的磷酸二酯键,剪切后的嘧啶核苷酸的 3′末端带有磷酸基,最适宜 pH 为 7.6。稳定性好,在加热和表面活性剂存在下仍然可以保持活性,对 DNA 不起作用。在有机体中含有丰富的不同类型的 RNA 酶 A。制备:从牛胰脏中提取。用途:用于去除蛋白和 DNA 制品中的 RNA。

脱氧核糖核酸(deoxyribonucleic acid) 亦称"DNA"。由腺嘌呤(A)、鸟嘌呤(G)、胞嘧啶(C)、胸腺嘧啶(T)4 种脱氧核糖核苷酸按特定顺序通过 3′,5′-磷酸二酯键连接的直线形或者环形聚合物。通常 G 与 C 配对、A 与 T 配对、通过氢键和疏水作用力形成带负电荷的反平行双链 DNA 分子,二级结构主要为双螺旋结构,具有一定的化学稳定性。几乎所有生物细胞都含有 DNA,原核细胞的 DNA 集中在拟核区,真核细胞的 DNA 在细胞核内与蛋白质分子结合组成染色体,细胞器及许多病毒中也含有 DNA,DNA 分子中的核苷酸序列以密码形式编码了生物机体的遗传信息,通过 DNA 复制将遗传信息由亲代传给子代,通过 RNA 转录和翻译使遗传信息在子代得以表达。

核糖核酸(ribonucleic acid) 亦称"RNA"。主要由腺嘌呤(A)、鸟嘌呤(G)、胞嘧啶(C)、尿嘧啶(U)4 种核糖核苷酸按特定顺序通过 3′,5′-磷酸二酯键连接的长链线形聚合物。一般为单链分子,可以通过 A – U 配对、G – C 配对、以及 G – U 配对形成二级和三级结构,化学稳定性不如 DNA。活的生物细胞都含有 RNA,RNA 的核心功能是控制蛋白质的生物合成,从而使生物机体的遗传信息在子代得到表达。细胞内有三类 RNA 参与蛋白质合成:核糖体是蛋白质合成的工作场所,核糖体 RNA(rRNA)是核糖体的主要成分并且起装配和催化肽键形成的作用;信使 RNA 携带了 DNA 的遗传信息,是蛋白质合成的模板;转运 RNA 是信使 RNA 上遗传密码的识别者和氨基酸转运者。此外,RNA 还有许多具有不同生物功能的其他种类。例如,RNA 病毒在宿主细胞中以 RNA 为遗传物质进行病毒复制。

核糖体核糖核酸(ribosomal ribonucleic acid) 亦称"核糖体 RNA""rRNA"。细胞内含量最多的一类核糖核酸。原核生物中有 5SrRNA、16SrRNA 和 23SrRNA 共三类,分别约有 120 个、1 540 个和 2 900 个核糖核苷酸。真核生物中有 5SrRNA、5.8SrRNA、18SrRNA 和 28SrRNA 共四类,分别约有 120 个、160 个、1 900 个和 4 700 个核糖核苷酸。链上的碱基各异,且 A 与 U,G 与 C 并不等量,通常以单链形式存在,但有较多以 A 与 U 或 G 与 C 连续配对而形成的双链区域,双链区域碱基对由氢键维系,表现为发夹式螺旋。制法:由核糖核苷酸聚合酶生物催化合成。用途:与多种蛋白质结合组成核糖体,作为蛋白质生物合成的场所。

信使核糖核酸(messenger ribonucleic acid) 亦称"信使 RNA""mRNA"。一类核糖核酸。占细胞内 RNA 总量的 2% ～ 5%。链上碱基序列各异且特定,种类繁多,分子链大小差别非常大。从 DNA 中获得的遗传信息被保存在核糖核苷酸的碱基序列中,由每三个碱基的排列顺序组成一个密码子,每个密码子编码特定氨基酸(终止密码子例外,因为其终止蛋白质合成)。制法:由 DNA 指导合成,亦称"转录",即以双链 DNA 中一条链(某特定区段)上的碱基顺序为模板,按碱基配对原则(A 与 U,T 与 A 和 C 与 G),由核糖核苷酸聚合酶生物催化合成出一条"互补"链。用途:将遗传信息从 DNA 传递到核糖体,在那里作为蛋白质合成模板并决定基因表达蛋白产物即肽链的氨基酸序列。

转运核糖核酸(transfer ribonucleic acid) 亦称"转移核糖核酸""转运 RNA""tRNA"。一类核糖核酸。为由七十几至九十几个核糖核苷酸组成的短链,含有较多的稀有碱基。分子量 25～30 kDa。分子链折叠排布成具有三个环和四条臂的三叶草型结构,3′端可以在氨酰-tRNA 合成酶催化之下,携带特定种类的氨基酸,每种 tRNA 分子只能携带一种氨基酸,但一种氨基酸可被不止一种 tRNA 携带。制法:由核糖核苷酸聚合酶生物催化合成。用途:转译的过程中,借由自身反密码环中部的反密码子识别 mRNA 上的密码子,将该密码子对应的氨基酸转运至核糖体正在合成的多肽链增长端并形成肽键连接。

天然橡胶及天然树脂

天然橡胶(natural rubber) 相对于合成橡胶的一类橡胶。可以由 9 科,300 多属,超过 2 500 种的植物生物合成。这 9 科分别为大戟科(代表植物巴西三叶橡胶树)、菊科(代表植物银胶菊和俄罗斯蒲公英)、夹竹桃科(代表植物桉叶橡胶藤)、桑科(代表植物美洲橡胶树)、山榄科(代表植物古塔波树)、卫矛科(代表植物桃叶卫矛)、杜仲科(代表植物杜仲)、萝藦科和罂粟科。这些植物生产的天然橡胶,绝大部分不具备商业开发的价值,只有巴西三叶橡胶树产的三叶橡胶成功实现了大规模的商业化开发,因此习惯将三叶橡胶称为天然橡胶。

三叶橡胶(hevea rubber) 亦称"巴西橡胶",习惯称"天然橡胶"。CAS 号 9006-04-6。其结构单元主要由顺式-1,4-异戊二烯(91%～94%)组成。密度 0.913 g/cm³,无明确熔点,在 130～140℃时软化,150～160℃黏软,玻璃化转变温度 - 73～- 70℃。略有味道,无毒,具有优良的弹性和耐疲劳性能,化学稳定性取决于溶剂性质,常温下能溶于非极性烃类化合物溶剂中,如苯、石油醚、甲苯、己烷等,也可溶于四氯化碳,不溶于乙醇和丙酮;耐酸碱性能一般;吸水性小,电绝缘性优良。制备:从热带植物巴西三叶橡胶树的乳液中提取,经过凝固、干燥等加工工序制成。用途:广泛应用在工业、农业、国防、交通运输、机械制造、医药卫生和日常生活中,是重要的工业原料和不可替代的战略物资。

银菊橡胶（guayule rubber）　亦称"墨西哥橡胶"。结构与三叶橡胶相同，其结构单元主要由顺式-1,4-异戊二烯组成。基本物理化学性能也与三叶橡胶基本相同，但由于基本不含或者仅含少量致敏蛋白，因此具有良好的抗过敏特性。制备：从银胶菊中提取，主要有溶剂法提胶和AQUEX 提胶两种工艺。用途：用于制造轮胎、管带、电线电缆、鞋类和球类等；由于其具有低致敏性，广泛应用于医疗卫生领域，如橡胶手套、避孕套、医用胶管、导尿管、牙科护坝等。

蒲公英橡胶（taraxacum kok-saghyz rubber）　结构与三叶橡胶相同，其结构单元主要由顺式-1,4-异戊二烯组成。基本物理化学性能也与三叶橡胶基本相同，但因含有较多蛋白质，故较易引发过敏反应。制备：从橡胶草（又名俄罗斯蒲公英、青胶蒲公英）中通过溶剂法、湿磨法或者干磨法提取。用途：用于制造轮胎、胶管、胶鞋等；但不适合应用于直接和人体接触的产品中，如橡胶手套等医用产品。

杜仲胶（eucommia ulmoides gum）　其结构单元主要由反式-1,4-异戊二烯组成。密度 0.90～1.05 g/cm³，无明确熔点，在 100℃ 时软化，玻璃化转变温度 - 66℃。无毒，常温下为半透明乳白色皮革状的坚韧物质，经硫化后可具有优良的弹性；化学稳定性取决于溶剂性质，常温下能溶于大多数芳香族烃溶剂中，在脂肪族烃类溶剂中需加热，在氯化烃类溶剂中溶解良好，基本不溶于乙醇、酮、醚；吸水性小，耐酸碱性能优良，电绝缘性优良。制备：从杜仲叶、皮、籽中通过碱煮法、溶剂法或生物发酵法提取。用途：用于制造高性能轮胎，医疗器械（特别是牙科材料），水下电线或海底电缆，以及低温可塑性材料和形状记忆材料等。

桉叶藤橡胶（cryptostergia grandiflora rubber）结构与三叶橡胶相同，其结构单元主要由顺式-1,4-异戊二烯组成。力学性能较好，符合工业化应用的要求。制备：从桉叶藤的主干和侧枝割口收集乳胶，然后通过用水或十二烷基苯磺酸钠凝聚的方法获得。用途：与三叶橡胶相似，可用于电力和汽车工业，但由于劳力成本高，已几乎没有应用。

秋麒麟草橡胶（goldenrod rubber）　结构与三叶橡胶相同，其结构单元主要由顺式-1,4-异戊二烯组成。分子量远低于三叶橡胶，因此相对质量低，力学性能较差。制备：从秋麒麟草的叶子中提取。用途：由于力学性能较差，没有实际应用。

木薯橡胶（manihot glaziovii rubber）　亦称"萨拉橡胶"。结构与三叶橡胶相同，其结构单元主要由顺式-1,4-异戊二烯组成。制备：与三叶橡胶类似，以割胶的方式从木薯橡胶树的乳液中提取，经过凝固、干燥等加工工序制成，但产量和生产效率比三叶橡胶低。用途：与三叶橡胶

相似。

向日葵橡胶（sunflower rubber）　结构与三叶橡胶相同，其结构单元主要由顺式-1,4-异戊二烯组成。分子量远低于巴西三叶橡胶，因此相对质量低，力学性能较差。制备：主要从向日葵叶中提取。用途：与三叶橡胶相似。

印度榕橡胶（ficus rubber）　结构与三叶橡胶相同，其结构单元主要由顺式-1,4-异戊二烯组成。分子量远低于三叶橡胶，因此相对质量低，力学性能较差。制备：从印度榕产出的胶乳中提取。用途：由于相对质量较差，几乎没有商业价值。实验室中常用于进行天然橡胶生物合成和天然橡胶端基结构方面的比较性基础研究。

美洲橡胶（castilloa elastica）　亦称"巴拿马橡胶""墨西哥橡胶"。结构与三叶橡胶相同，其结构单元主要由顺式-1,4-异戊二烯组成。基本物理化学性能与三叶橡胶很接近。制备：与巴西三叶橡胶类似，以割胶的方式从美洲橡胶树的乳液中提取，经过凝固、干燥等加工工序制成。用途：与三叶橡胶相似，可用于电力和汽车工业等。

绢丝橡胶（funtumia elastica；silkrubber）　结构与三叶橡胶相同，其结构单元主要由顺式-1,4-异戊二烯组成。总体质量和性能不如三叶橡胶，但基本可以满足工业化应用的要求。制备：与三叶橡胶类似，以割胶的方式从绢丝橡胶树的乳液中提取，经过凝固、干燥等加工工序制成。用途：与三叶橡胶相似，可用于电力和汽车工业等。

科齐藤橡胶（landolphia vine rubber）　结构与三叶橡胶相同，其结构单元主要由顺式-1,4-异戊二烯组成。总体质量和性能不如三叶橡胶。制备：割开科齐藤支干收集乳胶，经过凝固、干燥等加工工序制成。用途：与三叶橡胶相似，目前主要制作一些简单的橡胶制品，如橡胶带，或者作为轮胎补漏胶。

莴苣橡胶（Lactuca rubber）　结构与三叶橡胶相同，其结构单元主要由顺式-1,4-异戊二烯组成。分子量高，分子量分布窄，具有较高的拉伸强度和耐磨性。制备：从莴苣所含的乳胶中提取。用途：与巴西三叶橡胶相似，此外由于其分子量分布较窄，因此常作为研究天然橡胶生物合成的模拟化合物。

古塔波胶（guttapercha）　其结构单元主要由反式-1,4-异戊二烯组成。常温下结晶，为一种硬质橡胶。耐海水腐蚀和耐酸碱性强，绝缘性能优异。按照商业化制备方式的不同，可分为树叶古塔波胶、乳胶古塔波胶和丛林古塔波胶。制备：可通过机械研磨古塔波树叶和枝皮，或通过割胶或刮擦树皮而获得。用途：曾大量用于水下和地下电缆的绝缘包覆材料，现仅用于制备牙科填充材料。

巴拉塔胶（balata rubber）　其结构单元主要由反式-1,4-异戊二烯组成。常温下结晶，为一种硬质橡胶，整体性能比古塔波胶差。制备：将巴拉塔树所产的乳胶通过

空气干燥或水煮的方式获得。用途：作为古塔波胶的补充原料应用于电缆工业。

桃叶卫矛胶（evonymus rubber） 其结构单元主要由反式-1,4-异戊二烯组成。性能与古塔波胶基本相同。制备：从桃叶卫矛（也称丝棉木）的根皮和茎皮中提取。用途：作为古塔波胶的替代物应用于电缆工业。

糖胶树胶（chicle rubber） 其结构单元为顺式-1,4-异戊二烯或反式-1,4-异戊二烯。由含量约 80% 的低分子量反式-1,4-聚异戊二烯和含量约 20% 的高分子量顺式-1,4-聚异戊二烯组成。制备：以割胶的方式从人心果树的乳液中提取，经过干燥后制得。用途：曾为口香糖工业的主要原料，现仍有少数公司在使用。

松香（colophony） CAS 号 8050-09-7。由树脂酸、脂肪酸和中性物组成，其中树脂酸约占 90% 左右，结构式 $C_{19}H_{29}COOH$。密度 $1.060 \sim 1.085 \text{ g/cm}^3$，熔点 $110 \sim 135℃$，软化点 $62 \sim 82℃$。带松节油气味，无毒，淡黄色至淡棕色，透明，有玻璃状光泽。在空气中易氧化，色泽变深。易溶于醇类、酮类、醚类、酯类、二硫化碳、卤代烃和芳烃中，在烃类溶剂中溶解性略差。不溶于冷水，微溶于热水。电绝缘性优良。制法：将由采割形式收集的松脂经过加工提炼制成；或将松根或树干切碎，用溶剂浸提出树脂，然后经加工提炼制成；或从木材制浆造纸工业中回收的废液制成。用途：广泛应用于造纸、油墨、油漆、肥皂、食品、医药、农药、电子工业等方面。

大漆（Chinese lacquer） 亦称"天然漆""生漆""土漆""国漆"，泛称"中国漆"。一种天然的油包水型乳液，由漆酚、漆酶、树胶质和水分组成，其中近 80% 的成分是漆酚。可直接涂饰物件，所得漆膜坚硬、耐热、耐水、耐潮、耐油和耐有机溶剂，绝缘性好，但对强碱、强氧化剂、紫外线的抵抗性较差。制法：割开漆树树皮，收集从韧皮内流出的白色黏性乳液经加工制成。用途：用于涂饰化工、轻工、发电厂防腐蚀特定耐高温工程等。

琥珀（amber） 地质时期植物树脂的化石。结构式 $C_{10}H_{16}O$。此外还含少量的硫化氢，并含有铝、镁、钙、硅等微量元素。密度 $1.05 \sim 1.09 \text{ g/cm}^3$，软化温度 $150℃$，熔融温度 $250 \sim 300℃$。无毒，有颜色，多为黄色、棕黄色及红黄色，透明或微透明，具树脂光泽。不溶于水，易溶于乙醇、硫酸和热硝酸中。电绝缘性优良。制法：主要分布于白垩纪和第三纪的砂砾岩、煤层的沉积物中，从地层或煤层中挖出后，除去砂石、泥土等杂质后制得。用途：主要作为装饰品。

紫胶（shellac） 亦称"虫胶""赤胶""紫草茸"。CAS 号 9000-59-3。主要含有紫胶树脂、紫胶蜡和紫胶色素，其中紫胶树脂为主要成分，占 70%~80%，为羟基脂肪酸和羟基倍半萜烯酸构成的聚酯混合物。无毒，紫色树脂。溶于醇和碱，耐油，耐酸，电绝缘性优良。制法：从树上采集的胶块除去树枝等杂质后得紫胶原胶，经粉碎、筛选、水洗后离心脱水，用干燥机烘干成为半成品粒胶。用途：广泛用于国防、电气、涂料、橡胶、塑料、医药、制革、造纸、印刷、食品等领域。

柯巴树脂（copal） 亦称"柯巴脂"。CAS 号 9000-14-0。呈白色或黄色，透明，坚硬。软化点约 $150℃$，可以全部或部分溶于有机溶剂。制法：从树木上或树木下的土壤堆积中进行采集，如被深埋地下则可进行开采。用途：主要用于制作清漆、天然漆、墨水和油毡，质地坚硬且密致的柯巴树脂可以用于精雕制作工艺品。

达玛树脂（darma resin） 亦称"但马胶""但马树脂"。外观呈透明淡黄至琥珀粒状体，软化点约 $120℃$，可溶于乙醇、异丙醇、乙酸乙酯、甲苯等混合溶剂中。制法：产于东南亚一带的一种龙脑香料植物分泌物。用途：用于油墨、食品添加剂、化妆品以及油画的上光油。

玛蒂树脂（mastic） 亦称"乳香胶"。CAS 号 61789-92-2。呈白色、淡黄色或淡琥珀色，软化点 $80 \sim 83℃$，可溶于松节油和乙醇。制法：采集自地中海沿岸黄连木属的树上。用途：用于口香糖的加工、油画的上光油以及古典油画技法所使用的媒介剂。

词目音序索引

1. 词目中文名称按汉语拼音音序排列,同音字按笔画排列。

2. 词目中的非汉字部分不列入排序。参加排序的汉字完全相同时,按照符号、数字(阿拉伯数字、罗马数字)、外文字母(拉丁字母、希腊字母)顺序排列。

3. 中文名称后面的数字表示该词目在辞典正文中的页码。

词目英文索引

1. 词目英文名称按字母顺序排列，符号、数字、表示位号和构型的斜体拉丁字母以及表示构型的大写正体"D""L""DL"、希腊字母不列入排序。当参加排序的字母完全相同时，按照符号、数字（阿拉伯数字、罗马数字）、斜体拉丁字母、大写正体"D""L""DL"、希腊字母顺序排列。

2. 词目的英文缩写按一个词排列。

3. 英文名称后面的数字表示该词目在辞典正文中的页码。

I

化合物大辞典